DER HOPFEN

ALLER HOPFENBAUENDEN LÄNDER DER ERDE ALS BRAUMATERIAL

NACH SEINEN GESCHICHTLICHEN, BOTANISCHEN, CHEMISCHEN, BRAUTECHNISCHEN, PHYSIOLOGISCH-MEDIZINISCHEN UND LANDWIRTSCHAFTLICH-TECHNISCHEN BEZIEHUNGEN, WIE NACH SEINER KONSERVIERUNG UND PACKUNG.

ZUM SELBSTSTUDIUM UND NACHSCHLAGEN.

VON

DR. RICHARD BRAUNGART

K. B. PROFESSOR DER LANDWIRTSCHAFT A. D.

VORMALS LANGJÄHRIGER PROFESSOR IN WEIHENSTEPHAN-FREISING.

MIT ZAHLREICHEN IN DEN TEXT GEDRUCKTEN ILLUSTRATIONEN.

DRUCK UND VERLAG VON R. OLDENBOURG IN MÜNCHEN UND LEIPZIG.

1901.

Vorwort.

Zunächst will ich bemerken, dafs das vorliegende Buch so geschrieben ist, dafs es von jedem gelesen werden kann, welcher Zeitschriften dieser und verwandter Gebiete liest. Die Gesichtspunkte, welche für mich bei der Abfassung desselben leitend waren, sind eingehend in der Einleitung dargelegt worden.

Dieses Buch wendet sich an die Brauer, Hopfenproduzenten, Hopfenhändler und Biertrinker der ganzen zivilisierten Welt, denn alle seine Abschnitte sind mit dem steten Ausblicke auf die dem Verfasser durch gründliche eigene Arbeit sehr wohlbekannten Qualitäten der Hopfensorten aller Länder und unter Heranziehung der einschlägigen internationalen Literatur über diesen Gegenstand verfafst, von welcher — wie der Augenschein lehren wird — in theoretischer und praktischer Beziehung der umfangreichste Gebrauch gemacht worden ist. Die genaue Anführung dieser reichhaltigen Literatur gestattet dem, welcher — sei es im allgemeinen oder in besonderen Fällen — ein weitergehendes Interesse hat, eine mühelose und rasche Orientierung.

Alle jene Männer der ersteren drei der namhaft gemachten Interessengruppen, welche gewillt sind, die alltäglichen Mafsnahmen ihres Berufslebens mit dem Geiste der Wissenschaft zu durchdringen, sich so vor Nachteil zu bewahren und aus den Resultaten der wissenschaftlich-technischen Forschung positiv Nutzen zu ziehen, können in seinem Inhalte eine reiche Quelle der Belehrung finden, die nicht ohne Rückwirkung auf ihr materielles Dasein bleiben wird.

Dafs alle direkt mit der Hopfenware in Beziehung stehenden Berufsarten, also zunächst die Brauer, dann die Hopfenproduzenten und die Hopfenhändler, sowie namentlich auch alle jene jungen Männer, die sich für diese Berufsarten ausbilden wollen, am Inhalte eines solchen Buches ein grofses Interesse haben, liegt in der Natur der Sache, und bedarf es deshalb wohl keines Beweises, um die Existenzberechtigung eines solchen Buches erst noch besonders nachzuweisen.

Vielleicht könnte nur die Frage noch in Betracht kommen, ob der in diesem Buche behandelte Stoff nicht schon genügend in andern Büchern, beispielsweise in solchen über Brauerei oder über Hopfenkultur, behandelt worden ist. Gegenüber der fragmentarischen Behandlung dieser schwerwiegenden Fragen in den angezogenen Büchern bedürfen aber meine systematischen und durchgreifenden Bearbeitungen bei allen jenen keiner Rechtfertigung, welche es sich angelegen sein lassen, einen auch nur ganz flüchtigen Vergleich anzustellen.

Eben weil bisher dem Hopfen eine selbständige und tiefergründige Bearbeitung fehlte, und die thatsächlichen, bereits vorhandenen Forschungsergebnisse über diesen Gegenstand durch ihre Zerstreutheit über die Literatur weiter Länderstrecken völlig unzugänglich und unübersichtlich waren, trat, bei grofsen Fortschritten auf mechanischem, physikalischem und gärungschemischem Gebiete im Brauwesen, eine grofse Stagnation auf dem physiologischen Gebiete ein, als deren ganz natürliche Folge sich die Licht- oder Hellbier-Plage der deutschen Brauerei bemächtigte.

In Werken der vorerwähnten Art hat man zu einer solchen Bearbeitung keinen Raum, abgesehen davon, dafs dazu nicht blofs ein grofses, durch eigene, tiefgründige Arbeit selbstgeschaffenes Wissen gehört, sondern auch ein Eindringen in die bezügliche Bücher- und Zeitschriften-Literatur in einem Umfange, wie es nicht jedermanns Sache ist und nicht alle Tage vorzukommen pflegt. In Substitution dieses Mangels werden dann oft an wichtigen Stellen einige flüchtig erworbene Ansichten hingeworfen, die mit der Wahrheit garnichts zu thun haben, oft ihr direkt entgegengesetzt sind.

Wer alle diese Vorgänge und Bewegungen im Gebiete der Brauerei, Hopfenproduktion und des Hopfenhandels seit Jahren sorgfältig verfolgt hat, wird sich vielmehr des Eindrucks nicht erwehren können, dafs mein Buch gerade zur guten Stunde erscheint, um Licht auf wichtige und vordem dunkle Pfade zu werfen, welche die Brauerei aus schwierigen Verhältnissen herauszuführen geeignet und bestimmt sind.

Gewöhnlich werden Bücher derartigen Inhalts nur für die Brauer geschrieben. Von der grofsen Masse der Hopfenhändler pflegt man anzunehmen, dafs sie für solche Fragen höchstens aus Neugierde und zur etwaigen Neubewaffnung einiges Interesse zeigen.

Unter den Hopfenproduzenten gibt es sicher viele, die für einen derartigen Inhalt weitgehendes Interesse besitzen; jedoch sind sie zu wenig wohlhabend, als dafs man bei der Mehrzahl auch bei einem solchen, für sie sehr lesenswerten Buche, auf eine erhebliche Beteiligung rechnen könnte. Aber die grofsen hopfenbauenden Gemeinden würden gewifs nicht schlecht fahren, wenn sie für Gemeindezwecke und aus Gemeindemitteln ein solches Buch anschafften und für die Gemeindeangehörigen zum Lesen und Nachschlagen in Bereitschaft hielten. Das könnte sicher an gar manchen Orten segensreich wirken.

Meines Erachtens bedarf es aber auch ebenso wenig eines Beweises, dafs und warum auch andere Berufskreise an einer so bedeutenden Sache, wie sie das Bier und ein so wichtiges Rohmaterial zu seiner Erzeugung darstellen, ein weitgehendes Interesse haben.

So sind z. B. doch ganz selbstverständlich auch alle höher gebildeten und namentlich die naturkundigen Biertrinker am Inhalte eines solchen Buches lebhaft interessiert, und ich zweifle keinen Augenblick, dafs mancher der gebildeten Biertrinker Einblick darin zu nehmen sucht, um sich in dieser wichtigen Sache zu informieren.

Ich habe es mir ganz besonders angelegen sein lassen, die unzweifelhaften, eigentlich ausschlaggebenden Rechte dieses grofsen Standes der Hopfenbranche-Interessenten, der Biertrinker, bestens zu vertreten. Ich zweifle nicht, dafs daraus allmählich eine grofse Liga wohlinformierter Biertrinker hervorgehen wird, welche durch einen milden Zwang auf die Entwicklung der Brauerei gestaltgebenden Einflufs gewinnt, indem sie die Ansichten und berechtigten Wünsche der Bierkonsumenten zum klaren Ausdruck bringt. Es wird das den Brauern die Arbeit weit eher erleichtern als erschweren und sie gegen unbegründete Verdächtigungen und Schmähungen schützen,

Der Inhalt dieses Buches hat aber nicht minder Bedeutung für viele oder eigentlich alle Ärzte und namentlich für die mit der öffentlichen Gesundheitspflege betrauten Hygieniker und Polizeiorgane, ferner für Administrativ- und Finanz-Beamte.

Gerade durch den Einflufs dieser zuletzt namhaft gemachten Kreise kann ein sicher ebenso notwendiger wie heilsamer und segensreicher Zwang und Druck ausgeübt werden, um den wahrhaft gewaltigen, ganz geräuschlos und ohne Aufsehen arbeitenden, schädlichen und unberechtigten, vielfach sogar demoralisierenden Einflufs der Lieferanten und Kreditgeber zu brechen und zu rektifizieren, welcher seit langen Zeiträumen wie ein hoher und starker Damm jeder ernstlichen Entwicklung in dieser so bedeutungsvollen Sache im Wege stand und heute noch ebenso im Wege steht. Damit wird den legitimen Interessen des Hopfenhandels sicher eher genützt als geschadet.

Deshalb kann das, was ich gesagt habe, auch nicht von den Haupt-Brauereilieferanten der Hopfen-, Malz- und Gersten-Branche übersehen werden.

Ich stehe materiell dieser grofsen Sache ganz unparteiisch, weil völlig uninteressiert, gegenüber. Für den langjährigen grofsen Aufwand an Zeit, Kenntnissen, Arbeitskraft und Geld habe ich in der That nichts als Undank geerntet, und nur die Erkenntnis der sehr grofsen Bedeutung der Sache für Volk und Vaterland konnte bewirken, dafs ich derselben — mit wahrer Selbstverleugnung — nicht längst den Rücken gekehrt habe.

Wie es einem gewissenhaften, objektiven, von keinerlei persönlichen Interessen geleiteten, alten Lehrer der Landwirtschaftswissenschaft und Technik sowie verwandter Wissensrichtungen zukommt, hat meine Arbeit in der That keinerlei Tendenz, und wenn man eine finden zu können vermeinen sollte, so ist es doch sicherlich nur in dem Sinne: der Erzeugung eines vortrefflichen, unübertroffenen, jeder Kritik standhaltenden, jeder Konkurrenz durch den eigenen wahren inneren Wert gewachsenen, gesunden Hopfenbieres, dieses rechtmäfsigen, echten und ältesten Nationalgetränkes der Germanen und namentlich der Deutschen, und — soweit es sich um das Deutsche Reich handelt — möglichst allein nur mit deutscher Gerste und deutschem Hopfen, wozu ich — soweit sie wirklich unentbehrlich sind — selbstverständlich auch die deutsch-böhmischen Hopfen von Saaz und Auscha-Leitmeritz rechne, hergestellt, also dann nur allein ein wahres Nationalgetränk!

Solch ein Ziel wäre in der That der Anstrengungen der Besten wert!

Je mehr dabei die Brauer ihren Wohlstand wachsen sehen, um so besser, weil dann auch der Staat und die Landwirte den verdienten Anteil daran haben werden. Für die Lieferanten braucht man nicht besorgt zu sein; diese machen in für Brauer- und Gerste- und Hopfen-Produzenten günstigen oder ungünstigen Jahren ihr mehr oder minder einträgliches Geschäft und verdienen als Lieferanten selbst an solchen Brauereien, welche wegen ungünstiger Geschäftslage keine Renten oder Dividenden zahlen können.

Die Brauer, welche meine Ausführungen wirklich lesen und auf ihren Wert prüfen, können sicher viel daraus lernen, was ihnen für ihre wichtigen Zwecke nützlich und förderlich sein wird. Ja, ich bin der Überzeugung, dafs in den von mir entwickelten Ansichten die Umrisse skizziert sind für die Zukunft der Brauerei, und dafs nur jene Brauer Aussicht haben, im schweren Konkurrenzkampfe unserer Zeit siegreich zu bleiben, welche möglichst rasch mit ihrem Betriebe in diese Bahnen einlenken. Sicher wäre in diesen Kreisen gar manches Selbstschädliche ungeschehen geblieben, wenn dieser gewaltige und wichtige Stoff dem Studium jemals in solch leicht übersichtlicher Form zugänglich gewesen wäre.

Die Achse der Unruhe, Sorge und Aufregung im deutschen Braugewerbe von heute, wovon Brauereidirektor Tipp auf dem IX. Deutschen Brauertag in Hannover (am 18. Juni 1900) sprach, war und ist nach meiner festen und wohlbegründeten Überzeugung, nicht blofs für die Brauer, sondern auch für die Gerste- und Hopfen-Produzenten, die Eismaschine mit allen ihren technischen Umwälzungen und Folgen, insbesondere auch mit dem jähen Übergang zum Grofsbetrieb auf Aktien. Namentlich war es mifslich, dafs der gröfste Teil der deutschen Brauer, unter denen sich so viele sehr gebildete und tüchtige Männer befinden, selbst der sonst tüchtigste, mitten in diesen grofsen Umwälzungen stehend, der Abwägung und kritischen Beurteilung der in diesem Buche zum Ausdruck gekommenen wichtigen Beziehungen bis zu ihren letzten Enden, offenbar nicht gewachsen war. Da hat sich die bisher allgemein übliche Geringschätzung und Vernachlässigung der Beziehungen der Brauerei zum Hopfen als Rohmaterial, schwer gerächt.

Dadurch wurde die fremde Konkurrenz angeregt, die früher reichlich vorhandenen Hindernisse zu überschreiten und in ein vorher fast geheiligt dastehendes Gebiet einzubrechen, und statt nun diese Konkurrenz durch das einzig und allein richtige, allein Erfolg sichernde Mittel zu bekämpfen, durch eine der Erweiterung der Malztennen, des Sudhauses und Gärkellers parallel gehende Erweiterung der Lagerkeller und Erhöhung der Lagerdauer, um reifere, fertige, wohlschmeckende und wohlbekömmliche Biere zu erzeugen, liefs man sich in eine ganz neue Braumethode mit abgekürztem Verfahren und mit künstlich geschöntem Produkte hineinziehen, woran dann die Lieferanten in ihrem geschäftlichen Interesse nicht wenig beteiligt waren, obgleich sie, ganz unsichtbar, im Hintergrunde stehen. So hat man nun fast in jeder gröfseren Brauerei zwei Braumethoden, eine für helles und eine für dunkles Bier, wodurch der pekuniäre Vorteil, welchen die Eismaschinen in mancher Beziehung gebracht hatten, so ziemlich wieder aufgezehrt, aber immer noch keine zufriedengestellte Konsumtion und keine feste Waffe gegen die Pilsener Konkurrenz mit ihrem lagerreifen Bier geschaffen war.

Es war bei allen meinen Ausführungen keineswegs mein Wunsch, gelegentlich dessen diesem oder jenem Unangenehmes zu sagen; mein einziges hohes Ziel war vielmehr die Wahrheit, von der allein dauernd Nutzen und Segen ausgehen kann, und wenn ich im Verfolge dieses Ziels da und dort auch über Schutthaufen steigen und über Abgründe springen mufste, so macht dies dem Manne des Lehramtes in vorgerückten Jahren, mit gereiftem und abgeklärtem Wissen und Charakter kein Vergnügen, er schreckt aber auch nicht davor zurück, um auf Kosten der Sache, dem X und Y zuliebe, um solche Hindernisse, ohne sie anzurufen und in ihrem wahren Wesen zu charakterisieren, herumzugehen.

Meine Arbeit hat als Ziel: Niemand zum Leid, niemand zur Freud, der Wahrheit frei Geleit!

Es war dabei mein unablässiges Bestreben, gerecht und objektiv zu bleiben, nicht zu loben, was kein Lob verdient, mit dem Tadel nicht zurückzuhalten, wo er angebracht war, um rein subjektive, volkswohlschädliche Bestrebungen zu bekämpfen und nach Möglichkeit aus dem Wege zu räumen.

Ich kann mich irren und werde stets einer thatsächlichen Belehrung zugänglich sein, aber man wird mir schwerlich nachweisen können, dafs ich mich in meinen Darstellungen da oder dort zu Gunsten oder zum Schaden von Personen oder Sachen von der Leidenschaft und subjektiven Stimmungen hätte fortreifsen lassen!

Der Umfang des Buches ergiebt sich ganz von selbst aus dem Umstande, dafs es vornherein bestimmt war, in einer schwierigen, an vielen Stellen noch in der Entwickelung begriffenen Sache von grofser technischer Bedeutung, nicht blofs der allgemeinen Orientierung, der Gewinnung eines flüchtigen Überblickes zu dienen, sondern in den täglichen Vorkommnissen und Fragen der praktischen Brauerei als Ratgeber und Führer dem technischen Leiter zur Seite zu stehen. Ganz dasselbe gilt auch für die nach Kenntnissen in ihrem Berufe strebenden Kreise der Hopfen-Händler und Hopfen-Produzenten.

Ein so grofser Wissensstoff, wie ihn das Wort »Hopfen« andeutet, konnte nicht in dieser einen Schrift niedergelegt werden.

Unentbehrlich wäre für alle wirklichen Hopfeninteressenten, welche diese Sache nicht bloss als Dekorationsmittel, als Guirlande des Handwerks ansehen, sondern wirklich damit arbeiten wollen, wenigstens noch eine, etwas kleinere Schrift: Der Hopfen als Waare und die Elemente der Hopfenwaarenkunde. In dieser Schrift ist u. a. auch mein System der Sekretbilder oder Reibflächen niedergelegt, welches — auch für das Auge — einen Einblick in den Sekretgehalt aller wichtigeren Hopfensorten der Welt gewährt, wie er auf keinem andern Wege erreichbar ist. Mit diesem Buche in der Hand wird der Brauer dann auch im stande sein, sich gegen grobe Benachteiligungen beim Hopfeneinkauf, sei es in Bezug auf Gehalt und Qualität, wie rücksichtlich der Provenienz (des Ursprungs), besser zu schützen, als es durch irgend eine Hallierung oder Signierung geschehen kann. Das Manuskript zu diesem Buche ist so ziemlich fertig gestellt, aber durch die Reibflächensysteme und andere Abbildungen ist die Herstellung mit erheblichen Ausgaben verknüpft, weshalb eine materielle Unterstützung von irgendwoher wichtig, ja fast unentbehrlich ist.

Eine weitere Schrift wäre: Überblick über die Hopfenware der Welt, geographisch-statistisch wie nach ihrem Warencharakter und Brauwert. Das Material aller Hopfenregionen der Welt.

Diese könnte vielleicht am besten in Teilen, in Monographien nach Ländern oder Regionen, erscheinen. Alle Regionen, welchem Lande der Erde sie auch immer angehören mögen, können sich, wenn die Ausarbeitung noch unter meiner Leitung und Anteilnahme geschieht, der gröfsten Objektivität der Darstellung versichert halten. Die Hopfen werden genau so, nicht schlechter und nicht besser, geschildert werden, wie sie wirklich sind.

Wenn diese Schrift auch noch vorhanden ist, dann hat für jeden Brauer, welcher sich unter Aufwand eigener Mühe überhaupt Kenntnisse aneignen will, jede Täuschung und Irreleitung in Bezug auf den Hopfen aufgehört. Die Hopfenproduzenten aller Länder werden in die sicher für sie erwünschte Lage versetzt sein, selbst prüfen und vergleichen zu können, welcher Wert im Welthandel ihrem Produkte zukommt, ob es sich lohnt, die Produktion fortzusetzen, und wo etwa die Hebel angesetzt werden müssen, Mängel zu beseitigen.

Auch für diese letzteren Schriften ist schon ein mehr als grofses, von mir selbst erarbeitetes Material angesammelt, vielleicht mehr als $^2/_3$ des Ganzen. Es sind aber noch partielle Ausarbeitungen nötig, zum Teil zeichnerischer Art, welche ich meinen strapazierten Augen nicht mehr zumuten kann. Dazu bedarf ich einer Assistenz, die ich selbstverständlich nicht aus Eigenem beschaffen will und kann.

Auch viele wichtige andere Arbeiten, zum Teil vor langen Jahren begonnen und mehr oder minder weit geführt, harren noch der Vollendung, so namentlich das gewaltige Material des Weihenstephaner Hopfenvarietätengartens im Zusammenhang mit den Fragen nach Konstanz und Variation der Hopfen-Varietäten und -Sorten.

Ich denke natürlich nicht daran, zu glauben, dafs mein Buch und das, was ihm etwa noch folgt, in diesem grofsen Wissensgebiet das letzte abschliefsende Wissen darstelle. — In dieser grofsen Wissenssache ist noch Material für viele enthalten und auf lange Zeiträume. Aber die künftigen Bearbeiter einzelner Richtungen werden sich besser vor Kräftevergeudung schützen und ein besseres Programm mit schärfer umschriebenen Zielen, entwerfen können.

Die praktischen Brauer aber können sich darin auch heute schon viele Belehrung holen, von der sie alle Tage zu ihren Gunsten und für das Wohl der Allgemeinheit Gebrauch zu machen in der Lage sind.

Das hohe königlich bayerische Staatsministerium des Innern, Abteilung für Landwirtschaft, Gewerbe und Handel, hat in Anbetracht der hohen Herstellungskosten des Buches dasselbe mit einer Subvention unterstützt, wofür Verfasser und Verlag hiermit geziemend danken.

Der Verlagsbuchhandlung danke ich für die wahrhaft gediegene Ausstattung des Buches.

München, im Dezember 1900.

Der Verfasser.

Inhalts-Verzeichnis.

III. ABSCHNITT.

IV. ABSCHNITT.

V. ABSCHNITT.

Verzeichnis der Abbildungen.

Motto: Der Hopfen ist eine Pflanze, welche durch ihren wunderbaren Bau und durch die Vielheit der Beziehungen ihrer Gebilde das Staunen jedes Naturkundigen erwecken mufs. Wie seine Kultur grofse Anforderungen an den Fleifs und die Intelligenz des Produzenten, so stellt die Kenntnis der Hopfenware und die zweckdienliche Verwendung derselben in der Brauerei ganz erhebliche Anforderungen an den Brauer.

Einleitung.

Es ist wohl in den weitesten Kreisen bekannt, dafs ich mich eingehender und länger wie irgend ein anderer Fachmann mit dem Studium der Hopfenpflanze, der Hopfenkultur und ihres Produktes, der Hopfenware, befafst habe. Meine bezüglichen Arbeiten sind nur nicht zur verdienten Wirkung gekommen, weil infolge sogleich zu besprechender Zeitschriftverhältnisse das, was ich veröffentlicht habe, allzusehr zerstreut ist, und weil ich durch ähnliche Umstände in der Veröffentlichung der Hauptarbeiten gehindert war. In den folgenden Auseinandersetzungen werde ich die Gründe anführen, warum ich seit einer längeren Jahresreihe in Fachzeitschriften nichts mehr habe hören lassen, obgleich meine Bemühungen in der Sache niemals aufgehört haben. Alle diese Studien verfolgten den Zweck, unser Wissen über diesen technisch wichtigen Gegenstand zu erweitern, die Ergebnisse anderweiter wissenschaftlicher Arbeiten über diese Sache unter einheitlichem Gesichtspunkte zusammenzufassen und in den Dienst der täglichen praktischen Brauerei-Interessen zu stellen.

Unlängst erst sagte mir ein praktischer Brauer, der vor Jahren in Weihenstephan mein Schüler war: Um eine Hopfenwarenkunde zu schreiben, mufs man wie Sie ein Menschenalter darin gearbeitet haben. Ich erachte es also für angezeigt, zunächst meine Berechtigung zur Abfassung dieses Buches nachzuweisen.

Ich bin im Anfange nur mit Widerstreben an diese Arbeit gegangen, weil ich wufste, dafs solche Studien und Bestrebungen wohl sehr interessant und wichtig, dafs dabei aber eigentlich aufserhalb der Sache liegende Schwierigkeiten von einem Betrage zu überwinden sind, wie kaum in irgend einem andern Gegenstande des Wissens und Könnens. In diesem Buche, welches sich schon nach seinem Stoffe an einen internationalen Interessentenkreis wendet, da es sich mit der Hopfenware der ganzen Welt befafst, wird nun zum erstenmal weiten Kreisen Gelegenheit geboten sein, in das eigentliche Wesen meiner Arbeiten Einsicht zu nehmen. Ich verkenne nicht, dafs es zahlreiche tüchtige Brauer gibt, welche eine ganz gute praktische Einsicht in das gewöhnlich in ihre Hände gelangende Hopfenmaterial besitzen. Aber zu einer systematischen Übersicht über das Gesamthopfenmaterial gehören langwierige Spezialstudien, zu welchen der praktische Brauer keine Zeit hat. Deshalb wird es doch vielleicht vielen willkommen sein, hier auf Grund ernster Studien und Arbeiten alles Wünschenswerte übersichtlich geordnet beisammen zu finden.

Mehr als 12 Jahre habe ich konsequent die eingehendsten vergleichenden Studien über die Hopfenware aller Länder der Welt gemacht, zu diesem Behufe Tausende von Hopfenproben aller hopfenbauenden Länder der Welt (von Europa, Amerika und Australien, auch von Asien) nach selbst entwickelter, botanisch-physikalischer Methode eingehend bearbeitet und untersucht; daran schlossen sich 6—8 weitere Jahre alljährlich eingehender zahlreicher Hopfenuntersuchungen zu unterrichtlichen oder praktischen (brautechnischen) Zwecken, so dafs diese direkten Spezialstudien nunmehr einen Zeitraum von 20 Jahren umfassen. Durch eine nicht unerhebliche Anzahl von Hopfenproben, welche ich seit Jahren für verschiedene Brauereien und selbst für Hopfenhandlungshäuser untersucht und in Bezug auf ihre Provenienz und ihren Brauwert begutachtet habe, gewann ich Einsicht in den Handelsverkehr mit dieser Ware.

Ich kann hier vorbehaltlos konstatieren, dafs ich in allen diesen Bestrebungen von einer grofsen Anzahl hervorragender Hopfenhandlungshäuser und Hopfenpflanzer mit Materiallieferungen unterstützt worden bin, und ich werde nicht ermangeln, später an den betreffenden Stellen diese Firmen und Persönlichkeiten namhaft zu machen.

Dafs mir auch der Einflufs chemischer Reagentien auf das Hopfensekret nichts weniger als unbekannt ist, mag daraus hervorgehen, dafs ich schon vor vielen Jahren in einer viele Monate umfassenden mikrochemischen Arbeit diesen Einflufs eingehend studiert und die dabei vorkommenden Reaktionen (von 25 Reagentien) unter dem Mikroskop selbst in Aquarell gemalt und somit dauernd festgelegt habe. Aber die auf diese Weise gewonnenen Aquarellbilder, sicher von erheblichem Werte für die chemischen Technologen und für wissenschaftlich veranlagte Brauereitechniker, würden nur für die Herstellung zur literarischen Vervielfältigung mindestens 1000 Mark in Anspruch nehmen, welche ich dafür nicht ausgeben kann; daran ist leider auch der Versuch, diese wichtige Arbeit in einer hervorragenden agrikulturchemischen Zeitschrift Deutschlands zu veröffentlichen, deren hervorragender Redakteur sie sehr gern aufgenommen hätte, gescheitert. Ich werde übrigens in diesem Buche eine lehrreiche Probe dieser Arbeiten bringen, die Wirkung der Salpetersäure auf das Hopfensekret, in den unter dem Mikroskop gemalten Aquarellbildern der Hopfendrüsen (Fig. LX) und begleitendem Texte.

Die Hopfenmengen, welche manche grofse Brauereien auch heute noch brauchen, sind gewaltig grofs, und ihr Ankauf nimmt bedeutende Geldmittel in Anspruch. Die Bafssche Brauerei zu Burton on Trent soll nach The Brewer's Journal[1]) so viel Hopfen verbrauchen, dafs zu seiner jährlichen Erzeugung 2000 englische Acres Land nötig wären. Nimmt man den Ertrag eines Acres nur mit 12—15 Ztr. an, so sind das ca. 25000—30000 Ztr. Hopfen. Die Brauerei hat im eigenen Besitz 5 Meilen Eisenbahnen und zahlt wöchentlich 10000 Dollar an Löhnen aus (seit 1879). Die gröfste bayerische Brauerei braucht ca. 2000 Ztr. Grofse Fortschritte in der Brauerei, in der Klärung des Hopfenhandels, selbst in der Hopfenproduktion, namentlich in Bezug auf Steigerung der Qualität der Leistung, hängen lediglich davon ab, dafs einmal erst eine gute Grundlage zum Studium der Hopfenwarenkunde gegeben ist. Und ist einmal erst eine gute Grundlage für die Hopfenwarenkunde gewonnen, dann wird diese sicher selbst bald ihrer weitgehenden Vervollkommnung zugeführt werden. Der Einflufs der Varietät und der Düngung etc. auf die Quantität und Qualität des Drüsensekretes, ebenso der Einflufs der verschiedenen natürlichen und künstlichen Trocknungsmethoden und der verschiedenen Methoden der Verpackung und Konservierung auf die Qualität des Hopfens lassen sich ohne gediegene Grundlagen zu einer Hopfenwarenkunde niemals mit der notwendigen Sicherheit verfolgen und kontrollieren.

Es ist übrigens wirklich überflüssig, sich in dieser Richtung der eigentlichen Hopfenwarenkunde von künftigen Leistungen der Chemie zu viel zu versprechen, denn sie wird das nicht können, weil viele höchst wichtige Eigenschaften des Hopfens zu den Imponderabilien, also zu den unwägbaren Materien, gehören[2]). Die Chemie kann niemals ein feines von einem groben Aroma,

---

Anmerkung für den Leser: Die Fufsnoten, auf welche im Text verwiesen ist, befinden sich jedesmal am Ende des betreffenden Abschnittes.

ein feines von einem groben Bitter unterscheiden, geschweige denn, dafs sie in den zahllosen Schattierungen des Bitters und Aromas Feststellungen machen könnte. Noch weniger wird sie festzustellen vermögen, ob ein Hopfen ein energisches oder mattes Aroma und ein energisches oder mattes Bitter habe, wobei dann fast immer mit hochgradiger Energie das Gegenteil von hochgradiger Feinheit verknüpft ist; von den zahllosen Übergängen nicht zu reden. Kann die Chemie nachweisen, warum Havanna- und Pfälzer-Tabak, Deidesheimer und fränkischer Land-Wein etc. so verschieden sind? Dafs dieses Sachverhältnis auch beim Harz- und beim Hopfen-Gerbstoff existiert, darüber hege ich auf Grund meiner umfassenden Studien und Arbeiten keinen Zweifel.

Das werden der Chemie und ihren Mitteln und Methoden sehr wahrscheinlich für ewig unerreichbare Dinge bleiben, denen wir aber mit unsern Sinnen sehr wohl beikommen können und die alle Tage für den praktischen Brauer die gröfste Bedeutung haben, sicher auch dem Produzenten und Hopfenhändler sehr nützlich werden können.

Dafs wir diesen praktisch so wichtigen Dingen mit unsern Sinnen, auf die sie zu wirken bestimmt sind, nahe kommen können, ist ganz gewifs. Es kommt nur darauf an, sich diese Kenntnisse und Fähigkeiten durch Anleitung und Übung zu erwerben.

Sagt doch auch Thausing in der V. Auflage (1898, S. 296) seines Buches über Brauerei: Chemisch läfst sich der Einflufs des Hopfens auf den Biergeschmack nicht untersuchen.

Es ist ganz falsch, wenn die Brauer, wie dies von einem erheblichen Teil derselben zu geschehen pflegt, glauben, dafs man sich diese Kenntnisse in einem erschöpfenden Grade gar nicht aneignen könne. Dieser Glaube an die Unmöglichkeit wird begünstigt durch den Umstand, dafs man selbst in hervorragenden Organen der Hopfen- und Brauerbranche[3]) die Ansicht vertreten findet, dafs, um den Hopfen nach Farbe, Geruch etc. beurteilen zu können, langjährige Übung und besondere Begabung erforderlich sei, namentlich wenn es sich darum handle, verschiedene Hopfensorten mit Sicherheit zu vergleichen. Jeder gut veranlagte, gebildete Brauer kann das, wenn er sich, von einer guten und hinreichend ausführlichen Anleitung geführt, ernstlich und nachhaltig damit befafst. Wer freilich blofs auf sich selbst beschränkt, ohne jede mündliche oder schriftliche (gedruckte) Anleitung, also rein autodidaktisch, solche Studien machen wollte, würde zur Erlangung eines auch nur bescheidenen Zieles eine Summe von Kraft und Zeit, wie von Selbstverleugnung notwendig haben, deren nur die wenigsten fähig oder zu bringen gewillt sind. Dafs die Möglichkeit, in der Hopfenwarenkunde Fufs zu fassen und sich darin fortzubilden, von Fall zu Fall Vergleiche anstellen zu können etc., im hohen Grade damit zusammenhängt, dafs ein bezügliches gutes Buch vorhanden ist, welches als Führer dient, dürfte aufser Frage stehen. Dieses lange vorhandene Bedürfnis wird wohl mein Buch befriedigen können.

Dr. J. Behrens[4]) wendet sich gegen Professor Dr. Delbrücks Ansicht: Wir haben jetzt in der Hopfenharzbestimmung ein Mittel, die richtige Schätzung des Hopfenwertes zu kontrollieren, eventuell den Wert zu bestimmen, wenn auch das Aroma und die zarten Blätter in der Regel für den Praktiker nach wie vor das entscheidende Kriterium bilden[5]). Behrens kann in den Resultaten der Untersuchungen des Dr. Remy an den Hopfen der Berliner Ausstellung 1896[6]) die Unterlagen für diese Behauptungen Delbrücks nicht finden; die Unterschiede seien zu gering; der Weichharzgehalt der dortigen erstklassigen Hopfen lag zwischen 8,24 und 12,7 %, bei den zweitklassigen von 8,9—11,22 % und bei den drittklassigen von 9,49—10,25 %; auch die Zahl der Proben ist zu gering, um solche weittragende Schlüsse zu ziehen. Auch wird ja von der Würze das wertvolle Weichharz nur in verschwindend geringer Menge aufgenommen, weshalb es praktisch gleichgültig ist, ob der Hopfen 10 oder 16 % Weichharz enthält. Die Menge reicht in beiden Fällen hin, die Würze damit zu sättigen. Behrens folgert, dafs die chemische Untersuchung bis jetzt ebenso wenig beim Hopfen wie bei den meisten andern Genufsmitteln einen Gradmesser für den Gebrauchswert zu liefern geeignet sei. Behrens ist zwar der Geist, der stets (aber geistreich) verneint, aber in diesem Falle wird er recht behalten. Die Ansicht von Behrens, dafs der Hopfen an der Stange weniger leicht herabrutsche als am Draht, ist ganz falsch; das Umgekehrte ist wahr.

Die Chemie kann aber, was sie ja — wie wir sehen werden — auch schon in erheblichem Grade gethan hat, indirekt die Hopfenwarenkenntnis fördern durch das Studium der wirksamen Bestandteile des Hopfens und deren Einflufs auf die Entwicklung und Gestaltung des Bieres, wie dies in neuerer Zeit namentlich die englischen Technologen Bryant, Meacham, Morris, Heron und unter den deutschen Technologen namentlich Hayduck (Berlin) gethan. Es ist aber auch da angezeigt, sich von Überschätzung fernzuhalten.

Wenn es Persönlichkeiten gibt, welche sagen, dafs bis heute noch keine exakte Wertbestimmungsmethode für den Hopfen bestehe, dafs man demselben nur auf empirischem Wege, durch den Geruch, das Gefühl, die Farbe etc., nahe zu kommen vermöge, weshalb die praktischen Leute mehr davon verständen als die wissenschaftlichen, so mufs man es vorbehaltlos aussprechen, dafs solche unsachgemäfse, einseitige, tendenziöse, irreleitende Behauptungen nur von Persönlichkeiten ausgehen, welche in der Sache selbst nichts gelernt haben, aber bei öffentlichen Anlässen gern darüber mitsprechen und sich interessant machen möchten. Mein Freund, Prof. Dr. C. Harz in München, der praktisch veranlagte, tüchtige Botaniker, sagt mit Recht[7]), dafs bei einem so schwierigen Gegenstande, wie ihn die Hopfenwarenkenntnis darstellt, jede noch so unbedeutende Eigenschaft in Betracht genommen werden mufs, und dafs nur durch Anhäufung eines grofsen Materials, durch vereinte Kraft vieler und durch Jahre fortgesetzte Arbeit das bis jetzt ungelöste Rätsel aufgeklärt werden könne.

Niemals wird es eine Methode geben, durch welche man den Hopfenwert summarisch ausdrücken kann, schon deshalb nicht, weil der Hopfenwert keine einheitliche, sondern eine aus sehr vielen, ganz ungleichwertigen Dingen zusammengesetzte Sache ist, der eine Hopfen in dieser und der andere in jener Richtung Vorzüge oder Schwächen (Fehler) aufweist. Keines der Naturerzeugnisse, welches als Genufsmittel dient, kann rücksichtlich seines Wertes nach einem seiner Bestandteile beurteilt werden; niemand beurteilt den Tabak blofs nach seinem Gehalt an Nikotin, den Wert des Weines blofs nach seinem Reichtum an Alkohol, den Preis des Thees nach der vorhandenen Menge Theïn und des Kaffees nach seinem Gerbstoffgehalt[8]). Aber es gibt tüchtige Tabak-, Wein-, Thee- und Kaffee-Kenner, welche mit ihren Sinnen arbeiten, die sie in langwieriger Arbeit befähigt gemacht haben. Beim Hopfen liegt die Sache weit günstiger, weil da einige sehr charakteristische Umstände herangezogen werden können, welche bei andern Naturprodukten völlig fehlen. Niemals wird die chemische Analyse allein den Hopfenwert feststellen können, so wertvoll und unentbehrlich ihre bezüglichen Leistungen an sich auch sind; es gehören auch botanische, physikalische und praktische Untersuchungen dazu. Denn wie beim Weine der Geruch und Geschmack, spielt auch beim Bier der Gesamteindruck, den der bei der Herstellung verwendete Hopfen auf unsern Geruchs- und Geschmacks-Sinn ausübt, die entscheidende Rolle bei der Wertbestimmung.

Eben weil die Chemie in der qualitativen Unterscheidung der wirksamen Hopfenbestandteile nichts leisten kann, sucht sie die Qualität der Hopfenware durch die Feststellung der Quantität derselben zu bestimmen. Schon der Chemiker Prof. Siewert hat die Ansicht aufgestellt, dafs jene Hopfen die besten seien, welche das meiste Harz enthalten, die kleinste Menge Asche liefern und bei Behandlung mit Wasser und Alkohol den geringsten Rückstand hinterlassen. Später (Zeitschr. d. landw. Zentralver. d. Prov. Sachsen 1868, S. 273) hat er aber auf Grund neuer Untersuchungen diese Ansicht korrigiert und gesagt, es könnte mit Sicherheit nur konstatiert werden: dafs Hopfenproben mit höherem Athergehalt meistens geringere Aschenmengen enthalten und die besseren sind. Hopfenproben mit dem höchsten Ätherextraktgehalt enthalten meist auch höhere Gerbsäuremengen. Bessere Hopfensorten enthalten stets mehr Harz als Eiweifs, während bei den geringeren Sorten beide Bestandteile in gleicher Menge vertreten sind oder das Eiweifs den Harzgehalt überwiegt (Allg. H.-Ztg. 1878, S. 385: Über die Zusammensetzung des westpreufsischen Hopfens).

Nun hat Prof. Moser (Vorstand der k. k. landwirtschaftlichen Versuchsstation Wien, Ber. 1870—77) gezeigt, dafs — diese Ansicht zu Grunde gelegt — nach seinen Untersuchungen die besten böhmischen (Saazer) Hopfen hinter den gleichzeitig untersuchten oberösterreichischen Hopfenproben in der Qualität zurückstehen müfsten. Jeder, der eine nähere Einsicht in die Hopfenware hat, wird mit Staunen einen solchen Widersinn analytischer Feststellungen des Hopfenwertes ansehen.

Dr. König (Vorstand der Anstalt für Nahrungsmittelkontrolle in Krefeld, Allg. H.-Ztg. 1879, II) sagt, dafs ein praktischer Analytiker, wenn er nach fremden Bitterstoffen im Biere fahnde, mit der Nase auch nach Hopfengeruch spüre, und der Önochemiker Dr. Mach (San Michele) schrieb mir, dafs ein Weinanalytiker auch eine gute Zunge und klaren Blick haben müsse, wenn er Resultate wolle.

Auch die sogenannte Wissenschaft (im Gegensatz zur Empirie) ist schliefslich nichts anderes als aufgesammelte Erfahrung, und wer auch nur die Hopfenfarbe richtig zu schätzen gelernt hat, der hat schon einen grofsen und sicheren Einblick in die Hopfenware bekommen, so sicher wie der Arzt, wenn er dem Patienten den Puls fühlt, seine Zunge ansieht, die Ernährungsverhältnisse würdigt und nach gewissen körperlichen Funktionen fragt. Dafs ein Arzt damit seine Thätigkeit in der Behandlung eines Patienten beginnt, sieht jedermann für selbstverständlich an, es fällt aber niemand ein, das als empirisch zu bezeichnen.

Ich habe im Beginn der 1880er Jahre, nach erheblichen Mühen, in Weihenstephan einen Hopfenvarietätengarten mit 60 Sorten aus ganz Europa angelegt, darunter 19 typische, rassereine englische Varietäten, und bis zu meinem Weggange von Weihenstephan (im Herbst 1894) systematisch beobachtet, studiert und das Material in allen veränderlichen Eigenschaften alsbald bearbeitet. Da ich so ca. 7 oder 8 Jahrgänge gesammelt habe, besitze ich heute noch zwischen 400—500 Hopfenproben, welche zeigen sollen, wie sich die Hopfensorten unter dem Einflusse des Standortes verändern. Zur definitiven Ausarbeitung wäre eine anstrengende Thätigkeit von ca. 1 Jahre nötig, und da ich thatsächlich nicht wüfste, wo man so etwas, mit allen nötigen bildlichen Darstellungen, drucken lassen könnte, ist die für die Hopfenkultur wichtige Arbeit bis heute unvollendet liegen geblieben, wird auch wohl unvollendet bleiben!

Die Anlage hat seiner Zeit dem bayerischen Staate für die erste Herstellung und Unterhaltung sicher 12000—15000 Mark gekostet, eher mehr, und nun können, wegen Mangels an Mitteln, die Resultate nicht einmal ausgearbeitet und veröffentlicht werden. Es ist gut, dafs die Hopfenproduzenten und die Brauer von dem Verluste, welchen sie dadurch erleiden, eigentlich gar nichts wissen. Nur der Wissende empfindet den Mangel.

Ich habe den wilden Hopfen von Haparanda in Schweden bis zum sonnigen Etschland und vom Kaukasus bis Paris, namentlich auch in den nördlichen und südlichen Alpen, in den Kreis meiner Studien einbezogen. Da ich aber nicht weifs, wo ich eine solche Arbeit mit allen notwendigen Abbildungen veröffentlichen könnte, habe ich sie bis heute unvollendet liegen gelassen.

Seit mehr als 12 Jahren ist eine umfassende und eingehende Studie über die morphologischen Verhältnisse der ganzen Hopfenpflanze und namentlich des Blütenstandes derselben vollendet. Diese höchst mühevolle, zeitraubende Arbeit, nach ganz neuer Methode der Darstellung ausgeführt, sollte insbesondere die Frage beleuchten, ob es möglich sei, durch rechtzeitigen künstlichen Eingriff die Fruchtbarkeit der Hopfenpflanze im mittleren Europa, namentlich aber in Bayern und Böhmen, wo die Durchschnittserträge so gering sind, zu steigern. In Bayern und Böhmen beträgt das Jahresmittel (aus längerem Durchschnitt) 9—10 Ztr. à 50 kg per Hektar. Die höchsten Mittelerträge, ca. 20 Ztr. per Hektar, hat in Deutschland das Elsafs.

In der Allg. Br.- u. H.-Ztg. 1883, II, 688 sagt ein (offenbar südwestdeutscher) Produzent, dafs ein guter Stock mit 2 Riemen (Reben) 1 Pfd. Hopfen trägt, doch ist eine solche Fruchtbarkeit eine nur seltene und ausnahmsweise; dagegen wird von 2 Stöcken 1 Pfd. häufig gewonnen; ist das Jahr gut und sind die Stöcke noch jung (2—5 Jahre alt), dann kann auf 3 Stöcke 1 Pfd. gerechnet werden, wenn es eine ausgezeichnete Lage ist; bei älteren Stöcken kann auf

4 Stangen 1 Pfd. und bei ganz alten auf 5—8 Stöcke 1 Pfd. gerechnet werden, aber der Hopfen von älteren Stöcken ist feiner. Ebenda (S. 744) berichtet L. Caron in Gemar (Elsafs), dafs dort immer 1 Pfd. trockenen Hopfens per Stange (Stock) gerechnet wird. In Belgien erntet man oft per Stock 2 Pfd. trockenen Hopfens. In England rechnet man als Mittel aller Sorten 17 Ztr. per Hektar. R. Bradley, Professor der Universität Cambridge (England), sagte schon um 1750, dafs auf 1 Morgen (Acre) 700—800—900 Hügel treffen und jeder Hügel 3 oder 4 Pfd. Hopfen gibt. Das wären per Acre 21—24—27 oder 28—32—36 Ztr. in England, per Hektar mehr als 42 bis 74 Ztr. Hopfen. In Britisch-Columbien, Kanada, Nordamerika rechnet man im 2. Jahre nach der Anlage des Hopfengartens durchschnittlich 15—25 Ztr. Hopfen per Acre, also 28—45 Ztr. per Hektar. Aus Seattle, Washington (Nordamerika, pacifische Küste) wird berichtet (s. Allg. H.-Ztg.), dafs man früher 18—25 Ztr. Hopfen per Acre, also 34—36 Ztr. per Hektar, geerntet, jetzt infolge der vielen Krankheiten (durch Parasiten) nur noch 8 Ztr. per Acre = 14—15 Ztr. per Hektar, was doch gewifs traurig sei.

In der Allg. Br.- u. H.-Ztg. 1881, II, 498 wird in einer Korrespondenz von der Pacificküste gesagt, dafs 1880 per Hektar ca. 40 Ztr. geerntet wurden (per Acre 1700 Pfd.); 1881 erwartete man nur 25 Ztr. per Hektar (10 Ztr. per Acre). Nach derselben Fachzeitschrift (1880, II, 701) war die Ernte des F. J. Clark in Otsego, New-York, 1880 von 30 Acres 35 000 Pfd., ca. 30 Ztr. per 1 ha.

Nach dem Osterr. landw. Wochenbl.[9]) rechnete man damals im Staate Washington auf mittelmäfsigem Boden per Acre 1500 Pfd., auf gutem Boden hingegen 2000 Pfd. Hopfen und mehr; das wären also per Hektar erheblich mehr als 30 und 40 Ztr. In Wisconsin (Ver. Staaten) erntete man 1866—1868 per Hektar gegen 60 Ztr., dann infolge des Auftretens der Blattläuse 30—37 Ztr., jetzt 15—20 Ztr. Auch in Australien (Tasmanien) werden per Hektar mehr als 40 Ztr. geerntet.

In jenem Teile des Willamett-Thales (Oregon-State, Nordamerika), welcher zuweilen den Überschwemmungen des Flusses ausgesetzt ist, sind — ohne jede Düngung — Erträge bis zu 2000 und 2200 Pfd. per engl. Acre (also 48—53 Ztr. per Hektar) nichts Ungewöhnliches[10]).

Dafs mit solchen Erträgen die unsrigen in Bayern und Böhmen, trotz ihrer erheblich höheren Qualität, auf die Dauer nicht mehr konkurrieren können und unsere Hopfenkultur zu Grunde gehen mufs, ist jedem wahren Sachkenner ganz klar und einleuchtend. Es hat daher die Frage, ob man durch mechanischen Eingriff zur rechten Zeit die Erträge bei uns erheblich steigern könnte, ein grofses öffentliches Interesse. Meine Arbeit hat, wenn sie auch noch nicht am Ziele angelangt ist, dennoch diese Frage eingehend untersucht und das Wichtige, worauf es ankommt, durch sehr instruktive Zeichnungen klargestellt.

Nach mehreren vergeblichen Versuchen, diese Abhandlungen zu veröffentlichen, erklärte sich die Redaktion einer unserer ersten wissenschaftlich-landwirtschaftlichen Zeitschriften in Deutschland (die Landwirtsch. Jahrbücher von Ministerialdirektor Dr. H. Thiel) bereit, die Arbeit zu übernehmen; nachdem aber die Kosten der Herstellung der Zeichnungen allein schon auf 1000 Mark festgestellt waren, erklärte mir die Redaktion mit lebhaftem Bedauern, darauf verzichten zu müssen. Seitdem liegt auch diese Arbeit da! Proben von diesen Arbeiten bringe ich ebenfalls in diesem Buche in den Fig. VI u. VII des II. Abschnitts und im begleitenden Texte.

Um die so wichtigen, in der Hopfenware auftretenden Farbenschattierungen, die man in den fehlerhaften Richtungen nicht immer haben kann, zu fixieren, habe ich von einem tüchtigen Münchner Künstler eine grofse Reihe von Hopfenzapfen, welche in Jahren herausgesucht wurden, malen lassen. Das Photographieren und Malen dieser zahlreichen Tafeln hat mehr als 1500 Mark gekostet. Das liegt nun auch schon 10—12 Jahre da, anstatt in der Hopfensache selbst allenthalben segenspendend zu wirken. Vielleicht kann ich in einem folgenden Buche etwas davon bringen.

Ich habe die meisten und namentlich alle wichtigeren europäischen (kontinentalen) Hopfenregionen auf meine Kosten selbst gesehen, zum Teil sogar oft wiederholt.

Ich habe, aufser meiner normalen Lehrthätigkeit, in dieser Sache in den beiden Studienabteilungen Weihenstephans. Vorträge über Hopfen gehalten:

bei der Versammlung schweizerischer Brauer zu Genf (1882), bei der Versammlung deutscher Brauer zu Berlin (1884) und der deutschen Brauer zu Stuttgart (1888).

Das Klima, der Boden, die Düngung und die ganze Kulturmethode üben auf die Quantität und namentlich auch auf die Qualität der Hopfenpflanzenernte einen derart einschneidenden und gestaltenden Einflufs aus, dafs es ganz unmöglich scheint, ein Beachtung verdienendes Buch über Hopfenwarenkunde zu schreiben, wenn man in diesen Beziehungen nicht voll und ganz zu Hause ist. Ich habe nahezu 30 Jahre bei den Landwirten und Brauern Weihenstephans über diesen Gegenstand systematische Vorträge gehalten und zu diesem Behufe in der Literatur wie im Terrain auf weiten Strecken die intensivsten Studien gemacht, in meinem eigenen Hopfenvarietätengarten in Weihenstephan und anderwärts spezielle Untersuchungen angestellt, über Kultur des Hopfens literarisch gearbeitet; das meiste aber, und darunter sehr wichtige Sachen, ruht noch in meinen ungedruckten Manuskripten. Meine wertvollen Arbeiten über das Material aller Hopfenregionen der Erde ruhen — zu $^2/_3$ erst vollendet — noch ungedruckt in meinen Manuskripten, weil ich nicht wufste, wo ich diese Monographien drucken lassen könnte. —

Ich bin auch literarisch in diesen Dingen vielfach thätig gewesen, trotz meiner umfangreichen lehramtlichen und literarischen Thätigkeit für die landwirtschaftliche Abteilung in Weihenstephan. Dafs es nicht in noch erheblicherem Mafse der Fall war, ist in einer Gruppierung von hemmenden Einflüssen begründet gewesen, deren Beseitigung aufserhalb meiner Macht lag. Dazu gehören namentlich die bezüglichen, den Hopfen und die Brauerei betreffenden Zeitschriftverhältnisse in Deutschland.

Es kommen in Deutschland nur einige wenige Zeitschriften für solche Publikationen überhaupt in Betracht, die sich, was eigentliche Hopfenware betrifft, meist mit dem Sammeln (also Reproduktion) aus englischen, amerikanischen, österreichischen, belgischen etc. Zeitschriften begnügten. Ich verkenne den Wert solcher Literatursammlungen gewifs nicht; dieselben haben für die Verbreitung von Wissen grofsen Wert, je mehr, je vollständiger sie sind, und es ist das ein unbestreitbares Verdienst der Allg. Brauer- und Hopfen-Zeitung. Für Originalabhandlungen in wirklicher Hopfenwarenkunde, die ohnehin nicht ganz umsonst erhältlich wären und auch noch Kosten für die Herstellung in Anspruch nähmen, hat man in diesen Redaktionen kein Interesse, höchstens noch für Journalartikel, womöglich umsonst erhältlich. Dazu machen sich da oft allerlei ganz persönliche Bestrebungen geltend, die mit der eigentlichen Sache gar nichts zu thun haben. Es ist am bequemsten, wenn man solche, auf Aufklärung in der Hopfenware hingerichtete Bestrebungen gar nicht zu Wort kommen läfst. Dann herrscht Ruhe und behagliches Dahinleben! Man kann dann ungestört seine Rolle als Autorität weiter spielen! — Was haben diese Einseitigkeiten in der Leitung einflufsreicher Fachzeitschriften schon den Hopfenproduzenten und Brauern an vergeudeten Geldmitteln gekostet! — Auf dem Boden der landwirtschaftlichen Zeitschriftliteratur in Deutschland, wo so viele Hundert tüchtige Männer wirken, fehlen solche einseitig veranlagten Kräfte, welche alles an sich reifsen und, was ihnen aus oft rein subjektiven Beweggründen nicht pafst, unterdrücken möchten, keineswegs, aber die kommen gegenüber den universeller veranlagten Männern mit ihrer zerstörenden oder hemmenden Thätigkeit nicht zur Geltung. Solche hervorragenden Organe, wie sie die deutsche Landwirtschaft in den Landwirtschaftlichen Jahrbüchern von Dr. H. Thiel etc. etc. besitzt, wo auch eine Abhandlung Aufnahme finden kann, deren Tendenz mit der Ansicht des Redakteurs vielleicht nicht völlig übereinstimmt, fehlen hier dem Hopfen und der Brauerei ganz.

Dazu die ängstliche Rücksichtnahme auf das Wohlwollen der Herren Brauer und namentlich der Herren Hopfenhändler, wohl schon wegen des Abonnements. Dafs es nicht immer im Interesse der Brauer, selbst auch der Hopfenhändler liegt, wenn sie objektive Wahrheiten nicht zu hören bekommen, darüber werden wir folgend einige sehr gewichtige Beispiele bringen.

Es läge wirklich im Interesse der Brauerei aller Länder, wenn ein gröfseres, etwa monatlich erscheinendes Organ existierte, welches über die Brauereirohmaterialien gröfsere, wissenschaftlich-technische Abhandlungen, möglichst im Zusammenhang gedruckt, bringt. In der Allg. Br.- u. H.-Ztg. 1881, II, 757 sagt Dr. Bersch bei Besprechung des Brauwertes wilden Hopfens, dafs unsere Hopfenkenntnis gegen die sonstige Entwicklung der zymotechnischen Wissenschaft um ein Jahrhundert zurück sei. Eine solche Ansicht liefs sich doch nur so lange aufrecht erhalten, als das ganze Hopfenwissen aus überall zerstreuten, unübersichtlichen Fragmenten bestand. Mit so kleinen Journalartikeln lassen sich diese Dinge auf wissenschaftlicher Grundlage nicht fortentwickeln, daher auch die vielfach vorhandene schädliche Stagnation. Tag für Tag und Jahr für Jahr dieselbe Sache in kleinen Artikelchen! — So einen gelegentlichen (Journal-) Artikel über Hopfensachen kann man natürlich in Deutschland wie in Österreich leicht in einem der bestehenden Brauerei- oder Hopfen-Fachblätter unterbringen. Ganz anders ist es, wenn ein Mann mit grofsen eigenen, auch Geld-Opfern 5—10 oder gar 20 Jahre spezialistisch und systematisch über einen derart umfangreichen und schwierigen Gegenstand arbeitet. Auch da wird eine 2 bis 3 Spalten lange, gedrängteste Übersicht über die Arbeiten von 5 oder 10 Jahren in Bezug auf Publikation in diesen Fachblättern keinen Schwierigkeiten begegnen. Ist aber damit dem Autor oder gar dem von ihm vertretenen Wissensgebiet gedient? So was genügt wohl, eine Nachricht von der Sache zu geben, eine allgemeine Orientierung, aber dafs man im praktischen Alltagsleben danach arbeiten könnte, das ist doch ganz unmöglich, wie jeder Praktiker zugeben wird. In den exakten Wissensgebieten nennt man so einen Journalartikel »vorläufige Mitteilung«, womit gleich gesagt ist, dafs die Hauptsache erst noch folgt.

Diese vorläufigen Mitteilungen kann man auch in solchen Sachen bringen, aber die Hauptsachen nicht, weil sie als Monographien keine Förderung finden. Mit solchen kürzesten Extrakten entwertet man also die mit Geldopfern und in langwierigen Anstrengungen geschaffenen Arbeiten und erschwert damit ihre endliche vollständige Veröffentlichung, womit allein dem Interesse des Autors und dem Wissensgebiete selbst Rechnung getragen wäre. Soweit ein solches Verhalten frei von Subjektivität und lediglich als ein Ausdruck des Konkurrenzkampfes der Fachzeitschriften untereinander anzusehen ist, läfst sich natürlich nichts Abfälliges dagegen sagen.

Zu diesen sehr ungünstigen Verhältnissen, welche der Entwicklung der Hopfenwarenkunde im Wege standen und noch stehen und mich seit Jahren veranlafst hatten, alles Diesbezügliche liegen zu lassen, kam noch in den letzten zwei Jahrzehnten die Eismaschinenzeit in der Brauerei mit ihrer weitgehenden Geringschätzung der Bedeutung des Hopfens für die Brauerei im Gefolge, welche namentlich von den technologisch redigierten Fachzeitschriften sehr begünstigt wurde. Die bittere Niederlage und Lehre, welche die deutsche Brauerei durch den Einbruch der lichten (sogen. Pilsener) Biere, die uns auch die Überschwemmung mit Saazer Hopfen und mährischer Gerste brachten und — unausbleiblich — bedeutende Zölle für diese Provenienzen bringen werden, dafür erhalten und von der wir noch sprechen werden, hat den Brauern auch in dieser Hinsicht Gelegenheit zum Lernen gegeben.

Aber auch in den thatsächlich von mir veröffentlichten Zeitschriftabhandlungen lagen manche entwicklungsfähige Keime, wenn sie auch da und dort noch den Stempel des Anfänglichen, des noch nicht Gereiften, an sich trugen. Wo ist überhaupt der Mensch, welcher etwas geleistet hat und gleich im Beginne jenes wissenschaftliche Niveau einnahm, wie am Ende einer vieljährigen Thätigkeit in derselben Richtung und in einer so schwierigen Sache?

Aus den geschilderten Gründen waren alle diese von mir veröffentlichten zahlreichen Abhandlungen in den mannigfaltigsten Zeitschriften Deutschlands und Österreichs zerstreut, vielfach sogar in rein landwirtschaftlichen, welche kein Brauer, Technologe, Hopfenhändler etc. je zu Gesicht bekommt, also sehr schwer zugänglich sind.

Da nun diese Arbeiten für das vorliegende Buch stellenweise mehrfach benutzt worden sind, und um manchem, speziellere Studien betreibenden Fachmanne das Verfolgen dieser Bestrebungen zu erleichtern, will ich alle die von mir im Laufe der Jahre gemachten Veröffentlichungen über den Hopfen anführen:

1. Die Hallertau in Bayern als Hopfenkulturregion. Geographische Verhältnisse[11]).
2. Der Bau des Bodens in der Hallertau[12]).

3. Die Diluvialbildungen und die Hopfenkulturen von Saaz, verglichen mit jenen von Spalt und der Hallertau in Bayern[13]).

4. Die Wertbestimmung des Hopfens durch die mechanische Analyse[14]).

5. Vergleichende Untersuchung über den Wert des Hopfens durch die mechanische Analyse[15]).

6. Die Varietäten des Hopfens. Auf 26 photographischen Tafeln mit über 160 Sorten in Doldengruppen; in natürlicher Gröſse aufgenommen[16]).

7. Die Varietäten des Hopfens. Supplementband. 135 Sorten aus drei Weltteilen, auf 12 photographischen Tafeln in natürlicher Gröſse aufgenommen[17]).

Was diese beiden Bände Hopfenvarietätentafeln für einen Wert zum Unterrichte in dieser Sache besitzen, das ist mir erst jetzt wieder voll zum Bewuſstsein gekommen bei der Ausarbeitung dieser Schrift. Es gibt gar kein bequemeres und mehr Sicherheit bietendes Mittel, sich mit den Hopfenzapfentypen der wichtigsten Hopfenregionen der Welt vertraut zu machen, als diese Tafeln. Jeder wird das einsehen, der ernstlich daran geht, und mit dem Erscheinen dieses Buches sind diese Tafeln wieder in den Vordergrund gerückt. Die Platten sind noch da, zwei sind zerbrochen und müſsten erst wieder hergestellt werden. Sie sind übrigens jüngst erst wieder nach England und Nordamerika bezogen worden.

In der Allg. Br.- u. H.-Ztg. 1881, I, 288 bespricht der Teilhaber einer hochangesehenen Hopfenhandelsfirma (Gebr. Zeltner) diese Hopfenvarietätentafeln mit groſser Wärme und begrüſst in ihnen den Beginn von wissenschaftlich-praktischen Untersuchungen, deren der Artikel »Hopfen« bisher leider ganz entbehrt, während er ihrer so sehr bedarf. Was hätte in der That aus dieser Sache werden können, wenn ein so einfluſsreiches, verbreitetes Organ, wie diese Zeitung, bei ihrer damals so freundlichen Haltung für meine ehrlichen und sachlichen Bestrebungen geblieben wäre und sich nicht von Neid und Miſsgunst anderer Leute hätte abdrängen lassen!

8. Die geognostischen Verhältnisse der Hallertau[18]).

9. Landschaftliches aus der Hallertau[19]).

10. Die Kultur, Statistik und Handelsverhältnisse des Hopfens in England. Nach einer Originalabhandlung von Charles Whitehead in Maidstone; Journal of the royal agricultural Society of England, second Serie, Volume the fourteenth, Part II, No. XXVIII, p. 723 u. ff. Aus dem Englischen übersetzt und mit Anmerkungen versehen[20]).

11. Über russische Hopfen[21]).

12. Die Beurteilung des Hopfens als Braumaterial; ein Vortrag, gehalten bei der VII. Versammlung schweizerischer Brauer in Genf am 21. September 1882[22]).

13. Die Bestimmung des Mehlgehaltes in den Hopfendolden[23]).

14. Untersuchungen über die naturgesetzlichen Grundlagen der Hopfenkultur[24]).

15. Die schwedischen Hopfen in ihren Beziehungen zur Pflanzengeographie, zur Landwirtschaft und Brauerei[25]).

16. Die Exkursion der Weihenstephaner Technologen in die Hallertauer Hopfenkulturregion vom 5.—7. August 1882[26]).

17. Rückblick auf die Bayerische Landeshopfen-Ausstellung im Münchener Glaspalaste 1885[27]).

18. Über den Mehlgehalt der Hopfensorten aller hopfenbauenden Länder der Erde und namentlich Deutschlands und Österreichs. Ein Vortrag, gehalten beim V. Deutschen Brauertag in Berlin am 25. Juni 1884[28]).

19. Wann ist der Hopfen reif?[29])

20. Über Hopfentrichome. Ein Vortrag, gehalten beim V. Deutschen Brauertag in Stuttgart am 28. Juni 1888[30]).

Unlängst erst wurde ich von einem jüngeren Technologen um Angabe der Zeitschrift ersucht, wo diese Abhandlung erschienen ist. Er wollte nachlesen, was ich über nicht individualisierte Drüsen in der Hopfenware gesagt habe. Wenn ich überlege, was seit bald 100 Jahren alles über Hopfentrichome geschrieben wurde und was ich alles besitze, und dafs dabei von allen diesen Autoren diese in den Hopfenblättern sitzenden Sekretionsorgane, welche ein Sechstel bis ein Neuntel des Hopfensekretes überhaupt enthalten, vor mir niemals auch nur mit einem Worte erwähnt wurden, dann begreift man auch, wohin diese Mifsstände in der Zeitschriftliteratur die Brauereien etc. führen.

Unter den Männern, welche in der jüngsten Zeit in Deutschland über die Hopfentrichome (Drüsen) gearbeitet, sind solche, welche sich in Bezug auf ihre Fähigkeiten im Mikroskopieren selbst hoch einschätzen und deren Leistungsfähigkeit in dieser Richtung ich selbst vorbehaltlos anerkenne. Umsomehr wundere ich mich, dafs sie das, was sozusagen an allen Wegen liegt, nicht gesehen haben. Ich habe mich des Mikroskops nur bedient, um zu sehen, was sich für technische Zwecke damit erreichen läfst, und habe diese Art Sekretionsapparate sofort erkannt und schon 1888 in meinem Stuttgarter Vortrage davon gesprochen.

21. Die Bedeutung der Wiener Hopfenausstellung 1890 für die Hopfenwarenkenntnis und die Anwendung des Hopfens in der Brauerei[31]).

22. Die Resultate des Weihenstephaner Hopfenvarietätengartens[32]).

23. Geschichtliches über den Hopfen[33]).

24. Das Hopfengebiet des Spalter Landes und die Hopfenausstellung in der Stadt Spalt 1891[34]).

25. Studien über die Eigenschaften der Saazer Hopfen und über die bei ihrer Gestaltung wirksamen Ursachen[35]).

26. Einiges über russische Prima- und andere Hopfen[36]).

Sicher hätten meine Arbeiten, namentlich in den Kreisen der tüchtigen Männer, welche neuestens die Hopfenfrage chemisch in Angriff genommen haben, ganz andere Resultate gezeitigt, wenn sie nicht so zerstreut und mehr zugänglich gewesen. Doch das ist gegen meine Neigung geschehen, unter dem Einflusse einer Zwangslage, die ich erwähnt habe.

Diejenigen aber, welche einen näheren Einblick in meine Bestrebungen hatten, wissen recht gut, dafs die Hauptsachen, zum Teil vielfach noch unvollendet, nur teilweise bearbeitet, noch in meinen Händen ruhen.

Niemand wird mir verargen, dafs ich sie zunächst liegen gelassen habe, der auch nur einigermafsen weifs, welche Berge von Schwierigkeiten mir in den Weg gestellt worden sind. Es ist mir aber von sehr namhaften Persönlichkeiten nahegelegt worden, dafs es unrecht sei, wenn ich mich durch solche Schwierigkeiten daran verhindern liefse, meine auf so mühevollen Wegen erworbenen Kenntnisse auf den geistigen Weltmarkt zu bringen.

Ich war in der That stets von dem Gedanken beseelt, dafs es im Interesse der Sache gelegen, den Resultaten meiner Arbeit nach Möglichkeit Eingang in die Öffentlichkeit zu verschaffen. Aber wie? Ich war damals von der Notwendigkeit überzeugt, dafs einem Leitfaden oder Lehrbuche der Hopfenwarenkunde erst noch eine Anzahl monographischer Bearbeitungen über die wichtigsten Hopfenregionen der Erde und über einzelne Abschnitte der wissenschaftlichen Hopfenwarenkunde vorangehen müfsten. Indes gehören auch zur Vollendung dieser Arbeiten noch viele Hilfszeichnungen, deren Herstellung meine durch vieles Zeichnen und Schreiben strapazierten Augen nicht mehr recht ertragen wollen. Ich bedürfte dazu einer Hilfe, welche kostspielig ist. Und schliefslich kommen alle mit vielen Abbildungen versehenen monographischen Druckschriften hoch im Preise, finden deshalb schwer einen tüchtigen Verleger, weil diese fürchten, dafs der Absatz nicht genügend sein werde. Zwei solche Druckschriften, eine über die Sekretionsorgane des Hopfens und eine über die Elemente der Hopfenwarenkunde, nachgewiesen am Produkte der Hopfenkulturregionen von Saaz in Böhmen, liegen aus diesen Gründen schon seit 10—12 Jahren da, ohne veröffentlicht werden zu können. In Deutschland, wo es so viele reiche Interessenten der Hopfenbranche gibt, darf eine Unterstützung solcher verdienstlichen Arbeiten mit ein paar Tausend Mark nicht erwartet werden.

Was aber solche Publikationen ohne diese, die Sache im hohen Grade verteuernden und erschwerenden Abbildungen wert sind, darüber kann man sich leicht eine Vorstellung machen, wenn man in Betracht nimmt, was das vorliegende Buch wäre, wenn die zahlreichen Abbildungen als Unterlage des Textes (namentlich in einzelnen Abschnitten) mangelten.

Ich versuchte vor Jahren aus meinen Arbeiten über die Sekretionsorgane des Hopfens den Abschnitt über die Varietäten der grofsen Hopfendrüsen in einer grofsen deutschen landwirtschaftlichen Zeitschrift zu veröffentlichen. Es handelte sich um eine vieljährige mikroskopische Arbeit über die Hopfendrüsenvarietäten vom Kaukasus (Asien) durch Europa bis San Francisco an der pacifischen Küste. Dafs eine solche Arbeit nicht überflüssig ist, zeigt eine Äufserung im Gambrinus (1899, No. 13, S. 517), wo die Vermutung ausgesprochen wird, dafs jede Hopfensorte ihre besondere charakteristische Drüsenform habe, welche Rückschlüsse auf die Provenienz gestatte.

Die Redaktion der erwähnten Zeitschrift hätte die Abhandlung genommen, aber da sie in der Sache unkundig, war ein vermeintlich sachkundiger (Berliner) Technologe gefragt worden. Dieser erklärte, dafs die Arbeit zu umfangreich, zu weitschweifig sei; sie sollte erst auf ein Drittel reduziert werden. Als die Redaktion dann dieses Ansinnen an mich stellte, lehnte ich die Publikation ab, und so liegt auch diese Arbeit heute — nach 12—15 Jahren — noch da!

Das hat ein Mann gethan, von dem ich bestreite, dafs er im stande sei, auch nur eine Hopfenprobe, mit Gründen belegt, in Bezug auf Provenienz und Brauwert zu bestimmen.

Das, was diese Pseudo-Autorität über den Hopfen gesagt hat, kann man sicher auf zehn oder zwölf Zeilen zusammendrängen. Welche Kleinheit der Gesinnung! Unwillkürlich fragt man sich da, was besser ist, wenn das, was über den Hopfen geschrieben wird, etwas zu umfangreich ist, oder wenn gar nichts darüber geschrieben wird? — Ich kann aber gar nicht zugeben, dafs diese Arbeit zu umfangreich war; sie war das eigentlich gar nicht in Bezug auf den grofsen Stoffumfang; dieser Gelehrte hat das mit seiner unentwickelten Einsicht in den Gegenstand verwechselt.

Solche Herren werden auch von Verlagsbuchhändlern immer gefragt, und wie oft wird dann durch ein solches angemafstes Sachverständigenurteil eine wertvolle Sache zu Grunde gerichtet!

Dieser Herr hat übrigens meine Bestrebungen auch noch an anderer Stelle, überhaupt wo er konnte, gelähmt und geschädigt. — Da waren nur egoistische, ehrgeizige Motive zu Grunde gelegen, das Bestreben, alles, was Brauerei und Hopfen heifst, an sich zu reifsen und an seine Fahne zu binden, in der Hand zu behalten.

Inzwischen war ich im Frühjahr 1894 an einer Lungenaffektion erkrankt. Dazu hatte die langjährige Lehrthätigkeit und der namentlich im oberbayerischen Winter überaus beschwerliche Weihenstephaner Berg, welchen ich nahezu 30 Jahre hinangestiegen bin, die Anlage gegeben. Ich sah mich dadurch und durch noch einiges andere veranlafst, mich — nach fast 30jähriger Wirksamkeit in Weihenstephan — von der mir teuren Lehrthätigkeit zurückzuziehen, was mir um so schwerer fiel, als zahlreiche Unternehmungen, so namentlich auch die Hopfenwarenkunde, unvollendet waren.

Als sich nach mehreren Jahren meines Münchner Aufenthaltes, während dessen ich wissenschaftlich unablässig thätig war, meine Gesundheitsverhältnisse wieder gebessert hatten, entschlofs ich mich noch einmal auf dem Wege des Unterrichtes, durch Lehrvorträge und daran angeschlossene praktische Übungen in der Hopfenwarenkunde zu wirken, umsomehr, als ja auch meine Kenntnisse in dieser Sache erst in der letzten Reihe von Jahren ihre volle Reife und Abrundung erlangt hatten, so dafs auch diejenigen, die früher meine Schüler waren, sich mit Nutzen daran hätten beteiligen können.

Ich wollte jedes Jahr einen oder höchstens zwei Unterrichtskurse über Hopfenwarenkunde in München abhalten, wobei am Schlusse der orientierenden Vorträge ein Praktikum folgen sollte, in dem mindestens 40 Hopfensorten aller wichtigeren Lagen der Welt — nach der von mir entwickelten Methode — systematisch bearbeitet würden. Ich hoffte, dafs ich das doch noch 4—5 Jahre würde leisten können.

Ich habe diese Absicht in einigen Fachzeitschriften angezeigt. Der Erfolg war aber, trotz zahlreicher Anfragen, schliefslich so gering, dafs ich fast den ersten Kurs nicht abgehalten hätte wenn nicht einige junge Männer dagewesen wären, darunter einer aus Japan, welche mich lebhaft drängten. So ist dieser Kurs gehalten worden. Die Teilnehmer werden selbst am besten wissen, was sie gelernt haben, zudem sie da ein Material von Abbildungen etc. gesehen, wie es sicher kein zweites Mal in der Welt existiert. Für mich aber waren die 40 Hopfensorten aller wichtigen Lagen Europas und Amerikas, welche uns gröfstenteils die Firma S. Bing Söhne in Nürnberg, sicher unter grofsen Mühen, welche namentlich auch noch durch die sehr verspätete Bestellung in vorgerückter Saison verstärkt worden sind, lieferte, die Veranlassung, endlich doch einmal eine zusammenfassende Schrift über Hopfenwarenkunde auszuarbeiten, damit jene Berufskreise, welche meinen Arbeiten ein ernstes Interesse entgegenbringen, auch eine bleibende und fruchtbringende Erinnerung über meine Beteiligung an der Entwicklung dieser wichtigen und schwierigen Wissenszweige haben. Wenn der Unterrichtskurs über Hopfenwarenkunde nicht gewesen wäre, hätte ich mich schwerlich noch einmal mit dieser harten Arbeit befafst, trotz des reichen, in meiner Hand befindlichen, verarbeiteten Materials.

Der Engländer Morris klagt in seinem Lehrbuche der Bierbrauerei, dafs die Hopfenkenntnis noch so wenig entwickelt sei, dafs man sich dabei im Einkaufe auf ganz unsichere Merkmale stütze. Bei der Gerste seien unsere Kenntnisse so entwickelt, dafs es keinem intelligenten Brauer mehr einfalle, dieselbe blofs nach ihrer Etikette, nach ihrer Provenienz zu kaufen; er lasse vielmehr, auf Grund seines direkten Urteils, eine solche Gerste liegen, wenn sie einem schlechten Jahrgang angehöre und wenn ihr Ursprung aus den berühmtesten Gegenden des Gerstenbaues ganz sicher nachgewiesen sei. Ganz anders und entgegengesetzt sei es aber beim Hopfen, da spiele die Ursprungsetikette beim Einkauf noch die gröfste und ausschlaggebende Rolle. Morris hofft, dafs einmal die Chemie und das Mikroskop hier Wandel schaffen und dem Brauer zu einer besseren Beurteilungsgrundlage verhelfen werden, wodurch dann viel Schwindel aus der Welt geschafft werden könne. In der Allg. H.-Ztg. 1880, II, 619 wird nach dem Böhm. Bierbr. gesagt, dafs das Mikroskop desfalls bei zwei- und mehrjährigem Hopfen gute Dienste leisten könnte, bei einjährigem aber sei dies zweifelhaft. Auffallenderweise sagt auch C. G. Zetterlund in Örebro, dafs man mit dem Mikroskop alten und neuen Hopfen am sichersten unterscheiden könne[37]. Noch mehr, und mit ebensowenig Grund, wird das Mikroskop zur Untersuchung des Hopfens und namentlich der Drüsen empfohlen im Gambrinus (1899, Nr. 13, S. 517). Der Vergleich zwischen der Gersten- und Hopfenkenntnis ist aber so ohne weiteres nicht richtig, denn um sich ein richtiges Urteil in Bezug auf die Gerste anzueignen, sind auch nicht entfernt solche Aufwendungen an Zeit, Mühe und Wissen nötig wie in Bezug auf den Hopfen. Ich habe ja selbst auch viele Jahre über Gerste unterrichtet und darf mir auch in dieser Frage ein Urteil zutrauen. Mit der Chemie läfst sich da (beim Hopfen), wie wir sehen werden, wenig machen und noch weniger mit dem Mikroskop[38].

Abgesehen davon, dafs es doch für den Brauer ganz unmöglich ist und immer so bleiben wird, dafs er seinen Hopfen vor dem Einkaufen und bei der Verwendung in der Brauerei erst im chemischen Laboratorium untersuchen lassen kann, werden wir später, in einem zweiten Buche in einem Abschnitt: »Die quantitative Bestimmung des Sekretgehaltes durch lösende Mittel und der Wert der chemischen Untersuchung der Hopfenware«, sehen, was es mit der gegenwärtigen Methode der chemischen Untersuchung der Hopfenware auf sich hat, wie gering verhältnismäfsig der Wert dieser Methoden bis heute selbst für prinzipielle Fragen, geschweige denn erst für das alltägliche Bedürfnis des praktischen Brauers ist! Auch die Möglichkeit, dafs es damit einmal erheblich anders werde, erscheint mir auf Grund meiner sicher eingehenden Kenntnis des Gegenstandes ganz ausgeschlossen, weil es sich in der Hauptsache um Dinge handelt, welchen man wohl mit den menschlichen Sinnen, aber niemals mit den Methoden der Chemie beizukommen vermag.

Und dafs man mit dem Mikroskop rein gar nichts machen kann, davon haben mich meine langwierigen mikroskopischen Arbeiten mit dem Hopfen genügend überzeugt; man kann damit nicht einmal feststellen, ob man alten oder neuen Hopfen vor sich hat. Diese Ansicht wurde mir von in Weihenstephan studierenden Chemikern etc. bestätigt, welche ebenfalls vergebliche langwierige Versuche mit dem Mikroskop gemacht haben. Wie diese wichtigen Dinge oft behandelt werden, darüber gibt ein Artikel von Dr. Jos. Bersch »Das Mikroskop und seine Anwendung in der Brautechnik«[39]) genügend Auskunft. Nichts von dem, was dort gesagt wird, ist wahr! Nicht bei 300maliger Vergröfserung, sondern bei 180—200facher ist das technisch richtige Sehen für die Hopfendrüsen gegeben, und man mufs trocken suchen, ja kein Wasser zusetzen, wie dort gesagt ist, weil sonst im Sekret eine lebhafte Bewegung (Wassereinlagerung) eintritt, die stundenlang dauert; ebenso ist es mit den straff gespannten Zellen des oberen Teils der Drüsen, mit der Farbe etc.: alles ist falsch!

Bekanntlich leiden in sehr nassen, kühlen Sommern die Hopfen sehr an Schimmel, Rufstau, Honigtau und Blattläusen, in sehr trockenen, dürren Jahren aber an Kupferbrand, hervorgerufen durch die Spinnmilbe (Tetranychus telarius). Oft schon haben die Brauer den Eindruck gewonnen, dafs rufsbrandige oder kupferbrandige Hopfen sehr schlechte Wirkungen auf das Bier haben. Die eigentümliche Überschätzung dessen, was dabei zur Erkenntnis und Fernhaltung dieser Schädlichkeiten das Mikroskop und dann die Chemie leisten können, spiegelt sich sehr gut in einem Artikel der Allg. H.-Ztg. 1868, S. 398: Schon oft sei in dieser Zeitschrift der Verdacht ausgesprochen worden, dafs man Zweifel hege, ob mit kupferbrandigem Hopfen gesundes Bier gebraut werden könne. Es sei wohl nicht das erste Jahr, in welchem man kupferbrandigen Hopfen kennen lernt, aber ein Jahr, in dem das schadhafte Produkt in so überwiegender Masse zum Verkaufe ausgeboten wird und ein so entschiedener Mangel an gesunder Ware gegeben sei, wie in dem gegenwärtigen (1868), sei gewifs noch nicht dagewesen. Das ist übrigens nicht richtig, denn es war 1859 und 1865 ganz ähnlich, und von 1868 bis zum Schlusse des 19. Jahrhunderts waren noch mehrere, sehr ähnliche Jahre; die Brauer werden eben nicht immer so aufmerksam auf diese wichtige Sache gewesen sein; würden sie es sein, dann würden sie bald erkennen, dafs einerseits in rufsbrandigen, anderseits in kupferbrandigen Jahren sich ganz allgemein gewisse Fehlertypen im Biere überall mehr oder minder stark zeigen, und dann würde es nicht schwer sein, sie nach ihren Ursachen und nach ihrem Wesen zu erkennen, zu bekämpfen oder in ihren Wirkungen abzuschwächen. Die Andeutungen englischer Autoren, namentlich von Briant und Meacham, lassen keinen Zweifel aufkommen, dafs es so ist, dafs es durch krankhaft gewachsenen Hopfen veranlafste Jahreserkrankungen des Bieres gibt.

Was — fragt der oben erwähnte Autor — ist aber bis jetzt geschehen, um das Verhältnis zwischen dem wirklichen Lupulingehalt der gesunden Ware im Gegensatze zu dem der kupferbrandigen zu ermitteln? Mikroskopische Untersuchungen ergäben zur Genüge, dafs in dem kupferbrandigen Hopfen weder reichliches noch saftiges Lupulin vorhanden sei[40]). Hat man aber auch schon chemisch untersucht, ob das kupferbrandige Lupulin auch gesund ist, ob es dem Biere eine reine Ingredienz zuführe, und ob ein haltbarer Stoff damit gebraut werden könne?

Jeder Brauer wisse, wieviel gesunden Hopfen er zur Erzeugung eines gegebenen Quantums Bier nehmen müsse; weifs er aber auch aus Erfahrung, wieviel vom kupferbrandigen? Sollte die mikroskopische Prüfung nicht nachweisen, dafs er von kupferbrandiger Ware das zehnfache Quantum nehmen müsse, um dem Biere gleiches Aroma und Geschmack, wenn diese überhaupt damit erreichbar sind, zu geben? Ist es nicht ein gewagtes Spiel für den Brauer, ohne vorhergehende chemische Untersuchung Bier mit kupferbrandigem Hopfen zu brauen? Wagt er dabei nicht grofse Verluste? Und wird das Ende nicht vielleicht sein, dafs die Regierungen den Verkauf des unhaltbaren, in der Qualität schlechten Bieres untersagen? Wagt man in den Metropolen der Bierproduktion Europas, in München und Wien, mit solchem Hopfen fortzubrauen, um, wenn es zu spät ist, das Bier chemisch untersuchen zu lassen, statt sich rechtzeitig an die Herren der Chemie zu wenden? —

Ob der kupferbrandige Hopfen genügend Mehl, resp. Sekret hat, das zeigen die (richtig gemachten) Reibflächen auf das genaueste; ob Aroma und Bitter des Sekretes voll durchgebildet sind, läfst sich mit unsern Sinnen genauest feststellen. Die Chemie kann da nichts. Möglich, ja sogar wahrscheinlich wirkt aber das Sekret stark kupferbrandiger Ware störend auf den Gärungsverlauf; wie, ist nicht festgestellt. Das läge dann in konstitutionellen Verhältnissen des Sekretes begründet, zu deren Feststellung weder die Chemie noch das Mikroskop etwas leisten können.

Da infolge dieser ungünstigen Hopfenwarenverhältnisse die deutschen Grofsbrauer, welche untergäriges Lagerbier erzeugen, der Meinung waren, dafs diese kupferbrandige, unvollkommen ausgebildete, vermeintlich sekretarme Ware sich nicht zu Lagerbier eigne, griffen sie massenhaft nach böhmischer Ware. Österreich exportierte 1868 über 75000 Ztr., sicher meist Saazer Hopfen, das meiste nach Deutschland; im Jahre zuvor hatte es nicht ganz 41000 und im Jahre darauf ein wenig über 32000 Ztr. exportiert. Hätten die Brauer den Gehalt der 1868er Jahre sicher festzustellen vermocht, hätten sie viel Geld gespart, und die deutschen (namentlich auch die bayerischen) Hopfenproduzenten hätten 30000—40000 Ztr. mehr abgesetzt. Segen des Wissens und Könnens!

Die von mir entwickelten Reibflächen gewähren aber auch den weiteren, nicht gering anzuschlagenden Vorteil, dafs sie bis jetzt ganz allein eine einheitliche Grundlage darbieten, auf welcher alle Hopfen — in selbst langen Jahresreihen — nach einheitlicher Methode verglichen werden können. Nichts anderes gibt dem, welcher sich weitgehende Kenntnisse in Bezug auf den Charakter der Hopfenware und eine feste Position in der Beurteilung des Handels- und Brauwertes dieses schwierigen Materials verschaffen will, eine solche klare und bestimmte Richtung über die einzuschlagenden Wege und Methoden und ein Jahrzehnte hindurch immer gleich brauchbares (vergleichbares) Material.

Was man in Bezug auf Beurteilung der Hopfenware im Beginn der 1860er Jahre wufste, das hat ganz treffend das Hersbrucker Wochenblatt 1861 (reprod. Allg. H.-Ztg. 1861, S. 59) gesagt: Will einer für einen Hopfenkenner gelten, so mufs er es also machen: zuerst nehme er mit wichtiger Miene eine Hand voll Hopfen, drücke den in der Hand befindlichen Hopfen zusammen, als ob er den Grad der Elastizität und der Festigkeit desselben prüfen wolle; dann nimmt er ihn in die aus beiden Händen gebildete Hohlhand und prüft den Geruch wiederholt; hierauf sehe er auf der Flachhand die Häublein einzeln durch, vergleiche ihre Gröfse, Gestalt, Farbe, Glanz, Reinheit, Unversehrtheit, spalte dann einige Zäpfchen längs der Blütenspindel mit dem Nagel des Daumens auf, lege die Hälften so aneinander, dafs die Spaltung beisammen liegt; dadurch gibt so ein Kenner sich das Ansehen, als ob er herausbekommen wolle, wie die Menge des Hopfenmehls, Farbe, Glanz und Durchsichtigkeit desselben beschaffen sei; die Spaltungsfläche mufs er überdies noch auf dem Handrücken oder, noch besser, auf dem Papier abreiben, denn dies ist die Probe für die Farbe, den Glanz, die Reinheit, den Geruch und die Fettigkeit des Striches. Ich habe selbst noch alte Braumeister bei Hopfenprüfungen derart manipulieren gesehen; sicher geschieht es auch heute noch tausendfach.

Der beste Hopfen hat einen vollkommen reinen, starken, gewürzhaften, angenehmen Geruch, welcher rein spezifisch ist, ohne an einen andern vegetabilischen oder chemischen Geruch zu erinnern; der schlechte Hopfen hat wenig Geruch, dieser ist unangenehm, scharfstoffig, erinnert an den Geruch des Knoblauchs, des Schwefels oder an Obstarten, reizt bei längerer Einwirkung zum Niesen.

Das Hopfenmehl des feinsten Hopfens gibt, über ein weifses Papier gestrichen, einen reinen, gelben, glänzenden, fettartigen Fleck in dem Grade, dafs das Papier davon durchsichtig wird; der Strich enthält sehr wenig Schüppchen; der schlechte Hopfen gibt einen stark ins Grüne gehenden Strich ohne Glanz und ohne das Papier fettig zu machen und mit viel kleieartigen Schüppchen (das sind die Drüsenbrecher.).[41])

Der gute Hopfen fühlt sich weich, sehr elastisch, wie geölt an, der grobe ist spröde, hart, spreuartig; der Geschmack des feinen Hopfens ist angenehm bitter, der des geringeren

Hopfens ist unangenehm, scharf bitter. In Bezug auf die Bedeutung des Mikroskops zur Untersuchung der Hopfendrüsen hat übrigens auch Prof. Dr. G. Holzner[42]) ganz irrige Ansichten geäufsert. Holzner sagt, dafs die Lupulinkörnchen des gesunden, frischen Hopfens schön goldgelb seien, jene des alten oder verdorbenen Hopfens dagegen braun oder schwarz oder runzelig (so sind aber die frischen meist auch). Ohne Zweifel kann es ein fleifsiger Beobachter dahin bringen, nicht blofs die Verringerung der Qualität, sondern sogar den Grad der Verschlechterung des Hopfens mit dem Mikroskop zu erkennen. Was der Herr Prof. Dr. Holzner da sagt, ist vollständig irrig, wir werden das noch beweisen; mit den nötigen Hopfenproben und dem Mikroskop zur Hand kann ich es jedem Interessenten relativ rasch zeigen. Alles das, was das Mikroskop nicht leisten kann, leisten aber meine Sekretbilder oder Reibflächen dem, der sie richtig machen kann; das kann ich, mit dem nötigen Material in der Hand, ebenfalls sehr rasch praktisch beweisen.

Jene Brauer, welche sich der Mühe unterziehen, sich mit dem Inhalt dieses Buches und eines folgenden ernstlich vertraut zu machen, werden in Bezug auf die Hopfenware so orientiert sein, dafs sie keinen Mangel empfinden; es wird ihnen leicht sein, den Einkauf nach Mustern, wie direkt an Ort und Stelle, ohne Schädigung zu vollziehen und den bereits in ihren Händen befindlichen Hopfen in der Brauerei auch an der rechten Stelle und in der richtigen, allein lohnenden Art und Weise zu verwenden.

Von all dem dürfte der Inhalt dieser Bücher Zeugnis geben, und wer ihn gründlich studiert und sich die nötigen Fertigkeiten durch Selbstübung oder besser noch durch gleichzeitigen Unterricht angeeignet hat, wird bald finden, dafs unsere Kenntnisse und Fähigkeiten auf dem Boden meiner vieljährigen und umfassenden Arbeiten heute schon so entwickelt sind, dafs allen Bedürfnissen und Fragen des Hopfenhandels und der Brauerei (auch der Hopfenproduktion) vollkommen Genüge geleistet werden kann. Und wenn diese Kenntnisse erst einmal im gröfseren Mafsstab im praktischen Betrieb der Brauerei wirksam geworden sind, wird auch der Fortschritt in der rationellen Verwendung des Hopfens in der Brauerei gesichert sein, umsomehr, als diese Methode sich des denkbar einfachsten und billigsten Apparates bedient, der auch dem schlichten Praktiker keine unüberwindlichen Schwierigkeiten bereitet.

Wer sich also die in meinem Buche niedergelegten Kenntnisse wirklich zu eigen gemacht, oder vielleicht gar noch einen kurzen Lehrgang nebst daranschliefsenden praktischen Übungen unter meiner direkten Anleitung durchgemacht hat, für den liegen diese Verhältnisse ganz anders, zudem er dann auch die in diesem Buche dargebotenen Hilfsmittel immer zum Vergleiche heranziehen kann. Er wird dann wohl und sicher im stande sein, schlechte, geringe, untermittlere, mittlere, übermittlere, gute und vorzügliche oder ausgezeichnete Hopfen auf Grund dieser Untersuchungen gut zu unterscheiden, was auch selbst dann praktisch vollkommen genügt, wenn er den Ursprung, die Produktionsheimat der Sorten nicht festzustellen vermöchte.

Er wird aber dann auch meist im stande sein, für die namhaftesten Lagen den Ursprung der Ware zu erkennen.

Er weifs nun genau auf Grund der Reibflächen- oder Sekretbilder-Methode, ob der Hopfen reich an Sekret (gehaltvoll) ist oder nicht, und in welchem Grade dies der Fall ist. —

Ob das Sekret gut oder schlecht konserviert, gesund oder krank (bodenrot etc.), ob es parasitenfrei ist oder nicht. —

Ob die wirksamen Teile energisch oder matt sind, ob er also in der Hopfengabe vorsichtig sein, selbst sparen mufs, oder ob er zur Erreichung eines gewissen Zieles im Geschmack und Bouquet (Aroma) des Bieres mehr geben soll. —

Bei ihm ist nun die Möglichkeit eines erheblichen Irrtums beim Einkauf, auch die Gefahr, dafs ein guter Hopfen an unrechter Stelle und daher schadenbringend verwendet werden könne, ausgeschlossen.

Das Untermischen alten Hopfens unter den neuen oder das Vermischen von mehrlei neuem, welches[43]) oft so geschickt gemacht wird, dafs selbst das erfahrenste Auge eines alten Praktikers es nicht erkennen kann, ist mit Reibflächen sofort und unzweifelhaft zu konstatieren;

ebenso das Untermischen geringerer Ware unter bessere; es ist dann nicht blofs dem alten Praktiker, sondern auch dem jungen Anfänger erkenntlich.

Die Sorge, ob der Hopfen geschwefelt ist, und das Untersuchenlassen in einer Station, wobei in 999 von tausend Fällen auch nichts weiter festgestellt wird als die Frage, ob der Hopfen geschwefelt ist oder nicht, existiert dann für einen solchen Brauer nicht mehr, weil er weifs, dafs das Schwefeln, welches nach älteren und namentlich englischen und J. von Liebigs Ansichten konservierend auf den Hopfen wirkt, weshalb es kein grofser Kaufmann, welcher die Magazine voll Ware hat, unterlassen kann, in kleineren Beträgen nicht schadet, aber nutzt. Der Brauer weifs dann auch, dafs es für den Hopfenkenner gar nicht in Betracht kommt, ob der Hopfen geschwefelt ist oder nicht, weil gerade die wichtigsten Eigenschaften des Hopfens, welche im Sekret konzentriert sind, vom Schwefeln ganz unberührt bleiben. Das Umgestandensein des Hopfens (Erhitztsein, die Bodenröte), von den kleinsten Beträgen bis zur gröfsten Ausdehnung, wird von den Sekretbildern vollkommen gleich und scharf reflektiert, einerlei ob der Hopfen geschwefelt ist oder nicht.

Die an sich bisher so schwierige Frage der Feststellung des Sekretgehaltes, die allgemeine Qualität des Sekretes und die Frage, ob seine Wirkung in Bezug auf Bitter und Aroma sehr energisch oder matt oder von mittlerer Art ist etc., wobei er dann auch gleich sichere Schlüsse auf die Natur des Harzes, des Gerbstoffes etc. ziehen kann, Dinge, durch welche so oft auch mit selbst guten oder besten Hopfen das Bier verdorben wird, während der genügend Orientierte auch mit relativ minderwertigen Sorten noch einigermafsen günstig arbeiten kann, all das ist dem Unterrichteten eine klare Sache, die er fest in seiner Hand hält und nach seinem Willen lenken kann.

Die Möglichkeit, dafs er sich durch schöne Wareneigenschaften des Hopfens in Bezug auf den weit schwerer wiegenden Sortencharakter täuschen und irre führen lassen könne, ist für ihn als nicht mehr existierend anzusehen.

Zu konstatieren, ob ein Hopfen neu oder alt und eventuell wie alt er ist, das ist ihm eine leichte Sache, ebenso die für den Geschmack und Gärungsverlauf so wichtige Frage, ob und in welchem Grade pflanzliche und tierische Parasiten da sind.

Wenn von seiten der Hopfenhändler den Brauern oft gesagt wird: der Hopfen sei eine Vertrauenssache, man solle sich nur eines solchen Lieferanten bedienen, zu dem man wirklich Vertrauen haben könne, so ist das natürlich nur für in der Sache unkundige Brauer wichtig. Fr. Rutschmann[44]) sagt aber sehr mit Recht, dafs der des Hopfens unkundige Brauer am wenigsten Vertrauen zum Händler habe, auch die Furcht hat, betrogen zu werden, wo er reellst bedient wird. Der Brauer, welcher auch in Bezug auf den Hopfen etwas Rechtes gelernt hat, sieht sich seine Ware selbst ordentlich an; das ist sicher mehr wert als das Vertrauen zu den Charaktereigenschaften seiner Lieferanten. Denn diese letzteren können ihn über den Brauwert seiner Ware nicht aufklären. Die Hopfenhändler wissen, wie wir gleich sehen werden, in Bezug auf die von ihnen zum Verkauf gebrachte Ware auch nicht viel mehr, als wo sie her und ob sie leicht (gehaltarm) oder schwer (sekretreich) ist und was sie für ein Aroma hat. Der sogleich zu erwähnende Prager Händler macht in Hopfen grofse Geschäfte, aber seine Hopfenkenntnis ist überraschend klein. Das langt doch nicht für Brauzwecke, wenn anders das Zufällige, das planlose Herumprobieren, wie es bisher noch in den gröfsten Brauereien gäng und gäbe ist, einmal einer besseren, fruchtbaren, allerdings auch erheblich minder bequemen Methode der Hopfengabe weichen soll. Es stehen übrigens die Werkmeister, Braumeister und namentlich solche älteren Datums den Neuerungen wegen der mangelnden Einsicht und wegen der Unbequemlichkeit im Betriebe selbst oft feindlich gegenüber; sie begehen oft absichtlich Fehler, um die Neuerungen in ihren Resultaten im schlechten Lichte zu zeigen. Wo es sich um Hopfenersparnis handelt, da wirken auch manche Händler mit[45]), weil sie natürlich nicht gespart haben wollen. In der Allg. H.-Ztg. 1877, S. 242 wird gesagt: die Nichtkenner des Hopfens seien unter den Brauern häufiger als die Kenner. Wo hätte man übrigens bisher in dieser Sache etwas lernen sollen?

Vor Jahren schickte mir einmal ein Hopfenhändler eine Probe zum Begutachten und beschwerte sich darüber, dafs die Ware als zu sekretreich (zu gehaltvoll) von dem betreffenden Braumeister, welcher sonst ein guter Kunde von ihm sei, abgelehnt werde. Das war doch ein Fall, wie man ihn kaum für denkbar halten sollte, dafs also eine Hopfenware auch dann abgelehnt wird, weil sie zu gehaltvoll ist, also zu viel Sekret (und damit auch zu viel Bitter) hat. Meine Untersuchung stellte in der That fest, dafs der Sekretgehalt ungewöhnlich grofs war. Dabei waren Aroma und Bitter ebenso ungewöhnlich energisch. Wollte man bei Verwendung dieses Hopfens so viel davon geben, als sonst bei der betreffenden Kellerlage üblich war, so würde voraussichtlich das Bier im Aroma und im Bittergeschmack ruiniert, geradezu ungeniefsbar gemacht.

Das fürchtete eben dieser Braumeister und lehnte deshalb die sonst so herrliche, reine, schöne, übergehaltvolle und gesunde Ware ab. Einer von den Teilnehmern des Hopfenkurses würde diese Ware nehmen und davon ca. 30% weniger geben, als sonst bei dieser Kellerlage üblich ist, hätte dann ein im Geschmack und Bouquet normales Bier und auch noch 30% an der Geldausgabe für den Hopfen gespart. Herr Fr. Rutschmann (l. c. S. 748) erwähnt auch einen Fall, wo ein Brauer einen ganz preiswerten Hopfen dem Händler zur Verfügung stellte; es kam zum Prozefs, den der Brauer (mit allen Kosten) verlor.

Wie schlimm ist ein Brauer daran, welcher sich nicht ganz gut auf die Hopfenfarbe versteht; in welchem Grade kann er seinen Biergeschmack und das Aroma desselben verderben, wenn er selbst nur überreife Hopfen verwendet, geschweige ernstlich und in höheren Graden stangenrote! Auch bodenrote oder sonst umgestandene können erhebliche Schwierigkeiten bereiten.

Nicht minder wichtig ist die Fähigkeit, den Glanz der Hopfenblätter richtig beurteilen zu können, weil sich darin die Leiden des Hopfens beim Trocknen und Sacken spiegeln; doch sind das Dinge, welche man aus gut gemachten Reibflächen noch besser beurteilen kann.

Wie oft kommt es in den Hopfenmassen vor, dafs 5—10%, auch selbst 20—30—40 bis 50—60—70—80% und selbst noch mehr der Dolden schlecht ausgebildet sind und auf einer Entwicklungsstufe stehen blieben, welche man nur als rudimentär und knospenartig bezeichnen kann! Da fehlt dann oft — nicht immer — die den Sorten sonst eigentümliche Menge des Sekretes; auch sind das Aroma, der Bittergeschmack etc. dann häufig — auch nicht immer — auf einer Stufe mehr oder minder unvollkommener Ausbildung; all das mufs sich sicher für den, welcher es nicht zu unterscheiden gelernt hat und in der Praxis nicht ernstlich unterscheidet, in der empfindsamsten und vermögensschädlichsten Weise im Biere geltend machen, wenn man auch gar oft nicht einmal weifs, woher die fatalen Wirkungen kommen, und dann in den meisten Fällen die unschuldigsten Dinge dafür verantwortlich macht.

Jeder, welcher einmal erst ernstlich in Hopfenware arbeiten gelernt hat, weifs, dafs man vom blofsen Ansehen über deren thatsächliche praktische Verwendungsfähigkeit so viel wie nichts weifs, wenn man nicht ernstlich durch Arbeit Umschau hält.

Ohnehin kann gerade das Jahr 1896 zeigen, dafs in der That auch die Provenienz, der Ursprung der Ware, unter Umständen völlig nichtssagend ist; denn 1896 gab es in den besten Regionen der Welt, in jenen von Spalt und Saaz, gar viele Hopfensorten mit höchst mangelhaftem Aroma und Bitter, während Hopfensorten aus Regionen von untergeordnetem Rufe in diesen wichtigen Dingen ganz erträglich bestellt waren. Das sind aber doch nur relativ seltene Ausnahmen.

Es ist vielleicht auch noch notwendig, zu betonen, dafs bei allen unsern folgenden Schilderungen getrocknete, meist auch gesackte, teilweise auch in Quadratballen (England, Amerika) und selbst in Büchsen geprefste Hopfenzapfen gegeben sind.

Man rät oft den Brauern, dafs sie nach Mustern kaufen, die Muster an kühlen, trockenen, schattigen Orten aufbewahren und später die thatsächlich bezogene Ware ernstlich damit vergleichen sollen. Aber man bezeichnet keinen Weg, welcher als eine sichere Vergleichsgrundlage angesehen werden kann. Wer meine Sekretbilder oder Reibflächen richtig machen gelernt hat, der legt sich gleich mit der Probe einige Reibflächen an und später ebensolche mit der Ware, und er wird bald erkennen, wie wunderbar scharf und charakteristisch diese Dinge sind. Schattig, trocken und kühl gelagert, sind diese Reibflächen nach 20 und 30 Jahren immer noch so ziemlich dieselben. Da kann man also den Hopfenwert jahrzehntelang wie in Bibliotheken oder Archiven aufbewahren. Ich habe 20 Jahre alte, die immer dieselben geblieben sind.

Man weifs, dafs die Händler in ihren Händen gebliebene alte Ware nicht wegwerfen. Thausing[46]) sagt, dafs der Brauer wohl selten wissentlich alten Hopfen kauft, der aber doch gekauft werden mufs; oft kauft er ihn unwissentlich, er mufs öfter alten Hopfen gemengt unter frischen mit in den Kauf nehmen; selbst renommierte Hopfenkenner[47]) — und nicht alle Brauer sind es — fallen einer derartigen, geschickt eingeleiteten Übervorteilung zum Opfer, wenn der Hopfen geschwefelt in kleinen Partien unter frischen gemischt worden war. Namentlich gefährlich wird diese Sachlage, wenn auf ein reiches Hopfenjahr ein Hopfenmifsjahr mit hohen Hopfenpreisen folgt. Wer einmal richtige Reibflächen von neuem und altem Hopfen gesehen oder gar machen gelernt hat, wird die Geringschätzung begreifen, welche ich gegen solche impotente Salbadereien empfinde, die dem Brauer blofs Gefahren zeigen, aber keine Wege, wie er solchen Gefahren leicht und sicher entgehen kann.

Es ist ganz ebenso mit den Mischungen, welche zwischen hochwertigen (teuren) und minderwertigen (billigen) Hopfensorten vorgenommen werden. Das ist eine Sache, die von jeher im gröfsten Mafsstabe geschieht[48]). Wer nur einigermafsen gelernt hat, eine gröfsere Anzahl in Gestalt, Gröfse, Charakter differierender Hopfenzapfen aus dem Gemenge herauszusuchen und richtige Reibflächen damit anzulegen, wird in einer relativ kurzen Zeit ein solches Bild dieser Mischung haben, dafs er damit augenblicklich jeden Richter und andere Laien in der Sache von der vorgenommenen Durchmischung der Ware mit verschiedenen ungleichwertigen Sorten überzeugen kann.

Höchst lehrreich in Bezug auf das von jeher übliche professionsmäfsige Mischen von Hopfensorten und die Stellung, welche das Gros der Hopfenhändler zu dieser Frage einnimmt, ist die Art und Weise, wie ein bezügliches Gesuch der durch die Raiffeisenvereine gegründeten Verkaufsgenossenschaft in Nürnberg an die bayerische Staatsregierung aus diesen Kreisen begutachtet wird.[49]) Schon am 12. Juni 1888 haben sich fünf Raiffeisenvereine zu einem Verbande für Ober- und Mittelfranken zusammengeschlossen, 1898 waren es schon 30 mit 1435 Mitgliedern, welche fast sämtlich der Landwirtschaftlichen Zentral-Darlehenskasse zu Neuwied beitraten und sich in einen mittel- und oberfränkischen Sonderverband teilten. In neuerer Zeit haben diese Verbände in Nürnberg eine Bayerische Zentral-Hopfenverkaufsgenossenschaft gebildet (Allg. Br.- u. H.-Ztg. 1899, I, 382). Es ist an dieser Stelle nicht uninteressant, hervorzuheben, dafs sich schon 1865 zu Kulmbach ein Hopfenkonsumverein gebildet hat, mit der Aufgabe, dem Brauer eine billige und gute Ware zu verschaffen und dadurch vielem Schwindel vorzubeugen[50]).

Diese Genossenschaft hatte um Erhöhung des Eingangszolles für Hopfen nach Deutschland petitioniert; nebstdem sollen Vorschriften über den Verkehr mit Hopfen erlassen werden.

Schon im Reichstag sei geklagt worden, dafs der Hopfenzoll des deutschen Zolltarifes für die Vertragsstaaten von Mark 20 auf Mark 10 herabgesetzt worden sei. Diese Genossenschaft will nun einen Zoll von Mark 100 (für 100 kg) und nebstdem ein Verbot des Mischens bayerischen Hopfens mit solchem anderer Herkunft.

Auf Veranlassung des bayerischen Staatsministeriums des Innern hat nun die Handels- und Gewerbekammer für Mittelfranken, eine Vereinigung, in welcher selbstverständlich (von Nürnberg und Fürth aus) der Hopfenhandel eine überwiegende Rolle spielt, ein Gutachten über dieses Gesuch abgegeben (Zeitschr. f. Handel u. Gewerbe). In Bezug auf das, was über den Hopfenzoll gesagt wird, mufs jeder Sachkundige zustimmen. Es wird betont, dafs Deutschland (richtiger ist: zu einem grofsen Teil) auf Ausfuhr angewiesen sei. Die Hopfenernte Deutschlands habe in den letzten vier Jahren bei einer Anbaufläche von rund 40000 ha im Durchschnitt ca. 550000 Ztr. betragen. 1897 waren die Hopfenarea in Deutschland 39523 ha und der Ertrag 477228 Ztr. Das Deutsche Reich brauche zur Erzeugung von ca. 62000000 hl Bier etwa 380000 Ztr. Hopfen, es bleibe also ein Überschufs von 170000 Ztr. Dazu komme eine Einfuhr von ca. 40000 Ztr., meist Saazer, also feinste Österreicher, die man zur Erzeugung der milden Münchner Biere, ferner zur Fabrikation der feinen, leichten Biere Pilsener Art, welche jetzt sehr in Aufnahme gekommen seien, nicht entbehren könne[51]). Es wird nun gesagt, daſs ein hoher Hopfenzoll die inländischen Brauereien zwingen würde, die Fabrikation der leichten Pilsener Biere zu vermindern und das kaum erworbene Absatzgebiet wieder aufzugeben.

Was solle nun aber geschehen, wenn andere Länder, wie England und Belgien, die bei ihrer groſsen eigenen Produktion gar keinen Zoll erheben, sich veranlaſst sähen, wegen eines so hohen deutschen Hopfenzolls ebenfalls Hopfenzölle einzuführen? Die Einfuhr aus Österreich habe 1898 (September bis einschlieſslich Dezember) 28750 Ztr. betragen, während es in derselben Zeit 5866 Ztr. aus Deutschland bezogen habe. Aus Ruſsland seien in derselben Zeit 2188 Ztr. eingeführt worden, während gleichzeitig 2764 Ztr. nach Ruſsland ausgeführt wurden.

Aus England und Belgien, wohin Deutschland alljährlich viel exportiert, neuestens stark durch die nordamerikanische Konkurrenz zurückgedrängt, kommt nur in Hopfennotjahren etwas nach Deutschland. Da hätte ein Zoll keinen Sinn. Überhaupt ist es bedenklich für ein Land mit so starkem Hopfenexportbedürfnis, viel mit Hopfenzöllen herumzuexperimentieren; jedenfalls sollte man dieselben nur so hoch stellen wie die Staaten, welche Hopfen aus Deutschland beziehen.

Nun kommt aber das Gesuch um ein Verbot des Mischens bayerischen Hopfens mit Hopfen anderer Herkunft; da nimmt die Nürnberger Handelskammer einen wirklich lehrreichen, viel Licht verbreitenden Standpunkt ein. Ein Drittel der bayerischen Hopfenernte bestehe aus sogenanntem Exporthopfen, dem, wenn er nicht unverkäuflich sein solle, feinere Sorten aus Baden, Württemberg und dem Elsaſs beigegeben werden müſsten. Ein Verbot der Mischung werde daher in erster Linie die bayerischen Hopfenbauern schädigen, und dennoch erhebe gerade die von diesen begründete Verkaufsgenossenschaft solche Forderungen!

Der Referent in den Münchner Neuesten Nachrichten (ve) sagt mit Recht, daſs dieses Gutachten der Handelskammer sehr tendenziös gehalten sei, und daſs man ihm in Bezug auf die Ausführungen im einzelnen, besonders betreffs der behaupteten Unentbehrlichkeit der böhmischen Hopfen für Münchner Biere, durchaus nicht folgen könne.

Die von der Mittelfränkischen Handelskammer geforderte Unentbehrlichkeit des Hopfenmischens beim Händler fordere aber den entschiedenen Widerspruch heraus. Es sei schon oft gesagt worden, müsse aber, wie der vorliegende Fall lehrt, immer wieder betont werden, daſs in diesem gewerblichen Hopfenmischen ein Hauptteil der Miſsstände begründet sei, über die noch so vielfach im Hopfenverkehr mit Recht geklagt wird. Das allerdings von alters her im Hopfenhandel geübte Hopfenmischen — mag es selbst im einzelnen in durchaus reeller (? !) Weise geschehen — gibt zu den gröſsten grundsätzlichen Bedenken Anlaſs, und die Brauer wie die hopfenbauenden Landwirte, deren Interessen hier durchaus Hand in Hand gehen, können es nur mit Freuden begrüſsen, wenn dieser Brauch, der im Grunde nur ein Miſsbrauch ist, durch die gesetzliche Einführung des obligatorischen Identitätsnachweises für Hopfen im Handelsverkehr beseitigt würde.

Gerade durch das in so ausgedehntem Maſse durch den Handel geübte Hopfenmischen werden einerseits aufstrebende Hopfenproduktionsgebiete künstlich in der Verbreitung und dem Bekanntwerden ihres Erzeugnisses gehemmt, und wird anderseits der bessere bayerische Hopfen insofern geschädigt, als infolge des Mischens notorisch ein auch qualitativ dem bayerischen Hopfenangebot nicht gleichwertiges, aber weit gröſseres, scheinbares Angebot von bayerischen Hopfen bewirkt wird, das naturgemäſs auf die Preise für wirklich bayerische Provenienzen drückt. Der Brauer habe an der Beseitigung des Hopfenmischens durch den Händler ein Interesse, indem er erstens eine gröſsere Sicherheit für die wirkliche Beschaffenheit der angebotenen Ware erhält; zweitens indem er gezwungen sei, eine gröſsere Warenkenntnis, an der es bezüglich des Hopfens in Brauerkreisen leider immer noch sehr mangle, sich anzueignen, um mehr als bisher befähigt zu sein, die verschiedenen Provenienzen nach dem ihnen zukommenden Brauwert zu prüfen; und drittens indem er das jeweils erforderliche Mischen verschiedener Hopfen selbst ebenso gut, jedenfalls aber billiger bewerkstelligen könne, als es zur Zeit die Händler für ihn thun.

Dem möchte ich noch folgendes anfügen: Es mufs doch geradezu mit Erstaunen erfüllen, dafs hier in einem Berichte an eine hohe Staatsbehörde das Mischen nicht blofs als thatsächlich im gröfsten Mafsstab bestehend, sondern auch als notwendig bezeichnet wird. Die Herren Hopfenhändler brauchen sonst nichts, als das Mischen als zu Recht bestehend und statt des einfältigen Deklarationszwangs blofs Sammeletiketten, wie Landhopfen, feinster Schankbierhopfen, feiner und feinster Lagerbierhopfen etc. Das andere besorgen sie dann schon selber. Das Deklarationsgesetz fand ja Widerspruch bei gewissen Hopfenproduzenten, die in Parlamenten eine Rolle spielen und von denen die böse Welt sagt, dafs sie ab und zu unter die Hopfenhändler gehen. Hat ja damals ein Münchner sehr verbreitetes politisches Blatt nach einem solchen Volksvertreter den geistreichen Ausspruch gethan, dafs die Brauer in der Hopfensache sich selber helfen sollen; wie das zu machen wäre, das zu sagen wurde vergessen.

Selbst die geringstwertigen bayerischen Hopfen sind nach ihrem Doldenbau, Sekretgehalt, Aroma, Bitter, der konservierenden Kraft etc. noch so hoch stehend, dafs sie mit ordinären Württemberger, Badenser, Elsässer Hopfen nicht nur nicht veredelt werden, sondern dafs sie vielmehr diese veredeln müfsten. Das würden die Brauer bald erfahren, wenn sie die Reibflächen machen und das Gemengsel trennen und in den Teilmengen verwenden könnten.

Durch diese Gemengsel ist der Ruf der bayerischen Hopfen in aller Welt und namentlich in England und Amerika ruiniert worden. Wir wissen ja alle, was man bei uns unter Exporthopfen (nach England) etc. verstand: jedenfalls den gröfsten Schund aller verdorbenen Hopfen geringsten Wertes, den man oft kaum noch Hopfen nennen konnte. Allerdings konnten die Engländer, Amerikaner etc. für die Preise, welche sie da anlegten, nicht viel Besseres erwarten, und in Deutschland war man froh, diesen Hopfenschutt loszubekommen. Ich kann den fremden Händlern und Brauern nur zurufen: Lernet die Reibflächen wahrhaft richtig machen, und ihr werdet den gröfsten Misch-Hopfenmist richtig in seine Elemente zerlegen lernen! —

In den Mitteilungen des Deutschen Hopfenbauvereins (1897, Nr. 25; man sehe auch Bayer. Br.-Journ. 1898, S. 27) sagt der bekannte Elsässer Hopfenproduzent C. Beckenhaupt in Altenstadt: Es kann keinem Fachmann unbekannt sein, dafs gerade die Ausfuhr verdorbener, schlecht gepflegter (auch minderwertiger) Hopfen es war, welche dem englischen und amerikanischen Brauer das deutsche Produkt verleidete und dieselben immer mehr veranlafste, das sorgfältig getrocknete und wohlverpackte amerikanische Gewächs vorzuziehen. Das Ausland will vom schlechten deutschen Hopfen nichts mehr wissen, so dafs die Exporteure jetzt selbst den Mut nicht mehr haben, solche Ware anzubieten, die nun den deutschen Markt drücken wird. Ganz Ähnliches klagte ein Hopfenhändler in der Allg. H.-Ztg. 1879, I, 235: 1867, 1868, 1870, 1872 und 1875 ging billiger bayerischer Hopfen in grofsen Dimensionen nach England, schon 1879 wurde er durch belgischen (aloster) und amerikanischen ersetzt.

Dort ist gesagt, dafs einsichtsvolle Produzenten und Händler dies schon lange vorausgesehen haben. Es sei Thatsache, dafs die zum Export bestimmten bayerischen (leichten, körnerreichen) Hopfen durch vernachlässigte Kultur schlechter geworden seien, durch Mangel an Auswahl von Boden und Lage, forciertes Düngen, schlechte Pflücke, schlechtes Trocknen etc. Auch in Württemberg hat man es so gemacht, so dafs die grofsdoldige, körnerreiche Ware auch in billigen Jahren für den Export unverkäuflich ist. Lange Jahre haben sich einige mit Mitteln ausgestattete Grofshändler mit Erfolg bemüht, der leichten bayerischen Ware Abflufs nach England und Schottland zu verschaffen. Diese wufsten den Hopfen richtig zu behandeln und hatten den Londoner Markt für Bayern gewonnen. In den 1860er Jahren aber mischten sich Subjekte in den Handel, welche weder Mittel noch Sachkenntnis, auch nicht den guten Willen hatten, den Ruf des bayerischen Hopfens zu erhalten. Unter der vielversprechenden Marke »Best Bavarian Hops« wurde nun Unglaubliches nach London verschickt. Das Resultat ist, dafs deutsche

Hopfen dort unverkäuflich sind. Amerikaner und Belgier beherrschen jetzt dort den Markt. Dieser Händler rät dem Handelsstand, fortan nur bayerisches Gut als solches zu markieren, dann werde der verlorene Ruf wieder zurückgewonnen werden.

In sehr beschwerender Weise wird auch in Hopfenberichten deutscher Konsulate, mitgeteilt vom Auswärtigen Amte des Deutschen Reiches[52]), dieses Hopfenmischen charakterisiert: Der gute Ruf, dessen sich das Produkt einzelner böhmischer Hopfengebiete erfreut, und der dafür bezahlte hohe Preis hat von jeher Anlafs dazu gegeben, dafs ganz fremde Hopfen oder solche mit Saazer Hopfen gemischt nach Saazer Art äufserlich ausgestattet und als »Original-Saazer« verkauft werden. Es gelangte daher alljährlich mehrmals so viel »Saazer« Hopfen auf den Weltmarkt, als im Saazer Hopfenbaugebiete überhaupt geerntet wurde. Aus diesen Gründen war man schon frühzeitig bestrebt, die Ursprungsbezeichnung des Hopfens zu schützen[53]). Es sind das Anklagen der schwersten Art, die aber sicher begründet sind. Möchten sie eine Warnung für die Brauer sein, denn sie verlieren dabei nicht blofs kolossale Summen, sondern schädigen auch noch, oft in der empfindlichsten Weise, durch diese Täuschungen den ganzen Brauereibetrieb. Mehr Schutz als jede Hopfenhallensignierung gewährt gegen solchen gemeinen Betrug das eigene Wissen, und die Kenntnis der durchschnittlichen Saazer Ware ist noch dazu sicher gar nicht so besonders schwer zu erlangen. Allerdings könnten ein Gesetz mit Deklarationszwang und eine oder mehrere staatlich subventionierte Hopfenuntersuchungsanstalten, die dann billig arbeiten könnten, auch sehr viel leisten, wenn sie mit Leuten besetzt sind, die den Hopfen wirklich kennen. Man kann wohl sagen, es sei vom Brauer thöricht, zu viel Gewicht auf die Provenienz (auf den Ursprung des Hopfens) zu legen[54]). Aber solange die Brauer den Hopfen nicht ganz sicher beurteilen können, haben sie doch in gesicherter Provenienz einige Garantie der Qualität. Etwa 80 mal unter 100 Fällen stimmt nach meiner grofsen Erfahrung die Qualität mit der Ware überein; in 20 von 100 Fällen kann ein Hopfen von namhafter Provenienz minderwertig — oder ein solcher von geringerer Provenienz höherwertig sein.

In der Allg. H.-Ztg.[55]) wird aus Allenstein in Ostpreufsen berichtet, es habe ein Produzent einen Zettel mit Namen und Wohnort in einen Hopfenballen gelegt. Nach einiger Zeit erhielt er aus England einen Brief, worin mitgeteilt wurde, dafs derselbe als gut bayerischer Hopfen dahin gegangen wäre. Ein Brauer in Wartenburg weigerte sich, ostpreufsischen Hopfen zu kaufen, derselbe tauge nichts für seine Brauerei, er müsse süddeutschen Hopfen haben; er bestellte Ware in Fürth und findet in einem Ballen einen Zettel mit dem Namen seines nächsten Nachbars und Freundes.

Bekanntlich wird von österreichischen Brauereien, insbesondere mittleren und kleineren, auch zu Schankbieren vielfach Saazer Hopfen verwendet. In Anbetracht dessen, dafs der Saazer Hopfen meist schwerer Lagerbierhopfen ist, war mir das immer schon sehr auffallend, weil das doch auch Geldverschwendung ist. Nun sagt aber Dr. Ad. Seifert, der langjährige Vorstand des Stadt Saazer Hopfenbauvereins, in einer für die 1878er Pariser Weltausstellung geschriebenen Broschüre über den Saazer Hopfen[56]): Wenn ferner Konsumenten Saazer Schankbierhopfen mit dem blofsen Siegel der Händler und deren Firmen beziehen, so können sie überzeugt sein, dafs sie ganz andern (als Saazer), minderwertigen Hopfen erhalten haben[57]). In der Allg. H.-Ztg. 1878, II, 73) verwahren sich 48 Saazer Hopfenfirmen gegen diese Unterstellungen des Herrn Dr. Ad. Seifert in Saaz in den Ber. d. Saazer Hopfenbauvereins 1878, II, Nr. 177 und 178 und gegen den ausgesprochenen Verdacht, dafs eingeführte Hopfen rein oder vermischt als Saazer wieder ausgeführt würden. Der Obmann des Saazer Hopfenbauvereins (also Herr Dr. Seifert) habe nicht einmal die Fähigkeit, ein fachmännisches Gutachten über Saazer Bezirks- und Kreis-Hopfen abgeben zu können; sie drohen mit Klage. (Über die Fälschung Saazer Hopfens, bei welcher der Händler, wenn sie gelungen wäre, 2000 fl. profitiert hätte, s. Allg. H.-Ztg. 1878, II, 743.)[58])

Man sehe auch: »Hopfenhändler contra Hopfenbauverein« von Remedius (W. N. Stallich, Podersam 1878, bei F. Schrab); es handelt sich in dieser Broschüre um den vorerwähnten Streit; dieselbe stellt sich auf die Seite der Produzenten und spricht diesen das Recht zu, den Handel mit Hopfen auf eine solidere Grundlage zu stellen.

In der Allg. H.-Ztg. 1874, S. 546 wird gelegentlich eines Berichtes über die 2500 Nummern der Internationalen Hopfenausstellung in Hagenau (Elsafs), Mitte Oktober 1874, gesagt, dafs Böhmen eine Mittelernte von 66000 Ztr. habe, während in Mitteljahren mindestens 160000 Ztr. im Hopfenhandel erscheinen, und Herr Prof. Dr. G. Wilhelm in Graz sagt in seinem Berichte über die Hopfen auf der Wiener Ausstellung 1873[59]): Der steierische Hopfen steht an Qualität dem besten böhmischen sehr nahe und wird im Handel sogar meistens unter Saazer Flagge geführt. Und in der Allg. H.-Ztg. 1875, S. 618 wird in einem Berichte über die Deutsche Hopfenausstellung und Versammlung des Deutschen Hopfenbauvereins in Tettnang, Mitte Oktober 1875, gesagt: Kaum sind die Hopfen gewogen, so erhalten sie ihre Taufe: beste bayerische, Spalter, Hallertauer und andere müssen Gevatter stehen, um die Elsässer ihrer Bestimmung entgegenzuführen; so viel kann als ganz bestimmt behauptet werden, dafs Prima Elsässer nie unter ihrem wahren Namen nach Nürnberg kommen, und dafs das, was man dort Prima Elsässer Hopfenpreis bezeichnete, sich auf ganz geringe Elsässer Ware bezieht. Wenn dort Prima Elsässer mit 50—60 Frcs. verzeichnet stand, kostete solcher in Hagenau 60—70 Frcs. Bufs von Rottenburg a. N. sagte, dafs diese Mifsbräuche auch in andern Hopfengegenden bestehen. Es wurde eine Resolution an das Reichskanzleramt angenommen über die Vorlage eines Markenschutzgesetzes, damit die im Hopfenhandel bestehenden grofsen Unregelmäfsigkeiten in der Warenbezeichnung, welche die Produzenten schädigen, künftig gesetzlicher Strafe verfallen. Auffallend ist die Klage in der Allg. H.-Ztg. 1863, S. 342 aus Bischweiler im Elsafs, dafs sich die französischen Brauer so wenig um diese Hopfen kümmerten, die damals noch im französischen Lande wuchsen.

Wie dieses Hopfenfälschen im Hopfenhandel nach Schweden und Norwegen betrieben wird, darüber wolle man nachlesen, was der Agrikulturchemiker C. G. Zetterlund in Örebro sagt[60]): Grofse Mengen belgischen Hopfens werden mit bayerischer Etikette von Hamburg aus dorthin geliefert, im Mittelpreis von 144,4 Mark per 1 Ztr. Auch Oberösterreicher, Daubaer Grünhopfen, Lothringer, Kannenbecker (Nassau) und Altmärker kämen unter bayerischer Signatur dorthin; es sei zweifelhaft von dem nach Schweden gelieferten Hopfen, ob er in Bayern gewachsen sei, und wenn es der Fall, dann sei er gewifs vom schlechtesten, der in Bayern wächst. Auch würden gerade diese geringen Sorten durch Beimischung von fremden Bitterstoffen scheinbar zu verbessern gesucht. Eine Sicherstellung vor solchen Fälschungen wäre ein grofser Gewinn für die Biertrinker.

Zetterlund macht bei dieser Gelegenheit (l. c. S. 616) auch aufmerksam, dafs — wie er selbst wahrgenommen habe — der gröfste Teil der bayerischen Brauereileiter in Schweden durch den Einflufs der Hopfenhändler zu ihren Stellen gekommen sei, und sie verlieren diese Stellen wieder, wenn sie nicht von diesen Händlern kaufen; aufserdem erhalten sie von dem bezogenen Hopfen Prozente; dazu käme noch die Unfähigkeit betreffs Beurteilung der wirklichen Güte des Hopfens samt Vorurteilen und Gewohnheiten, welche nicht leicht zu überwinden seien.

Lesenswert ist auch ein Artikel in der Allg. H.-Ztg. (1879, II, 435) über die Gebarung des Hopfenhandels in Saaz (Böhmen) und Spalt (Bayern); es ist dabei gesagt, dafs von den Saazer Händlern 10—20mal so viel Saazer Hopfen in den Handel gebracht wird, als dort wächst.

In einem Berichte einer Kommission des Reichs-Gesundheitsamtes gelegentlich der Vorlage eines Gesetzes wegen Verfälschung von Nahrungs- und Genufs-Mitteln und Gebrauchsgegenständen wird u. a. gesagt: Da die Bestandteile des Hopfens nur in einer guten, frischen Ware in der nötigen Quantität und Qualität zu finden sind, suchen viele Hopfenhändler durch betrügerische Manipulationen der verschiedensten Art altes und schlechtes Material so umzugestalten, dafs sie es als scheinbar gutes in den Handel bringen können. Diese Manipulationen gehen sogar so weit, dafs man durch Fälschung der Schutzmarken dem schlechten Hopfen den Schein der Herkunft von einem berühmten Kulturplatze desselben zu geben versucht hat.

In der Allg. H.-Ztg. 1876, S. 677 wird gesagt, dafs die unerhörten Preisdifferenzen verschiedener Hopfensorten desselben Jahrganges meist nicht oder doch nur in geringem Grade berechtigt sind und nicht nur auf Vorurteilen der Konsumenten (Brauer) beruhen, sondern hauptsächlich dadurch möglich sind, dafs mitunter Produzenten, wie auch so manche Konsumenten, nicht im stande sind, die Qualität eines Hopfens mit Sicherheit zu beurteilen. Produzenten wie Konsumenten sind, was die Bewertung des Hopfens betrifft, den Händlern meistens in die Hände geliefert, die hieraus allerdings vielfach Vorteil ziehen, indem sie als geringe Qualitäten bezeichnete Hopfen zu geringen Preisen einkaufen und dieselben unter veränderter Etikette oder mit renommierten Hopfensorten vermischt zu teuren Preisen verkaufen. Wir möchten an dieser Stelle nur darauf hinweisen, dafs Böhmen auf ca. 5508 ha im Mittel 66000 Ztr. Hopfen produziert, durchschnittlich aber jährlich mindestens 160000 Ztr. in den Handel bringt. Diese Mifsstände könnten nur durch eine exakte Methode der Hopfenwertbestimmung beseitigt werden. In der Allg. H.-Ztg. 1861, S. 15 (Der Hopfenhandel) wird den Produzenten geraten, alten Hopfen dem neuen in mäfsigen Mengen unterzumischen; Nr. 19 ebenda sagt aber ein anderer Produzent, das sei Betrug.

In der Allg. H.-Ztg. 1872, S. 546 wird gesagt: Feinere Ware kann schon wegen des geringeren Ertrages der besseren Pflanzen und wegen der sorgfältigeren Behandlung nur in geringerer Menge gebaut werden, und überall ist es nur durch Vermischung mit anderm Hopfen (durch den sogenannten Schnitt) möglich, den Anforderungen der Brauer an renommierte Hopfensorten annäherungsweise zu genügen. Jedenfalls darf aber das Geld, welches für diesen gemischten (verschnittenen) Hopfen bezahlt wird, nicht vermischt oder verschnitten sein. Und in der Allg. H.-Ztg. 1873, S. 522 wird u. a. gesagt: Bayerischer Hopfen spielt wie bayerisches Bier in allen Ländern eine Rolle, und namentlich ist es der für den Handel bestimmte bayerische Hopfen (Bavarian Hops), der seinen Namen zum Export auch andern Ländern borgt. In der Allg. H.-Ztg. 1873, S. 358 wird unterm 31. Oktober aus Bischweiler berichtet, dafs Hunderte von Ballen mit der Bezeichnung »Bester bayerischer Hopfen« nach England gegangen sind.

Ein sehr scharfes Licht wirft auf die bayerische Hopfenware im Auslande und namentlich an dem wichtigsten Marktplatz »London« eine Korrespondenznote aus London vom 17. März 1870. Da heifst es: Bayerischer Hopfen ist wenig gesucht, und man kann sich nicht darüber wundern, wenn man sieht, welch schlechte Mischungen unter diesem Namen, welcher dadurch täglich an Wert verliert, angeboten werden; es scheint dies ein grofser Mifsbrauch des Namens »Bavarian« zu sein, denn man erkennt deutlich, dafs diese geringe Ware keine bayerische ist. Aufserdem stimmen auch die Preise mit dem dortigen Markt nicht überein, da bekanntlich echte bayerische zu solchen Notierungen nicht zu erhalten sind. Der englische Hopfen gewinnt dadurch, wenn er auch nicht immer gut ist; die Brauer haben wenigstens den Trost, zu wissen, dafs sie, was den Namen betrifft, nicht betrogen worden sind.

Es scheint aber dieser Mifsbrauch mit dem bayerischen Namen auf dem Londoner Markt auch nicht allgemein geübt zu sein. In einer Korrespondenz aus London[61]) wird gesagt, dafs die bayerischen Produzenten ihr Produkt in Pflücke, Sortierung, Trocknung, Packung schlecht behandeln und dafs die Exporthäuser die gröfste Mühe und Sorgfalt in der Auswahl und Behandlung der Ware aufzuwenden haben, damit der bayerische Hopfen am Londoner Markt seine berechtigte Anerkennung finde, die sonst unrettbar verloren gehen müfste; wenn er dort sein Renommee behielte, sei das ein Verdienst der Exporteure, nicht der bayerischen Produzenten. Sicher gibt es auch solide Exporteure, bei denen das alles zutrifft.

In der Allg. H.-Ztg. 1870, S. 213 u. ff. wird in einer Korrespondenz aus Tettnang (Württemberg) in einer Ernteschätzung der Welt am Schlusse bemerkt, dafs das Oberamt Tettnang 1868 auf 1500 Morgen 8000 Ztr. gebaut und durchschnittlich mit 40 Mark per Ztr. verkauft habe. Württemberg baue nach seiner Einwohnerzahl und seinem Flächengehalt am meisten Hopfen, mit ihren Drahtanlagen und Trockenanstalten seien sie Bayern überlegen; der württembergische Hopfen komme auf dem Nürnberger Markt immer mehr zur Geltung; nach den Spaltern seien sie die zweiten oder dritthöchsten im Preise.

In der Allg. H.-Ztg. 1868, S. 423 bietet das Bürgermeisteramt der Stadt Ehingen an der Donau 600 Ztr. Ehinger Hopfen an, nach chemischer Untersuchung ganz vorzügliche Ware und den besten böhmischen und bayerischen Hopfen ähnlich oder gleich.

Württemberg verdankte diese damals bestehenden, ihm günstigen Marktverhältnisse vielfach besonderen, sehr veränderlichen Umständen. In den 1860er Jahren war es jahrelang glücklich im quantitativen und qualitativen Ausfall seiner Ernte. Dazu kam sorgfältige Pflücke und Sortierung, und mit seiner sorgfältigen Hürdentrocknung war es allen andern Produktionsgebieten so bedeutend an Schönheit von Farbe und Glanz der Ware und namentlich in der schönen Erhaltung des Mehls voraus, dafs die fortgesetzt erzielten höheren Preise, welche jahrelang das absolut (nach seinem Brauwert genommen) höherwertige Material anderer Gebiete überragten, wohl begreiflich sind. Dazu kam der sehr fördernde Umstand, dafs es seit langer Zeit, namentlich von Tettnang aus, die ersten Frühhopfen Deutschlands, selbst des Kontinents, auf den Markt bringt und dafür dann hohen Preis seiner Ware förmlich diktieren kann. Bis zur Mitte der 1860er Jahre war, wie ein Hopfenhändler[62]) schreibt, der mittelfränkische Hopfen auf dem Markte immer zuerst vergriffen; aber wegen der seit 1862 bestehenden hohen Frachttarife für Hopfen auf den bayerischen Eisenbahnen hat sich der Hopfenhandel den billigeren und billiger zu verfrachtenden fremden Hopfen zugewendet. Und in der Allg. H.-Ztg. 1869, S. 230 u. ff. sagt ein offenbar sehr sachkundiger Hopfenhändler, dafs eine neue Marktordnung dem gesunkenen Renommee des Nürnberger Marktes und dem durch die Indolenz der bayerischen Produzenten in Hinsicht auf äufsere (Waren-) Eigenschaften, nach Pflücke, Trocknung, Sortierung, zu Gunsten Südwestdeutschlands (Württemberg, Baden, Elsafs) gesunkenen Ruhm der bayerischen Hopfen wieder aufhelfen solle, obgleich alle erfahrenen Brauer ihm beipflichten würden, dafs dem bayerischen Hopfen nach seinen inneren Eigenschaften (Feinheit, Aroma, Lupulingehalt etc.) der Vorrang vor allen andern Hopfensorten gebühre, während gerade viele Württemberger sich durch die gegenteiligen Eigenschaften in der unrühmlichsten Weise auszeichneten (das gilt aber gewifs nicht für alle!). 1866 hatten ganz Bayern und Böhmen $\frac{1}{3}$-, $\frac{1}{4}$-Ernten. Württemberg und Elsafs hatten $\frac{1}{2}$ und Baden eine volle Ernte. Südwestdeutschland verkaufte rasch, hatte hohe Preise; Bayern und Böhmen, welche warteten, bekamen später schlechte. 1870 hatte Württemberg während der Ernte schlechtes Wetter, wodurch seine Ware an Farbe und Qualität so geschädigt wurde, dafs der gröfste Teil derselben mit seinem Preise kaum die Kosten deckte.

Die Fränkische Zeitung brachte im Dezember 1870 einen Artikel über Hopfenbau und Hopfenhandel[63]), in welchem auf die unsinnige Überproduktion an Hopfen hingewiesen wird, welche in den 1860er Jahren überall, auch in Bayern, stattfand; man baute Hopfen auch an den ungeeignetsten Orten. Man solle Produktivgenossenschaften bilden für rationelle Kultur und Behandlung der geernteten Ware, die getrocknete Ware solle durch Vertrauensmänner geprüft, nach Sortimenten zusammengestellt und als Genossenschaftsprodukt gemeinschaftlich verkauft werden; man solle örtliche Kreditvereine, Sparkassen gründen, um die Produzenten den Händen der Wucherer zu entreifsen. Nur so könne den Produzenten geholfen und ihr wahres Renommee gegründet werden. Alles andere, was das Kapitel »Hopfengeschäft« bezüglich Produktion und Handel seit ca. 10 Jahren mit so grofsem Pomp aufgeführt habe, gehöre in den Bereich des vollendeten Schwindels und habe nur dazu beigetragen, den Hopfenbau, diesen schönen Zweig der landwirtschaftlichen Kultur, und mit ihm viele Pflanzer selbst an den Rand des Verderbens zu bringen.

In den Preufs. Annalen der Landwirtschaft 1868 (reprod. Allg. H.-Ztg. 1868, S. 379) berichtet ein Besucher Neutomischels in Posen u. a., man habe ihm dort gesagt, dafs böhmische und bayerische Händler mit besonders gezeichneten, mit Plombe versehenen Säcken kämen, dort den erkauften Hopfen packen liefsen und als bayerischen oder böhmischen Hopfen in den Handel brächten; so werde der Hopfen von Neutomischel niemals in seinem vollen Werte erkannt.

In den 1860er Jahren, wo in Europa und Nordamerika die unglaublichsten, vielfach sehr minderwertigen, ja selbst ungesunden Hopfenmassen in ungeeigneten Lagen und Böden gebaut wurden, die aber dennoch wie Hopfen aussahen und daher den Preis der besten und gut mittleren Sorten ruinierten, warfen sich auch in der Hopfenware und in Brauereisachen ganz unkundige Leute auf diese Ware, um Geld um jeden Preis zu verdienen; Leute, die gestern noch Viehhändler und Hausierer waren, tauchten heute im Hopfenhandel auf und halfen dieses Geschäft im Ansehen schädigen. In der Allg. H.-Ztg. 1869, S. 70 findet sich eine Mitteilung aus Braunschweig, dafs in der Altmark, wo in früheren Jahren in der Saison bayerische Hopfenhändler in allen Hopfendörfern zu sehen waren, um Hopfen zu kaufen, selbst Frauenzimmer dabei, in diesem Jahre und ein Jahr zuvor niemand sich hatte sehen lassen und eine Anzahl Viehhändler und Taglöhner als Einkäufer und Exporteure auftraten; das wirft doch ein geradezu düsteres Licht auf das Mafs der Hopfenwarenkenntnis, welches in dem ganzen Bereiche des Hopfenhandels nötig ist, um noch Geschäfte zu machen.

Bei der Wanderversammlung deutscher Land- und Forstwirte im Juni 1869 wurde anerkannt, dafs die augenblickliche Lage des Hopfenbaues wegen Überproduktion etc. momentan zwar sehr ungünstig sei, aber sie könne — namentlich für den Kleinbesitzer — immer noch ein Segen sein, dafs sie aber durch Sachkenntnis sowohl in ökonomischer wie in kommerzieller Richtung unterstützt werden müsse.

In höchst schädlicher und die allgemeine Auffassung trübender Weise werden oft gewisse gute Qualitäten von Hopfensorten verallgemeinert und daraus dann ganz falsche und schädliche Schlüsse gezogen. So findet sich in Dr. Schuhmachers Jahrbuch der Landwirtschaft folgende Notiz über den Neutomischeler (Posener) Hopfen: Der Neutomischeler, auf humosem Sandboden gewachsene Hopfen steht dem, auf schwerem Thon- und Lehmboden gewachsenen Saazer nicht bedeutend nach, wie schon daraus hervorgeht, dafs das Neutomischeler Produkt zum weitaus gröfsten Teil nach Saaz verkauft wird und als Saazer Hopfen in die Welt geht; Neutomischel (Provinz Posen) liefert (1869) 40000 Ztr. eines Hopfens, der den besten Hopfensorten Bayerns und Böhmens an die Seite gestellt wird und deshalb auch hauptsächlich an bayerische und böhmische Hopfenhändler Absatz findet. Ich (Verf.) kenne aus vieljährigen umfangreichen Arbeiten über diese Hopfen die Neutomischeler sehr genau; Thatsache ist, dafs von den frisch aus Saaz eingeführten Setzlingen 5—6 Jahre lang ein Produkt gewonnen wird, welches in Gröfse und Gestalt der Zapfen, Beschaffenheit der Blätter, Farbe, Glanz etc. Saazer Kreishopfen zum Staunen ähnlich ist bis zum Verwechseln; aber schon der Sekretgehalt ist merklich geringer, noch mehr aber Aroma und Bitter. Mit Saazer Produktions-, Bezirks- und Stadt-Hopfen können sich aber diese Neutomischeler gar nicht vergleichen wollen. Zudem arten diese bald aus, und es gibt unter den 40000 Ztr. Posener Tausende von Zentnern, welche sehr geringwertige Sorten darstellen, sicher viel mehr von diesen als von den besseren!

Selbst in dem so viel verbreiteten Buch von Vikt. Hehn[64]) wird gesagt, dafs Böhmen, das bayerische Franken, England und Amerika den meisten und auch den feinsten Hopfen liefern; also Amerika und England (allgemeinhin) mit dem feinsten Hopfen, welche Gründlichkeit!

Weil ich um Pfingsten 1898 in der Beilage der Münchner Allg. Ztg. (Einiges über russische Prima- und andere Hopfen) gesagt habe, dafs ich einen russischen Primahopfen untersucht hätte, welcher in Gehalt und Qualität besten Schwetzingern und Hallertauern ähnlich sei, benutzten Petersburger und Moskauer Händler diese Gelegenheit, zu sagen, ich hätte gefunden, dafs die russischen Hopfen (ganz allgemein gesagt) den besten Schwetzingern und Hallertauern gleich seien. Das sind unerhörte Entstellungen meiner Worte! Eine grofse Masse der russischen Hopfen hat überhaupt gar keinen Handelswert, ein minderer Teil ist nach Gehalt und Qualität knapp mittelwertig, und sicher nur ein kleinster Teil ist so, wie ich gesagt habe!

Wo bleibt aber die grofse Masse der Brauer mit ihren heutigen Hopfenkenntnissen solchen verwirrenden Handelsmanövern gegenüber?

Um 1866 führte Preufsen (infolge eines Handelsvertrages) seinen Hopfen zollfrei in Frankreich ein. Da Österreich keinen solchen Vertrag hatte, mufsten österreichische Hopfen beim Import in Frankreich 18 Frcs. per Ztr. bezahlen. Was geschah nun von seiten der findigen, stets bereiten Kaufmannschaft? Die Hopfenausfuhr von 10000 Ztr. jährlich aus Böhmen nach Frankreich hörte sofort auf, und nach Herrn J. J. Flatau[65]) kauften böhmische Händler diese 10000 Ztr. Hopfen in Neutomischel (Preufsen) zu gedrückten Preisen und führten ihn (offenbar als böhmischen) nach Frankreich mit 15 % Nutzen und 18 Frcs. Zollersparnis, macht 150000 Thaler. In Wirklichkeit zahlten aber damals 100 kg Hopfen aus dem Zollverein beim Übergang über die französische Grenze 20 Frcs., aus Österreich aber 49,5 Frcs. In der Allg. H.-Ztg. 1866, S. 331 sagt Herr Jos. Jakob Flatau in Neutomischel, dafs dasselbe nicht in Polen, sondern in der preufsischen Provinz Posen liege, dafs jetzt (Anfang Oktober 1866) eine Anzahl Hopfenhändler aus Bayern und Böhmen anwesend seien, welche das Neutomischeler Produkt (das bekanntlich zu den besten Hopfengattungen der Welt gehöre) ankaufen und unter dem Schutze ihrer Nationalität als bestes bayerisches und böhmisches Produkt, selbst in Preufsen, wieder verkaufen.

1863 sagt Flatau in der Allg. H.-Ztg., S. 338, dafs die Neutomischeler Hopfen zu den 40 anderweiten Preisen nun auch noch die grofse Bronze-Medaille der Hamburger Ausstellung erhalten, dieselbe wie Saaz; die Brauer sollten also nicht um schweres Geld ausländische Hopfen kaufen, die sie im Lande billiger haben könnten, zumal die vom Auslande geholten Hopfen oft von Neutomischel geholt seien. Jedenfalls sind die 40000 Ztr., die Neutomischel damals baute, vielleicht nicht zu 5000 Ztr. so wie die in Hamburg prämiierten, sondern viel geringer; das sind eben irreführende Übertreibungen.

In der Allg. H.-Ztg. 1865, S. 376 wird unterm 10. November aus Saaz berichtet, dafs ein böhmischer Händler 2000 Ztr. Hopfen im Elsafs gekauft habe, und gefragt, ob derselbe diesen wohl wieder als Elsässer verkaufe. Vielleicht könnten darüber folgende Thatsachen Auskunft geben: Zu einer Zeit, wo

Stadt Saazer	per Ztr.	195—200 fl.,	
Saazer Bezirkshopfen	» »	180—190 »	
Saazer Kreisware	» »	180—195 »	kostete,

wurde einer Brauerei in Oberösterreich eine Partie Saazer per Ztr. zu 175 fl., einer andern im westlichen Böhmen zu 160 fl. verkauft. Diese letzteren Hopfen waren aber natürlich nicht halliert (signiert). Der Händler hatte doch selbst viele Spesen auf dem Hopfen und wird auch, freiwillig, nicht umsonst arbeiten wollen. Darin sei vielfach eine Hauptursache zu suchen, warum das Bier aus dieser Brauerei einen andern Geschmack habe wie aus jener. Die Herren Brauer suchen aber unter Anleitung gewisser Leute die Ursachen dieses so verschiedenen Geschmackes überall, nur nicht beim Hopfen.

Solange freilich Ansichten existieren, wie jene in der Allg. H.-Ztg. 1865, S. 377, dahin lautend, dafs den Mafsstab für die Preisdifferenz im Hopfen nicht immer die Verschiedenheit der Qualität der einzelnen Hopfensorten bilde, welche genau zu erkennen auch dem erfahrensten Sachkenner nicht möglich sei, sondern das auf langjährige Erfahrungen sich gründende Renommee der einzelnen Hopfen produzierenden Orte, solange gibt es — was die Qualität der Ware und ihren Preis betrifft — kein bequemeres Handelsmaterial als den Hopfen, und es werden noch viele Hunderttausende von Zentnern als etwas verkauft und bezahlt werden, was sie nicht sind.

In der Allg. Br.- u. H.-Ztg. 1864, S. 48 macht ein Brauer in Lahr seine Kollegen aufmerksam, dafs er in den Besitz von vier gefälschten Saazer Hopfenwagscheinen gekommen sei; er halte es für seine Pflicht, die Kollegen zu warnen.

Die 1864[66]) versendeten gedruckten Hopfenversendungskarten für den Saazer Kreis- und Bezirks-Hopfen haben unten einen Anhang, welcher u. a. sagt, dafs der Saazer Hopfen nicht blofs in Böhmen, sondern auf dem ganzen europäischen Kontinent in seiner Güte obenan stehe; er sei auf dem Weltmarkte als der vorzüglichste anerkannt. Ein wirklich sachkundiger und dem Saazer Hopfen keineswegs abholder Mann wird dazu lächeln und sich denken: welche die Brauer schädigende Übertreibung einer an sich — bei genügender Einschränkung — nicht unwahren Meinung! Der böhmische Gelehrte Dr. Stamm sagte schon vor 40 Jahren, dafs die bayerischen Hopfen nicht so fein aber kräftiger seien als die böhmischen. Die Spalter Hopfen sind aber nicht blofs sehr fein, sondern auch sehr kräftig. Andere sagen, das Wertverhältnis zwischen Saaz und Spalt sei wie 100 : 95. Wieder andere sagen, dafs die Spalter Hopfen den Barometer für den Hopfenpreis und -Handel auf dem europäischen Festlande bilden. 1899 (s. Gambrinus[67]), Wien, S. 164) war um den 2. Dezember ein Drittel der ganzen böhmischen Ernte, also ca. 30000 Ztr., nach Deutschland ausgeführt.

1864 berichtete G. G. L. Beckenhaupt in Bischweiler (s. Allg. H.-Ztg. 1864, S. 272, auch schon früher), dafs Elsafs jetzt jährlich 65000—70000 Ztr. Hopfen erzeuge, wovon, namentlich in gewissen Jahren, viel von deutschen und böhmischen Händlern gekauft werde. 1863 seien 18000 Ztr. für deutsche Rechnung genommen worden.

In der Allg. H.-Ztg. 1864, S. 300 wird unterm 17. September aus Hannover gesagt, es hätten sich wieder Käufer aus Bayern eingefunden, um zu sehen, was gleich von dort aus zu machen sei; sie hätten für neue Ware, welche trocken, ganz ohne Gehalt und so hart wie Stroh sei, gleich per Ztr. 25 Thaler bezahlt; Aufkäufer, mit Vorschüssen in der Hand, pflegten — für bayerische Rechnung — meist alles aufzukaufen und in bayerischen Säcken mit und ohne Siegel wegzuschaffen.

In der Allg. H.-Ztg. 1863, S. 100 tritt ein Saazer Hopfenhalleninspektor gegen die von Nürnberger Händlern publizierten angeblich falschen Kursangaben über die Preise des Saazer Hopfens auf, behauptet, von Nürnberg aus werde die Welt mit fabrizierten Certifikaten oder Bleien versehen, und es seien namentlich bayerische Bierbrauer so gutmütig, Schwetzinger Hopfen anstatt Saazer zu acceptieren (die Schwetzinger kosten ca. $^1/_2$—$^2/_3$ der Saazer Hopfen). Der betreffende, in Frage kommende Nürnberger Händler rät nun dem Saazer Halleninspektor u. a., wenn er überhaupt Kenner der Ware wäre oder die Rechtlichkeit besitze, die er zu haben vorgebe, dann solle er vor allem die Brauer seines Landes vor der Annahme von Grünhopfen (bekanntlich die untergeordnetste Sorte böhmischen Gewächses) statt Saazer, trotz aller Siegel, Bleie und Certifikate, zu bewahren suchen; er solle sich an die ihm bekannten Firmen wenden, welche solche spuriose Produkte liefern etc. — Wer hat recht? Am Ende beide!

In der Allg. H.-Ztg. 1863, S. 174 berichtet ein Spalter Hopfenpflanzer, dafs er von Hersbruck einige Hopfenfechser mit nach Hause gebracht und angepflanzt habe; die Hersbrucker Stöcke wurden gesondert gepflückt und der Hopfen sorgfältig gesondert getrocknet und aufbewahrt. Als ihn bald darauf ein Freund und gewandter Hopfenkenner besuchte, legte er ihm, aufser mehreren Spalter Sorten, auch den Hersbrucker vor; nach genauer Prüfung von Aroma, Farbe, Feinheit etc. habe er gesagt: Wo hast du denn den Hersbrucker her? Ebenda S. 182 sagt nun ein Hersbrucker, es sei schade, dafs die im Juni in Nürnberg tagende Wanderversammlung der Landwirte, welche auch Hersbruck besuche, nicht im Herbste komme, da würden sie ihre Frühhopfen aus Spalter, Saazer und Schwetzinger Reben vorlegen können, welche dem vorerwähnten sachkundigen Freunde das Erkennen, selbst in Hersbruck, sehr erschweren würden.

Wenn es sich um eine alte Rebensorte handelt, welche in eine Lokalität neu eingeführt ist, bin ich auf dem Boden meiner Studien ganz sicher im stande, zu sagen und zu beweisen, aus welcher Rebensorte der Hopfen stammt. Die alte Hersbrucker Hopfensorte war höchst charakteristisch und leicht zu erkennen, stammte ohne Zweifel von den uralten Spalter Reben. Wenn aber Spalter oder Saazer seit fünf oder zehn Jahren erst in Hersbruck eingeführt sind und von diesen Reben Fechser nach Spalt kommen, kann auch der allergescheiteste Kenner nicht sagen, dafs diese Fechser aus Hersbruck kommen, und wenn er wirklich etwas versteht, wird er auf Saaz und Spalt raten.

Bei der 7. Wanderversammlung bayerischer Landwirte in Nürnberg (8. und 9. Juni 1863) sagte der Bürgermeister Langguth von Hersbruck, dafs die grofse Masse des Hersbruck-Laufer Hopfens nur selten unter ihrem wahren Namen in den Handel käme, obgleich das Produkt der dortigen gebirgigen Lagen jenem von Spalt und Saaz vollkommen in der Qualität gleich sei. Wie ist es aber möglich, dafs diese Hopfenmassen so wenig unter ihrem wahren Namen gehen und doch verkauft werden? doch offenbar nur, wenn sie unter andern Hopfen gemischt werden oder unter falscher Etikette gehen.

In der Allg. H.-Ztg. 1863, S. 289 findet sich aus London (1. September) folgende, unfreiwillig-komische Notiz: Der erste Ballen neuer bayerischer Hopfen, in Baden gepflückt, wurde letzte Woche importiert und zu 9 ℔ 9 sh. pr. compt. verkauft. Ebenda (S. 322) in einer Notiz aus dem Feistritzthal in Steiermark vom 28. September: Auch Wiener Häuser, die bisher unsern Hopfen nur aus zweiter Hand als Saazer Hopfen kauften, beginnen nun direkte Einkäufe hier zu machen.

In der Allg. H.-Ztg. 1863, S. 350 wird unterm 26. Oktober aus Grofsweingarten bei Spalt berichtet, es seien Dinge mit ihrem Hopfennamen vorgekommen, welche nicht zu den Delikatessen zählen; aus Frankreich hätten sie schon manches Jahr Briefe erhalten, welche den geschehenen Betrug handgreiflich erscheinen liefsen etc.

In der Allg. H.-Ztg. 1863, S. 357 findet sich eine Bekanntmachung des Stadtmagistrats Spalt, dafs man nun — wegen der vielen mit Spalter Stadthopfen vorgekommenen Unterschleife — statt der bisherigen Wagscheine — den Hopfenballen so und so gezeichnete Spalter Stadthopfen-Versendungskartons beigebe. Als ob man solche Versendungskarten nicht ebenso wie die Wagscheine jedem beliebigen, beispielsweise »Altmärker«, Hopfenballen beigeben könne. Nur die direkte Ballensignierung hat einigen Wert; auch sie bietet, wie ich selbst gesehen, keine absolute Sicherheit.

In der Allg. H.-Ztg. 1863, S. 358 wird unterm 27. Oktober aus London berichtet, dafs nun, weil die feineren englischen Sorten vergriffen sind, fremde Hopfen an die Reihe kommen; allein die meisten fremden Hopfen, die nach London gesendet werden, sind gemischtes Zeug; viele französische (damals gehörte Elsafs mit seiner Massenproduktion an Hopfen noch zu Frankreich etc.) wurden alle als beste bayerische bezeichnet; solche bayerischen Hopfen wurden von respektablen Häusern zu 90—95 sh. (90—95 Reichsmark) gekauft, während damals Spalter aller Sorten im Spalter Land mit 80, 90, 95, 100, 125—130 fl. und erheblichem Leihkauf bezahlt wurden; für prima bayerische verweigerte man in London den Preis zu zahlen. Nun, wenn die englischen Hopfenhändler und Brauer die schon auf dem Kontinent gesuchten prima bayerischen um wenig mehr als die Hälfte dessen haben wollen, was sie zu Hause kosten, dann gehören ihnen diese besten (sogenannten) Bavarian Hops. Es ist nur zu bedauern, dafs solche Händler und Brauer in England niemals in die Lage kommen, zu erkennen, welcher Gehalt an Hopfenmehl und welche Feinheiten an Aroma und Bitter den erstklassigen bayerischen Hopfen zukommen. Zu derselben Zeit, am 29. Oktober, kauften die Münchner Grofsbrauer die 200 Ztr. 1863er Markt Kindinger (Altmühlthal, Südostecke des Gebietes von Spalt) mit ihrem feinsten und weichsten Hopfenaroma und -Bitter der ganzen Hopfenwelt in Kinding selbst um 125—130 fl., also um viel mehr Gulden, als die Londoner Herren Schilling = Mark bezahlen wollen.

In der Allg. H.-Ztg. 1863, S. 361, am 6. November (von der Rezat, also Spalter Land) wird die vorstehende Nachricht (ziemlich gleichzeitig dieselbe von Bischweiler im Elsafs und in London) mit dem »Besten bayerischen Hopfen« (in Wirklichkeit sehr geringe Ware) besprochen und gesagt, dafs dadurch das Ansehen der bayerischen Hopfen so schwer geschädigt werde; der Absatz und das Renommee der bayerischen Hopfen leide darunter. Wenn das nicht wäre, könnte man diesen Mischmasch für den Porter und das Ale den Engländern gönnen. Ein renommiertes Siegelgut könne kaum im Ausland verkauft werden, weil es zu hoch im Preise stehe und die Händler zu wenig daran verdienen. Produzenten und Konsumenten sollten sich besser über die Siegel und Plombierungen unterrichten und darauf achten. Allerdings würden, wie schon öfters bekannt geworden sei, namentlich in Frankreich die Hopfensiegel nachgemacht. Aber die gröfseren Brauer Frankreichs machen selbst ihre Einkäufe in Spalt und im Spalter Land, versehen sich also mit guter Ware und gönnen den Engländern den französisch-bayerischen oder bayerisch-französischen Hopfen gern.

Darauf folgt (ebenda 1863, S. 370) unterm 10. November eine Erklärung aus Bischweiler (Elsafs): Es sei wohl wahr, dafs enorme Quantitäten Hopfen dort gekauft werden, um nach Baden, Bayern, Böhmen, England etc. exportiert zu werden; wahr sei auch, dafs man auf den Bahnhöfen von Bischweiler, Strafsburg, von Hagenau etc. Hunderte von Hopfenballen mit der

Bezeichnung sehe »Best Bavarian Hops«. Aber die Händler, welche den Hopfen so bezeichnen lassen, seien meistens Deutsche aus Bayern und Darmstadt; jüngst erst seien durch ein solches Haus 8 Tage lang solch etikettierte Ballen über Kehl, Boulogne nach London gesendet worden. Es seien aber nur schwere Elsässer Hopfen. Dafs manche Händler fremde Siegel nachmachen, sei bekannt; es werde jetzt mit dem Elsässer Hopfen auch in Frankreich feines Bier gemacht, teils unter seinem eigenen Namen, teils aber auch noch unter fremdem Namen und um höhere Preise, weil viele Bierbrauer am Kontinent und in England dies offenbar so haben wollen.

In der Allg. H.-Ztg. 1861, S. 90 wird u. a. folgendes gesagt: Bekanntlich wächst im Bezirk Spalt der renommierteste Hopfen in Bayern, auch ist in den verschiedenen Gemeinden des Bezirkes das Gewächs der Qualität nach sehr verschieden, und alle diese Gemeinden haben, mit wenigen Ausnahmen, vom Kgl. Staatsministerium des Innern verliehene Hopfensiegel und eine von der Kgl. Kreisregierung verliehene Hopfenwag- und Siegel-Ordnung. Im Landgerichtsbezirk Roth (Rentamtsbezirk Spalt) existierten schon 1861 ca. 20 solche Hopfensiegel mit entsprechenden Wag- und Siegelordnungen (1891 waren es 118 Siegelorte im Spalter Lande, es führten aber nicht selten mehrere Orte dasselbe Siegel), wonach ausdrücklich nur das Gewächs der betreffenden Gemeinde gesiegelt werden solle. Die betreffenden Gemeinden führen auf ihren Siegeln und Wagscheinen die Bezeichnung: nächst Spalt, bei Spalt, 1 Stunde, $1^1/_2$ Stunden etc. von Spalt; diese Bezeichnungen, welche in die ganze Welt gehen, verleihen diesen Gemeinden beachtenswerte Vorteile, denn so wie in diesem Spalter Hopfenbezirk Verschiedenheiten der Qualitäten bestehen, bestehen auch Verschiedenheiten der Preise, welche z. B. Mitte Oktober 1861 per Ztr. 95, 90, 85, 80, 75, 70, 65, 60, 55 und 50 fl. beziffern.

Den Mafsstab der Preisdifferenz bilde — wie damals diese Zuschrift an die Hopfenzeitung ausspricht — nicht immer die Verschiedenheit der Qualität der einzelnen Hopfensorten, welche genau zu erkennen und zu bestimmen auch dem erfahrensten Sachkenner nicht möglich sei, sondern das auf langjährige Erfahrungen (wohl der Händler und der Brauer) sich gründende Renommee der einzelnen Hopfen produzierenden Orte. Dieses Renommee könnte aber nur erhalten werden, wenn die Hopfensiegel führenden Gemeinden strenge darauf halten, dafs nur in der Gemeindemarkung gebauter Hopfen auf ihrer Wage gewogen und mit ihrem Siegel versehen, auswärtiges, in der Regel minder preiswürdiges Produkt aber fern gehalten werde. Es wird dabei der Verdacht ausgesprochen, dafs solche Schmuggeleien vorkommen.

Nicht allein, dafs derartiges vorgekommen ist, kam und kommt es sogar oft vor, dafs beliebig gesiegelte Hopfenballen Ortswagscheine beigegeben erhalten, welche gar nicht mit dem Siegel übereinstimmen. Diese Wagscheine können sich unlautere Geister leicht verschaffen, nötigenfalls nachmachen lassen.

Ohne Zweifel gewähren diese wohlgepflegten und intakt gehaltenen Signierungen eine bessere Garantie für gute Ware als die neuestens beliebten: bester bayerischer Hopfen, bester bayerischer Lagerbierhopfen, bester Lagerbierhopfen etc., welche gewisse Hopfenhändler vorziehen.

Heute ist auch das Wissen vollständig da, um den Brauwert der einzelnen Sorten nach den feinsten Schattierungen zu verfolgen und festzustellen; aber diesem Wissen fehlt leider die allgemeine Verbreitung. Diese Verbreitung einzuleiten, sollen meine Schriften über den Hopfen dienen. Diese Kenntnisse gestatten dann auch, jahrgangweise vorkommende Abweichungen von der Siegel-Ordnung festzustellen. Bei meinem Hopfenwarenkunde-Lehrkurs in München (Sommer 1897) hatte die Hopfenprobe von Pfofeld im Spalter Lande unter 43 Hopfensorten aller Haupthopfenlagen der Welt das feinste, wahrhaft edelste Bitter. Pfofeld gehört zum Bezirksamt Gunzenhausen und führt meines Wissens kein Hopfensiegel.

Nach der Allg. H.-Ztg. 1861, S. 89 kaufte man am 11. Oktober jenes Jahres in der Stadt Spalt den Hopfen per Zentner um 90—95 fl., in Grofsweingarten um 85—90 fl., in Abensberg um 80—85 fl., in Unter- und Ober-Asbach und Pfofeld um 55 fl., kurz darauf in Pfofeld um 40 fl., in Hersbruck um 45—50 fl., in Lauf um 50—55 fl. Am 29. Oktober wurde in Abensberg um 70—75 fl. und in Pfofeld um 48—52 fl. und Leihkauf verkauft. Es hat also Pfofeld gar keine besonders hohe Nummer als Spalter Landlage, und dennoch war diese

Probe so vortrefflich. Ich will aber damit nichts weniger als die obige Siegelrangordnung verkleinern oder gar umstofsen, die ist vorerst geradezu unentbehrlich, steht turmhoch über dem händlerischen »besseren bayerischen Hopfen, bayerischen Lagerbierhopfen« etc. Ich will vielmehr nur zeigen, welche Summe von nutzbringenden Kräften für den Brauer, Hopfenhändler und selbst für den Produzenten in einer wahrhaft gut fundierten Hopfenkenntnis ruht, sowohl für den Einkauf der Ware, wie namentlich auch für deren Verwendung in der Brauerei.

In einer rechnerischen Zusammenstellung in der Zeitschrift des Landwirtschaftlichen Vereins in Bayern 1861[68]) wird konstatiert, dafs ganz Europa mit England um 1860 in normalen Jahren 1145000 Ztr. Hopfen erzeugte, 1860 thatsächlich nur 260000 Ztr., dagegen in der Brauerei, deren Erzeugung im rapiden Wachsen war, mindestens 600000 Ztr. brauchte. Es mufste also mindestens die Hälfte des 1860 erzeugten Bieres ihr Hopfenbitter von andern Körpern als von Hopfen empfangen haben; der Einsender fragt: Was waren das nun für Ersatzmittel?

In der Allg. H.-Ztg. 1862, S. 11 wird (von der Rezat, 11. Januar) bemerkt: Ein Geschäftsmann hat unlängst in einigen Häusern Englands solche Massen von Hopfenballen gesehen, welche ihm als Spalter bezeichnet wurden, dafs es kaum glaublich erscheint, es wäre in ganz Mittelfranken so viel gebaut worden. Die Redaktion bemerkt dazu, dafs 1861 im Rentamtsbezirk Spalt 11000 Ztr. gebaut wurden, aber davon sei das wenigste nach England gekommen. Es hat sich dabei in London[69]) die merkwürdige Thatsache ergeben, dafs sogenannte Spalt Hops unverkäuflich blieben, nicht an den Mann zu bringen waren, weil sie zu schlecht gewesen sind. Da darf man sich nicht wundern, wenn die Engländer der Meinung sind, dafs ihre Kent- und Sussex-Hopfen besser sind als Spalter. Es sollen übrigens auch viele Händler an der 1861er Ware schwere Verluste in London etc. erlitten haben, weil Regenwetter bei der Ernte und dadurch verzögertes Trocknen vielfach in der Farbe mangelhafte Ware lieferten.

Es ist naheliegend, dafs Verfehlungen gegen die Wahrheit im Hopfenhandel so alt sind wie dieser selbst. Aus alten Urkunden der Stadt Lauf in Mittelfranken[70]) geht hervor, dafs 1761 Hopfenhändler, welche fremde Hopfen unter Laufer eingemischt und dadurch das Laufer Hopfengut auswärts erzverdächtig gemacht haben, gestraft wurden. 1752 wurden zwei Hopfenhändler, weil sie zum Schaden der Bürgerschaft fremden Hopfen als Hersbrucker etc. hereingebracht haben, um 25 fl. gestraft. 1776 läfst der Stadtrat in den Zeitungen gegen Betrügereien mit Hopfenvermischungen warnen.

In der Allg. H.-Ztg. 1862, S. 110 wird bemerkt, es sei bekannt, dafs die Stadtbehörde Spalt in der Handhabung der Wag- und Siegelordnung am gewissenhaftesten im ganzen Bezirk sei, Übertretungen derselben strengstens bestrafe; ja es habe Fälle gegeben, wo auswärtige Hopfen zwar die Stadt passieren, aber nicht übernachten durften, um Unterschleife fern zu halten; es gehe das Gerücht, dafs 1861 ein Stadt Spalter Produzent wegen Ankaufs auswärtigen Hopfens um 150 fl. bestraft worden sei. Weit beschwerlicher würde die Kontrolle sein, wenn mehrere gröfsere Handelshäuser dort etabliert wären, welche, wie an allen grofsen Plätzen, aus allen bekannten und unbekannten Gegenden ihren Bedarf beziehen und die verschiedensten Qualitäten und Quantitäten dörren, mischen, schwefeln und dann erst versenden. Anderseits betont die Allg. H.-Ztg. 1862, S. 231 mit Recht, dafs dort in Spalt Kreise, wie es scheint, namentlich von Hopfenunterhändlern bestehen, welche eine Scheu vor der Öffentlichkeit besitzen und den hervorragenden Ruf des Spalter Stadthopfens auf ein gewisses, nicht zu verratendes Arcanum zurückzuführen bemüht sind, an dem nur jeder spaltgeborene Hopfen beteiligt sein kann, und die auf das ängstlichste bemüht sind, jede Nachricht der Öffentlichkeit vorzuenthalten, welche das geringste Nachteilige über die dortigen Hopfenpflanzen enthalten könnte, obwohl doch der Spalter Hopfen so wenig wie jeder andere von allen den schädlichen Einflüssen befreit bleibt, denen diese Pflanze ausgesetzt ist; man sieht es dort als Verrat an der Vaterstadt an, wenn ein Spalter je einmal eine solche Mitteilung verbreiten sollte. Diesen Persönlichkeiten, welche eben erst, nach langwierigen Beratungen, im Begriffe waren, die alte, auf langwierigen Erfahrungen beruhende Gliederung des Spalter Hopfens: I (Stadt Spalt und Grofsweingarten), II (schweres Landgut), III (leichteres Landgut) und IV (leichtes Landgut) in ganz überflüssiger Weise durch Stadt-,

Bezirks- und Kreis Gut zu ersetzen, mag es sehr unwillkommen gewesen sein, als ich um Pfingsten 1898 in der Beilage der Allg. Ztg. in München sagte, daſs bei meiner im Sommer 1897 vorgenommenen Bearbeitung von 44 Hopfenproben aller Haupthopfenlagen der Welt der Hopfen von Pfofeld im Spalter Land (III—IV) das feinste Bitter hatte. Aber es war so, womit ich keineswegs sagen will, daſs das immer so sei!

Es ist gerade so in und um Saaz. Auch dort gibt es Kreise, welche unter der Wahnvorstellung leben, daſs um Saaz ein geheimnisvolles Agens von auſserordentlich verfeinernder Wirksamkeit teils in der Luft, teils im Boden stecke; die schrecklichsten Giftpflanzen, welche man dorthin verpflanzt, verlieren durch die Wirkung der dortigen Luft ihr Gift und verwandeln sich in segenspendende Medizinalpflanzen; auſserdem entströmen den Resten tropischer Pflanzen, welche im Untergrunde des Saazer Gebietes die Braunkohlenlager bilden, allerlei pflanzenveredelnde und dufterweckende Dünste.

Im Boden der Hallertau stecken nicht selten die Reste einer tropischen Tierwelt (Mastodonten, Dinotherien, Nashorn) etc., und an der Basis der Hügel liegen feine Mergel mit prachtvoll erhaltenen Pflanzenarten, immergrünen Sträuchern etc., welche heute noch auf Madeira leben. Deshalb wächst aber doch kein Madeira in der Hallertau. Damals, als jene Tierwelt im heutigen Gebiet der Hallertau lebte, gab es da noch Palmenhaine, Zimmt- und Kampherbaum-Wälder; heute würde man sich vergeblich bemühen, etwas derartiges zu finden.

Allerdings ist es Thatsache, daſs das Klima sowohl um Saaz wie um Spalt für feines, aromatisches Pflanzenwachstum ganz besonders günstige Schattierungen hat. Um Saaz wachsen sehr feine Gemüse, sehr feine Gurken, selbst am freien Felde, sehr feines Obst, sehr aromatische Kräuter. Aber um Spalt, wo früher viel Wein, dann Tabak gebaut wurde, habe ich 1891 Welschnüsse und Zwetschgen gegessen, die einen Edelgeschmack und ein Aroma hatten, wie es mir niemals in meinem Leben vorgekommen ist; am wenigsten findet man das im Süden, namentlich nicht um Meran, nicht in Italien oder Südfrankreich. Mit dem Boden hat das nichts zu thun.

Unterschleife hat es immer gegeben, zuweilen selbst bei Hopfenproduzenten. So berichtet die Allg. H.-Ztg. 1862, S. 359 um den 10. November aus der Hallertau: Der Hopfen ist schon öfter von Brauern in einzelnen Fällen geschmäht worden und zwar mit Grund. Unlängst aber ist eine Betrügerei entdeckt worden, die gar wohl die Ursache der Unzufriedenheit betrogener Brauer rechtfertigt. In einem Markte der Hallertau, welcher vorzüglichen Hopfen produziert, haben es sich einige Herren — angesehene Bürger — angelegen sein lassen und ihr Profitchen, wer weiſs wie viele Jahre schon, dabei gefunden, schlechten oder mittelmäſsigen Landhopfen zu kaufen, denselben in den fraglichen Markt zu bringen, dort wiegen und siegeln zu lassen und dann auf Grund des Wagscheins die flaudrige Ware als bevorzugtes Hallertauer Gut auswärts zu verkaufen. Dem getreuen Siegelbewahrer ist das Hopfensiegel bereits abgenommen worden, und man hofft, daſs durch eine Gerichtsverhandlung die Sache öffentlich geklärt wird.

Die Ein- und Ausfuhr von Hopfen betrug im deutschen Zollgebiet in den Jahren[71]):

	Einfuhr	Ausfuhr	Mehrausfuhr
	Doppelzentner		
1890	13 522	119 435	105 913
1891	18 172	98 561	80 389
1892	15 439	91 345	75 906
1893	42 703	55 217	12 514
1894	24 250	109 249	84 999
1895	20 355	108 096	87 741
1896	30 412	96 676	68 264
1897	26 739	99 006	72 267
1898	23 855	74 276	50 421
1899	30 715	76 978	46 263

	1899		1898	
Aus Österreich-Ungarn . .	29009	Doppel-Ztr.	19891	Doppel-Ztr.
» Rufsland	1056	»	2723	»
» Belgien	217	»	500	»
» sonstigen Ländern .	433	»	741	»

Zwei Drittel wurden immer in den ersten vier Monaten eingeführt.

Die gröfsten Anteile an der Ausfuhr haben Grofsbritannien, Belgien und Frankreich.

Der 1899 eingeführte Hopfen hat einen Wert von ca. M. 12132000, der 1898 eingeführte von M. 9423000. Der 1899 ausgeführte Hopfen hat einen Wert von M. 28097000, 1898: M. 27135000.

Nach Österreich-Ungarn wurden ausgeführt:

1899: 3617 Doppel-Ztr.
1898: 4095 »

Die harte Situation, in welche die moderne Entwicklung der deutschen Brauerei die deutsche und namentlich auch die bayerische Landwirtschaft versetzt hat, ist seit Jahren bekannt. Im Jahre 1899 führte die deutsche Grofsbrauerei aus dem Auslande, namentlich aus Österreich-Ungarn, in runden Summen ausgedrückt, ein:

ca. 80	Millionen	Mark	an	Gerste,
» 20— 25	»	»	»	Malz,[72])
» 10— 15	»	»	»	Hopfen
110—120	Millionen	Mark.		

Über 50000 Ztr., meist Saazer[73]), 1898/99 vom September bis Januar incl. über 18000 Ztr. mehr als im Jahre zuvor in derselben Zeit. 110—120 Millionen blofs für Gerste, Malz und Hopfen, während unsere vortrefflichen heimischen Gersten und Hopfen unverkäuflich bei den Bauern liegen oder zu Preisen abgegeben werden müssen, die kaum die Kosten decken.

1899 bezog das Deutsche Reich aus Österreich-Ungarn (man sehe folgend den Abschnitt über die Brauereien in diesem Reiche) über sieben Millionen Zentner Gerste, nahezu vier Millionen Zentner Malz und gegen 60000 Zentner Hopfen. Das schreit wahrhaftig nach Mafsregeln zur Abhilfe! — Und es ist dabei höchst bezeichnend, dafs, wenn auch die deutsche Bierausfuhr nach dem Auslande konsequent abnimmt, deutsche Malzausfuhr einen grofsartigen Aufschwung nimmt. Nur Japan führte meist österreichisches Malz ein. — Hamburg allein führte 1892 98000 Doppelzentner deutschen Malzes aus, 1897 aber ca. 269000 Doppelzentner; 1898 waren es nur 242000 Zentner, weil Brasilien 27000 Doppelzentner weniger aufnahm, infolge seiner gesunkenen Kaufkraft.

Dabei kann man mit dem besten Willen nicht sagen, dafs die deutschen Biere besser geworden seien, seit die Grofsbrauereien fast nur böhmisch-mährische Gerste und böhmischen Hopfen verarbeiten; im Gegenteil! — Immer stärker drängen auch fremde (böhmische) Biere nach Deutschland herein, wie unsere späteren Ausführungen genügend erweisen; der Export der deutschen Brauerei ins Ausland hat riesig abgenommen, ebenso der Absatz im Inlande, wenn man ihn mit der steigenden Bevölkerung in Vergleich setzt.

Wie sich die Preise für Gerste stellen[74]), siehe die Tabelle auf S. 33 oben.

Die Hauptursachen dieser wenig wünschenswerten Entwicklung sind in dem Umsturz zu suchen, welchen die Eismaschinen in das Brauwesen gebracht haben, wodurch die Brauereien immer mehr zu Grofsbrauereien im Unternehmen auf Aktien (Dividenden) und so in die Hände des Grofskapitals gedrängt werden. Die Aktienbesitzer der Grofsbrauereien sind aber auch im grofsen Prozentsatz bei den Hopfen-, Malz- und Gersten-Lieferungen beteiligt. Viele wichtige Posten in den Aktienbrauereien werden lediglich durch diese internationalen Grofskapitalisten besetzt, deren Gunst und Mifswollen eine ausschlaggebende Rolle spielen. Wie oft finden wir in den Fachzeitschriften Annoncen, worin Hopfen- oder Gersten-Händler gesucht werden, um

	1898 er		1899 er
	per Tonne à 20 Ztr.		
	Anfang Januar 1899	Ende Juni 1899	September
Märkische und Untermark	156—162	142—150	140—150
Schlesische	165—180	154—168	162—169
Posen	155—168	143—153	—
Oderbruch	158—166	148—158	152—158
Mährische	185—190	172—185	177—195
Wetterauer (Frankfurt a. M.)	173,0	162,00	173,00
Ungarische (Lindau)	176,50	177,50	174,67
Badische, Pfälzer (Mannheim)	176,30	180,00	173,30
München: Ungarische, Mährische Böhmische, Prima	200,00	196,00	196,50
München: Bayerische, Prima	192,00	196,00	191,50
München: » gute Mittel	182,00	181,00	180,00

einer kapitalschwachen Brauerei Geld vorzuschiessen, gegen die Zusicherung der Hopfen- und Gerstenlieferung. Mit Recht sagte der Abgeordnete Lutz am 26. Januar 1900 in der bayerischen Abgeordnetenkammer: Die Freiherrlich von Thüngensche Brauerei in Thüngen bei Karlstadt habe zu der Zeit, wo sie auf der Nürnberger Ausstellung thatsächlich das beste unter den ausgestellten Bieren hatte, nur bayerische Gerste und bayerischen Hopfen verwendet. Die Lederer-Brauerei in Nürnberg verarbeitet 90% ihres Rohmaterials in bayerischer Gerste und bayerischem Hopfen und müsse mit der ganzen Welt konkurrieren. Der bayerische Gerstenbauer kann die beste Ware nicht als Braugerste verkaufen, er mufs sie verfüttern oder zu Schleuderpreisen verkaufen, und wenn diese in grofskapitalistischen Händen befindlichen Grofsbrauereien eine vaterländische Gesinnung nicht haben, müssen sie bei den nächsten Handelsverträgen mit Österreich daran erinnert werden.

Was nutzt es da den deutschen Landwirten, wenn der allezeit wohlwollende Brauerbundespräsident, Herr Kommerzienrat Henrich in Frankfurt a. M., beim IX. Deutschen Brauertag (in Hannover, Juni 1900) sagt, dafs die (ehedem so eminent nationale) deutsche Brau-Industrie der beste Abnehmer der Landwirtschaft sei! — Das nutzt nur czecho-slavischen Landwirten in Böhmen und Mähren, dann slovakischen und ungarischen in Ungarn etc.

Den ersten Anstofs zu dieser Bewegung, die zu einer nationalen Gefahr grofsen Stils geworden ist, gab die letzte Erhöhung der bayerischen Malzsteuer, welche die kapitalkräftigen Grofsbrauereien dadurch zu paralysieren strebten, dafs sie die ausbeutereichsten Gersten auf dem Weltmarkt suchten, das waren nicht die sonst vortrefflichen bayerischen; je ausbeutereicher eine Gerste ist, desto mehr wird natürlich auch sonst an Produktionskosten pro Hektoliter Bier gespart. Ich habe in meinen Lehrvorträgen über Gerstenkultur in Weihenstephan damals sofort auf diese Gefahr hingewiesen! — Gleichzeitig hatten die Eismaschinen gelehrt, dafs man das ganze Jahr sieden und bei den kalten Kellern Hopfen sparen könne; die alten Lagerbiere wurden — als unpraktisch, weil unlohnend — über Bord geworfen; da aber die jungen Lagerbiere mit ihrem unverdauten rohen Harzbitter dem Publikum zuwider waren, machte man sie immer hopfenärmer; schliefslich wendete sich das Publikum den abgelagerten, wohlvergorenen Pilsener Bieren zu, und die Brauereien waren gezwungen, das zu bekämpfen, indem sie selbst helle Biere machten, die aber — wenn man von der hellen Farbe absieht — meist gar nichts vom Charakter der Pilsener Biere haben. Nun belehrten die Herren Hopfen-, Malz- und Gerstenhändler, nebenbei auch Brauerei-Aktionäre die Brauer, dafs man helle, sogenannte Pilsener Biere nur mit Saazer Hopfen brauen könne[75]).

Unlängst erst[76]) wird in einer Eingabe des Verbandes der Brauer von Bremen an die Handelskammern dortselbst, im Zusammenhang mit der Hafenzollfrage gesagt, dafs zwar Süddeutschland teilweise vortreffliche Hopfen erzeuge, aber keine für helle Biere, die jetzt so beliebt seien, namentlich auch für den überseeischen Flaschenbier-Export. Die unbestritten vorzügliche Eigenart der hellen österreichischen Biere (auch der Wiener?) sei nicht zum geringsten Teile auf das aufserordentlich feine Aroma und milde Bitter des böhmischen Hopfens zurückzuführen[77]). Wer ausschliefslich mit bayerischen, badischen oder sonstigen deutschen Hopfen gleich helle Biere machen wolle, werde der österreichischen Konkurrenz unterliegen. Um solche Brauereien konkurrenzfähig zu erhalten, dürfe man ihnen die Verwendung böhmischer Hopfen nicht durch hohe Zölle auf Hopfen erschweren[78].) Werde durch eine Zollerhöhung für auswärtige Hopfen die Verwendung österreichischer, speziell böhmischer Hopfen verringert, so werde sich der deutsche Freund eines aromatischen Bieres nach Pilsener Art, zum Schaden der deutschen Brauerei, immer mehr den österreichischen Bieren zuwenden. Offenbar verdienen solche schöne Gedanken in mafsvollen Worten die höchste Beachtung, und ich bin mir dessen voll bewufst, wenn ich sie ganz oder teilweise als irrig bezeichnen mufs. Meine fast 30jährige Lehrwirksamkeit in Weihenstephan dürfte mich gegen den Verdacht schützen, dafs ich den Brauern feindlich oder mit Voreingenommenheit gegenüberstehe!

Wenn ein Brauer sagt, dafs er nur mit böhmischen Hopfen fein schmeckende und schön aussehende helle Biere machen könne, so ist das sicher irrig und kann nur darauf beruhen, dafs er in Bezug auf seine Hopfenware oft Etikettefälschungen und den bekannten Vermischungen ausgesetzt war. Wir haben in Deutschland (Spalt, Kinding, Teilen des Gebirges, Teilen der Hallertau, Teilen von Rottenburg a. N., Teilen von Schwetzingen in Baden, Hördt im Elsafs, Teilen von Neutomischel) Hopfensorten, mit denen man feinst schmeckende, auch helle Biere machen kann; noch besser, wenn halb diese und halb wirklich feine Saazer verwendet sind; aber ein grofser Teil im Gebiet von Saaz ist nicht fein; auch $^1/_3$ Saazer genügt, den Aroma-Effekt zu erzeugen. Wer in den 1860er Jahren die wunderbaren Weihenstephaner Biere des Braumeisters Blendl trank, welche mit $^1/_3$ Spalter, $^1/_3$ Hallertauer (bestem) und $^1/_3$ Saazer gemacht wurden, hatte sicher nicht das geringste Verlangen nach Pilsener Bier. Ich könnte dafür heute noch viele Zeugen bringen und sehr schwerwiegende. Was für ein wunderbar feines und ganz weifshelles Bier habe ich im November 1897 in Landshut getrunken, mit $^1/_2$ Spalter und $^1/_2$ Saazer gemacht, aber ausgereift. Gegen dieses Bier sind in der That die meisten Original-Pilsener wahrhaft untergeordnete Getränke. Freilich mufs man die rechten Hopfen haben und ihnen Zeit lassen, ihre gestaltende Arbeit im Biere zu verrichten und zu vollenden. Wer das nicht thut, wer die Biere jung ausstöfst und mit Filter etc. aufputzt, hat doch einen ganz gemeinen, harzig-rohbitteren Hopfengeschmack im Biere. Wenn die deutschen Brauer ihre Biere so ausreifen lassen, wie es die namhaften österreichisehen Brauereien machen, welche gern getrunkenes Pilsener Bier liefern, dann können sie das auch mit den feinen deutschen Hopfen erreichen oder mit $^1/_3$ Saazer. Aber dazu ist es nötig, die allerdings weichgepolsterten Sklavenketten der Herren Händler zu brechen und sich ein genügendes Mafs von sicheren Kenntnissen in Bezug auf Hopfenware zu erwerben. — Sollte das alles nicht mehr möglich sein?

So führt das Deutsche Reich heute 70000 Ztr. solcher Hopfen ein, um etwa 10000 Ztr. mehr, als das Saazer Land vor 20 Jahren gebaut hat; heute baut das Saazer Gebiet allein mehr Hopfen als vor 10 und 20 Jahren ganz Österreich, und die Erweiterung des Saazer Hopfengebietes hat namentlich nach den czechischen Territorien hin stattgefunden! — abgesehen von den Saazern, welche eigentlich russische, galizische, steierische, Neutomischeler etc. Hopfen sind. Die dem Hopfenbau in Österreich gewidmete Anbaufläche hat sich in der That in den letzten 25 Jahren nahezu verdreifacht, dank den vereinten Bestrebungen der deutschen Hopfenhändler und der deutschen Brauerei; er umfafste 1872 ca. 6611 ha, dagegen 1897: 17178 ha; davon entfallen auf Böhmen allein 72%.

Es kommt zu all den Geschichten, welche diese unerhörten Zustände herbeigeführt haben, dafs die Saazer Hopfen Frühhopfen sind, um 3—4 Wochen früher marktbereit sind als die wertvollen bayerischen. Auch die bayerischen Gersten lassen sich nicht gleich nach der Ernte dreschen und verarbeiten, sie müssen zuvor erst ca. 6 Wochen in Bansen gären; die mährischen (Hanna-) Gersten können gleich nach der Ernte verarbeitet werden; sie werden auch um 6—8

Wochen früher geerntet, ehe das Brauen beginnt. Die Hauptursachen unter denen, welche diese unerhörten Zustände herbeigeführt haben, lassen sich schwer erörtern; es betrifft die freiwillige und unfreiwillige Abhängigkeit der Brauer von den Lieferanten. Der Einzelne kann dagegen gar nicht ankämpfen und aufkommen. Da würde er sich, aus Gründen, die ich hier nicht mehr besprechen will, sein Dasein erschweren, wenn nicht unmöglich machen. Ich bin fest überzeugt, daſs gar mancher unter diesen Herren geradeso denkt wie ich! Hier können nur Eingriffe helfen, welche die Hauptmacher treffen, also die Lieferanten, aber in einer Weise, daſs ihrem wahrhaft landschädlichen Treiben unübersteigliche Hindernisse in den Weg gestellt sind. Die deutsche Brauerei geht sicher nicht zu Grunde, wenn ein ordentlicher Zoll auf Gersten, Malz und Hopfen österreichischer Provenienz gelegt wird, wohl aber die deutsche Gersten- und Hopfenkultur, wenn es nicht geschieht. Ich glaube, daſs das deutsche Bier wieder besser wird! Man wird sehen, daſs es nun auch geht, die Lagerdauer der Biere zu verlängern, und finden, daſs die Biere nun mit billigeren Gersten und Hopfen besser sind.

Daſs die mir sonst so sympathischen Deutschen Österreichs sich gegen eine solche Zollerhöhung zur Wehre setzen, das ist wohl verständlich. Die Wiener Zeitschrift »Gambrinus« vom 15. Mai 1900 (Nr. 10) bringt einen eigenen Leitartikel gegen die beabsichtigte deutsche Zollerhöhung auf Gerste (5 M. statt 2 M. pro 100 kg), Hopfen (100 M. statt 14 M. pro 100 kg); auch der Malzzoll soll erhöht werden. Die Redaktion nimmt die deutschen Brauer gegen diese Zollerhöhung in Schutz; die beiden Denkschriften des Brauerbundes gegen diese Zollerhöhung seien wahre Meisterwerke und würden ihren Eindruck nicht verfehlen. Auf Seite 431 spricht aber der »Gambrinus« auch von der beabsichtigten Zollerhöhung auf österreichisches (Pilsener) Bier; die Budgetkommission des deutschen Reichstages habe zur Deckung der Kosten der Flottenvermehrung eine Erhöhung des bisherigen Zollsatzes von 4 Mark per hl auf 6 Mark beantragt und mit 13 gegen 9 Stimmen angenommen. Es wäre das für den österreichischen Bierexport ein schwerer Schlag, denn es seien 1899 aus Österreich nach dem Deutschen Reiche 714852 Doppelzentner (1429704 Ztr.) in Fässern und 61 Doppelzentner in Flaschen exportiert worden. Die Mehreinnahme wurde auf 1400000 Mark veranschlagt. Es wird nun den deutschen Brauern gedroht, daſs dieser Zollerhöhung auf Bier die Steuererhöhung auf dem Fuſse folgen werde, wenn sich der Fiskus erst einmal aufs Nehmen eingelebt habe. Ein Bild modernen Interessenkampfes, oft auch ein Kampf mit der Logik!

Gegen die beabsichtigte Hopfenzollerhöhung in Deutschland hat auch im böhmischen Landtage durch den Abgeordneten F. Albl eine Interpellation der österreichischen Staatsregierung stattgefunden[79]). Österreich habe jetzt ca. 175000 ha mit Hopfen bestellt und erzeuge jährlich ca. 250000 Ztr. Zum Absatz solcher Massen sei Österreich auf Export angewiesen, namentlich nach Deutschland und Ruſsland.

Deutschland habe vom September 1899 bis Ende Februar 1900 70978 Ztr. Hopfen aus Österreich bezogen (!!!), Groſsbritannien 2852 Ztr., Frankreich 2262 Ztr., Ruſsland 3290 Ztr., Schweiz 3482 Ztr., die übrigen Länder 15200 Ztr., in Summe 98068 Ztr.; davon ab 10724 Ztr. Einfuhr, verbleiben für den Export 87344 Ztr. Eine solche Hopfenzollerhöhung wäre für den einheimischen (böhmischen) Hopfenbau gleichbedeutend mit dem Ruine desselben. Nun, wir Deutsche haben eher den Grundsatz: leben und leben lassen; dem Herrn Abgeordneten Albl wäre es aber allem Anschein nach erträglicher, wenn — unabweisbaren Falles — die deutsche Hopfenkultur zu Grunde ginge! Es ist naheliegend, daſs und weshalb wir da anders denken!

Im Wochenblatt des landw. Ver. in Bayern[80]) macht ein Landwirt den Vorschlag, man solle in Weihenstephan, wo man eine renommierte Brauerei und Fach-Professoren hat, direkt Brauversuche anstellen, ob sich die bayerischen Gersten oder die mährischen und ungarischen besser für die Groſsbrauerei eignen. Er zweifelt nicht, daſs die Resultate der — ehrlich gemachten — Versuche günstig für die bayerischen Gersten ausfallen.

Die Münchner Groſsbrauer behaupten, daſs die bayerische Gerste im Herbste sich nicht gleich zur Mälzung eigne, sie müsse erst im Stocke eingezogen haben, was auch ganz richtig sei und wozu 14 Tage nicht genügen. Deshalb solle sich eben jeder Brauer einen kleinen Vorrat vorjährigen Malzes halten. Allein die Münchener Brauer wollen erst im Dezember bayerische Gerste verwenden, also drei Monate nach der Ernte, und doch werde in den Landbrauereien schon in der zweiten Hälfte des Oktober die Ende August geerntete Gerste mit bestem Erfolge gemälzt und versotten.

Nebstdem wollen diese Grofsbrauer vom März ab keine bayerischen Gersten mehr verwenden; im Herbste bringt man schöne bayerische Gerste noch an, aber im Nachwinter oder Frühling gar nicht oder um schlechteste Preise. Es müsse das doch wohl ein Hirngespinnst der Herren Grofsbrauer oder eine Einbildung sein, ebenso wie die, dafs sie glauben, nur aus gleicher Anzahl Hektoliter mährischen oder ungarischen Malzes könne man mehr und besseres Bier machen, als aus demselben Quantum gleichgewichtigen bayerischen Malzes; bei letzterem müsse man natürlich nur aus schwerer, tadellos geernteter, inländischer Gerste bereitetes ins Auge fassen, nicht schon auf dem Felde ausgewachsene, dumpfige, blau und rot gespitzte Gerste; derartige sei ebenso unbrauchbar wie unter dem bayerischen Malzaufschlagsgesetze eine Gerste, welche im geputzten Zustande weniger als $67\frac{1}{2}$ kg pro hl wiegt.

Der Gerstenbau habe in Bayern in den letzten zehn Jahren grofse Fortschritte gemacht. Vor 20 Jahren habe man gestaunt, als aus Österreich Gerste mit 71 kg pro hl nach München kam, heuer (1899) wurde im Donauthal solche mit $74\frac{1}{2}$ kg geerntet und verkauft.

Aber nichts hilft! Wenn man in München gleichfarbige, hochgewichtige Ware anbietet, erhält man die Antwort: mit der ungarischen Gerste machen wir per Sud um so und so viele Hektoliter Bier mehr als mit der bayerischen, wenn die ungarische gleich 10 ℔ per hl weniger wiegt. Die bayerischen Brauer sind eben der Ansicht, dafs die bayerischen Gersten in den meisten Fällen keine solche Ausbeute gestatten wie gewisse ausländische, die doch schon durch Zoll und Fracht teurer kommen. Die bayerischen Landwirte sollten nur bestrebt sein, Gerste zu bauen, welche vollkommen den Anforderungen der Mälzer und Brauer entspricht, dann würde diese die Konkurrenz mit den fremden Gersten siegreich bestehen.

Ich lasse mich, was die Saazer Hopfen betrifft, an dieser Stelle ebensowenig von landsmannschaftlichen Voreingenommenheiten für die bayerischen Hopfen leiten, als ich dies je bei anderen Gelegenheiten gethan habe. Als langjähriger Lehrer der Landwirtschaft an einer höheren landwirtschaftlichen und technologischen Lehranstalt habe ich frühzeitig gelernt, nach Wahrheit zu streben und Wahrheit zu lehren, ohne jede Rücksicht auf Zeitströmungen und mächtige Parteispekulationen. Wäre der Charakter der besten und besseren bayerischen Hopfen brautechnisch den Saazern untergeordnet, würde ich es bedauern, aber niemals bemüht sein, anderes zu sagen oder beweisen zu wollen.

Aber ich stehe auf dem breiten Boden meiner durch umfangreiche und intensive Arbeiten esworbenen speziellen Kenntnisse, das Resultat intensivster Studien an vielen Hunderten von Hopfenproben Saazer Ursprungs aller Lagen und Schattierungen und von mindestens einem Dutzend Jahrgängen. Und wenn ich nun sehen mufs, wie durch eine eigentümliche Verkettung von Umständen und Thatsachen, die mit dem eigentlichen Wesen der Sache gar nichts zu thun haben, und mit geschickter Ausnutzung einer wahren Verblendung mein engeres und weiteres Vaterland durch Abflufs deutschen Geldes, das zu erheblichem Teil in die Taschen höchst deutschfeindlicher Menschen fliefst, die schrecklichsten Verluste erleidet und viele Tausende braver bäuerlicher Existenzen Deutschlands und Bayerns dem unvermeidlichen Untergang geweiht sind, dann würde ich von dem etwas erhöhten Standpunkte meiner Kenntnisse, meines besseren Wissens aus, geradezu verbrecherisch handeln, wenn ich gegen solchen wahrhaftigen Unsinn,, der nun schon lange genug gedauert hat, nicht die warnende Stimme des sachkundigen Fachmannes erheben würde.

Sicherlich haben die bayerischen und deutschen Brauer, wenn auch keineswegs immer, dennoch schon tausendfach gesehen, dafs trotz des prachtvoll aussehenden, echten Saazer Hopfens (von Etikettefälschungen hier ganz abgesehen), das Bier gar keinen wirklich befriedigenden Feingeschmack hatte, vielmehr sehr unschön schmeckte, ganz abgesehen von allerlei unerwünschten Vorgängen bei der Gärung etc. Da man aber zweifellos Saazer Hopfen angewendet, so konnte natürlich diese sehr unerwünschte Wirkung nicht am Saazer Hopfen, vermeintlich überhaupt nicht am Hopfen gelegen haben, womit gewissen Technologen nur neue, große Stützen für ihre Ansicht von der Unbedeutendheit des Hopfens in der Ausgestaltung des Biercharakters geliefert schienen.

Wie oft aber haben ganz normal und schön gestaltete und in Farbe und Glanz tadellos aussehende Saazer Hopfen höchst widerliche Fettgerüche aller Grade und Schattierungen bis zum ranzigen Fett, wobei der edle Grundcharakter des Aromas durch diese Nebentöne bis zum Verschwinden verhüllt ist. Wie oft ist der feine, veilchenartige Nebenton, welcher die süßwürzige Geruchsbasis begleitet, ganz eigentümlich widerlich, geradezu höchst widerwärtig variiert, selbst bis zum Aas- oder Leichenhaften, und man kann sich leicht denken, wie so ein Bier schmeckt. Diese vielartigen Fettgerüche treten aber erstaunlich oft im Saazer Hopfen auf, jahrgangweise besonders stark; sie sind aber auch dann bei den Herren Händlern »Qualitätshopfen«. Wie es mit der Qualität des eigentlichen Hopfenbitterstoffes zwischen Saazer und Spalter Hopfen aussieht, habe ich an anderer Stelle gesagt.

Ganz abgesehen davon, sind ja auch gerade die Saazer Hopfen mit ihrem so langsam arbeitenden Sekret echte Lagerbierhopfen, für Biere von langer Dauer, also am wenigsten für moderne, 8—10 Wochen alte Lagerbiere geeignet, denen sie dann unvermeidlich und immer einen harzigbitteren, trinkmüde machenden Geschmack verleihen!

Verhängnisvoll für die bayerischen Hopfen ist, daß man auf dem Weltmarkt heute fast nur noch von bayerischen Hopfen spricht. So ist es auch der Fall in einem belgischen Artikel über den Hopfen[81]). Die Redaktion der Allg. Br. u. H.-Ztg. findet es selbst auffallend, daß hier alle bayerischen Hopfen über einen Kamm geschoren werden, nachdem es doch ganz gewaltige Qualitätsunterschiede gäbe, wie schon die Bezeichnungen: Markthopfen, Aischgründer, Hallertauer, Kindinger, Spalter etc., dem Kundigen lehren. Aber das ist ja eben das Verhängnis der bayerischen Hopfenkultur, daß niemals auch nur das Allergeringste geschehen ist, den Brauern in der Welt zu lehren, wie man die bayerischen Hopfen überhaupt und die gewaltige Welt der bayerischen Hopfensorten unter sich, voneinander oder gar von anderen unterscheiden könne. Ich habe die gewaltige Arbeit bewältigt und die 40 Jahrgänge der Allg. H.-Ztg., späteren Allg. Br.- u. H.-Ztg, mit ihren mehr als 75 großen, dicken Bänden sorgfältigst durchgearbeitet, sehr viel Verdienstliches und Anerkennenswertes darin gefunden, von der in Frage stehenden zentnerschweren Sache aber rein gar nichts als höchstens Totschlagsversuche gegen den Landsmann, der sich fast seit einem Menschenalter plagt, diese für unser Land und Volk verhängnisvolle Lücke auszufüllen!

Nach diesen ganz objektiven Ausführungen kann ich es getrost den denkenden Brauern überlassen, wie sie sich künftighin zu dieser wichtigen Sache stellen wollen, ganz ohne Rücksicht auf patriotische Gesinnungen, mit denen sich das Industrie- und Gewerbeleben direkt und opferbringend nicht befassen kann.

Die vorstehend erwähnte Ansicht eines bayerischen Landwirts über Brauversuche, welche in Weihenstephan mit bayerischen Gersten und bayerischen Hopfen gemacht werden sollten, enthält einen ganz wertvollen Kern; von solchen und ähnlichen Dingen habe ich schon vor Jahren bei verschiedenen Gelegenheiten gesprochen. Derartige Versuche brauchen Zeit und Geld und ein großes Maß ganz sicherer, völlig ausgereifter, nicht halbfertiger praktischer Kenntnisse, wie sie, auch bei sehr tüchtigen Männern, erst in vorgerückten Lebensjahren zu finden sind; junge Männer, die selbst noch auf der ersten oder zweiten Stufe der Entwicklung stehen, können das nicht machen, um so weniger, wenn sie Vorlesungen zu halten, sich durch Studium fortzubilden haben, auch noch mit der Beschaffung von Lehrmaterial und mit literarischen Arbeiten befaßt sind. Man darf sich solche Dinge nur nicht allzu leicht vorstellen, das sind sie nicht; leichthin und flüchtig gemacht, haben sie nicht nur keinen Wert, sondern sie können noch schaden, niemand wird ihnen Vertrauen und Gehör entgegenbringen! — Welche Dienste könnten dem praktischen Brauer und weiterhin dem Unterricht und der Landwirtschaft geleistet werden, wenn eminent sachkundige Männer in gewissen grofsen Brauereien den alltäglichen Betrieb beobachten und die Ergebnisse feststellen könnten.

Das Gesetz der geistigen Entwicklung von Männern des Lehramtes, deren nicht geringe Aufgabe es ist, die Anwendung der wissenschaftlichen Errungenschaften im praktischen Leben, beispielsweise in der Landwirtschaft oder in den Gärungsgewerben (Brauerei etc.), zu lehren, ist leider gerade in jenen Kreisen meist am allermindesten bekannt, welche über das Wohl und Wehe dieser Männer entscheidenden Einflufs haben.

Auch der talentvollste und strebsamste junge Mann dieser Lehr-Richtung wird lange Jahre nötig haben, sich mit den für seine Aufgaben einschlägigen Resultaten der exakten wissenschaftlichen Forschung vertraut zu machen. Daher sind solche Lehrkräfte in den ersten Abschnitten ihres Lebens immer mehr Wissenschafter als Praktiker, und erst wenn sie Berge von eigener Arbeit in der wissenschaftlich-praktischen Forschung bewältigt haben und ihr Wissen sich abgeklärt hat und gereift ist, dann werden sie praktisch. Dann beginnt erst die Zeit der segensvollen Produktionsfähigkeit, sei es im Lehramte oder im Leben! —

Diesem Gesetz der Entwicklung sind alle diese Männer gleichmäfsig unterworfen! Deshalb zeigt es von unerhörter Unkenntnis, von einer Verjüngung der Lehrkräfte einer solchen Lehranstalt zu sprechen, von einer Entfernung von Lehrkräften, welche endlich nach vieljähriger, mühevoller Thätigkeit, den Gipfel der Leistungsfähigkeit erklommen haben.

Von Weisheit und Klugheit zeigt nur solches Thun, welches diese so mühsam entwickelten Kräfte im höheren Lebensalter möglichst zu konservieren und ihrer nun erst segensreich gewordenen Wirksamkeit zu erhalten sucht!

Nicht umsonst sagt man, dafs die Lehrbücher eigentlich von den in Jahren vorgerückten Lehrern geschrieben werden sollten; leider fehlt aber in diesen Jahren oft die Kraft oder die Arbeitslust! —

Auch in letzterer Zeit (am 8. Februar 1899) wendete sich die Bayerische Zentral-Hopfenverkaufsgenossenschaft in Nürnberg, e. G. m. b. H., gegründet am 30. August 1898, an die bayerische Staatsregierung, um durchgreifende Reformen im Hopfenhandel bittend, als Hilfe für die effektiv dem Ruine nahe Hopfenproduktion.

Die Bayerische Zentral-Hopfenverkaufsgenossenschaft ist eine Gründung des Generalverbandes ländlicher Genossenschaften für Deutschland in Neuwied (Filialverband Nürnberg); die Tendenz ist: den Hopfen der Mitglieder der angeschlossenen Raiffeisenvereine möglichst gut zu verkaufen.

Diese Bittschrift ist von 15000 Unterschriften bayerischer Hopfenproduzenten bedeckt, ein wahrer Notschrei um Abhilfe von Zuständen, welche, wie sie selbst sagt, dahin führen, dafs es nur noch reiche Händler und arme Bauern gäbe. So könne und dürfe es nicht weitergehen! Es sei notwendig, das durch Mischung und falsche Etikettierung verloren gegangene alte und gute Renommee der bayerischen Hopfen wieder herzustellen.

Als solche Mafsregeln werden bezeichnet[82]):

Erhöhung der Zölle für Hopfen, mindestens 50 Mark für jede 50 kg, effektive Angabe der wahren Provenienz, reine und unvermischte Verpackung der Sorten etc.

Die Handels- und Gewerbekammer für Mittelfranken in Nürnberg hat sich in ihrem Jahresberichte für 1898 natürlich dagegen ausgesprochen, was von diesen, lediglich ihren Interessenstandpunkt vertretenden Manchestermännern nicht anders zu erwarten war[83]).

Wenn die bayerischen Landwirte und diejenigen derselben, welche Landtagsabgeordnete sind, in diesen Fragen (Gerste, Hopfen, Bier etc.) manches sagen und thun, was einem nicht recht gefällt, so ist dieses Verhalten doch mit ihrer harten Lage wohl zu entschuldigen! Wenn aber ein so umfassend gebildeter Mann, wie Prof. Dr. Holzner in München, der seinen Pensionsgehalt als Weihenstephaner Professor, dann einen als Sekretär des Bayerischen Brauervereins, ferner noch einen solchen als Redakteur der Zeitschrift für das gesammte Brauwesen hat, also materiell sehr gut situiert und ganz unabhängig von der Preislage in Bezug auf Gerste und Hopfen ist, solchen Männern, offenbar um bei den Brauern lieb Kind zu sein, die schwersten

Kränkungen in der derbsten Manier an den Kopf wirft, so ist die bittere Abfertigung, welche ihm der Abgeordnete Lutz (Fr. Ver.) in der 132. Plenarsitzung der Abgeordnetenkammer vom 8. Mai 1900 zu teil werden läſst, wohl verdient. Ich kann es nicht glauben, daſs es nicht viele Brauer gibt, denen solche Süſsmaiereien nicht selbst zuwider werden; es würde zudem gar nichts nutzen, denn urteilsfähige Männer gehen nicht auf solchen Leim! —

Wenn Herr Lutz dann sagt: Wenn die Landwirtschaft zu Grunde geht, dann nützt uns die Akademie in Weihenstephan auch nichts mehr, so ist das sehr wahr, aber die Adresse nicht richtig. In den letzten 15 bis 20 Jahren meiner Lehrwirksamkeit in Weihenstephan war auf Andrängen einiger aus der Fremde bezogener und im Generalcomité sitzender landwirtschaftlicher Herren der Technischen Hochschule in München, Weihenstephan so gestellt worden, daſs es nicht leben und nicht sterben konnte, trotz der dringenden bittlichen Vorstellungen seiner Professoren. Wäre das nicht so gewesen, dann hätte Bayern heute 400—500 gebildete Landwirte mehr, als es hat, das würde man wohl spüren. Wer hätte den Mut zu sagen, daſs dieser Ausfall durch die höherwertigen Leistungen dieser Herren kompensiert worden sei? Wo war denn die Kammer damals? Unterdessen debattierte die Kammer wochenlang um ganz unwesentliche Dinge herum und machte ab und zu den erwähnten Herren an der Technischen Hochschule Komplimente. — Was könnte und würde ich da alles noch an Thatsachen zu berichten haben! — Die Saat, die Weihenstephan heute unterrichtlich ausstreut, kann sich in 25 bis 30 Jahren einmal fruchtbringend geltend machen! — Hat die bayerische Landwirtschaft so lange Zeit?! — Oder glaubt man wirklich, daſs das, was — um 20 bis 30 Jahre verspätet — jetzt geschieht, den Verfall der bayerischen Landwirtschaft aufhält? Jeder wirklich Sachkundige wird das verneinen! Das, was längst geschehen hätte sollen, ist heute noch nicht einmal zur Debatte gestellt! Es sollte doch selbstverständlich sein, daſs das Genossenschaftswesen allein die Landwirte nicht wieder wohlhabend macht! —

Eine erste Bedingung des materiellen Wiederauflebens des sonst so tüchtigen, wackeren bayerischen Bauernvolkes, also auch der Gersten- und Hopfenproduzenten, wäre, ihnen die festwurzelnde Überzeugung beizubringen, daſs sie sich auf dem Boden ihres Berufslebens, im Ackerbau und in der Viehzucht etc., erheblich mehr Kenntnisse modernster Art aneignen müssen, als sie bis heute besitzen. Dann wird es sicher auch gelingen, ihnen diese Kenntnisse zu vermitteln, und werden die entsprechenden Einrichtungen auch geschaffen werden. Wie mir ein sehr kenntnisreicher Freund erzählt, brauchten die landwirtschaftlichen Wanderlehrer eines Bayern benachbarten groſsen Landgebietes Deutschlands an 20 Jahre, bis sie — nach verschiedenen aufhaltenden Miſsgriffen — das Interesse und Vertrauen des Bauernvolkes gewannen. Und seitdem, also seit Jahren, geht es nun in geradezu staunenswertem Tempo vorwärts mit der landwirthschaftlichen Entwicklung in der breiten Masse der Bevölkerung. Wäre es nicht vielleicht am Platze, die bei uns ohnehin so sehr verspätete Entwicklung dadurch abzukürzen, daſs man durch geeignete Maſsregeln die aufhaltenden Miſsgriffe fernhält? —

Das wäre eine dankbare Aufgabe für Volksvertreter, die mitten aus dem vollen Leben kommen, der Staatsregierung Anregungen und Informationen zu geben, die sicher dankbar angenommen und fruktifiziert werden würden.

Die Beweise für meine Behauptungen zu erbringen, würde leider gar nicht schwer fallen!

Nach den Ermittelungen des statistischen Reichsamtes sei (nach der Nürnberger Handels- und Gewerbekammer) von 1894—1897 das Jahresmittel des Hopfenertrages in Deutschland bei 40000 ha Area ca. 550000 Ztr.: daran sei Bayern mit 26000 ha und 300000 Ztr. beteiligt. 1897 war die deutsche Hopfenarea 39523 ha und der Gesamtertrag 477228 Ztr. Die Durchschnitts-Jahresausfuhr des Deutschen Reiches sei 170000 Ztr. Die bayerische Area 1897 war 25146 ha, der Ertrag 268000 Ztr. 1898 wird sich die Ernte in Bayern auf 220000 Ztr., in Deutschland auf 440000 Ztr. belaufen.

Wenn Bayern bei einer Durchschnittsernte 300000 Ztr. erzeugt und 120000 Ztr. selbst braucht, müssen 180000 Ztr. ausgeführt werden. Das Deutsche Reich braucht für 62000000 hl Bier ca. 380000 Ztr. Hopfen, hat also (mit den Vorräten in den Brauereien) 170000 Ztr. übrig.

Diesen 170000 Ztr., welche jährlich ausgeführt werden sollen, stehen pro Jahr nur ca. 40000 Ztr. (?) Einfuhr gegenüber, meist österreichische, namentlich feine Saazer Hopfen, welche zur Fabrikation der milden Münchener Biere und der lichten Biere nach Pilsener Art, welche heute bei einem grofsen Teile des konsumierenden Publikums sehr in Aufnahme gekommen seien, nicht entbehrt werden könnten.

Die Einfuhr der Pilsener Biere hatte vor 6—7 Jahren sehr zugenommen, namentlich wurde in Sachsen, in den norddeutschen Grofsstädten, ja selbst in Bayern, namentlich in den Grenzorten, viel Pilsener konsumiert. Die Folge war, dafs die deutschen Brauereien, um dieser Konkurrenz zu begegnen, selbst ähnliche Biere herstellten. Damit nahm die Einfuhr des Pilsener Bieres sehr ab (das Gegenteil ist wahr!), und die bayerischen und deutschen Brauereien machen nicht blofs im Inlande, sondern auch im Auslande dem österreichischen Fafs- und Flaschenbier bedeutend Konkurrenz.

Zu diesen lichten Bieren nach Pilsener Art seien die Saazer resp. böhmischen Hopfen unentbehrlich, ein hoher Zoll darauf würde diese Produktion sogenannten Pilsener Bieres bedeutend einschränken, wodurch das kaum erworbene Absatzgebiet wieder verloren ginge.

Vom 1. September 1898 bis 31. Januar 1899 seien in Nürnberg 180000 Ztr. deutschen Hopfens eingeführt worden, 132000 Ztr. per Bahn und 50000 Ztr. per Achse, nebstdem nur 5424 Ztr. Fremdhopfen, kaum $^1/_2$%, darunter 4000 Ztr. böhmische. Die böhmischen Hopfen gehen eben direkt!

Der Konsument, namentlich in fremden Ländern, frage wenig nach der Provenienz und lege hauptsächlich Wert auf die ihm bekannte Marke des Händlers und seine Vertrauenswürdigkeit[84]). In Nürnberg seien ehrenwerte Firmen von über 100jährigem Alter, die sich eine solche amtliche Kontrolle, wozu gar keine Veranlassung geboten sei, nicht bieten lassen könnten[85]).

Nun wendet sich der Bericht auch gegen das Mischen. Ein Drittel der bayerischen Hopfen seien nur Exporthopfen, im Werte hinter den besseren Sorten Badens, Württembergs und Elsafs-Lothringens zurückstehend; heute schon würden die genannten Sorten in Nürnberg, auf belgischen, französischen und englischen Märkten so hoch gewertet als gute bayerische Sorten, die Spalter, Kindinger, Hallertauer Siegelhopfen ausgenommen. Wenn nun die bayerischen Exporthopfen nicht mit den besseren, teuereren, aufserbayerischen gemischt werden dürften, blieben sie unverkäuflich. Es vermischten ja auch die Grofsbrauereien die Hopfen beim Betrieb, die bayerischen mit böhmischen, auch württembergischen und badischen. Es verlangen die Brauereien, namentlich die ausländischen, geradezu derartige Mischungen, und es gehöre Verständnis und Erfahrung dazu, der Geschmacksrichtung der Konsumenten in verschiedenen Ländern, namentlich in überseeischen, Rechnung zu tragen Wer das aus Mangel an Verständnis oder Verstimmung gegen den Hopfenhandel unmöglich mache, schädige die Hopfenproduktion am meisten[86]).

Die Angaben in Bezug auf den Ruin der Hopfenproduktion seien Entstellung. Bayern habe 1898 auf 25000 ha ca. 240000 Ztr. geerntet, also $9^1/_2$ Ztr. per Hektar. In den vorhergehenden 4 Jahren sei aber der mittlere Jahresertrag per Hektar 12 Ztr. gewesen, der Mittelpreis 85 Mark, der Herstellungspreis per Zentner bei dieser Ertragshöhe 50 oder 60 Mark (ist zu wenig!). Wenn 1898 der Mittelpreis 150 Mark betrug, war die Einnahme per Hektar 1400 Mark, der Reingewinn 800—900 Mark.

Die Zentral-Hopfenverkaufsgenossenschaft sei eigentlich nichts als ein neues Hopfenhandelsgeschäft, welches beim Ein- und Verkauf die Konkurrenz vermehre und die bedeutenden Firmen in Nürnberg, München, Augsburg, Bamberg, Fürth, Lauf, Hersbruck nach seinen Anschauungen dirigieren wolle, ohne Produzenten und Konsumenten besondere Dienste zu leisten.

Nürnberg sei ohne jede staatliche oder kommunale Unterstützung, blofs durch die freie Bewegung, Weltmarkt für Hopfen geworden. Die erschwerenden Zollvorschriften hätten den so bedeutenden bayerischen Transithandel bereits in andere Bahnen (um Bayern herum) gelenkt; daran war der deutsche Hopfenbauverein (1896/97) schuld.

Höchst merkwürdige Mitteilungen macht der Verfasser dieses Berichtes der Nürnberger Handelskammer, Herr Kommerzienrat Liebel, über die beanstandete Hopfenmischerei, denn an ihr trage leider der Konsum, die Bierbrauerei, nicht zum geringsten Teil selbst die Schuld. Würden sich die Brauer, wie ihnen schon oft empfohlen worden sei, dazu verstehen, Hopfen ausschliefslich nach Herkunft zu kaufen und nicht, wie es leider noch sehr häufig üblich ist, seine Aufträge mit allgemeinen Bezeichnungen, wie »Lagerbierhopfen«, »Schankbierhopfen« etc., unter denen jeder etwas anderes verstehen kann, hinauszugeben, dann würde die Manipulation des Hopfenmischens bald im Keime erstickt sein. Bei Abschlüssen in Hopfen nach Herkunftsbezirken des Gewächses kann der Händler unmöglich ein Produkt aus einem beliebigen anderen Produktionsbezirk oder gar gemischt aus einer Mehrzahl solcher liefern, aufser er hat die Absicht, sich strafbaren Betruges schuldig zu machen. Nur bei Käufen, welche nicht auf Grundlage der Provenienz der Ware erfolgen, ist das Mischen verschiedener Hopfensorten — geschehe es nun mit oder ohne Willen des Käufers — möglich; ist dies aber des letzteren ausdrücklicher Wille, so kann er ja selbst das Verschneiden kurz vor dem Zusatze zur Würze selbst vornehmen, statt es sich von dem Verkäufer vorher unkontrolliert besorgen zu lassen.

Herr Liebel meint also, dafs man gegen die Hopfenmischerei nicht die Gesetzgebungsmaschine in Bewegung zu setzen brauche, wie es die mehrfach genannte Genossenschaft fordere, es sei weit einfacher und vernünftiger, wenn der Brauer sich selbst vor jeder Benachteiligung durch richtige Auftragserteilung schütze.

Die Berliner Wochenschrift für Brauerei schrieb in gleicher Sache unlängst bei einer Besprechung der Anträge der Hopfenverkaufsgenossenschaft: Entschiedenen Widerspruch fordert die von der mittelfränkischen Handelskammer behauptete Unentbehrlichkeit des Hopfenmischens beim Hopfenhändler heraus. Es ist auch von uns schon oft genug gesagt worden, mufs aber, wie der vorliegende Fall lehrt, immer wieder betont werden, dafs in diesem gewerblichen Hopfenmischen ein Hauptteil der Mifsstände begründet ist, über die noch so vielfach im Hopfenverkehr mit Recht geklagt wird. Das allerdings von alters her vom Hopfenhandel geübte Hopfenmischen gibt, mag es auch im einzelnen in durchaus reeller Weise geschehen, zu den gröfsten grundsätzlichen Bedenken Anlafs, und die Brauer wie die Hopfen bauenden Landwirte, deren Interessen hier durchaus Hand in Hand gehen, könnten es nur mit Freuden begrüfsen, wenn dieser Brauch, der im Grunde nur ein Mifsbrauch ist, durch die gesetzliche Einführung des obligatorischen Identitätsnachweises für Hopfen im Handelsverkehr beseitigt würde.

Gerade durch das in so ausgedehntem Mafse durch den Handel geübte Hopfenmischen werden einerseits aufstrebende Hopfenproduktionsgebiete künstlich in der Verbreitung und im Bekanntwerden ihres Erzeugnisses gehemmt und wird anderseits der bessere bayerische Hopfen insofern geschädigt, als infolge des Mischens notorisch ein auch qualitativ dem bayerischen Hopfenangebot nicht gleichwertiges, aber weit gröfseres scheinbares Angebot von bayerischem Hopfen bewirkt wird, das naturgemäfs auf die Preise für wirklich bayerische Provenienzen drückt.

Der Brauer hat an der Beseitigung des Hopfenmischens durch den Händler ein Interesse, indem er erstens eine gröfsere Sicherheit für die wirkliche Beschaffenheit der angebotenen Ware erhält, zweitens, indem er gezwungen ist, eine gröfsere Warenkenntnis, an der es bezüglich des Hopfens in Brauerkreisen leider immer noch sehr mangelt, sich anzueignen, um mehr als bisher befähigt zu sein, die verschiedenen Provenienzen nach dem ihnen zukommenden Brauwert zu prüfen, und drittens, indem er das jeweils erforderliche Mischen verschiedener Hopfensorten selbst ebenso gut, jedenfalls aber billiger bewerkstelligen kann, als es zur Zeit der Händler für ihn thut.

Während man bei uns in Deutschland und Bayern Bedenken trug, durch ein Deklarationsgesetz diese geradezu verderblich wirkenden Zustände im Hopfenhandel kurzer Hand zu beseitigen, hat sich der englische Hopfenhandel ganz von selbst und von Hause aus, wenigstens so weit er inländische (englische) Ware betrifft, ganz solid entwickelt.

Jeder in England erzeugte Hopfen wird — auf Grund gesetzlicher Bestimmungen — vom Produzenten selbst beim Trocknen auf künstlichen (Hopfen- Schwefel-) Darren getrocknet, präpariert, d. h. geschwefelt und gesackt, in □ Ballen gepreſst. Jeder Ballen muſs Jahreszahl, Nummer und den Ursprungsort (das Kirchspiel) enthalten, selbst den Namen des Erzeugers, muſs im amtlichen Verzeichnis notiert und eingetragen sein, so daſs der Produzent hierfür so lange haftbar bleibt, bis der Hopfen in den Braukessel kommt. Die Haltbarkeit kann nur dadurch erreicht werden, daſs der Hopfen geschwefelt und gedarrt und dadurch vor dem Verderben geschützt wird. Ein Warmwerden des Hopfens, eine Fermentation, ist dadurch von selbst ausgeschlossen, und etwas Nachteiliges im Schwefeln des Hopfens zu finden, ist in England noch niemand eingefallen.

In der Allg. H.-Ztg. 1872, S. 487, wird in einem Artikel (Zur Frage über den Hopfenhandel) gesagt, daſs eine ähnliche Regelung des Verfahrens im Deutschen Reiche nicht nur den Geschäftsgang vereinfachen und erleichtern werde, sondern auch dem Geschäfte selbst eine solidere Basis verleihe und dadurch eine Unzahl von Zeit und Geld raubenden Prozessen und Streitigkeiten vermieden würden.

Das Hopfenmischen ist bei solchem Verfahren gar nicht möglich, würde auch in England eventuell stetiger, gesetzlicher Ahndung begegnen[87]). Warum kann denn so etwas bei uns nicht gesetzlich geregelt werden?

Der Deutsche Hopfenbauverein in Nürnberg, in welchem offenbar bureaukratische und händlerische Ideen und Interessen zu herrschen scheinen[88]), hat sich fast feindselig gegen diese Aeuſserungen der Hopfenverkaufsstelle ausgelassen, in Berichten an das Deutsche Reichskanzleramt (18. März 1898) und den Bayerischen Landwirtschaftsrat[89].) Es wird gesagt, daſs der russische Einfuhrzoll fünfmal, der nordamerikanische mehr als neunmal so hoch sei als der deutsche. Die Zentral-Hopfenverkaufsgenossenschaft sei eine Händlerin, die sich in ihrem Gebahren im allgemeinen nicht von anderen Hopfenhandlungen unterschieden, aber durch ihr reges Eingreifen in den Handel, zumal im letzten Jahre, zu einer Steigerung der Preise beigetragen und somit im Interesse der Produzenten gewirkt habe. Ein Zoll von 50 Mark pro Ztr. sei zu hoch; andere Staaten würden Repressivmaſsregeln ergreifen; Deutschland habe viel, gerade an minderwertigen Hopfen, zu exportieren; diese gehen meist in Staaten, welche bis jetzt keinen Zoll erheben (England, Belgien etc.). Betrug in Bezug auf die Herkunft des Hopfens könnten schon mit den jetzigen Gesetzesbestimmungen zur Strafe gezogen werden.

Die Angelegenheiten mit der Hopfenverkaufsgenossenschaft und dem Hopfenhandel haben auch neuerdings die öffentliche Aufmerksamkeit in Anspruch genommen, eben weil hinter ihnen die Not groſser Teile des bayerischen Volkes steht[90]). Auf die längst abgedroschenen Phrasen von der »agrarischen Tendenz«, »Knebelung des Hopfenhandels« etc., gehe ich hier gar nicht ein. Ich bin nach wie vor für vollständige freie Bewegung des normalen, reellen Hopfenhandels, bin aber ebenso dafür, daſs der betrügerische Hopfenhandel wegen des direkten und noch mehr des indirekten Schadens, den er anrichtet, empfindlich gestraft wird und daſs Einrichtungen geschaffen werden, welche so funktionieren, daſs der effektive Betrug (Ursprungsfälschungen, Mischungen etc.) auch zur Strafe herangezogen werden können.

Ohne Zweifel gehören die Geschäfte des Nürnberger Hopfenmarktes, der sich dort in einer Anzahl Strassen mit effektiver Ware und meist gegen Kasse abspielt, wobei nichts von Termingeschäften mitunterläuft, nicht zu jenen Kategorien von Geschäften, welche unter das Börsengesetz vom 22. Juni 1896 fallen. In Hopfen kann gar nicht gehandelt werden, ohne daſs die so wechselvolle Ware da ist und beurteilt werden kann. Deshalb ist in Nürnberg jeder gehandelte Hopfenballen auf dem Kornmarkt oder in den Höfen, Hopfenhallen und Magazinen vorhanden. Vor 8—10 Jahren wurden Versuche gemacht, den börsenmäſsigen Terminhandel im Hopfengeschäft einzuführen, sie sind aber miſslungen! Einen eigentümlichen Eindruck macht es auf mich, zu lesen, daſs nach Ansicht des Nürnberger Handelsvorstandes, der Handel, im Anschluſs an die

Platzusancen, selbst unreelle Handlungen seitens der Verkäufer verhindert; es gehört das eben auch in jenes Kapitel der Unwahrheit, die unser ganzes modernes gesellschaftliches und geschäftliches Leben, wie eine konstitutionelle Krankheit durchdringt, wobei es schon so weit ist, dafs man die Wahrheit und die Unwahrheit vielfach gar nicht mehr voneinander unterscheiden kann.

In dem vom Rechtsrat Beck verfafsten Gutachten des Nürnberger Magistrates wird u. a. gesagt: Der hiesige Hopfenmarkt ist besonders wichtig für die Umgebung Nürnbergs, welche bei meist grofsen Hopfenernten und sehr beschränkten Trockenräumen auf raschen Absatz des Hopfens und damit auf den Nürnberger Markt angewiesen ist. Hierbei mufs betont werden, dafs die Hopfenbauern in Bayern vielfach mehr auf Quantitäts- als auf Qualitätsbau sehen. Die grofsen und besonderen Bedürfnisse, welche heutzutage in der Brau-Industrie beim Bezuge von Hopfen bestehen, können meistens nicht durch unmittelbaren Bezug des Hopfens von den bayerischen Produzenten gedeckt werden, weil den letzteren fast alle für das Herrichten des Hopfens nötigen Einrichtungen fehlen. Die Brau-Industrie kann aber keinen Originalhopfen, d. h. nicht präparierten Hopfen, verwenden; infolgedessen ist sie auf den Hopfenhandel, der alle ihre Bedürfnisse kennt und zur gröfsten Zufriedenheit (Widerwärtige Phraseologie!) befriedigt, angewiesen, zumal in vielen Brauereien sogenannte Hopfenmischungen verarbeitet werden, welche nur von einem zuverlässigen Händler hergestellt werden können.

Die Phrase mit den Quantitäts- und Qualitätshopfen stammt von einem früheren Präsidenten des Hopfenbauvereins, war eigens konstruiert, sein Nichtsleistenkönnen damit zu verhüllen. Das meiste in der Qualität der Hopfen macht die Natur, da hat der Mensch gar nichts zu sagen! Allerdings kann der thörichte Mensch durch ungeschickte Manipulationen ganz oder teilweise verderben, was die Natur geschaffen hat.

Die Aufserungen über die Beziehungen zwischen Hopfenhändler und Brauer zeigen nur, in welche Abhängigkeit die rührigen und findigen Händler einen bequemeren Teil der Brauer bereits gebracht haben, so dafs sie selber glauben, dafs sie gar nichts ohne Hopfenhändler machen können! — Das ist doch eigentlich beschämend für die, welche es angeht; wahr ist es nicht, billig wird es gerade auch nicht sein! —

Der Hopfenhandel droht, dafs er im Falle einer staatlichen Beaufsichtigung des Hopfenmarktes seinen Bedarf in den Lokalitäten decken werde, wodurch viele Nürnberger Existenzen (Hopfenkommissionäre, Makler etc.) brotlos würden. Da der Handel sich erfahrungsgemäfs dahin wende, wo er geschäftlich sich frei bewegen könne, werde Nürnberg allmählich seine Weltstellung als Hopfenmarkt verlieren. Es sind aber verschiedene Umstände da, welche ein Dableiben des Welthopfenhandels und Marktes in Nürnberg bedingen, ganz unabhängig vom Willen dieses oder jenes Händlers.

Wie es scheint, wirkt auf fast allen Gebieten der internationale Handel erdrückend auf die Produzenten. Den fränkischen Hopfenproduzenten wäre es ohne Zweifel eine Erleichterung, wenn eine erheblich geringere Anzahl reich gewordener Hopfenhändler in Nürnberg säfse. In der 182. Sitzung des Deutschen Reichstags 1900 sagt Abg. Rösicke bei der Interpellation über die Weingesetznovelle: Hier wie überall dasselbe Schauspiel, Rücksichtnahme auf den Handel, Rücksichtslosigkeit gegen die Produktion. Die chemische Analyse reicht gegen die Pantschereien nicht aus, die Fälschung mufs gründlich beseitigt werden.

Der Abg. Fitz sagt: Die unglaubliche Verlängerung des Weines, namentlich des Rotweins, die zahllosen Verschnitte mit deutschen Kunstweinen, haben die geradezu verzweifelt trostlose Lage des deutschen Weinbaues verschuldet; durch das Petiotisieren kann eine Verlängerung (Vermehrung) des Weines um 300—400% bewirkt werden, wobei der vermehrte Wein noch den Anforderungen der chemischen Analyse entspricht; auf den Ausdruck Naturwein ist kein Wert zu legen, denn der Nachweis des Zusatzes trockenen Zuckers ist durch keine Chemie zu führen; allerdings gestehen die Chemiker ihre Ohnmacht auf diesem Boden nicht gern und setzen ihre Versuche fort, den Wein in der Hand zu behalten. Abg. Dr. Deinhard sagt, dafs die Chemie in der Analyse stärker sei als in der Synthese, deshalb habe sie bei der Weinuntersuchung bisher versagt. Minister Posadowsky sagt, man könne auch mit den bereits bestehenden Gesetzen gegen die Weinfälschungen vorgehen, wenn man genügend technisch vorgebildete und persönlich unabhängige Nahrungsmitteltechniker hätte.

Fast alles das paſst auch auf den Hopfen. Er wird in den guten Qualitäten verlängert wie der Wein, nicht durch Zucker, sondern durch geringe Hopfen. Hier wäre das Wissen vollkommen da, gegen die Fälscher vorzugehen in der von mir geschaffenen Technik. Aber man muſs wollen! Mit dem Wissen, was den heutigen chemischen Laboratorien zur Verfügung steht, kann man freilich solche Untersuchungen nicht machen; da versteht man unter Hopfenuntersuchung immer nur die Feststellung, ob der Hopfen geschwefelt ist, was wenig oder keinen Wert hat! —

Aus den Mitteilungen des deutschen Auswärtigen Amtes[91]) wird aus den Berichten deutscher Konsulate erwähnt: der hohe Preis des Saazer Hopfens habe von jeher Anlaſs gegeben, daſs man fremde Hopfen oder solche mit Saazer Hopfen gemischt und äuſserlich nach Saazer Art ausgestattet, als Saazer Hopfen auf den Weltmarkt gebracht habe; es würde jährlich mehreremal so viel Hopfen auf den Markt gebracht als im Saazer Land Hopfen überhaupt gebaut werde. Die besten Galizier gehen als Original-Saazer in den Handel über. Von der Wahrheit des zuletzt Gesagten habe ich mich ganz unzweifelhaft selbst überzeugt; das sind aber nicht die alleinigen Sorten, welche eine solche Verwendung finden!

Herr Prof. Holzner sagt im Zusammenhang mit der Thatsache, daſs norddeutsche Brauer und Händler Biere unter falscher Bezeichnung exportieren und dadurch den Ruf des bayerischen Bieres schädigen; es sei dadurch der Ruf der Ehrlichkeit arg geschädigt worden. Sollte denn dieses im gröſsten Maſsstab im Hopfenhandel betriebene Verfahren der falschen Bezeichnung und Mischung nicht dieselbe Qualifikation verdienen (s. Zeitschr. f. d. ges. Brauwesen 1899, S. 369)? Und sollten die Versuche der »Technologen« genannten Chemiker, welche — ebenso wie den Wein — auch den Hopfen gern und um jeden Preis in der Hand behalten möchten, obgleich sie sich das entsprechende Wissen nicht angeeignet haben, in sittlicher Hinsicht höher stehen wie die Haltung der Weinchemiker?

Wenn der Ruf des Münchner Bieres von auſserbayerischen Geschäftsspekulanten benutzt wird, dem Publikum in betrügerischer Weise statt des guten Münchner Bieres irgend ein schlechtes Gemenge unterzuschieben, da rühren sich die Herren Brauer, um die Bestrafung bei den Gerichten durchzusetzen. Wenn aber Etikettefälschungen oder Verschnitt resp. Verlängerungen und Verdünnungen (Mischungen) beim Hopfen vorkommen, da rührt sich niemand, um es auch nur festzustellen; und daſs so etwas nicht leicht vor Gericht kommt, dafür sorgen die Herren Hopfenhändler. Das ist ja bloſs zum Schaden der Hopfenproduzenten, einer groſsen Masse von Leuten, denen jeder innere Zusammenschluſs zur Wahrung ihrer Interessen mangelt.

Alle bisherigen Versuche eines geregelten Hopfenmarktes in Nürnberg sind am Widerstande der Händler gescheitert (l. c. S. 443).

Inzwischen hat aber auch der Deutsche Hopfenbauverein unter dem schweren Drucke der öffentlichen Meinung sich in einer Konferenz am 5. Februar 1900 entschlossen, in eine Agitation einzutreten für einen Hopfenzoll von 50 Mark per 1 Ztr. (100 Mark für 100 kg). Mit Recht ist das gegen die sinnlose Überflutung mit böhmischer (Saazer, Rothauschaer) Ware gerichtet, die unter den widerwärtigen Machereien der deutschen Hopfenhändler unsere besten Hopfenregionen geradezu zu Grunde richtet, weil das ihrer vaterlandslosen Habsüchtigkeit so paſst. Wir sind da ohnehin schon 20—30 Jahre hinter der Notwendigkeit zurück; denn es ist leichter, eine Position zu verteidigen, als eine verlorene wieder zu gewinnen.

Wenn die Brauer bereits so unter dem Einflusse und der Herrschaft der Hopfenhändler etc. stehen, statt daſs sie selber sich gründliche Kenntnisse in einer fundamentalen Brauersache aneigneten und damit auf eigenen Füſsen stehen könnten, um nicht in Hopfenhändlersklaverei zu leben, was auch ihren hopfenbauenden Landsleuten und den Biertrinkern schwere Schäden bringt, dann möge man eine erhebliche Zollschranke — gegen gemeingefährliche Unwissenheit — errichten.

Wenn die Frankfurter Zeitung (Febr. 1900) diese Absicht der Hopfenzollerhöhung ungünstig bespricht, weil die Ausfuhr aus dem deutschen Zollgebiet 1899 $2^1/_2$mal so grofs als die Einfuhr gewesen sei, indem die eingeführten Hopfen einen Wert von 12132000 Mark repräsentieren, die Ausfuhr dagegen 28097000 Mark, und dafs das Ausland sofort mit Repressalien antworten werde, so ist unsere Ausfuhr nach Österreich so nichtssagend, dafs es für uns ganz gleichgültig sein kann, wenn Österreich seinen Hopfenzoll auf 1000 fl. erhöht; sicher gehen 10 Millionen jährlich für 40000—50000 Ztr. (1899 sogar 75800 Ztr.) böhmischen Hopfens aus Deutschland nach Österreich, dazu noch 60—80 Millionen für Braugerste. Wenn die Frankfurter Zeitung sagt, die Produzenten sollten gegen die (wohl so selbstlosen, mit wahrhaft ergreifender Hingebung für die Interessen des deutschen Volkes und Vaterlandes arbeitenden) Hopfenhändler etwas dankbarer sein, denn kein Pfund Hopfen würde durch Produzenten oder Verkaufsgenossenschaften ins Ausland gebracht, so kann man wohl antworten: Ja, thun denn das die Händler etwa blofs aus Gefälligkeit für die Produzenten? — Dem Ausfuhrwerte Österreichs an Hopfen von nahezu 9 Millionen Gulden im Jahre 1899 steht ein Hopfeneinfuhrwert von nur ca. $^3/_4$ Million Gulden gegenüber [92]).

Was dem Saazer Hopfen auch immer zu statten kam, ist seine um 3—4 Wochen frühere Ernte und Handelsbereitschaft; natürlich decken da die internationalen (sogenannten deutschen) Händler gleich einen grofsen Teil ihres Bedarfs und können dann später beim Spalter etc. den Preis drücken; auch spielte immer beim Einkauf des Saazer Hopfens das Agio eine Rolle; 1861 zahlte man Mitte September [93]) in Saaz den Zentner mit 120 fl. in österreichischen Banknoten, aber bei damals 37 % Agio mit 87 fl. 50 Kr. in Silber, in Spalt mit 100—110 fl. Die Saazer Hopfen werden immer mit Papier bezahlt und um hartes Geld in Deutschland verkauft. Daher erscheint auch, w a s f ü r d i e b a y e r i s c h e n H o p f e n s e h r u n g ü n s t i g i s t, der Ankaufspreis der Saazer immer höher, der Ankaufspreis der Spalter etc., auch noch wegen des dummen Leihkaufes, immer niedriger, als er thatsächlich ist.

Dafs man sich in Österreich und namentlich in Böhmen stark rühren wird, einen solchen Hopfenzoll zu verhindern, ist ganz natürlich und begreiflich [94]). Bei aller Sympathie für die Deutschen in Böhmen müssen wir doch vor allen Dingen sorgen, dafs unsere deutschen und bayerischen Hopfenproduzenten nicht zu Grunde gehen; die böhmischen, unter denen viele sehr deutschfeindliche Czechen sind, liegen uns doch etwas ferner.

Bei der Frage der Erhöhung des Bierzolles von 4 auf 6 Mark per Hektoliter im Deutschen Reichstag, 207. Sitz. 1900, sagt Abg. E i c k h o f f (Freis. Ver.), dafs die Erhöhung auch die Fässer treffe, welche bei den Pilsenern besonders stark ist, 65—70 % vom Gewichte des Bieres. Daher handelt es sich bei dem Gewicht des Fasses eigentlich nicht um 2, sondern um 3 Mark. Der Abg. H a s s e (nat.-lib.) meint, dafs die Einfuhr fremder Biere in Deutschland in den letzten 10 Jahren aufserordentlich grofs gewesen sei. Diese Steigerung werde sich auch nach der Zollerhöhung fortsetzen, denn die allmächtige Mode entscheide sich für das böhmische Bier. Es sei eine Luxusabgabe, denn es seien nur die oberen 10000, welche Pilsener trinken. Abg. R ö s i c k e (Brauereidirektor in Berlin und Dessau) sagt, dafs die oberen 10000 überhaupt kein Bier trinken, sondern reine Weine; das bifschen Bier, das sie trinken, diene mehr zu medizinischen Zwecken. Das Braugewerbe würde durch solche ungerechte Belastung in seiner Entwicklung gestört; man solle von dieser Zollerhöhung absehen. Es ist also hier der merkwürdige Fall gegeben, dafs die Bierzollerhöhung selbst von den Interessenten (offenbar wegen der Konsequenzen) abgelehnt wird. Der Bierzoll von 6 Mark wird aber angenommen.

Der Herr Direktor Thausing sagt fast auf jeder Seite in dem Abschnitte seines Buches (4. u. 5. Aufl.), welcher vom Hopfen handelt, den Brauern, wie notwendig es für sie wäre, sich gründliche Hopfenkenntnisse anzueignen, um sich vor Übervorteilung und anderen schweren Schäden zu bewahren, um auch den Hopfen nicht blofs nach seiner Provenienz, sondern nach seinem Werte kaufen zu können. A b e r i c h f r a g e d i e M ä n n e r, w e l c h e d i e s e n A b s c h n i t t d e s T h a u s i n g s c h e n B u c h e s, a n d e m z u d e m v i e l e m i t g e a r b e i t e t h a b e n, n i c h t b l o f s d e r H e r r T h a u s i n g, n i c h t n u r g e l e s e n, s o n d e r n e r n s t l i c h s t u d i e r t haben, ob damit ihre Fähigkeit, den Hopfen auch nur nach seinem Brauwert beurteilen zu können (von der Beurteilung der Provenienz ganz zu schweigen) irgendwie — im ganzen oder im einzelnen — merklich gewachsen ist? — Ich bin überzeugt, dafs alle mit dem Kopfe schütteln werden! —

Wenn ich bedenke, in welchem Betrage der Herr Thausing bei seiner Verlagsbuchhandlung dahin gewirkt hat, dass sie sich nicht um meine Bestrebungen annahm, und diese Mahnungen an die Brauer, sich Hopfenwarenkenntnisse anzueignen, in Betracht ziehe, dann erkenne ich auch daran wieder, wie viel Humbug — namentlich in der Hopfensache — in der Welt ist! — Eine Autorität von derartiger Qualität braucht Schutz, der auf solche Art und Weise am bequemsten geschaffen ist! —

Nur so ist es möglich, den Brauern auch in folgenden Auflagen immer wieder zu raten, dafs sie sich ein besseres Wissen im Hopfen aneignen sollen! —

Meine Sekretbilder oder Reibflächen sind nicht das einzige, was ich in diesem, resp. einem folgenden Buche, den Brauern bringen werde. Aber wenn ich bedenke, welche praktische Tragweite in der Hopfenfrage darin allein schon für den praktischen Brauer liegt, dann empfinde ich es doppelt, wie schlimm es für die bezüglichen Interessentenkreise ist, dafs ich — wegen der verhältnismäfsig nicht einmal so erheblichen Herstellungskosten — bis heute nicht in der Lage gewesen bin, die ganze Sache in einem unterrichtlichen System vorführen zu können, womit dann sicher rasch alle diese oberflächlichen Redereien abgeschnitten worden wären.

Das einzige, was ich bis jetzt, mit Abbildungen, darüber veröffentlicht habe, ist in dem Artikel (sub 19) in der Wochenschrift für Brauerei, 1888, erschienen. Das reicht aber entfernt nicht aus, um sich ein zutreffendes Bild der Sache machen zu können. Ich halte die Hoffnung aufrecht, dafs es mir gelingen wird, am Schlusse des II. Teiles dieses Buches das System der praktisch so wichtigen Sekretbilder oder Reibflächen zu entwickeln[95]).

In neuerer Zeit ist in Berlin wieder eine solche inhaltlose Salbaderei über diese Sache gedruckt worden[96]). Dr. Remy hat u. a. auch meine Reibflächen geprüft. Wie die ausgesehen haben, kann ich mir denken, und jene deutschen Brauer, welche in den letzten 4—6 Jahren meines Weihenstephaner Aufenthaltes ernstlich mein Hopfenpraktikum frequentiert haben, können sich das auch denken und werden mit Staunen die orakelhaften Worte der Kritik vernehmen, mit welchen Dr. Remy diese Reibflächen abthut; sie lauten: Die zur Bestimmung des Mehlgehaltes von Braungart empfohlene Anlegung von Reibflächen kann der Natur der Sache nach wohl nichts anderes sein als eine ganz oberflächlich orientierende Mafsnahme, aus der zahlenmäfsige Schlufsfolgerungen abzuleiten höchst bedenklich wäre.

Wenn ich denke, welche ungeheure Mühe ich in langjähriger Arbeit auf die Klarstellung dieser praktisch höchst bedeutsamen Sache verwendet und wie ich von gewissen Leuten immer verhindert worden bin, sie den Brauern in einer leicht zugänglichen Weise vorzuführen[97]), dann fühle ich mich doch ganz peinlich angemutet, wenn ein so junger, unerfahrener Mann, der in dieser Sache die ersten Gehversuche macht, sicher noch niemals wirklich richtige Reibflächen gesehen hat, geschweige denn, dafs er sie selbst machen könnte, sich mit solcher Anmafsung und Überhebung über einen völlig unverstandenen Gegenstand ausspricht! —

Mir war, als hörte ich Kindermund über wissenschaftliche oder technische Probleme reden! —

Ich will mit dieser schroffen, aber verdienten Abfertigung nicht den Herrn Dr. Th. Remy selbst treffen, welcher uns in den letzten Jahren mehrere, von solidem Streben zeugende und ganz beachtenswerte Arbeiten über den Hopfen als Ware geliefert hat, sondern die leichtsinnige und hochfahrende (Berliner!) Art und Weise, mit der er diese wichtige, zudem ihm völlig fremde Sache behandelt. Dabei ist es höchst charakteristisch, dafs er nach mehrjährigen ernstlichen Versuchen, dem Hopfen in seiner Warenqualität durch mechanische und chemische Analysen beizukommen, 1898 bei Besprechung der Untersuchungen über das Material der Berliner Hopfenausstellung 1897 sich zu dem Ausspruch gezwungen sieht, dafs das Resultat, der praktische Erfolg all dieser Versuche, mit der aufgewendeten Mühe in gar keinem Verhältnis stehe[98]).

Angesichts dessen fiel mir einiges ein, was ich schon vergessen hatte, was ich aber im Anschlusse an das Vorerwähnte zur Orientierung der Leser nun anfügen will.

Es mögen sieben Jahre vergangen sein, da besuchte ein schon reiferer, sehr gebildeter norddeutscher Brauer den Weihenstephaner Brauerkurs; er hatte unmittelbar vorher den Berliner Brauerkurs vollständig absolviert. Im Hopfenpraktikum sagte er: In Berlin dreht sich's in der ganzen Hopfenunterrichtssache[99]) um die von Ihnen erfundenen Reibflächen. Ich sehe jetzt aber ganz klar und deutlich, daſs in Berlin niemand ist, der sie richtig machen kann. —

In der Wochenschr. f. Br. (Berlin 1899, S. 684) schildert Remy einen Versuch, welcher kontrollieren sollte, ob meine Arbeit: Wann ist der Hopfen reif? (s. oben S. 9 Nr. 19) richtig ist. Im groſsen und ganzen wurden meine Ausführungen als richtig anerkannt; daſs auch einige geniale Verbesserungen dazu kommen, versteht sich von selbst. Aber an den von mir damals beigegebenen Sekretbildern oder Reibflächen, welche die Sache so auſserordentlich anschaulich machten, sind diese Herren — verachtend oder ehrfurchtsvollst — vorbeigegangen, ohne sie auch nur zu erwähnen! —

Als ich im Jahre 1897 (Juli) den von mir angekündigten Hopfenkurs in München hielt, nahm auch ein Japaner, ein sehr fleiſsiger und intelligenter junger Mann, daran teil. Nach Beendigung des Kurses fragte ich ihn, wie er denn daher gekommen. Er sagte, daſs er in Berlin in der Lehranstalt für Brauerei gewesen sei. In einer Zeitschrift habe er eine Ankündigung des Hopfenkurses gelesen und sich sofort nach München auf die Reise begeben. Dort (in Berlin) habe er in Bezug auf den Hopfen gar nichts gelernt[100]); aber hier, meinte er, habe er alle Ursache, im höchsten Maſse mit dem Gelernten zufrieden zu sein.

Und diesen Berliner Kräften hat man seit Jahren im groſsen Maſsstab für die Hebung der Hopfenkultur etc. bestimmte öffentliche Mittel (in 5 Jahren sicher an 50000 Mark, wohl noch mehr, aus der Unkostentasche der armen Produzenten) und den Ruf der deutschen und insbesondere der bayerischen Hopfenregionen mitsamt ihren Produkten zur Verfügung gestellt! — Ich werde mich bei einer anderen Gelegenheit mit dieser Sache befassen[101])! —

Der hervorstechende Zug in der ganzen Bewegung ist: das sogenannte alte Vorurteil zu beseitigen, womit die Brauer an gewissen Ursprung (Spalter, Saazer etc.) anzuknüpfen pflegen. Gewisse Händler haben ein groſses Interesse, das wegzukriegen. Künftig werden wir wohl auch Weinausstellungen und Prämiierungen haben, wo der alte Etikettenschund: Deidesheimer, Rheinwein, Moseler, Markgräfler, Johannisberger, Stein, Leisten etc. beseitigt ist, wo es nur noch »Wein« gibt.

Diese Berliner Hopfenausstellungen und Prämiierungen, welche mit groſsem Aufwande an öffentlichen Mitteln die ganzen Hopfenwarenkenntnis-Studien in ganz falsche Wege lenkten, wodurch ihre normale Entwicklung vielleicht auf Jahrzehnte in unfruchtbare und praktisch schädliche Richtung gedrängt wurde, hatten ihren Vorläufer in der Straſsburger Ausstellung der Deutschen Landwirtschaftsgesellschaft mit Hopfenprämiierung in Straſsburg. Der in der Hopfensache gänzlich unkundige Vertreter der Landwirtschaftsgesellschaft in Fragen des Acker- und und Pflanzenbaues, Professor an der Landwirtschaftlichen Hochschule in Berlin, wollte seinen Freunden und Kollegen am Institute für Gärungsgewerbe etc. gefällig sein und verhalf ihnen, unter völliger Ignorierung alles Vorausgegangenen, diese Sache an sich zu reiſsen.

Die Prämiierung in Straſsburg, wobei, durch ganz unkundige Preisrichter gewürdigt, die Elsässer als die feinsten deutschen Hopfen erschienen, hat nur eine einmütige Verurteilung erfahren. Auch Dr. Behrens in Karlsruhe hat geradezu wegwerfend davon gesprochen.

In der Allg. H.-Ztg. 1872, S. 349, sagt G. G. Beckenhaupt in Altenstadt bei Weiſsenburg u. a., daſs Elsäſser und Pfälzer Hopfen wegen ihrer Güte, Feinheit und Billigkeit den Vorzug haben, was von den Hopfenhändlern schon seit 20 Jahren anerkannt werde.

Es war das ganz geeignet, die Elsässer in dem Wahne über den Wert ihres Produktes zu bestärken, der auch in einer andern Schrift zum Ausdruck kommt[102]), wo es heifst: Nach einem Rückfall der elsässischen Hopfenarea nach 1849 erkannte man die Vorzüglichkeit des elsässischen Hopfens, dessen Güte und Feinheit heute mit dem bayerischen Hopfen wetteifert. All dies brachte uns jene Flut Elsässer Hopfen, welche als Best Bavarian Hops, Country Spalts etc. den Ruf der bayerischen und deutschen Hopfen auf dem englischen und nordamerikanischen Markt zerstörten. Es ist fraglich, ob das den besseren Elsässern genutzt hat.

In seinem Bericht über die Ergebnisse der V. Deutschen Hopfenausstellung in Berlin, Oktober 1898[103]), sagt Dr. Remy: Das Aroma sprach besonders bei den Hopfen aus Spalt (Bayern), der Hallertau (Bayern), Neutomischel und Ostpreufsen an. Bei den Aischgründern und Württembergern wurde ein an sich recht gutes, fichtenharzartiges Aroma nicht selten durch eine etwas zudringliche Geruchstönung verdeckt. Aus Elsafs-Lothringen sind zwieblig riechende Hopfen seit zwei Jahren nicht mehr zur Ausstellung gekommen; auch der in manchen Elsässer Hopfen auftretende Obstgeruch zeigte sich in diesem Jahre in bedeutend gemilderter Form. Mag daran strengere Auswahl bei Beschickung der Ausstellung oder veränderte Kultur und Behandlung (in zwei Jahren soll das solche Gerüche beseitigen können!!!) die Ursache sein, jedenfalls hat das Reichsland gezeigt, dafs es sehr wohl schöne Hopfen bauen kann, wenn es in Berlin auch nie annähernd so glänzenden Erfolg erzielt hat wie seinerzeit bei der von der Deutschen Landwirtschaftsgesellschaft in Frankfurt (und Strafsburg) veranstalteten Hopfenkonkurrenz. Jedenfalls hat Elsafs-Lothringen in Berlin gezeigt, dafs es durchaus ungerechtfertigt ist, die Elsässer Hopfen schlechtweg den groben und geringen Gewächsen zuzuzählen, wie es noch häufig zu geschehen pflegt. Aber (ebenda l. c. S. 414) sagt Remy auch, dafs die Hopfen von Saaz, Spalt und der Hallertau, bei aller Verschiedenheit untereinander, doch einen gewissen gemeinsamen Typus haben, dafs hingegen jene von Elsafs-Lothringen eine aufserordentliche Mannigfaltigkeit zeigen, welche nicht blofs in natürlichen Verhältnissen begründet zu sein scheint.

Angesichts dessen kann ich nur bedauern, dafs nicht von allen in Berlin ausgestellt gewesenen Hopfen oder einem Teil derselben Reibflächen in der Zahl von je 4 oder 5 Stück vorhanden und diese Reibflächenreihen systematisch gruppiert gleich neben den Punktsummenreihen der Preisrichter und den Reihen der chemischen Untersuchung des Herrn Dr. Remy ausgestellt sind, damit diese drei Reihen in ihrer unmittelbaren Bedeutung für die praktische Brauerei und die Hopfenkenntnis beurteilt werden könnten. Ich halte es doch für sehr fraglich, wer da von objektiven Richtern die Palme erhielte! Einstweilen freilich kann Herr Dr. Remy sagen: Aber wir, wir leben, und der Lebende hat recht! Ich bin aber auch noch nicht ganz tot, und es können die Reibflächen noch einmal kommen! —

In der Wochenschr. f. Br., Berlin 1900, S. 78, bespricht Dr. Remy die Resultate der 1899er Hopfenprüfung. Es betrug u. a. der (nach Lintner bestimmte) Weichharzgehalt in Prozent des lufttrockenen Hopfens:

1. Bei dem Spalter (I. Preis)	15,1 %
2. Beim Niederbayerischen (I. Preis) . .	15,7 »
3. Beim Badischen (I. Preis)	13,6 »
4. Beim Neutomischeler (I. Preis) . . .	14,1 »
5. Beim Elsässischen (I. Preis)	15,5 »
1. Dagegen hatte der Altmärker Nr. 390	12,0 »
2. Der Altmärker (391)	14,4 »
3. Der Altmärker (392)	13,4 »

Dr. Remy meint nun, dafs der relativ hohe Gehalt der Altmärker einen grofsen Fortschritt gegen früher bedeute, denn die früher beurteilten Altmärker wären um 5—6 % Weichharzgehalt gegen gute Hopfen zurückgeblieben. Dieser Fortschritt im Qualitätsbau sei mit verhältnismäfsig einfachen und billigen Mitteln gemacht worden und zeige, was in der Altmark in nicht allzu langer Zeit gemacht werden könne. — Zwischen den Zeilen findet sich, dafs das als Erfolg der Berliner Ausstellungen anzusehen! —

Welche Selbsttäuschung und Täuschung anderer! Remy hat offenbar Hopfen von Saazer oder Spalter Reben erhalten, welche eben erst in die Altmark eingeführt wurden. Um das zu erkennen, mufs man freilich einen schon etwas längeren Umgang damit haben. Aber solche Darstellungen schaden, weil sie irre führen! —

Der quantitative Gehalt der Hopfen an Sekret ist in erster Reihe ein Resultat der Lokalität; da kann der Herr Dr. Remy ebenso wenig etwas ändern wie ich.

Wie sehr diese von mir eben ausgesprochene Ansicht der Wahrheit entspricht, das bestätigt — sicher ungewollt — die Wochenschr. f. Br. in Berlin (1900, S. 137), wo gesagt wird, dafs seit den Erfahrungen der letzten (1899er) Berliner Hopfenausstellung die Altmärker Hopfenproduzenten grofse Mengen Saazer Hopfenfechser einführen, weil das Produkt derselben jenem der Altmärker Landhopfen überlegen sei. Das weifs ich aber — auf Grund meiner Studien und Arbeiten, die zudem niemand zur Tragung der Kosten in Kontribution gesetzt haben — schon seit 15 oder mehr Jahren; ich weifs aber auch, woher das kommt, bilde mir jedoch nicht ein, dafs ich da etwas machen könnte! —

Nicht minder bezeichnend und belehrend ist es, dafs alles das, was die englischen Technologen Briant und Meacham in den letzten Jahren auf Grund ihrer Analysen über den Gesamt- und Weichharzgehalt verschiedener Hopfensorten gesagt haben, und was allenthalben so viel Interesse und Nachahmung gefunden hat, in der Hauptsache auch ganz klar und deutlich aus meinen Reibflächen ersichtlich ist, die aber vielleicht im 100. Teil der Zeit gemacht werden wie die oben erwähnten Analysen, welche ohnehin nur der Chemiker machen kann, während die Reibflächen jeder Brauer machen kann, wenn er das erst ernstlich gelernt hat. Und dazu braucht man kein Laboratorium, man kann das überall machen und mit einem Apparat, der 20 bis 30 Pfg. kostet.

Zudem habe ich, wie ich später beweisen werde, alles das, was Briant etc. sagen, auf Grund meiner Reibflächen schon 10 Jahre früher gesagt.

Ebenso kann man die auffallende Thatsache, welche 1898 erst der amerikanische Technologe Hantke an nordamerikanischen Hopfen festgestellt hat, das frühzeitige Umgewandeltsein eines auffallend grofsen Teiles ihres Weichharzgehaltes, sehr leicht und klar an den von mir angelegten Reibflächen nordamerikanischer Hopfen erkennen, wobei man gleichzeitig sofort auch die Ursachen erkennt.

In der Allg. Br.- u. H.-Ztg. 1899, II, S. 2931, wird gesagt, dafs in den praktischen Kreisen der Brauer sich bis jetzt ein besonderes Bedürfnis für eine Ausbildung der Gebrauchswertermittlung des Hopfens nicht ergeben habe, denn in der periodischen Brauereiliteratur liefsen sich dahin zielende Wünsche nicht vernehmen, sie zeigten sich vielmehr nur bei den mit dem Brauereiwesen sich befassenden Chemikern und Naturforschern.[104]) Einen kränkenderen Vorwurf kann man in der That den Brauern kaum machen! —

Sicher spielen auch die Kreditverhältnisse, wodurch die Brauer, namentlich Deutschlands, vielfach in ein Abhängigkeitsverhältnis zu den Hopfenhändlern geraten, eine erhebliche Rolle. Thatsächlich gewähren die grofsen Hopfenhändler den Brauern und Geschäftsleuten lange Kredite zu 4—5 % gegen Hypothek oder in vielen Fällen sogar nur gegen einfachen Wechsel[105]). Daher kann auch in Jahren, wo die Preise sehr hoch stehen, fremdländisches Produkt sich auf dem deutschen Markte nur schwer festsetzen.

Dr. Remy gibt bei seinen Hopfenuntersuchungen selbst zu, dafs neben der chemischen Analyse die äufseren Eigenschaften des Hopfens, das Aroma etc., besonders und eingehend gewürdigt werden müfsten. Dr. Remy stellt also bei Hopfenuntersuchungen die chemische Analyse in den Vordergrund und neben sie die äufsere Beurteilung; thatsächlich ist aber die übliche Reihenfolge die umgekehrte. Remy meint aber selbst, dafs vorerst noch die chemische Analyse blofs eine wichtige und unentbehrliche Ergänzung der äufseren Beurteilung sei; er sagt ferner selbst, daſs der Gewinn aus der chemischen Untersuchung des Hopfens mit der aufgewendeten Zeit und Mühe in sehr ungünstigem Verhältnis stehe.

In der Wochenschr. f. Br.[106]) werden die Ergebnisse der Untersuchung des Materials der 1898er Berliner Hopfenausstellung vorgeführt. Viele analytische Zahlenreihen sind — wahrscheinlich ungewollt — geeignet, über die erstaunliche Ergebnislosigkeit dieser Untersuchungen einen duftigen Schleier zu breiten. Dabei werden die Aussteller mit allerlei Köder zur Fortsetzung ermutigt. Die Resultate würden schon nachkommen, denn die Ausstellungen hätten gezeigt, daſs aus allen Gebieten auch feine und sehr feine Sorten gekommen seien!

Diese Ausstellungen haben den Regierungen, Vereinen, Privaten etc. sicher schon 100000 bis 150000 Mark gekostet, bis jetzt ohne ernstliches Resultat. Meine Studien wurden alle auf eigene Kosten und von mir allein, nicht unter Anteilnahme vieler — wie in Berlin — gemacht. Hätte man mir 20000 (ja nur 10000) Mark gegeben zur Veröffentlichung dessen, was ich als — zweifelloses, erweisbares — Ergebnis habe, lägen die Eigenschaften des Materials aller Regionen der Welt in übersichtlichem Drucke und mit einem Reichtum an bildlichem Material (ohne wertlose graphische Darstellungen) für jedermann zugänglich da. Nun, so ist die Welt! — Sie will etc.!

Am maſsvollsten, bescheidensten und vernünftigsten spricht sich in der That immer noch der Herr Dr. Th. Remy aus, und es ist höchst bezeichnend, wie er sich in sechsjährigen systematischen Hopfenbearbeitungsversuchen allmählich immer mehr meinem Ideenkreis und Standpunkt genähert hat. Es gibt eben auch in wissenschaftlich-technischen Fragen nur eine Logik und eine Wahrheit! — Aber der Herr Dr. Remy ist auch nach sechsjährigen Anstrengungen und trotz der Anteilnahme vieler Mitarbeiter, noch sehr weit vom eigentlichen Kern der Sache entfernt.

In der Allg. Br.- u. H.-Ztg. wird dann (l. c. S. 2932) sehr charakteristisch folgendermaſsen resumiert:

Die Untersuchungen des Herrn Remy haben bewiesen, daſs die üblichen Grundlagen der Schätzung: der feine Bau und die Geschlossenheit der Hopfen, der Lupulinreichtum derselben, das Fehlen von langen Stielen, verkümmerten Hopfenfrüchten und andern wertlosen Beimengungen, die Farbe, der Glanz der Hopfen wohl geeignet sind, einen sicheren Rückschluſs auf den Gehalt an Weichharz und Gerbsäure, als den konservierenden und bittermachenden Substanzen (Bestandteilen), zu gestatten.

Im Zusammenhalt mit dem Aroma ist es auch möglich, die Provenienz und den Gebrauchs- und Handelswert zu schätzen, wenn auch nur relativ, d. h. nicht nach absoluten Zahlen. Fassen wir dazu das Erfordernis an Zeit für die chemische Analyse im Vergleich zur Notwendigkeit der meist augenblicklichen oder an kurze Frist gebundenen Entscheidung über den Wert eines Hopfens ins Auge, so werden wir mit Recht die chemische Untersuchung als wertvolles Korrelativ und Ergänzung der Schätzung nach äuſseren Merkmalen bezeichnen dürfen, die aber noch lange nicht und vielleicht niemals im stande sein wird, die Bonitierung und Taxierung der Hopfen nach diesen Gebrauchsmerkmalen zu ersetzen, wenngleich wir die Einwirkung der subjektiven Anschauung und das nur unsichere relative Resultat der Schätzung nicht verkennen. Wir halten aber den Weg der äuſseren Beurteilung für einen viel kürzeren und rascher zum Ziele führenden und mit ihm die Ausbildung der Untersuchung der äuſseren Merkmale und die dadurch möglichen sicheren Rückschlüsse auf den Gebrauchs- und Handelswert der Hopfen für viel fruchtbringender als die chemische Untersuchung, deren bis jetzt meist unsichere Resultate das Ergebnis der Schätzung nur erklären, sichern und für weitere Fälle befestigen können.

Soweit wären wir also wieder einmal nach einem nun mehr als 20jährigen, umfangreichen Versuch, welcher in wichtigen Dingen nur negative Resultate gebracht hat. Was hätte ich, auf dem Boden meiner Hopfenmaterialkenntnis aller Sorten der ganzen Welt, wie sie schwerlich ein zweites Mal existieren dürfte, der Brauerei direkt praktische Dienste leisten können, wenn ich alle Jahre im Oktober und November eingehende Untersuchungen angestellt und veröffentlicht hätte über den Brauwert der wichtigsten Hopfensorten der Welt in dem betreffenden Jahrgang, und zwar über Prima-, Sekunda- und Tertia-Sorten! Das wären doch sicher Nachrichten von gröfster und unmittelbarster praktischer Bedeutung gewesen, welche in jeder Brauerei stündlich hätten praktisch verwertet werden können. Das wäre natürlich auch für die Entwicklung und Verbreitung von Kenntnissen auf diesem schwierigen Gebiete von der gröfsten Tragweite gewesen. Zum Glück für mich befand ich mich materiell nicht in einer solchen Lage, dafs ich das auf alle Fälle thun mufste, auch wenn ich nicht die geringste Lust empfand, mit den Kräften, welche da unberufen das grofse Wort führten, in Verkehr zu treten.

Die Erfolge, welche ich mit der geringen Zahl von Teilnehmern, die allerdings aus sehr strebsamen, rastlos fleifsigen jungen Männern bestanden, in dem im Juli 1897 abgehaltenen Unterrichtskurs über Hopfenwarenkunde hatte, welcher den Anstofs zur Abfassung dieses Buches gegeben, haben mich wahrhaftig selbst überrascht.

Wahrscheinlich hängt dieses günstige Resultat nicht nur damit zusammen, dafs diese Teilnehmer nicht blofs die nötige Intelligenz und die notwendige Lernbegier mitbrachten — einer von ihnen hatte, um den Hopfenkurs mitmachen zu können, sogar seine gute Braumeisterstelle aufgegeben —, sondern auch damit, dafs die einzelnen Phasen des Unterrichtes sich in unmittelbarer Folge aneinander schlossen, nicht — wie an den Brauerfachschulen — auf einen längeren Zeitraum und mit erheblichen zeitlichen Unterbrechungen, ausgedehnt.

Eine Hauptsache dürfte auch noch in dem Umstande zu suchen sein, dafs ich selbst das Programm auf Grund langjähriger Lehrerfahrung entwickeln konnte und durch nichts gelähmt und gehemmt war.

Dazu kam dann ohne Zweifel bei der geringen Teilnehmerzahl der persönliche Einflufs, welchen ich auf jeden Teilnehmer ausüben konnte, ein Umstand, welcher wegfällt, wenn die Zahl der Teilnehmenden, namentlich im Praktikum, grofs ist. Das ungewöhnliche Lehrmaterial, welches mir dabei zur Verfügung stand, darf nicht vergessen werden!

Wenn Thausing[107]) sagt: Die Hopfenbeurteilung läfst sich nicht lehren, sie mufs durch (lange) Übung erlernt werden, so kann doch sicher Übung allein auch nichts nutzen, es mufs unbedingt auch der Lehrer dabei sein.

Wenn in diesem Buche, welches seiner ganzen Anlage nach eigentlich ein Lehrbuch ist, die Darstellung an einigen Stellen einen polemischen Charakter annimmt, so hängt das mit der eigentümlichen Natur des behandelten Stoffes zusammen, ist infolge dessen unvermeidlich gewesen. Das Dunkel, welches die Natur über die Hopfenware ausgebreitet hat, und die ganz erheblichen Schwierigkeiten, welche seiner Aufhellung im Wege stehen, haben seit alten Zeiten zur Folge gehabt, dafs sich da allerlei unberechtigte, unlautere Bestrebungen anknüpften. Da diesen Bestrebungen eine erhebliche, durch Kredit- und Trinkgelder-Wirtschaft sehr korrumpierend wirkende Kapitalmacht zur Seite steht, welche zu allen Zeiten ihren Einflufs geltend zu machen wufste, und durch die schnelle Wertminderung, die grofsen Preisschwankungen oft in aufeinanderfolgenden Jahren etc., ist eine jede Entwicklung des besseren Wissens in diesen Dingen mit grofsen Schwierigkeiten verknüpft, denn es handelt sich hier nicht, wie in andern Zweigen menschlichen Wissens, blofs um die Aufhellung schwieriger naturwissenschaftlicher Probleme und um die Bekämpfung abweichender wissenschaftlicher Meinungen, sondern gleichzeitig auch um das Niederkämpfen dieser subjektiven, vielfach einen sehr häfslichen Charakter an sich tragenden Bestrebungen. Ich habe an vielen Stellen sehen müssen, dafs die Macht dieses Geldes viel gröfser ist wie die meiner auf solidem Boden stehenden Wissenschaft über den Hopfen.

Ich fand aber auf diesen Wegen nicht blofs gewisse Bestrebungen des Hopfenhandels hinderlich, noch mehr schädigte diese Bestrebungen die Eitelkeit und der Egoismus gewisser chemischer Technologen. Diese Herren sollen wenigstens sehen, dafs auch für ihr Thun und

Lassen die Stunde schlägt, wo es öffentlich gewürdigt wird. Es kann das der Sache wenigstens für die Zukunft nützlich sein.

Das Bedürfnis der Konsumenten für billige, gute, wohlschmeckende und gesunde Biere ist in einer aufsteigenden Bewegung begriffen. Um sie zu erzeugen, ist es notwendig, den Hopfen in seinem Warencharakter und Sortencharakter eingehend zu kennen. Dafs diese Möglichkeit gegeben sei, daran hat die grofse Allgemeinheit ein weitgehendes Interesse.

Früher wurden ganz erstaunliche Summen mit dem Hopfen verdient. Daher drängten sich eine Menge Leute an diese Sache heran, die zunächst gar nichts davon wufsten. Ein Kaufmann anderer Branche, mein Jugendfreund, sagte mir vor vielen Jahren: Beim Hopfen soll ja das Geld nur so auf der Strafse liegen. Heute ist infolge der Konkurrenz und des Umstandes, dafs die Brauer schon besser in der Sache orientiert sind, woran ich sicher einen ernstlichen Anteil habe, das alles erheblich anders geworden. Vor einigen Jahren sagte mir der Teilhaber eines grofsen Hopfenhauses, das namentlich in feiner Kundschaftsware handelt: wir haben heuer 10000 Ztr. verkauft und 5% gemacht! Das ist gewifs ein sehr geringer Verdienst! — Aber immer noch ist die Hopfenware eine der wenigst aufgehellten, namentlich weil bisher ein Buch, welches Material zum Vergleichen bot, gänzlich fehlte.

Ausgerüstet mit der vollen Kenntnis der Umstände, welche einer Entwicklung der Hopfenwarenkunde seit alter Zeit im Wege stehen, war ich ursprünglich willens, mich an dieser Stelle auch etwas eingehender damit zu befassen, um sie in ihrem wahren Lichte zu zeigen. Allerdings müfste man da, um mit Fr. Bodenstedt zu reden, wie jeder, welcher die Wahrheit sagen will, einen Fufs im Steigbügel haben, um sich durch einen schnellen Ritt der herandrängenden trüben Flut zu entziehen. Das würde mich bei dem mir eigenen, unerschrockenen Charakter nicht abhalten, wenn es auch sehr unbequem ist.

Da ich aber einsehe, dafs der eigentliche Zweck damit doch nicht erreicht werden kann, will ich hier darauf verzichten, um bei einer andern Gelegenheit darauf zurückzukommen, wo es vielleicht wirksamer ist.[108])

Eine kleine Exkursion in dieses Gebiet läfst sich aber nicht vermeiden, weil sie zeigen soll, in welch geschickter Weise gewisse Hopfenhändlerkreise es anzufangen wufsten, in Brauerkreisen etc. den Wert meiner Kenntnisse und Bestrebungen zu diskreditieren und meine Hopfenarbeiten mit allen ihren widerwärtigen Folgen möglichst kurzer Hand aus der Welt zu schaffen. Und dazu bediente man sich eines Buches, welches aus andern Gründen in die Hände der Brauer kommt! — Ich will dadurch den Interessentenkreisen zeigen, wie es heutzutage gemacht wird.

In dem Buche von J. H. Thausing (Theorie und Praxis der Malzbereitung und Bierfabrikation, Leipzig 1893, IV. Aufl.; ähnlich auch in der V. Aufl. S. 302 von 1898) wird S. 296 gesagt: er (der Herr Thausing) halte es für Täuschung, wenn jemand behaupte, er sei im stande, die Provenienz des Hopfens immer mit Sicherheit zu erkennen. Da ist es also zur Wahl gestellt, ob man Selbsttäuschung oder Täuschung anderer annehmen will. — Der souveräne Ton, mit welchem Herr Thausing auch an andern Stellen seines Buches spricht, wird wohl auch andern aufgefallen sein; mehrfach heifst es von dem, was andere gesehen oder festgestellt haben: Das beruht lediglich auf falschen Beobachtungen, oder: Diese Auffassung ist eine eingebildete, oder auch: Das ist nicht begründet etc. Also nur, was Thausing und seine Hintermänner gesehen, ist richtig gesehen worden!

Dem gegenüber kann ich ohne die leiseste Spur einer Überhebung, vielmehr mit der vollsten Sicherheit sagen, dafs ich im stande bin, das Material aller Haupthopfenregionen der Erde zu unterscheiden, bei den feinsten Regionen auch noch die grofsen Unterabteilungen anzugeben, und dafs ich das nicht blofs selber kann, sondern auch im stande bin, es anderen zu lehren, wenn sie die nötige Zeit und den notwendigen Fleifs aufwenden. Damit ist doch gesagt, dafs die Unterschiede da sind, sonst würde ich das nicht leisten können; aber sie sind zum

Teil klein und daher nicht so ohne weiteres zugänglich. Auch geht das Resultat gar oft erst aus der Summierung einer Reihe von mehr oder minder schwer erkennbaren Merkmalen hervor, und darin liegt die Schwierigkeit. Deshalb bin ich auch nicht im stande, auf das bloſse Ansehen hin zu sagen, wo die betreffende Hopfensorte her ist, sondern erst, nachdem ich sie gründlich nach allen Richtungen bearbeitet habe. Ebenso ist es mit ihrem Brauwert.

Für die Richtigkeit meiner Behauptung kann ich jeden Tag die schwierigste Prüfung ablegen, während Herr Thausing für seinen Standpunkt und namentlich gegen meinen Standpunkt keinerlei Beweise bringen, nur **»nein«** sagen kann! Oder sollte Herr Thausing den Mut haben, es mit mir auf eine Probe ankommen zu lassen? Ich bin bereit dazu und wenn ich, was nicht schwer sein dürfte, mit ihm fertig bin, will ich es ebenso mit seinen Hopfenhändler-Hintermännern aufnehmen!

In der That war die einzige Täuschung, welche in der Angelegenheit gegeben war, in dem Umstande gelegen, daſs wahrscheinlich eine mehr oder minder groſse Anzahl von Brauern in dem Wahne befangen war, der Herr Tausing sei auch eine Autorität in Fragen der Hopfenware.

Es ist übrigens auffallend und — wie wir sogleich sehen werden — auch bezeichnend, mit welcher geradezu böswilligen Tendenz dieser Passus des Thausingschen Buches abgefaſst war; offenbar spitzte er sich auf ganz bestimmte Bestrebungen und damit auch auf eine ganz bestimmte Persönlichkeit zu, »welche unschwer zu erkennen ist«. —

Wie wir gleich sehen werden, ist es auch unschwer, die Motive zu erfassen, und wenn ich hinzufüge, daſs Herr Thausing, als ich mit ihm vor mehr als einem Jahrzehnt (im April 1886) in Leitmeritz in Böhmen zufällig zusammentraf, die für eine Autorität im Brau- und Hopfen-Fache gewiſs auffällige, geradezu naive Frage an mich richtete: worauf es denn eigentlich beim Hopfen ankomme?! — so ist das für den Wissenden und Sehenden genug. —

Ohnehin hat man niemals gehört, daſs Herr Thausing irgend welche Spezialstudien über den Hopfen und sein Produkt gemacht und veröffentlicht hat, und um so eine dreiste Behauptung zu begründen, müſste man mindestens ein Decennium Spezialstudien über Hopfen betrieben haben! — Damit ist aber zugleich auch gesagt, daſs die kaufmännische (hopfenhändlerische) Kraft, welche diesen Abschnitt für das Thausingsche Buch geschrieben hat, keine solche Spezialstudien hinter sich hat, und daſs dieser Ausspruch nur eine Anmaſsung ist, welche leicht zu erratende Tendenzen verfolgt, die Tendenz der zweckentsprechenden Leitung von Hopfenkonsumenten. —

Ich würde auf diese Dinge gar nicht so speziell eingegangen sein, wenn ich nicht wüſste, welche Rolle der falsche Autoritätenglaube in der Welt spielt, und wenn diese Tendenz nicht hinter so eigentümlichem Versteck an solcher Stelle und zugleich mit so unerhörter Anmaſsung aufgetreten wäre.

Eine Bestätigung meiner Ansichten liegt auch in der S. 293 (S. 310 der V. Aufl. von 1898) des Thausingschen Buches gegebenen Gliederung der Hopfenregionen nach dem technischen Werte ihres Produktes, welche sicher von einem österreichischen Hopfenhändler herrührt. Wer den schwersten Spalter Hopfen (Ia) an die dritte Rangstelle setzt, hat sicherlich noch niemals einen schweren Spalter Hopfen in der Hand gehabt oder gar ernstlich untersucht. Gerade so ist es mit der Klassifizierung der übrigen berühmten deutschen Hopfensorten, mit den Kindingern, feinsten Württembergern, bayerischen Gebirgshopfen, Hallertauern etc.; Elsaſs existiert gar nicht.

Diese Mache österreichischer (namentlich gewisser böhmischer) Hopfenhändler auf Kosten der Wahrheit und der Brauer und namentlich der bayerischen und sonstigen reichsdeutschen Hopfenproduzenten, macht sich übrigens bei jeder Gelegenheit geltend. Im Jahre 1873, zur Zeit der Wiener Weltausstellung, Ende August, brachte die Frankfurter Zeitung einen Bericht über die landwirtschaftliche Abteilung der Wiener Ausstellung, wobei u. a. über den Hopfen bemerkt wird: In betreff der Qualität steht das Hopfenprodukt der österreichischen Länder (Böhmens, Steiermarks, Oberösterreichs, Galiziens) unerreicht da! — Deutschland macht jedoch mancherlei Anstrengungen, sein Produkt auf die gleiche Höhe zu bringen. In einem Eingesandt des Saazer Wanderer 1864 (Holled. H.-Ztg. 1864, S. 84) steht wörtlich: Über die Qualität des Saazer Hopfens. Zur Herstellung der feinsten Biere ist, darüber sind die Trinker aller Länder einig, unbedingt Saazer Hopfen erforderlich; deshalb bildet dieser Hopfen eine Handelsware I. Qualität, einen Welthandelsartikel, dessen Güte in allen mitteleuropäischen Ländern bereits bekannt und anerkannt ist.

Auch darin liegt eine Bestätigung meiner Ansicht in Bezug auf den wahren Ursprung des Kapitels »Hopfen« im Thausingschen Buche, dafs Literaturangaben über Hopfenwarenstudien in dieser IV. (u. V.) Auflage des Thausingschen Buches nicht im geringsten mehr gemacht wurden, natürlich weil sich für einen Kaufmann Literaturstudien nicht rentieren. Bis zur III. Auflage seines Buches hatte Thausing von allen veröffentlichten namhafteren Arbeiten über den Hopfen in der Zeitschriftliteratur sorgsam und bescheiden Notiz genommen. Da war eben Herr Thausing, als Professor, noch selbst der Autor des auf seinen Namen lautenden Buches, und nun verwandelt er sich in der nächsten Auflage seines Buches ganz plötzlich in eine Hiebe austeilende Hopfenautorität, d. h. er gibt sich — gegen gute Worte — zum Sprachrohr von Hopfenhändlern her!

Die zweckentsprechende Leitung der Brauer, welche der Prager Hopfenhändler, der das geschrieben hat, anstrebte und auch auf Jahre erreicht hat, hat dem Saazer und dem Rothauschaer Hopfen und den diese ab und zu substituierenden oder mit ihnen in Gesellschaft (Mischung) auftretenden Hopfenwarenmaterialien, womit er seine Geschäfte machte, auf Jahre hinaus Millionen genützt, den vortrefflichen Spalter, Kindinger, Betzensteiner und Hallertauer etc. Hopfen mit ihrem — durchschnittlich genommen — edleren Bitter, mit dem er direkt offenbar keine Geschäfte machte, ebenso viel geschadet, nicht minder auch den deutschen Brauern, welche sich an dieser Stätte ihre Belehrung über den Hopfen holten; es wird auch bei den österreichischen etc. Brauern, die sogenannte Saazer und Rothauschaer Ware beziehen, nicht anders gewesen sein[109]).

Da die Saazer meist ein feineres Aroma haben als die Spalter, die Spalter aber vielfach ein erheblich edleres, milderes, weicheres, aktivlieblicheres Bitter besitzen, so lag es auch in seinem Interesse, auf S. 278 dieses Buches den Herrn Thausing sagen zu lassen: Das Mehl (soll heifsen Hopfensekret) direkt auf seine Bittere zu prüfen, indem man es kostet, halte ich für ein wenig verläfsliches Mittel.

Nun sagt aber ein Praktiker im Böhm. Bierbr. 1880[110]): Sachkundige Hopfenhändler prüfen überdies den Hopfen auch durch den Geschmack. Ist der Geschmack lieblich bitter, aromatisch, und verflüchtigt sich derselbe allmählich, so sei es ein feiner Hopfen; schwerere Hopfen liefsen längere Zeit eine scharfe Bitterkeit auf der Zunge zurück. Und der bekannte schwedische Naturforscher und Techniker C. G. Zetterlund in Orebro[111]) sagt, dafs guter Hopfen einen reinen und angenehm bitteren Geschmack haben soll, und die Pharmacopoea suecica sagt, dafs der Hopfen, in Masse gesehen, grüngelb oder gelbgrün, aromatisch riechend und bitter schmeckend sein soll.

Der Technologe Prof. Ant. Belohoubek in Prag[112]) sagt: Der Geschmack dieses Hopfens entsprach nicht; er war bei den meisten Zapfen unangenehm bitter und hatte einen herben Beigeschmack. Das ist doch gewifs alles wieder sehr merkwürdig und lehrreich! — In München, im Oktober 1899[113]), machte Herr Dr. J. Brand bei seinem Vortrage über die Geschmacksveränderung des Bieres vom Beginn seiner Fabrikation bis zum Konsum u. a. die merkwürdige Bemerkung: Die beim Überhitzen des Malzes und der Würze entstehenden brenzligen Produkte geben sich wohl durch den Geschmack zu erkennen, wir haben jedoch kein Mittel, sie zu fassen und chemisch nachzuweisen, wie dies beim Furfurol sehr leicht der Fall ist; es bietet hier, wie bei vielen andern Fällen, der Geschmack ein schärferes Reagens als chemische Mittel; ferner (l. c. S. 634): Im Gärkeller ist es von grofser Wichtigkeit, dafs eine gute Ventilation für reine Luft sorgt, und wird eine empfindliche Nase das beste Reagens für das Vorhandensein einer solchen sein. Wir wünschen dem Herrn Dr. Brand, dafs ihm für diese freimütigen, sachdienlichen (eigentlich sehr unwissenschaftlichen, ganz empirischen) Äufserungen von seiten der eingefleischten Zünftler unter den Herren Technologen kein Leid zugefügt wird. Ich würde ihm sicher zu Hilfe eilen. Mein höchstes Erstaunen erweckte aber neuestens eine bezügliche Äufserung des Herrn Dr. W. Windisch in Berlin (Wochenschr. f. Br. 1900, S. 92), wo er von dem Einflufs der schwefligen Säure auf den Geschmack, und Geruch (Aroma) des Bieres spricht: man habe diesen Dingen bislang zu wenig Aufmerksamkeit geschenkt. Mit der qualitativen und quantitativen chemischen Analyse lasse sich da nichts feststellen, auch das Mikroskop versage; nur die Nase und die Zunge könnten hier entscheiden; die Geschmacks- und Geruchsprobe lasse uns gut erkennen, ob im Biere Geschmack und Aroma unerwünschte Veränderung erlitten haben, die sich besonders dann aufdringlich bemerkbar machen, wenn es dem Biere an Kohlensäure mangelt. Also selbst diese Herren, welche sonst immer von Wissenschaftlichkeit triefen, gehen zuweilen unter die Empiriker! — Beträge von Geschmack und Gerüchen, welche so klein sind, dafs keinerlei feinste moderne Apparate, ja keinerlei Reagentien, auch nur ihre Anwesenheit zu konstatieren vermögen, sind unserem menschlichen Geschmacks- und Geruchssinn leicht wahrnehmbar; auch der Ungeübteste nimmt sie sofort wahr und stellt sich ihnen wohlwollend oder ablehnend gegenüber. Aber um sie genau definieren zu können, dazu gehört immerhin eine länger währende Übung, vielleicht auch spezifisches Talent. An der Hand eines Lehrers oder auch nur eines guten Buches, läfst sich das in unverhältnismäfsig kürzerer Zeit erlernen als auf autodidaktischem Wege.

Zwar sagt jetzt auch Dr. Remy[114]): die dortigen (Berliner) Preisrichter hätten jetzt eine Sachkenntnis erlangt, welche sie befähige, ohne die Herkunft des Materials zu kennen, mit fast unfehlbarer Sicherheit immer wieder die Erzeugnisse bestimmter Aussteller als die besten herauszufinden; diese Überzeugung sollte sich in immer weiteren Kreisen verbreiten; das Preisrichterurteil sei jetzt eine rein objektive Kritik. Wer aber die summarische Tabelle über diese Preisrichterurteile[115]) sorgsam prüft, wird über dieses Selbstlob seufzen und lächeln. — Ich wollte sehen, wie das ausgefallen wäre, wenn ich nachgeprüft und die Gründe meiner Ansicht mit allen Belegen daneben gestellt hätte! — Merkwürdigerweise widerspricht aber auch Dr. Remy dieser enthusiastischen Auffassung von der Leistung der Preisrichter selbst wieder in einem Berichte über die speziellen Untersuchungen des Materials der V. Berliner Hopfenausstellung 1898[116]). Er findet es nämlich bei einer Kritik der chemisch-analytischen und mechanischen Hopfenprüfung hinsichtlich ihres wissenschaftlichen und praktischen Wertes auffallend, dafs das Analysenergebnis und die Schätzwerte nicht parallel gehen, vielmehr eher ganz entgegengesetzt lauten. Remy meint dann aber, dafs die Sachverständigen den Widerspruch, welcher in den Resultaten der Schätzung und dem analytischen Ergebnis der Harz- und Bitterstoff-Bestimmung gegeben ist, dadurch zu beseitigen geneigt wären, dafs sie ihr ursprüngliches Urteil zu Gunsten des Analysenausfalles modifizieren würden, so namentlich beim Vergleiche der württembergischen Hopfen Nr. 392 und 393 mit den drei untersuchten elsässischen, die, entgegengesetzt den analytischen Ergebnissen, eine erheblich günstigere Beurteilung gefunden hätten. Dieses Selbstbekenntnis des Vertreters der nunfünfjährigen Berliner Hopfenuntersuchungen, die dem Staate, Vereinen und Privatpersonen sicher 100000—150000 Mark gekostet haben, ist doch höchst lehrreich, wenigstens für Leute, die wirklich belehrt sein wollen! — Auch die Wiener Brauer- und Hopfen-Zeitung Gambrinus (1900, S. 438) sagt, dafs es in der Biererzeugung Dinge (Wandlungen) gebe, welche chemisch sich kaum nachweisen lassen und doch für die feinen Sinne des Menschen, für den Geschmack und die Bekömmlichkeit, sehr wohl nachweisbar sind. Das ist doch wieder einmal ganz entsetzlich empirisch! —

Dieser selbe Händler war in den 1880er Jahren mit einer oberbayerischen Brauerei, die wegen ihres guten Bieres gerühmt war, in Streit geraten wegen ca. 80 Ztr. Hopfen. Nach der Faktura sollte es prima Saazer sein, was der Braumeister bestritt. Der Administrator des grofsen Gutes, zu welchem die Brauerei gehört, kam nach vielen vergeblichen Versuchen, in Münchner Grofsbrauereien eine richtige Auskunft über die Herkunft dieses Hopfens zu erhalten, durch den der Braumeister sein Sommerbier bedroht glaubte, von einem allerersten Münchner Grofsbrauer auf mich aufmerksam gemacht, endlich zu mir nach Freising — Weihenstephan — und bat mich um eine Untersuchung. Er setzte hinzu, dafs — im Falle ich verneinte, also für den Hopfenhändler ungünstig entscheide, in dem Sinne, dafs es keine prima Saazer Ware sei — ein grofser und teurer Prozefs unvermeidlich wäre!

Die Sache machte grofse Schwierigkeiten, weil mehrere der wichtigsten Saazer Merkmale fehlten, resp. mangelhaft vertreten waren. Ich habe viele Hundert Saazer Hopfenproben systematisch verarbeitet, alle hatten sie im gröfsten Mafsstabe diese charakteristischen Merkmale; so einen Saazer, wie diesen kritischen der Prager Firma, habe ich nie wieder gesehen; es hatte also damit offenbar eine eigene Bewandtnis. — Sicher war es nicht die alte Saazer Sorte, sondern ein Produkt Rothauschaer Reben; es fragte sich nur: wo gewachsen?

Ich arbeitete an dieser kritischen Hopfenprobe angestrengte fünf Stunden und bezeichnete endlich die Ware als von der äufsersten Peripherie des Gebietes von Saaz stammend, wo also die morphologische und physiologische Metamorphose in den Hopfenzapfen beginnt. Ich bezeichnete aber die Ware als geeignet, ein gut schmeckendes Bier zu machen. Prima Saazer war es natürlich nicht oder doch lediglich nur in der Faktura, nicht in der Substanz.

Daraufhin wurde der Hopfen acceptiert. So wie ich gesagt hatte, bewährte er sich auch, wie mir der Braumeister, der widerstrebend daran ging, später selbst mitgeteilt und wie ich 4—5 Monate später selbst fand, wo ich dieses Bier an Ort und Stelle mehrere Wochen hindurch getrunken habe. Hätte ich aber damals die Kostprobe nicht zu machen verstanden und nicht gemacht, dann war der Prozefs fertig, denn morphologisch allein konnte die Sache nicht zu Gunsten dieses Prager Händlers entschieden werden. Das ist doch gewifs ein charakteristischer und lehrreicher Fall. Freilich sind die direkte Beurteilung des Hopfenbitters durch die Kostprobe und die Erkenntnis der Hopfenprovenienz aus den Zapfenblättern wichtige, aber schwer zugängliche Hopfeneigenschaften, deren volle Erkenntnis namentlich für den, der das ohne Anleitung, also autodidaktisch, finden mufs, erst den Schlufsstein langwieriger und mühevoller Arbeiten bildet.

So hatte dieser Herr Hopfenhändler, der durch die Feder des Herrn Thausing zu uns spricht, mein Wissen und Können in Bezug auf den Hopfen wahrgenommen und wohl um zu verhindern, dafs ich ihm später einmal auch auf andern Wegen begegnen könnte, in dieser klugen und praktischen Weise vorgebaut. Obgleich mir diese orakelhaften Aussprüche in dem Thausingschen Buche seit ihrem Erscheinen bekannt waren, fand ich es — eben wegen der Zeitschriftverhältnisse im Gebiete der Technologie — nicht der Mühe wert, darauf zu antworten. An dieser Stelle (in diesem Buche) aber konnte ich das natürlich nicht übersehen.

Ich gebe es den Brauern anheim, zu erwägen, ob es nicht rätlich für sie gewesen wäre, wenn sie von dieser merkwürdigen Thatsache schon vor Jahren in Kenntnis gesetzt worden wären! — Wo hätte ich denn das thun sollen?

Direktor Dr. Werner in Breslau (Allg. H.-Ztg. 1869, S. 507) sagt, dafs die Landwirte Düngemittel längst chemisch untersuchen lassen, um zu sehen, ob sie auch das sind, wofür sie bezahlt haben, während bei einem Produkte wie der Hopfen, der als Nahrungsmittel anzusehen sei, immer nur vereinzelte sich damit befassen, sich von der rationellen Güte der Ware zu überzeugen.

Hier gilt es in der That, eine ganz selbständige, neue Wege bahnende Stellung einzunehmen; deshalb ist eine Kritik dessen, was andere geleistet haben, so unerwünscht mir dieselbe namentlich auch dann ist, wenn man abfällig sprechen mufs, dennoch unvermeidlich!

Es ist ebenso charakteristisch, wenn dieser Hopfenhändler den Herrn Thausing (S. 296 l. c.; in der V. Aufl. v. 1898 S. 312), offenbar ebenfalls mit Bezug auf den oben geschilderten Fall, sagen läfst: Anderseits aber kann man einen wirklich im Saazer Gebiet gewachsenen Hopfen für Nicht-Saazer ansehen, und es ist schwer oder gar nicht möglich, einen feineren (Roth-)Auschaer von einem besseren Saazer zu unterscheiden.

Bei dem Passus mit dem Saazer, den man leicht für einen Nicht-Saazer ansehen kann, wird jeder denkende Leser sofort den ideellen Zusammenhang mit dem erkennen, was ich oben gesagt habe, und begreifen, dafs meine Ansicht von dem wahren Ursprung des Hopfenabschnittes im Thausingschen Buche nur zu sehr begründet ist.

Wer aber einen feinen Rothauschaer von einem Saazer nicht unterscheiden kann, was gar nicht so besonders schwer und sicherlich nicht der Probleme höchstes in der Hopfenwarenkunde ist, der sollte es doch ernstlich aufgeben, andere in Bezug auf den Hopfen belehren zu wollen, weil man sonst sein Gebahren als eine in nichts begründete Anmafsung bezeichnen müfste.

Unlängst erst sagte mir ein Herr, welcher jahrelang mit besten Erfolgen eine sehr grofse mitteldeutsche Brauerei geleitet: er sei erstaunt darüber, dafs man die Unterscheidung eines typischen Rothauschaer und eines typischen Saazer Hopfens als eine so schwierige Sache erklären wolle. Dafs die Brauer, sicher zu ihrem Schaden, über diese Frage so lange ohne Aufklärung blieben, lag eben in den geschilderten Zeitschriftverhältnissen über Brauerei-Angelegenheiten. Es wären dann vielleicht mancher Brauerei üble Erfahrungen mit Rothauschaer statt Saazer in den Lagerbieren und Geldverschwendung erspart geblieben.

Meine Position gegenüber solchen Einwürfen war eine überaus schwierige. Dieser Herr behandelte die ganze Brauerei, konnte ein in langwieriger Zeit von vielen bedeutenden Männern geschaffenes Material benutzen, hatte mir gegenüber, der in einer überaus schwierigen, dunklen Sache erst alles schaffen sollte, schon der Zeit nach einen gewaltigen Vorsprung, den Nimbus der Autorität und imponierte durch sein sicheres, fast befehlendes Auftreten. Auch ist es begreiflicherweise viel lohnender und hindernisloser, etwas zu Gunsten der (in scheinbarer Unterwürfigkeit herrschenden) Herren Hopfenhändler zu sagen, als zu ihren Ungunsten, das wird selbst ein kindlich Gemüt begreifen.

Einem Manne von meiner Art gegenüber schrumpft freilich diese Autorität, wenn ich sie von der selbst geschaffenen Basis in Bezug auf den Hopfen ins Auge fasse, in Mitleid erregender Weise zusammen, denn er hat sich ja auch in der V. Auflage fast alles machen lassen, die Botanik von Dr. G. Holzner, die Statistik von Dr. Struve, die Hopfenware von Händlern etc.[117]). Und wenn die Brauer bei dem, was da ist, stehen bleiben müssen, dann sind sie den Anforderungen der Zeit sicher nicht gewachsen!

Nützlich kann es freilich für gewisse Kreise sein, den Brauern zu sagen, dafs man Saazer und Rothauschaer Hopfen nicht voneinander zu unterscheiden vermöge, weil die schweren, feinen, gehaltvollen Rothauschaer, namentlich die Plattenhopfen aus der Leitmeritzer Gegend, in ganz erheblichen Beträgen als Saazer und selbst als feine Spalter verkauft werden; letzterer Fall ist von mir 1898 mit 1897er erst wieder beobachtet worden.

Bekanntlich kosten die Rothauschaer im Handel per Zentner stets 15—30 fl. ö. W. weniger als die Saazer in äquivalenter Ware. Thausing (1898, S. 311) sagt sogar, um die Differenz zu zeigen, dafs Saazer per Zentner 220 Kronen und Rothauschaer 140 Kronen kosten. Es hat das auch seine guten Gründe, von welchen ich bei einer andern Gelegenheit sprechen werde. Einmal habe ich solchen Rothauschaer-Saazer aus einer bayerischen Brauerei untersucht, wobei der Lieferant den geschorenen Brauer auch noch beglückwünschte, dafs er ihm hiermit den Saazer noch billiger geliefert habe, als er jetzt (damals) in Saaz kostete!

Nachdem die Rothauschaer aber — trotz ihrer Feinheit und ihres Gehaltes — keine Lagerbierhopfen sind, ist die Schädigung der Brauer eine doppelte. Wie viele völlig unreife Saazer Hopfen mit unausgebildetem Aroma, Bitter, Gerbstoff und Harz haben die deutschen Brauer schon verarbeitet, dabei eine Menge Schwierigkeiten bei den Gärungen und mit dem Absatz des fertigen Produktes ausgehalten, ohne auch nur zu wissen, woher und wie das kam! — Die Reife des Hopfens bei der Ernte übt aber selbst auf seine Haltbarkeit im Lager Einflufs.

Belehrend können vielleicht auch einige Zeitungsstimmen in dieser Richtung wirken, wobei man sich freilich wundern mufs, dafs sie verhältnismäfsig so selten sind.

Lesenswert ist deshalb auch der Artikel in der Allg. Br.- u. H.-Ztg. 1881, II, 682: Hopfenfälschungen. Da wird auch gesagt, dafs die Hopfenkonsumenten durch Indolenz und Unverständnis die Kontrolle etc. wirkungslos machen.

In der Allg. Br.- u. H.-Ztg. 1882, II, 728, wird ein Fall berichtet, welcher zeigen kann, wie es mit der Hopfenkenntnis selbst bei Männern aussieht, die jedermann für Hopfenautoritäten hält. Im Petersburger Herold war nämlich geklagt worden, dafs bei der Moskauer Ausstellung (1882) sich kein russischer Grofsgrundbesitzer mit Hopfen beteiligt habe. Darauf erklärte Fürst Barjantiskij, welcher im Kursker Gouvernement eine Domäne von 60000 Desjatinen hat, woselbst auf 20 Desjatinen unter Leitung des Oberverwalters Koch Saazer Hopfensorten kultiviert und ca. 1000 Pud (ca. 330 Ztr.) Hopfen im Werte von 16000—20000 Rubel erzeugt werden, dafs er Hopfen dort ausgestellt habe; er war etwas versteckt aufgestellt.

Nach der Erklärung des Fürsten war dieser Hopfen im Jahre zuvor vom Saazer Gremium für Hopfen- und Produktenhandel und vom Präsidium des Landwirtschaftlichen Vereins von Saaz und Postelberg, wie ein in Moskau bei der Ausstellung angehängtes Zeugnis sagte, als sehr schwer, sehr fein im Aroma und zu den feinsten Lagerbieren geeignet, erklärt worden. Das löbliche Gremium ist dann sehr erstaunt gewesen, als es nachträglich erfuhr, dafs es ein solches Zeugnis dem so sehr verketzerten russischen Hopfen ausgestellt hat, und dafs es denselben identisch mit dem besten Saazer Hopfen erklärte, obzwar selbst die gröfsten Brauereien Rufslands nichts vom russischen Hopfen wissen wollen. Bereits seit zwei Jahren verkauft Fürst Barjantiskij seinen Hopfen nur nach Saaz, wo er den höchsten Preis erzielt und von wo er vielleicht wieder nach Rufsland zurückkehrt; denn wenn selbst das Saazer Hopfenhandelsgremium echten Saazer Hopfen nicht von Kursker Hopfen unterscheiden kann, so werden es wohl die russischen Brauereibesitzer noch viel weniger vermögen.

Das Prüfungsresultat mit dem fürstlich Barjantiskijschen Hopfen hat das Saazer Hopfenhandelsgremium so ins Boxhorn getrieben, dafs dasselbe den sehr vernünftigen Beschlufs fafste, künftig nur noch Saazer, keine ausländischen Hopfen mehr zu beurteilen. Was die Saazer Hopfenhändler mit dem russischen Hopfen machen, geht auch aus einem dort (l. c.) mitgeteilten Brief hervor, den ein Saazer Hopfenhändler an den genannten Fürsten geschrieben und worin er angibt, wie der Hopfen gesackt und etikettiert werden soll.

Die Sache ist nur insofern interessant, als sie bestätigt, was sich eigentlich von selbst versteht. Wo sollen denn diese Herren ihre Hopfenkenntnisse herhaben? Vom blofsen Anschauen, Darinherumgreifen, Daranriechen etc. erhält man keine allgemeine Hopfenkenntnis. Das schafft nur ein Hopfenwissen in jenem Niveau, wie wir es beim Herrn Thausing finden, und welches jeder besseren Entwicklung hindernd im Wege steht[118]).

In der Wochenschrift für Brauerei[119]) wird erwähnt, dafs dem Identitätsnachweis (Deklarationszwang) in der Hopfenbranche grofse Hindernisse im Wege stehen, weil sich gewisse Händlerkreise gegen die Saazer Schutzmarke feindlich verhalten, die Einführung solcher Ware in den Handel versagen.

Wie ich erst nach Jahren aus Brauerei- und Hopfen-Fachzeitschriften ersehen, hatte die oben erwähnte, dort wörtlich citierte Prager Hopfenfirma, schon 1879 durch einen Bamberger Händler in Wolkowie (Rufsland?) die ganze Ernte auf fünf Jahre um 10 Rubel per Pud (3 Pud ca. 1 Ztr. à 50 kg) gekauft. Nach Umflufs dieser Zeit kaufte eine Fürther Firma diese ganze Ernte um 16 Rubel per Pud[120]). Die Ware wurde nach einem Grenzstädtchen gebracht und mit böhmischer oder bayerischer Signatur in die Welt geschickt[121]).

In der Allg. Br.- u. H.-Ztg.[122]) wird beklagt, dafs die Brauer in der Provinz dem Hopfen so urteilslos gegenüberstehen, dafs man ihnen belgischen Hopfen als bayerischen verkaufen könne, weil sie den Unterschied in der Ware erst nach dem zu beurteilen pflegten, wie das Bier ausfalle. Sollte das bei uns erheblich anders sein?

Über diese Zustände im Hopfenhandel hat auch der Gräfl. Potocki'sche Domänenadministrator W. Bischoff in der Wiener Landwirtschaftl Ztg. 1886[123]) beachtenswerte Gesichtspunkte entwickelt. Die Händler verkauften nur die geringsten galizischen Sorten mit galizischer Provenienzangabe, während die feineren mit Saazer oder Rothauschaer gemischt, oder auch rein, mit diesen Bezeichnungen in den Handel kommen[124]). Für kein landwirtschaftliches Produkt sei es schwieriger, ohne Vermittlung bis zum Konsumenten vorzudringen, weil der ganze Handel in der Hand einer geringen Zahl von Händlern liege, welche mit den bekannten Zaubermitteln die Brauereileiter für sich zu gewinnen wissen.

Im Herbste 1882 sagte man mir in Tettnang (im südlichen Württemberg), als ich mich über die grasgrüne Farbe des geernteten und getrockneten Hopfens wunderte, dafs grofse Prager und böhmische Firmen grofse Quantitäten Tettnanger Hopfen auf Jahre um fixen Preis gekauft und diese grüne Farbe zur Bedingung gemacht hätten. — So wird man wohl verstehen, warum viele, auch grofse Händler, der Entwicklung von Hopfenkenntnissen oder gar einer Hopfenwarenkunde nicht nur nicht sympathisch, sondern sogar feindlich gegenüberstehen. Es ist ja ohnehin merkwürdig, dafs es so viele Hopfensorten in den Produktionsgebieten gibt und verhältnismäfsig so wenige im mandel. Gewisse Sorten verschwinden im Handel vollkommen, obgleich sie verhältnismäfsig in grofsen Mengen erzeugt werden. Ich habe nie gehört, dafs ein Brauer Auscha-Daubaer Grünhopfen oder Tettnanger erhalten habe. Auch Rothauschaer findet man im Handel kaum, wenigstens nicht die schwersten Sorten, die gehen eben unter höherer Etikette! — Wer hat je feinste Rottenburger (Württemberger) erhalten? Wie wenig Kindinger gibt es in der Produktion und wie viele im Handel! Was geschieht desfalls alles bei uns im Kundschaftshandel und dann erst beim Export! Was werden die Engländer und Amerikaner schon alles für Best Bavarian Hops und Country Spalts erhalten haben! —

Ich könnte aus meinen eigenen Hopfenuntersuchungsakten noch ganz andere Beispiele liefern, was sicher auch noch geschehen wird, sobald mir diese Herren einen direkten oder indirekten Anlafs geben[125]).

Allerdings können diese Akten auch viele Beweise bringen über gediegenste und redlichste Arbeit im Hopfenhandel, wobei die Qualität und Provenienz der Ware vollkommen mit der Angabe stimmten. Das war immer bei solchen Brauereifirmen der Fall, welche als gute Zahler bekannt waren und von den man wufste, dafs sie sich ab und zu auch noch speziell danach umsehen würden.

Ich sage das gewifs nicht, um den Herren Hopfenhändlern damit ein Kompliment zu machen und dieselben dadurch etwa meiner Arbeit günstig zu stimmen, denn ich bin selbst der Ansicht, dafs ein Buch, welches der Förderung technischer Interessen dienen soll, kein Recht zu leben hat, wenn ihm keine andern Qualitäten zur Seite stehen als solche Sympathien und Empfehlungen, und diese Ansicht halte ich auch dann noch aufrecht, wenn das Buch von mir herrührt!

Herr Fr. Rutschmann (l. c. 748) berichtet, dafs er einmal eine Brauerei zu revidieren hatte und dabei ganz erbärmliche Hopfenware vorfand. Er habe dies unter Nennung der Firma einem hervorragend tüchtigen norddeutschen Braumeister erzählt; lächelnd sagte dieser bei Nennung des Namens: Mich bedient der Mann sehr reell. Rutschmann betont, dafs namentlich die als wirklich gut hopfenkundig bekannten Brauer von den tüchtigen Händlern, und davon gibt es ja doch reichlich, gut bedient werden, nicht aber solche, die erklärtermafsen nichts davon verstehen oder nur meinen, dafs sie etwas davon verstehen, nach Rutschmann eine sehr erkleckliche Zahl.

Rutschmann betont sehr mit Recht, dafs nicht allein die Händler schuld seien, wenn das Hopfengeschäft vielfach so unsolid ist, sondern auch die Unkenntnis der Brauer, welche oft eine Hopfensorte um 50—100 Mark vom Händler billiger verlangen, als sie ihm selbst zu stehen kommt. Da ist der Betrug unvermeidlich, wenn der Händler den Kunden nicht verlieren will.

Und mit welchem Indifferentismus stehen selbst grofse, reiche Brauer den Männern gegenüber, welche die gröfsten Opfer an Zeit, Arbeitskraft und Geld bringen, um das Material aufzuhellen und das geradezu berüchtigte Hopfengeschäft in solidere Bahnen zu lenken!

Wahr zu sein ist mir ein Bedürfnis, und deshalb hebe ich noch hervor, dafs unter den mir von solchen Brauereien zur Untersuchung eingesendeten Hopfenproben manchmal sogar welche von einer so hohen Qualität waren, wie ich sie aus der betreffenden Sortenreihe vorher selten gesehen hatte.

Ich stehe dem gediegenen Hopfenhandel sicher nichts weniger als feindlich, sondern vielmehr ganz sympathisch gegenüber, als einem höchst wichtigen und völlig unentbehrlichen Glied in unserm viel verschlungenen modernen Verkehrsleben. Nur wo die Öffentlichkeit und das Wissen zu Gericht sitzen, fliehen die unheimlichen Gestalten der Geheimnisthuerei, der Unredlichkeit, der Übervorteilung; nur die rechtschaffene, ehrliche Konkurrenz beherrscht in ihrer Gesellschaft das Geschäft.

Die grofsen Sorgen, Wagnisse und Mühseligkeiten, welche das Hopfenhandelsgeschäft mit sich bringt, werden selten objektiv gewürdigt. Welche Kenntnisse von Land und Leuten, des Brauereibetriebes und der Hopfenproduktion, des Bieres und der Hopfenqualität, dem Händler zur Verfügung stehen müssen oder sollten, welcher umfangreichere Geschäfte betreibt, das entzieht sich der oberflächlichen Beurteilung. Wie oft werden Hopfen gekauft und stehen um, bis sie endlich dahin gelangen, wo sie so zugerichtet und verpackt werden können, wie es die Anfordernisse des Handels unbedingt verlangen. Und wenn alles gut geht, verliert der Händler beim Nachtrocknen erheblich an Gewicht, was oft zwei bis drei, selbst fünf und mehr Gewichtsprozente betragen kann; freilich zieht er das meist dem Produzenten ab. Hat beim Einkauf mildes Wetter geherrscht und beim Verkaufe ist ernstlicher Frost eingetreten, dann sind wieder Gewichtsverluste für den Händler dabei, die bis 2% betragen können.

Treten Umstände ein, welche die Bierfabrikation verringern (teure Gerste, reiche Wein- und Obsternte, schlechtes Wetter, das vom Biertrinken abhält, Krankheiten etc.), dann verringert sich natürlich auch die Hopfenkonsumtion; alles das drückt den Preis und bringt unvermeidliche Verluste für den Händler, weil er das alles beim Einkauf nicht vorhersehen konnte.

Der Händler mufs den Hopfen bar bezahlen, er mufs ihn aber vielfach auf kürzeren oder längeren Kredit verkaufen.

Ein allgemeiner Mifswachs des Hopfens und der dadurch hervorgerufene hohe Preis desselben schränkt den Konsum ein, bringt den alten Hopfen auf den Markt und ruft in manchen Ländern (England) die Hopfensurrogatverwendung zur Bierbereitung wach.

Oft werden allerlei kritische Bemerkungen an den Umstand geknüpft, dafs namentlich die Grofsbrauer so bestimmt und fest und fast ausschliefslich mit gewissen Hopfenhändlern zusammengehen, gewissermafsen mit ihnen zusammen arbeiten, nur äufserst selten direkt beim Hopfenproduzenten einkaufen, was dann aber auch oft nur der Orientierung wegen geschieht, während die grofse Masse des bedurften Hopfens nach wie vor vom Händler bezogen wird. Das beruht eben in den ganz eigentümlichen Verhältnissen des Hopfenhandels und der Brauerei.

Der grofse Brauereibesitzer, welcher ein bestimmtes, seinen Abnehmern wohl bekanntes Bier braut, das von diesen fortgesetzt unter strenger Kontrolle gehalten wird, hat seine Brauerei und deren ganzen Betrieb auf die Herstellung dieses bestimmten Fabrikates eingerichtet; er bedarf nun selbstverständlich zu diesem gleichmäfsigen Betriebe eines Hopfens, der alljährlich möglichst dieselben Eigenschaften in sich tragen mufs, um dem Biere die bisherige Farbe, Geschmack, Klärung und Haltbarkeit zu geben.

Der Brauereibesitzer selbst oder die Brauereileiter, richten natürlich ihr vorzüglichstes Augenmerk zunächst auf die Beschaffung der rechten Gerste und die Bereitung des Malzes, auch auf den sonstigen Brauereibetrieb. Sie sind also kaum in der Lage, sich den für genau umschriebene Zwecke notwendigen und geeigneten Hopfen aus der Vielartigkeit des produzierten Materials selbst herauszusuchen; das würde nicht blofs sehr viele Kenntnisse und Erfahrungen zur Voraussetzung haben, sondern auch sehr viel Zeit und Mühe in Anspruch nehmen, die der Grofsbrauer gerade um diese Zeit für wichtige andere Dinge notwendig hat. Deshalb bedient sich der Grofsbrauer zur Herbeischaffung des rechten Hopfens, der oft auf weit entlegenen Wegstrecken zusammengesucht werden mufs, des Hopfenhandels. Der Hopfenhandel schafft die geeignete Ware herbei; er besorgt den oft sehr mifslichen und mit allerlei Widerwärtigkeiten ausgestatteten Einkauf, wozu er sich selbst wieder verschiedenartiger Hilfskräfte in den jeweiligen Lokalitäten bedient, und sucht das geeignete Material oder die verschiedenen Schattierungen dieses Materials persönlich heraus. Es liegt nahe, dafs eine solche Hilfe, wenn sie sicher und reell ist, dem Brauer sehr willkommen sein wird, weil sie seine Absichten in hohem Grade fördert, erleichtert und sichert.

Der solide Hopfenhandel, und das ist er wohl mehr oder minder immer, wenn er jahrelang für dieselbe Brauerei dieselbe Aufgabe zu bewältigen hat, gewährt also dem Brauer den speziellen Vorteil, dafs er ihn gerade in der Zeit drängender Arbeiten von der Sorge für die Beschaffung eines sehr wichtigen Rohmaterials entlastet, und dafs er für ihn aus der grofsen, unübersichtlichen Warenmasse der verschiedensten Länder die für ihn geeignete Ware heraussucht und je nach dem Vertrauen, welches der Händler beim Brauer geniefst, ihm die Sicherheit gewährt wird, dafs er eine gute, möglichst billige und für die Fabrikation seines Bieres passende Ware erhält; auch erhält er die Ware vom Händler rein, gut sortiert, gut trocken, nachgepflückt, von Stielen, Ranken und Blättern thunlichst frei, was keineswegs beim Einkauf vom Hopfenproduzenten so ist.

Aufserdem sind aber die Verhältnisse der Bierfabrikation von der Art, dafs sie der Regel nach den Hinzutritt des Hopfenhändlers, der gewissermafsen als Banquier des Brauers sein Kapital in das Biergeschäft mit hineinlegen mufs, erfordern. Der Brauer ist schon aus Gründen der Konkurrenz genötigt, gleich nach der Getreideernte sein Gerstenmaterial für die Malzbereitung anzukaufen. Die dazu erforderlichen Summen repräsentieren meist ein ganz bedeutendes Kapital, und es ist deshalb dem Brauer sehr erwünscht, wenn ihm der Hopfenhändler, wie dies der Regel nach geschieht, bis zur neuen Bestellung oder bis zur neu wiederkehrenden Hopfenernte hinsichtlich des in der Zwischenzeit zu liefernden Hopfens Kredit gewährt. Neun Monate Kredit geben die Händler immer.

Dieses Verhältnis, bei welchem dem Hopfenhändler nicht nur die gewöhnlichen kaufmännischen Zinsen für sein Kapital, sondern auch — bei richtiger Spekulation und glücklichem Einkauf — noch ein bedeutender Gewinn gewährt wird, hat wesentlich zu einer immer gröfseren Ausdehnung des Hopfenhandels beigetragen, vielfach auch, bei nachlässigem Betrieb oder Unglücksfällen in der Brauerei, zur Verschuldung und Schuldsklaverei des Brauers gegenüber den Hopfenhändlern geführt, denen schon zahllose Brauerexistenzen zum Opfer gefallen sind. Denn sobald ein Brauer einmal auf der schiefen Ebene angekommen ist, wo es mit dem Zahlen hapert, dann erhält er natürlich vom Händler schlechtere Ware zu beliebigen Preisen, was seinen materiellen Untergang noch beschleunigen mufs.

Da der Hopfenhändler bei einem soliden und sachkundigen Geschäftsbetriebe, trotz mancher unvermeidlichen Verluste, noch einen erheblichen Handelsgewinn erreicht, so ist es natürlich, dafs auch solide Hopfenhändler reich werden und dafs dem Hopfenhandel immer mehr Kapitalien zufliefsen. Der Hopfenkonsument kauft daher nur selten vom Hopfenproduzenten den Hopfen, sondern er überläfst diesen Einkauf den wohlsituierten, kundigen Händlern. Die Hopfenhändler, welche nicht gerade für den Export arbeiten, sind geschäftlich günstiger situiert wie die Brauer und Hopfenproduzenten aus mannigfachen Gründen, die wir hier nicht alle im einzelnen untersuchen wollen. Für den Händler ist es gleichgültig, ob sein Geschäft im laufenden Jahre aus Import oder Export besteht; schon in diesem Umstande liegen grofse Vorteile!

In hergebrachter Weise wird gewöhnlich die bestehende Geschäftsverbindung des Händlers mit dem Brauereibesitzer fortgeführt, die sich alljährlich erneuert und deren Dauer bei einer soliden und das Vertrauen rechtfertigenden Handlungsweise für beide Teile wünschenswert bleibt.

Die grofse Masse der Hopfenhändler, die selbst sehr wenig von der Ware weifs, hat natürlich überhaupt kein Interesse an einer Hopfenwarenkunde, weil jedes Licht in der Sache ihre Kreise stört; man kann also nicht erwarten, dafs sie dafür auch noch Opfer bringen sollten, um so was zu fördern.

Die gediegeneren Firmen, in der Hopfenware kenntnisreicheren alten Hopfenhändler, haben deshalb kein positives Interesse daran, weil mit der Erweiterung und Vertiefung dieser Kenntnisse bei den Brauern ihnen ein wichtiger Köder verloren geht, mit welchem sie die Brauer an sich fesseln, indem sie ihnen die Anleitung mit darein geben, wozu und wie sie die betreffenden Sorten verwenden sollen.

Viele gröſsere Brauer, welche den guten Regionen näher liegen, haben alte Quellen für den Bezug ihrer Ware und glauben, daſs ihnen durch Erweiterung dieser Kenntnisse der Bezug ihres eigenen Bedarfs erschwert und verteuert werden könnte. Andere haben nicht Lust, mit der schwierigen Sache viel Zeit und Kraft zu verlieren, und da sie ohnehin genug Arbeit haben, lassen sie sich mit den Informationen des Hopfenhändlers genügen. Wieder andere wünschen nicht, mit derartigen Kenntnissen die Konkurrenz zu stärken.

Dieses Sachverhältnis wird also auch dann bestehen bleiben, wenn die Brauer bedeutend weitergehende Kenntnisse in Bezug auf den Hopfen haben werden, als heute noch der Fall ist; sie werden von den letzteren nur den Vorteil einer rationelleren Verwendung des Hopfens in der Brauere, einer Fernhaltung von Störungen und, wo solche dennoch auftreten, einer rascheren Erkenntnis und erfolgreicheren Bekämpfung haben. Das kann doch auch dem soliden Hopfenhändler nicht schaden; es müſste ihm — bei richtiger Überlegung — sogar willkommen sein, denn der sicherer arbeitende Brauer wird in der Regel auch der erfolgreichere und geldkräftigere sein.

Die Lichtseiten der Beziehungen zwischen dem Hopfenhändler und dem Hopfenproduzenten mögen ebenfalls durch einige Betrachtungen anschaulich gemacht werden. Ende der 1850er und im Anfange der 1860er Jahre hatte gerade die Herstellung des feinsten Lagerbieres gewöhnlicher Art in Bayern den Höhepunkt ihrer Ausgestaltung erlangt. Es wurden immer mehr Eisenbahnen gebaut; die Industrie aller Art entwickelte sich, die Bevölkerung und der Verkehr nahmen überall zu, und da auch die Landwirtschaft damals durch die hohen Getreidepreise blühte, stieg allerwärts der Wohlstand der Bevölkerung Deutschlands; alle diese günstigen Vorgänge steigerten sich noch, als mit dem Ausgange der 1860er Jahre, nach mehreren glücklichen Kriegen, die Wiederherstellung des neuen Deutschen Reiches erfolgte.

So stieg denn bei wachsender Bevölkerung und zunehmendem Wohlstand und bei rapid steigender Bierproduktion, naturgemäſs auch die Nachfrage nach guter Gerste und gutem Hopfen und trotz des in den verschiedensten Teilen der Welt vermehrten Anbaues auch der Preis des Hopfens.[126]) So ist es gekommen, daſs selbst 1862, wo es in allen Ländern reichlich Hopfen gab, derart, daſs bei solchen Erträgen 25 Jahre vorher der Zentner nur 10 fl. gekostet haben würde, derselbe nun dennoch in Mittelfranken und in der Hallertau 60—80 fl., in der Stadt Spalt selbst aber 100 fl. kostete.

Damals wendeten sich eine Menge Leute dem Hopfenhandel zu, bei dem das Geld vermeintlich auf der Straſse lag, Leute, die vom Hopfen vorerst gar nichts wuſsten als den Ort, wo sie ihn gekauft hatten. Zu diesen, nicht immer goldenen Elementen kam aber auch ein wahrer Pavel von ganz minderwertigen, selbst ungesunden Hopfen. Das wollte aber alles gut verkauft und mit Profit an den Mann gebracht werden.

Seit der Hopfenhandel von allen Fesseln frei ist, kam er fast ganz in die Hände der handelseifrigen, spekulierenden, gegeneinander selbst sehr nahrungsneidigen Israeliten. Es gibt kaum einen Handelsartikel in der Welt, welcher durch die groſsen Schwierigkeiten seiner richtigen Beurteilung und durch das die Geldwertbewegungen an den Börsen übertreffende Steigen und Fallen seines Preises so sehr geeignet ist, dieses zum Handeln und Spekulieren konstitutionell veranlagte Volk anzuziehen und festzuhalten!

Wo sonst ein oder zwei Hopfenhändler sich zeigten und wie Engel begrüſst wurden, da trafen nun (um 1862) deren zehn und noch mehr gleichzeitig ein. Jeder will kaufen und muſs kaufen; jeder fürchtet sich, daſs der andere ihm zuvorkommt, und der thut es auch, wenn er kann. Für den Hopfenproduzenten ist das doppelt angenehm, weil er nur so auf die Preisbildung Einfluſs üben kann. Es kommt so viel Geld in das Dorf, es verdient der Produzent und nicht minder der Händler. Das mögen diejenigen beherzigen, welche die sonderbare Meinung hegen, daſs man den Hopfenhandel beseitigen und direkten Verkehr zwischen Produzenten und Brauer herstellen solle. In Hunderte von Dörfern mit Ware, die nicht ersten Ranges ist, würde dann überhaupt gar kein Mensch kommen, und die Produzenten müſsten selbst, mit Proben in der Hand, die Brauer aufsuchen; man stelle sich doch das alles, mit allen seinen Folgen, einmal genau vor!

Unterm 3. Oktober 1862 schildert eine Korrespondenz von Roth im Spalter Lande[127]) diese den Produzenten so hochwillkommene Situation in höchst anschaulichen, launigen Worten: Wer das rege Leben, welches in unserer Gegend obwaltet, nicht mit eigenen Augen sieht, kann sich kaum einen Begriff davon machen. Händler aus nah und fern und deren Schmuser eilen, wie etwa bei Feuersgefahr, und kaufen Hopfen bei täglich steigenden Preisen, und das geht Sonntag wie Werktag in gleichem Schritte fort.

Alle Morgen werden eine Menge Kaufleute durch Fuhrwerke jeder Gattung nach allen Richtungen der Windrose hinaus befördert, um Hopfen einzukaufen, zu verpacken und zu spedieren; müde und abgeschlagen kommen sie abends zurück, entweder um zu übernachten oder auch mit der Bahn fortzufahren, um am andern Tage zeitig das alte Spiel an einem andern Orte von neuem zu beginnen. Oft ist so ein Händler in der Nacht noch von schweren Sorgen geplagt, ob keine Verwechselungen etc. vorkommen, ob der Hopfen nicht beim Transport zur Bahn durch Regen naſs wird oder — weil er noch nicht genügend trocken war — beim Lagern an der Bahn oder beim Transport im Sacke umsteht (sich erhitzt).

Aus Saaz kam unterm 1. Oktober 1862 die Nachricht, daſs selbst in den theueren Hopfenjahren 1851, 1854 und 1860 keine solche Jagd nach Hopfen von seiten der Brauer und Händler stattgefunden hat wie 1862, wo England und die Vereinigten Staaten eine schlechte Hopfenernte hatten. Die schlechten Hopfenerntenachrichten aus England (mit in Aussicht stehendem groſsen Export dorthin) und das damalige leichte Gewicht des mitteleuropäischen Hopfens werden die Hauptursachen dieser merkwürdigen Bewegung gewesen sein. Um Saaz war die Konkurrenz derart, daſs damals nicht ein Händler zwei Partien Hopfen nacheinander um denselben Preis kaufen konnte, weil während des ersten Kaufes der Preis schon wieder gestiegen war.

1862, wo es wenig Hopfen gab, verlief das überstürzte Geschäft in zwei bis vier Wochen. 1861, wo es so viel Hopfen gab, umfaſste das gleichmäſsig andauernde, sehr lebhafte Geschäft volle zwei Monate. Alle Bahnhöfe waren überfüllt, und der Abgang der Unmassen von Hopfen, insbesondere nach England, machte schier den Eindruck, als sollte alles Wasser zu Bier verbraut und dazu die gröſste aller bis dahin je dagewesenen bayerischen Hopfenernten, jene des Jahres 1862, als Hopfenwürze verwendet werden. Auch damals verschwand die überreiche Ernte im Fluge und war dennoch lohnend. 1861 hatte sich aber das Geschäft in diesen zwei Monaten glatt und vollkommen abgewickelt, während 1862 nach den ersten vier Wochen überstürzten Handels eine unheimliche Stockung mit stetem Preisrückgang eintrat.

In der Allg. H.-Ztg. 1862 fragt eine Korrespondenz nach Bemerkungen über die Wandelbarkeit und das Schwankende des Hopfenverkaufes: ob wohl noch einmal eine Zeit kommen wird, wo dieses Schwanken der Hopfenpreise, sogar im selben Jahre, und das unbesonnene Überstürzen und Übereilen im Hopfengeschäfte einem ruhigen Geschäftsverkehr, wie im Getreide- und Landesprodukten-Handel, weichen werde?

In sehr humoristischer, auch heute noch gültiger Weise schildert schon vor vielen Jahren[128]) ein Hallertauer die Einwirkung des Hopfenpreises auf die allgemeine Stimmung in den Hopfendistrikten, namentlich in der Hallertau: Wenn man auf der Schranne Bauern mit freundlichen Gesichtern sieht, dann weiſs man, daſs das Getreide gut im Preise steht und umgekehrt; in der Rheinpfalz ist es so, wenn der Wein und der Tabak etwas gelten.

Das Angesicht des Hallertauers strahlt, wenn sein Hauptprodukt, der Hopfen, gesucht, geliebt und wacker gezahlt wird. Die ganze Hallertau, und insbesondere auch Wolnzach, hat dann eine heitere, fröhliche Physiognomie, und nirgends im schönen Vaterland kann man sich dann besser des Lebens freuen als unter diesem gemütlichen Volke.

Wenn ihm aber dieses Lebenselement, der Gewinn aus seinem jahrelangen Schweifse, verkümmert ist, dann ist der sonst so lustige Hallertauer ein natürlicher Kopfhänger, er ist wie ein Fisch aufserm Wasser, ein unwilliger Finanzminister; seine Schuldentilgungskasse hat ein gewaltiges Loch, und er schaut darein wie ein Schulbub, der seine Rechnung nicht zusammenbringt.

Im ganzen kann ich also wohl sagen, dafs ich seit zwei vollen Jahrzehnten, seit 1879, intensiv (spezialistisch) mit Hopfen überhaupt und namentlich auch mit Hopfenwarenkunde durch eigene Arbeit befafst bin, und wenn ich noch in Betracht ziehe, was ich vor meiner speziellen Thätigkeit als Fachlehrer im Weihenstephaner Brauerkurs, als Professor des allgemeinen und speziellen Pflanzenbaues etc. an der landwirtschaftlichen Abteilung Weihenstephans in Hinsicht auf den Hopfen geleistet und gewirkt habe, so kann ich wohl sagen, dafs meine eingehenden Studien über den Hopfen ein Menschenalter, mehr als 30 Jahre, umfassen.

Wie es mit dem Wissen über Hopfenware vor 1880, also der Zeit, wo meine Studien und Veröffentlichungen begannen, ausgesehen, darüber kann ein Blick in die Handbücher der Brauerei und der Hopfenkultur wie der einschlägigen Zeitschriftliteratur aus jener Zeit Auskunft geben.

1882 klagt der Bericht des Deutschen Hopfenbauvereins darüber, wie traurig es in Deutschland mit dem Hopfenbau aussieht, von welchem landwirtschaftlichen Produktionszweige leider gesagt werden müsse, dafs er von allen heimischen Pflanzenkulturen auf der niedersten Stufe stehe. Die Kultur der Hopfenpflanze sei thatsächlich in den Kenntnissen vom Wesen und Leben der Pflanze, wie im Kulturverfahren, gegen die meisten übrigen landwirtschaftlichen Pflanzenkulturen um mehr als 100 Jahre zurückgeblieben[129]).

Diese Ansicht ist, soweit sie die Hopfenkultur betrifft, sicher übertrieben und ungerecht. — Sie ist aus den damaligen Bestrebungen eines gewissen Herrn hervorgegangen, eine Versuchsstation für Hopfenbau etc. ins Leben zu rufen.

Dieses Nichtvorhandensein von Lehrstoff in diesen Dingen war ja ein Hauptgrund, weshalb ich mich damals daran machte, solches Wissen durch eigene Arbeit zu schaffen, um meinen Zuhörern etwas Brauchbares bieten zu können. Ich bin im Anfang mit grofsem Widerstreben an diese voraussichtlich harte und dornenreiche Arbeit gegangen. —

Bekanntlich sagte ein grofser griechischer Gelehrter (Archimedes), wenn man ihm einen Punkt bezeichne, wo er sich hinstellen könne, wolle er die Welt aus den Achsen heben. Als ich mit meinen Spezialstudien über den Hopfen als Ware beginnen sollte, empfand ich auch das Bedürfnis, eine Wissensgrundlage zu haben, auf der ich weiter arbeiten könnte. Ich wollte wissen, was denn den Brauern selbst vom Hopfen zu wissen wünschenswert sei, um danach mein Arbeitsprogramm entwerfen und feststellen zu können. Das war doch gewifs berechtigt! Ich fragte natürlich meinen damaligen Kollegen, den Herrn Professor Dr. C. Lintner sen. (später Direktor) in Weihenstephan, der mich ja am meisten dazu gedrängt hatte, ein Spezialstudium aus der Hopfenware zu machen, worauf es denn da ankomme; er sagte sofort: Aufser dem über die Chemie des Hopfens, was Sie in jedem Buche über Brauerei finden können, weifs ich gar nichts. Auf der Versammlung und Ausstellung in Hagenau (Elsafs, Oktober 1874) sagt Dr. C. Lintner: Wir haben eine ziemliche Anzahl von Hopfensorten, deren Einflufs auf die Qualität des Bieres gewifs nicht ganz derselbe, über deren Verschiedenheit in der Wirkungsweise so viel wie nichts bekannt ist[130]). Ebenda sagt Prof. Dr. Lintner am Schlusse seines Vortrages selbst, dafs eine gründliche Untersuchung des Hopfens noch fehlt; diese Arbeit werde eine schwierige und kostspielige sein. Darauf ging ich zum Herrn Blendl, dem Braumeister der Weihenstephaner Staatsbrauerei. Blendl, ein schlichter aber sehr begabter Mann, welcher damals durch viele Jahre ein Lagerbier herstellte, welches wegen seiner Vortrefflichkeit mit Recht in der weiten Welt berühmt war, meinte: Die Spalter und die Saazer Hopfen sind alleweil feine Hopfen gewesen, die Hallertauer aber sind alleweil ein wenig herb!

Das war es, was ich vor 22 Jahren von den wissenschaftlichen und praktischen Autoritäten Weihenstephans als Leitmotiv für meine Hopfenstudien erhielt. Es war doch gewifs nicht zu viel[131]). Erheblich weiter kam ich in der gesuchten Basis, als mir später ein grofser Nürnberger Hopfenhändler (William Gütermann) sagte, dafs die feinsten Saazer Hopfen fast gar keinen Geruch hätten. In der That war das die ganze Unterlage, welche ich für meine späteren umfangreichen Studien über den Hopfen als Ware erhalten habe.

Es war mir selbst in hohem Grade unangenehm, diese Dinge hier zu besprechen. So, wie es wirklich gewesen ist, kann man das aus tausend Rücksichten gar nicht schildern. Hätten diese Vorkommnisse mich blofs in meinen persönlichen Interessen geschädigt, würde ich das niemals gesagt haben. Aber ich bin dadurch an der Vollendung und Veröffentlichung meiner umfassenden Studien über die Hopfenpflanze und ihr Produkt gehindert worden, was natürlich zum Nachteil der Brauerei und Hopfenproduktion gewesen ist. Deshalb mufste das in der Einleitung zu einem Buche, welches diesen Interessen zu dienen bestimmt ist, gesagt werden, weil es vielleicht so auch noch möglich wird, eine und die andere meiner in ruhender Aktivität befindlichen Arbeiten zum Leben zu bringen. Scheinbar meine eigenen Angelegenheiten erörternd, vertrete ich thatsächlich mit diesen Ausführungen im gröfsten Mafsstab wichtige öffentliche Interessen. Es gilt, die Bahn einer höchst wichtigen, geradezu unentbehrlichen wissenschaftlich-technischen Entwickelung von subjektiven Hindernissen frei zu machen.

Gleichzeitig mag es solchen rein egoistischen Bestrebungen als Warnung dienen und dadurch künftigen Arbeiten über den Hopfen förderlich sein[132]). Es ist doch überaus widerwärtig, wenn man sieht, wie solche das allgemeinste Interesse berührenden Angelegenheiten von manchen Leuten, unter materiell rücksichtsloser Ausnutzung gerade innehabender günstiger Positionen, lediglich in den Dienst ihrer ganz persönlichen, egoistischen Interessen und Pläne herabgedrückt werden, wodurch solche Wissensgebiete eine ganz einseitige und, wie man an den modernen Hopfenprüfungen mehr als genügend sehen kann, das öffentliche Wohl intensiv schädigende Richtung erlangen.

So wird man auch begreifen, wie es möglich war, dafs eine Ware, welche in der Kulturwelt mit jährlich $1\frac{1}{2}$—$2\frac{1}{2}$ Millionen Ztr. auf ca. 120000 ha Land kultiviert und mit 1600000—1900000 Ztr. in den Zehntausenden von Brauereien verarbeitet wird, für die auf dem Weltmarkt alljährlich 200—300 Millionen Mark eingesetzt werden, und die nach der Bierweltstatistik der Wiener Fachzeitschrift Gambrinus für 1897 mit 1985000 Ztr. (1898 mit 1993783) zum Brauen nötig ist, in mehr als 42000 Brauereien (1898 ca. 41000) zu ca. 260 Millionen hl Bier verarbeitet wird, bis zur Stunde ohne jede eingehende monographische Bearbeitung geblieben ist. Die Biersteuer in allen Ländern beträgt eine Million Mark.

Beim Anschlusse dieses Manuskriptes drängte sich mir unwillkürlich der Gedanke auf, wer denn eigentlich am meisten zur Abfassung eines solchen Buches über den Hopfen berufen sei, der Brauer, der Chemiker (Technologe) oder der Landwirt. Ganz geeignet wird in der That niemand sein, es sei denn, er wäre gleich tüchtig als Botaniker, Landwirt, Agrikulturchemiker, Entomolog, Phytopatholog, theoretischer Chemiker, Analytiker, Physiolog und Braumeister, selbst Prähistoriker und Kulturhistoriker etc. Es kann also nur von der relativ besten Eignung die Rede sein.

Der Brauer, dem praktische Erfahrungen aus der Brauerei zur Verfügung stehen, wird selten über den nötigen Umfang chemischen und namentlich botanischen und landwirtschaftlichen Wissens verfügen, welches für die Abfassung eines solchen Buches notwendig ist. Zudem wird er, wenn er tüchtig ist, was doch dazu gehört, wenn man ein solches Buch anfertigen will, sich hüten, 10 und 20 Jahre solchen wirklich unlohnenden Studien zuzuwenden, mit welchen höchstens ein Stück Ehre erworben werden kann, aber gewifs kein Geldgewinn; er wird Kenntnisse, Zeit, Kraft und Geld besser zu verwerten wissen. Selbst mit der Ehre hat es eine eigene Bewandtnis in einem Gegenstande, in welchem man so manchen in die Quere kommt, wenn man die Wahrheit sagt.

Beim Chemiker ist es in manchen Beziehungen ähnlich. Im vollen Umfang in Fragen der Chemie und der praktischen Brauerei zu Hause, mangeln ihm vielfach weiter und tiefer gehende botanische und landwirtschaftliche Kenntnisse, um einer solchen Frage ganz gewachsen zu sein. Ohnehin ist das Arbeiten auf der direkten Grundlage seines Berufes viel lohnender.

Der genügend tiefgründig gebildete Landwirt beherrscht alle in Frage kommenden Wissensgebiete, wenn auch in ungleichem Grade. Die Brauerei ist ihm wenigstens theoretisch genügend bekannt, ebenso die Chemie, soweit sie hier in Betracht kommt. Dagegen sind ihm Fragen allgemein botanischer Natur, auch speziell landwirtschaftlich-botanische Fragen (Varietätenkenntnis) geläufig, nicht minder Kulturfragen, welche auch beim Hopfen für die Quantität und Qualität der Erträge so sehr ins Gewicht fallen. Daher wird doch wohl ein gründlich gebildeter Landwirt die gröfste Prädestination für eine solche Arbeit besitzen. Es kommt noch als begünstigender Umstand dazu, dafs weder die praktischen noch die theoretischen (im Lehramt stehenden) Landwirte durch die Gewöhnung an reichliches Geldverdienen von solchen ertragarmen, harten und langwierigen Arbeiten abgehalten sind.

Fufsnoten zur Einleitung.

[1]) Reprod. Allg. Br.- u. H.-Ztg. 1880, II, 492.
[2]) s. auch Allg. H.-Ztg. 1880, I, 274, von einem englischen Chemiker.
[3]) s. Allg. Br.- u. H.-Ztg. 1881, II, 682.
[4]) Wochenblatt d. landwirtschaftl. Vereins im Grofsherzogt. Baden, 1897; s. auch Allg. Br.- u. H.-Ztg. 1898, I, 455, Zeitschr. f. d. ges. Brauwesen 1899, 40 u. ff.
[5]) Wochenschr. f. Br., Berlin, 1897, Nr. 44, S. 556.
[6]) Wochenschr. f. Br. 1897, Nr. 42, S. 516 etc.
[7]) Allg. H.-Ztg., 1879, II, 588.
[8]) Allg. Br.- u. H.-Ztg. 1898, II, 1555.
[9]) Allg. Br.- u. H.-Ztg. 1882, I, 209.
[10]) Allg. Br.- u. H.-Ztg. 1898, I. 456.
[11]) Allg. H.-Ztg., Nürnberg, 1880.
[12]) Landwirtschaftl. Mitteilungen aus Bayern.
[13]) Geobotanisch-landwirtschaftl. Wanderungen in Böhmen. Jahrb. f. österr. Landwirte, 1879.
[14]) Zeitschr. d. landwirtschaftl. Vereins in Bayern, 1881.
[15]) Zeitschr. d. Brau-Industrie-Vereins f. d. Königr. Böhmen, Jahrg. 1881.
[16]) In Kommissionsverlag von J. G. Wölfle in Freising, 1881.
[17]) Freising, bei J. G. Wölfle, 1882.
[18]) Allg. H.-Ztg. 1881.
[19]) s. Allg. H.-Ztg. 1881.
[20]) Zeitschr. f. d. ges. Brauwesen, München, bei Oldenbourg, 1882.
[21]) Zeitschr. d. Brau-Industrie-Vereins f. d. Königr. Böhmen, 1881.
[22]) Allg. Zeitschr. f. d. ges. Brauwesen, München, bei Oldenbourg, 1882.
[23]) Zeitschr. d. landwirtschaftl. Vereins in Bayern, Jahrg. 1882.
[24]) Journal f. Landwirtschaft, Göttingen-Berlin, 1882.
[25]) Landwirtschaftl. Versuchsstationen von Dr. Nobbe, 1882.
[26]) Allg. Zeitschr. f. Brauerei, München, 1882.
[27]) Zeitschr. d. landwirtschaftl. Vereins in Bayern, 1885, November- u. Dezember-Heft.
[28]) Allg. Br.- u. H.-Ztg., Nürnberg 1884.
[29]) Wochenschr. f. Brauerei, 1888, Berlin, bei P. Parey.
[30]) Zeitschr. d. landwirtschaftl. Vereins in Bayern, 1888, August- u. September-Heft.
[31]) In: Das Goldene Buch d. Land- u. Forstwirtschaft in Österreich-Ungarn, Wien, 1891, S. 203 u. ff.; die einzige Abhandlung eines nichtösterreichischen Autors in diesem Werke; dann in d. Br.- u. H.-Ztg. Gambrinus, Wien, 1891.
[32]) Zeitschr. d. landwirtschaftl. Vereins in Bayern, 1890.
[33]) Wochenschr. f. Brauerei, Berlin, bei P. Parey, 1891, Nr. 13 u. 14.
[34]) Deutsche Brau-Industrie, Berlin, 1891.
[35]) Erste Allg. Br.- u. H.-Revue, Saaz, 1894 u. ff.
[36]) Volkswirtschaftl. u. Handels-Beilage zur Münchner Allg. Ztg., 1898, 29. Mai, Nr. 147.
[37]) Allg. H.-Ztg. 1880, II, 610.
[38]) Die schlimme Lage des Brauers beim Hopfeneinkauf, wegen seiner unzureichenden Kenntnisse, ist sehr drastisch geschildert in Wochenschr. f. Br. 1888, S. 138.
[39]) Allg. Br.- u. H.-Ztg. 1881, I, 18.
[40]) In den Reibflächen sieht man das tausendmal besser.
[41]) In diesen Ausführungen des Hersbrucker Tageblattes, die ich aber erst viel später gelesen habe, liegt eine sehr entfernte Andeutung meiner Reibflächen. Auch die Wiener Zeitschrift Gambrinus hat mehrmals vom Strich als Mittel zur Beurteilung der Hopfenware gesprochen. Der einfachste Vergleich zeigt aber, dafs das von mir in jahrelanger, grofser Arbeit entwickelte Reibflächensystem mit diesen dürftigen Notizen gar nichts zu thun hat; auch bin ich ganz selbständig dazu gekommen.
[42]) Die Bedeutung des Mikroskops für den Brauer. Allg. H.-Ztg. 1872, S. 90, nach d. Bayer. Bierbrauer.
[43]) s. Allg. H.-Ztg. 1880, II, 619, nach dem Böhm. Bierbrauer.
[44]) s. Allg. H.-Ztg. 1882, II, 747.
[45]) s. Dr. F. Prior, Allg. Br. u. H.-Ztg., 1883, I, 441.
[46]) 1898, S. 308 in seinem Werke: Die Theorie und Praxis der Malzbereitung und Bierfabrikation, Leipzig, V. Auflage.
[47]) Vielleicht sogar solche wie der Herr Thausing (s. folgend!).

48) In der Wochenschr. f. Br., Berlin, 1899, S. 104 wird der Inhalt der Geschäftskarten eines Hopfenhändlers in Gardelegen (Altmark) abgedruckt, worin der Altmärker Hopfen über alles gelobt wird wegen seines Aromas, Lupulingehaltes etc.; er sei darin dem guten bayerischen Hopfen gleichzustellen und würde, vielfach mit bayerischem gemischt, von jeher den Brauereien zugeführt.

49) Die Erhöhung des Einfuhrzolles auf Hopfen und Erlafs von Bestimmungen über den Hopfenverkehr, befürwortet von der Bayerischen Zentral-Hopfenverkaufs-Berufsgenossenschaft (Münch. Neueste Nachrichten 1897, Nr. 187, dann Wochenschr. f. Br. 1899, S. 276).

50) s. Allg. Br.- u. H.-Ztg. 1865, S. 380.

51) Da sieht man auch, woher die mafslose Einführung feinster böhmischer Hopfen (es ist auch viel Rothauschaer dabei, was für die Brauer rechnerisch und brautechnisch doppelt fatal ist) eigentlich ihre Impulse hat; sie hat sie von den Nürnberger Händlern, welche das deutsche Kundschaftsgeschäft beherrschen und auch mit einem Bein in Saaz stehen. Im Hopfengeschäft handelt es sich natürlich ums Verdienen, nicht ums Vater- oder Heimatland; das ist eine grofse Übertreibung.

Man lese auch die Beschlüsse der Obmannschaft des Christlichen Brauervereins im Spalter Bezirk, vom 9. März 1899 zu Eichstädt (s. Allg. Br.- u. H.-Ztg. 1899, I, 574). Das ist eine Lebensregung lange und schwer ausgebeuteter, produzierender Klassen; es ist gut, das nicht zu ignorieren! — Sehr bezeichnend ist dem gegenüber eine andere Ansicht eines Hopfenhändlers, welcher den deutschen Hopfenzoll weg haben möchte (s. Allg.H.-Ztg. 1875, S. 634); das Deutsche Reich exportiere massenhaft Hopfen, importiere aber wenig, nur bescheidene Quantitäten böhmischer Hopfen (jetzt 50000—70000 Ztr.!). Die ausgezeichnete Qualität der meisten deutschen Hopfen sei für sie ein besserer Schutz als jeder Schutzzoll!

52) s. Mitteilungen d. Deutschen Hopfenbauvereins 1899, reprod. Wochenschr. f. Br. 1899, S. 261.

53) Wie es mit diesen Signierungen durch die sog. Hopfensignierhallen gegangen ist, davon später. — Man sehe auch Bayr. Br.-Journ. 1898, S. 230, nach dem Wiener Gambrinus: »Gefälschter Hopfen«. — Ferner: Die Schäden der böhmischen Hopfenkultur und des Hopfenhandels (Allg. H.-Ztg. 1880, II, 778, nach dem Böhm. Bierbr., von einem Brauer). Die Saazer beweisen, dafs von dem als Saazer Ware verkauften Hopfen nur ein Fünftel Saazer sind, das andere ist Steyermärker, Galizier, Neutomischler, Rothauschaer; andere Sorten werden nur nachts aus den Eisenbahnwaggons nach Saaz gebracht. In Auscha spielen die Schwetzinger und Wolnzacher eine Rolle. — Ferner: Über Hopfenkenntnis (Allg. Br.- u. H.-Ztg. 1880, II, 619, und Über Hopfeneinkauf (Allg. H.-Ztg. 1880, II, 651.

54) s. Allg. H.-Ztg. 1880, II, 651.

55) 1880, II, 725, nach dem Berliner Tageblatt.

56) Bemerkungen über den Saazer Hopfen s. auch Allg. H.-Ztg. 1879, I, S. 84.

57) Das ist mir am schwersten verständlich, weil normaler Saazer Hopfen relativ am leichtesten zu erkennen ist. Was sagt denn der Herr Prof. Dr. Holzner dazu, welcher in seiner Literatur-Revue im Novemberheft der Zeitschr. f. d. ges. Brauwesen 1898 mit Bezug auf meinen Artikel in der Allg. Ztg. (München, 1898, Pfingstnummer, Handelsbeilage) über die unentwickelte Hopfenkenntnis vieler Brauer so geistvoll die Nase rümpft? —

58) In der Allg. H.-Ztg. 1862, S. 135 ist erwähnt, dafs durch die Hopfenmarkt-Inspektion in Saaz der Ballen Kreishopfen Nr. 2360 entsiegelt und die Signatur gelöscht wurde, dafs diese Nummer nicht mehr im Handel erscheinen darf; es waren also Fälschungen gemacht worden.

59) Reprod. Allg. Br.- u. H.-Ztg. 1874, S. 288.

60) Die Kultur des Hopfens in Schweden etc., 1879, II, namentlich S. 613.

61) s. Allg. H.-Ztg. 1867, S. 25.

62) Reprod. Allg. H.-Ztg. 1870, S. 575 u. f.

63) Reprod. Allg. H.-Ztg. 1869, S. 47 u. ff., namentlich auch S. 67.

64) Kulturpflanzen und Haustiere, 6. Aufl., Jena, 1894, S. 468.

65) Landw. Ztg. f. d. Grofsh. Posen, reprod. Allg. H.-Ztg. 1866, S. 211.

66) s. Allg. H.-Ztg. 1864, S. 239.

67) Die Redaktion meint dazu, es würden ja genug deutsche Fabrikate unter englischen oder französischen Vignetten ins Ausland geschickt, warum nicht einmal französischer Hopfen unter deutschem Namen. Sie könnte solche, voraussichtlich fruchtlose Zeitungspolemik über angebliche Schattenseiten im Hopfenhandel nicht gestatten. Das erklärt vielleicht, warum derartige Angaben in den Fachzeitschriften relativ so überaus selten, fast gar nicht vorkommen.

68) Reprod. Allg. H.-Ztg. 1861, S. 95.

69) s. Allg. H.-Ztg. 1862, S. 107.

70) s. Allg. H.-Ztg. 1862, S. 26 u. f.

71) s. Wochenschr. f. Br., Berlin, 1890, Nr. 7, vom 16. Februar.

72) Nach der Zeitschr. f. d. ges. Brauwesen, München, 1900, S. 16 führte Deutschland vom 1. Januar bis Ende November 1899 959897 Doppelzentner an Malz ein, also das ganze Jahr wohl nahezu 2 Millionen einfache Zentner nur an Malz.

73) s. Allg. Br. u. H.-Ztg. 1900, I, 618, auch ebenda 839; auch Zeitschr. f. d. ges. Brauwesen, 1900, S. 31 u. 55; in der Allg. Br. u. H.-Ztg. in Nürnberg finde ich sogar 70000 Ztr. Hopfeneinfuhr im Deutschen Reiche.

[74]) Wochenschr. f. Br. 1900, S. 181, namentlich ebenda S. 209.

[75]) E. Grofs (Der Hopfen in botanischer, landwirtschaftlicher und technischer Beziehung, Wien, 1899, bei H. Hitschmann) nennt den österreichischen Hopfen die gehaltreichste und deshalb auch gesündeste Ware.

[76]) s. Wochenschr. f. Br. 1900, S. 239.

[77]) Wo bleiben denn da die Ansichten gewisser mafsgebender Technologen: dafs der Hopfen für die Bierbereitung nur eine untergeordnete, unerhebliche Bedeutung habe.

[78]) Man sehe auch die Eingabe des Deutschen Brauerbundes gegen die beabsichtigte Hopfenzollerhöhung (Wochenschr. f. Br. 1900, S. 259 u. ff. und namentlich S. 260.

[79]) s. Br.- u. H.-Ztg. Gambrinus, Wien 1900, S. 439.

[80]) 1900, Nr. 13, reprod. Allg. Br. u. H.-Ztg.: Bayerische Braugerste, 1900, I, 889.

[81]) Reprod. Allg. Br. u. H.-Ztg. 1899, I, 1259.

[82]) s. Allg. Br. u. H.-Ztg. 1899, II, 2054: Die Eingangszölle auf Hopfen und einschränkende Bestimmungen über den Hopfenhandel.

[83]) Nichts ist peinlicher, als wenn bei solchen Gelegenheiten die durch den Hopfen reich gewordenen Händler etc. die durch eben diesen Hopfen verarmten Bauern, welche thatsächlich für Sein oder Nichtsein kämpfen, mit dem zum Schimpfworte gewordenen Namen »Agrarier (begehrliche Agrarier)« bezeichnen. Dafs sich die Herren Hopfenhändler etc. und alle anderen Leute, die 8—16 % und mehr Dividenden jährlich beziehen- unter den gegebenen Verhältnissen ganz befriedigt fühlen, begreife ich sehr wohl, ich begreife auf Grund meiner genauen Einsicht in die Sache, ebenso auch, dafs und warum sich die wahrhaft bedauernswerten Hopfenbauer nicht wohl dabei fühlen!

[84]) Wenn es so weit schon gekommen ist, dann ist es das Resultat der Erziehung durch die Machination der Händler. Warum wehren sich dann aber die Händler so gegen Deklarationszwang?

[85]) Gesetzliche oder polizeiliche Bestimmungen können keine Unterschiede machen. Wenn aber betrügerische Manipulationen allmählich das ganze Urteil der Konsumenten in Bezug auf eine Ware vernichtet haben, wodurch weite und wichtige Berufskreise schwer geschädigt wurden, dann ist es Pflicht, darnach zu streben, durch entsprechende Gesetzesbestimmungen dieses nun zerstörte, früher im gröfsten Mafsstab vorhandene Urteil über die Provenienz der Hopfenware, wieder herzustellen. Freilich ist es leichter, eine solche Position gegen Angriffe zu vertheidigen, als sie, wenn verloren gegangen, wieder zu gewinnen. Dafs die Herren Hopfenhändler sich bei der jetzigen Sachlage sehr wohl befinden, ist leicht zu verstehen.

[86]) Auch ich bin der Ansicht, dafs es ein Verdienst des Handels ist, den minderwertigeren Hopfen durch Export vom Markt zu schaffen und zu verwerten, und bin sonst für möglichst freie Gestaltung des thatkräftigen Hopfenhandels, an dem auch so viele tüchtige Kräfte beteiligt sind.

[87]) s. Allg. H.-Ztg. 1870, S. 354 u. 355).

[88]) In der That erinnert sehr viel in seinen Darstellungen (Berichten) an den Geist der mittelfränkischen Handelskammerberichte. Die Vertreter der Verkaufsgenossenschaft haben in mittelfränkischen Blättern gesagt, dafs die dem Hopfenhandel angehörigen Mitglieder dieses sogenannten Deutschen Hopfenbauvereins, oder die mit diesen Hand in Hand gehen, noch nicht genug Millionen aus den Hopfencampagnen herausgeschlagen hätten; sie wüfsten, dafs die billigen Fremdhopfen, vermischt mit schweren bayerischen, ihre Taschen am ausgiebigsten füllen; es scheine, dafs die schweren, bayerischen Marken ohne das feine russische Aroma nicht mehr verkäuflich seien, und es gehe alles mögliche Gemenge als Spalter etc. Gut in den Handel; der Deutsche Hopfenbauverein spiele sich mit schlecht verhaltener Gehässigkeit zum Anwalt der Hopfenhändler auf; er schütze mehr die Händler als die Produzenten. Auch in Kinding (s. Allg. Br.- u. H.-Ztg. 1899, II, 2096) sagt ein Bürgermeister am 30. Juli 1899, dafs der Hopfenbauverein mit dem Hopfenhandel zu stark liebäugle.

[89]) 2. März 1899, s. Allg. Br.- u. H.-Ztg. 1899, II, 2070).

[90]) Der Hopfenmarkt in Nürnberg, Allg. Br.- u. H.-Ztg. 1900, I, 441. Schreiben der kgl. Kreisregierung von Mittelfranken vom 6. Januar 1900 an den Nürnberger Magistrat, ebenda. Gutachten der Kommission des Nürnberger Stadtmagistrates vom 9. Februar 1900, ebenda. Erhöhung des deutschen Eingangszolles auf Hopfen, Allg. H.-Ztg. 1900, I, 469).

[91]) s. Mitteilungen des Deutschen Hopfenbauvereins; auch Wochenschrift f. Br. 1899, S. 261.

[92]) Allg.Br.- u. H.-Ztg. 1900, I, 517.

[93]) s. Allg. H.-Ztg. 1861, S. 48.

[94]) s. Allg. Br.- u. H.-Ztg. 1900, I, 584.

[95]) Ich habe mehrfach Schritte unternommen, eine Unterstützung zur ersten Publikation dieses Lehrsystems meiner Reibflächen zu erlangen, bis jetzt vergebens, und doch handelt es sich nur um 2000—3000 Mark! In Anbetracht der Tragweite einer solchen Sache sollte man das nicht für möglich halten!

[96]) Dr. Remy: Untersuchungen über die Bedeutung der chemischen Analyse für die Gebrauchswertermittelung der Hopfen (Wochenschr. f. Brauerei, Berlin 1898, S. 530 und namentlich 532. Man s. auch Wochenschr. 1900, S. 209.

[97]) Man sehe die hämischen Bemerkungen in der Allg. Br.- u. Hopfen-Ztg. in Nürnberg, Jahrg. 1898, II, 1555; und ebenda 1899, II, 2931.

[98]) s. Wochenschr. f. Br. 1898 S. 586.

[99]) des Hrn. Dr. R., auch ein Hopfen-Grofsredner.

[100]) Das ist unbegreiflich, denn da war ja schon das Meteor »Dr. Remy« am Berliner Brauereihimmel aufgegangen!

[101]) In sehr verdienter Weise wird die Oberflächlichkeit und Arroganz dieser Berliner Herren, die Art und Weise, wie sie alles unterdrücken, was nicht von ihnen ausgeht, und wie sie dadurch die Interessen schwer schädigen, denen sie zu dienen vorgeben, von Dr. E. Prior im Bayer. Brauerjournal (1897, S. 255) gegeifselt. Derselbe sagt da u. a.: Ich bekämpfe nichts, weil es von Berlin kommt, sondern Sie würden dann bemerkt haben, dafs ich nicht Berlin, auch nicht die Personen, sondern das System, nach welchem in dem Verein der Versuchs- und Lehranstalt, die sich in Berlin befindet, gearbeitet wird, bekämpfe, weil dieses System, das durch Sie in der von Ihnen redigierten Wochenschrift seinen wärmsten Vertreter besitzt, meiner Überzeugung nach die Halbwissenschaft befördert, die Reklame pro domo in einer Weise betreibt wie kein anderes kollegial-wissenschaftliches Institut, und weil der verletzende Ton und die überhebende Art und Weise, in welcher Sie vielfach kritisieren, Ihre oft unberechtigten Einmischungen, die persönlichen Angriffe Ihrerseits bei den geringsten Zweifeln an Ihren Schlufsfolgerungen für Wissenschaft und Praxis eines wissenschaftlichen Institutes unwürdig sind und das Ansehen der Brauereiversuchsstation in den Augen der Theoretiker und Praktiker nicht fördern, wohl aber in den Kreisen, welchen aus Mangel an theoretischen Kenntnissen, wie bei dem Praktiker oder auch bei den unserem Spezialgebiet ferner stehenden, auf anderen Gebieten thätigen Fachgenossen, Anschauungen über ihre eigenen und diejenigen Arbeiten der Fachkollegen erwecken, welche sehr wohl geeignet sind, Ihre Leistungen über Gebühr zu würdigen, weil es Ihnen auch nicht darauf ankommt, diejenigen der andern gelegentlich in den Schatten zu stellen, wenn das für Ihre Zwecke nötig erscheint. Ich kenne den Herrn Dr. Prior gar nicht, aber treffender kann man die wahre Sachlage nicht bezeichnen. Namentlich einige dieser jungen Herren von der Versuchs- und Lehranstalt haben eine so reklamenhafte und lächerlich anmafsende Sprache (man s. auch Wochenschr. 1900, S. 209), dafs man sich wundert, wenn sie von keiner Seite her ermahnt werden, das nicht zu übertreiben. Man ersieht aus der ganzen Sache, dafs Macht und Qualität nicht identisch sind. Ich habe nichts gesehen, dafs die Kritisierten in der Wochenschrift auch nur mit einem Wort erwidert hätten.

Da fällt mir noch was ein: Im Jahre 1884 hielt ich bei der Versammlung des Deutschen Brauerbundes n Berlin einen Vortrag über den Sekretgehalt der Hopfenwaren aller Länder. Unter den Zuhörern befand sich auch das Mitglied des Reichs-Gesundheitsamtes, Herr Universitätsprofessor Geheimrat Dr. Sell. Ich kam damals mit diesem Herrn gar nicht zu sprechen. Einige Jahre später trafen wir in Pontresina (Oberengadin) zusammen. Sofort fragte er mich auch, was denn aus seiner 6 Bogen starken Eingabe geworden sei, welche er nach meinem Vortrag in Berlin an den hohen Bundesrat gerichtet habe und worin er motiviert und dringend bat, meine Arbeiten, wegen ihrer grofsen öffentlichen Bedeutung, mit allen Kräften zu unterstützen. Dr. Sell war ganz betroffen, als er vernahm, dafs ich nie etwas davon gehört und gesehen habe! — Vielleicht könnten diese Berliner Herren Auskunft geben! Sie hätten dieses Gutachten übrigens auch getrost nach München durchlassen können, es wäre bei den Intelligenzen in Hopfenfragen, welche dort das Terrain beherrschen, ebenso sicher zu Grunde gegangen.

[102]) Allg. H.-Ztg. 1875, S. 18.

[103]) Wochenschr. f. Br., Berlin 1899, S. 413.

[104]) 1899, S. 411 u. ff. und 421 u. ff.

[105]) S. Bayer. Brauer-Journal 1898, S. 37, aus der Austria nach dem Bulletin Commercial.

[106]) Als ich vor ca. 20 Jahren mit meinen Spezialstudien über den Hopfen begann, die ja gerade darauf gerichtet waren, dem praktischen Brauer eine Methode der Hopfenuntersuchung für den raschen, alltäglichen praktischen Gebrauch zu schaffen, denn beim Einkaufen handelt es sich um rasche Auffassung und schnelle Entschlüsse, da man bei der Verwendung des Hopfens nicht erst damit ins chemische Laboratorium laufen kann — interessierte sich thatsächlich alle Welt für meine Bestrebungen. Zur selben Zeit sagt Dr. C. O. Czech (s. Allg. H.-Ztg. 1880, II, 690): Nicht nur der Chemiker, sondern auch der Brautechniker schaue mit Sehnsucht einer analytischen Bestimmungsmethode des Hopfens entgegen, einer Methode, die rasch ausführbare, selbst in den Händen des Praktikers verläfsliche Resultate geben würde. Man sieht, welche Degeneration inzwischen in diesen Hoffnungen und Wünschen eingetreten ist, dank dem Einflusse gewisser Bestrebungen. Wohl deshalb, wegen des allgemeinen Interesses, erhoben bald der Neid und seine häfslichen andern Vettern ihr schon im Altertum als abstofsend geschildertes Haupt. Allenthalben regte sich die Unterdrückung, und gerade in der Allg. H.-Ztg. apostrophierte der damalige geistige Leiter, Dr. P., jahrelang (1881, 1882, 1883, 1884, man sehe jene Jahrgänge an) die Chemiker, durch Ausbildung einer chemischen Methode der Hopfenuntersuchung den dilettantenhaften, empirischen Hopfenuntersuchungen den Garaus zu machen. Damals hatte dieser Herr nur die eine Idee, von den deutschen Regierungen Geld (die Kleinigkeit von ca. 200000 Mark — 60000 Mark einmalige Ausgabe und 14000 Mark jährliche Unterhaltungskosten) zu erhalten, um eine Hopfenversuchsstation, einen Lieferanten reichlichen, billigen, literarischen Materials, zu erhalten. Für diesen Zweck wurde natürlich alles, auch das Gediegenste, abgeschlachtet, um den Schein zu erwecken, als wenn gar nichts an Wissen über den Hopfen da wäre. Dazu kamen noch viele andere Bestrebungen, in deren Folge ich in den letzten zehn Jahren über Hopfen nichts mehr von mir hören liefs! Was war die Folge? Dr. P. verschwand von diesem Boden, ohne irgend eine positive Spur seines Daseins zu hinterlassen. Viele chemische Untersuchungen in allen Ländern folgten, über deren Wert wir heute mit staunendem Ohr die obigen Resumés vernehmen.

In Deutschland und namentlich im Hopfen- und Bierland Bayern war, seit ich schwieg, eine Art Friedhofruhe in Bezug auf Hopfenwarenkenntnis eingetreten. Alle die groſsen Männer, welche einst meine Arbeiten nicht wissenschaftlich genug befunden, schwiegen; sie waren offenbar zu stolz, selbst etwas zu machen, und wandelten lautlos durch die Hopfenwelt. Gar nichts rührte sich mehr in dem Lande, wo sich sonst immer ganze Scharen von Hopfenkonferenzlern einzufinden pflegten; gegen wirkliche Arbeiten in Bezug auf den Hopfen schienen diese Herren eine Scheu oder eine Geringschätzung zu empfinden. Statt dessen tagen ab und zu noch Enqueten, um der mehr und mehr verarmenden und eingehenden, einst mit Recht so berühmten bayerischen Hopfenkultur neues Leben einzuhauchen. Inzwischen haben sich, unter kluger Ausnutzung der Situation, verschiedene neue literarische Mittelpunkte des Hopfenstudiums ausgebildet, die nicht blos geographisch, sondern auch sachlich und ihrer ganzen Tendenz nach weit ablagen von den Mittelpunkten der bayerischen Hopfenkultur, diese zum Teil noch zur Förderung dieser Tendenzen, zu Dienstleistungen und Opfern, heranzuziehen wuſsten. Dieser bayerischen Kultur hat das, ohne daſs die Betroffenen es auch nur ahnen, unberechenbaren Schaden gebracht! Und wie leicht hätte das ganz anders sein können, wenn nicht so groſse, geradezu unglaubliche Fehler gemacht worden wären, Konzessionen an den Eigennutz von ein paar Leuten, die es am wenigsten verdient haben! Ein tragisches Geschick, das aber — wie so oft — leider nicht die trifft, welche es verdient hätten, sondern andere! Wenn es mir gelingt im zweiten Teile dieses Buches mein System der Reibflächen zu bringen, werde ich der bayerischen Hopfenkultur auf Jahrhunderte hinaus mehr auf die Beine geholfen haben, als dies Tausende von Hopfenenqueten zu thun vermöchten, denn die vermögen nicht auf den Welthopfenhandel zu wirken, wohl aber diese Darstellungen meines Buches. Von Unbildung und Gemütsroheit zeugt es immer, wenn man einen Mann, der sich jahrelang redlich für etwas bemüht, auch dann, wenn er nur Miſserfolge hat, verhöhnt! — Auf mich bezieht sich das aber gar nicht; denn ich habe bloſs geschwiegen, weil ich ermüdet und angeekelt war. — Daſs die praktischen Brauer heute schweigen, ist klar, denn mit der chemischen Methode der Hopfenuntersuchung können sie für den praktischen Gebrauch nichts machen. Die auf den Schulen etwas gelernt haben, begnügen sich damit, mit der Klassifikation der Händler, die zuweilen ganz gut ist, und mit dem Probeglase am Ende der Hauptgärung. Viel ist das gewiſs nicht! — Ohnehin wissen wir heute, daſs auch die bloſse Weichharzbestimmung sehr mühsam und zeitraubend ist und ein Laboratorium verlangt; und damit ist schlieſslich auch nichts anzufangen.

[107]) zu der V. Aufl. seines Buches über Brauerei, 1898, S. 291.

[108]) Wie weit es mit diesen Dingen im Hopfenhandel bereits gekommen ist, darüber kann auch eine Notiz in der Wiener Brauer-Zeitschr. »Gambrinus« (1899 S. 149) sehr belehrenden Aufschluſs geben. Eine Nürnberger Firma arbeitet mit der Etikette »Hopfenbauverein Immeldorf bei Spalt«, namentlich nach Norddeutschland. Dort glaubt man natürlich, es mit einer Verkaufsgenossenschaft im Spalter Lande zu thun zu haben. Der Hopfen hat natürlich Immeldorf nicht gesehen. Das sagte der Abgeordnete Dr. Heim in der bayerischen Abgeordnetenkammer und will auch auſserhalb der Kammer dafür einstehen.

[109]) In der Wochenschrift f. Br., Berlin 1898, bespricht Dr. Windisch die neueste (V.) Auflage des Thausingschen Buches und beklagt, daſs derselbe auch in anderen Branchen der Brauereibedürfnisse immer nur österreichische Firmen erwähne und empfehle, wodurch natürlich so viele tüchtige deutsche Firmen schwer geschädigt werden. Das ist doch sehr charakteristisch! — Den die Welt- und Menschen-Kennenden läſst das doch tief blicken. Diese neueste und eigenartigste Form der Reklame hat in den letzten 20 Jahren namentlich in Österreich-Ungarn eine Heimat gefunden. Da gibt es Bücher, deren Autor nur den Namen hergibt, natürlich gegen Honorar; den Inhalt machen die betreffenden Firmen.

[110]) Reprod. Allg. H.-Ztg. 1880, II, 619.

[111]) s. Allg. H.-Ztg. 1880, II, 610.

[112]) Bericht über die Unters. eines präpar. Hopfens, Allg. H.-Ztg. 1880, II, 810, nach d. Zeitschr. d. Br.-Indust.-Ver. in Böhmen.

[113]) s. Zeitschr. f. d. ges. Brauwesen, München 1899, S. 633. In dem vortrefflichen Berichte einer Kommission der belgischen Regierung zur Verbesserung des belgischen Hopfenbaues (s. Allg. Br.- u. H.-Ztg. 1882, II, 853) wird gesagt, daſs die belgischen Hopfen mehr einen süſsen Geschmack, die deutschen hingegen ein angenehmes Bitter haben. Haben die Belgier das durch das bloſse Ansehen oder durch Betasten etc. wahrgenommen?

[114]) s. Wochenschr. f. Br., Berlin 1899, S. 530; Bericht über die VI. Deutsche Hopfenausstellung in Berlin.

[115]) l. c. S. 414.

[116]) Wochenschr. f. Br. 1899, S. 423.

[117]) Dieser Prager Händler ist seit Jahren gestorben, die Firma besteht.

[118]) In der Allg. Br.- u. H.-Ztg. 1899, I, 515 ist (nach der Österr. Br.- u. H.-Ztg.) ein interessanter Fall vorgeführt, wo die angebliche Saazer Ware aus drei Sorten bestand.

[119]) Berlin 1893, S. 1215, nach der Zeitschr. f. d. ges. Brauwesen, München.

[120]) s. Allg. Br.- u. H.-Ztg. 1892, I, 821. Offenbar handelt es sich da um Papierrubel, wobei also auch noch an der schlechten Valuta erheblich verdient wurde.

[121]) Über die Hopfenberichte der Saazer Hopfenhändler s. Allg. Br.- u. H.-Ztg. 1886, II, 1099.

[122]) 1886, II, 1180.

[123]) Reprod. Allg. Br.- u. H.-Ztg. 1886, II, 1585.

[124]) Ich kann dafür sehr lehrreiche eigene Wahrnehmungen anführen.

[125]) Man sehe auch, was die Bayer. Zentral-Hopfenverkaufsgenossenschaft der Raiffeisenvereine (s. Wochenschrift f. Br. 1899, S. 122) über soliden und unsoliden Hopfenhandel sagt.

[126]) s. auch Allg. H.-Ztg. 1862, S. 313.

[127]) s. Allg. H.-Ztg. 1862, S. 315.

[128]) Allg. H.-Ztg. 1862, S. 364.

[129]) s. Allg. Br.- u. H.-Ztg. 1881, I, 183.

[130]) Allg. H.-Ztg. 1874, S. 506.

[131]) Auffallend ist mir nur, dafs der spätere Herr Direktor Dr. C. Lintner, welcher als Autorität im Braufach selbstverständlich auch als Hopfenautorität angesehen und befragt wurde, dies nicht mit der mir gegebenen Motivierung ablehnte, sondern annahm und wirklich auch in Hopfenfragen Gutachten abgab, welche zum Teil noch dazu von grofser Tragweite waren. In seinem Lehrbuche der Brauerei (Braunschweig, bei Vieweg, S. 53) wird gesagt, dafs der deutsche Hopfen 8% Lupulin enthält, der englische 10% und der nordamerikanische 17%; heute weifs aber jedermann, dafs die deutschen Hopfen 2—2½ mal so viel Sekret enthalten wie die englischen, und dafs die nordamerikanischen allgemeinhin mehr als die englischen, aber weniger als die deutschen haben, ist gewifs. Derartige Hopfenautoritäten mit demselben umfangreichen und tiefen Wissen, die in grofse Verlegenheit kämen, wenn sie auch nur für eine Hopfenprobe, mit Gründen belegt, die ein anderer nachprüfen kann, die Provenienz und den Brauwert bestimmen sollten, gab es damals und gibt es heute noch in Bayern und Deutschland nicht selten. Meist sind es auch noch Leute, die überall in solchen Dingen gefragt werden und öffentlich in der ersten Reihe stehen, die Hopfenkonferenzen formieren! Wenn ich auch nicht sagen möchte, dafs diese Leute für alles Unheil verantwortlich gemacht werden können, was die bayerische und deutsche Hopfenkultur in den letzten 10—20 Jahren betroffen hat, so ist doch auch so viel ganz gewifs, dafs sie zu einem gar nicht unerheblichen Betrag moralisch dafür verantwortlich gemacht werden könnten. Denn sie haben aus Selbstgefälligkeit und Neidhammelei »Besseres« systematisch verhindert. — Aber es ist niemand da, der das thut! Die Herren können sich wohl darauf berufen, dafs sie gewählt worden sind, aber ein rechter Mann lehnt ab, wenn er zu etwas gewählt wird, für dessen rechte Vertretung seine Kenntnisse nicht reichen. Dann würde der Wahn bald schwinden, dafs es so viele Hopfensachenautoritäten gibt. Offenbar kann doch nur ein Mann der deutschen und bayerischen Hopfenkultur wirklich nützlich werden, der über ein reiches Mafs selbsterworbener Kenntnisse verfügt, womit er die herrschenden Ansichten im internationalen Hopfenhandel richtunggebend beeinflussen kann. Von der auf einer solchen Hopfenkonferenz zu Tage tretenden Weisheit nimmt der Welthandel keine Notiz.

[132]) Diese Herren könnten vielleicht zu ihren Gunsten die Ansicht ins Feld führen, dafs meine Arbeiten über den Hopfen wertlos seien. Nun, jetzt ist die Sache ins helle Tageslicht und vor ein gröfseres Richterkollegium gestellt. Diesem Urteil sehe ich ruhig entgegen.

I. Abschnitt.

Der Hopfen und die Brauerei in der Geschichte und Sprache.

Geschichtliches über den Hopfen und die Bierbrauerei.

1. Ältere Nachrichten über die Geschichte des Hopfens und des Bieres.

Die Bereitung bierähnlicher gegorener Flüssigkeiten, die mannigfache Namen führen, ist jedenfalls uralt und scheint bei den meisten Völkern Europas, Asiens, Afrikas und selbst Amerikas von ältesten Zeiten her gebräuchlich zu sein[1]).

Das Wort »Bier« scheint übrigens altgermanischen Ursprungs zu sein. In der Wiener Zeitschrift »Gambrinus« (1898, S. 382, Abergläubische Meinungen vom Bier) sagt F. Kunze: Nach einer Notiz der Edda war »bior« ein vornehmer Göttertrank, sich vorteilhaft unterscheidend von Ael oder Öl, welches zur Befriedigung des Durstes der Gemeinen diente[2]).

Die alten Germanen sollen übrigens nicht — wie Tacitus berichtet — blofs aus Gerste, sondern auch aus Weizen und Hafer Bier gemacht haben; ob sie es mit Eichenrinde gewürzt, dürfte zweifelhaft sein.

Die Angelsachsen haben bekanntlich heute noch das Wort »Aele« für Bier, und in Deutschland sagt man oft ein Bier wie Öl.

Da wir nun aber nur die gehopften Malzgetränke Bier nennen und das Bier als Getränk heute in der zivilisierten Welt eine grofse — noch bedeutend in der Zunahme befindliche — Rolle spielt, so hätte es ohne Zweifel ein grofses Interesse, zu wissen, wann, wo und durch wen oder durch welches Volk, die Verwendung des Hopfens zur Bierbereitung zuerst erfolgt ist.

Es erscheint auch schon aus dem Grunde nötig, einmal einen zusammenfassenden Überblick über die grofse Zahl der Einzelforschungen auf diesem Gebiete zu geben, um die grofsen Widersprüche und geradezu unbegreiflichen Behauptungen, welche oft auf diesem dunklen Boden gemacht werden, für künftighin unmöglich oder unnötig zu machen.

Anderseits wieder finden sich oft an Stellen, wo man sie gewifs nicht sucht und wo sie niemals belehrend wirken können, die merkwürdigsten Thatsachen verzeichnet, denen eine grofse Tragweite zukommt.

An Versuchen, dieses Datum der Entwicklung zu finden, hat es denn auch nicht gefehlt. Infolge von Mitteilungen durch einen wackeren ehemaligen Weihenstephaner Brauereistudierenden, dessen Familie, aus Württemberg stammend, bereits in dritter oder vierter Generation in Tiflis im Kaukasus eine Dampfbrauerei betreibt, war ich in der Lage, aus diesem Gebiete des Kaukasus, welches bekanntlich ein wahres ethnographisches Museum gröfsten Stils der indogermanischen oder kaukasischen Völker aus ältester Zeit darstellt, ganz erhebliche Erweiterungen unseres bezüglichen Wissens zu bringen, die ohne Zweifel eine grofse Tragweite besitzen und diese Frage einer ganz neuen Beleuchtung unterstellten.

Diese Mitteilungen waren bereits der Anlafs zu neuen beträchtlichen Erweiterungen unseres bezüglichen Wissens und werden dies auch in der Folge sein. Sie werfen ein so helles Licht auf die fernsten Zeiten in der Geschichte der Bierbrauerei, dafs wir sie aus einem solchen Buche unmöglich weglassen können.

Ich habe diese Mitteilungen in einer Abhandlung niedergelegt, welche mit dem Titel »Geschichtliches über den Hopfen« in der Berliner Wochenschrift für Brauerei 1891, Nr. 13 und 14 erschienen ist. Der in der pharmakologischen und chemischen Wissenschaft hoch berühmte Universitätsprofessor Dr. Rudolph Kobert in Dorpat (russische Ostseeprovinz), dann ärztlicher Leiter der berühmten Heilanstalt zu Görbersdorf in Schlesien, nun in Rostock, hat, veranlafst durch diese meine Abhandlung, um deren Übersendung er mich seiner Zeit ersuchte, ebenfalls eine Bearbeitung dieser Frage unternommen, welche mit dem Titel »Zur Geschichte des Bieres« in den Geschichtlichen Studien aus dem pharmakologischen Institut der Kaiserl. Universität Dorpat (Halle a. d. Saale, Verl. v. Tausch etc. Grosse, 1896) erschienen ist und eine sehr erhebliche Ergänzung und Vervollständigung, vielfach auch nur eine Bestätigung meiner Arbeiten auf der Unterlage breit und tief angelegter Studien bringt. Kobert hatte dabei den Vorteil, den reichen Schatz von sprachlichem und kulturgeschichtlichem Wissen einer Anzahl sehr namhafter Spezialgelehrten der Universität Dorpat benutzen zu können, während ich nur auf mich selbst angewiesen war.

Unter Hinweis auf diese beiden Abhandlungen, wo die weitergehenden Ausführungen nachgelesen werden können, bringe ich hier zur Orientierung der Interessenten nur die Quintessenz dieser Studien, aber auch viel neues von höchster Bedeutung. In diesen beiden Abhandlungen ist auch die einschlägige Literatur aufgeführt. Auf jene literarischen Nachrichten, welche erst dem späteren Mittelalter, etwa der Zeit nach dem 11. und 12. Jahrhundert, angehören, gehe ich hier nur kurz ein, weil diese für die prinzipielle Seite dieser Frage keine Bedeutung haben; in den beiden erwähnten Abhandlungen kann man hierüber ebenfalls Einschlägiges finden oder wenigstens Literaturangaben, wo Weitergehendes zu finden ist.

Sehr viel Material in der Abhandlung von Oskar Wiesner »Der Hopfen« (Allg. Br.- u. H.-Ztg. 1882, namentlich S. 237 u. ff.); auch in Hehn: »Kulturpflanzen und Haustiere in ihrem Übergang aus Asien«, Berlin 1874—1894; auch in Beckmann: »Beiträge zur Geschichte der Erfindungen«, Leipzig 1805; siehe ferner M. v. Strantz »Der Hopfen« in »Unsere Gemüse« etc., Berlin bei J. C. F. Enslin, 1877.

Über das hohe Alter der böhmischen Hopfenkultur gibt uns ein bis dahin wenig bekanntes Buch Auskunft, welches 1787 bei Caspar Widtmann in Prag und Leipzig erschienen ist[3]).

Vor 1000 Jahren wurde in Böhmen, trotz dem schon eingeführten Gelde, noch viel in Naturalien gesteuert. Dieses verraten die Machtbriefe der böhmischen Herzöge Boleslaw II. (967—999), Bretislaw I. (1055—1061), Spitignew II. (1055—1061) und Wratislaw I., des ersten Königs von Böhmen (1061—1092). In diesen Machtbriefen für milde Stiftungen ist die Rede von Getreide, Honig, Bier, Wachs, Hopfen, Vieh; diese wurden teils von den Einkünften ihrer Krongüter, teils von den Zehenten angewiesen, welche sie aus ganz Böhmen erhielten. Solche Stiftungen wurden gemacht 1039 für das Kollegiatkapitel in Altbunzlau, für das Benediktinerkloster Brenow und das Bistum Prag, für das Kollegiatstift Leitmeritz (1057) und jenes auf dem Wischehrad bei Prag (1070). In dem Schenkungsbrief für das Kollegiatkapitel zu Altbunzlau (1039) werden eigens auch die Dominikalhöfe der Stadt Saaz etc. erwähnt, welche den Zehent von Vieh, Getreidegarben und Hopfen zu liefern haben. Der Hopfenverkehr fand damals — und bis zum Ende des vorigen Jahrhunderts — noch nach Hohlmafs, nicht wie heute nach Gewicht, statt. Noch anfangs dieses Jahrhunderts wurde der Hopfen im Saazer und Rakonitzer Land nach Strich gehandelt; ein Strich = 1,076075 hl.

Dr. Czech[4]) erwähnt noch anderweite alte, auf Böhmen bezügliche Urkunden vom Jahre 1092—1100, welche auch den Hopfenzehent behandeln und speziell den Hopfenbau bei Prschelautsch, Chotjeschowitz, im Gebiete der Burg Leitomyschl, sowie auf den Prager Moldau-Inseln.

Den gröfsten Aufschwung erlangte der Hopfenbau in Böhmen, Mähren und Schlesien[5]) in den Jahren 1345—1378, während der Regierungszeit Karls IV., welcher sich ganz besonders um Wein- und Hopfenbau Böhmens bekümmerte; er soll auf die Ausfuhr von Hopfenfechsern die Todesstrafe gesetzt haben.

Karl I. verwandelte Böhmen in einen schönen Garten und befahl, allenthalben Hopfen anzulegen[6]).

Zur Zeit der Könige Wladislaw, Ludwig und Ferdinand I. (1471—1564) wurde aber in Böhmen der Hopfenbau weniger auf den Edelsitzen als von den Städten und Klöstern betrieben, weil namentlich von diesen die Brauerei als bürgerliches Gewerbe ausgeübt wurde. Mit dem St. Wenzelsvertrag vom 6. Oktober 1715 (nach O. Wiesner, Allg. Br.- u. H.-Ztg. 1882, S. 230 geschah dies schon am 6. Oktober 1517) wurde auch den Edelsitzen die Berechtigung zur Ausübung des Braugewerbes verliehen. Von dieser Zeit ab findet man die Spur des Hopfenbaues auf den Edelsitzen durch das ganze Land, selbst bis in die Thäler der Hochgebirge, wo er längst wieder verschwunden ist.

Der Dreifsigjährige Krieg (1618—1648) machte den gröfsten Teil dieser Edelsitze zu Maiereien gröfserer Gutskörper und zerstörte mit dem Wohlstande und der Betriebsamkeit der Bevölkerung auch die Blüte des Hopfenbaues. Von da ab scheint dieser sich nur um Saaz, Auscha und Klattau erhalten zu haben. Später wurde er von den Klostergütern aus wieder mehr verbreitet.

Im 16. Jahrhundert waren in den böhmischen Stadtrechten (von 1579, einer Kompilation des Brünner, Prager und Magdeburger Rechtes) auf eine Beschädigung der Weinberge, Gärten und Hopfengärten, schwere Strafen gesetzt; bei Beschädigungen am Tage sollten dem Thäter die Augen ausgegraben werden, und bei Nacht sollte er den Hals verlieren.

Der Dreifsigjährige Krieg verwüstete — wie vieles andere — so auch die Hopfenkultur. Später ragt Saaz hervor; um 1568 Auscha bei Leitmeritz; 1673 Falkenau bei Eger; im 16. Jahrhundert Klattau bei Pilsen.

Somit haben wir die Hopfenkultur in Böhmen bereits mit einem 1000jährigen Alter urkundlich nachgewiesen, und es ist einleuchtend, dafs sie auch da nicht erst von dem Zeitpunkte datiert, wo sie bereits in Urkunden als eine wohlbekannte, selbstverständliche Sache Erwähnung findet.

Die Stadt Saaz hat leider bei einem im Jahre 1768 stattgefundenen grofsen Brande alle ihre Urkunden verloren, sonst würde da wohl auch manches erhalten geblieben sein.

In dem Kronprinz Rudolph-Werk: Die Österreich-Ungarische Monarchie in Wort und Bild[7]) wird von Dr. H. Hallwich gesagt, dafs im 11.—13. Jahrhundert in Böhmen die städtischen Bürgerschaften das ausschliefsliche Recht hatten, die Bierbrauerei auszuüben; es war das also genau so wie von alters her in Bayern, und die böhmischen Städte sind bekanntlich hauptsächlich von Deutschen gegründet und zur Blüte gebracht worden. In Urkunden des 12. Jahrhunderts sind unter den Handwerkern der slavischen Zuppenburgen auch die Brauer genannt.

Prof. Dr. Lambl in Prag bemerkt, dafs früher auch aufserhalb der heutigen Regionen in Böhmen Hopfen kultiviert worden sei. Im Stadtmuseum zu Klattau werde ein silbernes Petschaft aufbewahrt, welches vom Jahre 1553 herrührt, zum Hopfensiegeln diente und die czechische Inschrift trägt »Znameni chmelove m. Klatow« (Hopfenzeichen der Stadt Klattau).

Ein alter Spruch in Rakonitz lautet: Unus papa Romae, una cerevisia Raconae (Ein Papst in Rom, ein Bier in Rakonitz).

Dafs von Klattau im 16. Jahrhundert auch schon Hopfen exportiert wurde, bezeugt ein lateinisches Gedicht aus jener Zeit: Clatovia lupulum colit, quem praesto Bavarus aufert (Klattau baut emsig Hopfen, den der Bayer schnell forträgt).

Es liegt ferner auf der Hand, dafs die Hopfenkultur in jenen fernen Zeiten gewifs zu keinem anderen Zwecke betrieben wurde als dem, Material für die Brauerei zu erzeugen; denn auch heute noch sind alle andern Zwecke der Hopfenverwendung nur von ganz untergeordneter Bedeutung.

Wir besitzen aber für Mitteleuropa und namentlich für die nähere und fernere Umgebung von Freising in Oberbayern noch weit ältere urkundliche Nachrichten dafür, dafs schon in grauer Vorzeit die Hopfenpflanze in diesen Gegenden in Kultur gestanden.

Diese Belege lieferte mir der in Freising im Ruhestand lebende Historiker, Herr Kgl. geistlicher Rat Dr. Prechtl. Sie entstammen meist uralten Urkunden des Fürstbistums Freising. Es sind neun lateinische Urkunden, welche ich hier nicht alle wiederholen will. Eine wollen wir hier, des Beispiels wegen, wörtlich anführen:

Commutatio inter Annonem Episcopum et quendam nobilem virum nomine Herilunc. — Dedit itaque venerab. Episcopus eidem nobili viro in proprietatem habendum in loco, qui dicitur Eitarpah jugera XXII, de pratis carradas VIII. Et econtra dedit praefatus nobilis vir venerando Episcopo in loco, qui dicitur Crintila domum, curtem, pomarium, humularium, de terra arabili jugera XXX, de sylva jugerum I, de pratis carradas III.

Deutsch: Tausch zwischen dem Bischof Anno und einem Edelmanne Herilunk. Der Bischof gab diesem Edelmanne als Eigentum zu besitzen, in dem Orte, welcher Eiterbach (bei Allershausen, 1 Meile nördlich von Freising, am Südrande der Hallertau) genannt wird, 22 Joch Ackerlandes und Wiesen zu 8 Karren. Dagegen gab der genannte Edelmann dem ehrwürdigen Bischof in dem Orte, welcher Grundel genannt wird (heute Grundelbauer bei Kirchdorf an der Amper oder Grundl bei Nandtlstadt in der Hallertau) ein Haus mit Hofraum, einen Obstgarten, einen Hopfengarten (humularium), 30 Joch Ackerlandes, 1 Joch Waldung und 3 Karren Wiesgrund. Geschehen zwischen 855—875[8]).

Aus dieser citierten Urkunde und einigen andern, welche wir in der erwähnten Abhandlung (Geschichtliches über den Hopfen, l. c.) mitgeteilt haben, geht hervor, dafs in dem südlichen Gebiete der hopfenberühmten Hallertau und in Niederbayern, schon im Anfange des 9. Jahrhunderts, also seit bald 1200 Jahren, der Hopfenbau existierte.

Es sollte eigentlich gar nicht auffallend sein, wenn in Bezug auf das Alter der Hopfenkultur und die Entwicklung der Bierbrauerei zwischen Böhmen und Bayern von jeher eine gewisse Rivalität besteht. Wie England (Angelland) seinen Landesnamen von den Angelsachsen, Frankreich von den Franken, die Normandie von den Normannen, Burgund von den Burgundern, Rufsland von den Rufs oder Rofs, den germanischen Warägern, die Lombardei von den Langobarden, Katalonien von den Goten-Alanen, Andalusien von den Vandalen etc., so hat das Land Böhmen seinen Namen nicht von den Czechen, denn Bojohemum, auch Bajohemum (Böhmen, das Land der Bojer, Bojerheim), deutet auf ein anderes Volk, welches lange vor den Czechen da war. Schon der Römer Tacitus sagt in seiner »Germania«, dafs dieses Land »Bojohemum« oder Bajohemum genannt werde, weil dort früher die Bojer beheimatet waren. Durch das ganze Mittelalter hiefs dieses Land »Böheim«. Offenbar steht der Name Bajuwaren, Bayern, mit diesem alten Landesnamen Böhmens in Beziehung. Man sagt, die Bojer seien Kelten gewesen, sicher standen sie den Germanen sehr nahe, wenn sie nicht selbst Germanen waren. Später und ebenfalls vor den Czechen waren in Böhmen und Mähren auch die Markomannen und Quaden, sehr wahrscheinlich die Urväter der Bajuwaren, vielleicht auch Nachkommen der Bojer.

Bekanntlich nimmt man an, dafs mit dem Untergang des Römerreiches am Ende des 5. Jahrhunderts, nach dem Abzug der Römer, die heutigen Bayern (Bajuwaren) über die Donau in Südbayern eindrangen, und dafs namentlich um 520 ein Hauptübergang erfolgt sei. Das Volk, welches diesen Übergang vollzog, war jedenfalls aus mehreren Völkern gemengt, aus Bojern, Markomannen, Quaden, auch Rugiern, aus denselben Völkern, welche im 1., dann im 2. und 3. Jahrhundert n. Chr. in schweren, erfolgreichen Kämpfen mit den Römern, südlich von Böhmen und Mähren, standen.

Der jüngst verstorbene Dr. Prinzinger in Salzburg (s. Dr. Al. Peetz in der Beilage d. Allg. Ztg. 1899, Nr. 264: Die Stammsitze der Bayern und Österreicher), welcher aus der Geschichte des Herzogtums Salzburg eine Lebensstudie machte, suchte den Nachweis zu führen, dafs in Norikum (Herzogtum Salzburg) vor den Römern keine Kelten, sondern Germanen da waren, so auch in Böhmen, Bajohemum. Die Bojer der Geschichtsquellen sind nach Prinzinger die späteren Bajuwaren, aber noch mit andern Stämmen vermengt. Nach ihm war das Eindringen der Bajuwaren im heutigen Bayern südlich der Donau (um 500 n. Chr.) nur eine Rückwanderung, namentlich der herrschenden Klassen, welche zur Römerzeit nach Norden ausgewichen waren, wo sie sich mit den dort zurückgebliebenen Bojern vermischten. Es scheinen da jahrhundertelang fortwährend Beziehungen stattgehabt zu haben, vielleicht mehr als heute, wo die Czechoslaven sich in Böhmen in den Vordergrund gedrängt, nachdem sie massenhaft alteingesessene germanische Volksteile in sich aufgenommen. Im südwestlichen Böhmen, um Czkin, Bohumelitz bei Winterberg, in heute nur czechisch redenden Gegenden, sah ich im Landvolk massenhaft blonde (selbst rotblonde) Haare und blaue Augen (um 1863—64).

Diese Völker haben sicher schon lange vor den Czechen die Brauerei und sehr wahrscheinlich auch die Hopfenkultur dort heimisch gemacht, ebenso wie später in Südbayern, wohin sie aus Böhmen und der Oberpfalz allmählich wieder vordrangen, zuletzt noch im gröfsten Mafsstabe nach dem Untergange des römischen Weltreiches (Ende des 5. Jahrhunderts), als die römische Macht im Lande südlich der Donau in Trümmer gesunken war. Es ist klar, dafs da noch grofse Bruchstücke dieser Völker in Bojohemum zurückgeblieben sind. Die sind natürlich nicht mit Mann und Maus fortgezogen. Es ist auch ganz gut möglich, dafs schon den damaligen Germanen die von Osten herandrängenden Slaven beschwerlich wurden und dafs sie ihnen nach Westen auswichen. Da ist die Wurzel der Erscheinung zu suchen, dafs Böhmen und Bayern schon seit alten Zeiten zwei miteinander konkurrierende Hopfen- und Bierländer wurden. Die eigentlichen Urheber dieser Erscheinung waren aber sehr wahrscheinlich nicht die Czechen, sondern die Bayern, Bajuwaren, Bojer, welche beiden Ländern den Namen gaben. Denn die Bayern haben auch ohne Czechen, nachdem sie nach Bayern und namentlich nach Südbayern eingewandert waren, alsbald wieder dasselbe geleistet, dagegen hat in jenen heute slavischen Ländern, wo vorher keine Bojer, Bajuwaren, Markomannen etc. safsen und vielfach geblieben sind, eine solche Entwicklung nicht stattgefunden.

Urkundlich sicher ist, dafs schon zur Zeit der Karolinger, um die Mitte des 9. Jahrhunderts, durch ganz Oberbayern Hopfengärten verbreitet sind; urkundlich sind die Orte Hetzenhausen bei Freising, Dorfen, Schönau bei Aibling, Feldmoching bei München, Unering bei Starnberg, Grundl und Holzen in der Hallertau (Kgl. Landgerichts Moosburg), Pergheim bei Erding. Gleichzeitige Urkunden geben auch Zeugnis von Hopfengärten zwischen Eichstätt und Nürnberg (Spalt)[9]). Deshalb ist es, wenigstens vorerst, urkundlich-geschichtlich nicht richtig, wenn man sagt, dafs in Böhmen, namentlich um Saaz, die Hopfenkultur entstanden sei; die bayerischen Urkunden zeigen ein mindestens $1^1/_2$ Jahrhunderte höheres Alter der Hopfenkultur an! — Das Bier spielte damals eine so selbstverständliche Rolle im Haushalte, dafs es in Übergabsbriefen aus den Zeiten des ersten Bischofs von Freising, des heiligen Korbinian († 730), erwähnt wird. Der Übergeber bedingt sich von seinem Nachfolger Roggen, Frischlinge (Ferkel) und Bier aus; nur wissen wir nicht, ob das Bier damals schon gehopft war oder nicht; wahrscheinlich war es aber doch gehopft, denn bald darauf kommen selbst Hopfengärten in Urkunden vor; sie waren aber doch gewifs schon lange da, ehevor sie einmal in Urkunden erwähnt werden, und wozu sollte man denn den Hopfen sonst verwendet haben als zum Biermachen[10])!

Wenn von der Bierbrauerei der damaligen Zeit die Rede ist, so darf man natürlich nicht glauben, dafs dieselbe bereits ein besonderes Gewerbe war; es braute vielmehr jeder, der wollte, und wann und wie er wollte, so wie es bis vor kurzem in der bayerischen Oberpfalz der Fall war. Es gibt ja auch heute selbst in Norddeutschland noch Tausende von Hausbrauereien. Ebenso in England. Die Stadt Hannover hatte im Jahre 1900 noch 317 Brauberechtigte.

Noch früher wurde das Brauen in der Familie von den Frauen besorgt; dann kam das sogenannte Reihebrauen in Gemeinden. Das Domstift Freising scheint um 800—900 noch kein eigenes Brauhaus gehabt zu haben, weil mehrere Grundunterthanen Bier dahin liefern mufsten. Dafs es damals aber auch schon selbständige, gröfsere Brauereien, namentlich auf Domänen, Gütern, gab, geht aus einem Capitulare Karls des Grofsen hervor. Später mufste aber das Domstift Freising jährlich an Otto von Wittelsbach ein bestimmtes Quantum Bier abliefern für Vogtsdienste. Es wurde damals auch überall im tiefer gelegenen Oberbayern noch der Weinbau gepflegt, den sicher schon die Römer dahin gebracht hatten. Bis zum heutigen Tage, wenigstens bis Mitte des 19. Jahrhunderts, hatte man fast in jedem Dorf eine »Weinberg« genannte Lokalität, oder Namen wie Weingärtner, Weinzierl. Das ehemalige Benediktinerklostergut Weihenstephan hat an der Strafse nach Vötting heute noch ein Grundstück, welches Weinpoint heifst. Am Südabhange der Trausnitz bei Landshut wird heute noch etwas Wein gebaut. Auf alten Bildern von Freising ist der Südabhang des Domberges von Rebkulturen besetzt. In vielen Gegenden Bayerns wich später die Weinkultur dem Hopfenbau. Im 11. und 12. Jahrhundert begegnen wir in Urkunden der Brauerei als Gewerbe, im 14. Jahrhundert gab es bereits Brauerzünfte. Diese Urkunden erwähnen Bierschenken, Brauhäuser, Braumeister. Dr. Guntram (1397) berichtet, dafs im 14. Jahrhundert in Zittau eine — damals grofse — Brauerei errichtet wurde, welche in einem kupfernen Kessel 10 Eimer auf einmal braute. Und nach dem Rechtsanwalt Dr. Erhard in Nürnberg (s. Allg. H.-Ztg. 1866, S. 419) gab es seit 1230 eine Biertaxe, ebenso wie Lohntaxen für Arbeiter. Die bayerische Biertaxe von 1811 wurde erst 1865 aufgehoben[11]).

Dafs das Bierbrauen vor dem 10. Jahrhundert kein eigentliches, öffentlich betriebenes Gewerbe war, womit es dann in den Kreis gesetzlich geregelter, öffentlich betriebener Gewerbe eingetreten wäre, scheint auch aus dem Umstande hervorzugehen, dafs in den leges Bajuwariorum, die im 8. Jahrhundert niedergeschriebene, aber ihrem Wesen nach um viele Jahrhundert ältere Rechtsgewohnheiten der Bayern enthalten, nichts über das Bier und das Brauen desselben enthalten ist. Nach V. Hehn-Schrader (Kulturpflanzen und Haustiere, VI. Aufl. 1894) ist in der lex Salica und den Verordnungen Karls des Grofsen (aber bei seinem Vater Pipin) vom Hopfen noch nicht die Rede, aber im Sachsenspiegel und im Schwabenspiegel gibt der Hopfen bereits Anlafs zu ausdrücklichen Gesetzesbestimmungen. Dessen Herstellung gehörte also offenbar noch zu den häuslichen Verrichtungen, wie das Kochen der Speisen etc., und die häuslichen Verrichtungen gehörten zu den Obliegenheiten der Frauen. Riezler (Geschichte Bayerns, Bd. I, S. 293) erwähnt aus dem 9. Jahrhundert ein Klosterinventar, in welchem vorkommt, dafs die Ehefrauen der unfreien Besitzer der Knechtshuben »Malz« fertigen mufsten. Das ist also ganz ähnlich wie heute noch bei den Osseten (vielleicht Alanen-Resten) im Kaukasus, wovon sogleich eingehender die Rede sein wird. Es war also damals das Bierbrauen noch eine Arbeit der Frauen, während das Hopfenbauen — wie alle Feldarbeit — eine Arbeit der Männer war.

In Du Cànges »Glossarium ad Scriptores« mediae et infimae latinitatis, Paris 1733, Bd. II, S. 511 u. ff., finden sich sub voce »cerevisia« mehrere Allegate alter Schriftsteller über Bier und Malz; ebenso ibidem Bd. I, S. 1267 sub voce »Brace«.

Das oben erwähnte seltene Buch von Dr. Guntram, welches 1397 erschienen, befindet sich in der k. k. Hofbibliothek in Wien, neben so manchen andern literarischen Kostbarkeiten. Guntram sagt, dafs Archilogus bereits 720 v. Chr. vom Biere rede, welches er Gerstenwein (Vinum hordaceum) nenne. Plinius spreche 100 Jahre n. Chr. geringschätzig vom Bier. In Ägypten und Medien (nach dem Talmud) wurde der Gerstensaft mit Salz und Safran gewürzt.

Dafs Hopfen auch damals schon allgemein gebaut wurde, beweisen die Hopfenzehenten. Später spielten die Klöster in der Entwicklung der Bierbrauerei, wie in der Hopfenkultur eine hervorragende Rolle. Die uralten Hopfenkulturen der Hallertau in Südbayern und von Spalt in Franken, auch die sehr alten von Altdorf und Hersbruck-Lauf in Franken, sind durch die dortigen Klöster eingeführt worden. Unbestritten ist das Bier das uralte deutsche Nationalgetränk und die Bierbrauerei ein echt deutsches Nationalgewerbe. Daher kommt es, dafs die Branntweinpest bei den bierbrauenden Germanen nie so zu Hause war und dafs die Brauerei, jetzt nach Norden und Osten vordringend, bei den Slaven den Branntwein, diesen Volksverderber, und nach Süden vordringend selbst den Wein verdrängt, was gar nicht zu wünschen ist. In Ungarn, im ganzen Orient, in Galizien, Rufsland, in Frankreich, Spanien, Nord- und Süd-Amerika etc. sind die Brauereien fast überall in deutschen Händen, also selbst in den slavischen Ländern; sollte das Zufall sein? Überall in der weiten Welt folgt die Brauerei der deutschen Kultur.

Noch vor 60 Jahren soll in Norddeutschland, das da und dort slavische Elemente eingestreut enthält, der Branntweinverbrauch im Volke sehr verbreitet gewesen sein; Betrunkene konnte man in den grofsen Städten täglich sehen[12]). Seit die Bierkonsumtion sich mehr ausgebreitet hat, seit 30—40 Jahren, ist ein Betrunkener, selbst in den deutschen Seestädten, eine Seltenheit. Das gute bayerische Bier war also ein Zerstörer der Branntweinpest und Pionier der Kultur, mehr als alle Temperenzlervereine; gutes, gesundes, wohlfeiles, allen zugängliches Bier wirkt da mehr als alle Enthaltsamkeits- und Mäfsigkeits-Vereine, weil der durch geistige und körperliche Arbeit angestrengte Mensch eines stimulierenden Genufsmittels nicht entbehren kann.

In Lemberg (Galizien) haben in den 1860er Jahren einige deutsche (bayerische) Brauereien selbst die Polen und Ruthenen in kurzer Zeit aus Branntweintrinkern zu Biertrinkern gemacht.

Der Branntweingenufs übt auf die nordslavischen Völker Österreichs einen so nachteiligen Einflufs aus, dafs man ohne Übertreibung sagen kann, dafs man sie verloren geben müfste, wenn es sich nicht gezeigt hätte, dafs es auch bei ihnen möglich ist, den Branntwein durch das Bier zu verdrängen[13]). Die aufserordentliche kulturgeschichtliche Bedeutung der Bierbrauerei für Deutsche (Germanen) und Slaven ist durch die Erfahrung auf das überzeugendste dargethan. Es ist daher in der That die Entwicklung der Bierbrauerei eine Angelegenheit, welche auch die Herren Unterrichts- oder Kultusminister angeht, so widersinnig das auf den ersten Blick auch zu sein scheint.

Und wenn in neuerer Zeit auch die Bierbrauerei nach Wiener Art, neben der böhmischen, sogenannten Pilsener, mehrfach der bayerischen Braumethode erhebliche Konkurrenzschwierigkeiten bereitet hat, so weifs man ja doch längst und unzweifelhaft erwiesen, dafs die Bevölkerung von Ober- und Niederösterreich, Steiermark, Kärnten, Tirol etc. überwiegend bajuwarischen, strichweise auch alemannisch-schwäbischen Stammes ist. Es ist höchst bezeichnend, dafs nach Guntram (1397) der Prager Rat um 1396 eine Verordnung erliefs, in welcher die Einfuhr von Zittauer und Schweidnitzer Bier (Schlesien) so lange gestattet wird, bis die Prager Brauherren ein ebenso gutes und gesundes Bier erzeugen werden. In Wien, wo damals mehrere Brauereien entstanden, verbreitete sich das Bier sehr langsam, da es dort zu jener Zeit viel Wein gab; im 17. Jahrhundert fanden dort moussierende Biere Eingang. Ebenso ist es eine bekannte Thatsache, dafs das Pilsener bürgerliche Brauhaus, der älteste Lieferant typischen Pilsener Bieres, von Hause aus ein ganz deutsch-böhmisches Unternehmen war und erst in jüngster Zeit czechisiert worden ist; das Bier aber ist nach wie vor deutsch-böhmisches, nicht czechisches Bier, so wenig als das uralte englische Ale, dieser Typus eines hellen Bieres, ein slavisches Getränk ist. Ein Amerikaner in Cincinnati[14]) sagt: Bier ist anerkanntermafsen ein Hauptfaktor für deutsche Gemütlichkeit, Geselligkeit und Behäbigkeit. Wo sich ein Bäckerdutzend Deutsche befinden, fängt auch sicher einer eine Brauerei an. Und weil die Söhne des Teut über die ganze Erde zerstreut sind, findet man auch Bier. Kann der Deutsche Bier nicht an Ort und Stelle haben, dann läfst er es kommen, wenn der Weg auch noch so weit ist, denn ohne Bier gibt es für den Deutschen keinen Himmel auf Erden.

Die Alten hatten bekanntlich nur vier Elemente: die Erde, das Wasser, das Feuer, die Luft. Die bajuwarischen Volksteile in Bayern wie in Österreichs Gauen, hatten aber noch ein fünftes Element: das Bier.

Dafs die Germanen schon zur heidnischen Zeit den Hopfen gekannt haben, geht auch aus andern Umständen hervor. Prof. Dr. Sepp in München erwähnt in seiner Schrift »Frankfurt das alte Askiburg 1882«, dafs die heidnischen Germanen das Sprichwort hatten: Der Bartlmann (also der altgermanische Gott Wodan) hängt dem Hopfen Trollen (Dolden) an.

Die Grafen v. Moosburg bei Freising hatten nach Dr. Prechtl als Helmzierde ein Hopfenmannl, also eine sogenannte verlaubte Hopfendolde. Dieses Geschlecht ist schon 1281 ausgestorben. Die Stadt Gardelegen in der Altmark, Provinz Sachsen, hat nach Hans von der Planitz eine Hopfenranke im Wappen, welches sie der Chronik zufolge von Heinrich I. (919—936) erhielt.

Prof. Dr. Hans Stilda in Rostock[15]) hat in einer Abhandlung zur Gewerbegeschichte auch über den Hopfenbau um Lübeck geschrieben. Es finden sich aus der Umgebung Lübecks von 1235, von Erfurt in Thüringen 1289, Wismar, Rostock und Plan 1220—1226, von Halberstadt 1370—1400 etc., zahlreiche Nachrichten über Hopfenkultur, Hopfenmärkte und Hopfenhandel. Der Hopfen durfte nur auf dem offenen Markte und scheffelweise verkauft werden. Die Bürger sollten den Hopfen für das Brauen ihres Hausbedarfes billig haben können. Im 13. Jahrhundert wurde der Hopfen in ganz Mittel- und Norddeutschland umfangreich betrieben.

Nach Oskar Wiesner: Das Bier von 1300—1500 (Allg. Br.- u. H.-Ztg. 1883, I, 358) wurde im 14. Jahrhundert der Gagel (Myrica gale) in den Niederlanden und Nordwestdeutschland noch viel zum Bierbrauen verwendet.

Der Bischof Johann von Lüttich und Utrecht beschwerte sich bei Kaiser Karl IV. (1347 bis 1378), dafs seit 30 oder 40 Jahren infolge Zusatzes eines neuen, »humulus oder Hoppe« genannten Krautes zum Bier, seine Einnahme an Grutgeld (Myrica gale) sehr verringert worden sei. Er erhielt 1364 vom Kaiser die Bewilligung, von jedem Fafs Hopfenbier, als Ersatz seines Verlustes, 1 Groschen zu erheben. Ähnliche Klagen erhob der Erzbischof von Köln. Auch am Oberrhein wurde seit 1324 Hopfen zum Brauen verwendet. Doch wurde unter Kaiser Ludwig IV. 1332 den Bürgern Dortmunds bestätigt, dafs sie Grutbier brauen dürften.

Nach L. Reynier[16]) ist vom Hopfen bereits in den Capitularien Karls des Grofsen die Rede[17]) etc. Auch in Müller: Histoire de Suisses L. I. ch. II ist dargethan, dafs der Hopfen schon in den alten Urkunden aus der Zeit Karls des Grofsen (768—814) erwähnt wurde. Er ist selbst in den von Rudbeck veröffentlichten Runischen Almanachs erwähnt; die Runen, die Schriftzeichen der alten Germanen, waren aber schon mit dem 5. Jahrhundert erloschen.

Der von Reynier citierte Ansegisus (Anseg.) war Abt im Benediktinerkloster Lobio und war bei Kaiser Karl dem Grofsen in hohem Ansehen. Er hat 872 eine Sammlung der Edikte Karls des Grofsen und Ludwigs des Frommen verfafst, welche von Pithaeus Fermont und Baluzius herausgegeben wurden; er starb 833.

Auffallend ist allerdings, dafs in England, bei den Anglosachsen, der Gebrauch des Hopfens zur Bierbereitung erst im späteren Mittelalter aufgekommen zu sein scheint. Bis dahin sollen Salbei, Andorn (Marrubium vulgare L., dessen Blätter einen den Borstorfer Äpfeln ähnlichen, angenehmen Geruch und einen scharfbitteren Geschmack haben, die aber auf der Weide von keinem Tiere berührt werden), Kamillen etc., zum Bierbrauen verwendet worden sein. Der berühmte englische Hopfenzüchter Charles Whitehead in Maidstone, Kent[18]) meint, dafs der wilde Hopfen schon Jahrhunderte in England existierte, ehe die Hopfenkultur in Aufnahme kam, sonst könnte man zu der Annahme verleitet sein, dafs sie ihn eben nicht mehr zum Bier verwendet, weil sie ihn in England nicht wild oder nicht hinreichend vorgefunden haben.

Dennoch ist nach Charles Whitehead schon 1050 durch die Anglosachsen auf den britischen Inseln Hopfen mit Getränken gemischt worden. Auch der Epheu, wegen seiner Blätter »Bierhuf« genannt, Myrica Gale und der Wiesensalbei (Salvia pratensis) seien verwendet worden.

Die Engländer suchten damals, als sie zur Bierbereitung keinen Hopfen verwendeten, das Bier durch starkes Einsieden, starken Würzeextraktgehalt, haltbarer zu machen, und vielleicht stammen daher die schweren, gehaltvollen englischen Biere, namentlich das Ale, auch der Porter. Es scheint nur ungehopftes Bier »Ale« (Öl) genannt worden zu sein.

Nach den englischen Landesgesetzen soll der Hopfen nicht vor dem Jahre 1462 in Gebrauch gekommen sein. Nach der Ansicht der englischen Brauer soll vor den Zeiten der Tudors (im 16. Jahrhundert bis 1603) kein englisches Bier Hopfen erhalten haben. Jakob I. verbot 1605 bei schwerer Strafe die Einfuhr verdorbenen und verfälschten Hopfens (also nicht des Hopfens überhaupt) und wurde damit der Begründer des englischen Hopfenbaues. R. Bradley, Professor der Kräuterwissenschaft bei der Universität zu Cambridge in England, berichtet in seinem Buche[19]: Eines von meinen Papieren meldet, daſs $2^1/_2$ Pfund guten Hopfens im Bräuen auf ein Vierling Maltz zu rechnen sei, dies wurde aber schon 1580 geschrieben.

F. Bakon (geb. 1561) nannte die Hopfenkultur für England gewinnbringend. Unter Heinrich VIII. um 1524 soll der Hopfen durch Leute aus Artois (Französisch-Flandern, heute Departement Pas de Calais) in England bekannt geworden sein; er soll zuerst von diesen Flanderern nach Ostkent gebracht worden sein. Nach andern war der Hopfen schon unter Heinrich IV. (bis 1413) in England bekannt, und wieder andere lassen ihn unter Heinrich III. aus Artois in Flandern nach England gelangen. Da möchte ich einiges, was zur weitergehenden Orientierung dienen kann, anfügen: Ende der 1880er Jahre hatte ein in München lebender französischer Professor, gelegentlich der landwirtschaftlichen Oktober-Ausstellungen im Glaspalaste, zwei Proben Hopfen aus seiner Heimat in Französisch-Flandern gebracht. Die wunderbar zartblätterigen, aber sekretarmen kleinen Döldchen oder Zapfen waren ganz weiſsfarbig und hatten ganz den Charakter feinster englischer East-Kent-Goldings. Auch die belgischen (flandrischen und Brabanter) Hopfen sind meist den Goldings verwandt, aber meist gröſser und immer derbblätteriger. Es scheint also thatsächlich ein Zusammenhang zu existieren zwischen den feinsten englischen Goldings aus Ostkent und den nordfranzösischen (flandrischen) Hopfen. Die englischen Mittelsorten (Grapes, Colegates, Jones etc.) und die englischen groſsdoldigen Sorten haben aber mit diesem Herkommen, mit diesem Ursprung der Goldings, gar nichts zu thun. Die haben ein anderes Herkommen.

Heinrich III. verbot angeblich 1530 den Brauern, welche sein Mund-Ale erzeugten, die Benutzung des Hopfens als a pernicious weed (gefährliches Unkraut).

Die Londoner Bürger reichten 1528 dem englischen Parlament eine Bittschrift ein, in welcher gegen das Hopfen des Bieres geeifert und um ein Verbot gebeten wurde, weil es das Bier verderbe und dem Volke gefährlich sei; trotzdem soll der Hopfen schon 1552 wieder in Verwendung gekommen sein. Es waren das dieselben Bürger, welche um dieselbe Zeit sich auch an das Parlament wendeten mit der Bitte eines Verbotes gegen den Gebrauch der Steinkohlen von Wales, welche durch ihren Rauch die Luft verpesten! Die Gefahr, das Bier zu hopfen, scheint nur darin bestanden zu haben, daſs das gehopfte Bier leichter eingesotten war als das ungehopfte.

Um 1644 bereits wurde der Hopfen mit einer Steuer belegt, da war er also schon lange allgemein und offenkundig gebräuchlich. Und schon neun Jahre später legte Cromwell einen Zoll (2 Shilling per Ztr.) auf den eingeführten Hopfen.

Jedenfalls ist es auffallend, daſs die alten Engländer zwischen Ale und Bier (gehopft) unterschieden; sie scheinen aber diese Malzgetränke in sehr reichlichen Mengen getrunken zu haben, wie Prof. Heinrich Leo berichtet[20]). Hughton[21]) sagt, daſs der Hopfen erst 1524 durch Leute aus Artois (Französisch-Flandern) nach England gebracht worden sei. Ähnliches sagt P. L. Simmonds[22]), der Hopfen sei um 1524 aus Flandern nach England eingeführt, er sei aber nicht vor dem Jahre 1600 zum Bierbrauen verwendet worden, denn Heinrich VIII. habe noch im Jahre 1530 den englischen Brauern verboten, Hopfen ins Bier zu mischen. Nach andern Nachrichten soll aber schon Heinrich VI. um 1450 den Anbau des Hopfens verboten haben. Manche wieder sagen, daſs nur das starke Ale ungehopft gewesen sei, die andern Biere seien gehopft gewesen. Wir werden ohne Zweifel auch da noch manches Interessante im Laufe der Zeiten kennen lernen.

Um 1603 war der Hopfenbau Englands noch sehr unbedeutend, obgleich schon unter Eduard VI. (1552) der Hopfenkultur in England in gesetzlichen Verordnungen gedacht wird. Ende des 19. Jahrhunderts baute England auf 60000—70000 Acres Hopfenland in minderen Jahren 400000 Ztr. Hopfen, in guten Jahren 600000 Ztr. und in sehr guten Jahren 700000 Ztr. In schlechten Hopfenjahren führt es 200000—300000 Ztr. Hopfen vom kontinentalen Europa, namentlich von Deutschland, auch von Belgien und aus den Vereinigten Staaten Amerikas ein.

Gegenüber diesen lückenhaften und unsicheren Nachrichten kann man nicht sagen, daſs die Angelsachsen, als sie im 5. Jahrhundert England eroberten und unterwarfen, nichts vom Hopfen gewuſst hätten; höchstens kann man sagen, daſs die Hopfenkultur damals noch nicht bekannt und üblich war.

Ehevor meine Arbeiten diese urkundlichen Überlieferungen in die hier einschlägige Literatur gebracht, wurde immer, namentlich von den slavischen Schriftstellern und ihrer Gefolgschaft — darunter angesehene deutsche Professoren — geltend gemacht, die Germanen könnten um 800 und im 9. Jahrhundert n. Chr. noch gar nichts vom Hopfen gewufst haben, weil in Karls des Grofsen Capitularien »de villis«, in denen alle ökonomischen Beziehungen mit solcher Ausführlichkeit erörtert seien, des Hopfens oder der Hopfenkultur oder der Verwendung des Hopfens in der Brauerei, mit keinem Worte gedacht sei. Nunmehr werden solche Ansichten wohl verschwinden müssen.

Wie mangelhaft all unser Wissen in diesen Dingen noch ist, erhellt auch eine Notiz aus Hannover vom 30. Januar 1863[23]), wo gesagt wird: Wenn auch der Hopfenbau, der bereits über 1000 Jahre hier existiert, seit zwei Jahren neue Ausdehnung gewonnen hat, so dürfte doch noch eine lange Zeit vergehen, bis er einen solchen Umfang wie zur Zeit des Dreifsigjährigen Krieges wiedergewinnt, wo fast jedermann Hopfen baute und die ganze Umgebung der Stadt, selbst da, wo der neue prächtige Stadtteil sich erhoben hat, mit Hopfenfeldern besäet war. Damals, wo die Leute Warmbier statt des Kaffees tranken und jeder sich seinen Haustrunk selbst braute, hielt man den Gemüsebau weniger nötig als den Hopfenbau und wurde das Gemüse meist von Braunschweig bezogen, welches auch den Hopfenhandel unserer Gegend zuerst vermittelt hat. Bei Festlichkeiten in deutschen Ländern pflegt man das berühmte Eimbecker Bier oder solches aus den Hansestädten zu beziehen.

Hier hören wir also von dem sehr wichtigen Haustrunk, den jedermann sich selbst bereitete, einer Sache, die sicher auf die fernste Urzeit zurückgeht, und dazu baute man schon seit über 1000 Jahren Hopfen, in einer Gegend, wo man seither vom Hopfen in jener fernen Zeit nichts wufste. Aber in der Nähe, in der Abtei zu Korvey in Westfalen, wurden ja im Anfang des 9. Jahrhunderts die Stiftsmüller von der Arbeit in den Hopfengärten entbunden; das ist nicht weit von der Stadt Hannover. Ohnehin reicht die Hopfenkultur um Braunschweig, die früher namentlich um Ölper so bedeutend war, nach Dr. Bürstenbinder (Die Landwirtschaft des Herzogtums Braunschweig, 1881, S. 254) schon bis zur Zeit Karls des Grofsen zurück. Auch das gehopfte Warmbier, welches man früher, ehe der Kaffee kam, was noch gar nicht so lange her ist, in Mittel- und Nord-Deutschland so umfangreich als Frühstück genofs, ist desfalls höchst belehrend; ich habe eine dunkle Erinnerung, dafs in meiner Knabenzeit, vor mehr als 50 Jahren, in meiner Heimat im nördlichen Unterfranken noch sehr viel Warmbier getrunken wurde, namentlich auch als Frühstück. So manche wichtige Notiz mag diefsbezüglich noch in alten Urkunden stecken, aber es ist doch meist nur Zufall, wenn sie von einem sachkundigen Manne gefunden und ans Licht gezogen wird. Die Fachhistoriker, welche mit ganz andern Zwecken die alten Urkunden durchforschen, beachten so etwas gar nicht, obgleich es doch kulturgeschichtlich sehr wichtig wäre.

Bei V. Hehn-Schrader (Kult. Pflanzen und Haustiere, VI. Aufl. 1894) wird gesagt, dafs um 1200 n. Chr. in Norddeutschland und Flandern die Erzeugung von Hopfenbieren derart blüte, dafs manche Städte, wie Eimbeck, Gent etc. sich durch den Handel mit Hopfenbier bereicherten. Im älteren Mittelalter soll durch die Römer die Weinkultur in Süddeutschland sehr verbreitet und das Bier stark in den Hintergrund gekommen sein; später kam dann die Bierbrauerei aus Norddeutschland wieder nach Süddeutschland.[24]) Mir scheint auch diese Ansicht wenig oder nicht begründet zu sein, denn alle meine Studien deuten an, dafs höchst wahrscheinlich im 5.—7. Jahrhundert in Mitteleuropa, namentlich im alten Gebiet des Deutschen Reiches, die Hopfenkultur ihren Anfang nahm und zwar in der primitiven Form des Rasen- und Buschhopfens. Das geschah aber sicher erst dann, als der Wildhopfen infolge der gesteigerten Bierbereitung dem Bedarf nach Hopfen nicht mehr genügte. —

Auch der Mangel einer Mitteilung bei den römischen Schriftstellern ist hinfällig, nachdem der Hopfen schon in den Runen angedeutet ist.

Ohnehin haben wir ja auch einen Schenkungsbrief des Frankenkönigs Pipin (751—768), des Vaters Karls des Grofsen, vom 17. Jahre seiner Regierung. Der König gibt darin an die

Abtei St. Denys bei Paris[25]) das Stift Humlonarias mit allem Zubehör. Es kann also die Hopfenkultur nicht zur Zeit Karls des Grofsen gefehlt haben. Die Hopfenkultur wird eben damals wie heute nicht überall zu Hause gewesen sein. Damals herrschte bis Paris und darüber hinaus noch die deutsche Sprache; die heutige Mundart der heutigen Franzosen kam erst später. Bei einer andern Gelegenheit hoffe ich zu zeigen, dafs das ganze Agrikulturgerätewesen um Paris heute noch einen urgermanischen Charakter hat, selbst die Anspannung der Ochsen.

Auch werden in dem Polyptychon des Irmino, Abtes von St. Germain des-Prés[26]), das in den ersten Jahren des 9. Jahrhunderts, noch vor dem Ableben Karls des Grofsen, aufgesetzt ist, häufig Zinsabgaben vom Hopfen erwähnt; so Polyptychus S. Remigii Remensis (Rheims): Summa census frumenti mod. 106, speltae 1416, Ordei 732, mixturae 325, leguminis 11, Humulonis mod. (in andern Fällen wird auch humulo, humelo, umlo, zweimal sogar fumlo gesagt) 3, vermiculi unc. 12, vini mod. 1567 etc.; deutsch: Im Register von St. Remigius in Rheims: Summa der Abgaben von Getreide (Weizen) 106 Metzen, Spelz oder Dinkel 1416 Metzen, Gerste 732, Mischling 325, Hülsenfrüchte 11, Hopfen 3 Metzen, Purpurfarbe (vielleicht Krapp) 11 Unzen, Wein 1567 Massl.

Im Codex M. S. Irminonis Abb. Sangerm. fol. 100 Va., gleich ins Deutsche übersetzt: Der Sklave (Leibeigene) Restaurius zahlt alle Jahre vom Hopfen 1 Metzen und macht Bier (vactam = wetam nach Dr. Prechtl); ebendaselbst fol. 101: Der Sklave Ostroldus zahlt vom Hopfen 1 Metzen und verrichtet andern Dienst, welcher ihm aufgetragen wird; und anderseits: Comsiles alle Jahre an Hopfen 8 Metzen etc. Im 14. Jahrhundert nennt man in Frankreich den Hopfengarten Houblonnière oder Umeo und Umelaye; Humulator war der Hopfenbauer.

Es existiert auch eine Urkunde, nach welcher im Jahre 822, also kurz nach Karls des Grofsen Tode, der Abt Adelar von Corvey, Enkel Karl Martells, Minister am Hofe Karls des Grofsen, † 823 im Alter von 73 Jahren, die Stiftsmüller ausdrücklich von der Arbeit in den Hopfengärten dispensiert; in den Statuten der Abtei Corvey ist gesagt: Weder beim Einernten, noch beim Heumachen, noch bei der Malzbereitung, noch beim Hopfen, noch beim Holzfällen dürfen sie verwendet werden (nec messes vel prata colligendo, nec praces faciendo, nec Humlonem, nec ligna solvendo etc.). Das Kloster Corvey an der Weser war bald nach Karls des Grofsen Tode (814) von zwei Äbten des Benediktinerklosters Corbie an der Somme in der Picardie, die beide den Namen Adelard führten, gegründet worden.

Im 10. und 11. Jahrhundert werden in den Zinsbüchern der Kirchen und Klöster sehr oft modii und moldera humuli erwähnt. Allem Anschein nach blühte von 1070 der Hopfenbau bereits in Bayern, Böhmen und im Magdeburgischen. Aber vom Hopfenbier ist bis dahin niemals die Rede. Im 11. Jahrhundert bezogen die deutschen Brauer ihren Hopfen gröfstenteils aus Böhmen; der böhmische Hopfen wurde selbst nach Bayern und Österreich versandt. Um 1100 wird der Hopfen vielfach besteuert (nach Becher, Mut, Mafs). Nun erscheint er auch in Rechtsbüchern, im Sachsenspiegel (ca. 1216), im Schwabenspiegel (ca. 1280), im Magdeburgischen Weichbild (1235 und 1304). Im 13. Jahrhundert ist viel von Hopfenäckern und Hopfenlieferungen die Rede.

Nach Hans von der Planitz[27]) wurde erwiesenermafsen schon um 1070 im Magdeburgischen Hopfen gebaut.

Vom Zusetzen des Hopfens (Humela) zum Biere haben wir die erste urkundliche Überlieferung von der Äbtissin Hildegard († 1080) in ihrem Buche »Physica«; sie starb als Äbtissin des Klosters auf dem Ruppertsberge bei Bingen. Nach O. Wiesner (Allg. Br.- u. H.-Ztg. 1882, S. 198) wird Hopfenbier schon im letzten Drittel des 11. Jahrhunderts erwähnt, von da ab immer häufiger. Grashoff (Studien etc., Allg. Br.- u. H.-Ztg. 1887, II, 975) sagt, dafs der Hopfen als Material zur Bierbereitung schon in Schriften aus dem 9. Jahrhundert erwähnt werde. Albert der Grofse, ein Autor des 13. Jahrhunderts, hat ebenfalls von seiner Anwendung zur Konservierung des Bieres gesprochen[28] u. [29]). O. Wiesner (Allg. Br.- u. H.-Ztg. 1883, I, 356) sagt, dafs Ende des 11. Jahrhunderts Hopfenbiere bestimmt erwähnt werden.

Die Römer haben die Völker des Nordens (Kelten, Germanen, Skythen, Litauer, Letten etc.) Skythen genannt; mit dieser gemeinsamen Bezeichnung werden sie auch von Pytheas von Massilia (bald nach Aristoteles) als Bierbrauer und Biertrinker bezeichnet. Zu Cäsars und Plinius' Zeit soll das Bier noch kein alltägliches Getränk der Germanen gewesen sein, während $1^1/_2$ Jahrhunderte später Tacitus das Bier als ein aus Gerste oder Weizen bereitetes, einem schlechten Wein ähnliches Getränk bezeichnet.

In der Edda (Edalinde), der altnordischen Göttersage, welche, nicht vor dem 9. Jahrhundert niedergeschrieben, dennoch das berichtet, was viele Jahrhunderte weiter rückwärts liegt, ist von vier alkoholischen Getränken im Götterhimmel die Rede, vom Wein, Met, Bier (Öl oder Aul), welches die Walküren in Hörnern kredenzen; die alten Deutschen glaubten, dafs sie dereinst in Walhalla, mit Odin zusammen, von schönen Schildmädchen kredenztes Bier trinken würden. Das vierte ist etwas poetisch geschildert, so dafs man es für gegorene Milch (Kumyfs) oder Kefyr halten könnte.

Es gab Bieropfer zu Ehren der Götter und namentlich Wotans. Das Wort „Bier" (bior) stammt scheinbar vom altsächsischen Worte beere = Gerste (cerevisia, Cereris vis) und brauen (brase = Malz, brasser) von Spaniern und Galliern.

Bei den Menschen wurde das Brauen auch von Frauen, selbst Königinnen, besorgt. Die Bereitung des Bieres galt als eine Frauentugend. Mehrfach ist vom Trinkhorn die Rede, auch von dem, welches man zur Strafe austrinken mufste. Die schädliche Wirkung eines zu stark gebrauten oder mit giftigen Stoffen versetzten Bieres wurde durch Bierrunen, welche ins Trinkhorn eingeritzt wurden, verhindert. Ins Trinkhorn geworfene Runenstäbchen verliehen dem Biere Zauberkraft. Wenn Blutsfreundschaft geschlossen wurde, trank man Bier, und es wurden sogar den Göttern mit Bier Opfer gebracht.[30])

Sehr wahrscheinlich war aber dieses Bier der allerältesten Zeit ungehopft, wenigstens deutet keine Überlieferung auf Hopfen. Diese Göttersagen stammen von den nördlichsten Germanen (Skandinaviern), die wahrscheinlich damals den Hopfen im Bier noch nicht kannten; damit kann aber nicht gesagt werden, dafs es bei den Südgermanen auch so war.

Prof. J. Heumann in Altdorf (Abhandl. v. Hopfen, 1759) sagt, dafs der Hopfen den Schweden von alters her bekannt war. Sicher kannten die Indogermanen das Bier schon, als sie noch in ihrer Urheimat waren. Bierähnliche Getränke wurden aber auch in Ägypten, im Sudan und in Südamerika gemacht.

Bei den alten Germanen erblickte man das Glück des jenseitigen Lebens wesentlich darin, dafs man Tag für Tag mit Odin schmauste und zechte[31]); ebenso bei den Normannen[32])!

Es ist sicher, dafs bei den Deutschen (nach Tacitus rechneten die alten Sachsen und Dänen den Bierrausch zu den vorzüglichsten Freuden, welche die im Kampfe gefallenen Helden in Walhalla zu erwarten hatten) das Trinken von alten Zeiten her eine grofse Rolle spielt. Es ist mir aber ebenso sicher, dafs mit dieser Eigenschaft der alten Germanen viel Ulk getrieben wird. Offenbar tranken sie nur bei festlichen Gelagen, wie die später zu erwähnenden Osseten, während man Ulkbilder sieht, wo die wackeren Männer als besoffene Zecher mit dem Trinkhorn im Arm herumliegen. Ich habe diesen Ulk unlängst erst mit folgenden Versen besungen:

Die alten Bayern safsen an der Isar Strand,
Das Bier war ihnen schon sehr wohlbekannt,
Das sagt schon der Römer Tacitus,
Der doch so etwas wissen mufs.

Die alten Bayern machten's wie ihre Vettern am Ufer des Rheins,
Ehe sie gingen, tranken sie immer noch eins,
Und da keiner das letzte wollte getrunken han,
Fingen sie immer gleich wieder von vorne an.

Der um 600 n. Chr. lebende Venantius Fortunatus schildert ein deutsches Trinkgelage. Gleich Rasenden hätten die Teilnehmer um die Wette Gesundheiten getrunken, und er selbst habe sich glücklich gepriesen, dafs er am Schlusse desselben noch am Leben gewesen sei.

Als Otto der Große den Gesandten Luitprand nach Konstantinopel schickte, sagte ein Hofnarr zu ihm, der Mut der Deutschen sei ein Rausch und ihre Tapferkeit sei Trunkenheit.

Aus dieser Neigung zum Trinken entsproſs, daſs man im Mittelalter, um die Toten zu ehren, ihre Gräber mit Wein begoſs. Pogius nannte im 15. Jahrhundert die Deutschen »Weinfässer«.

Dieser unverwüstliche nationale Zug ist auch in der Sprache und Literatur zum Ausdruck gekommen; kein Volk hat mehr Trinklieder als das deutsche, obgleich kein einziger Minnesänger den Wein oder das Bier besungen hat.

Eine ganze Reihe allegorischer Ausdrücke sind vom Trinken entlehnt, so: Rachedurst, Thatendurst, Wonnetrunkenheit oder Wonnetrunkensein; an manchem Menschen ist Malz und Hopfen verloren, dem Freunde schenkt man reinen Wein ein (Redensart). Manche Familiennamen, welche vom Trinken hergeleitet sind, können wohl bis in die germanische Urzeit hinaufreichen. Das Geldgeschenk ein Trinkgeld zu nennen, ist bei keiner Nation von Haus aus üblich, sondern entlehnt: bei den Franzosen sehr bezeichnend un pourboire; der Portugiese und Spanier geben Tabaksgeld, der Russe Schnapsgeld, der Türke Kaffeegeld. Der Leihkauf oder Weinkauf, der in Bayern beim Vieh- und Hopfenhandel heute noch gilt, gehört auch daher.

Der älteste Saufkomment vom Jahre 1685 sagt, wer ein rechter Säufer sein will, muſs trinken können: utiliter, realiter, mirabiliter, familiariter, solerter, lamentabiliter. In einer 1515 in Erfurt erschienenen Schrift »Über die Art der Betrunkenen« wird gesagt, wenn man von Livland nach Preuſsen komme, finde man ein sanfteres und menschlicheres Volk, das aber zum Trinken sehr geneigt sei; Männer und Frauen zechten da in den Kellern Tag und Nacht und pflegten sich wechselseitig anzutrinken[33]).

Eine Zeche aus der Zeit des 16. Jahrhunderts hat Fischart, ein berühmter Dichter jener Zeit, geschildert (s. Allg. Br. u. H. Ztg. 1884, II, 1493).

England wurde im 5. Jahrhundert von den Angelsachsen unterworfen, welche die einheimischen Kelten besiegten. Im 9. Jahrhundert drangen dänische Eroberer ein, und im 11. Jahrhundert wurde England von den Normannen (Skandinaviern) unterworfen; immer waren die Eroberer Germanen. Schon um 569 wird in England über die Priester geklagt, welche andere zum Trinken verleiten wollen[34]). Im 8. Jahrhundert schrieb St. Bonifacius an den Erzbischof von Canterbury, daſs in seiner Diözese das Laster der Trunkenheit so verbreitet sei und daſs die Bischöfe das nicht nur hinderten, sondern selbst mittränken, bis sie berauscht wären. Die Beschäftigung der Nonnen von Coldingham wird geschildert als feasting, drinking, gossiping (Feste feiern, Trinken, Schmausen). Die Dänen, welche im 9. Jahrhundert kamen, waren noch ärgere Trinker; die im 11. Jahrhundert eingedrungenen Normannen sollen dagegen sehr mäſsig im Trinken gewesen sein.

Eigentümliche, aber sehr unabgeklärte Ansichten über die Urgeschichte des Bieres entwickelt Dr. Ed. Hahn in Berlin[35]). Nach ihm haben die alten Germanen süſses, ungehopftes Bier getrunken. Später kamen Gewürzbiere mit Wacholder etc., in Irland und Island mit den Samen der wilden Möhre. Nach Hahn[36]) und Kobert stamme das Hopfenbier von finnischen Stämmen, denn im Kalewalu, dem groſsen finnischen Heldengedichte, sei die Bereitung des gehopften Bieres bereits ausführlich geschildert. Bei den ursprünglich stammverwandten Russen spiele der Hopfen bei Hochzeiten etc., eine groſse Rolle. Die Germanen müſsten den Hopfen in der Zeit zwischen dem Übergang der Angelsachsen nach England (ca. 5. Jahrh. n. Chr.) und der Zeit Karls des Groſsen (9. Jahrh.) erhalten haben, weil die Angelsachsen auch in England fortfuhren, ungehopftes Bier zu brauen. Diese Verhältnisse habe ich übrigens früher (s. 10 sub Nr. 23 der Literaturangaben) eingehend besprochen.

Die primitive Bierbereitung sei uralt. Bei den Slovenen an der Save und Drau habe man noch vor nicht langer Zeit sogenanntes Steinbier bereitet, wobei das Kochen durch eingelegte, glühende Steine bewirkt wurde, die älteste Art des Kochens; es soll dieses Verfahren sogar heute noch üblich sein. Davon, daſs man heiſse Kieselsteine in die Holzkufen wirft, wenn bei der Herstellung des Braga-Dünnbieres in Ruſsland die gekochte und durch Anbrühen erhitzte

Maische nicht warm genug ist, berichtet auch Dr. C. O. Czech[37]. Vielleicht handelt es sich bei diesen sogenannten Steinbieren auch bloſs um Nachwärmen.

Diese sogenannten Steinbiere scheinen übrigens in den Ländern Österreichs bis in die neueste Zeit noch eine bemerkenswerte Rolle gespielt zu haben. Nach einem Artikel der N. Fr. Pr. 1868[38]) bestanden in den deutsch-slavischen Ländern Österreichs folgende Brauereien:

	1841	1857	1866
Für Oberzeug	2115	990	351
» Unterzeug	275	708	1507
Ober- und Unterzeug	503	1036	771
Steinbier	272	69	37
Zusammen	3165	2803	2666

Demnach gab es 1841 noch 272 Steinbierbrauereien, 1857 hingegen nur noch 37.

Nach der Allg. H.-Ztg. 1862, S. 301 heiſst das Malz:

portugiesisch: Ceveda de môlho,
spanisch: Cebeda retonada o entallecida,
italienisch: Malxo, orxo germinato e tallito,
französisch: Blé germé,
englisch: Malt,
holländisch: Mout,
dänisch und schwedisch: Malt,
russisch: Solod,
polnisch: Slod.

Es haben also nur die Germanen und die Slaven einfache Wörter als Bezeichnung, die romanischen Völker nur zusammengesetzte. Das dürfte vielleicht auch zeigen, wo unser heutiger Begriff »Malz«, also auch das aus Malz bereitete Bier, ursprünglich zu Hause war.

Die Gerste heiſst:

englisch: Barley,
französisch: Orge,
italienisch: Orzo,
spanisch: Cebada,
portugiesisch: Cebada, Sevada,
holländisch: Gerst, Garst,
dänisch: Bgig,
schwedisch: Bingg, Korn,
russisch: Jatschmen,
polnisch: Jecz'men,
arabisch: Dhourrha,
neugriechisch: Krithari,
lateinisch: Hordeum.

In Viktor Hehn (Kulturpflanzen und Haustiere, 6. Aufl., von Prof. O. Schrader in Jena, 1894) wird gesagt, daſs die Germanen als ein Hirtenvolk in Europa einwanderten und in den neuen Landstrichen umherzogen; in dem Augenblicke, wo sie ersichtlich werden, seien sie erst im Begriffe gewesen, sich völlig seſshaft zu machen. Es sei also thöricht, das Bier und Biertrinken als urgermanisch und als vom Wesen und Begriff des Germanismus unzertrennlich anzusehen, denn wenn es so gewesen wäre, dann würden die bezüglichen Nachrichten bei den Alten nicht so spärlich lauten. Beim Beginn der europäischen Geschichte sei das Bier ein vorzugsweise keltisches Nationalgetränk gewesen und nicht das Erkennungszeichen des Deutschen und deutscher Sitte. Die Goten scheinen für Bier das Wort leithus, linthus (für sicera, berauschendes Getränk) gehabt zu haben; dasselbe stamme wohl aus dem Keltischen, weil es auch dem Slavischen fehlt. Die Litauer haben Alus vom deutschen Ale, altslavisch olu, olovina (sicera), neuslavisch ol cerevisia, walachisch olovin, offenbar das germanische Ale, Öl. Das Wort Braga, Braha der Slaven soll mit dem keltischen Brace verwandt sein.

Nach meiner Ansicht ist es aber thöricht, die Germanen bei ihrer Einwanderung in Europa als ein Hirtenvolk zu bezeichnen, weil aus einem Hirtenvolk unbedingt kein Ackerbauvolk werden kann und die Germanen später als solche eminente Ackerbauer dastehen, dafs ihre originelle, hochrationelle Agrarverfassung, deren früheste Zustände noch in den so wohl erhaltenen Hochäckern in Südbayerns Wäldern und Grasheiden vor uns liegen, die materielle Grundlage der ganzen heutigen Kulturwelt und Staatsverfassungen bildete.

Noch thörichter erscheint es mir, das, wovon die Alten nicht sprechen resp. schreiben, als nicht vorhanden anzusehen; so etwas wäre unter unseren heutigen Verhältnissen gewagt, geschweige denn erst in jenen dunklen, verkehrslosen, primitiven Zeiten, wo man mit diesen Völkern fast nur in Kriegszeiten in Berührung kam.

Alle meine zahlreichen kulturgeschichtlich-ethnographischen Arbeiten, namentlich auf dem Boden des alten Agrarwesens gemacht, zeigen uns bis in die graue Vorzeit zurück, bis dahin, wohin kein Lichtstrahl der Geschichte dringt, die germanische Welt als einen reichfliefsenden Urquell der Belehrung und des Segens der Völker. Diese einseitig philologisch-linguistischen Ansichten haben lange genug die Lehrer irre geführt und durch diese die Lernenden, selbst in der germanischen Rasse, von der alles Leben und alle Bewegung in der modernen Welt seinen Ausgang nahm.

Jedes Ackerbauvolk hat grofse Viehherden, welche zu gewissen Zeiten auf die Weide gehen. Vor 1000 und 2000 Jahren, selbst bis in unser Jahrhundert herein, trieben sich die Viehherden den ganzen Sommer, auch im zeitigen Frühjahr und im späten Herbst, nicht blofs auf den Gemeindeweideflächen, sondern auch in den Gemeindewäldern herum, ja selbst auf den Ackerflächen in der Brachflur, auf den eigentlichen Wiesen im Frühjahr und im Herbste; es ist aber kein Zweifel, dafs unser Volk damals schon ein ausgeprägtes Ackerbauvolk war; auch heute noch kann man im Herbste in Deutschland Hunderttausende von Rinderherden in den Wiesenthälern auf der Weide sehen. In den Alpenländern Tirols und der Schweiz sind die Viehherden den ganzen Sommer auf den Grasflächen der Alpen, teilweise selbst im Thale (Heimweiden), auf der Weide, ohne dafs die Tiroler oder Schweizer dadurch zu Hirten- und Nomadenvölkern werden. In den Egartenregionen des nördlichen Alpenvorlandes und eines grofsen Teiles des nördlichen Alpenlandes ist auch der gröfste Teil des Ackerlandes zu Grasland niedergelegt, nur ab und zu wird ein Stück zu Getreidebau umgebrochen. Da ist fast alles Grasland und Viehzucht (Wilde Feld-Graswirtschaft), und dennoch sind auch dieses echte Ackerbaugebiete, denn ein grofser Teil des Graslandes wird gemäht und geheut, nicht beweidet. — Nur die Unbekanntschaft der Herren Philologen und Sprachgelehrten mit dem eigentlichen Wesen der Sache konnte solchen verkehrten Ansichten Raum geben, welche bis in unsere Tage herein eine mafsgebende und irreführende Bedeutung in Anspruch nahmen[39]).

In der That steht der geistige Inhalt und die landwirtschaftliche Bedeutung der germanischen Agrarverfassung turmhoch über den, rein mechanisch oder geometrisch aufgefafst, glänzenden Ausführungen der römischen Agrimensoren; daher ist das Germanische auch siegreich geblieben. Da die Germanen aber, aufser den Runen, nichts Geschriebenes hinterliefsen, ist das selbst den lateinisch und griechisch gebildeten germanischen und deutschen Gelehrten bis heute eine unbekannte Welt geblieben! Um aus den weit zerstreuten Resten der germanischen Agrarverfassung deren Wesen und Inhalt zu erfassen, mufste ich ein Menschenalter mühevolle und kostspielige Terrainstudien machen; das ist nicht jedermanns Sache! — Man kann sich nicht wundern, dafs über die Kulturzustände der alten Germanen so viel thörichte, aller Wahrheit hohnsprechende Ansichten kursieren, wenn man bedenkt, was desfalls an deutschen Gymnasien etc. gelehrt und in sogenannten gelehrten Abhandlungen gesagt und behauptet wird! — Man sollte meinen, dafs die vielen gelehrten Körperschaften den gröfsten Anlafs hätten, hier so rasch als möglich Wandel zu schaffen. —

Oskar Wiesner[40]) sagt, dafs man früher in Mitteleuropa heimische Kräuter zum Bierwürzen angewendet habe. Plötzlich sei der Hopfen dagewesen. Beckmann ist der Ansicht, dafs der Hopfen nicht aus Osteuropa nach Westeuropa eingeführt wurde, sondern immer da war. Dafs er niemals erwähnt wurde, sei kein Beweis, denn damals fehlte noch ein Linné, welcher alle Pflanzen rein wissenschaftlich behandelte; die damaligen Schriftsteller über Pflanzen hätten nur die nützlichen, schädlichen oder sonst merkwürdigen erwähnt, da seien viel unbekannt, ungewürdigt und ungenannt geblieben. Im salischen Gesetze, welches, um 490 aufgeschrieben, sich auch viel mit Malz und Bier befafst, ist vom Hopfen noch nicht die Rede, und man könnte daraus schliefsen, dafs seine Verwendung nicht bekannt war. Auch in Karls des Grofsen capitulare de villis ist weder da, wo vom Bier die Rede ist, noch da im 70. (letzten) Kapitel, wo die bei seinen Höfen zu bauenden Pflanzen angeführt werden, vom Hopfen die Rede; er war aber doch schon da, wie wir gesehen haben. Walafried Strabo erwähnt im vor der Mitte des 9. Jahrhunderts geschriebenen Buche »Hortulus« (Schilderung der Pflanzen eines von ihm angelegten Gartens) den Hopfen nicht, ebensowenig das spätestens im 10. Jahrhundert geschriebene Gedicht »De viribus plantarum« (von den Kräften der Pflanzen).

Über das Bier in den ältesten (vorgeschichtlichen) Zeiten bringt eine umfangreiche Abhandlung von Oskar Wiesner[41]) manches Beachtenswerte. Wahrscheinlich ist der Süden oder Südosten die Heimat des Bieres. Feucht gewordenes Getreide keimte im warmen Klima jener Länder; man suchte diesen Vorgang durch Trocknen zu unterbrechen, und das Malz war fertig. Da man die gekeimte Gerste ungeniefsbar fand, machte man einen Aufgufs mit Wasser; der Teil dieses Getränkes, welcher nicht gleich getrunken wurde, geriet in Gärung, und das Bier — zunächst ohne Hopfen — war fertig.

Ägypten konnte möglicherweise ein solches Land sein. Dort werden Gerste und Weizen seit den ältesten Zeiten zur Herstellung des Bieres verwendet. Es gab zwei Biersorten, den Zythus (Zehd) und das Hag. Die Ägypter waren so leidenschaftliche Trinker wie die Germanen (man sehe deshalb dort l. c. 569); sie scheinen das Bier mit Sium Sisarum, Lupinen und Nigella (Schwarzkümmel) gewürzt zu haben.

Um 638 n. Chr. eroberten die Araber Ägypten; diese verwendeten um 1010 n. Chr. zu diesem ägyptischen Bier, welches sie Fuka oder Foka nannten und woher vielleicht das tartarische »Busa« stammt, Kräuterminze, Eppich, Ruta und Origanum; das Weizenbier, den Kurmi, nannten sie Mazar. Über bierähnliche Getränke in Island, Tonkin, Peru, Australien, auf Java, Martinique, Barbados etc. etc. s. Allg. H.-Ztg. 1878, I, 59, dann ebenda 1877, S. 165.

Schiller-Tietz[42]) spricht die Ansicht aus, dafs das von Tacitus erwähnte Getränk der Germanen noch kein Bier war, sondern ein weinartiges Getränk, wie der Zythos der Alten. Pasteur hat aus Malzwürze mit Weinhefe ein weinartiges Bier erzeugt, und F. Sauer hat mit dem Milchsäurebacillus und mit den betreffenden Reinzuchthefen Maltonweinen ähnliche Getränke, Malton-Sherry, Malton-Portwein, Malton-Malaga, Malton-Tokayer erhalten.

Da (l. c. S. 578) auch Nachrichten über das Bier der Äthiopier oder Abessinier, Hebräer (Schekhar)[43]), Syrer (Zitum), Meder und Armenier. Als der Grieche Xenophon griechische Hilfstruppen in die Heimat zurückführte, gelangte er nach leidensvollen Märschen in die armenische Hochebene. Da fanden sie reiche Dörfer, die Menschen in unterirdischen Wohnungen mit Rindern, Schafen, Ziegen, Geflügel, Weizen, Gerste, Hülsenfrüchten und grofsen Gefäfsen voll Gerstenwein (also Bier). Auf der Oberfläche dieses Bieres schwammen Gerstenkörner, und es wurde mit Strohhalmen getrunken (gesaugt). Das Bier war sehr stark und sehr wohlschmeckend, in diesen Gegenden weniger kostbar als der Wein, denn ersteres stand, als die Griechen kamen, offen da, letzterer war in die Erde eingegraben. Um 1760—1767 bereiste der Ingenieur-Leutnant Karstens Niebuhr im Auftrage König Friedrichs V. von Dänemark den Orient und berichtet aus Armenien von einem weifsen, dicken Getränk, Busa genannt, welches — aus Mehl bereitet — dort allgemein getrunken wird; es wurde in grofsen Töpfen in der Erde aufbewahrt und aus denselben mit Rohren getrunken.

Die Phrygier in Kleinasien und im westlichen Armenien nannten das Bier »Bryton«. Auch am Nordabhang des Himalaya gab es Bier und bei den Hindus in Indien Quicku. Die Chinesen bereiteten aus Weizen und Gerste Tarasun und aus Reis Sali; die Japaner aus

Weizen und Gerste Saky. Wir werden später (in dem Abschnitt über die Hopfenarten der Welt, auch schon in Abschn. I) sehen, dafs die nördlichsten, maudschurischen Chinesen den Tarasun von jeher mit Hopfen herstellten[44]). Die Mexikaner bereiteten schon vor der Ankunft der Europäer Bier aus Mais. In Südosteuropa tranken die Thracier wie ihre Vettern, die Phrygier, »Bryton« aus Gerste. Hekatäus berichtet schon, dafs in Thracien und Phrygien das Bier (Bryton) mit einer klebrigen Gewürzpflanze »Conyza« gewürzt werde[45]). Auch die Phönizier hatten mit Conyza gewürzte Hirsebiere. Die Illyrier oder Pannonier tranken Sabaja oder Sabajum, auch Camum aus Gerste (l. c. 590). Die Griechen erhielten erst später die Kenntnis des Bieres aus Ägypten; sie kannten Zythus, dann Kurmin oder Korma und Bryton. Auch die Römer, ursprünglich wie die Griechen Wein trinkend, hatten das Bier erst später durch die Berührung mit andern Völkern kennen gelernt. Die Spanier, ein Gemisch von Iberern und Celten (Celtiberer), tranken Bier (Celia uud Cerea [l. s. S. 59a]). Ähnlich die Ligurer bei Genua.

Nach Marseille (Massilia) waren 600 v. Chr. Griechen aus Kleinasien (Phocea) gekommen und hatten Wein und Bier von dort mitgebracht. Die bemittelten Gallier bereiteten einen Gerstentrank (Zythus) aus Weizen und Honig, die ärmeren tranken reines Bier (ohne Honig), Korma, Kurmi, Kurmen; die Reichen tranken auch Wein. Nach Ammianus nannten sie alle bierähnlichen Getränke auch Cerevisia (interessante Thatsachen auch l. c. S. 626). Über die Germanen wird uns dort nichts besonders Bemerkenswertes gesagt, was wir nicht schon besser gesagt hätten.

Über die Biererzeugung bei den Germanen, den Teutonen in Mitteleuropa und den Skandinaviern im Norden, bringt Oskar Wiesner[46]) noch eine Menge Einzelheiten, namentlich auch aus den Göttersagen, die wir meist schon kennen. Es galt gutes Bierbrauen als eine der schönsten Tugenden der Frauen. Aufser den Bezeichnungen Ael oder Öl hatte man im Altnordischen und Angelsächsischen auch beor und bior, nach Dr. C. Reischauer (s. Dr. V. Griefsmayer: Die Chemie des Bieres etc., Augsburg 1878) althochdeutsch bëor[47]). Man sehe auch: Zur Geschichte der Brauerei in Niederösterreich[48]); ferner J. Grofs: Der Hopfen in botanischer, landwirtschaftlicher und technischer Beziehung, bei H. Hitschmann in Wien, 1899.

Nach Strabo war um die Zeit von Christi Geburt in England, Flandern etc., das Bier im allgemeinen Gebrauch.

Alte Zunftbücher (s. Dr. Griefsmayer l. c. S. 5) nennen Gambrinus, König von Brabant (1280 v. Chr.), als den Erfinder des Bieres; diese sagenhafte Gestalt ist heute noch der Schutzpatron der Brauer.

Wiesner sagt, dafs schliefslich auch die Slaven, ursprünglich Mettrinker, von den Germanen das Bierbrauen lernten. Altslavisch hiefs das Bier Olo, in Slavonien Oll, in Litauen Alus, aber auch Piwo. Bei den Slaven hatte das Bier zu keiner Zeit die Bedeutung wie bei den Germanen.

Manche meinen, das Bier sei schon erfunden gewesen, ehe die Völker sich trennten. Andere lassen es von den Ägyptern erfunden werden, von dort nach Griechenland und Spanien kommen; wieder andere meinen, dafs die Völker durch die Phönizier mit dem ägyptischen Bier bekannt geworden seien.

Jedenfalls war das Bier den Völkern lange vor dem Beginn der Völkerwanderung (375 n. Chr.) bekannt. Die Römer verbreiteten den Wein über Südeuropa und drängten das Bier nach dem Norden zurück; jetzt rückt es wieder nach dem Süden vor. Sicher hat Tacitus das Bier bereits als das Nationalgetränk der Germanen bezeichnet; es soll öl, aul oder alu genannt worden sein, angelsächsisch ealu, englisch ale, wohl mit dem lat.-römischen oleum und dem griechischen elaion verwandt; Öl sagt man auch heute noch in Skandinavien; es existierte auch sehr früh im Altnordischen pior und im Angelsächsischen bior oder beor; die römischen Soldaten machten daraus »bere«[49]).

Ganz anders lauten desfalls die von Dr. C. O. Czech[50]) geäufserten Ansichten. Aus Gerste, Korn, Weizen und Hopfen wird von den russischen Bauern seit undenklichen Zeiten in primitiver Weise ein Dünnbier (die Braga oder Braga-Piwo) gebraut, als Hausindustrie. Damals belief sich die in Rufsland erzeugte Menge auf ca. 20 Millionen Wedro (zu 12,299 l); die Braga wird nur von der christlichen Bevölkerung russischer und teilweise auch polnischer Nationalität gebraut.

Der slavische Schriftsteller August Hausdorf[51]) meint, dafs das Bier in Rufsland am frühesten bekannt gewesen sei. Er führt dafür Oppert und die Annalen der Armenier, Araber und Perser (aus dem 4. und 5. Jahrhundert) an. Alle erwähnen, dafs die alten Slaven schon lange vor Christus einen Gerstentrank hatten, welchen sie Zyto nannten; namentlich erwähnt er den griechischen Geographen Skylax, der um 360—390 v. Chr. lebte, der von einem betäubenden Getränk der Skythen (Xytho) spricht. Die Slaven seien aus Sibirien gekommen und in Europa in das Gouvernement Saratow, an die Flüsse Kunna, Donetz und Dnjepr eingewandert; von da kommen schon 650—700 v. Chr. Nachrichten über den aus Gerste und Hanfsamen bereiteten Zytho. Auch bei den Sarmaten hatte das Bier diesen Namen. Die alten Slaven hatten noch ein Bier »Jaky«, das war ebenfalls aus Gerste bereitet und sehr bitter, aber nicht vom Hopfen. Um 860 n. Chr. hätten Sineus und Truwor vom Warägischen Meer ein Kraut mitgebracht, welches die Letten bojny nannten. Seitdem sei das Wort Zytho bei den Slaven an der Elbe verschwunden und habe dem Worte »pivo« Platz gemacht. In Polen, Preufsen, Livland und Kurland sei das Hopfenbier erst durch die Letten bekannt geworden, etwa um 700—800 n. Chr. Bei den Südslaven sei es schon länger bekannt. Prof. Wocel behauptet, dafs die Finnen die ersten Bewohner Böhmens waren.

Nach A. Hausdorf[52]) soll — nach dem Ramajan — schon 3200 v. Chr. Geb., also unter der 1. Dynastie Indiens (Candras) Gerstensaft in Flor gewesen sein. Der Gebrauch desselben nahm unter dem König Bhard so überhand, dafs schon Dzadustru, der um 1900 v. Chr. regierte, sich bemüfsigt fand, den Bau der Gerste auf drei Jahre zu verbieten. Atreja, Agniveca, Sucruta, Caraka und Dhavantari, welche als gepriesene Ärzte besungen werden, wendeten sie auch als Heilmittel an. Es hiefs Atmâ = Geist. Die Himalaja-Gerste sei heute noch berühmt.

Wie bedenklich es ist, aus fehlenden oder noch nicht aufgefundenen geschichtlichen Nachrichten ohne weiteres den Schlufs zu ziehen, dafs die Verwendung von Hopfen früher in diesem oder jenem Lande nicht üblich war, zeigen auch die Länder Schweden und Norwegen. Ich war früher selbst der Ansicht, dafs dort die Bekanntschaft mit dem Hopfen und seine Anwendung in der Brauerei erst jüngsten Datums sei; aber eine Abhandlung des bekannten Dr. C. G. Zetterlund, des Vorstandes der chemischen Versuchsstation in Örebro[53]), hat gezeigt, wie irrig diese Ansicht war[54]).

In einer Abhandlung »Die schwedische Brauindustrie«[55]) wird — nach einem Vortrage von C. G. Zetterlund in Örebro — bemerkt, dass die Kunst, Bier und Met zu brauen, welch letzterer wohl auch von Honig (mit Getreide) bereitet wurde, nicht von den Anglosachsen in Schweden eingeführt worden sei, denn sie werde hier schon von Pytheas aus Massilia (Marseille), welcher ca. 340 v. Chr. Skandinavien besuchte, als dort bekannt und heimisch angegeben. In den ältesten Zeiten wurde zur Bereitung des Bieres als Gewürz »Ledum palustre« und später bis zur Zeit König Gustavs I. Myrica gale verwendet, welch letztere Pflanze vielleicht noch benutzt wird, obwohl der Hopfen in Schweden sicher schon im 12. Jahrhundert gebaut wurde, zu welcher Zeit seine Verwendung und sein Bau durch Cisterziensermönche aus Frankreich bekannt wurde. Woher die Schweden ursprünglich die Kunst des Bierbrauens hatten, ist natürlich schwer zu entscheiden.

Nach Wilh. Jonsson (Om der rationela humleodlingens utbredning i Servige och sarskildt inom Elfesborgslän af Wilh. Jonsson; Wennersborg 1883) hat es in Schweden wilden Hopfen gegeben, soweit die geschichtlichen Erinnerungen zurückreichen, und zwar vom südlichsten bis zum nördlichsten Teil des Landes. Wahrscheinlich hat man die Benutzung des Hopfens für die Bierbereitung durch Cisterziensermönche kennen gelernt, welche im 12. Jahrhundert aus Frankreich kamen. Im 13. Jahrhundert ist in Upland bereits vom Hopfenzehenten die Rede! —

Dafs der Hopfen in Schweden und Norwegen wirklich wild gewachsen, wird angenommen von J. W. Palmstruch[56]), Prof. Dr. F. C. Schübler[57]) und von Prof. Dr. Hampus von Post

(s. sub 54). Bereits in dem Uplandsgesetze von 1295 kommt eine Verordnung vor, welche der Geistlichkeit das Zehentrecht von Flachs, Hanf, Erbsen, Bohnen, Roggen, Weizen und Hopfen erteilt, in der also überhaupt von Hopfen als Kulturpflanze in diesem Teile Europas zum erstenmal die Rede ist.

Ferner wird, Mitteilungen von Dr. Hans Hildebrand zufolge, in Akten des Reichsarchivs erwähnt, dafs z. B. im Jahre 1337 5 Liespfund (1 Liespfund = 8,4 kg) als Fruchtgülte (Abgabe des Bauern an den Gutsherrn in recognitionem domini) von einem Hofe im nördlichen Upland abgegangen waren; im Jahre 1334, dafs von einem Hofe 10 Liespfund und von einem andern 1 Schiffspfund (= 168 kg) Hopfen als Fruchtgülte abgeschickt worden waren. Im Jahre 1346 verabredete der Bischof in Strengnäs mit den Kirchspielen Nerike, Glashammars, Rinkeby, Ödeby und Lillkyrka, dafs jeder Hof, welcher früher 6 Spann (1 Spann = 0,81 hl) Getreide geliefert, in der Folge jährlich 1 Liespfund Hopfen leisten sollte. Das Gothlandgesetz aus ungefähr derselben Zeit teilt auch der Geistlichkeit daselbst dieselben Rechte zu.

Das Helsinggesetz, welches Mitte des 14. Jahrhunderts geschrieben wurde, bestimmte eine Strafe für denjenigen, welcher in den Hopfenacker eines andern sein Haus baute. Von Kristoffer aus Bayern hat man einen Brief, vom 14. März 1446 datiert, in welchem die Handelsprivilegien Hedemoras verhandelt werden, und in diesem Brief wird unter die Waren, welche am Samstag auf dem Stadtmarkt verkauft werden dürfen, auch Hopfen gerechnet.

Die Satzungen Wexiäs vom Jahre 1414 verordnen in § 5, dafs jeder Bauer einen Hopfenacker mit 40 Hopfenstangen bauen soll. Das Stadtgesetz von 1618 bestimmt eine Strafe für diejenigen, welche Hopfen stehlen, mag der Hopfenacker bei dem Hofe oder auf einer Insel sich befinden.

Anderseits (s. M. von Strantz l. c.) wird wieder gesagt, dafs der Hopfen in Schweden noch nicht sehr allgemein verwendet wurde, dafs man noch Myrica gale und Ledum palustre benutzte. 1440 bestimmte König Christoph, dafs man die Myrica gale nicht vor einer bestimmten Zeit im Walde sammeln dürfe; ebenso war aber auch Strafe auf das zu frühzeitige Einsammeln des Wildhopfens gesetzt und das Anpflanzen des Hopfens anbefohlen, weil der eingeführte Hopfen zu teuer war. Unter Karl XI. (1660—1697) soll der Hopfenbau in Schweden einige Bedeutung gehabt haben.

In Norwegen wurde die Hopfenkultur ungefähr zur selben Zeit wie in Schweden eingeführt. In einer Verordnung des Domkapitels zu Nidoras (Drontheim) vom 11. Juni 1341 heifst es, dafs die Klosterbrüder sich um den Hopfenacker bekümmern sollen. Ebenso besteht eine Verordnung des norwegischen Reichsrats, nach welcher es einem jeden Bauer bei Strafe von 6 Öre geboten wird, jährlich 6 Hopfenlöcher anzulegen zur Förderung der Hopfenkultur. Gustav I. Wasa förderte ebenfalls die Hopfenkultur angelegentlichst (Verordnung von 1539) und den Hopfenhandel mit Lübeck. Beim Einkaufe von Waren für das Schlofs Wiborgs (1541) wird sogar »finnischer Hopfen« erwähnt. Die Verordnungen über die Kultur des Hopfens wurden erneuert durch Erik XIV. (1563), Johann III. (1574), Gustav Adolf und Christian (1646 und 1647), Karl XI. (1687; diese sehr umfassende Verordnung wurde erst 1860 aufgehoben).

Um 1677 wurde Hopfen unter die Exportartikel von Livland und Norwegen gezählt. Aus der Zeit Karls XI. wurden Schriften über die Hopfenkultur verbreitet (s. l. c.).

Noch um 1700 waren weit mehr Hopfengärten in Schweden vorhanden als jetzt; es scheint, dafs sie im 18. Jahrhundert durch die Tabakkultur verdrängt wurden. Dr. Broockmann schreibt noch 1736 von den hübschen Hopfengärten um Upsala, sie sind verschwunden.

Wir besitzen aber auch noch eine, allerdings minder klare, vielmehr schwerer zu deutende, indes doch sehr wahrscheinliche Nachricht, welche uns die Spalter Hopfenkultur in Mittelfranken in einem 1100jährigen, urkundlichen Lichte zeigt. Wir verdanken auch diese Nachricht dem Freisinger Historiker Dr. Prechtl.

Nach Dr. Prechtl lebte in der Mitte des 11. Jahrhunderts im Benediktinerkloster zu St. Emmeram in Regensburg der sehr gelehrte Mönch Arnold. Derselbe sagt[58]), dafs dem Kloster Mondsee »regius cibus« (das königliche Getreide) und dem Kloster St. Emmeram in Regensburg der vinifer cespes Spalticus von den Karolingern geschenkt worden sei. Caespes, cespes heifst der ausgeschnittene Rasen, ein Rasenstück. Demnach kann offenbar unter dem »vinifer cespes Spalticus, e quo regius potus parabatur«, woraus also das königliche Getränk der Karolinger bereitet wurde, nichts anderes verstanden werden als Spalter Hopfen, weil sonst die ganze Stelle keinen Sinn hätte, wenn man nicht an einen Spalter Wein denken will.[59]) Dem Autor war offenbar die eigentliche Sache (die Hopfenkultur) unbekannt, während er sehr wahrscheinlich die Weinkultur, die damals wie heute noch unfern von Regensburg betrieben wurde und betrieben wird, wohl gekannt hat.

Diese Schenkung geschah unter dem Regensburger Altbischof »Adalwin« (792—816), also in der Regierungszeit Karls des Grofsen, durch den reichen Grafen Ekkebert im Rangau, welcher Gau an den Ufern der beiden Bibarte, an denen Spalt gelegen, sich ausdehnt. Dafs diese Beziehungen zwischen Spalt und dem Kloster St. Emmeram in Regensburg existierten, bestätigt eine im Freisinger Dom befindliche Grabschrift eines Domherrn: Rev. Illust. Dnus. Dnus. Joannes Adalbertus L. Baro de Bodmann. Cathed. Ecc. Frisingensis Sum: Decanus, Canonicus cap. Ratisbonnensis (Regensburg), ad St. Martinum Landishutii (Landshut), et ad St. Emmeramum Spaltae Praepositus infulatus, nec non Ordinis Bavarici St. Georgii magnae Crucis Eques, et Praepositus, obiit in Thermis Castinensibus (im Warmbade Gastein) die 14. Junii 1787 et ibidem sepultus aetatis suae 69.

Es scheint aber im 17. und 18. Jahrhundert das nürnbergische Städtchen Altdorf in Franken den gröfsten Hopfenbau gehabt zu haben; dort baute man um 1800 schon 1800 bis 2000 Ztr. Hopfen in guten Jahren (s. Wiesner l. c. 237).

Das Kollegiatstift zu St. Emmeram in Spalt, die heutige Pfarrkirche, wurde schon 1037 von der Gemahlin des Kaisers Konrad II. gestiftet; es wird also wohl Spalt damals schon ein bedeutender Ort gewesen sein; um 900 n. Chr. ist es vielleicht nur ein Hof gewesen.

In einer alten Urkunde der Stadt Lauf von 1660 wird gesagt: Einem Bürger, der 10 Sieden Bier zu thun, Macht hat, soll vergönnt sein, ein halb Tagwerk mit Hopfen zu belegen; was aber mit Hopfen belegt, darf nicht verschrankt (eingezäunt, abgesperrt) werden und soll männiglich unverwehrt sein, hinein zu gehen und darin zu grasen. Für Zehenten 3 fl. zu bezahlen.

J. Heumann[60]) erklärt uns, was unter Rasenhopfen zu verstehen sei. Man legte einzelne Reihen von Hopfenstöcken in die Weinberge, Obstgärten und namentlich in mähbares Rasenland, (in umzäunte Wiesen), also in Grundstücke, welche in der Hauptsache zu ganz andern Kulturen benutzt wurden. Diese Hopfenstockreihen waren ganz vereinzelt, oder sie lagen so weit auseinander, dafs sie das Grasmähen nicht hinderten. Diese Rasenhopfen erfreuten sich auch keiner besonders sorgfältigen Kultur. S. 11 (l. c.) sagt Heumann: der Rasenhopfen sei keine besondere Art, sondern habe seinen Namen von der besonderen Behandlung.

S. 76 (l. c.) sagt Heumann: der Rasenhopfen sei am Platze, wo man weniger Mühe und Kosten aufwende und nur für eigenen Bedarf, nicht für den Hopfenhandel, baue. Diese Hopfenreihen werden wohl gedüngt, aber nicht einmal gehackt oder umgegraben; trotzdem bringe der Rase- oder Grase-Hopfen manchmal gröfsere Häupter (Zapfen) und auch mehr als der andere, welcher viel gehackt und gewartet wurde. Seinen Namen Rasenhopfen hat er eben daher, dafs er auf Rasen und im Rasen steht; sonst hat er mit dem guten Hopfen alles gemein. Man macht einfach im Herbst in entsprechenden Entfernungen Löcher in die Erde, läfst den ausgehobenen Boden ausfrieren, düngt und steckt im Frühjahr in die halb offenen Löcher auf den gelockerten Boden die Fechser. Später setzt man Stangen und düngt ihn. Wenn er gar nicht gepflegt wird, dann artet er in Buschhopfen um. Diesen Hopfen kann man zu Schankbieren für sich allein anwenden, oft ist er aber auch noch besser.

Die Weinrebe, Weinranke, der Weinstock heifst lateinisch vitis (vinum = der Wein, vinifer = weintragend). Linné macht Ende des vorigen Jahrhunderts daraus Vitis vinifera, unter welcher Bezeichnung der Weinstock seitdem in den botanischen Werken erscheint. Professor Joh. Heumann an der Hochschule zu Altdorf bei Nürnberg sagte 1759[61]), dafs der Hopfen der Weinstock der mitternächtigen Völker genannt wird; bei den Franzosen (s. J. Heumann l. c. S. 41) wurde er Vigne du Septentrion genannt. Somit kann man keinen Zweifel mehr hegen, dafs unter dem vinifer cespes spalticus, woraus das königliche Getränke der Karolinger bereitet, und welcher von den Karolingern dem Kloster St. Emmeram in Regensburg geschenkt wurde, das in Spalt ein Filialkloster hatte, ein Rasen- oder Grashopfen-Land zu verstehen ist, und die Spalter Hopfenkultur erscheint also zur Zeit als die älteste urkundlich bekannte, aus dem Ende des 8. und Anfang des 9. Jahrhunderts stammend, in ganz Europa. Dafs diese Kultur auch damals nicht neu entstanden, sondern sicher schon Jahrhunderte alt war, kann kaum bezweifelt werden. Die Ackergeräte um Spalt sind bajuwarisch, obgleich das Gebiet der fränkischen ganz nahe ist.

Wenn in den Capitularien Karls des Grofsen vom Hopfen trotzdem nicht die Rede ist, obgleich in Verordnungen und Bestimmungen seines Vaters Pipin schon bestimmt davon gesprochen wird, so wird dies ohne Zweifel damit zusammenhängen, dafs die Hopfenkultur eine damals noch mehr als heute örtlich beschränkte Spezialkultur war, die wahrscheinlich nirgends auf den kaiserlichen Höfen betrieben wurde; dann war es überflüssig, in Dienstvorschriften für den Betrieb dieser Höfe, diese Kultur zu erwähnen.

Ohne Zweifel zeigt uns der Rasenhopfen auch den Weg, welchen die Hopfenkultur von ihren Anfängen her zurückgelegt hat. Der wilde Hopfen gab nicht genug. Man schnitt Stücke vom Wurzelstock des Wildhopfens ab (wie beim Wein) und pflanzte sie dahin und dorthin, in Weinberge, Wiesen etc.; später legte man noch mehr an und pflanzte sie in Reihen, die aber weit auseinander lagen, so dafs sie die Graskultur und Ernte nicht hinderten; der Rasenhopfen, vielleicht zuerst sogar als Buschhopfen, war fertig.

Die allerersten Hopfengärten waren wahrscheinlich einzelne Hopfenstöcke in den eingefriedeten Gras- oder Obstgärten (in den Pointen) in nächster Nähe der Ansiedelungen; so entstand der sogenannte Rasenhopfen der späteren Jahrhunderte. Und es ist wahrscheinlich kein Zufall, sondern alte Überlieferung, dafs man bei den Bajuwaren südlich der Donau auch aufserhalb der eigentlichen Hopfenregionen (der Hallertau etc.) und in denselben, in den Bauerngärten, einzelne Hopfenstöcke antrifft. Wir werden sehen (s. folgend) dafs auch die esthnisch-finnischen Völker, welche heute keine Hopfenkultur betreiben, vielfach einige Hopfenstöcke in den Hausgärten haben.

Es ist ganz gut möglich, dafs damals das, was wir Hopfengarten nennen, in seiner Ausbildung über diese Stufe des Rasenhopfens, vielleicht sogar des Rasen- und Buschhopfens, noch gar nicht hinausgekommen war. Damals baute man jedenfalls nur den eigenen Bedarf, Hopfenhandel gab es kaum; daher die Erscheinung, dafs in derselben Zeit, wo es da und dort schon Hopfengärten gab, in andern Gegenden, wo sie fehlten, noch ungehopftes Bier getrunken wurde, oder solches, welches mit andern Stoffen gewürzt war.

Im Mittelalter waren die Klöster überall die Zerstreuungsmittelpunkte geistiger und materieller Kultur; namentlich Hopfenkultur und Bierbrauerei hatten da vorzugsweise eine Heimat und Entwicklungsstätte gefunden (man s. auch Osk. Wiesner, Der Bierverbrauch seit dem Anfang des 14. Jahrh., Allg. Br.- u. H.-Ztg. 1884, I, 58).

Da ist der Hopfen stehender Artikel in allen naturwissenschaftlichen Werken. Um 1250 wird er in Alberts des Grofsen fünf Büchern von Mineralien und Pflanzen angeführt. Ein gelehrter Dominikaner, Johann Balbi aus Genua, Arzt des Papstes Nikolaus IV. (ca. 1290), Subdiakon beim Papste Bonifacius VIII. (ca. 1300), sagt in seinem Clavis sanationis (Schlüssel der Heilkunst): Der Lupulus ist nach Heben Mesul eine Art Winde; er hat sehr unregelmäfsige, dem Weinstocke ähnliche Blätter, seine Blüten gleichen anhängenden Fläschchen, zugleich kriecht diese Pflanze an Zäunen. Von den Galliern und Teutonen wird sie Humilis genannt; ihre Blüte thun sie in den Met (s. Wiesner l. c. 1882, S. 229).

Im 14. Jahrhundert wird der Hopfen oft erwähnt; sein Anbau wurde nun in ganz Deutschland eifrig betrieben und blühte namentlich in Böhmen, in der Oberpfalz, Mittelfranken und Bayern, aber auch in Norddeutschland, besonders in der Mark Brandenburg[62]. Geradezu staunenswert ist es, welche Rolle die Hopfenkultur etwa vom 13. Jahrhundert ab und namentlich im 16. und 17. Jahrhundert in der Mark Brandenburg, in der Altmark (Gardelegen, Salzwedel etc.), in Mecklenburg und Schlesien spielte.[63]) Man sehe auch die eben erwähnte Abhandlung von Ed. Johansen in Dorpat über die Biere von einst und jetzt.

Trotz allem, was ich in diesem Buche über die Geschichte des Hopfens und der Hopfenkultur zusammengestellt habe, sind unsere bezüglichen Kenntnisse sehr lückenhaft. In Bezug auf Württemberg nahm man bis jüngst allgemein an, dafs die Hopfenkultur dort erst im vorigen Jahrhundert begonnen habe, aber die Kunst des Bierbrauens soll von der Stadt Pelusium zur Zeit des Herkules Alumnus nach Schwaben gebracht worden sein (Allg. H.-Ztg. 1873, S. 162). Um 1877 wurde aber aus Ehingen a. d. D. berichtet, dafs sich eine Urkunde dort befindet, welche vom ehemaligen Franziskanerkloster aus dem 17. Jahrhundert stammt und worin gesagt ist, es sei 1632 der Hopfen dort so mifsraten, dafs der Guardian cerevisiae nach Bayern reisen mufste, um dort den nötigen Bedarf an Hopfen zu kaufen, was aber viel Geld gekostet habe.

Johann der Unerschrockene, Herzog von Burgund, Philipps des Kühnen Sohn, welcher durch Erbschaft in den Besitz der Grafschaft Flandern kam, stiftete im Anfang des 15. Jahrhunderts den Hopfenorden, welchen er 1409 dem Herzog Ludwig (Ludovico Aureliorum Duci) verlieh. Der Orden bestand aus dem flandrischen Wappen mit dem schwarzen Löwen in der Mitte, das von einer reichen goldenen Kette von Hopfeneapfen und Blättern umgeben war (siehe Fig. I). Um das Wappen die vlämische Umschrift: »Ich zuighe«, was heifst: Ich schweige (Ego sileo). Der überaus schöne, kunstvoll gearbeitete und kostbare Orden wurde an einem Bande um den Hals getragen. Er ist um $^1/_3$ gröfser wie hier im Bilde. Herzog Johann wollte sich damit bei den Flanderern, seinen neuen Unterthanen, beliebt machen und seine Achtung für den Hopfen bekunden, welcher damals (und sicher schon lange zuvor) unter das Bier gekocht wurde. Prof. Dr. Joh. Heumann meinte (1759), die Herzöge von Burgund hätten durch die Ritterorden des goldenen Vliefses und der Margaretenblume (Bellis) auf den reichen Ertrag der Schafzucht und der Wiesen und nun durch den Hopfenorden auch auf jenen des Hopfenbaues hindeuten wollen.[64])

Fig. I.
Der Hopfenorden des Herzogs Johann von Burgund, 1409.

Wenn wir weiter oben (S. 80) gesehen, dafs im 14. Jahrhundert in Nordwestdeutschland und in den Niederlanden (man sehe die Klage des Bischofs von Lüttich und Utrecht beim deutschen Kaiser, oben S. 80) noch so vielfach anderweite Stoffe als Hopfen zur Bierbereitung verwendet wurden, z. B. Myrica gale, zo zeigt das nur, wie gefährlich es ist, vereinzelte Erscheinungen verallgemeinern zu wollen, denn bald darauf hören wir gar nicht weit weg vom Gebiete dieses Bischofs, dafs die Flanderer Hopfen zum Bier verwenden und der flandrische Herzog einen Hopfenorden gestiftet hat. Damals wurde der Hopfen, noch mehr als heute, nicht überall gebaut, und da es bei dem so wenig entwickelten Verkehr noch keinen Hopfenhandel gab, konnte an einem Orte der Hopfen längst in Verwendung stehen, während man an nicht weit weggelegenen anderen Kräuter zum Hopfenwürzen benutzte.

Am Ende des vorigen Jahrhunderts[65]) hatte man allerlei, praktisch heute wertlose Ansichten über die Wirkung des Hopfens im Bier. Die Wurzeln der Benediktenwurz (Geum urbanum L.) wurden um Johanni aus dem Boden genommen, getrocknet und in einen Beutel eingenäht in die Tonnen gelegt, um das Bier vor Sauerwerden zu bewahren.

Joseph von Boslarn auf Moos, der Theologie und Philosophie Doktor: Über die Erfindung des Bieres[66]) meint, dafs der Erfinder des Bieres im Weine sein Vorbild gehabt habe, denn der Wein sei ein durchsichtiges, wohlriechendes, schmackhaftes, starkes, geistiges, gesundes und dauerhaftes Getränk; dafs es auch der Gesundheit zuträglich sei, erhelle schon daraus, dafs das Blut des Menschen aus den nämlichen Teilen, obschon unter einer andern Proportion, bestehe. Da viel von gröberen Erd-, Salz- und Öl-Teilen die Rede ist, erkennen wir in der Darstellung den damals noch vielfach herrschenden Geist der Alchemisten. Der Wein ist ein von sulphurischem Geiste volles Getränk. Auf ähnlichem Wege mufs durch Gärung ein dem Wein ähnliches sulphurisches Getränk (das Bier) entstehen, nur mufs aus der Gerste erst ein dem Moste ähnlicher Saft entstehen, welcher Säure, Süffigkeit und Fettigkeit zeigt.

Um aber diesen Gerstenmost zu erhalten, war die Erfindung des Malzes nötig. Wer nun wissen will, welche Fortschritte wir seit 120 Jahren in Bezug auf die Erkenntnis der Vorgänge bei der Malzbereitung und Gärung gemacht haben, dem kann diese philosophisch-alchemistische, damals sicher hochgelehrte Abhandlung nachdrücklich empfohlen werden. Es finden sich da auch Abschnitte über die Wahl der Gerste, das Einweichen, Malzen, Dörren, Schrotten, Maischen, Kochen oder Brauen, Hopfeneinmischen etc.

Der Hopfen ist ein Gewächs, welches viele bittere und harzige Teile enthält, die unangenehme Süfsigkeit der Würze mit einer nicht unangenehmen Bitterkeit verbessert. Lagerbier braucht mehr als Schankbier, auch kommt es auf den Hopfen an; beiläufig, obgleich nichts Gewisses bestimmt werden kann, werden auf 60 Eimer (ca. 39 hl) Bier und Nachbier 20 Pfd. Hopfen gerechnet, also auf den Hektoliter Bier ca. $^1/_2$ Pfd. Hopfen. Es wird das Rösten des Hopfens vor dem Gebrauche empfohlen. Der Autor geht nun auch die ganze Gärung etc. des Bieres durch und findet, dafs das alles so kommen mufste und der Erfinder nannte dann den so verwandelten Gerstenmost» Bier«. Über das »Wo, Wann und durch Wen« diese Erfindung gemacht wurde, macht sich der Autor keinerlei Denkbeschwerden. Seine Abhandlung enthält aber doch viel Interessantes über die Geschichte des Bieres.[67])

Die Bedeutung des Hopfenbaues der Bezirke Hersbruck, Lauf, Altdorf (in der Allg. H.-Ztg. 1870, S. 282 nach einer Schrift aus dem vorigen Jahrhundert) war ebenfalls schon vor Jahrhunderten grofs; in Altdorf begann er um 1450, in Lauf 1601, um Hersbruck 1720 und 1730; dort ist auch zu sehen, welche Bedeutung und Ausdehnung der Hopfenbau in diesen drei Städtchen schon in der zweiten Hälfte des 18. Jahrhunderts hatte.

Am 1. April 1620 erliessen die Generalstaaten von Holland eine Verordnung gegen die Verfälschungen des Hopfens.

In den altgermanischen Göttersagen (s. o. Wiesner etc.) ist eine hübsche geschichtliche Skizze über das Bier in der altgermanischen Zeit enthalten. Es spielt im Eddaliede und in den ältesten Urkunden der Deutschen, überhaupt der Germanen, eine grofse Rolle. Die Götter und die sich für die Walhalla vorbereitenden Helden tranken viel von aus Gerste oder Weizen bereitetem Bier. Die Frauen brauten es, selbst die Königinnen. König Alreck aus Hördaland hatte zwei Frauen, welche immer im Streit lebten, weil die eine zänkisch war. Er fafste den Entschlufs, sich von der einen zu trennen. Er behielt die, welche das Bier am besten brauen konnte, und entliefs die andere; der ersteren hatte aber der Gott Odhin geholfen.

Manche (so Jakob Grimm) leiten das Wort »Bier« von dem lateinischen »bibere« (trinken) ab, sicher ist aber die Abstammung vom altsächsischen »bere« (Gerste). Tacitus sagt, dafs die Germanen es Öl oder Ale nannten. Angelsächsische Urkunden unterscheiden beor und ealu.

Ich habe mir diesmal eine besondere Mühe gegeben, zu zeigen, was philologisch-historisch in solchen Fragen geleistet werden kann. Seit Jahrhunderten wurde die alte Literatur sozusagen von Tausenden von tüchtigen Männern mit dem gröfsten Fleifs durchforscht. Es ist kaum denkbar, dafs da noch Neues gefunden werden kann. — Und was ist das Resultat? Viel ganz interessantes Detail, aber in den Hauptfragen, z. B. über den Ursprung des Hopfenbieres, nichts als künstliche Konstruktionen, vielfach von ganz irreleitendem Charakter! Und dafs selbst die vergleichende Sprachforschung allein nichts Entscheidendes leisten kann, das dürften die folgenden Darstellungen genugsam zeigen. Aber die vergleichende Sprachforschung kann viel leisten, wenn sie mit urgeschichtlichen, ethnographisch-kulturgeschichtlichen Forschungen, Hand in Hand geht. —

In der Literatur steckt aber eine noch ältere Nachricht über den Hopfen. Dieselbe soll von dem als Schriftsteller berühmten Bischof Isidor von Sevilla herrühren, welcher im 6. und 7. Jahrhundert gelebt hat. Nach ihm wurde in Italien schon im 7. Jahrhundert dem Biere Hopfen zugesetzt. Dieser Isidor von Sevilla, 560 (um 600) von gotischen Eltern geboren, wurde Bischof von Sevilla, starb 636 und hinterliefs eine grofse Zahl von Schriften, welche ihrem Inhalte nach meistens Auszüge aus den Werken heidnischer und christlicher Schriftsteller und zum Teil bis auf unsere Zeit erhalten geblieben sind.

Aber in welchem der zahlreichen Bücher dieses Autors steht diese Bemerkung? Darüber findet man nirgends eine Angabe, und ich habe vergebliche Versuche gemacht, sie zu finden. Denn wenn diese Nachricht sich als richtig erweist, dann sind alle Vermutungen über den slavischen Ursprung der Hopfenkenntnis ohne weiteres hinfällig, während es zugleich sehr wahrscheinlich ist, dafs die Kenntnis des Hopfens und seiner Verwendung bei der Bierbereitung durch die Wanderung der Goten und Alanen am Ende des 4. und am Anfang des 5. Jahrhunderts nach Mittel-, West- und Süd-Europa gekommen ist.

Diese Ansicht scheint von Haller in die Literatur gekommen zu sein; sie scheint aber auf Irrtum zu beruhen, denn andere haben trotz eifrigen Suchens nichts davon gefunden, und Haller hat bei späteren Gelegenheiten selbst nicht mehr davon gesprochen.

In der Holledauer H.-Ztg. 1864, S. 101 wird (nach einer norddeutschen Zeitung J. F. G.) erwähnt, dafs dieser Nachricht Isidors aus dem 7. Jahrhundert andere aus der karolingischen Regierungszeit aus dem 7. und Anfang des 8. Jahrhunderts gegenüberstehen. Dort wird vermutet, dafs die Cimbern, welche ursprünglich die Tamariske als Bitterstoff zum Bierbrauen verwendeten, das Wesen des Hopfens erkannt und seinen Gebrauch verbreitet hätten.

In sehr treffender Weise sagt auch der grofse schwedische Naturforscher Linné Ende des 18. Jahrhunderts, der Hopfen sei zur Zeit der Völkerwanderung von hinten weit aus Rufsland in das heutige Europa eingewandert: ignotae fuere veteribus et introductae seculis barbaris, dum Gothi nostrates occupabant Italiam, qui sine dubio secum attulere in Italiam plantas suas oleraceas et culinareas; zu deutsch also: unbekannt den Alten und in barbarischen Jahrhunderten eingeführt, als unsere Landsleute, die Goten, Italien einnahmen, welche ohne Zweifel ihre Gemüse- und Küchen-Pflanzen mit sich führten.

R. Kobert (z. Geschichte des Bieres l. c.) sagt, dafs er in sieben starken Bänden des Werkes Isidors (560—630 n. Chr.) an der einzigen Stelle, welche vom Bier (celia und cerevisia) handelt, nicht das Geringste vom Hopfen erwähnt fand; auch als Arznei- und Nahrungspflanze habe er ihn nicht erwähnt. Kobert schliefst daraus, dafs nicht die Goten die Kenntnis des gehopften Bieres durch Europa verbreitet hätten. Ich möchte aber diese Ansicht Koberts nicht ohne weiteres hinnehmen. Mit dem blofsen Herumsuchen nach einer bestimmten Stelle in so umfassenden Werken ist es nicht gethan. Wer alle Bände sorgfältig durchstudiert, wird sicher anderes finden.

Nach M. v. Strantz (l. c. 1877) scheint diese Angabe zuletzt von Haller gemacht zu sein, sie wurde aber schon von Beckmann, der Quelle nach, als unrichtig erwiesen.

Ich meinerseits möchte also doch glauben, dafs die Goten und Alanen bei ihrer Wanderung nach West- und Süd-Europa nur die Kenntnis der Hopfenpflanze und ihrer Eigenschaften etc. mitgebracht haben, nicht die Pflanze. Fechser sind schwer mitzunehmen, Samen oder Früchte brauchen zwei bis drei Jahre, bis sie einmal leistungsfähige Pflanzen hervorbringen, und dann sind es männliche zapfenlose und zapfentragende weibliche gemischt. Wahrscheinlich war der Hopfen damals in Mittel- und Süd-Europa schon vorhanden.

Der Vollständigkeit wegen wollen wir auch noch anführen, was der berühmte Genfer Botaniker Alph. de Candolle in seinem Werke[68]) über den Hopfen sagt: Der Hopfen hat keinen Namen im Sanskrit (der Ursprache der Indogermanen) und findet sich nicht an den Südabhängen des Himmelaya, war also anscheinend den Sanskrit redenden Stammelten der kaukasischen Rassen noch unbekannt. Man könnte also vermuten, daſs der Hopfen, welcher sich heute wild in fast ganz Europa, Kaukasien und Sibirien findet, keineswegs aus Asien stammt und durch die Völkerwanderung nach Europa gebracht wurde, sondern daſs ihn die einwandernden Völker vorfanden, nunmehr zuerst aus dem wilden Vorkommen benutzten und später, bei gesteigertem Bedarf, in Kultur nahmen: De Candolle war ein Autor von einer Literaturkenntnis, die selbst Darwin Bewunderung einflöſst. Wir werden aber sehen, daſs er darin nicht recht hat. Möglicherweise hat der Hopfen auch einen Namen im Sanskrit, aber einen andern, der mit dem heutigen nichts mehr zu thun hat.

In der That existiert die gröſste Wahrscheinlichkeit, daſs die Goten (die immer mit den Alanen in Gesellschaft waren) die Kenntnis des Hopfens und seines Zusatzes zum Bier aus den fernen Kaukasusländern, Armenien und dem Gebiet des Euphrat und Tigris mit sich gebracht und in der Zeit der Völkerwanderung durch Mittel- und Süd-Europa verbreitet haben. Daher sehen wir bald, nachdem die Völkerwanderung zur Ruhe gekommen und wieder geistiges Leben zu erwachen begann, also im 8. und 9. Jahrhundert, allenthalben die Nachrichten von Hopfengärten, welche durch Tausch oder Schenkung ihren Besitz wechseln, aber nur längs der Völkerstraſsen, welche die Goten und Alanen einstens gezogen sind, so bei den Bayern, in denen nach gewichtiger heutiger Ansicht Gotenreste stecken sollen und die früher das heutige Böhmen (Bojohemum) innehatten, bei den Franken und Galliern im nördlichen Frankreich, in Spanien und Italien, also überall, wo Goten hingekommen sind, sonst nirgends.

50—100 Jahre nach der Einwanderung der Goten und Alanen in Spanien und Italien berichtet (die Thatsache als richtig angenommen) zum erstenmal der Gote Isidor von Sevilla von dieser Pflanze und ihrem Gebrauche bei der Bierbereitung, und ein bis zwei Jahrhunderte später kommen bereits zahlreiche Nachrichten über Hopfengärten aus allen jenen Ländern, welche die wandernden Goten und Alanen durchzogen, aus Landgebieten, welche nie der Fuſs der Slaven — als wandernde Volksmasse — betreten hat. Zudem liegt, wie jeder Sachkundige ohne weiteres zugestehen wird, von dem Beginn der Kultur einer Pflanze bis zu dem Zeitpunkte, wo sie in Stiftungs- und Schenkungs-Urkunden als eine selbstverständliche, alteingelebte Sache erwähnt wird, und gar erst in jener primitiven Zeit, ein gewaltiger Zeitraum, ja ein solcher von Jahrhunderten, so daſs wir damit, ohne der Logik irgend einen Zwang anthun zu müssen, bis zur Völkerwanderungszeit im 4. und 5. Jahrhundert zurückkommen.

Um Wusterhausen a. d. Dosse und um Buckow bei Frankfurt a. d. O. in der Mark Brandenburg etc. hatte der Hopfen im Mittelalter eine hohe Bedeutung als Handelsartikel. Um 1248 wird er schon unter den Ausfuhrprodukten erwähnt, meist ging er zu Schiff nach andern Ländern. Aus dem Jahre 1687 existiert eine amtliche Warnung diesen Hopfen durch Mischung mit minderer Ware zu verfälschen[69]).

Daſs in Mittel- und Nord-Deutschland ehedem an manchen Orten Hopfen gebaut wurde, wo sich heute nicht einmal mehr eine Erinnerung davon erhalten hat, dafür hat in neuerer Zeit erst wieder die Zeitschrift des Harzvereins für Geschichte und Altertumskunde (reprod. Allg. Br.- u. H.-Ztg., 1883, I, 484) ein Beispiel erbracht. Danach wurde früher um Sangerrhausen auffallend viel Hopfen gebaut. Die erste Nachricht stammt aus dem Jahre 1414, während des Weinbaues schon um 400 Jahre früher gedacht wird. Da haben Hopfenberge Zins an Kirchen und Klöster zu entrichten; es sind dafür mehrere Urkunden da, und im 17. Jahrhundert gab es in der Stadt Sangershausener Feldflur noch 116 Morgen Hopfenberge. Jetzt ist dort keine Spur mehr davon zu finden.

Thatsächlich sehen wir also die Germanen und die im westlichen und südlichen Europa stark mit ihnen gemischten Gallier, Kelten und Romanen schon sehr frühzeitig im Besitze des Hopfens als Kulturpflanze, um $1^1/_2$—2 Jahrhunderte urkundlich früher als die slavischen Nationen. Das bleibt auch selbst dann noch bestehen, wenn sich die Nachricht mit Isidor von Sevilla definitiv als irrig erweisen sollte, woran ich doch noch nicht so recht glauben will, weil es mir sonst ganz unbegreiflich erscheinen will, wie eine solche Nachricht ohne die geringste substanzielle Ursache in die Literatur gelangte und sich darin erhält.

Die Ansicht Koberts, dafs den Goten deshalb nicht die Palme für die Erfindung und Verbreitung des gehopften Bieres gebühre, weil der Polyhistor von gotischer Abstammung »Isidor von Sevilla« keine Erwähnung davon mache, ist so wenig beweisend, wie die der slavischen Schriftsteller, dafs die Deutschen die Erfinder nicht sein können, weil Karl der Grofse in seinen wichtigen Capitularien (de villis) des Hopfens mit keinem Worte gedenke, nachdem doch aus der Zeit von Karls Vater, »Pipin« (751—768), die zweifellosesten Urkunden über Hopfengärten da sind und der Abt Adelard von Corvey, Minister am Hofe Karls des Grofsen, im Jahre 822 die Stiftsmüller ausdrücklich von der Arbeit in den Hopfengärten dispensiert. Ohnehin sagt der oben citierte Franzose Reynier, dafs thatsächlich in den Capitularien Karls des Grofsen schon vom Hopfen die Rede ist, auch bei Ansegisus, dem Abte des Benediktinerklosters Lobio, welcher 827 eine Sammlung der Edikte Karls des Grofsen und Ludwigs des Frommen verfafste. Diese Capitularien etc. mit ihrem alten Mönchslatein sind eben schwer zu lesen und nicht jedermann so ohne weiteres zugänglich, jedenfalls braucht man dazu viel Zeit.

Jene Schriftsteller, welche uns überzeugen wollen, dafs die Germanen die Kenntnis des Hopfens den Slaven verdanken, mögen nur Beweise einwandfreier Art dafür bringen, dann wollen wir uns gern davon überzeugen lassen. Kein Volk ist in kulturgeschichtlichen Dingen so objektiv und gerecht als die Germanen und namentlich die Deutschen. Kaum gibt es ein Volk, welches so bereit ist, die Verdienste anderer Völker um die menschliche Kultur anzuerkennen, wie das deutsche. Wir stehen der Frage ohne jede Voreingenommenheit gegenüber, blofs von dem Streben nach Wahrheit, auf dem Boden kritischer Untersuchung gefunden, beseelt. Obgleich ich wohl sagen kann, dafs ich die Frage bedeutend vorwärts gebracht habe, halte ich sie auch heute noch nicht für definitiv abgeschlossen. O. Conrad (Gambrinus 1899, S. 737) meint, dafs die alten Slaven Met und gegorenen Waldbienenhonig tranken.

Zur Orientierung über diese (slavischen) Ansichten genügt es, eine Abhandlung zu lesen, nämlich jene von Dr. C. O. Czech: Über den Ursprung der Hopfenkultur[70]). Die Abhandlung Dr. Czechs verrät reiches Wissen und ist mit besonderer Gewandtheit geschrieben, namentlich aber auch in dem Umstande, wie sie mit unbequemen Jahrhunderten fertig wird[71]). Es erinnert mich das lebhaft an den mir wohlbekannten, eigenartigen Geschichtssinn der Czechen, den ich vor mehr als 34 Jahren durch mehrjährigen Aufenthalt unter ihnen kennen gelernt habe. Die heutigen Czechen sind ein überaus stark mit Germanen etc. gemischtes Volk und nehmen ohne weiteres alles, was die Germanen ihnen gebracht haben, und das ist bekanntlich viel, als ihre eigene (czechische) Leistung an. Wer ohne Vorurteil in allen Teilen des schönen Landes gelebt hat, weifs, dafs von dem, was sich heute, wollend oder nicht wollend, zur czechischen Nation bekennt, weit mehr als 1 Million gemischten (deutsch-czechischen und czechisch-deutschen) Blutes ist. Ich weifs mich von Animosität gegen die Czechen ganz frei; ich habe einst aus vollem Herzen, nicht blofs mit der Kehle, die vielfach so schönen czechischen Lieder mitgesungen, dort manchen lieben Menschen kennen gelernt, aber es müfste interessant sein zu sehen, was dann wäre, wenn man alles, was von den Germanen stammt, scharf subtrahieren könnte! Viele der besten dieses Volkes wollen davon auch gar nichts wissen, möchten gern friedlich mit den deutschen Landsleuten leben, mit denen ihre Geschicke seit weit mehr als 1000 Jahren verwoben sind, wenn sie nur nicht von Agitatoren daran gehindert würden. Es ist höchst bezeichnend zu lesen, wie hochgebildete Russen über Czechen und Deutsche denken und urteilen, so der Prof. Wlad. Lamansky in einem im Frühjahr 1899 in der Petersburger geographischen Gesellschaft gehaltenen Vortrage über diese Völker. Auch Dr. Fürst Sergej Trubetzkoi, Professor der Philosophie an der Moskauer Universität, spricht sich bei einer Kritik der Friedensidee 1898 (s. Münchner Neueste Nachr., 15. Mai 1899, No. 223) für ein Bündnis der Russen und Deutschen aus, die gar keine entgegengesetzten, aber sehr viele gemeinsame wirtschaftliche Interessen haben und am Zusammengehen nur durch nationale Hetzer gehindert würden.

G. Buschan: Zur Geschichte des Hopfens (Das Ausland 1891, Nr. 31, S. 16) macht sich's mit der Sache noch viel bequemer; indem er sich der Czech'schen Argumente bedient, sagt er, dafs die vergleichende Sprachforschung lehre, dafs das slavische Wort »chmel« das Ausgangswort für die Hopfenbezeichnung in allen europäischen Sprachen geworden sei. Auch die botanische Forschung weise auf Rufsland als die Heimat des Hopfens hin, und die Verbreitung des Hopfens nach Westeuropa hin habe offenbar durch Völker slavischer Abkunft stattgefunden. Nach Herbord haben die Slaven in Pommern schon um 1275 gehopftes Bier getrunken etc., die Moskowiter im 15. Jahrhundert gehopften Met. Herr Buschan hatte mir seiner Zeit seine Abhandlung selbst geschickt und um die meinige ersucht; wenn ich so unhöflich war, letzteres zu unterlassen, so war der Grund nur in dem Umstande gelegen, dafs ich seinen unkritischen, sich in der Hauptsache auf Dr. Czech stützenden Ausführungen, nicht den geringsten Wert beilegen konnte. Anders ist das mit den Ausführungen eines Gelehrten wie R. Kobert; da fesselt ein Strom neuer, in tiefer Literatur- und Weltkenntnis wurzelnder Ideen vom Anfang bis zum Ende, auch wenn man nicht überall zustimmen kann. So ein Mann schreibt nur, wenn er Neues von erheblicher Wichtigkeit bieten kann.

Auch Dr. Em. Jung: »Zur Geschichte des Bieres«[72]) entwickelt Ansichten, welche sicher den Thatsachen nicht entsprechen. Die heutige Ausbreitung des Bieres sei, wie schon V. Hehn dargethan habe, nur eine Rückeroberung, das Bier sei kein nordisches Getränk, es sei den alten Völkern längst bekannt gewesen; die Kaffern in Südafrika bereiteten sich seit Jahrhunderten Bier aus Hirse, welche sie keimen lassen, so wie wir es mit der Gerste machen; man setzt auch Pflanzen zu. Nubier und Abessinier benutzen zu Bier die Samen der Poa abessinica; im Süden werden jene von Holcus spicatus verwendet. Der griechische Dichter Archilochos spricht schon 700 Jahre v. Chr. vom Bier; wahrscheinlich stammte die Kunst von den Ägyptern. Die Spanier brauten ein Bier, welches — wie Plinius berichtet — durch das Alter an Güte gewann, also eine Art Lagerbier war. Die Rückschläge gegen das Bier wurden veranlafst im frühesten Mittelalter durch die Ausbreitung des Weinbaues im Römerreich, im späteren Mittelalter durch den Dreifsigjährigen Krieg.

Dafs die Slaven ebenfalls den Hopfen schon sehr lange kennen, geht unzweifelhaft aus allem hervor, und dafs es zwischen dem slavischen (?) Worte chmel (Hopfen) und dem altdeutschen Worte hop oder hupa (Hopfen) Übergänge gibt, ist leicht ersichtlich gemacht in folgender Zusammenstellung der Hopfenbenennung bei verschiedenen Völkern Europas. Offenbar bilden da die mittellateinischen Benennungen die Brücke zwischen den germanischen einerseits und den slavischen und romanischen anderseits.

Hop, Hoppe, Hopfo, Hopho, Hoppo, Hupa = niederländisch, altdeutsch und angelsächsisch.

Nach Beckmann ist in einem Wörterbuche aus dem 10. Jahrhundert die Rede von timalus Hoppe und brandigabo Feldhoppe; timalus sei wahrscheinlich humulus (falsch gelesen). Strantz erwähnt ebenfalls, dafs das Wort Hoppe zunächst in einem aus dem 10. Jahrhundert stammenden Buche gefunden wurde. Dagegen war seit dem Ende des 8. Jahrhunderts »humulus« der meist verbreitete Ausdruck.

Hope, Hoppenkruyd	=	englisch, holländisch.
Homle, Handhumle	=	dänisch.
Humule, Humbla, Humla	=	schwedisch, dänisch.
Hamal	=	persisch.
Humall	=	skandinavisch.
Humala	=	finnisch.
Humal, umal	=	esthnisch.
Humulus lupulus	=	lateinisch.
Umal	=	livländisch.
Hombel	=	lappländisch.
Umalo	=	wotjäkisch (Sibirien).
Komlä	=	mordvinisch (Finnland).
Humla	=	tscheremissen (Finnen).

Qumleh = vogulisisch (Sibirien, den Ungarn oder Magyaren verwandt).
Komlak = tartarisch.
Kumla = tschuwaschen, türkisch mit finnisch, Gouvernements Wiacka, Kasan, Simbosk, Ufa, Orenburg, Tobolsk.

Die ostfinnischen und tartarischen Benennungen des Hopfens in O. Donners »Vergleichendem Wörterbuche der finnisch-ungarischen (ostfinnischen) Sprachen« (Helsingfors 1876—78, 3 Bände). Die heutigen Magyaren (Ungarn) gehören zu den ugrischen Stämmen.

Im Mongolischen heifst der Hopfen »Ogi«. Das Wort bedeutet bei ihnen (ebenso wie bei den Slaven) etwas Berauschendes [73]). Herr Prof. E. Kuhn teilt mir mit: Da die mongolische Schrift vor e und i, k und g gar nicht unterscheidet, ist schwer zu entscheiden, ob dieses Wort Ogi oder Oki zu lesen ist. Die Übersetzung in S. J. Schmitt's Mongolisch-Deutsch-Russischem Wörterbuch (St. Petersburg, 1835, S. 470) lautet: der Hopfen, das Geistige, Belebende, Berauschende; der Wortinhalt ist also ähnlich wie bei den Slaven.

Leunis (1877, II, S. 379) sagt: Humulus sei das latinisierte germanische Humel, Humela, Humal.

Humulus, humlonem, humulum, humalus, humlonaria, humularia, auch umuli und cumuli, humelo, humolo, umlo und fumlo, hupilus (hupa, hupalus, hubelo, humlo, humulus) = mittellateinisch, in Germanien.
Houblon, humlon, houbelon (die Hopfengärten zur Zeit Pipins noch humlonarias, cumulus, cumlus, humble, später Umelaye, umeau, houblonière) = französisch.
Hubillon = altwallonisch.
Hommel = vlämisch.
Lupares, humbla, hombrecillos, hoblon = spanisch.
Hombrecilho, lupulo, luparo = portugiesisch.
Lupulus = italienisch (schon Plinius sagte Lupus salictarius); die Italiener nennen ihn aber auch Luvertice (nach J. Heumann).
Lupulo (il hubelo = lupulo, luppoli, Bruscandoli) = italienisch und altlateinisch; anscheinend erst vom 13. Jahrhundert ab nur lupulus.
Homlo, komlo = magyarisch.
Hymel = türkisch.
Humeju, hámeju = walachisch.
Hemeju, hemeyu = rumänisch.
Chumele, chuméli oder humeli, chumelae, chemelae = neugriechisch; offenbar von den Slaven entlehnt, aber selten gebraucht; nach G. Heumann (1759 l. c.) nennen ihn die Neugriechen Bryon (von der Ähnlichkeit mit Bryonia); die Bauern im Aquileischen und um Cremona sagen Bruscandulum von Bryon scansile. Prof. Kobert erwähnt noch Lykiscos (wolfähnlich) und Agrioclema (wilder Zweig) als griechische Bezeichnungen, die aber sehr unsicher sind. Altgriechisch gibt es kein Wort für Hopfen, ebenso fehlt er dem Sanskrit; er kann da aber auch ganz anders benannt sein.
Hmelj = serbisch, neuslovenisch.
Khmjel = oberlausitzisch.
Chmelj, chmel = russisch.
Chmiel = polnisch.
Chmel (cumuli = chumeli, chmelj?) = altslovenisch, kirchenslavisch, zugleich die älteste Form, auch czechisch, niederlausitzisch, bulgarisch.
Appini, Appihni, apihni = finnisch, esthnisch, lettisch.
Apwynis = littauisch.

Da sind Übergänge zwischen hop und chmel, selbst zum altlateinischen lupulo anscheinend leicht ersichtlich, namentlich für Nichtsprachgelehrte; hop, hoppe, hopelon, hubillon, houblon oder houbelon, hupalus, hubalus, hubelo, humelo, humlo, hommel, humulus, humlo, humeli, hmelj, hymel, khmjel, chumeli, chmelj (man sehe auch in meiner Abhandlung die Entwicklung durch Prof. Schülein in Freising). Wie wir gesehen, nannte man zur Zeit des Frankenkönigs Pipin in Frankreich die Hopfengärten umelaye und umeau; ob nicht daher humulus stammt? Diese beiden Worte klingen sehr an die alsbald erwähnten ossetischen »Chumälläg und K'umäl an. Das mittellateinische humulus ist aus der altdeutschen Bezeichnung hop hervorgegangen. Linné hat bei seiner Namengebung (humulus lupulus L.) die mittellateinisch-deutsche und die altlateinische Bezeichnung (lupulus) zusammengefaſst.

Der Jenenser Sprachgelehrte Schrader, welcher die 6. Auflage von Viktor Hehns »Kulturpflanzen und Haustiere« bearbeitet hat, erklärt, daſs die Namen des Hopfens in vier Gruppen zerfallen, deren sprachlicher Zusammenhang nicht zu erweisen ist; diese vier Gruppen sind:

1. das deutsche Hopfen;
2. das slavische Chmel;
3. das lettische, resp. finnisch-estnische Appini oder Appihni;
4. das lateinische Lupus, Lupulus und das italienische Lupulo.

Da aber Baudouin das mittellateinische Humulus nicht von Chmel abstammen lassen will, hätten wir mit Humulus schon eine 5. Gruppe; es reicht auch das noch nicht.

Dazu kommen noch die erst jüngst zu unserer Kenntnis gekommenen Bezeichnungen, deren Kenntnis wir meist Prof. Kobert verdanken, wie Swia (offenbar Suah) und Pschala. Nach Schrader besteht eine gewisse Wahrscheinlichkeit, daſs das slavische Chmel dem ostasiatischen Sprachstamme entlehnt ist. Da — wie wir alsbald sehen werden — der Hopfen wild durch ganz Mittelsibirien und das gemäſsigte Mittelasien geht, bis zum Polarkreis, also wohl auch im nicht zu hoch gelegenen mittleren Asien vorhanden ist, steht dieser Ansicht Schraders kein pflanzengeographisches Hindernis im Wege. Der Sanskritist Theodor Benfei[74]) meint, daſs im Ursitze der Indogermanen ein Wort »smaira« existiert habe, das eigentlich blütenreich bedeute, vielleicht auch Rankengewächs; im asiatischen Zweig der indogermanischen Sprache sei wohl das Wort, nicht aber die Bezeichnung bewahrt; im europäischen hielt es sich in der Gestalt smeila und zugleich in der obigen Bezeichnung.

Benfei nimmt an, daſs sich das mannigfaltig abgeänderte slavische (altslovenische) Wort »chmel« über ganz Europa (Italien ausgenommen, wo lupulus geblieben) ausgebreitet habe. Bedenken erregt ihm nur der Umstand, daſs dann Wort und Sache zuerst, die Gebiete der deutschen Sprache überspringend, in Frankreich aufgetaucht sein müsse und von da erst (mit dem Gebrauche des Hopfens) nach Deutschland gekommen sei. Umgekehrt beständen auch gegen die Ableitung der französischen Bezeichnungen aus dem Deutschen schwere Bedenken (man s. 102 l. c.); oder es sei die deutsche Bezeichnung zuerst nach Frankreich gekommen und sei derart verändert wieder nach Deutschland zurückgekehrt; dieses deutsche Wort wäre dann humlo, humlon gewesen.

Tychsen, welcher an den Arbeiten Bechmanns beteiligt war, vermutet, daſs lupulus aus lupinus entstanden sei. Columella (Ackerbau) sagt, daſs die Ägypter Lupinensamen beim Brauen des pelusinischen Zythus angewandt hätten, um die zu groſse Süſsigkeit zu mindern und die Schmackhaftigkeit zu erhöhen. Dieselbe Anwendung der Lupine beweist auch Lorsbach aus dem arabischen Schriftsteller Ibe Challikan um 1250 (s. O. Wiesner, l. c. 228).

Swia und Pschala	=	chewsurisch, im hohen Kaukasus;
Chumälläg	=	ossetisch »Hopfen«
K'umäl	=	gehopftes Bier bei den Osseten im Kaukasus.

Prof. Hübschmann führt diese Bezeichnungen nicht in seinem Verzeichnis sämtlicher ossetischen Lehnworte auf, sie müſsten also nach dem gegenwärtigen Standpunkte der ossetischen Sprachforschung als autochthon, d. h. echt ossetisch, angesehen werden.

Wir werden weiter unten von Herrn Wetzel hören, daſs wenigstens Teile der Osseten den Hopfen auch mit dem Worte »Suah« bezeichnen. Das Wort Suah korrespondiert wohl mit dem chewsurischen Swia.

Nach Klapproth haben auch die Juguschen, ein den Osseten benachbarter kaukasischer Volksstamm, ein Bier, das dem Porter ähnlich sein soll.

Dafs dieses Hopfenbier der Osseten (Alanen) nicht erst in der neueren Zeit entstanden ist, geht auch aus der interessanten Thatsache hervor, dafs zur Zeit der grofsen russischen Kaiserin Katharina II. das Ossetenbier in Petersburg bekannt und gerühmt war. Der allmächtige Minister Potemkin liefs eigens Osseten nach St. Petersburg kommen, damit sie ossetinisches Bier brauen sollten; aber es ging wie vielfach in unserer Zeit: das von den Osseten in St. Petersburg in der zweiten Hälfte des 18. Jahrhunderts gebraute ossetinische Bier schmeckte nicht so gut wie echtes ossetinisches, weshalb man es wieder gehen liefs.

Chamalaq = bei den Tartaren des östlichen Rufsland und Westasiens; die Bulgaren, bei welchen 984 in einem Friedensvertrag mit den Russen vom Hopfen die Rede ist, waren nach Masing Tartaren; das Gleichnis mit dem Hopfen wurde aber in jenem Friedensvertrage von den Bulgaren gebraucht, nicht von den Russen, mit welchen der Vertrag geschlossen wurde.

Ganz ähnliche Formen finden sich nach R. Kobert auch bei andern mongolischen Völkern, wie z. B. bei den Tschuwaschen und den Kirgisen.

Quamalaq, Gumalà nach Tomaschek[75]) bei den Türken im Tieflande des oberen Ob[76]).

Wie wir im nächsten Abschnitt über die Arten des Hopfens sehen werden, haben auch die Chinesen (eigentlich die Mandschuren in Nordchina) ein Hopfenbier aus Gersten- oder Weizenmalz, den Tarasun; damit ist das alles noch weiter in die Ferne gerückt, denn die chinesische Kultur ist uralt. Es begreift sich auch, dafs es viel für sich hat, wenn Schrader das Wort »chmel« als dem ostasiatischen Sprachstamme angehörig bezeichnet. Wir haben aber gesehen, dafs die Mongolen ein ganz anderes Wort haben. Wie die Chinesen den Hopfen, den eigentlichen Humulus lupulus oder cordifolius, benennen, ist uns vorerst unbekannt.

Als die citierten Sprachforscher ihre Erklärungen abgaben, waren uns die Bezeichnungen der Osseten »Chumälläg« und K'umäl noch nicht bekannt.

Bei vielen alten Sitten und Gebräuchen der Slaven wie der Germanen spielt die Hopfenpflanze eine Rolle. Auch in der deutschen Sage hat der Hopfen vielfach ganz dieselbe Deutung und Stellung wie bei den Slaven. Namentlich bei den Slaven war der Hopfen in alter Zeit gewissermafsen ein Sinnbild der Berauschung und Fröhlichkeit, weshalb von den Frauen bei festlichen Gelegenheiten mit Vorliebe Hopfenranken als Kopfputz getragen wurden. Hehn erwähnt, dafs bei der Vermählung Helenas, Tochter Iwans III. Wassiljewitsch aus Wilna, mit dem Grofsfürsten Alexander von Litauen, die Bojarinnen der Braut in der Kirche die Zöpfe losflochten, ihr die »Kika« aufs Haupt setzten und sie mit Hopfen überschütteten.

Eine alte deutsche Sage berichtet, dafs, wer einen Kranz von Hopfen trägt, ein heiteres Gemüt verrät, dem der Liebesgram nichts anhaben kann. Anderseits gab man Leuten, welche mehr sagten, als sie verantworten konnten, den Rat, Hopfenranken zu tragen, weil man meinte, der wilde Hopfen trage mehr Blüten als andere Kräuter und bringe doch keine nützlichen Früchte[77]). Namentlich galt der Hopfen auch seit alten Zeiten als Sympathiemittel. Wenn die Mädchen langes Haar bekommen wollten, schnitten sie sich einige Haare ab und legten sie mit den Hopfenfechsern in die Erde; so wie nun der Hopfen im Frühjahr in die Höhe stieg, wuchs angeblich auch das Haar.

Dr. Karl Czech (s. Allg. Br.- u. H.-Ztg. 1884, I, 154) sagt in seinen Berichten »Über die nationale Ausstellung in Moskau 1882«, dafs der Hopfen in der Mittelzone Innerrufslands, in der Schwarzerdenregion und in den fetten, mit Niederwald geschützten Torfböden, schon 70 km südlich von Moskau sehr gut gedeiht.

Ich habe schon in der ersten Abhandlung über die Geschichte des Hopfens gesagt, dafs den zahlreichen slavischen Orts- und Personennamen, welche mit dem Grundwort »chmel« gebildet sind, mindestens ebenso viele gegenüberstehen, welche mit der deutschen Hopfenbezeichnung »hop, hopf« etc. gebildet sind.

Aus »Die deutschen Volksnamen der Pflanzen« von Dr. G. Pratzel und Dr. C. Jessen (Hannover 1882) bringt die Wiener Zeitschrift Gambrinus (1885) folgenden, die deutschen Volks-Hopfennamen betreffenden Auszug:

Fahrende (varende) Bom, mittelneudeutsch;
Brome (Toxites, onomastica duo); Frankfurt a. M., 1588;
Bruch-, Busch-, Dornhopfen (die wilde Form);
Himmelhopfen (die wilde Form);
Heckenhopfen (die wilde Form); Augsburg;
Heidehopfen (die wilde Form); Nemnich, Polyglottes Lexikon, Leipzig, 1793—1798;
Hobsch, mittelhochdeutsch;
Hop, Siebenbürgen;
Hopf, Hopfe, Hopfen, Hopff, mittelhochdeutsch;
Wilder Hopfen (die weibliche Pflanze, wilde Form); Schlesien;
Hopfenlect. Braunschwyg (Braunschweig); Kunst der Destillierung, Strafsburg, 1500, Fol.;
Hopfenliha, Ostpreufsen;
Hopp, Pommern;
Hoppe, Eifel, mittelhochdeutsch;
Hoppen, Altmark bis Ostfriesland; Hortus Sanitatis, das zweite gedruckte Kräuterbuch im 15. Jahrhundert; Herbarium Moguntia; Mainz 1484;
Hoppf, mittelhochdeutsch;
Hopho, Hildegard (de Pinguia), um 1160;
Hupfe, Schweiz;
Hoppo, Huppo, Hildegard;
Läufer, die männliche Pflanze;
Mönchsriemen (Toxites);
Nesselhopfen (die weibliche Pflanze), Ostpreufsen;
Rasenhopfen, Schlesien;
Staudenhopfen, Strauchhopfen, Nemnich;
Wald-, Weiden-, Wiesenhopfen (die wilde Form), Nemnich.

Was man in unsern Apotheken »Spanischen Hopfen« nennt, ist gar kein Hopfen, sondern der getrocknete Blütenstaub von Origanum creticum, einer südeuropäischen Pflanze, welche im Kraut und in ihrem ätherischen Öl in der Medizin Verwendung findet. Das rotbraune, ätherische Öl ist von starkem, gewürzhaftem Geruch und Geschmack.

Was nun die Übergänge in der Bezeichnung für Hopfen betrifft, so kann man ebensowohl vom altdeutschen Worte »hop« wie vom altslavischen »chmel« ausgehen. Da stehen wir wieder am alten Fleck, und eine Entscheidung wäre nur möglich, wenn sich bestimmt sagen liefse, welches von den beiden Wörtern das ältere, also das wahrscheinlich zuerst vorhandene ist. Herr Dr. Kuhn, Professor der orientalischen Sprachen (Sanskritist) an der Münchener Universität, sagte einige Monate nach der Veröffentlichung meiner Abhandlung »Über die Geschichte des Hopfens« in der Berliner Wochenschrift für Brauerei (im März 1891), als ich auf Veranlassung des Münchner Anthropologen und Physiologen Dr. Joh. Ranke in der Münchner Anthropologischen Gesellschaft einen Vortrag über diesen Gegenstand hielt, dafs nach seiner Ansicht »chmel«, also die slavische Bezeichnung die ältere sei. Nach einer so bestimmten Erklärung aus dem Munde eines so hervorragenden Sprachgelehrten wäre die Sache zu Gunsten der Slaven abgethan, wenngleich eine Menge kulturgeschichtlicher Gründe dagegen sprechen. Wir werden aber bald sehen, dafs das Wort »chmel« nur ein Lehnwort der slavischen Sprachen ist. Später hat sich Herr Professor Dr. Kuhn noch einmal in dieser Sache geäufsert und zwar im Zusammenhange mit dem Worte »Bier«[78]). Die Germanen haben von alters her zwei Benennungen für ihr Lieblingsgetränk, nämlich aufser »Bier« das im Südgermanischen frühzeitig ausgestorbene Wort Ale (ealo, ol). Der Engländer hat beide Wörter im Gebrauch erhalten und bezeichnet das ungehopfte Getränke als ale (heute auch gehopft) und das gehopfte als Bier; ähnlich der Litauer das im

Hause gebraute alus (jetzt freilich auch schwach gehopft) von pyvas (dem slavischen Lehnworte), vom Bier der Brauereien. Er nimmt nun an, daſs schon in alter Zeit der Zusatz des Hopfens das bius (auch als gotisch angesehen) von alup unterschieden hat. Kuhn geht nun auf die Arbeiten Koberts ein und findet es in Anbetracht derselben für einen Unbefangenen als unzweifelhaft, daſs die Verwendung des Hopfens zum Bier von finnischen, namentlich ostfinnischen und tartarischen Stämmen ausgegangen sei und sich erst seit der Völkerwanderung mit dem altslavischen »chmeli« (für chumeli, wogulisch Qumlix, mittellateinisch humulus) nach Westen verbreitet hat. Dann könnten die Germanen das gehopfte Bier recht gut durch die Vermittlung der Slaven kennen gelernt und deren Wort »pivo« sich angeeignet haben. Ale komme nicht von »oleum«. Kuhn macht aufmerksam, daſs sku súrā, wogulisch sara, eher Bier als Branntwein bedeute. Das finnisch-arische Wort gehe auf die Zeit vor der Bildung der eranischen Lautgesetze zurück. Die Tibeter[79]) brauen einen gar nicht üblen Stoff. Diese Ausführungen, im Zusammenhang mit dem, was wir später sagen, zeigen uns wieder, daſs solche Fragen linguistisch allein nicht gelöst werden können. Wir werden aber alsbald sehen, in welchem Betrage und zu Gunsten des von jeher von mir vertretenen Standpunktes, dieser hervorragende Sprachgelehrte der asiatischen Sprachen, auf Grund umfassender neuerer Studien, seine bezüglichen früheren Ansichten geändert hat. —

Es bringt die mehr citierte Arbeit R. Koberts (Geschichte des Bieres, l. c.) mehrere Feststellungen, welche uns rasch über diese schwierigsten Punkte der Geschichte des Hopfens hinwegführen. Koberts Kollege an der Universität Dorpat, der slavische Sprachgelehrte Professor Baudouin de Courtenay erklärte Kobert, daſs die oben erwähnten Ansichten den slavischer Autoren sicher unkritisch seien, daſs sich die Ableitung des Wortes »humulus« oder »Hopfen« von chmel gar nicht beweisen lasse. Nach dem slavischen Sprachgelehrten Miklosich in Wien und v. Köppen in Petersburg, stammt das slavische Wort »chmel« gar nicht aus dem Slavischen, sondern aus dem Finnischen; nach Schrader in Jena (in der neuen, 6. Auflage von V. Hehns Kulturpflanzen) besteht eine gewisse Wahrscheinlichkeit dafür, daſs das slavische Wort »chmel« dem ostasiatischen Sprachstamme entlehnt ist. Herr Dozent L. Masing an der Universität Dorpat erklärt dem Herrn Professor Kobert, daſs allerdings der obenerwähnte Friedensschluſs der Bulgaren (985) stattgefunden hat und in der sogenannten Laurentinischen Chronik (1377 vom Mönch Laurentius verfaſst) erwähnt wird, und daſs sogar nicht bloſs vom Hopfenblatt, sondern vom Fruchtstand des Hopfens, also von den Dolden (Zapfen), die Rede ist. Dagegen sei unter Russen im 10. Jahrhundert etwas ganz anderes als die linguistischen Vorfahren der heutigen Russen zu verstehen. Wenn wirklich, fährt Masing fort, die Russen jener Zeit das genannte Getränk als ein von ihnen selbst erfundenes gebrauchten, so ist dieses Getränk als ursprünglich skandinavisches anzuerkennen, denn jene Russen waren nicht Slaven, sondern Skandinavier, also Germanen. Nun legt aber die Chronik die bildliche Redensart vom Hopfen gar nicht in den Mund der Russen, sondern in den der Bulgaren (daſs der Friede so lange dauern soll etc.). Die Bulgaren von damals aber waren nach Masing ein Volk, welches weder mit den Slaven noch mit den Skandinaviern verwandt, sondern zur ugrotürkischen Gruppe gehörte und zwar wahrscheinlich ein tartarischer Stamm war. Ob es möglich ist, bei den Tartaren des 10. Jahrhunderts mit mohammedanischem Glaubensbekenntnis den Gebrauch eines derartigen alkoholischen Getränkes anzunehmen, fährt Masing fort, weiſs ich nicht; sicher ist nur, daſs der Wortlaut der Chronik nicht im entferntesten dazu berechtigt, einen slavisch-russischen Ursprung des Bieres anzunehmen.

Damit dürfte denn in der That jetzt klar und deutlich erwiesen sein, daſs den slavischen Völkern und speziell den Russen das Verdienst nicht zukommt, das gehopfte Bier erfunden zu haben.

Die slavischen Bulgaren wurden von einem ugrotürkischen Stamme unterjocht, in dem finnische Elemente steckten; schlieſslich gingen die Ugrotürken in den Bulgaren auf und nahmen ihren Namen an.

Heute sehen wir ganz deutlich, dafs die Slaven das Wort chmel vom ossetischen chumälläg oder K'umäl haben.

Den Hauptbeweis dafür, dafs die Slaven schon vor ihrer Trennung in Nord-, West- und Süd-Slaven den Hopfen gekannt, findet Dr. Czech (in Anlehnung an den bekannten Petersburger Sprachgelehrten V. Hehn in seiner Pflanzenwanderung 1870, S. 352 u. ff.) in dem Umstande, dafs das Wort chmelj fast in allen slavischen Sprachen auch Rausch oder Berauschung bedeutet[80]).

Im Russischen heifst der Rausch chmelj oder chmeljok; chmeljnoje pitje heifst im Russischen ein berauschendes Getränk, chmeljet sich betrinken, ochmejenje die Trunkenheit und der Katzenjammer, pochmelje der Rausch. Nach Zonaras (Ende des 11. Jahrh.) war aber humeli auch bei den Byzantinern ein Trank, welcher Berauschung bewirkte. Die alten Griechen hatten für trunkenmachen das Wort »bemethen« (durch Met, gegorenes Honigwasser).

Ähnlich ist es im Polnischen, im Czechischen (s. deshalb Dr. Czech, l. c. S. 284). Ich habe sogar während meines mehrjährigen Aufenthaltes unter den czechischen Slaven in Böhmen öfter gehört: »to jest chmel« für »das ist ein gutes Bier«. Wie Strantz erwähnt, wird das Wort chmeli bei den Slaven auch für die berauschende Wirkung des Branntweins gebraucht. Es ist übrigens auch nach R. Koberts Ansicht (Z. Gesch. d. Bieres, Halle 1895) sehr fraglich, dafs der Hopfen oder das angeblich in kleinen Mengen in ihm enthaltene Alkaloid »Hopein« berauschend wirkt; wahrscheinlich existiert also das gar nicht, was die Slaven veranlafst hat, das Wort »Behopftheit« als gleichbedeutend mit Trunkenheit anzusehen, wenn auch v. Köppen[81]) diese berauschende Wirkung des Hopfens in seinen Schriften als eine über allen Zweifel erhabene darstellt. Nun kommt aber der bedenkliche Nachsatz, dafs das Wort chmelj nicht in allen slavischen Sprachen die Bedeutung für Trunkenheit, Rausch etc. hat, so bei den Bulgaren etc., welche sonst das Wort chmelj für Hopfen haben; sie safsen aber, — wie Dr. Czech sagt — im 9. Jahrhundert n. Chr. an der Wolga, nicht auf der Balkanhalbinsel. Bei den Bulgaren ist schon 985 bestimmt vom Hopfen die Rede. Hehn erwähnt aus dem Chronisten Nestor eine Redensart der Bulgaren an der Wolga, die 985 dem Wladimir erklärten, sie würden mit ihm Frieden halten, bis der Stein beginnen wird, oben zu schwimmen, und das Hopfenblatt zu Boden sinkt. Es hat dieselbe vielmehr nur — wie Dr. Czech bemerkt — bei den Nord- und West-Slaven, den Russen, Polen, Czechen, Wenden, also bei jenen Teilen der grofsen slavischen Völkerfamilie, welche schon frühzeitig mit den Germanen, Finnen etc., in Berührung kamen und mit ihnen in Berührung blieben. Von den Polen sagt Czech an anderer Stelle selbst, dafs sie frühzeitig eine Vorliebe für westeuropäische Kultur gezeigt hätten. Das ist auch wohl begreiflich, wenn wir vernehmen, dafs zur Zeit der polnischen Republik drei Millionen Deutsche in Polen gelebt haben; diese sind in der polnischen Nationalität untergegangen, natürlich nicht ohne mit ihren kulturellen Anlagen zum Eigentum des polnischen Volkes geworden zu sein; das polnische Volkstum reicht aber bekanntlich weit in den Süden Rufslands hinein. Wie sehr es die polnischen und czechischen Slaven verstehen, durch endlose Agitation und Verfolgung die friedliebenden Deutschen zu erdrücken, geht aus der geradezu unerhörten Thatsache hervor, welche der preufsische Kultusminister Studt anfangs März 1900 im deutschen Reichstag mitgeteilt hat. Danach sind im 19. Jahrhundert in Preufsisch-Polen 400 000 Deutsche ins polnische Lager übergegangen, d. h. hinübergezerrt worden. Wie die Czechen schon frühzeitig vom Germanischen umringt und durchdrungen waren und grofse, ja gewaltige Bruchteile der Deutschen, sicherlich auch noch von den Markomannen, Quaden und Bojern herrührenden Bewohner jenes Landes assimiliert, ist sattsam bekannt. Ein hochberühmter Historiker der alten Prager Universität, Herr Hofrat Prof. Dr. v. Höfler († am 30. Dezember 1897 in Prag), der — Bayer von Geburt und Erziehung — über ein Menschenalter in Prag gelebt, sagte mir vor Jahren im Angesichte des stolzen Hradschin in Prag: Grofse Schollen deutschen Volkstums sind im Laufe der Jahrhunderte im Meere des czechischen Volkstums untergegangen.

Die Polen und Czechen haben, wie meine mehr als ein Menschenalter umfassenden Studien auf dem Boden des prägeschichtlichen Ackerbaues etc. gezeigt, seit schon vielen Jahr hunderten germanische Ackerbaugeräte; von den slavischen sind dort kaum noch Spuren vorhanden und von slavischen Agrarverhältnissen nicht einmal mehr Erinnerungen[82]).

Die Berührung der meisten Slaven mit den germanischen Völkern ist ja überhaupt schon eine uralte. Wenn man absieht von ihrem gemeinsamen Ursprung, welcher sich auch in gewissen, beiden Rassen gemeinsamen Sitten offenbart, so treten die Slaven doch in der Mitte des ersten Jahrtausends unserer Zeitrechnung in Osteuropa allenthalben an die Stelle der Germanen, also auf von den Germanen urbar gemachtes Land, so namentlich auch im Süden des heutigen Rufsland, an den Ufern des Schwarzen und Kaspischen Meeres, wo bis dahin die sicher gehopftes Bier brauenden Goten und Alanen safsen.

Merkwürdigerweise haben die nordmannischen (germanischen) Seefahrer, die Waräger, Waranger, die Rōs oder Rus, welche im 9. Jahrhundert von der dem Finnischen Meerbusen gegenüberliegenden Küste in immer dichteren Scharen in das heutige Rufsland eindrangen, zuerst die Ufer der Newa, des Ladoga-Sees etc. besiedelten und dann allmählich südlich bis zu den Quellen des Dnjepr und der Wolga vordrangen und, der Spur der Goten folgend, endlich die pontischen Gestade erreichten, Rufsland und den Russen den Namen gegeben. Anfänglich waren diese nordgermanischen Rassen für die ansässigen finnischen und slovenischen Stämme, welche Tribut zahlen wufsten, eine harte Plage, später aber brachten sie ihnen Segen, da der nordische Adel mit seinem Gefolge allenthalben neue Staatswesen und endlich ein grofses Reich bildete, welches der immer stärker andringenden Völkerflut türkischer Horden Widerstand leisten konnte. Allerdings hat schon im Laufe zweier Jahrhunderte das fruchtbare Volkstum der Slaven, welche den Namen Rōs oder Rus annahmen, den undicht zerstreuten normannischen Samen gänzlich überwuchert. Aber in dem russischen Staate, der allmählich alle finnischen Jäger- und Ackerbaustämme, sowie alle eingedrungenen türkischen Nomadenhorden in sich aufgenommen, ist noch lange danach der germanische Staatsgedanke, die altnordische Wehrkraft, der Handelsgeist und der Expansionstrieb der Nordmannen, lebendig und wirksam geblieben.[83]) Das erste, geschichtlich bezeugte Auftauchen der Rōs fand unter dem oströmischen (byzantinischen) Kaiser Theophilos (829—842) im Jahre 833 statt.[84])

Im 10. Jahrhundert wendeten die von Barbaren bedrohten Goten in Taurien (in der Krym), welche vom byzantinischen Reich und den Chersoniten nichts wissen wollten, ihre Sympathien den stammverwandten (germanischen) Rōs im Norden zu. Die Rōs, wenngleich schon damals mit den Slovenen innig verschmolzen, waren in Sprache und Bräuchen den Goten ähnlicher als alle übrigen Nachbarvölker, und daraus erklärt sich die Geneigtheit der Goten zu einem Anschlufs an den Rossen- oder Russenherzog, obgleich die Russen damals meistens noch Heiden waren. Also von der Ostsee bis zum Schwarzen Meer zuerst die Goten, dann die Normannen, und noch Jahrhunderte machte sich ihre staatsbildende Kraft geltend. Der Venezianer Josaphat Barbaro, welcher zwischen 1436—1452 die östliche Krim besuchte, berichtet, dafs die Goten damals noch ihre Sprache bewahrt hatten und von seinem deutschen Diener leicht verstanden wurden; der deutsch redende Diener des Venezianers Barbaro konnte sich noch 1450 leicht mit den Goten der Krym verständigen. Die gotische Bevölkerung war um 1447 schon vielfach griechischen Herren dienstbar geworden und immer mehr verbauert. Es gab hochgewachsene präcisierte Goten und rothaarige gotisch redende Griechen, Völkermischung. Im östlichen Berg-Taurien waren übrigens nach Gefsner noch in der Mitte des 16. Jahrhunderts Überreste der Goten vorhanden.

Ist es nicht wunderbar, dafs dieser kleine Gotenrest, umtobt von den Stürmen der Völkerwanderung, mehr als ein Jahrtausend seine Eigenart hat! Der Franziskaner W. de Ruysbroch erwähnt 1252 unter den Sprachen Bergtauriens auch das Idioma Teutonicum. Der Münchner Kaufmann Schiltperger. welcher um 1410 die Krym bereiste, führt unter den dort gebräuchlichen Sprachen auch die Kuthiasprauch auf. Der kaiserliche Gesandte bei der Pforte, de Rousbecque, sammelte während seines Aufenthaltes in Stambul (1557—1564) noch Sprachreste der Goten.

Das Gotenreich hatte sich um die Mitte des 4. Jahrhunderts n. Chr., 350—375, unter dem Könige Ermanich, durch Unterwerfung germanischer, slavischer und finnischer Völker vom

Kaspischen bis zum Baltischen Meere, sicher auch bis gegen den Ural hin, ausgedehnt. Gegen den Kaukasus hin safsen die Alanen. Später zerfiel das Reich in ein westgotisches (zwischen Dnjestr und Theifs) und in ein ostgotisches (zwischen Dnjestr und Don).

Gegen Ende des 4. Jahrhunderts kamen die Hunnenstürme und offenbar auch der Druck wandernder slavischer Volksmassen und bedrängten die Ost- und West-Goten, infolgedessen die Goten (zum Teil mit den Alanen und Vandalen) ihre Wanderung durch das ganze mittlere und südliche Europa bis Italien, Südfrankreich und Spanien begannen (Katalonien = Got-Alanien, Andalusien = Vandalusien).

Sicher sind bei der Invasion dieser Länder viele Reste der Germanen (Goten, Alanen etc.) sitzen geblieben und allmählich mit den neu hinzugekommenen, in der Zahl überlegenen slavischen und türkischen Stämmen verschmolzen. Wir werden alsbald einen czechoslavischen Schriftsteller citieren, welcher nachweist, dafs noch vor relativ kurzer Zeit Gotenreste in der Krim safsen. In einem russischen Gedichte »slowoo polku Igorewe« (1185) ist von den singenden, schönen Gotenmädchen am Gestade des Blauen Meeres (Krym) die Rede. Namentlich im Berggebiete der Halbinsel Krym (Taurien) zwischen Bosporos und Cherson safs ein Gotenrest, welcher bis ins 13. Jahrhundert seinen germanischen Volkscharakter behielt. Auch das Kirchenslavische soll reich an gotischen Wörtern sein. Sicherlich haben die Slaven auch noch anderes aus der Berührung mit dem durch seine geistigen Anlagen auch heute noch Staunen erregenden Gotenvolke erhalten, so wahrscheinlich auch die Kenntnis des Hopfens.

Zudem darf man nicht übersehen, dafs auch heute noch durch ganz Süd- und Mittel-Rufsland eine ganze Menge deutscher Kolonien liegen, welche erst in den letzten Jahrhunderten durch deutsche Einwanderer gegründet wurden. Proskowetz[85]) erwähnt mehr als hundert solcher deutschen Kolonien, welche der Wolga entlang liegen, mit dem 1765 von Herrnhut aus gegründeten Sarepta an der Mündung der Wolga. A. F. v. Haxthausen[86]) gibt die Bevölkerungszahl dieser ganz deutsche Namen tragenden Ortschaften an der Wolga allein auf 150000 an; sie sind meist unter der Kaiserin Katharina II. zur Einwanderung veranlafst worden.

Bei der 30. Versammlung Deutscher Anthropologen in Lindau, September 1899, sprach Dr. Vofs, Direktor der prägeschichtlichen Abteilung des Völkermuseums in Berlin, von uralten Schiffsfunden im Bereiche der Ostseeküste, von Booten von auffallender Form und Bauart, ganz ohne Eisen (mit Holznägeln). Die Sache habe grofse Wichtigkeit für ethnologische Fragen. Ein sicheres Zeichen dafür, dafs germanische Reste in den ursprünglich germanischen Küstenstrichen auch während des slavischen Einbruches sitzen geblieben, liege in der Thatsache, dafs nach dem Einbruche der Slaven die neue Bevölkerung mit den germanischen Nordländern Seekriege führte. Dazu wären die des Schiffsbaues gänzlich unkundigen Slaven ohne Übernahme der hochentwickelten germanischen Schiffsbaukunst aber nicht im stande gewesen. Es wäre wichtig, festzustellen, ob diese Schiffe Ähnlichkeit mit den Wickinger Fahrzeugen hatten. Wir führen das nur an als einen neuen Beweis, wie viel Germanisches in den früher germanischen, später von den Slavenstämmen eingenommenen östlichen Ländern Europas noch sitzen geblieben ist, auch dort, wo heute Finnen, Esthen etc. wohnen.

Der englische Historiker Houston Steward Chamberlain[87]) kennt nur eine Rasse, welche der Neuzeit den Inhalt gab, die germanische. Die Germanen haben nach dem Absterben der antiken Welt die neue Kulturwelt gebildet. Wahre Geschichte beginnt in dem Augenblicke, wo der Germane das Erbe des Altertums mit kraftstrotzender Hand ergriff. Chamberlain rechnet aber zur germanischen Rasse auch ihre Vorläufer in der Weltgeschichte, die Kelten, und ihre Nachfolger die Slaven. Aber unter diesen drei Völkern haben sich nach Chamberlain die Germanen als geistig, sittlich und physisch am meisten hervorragend bewährt, also die Germanen im engeren Sinne. Zum Schlusse seines Werkes spricht Chamberlain nicht mehr von Keltoslavogermanen, sondern nur noch von Germanen. Die Slaven, einst den alten Germanen sehr ähnlich in geistiger Kraft, hätten durch Vermischung mit anderen Volkselementen die physischen Merkmale ihrer den alten Germanen identischen Ahnen eingebüfst und damit zugleich natürlich auch die moralischen. Die grofsen Historiker (Ranke, Gabineau, Wallace, Schwarz etc.) bezeugten, dafs den Slaven bei grofser Begabung die eigentliche Gestaltungskraft und vollbringende Beharrlichkeit abgehe. Auch die Juden schüttelt Chamberlain ab, und was die neueren Romanen geleistet, rührt von der Vermengung mit den Germanen, Goten, Langobarden etc. her. In diesen Ansichten liegen aber Einseitigkeiten und Übertreibungen. Thatsächlich steckt im Slaventume eine grofse geistige und gewaltige materielle Macht; alles harrt da aber noch der Entwicklung.

Aber mit dem, was die germanische Welt in den letzten zwei Jahrtausenden auf geistigem und kulturellem Gebiete geleistet hat, wo sie ganzen Jahrhunderten und selbst Jahrtausenden den Inhalt gab, kann sich die slavische nicht entfernt vergleichen. Auch ist es eine die Fortentwicklung hemmende und Rückfälle in Unkultur begünstigende Eigenschaft slavischen Wesens, scheinbar reif geworden, alle Brücken zu der älteren Kultur, von der man gelernt, und Erinnerungen an sie, zu zerstören! Den Deutschen ist so etwas völlig unbekannt, auch den anderen Germanen! —

Professor Dr. Götz in München sagte (1900 am 5. März) bei einem Vortrage auf Grund von Reisebeobachtungen in Südrufsland, dafs Südwestrufsland mit deutschen Dörfern dicht besetzt ist; in der Krym leben 50000—60000 Deutsche, im südlichen Bessarabien 120000; es sind Mennoniten, vorzügliche Weizenbauer.

Nach Dr. Al. Markow[88]) gab es 1896 in Rufsland 1047 Brauereien, davon gehören 24% zum Weichselgebiet (Polen); dann kommen die nördlichen Gouvernements (Petersburg) mit 17%, die Ostseeprovinzen mit 15,2%.

Von diesen 1047 Brauereien haben 36 ($^1/_{29}$) allein beinahe 20 Millionen Wedro (1 Wedro = $12^1/_4$ l) Bier gebraut, 45,5% der Gesamtproduktion Rufslands, die andern $^{28}/_{29}$ erzeugten kaum die Hälfte. In Petersburg allein sind 5 Aktienbrauereien, welche 1896 nahe 7 Millionen Wedro Bier erzeugten.

Unter den namhafteren Kleinbrauereien (bis zu 20000 Wedro Bier) stehen die Ostseeprovinzen obenan.

Im Moskauer Gouvernement erzeugen auch die Moskauer Brauereien fast alles.

Auch Livland ist in der Bierproduktion bedeutend.

Von 102585 Pud 1896 in der russischen Brauerei verbrauchten Hopfens waren 33719 Pud ausländischen Ursprungs (aus Bayern, Böhmen).

Die wenigsten der Brauer haben besondere technische Vorbildung. Was ihre Nationalität betrifft, waren 1896 nur 23% Deutsche; 32,8% waren Czechen, Letten, Finnländer; dann Juden mit 21,4%, Polen mit 15,2%, Russen mit 7,6%.[89])

Nach Haxthausen[90]) befinden sich nebstdem am Dnjepr noch 17 blühende deutsche Mennonitendörfer, mehrfach deutsche Kolonien um Tiflis im Kaukasus u. s. w. Auch im übrigen Rufsland gibt es noch deutsche Kolonien oder einzeln und in Gruppen angesiedelter Deutscher genug, ganz abgesehen von den ehemals deutschen Ostseeländern, der Unmasse von Offizieren aller Grade, Staats- und Privat-Beamten deutschen Ursprungs durch ganz Rufsland und man darf sich also nicht wundern, wenn da und dort Kulturverhältnisse inselweise auftreten, welche in Deutschland ganz allgemein sind, so z. B. dafs da und dort der gesammelte Wildhopfen zur Erzeugung von braga (Dünnbier, Bauernbier) Verwendung findet, denn es ist nicht überall der Fall.

Wenn sich auch nicht sagen läfst, dafs eine Sache da, wo sie blüht, auch erfunden worden ist, wie das gehopfte Bier bei den Deutschen und Engländern (Germanen), so läfst sich doch wohl mit noch weniger Recht behaupten, dafs eine Sache bei dem Volk erfunden worden sei, wo sie offenbar gar noch nicht ernstlich im Volksleben Wurzel geschlagen hat, wie das gehopfte Bier bei den Russen. Professor Kobert bringt desfalls einen humoristischen und sehr belehrenden Beitrag.

Die in Kiew erscheinende russische Zeitung für Hopfenbau und Bierbrauereien, welche, wie ihre Redaktion selbst sagt, von den Hopfenbauern Rufslands warm unterstützt wird, aber nicht von den russischen Brauern, erklärte 1896 — wie Professor Kobert mitteilt — wörtlich folgendes: Uns wunderte die Gleichgültigkeit, welche unser Organ bei den Brauern fand, und das völlige Fehlen des Verlangens nach einer Annäherung an die Hopfenbauer. Uns wunderte, dafs die wenigen Briefe der Herren Bierbrauer, die wir erhalten, in deutscher Sprache abgefafst waren. Da wir in Redaktionsangelegenheiten in vielen Sprachen Korrespondenzen etc. führen, so antworteten wir ihnen auch auf deutsch, ersuchten sie jedoch, russisch zu schreiben, und was erhielten wir zur Antwort? Dafs es ihnen schwer sei, russisch zu schreiben. Wir setzten unsere Beobachtungen fort, zogen Erkundigungen über 72 Brauereien ein, und was ergab sich? In sämtlichen 72 Bierbrauereien gab es nicht einen russischen Bierbrauer, es gab Deutsche, Czechen, Hebräer, aber keine Russen. Daher sind wir berechtigt, zu fragen: Ist das Bierbrauen in Rufsland ein russisches Geschäft? Mit Kummer müssen wir antworten: Nein, kein russisches; da es meist in den Händen der Deutschen liegt, so ist es ein deutsches! —

Charakteristisch dürfte im Zusammenhang mit dieser Klage einer russischen brautechnischen Zeitschriftredaktion die Thatsache sein, dafs München allein, wo per Jahr auf den Kopf der Bevölkerung eine Konsumtion von 400 - 550 l treffen, mehr Bier trinkt als die Einwohner des russischen Weltreiches zusammengenommen.[91]) Die Bierproduktion des Deutschen Reiches hat jetzt die Jahresziffer von mehr als 60 Millionen hl erreicht; sie ist inzwischen schon wieder bedeutend höher gestiegen.

Die Gründe, weshalb der Bierkonsum beim russischen Volke nicht Wurzel fassen will, sind in der Allg. Br.- u. H.-Ztg. 1897, II, 2042, geschildert. Der Russe trinkt im Winter Thee oder Tschaj (geringe, billige Sorten) gegen Kälte, im Sommer gegen die Hitze. Abgesehen von den verschiedensten Mineral-, Soda- und Fruchtwässern, welche in Rufsland selbst gemacht werden, und dem Kwas (auch vom Mittelstand getrunken), trinkt er Wodka (40—60% reiner Alkohol) vor dem Essen (als Vorbereitung des Magens), während des Essens (wegen der notwendigen Flüssigkeit) und nach dem Essen (wegen der Verdauung). Über den Grund des Zurückgehens der Kleinbrauereien in Rufsland brachte die Wochenschrift f. Br. 1896, S. 1135 u. ff. eine lesenswerte Schilderung.

Wenn dann die slavischen Autoren auf die vielen Personen- und Orts-Namen hinweisen, welche mit chmel gebildet sind: Chmielecki etc., Chmielno etc., so haben wir das alles mindestens ebenso reichlich mit unseren Hopfnern, Hopfenbecks, Hopfenfeld, Hopferau etc.[92]), Hopton (in England). Ganz dasselbe hat auch schon V. Hehn gesagt. Altmann[93]) sagt, dafs das Alter des russischen Hopfenbaues sich auch aus der Etymologie vieler Orte und Städte ergebe.

Damit ist also auch nichts anzufangen. Linguistisch sind da offenbar keine Beweise mehr möglich: wo scheinbar alles, selbst die Sprache, schweigt, da kann nur noch von der Kulturgeschichte eine Lösung des Rätsels erwartet werden. Wir hoffen das sogleich beweisen zu können!

2. Eine Erweiterung unseres geschichtlichen Wissens über das Bier und die Verwendung des Hopfens zu seiner Bereitung.

Im Alpenlande des Kaukasus (Asien, zwischen dem Schwarzen und Kaspischen Meere, jetzt zu Rufsland gehörig) lebt ein merkwürdiges Volk, die Osseten, von jeher von den gelehrten Reisenden angestaunt wegen der in ihm vereinigten Gegensätze, denn es spricht eine iranische, dem Persischen ähnliche, allerdings mit vielen Germanismen vermengte Sprache und hat dabei ganz deutsches Wesen und bis ins kleinste völlig deutsche Einrichtungen, worin es zugleich von den übrigen kaukasischen Völkern schroff abweicht.

Der hervorragende Sprachforscher Sjörn in Petersburg bezeichnet ihre Sprache als zum indogermanischen Sprachstamm gehörig, aber durchaus selbständig, dabei dem Persischen näher verwandt als dem Germanischen; sie hat wie die finnischen Sprachen Postpositionen, aber keine Präpositionen. Auch der Franzose Dubois sagt, dafs die Existenz der Osseten eine der merkwürdigsten Erscheinungen der Weltgeschichte darstelle. Dieses Volk habe keinerlei Verwandtschaft mit den sämtlichen es umgebenden Völkern des Kaukasus, es bilde vielmehr die einzige Zwischenkette zwischen den indopersischen Völkern Asiens und den indogermanischen Völkern Europas.

Freilich sind in den Schilderungen verschiedener Reisenden oft grofse Widersprüche, die nur auf Verwechslung beruhen. Von einzelnen Reisenden[94]) wurden sie sogar, unter Verwechslung mit den ebenfalls dort ansässigen, aus Persien vertriebenen imeritinischen Juden, für Semiten angesehen.

Die Iron oder Osseten, auch Ossen, bei den Russen Ossethinen oder Ossetinzen, sind auf den Nordabhängen des mittleren Kaukasus, westlich von der Eisenbahnlinie Tiflis—Wladikawkas, in den Hochthälern der Flüsse Uruch, Ardon, Fijagdon und Suadon bis hinab in die Ebene an den Flüssen Genaldon, Terek und Kirschim, angesiedelt. Ihre Volkszahl wurde 1860 auf 28000 Köpfe angegeben; Haxthausen (Transkaukasia 1856) schätzt ihre Zahl auf 400000. Prof. Kobert gibt sie auf 120000 an; sie zerfallen in vier Stämme: Digorzen, Waladschir, Kurtati und Tagauren.

Im allgemeinen sind sie körperlich ein schönes, geistig begabtes Volk. Die Männer, namentlich bei den Digorzen, zeichnen sich durch hohen Wuchs, Kraft und Gewandtheit aus. Sie sind beredt, ihrem Worte treu, stolz und gastfrei, aber auch streitsüchtig, listig und verwegen, zu Raub geneigt, nachlässig im Arbeiten. Namentlich sollen unter den höheren Ständen 2,09 m hohe Männer, wahre Hünengestalten, nicht selten sein. Nach R. v. Erckert, der sie selbst gesehen, übertrifft ihre Gröfse die aller übrigen kaukasischen Völker und charakterisiert sie als Arier. Auch ihre Sprache ist eine arische. Von den drei Dialekten nennen sie einen selbst ironisch, den Iraniern verwandt. Die Weiber sind klein, unansehnlich, schmutzig und müssen alle häuslichen Arbeiten verrichten. Nur an den Saat- und Ernte-Arbeiten beteiligen sich die Männer. Die Osseten bekennen sich heute zum Islam, der aber stark mit Christlichem und Heidnischem gemischt ist. Andere Autoren sagen, sie seien zum Teil christlich (80 %), zum Teil heidnisch, andere seien halb Christen und halb Mohammedaner (20 %); sie sollen teilweise selbst vom jüdischen Kultus manches angenommen haben. Gesellschaftlich scheiden sie sich in Edelleute und Sklaven. Sie sind heute den Russen unterworfen; an den Kämpfen Schmayls gegen die Russen haben sie sich nicht beteiligt. Ihre Sprache, eine iranische Sprachinsel, scheint vom ganzen übrigen iranischen Sprachgebiet abgetrennt.

Nach den Untersuchungen von Sjögren, Rosen, Schiffner, dem Mönch Kalieff etc., sprechen sie verschiedene, weit abweichende Dialekte; die Familiennamen enden meist auf »führt« = Sohn, wie Budai-führt (Budaisohn). Das Wort »don« in vielen Flufsnamen (am deutlichsten in Don und Donau) heifst ossetisch Wasser oder Flufs. In Ossetien enden die Namen sämtlicher Bäche und Flüsse auf don. Viele Bergnamen enden auf »hoch«, welches Wort ossetisch Berg bedeutet. Nach Haxthausen (Transkaukasia 1856), ist im nördlichen Ossetien die Endung »man« sehr verbreitet, daher als Familiennamen Asmann, Lemann; die Namen sollen dort überhaupt ungemein deutsch lauten.

Früher waren sie einmal ein mächtiges Volk, welches unter einem Oberhaupte einen grofsen Teil des Kaukasus und die davor liegenden ebenen Steppengegenden bis zum Don und zur Wolga innehatte. Butuchan trieb sie im 13. Jahrhundert aus den Ebenen der jetzigen Kabarda in das hohe Gebirge, wo sie sich in den schwer zugänglichen Felsenthälern anbauten. Timar besiegte sie. Später wurden sie von den Tscherkessen noch mehr in die Höhe gedrängt.

Zur Zeit der byzantinischen Kaiser waren die Ossetinen als Waffenschmiede berühmt, standen überhaupt auf hoher Bildungsstufe. Sie tranken Arak und Bier.

Mit umfassenden Studien über den wilden Hopfen beschäftigt, schrieb ich 1886 an Herrn G. F. Wetzel in Tiflis im Kaukasus (unseren ehemaligen Schüler in Weihenstephan) und bat um Zusendung einer Probe kaukasischen Wildhopfens etc. Unterm 7. Januar 1887 erhielt ich auf diese Fragen sehr eingehend Antwort. Bei der Frage nach der Verwendung des dort in gewissen Höhen vielfach vorkommenden Hopfens bemerkt Herr Wetzel (Brauereibesitzer in Tiflis) unter anderm:

Aufserdem wird aus dem wilden Hopfen von einem kaukasischen Gebirgsvolke, den Osseten, welche nach ihrer eigenen Tradition germanischen Ursprungs sein sollen und sich auch durch ihre eigentümlichen Gebräuche und Sitten gänzlich von den übrigen Völkern ihrer Umgebung unterscheiden, sogar ihre Aussprache hat grofse Ähnlichkeit mit dem Deutschen, ein bierähnliches Getränk hergestellt.

Dasselbe besitzt eine dunkle Farbe und schmeckt ziemlich gut; jedoch ist die Herstellungsweise sehr primitiv, und dasselbe wird in jeder Haushaltung extra gebraut, wohl ähnlich so, wie es im vorigen Jahrhundert in Deutschland hergestellt wurde. Zu diesem Biere verwenden die Osseten von jeher den wilden Hopfen, den sie Suah nennen[95]).

Unterm 22 Mai 1887 schrieb mir Herr Wetzel, dafs er die mir gemachten Mitteilungen seinem Vater Friedrich Wetzel verdanke, welcher als Brauereifachmann sich für die Bierbereitung der Osseten interessierte und deshalb ihr Land bereiste, was nur dadurch möglich wurde, weil er Gerste von den Osseten bezog, denn sonst sollte kein Fremder, dem sein Leben lieb ist, sich ohne genügende Begleitung in das Land der Osseten hineinwagen.

Die Annahme, die Osseten wären ein Mischvolk und den Semiten verwandt, ist nach Wetzels Ansicht durchaus irrig. Vielmehr haben sie eine charakteristische Abweichung von den kaukasischen Nachbarvölkern in Sitte, Sprache und Religion; dadurch bilden sie einen festen Stamm für sich, der von seiner Umgebung gar nicht oder nur wenig beeinflufst wird. Deshalb ist es auch gar nicht denkbar, dafs sie ein Mischvolk sind. Ihrer eigenen Tradition zufolge, welche in graue Vergangenheit zurückreicht, behaupten sie mit Vorliebe, dafs die Deutschen von ihnen abstammen, worüber sie auch einige alte Urkunden besitzen. Ihr Gesichtstypus und ihre Sprache haben germanischen Charakter, und besonders ihre Redensart und ihre Ausdrucksweise sind deutscher Art. Auch haben sie viele der deutschen Sprache verwandte Worte.

Die Ossetinen (Osseten) besitzen einen biederen und offenen Charaktèr, jedoch haben sie leider die schwache Seite, dafs sie sich gern fremdes Eigentum aneignen. Der Fremde kann sich in dieser Beziehung nicht genug vorsehen.

Ihren Aufenthalt wählen die Osseten nur im Hochgebirge. Der Grundbesitz ist ihr Eigentum, indem sie sich auf einem geeigneten Platze niederliefsen und das Land durch Ausrottung der Wälder urbar machten.

Ihre Hauptbeschäftigung besteht aus Ackerbau und Viehzucht; gröfstenteils bauen sie in den hohen Berglagen Gerste, eine gemeine Sommergerste (Hordeum vulgare L.), welche sie »khéri« nennen; auf gutem Boden gewachsen, ist sie von vorzüglicher Qualität und sehr gut für Brauzwecke geeignet; sie selbst (Wetzel) vermälzen ein Drittel ihres Bedarfes von dieser ossetinischen Gerste. Auch zu ihrem Brote verwenden die Ossetinen gröfstenteils Gerstenmehl[96]).

Nebstdem bereiten sie vorzügliche Kuhkäse, welche die Form von kleinen, den holländischen ähnlichen Laibchen haben und bis zum Gebrauche in Salzwasser gelegt werden; dieser Käse ist sehr wohlschmeckend und saftig und wird von vielen dem Schweizerkäse vorgezogen.

Auch das zu ihrer Kleidung erforderliche Tuchzeug, welches wohl grob aber sehr haltbar ist, wird von ihnen selbst gewoben. Sämtliche aufgeführte Arbeiten, wie selbst das Bierbrauen, Weben etc., werden von den Frauen verrichtet. Blofs das Ackern und Bestellen des Feldes wird von den Männern besorgt. Die Acker- und sonstigen Geräte der Osseten sind sehr primitiv.

Die Frauen spielen auch hier — wie überhaupt im Orient — mehr die Rolle einer Sklavin, wohl auch schon aus dem Grunde, weil sie vom Manne um einen gewissen Preis erstanden werden. Der Mann erhält seine Frau erst dann, wenn er den Eltern seiner Auserkorenen, je nach Übereinkommen, eine bestimmte Anzahl von Rindern, Schafen etc. ausgeliefert hat, wodurch er ein unumschränktes Recht über sie erhält.

Was nun die Bierbereitung der Osseten betrifft, welche originell, aber sehr primitiv ist, so beschreibt Herr F. G. Wetzel dieselbe nach den Angaben seines Vaters, welcher sie an Ort und Stelle kennen gelernt hat, wie folgt:

Das Bier wird aus den auch sonst üblichen Rohmaterialien »Malz und Hopfen« gemacht.

Die Malztenne, worauf die zu vermälzende Gerste gemälzt wird, besteht aus einem Weidengeflechte von länglicher oder quadratförmiger Fläche (ca. 2 bis 2,5 m lang und breit), dessen äufsere Kanten etwas aufgebogen sind. Dieses Geflecht ist nun mit einem Gemisch von Lehm, Kuhmist und Häcksel derartig ausgestrichen, dafs es eine glatte Fläche darbietet. Hier wird nun die geweichte Gerste ausgebreitet und von Zeit zu Zeit mit den Händen umgearbeitet. Diese Manipulation wird so lange fortgesetzt, bis die Gerste den entsprechenden Keimungsgrad erreicht hat und gedarrt werden mufs.

Das Darren vollzieht sich gleichfalls in sehr einfacher Weise. Es befindet sich nämlich in jeder Wohnung resp. Hütte ein Rauchfang von bedeutenden Dimensionen, der an seiner Einmündung von mehreren Querbalken durchzogen ist und in der Regel dazu dient, den Dampf und Rauch von dem unter demselben an einer Kette befestigten Kochkessel und dem Heizfeuer im Winter aufzunehmen, welch letzteres im offenen Raume unterhalten wird.

In diesen Rauchfang wird nun das Weidengeflecht resp. die Malztenne mit der gekeimten Gerste auf die oben erwähnten Querbalken gebracht, und wird also hier die Gerste dem Darrprozesse unterworfen, wobei das Grünmalz von Zeit zu Zeit umgearbeitet wird. Der aufsteigende heifse Rauch bezweckt hier das Trocknen und Rösten des Malzes, was aber natürlich nur sehr langsam von statten geht und einige Tage beansprucht[97]).

Nun wird das so zubereitete Malz (die ossetinische Bezeichnung konnte er nicht erfahren) entweder grob in den Kornmühlen gemahlen oder zerquetscht und zum Brauen verwendet.

Zum eigentlichen Brauen wird ein grofser (kupferner) Kochkessel benutzt, und zwar wird hier die gesamte Maische unter fortwährendem Umrühren langsam bis zum Sieden erhitzt und längere Zeit gekocht.

Nun folgt das Abläutern. Zu diesem Zwecke dient ein runder, feingeflochtener Weidenkorb, in den nun die Gesamtmasse entleert wird und durch welchen die klare Würze filtriert, um in einem bereitstehenden Gefäfse aufgefangen zu werden[98]). Ist die Vorderwürze abgelaufen, wird mit heifsem Wasser nachgeschwänzt und die so gewonnene Würze mit dem entsprechenden Quantum wilden Hopfens gekocht. Der wilde Hopfen wird im Ossetinischen auch »Suah« genannt (man sehe auch oben S. 101). Das Wort Don bedeutet Flufs; es gibt dort einen Suah-Don, also Hopfen- (Thal-) Flufs.

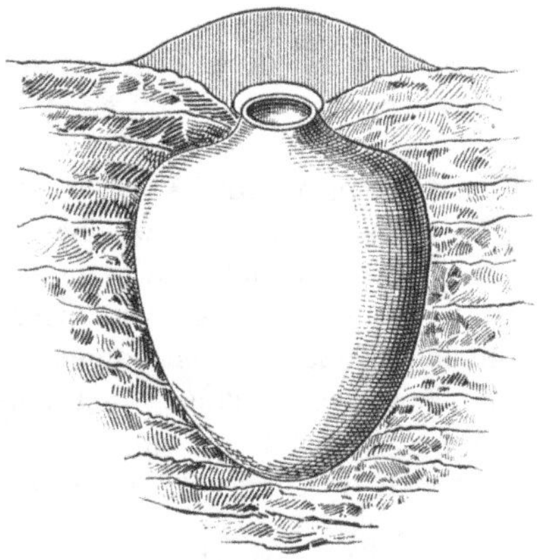

Fig. II.
Ossetinisches Gär- und Lagerfafs für Bier.

Die abgekochte Bierwürze kommt nun in grofse irdene Gefäfse von krugförmiger Gestalt, wie sie im Kaukasus auch zum Lagern des Weines benutzt werden und zuweilen von so grofsen Dimensionen sind, dafs ein Mann mit der Leiter hineinsteigen und mit ausgestreckten Armen darin stehen kann; man sehe Fig. II. F. Parrot (Reise zum Ararat, Berlin 1834, S. 55) bildet so einen Weinkrug der Kachetier darin ab, welcher dem von Wetzel gegebenen ossetinischen Bierkrug ähnlich, nur schlanker, länger und nach unten spitz zugehend, an der eigentlichen Spitze aber platt ist. In Jenisseli sah Parrot einen solchen, welcher $8^1/_2'$ (2,55 m) hoch und $6^1/_2'$ (1,95 m) breit war; man konnte nur mit einer Leiter hineingelangen. Diese Krüge, von welchen ich in der citierten Abhandlung eine von Herrn Wetzel gemachte Zeichnung abgebildet habe, werden irgendwo in die Erde eingegraben, mit Schieferplatten und dann mit Erde bedeckt, so dafs man sie nicht findet; sie gehen nach unten stumpfkegelförmig zu, erweitern sich nach oben, verjüngen sich dann wieder zum Hals und werden an der Öffnung wieder etwas weiter. Wetzel sagt, dafs diese grofsen, als Gär- und Lagerfässer benutzten Gefäfse an einem kühlen Orte in die Erde eingegraben werden. In ihnen macht die Bierwürze eine langsame Selbstgärung durch; zuweilen wird auch Hefe von früheren Gärungen zugesetzt. Die obere Öffnung der Gefäfse, in welchen das Bier seine Haupt- und Nachgärung durchmacht, so dafs man sie als die ossetinischen Gär- und Lagerfässer bezeichnen kann, wird sorgfältig mit Moos umlegt, darauf zunächst ein flacher Stein gebracht und über diesen eine Schicht Erde gebreitet, so dafs diese eine kleine Erhöhung über der Bodenfläche bildet.

Bei der deutsch-armenischen Expedition[99]) ist gesagt, dafs sie in den alten königlichen Weinkellern der Chaldäer von Tappakallâh in Armenien irdene Krüge fanden, welche 600 l (6 hl) fafsten; auf der Aufsenfläche dieser Krüge war in Keilschrift der Rauminhalt derselben angegeben. Um 600 v. Chr. verschwinden die Chaldäer aus Armenien; um Trapezunt dürften noch Reste derselben erhalten geblieben sein.

Das Bier, ossetinisch »Luda« oder »Ludi« genannt, ist jedoch nicht für den täglichen Gebrauch bestimmt, sondern es wird blofs bei festlichen Gelagen aus Hörnern getrunken, wie bei den alten Deutschen[100]).

Die Schilderungen des Herrn Wetzel sind sicherlich sehr interessant und für die vorliegende Frage von gröfster Tragweite. Offenbar haben wir in diesen entlegenen Gegenden, noch dazu im Hochgebirge, altgermanische Volksreste vor uns, mit Einrichtungen und Lebensgewohnheiten, welche an jene der Germanen in Mitteleuropa zur Taciteischen Zeit erinnern Wir sehen dieses Volk, das schwerlich etwas derartiges von den Nachbarvölkern angenommen haben dürfte, die das ja nicht einmal besitzen, und das sich überhaupt den Fremden verschliefst, also schwerlich erst in neuerer Zeit von irgendwoher etwas derartiges angenommen hat, bereits nach allen Regeln der Kunst aus gemälzter Gerste ein Bier bereiten, welches noch mit wildem Hopfen gewürzt, in unterirdischen, grofsen Gefäfsen der Haupt- und Nachgärung überlassen und nur bei festlichen Anlässen, ganz ebenso wie bei den alten Deutschen, aus Hörnern getrunken wird.

Dafs dieses Volk heute keine rein germanische, sondern vorwiegend arische (etwa persische) Sprache spricht, beweist nichts. Die Geschichte kennt eine Menge Beispiele, dafs ein Volk unter besonderen Umständen seine ursprüngliche Sprache verlor. Bis zum Vertrag von Verdun konnten sich die Deutschen und die Nordfranzosen mit der deutschen Sprache verständigen. Die Franken in Frankreich, welche das Reich gegründet, das heute noch ihren Namen trägt, sprechen als Volk nicht mehr deutsch. Gerade so ist es mit den Normannen (den Rōs oder Russen), welche dem russischen Reich den Namen gaben, den Goten-Alanen in Katalonien (Got-Alanien), den Langobarden in der Lombardei, den Angelsachsen und Normannen in England, den Normannen in der Normandie etc. Die Alemannen, Schwaben, Normannen, Burgunder, Goten etc. in Frankreich, die Goten, Vandalen und Alanen in Spanien, die Goten, Langobarden etc. in Italien etc. haben ihre germanische Sprache verloren. Die ugrotürkischen oder ugrofinnischen Bulgaren sprechen heute slavisch.

Es ist diese Bierbereitung um so merkwürdiger, als man bei uns in Deutschland auch heute noch da und dort solche grofse Krüge, offenbar Gär- und Lagerfässer der alten Germanen der Taciteischen Zeiten, aus dem Boden gräbt, deren Zweck man vordem absolut nicht zu deuten wufste.

So fand man 1890 bei Gundelfingen (S. Münchner Allgem. Ztg. 1890, Nr. 298, S. 3, Alemannische Gräber an der oberen Donau) bei Grundaushebungen unter einer 30 cm tiefen Humusschicht drei trichterförmige, 3,3 m tiefe und oben 2 m breite Gruben, welche, mit schwarzer Erde verhüllt, sich deutlich vom umgebenden gelben Lehm abhoben, die Form eines umgestürzten Kegels zeigend. Der erste Trichter enthielt eine rötliche Urne, welche beim Herausnehmen zerbrach; der zweite Trichter enthielt eine grofse Thonurne, welche nicht auf der Drehscheibe gefertigt, gut am Feuer gebrannt, 0,95 m hoch war, oben eng, in der Mitte ausbauchend und unten spitz war; der dritte Trichter enthielt eine Thonschüssel. Auch bei Schwetzheim fand man ein Grab und darin zu den Füfsen eines Skeletts ein Thongefäfs, bauchend wie ein Fafs. In Deutschland, in der Schweiz, in England und Frankreich findet man zuweilen, stellenweise häufiger, oft zu zweien, dreien, oder einzeln trichterförmige Gruben, welche die Prähistoriker Spitz-, Kegel- oder Trichter-Gruben nennen; sie sind aber meist kreisrund, mit 11—15 m Durchmesser,

2—4 m Tiefe; weiter im Innern verlaufen sie seltener ganz trichterförmig, sondern sie zeigen gewöhnlich kesselförmige Ausbuchtungen; die Wände sind fest mit Lehm ausgeschlagen, meist mit Rasen bedeckt. Trümmer römischer Gefäſse auf ihrem Grunde deuten an, daſs sie schon vor der Ankunft der Römer da waren.

Manche halten sie für Kultusstätten, wir aber sind prosaisch genug, sie für prähistorische Gär- und Lagerkeller für Bier zu halten. Man darf sich nur denken, daſs solche ungeheure Thonkrüge, wie sie Parrot (S. 112) beschreibt, darin waren und wieder herausgenommen wurden, wobei dann die Gruben offen blieben[101]).

Man könnte nun einwenden: Ja, das ist wohl alles sehr schön und interessant — namentlich die Verwendung des Hopfens —, aber die Osseten können das doch vielleicht erst in relativ jüngerer Zeit von irgendwoher erhalten haben. Nun sagt aber Prof. R. Kobert (l. c.), daſs in einem uralten ossetischen Volksliede die Jungfrau den Jüngling mit den Worten ansingt: »Ich hole vom Erlen umrankenden Hopfen den Stoff zum Biere für dich.« Dazu kommt, daſs dieses Volk scharf zwischen hopfenhaltigen und hopfenfreien Biersorten unterscheidet, mit Stolz die hopfenhaltigen als seine Erfindung bezeichnet und eine eigene Methode der Ablagerung in irdenen, krugartigen Cisternen besitzt. Eines dieser Biere ähnelt nach Hübschmann dem englischen Porter und genieſst seit alters einen sehr guten Ruf. G. Radde in Tiflis (Südabhang des Kaukasus) bezeichnet es zwar als nicht ganz sauber, aber als recht wohlschmeckend. Zudem haben sie auch noch für Hopfen das Wort chumälläg und für gehopftes Bier ein eigenes auf Hopfen deutendes Wort k'umäl, und diese beiden Wörter der ossetischen Sprache sind nach Prof. Hübschmann in Straſsburg keine Lehnwörter, sondern sie können als autochthon, d. h. echt ossetisch, angesehen werden. Wir sehen zugleich, woher auch die ugrotürkischen Bulgaren und die Slaven ihr Wort »chmel« geholt haben. Zur Zeit Pipins wurden die Hopfengärten in Deutschland und Frankreich noch Umelaye, Umeau, mittellateinisch Umuli und Cumuli genannt.

Es kann gar keinem Zweifel mehr unterliegen, daſs wir hier die genaue Art und Weise vor uns haben, wie die alten Deutschen das Bier erzeugten, und es ist von höchstem Interesse, zu vernehmen, daſs die Osseten selbst behaupten, die Deutschen stammten von ihnen ab.

Freiherr v. Haxthausen[102]) sagt u. a. nach seinen Beobachtungen an Ort und Stelle von den Osseten:

Wo Grusier und Osseten zusammen wohnen, kennt man sogleich an der Bauart die Häuser der Osseten; alle Häuser derselben, Haupt- und Nebengebäude, sind Blockhäuser aus übereinandergeschichteten, an den vier Ecken übereinandergefügten Balken, also ganz ähnlich wie die Blockhäuser unserer deutschen Alpenländer. Daſs sie einmal in der Ebene Deutschlands ebenso aussahen, ist sicher, und das ist auch der Grund, warum man heute in der Nähe der wunderbaren, weitausgebreiteten, uralten Ackerspuren in Südbayerns Grasheiden und Wäldern, welche man Hochäcker nennt, keine Spur menschlicher Wohnungen findet. Sie waren eben ganz von Holz und sind durch Brand oder Verwesung zerstört worden.

In waldlosen Gegenden Ossetiens sind übrigens die Wohnungen aus Stein und Lehm, so im Norden, und diese sollen — nach Haxthausen — ganz stattlich aussehen.

Haxthausen findet in der im Hause, also unter Dach, befindlichen Dreschtenne, in den Herdstellen etc., ganz dieselben Einrichtungen wie in den Bauernhäusern Westfalens und Niedersachsens, während dies bei den umwohnenden kaukasischen Völkern alles ganz anders ist. Die Ställe liegen so zu den Wohnräumen, daſs sie, gerade so wie in Westfalen, von der Hausfrau am Herde jederzeit übersehen werden können. Der Franzose Dubois findet wohl diese innere (westfälische) Hauseinrichtung jener bei den Slaven und Litauern ähnlich, allein Haxthausen, welcher diese Ähnlichkeit auch im preuſsischen Litauen und in Kurland fand, meint, daſs sie dahin durch die deutschen Ordensritter gekommen sei.

Das Haupt der Familie sitzt auf einem dreibeinigen, prächtig geschnitzten Sessel, auch die andern Männer sitzen auf drei- oder vierbeinigen Stühlen. Die Osseten setzen sich nie mit untergeschlagenen Beinen wie die Orientalen, sondern immer auf Bänke, Stühle, Blöcke, stets die Beine herabhängend.

Er sah hölzerne Dreifüfse von der Form, wie sie die westfälischen Mägde beim Melken gebrauchen. Er fand niedrige Tische, die er aufserdem bei keinem einzigen kaukasischen Volke fand, da man bei ihnen (den letzteren), selbst bei Mahlzeiten, stets nur Teppiche am Boden ausbreitet. Er fand Backtröge, ganz wie bei den Bauern in Norddeutschland, ein Butterfafs, ähnlich dem in Norddeutschland gebräuchlichen, und das Buttern selbst mittels schüttelnder Bewegungen wie in Deutschland, was sonst kein kaukasisches Volk und selbst der Russe nicht kennt, dessen Butter nur ein aus der Sahne ausgekochtes Fett ist.

Wo kleine Kinder waren, fand er sie in Wiegen, welche sehr den europäischen ähnlich und ganz anders als bei den andern kaukasischen Völkern waren. Durchaus anders aber sind die hölzernen Bettstellen der Osseten, in welche Betten, Pfühle und Teppiche, ganz wie in Europa, gelegt werden, ja welche häufig in einer Art von Alkoven stehen; schon die gemeinen Russen kennen keine Bettgestelle mehr; sie legen sich auf den Ofen, auf Bänke, auf die Erde, wo sie die Pfühle und Decken ausbreiten; selbst in russischen adeligen Häusern im Innern Rufslands findet man kein Bettgestell; die Betten werden dort auf Kanapees bereitet und am Morgen wieder weggenommen. So viel Haxthausen (Mitte der 1850er Jahre) gesehen, bedient sich aufser den Osseten kein einziges kaukasisches Volk der Bettgestelle.

An der Wand waren Bretter befestigt, auf welchen allerlei blank geputztes Küchengeschirr stand, ganz wie in Deutschland eine Art Eitelkeit der Hausfrau zeigend.

Haxthausen sagt dann an anderer Stelle, dafs sie auch Bier aus Gerste brauen und das Gebräu »Bier« nennen. Sie brauen auch gutes Weifsbier aus karthlischem Hopfen, ähnlich wie es die Bauern in Litauen brauen; auch Met bereiten sie und Buza aus Roggengrütze.

Die übrigen kaukasischen Völker kennen das Bier fast nicht; bei den Tscherkessen fand jedoch Koch eine Art Bier von Hirse oder Griesmehl, welches in Massen gegoren, bereitet wird, Fada-Chusch', weifses Getränk genannt; die Tartaren nennen es Braga; selbst die Grofsrussen haben nur den Quas, ein dem Biere entfernt ähnliches Getränk.

Die Osseten bedienen sich beim Trinken der Trinkhörner, wie Haxthausen sie auch bei den Grusiniern gesehen; zu seiner Verwunderung bedienen sie sich aber auch der gemütlichen norddeutschen, hölzernen Bierkannen, genau so, wie man sie überall bei den norddeutschen Bauern sieht, und bei feierlichen Gelegenheiten hölzerner Becher, ganz von derselben Form, wie sie auch seit uralters in Deutschland gebräuchlich sind.

Auch die Sitten bei Festgelagen haben einen durchaus deutschen Charakter. Der Bierbecher geht stets nur gefüllt herum; der Nachbar reicht ihn dem Nachbar, nachdem er getrunken und gesprochen: Dazaranbon danasa, d. i. »Auf deine Gesundheit trink' ich.« Während einer trinkt, singen die übrigen ein uraltes Trinklied und klatschen dabei in die Hände:

Banas! na kuchta furesti,
Denoason famesti,
Banas, banas, banas! etc.

so lange, bis der Trinkende seinen Becher geleert hat. Deutsch:

Trink! Die Hände schmerzen,
Es fliefst sonst aus das Trinkhorn (der Becher)!
Trink! Trink! Trink! —

Es ist gar nicht notwendig, darauf hinzuweisen, dafs wir in Deutschland es heute noch gerade so machen, denn jeder von denen, welche das lesen, hat einmal oder oft in seinem Leben solchen Herumtrunk mitgemacht. Nur sagen wir nicht »banas«, sondern »trink« oder »sauf, Kamerad!« Sonst ist alles dasselbe.[103])

Wie in dem obenerwähnten »Russischen Archiv für Brauerei« bei der Schilderung der Getränke in Rufsland betont wird, betrinken sich die Ossetinen nie bis zur Bewufstlosigkeit, weil diefs nach ihren Anschauungen für ein grofses Vergehen gilt. Vorläufig begegnen alle Bestrebungen, in den ossetinischen Dörfern den Handel mit fremden Getränken (Schnaps, Wein etc.) einzuführen, der entschiedenen Abneigung von seiten der Gemeindeverwaltungen, und war bis dahin (1885/86) noch nicht ein einziges Dorf bekannt, welches die Errichtung eines Trinkhauses erlaubt hätte.[104])

Haxthausen bildet auch Ackergeräte ab und beschreibt sie, doch will ich darauf nicht mehr eingehen, wie ich es in der früheren Abhandlung gethan; aber charakteristisch ist ein Bügelrechen, wie er genau so in weiten Gegenden, namentlich Südwestdeutschlands, gebräuchlich; er hat ihn so sonst nirgends in den kaukasischen Ländern gesehen.

Haxthausen bemerkt dann weiter, dafs schon frühere Reisende auf die grofse Ähnlichkeit ossetinischer Verhältnisse und Sitten mit germanischen aufmerksam gemacht haben, und meint, dafs dieses Volk der Osseten wohlgeeignet erscheine, die interessantesten Aufschlüsse für germanische Geschichts- und Altertumsforschung zu gewähren.

Er schildert dann die Tischgebräuche, die Speisen: alles ist wie bei den Deutschen; ein sehr wohlschmeckender Käsekuchen ist nach Koch ganz ähnlich einem bei Thüringer Bauern ganz allgemein verbreiteten Essen. Offenbar haben wir deutsches Kulturleben aus der Zeit von mindestens 2000 Jahren vor uns.

Sie selbst nennen sich nicht Osseten, sondern Ir oder Iron und ihr Land Ironistan. Von den Tscherkessen werden sie Kasch'ha genannt, von den Tartaren Oss'aber auch Tauli, von den Lesghiern Otz, Otze, von den Grusiniern Ossi oder Owssi, von den misdschegischen Völkern Ilheri.

Sehen wir nach, welche deutsche Stämme sich in grauer Vorzeit in diesem Terrain befanden. Da sehen wir denn nun[105]), dafs im Beginn unserer Zeitrechnung die Goten am Nordufer des Schwarzen Meeres sefshaft waren; in der Krim hielten sich nach Tomaschek Reste der Goten bis ins 16. Jahrhundert.

Nach F. W. Putzgers »Historischem Schulatlas[106]) safsen zur Zeit des Römerreiches, im Beginn unserer Zeitrechnung, vom Kaukasus bis zum Schwarzen Meer die germanischen Alanen, weiter westlich, am Nordufer des Schwarzen Meeres, die bereits erwähnten Goten. Hier trat erst mit dem Andringen der Hunnen eine Änderung ein. Dafs Goten und Alanen bei allen Wanderungen etc. beisammen blieben, lehrt uns die Geschichte; immer lesen wir von den gemeinsamen Wanderungen der Goten-Vandalen und Alanen.

Die europäischen und arabischen Schriftsteller des Mittelalters nennen die Osseten mit den Lesghiern zusammen »Alanen«. Ammian Marcellin sagt (360 n. Chr.), es sei dies Wort ein Kollektivname für alle in diesem »Alania« genannten Landstrich wohnenden Völker.

Der russische Chronist Nestor nennt die Alanen Jossi (Assi? Ossi?). Die reisenden Mönche des 13. und 14. Jahrhunderts nennen das Volk in dem Winkel zwischen Kaukasus, Wolga und Don, abwechselnd bald Alanen oder Ossen. Der Name Kaukasus könnte herrühren von Kauk, Berg, und Ase, also Berg der Osen. Im 13. und 14. Jahrhundert wird der Kaukasus von Schriftstellern noch das Gebirge der Ossen oder Alanen genannt.

W. Tomaschek: Die Goten in Taurien, Wien 1881, bei Alfr. Hölder, S. 6, nennt die Iron oder Osseten (auch Yasen, Aas, Afs) des Kaukasus Nachkommen oder Verwandte der Alanen, die er als eranisches Volk bezeichnet. Dr. Karl Plötz[107]) sagt S. 170: Die Alanen, deren rein germanische Abstammung allerdings nicht ganz sicher ist, safsen im Beginn der Völkerwanderung (ca. 375) an der unteren Wolga, die Ostgoten im südlichen Rufsland, die Westgoten in Dacien (östlichen Ungarn, Rumänien), die Vandalen in Pannonien (südwestlichen Ungarn), die Sueben in Mähren, Böhmen und Bayern, die Burgunder am Neckar und Main, die Alemannen vom unteren Main am Rhein aufwärts zu den Alpen, die ripuarischen Franken zu beiden Seiten des Niederrheins, die salischen Franken an den Rheinmündungen, die Sachsen von der Elbe bis an den Rhein, die Thüringer südöstlich davon, die Langobarden an der Unterelbe, die Friesen an der Nordseeküste. Die Alanen zeichnen sich aber (nach Tomaschek) noch jetzt durch lichte Haarfarbe aus. S. 7 nennt er das Ossetische einen alanischen Dialekt. Noch im 10. Jahrhundert n. Chr. werden die Alanen am Nordfufse des Kaukasus aufgefordert, zu Byzanz zu halten und die Chazaren an der unteren Wolga im Rücken zu beschäftigen.[108]) Um 965 werden die Alanen »Jasen« genannt.

Um 1057 wurden die südrussischen Steppen durch die Uzen und sodann durch die Kumanen (türkische Stämme) überflutet; letztere herrschten dann 130 Jahre von den Wolgamündungen bis zur unteren Donau. Unter den Kumanen behaupteten die Alanen (russisch Jasy, daher die Stadt Jassy) noch ihre alten Wohnsitze an Don und Donez. Nun kamen die Mongolen-(Tartaren-)Stürme im Anfange des 13. Jahrhunderts, wodurch die Kumanen und ihre Verbündeten verjagt wurden. Auch die Alanen wurden zerstreut. Eine ältere Alanenkolonie war bei Kafa und Sudak. Ein Bruchteil der Alanen liefs sich in den taurischen Steppen bei Cherson, westlich von den Goten, nieder. Andere Alanen zogen nach den Ufern des Dnjestr und Bug, verwuchsen mit Russen, Kumanen und Wlachen (das heutige Jassy) oder traten dann später von da auf byzantinischen Boden über.

Noch gewaltiger war der zweite Mongolensturm unter Batu (1239). Unter den Völkern, welche an den Hof Batus zur Tributleistung zogen, werden erwähnt: Ruteni, Vlachi, Bulgari, Soldaini, Cherkisii (Tscherkessen) und Alani.

Joh. de Plano Carpini, Bischof von Antivari in Albanien, kam 1245 als päpstlicher Sendbote an den mongolischen Hof, traf in den südrussischen Steppen viele Christen, Rutenen, freie Alanen. Ende des 13. Jahrhunderts assimilierten sich die Völker der Krim in Sprache, Sitte, Tracht und Glauben immer mehr den islamitischen Tartaren. Aber anfangs des 14. Jahrhunderts verlangten 16000 Alanen, welche sich der Herrschaft der Tartaren entziehen wollten, an der Donaumündung Einlafs ins byzantinische Reich. Um 1545 findet der Venezianer Josaphat Barbaro auf der Halbinsel Krim noch deutsch redende Goten und in ihrer nächsten Nachbarschaft die Steppen-Alanen längs der pontischen Küste bis zum Dnjestr; sie scheinen aber damals schon tartarisch (kumanisch) gesprochen zu haben. Die Alanen safsen damals auch bis zur Moldau, und Barbaro spricht (1547) schon die Meinung aus, dafs die Katalonier in Spanien Gotalani seien. In den gotischen Glossen Busbecks sind alanische Sprachelemente enthalten.

Im germanischen Norden klingen uns Namen entgegen, welche ebenfalls an die Asen erinnern, z. B. Asgard, Asciburgum, Asseburg.[109]) Am Fufse des Kaukasus wohnte ein Stamm der Ossen, die Aspurgier, und Strabo nennt ihre Stadt Aspurga.

Die Asen, Ossen, Osseten finden wir mit den ältesten Wanderungen und Mythen der Völker Europas verknüpft. Daher das Wort »Don«, die Stammsilbe so vieler Namen der mächtigsten Flüsse Europas: Don, Tanais, Danapris (Dnjepr), der Danaster (Dnjestr), die Düna, Dwina, die Donau etc. Don heifst — wie oben erwähnt — bei den Osseten das Wasser oder der Flufs; viele Bäche und Flüsse sind im heutigen Lande der Osseten so benannt: Fanagi-Don, Kiesel-Don, Arre-Don, Urs-Don, Belagi-Don, Dugur-Don, Chorgsari-Don, Tschereck-Don, Suah-Don etc.

Es ist ganz ähnlich mit den Ortsnamen. Dr. Pfaff findet unter den altspanischen Städten viele, deren Abstammung auf die Osseten (Goten? Alanen?) deuten soll: der frühere Name Spaniens »Hiberien« von Iberiern oder Georgiern. Bekanntlich zweifelt heute niemand, dafs Katalonien in Spanien entstanden ist aus Got-Alanien (Goten-Alanen-Land), Andalusien aus Vandalusien.[110]) Pfaff will sogar ossetische Namen in Altdeutschland finden, woraus er die Verwandtschaft der Osseten mit den germanischen Cimbern zu beweisen sucht. Posidonius hält die Cimbern für jene Cimmerier, welche einstmals unter Lygdamus Vorderasien durchzogen, später Rom und Delphi plünderten (B. Sepp, Die Wanderung der Cimbern und Teutonen, München 1882). Nach Dr. Pfaff sind die kleinasiatischen und kaukasischen Cimbern oder Osseten, die spanischen wie die jütländischen Cimbern, eine Volksrasse, der indoeuropäischen angehörend und stammverwandt.

Merkwürdig ist, dafs die Byzantiner den Namen »Osseten« nicht zu kennen scheinen; sie nennen das Volk an den Orten, wo wir überall die Osseten finden, Alani. Konstantin Porphyrogenneta nennt die Alanen als Nachbarn der Suani (Suaneten); vielleicht hängt dieses Wort mit einer der ossetischen Benennungen für Hopfen »Suah« zusammen. Offenbar sind also Alanen- und Osseten ein und dasselbe Volk. Wir haben gesehen, dafs sie verschiedenen religiösen Bekenntnissen angehören. Die heidnischen haben heilige Haine wie die alten Germanen.

Sie haben in der Regel nur ein Weib, aber in ihrer Ehe ist manche Unsitte eingerissen. Die Grundlage des sozialen Lebens bildet der Familienverband. Es gibt Adelige und Freie. Die Blutrache spielt eine grofse Rolle, doch haben sie Sühne- und Schieds-Gerichte wie die germanischen Völker. Das ursprüngliche Geld der Osseten ist die Kuh oder der Wert der Kuh, wie dies auch bei den Römern (pecus, pecunia) und den Germanen der Fall war. Die Gastfreundschaft ist ihnen heilig.

In dem nach der Ebene neigenden Landstriche Ossetiens ist die Landwirtschaft die Basis des Lebensunterhaltes. Haxthausen fand eine Dreifelderwirtschaft, das erste Jahr Düngung und Weizen, das zweite Jahr Gerste, das dritte Jahr Brache.[111]) Roggen wird wenig gebaut, Hafer gar nicht; zuweilen die kleine kaukasische Hirse (Galma). Das Korn wird mit der Sichel geschnitten, das Gras mit der Sense; nebstdem baut man Bohnen, Erbsen, Gurken, Mais etc. in den Gärten. Heuwerbung, welche der Grusier gar nicht kennt, spielt bei ihnen eine Rolle. Das Ackermafs, der Morgen, heifst Bongan, bon = der Tag und gan = das Seil oder der Faden (zur Landvermessung); auch das korrespondiert mit der altgermanischen Landvermessung. Im Gebirge ist der Ackerbau schwach, dort gibt es mehr Vieh, namentlich Schafherden.

Die Volksphysiognomie, der ganze Körperbau sind durchaus verschieden von jenen aller umwohnenden kaukasischen Völker: von gedrungener, untersetzter Gestalt, mit hageren Gesichtern, meist blauen Augen und mit blondem, selbst rotem Haar. Ihre Bewegung erinnert an jene schwäbischer Bauern.

Wenn aber auch die ossetische Sprache dem Deutschen nicht ganz nahe steht, so hat doch, nach Haxthausen, die ganze Physiognomie des Volkes einen dem deutschen Volke sehr ähnlichen und verwandten Charakter. Ton und Tonfall der Stimme haben etwas Norddeutsches, so dafs man aus der Ferne niedersächsische Bauern zu hören glaubt. Auch der ossetische Gesang ist durchaus europäisch, keineswegs jener der Grusier und Armenier. Selbst ihre Art zu grüfsen ist germanisch oder doch europäisch.

Haxthausen meint, ob sich nicht dereinst aus den Ebenen um den Kaukasus vertriebene Goten in dies Gebirge geflüchtet, einen heimischen Stamm unterjochten und endlich in ihm aufgegangen seien, nicht ohne dafs dieses Volk die Sitten und Gebräuche der Goten etc., diese aber des vorigen Sprache angenommen haben, ein Fall, wie er ja im westlichen und südlichen Europa mehrfach vorgekommen? Man müfste also annehmen, dafs die Osseten Germanen seien, welche aber im Laufe der Zeiten ihre Sprache mit einer andern, dem Persischen zuneigenden, vertauscht haben.

Herr J. Frefsl, ein sehr namhafter Privatgelehrter auf dem Boden der ethnologischen und anthropologischen Wissenschaft, früher in München, jetzt in Regensburg, charakterisierte auf mein Ersuchen die ethnologische Stellung der heutigen Osseten folgendermafsen:

Es ist in den betreffenden Kreisen der Wissenschaft als längst feststehend angenommen, dafs die Osseten, welche sich selbst Ir oder Iron, d. i. wohl »Arier«, nennen, nicht eigentlich dem kaukasischen, sondern dem grofsen arischen Volke angehören. Diese Thatsache steht sowohl durch die Sprache wie durch die Körperlichkeit derselben fest. Sie sprechen eine arische Sprache und zeichnen sich auch heute noch durch weifse Hautfarbe, blonde Haare und blaue Augen in ihrer überwiegenden Mehrzahl aus.

Durch diese körperlichen und geistigen Eigenschaften reihen sie sich nicht blofs den Ariern schlechthin an, sondern sie zählen durch ihr Äufseres auch zu den nordarischen Völkern, nämlich zu den Kelten, Germanen, Thraken und Skythen (diese sind Iranier), welche insgesamt durch hohen Wuchs, weifse Haut, blonde Haare und blaue Augen nach dem einstimmigen Urteil der Alten hervorragten, während die südarischen Altinder, Eraner, Griechen und Römer diese echt arischen körperlichen Kennzeichen bereits mehr oder minder durch Vermischung mit nichtarischen Völkern eingebüfst hatten.

Die Osseten sind demnach mit Kelten, Thraken, Skythen und Germanen näher verwandt als mit Altindern, Eranern, Griechen und Römern. Sie sind aber zugleich mit den ersteren reinere Arier, weil sie in höherem Grade die genannten arischen Merkmale sich gerettet haben.

Dem Herkommen nach sind die heutigen Osseten nachweisbar ein Teil der alten arischen Alanen, welche, selbst von den skythischen Massageten abstammend, häufig mit germanischen Stämmen, so mit Vandalen und Westgoten, in Bundesgenossenschaft standen und mit den letzteren vereint nach Gallien und Spanien zogen, woselbst sie in der Provinz Katalonien ihren Namen verewigten; denn Katalonien ging hervor aus Got-Alan-ia = Got-Alan-ia, d. h. Goten-Alanen-Land.

Weil die Osseten aus den Alanen hervorgingen, hiefsen sie auch später noch in Asien »Alan«. Dafs die Alanen ebenfalls ein weifshäutiges, blauäugiges, blondes, arisches und darum den Germanen nahestehendes Volk waren, bezeugen einesteils übereinstimmend die chinesischen Annalisten, welche die Alan oder Jan-thsai unter die fünf blonden und blauäugigen Völker Binnenasiens zählen, als die klaren Nachrichten der Alten. So heifst es bei Ammian XXXI 2: Proceri autem Alani paene sunt omnes et pulchri, crinibus mediocriter flavis, oculorum temperata torvitate terribiles et armorum levitate veloces. . . . .

Die Abkunft der Alanen von den skythischen Massageten deuten an der genannte Ammian XXIII 5: Massagetas, quos Alanos nunc appellamus, und XXXI 2: Alani veteres Massagetae, sowie Xiphilin in Hadrian, S. 358: ». . . . Ἀλανῶν, εἰσὶ δὲ Μασσαγέται«.

Diese für die Geschichte des Hopfens und des gehopften Bieres so unendlich wichtigen Mitteilungen über die Osseten sind meist von mir im Jahre 1891 gemacht worden, auf Grund von Anregungen und Mitteilungen, welche mir von den Herren Brauereibesitzern Friedrich Wetzel (Vater) und G. F. Wetzel (Sohn) in Tiflis, am Südfufse des Kaukasus, bereits im Jahre 1887 gemacht worden sind.

Nun bringt Herr Professor Kobert von der ehemals deutschen Universität Dorpat in Rufsland, die, als Vermittlerin deutscher Wissenschaft, so viel Anteil am ganzen, nicht geringen, neueren geistigen Leben Rufslands hatte, eine ganze Reihe von Mitteilungen, teils aus demselben Gebiet des Kaukasus, teils von den Finnen, Esthen und Letten des nördlichen Rufsland, welche eine grofsartige Bestätigung und Ergänzung meiner Ausführungen darstellen. Seine Nachrichten über diese Verhältnisse bei den Osseten etc. des Kaukasus verdankt er teils den persönlichen Mitteilungen eines Studenten der Dorpater Universität, des Georgiers Schatilow aus dem Kaukasus, ferner dem Herrn Direktor G. Radde in Tiflis, dann der reichen neueren Literatur über dieses ethnographisch so wunderbare Gebiet.[112])

Kobert sagt, dafs zwei im Kaukasus heimische Völker, die Osseten und Chewsuren, in geringerem Grade auch die Pschawen, Tuschen und Suanen, seit uralter Zeit das den sie umgebenden Völkern von Hause aus unbekannte echte Bier kennen und zur Herstellung desselben den dort wild in genügender Menge wachsenden Hopfen verwenden.

Nach dem Kaukasusforscher G. Radde in Tiflis kennen die erwähnten Völker des Kaukasus das echte Bier unter dem Namen Ludi seit uralter Zeit, während es die Mohammedaner des östlichen Kaukasus und sämtliche Völker des Tieflandes, mit Einschlufs der christlichen, nur als importiertes, modernes Getränk kennen. Es ist dunkelbraun und erinnert am meisten an die schweren bayerischen dunklen Biere, ist schmackhaft, etwas dicklich, aber natürlich unsauber. Radde trank es sowohl bei den Osseten wie bei den Chewsuren. An anderer Stelle sagt er, resp. Radde, man glaube frisches Nürnberger oder Erlanger Bier zu trinken.

Bei den Osseten wie bei den Chewsuren ist der Genufs geweihten, gehopften Bieres eng mit gottesdienstlichen Vorgäugen verknüpft. Aus den Schilderungen Koberts geht hervor, dafs das Bierbrauen bei den Chewsuren als eine Art religiöser Handlung angesehen wird, und dafs die das Bier brauenden Volksgenossen in besonderer Achtung stehen, gleich Priestern geschätzt sind. Es ist vielleicht nicht zufällig, dafs auch heute noch in Bayern die Zunft der Brauer beim Volke in ganz besonderer Wertschätzung steht und dafs das in früheren Jahrhunderten noch viel ausgeprägter war. Wie Dr. Guntram in seiner Schrift von 1397 berichtet (S. 78), gab es damals noch Rechtsordnungen, welche für das Brauen und die Brauer besondere Verfügungen trafen, damit das Bier, dieses Labsal für Ritter und tugendliche Mannen, so christlich denken und handeln, nicht verschlechtert werde und die Menschheit verderbe; unchristliche Hantierer, die kein Heiligtum haben, und Mischknechte, die, jämmerliche Kerle, mit boshaften

Krankheiten behaftet sind und mit ketzerischen Gedanken umgehen, sind vom Bierkessel ausgestofsen. Das ist doch sicherlich der in neue Formen gegossene alte Inhalt. Wie einst die Bieropfer der alten Germanen zu Ehren Wotans, so heute bei den Osseten und Chewsuren zu Ehren Johannes des Täufers, des hl. Georg oder Michael, wobei aber alle Vorgänge noch einen ganz heidnischen Anstrich haben. Auch bei Leichenbegängnissen wird, mit gewissen rituellen Vorgängen verknüpft, gehopftes Bier getrunken. Wenn Bier und Hirse fehlen, verlieren die Zeremonien jede Bedeutung. Selbst das zu Leichenbegängnissen vorgeführte Pferd wird mit Hopfenbier getränkt, um es für den Ritt des Verstorbenen ins Jenseits zu stärken. Das Pferd wird nicht getötet, aber es darf zu dieser Zeremonie nicht zum zweitenmal verwendet werden.

In der Hallertau gibt es heute nach Ansicht der Dienstboten kein einziges Festtagsessen, wenn der Brei von Hirse (Brain) nicht dabei ist; ein solches Haus wird gemieden.

Die Osseten unterscheiden scharf zwischen gehopftem und nicht gehopftem Bier. Wie wir gesehen haben, ist schon in uralten Liedern des Hopfens gedacht, und die Osseten bezeichnen mit Stolz gerade die hopfenhaltigen Biere als ihre Erfindung. Eines dieser Biere ähnelt nach Hübschmann in Strafsburg dem englischen Porter.

Sie haben für gehopfte Biere ganz andere Bezeichnungen als für nicht gehopfte. Die Bezeichnung für Hopfen ist Chumelläg und für gehopftes Bier K'umäl; von da bis zum czechoslavischen »to jest chmel« (das ist ein gutes Bier) ist wohl nicht weit.

Die Chewsuren (d. h. Schluchtenbewohner) oder Hochgebirgsgeorgier, sind ein von der Literatur Westeuropas viel zu wenig gewürdigtes, den Schweizern nicht unähnliches Volk mit sehr altertümlicher, von jener der übrigen Georgier abweichender Sprache. Sie haben einen uralten Nationalgesang auf das Bier, in welchem erwähnt wird, dafs man mit Hopfen, »swia oder pschala« genannt, das Bier bitter macht[113]). Da in den rauhen Höhen dieses Gebirgslandes (um 6000' ü. Meer) offenbar kein Hopfen wächst, haben sie den wilden Hopfen aus Kachetien (kachetischen Hopfen).

Die Chewsuren sind wohl Christen, aber ihr Christentum ist offenbar noch ganz vom alten, heidnischen Geist durchdrungen. Wie die alten Germanen haben sie heute noch ihre »heiligen Haine« welche man mit Ehrfurcht betritt und in denen die Gottheit durch Biertrinken verehrt wird. Das mit wildem Hopfen gewürzte heilige Bier wird in kupfernen Kesseln, in heiligen Brauereien nahe den heiligen Hainen gebraut und in den Männerversammlungen — bei förmlichen Biergottesdiensten, an denen die Frauen nicht direkt teilnehmen dürfen — aus silbernen Schalen getrunken. Namentlich bei Gedächtnis- und Begräbnis-Feiern spielt das Bier eine Rolle. Nach all dem und im Zusammenhang mit dem, was wir über den vermutlichen Ursprung der Bayern gesagt haben und folgend noch sagen werden, wird man sich jetzt wohl nicht mehr wundern können, dafs in ihrem sozialen Leben das Bier eine so gewaltige Rolle spielt.

Die »Dasturen« genannten Brauer des heiligen Bieres werden auf ein Jahr gewählt und zu ihrer Dienstleistung eine Anzahl Gehilfen. Ein gewissenhafter Braumeister (Dasture) verläfst in diesem Jahre die heilige Stätte (Kapischtscha) nicht und enthält sich des Umganges mit seinem Weibe.

Die Chewsuren haben als Gär- und Lager-Gefäfse 0,9—1,2 m hohe und 0,6—0,75 m breite Bottiche aus hohlen Stämmen. Bierbrauen und Biergottesdienst sind uralt, während die Erzeugung von Schnaps erst in neuerer Zeit eingedrungen ist. Die Bierbereitung ist ganz ähnlich jener, wie wir sie nach Herrn F. Wetzels Angabe bereits bei den Osseten beschrieben. Also auch dieses zum westasiatischen Sprachstamm gehörige, ohne Zweifel den Osseten verwandte Volk, hatte schon aus uralter Zeit, lange vor jeder Berührung mit den Slaven, hier den Russen, die Kenntnis vom Hopfenbier und machte umfangreich Gebrauch davon. Oder sie haben es durch die Berührung mit den ihnen benachbarten Osseten gelernt.

Es wäre erwünscht, genau die Stammesverhältnisse der Chewsuren zu kennen, doch ist davon in dem Buche von G. Radde (Die Chewsuren und ihr Land), welches ich selbst eingesehen habe, wenig zu finden. Es scheint ein Mischvolk zu sein, meist Georgier und Grusinier, daher wird an mehreren Stellen betont, dafs auch Osseten dabei sind; weiterhin kommen noch

Kisten und andere Bergvölker an der Nordseite des grofsen Kaukasus hinzu. Diese versteckten, schwer zugänglichen Hochthäler waren eben von alters her Zufluchtsorte für allerlei Flüchtlinge. Dafs sie, wie Kobert meint, ein den Schweizern ähnliches Volk seien, das ist doch kaum zu glauben, denn die deutsch redenden Schweizer sind Alemannen, Schwaben etc. Wo sie die Kunst des Bierbrauens her haben, ist natürlich schwer zu sagen, sehr wahrscheinlich aber von den Osseten.

Ich finde in den ethnographischen Schilderungen Raddes nur noch eine Stelle besonderer Beachtung würdig; er sagt nämlich, dafs der jung verheiratete Chewsure nur drei Tage (eigentlich Nächte) mit seiner jungen Frau zusammenlebt, dann mufs er sie auf längere Zeit wieder verlassen, und während dieser Zeit verbleibt die junge Frau noch bei ihren Eltern. Im Hohenzollernschen Lande scheinen noch ganz ähnliche, sogar viel strengere Einrichtungen zu bestehen. Ich traf da vor anderthalb Decennien bei Hechingen in der Eisenbahn einen jungen, sehr gebildeten Grundbesitzer, welcher mir u. a. sagte, dafs er eben im Begriffe sei, seine junge Frau mit ihren zwei Kindern bei deren Eltern abzuholen. Sie hätten sich vor zwei Jahren geheiratet, und es sei Sitte, dafs die jungverheiratete Frau noch zwei Jahre bei ihren Eltern zu bleiben habe, der Mann dürfe sie aber öfter besuchen. Man könne wegen der Meinung der Leute von solchen alten Sitten nicht abgehen.

Weiterhin sah sich R. Kobert bei den alten Völkern in jenem Gebiete Rufslands um, wo er damals selbst lebte, in den Ostseeländern, zunächst bei den Finnen. Dieses Volk ist etwa im 8. Jahrhundert aus dem jetzigen Rufsland in Finnland eingewandert. Etwa im 12. Jahrhundert begann ihre Bekehrung zum Christentum. Ihre Runengesänge, aus welchen der Arzt Lönnrot ihr Nationalepos, »Kalewala« genannt, zusammenstellte, gehen viel weiter zurück. Einer dieser Runengesänge beschreibt nun sehr umfangreich das Bierbrauen und erwähnt dabei ausdrücklich den Hopfen, »humal«.[114]) Offenbar mufs also die Kenntnis des Hopfens und seine Verwendung zur Erzeugung des Bieres bei den Finnen schon eine uralte sein.

Gerade so ist es bei den Esthen, ein den Finnen stammverwandtes Volk. Die Esthen haben für den Hopfen dasselbe Wort wie die Finnen, und sie haben ein in seinen Bruchstücken ebensoweit zurückreichendes Volksepos (Kalewipoëg), in welchem an mehreren Stellen vom Hopfen und seiner Verwendung zum Biere die Rede ist; hier ist auch von der berauschenden Wirkung des Hopfengeistes die Rede. In der Wiener Zeitschrift »Gambrinus« [115]) wird in einer Studie von F. Kunze über »Abergläubische Meinungen vom Bier« am Schlusse gesagt, dafs bei den Esthen niemand am Thomastage (21. Dezember) Bier brauen durfte, weil der schwarze Thomas in der Kufe safs und das ganze Gebräu verdorben hätte. Anderseits pflegten sie aber auch einem unsichtbaren Hopfenbeschützer oder Hopfenkönige (humulakuningas) beim Brauen besondere Verehrung darzubringen.

Einstmals, vielleicht vor mehr als 1000 Jahren, bildeten die Finnen und die Esthen ein einziges Volk, und es geht aus verschiedenen Umständen hervor, dafs schon damals dem Stammvolke, aus welchem Finnen und Esthen hervorgegangen sind, der Hopfen bekannt war.

Aber auch die Letten, ein den Litauern nahestehendes Volk, kennen, soweit ihre Literatur zurückreicht, bereits den Hopfen, und sie besitzen ein eigenes, ganz selbständiges Wort dafür, nämlich appini, appihni oder apihni; es ist eine Pluralform, welche nur selten im Singular vorkommt und etymologisch mit umranken, umflechten zusammenhängt.

Dieses Wort mit der unzweifelhaften Bedeutung für Hopfen findet sich nun im Lettischen in vielen alten Gesängen, in Rätseln und Sprichwörtern, welche auf hohes Alter schliefsen lassen[116]).

Nebstdem ist die Hopfenkultur bei den Letten von alters her beliebt, ein jeder tüchtige Bauer hat mehrere Hopfenstöcke in seinem Garten, auch werden die Dolden des in den Wäldern Lettlands wachsenden Wildhopfens gesammelt und zum Brauen verwendet[117]).

In der Wochenschr. f. Br.[118]) wird von der Abnahme des Hopfenbaues in Litauen gesprochen. Mit der Abnahme des litauischen Nationalgetränkes, des Alus, habe auch die Abnahme des Hopfenbaues gleichen Schritt gehalten. Noch jetzt finde man vielfach in litauischen Gärten, an Zäunen und in Wäldern, mitunter eine Menge wildwachsenden Hopfens. Es seien das die Überreste der früher ausgedehnt betriebenen Hopfenkultur. Nur selten finde man in den bäuerlichen Gärten noch die früher üblichen Hopfenstangen, und auch die Kultur des Hopfens ist zurückgegangen, weil das Produkt von den Brauereien auch um billigen Preis nicht gekauft wird. Die Abnahme der Alusbereitung und damit die Abnahme der Hopfenkultur, hängt mit der Ausbreitung des Deutschtums zusammen, denn wo letzteres mehr vorgedrungen ist, wurde der Alus durch das Bier verdrängt und hat höchstens noch in stocklitauischen Gegenden den Vorzug, während schon in gemischtsprachigen Gegenden das jüngere Geschlecht den Alus kaum noch dem Namen nach kennt. Noch vor 3—4 Jahrzehnten wurde der in Litauen sorgsam gezogene, vortreffliche Hopfen auch gern von einheimischen Brauereien gekauft und verwendet.

Wir sehen aus all dem Mitgeteilten, dafs für die Frage nach dem Ursprung des gehopften Bieres keineswegs die Slaven, sondern die Germanen, gewisse Völker des Kaukasus und da namentlich die Osseten, weiterhin die Finnen, Esthen, Letten und Litauer in Betracht kommen.

Und nun haben wir weiter oben auch noch die Thatsache mitgeteilt, dafs selbst die Chinesen im Tarasun ein bierähnliches, gehopftes Getränk haben, welches sie, wie die Osseten, in grofsen Gefäfsen in der Erde gären und lagern lassen.

Brauschuldirektor Michel (Allg. H.-Ztg. 1873, S. 162) sagt — ohne ähere Angaben —, dafs die Chinesen schon seit 2000 Jahren ein bierähnliches Getränk haben.

Sehr merkwürdig ist dabei die Angabe des slavischen Schriftstellers A. Hausdorf[119]), dafs das Bier bei den Slaven schon sehr alt sei. Die erste Nachricht über den Hopfen datiere vom Jahre 860 n. Chr. Um diese Zeit brachten Sineus und Truwor aus dem Warägischen Meer (von der Ostsee) ein Kraut mit, welches die Letten »bojny« nennen; dieses Wort werde mit dem böhmischen Worte »bujnák«, einer Hopfenart (Hengsthopfen), zusammenhängen. Seitdem sei der alte slavische Biername »Zytho« verschwunden und habe dem Worte »pivo« Platz gemacht[120]). Hausdorf wird nur leider in den Kreisen der Sprachgelehrten nicht besonders ernst genommen, weil er keine Quellen angibt, also auf den Wert seiner Angaben nicht kontrolliert werden kann.

Dennoch deuten schwerwiegende Umstände darauf hin, dafs auch die Kenntnis des Hopfens und sein Gebrauch bei den Finnen, Esthen, Letten, Beziehungen zu den Germanen anzeigen. In der altgermanischen Mythologie führte das Bier den Namen »alu« (man sehe oben »alus« für Bier in Litauen), d. h. Öl (?), eine noch heute in Schweden und Norwegen übliche Bezeichnung, die auch klar und deutlich in dem englischen »ale« nachklingt. Nach der Edda wurde im Asenreiche unterschieden zwischen »öl« als dem Trank unter Menschen und »bior«, dem Göttertrank. Öl heifst es bei Männern, aber bei Asen bior.

Wie wir eben gesehen, findet man für Bier im Lettischen das Wort alus oder allus; das sogenannte Volksbier »tantas-alus« der Liven und Letten, ein dunkles süfses, Gebräu, wird auch heute noch von den lettischen Bauern selbst und ebenso bereitet wie vor 300 und mehr Jahren (Allg. H.-Ztg. 1880, I, 214); im Esthnischen »öllet«, im Finnischen »ollut«, im Lappischen »anol«, im Litauischen »alus, aul, ol, oela oder oelo«. Im Litauischen sagt ein Sprichwort: »Der Alus hat Hörner.« Wenn nun diese lettisch-finnischen Volksstämme für Bier die unzweifelhaft altgermanischen (normannischen) Bezeichnungen haben, ist nicht einzusehen, dafs die Germanen Kenntnis und Gebrauch des Hopfens für die Bereitung des Bieres von diesen Völkern haben sollen[121]).

Die ältesten urkundlichen Überlieferungen finden wir bei den Germanen, denn diese gehen sicher bis auf die Zeit des Frankenkönigs Pipin, also bis zur Mitte des 8. Jahrhunderts, zurück; sie sind also $11^1/_2$ Jahrhundert alt, und auch damals ist von den Hopfengärten als von einer längstbekannten, selbstverständlichen, alteingelebten Sache die Rede. Dafs das gehopfte Bier mit den Goten-Alanen seinen Weg nach Mitteleuropa fand, geht auch daraus hervor, dafs wir auf den von ihnen zurückgelegten Wegen die ersten Nachrichten haben, sonst nirgends.

Die Goten-Alanen kamen Ende des 4. und im Anfang des 5. Jahrhunderts, nach vielen Nachrichten auch schon im Beginn unserer Zeitrechnung, von den Kaukasusländern, wo sie im Beginn unserer Zeitrechnung in den Ebenen nördlich vom Kaukasus und Schwarzen Meere germanische, slavische und finnische Völker (bis zum Baltischen Meer [Ostsee]) unterworfen hatten und beherrschten. Jetzt wissen wir aus zweifellosen Nachrichten, dafs die Osseten, die Nachkommen der alten Alanen im Kaukasus, vielleicht auch die Goten, schon seit ältesten Zeiten gehopftes

Bier brauen, während die Völker ringsherum nichts davon wissen. Auch die Tartaren Westasiens, welche ungehopfte Busa trinken, wissen nichts vom gehopften Bier. Auch die Mongolen Ostasiens und die Japaner haben nichts, was auch nur entfernt unserm Hopfenbier ähnlich wäre. Wir werden aber sogleich sehen, dafs das bei den Chinesen, diesem mehr als 400 Millionen umfassenden Volke des östlichsten Asiens mit seiner uralten Kultur, ganz anders ist. Auch die südöstlich an die Kaukasusländer angrenzenden Teile Persiens haben nichts davon, obgleich der Hopfen dort reichlich wild wächst. Ebensowenig hatten die Völker Afrikas etwas Derartiges. Auch den südeuropäischen Ariern, den Griechen, Römern fehlte das vollständig.

Von hohem Interesse wäre es nun, ganz bestimmt zu wissen, ob die Chinesen gehopftes Bier bereiten. Aber das schwer zugängliche Land und Volk war bis in die jüngste Zeit sehr wenig bekannt. Wir haben aber dennoch schon aus der Mitte des 18. Jahrhunderts desfalls eine ganz sichere Nachricht, die aber merkwürdigerweise vollständig unbeachtet blieb, so dafs man bisher die Chinesen immer als ein durchaus nicht bierbrauendes Volk ansah.

Der Tübinger Botaniker Johann Georg Gmelin, 1709 in Tübingen geboren, als Professor der Botanik und Chemie 1755 in Tübingen gestorben, früher Professor in St. Petersburg, bereiste Mitte des 18. Jahrhunderts mit einigen andern Gelehrten im Auftrage der russischen Regierung mehrere Jahre lang Sibirien. In seinem Werke »Reise durch Sibirien«[122], im 3. Bande (S. 53 u. ff.) beschreibt er eine sicher für uns sehr merkwürdige Sache, ein gehopftes Bier bei den Chinesen im nördlichen China, das sicher sehr alt ist.

Die Chinesen importieren allerlei Verkaufsartikel in das grofse sibirische Landgebiet, namentlich in die östlichen sibirischen Grenzgebiete. Darunter befand sich auch ein von den Chinesen aus Nordchina (jedenfalls aus der Mandschurei oder Mongolei) eingeführtes, bierähnliches Getränk, der Tarasun, auf welchen ich zuerst durch Prof. Joh. Heumann in Altdorf in seinem 1759 in Nürnberg erschienenen Buche über Hopfen (l. c.) aufmerksam geworden bin. Ich habe das Werk Gmelins eingesehen. Gmelin sagt (S. 54 l. c.) ausdrücklich, dafs er das Verfahren der Herstellung dieses »Tarasun« genannten Bieres bei den (Nord-) Chinesen durch einen russischen Priester kennen gelernt habe, der mit einer Karawane in China war und die Gebräuche dieses Volkes und ihre Lebensart sorgfältig aufgezeichnet hatte.

Der Tarasun ist ein gegorenes Getränk. Die Russen vergleichen es mit Wein, aber es ist nicht aus Trauben gemacht. Es hat nach Gmelin, der es gesehen und versucht hat, die Farbe des Weines und macht sehr betrunken, wenn man viel davon geniefst. Bei Schwachen thun auch etliche Kelchgläser schon ihre Wirkung. Gmelin meinte, dafs es — seinem Geschmacke nach — nicht angenehm sei, was vielleicht von den unreinen Gefäfsen herkomme, in denen es gemacht wird. Denn auch der chinesische Branntwein, obgleich ihm an Stärke nichts abgehe, habe einen üblen Geruch, und es dünke ihn, die Unreinlichkeit sei auch den gesitteten Chinesen wie fast allen heidnischen Völkern angeboren. Der Geschmack und Geruch sei bei vielen Menschen unterschiedlich. Er habe Leute gesehen, die auch in dem Tarasun einen guten Geschmack und Geruch empfunden und ihn daher gern getrunken haben.

Die stark und wohlriechenden Sachen kann ein jeder Chinese und, wie man sagt, auch eine Chinesin ertragen, da sie doch in unserm Europa gar viele Menschen, besonders aus dem schönen Geschlechte, nicht ertragen können, ohne sich der Gefahr einer Ohnmacht auszusetzen, wovon der gewesene berühmte russische Leibarzt Rieger in seinem Lexico rerum naturalium et artefactarum unter dem Titel »Ambra« (S. 471) weitläufige Meldung thut. Vielleicht ist ihnen der garstige Gestank der Getränke, der von der Unreinigkeit der Gefäfse herrührt, höchst angenehm, weil sie ihn von Kindheit an gewohnt sind.

Der Tarasun wird nun, nach der Beschreibung des oben erwähnten russischen Priesters, in China folgendermafsen zubereitet: Man nimmt Gerste oder Weizen und macht sie zu Malz, welches man grob mahlen läfst, dafs es ungefähr wie eine Grütze aussieht. Davon schüttet man, so viel man will, in eine Wanne und rührt es mit sehr wenig warmem Wasser an, dafs es kaum feucht, aber doch durchaus etwas benetzt werde. Darauf wird es wohl zugedeckt. Indessen wird das Wasser so gekocht, dafs es stark siedet. Von diesem kochenden Wasser wird wieder ein wenig zugegossen, wohl umgerührt und mit dem Malze zerdrückt, damit keine Klumpen entstehen mögen, das Malz aber das Wasser durch und durch annehme, worauf die Wanne wieder zugedeckt wird. Und auf diese Weise wird mit dem Aufgiefsen des kochenden Wassers und mit Anrührung des Malzes fortgefahren, bis man wahrnimmt, dafs das auf dem Malze stehende Wasser von demselben so viel ausgezogen habe, dafs es stark gefärbt und klebricht geworden, so wie ungefähr der dritte Ablafs beim Bierbrauen zu sein pflegt.

Man läfst es darauf erkalten, und wenn es so weit erkaltet, dafs es nur noch lau ist, so giefst man das Malzwasser in ein engeres Gefäfs ab, welches in die Erde vergraben wird, und thut etwas von chinesischem Hopfen dazu, welcher in Formen geprefst ist, die ungefähr wie Ziegelsteine aussehen, wie sie auch eine Gattung Thee haben (Kirpischnoi), der in dergleichen Formen geprefst ist, und deckt das in die Erde eingegrabene Gefäfs wohl und fest zu. Sodann läfst man es gären.

Gmelin meinte damals (1752), dafs der chinesische Hopfen, weil er in Formen geprefst sei, durch diese Zubereitung schon den Zusatz der Gärung bekommen habe, so dafs es also nicht nötig wäre, noch eine besondere gärende Materie hinzuzuthun[123]. In unsern Ländern (also in Deutschland), da wir solchen zubereiteten Hopfen nicht haben, wird man sich leicht helfen können, wenn man etwas von gekochtem Hopfen, doch nicht zu viel, damit keine Bitterkeit entstehe, zugiefst, die Gärung aber zu erwecken etwas Weifsbrot mit ein wenig Bierhefe oder Bierhefe allein darunter mischt. Dieses würde unfehlbar dieselbe Wirkung thun.

Sobald nun die Materie (der Inhalt des in den Boden vergrabenen Gefäfses) auf die eine oder andere Art in die Gärung kommt, so sieht man fleifsig nach, ob die Gärung nicht bald aus ist, welches man erkennt, wenn die aufgeschwollene Materie sich wieder zu setzen beginnt. Da ist es Zeit, sie in dicke leinene, mittelmäfsige Säcke zu schütten, selbige fest zuzubinden und unter einer Presse den Saft auszupressen, welchen man ohne Verzug in ein Fäfslein giefsen und selbiges wohl zugespundet in den Keller legen mufs.

Die Chinesen bedienen sich hierzu besonderer Pressen. Gmelin bildet diese Presse (S. 56 im III. Bande, l. c.) ab. Ein etwas erhöht gestelltes, viereckiges, grofses Brett hat einen flachen, erhöhten Rand, das übrige ist vertieft. In der Vertiefung steht ein grofser Trichter in der Gestalt einer abgestutzten vierseitigen Pyramide; der verjüngte Abschnitt sitzt unten in der Wanne, der gröfsere ist oben. In diesem prismatischen Kasten, der unten überm Boden Ausflufsschlitze hat, liegt der Sack mit der vergorenen Bierwürze; auf diese drückt eine starke Bohle, welche in der Mitte einen senkrechten, starken, hölzernen Ständer hat. Der Ständer hat oben einen sattelförmigen Einschnitt; in diesem liegt ein starker, ziemlich langer Prügel, welcher als Druckhebel wirkt. Es ist am einen Ende ein mächtiger Stein als Belastung angehängt, das andere Ende wird an der Aufwärtsbewegung durch einen starken, flach-prismatischen horizontalen Riegel festgehalten, der in zwei senkrechten, prismatischen Säulen befestigt ist. Der vorn mit schwerem Gewichte versehene horizontale Druckhebel drückt kontinuierlich auf den Ständer und durch das Bohlenstück, in dem er steckt, auf den Sack mit der Würze. Diese fliefst aus den Schlitzen des prismatischen Kastens in die quadratische flache Mulde und durch eine kurze Rinne an der der Belastung entgegengesetzten Seite der Mulde in ein Auffangschaff.

Man sieht also ganz deutlich, dafs dieser Trank (Tarasun) der Nordchinesen (Mandschuren) ein mit Hopfen hergestelltes vergorenes Weizen- oder Gerstenmalz-Getränk, also Hopfenbier, ist. Gmelin, welcher es versucht, meinte, dafs es so gut schmecken könne als das schwedische Doppelbier, welches wohl im Lande wenig getrunken, aber viel aufser Landes geführt werde. Er würde aber dieses schwedische Bier dem Tarasun weit vorziehen. Das würde aber ein Chinese nicht thun. Er lasse ihm aber gern seinen Geschmack, halte auch dafür, dafs das englische und schwedische Bier der Gesundheit zuträglicher sei, weil das chinesische nicht recht ausgegärt, vielmehr noch im vollen Jest sei.

Ohne Zweifel ist dieses Hopfenbier der Chinesen für uns in Europa eine höchst merkwürdige Sache. Obwohl durch Gmelin schon 1752 und durch J. Heumann seit 1759 beschrieben, blieb es den interessierten literarischen Kreisen Europas völlig unbekannt. Auch ein kurzer

Hinweis auf die Mitteilung J. Heumanns, welchen mein ehemaliger Schüler in Weihenstephan, Karl Homann, damals Sekretär des Deutschen Hopfenbauvereins, in der Allgemeinen Hopfenzeitung in Nürnberg 1874, S. 538, gegeben hat, machte keinen nachhaltigen Eindruck, wohl weil eine nähere Erörterung und damit eine überzeugende Darstellung fehlte.

Ohne Zweifel ist diese Darstellung eines Hopfenbieres in China uralt, wahrscheinlich sehr alt. Höchst interessant wäre es für uns, zu wissen, ob zwischen der Methode der Bierbereitung bei den Osseten und Chewsuren im Kaukasus und jener der Nordchinesen irgend eine geschichtliche Brücke besteht, ob die mongolischen Chinesen von den Indogermanen oder diese von den Chinesen gelernt haben. Es würde das auf eine eigentümliche Verbindung dieser Völker hindeuten, welche in grauer Vorzeit im Innern Asiens vor sich gegangen ist. Es kann aber auch diese chinesische Hopfenbierbereitung sich ganz selbständig entwickelt haben, was umsomehr zu glauben ist, weil die Technik des Verfahrens einen etwas andern Charakter hat wie bei den Osseten im Kaukasus, deren Verfahren ganz mit dem in Mitteleuropa heute noch gebräuchlichen übereinstimmt. Bei den Chinesen hingegen ist die Art der Hopfengabe mehr mit dem verwandt, was man in Mitteleuropa und namentlich in England das Hopfenstopfen nennt.

Was nun die Art des Hopfens betrifft, den die Chinesen verwenden, so hege ich keinen Zweifel, dafs es sich um Humulus cordifolius Miquel handelt. Die Karte, welche Gmelin dem III. Bande seines Werkes beigegeben, in dem er das chinesische Hopfenbier beschreibt, wo er also damals das chinesische Hopfenbier kennen gelernt, zeigt die Provinz oder das Gouvernement Irkutsk, im Osten bis Nertschinsk am Oberlaufe des Amurstromes (Breite von Prag und Frankfurt a. M.) und im Südosten bis etwas über den 50° n. B. hinab.

In dem für die damalige Zeit wahrhaft grofsartigen Werke J. G. Gmelins »Flora Sibirica Sive Historia Plantarum Sibiriae«, 4 Bände, Petersburg, Druckerei der Kaiserlichen Akademie der Wissenschaften, MDCCLXVIII, im Teil III, S. 105, das aber, in vorlinnéischen Zeiten gedruckt, noch der Linnéischen Bezeichnungen entbehrt, sagt Gmelin: Der Hopfen gedeiht durch ganz Sibirien bis zum Flusse Aldanus (im südöstlichen Sibirien aber noch fern der Ostgrenze; der Aldan ein Arm des Lenaflusses in seinem Oberlaufe, östlich vom südnordöstlich verlaufenden Aldangebirge (vom 120—130° östl. Länge von Paris), in nicht allzukalten Gegenden häufig zwischen dem 62° n. B. und dem nördlichen Polarkreis (das ist also bis 66° n. B. etwa entsprechend einer Mittelregion der Länder Schweden und Norwegen, Irland noch inbegriffen), aus welchem Grunde auch gehopftes Bier nirgends fehlt[124]).

Der europäische Hopfen (Humulus Lupulus L.) wächst wahrscheinlich nicht sehr häufig; es ist das Klima zu rauh, (kurze, nur zwei Monate dauernde, heifse Sommer mit kalten Nächten und lange Winter), denn es handelt sich meist um Nadel- und Birkenwald und Steppen. Sehr wahrscheinlich wächst in dem südlich und südöstlich anstofsenden chinesischen Tiefland (in der Mandschurei) mit milderem Klima der Humulus cordifolius (der herzblättrige Hopfen). Auf der japanischen Insel Jezo, in Hakodate (43° n. B.) ist dieser herzblättrige Hopfen (Humulus cordifolius) von einem Petersburger Botaniker (Maximovitsch) um 1865 gesammelt worden; ich habe Exemplare davon, welche sich im Münchner Staatsherbarium befinden, selbst gesehen und die Hopfendrüsen unter dem Mikroskop untersucht. Zapfen und Drüsen stimmen in jeder Beziehung mit jenen des europäischen Hopfens (Humulus Lupulus L.) überein. Da nun Gmelin, welcher den ziegelförmig geprefsten Hopfen der Chinesen gesehen zu haben scheint, nichts Auffälliges daran gefunden, werden es Zapfen von Humulus cordifolius gewesen sein; denn wären es die drüsen- und sekretarmen, dunkelbraunen, kleinen, lockeren, unansehnlichen Zapfen von Humulus Japonicus Sieb. gewesen, der sicher auch in der chinesischen Tiefebene reichlich wächst, dann würde das dem Botaniker Gmelin, dessen Auge an den europäischen Hopfen gewöhnt war, sicher aufgefallen sein.

Das südöstlichste Sibirien geht im Süden bis zum 50° n. B., das anstofsende Gebiet von China, die Mandschurei im äufsersten Osten und die Mongolei gegen Westen greifen sogar noch etwas über den 50. Breitegrad nach Norden hinüber. Namentlich scheint die Mandschurei östlich vom östlichen Ghingganggebirge zur Küste, ein Tiefland zu sein.

Bemerkenswert ist, dafs die Chinesen aus Hafer- und Gersten-Malz auch Branntwein erzeugen, welcher gehopft wird; es ist dies also bereits eine uralte Art von Hopfenliqueur[125]); vielleicht ist die Anwendung von Hopfen auch nur in dem Terrain gebräuchlich, wo der Tarasun zu Hause ist.

Um nun zu erfahren, ob dieses Hopfenbier, der Tarasun, in China allgemein verbreitet ist, wendete ich mich an den in München lebenden Herrn Prof. Dr. Friedrich Hirth, welcher früher an 25 Jahre als höherer Zollbeamter im Dienste der chinesischen Regierung in den verschiedensten Teilen Chinas, namentlich allenthalben näher den Küsten und auch in den mittleren Teilen des grofsen Reiches, gelebt, der chinesischen Sprache in Wort und Schrift mächtig und in der chinesischen Literatur wohl bewandert ist. Herr Prof. Hirth, welcher allerdings in die nördlichen Teile Chinas nicht gekommen ist, sagt mir nun, dafs er von einem Biere und namentlich gehopftem Biere, also dem Tarasun, nie etwas gesehen, gehört oder gelesen hat, während fruchtweinartige gegorene Getränke mannigfacher Art viel bereitet und getrunken werden. Von Pflanzen versteht er wenig, daher weifs er über das Vorkommen des Hopfens keine Auskunft zu geben. Herr Prof. Dr. E. Bretschneider, hervorragender Botaniker in St. Petersburg, an den ich mich in dieser Frage gewendet, schreibt mir: Gmelins Nachricht, dafs die Chinesen ein gehopftes Bier brauen, welches sie Tarasun nennen, müsse auf Irrtum beruhen; er habe 18 Jahre in Peking gelebt und davon nichts gehört; auch könne Tarasun kein chinesischer Name sein, sondern er sei wahrscheinlich mongolisch. Den Chinesen sei das Bier unbekannt. Die europäische Brauerei, welche jetzt in China existiert, bezieht ihren Hopfen aus Europa. Auch nach Prof. E. Kuhn (München) ist Tarasun kein chinesisches, sondern ein Mandschu-Wort. Auch das Wort »Arak«, das wir Europäer heute wohl kennen (der Arak wird aus Reis gebrannt), ist ein Mandschuwort: Araki bedeutet »Branntwein«. Da die heutige, in China herrschende Dynastie aus der Mandschurei stammt und dadurch viele Mandschu in den chinesischen Hof- und Staatsdienst kamen, sind viele Mandschuworte ins heutige Chinesische eingedrungen. So wäre die Sache scheinbar erledigt.

Ein Japaner, Herr Hiiz Ikuta in Osaka, Mitteljapan (z. Z. bei Takata & Co., Kito hama Ni chome), welcher einst in Weihenstephan als Technologe unser Schüler war, machte mir spezielle Mitteilungen vom japanischen Reisbier »Saké« (Saki ist nicht richtig).

Der Reis (ein Teil desselben) wird geputzt, geschält, dann mit Wasser gekocht, auf grofsen Flächen ausgebreitet und getrocknet; alsdann läfst man ihn im Keller schimmeln. Dr. Hansen in Kopenhagen hat diesen Schimmelpilzen gärungserregende Kraft zugeschrieben. Mit diesem geschimmelten Reis läfst man einen andern Teil von gekochtem Reis gären (obergärig), in gewöhnlichen, etwas massiv gebauten Räumen; damit die Wärme nicht so eindringen kann, werden sie eigens aus Stein oder Lehm gebaut. Man bringt den blofs gekochten Reis mit dem geschimmelten in kleinen Gärbottichen zusammen, zum Zweck der Zuckerbildung. Zur Zuckerbildung soll es hübsch warm sein, und die Masse mufs mehrere Tage warm gehalten werden. Diese Art Bier wird aber immer nur im Winter gemacht, nicht im Sommer.

Nach der Zuckerbildung kommt alles zusammen in grofse Gärbottiche im Keller. Da bleibt es monatelang in der Gärung, und schliefslich erhält man klares Bier ebenfalls erst durch Filtrieren und Auspressen.

Dieses bei den Japanern »Saké« genannte Bier ist in Japan und ebenso in China Nationalgetränk. Es wird im mittleren und südlichen China ebenso bereitet wie in Japan. In einem älteren französischen, von der französisch-katholischen Mission in Peking herausgegebenen Buche: Mémoires etc. des Chinois, Paris MDCCLXXX, im 5. Bande, S. 476, findet man sehr interessante, umfangreiche Mitteilungen über chinesische Getränke, darunter auch über das Reisbier. Das japanische Wort »Saké« heifst auf deutsch »Wein«. Der Chinese, der ebensolche vergorene Getränke aus Reis, aber auch aus vielerlei andern Früchten herstellt, nennt das Samuhu (dreimal vergoren; nach Herrn Prof. Dr. Fr. Hirth, der über 25 Jahre in China gelebt hat).

Das Saké schmeckt scharf, ist alkoholreich (hat etwa 15 Gewichtsprozente Alkohol) und hat keine Ähnlichkeit mit europäischen Bieren, weil die Kohlensäure fehlt. Die Farbe ist gelblich. Es hält sich sehr lange, aber man hat schon vor 200 Jahren in Japan mit demselben eine Art Pasteurisieren durchgeführt, indem man das schon gegorene, fertige Getränk noch einmal auf Siedehitze brachte. Wenn man gleich trinken will, pasteurisiert man nicht; durch dieses Pasteurisieren kann das Getränke von einem Winter zum andern aufgehoben werden. Diese Art Bier wird in Japan sehr allgemein getrunken, sowohl in Gasthäusern, wie in Familien. Vom Hopfen oder sonstigem Gewürze kommt gar nichts dazu.

In der Mandschurei (auch in China) wird auch ein Reisbier gebraut, wie Braumeister Henne in Wladiwostok berichtet, schon seit alter Zeit. Das Getränke soll bierähnlich sein, ähnlich dem Syrup oder verdorbenen Wein. Merkwürdigerweise ist die Bereitung[126]) jener des Tarasun sehr ähnlich, aber es wird kein Hopfen verwendet. Das Maischverfahren und die Gärung sind dem Verfahren bei Herstellung des Tarasun sehr verwandt. Auch hier wird die vergorene Masse durch Zeugstücke filtriert und der Rückstand ausgepreſst. Der Alkoholgehalt des fertigen Reisbieres beträgt 14,8 %. Reis und Hefe werden aus China importiert. Es sind in Wladiwostok mehrere solche Brauereien, welche Gebräue von 100 Wedro (1 Wedro = 12,5 l) machen, wozu 42 Pud (1 Pud = 16,5 kg) Reis und 13 Pud chinesischer Hefe genommen werden. Dieses Reisbier wird[127]) nicht bloſs bei den Chinesen, sondern auch bei den Mandschuren, Koreanern etc. hergestellt; auch russische Arbeiter trinken es[128]). Zu jedem Gebräu werden 13¾ Ztr. Reis und 2⅛ Ztr. chinesischer Hefe verwendet. Die vergorene Flüssigkeit (Gärung 8—14 Tage) wird durch Leinsäcke filtriert; man erhält 12,3 hl Bier mit 14,8 % Alkohol. Beim Ausschenken kommen zu jedem Gebräu 185 l Wasser und 1 Ztr. Zucker. Der Geschmack ist brenzlig, syrupartig und erinnert an verdorbenen, schlechten Wein.

Es ist aber doch nicht so, d. h. das gehopfte Bier »Tarasun« hat sehr wahrscheinlich nicht in der chinesischen Mandschurei seinen Ursprung, sondern es wurde dorthin — in sehr ferner Zeit — eingeführt, und wir stoſsen auch in diesem Falle als die sehr wahrscheinlichen Vermittler (Verbreiter) der Sache, auf die uns bereits wohlbekannten Alanen, als deren unzweifelhafte Nachkommen auch Herr Hirth die Os, As oder Osseten des Kaukasus bezeichnet, die Alanen, welches mächtige, groſse Volk seit dem 1. Jahrhundert v. Chr. bis auf Timurs Zeit (1335—1405) in der Geschichte eine Rolle spielt; auch Tomaschek erkennt — wie wir gesehen — die As oder Os, Osseten des Kaukasus als die Nachkommen der Alanen an.

Das von Herrn Prof. E. Kuhn citierte tibetanische Gerstenbier, welches H. A. Jäschke, Herrenhuter-Missionar in Tibet[129]), beschrieben hat, wird so hergestellt, daſs die Gerste (ob als Malz oder roh?) gekocht und nach dem Erkalten eine Art Hefe, phlabs, aus Mehl, Ingwer und Akonit zugesetzt wird. Die Maische bleibt nun 2—3 Tage stehen, bis sich Gärung zeigt; Hopfen wird keiner zugesetzt. Nun wird Wasser zugesetzt, und das Bier ist zum Abziehen (Filtrieren?) fertig. Herr Jäschke hat das in Tibet, dem Landgebiete am Nordfuſse des Himalajagebirges, der gewaltigen Mauer gegen Indien im Süden und des noch zum chinesischen Reiche (Südwest) gehörigen Landgebietes, unter dem 28.°—36.° n. B. gebraute Bier selbst getrunken; es soll recht gut schmecken und stark schäumen, sich aber kaum eine Woche halten können. Die Lahuler (Bewohner eines Thalgebietes) drücken das vergorene Bier (wohl eigentlich die Maische) mit den Händen aus, statt es zu filtrieren, und verstehen überhaupt diese Sache nicht gut, daher ihr Tschang eine trübe, graue, spülichtartige Malzbrühe ist, welche keine Ähnlichkeit mit Bier hat.

Neuere Forschungen über den eigentlichen Ursprung der Hunnen, eines späteren Völkergemisches, wie es dann unter Attila, beginnend am Ende des 4. Jahrhunderts, vom Wolgagebiet aus bis in das Herz von Mittel- und selbst von West-Europa vordrang, haben nämlich gezeigt, daſs jenes Volk, welches dem späteren Völkergemisch den Namen gab, die Hunnen, in den Jahrhunderten v. Chr. im Norden von China, nördlich von Peking, zuerst in der Mongolei, dann im Tarimbecken, dann später jenseits der chinesischen Mauer, Wohnsitze hatte, aber den chinesischen Kaisern unterthänig und tributpflichtig war. Von den chinesischen Schriftstellern wird dieses hunnische Urvolk, ein Reitervolk, die Hiung-nu und das Land, wo sie lebten, »Liang« (heute das Gebiet der Stadt Liang-tschou, w. w. s. von Peking) genannt[130]).

Schon alte chinesische Schriften erwähnen sie, und der Zusammenhang der Hiung-nu und der Wolgahunnen ist vielfach als selbstverständlich vorausgesetzt worden, wenn sich auch manche Stimmen dagegen erhoben haben, so namentlich Deguignes[131]). Über die Hiung-nu schöpfte nun Prof. Fr. Hirth aus chinesischen Quellen und entnahm da seine Argumente zu Gunsten der Ansicht vom Ursprung der späteren Wolgahunnen aus den Hiung-nu.

Diese Hiung-nu im nordchinesischen Lande Liang sollen, im Jahrhundert v. Chr. von den Chinesen bedrängt, kämpfend und überall Reste der körperlich schwächlicher gewordenen Teile ihres Volkes zurücklassend, durch Mittelasien gezogen sein bis 16000 Li (3 Li = 1 engl. Meile) westlich von der chinesischen Hauptstadt Tai (ganz nahe westlich von Peking), bis zum Lande Suk-tak oder An-tsai. Es war dies der östliche Teil des Wohngebietes der Alanen, welche damals gegen Westen auch die Steppenländer nördlich vom Kaspisee und vom Schwarzen Meer bewohnten; die Hiung-nu töteten den König dieses Teils der Alanen und unterwarfen sie (ca. 350 n. Chr.). Später waren dann die Kaufleute dieses Teils des Wander- und Handelsvolkes der Alanen, welches als Krieger 100000 Bogenschützen besafs, um Handel zu treiben, in Karawanen bis ins nordchinesische Land Liang gekommen, wo ehedem ihre nunmehrigen Herrscher wohnten und jedenfalls noch viele dieses Stammes der Hiung-nu zurückgeblieben waren; es wurden viele dieser Kaufleute gefangen genommen, und durch eine Gesandtschaft von Suk-tak oder An-tsai, dem Lande der Alanen in Westasien, wurde, vielleicht Ende des 4. Jahrhunderts, ihre Auslösung erwirkt.

Es waren also von den ehedem im Norden Chinas sitzenden Hiung-nu, den Vorläufern der späteren Hunnen, sehr kriegerische, thatkräftige Teile, nach kriegerischen Zügen in ganz Mittelasien bis Südsibirien und dem Kirgisengebiet, bis ins östliche Alanenland im mittleren, mehr südlichen Westasien gekommen, hatten den König getötet und Land und Volk unterworfen. Später gingen alanische Handelskarawanen bis in die alte Heimat der Hiung-nu in Nordchina, um dort Handel zu treiben.

Fr. Hirth ist auf Grund von Wahrnehmungen und Schlüssen, die er anführt, der Meinung, dafs diese Besitzergreifung des Alanenlandes durch die Hiung-nu um 355 n. Chr., etwa 20 Jahre vor dem Einbruche hunnischer Völker in das Land jenseits des Don, stattgefunden hat. Das alte Sudagh an der Südostküste Tauriens (der Krim) halten Tomaschek und Fr. Hirth für eine alte alanische Ansiedelung, seit 212 n. Chr. existierend, ein Hauptsitz der Alanen, vielleicht auch der von den Hunnen befürsteten.

Es scheint aber schon damals die Bezeichnung »Alane« sich auf ein Mischvolk aus mancherlei Volkselementen zu beziehen; später scheinen die von den Hunnen beherrschten Alanen (Suk-tak) von den Türken und Chinesen »Turkmen oder Turkomanen« genannt worden zu sein. Um 424—452 schickte dieses Land Suk-tak Tributgesandtschaften an den chinesischen Hof. In den alttürkischen Inschriften der Mongolei wird das Volk der Soghdak erwähnt: in einer solchen Inschrift wird gesagt, dafs einer ihrer (der Osttürken) Fürsten gegen die Soghdak zog und sie (um 701—702) besiegte. Fr. Hirth hält die Soghdak der alttürkischen Inschriften aus dem 8. Jahrhundert über die im Osten und Nordosten vom Aralsee sitzenden Suk-tak (ehemals mit Hunnen vermischte Alanen) als identisch mit Turkmen und findet darin den Hauptbeweis für die Identität der Wolgahunnen mit den Hiung-nu. Die letzteren haben sich bereits im 1. Jahrhundert v. Chr. unter ihrem Fürsten Tschitschi in dem Lande zwischen dem Balkasch- und Aral-See festgesetzt und von den Alanen Tribut erhoben. Der Verkehr des Volkes (sagt nun Fr. Hirth), in dem wir die Wolgahunnen wieder erkennen, mit den Hiung-nu im Nordwesten Chinas hatte durch Zwischenhandel (als deren Träger sehr wahrscheinlich die Alanen wirksam waren) manches von den Hunnen erbeutete Erzeugnis römischen oder byzantinischen Gewerbefleifses nach China gebracht, wie er umgekehrt auch geeignet ist, chinesische Funde auf ehemals hunnischem oder alanischem Gebiete zu erklären. Höchst charakteristische Beweise für beides sind einerseits die in China verbreiteten Metallspiegel, welche Fr. Hirth beschrieben hat[132]), die auf der Rückseite eine reiche Ornamentierung haben mit Darstellung des griechischen Bacchuskultus (Einwirkung altgriechischer Kultur auf die chinesische über weite Strecken Festlands hinweg), und die 1890 unter Leitung des Herrn Prof. Virchow in Berlin im Kaukasus ausgegrabenen chinesischen Metallspiegel.[133] u. [134])

Wenn man nun bedenkt, dafs der Tarasun, das Hopfenbier in China, eine keineswegs überall oder auch nur in einem gröfseren Teil Chinas verbreitete Sache ist, also keinen nationalen Charakter hat, sondern offenbar eine örtliche Beschränkung zeigt, so läfst sich schliefsen, dafs sie von aufsen eingeführt wurde, und es ist doch ganz merkwürdig, dafs wir auch da als die mutmafslichen Vermittler die Alanen, Vorfahren der Osseten im Kaukasus, wiederfinden. Wenn es so ist, dann ist auch die Überführung des gehopfen Bieres nach Westeuropa in der Zeit der Völkerwanderung wieder sehr bedeutend in ihrer Wahrscheinlichkeit gewachsen.

Allerdings sagt Prof. Schrader, dafs nach seiner Auffassung das Wort »chmel« zum ostasiatischen Sprachstamm gehört. Man könnte also sagen, es sei vielleicht von den Hiung-nu in Nordchina herrührend; das heutige Wort »Komlo« für Hopfen bei den Ungarn wäre kein Hindernis. Allein die alten Ungarn waren kein Bierbrauervolk, und ich habe schon oft genug gesehen, dafs die Kulturgeschichte in solchen Fragen mehr leisten kann als die Linguistik. Die Urheimat des Hopfenbieres ist also immer noch sehr wahrscheinlich das Gebiet am Oberlaufe des Euphrat und Tigris, Armenien, der Kaukasus, und die, welche dessen Überführung nach Mittel- und West-Europa vermittelten, standen mit den heutigen Bayern in irgend einer direkten, näheren Beziehung.

Fig. III 1 bringen wir die chinesischen Schriftzeichen lü t'sao oder lü t'tsau, die alte chinesische Bezeichnung für Humulus Japonicus Siebold; lü = Name dieser Hopfenpflanze, t'sao oder tsau = Kraut.

葎草	酒—	サケ
1	2	3

Fig. III.
Chinesisch-japanische Schriftzeichen für Hopfen und Bier.

In Fig. III 2 bringen wir das chinesische Schriftzeichen für tsiu (samnu), japanisch Saké, gegorene bier- oder weinähnliche Flüssigkeit.

In Fig. III 3 die japanischen Schriftzeichen für das Wort »Saké« (Wein).

Die Schriftzeichen sub 1 habe ich vom Herrn Prof. Dr. Bretschneider in St. Petersburg, jene sub 2 und 3 vom Herrn Prof. Dr. F. Hirth in München.

Um nun wieder zu den europäischen Völkern zurückzukehren, so scheint selbst den nördlichen Germanen das gehopfte Bier unbekannt gewesen zu sein; sie würzten ihr Gerstenbier mit allerlei andern würzig-bitteren Kräutern.

In Schweden soll der Hopfen erst im 15. Jahrhundert in Aufnahme gekommen sein, und bei den Angelsachsen in Jütland soll heute noch ungehopftes Bier getrunken werden.

Es sind aber alle diese Nachrichten sehr fragwürdig und neuerdings mehrfach bestritten worden.

Offenbar waren die Kaukasusländer die Heimat des Hopfenbieres. Kobert neigt sich zwar der Ansicht zu, dafs die Finnen vielleicht das Hopfenbier erfunden hätten. Diese Ansicht kann ich nicht teilen, denn sonst würden doch die mit ihnen in Berührung gewesenen Schweden nicht erst so spät dazu gekommen sein. Ich glaube vielmehr, dafs auch die Finnen, Esthen, Letten etc. ihre Kenntnis des gehopften Bieres aus der Berührung mit dem hochbegabten Volk der Goten (und Alanen) hatten.

Das ebene oder hügelige Land am Südfufse des Kaukasus gehört zum Stromgebiete des Kur, welcher sich ins Kaspische Meer ergiefst; das heute zu Rufsland gehörige Gebiet wird Transkaukasien oder Russisch-Armenien genannt; die Armenier bilden aber hier nicht die Hauptmasse der Bevölkerung.

Weiter nach Süden zieht, ziemlich parallel mit dem Kaukasus, ein Gebirgsrücken hin, in welchem der Ararat liegt, der höchste Berg Armeniens. Noch weiter südlich liegt Türkisch- und Persisch-Armenien, in welche der Oberlauf des Tigris und des Euphrat hineinreicht. Es sind das sicher Terrains, in welchen der europäische Hopfen (Humulus Lupulus L.) von jeher reichlich wild wächst.

Der englische Schriftsteller P. L. Simonds[135]) sagt nun, dafs der Hopfen den Alten nicht unbekannt gewesen sei, denn er sei bereits erwähnt bei dem syrisch-arabischen (jüdischen) Arzte Mesue, welcher um 845 lebte. Dieser Mesue war Arzt des Kalifen Alamann zu Bagdad in Syrien, also in den Flufsgebieten des Tigris und des Euphrat zu Hause. Mesue übersetzte auf Befehl seines Gebieters griechische Werke über Medizin und Physik ins Arabische und scheint des Jonas Damascenus Therapeutica[136]) verfafst zu haben. Bagdad liegt nicht zu sehr südlich von Armenien. Prof. Kobert sagt indes, die Angabe, dafs dieser arabische Jude, Mesue der Jüngere, in seinen medizinischen Schriften den Hopfen erwähne, beruhe auf einer im Mittelalter aufgekommenen falschen Deutung. Auch im Talmud (der Juden) sei des Hopfens mit keinem Worte gedacht.

Der slavische Schriftsteller A. Hausdorf sagt[137]), dafs der erste Hopfen an den Ufern des Euphrat, welcher in Armenien entspringt, wenigstens schon 2000 Jahre v. Chr. angebaut und bereits zur Herstellung des babylonischen Bieres als Gewürz verwendet worden sei. Die Ägypter hätten den Hopfen aus Assyrien bekommen und zwar 600 v. Chr., zur Zeit des Krieges des Königs Necho mit Nebukadnezar; bis dahin habe man Safran zum Hopfen des Bieres genommen. Der älteste Hofen sei keine andere Art als Humulus Lupulus. Später bemerkt derselbe Autor[138]), aus babylonischer Keilschrift habe man ersehen, dafs die Babylonier die Erfinder des gehopften Bieres waren. Kischat und Kischass, beide Worte gleichbedeutend mit Bier sowohl wie mit Hopfen, seien echte chaldäische Wörter. Die Juden hätten diese Worte von ihren Stammeltern, die nur um Babylon lebten. Heute noch bereiten sich ärmere Leute in jenen Gegenden selbst ein Bier, statt aus Malzabsud aus Honigsaft, und würzen es mit Hopfen.

Leider ist Hausdorf nicht verlässig genug, wie ich aus dem Munde höchststehender Sprachgelehrten vernommen; namentlich giebt er niemals die Quellen an, aus welchen er geschöpft hat.

Die Allg. Br.- u. H.-Ztg. in Nürnberg[139]) brachte übrigens die Nachricht, das Britische Museum habe 1895 Thontafeln aus Babylon erhalten, welche ein babylonisches Bierhaus aus der Zeit 2300 v. Chr. beschreiben) aus der Zeit der Regierung Khammuratis, Königs von Babylon. Es handelt sich um Kaufverträge. Das Bierhaus sei in Babylon eine gewöhnliche Einrichtung gewesen. Das Bier bildete auch einen Teil der Tempelgeschenke in Chaldäa, gerade so wie in Ägypten. Wie aus einer Inschrift Assurbanipals hervorgehe, wurden grofse Mengen Bieres bei öffentlichen Freudenfesten gespendet.

Der Sanskritist Th. Benfey (Kleinere Schriften, Berlin 1892, S. 92, unterm Strich) sagt von den Indogermanen: Schon in ihren Ursitzen unterschieden sie Gold und Silber, und beide Wörter müssen viel gebraucht gewesen sein, denn sie haben sich in indogermanischen Sprachen erhalten, welche weit voneinander getrennt sind; beide wurden aber nur vom asiatischen Zweig bewahrt.

Griechen und Römer bewahrten nur das Wort Silber, das Wort Gold ging ihnen verloren; die Germanen und Letto-Slaven hatten das Wort Gold erhalten, dagegen das Wort Silber eingebüfst.

Aber dennoch scheint aus allem, was wir so reichlich angeführt haben, hervorzugehen, dafs der Kaukasus und das südlich anstofsende Landgebiet des Kur, sowie namentlich der Oberlauf des Euphrat und Tigris, also Armenien und Babylonien, das Wiegenland und der Zerstreuungsmittelpunkt der Bierbereitung mit Hopfenzusatz ist, dafs dort diese wichtige Erfindung von den Germanen (namentlich von den Goten und Alanen) gemacht oder erlernt wurde und dafs die Finnen, Esthen, Letten, Litauer diese Kunst ebendaher oder durch ihre Berührung mit den Germanen haben. Darüber kann aber nach all dem, was wir mitgeteilt haben, gar kein Zweifel bestehen, dafs die Slaven diese Kunst von den Germanen, auch von den Finnen, Esthen etc. erhielten.

Die Allg. Br.- u. H.-Ztg.[140]) bringt aus einem Berichte des englischen Konsuls in Rescht (Persien, also dem südöstlich an Armenien grenzenden Lande) die Nachricht, dafs dort der wilde Hopfen massenhaft in den Dschungeln wachse, ohne gesammelt zu werden. Die Gebüsche an der Strafse aufserhalb der Stadt seien mit Hopfenpflanzen bedeckt, deren Blüten und Früchte im September und Oktober einen lieblichen Anblick gewähren. Die wenigen hier lebenden Europäer sammeln ihn für den Privatgebrauch. Der Konsul meint, der Kulturhopfen müfste dort gut gedeihen.[141]) Also von den Persern stammt das Bierbrauen mit Hopfen offenbar nicht.

Das Leipziger Tageblatt (reprod. in Allg. Br.- u. H.-Ztg. 1886, II, 1217) brachte übrigens die Nachricht, dafs der Hopfen in ganz Persien sehr gut wild wachse, dort vielfach gesammelt und zur Herstellung eines volkstümlichen, gehopften Weizen und Hirse-Bieres, »Buza« genannt, verwendet werde, dessen Trank der Koran nicht verbiete. Auch in die Kopfkissen würden die Zapfen gefüllt, um Schlaf zu machen. Diese Notiz ist etwas wenig glaubwürdig.

Das einzig Bedenkliche, was einer solchen Annahme im Wege steht, ist die Ansicht Stackelbergs, dafs die Osseten die Bezeichnungen für Silber, Stahl, Blei, Kupfer von den Finnen entlehnt haben, und Köppen sagt ohne weiteres, dafs sie von den Finnen nicht blofs die Bezeichnung der genannten Metalle, sondern auch jene für Hopfen entlehnt haben. Das ist doch alles noch nicht so gewifs. Thomaschek,: »Die alten Thraker« [142]) sagt, dafs die Osseten und die ugrisch-finnischen Stämme die Bezeichnung für Hopfen von den Türken am oberen Ob haben, welche ihn Quamalag, Gumalà nennen. Die Osseten (Alanen) werden uns schon von den alten Schriftstellern als auf hoher Bildungsstufe stehend bezeichnet.

Übrigens ist an dieser Stelle wohl zu beachten, dafs die Goten (Gutôs oder Gutans, auch Gut-thinda) von den Gestaden des Baltischen Meeres, also an der Ostsee, dem Gebiete, wo heute die Finnen, Esten, Letten wohnen, ganz allmählich bis an die Mündung des Danapris (Dnjeprs) vorgedrungen sind, und dafs sie bereits im Beginne des 3. Jahrhunderts an der pontischen Küste angelangt waren; schon um 251 kämpften sie bei dem Sumpfe Halmyris in Klein-Skythien; daher konnten auch die Finnen, Letten, Esthen Entlehnungen gemacht haben.

Das Kaukasusland und Armenien die Heimat der Kunst des Brauens gehopften Bieres! Da ist es doch ganz merkwürdig, dafs verschiedene alte Sagen den heutigen Volksstamm der Bayern (Bajuwaren), von welchem etwa 7—8 Millionen in den österreichischen Ländern leben, und der es unter allen deutschen Stämmen und von alters her in der Kunst des Bierbrauens wie im Biergenusse am weitesten gebracht hatte, mit Armenien in Verbindung bringen.

In dem Kaiser- und Könige-Buch von J. M. Meyer, München 1874, S. 6 findet sich folgende merkwürdige Stelle: Das Geschlecht der Bayern ist gekommen aus Armenien, wo Noah aus der Arche ging und wo noch die Arche auf dem Berge steht, der da heifset Ararat. Man sagt, dafs dort, fernhin gegen Indien, noch Leute wohnen, welche deutsch sprechen.

Alle alten Sagen lassen die Bayern aus Armenien herstammen, und ihnen folgen alle Chronisten: Andreas von Regensburg, Trithemus, Veit Arnbeckh, Aventin u. a. m. Unter dem deutschen Kaiser Friedrich I. Barbarossa (1152—1190), gelegentlich der Kreuzzüge, wollte man, wie Bernardus Noricus sagt: audivisse, quod procul in Asia versus septentrionem Armeniis proximae reperiuntur incolae, qui bajoarium ad unguem sermonem sonarent[143]), und Froumunt von Tegernsee (10. Jahrhundert) sagt in seiner Schrift »De Noricum origine«: Noricorum (die Bayern) in ultimo oriente circa Armeniam usque hodie manet origo, quod bene omnibus notum, a probatissimis etiam accepimus, qui peregrinati illud bavarizantes audierant.[144])

Der berühmte bayerische Historiker Aventinus, er lebte in Abensberg unweit Siegenburg in der hopfenberühmten Hallertau, † 1543, nimmt (Annales bojorum, 1580) an, dafs der sagenhafte König Gambrinus oder Gambrivius — der angebliche Erfinder des Bieres — wirklich geherrscht hat, um 1730 v. Chr. geboren, König der Tuisker und ein Sohn des deutschen Königs Marsus; die Städte Hamburg und Cambray sollen ihm ihren Namen verdanken[145]); wahrscheinlich hängt sein späterer Name mit jenem der Stadt Cambray in Belgien zusammen, und ist er auf diese Weise in der Sage König von Flandern und Brabant geworden.[146])

Herr Universitätsprofessor Dr. Sepp in München, der in solchen Dingen ungewöhnlich kenntnisreiche greise Gelehrte, schrieb mir auf meine bezügliche Anfrage ohne weiteres: Die Bayern stammen von den Osseten ab. In Dr. Sepps Buch »Altbayerischer Sagenschatz«, München 1876, S. 489 etc., finden sich Mitteilungen von den Riesenfahnen der Altbayern. Die letzteren haben an unglaublich langen Fahnenstangen, welche sie bei Prozessionen herumtragen, ihre gröfste Freude. Sepp erzählt eine ganze Reihe von desfalls höchst charakteristischen Beispielen aus dem bayerischen Voralpenland. Ich selbst habe das vielfach gesehen, so namentlich in der Pfarrkirche zu Bernried am Starnberger See, wo diese staunenerregenden langen Fahnenstangen, mit oft ganz kleinen Fahnen, fast bis zur Decke der Kirche reichten.

Sepp erwähnt nun, dafs die Bayern nach altem Glauben aus Armenien ausgezogen seien, und schildert dann (nach Olearius) den Gebrauch der kaspischen Cirkassier, auf dem Eliastag Ziegen zu opfern und unter Gebeten das Fell an einer Stange aufzuziehen und daran herumzutanzen. Prof. Sepp bemerkt dann weiter: Was hier von den Tscherkessen im Kaukasus gesagt wird, wissen wir noch näher von den halbchristlichen Osseten, den Stammesbrüdern der Alanen; sie preisen selig den vom Blitz Erschlagenen und richten neben dem Grabhügel von Steinen eine grofsmächtige Stange mit dem Felle eines schwarzen Ziegenbockes auf, indem sie dabei rufen: O Elai, Elai, Herr der Felsengipfel. Bei dieser Gelegenheit wird uns von den Osseten auch gesagt, dafs sie bei einem Schiedsgericht einen Pfahl zum Symbol in die Erde schlagen, dafs nun der Pakt geschlossen sei; nach Haxthausen (Reisen in Transkaukasien) geschieht dies meist in den Wäldern.

Als das Bayern der alten Welt in Bezug auf das Bier erscheint uns ja auch nach ägyptischen Überlieferungen[147]) aus der Zeit 1500 v. Chr. das Land Quode im südöstlichen Kleinasien, also offenbar im Gebiete des Oberlaufes von Euphrat und Tigris; damals in Ägypten berühmt wegen seines guten Bieres.

Ich weifs recht gut, dafs diese Ansichten und Ausführungen des Herrn Prof. Sepp bei den Berufshistorikern wenig Beifall finden. In gewissen Gelehrtenkreisen kann man sogar von Geschichtsdilettantismus sprechen hören. Indes ist doch sehr charakteristisch, was Prof. Weber, der hervorragende greise Sanskritist der Berliner Universität, in seinen letzten Vedischen Beiträgen in den Sitzungsberichten der Berliner Akademie (1898), mit sprachwissenschaftlichen Gründen über die Heimat der Indogermanen sagt. Nach den sprachlichen Andeutungen lebten die Indogermanen in einem Lande, in dem ein rauher Winter die erste Rolle spielt. Die Indogermanen rechneten nach Mondjahren zu 354 Tagen und blieben sohin um 12 Tage hinter dem Sonnenjahr zurück. Um beide in Übereinstimmung zu bringen, bedurften sie, da sie solche Berechnungen nicht selbst anstellen konnten, der Nachbarschaft semitischer Völker, denen sie das entlehnen konnten, und das waren sehr wahrscheinlich die nördlichen Semiten, die Babyloner. Auch andere Umstände, Zahlenverhältnisse etc., lassen auf eine solche Nachbarschaft der Arier und Semiten schliefsen. Dafür spricht auch noch der Umstand, dafs die Indogermanen ein gemeinsames Gut hatten in dem Götterpaar der Dioskuren, der vedischen Acvin. Dieser Name bedeutet die beiden Reiter; das Reiten mufs also in dem Lande, welches den Indogermanen als Wohnsitz diente, in voller Übung gewesen sein, das Land mufs es gestattet haben; auch dies würde für das von alters her wegen seiner Pferdezucht hochberühmte Armenische Hochland stimmen. So Herr Prof. Weber! —

Der Sanskritist Th. Benfey[148]) verlegt die Urheimat der Indogermanen vor dem Beginn der Trennung in das Landgebiet zwischen Donaumündungen und Kaukasus.

Unlängst erst hat der Professor der orientalischen Sprachen an der Münchner Universität, Dr. Fr. Hommel (man sehe dessen Abhandlung: »Symbolische Zahlen« in den Münchner Neuesten Nachrichten 1899, Nr. 41) gezeigt, welchen Kultureinflufs Babylonien auf die Sprache der Lateiner, Griechen und Germanen ausgeübt hat.

Dasselbe hat einige Jahre früher der Berliner Akademiker Johannes Schmidt in lichtvoller Weise am lateinischen, griechischen und germanischen Zahlensystem nachgewiesen, und J. Schmidt zog daraus den Schlufs für die Urgeschichte der europäischen Indogermanen, dafs diese dereinst direkt von Babylonien aus darin beeinflufst wurden, dafs also auch ihre ältesten Wohnsitze nicht allzuweit von Vorderasien abgelegen haben können.

Ohnehin haben ja auch die grofsen Sprachgelehrten Max Müller, Mannhardt, Benfey und namentlich Aug. Fick aus dem gemeinsamen Wortschatz der Arier nachgewiesen, dafs sie in der Zeit des ungetrennten Beisammenseins keine Wilden oder blofse Nomaden, sondern ein friedliches, in festen Wohnsitzen, ausgebildeten Familien- und Gemeinverbänden lebendes Ackerbauvolk waren, dessen Heimat mit grofser Wahrscheinlichkeit das armenische Hochland war (man sehe Dr. M. Much in Mitteilungen d. Anthropolog. Geselisch., Wien, VIII. Bd., 1878, Über den Ackerbau der Germanen S. 203 und namentlich 209).

Nach den gründlichen ethnologischen Studien des Prof. Dr. Lehmann von der Berliner Universität und seines Kollegen Dr. Belck, welche sich 1899 in Armenien (Kharput und Var) mit dem Studium von Keilinschriften befafsten, war vor der Einwanderung der Armenier das Land, welches später diesen Namen annahm, von einer kraftvollen, kriegerischen Rasse bewohnt, die sich Khaldi oder Cäldi nannte, weder von den assyrischen noch babylonischen Königen je ganz unterjocht wurde, sich mit den später ins Land gekommenen Armeniern freundschaftlich verband und allmählich in ihnen aufging. Von Lehmann und Belck aufgefundene Keilinschriften sind in der Khaldisprache geschrieben, deren Entzifferung erst Dr. Lehmann gelang[149]).

In der Sitzung der Deutschen anthropologischen Gesellschaft in Lindau, 7. September 1898, sagte Prof. Montelius aus Stockholm, dafs die Kultur der Bronze aus dem Orient nach Europa gekommen sei. Die Urquelle der ganzen asiatisch-europäischen Kultur sei nicht in Ägypten, sondern in Chaldäa zu suchen.

Ferner ist ja Babylonien in Kleinasien, die Ebene Sinear der heil. Schrift, später auch Chaldäa und ein Teil Assyriens, das Land, welches südöstlich an Armenien grenzt und, von Persien, Arabien, Medien und Armenien umschlossen, am Oberlauf der Flüsse Euphrat und Tigris und zwischen diesen liegt. Die Stadt Babylon (nicht weit vom heutigen Bagdad, ein gewaltiger Trümmerhaufen) hatte nach dem Griechen Herodot zwölf deutsche Meilen Umfang und zwei Millionen Einwohner. Die vom Euphrat durchströmte Stadt war von einer 200 Fufs hohen und so breiten Mauern eingeschlossen, dafs sechs Wagen auf der Plattform nebeneinander fahren konnten. Stellenweise waren diese riesigen Mauern noch von Türmen überhöht, und durch 100 eherne Thore fluteten die Menschenmassen. Die Stadt besafs reiche Kunstschätze; die Bauten waren alle aus Ziegelsteinen hergestellt und durch Schilf und Erdpech verbunden. Das durch künstliche Bewässerung befruchtete Land brachte ungeheure Erträge an Weizen, Gerste, Dattel- und Palmbäumen etc.

Armenien ist heute ein fast waldloses Hochland, südlich vom Kaukasus, ca. 5000 Quadratmeilen grofs, das stellenweise bis 7000 Fufs Höhe erreicht. Die Flüsse Euphrat, Tigris, Aras, Kur, Tschorachi entspringen hier. Das rauhe Klima ist dem Ackerbau hinderlich, während die Viehzucht blühend ist. Die tieferen Thäler an den Abhängen des Hochlandes haben milderes Klima, liefern Baumwolle, Wein und schönes Obst. Das Land gehört heute teils zu Rufsland, teils zu Persien und der Türkei.

In einer Abhandlung über das Bier in den babylonischen Keilschriften fragt der slavische Sprachgelehrte Aug. Hausdorf[150]): ob die Juden in Palästina, deren Voreltern um Babylon lebten, welche für den Hopfen das Wort Kischosz hatten, bereits Hopfenbau betrieben und den Hopfen zur Bierbereitung verwendet hätten. Er kommt bei diesen Studien, wo er auch die Quellen erwähnt, zu der Ansicht, dafs das Hopfenbier eine Erfindung der Babylonier ist.

Kischot und Kischosz, gleichbedeutend mit Bier und Hopfen, seien keine hebräische, sondern echt chaldäische Wörter, in den Paraphrasen kämen beide Ausdrücke gleichzeitig vor. Die Babylonier seien also — wie in so vielen andern Dingen — auch in der Bereitung des Hopfenbieres unsere Lehrer gewesen. Alles Gute und Böse, was vom Bier kommt, hätten wir von diesen.

Nach den vorhandenen Schilderungen (Prophet Ezechiel und Keilschriften, s. dort) war dieses Land schon 1900—2000 Jahre v. Chr. ein wahres Paradies.

Wahrscheinlich brauten sie Gerstenbier; im Babylonischen heifst die Gerste »Kri«, im Griechischen »Krithe«. Es wurde aber auch Weizenbier gebraut. Heute noch bereiten sich dort die ärmeren Leute eine Art Bier aus Honigsaft und Hopfen, welches sie »Niud« heifsen.

In einer kritischen Besprechung von Stamms »Geschichte des Hopfens« (Saaz, 1854) im Böhm. Bierbrauer 1880[151]) spricht A. Hausdorf die Ansicht aus, dafs die ersten Hopfen an den Ufern des Euphrat angepflanzt und dort auch bereits 2000 Jahre v. Chr. als Würze der babylonischen Biere verwendet worden seien.

Es gehe das aus dem Umstande hervor, dafs die hebräische Sprache zu Mosis Zeiten noch keinen Ausdruck für Hopfen kannte, während alle andern, früher zum Bierwürzen verwendeten Materialien (Schafgarbe, Wermut, Bitterklee, Kamillen etc.) bereits Namen hatten; dann habe sich der Ausdruck Kischosz = Hopfen erst nach der Rückkehr der Juden aus der babylonischen Gefangenschaft bei den Hebräern eingebürgert; dann wird auf einer Säule ein Gewächs erwähnt, das sich durch sein Öl wie durch eine Säure als besonders heilend gegen gewisse Krankheiten erweise; dann wird bei Columella (X 16: Jam siser Assiroque venit quae semine radix sectaque praebetur madido sociata lupino, ut Pelusiaci proritet pocula Zythi) gesagt, dafs aus Assyrien ein Kraut kam, mit welchem das pelusische (d. h. ägyptische) Bier gewürzt wurde.

Da aber weder Manetho noch Herodot den Hopfen kennen und das älteste Bier nur Safran erhielt, so kann der Hopfen vielleicht um 600 v. Chr., zur Zeit des Krieges des ägyptischen Königs Necho mit Nebukadnezar, nach Ägypten gekommen sein.

Schon zur Zeit Abrahams hätten sich die Babylonier aus den Hopfenranken ein Gespinst bereitet, von dem Gewänder gemacht wurden, die Kischosz-Sidones. Namentlich werde die Stadt Borsippa erwähnt, wo man so eine Wolle fabriziert. Auf einem Bilde im Palaste zu Chorsabad sehe man zwei sehr schöne Jungfrauen solches Gespinst verarbeiten. Wahrscheinlich wurden auch schon die jungen Hopfentriebe unter dem Namen Cocischisz gegessen. In Armenien wurde sogar schon in den ältesten Zeiten aus den Hopfenranken Papier gemacht. Die heutigen Armenier schwefeln auch den Hopfen.

Danach würde das Lupulus der Römer von Lupino kommen. Lupulus salictarius (salio, salire: hüpfen, identisch mit Hopfen). Das römische Reich ging damals bis zum Euphrat.

In der Allg. Br.- u. H.-Ztg. 1899, II, 2827 werden die neueren ägyptischen Forschungen in Bezug auf das Bier im alten Agypten erwähnt. Das Bier scheint nun in der That im alten Ägypten eine grofse Rolle gespielt zu haben; schon vor 3000 Jahren rissen dort biertrunkene Studenten Zäune um und schlugen Thüren ein. Das Bier scheint ein ägyptisches Volksgetränk gewesen zu sein. Das Bayern der alten Welt war, wie schon gesagt, aber das Land Quode im südötslichen Kleinasien (also das Landgebiet im Oberlaufe des Euphrat und Tigris, unfern von Armenien), wo in königlichen Brauereien kilikische Sklaven arbeiteten. Das von dort bezogene Bier galt in Ägypten mehr als das einheimische. Der Beamte des neuen Reiches (1500 v. Chr.) rühmt das Quodebier auf seinem Posten im sumpfigen Deltaland als seinen einzigen Trost, und im Papyrus Leiden wird uns von einem Durst erzählt, »der die Quodeländer austrinkt«.

In V. Hehn-Schrader (Kulturpflanzen etc., 6. Aufl., 1894) wird gesagt, dafs hoppe, hop schon im 9. Jahrhundert urkundlich vorkommt. Schrader ist der Meinung, dafs hop oder hoppe etc. der Ausgangspunkt für die sprachlich so mannigfaltige Benennung des Hopfens sein kann. Aus hope, hop' entstand houbelon, houblon, hubalas; in Italien, mit dem Artikel vereinigt, lupola, später lupulus. Aus hupa, hubalus, hubelo das mittellateinische humlo, humulus, letzteres mit Ende des 8. Jahrhunderts der verbreitetste Ausdruck. Chmel, lupus, hoppe, Hopfen, humulus sind nur Varietäten desselben Wortes, durch Übertragung von Mund zu Mund.

Wenn man nun noch die weiter oben (S. 101 und 100) gegebenen Bezeichnungen der Osseten, Chewsuren, Tartaren, Tschuwaschen, Kirgisen, der Türken des oberen Ob etc., in Betracht nimmt und das Wort »hamal« bei den Persern, so liegt heute nicht das Geringste mehr im Wege, anzunehmen, dafs die Germanen schon gehopftes Bier hatten, als sie noch im Gebiete des Oberlaufes von Euphrat und Tigris oder in Armenien safsen (gehopftes Bier bei den Osseten im Kaukasus K'umäl, der Hopfen Chumälläg). Dazu kommt ferner, dafs die alten Germanen zwei Bezeichnungen für Bier hatten, beide uralt, aber Ale dennoch älter als bäor oder beer. Wie mir Herr Prof. Paul, der hervorragende Germanist der Münchner Universität, jüngst erst sagte, ist das Wort bäor, beer unzweifelhaft altgermanisch, kein Lehnwort, ebenso wie Ale, und man erklärt diese zweifache Bezeichnung für dieselbe Sache damit, dafs bäor, beer also das relativ jüngere aber doch sehr alte Wort, das gehopfte Bier bedeutet, dahingegen das ältere Wort Ale das ungehopfte Bier. Es ist dabei höchst charakteristisch, dafs auch der sprachgelehrte Prof. E. Kuhn (s. oben) sagt, dafs das Wort Ale, bei den Nordgermanen heute noch allgemein gebraucht, bei den Südgermanen längst verschwunden sei, offenbar weil sie längst kein ungehopftes Ale mehr tranken, sondern gehopftes bäor, beer (Bier). Damit fallen auch alle Schlufsfolgerungen, welche man an das hopfenlose Ale der Engländer etc. angeknüpft, in sich selbst zusammen!

Nach all dem, was ich nun gesagt, kann man jetzt keinen Zweifel mehr haben, dafs das Landgebiet zwischen dem Kaukasus und dem Oberlaufe des Euphrat und Tigris die Heimat des gehopften Bieres ist, und dafs dasselbe, aus der Hand germanischer Völker hervorgegangen, teils direkt, teils durch die Vermittlung der mit Germanen vermischten Alanen den andern Völkern vermittelt wurde. Da ursprünglich nur wildwachsender Hopfen verwendet wurde, nahm man, wo er fehlte oder nicht zureichend vorhanden war, zu andern würzigbitteren Kräutern seine Zuflucht. — Das ursprünglich vorhandene germanische Wort für Hopfen ist dort ebenso wie die Reste germanischen Volkes im Strome fremden Volkstumes untergegangen, nicht ohne Spuren germanischen Wesens zurückgelassen zu haben. — Wie viele Gebiete haben wir heute in Europa, wo die deutsche Sprache ganz erloschen ist, aber deutscher Ackerbau und deutsche Ackerbaugeräte und viele andere deutsche Kulturelemente, heute noch vorhanden sind!

Schon die Thatsache, dafs die erstaunlich grofse Zahl von Bezeichnungen für die Hopfenpflanze bei den mannigfaltigsten Völkerschaften Europas und Asiens, wie selbst dem Laien leicht ersichtlich und von den Sprachgelehrten bestätigt wird, nur Variationen eines Grundwortes sind, weshalb wir zahlreiche Übergänge mannigfacher Art finden, beweist, dafs nur ein einziges Wort den Ausgang und dafs nur ein Terrain und ein Volk den Zerstreuungsmittelpunkt bildete, und dafs das schon in fernen Zeiten stattgefunden haben mufs, lange vor der Völkerwanderung. Die Völker nahmen das Wort von den Germanen, damals im westlichen Asien sefshaft, und pafsten es ihrer Sprache an. Auch die Thatsachen sind höchst bezeichnend, dafs die Osseten auch heute noch ein zweites Wort für Hopfen (Suah) und ein zweites Wort für Bier (Luda, Ludi) haben. Sehr bezeichnend ist auch, dafs diese beiden Worte getrennt nebeneinander stehen, aber dafs, als dieses Volk, welches heute als Osseten (Alanen!) bezeichnet wird, das vom deutschen »Hopfo« abgeleitete Wort »Chumälläg« annahm, es auch sogleich das gehopfte Bier mit »K'umäl« benannte, nicht mit Luda oder Ludi!

Auf den grofsen Einflufs der meist vorgeschichtlichen Jugendzeit von Völkerteilen auf ihre späteren sozialen Anlagen und Lebensgewohnheiten hat schon Fr. Ratzel (Anthropogeographie) hingewiesen. Offenbar stehen die heutigen Bayern mit Got-Alanien, welches vordem im Landgebiete zwischen Kaukasus und dem Oberlaufe des Euphrat lag, in einer vorgeschichtlichen Beziehung, und so erscheint uns die Behauptung Fressels, dafs in den Bayern Gotenreste stecken, in einem neuen und positiven Lichte. Zugleich erklärt das in ungezwungener Weise, dafs, obgleich längs der Goten-Alanen-Strafse durch Mittel- und Süd-Europa bald nach der Völkerwanderung Hopfengärten (Humlonarias) auftauchen, die übrigen deutschen und germanischen Stämme anscheinend erst viel später vom Hopfen als Braumaterial Gebrauch gemacht haben.

Herr Prof. E. Kuhn, der hervorragende Vertreter der orientalischen Sprachen (namentlich der indischen und iranischen) an der Münchner Universität, hat mir unlängst (Juni 1900) erst selbst ganz bestimmt erklärt, dafs auf Grund der von ihm erst in neuester Zeit zu einem andern Zweck gemachten Studien, keinerlei Zweifel mehr bestehen könnte, dafs die Osseten die Nachkommen der alten Alanen seien, des merkwürdigen Volkes, welches im Beginn unserer Zeitrechnung und unmittelbar vor derselben bis tief nach Asien verbreitet und thatsächlich damals schon überall dabei war, wo eine bemerkenswerte Bewegung stattfand. E. Kuhn hat mir dafür eine ganze Reihe unzweifelhafter Belege angeführt. Ebenso sicher sei, dafs die Alanen mit den Goten und gotischen Vandalen vielfach gemeinsam auf dem Schauplatz der Geschichte erschienen, mit diesen nach Westeuropa und Spanien und mit den Vandalen nach Nordwestafrika kamen. Sie waren keine Germanen, sondern iranische Arier, und er gibt nun selbst zu, dafs die gotischen Stämme das Hopfen des Bieres von den Alanen erlernt und mit diesen zur Zeit der Völkerwanderung nach Mittel- und West-Europa gebracht haben können.[152] u. [153]). So gelangen wir denn nun nach vielverschlungenen Wegen und keineswegs mühelosen Versuchen zu diesem Ziel der Auffindung des Ursprunges und der Heimat des gehopften Bieres. Auch kann darüber kein Zweifel bestehen, dafs mein 1891 in der Berliner Wochenschrift für Brauerei (Nr. 13 und 14) erschienener Artikel »Geschichtliches über den Hopfen« dieser wichtigen Erkenntnis Bahn gebrochen hat. Wohl liegt also die Erfindung des Bieres im Osten (in Asien), aber dort waren vor 2000 und mehr Jahren die Germanen, und von dorther brachten sie auf ihren Wanderungen die Erzeugung und den Gebrauch des (zum Teil gehopften) Bieres nach dem mittleren und westlichen Europa. Es ist schwerlich Zufall, dafs sie diese Sache in Mittel- und West-Europa zur höchsten Entwicklung und Blüte gebracht haben.

Schliefslich erklärte der sehr geschätzte Ethnograph Herr J. Fressl, nun in Regensburg, im Anfange der 1890er Jahre (am 2. März 1891) in der Monatsversammlung des historischen Vereins von Oberbayern, dafs er soeben daran sei, seine unumstöfslichen Beweise an Grammatik und Wortschatz der bayerischen Sprache für das Gotentum derselben zu ordnen, um die Sueventheorie, welche auch Oskar Brenner verteidige, gründlich abzuweisen. In den Baiwaren (Bayern) stecke ein gotischer Kern; die entgegengesetzte Ansicht Felix Dahns werde sich als hinfällig erweisen,

Es liegt nach diesen Darstellungen auf der Hand, dafs wir es in den Osseten mit einem germanischen oder germanisierten und vielfach mit germanischen Elementen gemischten Volksstamm (Goten? Alanen? Bajuwaren?) zu thun haben, welcher in seiner Abgeschlossenheit in schwer zugänglichen Felsenthälern uns altgermanische Sitten und Gebräuche, so auch die originelle Bierbereitung mit Hopfenzusatz, aus grauer Vorzeit überlieferte, welcher selbst heute noch bei festlichen Anlässen das Bier aus Hörnern trinkt, ganz ebenso, wie uns dies durch Tacitus von den alten Germanen aus einer bald 2000 Jahre zurückliegenden Zeit berichtet wird. Und es kann kaum noch zweifelhaft sein, dafs gehopftes Bier bei einem Teil der germanischen Völker, dem südlicheren, schon vor anderthalb bis zwei Jahrtausenden getrunken wurde.

Es ist schon von vielen hervorragenden Historikern gesagt worden, dafs Europa am Beginn des Mittelalters gröfstenteils von germanischen Völkern beherrscht war; mehrere dieser germanischen Stämme waren an Zahl weit geringer, auch minder fruchtbar als die unterworfenen fremden Volksstämme und sind dann endlich von diesen aufgesaugt worden, natürlich unter Annahme ihrer kulturellen Anlagen, so dafs man mit Recht sagen kann, dafs die Germanen der Völkerdünger Europas waren. Ich habe an anderer Stelle gesagt, dafs den heutigen höchstentwickelten Ackerbaugeräten der ganzen gesitteten Welt, den Pflügen, Eggen etc., die uralten germanischen Ackergeräte-Ideen zu Grunde liegen. Selbst in der Mitte und im Norden Frankreichs, namentlich auch um Paris, pflügt und eggt man heute noch fränkisch, und die Ochsen gehen dabei in den uralten germanischen Doppeljochen, sicherlich von ganz ähnlicher Art, wie sie einst der Physiognomie der Wagenburgen der Cimbern und Teutonen das Gepräge gaben, als die römischen Sturmkolonnen darauf eindrangen. Es müfste in der That interessant sein, sehen zu können, welches Niveau die Kultur der Menschheit heute einnähme, wenn der grofse und tiefe germanische Ur- und Kultur-Quell nicht seit mehr als 2000 Jahren für die Menschheit geflossen wäre!

Es ist nicht unbegründet, wenn der Engländer Houston Stewart Chamberlain (s. Münchn. N. Nachr., Montag den 4. Juni 1900, S. 2) sagt: Die deutsche Sprache trägt den deutschen Geist.

Die höhere Kultur der Menschheit ist an die Verbreitung der deutschen Sprache geknüpft, denn diese ist die Sprache der Wissenschaft und der Philosophie. Es ist ein Unglück für die Zukunft der edelsten germanischen Menschheit und die europäische Kultur, wenn andere Sprachen sich mehr ausbreiten als die deutsche. Und wenn Richard Wagner sagt: Die Deutschen seien zu Veredlern der Menschheit bestimmt; die deutsche Kunst und Wissenschaft (Philosophie) und die deutsche Religion seien es, welche die Welt veredeln können und sollen. Wer die deutsche Sprache verbreiten helfe, sei sein Mann, und wenn er alle Gegner über die Klinge springen liefse. Diese Veranlagung, welche den Germanen ihre hohe Kulturbedeutung in der Gegenwart und Vergangenheit gab, haben sie aber sicher nicht seit gestern oder vorgestern, sondern von jeher, also auch schon seit 2000 Jahren! —

An dieser Stelle dürfte es auch angezeigt sein, meine Studien über die Geschichte des Hufeisens in Betracht zu nehmen.[154]) Man sehe dort die Fülle von Hufeisenformen der alten Germanen, welche wohl auch in Südbayern in ihrem Alter auf 2000 Jahre und mehr zurückgehen. Man findet von vorrömischen oder in die Römerzeit fallenden, zweifellos germanischen Hufeisen in Südbayern, welche in diesem Terrain in so grofsen Mengen gefunden wurden, sicher immer 5—8 Stück und mehr, bis man einmal ein der gleichen Zeit angehöriges keltisches findet. Sie zeigen, welche Rolle das Pferd bei den Germanen spielte, was ja auch von Cäsar und andern alten Autoren bestätigt wird. Dafs sich übrigens diese uralten Hufeisen so massenhaft in Südbayern erhalten konnten, ohne von Rost zerfressen zu werden, hängt lediglich mit dem vielen Kalkboden in Südbayern zusammen; der Kalk zieht die Kohlensäure an und bildet mit ihr Bikarbonat; in kalkarmen Böden geht die Kohlensäure an das Eisen und zerstört dieses.

Mir war es vorbehalten, für das, was der geniale schwedische Naturforscher Linné mit seinem grofsen Geiste ahnend vorgeschaut, mehr als ein Jahrhundert später die fast unumstöfslichen Beweise zu bringen. Sie werfen auch sonst Licht auf die fernste Vergangenheit der Germanen und des deutschen Volkes, wie namentlich einzelner Stämme desselben!

Fufsnoten zum I. Abschnitt.

[1]) s. Ethnologisches vom Biere, nach dem Kulturhistoriker Fr. v. Hellwald, in der Allg. Br.- u. H.-Ztg. 1891, I, 727 u. ff.

[2]) Es sind da noch mancherlei interessante Bemerkungen.

[3]) Materialien zur alten und neueren Statistik von Böhmen.

[4]) Über den Ursprung der Hopfenkultur, Zeitschrift f. d. gesammte Brauwesen 1881, Nr. 12.

[5]) s. Allg. Br.- u. H.-Ztg. 1888, II, S. 1903, nach einem Vortrage des Sekretärs der Steierischen Landwirtsch. Gesellsch., Herrn Müller: Zur Geschichte des Hopfenbaues in der Steiermark.

[6]) s. Allg. H.-Ztg. 1864, S. 239.

[7]) Wien, k. k. Hof- und Staatsdruckerei.

[8]) Meichelbeck: histor. frising., Urkundenband I, Nr. 749.

[9]) Allg. H-Ztg. 1870, S. 102; aber auch bei Joh. Heumann, Abhandlung vom Hopfen, Nürnberg 1759, S. 12 u. ff.

[10]) In der Allg. H.-Ztg. 1870, S. 102 ist bemerkt, dafs in Jütland jetzt noch von den Bauern ungehopftes Bier in grofsen Kesseln oder Höllhafen gesotten wird; es sei ziemlich süfs und stark, doch nicht lauter und für einen Bayern fast ungeniefsbar, eine lauwarme Brühe, der Hopfen und Gärung fehlen.

[11]) Über die Gesetzgebung in Bezug auf Bierbrauerei und namentlich über Biersteuer und Biertaxen seit dem 13. Jahrhundert in Bayern s. Allg. H.-Ztg. 1865, S. 128, 133, 136, 141, 145, 149, 152, 160, 164, 169, 178, 181, 185, 197, 213, 217, 221; es ist da von Pier, Greifsing oder Meth die Rede.

[12]) s. Allg. H.-Ztg. 1870, S. 450.

[13]) S. Allg. H.-Ztg. 1870, S. 450: Bayerisches Bier, offenbar von einem Österreicher geschrieben.

[14]) s. Allg. H.-Ztg. 1869, S. 250.

[15]) s. Allg. Br.- u. H.-Ztg. 1890, II, 1714

[16]) De l'Économie publique et rurale des Celtes, des Germains et des autres peuples du Nord et du Centre de l'Europe, Genève-Paris 1818, S. 431 u. ff.

[17]) Anseg. Capit. addit. 1, § 22. Capit. et Balusii anno 800, p. 336.

[18]) s. Allg. Br.- u. H.-Ztg. 1892, II, 1472, auch derselbe Autor in derselben Zeitschrift 1878, II, 842.

[19]) Der erklärte Reichtum eines Hopfengartens, die 2. Aufl. 1759 vom Prof. Joh. Heumann in Altdorf bei Nürnberg ins Deutsche übertragen und seinem damals in Nürnberg erschienenen Buche über Hopfen angeschlossen.

[20]) Heinr. Leo: Rectitudines singularum personarum, Halle 1842, S. 198.

[21]) Husbandry and trade improved, being a collection, London 1727.

[22]) Hops, Their Cultivation, Commerce and Uses in various Countries, London 1877.

[23]) Allg. H.-Ztg. 1863, S. 43.

[24]) Diese Ansicht dürfte doch sehr zu bezweifeln sein, wenn es auch Thatsache ist, dafs die Weinkultur im frühen Mittelalter in Süddeutschland stark verbreitet war.

[25]) Bei Doublet, Histoire de l'abbaye de St. Denys, Paris 1625, 4°, p. 699.

[26]) s. Guérard, Polyptyque de l'abbé Irminon, Paris 1844, 4°, 1, 2, p. 714.

[27]) Geschichte des Bieres, München bei Oldenbourg, 1879.

[28]) Alb. Magn. de Veget. L. 6, Tract. 2, c. 9.

[29]) Über zahlreiche andere urkundliche Nachrichten über den Hopfen in Germanien im späteren Mittelalter verweise ich auf meine Abhandlung: Geschichtl. über d. Hopfen, l. c.

[30]) In der Allg. Br.- u. H.-Ztg., Nürnberg 1895, I.

[31]) Man sehe auch: Bierstudien; Ernst und Scherz, von Dr. J. G. Th. Grässe, Dresden 1872, R. v. Jahns Verlag. Das Lied vom Bier, Allg. H.-Ztg. 1872, S. 108 und 109 (nach Schillers Glocke); auch das Lied vom Hopfen nach Schillers Glocke in Allg. H.-Ztg. 1869, S. 326.

[32]) F. Kunze: Das Bier in der ältesten Geschichte; »Gambrinus«, Wien 1899, S. 466.

[33]) Allg. H.-Ztg. 1863, S. 175.

[34]) Allg. Br.- u. H.-Ztg. 1883, II, 851.

[35]) Wochenschr. f. Br. 1898, S. 433 u. ff.

[36]) Die Ansicht, dafs es falsch ist, anzunehmen, der Mensch sei erst Jäger, dann Hirt und dann Ackerbauer gewesen, und die Hahn für sich in Anspruch nimmt, ist von Prof. Dr. Nowacky in Zürich, einem Norddeutschen, schon vor langen Jahren entwickelt worden; derselbe hat sogar gezeigt, dafs jene Völker, welche Jägervölker (die Rothäute in Nordamerika) oder Hirten wurden (die mongolischen Nomadenvölker Asiens), gar keine Anlagen zum Ackerbauer haben, daher bei Berührung mit Ackerbauern untergehen (man sehe dessen Schrift: »Jagd oder Ackerbau Ein Beitrag zur Urgeschichte der Menschheit.« Berlin bei Parey, 1885. Man sehe auch Dr. Much in Mitteilungen der Anthropolog. Gesellsch. Wien, 1878, Bd. VIII, S. 205 »Über den Ackerbau der Germanen«.

[37]) Das russische Bragabier, Dinglers polyt. Journal 1881, reprod. Allg. Br.- u. H.-Ztg. 1881, reprod. Allg. Br.- u. H.-Ztg. 1881, II, 668.

[38]) Reprod. Allg. H.-Ztg. 1868, S. 470.

[39]) Man sehe auch meine neueste Abhandlung in der Zeitschr. der Deutschen anthropologischen Gesellschaft, Braunschweig, bei Fr. Vieweg, 1899, IV. Heft: Urgeschichtlich-Ethnographisches an alten Anspanngeräten.

[40]) Der Hopfen, Allg. Br.- u. H.-Ztg. 1883, II, 198.

[41]) Allg. Br.- u. H.-Ztg. 1881, II, 558 u. ff.

[42]) Wochenschr. f. Brauerei 1897, S. 130 u. ff.

[43]) Man sehe auch A. Hausdorf: »Das Bier bei den alten Hebräern« im Böhm. Bierbrauer 1880, Nr. I, reprod. Allg. H.-Ztg. 1880, I, 120; nach Hausdorf kannten die alten Hebräer den Hopfen und nannten ihn Kischosz.

[44]) Über das japanische Saké siehe auch Prof. Dr. Löw, welcher vier Jahre an der Universität in Tokio dozierte, in der Allg. Br.- u. H-Ztg. 1898, I, 457, nach einem Vortrag in München. Über Getränke in Japan sprach Prof. Dr. Löw in der Münchener chem. Gesellschaft; s. Allg. Br.- u. H.-Ztg. 1898, I, 684.

[45]) s. auch »Hopfenzusatz« beim Bier« von Dr. Bersch (Allg. Br.- u. H.-Ztg. 1881, II, 705.

[46]) 1881, l. c. II, 697.

[47]) Auch die Schankstätten stammen aus alter Zeit und rühren nicht von der Feudalzeit her (s. Allg. H.-Ztg. 1880, I, 103). Man sehe auch: Das Bier von einst und jetzt etc. von Mag. Edw. Johansen, Privatdozent in Dorpat (Allg. H.-Ztg. 1880, I, S. 77, 85, 95, 102, 120, 193, 384. Das Bier von sonst und jetzt und die in Dorpat konsumierten Biere.

[48]) »Gambrinus«, Wien 1899, S. 547 u. ff.

[49]) s. l. c. S. 698.

[50]) Dinglers Polyt. Journ. 1881, reprod. Allg. Br.- u. H-Ztg. 1881, II, 667 u. ff.

[51]) Zur Geschichte des Bieres, das Bier bei den alten Slaven, Böhm. Bierbr. 1880, reprod. Allg. H.-Ztg. 1880, I, 384.

[52]) Böhm. Bierbr. 1880, reprod. Allg. H.-Ztg. 1880, I, 218.

[53]) Allg. H.-Ztg. 1879, II, 596 u. ff.: Die Kultur des Hopfens in Schweden etc.

[54]) Auch Joh. Heumann (Wirtschaftl. und rechtliche Abhandlung vom Hopfen, Nürnberg 1759, S. 42) sagt, dafs der Hopfen in Schweden von alters her bekannt war (führt die Literatur an), dafs der Anbau desselben aber erst durch König Karls XI. Fürsorge erweitert wurde. Man s. auch Nagra ord om humleadling, kongl. Landtbrugs, akademiens handlingar och tidskrift, Nr. 2, 1878.

[55]) s. Allg. Br.- u. H.-Ztg. 1884, I, 621.

[56]) Svensk, Botanik, 5 C, Stockholm, 1807.

[57]) Die Pflanzenwelt Norwegens. Christiania 1875.

[58]) Scriptores Germaniae von Peetz 4, 450.

[59]) Es wurde übrigens früher im Spalt auch Wein gebaut, aber der hatte doch gewifs keinen solchen Ruf, dafs er als ein Getränk des kaiserlichen oder königlichen Hofes in Betracht kam.

[60]) Wirtschaftliche und rechtliche Abhandlung vom Hopfen, Nürnberg bei J. Lochner, 1759.

[61]) In seiner Schrift: Wirtschaftl. und rechtliche Abhandlung vom Hopfen, Nürnberg bei J. G. Lochner, S. 34.

[62]) Anton: Geschichte der Landwirtschaft; Kindlinger: Münsterische Beiträge; Möser, Osnabrückische Geschichte; Mascher: Das deutsche Gewerbewesen von der frühesten Zeit bis zur Gegenwart. Man sehe auch: Zur Geschichte der Brauerzünfte (Allg. Br.- und H.-Ztg. 1899, I, 106, aus der Kölnischen Volkszeitung.

[63]) s. Osk. Wiesner, Allg. Br.- u. H.-Ztg. 1882, S. 237 u. ff.; über die norddeutschen Biere im 16. Jahrhundert s. Allg. Br.- u. H.-Ztg. 1882, II, 879; dann Johannes Coler, ein Berliner über die norddeutschen Biere im 16. Jahrhundert, in dessen Oconomia oder Hausbuch, Wittenberg 1595, s. Allg. Br.- u. H.-Ztg. 1882, II, 879).

[64]) Man s. Prof. Dr. Johann Heumann an der nürnbergischen Universität Altdorf: Rechtliche und wirtschaftliche Abhandlung vom Hopfen etc., Nürnberg 1759, S. 37, das Bild des Ordens am Anfang des Buches; der Orden war zuerst abgebildet bei Joh. Jak. Chifletius in lilio Francico, Antwerpen 1658 fol., p. 80. — Man sehe auch Allg. H.-Ztg. 1880, II, 772, nach der Wiener Zeitschr. »Gambrinus«, das Bild daselbst aus dem citierten Buch von Chifletius; auch Allg. H.-Ztg. 1877, S. 675. — In dem citierten Werke des Prof. Heumann, 1759, S. 16 u. ff. eine ganze Reihe urkundlicher Mitteilungen über den Hopfen etc. in Deutschland aus dem 13. und 14. Jahrhundert.

[65]) s. F. Kunze: Was man vor 100 Jahren vom Biere zu schreiben wufste, »Gambrinus«, Wien 1899, S. 918 u. ff.

[66]) Neue philosoph. Abhandlungen der bayer. Akademie der Wissenschaften, 3. Bd., München 1783, S. 411.

[67]) Über die Geschichte des Bieres in Deutschland in den vergangenen Jahrhunderten s. auch Allg. H.-Ztg. 1877. S. 736. In der Allg. H.-Ztg. 1872, S. 118, 131 u. 136: Das Bier und seine Produktion, eine umfangreiche Schilderung der modernen deutschen Brauerei und der vielen modernen deutschen Biersorten. Auch in dem Buche des Herrn Prof. Em. Groh in Liebwerda (Böhmen): Der Hopfen in botanischer, landwirtschaftlicher und technischer Beziehung etc., Wien 1899, ist über die Geschichte des Hopfens im späteren Mittelalter manches enthalten. — In Dr. J. G. Grässes Bierstudien: Ernst und Scherz, Dresden 1872, sind auch viele lustige deutsche Bierbenennungen erwähnt, z. B.: Wehre Dich (Danzig), Ich weifs nicht wie (Buxtehude), Krabbel an der Wand (Eisleben), Mord und Todtschlag (Merseburg), Auweh (Lizerode), Es wird nicht besser (Lauenburg); Direktor

Michel, damals in Augsburg (Das Bier und seine Bestandteile, Allg. H.-Ztg. 1873, S. 161 u. ff.; da (S. 165) ist von der Goslarschen Gose die Rede:

Es ist zwar ein sehr gutes Bier, die Goslarische Gose,
Doch wenn man meint, sie sei im Bauch, dann lag sie in der Hose.

Brauschuldirektor Michel (s. Allg. H.-Ztg. 1873, S. 165) sagt, dafs im 14. und 15. Jahrhundert in Deutschland an 200 verschiedene Biersorten bekannt waren, benannt nach dem Erzeuger oder dem Ursprungsorte oder nach gewissen Eigenschaften. Das sagt schon Dr. Gundram 1307: Von der göttlichen, edlen Gabe der philosophischen, hochteuren und wunderbaren Kunst, Bier zu machen. Man sehe auch: Kulturgeschichtliches und Statistisches vom Bier (nach dem Bayer. Bierbrauer in der Allg. H.-Ztg. 1869 S. 271 u. ff.) mit Zusammenstellungen über die Biersorten. — Über Bierbrauerei und Hopfenkultur um Borna im 16. Jahrhundert, s. Allg. Br.- u. H.-Ztg. 1899, II, 2827; ebenda, Bd. II, eine interessante Skizze über die Entwicklung des Braugewerbes in der Altmark im 13., 14. und 15. Jahrhundert. Auch in der Hallertau kursiert in launigen Versen eine Klassifikation des Bieres:

Das erste ist ein Bier von Kern, es trinken's d' Frauen gern und d'Herrn;
Das zweite ist ein Mittelbier, trinkst a Mafs, na b . . . vier;
Das dritte ist ein Plembl, der den Bauern d'Hosen zerreifst, andern zum Exempl. (Nach Dr. Prechtl.)

[68]) Géogr. botanique rais.

[69]) Allg. Br.- u. H.-Ztg. 1891, I, 254: Buckowscher Hopfen.

[70]) Zeitschr. f. d. ges. Brauwesen, München 1881, S. 277 u. ff. Andere slavische Ansichten können in meiner citierten Abhandlung nachgelesen werden. Selbst deutsche Gelehrte haben diese Ansichten ohne weiteres acceptiert, so Dr. G. Holzner, welcher damals Redakteur dieser Zeitschrift war; so auch Herr Mejer in Hannover (s. Allg. Br.- u. H.-Ztg. 1884, I, 157.

[71]) Das meiste über den Hopfen bei den Slaven ist übrigens schon früher (1877) von M. v. Strantz erwähnt.

[72]) Allg. Br.- u. H.-Ztg. 1888, I, 505.

[73]) Nach Prof. E. Kuhns (München) mündlicher Mitteilung.

[74]) Kleinere Schriften, herausgeg. von Adalb. Bezzenberger, Berlin 1892, S. 95 u. ff.

[75]) Die alten Thraker, Sitz.-Ber. d. k. k. Akad. d. Wissensch., Hist. Kl. 1893, Bd. 130, S. 40.

[76]) In der Allg. Br.- u. H.-Ztg. 1885, 1, 53 wird von Prof. Dr. Sanderer in Athen die Meinung ausgesprochen, dafs das Wort »humulus« nur vom Worte Humus (verwesende Pflanzensubstanz) herrühre, weil der Hopfen einen guten, humusreichen Boden zum Gedeihen verlange. Die von mir gegebenen Zusammenstellungen dürften darthun, dafs das ganz unhaltbar ist.

[77]) Allg. Br.- u. H.-Ztg. 1886, II, 1038.

[78]) Zeitschr. f. vergleichende Sprachforschung auf dem Gebiete der indogermanischen Sprache. Gütersloh 1897, Bd. XXXV, N. F. Bd. XV, 2. Heft, S. 313.

[79]) H. R. Jäschke, Tib. Eng. Dict. 154.

[80]) Bei einem Vortrage über den russischen Hopfen bei der columbischen Ausstellung in Chicago 1893 (s. Allg. Br.- u. H.-Ztg. 1893, II, 2005) sagte Herr J. E. Litten aus Warschau u. a.: Nach dem Ausspruch einiger Sprachforscher soll das Wort Hopfen vom slavischen Worte »chmel« abgeleitet sein. Linné und De Candolle hätten die Behauptung aufgestellt, dafs das östliche Rufsland und die gewaltigen Tiefebenen Westasiens die Heimat des Hopfenbaues seien, von wo derselbe durch die Völkerwanderung nach Westeuropa gebracht wurde. Die slavischen Völker wären die ersten gewesen, welche Hopfen zu ihrem Gerstensafte benutzten; die Getränke der alten Deutschen seien gegorener Gerstensaft ohne Hopfen gewesen. Die Hopfenkultur Rufslands sei uralt; schon im 10. Jahrhundert habe man im Guslitzer Distrikt im Gouvernement Moskau und in der Wolgagegend den Hopfen als Kulturpflanze angebaut.

[81]) Materialien zur Frage der ursprünglichen Heimat und ursprünglichen Verwandtschaft der Indoeuropäer mit dem finnisch-ugrischen Volksstamm. Journ. d. Minist. d. Volksaufkl. 1866, Bd. 248, S. 34. Russisch.

[82]) Man sehe desfalls auch meine Schriften: Die Ackerbaugeräte in ihren praktischen Beziehungen wie nach ihrer urgeschichtlichen und ethnographischen Bedeutung. Ein Textband und ein Atlasband mit nahezu 500 Abbildungen; Heidelberg 1882. Mit Unterstützung der bayerischen und preufsischen Staatsregierung und der Akademie der Wissenschaften in München herausgegeben. Ferner: Die Hufeisenfunde in Deutschland, namentlich in Südbayern und die Geschichte des Hufeisens. Landwirtschaftl. Jahrb., Berlin, P. Parey, 1893; mit vielen Abbildungen. Ferner: Uralter Ackerbau im Alpenlande und seine urgeschichtlich-ethnographischen und anthropologischen Beziehungen. Landwirtschaftl. Jahrb› Berlin bei P. Parey, 1897; mit vielen Abbildungen. Ferner: Urgeschichtlich-Ethnographisches an alten Anspanngeräten; im 26. Band des Archivs der Deutschen Anthropologischen Gesellschaft, Heft 4, Braunschweig bei Vieweg.

[83]) s. Tomaschek, l. c.; s. auch Thomsen, Über den Ursprung des russischen Staates. Gotha 1879, und Kasick, Über die russischen Verhältnisse der älteren Zeit.

[84]) W. Tomaschek, Die Gothen in Taurien, 1881, S. 29 u. 30.

[85]) Vom Newa-Strand nach Samarkand, Wien 1889.

[86]) Studien über die inneren Zustände Rufslands etc. Hannover 1847, II. T,. S. 35.

[87]) Die Grundlagen des 19. Jahrhunderts. München 1899, bei F. Bruckmann.

[88]) Nr. 211 der Deutschen St. Petersburger Ztg. 1898, vom 30. Juli (11. August), s. auch Wochenschr. f. Brauerei 1898, S. 437.

[89]) Man sehe auch Dr. Alexis Markow, »Über die Bierbrauerei in Rufsland« in Allg. Br.- u. H.-Ztg. 1898, II, 2235, nach St. Petersburger Zeitungen; auch 1896 war ein Drittel des in Rufsland verbrauchten Hopfens böhmischen und bayerischen Ursprungs; die Hopfenproduzenten petitionieren immer für Hebung der Hopfenausfuhr, nicht sowohl für die Verwendung im Innern. — Ferner: Zur Lage der russischen Bierbrauerei. (Allg. Br.- u. H.-Ztg. 1898, II, 2807 u. 2816, aus Wjestnik ruskago pivovarenija.) Darnach besteht die russische Brauerei 1898 aus 1047 Brauereien, unter denen sich 36 befinden, welche jährlich über 200 000 Wedro Bier erzeugen; 348 Brauereien erzeugen 20 000—200 000 Wedro per Jahr, und 662 Brauereien haben eine Jahreserzeugung bis zu 20 000 Wedro. In allen russischen Brauereien waren 12 390 Arbeiter und 1044 Brauer, nebstdem noch viele Angestellte in den Kontors und beim Versand beschäftigt. Der Gesamtverbrauch an Gerste betrug 10 1/2 Millionen Pud und an Hopfen 502 565 Pud. Die Steuereinnahme des Staates betrug 8 492 100 Rubel und 119 400 Rubel für Patentgebühren.

[90]) l. c. II, 172 etc.

[91]) Man sehe die Bierkonsumtion grofser Städte in Allg. Br.- u. H.-Ztg. 1899, I, 805.

[92]) s. die Zusammenstellungen in meiner citierten Abhandlung: Geschichtliches über den Hopfen.

[93]) Hopfenbau etc. in Russisch-Wolhynien. Allg. Br.- u. H.-Ztg. 1852, I, 821.

[94]) P. Fuchs, Ausland, 1876, S. 161 u. ff.

[95]) Im Archiv für russische Brauerei (s. Allg. Br.- u. H.-Ztg. 1886, S. 476) werden die russischen Getränke geschildert.

Da wird der Ossetine erwähnt als ein tüchtiger Bierbrauer; besonders beliebt sei das von ihm bereitete »Digarskoje«; es sei von bester Qualität, etwas schwarz, mit süfslichem, zugleich etwas bitterem Geschmacke und besonders kräftig wirkend.

Der »Kwas« ist ein aus grobgemahlener Hirse bereitetes Getränk; man läfst ihn nicht lange gären, kann ihn in einem Tage herstellen; er ist kühlend, von angenehmem Geschmacke, sehr durststillend und nährend. Der Ossetine trinkt kein Wasser, sondern für gewöhnlich Kwas.

Wie aus Prof. Koberts Broschüre: »Über den Kwas und seine Bereitung (Halle a. d. Saale, bei Tausch und Grosse, s. auch Allg. Br.- u. H.-Ztg. 1897, I, 170) hervorgeht, wird der Kwas, ein alkoholarmes und hopfenfreies, meist mit Pfefferminze gewürztes Getränk, aber nicht blofs aus Hirse, sondern jeweils (örtlich) aus den verschiedensten Materialien, selbst aus Mehl von Weizen, Roggen, Gerste, Buchweizen, oder aus Malzarten dieser Getreidearten, oder aus Brot, mit oder ohne Zucker, gemacht. (Über die Bereitung des Hirsebieres (Bousa) in Afrika s. Allg. Br.- u. H.-Ztg. 1882, I, 71, nach The Brewer's Journal, London.)

Ferner: die Bowza oder Murwa in der Krim, von H. Krätzer (Allg. H.-Ztg. 1880, II, 418); dort auch über die Bouza der Abessinier. Über die Bedeutung der Braga für Rumänien s. Allg. Br.- u. H.-Ztg. 1899, I, 266, von Dr. S. G. Cerkey; auch Zeitschr. f. d. ges. Brauwesen 1899, S. 129. Man sehe auch über Bier-, Met- und Kwas-Fabrikation in Rufsland Dr. Simonoff und Pumpjansky: Bier-, Kwas- und Met-Fabrikation in Rufsland, Petersburg 1899.

Nach der Zeitschr. f. d. ges. Brauwesen (München 1898, S. 441), nach der Chem.-Ztg. 1899, XXIII, 544) ist ein auf der ganzen Balkanhalbinsel und namentlich auch in Serbien verbreitetes, aus Maismehl mit etwas Weizenkleie hergestelltes, vergorenes Malzgetränk »die Bosa« erwähnt. Nach der mit Sauerteig bewirkten Gärung, wird sie mit Zucker und Honig versüfst und so verkauft. Es ist eine trübe, mehr oder weniger bräunlich-gelbgraue Flüssigkeit von säuerlich-süfsem Geschmack, welche nur glasweise verkauft wird.

Spez. Gewicht bei 15° C. von	1,026—1,030	
Alkohol	0,68 — 1,92	%
Extrakt	9,35 —11,52	»
Zucker	2,75 — 3	»
Stickstoffsubstanzen	0,421	»
Asche	0,152— 0,180	»
Freie Kohlensäure	0,1 — 0,3	»

(S. 441 auch Analysen des gelb- und weifskörnigen Maises.)

»Braga« erhält man, wenn man das Kwas-Maischgut länger, etwa einige Tage, gären läfst und abseiht. Sie ist vollmundiger als Kwas, gehaltreicher an Alkohol, süfslich im Geschmack und besitzt schwach berauschende Eigenschaften. Herr Wetzel teilt mir mit, dafs die Osseten zu den bierähnlichen Getränken aus andern Getreidearten (als Gerste) keinen Hopfen nehmen, und es dürfte vielleicht dieser Umstand zu der Ansicht beigetragen haben, dafs sie zur Bereitung des Bieres keinen Hopfen verwenden (dieser Ansicht ist auch Dr. Pfaff).

[96]) Dasselbe ist heute auch noch in den deutschsprachigen Alpenländern, so z. B. in den Hochthälern Tirols, der Fall. Auch bei den nördlichsten skandinavischen Völkern ist es so; dort nennt man die Gerste Korn (Brotfrucht).

[97]) Es ist doch jedenfalls höchst merkwürdig, dafs die Rauchdarren für die Malzbereitung in Deutschland, namentlich auch in Bayern, noch vor 20—30 Jahren viel verbreitet waren. Ich habe in jungen Jahren noch oft Rauchdarrenmalzbier getrunken, selbst in Freising (Oberbayern).

[98]) Prof. Joh. Heumann in Altdorf bei Nürnberg, l. c. 1759 S. 115, sagt, dafs damals, also vor $1^1/_2$ Hundert Jahren, auch in Bayern die Würze durch einen geflochtenen Korb hindurchfiltriert wurde.

[99]) s. Beil. der Allg. Ztg. in München 1900, Nr. 39, S. 5: Die Chaldäer in Armenien vor 2700 Jahren, also 800 Jahre v. Chr.

[100]) Wir werden im folgenden Abschnitt: »Über die Arten des Hopfens in der Welt« sehen, dafs die nördlichsten Chinesen seit uralten Zeiten auch ein gehopftes Bier bereiten, welches sie Tarasun nennen; sie graben dasselbe ebenfalls in eigenen Gefäfsen in die Erde ein, damit es dort die Gärung durchmache; man kann daraus sehen, wie uralt die Hopfenbiere in der Welt sind.

[101]) s. auch Franz Ser. Hartmann: Trichtergruben etc. Zeitschr. f. Ethnologie, Berlin 1881.

[102]) Transkaukasia, Leipzig 1856, 2. Teil, S. 1 u. ff.

[103]) In der Allg. Br.- u. H.-Ztg. 1887, I, S. 2 untersucht Dr. K. Schäfer die Frage, wann die alten Deutschen tranken: 1. bei Volksfesten, 2. beim Meister- und Gesellentrunk, 3. bei Einweihungen von Häusern etc., 4. beim akademischen Doktorschmaus, 5. bei der studentischen Mündigkeitserklärung, 6. beim Leichenschmaus etc. Ebenda, S. 216, vom selben Autor: Warum der Deutsche heutzutage trinkt. In der Allg. H.-Ztg. 1872, S. 108 u. f. ein hübsches Gedicht: »Das Lied vom Bier« (nach Schillers Glocke).

[104]) In der früheren Abhandlung sind auch noch Angaben über die Tsarten in Russisch-Westasien und ihr Verhalten zum Trinken, dann über die busa oder buza; es ist das alles sehr belehrend als Gegensatz zu dem, was die Osseten haben.

[105]) W. Tomaschek: Die Goten in Taurien, Wien 1881.

[106]) Bielefeld 1887.

[107]) Alte, mittlere und neuere Geschichte. Berlin 1891, bei A. G. Plötz.

[108]) Tomaschek l. c. 32.

[109]) s. auch Prof. Sepps Schrift: Frankfurt, das alte Askiburg.

[110]) Bei einem Vortrage, welchen der Arzt und Oberbürgermeister Dr. Robert in Barcelona, der gröfsten Handels- und Industriestadt Spaniens, Ende März 1898 im Athenäum dieser Stadt über die katalonische Rasse gehalten hat, hebt er hervor, dafs die Katalonier eine bevorzugte und von der übrigen Bevölkerung Spaniens, welche degeneriert sei, grundverschiedene sei. Die katalonische Rasse habe ihre Eigentümlichkeiten seit undenklichen Zeiten treu bewahrt.

[111]) Die Dreifelderwirtschaft ist auch in Mitteleuropa etc. der Urtypus germanischer Landwirtschaft. Es gibt kaum etwas, was bezeichnender wäre.

[112]) Gust. Radde: Die Chewsuren und ihr Land (ein monographischer Versuch), untersucht im Sommer 1876. Kassel 1878, bei Th. Fischer, S. 355; dort auch die neuere Literatur.

Angeregt wurden aber diese Studien Koberts erst durch meine Mitteilungen über das Hopfenbier der Osseten im Kaukasus; es ist notwendig, das zu betonen, weil es dort gänzlich übergangen wurde; R. Kobert hat mich eigens um Übersendung dieser Abhandlung ersucht.

[113]) R. v. Erckert: Der Kaukasus und seine Völker. Nach eigener Anschauung. Leipzig 1887. — W. Miller und R. v. Stackelberg: Fünf ossetische Erzählungen im digorischen Dialekt; mit deutscher Übersetzung. St. Petersburg 1891. Akad. d. Wissensch. — H. Hübschmann: Etymologie und Lautlehre der ossetischen Sprache. Strafsburg 1887. — Wsewolod Miller, Ossetische Studien. Moskau 1881—82. Russisch. — H. Hübschmann: Sage und Glauben der Osseten, Zeitschr. d. Deutsch-morgenländischen Gesellsch. 1887, Bd. 41, S. 523. — Die finnische, esthnische und lettische Literatur wolle bei Kobert nachgesehen werden.

[114]) Prof. Kobert (l. c.) führt das Gedicht wörtlich an; der Hopfen ist darin mehreremal erwähnt.

[115]) 1898, S. 383.

[116]) Viele Proben dafür bei R. Kobert, l. c.

[117]) In der Hallertau findet man oft einzelne oder mehrere Hopfenstöcke mit den Stangen in den Hausgärten der Bauern.

[118]) 1890, S. 790.

[119]) Allg. H.-Ztg., Nürnberg 1881, I, 384.

[120]) Böhm. Bierbrauer 1880.

[121]) s. F. Kunze: Das Bier in der ältesten Geschichte, Gambrinus, Wien 1899, S. 466 u. ff.

[122]) Reise durch Sibirien von 1738 bis Ende 1740. Göttingen 1751—1752, bei Abram Vanderhöcks sel. Witwe; s. auch Flora Siberica, 4 Bände, Petersburg 1747—70.

[123]) Offenbar ist das eine Verwechslung mit der Selbstgärung.

[124]) Humulus Linn. Cliff. 458 El. Sp. pl. 2. p. 1457. Roy. pr. 222. Lupulus Hall. Helo. 166 et omnium amt.: Per omnem Sibiriam ad Aldanum usque fluvium in locis non nimium frigidis nascitur, saepe in sexagesimum secundum usque gradum latitudinis borealis, quare etiam cerevisia lupulata nusquam deficit.

[125]) J. Gmelin beschreibt die Darstellung dieses Hopfenbranntweins der Chinesen eingehend im III. Bande (S. 57 u. ff.) seines Werkes über die sibirischen Reisen.

[126]) s. Allg. H.-Ztg. 1899, I, 1514.

[127]) s. Zeitschr. f. d. ges. Brauwesen 1899, S. 115, nach Wochenschr. f. Br., Berlin 1899, Nr. 1, S. 2.

[128]) Die Bereitung ist l. c. beschrieben.

[129]) A Tibet-English Dictionary von H. A. Jäschke, 1881, S. 154.

[130]) Man sehe auch Prof. Dr. Friedr. Hirth: Über Wolga-Hunnen und Hiung-nu. (Sitzungsberichte der philosoph.-philolog. u. der geschichtl. Klasse d. Kgl. bayer. Akademie d. Wissenschaften 1899, Bd. II, Heft II. Da ist auch die ganze Literatur über diese merkwürdige Frage, auch die chinesische, citiert. Man s. auch dessen Schrift: Fremde Einflüsse in der chinesischen Kunst. München, Hirths Verlag 1896.

[131]) Geschichte der Hunnen und Türken, deutsch, Greifswald 1768, und Chinesische Geschichte.

[132]) Man sehe dessen oben citierte Schrift, München 1896, Hirths Verlag.

[133]) Verhandl. d. Berliner Anthropologischen Gesellsch. 1891, S. 808.

[134]) Unter Alexander dem Grofsen (ca. 330 v. Chr.) safsen hier griechische Statthalter.

[135]) Hops, their cultivation etc., London 1877, S. 1.

[136]) Latein., Basel 1549.

[137]) In Nr. 13 des Böhm. Bierbr., 1880.

[138]) Im Böhm. Bierbr. 1880, T. II, S. 700.

[139]) 1895, I, 315.

[140]) 1894, I, 621.

[141]) Das ist keineswegs sicher; im südlichen Europa wächst er überall in den Hecken in Mengen wild und ist im Herbst mit Zapfen bedeckt, aber die Kultur hat sich dort, trotz wiederholter Versuche, nicht einbürgern können. Im Gebüsch hat der Hopfen Schutz gegen zu starke Besonnung.

[142]) 1883, Sitzungsber. d. Wiener Akad., philos.-hist. Kl., Bd. 130, S. 40.

[143]) Man wollte gehört haben, dafs sich fern in Asien, gegen Norden, den Armeniern am nächsten, Bewohner fänden, welche vollkommen ausgeprägt (aufs genaueste) die bayerische Sprache sprechen.

[144]) Froumunt, »Über den Ursprung der Noriker« (Bayern): Der Ursprung der Noriker bleibt bis auf den heutigen Tag im äufsersten Osten, um Armenien herum, was fast allen bekannt ist und wir kürzlich auch von sehr glaubwürdigen Gewährsmännern erfuhren, welche auf der Reise dortselbst hörten, wie man bayerisch sprach (illud bavarizantes audierant). Das war im 10. Jahrhundert n. Chr., 5—6 Jahrhunderte nach dem Beginn der Völkerwanderung, und es scheint in der That, dafs damals die deutsche Sprache in jenen Landgebieten noch vielfach vorhanden war. Das ist auch kaum zweifelhaft!

[145]) Dr. J. G. Grässe, Bierstudien, Ernst und Scherz. Dresden 1872.

[146]) Das älteste bekannte Bild soll aus dem Jahre 1530 stammen; es hat den bekannten Vers: Gambrinus im Leben war ich genannt etc. (s. Allg. H.-Ztg. 1873, S. 162.

[147]) s. Wochenschr. f. Brauerei 1899, S. 525.

[148]) Kleine Schriften, Berlin 1892, S. 96.

[149]) Münchn. Neuest. Nachr. 1899, 8. Aug., Nr. 361, S. 2.

[150]) Allg. Br.- u. H.-Ztg. 1880, II, 700, nach dem Böhm. Bierbrauer

[151]) Reprod. a. d. Allg. H.-Ztg. 1880, II, 506.

[152]) Man sehe auch E. Schröder: Anzeiger f. deutsches Altertum, Bd. XXIII, S. 155; Zeitschrift f. deutsches Altertum, einer der letzten Bände.

[153]) Prof. E. Kuhn (nach einer mir gemachten Mitteilung vom 6. August 1900) hat trotz Schröders Einwendung heute seine Ansicht über das Verhältnis von »bier« und »pivo« (slavisch) dahin modifiziert, dafs die Germanen während der Völkerwanderungszeit, entweder von den Alanen oder Slaven, eine bessere Art der Bierbereitung kennen lernten und dieses Bier mit dem slavischen Lehnwort (also pivo) bezeichneten im Gegensatze zu dem herrschenden, weniger guten Alus. Alus bezeichnet demnach etwa das untergärige, pivo das obergärige Bier, wenn er diese Termini richtig verstanden habe.

Das untergärige Bier ist aber thatsächlich in Deutschland erfunden worden; die ersten Nachrichten, welche bekannt sind, datieren aus dem 13. Jahrhundert. Nach einer von der Münchener Spatenbrauerei verbreiteten Broschüre wurde die Untergärung schon im 15. Jahrhundert in die Münchener Brauerei eingeführt.

Die deutschen Sprachgelehrten, Philologen und Historiker, können sich, in den Banden der alten Schulmeinung steckend, wonach die Germanen zur Römerzeit kulturlose oder kulturarme Bärenhäuter waren, in Bezug auf diese ihre Altvordern vorerst zu keinerlei ernster Konzession entschliefsen. Es ist wirklich Zeit, dafs dieser fast 1000jährige Irrtum von der deutschen Gelehrtenwelt bald einmal abgestreift wird. Dann wird ihnen die Vergangenheit ihrer Vorfahren in einem ganz anderen Lichte erscheinen!

[154]) Die Hufeisenfunde in Deutschland, namentlich in Südbayern, und die Geschichte des Hufeisens in Dr. H. Thiels »Landwirtschaftl. Jahrbücher« 1893, S. 326 u. ff.

II. Abschnitt.

Die botanischen Beziehungen der Hopfenpflanze.

Die Arten des Hopfens in der Welt.

Die Pflanzengattung »Hopfen« gehört zur natürlichen Pflanzenfamilie der Nesselgewächse (Urticeen), wozu auch der Hanf (Cannabis sativa L.), dann die Grofse Brennessel (Urtica dioica L.) und die Kleine Brennessel (Urtica urens L.), auch das in Südtirol sehr verbreitete Glaskraut (Parietaria officinalis L. und P. diffusa Koch) gehören. Namentlich steht der Hopfen, wie wir später bei der Besprechung der Blüten und Früchte sehen werden, dem Hanf am nächsten.

Es gibt — soweit bekannt — drei Arten von Hopfen:

1. Der europäische Hopfen (Humulus Lupulus L.). Er ist ausdauernd (perennierend) und wild durch das ganze südliche und mittlere Europa bis hoch nach dem Norden, auch im nördlichen und mittleren Asien mit gemäfsigtem Klima, verbreitet, wo er sich namentlich im Gestrüppwalde der sonnigen Abhänge und der Stromauen findet. Wo der Boden sehr kalkarm wird, scheint er zu fehlen. Auch die Nadelwaldregionen scheint er zu meiden.

Er wächst in den meisten Gegenden Deutschlands wild, ist aber nicht überall gleich massenhaft zu sehen; am meisten liebt er Gebüsch- (Auen-) Wälder. In grofsen Nadelwaldgebieten scheint er auch dann zu fehlen, wenn der Boden sonst chemisch und physikalisch entsprechend wäre. In der Allg. H.-Ztg. 1862, S. 33 wird gesagt, dafs dem Hopfen auch die Bäume und Sträucher von Erlen, Pappeln und Weiden zuwider sind. Ohne Zweifel wächst er am liebsten im Gebüsch von Weifsbuchen, Schneeball, Liguster, Pfaffenkäppchen, Kornelkirschen etc.

In der Alpenregion Mitteleuropas, und namentlich in der nördlichen Kalkalpenzone, wird er von dem bayerischen Pflanzengeographen O. Sendtner (Vegetationsverhältnisse Südbayerns und des bayerischen Waldes 1854 und 1860) als bis 2300′ = ca. 700 m Höhe (bei Tegernsee) noch fruktifizierend (Früchte reifend) angeführt. Ich sah ihn im Herbste (am 12. August) 1894 noch massenhaft mit üppigen, blühenden weiblichen und männlichen Individuen in der Thalebene von Bayerisch-Zell (Südfufs des Wendelsteingebirges) bei 850—860 m Meereshöhe und habe nach der Vollkraft des Wachstums dieser Individuen keinen Zweifel, dafs sie es auch bis zu reifen Früchten brachten.

Prof. Dr. G. Wilhelm sagt in einem Berichte über die Hopfenausstellung in Wien (1873), dafs die Rauhe Alb (das Kalkgebirge des Weifsen Jura) aus 2600 Fufs Höhe von Münsingen (Württemberg) Hopfen gesandt hatte, welcher in Hinsicht auf die Meereshöhe nur von einem Oberösterreicher Hopfen übertroffen worden sei, dabei aber noch ganz guter Qualität war.. Nun, grofse Körner (Früchte) hat diese Probe auf alle Fälle nicht mehr gehabt.

Auf der Wiener Weltausstellung (1873) hatte Anton Lap in Leonfelden (Meereshöhe 2700 Fufs) Hopfen ausgestellt, welcher nach Dr. G. Wilhelm sogar besonders schön gewesen sein soll. In der Steiermark war 1873 der höchstgelegene Hopfenkulturort Übelbach, 1800 Fufs ü. M., am Fufse der Gleialpe.

In den zentralen Alpen geht er fruktifizierend noch viel höher. Ich sah ihn sehr zahlreich mit normalen schönen Zapfen (Dolden) um Pfunds im Oberinnthal, nahe dem Finstermünzpafs, bei 970 m Höhe.

Sehr interessant ist sein Verhalten im Unterengadin (Schweiz). Um Schuls (1210 m Seehöhe) hat er schon schöne Dolden, aber noch keine Früchte. Weiter hinauf im Unterengadin sah ich ihn in Gartenlauben noch bis Süfs (1429 m Seehöhe), aber Ende September mit ganz kleinen, rudimentären, fruchtlosen Zapfen. Unterhalb Schuls sah ich ihn dagegen schon vor Remüs bei ca. 1200 m um den 24. September in zahlreichen Individuen und mit vielen prächtigen, grofsen Zapfen. In den gröfseren Höhen des Alpenlandes, wo er nicht mehr selbständig, früchteabwerfend fortkommt, wird er oft noch als Gartenlaubenpflanze verwendet, vielmal noch in grofser Höhe, wo er kaum mehr blüht; die krautartige Pflanze entwickelt sich dennoch ganz gut, mit 2—3—4 m langen, blätterreichen Reben. Erstaunlich häufig sah ich den wilden Hopfen als Gartenlaubenpflanze verwendet im Lechthal oberhalb Reutte in Tirol, 840—880 m hoch; selbst in der Thalebene des Hochthals von Tannheim, 1100 m hoch, war der Hopfen mehrfach als Gartenlaubenschlingpflanze verwendet, am 28. August erst in voller Blüte, also ohne die geringste Aussicht, reife Früchte entwickeln zu können. Dagegen sah ich ihn um den 20. August in Hohenschwangau, am Gasthause zur Lisl (ca. 800 m Seehöhe) in grofser Ausdehnung als Gartenpflanze verwendet, sehr schön entwickelt, und die aus Saazer Reben bestehenden, also offenbar als Fechser von auswärts bezogenen Pflanzen waren reich mit grofsen, gut ausgebildeten Hopfenzapfen besetzt, welche aber stark von Schimmel (Erysiphe communis) und Kernbrand heimgesucht waren.

Dagegen sah ich um Tölz im bayerischen Alpenlande (670 m hoch), also nicht weit vom Tegernsee, in den Isarauen wenig und schwach entwickelte Pflanzen, welche hier schwerlich reife Früchte bringen.

Die Pflanze findet sich reichlich und fruchtend in den Auen der Alpenflüsse der bayerischen Hochebene, massenhaft und reich fruchtend in den Etschauen Südtirols, zwischen Bozen und Meran.

In den meisten dieser namhaft gemachten Gegenden und namentlich im Etschlande Südtirols werden die Zapfen des Wildhopfens im Herbste vielfach gesammelt, teils für die Zwecke der Pharmazie, dann namentlich aber zur Herstellung von Bäckerzeug (Hefe), wie in einem späteren Kapitel eingehend erörtert wird (Über die antiseptische Wirkung des Hopfensekretes); ob er da auch zu Zwecken der Brauerei Verwendung findet, ist mir nicht bekannt geworden. Aber dafs er in hopfenteuren Jahren in den Isarauen (Oberbayern und Niederbayern) für Brauereizwecke gesammelt wurde, weifs ich gewifs; es wurde deshalb sogar ein Ansuchen um Gestattung an ein oberbayerisches Forstamt gerichtet. Es ist das auch gar nichts so Besonderes, denn die qualitativen Unterschiede der Wildhopfenstoffe und jene der minderwertigen Kulturhopfen sind so gering, dafs sie sich analytisch gar nicht oder doch nur sehr schwer feststellen lassen, und der Wildhopfen steht in seinem Werte turmhoch jedem andern Hopfensurrogat gegenüber.

In der Holledauer Hopfenzeitung 1864, S. 104, nach dem J. F. J., wird bemerkt, dafs die Zapfen des in Norddeutschland vielfach vorkommenden Wildhopfens von vielen Hunderten von ärmeren Leuten, welche ihn zur Reifezeit des Hartobstes sammeln, sorgfältig abgepflückt und an die heimischen Bierbrauer, der Scheffel zu 1—$1^1/_2$ Thaler, verkauft werden.

Aus der 1759 in Nürnberg erschienenen, sehr interessanten Schrift (über Hopfen) des Prof. Joh. Heumann an der hohen Schule in Altdorf bei Nürnberg (S. 108) geht hervor, dafs man damals (vor $1^1/_2$ Jahrhunderten) um Nürnberg zu Schenkbieren auch noch Wildhopfen verwendete.

In der Allg. H.-Ztg. 1862, S. 198 wird vom Niederrhein (Schiefbahner Gegend) berichtet, dafs sogar der wilde Wald- und Hecken-Hopfen von den Händlern in der Gegend aufgekauft und nach Belgien, meistens nach Antwerpen, verkauft wird. Er (der Berichterstatter) habe 1861 auf der Jagd Wildhopfen gefunden, sogenannte Hopfenmännchen, welche oft 3—4 grüne Blätter in einem Zapfen hatten. An einzelnen Stellen und Brüchen wächst der sogenannte Wild- oder Bruch-Hopfen mit solcher Üppigkeit, dafs man staunen mufs. Der Boden, wo diese Hopfenmännchen im Wildhopfen vorkommen, ist ein Torfboden und ziemlich feucht oder sogar sumpfig. Der Wildhopfen wächst da ganz üppig.

Ich sah diese Pflanze vielfach und reich fruchtend um den Genfersee in der Schweiz, namentlich am Nordufer. Die in unmittelbarer Nähe stehenden Individuen sind sich dabei oft nach allen Richtungen, auch in den Zapfen, sehr ähnlich, oft aber auch nicht, und weiter entfernt voneinander stehende sind meist nach allen Beziehungen sehr abweichend.

Der Wildhopfen findet sich nach den später genannten Autoren reichlich wild in den Gebirgsthälern des Altai und Ural, im ganzen südlichen und südöstlichen Rufsland, in ganz Mittelasien mit gemäfsigtem Klima. Nach dem Dampfbrauereibesitzer Herrn G. F. Wetzel in Tiflis, meinem früheren Schüler in Weihenstephan, findet sich der Hopfen auch reichlich wild am Kaukasusgebirge, an den Südabhängen bis 4000 Fufs Meereshöhe, wird dort von deutschen Arbeitern gesammelt und getrocknet und in ihrer Brauerei so lange zum Brauen verwendet, bis der Kulturhopfen aus Europa anlangt, etwa 2 Monate nach der Ernte. Er geht vom Kaukasus auch noch weiter nach Asien hinein, findet sich in Menge und schönster Entwicklung um Rescht in Persien, nach Ledebour (Flor. Sibir. 1848, p. 365) und Gmelin vom Ural weit gegen Sibirien bis zum 62° n. B. Nach Gmelins »Reise durch Sibirien« (Göttingen 1752) geht er in milderen klimatischen Lagen durch ganz Sibirien bis zum Aldanflufs im Osten.

Pallas (Iter. II, 690) erzählt, dafs auf den Inseln des grofsen, südnördlich fliefsenden Flusses Jenissei in Westsibirien viel Hopfen wachse, der in Menge nach Irkutsk verführt werde.

In Schweden und Norwegen geht er bis in das von den Lappen bewohnte Gebiet, aber sicher nur in schattenhaften, nicht fruchtenden Individuen, deren Samen sicherlich immer wieder von Wandervögeln aus südlicheren Ländern so weit nach Norden verschleppt werden; die aus den Samen auflaufenden Pflanzen können unter Umständen viele Jahre ausdauern. Fruchten werden sie da sicherlich nicht, wie ich an Hopfendolden des Wild- und Kultur-Hopfens von Haparanda im nördlichsten Schweden (66° n. B.) gesehen, welche knospenhaft, nicht einmal ernstlich rudimentär waren und keine Spur von auch nur halbwegs ausgebildeten Früchten hatten. Auch in den Alpen findet man den Wildhopfen öfter in Höhenlagen von 1000 oder über 1000 m Seehöhe, wo er sicher nicht fruktifiziert und wohin seine Samen oder Früchte offenbar immer wieder von Zugvögeln verschleppt werden. Zum Fruktifizieren braucht er eben eine Wärmesumme von mindestens 2000° C. Ohne Zweifel ist der Wildhopfen schon lange, selbst Jahrtausende in Mitteleuropa vorhanden, aber es ist sehr wahrscheinlich, dafs er von Süd- oder Südost-Europa eingewandert ist, vielleicht durch Vögel verschleppt; auch kann das Vorrücken etappenweise erfolgt sein.

Der Hopfen findet sich sehr reichlich und schön entwickelt im Gebüsch durch ganz Südeuropa, Italien, Spanien, Frankreich etc.

In der Zeitschr. f. d. landwirtschaftl. Gewerbe (reprod. Allg. Br.- u. H.-Ztg. 1885, I, 53) berichtet Prof. Dr. F. H. Sanderer, dafs sich der Wildhopfen in Gärten und Waldungen in Rumelien, Thessalien, Epirus und Macedonien vorfinde, auf dem kgl. Gute Tatoi bei Athen und am heiligen Berge Athos; er sei überall derart wuchernd, dafs er alle in der Nähe befindlichen Bäume dermafsen umschlinge, dafs man sie kaum sehen kann. Auf dem kgl. Gute Tatoi bei Athen ist ein kleines Gärtnerhaus an allen Seiten von dem sogenannten Wölflein[1]) so umzogen, dafs selbes kaum mehr sichtbar ist. Wenn die zahlreichen Kräutersammler die Blüten (Zapfen) dieser Pflanze zur geeigneten Zeit (in Griechenland im Monat August bis 10. und 12. September) sammeln und trocknen würden, könnten bereits viele Hunderte von Kilos an die in Griechenland befindlichen Brauereien oder an die Apotheker verkauft werden. Die Mönche vom heiligen

Berge Athos verkaufen dieses bittere Kraut an die Bierbrauer in Smyrna. Prof. Sanderer meint, dafs nach seiner nicht ganz genauen Untersuchung der Unterschied zwischen Wild- und Kultur-Hopfen in dem Umstande zu suchen sei, dafs der erstere einen geringeren Lupulin- (Mehl-) Gehalt habe, doch sei das Aroma des Wildhopfens angenehmer; sicher seien zwischen beiden Unterschiede vorhanden[2]).

Nach einer freilich etwas rätselhaften Schilderung des Hopfenhändlers Friedr. Weilhammer aus Mittelfranken[3]), welcher Ende des 18. Jahrhunderts nahe der Küste Afrikas Schiffbruch erlitt, allein an einer Insel landete und dort mehrere Jahre ein Robinson-Leben führte, fand er auf dieser Insel auch die Hopfenpflanze, die er pflegte. Die den Engländern gehörige Insel sei später von einer englischen Gesellschaft gepachtet worden, welche dort einen grofsen Hopfengarten anlegte, der ihnen das feinste Gewächs lieferte.

In England findet er sich nur im Südosten, also im Gebiet der heutigen Hopfenkulturen; es handelt sich mithin sehr wahrscheinlich nur um kulturflüchtig gewordene Individuen. Ebenso dürfte es in Nordamerika sein. Auch Asa Gray sagt im American Druggist[4]), dafs nach seiner Ansicht aller sogenannte Wildhopfen in Nordamerika ursprünglich von den Pflanzen stammt, welche aus Europa eingeführt worden sind. Wirklich wild wachse der Hopfen in Amerika nur an den Ufern gewisser Ströme von Westkanada bis Neumexiko, vermutlich auch in Arizona; aber wenn er dort vorkommt, dann nur in den abgeschlossenen Bergen, und man werde die diöcische Pflanze aufserordentlich selten in Frucht finden. Er habe die Hopfenpflanze wild gefunden, aber niemals in solcher Menge, dafs er auch nur 1 Pfd. trockenen Hopfens hätte sammeln können.

Im Patent Office Report 1861 liest man, dafs der Hopfen sich wild längs der Ufer des Mississippi- und Missouri-Stromes finde.

Der Hopfen ist eine Pflanze, welche ungemein leicht verwildert. Wenn es noch eine Lokalität geben würde, in der er wild noch nicht vorkommt, dann dürfte man ihn da nur in die Kultur einführen, und ich bin überzeugt, dafs man ihn schon nach 10—20 Jahren da und dort wild im Gebüsche findet, wozu die Vögel, d. h. gewisse körnerfressende Arten derselben, viel beitragen. Von dieser Neigung zur Verwilderung habe ich mich in den Kulturregionen Mitteleuropas vielfach überzeugt. Man findet dort natürlich öfter weibliche Wildhopfen in den Hecken, die männlichen Individuen werden da aber meist zerstört. Mit Hilfe meiner an anderer Stelle eingehender beschriebenen Sekretbilder (Reibflächen) habe ich aber immer sehr leicht am Sekretgehalt in den Zapfen etc. feststellen können, dafs diese Wildhopfen nichts anderes waren als flüchtig gegangene Kulturhopfen. Deshalb glaube ich auch, dafs die Wildhopfenpflanzen in England, wo sie sich nach Charles Cardale Babington[5]) bezeichnenderweise wahrhaft heimisch nur im Süden in manchen Teilen, also im Gebiet der gewaltigen Hopfenregion von Kent, finden, und ebenso in Amerika, wo sie in den Thälern der grofsen Ströme vielfach vorkommen sollen, nichts anderes als Kulturflüchtlinge sind.

Joh. Heumann (l. c. 1759) citiert Mitteilungen aus dem Hamburgischen Magazin (XVII. B., 5. St., 2. Abhandl., p. 506), wonach in Georgien der Hopfen so gut und kräftig wächst wie in Deutschland. Es gäbe auch wilden Hopfen, der auf niedrigem, feuchtem Lande wachse, in die Bäume hinauflaufe und niedrige Büsche ganz überziehe; er sehe dem zahmen Hopfen ganz ähnlich; es wüchsen dort auf trockenem Lande 6 Zoll dicke und 18 Fufs hohe Bäume, die in einem dem Hopfen ähnlichen Kraut dem Haberkorn ähnliche Samen tragen.

Bei uns sind die Kulturflüchtlinge des Hopfens Bastarde des Wild- und Kultur-Hopfens, weil wir in den Hopfengärten nur die weiblichen Individuen pflanzen; in Belgien, England, Nordamerika etc. wird, in sehr untergeordnetem Betrage, auch die männliche Pflanze absichtlich mit den weiblichen kultiviert. Früher, noch vor 30—40 Jahren, ist auch in Mitteleuropa die männliche Pflanze in einzelnen Individuen in den Hopfengärten kultiviert worden, selbst um Spalt etc.

Nach Dr. C. O. Czech[6]) findet sich der wilde Hopfen in einigen südlichen österreichischen Provinzen, in Kroatien, Istrien, Krain, Dalmatien, Slavonien, im Banat, in Bosnien und der Herzegowina, sowie in Serbien und in der Krim in solchen Massen wild, dafs er verdient, in seinen Zapfen gesammelt und für die Verwendung in der Brauerei in den Handel gebracht zu werden.

Dr. C. O. Czech, welcher gehört hatte, dafs man in Tiflis im Kaukasus den wilden Hopfen mit Erfolg zur Brauerei verwendet (über die Einschränkung habe ich soeben berichtet), hat eine Reihe von Jahren sich bemüht, teils durch direkte Untersuchungen im Laboratorium der Berliner Universität, später in Moskau, dann durch Brauversuche etc. den praktischen Wert dieser Wildhopfen für die Brauerei klarzustellen.

Er will durch chemische Untersuchung nahezu eine Identität des kaukasischen und des kroatischen Wildhopfens festgestellt haben, was auch ohne Zweifel richtig ist, denn alle Wildhopfen stehen sich desfalls nahe, wo sie auch gewachsen sein mögen, aber sie zeigen doch auch, namentlich in Aroma und Bitter, ziemlich grofse Verschiedenheiten.

Der erste von ihm untersuchte kroatische Wildhopfen stammt aus dem Krizevacer Komitate, wo er ihn im Herbste selbst gesammelt. Dann erhielt er gröfsere Mengen getrockneten Wildhopfens aus Kroatien-Slavonien Ende September 1877 durch die Vermittlung der kroatisch-slavonischen Landwirtschaftsgesellschaft.

Da aber zur praktischen Lösung der Frage auch Brauversuche nötig erschienen, wendete sich Herr Dr. Czech nach Weihenstephan, wo in der kleinen Versuchsbrauerei 1876, 1877 und 1878 Brauversuche mit dem kroatischen Hopfen gemacht wurden[7]). Man hat in Weihenstephan gefunden, dafs sich der kroatisch-slavonische Wildhopfen ganz gut zu Brauzwecken verwenden liefs, wenn man zur Sud nur $^1/_3$ kroatischen und $^2/_3$ guten andern (Kultur-)Hopfen nahm. Sud und Gärung verliefen dann normal, und das acht Wochen alte Bier zeigte eine richtige Zusammensetzung; es war klar und mousseuxreich; der Geschmack desselben war angenehm, und erst, wenn es längere Zeit gestanden und viel Kohlensäure entwichen war, zeigte es einen etwas rauhen Geschmack. Die Versuche haben also ergeben, dafs der kroatische Wildhopfen für sich allein nicht zum Brauen verwendet werden kann, und dafs er als Beigabe zu andern nie mehr als ein Drittel betragen soll. Der Geschmack des Auszuges ist vorherrschend herb, wenig bitter und aromatisch. Aus dem alkoholischen Extrakt fällt Wasser weniger Harze als aus andern Hopfenarten, eben weil die Wildhopfen durchweg sekretarm sind. Durch den hohen Gehalt an Gerbsäure wirkt der kroatische Wildhopfen in hohem Grade klärend auf die Würze, verdient also als natürliches Klärmittel des Bieres ganz besondere Beachtung.

Hätte man übrigens diese Versuche in Weihenstephan nicht mit dem kroatischen Wildhopfen, sondern mit solchem Wildhopfen gemacht, wie er reichlich auch am Weihenstephaner Südabhang, gleich am Eingang zum chemischen Laboratorium, wächst, hätte man sicher so ziemlich dieselben Resultate gehabt. Mit dem kroatisch-slavonischen Klima — wie Czech meint — hat das sicher gar nichts zu thun. Auch die klärende Eigenschaft ist kein Vorzug des kroatischen Wildhopfens, sie kommt vielmehr allen Wildhopfen und selbst allen roheren, den Wildhopfen näher stehenden Kulturhopfen zu.

Als 1876, infolge der Bemühungen Czechs, die ersten kroatischen Wildhopfen von Händlern gesammelt und nach dem Norden Österreichs und nach England verfrachtet wurden, zahlten die Händler loco Krizevac und Agram nur 10 fl. für den Zentner. Da rentiert sich die Arbeit des Sammelns, Pflückens, Trocknens und Sackens nicht[8]).

Czech meint, dafs für die höhere Preiswürdigkeit des kroatischen Hopfens der Umstand spreche, dafs die Zapfen eiförmig und nicht zu grofs seien, die Zapfenblätter fein gerippt, die Spindeln kurz und dünn, die Spindelstiele sehr fein sind. Das haben aber andere Wildhopfen auch.

Anderseits stehen der Preiswürdigkeit entgegen das leichte Abfallen der Zapfenblätter von den Spindeln (fast allen Wildhopfen eigen), die Armut an Lupulin (allen Wildhopfen eigen), der Gehalt an grofsen Körnern und sein schwächeres Aroma (beides allen Wildhopfen eigen). Einzelne Hopfenhändler versuchten die grofsen Körner auf mechanischem Wege zu entfernen.

Man hat später auch Versuche gemacht (durch Herrn Franz Kuralt, Sekretär der kroatischen Landwirtschaftsgesellschaft in Agram, auf dem Versuchshofe St. Xaver), aus dem kroatischen Wildhopfen einen Kulturhopfen zu erziehen, Resultate sind aber nicht bekannt geworden.

Dieser europäische Hopfen hat die 5—10 und mehr Meter langen, kantigen, windenden, rauhen (mit Klimmhaaren besetzten) Stengel mit paarig gestellten Blättern, welche in der unteren Region der Pflanze 5lappig, weiter hinauf 3lappig und ganz oben in der Region der Blütenstände herzförmig (ungeteilt), am Rande buchtig-sägezähnig sind.

Die Stengelblätter des europäischen Hopfens zeigen übrigens oft einen überraschenden Reichtum an Variationen. In Weihenstephan war am Zaune des Hopfenvarietätengartens ein Wildhopfen, der öfter in der unteren Region 7lappige Blätter hatte, die entfernt an jene bei Humulus Japonicus erinnerten, und im Spätsommer 1898 sah ich in Schachen bei Lindau, um eine Düngerstätte gepflanzte Kulturhopfenreben, deren Stengelblätter in der unteren Region mehrfach ganz ungeteilt, mehr herzförmig und an Humulus cordifolius erinnernd gestaltet waren.

Dieser Hopfen hat in den höheren Regionen der weiblichen Individuen die ährenförmigen oder zapfenartigen Blütenstände, anfangs (zur Blütezeit) kätzchenartig, später (zur Fruchtzeit) die bekannten Zapfen bildend, die Blütenhüllen und die Zapfenblätter mit den gelben Körnern oder Drüsen, dem sogenannten Lupulin, besetzt.

Dieser Hopfen allein liefert in seinen Zapfen seit alten Zeiten das wichtige Rohmaterial der Brauerei für alle Länder der Welt, wo überhaupt Bier in unserm Sinne gebraut wird.

Es scheint aber doch, dafs ein chinesisches Hopfenbier (der Tarasun, s. weiter oben S. 123) auch mit andern Hopfenarten, mit Humulus cordifolius Sib. oder H. Japonicus, sehr wahrscheinlich mit dem ersteren, wie wir weiter oben (S. 123) gesehen haben, gewürzt wird.

Nur in Bezug auf das sicher sehr alte Hopfenbier der Chinesen, den Tarasun, wissen wir also nicht, ob es mit den Zapfen des Humulus cordifolius Miquel oder des Humulus Japonicus Siebold, die beide dort vorkommen, gehopft ist; sehr wahrscheinlich handelt es sich dort um den sogleich zu besprechenden herzblättrigen Hopfen (Hum. cordifolius).

Alle Ausführungen dieses Buches beziehen sich aber lediglich auf das Produkt dieser Art (Humulus Lupulus L.), welche auch allein in Europa, Amerika und Australien auf mehr als 100000 ha für die Zwecke der Brauerei kultiviert wird und deren Produkt, die getrockneten und gesackten oder in Ballen geprefsten Hopfenzapfen, heute alljährlich den Betrag von 1200000—2500000 Ztr. à 50 kg erreicht.

2. Der herzblätterige Hopfen (Humulus Lupulus L. var. cordifolius Miquel), dem östlichen Asien angehörig, sicher auf den japanischen Inseln mit gemäfsigtem Klima.

In Russisch-Asien: Baikalgebiet, Ostsibirien bis zum Aldanflufs (Ledebour, Flor. Ross. III, 634; Herder in Acta Horti Petropol. XII, 35 f.).

In Japan: Süd-Yeso, Nord-Nippon (Franch. et Savatier, Flor. Jap. I, 429); Enumerat. Plant. Japan. (1876, II, 984).

In China: In Südost-China, unweit der Küste, bis Canton (Forbes et Hemsley, Ind. Flor. Sinensis II, 433[9]).

Wie mir der Botaniker Herr Prof. Dr. E. Bretschneider in St. Petersburg, welcher 18 Jahre in Peking gelebt hat, mitteilt, findet sich diese Art oder Varietät auch in den chinesischen Provinzen Tschekiang und Kuangtung (Forbes und Hemsley, II, 453).

Diese Art ist in jeder Beziehung, namentlich auch in den Zapfen- und Sekretions-Organen, mit dem europäischen Hopfen (H. Lupulus L.) vollkommen übereinstimmend, wie meine Studien an Exemplaren im Münchner Staatsherbar gezeigt, welche, damals (1891) schon 26 Jahre alt, von einem Petersburger Botaniker (C. Maximowicz) anfangs der 1860er Jahre bei Hakodate in Japan, auf der Insel Jeso, ca. 43° n. B., gesammelt worden waren. Nur die Stengelblätter dieser Art sind abweichend, auch in der unteren und mittleren Region ungeteilt und herzförmig, am Rande sägezähnig. Die Zapfen dieser Art sind jenen des Humulus Lupulus ganz gleich in Gröfse, Gestalt und Organisation, auch in den Drüsen; sie können sicher ganz ebenso zur Bierbereitung Verwendung finden wie jene des europäischen Hopfens, nur ist es, soweit bekannt, bisher niemals der Fall gewesen. Auch diese Art schien ausdauernd (perennierend) zu sein. Deshalb wird dieser Hopfen von vielen Botanikern auch bezeichnet als Humulus Lupulus L. var. cordifolius Miquel. Nach allem, was ich bei meinen mikroskopischen Untersuchungen der Hopfendrüsen dieser Art gefunden habe, glaube ich sogar, dafs es vielleicht ein sehr lohnendes Unternehmen wäre, diese Art in Kultur zu nehmen, weil man wahrscheinlich, vielleicht bald, vielleicht auch erst nach längerem Anbau, qualitativ wertvolle Hopfensorten erhielte. Die Sache wäre für Japan beachtenswert.

Die im Münchner Staatsherbarium vorhandenen Exemplare von Humulus Lupulus L. var. cordifolius Miquel sind, wie erwähnt, beide von Hakodate in Japan; es sind männliche und weibliche Pflanzen. Die männliche Pflanze mit ganz ebenso gedrungenem Blütenstand wie bei Humulus Lupulus. Der Unterschied mit dem weit auseinandergezogenen Blütenstand des japanischen Hopfens ist sehr auffallend. Die Stengelblätter der männlichen Pflanze sind ganz, ungelappt, am Grunde herzförmig und am Rande grob gesägt. Die weibliche Pflanze hatte vereinzelt stehende Zapfen wie bei Humulus Lupulus und herzförmige, grobgesägte Blätter. Die Stengelblätter der beiden Individuen sind etwas untermittelgrofs. Die männliche Blütenrispe erinnerte sehr an Humulus Lupulus L.

Die männlichen Individuen von Humulus Lupulus im Münchner Herbar hatten in der Blütenregion fast ausschliefslich 3lappige Blätter, die weiblichen Individuen dagegen meist einfache und am Grunde herzförmige Blätter; ein Exemplar hatte 3lappige.

Im »Prodromus« von De Candolle, dem berühmten Botaniker (System des Pflanzenreiches[10]), ist auch Humulus cordifolius und der folgend geschilderte Humulus Japonicus erwähnt, aber es ist in dem streng wissenschaftlich-botanischen Werke nichts gesagt, ob die Chinesen diese Hopfen auch irgendwie technisch oder offizinell verwerten.

Aber in einem alten Hopfenbuche von 1759[11]) ist im VI. Kapitel »Vom fremden Hopfen« erwähnt, dafs die Chinesen sich ebenfalls ein Getränk mit Hopfen bereiten. Der Verfasser führt ein vollständiges chinesisches Braurezept für die Herstellung des Tarasun, wie die Chinesen ihren gehopften Malztrank nennen, an Das Original dieses Rezeptes findet sich in Joh. Georg Gmelins »Reise durch Sibirien«[12]). Wahrscheinlich wird da H. cordifolius verwendet.

3. Japanischer Hopfen (Humulus Japonicus Siebold und Zucc. Flor. Jap. II 89.). In Japan und China stark verbreitet, von Peking bis Korea, im südlichen China und auf Formosa.

Russisch-Asien: Im unteren Amurgebiet, in Ober-Ussuri (aus dem südöstlichsten Sibirien kommender Nebenflufs des Amur, Grenzflufs gegen China) und in Korea (Herder, in Acta Horti Petropol. XII, 37; Maximowicz, Primit. Flor. Amurensis, 1859, p. 246; am Ussuri, Regel: Tentam. Flor. Ussur. 1861, S. 132).

In China: In ganz Ost-China vom 110° ö. L. östlich und südlich noch bis Canton (Forbes und Hemsley, Index Flor. Sin. II, 453); in Korea, in Nord- und Mittel-China (Franchet, Savatier l. c. 453); bei Peking wächst diese Art nach E. Bretschneiders brieflichen Mitteilungen überall. Ich habe Individuen dieser Art durch den deutschen Konsul in Schanghai erhalten, wo sie ebenfalls überall wächst.

In Japan: Mittel-Japan: Zentral-Nippon; Kin-siu; Linkin-Inseln (Franch. et Savat, Fl. Japon. I, 429); auf Formosa.

Bei dieser Art sind die Zapfen ganz unansehnlich, armblütig, locker, die Blätter derselben bräunlich-grün. Die unteren Stengelblätter sind 7lappig, die Lappen schmal. Die Pflanze ist bis in die Zapfen massenhaft mit groben, starken Haaren besetzt, hat nur sehr wenige und abweichende, unglaublich sekretarme Drüsen, welche aber sehr zierlich sind.

Sie ist nur einjährig, läuft alle Jahre wieder aus den hartschaligen, etwas gröfseren, einsamigen Früchten auf, hat daher eine sehr schwache, gewöhnliche, nicht rhizomartige Wurzel wie die vorigen und bei uns nur 2—3 m hohe, wenig windende Stengel, kann mit 20 cm Stengelhöhe sogar anstandslos versetzt werden.

Da sie spät im Sommer erst im vollen Wachstum ist, zu einer Zeit, wenn die andern mitteleuropäischen Pflanzen schon fruchten und reifen, also welken, und da sie bis jetzt gar nicht von Insekten und parasitischen Pilzen leidet, hat man sie in neuerer Zeit bei uns als Zierpflanze für die spätere Sommerzeit eingeführt. Sie läuft da in grofser Individuenzahl, jedes Individuum mit nur einem Stengel, aus den Samen oder Früchten, welche gesät und schwach bedeckt werden, auf, ein dichtes, massenhaftes Gemenge von männlichen und weiblichen Individuen. Die 2—3 m hohen, blätter- und blütenreichen Stengel gewähren in der That einen sehr schönen Anblick, und in Brauereien, welche Gärten um die Gebäude haben, sollte man diese Art als Zierpflanze nicht missen. Wir haben sie seit Jahren immer im ökonomisch-botanischen Garten zu Weihenstephan in grofser Anzahl von Individuen gehabt; die Samen waren im April bestellt worden.

Die massenhaft durcheinander stehenden männlichen und weiblichen Pflanzen mit ihrem wuchtigen Wuchs machen schon im Juli einen sehr schönen Eindruck.

Namentlich scheint die Firma Thiébaut-Legendre (8 Avenue Victoria) in Paris die Verbreitung vermittelt zu haben. Zum erstenmal ist davon die Rede in der Pharmazeut.-Ztg. 1885 (nach dem Gardener Chronic.); M. Cornu hat diese Pflanze der französischen Gartenbaugesellschaft vorgelegt. Wie mir aber Herr Prof. Dr. E. Bretschneider in St. Petersburg, der hervorragende Botaniker, welcher so lange in China gelebt hat, im März 1900 mitteilte, hat er die hübsche Pflanze aus der Gegend der chinesischen Hauptstadt Peking vor 20 Jahren (um 1880) nach Paris gebracht, wo sie seitdem allgemein als Zierpflanze kultiviert wird (vergl. Revue horticole 1885, p. 6, 104, 456). Wie Herr Prof. Bretschneider sagt, wird diese Pflanze von den Chinesen als Arznei benutzt. Wie ihm aus Frankreich mitgeteilt wurde, hat man dort auch versucht, sie zum Bierbrauen zu benutzen, doch hat sie sich dazu gar nicht geeignet gezeigt. Das finde ich wohl begreiflich, weil sie zwar wunderbar zierliche Drüsenbecher, aber nur höchst wenig Drüsensekret hat.

In neuerer Zeit (1893) brachte die Gärtnerei von Friedrich Römer in Quedlinburg eine neue Varietät dieser Art, den buntblätterigen japanischen Hopfen (Humulus Japonicus variegatus), in den Handel. Im allgemeinen vom Wuchse der Stammpflanze, haben die entwickelten Stengel oder Reben Blätter, deren Zeichnung in Silberweifs, Gelblichweifs, Grüngelb und Dunkelgrün teils regelmäfsig gestreift, teils marmoriert und gefleckt ist und welche zuweilen auch ganz weifs sind; sie eignet sich sowohl als Einzelpflanze zur Bekleidung von Säulen und Pyramiden, als auch zur Bekleidung von Veranden, Lauben, Spalieren.

Wegen der Armut ihres eigentümlich riechenden Sekrets wird die Pflanze für Brauzwecke nie eine Bedeutung erlangen, es sei denn, dafs ihre Zapfenblätter besonders gerbstoffreich wären, was nach meinen Wahrnehmungen möglich ist. Das wäre noch einer besonderen Untersuchung wert.

Wie mir Herr Prof. Dr. E. Bretschneider in St. Petersburg unterm 14. April 1900 mitteilt, ist nach J. Matsumuras »Nomenclature of Japanese Plants« die japanische Bezeichnung für Humulus Lupulus L. var. cordifolius = »Kana hanase« und für Hum. Japonicus Sieb. α Z. = »Kana mugura«. Eine gute japanische Abbildung von Humulus Japonicus findet sich in der in Europa wohlbekannten japanischen Botanik Somoku zoussetz (Franchet) XX, 55.

Lü t'sao (lü Name der Pflanze, t'sao = Kraut) ist ein uralter chinesischer Name für Humulus Japonicus, dessen Kätzchen (Zapfen) als Arzneimittel gebraucht werden. In Peking, wo diese hübsche Pflanze so häufig anzutreffen, ist ihr populärer Name la-la-yang. Eine ziemlich gute chinesische Abbildung von Humulus Japonicus ist in der chinesischen Botanik Tschi-wu-ming-shi t'u k'ao XXII, fol. 75 zu finden. Über das letztere Werk ist näheres zu finden in Dr. Bretschneiders »Botanicon Sinicum« I, p. 72. Die älteste chinesische Abbildung der Pflanze ist in dem sehr seltenen Werke Kiu-huang Pen-t'sao (Botan. Sin. I, 49) aus dem letzten Viertel des 14. Jahrhunderts zu finden, welches einen chinesischen Prinzen zum Verfasser hat.

In der grofsen altchinesischen Droguenkunde (einer chinesischen Pharmakopöe) : Pön-t'sau-Kang-mu von Li Schï-tschön, die der Autor 1552 begonnen und 1578 vollendet hat, auf S. 7 des zweiten Kapitels der Illustrationen, sah ich bei Herrn Prof. Dr. Fr. Hirth in München, der so lange (über 25 Jahre) in China gelebt hat, der chinesischen Sprache in Wort und Schrift mächtig und mit dem Kulturleben der Chinesen innigst vertraut ist, eine ganz gute Abbildung der Pflanze Humulus Japonicus, aber die zeichnerische Darstellung ist eine eigenartige, uns ganz fremdartige; bei der Genauigkeit, mit der diese Chinesen arbeiten, möchte man glauben, dafs ihre Augen ganz anders organisiert sind wie die unseren, dafs sie also dieselben Dinge etwas anders sehen als wir.

Die Exemplare von Humulus Japonicus Siebold im Münchner Staatsherbar stammen von Yokohama (durch Maximowicz in St. Petersburg 1862, männlich), Nagasaki (Maxim. 1863, weiblich), Yokohama (Maxim. 1862, weiblich). Einige Exemplare sind auch von Siebold selbst in Japan gesammelt worden und aus dem Leydener Herbarium (ex herbario Lugduno-Batavo) dahergekommen; es sind auch kultivierte Münchner Exemplare da. Die weiblichen Exemplare von Humulus Japonicus Siebold aus Japan haben vielfach keine 7lappigen Blätter, einige haben solche; unter den letzteren sind solche, welche unten bei den Lappen eine Gliederung zeigen.

Die Hopfenpflanze, ihre Organisation und ihre Gebilde[13]).

Der morphologische Aufbau der europäischen Hopfenpflanze (Humulus Lupulus L.).

Da die Brauerei nur die Blütenstände der Hopfenpflanze verwendet, glaubte ich anfänglich, vom allgemeinen Aufbau der Hopfenpflanze, ihrer unter- und oberirdischen Gestaltung, ganz absehen zu können. Schliefslich habe ich es aber doch für zweckmäfsig erkannt, auch in dieser Beziehung, in Bezug auf die Rhizome, Wurzel, den Stamm (Stengel, Reben), die Äste, Zweige, Blätter, daran anschliefsend über die Entwicklung der Blütenstände (Hopfenzapfen, Dolden), eine orientierende Übersicht zu geben[14]).

Ich habe für diese Darstellung, um das Verständnis zu erleichtern, einen ganz neuen, zwar etwas mühsamen, aber sicherlich auch sehr lehrreichen Weg eingeschlagen, die ganze Hopfenpflanze mit allen Einzelheiten, vom Fufs bis zum Gipfel, in halbschematischer Darstellung zeichnerisch zu fixieren.

Wie aus den folgenden Beispielen hervorgehen dürfte, gewinnt man dabei eine Einsicht in diese schwierige Pflanze, wie dies auf gar keinem andern Wege möglich ist, weil man sie in der Wirklichkeit niemals auf einmal überblicken kann. Ich habe, ehevor ich diese Zeichnungen gemacht, schon viele Jahre intensive Studien über diese schwierige, komplizierte Pflanze betrieben, niemals hatte ich aber eine solche Einsicht in ihre morphologischen Verhältnisse wie nach der Aufnahme des ersten dieser Bilder, welche Anfang September 1887 im Weihenstephaner Hopfenvarietätengarten gemacht wurde.

1. Die unterirdische Entwicklung des Hopfens, das Rhizom und die Wurzeln.

Der Hopfen ist eine perennierende (ausdauernde) Pflanze. Es ist sehr wahrscheinlich, dafs es Individuen gibt, welche 10—20—30 Jahre hindurch am Leben bleiben. Es ist aber nur die unterirdische Region der Pflanze, das Rhizom (Stamm) und die Wurzeln, welche so langlebig sind, die oberirdischen, über dem Boden befindlichen Teile der Pflanze, die Stengel, Aste, Blätter etc., sterben alle Jahre vollständig ab und werden in jedem Frühjahr aus den unterirdischen Organen neu entwickelt.

Die unterirdischen Organe (s. Fig. IV u. V) bestehen aus einem 10—20—30—40 cm langen und 2—10 und 15 cm dicken, holzigen Stamm (Rhizom), welcher bei älteren Individuen eine sehr unregelmäſsige, wulstige Oberfläche der Rinde hat, wahrscheinlich durch Pilzwucherungen veranlaſst. Auf den glatten Querschnitten sieht man, wie bei andern Holzstämmen, deutlich Jahresringe; ich habe deren an Querschnitten schon 10 und 12 gezählt.

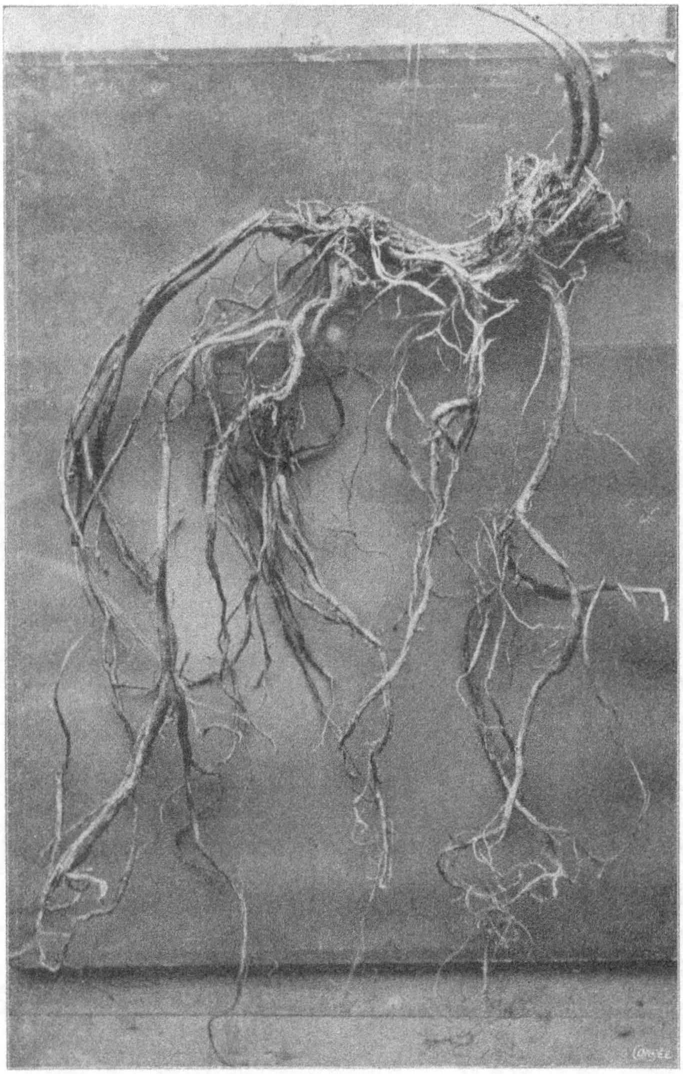

Fig. IV.
Der unterirdische, ausdauernde Stamm (das Rhizom) und die Wurzeln der Hopfenpflanze, oben mit Resten der Stengelreben.

Dieses Rhizom liegt nicht sehr tief unter der Oberfläche des Bodens und immer etwas schief. Beim wilden Hopfen liegt es sehr seicht, ist nicht ganz so lang und nur 2—3 cm dick; da fehlt eben die Ernährung, denn die wilde Pflanze wird nicht gedüngt. Karl Homann[15]) hat eine Wildhopfenflanze untersucht, welche seit Jahren im botanischen Garten zu Halle wucherte.

Von einem Stocke, wie beim Kulturhopfen, war keine Rede, vielmehr fand er unterirdisch ein netzartiges Geflecht 1—3 cm dicker Rhizome, welche nahe an der Oberfläche des

Bodens hinliefen, innerlich faul und abgestorben, äufserlich aber voll Lebensfülle waren, Ranken nach oben und Wurzeln nach unten sendend. Das meterlange Rhizom- und das Wurzelwerk dieses einen Individuums bedurfte eine Scheibe von ca. 5 m Durchmesser; innen war es abgestorben, am Rande der Scheibe kräftig sprossend. Aus dem höher liegenden Teile entwickeln sich die Stengeltriebe, welche nach oben gehen. Aus der tiefer liegenden Hälfte des Rhizoms

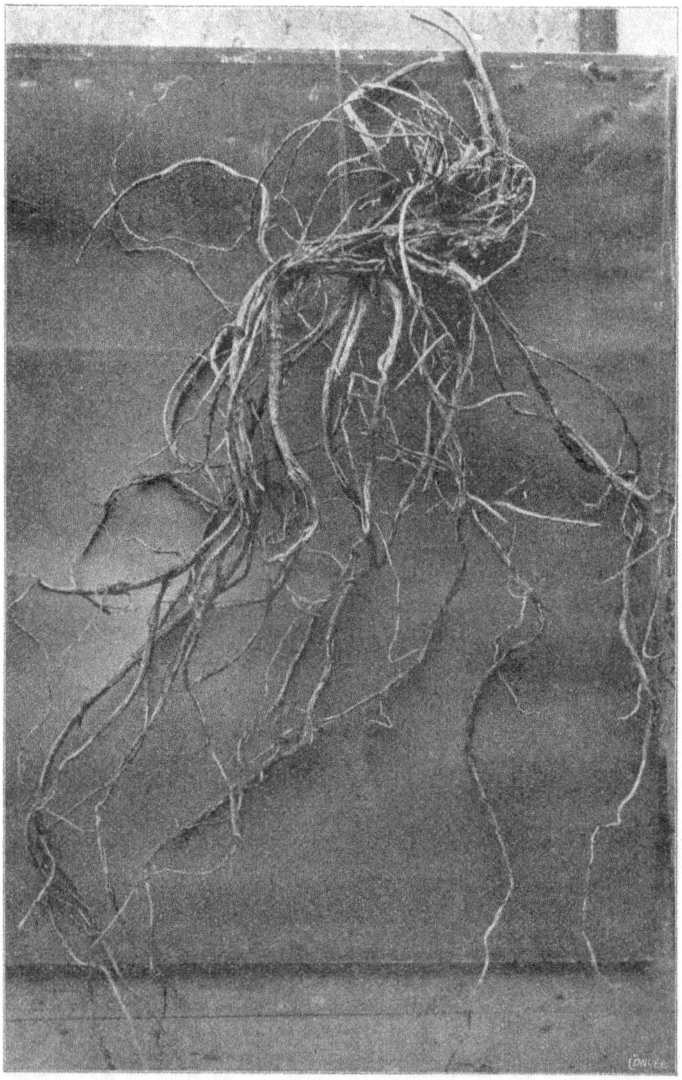

Fig. V.
Der unterirdische, ausdauernde Stamm (das Rhizom) und die Wurzeln der Hopfenpflanze, mit Resten der Stengelreben.

entwickelt sich eine Anzahl (5—6) starke Wurzeln, die sich verästeln und bis 1 und 2 m, auch bis 2,3 m tief in den Boden gehen. Wirtschaftsrat Hofmann (Wien) sprach bei der Internationalen Hopfenausstellung in Hagenau[16]) von 2—3 m tief gehenden Wurzeln der Hopfenpflanze. Auch diese Wurzeln und ihre Äste sind holzig. Aus ihnen entwickeln sich alljährlich krautartige Faserwurzeln, welche der Wasser- und Nährstoff-Aufnahme dienen. Die Wurzeln füllen bei älteren, reich ernährten Kulturhopfenindividuen mit ihrem Tiefgang von 2—2,4 m oft einen

Kubikraum von 4—6 cbm aus, sind aber darin nicht dicht verbreitet; fraglich ist nur, wie das alljährlich neu gebildete Faserwurzelgeflecht entwickelt ist. — Dazu müfste man die Pflanze im Hochsommer ausgraben, und auch da wird man wenig davon herausbringen. Der holzige Wurzelstock und die Wurzeln mit ihren Ästen dienen der Wasser- und Nährstoff-Leitung, aber auch als Nährstoffreservoire. Wenn im Herbste die Stengel mit den Blättern noch am Stocke sind, dann wandern die bei der Zapfen- und Frucht-Bildung, Sekretion etc. nicht verwendeten Bildungsstoffe (Assimilate), welche noch beweglich, wanderfähig sind, aus den welkenden und absterbenden Stengeln, Zweigen und Blättern nach dem Rhizom und den Wurzeln zurück und sammeln sich darin als Reservestoffe an. Es werden die Wurzeln und ihre Äste dabei streckenweise oft auffallend verdickt. Strebel bildet sogar mit Reservestoffen gefüllte, verdickte, spindelförmige Anhängsel der Wurzeln ab. Diese Reservestoffe können, wie wir sehen werden, den Pflanzen und Anlagen die Lebensdauer sehr verlängern, Dünger sparen und im aufserordentlichen Grade gesundes Wachstum und relativ hohe Erträge sichern helfen.

In Fig. IV bringen wir ein Bild eines solchen, sehr wahrscheinlich 12—15 (vielleicht sogar 20 und mehr) Jahre alten Rhizoms mit Wurzeln und Ästen[17]. Die Ausgrabung fand im Spätherbste statt.

Man sieht oben das etwas gebogene, ziemlich lange, dicke, in der Rindenfläche höchst unebene, wulstig-wurzelige Rhizom. Rechts oben sieht man zwei starke Stengelrebenstücke, die, soweit sie im Boden stecken, sehr verdickt sind. Am entgegengesetzten Ende und auf der Unterfläche sind die mächtigen Wurzeln mit ihren Verästungen entwickelt. Die Farbe des holzigen Rhizoms und der Wurzeln ist schmutzig-graubraun.

In Fig. V bringen wir ein weiteres Hopfenrhizom mit Wurzeln, welches ebenfalls zu den durch Herrn Jak. Fuchsbüchler ausgegrabenen gehörte. Auch von diesem, wie in Fig. IV, gingen die Wurzeln vom Rhizom bis auf 2,2 m senkrecht in den Boden. Die Wurzel- und die Wurzelast-Bildung ist hier besonders reich, so dafs das Rhizom, der unterirdische Stamm, oben noch mehr verdeckt wird. Links oben sieht man stark verbreiterte Wurzelstücke, offenbar Verdickungen durch Reservestoff-Ablagerung.

2. Die oberirdischen Teile der Hopfenpflanze, Stengel, Äste, Zweige, Blätter, Blütenstände (Hopfendolden oder Zapfen).

Die oberirdische Entwicklung der Hopfenpflanze will ich dem Leser kurz an Bildern (halbschematischen Zeichnungen) klar zu machen suchen, welche ich schon vor mehr als 12 Jahren gemacht habe[18].

In Fig. VI haben wir einen seiner ganzen Längenentwicklung nach und mit allen Ästen, Zweigen, Blättern, Zapfen gezeichneten Stengel einer Wildhopfenpflanze aus den Etschauen bei Meran in Südtirol gebracht; die Einzelheiten der Organisation mit den Mafsen wollen im Anschlufs an das Bild in dem zunächst folgenden Abschnitt, welcher von diesem Hopfenstengel handelt, nachgesehen werden.

Die schwarzen Ellipsen stellen die Hopfenzapfen oder Dolden dar, welche bei beiden bildlichen Darstellungen (Fig. VI u. VII) alle ganz genau und in ihrer relativen Stellung zu einander gezeichnet sind.

In Fig. VII bringe ich den ebenso gezeichneten Stengel eines Kulturhopfens (Mayfield Grapes) aus dem Hopfenvarietätengarten in Weihenstephan. Alle Einzelheiten über diesen wollen in dem übernächst folgenden Abschnitt eingesehen werden.

Die Zahl der Stengel, die ein starkes, kräftig ernährtes Rhizom nach oben sendet, ist oft sehr grofs, 10—20—40; aber beim Kulturhopfen läfst man in Süddeutschland nur 2—3, in Norddeutschland stellenweise (Braunschweig) auch 5—8 stehen, in England nur 2 an jeder Stange, hat aber bei einem Stocke 2—3 Stangen; die andern werden herausgerissen, um die Ernährung der stehen gebliebenen nicht zu schädigen. Auch beim Wildhopfen bleiben schliefslich nur 1 oder 2 Reben übrig, welche die Ernährung an sich reifsen; die andern verkümmern.

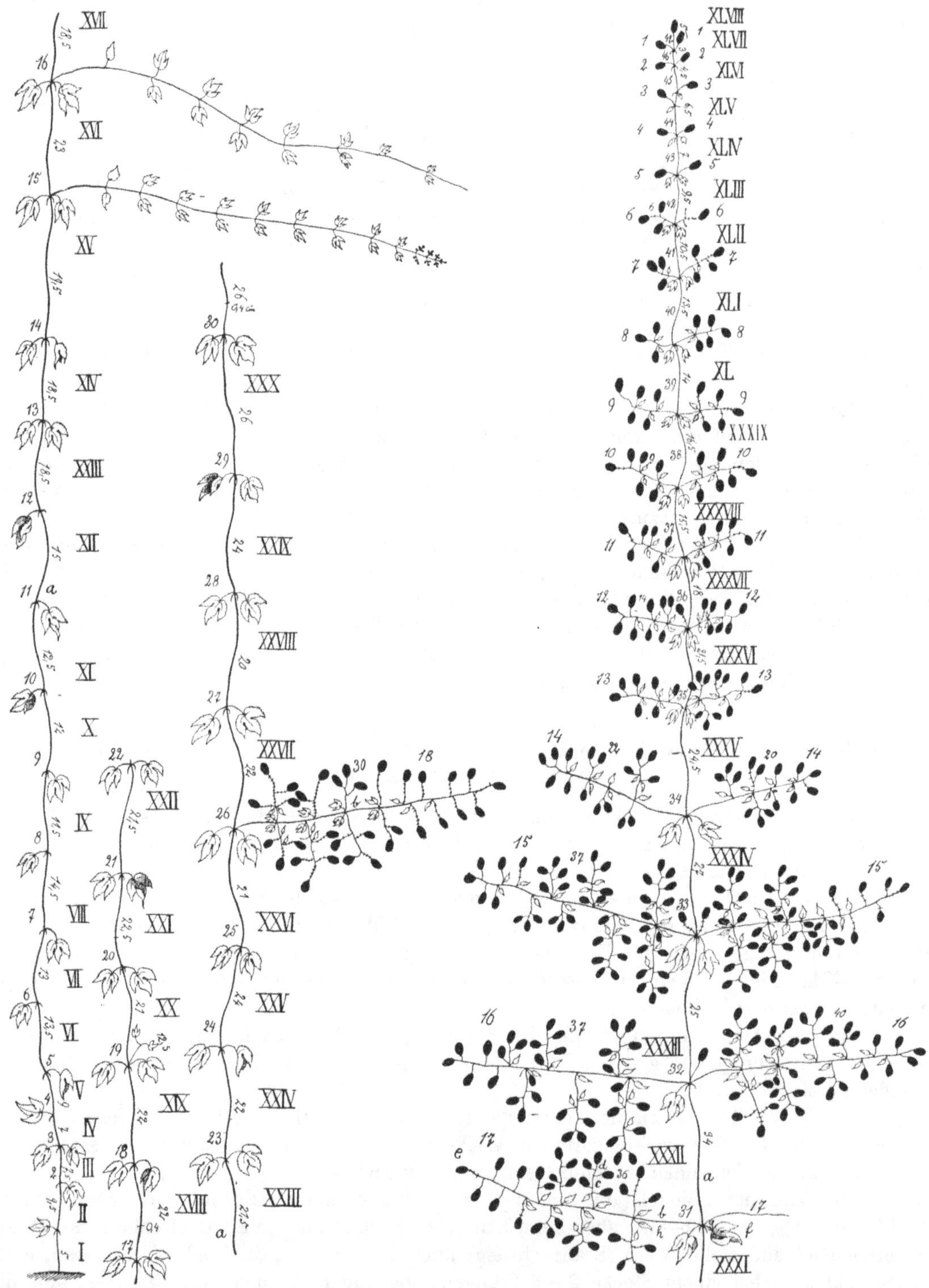

Fig. VI.
Schematische Darstellung einer Wildhopfenpflanze aus den Etschauen bei Meran in Südtirol.
Stengel, Blätter, Äste, Zweige, Dolden (Zapfen).

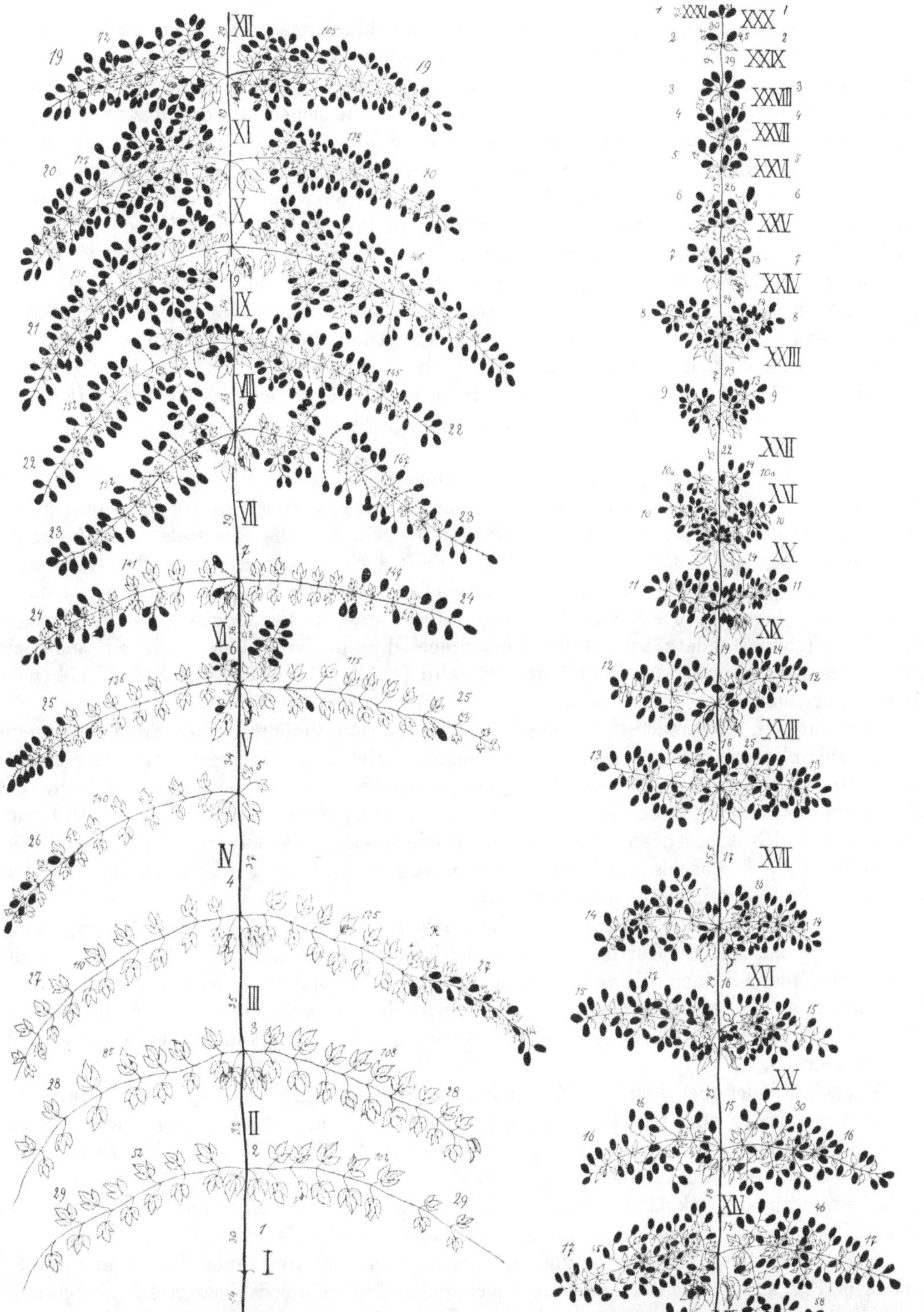

Fig. VII.

Schematische Darstellung einer Kulturhopfenpflanze aus dem Hopfenvarietätengarten in Weihenstephan. Stengel, Blätter, Äste, Zweige, Dolden (Zapfen).

Beim Wildhopfen erreichen die Stengel, die ohnehin immer dünn sind, selten Längen oder Höhen, welche über 3,60—4,50 oder gar 6 m gehen; bei dem Kulturhopfen haben wir meist viel dickere, saftigere Stengel, die bis 9 und 12 m hoch werden, in wärmeren Klimaten und bei starker Düngung, wie im Elsafs, sogar bis 15 m Höhe gehen; an den letzteren Stengeln sind auch die Blätter oft doppelt so grofs, ebenso sind die Äste doppelt so lang und doppelt so dick. Es wird also beim Kulturhopfen offenbar viel Bodenkraft in der Erzeugung von nutzloser Substanz verbraucht. Jedenfalls sollte man alle stark treibenden Stoffe meiden; diese erschöpfen die Pflanzen rascher, als sonst der Fall wäre, und verringern ihre Produktionskraft; sie halten nur den dritten Teil der Zeit aus und tragen weniger.

Soweit die Reben oder Stengel noch im Boden stecken, sind sie holzig, braun und 2—3 cm dick; in der Region, wo sie mit der Luft und namentlich mit dem Licht in Berührung kommen, werden sie krautartig und erheblich dünner. Hier sind sie dann unten, nahe dem Boden, 0,2—1,3 cm dick, dunkler oder hellgrün, auch rotgrün.

Die Stengel sind im Innern hohl, und das Lumen, welches reichlich über die Hälfte des Durchmessers einnimmt, ist im Querschnitt meist rund, selten elliptisch, zuweilen auch unregelmäfsig-prismatisch.

Neben den Windungen, welche jeder Hopfenstengel in der Richtung von West nach Nord-Ost-Süd (von links unten nach rechts oben) ausführt, zeigt derselbe auch eine ausgeprägte Drehungstendenz um seine eigene Achse. Zuerst glaubte ich, dafs dieselbe stets den Windungen entgegengesetzt sei, später fand ich aber, dafs sie oft auch in der Richtung der Windungen verläuft. Manchmal zeigen verschiedene Stengelglieder desselben Stengels sogar verschiedene Drehrichtungen, ja es finden sich zuweilen selbst entgegengesetzte Drehungen am selben Stengelgliede. Die Drehungstendenz scheint die Hopfenrebe aber nur zu haben, wenn sie senkrecht wächst, keineswegs wenn sie horizontal geleitet wird (s. Allg. Br.- u. H.-Ztg. 1898, I, 474, nach englischen Forschungen).

Der ziemlich ausgewachsene Stengel zeigt im ganzen Verlaufe seiner Erstreckung eine grofse Anzahl Blattansatzstellen oder Stengelknoten, welche, mäfsig regelmäfsig aufeinanderfolgend, sich weniger durch auffallende Dicke oder sonst bemerkenswerte äufsere Erscheinungen ersichtlich machen als durch den anatomischen Bau, wohl namentlich durch die hier von beiden Wandseiten her sich kreuzenden Gefäfsbündel. Infolgedessen nehmen an solchen Stellen, an denen im Innern des Stengels auch das Lumen verengert und mit Mark erfüllt ist, alle seitlichen Organe der Hopfenpflanze ihren Ausgang.

Auf seiner Oberfläche erscheint der eigentlich runde oder cylindrische Stengel 6seitig, was daher rührt, dafs auf der Oberhaut in sechs gleich weit entfernten, in der Längenrichtung des Stengels verlaufenden Reihen, die ambofsförmigen Klimmhaare stehen, welche mit ihrer Basis in stark entwickelten Collenchymsträngen (parenchymatisches Gewebe mit verdickten Wänden) stecken, so dafs zwischen diesen sechs etwas vorspringenden Längskanten sechs Flächen zu liegen scheinen.

Zunächst findet man hier, am Stengelknoten, zwei eiförmige und spitz zugehende, von der Spitze herein mehr oder minder tief geteilte, häutige Blätter, welche entgegengesetzt stehen und die Nebenblätter des Hopfenstengels genannt werden (s. Fig. XIa—k). Wir werden eine Parallelform dieser Blattorgane auch in den Hopfenzapfen finden, nämlich die direkt an der Spindelachse stehenden Deckblätter oder Deckblattzwillinge. Näheres über die Nebenblätter oder Deckblätter siehe weiter unten sub 8 und Fig. XI, nebst begleitendem Texte.

Etwas über diesen beiden Deckblättern am Stengel und von ihnen im rechten Winkel abstehend (s. Fig. XIa), finden sich zwei im ausgebildeten Zustande meist sehr grofse, langgestielte Stengelblätter, welche in der unteren Region der Pflanze 5lappig, in der mittleren kleiner und 3lappig und gegen den Gipfel der Pflanze klein und ganzrandig (d. h. ungeteilt) sind; alle drei Arten von Stengelblättern sind am Rande buchtig gezähnt, auf der Ober- und Unterseite mehr oder minder mit Haaren und auf der Unterseite auch mit flachen, grofsen Drüsen und Köpfchendrüsen bedeckt.

Aus den Achseln der Stengelblätter nehmen die Äste (Tragreben) Entstehung, welche sich — ebenso wie die Blätter — an den Stengeln entgegengesetzt, also gegenüberstehen, im ausgewachsenen Zustande von wechselnder Länge (0,30—1,50—1,80—2 m) und herabgebogen sind. An den Ästen zeigt sich von der Basis bis zum Gipfel ganz dieselbe Entwicklung wie am Stengel; in gewissen unregelmäfsigen Abständen kommen Knoten mit Nebenblättern, Laubblättern, Zweigen etc. oder gleich Zapfen.

Zuweilen entstehen an Stelle der Äste, also an den Stengeln, gleich Blütenstände (Zapfen oder Dolden), wobei dann natürlich die Erträge kaum nennenswert sind. Öfter entstehen an den Knoten der Äste gleich Blütenstände (Hopfenzapfen), was ebenfalls sehr unvorteilhaft ist. Bei normalerer Entwicklung entstehen aus diesen Achsen 2. Ordnung die sogenannten Blütenzweige, welche an Nebenachsen 3. Ordnung, den Zapfen- oder Dolden-Stielen, die Zapfen tragen. Manchmal aber entwickeln sich erst aus den Nebenachsen 3. Ordnung die Doldenstiele als Nebenachsen 4. Ordnung und daran die Zapfen. Die gröfsten Erträge werden da gewonnen, wo erst an den Achsen 5. und namentlich 6. Ordnung die Zapfen stehen.

Die Blattpaare mit den Nebenblättern und die aus ihren Achseln entspringenden Aste mit ihren Blätterpaaren, Nebenblättern und Blütenzweigen, stehen am Stengel in der Spirale angeordnet.

Da an der Hopfenpflanze jeder Zweig der Blütenregion stets mit einem Zapfen endigt, so liegt es auf der Hand, dafs die Hopfenpflanze um so mehr Zapfen oder Dolden ansetzen wird, je mehr Zweig- oder Achsen-Enden ihre Äste entwickeln, je mehr sich also die Endigungen der Nebenachsen wieder teilen. Wie wir sehen werden, wiederholen sich diese Verzweigungen immer in derselben Weise. Es ist aber, wie an anderer Stelle erörtert wird, für den reichen Zapfenansatz diese Thatsache der Verzweigung nicht allein mafsgebend. Es gehört vielmehr dazu auch noch, dafs die letzten Verzweigungen oder Spaltungen mit einem gewissen Entwicklungsstadium, namentlich mit der Zeit des Blütenansatzes, zusammentreffen. Jene Achsenenden, die bis dahin schon aus alterndem, nicht mehr teilungs-, also wachstumsfähigem Gewebe bestehen, bleiben arm an Verzweigungen und damit an Hopfenzapfen.

Auf die eigentlichen Trichome (Haare), welche als Klimmhaare und echte Haare über die ganze Hopfenpflanze ausgebreitet, stellenweise aber auch mehr oder minder gehäuft sind, will ich hier nicht näher eingehen, da sie zum Verständnis dessen, was gesagt werden soll, nicht nötig, also entbehrlich sind. Auf die Zapfen oder Hopfendolden komme ich im nächsten und auf die Sekretionsorgane (Drüsen) im übernächsten Kapitel zu sprechen.

Um eine Verwechslung der einzelnen, morphologisch unterschiedenen Teile der Hopfenpflanze fernzuhalten, haben wir dieselben in Fig. VI und namentlich beim 31. Stengelknoten (von unten nach oben), also da, wo die eigentliche zusammenhängende Ästemasse erst beginnt, mit besonderen kleinen lateinischen Buchstaben (*a*, *b*, *c*, *d* etc.) versehen; dabei bedeutet *a* die Hauptachse, den Stamm oder Stengel der Hopfenpflanze (Achse 1. Ordnung); *b* bedeutet die Nebenachse 1. Ordnung (oder die Achse 2. Ordnung), den Ast; *c* die Nebenachse 2. Ordnung (oder die Achse 3. Ordnung), den Blütenzweig, welcher hier in *d* gleich die Zapfen- oder Dolden-Stiele, d. h. die Nebenachsen 3. Ordnung (Achsen 4. Ordnung), mit den Zapfen entwickelt hat. Es kommt aber auch vor, dafs aus *c* (meist senkrecht) erst ernstliche Nebenachsen 3. Ordnung (Achsen 4. Ordnung) entstehen, an welchen dann die Zapfenstiele als Nebenachsen 4. Ordnung (Achsen 5. Ordnung) mit den Zapfen zur Entwicklung kommen. Wenn man vom Stengel an, als Achse 1. Ordnung numeriert, dann stehen im letzteren Falle die Zapfen oder Dolden an Achsen 5. Ordnung; es geht — bei uns aber selten — sogar bis zur 6. Ordnung. *e* stellt die Hopfenzapfen oder Dolden dar. *f* gibt eine Andeutung für die Stengelblätter mit ihren Blattstielen und die Stelle, wo sie am Stengel sitzen; bei *g* sind Spuren der Nebenblätter zu sehen; *h* deutet die Stellung der Astblattpaare an, die hier alle klein und einfach sind.

Der beim Stengelknoten 32 rechts in der Blatt- und Ast-Achsel stehende Zapfen deutet eine zur Entwicklung gekommene seitenständige Nebenknospe an; manchmal entwickeln sich solche Nebenknospen sogar als Blütenzweige.

Was die sonstigen Bezeichnungen mit Zahlen betrifft, so bedeuten die arabischen Zahlen mit schwarzer Farbe von unten auf die Stengelknoten, also die Stellen am Stengel, wo die Nebenblätter und die — entgegengesetzt gestellten Stengelblätter und Aste ausgehen. Die Stengelteile zwischen je zwei Blatt- und Ast-Paaren, also die sogenannten Internodien oder Interfoliarteile, sind von unten auf mit lateinischen Zahlen bezeichnet. Die Äste oder Blütenzweige sind (rot) mit arabischen Zahlen am Gipfel der Äste von oben herab numeriert in einer linksstehenden und in einer rechtsstehenden Reihe. Die liegenden arabischen Zahlen an den Internodien bezeichnen die Länge eines solchen Stengelteiles in Centimetern. Die arabischen Zahlen oben in der Mitte der Zweige bedeuten deren ganze Länge in Centimetern. Diese Zeichnungen konnten nicht genau in den Mafsverhältnissen hergestellt werden, weil sonst die Bilder erheblich verändert und namentlich zu grofs geworden wären; es wäre der Überblick geschädigt worden; deshalb wurden die Mafse angegeben. Die in Teilen nebeneinander, von links (unten) nach rechts (oben) dargestellten Pflanzen konnten, aus technischen Gründen, nicht als Ganzes dargestellt werden.

ad Fig. VI. Wildhopfen vom Etschufer, links von der Station Untermais bei Meran in Südtirol, 1887, am 24. September.

Auf dem Hochwasserprofil der Etschkorrektion (Nr. I). Sehr sonniger Standort bis zum Rebengrund, denn es fehlten sogar Bäume und Sträucher zum Emporwinden; es mufste sich also der Stengel ohne Stütze entwickeln; die unteren Teile waren demnach in dem ohnehin südlichen, sonnigen Klima wenig im Schatten.

Der ca. 0,3—0,4 m lange unterste Teil der Pflanze mit 3—4 Internodien fehlte bei der Zeichnung, ist also weggelassen; er war zu schwer zugänglich.

Der Stengel und die Stengelblätter waren wenig üppig. Die Dicke des Stengels betrug beim XXXI. Internodium 0,4 cm.

Die Stengelblätter waren in den mittleren Regionen 5—8 cm lang und ebenso breit; auffallenderweise waren an diesem Wildhopfenstengel die Stengelblätter auch in den unteren Regionen selten 5lappig, meist 3lappig.

Es finden sich am Hauptstengel — abgesehen von den erwähnten, am Unterende verloren gegangenen — 47 Blattpaare mit 48 Internodien, am 48. Internodium noch eine letzte Knospe; der Stengel war demnach normal ausgewachsen.

Die in Blattspreite und Blattstiel mäfsig entwickelten Stengelblätter sind von unten auf in der ganzen Erstreckung des Stengels bis zum 43. Blattpaare incl. 3lappig, mit äufserst seltenen Abweichungen; einmal ein Blatt 5lappig bei Blattpaar 20 (im Bilde übersehen) und einmal ein Blatt 2lappig beim Blattpaar 27. Beim 44. Blattpaar ist ein Blatt einfach, das andere 2lappig, beim 45. (verschobenen) Blattpaar sind sie einfach, weiter nach oben fehlen sie gänzlich, sind nur Nebenblätter da.

An den meist kurzen, nur weiter unten erheblich längeren Ästen sind die Laubblätter in der Regel ziemlich klein und durchweg 3lappig vom Grunde bis zum Gipfel beim 15. und 16. Blattpaar; oder sie sind, wie beim 26. Blattpaar, vom Grunde bis zur Mitte 3- und 2lappig, weiter nach oben einfach; oder sie sind (vom 31. Blattpaar aufwärts) vom Grunde der Äste bis zum Gipfel einfach. Soweit an Blütenzweigen Laubblätter vorfindlich sind, sind sie sehr klein und durchweg einfach.

Die Länge der Internodien ist unten, nahe dem Boden, erheblich geringer, wächst ernstlich beim 6., dann namentlich beim 17. und 18., erreicht beim 34. Internodium die gröfste Länge mit 34 cm und nimmt dann langsam wieder ab, bis sie bei den letzten, dem Gipfel nahen, nur noch wenige Centimeter beträgt; das geringste Internodium hat 3 cm Länge, das gröfste 34, das nächstgröfste 27, die meisten aber liegen zwischen 18 und 24 cm (vom 13. bis zum 37. Internodium).

Die Länge der Stengelinternodien beträgt bei

I = 5 cm	XXV = 24 cm
II = 9,5 »	XXVI = 21 »
III = 7,5 »	XXVII = 22 »
IV = 7 »	XXVIII = 20 »
V = 9 »	XXIX = 24 »
VI = 13,5 »	XXX = 26 »
VII = 13 »	XXXI = 26 »
VIII = 14,5 »	XXXII = 34 »
IX = 11,5 »	XXXIII = 25 »
X = 12 »	XXXIV = 27 »
XI = 12,5 »	XXXV = 24,5 »
XII = 15 »	XXXVI = 21,5 »
XIII = 18,5 »	XXXVII = 18 »
XIV = 18,5 »	XXXVIII = 15,5 »
XV = 19,5 »	XXXIX = 16,5 »
XVI = 23,0 »	XL = 14 »
XVII = 18,5 »	XLI = 13,5 »
XVIII = 22 »	XLII = 10,5 »
XIX = 22 »	XLIII = 9,5 »
XX = 21 »	XLIV = 7 »
XXI = 22,5 »	XLV = 6,5 »
XXII = 21,5 »	XLVI = 4,5 »
XXIII = 21,5 »	XLVII = 3 »
XXIV = 22 »	XLVIII = 5 »
380,5 cm	418,5 cm

7,98 m (demnach nahezu 8 m).

Es fehlte aber der unterste Teil des Stengels mit ca. 30—40 cm Länge, 3—4 Internodien.

Die Äste sind verhältnismäſsig kurz und deshalb nur in ihrer Gesamtlänge, nicht auch in den einzelnen Internodien gemessen.

Danach ergibt sich in Hinsicht auf diese Dimensionen und, da die Äste meist zugleich die Blütenzweige darstellen, auch in Bezug auf die Doldenmenge folgendes Verhältnis[19]):

	Äste links (von oben nach unten).		Äste rechts (von oben nach unten).	
1.	5 cm Länge mit	1 Dolde	5 cm Länge mit	1 Dolde
2.	5 » » »	1 »	5 » » »	1 »
3.	5 » » »	1 »	5 » » »	1 »
4.	5 » » »	1 »	5 » » »	1 »
5.	5 » » »	1 »	5 » » »	1 »
6.	6 » » »	3 Dolden	6 » » »	1 »
7.	6 » » »	3 »	6 » » »	4 Dolden
8.	6 » » »	3 »	6 » » »	5 »
9.	9 » » »	5 »	9 » » »	5 »
10.	9 » » »	6 »	9 » » »	6 »
11.	9 » » »	7 »	9 » » »	7 »
12.	10 » » »	10 »	10 » » »	7 »
13.	14 » » »	6 »	14 » » »	11 »
14.	22 » » »	16 »	20 » » »	14 »
15.	37 » » »	47 »	35 » » »	43 »
16.	37 » » »	36 »	40 » » »	39 »
17.	36 » » »	31 »	—	—
18.	—	—	30 » » »	33 »
	226 cm	178 Dolden	219 cm	180 + 1 (Gipfeldolde) = 181 Dolden.

In Summa aller Äste 4,45 m Länge mit im ganzen 359 Dolden oder Zapfen.

Demnach beträgt die Gesamtlänge der Äste ca. etwas mehr als die Hälfte jener des Stengels, und da alle diese Äste fruchtbar sind, trifft auf nahezu 1,3 cm Länge derselben eine Dolde oder ein Zapfen.

Dabei sind aber die beim 15. und 16. Blattpaar entwickelten Äste 19 (73 cm lang) und 20 (43 cm lang), als völlig unfruchtbar, wenngleich sonst ganz normal entwickelt, aufser Ansatz gelassen.

Die Äste sind mäfsig gut entwickelt, obgleich sie beim 31.—34. Blattpaar thatsächlich bis zur Entwicklung der Blütenzweige ernstlich vorgeschritten sind.

Die mäfsig entwickelten Äste sind ziemlich proportional von den unteren Regionen nach oben in der Länge abnehmend. Die Zahl der Internodien an den fruchtbaren Ästen geht nicht über 9 (bei den unfruchtbaren bis 13), und dabei sind namentlich vorn die Blattpaare mit ihren Knospen vielfach auseinandergezogen.

Am 28. Blattpaare von unten auf fehlen die Äste ganz, und eigentümlich ist die Erscheinung, dafs so weit unten zwei ganz isolierte, aber völlig normale und dennoch gänzlich unfruchtbare Aste, weiter oben ein ganz isolierter und ziemlich reichtragender Ast auftreten, wohl ein Beweis dafür, dafs in diesem Falle die Ursache des Nichtentwickeltseins für die übrigen lediglich in der Beschaffenheit der Knospen, nicht in der sonstigen Konstitution der Pflanze begründet lag.

Das Bild der Fruchtbarkeit dieser im Stengel sehr gut entwickelten Pflanze würde ein ungleich günstigeres sein, wenn ihr nicht so viele Aste auf ganz normaler Höhe fehlten und wenn nicht die grundständigen Blütenzweige, d. h. jene an der Basis der Äste, fast ganz ausgeblieben wären.

Beim 26., 31., 32., 33. und 34. Blattpaar haben sich die seitenständigen Hauptknospen bereits zu Asten entwickelt, von denen Blütenzweige einfacher Art ausgehen, d. h. die Dolden stehen mit ihren Stielen direkt auf der Hauptachse der Blütenzweige oder auf der Nebenachse 2. Ordnung. Wir sehen aber auch die reichsten Blütenzweige in jenem Teil des Astes stehen, welcher zwischen Astmitte und Astgrund liegt; die grundständigen Knospen sind bis auf schwache Andeutungen beim 32. und 33. Blattpaar ganz unentwickelt geblieben. Vom 33. Stengelblattpaar an kommen aus den Blattachseln des Stengels gleich die Blütenzweige, welche ebenfalls näher dem Grunde mehr entwickelt sind. Die kleinen Striche an den vermeintlichen Zapfen- oder Dolden-Stielen zeigen vorhandene Nebenblattrudimente an; es waren also keine Zapfenstiele, sondern unentwickelt gebliebene Zweige.

ad Fig. VII. Kulturhopfen aus dem Weihenstephaner Hopfenvarietätengarten.

Der 2. Stock vom Mittelweg gegen den Park in der Reihe Nr. 45; die Reben: Mayfield Grapes aus Worcester. Der ganze Stock hatte nur diese eine, aber sehr gut entwickelte Rebe. Die Anlage war damals siebenjährig, hatte aber erst vier ernstliche Ernten gebracht. Die Ernten der ersten Jahre waren dürftig, weil die englischen Fechser eine schlechte Beschaffenheit hatten, sich schwach entwickelten und vielfach ausgeblieben sind, daher immer erst wieder nachgepflanzt werden mufsten.

Es befinden sich am Hauptstengel 31 Blattpaare mit 31 Internodien (wenn man das nur zur Hälfte aus der Erde ragende Internodium aufser Rechnung läfst). Die Pflanze war ganz normal bis zum Abschlufs des Gipfels entwickelt.

Der Stengel ist unterhalb des ersten Internodiums 0,9 cm dick, beim sechsten Internodium 0,8 cm dick.

Die ziemlich grofsen und ziemlich langstieligen Stengelblätter sind von unten auf bis zum 20. Blattpaar (incl.) 5lappig, was leider in der Figur nicht ganz richtig dargestellt ist, da sind auch diese 3lappig; beim 21. und 22. Blattpaar ist ein Blatt 5lappig, das andere 4lappig; vom 23. Blattpaar aufwärts bis zum 26. (incl.) sind die Stengelblätter 3lappig, beim 27. Blattpaar sind sie 2lappig und einfach, beim 28., 29. und 30. einfach; beim 31. Blattpaar und bei der Gipfelknospe fehlen die Stengelblätter.

Die Dimensionen der Stengelblätter sind nicht gemessen.

An den Asten sind die Laubblätter, von unten auf bis zum 9. Stengelblattpaar, vom Grunde bis zum Gipfel 3lappig (dabei fehlen nur sehr wenig Gipfelblätter).

Beim 10. Blattpaar hat der rechte Ast vom Grunde bis zum Gipfel (die oberen fehlen) 3lappige Blätter, am linken Ast sind die Blätter 3lappig bis auf ein oberes, welches einfach ist (die Gipfelblätter fehlen).

Beim 11. Blattpaar sind am rechten Ast (soweit vorhanden) alle Blätter 3lappig, beim linken sind die obersten (es fehlen einige) 2lappig und einfach.

Beim 12. Blattpaar sind die Astblätter links bis oben (am Gipfel fehlen sie) 3lappig, rechts sind sie meist 3lappig; gegen den Gipfel, wo mehrere fehlen, sind einige einfach.

Beim 13. Blattpaar sind die Astblätter auf beiden Seiten von unten auf 3lappig, nach oben sind zwei (rechts) bis vier (links) Blattpaare einfach; ebenso beim 14., 15., 16., 17. und 18. Astblattpaar, wo an beiden Ästen die einfachen Blätter (namentlich links im Vorsprunge) immer zahlreicher werden und von oben nach unten die 3lappigen Blätter verdrängen.

Vom 19. Blattpaar nach oben sind die Astblätter sämtlich einfach.

Die Laubblätter der Blütenzweige sind gleich von unten auf alle einfach, nirgends ist ein 3lappiges zu sehen.

Die Länge der Stengelinternodien beträgt bei

unter I	= 14 cm	XVI	= 24 cm
I	= 30 »	XVII	= 25,5 cm
II	= 32 »	XVIII	= 24 »
III	= 35 »	XIX	= 24 »
IV	= 37 »	XX	= 18 »
V	= 34 »	XXI	= 9 »
VI	= 36 »	XXII	= 15 »
VII	= 29 »	XXIII	= 14 »
VIII	= 33 »	XXIV	= 18 »
IX	= 34 »	XXV	= 11 »
X	= 34 »	XXVI	= 13 »
XI	= 29 »	XXVII	= 12 »
XII	= 29 »	XXVIII	= 12,5 »
XIII	= 30 »	XXIX	= 9 »
XIV	= 28 »	XXX	= 6,5 »
XV	= 25 »	XXXI	= 4,5 »
	489 cm		240 cm
	7,23 m.		

Man sieht, dafs bei den ersten $^2/_3$ der Länge des ganzen Stengels die Dimensionen der Internodien sehr nahestehend sind, dafs indes immerhin erhebliche Schwankungen vorkommen.

Auffallenderweise liegen hier die längsten Internodien näher an der Basis; das längste Internodium z. B. mit 37 cm Länge ist das vierte, und das erste Internodium hat auch gleich 30 cm Länge; erst beim 20. Internodium fällt die Länge der Internodien stark ab und wird gegen den Gipfel hin immer geringer.

Bei diesem Kulturhopfen sind die Internodien allgemeinhin erheblich länger als bei Wildhopfen. Dem gröfsten Internodium mit 37 cm Länge steht das kleinste mit 4,5 (unmittelbar am Gipfel) gegenüber; der Durchschnitt liegt bis zum zehnten Internodium von 30—36 cm., vom 11.—20. Internodium zwischen 20 und 30 cm Länge; eine auffallende Verkürzung eines einzelnen Internodiums zwischen längeren findet beim 21. statt.

Die Länge der Äste ist sehr ungleich, sie geht von 3 cm Länge (hier offenbar blofser Doldenstiel) bis 167 cm Länge. Die gröfste Länge der Äste liegt in der unteren Hälfte aber derart, dafs sie von den untersten Blattpaaren an bis zum achten immer ansteigt, im 7., 8., 9. und 10. Blattpaar die gröfste Länge erreicht und dann bis zum Gipfel, wo sich die Äste in blofse Doldenstiele verwandeln, allmählich abnimmt.

Die Zahl der Internodien an den Ästen schwankt sehr, geht aber nicht über 17.

An keiner weiteren Blattstelle fehlen die Äste ganz, als nur beim fünften Blattpaar rechts.

Die Länge der Äste und ihrer Internodien nebst dem Ertrage an Zapfen oder Dolden ergibt sich aus folgender Darstellung:

Äste links (von oben nach unten).			Äste rechts (von oben nach unten).		
1.	3 cm Länge mit	1 Dolde	1.	3 cm Länge mit	1 Dolde
2.	4,5 » » »	1 »	2.	4,5 » » »	1 »
3.	5 » » »	3 Dolden	3.	5 » » »	3 Dolden
4.	5 » » »	4 »	4.	5 » » »	4 »
5.	8 » » »	4 »	5.	8 » » »	5 »
6.	9 » » »	5 »	6.	9 » » »	5 »
7.	13 » » »	5 »	7.	13 » » »	5 »
8.	14 » » »	21 »	8.	14 » » »	21 »
9.	13 » » »	14 »	9.	13 » » »	14 »
10a.	14 » » »	5 »	10a.	14 » » »	7 »
10b.	18 » » »	24 »	10b.	24 » » »	20 »
11.	24 » » »	21 »	11.	24 » » »	21 »
12.	24 » » »	26 »	12.	24 » » »	27 »
13.	25 » » »	37 »	13.	25 » » »	36 »
14.	27 » » »	38 »	14.	26 » » »	40 »
15.	27 » » »	42 »	15.	27 » » »	38 »
16.	26 » » »	34 »	16.	30 » » »	44 »
17.	45 » » »	55 »	17.	46 » » »	48 »
18.	52 » » »	48 »	18.	58 » » »	52 »
19.	72 » » »	51 »	19.	105 » » »	62 »
20.	127 » » »	70 »	20.	128 » » »	52 »
21.	130 » » »	74 »	21.	146 » » »	81 »
22.	152 » » »	52 »	22.	145 » » »	45 »
23.	152 » » »	36 »	23.	167 » » »	46 »
24.	141 » » »	20 »	24.	149 » » »	12 »
25.	136 » » »	21 »	25.	115 » » »	11 »
26.	140 » » »	8 »	26.	— » » »	— »
27.	110 » » »	— »	27.	125 » » »	15 »
28.	85 » » »	— »	28.	108 » » »	— —
29.	52 » » »	— »	29.	102 » » »	— —
	1653,5 cm Länge	720 Dolden oder Zapfen.		1662,5 cm Länge	716 Dolden oder Zapfen.

Mithin beträgt die Gesamtlänge der Äste 3226 cm oder 32,26 m, demnach weit mehr als das Vierfache des Hauptstengels.

Da der Gesamtertrag an Dolden 1416 Stück beträgt, trifft auf eine Länge von etwas über 2,2 cm an den Ästen eine Dolde; dabei sind aber acht ganz oder zum Teil ertraglose nicht in Abzug gebracht.

Das Bild dieses ohne Zweifel sehr reich tragenden Hopfenstengels wird durch folgende Umstände veranlafst:

1. dafs vom Grunde bis zum Gipfel sämtliche Astknospen in den Blattachseln zur normalen Entwicklung gekommen sind;
2. dafs die Fruchtbarkeit von oben herab bis auf $^2/_3$ der Gesamtlänge an allen Ästen sehr befriedigend ist, und dafs auch in der Region des letzten untersten Drittels noch mehrfach Dolden zur Entwicklung gekommen sind;
3. die tragenden Äste sind gleichmäfsig mit Dolden besetzt.

Umstände, wodurch der Ertrag noch ungleich gröfser hätte werden können, sind:

1. wenn die Blütenzweige an den normalen Ästen zu etwas besserer Entwicklung gekommen wären, wobei sie, ohne Ungewöhnliches zu leisten, leicht das Doppelte hätten bringen können (man sehe die Blütenzweige am Wildhopfen von Forst bei Meran in Südtirol an; hier nicht vorgeführt);

2. wenn nicht die grundständigen Blütenzweige in der unteren Region (von unten bis zum 16. Blattpaar) fast ganz ausgeblieben wären (was diese unter Umständen leisten können, wolle man am Wildhopfen von Forst bei Meran nachsehen);
3. wenn nicht die obersten Äste (ca. vom 15. Blattpaar an) zu kurz geblieben wären, wodurch auch die von da ab nach oben meist vorhandenen grundständigen Blütenzweige nicht zur entsprechenden Entwicklung gelangen konnten.

3. Schematische Darstellung von Hopfen-Ästen- und -Blütenzweigen, Fig. VIII.

Zur Vervollständigung des Bildes über die Ertragsleistung der Hopfenpflanze bringe ich noch eine Anzahl schematisch gezeichneter Aste mit den Blütenzweigen und allen Zapfen oder Dolden.

In Fig. VIII *a* und *b* sind zwei Aste eines Wildhopfens vom Gartenzaun des Hopfenvarietätengartens in Weihenstephan dargestellt, welche am 9. September 1887 entnommen wurden. Sie sind sich in ihrer Entwicklung sehr ähnlich. Sie stammen beide aus Stengelregionen, welche teilweise noch 5lappige Blätter hatten. Bei *a* ist die mittlere Region der Stengelblätter 3lappig; auch die Astblätter beim 3.—9. Astknoten sind 3lappig; dann kommen zwei Astknoten mit einem 3lappigen und einem ganzen Blatt; weiter gegen den Gipfel sind die Blätter einfach. Ähnlich ist es bei Fig. VIII*b*, aber nicht gleich. Seitenständige Nebenknospen sind bei beiden nicht entwickelt, und an den Achsen 3. Ordnung oder Nebenachsen 2. Ordnung stehen gleich die Zapfenstiele. Die Zapfen der reichsten Blütenzweige näher dem Astgrunde stehen an den Achsen 4. Ordnung.

Bei dem Aste in Fig. VIII*c* zeigt sich eine eigentümliche Entwicklung. Er stammt aus dem Weihenstephaner Hopfenvarietätengarten Nr. 57, aus mittleren Regionen (aus Biberach in Württemberg, Seegau; zwölf Jahre zuvor aus Saazer Reben erzogen), am 5. September 1887 entnommen. Die grundständigen Mittelknospen (an der Astbasis) sind entwickelt, aber schwach; beim 2. und 3. Astknoten sind die grundständigen Haupt- (Mittel-) Knospen zu meist starken und reichen Blütenzweigen entwickelt, wobei die Zapfen an Achsen 4. Ordnung stehen; beim 4. Astknoten sind die Blütenzweige sehr schwach; beim 5., 6. und 7. sind sie wieder sehr reichlich aber kurz; beim 8., 9. und 10. sind sie sehr schwach; die andern Knospen gegen den Gipfel sind ausgeblieben. Wenige haben grundständige Seitenknospen. Die Blütenzweige sind noch sehr einfach, d. h. an der Hauptachse des Blütenzweiges stehen gleich die gestielten Zapfen.

Bei den Ästen *d* und *e* in Fig. VIII, aus dem Weihenstephaner Hopfenvarietätengarten Nr. 60 (Whites Early Hops aus England), am 5. September 1887 aus höheren Regionen entnommen. Diese Äste sind ziemlich reichtragend. An beiden Ästen sind die meisten grundständigen Mittelknospen zu reichen Blütenzweigen entwickelt, aber die Zapfen stehen meist an Achsen 4. Ordnung; dennoch sind sie nicht gerade selten auch an Achsen 5. Ordnung, was schon einen höheren Fruchtbarkeitsgrad andeutet. Mehrfach sind vereinzelte grundständige Nebenknospen bis zu einem Zapfen, nirgends aber bis zu einem reichertragenden Blütenzweig entwickelt. Die untere Hälfte der Knospen ist auffallend kräftiger entwickelt wie die gegen den Gipfel stehende Hälfte derselben. Bei *f* fehlt der Gipfel.

Eigentümlich ist das Verhältnis der Blätter; bei *d* sind die Stengelblätter 5lappig (im Bilde leider übersehen), die Astblattpaare aber von unten bis oben 3lappig; bei *e* sind die Stengelblätter ebenfalls 5lappig (im Bilde übersehen), die untersten Astblätter sind einfach; dann kommen 3lappige, weiter oben 3- und $1^1/_2$lappige, endlich gegen den Gipfel hin wieder einfache.

In Fig. VIII*f*, aus dem Weihenstephaner Hopfenvarietätengarten Nr. 55 (von Rothhofen bei Schnaittach in Mittelfranken, groſsdoldiger mittelfränkischer Landhopfen), entnommen am 3. September 1887 aus den höheren Regionen, ein ziemlich reichtragender Ast, dessen Zapfen an den der Basis nahen Blütenzweigen an der 4. und 5. Achse stehen. Auch von den seitenständigen Nebenknospen sind viele entwickelt. Die Blütenzweige sind am reichsttragenden näher dem Astgrunde; es sind nicht die ältesten und nicht die jüngsten am reichsten, sondern

Fig. VIII.
Schematische Darstellung von Hopfen-Ästen und -Blütenzweigen, welche von verschiedenen Pflanzen, teils Wildhopfen, teils Kulturhopfen, stammen

die den älteren benachbarten, nächstjüngeren. Die Stengelblätter sind 5lappig, die unteren Astblätter 3lappig, die oberen einfach.

In Fig. VIII *g*, aus dem Hopfenvarietätengarten in Weihenstephan Nr. 58 (Stadt Altdorf in Mittelfranken, von K. Ginnert in Altdorf), entnommen am 5. September 1887 aus höheren Regionen, ist es ähnlich wie in *f*; der Ast ist reichtragend, und die Zapfen stehen, wenigstens in den reichsten Blütenzweigen, nahe dem Astgrunde, durchweg an der 4. und 5. Achse. Die Blattstellung ist normal.

Fig. VIII *h*, aus dem Weihenstephaner Hopfenvarietätengarten Nr. 38 (Brambling Goldings, also Brombeer-Golding, aus Mid-Kent), aus höheren Regionen entnommen am 3. September 1887. Auch hier sind wieder die Blütenzweige nahe dem Astgrunde die reichsttragenden. An diesen reichsttragenden Zweigen stehen die Zapfen meist an 3., auch an 4. Achse; sie sind so reich, weil die Blütenzweige, die Achsen 3. Ordnung und deren Äste, die Achsen 4. Ordnung, sich sehr in die Länge gestreckt haben; es sind einige grundständige Knospen gut entwickelt. Weiter gegen den Gipfel des Astes stehen die Zapfen an 4. und 3. Achse. Die Blätter zeigen nichts Abnormales.

Fig. VIII *i*, aus dem Weihenstephaner Hopfenvarietätengarten Nr. 59 (Langenzenn in Mittelfranken), am 5. September 1887 entnommen aus höheren, besonnten Regionen. Der Ast ist sehr reichtragend, die Zapfen stehen an 4. und 5. Achse, die Blütenzweige sind aber durchweg und namentlich näher dem Astgrunde sehr gestreckt. Die Stengelblattverhältnisse sind normal.

Bei meinen damaligen sorgfältigen Untersuchungen im Weihenstephaner Hopfenvarietätengarten betrug die Zahl der Zapfen oder Dolden, welche auf einen Ast treffen, zwischen 1—277. Die Zahl der Internodien ging nicht über 14.

4. Überblick über die Elemente der Hopfenblütenregion und des Hopfenblütenstandes bei Humulus Lupulus L. (ad Fig. IX I—VII).

Um noch einmal einen summarischen und raschen Überblick zu gewähren über die in dieser Frage in Betracht kommenden Umstände, haben wir in Fig. IX einen Blütenzweig vorgeführt, welcher nicht der Natur entnommen, sondern künstlich zusammengesetzt worden ist nach all den Wahrnehmungen, welche sich aus den früher beobachteten und geschilderten Thatsachen ergeben haben.

Wir sehen am Gipfel des künstlich konstruierten Astes mit einem (vertikalen) Stengelstück eine Dolde (Zapfen), weiter rückwärts einige von Dolden gänzlich freie Blattpaare; derart blind könnte der ganze Ast sein, oder es könnten alle Äste einer Pflanze so oder nahezu so sein. Ein solcher Garten befindet sich natürlich in jenem Stadium, wo er wenig oder nichts trägt, und man pflegt eine derartige, für Hopfenproduzenten unangenehme Sachlage als Blindheit zu bezeichnen.

ad I in Fig. IX. Es sieht auch noch nicht besonders gut mit einer Hopfenanlage aus, wenn die Äste der Pflanzenindividuen ziemlich reichlich und normal entwickelt sind und sich dennoch im Fruchtbarkeitsstadium nicht höher aufschwingen als bis zum Stadium I (s. Fig. IX von der Gipfelregion herein). Ein solches Hopfengrundstück wird per Hektar kaum 1—2 Ztr. getrockneten Hopfens bringen. Für die Frage, wieviel ein solcher Hopfen wiegt, ist freilich nicht die Zahl der Dolden allein entscheidend, sondern namentlich auch die Füllung der Drüsen mit Sekret. Das gilt aber auch für die folgenden Abschnitte. Ich habe auch schon Entwicklungen gesehen, wo in den Blattachseln des Stengels (hier also bei VI) statt der Äste nur solche gestielte Dolden entwickelt waren, stellenweise auch noch die beiden seitlichen Knospen mit je einer Dolde sich befanden.

ad II. Auch dann, wenn die Hopfenstöcke ziemlich reichlich und normal entwickelte Äste haben und die Fruchtbarkeitsstufe in der Hauptsache nur jene in II erreicht, kann der Produzent keine befriedigende Ernte machen, da dieselbe per Hektar kaum 2—3 Ztr. erreichen oder gar überschreiten kann. Es sind nur die Haupt- und Nebenknospen mit je einer Dolde entwickelt.

ad III. Es wird schon erheblich besser mit den Hopfenerträgnissen, wenn die Äste der Hopfenpflanze genügend zahlreich und lang entwickelt sind und das Fruktifikationsstadium bei III angelangt ist, d. h. wenn die meisten Knospen in den Blattachseln · sich ähnlich entwickelt haben. Denn hier hat die seitenständige Hauptknospe schon einen kleinen Blütenzweig getrieben und die Nebenknospen sind nicht allein selbst da, sondern auch ihre Nebenknospen sind sogar entwickelt. So sehen die Tragäste mit den Dolden ungefähr aus, wenn es eine kleine Ernte von 6 Ztr. per Hektar gibt.

ad IV. Wenn die Pflanzen reichlich viel und normal ausgebildete Äste entwickelt haben und deren Fruchtstände (Blütenzweige) in der Hauptsache oder im Mittel beim IV. Stadium angelangt sind, dann steht eine Ernte von 6—10 Ztr. per Hektar in Aussicht. Es hat sich die seitenständige Hauptknospe zu einem ziemlichen Blütenzweig entwickelt, wobei die Dolden mit

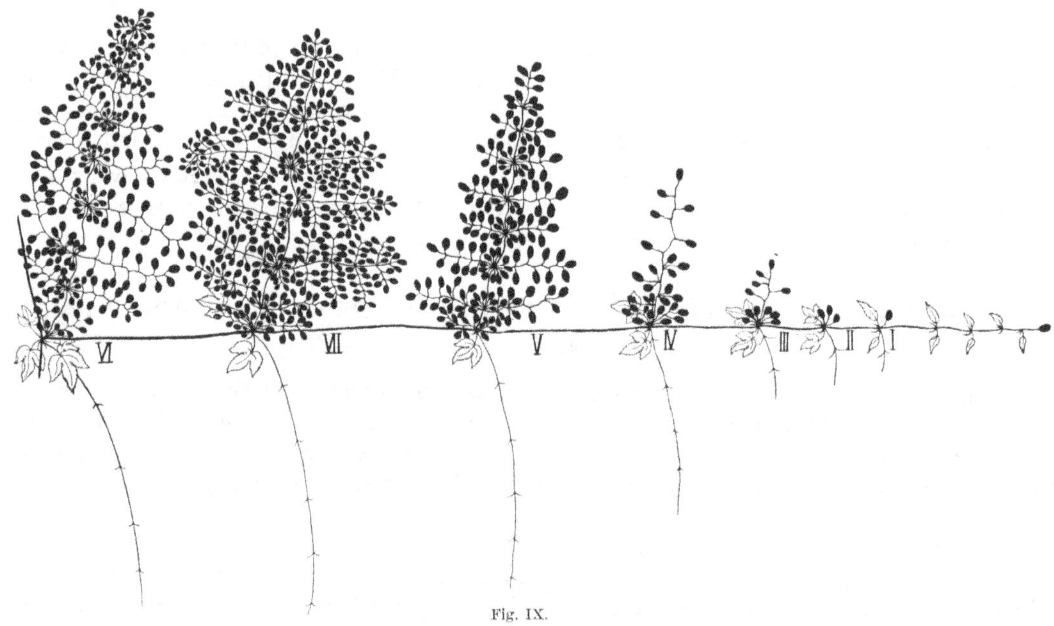

Fig. IX.

Schematische Darstellung der Blütenregion der Hopfenpflanze mit Dolden- oder Zapfenbildung, bei reicher und ärmlicher Entwicklung.

ihren Stielen allerdings gleich an der Hauptachse des Blütenzweiges (Nebenachse 3. Ordnung, Achsen 4. Ordnung) sitzen. Aber es haben sich auch die grundständigen Nebenknospen entwickelt, und selbst weiter oben am Blütenzweig sind einige Nebenknospen da. Es ist das durchschnittliche Entwicklungsstadium der Hopfenblüte bei den meisten sehr guten und guten Hopfensorten Mitteleuropas; nur in sehr reichen Jahren ist es etwas besser.

ad V. Wenn die Pflanzen einer Hopfenanlage reichlich normale Äste und Blütenzweige entwickelt haben und die Doldenbildung daran durchschnittlich das Stadium V erreicht hat, dann sind ungewöhnlich reiche Ernten zu erwarten, welche sich per Hektar sicherlich auf 50—100 Trockenzentner belaufen können. So also sehen ungefähr die Blütenzweige der Pflanzen gewisser kalifornischer Hopfenanlagen aus. Hier hat sich zunächst ein langer und starker Blütenzweigast entwickelt, welcher selbst wieder viele Zweige (Achsen 4. Ordnung) gebildet hat, an denen dann erst die Doldenstiele mit den Dolden (Achsen 5. Ordnung) stehen. Nebstdem sind die seitenständigen Nebenknospen am Grunde des Blütenzweiges selbst wieder in kleinen Blütenzweigen und weiter oben wenigstens in kleinen Dolden entwickelt.

Selbstverständlich ist dabei immer angenommen, dafs die Blütenzweige nur näher dem Astgrunde so sind; weiter hinauf zum Astgipfel nehmen sie immer ab.

ad VI. Dafs die Hopfenpflanzen mit reichlich und normal ausgebildeten Ästen in den Blütenzweigen einmal in Hinsicht auf Fruchtbarkeit das allgemeine Stadium VI erreichen, in dem Sinne also, dafs die meisten oder gar alle Blütenzweige durchschnittlich oder auch nur annähernd in dieser Weise entwickelt wären, dieser Fall kann wohl als gänzlich ausgeschlossen angesehen werden. Es kann sich nur darum handeln, ob die grundständigen Nebenknospen und beim 2. und 3. Astknoten (namentlich beim 2.) die Hauptknospen als ebensolche oder ähnliche Blütenzweige entwickelt sind. Dafs vereinzelt noch solche Blütenzweige vorkommen, ist unzweifelhaft, ich habe deren selbst schon gesehen. Entfernte Anklänge findet man ferner namentlich in Fig. VIII *h*, in den beiden Blütenzweigen am 2. Astknoten von unten auf.

Würden die grundständigen Blütenzweige und die nächsten nach dem Gipfel hin so oder auch nur ähnlich entwickelt sein und die andern Blütenzweige nach vorn am Gipfel hin damit einigermafsen in Proportion stehen, dann müfste man sicherlich per Hektar viele Hundert Zentner trockenen Hopfens ernten können.

Immerhin stehen hier die Dolden noch mit ihren Stielen an Achsen 5. Ordnung; es ist nur alles sehr reichlich entwickelt und sind namentlich auch vielfach grundständige Nebendolden da, zum Teil selbst als Blütenzweige entwickelt. Dafs wir den Blütenzweig VI schwächer machten als VII, rührt daher, dafs es in der Natur oft so ist, d. h. die grundständigen Blütenzweige sind meist minder reich wie jene am nächstfolgenden Astknoten nach oben. Eine Ausnahme tritt nur ein, wenn die Astgipfelknospe zur rechten Zeit (in einem gewissen Entwicklungsstadium der ganzen Pflanze) zerstört wurde; da werden dann die grundständigen Blütenzweige besonders üppig entwickelt.

ad VII. Ganz ähnlich ist es mit diesem Stadium wie mit jenem bei VI. Der Fall ist ganz undenkbar, dafs auch nur sehr viele oder gar alle Blütenzweige eines Hopfenastes so wie dieser ausgebildet sein könnten. Denn in diesem Falle müfsten sich die doldenbeladenen Äste mit ihren Blütenzweigen selbst schon im Raume hinderlich sein. Hier stehen die Dolden mit ihren Stielen noch an Achsen 5. Ordnung, d. h. die Blütenzweigachsen entwickeln wieder Zweige, an welchen sich abermals Zweige entwickeln, von denen dann erst die Doldenstiele mit den Dolden ausgehen; hier stehen also die Dolden erst an Achsen 6. Ordnung, vom Stengel ab gerechnet. Nebstdem sind die grundständigen Nebendolden am Zweiggrunde in reichlichen Blütenzweigen da, welche wieder von kleineren Nebendolden-Blütenzweigen begleitet sind. Auch weiter aufwärts sind zahlreiche Nebenknospen zu Dolden entwickelt. So ergibt sich ein Bild des Doldenreichtums an Ästen der Hopfenpflanze, wie es kaum je gesehen wurde; Verfasser hat es noch nicht gesehen, ich sah keine Dolden höher stehen als an 5 Achsen; es ist aber keineswegs undenkbar, dafs es ab und zu Fälle (einzelne Äste) gibt, wo ein oder der andere Blütenzweig so oder ähnlich entwickelt ist.

Wollte man aber annehmen, dafs es Hopfenpflanzungen gebe, wo reichlich solche Äste da, die mehr grundständigen Blütenzweige in reichlicherer Anzahl so oder ähnlich entwickelt und die übrigen Blütenzweige damit in Proportion seien, so würden in solchen Fällen die Erträgnisse per Hektar wohl zwischen 800 und 1200 Ztr. liegen müssen.

Es ist ohnehin in beiden Abschnitten und an verschiedenen Stellen schon oft gesagt worden, so dafs es hier kaum eines flüchtigen Hinweises darauf bedarf, dafs es überhaupt keinen Ast gibt, an dem die Blütenzweige vom Grunde bis zum Gipfel ganz gleichmäfsig entwickelt sind. Vielmehr fehlen die grundständigen Blütenzweige oft ganz, oder sie sind, wenn da, häufig etwas minder reich wie andere am selben Aste, welche am reichsten sind. Am reichsten sind meist die 2. und 3. Blütenzweigpaare von unten; von da an nehmen die Blütenzweige gegen den Gipfel des Astes hin immer mehr ab, bis zuletzt an ihrer Stelle nur noch vereinzelte Dolden stehen. Dieses thatsächlich bestehende Verhältnis mufs also bei Würdigung der von uns soeben entwickelten Gesichtspunkte ebenfalls im Auge behalten werden.

Nach allem, was wir gesehen, steht die Entwicklungsfähigkeit der Hopfenpflanze in Bezug auf Fruchtbarkeit solchen eben geschilderten Riesenerträgen durchaus nicht im Wege, sondern weit eher das Klima, der Boden und der Kraftzustand der Grundstücke, auch die zur Entwicklung verfügbare Zeit.

Zur höchstmöglichen Ertragsleistung gehört, dafs die Achsen 3. Ordnung möglichst lang, dafs an ihnen viele und lange Achsen 4. Ordnung und an diesen zahlreiche Achsen 5. Ordnung (Doldenstiele) mit den Dolden stehen. Noch grofsartiger werden natürlich die Erträge, wenn die Dolden erst an 6. Achsen stehen, d. h. wenn das nahe dem Astgrunde und Blütenzweiggrunde so ist, nebstdem noch viele grundständige Knospen die Entwicklung zu Blütenzweigen und höher hinauf wenigstens zu einzelnen Dolden erlangt haben.

Der Blütenstand des Hopfens ist unbegrenzt; es wäre ganz gut denkbar, dafs es Entwicklungen gibt, wo Dolden an der 7., 8. oder 9. Achse stehen. Nur Klima, Boden und Nahrungsmenge bilden da das Hindernis, wenn es nicht so ist.

5. Die Laubblätter der Hopfenpflanze.

Die eigentlichen Laubblätter (s. Fig. X 1—4, in $^1/_2$ der natürlichen Gröfse) des Hopfens am Stengel und an den Ästen sind selbst bei Humulus Lupulus L., unserm Kulturhopfen, sehr verschieden in Gröfse und Gestalt. Was zunächst die Gestalt betrifft, sind sie in den unteren $^2/_3$ der Stengel- und Ast-Region überwiegend 5lappig, weiter hinauf 3lappig und gegen den Gipfel 1lappig. Diese Erscheinung wiederholt sich an jedem Aste, nur haben die höher stehenden Äste in den unteren Regionen nur 3lappige Astblätter, gegen den Gipfel 2- und dann 1lappige[20]). Alle 5lappigen, in den unteren Regionen stehenden Blätter sind die gröfsten, die 3lappigen sind erheblich kleiner, und die 2- und 1lappigen der Gipfelregion der Pflanze sind die kleinsten. Die Blätter sind am Rande buchtig-gezähnt und haben namentlich an der Unterseite grofse Hopfendrüsen, die aber auch bei voller Sekretfüllung flacher sind, daher Scheibendrüsen genannt werden. Namentlich die noch jungen, kleinen, nicht ausgewachsenen Blätter sind damit ziemlich dicht besetzt; wenn sie ausgewachsen sind, rücken die schon bei der ersten Blattanlage vorhandenen Drüsen immer weiter auseinander, und an den absterbenden Laubblättern fallen sie leicht ab. Es ist nicht konstatiert, ob auch das in den Laubblättern vorhanden ist, was ich später, in dem Abschnitte über die Sekretionsorgane der Zapfen- oder Dolden-Blätter, Flächen oder halbinnere und innere (nicht individualisierte) Drüsen genannt habe. Wären diese Drüsen an den Laubblättern da, so würden sie deren Sekretgehalt sehr vermehren, und diese würden auch an dürren Blättern nicht abfallen.

Merkwürdig ist, dafs man die Laubblätter des Hopfens eben wegen dieser Drüsen in Hopfennotjahren (getrocknet) schon zur Verwendung in der Brauerei, besonders zur Herstellung geringer und Nachbiere, empfohlen hat. Namentlich ist das von R. Bradley, Lehrer der Kräuterwissenschaft bei der Universität zu Cambridge und Mitglied der Königlichen Gesellschaft, in seiner Mitte des 18. Jahrhunderts bei D. Browne in London schon in zweiter Auflage erschienenen und von J. Heumann (1759) übersetzten Schrift: Der erklärte Reichtum eines Hopfengartens etc. etc. (s. J. Heumann l. c., am Schlusse des Buches) geschehen. Bradley (einen englischen Autor aus der Zeit um 1650 citierend) sagt, dafs Anno 1566 der Zentner Hopfenlaub allein mit 66 Schilling (1 Schilling = 1 Mark) und 8 Pfennig bezahlt worden sei. Es fragt sich, ob in der Not das Hopfenkraut, namentlich die getrockneten, nicht zu alten Laubblätter, nicht ein besseres Surrogat des mangelnden Hopfens wären als die zahlreichen andern Krautarten, welche wir als für diesen Zweck schon verwendet kennen gelernt haben. Aber in Hopfennotjahren, die doch meist nach vorangegangenen Säftestörungen infolge abnormalen Verlaufs der Witterung in der Vegetationszeit des Hopfens, durch das mafslose Überhandnehmen pflanzlicher und tierischer Parasiten veranlafst werden, sind die Blätter durch Rufs und Honigtau, Schimmel, Blattläuse, Spinnmilben etc. so beschmutzt, dafs es sehr fraglich erscheint, ob sich damit etwas anfangen läfst. Prüfenswert wäre es, ob sich die Stengel und Aste nicht besser eignen würden.

An eine solche Benutzung der Laubblätter des Hopfens könnte man auch in grofsen Notlagen, wogegen die modernen Hopfenkonservierungsmethoden ziemlich aber nicht absolut schützen, doch — wenn überhaupt — nur denken, wenn sie möglichst wenig von Parasiten verunreinigt sind.

Fig. X 1.

Fig. X 2.

Fig. X 3.

Fig. X 4.

J. Heumann[21]) will auch nur die reinen, unverwelkten, jungen grünen Blätter und den oberen Wuchs der Ranken, welche noch nicht abgestorben und hölzern geworden, sondern noch grün, voll Saft und jung sind, verwendet wissen. Dieselben, wohl getrocknet, könnten sehr gut zum Nachbier (Kofent) Verwendung finden, weil alles Getränk dadurch schmackhafter, gesunder und dauerhafter würde. Bei grofser Hopfenteuerung könnte man auch die Hälfte Hopfen und zur andern Hälfte derartiges getrocknetes Hopfenlaub nehmen.

Jacquemin hat zu 1 l pasteurisiertem Weinmost 1 g syrupösen Extraktes von Weinblättern gegeben; bei der Gärung mit reiner Hefe entwickelte sich ein feines Bouquet, das sich im Weine verbreitete.

In Fig. LI oben sind eine Anzahl Stengel von Humulus Japonicus Sieb. mit den 7 lappigen Blättern und männlichen und weiblichen Blüten, die letzteren also die Zapfen, dargestellt.

6. Die Nebenblätter am Stengel der Hopfenpflanze und ihre Anhangsgebilde, Fig. XI.

Die Gestalt, Stellung und Funktion der häutigen Blätter am Hopfenstengel ist durch die Abbildungen in Fig. XI*a*—*l* zum Ausdruck gebracht.

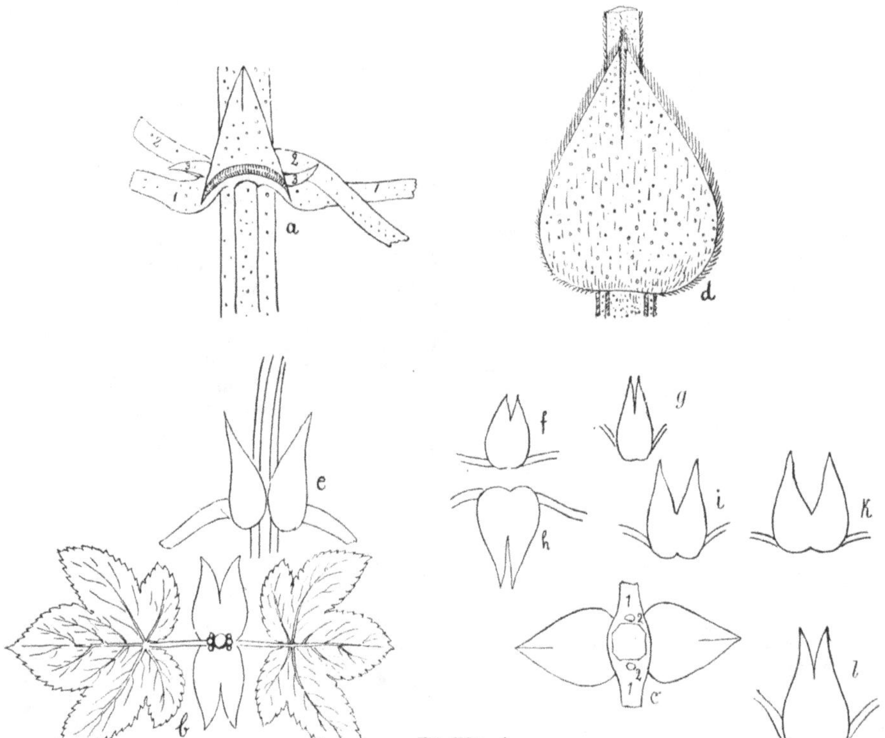

Fig. XI*a*—*l*.
Schematische Darstellung des Hopfenstengels mit den Nebenblättern und den von ihnen geschützten Organen.

a zeigt die Stellung der Nebenblätter am prismatisch aussehenden, eigentlich runden Stengel und namentlich in den Beziehungen zu den Blättern (1 und 1) und Ästen (2 und 2). 1 und 1 stellen die Stengelblattstiele dar, 2 und 2 die Basis der Äste; das dreieckige Nebenblatt ist von oben herein geschlitzt, der schwarz gezeichnete Wulst an der Basis rührt von den sich mehr und mehr entwickelnden Stengelblattstielen her. Die beiden kleinen Hörner 3 und 3 deuten andere Nebenblätter an Ästen an. Die Punkte sollen Drüsen andeuten, die Striche Haare (Trichome).

Die Fig. *f*, *g*, *h*, *i*, *k* und *l* deuten verschieden gestaltete Nebenblätter in noch mehr jugendlichem Zustand an, wo der vom Gipfel hereingehende Schlitz noch nicht bis zur Blattbasis reicht; das entwickelt sich erst später. Die an der Blattbasis hervorkommenden Linien deuten die Blattstiele an.

In Fig. *c* ist ein Querschnitt durch einen noch jungen Stengel gemacht. Man sieht die zurückgeschlagenen Nebenblätter vom Gipfel herein etwas geschlitzt. Man bemerkt, dafs die beiden Blattstiele 1 und 1 mit breiter Basis vom Stengel ausgehen, welcher eine relativ dünne Stengelwand gegenüber dem Lumen des in seinem Innern befindlichen Hohlraumes hat. Die beiden Ringel sind die Anfänge von zwei Ästen (Nebenachsen 1. Ordnung).

In Fig. *b* sieht man ebenfalls einen Querschnitt durch einen noch jugendlichen Stengel. Die beiden an der Basis verwachsenen, vom Gipfel herein geschlitzten Nebenblätter sind zurückgeschlagen. Man sieht die beiden, rechtwinkelig zu den Nebenblättern stehenden Laubblätter des Stengels; nahe der Stengelwand kommen aus den Blattachseln je drei Knospen. Die mittlere oder Hauptknospe auf jeder Seite entwickelt sich entweder zu einer langgestielten Dolde oder zu einem mehr oder minder reichdoldigen Blütenzweig oder auch zu einem mehr oder minder langen und mächtigen Ast, aus welchem sich dann erst die Blütenzweige entwickeln. Wenn die Hauptknospe in der Mitte sich nur als Dolde entwickelt, dann werden aus den seitlichen Knospen ebenfalls nur Dolden, welche etwas kürzer gestielt sind.

Wird die Hauptknospe zum Blütenzweig, dann bringen es die seitenständigen Knospen oft ebenfalls bis zu kleineren Blütenzweigen.

Entwickelt sich aber die Hauptknospe bis zu einem mächtigen Aste, dann werden aus den Seitenknospen oft ganz stattliche, grundständige Blütenzweige.

Wo eine reiche Entwicklung gegeben ist, treten auch in den höheren Regionen, überhaupt überall, d. h. in allen Blattachseln, die seitlichen Stengelknospen zu dreien auf. Aus der mittleren entwickelt sich der Haupttrieb, aus den seitlichen Knospen kommen Nebentriebe. Bei sehr vorgeschrittenem Wachstum sieht man aber meistens ganz deutlich, dafs die aus den Nebenknospen entwickelten Triebe doch auf der Achse des Haupttriebes sitzen.

In Fig. *e* ist ein fast bis zum Grunde geteiltes Nebenblatt dargestellt, wie sie zuweilen auch vorkommen.

In Fig. *d* endlich ist ein Hopfenstengel mit Nebenblatt dargestellt in einem derart jugendlichen Zustande, dafs von den durch das Nebenblatt vollständig verdeckten Blättern und Ästen noch gar nichts zu sehen ist. In einem derartigen Stadium ist der Stengel und das Nebenblatt von einer Unzahl von Trichomen dicht besetzt, welche später, beim fortschreitenden Wachstum der Organe, mehr auseinander rücken, nicht mehr so dicht stehen. Man sieht in den zarten Strichen wirkliche Haare, in den kurzen starken Strichen an den Stengelkanten Klimmhaare; die kleinen Punkte sollen die länger gestielten, weifsen, silberglänzenden Köpfchendrüsen und die kleinen Ringel die grofsen, secernierenden, frühzeitig gelb aussehenden Hopfendrüsen darstellen.

Der Bau des Hopfenzapfens oder der Hopfendolde

(Trollen, Kätzchen, Köpfe, Zapfen, Kolben [Neutomischel], Häupter).[22])

Überblick über die Hopfenzapfen- oder Hopfendolden-Typen der Welt

(mit 44 Hopfenzapfengruppen).

Wir bringen nachfolgend, als Auszug aus meinem Tafelwerk »Die Varietäten des Hopfens« (Freising 1881 und 1882, bei J. G. Wölfle), 44 Gruppen von Hopfenzapfen, welche, in natürlicher Gröfse photographisch aufgenommen, Bilder von Hopfenzapfen oder Hopfendolden verschiedener Hauptlagen der Welt darstellen. Diese Hopfenvarietätentafeln enthalten desfalls ein unverhältnismäfsig reicheres, aber auch mehr kostendes Material, weshalb wir hier nur Teile bringen können[23]). Wo im Verzeichnis der verwendeten Tafeln in Parenthese steht »H. T.« mit Nummer, bedeutet das den Hauptband; wo steht »S.«, bezieht sich das auf den Supplementband dieser Hopfenvarietätentafeln. Ein jeder Hopfenzapfen ist also keine einzelne Hopfenblüte, sondern eine

Fig. XII.

Grober Doldentypus aus verschiedenen Ländern. Nicht immer gehaltarm, aber meist roh und derb.

Fig. XII 1. Wildhopfen vom Weihenstephaner Berg bei Freising.
Grofs- und grobdoldig, flatterig, gehaltarm, gering im Bitter-Geschmack und Aroma. Voll von grofsen Körnern (Früchten).

Fig. XII 2. Kulturhopfen aus der Altmark, Provinz Sachsen.
Grofse, grobe, schlaffe, gehaltarme Zapfen sehr minderer Qualität. An 5–10 Gewichtsprozent grofse Körner (Früchte).

Fig. XII 3. Kulturhopfen aus Nordostfrankreich.
Grofse, derbe, ziemlich gehaltvolle Zapfen mit rohem Bitter und Aroma. Wahrscheinlich sogenannter Jungfernhopfen (Produkt des 1. Jahres). Viel grofse Körner.

Fig. XII 4. Kulturhopfen aus Nordostfrankreich.
Grofse, schlanke, ziemlich gehaltvolle Zapfen mit rohem Bitter und Aroma. Ursprünglich Spalter Reben. Viel grofse Körner.

Fig. XII 5. Kulturhopfen aus dem südlichen Schweden.

Grofse, derbblätterige, sehr gehaltarme Zapfen von sehr minderwertigem Bitter und Aroma. Ältester schwedischer Kulturhopfen, wahrscheinlich vor 200 Jahren aus Braunschweig (Ölper) eingeführt. Massenhaft grofse Körner.

Fig. XII 6. Kulturhopfen aus Südschweden.

Grofse, derbblätterige Zapfen, sehr gehaltarm, sehr gering im Bitter und Aroma. Wahrscheinlich vom Typus XII 7 abstammend. Älteste schwedische Kulturhopfen. Sehr viel grofse Körner.

Fig. XII 7. Kulturhopfen vom Westrande der oberbayerischen Hallertau.

Sehr grofse, ungeschlossene, nicht derbblätterige Zapfen von nicht geringem Gehalte und mittlerer Qualität im Bitter und Aroma. Uraltdeutscher Hopfentypus; im Verschwinden. Ziemlich viel grofse Körner.

Fig. XII 8. Kulturhopfen aus dem Oberelsafs.

Ziemlich grofse, derbblätterige Zapfen, mäfsig gehaltarm, aber derb im Bitter und Aroma. Sicher aus Spalter Reben. Viel grofse Körner.

Fig. XII.

Fig. XII 9. Kulturhopfen aus Nordamerika (Staat New-York).
Grofse, derbe, geschlossene Zapfen, ziemlich reich an Sekret, mit derbem Bitter und eigenartigem, an schwarze Johannis- und Erdbeeren erinnerndem Aroma; grobe Spindeln, grofse, derbe Blätter. An 10—20% grofse Körner.

Fig. XII 10. Kulturhopfen aus Nordamerika (Staat New-York).
Grofse, derbe, geschlossene Zapfen, ziemlich reich an Sekret, mit derbem Bitter und eigenartigem, an schwarze Johannis- und Erdbeeren erinnerndem Geruch; grobe Spindeln, grofse, derbe Blätter. An 10—20% grofse Körner.

Fig. XII 11. Kulturhopfen aus Südschweden.
Neuere Einführung. Kleine, aber wenig geschlossene, sehr derbblätterige, überaus gehaltarme Zapfen, obgleich sie im Aussehen entfernt an den feinsten Kindingtypus erinnern. Bitter und Aroma sehr schwach und sehr geringwertig, obgleich die Zapfen klein und abgerundet sind. Wenig grofse Körner.

Ansammlung vieler (10—20—60 und mehr) Hopfenblüten der weiblichen Hopfenpflanze. Die in nicht völlig reifem Zustande geernteten und getrockneten Blütenstände, Hopfenzapfen oder Dolden, sind also das bekannte Hauptrohmaterial in der Brauerei zur Herstellung des Bieres.

Diese Doldenbilder verfolgen in diesem Buche nur den Zweck, eine allgemeine Übersicht über die Gröfse, Gestalt (Form), Gliederung (von der Spindel abhängig) und vom Zapfenschnitt (von der Spindel und den Zapfenblättern abhängig) zu geben, damit der Interessent sich allmählich an den Anblick typischer Hopfenzapfen gewöhnt und das Charakteristische sich seinem Gedächtnisse einverleibt. Er wird dann bald erkennen, dafs mit den aus nahezu 300 Sorten der ganzen Hopfenwelt mit besonderer Überlegung herausgesuchten Typen sich auch in der Beurteilung der Hopfenware sehr viel anfangen läfst. Man mufs nur zunächst lernen, diese typischen Hopfenzapfen aus der grofsen Masse knospenartiger und rudimentärer wie zerfallener Zapfen richtig herauszusuchen. Auch dürften keine abnorm (krankhaft, durch Sprossung) verlängerte oder flattrig gewordene oder gar verlaubte Zapfen dazu verwendet werden, denn die würden irreführen; dasselbe wäre der Fall mit knospenartigen und rudimentären Zapfen.

Wir haben auch die reichliche Anzahl von Zapfengruppen, welche diese Übersicht gewähren sollen, in drei Unterabteilungen gebracht, nämlich in solche 1. mit sehr grofsen Zapfen oder Dolden (Fig. XII 1—11) mit meist geringerem Sekret.

mengen und qualitativ minderwertigem Sekret; dann 2. mit mittelgrofsen, länglichen Zapfen, welche in Doldengröfse, Gehalt und Qualität, allgemeinhin gesagt, eine Übergangsgruppe darstellen (Fig. XIII 1—7); in der Gruppe 3 (Fig. XIV 1—26) mit meist kleineren, gedrungenen, geschlossenen, wohlabgerundeten Zapfen sind jene Hopfensorten untergebracht, welche reichen Sekretgehalt und gute Qualität haben.

Es wäre aber ganz irrig, wenn man das, was ich eben über den quantitativen und qualitativen Gehalt der drei Zapfengruppen gesagt habe, als die Sache vollständig fixierend und erschöpfend ansehen wollte. Es gibt da nämlich nicht seltene und oft ganz auffällige Ausnahmen. Erschöpfend kann ich aber in diesem Buche diese Beziehungen nicht mehr darlegen, das mufs einer späteren Arbeit vorbehalten werden. Hier mögen einige Beispiele genügen. Nicht alle französischen Hopfensorten haben so grofse Zapfen wie jene in Fig. XII 3 und 4; es gibt vielmehr auch solche mit ziemlich kleinen, gehaltvollen Zapfen, aber das Sekret hat keine feine Qualität; es sind aber auch diese Sorten mit grofsen Zapfen keineswegs arm an Sekret. Auch die grofsdoldigen Hopfensorten aus Nordamerika (Fig. XII 9 und 10) sind verhältnismäfsig sehr reich an Sekret, ungleich reichhaltiger als der Kulturhopfen aus der Altmark, Provinz Sachsen (Fig. XII 2). Auch der alte Hallertauer Hopfen (Fig. XII 7) und der Oberelsässer (Fig. XII 8) sind relativ reich an Sekret, welches aber qualitativ zu wünschen übrig läfst. Dahingegen sind die australischen Hopfen, welche ähnlich gestaltete, aber meist noch gröfsere Zapfen haben wie die Nordamerikaner (Fig. XII 9 und 10), sehr arm an Sekret, das aber feiner ist. Weiterhin haben wir (in Fig. XII 11) eine Sorte mit sehr kleinen, runden Döldchen aus Hult bei Wennersberg in Schweden angeschlossen, welche in ihrem Brauwert nicht höher stehen wie die grofsdoldigen Sorten; sie sind erstaunlich arm an Sekret, so dafs man, um entsprechende Hopfenwirkung zu haben, sicher die dreifache Menge Hopfen nehmen müfste wie sonst, und das Bier würde dadurch einen unschönen Geschmack erhalten.

Die Wildhopfen (Fig. XII 1) und die alten schwedischen Kulturhopfen (Fig. XII 5 und 6) haben relativ sehr wenig und qualitativ untergeordnetes Sekret.

Die Übergangstypen mit ihren ziemlich grofsen, länglichen, meist auch grofsblätterigen, grobspindligen und früchtereichen Zapfen (Fig. XIII 1—7) haben oft ziemlich viel Sekret, aber dasselbe hat selten eine feinere Qualität; schon der Geruch ist häufig mehr oder minder zwieblig und fettig, auch obstartig. Die Döldchen in Fig. XIII 7 sollen die verschiedenen Stadien unentwickelter, sekretarmer und schlechtschmeckender Zapfen darstellen, wie sie sich oft in der Hopfenware so massenhaft finden und dann für die zweckmäfsige Verwendung ganz besondere Ansprüche an die Kenntnisse und Tüchtigkeit des Brauers machen. Wenn er da nichts hat als die Hopfenhändleranleitung, dann geht's ihm schlecht.

In Fig. XIV 1—26 haben wir Zapfengruppen des gröfsten Sekretgehaltes und der besten Sekretqualität vorgeführt. Die Verschiedenheiten in der Gröfse und Gestalt der Zapfen, wie nicht minder im Gehalt und in der Qualität des Sekrets sind auch da noch riesengrofs, auch bei Material, welches aus derselben Gegend stammt, aber von verschiedenen Besitzern oder Produzenten herrührt.

In Fig. XIV 25 (Auscha-Dauba-Grünhopfen) haben wir eine kleindoldige Sorte, welche meist verhältnismäfsig wenig Sekret und von minderer Qualität, namentlich von knoblauchartigem Aroma, enthält.

Noch mehr Interesse bieten die Zapfen in Fig. XIV 9 und 10 aus den besten bayerischen Gebirgslagen (Betzenstein-Pegnitz) mit ihrem reichen Gehalt an feinstem, spaltähnlichem Sekret; die nahegelegenen Hersbruck-Laufer Zapfen sind nicht viel gröfser und ähnlich gestaltet, meist auch sehr sekretreich, aber die Qualität des Sekrets ist meist merklich zurückstehend, wenn beide Gruppen auch viel Verwandtes haben. Der geübte Blick sieht auch schon aus den Zapfenbildern, dafs die Zapfenblätter bei Hersbruck-Laufer Ware derber sind als bei Pegnitz-Betzensteiner.

Im allgemeinen läfst sich wohl sagen, dafs die erste Gruppe (Fig. XII) grofse, entweder mehr breite oder schlanke, lockere, flatterige, grofs- und derbblätterige Zapfen mit gröberen

Fig. XIII.

Übergangstypen von den grofs- und grobzapfigen Sorten zu den feinen Sorten mit kleineren, feinen und gehaltreichen Zapfen.

Fig. XIII 1. Kulturhopfen aus Baden, Heidelberger Gegend.

Die Zapfen sind grofs, aber vielblätterig und feinblätterig, sehr geschlossen. Ziemlich reich an Sekret, aber das Bitter und Aroma sind roh und derb. Ziemlich viel grofse Körner (Früchte).

Fig. XIII 2. Kulturhopfen aus Mittelfranken.

Die Zapfen gestreckt, oft noch sehr gehaltvoll an Sekret, Bitter und Aroma gut mittel, manchmal an Spalt erinnernd. 3—6% grofse Körner.

Fig. XIII 3. Kulturhopfen aus Unterfranken, Bamberger Gegend.

In der geschlossenen, schlanken Dolde an die mittelfränkischen erinnernd, deren Gehalt sie wohl erreichen, aber nicht deren Sekretqualität. 3—6% grofse Körner.

Fig. XII 4. Kulturhopfen aus dem Landbezirk von Hersbruck (Mittelfranken).

Die schlanken, wohlgeschlossenen Zapfen sind meist sehr gehaltvoll in Bezug auf Sekret, Bitter und Aroma sind gut mittel. 3—4% grofse Körner.

Fig. XIII 5. Kulturhopfen aus dem Aischgrund (Mittelfranken).

Der mittelfränkische Landtypus ist oft noch sehr reich an Sekret, aber das Bitter und Aroma (zwieblig) sind minderer Qualität. 3—6% grofse Körner.

Fig. XIII 6. Kulturhopfen aus Lothringen.

Dieser Typus ist dort aber seltener, meist finden sich mehr elliptische Zapfen. Diese Hopfen sind nicht sonderlich reich an Sekret, und Bitter und Aroma sind mittelwertig, das Aroma oft obstartig. 3—6% grofse Körner.

Fig. XIII 7. Kulturhopfen mit unentwickelten Zapfen

Die ersten zwei rechts sind noch Kätzchen, also Knospen; die ersten zwei von links sind noch wenig entwickelte Zäpfchen mit sehr wenig und in Bezug auf Bitter und Aroma sehr undurchgebildetem Sekret, das, was die Händler »stumpf« nennen. Die drei mittleren Zapfen sind besser, aber keineswegs normal ausgebildet, arm an Sekret, mit ungenügend durchgebildetem Bitter und Sekret.

Spindeln, mit vielen grofsen Körnern (Früchten) hat, mit relativer Armut an Sekret, mangelhaftem, vielfach lebhaftem, scharfem, derbem, lauchartigem, oft auch fettigem oder obstartigem Aroma und grobem, derbem, fehlerhaftem Bitter; die Gruppe XIV mit mittleren und kleineren, gedrungenen, klein- und feinblätterigen Zapfen, mit feinem, mildem Aroma mannigfaltiger Art, feinerem Bitter mannigfaltiger Art, gröfserem Sekretgehalt, seltener mit grofsen Körnern (Früchten) begabt; Ausnahmen machen da nur die englischen Hopfensorten (Fig. XIV 1, 3 und 4); die haben alle 10—25% grofse Körner.

Die Hopfenzapfen, welche in Fig. XIII 1—7 dargestellt sind, sind Übergangstypen, welche in Gröfse und Gestalt der ersten Gruppe, im Sekretgehalt und in der Sekretqualität aber der zweiten Gruppe näher stehen.

Wenn auch die äufseren Eigenschaften bei der Beurteilung der Hopfenware sehr wichtig sind, so geben sie doch noch keine unbedingte Garantie für die ausschlaggebenden inneren Eigenschaften, für den Gehalt und namentlich für die Qualität. Die Saazer Hopfen z. B. haben gar oft ein viel schöneres, unkundige Hopfenkäufer bestrickendes Äufsere als die Spalter, während die letzteren den ersteren an Sekretgehalt gleich und in Bezug auf feines Bitter gar manchmal erheblich überlegen sind; im Aroma sind die Saazer oft — keineswegs immer — den Spaltern etwas überlegen, aber die letzteren haben weniger fatale Nebentöne im Aroma.

Fig. XII.

A. Verzeichnis der Hopfenzapfengruppen der grofsdoldigen, minderwertigen Hopfensorten.

Fig. 1. Wildhopfen von Weihenstephan-Freising, 1878 (H. T. I, 9 [2] u. 18 [1]).

» 2. Kulturhopfen aus der Altmark, 1880, Deutschland, Königreich Preufsen, Provinz Sachsen (H. T. IX 68).

» 3. » von Tréchateau, Seurre (Saône), Frankreich, 1880 (H. T. X 74).

» 4. » » Dijon, Burgund, Frankreich, 1880, aus Spalter Reben (H. T. X 69).

» 5. » » Brogård in Upland, Schweden, 1880; altheimisch (H. T. II 24).

» 6. » » Swartå in Örebro, Schweden, 1880; altheimisch (H. T. V 43).

» 7. » » Hohenwart in Oberbayern, Westrand der Hallertau, 1881; uraltheimische, fast schon verschwundene Sorte; damals nur noch einige Hopfengärten damit besetzt (S. I 3).

» 8. » Oberrheinische (Oberelsafs), Gegend von Rappoltsweiler (H. T. XV 101), 1880.

» 9. » aus dem Staat New-York in den Vereinigten Staaten Nordamerikas, 1881 (S. XI 115).

» 10. » » dem Staat New-York in den Vereinigten Staaten Nordamerikas, 1881, als Americans bezeichnet (S. XI 113).

» 11. » » Hult bei Wennersberg in Schweden, 1880 (H. T. III 32).

Fig. XIII.

B. Verzeichnis der Hopfenzapfengruppen von mittelgrofsen Hopfenzapfen; Übergangstypen von Hopfensorten.

Fig. 1. Kulturhopfen. Badische, aus der Hockenheimer Gegend bei Heidelberg, Späthopfen, 1880 (H. T. XIII 92).

» 2. » Mittelfränkische, geringere Nürnberger Markthopfen, 1881 (S. VI 56).

» 3. » Unterfränkischer, von Baunach bei Bamberg, 1880 (H. T. XXII 151).

» 4. » Hersbrucker Landhopfen, Mittelfranken, 1881 (S. VII 61).

» 5. » Aischgründer, Mittelfranken, 1881 (S. VII 63).

» 6. » Lothringer, Deutschlothringen, 1880 (XVII 112).

» 7. » Unentwickelte Hopfenzapfen. Die ersten zwei von links nach rechts knospenartig, die folgenden drei unausgebildet (rudimentär); dann weitere zwei weibliche Hopfenblütenkätzchen nach der Blüte, im Übergang zur Ausbildung der Zapfen (Knospen).

Fig. XIV.

C. Verzeichnis der Hopfenzapfengruppen mit feindoldigen, hochwertigen Hopfensorten.

Fig. 1. Kulturhopfen. Feinste East Kent Goldings, England, 1881 (S. XII 121).

» 2. » Stadt Spalt in Mittelfranken, Bayern, 1881 (S. I).

» 3. » Grapes aus dem Weald of Kent, England, 1881 (S. XII 124).

» 4. » Jones aus dem Weald of Kent, England, 1881 (S. XII 125).

» 5. » Seidersdorf, Spalter Land in Mittelfranken, Bayern, 1880 (H. T. XXII 148).

» 6. » Stadt Spalt in Mittelfranken, Bayern, 1880 (XXII 143).

» 7. » Pleinfeld im Spalter Land in Mittelfranken, Bayern, 1880 (XXII 149).

» 8. » Stadt Spalt in Mittelfranken, Bayern, 1881 (S. V 50).

» 9. » Betzenstein, bayerische Gebirgsregion, Mittelfranken, 1880 (H. T. XI 75).

» 10. » Gebirgshopfen, Mittelfranken, 1880 (H. T. XI 77).

» 11. » Neutomischel, Posen, Preufsen, 1880, feinste Lage (XIX 127).

» 12. » Kinding, Landgebiet, Mittelfranken, Bayern, 1880 (H. T. XXII 144).

» 13. » Neutomischel, Posen, Preufsen, 1880, aus Saazer Reben (H. T. XIX 124).

» 14. » Kalbensteinberg, Spalter Land, Mittelfranken, Bayern, 1 Stunde südwestlich von Spalt, 1880 (H. T. XIV 96).

» 15. » Neutomischel, Posen, Preufsen, 1880, aus Saazer Reben (XIX 123).

» 16. » Saazer Bezirkshopfen, Böhmen, 1880 (H. T. XIII 119).

» 17. » Saazer Bezirkshopfen, sogenannter Saazer Landhopfen, Böhmen, 1880 (H. T. XVIII 121).

» 18. » Saazer Bezirkshopfen, sogenannter Landhopfen, Böhmen, 1880 (H. T. XVIII 122).

» 19. » Saazer Kreishopfen, Böhmen, 1880 (H. T. XVIII 118).

» 20. » Saazer Kreishopfen, Böhmen, 1880 (H. T. IV 41).

» 21. » Saaz, Stadthopfen, Böhmen, 1881 (S. II 12).

» 22. » Saaz, Bezirkshopfen, Böhmen, Egerstrom, 1881 (S. II, 13).

» 23. » Saaz, Bezirk, Böhmen, Goldbachthal, 1881 (S. II 16).

» 24. » Auscha Rothopfen, Böhmen, 1881 (S. II 19).

» 25. » Auscha-Dauba, Grünhopfen, Böhmen, 1880 (H. T. XI 79).

» 26. » Fürstenfeld in Steiermark, Frühhopfen aus Saazer Reben, 1880 (H. T. XIV 94).

Fig. XIV.

Feiner und feinster Hopfenzapfentypus. Die Zapfen reich oder sehr reich an Sekret; Bitter und Aroma von feiner oder sehr feiner Qualität.

Fig. XIV 1. Feinste East Kent Goldings, England.
Sekretgehalt mäfsig, Bitter und Aroma oft hochfein, zuweilen ohne Fehler; viele sehr verschiedenwertige Varietäten und Sorten. Massenhaft grofse Körner.

Fig. XIV 3. Grapes aus Weald of Kent, England.
Gehalt mäfsig. Bitter u. Aroma gut mittel. Massenhaft grofse Körner.

Fig. XIV 2. Spalt in Mittelfranken. Feinste Lage der Welt.
Sekretgehalt sehr hoch, Bitter oft höchstfein, Aroma sehr fein. Schöner, kleiner, abgerundeter, feinblätteriger, geschlossener Zapfen. Typus mit feiner Spindel, feinsten Blättern. Fast ganz ohne grofse Körner. Zarte Spindel.

Fig. XIV 4. Jones, aus dem Weald of Kent, England.
Sekretgehalt mäfsig. Bitter und Aroma gut mittel. Massenhaft grofse Körner.

Fig. XIV 5. Seidersdorf, Spalter Land in Mittelfranken.
Guter Spalter Typus mit sehr feinem Bitter und feinem Aroma, hohem Sekretgehalt. Schöner, abgerundeter, feinblätteriger, geschlossener Zapfentypus, beste Lagen der Welt. Fast ohne grofse Körner.

Fig. XIV 6. Stadt Spalt in Mittelfranken, Bayern.
Feinste Hopfenlage der Welt. Kleine, geschlossene, wohlabgerundete, feinblätterige, überaus gehaltreiche Zapfen, Aroma und Bitter von feinster Qualität. Höchstfeiner Zapfentypus; trotz der Kleinheit voll ausgebildet, fast ganz ohne grofse Körner.

Fig. XIV 7.
Pleinfeld im Spalter Land, Mittelfranken.
Vorzügliche Hopfenlagen, bester Typus der Welt. Gehaltvoll und fein, fast ohne grofse Körner.

Fig. XIV 8. Stadt Spalt in Mittelfranken.
Feinster Hopfentypus der Welt. Kleine, geschlossene, kleinblätterige, überaus gehaltvolle Zapfen. Feinstes Bitter, feines Aroma. Fast ganz ohne grofse Körner.

Fig. XIV 9. Betzenstein im bayerischen Gebirge.
Feinste Hopfenlage. Kleine, geschlossene, feinblätterige, längliche Zapfen, sehr reich an Sekret, Bitter und Aroma oft sehr an beste Spalter Lagen erinnernd. Fast ohne grofse Körner.

Fig. XIV 10. Gebirgshopfen in Mittelfranken, Betzenstein benachbart.

In allen Beziehungen, auch im Sekretgehalt, ähnlich wie Betzenstein (XIV 9), aber Aroma und Bitter oft ein wenig minder hochfein. Wenig grofse Körner.

Fig. XIV 11. Neutomischel, Posen, Preufsen.

In diesem Typus aus Saazer Reben sehr gehaltvolle und feine Hopfen. Dem Saazer Kreis ähnlich, aber im Bitter und Aroma nicht ganz so fein. Reich an Sekret, arm an grofsen Körnern. Schöner mittelgrofser Zapfentypus.

Fig. XIV 12. Kinding Land, Mittelfranken, Bayern.

In Gröfse, Gestalt, Abrundung, Schlufs, Feingefühl edelster Doldentypus der Welt. Die kleinen Zapfen sind dabei fast immer so reich an Sekret wie Spalter und Saazer. Das Bitter ist oft (nicht immer) das weichste der Welt, oft hauchartig. Das Aroma ist nicht ganz so fein. Der Gesamtgeschmack ist Spalt verwandt. Von dem, was zum Kindingtypus gerechnet wird (15 000—20 000 Ztr.), haben aber höchstens 2000 Ztr. diesen Charakter. Manche haben grofse Zapfen. Selten grofse Körner.

Fig. XIV 13. Neutomischel, Posen.
Aus Saazer Reben und im Produkt dem Saazer Kreishopfen oft überraschend ähnlich, aber im Bitter und Aroma nicht ganz so fein. Sehr gehaltvoll, arm an grofsen Früchten. Sehr schöner Zapfentypus.

Fig. XIV 14. Kalbensteinberg, Spalter Land, Mittelfranken.
Ausgezeichnete Hopfenlage, bester Doldentypus der Welt. Dolden klein, abgerundet, sehr feinblätterig, geschlossen, sehr gehaltvoll, Bitter hochfein, Aroma fein, selten einige grofse Körner, kaum 0,5—1%.

Fig. XIV 15. Neutomischel, Posen.
Aus Saazer Reben. Guter, feiner, gehaltvoller, fruchtarmer, kompakter Zapfentypus mit schönem Bitter und Aroma, darin dem Saazer Kreishopfen verwandt, aber nicht gleich.

Fig. XIV 16. Saazer Bezirkshopfen, Böhmen.
Feinste Hopfenlage der Welt. Mittelgrofse, wohl abgerundete, wohlgeschlossene, mittelgrofs- und zartblätterige Zapfen mit grofsem Sekretgehalt, meist sehr feinem Bitter und Aroma. Fast ohne grofse Körner. Zarteste Spindel.

Fig. XIV 17. Saazer Bezirkshopfen, Böhmen, sogenannter Saazer Landhopfen.
Feinste Hopfenlage der Welt. Untermittelgrofse, wohlabgerundete, wohlgeschlossene, mittelgrofs- und zartblätterige Zapfen mit grofsem Sekretgehalt, meist sehr feinem Bitter und Aroma. Fast ohne grofse Körner. Zarteste Spindel.

Fig. XIV 18. Saazer Bezirkshopfen.
Feinste Hopfenlage derr Welt. Untermittelgrofse, wohlabgerundete, wohlgeschlossene, mittelgrofs- und zartblätterige Zapfen mit grofsem Sekretgehalt, meist sehr feinem Bitter und Aroma. Fast ohne grofse Körner. Zarteste Spindel.

Fig. XIV 19. Saazer Kreishopfen, Böhmen.

Feinste Hopfenlage der Welt. Mittelgroſse, wohlabgerundete, wohlgeschlossene, mittelgroſs- und zartblätterige Zapfen mit groſsem Sekretgehalt, sehr feinem Bitter und Aroma. Vereinzelte groſse Körner, höchstens 1—2 %. Zarte Spindel. Die Kreishopfenzapfen sind meist gröſser wie jene des Bezirkes und der Stadt, aber sehr reich an Sekret; in Bitter und Aroma ein wenig minder fein wie die meisten Bezirks- und Stadthopfen. Meist sehr rein von Parasiten.

Fig. XIV 20. Saazer Kreishopfen, Böhmen.
Wie bei XIV 19.

Fig. XIV 25. Auscha-Dauba, Böhmen, Grünhopfen.

Die mitteldoldige Sorte, mit wohlabgerundeten, geschlossenen, ziemlich körnerreichen, sekretarmen, derbblätterigen Zapfen, hat mäſsig feines Bitter, lauchartiges Aroma, untergeordneten Wert.

Fig. XIV 26. Fürstenfeld, Steiermark. Frühhopfen aus Saazer Reben.

Eine gute Hopfenlage mit übermittelgroſsen, wohlabgerundeten, geschlossenen, festen Zapfen, feinblätterig, körnerarm, sekretreich, mit ziemlich feinem Bitter und Aroma; oft schon Ende Juli auf den Märkten als neue Ware erscheinend.

Fig. XIV 21. Saazer Stadthopfen, Böhmen.

Zu Fig. XIV 21.

Typischer Saazer Stadthopfen von trockeneren Lagen. Feinste Hopfenlagen der Welt. Kleine, zierliche, wohlabgerundete, zartblätterige, geschlossene, sekretreiche, körnerfreie Zapfen mit feinster Spindel, feinstem Bitter und Aroma. In feuchteren Lagen haben die Stadthopfen gröfsere und gröbere Zapfen, 2—6% grofse Körner, minder feines Bitter. Auch haben sie oft reichlich tierische und pflanzliche Parasiten.

Zu Fig. XIV 22.

Dem Äufsern nach eine typische, feinste Saazer Bezirksware. Untermittelgrofse, elliptische, wohlabgerundete, geschlossene, zartblätterige, feinspindelige, sehr sekretreiche, körnerfreie oder sehr körnerarme Dolde mit feinem Bitter, feinstem Aroma, gut in Farbe und Glanz, gesund (parasitenfrei).

Fig. XIV 22. Saazer Bezirkshopfen, Böhmen, Egerstromgebiet.

Fig. XIV 23. Saazer Bezirkshopfen, Goldbachthal. Wie in Fig. XIV 22.

Fig. XIV 24. Auscha-Rothopfen, Böhmen.

Feinster Hopfentypus der Welt. Mittelgrofse, etwas längliche, wohlgeschlossene, gutblätterige, höchst sekretreiche Zapfen mit wenig grofsen Körnern, mit feinstem Aroma, feinem Bitter. Aber die technische Verwendungsfähigkeit dieser wertvollen Sorte ist nicht unbegrenzt.

Der Hopfenzapfen ist der Blütenstand der Hopfenpflanze.

Das, was man Hopfenzapfen oder im Kreise der praktischen Brauer die Hopfenfrucht nennt, tritt an der zur Entwicklung gekommenen Hopfenpflanze erst sehr spät in die Erscheinung, erst im Hochsommer, wenn die mit der Assimilation, der Erzeugung von pflanzlichem Bildungsstoff, betrauten vegetativen Organe, die Stengel (Reben), Äste, Zweige, Laubblätter, sich in genügend reichem Maſse entwickelt und assimiliert haben.

Nun tauchen im obersten Drittel der weiblichen Pflanze, welches mehr von dem direkten Sonnenlichte bestrahlt ist, an den jüngsten, weichen, noch wachstumsfähigen Ästchen, oft in fast zahlloser Menge, die sogenannten Blütenkätzchen auf. Diese Blütenkätzchen sind die Anfänge der künftigen Zapfen. Schon bei ihrem ersten Auftreten sind in ihrer Anlage alle morphologisch wohl unterschiedenen Teile des Zapfens, selbst die künftigen Drüsen, in ihren Anfängen da; sie beginnen nun sich zu entwickeln, zu wachsen und sich auf die ihnen nach der Hopfenrasse, dem Boden, dem Klima, der Düngung, der Jahreswitterung zukommenden Dimensionen auszudehnen.

So ein Hopfenzapfen, wenn er am Anfange seiner Entwicklung steht oder vollkommen ausgewachsen ist, ist übrigens keine Frucht, also auch nicht eine Blüte, sondern ein Blütenstand, ein Aggregat, eine Ansammlung von vielen Blüten und eventuell Früchten, welche sich, je nach der verschiedenen Zapfengröſse, von 20—60 und mehr bewegen kann.

Der Hopfenzapfen ist also botanisch keine Frucht, auch keine Sammelfrucht, sondern ein metamorphosierter, vorwiegend aus Blättern bestehender Sproſs, in dessen Achse das Kali überwiegt.

Jeder ausgewachsene Hopfenblütenstand, also jeder Hopfenzapfen, besteht aus einer Anzahl wohl unterschiedener, selbst mit dem bloſsen Auge erkennbarer, noch besser mit einem guten Vergröſserungsglas unterscheidbarer Teile, und zwar wie folgt:

1. Der Zapfenstiel.

Der Stiel, der unveränderte letzte Achsenteil (nach Holzner Zweig vorletzter Ordnung) der Hopfenpflanze, welcher bis zur Basis der Zapfen reicht und woran der Zapfen entwickelt ist. Der Stiel ist mäſsig dick, gerade oder schwach gebogen, im Querschnitt ziemlich cylindrisch, auf der glatten Oberfläche nicht behaart, auch nicht mit Drüsen besetzt. S. Fig. XII bei 1—3 und dann bei Fig. XII 5, 6 und 7, ferner Fig. XIV bei 20 oben. Die relativ dicksten Stiele haben die Saazer Hopfen, die relativ feinsten die Wildhopfen. Ein Kriterium zur Beurteilung der Hopfenqualität können sie also kaum bilden. Jedenfalls sollen die Stiele des Kulturhopfens nicht zu fein sein.

2. Die Zapfenspindel (Fig. XV—XX).

(Von den praktischen Männern auch Kamm, selbst Stiel oder Rippe genannt.)

Die Spindel (auch Rippe, Stiel genannt), das im Bereich des Zapfens, des Blütenstandes selbst verlaufende Achsenende (die Inflorescenzachse), welches man erst sieht, wenn man die Zapfenblätter entfernt. Dabei sieht man dann die eigentliche Achse nicht wie den Stiel vollkommen gerade, sondern in ihrem Verlaufe wellig hin- und hergebogen. Die zwischen den Biegungen liegenden Teile sind die Spindelglieder. Die Wellung kann weit oder eng, bogig oder spitzkantig, hochbogig oder flachbogig sein (s. Fig. XV—XX incl.[24]), dann namentlich Fig. XXVI, S. 192. Die Spindel ist auch im Querschnitt nicht stielrund, die Oberfläche nicht glatt, sondern meist sehr stark behaart.

Die Hopfenspindeln sind in den einzelnen Haupthopfenlagen der Welt sehr charakteristisch und würden sich wohl gut zur Warenkritik, für gewisse Zwecke, verwerten lassen. Aber zur Darstellung dieser Beziehungen wäre ein reiches, teures Bildmaterial erforderlich. Wir werden aber später gute Darstellungen bringen.

In der Spindel kommen zahlreiche Gerbstoffzellen und Milchröhren vor. Der trockene Milchsaft ist verharzt.

Die Sache ist dadurch sehr erschwert, dafs gewisse Hopfensorten in die halbe Welt verschleppt worden sind, wobei der ursprüngliche Spindeltypus noch lange nachhält. Spindelgruppen aus verschiedenen Hopfenbaulagen der Welt kommen erst im II. Teil dieses Werkes.

Fig. XV—XX.
Verschiedene Hopfenzapfen-Spindeltypen in bedeutender Vergröfserung, mit den Blütenästchen etc.

Die Zapfenspindel ist bei allen Hopfensorten an ihrer Oberfläche dicht mit andern Oberhautgebilden oder Trichomen, mit wirklichen Pflanzenhaaren besetzt. Deshalb ist die Ansicht des Wiener Landwirtschaftsprofessors Dr. Haberlandt[25]), dafs an der Spindel auch Hopfendrüsen vorkämen, ganz irrig, denn diese müfsten auf den dichtstehenden Trichomen Entstehung nehmen, was ganz unmöglich ist. Wenn sich an der Spindel Hopfendrüsen finden, was nicht selten der Fall ist, dann handelt es sich lediglich um solche, welche von den Zapfenblättern und Perigonien abgefallen sind und an den Spindelhaaren adhärieren.

3. Die Astchen der Spindel oder Blütenstiele (Fig. XV—XX).

Die Ästchen. Die Oberfläche der Spindel ist nicht glatt, sondern abwechselnd mit in Gruppen stehenden kurzen Vorsprüngen besetzt, welche die Ästchen der Spindelachse darstellen; es sind kurze Zweige letzter Ordnung, die Blütenstielchen. An ihnen sitzen zu $^2/_3$ der Menge die Zapfenblätter. Meist stehen diese Ästchen abwechselnd in zwei Reihen; jede Gruppe besteht in der Regel aus 4, selten aus 3 oder 5 Ästchen, und dabei sind die beiden mittleren immer merklich länger als die beiden äufseren (s. Fig. XV bei *x* etc. und so bei den Fig. XVI bis XX). Auch die Ästchen sind an der Oberfläche stark mit Haaren besetzt (s. namentlich die Spindeln in einem folgenden Teile).

4. Die Zapfenblätter (Hochblätter), von den Praktikern auch Schuppen genannt.

(Fig. XXI—XXIII.)

Jedes Stielchen an der Spindel ist mit einem Zapfenblatt besetzt, und zwar sitzen hier nur gefaltete Blätter, d. h. solche, welche von ihrer Basis nach oben auf der einen Seite eine Falte haben; es sind das die Vorblätter, welche unmittelbar die weibliche Blütenanlage des

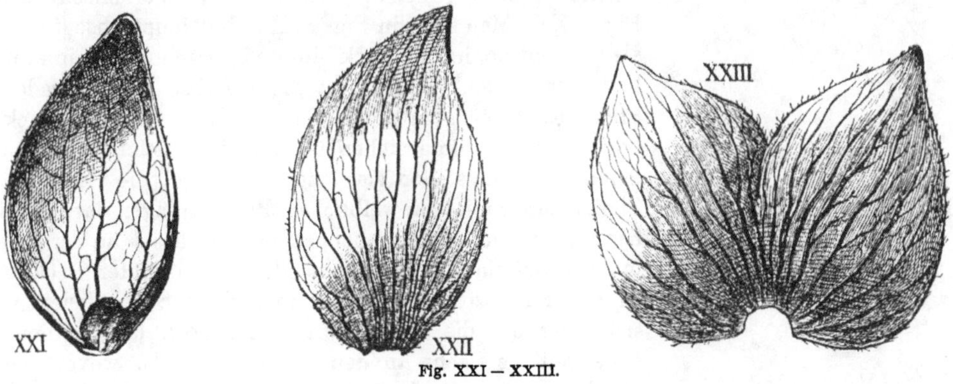

Fig. XXI – XXIII.
Die Hopfenzapfenblätter.

Hopfens begleiten, so dafs, wenn man das Vorblatt vom Astchen hinwegnimmt, die Blüte oder eventuell, wie in Fig. XXI, die noch von der Blütenhülle umschlossene Frucht (die sogenannten grofsen Körner oder Kugeln des Brauers), vielfach auch die unbefruchtet gebliebenen und eingetrockneten oder eingeschrumpften, becherartigen, mit Drüsen besetzten weiblichen Blütenanlagen mitgehen. Diese Vorblätter wachsen sich nach der Blütezeit, einerlei ob Befruchtung eingetreten ist oder nicht, durch Vergröfserung zu einem Flugorgan des Nüfschens aus; sie werden deshalb immer nur dann merklich gröfser, wenn Befruchtung und Entwicklung des Nüfschens eingetreten ist.

Es finden sich nicht selten Vorblatt-Zwillinge, seltener -Drillinge; ich habe deren ziemlich viele in schwäbischem Hopfen aus dem Mindelthale und bei Hersbruckern gesehen; sie kommen auch in andern Lagen und Regionen vor, selbst auch bei russischen und kalifornischen Hopfen (s. die Abbildungen im folgenden Teile).

Man findet aber, wenn man einen Hopfenzapfen zerblättert, auch noch andere Zapfenblattformen, welche an der Basis breiter, nach dem Gipfel spitz, unsymmetrisch, flach-, wannen-

oder schüsselförmig und, an den Rändern ganz glatt verlaufend, völlig ohne Falten und stets ohne Blütenanlage sind. Das sind die Neben-Trag- oder Deckblätter, Stützblätter (s. Fig. XXII), welche auch zuweilen verwachsen, verzwillingt auftreten (s. Fig. XXIII). Im folgenden Teile von rechts herein, in den unteren Blätterreihen haben wir viele solche Deckblattzwillinge in den mannigfaltigsten Verwachsungen vorgeführt; auch in den zerlegten Dolden sind solche Zwillingsdeckblätter zu sehen. Die einfachen Blätter in den unteren Blattreihen sind einfache Deckblätter. Man kann — wie wir noch sehen werden — diese Zwillinge sogar als ein sehr orientierendes Warenkriterium ansehen. Über den Wert dieser Deckblattzwillinge für die Beurteilung des Waren- und Sorten-Charakters wolle das Nähere in einer folgenden Schrift, in dem Abschnitt: Die Beurteilung des Hopfens als Ware, Sorte und Braumaterial (Unterabteilung: Doldenblätter), nachgesehen werden. Wenn man aber eine Dolde recht langsam und vorsichtig zerblättert, wird man bald sehen, dafs diese falten- und fruchtlosen Deckblätter nicht wie die Vorblätter auf den Astchen, sondern unmittelbar auf der Oberfläche der Spindel, und zwar immer in der Zahl von zweien, gleich unterhalb der Astchengruppen sitzen. In Fig. XV — XX sieht man vielfach solche Ansatzstellen der Deckblätter, durch Laubblätter oder Blattfragmente angedeutet. — Diese relative Stellung der gefalteten Vorblätter an den Ästchen und der faltenlosen Deckblätter direkt an der Spindelachse ist besser aus der schematischen Zeichnung in Fig. XXIV ersichtlich, einigermafsen auch in Fig. XXV. Man sieht in Fig. XXIV die Hauptachse (Spindel *b*) als gebrochene, im Zickzack hin- und hergebogene Linie; unterhalb des Zapfenbereiches ist diese Achse noch gerade, der Stiel des Zapfens (*a*). An den Ecken der im Zickzack gebogenen Spindellinie stehen überall vier Stielchen (*c*), und an deren Oberende stellen vier längliche Ringel, die vier gefalteten Zapfenblätter mit den weiblichen Blütenanlagen dar; unmittelbar am Grunde der Stielchengruppe und direkt an der Spindel, in *e e*, sitzen die zwei einzelnen oder verzwillingten Deckblätter. In anderer Bezeichnung sieht man diese Sache bei *f*, wo es sich aber um die Klarstellung einer noch hinzukommenden anderweitigen Sache in den Dolden handelt, wovon wir sogleich sprechen werden.

Fig. XXIV.
Schematische Darstellung eines Hopfenzapfens) um die relative Stellung der morphologischen Elemente ersichtlich zu machen.

Es ergibt sich aus diesen Ausführungen ganz von selbst, dafs in jedem Hopfenzapfen die Zahl der gefalteten oder Vorblätter $^2/_3$, jene der nicht gefalteten Deckblätter aber nur $^1/_3$ beträgt. Wie wir später bei der Besprechung der Drüsenverteilung sehen werden, hat dieses für den Praktiker sehr erhebliche Vorteile.

Wenn ein Zapfen 11 Astchengruppen hat, dann hat er 44 Vorblätter (gefaltete Blätter mit Blüten oder Früchten) und nur 22 Deckblätter; hat er 13 Ästchengruppen, dann hat er 52 Vorblätter und 26 Deckblätter. Aber in der Wirklichkeit fehlen manchmal einzelne Vorblätter, und die Deckblätter sind zuweilen verzwillingt, daher der thatsächliche Befund in Bezug auf die Blätterzahl eines Zapfens nicht immer mit dem Ergebnis der Rechnung übereinstimmt. Zuweilen treten auch in den Vorblättergruppen noch 5. und 6. Blätter auf, die aber immer sehr klein (rudimentär) sind.

Die Vor- und Deck-(Stütz-)Blätter an der Basis und am Gipfel der Zapfen sind immer rudimentär, verkrüppelt; auch die Blütenanlage ist mangelhaft. Am vollkommensten ausgebildet sind die Blätter, die Blüten- und Frucht-Anlage etwas oberhalb der Basis bis etwas unterhalb dem Gipfel und namentlich in der Mitte der Zapfen. Es ist also hier dasselbe Verhältnis gegeben wie bei den Getreideähren, was darauf hindeutet, dafs es sich bei den Hopfenzapfen wesentlich um einen ährenförmigen Blütenstand handelt.

In allen Achsenteilen, also auch in den Fruchtstielen und Spindeln der Zapfen wie in den Hochblättern, sind zahlreiche Gerbstoffzellen und Milchröhren enthalten, deren Inhalt sehr wahrscheinlich bei längerem Hopfensieden gelöst wird und in die Würze übergeht. Der trockene Milchsaft ist verharzt. Der Unterschied des Harzes, das in den Milchröhren der Spindeln und Hochblätter enthalten ist, von den Harzen in den Lupulinkörnern ist nach Dr. Solereder und Dr. Holzner niemals untersucht worden.

Bei sorgfältiger Beobachtung und Erwägung ergibt zich, dafs die Vorblätter im Sinne des Botanikers der Hochblattregion angehören, die Blüten eben begleitende Brakteen sind. Die unmittelbar an der Spindel sitzenden, drüsenarmen, an Pflanzenhaaren reicheren, auch in der Farbe sich abweichend verhaltenden Deckblätter sind aber nur Schutzdecken für die noch in jugendlicher Entwicklung befindlichen Teile des Blütenstandes, ganz ähnlich wie die Deckblätter, welche am Stengel der Hopfenpflanze stehen (Fig. XI) und die noch im zarten Knospenzustande befindlichen Laubblätter und Äste der Hopfenpflanze gegen Fröste etc. zu schützen haben. Die Deckblätter haben also ganz andere morphologische Werte und Bedeutung wie die Vorblätter, wenn sie gleich so nahe bei einander stehen; die Deckblätter gehören mehr der vegetativen Region der Hopfenpflanze an, die Vorblätter aber der reproduktiven, Blüten und Früchte erzeugenden. Die Deckblätter sind ja auch ebenso wie die Laubblätter mit Scheibendrüsen, nicht mit Lupulindrüsen besetzt.

Für die Beurteilung der Zapfenfarbe ist immer die Farbe der Vorblätter mafsgebend, jene der Deckblätter ist nebensächlich. Es ist aber ziemlich sicher, dafs nur bei roheren, geringeren Hopfensorten die Deckblattfarbe sehr erheblich mit der Vorblattfarbe kontrastiert; viel weniger bei hochwertigen Hopfensorten.

Prof. Dr. Holzner[26]) beklagt, dafs bei Besprechung der Gerste und des Hopfens die botanischen Ausdrücke nicht beibehalten würden. Die Hopfenblütenstände (Zapfen, Dolden) stehen auf den Enden der Zweige vorletzter Ordnung; diese heifsen bei den Botanikern Stiele (pedunculi); der obere Teil der Zweige vorletzter Ordnung heifst Spindel (rhachis) und deren Teile Spindelglieder. Auf der Spitze eines jeden Spindelgliedes entspringen die sehr kurzen Zweige letzter Ordnung, die Blütenstielchen (pedicelli). In normalen Blütenständen sitzen am Grunde die zwei Hochblätter (bracteae), welche die Botaniker Deck- oder Stützblätter nennen; seitlich und am Ende jedes Zweigleins findet sich ein weiteres, gefaltetes Hochblatt, das am Grunde der Falte die Blüte trägt; dieses Blatt ist also eigentlich ein Vorblatt (prophyllum). Der Stempel der Blüte (pistillum), bestehend aus Fruchtknoten (ovarium) und zwei Narben (stigmata), wird bis zu den Narben von einem zarten Häutchen (perigonium) eingeschlossen. Die ausgebildeten Früchte (gewöhnlich Körner oder grofse Körner genannt) enthalten nach Holzner in ihren Keimlingen ein übelriechendes Öl. Die chemische Beschaffenheit der Sekrete der Köpfchen- und Scheiben-Drüsen ist nach Holzner noch niemals untersucht worden. Ich habe aber mikrochemisch gesehen, dafs die Köpfchendrüsen kein Sekret enthalten, sondern sehr wahrscheinlich nur Protoplasma.

Um die Verhältnisse der Spindel, Ästchen, Zapfen-Zwillings- und -Drillings-Bildungen besser anschaulich zu machen, bringe ich in Fig. XXV und namentlich in Fig. XXVI a—t noch eine Anzahl schematischer Darstellungen, welche ich schon 1886 im Hopfenvarietätengarten zu Weihenstephan gemacht habe.

Fig XXVI *a* stellt eine Spindelwellung dar, welche bei Wildhopfen öfter vorkommt; die Wellung ist teils bogig, teils spitz. An der Basis der Spindel stehen noch zwei Ästchengruppen mit je drei Astchen, ohne Seitenspindeln.

Fig. XXVI *b* und *c* stellen zwei ziemlich flachwellige Wildhopfenspindeln dar; an der Basis sind die Ästchengruppen mit den Zapfenblättern (Ringeln) dargestellt, weiter hinauf nur die Ästchen, meist vier.

Fig. XXVI *d* stellt eine rohere Kulturhopfenspindel dar, mit fast rechtwinkeliger Wellung der Achse; von unten herauf sind die Stielchengruppen angedeutet.

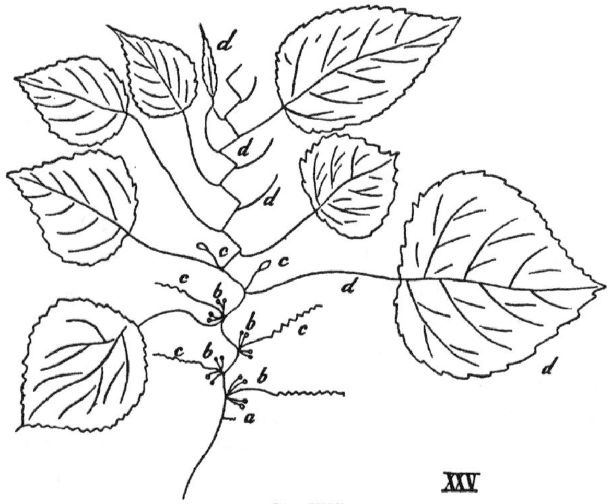

Fig. XXV.
Schematische Darstellung eines verlaubten Zapfens mit Zwillingsbildung.

Fig. XXVI *e* stellt die flach-bogig-wellige Spindelachse eines Kulturhopfens dar; von unten herauf sind zum Teil die Ästchengruppen angedeutet.

Fig. XXVI *f* stellt die kurz- und hochbogig-wellige Spindelachse von Kulturhopfen (Original Spalter Typus) dar, von unten herauf mit Andeutung der Ästchengruppen.

Fig. XXVI *g* stellt die geschweift-wellige Spindelachse von Kulturhopfen des ausgeprägten Saazer Typus dar, von unten auf mit Andeutung der Ästchengruppen.

Fig. XXVI *h* stellt oben Zwillingsbildungen eines Saazer Kreishopfens von Milai dar (Weihenstephaner Hopfenvarietätengarten 1886, Nr. 22).

Fig. XXVI *i* stellt die Spindeln von Drillingsbildungen eines Saazer Stadthopfens (Weihenstephan 1886, Nr. 19) dar, wie sie da öfter vorzukommen pflegen.

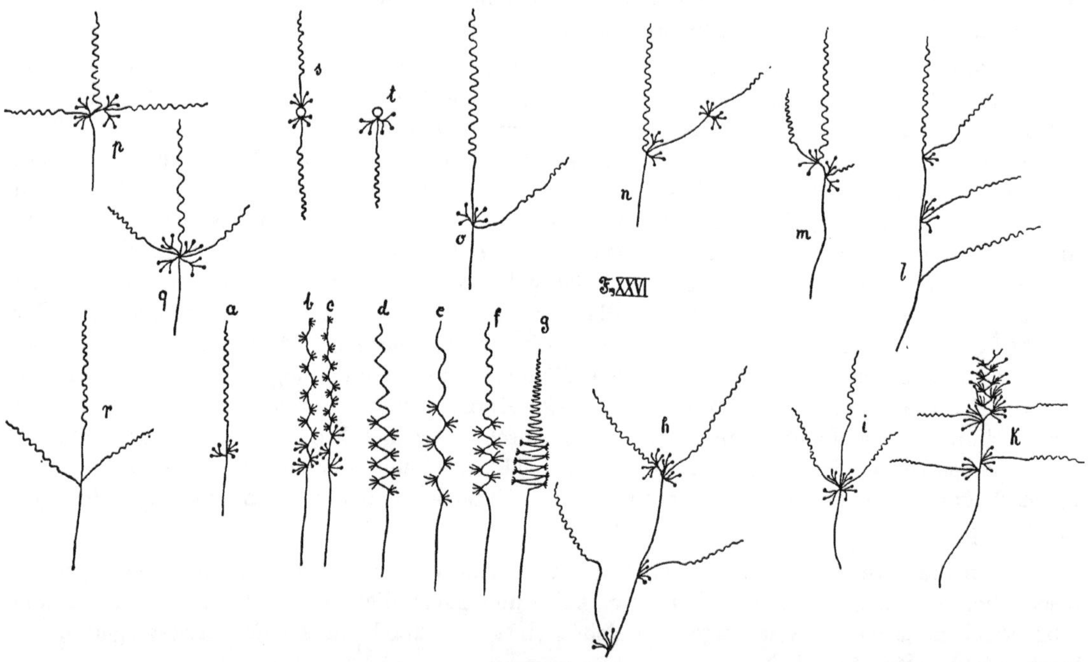

Fig. XXVI.
Über die verschiedenartige Gestaltung der Spindelachse und Zwillingsbildungen.

Fig. XXVI *k* stellt eine komplizierte Fünflingsbildung von Saazer Stadthopfen dar (Weihenstephan 1886, Nr. 19); weiter oben auch in den Ästchengruppen noch eine fünfte, länger gestielte Blüte.

Fig. XXVI*l* stellt Zwillingsbildung dar von Daubaer Früh-Grünhopfen (Weihenstephan 1886, Nr. 30); es sind auch an der Basis noch Stiele und Spindeln (also Zapfen) vorhanden.

Fig. XXVI*m* stellt die Spindeln einer Drillingsbildung dar von Auschaer Früh-Grünhopfen (wie in Nr. 30).

Fig. XXVI*n* ist die Skizze einer Zwillingsbildung, wobei der Stiel weit hinausragt.

Fig. XXVI*o* stellt einen eigentümlich gewachsenen Zwillingsspindeltypus dar mit grofsem Abstand der Basis von der gewellten Spindel. Daubaer Früh-Grünhopfen wie vorhin.

Fig. XXVI*p* stellt die Spindel eines sehr charakteristischen Zapfendrillings von Daubaer Früh-Grünhopfen dar.

Einen ebenso ausgeprägten Zapfendrilling von diesem Daubaer Früh-Grünhopfen stellt Fig. XXVI*q* dar.

Fig. XXVI*s* und *t* stellen die Anordnung von Drillings- und Zwillings-Bildungen in der horizontalen Projektion dar.

Die relative Stellung der (gefalteten) Vorblätter und der (nicht gefalteten) Deckblätter, ebenso der oft vorkommenden Laubblätter in den Ährchen, ist auch in der schematischen Zeichnung Fig. XXVII ersichtlich gemacht.

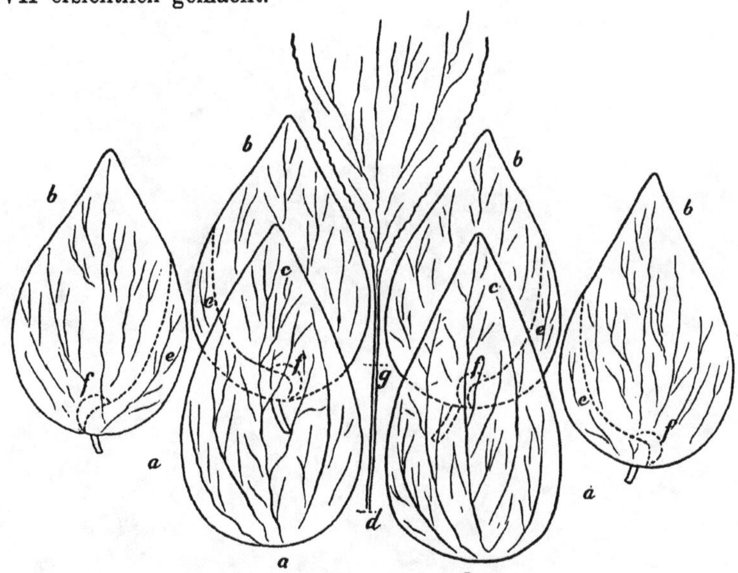

Fig. XXVII. Die relative Stellung der Hopfenzapfenblätter an der Spindel. Dabei zeigen *aa—cc* die relative Stellung der Deckblätter, *bb* jene der Vorblätter mit den Falten (*e*) und den Früchten (*f*); *d* zeigt die Stellung des Laubblattes.

5. Laubblätter in den sprossenden Hopfenzapfen

(Hopfenkönige, Narrenkopfbildung, verlaubte Zapfen, Hopfenmandl, Hopfenmänner, Lupel)[27].

(S. Fig. XXV, XXVII, dann namentlich XXVIII—XXXIV.)

Öfter treten aber auch noch andere Bildungen in den Zapfen (Blütenständen) auf, welche als Bildungsabweichungen (Monstrositäten) bezeichnet werden. Man könnte sie füglich in einer vorwiegend für praktische Zwecke bestimmten Schrift übergehen, wenn sie nicht zuweilen massenhaft auftreten und dadurch in den Kreis der praktischen Interessen eintreten würden. Zu den Monstrositäten gehören auch schon die Zwillingsbildungen bei den Vorblättern und Deckblättern. Bei den Vorblättern kommen Verwachsungen nur untergeordnet vor, aber bei den Deckblättern ist der Betrag ihres Auftretens, namentlich bei der Saazer Hopfenrasse, ein sehr bedeutender. Zuweilen tritt in der Mitte der vier Blüten- oder Vorblätter tragenden Stielchen noch ein ziemlich langgestieltes, meist gelblich gefärbtes Blättchen ohne Falte auf (Fig. XXIV bei *f*), welches offenbar nur eine rudimentäre fünfte Blüte darstellt.

Fig. XXVIII – XXXIII.
Sprossende, sogenannte verlaubte Hopfenzapfen des europäischen Hopfens (Hum. Lupulus L.).

Sehr häufig treten aber am Grunde der Ährchen und direkt an der Spindel, zwischen und etwas über den Deckblättern sitzend, auch noch förmliche Laubblätter wie am Hopfenstengel auf; manchmal sind sie sehr klein, so dafs man sie kaum sieht, aber sehr zahlreich da. Zuweilen erfüllen sie die Zapfen, ragen aber nicht darüber hinaus; namentlich kann man bei sehr gestreckten Hopfen immer den begründeten Verdacht haben, dafs kleine Laubblättchen massenhaft in den gestreckten (sprossenden) Zapfen vorhanden sind (Fig. XXX). Vielmal aber ragen sie als langgestielte Laubblätter weit aus den meist lockeren, gestreckten Hopfenzapfen hervor (Fig. XXVIII, XXIX, XXXIII, XXXII und XXXI, auch Fig. XXXIV).

Fig. XXXIV.

Ohne Zweifel sind die rassereinen Saazer Hopfen dazu am meisten geneigt und solche, die zweifellos davon abstammen, während echt englische, belgische und amerikanische Sorten wenig oder nichts davon haben. Namentlich auf fruchtbaren, stark gedüngten Böden und in gewissen Jahrgängen, wo starke warme Regen und Sonnenschein zur Zeit der Zapfenbildung miteinander wechseln, tritt diese Erscheinung, die sehr unwillkommen ist, massenhaft auf; aber es müssen in der Hopfenanlage die Reben der alten Saazer Sorte stecken. — Ich habe im Weihenstephaner Hopfenvarietätengarten in einem Jahrgang und bei einigen Sorten diese Monstrosität so massenhaft auftreten sehen, dafs es geradezu verblüffend war. Ich komme bei einer andern Gelegenheit noch darauf zu sprechen.

Manche Lagen sind in gewissen Jahren ganz besonders geeignet, aus Stöcken von Saazer Ursprung solche Monstrositäten von ganz ungewöhnlichen Dimensionen hervorzubringen, so die Gegend um Tettnang im südlichen Württemberg, von wo ich 1882 die verlaubten Zapfen Fig. XXVIII — XXXIII mitgenommen habe. Leider sind (aus technischen Gründen) die Bilder in Fig. XXVIII bis XXXIV nicht genau in der natürlichen Gröfse gemacht, sondern um $^1/_3$ reduziert.

In jenem Jahre (1882) hatten dort, namentlich in einem Dorfe bei Tettnang, diese Dinge unglaubliche Dimensionen angenommen, und ihre Anzahl war überraschend grofs. Es gab verlaubte Zapfen, welche mehr als 20 cm lang waren. Die Händler machten den Witz, dafs damals der Hopfen dort nicht nach Gewicht, sondern nach dem Längenmafs verkauft worden sei.

Für den Praktiker sind die sprossenden, mit Laubblättern geschmückten Zapfen sehr unangenehm, denn die Laubblätter belasten das Gewicht mit völlig wertlosem, ja schädlichem, weil den Biergeschmack verderbendem Material. Die der Lage und dem Jahrgang entsprechende Menge der Sekretdrüsen kann auf den Zapfenblättern da sein, auch die entsprechende Füllung mit Sekret, aber der Hopfengeruch ist, selbst bei sonst feinen Sorten, immer sehr ordinär, namentlich stark mit zwiebligen (lauchartigen) Beimengungen ausgestattet. Die stark verlaubten Zapfen werden auch bei feineren Sorten immer gut herausgesucht; man nennt das eine gute Sortierung. Aber es gibt massenhaft Verlaubung im kleinen, die ganz in den Zapfen versteckt ist, so dafs man sie erst gewahrt, wenn man die Zapfen sorgfältig entblättert. Zuweilen erkennt man diese Sachlage an einer Verlängerung der Zapfen, wie in Fig. XXX; in Fig. XXXI sieht man schon einige kleine Laubblätter in den Zapfen. Oft aber sind die kleinen Laubblätter massenhaft in den Dolden versteckt, ohne dafs man äufserlich das Geringste merkt, oder dafs sie auch nur gestreckt sind.

Auch diese Sprossung im kleinen ist für den Brauer unangenehm, denn sicher beeinflufst sie in ungünstiger Weise die Quantität und noch mehr die Qualität des Sekrets. Sie tritt häufiger und in gröfserem Mafsstab auf, als man gewöhnlich auch nur ahnt, und es ist sehr wohl möglich, dafs ein derart gewachsener Hopfen auch noch anderweite Gebrechen hat; sicher ist es angezeigt, diese Sache im Auge zu behalten und sich zu orientieren, indem man verdächtig gestreckte Dolden herausnimmt und speziell nach dieser Richtung untersucht. Jedenfalls wird dadurch das Hopfengewicht mit unnützen, Geld kostenden Dingen belastet.

Wir kommen später, in einer folgenden Schrift, in den Abschnitten über die Beurteilung des Hopfens als Ware und Braumaterial noch mehrfach auf diese Dinge zu sprechen, denen man, obgleich sie die Bierbereitung sicher stark beeinflussen, bisher in den Kreisen der Praktiker noch keinerlei Beachtung geschenkt hat.

Der morphologische (also Organ-)Wert der Hopfenzapfenblätter ist bereits von Prof. Dr. Göbel, jetzt in München, in seiner vergleichenden Entwicklungsgeschichte der Pflanzenorgane (p. 250) behandelt. Prof. Dr. Behrens (Karlsruhe) hat dazu den experimentellen Beweis geliefert, dafs man durch Verletzungen am Laubblattapparat der Hopfenpflanze die Entwicklung der sonst unterdrückten Laubblätter in den Zapfen künstlich hervorrufen kann (Flora, Bd. 78, 1894, S. 392). Etwas später (1895 oder 1896) beobachtete Behrens die Laubblattbildung in den Hopfenzapfen im Gefolge eines Hagelschlages, welcher kurz vor der Blüte die Hopfenpflanzen entblättert hatte (Wochenbl. d. Landwirtschaftl. Vereins im Grofsherzogtum Baden, 1895 oder 1896). In geringen Beträgen sah ich diese Erscheinung wohl auch an wilden Hopfenpflanzen, so einmal am Weihenstephaner Berg (Südabhang). Ich werde bei einer andern Gelegenheit noch eingehend von dieser Sache, die Gipfel- und seitliche Sprossung ist, mit Phyllodie (Verlaubung) im Sinne des Botanikers nichts zu thun hat, sprechen.

6. Die weiblichen Blüten und die Früchte (s. Fig. XXXV—XL).

Weitere Bestandteile des Hopfenzapfens sind nun die Geschlechtsanlagen, zunächst die weiblichen Blüten. Der Hopfen ist eine Pflanze, in welcher die Blüten nicht zweigeschlechtig (Zwitter) sind, wie so oft im Pflanzenreiche, sondern sie sind getrennten Geschlechtes; es gibt weibliche und männliche Blütenanlagen, und es sind noch dazu die beiden Geschlechtsanlagen auf ganz verschiedenen Individuen, also getrennt. Jene Individuen, welche nur weibliche Blütenanlagen haben, aus denen sich später die Hopfenzapfen entwickeln, sind es allein, welche in unsern Gärten kultiviert werden; es stehen also in unsern Hopfengärten in der Regel nur weibliche Pflanzen. Dagegen finden wir unter den in unsern Gebüschwäldern, in den Auen und an Abhängen, an Zäunen etc. wachsenden Hopfenpflanzenindividuen solche mit männlicher und andere mit weiblicher Blütenanlage; die weiblichen Pflanzen haben im Herbste Hopfenzapfen, die männlichen gar nichts oder noch die Reste verwelkter männlicher Blütenrispen[28]).

Was nun zunächst die weibliche Blüte (Fig. XXXV und XXXVI) betrifft, so besteht diese aus dem Fruchtknoten mit der Eizelle, und auf dem Gipfel des im Jugendzustande kaum sichtbaren Zellhügels, in welchem der Fruchtknoten ruht, stehen zwei pinselförmige Pistille (weibliche Geschlechtsorgane), welche nach oben wieder zweiteilig und mit zahllosen härchenartigen Narben ausgerüstet sind. Lermer und Holzner nennen diesen ganzen weiblichen Geschlechtsapparat nur die Narbe oder die zwei Narben, welche auf einem kurzen Pistill sitzen. Im Herbste 1882 (während der Hopfenernte) machte mich ein sehr intelligenter Hopfenzüchter in der Stadt Weil (Württemberg) aufmerksam, dafs er im Hopfen mit der Lupe zahlreiche eigentümlich gestaltete Insekten gefunden habe; auf meinen Wunsch zeigte er mir diese rätselhaften Tierchen, es waren aber nur die verwelkten Pinsel.

Die Oberfläche des Stempels ist mit vielen schlecht gefüllten Drüsen besetzt (Fig. XXXVII, XXXIX und XL). Schrumpft der drüsenbesetzte Stempel unbefruchtet ein, so nennt man den Hopfen in praktischen Kreisen kleinkörnig, im Gegensatze zu den grofsen Körnern oder Früchten.

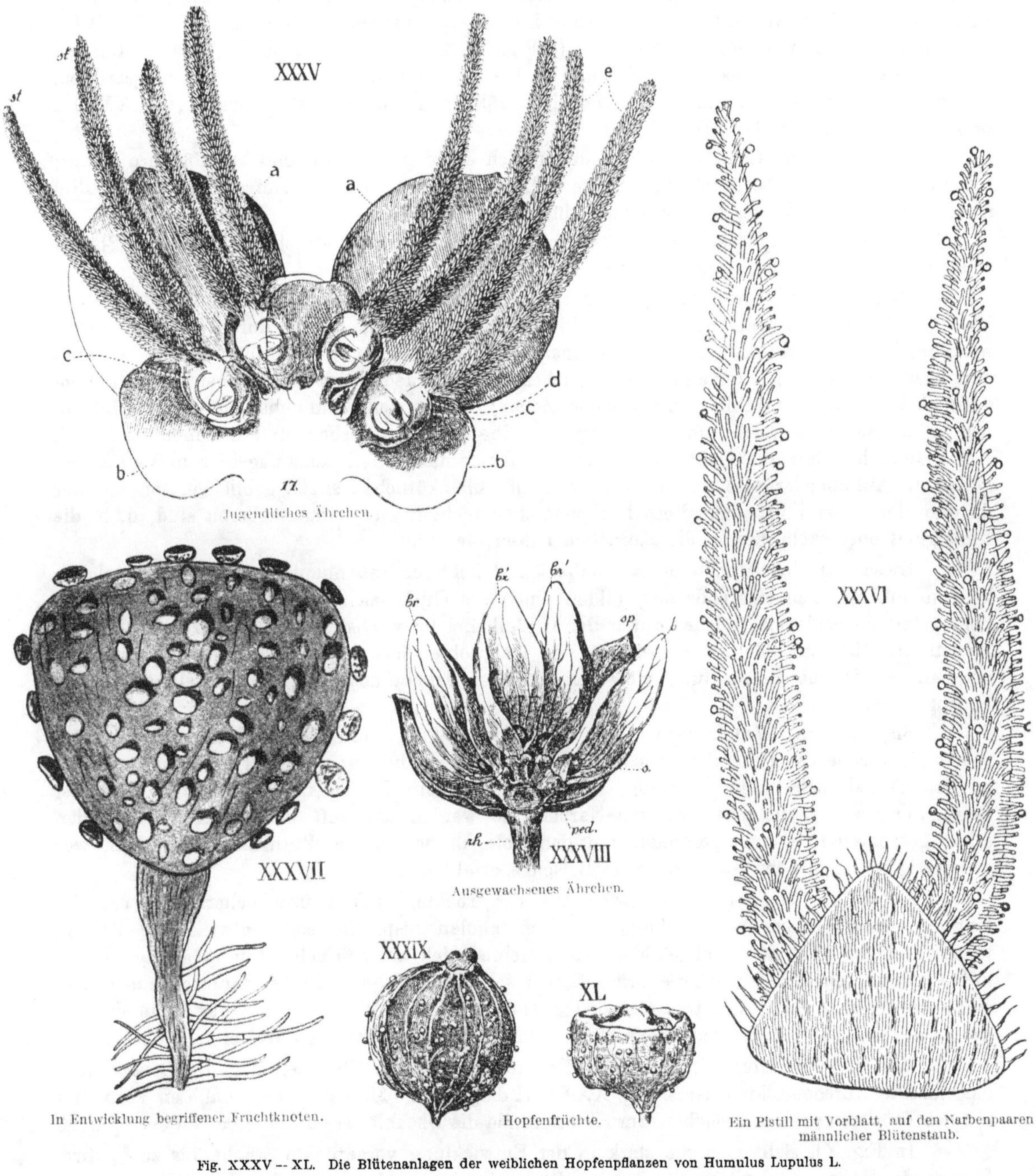

Jugendliches Ährchen. Ausgewachsenes Ährchen. In Entwicklung begriffener Fruchtknoten. Hopfenfrüchte. Ein Pistill mit Vorblatt, auf den Narbenpaaren männlicher Blütenstaub.

Fig. XXXV -- XL. Die Blütenanlagen der weiblichen Hopfenpflanzen von Humulus Lupulus L.

Sehr charakteristischerweise nennt man auch in manchen Gegenden, namentlich in Württemberg, den früchtelosen Hopfen, der nur verwelkte Stempel hat, »feinsamigen Hopfen«; dann ist natürlich der früchtereiche Hopfen der »grobsamige«.

Zur Blütezeit (zur Zeit des Anfluges, wie der Hopfenbauer sagt) besteht ein jedes Ährchen (eine Gruppe der später deutlich ersichtlichen vier Blütenstielchen) aus den beiden Deckblättern *a* (Fig. XXXV), den vier Vorblättern *b*, den auf den vier kurzen Stielchen sitzenden vier Fruchtknoten *c*, die je bis zur Hälfte gegen den Gipfel von einer zarten, mit Drüsenbechern besetzten Blütenhülle (perigonium, d. h. etwas gefärbter Blütenkelch) umgeben sind (s. auch Fig. XXXVII), aus dem Stempel *d* und den zwei Narben *e* (s. Fig. XXXV). Eigentlich bilden die Fruchtknoten und die Narben den Stempel. Der Stempel ist bis zu den Narben von einem zarten, gefärbten, mit Drüsenbechern bedeckten Häutchen, der Blütenhülle (perigonium), eingeschlossen (Fig. XXXIX und XL, dann XLI und XLII).

Köpfchen- und Scheiben-Drüsen finden sich auf den Spindeln und Deckblättern wenig; letztere haben selten becherförmige Drüsen (Lupulinkörner). Becherförmige Drüsen (Lupulin) finden sich nur auf Vorblättern und den Blütenhüllen.

Die Entwicklung des Fruchtknotens ist nur möglich, wenn Befruchtung durch den Blütenstaub männlicher Hopfen vorgekommen ist.

Diesen Befruchtungsvorgang veranschaulicht ganz gut das Bild in Fig. XXXVI, welches ich bei 60facher Gröſse gezeichnet habe. Die eigentliche Blütenanlage ist durch ein noch unentwickeltes Vorblatt verhüllt. Die beiden vielhaarigen Narben ragen weit darüber hinaus. Da und dort sitzt auf einer solchen Narbe ein Kügelchen (Ringel). Jedes dieser Kügelchen ist ein Pollenkorn, d. h. eines jener Milliarden Körnchen (Zellen), welche den männlichen Blütenstaub bilden, der im hohen Grade leicht und flugfähig ist. Ehe ich diese Arbeit unternommen, hatte ich eine männliche Blütenrispe über den Kätzchen, den weiblichen Blütenanlagen, zum Verstäuben gebracht. Auffallenderweise war nicht überall ein Pollenkörnchen sitzen geblieben, sondern nur da und dort, was zeigt, daſs diese Narbenhärchen nicht immer aufnahmebereit sind, d. h. die Flüssigkeit entwickeln, woran die Körnchen haften bleiben.

Diese aus einer dunkleren Auſsenhaut und lichteren Innenhaut bestehenden Kügelchen keimen nun auf dem Haarende aus, bilden einen am Gipfel sich immer weiter entwickelnden, licht gefärbten Schlauch, welcher durch den Griffelkanal fortwächst, bis er die Eizelle im Fruchtknoten erreicht. Sobald die Flüssigkeit des Keimschlauches mit der Eizelle in Berührung getreten ist, ist die Befruchtung vollzogen und der Fruchtknoten bildet sich allmählich zur Frucht aus[29]).

Siegreich im Befruchtungsvorgang ist nur jenes Pollenkorn, dessen Pollenschlauchspitze zuerst die Eizelle des Fruchtknotens erreicht. Alle andern kommen zu spät und finden schon im Griffelkanal nicht mehr die nötige Bildungssubstanz für ihr eigenes Wachstum. Nach der Befruchtung welken die pinselförmigen Narben, sie werden aber oft noch massenhaft in den schon gesackten Dolden vorgefunden und dann oft für schädliche Würmchen angesehen, was ganz irrig ist. Ich könnte da komische Beispiele erzählen.

Den schon stark in der Entwicklung vorgerückten, mit Drüsenbechern, die erst im Beginne des Secernierens sind, besetzten Fruchtknoten resp. die sich entwickelnde Frucht, welche ich in Fig. XXXVII abgebildet habe, zeichnete ich bei 180facher Vergröſserung. Es ist interessant zu sehen, daſs wohl die Drüsenbecher schon alle da, aber in der Hauptsache noch leer sind; die Füllung mit Sekret tritt also erst 8—14 Tage und 3 Wochen nach der Blüte ein; es ist für die Qualität der Hopfenware wichtig, wenn um diese Zeit gutes Wetter herrscht.

Wie die Vorblätter mit den reifen Früchtchen, mit den Stielchen und den Deckblättern das einzelne Ährchen bilden, ist in Fig. XXXVIII dargestellt. Man sieht die gefalteten Vorblätter mit den Früchten auf den Stielchen, im Hintergrunde die Deckblätter, unmittelbar an der Spindel.

In Fig. XL sieht man die stark in der Entwicklung vorgerückte Frucht, bis zu $^3/_4$ ihrer Länge oder Höhe von der Fruchthülle (dem Perigonium) umschlossen; in Fig. XXXIX sieht man die bereits ausgewachsene, nun von der Fruchthülle (dem Perigonium) bis zum Gipfelende umschlossene Frucht; in beiden Fällen ist die Oberfläche der Fruchthülle mit zahlreichen Drüsenbechern und meist bereits secerniert habenden Drüsen besetzt.

In Fig. XLI gebe ich das Bild der noch von der Blütenhülle umgebenen, ausgewachsenen Frucht von Humulus Lupulus und in Fig. XLII von Humulus Japonicus, beide in 15—16facher Vergröfserung, welche ich vor langen Jahren gezeichnet habe. Auffallend ist zunächst, dafs die Früchte von Humulus Japonicus durchschnittlich etwas gröfser sind wie jene von H. Lupulus; noch auffallender ist die Thatsache, dafs H. Japonicus auf der Oberfläche der Blütenhülle (Fig. XLI) nicht eine Spur von Drüsen, stellenweise nur etwas Haare zeigt, sonst vollkommen glatt ist, während die Blütenhülle der Früchte von Humulus Lupulus (Fig. XLI) auf ihrer Oberfläche von den grofsen Hopfendrüsen ganz dicht besetzt ist, wie damit besät aussieht.

Die Frucht von Humulus Japonicus (Fig. XLII) stammt aus dem Weihenstephaner ökonomisch-botanischen Garten vom 18. Oktober 1887. Mit der Blütenhülle war diese Frucht gut 4 mm lang, schwach 4 mm breit und 2 mm dick oder hoch. Die Blütenhülle war schmutziggelb, der Länge nach deutlich gerieft und hatte zarte bräunliche Querstreifung, nach dem Gipfel hin lichtgrünlich. Der Humulus Japonicus ist auch sonst, auf den Doldenblättern, sehr drüsenarm, und die Drüsen, welche da sind, funktionieren schlecht. Daher ist er wegen Sekretarmut vollkommen unbrauchbar für Brauzwecke; sein Sekretgeruch ist zart, hauchartig, würzig, schwach, an Kamillen erinnernd.

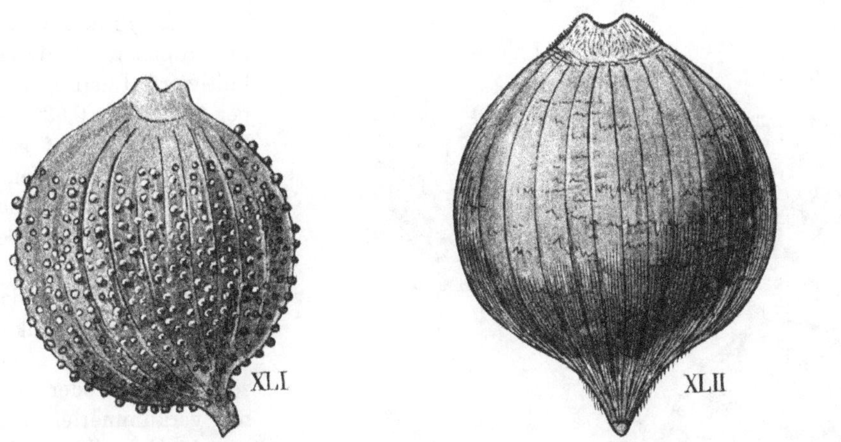

Fig. XLI. Fig. XLII.

Vom Perigonium (der Blütenhülle) bedeckte Hopfenfrüchte von Humulus Lupulus L. (XLI) und Humulus Japonicus Sieb. (XLII).

Die Frucht von Humulus Lupulus (Fig. XLI) rührt von einer Wildhopfenpflanze am Lazaghof bei Meran in Südtirol her, Jahrgang 1887. Diese ebenfalls noch bedeckte Frucht ist länger gestielt wie jene von H. Japonicus; das Keimloch liegt meist unsymmetrisch zur Längsachse. Sie ist 2,5 mm lang, 2,30 mm breit und 1,8 mm hoch oder dick. Die Oberfläche der Blütenhülle ist gelblich, glatt, aber der Länge nach gerieft, nach oben etwas grünlich. Die Oberfläche der Blütenhülle ist massenhaft mit sich drängenden, grofsen Hopfendrüsen besetzt, so dafs wohl mehr als 200 solcher Drüsen auf der relativ kleinen Oberfläche einer solchen Hopfenfrucht stehen; sie sind aber auch auf den unbefruchtet gebliebenen, welken und eingeschrumpften Perigonien vorhanden.

Nimmt man von der Frucht des Humulus Japonicus (Fig. XLII) die sehr dünne Blüten- oder Frucht-Hülle weg, so hat man die wirkliche hartschalige, nüfschenartige, einsamige Frucht in 15facher Vergröfserung (hier aber — aus technischen Gründen — um $^1/_3$ reduziert) vor sich, mit ihrer nun glatten, glänzenden, schmutzig-rotbraunvioletten, harten Schale (Fig. XLIII *a* und *b*): *a* die obere Fläche, *b* die Frucht im Querschnitt. Dieselben sind natürlich unter sich in der Gröfse keineswegs übereinstimmend; das skizzierte Exemplar war 3,25 mm lang, 3,5 mm breit, 2,25 mm hoch oder dick; der schraffierte Rand an der Ansicht von oben (in *a*) ist mehr gedrückt, die stark konvexe Oberfläche steigt erst vom noch flachen Innenrande der Randzone ab stärker empor.

Nimmt man von der Frucht des Humulus Lupulus (Fig. XLI) die drüsenbesetzte Blütenhülle hinweg, dann erhält man ebenfalls die hartschalige, nüſschenartige Frucht mit glänzender violetter Schalenoberfläche (Fig. XLIV *a* u. *b* in 15facher Vergröſserung, hier ebenfalls um $^1/_3$ reduziert). Auch hier sind die Früchtchen ungleich groſs; ein gemessenes vom Wildhopfen vom Lazagsteig bei Meran (XLIV *a*) war 2 mm lang, 2 mm breit und 1,5 mm hoch. Ein anderes Früchtchen des Humulus Lupulus, vom Kulturhopfen aus dem Hopfenvarietätengarten in Weihenstephan (Fig. XLIV *b*) von fruchtbarem Mergelboden, war 2,5 mm lang, ein klein wenig geringer breit und 1,75 mm hoch. Die Thatsache, daſs die Kulturhopfen häufig gröſsere Früchte haben als die Wildhopfen, hängt jedenfalls mit der durch die Düngung bewirkten besseren Ernährung des Kulturhopfens zusammen. Man findet zuweilen auch Wildhopfen mit gröſseren Früchtchen.

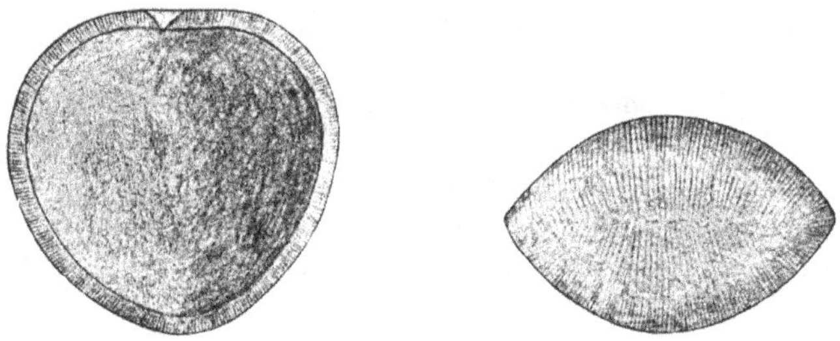

Fig. XLIII a. Fig. XLIII b.
Hopfenfrüchte von Humulus Japonicus.

Fig. XLIV a. Fig. XLIV b.
Hopfenfrüchte von Humulus Lupulus.

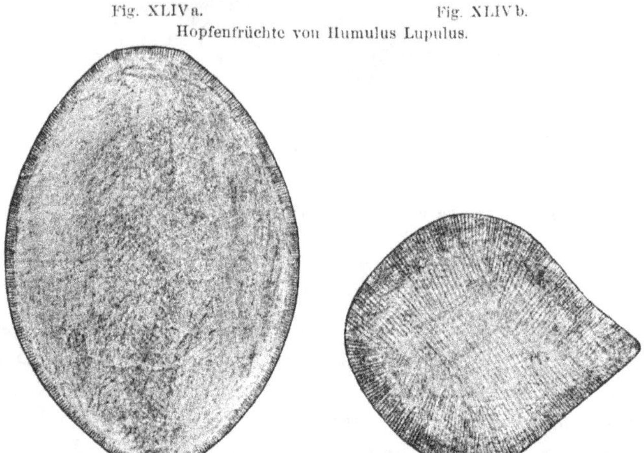

Früchte der Hanfpflanze.
Fig. XLV a. Fig. XLV b.

Nach Prof. C. O. Harz[30]) hatten in München wildwachsende und kultivierte Pflanzen Früchte, welche per 200 Stück 0,830—429 g wogen. Es würden also auf 1 kg 240963 bis 450750 Stück kommen. E. Weiſs[31]) fand 100 Stück Früchte 0,246 g (246 mg) schwer; dieser Autor lebt in Posen.

Die Ausbildung der Früchte ist vielfach sehr unvollkommen: man findet solche mit zwar harter aber zerbrechlicher oder runzeliger Schale, mit verkümmertem Inhalt. Das ist sowohl bei wilden wie bei Kulturhopfen der Fall, bei ersteren mehr. Prof. Wiesner (Wien) hat bei Hopfen ebenfalls samenlose Früchte beobachtet, meint aber, daſs es nur bei einigen Kulturvarietäten des Hopfens vorkomme. Ich habe es auch öfter beobachtet, aber auf die Zugehörigkeit zu Hopfenrassen nicht geachtet. Mir will es fast scheinen, als wenn es mehr mit Jahrgängen zusammenhinge. Das Heranwachsen unbefruchteter Fruchtknoten zu tauben Früchten ist bei Kulturpflanzen schon öfter beobachtet worden, namentlich auch beim Weinstock; da werden oft die Früchte um so gröſser, je vollständiger die Samen fehlschlagen.

Der Hopfen bildet für die botanische Wissenschaft mit den Nesseln (Urtica dioica und urens bei uns, in den Tropen noch andere) und mit dem Hanf (Cannabis sativa) die natürliche Pflanzenfamilie »der Nesselartigen« (Urticeen). In der That kann man sich nichts Ähnlicheres denken, als die männliche Hanfblüte und die männliche Hopfenblüte. Der Hanf ist auch getrenntgeschlechtig und hat männliche und weibliche Individuen; die ersteren heiſsen Femelhanf, man spricht auch bei den männlichen Hopfenpflanzen von Femelhopfen.

Auch die hartschaligen Früchtchen des Hanfes sind jenen des Hopfens ähnlich, aber, wie an den Hanffrüchtchen in Fig. XLV *a* und *b* bei 15facher Vergröfserung (hier wieder um $^1/_3$ reduziert) ersichtlich, gröfser und mehr in die Länge gestreckt, mehr eiförmig, während die Früchtchen von Humulus, von der Fläche gesehen, mehr herzförmig sind. Die skizzierte Hanffrucht ist 5,5 mm lang, 4 mm breit und 3,25 mm hoch oder dick; die an der Oberfläche glänzende harte Schale ist grauweifs, erheblich lichter. Auch die hartschaligen Früchtchen der Nesseln sind mehr länglich.

Fig. XLVI.

Oben im Bilde männliche und weibliche Blütenzweige von Humulus Japonicus Sieb., unten Zweige des erntereifen europäischen Hopfens (Humulus Lupulus L.). Aus dem Weihenstephaner Hopfenvarietätengarten (Drahtanlagen).

Etwa 6—8 Wochen nach dem ernstlichen Auftreten der weiblichen Blüten, des Blütenanfluges, ist der Hopfen erntereif, d. h. im Zustande der technischen Reife, nicht der Fruchtreife, angelangt. Um Spalt zeigt sich der Anflug zuweilen schon Mitte Juni, in manchen Jahren aber erst im Juli, und manche Produzenten dort sagen, dafs ihnen das Juligewächs lieber sei als das Junigewächs. Entscheidend sind da aber nicht einzelne Blüten oder einzelne Stöcke mit Blüten, sondern die Vollblüte aller Hopfengärten.

Ob nun die weiblichen Hopfenblüten befruchtet sind oder nicht, immer entwickeln sich aus dem Blütenstand, den Blütenkätzchen, nach der Blüte beginnend, in 6—8 Wochen die in der Brauerei wohlbekannten Hopfenzapfen oder Dolden, die also aus einer grofsen Anzahl von Einzelblüten mit den begleitenden Hochblättern bestehen. Zu technischen Zwecken erntet man diese Zapfen nicht in der botanischen Reife, das wäre um 3—4 Wochen zu spät; man erntet sie vielmehr in einem gewissen Entwicklungsstadium vor der botanischen Reife, welches wir deshalb als das Stadium der technischen Reife bezeichnen. Hier ist nicht der Ort, näher auf diese wichtigen Dinge einzugehen, das wird an anderer Stelle geschehen.

Fig. XLVII.

Ein Hopfengartenbild aus der oberen Region, unmittelbar vor der Ernte. Aus dem Weihenstephaner Hopfenvarietätengarten (Drahtanlagen).

In Fig. XLVI haben wir eine Anzahl Blütenäste von Hopfen aus dem Weihenstephaner Hopfenvarietätengarten, am 3. September 1887 entnommen, unmittelbar vor dem Stadium der technischen Reife[32]). Unten sind nur technisch-reife Blütenzweige von unserm Hopfen (Humulus Lupulus L.).

In der oberen Reihe sind Pflanzenteile des japanischen Hopfens (Hum. Japonicus Siebold), die drei Individuen rechts solche mit männlichen Blütenrispen, die drei links sind weibliche Pflanzen mit Zapfenanlagen, die beim japanischen Hopfen sehr vereinzelt stehen und sehr unansehnlich sind. Oben rechts sind noch einige untere Stengelblätter von Individuen des Humulus Japonicus.

In Fig. XLVII (aus der mittleren und oberen Region) bringen wir noch ein Bild eines Hopfengartens unmittelbar vor der Ernte. Es ist aus dem Weihenstephaner Hopfenvarietätengarten, Reihe Nr. 39 (Early-prolific-Hop, aus dem Weald of Kent); es wurde von dem Studierenden Obermaier am 3. September 1887 gemacht.

7. Die männliche Hopfenblüte und die Befruchtung (s. Fig. XLVIII—LVIII).

Es wäre nun noch angezeigt, sich die männliche Hopfenpflanze etwas näher anzusehen, welche durch die Befruchtung, durch die kleinen einzelligen Kügelchen oder Sporen, bei der weiblichen Pflanze in unsern Kulturhopfengärten (s. Fig. XXXVI) die Entwicklung dieser nüſschenartigen, hartschaligen Körner, die dem mitteleuropäischen Brauer aus mannigfachen Gründen sehr unerwünscht sind, hervorruft. Die belgischen, englischen, amerikanischen, australischen etc. Brauer machen sich nichts aus dem Vorhandensein der vielen Früchte.

Die männlichen Hopfenpflanzenindividuen, welche in Bayern auch öfter Gockelhopfen genannt werden, sehen allgemein hin in ihrer vegetativen Entwicklung gerade so aus wie die Kulturhopfenindividuen, die bei uns in Mitteleuropa heute nur aus weiblichen Hopfenindividuen bestehen. Früher pflanzte man auch in Mitteleuropa einzelne männliche Hopfenstöcke in die Hopfengärten, heute ist es noch so in Belgien, England, Nordamerika etc. Nach einer Notiz, welche die Allgem. H.-Ztg. (1868, S. 458) geographischen Journalen entnommen, bauten Deutsche in Lobenthal (Südaustralien) Hopfen; weil er aber im Vergleich zum europäischen sehr schwach (sekretarm) sei, wollen sie männliche Pflanzen von auswärts kommen lassen, um durch die Befruchtung diese Hopfenmehlarmut zu vertreiben. Wenn die Wildhopfenindividuen in unsern Hecken minder hoch und üppig sind, kleinere Blätter, dünnere Reben und Äste haben wie die Kulturhopfen unserer Gärten, so hängt das sicherlich nur mit besserer Ernährung zusammen, weil unsere Kulturhopfenpflanzen gedüngt werden, die wildwachsenden in unsern Hecken aber nicht. Die zapfentragenden weiblichen Hopfenpflanzen in unsern Hecken sind ebenfalls nicht so üppig, und wo die männlichen Hopfenpflanzen in unsern Gärten angepflanzt sind, entwickeln sie sich gerade so wie die weiblichen Individuen.

Es verdienen diese Dinge ganz besonders hervorgehoben zu werden, weil es Leute gibt, welche glauben, daſs es auch unter den zapfentragenden Hopfenindividuen, die also nur solche mit weiblichen Fruchtanlagen sind, solche gäbe, welche männlichen Geschlechtes seien. Ich habe oft bezügliche Anfragen, worau die männlichen Hopfen erkennbar seien, in den Fachzeitschriften gelesen. In der Allg. Br.- u. H.-Ztg. 1885, I, S. 51 wird in einem Bericht des Hopfenbauvereins gesagt: Ausartungen des Hopfens in Form wenig geschlossener und groſser, runder Dolden (männlicher Hopfen) häufiger in trockenen Jahren mit zeitweisem Regen vorkommend. In der Allg. H.-Ztg. 1864, S. 138 wird unterm 30. April in einer Korrespondenz aus dem Elsaſs gesagt: es wäre für die Hopfenpflanzer des Elsasses sehr erwünscht, zu erfahren, wie man die weibliche und die männliche Hopfenpflanze erkennen kann, wovon Herr J. Schöffl in Saaz in seinen Berichten so oft spricht. Ohne Zweifel sieht man die verlaubten (durchwachsenen) Zapfen, die ja in Franken Hopfenmännchen genannt werden, für so etwas an; wenn in Franken, wo diese seltener vorkommen, so ein Zapfen gefunden wird, dann überreicht man ihn mit allerlei Anspielungen den beim Pflücken beteiligten Mädchen. Diese sogenannten Hopfenmännchen sind aber in Wirklichkeit nur verlaubte, weibliche Blütenstände.

Schon im vorigen Jahrhundert wurden die männlichen Hopfen Nesselhopfen (wegen Ähnlichkeit der Blüten mit jenen der groſsen Nessel) und Femelhopfen genannt. Man hielt sie aber für entartete Hopfen, welche zuweilen wieder Zapfen tragen[33]).

Auch die allgemeine Anordnung der eingeschlechtlichen (stengellosen) männlichen Blüten in der Region der Aste und Zweige ist ganz dieselbe wie bei der weiblichen Pflanze, nur stehen da, wo bei der weiblichen Pflanze Kätzchen und später Zapfen sind, männliche Blüten, die dann in gröfseren Beständen ein rispenartiges Aussehen gewinnen; das mufs jedem an das Aussehen zapfentragender, weiblicher Hopfenpflanzen gewöhnten Auge sofort schroff auffallen (s. Fig. XLVIII).

Im Knospenzustande sieht die männliche Blüte aus wie in Fig. LII, da in ca. 12maliger Vergröfserung (aber wie auch in Fig. LIII um $^1/_3$ reduziert). Auch die männliche Hopfenblüte

Fig. XLVIII.
Männliche Individuen des europäischen Hopfens (Humulus Lupulus L.) mit Blütenrispen.

ist ein Perigonium, d. h. sie besteht nur aus einem etwas gefärbten Hüllkelch, die Blumenkrone fehlt. Der Hüllkelch hat fünf aufsen grüne Blätter und ist an der Aufsenfläche ziemlich stark mit grofsen Hopfendrüsen besetzt, auf der Knospe durch kleine Ringel angedeutet.

Wenn die männliche Blütenknospe sich zum Blühen geöffnet hat, dann bietet sie das Bild wie in Fig. LIII. In Fig. LIII sieht man die fünf flach ausgebreiteten, vollkommen geöffneten Kelchblätter, welche auf dieser Seite licht gefärbt sind. In der kreisrunden Mitte, wo sonst —

bei Zwitterblüten — die weiblichen Geschlechtsanlagen, die Stempel, stehen, ist hier nichts, der Raum ist vollständig leer. Am Grunde der fünf Perigonblätter stehen da, wo die Ringel sind, fünf Staubfäden, welche nach oben die grofsen, klotzigen, zweifächerigen, lichtgefärbten Staubbeutel haben. Es ist nur einer dieser Staubbeutel mit dem Staubfaden eingezeichnet, in *b*; bei den andern vier Perigonblättern würde es also ebenso sein.

Die Kelchblätter (*a*) der geöffneten Blüte sind ziemlich kahnförmig, grün, gegen den Rand hell und bewimpert, haben meist ziemlich hellen Mittelnerv; die Scheibe am Grunde, wo die Staubfäden stehen, ist ebenfalls heller gefärbt. Die Antheren mit den Staubfäden (*d, e, c*) sind etwas kürzer wie die Kelchblätter, daher von der Knospe bedeckt. Die sehr dünnen Staubfäden

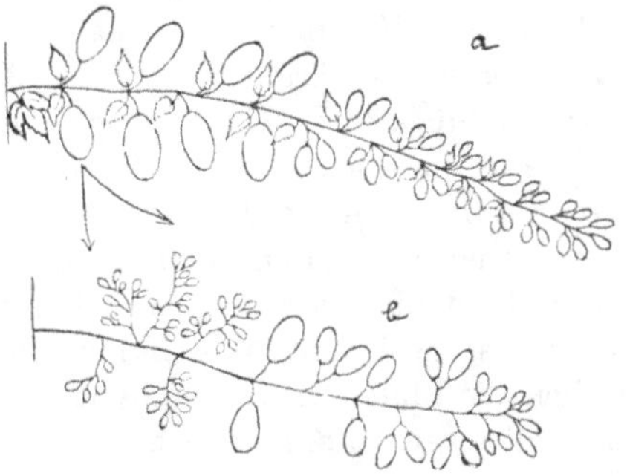

Fig. XLIX.

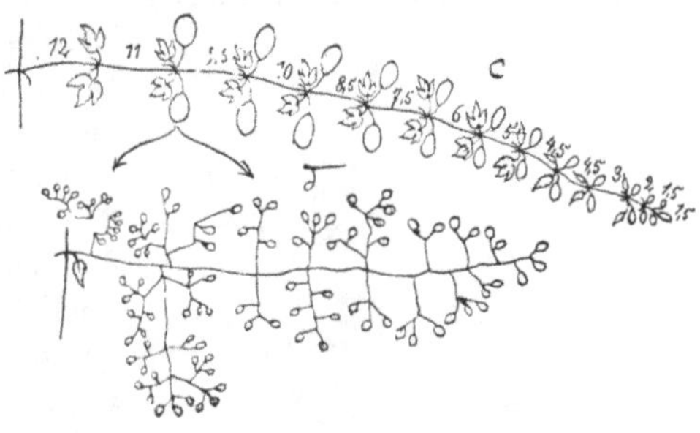

Fig. L.

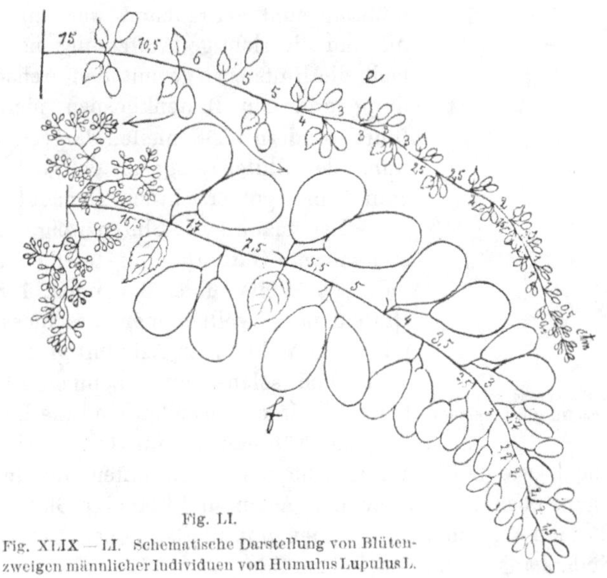

Fig. LI.

Fig. XLIX — LI. Schematische Darstellung von Blütenzweigen männlicher Individuen von Humulus Lupulus L.

haben nur $^1/_3$ der Länge der Antheren, welche der Länge nach gebogen und 2fächerig sind; die beiden Längsfächer platzen am Gipfel auf, um ganze Wolken von Blütenstaub auszuschütten (s. Fig. LIII *c* u. *e*).

Merkwürdig ist, dafs auf der Mittelnaht dieser Staubbeutel, welche ganz gelblich-weifs gefärbt sind, eine ganze Anzahl grofser Hopfendrüsen steht, wie in Fig. LIII bei *d* zu sehen. Die grünen, runden Blütenstiele sind vielfach mit Haaren, seltener mit Scheibendrüsen besetzt.

In Fig. LVIII (S. 204) geben wir zwei ausgewachsene Wildhopfenstengel mit Blättern, Ästen und Blütenrispen, welche in dem Augenblicke, wo sie photographiert wurden (Anfang August 1887), zum gröfseren Teile in voller Blüte standen, teilweise sogar schon abgeblüht hatten[34]). Überall, wo in den Blütenrispen (der sehr komplizierte Blütenstand ist eigentlich keine Rispe, mehr wickelartig) ein Kügelchen ersichtlich, befindet sich in Wirklichkeit eine geschlossene Knospe wie in Fig. LII oder eine offene Blüte wie in Fig. LIII. Einer der beiden Stengel (rechts) ist stehend, der andere hängend dargestellt. Man sieht, dafs der Blütenstand jenem der weiblichen Pflanze sehr ähnlich oder eigentlich gleich ist. Die einzelnen Rispen verblühen zu sehr ungleicher Zeit, in 8—14 Tagen, dann verwelken sie und fallen ab, während das Kraut (Stengel, Äste und Blätter) am Leben bleibt; daher sieht man dann im Herbste Hopfenpflanzenindividuen, welche keine Zapfen (Dolden) haben; das sind eben solche männlichen Individuen, deren Blütenstände verwelkt und abgefallen sind.

In Fig. XLIX—LI*a*—*f* habe ich drei Blütenzweige männlicher Hopfenpflanzenindividuen schematisch, aber in der relativen Lage genau, gezeichnet, um den Charakter des männlichen Blütenstandes zum Ausdruck zu bringen. Die vertikale Linie stellt immer ein Stück des Hopfenstengels oder des Stammes dar. Das horizontale Stück ist der Ast (die Tragrebe); von den Ästen gehen die Zweige (Achsen 3. Ordnung) aus, an denen an Achsen 4. Ordnung sofort die männlichen Einzelblütenknospen stehen, oder, was noch häufiger ist, es ist noch eine 4. Achse zwischengeschoben und stehen die Blüten erst an Achsen 5. Ordnung. Das ist also alles ganz ähnlich wie bei der weiblichen Hopfenpflanze.

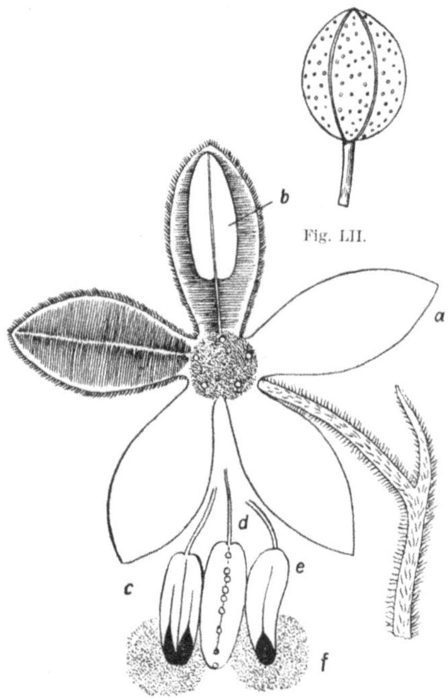

Fig. LII.

Fig. LIII.

Fig. LII u. LIII. Geschlossene Blütenknospe und offene Blüte der männlichen Individuen von Humulus Lupulus L.

Da die Detailzeichnung der Blütenanordnung sehr mühsam und zeitraubend war, und es sich hier doch nur um die richtige Auffassung handelt, habe ich vielfach die Blütenzweige mit den Achsen 3., 4. und 5. Ordnung und den Blütenknospen nicht im Detail ausgeführt, sondern als Schleifen dargestellt, damit die Anordnung der Blütenzweige an den Ästen von der Basis bis zum Gipfel gut ersichtlich gemacht werden konnte.

Der männliche Blütenzweig, Fig. XLIX *a* und *b*, stammt vom Gartenzaun am Weihenstephaner Südabhang, nahe der Veitsmühle, 4. August 1887. Da waren alle Blüten noch vollkommen geschlossene Knospen. Es gibt beim Wildhopfen Äste mit gröfseren, ganzen Blättern, aber auch solche mit 3lappigen Blättern, vom Grunde bis zum Gipfel; zuweilen sind die Laubblätter am Gipfel 3lappig, während sie am Grunde einfach sind; meist ist es umgekehrt: am Stengel, wie bei den Kulturhopfen, d. h. unten und in der Mitte, 5lappig, weiter hinauf 3lappig, ganz oben einfach; an den Ästen sind 5lappige Blätter auch an der Basis selten. Ab und zu trifft man Wildhopfenindividuen mit allerlei monströsen Blattformen, so diese am Weihenstephaner Südabhang, nahe der Veitsmühle.

Fig. L*c* und *d* ein männlicher Blütenzweig von Wildhopfen am Zaun des Hopfenvarietätengartens, 3. August 1887. Die meisten Blüten waren offen und stäubend. Der Zweig war vom oberen Drittel des Stengels[35]).

Fig. LI*e* und *f* ein Wildhopfenblütenzweig vom Zaune an der Wachinger Mühle in Freising, 4. August 1887; alle Blüten noch Knospen. Die Zahlen sind die Mafse der Internodien in Zentimetern.

Wenn die Blütezeit gekommen, platzen die beiden Staubbeutellängsfächer am Gipfel auf und streuen ganze Wolken von Blütenstaub aus (in Fig. LIII*c* und *e*, in *f* ist der Blütenstaub angedeutet). Der Blütenstaub besteht aus mikroskopisch-feinen Körnern, welche so fein und leicht sind, dafs sich ein grofser Teil davon lange schwebend in der Luft erhalten und sicher weithin fliegen kann. Wie weithin, ist uns unbekannt, wahrscheinlich, unter Umständen, meilenweit. Denn die Frühhopfen um Saaz sind, auf trockenem Boden gewachsen, fruchtlos, auf feuchtem Boden wachsen sie langsamer und kommen mit der männlichen Hopfenblüte zusammen. Da haben sie oft bis 6 und 8 % grofse Körner. Aber da es im Innern des Saazer Gebietes nicht leicht männliche Individuen gibt, mufs der Blütenstaub weither fliegen.

Man begegnet oft der Ansicht[36]), dafs auch unter den in den Gebüschen vorkommenden wilden Hopfenpflanzen selten männliche Individuen zu finden seien, sondern überwiegend weibliche, zapfentragende. Für Südbayern trifft das nicht zu, da sind männliche Individuen sehr häufig, aber im Herbste fallen nur die zapfentragenden, weiblichen auf.

In englischen Hopfenpflanzerkreisen hat man schon öfter die Ansicht ausgesprochen, dafs durch die Befruchtung der weiblichen Kulturhopfen mit dem männlichen Blütenstaub von Wildhopfenindividuen auch die ganze konstitutionelle Anlage der weiblichen Kulturhopfenindividuen eine Verwilderung erleiden könne[37]). Diese Ansicht ist sicher irrig, denn die Wirkung des Pollenschlauches der Sporen der männlichen Blüte dringt nicht weiter als bis zum Fruchtknoten in die weibliche Blüte ein.

Da die weibliche Hopfenpflanze ganz offenblühend ist, vollzieht sich die Befruchtung sehr leicht, und es bedarf keiner Anteilnahme von Insekten. Man sieht auch die Hopfenblüte niemals von Bienen, Hummeln oder andern Insekten besucht. Wahrscheinlich fehlen ihnen die Nektarien (Honig absondernden Apparate); auch der Geruch der Hopfendrüsen kann da wirksam sein; übrigens ist um diese Zeit noch wenig Sekret da.

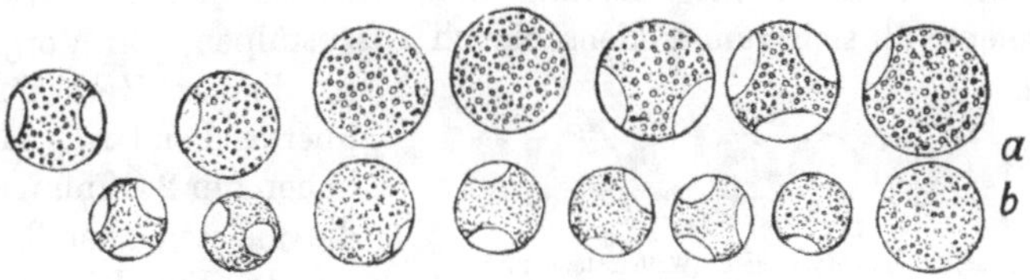

Fig. LIV.
Pollenkörner (Blütenstaub) von Humulus Lupulus L.

Ohne Zweifel ist es wünschenswert, zu wissen, wie denn die einzelnen feinsten Körnchen des männlichen Blütenstaubes, die Pollenkörner, welche eventuell die Befruchtung der weiblichen Hopfenblüte bewirken, aussehen und organisiert sind.

In Fig. LIV *a* und *b* haben wir die Pollenkörner, also die männlichen Fortpflanzungszellen von Humulus Lupulus, von unserm allen wohlbekannten europäischen Hopfen dargestellt, und zwar die Reihe *a* bei 540facher, die Reihe *b* bei 360facher Vergröfserung. Das sind die Kügelchen, welche auf den Haaren der Narbe (s. Fig. XXXVI S. 197) der weiblichen Blüte hängen bleiben. Man sieht ganz deutlich die gekörnelte, dunkle Aufsenhaut und an den lichten, kreisrunden drei Öffnungen die weifse Innenhaut, welche sich bei vorhandener Feuchtigkeit und Wärme ausstülpt und zu einem langen, dünnen, an der Spitze fortwachsenden Schlauch, dem Pollenschlauch, auswächst; dieser Pollenschlauch wächst dann durch den zentralen Griffelkanal des Pistills, von dessen Zellinhalt er sich ernährt, bis zum Fruchtknoten fort. Die Pollenkörner waren vor der Untersuchung und Zeichnung unter dem Mikroskop mit Wasser benetzt worden; trocken sind sie etwas kleiner und sehen auch etwas anders aus.

In Fig. LV *a* und *b* haben wir die Pollenkörner von Humulus cordifolius Miquel, dem herzblätterigen Hopfen Ostasiens, dargestellt. Diese Art stimmt, bis auf die ungeteilten, herzförmig gestalteten Laubblätter, namentlich in den Dolden, Drüsen, im Sekretgehalt etc., ganz mit dem europäischen Humulus Lupulus überein, so dafs sie eigentlich wohl nur eine Varietät desselben ist. Seine genaue Verbreitung ist nicht bekannt; sicher ist nur, dafs der herzblätterige Hopfen dem östlichen Asien (China, Japan) angehört (s. oben S. 149). Die sehr wohl erhaltenen Exemplare, an denen ich diese Studien machte, sind im Münchner Staatsherbar (Ex herbario botan.

Petropol. von Maximowicz, 2. Reise nach Hakodate in Japan, 1861); es waren an den Individuen nur wenig Zapfen, die aber jenen von Hum. Lupulus L. ganz ähnlich waren; die Laubblätter waren übermittelgrofs und ganz, am Grunde herzförmig. Sie wurden von diesem Petersburger Botaniker auf einer der nördlichen japanischen Inseln, bei Hakodate, gesammelt. Damals, als ich diese Untersuchungen machte, war das Material wohl schon reichlich 25 Jahre im Herbar.

Die Reihe *a* ist bei 540facher Vergröfserung und unter Wasser gezeichnet, die Reihe *b* ebenfalls bei 540facher Vergröfserung, aber trocken, nicht aufgequollen. Bei dieser letzteren sind die Öffnungen für den Pollenschlauch nicht ersichtlich, also eine Unterscheidung zwischen Innen- und Aufsenhaut nicht möglich; auch sind sie vielfach von geraden Linien umgrenzt.

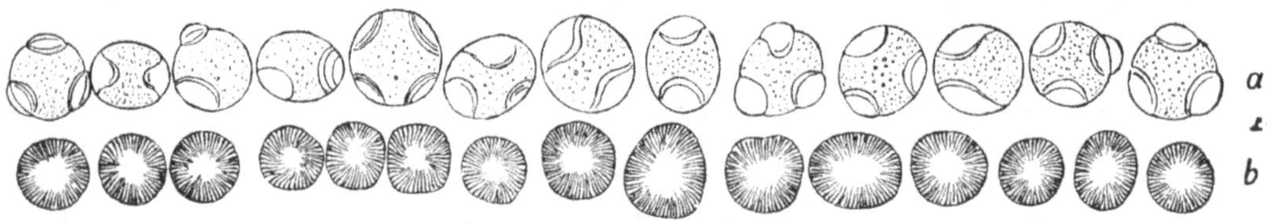

Fig. LV.
Pollenkörner von Humulus cordifolius Miquel.

Man sieht sofort, wie die An- oder Abwesenheit von Wasser das mikroskopische Bild gleich in ganz auffallendem Betrage verändert. Die Ähnlichkeit der Reihe *a* mit der Reihe *a* in Fig. LIV (Humulus Lupulus) bei 540facher Vergröfserung unter Anwesenheit von Wasser ist grofs, nur beginnt hier die Innenhaut sich zum Pollenschlauch auszustülpen, ein Vorgang, welcher nach so langer Herbariumsruhe eigentlich überraschend ist. Manche Pollenkörner haben nur 2 Öffnungen, manche sogar 4, die meisten aber 3.

In Fig. LVI haben wir mit 480facher Vergröfserung (dann aber um $^1/_3$ reduziert) unter Wasser die Pollenkörner von Humulus Japonicus dargestellt, welcher in Ostasien massenhaft verbreitet ist. Die zusammengezogene, körnige, protoplasmatische Inhaltmasse ist gelblich, die Umfangslinie schwarz, der lichte Raum ist weifs, er war eine Zeitlang schwach rosenrot; die Blütenrispen waren vom August bis Mitte Oktober 1887 in einem Glase aufbewahrt und hatten viel Pinselschimmelmycelium angesetzt.

Fig. LVI.
Pollenkörner von Humulus Japonicus Sieb. (Weihenstephan.)

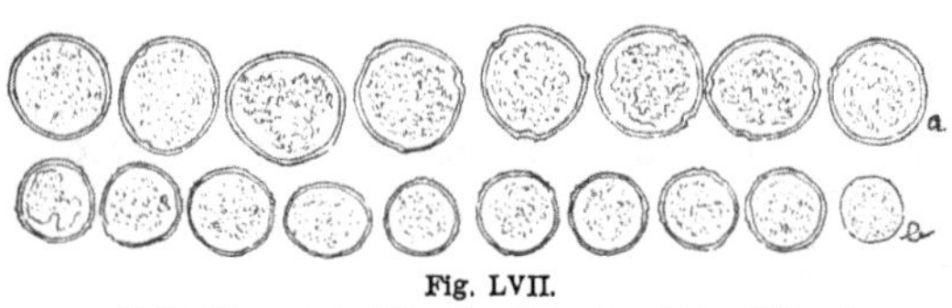

Fig. LVII.
Pollenkörner von Humulus Japonicus Sieb. (China.)

Fig. LVIII.
Pollenkörner von Hanf. (Cannabis sativa L.)

Diese Art wurde in neuerer Zeit als Herbstzierpflanze bei uns eingeführt, weil sie sich erst sehr spät im Sommer entwickelt, dann sehr schön aussieht und 2—3—4 m hohe Stengel hat. Sie verhält sich bei uns einjährig und wird im Frühjahr wie Hanf gesäet; sie entwickelt dann eine Menge männlicher und weiblicher Individuen, welche sehr leicht (ohne Rhizom) wurzeln und leicht aus dem Boden genommen werden können. Man sieht, dafs das Bild dieser mit Wasser unter dem Mikroskop gezeichneten Pollenkörner des Humulus Japonicus von jenen des Humulus Lupulus (Fig. LIV) und Humulus cordifolius (Fig. LV) sehr verschieden ist.

In Fig. LVII *a* und *b* habe ich, *a* bei 540facher, *b* bei 360facher Vergröfserung (dann aber beide um $^1/_3$ reduziert), die Pollenkörner von Humulus Japonicus gezeichnet, welche von Individuen des japanischen Hopfens herrühren, die 1887 in der Ebene von Shanghai in China gewachsen sind. Ich erhielt die betreffenden Pflanzen auf meine Bitte durch den damaligen Herrn deutschen Generalkonsul Dr. Focke in Shanghai zugesendet; sie waren am 3. Dez. 1887 unter Wasser gezeichnet worden. Die Übereinstimmung mit den Pollenkörnern von den im Weihenstephaner ökonomisch-botanischen Garten gewachsenen Individuen ist die denkbar weitestgehende.

In Fig. LVIII *a* und *b* haben wir ferner — mit Wasser — bei 480facher Vergröfserung die Pollenkörner männlicher Hanfpflanzen dargestellt, jener Pflanzenart, welche dem Hopfen im botanischen System am nächsten steht; sie sind ganz anders beschaffen wie die Pollenkörner der Hopfenarten.

Man sieht, wie scharf sich die Pollenkörner dieser verschiedenen Arten unterscheiden, und das geht durch das ganze Pflanzenreich. Wenn einmal die Pollenkörner (die männlichen Fortpflanzungszellen) aller auf der Oberfläche der Erde vorkommenden Pflanzenarten genau gezeichnet sein werden, dann wird es den Botanikern ein Leichtes sein, Arten auseinander zu halten und zu bestimmen. Aber Pollenkörner kann man nicht immer haben, weil diese nur im Stadium der Blüte vorhanden sind.

Die Pollenkörner sind am 15. Oktober 1887 unter Wasser gezeichnet; die sub *a* (vier von links herein) hatte ich Anfang Oktober 1887 von einer blühenden Pflanze in Gries bei Bozen entnommen, der protoplasmatische Inhalt ist gelblich; die sub *b* (drei von rechts) fand ich unter Humulus Japonicus-Pollenstaub im ökonomisch-botanischen Garten zu Weihenstephan, neben dem Beet mit Hanfpflanzen.

Nach meiner festen und selbstverständlichen Überzeugung ist das Auftreten grofser, keimfähiger Körner in den Blütenständen der weiblichen Hopfenpflanzen unbedingt an das Vorhandensein männlicher Hopfenindividuen geknüpft. Diese Auffassung der wichtigen Sache ist aber keineswegs allgemein geteilt. In der Allg. Br.- u. H.-Ztg. 1883, II, 630 spricht ein bayerischer Hopfenproduzent die Meinung aus, dafs auch die Brennessel den Hopfen befruchten könne.

In älterer Zeit hat man auch bei uns die Ansicht gehabt, dafs die Hopfendrüsen, die sogenannten Lupulinkörner, in irgend einer Beziehung mit den Befruchtungsvorgängen bei der Hopfenpflanze ständen, dafs der Hopfen also, wenn man ihm nicht Gelegenheit biete zum Vollzuge der geschlechtlichen Funktionen, auch arm an Lupulinkörnern bliebe. Das war der Grund, warum man noch im vorigen und selbst im Anfange dieses Jahrhunderts in der Gegend von Spalt und Hersbruck in Bayern einzelne männliche Hopfenstöcke in die Hopfengärten pflanzte; namentlich pflanzte man sie an der West-(Wind-)Seite des Hopfengartens. Jetzt geschieht das schon seit Jahrzehnten nicht mehr, und der Hopfen in den dortigen Gegenden ist nicht ärmer an Drüsen (sogen. Lupulin) geworden.

Die körnerreichen, wilden Hopfen, welche ich aus einem grofsen Teil Europas, von Paris bis zum Kaukasus und vom nördlichsten Schweden bis zum Etschland, eingehend untersucht habe, sind immer im geschlechtlichen Verkehr, aber ihr Sekretgehalt ist, wenn auch sehr schwankend, dennoch selten so, dafs er sich auch nur jenem geringer Kulturhopfen nähert, von reichen gar nicht zu reden. Es ist der Sekretgehalt sicher eine Frage der klimatischen Lokalität und der Ernährung (Düngung).

In England bringt man da und dort heute noch auf je 200—300 Stöcke weiblicher Pflanzen einen männlichen Hopfenstock in die Gärten; es soll aber dieser schädliche Gebrauch heute abgenommen haben und noch abnehmen. Charles Whitehead in Maidstone[38]) sagt, dafs die rationellen Züchter keine männlichen Pflanzen mehr in den Gärten dulden. Ein älterer Züchter, Pfarrer Gilbert White, habe das Einpflanzen männlicher Individuen dringend empfohlen. Die Sache mufs aber doch noch sehr verbreitet sein, sonst könnten nicht die englischen Hopfensorten, auch selbst die feinsten, solche Massen von Hopfenfrüchten haben. Unter den 19 englischen Hopfensorten in dem von mir im Jahre 1880 angelegten und bis 1894 geleiteten Weihenstephaner Hopfenvarietätengarten war eine Sorte, die unter 16 Stöcken einen männlichen Stock hatte, welcher also schon als Fechser aus England bezogen worden war. Diese Sorte war Grapes Hops Nr. 48, und sie war von einem der berühmtesten englischen Hopfenzüchter, von dem oben erwähnten Charles Whitehead in Maidstone, bezogen. Ich beobachtete die Erscheinung zum erstenmal Mitte August 1884. Die Fechser waren 1882 aus England bezogen und eingesetzt worden. Zu glauben, dafs sich eine weibliche Pflanze in eine männliche umgewandelt habe, ist mir unmöglich; es ist auch bei keiner europäischen Sorte so was vorgekommen. Der Hopfenzüchter F. Wirth in Kaltenberg bei Tettnang hatte unter den bezogenen 1200 Stöcken englischer Hopfen[39]) männliche Stöcke, welche die weiblichen auf 200—300 m Entfernung befruchteten, wo es zuvor keine Körner gab. Auch in den Berichten des Deutschen Hopfenbauvereins für 1888[40]) ist ein solcher Fall erwähnt; es fand sich an einer Stelle ein männlicher Stock, wo er nicht hingepflanzt worden war. In England wird viel an diese Verwandlung geglaubt. Ich habe auch mehrfach gelesen, dafs Whitehead in seinem Garten zu Maidstone keine männlichen Hopfenpflanzen dulde. In England hat man auch die Idee, dafs die Hopfenanlagen länger aushalten, wenn man den weiblichen Pflanzen Gelegenheit zur Befruchtung gibt. In Amerika, Belgien und Australien mufs es ebenso sein, weil auch in diesen Ländern so massenhaft grofse Körner in den Hopfendolden auftreten.

Dr. Remy[41]) sagt, dafs in der Altmark sich häufig männliche Hopfenpflanzen, sogen. Nesselhopfen, unter den Kulturhopfen fänden, namentlich im Späthopfen, und dafs daher die 10—15 % Früchte in den Altmärker Späthopfen rühren, und die amerikanischen Hopfenpflanzer suchten absichtlich die Hopfenernten zu steigern, indem sie einzelne männliche Pflanzen in den Hopfenanlagen stehen lassen. Die Hauptabsicht aber ist, den Hopfen durch Ballast schwer zu machen, mit 10—20% grofsen Körnern. In der Allg. Br.- u. H.-Ztg.[42]) heifst es, dafs die nordfranzösischen Brauer den Bürgermeister von Poperinghe ersuchten, zu verhindern, dafs das Verbot der männlichen Hopfenpflanzen in den belgischen Hopfengärten aufgehoben werde; viele Produzenten hatten die Aufhebung gewünscht.

Im Jahre 1868 fand ich in einer Zeitung eine Notiz, dafs zu Lobenthal in Südaustralien von Deutschen umfangreiche Hopfenkultur betrieben werde, deren Produkt gesucht sei. Die Kraft (der Sekretgehalt) dieses Hopfens sei wohl schwächer wie beim europäischen Hopfen, was offenbar nur mit dem Mangel an männlichen Hopfenpflanzen in der dortigen Gegend zusammenhänge; man werde aber, zur Verbesserung dieser Zustände in der Qualität des Hopfens, männliche Pflanzen von auswärts beziehen.

In neuerer Zeit ist nun in englischen Zeitschriften mehrmals die Ansicht vertreten gewesen, dafs sich eine weibliche Hopfenpflanze, nachdem sie mehrere Jahre Hopfenzapfen gehabt, dann plötzlich in eine männliche mit Blütenrispen und männlichen Blüten umgewandelt habe.

Namentlich brachte 1876 das Maidstone- und Kentish-Journal[43]) einen Artikel eines englischen Hopfenbauers, welcher diese Verhältnisse besprach. Er habe mit Überraschung eine Ansicht in diesem Blatte über die Fortpflanzung des Hopfens gelesen, die zeige, dafs es noch nicht allgemein bekannt sei, dafs Hopfenpflanzen vorkämen, welche — an demselben Individuum männliche und weibliche Blüten beisammen haben, obgleich bereits vor längerer Zeit festgestellt worden sei:

1. dafs das, was wir männliche und weibliche Hopfen nennen, an einer und derselben Pflanze vorkomme, auch ohne Inokulation;
2. habe man die Erfahrung gemacht, dafs weibliche Hopfenpflanzen nach und nach in männliche ausarten, dafs aber — soweit bekannt — der umgekehrte Fall, die Umwandlung einer männlichen Pflanze in eine weibliche, nicht vorkomme;
3. dafs aus Hopfensamen erzogene Pflanzen selten ein gleiches Produkt wie die Mutterpflanzen hervorbringen, sondern verschiedene Abarten.

In diesem Artikel wird weiter ausgeführt, dafs bei den aus Hopfensamen erzogenen Pflanzen $\frac{1}{3}$ männlich werde, einige blieben vollkommen unfruchtbar, d. h. sie brächten gar keine Blüten hervor, und einige Individuen würden Zwitterpflanzen, d. h. sie vereinigten männliche und weibliche Blüten an derselben Ranke.

Etwa 20 Jahre vorher habe er etwa 150 Pflanzen in seinem eigenen Garten aus Saazern erzogen. Die Individuen zeigten grofse Verschiedenheit in der Rebenfarbe. Eine aber zeigte ein ganz besonderes Aussehen: die Reben waren dunkelgrün, glatt und glänzend und erzeugten einen kleinen, fleischigen, grünen Zapfen, welcher beinahe einem aus Wachs hergestellten glich.

Trotz grofser Bemühung gelang es nicht, diese Pflanze zu vervielfältigen, da ein jeder Fechser beim Auspflanzen in eine männliche Pflanze ausartete; ebenso waren mehrere Pflanzen vorhanden, an denen er eine Vereinigung von männlichen und weiblichen Blüten bemerkte. Namentlich aber zeichnete sich eine männliche Pflanze durch ihre mit hollunderähnlichen Blüten bedeckten Reben aus.

In der Allg. H.-Ztg. 1876, S. 364 wird von einem Hopfenproduzenten aus Neutomischel (Posen) berichtet, dafs sich dort um den 24. Juli herum an einer Stange männliche Hopfenblüten fanden; der Betreffende schickte einen ganzen Straufs männlicher Blüten.

Die Ansicht, dafs infolge der Befruchtung und Ausbildung der Frucht, an deren Hülle dicht gedrängt Drüsenbecher stehen, der Hopfen mehr Sekret erhalte als ohne Befruchtung[44]), ist ganz falsch, wie die oft so wunderbar sekretreichen Saazer mit 0,2—0,5 % Früchten, die Spalter mit 0,3—1 % Früchten und die schweren Rothauschaer (Platten-)Hopfen mit 3—4 % Früchten zeigen. Die feinsten englischen East-Kent-Hopfen, welche nur den dritten Teil bis $^1/_2$ der Sekretmengen der vorigen haben, besitzen 10—20 % Früchte; ähnlich — wenn auch nicht gleich — ist es mit den amerikanischen Hopfen, die im Sekretgehalt auch in den besten Sorten nicht über $^2/_3$ der vorigen gehen, während sie 15—25 % Früchte (grofse Körner) haben. Der Einsender begeht den Mifsgriff, auf Grund seiner eben im Auszug mitgeteilten Ansichten den deutschen Hopfenproduzenten anzuempfehlen, dafs sie ebenfalls einzelne männliche Pflanzen in die Hopfengärten einsetzen sollten, um hierdurch bei den weiblichen Pflanzen Befruchtung und dadurch schwerer wiegenden und sekretreicheren Hopfen zu erzielen. Die deutschen Hopfenproduzenten könnten in der That kaum einen verhängnisvolleren, schädlicheren Schritt machen.

Der bekannte Saazer Hopfenproduzent Jos. Schöffl in Saaz[45]) hat die Ansicht, dafs sich der Einflufs einzelner männlicher Hopfenpflanzen in der Nähe des Hopfengartens oder in demselben dadurch geltend mache, dafs um diese männlichen Hopfenindividuen herum in einer Runde von 50—100 Schritten die weiblichen Individuen viel mehr Früchte (Zapfen) ansetzen, die dafür aber sehr grob und mit Samenkörnern versehen seien. Wo man also feine Hopfensorten kultiviere, solle man männliche Individuen fernhalten, da durch diese zwar die Quantität der Ernte vermehrt, aber die Qualität und damit der Preis derselben verringert werde; er habe Lagen und einzelne Hopfengärten, namentlich in der Nähe von Bächen und Zäunen, angetroffen, die immer eine gröbere Ware produzierten als die umliegenden; immer waren männliche Pflanzen, die ungesehen im Zaune blühten, daran schuld, nach deren Beseitigung sich die Qualität der Ware wieder sehr verbesserte. Wo man ordinäre, auf Massenertrag berechnete Hopfengärten habe, empfehle er zur Ertragsvermehrung das Zwischenpflanzen einiger männlicher Stöcke, aber nur fünf bis höchstens zehn auf 1500 weibliche Stöcke gleichmäfsig verteilt.

Die Gewichtsvermehrung der Hopfenernte (nach Jos. Schöffl) bei Gegenwart von männlichen Hopfen, also Befruchtung, besteht aber sicher nicht in einer Vermehrung der Zapfen (also der Blütenstände), sondern in der Vermehrung der Früchte und einer teilweisen Vergröberung der Zapfenblätter und Spindeln. Deshalb ist es dringend geboten, alle männlichen Hopfenindividuen vom Hopfengarten sorgfältigst fernzuhalten.

Dieser Fall, der Umwandlung weiblicher Hopfenpflanzen in männliche oder umgekehrt, ist mir ganz undenkbar. In den 15 Jahren, während deren ich die 60 europäischen Hopfenvarietäten im Weihenstephaner Hopfengarten beobachtet, habe ich — aufser dem erwähnten Fall — nie so etwas gesehen. Man wollte sogar beobachtet haben, dafs einzelne Aste einer weiblichen Pflanze sich in solche mit männlichen Blüten umgewandelt hätten. In der Allg. Br.- u. H.-Ztg. 1889, II, 2105 wird gesagt, dafs öfter in männlichen Hopfenblütenrispen weibliche Zapfen auftreten.

Einen ganz erstaunlichen Beitrag zu dieser Frage bringt Herr Emanuel Zelinka, Hopfenbauleiter der Gräflich Kleinmichelschen Güter[46]). Er habe 1891 an der Umzäunung eines Ackers, welcher der Dorfgemeinde Subotow im Gouvernement Orlow (Rufsland) gehörte, eine stark entwickelte Hopfenpflanze gefunden, welche Mitte Juli mit ausschliefslich männlichen Blüten bedeckt war. Als er Anfang August an derselben Stelle wieder vorüberkam, trug diese Pflanze nur normal geformte Zapfen. Die männlichen Blütenrispen waren bereits vertrocknet, und die Zapfen hatten fast hinter jedem Deckblatt ein Samenkorn. Im nächsten Frühjahr pflanzte er drei Stecklinge und 20 Samen von dieser Pflanze in einer Entfernung von 2 km. Die aus den zwar sehr kümmerlichen Setzlingen entstandenen drei Pflanzen entwickelten bereits im ersten Jahre anfangs männliche und dann, um drei Wochen später, weibliche Blüten resp. Zapfen. Dasselbe wiederholte sich auch im zweiten Jahre. Die aus Samen entstandenen Pflanzen hatten in diesen zwei Jahren keine Blüten. Eine weitere Beobachtung war nicht möglich, weil diese Pflanzen bei einer Rodung zerstört wurden. Da kein Grund vorliegt, den Aussagen dieses sachkundigen Mannes mifstrauisch gegenüberzustehen, so kann auch an den übrigen derartigen Berichten etwas Wahres gewesen sein, und selbst der männliche Grapeshopfen im Hopfengarten zu Weihenstephan macht mich nachdenklich.

Wenn möglich noch merkwürdigere Mitteilungen bringt dieser Herr E. Zelinka in dieser Frage in einer Mitteilung an die Wiener Landwirtsch. Ztg.[47]) über den Schnitt oder Nichtschnitt des Hopfens. Derselbe führt aus, dafs dieses Nichtschneiden nur eine Eigentümlichkeit und zugleich eine Zwangslage des sog. Hermannschen Systems (extrem niedrige Drahtanlage) sei, welche nur zur Verwilderung und Verschlechterung des Hopfens und zur Zersplitterung seiner Kräfte durch die vielen Reben führe, was Schwächung der Organisation, schütteren Zapfenansatz, minder kompakte und hopfenmehlärmere Zapfen zur Folge habe. Auch könne eine solche nicht mehr beschnittene Hopfenpflanze nicht mehr behäufelt werden, wodurch sie schädlichen Witterungseinflüssen ausgesetzt sei.

Die Neigung zum Verwildern äufsere sich aber beim Nichtschnitte namentlich auch in dem Umstande, dafs Hopfenstöcke, welche viele Jahre unbeschnitten bleiben, zweierlei Triebe verschiedenen Geschlechtes aus einem und demselben Stocke hervorbringen, wie es auch in diesem Jahre (1897) bei zwei Hopfenstöcken vorkam. Die einen Triebe trugen weibliche, die andern männliche Blüten zu gleicher Zeit.

Dieselbe Beobachtung habe er auch im verflossenen Jahre (1896) an drei Pflanzen gemacht, die sehr hoch geschnitten und daher nur sehr mangelhaft mit Erde bedeckt wurden. Noch häufiger habe er wahrgenommen, dafs Hopfenpflanzen, welche von zapfentragenden Stöcken stammten, jedoch niemals beschnitten wurden, sich derart veränderten, dafs sie dauernd nur männliche Blüten brachten.

Den ungünstigen Einflufs des Nichtschnittes zeigten namentlich auch die meisten Hopfenanlagen in der Guslitzer Gegend (Zentralrufsland), wo der Hopfenschnitt bereits vor 50 Jahren unterlassen wurde; auch die amerikanischen Hopfen gäben dafür die schlagendsten Beweise, indem die dortigen Hopfenprodukte einem guten Wildhopfen oft weit nachständen und oft zu Brauzwecken gar nicht verwendet werden könnten[48]).

Anderseits war man namentlich in Mitteleuropa vielfach geneigt, die Erscheinung, dafs auch in Hopfengärten, welche sicher keine männlichen Stöcke enthielten, und wo auch in näherer und weiterer Umgebung keine zu sehen waren, dennoch einzelne oder viele grofse Körner in den Hopfenzapfen auftraten, dadurch zu erklären, dafs da und dort auch auf den weiblichen Pflanzen einzelne oder mehrere versteckte männliche Blüten auftreten, welche die Befruchtung vollziehen und so die Entwicklung grofser Körner bewirken. Ich habe in vieljähriger, spezieller Beobachtung an einem reichen Material niemals etwas davon gesehen, glaube auch nicht daran, obgleich beim Hanf, dem Vetter des Hopfens, thatsächlich solche Erscheinungen, das Auftreten männlicher Blüten in den weiblichen Blütenständen, beobachtet worden sind.

Manche Ansichten gingen sogar dahin, das Auftreten von Früchten in den Hopfengärten bei anscheinendem Fehlen männlicher Pflanzen dadurch zu erklären, dafs die Lupulinkörner, also die Sekretionsorgane des Hopfens, die Befruchtung vollziehen, so unglaublich auch eine solche Ansicht jedem mit den Elementen der Botanik einigermafsen Vertrauten erscheinen mufs. Sagt doch sogar Leunis[49]) in seinem so vielverbreiteten botanischen Sammelwerke: Die Hopfenmehlkörner verhalten sich den befruchtenden Pollenkörnern ganz analog, woraus Spalanzanis Beobachtung, dafs weiblicher Hopfen ohne Mitwirkung von männlichen Pflanzen Samen tragen kann, erklärt wird. Nach Planche wird das Hopfenmehl (die grofsen Drüsen) aus dem Staube der Staubfäden abgesondert. Raspail nennt das Hopfenmehlkorn ein Organ, eine Drüse, ein hohles Gefäſs, welches groſse Ähnlichkeit mit den Staubbeuteln (den Antheren) hat. Das ist alles wahrhaft blühender Unsinn! —

Ich habe meine intensiven Spezialstudien über den Hopfen um 1880 begonnen. Wenn man bedenkt, welche Bedeutung diesen Schriften von Leunis zukommt — ich selbst habe früher viel Belehrung daraus geschöpft —, so kann man sich eine Vorstellung davon machen, wie es überhaupt mit unserm Wissen über den Hopfen vor 20 Jahren ausgesehen hat. Man darf nur meine Schilderung der Organisation der Hopfendrüsen (s. folgend) und der Befruchtungszellen (Pollenkörner, Fig. LIV—LVIII S. 207 und 208) lesen, um sofort zu begreifen, daſs und warum die Ansicht von Leunis und Spalanzani ganz unmöglich ist.

Andere wieder wollten das Auftreten von Früchten in den Hopfendolden bei anscheinender Abwesenheit männlicher Pflanzen durch Parthenogenesis (Jungfernzeugung) erklären. Es wird aber kaum heute noch einen Botaniker geben, welcher einen solchen Vorgang bei Samenpflanzen mit deutlichen Geschlechtsorganen für möglich hält.

Die 60 europäischen Hopfenvarietäten in Weihenstephan brauchten zu ihrer Blütezeit nahezu zwei Monate. Die Blüte begann bei einzelnen sehr frühen Varietäten (Hopfen von Swartå in Schweden) meist schon in der zweiten Hälfte Juni. Um den 10. Juli begannen auch die Saazer, und Mitte Juli war diese ganze Sippe: Fürstenfeld, Steiermark; Schwetzingen, Baden; Saaz, Stadthopfen; Saaz, Landhopfen; Saaz, Bezirk; Saaz, Kreishopfen; Auschaer Rothopfen etc., auch die frühen englischen Sorten, meist in voller Blüte. Es waren aber auch Sorten im Garten, welche erst Ende Juli und bis in den August hinein blüten. Die zahlreichen männlichen Pflanzen in der Nähe des Hopfengartens fingen in den meisten Jahren erst Ende Juli zu stäuben an, und das Hauptstäuben fiel in den Anfang August und dauerte bis ca. 20. August. So war es so ziemlich alle Jahre. Daher die Erscheinung, daſs die frühblühenden Hopfen meist sehr wenig oder gar keine groſsen Körner hatten. Etwa 200 Schritte vom Garten entfernt war eine männliche Pflanze in sehr sonniger, südlicher Lage, unter Eschen, welche fast alle Jahre schon Mitte Juli einzelne, um den 25. Juli viele offene, stäubende Blüten hatte. Auch um den Garten herum, wo die zahlreichen männlichen Blütenrispen um diese Zeit noch lauter Knospen hatten, fand man in der zweiten Hälfte Juli da und dort mitten in den Rispen mit festgeschlossenen Knospen schon eine oder die andere Blüte geöffnet und stäubend; die Masse der Blüten stäubte aber erst um den 4.—8. August.

So begreift es sich, daſs jene weiblichen Hopfenblüten, welche bis Mitte Juli blühten, keine Früchte hatten, obgleich viele männliche Hopfen in der Nähe waren. Jene Sorten des Hopfenvarietätengartens, welche Ende Juli oder Anfang August blühten, hatten immer sehr viele groſse Körner oder Früchte.

Nur mehr oder minder frühe Hopfen, wie die Saazer, können arm an groſsen Körnern sein; auch da tritt noch die Abänderung ein, daſs die frühest blühenden des inneren, wärmst, weil tief und regenarm gelegenen Stadt Saazer Gebietes auch hier am wenigsten groſse Körner haben, oft nur 0,1—0,2, 0,5—0,75%; die Hopfen aus dem Saazer Bezirksgebiet, welche sich meist in etwas höherer Lage befinden und 4—6—8—10 Tage später geerntet werden, also auch um so viel später blühen, haben 1—1,5% groſse Körner; die Hopfen aus dem noch höheren Saazer Kreisgebiet, welches noch etwas höher, also relativ noch kühler und niederschlagsreicher liegt, werden um 14 Tage bis 3 Wochen später geerntet wie jene im Stadtgebiet; sie blühen natürlich auch um so viel später, rücken dadurch der Blütezeit der männlichen wilden Hopfenindividuen der Basalthügel näher, haben oft 2—3% groſse Körner und mehr; es kommt dabei natürlich auch sehr viel darauf an, ob Laubbuschwald (namentlich auch Basaltböden) in der Nähe oder Nadelwald, weil im ersteren wilde Hopfen häufig, im letzteren dagegen sehr selten sind.

Sehr bezeichnend ist ferner, daſs im Stadtgebiet jene Hopfen, welche in minder gut entwässerten Teichen stehen, also auf einem wasserreichen Boden, oft noch weit reicher an groſsen Körnern sind als jene im Kreisgebiet. Sie haben öfter bis 6 und 8 Gewichtsprozente, einfach deshalb, weil die in wasserreicheren Böden stehenden Hopfenpflanzen sich viel langsamer entwickeln, später blühen, also mit ihrer Blüte näher mit jener des männlichen Wildhopfens zusammenkommen.

Diese Thatsache widerlegt auch die mehrfach in der Hopfenliteratur verbreitete Ansicht, dafs manche Sorten, namentlich die feinsten, seit langer Zeit in Kultur befindlichen und lange Zeit vor Befruchtung bewahrten Hopfensorten, das Zeugungsvermögen gänzlich verloren hätten, oder dafs es doch wenigstens sehr abgeschwächt worden wäre[50]. Es könnten in solchen Fällen vielleicht durch besonders kräftige Ernährung (Stickstoffdüngung) die weiblichen Geschlechtsorgane gekräftigt und zur Frucht- und Samen-Bildung angeregt werden; auch Boden- und Witterungs-Verhältnisse könnten eine Rolle spielen. Eine solche subjektive Geschlechts-Lust oder -Unlust ist sehr wahrscheinlich keiner Pflanze eigen.

Auch die Ansicht, dafs die Hopfenpflanze durch langjährige Kultur degeneriert sei und einer Verjüngung der Wiederanzucht aus Samen bedürfe[51], läfst sich nicht mit Gründen stützen. Die wilden Heckenhopfen sind von ganz denselben Krankheiten heimgesucht wie die Kulturhopfen; aber die Menge und Feinheit des Sekrets der letzteren ist sicher zum erheblichen Teil ein Resultat langwieriger Kultur.

Das ist also die Sachlage, wo im nächsten Gebiet der Hopfengärten alle männlichen Hopfenpflanzen sorgfältig ausgerottet werden, wie um Saaz; eine und die andere, versteckter im Gebüsch wachsende entgeht doch, oder die Pollenkörner fliegen aus weiter Entfernung von den Buschabhängen der Basalthügel herbei. Wie weit diese von der Luft fortgetragen werden können, wissen wir nicht, wahrscheinlich sehr weit.

Es ist ähnlich um Spalt in Bayern, obgleich die Hopfen hier sich um 2—3 Wochen später entwickeln als um Saaz; es werden sich also wohl auch die männlichen Hopfen später entwickeln. Die guten Spalter Hopfen haben selten mehr als 0,5—1—2 % grofse Körner.

Die Hallertauer haben meist 2—3 %, etwas mehr als die vorhergehenden. Alle geringeren, später reifenden Hopfen in Mitteleuropa haben 4—5—8 % grofse Körner. Die englischen, amerikanischen, belgischen, australischen Hopfen aber, welche öfter selbst in ihren Reihen freiwillig mitkultivierte männliche Hopfen haben, bringen es auf 10—20—25 Gewichtsprozente grofser Körner.

1886 herrschte um Freising um den 21. und 22. Juli eine tropische Hitze; da und dort in sonniger Lage blüten die männlichen Hopfen teilweise schon von Mitte Juli ab, reichlich um den 24. Juli, während die Entwicklung der Kulturhopfenblüte infolge ungünstiger klimatischer Verhältnisse im Frühjahr sehr verspätet war. Dafs es unter solchen Umständen, die oft eintreten können, noch mehr grofse Körner gibt wie in klimatisch normaler verlaufenden Jahren, ist einleuchtend. Derartige komplizierende Umstände gibt es mehrere.

1887 waren an einer männlichen Pflanze am Zaune des Weihenstephaner Hopfenvarietätengartens bereits einzelne Blüten einer Rispe offen und stäubend, während die Masse der Knospen noch geschlossen war; auch bis zum 24. Juli waren nicht viel männliche Blüten offen und stäubend. Im Garten waren die Frühhopfen, namentlich die zahlreichen Saazer, schon stark in der Doldenbildung vorgerückt; da konnte natürlich keine Befruchtung mehr eintreten. Ein grofser Teil der andern Hopfenvarietäten im Garten war um diese Zeit abblühend oder abgeblüht; auch diese konnten trotz der nahen, stäubenden männlichen Blüten nicht befruchtet werden. Die Spätsorten fingen um diese Zeit — letztes Drittel Juli — erst zu blühen an; da konnte es natürlich grofse Körner genug geben.

1888 konnte ich bis zum 23. Juli um Freising noch keine offene Blüte des männlichen Hopfens finden, auch nicht bei der sonst so frühen Pflanze am Weihenstephaner Südabhange; aber die mittelfrühen und späten Sorten der Kulturhopfen im Garten waren auch sehr verspätet.

1889 sah ich die ersten offenen männlichen Blüten am Südabhange am 22. Juli, aber nicht bei der mehrerwähnten frühen Pflanze, welche zerstört war, sondern in deren Nähe; aber es waren immer nur erst einzelne Blüten in den starken Rispen offen.

Die immer am frühesten blühende altschwedische Hopfensorte von Swartå in diesem Garten hatte niemals grofse Körner in den Zapfen, aber sie wuchs sehr schlecht, namentlich in Bezug auf die Zapfenbildung.

Es gibt also offenbar gar keine grofsen Körner nur bei sehr früh blühenden Hopfen; bei den mittelfrühen und späteren Sorten aber gibt es nur dann keine, wenn gar keine wilden Hopfenpflanzen in der Nähe sind. In einem schönen Marktflecken der bayerischen Hallertau, welcher mitten in den besten Hopfengegenden dieses Gebietes liegt, sah ich eines Tages — es war Anfang August — eine mächtige männliche Hopfenpflanze mit vielen Dutzenden männlicher Blütenrispen als Zierde am Sockel eines Marienbildes, offenbar von Menschenhand besonders gepflegt. Sicher war diese eine Pflanze mit ihren Milliarden Pollenkörnern im stande, ein Hopfenland von Dutzenden von Hektaren vollkommen zu befruchten und zur Entwicklung von Früchten zu veranlassen.

So etwas ist doch unmöglich, wenn die Leute die männlichen wilden Hopfenpflanzen kennen und wissen, welchen Schaden sie anrichten können. Sicher fehlt diese sichere Einsicht in das Wesen dieser so wichtigen Sache noch allenthalben. Das geht wohl auch aus dem Umstande hervor, dafs ich vor etwa 12 Jahren in einer vielgelesenen Hopfenzeitung oft die Anfrage an die Sachverständigen gerichtet fand, woran man denn zu erkennen vermöge, ob die Hopfen männliche oder weibliche seien? Aus der ganzen Fragestellung ging hervor, dafs die Einsender von der Ansicht ausgingen, dafs es unter den Hopfenzapfen erzeugenden Individuen männliche und weibliche, also gewissermafsen auch männliche und weibliche Hopfenzapfen gebe.

Es ist Thatsache, dafs die dem Hopfen verwandte Hanfpflanze, welche ebenfalls diöcisch (zweigeschlechtig, mit Individuen mit männlichen oder weiblichen Anlagen auftretend) ist, bei den Individuen mit weiblichen Blüten, die also Früchte ausbilden, öfter in der Blütenregion auch männliche Blüten hat. Ebenso ist es bei der getrenntgeschlechtlichen grofsen (zweihäusigen) Nessel, der Urtica dioica. Auch bei einer Grasart, dem Mais, welcher Blüten getrennten Geschlechtes, aber auf demselben Individuum angeordnet hat, treten in den männlichen Blütenrispen öfter weibliche Blüten auf, und er zeigt dann die paradoxe Erscheinung, dafs in diesen männlichen Blütenrispen, mehr vereinzelt oder auch gehäuft, Maiskörner auftreten, die ihre volle Ausbildung erlangen. Ich habe das bei Kulturen im Weihenstephaner Kulturgarten im allgemeinen sehr selten, in einem Jahre aber einmal an ganz überraschend zahlreichen Individuen gesehen. Es ist das also ähnlich, wie man es (s. oben S. 211) auch schon in den männlichen Blütenrispen des Hopfens gesehen haben will.

Von einer neuholländischen Pflanze, Coelebogyne illicifolia, welche in unsern botanischen Gärten meist nur in weiblichen Individuen vorkommt, wird gesagt, dafs sie trotzdem keimfähige Samen bringt; es sind dabei aber doch ganz besondere Umstände wirksam[52]).

Man sehe wegen der grofsen Körner auch die weiter unten (und namentlich später) folgenden bezüglichen Abschnitte.

Vor anderthalb Jahrhunderten[53]) standen die Männer der Kräuterwissenschaften (die Botaniker) den eigenartigen Geschlechtsverhältnissen der Hopfenpflanze sehr unbeholfen gegenüber. Es fehlten eben die Vergröfserungsgläser. Heumann, der Professor der hohen Schule zu Altdorf (Nürnberg), sagt: es gehe wohl die Sage, dafs mancher Hopfen nicht blühe (man hatte diese Ansicht wohl deshalb, weil die männlichen Individuen im Herbste keine Zapfen haben); das sei aber nicht richtig. Heumann beschreibt nun die männliche Blüte, den fünfteiligen Kelch, die weifsen (Staub-) Fäden, an deren Enden fünf gelblichte, staubichte und zitternde Köpfchen hängen; er meint aber dann, dafs aus diesen (männlichen) Blüten die Zapfen mit ihren Schuppen hervorwüchsen. Man pflege zwar insgemein eine Art des Hopfens das Männlein und die andere das Weiblein zu nennen; der Grund dieses Unterschiedes soll in der Fruchtbarkeit zu finden sein. Es sind aber die Lehrer der Botanik nicht einig, welcher Art die Fruchtbarkeit beizulegen. Kaspar Bauhinus, Moritz Hoffmann und Reichard halten den männlichen Hopfen für fruchttragend, wogegen Rajus, Rud. Jak. Camerarius und Miller dem weiblichen Hopfen diese Eigenschaft beilegen. Turnefort verwirft aber den Unterschied des Geschlechtes hier gänzlich und zwar mit gutem Grund, welchem auch Ehinger und Bradley (Lehrer der Kräuterwissenschaft zu Cambridge) beitritt. Die Hopfendrüsen waren damals nur ein unter den Schuppen liegender gelber Staub, welcher dem Hopfen die Reife und ein gewürzhaftes, fettiges und flüchtiges-ölichtes Salz, mithin seine beste Kraft, erteilt[54]). Die Fruchtkörner beschreibt Heumann schon sehr gut.

Der wilde Hopfen, welchen man auch Zaun-, Busch-, Stauden-, Femel-, Nessel-, Tauben- und Weiden-Hopfen nennt, wächst aus einem Samenkorn ohne alle Arbeit und Aufwand; gleichwohl aber trägt er auch zuweilen brauchbare Häupter (Zapfen), ob sie schon von geringerer Kraft sind. Heumann sieht die männlichen Hopfenpflanzen für eine besondere, kleinköpfige Art an, bei der Mehl und Samen in die Luft verfliegen, die daher auch ganz unbrauchbar ist und Läufer oder Flughopfen genannt wird.

Auf S. 18 seines Buches citiert Heumann die Ansicht eines Franzosen[55]), welcher damals schon sagt, man unterscheide männliche und weibliche Hopfen; die weiblichen unterschieden sich nicht von den männlichen als darin, dafs sie sich später entwickeln und dafs sie keine Früchte (Zapfen, Dolden) bringen. — Die Blüten des Hopfens gingen in die Zusammensetzung des Bieres ein, welches mehr oder weniger stark sei, je nach der Menge Hopfen, welche man dazu verwende.

Der englische Prof. Bradley in Cambridge citiert um 1750 einen andern englischen Autor aus der Zeit um 1650, welcher sagt: Die Kräuterlehrer machen wohl einen Unterschied zwischen dem männlichen und weiblichen Hopfen, es sei aber unmöglich, einen Garten zu pflanzen, ohne etwas von dem männlichen Hopfen darinnen zu haben, so grofse Sorgfalt man auch aufwenden möge.

Fufsnoten zum II. Abschnitt.

[1]) Wölflein, griechisch Likiskos und lateinisch Lupulus, Diminutivum vom Worte »Lupus« = Wolf.

[2]) Die Ansicht, dafs das Aroma des Wildhopfens angenehmer sei als das des Kulturhopfens, ist für Mitteleuropa sicher irrig.

[3]) s. Allg. H.-Ztg. 1861, S. 31 u. ff.

[4]) 1886, 111, s. auch Allg. Br.- u. H.-Ztg. 1886, II, 1722.

[5]) Manual of British Botany, London 1874, S. 313.

[6]) s. Allg. H.-Ztg. 1878, II, 497: Über die Verwendbarkeit des kroatischen wilden Hopfens in der Brauerei, dann auch noch Allg. Br.- u. H.-Ztg. 1881, I, 404 über denselben Gegenstand, nach der Wiener Landwirtschaftl. Ztg. 1878, Nr. 30 etc.

[7]) Ausführliche Mitteilungen über den Gang der wissenschaftlichen und praktischen Versuche hat Dr. Czech in den Schriften der südslavischen Akademie zu Agram (Kroatien) niedergelegt.

[8]) In der Allg. H.-Ztg. 1877, S. 617 finde ich aus Fürstenfeld die Nachricht, dafs man in Hopfennotjahren auch in Steiermark schon die Zapfen des Wildhopfens gesammelt und (getrocknet) per 1 Ztr. bis zum Preise von 50 fl. ö. W. verkauft habe.

[9]) Diese Notizen erhielt ich vom Direktor des botanischen Museums in Berlin, Herrn Geheimrat Prof. Dr. Engler.

[10]) Prodromus Systematis Naturalis, Regni Vegetabilis, Pars XVI, Sectio Prior, Paris, MDCCCLXIX, p. 29.

[11]) Wirtschaftliche und rechtliche Abhandlung von dem Hopfen etc. von Joh. Heumann, öffentlichem Lehrer der Rechte bei der hohen Schule zu Altdorf, verlegt in Nürnberg bei Johann Georg Lechner.

[12]) Göttingen 1751, 4 Bände, namentlich im III. Bande, S. 454 u. ff. Wir haben in dem Abschnitt über die Geschichte des Hopfens (s. oben S. 123) eingehend davon gesprochen. Es kann kaum ein Zweifel bestehen, dafs die Chinesen im Norden diesen Hopfen für die Herstellung ihres Bieres (Tarasun) verwenden.

[13]) s. auch Dr. Behrens: Über die Entwicklung der Hopfenpflanze (Wochenschr. f. Br. 1895, S. 74, nach der Flora 1894 im 78. Bd.

[14]) Wir befassen uns hier aber nur mit dem, was ohne weiteres dem unbewaffneten Auge ersichtlich ist, also mit den morphologischen Gebilden. Von der anatomischen Struktur dieser Gebilde sehen wir hier ganz ab. Wer sich dafür näher interessiert, findet alles sehr umfassend und gediegen in den schönen Arbeiten von Prof. Dr. G. Holzner und Dr. Lermer in der Zeitschr. f. d. ges. Brauwesen, Jahrg. 1893, 1894, 1895, 1896, 1897, mit vielen Abbildungen.

[15]) Allg. H.-Ztg. 1875, S. 412.

[16]) Elsafs 1874, s. Allg. H.-Ztg. 1875, S. 86.

[17]) Diese Rhizom- und Wurzel-Bilder der Hopfenpflanze, sicher die besten, welche jemals über diesen Gegenstand gebracht wurden, verdanke ich meinem Vetter, dem Herrn Kgl. Posthalter Jakob Fuchsbüchler, Grofsgrundbesitzer, Brauerei- und Hotel-Besitzer in Geisenfeld in der oberbayerischen Hallertau, ebenso wie sein verstorbener Vater selbst grofser Hopfenpflanzer. Sie sind mehreren Wurze n entnommen, welche von Herrn Fuchsbüchler vor Jahren ganz speziell und mit der gröfsten Sorgfalt für meine Zwecke ausgegraben wurden. Sie wurden in einem Hopfengarten ausgegraben, welcher wegen Alters aufgelassen werden sollte. Die Stöcke waren also durchweg mindestens 15 Jahre alt, weil dort die Lebensdauer der Hopfengärten ziemlich so lang ist.

[18]) Auch diese sind nur Teile einer grofsen Reihe von bildlichen Darstellungen, welche zu einer wissenschaftlichen Abhandlung gehörten, die aus bereits erörterten Gründen nicht durch den Druck veröffentlicht werden konnte.

[19]) Da die Äste auf beiden Seiten ziemlich gleich sind, wurden immer nur jene der einen Seite gemessen; nur bei den längsten Ästen, beim 32.—34. Blattpaar, wurde auf beiden Seiten gemessen.

[20]) Man sehe das Buch von Prof. Strebel in Hohenheim über Hopfen und Hopfenbau. Stuttgart, bei E. Ulmer. Dort sind auch verschiedene Abweichungen abgebildet.

[21]) l. c. 1759, S. 125.

[22]) Die Bezeichnung »Dolde« (offenbar herrührend von Trolle, Tolle, Dolle) für den Blütenstand des Hopfens ist eine sehr schlecht gewählte, weil sie dem, was der Botaniker als Dolde bezeichnet, gänzlich widerspricht. Eigentlich ist dieser Blütenstand des Hopfens eine Ähre oder ein Zapfen, also eine Ähre mit mehr oder minder starren Schuppen. Prof. Dr. Harz (Allg. H.-Ztg. 1879, Nr. 134—135, nennt ihn vom botanischen Standpunkt aus eine kätzchenartige Rispe. Auf alle diese gebräuchlichen, mehrfach ganz widersinnigen Arten der Bezeichnung hat Prof. Dr. Holzner (Zeitschr. f. d. ges. Brauwesen, München 1890, S. 261 u. f.) mit Recht hingewiesen. Dolden nannte man in alter Zeit, schon im Kräuterbuch Matthiolis, Frankfurt 1590, und später, die Spitzen der jungen Hopfenstengeltriebe im Frühjahr. In der Bedeutung für den Hopfenzapfen scheint das Wort Dolde — nach Holzner — erst um die Mitte des 18. Jahrhunderts aufzutreten.

Nach Dr. C. Kraus schreibt L. F. Lukas 1784 »Dollen«; J. Chr. Etler 1779 »Hopfenhäuptchen«; Moller 1802 »Häupter, Dollen«; J. B. Herrmann in Nürnberg 1810 »Häupter, Zapfen, Dollen«; J. E. v. Reider 1819 »Trollen«; F. Chr. E. Ripell 1821 »Haupt oder Dolde«; J. Rheineck 1826 »Zapfen, Dollen, Trauben«. In der Zeitschr. d. Landw. Vereins in Bayern 1879 wird noch »langdollig« gesagt. Auch in Hersbruck war »Zapfen« gebräuchlich (s. Allg. H.-Ztg. 1861, S. 59).

Im Hopfenzapfen treten jene schwerverständlichen morphologischen Verhältnisse auf, welche der Botaniker Wickel nennt.

Die hopfenbauenden Landleute sagen Blüte, Ansatz, Anflug, Kätzchen, Mullen; bei den Fruchtzapfen wendet man in der Hallertau und in Mittelfranken das Wort Trollen (Kugeln) an. Stellenweise in Deutschland sagt man Kröpfe, Köpfe, Häupter, Häupel, seltener Glocke, Traube, Quaste, Bommel.

Sicher entspricht das Wort »Dolde« dem Wesen der Sache am wenigsten, wie Holzner mit Recht sagt; aber was soll man nun in einem solchen Buche machen, welches namentlich für die wissenschaftlich gebildeten Praktiker bestimmt ist? Wende ich den Ausdruck Ähre oder selbst Zapfen an, so führt das sicher oft zu Mifsverständnissen, weil in der modernen Hopfenliteratur der Ausdruck Dolde seit Jahrzehnten allgemein ist. Ich blieb also — gewissermafsen unter Protest — anfänglich doch bei dem Worte »Dolde«. Erst noch in letzter Stunde habe ich mich entschlossen, konsequent zu sein und die Bezeichnung »Hopfenzapfen« oder »Zapfen« statt »Dolde« zu wählen.

Es fehlt übrigens in der Botanik selbst nicht an solchen sinnwidrigen Bezeichnungen. So kultivierte ich im ökonom.-botan. Garten Weihenstephan mehr als 25 Jahre die Vicia latifolia L. und nebenan eine Varietät derselben: Vic. latif. var. angustifolia. Die grofsen Hopfendrüsen (das Lupulin) unter den Haaren aufzuführen, will auch nicht recht einleuchten, wenngleich die anfängliche Entwicklung jener der Haare ähnlich ist. Auch die Begriffe hoch, niedrig, schmal, breit etc. sind in der Botanik sehr elastischer Natur.

Die Chemiker nennen meist das Hopfenmehl »Lupulin« (nach Ives), aber Lupulin wird von vielen auch das Hopfenbitter genannt, welches doch nur ein Teil des Hopfenmehls ist. In neuerer Zeit hat man nun auch das noch etwas problematische Hopfenalkaloid »Lupulin« genannt (Griefsmayer).

[23]) Dieses Tafelwerk besteht aus einem Hauptteil mit 26 Tafeln und 160 Doldengruppen, dann aus einem Supplementband mit 12 Tafeln und 135 Hopfendoldengruppen aus drei Weltteilen. Das ganze Werk besteht also aus 38 grofsen Tafeln und 295 Hopfenzapfengruppen aus zwei Jahrgängen (1880 und 1881). Das ganze Werk kostet ca. 60 Mark. Es sind photographische Reproduktionen, die erst auf feste Bestellung angefertigt werden, was 14 Tage bis 3 Wochen in Anspruch nimmt. Wer sie bestellen will, kann sich desfalls an mich nach München wenden, oder auch an die J. G. Wölflesche Buchhandlung in Freising, Bayern.

[24]) Die Zapfenspindeltypen Fig. XV—XX und die Zapfenblätter Fig. XXI—XXIII sind den vortrefflichen Arbeiten von Dr. G. Holzner und Dr. Lermer in der Zeitschr. f. d. ges. Brauwesen, München, Jahrg. 1893, 1894 etc. entnommen.

[25]) Wiener Landw. Ztg. 1875, 25. Jahrg. Nr. 48, reprod. Allg. H.-Ztg. 1876, S. 66 u. ff.

[26]) Zeitschr. f. d. ges. Brauwesen 1899, S. 87.

[27]) Nach Joh. Heumann, Professor des Rechtes an der hohen Schule zu Altdorff bei Nürnberg (Wirtschaftliche und rechtliche Abhandlung vom Hopfen, Nürnberg 1759, ein Buch, das in jener fernen Zeit schon eine erstaunliche Gelehrsamkeit entwickelt), wurden damals die belaubten Zapfen Häupter, Höpfener, Höpfen oder Hipperling genannt.

[28]) In einem alten Kräuterbuche, das im Jahre 1586, also vor mehr als 300 Jahren, in Frankfurt a. M. von Siegm. Feierabend, Peter Fischer und Heinrich Dacker herausgegeben worden ist, ist im Abschnitt »Vom Hopfen, Geschlecht und Gestalt« bereits gesagt: In dem Hopfen ist sich wohl zu verwundern, dafs welcher blüht, der traget keinen Samen, dagegen welcher Samen hat, bekommt keine Blüt. Der wilde Hopfen wächst hinder den Zäunen, an den Dornhecken, in den Gräben, an den Mawren und woran er sich aufhenken kann. Ist allerdings dem zahmen gleich.

[29]) Die neue Hopfensignierhalle in Spalt erklärt (s. Allg. H.-Ztg., Nürnberg 1897, II, 1630), dafs nur nicht begatteter, also nicht befruchteter Hopfen zur Hallierung zugelassen werde.

[30]) Landwirtschaftl. Samenkunde, Berlin 1885, II. Bd., S. 893.

[31]) Der Hopfen, Wien 1878; s. auch Allg. H.-Ztg. 1877, S. 674.

[32]) Sie sind vom Herrn Technologiestudierenden Obermaier photographiert worden.

[33]) s. Allg. H.-Ztg. 1879, I, 98.

[34]) Die Exemplare stammten von jenen zahlreichen Wildhopfenindividuen, welche an der Weihenstephaner Südabhangterrasse, nahe dem Eingang zum chemisch-technologischen Laboratorium, von der Terrasse aus, wuchsen. Photographiert hat sie der Technologiestudierende Obermaier.

Dr. Remy (Männliche Hopfenpflanze, Berlin bei Paul Parey, 1899) hat einen Zweig einer männlichen Hopfenpflanze in natürlicher Gröfse und in Farben herstellen lassen, im Auftrage der Versuchs- und Lehranstalt für Brauerei in Berlin.

[35]) Ich habe an anderer Stelle erwähnt, warum ich — meiner Studien wegen — die zahlreichen männlichen Wildhopfenindividuen am Zaune des Hopfenvarietätengartens stehen liefs.

[36]) s. auch Gambrinus, Wien 1899, S. 557.

[37]) Man sehe desfalls die Ansichten des englischen Hopfenzüchters Charles Whitehead in Maidstone in Allg. H.-Ztg. 1879, I, S. 3: Der Hopfenbau in England.

[38]) Allg. Br.- u. H.-Ztg. 1892, II, 1669.

[39]) s. Allg. H.-Ztg. 1877, S. 145.

[40]) Allg. Br.- u. H.-Ztg. 1889, S. 2105.

[41]) Wochenschr. f. Brauerei 1897, S. 515.

[42]) 1892, I, 755.

[43]) Reprod. Allg. H.-Ztg. 1876, S. 127.

[44]) **s. Allg. H.-Ztg. 1876, S. 646.**

[45]) s. Allg.-H.-Ztg. 1864, **S. 115. Thatsache ist, dafs alle körnerreichen Sorten (Nordamerikaner, Engländer,** Belgier etc.) weit höhere Erträge haben, wie die körnerarmen Sorten (Saaz, Spalt etc.), auch abgesehen vom Gewicht der grofsen Körner.

[46]) Die Veredelung der Hopfenpflanze, Allg. Br.- u. H.-Ztg. 1896, S. 1961 u. ff.

[47]) Reprod. in der Allg. Br.- u. H.-Ztg. in Nürnberg 1897, II, 1923.

[48]) Die letztere Ansicht Zelinkas über die Qualität des amerikanischen Hopfens ist so unrichtig, dafs sie mich in der That auch in Bezug auf seine Angaben über die Geschlechtsmetamorphose des Hopfens etwas mifstrauisch macht. — Indes brachte aber der Gambrinus (Wien, 1900 S. 736) während der Drucklegung dieses Abschnittes die Notiz, dafs kurz vorher ein Hopfenbauer der Saazer Gegend auf einer und derselben Hopfenrebe, sowohl männliche wie weibliche Blüten vollkommen ausgebildet gefunden habe, was ein sehr seltenes Naturspiel sei. Es scheint also dann und wann doch diese Monstrosität aufzutreten; vielleicht ist es gar nicht so selten der Fall und wir sehen es nur nicht, weil die hoch oben befindliche Blütenregion des Hopfens unserem Gesichtskreise entrückt ist.

[49]) Synops. d. Pflanzenkunde II, S. 979, Jahrg. 1877.

[50]) s. Allg. Br.- u. H.-Ztg. 1889, II, 2105.

[51]) s. Allg. Br.- u. H.-Ztg. 1883, I, 138, nach dem »Gambrinus« in Wien.

[52]) s. Göbel: Grundzüge der Systematik und speziellen Morphologie, S. 455, und Sachs: Vorlesungen über Pflanzenphysiologie, S. 982.

[53]) s. Joh. Heumanns Buch »Wirtschaftliche und rechtliche Abhandlung vom Hopfen, Nürnberg 1759.

[54]) In jener Zeit herrschten noch die Ideen der Alchemisten.

[55]) Chomel: Dictionnaire oeconomique et houblon, p. 373.

III. Abschnitt.

Die Sekretionsorgane des Hopfens als dem Brauer wichtigste Teile der Hopfenpflanze.

Die Sekretionsorgane in den Hopfenzapfen (das Hopfenmehl, der Hopfenstaub, das Lupulin).[1]

(Man s. Fig. LIX—LXVI.)

Wir kommen nun zu den für den Brauer wichtigsten Teilen in den Hopfenzapfen, zu den Sekretionsorganen, welche das für die Bierbereitung so wichtige Sekret bilden und enthalten.

Der Botaniker zählt diese auf der Oberfläche der Blütenhüllen der kleinen Hopfenkörner (die verwelkten, unbefruchtet gebliebenen, eingeschrumpften Stempel, d. h. Fruchtknoten, Pistill und Narbe mit der Blütenhülle) und der grofsen Hopfenkörner oder Früchte, welche ebenfalls noch von der Blütenhülle umgeben sind, und auf den Zapfenblättern, namentlich auf der Falte der Vorblätter, weniger auf den Deckblättern, auf den Perigonien; auf Stielen und Spindeln, aber gar nicht oder höchstens adhärierend vorkommenden grofsen Drüsen (die Lupulinkörner oder das Hopfenmehl des Brauers), kurzweg Trichome, auf deutsch »Haare«, auch Anhangsorgane oder Oberhautgebilde.

Oberhautgebilde oder Anhangsorgane nannte man früher alle wirklichen Pflanzenhaare und Drüsen, weil man glaubte, dafs sie nur aus der obersten Zellschichte, der Oberhaut, Entstehung nähmen. Man hat, als die Vergröfserungsgläser (Mikroskope) die Sehkraft der Botaniker hundertfach vergröfserten, eingesehen, dafs viele dieser eigenartigen Gebilde viel tiefer reichen. Es ist ferner für den Nichtbotaniker verwirrend, wenn man die so ganz abweichend gestalteten Drüsen oder Sekretionsorgane auch Haare nennt. Allein es gibt auch eigentümlich gestaltete Übergangsgebilde, z. B. die sogenannten Köpfchenhaare oder Köpfchendrüsen, welche so massenhaft die Hopfenzapfenblätter besetzen, auf den getrockneten und gesackten Zapfen freilich im ganz verwelkten, eingeschrumpften Zustande. Dafs man die oft so massenhaft auf vielen Pflanzenarten vorkommenden wirklichen Pflanzenhaare, welche mit den tierischen Haaren eine entfernte Ähnlichkeit haben, auch Haare nannte, ist eher verständlich.

Hier wollen wir uns aber diesmal mit dem, was auf der Hopfenpflanze wirklich Haar ist, nicht befassen, obgleich es gewifs nicht uninteressant ist, indirekt vielleicht auch eine gewisse praktische Bedeutung hat.

Wir gehen vielmehr sogleich auf die Sekretionsorgane oder Drüsen ein. Jedem Brauer ist das gelbe Mehl wohlbekannt, welches man am Grunde der Hopfensäcke findet, oder auch auf Papier, auf welchem gut trockener und namentlich schon etwas älterer Hopfen gelegen hat. Diese allgemein bekannten, im praktischen Leben oft auch »Lupulin« genannten Körner standen auf den Zapfenblättern und Fruchthüllen, sind von dort abgefallen, während sicher auch noch viele stehen geblieben sind.

Es sind für das unbewaffnete Auge im frischen aber ausgereiften Zustand goldgelbe und zugleich schwachgrüne, krystallhelle, ungemein lebhaft glänzende, meist sehr kurz und schwach gestielte, daher leicht abfallende, aromatisch riechende, annähernd kugelige oder scheibenförmige Gebilde (Körner) mit ölig-harzigem, balsamartigem, später immer mehr und endlich ganz verharzendem Inhalte. Nach Dr. F. Stamm[2]) scheint es in Böhmen auch Hopfen zu geben (bei Falkenau), welcher in den Mehlkörnern frisch rötlich-gelb ist.

Sie finden sich vereinzelt an der Oberhaut des Stengels und der Tragranken; ich sah sie sogar an den Antheren, also an den Blütenanlagen der männlichen Pflanzen, auf der Mittelnaht (s. S. 206). Auf der Unterseite der Laubblätter stehen sie mit echten Pflanzenhaaren durcheinander und zugleich mit den Glimmhaaren, welche auf den Blattrippen stehen, in Gesellschaft, also hier in unmittelbarer Berührung mit den übrigen beiden Arten von Oberhautgebilden der Hopfenpflanze.

Wie die von mir beobachteten Thatsachen beweisen, treten diese Drüsen nicht etwa erst später auf den sich bereits entwickelt habenden Blättern und in den schon fertig gebildeten Zapfen auf, sondern sie sind vielmehr schon in der ersten beginnenden Knospenanlage des Stengels, des Laubblattes, Zapfenblattes etc. vorhanden. Man erkennt dies ganz deutlich und unzweifelhaft, wenn man alle diese namhaft gemachten Teile der Hopfenpflanze im frühesten Jugendzustande untersucht und sieht, wie die nun zuerst etwas länglichen, wasserhellen, silberglänzenden, später erst mehr rund, gelb und grün werdenden Gebilde alle schon da sind und ungemein dicht bei einander stehen und nun erst in den sich vergröſsernden Organen und genau proportional mit dem Gröſsen-(Flächen-)Wachstum auseinanderrücken. Würden später noch welche nachkommen, dann würden sie nicht im Knospenzustande so dicht bei einander und auf den sich streckenden Organen, so genau proportional ihrer Gröſse, auseinanderstehen. Diese Erkenntnis ist insofern wichtig, als sie zeigt, daſs die Menge der Drüsen keineswegs eigentlich in der Jahreswitterung, sondern in ganz andern, von früher her wirksamen Umständen begründet ist, daſs somit die Jahreswitterung doch höchstens nur insofern für die Quantität des Hopfensekrets wirksam werden kann, als sie hindernd oder hemmend auf die Entwicklung, Ausformung etc. der bereits in der Anlage vorhandenen Drüsen und namentlich auf deren mehr oder minder reichliche Füllung mit Sekret wirken kann.

Auf Grund meiner umfangreichen Arbeiten kann ich ferner aussprechen, daſs die Hopfendrüsen von Humulus Lupulus L. unserm europäischen Hopfen in allen Ländern der Erde, in ganz Europa, vom Kaukasus bis England, vom Etschland bis Haparanda, in Amerika, Australien etc., einander alle sehr ähnlich sind. Am ehesten etwas abweichend, mehr würfelförmig als scheiben- oder kugelförmig, scheinen sie mir bei dänischen und andern nordeuropäischen Hopfen zu sein.

Es fragt sich nun: wie entstehen diese gelben, kleinen mit dem bloſsen Auge gesehen: dem Staube ähnlichen Körnchen, wie sind sie organisiert, was enthalten sie und in welcher Beziehung stehen sie resp. ihr Inhalt zur Entwicklung des Bieres?

Thatsächlich erinnern die Anfänge der Hopfendrüsen gar nicht an das, was sie später sind. Der uranfängliche Apparat sieht weit eher aus wie eine bald mehr rundliche oder längliche, bald mehr tiefe oder mehr flache Schüssel oder wie ein ebensolcher Becher von weiſser, porzellanartiger Farbe, welcher mit seiner Basis in der Oberfläche der Zapfenblätter oder Fruchthülle befestigt ist, nur daſs diese kleinen Schüsselchen der Hopfenpflanze nicht aus Porzellan, sondern aus zartester organischer Substanz bestehen.

Diese kleinen, wie Schüsselchen oder Becherchen gestalteten Zelllagen haben oft in der Mitte eine relativ groſse wannenförmige oder kesselförmige Vertiefung, nach auſsen einen mehr oder minder breiten, flacheren Rand, welcher nur wenig gegen die wannenförmige oder kesselförmige Vertiefung hin geneigt ist.

Denkt man sich nun noch, daſs die Schüssel am Unterrande nicht flach abgerundet, sondern mehr mit stumpfer Spitze ausgestattet sei, daſs die Farbe noch etwas mehr weiſs, so weiſs wie frisch gefallener Schnee und von silberartigem Glanze wäre, daſs ferner die Innenfläche des Schüsselchens oder Bechers von einer ablösbaren, sehr dünnen, farblosen, durchsichtigen Haut bedeckt sei, so hat man in der That allgemeinhin ein ganz zutreffendes Bild des

Die Sekretions-Organe (Drüsen) von Humulus Lupulus L.

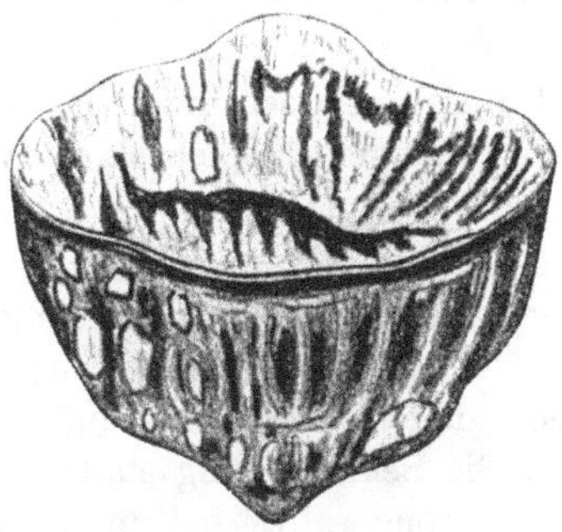

Fig LIX.
Drüsenbecher von der Seite.

Fig. LX.
Drüsenbecher mit etwas Sekret, von oben.

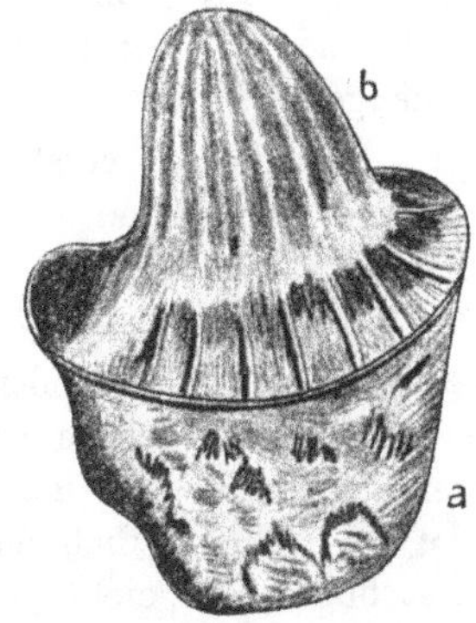

Fig. LXI.
Drüsenbecher mit entwickeltem Sekrethügel.

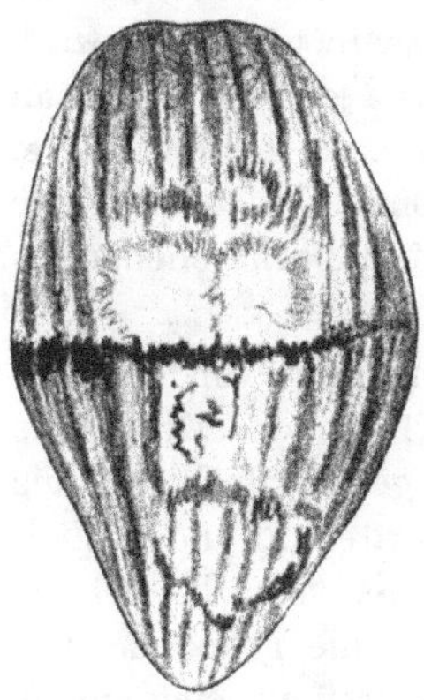

Fig. LXII.
Volle Drüse
mit Eintrocknungsfalten.

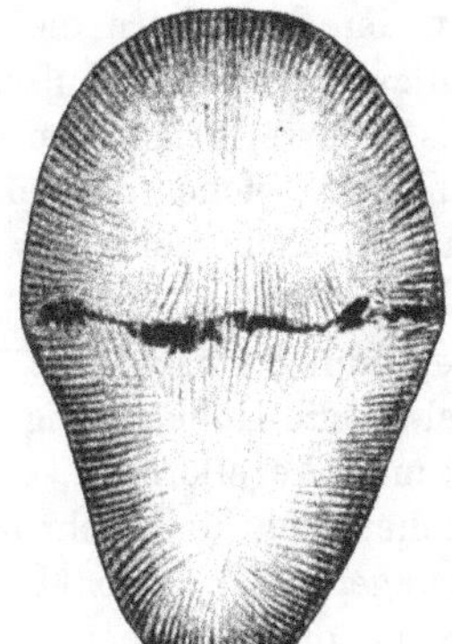

Fig. LXIII.
Volle, faltenlose Drüse.

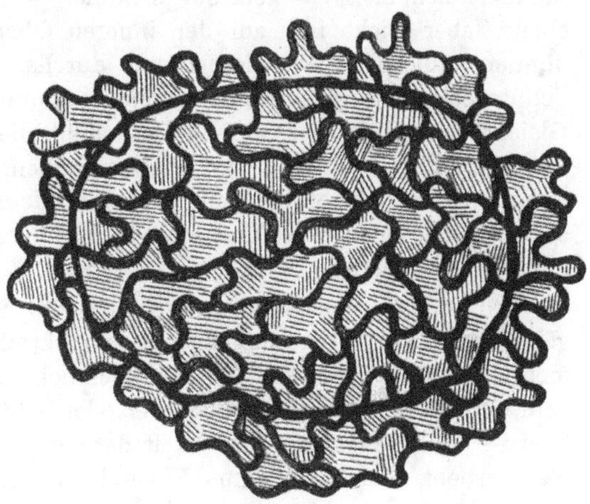

Fig. LXV.
Flächendrüse.

wunderbaren kleinen Apparatchens vor sich, welches sich zu Tausenden auf den Zapfenblättern, namentlich gehäuft am Grunde derselben und auf den Blüten- oder Frucht-Hüllen, findet und aus welchem schon sehr frühzeitig die groſsen Hopfendrüsen entstehen. Ein ungefähres Bild eines solchen Bechers oder Schüsselchens, in diesem Falle mehr körbchenartig, findet man in Fig. LIX, dann in Fig. LX, von mir in mehr schematischer Darstellung bei ca. 250facher Vergröſserung gezeichnet.

Es wurde bereits bemerkt, daſs diese Schüsselchen oder Becherchen — wenn sie noch gar kein Sekret gebildet haben — ganz weiſs und silberglänzend sind, namentlich wenn man sie von oben sieht; von der Seite betrachtet, leuchten die dunklen Schraffuren der Zellwände durch die lichte Farbe hindurch; bei solchen auf getrockneten Hopfenzapfen werfen auch die durch das Eintrocknen erzeugten Falten Schatten. Die Schraffuren können also auch Licht- und

Schattenlinien sein, welche durch Eintrocknungsfalten (Runzeln) gebildet werden (s. Fig. LXI und LXII). Es wurde ferner angedeutet, dafs ein zartes, dünnes, farbloses oder lichtes, vollkommen durchsichtiges Häutchen, welches als eine Schutzhülle die ganze Innenfläche des Bechers überzieht und die Aufgabe hat, zu verhindern, dafs nichts aus den Pflanzenzellen des Körperchens heraus und auch von aufsen nichts hereinkommen kann, offenbar infolge langwieriger Gewöhnung leicht ablösbar ist.

Wie erlangt nun die eigentliche Drüse ihre kreiselförmige, kugelige, scheibenförmige, birnförmige, also vom ursprünglichen Schüsselchen oder Becherchen erheblich abweichende Gestalt und ihre gegen das ursprünglich intensiv weifse Schüsselchen nicht minder abweichende, zitronengelbe Farbe?

Um dies zu verstehen, müssen wir uns mit der Art und Weise befassen, wie aus und in diesem Becherchen die Absonderung des in der Brauerei so wichtigen Hopfensekrets vor sich geht.

Es ist zunächst notwendig, sich die relativ dicke Wand des Schüsselchens als aus einer einzelligen, in Teller- oder Schüssel-Form umgebogenen Gewebeplatte bestehend vorzustellen. Die einzelnen Zellräume sind — wie die Zimmer eines Hauses — durch Querwände voneinander abgetrennt. In den Wänden dieser Zellen, sowohl in den inneren wie in den äufseren, findet, in bisher freilich noch nicht genügend aufgeklärter Weise, die Sekretbildung statt. Das Sekret bleibt aber nicht in den Zellwänden, wo es gebildet wurde, sondern es hat meist das Bestreben, zu wandern, sich zu sammeln und eine zusammenhängende Menge zu bilden.

Das erste fertig gebildete Sekrettröpfchen, welches sogleich eine blafsgelbe Farbe hat, sammelt sich meist — keineswegs immer — so ziemlich in der Mitte am Grunde des Schüsselchens, aber nicht frei auf der inneren Oberfläche, sondern unter dem bereits vorerwähnten, dünnen, ablösbaren, farblosen und durchsichtigen Häutchen, welches im Pflanzenreiche als Schutzdecke so umfangreich verbreitet ist und von den Botanikern die »Cuticula« genannt wird. Gleichzeitig wird dieses dünne Häutchen, die Cuticula, von der Aufsenwand der Zellfläche an dieser Stelle abgetrennt und emporgehoben. Es sammelt sich also das entstehende Sekret zwischen der äufseren Zellwandfläche und dem dünnen Häutchen der gehobenen Cuticula, welche es nach aufsen abgrenzt und am Abfliefsen verhindert, auch wenn das Drüsenbecherchen nach abwärts geöffnet ist.

In dem Mafse nun, in welchem die Sekretbildung vorschreitet, steigt der von der mitgehobenen Cuticula zusammengehaltene Sekrethügel in die Höhe (s. Fig. LXI), in der Mitte stets mehr hoch als nach aufsen, wie eine gelbliche, bald mehr kegelförmige, straff gespannte Blase, aus dem weifsen, silberglänzenden Becher oder Schüsselchen mehr und mehr hervortretend und endlich öfter — keineswegs immer — weit darüber hinausragend. In dem Mafse, als sich die Sekretblase erhebt, läuft auch deren Fufslinie, welche genau da zu suchen ist, wo die gehobene und die noch auf der Innenfläche der Schüssel festliegende Cuticula zusammentreffen, stets mehr und mehr nach aufsen und, den Gehaltsverhältnissen des Schüsselchens entsprechend, gleichzeitig mehr von unten, vom Grunde, nach oben, zum Rande der Schüssel. In Fig. LXI sieht man, wie die Sekretblase *b* aus dem Becher oder Schüsselchen *a* emporsteigt. Die Leisten auf der dünnen Haut der sehr durchsichtigen Cuticula sitzen auf der Innenfläche derselben und sind beim Abheben losgerissene Zellwandreste; es können aber auch Eintrocknungsfalten sein.

In dem Augenblicke, wo die durch die hügelförmig anschwellende Sekretbildung losgetrennte und emporgehobene Cuticula, das dünne, helle, durchsichtige Häutchen, den Rand des Bechers erreicht hat, ist die Drüsengestalt, welche aus einer sehr dünnen Hülle und innerhalb derselben aus einem anfänglich dünnflüssigen, später dickflüssigen, selbst festen, harzigen, anfänglich zitronengelben, später mehr orangefarbigen Sekret besteht, vollendet und die Gestaltverhältnisse, welche nun erlangt sind, hängen wesentlich von zwei Dingen ab, nämlich zunächst von der Gröfse und Form des Bechers, die nämlich innerhalb des gegebenen und geschilderten Prinzips zahlreiche Variationen annehmen können, und alsdann auch von der Ausdehnung des

Sekrethügels, dem Entwicklungsstadium, welches dieser einnahm, als die Lebensfähigkeit des Bechers erlosch und damit auch die Sekretionsthätigkeit zum Stillstand gelangte.

Diese Art des Sekretionsvorganges, welche in einem eigenen, scharf umschriebenen Apparat vor sich geht, resp. den Apparat und den Sekrethügel zusammen, nenne ich »individualisierte Drüsen«, zum Unterschiede von einem oft sehr umfangreichen Sekretionsvorgang, welcher nicht in einem bestimmten, eigens dafür vorhandenen Apparat verläuft, sondern direkt aus und auf den Oberhautzellen der Blätter Entstehung nimmt.

Bei den Drüsen in der Region des Blütenstandes hat das ursprüngliche Gefäfs immer eine mehr oder minder becherförmige Gestalt; die scheibenförmigen Drüsen auf den Laub- und Deckblättern, an denen die älteren Botaniker ihre Studien gemacht haben, sind ganz flach, nur am Rande etwas aufgebogen und haben sehr wenig Sekret.

Die erste richtige Auffassung und Wiedergabe dieses doch geradezu wunderbaren Vorganges, welche den überhaupt mit der Sache Vertrauten heute so leicht und selbstverständlich erscheint, war sicherlich — namentlich früher, bei noch so unvollkommenen Mikroskopen — eine aufserordentlich schwierige und hatte einen ungewöhnlich genial veranlagten Menschen zur Voraussetzung, weshalb es sich wohl verlohnt und lediglich einer Pflicht der Dankbarkeit entspricht, wenn wir an solcher Stelle und bei einer solchen Veranlassung, im Kreise von Männern des praktischen Berufslebens, die alle Tage davon Gebrauch machen, auch des Mannes gedenken, von welchem sie herrühren.

Soweit bei uns in Deutschland bekannt, tritt die erste, durch gute Abbildungen anschaulich gemachte Schilderung des Vorganges in einer Abhandlung des Franzosen Personne (1854) auf, welche eigentlich die Bestandteile des Hopfensekrets zum Gegenstand hatte und gelegentlich dessen, als Einleitung, auch die Organisation der Hopfendrüsen und den Vorgang der Sekretbildung selbst schilderte. Diese Schilderung war mit ziemlich guten Abbildungen versehen. Dies ist der Grund, warum man diese ebenso interessante wie praktisch wichtige Arbeit, welche ich im Original in der französischen Zeitschrift eingesehen, wo sie erschienen, immer Personne zuschreibt, der sich selbstthätig doch nur chemisch mit der Natur des Hopfens befafst hat. Denn — wie Personne in dieser französischen Originalabhandlung selbst erklärt — hatte die Arbeit mit den nach dem Mikroskop gemachten Zeichnungen nicht ihn, sondern einen andern französischen Autor, den sehr namhaften Botaniker M. Trécul, zum Autor, und er hatte sie nur der Vollständigkeit wegen seiner chemischen Abhandlung angeschlossen.

Thatsächlich hat der Berliner Botaniker F. J. F. Meyen[3]) schon 1837 auf den Vorgang aufmerksam gemacht, aber da die Mikroskope damals noch sehr unvollkommen waren, sind seine bildlichen Darstellungen sehr mangelhaft.

Alle späteren Abhandlungen über diesen Gegenstand brachten nicht das mindeste Neue (darunter namentlich Rauter-Wien, Haberlandt-Wien, Holzner-Weihenstephan etc.); ebenso irrig war es, wenn Karl Homann (Weihenstephan, Halle a. d. S.) auf der Internationalen Hopfenausstellung etc. in Hagenau[4]), demnach reichlich 20 oder gar 40 Jahre später, sagte, dafs diese Entwicklungsgeschichte des Lupulins bis dahin nicht bekannt gewesen sei und in den Archiven der Wissenschaft geschlummert habe. Letzteres ist richtiger; aber bei K. Homann (1874) wie bei Prof. Haberlandt (1875) ist die Idee, dafs die den Sekrethügel überspannende Cuticula ein Deckel sei, irrig. Übrigens hat Karl Homann, ein ehemaliger Weihenstephaner, bei seinem Vortrage in Hagenau im Elsafs am 14. Oktober 1874[5]) die Hopfendrüsen und die Sekretbildung bereits vollkommen richtig beschrieben.

Ja es scheint mir sogar zweifelhaft, ob die späteren Abbildungen zum Teil die Tréculschen auch nur erreicht haben; mehrere dieser Abbildungen, wie die von Haberlandt in Wien, Bersch etc., sündigen direkt gegen die Wahrheit, indem sie die Drüsen immer so abgebildet haben, als ständen sie mit dem Sekrethügel auf der Oberhaut der Blätter, während das Uranfängliche, der secernierende Becher, sich als Dach in der Luft befindet (also z. B. bei Fig. LXIV *a* oben und *b* unten). Holzner hat seine späteren Darstellungen tadellos gemacht; die anatomische Seite seiner Darstellungen entsprach vom Beginn an allen Anforderungen. Ich habe ein ungewöhnliches Material über diese Sache unter dem Mikroskop aufgenommen, auch lange Zeit mikrochemisch damit gearbeitet, wobei ich das Gesehene in selbstgemalten Aquarellbildern fixiert habe.

Diese Arbeiten kann ich hier, der hohen Herstellungskosten wegen, leider nicht bringen. Etwas bringe ich auch von diesen Arbeiten in Fig. LXVI. Es sind auch die eingehendsten Arbeiten über die Drüsen und Trichome von Humulus cordifolius und Humulus Japonicus dabei. Nur einiges will ich zur besseren Orientierung noch bemerken: In Fig. LX sieht man einen Drüsenbecher von oben nach halber Sekretionsarbeit zum Stillstand gekommen. Dagegen zeigen Fig. LXII und Fig. LXIII zwei kreiselförmig gestaltete, übervolle Drüsen. Man kann — ohne Anwendung chemischer Reagentien — unter dem Mikroskop bei selbst sehr starker Vergröfserung oft bei solchen übervollen Drüsen (wie in den Fig. LXII und LXIII) gar nicht erkennen, wo der Becher und wo die Sekretblase ist. Bei diesen beiden Drüsen ist wahrscheinlich der Becher oben und die Sekretblase unten, sie müfsten also eigentlich bei der Darstellung logischerweise herumgedreht gestellt werden.

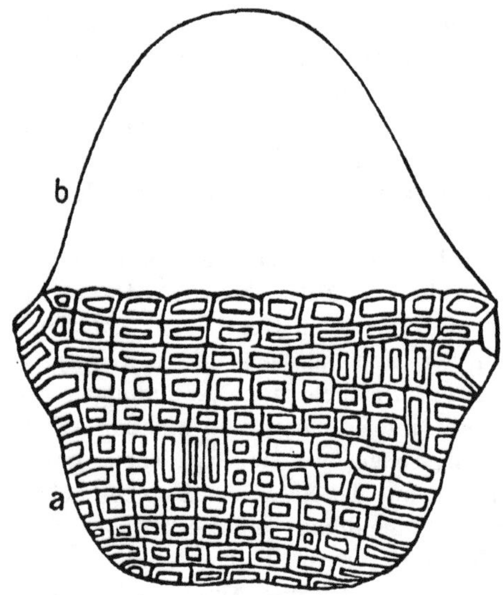

Fig. LXIV. Von Sekret befreite volle Drüse. Becher und Cuticula; ca. 400fach vergröfsert.

Zur vorzüglichsten Anschaulichmachung der ganzen Sachlage gibt es nichts Besseres als die Anwendung von Reagentien, welche das Sekret intensiv färben, die Zellplatte des Bechers und die Cuticula dagegen ungefärbt lassen (s. Fig. LXVI). Da sieht man dann in der objektivsten Weise den wahren Sachverhalt, während die Drüsen, wie sie in der Natur vorkommen, an der Oberfläche sehr verschieden aussehen. Ich habe eine grofse Zahl solcher mikrochemischer Untersuchungen gemacht und das Gesehene durch Aquarellbilder festgehalten. Aber das kann ich hier nicht bringen, weil es zu teuer herzustellen ist und anscheinend in Deutschland keine reichen Brauer vorhanden sind, die so was unterstützen; in andern Ländern ist es bekanntlich der Fall.

Ich bin aber doch in der Lage, ein anschauliches Bild des wirklichen Sachverhältnisses zu geben, welches man dadurch erhält, dafs man die Drüsen auf dem Objektglas mit Äther oder Alkohol behandelt. Da wird das Sekret aufgelöst und entfernt, so dafs nichts mehr übrig bleibt als der Becher oder das Körbchen und das Häutchen (die Cuticula), welches den Sekrethügel überspannt hat. In Fig. LXIV ist so eine vollständig von Sekret befreite, vorher stark gefüllte Drüse zu sehen; *a* ist der Drüsenbecher, *b* stellt die noch gespannte und gewölbte Cuticula dar, der Innenraum ist leer. Angesichts dieses Bildes, deren ich eine grofse Zahl besitze, welche schon vor ca. 10 Jahren angefertigt wurden, kann man nicht den leichtesten Zweifel hegen, dafs alles das, was wir über den Anfang der grofsen Drüsen und ihre spätere Ausgestaltung gesagt haben, vollkommen der Wahrheit entspricht!

Bei dieser Behandlung mit Äther oder Alkohol legt sich die Cuticula ganz glatt, ohne jede Falte hin, bleibt also ganz straff, und da sieht man dann keine Spur von Zellenlinien darin, wie man sie immer in Bildern dargestellt findet[6]). Bei der Skizzierung der Drüsen in gewöhnlicher Art hat man es stets mit Eintrocknungsfalten zu thun, die höchst mannigfaltige Bilder gewähren, denn wo ein Höhenrücken, folgt auch immer ein Schattenthälchen, wie in Fig. LXII; auch die Leisten auf dem Sekrethügel in Fig. LXI sind nichts als Eintrocknungsfalten. Dasselbe ist der Fall mit der so oft zu sehenden Gitterung, wie in Fig. LIX. Bei Fig. LXIII handelt es sich ohne Zweifel um eine so stark gefüllte Drüse, dafs auch nach dem Eintrocknen keine Falten entstehen können. Die Schatten, welche die beiden Kreiselhälften durchqueren, sind wahrscheinlich nichts anderes als Becherrandschatten.

Wer aber unter dem Mikroskop diese Sekretentleerung der Drüsen vornehmen will, der mufs einige Vorsicht gebrauchen. Wenn man absoluten Äther und Alkohol bei frischen Drüsen von der neuen Ernte anwendet, dann geht die Lösung des Sekrets unter starker Volumvermehrung sehr stürmisch vor sich, wodurch die Drüsen zerplatzen und das sonst so lehrreiche Bild verloren geht. Die schönsten Bilder erhielt ich bei Anwendung absoluten Äthers und Alkohols und Drüsen, welche von sieben Jahre alten lothringischen Hopfen herrührten. Es ist sehr wahrscheinlich, dafs bei Verwendung noch junger Drüsen ein langsames Lösen des Sekrets besser ist, also die Anwendung verdünnten Äthers und Alkohols, worüber ich indessen keine Versuche angestellt habe.

Über die Art und Weise, wie das Drüsensekret in den vielen Pflanzenarten, welche Drüsen bilden, entsteht, weifs die botanische Wissenschaft bis heute überhaupt und so auch für die Drüsen des Hopfens keine Auskunft zu geben. Man weifs nur, dafs das Sekret in den Zellenwänden entsteht und dann an die Oberfläche tritt, wobei es die Cuticula emporhebt.

Die Ansicht, dafs das Sekret (ätherisches Öl, Harz) in der Zellwand entsteht oder abgeschieden wird, nicht im Protoplasma der Zellen, wurde zuerst von Hanstein[7]) und dann auch von De Bary[8]) vertreten. Erst im Innern alter Drüsenzellen, deren Sekretionsthätigkeit bereits im Erlöschen ist, kommen nach De Bary gröfsere Ansammlungen harzigen Sekrets vor, die aber nach ihm auch in der Zellwand entstanden sein können. Kürzlich haben aber N. J. C. Müller und Hanstein, auch Joh. Behrens für einige Fälle gezeigt, dafs das ätherische Öl und Harz im Protoplasma der Drüsenzellen gebildet wird.

Neuestens macht nun Prof. A. Mohl in Laun, Böhmen, Direktor der dortigen Ackerbauschule (Über die Bildung des Lupulins und den Micrococcus humuli Launensis, Österr. landw. Zentralbl. 1892, Heft 5, S. 13—18[9]), die sonderbare Bemerkung, dafs die Sekretion durch einen Micrococcus hervorgerufen werde, welcher sich zwischen der Cuticula und der Aufsenwand der Drüsenzellschichte einniste und durch einen auf die Drüsenzellen geübten Reiz diese zur Sekretion veranlasse. Dieser Micrococcus lebe in grofser Masse im Sekret der schüsselförmigen Drüsen, vermehre sich darin und lebe vom Sekret, wobei er die unbrauchbaren Stoffe ausscheide. Auch der Trimethylamingehalt des Hopfens resp. der Drüsen soll ein Produkt der Thätigkeit dieses Micrococcus sein. Ebenso das Altwerden des Hopfens soll durch diesen Micrococcus bewirkt werden[10]).

Wahrhaft grofsartige Arbeiten sind von den bedeutendsten Botanikern schon gemacht worden. Ich habe darüber die umfassendsten Studien bereits vor Jahren gemacht, die unveröffentlicht in meinen Händen sind; ich will hier nur auf die grofsartige Arbeit von J. Hanstein: »Über die Organe der Harz- und Schleim-Absonderung in den Laubknospen« [11]) aufmerksam machen. Keiner dieser vielen berühmten Autoren weifs etwas davon, wie das Sekret eigentlich entsteht. Dasselbe ist der Fall mit A. Kerner in seinem ausgezeichneten Werke: Das Pflanzenleben. J. Behrens meint, dafs Mohl kleinste, im Wasser emulsionsartig verteilte Sekrettröpfchen, die sich zum Teil in lebhafter Molekularbewegung befinden etc., für dieses Tierchen angesehen habe.

Ohne Zweifel wäre es auch von Interesse, zu wissen, weshalb denn diese Drüsen so massenhaft auf der Hopfenpflanze und namentlich auch in den Zapfen vorkommen, also ihre physiologische oder biologische Bedeutung zu kennen. So naiv wird niemand sein, zu glauben, dafs sie schon ursprünglich brautechnischer Zwecke wegen ins Leben gerufen wurden. Sie müssen also offenbar im Haushalte der Pflanze eine Rolle spielen, sei es eine aktive, die physiologischen (Ernährungs-) Vorgänge unterstützende oder eine passive, indem sie als Ablagerungsstätte überflüssig gewordener Stoffgruppen dienen; auch dann, wenn die Wirksamkeit nur dahin ginge, gleichsam als Schuttstelle zur Ablagerung von Unrat zu dienen, würden sie dennoch eine Bedeutung für den Lebenshaushalt der Hopfenpflanze haben.

Ganz irrigerweise werden sie im amerikanischen Patent Office Report, Washington 1862, ein glänzender Blütenstaub genannt, denn damit haben sie gar nichts zu thun.

Vielleicht hat die Ansicht von Dr. Behrens am meisten für sich, dafs diese Drüsen mit dem stark riechenden Sekret von der Natur nur dazu bestimmt sind, die als Flugorgane der

Hopfenfrüchtchen dienenden Vorblätter und die Nüfschen selbst vor dem Tierfrafs (namentlich Schneckenfrafs) zu schützen. Ernst Stahl: Pflanzen und Schnecken[12]) will die Bedeutung des ätherischen Öls in erster Reihe im Schutze gegen Schneckenfrafs suchen. In der That hat das sehr viel für sich, denn nur diese als Flugorgane dienenden gefalteten Blätter und das als Oberhaut der Nüfschen dienende Perigonium sind so stark mit den Drüsen besetzt, sonst nichts. Ähnliche finden sich auch auf den assimilierenden Laubblättern, namentlich auf der Unterseite. Wären sie alle schon im Knospenzustande gefüllt, was aber nicht der Fall, dann könnte man sie als das Licht abändernde, indirekt also physiologischen Zwecken dienende Apparate ansehen.

Tyndall meint, dafs eine mit den Dünsten eines ätherischen Öls geschwängerte Luftschicht die strahlende Wärme in geringerem Grade durchläfst als reine Luft; eine mit solcher Atmosphäre umgebene Pflanze wird sich bei Tag nicht so stark erwärmen und nachts nicht so stark abkühlen. Von Insekten wird die Hopfenpflanze nicht besucht.

Die Hopfenharze, Bitterstoffe und das ätherische Öl sind ausschliefslich im Hopfensekret enthalten, während der Gerbstoff, die stickstoffhaltigen und stickstofffreien Extraktivstoffe und die Aschenbestandteile meist dem Zellinhalt der Doldenblätter angehören. Es ist sehr wahrscheinlich, dafs auch der Gerbstoff der Drüsen selbst nicht dem Sekret, sondern den Zellen des Drüsenbechers angehört.

In einer Notiz aus Dannenberg[13]) wird gesagt, dafs bei der grofsen Hitze Mitte August, 35° R., das Lupulin sich in eine weifsgelbe, leimartige Flüssigkeit zersetzte, wie solches sonst nur beim Hopfenkochen stattfinde.

Die Drüsenvarietäten der grofsen Drüsen und das Mikroskop.

a) Normale, individualisierte Drüsen.

Am meisten findet man die grofsen Hopfendrüsen auf der Blütenhülle und auf den Falten, also nahe an der Basis der Vorblätter, wo auch die Blütenanlage steht. Es scheint auch, dafs die Blattfalten und die Blütenhüllen in der Mitte des Hopfenzapfens noch mehr Drüsen haben als dieselben morphologischen Elemente näher der Basis oder dem Gipfel des Zapfens. Daher rührt es, dafs wir, wenn wir einen Hopfenzapfen vom Gipfel herein geschickt halbieren, alle grofsen Drüsen mit dem Sekret längs der Spindel und da wieder mehr nach der Mitte des Zapfens zusammengedrängt sehen. Es ist das für die natürliche Konservierung des Sekrets höchst wichtig, wenn dies die Natur mit dieser Anordnung auch nicht beabsichtigt hat. Alle Sekretdrüsen sind tief in der intakten Dolde, also sehr gegen Lufteinflufs etc. geschützt, angeordnet.

Zunächst liegt nun wohl die Frage nahe, ob es bei den grofsen Hopfendrüsen nicht bestimmte Varietätentypen gibt, welche bestimmten Kulturregionen angehören, so dafs man mit Hilfe des Mikroskops in die Lage käme, sehr rasch und ohne weitergehende Bemühungen den Nachweis zu liefern, aus welcher Lokalität die betreffende Hopfensorte stammt.

Dafs diese Bemerkungen nicht überflüssig sind, zeigt ein Artikel in einer Wiener Zeitschrift[14]). Dort wird ohne weiteres gesagt, dafs jede Hopfensorte ganz spezifische Formen der Lupulinpollen (Sekretdrüsen oder Hopfenmehlkörner) habe, und dafs der, welcher richtig mit dem Mikroskop umgehen könne und richtig sehen gelernt habe, mit Sicherheit Art und Qualität des betreffenden Hopfens feststellen könne. Es komme namentlich auf die Rundung (Füllung) der Pollen (Sekretdrüsen) und auf die Wanddicke derselben an. Auch darauf komme es an, ob das Adernetz der Oberfläche fein oder grob sei.

Auf Grund der denkbar umfangreichsten Bemühungen in dieser Richtung kann ich ganz bestimmt sagen, dafs derartige Hoffnungen völlig aussichtslos sind. Die Hopfendrüsentypen, insoweit sie mit der Gröfse, Gestalt, den Oberflächenverhältnissen etc. zusammenhängen, sind in allen Ländern, selbst in allen Weltteilen, die nämlichen. Die grofsen Hopfendrüsen aus Kalifornien, aus dem Staate New-York, aus Japan, Australien, England, Belgien, Rufsland durch ganz Deutschland und Österreich bis zum Kaukasus etc. sind einander ungemein ähnlich und bieten in der That gar nichts dar, was als eine Handhabe zur Ermittlung der Heimat dienen könnte. Gewisse, vorerst unfafsbare und undefinierbare Eigentümlichkeiten lassen sich allerdings erkennen, deren Aufklärung aber nur durch umfangreichste Arbeiten und Feststellungen möglich ist, nicht durch Unterdrückung solcher opfervollen Arbeiten, sondern durch ihre Ermunterung und Unterstützung.

Und dennoch gibt es zahlreiche Varietäten der Hopfendrüsen, aber die Variation beruht lediglich auf Entwicklungsverhältnissen, welche unter allen Himmelsstrichen wiederkehren, aber sehr wichtige Handhaben darbieten zur Beurteilung der quantitativen Sekretgehaltsverhältnisse einer Hopfensorte. Für den praktischen Brauereibetrieb, für die richtige und wahrhaft rationelle Anwendung des Hopfens in der Brauerei, haben diese nachstehend geschilderten Drüsenvarietäten sicher eine grofse Bedeutung, natürlich nur da, wo man bestrebt ist, die Thatsachen der wissenschaftlichen Forschung ernstlich und positiv und nicht blofs dekorativ in den Betrieb einzuführen, mit den segenspendenden wissenschaftlichen, auf dem Boden langwieriger und mühevoller Forschungsarbeiten gefundenen Wahrheiten das Handwerksmäfsige des Berufes zu durchgeistigen und zu befruchten. Das letzte Jahr (1897) könnte auch wieder lehren, wieso es möglich gewesen ist, dafs die Produzenten das Gewicht des schon auf dem Boden lagernden Hopfens um 15 bis 20% überschätzten und zum überstürzten Kaufe drängten, der sich natürlich zu gedrückten Preisen vollzog, wobei dann die Preise Ende November, wo sich der Mangel an guter Ware herausstellte, bedeutend stiegen, zu einer Zeit freilich, wo in der Hand der Produzenten wenig Hopfen mehr vorhanden war. Würden die Produzenten oder die zu ihrer Förderung berufenen Kreise rechtzeitig nach der Drüsenfüllung sehen und wirklich richtige Reibflächen (s. unten) machen, dann wären solche Vorkommnisse ausgeschlossen oder wenigstens nicht in solchem Umfange schädlich wirkend. Das wären fruchtbringendere Thätigkeiten als der ewige statistische Kram oder die end- und wertlosen Ausstellungsgeschichten, die zwar einen gewissen Wert als Zeitschriftenballast aber weder Wert für die Wissenschaft noch für die praktische Brauerei besitzen.

Auf den Reibflächen erscheinen die Becher als bräunliche Schuppen, und man kann auch da, bei einiger Übung, ihren Anteil am Hopfenmehl erkennen. Manchmal sind diese braunen Schüppchen ganz klein, punktartig, zuweilen sind sie aber auch sehr grob und deutlich. Wahrscheinlich wird es mit der Zeit gelingen, aus ihrer Erscheinung sichere Schlüsse zu ziehen auf Feinheit oder Roheit der Hopfenware und ihres Sekrets. Alle diese Dinge sind am allerwenigsten mit blofsem Auge, nicht einmal zureichend mit einer guten Lupe, sondern einzig und allein befriedigend nur mit einem Mikroskop wahrnehmbar. Indes, die Kenntnisse, welche notwendig sind, um die Handhabung eines Mikroskops zu diesen technischen Zwecken zu erlernen, stehen sicherlich jedem Gebildeten zur Verfügung.

Mit dem blofsen Auge sieht man auf den Doldenblättern oder am Grunde der Hopfensäcke etc. wohl allgemeinhin einen gelben Staub, aber ein deutlich individualisiertes Korn, eine einzelne Drüse zu sehen, ist nicht möglich.

Mit einer sehr guten Lupe von $13^1/_2$facher linearer Vergröfserung sieht man dagegen die Drüsen schon deutlich individualisiert, mit je nach der Korngröfse schwankenden Durchmessern von 0,2—1,8 mm (letztere nur Flächendrüsen); man kann bei dieser Vergröfserung schon ganz deutlich sehen, ob die Drüsen voll, glanzvoll, krystallhell, oder ob sie eingesunken, matt, trüb etc. sind.

Das wahrhaft gute, technisch wertvolle Sehen beginnt aber erst mit dem Mikroskop bei 60facher Vergröfserung, wobei man grofse Drüsen schon mit einem (längsten) Durchmesser von 1 cm sehen kann. Noch bedeutend besser sieht man bei 120facher Vergröfserung und namentlich bei 180facher, denn in letzterem Falle sieht man die gröfseren Individuen der grofsen Hopfendrüsen schon mit einem längsten Durchmesser von 3 cm. Hier scheint die für technische Zwecke empfehlenswerte Vergröfserung aber auch an der Grenze angelangt zu sein, denn darüber hinaus bis zu 540facher Vergröfserung sieht man wohl die gröfseren, übervollen (mit Sekret überreich gefüllten) Drüsen mit einem längsten Durchmesser von 7—8 cm, aber unter sehr erschwerenden Umständen mannigfaltiger Art, deren Bewältigung und Überwindung nur von kundiger Hand bewerkstelligt werden kann.

Die Erörterung aller bei diesen Dingen in Betracht kommenden Einzelheiten, welche natürlich als Anleitung eines Anfängers oder eines minder Geübten, ja selbst eines Kundigen, aber in diesem Gegenstande nicht Heimischen, sehr wichtig und ganz unentbehrlich sind, mufs eben wegen der Herstellungskosten einer andern Gelegenheit vorbehalten werden.

Was nun die für die Beurteilung der quantitativen Gehaltsverhältnisse in Betracht kommenden Drüsenvarietätentypen betrifft, so sollen sie in folgendem charakterisiert werden.[15])

a) Individualisierte Drüsen.

1. Drüsenbecher, gar nicht oder schwach gefüllt.

Man öffnet keine Hopfendolde, geschweige denn viele Dolden einer einzigen Sorte, worin nicht eine Anzahl von Prozenten reiner, nichts secerniert habender Drüsenbecher vorkäme. Im Maximum des von mir Gesehenen kann ihre Menge bis 4 und 5 % erreichen; davon sind viele ganz weifs und silberglänzend, also völlig frei von Sekret; die dunklen Schraffuren der Zellenwände sieht man seltener, weil diese Becher in der gröfsten Mehrzahl der Fälle beim Aufschütten so auf das Objektglas fallen, dafs der Becherboden unten ist, man also von oben hineinsieht; nur Becher mit sehr spitz zugehender Basis neigen zur Seite.

Es gibt auch anscheinend ganz leere Becher, aber von mehr oder minder ausgeprägter, lichtgelber Farbe; das sind solche, bei welchen sich ganz gleichmäfsig über die Innenfläche des Schüsselchens oder Bechers unter der Cuticula eine ganz minimale Menge von Sekret angesammelt hat, so dafs der ganz leere Becher gelb erscheint. Die letzteren werden sicher dem blofsen Auge, wenn man die Dolden nach dem in der Praxis der Brauereien üblichen Verfahren öffnet, ersichtlich sein und sich als volle Drüsen bemerkbar machen, was natürlich zu einer Täuschung von mehreren Prozenten in Bezug auf den Sekret- oder Mehl-Gehalt der Dolden verleiten kann (s. Fig. LIX ein Becher, auch Fig. LX). Wir werden später sehen, zu welchen Irrtümern in der Ermittelung des Sekretgehaltes von Hopfensorten diese leeren Becher bei der Abbürstmethode führen können.

2. Randdrüsen, schwach gefüllt.

Wenn die früher geschilderten weifsen oder weifsgelben Becherchen oder Schüsselchen bereits einen Sekrethügel gebildet haben, aber mit der Absonderung des Sekrets zum Stillstand kamen, bevor die Fufslinie des Sekrethügels oder der Sekretblase den äufsersten Rand des Drüsenbechers erreicht hat, dann erscheint die nach der Mitte hin liegende Region des Drüsenhügels deutlich zitronengelb, bei älteren Drüsen mehr orangegelb, und der ganz nach aufsen liegende, noch von der Sekretblase völlig freie Rand des Drüsenbechers hebt sich in einer auffallend verschieden gefärbten Weise ab. Derselbe ist nämlich in der Hauptsache entweder ganz weifs oder von schwachen, gleichmäfsig verbreiteten Sekretspuren zartest gelblich-weifs, seltener weifsgelb, stets von breiten, schwarzen Schatten, welche von Wulsten oder Falten herrühren, durchzogen, die immer radial, d. h. vom Becherrande nach der Bechermitte verlaufen. So erscheint die weifse oder die schwach gelbweifse Drüsenrandfläche in lauter ungleich grofse Rechtecke eingeteilt, gewürfelt, wie ungefähr aus der Abbildung Fig. LX ersichtlich ist, was derartigen Drüsen einen ganz eigenartigen, höchst auffallenden und originellen Anblick verleiht, welcher gestattet, sie sofort zu erkennen und von andern zu unterscheiden, und mich veranlafst hat, sie Randdrüsen zu benennen, eine Benennung, die in dieser ausgeprägten, sehr charakteristischen Randzone wohl begründet ist. Auch diese fallen beim Ausschütten aus den Zapfen stets so, dafs sie ziemlich senkrecht stehen, der schwerere Becher unten, die zurückgebliebene Sekretblase aber oben ist; sie legen sich nur zur Seite, wenn der Boden des Bechers sehr spitzig, wenn also nicht genug Basis für aufrechte Becherstellung da ist.

Diese Randdrüsen finden sich nun zunächst in zahllosen Übergangsstadien in den Hopfendolden, von solchen an, wo in der Mitte der kessel- oder wannenförmigen Vertiefung des Drüsen bechers ein ganz kleiner Sekrethügel sich erhoben hat, der mit seinem flach gewölbten Gipfel noch gar nicht aus der eigentlichen Bechervertiefung herausragt, bis zu solchen, welche schon mit einem stattlichen, spitzeren Sekrethügel weit aus der Vertiefung des Bechers hervorgequollen sind, oft mehr, als der Becher tief ist, bereits denselben überragend (Fig. LXI), wobei aber die Fufslinie dieses Sekrethügels den Drüsenrand noch nicht erreicht hat, also noch die eben geschilderte höchst ckarakteristische Randzone frei ist.

Fragt man nun: Wie steht es mit dem Sekretgehalt dieser Drüsenvarietät?, so mufs man dahin antworten, dafs die Randdrüsen solche grofsen Hopfendrüsen sind, deren Sekretgehalt erst $^1/_{10}$, $^1/_8$, $^1/_6$, $^1/_5$, $^1/_4$ oder $^1/_2$ oder höchstens bis $^3/_4$ jener Sekretmengen erreicht hat, wie sie sich in den ganz normalen, übervollen Drüsen finden. Rechnet man durchschnittlich aus allen Übergangsstufen, so wird man sagen können, dafs die Randdrüsen ca. die Hälfte des normalen Sekretgehaltes haben, vielleicht noch etwas mehr. Dem, selbst mit einer Lupe bewaffneten Auge treten sie aber als volle Drüsen in die Erscheinung. Wenn man nun auch bedenkt, dafs sie in der Gesamtmasse der Drüsen fast immer mit 5—10%, häufig sogar mit 10—20%, selbst 20—30% und 30—40% vertreten sind, dafs auch — je nach Lage, Boden, Düngung und Jahreswitterung — 50—60% Randdrüsen nichts gar so Ungewöhnliches sind, ja dafs ich sie in der Gesamtmasse der Hopfendrüsen einer oder der andern Sorte, und namentlich auch in gewissen Jahrgängen, schon mit 80—90% gesehen habe, so wird man begreifen, zu welcher Übertaxation des Drüsengehaltes ein blofses Prüfen mit dem unbewaffneten Auge oder höchstens mit einer selbst sehr guten Lupe führen kann. Wenn die Randdrüsen nur 20% betragen, taxieren wir den faktischen Sekretgehalt um 10 Gewichtsprozente zu hoch, bei 40% Randdrüsen um 20% Sekret und bei 80% Randdrüsen um 40% Sekret über das hinaus, was thatsächlich in den Drüsen und Zapfen vorhanden ist.

Zu welchen Störungen im Brauprozefs derartige Täuschungen in Bezug auf die Sekretmenge Veranlassung geben können, wie viele gestörte Erwartungen in Bezug auf das Würzebrechen, den Bittergeschmack und das Aroma, dann namentlich auch in Bezug auf den Gärungsverlauf und die Konservierung des Bieres im Lagerkeller etc. daraus hervorgehen können, die zuweilen recht unangenehm zur Geltung kommen, das haben die Männer der langjährigen praktischen Erfahrung im Brauereibetrieb schon oft genug erfahren, wenn ihnen auch meist — wenn nicht immer — die Ursache dieser höchst fatalen und tief in den Geldbeutel einschneidenden Erfahrungen im Verborgenen geblieben ist.

Wie wir weiter unten in dem Abschnitt über die Bestimmung der Sekretmenge sehen werden, hat der Österreicher Reinitzer bei einer Hopfenprobe deren Sekretgehalt nach der Abbürstmethode festzustellen gesucht und schliefslich gefunden, dafs 25% der ganzen vermeintlichen Sekretmenge aus Drüsenhülsen (Randdrüsen und Drüsenbechern) bestand. Man wüfste sich diese auffallende und praktisch wichtige Thatsache nicht zu erklären, wenn man nicht meine Untersuchungen über die leeren Drüsenbecher und über die schlecht gefüllten Randdrüsen zu Hilfe nähme. Bei gut gefüllten Drüsen beträgt der Anteil der Becher nur 3—6% des Lupulingehaltes. Es liegt aber auf der Hand, zu welchen Täuschungen man mit solchen irrigen Resultaten gelangen kann, wenn sie z. B. als Unterlage eines wissenschaftlichen oder praktischen Versuches dienen, dessen Resultate dann als mafsgebende wissenschaftliche Wahrheiten jahrzehntelang der wirklichen Wahrheit den Weg verlegen können.

Dr. Th. Remy sagt in seiner Abhandlung über die Untersuchung von Hopfen der Berliner Ausstellung 1896[16]): Selbst ein hoher Gehalt an Lupulin ist kein untrügliches Zeichen für Reichtum des Hopfens an wirksamen harzartigen Bestandteilen, denn die Lupulindrüsen können arm an Sekret sein, sie können sehr dickwandige Membranen aufweisen, Verhältnisse, welche bei der blofsen Schätzung des Lupulingehaltes unmöglich festgestellt werden können und deshalb irre führen.

Für den, welcher meine später geschilderten Reibflächen zur Bestimmung des Sekretgehalts nicht ordentlich machen gelernt hat, bleiben zur annähernd richtigen Schätzung der Sekretmenge mikroskopische Untersuchungen (bei 180facher Vergröfserung) über die Drüsenfüllung eine sehr wichtige Angelegenheit. Man schätzt natürlich die Hopfenernten immer nach dem Blütenanflug und nach der Menge der sich entwickelnden Zapfen. Manche Produzenten und Hopfenhändler haben es darin zu grofsen Fertigkeiten gebracht. Wenn sich dann aber immer noch zu weitgehende Differenzen ergeben, so können diese sicher nur dann erst behoben werden, wenn man allgemeiner gelernt haben wird, gleich nach den ersten Ernten die Hopfendrüsen nach ihrer Zahl und Füllung ins Auge zu fassen. Das Sekret macht den Hopfen erst schwer.

3. Normale und übervolle Drüsen.

Normale Drüsen nenne ich jene, bei denen das Anschwellen und zugleich das Emporgetriebensein des Sekrethügels so weit vorgerückt ist, dafs die Fufslinie desselben bereits den Drüsenbecherrand erreicht hat. In einem solchen Stadium ist häufig noch die Grenzlinie zwischen Becherrand und Sekrethügel deutlich zu sehen und wird dann irrtümlich Stofsfuge genannt, denn das, was man sieht, ist nur der Becherrand, welcher durch die Cuticula hindurchleuchtet. Von einer Stofsfuge könnte doch nur die Rede sein, wenn zwei Drüsenhälften hier aufeinanderstiefsen, was doch nicht der Fall ist, denn dieselbe Cuticula, welche auf der Innenfläche des Bechers durch die Sekretion abgehoben wurde, setzt ohne jede Unterbrechung über die Aufsenfläche des Bechers fort. In diesem Stadium sehen die Drüsen oft aus wie zwei aufeinandergesetzte Kugeln oder — je nach der Varietät des Bechers selbst — wie zwei mit der Basis aufeinandergesetzte Halbkugeln. Beim Trocknen der Dolden und damit teilweise auch der darin befindlichen Drüsen zeigen sich dann auf der Oberfläche der letzteren eigentümliche Strukturlinien, die viele für Zellwandstrukturlinien ansehen, was sie aber augenscheinlich nicht sind; sicher handelt es sich um Austrocknungsfalten (s. Fig. LXII).

Das geht auch schon aus der Erscheinung der von mir übervoll genannten Drüsen hervor, welche zwischen den andern stehen und keine Spur dieser sogenannten Zellwandstruktur erkennen lassen. Das Maximum der Sekretionsthätigkeit ist jedenfalls in den übervollen Drüsen erreicht (s. Fig. LXIII), bei denen die dünne Haut der Cuticula noch mehr oder minder weit über den Becherrand hinaus ausgedehnt ist; sie lassen sich unter dem Mikroskop sehr gut erkennen. Ist der Becher, namentlich an seiner Basis, breit und der Sekrethügel, welcher sich daraus hervorgeschoben hat, mehr schmal, so entsteht die kreiselförmige Drüsengestalt (s. Fig. LXII, LXIII auch LXI). Die letztere und die birnenförmig gestaltete Drüse können aber auch Entstehung nehmen, wenn aus einem mehr schmalen, schlankeren Becher der strotzende, übervolle Sekrethügel sich weit über den Becherrand ausdehnt.

Prof. Haberlandt in Wien[17]) hatte die Ansicht, dafs die volle und übervolle Drüse aus einem Kreisel bestehe, dessen untere Hälfte ein Becher und dessen obere Hälfte ein — zuweilen abfallender Deckel sei, der also wie mit einem Charnier auf- und zuklappen könne. Es geht schon aus unsern Ausführungen zweifellos hervor, dafs diese Ansicht irrig ist; sie ist übrigens auch damals durch Prof. Dr. G. Holzner (Weihenstephan) in der Zeitschr. f. d. ges. Brauwesen als irrig nachgewiesen worden.

Die Mannigfaltigkeit der Sekrethügelgestalten ist ungemein, geradezu erstaunlich grofs. Selbst aus einer einzigen Dolde kann man Dutzende von Gestalten hervorheben. Immer sind zwei Durchmesser da, ein Längen- und ein Querdurchmesser, der erstere von der tiefsten Stelle des Bechers bis zum Gipfel des Sekrethügels gehend, der Querdurchmesser senkrecht darauf. Immer ist ein Durchmesser der kleinere, und zwar ist dies meist oder häufig der Querdurchmesser; dennoch kommt es auch nicht selten vor, dafs der Längendurchmesser der kleinere ist; namentlich ist dies der Fall bei sehr grofsen Randdrüsen.

Wenn man die Drüsen aus den halbierten Dolden auf ein wasserfreies Objektglas schüttet, dann fallen die vollen und die übervollen Drüsen immer so, dafs die Längsachse derselben der Objektglasfläche parallel liegt; sie bleiben nie auf der Unterfläche des Bechers senkrecht stehen. Es hängt das offenbar damit zusammen, dafs nun der obere Teil der Drüse durch die Sekretblase schwerer ist wie der untere Teil und sich infolgedessen die Drüse zur Seite neigt.

Die Durchmesser der kleinsten, mit dem Mikrometer bis dahin von mir gemessenen Drüsen hatten bei 120facher Vergröfserung 2—3 Mikrometer (0,02—0,03 mm), die gröfsten — aber nur bei Randdrüsen — hatten 35 Mikrometer = 0,35 mm; die meisten (d. h. jene der Mehrzahl) der Drüsen liegen bei 12—20 Mikrometer (0,12—0,20 mm). Es ist zu verstehen, wenn Dr. F. Stamm (s. Allg. H.-Ztg. 1861, S. 44) von grobem und feinem Mehl spricht. Die Unterschiede sind so erheblich, dafs sie selbst dem guten, unbewaffneten, noch mehr dem mit einer Lupe bewaffneten Auge auffallen.

Wie ich bis jetzt gesehen, schwankt die Korngröfse der Drüsen je nach den Sorten ziemlich, und es ist sicherlich ein vorzüglich entwickelter Hopfen, wenn er nur ca. 5—10% Randdrüsen und leere Becher und unter den normalen Drüsen 20—30% oder gar bis 40% (der Gesamtmasse) übervolle Drüsen hat.

Es verdient schliefslich bemerkt zu werden, wenn es auch den Interessenkreis des Brauers nicht direkt berührt, dafs die auf den krautartigen Teilen der Hopfenpflanze, auf den Blättern (namentlich auf deren Unterseite), Stengeln, Zweigen etc. befindlichen zahlreichen grofsen Drüsen in der Gestalt von jenen in den Dolden vorkommenden ziemlich verschieden sind; wie es scheint, ist aber auch bei diesen das Sekret dasselbe. Die Botaniker, welche sich früher mit den Sekretionsorganen befafsten, haben dieselben — wie es wenigstens den Anschein hat — lediglich in ihrem Vorkommen auf den grünen (vegetativen) Organen des Hopfens studiert, wo sie viel flacher sind, sonst würden sie dieselben sicherlich nicht — wie thatsächlich geschehen — Scheibendrüsen genannt haben. Auf das Vorkommen der grofsen Hopfendrüsen in den Zapfen selbst pafst diese Bezeichnung sicherlich sehr schlecht.

Die secernierenden Becher, also die Anfänge der grofsen Hopfendrüsen, sind schon im frühesten Entwicklungszustande vorhanden. Das Sekretabsondern aber verläuft erst einige Zeit nach der Blüte in den sich entwickelnden Zapfen. Es tritt Sekret in schwachen Spuren schon in den erbsengrofsen Zäpfchen auf, und die Sekretionsthätigkeit steigert sich alsdann ganz proportional der Zapfengröfse. In guten Jahrgängen, mit dem nötigen Wechsel zwischen Sonnenschein und Regen, der vorhandenen richtigen Wärme und bei guter Ernährung der Pflanze, nimmt der Sekretgehalt zu, bis der Zapfen zur normalen Gröfse ausgewachsen ist und die Zapfenfarbe, namentlich in den (gefalteten) Vorblättern, eine richtige Mischung von Gelb und Grün zeigt. Sobald die Zapfen nur noch Gelb, kein Grün mehr in der Blattfarbe haben, ist die Sekretionsthätigkeit zum Stillstand gekommen. Das zeigt, dafs das Chorophyll, also der kleine Assimilationsapparat in den Blattzellen, an der Sekretbildung beteiligt ist; es scheint sich also das Sekret nicht aus schon aufgesammelten Vorräten, sondern aus ganz neuen Assimilaten zu bilden, daher eine günstige Witterung während der Doldenbildung unerläfsliche Bedingung für eine qualitätvolle, schwere Hopfenware ist.

b) Abnormale, nicht individualisierte Drüsen.

4. Halbinnere und innere Drüsen.

Von dem Vorkommen der leeren Becher, Randdrüsen, normalen und übervollen Drüsen etc. hatte man bisher keine Kenntnis, wohl deshalb, weil die Männer, welche in dieser Sache gearbeitet, niemals ihre praktische Seite in Betracht genommen haben und fast immer nur die Drüsen auf den vegetativen Organen der Hopfenpflanze (den Laubblättern etc.) untersucht hatten.

Noch weniger war dies der Fall mit denjenigen Sekretionsorganen in den Hopfenzapfen, die nun zur Besprechung kommen sollen, denn mit all den vorgeschilderten Drüsen sind die Organe der Sekretbildung an der Hopfenpflanze noch lange nicht erschöpft. Es finden sich nämlich, bei verschiedenen Sorten in sehr wechselnder Menge, noch Drüsen, welche nicht aus einem individualisierten Becher, also aus einem scharf umschriebenen Sekretionsapparat, Entstehung nehmen, sondern das in Zellwänden entstandene Sekret tritt auf der Aufsenfläche der Zellwände zusammen und hebt die Cuticula dieser Aufsenwand der Zellen ohne weiteres in der ganzen Erstreckung der Sekretion ab und empor, so dafs auf diese Weise mehr oder minder, zuweilen aber sehr ausgedehnte Sekretionsflächen entstehen, welche bald nach allen Seiten ausgedehnt sind und dann als Lachen oder Flächen erscheinen; bald sind sie mehr nach einer Richtung entwickelt und gewähren dann das Bild von Sekretströmen (s. Fig. LXV, eine Sekretfläche).

Diese halbinneren Drüsen finden sich zuweilen in auffälligem Grade häufig und ausgedehnt, während sie auf den Zapfenblättern anderer Hopfenproben wieder sehr zurücktreten, kaum jemals gänzlich fehlen. Diese Sekretflächen bilden auf der Doldenblattoberfläche ganz flache, aber meist sehr ausgedehnte Erhebungen; zu Sekrethügeln können sie sich nicht erheben, weil kein Becher da ist, welcher das Sekret in einer kleineren Basis zusammenhält, weshalb es dann bei weiterer Vermehrung — an der seitlichen Ausbreitung gehindert — immer mehr in die Höhe steigen mufs. Die Folge der Flächenausdehnung bei geringer Dicke ist auch, dafs die eigentümlichen, für die Hopfenzapfenblatt-Oberhaut so charakteristischen, schleifenförmigen Zellwandlinien durch die Sekretmasse hindurchscheinen (s. Fig. LXV).

G. Haberlandt[18]) spricht ebenfalls von Drüsenflächen als Funktion (Sekretionsthätigkeit) gewöhnlicher Epidermiszellen bei Rumex, Rheum, Coffea, Alnus, Betula etc.

E. Prior[19]) sagt, unter Hinweis auf die gleich zu erwähnende Untersuchung Wimmers, dafs die Zapfenblätter — mit Ausnahme des Hopfenöls — ebensoviel wirksame Stoffe enthielten wie die Sekretdrüsen, daher eine blofse mechanische Trennung der Zapfenblätter und Drüsen keine Auskunft über den Hopfenwert geben könnte; das könnte nur die chemische Untersuchung.

Ich habe diesen Teil des Sekrets, aufserhalb jeder Verbindung, mit einem scharf umschriebenen Drüsenapparat, schon sehr frühzeitig gesehen, schon zu einer Zeit, da ich noch nicht mit dem Mikroskop arbeitete, sondern nur mit einer sehr guten Lupe; damals hielt ich das aber einfach für aus zerplatzten Drüsen ausgeflossenes Sekret. In sehr charakteristischer Weise sagte mir einmal ein namhafter Stadt-Spalter-Hopfenproduzent, dafs der Spalter Hopfen überhaupt sehr fett sei, sehr viel freies Öl habe. Offenbar meinte derselbe ebenfalls diese charakteristischen Sekretflächen. Dr. F. Stamm sagte schon vor 40 Jahren[20]), das Mehl des Saazer Hopfens sei nicht fett, das des Hopfens von Falkenau bei Eger in Böhmen sei sehr fett. Rutschmann[21]) citiert C. Lintners Bierbr. (1878, S. 98), wo Wimmers Analyse des Lupulins und der Zapfenblätter reproduziert ist; bis auf das Hopfenöl enthielten die Zapfenblätter dieselben Bestandteile wie das Lupulin; man könne aus den Zapfenblättern dieselben Extrakte gewinnen wie aus dem Lupulin; auch der Umstand, dafs die in der Hand zusammengeprefsten Hopfenzapfen sich ballen sollen, werde durch das aus den Zapfenblättern hervorquellende Harz bedingt. Wenn man einmal das Doldenblatt eines frischen Hopfens zerquetsche und unter das Mikroskop bringe, werde man sehen, dafs beinahe ganz dieselbe harzig-ölige Flüssigkeit daraus hervorquelle wie aus dem ebenso behandelten Lupulin. Das sind also ebenfalls Anklänge an diese Sache, aber nicht klar gestellt. Umsomehr mufs man sich wundern, dafs die Botaniker niemals etwas davon gesehen haben. Das kommt aber wohl daher, dafs dieselben zu ihren Hopfentrichomstudien meist nur auf den grünen Teilen der Hopfenpflanze, auf den Blättern und Ranken, das erforderliche Material sammelten. Da haben sie von diesen Flächendrüsen niemals etwas gesehen.

Nebst diesen Flächendrüsen ohne Individualität auf der Oberfläche der Zapfenblätter, welche eigentlich eine unbegrenzte Ausdehnungsfähigkeit haben, findet man oft auch einzelne Zellen in den Zapfenblättern, deren Lumen ganz von Sekret erfüllt ist. Zuweilen sind zwei oder drei solcher mit Sekret gefüllten Zellen aneinanderstofsend, oder derartige Zellen reihen sich in grofser Anzahl aneinander, dafs ebenfalls Sekretlachen oder Sekretströme entstehen, die sich aber von den vorgenannten sehr genau dadurch unterscheiden, dafs das Sekret im Innern der Epidermiszellen zur Ablagerung gekommen, also nicht auf der Aufsenwand, und dafs hier auch keine Cuticula gehoben werden mufs. Diese inneren Drüsen treten aber auch nicht annähernd so häufig auf wie die Flächendrüsen, auch nicht so ausgedehnt. G. Haberlandt[22]) erwähnt dieselben bei vielen andern Pflanzenarten Ohne auf einige Schattierungen in der eigentümlichen und merkwürdigen Art von Drüsen in den Hopfendoldenblättern hier näher einzugehen, sei bemerkt, dafs deren Ausdehnung zuweilen geradezu verblüffend grofsartig ist, derart, dafs sie

$^1/_6$—$^1/_7$ der ganzen Sekretmasse der Dolden betragen können, welche sich jeder Taxation des Brauers nach gewohnter Methode völlig entzieht. Zuweilen reduziert sich aber auch der Betrag, mit welchem derartige monströse Drüsenformen an der gesamten Sekretmasse beteiligt sind, auf ein kleines Mafs, vielleicht auf $^1/_{12}$, $^1/_{15}$ oder noch weniger. Oft haben diese Flächendrüsen eine Ausdehnung von 0,80—1,20 mm. Sie haben mit den vorbesprochenen, individualisierten Drüsen gar nichts gemein als die Farbe des Sekrets, wobei die halbinneren sich durch einen breiten, dunklen Schattenrand kenntlich machen (s. Fig. LXV), der in dem Mafse breiter ist, als die Erhebung der Sekretmasse über die Blattfläche erheblicher wird. Wo diese breite Umrandung fehlt, handelt es sich um innere Drüsen, also um secerniert habende Zellen oder Zellenkomplexe. Der flüchtigste Blick zeigt, dafs es auch Übergangsformen zwischen beiden gibt.

Wie meine mikrochemischen Untersuchungen gezeigt, ist die substanzielle Beschaffenheit des Sekrets dieser inneren und halbinneren Drüsen genau dieselbe wie in den individualisierten grofsen Drüsen; sie zeigen bei Anwendung gewisser Chemikalien genau dieselben Reaktionen.

Wimmer will in 100 Teilen Hopfendolden 20 Teile Hopfendrüsen und 80 Teile Blätter gefunden haben.

L. Aubry[23]) gibt die Zusammensetzung der Drüsen, wie folgt:

Harzartige Körper, d. h. ätherisches Extrakt . . .	82,5 %
Durch Ammoniak ausziehbar	7,5 %
Lupulin-(Drüsen-)Hüllen	6,0 %
Asche, Sand	4,0 %
	100 %.

Auch Dr. Th. Remy (Wochenschr. f. Br. 1898, S. 532) wundert sich, dafs der durch Abbürsten bestimmte Mehlgehalt des Hopfens mit dem Äther- etc. Extraktgehalt nicht entfernt stimmt. Abgesehen von der mangelhaften Art des Abbürstens ist im Extrakt auch das Sekret der Drüsenflächen; ebenso wird Remy durch diese Dinge in seinen Kalkulationen gestört bei den mit O. Neumann ausgeführten Analysen (Wochenschr. f. Br. 1898, S. 594).

Payen, Chevallier, Pelletan, Ives geben in älteren Arbeiten mehrfach abweichende Zahlen.

Ohne Zweifel hat meine Auffindung der inneren, in den Zapfenblättern sitzenden, nicht individualisierten, dieselbe Sekretreaktion wie die individualisierten zeigenden Drüsen auch gezeigt, wo der Sitz des Harzes etc. in den Doldenblättern ist. Ätherisches Öl scheinen aber die inneren Drüsen nicht zu enthalten.

Man sieht zugleich deutlich, dafs es ganz verfehlt ist, wenn man die wertbildenden Stoffe des Hopfens nur im Sekret der individualisierten Drüsen sucht.

Man hat schon verschiedene Versuche von praktischer Bedeutung angestellt, wobei nur Drüsen oder nur Doldenblätter angewendet wurden. Wohin kommt man da, wenn man auf diese Dinge nicht achtet, nicht in Rücksicht zieht, dafs auch die Zapfenblätter Sekret enthalten? Natürlich zu ganz falschen Schlufsfolgerungen.

Schon lange, bevor ich die auf und in den Zapfenblättern sitzenden, nicht individualisierten Drüsen mit ihrem Sekret gefunden, war ihr geheimnisvolles Dasein durch chemische Analyse der Hopfendoldenblätter angedeutet worden.

Ein Versuch, diese inneren Drüsen nach der von Prof. Wiesner in Wien und der von F. Haberlandt in Wien angegebenen Methode durch Abbürsten quantitativ zu bestimmen, ist gänzlich mifslungen; nach längerer Zeit, während welcher die gröfsten Anstrengungen mit einem Dachshaarpinsel gemacht wurden, zeigte sich unter dem Mikroskop selbst bei den halbinneren Drüsenlachen und Drüsenströmen nicht die leiseste Veränderung, gar nicht zu reden von jenen, wo das Sekret die Lumina der Epidermiszellen oder noch tiefer gelegenen Zellkomplexe erfüllte. Damit ist gesagt, welcher Wert der Wiesner-Haberlandtschen Methode zur quantitativen Bestimmung der Sekretmengen, von einigen speziellen Fällen abgesehen, innewohnt. Wo sie zufällig einmal auf Hopfensorten angewendet wird, denen innere Drüsen gänzlich mangeln, was übrigens kaum vorkommt, wird sie immerhin brauchbar sein, abgesehen von den quantitativen Irrtümern, welche Becher- und Rand-Drüsen hervorrufen.

Alle älteren Autoren auf diesem ebenso interessanten wie schwierigen Boden der Naturforschung, wie Ives, Payen, Chevallier etc., waren der Meinung, dafs, aufser der Gerbsäure, alle übrigen wirksamen Stoffe des Hopfens im Drüsensekret enthalten seien. Bezüglich des Gerbstoffes wufste man, dafs davon mehr in den Doldenblättern als im Sekret enthalten war. Fraglich war also nur, ob auch ätherisches Öl, Harz und Bitterstoff etc. in den Blättern enthalten sind.

Da fand der Chemiker Wimmer[24]) folgendes:

	Im Drüsensekret und in den Zapfenblättern zusammen	In den Zapfenblättern allein	Im Hopfenmehl allein
	%	%	%
Ätherisches Öl	0,12	—	0,12
Harz (bitteres)	4,01	2,60	2,91
Bitter-Extraktivstoffe	7,69	4,68	3,01
Gerbsäure	2,24	1,61	0,65
Gummi	7,09	5,83	1,26
Cellulose (Pflanzenfaser)[25])	72,94	63,95	8,99
Summe der wasserlöslichen Bestandteile[26])	17,04	12,12	4,92

5. Intercellulare Sekretgänge.

Auch mit den sub 4 geschilderten Organen schliefst die Reihe der Sekretionsvorrichtungen dieser wahrhaft wunderbar organisierten Pflanze noch nicht ab. Jedes Zapfenblatt ist nämlich auch nach allen Richtungen von intercellularen Sekretgängen durchzogen, welche von Sekret erfüllt sind, das in seiner Farbe ganz mit dem Sekretgehalte der gewöhnlichen und der inneren Drüsen übereinstimmt, also gelb ist; aber chemisch, also substanziell, scheint das Sekret der Sekretgänge ganz anderer Art zu sein, denn es gibt auf dieselben Reagentien, welche das Sekret der individualisierten Drüsen und der nicht individualisierten Drüsenflächen intensiv und gleichmäfsig färben, keinerlei Antwort. Haberlandt[27]) meint, dafs die Sekretgänge zur Ausscheidung nutzloser Endprodukte (Exkrete) des Stoffwechsels bestimmt sind.

Dr. Stockmeier in Nürnberg, Vorstand des chemischen Laboratoriums des Bayer. Gewerbemuseums[28]), spricht einmal von den Lupulingängen der Zapfenblätter, welche auch in untergeordnetem Mafse Harze, ätherische Öle, Gerbstoff etc. enthalten; die Hauptsache sei im Lupulin, dem sogenannten Hopfenmehl.

Dafs auch dieses Sekret beim Würzesieden extrahiert wird, davon haben mich mikroskopische Untersuchungen der Blätter von Hopfenzapfen überzeugt, welche bereits das Würzesieden durchgemacht hatten. Dafs die in den intercellularen Gängen befindliche Sekretmasse, die namentlich in den Deckblättern sehr gehäuft auftritt, aber auch den Vorblättern keineswegs fehlt, wieder einige Prozente unbekannten Sekrets in den Wirkungskreis des Brauers bringt, die beim Abbürsten unerreicht bleiben, dürfte unzweifelhaft sein.

Dem Botaniker ist bekannt, dafs die Gerbstoffgänge in vielen Pflanzenfamilien eine grofse, zuweilen sogar eine gewaltige Rolle spielen. Deshalb drängte sich mir die Vermutung auf, ob der Inhalt dieser Sekretgänge, weil er andersartig ist wie der Inhalt der Sekretdrüsen, nicht auch den Gerbstoffen verwandt sei. Es lag diese Vermutung umsomehr nahe, als bekanntlich von allen wirksamen Stoffen des Sekrets der Hopfendrüsen nur allein der Gerbstoff nicht blofs in den Drüsen, sondern auch — und noch mehr — in den Blättern vorkommt. Die Gerbstoffreaktionen, die ich ausgeführt, erhielten auf diese Frage keine ernstliche Antwort, die zitronengelbe Substanz zeigte sich wesentlich unverändert. Es wäre aber immer möglich, dafs es sich um eine Substanz handelt, welche sich erst beim Würzesieden, bei höherer Temperatur und bei Berührung mit den in Lösung befindlichen Substanzen der Bierwürze, in eine gerbstoffähnlich wirkende Substanz verwandelt. Etti sagt ja auch, dafs der sogenannte Hopfengerbstoff erst beim Erhitzen auf 129—130° C. niederschlagsfähig werde. Bestätigt sich das, dann kann man die Gerbstoffsubstanz des Hopfens leicht vorbestimmen, weil man sie schon bei geringer Vergröfserung in den Hopfenzapfenblättern leicht sehen kann.

Herr Privatdozent Dr. Solereder am botanischen Museum in München, jetzt Professor der Botanik in Erlangen, eine ungewöhnlich sachkundige Persönlichkeit in derartigen Fragen, sagte mir, dafs das von mir Gesehene zwar wie intercellulare Sekretgänge aussehe, aber es seien ungegliederte Milchsaftgänge mit sehr mannigfaltigem, noch sehr wenig sicher bekanntem Inhalt, an welchem Harze, Eiweifsstoffe, vielleicht auch Gerbstoffe etc., beteiligt seien. Jedenfalls vermehren die schon in der Mitte der 1880er Jahre von mir gesehenen Einrichtungen den Sekretgehalt der Hopfenpflanze, namentlich auch die Äther- und Alkohol-Extrakte, ganz erheblich.

In Bezug auf die secernierenden Anhangsorgane (glandulae) der Hopfenzapfen unterscheidet Prof. Dr. Holzner auch neuerdings[29]) nur die köpfchen-, scheiben- und becherförmigen Drüsen. Köpfchen- und Scheiben-Drüsen finden sich auf den Spindeln und Deckblättern. Die Deckblätter haben nur ausnahmsweise becherförmige Drüsen (eigentlich Lupulinkörner). Die Lupulinkörner sitzen am meisten auf den Vorblättern und Blütenhüllen. Die Fruchtknoten haben kein Drüsenhaar, überhaupt kein Trichom. In den Spindeln und Hochblättern kommen zahlreiche Gerbstoffzellen und Milchröhren vor; der trockene Milchsaft ist verharzt; der Unterschied zwischen dem Harze in den Milchröhren und jenem der Lupulinkörner sei aber — nach Holzners Ansicht — noch niemals untersucht worden. Ich habe aber mikrochemisch gesehen und auch in meinem Vortrage in Stuttgart 1888 gesagt, dafs das Sekret der nicht organisierten Drüsen jenem in den sogenannten Lupulinkörnern gleich ist, weil es dieselbe Reaktion zeigt.

In J. E. Thausing[30]) wird bemerkt, dafs in den Zellen der Hopfenpflanze eine grofse Menge Gerbstoff und zahlreiche Krystalle von oxalsaurem Kalke vorkommen. Auch Solereder bestätigt das Vorkommen von gerbstoffartigen Körpern in den Zellen.

In neuerer Zeit sind Versuche gemacht worden, welche darzuthun scheinen, dafs das sogenannte Würzebrechen, wenn auch nicht ganz und zureichend, doch in erheblichem Betrage durch das blofse längere Kochen der Würze erreicht werden könne.

Aber es ist doch eine den tüchtigen, erfahrenen älteren Brauern wohlbekannte Thatsache, dafs das Brechen der Würze mit Hopfen sich in ganz anderer Art, ungleich energischer und gründlicher, auch rascher vollzieht als ohne Hopfen.

Zudem wissen erfahrene Brauer, dafs im Würzebrechen der etwas ältere Hopfen mehr leistet als der neue, weshalb sie den ganz neuen Hopfen gar nicht so gern in Angriff nehmen. Das deutet doch darauf hin, dafs durch das Lagern des Hopfens mit dem Gerbstoff oder gerbstoffartigen Stoff allmählich eine Veränderung eintritt, wodurch die Gerbstoffnatur mehr zum Vorschein kommt. Auch das dürfte zu Gunsten meiner weiter oben entwickelten Ansichten über den Gerbstoff des Hopfens geltend gemacht werden können.

Man hat in neuerer Zeit Brauversuche im kleinen ausgeführt, teils mit Zapfenspindeln, dann mit drüsenfreien Zapfenblättern und ferner mit Mehl, also mit Drüsen. Am besten klärte sich das Bier mit Spindeln, dann mit Zapfenblättern, am wenigsten mit blofsem Mehl. Auch diese merkwürdige Erfahrungsthatsache scheint zu Gunsten meiner Ansicht gedeutet werden zu können. Danach scheinen die Spindeln noch reicher an Gerbstoff wie die Doldenblätter, was ganz gut möglich ist. Dieser Punkt wäre noch näher zu prüfen.

6. Drüsenzwillinge und Konglomerate.

Nebst den normalen Drüsen finden sich mehr oder minder häufig Drüsen-Zwillinge, -Drillinge, -Vierlinge, also miteinander verwachsene, individualisierte Drüsen. Zuweilen nehmen selbst die Flächendrüsen an der Zwillingsbildung mit individualisierten Drüsen teil, und dann entstehen oft monströse Drüsenkonglomerate von erstaunlicher Mannigfaltigkeit und Ausdehnung, welche ich Kombinationen genannt habe. Einen technischen Wert haben sie nur insofern, als sie immer als Ausdruck besonders üppiger Sekretbildung angesehen werden können, je mehr je üppiger und umfangreicher sie auftreten; sie können also bei Ernteschätzungen immerhin eine gute Beurteilungsgrundlage bilden.

7. Über die Gröfsenverhältnisse der Drüsenvarietäten.

Vergleichende Untersuchungen über die Gröfsenverhältnisse der Hopfendrüsen in der Hopfenregion von Spalt in Bayern im Erntejahr 1891.

Messungen von Hopfendrüsen, die natürlich nur unterm Mikroskop vorgenommen werden können, sind höchst selten gemacht worden. Prof. Haberlandt[31]) gibt den gröfseren Durchmesser der stumpfen, kreiselähnlichen Form mit 0,16—0,24 mm, den kleineren mit 0,12—0,18 mm an. Dr. H. Hager[32]) sagt, dafs die Hopfendrüsen 0,15—0,25 mm grofs seien. Sie sind aber in Gröfse und Gestalt allzu verschieden, als dafs das genügen könnte.

Bis jetzt ist der Versuch, die grofsen Hopfendrüsen in einer Reihe von Proben einer und derselben Region — namentlich in ihren Dimensionen — einer vergleichenden Untersuchung zu unterziehen, meines Wissens nach gar nicht gemacht resp. publiziert worden. Ohnehin ist die soeben entwickelte technische Terminologie der Hopfendrüsen von mir herrührend und nicht früher an die Öffentlichkeit gelangt als bei jenem Vortrage in Stuttgart.

Wie ich glaube, sind die Ergebnisse dieser Untersuchung jetzt schon beachtenswert. Das Interessante daran wird aber sicher wachsen, wenn die, allerdings etwas mühevollen, Untersuchungen gleichzeitig auf viele Regionen ausgedehnt und durch eine längere Reihe von Jahren fortgesetzt werden. Ich habe ganz systematische mikroskopische Studien über die Drüsen der Saazer Hopfen aller Lagen aus neun Erntejahren (mit gegen 200 Proben) gemacht; auch über andere Hopfenregionen der Welt liegen solche Drüsenstudien vor. Des Umfanges dieser Arbeiten wegen können wir aber hier nicht mehr darauf eingehen. Ich war bemüht, die Auswahl der gemessenen Drüsen so zu treffen, dafs damit durchschnittliche Verhältnisse angedeutet werden. Die Messungen wurden bei 240facher linearer Vergröfserung vorgenommen[33]).

Die Zahlenangaben links vom =-Zeichen bedeuten Mikrometer. Ein Mikrometer ist gleich 0,0048 339 mm. Rechts vom =-Zeichen die Dimensionen der Drüsen in Millimeter. Stets sind zwei Durchmesser gemessen, ein gröfserer (meist auch gleich die Länge der Drüsen) und ein kleinerer (meist auch zugleich die gröfste Breite der Drüsen).

Die unmittelbare praktische Bedeutung dieser Drüsenmessungen ergibt sich sofort für jeden, welcher die Absicht hat, durch das Abbürsten der Drüsen über Siebflächen, Sammeln auf schwarzem Papier unterhalb der Siebfläche und Wiegen das Gewichtsprozentverhältnis an Sekret im Hopfen zu bestimmen. Da ist die richtige Maschenweite wichtig; sie darf nicht zu grofs sein, damit möglichst wenig anderes als die Drüse durchfallen kann; noch weniger darf sie zu eng sein, denn dann gehen grofse Drüsen nicht durch, werden durch den Dachshaarpinsel zerquetscht, verschmieren Pinsel und Sieb und hemmen zuletzt die ganze Arbeit; die Verzögerung der Arbeit ist aber — wie später erörtert wird — eine Hauptursache ihrer Ungenauigkeit. Man vermag aber doch die richtige Maschenweite der Siebe für diesen Zweck nur dann festzustellen, wenn man die Dimensionenverhältnisse der Drüsen gründlich kennt und sich dabei auf die vorausgegangenen Untersuchungen eines reichlichen Materials, nicht blofs vereinzelter Drüsen, stützen kann.

Es werden sich übrigens diese sehr sorgfältig ausgeführten Messungen auch noch zu mancherlei andern Zwecken verwenden lassen. Ohne Zweifel wird es nur auf diesem Wege möglich sein, künftighin die Einflüsse zu studieren, welche der Gang der Jahreswitterung, die Düngung etc. auf die Sekretmengen in der Hopfenware ausüben.

Die gemessenen Drüsen sind so geordnet, dafs oben die grofsen, nach abwärts die immer kleineren folgen, wodurch die Übersicht gewinnt.

Probe 1 (Stadt Spalt).

Die Drüsen sind durchweg gut gefüllt; Becher und schlecht gefüllte Drüsen sind nur untergeordnet da; doch fehlen auch die übervollen (Kreisel-) Drüsen nahezu ganz; Randdrüsen sind selten. Drüsen-Zwillinge, -Drillinge, -Vierlinge etc. sind ziemlich häufig.

1. Individualisierte Drüsen.

1. Randdrüsen.	2. Normale oder volle Drüsen.	3. Übervolle oder kreiselförm. Drüsen.
40 : 30 = 0,193 : 0,145 mm	43 : 25 = 0,208 : 0,120 mm	42 : 38 = 0,203 : 0,184 mm
	36 : 28 = 0,174 : 0,135 »	38 : 33 = 0,183 : 0,160 »
	35 : 35 = 0,169 : 0,169 »	Nur sehr vereinzelte umgelegte Drüsen, und das sind noch keine voll ausgebildeten Kreisel, sondern erst Anfänge dazu.
	35 : 30 = 0,169 : 0,145 »	
	31 : 30 = 0,150 : 0,145 »	

4. Kleinste Drüsen (aller Sorten).		5. Gröfste Drüsen (aller Sorten).
31 : 26 = 0,150 : 0,126	meist normale oder volle Drüsen	46 : 35 = 0,222 : 0,169
28 : 24 = 0,135 : 0,116		
27 : 19 = 0,131 : 0,092		
26 : 23 = 0,126 : 0,111		
21 : 18 = 0,102 : 0,087		

2. Nicht individualisierte (Flächen-) Drüsen und Kombinationen.

Flächendrüsen . . . . 120 : 60 = 0,580 : 0,290

Kombinationen (aus Flächen- und individualisierten Drüsen) . . . 120 : 60 = 0,580 : 0,290

Flächendrüsen sind nicht sonderlich viele da.

Die Sekretgänge sind blattweise sehr verschieden reichlich, doch durchschnittlich am reichlichsten in den Deckblättern.

Köpfchendrüsen sind auf beiden Blattregionen nicht viele da, aber sie sind grofs.

Probe 2 (Stadt Spalt).

Die Drüsen sind durchweg gut gefüllt; leere Becher und halb gefüllte Drüsen sieht man fast nicht oder doch nur sehr vereinzelt; die meisten Drüsen sind normal, gut voll. Wirklich übervolle (kreiselförmige) sind gerade auch nicht sehr reichlich vertreten. Ausgeprägte Randdrüsen sind ebenfalls seltener zu sehen.

1. Individualisierte Drüsen.

1. Randdrüsen.	2. Normale oder volle Drüsen.	3. Übervolle oder kreiselförm. Drüsen.
50 : 31 = 0,242 : 0,159	50 : 30 = 0,242 : 0,145	40 : 39 = 0,193 : 0,189
39 : 29 = 0,189 : 0,140	39 : 37 = 0,189 : 0,179	Es sind nur ganz vereinzelte umgelegte, übervolle Drüsen da.
	35 : 35 = 0,169 : 0,169	
	31 : 30 = 0,150 : 0,145	

4. Kleinste Drüsen (aller Sorten).		5. Gröfste Drüsen (aller Sorten).
29 : 27 = 0,140 : 0,131	(volle Drüsen)	55 : 27 = 0,260 : 0,131 (eine längliche normale Drüse).
29 : 18 = 0,140 : 0,087	» »	
28 : 24 = 0,135 : 0,116	» »	
26 : 24 = 0,126 : 0,116	» »	
20 : 17 = 0,097 : 0,082	Randdrüsen	

2. Nicht individualisierte (Flächen-) Drüsen und Kombinationen.

Drüsenflächen . . . . 80 : 42 = 0,387 : 0,203
42 : 60 = 0,203 : 0,290
Kombinationen (mit individualisierten Drüsen) . . . . 130 : 60 = 0,203 : 0,290

Drüsenflächen sind auf den Vorblättern minder reichlich, mehr auf den Deckblättern. Auch die Sekretgänge sind in den Vorblättern spärlich, dagegen sehr reichlich in den Deckblättern; die Köpfchendrüsen überall wenig.

Probe 3 (Grofsweingarten).

Die Drüsen sind durchweg gut gefüllt. Reine Becher sind selten, dagegen kommen schlecht gefüllte Becher vereinzelt vor. Am meisten sind normale, gut volle Drüsen da. Übervolle, kreiselförmige, umgelegte Drüsen sind auch sehr selten. Randdrüsen nicht viel. Mäfsig viel Zwillinge etc.

1. Individualisierte Drüsen.

1. Randdrüsen.	2. Normale oder volle Drüsen.	3. Übervolle oder kreiselförmige Drüsen.
43 : 37 = 0,208 : 0,179	45 : 32 = 0,218 : 0,155	35 : 35 = 0,169 : 0,169 Kreisel
40 : 40 = 0,193 : 0,193	43 : 32 = 0,208 : 0,155	35 : 35 = 0,169 : 0,169 » (nicht so voll).
35 : 32 = 0,169 : 0,155	40 : 32 = 0,193 : 0,155	
32 : 22 = 0,155 : 0,106	38 : 37 = 0,184 : 0,179	
	33 : 30 = 0,160 : 0,145	

4. Kleinste Drüsen (aller Sorten).		5. Gröfste Drüsen (aller Sorten)
27 : 26 = 0,131 : 0,126	Volle Drüsen	50 : 34 = 0,242 : 0,164 Volle Drüse.
23 : 23 = 0,111 : 0,111	Volle Drüsen	
19 : 19 = 0,092 : 0,092	Volle Drüsen	

2. Nicht individualisierte (Flächen-) Drüsen und Kombinationen.

Drüsenflächen (auf dem Glase nichts).

Kombinationen: 120 : 120 = 0,580 : 0,580 (meist individualisierte Drüsen mit Drüsenflächen aglomeriert).
120 : 120 = 0,580 : 0,483 (Flächen- und individualisierte Drüsen).

Die Sekretflächen sind auf den Vorblättern auffallend häufig, ausgedehnt und kompliziert: daher kommt es auch, dafs so monströse Exemplare auf das Objektglas fielen; sie fehlen auch den Deckblättern nicht.

Die Sekretgänge sind in den Vorblättern sehr spärlich, dagegen in den Deckblättern ungemein reichlich vertreten.

Köpfchendrüsen sind wenig da, mehr auf den Vorblättern.

Probe 4 (Wernfels).

Die Drüsen sind bemerkenswert gröfser als jene der drei vorausgegangenen Proben. Es finden sich nur wenige ganz leere oder nur schwach gefüllte Becher. Zahlreich sind die zum Teil sehr grofsen Randdrüsen da. Am zahlreichsten sind die vollen Drüsen vertreten, welche zum Teil auch sehr grofs sind. Übervolle, umgelegte, wirklich kreiselförmige Drüsen sind sehr selten. Zwillingsdrüsen sind seltener.

1. Individualisierte Drüsen.

1. Randdrüsen.		2. Normale oder volle Drüsen.	
42 : 40 = 0,203 : 0,193	38 : 38 = 0,184 : 0,184	44 : 37 = 0,213 : 0,179	36 : 33 = 0,174 : 0,169
42 : 35 = 0,203 : 0,169	(fast kreisrund)	43 : 30 = 0,208 : 0,145	34 : 29 = 0,164 : 0,140
42 : 35 = 0,203 : 0,169	38 : 35 = 0,184 : 0,169	38 : 34 = 0,184 : 0,164	34 : 25 = 0,164 : 0,121
		36 : 35 = 0,174 : 0,169	

3. Übervolle oder kreiselförmige Drüsen.
55 : 28 = 0,266 : 0,135 Zwillinge gut voll.
40 : 39 = 0,193 : 0,189 Mäfsig volle Kreisel.
Sehr wenig übervolle Drüsen da.

4. Kleinste Drüsen (aller Sorten).	28 : 26 = 0,135 : 0,136
30 : 23 = 0,145 : 0,111	27 : 26 = 0,131 : 0,126
28 : 27 = 0,135 : 0,131	27 : 19 = 0,131 : 0,092

5. Gröfste Drüsen (aller Sorten). 47 : 45 = 0,227 : 0,218. Volle Drüse.

2. Nicht individualisierte (Flächen-) Drüsen und Kombinationen.

Drüsenflächen fehlen anscheinend auf dem Glase ganz.

Kombinationen fehlen anscheinend auf dem Glase ganz.

Auch auf den Vorblättern fehlen die Drüsenflächen fast ganz, ähnlich auf den Deckblättern.

Die Sekretgänge sind sehr reich in den Vorblättern und noch reicher in den Deckblättern vertreten.

Köpfchendrüsen sind in beiden Blattregionen wenig da.

Probe 5 (Eschenbach).

Die Drüsen sind wohl durchschnittlich sehr grofs, aber dennoch stellen reichlich $^2/_3$ derselben mannigfaltige Stadien von Randdrüsen dar, so dafs selbst für volle normale Drüsen kaum noch $^1/_3$ der Masse übrig bleibt; eine solche Masse von Randdrüsen ist in den vorhergegangenen Proben auch noch nicht einmal annähernd dagewesen. Übervolle kreiselförmige Drüsen fehlen fast ganz. Es sind also hier bei der Entwicklung besondere Verhältnisse obwaltend gewesen; die Drüsenapparate kamen zur Entwicklung, dann aber stockte die Sekretbildung, oder sie kam zu früh zum Abschlufs. An der Doldenausbildung hat es nicht gelegen, die war ziemlich normal und gut. Deshalb sind auch die Drüsenbecher gut entwickelt da; Farbe und Glanz lassen auch nichts Abnormes erkennen; der etwas matte, stumpfe Geruch deutet ebenfalls darauf hin, dafs sich bei der Sekretbildung besondere Umstände geltend gemacht haben; auch das Bitter scheint Ähnliches anzudeuten. Die Probe hat Zwillingsbildungen, namentlich mächtige Konglomerate organisierter Drüsen.

1. Individualisierte Drüsen.

1. Randdrüsen.	2. Normale oder volle Drüsen.	
50 : 35 = 0,242 : 0,169	37 : 34 = 0,179 : 0,164	34 : 34 = 0,164 : 0,164
38 : 35 = 0,184 : 0,169	37 : 27 = 0,179 : 0,131	34 : 27 = 0,164 : 0,131
36 : 33 = 0,174 : 0,160	36 : 33 = 0,174 : 0,160	33 : 30 = 0,160 : 0,145
31 : 26 = 0,150 : 0,126	35 : 30 = 0,169 : 0,145	32 : 29 = 0,155 : 0,140
30 : 28 = 0,145 : 0,135		

3. Übervolle oder kreiselförmige Drüsen. 35 : 50 = 0,242 : 0,169 (mäfsig voll).

4. Kleinste Drüsen (aller Sorten).

28 : 29 = 0,135 : 0,140 Randdrüse	22 : 18 = 0,106 : 0,087 Randdrüse
28 : 24 = 0,135 : 0,116 »	22 : 16 = 0,106 : 0,077 Normale Drüse
25 : 22 = 0,121 : 0,106 »	22 : 16 = 0,106 : 0,077 Randdrüse
25 : 17 = 0,121 : 0,082 Normale Drüse	Also auch hier sehr viele Randdrüsen.

5. Gröfste Drüsen (aller Sorten) 54 : 44 = 0,261 : 0,213 Randdrüse.

2. Nicht individualisierte (Flächen-) Drüsen und Kombinationen.

Drüsenflächen: 55 : 45 = 0,266 : 0,218
Kombinationen: 80 : 60 = 0,387 : 0,290
100 : 90 = 0,483 : 0,435 (Drüsenkonglomerat.)

Drüsenflächen sind auf den Vorblättern reichlich da, aber wenig ausgedehnt; sie fehlen auch auf den Deckblättern nicht ganz.

Die Sekretgänge sind in den Vorblättern mäfsig, dagegen ungemein stark in den Deckblättern entwickelt.

Köpfchendrüsen auf beiden Arten von Blättern wenig.

Probe 6 Ellingen).

Die Drüsen dieser Probe sind meistens klein und gut mittelgrofs, vereinzelte gröfsere fehlen nicht. Übervolle, kreiselförmige Drüsen sind selten, doch sind auch die schlechter gefüllten (Rand-) Drüsen gar nicht häufig. Allenthalben machen sich die vollen Drüsen geltend. Zwillinge etc. sind nicht gerade häufig.

1. Individualisierte Drüsen.

1. Randdrüsen.	2. Normale oder volle Drüsen.	
45 : 40 = 0,218 : 0,193	42 : 37 = 0,203 : 0,179	33 : 32 = 0,160 : 0,155
45 : 35 = 0,218 : 0,169	40 : 35 = 0,193 : 0,169	33 : 32 = 0,160 : 0,155
42 : 38 = 0,203 : 0,184	40 : 34 = 0,193 : 0,164	33 : 28 = 0,160 : 0,135
37 : 30 = 0,179 : 0,145	38 : 28 = 0,184 : 0,135	32 : 28 = 0,155 : 0,135
	35 : 32 = 0,169 : 0,155	

3. Übervolle oder kreiselförmige Drüsen.

32 : 38 = 0,203 : 0,184; 40 : 35 = 0,193 : 0,169; 30 : 25 = 0,145 : 0,121 Kreisel.

4. Kleinste Drüsen (aller Sorten).	
42 : 30 = 0,155 : 0,145 Volle Drüse	26 : 18 = 0,126 : 0,087 Volle Drüse
48 : 22 = 0,135 : 0,106 » »	26 : 17 = 0,126 : 0,082 » »
27 : 27 = 0,131 : 0,131 » »	25 : 20 = 0,121 : 0,097 » »
27 : 22 = 0,131 : 0,106 Randdrüse	24 : 20 = 0,116 : 0,097 » »
	23 : 17 = 0,111 : 0,082 » »

5. Gröfste Drüsen (aller Sorten). 50 : 42 = 0,243 : 0,203 Kreisel.

2. Nicht individualisierte (Flächen-) Drüsen und Kombinationen.

Drüsenflächen fehlen nicht, doch sind sie nicht häufig, klein, scharf, umschrieben.

Kombinationen 90 : 80 = 0,435 : 0,387; 55 : 30 = 0,266 : 0,145; 50 : 30 = 0,242 : 0,145; 48 : 45 = 0,232 : 0,218; 40 : 40 = 0,193 : 0,193. Die Kombinationen sind grofs.

Die Flächendrüsen sind auf den Vor- und Deckblättern ziemlich zahlreich und zum Teil grofs.

Die Sekretgänge in den Vorblättern auffallend dürftig, mehrfach auch in den Deckblättern, in letzteren aber zuweilen doch auch wieder sehr reichlich und dann auch Drüsenflächen.

Köpfchendrüsen in beiden Blattregionen mäfsig viel, aber mehrfach grofs.

Probe 7 (Arberg).

Die Drüsen dieser Probe sind, trotz der unbefriedigenden Ausbildung der Dolden, recht gut ausgebildet; es mufs also eine länger dauernde Stagnation in der Ausbildung der Dolden eingetreten sein, während welcher die Umstände so waren, dafs die Sekretbildung nicht gestört war. Die Drüsen haben gut mittlere Gröfse, und die vollen Drüsen bilden wohl 70 % der Masse, wobei aber sehr viel kleine dazwischen sind. Übervolle, kreiselförmige Drüsen sind nur ganz vereinzelt da, und auch diese sind nicht sonderlich stark gefüllt. Randdrüsen sind nur mit ca. 10 % vertreten, aber sie sind vielfach recht grofs. Zwillinge sind zahlreich da, auch Drillinge etc. fehlen nicht.

1. Individualisierte Drüsen.

1. Randdrüsen.	2. Normale oder volle Drüsen.	
49 : 37 = 0,237 : 0,179	47 : 29 = 0,227 : 0,140	34 : 31 = 0,164 : 0,150
46 : 35 = 0,222 : 0,169	45 : 44 = 0,218 : 0,213	33 : 30 = 0,160 : 0,145
46 : 34 = 0,222 : 0,164	45 : 32 = 0,218 : 0,155	32 : 32 = 0,155 : 0,155
43 : 43 = 0,208 : 0,208	44 : 35 = 0,213 : 0,169	32 : 29 = 0,155 : 0,140
43 : 33 = 0,208 : 0,160	40 : 36 = 0,193 : 0,174	33 : 23 = 0,160 : 0,111
37 : 36 = 0,179 : 0,174	37 : 36 = 0,179 : 0,174	

3. Übervolle oder kreiselförmige Drüsen.

43 : 37 = 0,208 : 0,179; 41 : 39 = 0,198 : 0,189; 39 : 38 = 0,189 : 0,184 und 37 : 35 = 0,179 : 0,169 Kreisel.

4. Kleinste Drüsen (aller Sorten).					
31 : 30 = 0,150 : 0,145	Normale	Drüsen	27 : 20 = 0,131 : 0,097	Normale	Drüsen
30 : 29 = 0,145 : 0,140	»	»	26 : 24 = 0,126 : 0,116	»	»
30 : 28 = 0,145 : 0,135	»	»	26 : 20 = 0,126 : 0,097	»	»
30 : 28 = 0,145 : 0,135	»	»	25 : 20 = 0,121 : 0,097	»	»
28 : 28 = 0,135 : 0,135	»	»	25 : 16 = 0,121 : 0,077	»	»
28 : 26 = 0,135 : 0,126	»	»	23 : 20 = 0,111 : 0,097	»	»
			20 : 18 = 0,097 : 0,087	»	»

5. Gröfste Drüsen (aller Sorten). 52 : 41 = 0,251 : 0,198 Randdrüse.

2. Nicht individualisierte (Flächen-) Drüsen und Kombinationen.

Flächendrüsen 55 : 45 = 0,266 : 0,218.

Kombinationen nichts zu sehen.

Flächendrüsen waren auf dem Glase sehr wenig zu sehen, und diese waren klein; auch auf den Vor- und Deckblättern fehlen die Flächendrüsen, wenn auch nicht gänzlich. Ähnlich ist es mit den Kombinationen.

Die Sekretgänge sind in den Vorblättern zwar wechselnd, meist aber sehr dürftig entwickelt, in den Deckblättern ist es auffallenderweise nicht viel besser.

Die Köpfchendrüsen sind auf beiden Blattregionen spärlich vorhanden.

Probe 8 (Wendelstein).

Die Drüsen sind in einer Weise gut ausgebildet und gefüllt, dafs man sich bei dem so unentwickelt gebliebenen Zustande der Dolden eigentlich darüber wundern mufs. Die Drüsen haben meist gut mittlere Gröfse und bestehen überwiegend aus vollen Drüsen. Übervolle, umgelegte (kreiselförmige) Drüsen sind wenige da und auch diese nur mäfsig gefüllt. Dagegen sind auch die — meist gut gefüllten — Randdrüsen gar nicht häufig und Becher nur ganz vereinzelt. Unter den vollen Drüsen sind auch viele kleine.

1. Individualisierte Drüsen.

1. Randdrüsen.	2. Normale oder volle Drüsen.	
47 : 37 = 0,227 : 0,179	49 : 37 = 0,237 : 0,179	36 : 30 = 0,174 : 0,145
42 : 30 = 0,203 : 0,145	48 : 40 = 0,232 : 0,193	36 : 30 = 0,174 : 0,145
36 : 35 = 0,174 : 0,169	47 : 35 = 0,227 : 0,169	36 : 30 = 0,174 : 0,145
36 : 27 = 0,174 : 0,131	42 : 38 = 0,203 : 0,184	35 : 30 = 0,169 : 0,145
32 : 31 = 0,155 : 0,150	42 : 33 = 0,203 : 0,160	35 : 27 = 0,169 : 0,131
31 : 30 = 0,150 : 0,145	40 : 35 = 0,193 : 0,169	32 : 29 = 0,155 : 0,140
	40 : 34 = 0,193 : 0,164	32 : 29 = 0,155 : 0,140
	38 : 38 = 0,184 : 0,184	31 : 29 = 0,150 : 0,140
	36 : 32 = 0,174 : 0,155	

3. Übervolle oder kreiselförmige Drüsen.

45 : 45 = 0,218 : 0,218; 43 : 30 = 0,208 : 0,145 Kreisel.

4. Kleinste Drüsen (aller Sorten).

30 : 25 = 0,145 : 0,121 Volle Drüse	26 : 25 = 0,126 : 0,121 Kreisel
29 : 26 = 0,140 : 0,126 » »	25 : 25 = 0,121 : 0,121 »
28 : 25 = 0,135 : 0,121 » »	25 : 23 = 0,121 : 0,111 Volle Drüse
27 : 22 = 0,131 : 0,106 » »	24 : 24 = 0,116 : 0,116 Kreisel
26 : 25 = 0,126 : 0,121 » »	24 : 23 = 0,116 : 0,111 Volle Drüse
26 : 25 = 0,126 : 0,121 » »	22 : 21 = 0,106 : 0,102 » »

5. Gröfste Drüsen (aller Sorten).

55 : 45 = 0,266 : 0,218; 55 : 37 = 0,266 : 0,179 Randdrüsen.

2. **Nicht individualisierte (Flächen-) Drüsen und Kombinationen.**

Flächendrüsen 55 : 47 = 0,266 : 0,227

Kombinationen 150 : 45 = 0,725 : 0,218 (mächtiges Konglomerat individualisierter und Flächen-Drüsen).

100 : 50 = 0,438 : 0,242 Konglomerat	80 : 75 = 0,387 : 0,363 Konglomerat
90 : 52 = 0,435 : 0,251 »	80 : 45 = 0,387 : 0,218 »

Die Drüsenflächen oder Flächendrüsen sind noch massenhafter auf den Vorblättern als auf dem Glase; sie sind auf den Vorblättern zahlreich und ausgedehnt, dagegen scheinen sie den Deckblättern zu mangeln.

Die Sekretgänge sind in den Vorblättern sehr ungleich verteilt, stellenweise sehr spärlich, stellenweise sehr gehäuft, in den Deckblättern sind sie meistens ungemein reichlich.

Köpfchendrüsen sind in beiden Blattregionen wenig vorhanden, aber ziemlich grofs.

Probe 9 (Karlshof bei Ellingen).

Die Drüsen dieser Probe sind zwar auch sehr mannigfaltig, indes doch — durchschnittlich genommen — relativ unter allen neun Sorten am gröfsten entwickelt und am besten gefüllt. Es gibt hier mehrfach Kreisel, wovon aber auch nur einzelne eine der Breite überlegene Länge haben. Die Probe hat ebenfalls überwiegend volle Drüsen mit wohl gegen 80 %. Randdrüsen sind sehr wenig da, aber es sind sehr grofse dabei. Die kleineren Drüsen sind sozusagen alle gefüllt, ich habe nur eine, nahezu volle Randdrüse darunter gesehen.

1. **Individualisierte Drüsen.**

1. Randdrüsen.	2. Normale oder volle Drüsen.	3. Übervolle od. kreiselförmige Drüsen.
49 : 36 = 0,237 : 0,174	45 : 37 = 0,218 : 0,179	42 : 38 = 0,203 : 0,184 Kreisel
49 : 32 = 0,237 : 0,155	45 : 33 = 0,218 : 0,160	42 : 36 = 0,203 : 0,174 »
48 : 35 = 0,232 : 0,169	44 : 30 = 0,213 : 0,145	42 : 35 = 0,203 : 0,169 »
45 : 35 = 0,218 : 0,169	42 : 34 = 0,203 : 0,164	(38 = 0,169 Langdurchmesser)
35 : 35 = 0,169 : 0,169	41 : 32 = 0,198 : 0,155	42 : 32 = 0,203 : 0,155 Kreisel
35 : 25 = 0,169 : 0,121	40 : 27 = 0,193 : 0,131	37 : 35 = 0,179 : 0,169 »
34 : 30 = 0,164 : 0,145	38 : 31 = 0,184 : 0,150	37 : 34 = 0,179 : 0,164 »
	37 : 32 = 0,179 : 0,155	(34 = 0,164 Langdurchmesser)
	37 : 28 = 0,179 : 0,135	37 : 33 = 0,179 : 0,160 Kreisel
	35 : 33 = 0,169 : 0,160	(33 = 0,160 Langdurchmesser)
	35 : 27 = 0,169 : 0,131	
	35 : 25 = 0,169 : 0,121	
	34 : 30 = 0,164 : 0,145	
	33 : 30 = 0,160 : 0,160	

4. Kleinste Drüsen (aller Sorten).

31 : 25 = 0,150 : 0,121	29 : 28 = 0,140 : 0,135	27 : 26 = 0,131 : 0,126
31 : 22 = 0,150 : 0,106	28 : 28 = 0,135 : 0,135	27 : 21 = 0,131 : 0,102
30 : 27 = 0,145 : 0,131	28 : 27 = 0,135 : 0,131	21 : 20 = 0,102 : 0,097
30 : 18 = 0,145 : 0,087	28 : 27 = 0,135 : 0,131	18 : 18 = 0,087 : 0,087
29 : 25 = 0,140 : 0,121	28 : 18 = 0,135 : 0,087	

5. Gröfste Drüsen (aller Sorten). 50 : 33 = 0,242 : 0,160. Volle Drüsen.

Man ersieht deutlich die grofsen Dimensionen der Randdrüsen, der vollen Drüsen und der zahlreichen, übervollen, kreiselförmigen Drüsen, von welchen aber jene, bei welchen der Querdurchmesser länger ist als der Längendurchmesser, dennoch die gröfstmögliche Höhe der Drüsenfüllung noch nicht erreicht haben.

2. Nicht individualisierte (Flächen-) Drüsen und Kombinationen.

Drüsenflächen 55 : 42 = 0,266 : 0,203; 52 : 30 = 0,251 : 0,145

Kombinationen 90 : 45 = 0,435 : 0,218.

Von Drüsenflächen war auf dem Objektglase und auf den Vor- und Deckblättern wenig zu sehen.

Die Sekretgänge fehlen den Vorblättern in oft ganz auffälligem Grade, sie sehen oft ganz rein weifs aus, man sieht also fast gar nichts davon; dagegen sind sie sehr reichlich in den Deckblättern vorhanden.

Köpfchendrüsen sind auf beiden Blattregionen sehr wenig vorhanden.

Überblicken wir noch einmal zusammenfassend die Beziehungen der Hopfendrüsen dieser neun Sorten, so sehen wir, dafs die übervollen, kreiselförmigen Drüsen, welche — wenn in grofser Menge vorhanden — so recht den Ausdruck üppigen Wachstums und reicher Sekretbildung darstellen, allenthalben fehlen oder nur in vereinzelten, nicht sonderlich grofsen und vollen Exemplaren da sind; es war also der Jahrgang in Bezug auf die wichtige Sekretbildung durchaus kein besonders grofsartiger. Er war aber auch keineswegs in Bezug auf Sekretbildung schlecht; das geht schon daraus hervor, dafs einmal die schlecht gefüllten Randdrüsen — mit Ausnahme der Probe 5, wo sie mit $^2/_3$ der ganzen Drüsenmasse vertreten sind — meist sehr erheblich fehlen, meist nur sehr untergeordnet vertreten sind, und dafs fernerhin die normalen, gut vollen Drüsen in allen Proben (5 ausgenommen) 70—80% der ganzen Drüsenmasse darstellen; das war selbst bei der Probe 6 der Fall, wo die Drüsen zwar durchschnittlich relativ klein, aber durchweg gut gefüllt gewesen sind; bei Probe 7 ist es sogar auffallend, wie schön noch die Drüsen ausgebildet und gefüllt gewesen sind, wenn man bedenkt, wie schlecht die Dolden ausgebildet waren; in den meisten anderen Fällen pflegen mit schlechter (rudimentärer oder knospenartiger) Ausbildung der Dolden auch die Sekretmengen ebenfalls erheblich reduziert zu sein.

Merkwürdig ist die Verteilung der Flächendrüsen, einmal auf die verschiedenen Sorten überhaupt und dann auf die verschiedenen Doldenblätter. Sehr reichlich auf Vor- und Deckblättern finden sie sich bei Probe 3, wo sie auch noch sehr ausgedehnt sind; bei 5 sind sie überall, namentlich aber auf den Vorblättern, reichlich vorhanden, aber klein; ebenso massenhaft sind sie bei 8, aber mehr auf den Vorblättern; bei 1 sind sie zwar auf den Vorblättern nicht viel vorhanden, dagegen reichlich da auf den Deckblättern; auch bei 6 sind ziemlich viele und zum Teil grofse da. Auffallend wenig sind sie vorhanden bei den Proben 7 und 9 und fast ganz fehlend bei 4. Die Ursache, weshalb diese eigentümlichen Sekretionsvorgänge in manchen Doldenblättern fast fehlen, in andern nur sehr mäfsig und wieder in andern in oft so erstaunlichen Mengen da sind, ist uns vorerst völlig unbekannt.

Sehr wichtig scheint mir die Verbreitung der Sekretgänge.

Dieselben finden sich bei

Probe 1 in den Vorblättern blattweise sehr verschieden, in den Deckblättern reichlich.

» 2 in den Vorblättern wenig, sehr reich in den Deckblättern.

Probe 3 in den Vorblättern wenig, ungemein reich in den Deckblättern.
» 4 wenig in Vor- und Deckblättern.
» 5 in Vorblättern wenig, in Deckblättern mehr.
» 6 in Vorblättern meist auffallend wenig, zuweilen mehr; in Deckblättern reichlich.
» 7 in Vor- und Deckblättern dürftig vorhanden.
» 8 in den Vorblättern sehr ungleich verteilt, manchmal sehr wenig, dagegen in den Deckblättern gehäuft.
» 9 in den Vorblättern oft so wenig, dafs sie ganz zu fehlen scheinen, oft in der That fast nichts zu sehen; in den Deckblättern sind sie sehr reichlich.

Die Frage nach den Sekretgängen in den Doldenblättern dürfte von grofser praktischer Bedeutung sein. Es ist natürlich vorerst nur eine — allerdings nicht ganz unbegründete — Vermutung, dafs dieses Sekret das Material liefert, mit welchem die Eiweifsstoffe aus der Würze entfernt werden; wenn es aber so ist, dann kann man in der Brauerei schon vor der Anwendung des Hopfens sich mit dem Mikroskop einen bequemen Einblick verschaffen, wie der Hopfen in dieser wichtigen Beziehung beschaffen ist.

Da man dieses Sekret rein und in genügender Menge nicht aus den Doldenblättern herausbringen kann, um damit Versuche zu machen, so müfste man direkte Beobachtungen in der Brauerei anstellen, ob an Sekretgängen reiche Hopfen im Würzebrechen mehr leisten als andere. Dabei mufs man natürlich auch im Auge behalten, dafs auch die substanzielle Beschaffenheit dieses Sekrets in den verschiedenen Hopfensorten von mehr oder minder abweichender Art sein kann.

Die Dimensionenverhältnisse der individualisierten Drüsen in ihren äufsersten Extremen (bei den kleinsten und gröfsten, welche beobachtet wurden) ergeben sich aus folgender Zusammenstellung:

Die Dimensionen der kleinsten und gröfsten individualisierten Drüsen, in Millimetern:

Probe				
Probe	1	0,097 : 0,082	bis	0,266 : 0,131
»	2	0,102 : 0,087	»	0,222 : 0,169
»	3	0,092 : 0,092	»	0,242 : 0,164
»	4	0,131 : 0,092	»	0,227 : 0,218
»	5	0,106 : 0,077	»	0,261 : 0,243
»	6	0,111 : 0,082	»	0,243 : 0,203
»	7	0,097 : 0,087	»	0,251 : 0,198
»	8	0,106 : 0,102	»	0,266 : 0,218
»	9	0,087 : 0,087	»	0,242 : 0,160.

Die kleinste Drüse mit 0,087 mm Länge und Breite war in der Probe 9, die allergröfsten Drüsen mit 0,266 mm Breite sind in den Proben 1 und 8 gefunden worden; man sieht, dafs auch die gröfsten Drüsen in diesen 9 Hopfenproben nicht einmal $^1/_3$ mm Durchmesser erreichen, und kann nun begreifen, warum man so wenig von ihrem wahren Wesen mit der Lupe und noch weniger ohne solche sieht. Dazu gehört das Mikroskop. In Schriften über Brauerei habe ich schon öfter gelesen, dafs man das Mikroskop zur Hopfenuntersuchung anwenden soll, was auch sicher sehr wichtig ist; aber ich habe noch nie auch nur den Versuch gesehen, gleichzeitig eine Anleitung zu geben, wie man das machen soll.

c) Anderweite Drüsen.

8. Drüsen von Humulus cordifolius Miquel.

Was die grofsen Drüsen der von dem französischen Botaniker Miquel als eigene Art unterschiedenen, in Japan und wohl auch in China verbreiteten herzblätterigen Hopfenform (H. cordifolius) betrifft, so ist ihre Übereinstimmung mit jenen von Humulus Lupulus L. in Westasien, ganz Europa und Nordamerika die denkbar weitestgehende nach allen Richtungen.

Auch die Dolden sind so übereinstimmend mit jenen bei unserm europäischen Hopfen, dafs ich sie vorerst, d. h. ehevor ich ein noch gröfseres bezügliches Material in der Hand gehabt, kaum davon zu unterscheiden wüfste. Ohne hier näher auf diesen in mannigfacher Beziehung interessanten Gegenstand eingehen zu wollen, kann ich doch auf Grund meiner Studien und mikroskopischen Untersuchungen sagen, dafs auch jene fernen ostasiatischen Länder eine Hopfenform besitzen, mit der man ohne Zweifel ebenso gut oder vielleicht noch besser Bier brauen kann als mit dem europäischen wildwachsenden Hopfen von Hum. Lupulus, und es müfste in der That interessant sein, zu sehen, ob daraus nicht mit der Zeit durch die Kultur sogar ein qualitativ feineres Produkt gezogen werden könnte, als jenes von Hum. Lupulus ist, der allerdings wohl schon anderthalb Jahrtausende in Kultur steht.

Nach den Exemplaren von Hakodate in Japan, welche ich zu Gesicht bekam, scheint nur der Doldensatz geringer zu sein als beim Hum. Lupulus; möglicherweise sind aber auch gerade nur diese Exemplare im Münchner Staatsherbar so arm an Dolden gewesen. Ich habe ein reichliches Material solcher Drüsen unter dem Mikroskop gezeichnet, und es hätte sicher nach mehrfacher Beziehung Interesse gehabt, diese Abbildungen hier angeschlossen zu sehen, denn wenn sie allgemeinhin auch mit den Drüsen bei Hum. Lupulus stimmen, so sind doch auch wieder Besonderheiten dabei; es ist aber schwer, ohne Bild dafür einen Ausdruck zu finden. Obgleich die Dolden von Hum. cordifolius damals, als ich die Untersuchungen machte, schon 26 Jahre alt waren, sah ich in den Doldenblättern sogar auch noch die halbinneren und inneren Drüsen und die Sekretgänge.

9. Die Drüsen von Humulus Japonicus Sieboldt.

Bei dieser einjährigen Hopfenart aus dem fernen Ostasien sind schon die Dolden in Gröfse, Gestalt, Farbe, Behaarung etc. so von jenen des europäischen Hopfens verschieden, dafs man sie kaum als solche erkennt, wenn man sie nicht oft gesehen hat. Die Dolden sind sehr klein, locker, arm an Blättern, die Blätter dunkelbraunrot gefärbt, entfernt stehend und mit ungeheueren Mengen langer, flacher, schilfartiger Haare besetzt. Die sehr leicht ausfallenden Vorblätter mit den hanfsamenähnlichen grofsen Früchten, scheinen gar keine grofsen oder Scheibendrüsen zu haben. Die Deckblätter haben einige, aber nur sehr wenige, ganz vereinzelt und begrenzt stehende, sehr kleine, wenn normal entwickelt sehr zierlich aussehende, in ihrer ganzen Gestalt mehr an die Drüsen auf den krautartigen Teilen von Hum. Lupulus erinnernde, sehr häufig verschrumpft auftretende und stets äufserst wenig, aber sehr aromatisch riechendes, sehr lichtgelb gefärbtes Sekret, enthaltende Drüsen.

Daran, dafs diese Pflanze einmal in den Dienst der Brauerei gestellt werden könnte, um unsern alten, braven europäischen Hopfen zu ersetzen, ist gar nicht zu denken. Dennoch wäre es vielleicht möglich, dafs man künftig einmal diese bei uns einjährige, rasch wachsende, sehr schöne Pflanze zieht, um ihre an gerbstoffartigen Substanzen ohne Zweifel sehr reichen Dolden zur Ergänzung des gerbstoffärmeren europäischen Hopfens überall da zu benutzen, wo man sehr gehaltvolle Exportbiere zu brauen veranlafst ist und diese Biere, dem Geschmack des Publikums entsprechend, auch noch süfs sein sollen, so dafs man, dem Rechnung tragend, gezwungen ist, weniger Hopfen zu nehmen, als zur Entfernung der überflüssigen und später schädlichen Eiweifsstoffe erforderlich ist. Eine Analyse dieser Hopfendolden, namentlich zur Bestimmung ihres Gerbstoffgehaltes, wäre sicher ebenso interessant als wichtig. Weiterhin käme noch in Betracht, ob die Anwendung solcher Dolden nicht dennoch unter Umständen nachteilig in anderer Beziehung sein könnte, insofern ihr Gehalt an ätherischem Ole zwar sehr gering und der Geruch sehr schwach, aber dennoch sehr aromatisch ist.

10. Die Köpfchendrüsen.

Längst, durch Prof. Meyen in Berlin schon seit 50 Jahren, ist bekannt, dafs auf der Hopfenpflanze auch noch andere, kopfförmige Gebilde vorkommen, deren Köpfchen sehr klein und meist erheblich länger gestielt sind, weshalb man sie von jeher Köpfchendrüsen oder auch

Köpfchenhaare genannt hat. In der Regel hatten zudem die Autoren, welche diese Gebilde erwähnten, ihre Bekanntschaft lediglich auf den krautartigen Teilen der Hopfenpflanze, auf den Stengeln, Blättern etc., gemacht, so daſs uns über etwaige technische Beziehungen derselben, die eben an das Vorkommen in den Hopfendolden selbst geknüpft sein müſsten, gar nichts bekannt geworden ist.

Nachdem ich diese noch rätselhaften, aber dennoch merkwürdigen Dingerchen erst unter beträchtlicherer Vergröſserung an den Stengeln des Hopfens studiert hatte, faſste ich die Doldenblätter ins Auge und fand dann, daſs sie sich in der That auf den Doldenblättern und namentlich auf gewissen Teilen derselben, in zwar nach Dolden und namentlich nach Sorten wechselnder, im ganzen aber zuweilen in überraschender Menge finden.

Diese kleinen, sogenannten Köpfchendrüsen sind aber eigentlich gar keine Drüsen, sondern, statt mit einer Spitze, mit Köpfchen endigende Haare, denn sie erlangen ihr kopfförmiges Ende nicht erst etwa infolge einer Entwicklung (Sekretion), wie wir es bei den groſsen Hopfendrüsen gesehen haben, sondern sie sind gleich beim allerersten Entstehen kopfförmig. In der Entwicklung sind diese an und für sich sehr früh, schon in der Nähe der Vegetationspunkte, auftretenden kleinen Gebilde den groſsen Hopfendrüsen etwas voraneilend; ihre Entwicklung scheint aber auch schon abgeschlossen, wenn die groſsen Drüsen noch in voller Sekretionsthätigkeit begriffen sind.

Auffallend ist, je nach Doldensorten, ihre wechselnde Menge und namentlich auch ihre sehr wechselnde Köpfchengröſse. Auffallenderweise zeichnet sich gerade eine Reihe von englischen Hopfensorten, keineswegs alle, durch relativ ungewöhnliche Gröſse des Köpfchens bei den sogenannten Köpfchendrüsen aus, wie es namentlich auch bei solchen Sorten vorkommt, daſs die Köpfchen vielfach, keineswegs alle, ganz kurios lange und breite Stiele haben, deren meist zopf- oder strangförmiger Inhalt durch die helle, durchsichtige Haut deutlich zu sehen ist.

Es kommen übrigens solche auffallend gröſsere und auch mehr langgestielte Köpfchen nicht minder bei mitteleuropäischen Hopfensorten vor, indes ist dies weniger häufig.

Die noch jungen Köpfchendrüsen, wie sie besonders dicht gehäuft überall da stehen, wo noch Wachstum stattfindet, sind schneeweiſs, später haben sie einen gekörnelten und flockigen, lichtbräunlichen, offenbar protoplasmatischen Inhalt.

Interessant und wichtig wäre es nun zu wissen, welcher Art ihr Inhalt am Schlusse ihrer Lebensthätigkeit ist, wo sie dann meist ein welkes, etwas geschrumpftes Aussehen haben. Diese Frage läſst sich bis jetzt, trotz all der Anstrengungen, welche ich desfalls, namentlich auch unter Zuhilfenahme von Reagentien, gemacht habe, nicht bestimmt beantworten. A. Mohl in Laun (l. c.) meint, daſs die Köpfchendrüsen Gerbsäure enthalten; davon habe ich nichts gesehen, vielleicht nur deshalb, weil ich nicht darauf geachtet habe[34]). Genau ist der Inhalt der sogenannten Köpfchendrüsen ebenso wenig bekannt wie jener der Scheibendrüsen. Wenn sie Gerbsäure enthalten, dann gewinnen sie handelstechnischen Wert, weil man sie selbst mit einer Lupe auf den Hopfenblättern deutlich sieht.

Sicherlich ist es kein ölig-harziges Sekret, welches sie enthalten; dies wenigstens ist durch die mikrochemische Untersuchung bestimmt nachweisbar. Inhaltleer, wie gewisse Haare, sind sie auch nicht, das ist deutlich ersichtlich. Durch gewisse Reagentien nimmt der etwas kontrahierte Köpfcheninhalt eine gelbliche Farbe an, welche zuweilen bei alternden Köpfchen auch so ersichtlich ist. Bei Anwendung gewisser Reagentien erleiden die Köpfchen eine erhebliche Aufquellung.

Am meisten möchte einstweilen die Ansicht für sich haben, daſs der Inhalt der sogenannten Köpfchendrüsen, wie auch die Wirkung der Reagentien anzudeuten scheint, aus meist stickstoffhaltiger, also wesentlich protoplasmatischer Substanz bestehe. In diesem Falle läge es nahe, zu glauben, daſs irgend ein Sekret, dem man eine Einfluſsnahme auf den Brauprozeſs zuschreiben könnte, in diesen rätselhaften Organen nicht anwesend sei, daſs sie, da man sie am massenhaftesten und am frischesten in den Knospen findet, lediglich einem, uns allerdings ebenfalls unbekannten physiologischen Vorgang — vielleicht durch Strahlenbrechung —

zu dienen haben und danach ihre Bedeutung wie ihr Leben erlischt. Kerner[35]) sagt auch, dafs sich in diesen Köpfchen meist dunkel gefärbtes Protoplasma findet. Er führt aus, dafs die echten Haare und die Köpfchenhaare wassersaugend seien. Am dichtesten stehen sie da, wo lebhaftes Wachstum, also Zellteilung, stattfindet; sie sind schon am Vegetationspunkt vollkommen ausgebildet vorhanden.

Ich habe mich selbst schon wiederholt einer solchen Auffassung hingegeben. Wenn ich aber alsdann unmittelbar darauf sah, wie wuchtig die Masse ist, mit welcher sie in den Zapfen aufzutreten pflegen, ist diese Ansicht wieder erheblich erschüttert worden. Möglicherweise haben sie zwar eine sehr versteckte, aber sehr wichtige Beziehung, und es erscheint einstweilen sicherlich angezeigt, sie von der ferneren kritischen Beobachtung und eventuell von der gelegentlichen direkten Untersuchung noch nicht zu dispensieren. Namentlich kommen da heute zweierlei Richtungen in Betracht, einmal die grofsen Mengen stickstoffhaltiger Substanzen, welche durch den Hopfen der Würze zugeführt werden und die für die Ernährung der Hefenzellen besonders wichtig sind, weiterhin die für die Konservierung des Bieres wichtigen Säuremengen, namentlich Pflanzensäuren. Vielleicht steht der wechselnde Gehalt, mit welchem der Hopfen in diesen beiden Richtungen wirkt, auch in irgend einer Beziehung zu den Köpfchendrüsen, deren protoplasmatischer Inhalt vielleicht der Hauptstickstofflieferant der Würze für die Hefenernährung ist; dann würden auch diese kleinen, unansehnlichen Dingerchen plötzlich sehr in den Vordergrund des brautechnischen Interesses gerückt sein.

Da man die noch etwas rätselhaften Hopfenalkaloide immer im Lupulin gesucht, möchte ich desfalls die Aufmerksamkeit der Hopfenchemiker auch auf die Köpfchendrüsen lenken, weil diese in gewissen englischen Hopfensorten immer besonders grofs und ausgeprägt auftreten.

Ich habe ein sehr reiches Material von bildlichen Darstellungen dieser Köpfchendrüsen, welche ich unter dem Mikroskop an Hopfendoldenblättern von Humulus Lupulus aus Kalifornien, New York State, England, Belgien, durch alle Länder Deutschlands und Österreichs hindurch bis zum russischen Gouvernement Kostroma und bis Tiflis im Kaukasus, von Humulus cordifolius aus Japan und von Humulus Japonicus aus dem ökonomisch-botanischen Garten in Weihenstephan, wie aus der Ebene von Shanghai in China, aufgenommen habe; sie finden sich da sowohl im frischen, lebenden Zustande, wie verdorrt.

Wenn man in Abhandlungen, wie z. B. in jener Sauters (Verhandlg. d. Wiener Akademie der Wissenschaften etc.), die Angabe findet, dafs die Köpfchendrüsen sehr hinfällig seien, so kann das doch nur für jene Geltung haben, welche auf den Blättern und Stengeln der Hopfenpflanze stehen. Die auf den Zapfenblättern europäischer Hopfensorten befindlichen fand ich nach 6—8 Jahren im eingetrockneten Zustande noch ganz wohlbehalten; jene auf den Zapfenblättern von Hum. cordifolius liefsen auch selbst nach 26jähriger Lagerung im Münchner Staatsherbar an Deutlichkeit und Erkenntlichkeit nichts zu wünschen übrig. Die auf frischer Pflanze stehenden sind bei 540facher, jene auf getrockneten Dolden bei 180facher Vergröfserung aufgenommen.

Der Kosten wegen können wir aber hier diese Darstellungen nicht bringen. Vielleicht kann ich sie ein andermal in diesen Bildern vorführen!

d) Mikrochemische Untersuchung der Hopfendrüsen und ihres Sekrets.

Ich habe durch lange Zeit auch mikrochemische Studien über das Hopfensekret gemacht, indem ich allmählich 26 der wichtigsten Reagentien in ihrer Wirkung auf die Drüsen und deren Sekret sorgfältig beobachtet und das unter dem Mikroskop Gesehene in Aquarellbildern festgehalten habe. Offenbar ist es ein Unterschied, ob man Extrakte aus den Hopfendolden chemisch untersucht, welche nicht blofs das Drüsensekret, sondern auch noch vieles andere enthalten, oder ob man die chemischen Vorgänge beobachtet, welche sich ergeben, wenn Chemikalien nur allein auf das Drüsensekret wirken.

Ohne Zweifel haben die von mir hergestellten Aquarellbilder einen grofsen Wert für alle wissenschaftlich gebildeten Brauer. Ich habe sie einmal in einer Zeitschrift veröffentlichen wollen, jedoch da hätten diese Abbildungen allein 900 Mark gekostet, und so mufste die Sache liegen bleiben.

Um aber nun doch Gelegenheit zu bieten, einen Einblick gewinnen zu können in das Wesen dieser Sache, bringe ich hier sub. Fig. LXVI, Nr. 1—15 incl. die Reaktionswirkung der Salpetersäure auf das Hopfensekret; ich habe das aus der ganzen Abhandlung ausgehoben. Diese von mir unter dem Mikroskop in Aquarell gemalten Bilder, wozu anschliefsend der Text folgt, zeigen, kurz gesagt, drei sehr beachtenswerte Dinge:

1. Die räumliche Verteilung von Becherzellen (orangegelb und körnig, auch mit Zellstruktur), Cuticula (citronengelb, wie bei 10 u. 11) und Sekret (rot);

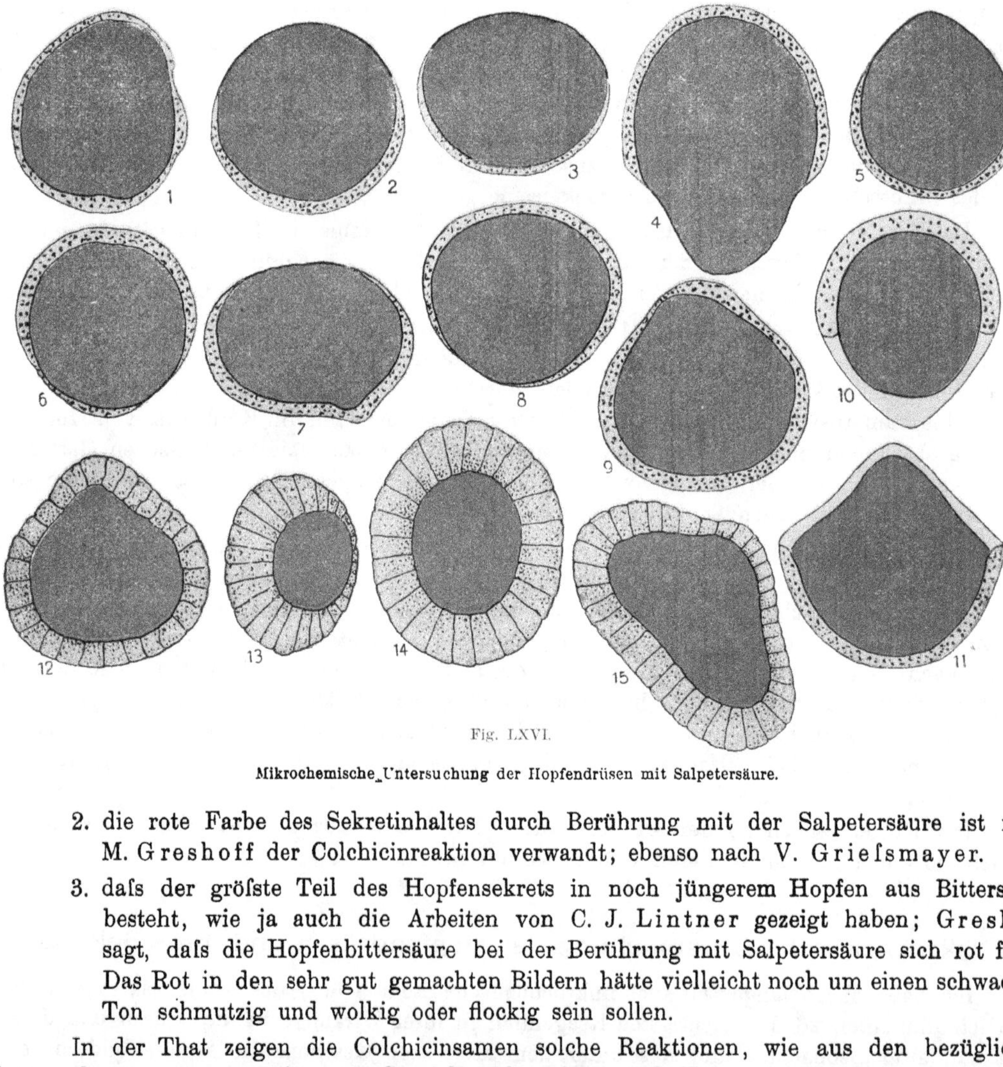

Fig. LXVI.

Mikrochemische Untersuchung der Hopfendrüsen mit Salpetersäure.

2. die rote Farbe des Sekretinhaltes durch Berührung mit der Salpetersäure ist nach M. Greshoff der Colchicinreaktion verwandt; ebenso nach V. Griefsmayer.
3. dafs der gröfste Teil des Hopfensekrets in noch jüngerem Hopfen aus Bittersäure besteht, wie ja auch die Arbeiten von C. J. Lintner gezeigt haben; Greshoff sagt, dafs die Hopfenbittersäure bei der Berührung mit Salpetersäure sich rot färbt. Das Rot in den sehr gut gemachten Bildern hätte vielleicht noch um einen schwachen Ton schmutzig und wolkig oder flockig sein sollen.

In der That zeigen die Colchicinsamen solche Reaktionen, wie aus den bezüglichen Untersuchungen eines anerkannten Spezialforschers hervorgeht[36]).

Benzol und namentlich Chloroform extrahieren sowohl aus sauerer, wie alkalischer Lösung das Colchicin und Colchiceïn von bitterem Geschmack und charakteristischem Verhalten zu Schwefelsäure und Salpeter. Die gelbe Lösung dieser Bitterstoffe in konzentrierter Schwefelsäure wird auf Zusatz von Salpeter violett, blau und später grün. Setzt man zur Lösung in Salpetersäure (1,30 spez. Gewicht), welche ebenfalls die letzteren Farbenreaktionen bewirkt, nach dem Ablassen Kalilauge hinzu, so stellt sich eine kirsch- bis blutrote Färbung ein. Das ist also offenbar die Farbe unserer Reaktion mit Salpetersäure auf das Hopfensekret (Fig. LXVI). Um andere Bestandteile des Rückstandes, welche die Farbenreaktion stören könnten, zu beseitigen, empfiehlt es sich, den Rückstand in heifsem Wasser zu lösen, mit Chloroform zu schütteln und diese Operationen öfters zu wiederholen. Oder man fällt das Colchicin aus der wässerigen Lösung durch Tannin und setzt es dann durch Bleioxyd wieder in Freiheit. Derjenige normale Bierbestandteil, welcher in seinen Reaktionen dem Colchicin ähnelt,[37]) kann nach dieser Isolierungsmethode zu Irrtümern keinen Anlafs geben.

H. v. Geldern berichtet in Biedermanns Centralbl. f. Agrikulturchemie[38]), unter Bezugnahme auf frühere Mitteilungen, nach welchen Colchicin im Bier aufgefunden worden sei, dafs er selbst früher auf Colchicin in gewissen Biersorten geschlossen habe, indem die Reaktionen (Gelbfärbung mit Schwefelsäure, Rotfärbung mit Salpetersäure, Fällung mit Gerbsäure) jene des Cholchicins gewesen seien. Jetzt hat er jedoch denselben Stoff in selbst gesammeltem Hopfen gefunden und konstatiert, dafs dieser Stoff alle Reaktionen des Cholchicins, mit Ausnahme der undeutlich bleibenden Salpetersäurereaktion gibt. Die Substanz ist jedoch nicht giftig. Prof. Dragendorff[39]) sagt, bei Schilderung der Reaktionen etc. auf 19 Bitterstoffe, dafs Semen Colchici mit Salpetersäure eine violette Färbung gibt.

e) Reaktion der Salpetersäure, ohne Wasser.

Erklärung der Abbildungen sub Fig. LXVI.

Von dieser Säure ist, allein angewendet, sehr wenig bekannt. Nach Dr. H. Planeth färbt sie Cuticularsubstanz gelb, stickstoffhaltige Substanzen dunkelgelb (namentlich die Säure kochend angewandt und das Präparat nachfolgend mit Ätzammoniak oder Ätzkali behandelt); ferner färbt sie Anthoxanthin grün und entfärbt es dann; aufserdem quellt sie verschiedene Pflanzenstoffe und wird gern in Verbindung mit andern Reagentien (und heifs) angewandt.

Dr. V. A. Paulsen bemerkt unter anderem: dafs warme Salpetersäure die Mittellamelle also Intercellularsubstanz, welche substanziell der Cuticularsubstanz gleich ist, bei nachfolgender Behandlung mit Ammoniak gelb färbt.

Sehr beachtenswert war die erst nach der von mir ausgeführten Untersuchung bei M. Greshoff gefundene Bemerkung, dafs der lösliche Hopfenbitterstoff bei Untersuchungen des Bieres auf Alkaloide leicht mit Colchicin verwechselt werden könne, da er mit Salpetersäure eine ähnliche Reaktion gebe wie dieses; man erhalte nämlich mit Salpetersäure eine rote Farbe, einmal mehr orange, ein anderesmal mehr schmutzigrot, je nach der Konzentration.

Nach den oben citierten dürftigen Angaben über mikrochemische Wirkungen der Salpetersäure hatte ich derselben so wenig Zutrauen geschenkt, dafs ich ihre Erprobung bis ganz zuletzt aufsparte, um dann die Entdeckung zu machen, dafs sie bei derartigen Untersuchungen an allererster Stelle genannt zu werden verdient, ja dafs sie, wie es mir bis jetzt wenigstens scheint, das vorzüglichste Mittel darstellt, bei dessen Anwendung es gelingt, die räumliche Verteilung des Bechers mit der Cuticula wie des Sekretinhaltes und des Sekrethügels mit der Cuticula, auf eine Weise nachzuweisen, die gar nichts zu wünschen übrig läfst.

Bereits eine halbe Stunde nach Anwendung der konzentrierten Säure waren die Drüsen von sieben Jahre und drei Monate alten Lothringer Hopfen sehr schön rotbraun gefärbt mit lichtem goldgelben und dunkelschattiertem Rande; auf manchen Drüsen zeigen sich grofse dunkle Blasen vom selben Kolorit, was mit dem schönen durchscheinenden Rotbraun und dem lebhaft gelben Rande einen sehr schönen Anblick gewährt. Die schöne Zeichnung kommt erst allmählich; im Anfange sind auf vielen Drüsen massenhaft kleinere oder viele gröfsere Blasen zu sehen, dann erst allmähliche Bräunung. Die Bräunung verläuft rascher bei den Lothringern (über sieben Jahre alt) als bei den Seltschern (drei Monate alt). Es können da nützliche Winke für Hopfenbitterstoff-forscher enthalten sein. Da und dort ausgetretenes Sekret ist massenhaft kleinblasig und ebenso wie die intakten Drüsen gebräunt oder gerötet.

Im übrigen verhält sich die schliefsliche Wirkung bei den Seltscher Drüsen ganz ähnlich, nur sind die gelben Ränder der vollen Drüsen etwas schmaler, was bei den noch stark gefüllten, noch wenig durch Verdunstung entleerten Drüsen begreiflich ist.

Da hier offenbar blofs der Sekretinhalt rotbraun wird, was ja durch da und dort entleertes, also aufserhalb der Gefäfse befindliches und die gleiche Farbe annehmendes Sekret bestätigt wird, so sieht man sehr deutlich, wie stark die Blase gefüllt resp. was Blase ist. Das Gelbe ist offenbar die Cuticularsubstanz, welche rings um die Drüse so gefärbt ist, da aber, wo sich rotgefärbte Sekretmasse unter ihr befindet, optisch nicht zur Wirksamkeit gelangt, gleichsam zu fehlen scheint und auch da eine andere (hellere) Schattierung von Gelb annimmt, wo sich keine Zellschichte unter ihr befindet.

Dabei sieht man den gelben Rand nicht sogleich rings um die ganze Drüse herum. Der Teil nämlich, wo der Becher ist, macht sich zuerst geltend, hat intensiv dunkelgoldgelbe Farbe und zeigt dabei eine körnige und flockige, zuweilen grofsflockige und ringelartige dunkle Schattierung (offenbar das Protoplasma in den Becherzellen, s. 1, 2, 3, 8, 5, 7 und 12, 13, 14). Dafs ein Teil des Drüsenrandes sogleich kein gelbes Kolorit annimmt (s. namentlich Fig. 2, 3, 4), dauert längere Zeit an; dann entwickelt sich auch da ein gelber Rand, welcher aber meist sehr deutlich citronengelb ist, keinerlei körnige oder flockige Schattierung zeigt, gegen die körnigflockige und orangegelbe Region auf beiden Seiten scharf und meist ganz symmetrisch abgrenzt; offenbar ist dies die reine, cellulosenfreie Cuticula der Sekretblase, während die orangegelbe und körnig-flockige Region die Cellulose des Bechers mit der Cuticula darstellt. Diese Vorgänge sind am deutlichsten in Fig. 10 und 11 zu sehen. Bei den andern vollen Drüsen war, als ich sie zeichnete, teils der Vorgang noch nicht so klar entwickelt, mehrfach die reine Cuticula vom Sekrethügel noch gar nicht abgehoben, wie namentlich in Fig. 2, 3 und 4 zu sehen, teils hatte ich die Sache noch nicht so in ihren wesentlichen Beziehungen erfafst und nicht die nötige Sorgfalt auf das Detail verwendet.

Man sieht aus diesen Erscheinungen und namentlich aus dem Vergleich der Drüsenbilder Fig. LXVI 10 und 11 mit den Fig. LXIII 16—23 und insbesondere mit 17, 18, 21, dafs es sich genau um dieselben Regionenverhältnisse handelt.

Nicht minder charakteristisch und lehrreich sind die Randdrüsen Fig. LXVI 12—15. Ein mehr oder minder breiter orangegelber, mit körnigflockiger Zeichnung versehener Raud, in welchem sogar die sogenannte Zellwandstruktur ersichtlich ist, umsäumt den bald mehr bald minder zentral aufgetretenen und in seiner Entwicklung (in der Sekretansammlung) bald mehr bald minder fortgeschrittenen Sekrethügel. Die zarte Gelbfärbung der Cuticula (lichtes Citronen-gelb) ist hier offenbar auch vorhanden, wird aber durch das intensive Braunrot des Sekrets und in der Celluloseregion durch das dunklere Gelb des Zellinhaltes so übertönt, dafs es gar nicht zum Vorschein kommt.

Diese vier Randdrüsen sind also namentlich auch wieder sehr geeignet, zu bestätigen, dafs die ursprüngliche Deutung derselben (mehr oder minder halb gefüllte Drüsen zu sein) vollkommen richtig ist.

Die Salpetersäure dürfte sich durch ihre ausgezeichnete Wirksamkeit namentlich auch dazu eignen, selbst sehr kleine Scheibendrüsen als das nachzuweisen, was sie wirklich sind. Zuweilen sah ich an mit Salpetersäure behandelten Doldenblättern kleine runde, scheibenförmige, bei 180facher Vergröfserung etwa 2 mm breit scheinende Körperchen, welche genau die Salpeter-säurereaktion der Scheibendrüsen des Hopfens zeigten und sicherlich auch als solche, wenn auch von wahrhaft zwergartiger Gestalt, aufzufassen sind.

In Bezug auf die Schönheit und Klarheit des Bildes ist man aber auf eine gewisse Zeit angewiesen, welche meist zwischen der ersten und dritten Stunde nach Anwendung der Säure liegen dürfte; denn die zerstörende Wirkung der Säure, welche fortdauert, verändert selbst das von ihr geschaffene Bild.

Schon nach sechs Stunden ist alles sehr zusammengeflossen, die Drüsen dicht aneinander geprefst, zwar noch deutlich aber stark rotbraun. Die gelben Ränder haben sich vielfach schon etwas verwischt. Nach acht Stunden sind nur noch einzelne Drüsen ganz deutlich, die meisten sind ohne scharfe Umgrenzung braun in verschwommener bräunlicher Masse, worunter vielfach entleertes und gebräuntes Sekret. Nach 17 Stunden ist alles noch mehr verschwommen; bei den Lothringern ist wohl alles noch braun, reine Becher noch intensiv gelb, in der Mitte vorhandene schwache Sekretmasse schwach bräunlich, aber es ist alles ineinandergeflossen, die gelben Ränder ziemlich verschwunden, die scharfe Trennung der Cuticula am Rande nur noch in Spuren.

Bei den Seltschern war es um diese Zeit noch etwas besser, die Drüsen meist vollständig erhalten, dunkelbraun und durchscheinend, meist eine einzige, scharf berandete braune Fläche, an welcher man da und dort noch mehr oder minder undeutliche gelbe Ränder sieht. Es scheint, dafs dieses Zuverlustgehen der gelben Ränder damit zusammenhängt, dafs später auch der protoplasmatische Inhalt der Becherzellen braun wird; einmal habe ich im Beginn des Vorganges ausgetretenes Protoplasma gesehen, da war es ganz licht und die vom Inhalt befreite Cuticula citronengelb gefärbt.

Nach sechs Wochen sind die Lothringer ganz aufgelöst, Drüsen und Sekret bilden eine einzige ineinandergeflossene Masse, in welcher man allerdings noch mehr braune, wulstige und mehr gelbe, flache Regionen unterscheiden kann; da und dort hat man noch schärfere Umrisse, die an die Drüsen erinnern; namentlich scheint der Becher vielfach besser erhalten zu sein. Zahlreiche kleine Bläschen in der ganzen Masse.

Bei den Seltschern ist die Individualität der Drüsen weit besser erhalten; dieselben liegen in Gruppen beisammen, sind sehr leicht (fast gelblich-) braunrot und mit zahllosen kleinen Bläschen besetzt. Bei einer Drüse ausgetretenes Sekret ist auffallend gelb und blasig, während eine teilweise bedeckende braune Hülle die entleerte Drüse darzustellen scheint.

Die nachstehend näher bezeichneten bildlichen Darstellungen (Fig. LXVI) stammen alle von den sieben Jahre drei Monate alten Lothringer Drüsen. Der Verlauf war aber bei den drei Monate alten Seltscher Drüsen so ähnlich, dafs diese Bilder auch leicht von dort hätten entnommen werden können.

Fig. 1 stellt eine volle Drüse dar, welche ringsum einen flockig-schattierten gelben Rand hat; ich habe da noch nicht so klar gesehen, sonst hätte sich sicher gegen die Spitze hin die lichtgelbe reine, nicht flockige Cuticula der Blase scharf absondern lassen.

Fig. 2 stellt eine volle Drüse dar, wo der orangegelbe und flockige Becherrand bereits klar hervortritt; die Region der citronengelben Cuticula des Sekrethügels war noch nicht genügend losgelöst, um sich deutlich erkennbar zu machen.

Fig. 3 und 4 zeigen Drüsen unter ganz gleichen Verhältnissen. Bei der kreiselförmigen Drüse (4) ist deutlich zu sehen, dafs die Becherregion im oberen, breiteren Teile liegt, und dafs es richtiger gewesen wäre, bei der Darstellung die Figur umzukehren. So liegen die Verhältnisse sehr oft. Die Region der Cuticula bei allen noch nicht klar zu sehen.

Fig. 5 zeigt ganz ähnliche Verhältnisse wie vorhin, die Stellung der Figur ist richtiger, weil der breitere Teil mit dem Becher unten ist. Die Cuticula des spitzen Sekrethügels war noch nicht sichtbar. Die Ausdehnung des Bechers färbt sich immer zuerst (orangegelb).

Fig. 6 stellt wieder eine umgekehrte Drüse dar. Der Becher nimmt den breiteren, oberen Teil ein. Das Stück gelben Randes an der Spitze unten ist sicherlich reine Cuticula des Sekrethügels und hätte licht citronengelb dargestellt werden sollen.

Fig. 7 zeigt deutlich, wie unsymmetrisch die Drüsen oft sind; die Drüse steht richtig, der orangegelbe, dunkelpunktierte Becher ist unten, der lichte Rand der Cuticula der Sekretblase ist noch nicht abgehoben gewesen.

Fig. 8 eine volle, verkehrt stehende Drüse mit deutlich sichtbarem Becher, während die reine Cuticula an der Spitze noch nicht sichtbar war.

Fig. 9 stellt eine Drüse in richtiger Lage vor mit dem Becher unten. Der obere gelbe Rand ist minder klar gewesen und wurde deshalb, sicherlich nicht ganz richtig, in der Farbe und Schattierung des Bechers dargestellt.

Fig. 10 und 11 stellen zwei ganz normale, volle Drüsen dar, wobei in jeder die Region des Bechers deutlich orangegelb und dunkelflockig-körnig schattiert sich sehr genau und scharf begrenzt von dem lichten, von Schattierungen freien, citronengelben Rand der cellulosefreien Cuticula des Sekrethügels abhebt; man sieht auch hier ganz deutlich, dafs die Region des Bechers den breiteren Teil der Drüse einnimmt, wie dies meistens, aber keineswegs immer der Fall ist. Die verschiedenartige Gelbfärbung der cellulosefreien reinen Cuticula und des aus Zellen bestehenden Teils des Bechers mit Cuticula ist sehr auffällig und scharf abgegrenzt.

Fig. 12, 13, 14, 15 sind nach dem Vorausgegangenen leicht verständlich. Es sind Randdrüsen, d. h. Drüsenbecher, bei welchen die Sekretblase nicht zur vollen Entwicklung gekommen, sondern auf halbem Wege (bei 13 noch früher) stehen geblieben ist. Daher das Überragen des breiten gelben Randes gegenüber dem Braunrot der Sekretblase. Deshalb ist auch der gelbe Rand orangegelb und körnig-flockig schattiert, zugleich mit deutlichen sogenannten Zwischenwandlinien der Zellfläche des Bechers versehen, während von der citronengelben Spitze der Sekretblase nichts wahrnehmbar ist, einfach aus dem Grunde, dafs man in diesem Falle nicht von der Seite, ihrer Längsachse nach, sondern von oben im Grundrifs sieht.

Zum Abschlusse dieses wichtigen, unter dem Einflusse der herrschenden Hopfenhändler-Informationen, bisher ganz vernachlässigten Abschnittes über die mikroskopischen und mikrochemischen Beziehungen der Hopfendrüsen, ist es vielleicht am Platze, darauf hinzuweisen, wo unsere Kenntnisse vom technischen Werte der Hopfensorten stehen könnten, wenn diese Dinge, jeweils genau festgestellt, unmittelbar mit den verschiedenen Phasen der Bierbereitung in Verbindung gebracht werden könnten! — Und das ist doch sicher auch der einzig richtige, und wirklich wissenschaftliche Weg, den quantitativen und qualitativen Einflufs der Düngung in einer jeden Zweifel ausschliefsenden Art und Weise festzustellen! — Nicht minder weitgehende Einblicke könnten von dieser Basis aus in den Wirkungswert anderer, wichtiger Agentien, wie des Bodens, des Klimas, der Jahreswitterung etc., gewonnen werden! —

Fufsnoten zum III. Abschnitt.

1) s. auch in Zeitschr. f. d. ges. Brauwesen (Jahrg. 1893, S. 103 u. f., S. 259 u. f.; 1894, S. 179; 1895, S. 83, 93, 105 u. ff.; 1896, S. 57; 1897, S. 277 u. 289. Die viel gebräuchliche Bezeichnung »Lupulin« für die Hopfendrüsen, das Hopfenmehl, welche schon von dem Amerikaner Ives um 1821 eingeführt wurde, ist nicht richtig, weil dieses Wort durch Griefsmayer für eines der im Hopfen vorkommenden Alkaloide verbraucht worden ist. Ohnehin hatten in der Mitte des Jahrhunderts Chevallier, Payen und Pelletan die Bitterstoffe des Hopfensekrets »Lupulin« genannt; dieses Hopfenalkaloid »Lupulin« läfst sich mit Wasserdampf abdestillieren, es ist flüssig und vielleicht auch fest und krystallisierbar.

2) »Das Buch vom Hopfen« und Allg. H.-Ztg. 1861 S. 44.

3) Über die Sekretionsorgane der Pflanzen.

4) Elsafs, Oktober 1874, s. Allg. H.-Ztg. 1875, S. 86.

5) s. Allg. H.-Ztg. 1875, S. 106.

6) Karl Homann l. c., welcher die Drüsen auch mit Äther und Alkohol behandelt hat, sagt ebenfalls, dafs die gespannte Cuticula ein genaues Spiegelbild der Zellage des Bechers bilde. Die zusammenstofsenden Kanten der Zellen bildeten an der straff gespannten Cuticula ein netzförmiges, zartes Geäder, entsprechend den Konturen der Zellage. Ich habe rein nichts davon gesehen.

7) Botan. Ztg. 1868, p. 776—778.

8) vgl. Anatom. p. 94, 98, 99.

9) Reprod. in Allg. Br.- u. H.-Ztg. 1892, I, 753.

10) A. Mohl: Hopfendarren in Böhmen, Mitteil. d. Deutsch. Hopfenbauvereins 1894, Nr. 27, S. 175.

11) Botan. Ztg. 1868, S. 697 u. ff.

12) Jenaische Zeitschr. f. Naturwissensch. 1888, XXXII. Bd., neue Folge 15. Bd., S. 557.

13) s. Allg. H.-Ztg. 1868, S. 282.

14) Über die mikroskopische Untersuchung des Hopfens, Gambrinus 1899, S. 517.

15) s. meine Abhandlung sub 20 S. 9.

16) Wochenschr. f. Br. 1897, S. 517.

17) Wiener Landwirtsch. Ztg. u. Allg. H.-Ztg. 1876, l. c.

18) Physiol. Pflanzenanatomie, 2. Aufl., Leipzig 1896 S. 432.

19) Allg. Br.- u. H.-Ztg. 1883, II, S. 520.

20) s. Allg. H.-Ztg. 1861, S. 44.

21) Deinhardts Hopfensudmethode, Allg. Br.- u. H.-Ztg. 1883, I, 490.

22) l. c. S. 432.

23) C. Lintner, Lehrb. d. Bierbrauerei 1875, S. 53.

24) Muspratt, Technische Chemie I, 571 (Allg. H.-Ztg. 1872, S. 378).

25) Cellulose, resp. in Wasser und Alkohol unlösliche Stoffe.

26) Eine wesentlich abweichende Zahlenreihe dieser Wimmerschen Analyse gibt C. O. Harz, l. c. II, S. 899.

27) l. c. S. 412.

28) s. Allg. Br.- u. H.-Ztg. 1889, II, 2196.

29) Zeitschr. f. d. ges. Brauwesen 1899, S. 87.

30) l. c. V. Aufl. 1898, S. 256.

31) Wiener Landwirtsch. Ztg. 1876, S. 662.

32) Pharmazeut. Praxis, Berlin 1880 bei Jul. Springer, II. Teil, S. 378 u. ff.)

33) Das Ergebnis dieser Drüsenmessung ist zuerst in meiner Abhandlung veröffentlicht worden: Das Hopfengebiet des Spalter Landes und die Hopfenausstellung in der Stadt Spalt 1891 (Fachzeitschrift: Deutsche Brau-Industrie in Berlin). Die Abhandlung ist bei der Redaktion auch im Separatabdruck erschienen.

34) s. Allg. Br.- u. H.-Ztg. 1892, II, 753; Österr. Landw. Centralbl. 1892.

35) Pflanzenleben, I, 210, 211.

36) s. Prof. Dr. Dragendorffs Unters. des Bieres auf fremde Bitterstoffe, Allg. Br.- u. H.-Ztg. 1881, S. 415.

37) vergl. Geldern, Arch. f. Pharm., Bd. IX, 1876, S. 32; Dannenberg, ebenda Bd. VIII, 1876, S. 411 und Bd. X, 1877, S. 97; Griefsmayer, Dingl. pol. Journ. Bd. 212, S. 67.

38) 1877, s. auch Allg. H.-Ztg. 1877, S. 417.

39) Archiv d. Pharmac. Bd. CCIV, S. 239 u. 389; reprod. Allg. H.-Ztg. 1875, S. 66.

IV. Abschnitt.

Die für die Brauerei wirksamen Bestandteile des Hopfens in den Hopfenzapfen und ihre Wirksamkeit bei der Entwicklung und Gestaltung des Bieres.

Die stoffliche Beschaffenheit des Hopfens (der Hopfenware mit den Drüsen) und sein Anteil am Bier.

Daſs es gar nicht schwierig ist, den Hopfen botanisch zu klassifizieren, in ein künstliches oder natürliches Pflanzensystem einzureihen, das haben wir weiter oben (S. 144 u. ff) gesehen. Ganz anders und ungleich schwieriger ist es, wenn es sich darum handelt, den Hopfen landwirtschaftlich-technisch zu klassifizieren, weil sich eine solche Klassifikation auf seinen Gebrauchswert stützen muſs, der kein einheitlicher, sondern ein sehr mannigfaltiger und dabei wohl auch im Gewichte der einzelnen Gebrauchswertelemente sehr mannigfaltig ist.

Die sich solchen Absichten entgegenstellenden Schwierigkeiten sind sehr drastisch durch die Art und Weise zum Ausdruck gekommen, wie man den Hopfen auf der Weltausstellung zu Paris 1867 bei den verschiedenen Nutzpflanzengruppen unterzubringen versucht hat[1]). Die französische Kommission reihte den Hopfen in die Klasse 43: nicht zur Nahrung dienende Ackerbau-Erzeugnisse; die englische Kommission stellte ihn in die Klasse 67: Getreide und andere mehlige Stoffe; die bayerische Kommission reihte ihn in die Klasse 72: Würzestoffe und Reizmittel. Der englische Berichterstatter sagt selbst, daſs die bayerische Klassifizierung die beste sei; aber ganz erschöpfend für den Gebrauchswert ist sie doch gewiſs auch nicht.

Joh. Heumann (l. c. S. 135) sagt schon 1759: Die meisten von uns Deutschen ziehen nach dem Beispiel ihrer Ureltern das Bier zum steten Gebrauche allen andern Getränken vor.

Das mit dem Hopfen bereitete Bier wirkt durststillend und erfrischend, bewirkt bei mäſsigem Genuſs und wenn es wirklich gehaltvoll und gut, wohlvergoren ist, eine gewisse Behaglichkeit, befördert die Verdauung, ist zugleich auch nahrhaft, befördert gesunden Schlaf und trägt dadurch zur Sammlung neuer Kräfte bei[2]). Verhältnismäſsig wohlfeil, ist es demnach das beste Volksgetränk, welches je nach Klima und Örtlichkeit den geringeren Weinsorten Konkurrenz macht, dem Branntweingenusse aber und seinen schädlichen Folgen Schranken setzt.

Die Erzeugung des Bieres vollzieht sich nur aus Produkten der Landwirtschaft, und die Abfälle der Brauerei fallen wieder an diese zurück und bedingen durch diesen Kreislauf einen erheblichen volkswirtschaftlichen Nutzen. Nebstdem wird in vielen Staaten durch Besteuerung des Bieres eine ergiebige Finanzquelle geschaffen.

Lange nur denjenigen Ländern vorbehalten, welche sich des Gedeihens der Weinrebe nicht erfreuen, oder wo der Genufs des Branntweins nicht zu sehr um sich gegriffen hat, verbreitet sich das Bier durch seine rationelle Fabrikation, man kann sagen über die ganze zivilisierte Welt. Diejenigen Länder, die durch klimatische und agrikole Verhältnisse zunächst bestimmt waren, ihren Völkern dieses Getränk zu bieten, sind England, neuestens auch die Vereinigten Staaten in Nordamerika und Deutschland, letzteres vorzüglich in seinem südlichen Teile und ganz besonders in Bayern, wo die Bierfabrikation sicher schon im 11. Jahrhundert n. Chr. anfing, sich als selbständiges Gewerbe zu entwickeln, anfangs nur der Erfahrung, der Empirie folgend, die nach und nach auf einem Gliederbau von aufeinanderfolgenden Regeln zur Erzielung eines bestimmten Fabrikates — des bayrischen Bieres — führte. Schon in uralten Zeiten war Bayern wegen seines vortrefflichen Bieres berühmt, und namentlich waren es das königliche Hofbräuhaus in München und noch früher die Klosterbrauereien, welche in der Ausbildung der Braumethode und in der Herstellung wohlschmeckenden, Trinklust erweckenden Bieres, allezeit Hervorragendes leisteten. Die Untergärung, die heute eine so grofse Rolle spielt, soll ja aus Klosterbrauereien hervorgegangen sein, das Bockbrauen aus dem Münchner Hofbräuhaus (s. Allg. H.-Ztg. 1864, S. 279 u. 283: Die Entstehung des Bockbieres). Wie der Schweizer, Tiroler, Steirer etc. in der Fremde Heimweh nach seinen schönen Bergen empfindet, so sehnt sich der Bayer im fremden Lande nach seinem Nationalgetränk. — In den letzten Decennien des 19. Jahrhunderts erstarkte die Bierfabrikation in Bayern, unterstützt von den Forschungen der Wissenschaft, immer mehr und hat überall, wo die englische Brauart nicht schon eingeführt war, oder wo sonst ein rationeller Betrieb dem Geschmack des Publikums folgte, Eingang gefunden. Sie wird heute charakterisiert unter dem Namen: Die Dickmaisch-Braumethode mit Untergärung.

Dieses Verfahren ist es, welches besonders in der Hauptstadt Bayerns, in München, begünstigt durch Lage und Klima sowie durch die grofsartige örtliche Konsumtion, blüht, von da aus aber sich weit verbreitet hat. Alles Bier, welches heute in den besseren Brauereien von Deutschland, Österreich, Frankreich, Rufsland, Schweden, Dänemark, in der Schweiz etc., ja selbst in Nordamerika (Lagerbier) gebraut wird, ist zum bei weitem gröfsten Teil nach Münchner Art hergestellt[3]). Die Allg. H.-Ztg. 1864, S. 283 berichtet, dafs ein seit einigen Jahren in Ägypten lebender Bierbrauer aus Gera in der Nähe von Kairo, gegenüber den Pyramiden von Gizeh, eine Bierbrauerei mit Biergarten eingerichtet hat, also dicht vor den gigantischen Grabmälern der Pharaonen, angesichts der uralten Sphinx und der Cheopspyramide; einst strichen die Kinder Israels die Ziegel für den Bau der Pyramiden, heute liefern die Nachkommen den Hopfen für die nebenan befindliche Brauerei. Bayerisches Bier trinkt der Pflanzer in Westindien als Kuriosität; in Alexandrien stand es, künstlich abgekühlt, in Originalflaschen schon vor 40 Jahren auf der Tafel der reichen Muselmänner, und Kisten mit bayerischem Biere gingen damals schon nach dem Ganges in Indien. In dieser Beziehung, — was die Verbreitung der bayerischen Braumethode betrifft — ist nicht zum geringsten der Umstand förderlich gewesen, dafs man seit Jahrzehnten in den Münchner Grofsbrauereien jungen Männern aus allen Ländern, welche die bayerische Braumethode erlernen wollten, Zutritt gestattet hat, und dafs schon von der Mitte der 1830er Jahre ab bis 1866 Herr Dr. Kaiser, Professor der Technologie an der Münchner Universität (auch schon sein Vorfahre Prof. Dr. Fuchs) an 1000 junge Männer in der Theorie der bayerischen Brauerei unterrichtet und bis dahin die Spatenbrauerei allein an 300 junge Männer als Praktikanten aufgenommen hatte, darunter die hervorragendsten Brauernamen der Welt. Später kam dann Weihenstephan, welches inzwischen ebenfalls mehr als 1400 junge Männer aus allen Ländern ausgebildet hat.

Noch im Anfange der 1830er Jahre waren am Rheine nur ein paar Brauereien. Bier wurde wenig getrunken; in Norddeutschland kannte man nur das schlechte obergärige, sehr leicht sauer werdende, oft gar nicht gehopfte Bier[4]). In Frankreich wurde nur ganz wenig Bier getrunken und nur elendes, in Italien gar keines. Schon um 1866 wurde am Rheine ebensoviel Bier getrunken wie Wein; trotzdem sind unter dem Einflusse des Zollvereins die Weinpreise auf das Doppelte und Dreifache gestiegen. Ganz Frankreich und Norddeutschland waren schon in den 1860er Jahren vom bayerischen Bier erobert; in Berlin allein waren damals 1000 Schnapskneipen in Bierhäuser verwandelt worden und in der wachsenden Stadt 300 neue Biergärten entstanden. Heute sind die Bierpaläste in Berlin bauliche Sehenswürdigkeiten geworden. Nach den Mitteilungen des Geschäftsführers des Vereins zur Bekämpfung der Trunksucht in Deutschland, Dr. Bode, ist die Trunksucht erheblich in der Abnahme begriffen. Der Alkoholverbrauch ist pro Kopf der Bevölkerung von 4,7 auf 2,2 l zurückgegangen. Auch die Krankheits- und Todesfälle durch Alkoholgenufs haben bedeutend abgenommen[5]). Ich war 1878 nicht wenig erstaunt, zu sehen, dafs in Paris mehr (nur dunkles) Bier getrunken wurde als Wein, aber die sogenannten geringen Weine (der petit vin) waren schlecht und das importierte Bier sehr gut. Auch in Turin und Mailand trinkt man schon lange Bier und am Schlusse des 19. Jahrhunderts spielen in Oberitalien Biergärten eine Rolle. Ähnlich in St. Petersburg, Holland, Belgien, Dänemark, Schweden, in den überseeischen Ländern, in der Türkei, in Ägypten, in Nordamerika, Kanada, Mexiko, Südamerika, in Konstantinopel und Madrid, in Australien und Chile, am Amur und in Ostsibirien, in der Mandschurei und China, wie auf den Sandwichsinseln trinkt man Lagerbier. In England macht es dem Porter und Ale und in Flandern und Brabant dem altberühmten Genwer und Faro Konkurrenz[6]). Das nach bayerischer Art gebraute deutsche Lagerbier ist heute schon ein Universal-Weltgetränk geworden, meist ist es das dunklere, nach bayerischer Art; wenn die Einführung der Eismaschinen da auch nicht unbeträchtliche Schwankungen bewirkt hat, so läfst sich hoffen, dafs die alte bayerische Braumethode ihren Schwerpunkt bald wiederfinden und ihren alten Vorrang behaupten wird. In der Allg. H.-Ztg. (1863, S. 145) findet sich über die Wertschätzung des bayerischen Bieres in Norddeutschland folgende launige Notiz: Reisende bekunden, dafs nun in allen Hauptstädten Europas und Amerikas, in Afrika und Asien deutsche und bayerische Brauereien entstehen, welche den Anforderungen im Konsum noch nicht entsprechen können. Vor 20—30 Jahren hat man noch über uns Bayern gelächelt, und namentlich die Norddeutschen pflegten von ihrem ästhetischen Thee auf uns Biertrinker als auf profanes Volk nur mit einem mitleidigen Lächeln herabzusehen. Da kam kein Literat aus Sachsen, Preufsen oder Hannover zu uns heraus, der nicht das Biertrinken in Bayern zu einem ergiebigen Journalartikel benutzt hätte[7]). Und jetzt gehe man nach Norddeutschland. Überall Tafeln und Firmen: Echtes bayerisches Bier, Münchner Bock, Echtes Erlanger, Kulmbacher Versand, Kitzinger Bier etc. 1863 schon zählte Berlin ca. 500 Niederlagen bayerischen Bieres.

Noch von 1850—1870 waren in Bayern die Brauerei und die Hopfenkultur zu den hervorragendsten und entwickeltsten Thätigkeiten zählend. Das bayerische Bier, namentlich so weit es sich um den täglichen Trunk und nicht um Luxusbier handelt, wurde von keinem andern, selbst nicht vom englischen, übertroffen. Während andere Gewerksmeister ihre Söhne zur Ausbildung ins Ausland schickten, kamen die Brauereibeflissenen aus der ganzen Welt nach Bayern, und die bayerischen Brauer wurden in die ganze Welt geholt. Ebenso war es damals noch mit der bayerischen Hopfenkultur. Bayern führte Gerste, Hopfen, Bier, Braumeister, Braugehilfen, Hopfenfechser und Hopfenzüchter aus.

Aber auch die rechten englischen Biere schmecken nichts weniger als schlecht! Ich habe einmal in Berlin Porter getrunken und war erstaunt, wie mild und abgeklärt der Hopfengeschmack in diesem gehaltvollen Bier war. Ebenso ist es mit dem rechten Ale. Daher sind auch diese beiden Biersorten über alle Welt ausgestreut. Aber ihr Zerstreuungsmittelpunkt ist England. In den europäischen Ländern und Nordamerika hat dieser Import sehr zugenommen. In launiger Weise sagt ein Deutscher in einer Schilderung der Londoner Brauereien[8]): es sei der Mühe wert die deutsche Heimat für ein Jahr zu verlassen, sei es auch nur um diesen Trunk (Porter und Ale) an der Quelle zu geniefsen, wo man ihn aus zinnernen Kannen, die Fässer und den dicken Host, nebst seiner allerliebsten Tochter im Hintergrunde, trinkt, der uns je nach Wunsch und Begehr mischt, aus »bitter und mild«, wie diese zwei altsächsischen Worte lauten.

Es ist doch kaum glaublich, dafs zu solchen herrlichen, gehaltvollen, auf lange Dauer und Export berechneten Bieren, irgend welche Hopfensurrogate Anwendung finden, die, wie wir folgend sehen werden, in der englischen Brauerei bereits eine so erhebliche Rolle spielen. Um 1861 wurde von der Schwarz'schen Brauerei in Pappenheim (Mittelfranken) auch Porter und Ale gebraut (ganz englisch) und fand in Flaschen abgezogen, viel Absatz.

Diese brillante Ansicht vom feinen Bittergeschmack englischer Biere wird aber keineswegs allgemein geteilt, sie müssen also doch auch sehr verschieden sein, denn Herr R.[9]), der die Brauereien in Burton on Trent besucht und dort erste Qualitäten dieser Biere getrunken hat, sagt vom Ale, Staut und Porter, diesen obergärigen, stark berauschenden und bitteren Bieren, die in England fast ausschliefslich getrunken werden, die aber mit unsern Bieren nur den Namen gemein hätten, auch im Sommer ohne Eiskühlung getrunken werden: man müsse schon ein geborener Engländer sein, um diesen rauhen, bitteren, kohlensäurearmen Getränken Geschmack abzugewinnen.

In der Allg. Br.- u. H.-Ztg. 1900, I, 180 (Der Bierkonsum der in den Tropen lebenden Europäer; nach dem Patentbureau von C. F. Reichelt in Berlin) wird gesagt, dafs in dem heifsen Klima (30° R. im Schatten) die schweren englischen Biere — Ale und Porter — den Engländern ebenso wenig angenehm sind wie den Deutschen; auch die Engländer trinken heute dort lieber die leichteren deutschen Biere (namentlich Münchner: Pschorr, Spaten, Kindl etc.); aber auch diese brauen, wahrscheinlich wegen der Haltbarkeit, die für die Tropen bestimmten Biere zu stark ein. Das Pasteurisieren verdirbt den Biergeschmack; jetzt haben Berliner Brauereien nicht pasteurisiertes Bier versuchsweise nach Ostasien geschickt.

Auffallend ist es nun in der That, wie sehr die Bierkonsumtion etwa vom Jahre 1840 bis 1860 und 1870, selbst in den Weinländern, angewachsen ist, weit mehr als um das Doppelte. v. Saher und andere[10]) meinen, dafs in unserer geschäftlich aufgeregten Zeit die aufregenden Getränke wie der Wein, dann namentlich aber die inzwischen in gröfstem Mafsstab zur Einführung gelangten Getränke »Kaffee und Thee« in der beruhigenden, phlegmatischer machenden Wirkung des Bieres ein Gegengewicht gefunden hätten; in neuerer Zeit haben sich namentlich die Thee trinkenden Engländer und Russen, die Kaffee trinkenden Türken und Franzosen, aber auch die Bewohner bis dahin fast nur Wein trinkender Länder (insbesondere Frankreich und Italien) mehr und mehr dem Biere zugewandt.

In den Städten haben der billige Preis des Bieres gegenüber dem des geniefsbaren Weines etc., das immer mehr wachsende gesellschaftliche Leben, die grofsartigen Bierkeller, Bierpaläste, viel zur Ausbreitung des Biergenusses beigetragen.

Hofrat Schwackhöfer in Wien[11]) gibt in einem Vortrage am 14. Januar 1899 die gesamte Bierproduktion der Erde auf 220 Millionen hl an; sie war aber damals, eigentlich schon 1898, bis auf 250 Millionen hl vorgerückt. Die gröfste Steigerung in den letzten Jahrzehnten hatten die Vereinigten Staaten von Amerika. Dort war die Biererzeugung 1863 noch 2,3 Millionen hl, dagegen 1897 40,5 Millionen hl[12]). Wenn die Produktionszunahme und die Ausbreitung des Bieres gleichmäfsig so fortschreiten wird wie in den letzten Jahrzehnten, selbst in den Weinbauländern, dann wird in nicht ferner Zeit das Bier das gewöhnliche Getränk aller zivilisierten Völker sein, nicht blofs als Genufs-, sondern auch als Nahrungsmittel. Zugleich ist im guten Bier das ersprieſslichste Mittel gegeben, den Verheerungen des Alkohols zu begegnen, welcher ganze Völker zu Grunde richtet. Die belgischen Brauer wollen diese Definierung des Begriffes Bier nicht zulassen, wollen für Malz auch andere stärkehaltige Materialien, weil es gleich sei, woher der Zucker kommt, aber das Malz hat die für die Ernährung des Menschen wichtigen phosphorsauren Salze. Der gute Hopfen enthält, selbst in beträchtlicheren Quantitäten genommen, keine schädlichen Substanzen.

Die Rohmaterialien des Bieres in unserm heutigen Sinne sind Gerste (Malz) und Hopfen. In den Ländern ohne Malzsteuer, wo statt Gerstenmalz auch viel Rohfrucht verarbeitet wird, spielen auch Zucker, Stärkemehl, Reis, Mais etc. eine Rolle. Ein Gutachten des Conseil supérieur d'hygiène an die belgische Regierung will jeden Ersatz dieser als — sogar der Gesundheit nachteilige — Fälschung angesehen und behandelt wissen[13]). Hilfsmaterialien sind das Wasser und die Hefe. Nach dem bayerischen Malzaufschlagsgesetz ist Bier ein aus gehopfter Malzwürze durch Gärung erhaltenes Getränk.

Erst wenn den Malzgetränken Hopfen zugesetzt ist, nennen wir sie heute Bier; vor diesem Zeitpunkte werden sie auch in unsern Brauereien lediglich »Würze« genannt. Schon 1759 sagt Joh. Heumann: Die Bestandteile des Bieres sind Malz, Wasser, Hopfen und Hefe. Beim Internationalen Kongreſs für angewandte Chemie in Wien 1898, am 1. August[14]), wurde eine Resolution angenommen: Unter Bier oder Wein versteht man von alters her nur mit Hefe vergorene Getränke. Der Gebrauch der Bezeichnung Bier oder Wein für Getränke, welche nicht mit Hefe vergoren sind, ist unstatthaft.

Jedenfalls sollte ein bierähnliches Getränke, welches nicht bloſs aus den oben erwähnten Grund- und Hilfsstoffen hergestellt ist, nicht mit der Bezeichnung »Bier« zum Verkaufe gebracht werden dürfen, weil das nur auf eine Irreführung, also auf eine betrügerische Ausbeute des konsumierenden Publikums, berechnet ist.

Das Bier ist ohne Zweifel das älteste und wahrhaftigste deutsche Getränk, welches den verderblichen Branntwein verdrängt und selbst den fremdländischen Wein einigermaſsen entbehrlich macht. Deutschland ist seit ältesten Zeiten die Heimat gehopften Bieres, stand in dessen Produktion immer an der Spitze aller Länder, und da waren Bayern und München von jeher obenan.

Allem Anschein nach hat es einmal eine Zeit gegeben, wo auch die germanischen Völker ein Bier tranken, welches ohne Hopfen hergestellt wurde, wie es ja heute noch in Teilen Asiens und in Afrika vielfach geschieht. Die Zeit, wann das Brauen mit Hopfen seinen Anfang nahm, ist uns unbekannt, sie scheint aber mehr als 1500—2000 Jahre rückwärts zu liegen.

Bier ist also hopfenhaltiger, durch Maische und Gärung gewonnener, nicht saurer, sondern rein alkoholisch vergorener Gerstenmalzauszug[15]). So groſs die Fortschritte der Brauerei namentlich in den letzten Jahrzehnten auch, besonders in maschineller Hinsicht, gewesen sind, die alten Rohmaterialien sind geblieben und werden voraussichtlich auch bleiben, so lange es eine Brauerei und Bier — wenigstens nach deutschen Begriffen — gibt.

Um so mehr müſste man aber einen Fortschritt in der Kenntnis und in der Ausnutzung dieser Rohmaterialien willkommen heiſsen. In Bezug auf Gerste (Malz), Hefe und Wasser sind in der wissenschaftlichen Erkenntnis in den letzten 2—3 Jahrzehnten auch groſse Fortschritte gemacht worden; beim Hopfen war dies auch nicht entfernt in diesem Umfang der Fall.

Namentlich wäre es sehr wichtig, experimentell festzustellen, wie sich verschiedene Konzentrationsgrade von Würzen in der Aufnahmefähigkeit zu den wichtigsten Hopfenbestandteilen verhalten und über die Veränderungen, welche die verschiedenen in Lösung getretenen Hopfenbestandteile im Austausche mit den Bestandteilen der Würze erleiden.

Der Zweck des Kochens der gehopften Würze ist:

1. Zerstörung der Diastase, welche schon vor dem Kochen eintritt;
2. vollständige Sterilisation der Würze, wozu mindestens eine Viertelstunde Siedehitze gehört; Sporen, welche längeres Kochen ertragen können, werden durch den Säuregehalt der Würze getötet;
3. Überführung der löslichen Bestandteile des Hopfens (Hopfenöl, Bitterstoff, Harze, Gerbstoff, Eiweiſsstoff etc.);
4. Ausfällen der Malzeiweiſsstoffe; dieses geht rasch vor sich, und bei längerem Kochen wird sogar ein Teil wieder gelöst;
5. Konzentration der Würze; zu langes Kochen der Würze ist mehrfach schädlich, färbt sie auch; helle Biere werden minder lange gekocht.

Nach der zymotechnischen Wissenschaft ist der Hopfen nicht bloſs die Ursache eines gewissen Geschmackes und Aromas im Biere, sondern er hat auch einen bestimmten Anteil an den chemischen Umsetzungen, durch welche das Malzgetränke in Bier verwandelt wird.

Die Wirkungsweise des Hopfens als Ganzes, in der Gesamtheit seiner Stoffe, auf das Bier ist ziemlich gut bekannt. Anders ist es aber, wenn man die Wirkung der einzelnen Hopfenbestandteile auf das Werden des Bieres in Betracht nimmt; man weiſs heute noch nicht unbedingt sicher, welche Bestandteile konservierend, geschmackgebend etc. wirken. Immer treten wieder neue Untersuchungen auf, welche die früheren Ansichten über die Rolle des Gerbstoffes, den Einfluſs der Harze und Öle und anderes korrigieren und ganz in Frage stellen, weil bald nur der kleinste Teil der betreffenden Stoffe in der Würze löslich wird, bald der gröſste Teil derselben beim Kochen der Würze mit dem Wasserdampf in die Luft geht. Alle Anstrengungen, nach den Ergebnissen der chemischen Analyse den Gebrauchswert des Hopfens zu bestimmen, sind bis jetzt vergeblich gewesen; kaum bei irgend einem Bestandteil desselben haben die Chemiker den Zusammenhang zwischen Gehaltsmenge und Brauwert festzustellen vermocht; noch weniger konnten die Gehaltsgrade für die Bestimmung des Hopfenhandelswertes nutzbar gemacht werden.

Ohne Zweifel spielen Harzreichtum und Aroma (also die Qualität des ätherischen Öls) im Hopfen eine groſse Rolle für den Hopfenwert, aber sie erschöpfen den Hopfenwert keineswegs.

Die wichtigsten Stoffe des Hopfens, von denen wir, auf folgende Abschnitte verweisend, hier nur eine Übersicht geben, und die Menge, mit der sie im Hopfen vorhanden, sind:

1. Die Harze sind mit den Bitterstoffen so innig verbunden, obgleich auch die letzteren selbständig sind, daſs meist in den Zahlenwerten für Harz auch gleich die Bitterstoffe enthalten sind. Das ist z. B. sicher der Fall, wenn der Harzgehalt der Hopfenzapfen mit 15—20—30 % angegeben wird. H. Keller[16]) gibt den ganzen in den Hopfendrüsen enthaltenen Extraktivstoff (wasser- und chloroformlöslich) auf 87,06 % an; da sind aber natürlich auch Pflanzenfett (namentlich bei samenreichen Hopfen) und Wachs dabei, dann die Hart- und Weichharze und Bitterstoffe. Der eigentliche Harzgehalt (Hart- und Weichharz) geht ca. von 4,0—16,0 %.

E. Prior (Allg. Br.- u. H.-Ztg. 1883, II, S. 533) gibt den Alkoholextrakt zwischen 23,54 und 28,0 % an; ein Hopfen, welcher sich der unteren Zahl nähere, sei gering.

Auſserdem muſs man in dem Harzgemenge die brautechnisch wertvollen Weichharze von den wertloseren Hartharzen unterscheiden, erstere mehr in gut erhaltenen neueren, letztere in den alten und krankhaft (durch Erhitzung, Umstehen, aber auch durch Überhitzung beim Darren [Trocknen] etc.) veränderten neuen Hopfen. In neueren Hopfen ist mindestens die Hälfte (bis $^2/_3$) des Gesamtharzgehaltes Weichharz, das andere Hartharz etc. Braun oder rot gewordener Hopfen und solches Mehl sind bedenklich.

Da das Harz im Sekret enthalten ist, steht seine Menge also auch in Beziehung mit Drüsenreichtum. also auch mit drüsenreichen (gefalteten) Blättern und Perigonien (Früchtenarmut), auch mit feinen Hopfenzapfen mit zarten, enggegliederten Spindeln, weil diese die blattreichsten Zapfen sind, nicht zu geringer Stieldicke.

Daher ist auch gute Pflücke und Sortierung (Fernhaltung von Stielen, Ranken, Laubblättern und Fremdkörpern etc.) für den Sekretreichtum mitbestimmend.

2. Die Bitterstoffe sind so innig mit den Harzen vergesellschaftet, daſs man bis vor Kurzem noch an ihre Selbständigkeit gezweifelt hat, die man aber heute nicht mehr in Abrede stellen kann. Bis in die jüngste Zeit war — eben wegen der schweren Trennbarkeit von den Harzen — der Umfang ihres Vorkommens ganz in Dunkel gehüllt. Man wuſste nur, daſs davon, ebenso wie von den Weichharzen, im neuen Hopfen mehr, im alternden Hopfen immer weniger vorhanden war, zuletzt verschwindende Mengen.

Iſsleib gab um 1880 den Gehalt der Hopfendrüsen, also des Sekrets, an Hopfenbitter auf 0,11 % an, den Gehalt der ganzen Zapfen an diesem Stoff auf 0,004 %.

Greshoff gibt den Bitterstoff des Hopfens auf 0,06 % an, an anderer Stelle auf 0,4 %, Hayduck auf 0,4 %. Nach Bungener findet sich der Bitterstoff im Lupulin (also im Sekret) mit 0,066 %.

Daubrawa gibt das Hopfenbitter im Saazer Hopfen auf 5,3 % an (Lintners Bierbr. 1878, S. 97 und 98).

Nach den später (bei den Bitterstoffen) zu erwähnenden Arbeiten C. J. Lintners und G. Barths ist aber der Gehalt des Sekrets an Bitterstoff noch gröſser, nur ist derselbe in fortwährendem Übergang nach Weich- oder Hartharz begriffen. Es kommt aber beim Hopfenbitterstoff nicht bloſs auf seine Menge und Qualität, sondern auch auf seine Energie, auf seine Ausgiebigkeit an. Obgleich die feinsten englischen East Kent Goldings nicht einmal die Hälfte der Sekretmenge feinster bayerischer (Spalter) Hofen haben, fanden doch die sämtlichen bayerischen und deutschen Brauer, welche im Hopfennotjahr 1876 (am 2. November kosteten die Saazer per 1 Ztr. 550—630 Mark, die Spalter 580—620 M., englische 150—250 Mark, amerikanische 200—280 Mark) Versuche mit guten englischen Hopfen machten, daſs man keineswegs die doppelte Menge englischen Hopfens bedurfte, um die gleichen Resultate zu erzielen[17]). In der Allg. H.-Ztg. sagt ein alter Brauer, der schon die teueren Hopfenjahre 1834 und 1851 mitgemacht hat, der feine englische Hopfen gibt feinschmeckende Biere; er habe sowohl 1834 wie 1851 solchen feinen englischen Hopfen mit schweren guten bayerischen untermischt zu seinen Lagerbieren mit bestem Erfolge angewendet; die Haltbarkeit der Biere im Felsenkeller mit 5° R. war noch im Juli gesichert. Feiner englischer Hopfen könne von der deutschen Brauerei in Jahren, wo das heimische Gewächs nicht ausreicht und — wie in jedem schlechten Erntejahr — die schlechten Qualitäten durch Vermischen verdeckt werden, mit besserem Erfolge verwendet werden als purer vorjähriger oder nicht schimmelfreie oder untergeordnete bayerische Ware. Hoch im Werte werden also die englischen von diesem alten, erfahrenen Brauer gerade nicht gestellt. Wer einmal von mir angelegte Sekretbilder oder Reibflächen über diese amerikanischen, englischen und bayerischen Hopfensorten sieht, wird sofort erkennen, daſs und warum es wirklich so ist.

In der Allg. H.-Ztg. 1876, S. 641 sagt ein anderer Brauer, daſs er in dem teuern Hopfenjahr 1876 mit englischen (Kent-) und amerikanischen (New York State-) Hopfen Brauversuche gemacht habe, je allein und in verschiedenen Verhältnissen gemengt. Ohne Zusatz, also ganz allein verbraut, erwies sich der amerikanische dem englischen Hopfen überlegen, denn New York State gab bei gleichen Hopfengaben wie feinste East Kent immer ein kräftigeres, haltbareres Bitter. Die Gärung und auch alle andern Vorgänge waren bei beiden Sorten ohne Tadel. Feinste englische und namentlich feine Amerikaner, können also unter Umständen in der deutschen Brauerei mit Vorteil verwendet werden. Es kommt aber doch nicht selten vor, daſs die englischen Hopfen zur geringen Sekretmenge auch noch ein sehr energieloses, mattes Bitter haben; das will also beachtet sein.

3. Der Gerbstoff ist in seinem quantitativen Vorkommen am meisten untersucht worden; 2—6% der Hopfenzapfen sind Gerbstoff, davon reichlich $^2/_3$ in den Zapfenblättern, das andere im Drüsensekret. Nach Kokosinski[18]) 1,10—5% (Zapfen), nach T. Chodounsky 1,38—5,13%, im Mittel 3—3,5% (Zapfen). Am reichsten sind die Blattgebilde an Gerbstoff, während die Spindeln, Früchte, Stiele arm daran sind. Es sind also dieselben Organe, welche die Träger der Lupulindrüsen bilden, auch der Sitz des Gerbstoffes. Wir müssen also allgemeinhin jenen Zapfentypus, welcher als der günstigste für Sekretreichtum angesehen werden kann, auch für den Gerbstoffreichtum als den günstigsten ansehen; daher sind lupulinreiche Zapfenblätter selten gerbstoffarm. Die Zapfen haben allem Anschein nach ihren relativ gröſsten Gerbstoffgehalt in einem noch jugendlichen, fast knospenartigen, grasgrünen Zustand, den höchsten Sekretreichtum aber, wenn sie schon sehr ausgebildet sind, die normale Gröſse erreicht haben und in der Farbenwandlung der Vorblätter im Übergang von Grün zu Gelbgrün sind. Ohne Zweifel spielt der Gerbstoff beim Klären, indirekt also auch beim Konservieren des Bieres eine Rolle, vielleicht oder wahrscheinlich auch noch andere, wie in Bezug auf den Geschmack. Auch der Gerbstoff des Hopfens kann eine sehr ungleiche Energie haben.

4. Ätherisches Öl in der Hopfenzapfenmasse im Mittel mit 0,15—0,6%, im Drüsensekret allein mit 2,5%. Der Geschmack und die Blume des Bieres haften an der Qualität des Öles. Hopfen, der dumpfig, käsig, ranzig etc. riecht, hat in der Qualität des Öles gelitten. Dr. Th. Remy (Wochenschr. f. Br. 1899, S. 882) meint, daſs man der Menge des Hopfenöles vielfach eine zu groſse Bedeutung beilege, weil Art und Stärke des Hopfenöles mehr von seiner

Qualität abhingen. Abgesehen von seiner Rolle als Aromaträger besitze die Menge des Hopfenöles nur insofern Wichtigkeit, als sie für die Schnelligkeit des Austrocknens beim Lagern und die damit Hand in Hand gehende Neigung zum Zerblättern des Hopfens und zum Fallenlassen des Lupulins bestimmend ist. Wodurch ist denn aber das alles schon so bestimmt erwiesen?

5. Wasser. In den wohlgetrockneten Zapfen 6—14 %. In der Zeitschrift f. d. ges. Br.-Wesen 1897, S. 625 wird der Wassergehalt des Lupulins, bei 100° C. getrocknet, auf 4,99 % angegeben.

6. Cellulose. 48,3 (Hopfen von Ellingen, Spalter Land) bis 58,9 (Saaz).

7. Asche. In den Zapfen 5,31—15,27 %, im Mittel 7,54 %. H. Keller[19]) gibt die Gesamtasche des reinen Lupulins mit 2,37 % an, bei 87,06 % wasserlöslichem und chloroformlöslichem Gehalt an Extraktstoffen. Die Pharmacopöe verlangt mindestens 70 % Extraktivstoff und läst einen Aschengehalt bis zu 10 % zu. Dagegen bemerkt Keller, daſs Lupulin, welches mehr als 2,5 % Asche enthält, unter dem Mikroskop stets mineralische Bestandteile zeigen muſs.

8. Zucker bis 3,70 %.

9. Stickstoff. Nach Hayduck 2—4 %, davon in der Würze löslich 0,75—1,6 %.

Nach den Untersuchungen von Dr. Th. Remy (s. weiter unten) häuft sich in den früchtereifen Hopfen der Stickstoff in den Früchten (Samen), in den früchtefreien aber in den Spindeln, dann in den Hochblättern; die Löslichkeit ist verschieden, aber selten über 50 oder 60 % gehend.

Alle andern zahlreichen Stoffe, welche noch im Hopfen vorkommen (s. weiter unten), wie Hopfenalkaloide, Hopfenwachs, Gummi, Farbstoffe etc., finden sich darin nur in kleinen Mengen.

In noch kleinerer Menge, vielfach wohl auch nur als Spaltungsprodukte bei chemischen Untersuchungen oder Oxydationsprodukten, finden sich: Baldriansäure, Essigsäure, Apfelsäure, Citronensäure, Diastase, Cholin (Umsetzungsprodukt), Trimethylamin (Umsetzungsprodukt), Phloroglucin (Umsetzungsprodukt), Quercitrin, Cyan, Glykose, Arabinsäure, Gluten, Ammoniak (Umsetzungsprodukt), Chloride, Humuskörper.

Dicke Drüsenhüllen, schlecht gefüllte Drüsen (Becher und Cuticula) sind für den Hopfenwert nicht günstig; auch die Aschenbestandteile, welche Konstituenten des Drüsensekrets sind, scheinen für die praktischen Zwecke des Brauers wertlos. Dicke Drüsenhüllen scheinen sich dem Auge am matten Glanze der Drüsen (des Mehls) anzuzeigen.

E. Prior[20]) stellt in Bezug auf die Menge der wichtigeren Hopfenbestandteile folgende Erwägungen an:

Wie steht es mit der Menge der wichtigsten Hopfenbestandteile, welche in die Würze und dann in das Bier gelangen, also mit dem Hopfenöl, Hopfenbitter, Hopfenharz und der Gerbsäure?

Auf 125 l Würze pflegt man 350—500 g Hopfen zu nehmen; nach den vorhandenen[21]) Analysen sind im Hopfen vorhanden:

Hopfenöl	0,12— 0,5 %,
Hopfenbitter	5,30— 7,69 %,
Hopfenharz	4,01—15,90 %.
Gerbsäure	2,26— 7,80 %,

Nimmt man rund 500 g Hopfen auf 125 l Würze und nimmt man zugleich die höchsten Zahlen für die Hopfenbestandteile, wie sie eben angeführt wurden, so gelangen in 125 l Würze

Hopfenöl	2,5 g.
Hopfenbitter	38,45 »
Hopfenharz	79,50 »
Gerbsäure	39,00 »

Rechnet man diese Zahlen in Würzeprozente um unter der Annahme, dafs beim Kochen das ganze Quantum in die Würze gelange, so enthält die Würze im Maximum:

Hopfenöl	0,0020 %,
Hopfenbitter	0,0307 %,
Hopfenharz	0,0636 %,
Gerbsäure	0,0312 %.

Aus dieser Berechnung ist, so unsicher diese Zahlen auch noch sein mögen, doch ersichtlich gemacht, welche geringen Mengen wirksamer Hopfenbestandteile in das Bier gelangen, aber auch gleichzeitig, welche eminenten Wirkungen diesen geringen Mengen in Bezug auf Geschmack und Konservierung zugeschrieben werden müssen. Von diesen Stoffen ist nur die Gerbsäure im Wasser und folglich auch in der Würze leicht löslich, so dafs man annehmen kann, dafs die ganze Menge derselben zur Wirkung gelangt.

Prior taxiert aus verschiedenen, später zu erörternden, Gründen die Wirkung der Gerbsäure und des ätherischen Öles gering, was, wie wir sehen werden, nicht richtig ist. Er findet als wichtigste Bestandteile für die Bierbereitung nur das Hopfenharz und das Hopfenbitter. Es sind das eben moderne technologische Ansichten, die der Brauerei sehr wenig dienlich gewesen sind!

Ob sie dem Bier aber direkt die gewünschten Eigenschaften geben oder erst durch Zersetzungsprodukte wirken, oder ob sie mit andern Würzebestandteilen direkt Verbindungen eingehen, oder ob solche Verbindungen beim Gärungsprozefs gebildet werden, das sind alles noch offene Fragen.

Beide sind in Alkohol und Äther löslich[22]).

Die Verteilung der Wertbestandteile des Hopfenblütenstandes (der Zapfen oder Dolden) über seine morphologischen Elemente und die Energie ihrer Wirksamkeit.

Ohne Zweifel spielt der morphologische Aufbau des Hopfenblütenstandes (der Hopfenzapfen) ein wichtiges Kriterium für die Beurteilung des Gebrauchswertes der Hopfen. Nachdem das eigentlich Wirksame im Hopfen zumeist in den Sekretdrüsen und ihrem Sekrete enthalten ist, die individualisierten Drüsen aber meist auf den Zapfenblättern und die nicht individualisierten anscheinend nur auf und in den Zapfenblättern vorkommen, werden — alle andern Umstände als gleich gedacht — jene Hopfenzapfen am reichsten an Sekret sein, welche recht viele und zarte Hoch- (Zapfen-) Blätter, namentlich (gefaltete) Vorblätter und Perigonien, haben; ferner je mehr das Zapfenblättergewicht das Gewicht der Stiele, Spindeln, perigonfreien Früchte, sprossenden Laubblätter etc., überragt.

Nach Dr. C. Stahlschmidt (Rautert) schwankt der durch Wasser und Spiritus ausziehbare Gehalt des Hopfens zwischen 18 und 36 %, im Mittel 24 %; Siewert sagt: Je mehr, desto besser ist der Hopfen. Der Harzgehalt schwankt nach Rautert zwischen 12 und 18 %. Der Gerbstoffgehalt schwankt nach Rautert zwischen 1,8 und 4 %, nach Wagner von 3—6 %; Daubrawa will 7,8 % gefunden haben. Der Aschengehalt des Hopfens schwankt nach Siewert von 6—10 %, nach Stahlschmidt von 7—9 %; nach Siewert ist der Hopfen mit kleinerem Aschengehalt der bessere[23]). Sicher sind die Aschstoffe am Geschmack und die Farbstoffe der Zapfen an der Farbe des Bieres beteiligt. Da Asche und Farbe in krautreichen, groben Hopfen relativ am meisten enthalten sind, zeigen sich auch darin die feineren Hopfensorten als die wertvollsten (s. weiter unten). Sicher ist ferner, dafs beim Hopfenkochen aus dem Hopfen Alkalien, Schwefelsäure und Phosphorsäure extrahiert werden, nach H. E. Wright auch Kieselsäure. Anderseits findet sich im ausgekochten Hopfen ein Teil der Kalksalze der Würze niedergeschlagen, selbst Spuren vom Kupfer sind darin gefunden worden, welches vorher nicht darin war. Wahrscheinlich stammt das Kupfer vom Kessel, und es ist vielleicht diese Entkupferung der Würze durch die Hopfenzapfen von grofser Bedeutung[24]).

Der Mehl- (Drüsen- oder Sekret-) Gehalt eines Hopfens steigt also auch, je besser die Pflücke und Sortierung werden, je günstiger das Verhältnis zwischen den Lupulin tragenden Hochblättern und den als Ballast anzusehenden Spindeln, Laubblättern und Früchten ist, je dichter die Lupulindrüsen auf den gefalteten Hochblattgebilden und den Perigonien angeordnet sind, je straffer die Drüsen gefüllt und je mehr solche in der Drüsen- und Becher-Masse anwesend sind.

Diese Beurteilungsmomente waren von jeher mafsgebend für jede sachgemäfse Schätzung: Möglichst wenig lupulinfreie Zapfenbestandteile (Früchte, Spindeln, Laubblätter, Erd- und Sand-Ballast), möglichst viel Drüsen tragende Teile (Hochblätter, Perigonien) mit dem Harzgehalte, dem Gerbstoffgehalte, möglichst wenig knospenartige und rudimentäre Zapfen, weil diese erfahrungsgemäfs im Verhältnis zu ihrem Krautgehalte meist weniger Sekret haben, hohes Gewicht von 1000 Zapfen, feiner Bau des Zapfens; enggegliederte Spindeln mit vielen Ästchengruppen mit Blättern bei gleichen Dimensionen, weil davon erfahrungsgemäfs der Reichtum an Lupulindrüsen mit ihrem entscheidenden Harz- und Öl-Gehalte abhängt. Ein spindelschwerer und früchtereicher Hopfen ist zwar immer grob und geringwertig, aber anderseits bildet ein geringer Anteil dieser Zapfengebilde immer noch keine Gewähr für feinen, an Harz und Gerbstoff etc. reichen Hopfen.

Der Brauerei-Ingenieur Gustav Noback in Prag hielt am 18. November 1877 in Techobusitz bei Leitmeritz (Böhmen) einen Vortrag über Hopfen, welcher auch gedruckt als Broschüre (bei Fäsy & Frick in Wien) erschienen ist. Der Vortragende führt u. a. aus, dafs 1 Zollztr. feinen böhmischen (Saazer) Hopfens ca. 300000 Stück zarter Zapfen besitze. Ein bayerischer Gartenbesitzer und Ökonom hat die Menge der Zapfen per Ztr. auf nahezu 500000 festgestellt;[25]) da ist sicher Spalter Hopfen mit seinen kleinen Zapfen gemeint. Man darf sich aber dann auch nicht wundern, dafs in Spalt und Spalter Land ein fleifsiger Arbeiter volle 15 Tage zu pflücken oder zu blatten hat, bis er 1 bayerischen Zentner (56 kg) fertig bringt und man wird dann auch begreifen, dafs und warum in Spalt und Umgegend der Zentner trockenen Hopfens zu pflüken 22—25 Mark kostet[26]). Nimmt man nun an, dafs 1 Zapfen durchschnittlich 65 Zapfenblätter besitzt, so hat 1 Zollztr. Saazer Hopfen 19500000 Zapfenblättchen. Da in Jahrgängen, wo der feine Hopfen mittelmäfsig reich an Hopfenmehl (Lupulin) ist, an der vorderen und rückwärtigen Seite eines Hopfenzapfenblättchens ca. 80 Hopfenmehldrüsen anhaften, so ist schätzungsweise anzunehmen, dafs 1 Zollpfd. feinen Saazer Hopfens ca. 15 Millionen oder 1 Zollztr. Hopfen ca. $1\frac{1}{2}$ Milliarden Hopfendrüsenkörperchen besitzt;[27]) der Spalter hat nahezu das Doppelte.

In einer Besprechung dieser Nobackschen Ausführungen in der Allg. H.-Ztg. 1878, I, 33 wird gesagt, dafs, wenn auch das Gewicht der Hopfenzapfen durch Befruchtung und Samenbildung wesentlich vermehrt werde, dennoch die fernere Ansicht Nobacks nicht richtig sei, dafs dadurch keine Vermehrung des Hopfenmehls bewirkt werde. Bei Befruchtung und Samenbildung der Hopfenzapfen resultiere im Gegenteil eine Mehrausbeute an Hopfenmehl, da das einzelne Samenkorn mit einer Hülle umgeben sei, welche stets dicht mit Lupulin besetzt ist. Komme das Samenkorn nicht zur Ausbildung, dann schrumpfe die Hülle desselben mit der von ihr ursprünglich eingeschlossenen Blüte zusammen, ohne dafs ein bemerkenswerter Hopfenmehlansatz stattfände. Wenn es dennoch wünschenswert sei, einen womöglich von Samenkörnern freien, also unbefruchteten weiblichen Hopfen zu erzielen, so liege die Ursache hiervon darin, dafs sich mit der Ausbildung der Hopfensamen die aromatischen Eigenschaften des Hopfens in qualitativer Beziehung verringern und sich vielleicht auch Extraktivstoffe bilden, welche den Wohlgeschmack des Bieres nicht erhöhen.

Diese letzteren Ansichten des Recensenten sind sicher irrig, und wenn wir sie hier verneinen, so geschieht es nur deshalb, weil man ihnen in der Hopfenliteratur öfter begegnet. Dafs die Sekretmenge des Hopfens durch die Befruchtung und Körnerbildung nicht vermehrt wird, zeigen die früchtereichen und sekretarmen Hopfen von Kent in England, bei denen selbst Noback bis 15% Samenkörner fand, während die amerikanischen Hopfen, bei denen Noback bis 20% ihres Zapfengewichtes Samenkörner fand, doch 2- und 3mal so viel Sekret haben wie die Kenter. Die Sekretbecher sind eben auf den Perigonien (Blütenhüllen) der weiblichen Hopfenblüte schon vor der Befruchtung da, sie füllen sich aber nach der Blüte nicht weiter mehr, stehen ebenso mangelhaft oder fast gar nicht mit Sekret gefüllt ebensowohl auf der Hülle der unbefruchteten, später eingeschrumpften Blüte, wie auf der Hülle der ausgebildeten Früchte. Bei der Ausbildung der Früchte werden überhaupt keine Drüsenbecher mehr angelegt, das ist schon viel früher der Fall bei der Anlage der Blüte, später handelt es sich auch auf den Zapfenblättern nur noch um bessere Füllung oder nicht. Stets werden sich auf dem eingeschrumpften Perigonium genau ebenso viel schlechtgefüllte Drüsenbecher finden wie auf der Blütenhülle der Frucht.

Dafs aber die Fruchtausbildung allgemeinhin keinerlei Einflufs auf die Sekretqualität der befruchteten Hopfen ausübt, zeigen eben wieder die früchtereichen Hopfen von Kent mit ihrem oft so wunderbar feinen Aroma, anderseits die früchtereichen amerikanischen, welche immer dasselbe eigentümliche Aroma haben, einerlei ob sie mehr oder weniger reich an Früchten sind. Wieder anderseits gewinnt man bei Saazern bisweilen den Eindruck, als wenn das Aroma durch die Befruchtung ungünstig beeinflufst würde; aber die körnerreichen Saazer stehen immer an feuchten Standorten, häufig mit salzhaltigen Quellen im Untergrunde.

Eine gewisse Abhängigkeit des Harz- und Gerbstoff-Gehaltes vom Zapfenbau erhellt auch sehr gut aus folgender Gruppierung Remys:

Herkunft des Hopfens	Ungefähres Handelswert-verhältnis	Prozentgehalt an				Prozentgehalt an		
		1. Stengeln, Laubteilen etc.	2. Spindeln	3. Früchten	4. Summe von 1—3	1. Gesamt-Harz	2. Weich-Harz	3. Gerbstoff
Oberbayern (Hallertau)	100	2,5	9,4	—	11,9	20,5	15,0	2,86
Aischgrund	70	1,5	11,4	3,6	16,5	17,4	12,7	1,95
Altmark	60	1,6	11,4	5,9	18,7	15,4	9,8	1,85
Altmark	40	2,3	12,1	18,2	32,6	14,0	9,5	1,82

Feine Spindeln, nicht zu feine Stiele, möglichst viel und feine Zapfenblätter sind wichtig, weil diese am Grunde der Falten die Drüsen haben, wovon die Sekretmenge abhängig ist; die Sekretmenge ist aber auch abhängig von dünnen Bechern und guter Füllung. Ob das Hartharz wertlos ist, wurde bis heute unzweifelhaft noch nicht erwiesen. Aus diesen Zahlen ist auch der sicher vorhandene Unterschied der Qualität des Harzes nicht ersichtlich, ebensowenig der sehr grofse Qualitätsunterschied im Aroma (ätherischen Öl) und Bitterstoff, wovon Aroma und Geschmack des Bieres abhängen. Der Gerbstoff sitzt meist in den Zapfenblättern, auch in den Spindeln, ist sicher auch qualitativ sehr verschieden, nimmt sehr wahrscheinlich ebenso wie das ätherische Öl auch am Bittergeschmack teil.

Ölreichtum scheint das langsamere Austrocknen der Zapfen zu bedingen; bei geringen Ölmengen und gröfseren Mengen an Früchten scheinen die Zapfenblätter mehr zum Abfallen von den Spindeln geneigt.

Für die in einem gegebenen Jahrgang und in gegebener Lokalität mögliche Drüsenfüllung mit Sekret ist die Hopfenfarbe (Gemenge von Gelb und Grün) wichtig, ebenso für die Erhaltung des Sekrets. Knospen und rudimentäre Zapfen haben meist (nicht immer) wenig und unreifes Sekret.

Die feine Qualität der Saazer Hopfen wird bedingt durch den feinen Bau des Zapfens, sehr feine Spindel mit vielen engen Biegungen, daher zahlreichen feinen Zapfenblättern mit grofsem Reichtum an Hopfenmehl (Sekret), dessen Aroma und Bitter sehr fein sind, reichlichen Gerbstoffgehalt, meist (nicht immer) grofse Armut an Früchten. Die Zapfen haben also alles, was zur Biererzeugung wichtig ist, in reichlicher Menge und beser Qualität, während die unwesentlichen und schädlichen Bestandteile der Zapfen (Holzfaser, Zellstoff, grofse Körner etc.) in möglichst geringer Menge vorhanden sind.

Bei den Spaltern ist das alles ganz ähnlich: die Zapfen sind in der Gröfse unter Mittel, ebenso wie die Zapfenblätter, viel kleiner wie bei den Saazern; die Spindeln sind nicht ganz so fein, aber der Sekretgehalt ist so hoch wie bei den Saazern; Aroma, Bitter etc., auch der Gerbstoffgehalt stehen nicht zurück.

Während hier die oben entwickelte Gesetzmäfsigkeit so ziemlich zutrifft, gibt es grofse Abweichungen, wenn man den Blick weiter in die Welt hinausrichtet. Es kann (Kinding ausgenommen) kaum etwas Kleineres, Zarteres, Feineres im ganzen Hopfenbau geben, als es sich bei den wirklich feinsten Eas Kent Goldings findet, aber der Sekretgehalt ist nur ca. halb so grofs wie bei guten Saazern und Spaltern; die Spindeln sind hart.

Anderseits gibt es wenige Hopfen, die so grobe Spindeln, so grofse, derbe Zapfenblätter, so grofse und derbe, rohe Zapfen und so viel Früchte haben wie die Nordamerikaner; da sind die Zapfen der rohesten Altmärker noch fein. Aber der Sekretgehalt dieser groben, grofsen, derben Zapfen der Nordamerikaner ist meist, fast immer, sehr reich und hoch, wenn er auch Saaz und Spalt nicht erreicht.

Die Zapfen der Australier sind fast noch gröfser wie jene der Nordamerikaner, aber die Zapfenblätter sind kleiner, und der Sekretgehalt ist sehr klein, das Aroma schön und mild.

Demnach hat die ganze Sache: »der feine Doldenbau in Beziehung zum Gehalt und der Qualität des Hopfens«, nur einigen und da nicht einmal uneingeschränkten Wert für Mitteleuropa, nicht einmal für ganz Europa, und wenn wir uns der Westhälfte der Erde zuwenden, dann finden wir Verhältnisse, welche das Gegenteil von jenen in Europa sind.

Eine andere, sehr beachtenswerte Methode, die Anteilnahme der einzelnen morphologischen Elemente des Hopfenzapfens an der Gesamtheit der wertbildenden Stoffe des Hopfens zu bestimmen, hat A. Lang festgestellt[28]). Diese Versuche wurden später (1898, s. dieselbe Zeitschr. Nr. 30, S. 391) durch Bayer fortgesetzt. Es wurden 15 Pfund Spalter Stadthopfen mechanisch in die einzelnen Teile zerlegt und diese mit Wasser verschieden lang gekocht. Hierbei wurden nach 2stündigem Kochen erhalten:

Aus den Zapfenblättern	6000 g (80%), welche	1912 g Extrakt lieferten,
» » Blütenstielen und Spindeln	500 » (6,66%) »	165,08 » » »
» » Früchten, Perigonien und Lupulin, (700 g Lupulin = 9,33%, 300g Lupulinblätter = 4,00%)	1000 » »	307,96 » » »

Zapfen (ganz), 7 500 g, lieferten 2 257,25 g Extrakt.

Aus den Blättern war die Hauptmenge des Extraktes schon nach 30 Minuten erhalten worden.

Bayer kochte Stiele und Spindeln auch mit Würze; es trat ein feines Aroma auf, aber erst nach 1 $^1/_2$stündigem Kochen.

Stengel und Spindeln bedürfen zur Extraktion der in ihnen enthaltenen Substanzen bedeutend längeren Kochens als das Lupulin und die Blätter; bei letzteren war die Hauptmenge des Extraktes schon nach $^1/_2$stündigem Kochen da; bei den Stengeln und Spindeln wurden nach weiterem Kochen von $^1/_2$ Stunde noch 4$^1/_2$% Extrakt erhalten. Daher sollte man bei Anwendung von Zerreifsproben in der Praxis Stengel und Spindeln früher zugeben, das Lupulin etc. zuletzt. Bei früheren Kochversuchen im Laboratorium, bei welchen die Würze nur mit Stengeln und Stielen gekocht wurde, war anfangs nur Würzegeruch vorherrschend; nach 1 $^1/_2$stündigem Kochen trat jedoch feines Hopfenaroma auf; der Bruch der Würze war sehr schön, der Geschmack mild und angenehm bitter. Danach ist die Mitverwendung von Stielen und Spindeln beim Brauen nicht zu unterschätzen. Aber durch zu langes Kochen werden die Harze ungünstig verändert[29]), wohl auch andere Extraktbestandteile.

Derartige Untersuchungen hätten einen grofsen praktischen Wert, wenn die morphologischen Teile des Hopfenzapfens besser geschieden zur Anwendung gelangten, womöglich jeder für sich. Bei so kleinen Kochversuchen müfste doch das möglich sein. Lupulin, Perigonien und Früchte zusammen pafst nicht. Dann müfsten die Zapfenblätter, die Spindeln etc. sorgfältig von Lupulin befreit sein.

Über die Art der Verteilung der morphologischen Elemente in den Hopfenzapfen sucht Dr. Remy[30]) Aufschlufs zu schaffen an drei Hopfensorten, welche auf der Zerreifsmaschine von Müller-Ulmet (s. die Arbeit Dr. Schönfelds in folgenden Arbeiten) zerrissen worden waren. Diese drei Hopfensorten waren:

1. ein ordinärer, früchtereicher 1897er Altmärker;
2. ein sehr feiner 1897er Hallertauer;
3. ein leichter 1896er Neutomischeler.

Da sich die Müllersche Zerreifsmaschine zu einer scharfen Trennung dieser einzelnen morphologischen Bestandteile der Hopfenzapfen ungeeignet erwies, wurde die mechanische Analyse zunächst an je 25 g mit der Hand ausgeführt.

Es betrug der prozentische Anteil an:

	Hopfen 1 ordinärer Altmärker	Hopfen 2 feiner Hallertauer	Hopfen 3 mittelguter Neutomischler
1. Stielen und Laubblättern	2,3	2,5	2,7
2. Spindeln	12,1	9,4	11,0
3. Früchten	18,2	—	0,3
4. Hochblättern einschl. Perigonien und Lupulindrüsen	67,4	88,1	86,0
Der alkoholische Ätherextrakt = Gesamtharzgehalt betrug in Prozenten der Trockensubstanz	14,80	20,45	18,24

Die Vor- und Deckblätter sind in den Hopfenzapfen mit 60—75%, die Spindeln und Stiele mit ca. 10—20%, die Sekretdrüsen mit 10—15% angegeben. Ein guter (gehaltvoller) Hopfen mufs möglichst viel Drüsen, möglichst viel und zarte Vor- und Deckblätter, möglichst feine, zarte Spindeln und keine oder wenig Früchte haben. Die Drüsen sollen mit Sekret gut gefüllt sein und zahlreich (dicht) auf den zahlreichen feinen, zarten Blättern stehen. Je enger gegliedert die Spindeln sind, je dichter die Zweiglein stehen, desto mehr Zapfenblätter und auf diesen Drüsen, sind da. Geschlossene, mehr reiche Zapfen haben stets feine, eng gegliederte Spindeln. Hoher Gewichtsanteil an Spindeln Früchten, Stengeln schliefst eine feine Beschaffenheit des Hopfens unter allen Umständen aus, aber umgekehrt sind geringer Früchte-, Stengel- und Spindel-Anteil noch keine Gewähr für ein feines und gehaltvolles Gewächs, weil Drüsenreichtum und Drüsenfüllung auch dabei sein müssen.

Zum Zweck der Untersuchung von Zerreifsproben auf der Müller-Ulmetschen Hopfenzerreifsmaschine wurden die verschiedenen Bestandteile einer sorgfältigen Nachreinigung mit der Hand unterzogen.

Trotz aller Bemühungen gelang es aber nicht, das mit ganz kleinen Blattfragmenten vermengte Lupulin rein zu bekommen; es mufste daher in ziemlich verunreinigtem Zustande zur chemischen Untersuchung verwendet werden. Nach seinem Gehalte an Atherextrakt zu urteilen, mochten ca. $^1/_5$ der Masse aus Blattfragmenten bestehen.

Auch die Zapfenblätter (Hochblätter) konnten nicht ganz von den Drüsen befreit werden. Es waren, wie die Untersuchung mit dem Mikroskop zeigte, auf den Zapfenblättern noch viele kleine (wahrscheinlich schlecht gefüllte) Lupulindrüsen vorhanden.

Die Spindeln hielten auch noch eine gewisse (untergeordnete) Menge von Drüsen im Haarfilze fest.

Die Früchte waren durch sorgfältiges Reiben von den anhaftenden Perigonien (mit Drüsen) befreit worden und als rein zu bezeichnen.

Die chemische Untersuchung wurde durch Th. Remy und Dr. O. Neumann ausgeführt. Das Ergebnis ist berechnet auf Prozente der sandfreien Trockensubstanz:

Untersuchter Hopfen	Morphologischer Bestandteil	Ätherextrakt	Wachs, d. i. in 90 proz. Alkohol unlösliche Bestandteile des Ätherextraktes	Gerbstoff	Stickstoff	Löslicher Stickstoff	Kali	Phosphorsäure
1.	2.	3.	4.	5.	6.	7.	8.	9.
Nr. 1 Altmärker Hopfen	1. Lupulin	62,21	—	0,89	1,53	0,76	1,16	0,91
	2. Hochblätter (mit einem Teil d. Lupulindrüsen	12,60	—	2,15	1,54	0,26	1,90	1,28
	3. Spindeln und Stiele .	5,12	—	0,59	2,23	0,82	2,38	1,60
	4. Früchte	25,64	—	0,09	5,50	0,31	1,48	2,73
Nr. 2 Hallertauer Hopfen	1. Lupulin	63,84	—	0,97	1,13	0,59	1,04	0,53
	2. Hochblätter	11,50	—	3,32	1,91	0,68	2,65	1,18
	3. Spindeln und Stiele .	8,18	—	0,33	2,45	1,10	3,31	1,64
	Keine Früchte da . .	—	—	—	—	—	—	—
Nr. 3 Neutomischeler Hopfen	1. Lupulin	69,91	—	1,28	1,18	0,90	1,48	0,32
	2. Hochblätter	10,91	—	3,80	2,28	0,77	2,26	1,51
	3. Spindeln und Stiele .	7,75	—	0,63	2,74	1,07	2,34	1,56
	Keine Früchte da . .	—	—	—	—	—	—	—
Im Mittel der drei Untersuchungen	1. Lupulin	65,7	—	1,05	1,41	0,63	—	—
	2. Hochblattgebilde . .	12,0	3,70	3,05	1,91	0,53	—	—
	3. Stengel und Spindeln	7,0	5,40	0,52	2,47	1,05	—	—
	4. Früchte	25,6	—	0,09	5,70	0,29	—	—

Der Ätherextrakt enthält hauptsächlich die Harze, dann auch Pflanzenfette und wachsartige Stoffe (Myricin). Die überwiegende Menge findet sich im Drüsensekret, also im Lupulin. Bei Untersuchung von fünf Lupulinsorten, welche von Verunreinigungen fast frei waren, betrug der Ätherextrakt in Prozenten der Trockensubstanz 82,52—83,12—83,46—85,60 und 91,70 %. Die in Alkohol unlöslichen Anteile des Ätherextraktes aus fast reinem Lupulin sind also sehr gering, so dafs man es also im Lupulin-Ätherextrakt fast nur mit einem Gemenge von Hopfenharzen (und Bittersäure) zu thun hat.

Der Ätherextrakt der Hochblätter ist hoch; Dr. Reinkens meint, weil ziemlich viele Lupulindrüsen darauf sitzen geblieben seien. Man könne also in diesen Zahlen den wahren Ätherextraktgehalt der völlig drüsenfreien Blätter nicht ersehen. Ohne Zweifel wird das oft der Fall sein. Thatsächlich wird aber hier der hohe Ätherextraktgehalt der Blätter in dem Drüsensekret der Drüsenflächen und inneren Drüsen auf den Hochblättern begründet sein, von denen Reinkens nichts weifs, weil er meinen Vortrag in Stuttgart über die Hopfentrichome nicht gelesen und kein anderer Autor je etwas davon gesagt hat. Im Gegenteil stimmt das Quantum ($^1/_5$—$^1/_7$ der ganzen Sekretmenge in den Zapfenblättern) mit dem, was ich seiner Zeit (man sehe meine Literatur sub 20) darüber gesagt habe. Immerhin sind im Ätherextrakt der Hochblätter (Vor- und Deckblätter der Hopfenzapfen) auch Pflanzenfette und wachsartige Körper (auch Nichtharze) in gröfserem Betrage enthalten, als der Anteil der in 90 proz. Alkohol unlöslichen Bestandteile des Ätherauszuges aus Lupulin beträgt.

Der ätherlösliche Auszug der Spindeln (also das Harz derselben) ist erheblich geringer als jener der Zapfenblätter; auch hier mag das Ergebnis durch anhaftende Lupulindrüsen etwas alteriert sein. Im Ätherextrakt der Spindeln überwiegen — im Gegensatz zu jenem der Lupulindrüsen und Vor- und Deckblätter — die im Alkohol unlöslichen, wachsartigen Bestandteile, also die Nichtharze.

Der Ätherextrakt der lupulinfreien Früchte erreicht eine Höhe von über 25 %. Mit Harz hat der Ätherextrakt der Früchte schon in seinen äufseren Eigenschaften überhaupt nichts zu thun. Wie bei den Cruciferensamen ist auch in den stärkefreien Hopfensamen das Fett der wichtigste stickstofffreie Reservestoff; es handelt sich also um ein an Rüb- und Lein-Öl erinnerndes flüssiges Pflanzenfett. In Alkohol ist es wenig löslich, läfst sich aber aufserordentlich fein und leicht in demselben verteilen. Diese Ölsuspension geht durch das Filter hindurch. Daher ist es nicht zu vermeiden, dafs das bei Harzbestimmungen mit extrahierte Pflanzenfett wenigstens zum Teil in den als Harz bestimmten alkohollöslichen Anteil des Ätherextraktes gelangt und dort eine Verunreinigung bildet, durch welche die Harzmenge eine scheinbare Vergröfserung erfährt.

Der Sitz des Gerbstoffes sind die blattartigen Gebilde des Hopfenzapfens. Das Lupulin ist arm an Gerbstoff, namentlich wenn wir in Betracht nehmen, dafs ein ganz erheblicher Teil des bei der Untersuchung im Lupulin gefundenen Gerbstoffes den verunreinigenden Blattpartikeln entstammt, wohl auch den Drüsenbecherzellen. Auch der Gerbstoffgehalt der Spindeln ist nur gering. Die Früchte endlich bilden den gerbstoffärmsten Teil des ganzen Zapfens.

Der Stickstoff häuft sich im früchtefreien Hopfen am meisten in den Spindeln an; diesen folgen im Stickstoffgehalte die Blätter des Zapfens und endlich die Lupulindrüsen. Bei früchtereichen Hopfen sammeln sich natürlich die Stickstoffverbindungen in den Früchten an, in denen sie zweifellos fast ausschliefslich als Eiweifs enthalten sind und physiologisch die Rolle stickstoffhaltiger Reservestoffe spielen.

Eigentümlich wechselnd sind die beim Kochen in Lösung gehenden Teile des Stickstoffgehaltes in den verschiedenen Organen des Zapfens im Verhältnis zum Gesamtstickstoff. Es beträgt der lösliche Stickstoff in Prozenten des Gesamtstickstoffs:

	Hopfen 1	Hopfen 2	Hopfen 3	Mittel
Im Lupulin . . .	49,7	52,2	73,6	59,4
In den Hochblättern	16,9	35,6	33,8	28,8
In den Spindeln .	36,8	44,9	39,1	40,3
In den Früchten .	5,6	—	—	—

Am meisten geht also der Lupulinstickstoff in Lösung. Das Sameneiweifs der Früchte enthält relativ wenige wasserlösliche Stickstoffverbindungen.

Was die Mineralbestandteile betrifft, folgt — wie überall in der Pflanzensubstanz — auch hier die Phosphorsäure den Stickstoffverbindungen (dem Proteïn). In Bezug auf das Kali ist es auffallend, dafs die Spindeln und Stiele daran reicher sind als die Vor- und Deckblätter.

Den grofsen Unterschied im Gewichtsverhältnisse der Hochblätter mit ihren Drüsen und der in der Hauptsache als Ballast dienenden Spindeln, Früchte und Stengelteile ergibt folgender Extrakt der mechanischen und chemischen Untersuchung von 29 Hopfensorten der Berliner Hopfenausstellung vom Jahre 1897, welche die Hauptlagen des Deutschen Reiches und Österreichs (Böhmen) umfafst:

Gruppe A umfafst 23 feine, gute und mittelgute Hopfen der verschiedensten Herkunft, über deren Rangordnung die Meinungen verschiedener Sachverständigen sehr auseinandergingen.

Gruppe B gibt das Durchschnittsergebnis der Untersuchung von vier geringwertigen Hopfen des Aischgrundes, der Altmark und Wolhynien.

Die Zahlen der Gruppe C beziehen sich auf zwei ganz geringe Hopfen der Altmark.

Gruppe	Prozentanteil des Hopfens an				In der Trockensubstanz in Prozenten		
	Spindeln	Früchten	Stengel- und Laub-Blättern	lupulinfreien u. gerbstoffarmen Bestandteilen zusammen	Harz	Weichharz	Gerbstoff
A =	9,2 (9,2–11,0)	0,5 (0– 1,6)	2,7 (0,4–6,1)	12,4 (8,6–17,1)	20,63 (18,53–22,84)	14,52 (12,81–17,00)	2,90 (1,96–4,25)
B =	12,4 (10,7–16,1)	4,0 (2,9– 5,9)	2,4 (1,5–3,6)	18,8 (16,5–22,5)	16,39 (15,41–17,37)	11,10 (9,75–12,73)	1,91 (1,85–2,43)
C =	12,2 (12,1–12,2)	17,0 (15,7–18,2)	2,8 (2,3–3,2)	32,0 (31,1–32,6)	14,46 (14,00–14,91)	9,53 (9,47– 9,58)	1,93 (1,82–2,03)

Die Qualitätsabstufungen der Gruppen waren so bedeutend, dafs sie auch mit den Sinnen leicht wahrgenommen werden konnten[31]).

Dafs in den Gesamtharz- und Weichharz-Bestimmungen zur Zeit noch vieles enthalten ist, was gar kein Harz ist, sondern Bittersäure und noch anderes, ergibt sich aus folgender Untersuchung von J. G. Rauschar[32]):

Eine angeblich Saazer (thatsächlich aus Saazer, Rothauschaer und Steiermärker bestehende) Hopfenprobe ergab:

Ätherischen Auszug	16,1034 %	in der ursprünglichen,	18,464 %.
Weingeistauszug	6,8798 %	» » »	7,888 %.
Wässeriger Auszug	12,0220 %	» » »	13,784 %.
Erste zwei Extrakte	22,9832 %	» » »	26,352 %.
Alle drei Extrakte	35,0052 %	» » »	40,136 %.

Es ist das also eine sehr uneinheitliche Sache.

Es ist also auch im Ätherextrakt nicht blofs Harz enthalten, sondern auch die Farbstoffe, das Samenfett etc. Auch das Weichharz ist nicht ein reines Gemenge bestimmter, scharf charakterisierter Harze, aber nach den Untersuchungen von Hayduck, Briant und Meacham etc., Träger der konservierenden und bittermachenden Eigenschaften des Hopfens.

F. W. Richardson (s. Allg. Br.- u. H.-Ztg. 1898, I, 1051 nach J. Fed. Inst. etc.) untersuchte Hopfen und reinigte die mehr oder weniger löslichen Hopfenharze von den Gerbsäuren etc.; die gefällten Harze wurden gewaschen und getrocknet, und es zeigte sich, dafs sie nur 66 % des ganzen alkoholischen und ätherischen Extraktes ausmachen und eine bedeutende Fähigkeit für Absorption von Kali besitzen; 1000 Teile verbinden sich mit 297 Teilen Kaliumoxyd mit einem Molekulargewicht von 189.

Analyse des Hopfens.

Feuchtigkeit und flüchtiges Öl	8,10 %.
Tannine und Phlobaphene	3,90 %.
Harze	10,00 %.
Cellulose, Gallussäure (aus der Differenz) .	42,07 %.
Kaliumkarbonat	0,97 %.
Natriumkarbonat	0,19 %.
Calciumphosphat	0,01 %.
Calciumkarbonat	2,32 %.
Magnesiumphosphat	1,96 %.
Eisen- und Aluminiumoxyd	0,09 %.
Kieselsäure	0,39 %.
	100,00 %.

Auffallend ist die geringe Menge Kaliumphosphat, wovon andere Hopfenanalysen oft so viel haben.

Bei der Frage nach der Wirksamkeit des Hopfens in der Bierbrauerei spielt aber noch ein Umstand eine grofse Rolle, dem man mit quantitativen Bestimmungen gar nicht beikommen kann, weshalb auch alles das, was wir vorausgehend gesagt haben, immer bis zu gewisser Grenze, also nur relativen Wert hat, d. h. es wird in der Hand eines gebildeten, sehr sachkundigen Brauers, der zur Ausnutzung auch die unerläfsliche Mühe nicht scheut, sich die unentbehrlichen Kenntnisse und Fertigkeiten anzueignen, einen ganz andern Wert haben als in der Hand des unkundigen oder des bequemen, nach der Schablone arbeitenden und sich ganz dem Ermessen seines Hopfenlieferanten fügenden.

Alle wichtigen organischen Verbindungen im Hopfen sind auch dann, wenn man sie, so weit sinnlich erfafsbar, als qualitativ gleich oder sehr ähnlich festgestellt hat, doch zunächst noch in zwei sehr wichtigen Dingen sehr voneinander verschieden, nämlich in der Energie, mit der sie wirken, und in der Schnelligkeit, mit der sie im Biere arbeiten, ihre Funktionen für das Werden des Bieres vollziehen. Das Aroma und das Bitter können einmal in der Wirkung sehr schwach oder mittelstark, zuweilen aber auch sehr stark oder energisch sein; es kann vorkommen, dafs ein Hopfen mit sehr wenig Mehldrüsen oder Sekret dem Bier ein viel schärferes Bitter verleiht als eine andere Hopfensorte mit sehr viel Mehldrüsen oder Sekret. Es ist sofort einleuchtend, dafs das mit qualitativen Verschiedenheiten des Sekrets zusammenhängt. Vielleicht können wir uns diese auffallende Erscheinung eines so abweichenden Verhaltens von Stoffen, welche analytisch ganz dieselbe Zusammensetzung zeigen, nach Kolbes Strukturtheorie erklären, wonach dieselben Stoffe, wenn ihre Moleküle im Raume eine abweichende Lagerung zu einander haben, in ihren Eigenschaften sehr verschieden, sich oft ganz unähnlich sind. Sicher ist, dafs die Brauer in Mitteleuropa zu Lagerbier nur sehr gehaltvolle (schwere), zu Schenkbieren aber leichtere (minder gehaltvolle) Hopfen nehmen; die Qualität dieser beiden Gruppen kann aber wieder unendlich mannigfaltig abgestuft sein. Was helfen uns nun alle quantitativen, selbst noch so genau gemachten Feststellungen, wenn diese praktisch so wichtigen Dinge nicht in Betracht genommen wurden!

Ob ein Hopfen in Bezug auf sein Aroma oder sein Bitter und deren Wirkung auf das Bier sehr schwach, schwach, mittelstark, stark oder sehr stark ist, das kann man mit den menschlichen Sinnen ganz glatt und genau konstatieren; entsprechende Übung unter Anleitung durch einen Sachkundigen würde da natürlich weit rascher zum Ziele führen.

Th. Remy[33]) suchte durch Analyse den Charakter des Hopfenaromas zu bestimmen und die Beziehungen zwischen diesem und der Blume des Bieres festzustellen, sagt aber auf Grund seiner Ergebnisse selbst, dafs dies vor der Hand durchaus aussichtslos sei. Vorerst seien wir zur Feststellung dieser Beziehung lediglich auf die einfache sinnliche Wahrnehmung angewiesen; der Gebrauchswert des Hopfens hänge nicht blofs von den Bitterstoff- und Gerbstoff-Bestimmungen, sondern auch im hohen Grade vom Aroma ab. Die analytische Untersuchung des Hopfens liefert lediglich eine zahlenmäfsige Kontrolle jener Eigenschaften des Hopfens, welche seine konservierende, bittermachende, klärende und allenfalls auch färbende Kraft bedingen. Das haben wir aber doch auch alles schon vor diesen Untersuchungen längst gewufst, und ich mufs auch ganz bestimmt bestreiten, dafs die analytisch ermittelten Zahlen über die Werte des Bitterstoffes, der konservierenden Harze und des Gerbstoffes vollgültig sind, weil sich hier Dinge geltend machen, die wir mit dem Worte Energie bezeichnen, denen man doch, wie jeder wirklich Sachkundige zugeben wird und mufs, mit analytischen Zahlenwerten absolut nicht beikommen kann, während ihre thatsächliche Abstufung sich in sehr weiten Grenzen bewegt.

Die Frage aber, welche Hopfensorte im Bier rascher arbeitet, sich also mehr für Jung- oder Schenkbier eignet und welche Sorte von Hause aus, aus der konstitutionellen Beschaffenheit ihres Sekretes heraus, im Bier langsamer arbeitet, also von Hause aus ein Lagerbierhopfen 1. oder 2. Ordnung ist, das läfst sich vorerst, bis der Horizont unseres Wissens einmal weiter hinausgerückt sein wird, nicht so ohne weiteres sagen. Dafs und warum z. B. der Rothauschaer Hopfen auch in seinen schwersten Sorten eigentlich doch nur ein Jungbierhopfen ist, weil er im Bier seine Arbeit sehr rasch vollzieht, während der Saazer ein Lagerbierhopfen ist, der seine

Arbeit im Bier sehr langsam vollzieht, das hat mir einmal ein sehr intelligenter Brauer in der Nähe von Leitmeritz in Böhmen, in Theresienstadt, klar und deutlich entwickelt, unter Heranziehung der entsprechenden, von ihm selbst bereiteten Biersorten von ganz entsprechenden Qualitäten. Ich komme auf diese Dinge später noch eingehend zu sprechen. Ohne Zweifel kann man durch entsprechende niedere Lagerkellertemperatur die zu schnelle Arbeit des Rothauschaer bis zu einem gewissen Grade hemmen oder dämpfen, die Arbeit der Saazer aber bis zu einem gewissen Grade beschleunigen, aber das sind doch nur Notbehelfe, die mit manchen Nachteilen verknüpft sind.

Ob, wie Ph. Heiss in seinem Buch über Brauerei sagt, die Frühhopfen nur Schenkbierhopfen seien, die Späthopfen Lagerbierhopfen, scheint mir vorerst nicht so ganz sicher zu sein.

Ein ganz besonders wertvolles, auf reicher Erfahrung beruhendes Wissen, hatte in diesen Dingen der alte Herr Zeltner in Nürnberg, welcher davon in der Versammlung in Hagenau[34]) Mitteilung machte. Hopfenbau und Brauerei seien eng verbunden; auch der Hopfenbauer solle eine Einsicht haben über die Einwirkung des Hopfens auf das Bier. Je mehr die Biertrinker mit dem Bier zufrieden sind, desto mehr wird die Brauerei sich heben, und auch der Hopfenbauer wird sich dann besser stehen. Er arbeite durch 51 Jahre mit Vorliebe für den Hopfen, habe sowohl mit Brauern wie mit Lieferanten verkehrt und seine Erfahrungen gemacht, warum der Bierbrauer häufig mit seinem Hopfen nicht zufrieden ist. Einmal versteht es eben der Bierbrauer nicht, das andere Mal der Hopfenlieferant.

Soll der Konsument vom Hopfen und der vom Bier befriedigt werden, dann mufs entweder der Hopfenlieferant oder der Brauereibesitzer (gewifs noch besser beide) die Sachkenntnis besitzen, für die Biere, wozu der Hopfen bestimmt wird, den Hopfen mit den rechten Eigenschaften auszuwählen.

Der Hopfen zu Winter- oder Schenkbieren (Jungbieren) mufs mild und fein gewachsen sein, um in den ersten 4—6 Wochen im Bier sich vollständig entwickeln zu können und demselben einen lieblich-angenehmen, aromatischen Bittergeschmack zu verleihen. Hierzu eignen sich vor allem auf leichtem, sandigem Boden gewachsene Hopfen. Hierher gehören die besseren Mittelfränkischen, die Schwetzinger, die Altmärker (letztere als qualitativ meist gering); von dem Neutomischeler sagt Stamm in seinem Buche vom Hopfen: er habe vor allen übrigen Hopfengattungen die besondere Eigenschaft voraus, dafs das mit demselben gebraute Lagerbier in ca. drei Wochen schon brauchbar und versendungsfähig sei; es mag das ein Grund mit sein, warum die Grofsbrauerereien mit ihrer modernen Kellerkühlung so viel sogenannten polnischen Hopfen konsumieren.

Der Hopfen zu Bieren ferner, welche bis zum Monat August auf Lager bleiben, mufs neben obigen Eigenschaften, je nachdem die Temperatur im Lagerkeller durch Eis etc. genügend kalt gehalten werden kann oder nicht, auch die Ausdauer des Bieres sichern.

Zu den letzten Lagerbieren endlich, welche den Monat August und darüber hinaus auszuhalten haben, so dafs der Zuckergehalt des Malzes (resp. der Alkohol) nicht in Säure übergehen kann, fordert vor allem von der Sachkenntnis die rechte Auswahl zu treffen, damit das darin angelegte Kapital gesichert ist und das Bier, selbst wenn es bis Ende des Jahres liegen bleibt, auszudauern vermöge.

Wenn der Hopfenlieferant aber, ungeachtet dieser Thatsachen oder unbekannt mit ihnen, seinem Brauer einen Hopfen liefert, welcher zum Lagerbier sich eignet und zu Schenkbier gebraucht wird, so entwickelt sich der Hopfen im Bier in dieser kurzen Zeit nicht lieblich und angenehm, sondern er gibt dem Bier einen rauhen, harzig-bittern, oft sehr fatalen Geschmak[35]). Und wenn der Brauer einen richtigen, wenn auch sehr gehaltvollen Schenkbierhopfen, zum Lagerbier bestimmt und nicht durch Eis gehörig nachzuhelfen vermag, so kann das Bier auch bis zum Monat August nicht aushalten, das darin angelegte Kapital ist dann gefährdet. Der Spalter und der Saazer Hopfen haben am meisten die Eigenschaft, ein liebliches Bier bis in den August zu geben und bis dahin auch die Ausdauer dieser Biere zu sichern. Aber für ein Bier, welches 8—9 Monate im Keller bleiben soll, sind gute, gehaltvolle Hallertauer und Gebirgshopfen (Betzenstein, Pegnitz, Hersbruck, Lauf, Altdorf) doch weit mehr geeignet[36]). Es ist sicher kein Wahn, wenn aufserdeutsche Brauer, als sie das untergärige Lagerbier bei sich eingeführt hatten, in der Zeit vor der Einführung der Eismaschinen, so viel auf die bayerischen Hopfen hielten. In der Allg. H.-Ztg. 1862, S. 315, ist in einer Notiz von der Rezat (Spalter Land) unterm 3. Oktober gesagt: Engländer und Franzosen welche in diesen Tagen bei uns zum Einkaufe angekommen sind, bezeugen, dafs der bayerische Hopfen für einen grofsen Teil ihrer Brauereien unentbehrlich geworden ist.

Wie viele Brauereien gibt es heute, wo wirklich scharf nach solchen Grundsätzen gearbeitet wird, und wie viele sind es, wo man bei der Hopfengabe an solche einschneidende Beziehungen nicht einmal denkt! —

Wenn also vielfach über das Bier geklagt wird, so liegt es gar oft darin, dafs weder der Hopfenlieferant noch der Bierbrauer es verstehen, den am besten geeigneten Hopfen für das Bier zu wählen. Anders mufs der Hopfen sein für ein Bier, das 2—3 Monate im Keller liegen soll, anders der Hopfen zum ersten und der zum letzten Lagerbier. Mindestens mufs das der Hopfenhändler verstehen, sonst wird er den Bierbrauer niemals befriedigen können. Noch wichtiger wäre, wenn die Brauer das verständen, dann könnten sie sich die Vorwürfe, dafs sie giftige Hopfensurrogate verwenden, am raschesten vom Halse schaffen.

Ein in Bezug auf den Hopfen und seine Qualität gut informierter Brauer wird natürlich auch — je nach den verwendeten Hopfen — die Temperatur im Lagerkeller verschieden halten: hat er rascher arbeitenden Hopfen verwendet, weil er gerade keinen passenden andern zur Hand hatte, dann wird er die Lagerkellertemperatur niedriger halten, um den Werdeprozefs zu verlangsamen, hat er aber einen langsam arbeitenden Lagerbierhopfen verwendet und das Bier sollte früher fertig werden, dann wird er die Lagerkellertemperatur höher halten, um die Entwicklung zu beschleunigen etc.

Es kommt aber noch ein weiterer Umstand hinzu, der sehr wichtig ist, obgleich man ihm vorerst mit keinerlei chemischer Analyse beikommen kann, der also zu den gar oft so wichtigen Imponderabilien gehört, nämlich die bei den verschiedenen Hopfensorten der Welt sehr verschiedene Haltbarkeit des Sekrets, der Drüsen (des Hopfenmehls), in Bezug auf welche freilich bis jetzt noch sehr wenig sichere Beobachtungen vorliegen, obgleich doch das ohne Zweifel auch eine Qualitätsfrage ist. Alle erfahrenen, tüchtigen, materialkundigen Hopfenhändler, denen in dieser Sache ein ungewöhnlich umfangreiches Beobachtungsmaterial zur Verfügung steht, wissen, dafs die böhmischen, die bayerischen und die englischen Kenter-Hopfen als die feinsten und kräftigsten gelten und ihre verschiedene Beurteilung nur in der Verschiedenheit der Braumethoden finden[37]). Und diese Geschäftsleute wissen ebenso auf Grund langer und umfangreicher Erfahrung, dafs die bayerischen und böhmischen Hopfen ihre Harz- und Öl-Teile am längsten konservieren. Wenn alle andern Sorten längst strohtrocken sind und ihr Mehl eine rötliche Färbung angenommen hat, sind bayerische und böhmische Hopfen noch fettig und frisch, d. h. sie altern also, auch bei sonst gleicher Lagerung und Behandlung, weniger schnell. Was für chemische Verhältnisse sind es, die veranlassen, dafs die bayerischen und böhmischen Hopfen unter sonst gleichen Bedingungen weniger schnell altern wie andere, und mit welcher chemischen Methode kann man das feststellen? Wahrscheinlich sind es so kleine Beträge von Oxydationen oder Desoxy, dationen oder auch nur von molekularen Verschiebungen, dafs man ihnen mit heutigen Wagen oder Reaktionen nicht beikommen kann.

Anderseits sagt man, dafs selbst die feinsten Schwetzinger relativ schnell umstehen. Nach Fr. Chodounskys Hopfenuntersuchungen[38]) scheinen auch die meisten steirischen Hopfen oder doch ein Teil derselben, auch bei bester Aufbewahrung schon nach einigen Monaten sehr gealtert zu sein, nach Valeriansäure zu riechen etc. Chodounsky in Prag hat das an mehreren Jahrgängen solcher Sorten konstatiert. Dafs sich bei feinsten und feinen Elsässer Hopfen (Oberhofen, Bischweiler) der rein aromatische Geruch schon nach etwa vier Monaten in Obstgeruch verwandelt, ist ebenfalls mehrfach konstatiert worden. Andere Hopfen, wie jener von

Mschenn in Böhmen etc., verlieren nach längerer Lagerung ihren üblen Geruch. Die Spalter und Saazer halten auch nach Chodounsky ihren edlen Hopfengeruch durch viele Monate konstant.

Es ist ferner auch ganz gewiſs, daſs alle diese wichtigen Umstände sich auch bei Büchsenhopfen etc. geltend machen.

Diese Frage, der Haltbarkeit des Sekrets, hat also wohl mit den Qualitäten Schenkbier- und Lagerbier-Hopfen, mithin mit schneller oder langsamer Arbeit des Sekrets im Brauprozeſs, gar nichts zu thun, ist wieder eine ganz selbständige Qualität, die man chemisch nicht feststellen kann.

Wir wissen heute noch nicht, warum die Engländer zu gewissen feinsten Ales einzig und allein feinste East Kent Goldings nehmen, keine feinsten Spalter und keine feinsten Saazer, auch wenn ihnen diese von erster Qualität zur Verfügung stehen. Offenbar handelt es sich da um gewisse feinste Geschmacksschattierungen im Ale, welche nur mit feinsten East Kent Goldings und eventuell mit feinsten bayerischen Hopfen erreichbar sind, wie ihre langwierige Erfahrung gelehrt hat. In der Allg. H.-Ztg. 1863, S. 354 ist (aus London) bemerkt: Die englischen Pale-Ale-Brauer müssen prima englische Hopfen, also feinste East Kents haben, und erst wenn diese nicht mehr zu haben sind, wendet man den feineren bayerischen Sorten Aufmerksamkeit zu. Und die Pale-Ales sind doch bekanntlich sehr helle Biere. Was sagen dazu die Herren Hopfenhändler und Brauer, welche heute behaupten, man könne nur mit Saazer Hopfen wirklich helle, Pilsener Biere machen? Um 1863[39]) konnte man wenigstens zur Herstellung feiner englischer Biere (Ales und Porter) die feinen bayerischen Hopfen nicht entbehren. Bis die kontinentalen Brauer einmal erst bei solchen Feinheiten in der Hopfengebarung angekommen sind, die sicherlich ihre weitestgehende Berechtigung haben, in den tausendfachen feinsten Schattierungen des Aromas, Bittergeschmacks etc. des Hopfens begründet sind, bis dahin hat es — nach meinen vielen und umfangreichen Beobachtungen — noch gute Wege, obgleich Herr Prof. Dr. G. Holzner, mein früherer Kollege, der jedenfalls auch in solchen Fragen kompetent zu sein glaubt, den Herren Brauern die gröſste und ins Feinste gehende Hopfenkenntnis zugesteht!

Wer eine weitergehende und tiefere, auf umfangreicher eigener Arbeit beruhende Einsicht in diese Sache hat, der weiſs, wie selbst bei ganz gleichmäſsig allerersten Saazern, Spaltern und Goldings, so daſs man jeder Sorte derselben den Rang Ia zugestehen muſs, dennoch die Eigenart in der Qualität des Bitters und Aromas so auſserordentlich groſs ist, daſs es geradezu in Erstaunen setzt; zugleich weiſs man dann, daſs auch die besten Sorten Goldings, Saazer oder Spalter wieder je unter sich die weitestgehenden Unterschiede im Bitter und Aroma zeigen. Mit welcher chemischen Methode läſst sich das feststellen? Daſs es aber existiert, das ist ganz gewiſs, und daſs es den Zwecken der Brauerei und der Biertrinker sehr förderlich wäre, wenn diese Kenntnisse allgemeine Verbreitung unter den Brauern hätten, muſs doch ganz auſser Frage stehen!

Es ist übrigens ebenso unzweifelhaft, daſs es Jahrgänge gibt, namentlich solche, wo der Hopfen bei groſser Nässe gereift und geerntet wurde, oder wo seine Entwicklung unter dem Einflusse pflanzlicher und tierischer Parasiten (Ruſstau, Honigtau, Blattläuse, Aphis-Blight etc.) stand, in denen dieser ungeschwefelt sehr schlecht zur Aufbewahrung geeignet ist, weshalb in solchen Jahrgängen, in welchen die Hopfen allgemeinhin sehr zum Umstehen geneigt sind, auch Siegelhopfen, sogar oft schon am Produktionsorte, geschwefelt werden[40]).

Die Wiener Brauerzeitung Gambrinus[41]) brachte einen Artikel von einem praktischen Brauer, welcher seit Decennien seinen Hopfen persönlich in den berühmtesten Gegenden des Saazer Landes (Pochwalow, Rotschow, Netluk, Konĕtop, im Goldbachthal etc.) einkaufte; er habe stets das Beste und Teuerste gekauft. Er habe aber gerade mit dieser feinsten und qualitätvollsten Ware die böse Erfahrung gemacht, daſs sie, auch wenn sie ganz lufttrocken gekauft wurde und 1899er war, sehr leicht der Selbsterwärmung ausgesetzt war. Stets muſste sie sorgfältig beobachtet werden, und sozusagen alle Augenblick gab es solche, welche nicht ganz in Ordnung war und sogar ausgeleert und nachgetrocknet wurde; zuletzt entschloſs er sich, sie auch zu schwefeln. Schlimm war, daſs sie, wenn sie auf den Feuerdarren nachgetrocknet wurde, trotz allem äufserlich schönen Aussehen, auch in der Farbe, rotes oder braunes Mehl bekam, welches wie das Mehl alten Hopfens aussah. Thatsache sei, dafs ein sogar hervorragendes chemisches Institut des Auslandes einen solchen feuergedarrten Hopfen mit rotem Mehl, zur nicht geringen Belustigung praktischer Fachmänner, als alten Hopfen erklärt hat[42]).

Es scheint übrigens das Hopfenmehl der 1899er Ernte, wo der September kalt und regnerisch war, vielfach durch künstliche Trocknung verdorben worden zu sein; trotz schöner Farbe der Zapfen war das Mehl dunkel; dafs aber das Mehl auch, wie Direktor Thausing in der Allg. Zeitschr. f. Bierbrauerei Nr. 12[43]) sagt, beim Reiben ein mehr oder weniger ranziges Aroma entwickelt habe, das ist doch ganz unmöglich: einen ranzigen Geruch durch Feuertrocknung gibt es in der That nicht. Es ist das wieder ein, sehr heiterer, Fingerzeig über diese Hopfenautorität! — Jedenfalls hat ein derartiger Hopfen minderen Handelswert, wenn auch über seine Beziehungen zur Brauerei keinerlei Beobachtung vorliegt.

Über die verschiedene Haltbarkeit der Hopfensorten und den Einflufs verschieden alter Hopfensorten auf das Bier brachte das von Prof. van Laer in Brüssel herausgegebene »Petit Journal du Brasseur«[44]) einen beachtenswerten Artikel: Über dis Hopfengaben im Frühjahr.

Es wird betont, dafs es — auch wenn man den Gerbstoff in angemessenen Quantitäten zusetze — nachteilig sei, im Frühjahr per 100 kg Malz nur $1^1/_2$—2 kg (0,75—1 Pfd. per 1 Ztr. Malz), je nach der Qualität der Hopfensorten, zu nehmen; in der heifsen Jahreszeit sollte man, trotz der hohen Hopfenpreise, noch einige Kilo Hopfen mehr zunehmen, statt sich der Gefahr auszusetzen, ein oder zwei Sude verdorben zu sehen. Wenn auch im Winter sehr geringe Mengen Hopfen genügten, so gelte dies keineswegs auch von der wärmeren Jahreszeit.

Den bayerischen Hopfen sollte man nur von der letzten Ernte nehmen, da er sich so schlecht halte. Die Brauer glauben, dafs dies teils in der Sorte liege, teils darin, dafs er oft nicht stark genug geprefst sei. Der Verfasser sucht aber den Grund vielmehr darin, dafs die bayerischen Hopfen nicht am Feuer, sondern nur einfach an der Luft getrocknet sind. Thatsache bleibe, dafs die im Anfange der Saison noch vortrefflichen und fast unentbehrlichen bayerischen Hopfen mit dem Vorrücken der Zeit mehr und mehr an Güte verlieren und nach Jahresfrist minderwertig sind. Es sei also den belgischen Brauern dringend zu raten, keine bayerischen Hopfen von der vorletzten Ernte zu nehmen; wenigstens dürften sie sich von denselben keine konservierende Wirkung auf das Bier versprechen. Man werde einwenden, dafs doch die deutschen Brauer bayerisches Gewächs der vorletzten Ernte verwenden und dabei nicht schlecht fahren; aber die deutschen Brauereien hätten Kühlanlagen zur Konservierung des Bieres, so dafs ihr Beispiel hier nichts beweise. Überdies solle dieses Urteil nicht blofs für die bayerischen, sondern überhaupt für alle auf gleiche Art getrockneten Hopfen gelten, also für alles rechtsrheinische Gewächs und sogar für gewisse ostfranzösische Sorten[45]).

Im Gegensatz zu den bayerischen lieferten die kalifornischen Hopfen beim Brauen ein viel besseres Ergebnis, wenn sie bereits ein Jahr alt seien. Die nach dem europäischen Kontinent kommenden amerikanischen Hopfen neuer Ernte besäfsen in der Regel einen eigentümlichen Geruch, der den Geschmack des Bieres ungünstig beeinflusse, der Farbe desselben einen Schein ins Graue gebe und die Klarheit oft durch eine schwache Nachgärung beeinträchtige. Seit einigen Jahren verwendeten die englischen Brauer viel amerikanischen Hopfen, der allerdings den Vorteil der Billigkeit besitze. In der Saison 1898/99 beispielsweise stelle sich ihr Durchschnittspreis nur auf die Hälfte oder $^2/_3$ des Preises englischer oder belgischer Hopfen und auf $^1/_3$ des Preises für bayerisches Erzeugnis.

Von einer der ersten englischen Fachautoritäten, Herrn Briant, welcher mit Herrn Meacham technischer Leiter der Brauerei Fremlin in Maidstone (Kent) ist, liegen dem Verfasser dieses Artikels zahlreiche Analysen vor, welche zeigen, dafs die kalifornischen Hopfen bezüglich des Reichtums an weichen Harzen nur den bayerischen nachstehen, also bezüglich ihrer antiseptischen Eigenschaften nur den Platz zwischen diesen und den gangbaren englischen Sorten einnehmen; aber sie haben vor dem bayerischen Produkt den Vorzug, sich in vorzüglicher Beschaffenheit zu erhalten, in welcher Hinsicht sie überhaupt von keiner andern Sorte erreicht werden. Noch nach 4—5 Jahren liefern sie beim Brauen ein gutes Ergebnis, wogegen ebenso alte bayerische Hopfen nur noch als Streu verwendbar sind; selbst Ostkenter haben nach so langer Zeit fast alle ihre Vorzüge verloren.

Unter Anlehnung an die praktischen Erfahrungen der Engländer können daher die belgischen Brauer im Frühjahr und Sommer auf 100 kg Malz bei einer Gesamtmenge von 2 kg Hopfen $^1/_2$ kg amerikanisches Gewächs verwenden. Wenn insgesamt $2^1/_2$ kg Hopfen genommen werden, kann sogar ein ganzes Kilo aus amerikanischer Ware bestehen, wobei aber doch viel auf gute Auswahl ankommt. Leider nehmen, wie es wenigstens scheint, die meisten auf den französischen und belgischen Markt kommenden Hopfen ihren Weg über London, so dafs der Kontinent oft Partien erhält, die vorher von den feinen englischen Kennern zurückgewiesen worden sind. Deshalb solle der französische und belgische Käufer lieber nach London gehen, bezw. eine dortige zuverlässige Persönlichkeit mit dem Ankauf betrauen. Übrigens falle das eigentümliche Aroma der amerikanischen Hopfen für die französischen und belgischen Biere mehr ins Gewicht als für das Erzeugnis der englischen Brauereien, welches stärker sei.

Was die belgischen Hopfen betreffe, so sei es bei der Verwendung von Aloster und Poperingher Hopfen ratsam, Erzeugnisse der letzten Ernte zu wählen, zumal wenn man Jährlinge anderer Herkunft hinzunimmt. Wenn aber neue bayerische oder neue englische Hopfen genommen werden, ist gegen die Beimischung 1897er (also gut $1^1/_2$ Jahre alter) Hopfen nichts einzuwenden, da belgische Hopfen, ohne gerade hervorragend zu sein, sich doch sehr gut halten und nach Jahresfrist noch wohl verwendbar sind.

Man glaubt bisweilen, selbst die belgischen Hopfen der vorletzten Ernte müfsten aufsergewöhnliche antiseptische Eigenschaften besitzen, weil sie zum Brauen von Lambic fast ausschliefslich Verwendung finden. Es scheint indes gewagt, das vom Lambic Geltende auch auf die gangbaren, im Sommer gebrauten Biere ausdehnen zu wollen.

Wenn man nach den in Westflandern gemachten Erfahrungen urteilt, wo in vielen Brauereien nur belgischer Hopfen Verwendung findet, kann man solchen, auch wenn er ein Jahr alt ist, noch als ganz brauchbar betrachten. Dabei wäre auch die Frage aufzuwerfen, ob der belgische Hopfen sich nicht vorwiegend infolge des allgemein üblichen Trocknens am Feuer so gut hält[46]).

Hinsichtlich der Haltbarkeit bestehen beim englischen Produkte erhebliche Unterschiede, besonders wenn die Ware in einem mehr oder weniger warmen, offenen Speicher gelagert war. Auch fällt es ins Gewicht, ob nicht im Dezember oder Januar versäumt worden ist, die Ballen fester zusammenzuziehen.

Im Sommer (1899) ist es sicherlich vorteilhaft für die belgischen und französischen Brauer, einen gewissen Prozentsatz 1898er englischen Hopfens zu verwenden, welcher dem Bier ein sehr feines Aroma verleiht, ohne dasselbe übermäfsig bitter zu machen. Wer jedoch nur 1897er englische Ware auf Lager hat, wird gut daran thun, eine gewisse Menge bayerischen 1898er Hopfens beizumengen.

Die Entwicklung der Hopfenkenntnisse für die Zwecke der Brauerei.

Die aufsergewöhnliche Vielheit im Stoffgemenge des Hopfens kann gegen übereilte Urteile in Bezug auf die Wirksamkeit seiner Bestandteile zur Vorsicht mahnen, wenn man bedenkt, dafs oft kleine Stoffmengen unter Umständen sehr grofse Wirkungen auszuüben vermögen. Von vielen der letzterwähnten Stoffe weifs man vorerst so viel wie nichts, und bei den meisten ist es noch gar nicht lange her, dafs ihre Anwesenheit im Hopfen konstatiert ist. Deshalb ist auch jede summarische Untersuchung des Hopfens, wie sie von der chemischen

Analyse angestrebt wird, nicht blofs unmöglich, sondern auch wertlos resp. minderwertig, denn beim Hopfen liegt der Wert in der qualitativen Beschaffenheit seiner zahlreichen Einzelbestandteile.

Der Mensch, welcher zuerst den Malzgetränken den Hopfen hinzugefügt hat, traf in der That unter den zahlreichen gewürzigen (aromatischen), bitteren, harz- und gerbstoffhaltigen Pflanzen, welche die Natur darbot, die richtige Wahl, denn wenn es auch gelingt, einzelne Richtungen in dem umfangreichen Kreis von Wirksamkeiten, die der Hopfen im werdenden Bier auszuüben vermag, wenigstens teilweise zu ersetzen, so ist es dennoch bis heute noch nicht gelungen und wird voraussichtlich auch in absehbaren Zeiten nicht gelingen, mit einem andern Stoffe, sei er Natur- oder Kunst-Produkt, die Gesamtheit der Hopfenwirkung im Bier, die uns ohnehin nur sehr im allgemeinen bekannt ist, zu ersetzen.

Selbst wenn uns die einzelnen Bestandteile des Hopfens und die spezielle Wirkung jedes einzelnen auf die Entwicklung des Bieres ganz genau bekannt wären, so wäre dennoch sicherlich die Summe der Einzelwirkungen noch nicht hinreichend, das auszudrücken, was nebstdem noch als das Resultat der gemeinsamen und gleichzeitigen Aktion aller, noch dazu im Austausch mit den Bestandteilen der Würze, anzusehen ist.

Im fertigen Bier findet man Hopfenbitter und aromatische Hopfenbestandteile, dagegen nur Spuren von Hopfenharz und wenig Hopfengerbsäure; die letzteren beiden finden sich aber nur deshalb in geringerer Menge im fertigen Bier, weil sie ursprünglich in der gehopften Würze reichlich enthalten, auf verschiedenen Entwicklungsstufen vom werdenden Bier wieder ausgeschieden werden, während sie vorher im sich entwickelnden Bier durch Fällung der Eiweifskörper und Regelung der Gärungsvorgänge etc. eine sehr wichtige Rolle gespielt haben.

Darüber kann kaum ein Zweifel herrschen, dafs es zunächst der wildwachsende Hopfen war, dessen man sich bei der Herstellung des Bieres bediente; zur Kultur in die Gärten und Felder brachte man ihn erst, als der Bedarf mit dem, was die Natur freiwillig bot, allzusehr in Mifsverhältnis stand. Selbst heute wird noch in gar nicht seltenen Lokalitäten wilder Hopfen zur Bierbrauerei verwendet, freilich nicht in solchen, wo die Bierbrauerei einen grofsen Aufschwung genommen hat; auch da kann es in hopfenteuren Jahren vorkommen, dafs wilder Hopfen unfreiwillig im Gemenge verwendet wird.

Offenbar pflanzte man, als der Hopfenbedarf gröfser wurde, durch Wurzelstockteile einzelne Stöcke regellos da und dort in Gärten, Feldern und Wiesen an; später brachte man eine Anzahl von Stöcken in einem Garten, in einer Wiese, in einem Weinberg etc. in eine Reihe, vielleicht zuerst als Busch- oder Reiser-Hopfen, später als Stangenhopfen. Die Humlonarias am Ende des 1. Jahrtauends v. Chr. waren wahrscheinlich solche Anlagen; bis Hopfengärten in unserm heutigen Sinne daraus wurden, können Jahrhunderte vergangen sein.

Dafs der Hopfen durch langwährende Kultur nicht blofs mehr Sekret erreicht hat, sondern auch eine weit bessere Qualität, namentlich in Bezug auf Aroma und Bitter, vielleicht auch in den Harzen, ist gewifs. Offenbar spielt für die gröfsere Sekretmenge des Kulturhopfens gegenüber dem Wildhopfen auch die bessere Ernährung des ersteren durch die Düngung eine ausschlaggebende Rolle.

Über die geschichtlichen Beziehungen in Bezug auf das gehopfte Bier haben wir uns weiter oben (S. 73 u. ff.) schon eingehend verbreitet. Es ist augenscheinlich, dafs der Kaukasus und Armenien (das Landgebiet des Euphrat und Tigris), keineswegs auch noch weiter darüber hinaus nach Ostasien, das heutige mittlere oder nördliche Gebiet von China, als das Ursprungsland des gehopften Bieres anzusehen sind, und dafs die Anfänge sicher schon mehr als $1^1/_2$ oder selbst 2 Jahrtausende zurückliegen. Bemerkenswert ist vielleicht auch, dafs der Wildhopfen, welchen ich durch Herrn F. G. Wetzel aus dem Kaukasus bei Tiflis zugesendet erhielt, wenn auch sekretarm, doch von vergleichsweise erträglicher Qualität war; freilich kann er sich weder in seinem Sekretgehalte, noch in dessen Qualität mit unsern guten und besten Kulturhopfen messen.

Die Natur des Sekrets der Hopfendrüsen ist, eben wegen der grofsen technischen Bedeutung desselben, vielfach so eingehend studiert worden wie kaum jemals das Sekret der secernierenden Trichome irgend einer andern Pflanze. Untersuchungen, welche die stoffliche

Zusammensetzung des Hopfensekrets betreffen, sind natürlich lediglich Sache der Chemie. Die Bearbeitung dieser Fragen ist daher auch schon seit langer Zeit von namhaften Chemikern (Technologen) versucht worden. Dementsprechend umfangreich ist auch die bezügliche Literatur, die desfalls seit mehr als einem halben Jahrhundert angewachsen ist.

In nachstehender Zusammenstellung geben wir einen Überblick über die Literatur. Sie datiert schon aus dem Anfange dieses (des 19.) Jahrhunderts, der Zeit, in der man überhaupt anfing, sich mit der Untersuchung von Pflanzenstoffen zu beschäftigen.

Bereits 1859 konnte Kopp die bis dahin bekannt gewordene Literatur über den Hopfen in einer besonderen Abhandlung zusammenstellen[47]). Neuestens ist diese Zusammenstellung wieder von M. Grefshoff vervollständigt worden. Wir folgen der Zusammenstellung Grefshoffs und haben sie am Schlusse und namentlich im Texte dieser Abhandlung bis zur Gegenwart ergänzt. In die meisten dieser Schriften habe ich selbst Einsicht genommen. Es dürfte kaum eine wichtigere Arbeit übersehen sein.

Die Literatur über den Hopfen und seine Gebilde.

Seit mehr als 100 Jahren ist der Hopfen Gegenstand wissenschaftlicher Untersuchungen. Dafs die Sache aber damit keineswegs erschöpft ist, geht schon daraus hervor, dafs auch in unserer Zeit immer wieder neue Stoffe im Hopfen gefunden werden, welche vordem nicht bekannt waren. Zudem haben sich in den Ansichten über die Wirksamkeit der längst bekannten Stoffe oder Stoffgruppen in den letzten zwei Jahrzehnten grofse Wandlungen vollzogen; abgeschlossen ist diese Sache auch heute noch nicht.

Die wichtigsten — insbesondere älteren — literarischen Arbeiten über die Natur des Hopfens (der Blütenstände oder Zapfen) und namentlich des Sekrets der Hopfendrüsen sind:

1. Planché, Journal de Pharm. tome 8, p. 288. — Manuel des plantes usuelles et indigenes de Loiseleur-Dèslongchamps 1819.
2. Hofmann, C. A., Über den Hopfen, chemische Untersuchung, 1820.
3. Ives: American Journ. of Science de Lillmann, II, pag. 302, 1820. — Annals of Philosophie, new series, t. 1, pag. 194, 1821. — An Experimental Inquiri in the Chemical and Economical and Medicinal Virtues of the Humulus Lupulus, or Common Hop, by Ansel W. Ives, M. D. of New York.
4. Lebaillif, Journ. de Chim. méd. 1820.
5. Payen und Chevalier, Journ. de Pharm. tome 8, pag. 209. — Annales de Chim. et de Physique t. 20, p. 301, 1822. — Dinglers Polyt. Journ. Bd. 11, S. 75. — Geigers Magazin Bd. XVII.
6. Pelletan, Payen und Chevalier, Journ. de Chim. méd. II, p. 527.
7. Raspail, Mémoire sur l'organisation de la Lupuline, 1827.
8. Raspail, Nouveau système de Chim. organ. t. 2, p. 184, 1838.
9. Nesbit, Echo du mond savant 1846, Nr. 29, 30.
10. Dobereiner, Deutsches Apothekerbuch III, S. 636, 1847.
11. Watts, Philosoph. Magazin (3) XXXII, S. 54, 1848.
12. Bohlig, Buchners Repert. VIII, S. 308.
13. Way und Ogston, Journ. of the Royal Agric. Soc. of England vol. IX, part 1 — ibid. vol. IX, part 2, 1850.
14. Winkler, Jahrb. f. Pharmazeuten, Augsburg 1852.
15. Wagner, Journ. f. prakt. Chemie Bd. XLVIII, p. 351. — Dinglers Polytechn. Journ. Bd. CXXVII, S. 217, 1853.
16. Personne, Compt. rend. XXXVIII, p. 309, 1854. — Pharmazeut. Centralbl. 1854, V, S. 228. — Journ. de Pharmac. XXVI p. 241, XXVII p. 22. — Annales des Sciences nat. 4. série, 1854, Botanique tome I, p. 300. — Wittsteins Vierteljahrsschrift f. Pharmac. XII, S. 504.
17. Mulder, G. J., Het Bier scheikundig beschouwd, Bladz 77, 1858. — Deutsche Übersetzung: G. J. Mulder-C. Grimm: Die Chemie des Bieres.
18. Vlaanderen, Scheikundige Verhandlungen en Onderpöckingen, von G. J. Mulder, deil II, Bladz 87, 1858. — Jahresbericht für Chemie 1858, S. 448.
19. Daubrawa, Verhandlungen des Niederösterreichischen Gewerbevereins.
20. Peters, Chem. Ackersmann, 1859.
21. Winkler, N. Jahrb. f. Pharmaz. XVI, S. 134, 1861.

22. Lermer, Vierteljahrsschr. f. pr. Pharm. Bd. 12, S. 504, 1863. — Dinglers polytechn. Journal Bd. CLXIX, S. 54. — Russ. Zeitschr. f. Pharm. III, S. 60. — Vierteljahrsschr. f. pr. Pharmaz. Bd. 13, S. 182, 1864.
23. Wheeler, Journ. f. pr. Chemie Bd. XCIV, S. 385, 1865.
24. Erath, Houblon description etc., 1866.
25. Méhu, Étude du Houblon et du Lupulin. These, Montpellier, 1867.
26. Leuchs, Journ. f. prakt. Chemie Bd. CI, S. 137, 1867.
27. Siewert, Chem. Centralbl. S. 180, 1870. — Zeitschr. f. d. gesamten Naturwissensch. Bd. XXXII, S. 13.
28. Blas, Journ. de pharm. d'Anvers, 1870. — Journ. de Chim. méd., de Pharm. et de Toxical, 5. série VI, pag. 396.
29. Enders, Bulletin de la Société chim. de Paris, 1870.
30. Flückiger, Schweiz. Wochenschr. f. Pharmaz. 1872, S. 169.
31. Metz A., Bayerischer Bierbrauer 1872, Nr. 2, S. 17.
32. Griefsmayer, Dinglers polytechn. Journal Bd. 212, S. 67, 1874.
33. Etti, Annal. d. Chem. Bd. 180, S. 223, 1876.
34. Lermer, Chem. Centralbl. 1865, S. 32.
35. Weselsky, Ber. d. Deutsch. Chem. Gesellsch. IX, S. 217, 1876.
36. Kühnemann, Chem. Sektionsb. d. Naturf.-Versammlung in München 1877. — Ber. d. Deutsch. Chem. Gesellsch. Bd. 10, S. 2231.
37. Lintner, C., Lehrbuch der Bierbrauerei 1877.
38. v. Wagner L., Handbuch der Bierbrauerei, 5. Aufl. 1877.
39. Bissell, Americ. Journ. of Pharm. vol. 49, p. 582, 1877.
40. Etti, Dinglers polytechn. Journ. CCXXVIII, S. 354, 1878.
41. Weifs, Der Hopfen. Wien 1870.
42. M. Issleib, Über Hopfenbitter und Hopfenharze. Archiv d. Pharmaz. Bd. 216 (XIII), S. 345, 1880. — Chem.-Ztg. 5, 61. — Der Bierbrauer 12, 32. — Berliner chem. Berichte 1880, S. 1243. S. auch denselben in der Allg. Br.- u. H.-Ztg. 1890, II, 2173.
43. v. Schwarzkopf, Der Hopfen und das Bier in naturh. und mediz. Hinsicht, 1881.
44. Ossipow, Journ. f. prakt. Chemie 28, S. 447, 1883.
45. Marquis, Pharmaz. Zeitschr. f. Rufsland 1884, S. 603.
46. Gries und Harrow, Ber. der Deutschen Chem. Gesellsch. XVIII, S. 717 1885.
47. Ossipow, Journ. f. prakt. Chemie 34, S. 238, 1886.
48. Bungener, Zeitschr. f. d. ges. Brauwesen 1884, S. 93; 1885, S. 267. — Bullet. de la Société chim. de Paris, 1886.
49. Bungener, Bulletin de la Soc. chimique de Paris Nr. 9, 1886. — Vierteljahrsschr. a. d. Gebiet der Nahrungs- und Genufs-Mittel I, S. 95.
50. Maurits Grefshoff, Chemische Studien über den Hopfen; Inaugural-Dissertation, Jena 1886. — Allg. Br.- u. H.-Ztg. 1887, II, S. 975 u. ff. (viele Nummern).
51. Hayduck, Wochenschr. f. Bierbr. 1885, II, 267. — Allg. Zeitschr. f. Bierbrauerei und Malzfabrikation 1885; XIII, 390. Namentlich Wochenschr. f. Brauerei 1887, Nr. 22, und 1888, Nr. 47: Über die bitteren und harzigen Bestandteile des Hopfens.
52. Lawrence Bryant und C. S. Meacham (Transactions of the Institute of Brewers, London 1893, VI, 6): Über den Hopfen.
53. Chas. Geo, Matthews, Über die Chemie des Hopfens etc., Brewer's Guardian, London 1893.
54. Horace Brown und Harris Morris, Zusatz von Hopfen zum fertigen Bier (Trans. Inst. Brew. VI, 4).

Viele kleinere neuere Arbeiten haben wir gleich an Ort und Stelle namhaft gemacht, wo von der Sache die Rede ist. Wir haben desfalls eine umfangreiche Zeitschriftliteratur eingesehen. Das meiste, wenn nicht fast alles, was in den letzten drei Jahrzehnten in der gebildeten Welt in deutscher Sprache über Hopfen geschrieben wurde, ist in den drei namhaften deutschen Zeitschriften: 1. Allgemeine Brauer- u. Hopfen-Zeitung in Nürnberg (40 Jahrgänge), dann 2. in der Zeitschrift für das gesamte Brauwesen, München, 3. in der Wochenschrift für Brauerei in Berlin, entweder im Original oder reproduziert, veröffentlicht worden. Ohne Zweifel hat in dieser Beziehung die Allg. Br.- u. H.-Ztg. sich als fleifsigste Sammlerin erwiesen; gegen das, was diese Zeitschrift in dieser Sache geleistet hat, stehen die andern erheblich zurück; sie brachte auch so ziemlich alles Wesentliche aus fremden Sprachen (namentlich englisch und französisch, selbst russisch und skandinavisch), was seit Jahren meist durch den wohlbekannten technologischen Schriftsteller Dr. Viktor Griefsmayer in München besorgt wurde; in Bezug auf Brauereistatistik steht die Allg. Br.- u. H.-Ztg. in Nürnberg geradezu unerreicht da. Es sind zur Abfassung dieses Buches sämtliche, nahezu 80 Bände zu Rat gezogen worden. In neuerer Zeit hat namentlich die Wochenschrift für Brauerei in Berlin öfter Originalartikel über Hopfen. Auch die Br.- u. H.-Ztg. Gambrinus in Wien hat seit Jahren manches Beachtenswerte gebracht; wir haben ihr manchen fruchtbaren Gedanken entnommen.

Viel Wichtiges ist durch diese Arbeiten aus des Geistes Schächten zu Tage gefördert worden, wenn wir auch an vielen wichtigen Punkten noch auf selbst zum Teil erhebliche Widersprüche stofsen. Unlängst erst sagte desfalls ein Chemiker: Entspräche der Umfang dieser, auf die chemische Kenntnis des Hopfens begründeten Literatur auch unserm Wissen über diese Dinge, so dürfte man die in dieser Pflanze enthaltenen Stoffe zu den am genauesten bekannten zählen. Über die wahrhaft grofsartige Menge von mannigfaltigen Untersuchungen in Bezug auf den Hopfen können ja auch meine Literaturangaben genügend Auskunft geben. In den letzten 20—30 Jahren haben mindestens 20 junge Männer (Landwirte, Chemiker und Pharmazeuten) in Deutschland und Österreich sich mit Arbeiten über den ganzen Hopfen oder Teile desselben den Doktorhut erworben. Für tüchtige junge Männer sind auf diesem grofsartigen Boden sicher noch mehr als ein Dutzend weiterer Doktorhüte verfügbar. Es würde mir nicht schwer fallen, so vielen die Direktiven dafür zu geben.

J. E. Thausing[48]) sagt: Trotz vielfacher Untersuchungen ist man sich über die Natur der meisten Bestandteile des Hopfens, sowie über die Aufgabe, welche denselben bei der Bierfabrikation zukommt, nicht vollkommen klar; die Untersuchungen über den Hopfen müssen als noch lange nicht abgeschlossen betrachtet werden. Auch E. Prior in Nürnberg sagt[49]), dafs unser thatsächliches Wissen über die Wirksamkeit des Hopfens im Biere noch so gering ist; heute ist das doch nicht mehr ganz richtig. 1865 (s. Allg. H.-Ztg. S. 112) konnte der Chemiker Dr. Seelhorst in Nürnberg noch sagen, dafs das ätherische Öl und die Gerbsäure des Hopfens die einzigen Körper desselben seien, welche genau studiert sind. Vergleicht man das mit dem, was wir heute wissen, dann ist der Fortschritt grofs! — Wir werden sehen, dafs gerade die Gerbstofffrage heute noch am wenigsten abgeklärt ist. In der That ist es geradezu erstaunlich, wie verworren die Ansichten oft noch über die scheinbar elementarsten Fragen sind, wenn man die fragmentarischen Auszüge in den Büchern liest.

Zu einem erheblichen Teil rührt aber doch diese Unklarheit über die Wirksamkeit von dem Umstande her, dafs bis jetzt eine wahrhaft eingehende, zusammenfassende Arbeit über den Hopfen als Ware und Braumaterial nicht existierte. Nach dem Erscheinen dieses Werkes kann eine solche, eigentlich ungerechte Behauptung nicht mehr aufrecht erhalten werden. Künftighin wäre es bei chemischen Untersuchungen des Hopfens auch dringend nötig, vorher genau festzustellen, wie denn das untersuchte Material beschaffen war, sonst ist kein Vorwärtskommen möglich.

Nun, die Sache ist eben eine aufserordentlich schwierige. Mitte der 1880er Jahre äufserte sich der Technologe Prof. Delbrück in Berlin: Den Hopfen technisch-wissenschaftlich zu fassen, ist eine aufserordentlich schwere Aufgabe. Deshalb darf man aber nicht verkennen, dafs wir den Arbeiten der Chemiker viele nützliche Kenntnisse in dieser Beziehung verdanken. Man darf von den Arbeiten der Chemie nur nicht zu viel und namentlich nicht alles erwarten. Denn es gibt eine Menge von wichtigen Fragen, die der Chemiker mit seinen Untersuchungsmethoden einfach nicht beantworten kann; das liegt im Wesen der Sache. Es gibt eben in dieser Sache viele sogenannte »Imponderabilien« (unwägbare Materien), welche aber dennoch vielfach und namentlich auch, wo der Geruchs- und Geschmacks-Sinn des Menschen in Frage kommt, von ausschlaggebender Bedeutung sind. In dem Mafse aber, als die aufserhalb dem Wissensbereich des Chemikers liegenden Fragen Antwort und Lösung finden, wachsen auch die Unterlagen, auf denen der Chemiker nun mit klaren Blicken auf das zu erstrebende Ziel weiter arbeiten kann.

Namentlich hat auch bis jetzt eine zusammenfassende Bearbeitung gefehlt, welche künftigen Forschern als Unterlage und Ausgangspunkt dienen könnte, daher manche Bearbeiter sich mit Fragen abmühten, die schon von andern erschöpfend bearbeitet waren. Es galt, im vorhandenen Material Wesentliches und Unwesentliches zu scheiden und das Wesentliche so zu präparieren, dafs es lehrhaft und unterrichtlich wirken kann.

Die Anfänge der chemischen Untersuchung des Hopfensekrets gehen bis zum Beginn des 19. Jahrhunderts zurück, also bis zur Anfangsepoche der modernen Chemie.

Die erste ausführliche chemische Untersuchung rührt von einem amerikanischen Arzte, Ansel W. Ives in New-York, her und datiert von 1820. Dieser Autor war es auch, der den Hopfendrüsen den Namen »Lupulin« gab, welcher auch heute noch in der Literatur über den Hopfen sehr gebräuchlich ist, obgleich wir die Bezeichnung nicht als eine besonders glücklich gewählte, unserm heutigen besseren Wissen noch entsprechende bezeichnen können, weil mit diesem Worte auch noch andere Dinge (namentlich ein Hopfenalkaloid) bezeichnet werden.

Ives war der Ansicht, dafs der Hopfen ohne Lupulin ekelerregend und nicht gewürzig schmecke, und dafs demnach lediglich im Lupulingehalte der Wert des Hopfens läge. Er gab deshalb den Rat, fortan in der Brauerei nur das Lupulin, welches doch so arm an der beim Würzesieden so wichtigen Gerbsäure ist, zu verwenden.

Auch die folgenden französischen Gelehrten, die sich mit diesen Fragen befafsten, wie Pelletan, Payen und Chevalier, halten das Lupulin, die Drüsen mit ihrem Sekret, für den Sitz der typischen Bestandteile des Hopfens.

Wir haben auf dem Boden der chemischen Untersuchung Wimmers gesehen, dafs, abgesehen vom Gerbstoff, auch vom Harze oft nahezu die Hälfte, stets aber wenigstens ein erheblicher Teil in den Zapfenblättern, also aufserhalb der eigentlichen Hopfendrüsen, enthalten sein kann, und meine mikroskopischen und mikrochemischen Feststellungen haben gezeigt, wo der Sitz dieser Stoffe in den Zapfenblättern ist (s. weiter oben Abschn. III).

Heute ist das sogenannte Lupulin (die geformten Hopfendrüsen und ihr Sekret) durchaus nicht mehr allein entscheidend für den Hopfenwert.

Über die Wirksamkeit des Hopfens und namentlich auch seines Sekrets bei der Herstellung des Bieres.

Da ich in der Chemie kein Fachmann bin und die Forschungsergebnisse der Chemiker und Technologen auf diesem Gebiete — bei aller Hochschätzung des bereits Geleisteten — oft an sehr wichtiger Stelle noch sehr widersprechend lauten, wäre ich dieser Frage am liebsten aus dem Wege gegangen. Fast gibt es da nichts, was nicht schon behauptet und anscheinend — ebenso auf Grund chemischer Analyse — auch widerlegt worden ist. E. Prior (Allg. Br.- u. H.-Ztg. 1883, II, 533) nennt unsere Kenntnisse über die wirksamen Hopfenbestandteile gering und diese nicht einmal sicher. In der That hat die sogenannte empirische Untersuchung des Hopfens niemals solche Widersprüche hervorgebracht. Aber es ist denn doch ganz unmöglich, in einem Buche über Hopfenwarenkunde die Wirksamkeit des Hopfens und des Hopfensekrets in der Entwicklung des Bieres unerwähnt zu lassen, um so mehr als aus diesen Untersuchungen, wenn sie auch fast noch nirgends definitiv abgeschlossen sind, doch eine ganze Reihe oft sehr wichtiger Folgerungen für die Hopfenwarenkenntnis selbst hervorgeht. Diese Untersuchungen erhellen an vielen wichtigen Stellen das Gebiet der Hopfenkenntnis, welche für uns sonst in völlig undurchdringliches Dunkel gehüllt wären.

Es gibt in der Hopfenbranche Kräfte, welche sich gewissermafsen höhnend dahin äufsern, dafs in Hinsicht auf den Warencharakter sozusagen noch gar nichts klar gestellt sei. In der That wissen wir sogar schon sehr viel in diesen Dingen, und dafs es so ist, verdanken wir der selbstlosen Hingebung so vieler tüchtiger Männer an die Wissenschaft, die dafür oft — ganz ohne Lohn — die gröfsten materiellen und geistigen Opfer bringen. Wo wären wir denn, wenn diese Arbeiten nicht existierten? — Sieht man sich die Sache näher an, dann sind jene, welche solche hämischen Bemerkungen machen, solche Persönlichkeiten, die überhaupt noch nie etwas in der Sache gearbeitet, sondern blofs geschrieben, gedruckt und Geld verdient, jedenfalls aber niemals ein Opfer gebracht haben!

Auffallender, mir aber sehr wohl verständlich ist die Thatsache, dafs die meisten Männer, welche sich gelegentlich einmal mit dem Hopfen befafst haben, demselben alsbald wieder definitiv den Rücken kehrten. Ich hätte das sicher auch bald wieder gethan, wenn ich nicht durch lehramtliche Rücksichten festgehalten worden wäre.

Alles menschliche Wissen ist unerschöpflich. Niemals wird eine Zeit kommen, wo man sagen kann, dieses oder jenes Wissensgebiet ist abgeschlossen, fertig, es ist da absolut nichts mehr zu thun. Am besten sieht man das an der lateinischen Sprache. Obgleich seit Jahrhunderten Tausende von Philologen ein Spezialstudium daraus gemacht und zu allen Zeiten grofse Aufwendungen dafür geleistet wurden, bewilligten vor einigen Jahren die deutschen Parlamente eine halbe Million Mark für den thesaurus linguae latinae (für eine Sammlung des Schatzes der lateinischen Sprache). Mir ist unbekannt, dafs für einen thesaurus humuli auch nur einmal von irgend woher 0,5 Mark bewilligt worden wären! — In dieser Beziehung könnten Persönlichkeiten, welche durch den Hopfen reich geworden sind, durch etwas Geld mehr Verdienstliches leisten als durch höhnische Bemerkungen!

Immer werden von diesen Ausführungen der Chemiker in einschneidenster Weise Hopfenwareneigenschaften berührt, und gar manchmal sind zudem diese Widersprüche in Umständen begründet, die der Chemiker trotz seines grofsen Wissensbereiches, wenn er nicht abseits liegende Studien betrieben hat, gar nicht überblicken kann, weil ihm die spezielle Einsicht in das Warenmaterial fehlt. Um hier aufzuklären und Brücken zu schlagen, ist es nötig, einen weiten und tiefen Einblick in das Hopfenwarenmaterial der ganzen Kulturwelt gemacht zu haben; das ist nun eine Qualität, die mir in erheblichem Grade zur Seite steht.

In einem solchen Buche handelt es sich darum, mit allen erreichbaren Mitteln all das aufzuhellen, was zur Erkenntnis der Hopfenwarenkunde wichtig und unentbehrlich ist. Zudem sind namentlich auch gerade die neueren chemisch-technologischen Forschungsergebnisse vielfach von grofsem Interesse und nicht geringem praktischen Wert; namentlich ist das der Fall in Bezug auf jene Hopfenbestandteile, welche konservierenden Wert besitzen. Sicherlich würden wir bei dem grofsen Scharfsinn und Fleifs, welchen viele tüchtige Männer in diesen Dingen aufgewendet haben, schon viel weiter, wenn nicht ganz am Ziele sein, wenn es möglich wäre, diese Versuche immer mit der reinen, isolierten Substanz auszuführen. So hat man es immer mit — vielfach sogar im Übergang zu einander befindlichen — Stoffgruppen zu thun, so dafs es oft sehr schwer ist, zu entscheiden, welchem Stoffe in den Gruppen die fragliche Wirkung zugeschrieben werden mufs. Anderseits ist es auch sehr gut möglich, sogar sehr wahrscheinlich, dafs sich die Hopfenstoffe in der Würze erheblich anders verhalten als in den Apparaten des Laboratoriums.

Ich war bemüht, unter möglichster Heranziehung der Literatur in Extrakten einen Überblick zu geben über den gegenwärtigen Stand dieser so schwierigen Forschungen, wie von ihrer Entwicklung, denn alles, was noch nicht vollendet, abgeschlossen ist, ist am leichtesten nach der geschichtlichen Methode der Darstellung zu erfassen. Es wird dabei auch einer definitiven Schlufsfassung, welche künftige Forschungsergebnisse herbeiführen können, nicht vorgegriffen.

Es ist übrigens leicht ersichtlich, dafs viele Widersprüche der hier in Frage kommenden Autoren blofs in dem Umstande begründet sind, dafs die stofflich einander so nahestehenden Körper, wie ätherisches Öl, Bitterstoffe, Harze und selbst die Gerbstoffe, in einer unablässigen Umbildung und selbst in Übergängen zu einander begriffen sind, die schon mit der Erntezeit beginnen, so dafs es sehr darauf ankommt, ob eine solche Hopfenuntersuchung im Herbste, gleich nach der Ernte, oder im folgenden Winter oder gar erst im folgenden Sommer und noch später unternommen wurde. Ohne Zweifel wirken auch einige der angewendeten Lösungsmittel und Reagentien verändernd.

Weiterhin sind auch in dem Umstande grofse Schwierigkeiten gegeben, dafs die Harzmasse unter den Hopfenbestandteilen so grofs ist und die andern, wie ätherisches Öl, Bitterstoffe, Gerbstoffe etc., so fest am Harze hängen.

Dafs meine Darstellung auch nur den Autoren und ihren literarischen Veröffentlichungen nach vollkommen (absolut) erschöpfend sei, möchte ich keineswegs behaupten. Aber ich glaube keine Arbeit von erheblicher Tragweite übersehen zu haben. Diese Arbeiten sind eben in den mannigfaltigsten Zeitschriften zerstreut.

Es wird der Weiterentwicklung des Gegenstandes gewifs förderlich sein, wenn einmal eine möglichst vollständige Übersicht des bereits Gegebenen existiert, aus der sich jeder Interessenehmende leicht orientieren kann.

Mit der blofsen fragmentarischen Behandlung, wie sie in den Handbüchern der Brauerei gegeben ist, kommt diese Angelegenheit nicht ernstlich und rasch genug vorwärts. Jeder, der das versucht hat, wird wissen, dafs man da oft ganz falsche Vorstellungen von diesen so wichtigen Dingen erhält.

Eine ebenso merkwürdige wie schädliche Sache, welche von chemischen Technologen ausgeht, kann ich hier nicht unerwähnt lassen, weil sie im hohen Grade die Entwicklung gediegenen Wissens in Bezug auf die Hopfenwarenkunde hemmt und einem Eindringen besseren Wissens in die praktischen Kreise der Brauerei, wo dasselbe so not thäte, in hohem Grade im Wege steht.

Es ist die von manchen Chemikern, welche den Hopfenberg mit seinen steilen Wänden nicht zu erklimmen vermochten, oder zu bequem dazu waren, geäufserte Ansicht, dafs der Hopfen doch eigentlich für die Bierbereitung nur von untergeordneter Bedeutung sei. Solche Ansichten haben sich namentlich im Wassergebiet der Isar geltend gemacht, weit minder im Wassergebiet der Spree. In der That haben die meisten norddeutschen Technologen stets grofsen Wert auf den Hopfen und seine Erkenntnis gelegt, teilweise (Hayduck) sogar unser Wissen über den Hopfen erheblich erweitert. Namentlich war dies stets bei den in erster Reihe stehenden Männern der Fall, während auch dort die Männer 2. und 3. Reihe in neuerer Zeit vielfach sehr eigentümliche Ansichten vertreten haben, für die sie nur auf den Beifall gewisser Hopfenhändlerkreise rechnen konnten.

1874 sagt Prof. Dr. C. Lintner in Hagenau, dafs die Qualität des Hopfens Einflufs übe auf die Qualität der Biere, auf ihre Klarheit und schaumhaltende Eigenschaft. Später (um 1885—90 herum) war Lintner ein Hauptvertreter der Ansicht von der untergeordneten Bedeutung des Hopfens bei der Herstellung des Bieres. Diese Saat des Irrtums hat der deutschen Brauerei schon bittere Früchte eingetragen, und es wird in noch höherem Grade der Fall sein, wenn in der Hopfenfrage nicht ein baldiger und fundamentaler Umschwung der Ansichten und namentlich auch des Betriebes erfolgt[50]). Selbst bis nach England sind diese Ansichten vorgedrungen.

Im Jahre 1893 machte der englische Technologe Chas. Geo. Matthews das eigentümliche Selbstgeständnis, dafs zwar in den letzten 15—20 Jahren viele Untersuchungen über die Chemie des Hopfens angestellt worden seien und manche bezügliche Frage ihre Erklärung gefunden habe, es bleibe aber noch viel übrig, was in Dunkel gehüllt sei, und es sei daher vielleicht ein Glück zu nennen, dafs die Erfolge beim Brauen nicht so sehr von der Beschaffenheit des in einer gewissen Saison verwendeten Hopfens abhängen als vielmehr von Betrachtungen, welche im engeren Zusammenhang mit der Gerste und dem daraus resultierenden Malze stehen. Dennoch dürfe der möglicherweise von der Qualität des Hopfens und der Art und Menge seiner Verwendung auszuübende Einflufs nicht unterschätzt werden, wenn man auch im allgemeinen annehmen möge, dafs die in den mit verschiedenen Sorten und Jahrgängen von Hopfen erzeugten Bieren auftretenden Verschiedenheiten im ganzen so leicht zu verstehen seien, dafs der erfahrene Brauer keine chemische Untersuchung notwendig habe, um sein Urteil zu stützen, oder mit andern Worten, dafs sich fast jedes beim Bier einstellende Übel, soweit es dem Einflusse des

Hopfens zuzuschreiben sei, leicht zu erklären und zu verbessern sei. Er schliefse sich allerdings einer solchen Auffassung nicht an, sondern er halte dafür, dafs es für den Brauer erspriefslicher sein würde, wenn die Chemie des Hopfens auf eine klarere Grundlage gestellt würde, und man dürfe sich glücklich schätzen, dafs seit kurzem auch in England (durch die Herren Briant und Meacham etc.) höchst wertvolle Beiträge zu der Wissenschaft und Praxis in dieser Hinsicht geliefert worden sind.

Der Technologe Geheimrat Prof. Dr. Delbrück in Berlin sagte im Juni 1900 auf dem IX. Deutschen Brauertage in Hannover (in einem Vortrage: Das deutsche Braugewerbe an der Jahrhundertwende, s. Gambrinus, Wien 1900, S. 208): es käme darauf an, dafs die Brauerei in der wissenschaftlich-technischen Erkenntnis solche Fortschritte mache, dafs sie die erforderlichen Stoffe völlig beherrscht, z. B. auch mit stickstoffhaltigen Düngern bei der Gerste gutes Braumaterial zu züchten vermöge, wie seit 20 Jahren thatsächlich der Fall. Mit dem Hopfen liege aber die Sache wesentlich anders, hier wüfsten wir wenig Neues zu melden, und man müsse die Entwicklung dieses Problems noch der Zukunft überlassen. — Das war alles, was diese technologische Autorität bei solcher Gelegenheit und vor einem solchen Auditorium über den Hopfen zu sagen wufste! — An anderer Stelle bemerkt er bei der Besprechung der Chemie der Gerste, dafs desfalls nicht nur die Brauereichemiker, sondern die Chemie überhaupt noch weit zurück sei! — Ich glaube aber die Arbeiten nicht blofs über den Hopfen, sondern auch über die Gerste aus den letzten 30—40 Jahren besser zu kennen als der Herr Prof. Dr. Delbrück, und ich hoffe zu zeigen, dafs wir über den Hopfen ungleich umfangreichere und gediegenere Arbeiten besitzen wie über die Gerste. So dünn, wie Delbrück meint, ist unser Wissen über den Hopfen nicht!

Was selbst den Herren Technologen in der Beurteilung von Gerste und Malz hindernd im Wege steht, ist ihre oft so erstaunlich geringe Kenntnis des Varietäten- und Sorten-Heeres der Gerstenarten und des Einflusses, welchen Boden, Klima, Düngung und Kulturweise auf die Beschaffenheit des Gerstenkornes ausüben. Daher begegnet man da manchmal Ansichten, welche ganz befremdlich wirken. Durch blofses Bücherstudium kann man sich das hierzu unentbehrliche Wissen nicht aneignen, dazu gehören vielmehr direkte eigene Kulturen des Varietäten- und Sorten-Heeres und möglichst viele auf weiten Strecken im Terrain gemachte Beobachtungen. Sonst wird die technologische Wissenschaft viel lähmenden und hemmenden, für Brauer und Landwirte schädlich wirkenden theoretischen und unfruchtbaren Ballast, auch auf dem Gebiete der Gerste und des Malzes nicht abzustreifen vermögen.

Wenn es aber so wäre, wie in der Allg. Br.- u. H.-Ztg.[51]) gesagt wird, dafs wir in der Hopfenwarenkenntnis sozusagen noch gar nichts besitzen, obgleich doch gerade diese Zeitschrift damit und mit den Hopfenbauvereins-Düngungsversuchen seit mehr als 30 Jahren ihre Textspalten füllte, was ich aber bestreite, indem ich es als tendenziös bezeichne, dann nehme ich keinen Anstand, die Erklärung anzufügen, dafs das eine der negativen aber unvermeidlichen Früchte des ganz einseitigen Betriebes der Redigierung der Fachzeitschriften über Hopfen und Brauerei in Deutschland ist, wobei nur eine gewisse, ganz einseitige Richtung derartiger Studien zu Wort gelangt und die besten Kräfte und gediegensten Arbeiten, eben weil sie manchen Leuten ungelegen kommen, unterdrückt werden, so dafs die leistungsfähigsten und redlichsten Leute endlich — ermüdet — derartigen Bestrebungen den Rücken kehren. Nicht minder wäre es eine wohl verständliche Frucht der tendenziösen Ansichten und Lehren gewisser deutscher Technologen, dafs der Hopfen in der Biererzeugung nur eine ganz untergeordnete Bedeutung habe.

Es ist ganz ebenso mit den bei Besprechung einer Arbeit von Behrens in eben dieser Zeitschrift[52]) geäufserten Ansichten, wobei gesagt wird, dafs alles das, was wir in Bezug auf Hopfendüngung und -Kultur etc. hätten, nichts sei als einige, noch dazu bröcklige Bausteine[53]). Mir schwindelte wahrhaft, als ich das las und an die Flut von Gedrucktem dachte, welche sich in langen Jahren aus den Düngungs- und Kulturversuchen des Deutschen Hopfenbauvereins gerade über die Spalten der Allg. H.-Ztg., späteren Allg. Br.- u. H.-Ztg. in Nürnberg, ergossen hatte, wobei aber das Hopfenprodukt ebenso wenig qualitativ-systematisch von einem wahrhaft sachkundigen

Manne untersucht, kontrolliert und fixiert wurde wie bei den jahrzehntelangen Versuchen über Verpackung und Konservierung des Hopfens in Büchsen durch die Hopfenhändler, die sicher schon Hunderttausende verschlungen haben, ohne dafs je etwas klar gestellt und fixiert worden wäre.

Man darf dabei nicht vergessen, dafs in allen diesen Darstellungen gar oft unberechtigte, ganz persönliche Tendenzen stecken! Vor mir war nichts, nun bin ich da, jetzt gebt Obacht! Zehn Jahre später ist dann, erfahrungsgemäfs, auch vom neuen Autor nichts mehr da, selbst die Fackel ist meist wieder verschwunden. Der solide Mann arbeitet ruhig weiter, beginnt nicht damit, dafs er alles, was vorher da war, verkleinert. — Zeitschriften interessieren sich natürlich für unentgeltliche Stofflieferanten, für die ist vorher und nachher auch nichts von Belang da gewesen. Eine eigenartige Form, andere zur Stofflieferung (möglichst unentgeltlich) anzuregen.

Fr. Chodounsky hat seine in den zwei ersten Heften (des II. Decenniums) der Berichte des Vereins Versuchs- und Lehranstalt für Brauindustrie für das Königreich Böhmen veröffentlichten Untersuchungen fortgesetzt und die Resultate im 3. Hefte veröffentlicht. Die Allg. Br.- u. H.-Ztg. [54]) bespricht auch diese Arbeiten unter Vorführung sämtlicher ganz interessanten und lehrreichen Bilder von Spindeln, Zapfen, Zapfenblättern verschiedener Hopfenregionen.

Es habe allerdings an Bestrebungen der Vertreter der Wissenschaft, eine sichere Grundlage für die Wertschätzung des Hopfens nach äufseren Merkmalen zu erlangen, nicht gefehlt; dieselben hätten aber nur die unendliche Schwierigkeit der Aufgabe dargethan und bekanntlich keinerlei greifbare Resultate geliefert [55]).

Fr. Chodounsky sei es nun gelungen, eine systematische Methode ziffernmäfsiger Bewertung des Hopfens zu erfinden, welche sich bereits derart praktisch bewährt habe, dafs sie an der von ihm geleiteten Versuchsanstalt für Brauindustrie in Böhmen eingeführt worden sei.

Die Ansichten, welche Chodounsky in Bezug auf die Typuserhaltung ausgeprägter Arten dort ausspricht, dafs nämlich der Geruch etc. der spezifischen Sorten, auch wenn sie nun unter ganz veränderten Verhältnissen in Klima und Boden kultiviert werden, konstant bleibe, sind nicht zutreffend. Die Sorten oder Varietäten verwandeln sich aber, je ausgeprägter und rasseechter der Typus war, um so langsamer; Geruch, Bitter, Sekretgehalt sind schon nach 5—6 Jahren wesentlich anders, noch mehr in 10—20 oder noch mehr Jahren; in den ersten paar Jahren merkt man nicht so viel. Am längsten hält das Morphologische aus, die Doldengestalt, Rundung, Schlufs, die Art der Zapfenblätter, Spindeln. Aber die Gröfse der Zapfen, Blätter und Spindeln variiert sofort; hat der neue Standort regenreicheres Klima oder wasserreicheren Boden, werden die Zapfen und Zapfenblätter sofort gröfser, ist aber das Klima und der Boden trockener, dann ist es umgekehrt. Sicher ist es ferner, dafs bei zwei sehr ausgeprägten und unter sich sehr verschiedenen Rassen auch am neuen klimatisch sehr verschiedenen Standorte nach 30- und 40jähriger Anpassung die Produkte der beiden nebeneinander kultivierten Sorten, namentlich in ihren morphologischen Eigenschaften, sehr verschieden abgeändert sind; sie stimmen nicht mehr mit dem Heimattypus, aber auch nicht unter sich; selbst in den physiologischen Eigenschaften zeigen die neuen, abgeänderten Produkte keine völlige Übereinstimmung, doch sind die Abweichungen hierin nicht so grofs wie bei den morphologischen Eigenschaften. Ich habe nicht allein ein gewaltiges Material aller Hopfensorten der Welt nach einheitlicher, selbst geschaffener Methode verarbeitet, sondern im Weihenstephaner Hopfenvarietätengarten lange Jahre 60 Hopfensorten der Welt, darunter 19 englische, kultiviert und bearbeitet; die gänzliche Fertigstellung steht noch aus, weil ich nicht wufste, wo man eine solche harte Arbeit endlich drucken lassen könnte.

Wenn die Analytiker sich bis jetzt oft widersprochen haben, so kann es an den analytischen Methoden oder an den Analytikern gefehlt haben, oder an beiden, oder auch daran, dafs man von beiden mehr verlangt und erwartet hat, als sie naturgemäfs (auf dem Boden des heutigen Wissens und Könnens) leisten können. Ich glaube, dafs in den meisten Fällen das letztere die Ursache gewesen ist.

Sicher ist auch, dafs die Zeitabschnitte der Entwicklung in diesen Ansichten ihren Typus, ihren Stempel an sich tragen. Es gab eine Zeit, wo die Provenienz alles galt, wo also signierte Hopfen ihren Wert und Preis schon auf den Sack geschrieben hatten; so einseitig das war, so ist es noch einseitiger, wenn man es so machen will, wie von Berlin aus der staunenden Welt heute befohlen werden will, dafs die Provenienz gar nichts mehr wert sei. Man hatte Zeiten, wo man nur die grofsen Körner als Grundlage für die Beurteilung des Hopfens nahm. Dann folgte die Geruchsepoche, ihr die Abbürstepoche, dieser die Äther- und Alkoholextrakt-Epoche. Da wir auch an derem Ende stehen, kommen vielleicht jetzt bald einmal meine Reibflächen.

Kaum ist ein anderes Fachblatt so im stande, den Entwicklungsgang dieses Wissens seit 40 Jahren (von 1861—1900) zu zeigen, wie die Allg. Bayr. H.-Ztg., später Allg. Br.- u. H.-Ztg. von J. Carl in Nürnberg, in den ersten Jahren als Amts- und Intelligenzblatt der Stadt Roth a. S. (bei Nürnberg) im Spalter Lande, dann und heute noch in Nürnberg erscheinend.

Dieses Blatt bringt im Jahrgang 1861, S. 169 eine kleine Abhandlung über die wirksamen Bestandteile des Hopfens, die wir hier im Auszuge bringen. Der Fortschritt, den wir seither in dieser Sache gemacht, ergibt sich dann in folgendem ganz von selbst.

Wie also 1861 die Allg. H.-Ztg. sagt, sind die wirksamen Bestandteile des Hopfens, welche durch das Kochen in die Würze gelangen:

1. Das im Samenstaube enthaltene ätherische Öl; hier sind also die Sekretdrüsen noch Samenstaub, mit dem sie gar nichts zu thun haben;
2. der in den Blättern enthaltene Bitterstoff; Bitterstoff ist aber, wie wir heute wissen, nur im Sekret, in den Blättern, nur insoweit diese nicht individualisierte Drüsen enthalten;
3. ein in der ganzen Pflanze verteiltes Harz; thatsächlich ist aber auch das Harz fast nur im Drüsensekret enthalten;
4. die in den Blättern und hauptsächlich in den Stengeln (vielleicht sind die Spindeln gemeint) enthaltenen Gerbstoffe, die Gerbsäure Mulders.

Jeder dieser Stoffe hat bei der Bierbereitung eine eigene Funktion und eine eigentümliche Wirkung, teils auf den Geschmack, teils auf den Gehalt, teils auf die Haltbarkeit des Bieres. Alle diese vier Stoffe wirken teils sofort, teils später.

ad 1. Das ätherische Öl verleiht dem Bier den lieblichen, fein pikanten Geschmack. Die Hauptsache aber ist, dafs es auf die Gärung hemmend wirkt, also verhindert, dafs der Zucker zu schnell zersetzt wird, was von aufserordentlicher Wichtigkeit ist. Diese Wirkung findet nicht blofs bei der Hauptgärung, sondern auch bei der Nachgärung statt, und darin liegt der Hauptgrund, warum man dem Lagerbier mehr Hopfen zusetzt als dem früher verbrauchten Schenkbier.

ad 2 u. 4 fehlt[56]).

ad 3. Das Harz, welches ebenfalls beim Würzekochen aufgelöst wird, ist ebenso wichtig. Der gröfste Teil desselben wird aber bei der Hauptgärung wieder ausgeschieden, was durch den bitteren Geschmack der Schaumkräusen, der Decke nach der Gärung und der unter dem festen Zeug (Hefe) liegenden, zuerst niedergefallenen Schicht angedeutet wird.

Je reicher ein Hopfen an ätherischem Öl und Harz ist, desto kräftiger ist die Schaumbildung, desto langsamer und kräftiger die Gärung. Ein Hopfen, der diese beiden Bestandteile in reichem Mafse enthält, wird ein schwerer, und dem entgegen ein solcher, der sehr wenig davon enthält, ein leichter genannt. Leichter Hopfen (und ebenso alter) zeigt bei der Haupt gärung eine ganz leichte, schnell verlaufende Schaum- (Kräusen-) Bildung und hinterläfst nach derselben keine oder nur eine leichte Decke.

Das ätherische Öl und das Harz des Hopfens haben die fatale Eigenschaft, dafs sie mit der Zeit, namentlich bei warmer Sommerwitterung, verdunsten und bis zur Nichtwiederlösbarkeit vertrocknen; und dies ist der Grund, warum ein jeder über ein Jahr alte Hopfen seine guten Eigenschaften zur Bierbereitung verloren hat; das ätherische Öl ist verflüchtigt und zersetzt worden, das vertrocknete Harz ist nicht mehr löslich.

Nicht minder wichtig ist die Funktion, welche der Gerbstoff hat. In der Malzwürze ist neben dem Malzextrakt auch noch eine ziemliche Menge an Proteïnstoffen (Eiweifs, Kleber, Pflanzenleim etc.) aufgelöst enthalten, welche dem ungehopften Bier einen schlechten Geschmack und geringe Haltbarkeit geben würden. Durch das Kochen geht der Gerbstoff des Hopfens eine Verbindung mit diesen Proteïnstoffen ein und scheidet sie, und mit ihnen sich selbst, aus der Würze ab.

Im Jahre 1860 waren die Hopfen in England, Bayern und Böhmen überaus schlecht geraten; die Ernten waren höchst ungenügend und die Saazer und Spalter erreichten Preise, welche per Zentner bis 350 und 370 fl. gingen. Dazu war der Hopfen auch in der Qualität überaus mangelhaft, arm an Sekret und mangelhaft in dessen Konstitution. Ich habe nicht eine Klage gelesen, dafs damals (1860) auch die Gerste, also jenes Material, welches angeblich die Seele des Bieres lieferte, von schlechter Qualität gewesen sei. Nun trat der doch gewifs merkwürdige Fall ein, dafs in damaliger Zeit, wo die Konsumtion und Produktion des Bieres allenthalben einen ganz gewaltigen Aufschwung nahm, das Sudjahr 1860/61 gegen viele Vorjahre fast in allen Ländern eine verminderte Konsumtion und Produktion hatte. Namentlich war das auch in England der Fall. Die Bierausfuhr Englands betrug im M o n a t S e p t e m b e r der Jahre:

1859	78 060 Pfd. Sterling.
1860	76 843 » »
1861	25 642 » »

Also im schlechten Hopfenjahr 1860/61 ging die Bierausfuhr Englands im Monat September allein um $^2/_3$ gegen jene der beiden Vorjahre zurück. Es hängt das sicher nicht blofs mit den hohen Rohmaterialpreisen zusammen, sondern auch mit der minderen Qualität, namentlich jener des Hopfens, vielleicht auch mit Hopfensurrogaten, daher auch schlechterer Qualität des Bieres, trotz befriedigender Gerstenqualität.

In der Sommerbierproduktion der Münchner Brauereien war zwar 1860/61 keine Minderung eingetreten, aber die Steigerung, die bis dahin alle Jahre grofs war, betrug nur 42 000 Eimer. Das Jahr 1861 hatte nicht blofs eine reiche, sondern auch eine qualitativ hochstehende Hopfenernte gebracht; viele ältere bayerische Hopfenproduzenten in Franken und in der Hallertau sagten, dafs sie sich keines Jahrganges erinnern, in dem ein so feines aromatisches Gewächs erzielt wurde wie 1861; die Münchner Sommerbierproduktion stieg 1861/62 um 62 000 Eimer[57]).

Die deutsch-slavischen Länder Österreichs erzeugten 1859/60 12 602 404 Eimer Bier, 1860/61 nur 11 113 870 Eimer, 1861/62 aber wieder 13 442 994 Eimer.

Und schliefslich wird uns gerade jetzt (1899 und 1900) in allen Denkschriften der deutschen Brauervereine, welche gegen die in Aussicht stehende Erhöhung des Hopfenzolles ankämpfen, gesagt, dafs man zur Herstellung der jetzt so beliebten hellen (sog. Pilsener) Biere den böhmischen (Saazer) Hopfen nicht entbehren könne; die Konsumtion und Produktion dieser Biere sei im Wachsen, und eine Erschwerung der Erzeugung durch Verteuerung des Gersten- und Hopfen-Importes werde zu einer Überschwemmung Deutschlands mit Original-Pilsener Bieren führen. Eine bittere Frucht der Weisheit gewisser technologischer Wissenschaft!

Haben uns ja doch auch, wie wir in den folgenden Abschnitten dieses Buches sehen werden, die aus neuerer Zeit (also aus der bereits im vollen Gange befindlichen Eismaschinen- und Kellerkühlungs-Zeit) datierenden Arbeiten und Studien der englischen Technologen Briant und Meacham gezeigt, dafs im Grofsbetriebe der englischen Brauerei die Leiden und Freuden des Betriebes, der glatte oder an Störungen, namentlich im Keller, reiche Verlauf der Brauerkampagne auf das innigste mit der Frage korrespondieren: ob der Hopfen gut oder schlecht geraten[58]).

Und dabei wird es dem Beobachter mit gewecktem Geist bald erkennbar sein, dafs diese Störungen in der ganzen Brauerei in extremen Hopfenerntejahren, ganz andere sind in heifsen, dürren Jahren, wenn der Kupferbrand mit der Spinnmilbe (Tetranychus telarius) gehaust hat, oder in trockenen tagesheifsen, nachtkalten Jahren mit Honigtau und Blattlaus, oder in nafskalten Jahren mit Rufstau, Blattlaus oder Aphis-Blight etc.

Für den Brauer freilich am Gängelbande dieser Art von Technologen erscheint gerade das Braugewerbe als von lauter Wundern umstrickt, von lauter Rätseln umwuchert, denn er hat es ja (laut Faktura) heuer mit Hopfen aus derselben Gegend wie im Vorjahr ganz genau ebenso gemacht, und alles ist ganz anders, vielmal nicht zum Wiedererkennen!

Briant und Meacham haben an Hopfensorten desselben Hopfengartens 1898 und 1899 festgestellt, dafs der Harzwert, rein quantitativ aufgefafst, 1899 um 10—15% niedriger war als 1898. Beim Herefordhopfen trat aber diese Harzentwertung 1899 weniger hervor als bei den andern. Wie wäre es aber, wenn diese Herren auch gleichzeitig hätten feststellen können, in welcher Art und in welchem Betrage der Harzwert qualitativ (nach seiner Kraft) verschieden war? Den Sekret- oder Harz-Gehalt mehrerer Hopfensorten untereinander zu vergleichen, gibt es übrigens sicher keine bessere und anschaulichere Methode als meine Reibflächen. Welche Rolle kupferbrandige, rufsbrandige etc. Ware im Bier spielt, wissen die heutigen Brauer noch weniger als die älteren (s. folgend).

In früheren Jahrhunderten hatte man ganz allgemein die Ansicht und nicht blofs in Deutschland, dafs die berauschenden Eigenschaften des Bieres vom Hopfen herrühren und mit der verwendeten Menge desselben im geraden Verhältnisse ständen[59]). Aus dieser Ansicht ging auch das später näher zu erörternde Bestreben hervor, den Hopfen durch ebenso oder noch mehr berauschend wirkende anderweite Pflanzenstoffe zu ersetzen. Wie wir in dem geschichtlichen Abschnitte über Hopfen und Brauerei gesehen (s. oben S. 105), war bei den Russen bis in die letzte Zeit das Wort chmel (Hopfen) gleichbedeutend mit Rausch.

Ich finde in diesen Behauptungen gewisser chemisch-technologischer Kreise von der minderen Bedeutung des Hopfens bei der Bierbereitung ein grofses Unrecht, welches an den Brauern begangen wird, weil diese, alles Heil nur von der Chemie erwartend, das glauben und so verhindert und gelähmt werden, endlich einmal ernsthafte Hopfenstudien für angezeigt zu erachten.

Ohne Zweifel sind die Chemiker zur Lösung prinzipieller Fragen in Bezug auf den Wert des Hopfens nicht nur erwünscht, sondern vollkommen unentbehrlich, aber zur Führung des Brauers im Hopfenhandel (Einkauf der Ware) und zur richtigen Verwendung des Materials für den alltäglichen Bedarf der Brauerei ist die Hopfenwarenkunde nötig, zu der auch noch anderes nötig ist als Chemie. Wie es mit den Kenntnissen der Brauer in Bezug auf den Hopfen aussieht, wird auch sehr bezeichnend von Briant und Meacham (1893) angedeutet, welche dabei namentlich englische Verhältnisse im Auge haben. Der Unterschied im Brauwerte der Gerste sei den Brauern von Jahr zu Jahr vollständig bekannt, dagegen finde der Unterschied im Brauwerte des Hopfens kaum Beachtung; der einzige Vergleich, welcher gemacht werde, beziehe sich auf die Menge der Hopfenernte und den Preis. Und dennoch könnten die Brauer durch die Verschiedenheit, mit der sich die Hopfen zweier aufeinanderfolgenden Jahre im Brauhause bei der Verarbeitung verhalten, genügend veranlafst sein, sich ernstlich damit zu befassen.

Es ist ein eigentümliches Geschick, dafs gerade mit dem Zeitabschnitt, wo die Chemiker diese sonderbaren Ansichten von der Bedeutung des Hopfens für das Werden des Bieres aussprachen, jene erstaunlich umfangreiche und tiefgehende Streikbewegung des deutschen und namentlich auch des süddeutschen (Münchner) Publikums gegen die dunklen Biere begann, an deren Ende wir — meines Erachtens — noch nicht angelangt sind. Es ist begreiflich, dafs man in Brauerkreisen diesen fatalen und unangenehm empfundenen Vorgang auf Rechnung der Launenhaftigkeit und Modesucht des biertrinkenden Publikums zu stellen sucht; es ist so was bequem, weil man dann über seine eigene Schuld an dem fatalen Vorgang nicht weiter nachzudenken braucht.

Nach meiner Auffassung als sachkundiger, stiller Beobachter des Vorganges hat diese grofse, merkwürdige Bewegung, der ich als Kenner ihrer Ursache mit staunendem Interesse zusah, als logische, unabwendbare Entwicklung eines naturgesetzlichen Ereignisses mit Laune und Mode gar nichts zu thun, sondern sie ist sicher eine Hopfenfrage mit physiologischem Hintergrunde, eine erste Frucht der unbegreiflichen Vernachlässigung der Hopfenfrage in den Brauerkreisen, die sich noch ganz anders rächen wird, denn ich bin überzeugt, dafs wir erst am Anfange dieser Bewegung stehen, die auch durch kleine Kunststücke mancher Brauer nicht zum Stillstand gebracht wird; sie kann höchstens Pausen machen. Vielleicht gelange ich bald einmal dahin, diese Frage in einer besonderen Abhandlung zu beleuchten; das Material dazu liegt bereit.

Es wird sich zeigen, dafs wohl die Gerste oder das Malz den Grundbau, die Basis des Bieres schafft, den Anfang desselben und seinen Körper, dafs aber die Frage des Biergeschmacks, seine Trinkbarkeit, die zum Trinken einladende Lieblichkeit des Aromas und des Bitters, seine Haltbarkeit, seine leichte Verdaulichkeit und gute Bekömmlichkeit, überhaupt sein ganzer physiologischer Wert für den menschlichen Organismus und überhaupt sein ganzes Wesen etc., in letzter und ausschlaggebender Instanz durch den Hopfen bewirkt wird, ohne welchen es kein Bier, sondern nur Malzgetränke gibt, und wenn man überhaupt von einer Seele im Biere reden kann, diese durch die Hopfenbestandteile in seinen Körper hineingelegt wird, den das Malz geschaffen hat. A. Schwarz sagt im Amerikanischen Bierbrauer[60]), dafs es nur ein Schlagwort sei, zu sagen: Malz ist die Seele des Bieres, Malz ist Bier. Diese Ansicht ist gut und ehrlich, enthusiasmiert für den Augenblick das jubelnde Publikum, das sich gern an schwungvollen Worten berauscht, erweist sich aber einer nüchternen Erwägung gegenüber als falsch. Der Charakter des Bieres ist nach der Ansicht des Herrn Schwarz von der Zusammensetzung der Bierwürzen beherrscht, die selbst wieder vom Maischprozefs abhängig ist; dabei sei das Hopfen der Bierwürzen, die Gärführung und das Lagern des fertigen Bieres von wesentlichem Einflufs, um dem Geschmacke und dem Aussehen des Bieres ein entschiedenes Gepräge zu geben.

Diese Phrase »Das Malz ist die Seele des Bieres« rührt übrigens, wie Prof. Delbrück beim IX. Deutschen Brauertage in Hannover, Juni 1900, in seinem Vortrage »Das deutsche Braugewerbe an der Jahrhundertwende (ein Überblick über die Entwicklung der deutschen Brauerei seit $1^1/_2$ Jahrhunderten)« gezeigt, von Munz her. Um 1763 waren die berühmten und literarisch thätigen Brauer Paupie, Charles, Hernstedt und Munz, der damalige Brauereipächter Munz in Köstritz. Paupies Schriften datieren von 1794; Charles lebte von 1741—1811; Professor Hernstedt in Wien gab eine vollständige Technologie des Braugewerbes heraus und ein weiteres, grofses Buch »Ratschläge zum Brauen des Bieres«; er untersuchte den Hopfen; von den bayerischen und böhmischen Bieren weifs er wenig, er beschreibt nur die norddeutschen. Munz war für Obergärung, verlangte bereits Brauerschulen, legte grofsen Wert auf die richtige Beurteilung der Gerste und auf richtiges Maischen. Der Brauer habe schon halb gewonnen, wenn der Mälzer sein Werk gethan, denn das Malz sei die Seele des Bieres.

Sehr richtig wird auch in der Allg. H.-Ztg. (1880, I, 375) gesagt: Verdanken doch heute alle Sorten Biere, braun oder blafs, dem Hopfen ihren eigentümlichen Charakter, und wird doch dieser Charakter von den Bestandteilen des Hopfens in ähnlicher Weise bedingt, wie der Wein Geschmack und Aroma von den Bestandteilen der Traube empfängt.

Beim III. Deutschen Brauertage in Frankfurt a. M., Anfang August 1876, ging von dem bekannten Hopfenzüchter F. Wirth in Kaltenberg bei Tettnang zum Grufse ein Hopfenkranz ein, welcher von einem sinnreichen Gedichtchen begleitet war, in dem u. a. folgende Strophen vorkamen:

Was hilft Euch der Reden Salz,
Fehlt's am Hopfen und am Malz!
Kalte Luft und Eismaschinen,
Nimmer mögen sie Euch dienen.
Fragt Ihr auch die Professoren,

Horchet auf Chemiedoktoren!
Nichts vermag der Bund der Brauer,
Hilft ihm nicht der Hopfenbauer,
Drum schick' ich zu guter Frist,
Was des Bieres Seele ist!

Sehr richtig sagt ein praktischer Brauer, ein Braumeister[61]), ein Sprichwort laute: Malz ist Bier; er glaube aber die Behauptung aufstellen zu können, dafs die Hopfengabe und das Hopfenkochen, im Verein mit einer guten Hefe, eine Hauptgrundlage für den gewünschten Charakter eines Bieres mit bilden. Dr. Max Siewert sagt: Das Bier verdankt seinen spezifischen Charakter und seine physiologischen Eigenschaften hauptsächlich dem Hopfen, der aber dem Brauer oft zu teuer, oft auch von minderer Güte ist. Siewert sagte das aber Mitte der 1860er Jahre, also vor der Eismaschinen- und Kalteluftkellerkühlungs-Zeit. Dafs aber das Eis und die kalte Luft diese Hopfenwirkung nicht ersetzen können, zeigen uns die heutigen Biere.

Rudolf Kobert[62]) sagt, man müsse, um die grofse Bedeutung, welche die Erfindung des gehopften Bieres darstelle, zu verstehen, in Betracht nehmen, dafs der Hopfen 1. auf das Bier wie ein Antiseptikum, also etwa wie Salicylsäure, wirke, aber unter den überhaupt vorhandenen Antisepticis das einzige fast unschädliche sei; ohne Hopfen hätte ein versandfähiges gutes Lagerbier überhaupt nicht aufkommen können. Welchem Sturm von Anklagen und Verdächtigungen sind die englischen Brauer ausgesetzt, seit sie damit begonnen haben, einen Teil der Hopfengerbsäure durch Tannin zu ersetzen! Ohne Zweifel haben die Biertrinker das auch an ihrem Befinden bemerkt; 2. mache der Hopfen das Bier für viele wohlschmeckender als alle sonst existierenden Bitterstoffe und aromatischen Zusätze; 3. wirke der Hopfen entschieden förderlich auf Appetit und Verdauung ein; das thun aber — wie ich hinzufügen möchte — doch nur die feinsten Bitterstoffe, die noch in einem wahrhaft ausgegorenen, genügend lange gelagerten Bier enthalten sind, während die groben Bitterstoffe und Harze (die harzigen Bitter oder bitteren Harze), welche in noch jungen Bieren sich noch in der Schwebe befinden, auf reizbare, hämorrhoidal veranlagte Verdauungsorgane entschieden reizend und dadurch schädlich wirken; 4. verleihe die mäfsige Hopfenmenge bei jahrzehntelangem Biergenufs ein viel ruhigeres Temperament, als beispielsweise der Wein verleiht. Eine 5. berauschende Wirkung, wie man sie im Kreise der slavischen Völker früher angenommen hat, dürfte in Wirklichkeit nicht existieren. Aber der ersten vier Punkte wegen nennt Kobert mit Recht die Erfindung des gehopften Bieres eine der glücklichsten, welche auf dem Gebiete der alkoholischen Getränke je gemacht werden konnte. Dadurch fällt die Geschichte der zweiten Periode der Bierbrauerei mit jener des Hopfens zusammen; denn erst seit dieser, in ihren Anfängen sicher dem frühen Mittelalter angehörigen Periode ist das Bier eine alkoholische Flüssigkeit, gewonnen aus Malz (meist Gerstenmalz), durch beliebige Hefe und zum Zweck der besseren Haltbarkeit und des besseren Geschmackes, auch der besseren gesundheitlichen Wirkung wegen, mit Hopfen versetzt. Und da sagen gewisse Technologen, dafs der Hopfen für die Bierbereitung nur eine untergeordnete Bedeutung habe! Wir werden gleich sehen, dafs das Auftreten dieser kuriosen Ansicht dem Zeitabschnitt in der Entwicklung der Bierbrauerei angehört, wo man durch künstliche Kälteerzeugung in den Kellern die konservierende Bedeutung des Hopfens ganz erheblich verringerte, wahrscheinlich aber durch die Konsumenten, die doch da auch etwas zu sagen haben, wieder zur Umkehr oder zu wesentlich modifizierenden Mafsnahmen gezwungen ward.

Welche Fortschritte könnten — ganz im Gegensatze zu diesen irrigen und unfruchtbaren Ansichten — in der Biererzeugung gemacht werden, wenn der Brauer erst einmal gelernt hätte, die Art oder Sorte und den Brauwert des in seinem Besitze befindlichen Hopfens vor der Verarbeitung ganz genau festzustellen und auf solcher Basis seine quantitative und qualitative Arbeit im Bier verschiedener Sorten, zugleich im Zusammenhang mit den Malzsorten, dem Wasser etc., genau zu verfolgen! Deshalb wollen wir im Interesse der Brauer wie der Konsumenten hoffen, dafs ehebaldigst die alten Grundsätze wieder zur Geltung kommen, welche lehren, dafs nur mit gutem und gehaltvollem Hopfen das beste, kräftigste, gesündeste und dauerhafteste Bier gemacht werden kann.

Die Zwecke, welche man mit der Zugabe von Hopfen zur Bierbereitung zu erreichen sucht.

Man findet in der Entwicklungsgeschichte der Brauerei die ebenso auffallende, wie eigentümliche Thatsache, dafs zu verschiedenen Zeiten auch verschiedene Ansichten über den Einflufs des Hopfens auf die Qualität des Bieres geherrscht haben. Zuweilen legte man der Wirksamkeit des Hopfens eine zu grofse, ab und zu aber, wie gerade jetzt wieder, auch eine zu kleine Bedeutung bei. Es gab ja selbst Zeiten, wo man gegorene Malzgetränke ohne Hopfen Bier nannte; heute aber mufs Hopfen dabei sein, wenn von Bier die Rede sein soll[63]). Noch lehrreicher ist das Verbot der Verwendung des Hopfens zur Bierbereitung in England (das heute mehr als 600000 Ztr. verbraucht) unter Jakob I., 1603, weil er ein Gift sei, und die Petition der City von London beim Parlament gegen den Hopfen, weil er den Geschmack des Bieres verderbe, und gegen die Steinkohlen von New-Castle wegen ihres Gestanks. Wir wären heute aufser stande, ein Bier zu trinken, welches ohne Hopfen gebraut wäre.

Es hat den Anschein, dafs man auch in der Schätzung der Hopfenqualitäten, also in Bezug auf Aroma und Bitter etc., über das, was fein und nicht fein ist, früher ab und zu ganz andere Ansichten hatte wie heute, denn im vorigen und im Anfange dieses Jahrhunderts findet man ganz andere Hopfenregionen hochgeschätzt als heute: im Fränkischen weniger Spalt, sondern Altdorf, welches damals 1000—2000 Ztr. Hopfen baute; damals wurde der Altdorfer Hopfen häufig als böhmischer versendet. Die Altdorfer, Laufer, Hersbrucker Hopfen wurden damals in betreff der Güte den böhmischen gleich geachtet, von vielen sogar vorgezogen, weshalb im Beginne des 19. Jahrhunderts die Böhmen, wenn sie Mifsernte hatten, hier kauften[64]).

Edw. Watson in Dorpat (s. Allg. H.-Ztg. 1880, I, 77) macht sogar die für die Hopfenregionen etwas unheimlich klingende Bemerkung: Das Bier ist sich in den Zeiten, aus denen wir Nachrichten haben, nicht immer gleich geblieben, wie es sich auch jetzt nicht gleich bleibt; namentlich ist die Verwendung des Hopfens keine ursprüngliche, und wenn gehopfte Biere heute, aus Gewohnheit, unserm Geschmack vollkommen entsprechen, so ist es immerhin noch fraglich, ob nicht nach gewissen Zeiten der Hopfen wieder schwinden und einem andern, angenehm bitter schmeckenden und das Bier konservierenden Stoffe Platz machen wird.

Wenn man aus den Darstellungen O. Wiesners (l. c. S. 238) ersieht, welche erstaunlich grofse Bedeutung die Hopfenkultur vom 14. Jahrhundert ab und dann namentlich Ende des 16. und Anfang des 17. Jahrhunderts in der Mark Brandenburg an vielen Orten, dann in der Altmark (Gardelegen, Salzwedel etc.), in Mecklenburg und Schlesien etc. hatte, obgleich doch damals die Regionen von Saaz und Spalt etc. bereits lange existiert und berühmt waren, so fragt man sich erstaunt nach den Agentien, welche derartiges zu verdrängen vermochten: sollte das blofs das Lagerbier gemacht haben?

Ebenso bedeutend war die Hopfenkultur im 14. und 15. Jahrhundert um Braunschweig, wo die berühmte Mumme daraus gebraut wurde; wegen der zu grofsen Ausdehnung der Hopfenkultur auf Kosten des Getreidebaues mufste die Hopfenkultur durch Gesetz beschränkt werden (Wiesner, l. c. S. 246).

Um Einbeck und Hameln an der Weser wurde viel Hopfen gebaut, daraus das berühmte, stark gehopfte Bier von Einbeck (der Vorläufer des Bock) gemacht. Auch um Paderborn, in Sachsen und Thüringen wurde Hopfen gebaut.

Im 15. und 16. Jahrhundert blühte die Hopfenkultur in den Bistümern Regensburg, Eichstätt, Freising, in der Oberpfalz, später bei Augsburg, Nürnberg, Bayreuth, in Sachsen, Pommern, Mecklenburg und Hannover.

Damals war der auswärtige Handel mit Hopfen schon sehr bedeutend, namentlich jener auf dem Seewege über die Hansastädte. In Bremen gab es eigene, von Bürgerwachen beschützte Hopfenlager.

Vom bedeutenden Hopfenhandel Hamburgs zeugen noch gewisse Lokalnamen dieser Stadt: das Hopfenthor, der Hopfensack (eine Gasse), Hopfenmarkt, Hopfensaal. Auch in Danzig und Flensburg blühte der Hopfenhandel.

Viel von diesem einst blühenden Hopfenbau in Gegenden, wo man heute fast nichts mehr davon sieht, hat ohne Zweifel der 30jährige Krieg, dieser Fluch des deutschen Volkes, vernichtet. Vieles wurde später durch den entwickelten Verkehr verdrängt. Aber es mufs doch auch ein Geschmackswandel an diesen so auffallenden, grofsen Umwälzungen beteiligt gewesen sein.

Ohne Zweifel spielte die Frage, ob nur Jung- oder Schenkbier oder auch Lagerbier gebraut wurde, eine bedeutende Rolle für die Frage, wo der Hopfen gebaut werden sollte. Zur Erzeugung von Schenkbier und obergärigen Bieren konnte man die auf den leichten, sandigen Böden des norddeutschen Flachlandes und namentlich auch in der Mark Brandenburg gebauten leichten Hopfen, deren Sekret ohne Zweifel auch im Bier eine raschere Arbeit verrichtete als schwere Spalter oder Saazer Hopfen, sehr wohl gebrauchen; ohnehin wird man damals im Bittergeschmack und Aroma des Bieres noch nicht so verwöhnt und so anspruchsvoll gewesen sein wie heute; auch wurde zu diesen leichten Bieren nur halb so viel Hopfen genommen wie zu den Lagerbieren, es kam also der Hopfengeschmack gar nicht so sehr zur Geltung. Ebenso war man in diesen Dingen offenbar noch nicht so von Vorurteilen befangen, wie vielfach heute der Fall. Als aber nach dem 30jährigen Krieg entweder das Bier in Norddeutschland in seinem Geschmacke sich verschlechterte oder die Ansprüche der Biertrinker wuchsen, obgleich damals das untergärige Lagerbier dort noch keine Rolle spielte, verfiel die Hopfenkultur in der norddeutschen Ebene und machte dem damals lohnenderen Getreidebau Platz. In Mitteldeutschland sah man vor 50 und 60 Jahren noch sehr viel kleine Hopfenanlagen, wo heute keine mehr sind, wohl weil infolge der allmählichen Herstellung von Lagerbieren die Anforderungen an den Hopfen gröfser geworden sind; nur da und dort baut ein Dorf noch für eigenen Bedarf etwas Hopfen. Von den gröfseren heutigen Hopfengebieten Norddeutschlands baut Neutomischel (Provinz Posen) zum Teil, namentlich aus neu eingeführten Saazer Reben, Lagerbierhopfen für nicht allzuweit gehende Ansprüche, während das ältere Gebiet der Altmark (Gardelegen) vorwiegend sehr leichte Schenkbier- und Export-Hopfen baut.

Im Gebiet von Bayern bestand im vorigen Jahrhundert sehr allgemein noch die Anschauung, dafs man zur Herstellung von Lagerbier nur böhmischen Rothopfen (namentlich von Saaz) gebrauchen könne. Die Regierung besteuerte daher diesen sehr hoch und erschwerte zugleich das Brauen von Lagerbier mit böhmischen Hopfen durch einen hohen Malzaufschlag, während die leichten (auch untergärigen) Schenkbiere, zu deren Herstellung man inländischen Hopfen verwendete, begünstigt wurden. Zugleich erhielten die neuen Hopfenanlagen 10jährige Steuerfreiheit; auch Prämien und andere Nachhilfe wirkten mit, und so wurde der bayerische Hopfenbau allmählich das, was er jetzt ist.

Auch in Württemberg, Baden und Elsafs hat sich die dort schon lange bestehende Hopfenkultur nie ganz so verloren wie in Norddeutschland und kam früher wieder zur Blüte, woran sicher auch ein milderes, sonnigeres Klima und höhere Erträge beteiligt waren, als sie Norddeutschland im Hopfenbau hat.

Der bayerische Hopfenbau ist streckenweise sehr alt und fast ohne Unterbrechung gewesen. Teile des Produktes desselben hatten bis vor kurzem sehr mit Recht einen grofsen Ruf in der weiten Welt. Den Brauern in Europa und in überseeischen Ländern galt der bayerische Hopfen, namentlich der von Stadt Spalt und Spalter Land, Heideck, Kinding, der Hallertau, dann aus dem mittelfränkischen Bezirk »Gebirg« (Betzenstein, Pegnitz), auch Altdorf, Lauf, Hersbruck und Teilen des Aisch- und Zenngrundes (mit Saaz und Rothauscha in Böhmen) für das vornehmste Hopfenprodukt der Welt. Wenn da in neuerer Zeit Abschwächungen eintraten, so liegt das nur in unsolider Geschäftsgebarung der Händler, indem viele Brauer jahrzehntelang minderwertige Ware unter tönender, bayerischer Etikette erhielten und infolgedessen falsche Vorstellungen vom wahren Wert der bayerischen Ware bekamen, und indem Händlerringe die böhmische Ware als

Preisdrücker für die später reifende bayerische Ware benutzten, und indem ferner diese Hopfentrusts auch gewisse sogenannte technologische Kreise, die gern Autorität spielen, auch da, wo das erforderliche Wissen fehlt, ins Schlepptau zu nehmen verstanden, zum grofsen Schaden der Brauerwelt, als deren (gleichsam privilegierte) Interessenvertreter sie sich gerierten.

Tadelloses Bier soll folgendermafsen beschaffen sein[65]):

a) Eigenschaften, welche vorerst das Auge befriedigen: Glanz, Farbe, Schaumhaltung;
b) Eigenschaften, welche in die Nase gehen: Geruch des Bieres und Kohlensäurereichtum (Mousseux);
c) die Geschmacksempfindungen, welche die Zunge und den Gaumen in so hohem Mafse befriedigen, dafs der Biertrinker über die Reinheit des Geschmackes, Vollmundigkeit und Schneidigkeit ganz entzückt ist. Dabei soll das Bier auch bekömmlich sein, d. h. einen ausgiebigen Genufs ohne nachträgliche Beschwerde gestatten; es soll zu Hause in der Flasche sich lange halten und billig sein.

Das ist viel und um so mehr, als mehrere der wichtigsten dieser Eigenschaften vom Einkaufe besten Rohmaterials (Gerste und Hopfen) abhängig sind; man mufs dazu kapitalkräftig und technisch tüchtig sein. Jedenfalls ist es nicht leicht, ein gutes Bier zu brauen.

Dafs das deutsche Bier aber selbst seit 1737 eine grofse substanzielle Veränderung erlitten hat, dafs die Biere damals extraktreicher waren, während sie heute alkoholreicher sind, dafür spricht eine Studie in der Chemiker-Zeitung: Über das Bier einst und jetzt[66]). Während manche sagen[67]), dafs extraktreiche (bayerische) Biere schwerer im Magen liegen als sogenannte weinige (Pilsener) Biere, denen man deshalb um so mehr den Vorzug geben müsse, als das Bier in erster Linie Genufsmittel und nur in sehr beschränktem Sinne Nahrungsmittel sei, lieben es die Hymnendichter des dunklen bayerischen Bieres, dessen Extraktgehalt und daraus hervorgehend höheren Nahrungswert in den Vordergrund zu stellen.

Offenbar hängt das damit zusammen, dafs, wenn einmal eine Richtung zur Geltung gekommen war, man sich gegenseitig darin zu überbieten suchte, bis die ermüdeten Geschmacksnerven der Konsumenten sich endlich ernstlich ablehnend verhielten. Hinter den sich ablehnend verhaltenden Geschmacksnerven der Konsumenten stehen aber immer, als tonangebend, der menschliche Verdauungs- und Nerven-Apparat, die Physiologie.

Sicher ist das Verständnis und der Feingeschmack für diese Fragen bei der grofsen Masse der Biertrinker, auf welche es doch in solchen Dingen vor allem ankommt, im Wachsen. Sicher wird in wenigen Jahrzehnten nur das Feinste und Gewählteste dem Geschmacks- und Geruchs-Sinne der Biertrinker genügen, und die Brauer werden allmählich, unter Umständen auch selbst gegen ihre Neigung, gezwungen sein, der Hopfenqualität und der jeweiligen Wirkung der vielen, so verschiedenen Hopfensorten eine weitergehende Aufmerksamkeit zuzuwenden, nachdem die bezüglichen Traditionen aus der Zeit vor 30—40 Jahren in den letzten zwei Jahrzehnten, teilweise unter der Anteilnahme gewisser chemischer Technologen und solcher, die sich dafür halten, in den Hintergrund getreten sind. Die Brauer können sich für manche sehr erhebliche bittere Erfahrungen, welche ihnen seit einem Jahrzehnt aus diesen Irreleitungen erwuchsen, bei diesen Herren bedanken. Die Aufgabe der Brauer ist es nicht blofs, billiges, sondern auch wohlschmeckendes Bier zu erzeugen; in letzterer Beziehung haben die letzten 20 Jahre viele Rückschritte gebracht. Für gewisse Hopfenhändler, denen eine Wertschätzung der Hopfenprovenienz unbequem ist und die gern mit ff. Lagerbierhopfen oder ff. bayerischem, ff. böhmischem und ff. Schenkbierhopfen etc. arbeiten, sind diese technologischen Ansichten sehr erspriefslich gewesen.

Über den seit einem halben Jahrhundert stattgehabten Wechsel der Ansichten hinsichtlich der Hopfengabe und des Hopfensuds gibt auch ein Artikel im Böhmischen Bierbrauer 1890[68]) ganz lehrreiche Auskunft. Dort ist auch gesagt, dafs die Auflösung der verschiedenen Extraktivstoffe, bekannter und noch unbekannter, in der Würze, wenn sie auch nur in ganz geringer Menge in das fertige Bier übergehen, dennoch einen wesentlichen Einflufs ausübt auf den

Geschmack, die Haltbarkeit und den allgemeinen Charakter des Bieres, auch in Bezug auf seine physiologische Wirkung besonders wichtig ist, denn

»Wasserreich und hopfenarm
Gibt ein Bier, dafs Gott erbarm'!«

Wie für alles in der Welt, hat man, namentlich in hopfenteuren Jahren, nach Hopfensurrogaten gesucht. Niemals ist es bis jetzt gelungen, etwas zu finden, was auch nur im entferntesten Sinne des Wortes als Ganzes dem Hopfen ähnlich wäre. Für einzelne Richtungen der Hopfenwirkung hat man, namentlich in England, gewisse Ersatzmittel gefunden, welche aber in ihrer Wirkung nur ein ganz erbärmlicher, leicht erkennbarer Notbehelf sind.

Soweit unsere bisherige Einsicht gestattet, spielt der Hopfen als Ganzes (mit seinen ganzen Zapfen) und dann insbesondere auch sein Sekret, summarisch gesagt, bei der Bierbereitung namentlich in folgenden Richtungen eine bis heute unersetzliche Rolle:

I. Beim Brechen der Würze während des Hopfenkochens, um überflüssige Eiweifsstoffe, welche später durch Trübung des Bieres und Minderung seiner Haltbarkeit gefährlich werden können, zum Gerinnen und zur Ausscheidung zu bringen und zu entfernen.

Dieser Vorgang des Würzebrechens wird der im Hopfen enthaltenen oder vielleicht erst beim Würzesieden aus gewissen Grundstoffen des Hopfens sich bildenden Hopfengerbsäure zugeschrieben. Der Gerbstoff des Hopfens verbindet sich mit einem Teil der Eiweifsstoffe der Würze und bringt diese zum Koagulieren und flockenförmigen Ausscheiden; diese flockenförmigen Eiweifsausscheidungen bleiben beim Ausschlagen der Würze teils im ausgekochten Hopfen zurück, teils lagern sie sich als Geläger auf dem Kühlschiffe ab, oder sie setzen sich bei direkter Abkühlung auf den Boden der Gär- und Sammelbottiche ab. Die Gerbsäure oder ihr Grundstoff ist nur zum kleinsten Teile im Sekret der Hopfendrüsen enthalten; die gröfsere Menge derselben findet sich in den Hopfenzapfenblättern, in den Vor- wie Deckblättern. In Bezug auf die brautechnische Bedeutung dieses Stoffes herrschen, wie wir weiter unten (in dem Abschnitt über die Hopfengerbsäure) sehen werden, bis zur Stunde grofse Widersprüche, weniger im Kreise der älteren praktischen Brauer als in jenem der Brauereichemiker, namentlich der englischen, was sicherlich damit zusammenhängt, dafs — wie wir später sehen werden — die englischen Würzen eiweifsärmer sind als die unsern.

Diese Wirkung der Hopfengerbsäure kann man teilweise ersetzen, und sie wird auch in den Ländern, wo keine gesetzlichen Hindernisse bestehen (namentlich in England), thatsächlich überall da ersetzt, wo man sehr gehaltvolle Exportbiere, mit 16—18 proz. Würzen und mehr, darstellt.

Wollte man solchen Bieren, namentlich wenn der Würzegehalt von Gerstenmalz, nicht von Reis, Stärke, Zucker etc., herrührt, so viel Hopfen zusetzen, als zur notwendigen Eiweifsfällung erforderlich wäre, so würde dadurch jetzt, wo das biertrinkende Publikum zum Teil, nach der Gewöhnung an die Münchner Biere, nur noch möglichst wenig (grob-)bittere Biere will, der Geschmack derselben zu schroff-bitter; sie würden noch andere, wenig erwünschte Geschmacksschattierungen vom Gerbstoff annehmen, also in einer für den Absatz schädlichen Weise beeinflufst werden. Wahrscheinlich würden auch sonst noch der Geschmack und bei hellen Bieren (Ale etc.) die Farbe und der Glanz geschädigt werden. An dieser Stelle erachte ich es für angezeigt, noch einmal auf den bereits weiter oben (S. 151) erwähnten mutmafslichen Gerbstoffreichtum der Hopfenzapfenblätter beim japanischen Hopfen (Humulus Japonicus) aufmerksam zu machen.

Wo man sich veranlafst sieht, die unzureichende Gerbstoffwirkung relativ geringerer Hopfenquantitäten durch Tannin zu verstärken, werden davon kleinere Quantitäten (1—2 g per hl Malz = in Bayern 2,2 hl Bier, auch 5—6 g per hl Bier) genommen. Die Engländer, welche bis vor kurzem (noch bis 1890) vielfach sehr bittere und gehaltvolle Biere erzeugten und dazu unverhältnismäfsig grofse Mengen Hopfen nahmen, brauchen — wie es den Anschein hat — solche Mittel dennoch, obgleich der Engländer Heron sagt, dafs das Tannin des Handels kein eigentliches Surrogat für den Hopfen sei, es sei vielmehr völlig wertlos. In Süddeutschland, neuestens auch in Norddeutschland, ist die Anwendung des Tannins in der Brauerei verboten. Prof. Dr. Fleck in Dresden[69]) hat besondere Studien über das Tannin in der Brauerei gemacht. Dr. Fleck sucht die klärende Wirkung der Haselnufsspäne namentlich in ihrem Tanningehalt[70]).

Man hat in neuerer Zeit, namentlich von seiten englischer Technologen, mehrfach den Nachweis zu führen versucht (s. den später folgenden Abschnitt über den Gerbstoff), dafs beim Würzesieden schon durch das blofse Kochen die Eiweifsstoffe zum Gerinnen gebracht werden könnten; durch den Hopfengerbstoff würde nicht das Geringste mehr geleistet. Ich will auf diese Ausführungen, denen es an Widerspruch — namentlich aus den süddeutschen praktischen Kreisen — nicht gefehlt hat und welche auch sicher für unsere mitteleuropäischen Verhältnisse ganz unzutreffend sind, hier nicht weiter eingehen, weil sie ohnehin in dem erwähnten späteren Abschnitt genügend zur Erörterung gelangen.

In England, wo das Gerstenmalz so umfangreich durch Mais, Zucker, Stärkemehl, Reis etc. ersetzt wird, wo man also viel proteïnärmere Würzen erzeugt als in Deutschland oder gar in Bayern, wo nur die Verwendung von Gerstenmalz gestattet ist, das eiweifsreiche Würzen hervorbringt, liegt die Sache ganz anders als bei uns, und es wäre für uns gefährlich, von dort kommende Ratschläge, rührten sie auch von noch so tüchtigen Männern her, ohne weiteres bei uns zur praktischen Anwendung bringen zu wollen. Im Jahre 1896/97 wurden in Grofsbritannien und Irland zur Brauerei 20560777 hl Malz und Rohfrucht verbraucht (528678 hl weniger als im Jahre zuvor); darunter waren 3795080 kg Reis, Mais etc., 130528415 kg Zucker und Syrup (6526326 kg mehr als im Vorjahre). Im Durchschnitt wurden demnach auf 1 hl Malz und Rohfrucht zur Bierbereitung 0,18 kg Reis und Mais und 6,35 kg (im Jahre zuvor 5,28 kg) Syrup und Zucker verwendet.

	Malz	Rohfrucht	Reis, Mais	Zucker und Syrup
	Bushels	Bushels	Cwts.	Cwts. à 50¾ kg
England und Wales	47 503 165	183 772	714 194	2 480 260
Schottland	3 760 301	8 558	27 450	68 888
Irland	5 114 952	2 614	5 416	20 309
zusammen	56 378 418	194 944	747 060	2 569 457

Nach Prof. Dr. Sell vom Reichsgesundheitsamt in Berlin hat der Stärkezuckerverbrauch in den Brauereien Grofsbritanniens 1865 eine Steuer von 91000 Mark, aber 1872 schon eine solche von 2005720 Mark abgeworfen.

Um 1860/61 wurde in Ungarn schon mehrfach Bier aus Mais und in der Schweiz und Baden auch aus Kartoffeln hergestellt[71]). 1861 und 1862 ist da oft von Kartoffelbier die Rede, für das sich Mitte der 1850er Jahre auch Prof. Dr. Knobloch in Weihenstephan interessierte. Von derselben Fläche mit Kartoffeln kann man viermal so viel Bier machen als mit Gerste.

Dafs der Hopfengerbstoff vielfach ergänzt oder surrogiert wird, und zwar durch das Tannin des Handels, ist gewifs und unbestreitbar. Wie es scheint, ist das namentlich in England der Fall, aber doch auch in Deutschland. Das ist ohne Zweifel auch eine Surrogierung und zwar eine solche, welche dem Wohlgeschmack und der Bekömmlichkeit des Bieres sicher merklich abträglich ist. Freilich wollen die Brauer nicht zugeben, dafs Tannin, Hausenblase, Klärspäne und Filterpressen etc. Hopfensurrogate sind; wenn sie aber bestimmt sind, Hopfenleistungen zu vollziehen oder zu ergänzen, dann sind diese, wenn auch im weiteren Sinne, doch Hopfensurrogate.

Bei den zahlreichen Prozessen, welche die bayerische Staatsanwaltschaft am Ende der 1880er und Anfang der 1890er Jahre mit bekannter Strenge gegen bayerische Brauer wegen Verfehlung gegen das bayerische Malzaufschlagsgesetz durchgeführt, ist meines Wissens unter den im Sinne des Gesetzes angeführten Surrogaten nicht ein einziges Mal von Aloe u. dgl. zum Ersatze des Hopfenbitters die Rede gewesen, aber Tannin, also Hopfengerbstoff-Surrogate, sind ein paarmal zum Vorschein gekommen.

Die englischen Technologen Moritz und Morris[72]) besprechen in einem besonderen Abschnitt die Hopfensurrogate. Bei einer Durchschnittshopfenernte denke kein Brauer an die Verwendung von Hopfensurrogaten. Unter den ihnen bekannten vielen Brauereien des Auslands[73]) sei keine, welche Hopfensurrogate verarbeitet oder seit dem Hopfenhungerjahre 1882 verbraut hätte. Das Catechu (Tannin) müsse aber ausgenommen werden; das werde zwar in einigen Brauereien verwendet, aber nicht als Hopfensurrogat. Es würde nicht wegen seiner Bitterstoffe, sondern wegen seines hohen Gehaltes an Gerbstoff verwendet[74]). In der That sei das Catechu unangenehm bitter und könne deshalb nur in kleinen Quantitäten verwendet werden.

Man könne es im grofsen und ganzen als Gerbstoff (Gerbsäure) ansprechen, welcher das, was dem Hopfen an Gerbstoff mangle, ersetzen solle; sein Zusatz müsse demnach ähnlich beurteilt werden wie der Zusatz von Gips zum gipsarmen Wasser.

Es scheinen aber da noch allerlei sekrete Vorkommnisse zu existieren. In der Augsburger Abendzeitung vom 29. März 1898, No. 88 wird in einer Korrespondenz aus Stuttgart über das beabsichtigte württembergische Gesetz gegen Malzsurrogate gesagt, dafs es wünschenswert sei, sich in diesem Gesetz nicht blofs gegen Malzsurrogate (Reis, Mais etc.) zu wenden, sondern auch gegen eine ganze Reihe sogenannter Klärungsmittel, unter denen bei hellen Bieren auch sogar der Kalk verwendet werde.

2. Der Hopfen klärt die Würze nicht blofs durch die Ausscheidung der Eiweifsstoffe (Hopfengerbstoffwirkung), sondern auch auf mechanischem Wege, beim lebhaften Kochen durch die Hopfenzapfen in der Pfanne und schliefslich durch das Filtrieren der ausgeschlagenen Würze über den Hopfen. Er unterstützt auch die Sterilisation der Würze[75]).

Diese Vorgänge sind selbstverständlich, aber bei sehr altem Hopfen werden die Zapfenblätter während des Kochens so zerstört, dafs sie später nur ein ungenügendes Filtermaterial abgeben. Es ist naheliegend, dafs es ähnlich sein wird bei Hopfen, welche vor ihrer Verwendung erst auf besonderen Maschinen zerbrochen oder zerrissen worden sind.

In der Allg. Br.- u. H.-Ztg. 1875, S. 75 macht ein alter Brauer, dessen Vater und Grofsvater auch Brauer waren, die Bemerkung: dafs man wohl öfter Koriander, Wacholder, Meermoos zur Klärung des Bieres verwende, sei ihm bekannt; das seien aber doch ganz unschuldige Mittel, welche zudem jetzt bei dem grofsen Konsum auch nicht mehr angewendet würden, denn diese Surrogate seien teurer als der Hopfen. Offenbar würden diese Mittel auch nur angewendet, weil sie, wie die Hopfenzapfenblätter, mechanisch klärend auf die Bierwürze wirkten; gleichzeitig wirkten sie durch ihre ätherischen Öle leicht und harmlos aromatisch-würzend.

In einer neueren Arbeit von L. Briant und C. S. Meacham über den Hopfen und seine Lagerung[76]) wird ausdrücklich gesagt, dafs die sehr wertvolle mechanisch klärende Wirkung der Hopfenblätter nicht zu unterschätzen sei.

3. Um dem Biere feinen, aromatischen, würzigen Bittergeschmack zu geben.

Die Elemente, welche den Gesamtkomplex des Biergeschmackes bilden.

Der Biergeschmack ist natürlich keineswegs nur vom Hopfen abhängig, sondern ein sehr komplexer, aus den verschiedensten wirksamen Dingen hervorgehender Begriff, und es ist schwer, ihn zu zerlegen, um die einzelnen wirksamen Ursachen auf ihren Wirkungswert prüfen zu können, was doch notwendig ist, wenn man ein Bier ohne Voreingenommenheit beurteilen will.

Zum guten Bier gehören der Gehalt (Extrakt und Alkohol), Moussee (Kohlensäure), Vollmundigkeit, Krystallhelle, Glanz und Haltbarkeit.

Brauereidirektor Dr. H. Busch hat schon vor Jahren den Versuch gemacht, den Biergeschmack in seine Elemente zu zerlegen[77]).

Jedes Bier hat seinen bestimmten Charakter; Bouquet, Farbe und Geschmack bedingen denselben. Der Geschmack des Bieres ist entweder ein reiner, oder er ist unrein und im letzteren Falle häufig von der Örtlichkeit, der Anlage der Brauerei herrührend; man bezeichnet letzteren als Lokalgeschmack.

Der reine Biergeschmack kann hart oder mild und in beiden Fällen wieder süfs, bitter oder recent sein, wobei wiederum Verschiedenheiten möglich sind; jeder Beigeschmack ist aber unbedingt als Makel zu betrachten. Es gibt nur wenige Brauereien, deren Bier diese Eigenschaft des absolut reinen Geschmackes besitzen. Es sind immer nur diejenigen, bei deren Anlage in erster Linie auf die Verwendung von Braumaterialien bester Qualität, genaue Bearbeitung, richtige Ventilierung und Kanalisierung, Erzielung günstiger Temperaturverhältnisse und Reinlichkeit das Augenmerk gerichtet war. Erst in zweiter Linie kommt die Maschineneinrichtung, deren Vollkommenheit viele Brauereien für das wichtigste Moment halten, wobei sie die eben angegebenen Hauptfaktoren ganz übersehen oder ihnen zum wenigsten nicht die gebührende Beachtung schenken. Letzteres gilt für ganz Norddeutschland und dessen Brauerei-Ingenieure, während man in Süddeutschland und Österreich, der Heimat des untergärigen Bieres, wo man auf die Erfahrungen von Jahrhunderten zurückblickt, den obigen Hauptfaktoren in erster Reihe Rechnung trägt. Die Biere von Bayern und Österreich waren stets und sind auch heute noch als die besten anerkannt, sowohl was den Geschmack als was die Haltbarkeit betrifft[78]). In den letzten Jahrzehnten haben aber Brauereien des Königreichs Sachsen, dann in Dortmund, Berlin etc. gezeigt, dafs auch aufserhalb Münchens und Bayerns sehr gutes Bier gemacht werden kann.

Der milde oder harte Geschmack eines Bieres hängt wohl meist von der Beschaffenheit des Wassers ab. Am milden oder harten Geschmack des Bieres ist aber — was Dr. Busch ebenfalls übersieht — feines oder grobes, rohes ätherisches Öl und feines oder rohes Bitter erheblich beteiligt. Nicht übertriebene Mengen feinen ätherischen Öles machen nicht blofs einen sehr angenehmen, anregenden Geschmack, sondern sie regen auch den Appetit an und wirken günstig auf die Verdauung und das Wohlbefinden. Nicht nur beim Hopfentrocknen, sondern auch beim Hopfenkochen in der Brauerei sollte man das ätherische Öl möglichst zu erhalten suchen.

Der süfse oder bittere Geschmack wechselt je nach dem Hopfenquantum, welches gegeben wird, aber auch nach der Qualität des Hopfens[79]). Die Wiener Biere sind süfs; hier sinkt das Hopfenquantum per hl Bier auf $^1/_2$ Pfd. herunter, während man in Böhmen und Bayern 1—1,4 Pfd. Hopfen per 1 hl Lagerbier zusetzt. Die böhmischen und bayerischen Biere sind mehr oder weniger bitter, was sich eben ganz nach der Gröfse und Qualität der Hopfengabe richtet. Es gibt allerdings Unterschiede in der Bittere, je nach der Güte der Hopfen. Die herbe Blattbittere, wie sie beispielsweise die Württemberger Hopfen geben, läfst sich leicht erkennen; die so gehopften Biere schmecken herb und rauh.

Der recente (erfrischende) Geschmack ist abhängig von der Kohlensäuremenge des Bieres, und je mehr Kohlensäure das Bier absorbiert enthält, um so recenter schmeckt dasselbe.

Herr Dr. Busch hat manches in seinen Ausführungen übersehen, so z. B. dafs manchmal das Bier selbst einen von der Hefe herrührenden unangenehmen Bittergeschmack hat, den man leicht mit Hopfengeschmack verwechseln kann.

Alle diese verschiedenen Eigenschaften geben den Bieren verschiedene Charaktere; sie beeinflussen jedoch die Reinheit des Geschmackes derselben in keiner Weise, ausgenommen vielleicht die herbe Blattbittere des Hopfens. Der eigentliche unreine Geschmack eines Bieres erscheint als ein Ergebnis der schlechten Anlage der Brauereien und zumal verkehrter Ventilierung und Kanalisierung, von Unreinlichkeit, ungünstigen Temperaturverhältnissen etc. Unter den vielen Hunderten von namhaften Biersorten Deutschlands hat jede ihren besonderen, oft höchst charakteristischen Geschmack; dies hat doch gewifs mit Unreinlichkeit nichts zu thun.

Bei den Produkten kleiner Brauereien findet sich fast ausnahmslos ein Lokalgeschmack, der indessen auch bei den Bieren mancher gröfseren und selbst neuen Geschäfte anzutreffen ist, wo diese letzteren den oben näher bezeichneten wichtigsten Umständen nicht Rechnung getragen haben. Das Bier ist eine aufserordentlich geschmacks- und geruchsempfindliche Flüssigkeit. Der sogenannte Lokalgeschmack ist nicht gerade schädlich, ein mit demselben behaftetes Bier widersteht jedoch zuweilen und pflegt selten zum Weitertrinken anzureizen. Störungen in der Magenthätigkeit werden dadurch nicht hervorgerufen.

Für die Gesundheit unzuträglich ist ein Bier dann, wenn seine Gärungstemperatur nicht genau reguliert wurde, dasselbe zu warm vergoren und infolge dieser warmen Gärung die Hefe in ihm entartet ist. Das Bier hat alsdann einen unangenehmen, fauligen Geschmack, kann jedoch dabei vollständig klar und schön von Farbe sein.

Vor allem aber die zu jungen Biere, welche stets und trotz klaren Aussehens noch Mengen der wirksamsten jungen Hefenzellen (aus Jungbieren) enthalten, sind es, die Magenstörungen veranlassen. Diese junge Hefe pflanzt sich bei der Magentemperatur und dem Säuregehalt desselben während voller sechs Stunden fort, ruft somit eine rasche und sich kräftig entwickelnde Gärung im Magen hervor. Erst nach sechs Stunden wird die Hefe unwirksam und stirbt ab. Infolge der hohen Temperatur vergärt rasch sämtlicher Zucker, der im Magen enthalten ist, mitunter, wie bei den Jungbieren, die noch 4—5% davon enthalten, eine ansehnliche Quantität; die von ihm angestellten (und schon im Märzheft des Bayer. Bierbr. 1874 veröffentlichten) Versuche hätten dies hinlänglich bewiesen. Dafs die rasche Hefevermehrung und die so heftig auftretende Gärung Magenstörungen hervorrufen müssen, liegt auf der Hand und wird durch die tägliche Erfahrung genügend bestätigt. Am deutlichsten zeigt sich dies beim Übergang vom Lagerbier zum Jungbier, wenn der Magen noch nicht an die Gärung gewöhnt ist, auf dem Lande in Süddeutschland im September und Oktober; in Norddeutschland hat man hefereiche Jungbiere in den meisten Brauereien den ganzen Winter.

Für den Brauer ist der Lagerbierbetrieb am teuersten, geteilter (halb Lagerbier-, halb Jungbier-) Betrieb ist billiger, permanenter Jungbierbetrieb, in Norddeutschland sehr, jetzt auch in Süddeutschland zu Hause, ist am billigsten.

Für den Konsumenten ist Lagerbier am gesundesten, weil infolge des langen Liegens und der kalten Temperatur fast sämtliche Hefe abgesetzt und unwirksam geworden ist. Lagerbierhefe pflanzt sich, wie Busch gezeigt, im Magen nicht mehr fort und ist nach einer Stunde bereits abgestorben, also unfähig, noch Zuckerlösungen zu vergären.

Diese Jungbiere sind es, welche, mit Haselnufsspänen, Hausenblase und Filterpressen geklärt und geschönt, seit 1—2 Jahrzehnten den sachkundigen Biertrinkern in Süddeutschland und München das Biertrinken verleiden und der Fama von der Verwendung giftiger Stoffe in der Brauerei auf die Beine helfen; zu leicht und zu jung!

Der Privatdozent der Medizin Dr. Neumayer in München hat durch experimentelle Versuche festgestellt (Dissertationsarbeit), dafs die nicht vergärbaren Stoffe und Biere für die Verdauungsorgane nicht ungesund sind, auch dann nicht eigentlich, wenn noch Hefezellen im Bier anwesend sind. Wenn aber noch vergärbare Stoffe im Bier und gleichzeitig Hefepilze anwesend sind, dann ist ein solches Bier sehr ungesund. (Man s. Dr. Johann Neumayer: Untersuchung über die Wirkungen der verschiedenen Hefearten, welche bei der Bereitung weingeistiger Getränke vorkommen, auf den tierischen und menschlichen Organismus; Archiv für Hygiene, München 1890, XII. Bd.).

Auch Dr. Heinr. Busch: Mitteilungen aus Theorie und Praxis der Bierbrauerei[80]) hat zur Beseitigung gewisser, im Publikum aber allgemein verbreiteter Vorurteile eingehende Studien gemacht über das Verhalten der Hefezellen in Jungbieren und in Lagerbieren, wenn sie in den menschlichen Magen gelangen. Die Hefezellen des Jungbieres behalten ihre Gärungsfähigkeit im Magen noch über vier Stunden bei und erzeugen wahrscheinlich oft Verdauungsstörungen und Magenkrankheiten. In einem acht Monate alten Lagerbier konnten mit dem Mikroskop keine Hefezellen mehr gefunden werden, es können dadurch also im Magen keine Nachgärungen hervorgerufen werden. Aber wo gibt es denn im Produkte deutscher Grofsbrauereien heute noch acht Monate alte Lagerbiere? Gegen die Lagerbiere gibt es auch keine Vorurteile.

Aber auch der eigentliche Hopfengeschmack im Bier ist ein komplexer Begriff, denn es wirkt nicht blofs der sehr mannigfaltige Bitterstoff, sondern auch das sehr mannigfaltige ätherische Öl, die nicht minder mannigfaltigen Gerbstoffe, die Harze, die Krautsubstanz u. s. w.; alle diese Beziehungen sind indes noch wenig geklärt.

In unreifen Bieren tritt das Bitter in häfslicher, geradezu abstofsender Weise hervor, ohne dafs man unterscheiden könnte, ob das nur von unverdautem Hopfen oder auch von Hefe oder von beiden herrührt. Oft ist das Bier so widerlich süfs, dafs man an Glycerin denken könnte; es kommt aber auch vor, dafs es salzig schmeckt. Auch Wasserzusatz zum fertigen Bier, also eine Verdünnung desselben, soll das Bier sehr häfslich bitterschmeckend machen[81]). Ferner soll Süfsholz dem Bier intensiv süfsen Geschmack geben (Michel, ebenda S. 624). Der süfse Geschmack kann auch durch falsche Gärung veranlafst sein, wobei Zucker in Mannit umgewandelt wurde[82]).

Auch der örtlich und individuell sehr mannigfaltig wechselnde Geschmack des Publikums spielt eine Rolle. Ein an dunkles Bier, an die brenzligen Produkte des Farbmalzes und an den Geschmack des rauhen Hopfens oder auch an Pechgeschmack gewöhntes Publikum wird ein helles Bier ohne Farbmalz und mit feinem Hopfen für gehaltlos halten, wie die Menschen, die Kaffee mit Surrogaten zu trinken gewöhnt sind, reinen Kaffeeauszug nicht beurteilen können.

Es kommt auch die Güte des Bieres in Betracht. Derselbe Brauer wird mit denselben Materialien, je nach Umständen, gutes, mittelmäfsiges und schlechtes Bier erzeugen können. Gehaltleere Biere können wohl nie gut sein, aber auch gehaltvollen Bieren kann zuweilen die Güte fehlen.

C. Reischauer (l. c. 1878, S. 134) verlangt vom guten Bier eine summarische Affektion des Geschmackssinnes, die rechte Mitte zwischen dem geistigen Geschmack des Alkohols, dem prickelnden, moussierenden Effekt der Kohlensäure auf der Zunge, dem aromatisch-bitteren, durch Zuckergehalt gemilderten Geschmack des Hopfenextraktes, dem konservierend-brenzligen der modifizierten stickstoffhaltigen Bestandteile, eventuell auch Pechgeschmack; Dextrin und Proteïnsubstanzen erzeugen die Vollmundigkeit; zum guten Geschmack gehört schliefslich eine Temperatur von 7—12° R.

Eine ganz gewaltige Rolle spielt auch in dieser Frage die Brauereitechnik, die Stufe der Entwicklung, welche diese genommen hat. Noch 1864, S. 154, las ich in der Allg. H.-Ztg. in Roth, jetzt in Nürnberg: Früher schauderte es jeden an das Biertrinken gewöhnten Süddeutschen, der in Norddeutschland gewesen, wenn er an seine Versuche mit dem dortigen Bier zurückdachte, denn es war in der That meistens etwas ganz Abscheuliches, was man dort unter dem Namen Bier zu trinken bekam. Das ist jedoch jetzt (schon um 1864) ganz anders geworden, wenigstens in den gröfseren Städten, denn man erhält nun neben dem immer noch geringen einheimischen Bier jetzt auch eingeführtes echtes bayerisches Bier, wenn auch zu hohem Preise; weiterhin wird oft an Ort und Stelle selbst nach bayerischer Art ein gutes Bier gebraut, an manchen Orten so gut, als man es nur wünschen kann. Die Konsumtion des Bieres hat aber auch infolgedessen in ganz Norddeutschland gewaltig, und meist auf Kosten des Branntweins, zugenommen, und das Bier ist ein bedeutender Handelsartikel geworden.

Und wo stehen heute schon vielfach die Biere Norddeutschlands, also 30 Jahre später? Gar oft können sich heute sächsische, westfälische, Frankfurter und selbst Berliner Biere mit dem bayerischen Bier erfolgreich messen.

In der Allg. H.-Ztg. 1863, S. 267 wird in einer Korrespondenz[83]) gesagt, dafs überall, namentlich auch in Nürnberg, wo man jetzt gegen nicht gutes Bier so empfindlich sei wie in

München, über das Sauerwerden des Bieres geklagt werde; in Frankfurt a. M. solle zur Zeit (1863) das beste Bier zu finden sein.

Sehr merkwürdig ist die Behauptung, daſs das fertige Bier durch Wasserzusatz unangenehm bitter und ungesund werde[84]). Ein schwach gebrautes Bier soll viel weniger gesundheitschädlich sein als ein stark gebrautes, das im fertigen Zustande durch Wasser verdünnt wurde.

Wenn man gutes, reines Braunbier auf einem Porzellanteller verdampft, so bleibt ein syrupartiger Rückstand, welcher nicht bitter schmeckt und, auf die Pupille des Auges einer Katze gestrichen, dieselbe nicht erweitert. Dieser Rückstand ist demnach nicht narkotisch, nicht betäubend (hat keine freien Alkaloide) und ist also der Gesundheit nicht schädlich. Wird aber dasselbe Bier mit $^1/_3$ Brunnenwasser verdünnt und ebenso auf einem Porzellanteller verdampft, so schmeckt der Rückstand bitter und erweitert die Pupille eines Katzenauges. Der Rückstand eines solchen mit Wasser verdünnten Bieres, folglich des Bieres selbst, ist daher narkotisch, betäubend, giftig. Der Wasserzusatz hat mithin das Bier nicht allein verdünnt, sondern es auch für den Trinkenden in seinen Wirkungen schädlich gemacht; es ist offenbar ein vorher gebundenes, giftiges Alkaloid frei geworden. Der in dem Hopfen befindliche betäubende Stoff, das Narkoticum, sehr wahrscheinlich Cholin[85]), ist in einem gut gebrauten Bier gleichsam chemisch gebunden; durch Verdünnung mit Wasser wird es aber frei, vielleicht indem es aus seiner innigen Verbindung mit Harz frei wird. Andere Alkaloide, die als furchtbare Gifte bekannt sind, wie jene des Stechapfels, der Tollkirsche (Bella Donna) etc., erweitern auch sehr stark die Pupille des Auges, auch beim Menschen. Es ist also in einem mit Wasser verdünnten Bier ein Stoff, der ähnlich wirkt; die Menge kann je nach Hopfensorte und Jahrgang, Düngung etc. wechseln.

In neuerer Zeit ist man dahin gelangt, das, was man Lokalgeschmack im Bier nennt, lediglich als das Resultat gewisser Unreinlichkeiten, also gewisser Keime von Mikroorganismen, anzusehen[86]); so könnte man also den Lokalgeschmack mit Erfolg bekämpfen und hat ihn auch beseitigt. Dubsky (Böhm. Bierbr. 1899, Nr. 19) will jeden charakteristischen Beigeschmack des Bieres, der nicht auf eine im voraus beabsichtigte Methode im Mälzungs- und Brauprozesse zurückzuführen ist, als einen Fehler und, wenn er auch noch kultiviert wird, als eine Geschmacksverirrung ansehen.

Reinheit des Geschmackes sind neben Klarheit, Glanz und Mousseux Haupteigenschaften beliebter moderner Biere. Das alte Pilsener hatte schon vor 40—50 Jahren einen musterhaft reinen Geschmack, während alle andern Biere mehr oder minder ausgeprägten Lokalgeschmack hatten; so ist natürlich das Pilsener an die Spitze avanciert.

Glatte Wände und Decken, desinfizierte Gefäſse, Hefereinzucht, von mulstrigem, dumpfem Geruch und fremden Samen freie Gerste, richtig und sauber gedarrtes und gelagertes Malz, guter, reiner, gehaltvoller Hopfen, gutes, reines Wasser, reine Hefe, reines, gutes Pech und die peinlichste Reinlichkeit (Bürsten, Besen, Kalk und Soda), reine Luft in allen Räumen etc. sind die besten Garantien gegen jeden Lokalgeschmack.

Daſs auch Sproſspilze (Mycoderma-Arten) Einfluſs auf den Geschmack, namentlich der obergärigen Biere, haben können, hat neuestens Dr. H. Will an der Münchner Brauerei-Versuchsstation[87]) nachgewiesen.

Auch das Pasteurisieren kann Geschmack verleihen. Den Geschmack beim Pasteurisieren suchte man bei den Pentosanen und dem daraus entstehenden Furfurol, dann bei den Dextrinen, jetzt bei der Hefe. Höchst mannigfaltig und sehr versteckt sind die Geschmacksschattierungen, welche durch Malz und Hopfen hervorgerufen werden. Die Ansicht mit der Einwirkung der Hefe auf den Brotgeschmack des Bieres beim Pasteurisieren, wird nicht überall geteilt[88]).

Bei der Generalversammlung der wissenschaftlichen Station für Brauerei in München am 21. Oktober 1899[89]) sprach Dr. J. Brand über die Ursachen der Geschmacksveränderung des Bieres vom Beginn seiner Fabrikation bis zum Konsum, namentlich von fremdartigem oder Nebengeschmack des Bieres, wobei von Einflüssen von Unreinlichkeit, Unkenntnis etc. ganz abgesehen ist. Die Ursachen, welche solche Geschmacksveränderungen bewirken, sind sehr mannigfach, und sehr oft sind sie schwer zu finden.

Einen grofsen Einflufs übt das Wasser, wenn es fremdartige Bestandteile enthält; hartes Wasser ist dagegen schon öfter mit bestem Erfolg auch zur Erzeugung heller Biere verwendet worden.

Schwefelsaure Magnesia in gröfseren Mengen im Brauwasser soll ungünstig wirken.

Etwas Kochsalz soll aber sehr günstig wirken, der Biergeschmack ist abgerundet, vollmundig.

Feucht gelagertes Malz erzeugt ranzigen Geschmack, wenn auch die Schimmelpilze nicht mitwirken.

Dickhülsige Gersten sollen Strohgeschmack geben, was aber widersprochen wird.

Bitterer Röstgeschmack von zu stark gedarrtem Malze. Widerlicher, brenzliger Geschmack vom Farbmalz.

Überhitzung beim Kochen und namentlich das Bespritzen von überhitzten freien Kesselwandteilen mit Maische soll durch Verbrennung sehr üblen Geschmack erzeugen. Es ist dabei nicht das hierbei gebildete, in geringen Mengen in jedem Malz von bayerischem Charakter enthaltene flüchtige Furfurol die Ursache des schlechten Geschmackes. Schon vieles Anschwänzen erzeugt einen unedlen, rauhen Geschmack.

Bekannt ist, wie sehr die Qualität des Hopfens den Biergeschmack beeinflufst, doch soll davon nicht die Rede sein. Ebenso üben das zu lange Hopfenkochen, der Gebrauch von Hopfenextraktionsapparaten, der zerkleinerte Hopfen und das zu intensive Auslaugen der Treber einen schädigenden Einflufs auf den Geschmack des Bieres.

Das Kühlschiff kann nicht blofs bakteriologisch sehr mifslich auf den Geschmack wirken, sondern auch durch gelöstes Eisen (tintenartigen Geschmack); auch lackierte Kühlschiffe können ungünstig wirken, dann die Nähe von Fabriken, welche die Luft mit übelriechenden Gasen erfüllen.

Der Gärkeller braucht gute, reine Luft, guten, nicht löslichen Bottichlack; nicht lackierte neue Bottiche geben Holzgeschmack, auch Lohegeschmack. Es gibt aber jetzt sehr dauerhafte Lackarten (s. ebenda, S. 644).

Sehr verderblich wirken Röhrenleitungen.

Im Lagerkeller droht Pech- und Harzöl-Geschmack, herrührend von schlechtem Pech oder schlechtem, fehlerhaftem Pichen.

Fafsthürtalggeschmack von schlechtem Fafsthürtalg. Ebenso gefährlich sind die Spundläppchen der Transportfässer, nicht ausgebrühte, frische Späne (Holzgeschmack, auch muffiger Geschmack).

Sehr gefährlich ist das Filtermaterial und das Material des Gehäuses, woher oft Metallgeschmack kommt, namentlich auch Eisengeschmack.

Auch gewisse Glassorten der Flaschen werden vom Bier gelöst und geben Geschmack.

Der Brotgeschmack des pasteurisierten Bieres, der mit den Temperaturen zunimmt und für den dunkle Biere minder empfindlich sind, wurde früher den Eiweifskörpern und den Bestandteilen des Hopfens zugeschrieben.

Auch beim Transport, bei der Lagerung und dem Ausschank, selbst beim Trinken kann der Biergeschmack noch ungünstig beeinflufst werden. Dr. Schultze hat vor Jahren den schädlichen Einflufs des Sonnenlichtes auf das Bier im Glase gezeigt, ferner den schädlichen Einflufs des Bleigehaltes der Biergläser auf den Biergeschmack. Schultze nennt den innen vergoldeten Silberkrug das Ideal des Biertrinkgefäfses; danach sei der kochsalzglasierte, steinerne Münchner Mafskrug das beste.

Am meisten geschmacksempfindlich sind die hellen Biere, die dunklen weniger; bei dunklen Bieren verdeckt der Röstgeschmack noch manche leichtere, ungünstige Geschmacksschattierungen.

Für einen milden Biergeschmack ist aber doch nach P. B. Rohde[90]) aufser dem Malze die richtige Heferasse von gröfster Wichtigkeit. Dieser Autor bezweifelt, dafs die verschiedenen Sorten von (nicht zu altem) Hopfen einen grofsen Einflufs auf den milden Geschmack haben. Wenn ein Bier zu bitter schmeckt und der bittere Geschmack lange auf der Zunge bleibt, trage die Schuld daran mehr die Hefe als der Hopfen. Der Herr Rhode hat eben den Hefebittergeschmack vom Hopfenbittergeschmack noch nicht unterscheiden gelernt. Thatsächlich ist ein überstarker Hopfenbittergeschmack im Bier, wenn auch nicht willkommen, doch auch nichts weniger als lästig; dagegen sind selbst mittlere Grade von Hefebitter im hohen Grade widerwärtig; ich stelle das Trinken eines solchen Bieres sofort ein. Hofrat Prof. Dr. Schwackhöfer in Wien sagte in einem Vortrage »Über Enzyme«[91]), dafs verschiedene Heferassen den Geschmack des Bieres (und Weines) sehr ungleich, günstig oder ungünstig beeinflussen; gewisse Heferassen, speziell manche wilde Hefen, erzeugen im Bier unangenehme Bitterstoffe; das hat aber mit den eigentlichen Gärungsvorgängen nichts zu thun, sondern mit der Individualität der Hefe.

Ich habe gar keinen Zweifel, dafs dieselbe Hopfenqualität mit verschiedenen, aus mehrlei Malz verschiedener Provenienz, wenn auch von einerlei Bereitung hergestellten Würzen, wenn auch in kleineren Beträgen, sehr verschieden schmeckende Biere erzeugt.

Sonstige Umstände, welche den Biergeschmack beherrschen und beeinflussen:

Würde das Bier keine bitteren Stoffe enthalten, so würde es nicht zum Trinken anregen und schwerer verdaulich sein. Es wäre undenkbar, dafs man ohne ernstlichen und bald wahrzunehmenden Schaden für die Gesundheit so grofse Quantitäten davon geniefsen könnte, wie es vielfach mit dem gehopften Bier der Fall ist. Nach der Allg. H.-Ztg. 1872, S. 125 trinkt man in Frankreich heute vielfach noch Bier, »la petite bière«, welches nicht gehopft ist; alles gute Bier heifst dort Bière de Strafsbourg oder Bière houblonnée. Auch in Dänemark soll man teilweise noch ungehopfte Malzgetränke trinken.

Auch kleine Mengen von aromatischen Stoffen, welche sich im Bier in Lösung befinden und die wahrscheinlich von durch Hitze und chemische Umsetzung abgeänderten ätherischen Hopfenölen herrühren, spielen für das Trinken und den Trinker des Bieres eine grofse Rolle, weil sie in ganz besonderem Grade die Lust zum Trinken anregen, und bekanntlich wirkt alles, was die Lust zum Trinken und zum Essen weckt, auch ganz besonders auf die leichtere und raschere Verdauung des Genossenen ein.

Die verhältnismäfsig am wenigsten bitteren Biere trinkt man in München und überall da, wo man nach Münchner Art bereitete Biere trinkt. Doch ist in dieser Sache, infolge der ablehnenden Haltung des biertrinkenden Publikums, in neuerer Zeit, seit 6—8—10 Jahren, ganz allmählich, dann rascher, eine bemerkenswerte Wandlung eingetreten. In sehr vielen Münchner Restaurationslokalitäten, namentlich in allen namhafteren, laufen heute gleichzeitig Fässer einerseits mit dunklem (Altmünchner) und anderseits mit hellem (sogenanntem Pilsener) Bier. Wo ich am meisten verkehre, beträgt der Absatz des sogenannten Pilsener Bieres ca. ein Fafs, während in gleicher Zeit vom dunklen Münchner Bier vier Fafs entleert werden.

Die hellen Münchner Biere sind bedeutend hopfenreicher; sie werden wohl meistens um einige Wochen länger gelagert wie die dunklen, ehevor sie zum Ausschank kommen. Auch sie haben fast immer den Hopfen noch nicht verdaut, haben noch das derbe, rohe, harzige Hopfenbitter; vom feinen, durch abgelaufene Nachgärung verdauten Hopfenbittergeschmack edler Pilsener ist nicht die Rede. Sie sind dabei tadellos glanzhell und funkelnd; es ist das aber keine durch normal abgelaufene Nachgärung, durch Hopfenarbeit erlangte, sozusagen konstitutionelle Qualität, sondern eine durch die Filterpressen etc. erreichte Schminke, eine erborgte, geradezu auf Irreleitung des Trinkers, der das nicht blofs mit Geld, sondern auch mit seinem Wohlbefinden bezahlen mufs, abzielende Schönheit, und ich kann die Herren Brauer, nachdem ich in den verschiedensten Gesellschaftskreisen der Hauptstadt München verkehre, versichern, dafs sie sich im Irrtum befinden, wenn sie glauben, dafs das biertrinkende Publikum sich dagegen ganz indolent verhalte[92]).

Der Präsident des Deutschen Brauerbundes, Herr Henrich in Frankfurt a. M, sagte über die Pilsener Braumethode, dafs dort der Schwerpunkt in der Gärung liegt. Man hält daselbst jene Biere für die besten, welche am längsten auf Gärung gestanden haben[93]). Dellbrück (Berlin) will die Gärung rasch führen.

Die bayerischen Biere aus hochabgedarrten Malzen haben mehr unvergärbare Stoffe, daher mehr Nahrung. Die Pilsener Biere sind stärker vergoren und haben einen mehr weinartigen Charakter. Wer mehr Nahrung will, trinke bayerisches Bier, wer mehr Appetit will, trinke Pilsener. In Norddeutschland sagen die Ärzte: Trinken Sie kein Münchner Bier, das macht Sie dick (mastig); trinken Sie Pilsener, das macht Sie schlank! In neuerer Zeit hat man — offenbar aus Konkurrenzneid — die boshafte Meinung zu verbreiten gesucht, dafs die Pilsener Biere herzkrank machen. Man kann wohl mit mehr Recht sagen, dafs der konsequente Genufs gröfserer Mengen mangelhaft vergorener, nur filterklarer Biere nach Münchner Brauart, und namentlich wenn zu ihrer Herstellung minder feine, rohere Hopfen verwendet werden, zu Podagra und Herzwassersucht disponieren[94]).

Wenn nun auch die Filterpressen die ca. $^{8}/_{1000}$ mm Durchmesser habenden Hefezellen von Saccharomyces cerevisiae aus dem Biere entfernen, so hat uns doch Prof. Buchner gezeigt, dafs nicht die Hefezellen als solche durch ihre Lebensthätigkeit, sondern die in ihnen enthaltene Zellflüssigkeit, ein eiweifsartiger Körper, die Zymase Buchners, die Gärung veranlafst, und diese wird keiner Flüssigkeit ganz fehlen, welche Hefezellen hatte und aus der sie durch Apparate entfernt wurden, weil dabei doch sehr wahrscheinlich immer Zellen zerquetscht und entleert werden. Es ist aber inzwischen mehrfach nachgewiesen, dafs durch Filtrieren glanzhelle Biere noch Hefezellen genug haben.

So viel ist gewifs, dafs Biere, die mit mittlerem Hopfen gemacht wurden, aber gut vergoren sind, ein besseres Bitter haben als Biere, welche mit edlem, feinem Hopfen gemacht wurden, aber schlecht vergoren sind; davon habe ich mich selbst oft genug überzeugt.

Ob also die eingetretenen Änderungen in der Geschmacksrichtung des Publikums, welche dasselbe wohl meist im unbewufsten Gehorsam gegen die Naturgesetze dem mehr vergorenen, hopfenaromatischen Pilsener zugedrängt haben, und welche die Brauer in die technisch gewifs harte Lage drängten, zweierlei Biere zu erzeugen, in dem nun meist erzeugten sogenannten Pilsener schon das gefunden haben, was man suchte, ist mehr als zweifelhaft, wenngleich dasselbe in neuerer Zeit mehrfach ziemlich gut geworden ist, und ich bin deshalb auch überzeugt, dafs diese Bewegung nach kurzer Ruhepause im verstärkten Mafse wieder zum Vorschein kommen wird. Die bewegenden Gründe will ich aber hier vorerst unerörtert lassen, das würde zu weit führen.

Deshalb wird es den Brauern auch nichts nutzen, wenn sie dem Teile meiner Ausführungen, der ihnen aus leicht begreiflichen Gründen unbequem und daher unsympathisch ist, widerwillig gegenüberstehen. Gegen die Gewalt naturgesetzlicher Bewegungen kann man nicht mit Finten ankämpfen. Selbst wenn mehrfache Unterbrechungen in der Konsumentenstimmung eintreten, wird sie wieder aufleben, weil hinter ihr das gebietende und allwaltende Naturgesetz steht. Wo in Volksneigungen naturgesetzliche (hier physiologische) Agentien wirksam sind, nutzt es auch nichts, an Nationalgefühl und Patriotismus zu appellieren, und nicht diejenigen Volksteile sind es, die Tadel verdienen, welche das nicht respektieren, sondern jene, welche aus Bequemlichkeit oder Gewinnsucht gewisse Systeme nicht aufgeben oder ändern wollen und dadurch das Volk in eine ihm selbst unsympathische Haltung drängen.

Eine interessante Schilderung über die Arten und die Herstellung heller Biere hat jüngst R. Wibiral, Brauer in Graz (Allg. Zeitschr. f. Br. u. Malzfabrikation, Wien 1899, reprod. Allg. Br.- u. H.-Ztg. 1899, I, 530), gebracht. Wie er mit Recht sagt, bekommt ein mittelstark eingebrautes und normal vergorenes Bier, in mäfsiger Menge genossen, dem Organismus durchaus wohl und übt nicht etwa schädliche Folgen auf Verdauung und Nervensystem aus. Die gröfste Wichtigkeit besitzt ein solches Getränk für die grofse Masse des Volkes, also für den arbeitenden Teil desselben, und das Quantum Bier, das ein erwachsener, arbeitender Mann zu sich nehmen kann, ohne dadurch die nachteiligen Folgen des damit genossenen Alkohols hervorzurufen, beträgt zwei bis drei Liter im Tage, je nach der Konstitution des Betreffenden. Bei geringerer körperlicher Bewegung dürfte ein Hinausgehen über 2 l per Tag im allgemeinen nicht zu empfehlen sein.

Das Bier mufs aber nicht blofs bekömmlich, sondern durch seinen Preis den breiten Schichten des arbeitenden Volkes zugänglich sein. Der Brauer hat am Wohlstande dieser Volksklasse das gröſste Interesse, und nicht leicht ein anderer Gewerbtreibender wünscht mehr, daſs die wirtschaftliche Lage der arbeitenden Bevölkerung eine gute sei, denn es ist bei der starken Aufteilung des Produktes durch die Konkurrenz nicht möglich, bei einer den laufenden Zinsfuſs um 1% überschreitenden Verzinsung des Anlagekapitals unter eine bestimmte Preisgrenze zu gehen, wenn die Forderungen der Bekömmlichkeit erfüllt werden sollen. Nach seiner Ansicht stellt sich für das arbeitende Volk dunkles Bier etwas billiger, dagegen sei helles Bier mit stärkerer Hopfengabe gesunder, woher ja wohl auch die steigende Beliebtheit der hellen Biere stammt.

Herr Wiribal erörtert nun alle Phasen der Bereitung hellen Bieres vom Wachsen der Gerste ab und dem Einfluſs dieser auf die Qualität und betont niedere Temperatur (55—60° R) beim Darren; höhere Darrtemperaturen nehmen den Bieren leicht den weinigen Charakter und sind für helle Exportbiere mit hohem Vergärungsgrad entschieden weniger vorteilhaft[95]). Die gegenwärtigen Hauptrepräsentanten heller Biere seien augenblicklich Pilsen in Böhmen und Dortmund in Westfalen[96]). Die Produktionsziffer beider Orte erreicht beinahe 1 Million Hektoliter Bier und verschiebt sich immer mehr zu Gunsten Dortmunds, trotzdem diese Stadt unter schwerer Konkurrenz zu leiden hat und auch nicht so hohe Bierpreise erzielt wie Pilsen[97]). Was den Konsum betreffe, so sei zweifellos das Original-Pilsener in gröſserer Menge für den einzelnen trinkbar wie die Dortmunder Biere, die alle gehaltvollere Stammwürzen und durch den hohen Vergärungsgrad einen ziemlich hohen Alkoholgehalt besitzen, der wohl die Haltbarkeit des Produktes für den Export erhöht, aber auch die Grenze für die Aufnahmefähigkeit des einzelnen Trinkers näher rückt. Man müſste also für den Lokalkonsum und für die Biere für das arbeitende Volk in der Konzentration der Stammwürze heruntergehen.

Was die Ausbeute betreffe, so erzielen die deutschen Brauereien bei höchstmöglicher Ausbeute und damit zusammenhängendem dicken Einmaischen ebenfalls Biere, die für den unparteiischen Beobachter an Güte des Geschmackes dem Pilsener mindestens gleichkommen, es aber an Reinheit und Haltbarkeit nicht unwesentlich übertreffen; es könne also für Luxusbiere mit möglichst hohem Preise die Pilsener Arbeitsmethode (Dreimaischverfahren) im Sudhause am Platze sein, unter gewöhnlichen Konkurrenzverhältnissen sei es besser, aus 100 kg Malz 68—70 kg Extrakt zu gewinnen, statt sich mit 63—65 kg zu begnügen.

Eine stärkere Hopfengabe ist sowohl für die Haltbarkeit des Bieres als für die Bekömmlichkeit desselben zu empfehlen. Die Anhänger des Pilsener Bieres schreiben dem Genusse desselben eine wohlthätige Wirkung auf die Verdauung zu, und es scheinen auch thatsächlich die Hopfenbitterstoffe eine solche Wirkung auszuüben, ohne daſs durch den hohen Alkoholgehalt das Allgemeinbefinden des Trinkers nachteilig beeinfluſst würde. Das feine Hopfenaroma wird nicht bloſs durch die Verwendung guter Hopfensorten erzielt, sondern auch dadurch, daſs der Zusatz der letzten Hopfengabe — 15—20 kg — erst kurz vor dem Ausschlagen gegeben wird. Auch der Kräussenzusatz im Lagerfasse — und bei Absatz von Winterbier im Transportfasse — scheint von ausschlaggebendem Einfluſs auf den hopfenbitteren Geschmack zu sein. Die Hopfengabe schwankt zwischen 30—50 kg per 100 hl Ausschlagsquantum; sicher ist, daſs bei Verwendung guter (gehaltvoller) Hopfensorten auch schon die 30 kg-Hopfengabe den Ansprüchen der meisten Trinker vollkommen genügt.

Nach H. E. Wright[98]) werden durch langes Kochen der Würze Biere erzeugt, die reicher an Extrakt und Alkohol sind; dabei erhält das Bier aber einen unangenehmen Geschmack; auch nimmt die Würze durch langes Kochen eine dunklere Farbe an, was vielleicht mit teilweiser Karamelisierung des Zuckers oder Oxydierung einer Extraktsubstanz zusammenhängt, wenn die Würze nach dem Kochen der Luft ausgesetzt wird. Das, was dazu beiträgt, die Würze blasser zu erhalten, trägt auch dazu bei, daſs das Bier stärker vergärt, daher reicher an Alkohol und Kohlensäure ist und einen weinigen Geschmack annimmt.

E. Harzberger sagt in einem sehr lesenswerten, längeren Artikel über die Entwicklung des bayerischen Brauwesens seit 1880 bis zur Gegenwart[99]), daſs die Biere der Groſsbrauereien infolge des gleichmäſsigen modernen Maschinenbetriebes und des Einflusses wissenschaftlicher Kenntnisse immer besser geworden seien und dadurch die mittleren und kleineren Brauereien gezwungen worden seien, diesen Umständen Rechnung zu tragen. Diese Ansicht ist in ihrem ersten und zweiten Teile nicht richtig. Das ist nicht etwa blofs meine subjektive Ansicht, sondern die Ansicht weiter und verständiger Kreise; es handelt sich für mich nur um die gewöhnlichen Sorten der Stadtbiere, das sind aber die Massenbiere; dafs diese gleichmäfsiger wurden, ist gewifs.

In der Versammlung des Alkoholgegnerbundes zu München am 19. September 1899 (der abstinenten Ärzte, deren Zahl — wahrscheinlich infolge der modernen Fabrikbierbeschaffenheit — in stetem Wachsen ist) wurde, kurze Zeit nach Harzbergers Veröffentlichung, durch Univers.-Prof. Dr. Kräpelin (Heidelberg) auf Grund experimenteller Untersuchungen ausgesprochen, dafs der Alkohol auf Geist und Körper schädlich wirkt. Die schädliche depressive Wirkung erstreckt sich auf den Körper (Ernährungsvorgänge), auf Geist und Gemüt. Der hochbetagte Herr Geheimrat v. Pettenkofer, der berühmte Hygieniker, dessen Worte sicher ein ganz besonderes Gewicht haben, sagte bei dieser Versammlung, dafs nach den Untersuchungen des Münchner Physiologen Voit der Mensch Genufsmittel zur besseren Verdauung (besseren Ausnutzung der Nahrungsmittel) nicht entbehren könne; wenn man also Bier und Wein dem Menschen entziehen wolle, müsse man etwas anderes bieten. Was wir gegenwärtig an flüssigen Genufsmitteln hätten, sei für viele nicht gerade wohlschmeckend und angenehm, auch im ganzen viel zu teuer, wenn man den wirklichen Wert in Betracht ziehe. Das ist gewifs eine schwerwiegende Kritik moderner Biere und ein Beweis dafür, dafs der von mir eingenommene Standpunkt kein subjektiver, sondern ein ganz allgemeiner und berechtigter ist[100]). Leider sind die von Pettenkofer geäufserten Ansichten nur zu wahr; er hätte sie wahrscheinlich mit noch viel gröfserem Nachdruck ausgesprochen, wenn er selbst Biertrinker wäre und nicht in Bayern, namentlich nicht in München, lebte, nach dem alten Erfahrungsgesetze, dafs man in der Höhle des Löwen nicht Übles vom Löwen sagen sollte. Wie man mir gesagt hat, trinkt dieser Begründer der Hygiene keinen Tropfen Bier! — Ich würde auch sicher von den modernen Stadtbieren nichts trinken, wenn mir nicht guter Wein zu teuer wäre.

Bei der technischen Versammlung des Vereins Versuchs- und Lehranstalt f. Br. in Berlin 1898[101]) sagte Prof. Dr. Reinke bei der Frage: Abänderungen in der Bierbereitung unter dem Einflusse der hygienischen Tagesströmungen und der Geschmacksrichtung, dafs man gegen die bedauerliche antialkoholische Bewegung entschieden Front machen müsse. Das Bier wirke belebend während und nach der Arbeit und sei besonders im Alter ein unentbehrliches Genufsmittel. Der Vorwurf, dafs das Fuselöl im Bier schädlich sei, sei unzutreffend, da ein gutes Bier überhaupt kein Fuselöl enthalte. Der Brauer müsse jeder Geschmacksrichtung des Publikums Rechnung tragen und dem verwöhntesten Biertrinker entgegenkommen. Um dem Bier jeden fremden Beigeschmack zu nehmen, müfsten die Fässer gut gepicht und gelüftet werden. Bei hopfenarmen Bieren empfehle sich die Verwendung nur feinen Hopfens, damit der Geschmack nicht leide[102]). Das Vakuum-Gärverfahren hält er nicht für empfehlenswert, da dasselbe den Geschmack beeinträchtige[103]).

Es ist bezeichnend, dafs die Herren Brauer, wenn es sich für sie darum handelt, im Projekt befindliche neue Steuern auf das Bier zu bekämpfen, selbst erklären, dafs die Brauer in ihrer ohnehin durch die Konkurrenz etc. erschwerten Lage, wenn es ihnen nicht gelänge, die neuen Auflagen auf die Konsumenten abzuwälzen, gezwungen seien, das Bier leichter und von geringerer Qualität herzustellen; wenn es nun auch gelänge, das Publikum an das leichtere Bier zu gewöhnen, so enthalte doch alsdann das zum Nahrungsmittel gewordene Volksgetränk weniger Nahrung; es wäre aber nicht blofs weniger nahrhaft, sondern auch weniger gesund, also vom national-ökonomischen und physiologischen Standpunkt aus sehr unerwünscht[104]).

Im Gegensatz zu der lange Zeit herrschend gewesenen süddeutschen Auffassung vom rechten Bittergeschmack des Bieres stehen oder standen jene in England, denn dort verlangte das Publikum ehedem (vor Jahren) ausdrücklich bittere Biere. Wie mir ein englischer Chemiker, welcher sich — vor 12—15 Jahren — Studiums halber in Weihenstephan aufhielt, mitteilte, verlangten damals noch in England unter 100 Biertrinkern 99 bittere Biere, während einer süfses Bier zu haben wünschte. Der Hopfengeschmack ist bei den englischen Bieren, welche schon um 1875 mit 574000 Barrels aus Grofsbritannien nach den Vereinigten Staaten, Australien, Süd-afrika, Westindien, Rufsland etc. exportiert wurden[105]), stark hervortretend, oft so, dafs das Bier intensiv bitter schmeckt. England mit seinen milden Wintern (Mangel an Eis) und kühlen Sommern erzeugt obergärige Biere, weil zur Untergärung Eis gehörte, das vor den Eismaschinen nur um schweres Geld aus den Nordländern geholt wurde. Die Haltbarkeit obergäriger Biere bedingt aber von vornherein gröfsere Hopfengaben, als bei Untergärung üblich, und vielleicht rührt daher der überraschend grofse Hopfenverbrauch der Engländer, wozu noch der hohe Würze-Extraktgehalt bei Ale und Porter kommt[106]). Würden diese englischen Biere nicht stark vergoren, mit abgeklärtem, harzfreiem Bitter auf den Markt kommen, sondern so wie jetzt viele gewöhnliche Biere in Deutschland und München, wären sie sicher geradezu ungeniefsbar. Nach dem raschen Verlauf der Hauptgärung wird Tafelbier-Ale zur Nachgärung noch 2—3 Monate in kleinen Transportfässern (Barrels) gelagert. Exportbier bleibt 20—24 Monate in den grofsen Lagerfässern. Erst wenn das Bier diese lange Lagerungsperiode durchgemacht, kommt es in kleinen Barrels oder Flaschen zum Ausstofs. Ähnlich war es ehedem in Nordamerika. Inzwischen hat sich aber auch in England schon vielfach eine erhebliche Wandlung vollzogen, und noch gröfser ist diese Wandlung in Nordamerika gewesen, wo man heute von stark bitteren Bieren nichts mehr wissen will.

Es ist charakteristisch, dafs in Deutschland wie in England und Nordamerika die Wandlung in der Geschmacksrichtung der Biertrinker, die Abwendung von den rohbitteren Bieren, sich ganz gleichzeitig vollzog; das deutet schon von vornherein auf dieselbe Ursache, und die war denn auch in der That gegeben in der Einführung der Eismaschinen und der sich daran anschliefsenden Kellerbehandlung (Betriebsänderung). Das rohe, unverdaute Bitter der bei niederen Temperaturen kurz lagernden, unreif zum Verkaufe gelangenden Biere war den Trinkern sofort zuwider, daher überall die Flucht vor den stark bitteren Bieren mit ihrem rohen, unverdauten, harzigen Bitter und daher überall die kolossale Reduktion der Hopfengabe; jetzt macht sich aber schon seit Jahren wieder die ablehnende Haltung der Trinker gegen die zu süfsen Biere geltend, in denen das vorhandene wenige Bitter sich dennoch schroff, roh und abstofsend sowie im Trinken ermüdend bemerkbar macht.

In Österreich werden auch erheblich mehr bittere Biere verlangt als in Bayern; das kann man rasch erkennen, wenn man Wiener und namentlich Pilsener Biere versucht.

Es ist ganz gewifs, dafs das wirklich feine, echte Pilsener Bier, z. B. aus dem Bürgerlichen Brauhaus in Pilsen, welches einen lieblichen, abgeklärten, weichen, milden Hopfengeschmack hat und blank und hell ist, eine viermonatliche, mindestens dreimonatliche Lagerzeit hinter sich hat, und dafs es seine Klarheit und seinen Glanz durch eigene Arbeit von innen heraus und nicht durch Klärfilterapparate erhalten hat.

Die Wiener Br.- u. H.-Ztg. »Gambrinus« bringt in Nr. 12 vom Jahre 1900 aus der Feder eines alten Praktikers in Deutschland folgende Bemerkungen über die heutige Qualität des Bieres.

Sie sollen hier unverkürzt angeschlossen werden, weil sie sehr lehrreich sind; dafs sie allen gefallen, ist natürlich nicht zu erwarten. Wahrheit wirkt immer segensreich, auch wenn sie manchen unangenehm ist.

In einer vor kurzem stattgefundenen Sitzung des engeren geschäftsführenden Ausschusses des Landesverbandes der Wirte Württembergs berichtete der Vorsitzende Schramm, dafs auf dem Verbandstage in Freudenstadt der Ausschufs den Auftrag erhalten habe, wegen Gratislieferung der Kohlensäure bei dem Württembergischen Brauerbunde vorstellig zu werden. Der genannte Ausschufs stimmte der Berechtigung dieses Verlangens zu. Es wurde betont, dafs bei der heutigen Qualität des Bieres es hauptsächlich im Interesse des Bierbrauers liege, dafs dasselbe mit Kohlensäure ausgeschenkt werde und demselben die Kohlensäure, wenn er sie in grofsen Quantitäten beziehe, noch viel billiger zu stehen komme.

Dieser Bericht wirft ein klares Licht auf die heutigen Bierverhältnisse. Dafs die Kohlensäure dem Bier den erfrischenden, schneidigen Charakter gibt, ist männiglich bekannt, aber wenn wir Brauer nun nicht verstehen, diesen wichtigen Bestandteil des Bieres demselben in der nötigen Quantität und Qualität zu erhalten, dann mufs das Bier unter Kohlensäuredruck ausgeschenkt werden, und in der Hinsicht haben die Wirte nicht so ganz unrecht, dafs sie, wenn der Brauer ihnen die nötige Kohlensäure nicht dem Biere einverleibt zu liefern vermag, sie demselben zu Leibe gehen, ihnen die nötige künstliche Kohlensäure gratis zu liefern, denn je besser das Bier ist, desto mehr wird getrunken. Zwar wird das Bier von der heutigen Qualität, wie der Bericht sagt, unter Kohlensäuredruck ausgeschenkt, um den vorzüglichen schneidigen Geschmack zu entwickeln, wie das richtig eingebraute, das sein eigener Kohlensäurelieferant ist.

Seit mehr wie dem letzten Drittel des 19. Jahrhunderts ist die Theorie bestrebt gewesen, die Praxis der Brauerei auf einen höheren Standpunkt zu bringen; wie ihr das aber geglückt ist, beweist der Ausdruck des Berichtes: bei der heutigen Qualität des Bieres. Wie war es aber nun früher, als in Handbrauereien, ohne Eiskeller, nur mit Felsenkellern gearbeitet wurde? Prechtl, k. und k. Regierungsrat und Direktor des Polytechnischen Institutes in Wien, schreibt in seiner Encyklopädie 1830: Dafs mit dem bayerischen Maischverfahren in Bayern ein vorzügliches Bier gebraut wird, war und ist mir wohl bekannt; allein ich konnte dieses Verfahren doch nicht als Muster oder im allgemeinen als fehlerfrei aufstellen, nachdem genau nach eben demselben in Wien gebraut und bekanntlich niemals ein Bier, das dem bayerischen ähnlich ist, ja nicht einmal ein gutes Bier gewonnen wird. Nach eben demselben Brauverfahren wird das Bier die Donau aufwärts immer besser, im Oberlande nähert es sich schon dem bayerischen Bier, und im bayerischen Hochlande wird es am besten. Dieses ist die Folge der Lokaleinflüsse, auf welche ich bereits eingehend hingewiesen habe. Die Erhöhung eines Brauhauses um 1000 bis 1200 Fufs über ein anderes übt einen mächtigeren Einflufs auf die Qualität des Bieres als irgend eine Abänderung im Maischverfahren. Die gute Qualität des in Bayern gebrauten Bieres kann man daher nicht als eine notwendige Folge des dortigen Brauverfahrens ansehen, man kann vielmehr glauben, dafs das bayerische Hochland nach jedem andern Verfahren gutes Bier brauen würde.

Diesen Auslassungen tritt im Jahre 1836 der Kgl. bayer. Professor Dr. Zierl in München entgegen. Die Ansichten Prechtls sind nicht begründet, denn in allen Gegenden Bayerns, in nieder- und hochgelegenen, hat man gute und schlechte Biere, und die Biere in Würzburg, welches um 1133 Fufs niederer als München liegt, sind so gehaltreich als in München. Übrigens mufs man mit dem Worte »gut« einen bestimmten und richtigen Begriff verbinden. Dafs die Biere von verschiedenen Gegenden und Brauereien oft einen eigentümlichen Nebengeschmack besitzen, ist bekannt; indessen rührt derselbe nicht von der geographischen Höhe her, sondern hängt von andern Umständen ab, von denen noch gesprochen werden wird. Gut nennen wir in Bayern jedes normalmäfsige und gehörig bereitete Bier, welches das gehörige Alter hat und während der Aufbewahrung nicht verdorben worden ist, und ein solches gutes Bier kann man in Bayern an allen Orten bereiten, wo man gutes Material und gute Keller hat und das Brauen versteht.

Also zwei klassische Zeugen von der Güte des bayerischen Bieres, als man noch von Braulehranstalten nichts wufste und man seine praktischen Erfahrungen nur aus einer mehr oder minder langen Reihe von Jahren harter Arbeit herleiten konnte. Aus dem im Jahre 1842 erschienenen Jahrbuch für Technik, Physik und Chemie von Hefsler (Fürth) will ich folgendes Citat aus einer Arbeit des Herrn J. E. Juch hierher setzen: Der altbayerische Bierbrauer ist kein Chemiker; es ist auch nicht notwendig, dafs er einer sei, aber er verfährt bei seinem Braugeschäfte von Anfang bis zu Ende so chemisch richtig, dafs er genau das hervorbringt, was bei gehöriger Genauigkeit und richtigem Verfahren aus seinen angewendeten Rohmaterialien werden soll, ein klares, haltbares, gesundes Getränk, ein vollständig vergorener klarer Malzwein.

Der Kgl. bayer. Bezirksarzt Dr. A. Mair in Fürth schrieb in seiner 1864 bei Lendner in München erschienenen Broschüre »Das Bier und dessen Untersuchung auf Gehalt und Fälschungen«: Die vielen Untersuchungen drängten mir zwei Überzeugungen auf: a) dafs Prof. Steinheil (in München, Erfinder der hallimetrischen Bierprobe) recht hatte, wenn er sich nach Untersuchung der Münchner Biere dahin aussprach, dafs es Brauer gebe, die zunächst Gott arbeiten, d. h. aus fast nichts etwas herstellen; b) dafs die Kunst, Bier zu brauen, keine zu unterschätzende ist und zum Bierbrauen mehr gehört als blofs Malz, Hopfen und Wasser.

Ein Beitrag aus der Neuzeit über die Güte des jetzigen Bieres haben die Landtagsverhandlungen des badischen Landtages im Mai 1896 geliefert. Der eine Landtagsabgeordnete erklärte, dafs er Bier aus einer kleinen Brauerei (die in einem Waschkessel braute, hiefs es im Volksmunde) getrunken habe, das bedeutend besser gewesen sei als das aus einer grofsen Aktienbrauerei, die also mit allen Hilfsmitteln der Neuzeit gearbeitet hat.

Was nun die heutige Qualität des Bieres betrifft, so will ich deren Resultat ebenfalls an der Hand eines klassischen Zeugen feststellen. Jedem, der die nötige Praxis besitzt, gelingt es an der Hand seiner praktischen Erfahrungen, ein dauernd gleichmäfsiges Bier herzustellen; wer aber auf Grund der Lehre arbeitet, dafs die Verzuckerung durch die Jodprobe hergestellt wird, kommt zu denselben Resultaten, wie dieselben der Dr. Carl Rach in Milwaukee beschreibt: Man ist im Brauereibetriebe bestrebt, sich von allen Zufällen unabhängig zu machen, und sucht täglich mehr, die Arbeit in sichere Bahnen zu lenken, um jedes Mifslingen von vornherein unmöglich zu machen und des guten Resultates sicher zu sein. Eifrigst wird in diesen Bestrebungen das Braugewerbe von den Naturwissenschaften unterstützt, welche bisher unverstandene Prozesse erforschen, durch deren Kenntnis das richtige zielbewufste Arbeiten möglich ist. Am Ziele dieser Wünsche ist man nun allerdings nach dieser Richtung noch nicht angekommen, und aus Mangel an besserer Kenntnis ist noch manches im Brauereibetriebe Zufällen unterworfen, welche häufig die gute Qualität des Bieres in Frage stellen. Hierher gehört die Arbeit im Sudhause, wo man zwar bestrebt ist, durch gleiche Temperaturen und Regelmäfsigkeit der Arbeit eine gleichartige Würze herzustellen, welche Mafsregeln indes zur Herstellung einer Würze von gleichbleibender Zusammensetzung ungenügend sind. Nun offener kann man nicht konstatieren, dafs man nach den bisher befolgten theoretischen Anweisungen nicht im stande ist, eine dauernd gleichmäfsige Würze herzustellen.

Als weiteren Beleg für beide Ansichten, die theoretische und die praktische, will ich zwei Belege aus meiner Kenntnis hersetzen. Im Jahre 1892 wurde eine Aktienbrauerei gegründet mit einem Grundkapital von 800000 Mark. In den verflossenen acht Jahren ist dieses Kapital viermal auf 200000 Mark reduziert und jedesmal 600000 Mark neue Aktien ausgegeben worden. Bei der Betriebsleitung, um gute Resultate zu erzielen, ist ein Chemiker angestellt. In einer berühmten Industriestadt existierte eine Brauerei, die vor zwei Jahren einen jährlichen Ausstofs von 80000 hl hatte. Nun sollte dort eine Aktienbrauerei gebaut werden, zu deren Leiter ein Chemiker berufen war. Der Braumeister in seiner Angst, der mit seinem Bier selber nicht zufrieden war, wandte sich an mich um Rat. Die Aktienbrauerei hatte dieses erste Jahr einen Ausstofs von ca. 25000 hl, trotzdem hat der Braumeister einen Ausstofs von über 100000 hl erzielt. Was die maschinellen Einrichtungen in der Brauerei betrifft, so sind diese ja unleugbar weit vorgeschritten, über die Fortschritte im Brauwesen in der theoretischen Erkenntnis mag sich jedoch jeder sein eigenes Urteil selbst bilden.

In dem Gesuch des Schweizerischen Brauerbundes an den Bundesrat in Bern (Surrogatverbot bei der Bierbereitung in der Schweiz)[107]) wird gesagt, es würden an Stelle des Malzes oder als sogenannte Konservierungsmittel in den Brauereien verwendet: Reis, Mais, Stärke, Stärkemehl, Kartoffelmehl, Rüben-, Trauben- und Rohrzucker, Syrup aller Art, Dextrin, ja sogar Saccharin und Glycerin. Es werde Bier hergestellt aus Wasser, Syrup, Ingwer, Kümmel etc. Dieses Verzeichnis sei keineswegs vollständig, aber gewifs seien Glycerin, Saccharin etc. der Gesundheit nicht zuträglich. In der Schweiz werde vor allem Reis verwendet. Malzbiere mit geringem Reiszusatze schmeckten wohl im allgemeinen ebenso gut wie reine Malzbiere, sie würden aber sofort ungesund, sobald der Reiszusatz erhöht werde. In Amerika übersteige der verwendete Reiszusatz oft die gebrauchte Malzmenge. Der Reis sei eben bedeutend billiger als Malz. Während 1899 gutes Malz per 100 kg 33—33,50 Francs koste, sei Reis für 23 Francs per Doppel-Ztr. erhältlich. Ein Brauer, welcher bei 10000 Doppel-Ztr. Malzverbrauch $^1/_3$ des Malzes durch Reis ersetze, habe sein Rohmaterial um 33500 Francs billiger wie jener, der nur Malz verwendet; die Konsumenten erhalten aber das Bier um keinen Pfennig billiger. Ohne Surrogatverbot werde die Verwendung von Reis immer gröfser und endlich allgemein werden. Mit der Reismenge steigt auch der Alkoholgehalt des Bieres, wodurch es nicht gesunder wird; es wird weinig und sehr alkoholreich. Alle Surrogate wirken nachteilig auf die Gesundheit der Konsumenten. Nur gutes, ohne Surrogat gebrautes Bier ist ein erfolgreicher Gegner des Branntweintrinkens, ungleich mehr als alle guten Ratschläge und gesetzlichen Bestimmungen.

Nach dem Brauereidirektor Richard Rösicke in Berlin (Reichstagsrede vom 15. Febr. 1898) machen dort mit Hilfe des Saccharins Leute »Bier«, die niemals etwas von der Brauerei gelernt haben. Diese Pseudo-Brauer kaufen einen Hektoliter Bier, nehmen Biercouleur und Saccharin und machen aus diesem einen Hektoliter reinen Bieres die fünffache Quantität, indem sie die entsprechende Menge Wasser zusetzen. Diese Flüssigkeit wird als Bier in den Handel gebracht, etwas billiger, aber immer noch zu wucherhaft hohem Preise verkauft.

4. Die Hopfenbittersurrogat-Frage in Europa und Nordamerika und die Frage nach Gift im Bier.

a) Allgemeines.

Um dem Bier den nötigen milden und gesunden, aromatischen Bitterstoff zu geben, haben wir, soweit unser bezüglicher Gesichtskreis in Süddeutschland reicht, nichts, was den Hopfen in seinem Eigenschaftenkomplex und dessen vielseitigen und milden Wirkungen ersetzen könnte. In Bayern wären ja auch ohnehin alle diesbezüglichen Ersatzmittel bei schwerer, sehr empfindlicher Strafe, die zudem sofort den Konsumentenkreis empfindlich einschränken würde, gesetzlich verboten.

Früher hat man, wie übrigens wenig sichere, vielleicht sogar sehr zweifelhafte Literaturüberlieferungen lehren, allerlei würzig-bittere, wildwachsende Kräuter zur Herstellung des Bieres verwendet. Als solche werden in älteren Büchern angeführt: Enzianwurzel, Cardobenediktenkraut, Wermut, Meisterwurz, Buchsbaum, Erdrauch, Wacholder, Wallnufsblätter, Quassiaholz, Gamander, Ysop, Salbei, Johannishand, ebenso Anis, Koriander, Zimmetrinde, Fenchel oder sonst rein aromatische Beimengungen unschädlicher Natur[108]).

Man nennt desfalls aber auch ganz unheimliche, weil hochgradig giftige Stoffe, wie Aloë, Amberkraut, Herbstzeitlose, Kockelskörner[109]), Koloquinten, Opium, Pikrinsäure, Porst, Seidelbast, Strychnossamen. In der Holledauer Hopfenzeitung 1864, S. 104 heifst es, dafs der Billigkeit wegen statt Hopfen zur Bierbereitung auch der giftige Taumellolch (Lolium temulentum), Fichtennadel, Ameisensäure etc. verwendet würden. Ein gewisser Farmington hat 1891 in Frankreich ein Patent genommen (Nr. 213740) auf ein Verfahren, nach welchem mit Eucalyptus-Blättern, also mit den Blättern des australischen Fieberbaumes, der Hopfen bei der Bierbereitung ersetzt werden soll[110]).

Von den alten Deutschen sagt man, dafs sie ihr Bier bald mit einer Abkochung von Eichenrinden, bald mit der Tamariske (Myricaria Germanica Desv.), welche oft massenhaft in den Auen unserer Alpenströme vorkommt, bald mit der Frucht des Kreuzbeerstrauches oder Gagels (Myrica Gale L.) von den Torfmooren der norddeutschen Ebene, bald mit den Zweigen und Früchten des Keuschbeerbaumes (Vitex agnus castus) gewürzt haben[111]). Ob das aber auch alles wahr ist, kann ich nicht verbürgen; sehr wahrscheinlich sind das oft nur Phantasiegebilde. Dagegen ist, wie aus den oben (S. 73 u. ff.) entwickelten geschichtlichen Darstellungen über den

Hopfen und seine Kultur sozusagen ganz unzweifelhaft und vielfach selbst unzweifelhaft urkundlich verbürgt hervorgeht, bei den meisten germanischen Volksstämmen schon seit 1500—2000 Jahren der Hopfen verwendet worden, sowohl das Produkt des wilden, wie jenes des kultivierten Hopfens. Seit bald 12 Jahrhunderten haben wir urkundliche Nachrichten von Hopfenkultur bei einzelnen deutschen Volksstämmen, und wozu sollten sie ihn denn kultiviert haben? Offenbar weil das, was der Wildhopfen an bedurftem Material darbot, nicht genügte; darüber einen Zweifel zu hegen, ist doch ganz unstatthaft. Wenn also auch andere Gewürzpflanzen mit bitteren Stoffen zur Verwendung kamen, so kann das in jenen verkehrsarmen Zeiten nur in solchen Gegenden vorgekommen sein, wo wirklicher Hopfen nicht oder nicht hinreichend wuchs und von anderswoher nicht beschafft werden konnte.

Es verdient hervorgehoben zu werden, dafs der Hopfen von Hause aus einen merklich kalkhaltigen Boden liebt, daher als Wildhopfen, namentlich von alters her, kalkarmen Bodengebieten, wie in weiten Strecken Norddeutschlands, fern geblieben ist. Allenthalben fehlt der Wildhopfen fast ganz den ausgedehnten Nadelwaldgebieten.

Ganz neue Vorstellungen in dieser nicht unwichtigen Frage gewinnt man beim Durchlesen einer Abhandlung von Oskar Wiesner: Das Bier vom Jahre 1300—1500[112]) und namentlich in dem Abschnitte, in welchem von den Kräuter- und Gewürz-Bieren die Rede ist. Schon im 5. Jahrhundert habe es Wermut-, Rosmarin- und andere derartige Biere gegeben. Dann, nach den Kreuzzügen im 12. Jahrhundert, welche den Handelsverkehr mit dem Orient belebten und die Gewürze des Orients nach Mitteleuropa brachten, machte man in Frankreich Würzweine und in Deutschland Würzbiere. Ed. Watson (l. c. S. 78) sagt sogar, dafs in Deutschland die Hopfenkultur erst im 14. Jahrhundert allgemeine Verbreitung fand und die meisten Biere bis ins 16. Jahrhundert nicht gehopft waren, aber er gibt keine Quellen an. Der Nürnberger Kuriose Kellermeister sagt, man mache medizinisch Bier, wenn man Kräuter und Wurzeln hineinthue.

Um Kräuter- und Gewürz-Biere zu machen, wurden die gedörrten Kräuter oder Wurzeln büschelweis entweder vor der Gärung in das Fafs gehängt oder erst nach der Gärung, oder man extrahierte die Kräuter mit einer kleineren Quantität Bier, das man dann auf gröfsere Quantitäten verteilte.

Es erscheint mir sehr wahrscheinlich, dafs es damals neben Hopfenbieren auch besondere Gewürzkräuterbiere für medizinische Zwecke gab.

Man machte Wermutbier (s. l. c. S. 417), um nicht blofs den Magen zu stärken und Appetit zu erregen, sondern auch um damit noch eine ganze Reihe von Krankheiten zu heilen. Aus ähnlichen und andern Gründen machte man Cardobenediktenbier, Wacholderbier, Rosmarinbier, Beifufsbier, Poleybier, Quendelbier, Krausemünzbier, Zitronenbier, Pomeranzenbier, Lorbeerbier, Lavendelbier, Hirschzungenbier, Ysopbier, Majoranbier, Scordionbier, Melissenbier, Braunbethonienbier, Benediktenwurzelbier, Ochsenzungenbier, Augentrostbier etc. Jedes war gut zum Heilen einer ganzen Litanei von Krankheiten und Leibesnöten[113]).

Von der viel citierten Abtissin Hildegard (11. Jahrhundert) wird gesagt, dafs sie in ihrer »Physica« die Blätter und Früchte einer Pflanze Myrtus für das Bierbrauen empfiehlt.

Im Mittelalter wurden ja, wie W. Zahn mitteilt[114]), mit besonderer Vorliebe auch gewürzte Weine getrunken, wozu sich die einfachen und sauren Landweine wohl eigneten; in der späteren Zeit des Mittelalters gewann, wenigstens in Norddeutschland, der Biergenufs die Oberhand; auch der neu aufkommende Branntweingenufs trug viel zur Einschränkung des Weingenusses bei, und inzwischen konnten infolge verbesserter Verkehrswege die Mosel- und Pfälzer-Weine mit den märkischen Weinen in Konkurrenz treten. Wie man offenbar in jener fernen Zeit, mit den unentwickelten Verkehrsverhältnissen, welche die Zufuhr von aufsen erschwerten und verteuerten, den in der Lokalität gewachsenen sauren und herben Wein durch Gewürze zu verbessern und geniefsbarer zu machen suchte, so wird es auch mit den Bieren gewesen sein. Wegen erschwerter und teurer Zufuhr edlen Hopfens von aufsen her baute man den bedurften Hopfen in allernächster Nähe; derselbe gab aber in der Regel dem Biere ein rauhes, hartes Aroma und ein herbes Bitter, weshalb man sich veranlafst sah, die Trinkbarkeit dieses Bieres durch Zusatz von allerlei Gewürzen zu erhöhen. Mit der Entwicklung des Verkehrs und der Zufuhr besseren Hopfens hörte das von selbst auf.

Solche Zusatzbiere werden ja da und dort auch heute noch gemacht[115]); man nennt ein solches Verfahren das Zeugstärken. Man verwendet bei Nürnberger oder Bamberger Versandbieren guten Wein (vorzugsweise Roussillon), Malzmehl, Hopfenmehl, Muskatblüte; beim Porter Sprit, Rum oder Portwein; beim Versandt Ale abgesottenen Hopfen. Alantbier bekommt einen Zusatz von Eibischwurzeln; Salbeibier, früher sehr beliebt, erhält von diesem Gewürzkraut Zusatz; Sprossen- (Spruce-) Bier hat einen Zusatz von Nadelholzsprossen; Wermutbier ist mit Bitterkraut gewürzt etc. In allen diesen Fällen handelt es sich aber keineswegs darum, für den Hopfen ein Surrogat zu geben, sondern dem an sich schon gehopften Bier mit den Zusätzen gewisse Geschmacks- und andere Eigenschaften zu verleihen[116]).

Ein bekannter tüchtiger deutscher Brauer, A. Schwarz in New-York, Herausgeber einer Brauerzeitung, sagt[117]): Zur Aromatisierung von Flaschenbieren kann man auch diverse Gewürze verwenden und verwendet sie auch; Zimmet, Pomeranzenschale, Kardamom, Muskatblüte, Florentiner Veilchenwürze und Vanille spielen dabei oft eine grofse und geheimnisvolle Rolle[118]). Nach seiner Ansicht ist das natürliche Hopfenaroma das beste und gesundeste, denn jeder fremdartige Beigeschmack widersteht mit der Zeit dem Gaumen und würde das gute deutsche Nationalgetränk bald in die Strafkolonie der Kräuterbiere verurteilen.

Brauschuldirektor Michel[119]) erwähnt, dafs der Zusatz von Gewürzen und gewürzhaften Kräutern schon im Altertum stattgefunden habe.

In dem von Pharmazeuten viel gebrauchten Werke von Dr. Herm. Hager[120]) wird u. a. gesagt, dafs eine zu Berlin stattgehabte Brauerversammlung beschlossen habe, sich mit der Bitte an das Reichskanzleramt zu wenden um ein Gesetz, dafs zur Bierbereitung nur Malz, Hopfen, Hefe und Wasser verwendet werden dürfe, die Anwendung aller Surrogate und Zusätze aber verboten werde.

Dies sei aber abgelehnt worden, und das sei verständig gewesen, denn der Biertrinker wolle ein Bier trinken, welches ihm mundet, und werde der Brauer dadurch gezwungen sein, Fabrikat zu aromatisieren, sowie demselben einen Geschmack zu geben, dafs es gern getrunken werde. Unter 100 Brauern (offenbar ist da aber Norddeutschland, namentlich das Gebiet von Berlin gemeint) gäbe es sicher 99, welche aufser Malz und Hopfen noch zu unschuldigen Zusätzen (wie sie im Handb. Bd. I, S. 801 aufgeführt sind) ihre Zuflucht nehmen. Dazu kommt, dafs diese Zusätze meist in so geringem Umfange stattfinden, dafs ihr Nachweis, besonders jener mit flüchtigem Aroma, auf chemischem Wege meist kaum möglich ist und nur ein feiner Geschmackssinn sie entdecken kann. Dafs diese Zusätze schon vor einigen hundert Jahren üblich waren, beweist die Geschmacksverschiedenheit der Biere, welche, aus einigen Orten kommend, einen besonderen Ruf hatten. Das im 16. Jahrhundert berühmte Bernauer Bier soll z. B. einen an Anis erinnernden Geschmack gehabt haben.

Es sei eine traurige Wahrheit, dafs unorientierte Chemiker von Bierverfälschung sprechen, wenn sie neben den Hopfenbestandteilen noch andere unschuldige Bitterstoffe und Gewürze angetroffen haben. Dabei ist zu betonen, dafs der Hopfen keineswegs ein unschuldiger Stoff ist, dafs derselbe sogar Vergiftungssymptome hervorrufen kann; man dürfe nur an den Bierrausch und seine Nachwehen erinnern. Wenn ein Bier gut schmecke und die Bestandteile enthalte, welche im Bier vertreten sein sollen, so könnten etwaige unschuldige, den Geschmack nur berührende Stoffe das Bier nicht zu einem verfälschten machen. Die Möglichkeit, dafs an der Stelle des Hopfens auch ein anderes Aroma sich einführen könne, liege gar nicht so fern, und wenn dann ein solches Bier von vielen lieber genossen wird, so dürfe es dieselbe Berechtigung haben wie Hopfenbier, ohne dafs es als ein verfälschtes bezeichnet werden könnte, ebenso wenig als ein mit Stärkezucker hergestelltes Bier, wie es doch in grofsen Massen in den Handel komme, für ein verfälschtes angesehen werde. Wenn also ein teilweiser Ersatz des Malzes durch Stärkezucker zugelassen werde, warum sollte der Brauer nicht auch einen teilweisen Ersatz des Hopfens anwenden dürfen, wenn dieser Ersatz dem Geschmacke des Konsumenten genüge[121])! Das

Bier, welches in Amerika statt mit Hopfen mit den Früchten der Ptelea trifoliata aromatisiert sei, schmecke ebenso gut wie unser Hopfenbier und wegen des Zusatzes kleiner Mengen anderer Gewürze oft sogar noch besser.

Ptelea trifoliata L., Hopfenbaum, Kleestrauch, sei eine in den südlicheren Staaten Nordamerikas einheimische, bei uns in Gärten gezogene Xanthoxylee und liefere in ihren geflügelten Früchten ein dem Hopfen ähnlich schmeckendes und riechendes Aroma. Diese sollen ein Alkaloid »Pteleïn« enthalten.

Zu den Teucriumarten zählten einige, welche vortreffliche Hopfensurrogate darbieten könnten, und man habe auch Scorodonia sylvestris Link (Teucrium Scorodonia L.) als solches warm empfohlen. Wie es scheine, würden in Italien bereits einige Teucriumarten zur Geschmacksverbesserung des Bieres benutzt. Der Nachweis wird ein sehr schwieriger sein, weil der Zusatz gering ist und das Teucriumarom durch das Hopfenarom ausreichend verdeckt wird.

Die Ansicht eines Analytikers, dafs er Colchicin im Bier angetroffen, habe sich später als irrig herausgestellt (l. c. S. 239). Hager fand in einem Bier flüssiges Alkaloid, das er für Spartein (von Spartium Scoparium) hielt. Dieses Bier soll am Erzeugungsorte gerne getrunken werden (Pharmaz. Zentralb. 1876, S. 112). Buxin, welches zuweilen als Hopfensurrogat verwendet werden soll, wurde mit Morphin verwechselt; Buxin sei mit Menyanthin und Quassiin in dieselbe Reihe zu stellen.

Besondere Zusätze zum Bier, welche eine Verbesserung der Farbe, des Geschmackes, eine Klärung, eine länger andauernde Haltbarkeit oder eine Herabminderung des Gehaltes an freier Säure bezwecken und infolge des lange Zeit hindurch stattgefundenen Gebrauches oder auch wegen Mangels eines nachteiligen Einflusses auf das Wohlbefinden als zulässig angesehen werden (Hager, l. c. S. 245), sind: Stärkezucker, Rohrzucker, Glycerin, Zuckercouleur, Natriumkarbonat, Natriumbikarbonat, Natriumbisulphit, Potasche, Salicylsäure, ferner die Gewürze Anis, Koriander, Kardamom, Thymian, Zimmet, Englisches Gewürz, Ingwer[122]), dann die Bitterstoffe aus Wermut, Fieberklee (Menyanthes trifoliata), Tausendgüldenkraut, Cardobenedikten, Buxbaum. Doch kommt es dabei auf das verwendete Quantum an. Der Zusatz soll nie so grofs sein, dafs er im Geschmacke überwiegt. Wenn das Bier trotzdem trinkbar ist und auch gerne getrunken wird, so liegt — nach Dr. H. Hager — auch kein Grund der Verwerfung oder gar das Kriterium einer Verfälschung vor.

Johann Heumann, der gelehrte Rechtsprofessor an der hohen Schule zu Altdorf bei Nürnberg, sagt schon 1759 (l. c. S. 105): Nunmehr werden wenige in Zweifel ziehen, dafs der Hopfen das Bier dauerhafter, schmackhafter und gesunder mache. Er selbst citiert eine Anzahl von Polizeigesetzen aus dem 16., 17. und 18. Jahrhundert, wonach sich die Brauer mit einem hinlänglichen Hopfenvorrat versehen sollen. Thom. Bartbolinus hält den Hopfenhandel zur Zeit der Pest für höchst verdächtig und will daher auf solchen Fall und sonst im Mangel des Hopfens Wermut, Lungenkraut, Chamelaeagnum und Spuren von Tannenholz vorgeschlagen haben. Dagegen rät Andr. Baccius[123]) den Deutschen, den Wein mit Hopfen zu mischen und ihn dadurch zu reinigen und stärker zu machen.

Im Kap. XVII (l. c. S. 117 ff.) spricht Heumann von den mancherlei Zusätzen zum Bier statt des Hopfens oder neben demselben. Obgleich der Hopfen allein dazu gewachsen scheine, dem Gerstentrank herrliche Eigenschaften mitzuteilen, so sei doch nur allzuwohl bekannt, dafs man das Bier auf gar viele andere Art würzen könne. Die Zubereitung von Arzneibieren gehöre nicht daher, er spreche nur vom ordentlichen Bier, welches man zuweilen noch mit andern Zusätzen zu würzen pflege.

Es sei auch ein Unterschied zu machen, ob es sich um Bier für seinen eigenen Tischtrunk oder zum öffentlichen Verkauf handle. Sodann sei unter den würzhaften Zusätzen wohl zu unterscheiden, da sich darunter viele schlimme und schädliche oder doch das Getränk nicht verbessernde befänden. Die gewöhnlichen und erlaubten Zusätze seien: Melissen, Salbei, Lavendel, Cardobenedikten, Wermut, Enzian, Alantwurzel, Wacholder und Lorbeer.

In der Bayerischen Lands-Ordnung (von 1553 f. 88) werden sowohl die erlaubten als die unerlaubten namhaft gemacht. Unter die schädlichen und tolle Trunkenheit verursachenden Kräuter wird besonders das Postkraut gezählt, daher dessen Gebrauch bei der Bierbereitung in manchen Landesordnungen verboten ist. Es ist damit jedenfalls der Porst oder wilde Rosmarin gemeint (Ledum palustre L.); er wird dort nach der Flora Francia auch Ledum Silesiacum Clus. genannt, auch Ledum rosmarini, zu den Ericaceen gehörig, den Alpenrosen und Pyrola-Arten nahestehend, in Moor- und Torf-Böden verbreitet, namentlich in Norddeutschland, weniger in Mitteldeutschland (Voigtland, Böhmen, Sachsen und in der Rhön) vorkommend; die offizinelle Pflanze gehört zu den narkotisch scharfen Mitteln; es ist sehr bezeichnend, dafs das weidende Vieh diese Pflanze meidet.

In der oben erwähnten Bayerischen Lands-Ordnung von 1553 ist S. 88 gesagt: Was für Stück zum Pier gebraucht werden sollen. Es soll auch bei Entsetzung des Preuambts, zu ieden Pier kein ander stuck, dann allein Gerste, Hopffen und Wasser genommen und gebraucht, auch zu jeder Sommer- und Winterzeit, dem Pier sein gebürliche sud und kielung geben werden. Welchem in der neueren Bayrischen Land- und Policey-Ordnung vom Anno 1616 p. 543 folgendes beygefügt wird: Doch wann iemand ein wenig Saltz, Trametbeer, und ein wenig Kümel in das Bier thete, und damit kein übermafs brauchte, sol er defshalben nit gestrafft werden. Wann aber fürkombt, dafs ihr etliche Kräuter und Samen in das Bier thuen, auch aigene Leut sein, welche mit solchen Stucken und Samen, ihr Kauffmanschafft treiben, aber solche Stuck in das Bier gar nit gehörig, sollen sie fürters darein nit gebraucht, und nit allein der, welcher dergleichen Sachen in das Bier thuet, sondern auch die, so dieselbige verkaufen, nach ungnaden gestrafft werden, vil mehr aber soll Pilsen- und andere schädliche Samen, bey schwerer Straff verbotten sein.

Der Porst (l. c. S. 120) werde von betrügerischen Brauern unter das Bier gebracht, weil er den Kopf einnehme, dumm und trunken mache; er verursache grofsen Kopfschmerz, bis zum Schlagflufs; er sei aber sehr gut, um damit die Schaben und Motten, die Wanzen und bei den Schweinen die Läuse zu vertreiben.

Auch in den Chur-Braunschweig-Lüneburgischen Landes-Ordnungen P. III p. 119 n. 61 vom 20. August 1710 wird gesagt: es sei mifsfälligst bemerkt worden, dafs in unseren Landen bei Anbrauung des Bieres ein gewisses Kraut, Post benannt, von betriegerisch-eigennützigen Leuten häufig gebraucht werde, welches dem Bier eine schadhafte Stärke gäbe, so dafs auch kleine Quantitäten schleunig berauschen; es wird schon das blofse Aufbewahren im Hause mit 50 Thlrn. bestraft; wer aber überführt würde, dafs er es sogar ins Bier gethan, soll auf Zeit Lebens der Braugerechtigkeit verlustig erklärt und am Leibe gestrafet werden, auch allen angerichteten Schaden ersetzen müssen; ein Braumeister oder andere des Brauherrn domestique, der ohne Wissen des Brauherrn das gethan, werde ewig des Landes verwiesen; wenn er es auf Anreizung des Brauherrn gethan, erhalte er 14 Tage Gefängnis. Und unterm 26. Juni 1723 wird auf Sr. Königl. Majestät, unseres allergnädigsten Königs, Churfürsten und Herrn und unter Berufung auf die Verordnung von 1710 für die, welche zum feilen Kauf brauen, für die, welche das Kraut Post ins Getränke geben, was trotz solcher Verordnungen nach wie vor continuiret, also für die Brauer, Braumeister, Brauknechte, Pächter und übrigen Domestiquen neuerdings eingeschärft, dafs die in der Verordnung angeführten Strafen wirklich verhängt und nach Befinden die Übertretter auf Zeit Lebens oder gewisse Jahre zum Vestungs-Bau gebracht werden; die Braumeister, Brauknechte oder andern Domestiquen aber, welche solches denunciiren, erhalten 20 Thlr. Belohnung und ihr Name werde verschwiegen.

Im Corp. Constitut. Reg. Holsáticarum vol. I p. 625. Extract der gemeinschaftlichen Constitution, betreffend die Gottesfurcht und etliche politische Puncte vom 14. Dezember 1623, dafs kein Post in das Bier zu thun, dagegen aber im Lande Hopfenhöfe anzulegen. Als zur Machung eines guten Bieres unsträflicher Hopfen vonnöthen; So verbieten wir nicht allein bey ernster willkührlicher Strafe, in das Bier Post, oder andere ungesunde Materie, um dessen Bitterkeit, Farbe oder Stärke, zu thun, sondern gebieten auch hiengegen, für den Städten, Flecken und Dörffern, ja bey den einzelnen Häusern, und wo sichs immer schicken will, Hopfen-Höfe anzurichten, dero Behuf aus denen Orten, woselbst guter Hopfen wächset, diejenige, so damit wohl umgehen können, und auch gesunde frische Stöcke zu hohlen, auf dafs also vermittelst göttlicher Hülff mit der Zeit im Lande ein Vorrat an Hopfen gesammelt werden möge.

v. Hohberg (l. c. P. II cap. 78 p. 98): Petr. Bellonius in libello de neglecta stirpium cultura, problem 18 meldet, dafs man anstatt des Hopfens ein Kraut nehme, so die Franzosen Piemente, die Flanderer Gagel nennen (es ist offenbar der Gagel, die Brabanter Myrte, Myrica Gale L., gemeint, auf Torfmooren der norddeutschen Ebene vorkommend, ein 2—4 Fufs hoher Strauch, den Pappeln nahestehend, in ganz Nordeuropa und in Amerika. Leunis Synops II, 1040 sagt, dafs er — Stengel und Blätter — statt Hopfen ins Bier gebracht, ebenso berauschend wie der Porst wirke; in Norwegen werde er unter den Rauchtabak gemischt; wegen des betäubenden Geruches werden die Zweige auch gegen die Motten angewendet), welches dem Bier einen starken guten Geschmack gebe: Lobelius in Adversariis, vel potius Petrus Pena nennt es Myrtum Brabantinam, die Engeländer nennen es Gold, wächst in schattigen Wäldern unter der Heide, daselbst man fol. 417 auch die Gestalt sehen kann; es habe einen fetten, wohlriechenden Samen: die Engelländischen Weiber verkaufen im Brach- und Heumonat die lichtgelbe Blühe, davon den Zimmern, darinn sie behalten werden, einen guten Geruch mitzutheilen; diese Blühe braucht man in Ermangelung des Hopfens zum Bierbrauen, das soll frölich und truncken machen[124]).

Johanson (l. c.) meint, dafs man beim Beginn des Hopfenbieres die Biere zu stark hopfte; als dann infolge dessen bei rapid wachsendem Bierverbrauch und langsam sich ausbreitender Hopfenkultur der Hopfen teuer wurde, traten wieder allerlei Surrogate an seine Stelle, um dem Bier das nötige Aroma, Bitter und die konservierenden Eigenschaften zu geben. Herm. Börhave, holländischer Arzt (1609), Professor der Medizin und Botanik in Leyden, gibt (Berlin 1702), eine Anleitung über die Bierbereitung, in der vom Hopfen nicht die Rede ist (s. Allg. H.-Ztg. 1880, I, 78).

Man sagt und hört von jeher, dafs namentlich in den Ländern, wo keine gesetzlichen Hindernisse bestehen, zum Ersatze des Hopfenbitters im Bier auch ganz und namentlich teilweise Surrogate angewendet werden, und man nennt darunter sehr gefährliche und selbst gesundheitschädliche Stoffe, wie das Colchicin (das Alkaloid der bekannten mittel- und südeuropäischen Wiesenunkrautpflanze Colchicum autumnale L.). Manche Pflanzenstoffe bilden bei der Zersetzung in der Gärung erst giftige Stoffe.

b) Vereinigte Staaten von Nordamerika.

Nach der Allg. Br.- u. H.-Ztg.[125]) brachte der republikanische Abgeordnete Charles W. Woodman aus Illinois (Vereinigte Staaten Nordamerikas) einen Gesetzentwurf ein, wonach es bei Strafe von 200—1000 Dollar oder Freiheitsstrafen verboten ist, in den Vereinigten Staaten Bier oder Ale zum Verkaufe zu bringen, welches mit Wormwood, Quassia, Aloë, Cocculus Indicus und andern Hopfensurrogaten oder mit einem Hopfenextrakt hergestellt worden sei. Also auch in Nordamerika kursieren solche Ansichten[126]).

Die Allg. Br.- u. H.-Ztg.[127]) bringt einen interessanten Bericht über Verhandlungen der New-Yorker Staatslegislatur über eine »Pure Beer-Bill« (ein Reinbiergesetz), welche von Dr. W. J. O'Sullivan, Kriminalanwalt und Mediziner, eingereicht worden war. Als Vertreter der angegriffenen Brauereien fungierte Dr. Francis Wyatt, Direktor der New-Yorker Brauerakademie. In geistreichen Ausführungen zeigt Wyatt die Berechtigung und Nützlichkeit gewisser Malzsurrogate (Reis, Mais, Zucker etc.) und beruft sich auf die Untersuchungen des Chemikers Dr. Engelhardt in Siracuse, welchem es noch niemals gelungen ist, bei seinen Bieruntersuchungen Hopfensurrogate zu finden.

Bei einem Kreuzverhör des Dr. Wyatt mit den Sachverständigen, welche O'Sullivan herbeigebracht hatte, zeigte es sich, dafs dieselben nicht blofs in Fragen der Brauerei, sondern auch in den elementarsten Fragen der Chemie ein laienhaftes Wissen hatten, das mehrfach die Lachmuskeln der ganzen Versammlung in Bewegung setzte.

Im Februar 1899 kam diese Reinbierbill für den Staat New-York in der dortigen Legislatur zur Verhandlung. Herr Gallus Thoman, Sekretär des Brauer- und Mälzer-Vereins des Staates New-York, sprach zwei Stunden gegen die Bill. Die New-Yorker Brauer hätten nichts dagegen, wenn die strengsten Vorschriften gegen Hopfensurrogate bei der Herstellung von Bier erlassen würden. Dagegen würden sie sich energisch wehren gegen ein Verbot anderer Cerealien als Gerste. Aufser Bayern sei in keinem Lande der Welt die Verwendung von Mais, Weizen, Spelz, Reis in der Bierbrauerei verboten, und es sei ein Köhlerglauben, dafs man nur mit Gerstenmalz ein gutes Bier machen könne [128]). Auf diesen Köhlerglauben hin habe sich der Export bayerischer Biere nach Norddeutschland so erhöht, dafs man dort jetzt selbst um ein solches Surrogatverbotgesetz bittet. Auch Vorschriften über die Lagerdauer des Bieres bestehen in Bayern nicht.

Kein Chemiker vermöge heute durch die Analyse des Bieres festzustellen, ob bei seiner Erzeugung Mais-, Weizen- oder Reis-Surrogate verwendet wurden.

Trotz all dieser Gründe beschlofs das Comité, die Schmidtsche Bill gegen Verfälschung von Lebensmitteln (identisch mit der von Coggeshall eingebrachten Reinbierbill) bei der Legislatur einzubringen, mit dem Beisatze, dafs Hopfen und Hopfenextrakt, aber kein Surrogat bei der Bierbereitung gestattet sein soll. Die für Verletzung des Gesetzes bestimmte Geldstrafe wurde sogar von 100 auf 1000 Dollar erhöht.

Eingehend werden diese Anklagen gegen die nordamerikanische Brauerei, die namentlich in dem Jahrzehnt von 1862—1872 einen gewaltigen Aufschwung nahm, derart, dafs der Steuerertrag, der 1863 noch 1500000 Dollar betrug, im Jahre 1871 auf 7800000 Dollar gestiegen war, über die Verwendung gesundheitschädlicher Stoffe bei der XVII. Generalversammlung des Vereinigten Staaten-Brauervereins zu Milwaukee am 7. Juni 1877 [129]) erörtert. Die Bierbrauerei hatte damals schon ein Kapital von 200 Millionen Dollar in verbessertem Grundeigentum angelegt, gab jährlich 15 Millionen Dollar für Arbeitslöhne aus (die Arbeit der höheren Funktionäre gar nicht gerechnet) und zahlte 10 Millionen Dollar direkte Inlandsteuer. Die immerwährenden Angriffe waren Veranlassung, dafs man bei der XVI. Versammlung 3000 Dollar zur Verfügung stellte, um unverdiente Angriffe und falsche Behauptungen zu widerlegen.

In den Zeitungen fanden sich Behauptungen über die Erzeugung von Bier aus Buchenspänen oder über Bierverfälschung mittels Strychnins, Scheidewassers, Vitriolöls, Pikrinsäure, Kockelskörner, Tabaks, Opiums, Paradieskörner, Quassia, Gentianins, Wermuts, Kamillen, Aloë, Spanischen Pfeffers, Alauns etc. In der »New York Evening Mail« vom 26. April 1877, also in einem hochangesehenen und sehr verbreiteten Blatte, war ein Artikel enthalten: Was man als Bier verkauft? Es ist von einem Branntweintrinker die Rede, der nun statt Schnaps Bier und Ale trinkt und sich etwas darauf zu gute thut. Er wufste eben nicht, dafs Stock-Ale und Porter mit Vitriolöl, Strychnin und Scheidewasser versetzt sind, um ihnen Haltbarkeit zu geben.

Frisches Ale ist mit Vitriolöl und verdorbenem Syrup verdünnt. Lagerbier enthält ein wenig Malz, Wasser im Überflufs, etwas schlechten Hopfen, Harz, Teer, Saleratus, Soda und noch vier andere Chemikalien, um es nach dem Brauen haltbar zu machen. Das Boston-Journal, ein in den besten Gesellschaftskreisen gelesenes Blatt, eines der prominentesten Journale der Union, hat das nachgedruckt.

Im Staate Massachusetts sind systematisch Biere untersucht worden, immer waren sie absolut frei von Bittersubstanzen, welche nicht vom Hopfen stammen. Viele andere Autoren: Dr. Arthur Hill Hassel (Die Nahrungsmittel und ihre Verfälschungen, London 1876), Dr. G. Wittstein (Die Untersuchung von Bier auf Verfälschungen, Archiv der Pharmazie 1875), Prof. A. B. Prescott (Chemische Untersuchung Alkohol enthaltender Getränke 1875), Dr. Andrew Ure (Dictionary of Arts and Manufactures 1872), Prof. C. F. Chandler, Mitglied des New-Yorker Sanitätsrates, Prof. J. M. Merrick (Zweiter Jahresbericht des Sanitätsrates der Stadt Boston 1874), Wm. Ripley Richols, Professor am Massachusetts technologischen Institut (Bericht an den Sanitätsausschufs der Stadt Boston 1875) etc. haben Beweise geliefert, dafs solche Fälschungen nicht existieren [130]).

Im hohen Grade praktisch ist der Amerikanische Bierbrauer (das offizielle Organ des Nordamerikanischen Brauervereins), Herausgeber A. Schwarz, 1874[131]) gegen diese giftigen Verleumdungen vorgegangen. Ein Artikel im Frankfurter Journal, dafs im hessischen und bayerischen Odenwalde und im Vogelsberge 1873 enorme Quantitäten der Herbstzeitlose gesammelt worden seien, welche von den Brauern als Hopfensurrogat verwendet würden, ging dann durch alle deutschen und nordamerikanischen Zeitungen. Die Redaktion der erwähnten Zeitschrift setzte nun einen Preis von 500 Dollar (2000 R.-Mark) aus für den Chemiker oder Apotheker, welcher in einem direkt einer in den Vereinigten Staaten gelegenen Lagerbierbrauerei entnommenen Bier das giftige Alkaloid »Colchicin« nachzuweisen im stande sei. Man hat nie etwas gehört, dafs der Preis verdient worden ist.

In der Allg. Br.- u. H.-Ztg. 1865[132]) wird unter anderm bemerkt, dafs das Lagerbier in New-York in der warmen Jahreszeit ein wenig harzig schmeckt; das rühre von beigemengten Ingredienzien her, welche notwendig seien, um das Bier bei der grofsen Hitze gesund und geniefsbar zu erhalten. Das Bockbier sei um $^1/_3$ stärker als gewöhnliches Lagerbier, habe eine dunklere Farbe und einen süfslich angenehmen Geschmack, welcher ihm durch einen Absud von Koriandersamen und andern Gewürzen verliehen werde.

In einem Gesuch des Schweizerischen Brauervereins an den Bundesrat in Bern[133]) wird übrigens gesagt, dafs namentlich in den Vereinigten Staaten grofse Pantschereien in Bezug auf Biersurrogate in Schwung seien, und dafs die dortigen Brauereibesitzer sich ebenfalls grofse Mühe geben zur Erlangung eines Surrogatverbotes in der Bierbereitung.

c) England.

Für diese Frage, insoweit sie sich auf die englische Brauerei bezieht, welche um 1883 ca. 42000000 Barrels (1 Barrel = ca. 164 l) Bier erzeugte und schon 1870/71 in einem Jahre als Malzsurrogat 32500763 Pfd. Zucker verwendete, bereits um 1871 jährlich ca. 550000 Barrels Bier im Werte von 2000000 Pfd. Sterling exportierte, ist der Umstand sehr bedenkenerregend, dafs in den Anzeigeteilen der meisten englischen Fachblätter für Bierbrauerei an hervorragender Stelle eine Menge Verfälschungsmaterialien angekündigt werden[134]) und auch bei den alljährlichen Ausstellungen in der Agricultural Hall in London solche Surrogate einen bedeutenden Platz einnehmen.

Namentlich in dem teuren Hopfenjahre 1882/83 wurde in diesen Dingen auf dem englischen Markt Aufserordentliches geleistet. Es erscheint dabei in unsern mitteleuropäischen Augen schon höchst bedenklich, dafs man derartige Dinge (Hopfensurrogate) öffentlich anbieten und öffentlich zum Verkaufe ausstellen kann, und dafs derartige Leute in England als respektable Leute gelten. Bei uns in Bayern und Deutschland ist so was ganz undenkbar, auch dann, wenn nicht gesetzliche Bestimmungen hinderlich wären, wie es in Bayern der Fall. Wie könnte sich eine solche umfangreiche Annoncierung von Hopfensurrogaten rentieren, wenn sie nicht auch in England gekauft würden!

Das Unerhörteste in dieser Beziehung leistete im Frühjahr[135]) ein Herr J. W. Hart in London: er bot in The Brewer's Journal vom 15. März 1883 (als einziger Vertreter einer bayerischen Hopfenkompagnie, die natürlich gar nicht existiert) ein Hopfenbitter an, 16 Pfd. für 12 Pence, wovon 1 Pfd. 64 Pfd. des vorzüglichsten Hopfens ersetzen soll. Das rein vegetabilische Bitter, welches angeblich im ausgedehnten Mafsstab auf dem ganzen Kontinent benutzt wird, enthält viel Tannin, und es wird garantiert, dafs es keine der Gärung nachteiligen Bestandteile besitzt und einen zarten, angenehmen Geschmack hervorruft.

Ohne Zweifel noch mehr bedenkenerregend oder eigentlich den Verdacht als berechtigt erklärend sind die Worte des englischen Schatzkanzlers Goschen, welche er im Sommer 1889, gelegentlich einer Hopfenproduktions-Notstandsvorlage im englischen Unterhause gesprochen hat: Schuld an der mifslichen Lage der Hopfenbauer sei zunächst das Jahr 1882 mit seiner Mifsernte gewesen, wobei der Ztr. Hopfen 20—22 £ erzielte; das habe die grofse Erweiterung der Hopfenarea und damit die Überproduktion gebracht. Dazu sei gekommen, dafs die Brauer in jenem teuren Jahre sich nach Surrogaten für Hopfen umgesehen und auch einige ganz vortreffliche gefunden hätten.

Schon Mulder (Chemie des Bieres) sagt, dafs in England Bierfälschungen mit Hopfensurrogaten häufig vorkommen.

Eine noch erstaunlichere Bestätigung all dieser an sich sonst fast unglaublichen Bierschmiergeschichten führt ein Londoner Museum vor, über welches der Brauer J. J. Metzger im Amerikanischen Bierbrauer, New-York, berichtet[136]). Im Jahre 1872 wurde nämlich in London das Bethnal-Green-Museum (in Ost-London) eröffnet, das bestimmt ist, dafs das Volk die Zusammensetzung der Stoffe, die Geheimnisse der Industrie, die verschiedenen Nahrungsmittel und ihre Verfälschungen kennen lerne. Das Museum wird sehr viel besucht. Es wird auf einer Tafel gezeigt, wie das Bier aus den einzelnen Teilen zusammengesetzt ist, wie aus dem Stärkemehl Zucker und aus diesem Alkohol und Kohlensäure wird. Auf 1 Bushel Malz wird ca. 1 Pfd. Hopfen gerechnet. Neben diesen Tafeln mit den Zahlen findet man Gläser, welche die Zusammensetzung quantitativ (in Substanz) vorführen. Um zu zeigen, wie eine Pint Londoner Stout zusammengesetzt ist, sehen wir in einer Flasche 18½ Unzen klaren Wassers, in einer andern 131 Grains[137]) Gummi, wieder in einer andern 1½ Unzen wasserfreien Alkohols, dann 408 Grains Extraktivstoffe, 18 Grains Salze und 54 Grains Essigsäure, das gibt zusammen 1 Pint Stout. Ebenso sind der gewöhnliche Porter, das Ale, Pale Ale etc. in den Bestandteilen anschaulich gemacht.

Ebenso sind die bei den Wirten Englands und besonders Londons gebräuchlichen Verfälschungsmittel harmloser und wieder höchst gefährlicher Natur vorgeführt: Glycerin, beim Verdünnen des Bieres verwendet; Farbe (Biercouleur); Salz zum Schönen und als Dursterreger; Kockelskörner als teilweiser Ersatz für Hopfen und Malz oder, besser gesagt, als Betäubungsmittel, es soll eine zweite Gärung in den Flaschen und ein Zerspringen derselben in heifsen Klimaten unmöglich machen; also wird eines der stärksten bekannten Pflanzengifte in umfangreichem Mafse angewendet.

Dies ist jedoch — fährt J. J. Metzger fort — noch nicht das Schlimmste, wie die folgenden Mittel uns beweisen: so z. B. das sogenannte Heading, ein Gemisch aus pulverisiertem Alaun und Kupfervitriol, um beim Ausschenken des Porter einen schönen Kopf oder Schaum zu machen; Enzian und Quassia als stimulierende Bitterstoffe; Capsicum, Zimmet und Kalmuswurzel (sweet flag), um dem Biere einen angenehmen Geruch zu geben; Paradieskörner als künstliches Berauschungsmittel; Opium, Brechnufs, das giftigste aller Gifte (Strychnin) enthaltend; ja sogar des Tabaks bedient man sich in verbrecherischer Weise.

Das führt also ein amerikanischer Brauer als Materialien an, welche in einem öffentlichen Museum Londons als Biersurrogate vorgeführt werden, namentlich als Hofensurrogate. Metzger sagt wohl bei den Wirten Londons, aber da sind ja Mittel dabei, die sicher nur in den Brauereien angewendet werden können. Wir sehen hier in einen tiefen Abgrund menschlicher Verworfenheit, auf Kosten der Gesundheit seiner Mitmenschen Geld zu machen. Es ist geradezu ein Verbrechen, welches an der Menschheit begangen wird, wenn man ein solches Höllengesöff »Bier« nennen darf. Jedenfalls kann man nicht daran zweifeln, dafs in London und in England die Surrogierung des Hopfens durch giftige Bitterstoffe im gröfsten Mafsstab und Betrag betrieben wird. Das zeigt uns auch, warum auch bei uns immer wieder solche Verdächtigungen auftauchen. Von London nach Berlin ist es nicht weit, und dafs es heute auch bei uns da und dort Leute gibt, die so was thun würden, wenn es halbwegs geht und etwas herausschaut, darüber kann man nicht den geringsten Zweifel hegen!

Dem Jahresberichte der Kommission of the Inland Revenue[138]) zufolge wird in London, seit die Steuer auf Hopfen aufgehoben, das Bier häufig mit Wasser verdünnt und die Verdünnung mit Zucker, Decksyrup etc. zu verdecken gesucht. Von 31 untersuchten Bierproben waren 23 verfälscht, in 13 Fällen mit Paradieskörnern, dann mit Koriander, Kalmus, weifsem Senf, Eisenvitriol, Kockelskörnern, Tabak etc., wurden nicht gefunden.

J. J. Metzger meint selbst (l. c. S. 561), dafs das Publikum, welches immer die sonderbarsten Dinge höre über die Fälschung seines Nationalgetränkes, des Stout, diese Abteilung mit

Vorliebe besuche; er glaubt aber, dafs sie nur der Niederträchtigkeit (dem Verbrechen) Vorschub leiste. Jene, welche sich damit befassen, könnten sich aus der grofsen Menge dieser schaudererregenden Fälschungsmittel die ihnen passendsten heraussuchen, hier also sich die zu ihren Quacksalbereien notwendigen Kenntnisse und Ratschläge holen. Es solle dem Publikum nur die Wahrheit bewiesen und die Thatsache gezeigt werden, dafs das Bier nur aus Malz, Hopfen und Wasser bestehe, dafs dessen Klärung es bedingt, mit Spänen und Hausenblase zu Hilfe zu kommen, dafs ferner das Triebgeben einen notwendigen Akt des Brauers bilde und künstlich, besonders in Amerika, durch unschädliche Stoffe, wie doppelkohlensaures Natron und Weinsäure (einfach Brausepulver), unbedingt notwendig ist.

Die 1896 in England zur Prüfung der Frage nach den Bierzuthaten und eventuellem gesetzgeberischen Einschreiten eingesetzte Kommission hat 1898 ihren Bericht erstattet[139]. Es macht der wahrhaft geschraubte Inhalt auf deutsche Leser einen ganz eigentümlichen Eindruck. Die Malzsurrogatverwendung war im Jahresmittel:

1881—1885 { Malz und Korn 52 504 366 Bushels à 36,5 l,
Zucker etc. (1 171 905 Ztr.) 4 687 621 Bushels;

1893—1897 { Malz und Korn 56 708 046 Bushels,
Zucker etc. (2 320 484 Ztr.) 9 281 934 Bushels.

In der ersten Periode wurden also ca. 8 %, in der zweiten dagegen 14 % Malzsurrogate (Zucker etc.) verwendet.

Nach dem Steuersatz von 1880 gelten 42 (engl.) Pfd. Malz oder 28 Pfd. Zucker für Brauzwecke = 1 Bushel Malz.

Das Comité vermochte nicht festzustellen, ob gesundheitschädliche Stoffe als Malzsurrogate verwendet werden, es glaubt aber wenigstens, dafs das nur in kleinen Quantitäten und nur vereinzelt geschähe[140]; es sei daher kein Grund vorhanden, dagegen gesetzgeberisch vorzugehen. Man sage wohl, dafs einzelne Malzsurrogate gesundheitschädlich oder doch wenigstens nicht bekömmlich und nicht nahrhaft seien (Glukose von Kartoffelstärke, Saccharin etc.); da aber die Maisglukose billiger sei, finde jene aus Kartoffelstärke keine erhebliche Verwendung mehr.

Von den Präservierungsmitteln sei keines direkt schädlich[141]; es möge aber zweifelhaft sein, ob einige der Ingredienzien dazu beitragen, die Bekömmlichkeit des Getränkes zu erhöhen. — Mr. Read sagt in seinem Berichte, es sei nachgewiesen, dafs giftige Substanzen wie Cocculus Indicus, Quillaia saponaria, Amoenum paradisi, Capsicum etc. in der Herstellung des Bieres Verwendung gefunden, und es seien hinreichende Gründe vorhanden, dafs Materialien, die möglicherweise einen nachteiligen Einflufs auf den Körper ausüben, auch heute noch benutzt würden, z. B. Salicylsäure als Erhaltungsmittel. Bezeichnend sei, dafs diese Substanzen in Deutschland verboten seien, ausgenommen bei den für Export bestimmten Bieren[142]. Die Hälfte aller in England existierenden Brauereien, darunter bekannte Firmen wie Guinefs, Bafs, Hy. Lovibond & Sohn, stellte ein reines Getränk aus Malz und Hopfen her[143].

Merkwürdig ist das, worauf C. Reischauer schon in den 1870er Jahren aufmerksam gemacht hat (s. Griefsmayer l. c. S. 250 u. f.), nämlich der weit geringere Gehalt der britischen Biere an Phosphorsäure und der höhere Gehalt an Natron und Chlor als bei den deutschen Bieren.

Phosphorsäuregehalt im Maximum bei britischen Bieren 25,7 %, bei deutschen 34,5 % der Asche, gröfster Natrongehalt in englischen Bieren 58,5 %, in deutschen nur 9,03 % der Asche, gröfster Chlorgehalt in der englischen Bierasche 25,7 %, in deutscher nur 4,0 %. Die Analysen englischer und deutscher Gersten erklären das in keiner Weise. Diese auffallende Erscheinung mufs also mit Surrogaten zusammenhängen.

Prof. E. Ch. Sohn in London sucht in einem Vortrage über den Hopfen und die vegetabilischen Bitterstoffe den Nachweis zu führen, dafs es keine Ersatzmittel für das Hopfenbitter gibt[144].

Moritz und Morris[145] sagen: Die sogenannten Hopfensurrogate, also Enzian, Kamille, Quassia, seien zwar an sich unschuldige Bitterstoffe, gäben jedoch ein herbes, kratziges, trockenes Bitter, das sich vom Hopfenbitter sehr wesentlich unterscheide; von den andern wichtigen Bestandteilen aber hätten sie gar nichts.

Ihre Benutzung könnte gestattet werden, wenn der Brauer in Hopfennotjahren nicht die nötige Menge Hopfen herbeischaffen könne. So dächten auch die Brauer; sie verwendeten keine fremden Bitterstoffe, wenn sie Hopfen haben könnten, umsomehr, da sie sonst von der Konkurrenz zu leiden hätten. Die Bierpuristen (die Reinbierleute) belästigten fortwährend die Brauer, welche sich die von einer verfehlten Steuerpolitik auferlegten Lasten erträglich zu machen suchten.

Dafs in England Quassia als Surrogat für Hopfenbitter verwendet wird, bestätigte auch die vom englischen Parlament eingesetzte Kommission (Select Commission), aber es wird hinzugefügt, dafs hervorragende Brauereien sich solcher Mittel nicht bedienen[146]).

Ich habe in den letzten Jahrzehnten wiederholt in politischen Zeitungen und in brautechnischen Fachzeitschriften Berichte aus dem englischen Parlament gelesen, nach welchen von einzelnen englischen Abgeordneten bestimmt behauptet wurde, dafs englische Brauer, namentlich zur Herstellung ihrer dunklen Biere, sich solcher Surrogate bedienen. Insbesondere haben Vertreter der hopfenbauenden Grafschaften solche Behauptungen aufgestellt, und man hat dann merkwürdigerweise meines Wissens niemals gelesen, dafs von seiten der englischen Brauer ernstliche Versuche gemacht worden seien, solche öffentlich in der gesetzgebenden Körperschaft des englischen Unterhauses gemachten schweren Anschuldigungen, einer Bedrohung der Gesundheit des englischen Volkes, zu widerlegen.

Diese Redner behaupteten sogar mehrfach, dafs die englischen Brauereien jetzt bis zu 80000 Ztr. ihres sonstigen Hopfenbedarfes nur durch solche Mittel (gesundheitschädliche Bitterstoffe) ersetzen.

In der Allg. Br.- u. H.-Ztg. in Nürnberg[147]) werden die Bestrebungen des Vereins der englischen Hopfenpflanzer und ihres Präsidenten Brookfield, der selbst Mitglied des Unterhauses ist, mitgeteilt. U. a. wird erwähnt, es gehe das Bestreben dahin, ein Gesetz durchzubringen, nach welchem die Brauer gezwungen sind, öffentlich zu erklären, ob ihr Bier nur aus Malz und Hopfen oder auch aus Surrogaten bereitet sei. Am Schlusse wird gesagt, dafs der Erfolg des Antrages im Interesse der Volksgesundheit dringend erwünscht sei, aber die Leser wüfsten ja, dafs die im Parlament sitzenden Brauer über sehr viele und einflufsreiche Stimmen verfügten.

Dafs die Brauer Englands solche Beziehungen haben, geht deutlich aus andern Dingen hervor. Die Kommission, welche zur Untersuchung dieser Frage im Parlament eingesetzt worden, brauchte $2^1/_2$ Jahre, bis sie einmal einen Bericht fertig brachte[148]), und was darin steht, mufs in weitesten Kreisen Heiterkeit erwecken. Es fehlt in der englischen Brauerei rein gar nichts, ohnehin könne beim gegenwärtigen Stande der Wissenschaft die chemische Analyse im Bier nicht konstatieren, ob Malzsurrogate verwendet worden seien; daher sei eine zwangsweise Deklaration der Rohmaterialien überflüssig.

Das vorliegende Beweismaterial habe ergeben, dafs in England dem Bier an Stelle des Hopfens keinerlei giftige Stoffe zugeführt werden. Wenn aber auch Surrogate für Hopfen verwendet würden, sei die Menge so klein, dafs es nicht angezeigt erscheine, sich darum zu kümmern.

Von den zur Konservierung des Bieres verwendeten Stoffen sei keiner positiv giftig; übrigens könnten die Steuerbeamten das kontrollieren. Chemikalien würden für das Härten des Wassers zu Brauzwecken verwendet.

Es liegt übrigens auch ein Minoritätsgutachten vor, das die Behauptungen der Majorität widerlegt und sagt, dafs nur die Hälfte des im vereinigten Königreiche gebrauten Bieres aus Malz und Hopfen hergestellt sei.

Bei der Allmacht der im Parlamente wie im Oberhause sitzenden Braueraristokratie wird es schwer halten, etwas zu erreichen, namentlich auch schon deshalb, weil diese Aristokratie unter den Fittichen eines ihr wohlgewogenen und von ihr für die Wahlen abhängigen Kabinetts steht!

Auch in einem Artikel über die amerikanische Konkurrenz auf den englischen Hopfenmärkten[149]) wird von einem Engländer u. a. gesagt: Dann bedienen sich unsere (die englischen) Brauer vieler Surrogate, welche das in dieser Beziehung viel zu elastische Gesetz erlaubt.

Im Jahre 1887 wurden in England viele Hopfensurrogate angeboten. A. H. Allen und W. Chattaway[150]) haben die am meisten angepriesenen untersucht; sie fanden Quassia, Chiretta, Calumba und Hopfen, Cruciferensamen, Colophonium, Catechu (Tannin), Fischgelatine, Natriumsulphat, Tannin, persisches Insektenpulver. Alle diese Mittel halten diese beiden Autoren für unschädlich. Aber die vor Jahren viel angewendete Pikrinsäure und Pikrotoxin seien schädlich. Die Einführung von Pikrotoxin nach England soll nach Lord E. Cecil gestiegen sein. Quassia wird für unschädlich gehalten[151]).

A. H. Allen hatte zuvor schon systematische Studien mit umfangreicher Untersuchung englischer Biere gemacht, wie man namentlich das Vorhandensein von Quassia feststellen könne, denn Enzian, Chiretta oder Calumba könnten alle durch Eisenchloridtinktur entdeckt werden (Brewer's Journal 1887).

Es sind in der Allg. Br.- u. H.-Ztg.[152]) alle die eingeschlagenen Methoden zur Feststellung dieser Surrogate geschildert. Er hat bei diesen Untersuchungen gefunden, dafs die wirklichen Hopfenbitterstoffe durch neutrales Bleiacetat als basisches Bleiacetat gefällt werden. Da die Hopfenbitterstoffe besser durch neutrales Bleiacetat gefällt werden und Chloroform und Äther fast alle andern Bitterstoffe, wie Absyntin (Wermut), Anthemin (Kamille), Colchicin der Herbstzeitlose (nur unvollständig), Kolocythin (Coloquinten), Calumbia, Gentipikrin (Enzian, sehr unvollständig), Quassia (Quassiaholz), Chiratin (Chiretta), Pikrinsäure, Pikrotoxin (Kockelskörner), Lorberin (Calumbawurzel), aus wässerigen Lösungen ausziehen, ist es sicher, dafs nach Fällung der Hopfenbitterstoffe durch neutrales Bleiacetat ein entschieden bitterer Geschmack im Chloroform- oder Äther-Rückstand auf Hopfensurrogatbitter deutet.

Habe man so die Gegenwart von Surrogatbitter festgestellt, so sei es nur bei einigen derselben zur Zeit möglich, die Natur desselben zu bestimmen; namentlich sei es möglich, die Anwesenheit von Quassia nachzuweisen, als dem gegenwärtig am meisten angewendeten Hopfenbittersurrogate. Allen entwickelt nun den ganzen Weg, den er zur Feststellung des Quassias eingeschlagen hat, und sagt, dafs dasselbe in einer selbst geringen Biermenge, welche es enthält, mit Sicherheit und Leichtigkeit nachgewiesen werden kann.

Dafs in England Hopfensurrogate Verwendung fanden oder noch finden, geht auch ganz klar aus den Worten des englischen Technologen Wm. Lawrence[153]) hervor, welche er Ende Oktober 1886 bei einem Londoner Brauerkongresse gesprochen hat, auf dem er vom bayerischen Lagerbier als dem Bier der Zukunft in England redete; er sagt, dafs man nur in England in weiteren Kreisen das Bier für ein gesundheitschädliches Getränk halte, dagegen halte man in Deutschland einen mäfsigen Biergenufs als der Gesundheit zuträglich. Freilich müsse zugegeben werden, dafs Biere, welche andere Bestandteile als Hopfen, Malz und Wasser enthalten, in hygienischer Beziehung absolut zu verdammen seien, weil sie dem menschlichen Körper nicht behagen; aber nur wenige Brauer griffen heutzutage noch zu so verabscheuungswürdigen Mitteln.

Mit Hopfen vermischt angewendete Hopfensurrogate im Bier nachzuweisen, dürfte nach Ansicht tüchtiger Chemiker unmöglich sein.

Die überaus traurigen Folgen für das Wohl des Volkes und damit des Staates, welche aus dieser Surrogatwirtschaft in Bezug auf Hopfen und Malz für England hervorgehen, sind neuestens erst (s. Münchner Neuest. Nachr. 1900, 31. August, Nr. 402 S. 3) von einem amerikanischen Geistlichen C. M. Scheldon sehr drastisch geschildert worden. Dieser Herr beklagt sich in einem nach seiner Heimat gerichteten Brief über die schimpfliche Plage, welche die grofsen Dimensionen der Trunkenheit über England gebracht hätten; er und seine Frau seien wiederholt von betrunkenen englischen Soldaten belästigt worden. Namentlich sollen die aus Südafrika heimgekehrten Soldaten in aufsergewöhnlichem Mafse dem Trunke ergeben sein.

Aber auch die sozusagen normale Trunkenheit habe jetzt Dimensionen angenommen, welche bei einem Ausländer Entsetzen erregen müssen; zudem sei sie noch rapid im Zunehmen. Im Jahre 1800 kamen auf den Kopf der Bevölkerung Englands für alkoholartige Getränke 25 Mark, im Jahre 1860 schon 60 Mark und im Jahre 1899 80 Mark. Der Engländer trinkt heute zweimal so viel alkoholhaltige Getränke wie der Amerikaner, und das Verhältnis zu den Deutschen ist wie 6 : 5.

Als Hauptursache dieser maſslosen Trunkenheit wird das in den Schenken verabreichte Bier bezeichnet, welches meist nichts anderes sei als eine chemische Mischung, welche die stärkste und schädlichste Form der Trunkenheit erzeugt. Daran seien nicht die Wirte, sondern die Brauer schuld, denen durch Parlamentsakte gestattet sei, statt Malz und Hopfen Surrogate zu verwenden, während es früher nur aus Malz und Hopfen hergestellt werden durfte. Die selbst zu sogenannten Reinbieren verwendeten Ingredienzien erzeugen viel Durst und sind im hohen Grade berauschend. Während früher (im Anfange des 19. Jahrhunderts) betrunkene Frauenzimmer in England zu den gröſsten Seltenheiten gehörten, gehören heute betrunkene Frauen zu den alltäglichen Erscheinungen; man kann ganzen Scharen betrunkener Frauenzimmer begegnen. Die durch Alkoholrausch bewirkte Sterblichkeit unter den Frauen hat sich seit 20 Jahren um 130% vermehrt, die Wahnsinnsfälle haben sich verdoppelt, und nahezu 50% derselben werden dem Miſsbrauch alkoholhaltiger Getränke zugeschrieben. Nach einer Amerikanerin, Frau M. L. Lake, allerdings einer Temperenzlerin (s. Münchner N. Nachr. 1900, Nr. 410, S. 2), scheint übrigens die Trunksucht auch unter den vornehmen Amerikanerinnen immer mehr um sich zu greifen; aber da handelt es sich nicht um Bier, sondern um andere alkoholische Getränke.

Man sieht, daſs derartigen Fragen eine ganz gewaltige hygienische Bedeutung innewohnt und daſs Herr Geheimrat Prof. Dr. Sell vom Reichsgesundheitsamte sehr im Rechte war, als er 1874, nach meinem Hopfenvortrag in Berlin, in einer umfangreichen Eingabe an den hohen Bundesrat demselben angelegentlichst die Unterstützung meiner Hopfenstudien empfahl, weil sie eine so groſse öffentliche Bedeutung hätten!

d) Europäisches Festland und namentlich Deutschland und Österreich.

Eigentümlich und schwer begreiflich ist der Standpunkt, welchen der Kgl. Sächs. Hofrat Dr. Fleck, Vorstand der Kgl. Zentralstelle für öffentliche Gesundheitspflege in Dresden, einnimmt (Zur Klärung der Sachlage, betreffend den Verkehr mit Nahrungs- und Genuſs-Mitteln etc., Dresden 1878, bei R. v. Zahn): Die Brauer hätten in letzterer Zeit unter Anklagen wegen Bierverfälschung am meisten zu leiden gehabt, obgleich derartige Fälschungen wohl nur bei Zwischenhändlern vorkämen. Man schreibt keinem Koch vor, welches Gewürz er zu seinen Speisen verwenden wolle, deshalb sollte man dem Brauer auch die Wahl des Gewürzes für sein Bier so lange überlassen, als er keine gesundheitschädlichen Stoffe in sein Bier bringe. Man wollte nicht zugeben, daſs die Brauer Tannin zur Klärung des Bieres verwendeten, weil man nicht wüſste, daſs Tannin (Gerbstoff) der normale und wirksamste Bestandteil des Hopfens selbst sei etc. Beim Herrn Dr. Fleck ist Hopfentannin und das Tannin der Galläpfel ein und dasselbe!

Unverhältnismäſsig vernünftiger ist dagegen das, was in dieser Sache, der Frage nach der Möglichkeit, den Hopfen durch andere Stoffe zu ersetzen, F. Ruschhaupt in seinem Werke »Die Bierbrauerei«, 1878, S. 37, sagt: Der Hopfen ist ohne Zweifel eines derjenigen Materialien, welche sich, soweit das Bier dabei in Betracht kommt, nicht eben leicht durch ein anderes ersetzen lassen, und zwar deshalb nicht, weil die ganze Eigentümlichkeit des Bieres von den Bestandteilen des Hopfens ebenso abhängt, wie der Geschmack und das Aroma des Weines von der Traube.

Dadurch gerade wird es über die Maſsen schwer, den Hopfen zu ersetzen, ganz abgesehen davon, daſs er den Verlauf der verschiedenen Gärungsperioden wesentlich beeinfluſst und bis zu einem gewissen Grade dazu beiträgt, das Bier haltbar zu machen. Das Hopfenbitter schmeckt auch so eigentümlich, daſs man dasselbe durch die Zunge von jedem andern deutlich unterscheiden kann. Der bittere Geschmack, welcher vom Hopfen herrührt, verliert sich bald wieder, und neben diesem macht sich noch ein eigentümlicher, gewürzhafter Beigeschmack geltend. Letzterer fehlt andern Bitterstoffen ganz, und ersterer verschwindet, falls er nicht vom Hopfen herrührt, so leicht nicht von der Zunge. Gerade in dieser Beziehung aber sind die Konsumenten, wie es scheint, insofern einig, als ein langanhaltender bitterer Geschmack des Bieres nirgends beliebt ist. Wenn sich nun auch darüber streiten läfst, ob unschädliche Bitterstoffe geeignet sind, den Hopfen zu ersetzen, so steht doch fest, dafs solche nicht im stande sind, für die Annehmlichkeiten des Hopfens — namentlich wenn derselbe von gehöriger Güte ist, sowie beim Kochen richtig verwandt und behandelt wird — einen genügenden Ersatz zu liefern.

Das ist die Sache! Die Hopfenwirkung auf das Bier, sowohl durch jeden einzelnen Hopfenbestandteil wie durch die summierte Wirkung aller, ist so eigenartig und so untrennbar mit dem Begriffe Bier verbunden, dafs eine Flüssigkeit, welche mit Hopfensurrogaten hergestellt wurde, unbedingt kein Bier im altherkömmlichen Sinn mehr ist.

In der Allg. H.-Ztg. 1863, S. 67 wird erwähnt, dafs damals die durch die Petersburger Presse (Rufsland) gehende Nachricht Aufsehen erregt habe, dafs die mehr denn 400 Ztr. betragende Einfuhr an Kockelskörnern in diese Stadt wahrscheinlich mit ihren Giftstoffen (dem Pikrotoxin) ins Bier und in den Branntwein kommen. Bestärkt wurde dieser Verdacht durch die allgemeinen Klagen über die betäubenden Eigenschaften der dortigen Biere und deren eigentümliche Bitterkeit. Die daraufhin angeordnete gerichtliche Untersuchung soll nun in der That ergeben haben, dafs diese Gerüchte begründet sind, auf Wahrheit beruhen. Dem Chemiker Schmidt sei es gelungen, den Giftstoff der Kockelskörner, das Pikrotoxin, selbst in geringen Dosen aus jeder Beimischung auszuscheiden. Amylalkohol löst nämlich sehr leicht das Pikrotoxin und entzieht es den wässerigen Lösungen; davon ist es dann leicht zu trennen und zu bestimmen. Es gelang Schmidt, in einer Flasche Bier noch 0,04 g Pikrotoxin mit grofser Deutlichkeit nachzuweisen.

In einem späteren Artikel der Allg. H.-Ztg. (1863, S. 87 u. f.) wird bemerkt, dafs die Kockels- oder Tobel-Körner die Früchte und Samen von Cocculus suberosus seien, einer Pflanze, welche auf den Molukken und der Insel Malabar wächst. Die Samen enthalten das Pikrotoxin (Cocculia), ein krystallisierbares, stark bitteres, schwer in Wasser, aber leicht in Äther und Weingeist lösliches Alkaloid; die Samenschale enthält noch ein Alkaloid (Menispermia), welches aber nicht giftig zu wirken scheint.

Die giftigen Wirkungen des Pikrotoxins sind jenen des Strychnins und der Brechnufs ähnlich, sie sind dort (l. c. S. 88) erwähnt. Früher wurden die Kockelskörner auch zur Vertilgung der Läuse (daher Läusekörner) und des Kopfgrindes angewendet. Sie werden auch zum Fangen von Fischen und Vögeln verwendet, die dadurch berauscht und betäubt, aber nicht ungeniefsbar (?) werden.

Die Kockelskörner werden auch bei der Bierbereitung, besonders zur Bereitung des Porterbieres in England, benutzt, um die Nachgärung in den Flaschen zu verhindern.

Nach allem, was vorliegt, kann man also doch nicht mehr verkennen, dafs in England auch schon Surrogate für den Hopfenbitterstoff angewendet wurden, also sehr wahrscheinlich auch noch angewendet werden, namentlich in hopfenteuren Jahren, wenn nicht überhaupt. Es geht das indirekt selbst aus den Ausführungen der englischen Technologen Moritz und Morris hervor, und ein englischer Brauer klagt über die unzureichende 1891 er Hopfenernte[154]), dafs es unmöglich sei, das nötige Quantum brauchbarer Hopfen aufzutreiben, und dafs man das Konservieren des Hopfens noch mehr ausbilden sollte, um von solchen Gefahren verschont zu bleiben. Hätten die Brauer den Überschufs der Hopfenernten von 1885 und 1886 wohl verwahrt in die Keller gelegt, dann wären die Preise 1890 nicht so hoch gestiegen, die Dividenden der Brauereien, welche unter den hohen Hopfenpreisen zu leiden hatten, wären besser gewesen und die Qualität des Bieres auch; denn es wäre lächerlich, zu behaupten, dafs besonders mittlere und kleinere englische Brauer keine Hopfensurrogate angewendet hätten, um den Herstellungspreis des Bieres zu verringern.

Der sehr geschätzte englische Hopfenzüchter Charles Whitehead in Maidstone (Kent) sagt im Journal der Landwirtschaftsgesellschaft von England[155], dafs wohl nur 1882 in England 30000—60000 Ztr. Hopfen durch Surrogate ersetzt worden seien, sonst kämen dort keine Surrogate für den Hopfen in Verwendung. Dagegen wird in einem Artikel von K. Schorn über die Zukunft des englischen Hopfenbaues[156]) gesagt, dafs die Surrogate des Bitterstoffes und der konservierenden Eigenschaften des Hopfens mit der Zunahme der Aktienbrauereien in England gewachsen seien. Ferner sagt[157]) ein englischer Brauer, dafs die weitaus gröfsere Zahl der englischen Brauer keine andern Bitterstoffe als jene des Hopfens verwende; damit ist doch indirekt auch zugestanden, dafs ein Teil derselben Surrogate für den Hopfenbitterstoff in Verwendung nimmt.

Sehr praktisch sind auch die belgischen Brauer gegen diese endlosen Beschuldigungen[158]) vorgegangen. Der Belgische Brauerbund hat sich an das dortige Ministerium mit der Bitte gewandt: es möge eine Kommission aus Beamten, Brauern und Chemikern gebildet werden, die ernstlich zu untersuchen habe, inwiefern die Beschuldigungen gegen die Brauer wegen Bierverfälschung begründet seien.

Im 7. Bande der medizinischen Verhandlungen der Ärzte in Upsala berichtet R. Hofstedt, dafs man bei Untersuchung von Porter und Ale neben Lupulin auch fremde Bitterstoffe, namentlich Absynthin, gefunden habe. Da die betreffende Brauerei in Upsala, von welcher die Getränke stammten, nachweisen konnte, dafs sie niemals Hopfensurrogate verwendete, wurde der betreffende Hopfen untersucht und gefunden, dafs er sich durch grofse Bitterkeit auszeichnete und gefälscht war. Eine Vermischung mit Wermutblättern hatte nicht stattgefunden, aber es war alter Hopfen mit Wermutspiritus oder Tinctura Absynthii übergossen, durch Destillation der Spiritus entfernt und der Hopfen wieder getrocknet worden. Der Hopfen zeigte kein aufsergewöhnliches Aussehen, aber er war stark bitter und dadurch ausgiebiger gemacht[159]).

Aus Schweden und Norwegen liegen auch sonst nicht ganz unbedenkliche Nachrichten vor[160]). Zetterlund sagt nämlich, dafs schon wegen des hohen Hopfenpreises, dessentwegen zuweilen schädliche Surrogate zur Verwendung gelangen, die Ausdehnung und Hebung der Hopfenkultur in Schweden etc. erwünscht sei, weil das eine sanitäre Bedeutung habe. Dafs Klagen über die Verwendung von Hopfensurrogaten zum Bierbrauen in Schweden nicht unbegründet seien, zeigten die Untersuchungen, welche cand. med. Ryno Hofstedt über das Vorkommen fremder Bitterstoffe in den Malzgetränken im Jahre 1872 unternahm. Bei fünf schwedischen Bierproben, welche zur Untersuchung gelangten, ergab sich: dafs eine Bierprobe von Upsala einen fremden Bitterstoff mit Absynthreaktion enthielt, dafs eine Porterprobe von Stockholm nicht geringe Mengen von Quassia und dafs eine Bierprobe von Stockholm Menyanthin aufwies. Wir erführen also, dafs von den fünf zur Untersuchung gekommenen Bierproben nicht weniger als drei fremde Bitterstoffe enthielten[161]). Zetterlund fügt hinzu: es sei zu bedauern, dafs diese Untersuchungen nicht auf alle Biersorten des Landes ausgedehnt worden seien, denn es sei ziemlich gewifs, dafs, wenn die verhältnismäfsig gut verwalteten Brauereien in Stockholm und Upsala verfälschten Hopfen und Hopfensurrogate verwenden, noch gröfsere derartige Fälschungen in den kleinen Städten vorkämen. Er sei aber zugleich überzeugt, dafs die dortigen Brauer nicht absichtlich fremde Bitterstoffe verwenden, sondern dafs dies sicherlich unbewufst geschehe durch Anwendung von schlechten und verfälschten Hopfen, welche sie vom Auslande beziehen und die auf ihre Qualität zu beurteilen, meist die erforderlichen Kenntnisse mangeln. Zetterlund sagt dort (s. S. 22 oben) weiterhin, dafs die Hopfenhändler die geringwertigen Hopfen durch Zusatz von fremden Bitterstoffen fälschen. Damit erscheint diese ernste Frage in ganz neuem Lichte, wenn nicht die ordinären, rohesten Hopfensorten selbst solche Bitterstoffe erzeugen, welche diese Reaktionen geben.

Wie mir scheint, sind die Klagen über die Verwendung giftiger Hopfensurrogate in der Brauerei in Österreich niemals, auch nur annähernd, so umfangreich und intensiv aufgetreten wie in andern Ländern. Nach Veröffentlichungen des k. k. statistischen Bureaus[162]) wurden in den im Reichsrat vertretenen Ländern 1873—74 an 11 744 307 hl Bier erzeugt, nach den statistischen Tabellen des Gambrinus 1898 in 1512 Brauereien 19 421 645 hl, in Ungarn und Nebenländern 1898 in 84 Brauereien 1 357 599 hl, in Bosnien und der Herzegowina 1898 in 6 Brauereien 56 445 hl. Die Hopfenkonsumtion von ganz Österreich-Ungarn wird 1898 auf 166 842 Ztr., die Hopfenproduktion auf 183 690 Ztr. angegeben. Die Gesamtbierproduktion in Österreich-Ungarn war 1898 ca. 21 035 689 hl; es trifft somit auf den hl Bier nahezu 0,8 Pfd. Hopfen, jedenfalls erheblich mehr als heute im Deutschen Reich und wahrscheinlich meist bessere Hopfen und besser vergorenes Bier.

Prof. Dr. Sell in Berlin[163]) sagt, dafs man bei den bitteren Stoffen zwei Gruppen unterscheiden müsse, nämlich solche mit basischer Natur (die giftigen Alkaloide) und solche, die chemisch indifferent seien (Absynthin, Menyanthin etc.); die Feststellung der bitteren Alkaloide auf chemischem Wege sei heute gar nicht schwer, wohl aber sei die Feststellung der zweiten Gruppe sehr schwierig, fast unmöglich.

Sehr gediegene Arbeiten über die Untersuchung des Bieres auf fremde Bitterstoffe (nicht vom Hopfen herrührend) wurden von Prof. Dr. Dragendorff in Dorpat gemacht. Dr. Dragendorff, der damals als eine erste Autorität auf dem Gebiete der Bieruntersuchungen angesehen wurde, hat seinen bereits früher veröffentlichten Gang der Bieranalyse auf Grund der von ihm mit Kubicki, Jundzill und besonders mit Meyke ausgeführten Versuche[164]) mehrfach modifiziert und gibt hierüber in der Pharmazeut. Zeitschr. f. Rufsland 1881, Nr. 3 und 4 einen ausführlichen Bericht, welchen Proskauer in »Berichten der Deutschen chemischen Gesellschaft 1881« bespricht (s. Allg. Br.- u. H.-Ztg. 1881, S. 415). Untersucht wurden als solche angebliche Surrogate für Hopfenbitter: Wermut, Borsch (Ledum palustre), Bitterklee (Menyanthes trifoliata), Quassia, Colchicumsamen, Kockelskörner (Cocculi Indici), Koloquinten, Weidenrinde, Strychnin, Atropin, Hioscyamin, Enzian, Pikrinsäure. Andere nennen auch Eichenrinde anstatt Hopfens.

Reines Bier, welches nur aus Malz und Hopfen bereitet wurde, hinterläfst mit den angeführten Lösungsmitteln (Petroläther, Benzol, Chloroform) geringe, kaum bitter schmeckende Rückstände mit wenig charakteristischen Reaktionen (Alkaloidreaktionen). Die verschiedenen Reaktionsverhältnisse über diese Stoffe wollen an Ort und Stelle, namentlich auch in der Allg. Br.- u. H.-Ztg. 1881 (l. c.), eingesehen werden. Nach diesen Methoden lassen sich alle diese genannten Bitterstoffe nachweisen, selbst wenn dieselben der Würze vor der Gärung zugesetzt worden waren.

Schon früher[165]) hat Dragendorff die Reaktionen von 19 der bekanntesten Bitterstoffe geschildert[166]), nämlich von Quassia (sehr bitter), Ledum palustre (ziemlich bitter), Absynth (bitter), Menyanthes trifoliata (wenig bitter), Cnicus benedictus (bitter), Erythraea centaurea (bitter), Gentiana (bitter), Weidenrinde (bitter), Aloë (I geschmacklos, II wenig bitter), Pikrinsäure, Koloquinten (I sehr bitter, II unangenehm bitter), Cocculi Indici (bitter), Semen Colchici (bitter), Daphne Mecereum (scharf), Capsicum (scharf), Belladonna (bitterlich), Hyoscyamus (bitterlich), Brechnufs (sehr bitter), Baccae Juniperi (bitterlich); es sind da auch die Färbungen durch die verschiedenen Reaktionen genau verzeichnet.

Im Jahre 1879 wurden in der Lebensmittel-Zentralstation Krefeld (Vorstand Dr. König) auch Bieruntersuchungen gemacht. Nach dem Berichte[167]) wurden bei Untersuchungen auf fremde Bitterstoffe die Methoden von Wittstein und Dragendorff durchprobiert und schliefslich die Methode von Levin Enders, die noch weiterer Ausbildung fähig ist, zur Anwendung gebracht. Die letztere strebt im Prinzip die Trennung des Hopfenbitters von etwa vorhandenen andern Bitterstoffen an. Fällt man nämlich nach dieser Methode (Stierlin, Das Bier, S. 95) das Hopfenbitter aus, so ist es nicht schwer zu entscheiden, ob auch noch andere Bitterstoffe da sind. Die einfachere und praktischere Lösung scheint auch O. Dietzsch anzustreben, der in seinem Werke »Die wichtigsten Nahrungsmittel und Getränke etc.«, 2. Aufl., S. 79, zwar keine vollständige

Anleitung für den Nachweis der Bitterstoffe gibt, wohl aber bemerkt, dafs nach Ausfällung des Hopfenbitters mittels Bleiessigs die überstehende Flüssigkeit keinen bitteren Geschmack mehr haben darf, wenn nur Hopfen Verwendung fand. Diese Methode hat mit der verwendeten von Levin Enders einige Ähnlichkeit. Einfache Prüfungen, selbst wenn sie nur zur Kontrolle gebraucht werden, sind dem praktischen Analytiker stets willkommen, und verschmäht derselbe es nicht, auch die Prüfung auf Hopfengeruch vorzunehmen, welche im Zusammenhang mit wissenschaftlichen Untersuchungen zu einer klaren Anschauung über das untersuchte Bier führen kann.

In Bezug auf die Brauerei Mittel-Europas möchte ich für die Wahrheit solcher schweren Anschuldigungen (die Verwendung giftiger Hopfensurrogate) nicht nur nicht eintreten, sondern ich zweifle allen Ernstes daran. Bei der Naturforscherversammlung in Baden-Baden (1879) erklärte Dr. Skalweit, Vorstand des Lebensmittel-Untersuchungsamtes in Hannover, in einem Vortrage »Über Verfälschungen von Lebens- und Genufs-Mitteln«, dafs man nirgends giftige Bitterstoffe im Bier aufgefunden habe[168]). Dagegen wird aber in einem Berichte des Reichsgesundheitsamtes[169]) u. a. gesagt, dafs aufser dem natürlichen Hopfen auch Hopfenöl-, Hopfenaroma- und Hopfenextrakt-Präparate in den Handel kommen, was unerwünscht sei, denn selbst wenn sie echt seien, veränderten sie sich sehr leicht und erteilten dem Bier einen ungewohnten Geschmack und Geruch; nebstdem könnte dadurch der Beimengung fremder Bitterstoffe zum Bier noch mehr Vorschub geleistet werden. Dafs letzteres in der That der Fall sei, habe sich durch eine im Laboratorium des Gesundheitsamtes ausgeführte Analyse eines solchen Hopfenextraktes bestätigt, welcher zweifellos Bitterklee Extrakte enthielt. Man hat fast alle im Pflanzenreiche vorkommenden Bitterstoffe, von denen viele giftig sind, im Verdacht gehabt, dafs sie als Ersatzmittel des Hopfens verwendet würden, und in der That seien einzelne fremde Bitterstoffe: Narkosin (ein Opiumalkaloid), Buxin, Absynthin, der Bitterstoff aus Cnicus benedictus und der aus Menyanthes trifoliata, sogar Pikrinsäure im Bier nachgewiesen worden[170]). Leider ist nicht gesagt »wo?«. Die Ansicht, dafs auch Herbstzeitlose als verwendet angenommen wurde, beruhe aber jedenfalls auf Verwechselung.

Gewifs gibt es in Deutschland viele schlechte und namentlich verdorbene Biere, nicht leicht aber verfälschte, soweit sie aus Brauerhänden kommen.

Der Alkoholgehalt des Bieres und Bieranalysen.

Da — wie wir sehen — im Bier auch Alkohol (2,5—5%) enthalten ist, ist es nicht unwichtig, zu wissen, was er im menschlichen Organismus leisten kann[171]). v. Liebig, Bouchardat und andere Autoritäten hatten ausgesprochen, dafs der Alkohol Nahrungsmittel sei. Nach dem Journal des connaissances médicales[172]) gelangten 1860 Lallemand, Perrin und Duroy zu entgegengesetzter Ansicht, der Alkohol gehe unverändert durch den Organismus und finde sich in den Ausscheidungen im ursprünglichen Zustande. Nach neueren, eingehenden Untersuchungen wird aber der Alkohol, wenn in kleinen Quantitäten genossen, im tierischen Organismus verbrannt, sei also dann Nahrung; in gröfseren Quantitäten genossen, gehe der gröfsere Teil unverändert hindurch. Als Nahrungsmittel besitze er nicht nur Wert als Wärmeerzeuger, sondern er befördere auch die Assimilation. In kleinen Dosen und aufgelöst beschleunige und vermehre er die Herzthätigkeit, in grofsen Quantitäten hemme er sie. Mäfsig genossen befördere er Gehirn- und Muskel-Funktionen, umgekehrt erzeuge er Trunkenheit, Empfindungslosigkeit und Verminderung der intellektuellen Fähigkeiten. In starken Dosen vermindert er die Temperatur des Körpers, daher er von den Ärzten bei Fieber und entzündlichen Krankheiten verordnet wird etc.

In gröfseren Mengen genossen, wirkt der Alkohol als Gift. Die verschiedenen Stadien jener Alkoholvergiftung, welche als Rausch bezeichnet werden, sind sehr zutreffend in der Wochenschrift »Österreichische Signale« 1865 (reprod. Allg. H.-Ztg. 1865, S. 325, 332, 337, 345 u. 353) geschildert; bekanntlich führt fortgesetzter Alkoholismus zum Wahnsinn (Delirium tremens) und Tod.

In neuerer Zeit ist vielfach, namentlich auch in München, auf die grofse Schädlichkeit selbst kleinster Alkoholmengen, im jugendlichen Alter genossen, hingewiesen worden[173]. Bis ins 2. Jahrzehnt schaden dem jungen Menschen selbst die kleinsten Gaben Alkohol; frühzeitige Nervosität, Verdauungsstörungen, dauernde Beeinträchtigung der geistigen Fähigkeiten, der geistigen Ausdauer und Leistungsfähigkeit, bis zum Blödsinn, Kopfschmerz, Ermüdung im Unterrichte etc. sind die Folgen. Nach direkt an Menschen ausgeführten Versuchen[174] wird gesagt, dafs der Alkohol in den ersten Tagen den Stickstoffumsatz steigere; es zeigte sich, dafs dann Alkohol Fett zu ersetzen vermag und, da Fett Eiweifs spart, auch Eiweifs sparen kann. Alkohol sei also wohl Nahrungsmittel, aber doch wegen seiner Giftigkeit möglichst wenig anzuwenden.

Dr. Th. Rob. Offer, Assistent am städtischen Krankenhause in Frankfurt a. M., berichtete beim Münchner Naturforscherkongresse, dafs nach seinen experimentellen Untersuchungen in der That der Alkohol eiweifssparend sei, aber diese Ersparnis sei gering und nicht festgestellt, ob der Alkohol direkt oder indirekt wirke.

Nach den sehr günstigen Wahrnehmungen des Prof. Atwater an der Landwirtschaftlichen Abteilung der Regierung der Vereinigten Staaten[175] hätte der Alkohol eine dem Zucker, der Stärke und dem Fett äquivalente Leistung im menschlichen Organismus.

Eben diese Ansicht, dafs Alkohol, auch in kleineren Mengen genossen, gesundheitschädlich wirkt, hat neuestens zur Herstellung alkoholfreier Biere geführt; es ist aber damit — wie zu erwarten stand — bis jetzt nichts wirklich Befriedigendes zu stande gekommen.

Es gibt Ansichten, welche dahin gehen, dafs das Bier in seinem Nährgehalt der Milch am nächsten stehe[176]. Schädlich ist der Alkohol, und durch die Gärung wird ein Teil dieser Nährstoffe in Alkohol verwandelt.

Das von Alkohol befreite Bier enthält:

Gesamtextrakt	4 —11,84 %
Zucker	2 — 5 »
Eiweifs	0,2— 0,8 »
Asche	0,2— 0,3 »

Alkoholfreies Bier wurde zuerst vom Brauereibesitzer Lapp in Berlin eingeführt. Die Analyse dieses Bieres war:

Malzextraktgehalt	10 — 11 %
Der Zucker im Extrakt	7 — 8 »
Dextrinextrakt	2 — 3 »
Proteïn	0,5 —0,8 »
Milchsäure	0,05— 0,07 »
Asche	0,15—0,2 »
Darin Phosphorsäure	0,06—0,08 »
Kohlensäure	0,2—0,3 »

Um 1862[177] hatte man die Zusammensetzung der namhaften Biersorten Europas durch die Analyse folgendermafsen festgestellt:

	Malzextrakt	Alkohol	Kohlensäure	Wasser
Londoner Porter aus	6,8	6,7	0,18	86,3
Ale aus	14,4	5,6	0,31	79,6
Brüsseler Lambik aus	3,4	5,5	0,2	90,9
Brüsseler Faro	2,9	4,9	0,2	92,0
Berliner Jostysches Bier aus	2,6	2,6	0,5	94,3
Berliner Weifsbier aus	5,7	1,9	0,6	91,8
Braunschweiger Süfsbier aus	14,0	1,26	0,2	84,7
Braunschweiger Mumme aus	45,0	1,9	—	53,1
Münchner Lagerbier aus	3,9	4,3	0,16	91,64
Münchner Bockbier aus	9,2	4,2	0,17	86,49
Münchner Salvator aus	9,4	4,6	0,18	85,85

Ale ist ein helles, etwas bitteres, substanziöses, sehr starkes Bier, das sehr haltbar ist. Porter ist ein dunkles, mehr oder minder bitteres, substanziöses Bier.

Die belgischen Biere haben alle einen säuerlichen Geschmack und gehören zu den schlechten Sorten. Die Berliner Biere sind schwach, aber das Jostysche ist stark moussierend.

Die Braunschweiger Mumme kann man kaum noch Bier nennen, sie schmeckt wie ein (gehopftes) Malzextrakt.

Im Laboratorium der Münchner Brauerakademie von Dr. Dömens sind 15 Starkbiere (aus der Zeit der Salvatorsaison) analysiert worden[178]). Die wichtigsten Zahlen sind:

	Wirklicher Extraktgehalt	Extraktgehalt der Stammwürze	Wirklicher Vergärungsgrad	Alkohol	Gesamtsäure als Milchsäure
Münchner Starkbiere 1	10,8	18,95	43,1	4,37	0,15
2	9,28	17,38	46,6	4,32	0,15
3	10,0	18,19	45,0	4,37	0,15
4	9,0	17,7	49,15	4,63	0,12
5	9,88	17,65	44,0	4,14	0,12
6	10,35	18,2	43,1	4,2	0,15
7	9,42	18,79	49,8	5,02	0,17
Münchner Bockbiere 8	10,23	19,05	46,3	4,71	0,17
9	10,35	17,67	41,4	3,94	0,15
Münchner helles Bier 10	5,7	12,6	54,7	3,55	0,19
Münchner Weifsbier 11	4,98	12,4	60,0	3,84	0,15
Pilsener aus der Brauerei Anheuser-Busch in St. Louis 12	5,62	14,5	61,3	4,6	0,18
Japanisches Bier Asahi 13	5,47	12,8	57,2	3,8	—
Japanisches Bier Kirin 14	5,37	13,0	58,7	3,9	—
Mexikanisches Bier 15	5,52	14,2	61,2	4,57	0,15

Hajek[179]) hat Pilsener Biere und das dazu verwendete Brauwasser untersucht, I. Aktienbräuhaus, II. Altes (bürgerliches) Bräuhaus. Die Wasser wurden im Dezember 1870 geschöpft. Beide Biere waren im Dezember 1870 erzeugt, also bei der Untersuchung 14 Monate alt. Die Summe der Stoffe in 10000 Gewichtsteilen Wasser war bei I 1,49, bei II 1,21 Teile. Die Stoffe waren schwefelsaurer und kohlensaurer Kalk, kohlensaures Magnesia, kohlensaures Eisenoxydul, Chlormagnesium, Kieselerde, Spuren von organischen Stoffen und Alkalien. Eine andere Wasseranalyse von I ergab in 10000 Teilen 1,73 Teile. Es ist also das Wasser des Alten Bräuhauses reiner.

In beiden Fällen vorzügliches Bier. I gefrorenes Exportbier, II ungefrorenes Exportbier. In je 100 Teilen

	I	II
Alkohol	4,95 %	4,86 %
Extrakt	6,49 »	5,93 »
Wasser	88,56 »	89,21 »
	100,00 %	100,00 %
	Die Analyse deutet auf Würze von 16 %.	Die Analyse deutet auf Würze von 15,2 %.

C. Reischauer (s. V. Griefsmayer, l. c. 1878, S. 241 u. 247 u. ff.) will aus dem Aschengehalt und der Beschaffenheit der Asche des Bieres weitgehende Schlüsse auf die Qualität des Bieres ziehen. Der Aschengehalt des Bieres beträgt im Mittel ca. 0,3 %; er schwankt von 0,264—1,303, im Mittel 0,288 % bei einem mittleren Extraktgehalt von 3,693 %. Das meiste ist bei reinen, normalen Bieren Phosphorsäure und Kali[180]). Abgesehen vom Kieselsäuregehalt, der in der Gerste beträchtlich vorwiegt, besäfsen die Gersten- und Bier-Analysen dieselbe Zusammensetzung. Man rechnet in München auf 100 Teile Malz beim Brauen 33—36 Teile Treber, mit einem Phosphorsäuregehalt der letzteren von 1 %. Nimmt man den Phosphorsäuregehalt im

Malz zu 0,7 % an, so enthält 1 Scheffel (115 kg) Malz 805 g Phosphorsäure. In den Trebern werden im Mittel 397 g Phosphorsäure zurückgehalten, also dem Bier entzogen; es verbleiben demnach also in dem mit 1 Scheffel Malz hergestellten Bier noch 408 g. In Bayern wurden aus 1 Scheffel Malz 7 Eimer (= 478 l) Winterbier und 6 Eimer (= 411 l) Sommerbier erzeugt; danach enthielt also 1 l Sommerbier 0,973 g und 1 l Winterbier 0,832 g Phosphorsäure; bei einer direkten Untersuchung vom Hofbräuhaus-Sommerbier in München fand er in 1 l 0,747 g Phosphorsäure.

Untersuchung von 66 in Nürnberg erzeugten und daselbst ausgeschenkten Bieren aus den Jahren 1898 und 1897 (letztere Zahlen in Parenthese[181]).

Gehalt an	Höchster	Niedrigster	Mittlerer
I. Bockbiere (10 Proben) (Januar).			
1. Alkohol	5,32 (5,32)	3,89 (4,45)	4,76 (5,08)
2. Extrakt	10,45 (10,32)	7,89 (6,68)	9,49 (9,10)
3. Asche	0,325 (0,3292)	0,2312 (0,20)	0,2732 (0,22)
4. Freie Säure	3,60 (3,06)	2,80 (2,49)	3,26 (2,34)
5. Extraktgehalt der Stammwürze	19,98 (19,09)	15,70 (16,39)	18,36 (18,60)
6. Vergärungsgrad	50,90 (59,20)	44,00 (44,60)	48,55 (51,20)
II. Frühere Salvatorbiere (9 Proben) (Februar und März).			
1. Alkohol	6,02 (5,76)	4,69 (4,45)	5,20 (5,08)
2. Extrakt	10,71 (10,32)	8,49 (7,93)	9,79 (9,40)
3. Asche	0,3022 (0,29)	0,2240 (0,2352)	0,2727 (0,27)
4. Freie Säure	3,60 (2,80)	3,00 (2,25)	3,24 (2,48)
5. Extraktgehalt der Stammwürze	21,33 (20,37)	17,73 (16,70)	19,46 (18,85)
6. Vergärungsgrad	52,55 (53,35)	45,77 (47,10)	49,70 (50,00)
III. Gewöhnliche Biere aus Nürnberger Brauereien (15 Proben).			
1. Alkohol	4,25 (4,40)	3,03 (3,35)	3,46 (4,00)
2. Extrakt	7,14 (7,39)	4,98 (5,87)	6,11 (6,49)
3. Asche	0,2120	0,1026	0,1814
4. Freie Säure	2,30 (3,00)	1,70 (1,92)	2,03 (2,43)
5. Extraktgehalt der Stammwürze	14,20 (15,10)	11,32 (13,23)	12,83 (14,19)
6. Vergärungsgrad	50,80 (59,15)	45,41 (48,80)	52,39 (54,10)
IV. Gewöhnliche Biere aus auswärtigen Brauereien (18 Proben).			
1. Alkohol	4,37 (4,75)	3,14 (3,31)	3,79 (4,03)
2. Extrakt	6,93 (7,66)	4,90 (4,68)	5,80 (6,15)
3. Asche	0,2348	0,1174	0,1758
4. Freie Säure	2,10 (2,57)	1,84 (1,47)	1,98 (2,05)
5. Extraktgehalt der Stammwürze	14,42 (15,61)	12,05 (12,10)	13,19 (13,77)
6. Vergärungsgrad	60,30 (61,32)	49,33 (49,94)	55,56 (55,55)
V. Helle (Façonbiere) aus Nürnberger und auswärtigen Brauereien (9 Proben).			
1. Alkohol	4,31 (4,81)	3,03 (3,89)	3,57 (4,35)
2. Extrakt	6,64 (7,26)	4,17 (5,21)	5,48 (6,09)
3. Asche	0,2500	0,1520	0,1931
4. Freie Säure	2,08 (2,60)	1,86 (1,60)	1,96 (1,95)
5. Extraktgehalt der Stammwürze	13,80 (15,23)	11,72 (13,27)	12,46 (14,43)
6. Vergärungsgrad	64,40 (63,63)	48,89 (52,16)	56,04 (57,80)

Sämtliche Proben waren entsprechend eingebraut und gut vergoren, klar, von normalem Geruch und Geschmack, frei von fremden Zusätzen, wie Glycerin, Saccharin und Konservierungsmitteln. Es war also das Untersuchungsergebnis für die Brauindustrie Nürnbergs und Umgebung günstig.

Auffallend ist die Verschiedenheit des Vergärungsgrades in den 5 Gruppen:

	1898	1897
In Gruppe I war der mittlere Vergärungsgrad	48,55	51,20
» » II » » » »	49,70	50,00
» » III » » » »	52,39	54,10
» » IV » » » »	55,56	55,55
» » V » » » »	56,04	57,80

Es waren also die gewöhnlichen Biere vom Lande (Gruppe IV) und die hellen Biere (Gruppe V) am besten vergoren.

Die gewöhnlichen Biere vom Lande waren etwas stärker eingesotten wie die Nürnberger.

	Ein Nürnberger Weifsbier	Alkoholfreies Bier
1. Alkohol	2,00	—
2. Extrakt	3,65	9,21
3. Mineralbestandteile	0,095	0,256
4. Gesamtsäure	1,86	0,74
5. Glycerin	1,1831	—
6. Extrakt der Stammwürze	7,82	—
7. Vergärungsgrad	52,04	—

Das alkoholfreie Bier ist also eigentlich kohlensäurehaltige Bierwürze, aber kein Bier.

In Heilbronn a. N. sind 1899 durch das städtische Untersuchungsamt (Dr. G. Lenz) viele heimische und eingeführte Biere ganz ähnlich untersucht worden wie vorstehend die Nürnberger[182]).

Der Vergärungsgrad war:

	höchster	niedrigster
I. bei dunklen Heilbronner Bieren	61,3	46,4
II. bei hellen (Façon-)Bieren aus Heilbronn	62,2	41,5
III. bei dunklen importierten Bieren	55,6	46,8
IV. bei hellen importierten Bieren	61,5	43,3

Es sind also auch die hellen Biere bei uns nicht immer besser abgelagert und vergoren.

Der Alkoholgehalt der in den verschiedenen Staaten getrunkenen Biere beträgt[183]) meist 3—6 %; vielfach werden aber auch Biere mit geringerem und mit stärkerem Alkoholgehalt hergestellt, aber die letzteren Sorten bilden eine Ausnahme.

Weiteres über die Hopfensurrogatfrage.

Es ist in der That schon an und für sich schwer zu glauben, dafs derartiges in nennenswerten Beträgen in einer Zeit geschehen sollte, wo der Hopfen infolge der Überproduktion in allen Ländern, bei gleichzeitiger, ganz erheblicher Bedarfsminderung für die konservierenden Zwecke in der mit Eismaschinen arbeitenden Grofsbrauerei und mit den modernen Keller-Kühleinrichtungen, bei wenn auch kolossal gesteigerter Bierproduktion, fast umsonst zu haben ist, oder wo wenigstens sein Preis so niedrig steht, dafs er den Produzenten der Mittel- und geringen Sorten nicht einmal die Produktionskosten deckt[184]).

Ohnehin würde sich doch auch das konsumierende Publikum bei uns so etwas schwerlich gefallen lassen, in Bayern sicherlich nicht, und es scheint geradezu unmöglich, ein derartiges Vorgehen auf die Dauer geheim zu halten, umsomehr, als bei uns auch das Auge des Gesetzes mit grofser, rücksichtsloser Strenge darüber wacht. Auch Herr Brauereidirektor R. Rösicke[185]) und Brauereidirektor Dr. H. Busch[186]) betonen, dafs sich solche Verwendungen von Hopfensurrogaten in gröfseren Brauereien unmöglich geheim halten liefsen. Es ist doch auch ganz gewifs, dafs sogar der roheste Hopfen, selbst Wildhopfen, dem gesamten Geschmackseindruck des Bieres nicht so nachteilig sein wird als irgend ein sogenanntes Surrogat.

Wildhopfen wurde zu allen Zeiten und wird heute noch in vielen Gegenden Süd- und Nord-Europas zur Bierbereitung verwendet. Nach C. G. Zetterlund (Der Hopfen in Schweden, Allg. H.-Ztg. 1879, II, 605) machen die Brauer in verschiedenen Gegenden Schwedens, so auch in

Sätersdalen in Dalorne, aus dem reichlich vorkommenden Wildhopfen Dünnbier und Doppelbier. Wie wir weiter oben (S. 146) gesehen haben, verwendet eine Dampfbrauerei in Tiflis den kaukasischen Wildhopfen so lange, bis endlich der europäische Kulturhopfen eintrifft. Die Wildhopfen sind qualitativ auch sehr verschieden, meist haben sie wenig Sekret, und das Aroma und Bitter sind geringer Qualität. Es gibt aber Wildhopfen, die oft noch feiner sind als geringe Kulturhopfen.

Die Brauer haben schon Not und Mühe genug, aus Malz und Hopfen ein die Konkurrenz bestehendes Bier zu machen; wie werden sie beim heutigen niedrigen Preise des Hopfens auch noch mit Surrogaten gewagte Experimente machen wollen!

Freilich findet jeder diesbezüglich ausgesprochene Verdacht im Gemüt der meisten Biertrinker einen sehr fruchtbaren Boden. Ich habe solche Verdächtigungen auch bei uns nicht blofs oft gehört, sondern auch in Zeitungen gelesen.

In der That wäre es ganz irrig, zu glauben, dafs die ganze grofse Angelegenheit schon erledigt ist. Am 20. März 1900 erst brachte die Allg. Ztg. in München, ein bekanntes, vornehmes Blatt, in Nr. 65 der wissenschaftlichen Beilage von Dr. Alfred Nossig in Paris eine sonst sehr gediegene Abhandlung »Über den deutschen Kleingrundbesitz angesichts der Agrarkrisis«; darin wird u. a. gesagt: Trotz des enormen Aufschwunges der Bierproduktion (in Deutschland 1872 = 32490000 hl, 1896/97 = 61486000 hl) schreitet die Hopfenproduktion nicht vorwärts (1884 = 28870 Tonnen, 1896 = 25325 Tonnen); im Jahre 1884/85 entfielen in Deutschland auf 1 Tonne Hopfen 2260 hl Bier, 1896/97 = 3324 hl, ein Beweis, dafs die ganze Zunahme der Biererzeugung nicht den Hopfenproduzenten, sondern den Produzenten der Hopfensurrogate zu gute gekommen.

Es wäre unnütz, einen solchen anständigen Autor mit ein paar hochfahrenden, läppischen Phrasen abfertigen zu wollen, wie es in einer norddeutschen Fachzeitschrift versucht wurde. Sache der Brauerei ist es, dafür zu sorgen, dafs der Nachweis legitim geführt wird, wie denn das eigentlich so kommt und gekommen ist. Ohne Zweifel haben die Nichtbrauer, welche Bier trinken, oder Nationalökonomen, welche die wirtschaftlichen Beziehungen der Staaten und Völker studieren und bearbeiten, ein Recht, nach den wahren Ursachen solcher Zahlenkontraste zu fragen.

Und schliefslich ist dieses schnodderig-phrasenhafte Geschimpfe auf anständige Leute, welche sich mit solchen, für das Volkswohl sanitär und wirtschaftlich wahrhaft ernsten Fragen befassen, umsoweniger am Platze, als ja, wie meine Ausführungen genügend klarstellen, die Sache keineswegs so harmlos ist! Es ist notorisch, dafs auch in Deutschland schon, wenn auch vorerst noch schüchterne, Versuche gemacht worden sind zur direkten Surrogierung des Hopfens bei der Bierbereitung, und es ist ebenso erwiesen, dafs dies jenseits der deutschen Grenzen länderweise im gröfsten Mafsstabe geschehen ist und ebenso — namentlich in hopfenteuren Jahren — geschehen wird. Und dafs wir in Deutschland Leute genug haben, die — wenn sie dabei verdienen können — sich nicht im geringsten etwas daraus machen, dergleichen zu thun, das zeigen die massenhaften Nahrungsmittelfälschungen.

Und schliefslich ist es notorisch, dafs auch in der deutschen Grofsbrauerei alle Tage im gröfsten Mafsstabe indirekt wirkende Surrogate für Hopfenwirkung angewendet werden, z. B. die Filterpressen, welche das junge Bier alt aussehend machen sollen, statt dafs man ihm genügend Hopfen und dem Hopfen im Bier genügend Zeit gäbe, um auf normalem Wege — von innen heraus — wie es früher bei Lagerbier war, das Bier hell, glanzvoll und hefefrei zu machen. — Die Filterfabrikanten, Klärspänfabrikanten, Fischblasenlieferanten etc. sind, in einem gewissen Sinne, Hopfensurrogatproduzenten.

Unlängst erst flüsterte mir ein sonst gewifs sehr tüchtiger Geschäftsmann Tirols geheimnisvoll ins Ohr, dafs man bei der Brauerei N. N., wo man früher so oft Wagenladungen mit Hopfenballen halten sah, jetzt schon seit Jahren gar nichts mehr davon sieht. Wahrscheinlich bezieht diese im warmen Südtirol gelegene Brauerei heute ihren ganzen Hopfenbedarf in Büchsen eingeprefst, und die Nichtbrauer wissen dort nichts von Büchsenhopfen.

Ich will auch nicht leugnen, dafs mir schon oft der Umstand als im hohen Grade verdachterregend nahe gelegt wurde, dafs namentlich die gröfseren Brauereien ihre Hopfenkammer (das

Hopfenlager) und ihr Gebaren mit dem Hopfen mit dem gröfsten Geheimnis zu umgeben pflegen. Auch geben die grofsen Brauereien Zahlen über Bierproduktion, Gersten- und Malz-Verbrauch, fast nie über Hopfenverbrauch. In den zahlreichen statistischen Veröffentlichungen über Brauerei ist nur von Gerste und Malz, nie aber vom Hopfen die Rede. Das ist nun allerdings Thatsache, und eigentliche Fabrikgeheimnisse, die es da nicht gibt, können für ein solches Verhalten nicht mafsgebend sein. Es sind mir von einer sehr bedeutenden Autorität auf dem Gebiete der Brauerei, die ich nur zu nennen brauchte, Motive für dieses Verhalten namhaft gemacht worden, die ganz glaubwürdig erscheinen; diese haben aber mit Hopfensurrogaten absolut nichts zu thun, sondern nur damit, dafs manche moderne Grofsbrauerei heute auch zu solchen Zwecken mit billigen Hopfensorten arbeitet, wo man früher feine und daher auch mehr kostende Hopfensorten für unentbehrlich hielt. Natürlich sucht man so etwas vor der Öffentlichkeit geheim zu halten, weil es dem Ruf der Brauerei sicherlich nicht förderlich wäre. Es ist kurios, wenn man in den Grofsbrauereien zu verheimlichen bestrebt ist, dafs man auch geringere Sorten Hopfen verwendet. Bei der ansteigenden Bierproduktion und der Unmöglichkeit, die feinen Hopfensorten wie Saazer, Spalter etc., auch in andern Lokalitäten zu erzeugen, bleibt ja gar nichts anderes übrig, als dafs man auch minderwertige Hopfensorten verwendet. Es kommt nur darauf an, dafs man sie ernstlich kennt, und dafs man den damit hergestellten Bieren Zeit läfst, die Bestandteile ihres Sekrets zu verdauen. Wir werden noch an verschiedenen Stellen sehen, wohin dieser Fortschritt (verbilligte Biererzeugung) die Brauerei heute schon geführt hat.

Bei den Anklagen, welche von Persönlichkeiten mannigfaltiger Lebensstellung in Bezug auf die angebliche Verwendung von Hopfensurrogaten gegen die Brauereien ins Feld geführt werden, heifst es meistens: man sagt, bekanntlich, wie allgemein bekannt ist, wie wir gehört haben, einer glaubwürdigen Nachricht zufolge etc.

Ich habe keinen Beruf und auch gar nicht den Willen, mich zum Anwalt der Brauer in solcher Sache zu machen, aber ich habe in den langen Jahren meiner Lehrwirksamkeit in Weihenstephan, wo junge Männer (Brauer) aus allen Ländern zusammenkamen, viele mit langjähriger Brauereipraxis, niemals auch nur das Geringste gehört, dafs es ein wirklich brauchbares und thatsächlich gebrauchtes Surrogat für das Hopfenbitter gibt. Namentlich bei den von mir geleiteten Hopfenuntersuchungspraktikas, wie ich sie in den letzten Jahren meiner Lehrwirksamkeit in Weihenstephan eingerichtet hatte, wurde von den jungen Männern über die intimsten Angelegenheiten der Brauerei rückhaltlos gesprochen. Hätte ich etwas gehört, dann würde mich nichts abhalten können, das hier zu sagen[187] u. [188]).

Sicher hat man in Deutschland in den letzten 50 Jahren unter dem Einflusse der Wissenschaft und noch mehr der Technik grofse Fortschritte in der Bierbrauerei gemacht, ohne Zweifel auch viele Fehltritte; in Norddeutschland, das bis dahin sehr zurückgeblieben war, sind aber diese Fortschritte verhältnismäfsig weit gröfser gewesen als in Süddeutschland, was wohl auch schon daraus ersichtlich ist, dafs von 1868—1878 in der norddeutschen Brausteuergemeinschaft der Ertrag der Braumalzsteuer auf das Doppelte stieg. Auch die Fortschritte in der Kenntnis des Hopfens, dieses schwierigen Rohmaterials der Brauerei, waren nicht gering, aber was die Anwendung dieser Kenntnisse in der Bierbrauerei betrifft, hat es da thatsächlich überall und vollständig gefehlt. In den gröfseren Brauereien ist die Hopfengebarung heute noch so ziemlich dieselbe wie Anno dazumal. Und wenn das, was ich hier sage, diesem oder jenem stolzen, selbstbewufsten Brauereileiter nicht recht ist, ein Naserümpfen zur Folge hat, so rate ich diesen Herren, mit mir einmal in ein bezügliches Duell einzutreten, etwa so, dafs ich erst die betreffenden Herren über Hopfen examiniere und dann die betreffenden Herren mich, alles natürlich bei Anwesenheit einer Kommission. Das Examen könnte auch schriftlich gemacht werden.

Nach diesen Ausführungen des Herrn Geheimrats Prof. Dr. Sell[189]) kann man keinen Zweifel mehr hegen, dafs in Deutschland (Berlin und Norddeutschland) bereits Biere mit nicht vom Hopfen stammenden Bitterstoffen angetroffen worden sind. Sell sagt selbst, dafs das Bier, in welchem er den Bitterklee nachgewiesen, von einer sehr renommierten Brauerei stammt, der man so etwas kaum zutrauen könnte. Das Bier war nicht direkt aus der Brauerei entnommen, und es ist gelegentlich dessen gesagt worden, dafs die Bierverkäufer oft unglaubliche Pantschereien treiben, aus 1 hl Bier 3—6 und mehr machen, wobei sie dann das fehlende Bitter durch Surrogate ersetzen[190]). Auch von gewissenlosen Hopfenhändlern können solche Surrogate herrühren. In der Allg. H.-Ztg., S. 1877 wird aus Upsala (Schweden) berichtet, man habe dort Hopfen untersucht, welcher mit bereits gebrauchtem, ausgesottenem Hopfen gemengt war; der ausgesottene war durch Besprengung mit Absynthtinktur bitterschmeckend gemacht worden.

Leunis[191]) sagt, dafs in Berlin Ledum palustre den Bitterbieren, namentlich dem Bock, zugesetzt würde (s. auch S. 885); auch Pikrinsäure werde benutzt.

Nach Leunis[192]) hat der Fürstbischof von Hildesheim 1710 den Bauern den Ankauf des Ledum bei 50 Thalern Strafe verboten.

Übrigens berichtet die Allg. H.-Ztg. 1877, S. 779 u. 780, dafs unlängst erst, auf Anordnung des Berliner Polizeipräsidiums, die Berliner Biere (die in Berlin gebrauten bayerischen Biere) chemisch untersucht worden seien, wobei im allgemeinen die Biere sämtlicher 22 Bayerisch-Bierbrauereien befriedigende Resultate ergeben haben. Alle Biere waren frei von Giftstoffen und solchen Stoffen, welche die Gesundheit schädigen können, aber es seien bei elf der untersuchten Biere fremdartige, nicht vom Hopfen stammende Bitterstoffe (Quassia und Menyanthes) nachgewiesen worden; indes seien es unschädliche, vielfach in der Medizin, namentlich bei Magenleiden, gebrauchte gewesen.

Auch der Geheimmittelschwindel trägt dazu bei, im Publikum die Meinung zu wecken und zu unterhalten, dafs in der Brauerei gesundheitschädliche Surrogate verwendet werden[193]). Auch der Umstand unterstützt diesen Verdacht, dafs manche Biere, besonders wenn sie in gröfserer Quantität getrunken werden, Berauschtsein und Kopfschmerz hervorrufen. Man erklärt sich diese thatsächlich vorkommende Erscheinung damit, dafs es Hopfensorten gibt, welche, sei es infolge örtlicher Lage, der Jahreswitterung, Düngung etc., reichhaltiger an den giftigen, narkotisch wirkenden Hopfenalkoloiden sind (s. unten den Abschnitt über die Hopfenalkoloide).

Im neuen Biersteuergesetz für Württemberg[194]) wurde auf Antrag des Abgeordneten Rembold ausdrücklich ein Verbot der Verwendung von Hopfensurrogaten aufgenommen, obgleich der Finanzminister erklärte, dafs zur Zeit ein verwendbares Surrogat für Hopfen nicht bekannt sei.

Ohne Zweifel gibt es Hopfensorten, welche — sei es durch besondere örtliche Bodenbeschaffenheit oder namentlich besondere Düngungsverhältnisse — so häfsliche Nebentöne in Aroma und Bittergeschmack, vielleicht auch im Geschmack des so massenhaft im Hopfen vorhandenen Harzes und selbst des Gerbstoffes haben, dafs man sonst nichts braucht, um bei den Bierkonsumenten den Verdacht der Anwesenheit von giftigen Stoffen im Hopfen und Bier zu erwecken. Ich besitze da ganz bestimmte Erfahrungen, es ist aber mifslich, mit dem Namen der Lokalitäten hervorzutreten. Ich habe bei der Untersuchung gewisser Sorten immer intensives Kopfweh bekommen, und bei uns in Weihenstephan studierende Söhne aus Brauereien haben mir gesagt, dafs sie früher solche Sorten umfangreich verwendeten, sie aber fallen lassen mufsten, weil viele Konsumenten solcher Biere über Kopfweh klagten.

Und es ist ohne Zweifel auch ebenso gewifs, dafs es Hopfensorten gibt, namentlich unter den roheren, geringwertigen, groben Sorten, welche schon an und für sich, also von Hause aus, einen gröfseren Gehalt an giftigen Stoffen, wahrscheinlich an Hopfenalkaloiden etc., besitzen.

Die Ansicht, dafs namentlich die roheren Hopfensorten und auch die besseren Hopfensorten gewisser Gegenden, Lagen und Düngungsverhältnisse reicher an giftigen Alkaloiden und überhaupt an giftig wirkenden Stoffen seien als die feineren Sorten und die besseren Sorten anderer Lagen und Düngebehandlung, steht nicht vereinzelt da[195]). Wenn das bis jetzt auch noch nicht strikte nachgewiesen ist, so stützt es sich doch auf sehr schwerwiegende Analogien, namentlich auch darauf, dafs der Tabak in seinem Gehalt an dem Alkaloid-Nikotin von 2—7 % schwankt und dafs thatsächlich die schlechten Tabaksorten reicher an Nikotin sind als die andern, feineren. Ferner hat man durch starke Salpeterdüngung um Smyrna in Kleinasien im Mohn der Mohnfelder, welche das Opium und aus diesem das Morphin (auch das Narkotin, Codein, Narcetin) liefern, den Gehalt des Alkaloids um 5—6 % gesteigert; in Baden ebenso von 3 auf 7 %. Jobst in Stuttgart hat den Morphiumgehalt des Opiums durch Düngung sogar bis auf 17 % gesteigert, während das kleinasiatische nur 6—7 % enthielt[196]).

Sehr belehrend in diesen Fragen ist dann auch noch die Thatsache, dafs das Hopfensekret, mit gewissen Chemikalien in Verbindung gebracht, Reaktionen gibt, welche den Reaktionen des Colchicins in hohem Grade ähnlich sind (s. oben S. 248), so dafs es begreiflich erscheint, wenn manche Technologen bei Hopfenuntersuchungen oder vielmehr Bieruntersuchungen Colchicinreaktionen (also die Anwesenheit des Alkaloids der Herbstzeitlose) wahrzunehmen glaubten.

Abgesehen davon, dafs die auch in feineren Hopfensorten enthaltenen roheren, schwerer extrahierbaren Hopfenstoffe, welche bei gewöhnlicher, alter Braumethode in den Hopfentrebern verbleiben, mit Hilfe moderner Extraktionsapparate aber herausgeholt werden, den Bieren einen durchaus rauheren, herberen, derberen, überhaupt minder feinen Geschmack verleihen, ist es sehr wahrscheinlich, dafs da auch gesundheitschädliche Stoffe, wenigstens minder zuträgliche, dabei sind, oder infolge der wiederholt auf die Hopfenstoffe einwirkenden hohen Hitzegrade aus den vorhandenen Grundstoffen erzeugt werden.

Der Chemiker K. L. Markl in Weinberg bei Prag hat eine interessante Abhandlung geschrieben: »Die Geheimmittel im Brauwesen«[197]). Diese Mittel- und Präparate-Verzeichnisse, welche wohl den meisten Brauern zugesendet werden, bieten die Zusendungen der Präparate unter der strengsten Diskretion und eventuell auf Umwegen an.

Er bespricht 16 solche Mittel, mit denen so ziemlich alle in der Brauerei auftretenden Schwierigkeiten beseitigt werden können. Unter 14 ist von Mitteln die Rede das Sauerwerden des Bieres, auch in schlechten Kellern, zu verhindern, das sauer gewordene auch ohne Salzbildung wieder gut und selbst noch besser wie vorher zu machen, nebst Angaben der Ursachen, worauf der Wert des Hopfens beruht, und Mitteln, auch mit geringem Hopfen oder ohne Hopfen vollkommen haltbare Biere zu machen. — Und dieses, gewifs Unerhörtestes leistende Mittel kostete nur vier Thaler; man konnte es in Nürnberg kaufen, die Firma ist dort genannt. Ähnliche bot C. Leuchs in Nürnberg an[198]).

Welches Bildungsniveau müssen Brauer haben, die auf so etwas hereinfallen! Bessere Firmen, denen so ein Zirkular zugeht, hätten allen Grund, wegen Beleidigung zu klagen. Man sehe desfalls auch, was die Allg. Br.- u. H.-Ztg. 1875, S. 550 sagt; ebenda 1872, S. 203.

Gegen trübes, saures, schlechtes Bier schützen den Brauer ohne Zweifel am besten allgemeine naturwissenschaftliche (gärungstechnische) Bildung und namentlich auch gediegene Kenntnisse in Bezug auf Malz und Hopfen.

Dr. Hans Brackebusch fragt in der Zeitschrift »Das Gasthaus«[199]) nach der Untersuchungsmethode, da der Nachweis dieser Bitterstoffe grofse Schwierigkeiten bietet. Man sehe übrigens in Bezug auf die analytische Feststellung fremder, nicht vom Hopfen kommender Bitterstoffe, was wir weiter oben (S. 308 u. ff.) gesagt haben.

Gewifs ist seit den Feststellungen des Geheimrats Dr. Sell, dessen Gediegenheit und Zuverlässigkeit niemand wird bestreiten wollen oder können, dafs auch selbst die Brauerei in Deutschland in diesen Dingen nicht mehr ganz rein ist. Ich habe das bis dahin in der That nicht für möglich gehalten, war davon selbst sehr unangenehm enttäuscht. Es handelt sich aber in Deutschland sicher nur um ganz vereinzelte seltene Fälle, wahrscheinlich um kleine, norddeutsche, obergärige Brauereien, die auch für Malz Surrogatbrauereien sind, viel Zucker und Syrup verwenden; sehr bedenklich wäre Stärke- oder Trauben-Zucker. Der bei den deutschen Brauern dereinst so hochgeachtete Brauereibesitzer Stein in Frankfurt a. M. sagt, dafs die Verwendung von Malzsurrogaten weder der Haltbarkeit noch dem Wohlgeschmack der Biere förderlich ist. In der norddeutschen Brausteuergemeinschaft (Preufsen, Königreich Sachsen, Mecklenburg, Thüringen, Oldenburg, Braunschweig, Anhalt etc.) sind immer noch mehr als 40% des erzeugten Bieres obergärig. In Belgien, England, Frankreich ist fast alles obergärig; das schottische Ale ist untergärig. Nach der Statistischen Vierteljahrsschrift 1898, Nr. 4 nimmt der Verbrauch an Surrogaten (Reis, Zucker, Syrup etc.) in der norddeutschen Brausteuergemeinschaft sogar fortwährend zu.

Die grofsen untergärigen, sogenannten Lagerbierbrauereien Norddeutschlands, die bereits vielfach sehr gutes Bier machen, an modern-maschineller Einrichtung häufig sogar Hervorragendes leisten, haben damit, wie ich fest überzeugt bin, nichts zu thun, und es wäre sicher hochgradig ungerecht, wegen solcher ganz vereinzelten Fälle einen Verdacht gegen diese soliden Grofsbetriebe zu hegen, denen sicher nichts ferner liegt als die Verwendung von Hopfensurrogaten[200]. Dafs solche Brauereien auch Rohfrucht von Hafer, Mais, Reis, alles geschrotet, verwenden, hat für kundige Leute nichts auf sich, denn Diastase zur Verzuckerung hat die mitverwendete gemälzte Gerste genug[201]. Die grofsen untergärigen, sogenannten Lagerbierbrauereien in Berlin und sonst in Norddeutschland haben seit Jahren die gröfsten Anstrengungen gemacht für das Zustandekommen eines Gesetzes, wie das bayerische Malzsteuergesetz; bis jetzt ist ihnen das aber nicht gelungen, weil dadurch eine ganze Anzahl kleiner Existenzen (kleiner obergäriger Surrogatbrauereien) vernichtet würde[202].

Prof. Dr. C. Lintner hat in Hagenau[203] darauf hingewiesen, dafs V. Griefsmayer im Bier und im Hopfen Alkaloide aufgefunden hat und sogar deren zwei, und es ist dabei höchst bemerkenswert, dafs Dr. Griefsmayer in einer feinen Hopfensorte nur ein Hopfenalkaloid, in einer geringen, groben Sorte aber zwei Alkaloide nachgewiesen hat. Und wenn Griefsmayer (man sehe weiter unten den Abschnitt über die Hopfenalkaloide) dargethan hat, dafs eines dieser Hopfenalkaloide in seinen Eigenschaften mit Coniin und Colchicin, diesen beiden giftigen Alkaloiden, verwandt ist, damit Ähnlichkeit hat, und wenn ferner (s. oben S. 249) H. v. Geldern gezeigt hat, dafs dieses Hopfenalkaloid im Bier und im Hopfen ganz dieselben oder sehr ähnliche Reaktionen gibt wie Colchicin, dann erklärt sich vieles in dem jahrelangen Zeitungskampfe gegen die Brauereien als Giftmischer und Volksgesundheitsverderber mit Bier, welches mit giftigen Stoffen schwerster Art hergestellt sei.

Wenn es sich bestätigt, dafs zwei Alkaloide im Hopfen vorkommen, aber nicht immer und namentlich nicht immer beide zugleich, sondern nur unter gewissen Umständen, so läfst sich die eigentümliche physiologische Wirkung manchen Bieres erklären, die — nach Dr. C. Lintner — dem Alkoholgehalte des Bieres allein unmöglich zugeschrieben werden kann und den Brauer so häufig in Verdacht bringt, dafs er giftige Materialien verwende.

Wenn 1874 das Frankfurter Journal[204] die dann durch alle politischen Blätter Europas und Amerikas gegangene Nachricht brachte, dafs im hessischen und bayerischen Odenwalde und im Vogelsgebirge im Herbste 1873 enorme Quantitäten der Herbstzeitlose (Colchicum autumnale) gesammelt wurden (von der Station Dieburg seien 200 Ztr. Herbstzeitlosesamen verfrachtet worden) und dieses Einsammeln als ein förmliches Gewerbe betrieben worden sei, und dafs diese Pflanze von den Brauern als Hopfensurrogat verwendet werde, so mufs doch auch darauf aufmerksam gemacht werden, dafs in jener Gegend, in Darmstadt, die erste Weltfirma für pharmazeutische Präparate, E. Merk, etabliert ist[205]. Diese wird, die Richtigkeit obiger Angaben vorausgesetzt, dieses Rohmaterial zur Erzeugung von Colchicin bezogen haben. Wenn man annimmt, dafs aus Samen oder Zwiebeln 0,2 % Colchicin gewonnen werden können, dann sind zu 1 Pfd. Colchicin 5 Ztr. und zu 10 Pfd. 50 Ztr. Zeitlose nötig, zu 50 Pfd. Colchicin gehören aber schon 500 Ztr., beinahe drei Eisenbahnwaggonladungen.

Das Acetum Colchici und das Vinum Colchici machen die Apotheker meist selbst, meist aus den Samen. Nun sagte mir ein sehr namhafter, wissenschaftlicher und praktischer Pharmazeut, selbst Apothekenbesitzer in München, dafs die 50 Apotheken Münchens jährlich kaum mehr als 100 kg Colchicumsamen brauchen werden. Das gefährliche Material wird eben nur in kleinsten Quantitäten verwendet. Im Deutschen Reiche existieren ca. 6000 offizielle Apotheken (ohne Privat- und Hand-Apotheken). Nimmt man den Bedarf von Colchicumsamen überall als gleich an, dann brauchen diese Apotheken ca. 12 000 kg = 240 Ztr. solcher Samen.

Das Maximum dessen, was in diesen Dingen — in schwerer Anklage der Brauer — geleistet werden kann, ist es freilich, wenn der Herr Abgeordnete Dr. Löwe in den Reichstagsverhandlungen vom 7. Dezember 1874 den Verdacht ausspricht, dafs die Brauer ein Malzsurrogat in den Colchicumknollen gefunden hätten[206]; Löwe hat das wohl nicht direkt gesagt, sondern nur darauf hingewiesen, daſs sich im Handel nicht der Vertrieb des Semen Colchici vermehrt habe, sondern der Vertrieb der ganzen Pflanze und namentlich der Knollen. Es hat übrigens damals auch Reichensperger von Bier gesprochen, das nicht bloſs aus Malz und Hopfen bestehe.

Löwe hat aber noch etwas gesagt[207]), was wahr ist und daher alle Beachtung verdient. Er sagt, es sei wahrscheinlich, daſs viele Beimischungen, darunter sehr bedenkliche, zum Bier gemacht würden, weil — was keine Frage sei — das Bier seit oder infolge der neuesten Gesetzgebung viel schlechter geworden wäre; das sei eine Thatsache, die der Geschmack eines jeden Einzelnen bekunden werde; er sage das als ganz unparteiisch, weil er kein Biertrinker sei[208]). Auch die Berechnungen des Herrn Brauereidirektors Rösicke in Berlin[209]), welche zeigen sollen, daſs es schon rechnerisch nicht im Interesse des Brauers liege, Surrogate zu verwenden, sind wenig überzeugend. Das Lob, welches man den Berliner Bieren spendet, kann ich, in München lebend, nicht prüfen.

Der Abgeordnete Uhden, welcher nach Dr. Löwe sprach, führte einige Thatsachen an, wie aus obergärigen Bieren durch Zusatz von Stärkezucker im Lagerraum eine neue Gärung entsteht und eine Art untergäriger Biere erzeugt wird, welche weder die erforderliche Haltbarkeit noch Bitterkeit haben, denen man diese Eigenschaften auch nicht mit Hopfen beibringen kann; da werden dann, um dem Biere Haltbarkeit und Bitterkeit nachträglich zu geben, Hopfensurrogate unvermeidlich sein. Sehr bedenkliche Äuſserungen über Biervergiftung machte die Zeitschrift »Daheim«[210]): das Bier enthalte ganz allgemein Strychnin, Belladonna, Opium, Brechnuſs, Nieswurz, Schwefelsäure, Kalk, statt Hopfen Kockelskörner, Aloë, Quassia.

In Bezug auf die Verwendung von Malzsurrogaten in der Brauerei Thüringens[211]) wird gesagt, daſs man Reismehl in einigen gröſseren Brauereien verwende, um dem Bier einen angenehmeren Geschmack zu geben und dasselbe schneller reif und absatzfähig zu machen. Die sonst noch verwendeten Surrogate (Stärke, Zucker, Syrup etc.) seien nur in unerheblichen Mengen zur Verwendung gekommen.

Ich will nicht unterlassen, zu erwähnen, daſs Ende 1866 bei einer Konferenz über die Bierpreisfrage (veranlaſst durch sogenannte Bierkrawalle) Herr Dr. Erhard aus Nürnberg als Referent die Bemerkung machte, daſs es nicht am Platze sei, zu sagen, die Brauer würden reich, und wenn man von 150000 fl. Kapitalanlage 5 oder 10% rechne, mache das eine erhebliche Summe aus. Ein Brauer, der 30000 Eimer Bier siede, könne nicht auch zugleich Wirt sein. Wie sich manche unserer Groſsbrauer ein so bedeutendes Vermögen erworben haben, sei ein dunkler Punkt in der Geschichte; er wolle nur sagen: Es ist auch in München nicht alles Gold, was glänzt. Hier ist also ein Verdacht ausgesprochen[212]), und in derselben Zeitschrift[213]) ist ein Ausschreiben der oberbayerischen Kreisregierung erwähnt, worin vor der Anwendung des von Eisenmann & Klante in Berlin angebotenen Traubenzuckers als Ersatz des Malzes gewarnt wird, da es nach Landtagsabschied von 1861 als Fälschung von Getränken betrachtet und nach Art. 325 des Strafgesetzbuches bestraft wird. Und Herr C. Clauſs[214]) sagt, daſs er von der Wassertaufe des Bieres ganz absehen wolle, aber ein weniger starker Gebrauch von Traubenzucker und doppelkohlensaurem Natron sei aus gastrischen Gründen zu wünschen.

Die Kunst, Bier zu brauen, wurde bekanntlich im frühen und späten Mittelalter von den Klöstern fleiſsig gehandhabt. Das beste Klosterbier war das schon im 15. Jahrhundert bekannte Paterbier; das Konventbier war eine leichtere, mehr für die Fratres bestimmte Sorte. Ich habe in jungen Jahren selbst noch sehr gutes Klosterbier in Unterfranken getrunken. Warum waren die Klosterbiere früher so beliebt? Weil sie sehr reine, nur aus Malz und Hopfen gebraute, nicht zu wässerige, wohlvergorene, wohlschmeckende Getränke waren. Ende August 1900 trank ich am Ammersee Bier aus dem Benediktinerstift Kloster Andechs (per Liter zu 22 Pfennig); dasselbe war so wahrhaft ausgezeichnet, daſs man damit jedem leidenschaftlichen Trinker Pilsener Bieres das rasch abgewöhnen könnte; und diese Brauerei arbeitet sicher nur nach altem bayerischem Rezepte, also unbeeinfluſst von jeder modernen technologischen Wissenschaft, sicherlich nur mit bayerischer Gerste und sehr wahrscheinlich auch nur mit bayerischem Hopfen. — Vortreffliches Bier trank ich um Pfingsten auch auf Herrenchiemsee aus der alten Benediktinerbrauerei, jetzt Privateigentum Sr. Majestät des Königs.

In Bayern war auch das Münchner Hofbräuhausbier von alters her ein berühmtes Getränk. Es gibt schon sehr alte Verordnungen, welche verhindern sollten, dafs bei der Bierbereitung Pantschereien betrieben würden. 1390 erschien eine Rechtsverordnung[215]), in welcher u. a. gesagt ist: »Die Gerichtsobrigkeit soll ein wachsames Auge haben auf die Biersieder und Wirthsleute, die das Bier verschlechtern und die Menschheit verderbt«; im Kapitel XII heifst es: »Biertrunk ist ein Labsal für Ritter und tugendliche Mannen, so christlich denken und handeln, darum sollen unchristliche Handirer, die kein Heiligthumb haben, nicht brauen dürfen.« Das erinnert fast an das heilige Bier der Chewsuren im Kaukasus (s. oben S. 119). Im Kapitel XV heifst es: »Mischknechte, die jämmerliche Kerl sind und mit boshaften Krankheiten behaftet, und mit ketzerischen Gedanken umgehen, sind vom Bierkessel ausgestofsen. Komödianten und wohlberede Poeten dagegen dürfen für der Hand allerlei Gesang und Lobpreifs diesem Labsal öffentlich spenden[216]).«

Neben den bayerischen waren schon in alter Zeit die Wiener und böhmischen Biere berühmt, obgleich die dortigen Brauereien dasselbe Brauverfahren hatten wie in Bayern; man sagte, dafs ihre sorgfältige Malzbereitung schuld daran sei, dafs sie das beste Bier der Welt erzeugten. Brauschuldirektor Michel[217]) meint aber, dafs die Malzbereitung nicht die alleinige Ursache sein könne, schon deshalb nicht, weil man diese Malzmethode auch anderwärts habe. Vielleicht läge es aber darin, dafs die Wiener Brauer nur Hopfen und Malz verwenden und keine Chemiker seien. Er wolle nächstens auch über die Verwendung von Surrogaten sprechen und zeigen, dafs zwar nicht immer der Wohlgeschmack und die guten Eigenschaften eines Bieres, wohl aber dessen Renommee von der Verwendung eines Surrogates abhängig sei. Er sei kein Freund von Surrogaten und glaube auch nicht, dafs solche in Wiener Brauereien zur Verwendung kämen. Das Wiener Bier sei ein extraktreiches, weniger plumpes, leicht verdauliches Getränk. Um das zu bereiten, müsse aber das Bier auch einen entsprechenden Preis haben. In Bayern, wo das Bier Nationalgetränk sei, Nahrungsmittel der Mittel- und Arbeiterklasse[218]) und bei niedrigsten Bierpreisen im Deutschen Reiche mit den gröfsten Steuersätzen belastet, da müsse naturgemäfs mit der Qualität der Rohstoffe gegeizt werden.

Michel berechnete damals (l. c. S. 174), dafs die Wiener Brauer per Hektoliter verbrauten Malzes einen höheren Reingewinn von 3 fl. ö. W. hätten gegenüber den bayerischen. Er bespricht dann in eingehender Weise die Bierbestandteile: Kohlensäure, Alkohol, Dextrin, Zucker, Fette, Salze, Essig-, Milch- und Bernsteinsäure, Glycerin, Röstprodukte des Malzes, Extraktstoffe des Hopfens und Eiweifsstoffe. Nach Geheimrat v. Fuchs (Univers.-Prof. in München, Vorfahre des Herrn Prof. Kaiser) kommt bei der Beurteilung des Bieres in Betracht: die Echtheit (nur aus gutem Malz und Hopfen, keinerlei Zusätze), Gehalt und Güte. Dafs unechte Biere vorkämen, sei gewifs, das zeige schon der Geheimmittelschwindel; indessen seien Bierverfälschungen mit narkotischen und betäubenden Pflanzensubstanzen seltener, als viele glauben, weil dadurch die Haltbarkeit des Lagerbieres auf das Spiel gesetzt werde. Leichte, an Extrakt und Alkohol arme Biere werden selten gut sein. In Bezug auf das, was die Güte (den Wohlgeschmack) des Bieres ausmacht, gehen die Ansichten auseinander, je nach individueller Veranlagung. Die einen lieben den Farbmalzgeschmack dunkler Biere, die andern mehr die hellen, weinigen Biere.

Ebenso geteilt sind die Ansichten in Bezug auf den Nährwert des Bieres. Die Phrase, welche das Bier, namentlich dunkles, als flüssiges Brod bezeichnet, wird oft gebraucht. Sonderbarerweise wird v. Liebig als der Erfinder dieses Gedankens bezeichnet[219]), während doch J. v. Liebig dem Bier jeden Nährwert absprach.

Nichts vielmehr hat den berühmten Chemiker J. v. Liebig bei der alteingesessenen Münchner Bevölkerung mifsliebiger gemacht als dessen Aufserungen über den geringen Nährwert des Bieres: das Bier enthalte keinen Nahrungsstoff, eine Mafs Bier nicht so viel als eine Messerspitze voll Mehl; Liebig behauptete ferner, dafs das Bier Fett erzeuge, und unterstützte diese Schlüsse mit chemischen Beweisen. Das wurde ihm damals aber selbst in wissenschaftlichen Kreisen als Widerspruch gedeutet, da das sogenannte Nervenblut aus Fett bestehe, also das Bier Nahrung sei. Nach der Naturanschauung macht Bier fett. Fett stärkt die Nerven, in den Nerven liegt die körperliche Stärke, folglich macht Bier stark. Ohnehin war damals in den unteren Volksschichten die Chemie nicht so recht populär; man schreibt ihr, nicht so ganz mit Unrecht, die vielfachen Nahrungsmittelfälschungen wenigstens indirekt zu. Auch sagt man, dafs, seit die Brauer Chemie studieren und Chemiker (Technologen) in den Grofsbrauereien aufgestellt werden, das Bier nicht mehr viel tauge. Das ist natürlich nicht richtig, weil in den Grofsbrauereien gegenüber den vielen chemischen Vorgängen einschneidenster Art Chemiker unentbehrlich sind. Aber dafs damit auch viele schädliche Einseitigkeiten und Borniertheiten in die Brauereien ihren Einzug hielten, ist gewifs. — Ist einmal so eine Richtung eingeschlagen, dann wird der Weg so ausgetreten, bis er völlig versumpft und ungangbar ist.

Von der Bierwage des berühmten, in München verstorbenen Professors der Chemie »Fuchs«, die offiziell zur Erkennung des Biergehaltes angewendet wurde, wollte man auch nichts halten, die Bierkieser verständen das besser. Oft hat man schon die kräftige Naturwüchsigkeit des altbayerischen Volksstammes, bei dem schon die Säuglinge Bier bekommen, als mit dem Biergenufs in Verbindung stehend bezeichnet; aber auch ein gewisses Phlegma, eine Indolenz, minder geistige Regsamkeit etc., soll die Folge stärkeren Biergenusses sein. Den Säuglingen Bier zu geben, ist der Gipfel der Thorheit.

Der wohlbekannte Technologe Balling (in Prag) stellt aber — entgegengesetzt — den Nährwert des Bieres hoch. Aber selbst Balling ist der Meinung, dafs der Nährwert des Bieres zu teuer sei (l. c. S. 178); wenn 100 Pfd. Brot ebenso gut nähren wie 1800 Mafs (1 Mafs = 0,9 l) Bier, dann kommt ersteres auf 5 fl., letzteres auf 150 fl. (1 fl. = 1,70 Mark). Demnach kommt Bier nur als Genufsmittel, als Luxusgetränk in Betracht. Zu einem Genufsmittel gehört aber doch ohne Zweifel auch, dafs es wohlschmeckend, leicht verdaulich und bekömmlich sei. Sind das alle oder die meisten Biere?

Nach Prof. Aug. Vogel (1868) enthielten 3½ Mafs Bier so viel Phosphorsäure wie 1 Pfd. Rindfleisch und von Doppelbier 2,3 Mafs.

Die dunklen bayerischen Biere (aus 12%igen Stammwürzen) haben mehr Dextrin, die hellen böhmischen mehr Zucker, daher nach der Vergärung mehr Alkohol und weniger Extrakt; sie sind daher weniger nahrhaft als die bayerischen, werden aber leichter verdaut und reizen den Appetit. Die Wiener Märzenbiere (mit 15,14%iger Stammwürze) sind gehaltvoller als die böhmischen (mit 10,4%iger Stammwürze) und die bayerischen, haben mehr Weingeist als die letzteren, verdauen sich also ebenfalls leichter. Eine Untersuchung der drei Biersorten ergab:

Pilsener Bier (Stammwürze 10,4%)	Wiener Märzenbier (Stammwürze 15,14%)	Bayerisches Bier (Augsburg.Brauerschule Stammwürze 12,5%)
3,10%	4,15%	3,5%
4,8 %	6,04%	5,5%

In England macht man Pale Ale, welche zum Versand nach den Tropen (Indien etc.) bestimmt sind und einen Alkoholgehalt von 8½—13½ Gewichtsprozenten haben (16—24° Balling-Würze-Extraktgehalt). Hopfen, alten oder neuen, erhalten sie angeblich nur 1 Pfd. per Barrel; das wäre nicht genug, um die Haltbarkeit durch den Hopfen zu erklären, das mufs vom Alkohol geleistet werden. Es gibt aber selbst solche mit 26—33° Würze-Extraktgehalt, welche stark attenuiert (vergoren) sind und einen Alkoholgehalt bis zu 22 Gewichtsprozenten haben[220]). J. J. Mezger in New-York[221]) sagt, in London habe gewöhnliches Bier 1% Alkohol, starkes Bier 4%, starker Porter (Stout) 6%, das stärkste Ale 8% Alkohol. Nach andern Angaben[222]) haben englische und schottische Biere 5—8,1% Alkohol, schottisches Ale von W. Joungler in Edinburg nach Kaiser 8,5% Alkohol, Londoner Porter nach Lacambr 6% Alkohol.

Gewöhnliches Münchner Bockbier hat nach Analysen von Kaiser (1850er Jahre) 3,9—4,2 % Alkohol und 7,2—9 % Extrakt; das 1852 er Doppelbier der Zacherlschen Brauerei 5,2 % Alkohol und 7,8 % Extrakt; das Salvatorbier nach Kaiser 4,6 % Alkohol und 9,5 % Extrakt; das 1866 er Tafelbier von Gebr. Sedlmayr zum Spaten nach L. Aubry 7 % Alkohol und 10,35 % Extrakt. Die Praktiker setzen den Alkohol durch Verdoppelung in Extraktwert um. Gewöhnliches Münchner Bier von 1865 hatte nach Prof. Dr. A. Vogel 5,6 % Extrakt und 2,2 % Weingeist, wieder nach andern 4 % und im Bock 6 %. In der Burtonbrauerei hatte man 1873 ein 42 jähriges Ale. Es war 1830 gebraut, nach Australien transportiert, ein Jahr darauf nach England zurückgebracht, in Flaschen abgezogen und in Glasröhren eingeschmolzen; es war etwas staubig und hatte einen etwas scharfen, aber doch angenehmen Geschmack.

Der Technologe C. Reischauer (s. V. Grieſsmayer l. c. 1878, S. 248) erwähnt die Ansicht Kellers (in Speyer, 1855/56), daſs für den Nährwert des Bieres in erster Reihe der Phosphorsäuregehalt entscheidend sei, woraus sich die unbestreitbare Wirksamkeit des Genusses malzreichen Bieres bei Wöchnerinnen für eine reichliche Milchabsonderung erklären würde. Keller meint nun, wenn man — vom Phosphorsäuregehalt ausgehend — den Nährwert von Bier, Ochsenfleisch und Brot vergleiche, so ergebe sich, daſs 2 l guten Sommerbieres (mit 1,6 g Phosphorsäure) äquivalent sind 530 g (etwas über 1 Pfd.) Ochsenfleisch und 220 g (nicht ganz ½ Pfd.) Brot mit 45 % Wassergehalt; es wäre also 1 hl Bier gleich 26,5 kg Fleisch oder 11,0 kg Brot; nach den obigen Annahmen Ballings wäre 1 hl = 6,2 kg Brot.

Eine besondere Auffassung über die Bieranalyse entwickelt Herr Direktor Dr. Ph. Werner in Breslau[223]). Er will in der dort vorgeführten Analyse eines vortrefflichen Grätzer Bieres, welches anerkannt eine medizinische Wirkung habe, die Vortrefflichkeit des verwendeten Wassers und Malzes sowie die Verwendung eines ausgezeichneten Hopfens erkennen. Dasselbe hat nur 1,923 % Alkohol und 4,673 % Extrakt (Glykose, Dextrin, Hopfenharz, Gerbstoff, Extraktivstoffe, Schleimzucker, Krümelzucker, Kleber), 1,893 % Kohlensäure, 0,399 % Asche, 89,645 % Wasser, nichts an Milchsäure, Essigsäure, Glycyloxydhydrat und an unbestimmbaren organischen Stoffen. In dem Vierteljahrsheft (Nr. 4, 1898) der Statistik des Deutschen Reiches wird gesagt, daſs das in Grätz (Provinz Posen) hergestellte, aber auch an einigen andern Orten nachgeahmte Gebräu zu den besten und beliebtesten Sorten der obergärigen Biere gehöre, die — wie auch das Berliner Weiſsbier — weit über die Grenzen ihres Erzeugungsortes Absatz finden. Das Grätzer Bier ist ein dauerhaftes Weizenbier von hellgelber Farbe und eigentümlich rauchigem Geschmack, welcher daher rührt, daſs das Weizenmalz auf der Darre vom Rauche der Eichenholzfeuerung durchzogen wird.

In der Allg. H.-Ztg. 1869, S. 423 findet sich eine Analyse Bodenbacher Bieres von W. Werner:

Analyse:

Malzextrakt	7,361 %
darin Schleimzucker	1,684 »
Krümelzucker	1,121 »
Stärkezucker (Pflanzengummi)	1,194 »
Kleber	0,956 »
Glykose	0,722 »
Organ. stickstoffhaltige Stoffe	1,984 »
darin Eiweiſs, koagulierbar	0,039 »
» » nicht koagulierbar	0,0 »
Pflanzenextraktivstoffe	1,103 »
Kohlensäure	0,598 »
Alkohol	4,497 »
Essigsäure	0,0 »
Hopfenbitterstoffe	0,264 »

Milchsäure	0,0	%
Unbestimmbare organische Stoffe	0,0	»
Asche	0,679	»
Wasser	86,601	»

Werner findet in diesem Bier viel nahrhafte Stoffe. Man solle bei den Lagerbieren die Untergärung nicht zu lange wirken lassen, weil das die Malzextraktivstoffe verringert, den Alkohol- und Milchsäure-Gehalt erhöht. Ein Bier mit Milchsäure habe einen unangenehmen, faden Geschmack und sei der Gesundheit in hohem Grade schädlich. Er habe in Bieren bis 0,891% Milchsäure gefunden.

Sehr bedenklich erschien um 1876 eine vom Reichsgesundheitsamt in Berlin ausgehende Veröffentlichung, wonach man eine als Bier auf den Markt gekommene Flüssigkeit untersucht hat, der jede Verbindung mit dem, was man sonst Bier nennt, mangelte und die gar keine Verwandtschaft mit Malz und Hopfen hatte.

Am 14. März 1877 machte der Abgeordnete Reichensperger (Krefeld) beim Etat des Reichsgesundheitsamtes die wahrhaft unverantwortliche Äufserung: alles Bier, was man zu trinken bekomme, sei verfälscht.

In einem Artikel der Allg. Ztg. vom 1. Mai 1877 wird gesagt: Nur Interessierte können leugnen, dafs unter dem Namen Wein und Bier tagtäglich sich Meere von Gift in die Adern unseres Volkes ergiefsen.

Im allgemeinen wird — nach Ansicht des Reichsgesundheitsamtes — in gröfseren deutschen Brauereien kein Surrogat für Malz (Reis, Mais, Zucker, Weizen ausgenommen) und Hopfen verwendet. Auch die Verwendung von Malzersatzmitteln wird (in Bayern ist sie ja ohnehin gesetzlich verboten) nicht so umfangreich betrieben, wegen der Unsicherheit in Bezug auf die Haltbarkeit und der Abweichung vom gewohnten Geschmack des Publikums.

Die deutschen Brauer, welche im Hopfennotjahre 1876/77 für ihre Lagerbiere den besseren Hopfen mit 600—700 Mark per Ztr. kauften und den ganz guten und brauchbaren amerikanischen Hopfen, der 200—280 Mark per Ztr. kostete, wegen seines fremdartigen Aromas liegen liefsen, bis kein mitteleuropäischer mehr da war, werden sicher keine Surrogate verwenden und damit ihren ganzen Betrieb Gefahren aussetzen[224]).

Was am meisten diesen Gerüchten von Bierverfälschungen Nahrung gibt, das sind die nicht selten mifslungenen Sude, die es in jeder noch so gut geleiteten Brauerei gibt, und die man natürlich nicht wegwirft, sondern oft noch vor der Reife — allerdings dann nach Möglichkeit gewaschen, gekämmt und aufgeputzt — auf den Markt bringt. Es gibt nichts Widerwärtigeres im Biergeschmack als unverdauter Hopfen, gar noch in verdorbenem Bier. Das schmeckt schon allein wie Gift, selbst in normalem Bier. Sicher würde die Brauerei sich diesen vielen falschen Verdächtigungen weit weniger ausgesetzt sehen, wenn man in Bezug auf den Hopfen mehr gelernt hätte und ihn auf dieser Grundlage besser anzuwenden wüfste!

Nicht minder trägt zu dem so vielfach geäufserten Verdacht des biertrinkenden Publikums über giftige Surrogate im Bier auch der Umstand bei, dafs das Bier zu wenig Hopfen erhält und diesem wenigen Hopfen nicht Zeit gelassen wird, seine Arbeit im lagernden Bier zu verrichten. Ein Bier, welches sich aus eigener Arbeit im Lagerfasse selbst geklärt, hat einen unnachahmlichen Feingeschmack; aber dazu braucht es Zeit. Dann kommen die Haselnufsspäne und Filterpressen, um aus dem nicht fertigen, völlig unreifen Bier die Hefe und andere trübende Stoffe herauszufischen, womit doch nur eine Irreführung der Biertrinker beabsichtigt ist und wobei auch noch der Wohlgeschmack und damit die Bekömmlichkeit alteriert werden. Der, dem ein Bier schlecht bekommt, denkt an giftige Surrogate, das ist doch natürlich; und wenn die Haselnufsstecken und Filterpressen das auch im strikten direkten Sinn[225]) nicht sind, so sind sie es — das mufs aller Wortspalterei gegenüber aufrecht erhalten werden — doch im indirekten Sinn, weil sie Funktionen abzukürzen resp. zu übernehmen und zu verdecken haben, welche eigentlich dem gröfseren Hopfenquantum und der entsprechenden Lagerdauer zukommen sollten.

In neuerer Zeit haben auch französische Chemiker oder Chemikanten ganze Listen von Stoffen gebracht, welche die Brauer angeblich als Hopfensurrogate verwenden[226]. Alle diese Stoffe haben nur ein sehr scharfes, herbes, unangenehmes Bitter, aber kein ätherisches Öl, kein Hopfenharz und keinen Hopfengerbstoff etc. Keiner dieser Stoffe kann den Hopfen auch nur zum Teil ersetzen.

In Frankreich schlug 1879 der Pomologe Charles Baltet[227] vor, den Hopfen in der Bierbereitung durch die Früchte des dreiblätterigen Lederbaumes (Ptelea trifoliata) zu ersetzen. Bei einer Ausstellung in Châlons sur Marne soll bereits ein damit gebrautes Bier einen sehr guten Geschmack gehabt haben, als sei es mit dem besten Hopfen gebraut. Das Bier soll in Geschmack, Farbe (Bernsteinbraun), Helle etc. den Strafsburger Bock übertroffen haben.

Die Ptelea stammt aus den heifsen Ländern Ostasiens und aus dem warmen Amerika; sie könnte also nur in Südeuropa kultiviert werden. Der Entdecker soll übrigens Herr Ponsard in Châlons sein. Im Avenir républicain de l'Aube wird übrigens gesagt, dafs die Pflanze in Bezug auf Boden, Klima und Kultur sehr anspruchslos sei. Erst nach vier oder fünf Jahren der Kultur zeigt sich die Frucht, welche an der Spitze der Äste und Zweige steht. Auch die Blätter und die Holzfaser sollen sehr angenehm aromatisch sein. Damals wurden im Elsafs Kulturversuche gemacht, namentlich auch in Strafsburg.

Wie immer bei solchen Sachen ist anfänglieh das Lob ohne Grenzen, wenn sie dann auch rasch wieder verschwinden. Auch von der Ptelea als Hopfensurrogat ist nach 1880 nichts mehr zu lesen gewesen.

Auch in Belgien wurde Mitte der 1870er Jahre viel über die zunehmende geringere Qualität des Bieres geklagt[228]; unter dem Vorwande des Fortschritts nehme die Tendenz zu, für Malz und Hopfen in der Herstellung des Bieres Ersatzmittel unterzuschieben, und diese (Zucker, Glykose etc.) trügen Schuld, dafs das Bier nicht mehr so geschätzt sei als früher. Die schlechte Qualität des nationalen (belgischen) Bieres erkläre den mehr und mehr zunehmenden Konsum ausländischer oder ausländisch genannter Biere und den steigenden Konsum des so schädlichen Branntweins. Der Belgische Brauerbund wolle, wie aus seiner Erklärung an den Minister des Innern hervorgehe, alle stärkeartigen (also zuckergebenden) Stoffe zulassen und selbst Ersatzmittel für Hopfen, wenn ein solches gefunden werde, was aber bis jetzt nicht der Fall sei, weshalb er selbst vorerst jede andere bittere Substanz zur Biererzeugung als den Hopfen zurückweise; die Brauer wollten desfalls sogar ein Repressivgesetz.

Das Volk will nur als Bier anerkennen, was aus Korn und Hopfen hergestellt ist; daran knüpft es — untrennbar — den Begriff Bier. Nach gemachten Beobachtungen habe der Nährwert des Bieres gegen früher um 23% abgenommen, die Dichtigkeit der Würze sei von 1,050 auf 1,038 gefallen. Die Brauer sagen, alles sei im Preise gestiegen, nur das Bier nicht, wegen des Widerstandes der Bevölkerung, deshalb müfste der Biergehalt verringert werden.

Man sagt nun, dafs die Brauer dafür von den grofsen Fortschritten in der Wissenschaft und Technik des Brauwesens Nutzen haben. Die Brauer sagen, dafs diese Sache nicht blofs eine sanitäre, sondern auch eine gewerbliche und wirtschaftliche Seite habe. Die Glykose sei nicht so schädlich; eine von der bayerischen Regierung (?) berufene Kommission, welche den Einflufs stärkeartiger Stoffe auf das Bier untersuchen sollte, habe erklärt, dafs die Beimengung einer gewissen Quantität von Glykose nicht den geringsten Einflufs auf das Bier habe; und ebenso könne man ohne Zaudern einige bittere Stoffe als Ersatzmittel für Hopfen gestatten, welche, wie Quassia, Colombo, sogar — wenn auch allerdings nur in Arzneidosen — von den Ärzten verordnet werden.

Der Betrug herrsche in der Bierbereitung weniger, als man glaube. Es müsse alles gestattet sein, was die chemische Wissenschaft lehre[229]; die Verwendung der englischen Brauereisubstanzen müsse gestattet werden. Der Hopfen sei nicht immer als eine zur Bierfabrikation unumgänglich notwendige Substanz angesehen worden. In England, wo die Brauerei so lange in einem unausgebildeten Zustand verblieb, bediente man sich anfänglich der Blätter verschiedener Staudengewächse, wie der Entenmuschel (sapinette), und nicht des Hopfens. Die allgemeine-

Verwendung des Hopfens kam erst auf, als man bereits mit verschiedenen Arten von Bitterpflanzen Versuche gemacht hatte. Der Hopfen wurde dann allerdings als diejenige Pflanze erkannt, welche durch ihre verschiedenen Eigenschaften die zur Brauerei erforderlichen Bedingungen am besten erfüllen kann.

Es seien zur Biererzeugung neben Getreide und Hopfen auch noch andere Nebenstoffe nötig, so z. B. Klärstoffe, natürlich nicht solche, welche der Gesundheit nachteilig seien, wie Bleiglätte und Bleisalz, die ein Brauer des Norddepartements zu verwenden gewagt hatte; auch kohlensaurer Kalk käme in Frage, ebenso die Anwendung von Färbemitteln aus Zucker oder aus Cichorienextrakt. Das Brüsseler Bier, der Faro, sei z. B. kein direktes Produkt, sondern ein Produkt der Zubereitung, wozu unbedingt Zucker gehöre. Es frage sich nur, ob diese Nebenstoffe direkt durch das Gesetz gestattet werden sollen, oder ob — unter Weglassung der Kodifizierung — die selbstverständliche, nachsichtige Beurteilung der Verwendung solcher Stoffe den Gerichten und Sachverständigen überlassen werden soll.

Gegenüber solchen Versuchen kann es nicht verwundern, wenn die Einfuhr untergärigen Bieres in Frankreich fortwährend wächst, nämlich:

1849: 15971 hl,	1861: 191094 hl,
1855: 91196 »	1868: 291314 »

In eben dem Maſse hat die Einfuhr des obergärigen belgischen Bieres abgenommen, trotz Dr. Boëns, der das bayerische Bier für Gift hält[230]).

Ungewöhnliches in solchen Anschuldigungen der deutschen und österreichischen Brauer leistet eine sonst ganz interessante Schrift von Konrad Lamprecht: Der Hopfen, Breslau 1874 (Inauguraldissertation S. 58). Danach interessieren sich die schlesischen Brauer für die Fliegenpilze, um damit den Hopfen bei der Herstellung des Bieres zu ersetzen; jene im hopfenreichen Böhmen sind für die Quassia (das Fliegenholz) eingenommen, und in Bayern hält man (wohl weil die 250000—300000 Ztr. jährlich erzeugten, zum Teil vorzüglichen Hopfens nicht ausreichen! Der Verf.) Aloë für einen Bestandteil, ohne den man Lagerbiere nicht machen kann[231]). Das wurde also vor 24 Jahren noch in einer Schrift ausgesprochen, mit welcher sich der Autor an einer bedeutenden deutschen Universität den Doktortitel erwarb!

Das Berliner Tageblatt brachte um 1876 einen Artikel, daſs in Berlin 80 Ztr. Colchicin angekommen seien, die in Berliner Brauereien zum Ersatze des Hopfens bei der Bierbereitung verwendet würden. Der Artikel fand Abdruck in der Kölner und andern Zeitungen und stellte sich später als eine vollkommene Unwahrheit heraus[232]).

Ein Dr. Karl erklärte in der Thüringer Ztg. (1876, No. 281), daſs Aloë, Kockelskörner, Opium, Belladonna, Taumellolch, Wermut, Sumpfporst, Sumpfrosmarin, Cichorien, Safran, Wacholderbeeren, Farrenkraut, Salbei, Andorn, Fichtensprossen, Weidenrinden, Buchsbaum, Quassia, Enzian, Chyranite, Kalmus, Kamillen, Bitterklee, Löwenzahn, Pomeranzenschalen, Ingwerwurzeln, Faulbaumrinde, Pikrinsäure, Strychnin etc. die gebräuchlichsten Ersatzmittel für Hopfen seien, also sogar das Strychnin, dessen Bitterkeit selbst bei einer Verdünnung von 600000 Gewichtsteilen noch wahrnehmbar ist!

Es ist wahrhaft schreckenerregend, mit welchem Leichtsinn solche haltlosen, völlig unerweisbaren, schwerwiegenden Behauptungen von sogenannten gebildeten Leuten in die Welt gesetzt werden.

In früheren Zeiten, wo in den Städten noch jeder Bürger Bier brauen durfte, war übrigens die Anwendung von Geheimmitteln traditionell[233]). Hermbstädt (Chemische Grundsätze der Kunst, Bier zu brauen, Berlin 1819) zählt 72 verschiedene Biere auf und gibt von 37 die verwendeten Rohmaterialien an. Danach wurde zur Herstellung des Londoner Ales nicht bloſs Gerstenmalz und Hopfen, sondern auch Zucker, dann Paradieskörner, Koriandersamen, Pomeranzen, Ingwer, Küchensalz und Bohnenmehl (Visia faba) genommen. Zur Herstellung der Braunschweiger Schiffsmumme wurden nebst Weizenmalz und Hopfen auch Tannensprossen, Majoran, Thymian, Fliederblumen, getrocknete Hahnebutten und brauner Syrup genommen.

Hermbstädt gibt dann noch eine Reihe von Materialien an, welche unschädlich seien und den teueren Hopfen ersetzen sollten, wie Enzian, Schafgarbe, Tausendgüldenkraut, Wermut, Quassiaholz etc., die wohl das Bitter des Hopfens ersetzten, aber nicht sein aromatisches Öl. Andere Zusätze, wie Ignatiusbohnen, der Porst (Ledum palustre), weifse Nieswurz, Kockelskörner etc., seien — als schädlich — zu verwerfen.

In der Wochenschrift für Brauerei[234]) bespricht Dr. Windisch eine Abhandlung »Hopfensurrogate« (im Zentralbl. für Gesundheitspflege, Nr. 1, Jahrg. 1895), in der wieder eine ganze Reihe solcher angeblichen Hopfensurrogate angeführt ist. Nach Herrn O. Paulisch seien Narkotin, Buxin, Absynthin, Menyanthin, Centaurenbitter, Cuicin, Quassia und Pikrinsäure etc. im Bier chemisch nachgewiesen. Dr. Windisch forderte nun den Herrn O. Paulisch auf, öffentlich zu erklären, in welchen deutschen Brauereien solche Surrogate verwendet werden und wann und wo die Verwendung solcher Stoffe chemisch nachgewiesen worden sei. So viel mir bekannt, erhielt Dr. Windisch keine Antwort!

E. Johansen in Dorpat, Rufsland (l. c. S. 78), ist der Ansicht, dafs heute nur noch ganz ausnahmsweise solche schädlichen Zusätze zum Bier gemacht werden. Wie ein hannoversches Edikt vom 20. August 1710 sagt, wurde im vorigen Jahrhundert dort der Porst (Ledum palustre) öfter als Hopfensurrogat verboten; er gebe dem Bier eine gemeine und schadhafte Stärke und berausche stark; zuerst wurden für die Anwendung 50 Thaler Strafe und der Verlust der Braurechts, später Festungsbau auf Zeit oder für die Lebensdauer festgesetzt.

Spanischer Pfeffer greift nach Johansen die Magen- und Darm-Schleimhäute an; das Absynthin (ätherisches Öl) wirkt, wie man aus Frankreich weifs, sehr verderblich; der Bitterstoff der Cardobenedicte bewirkt schon in kleinen Quantitäten Übelkeit, Erbrechen und Durchfall.

Johansen meint, dafs gewürzige Zusätze gestattet sein sollten, wenn sie nicht schädlich seien, in der Gabe Mafs gehalten werden und namentlich der Hopfen nicht dadurch surrogiert werden soll; solche Materialien zu Exprefswürzen seien Tausendgüldenkraut, Süfsholz, Dreiblatt, Zimmet, Koriander, Schafgarbe, Sellerie, Anis, Fenchel, Angelikawurzel, Zitronenholz, Englisch-Gewürz, Wacholderbeer, Ingwer, Kochsalz; insbesondere sollte das gestattet sein, wenn es vom Brauer nicht verheimlicht, sondern zugestanden wird. Er sei der Ansicht, dafs besonders die Leute, welche gern über gefälschtes Bier klagen, gerade ein vollkommen reines, gutes Bier sehr leicht für gefälscht erklären, weil ihr Geschmack an das Alltagsgebräu, an die aromatischen Zusätze gewöhnt ist. Johansen lebte damals in Dorpat (russische Ostseeprovinzen), es scheinen also wohl dort solche Zusätze auch heute noch gebräuchlich zu sein. Freilich meint Johansen, dafs Herbstzeitlose, Koloquinten, Kockelskörner, Krähenaugen, Pikrinsäure, Sumpfporst etc. schädlich seien.

Nach allem, was wir vorstehend gesagt haben, wurde im Gebiete Deutschlands in hopfenarmen Landgebieten in früheren Jahrhunderten manches Kraut für Hopfen angewendet, darunter auch gesundheitschädliche. Heute, wo es so viel Hopfen gibt, der leicht überall hingebracht werden kann und meist sehr billig ist, kann davon keine Rede mehr sein. Man kann sagen, dafs Deutschland und namentlich der Süden gar keine Hopfensurrogate verwendet; auch in Norddeutschland scheint so etwas höchst selten vorzukommen, und die eventuell in Frage kommenden Stoffe sind harmloser Natur. Ebenso wie in Deutschland ist es in Österreich. In Belgien, Frankreich, Rufsland, den skandinavischen Ländern scheint der Hopfen selten durch Surrogate ersetzt oder ergänzt zu werden; ganz ähnlich ist es in Nordamerika. Dagegen sieht es in Bezug auf Hopfensurrogate in England mehr als bedenklich aus. Jedenfalls sollte man es verhindern, dafs eine Flüssigkeit als Bier verkauft wird, der diese Eigenschaft nicht zukommt, um das Publikum vor Schaden zu bewahren.

5. Will man dem Bier mit dem Hopfen ein feines Aroma (Bouquet, Blume) geben, was durch das ätherische Hopfenöl bewirkt wird.

Aroma und Geschmack des Bieres sind sicherlich in erster Linie vom Hopfen abhängig, und es ist mir völlig unbekannt, ob diese Wirkung, namentlich auch die des Hopfenöls, durch andere Stoffe zu ersetzen versucht wurde. Dafs dies durch die oben erwähnten aromatischen Pflanzenstoffe in einer Weise möglich wäre, welche unsern modernen Anforderungen an Bier entspräche, ist geradezu undenkbar. Früher soll in den englischen Bieren der Gundermann, die Gundelrebe (Glechoma hederaceum L.), mit seinem eigentümlichen, angenehmen Geruch eine Rolle gespielt haben, dann war es die reichliche Verwendung des Hopfens, welche das Hauptgeheimnis der Vorzüglichkeit der englischen Bierbraukunst bildete (s. Allg. H.-Ztg. 1878, II, 586, nach der Deutschen Zeitung). Wehe der englischen Brauerei, wenn sie jetzt den Hopfen teilweise mit schlecht schmeckenden und gesundheitschädlichen Stoffen surrogieren will!

Es ist übrigens sicher, dafs auf den Gesamtgeschmackstypus eines Bieres auch noch andere Dinge Einflufs nehmen, so namentlich auch die Hefevarietäten, selbst die Kellerlokalität.

Hopfen-Aroma und -Geschmack sind so spezifisch, dafs sie nur in grofser Verdünnung angenehm und gesundheitfördernd (auf Verdauung und Leben anregend) wirken; konzentriert wirken sie abstofsend und gesundheitschädlich, weil auf das in Frage kommende Nervensystem überreizend. Im Bier wirken sie auch noch dadurch angenehm, weil sie den faden Malzgeschmack mildern. Zu stark gehopfte Biere verfehlen ihren Zweck. Man liebt nicht überall stark hopfenaromatische Biere; die wenigst hopfenaromatischen hat man in Bayern, namentlich in München; man sagt von diesen Bieren, sie seien malzaromatisch. Ohne Zweifel spielt die Art und Weise, wie das zur Bierbereitung benutzte Malz behandelt war, für die Frage des Zusammenklanges mit dem Hopfenaroma eine sehr wichtige Rolle. Zu viel Hopfenaroma im Münchner Biertypus würde das Getränk schwerlich zum Trinken anregender machen.

Man weifs, dafs das meiste Hopfenöl bei unserer in Mitteleuropa üblichen Braumethode mit den Dämpfen beim Würzesieden in die Luft geht; ein kleinerer Teil bleibt aber, abgeändert, immer in der Würze gelöst zurück und übt auf den Geschmack und die Bekömmlichkeit des Bieres einen grofsen Einflufs aus. Wenn rohe, derbe, lauchartige oder fettartige Aromastoffe in die Luft und damit der Brauerei verloren gehen, so hat das wenig zu sagen. Anders aber liegt die Sache mit den feinen Aromastoffen in edlen, teuren Hopfensorten (Saazern, Spaltern, Rothauschaern, Kindingern, Rottenburgern [Neckar], Kentshire). Diese zu erhalten, ist sicher erwünscht, und wir werden später sehen, mit welchen Mitteln das angestrebt wurde und wie weit diese Angelegenheit bereits gediehen ist. Man sucht solchen Bieren die beim Hopfenkochen zu Verlust gegangenen Aromastoffe dadurch zu ersetzen, dafs man trockenen Hopfen feinster Qualität in kleiner Menge in die Lagerfässer und selbst in die Transportfässer stopft.

Nach M. Brejcha[235]) legt das Publikum nicht überall Wert auf feinen Hopfengeschmack; namentlich sei dies in Prag, der Hauptstadt Böhmens, der Fall, wo es mehr auf recht billiges Bier ankomme.

Der Chemiker Herm. Krätzer in Leipzig[236]) meint, dafs das feine Aroma des Bieres beim längeren Lagern nicht blofs vom Hopfen herrühre, weil ja das meiste ätherische Öl beim Hopfenkochen verflüchtigt werde und der kleine, in der gekühlten Würze noch in Lösung befindliche Rest mit der Kohlensäure weggehe. Wenn der Zucker durch Hefe zersetzt werde, bildeten sich neben Alkohol und Hefe kleine Mengen eigentümlicher Substanzen, welche der gegorenen Flüssigkeit ein angenehmes Aroma verleihen. Das Aroma des Lagerbieres sei vom Hopfen völlig verschieden. Krätzer meint nun — wie Prof. Balling —, dafs das ätherische Öl bald in Baldriansäure übergehe, die dem Bier einen fremdartigen Kräutergeruch verleihe Ganz ähnlichen Geschmack erhalte man, wenn man Flaschenbieren Hopfenäther (eine Auflösung von Hopfenöl in 95proz. Alkohol) zusetze; auch hier erhalte das Bier den eigentümlichen Kräutergeruch, wahrscheinlich von der Baldriansäure herrührend. Solche mit Hopfenöl parfümierten Biere hätten sich deshalb auch nicht der Gunst des Publikums erfreut und seien bald wieder vom Markte verschwunden.

Manche können wohl einwenden, dafs man erforderlichen Falls dem Bier andere Aromata geben könne, wie dies z. B. im Auslande geschehe, durch florentinische Veilchenwurzel (auf 1000 l Würze der Stellhefe ca. 2 g der geriebenen Wurzel zugesetzt), weiterhin Muskatnufs, Muskatblüte, Gewürznelken, Koriandersamen. Derart präparierte Biere hätten jedoch nie das Aroma, welches dem Bier nach längerem Lagern unter entsprechenden Mafsregeln eigen sei, und dann verlieren derart stark gewürzte Biere die kostbare Eigenschaft, den Durst zu löschen; namentlich sei dies bei Anwendung von Gewürznelken der Fall, welche die Zunge und die Schleimhäute des Halses trocken machen.

Man wisse dagegen aus allen Versuchen, dafs eine sehr verzögerte Gärung dem Bier ein namentlich gutes Aroma verleihe; um diese Nachgärung zu verzögern, müfsten die Biere äufserst hefefrei gefafst werden und, sobald sie auf dem Lagerfafs klar geworden seien, auf ein neues Fafs abgefafst werden.

Dafs der Hopfen auch bei Lagerbieren am Aroma beteiligt ist, dürfte sicher sein; es bilden sich beim Hopfenkochen aus den Hopfenstoffen Produkte, die in Lösung treten und nicht flüchtig sind. Es ist aber die Bildung anderweiter kleiner Mengen edler Geschmacksstoffe beim Lagern sehr wahrscheinlich, und vielleicht sind es gerade die, welche durch die Filter aus den Bieren entfernt werden, zum Schaden der Brauerei. Sicher werden beim längeren Lagern auch grobe Aromastoffe von den feinen Geschmacksschattierungen abgespalten und niedergeschlagen, aus dem Bier entfernt.

6. Soll der Hopfen konservierend auf das Bier wirken, indem er die Entwicklung schädlicher Gärungskeime, der Bakterien (Spaltpilze) der Milchsäure-, Buttersäure-, Fäulnis- und Schleim-Gärung, hemmt, also eine antiseptische Wirkung ausübt. Auch soll er bei der Nachgärung die normale Gärung durch den Hefenpilz verlangsamen.

a) Allgemeines.

Positive und negative Resultate der modernen Kellerbehandlung seit Einführung der Eismaschinen.

Alle diese Nebengärungen, namentlich Milchsäuregärung, Buttersäuregärung, Fäulnisgärung und Schleimgärung, sind natürlich für den Brauer sehr unangenehm und gefährlich und selbst auch dann noch, wenn die gröfste Reinlichkeit obwaltet.

Früher war man der Ansicht, dafs die längst, namentlich auch im Bäckergewerbe zum Konservieren des Bäckerzeugs für gewisse Brotsorten, bekannte Wirkung des Hopfens an dessen Bittersäure geknüpft sei. In neuerer Zeit aber schreibt man — nach Hayducks Feststellungen — die konservierende Eigenschaft des Hopfens dessen Harzen, namentlich den Weichharzen, zu. Dafs aber auch die Bittersäure desfalls bei gewissen antiseptischen Wirkungen eine Rolle spielt, ist gewifs, neuestens erst durch John Heron nachgewiesen worden[237]). Ohnehin sind die Hopfenharze und die Bitterstoffe so innig vergesellschaftet, dafs ihre Scheidung nur sehr schwer gelingt, so dafs sie in der Praxis, bei der Hopfenverwendung, immer beisammen sein werden.

Die Verlangsamung der Nachgärung im Lagerkeller wird nur durch die Harze bewirkt, indem sie einen Teil der Hefenpilze umhüllen und so ihre Lebensthätigkeit, damit auch ihre Arbeit im Bier, den Vorgang der Umwandlung des Zuckers in Alkohol, herabstimmen.

Wenn wir im Bier reichlich Alkohol und Kohlensäure erzeugen und vom Malzextrakte, aus welchem beide gebildet werden, auch noch etwas übrig behalten wollen, so müssen kräftige Bierwürzen in Gärung versetzt werden, bei deren Erzeugung Malz und Hopfen nicht gespart wurden. In solchen Würzen wird, trotz vollständiger Vergärung, auch immer noch Extrakt vorhanden sein, welcher die Nachgärung unterhält und dem Bier Vollmundigkeit verleiht. Der Zusatz von gutem Hopfen wird die Hauptgärung verlangsamen helfen und dem Bier, nebst dem ihm eigentümlichen Geschmack und Aroma, auch noch einen gewissen Grad von Haltbarkeit verleihen. In der That liegt hier »im gewissen Grade« die Bedeutung der Haltbarkeit des Bieres durch Hopfen, weil der Hopfen nicht allein die Haltbarkeit der Biere auf längere oder kürzere Zeit sichern kann. Der Extrakt- und Alkohol-Gehalt des Bieres spielt für die Haltbarkeit desselben ebenfalls eine wichtige Rolle, was sich namentlich bei der Versendung auf gröfsere Entfernungen zeigt.

In Bezug auf die Verwendung der Salicylsäure in der Brauerei[238]) als Konservierungsmittel, also Hopfensurrogat, scheint dieselbe in Österreich namentlich zum Konservieren in Lager- und Transport-Gebinden viel verwendet zu werden. Auch sei das Salicylieren der heifsen Würze zu empfehlen. In der Sommerhitze, wo die Würze namentlich auf dem Kühlschiffe für mikroskopische Organismen empfindlich ist, welche dann die Hefe bewuchern und Trübungen im fertigen Bier hervorrufen, schützt eine kleine Menge Salicyl, der heifsen Würze auf dem Kühlschiffe zugesetzt, vor diesen Schmarotzern, welche namentlich im Frühjahr mit ihren Sporen (Keimzellen) die Luft erfüllen.

Zuweilen werden dem Bier auch Zusätze von Alkohol und Glycerin gegeben, um es haltbarer zu machen, zwei Stoffe, die ohnehin schon in jedem normalen Bier enthalten sind.

Selbstverständlich stimmt auch Kälte, sehr niedere Temperatur, die Lebensthätigkeit des organischen Lebens überhaupt und damit auch jene der schädlichen Bakterien, wie jene nicht ganz zu entbehrende des Hefepilzes herab.

Wenn die Temperatur eines Lagerkellers durch Eis oder Kaltlufterzeugung stets (Sommer und Winter) auf 0,5 — 1 — 2 — 3 ° C. erhalten werden kann, so wird alles organische Leben so weit herabgestimmt, dafs es wohl nicht ganz erstirbt, noch lebend bleibt, aber nur eine sehr geringe Wirksamkeit und Entwicklung äufsert. Darauf beruht die Kellerbehandlung des Bieres in der modernen Grofsbrauerei. Heute sucht man da vieles durch Eis zu erreichen, was früher nur durch Verwendung gröfserer Mengen und sehr gehaltvoller Hopfen möglich war. Kann man aber durch Verhinderung des Lebens mit Kälte etwas erreichen, was ein Produkt des Lebens ist oder sein soll?

Es gibt heute in ganz Deutschland, Österreich, nicht minder in England, Nordamerika, Frankreich etc. viele Brauereien, welche durch entsprechende Luftkühlung (s. Abschn. C. Eismaschinen) in den Kellern, durch Eiskeller mit Kunsteis oder Kaltluftzuführungen arbeiten, und weil infolge dieser tiefen Kellertemperatur und der dadurch sehr herabgestimmten Gärthätigkeit in den auch noch meist sehr jung abgestofsenen Bieren die in Lösung befindliche Hopfenmenge noch ganz unverdaut, unverarbeitet ist, sich also im Geschmack sehr schroff und abstofsend geltend machen würde, $^1/_4$ — $^1/_2$ ihres früheren Hopfenbedarfes sparen, weil sonst das rohe, harzige Hopfenbitter die Biere völlig ungeniefsbar machen würde; solcher Brauereien, welche $^1/_6$ — $^1/_8$ ihres früheren Hopfenbedarfes sparen, gibt es sehr viele.

Rechnet man dazu noch, dafs es in den grofsen, nach Münchner Art arbeitenden Brauereien Lagerbier im alten Sinne des Wortes thatsächlich nicht mehr gibt, d. h. also Biere, welche im Lagerkeller eine 3 — 5 — 6 Monate dauernde Nachgärung durchmachten, und wobei namentlich dann, wenn die betreffenden Lagerkeller (sogen. Eiskeller) auch noch ungünstige Temperaturverhältnisse hatten, im Hochsommer (oft schon im Juni) bis auf 5 — 6 — 8 und 10 ° R. hinaufgingen, was damals, wo Kunsteis noch nicht zu beschaffen und Natureis in manchen Wintern nicht genügend zu erlangen war, nicht selten vorkam, zur Herstellung solcher Biere, bei der grofsen Hopfengabe, welche ihnen der Konservierung wegen gereicht werden mufste, um ihren Geschmack nicht zu verderben, grofse Mengen des gehaltvollsten und qualitativ feinsten Hopfens Verwendung fanden, und dafs, im eigentümlichen, gleichzeitigen Zusammentreffen mit all diesen Ursachen und Wirkungen, welche die Eismaschinen brachten, das biertrinkende Publikum in Deutschland und namentlich in München vor 10 — 15 Jahren diese schroff oder vielmehr rohbitteren Biere immer mehr ablehnte, sehr süfse, milde Biere verlangte, eine

Geschmacksrichtung, in Bezug auf welche aber dann bald darauf ein starker Rückschlag erfolgte, als die naturgemäfse Reaktion nach jeder weitgehenden Übertreibung, so wird man begreifen, dafs in Bezug auf den Hopfenbedarf der Brauereien, namentlich der grofsen, in fabrikmäfsigem Betrieb stehenden, eine gewaltige Verschiebung alteingelebter Verhältnisse eingetreten ist, die sich leider in einer für die Hopfenproduktion und Biertrinker sehr ungünstigen Art und Weise vollzogen hat.

Für die Hopfenproduktion war das alles um so schmerzlicher, als alle diese Vorgänge mit den aus Übertreibung der Ausdehnung der Hopfenproduktion (Überproduktion) hervorgegangenen Schwierigkeiten zusammenfielen, wie sie das überaus teuere Hopfenjahr 1882/83 im Gefolge hatte.

Jenes Jahr, in welchem die Hopfenpreise für die feinen Qualitäten per Zentner 500—600, im Mittel 300—400 Mark erreichten, das also scheinbar ein sehr erwünschtes für die Hopfenproduzenten gewesen ist, war in der Wirklichkeit für die Hopfenproduktion ein geradezu verhängnisvolles. Es begünstigte dis Ausbreitung der Eismaschinen, der Hopfenkonservierung in billigen Jahren (Zylinderprefshopfen), der Hopfenersparungsapparate (Hopfenzerreifsmaschinen, Hopfenextraktionsapparate etc.) und lehrte die Brauer den Versuch machen, ob die Biertrinker auch dann mit dem Geschmack des Bieres zufrieden wären, wenn sie die Hopfengabe bis zu vordem unbekannten Grenzen reduzierten.

Dazu kam, dafs in den nun zu jung, unreif abgegebenen Bieren auch kleine Hopfenmengen sich noch mit rohem, abstofsendem Bitter geltend machten. Die Brauereien machten auch Versuche, ob die Konsumenten selbst dann mit dem Getränk noch zufrieden wären, wenn man für Biere, bei deren Herstellung seither die Verwendung feinster Hopfen als selbstverständlich galt, sich — wenigstens zu einem erheblichen Betrage — auch geringerer, billigerer Hopfen bediente.

Sicher ist von diesen Versuchen manches dauernd gelungen, manches nur vorübergehend, wegen mancherlei fataler Begleiterscheinungen.

So wird z. B. von einem Brauer 1882 (s. Allg. Br.- u. H.-Ztg. 1882, II, 859) geklagt, dafs die Malzgerste durchweg gering und der Hopfenpreis unerschwinglich sei. Selbst für ganz geringe, halbverdorbene Ware mufste der Brauer, der das teure Hopfenjahr 1876 kaum vergessen hatte, ganz unerschwingliche Preise anlegen; die geringsten Markthopfen kosteten per Zentner 350 Mark, Prima derselben 400 Mark, beste Spalter bis 500 Mark; die Preise wirklicher Primaware, wie sie für die Erzeugung haltbarer Lagerbiere einzig und allein in Betracht kommt, waren Ende November im Steigen. Sonst war man gewohnt, in Hopfenteuerungsjahren den Hopfenverbrauch notgedrungen zu beschränken; 1882 aber konnte man dies nicht, denn auch die besten, relativ in geringen Mengen vorhandenen Hopfensorten waren in diesem Jahre leichter und weniger ausgiebig wie sonst, gar nicht zu reden von den geringeren, vielfach halbverdorbenen Sorten. Verarbeitet nun der Brauer auch noch geringere, vielleicht gar stark beregnete oder etwas angespitzte Gerste, so erweist sich ein reichlicher Hopfenzusatz als unbedingt nötig zum Gelingen des Sudes und behufs Gewinnung eines einigermafsen haltbaren Bieres.

Die Zahlenwerte, welche die infolge der modernen Kellerkühlungen etc. eingetretenen Hopfenersparungen zum Ausdruck bringen, sind in der That geradezu enorm und lassen in Verbindung mit der thatsächlich bestehenden hochgradigen Überproduktion an Hopfen in allen Ländern, namentlich an mittel- und untermittelwertigen Sorten, den gewaltigen Preisdruck erfassen, dem die Hopfenwerte, selbst auch jene der guten und besten Sorten, in den letzten 10—20 Jahren auf dem Weltmarkte ausgesetzt gewesen sind, weniger die Saazer als die besten bayerischen (Spalter etc.), wegen der irrigen Meinung vieler Brauer, dafs man nur mit Saazer Hopfen feine, helle Biere machen könne.

Das Einsparen an Hopfen und damit natürlich auch an Geld hat die moderne rationelle Lagerkellerbehandlung möglich gemacht unter dem Einflusse der Eismaschinen, die in ihrer heutigen praktischen Bedeutung mit jener von Prof. Linde ihren Anfang nahmen.

Von dieser Zeit datiert ein wichtiger Abschnitt in der Geschichte der modernen Brauerei, den man als die Eiszeit oder Glacialzeit der Brauerei bezeichnen kann. Er war sehr förderlich für die Technik der Biererzeugung, aber verhängnisvoll für die Hopfenproduzenten und in der That nicht minder für die Bierkonsumenten. Die Biere wurden leichter (gehaltärmer) und nicht mehr so lange gelagert wie früher; die leichteren, jungen Biere sind vielfach kaum geniefsbar und sicher allgemein ungesund. In dieser Beziehung hat man aber den anfänglich übertriebenen Standpunkt teilweise schon wieder verlassen, und es ist zu erwarten, dafs da das Gleichgewicht zwischen erwünschten technischen Einrichtungen und Wünschen und Bedürfnissen der Konsumenten, allmählich wieder gänzlich gefunden wird.

Man hat bald eingesehen, dafs man für Lagerkeller, deren Temperaturen man mit Hilfe der Kaltluftführungen vollständig in der Hand hat, so dafs die Frage »ob Sommer oder Winter« gar keine Rolle mehr spielt, keine so grofsen Hopfenmengen mehr braucht, ja überhaupt nicht mehr brauchen kann, wenn man selbst wollte, wie sie früher üblich und notwendig waren; bei so niedrig gehaltenen Temperaturen und dem dadurch gehemmten Gärungsverlauf würde heute auch nach monatelanger Lagerung das Bier mit den altgewohnten Hopfengaben, seinem groben, rohen Bitter nach, geradezu ungeniefsbar werden, geschweige denn erst bei Bieren mit so abgekürzter Lagerdauer, wie sie der Bierkonsument aus den grofsen, fabrikmäfsig betriebenen Bierbrauereien heute vielfach, wenn nicht ausschliefslich, zu trinken bekommt. Das gilt natürlich nur für die gewöhnlichen, massenhaft abgesetzten Biere, welche durchweg unreif zum Verkauf gelangen. Bei den Qualitätsbieren mit höheren Preisen, wie Doppelbier, Märzenbier, Bock, Salvatorbier, Exportbier, Salonbier, Tafelbier etc., die bei genügender Lagerdauer die entsprechende Reife erlangen, ehevor sie zum Konsum gelangen, hat überhaupt noch nichts gefehlt, da kann man auch heute noch modellmäfsige Getränke aus den Münchner etc. Grofsbrauereien erhalten. An diese Biere hat sich überhaupt noch keine Konkurrenz und keine Kritik herangewagt. Dafs durch längere Lagerdauer das Bier, ähnlich dem Wein, ein angenehmes Aroma erhält, weifs jeder Brauer[239]).

Schon 1861, S. 145 sagt die Allg. H.-Ztg., dafs das schon wegen des Versandes stärker eingesottene bayerische Versandbier viel besser sei als das Bier, welches zu Hause getrunken wird. Allerdings trägt es den Brauern auch mehr.

Infolge dieser geschilderten Verhältnisse ist allerdings das Interesse der Leitung grofser Bierbrauerei-Etablissements am Hopfen bedeutend abgeschwächt worden; nachdem dessen konservierende Bedeutung für das Bier durch die Kälte ganz erheblich reduziert wurde, konnte man in Bezug auf dieses Brauereirohmaterial ganz bedeutende Ersparnisse machen.

Aber die Herren-Brauer hatten doch übersehen, dafs die konservierenden und andern Wirkungen des Hopfens durch das Eis nicht wirklich ersetzt werden können, dafs also durch die neuere Braumethode (ohne eigentliches Lagerbier) eine gewaltige Alteration im Geschmack etc. und in der Bekömmlichkeit des Bieres eintreten und daher eine von den Konsumenten ausgehende Reaktion nicht ausbleiben werde. Inzwischen ist sie bekanntlich schon in erheblichem Mafsstabe da durch den Einbruch der hellen, mehr und besser gehopften und mehr vergorenen sogenannten Pilsener Biere, und die Bewegung ist sicher noch im Wachsen, wenn auch momentane Ruhepausen eintreten werden.

Die Einfuhr heller Biere aus Österreich begann bereits Mitte der 1860er Jahre. Schon 1865 wurden aus Österreich 3460 Ztr. Bier in den Zollverein eingeführt[240]).

Der bekannte C. Krämer von Doos bei Nürnberg sagte 1866[241]), früher habe man aus den bayerischen Bieren grofses Wesen gemacht, und jetzt hätten die bayerischen Brauer gegenüber den österreichischen Bieren schweren Stand.

In Berlin begann die Bewegung zu Gunsten der hellen Biere schon Ende der 1860er Jahre; schon damals fing das Publikum sehr allgemein an, den hellen österreichischen Bieren mehr Gunst zu schenken als den dunklen bayerischen, so dafs die rationell geleiteten Grofsbrauereien gezwungen waren, ähnliche Biere zu erzeugen[242]).

Nach der Vierteljahresschrift (Nr. 4, 1898) der Statist. d. Deutschen Reiches nimmt die Verwendung von Malzsurrogaten, namentlich von Reis, fortwährend stark zu, weil der Reis dem Bier die helle, glänzende Farbe und damit das Aussehen der beliebten böhmischen Biere gibt.

Auch die Einfuhr von Bier in das norddeutsche Brausteuergebiet aus Bayern und namentlich auch aus Böhmen ist fortwährend steigend.

Man sagt da und dort, dafs das Verlangen nach hellen Bieren schon wieder im Abnehmen sei; das hat mir jüngst (allerdings war das 1898, heute ist das schon wieder nicht mehr richtig) erst ein in Brauereisachen sehr sachkundiger Herr in Bezug auf den Konsum am Münchner Platze ganz bestimmt gesagt. Ich kann das vorerst nicht übersehen; wenn es aber so ist, wovon ich von der Stelle aus, wo ich verkehre, nichts wahrnehme, denn da wird nach wie vor viel helles Bier getrunken, dann bin ich überzeugt, dafs es sich da nur um Ruhepausen handelt, nach welchen diese Bewegung, erheblich verstärkt, wiedererwachen und mit neuen Kräften einsetzen wird. Wenn man übrigens sieht, welcher Art diese Imitationen des sogenannten Pilsener Bieres oft sind, kann man sich nicht wundern, wenn das Publikum ihrer ebenfalls überdrüssig wird. Damit ist aber die Sache nur vertagt, nicht aus der Welt geschafft, denn alle alten Beweggründe sind noch da. Die mufs man zu beseitigen suchen.

Die Brauerei ist ebenso wie alle anderweiten Thätigkeiten des Menschen den Gesetzen der Logik unterworfen. Die mechanische Seite des Brauereibetriebes hat in den letzten Jahrzehnten einen ganz gewaltigen Aufschwung genommen, während die physiologishe Seite, die eine grofse Tragweite hat, in der Hauptsache stationär geblieben ist. Daher die — eigentlich ganz selbstverständlichen — Widersprüche und Konflikte, die nicht gewaltsam, sondern nur in ruhiger, sorgsamer Arbeit gelöst werden können.

Hätten die Brauer auf das Studium der Hopfenwarenkenntnis im vollen Sinne des Wortes so viel Zeit, Kraft und Mittel verwendet wie auf die Hefereinzucht, dann stände die Brauerei ganz sicher heute anders da. Merkwürdigerweise haben die Nordamerikaner grofse Fortschritte in der Brauerei gemacht, ohne sich ernstlich um die Hefereinzucht zu bekümmern.

Heute schon müssen fast alle Grofsbrauereien zweierlei Biere, helle und dunkle, erzeugen; in München sind nur das Hofbräuhaus und die Salvatorbrauerei beim alten Münchner Bier geblieben, was ohne Zweifel keine Vereinfachung und Verbilligung des Betriebes ist: Und dennoch ist ein grofser Teil des Publikums auch heute nichts weniger als zufrieden. Daran können auch diese oft so mangelhaften Imitationen des sogenannten Pilsener Bieres nichts ändern. Es war nicht die helle Farbe des Pilsener Bieres, welche die grofse Bewegung in den deutschen Konsumentenkreisen, wie sie in den letzten 10—15 Jahren stattgefunden, veranlafst hat, sondern die Unreife (das Unverdautsein), die schlechte Bekömmlichkeit und das rohe, unverdaute Harzbitter dieser Biere nach Münchner Art, wenn sie auch durch die Filterpressen, nicht durch eigene, innere Gärungsarbeit noch so sehr auf Glanz und Helle hergerichtet waren oder durch Hausenblase, Fischleim, Hasel- und Buchenholz-Späne Nachhilfe erhalten hatten[243]). (Man sehe Trübe Biere und Klärmittel von A. St. Schmelzer, Prag, 1880.)

Im Deutschen Bierbrauer 1899, Nr. 32, S. 419[244]) wird gesagt, dafs klare, abgelagerte Biere zur Erhöhung des Glanzes filtriert werden. Bei jungen Bieren, welche filtriert würden, um sie älter erscheinen zu lassen, müsse man hinsichtlich des Spundens vorsichtig sein. Junge Biere weisen, besonders bei wärmerer Temperatur, immer einen russigen, hefigen Geschmack auf, der jedoch durch die Filtration ziemlich verschwindet, abgerundeter erscheint und dem eines normal abgelagerten Bieres teilweise näher tritt; nur das eine ist zum Schlusse noch einmal hervorzuheben: Das Filter läfst zwar die Biere schöner erscheinen, macht sie aber nicht besser und haltbarer!

Die Wiener Brauer- und Hopfen-Zeitung »Gambrinus« (1900, Nr. 9, S. 384) sagt in einem Artikel, worin sie die Betriebschemiker der Brauereien verteidigt, welche von vielen Konsumenten schief angesehen seien als die Veranlasser und Träger unlauterer Vorgänge in den Brauereien, dafs das Bier von heute an Qualität gegen früher zugenommen habe. Letzteres ist in dieser allgemeinen, prinzipiellen Beziehung sicher unwahr. Wenn z. B. die Wiener Grofsbrauereibiere heute besser wären als früher, dann würde nicht nahezu ebenso viel Bier von aufsen her nach Wien eingeführt, als dort gebraut wird. Ebenso thöricht ist es, die Rohmaterialien etc. untersuchenden Brauereichemiker als die Träger unlauterer Vorgänge in den grofsen Brauereien anzusehen. Aber ebenso thöricht ist es, dafs diese modernen Brauereichemiker im Gefühl der Allwissenheit die Brauer von manchem Nützlichen abhalten und zu manchem Unnützlichen veranlassen. — Das sind Thatsachen!

In derselben Nummer des »Gambrinus«[245]) wird in den höchsten Tönen das Lob der Bierfilter gesungen, die sich jetzt ziemlich allgemein eingebürgert hätten, wenn sie auch von mancher Seite noch mit scheelen Augen angesehen würden. Nur Biere, welche aus gutem Malze hergestellt und im Lagerkeller sorgfältig behandelt worden seien, könnten des Filters als verbessernden Faktors entbehren. Dagegen sei das Bierfilter bei minder sorgfältig gebrauten und minder vergorenen Bieren vorteilhaft für die Brauer und Konsumenten. Der Brauer wolle damit mangelnde Klarheit erzwingen, auf welche der Konsument so grofsen Wert lege; der Brauer wolle damit aber auch die meist zu jungen Biere vom übermäfsigen Hefegehalt befreien, damit das Bier einen besseren, älteren Trunk erhalte. Dadurch seien die Biere durch das ganze Jahr gleichmäfsiger; der widerwärtige Charakter der Jungbiere sei durch die Anwendung der Bierfilter beseitigt, weil die überschüssige Hefe entfernt werde. Das Bierfilter werde also nicht blofs als Korrigens des äufseren Aussehens der Biere angewendet, sondern auch gegen das zu auffällige Jungsein. Es verschlechtere dabei nicht die Qualität, wie man irrtümlicherweise oft sage, sondern es verbessere sie. Also auch nicht trübe, nur zu jung schmeckende Biere sollten der Filtration unterworfen werden. Natürlich könne man von einem filtrierten und dadurch künstlich gealterten Bier nicht die weiteren Eigenschaften eines natürlich abgelagerten erwarten, namentlich auch nicht dessen Haltbarkeit, weil die Bierbestandteile durch die Filtration eine andere Lagerung erhielten. — Unter Umständen sei auch das Spänen wichtig.

Dieser Artikel sagt doch genug, welche Stellung in der modernen Grofsbrauerei das Bierfilter einnimmt; es mufs trübe Biere hell und namentlich zu junge Biere älter scheinend machen! Namentlich aber mufs es die Fehler schlechten Rohmaterials und mangelhafter Arbeit verdecken helfen!

In derselben Zeitschrift[246]) wird abermals von den nachteiligen Folgen der Bierfilter gesprochen. Die rigorosen Anforderungen des heutigen Publikums in Bezug auf glanzfeines Bier machten ein künstliches Filtrieren unentbehrlich, wenn auch nicht zu leugnen sei, dafs die Qualität der Biere dadurch zum mindesten nicht gewinne. Es werden durch das Filtrieren innerliche Veränderungen bewirkt, welche chemisch kaum nachzuweisen und doch für die feinen Sinne des Menschen, den Geschmack und die Bekömmlichkeit, sehr wohl bemerkbar sind. Biologisch lasse sich allerdings in filtrierten Bieren nachweisen, dafs sie weit weniger Hefezellen und fremde Bakterien enthalten; gerade die Abwesenheit gewisser Bakterien könnte aber, so sonderbar dies auf den ersten Anschein auch klingen möge, den Geschmack und die Bekömmlichkeit des Bieres ungünstig beeinflussen. Vielleicht liege die Ursache auch wo anders, aber sicher sei, dafs das filtrierte Bier gegenüber dem an sich klaren, unfiltrierten gewisse Mängel zeige, was dahin drängen müsse, die Filtration möglichst einzuschränken. Da nun die Klärung des Bieres im Lagerfafs von oben nach unten geht, die oberen Schichten oft schon ganz hell, während die unteren noch trüb sind, wird Teilfiltration empfohlen, wodurch der Geschmack des Bieres weniger leide. Allein das wird schwer gehen. Fort mit diesen häfslichen Krücken, statt ihrer mehr Hopfen und längeres Lagern!

Prof. J. Thausing, damals noch in Mödling, schrieb 1879[247]): Die Anwendung von künstlichen Klärmitteln, besonders von Spänen, nimmt erschreckend überhand, und man schreibt grofse gelehrte Abhandlungen über die Späne und ihre Anwendung in der Brauerei, als wären sie ein unentbehrliches Braumaterial, so wie Gerste oder Hopfen. Es ist immer ein schlimmes Zeichen, wenn ein Brauer sich für Bierklärmittel zu interessieren beginnt. Wenn sonst keine Fehler gemacht würden, brauche man keine Klärmittel. Er habe Brauereien gesehen, wo man ohne Späne (welche im Lagerfafs angewendet werden, um die Hefe anzuziehen) kein verkäufliches Bier mehr fertig zu bringen vermeinte, es aber doch rasch dahin brachte. Buchen- und Hasel-Holzspäne seien ein unschuldiges Klärmittel, aber der Güte des Bieres abträglich. Nun gar erst das Filtrieren des Bieres! — Er habe (1879) noch kein filtriertes Bier getrunken, könne sich aber nichts Gutes darunter vorstellen. Es müsse ein trauriges Brauen sein, durch welches ein Bier zu stande kommt, welches filtriert werden mufs. Er meinte damals, dafs der Gedanke des Bierfiltrierens wohl nur ein Gedanke bleiben werde. — Und wie ist es heute? — Holz- oder Papier-Geschmack in solchen Filterbieren ist nicht das Einzige, sie nehmen dem Biere auch edle Geschmacksschattierungen. In der Allg. H.-Ztg. 1875, S. 599 bekämpft ein Brauer die Dr. Löweschen Behauptungen im Reichstag und sagt u. a., dafs die Anwendung des Hopfens durch kein Surrogat, kein chemisches Präparat, kurz durch nichts ersetzt werden könne. Das Aroma, der Geschmack, das Mousseux, die Haltbarkeit und Klarheit etc. hängen von der Quantität und Qualität des Hopfens ab. Das wisse der jüngste Brauerlehrling. Wie sollten ferner die Hopfensurrogate den Einflufs des Hopfens auf die Gärungen ersetzen? Dann surrogiert man aber doch die Hopfenarbeit für Helle und Glanz durch Fischblase, Haselnufsstecken und Filterpressen[248]).

In der Allg. H.-Ztg. 1878, II, 517 (Über die Anwendung der verschiedenen Klärmittel der Brauerei) wird zum Schlusse gesagt, dafs die Verwendung der Rochenhaut als Klärmittel (über die bereits auf S. 240 ds. Jahrgs. berichtet worden) nach dem Moniteur de la Brasserie dem Biere die Vollmundigkeit und Haltbarkeit nehme; das werde auch von den verschiedensten Seiten bestätigt; die Rochenhaut, welche rasch nnd energisch wirke, tauge als Klärmittel nur für solche Biere, welche rasch konsumiert werden sollen.

Wie ich erst später zu meiner Überraschung gesehen, finde ich auch in dieser Ansicht Zustimmung aus praktischen Brauerkreisen. In der Zeitschrift für das gesamte Brauwesen 1899, S. 31 wird »aus der Praxis« u. a. gesagt, dafs der Ruf der Brauer in Bezug auf das Malz laute: »Möglichst hell!« Die Malzfabrikanten und die Brauer könnten sich gar nicht genug thun, einander darin zu überbieten. Bei einem Geschmacksprodukte, wie es das Bier nun einmal sei, sei der Geschmack die Hauptsache und die Farbe blofs der äufserliche Indikator; durch diesen Sport des Überbietens sei aber die Farbe zur Hauptsache und der Geschmack zur Nebensache geworden.

Man sage, dafs das Publikum es so verlange. Das sei aber keineswegs der Fall. Mit Ausnahme einzelner sei gerade die Farbe dem Publikum etwas ganz Nebensächliches, was auch dadurch erhärtet werde, dafs Biere von allen Farbenstufen, von den hellsten bis zu den dunkelsten, konsumiert werden, wovon übrigens letztere stark in Aufnahme kämen, aber nicht wegen der »Farbe«, sondern wegen des Geschmackes.

Wie sollte auch das Publikum, welches oft Biere mit groben Geschmacksfehlern, wie sie thatsächlich gebraut und — getrunken werden, ohne weiteres acceptiert, an so kleinlichen Unterschieden in den hellen Farben hängen! Die Farbe sei kein genauer Anzeiger des Geschmackes. Die hellsten Malze wirken nachteilig für den Geschmack des Bieres und geben ihm öfter geringere Haltbarkeit. Zusätze von Mais und Reis machen die Biere wohl heller und glänzender, geben ihnen aber Rohfruchtgeschmack und rauheren Trunk. Die Hopfenwirkung wird etwas unterstützt, kommt aber unfeiner zur Geltung, und trotz einer kleinen Extrakterhöhung trinken sich diese hellsten Biere leerer als reine Malzbiere.

Der bekannte Brauer A. Schwarz in New-York[249]) sagt, dafs gutes Malz bei richtig geleitetem Sud- und Gär-Prozesse Biere liefere, welche sich schnell klären. Hierbei kommt es vor allem aufs richtige Malz an. Da gute Flaschenbiere eine etwas beschleunigte Nachgärung brauchen, müssen diese Biere auf Spanfässer gekräust werden. Späne und Kräuse sind die natürlichsten und besten Schönungsmittel, und man sollte nur in aufserordentlichen Fällen zur Schönung mit Hausenblase greifen. Die Späne nehmen auf mechanischem Wege alle sich vermöge der spezifischen Schwere absondernde Hefe auf, während die durch die Kräuse entwickelte Kohlensäure alle im Bier suspendierte Hefe auf demselben Wege durch das Spundloch entfernt (Ausstofsen). Es ist dies der natürliche Vorgang, und die Natur arbeitet langsam aber sicher.

Bei gut vergorenen Bierwürzen ist natürlich ein stärkeres Kräusen geboten, und die Klärung wird, bei Zuhilfenahme einiger vollkommen unschädlichen Mittel bald erfolgen.

Kein Bier — sagt A. Schwarz — auch wenn es dem freien Auge noch so glanzhell erscheint, ist hefenfrei, und Biere, welche künstlich mit Hausenblase geschönt werden, enthalten in der Regel mehr Hefe als jene Biere, welche auf natürliche Weise den Klärungsprozefs durchgemacht haben. Wenn schwach vergorene (gering attenuierte) Biere auf Flaschen gefüllt werden, entwickeln sie sofort eine durch die höhere Temperatur begünstigte, stürmische Nachgärung mit abnormer Kohlensäurebildung, welche auch bei untergärigen Bieren das Absetzen der Hefe am Boden der Flasche verhindert. Solche Biere werden trüb und bald sauer.

Die jungen Münchner Stadtbiere, welche auch mit den üblichen Mitteln geschönt auf den Markt gelangen, sind oft wunderbar hell und glanzvoll, aber sie haben vielfach einen widerlichen, rohen, harzigen Hefenbittergeschmack, stehen überaus rasch, schon beim langsamen Trinken, um, während die ausgegorenen Pilsener auch bei stundenlangem Stehen im Glase frisch und wohlschmeckend bleiben.

Es scheint übrigens der Einbruch der hellen, sogenannten Pilsener Biere in das Gebiet der bayerischen Brauerei auch früher schon einmal dagewesen zu sein. Dr. J. Hanamann, Vorstand der Fürstl. Schwarzenbergischen Versuchsstation in Leitmeritz (Böhmen), schrieb für die Wiener Ausstellung eine Broschüre: Leitung zur Hebung und Förderung der Bierbrauerei, Leitmeritz 1873, Selbstverlag, und sagt darin u. a.: Die Brauerei gehörte in Böhmen, dem Lande, wo vortrefflicher Hopfen und vortreffliche Gerste wächst und im Untergrunde mächtige Stein- und Braunkohlen-Schätze lagern, schon seit uralter Zeit zu den besten Ertragsquellen. Unter der Herrschaft der Luxemburger (.2 Hälfte des 14. und Anfang des 15. Jahrhunderts, vor den Hussitenkriegen) waren die böhmischen Brauereien die ersten Europas. Mit dem Bier kam auch der böhmische Hopfen nach Bayern; ja es kam so weit, dafs dieser den bayerischen fast ganz vom Markte verdrängte.

Sogar das böhmische Bier erhielt in Bayern den Vorzug, so dafs die Bayern sich genötigt sahen, nach böhmischer Methode Bier zu brauen, welches zur Zeit Georgs des Reichen von Landshut (1479—1503) um den für die damalige Zeit sehr hohen Preis von zwei Pfennigen ausgeschenkt wurde, während das bayerische Bier einen Pfennig kostete. Die Redensart »pfennigvergiltliches Bier« bestehe heute noch in Bayern und beziehe sich auf den Preis des alten Bieres. Hanamann hat das offenbar aus einer Abhandlung in der Allg. H.-Ztg. 1870, S. 102 (Bier und Hopfen in der Hallertau). Der Herzog Georg war aber dem böhmischen Bier nicht geneigt, er verbot es sogar bei Strafe und befahl bayerisches, einen Pfennig geltendes Bier zu brauen und öffentlich auszuschenken. Seit jener Zeit (1480) datiert in Bayern die Bierbeschau; pfennig-giltiges Bier war bayerisches, tarifmäfsiges Bier, das um einen Pfennig verabreicht werden mufste, im Gegensatz zum böhmischen (d. h. nach der böhmischen Art gebrauten), welches zwei Pfennige kostete, aber verboten war. Joh. Vetter, zur Zeit Georgs des Reichen Stadtschreiber in Landshut, schreibt in seiner Chronik der Stadt Landshut 1491: Item des Jars 1491 haben mein Herr Georg die zwai Pfenning Pier, das man das behmische gehaissen hat, abgeschaft, und das man füran das Pfenning Bier haben soll. Es gab also damals schon Doppelbiere, die man böhmische genannt. Das Brauen dieser Biere wurde verboten, und als allein gültig wurde das Ein-Pfennigbier bestimmt, daher pfennigvergiltiges Bier, was beim Ausschreiben des Biersatzes bis 1863 gültig war.

Später änderte sich das aber, denn die Bayern begannen früher wie die Böhmen untergärige Biere zu erzeugen und Lagerbiere zu bereiten. Das bayerische, substanziöse, dunkelbraune Bier bekam denselben Weltruf, den früher das böhmische Bier genofs, und erhielt sich lange Zeit als gefährlicher Rivale desselben in vorzüglichem Rufe. Verhältnismäfsig spät erst emanizipierten sich die Böhmen von der Obergärung (das bürgerliche Bräuhaus in Pilsen braute bis zum Jahre 1840 nur Oberhefenbiere geringerer Qualität, nach einer Broschüre der Direktion für die Wiener Weltausstellung 1873; in der Dreherschen Brauerei in Klein-Schwechat [Wien] wurde bis 1832 obergärig gebraut), und indem sie die schwerer herstellbaren, blasseren, weinartigen und etwas gehopften Biere unter Beherzigung des kultivierteren Geschmackes des Weltmarktes darstellten und grofse Opfer auf die Herstellung der Brauerei-Einrichtungen verwendeten, errangen sie abermals den Preis unter den Bieren des Kontinents, drangen mit ihren Erzeugnissen in die Hauptstädte an der Donau, Spree und Elbe und zwangen die Brauer in den benachbarten Ländern zur Nachahmung ihres Genres.

Unter den böhmischen Bieren nahmen schon 1873 das Pilsener und das Wittingauer den ersten Rang ein und wurden den berühmten Wiener Bieren selbst in Wien und Linz vorgezogen. Das alles vollzog sich unter dem Einflusse von Steuerverhältnissen, die ungünstiger waren wie jene in Deutschland und in Konkurrenz mit dem deutschen Brauerstand, in dem es doch an Intelligenz und Rührigkeit gewifs nicht fehlt. Die Bierproduktion in Österreich betrug 1872 11000000 hl, wofür 24257694 fl. ö. W. Steuer entrichtet wurde. 1898 betrug sie über 21000000 hl, wobei Ungarn mit Nebenländern mit 1557000 hl eingeschlossen ist.

Um 1865 war man in Deutschland auch dem Wiener Bier — neben dem Pilsener — vielfach geneigt[250]). Man sagte, dafs das Wiener Brausystem im allgemeinen nur geringfügige Abänderungen vom Münchner zeige, und die seien in der Beschaffenheit des Malzes gelegen. Nach englischem Muster lasse man in Wien das Gerstenkorn sehr langsam keimen, den Blattkeim sich sehr lang entwickeln und trockne das Malz ebenso langsam und sehr stark etc.

Im Bierbrauer von Habich 1865[251]) ist vom Geheimnis der Wiener Brauer die Rede, das zur Folge habe, dafs das Münchner Bier jetzt am Wiener, Saazer und Pilsener Bier bereits einen gewaltigen Konkurrenten habe und das Wiener darin bereits vom Pilsener übertroffen werde. Mit eben dieser Frage befafst sich auch das Journal des Brasseurs in Paris. Die Wiener etc. machten eben ein dem englischen ähnliches Malz, und seitdem seien sie dahin gelangt, die besten Biere der Welt zu produzieren. So hätten dieselben zwei Dickmaischen und eine Lautermaische wie in München. Aber man lasse in Wien etc. das Gerstenkorn langsam und lange keimen, dadurch erhalte man blasses Malz, auch wenn es bei hoher Temperatur gedarrt (getrocknet) werde, und man bekomme mit solchem Malze auch beim altbayerischen Brauverfahren eine so feine Würze. Beim Münchner rasch gewachsenen Malze mit kurzem Blattkeim komme das Anbrennen häufig vor; auch trete beim kurz gewachsenen Malze im ungemalzten Teil des Mehlkörpers leicht Verkleisterung ein etc.

Wenn nun auch das Malz viel am Wohlgeschmack der hellen Biere beteiligt ist, so ist das doch noch nicht alles. Wichtig ist auch der feine Hopfen und die rechte Vergärung mit verarbeitetem Hopfen. Junge Wiener oder Pilsener Biere sind so ungeniefsbar und trinkmüde machend wie eben solche bayerischen.

Obgleich die Brauereien in Sachsen und Preufsen damals schon helles (österreichisches) Bier machten, stieg die Ausfuhr österreichischen Bieres, welche 1841 begonnen hatte und damals 7638 Eimer betrug, 1857 auf 35742 Eimer und 1864 auf 80000 Eimer.

Um 1863 wurde in Bayern viel über die Aufhebung der Biertaxe gesprochen. Viele wollten davon nichts wissen, weil man befürchtete, dafs das Bier schlechter würde, namentlich auch deshalb, weil die grofsen, geldmächtigen Brauer dann die kleineren verdrängten. Namentlich auch in München wollten grofse Kreise eine umfangreiche Petition gegen die Aufhebung dieses behördlich festgestellten Bierpreises einreichen[252]). Die Münchner Zeitung: »Der Omnibus« führte u. a. an, dafs 1843 in München von 56 Brauern 104000 bayerische Scheffel Malz versotten wurden, dagegen 1863 von 21 Brauern 212000 Scheffel. Das Bier wird schlechter und teurer werden, sagten die Bierkundigen, gaben dabei aber zu, dafs es schon unter der Herrschaft des Biertarifs schlechter und teurer geworden ist; andere sagten, dafs es eben infolge des Biertarifs so geworden sei. Nun haben wir schon mehr als 30 Jahre keine Biertaxe mehr, aber die älteren Männer, welche eine weit zurückreichende Erinnerung haben, wissen auch, dafs uns die grofsen Bierfabriken wohl ein gleichmäfsigeres, aber kein besseres, gewöhnlicheres Bier gebracht haben. Die jungen Leute von heute in den grofsen Städten wissen eben einfach gar nicht, was man früher unter einem Lagerbier verstanden hat.

In einem Artikel der Allg. H.-Ztg. (1862, S. 91: Fabrikbier oder Handarbeitbier) wird in einer Reihe von Gründen dargelegt, dafs das Fabrikbier nicht so wohlschmeckend sein könne wie das Handarbeitbier; das Fabrikbier wird zu geschwind erzeugt, kommt unverhältnismäfsig mehr mit Metall in Berührung, prefst aus Malz und Hopfen alles, auch ungesunde und schlecht schmeckende Stoffe, heraus; es ist auch leichter. Getrunken wird es doch, weil die Brauer den Detailverkauf beherrschen, alle Mittel anwenden, ihm ein stattliches Exterieur zu geben, weil das Bier in den Städten schneller weggeht und die Leute sich daran gewöhnt haben. Bald, sagen die alten Bierkenner, wird es nur noch Fabrikanten und Bierzapfler geben; das eigentliche Kernbier wird verschwinden und mit der Zeit zum Mythus oder zum verlorenen Paradies werden. Das Handarbeitbier behält auch dann seinen guten Geschmack, wenn es länger läuft, während das Dampfbier schnell ungeniefsbar wird.

Ende Juni 1899 fand ich auf dem Lande in Oberbayern die Thatsache mehrfach bestätigt, dafs man dort jetzt öfter wohlschmeckendere Biere trinkt, als die Münchner Stadtbiere sind. Es mag auch daher kommen, dafs die Biertrinker oft der Ansicht sind, es würden nur in den Grofsbrauereien mit ihrem raffinierteren Betrieb Malz- und Hopfen-Surrogate verwendet, nicht in den Landbrauereien, wo nach altbewährter Methode gearbeitet werde. Das ermüdende, überaus widerwärtige, unverdaute Harzbitter in den Stadtbieren der Grofsbrauereien macht ein solches Vorurteil sehr begreiflich. Es fragt sich sehr, ob die später zu erwähnenden modernen Hopfenextraktionsapparate nicht auch an dem häfslichen, an Gift erinnernden Hopfengeschmack mancher deutschen Biere beteiligt sind[253]). In Oberpöcking trank ich Bier aus einer Starnberger Brauerei (Emslander), die vor wenigen Jahren noch 3000 hl Malz versott, jetzt 6000 hl und ein sehr gesuchtes Bier erzeugt.

Wie mir der Herr Braumeister selbst mitgeteilt, werden zu jeder Sud 19 hl Malz und 18 Pfd. Hopfen verwendet; der Hopfen für das Sommer- oder Lager-Bier besteht aus drei Sorten: Spalter, Saazer und Hallertauer, zu je ein Drittel. Es ist das dieselbe Mischung, mit der einst auch Braumeister Plendl in Weihenstephan seine wunderbarschmeckenden Sommerbiere machte.

Das Bier der Starnberger Brauerei, welche erst seit dem Frühjahr 1899 eine Lindesche Eismaschine hat, war, als ich es Ende Juni getrunken, 9—10 Wochen alt und kostete per 1 l 24 Pfg. Es war sehr wohlschmeckend, zum Trinken animierend und nicht ermüdend, obgleich es ganz nach Münchner Art gebraut war. Die Lagerkellertemperatur war $+ 1^{0}$ R. Es erinnerte, namentlich beim Antrinken, an das ehemalige Plendlsche (Weihenstephaner) Sommerbier aus den 1860er und 1870er Jahren; der Geschmack ist wirklich lieblich und anregend, was offenbar mit günstiger Hopfenmischung (der Hopfen war nach getroffener Auswahl wieder nach Nürnberg zurückgesendet und dort in Büchsen geprefst worden) und damit zusammenhängt, dafs das Bier vergoren und frei von Hefe und Harzbitter ist. Beim Ausklang schmeckt das Bier aber entschieden doch nicht so wie das alte Weihenstephaner Bier; der Geschmack verläuft nicht gleichmäfsig so, sondern er ist plötzlich und ohne Übergang zu Ende und leer. Diese letztere, ungünstige Variation des Geschmackes mufs wohl von der Filterpresse herrühren, welche auch hier zwischen Lager- und Transport-Fafs eingeschaltet ist, während der anfängliche Wohlklang des Geschmackes auf Rechnung der Hopfenmischung und Lagerreife zu setzen ist.

In den letzten Tagen des Juni 1899 hielt ich mich in Schrobenhausen auf, einer Stadt in Oberbayern nahe der Donau, am Südrande des Neuburger Donaumooses. Schrobenhausen liegt 15—20 km westlich von Wolnzach, dem Hauptorte der hopfenberühmten Hallertau. Es wird dort, im gleichen aber flacheren tertiären Quarzhügelgebiet, immer noch Hopfen gebaut, selbst bis gegen Pöttmes, was noch 10 km westlicher liegt. Diese Hopfen hier sind oft noch ziemlich sekretreich, aber sie haben ein minder schönes, etwas fettig-zwiebliges Aroma und ein härteres, minder schönes Bitter.

Die Brauerei zur Post in Schrobenhausen verarbeitet nur 1600 hl Malz. Auf 15 hl Malz (ca. 34 hl Bier) kommen bei Sommer- oder Lagerbier, welches im Januar und Februar eingesotten wird, je nach der Abteilung, die früher oder später entleert wird, 19—25 Pfd. Hopfen, letzteres nur bei dem im Oktober, nach sechsmonatlicher Lagerdauer, zur Konsumtion gelangenden Bier. 1899 war der Lagerkeller ganz ohne Eis geblieben, und die Temperatur betrug Ende Juli + 5° R., soll auch bis im Herbste in der letzten Abteilung nicht höher gehen. Wenn die Abteilungen gut im Eis liegen, dann werden zu 19 hl Malz 17—23 Pfd. Hopfen gegeben. Als der Herr Posthalter die Brauerei erlernte (in Ingolstadt, Ende der 1860er Jahre), nahm man per 1 hl Malz für die letzte Abteilung 4 Pfd. Hopfen, für die mittlere 3 Pfd. und für die erste 2 Pfd.

Da im vorigen Herbste der Hopfen in der Hallertau hoch im Preise stand, kaufte er seinen Bedarf in Oberwiesenbach bei Pöttmes (Bezirksamt Aichach), also ca. 25—30 km westlich von Wolnzach, aufserhalb der Hallertau, in einem Landhopfengebiet, das höchstens ein entfernteres Grenzgebiet der Hallertau ist.

Eine Filterpresse ist nicht da, das Bier mufs durch eigene Arbeit von innen heraus fertig werden. Das Bier, welches ich Ende Juni getrunken, war Ende Januar resp. Anfang Februar eingesotten, also ca. $4^1/_2$ Monate alt. Es war ganz gut, sehr angenehm zu trinken, geradezu süffig; ich trank abends 3—4 Glas, von Münchner Stadtbieren trinke ich nicht leicht mehr als 2 Glas, auch in guter, lange währender Gesellschaft. Man merkte wohl, dafs der Hopfengeschmack nicht so fein-aromatisch war, aber das war sehr abgeklärt und gedämpft, auch das nicht so feine Bitter war so abgeklärt, dafs es dem Trinker durchaus nicht ermüdend hinderlich war. Das Liter kostete über die Gasse und in der Bürgerstube 22 Pfg., im Herrenzimmer 24 Pfg. Dieses Bier, das mir sehr angenehm war, gab mir den deutlichen Beweis, dafs bei genügender Lagerreife des Bieres im Aroma und im Bitter desselben eine so weit gehende Abspaltung und Abklärung stattfindet, dafs man auch mit minderen Hopfensorten weit trinkbarere Biere machen kann als bei sehr jung verkauften Bieren mit feinstem Hopfen.

Ich habe eine dunkle Erinnerung, dafs vor einigen Jahren bei einer Ausstellung in der Rotunde im Prater zu Wien filtrierte Biere von der Prämiierung ausgeschlossen waren.

Die Hopfenzapfen um Baunach bei Bamberg deuten äufserlich nicht auf feinstes Produkt. Aber wenn dieser Berghopfen[254]) auch unvermischt zum Brauen der langen Lagerbiere verwendet wird, so liefert er ein Bier, welches an Güte und Haltbarkeit im November und Dezember noch so ist wie im Juli und August; die Biere aus den Brauereien der Herren Mantel, Sippel, Goldschmitt und Oppelt zu Baunach bewiesen das alle Jahre aufs neue. Ich habe selbst vor bald 40 Jahren einen Sommer in Baunach zugebracht und diese Biere auch auf den berühmten Baunacher Kellern getrunken; sie waren wahrhaft ausgezeichnet, ähnlich den besten Plendlschen Lagerbieren, welche ich Ende der 1860er Jahre in Weihenstephan getrunken habe.

In jenen Zeiten, als auch die deutschen Grofsbrauereien noch wirkliche Lagerbiere erzeugten, welche durch eigene Arbeit von innen heraus hell und blank wurden, waren diese biergeschmackverderbenden Klärapparate ganz unbekannt. Wie ganz anders schmeckten aber auch diese reif gewordenen Biere! Am erträglichsten wären noch die Klärspäne, wenn ihre Anwendung sorgfältig genug geschieht, namentlich die Reinigung nichts zu wünschen übrig läfst. Fischleim wird wohl ohnehin nur bei Bierkrankheiten angewendet. Ob die auf dem Filter zurückbleibenden, Trinklust erweckenden Stoffe gummiartiger Natur sind, ist noch ungewifs. Zu den Pentosanen scheinen sie nicht zu gehören, denn davon hat Pilsener Bier weniger als Münchner[255]).

Die Versuche von F. Lahne[256]) haben gezeigt, dafs die Filterpressen (das Enzinger Filter) die Biere biologisch nach ihrem Keimgehalt und in Bezug auf Haltbarkeit verschlechtern.

Solche unfertigen Biere, wie vielfach die Münchner Stadtbiere, machen Leute mit feineren Geschmacksnerven, wie namentlich auch die aus Weingegenden stammenden, sehr rasch trinkmüde und bekommen schlecht, wenn man die zu trinkende Quantität nicht sorgsam abgrenzt und festhält. Mir geht es seit Jahren so, vielen andern aber auch. Zahlreiche Bekannte, die noch in den besten Jahren stehen, sagten mir, dafs sie seit Jahren in ihrem ehedem als Bedürfnis empfundenen Bierquantum sehr zurückgegangen seien, ohne dafs sie selbst darüber im Klaren waren, wie das so kam. Die Sache hat also offenbar einen prinzipiellen, keineswegs einen subjektiven Charakter. Erst Ende Dezember 1898 sagte mir ein kräftiger, aus der Rheinpfalz stammender Herr, welcher schon seit vielen

Jahren als sehr bekannter Beamte in München lebt, wörtlich folgendes: Wenn ich in Oberbayern auf dem Lande bin, kann ich anstandslos vier Glas Bier trinken, auch sechs machen mir keine Schwierigkeiten; bin ich aber in München, dann habe ich Mühe, eins hinunterzuwürgen. Diese Biere, meinte er, sind zu jung, unreif, ungeniefsbar, ungesund, und die Brauer werden schon noch ihre Erfahrungen machen, wenn sie auf diesem Wege verharren.

Die Thatsache, dafs man heute auf dem Lande von den mittleren und kleineren Brauereien vielfach weit bessere Biere zu trinken bekommt wie in den Grofsstädten, ist unbestreitbar. Sie wurde mir jüngst erst von einem namhaften Technologen bestätigt. In der Allg. Br. u. H.-Ztg. 1898, II, 1653 ist erwähnt, dafs sich seit 1881—1897 die Biererzeugung in München erheblich gehoben hat, in der relativen Menge des erzeugten Braunbieres aber von Landdistrikten übertroffen wird.

Ich verkehre in München in den mannigfaltigsten Gesellschaftskreisen, überall begegne ich derselben Ansicht. Unlängst, als im Kreise von Gelehrten von den modernen Münchner Bierverhältnissen die Rede war, sagte ein Universitätsprofessor (Vertreter der angewandten Naturwissenschaft) ohne weiteres: Die Münchner Biermisere datiert vom Tage der Erfindung der Lindeschen Eismaschine. Wenn auch die Zahl der wahren, sachverständigen Bierkenner in der grofsen Masse der Biertrinker nicht übermäfsig grofs ist und die Brauer viel Thörichtes über ihr Getränk anhören und mit in den Kauf nehmen müssen[257]), in diesem Kreise fehlen die sachlich Urteilenden gewifs nicht[258]).

Früher hatten die Ärzte bei Rekonvaleszenten stets den Rat, dieses oder jenes gut vergorene und abgelagerte Bier zu trinken. Heute wird meistens bei Erkrankungen der Verdauungsorgane zunächst vom Biergenufs abgeraten und höchstens, wenn es erreichbar ist, echtes Pilsener empfohlen. Insbesondere haben die Karlsbader Ärzte zur Verbreitung des Pilsener beigetragen. Sehr oft habe ich im Kreise sehr verständiger Biertrinker die Ansicht aussprechen hören, dafs es noch nötig werden könnte, gegen die gesundheitschädlichen jungen, unreifen Biere die Hilfe der Gesundheitspolizei in Anspruch zu nehmen. Unreifes Obst dürfe nicht zum Verkauf gelangen, wohl aber unreifes Bier. Es sei notwendig, einmal in Masse dagegen Front zu machen, namentlich auch durch Gründung genossenschaftlicher Brauereien, die zwar mit den neuen Einrichtungen, aber nach alter Methode arbeiten. Aber das ist leichter gesagt als gemacht.

Die Hoffnungen des anspruchsvolleren Teiles der Bierkonsumenten, welche mit den gewöhnlichen modernen Bieren der Grofsbrauereien unzufrieden sind, beruhen auf den gut geleiteten mittleren und kleineren Brauereien, deren Besitzer auch noch im stande und gewillt sind, den Betrieb zu beherrschen, zu leiten und mit ihrem Wissen, Können und Willen zu durchdringen.

Dafs diese Zustände auch in andern Lokalitäten und Ländern mit dem modernen Eismaschinen-Grofsbrauereibetrieb vorhanden sind, zeigt sich auch in der Einfuhr fremder Biere in der Grofsstadt Wien. Die Einfuhr betrug 1896: 1237995 hl, 1897: 1269591 hl, 1898: 1312872 hl

Die Wiener Br.- und H.-Zeitschr. »Gambrinus«[259]) bringt einen Artikel, worin sie, gestützt auf gewichtige Gelehrtenstimmen, den Nachweis zu erbringen sucht, dafs das Bier eine erhebliche physiologische Bedeutung habe und zur Ausrottung des volksschädlichen Branntweingenusses seitens der Regierung allen Vorschub verdiene.

Es werden desfallsige Aussprüche von einer Reihe von Gelehrten angeführt, so von Louis Pasteur (Paris), welcher sagt, dafs die zivilisierten Menschen aller Zeitepochen bierähnliche, stimulierende Getränke konsumiert haben. Schädlichkeiten bringe nur der Alkohol. Bier sei ein hygienisches Getränk, das heitere Geselligkeit befördere.

Professor Dr. Meynert sagt, dafs man das Bier nicht mit Alkohol, Absynth etc. zusammenwerfen dürfe, es sei vielmehr ein gesundheitliches Genufsmittel, welches — je nachdem — leicht anregend oder beruhigend wirke. Die Nachteile übertriebenen Biergenusses seien gering; Reizmittel könne der Mensch nicht entbehren, und das Bier sei ein unschädliches, der Gesundheit dienliches.

Professor Dr. Rosenthal in Erlangen sagt: es sei für die Zivilisation ein Glück, wenn das billige, gute, leicht zugängliche Bier überall den Schnaps verdränge; es sei das Bier ein wichtigster Hebel des Kulturfortschrittes, indem es den barbarischen und zivilisationsfeindlichen Schnaps verdränge und seine milde Wirkung an die Stelle des verderblicheren und gefährlicheren Branntweins setze.

Sir Horace G. Stafford, Professor an der Universität Glasgow, ein hervorragender Hygieniker, meint, dafs bei den geselligen Zusammenkünften in England immer noch dem Bier zu wenig Raum gegeben werde. Die Parole sei: Trinket Bier! Die Brauereien, welche Ale, Stout und andere Malzgetränke brauen, sollten sich so schnell vermehren wie einst die kleinen Schnapsbrennereien, das wäre zum Segen des englischen Volkes.

Der russische Staatsrat und Prof. Dr. Alexejowitsch sagt, dafs der Alkohol kein Nahrungsmittel sei, wohl aber in starker Verdünnung und in Verbindung mit andern, den Verdauungsorganen zusagenden Stoffen, wie im Bier, zur Wärmebildung im Körper sehr verwendbar sei. Bier wirkt, mäfsig genossen, belebend, erfrischend, kräftigend, auch nährend, durststillend auf den Organismus, sei also ein Volksgetränk im weitesten Sinne und der mächtigste Feind des Branntweins; dazu gehört aber, dafs es billig käuflich und von guter Qualität sei.

Das ist nun der Kern der Sache. Diese jungen, harzreichen Massenbiere sind zwar nicht teuer, aber gewifs auch nicht von guter, gesundheitzuträglicher Qualität! Läfst doch diese Zeitschrift auf derselben Seite (422) in einem Artikel »Das reine Bier« den sagenhaften König Gambrinus u. a. sagen: Wer mir anrührt die Lagerfässer, Ehe das Bier zehn oder besser zwölfe ganze Wochen alt, dem dreh' ich um den Kragen! Ja, wenn das wäre, dann verstummten bald die Klagen!

Bei der Naturforscherversammlung im September 1899 in München gaben verschiedene Herren, welche vor 20—30 Jahren in München studiert hatten, ihrer Verwunderung Ausdruck, wie sehr die Qualität der Biere abgenommen habe; sie hätten sich so darauf gefreut, seien aber enttäuscht!

Die Opposition gegen diese Leistungen der modernen Brauerei hätte sicher schon ganz andere Dimensionen angenommen, wenn es in Südbayern einen billigen, guten, trinkbaren Landwein gäbe. Der Südtiroler kommt infolge des hohen Eingangszolles zu teuer; so müssen durch solche Zölle die Konsumenten zu Gunsten von Produzenten, um diesen bequemen Betrieb und reichliches Verdienen zu erleichtern, selbst gesundheitlich herhalten. Dazu kommt, dafs die grofsen Brauereien die meisten Restaurants als Eigentum besitzen, also auch da einen gewissen Zwang ausüben können. Durch alle solche Dinge lassen sich aber Bewegungen, hinter denen ein naturgesetzlicher Zwang steht, niemals aufhalten und zum Stehen bringen, sie lassen sich höchstens vorübergehend anhalten.

Nachdem nun durch die erhebliche Reduktion des Hopfenwertes in seiner konservierenden Bedeutung dessen Stellung als Rohmaterial in der Grofsbrauerei erheblich eingeschränkt worden war, blieben als wichtige Leistungen des Hopfens nur noch der Bittergeschmack und das Aroma, auch der Gerbstoff; das Aroma spielt aber bei der Münchner Braumethode auch keine so bedeutende Rolle mehr.

In den Gegenden, wo das Publikum hopfenaromatische Biere liebt, hat man das auch durch die Veränderung des Hopfenzusatzes beim Würzekochen, also auch mit nicht geringen Einsparungen an Hopfen, zu erreichen gewufst, namentlich dadurch, dafs man einen Teil des Hopfens erst kurz vor dem Ausschlagen der Würze in die Pfanne gibt, damit das nun in der Würze gelöste Aroma (Hopfenöl) sich nicht mehr ganz verflüchtige und in der kurzen Kochzeit nur das feinste Bitter zur Lösung komme, das grobe, derbe, schwer lösliche, harzgebundene aber im Hopfen zurückbleibe.

Dieselben Gesichtspunkte hat man auch beim Darreichen kleinerer Quantitäten feinsten, trockenen Hopfens in die Lager- und Transport-Fässer, wovon wir später noch sprechen werden. Es ist das letztere Verfahren namentlich da in Übung, wo das Publikum ausdrücklich hopfenaromatische und fein bittere Biere verlangt, so in England, in Österreich; in neuerer Zeit hat sich das aber auch auf gewisse Gegenden Deutschlands ausgedehnt.

Bei den Münchner, sogenannten malzaromatischen Bieren tritt in der That der Hopfenbittergeschmack stark zurück; wenn er sich in noch zu jungen Bieren, trotz der gereichten geringen Hopfengabe, stärker geltend macht, hat er einen schroffen, harzigen, rohen, widerlichen, abstofsenden Charakter. Das Hopfenaroma verschwindet aus dem Münchner Biergeschmack nahezu ganz. Es hängt das nicht blofs mit der Gröfse der Hopfengabe, sondern auch mit der Zeitdauer des Hopfenkochens zusammen; man gibt in München den Hopfen gleich beim Beginn des lange dauernden Würzekochens, so dafs er also die ganze Zeit des Würzekochens im Kessel ist, wobei das ätherische Öl natürlich gröfstenteils (keineswegs ganz) verdampft.

Man gab früher in Bayern und München bei 4—6 monatlicher Lagerzeit $^3/_4$—1 Pfd. Hopfen per 1 hl Bier, also $1^1/_2$—2 Pfd. per 1 Ztr. Malz. Nach F. Kamberger[260]) gab man damals in Bayern und Süddeutschland $^5/_8$—$^3/_4$ Pfd. Hopfen auf den Hektoliter Bier. Man gibt heute in München per 1 Ztr. (50 kg) Malz kaum $^1/_2$ Pfd. Hopfen, die ganze Menge gleich beim Beginn des Kochens und kocht dieses kleine Quantum $2^1/_2$—3 Stunden lang mit der Würze.

Es ist klar, dafs dabei das ätherische Öl, welches der Träger des Hopfenaromas ist, nahezu vollständig ausgetrieben wird; das wäre natürlich mit dem ätherischen Öl so ziemlich auch dann der Fall, wenn man das Doppelte an Hopfen gäbe, wobei aber dann das Bier, bei der jetzigen Kellerbehandlung, zu bitter würde. Ohne Zweifel bleiben aber dennoch gewisse Quantitäten teilweise veränderten Öles auch in den so hergestellten Würzen und Bieren zurück, und man weifs auch von andern Umständen her, dafs selbst kleinste Mengen ätherischen Öles, welche in einer Flüssigkeit vorhanden sind, ganz erstaunlich grofse Wirkungen auf den Geschmacks- und Geruchs-Sinn sowie auf die Verdauungsorgane ausüben.

So ist es auch begreiflich, dafs in einem solchen Terrain — der weitestgeführten Hopfengabenreduktion — die Idee auftauchen konnte, dafs der Hopfen nun für die Biererzeugung nur eine Nebensache sei. Selbst in Weihenstephan wurde in jener Zeit, wo die Entwicklung der modernen Kellerbehandlung unter Anwendung der Kellerkühlung ihren Höhepunkt erreicht hatte, den Brauereistudierenden von leicht zu erratender Seite immer gesagt, dafs heutzutage der Hopfen in der Herstellung des Bieres nur noch eine ganz untergeordnete Bedeutung habe. Ich habe die jungen Leute nicht danach gefragt, sie sprachen immer davon im Hopfenpraktikum; die meisten drückten über solche Ansichten ihr Erstaunen aus! — Ich habe weiter oben (S. 64) schon gesagt, wie es mit der Hopfenkenntnis der betreffenden Persönlichkeit ausgesehen. Man kann sich ja leicht denken, in welchem Grade dadurch meine Lehrthätigkeit erschwert und gelähmt wurde! — Ich will damit keineswegs sagen, dafs alle Technologen solche Ansichten hegten, ich kenne vielmehr selbst solche, bei denen dies nicht der Fall[261]). — Für so ein Bier, welches von der fremden Konkurrenz im Handumdrehen auf die Seite geschoben wird, kann das richtig sein. Das Quantum des verwendeten Hopfens als Schätzungsgrundlage zu nehmen und so dem Hopfen für die dunklen, minder gehopften Biere eine geringere Bedeutung beizumessen wie für die hellen, stärker gehopften, das ist doch sehr gewagt, ein bedenkliches Kriterium für die Auffassung des so Urteilenden über den Wert und die Bedeutung des Hopfens bei der Erzeugung des Bieres. Ganz lassen sich aber die Eigenschaften des Hopfens durch die Kälte nicht ersetzen, denn Kälte bedeutet nicht Thätigkeit (Leben) und Ausgestaltung (Entwicklung), sondern Stillstand. Solche Biere, welche nicht durch normale innere Umsetzung, sondern mit Hilfe allerlei künstlicher Eingriffe (Filterpressen, Klärspäne, Hausenblase) fertig gemacht werden, sind nicht wohlschmeckend und nicht gesund, wie die normal (durch eigene Gärung, also von innen heraus) fertig gewordenen.

Dafs auch die bestgeleitete Brauerei einmal in die Lage kommen kann, mit solchen Mitteln gegen Trübungen anzukämpfen, ist ganz natürlich; aber dafs solche künstlichen Klärapparate zum selbstverständlichen Inventar der modernen Brauereien gehören, von denen fortgesetzt Gebrauch gemacht werden mufs, weil sonst die noch nicht reif zum Ausstofs gelangenden Biere wegen Trübe und Glanzlosigkeit unverkäuflich wären, das ist eine eigentümliche, unschöne

Konsequenz der modernen, durch die Eismaschinen bewirkten Kellerbehandlung, keine Zierde und kein Ruhmestitel der modernen Brauerei, abgesehen von dem anerkannt schlechten Einflufs solchen Verfahrens auf Wohlgeschmack und Bekömmlichkeit des Bieres. Die wirklich guten, sogenannten Pilsener Biere, z. B. die aus dem Bürgerlichen Bräuhause in Pilsen, zeigen schon in ihrem zum Trinken anregenden Geschmacke, dafs sie durch eigene Arbeit, von innen heraus, und nicht durch künstliche Klärmittel oder Apparate klar und hell geworden sind.

Eine Münchner Grofsbrauerei hat jetzt schon seit Jahren gegen das Frühjahr hin ganz schöne helle, ziemlich gut vergorene Biere mit ganz harzfreiem, mildem, weichem, schönem, prächtig abgerundetem Bitter von ganz edlem Charakter; und doch ist das Bier nicht das, was man »süffig« nennt, es fehlt ihm der Wohlgeschmack, welcher die Trinklust weckt, und man wird schon beim ersten Glase trinkmüde. Da diese Geschmacksverhältnisse konstant auftreten, so mufs doch das als das Produkt betriebstechnischer Einrichtungen und nicht als zufälliges, vorübergehendes Ergebnis angesehen werden; es liegt nahe, dafs das nur mit den Klärvorrichtungen zusammenhängt, und es erscheint mir geradezu unbegreiflich, dafs die Betriebsleiter nicht bestrebt sind, eine solche selbstschädliche Sache baldmöglichst aus der Betriebstechnik auszuschalten.

Wenn man dagegen die weinigen Biere nach Pilsener oder Wiener Art trinkt, so wird man einen ganz andern, sehr ausgeprägten, zuweilen sogar recht scharfen Hopfengeschmack finden. Bei diesen Bieren schwankt der Zusatz des Hopfens per 1 Ztr. Malz von 0,70 — 1,25 kg (1,50 — 2,50 Pfd.). Auch setzt man den Hopfen der Würze in mehreren (meist 3) Portionen zu, die letzte kurz vor dem Ende des Würzekochens. Die Verfahrungsarten, welche dabei eingehalten werden, sind örtlich sehr verschieden; wir werden in einem folgenden Abschnitt noch eingehender davon sprechen.

Wenn zu der reichlichen Hopfengabe bei den Pilsener Bieren wirklich nur feine Saazer Hopfen genommen werden, und die Biere die zur vollen Verdauung des Hopfens nötige Lagerzeit (Nachgärung), nicht unter 3 — 4 Monaten, erhalten, dann haben sie allerdings einen ausgeprägten und unvergleichlich feinen Hopfengeschmack in Bitter und Aroma.

Es ist das alles aber keineswegs immer der Fall. Oft findet man in den Pilsener und sonstigen österreichischen hellen Bieren ganz ordinäre, rohe Hopfensorten vertreten, deren innerhalb der Grenzen der österreichisch-ungarischen Monarchie genug wachsen, und wenn dann noch Unreife des Bieres beim Absatz hinzukommt, wie es heute in den mit moderner Kellerbehandlung eingerichteten Grofsbrauereien Österreich-Ungarns auch nicht selten ist, dann kommen höchst widerwärtige, bierähnliche Flüssigkeiten zum Vorschein, wie ich sie vor einer Reihe von Jahren bei einem längeren Aufenthalte in Prag zu trinken bekam, wobei ich in meinem Gemüt eine Sehnsucht nach Münchner Bieren aufdämmern fühlte.

Sehr beachtenswerte Ansichten entwickelte in dieser Frage vor Jahren das Amerikanische Brauerjournal[262]). Gut abgelagertes Bier zeichnet sich jungem Bier gegenüber durch viele namhafte Vorzüge aus, deren eigentliches Wesen aber den wenigsten Biertrinkern, ja nicht einmal jedem Brauer geläufig, und man hört diesbezüglich die irrigsten Meinungen und Behauptungen verfechten. Bier, sei es Ale oder Lagerbier, gewinnt stets durch rationelles Lagern. Es erhält dadurch eine gewisse Glätte, ein Verschmelzen aller guten Eigenschaften in eine, ohne dafs eine derselben sich besonders hervordrängte, so dafs das Bier, während es weder bitter, noch sauer, noch süfs, noch allzu berauschend, noch unangenehm überladen mit Kohlensäure ist, einen angenehmen Hopfengeschmack hat, der durch die notwendige Säure balanciert und durch die Extraktstoffe von Zucker und Dextrin gemildert wird, während die stimulierenden Eigenschaften seines Alkohols durch die flüchtige Kohlensäure leichter und erfrischender gemacht werden. Bier aus unreifem oder beschädigtem Hopfen ist nicht zu Lagerbier geeignet; ebenso ist es mit »fuchsigem« Bier, welches kleine Teile von Eiweifsstoffen enthält. Je niedriger die Gärtemperatur war und je langsamer die Gärung geführt wurde, desto haltbarer wird das Bier sein.

Lagerfässer sollen grofs sein, weil in grofsen Gefäfsen die Amalgamierung des hauptsächlichsten Aromas im Bier viel besser vor sich geht als in kleinen. Verlust an Hopfenaroma und Hopfenbitter tritt bei jedem Biere ein, wegen der allmählichen Zersetzung und Amalgamierung des hauptsächlichsten Aromas und Bitters; daher mufs ein für langes Lagern bestimmtes Bier stärker gehopft sein.

Der Keller soll nicht allzu trocken sein. Lange lagerndes Bier dunkelt stets mehr oder weniger.

Das Kapital zum Betriebe einer Lagerbierbrauerei mufs natürlich gröfser sein als da, wo das Bier verkauft wird, sobald der Gärungsprozefs beendet ist; aber die Resultate werden bei ersterer unvergleichlich günstiger sein, und die Konsumenten werden bald den Unterschied im Geschmack und feinen Aroma wahrnehmen, welcher stets zwischen jungem und gut gelagertem Bier existiert.

Horace T. Brown hielt 1898 im Nordenglischen Brauerei-Institut (North of England Institute of Brewing) einen Vortrag über die Fortschritte des amerikanischen Brauwesens[263]. Er hatte Anfang 1897 die Vereinigten Staaten besucht[264].

Man erzeugt dort Lagerbier und Ale. Herrschend ist das Lagerbier; nur in den Neuengland-Staaten hat sich das obergärig hergestellte Ale noch behauptet und scheint sich unter dem Einflufs verbesserter Braumethoden auch wieder mehr nach Westen auszubreiten.

Bis vor kurzem bereiteten die Alebrauer drei Sorten Ale: Present Use oder Lively-Ale (das Running-Ale Englands), ein Still-Ale und Stock-Ale. Das gröfste Geschäft findet in Present Use und Lively-Ale statt (über die Herstellung s. dort).

Die Present Use und Still-Ale sind mit hohem Vergärungsgrad hergestellt. Das Stock-Ale, dem englischen ähnlich, ist weniger stark vergoren und wird 9—12 Monate auf Lager gehalten.

In einem im Sommer so heifsen und trockenen Klima, wie es das amerikanische ist, sind kalte Biere verlangt und notwendig.

Aber wie jedem Brauer bekannt ist, treten bei gewöhnlichen obergärigen Bieren, wenn sie nur wenige Grade unter der Lagertemperatur abgekühlt werden, Störungen ein: sie verlieren den Glanz, weil die fein verteilten Hopfenharze und allerlei unbestimmte, gemeinhin (irrig) als Gluten bezeichnete Stoffe ausscheiden. Ein auf die gewöhnliche Weise abgefülltes Ale enthält im Bodensatz des Fasses stets einen Überschufs an solchen Stoffen, so dafs das Bier sich immer bei der betreffenden Lagertemperatur damit sättigt. Eine Temperaturzunahme bringt die Auflösung von etwas mehr Harzen mit sich, während eine darauffolgende Temperaturerniedrigung, selbst wenn sie nur wenige Grade beträgt, wieder eine geringfügige Ausscheidung derselben veranlafst, so dafs das Bier seinen Glanz verliert und die äufserst verteilten bitteren Harze, die damit ausgeschieden sind, eine merkliche und unangenehme Wirkung auf den Gaumen ausüben.

Die Unmöglichkeit, das Ale gut zu kühlen, ohne zugleich Trübung und mehr oder weniger Schalheit zu veranlassen, hat sich längst als ein Hindernis bei der Ausbreitung des Ales in den Vereinigten Staaten fühlbar gemacht, denn dieselben Einwände existieren natürlich nicht gegen Lagerbier, welches bei bedeutend niedrigeren Temperaturen vergoren und gelagert ist. Um diesen Übeln auch beim Ale zu begegnen, wurde vor einigen Jahren ein System eingeführt, das die kalte Lagerung und die Karbonisierung zugleich umfafste.

Die Temperatur (nahezu Gefrierpunkt), bei welcher das so behandelte Ale im Lagerkeller liegt, schliefst jede Gärung aus; die zurückgebliebene Hefe setzt sich — bei dieser Kälte gröfstenteils getötet — fast vollständig ab, ebenso ein Teil der Harzstoffe, die bei gewöhnlicher Temperatur in Lösung bleiben würden.

Bei der kalten Lagerung, die jede Nachgärung ausschliefst, kann das Ale nicht jene schönen ausgereiften Eigenschaften besitzen, welche man in England mit der Nachgärung im Fasse in Verbindung bringt. Bei so kalter Lagerung behält das Ale seine Eigenschaften, wie es sie beim Abfüllen besafs, die Oberhefe kann ihre Arbeit nicht leisten[265]. Die amerikanischen Brauer haben diesen Fehler noch gar nicht erkannt. Es wäre nach H. T. Brown leicht zu helfen, wenn man das Ale, nachdem es die Brauerei verlassen hat, auf 1—2 Wochen in Bottichen bei gewöhnlicher Temperatur von 55 ° F. lagern und etwas trockenen Hopfen zusetzen würde, bis es durch eine natürliche Nachgärung einigermafsen gereift ist. Dann kann man seine Temperatur herabsetzen und es in die kalten Lagerkeller laufen und die Karbonisierung und Filtrierung folgen lassen.

Es gibt schon einige Brauer in den Vereinigten Staaten, welche die kalte Lagerung so weit abändern, dafs sie das Ale vorher reifen lassen, wie eben angeführt, und die Erfolge sind sehr befriedigend; es sei notwendig, auf solche Art vorzugehen, denn ohne eine gewisse vorhergehende Ausreifung des Bieres sei es nicht möglich, alle jene Eigenschaften zu erhalten, welche ein kritisches Publikum verlangt. Durch die Vereinigung der beiden Systeme, d. h. einer beschränkten Ausreifung mit kaltem Lagern, Filtrieren und Karbonisieren, läfst sich ein Bier erzielen, das beim Konsum innerhalb einer nicht zu langen Zeit so vollkommen ist, wie es nur sein kann.

Die Bereitung von untergärigem Lagerbier in den Vereinigten Staaten unterscheidet sich nur wenig von den Methoden, welche in Europa üblich sind. Gallus Thoman, Sekretär des Brauer- und Mälzer-Vereins des Staates New-York, sagte in einem Reinbierbillausschufs der Legislatur am 21. Februar 1899: der Amerikaner wünsche heute ein leichtes, helles und wenig alkoholhaltiges Bier, und der Brauer müsse sich in seinem Interesse diesem Geschmacke anbequemen. Die Hauptgärung, bei 40—41 ° F. geführt, dauert 14—20 Tage. Dann kommt es in hohe Bottiche (Ruhefässer), wo es 1—4 Monate bleibt. Darauf gelangt es in die Spänefässer, wo es aufgekräust und gespundet wird. Zuweilen kommen an diese Stelle auch Schönmittel, und wenn es fast glanzhell ist, läfst man es durch ein Stockheim- oder Enzinger-Filter laufen und füllt es auf die Transportfässer ab. Die Haupt- und Nachgärung dauert 2—5 Monate, daher der Raum und das Anwesen für eine Brauerei von umfangreichem Geschäfte sehr beträchtlich ist und das Betriebskapital dazu im Verhältnis steht.

Mit Anwendung des Pfaundlerschen Vakuumsystems sucht man jetzt die zur vollständigen Vergärung des Lagerbieres erforderliche Zeit abzukürzen und damit Herstellungskosten (Lagerraum, Fafsmaterial, Zinsenverlust etc.) zu sparen. Dafs die Gärungen schneller verlaufen, wenn die Gärgase (Alkohol, Kohlensäure etc.) entfernt werden, ist gewifs; ebenso, dafs sich mit dem Vakuumsystem ein vollständig gesundes und verkäufliches Bier herstellen läfst. Brown meint aber selbst, dafs es dennoch fraglich sei, ob die längere Lagerung und Reife dem nach altem System gebrauten Bier nicht gewisse feine Eigenschaften verleihe, welche dem schneller bereiteten und weniger gereiften Vakuumbier abgehen. Darüber kann nur wieder das Resultat und die Konkurrenz entscheiden; das Risiko trägt der Bahnbrechende.

In der Hauptsache, was die Reife und den davon abhängigen Wohlgeschmack des Bieres betrifft, vertritt also H. T. Brown ganz dieselben Ansichten wie ich.

Bis 1897 war das Pfaundlersche Vakuumgärverfahren in Helsingborg (Schweden), Christiania (Norwegen), Stockholm (Schweden) und 1897 von Gebr. Vofs in Barmen (Deutschland) eingeführt worden. Um Mitte Februar 1898 wurde das alte und das neue (mit dem Pfaundlerschen Apparat hergestellte) von einer grofsen Zahl von Brauereileitern und Braumeistern eingehend geprüft; in allen Fällen fiel das Urteil zu Gunsten des Vakuumbieres aus, sowohl in Hinsicht auf den vortrefflichen Geschmack wie das glanzvolle Aussehen.

In der Allgem. Br.- u. H.-Ztg.[266]) berichtet Fr. Rutschmann über das Vakuumgärverfahren in Barmen: Die Biere hatten nach 26 Tagen, wo sie zum Ausstofs fertig waren, ganz den Geschmack reiner, abgelagerter Biere, wie ihn diese, ohne Vakuumverfahren, nach 6—7 Wochen noch nicht hätten. Aber es mufs zum Klären das Filter herangenommen werden, die — wie Herr Rutschmann selbst gesteht — sogar in den Augen wirklicher Fachleute zweifelhafte Kunst des Filtrierens. Vor dem Filtrieren war das Bier trüb, aber gut und wie abgelagert schmeckend. Rutschmann glaubt, dafs die Trübung von Eiweifsstoffen herrührt und dafs sie sich beseitigen läfst.

In der Wochenschr. f. Br. 1899, S. 174 werden die Erfolge mit der Vakuumgärung sehr gelobt. Die Biere sind nach 3—4 Wochen so reif wie sonst nach 3—4 Monaten; dieselben sind sehr kohlensäurereich. Gär- und Lager-Keller können auf den 3. Teil reduziert werden. Die stählernen, lackierten Gärcylinder sind sehr leicht zu reinigen etc. Ich habe vielfach gesehen, wie den Brauern gewisse Dinge lebhaftest empfohlen wurden, nicht blofs von spekulierenden, Absatz suchenden Geschäftsleuten, sondern auch von Brauern, welche aus irgend einem Grunde Gebrauch davon gemacht hatten und dann das Ergebnis — schon zu ihrer eigenen Beruhigung — lobten! Wenn dann die Erfahrungen wachsen, kommen die Nachteile von überall her zum Vorschein.

Auch neuere Nachrichten über die Bierqualität bei der Vakuumgärung (s. Gambrinus, Wien 1900, S. 614) lauten sehr ungünstig. Vollmundig sind die Vakuumbiere nicht, wenn auch nicht leer, vielleicht zu rein. In dem von Dr. Zirkes erstatteten Bericht heifst es: Fort und fort wird geklagt über die geringe Haltbarkeit der Biere, mangelhafte Schaumhaltigkeit, faden Geschmack, über schlechte Ausbeuten etc.; wenn freilich jene Ansichten Recht behielten, welche die Vollmundigkeit und Schaumhaltigkeit vom richtigen Maischen abhängig sein lassen, dann könnte die Vakuumbehandlung im Gärkeller nichts damit zu thun haben.

Über die Feinde des Brauers im Betriebe bringt die Allg. H.-Ztg. (1899, II, 2467 u. ff., nach der Allg. Zeitschr. f. Br.) einen Artikel, in dem in Bezug auf den Hopfen gesagt wird, dafs derselbe bei der Konservierung des Bieres und auch später im Verlaufe der Gärung unangenehme Überraschungen bereiten könne. An Sorgfalt bei der Aufbewahrung fehle es schon wegen des hohen Preises dieses Artikels wohl nicht, aber eben wegen des hohen Preises werde oft minderwertiger und alter Hopfen angewendet, der dann, abgesehen vom mangelhaften Geschmack, auch wegen des Durchfallens der Decken bei der Hauptgärung recht unangenehm würde. Ein wie angenehmer Schutz eine stärkere Hopfengabe für den Brauer sei, der sich dieselbe wegen des Charakters seiner Biere und seiner sonstigen Verhältnisse gestatten kann, eine um so gefährlichere Sache ist eine schwache Hopfengabe, vor der, wenn sie nicht durch den Charakter des Bieres bedingt ist, nachdrücklich gewarnt wird.

b) Die Einführung der Eismaschinen als Hauptveranlassung zur Hopfenreduktion.

Die Aufgaben der Bierbrauerei sind — ihrem Verlaufe nach rein mechanisch aufgefafst — im grofsen und ganzen — wenigstens scheinbar — sehr einfach, die Unterschiede im Produkte sind aber gleichwohl erstaunlich grofs. Kaum gibt es irgendwo zwei Sorten aus verschiedenen, oft gar nicht sehr entfernt voneinander liegenden Brauereien hervorgegangener Biere, welche sich im Aroma und Geschmack völlig gleichen. Von aufserordentlicher Wichtigkeit für die Brauerei sind die Temperaturverhältnisse, da liegt zu einem guten Stück der Schwerpunkt der Brauerei. Nur wenn man die Temperatur in allen Etagen der Brauerei vollständig in der Hand hat, kann man mit Sicherheit ein gutes Bier erzeugen und erhalten. Die bezüglichen Anlagen sind sehr kostbar. Mit grofsem Geschick, selbst Raffinement, sind in neuerer Zeit, namentlich auch in Wien, die Kühlvorrichtungen und Malzkeller ausgeführt, um die Temperaturen genau regeln zu können. Ehevor die Eismaschinen kamen, hatten die Eislagerräume in den Kellern grofse Dimensionen; Eisteiche wurden angelegt, um die Eisgewinnung möglichst zu sichern. Oft mufsten die Gletscher in den Hochgebirgen oder in den arktischen Regionen den Ausfall in milden Wintern decken. Denn es war bei den alten Eiskellern schon Regel, dafs das Bier nie in einer Temperatur liegen darf, welche $+2^0$ R. übersteigt. Wie viele unterirdische Sommerkeller gab und gibt es, die im August auf 5—6 und 8^0 R. gehen, und solche, nicht seltene Keller, welche, wegen des Grundwassers oberirdisch angelegt, blofs mit Erde oder Sand umhüllt sind und bis 9, 10 und 11^0 gehen[267])! Gabriel Sedlmayr (zum Spaten) in München hat 1842 die ersten Eiskeller erbaut. Das Eiskellerbauen gehört also den 1840er, 1850er und 1860er Jahren an, und damit begann schon eine erhebliche Reduktion des Hopfenbedarfs in den Brauereien, die gute Eiskeller hatten.

In vielen Kellern wurde die Temperatur jahraus, jahrein unter dem Gefrierpunkt gehalten. Das Bier lagerte nicht blofs in Eis, sondern jeder durch den Verbrauch im Keller entleerte

Raum wurde sofort mittels provisorischer Mauer abgeschlossen. Schon auch aus diesem Grunde konnten die kleinen Brauer nicht mehr gut mit den grofsen konkurrieren. Man rechnete schon um 1870 in Wien, dafs eine Brauerei mit weniger als 180000 Eimern Produktion Jahreserzeugung die Konkurrenz in der Güte oder im Preise des Bieres nicht mehr aushalten kann[268]).

Der grofse Bedarf an Eis hatte in den 1860er Jahren zur Inangriffnahme des Gletschereises in den arktischen Regionen und in Mitteleuropa zur Ausbeute des Gletschereises der Hochalpen geführt. Nordamerika verfrachtete schon um 1859 auf 600 Schiffen das Eis der nördlichsten Gebiete dieses Kontinents nach den verschiedensten Teilen der Erde[269]), man berechnete die Quantität auf 250000 Tonnen; 1860 waren 10000 Personen im Eishandel thätig und 6000000 Dollar darin angelegt; 1865 waren bereits 15000 Personen und 9000000 Dollar darin beschäftigt. Der Hauptsitz des amerikanischen Eisgrofshandels war Chicago; im Spätsommer kostete in St. Louis der Zentner Eis 6 Dollar.

In Europa verschifften Schweden, Norwegen und Finnland Eis. In milden Wintern mufsten die hochgelegenen Alpenseen Eis liefern, so der Zeller See im Pinzgau, die Seeen des Schwarzwaldes; im Frühjahr 1866 wurde zu Baden-Baden der Zentner Eis mit 33 fl. bezahlt. Da von der Gesamtmenge des in den Handel kommenden Eises $^9/_{10}$ den Zwecken der Brauerei dienten, wird man begreifen, wie sehr mechanische Einrichtungen für relativ billige Eiserzeugung dieser willkommen sein mufsten. Diese nun kommenden Eismaschinen gestalteten den ganzen Brauereibetrieb um, brachten aber die Qualität des erzeugten Bieres stark ins Schwanken, und das Gleichgewicht ist in dieser wichtigen Sache heute noch nicht gefunden.

Thatsächlich war vor den Eismaschinen die Brauerei von heifsen (tropischen) Gegenden vollkommen ausgeschlossen und im gemäfsigten Klima nur in der kalten Jahreszeit möglich; im eigentlichen Sommer war die Brauerei geschlossen, was natürlich einen erheblichen Kapitalanlage-Zinsverlust verursachte. Die Eismaschine hat in der That die Brauerei von der Temperatur und somit auch vom Klima einer Gegend vollkommen unabhängig gemacht, und auch die Frage, ob der Winter Eis bringt, spielt keine so erhebliche, besorgniserregende Rolle mehr. Durch den Wegfall der Eislagerräume wird bedeutend an Raum gespart, was unter Umständen in den Grofsstädten sehr belangreich sein kann. Selbst die Anlage unterirdischer Keller ist nicht mehr unbedingt nötig. Die Temperatur in den Kellern ist jetzt leichter zu regulieren wie früher bei den Eiskellern; auch sind die Keller jetzt viel leichter rein zu halten.

Sehr richtig bemerkt aber der Kgl. bayer. Geheimrat v. Fuchs[270]), dafs ebenso wenig wie das Giefsen des Gärtners einen fruchtbaren Regen ersetzen kann, ebensowenig das Eis den Brauern einen guten (konstant kalten) Winter ersetzen kann.

Trotz der Eismaschinen führt Deutschland auch jetzt noch erhebliche Mengen von Natureis ein, so von

	1899 Doppel-Ztr.	1898 à 100 kg
Norwegen	1457114	2811787
Schweiz	80365	43741
andern Ländern . . .	54353	714001
zusammen	1591832	3569529.

1898 hatte Osterreich noch 341639 Doppel-Ztr. Eis geliefert ($^1/_{10}$ der Gesamtmenge); auch Rufsland war mit 291144 Doppel-Ztr. beteiligt; 1899 haben beide Länder fast nichts geliefert.

Ende März 1900[271]) war mittels Zirkulars Blockeis von verschiedenen Plätzen Norwegens angeboten, im Preise von 9—11 Mark per Tonne, von 1015 kg franko nach jedem gewünschten deutschen Ostsee- und Nordsee-Hafen, aber in Deutschland waren alle Lager gefüllt. Dagegen gab es nach England und Irland Geschäfte in Blockeis, mit Seglern von 500—800 Tonnen, auch für Dampfer, für 9 Schilling per Tonne von Christianiafjord nach Clougham. Ähnlich nach Frankreich.

Es gibt heute dreierlei Systeme von Eismaschinen: Kohlensäure-, Ammoniak- und Schwefligsäure-Maschinen, und man kann nicht ohne weiteres sagen, dafs das eine System besser sei als das andere[272]). Auch sind schon viele Enttäuschungen dort eingetreten, wo man von der Einführung der Eismaschinen allzuviel Günstiges für den Brauereibetrieb erwartet hat. Die Sache hat, wie ja auch aus unsern sorgfältigen Ausführungen genügend ersichtlich ist, wie so viele Dinge, auch ihre oft sehr bedeutenden Schattenseiten (s. ebenda l. c.). Das viele Bequeme, was die Eismaschine in rein mechanischer Beziehung für die Brauerei zur Folge hatte, enthielt als sehr unangenehmes Gegenstück weitgehende Nachteile in der physiologischen Qualität der zu jung, unvergoren zum Verkaufe gebrachten, durch allerlei Apparate für das Auge hergerichteten Biere. Das unverdaute, rohe, abstofsende, trinkmüde machende, harzgebundene Bitter dieser unfertigen Biere zwang zu einer immer weitergehenden Reduktion der Hopfengabe, wobei auch in den widerlich süfsen Bieren das bischen Hopfenbittergeschmack noch widerlich blieb. Die durch die mangelnden Hopfengaben, trotz der Eismaschinen etc., vielfach unsicher gewordene Haltbarkeit der Biere suchte man durch Salicylgaben etc. zu ergänzen. Da das Publikum sich trotz alledem mehr und mehr den hellen Bieren zuwendete, man also gezwungen war, diese zu machen, kam man von selbst in die Zwangslage, Saazer Hopfen zu beziehen, was von den sogenannten deutschen Hopfenhändlern aus geschäftlichen Gründen noch gefördert wurde. So sind wir jetzt schon bei einer deutschen Jahreseinfuhr Saazer Hopfen angelangt, welche die erschreckende Zahl von 70000 Ztr. erreicht hat, während unsere deutschen Hopfenbauern zu Grunde gehen. Am Bier, auch am hellen, hat sich aber, trotz des vielen Saazer Hopfens, gar nichts geändert; dessen Bitter ist natürlich nach wie vor gleich harzigroh, abstofsend und hart. Und jetzt kommt der unvermeidliche hohe Hopfenzoll gegen Österreich. Die Eismaschinen haben die Grofsbrauereien in eine Sackgasse geführt, aus der schwer herauszukommen ist. Die starke Persönlichkeit, welche mit kräftig geführter Axt den Weg bahnt, da herauszukommen, fehlt noch! — Auch brachten die Eismaschinen die Grofsbrauerei in eine erstaunliche Abhängigkeit (geistige Bevormundung) von den Hopfenhändlern, ohne dafs das Bier im geringsten besser geworden wäre. Der einzige Weg ist Erweiterung der Lagerkeller. Dann kann man auch mit minderwertigen, billigen Hopfensorten viel feiner schmeckende Biere machen.

Prof. Thausing[273]) sagt: Was man auch über das Bier und die Bierbrauer klagen möge, so müfste doch als eine natürliche Folge der Verbesserung der Technik (Dampfmaschinenbetrieb, Eismaschinen etc.) des Brauereibetriebes und der Überhandnahme des Grofsbetriebes gegenüber dem Kleinbetrieb eine Erhöhung der Güte des Bieres resultieren.

Unabhängig von der Jahreszeit bekommt der Biertrinker jetzt durch das ganze Jahr ein gleich gutes (? !) Bier kredenzt; nicht mehr wie früher werde das in voller Gärung befindliche Bier dem Konsum übergeben.

Mit Aufwand von bedeutendem Kapital baue man jetzt ausgedehnte Kellereien, die man mit grofsen Massen von Eis kalt erhalte, und darin werde Bier eingelagert, das erst nach 2—6 und selbst nach mehr Monaten zum Verkaufe komme[274]). Das Eis sei das erste, der Hopfen das zweite Konservierungsmittel. Nie und nimmer wäre jene Revolution in der Bierfabrikation möglich gewesen, die sich vollzog, als man von der Erzeugung der rasch fertigen, nicht haltbaren Oberzeugbiere zur Fabrikation der Unterzeugbiere überging, hätten wir nicht im Hopfen ein Mittel, welches so eminent konservierend auf das Bier wirkt! Mit dem abgelagerten untergärigen Bier von gröfserer Güte stieg der Bierkonsum, mit diesem der Hopfenverbrauch, und damit wuchs die dem Hopfenbau gewidmete Fläche.

Wie das doch alles so ganz anders gekommen ist! Heute haben wir die Eismaschinen, die damals gepriesenen Eiskeller sind längst überholt; wir haben konstant die tiefsten Kellertemperaturen durch das ganze Jahr, aber Brauereien, welche das Bier 2—6 und mehr Monate lagern, ehe es zum Verkaufe kommt, gibt es unter den grofsen, modernen nirgends. Die gewöhnlichen Biere sind gleichmäfsiger, aber nichts weniger als besser geworden.

Richtig ist in diesen Ausführungen, dafs wir heute in solchen Grofsbrauereien mit Eismaschinen (Kaltluftführungen) ununterbrochen Lagerkellertemperaturen von nur 0,5—1,0—1,5° C. haben. Bei solchen tiefen Temperaturen erstirbt das organische Leben nicht ganz, aber es fehlt auch jede Energie des Lebens und der chemischen Umsetzung, welche die Arbeiten im werdenden Bier vollziehen. Dazu hat man die Zeit der Nachgärung (der Lagerdauer) auch noch ganz erheblich gekürzt. Es ist höchst bezeichnend, dafs der hervorragende Münchner Technologe Karl Reischauer noch 1878 (s. Griesmayer: »Chemie des Bieres« — nach Reischauer — l. c. 43) sagen konnte: Man verwendet für stärkere Würzen (Sommerbier, Lagerbier) 12—13proz. Würze und für Schenkbier 11—12proz. und hält die Gärung für Schenkbier auf einer Temperatur bis 11° C., für Lagerbier 5—8° C.; und S. 47 (l. c.) sagt er, dafs man die Lagerkeller durch seitlich angebrachte, gemauerte Eiskeller bis auf etwa 8° C. abkühle. Da war also noch eine Hefen- und Gär-Thätigkeit möglich, und dabei blieben die Biere viel länger im Lagerkeller wie heute!

Mit Rücksicht auf den aufserordentlich grofsen Einflufs, welchen die Eismaschinen auf die moderne Entwicklung der Brauerei und auf das Schicksal der Hopfenkultur gehabt haben, lohnt es sich, einen kurzen Blick auf die Entwicklungsgeschichte der Eismaschinen selbst zu werfen[275]), denn der Brauer braucht nicht nur Eis für seinen Betrieb, sondern auch für seine Wirte.

Es gibt eine ganze Anzahl von Eismaschinensystemen, aber keines hat auch nur annähernd eine solche Ausbreitung über alle Länder der Welt zu gewinnen vermocht wie jenes des früheren Professors der Maschinenlehre an der Technischen Hochschule in München, Herrn Karl v. Linde. In England und Nordamerika sind aber doch andere Eismaschinen als jene von Linde in grofser Verbreitung.

Über die Entwicklung der Eismaschinen hat uns der hervorragende Ingenieur R. Diesel in einem Vortrage einen Überblick gegeben[276]).

In der Brauerei wurde (in Deutschland etc.) bis etwa 1877 fast ausschliefslich Natureis verwendet, welches im Winter gesammelt und aufgestapelt wurde. Damals kannte man in der Praxis nur Carrésche Eismaschinen, die nach den Angaben von Windhausen gebauten Kaltluftmaschinen und aufserdem in England die Kirkschen Kaltluft- und die Siebeschen Äther-Eismaschinen. Die Maschine von Carré, früher von Krapf in Nordhausen und Fafs und Littmann in Halle gebaut, waren Ammoniakmaschinen mit Absorption. Sie sind in Frankreich verbreitet; anfangs der 1870er Jahre stand eine solche in Weihenstephan. Zur Zeit der Wiener Weltausstellung 1873 stand die Carrésche Eismaschine noch im Vordergrunde des Interesses. Auch die mit schwefliger Säure arbeitenden Maschinen von Pictet in Genf sind in Frankreich verbreitet; für Deutschland hat die Lindesche Eismaschinengesellschaft das Patent erworben.

Die Eismaschinen waren aber damals für die Industrie nur von ganz untergeordneter Bedeutung. Man verwendete sie nur, um aushilfsweise Eis bei eintretendem Eismangel zu beschaffen, setzte sie aber aufser Betrieb, wenn genügende Mengen Natureis vorhanden waren.

Die Windhausenschen Kaltluftmaschinen sollen die Luft der Keller unmittelbar kühlen. Schwierigkeiten im Betrieb und hoher Arbeitsaufwand machten ihre dauernde und allgemeine Verwendung unmöglich.

Es handelt sich aber bei diesen Lindeschen Maschinen darum, das Natureis vollständig durch mechanisch erzeugte Kälte zu ersetzen, diese Kälte aber nicht erst zur Eisbereitung, sondern direkt zu benutzen.

Im Jahre 1875 wurde die erste Lindesche Kühlmaschine zum Ersatze des Eises in der Brauerei von Gabr. Sedlmayr in München aufgestellt. Sie diente zur Abkühlung von Wasser von 0—84° C., das für die Bierkühler und Gärbottichkühler verwendet wurde.

1876 trat die erste gelungene Abkühlung untergäriger Gärkeller in der Brauerei von Ant. Dreher in Triest hinzu. Dort wurde und wird heute noch die Gärkellerluft mittels grofser

Ventilatoren in fortwährendem Umlauf durch eine Kammer erhalten, in welcher sie mit abgekühlter Salzlösung in Berührung tritt. Die Abkühlung ist also hier mit künstlicher Lüftung verbunden.

Im Jahre 1880 wurde die erste Gärkellerkühlanlage ohne künstliche Lüftung in Heineckens Brauerei in Rotterdam eingerichtet, Ende 1881 die erste Lagerkellerkühlung gleicher Art in der Dortmunder Aktienbrauerei und der jetzigen Löwenbrauerei Dortmund.

Die Kühleinrichtungen dieser Anlagen bestehen aus Röhrensystemen, welche an den Deckengewölben hängen; durch diese Röhren fliefst die auf —5° bis —6° C. gekühlte Salzlösung und kühlt die umgebende Luft ab. Es handelt sich also um möglichst grofse und kalte Oberflächen, mit denen die Luft in Berührung kommt. Aus der Natur und Form dieser Oberflächen und der Luftzuführung entstehen die verschiedenen Systeme und Konstruktionen der Kaltlufterzeugung. Unerwünscht ist der Schneebeschlag auf den Kühlrohren, der öfter entfernt werden mufs. Die von der Gesellschaft Linde eingeführte Röhrenkühlung mit natürlichem Luftumlauf ist heute in allen mit Kältemaschinen ausgestatteten Brauereien Europas zur Anwendung gekommen. Bündel zweizölliger Röhren sind meist an den Gewölbedecken aufgehängt. Durch eine Pumpe wird die Salzlösung in die Röhren geprefst.

Die Wirkung der Lindeschen Maschinen beruht auf Verdampfung von reinem, wasserfreiem Ammoniak und Wiederverdichtung der Dämpfe durch Kompression und Abkühlung.

Die Lindesche Kälteerzeugungs- oder Eis-Maschine mit Verdampfung und Wiederverdichtung von Ammoniak etc., uranfänglich mit Salpetersäure arbeitend, war in der Mitte der 1870er Jahre in der Hauptsache vollendet. Die ersten Lindeschen Maschinen wurden von der Maschinenfabrik Augsburg, von Gebr. Sulzer in Winterthur, später auch von der Sächsischen Maschinenfabrik zu Chemnitz gebaut.

Die erste derartige, noch nicht mit Ammoniak arbeitende Lindesche Eismaschine erhielt, wie erwähnt, die Münchner Brauerei »Zum Spaten« von Gabriel Sedlmayr. Ebenda wurde auch die 1000. und 1001. Maschine aufgestellt. Die erste dieser Maschinen habe ich 1876, gelegentlich einer Exkursion mit den Weihenstephaner Technologen, in der Spatenbrauerei gesehen.

Inzwischen war das Patent in den Besitz der Gesellschaft für Lindes Eismaschinen in Wiesbaden übergegangen.

Von nun an wurden im Durchschnitt jährlich geliefert:

1877—1880	je 10	Maschinen,
1881—1885	» 70	»
1886—1889	» 150	»
1890—1894	» 200	»
1895—1897	» 370	»

Mit dem Schlusse 1889 waren 1000 Eismaschinen abgesetzt.

Bis 1898 waren ausgeführt oder in Ausführung begriffen 3460 Lindesche Eismaschinen, welche in 2019 Etablissements arbeiteten, und zwar in:

1095	Bierbrauereien,
365	Fleischkühlanlagen an Land,
130	» auf Seeschiffen,
155	Eisfabriken,
91	Butterfabriken und Molkereien,
35	chemischen Fabriken,
13	Chokoladefabriken,
11	Zuckerraffinerien,
8	Stearinfabriken,
6	Gummiwarenfabriken,
5	Champagnerfabriken,
3	Bergwerken (für Schachtabteufung),
84	Etablissements für verschiedene Zwecke.

Diese 2019 Etablissements verteilen sich auf die verschiedenen Staaten wie folgt:

	Anlagen
Deutschland und Kolonien	947
Österreich-Ungarn	123
Schweiz	51
England und Kolonien	335
Frankreich	45
Holland, Belgien, Kolonien	54
Italien, Spanien, Portugal	40
Dänemark, Norwegen und Schweden	33
Rufsland und Balkanstaaten	27
Vereinigte Staaten von Nordamerika	298
Brasilien	14
Mexiko	5
Argentinien	17
Chile und Peru	17
Columbien und Venezuela	6
China	2
Egypten	5

Die gesamte Eismenge, welche von diesen Kältemaschinen erzeugt und ersetzt wird, beträgt täglich 1300000 Ztr., jährlich etwa 475000000 Ztr.

Lindesche Maschinen mit zehn Kompressoren, wie sie in den gröfsten Brauereien des Kontinents, in München z. B. in der Brauerei zum Spaten, aufgestellt sind, arbeiten mit einem Betrieb, welcher einer täglichen Eisproduktion von 5000 Ztr. entspricht. Die gröfste Brauerei der Welt (eine obergärige), Guiness & Son in Dublin, erhielt schon 1893 vier grofse Lindesche Maschinen[277]).

Horace T. Brown[278]) sagt, dafs in Nordamerika eine jede Brauerei, selbst die kleinste Alebrauerei, mächtige Eismaschinerie besitzt, welche während des gröfsten Teils der 24 Stunden im Gange ist, um den gewöhnlichen Anforderungen des Betriebes zu genügen.

Bis Ende 1899 waren 3823 Eismaschinen von der Linde-Gesellschaft verkauft und aufgestellt.

c) Die Weltbierproduktion und der Wandel, den die Hopfengabe aller bierbrauenden Länder unter dem Einflusse der Eiskeller und später der Eismaschinen und Kaltluftführung seit 40—50 Jahren durchlaufen hat.

In einer Zeit, wo alle diese, die Bierproduktion und die Hopfengabe, also den Hopfenkonsum etc., betreffenden Zahlenangaben jährlich, ja täglich, den beträchtlichsten Wandlungen ausgesetzt sind, ist es schwierig und anscheinend wenig fruchtbringend, solche Zahlen festzuhalten, die sich sozusagen verändern, während sie aus der Feder fliefsen. Ohnehin ist unsere Darstellung, wie das nach Lage der Umstände nicht anders sein kann, nur eine schablonenmäfsige. Im Detail des wirklichen Brauereibetriebes der Weltteile und Länder wird sich das — in gewissen kleineren Beträgen — tausendfältig anders verhalten, ja sogar je nach Boden, Meereshöhe, Klima, Kellerbeschaffenheit, Wasser, Gerste (Malz), dem Geschmack der Konsumenten, den verfügbaren Hopfensorten, jahrgangweise wechselndem Gehalt und Qualität (namentlich Energiegrad in Bitter und Aroma) derselben Sorte etc., nicht unwesentlich abweichend gestalten. Es soll damit nur eine allgemeine Übersicht gegeben werden, die zugleich gewisse Stützpunkte auf dem Wege der Entwicklung bezeichnet, an welche man später mit anderweiten Zahlenergebnissen vergleichend anknüpfen kann. Von diesen Gesichtspunkten aus ins Auge gefafst, können diese Ausführungen manchen Nutzen positiver oder negativer Art stiften. Ich glaube indessen in der

That nicht, dafs sie von der Wahrheit sehr entfernt sind. — Wir sprechen indessen weiter unten, in dem Abschnitte über die praktische Bedeutung des Hopfenbitterstoffes, noch einmal über die Hopfengabe, dort speziell mit Rücksicht auf den Bittergeschmack des Bieres.

1. Die Weltbierproduktion 1874[279]).

Wenn auch diese Zahlen nicht als absolut genau angesehen werden können, so sind sie es doch annähernd; sie sind nicht nur an sich belehrend, sondern sie gestatten wichtige Vergleiche mit derselben Statistik einige Jahrzehnte später.

	Einwohnerzahl	Bierproduktion im ganzen
		hl
Baden	1 462 000	1 212 000
Bayern r. d. Rheins	4 248 000	12 075 000
Norddeutsche Brausteuergemeinschaft	31 368 000	17 191 000
Elsafs-Lothringen	1 550 000	889 000
Rheinpfalz	615 000	600 000
Württemberg	1 818 000	3 995 000
Deutsches Reich	41 256 000	35 962 000 (1873 = 33 000 000)
Belgien	4 984 000	7 854 000
Dänemark	1 861 000	800 000
Frankreich	36 103 000	7 000 000
England	32 412 000	45 000 000
Italien	26 801 000	150 000
Niederlande (Holland)	3 073 000	1 356 000
Österreich	35 645 000	12 670 000
Rufsland (europäisch)	63 659 000	1 200 000
Skandinavien	5 946 000	450 000
Schweiz	2 969 000	420 000
		112 142 000

Nach Noback[280]) waren die Brauereien der Welt an den Einnahmen der Staaten aus indirekten Steuern, also mit dem Bier, schon Ende der 1860er Jahre folgendermafsen beteiligt:

Staat	Thlr. à 3 Mark	Prozent der gesamten Staatseinnahmen
Grofsbritannien	35 854 000	7,5
Österreich	10 733 000	2,9
Frankreich	4 266 000	1,0
Belgien	3 861 000	9,0
Bayern	4 873 000	15,5
Preufsen (vor 1866)	1 747 000	1,2
Hannover	44 000	0,3
Sachsen	250 000	1,9
Vereinigte Staaten	2 030 000	0,4
Württemberg	860 000	2,9
Holland	280 000	0,5

2. Die Weltbierproduktion 1895[281]).

Deutsches Reich	61,3 Mill. hl,
Grofsbritannien und Irland	53,0 » »
Vereinigte Staaten (Südamerika, Australien)	55,4 » »
Österreich-Ungarn	20,61 » »
Übertrag	190,31 Mill. hl

	Übertrag 190,31 Mill. hl
Belgien	12,41 » »
Frankreich	8,87 » »
Ruſsland	4,58 » »
Dänemark	1,98 » »
Schweiz	1,58 » »
Niederlande (Holland)	1,45 » »
Schweden	1,45 » »
	222,63 Mill. hl.

Die jährliche Gesamtproduktion aller Länder der Welt betrug also damals nahezu 225 Mill. hl, woran Deutschland allein mit 27—28 % beteiligt war.

Die Bierbesteuerung stellte sich in

England	auf 186,38 Mill. Mark,
Deutschem Reich	» 88,5 » »
Österreich-Ungarn	» 66,92 » »
Frankreich	» 16,019 » »
Ruſsland	» 13,667 » »
Belgien	» 12,7 » »

In Deutschland kommen auf den Hektoliter Bier 1,30 Mark Biersteuer, in Groſsbritannien 3,51 Mark, in Österreich-Ungarn 3,24 Mark, in Ruſsland 2,98 Mark, in Frankreich 1,81 Mark, in Belgien 1,31 Mark.

Alle Brauereien erzeugten damals per Jahr:

In München	4,1 Mill. Hektoliter Bier,
» Berlin	3,3 » » »
» Wien	1,77 » » »
» Nürnberg	1,30 » » »
» Dresden	0,90 » » »
» Hamburg	0,66 » » »

Die Weltbierproduktion bis 1897[282]).

Gesamtproduktion an Bier in Gallonen, 1 hl = 22,0 Imperial-Gallons.

	1885	1895	1896	1897
Deutschland	932 228 000	1 218 118 000	1 335 290 000	1 355 662 000
England	993 759 000	1 178 506 000	1 238 120 000	1 271 269 000
Vereinigte Staaten	494 854 000	866 536 000	897 413 000	888 235 000
Österreich	274 692 000	380 050 000	409 662 000	—
Belgien	206 074 000	269 060 000	281 116 000	290 032 000
Frankreich	176 220 000	195 074 000	197 802 000	203 126 000
Ruſsland	77 063 000	82 528 000 (1894)	—	—
Dänemark	—	45 257 000	48 147 000	50 373 000
Schweden	20 878 000	38 368 000	46 244 000	—
Schweiz	19 690 000	37 444 000	41 360 000	—
Ungarn	14 718 000	31 152 000	36 872 000	35 134 000
Norwegen	7 546 000	8 030 000	7 458 000	8 338 000
Italien	3 586 000	2 354 000	2 266 000	2 464 000
Rumänien	704 000	792 000 (1893)	—	—

3. Die Weltbierproduktion 1897/98.

Nach der amtlichen Statistik des Deutschen Reiches und der übrigen Kulturstaaten betrug[283]) die Biererzeugung der Erde zusammen im Jahre 1897/98:

224400000 hl.

Davon entfielen auf

Deutschland	61300000 hl,	Schweden	1450000 hl,
Vereinigte Staaten mit Südamerika und Australien	55400000 »	Norwegen	540000 »
Grofsbritannien	53000000 »	Rumänien	310000 »
Österreich-Ungarn	20610000 »	Indien	290000 »
Belgien	12410000 »	Bulgarien	60000 »
Frankreich	8870000 »	Griechenland	65000 »
Rufsland	4580000 »	Italien	100000 »
Dänemark	1980000 »	Serbien	105000 »
Schweiz	1580000 »	Spanien	130000 »
Niederlande (Holland)	1485000 »	Luxemburg	135000 »

Die Verhältnisse Deutschlands:

Bayern	16200000 hl,	Ostpreufsen	1140000 hl,
Brandenburg	6030000 »	Elsafs-Lothringen	940000 »
Rheinlande	4750000 »	Pommern	770000 »
Königreich Sachsen	4380000 »	Westpreufsen	730000 »
Württemberg	3800000 »	Hamburg	730000 »
Schlesien	3120000 »	Posen	610000 »
Westfalen	2980000 »	Braunschweig	540000 »
Provinz Sachsen	2560000 »	Mecklenburg	470000 »
Thüringen	2320000 »	Anhalt	430000 »
Baden	2000000 »	Oldenburg	190000 »
Hessen-Nassau	1940000 »	Hohenzollern	140000 »
Hannover	1560000 »	Freie Stadt Bremen	280000 »
Schleswig-Holstein	1350000 »	» » Lübeck	110000 »
Hessen	1210000 »		

Von dem Erzeugnis Brandenburgs entfallen 2805000 hl auf Berlin, auf 20 grofse Brauereien, deren gröfste 1897/98 an 709000 hl Bier erzeugte. Vom Erzeugnis Westfalens entfallen 1426774 hl auf die Brauereien Dortmunds.

Deutschland steht also in der Biererzeugung obenan. Die gröfste Biererzeugung in Deutschland hat Bayern mit 16200000 hl. Aber auch getrunken wurde das meiste Bier, auf den Kopf der Bevölkerung berechnet, in Bayern. Es entfielen dort durchschnittlich auf jeden Bewohner jährlich 235,8 l Bier. Kein anderes Land erreicht diesen »Rekord« auch nur annähernd. Es kamen auf den Kopf der Bevölkerung in Belgien 169,2, Grofsbritannien 145, Deutschland 115,8, Dänemark 85, Schweiz 53, den Vereinigten Staaten 47, Österreich-Ungarn 44, den Niederlanden 40, Frankreich 22,4, Norwegen 15,3, Schweden 11 und Rufsland 4,7 l. Das wenigste Bier wird also in Rufsland getrunken. Bekanntlich lebt aber deshalb in diesem Reich die Bevölkerung nicht am nüchternsten; sehr grofs ist dort der Branntweinkonsum. Überhaupt ist die geringste Ziffer der auf den Kopf entfallenden Biermenge noch keineswegs für die Mäfsigkeit der Bevölkerung eines Landes entscheidend. Vielfach ist neben dem Bier noch der Schnaps, wie in Belgien, Grofsbritannien, Deutschland, den Niederlanden, Dänemark u. s. w., oder der Wein, wie in Frankreich und teilweise auch in Österreich-Ungarn, Volksgetränk. Im Jahre 1897/98 entfielen auf jeden Einwohner vom Säugling bis zum Greis in München 566, Frankfurt a. M. 428, Nürnberg 421, Berlin 206, Breslau 189, Prag 172, Wien 145, Strafsburg 136, Budapest 48, Moskau 28,

Marseille 11 und Paris 11 l. In den Städten mit geringer Bierziffer, wie Paris, Marseille, auch Budapest, wird mehr Wein, in Moskau mehr Schnaps getrunken. In Deutschland werden neben den 61 300 000 hl Bier jährlich noch etwa 32 000 000 l Wein und auch rund 230 000 000 l Branntwein konsumiert. Im vorigen Jahre betrug der Bierverbrauch auf den Kopf der Bevölkerung, wie angegeben, in Deutschland 115,8 l, von 1872—1889 jedoch, nach der Berechnung des Kaiserlich Statistischen Amtes, nur 89,4 l jährlich.

Die folgend vorgeführten Zahlen aus den statistischen Tabellen des Gambrinus in Wien, die jedenfalls auch sehr sorgfältig aus den Veröffentlichungen der einzelnen Länder gesammelt sind, stellen die Weltsumme 1898 um 23 000 000 hl höher dar.

Weltbierproduktion 1899.

244 000 000 hl.[284])

Deutschland	61,3	Mill. Hektoliter
Nord- und Süd-Amerika	55,4	» »
England	53,0	» »
Österreich-Ungarn	20,5	» »
Belgien	12,4	» »
Frankreich	8,87	» »

Auf den Kopf der Bevölkerung treffen:

In Bayern	235,8 l,	In Österreich-Ungarn	44,0 l
» Belgien	169,0 »	» Niederlanden (Holland)	40,0 »
» England	145,0 »	» Frankreich	22,4 »
» Dänemark	85,0 »	» Norwegen	15,3 »
» Schweiz	55,0 »	» Schweden	11,0 »
» Nordamerika	47,0 »	» Ruſsland	4,7 »

Am bayerischen Quantum wirkt aber der Export mit und die jährliche groſse Touristenschar, welche bayerische Berge, bayerische Luft, bayerisches Bier und bayerische Gemütlichkeit aufsucht.

4. Die Schwankungen der Angaben in der Literatur über den Länder- und Welt-Bedarf an Hopfen in Zentnern à 50 kg.

Länder	1898 (Gambrinus)	1898 (J. Barth in Nürnberg)	1897 (Gambrinus)[285])	1891 (Allg. H.-Ztg. 1892, I, 850)	1880 (Thausing, Braustat. Tabellen, Wiener Gewerbeausstellung Allg. H.-Ztg. 1880, II, 787)	1875 (Karl u. Homannsche Hopfenbaukarte)	1873
Weltkonsum	1 993 773	1 782 000	1 985 199	—	—	1 309 500	575 000
Europa	—	1 447 000	—	—	—	1 109 500	—
Europäischer Kontinent	—	793 000	—	—	—	—	—
Groſsbritannien	643 685	654 000	619 184	580 000	540 000	600 000	—
Deutsches Reich	390 803	—	461 060	385 000	306 000	321 500	—
Bayern	135 790	122 000	—	—	100 000	—	80 000
Norddeutsche Brausteuergemeinschaft	208 182	205 000	—	—	—	—	100 000
Preuſsen	—	—	—	—	130 000	—	—
Baden	16 447	14 000	—	—	10 000	—	11 000
Elsaſs-Lothringen	5 782	7 000	—	—	15 000	—	—
Württemberg	24 602	30 000	—	—	30 000	—	20 000
Hannover	—	—	—	—	—	—	—
Sachsen	—	—	—	—	20 000	—	20 000
Hessen-Darmstadt	—	—	—	—	7 000	—	4 000
Braunschweig	—	—	—	—	5 000	—	—
Freie Städte	—	—	—	—	—	—	4 000

Länder	1898 (Gambrinus)	1898 (J. Barth in Nürnberg)	1897 (Gambrinus)	1891 (Allg. H.-Ztg. 1892, I, 850)	1880 (Thausing, Braustat. Tabellen, Wiener Gewerbeausstellung Allg. H.-Ztg. 1880, II, 787)	1875 Karl u. Homannsche Hopfenbaukarte)	1873
Österreich-Ungarn	166 842	165 000	165 410	102 800 (Österreich)	90 000—100 000	100 000	100 000
Vereinigte Staaten mit Südamerika und Australien .	550 518	310 000 (ohn. Australien)	512 050	300 000 (nur Vereinigte Staaten)	245 000 (Vereinigte Staaten)	200 000 (Nordamerika und Australien)	—
Australien	—	25 000	—	—	—	—	—
Frankreich	69 500	70 000	61 720	70 000	54 000	48 000	—
Belgien	72 800	85 000	72 552	77 000	60 000	15 000	—
Niederlande (Holland) . .	11 114	15 000	10 280	15 000	12 000	—	—
Luxemburg	1 023	—	1 020	750	—	—	—
Schweiz	10 276	7 000	9 485	5 000	7 000	—	—
Schweden	16 209	7 000	11 735	10 500	4 800	—	—
Norwegen	2 203	3 000	3 680	—	4 000	—	—
Dänemark	13 222	14 000	12 775	14 000	10 400	—	—
Rufsland	37 020	37 000	36 960	25 000	20 000	Rufsland, Schweden, Norwegen.	200 000 Pud (à 1/3 Ztr.)
Spanien	918	—	910	1 350	—	—	—
Italien	752	2 000	565	1 500	2 000	Diverse Länder	36 000
Rumänien	731		625	2 000	—	—	—
Serbien	614		565	1 736	—	—	—
Bulgarien	840	10 000	610	—	—	—	—
Griechenland	533		528	900	—	—	—
Türkei, Indien etc. . . .	4 070		—	—	—	—	—
Britisch-Indien	—	—	—	1 400	—	—	—

5. Der Bierverbrauch auf den Kopf der Bevölkerung in Litern.

Länder	1898 (Gambrinus)	1897/98 (Deutsche Reichsstat. etc. Allg. Br.- u. H.-Zeitung 1899, II, 2136)	1894	1874 (Allg. H.-Ztg. 1875, S. 310)	1870—1899 (Diverse Angaben)	1865 (Allg. H.-Ztg.)
Europa	—	—	—	—	42	27,1
Grofsbritannien	137,0	145,5	113,0	138,0	137	112,0
Deutsches Reich	—	115,8	113,0	87,0	97—98	—
Bayern	282,5	235,8	282,0	284,0 (rechtsd. Rheins)	220—240—282	134,0
Rheinpfalz	—	—	—	97,0	—	—
Norddeutsche Brausteuergemeinschaft	86,0	—	—	—	—	—
Preufsen	—	—	19,6	—	—	19,6
Baden	101,8	—	—	83,0	—	81,0
Elsafs-Lothringen	49,6	—	—	57,0	—	—
Württemberg	235,2	—	—	290,0	—	104,0
Hannover	—	—	—	—	—	21,0
Sachsen	—	—	—	—	—	39,0
Thüringen	—	—	—	—	—	60,0
Hessen-Darmstadt	—	—	—	—	—	11,7
Oldenburg	—	—	—	—	—	27,0
Braunschweig	—	—	—	—	—	68,0
Mecklenburg	—	—	—	—	—	15,0
Freie Städte	—	—	—	—	—	27,0
Kurhessen	—	—	—	—	—	27,0
Nassau	—	—	—	—	—	12,0

Länder	1898 (Gambrinus)	1897/98 (Deutsche Reichsstat. etc. Allg. Br.- u. H.-Zeitung 1899, II, 2136)	1894	1874 (Allg. H.-Ztg. 1875, S. 319)	1870—1899 (Diverse Angaben)	1865 (Allg. H.-Ztg.)
Österreich-Ungarn	—	44,0	22,0	35,0 (Österreich)	35—37	22,0
Niederösterreich	120,0	—	—	—	—	—
Oberösterreich	123,0	—	—	—	—	—
Böhmen	122,2	—	—	—	—	—
Mähren	61,9	—	—	—	—	—
Steiermark	63,6	—	—	—	—	—
Tirol	32,2	—	—	—	—	—
Ungarn mit Nebenländern	6,5	—	—	—	—	—
Vereinigte Staaten, Südamerika, Australien	74,5	47,0 (Ver. Staaten)	—	—	—	—
Frankreich	28,1	22,4	15,0	16,0	28	15,0
Belgien	147,0	169,2	80,0	157,0	158	80,0
Niederlande (Holland)	29,7	40,0	39,0	37,0	30	39,0 (auch Sachsen-Weimar)
Luxemburg	46,2	—	—	—	47	—
Schweiz	44,4	55,0	20,0	16,0	28—45	20.0
Schweden	41,8	11,0	—	7,0 (Skandinavien)	22—41,8	11,5
Norwegen	17,55	15,3	—	—	34—17,55	7,8
Dänemark	87,2	85,0	—	43,0	64—87	13,8
Ruſsland	6,0	4,7	1,3	1,8	3—6	1,5
Polen	—	—	—	—	—	12,5
Spanien	1,2	—	2,0	—	1,5	2,0
Italien	2,0	—	1,1	0,5	0,5—2	1,1
Rumänien	3,3	—	—	—	3,3	—
Serbien	2,2	—	—	—	2,2	—
Bulgarien	2,1	—	—	—	2,1	—
Griechenland	2,6	—	—	—	2,6	—
Türkei, Indien	0,2	—	—	—	—	—
Britisch-Indien	—	—	—	—	—	—
Portugal	—	—	0,8	—	—	—

Städte	1897/98 l	1895 l	Städte	1897/98 l	1895 l
München	566	—	Wien	145	—
Frankfurt a. M.	428	—	Straſsburg	136	—
Nürnberg	421	—	Budapest	48	—
Berlin	206 (160)	28,0	Moskau	28	—
Breslau	189	—	Marseille	11	—
Prag	172	—	Paris	11	22,0

Die geringste Ziffer des Bierverbrauches per Kopf der Bevölkerung in einem Lande oder in einer Stadt ist keineswegs ein Beweis dafür, daſs man da sehr mäſsig lebt. In Ruſsland ist bekanntlich der Branntweinkonsum übergroſs. In Belgien, Groſsbritannien, Deutschland (namentlich im Norden), in den Niederlanden (Holland) und in Dänemark etc. wird neben dem Bier noch viel Schnaps getrunken, in Frankreich, Österreich-Ungarn etc. Wein. So ist es auch in den Städten. In Paris, Marseille und Budapest trinkt man viel Wein, in Moskau Schnaps. In Deutschland wurden 1897/98 neben 61 300 000 hl Bier noch 32 000 000 l (320 000 hl) Wein und 230 000 000 l (2 300 000 hl) Branntwein getrunken.

Internationale Trinkstatistik. Man schreibt aus London, 22. März 1900: Eine vergleichende Statistik über den Genuſs alkoholhaltiger Getränke in den verschiedenen Staaten, die dem Parlament soeben zuging, enthält manches interessante Material für den Politiker und Soziologen. Sie zerstört das Vorurteil, daſs Groſsbritannien das trunksüchtigste Land ist, vollkommen und läſst seine groſsen Kolonien in geradezu glänzendem Licht erscheinen. Die zwei groſsen biertrinkenden Nationen sind Deutschland und England, und in England nimmt der Bierkonsum noch beständig zu. Er ist von 27 Gallonen (1 Gallon = 4,544 l) per Kopf (im Jahr 1885) auf beinahe 32 im Jahr 1898 gestiegen. Der Totalkonsum betrug in Deutschland 1 382 000 000 oder 26 Gallonen per Kopf und in England 1 250 000 000 oder 31,3 Gallonen per Kopf. Einzelne deutsche Stämme übersteigen natürlich den englischen Durchschnitt bedeutend, so Bayern mit 56 Gallonen, Württemberg mit 43 und Baden mit 36½. Groſse Biertrinker sind auch die Holländer mit 45½ Gallonen, während die Franzosen es nur auf 5,6 Gallonen bringen. Dagegen stehen die Franzosen im Konsum des viel alkoholhaltigeren Weins unbestritten an der Spitze. Ihr Konsum ist hier nicht weniger als 925 000 000 Gallonen oder 24,25 per Kopf, während die entsprechenden deutschen und englischen Zahlen 78 000 000 (1,5 pro Kopf) und 16 000 000 (0,4 per Kopf) sind. Und was noch schlimmer ist: auch im Schnapskonsum läſst Frankreich Deutschland und England hinter sich. Die Zahlen sind hier: Frankreich 74 000 000 = 1,94), Deutschland 100 000 000 (= 1,89) und England 40 250 000 (= 1,02 per Kopf). Die Kolonien konsumieren per Kopf: Kanada 0,8 Gallonen Wein, 3,6 Bier, 0,65 Schnaps; Australien 1,05 Gallonen Wein, 10,6 Bier, 0,75 Schnaps; Kap 1,6 Bier, 1,10 Schnaps. In England steuert der Alkohol am meisten zu Staatszwecken bei, nämlich 34 400 000 Pfd. Sterl. oder 36 % des ganzen Staatseinkommens; dann kommen die Vereinigten Staaten mit 28 710 000 Pfd. (= 28 %), Frankreich mit 22 051 000 Pfd. (= 19 %) und Deutschland mit 12 884 000 Pfd. (= 18 %). Und da sagen uns die englischen Journalisten, daſs diese Statistik das Vorurteil über die englische Trunksucht zerstöre. (Man sehe auch weiter oben, S. 319).

6. Im Anfang und Mitte der 1870er Jahre bis ca. zum Jahre 1898 ergab die Statistik über Bierproduktion, Bierkonsumtion, Hopfenverbrauch etc.[286]):

Länder	Zahl der Brauereien	Bierproduktion	Hopfenverbrauch	Eigener Hopfenbau	Bierkonsumtion in Litern pro Kopf der Bevölkerung
		hl	Ztr.	Ztr.	
Deutschland	1869: 19 234 (1875: 20 000) 25 400 — 20 340	26 533 000 — 32 716 000 — 38 490 000 — 40 960 000 — 66 415 000 (1872, ½ Norddeutschland, ½ Süddeutschland mit Elsaſs-Lothringen)	390 803	410 000 — 500 000 — 550 000 — 670 000	—
Bayern[287])	1873: 5300 (1875: 5400) 1880: 7130 —6364	12 075 000 — 16 973 700	136 000	250 000 — 300 000	—
Preuſsen	1860: 3314 1866: 3095 1869: 7886 1872: 2636 1873: 2636	—	—	—	—
Österreich-Ungarn[288])	2543	11 723 000 — 12 670 000 — 13 030 000 — 21 035 689	166 842	183 690	—

Länder	Zahl der Brauereien	Bierproduktion	Hopfen-verbrauch	Eigener Hopfenbau	Bierkonsumtion in Liter per Kopf der Bevölkerung
		hl	Ztr.	Ztr.	
Griechenland	10	83 000	540	—	—
Spanien	36	87 000	900	—	—
Rumänien	72 — 17	75 778	731	—	—
Serbien	10	68 400	614	—	—
Rufsland	2000 — 1047	2 214 000 — 5 451 000	38 000	60 000 — 80 000	—
Bulgarien	29	80 000	840	—	—
Schweden	300 — 540	523 000 (1872) — 930 000 — 2 102 000	16 300	5 000 — 6 000 (Schweden und Norwegen)	—
Norwegen	150 — 47	250 000 (1872) — 600 000 — 379 000	2 200		—
Dänemark	240 — 324	500 000 — 1 200 000 — 1 934 000	13 200	3 000	—
Luxemburg	13 (1862: 38)	96 000 — 155 000	1 023	—	—
Belgien	2530 — 3143	7 000 000 (1872) — 7 866 000 — 9 360 000 — 13 509 000	72 800	20 000 — 30 000 — 40 000	—
Niederlande (Holland)	560	1 356 000 (1872) — 1 528 000 — 1 483 000	11 100	15 000 — 20 000	—
Frankreich	3110 — 2546	7 399 000 — 7 500 000 — 9 757 616	65 500	25 000 — 40 000	—
Italien	60 — 89	150 000 — 114 000	700 — 800	—	—
Schweiz	400 — 275	760 000 — 1 879 000	10 300	1300 — 2000	—
Grofsbritannien	8072 (1872: 2671, davon 2512 in England, 79 in Schottland, 80 in Irland)	36 000 000 (1872) — 45 000 000 — 50 000 000 — 58 245 511 — 70 000 000	644 000	350 000 — 500 000 — 600 000 — 620 000	—
Europa	—	134 016 000	—	—	—
Vereinigte Staaten von Amerika, Südamerika und Australien	(1860: 1269, 1871: 2785, 1872: 2785) 3554 — 2390	14 387 000 — 64 354 400 (1863: 1 558 083 Barrels, 1871: 7 087 826 Barrels)	550 000	350 000 — 400 000 — 450 000	—
Europäische und asiatische Türkei, Indien (Britisch-Indien) nebst andern europäischen Besitzungen	40	481 000	4 100	—	—
Weltsumme	40 959 (1898) 42 185 (1897)	235 496 470 (1897) 247 480 000 (1898)	1 994 000 (1898)	1 121 000 (1897) 1 510 000 (1898)	—

Ein New-Yorker Hopfenhändler[289]) stellt folgende Ernte- und Konsum-Statistik für 1893/94 auf:

Länder	Bierproduktion in Barrels (das amerikanische Barrel zu 117,5 l, das englische zu 163,5 l)	Pfd. Hopfen per Barrel (jedenfalls amerikanische Barrels)	Zahl der verkauften (nötigen) Ballen à 180 Pfd.	1893er Hopfenerte in Ballen
Grofsbritannien	32 000 000	2,25	375 000	255 000
Vereinigte Staaten von Nordamerika	33 900 000	1,03	195 000	260 000
Deutschland	33 800 000	1,14	215 000	175 000
Österreich-Ungarn	11 500 000	1,16	75 000	90 000
Belgien	7 000 000	1,10	43 000	62 000
Frankreich	6 500 000	1,10	40 000	16 000
Rufsland	3 800 000	1,00	21 000	32 000
Australien	2 000 000	1,00	12 000	9 000
Übrige Länder	6 500 000	1,00	36 000	8 000
Summa	137 000 000	Mittel ca. 1,20	1 012 000	907 000

Die Redaktion der Allg. H.-Ztg. setzt Zweifel in die Richtigkeit der Zahlen, die jeden falls nichts anderes bieten können als eine sehr allgemeine Orientierung. Es sind ja schon die englischen und amerikanischen Barrels allzu verschieden.

Der Hopfenverbrauch Deutschlands sei zu hoch gegriffen. Der Minderausfall der 1893er Ernte könne reichlich ausgeglichen werden durch die auf Lager befindlichen Mengen alter Hopfen. Aufserdem sagen die Brauer, dafs sie, wenn der Hopfen sehr teuer ist, sparen; sie sagen dann, dafs sie mit $^3/_4$ Pfd. so weit reichen wie sonst mit 1 Pfd. England, welches die schweren, starken Ale- und Porter-Biere braut, braucht genau zweimal so viel Hopfen auf Bier als die Lagerbier- und gewöhnliche Brauerei in andern Ländern.

Nordamerika (die Vereinigten Staaten) hatten schon 1893 ca. 65000 Ballen für den Export übrig, und man schätzte diesen Überschufs für 1893/94 auf 150000 Ballen.

7. Die Weltbierproduktion und die Hopfengabe.

Nach den Tabellen der Bierweltstatistik von 1897 und 1898 von der Wiener Fachzeitschrift »Gambrinus« waren in allen Staaten, wo die Bierbrauerei heimisch ist oder eine Stätte gefunden hat:

Jahr	Brauereien in Betrieb	Biererzeugnis	Steuern österr. Kronen (= ca. 1 Mark)	Gesamt-Malzverbrauch	Hopfenkonsum	Hopfenproduktion
		hl		Doppel-Ztr.	Ztr. à 50 kg	Ztr. à 50 kg
1897	42 185	235 496 470	725 866 800	72 273 149	1 985 199	1 621 375
1898	40 959	247 489 272	1 011 785 989	73 551 825	1 993 773	1 508 170

Es war also 1897 ein Hopfendefizit von 364000 Ztr. und 1898 von 485603 Ztr. vorhanden. Dieses Defizit mufste durch die in Reservelagern befindlichen geprefsten Hopfenvorräte oder durch Hopfensurrogate gedeckt werden.

Grofsbritannien hatte:

1897:	8 196	57 825 095	234 911 200
1898:	8 072	58 245 511	236 204 070

Die Vereinigten Staaten (Amerika) mit allen Nebenländern (Südamerika, Australien):

1898:	2 390	64 354 400	510 365 313

Jahr	Brauereien in Betrieb	Bier-erzeugnis	Steuern österr. Kronen (= ca. 1 Mark)	Gesamt-Malz-verbrauch	Hopfen-konsum	Hopfen-pro-duktion
		hl		Doppel-Ztr.	Ztr. à 50 kg	Ztr. à 50 kg
		Das Deutsche Reich:				
1897	21 236	61 478 453	94 150 357	14 836 315	361 060	489 150
1898	20 340	66 415 320	102 968 802	14 926 605	390 803	408 000
		Österreich-Ungarn:				
1897	1 662	20 823 333	79 459 204	4 521 029	165 410	160 595
1898	1 602	21 035 689	80 346 672	4 546 423	166 842	183 690

In den Mitteilungen des Deutschen Hopfenbauvereins 1898 wird der gegenwärtige Hopfenbedarf der Welt festzustellen gesucht und zwar wie folgt[290]):

Jahr	Bierkonsum nach Gambrinus hl	Hopfenernte in Ztr. à 50 kg			Im Mittel
		nach Gambrinus	nach Allgem. Br.- u. H.-Ztg.	nach J. Barth & Sohn	
1894	207 661 258	2 205 000	2 305 000	2 455 000	2 321 000
1895	214 269 959	2 012 000	2 268 000	2 130 000	2 136 000
1896	232 207 788	1 994 000	1 813 000	1 790 000	1 865 000
1897	235 496 460	1 621 000	1 606 000	1 659 000	1 628 000
1898	247 479 272	1 508 000	1 524 000	1 352 000	1 461 000
Summa	1 137 114 737	9 340 000	9 516 000	9 386 000	9 411 000

1893 und 1898 hatten sehr kleine Ernten, so daſs die Brauereien nur mit Hilfe der Reserven aus den Vorjahren ausreichen konnten; 1899 hatten die Brauer in vorgerückter Saison ebenso wenig mehr Vorräte wie 1893, und das, was an 1894er, 95er und 96er noch bei Pflanzer und Händler liegt, wird gering sein, da die Brauer bei damals niedrigen Preisen alles aufgekauft haben. Die 1894er, 95er und 96er Vorräte können besten Falls $^1/_5$—$^1/_6$ einer mittleren Ernte ausmachen, also 3000000—360 000 Ztr.

Zieht man also von einer mittleren Ernte (9 411 000 Ztr.) 300 000 Ztr. Gesamtvorrat von der Gesamternte der fünf Jahre ab, dann bleibt für die 1 137 114 737 hl Bier eine mittlere Hopfengabe von 400 g (0,8 Pfd.), also für die fünf Jahre 9 096 000 Ztr., was sehr wahrscheinlich ist. Wollte man diese Reserven höher schätzen, vielleicht um 200 000—300 000 Ztr., so daſs ca. 500 000 Ztr. älterer Restbestände in die neuere Kalkulation über den Hopfenbedarf herüberzunehmen wären, so kann ja auch die Ernte von 1894—96 höher gewesen sein als 9 411 000 Ztr.; jährlich 50 000 Ztr. mehr oder weniger spielen keine erhebliche Rolle.

Da also die durchschnittliche Hopfengabe für 1 hl bekannt ist, kann man, wenn auch das Quantum der Biererzeugung bekannt ist, den durchschnittlichen jährlichen Hopfenverbrauch leicht berechnen.

1898 war die Weltproduktion an Bier 247 479 272 hl, aber von 1894—1898 war diese Produktion um 39 758 014 hl, im Jahresmittel also um 7 951 602 hl gewachsen; man wird sogar bei dem jetzigen Tempo der aufsteigenden Bewegung in der Weltbiererzeugung den durchschnittlichen jährlichen Mehrbierverbrauch und die entsprechende Bierproduktion um jährlich 12 000 000 hl annehmen und den Berechnungen zu Grunde legen können.

Addiert man zur Produktion (und zum Bierverbrauch) von 1898 mit 247 000 000 noch 12 000 000, so erhält man für die Zeit vom 1. September 1899 bis 1. September 1900 die Weltbiersumme von 259 000 000 hl. Nimmt man per 1 hl Bier 400 g Hopfen per hl an, so wäre das ein Hopfenverbrauch von 2 072 000 Ztr. Das wäre natürlich nur der Fall, wenn der Weltbierverbrauch diese aufsteigende Bewegung beibehält; im entgegengesetzten Falle könnte man zu dem 1898 er zurückgreifen, also auf 1 679 000 Ztr. Hopfen. Wenn nun auch manche deutsche Brauer an diesen Hopfenverbrauchszahlen Anstofs nehmen, weil sie weniger verwenden, so bleibt doch auch zu berücksichtigen, dafs in England und Amerika erheblich stärkere Dosen von Hopfen zur Verwendung kommen als auf dem Kontinent.

So viel ist gewifs und es findet diese Ansicht in den folgenden Darstellungen mehrfach ihre Bestätigung, dafs die Weltbierproduktion bei ihrer gegenwärtigen Jahresproduktion an Bier, wenn sie in Bezug auf den Hopfenbedarf da stehen geblieben wäre, wo man noch vor 40—50 Jahren stand, heute einen Hopfenbedarf hätte von 3500000—4000000 Ztr., wozu ein Welthopfengarten von mindestens 230000 ha erforderlich wäre. In manchen Jahrgängen mit ausgebreiteter schlechter Hopfenernte würden die Hopfenpreise fabelhafte und unerschwingliche Höhen erreichen, und die Hopfensurrogatfrage würde unheimliche Dimensionen annehmen. Dafs der Hopfenbedarf der Welt, trotz der riesig gewachsenen Biererzeugung, seit mehr als zehn Jahren sich immer auf ziemlich gleicher Höhe erhält, eher noch gesunken ist, ist in dem Umstande begründet, dafs in den letzten 10—20 Jahren das Hopfeneinsparen in den Brauereien Europas und Amerikas ganz gewaltige Dimensionen angenommen hat, welches mit der Bierproduktionszunahme im umgekehrten Verhältnis Schritt hielt. Die Hopfenersparnis der Weltbierproduktion seit 40—50 Jahren beträgt 40—50%, also $1^1/_2$—2 Millionen Zentner.

Bei dem jetzigen Brauverfahren ist ein weiteres Sinken der Hopfengabe nicht mehr denkbar, höchstens eine Mehrung, wenn man einmal dahin gelangt, die Biere wieder mehr lagerreif werden zu lassen. Welchen Einflufs die eben im Kommen begriffene Vakuumgärung, die den Gärungsverlauf sehr abkürzt, auf die Hopfenhaltung ausüben wird, das läfst sich zur Zeit mit Sicherheit noch nicht übersehen, wahrscheinlich ist sie desfalls ganz ungefährlich (s. oben S. 359).

Nach den statistischen Tabellen des Gambrinus verbrauchte die ganze bierbrauende Welt:

1898: 73551825 Doppel-Ztr. Malz = 147103650 Ztr. à 50 kg
1897: 72273149 » » = 144546298 » à 50 »

Die Gerste, grofse oder Braugerste (Hordeum distichon L., Zweizeilgerste, diverse Varietäten und Sorten), soll heute per Hektoliter gegen 70 kg Korngewicht haben, auch etwas darüber, etwas darunter, aber nicht unter 65 kg. Das Hektolitergewicht der kleinen Gerste (Hordeum vulgare L. und Hordeum hexasticon L., als Sommerfrucht) ist 58—62 kg; diese kann aber heute nur als Futter- oder Mehl-Gerste Verwendung finden. Merkwürdigerweise hatte auch eine in Berlin in der Versuchsanstalt verbraute Wintergerste[291]), wahrscheinlich Hord. vulg. coerulescens, was der berichtende Herr Dr. Schönfeld so leicht beim Herrn Prof. Dr. Wittmack hätte erfahren können, gleichfalls nur ein Hektolitergewicht von 61,0 kg; der Proteïngehalt war aber nur 8,25%, was bei Wintergerste immer so sein soll.

Der Proteïngehalt der feinen Braugerste liegt zwischen 7,5 und 8,5% der Gerste überhaupt, das Minimum mit 6,2%, das Maximum mit 18,0% angenommen; so proteïnhaltige Gersten sind natürlich nur als Futtergersten oder zu Mehl und Graupen beachtenswert. Gersten, deren Proteïngehalt 10,0—12,0—13,0% oder noch mehr beträgt, sind dem Brauer aus mehrlei Gründen sehr unerwünscht.

Die Mittelerträge der Braugersten per Hektar sind ca. 22—23 hl oder 28—30 Ztr. Die höchsten Erträge auf den besten Böden der Provinz Sachsen, bei höchster Kultur und Düngung, sind 50 hl oder 3250 kg = 65 Ztr. per Hektar. Der hervorragende Landwirt Rimpau in Schlanstedt sagt aber, dafs schon bei 60 Ztr., die nur mit Aufwand reicher Düngung erreichbar sind, die Qualität leidet. Es waren also — Mittelerträge angenommen — 1898 für die grofskörnige Braugerste (147 489 272 hl) ca. 4 903 453 ha Land erforderlich, und um 1900 werden es wohl schon 5 000 000 ha Land sein; für den ganzen Gerstenbau, die kleinkörnigen Gersten eingeschlossen, sind aber wohl gegen 10 000 000 ha Land notwendig, und da man die Gersten nicht alle Jahre auf demselben Felde bauen kann, sondern besten Falles alle drei Jahre, so gehört zur Kultur des Weltbedarfes an Braugerste mindestens eine Fläche von 15000000 ha Land, für die gesamte Gerstenkultur aber von ca. 30000000 ha Land. Es ist einleuchtend, daſs die zu Gerstenbau geeigneten Landflächen sich nicht beliebig vermehren lassen, und daſs mit dem Wachsen der Bierproduktion, schon in 10—20 oder 30 Jahren, auch die proteïnreichen kleinen Gersten Verwendung finden oder zur Verwendung von Rohfrucht (Reis, Mais) oder selbst von Zucker geschritten werden muſs.

Wenn man freilich annimmt, daſs die Brauerei sich nötigen Falles mit den an Proteïn und Spelzen reicheren, an Stärkemehl ärmeren kleinkörnigen Gersten begnügt, dann wird die Gerste als Braustoff noch lange nicht ausgehen, denn nach den internationalen Ernteübersichten in den Agricultural Returns (Meyers Konvers.-Lexik. 1894, 7. Bd., S. 497) war der gesamte Gerstenbau der Welt 1892 = 245600000 hl. Daran war Ruſsland mit 59300000 hl, Deutschland mit 38700000, Nordamerika (Ver. Staaten) mit 28400000, Groſsbritannien mit 27900000, Österreich mit 21800000, Ungarn mit 18300000, Frankreich mit 16200000, Rumänien mit 7300000, Dänemark mit 9000000, Schweden mit 5000000 und Kanada mit 5000000 hl beteiligt[292]).

Die Weltproduktion an Gerste von 1895—1900[293]).

I. Für die Gerste-Importländer.

	Durchschnitts-Jahresproduktion	Durchschnitts-Jahresbedarf	Durchschnitts-Importbedarf
	in Millionen Doppel-Zentnern		
Groſsbritannien	16,00	25,00	9,00
Frankreich	10,00	11,50	1,50
Deutschland	23,00	33,50	10,50
Österreich-Ungarn	12,45	13,00	0,55
Italien	2,00	2,80	0,50
Niederlande	1,00	2,45	1,45
Schweiz	0,90	1,65	0,75
Belgien	0,95	3,95	2,80
Dänemark	4,85	5,12	0,27
Skandinavien	3,50	4,00	0,50
Spanien	12,75	13,00	0,25
Portugal	3,00	3,25	0,25
Griechenland	1,00	1,65	0,65
Importländer	91,40	120,67	28,97

II. Für die Gerste-Exportländer.

Ruſsland	58,15	47,50	10,65
Ungarn	12,60	8,50	4,10
Rumänien	9,00	4,75	4,25
Bulgarien etc.	3,00	2,65	0,35
Serbien	1,00	0,75	0,25
Türkei	8,00	6,50	1,50
Vereinigte Staaten (Amerika)	15,00	12,00	3,00
Kanada	5,00	4,00	1,00
Algier	8,50	7,90	0,60
Tunis	2,50	2,25	0,25
Egypten	3,75	3,25	0,50
Exportländer	126,50	100,05	26,45
Export- und Import-Länder zusammen	217,90	220,42	2,52

Nach den Schätzungen des ungarischen Ackerbauministeriums war das Weltmanko für Gerste 1899 zwischen 16,57 und 31,37 Millionen Doppel-Ztr.[294])

In den statistischen Tabellen der Wiener Br.- u. H.-Ztg. Gambrinus für 1898 wird die gesamte Bierproduktion der Welt mit 248000000 hl angegeben. Danach betrug sie 1897 an 235000000 hl, hat also von 1897 auf 1898 um nahezu 13000000 hl zugenommen. Man kann also sicher annehmen, dafs sie 1899—1900 auf mindestens 260000000 hl angelangt ist.

Vor 40—50 Jahren konnte man, bei mangelhaften oder meist fehlenden Eiskellern und gänzlich fehlenden Eismaschinen, den Hopfenbedarf für alle Sorten Bier (alle Qualitäten und ober- wie untergärig) sicher im Durchschnitt aller Verhältnisse mit 1 Pfd. Hopfen per 1 hl Bier annehmen. Da wären also bei dem heutigen Umfang der Weltbierproduktion, wenn man nur 1898 mit 250000000 hl nimmt, 2500000 Ztr. Hopfen nötig. Wenn man aber die grofsen Hopfengaben der damaligen englischen und amerikanischen Brauerei annimmt und die vielen schlechten Keller in Mitteleuropa, welche im August 6—8—10° R. erreichten, dann kann man sicher im Mittel aller Verhältnisse $1^1/_2$ Pfd. Hopfen per Hektoliter Bier annehmen. Es wäre dann der Hopfenbedarf um 1898, wenn nicht inzwischen so grofse Fortschritte in den Brauerei-Einrichtungen und in der Betriebstechnik stattgefunden hätten, wenn also alles vielmehr noch so wäre wie vor 40 und 50 Jahren, für die ganze Welt 3750000 Ztr. Hopfen für 250000000 hl Bier.

Nach den statistischen Tabellen des Gambrinus in Wien lagen aber die Welt-Bier- und -Hopfenverhältnisse folgendermafsen:

	Erzeugte Biermenge hl	Erforderliche Gerstenmenge Doppel-Ztr.	Erforderliche Hopfenmenge Ztr. (à 50 kg)
1897:	235496470	72273149	1985199
1898:	247489272	73551825	1993773

Bei diesen Berechnungen des Hopfenbedarfs der Welt 1898 und 1897 ist offenbar angenommen, dafs heute im grofsen Durchschnitt in der ganzen Welt per 1 hl Bier reichlich 0,8 Pfd. Hopfen genommen werden.

Bei Berechnung der Hopfengabe für die Würze mufs in Betracht genommen werden, dafs von je 100 l Würze als fertiges Bier nur noch ca. 0,8 hl vorhanden sind, welche mit dem Haustrunk zum Ausschank kommen[295]).

Nach der allem Anschein nach von Dr. Struve verfafsten Eingabe des Deutschen Brauerbundes gegen die beabsichtigte Erhöhung des Hopfenzolles von 100 Mark per 100 kg (Wochenschr. f. Br., Berlin 1900, S. 259) würde die Weltbierproduktion im Jahresmittel der letzten 10 Jahre (1890—1900) auf 227000000 hl stehen und bei Annahme von 0,75 Pfd. Hopfen per Hektoliter Bier 1700000 Ztr. Hopfen nötig sein, so dafs, da die Welthopfenernte in derselben Zeit jährlich 1905000 Ztr. beträgt, ca. 200000 Ztr. unverkauft bleiben.

Es wären also in der Weltbierproduktion 1898 im Sinne der Zeit vor 40 und 50 Jahren, wenn man für die damalige Zeit $1^1/_2$ Pfd. Hopfen per Hektoliter Bier annimmt, um 1756227 Ztr., und wenn man nur 1 Pfd. Hopfen per 1 hl Bier annimmt, 606227 Ztr. Hopfen mehr notwendig, als heute der Fall ist, und wenn Hopfensurrogate, wie sie thatsächlich länderweise verwendet werden, in Wegfall kämen. Rechnet man alle diese offenen und versteckten (direkten und indirekten) Surrogate, dann ist die Summe des heute weniger erforderlichen Hopfens noch viel bedeutender.

Man kann daraus erkennen, welch gewaltige Veränderungen zu Ungunsten der Welthopfenproduktion im Laufe der letzten 4—5 Jahrzehnte vor sich gegangen sind.

Lägen die Verhältnisse noch so ungünstig für die Brauerei, wie es vor 40—50 Jahren der Fall, was niemand wünschen wird, nachdem die Welt doch nicht blofs für die Hopfenbauer da ist, dann müfste das heutige Welthopfenernte-Ergebnis selbst normaler Jahre verdoppelt werden, um den Bedarf an Hopfen zu decken, welcher in den obigen Tabellen des Gambrinus mit 1993773 Ztr. berechnet wird, während die thatsächliche Produktion für 1898 mit 1508170 Ztr.

und für 1897 mit 1621375 Ztr. angegeben wird. Es würden dann, namentlich wenn auch die heutigen Hopfenkonservierungsmethoden fehlten, bei partiellen oder gar totalen Hopfenmifsernten Zustände eintreten, welche jeder Beschreibung spotten. Dann läge die Gefahr nahe, dafs sich mit dem Bier Ströme von Gift in die Adern der Völker ergössen! —

Auf alle Fälle sind diese Auseinandersetzungen namentlich auch für die Produzenten im Welthopfengarten beachtenswert. Wie oft habe ich im Verfolge der Zeitschriftliteratur aus Produzentenkreisen die Ansicht vertreten gefunden, das Bangemachen (das Gespenst der Überproduktion an Hopfen) gelte nicht, denn die Bierproduktion sei Jahr für Jahr in rapider Zunahme! — Letzteres ist richtig, aber ebenso richtig, dafs infolge von allerlei Verbesserungen und Betriebsänderungen der Hopfenbedarf bei der Bierbereitung in allen Ländern stetig und sehr bedeutend abgenommen hat.

Nach Fr. Chodounsky[296]) wurden 1895 in dem ganzen Hopfenbaugebiet der Welt 1774440 Ztr. Hopfen erzeugt und damit 214269950 hl Bier gebraut, per Hektoliter im Mittel 0,4 kg = 0,8 Pfd. Hopfen verbraucht. Die Hopfenfläche betrug damals 118000 ha, wovon 72% auf das Deutsche Reich, 8,3% auf Österreich-Ungarn, 5,4% auf Belgien und Holland, 4,7% auf Rufsland, 2,5% auf Frankreich, 0,1% auf Schweden und Dänemark, 26% auf England, 25% auf die Vereinigten Staaten von Amerika und 1% auf Australien entfällt. In den letzten Jahren war der höchste Ernteertrag der Welt per Jahr ca. über 2000000 Ztr. à 50 kg.

Nach Thausing[297]) beziffert sich der jährliche Welthopfenverbrauch auf 1600000 Ztr. im Werte von 160000000—200000000 Mark.

Die Angaben Chodounskys und Thausings in Bezug auf den Hopfenkonsum der Welt halte ich mit der Redaktion der Gambrinustabellen um Hunderttausende von Zentnern zu gering, wenn Surrogate aufser Rechnungsstellung bleiben sollen.

Wenn sich das Hopfenextraktionsverfahren (s. unten) einmal noch mehr vervollkommnen würde, so dafs die Geschmackswirkung auf das Bier nichts mehr zu wünschen übrig liefse, was ich aber — aus später erörterten Gründen — ernstlich bezweifle, dann würde der Hopfenkonsum der Welt sich noch um mehrere Hunderttausend Zentner verringern.

Doch hat es allem Anschein nach bis dorthin noch gute Wege. Eher darf, durch den von der Konsumtion ausgeübten Druck auf die Brauereien, ein Ansteigen der durch längeres Lagern unter nicht allzuniedrigen Kellertemperaturen abgeklärten Hopfengaben mit harzfreiem Bitter und eine allmähliche Wiederkehr der alten, von den älteren, sachkundigen Biertrinkern so schmerzlich vermifsten Lagerbiere erwartet werden.

Dafs die Grofsbrauereien, die mit vielerlei Betriebsschwierigkeiten zu kämpfen haben und deshalb jede Erleichterung freudig begrüfsen, dies nur thun werden, wenn Schwierigkeiten im Absatz dazu zwingen, ist klar. — Ein grofser Teil der Konsumenten erträgt ohne besondere Kritik auch die jetzigen Produktionsleistungen, die Stadtbiere. Das sind aber die sachlich unkundigen, urteilslosen. Nach einem Lob dieser Biere wird man sich aber auch bei solchen Trinkern vergeblich umsehen.

Über den gegenwärtigen Stand der Vakuum-Hauptgärungsfrage, berichtet Dr. Wichmann[298]): Dieses Gärverfahren, bei welchem in luftdicht verschlossenen eisernen Gärbottichen unter Druckverminderung (durch Entfernung der Kohlensäure etc.) der Hauptgärverlauf ein unverhältnismäfsig rascherer ist, wurde der europäischen Brauerei durch die nordamerikanische Ausstellung in Chicago (1893) bekannt, namentlich durch Hofrat Schwackhöfers Schrift: »Die amerikanische Brauindustrie«.

Das ursprünglich Pfaudlersche Verfahren hat heute bereits mehrfache Abänderungen erhalten; es gibt sogar ein deutsches Verfahren, obgleich bis zum Jahre 1900 erst in ca. zehn Brauereien Deutschlands damit gearbeitet wurde.

Uns interessiert hier nur, ob bei dieser Verkürzung der Gärdauer auch ein gutes, wahrhaft reifes, vollkommen klares Bier mit reinem und vollem Geschmack etc. erzielt wird. Da scheint es aber nun nicht allzu rosig auszusehen, denn nach diesen Schilderungen zeigte das faſsreife Bier keinen Bruch; es erschien lehmig, lieſs aber bereits einen reifen, wenn auch stark hefigen, sozusagen mostartigen Geschmack und Geruch zurück: im Schauglase setzte es aber rasch ab und lag die Hefe recht fest. Die weitere Behandlung im Lagerfaſs war die normale, und kann das Bier nach 3—4 wöchentlicher Lagerung auf Spänen ausgestoſsen werden; manche Brauer halten aber eine längere, normale Lagerzeit ein.

Was nun den Geschmack der fertigen, meist 12—13 gradigen Biere vom Typus des Wiener (lichten) Lagerbieres und des Münchner Bieres betrifft, wovon diese sämtlichen Brauereien beide Sorten erzeugten, so repräsentieren sie sich alle gut; auch in der Schaumhaltigkeit unterscheiden sie sich kaum von den dort üblichen, nach alter Methode gebrauten Bieren. Der Geschmack war rein, zum weiteren Trinken einladend, jedoch hatte es einen an Most erinnernden Geruch, sozusagen ein Hefebouquet; dieses war, wenn auch nur fein, dennoch deutlich wahrnehmbar, und die kritische Nase erkannte in der Folge leicht und stets das Vakuumbier. Dem konsumierenden Publikum dürfte aber diese Eigenschaft kaum auffallen (!?). Dabei war jedoch der Geschmack des Vakuumbieres in den besichtigten fünf Anlagen nicht gleich; jedes Bier besaſs Lokalgeschmack, und das Bouquet war nicht bei allen gleich intensiv. Es hängt also diese Eigentümlichkeit vielleicht weniger mit der Einrichtung als mit dem Verfahren zusammen. Allerdings vollmundig sind die Vakuumbiere nicht, wenn auch nicht leer, vielleicht zu rein, aber es war nicht möglich, zu erfahren, ob das Bier in diesen Brauereien vor Einführung der Vakuumgärung voller geschmeckt habe. Von vielen Seiten wird das Vakuumbier mit Miſstrauen beobachtet, es werden ihm verschiedene unangenehme Eigenschaften zugeschrieben.

Es paſst für beschränkte Raumverhältnisse und wo man den Biergeschmack beeinflussende Infektionen fürchten muſs. Ein Vakuumständer für 100—110 hl Füllung kostet 6000 bis 7000 fl. ö. W. Es hat selbst in Nordamerika keine allgemeinere Verbreitung gefunden, wohl wegen des wenig erwünschten Biergeschmackes. In Bezug auf die Hopfengabe ist also von diesem System vorerst nichts zu hoffen und nichts zu fürchten.

8. Europa.

Europa produzierte nach Wagner um 1868 ca. 50 000 000 hl Bier; davon

Groſsbritannien	20,0	Mill. Hektoliter
Frankreich	3,3	» »
Belgien	1,5	» »
Bayern	4,36	» »
übrige Zollvereinsstaaten	8,1	» »
Österreich	5,8	» »
Schweiz	0,5	» »
Ruſsland, Schweden und Holland	16,4	» »

Der Gesamtwert war 330 000 000 Gulden. Die davon erhobene Steuer betrug 100 000 000 Gulden[299]).

Schon um 1865 [300]) berechnete ein Franzose den Geldwert des jährlich in Europa erzeugten Bieres[301]).

Für ganz Europa auf	1 378 000 000	Francs
Davon auf Groſsbritannien	825 000 000	»
» Deutschland	193 000 000	»
» Bayern	130 000 000	»
» Preuſsen	50 000 000	»
» Württemberg	25 000 000	»
» Sachsen	12 000 000	»
» Österreich	102 500 000	»
» Belgien	57 000 000	»
» Frankreich	74 000 000	»

auf Niederlande (Holland)	20 000 000	Francs
» Ruſsland	17 000 000	»
» » mit Met	70 000 000	»
» Schweiz	7 000 000	»
» übriges Europa	22 000 000	»

9. Europäischer Kontinent.

Herr Gutsbesitzer Fr. Wirth in Kaltenberg bei Tettnang (Südwürttemberg), bekanntlich einer der gröſsten Hopfenbauer des Kontinents, schätzte 1872[302]) den Hopfenbedarf des europäischen Kontinents auf 500 000—600 000 Ztr.

Nach den statistischen Tabellen des Gambrinus hatte der Kontinent:

Bierproduktion in Hektolitern:		Hopfenproduktion in Ztr. à 50 kg:
1898:	124 890 000	807 700 Ztr.

Nach J. Barth in Nürnberg (Statistische Tafeln der Welthopfenproduktion) war der Hopfenbedarf des europäischen Kontinents 1898: 793 000 Ztr.

Wenn man aber im Mittel 0,8 Pfd. per Hektoliter Bier nimmt, wäre der Hopfenkonsum bei der obigen Produktion 999 120 Ztr.

10. Groſsbritannien.

Dieses Land erzeugte 1863 an 23 081 408 Barrels, 1866: 25 385 600 Barrels, 1897: 35 313 035 Barrels, 1898: 36 184 568 Barrels, 1899: 37 404 383 Barrels[303]); 1898 hatte England (Groſsbritannien) 8072 Brauereien, und die Jahresbierproduktion betrug 58 246 000 hl[304]).

Der Export von Porter und Ale betrug 1866 an 582 538 Barrels.

Die englische Bierausfuhr (in Flaschen und Fässern) je von Januar bis Ende November betrug in Barrels (163,5 l):

1897: 431 307 = 910 907 hl = 1 489 521 £
1898: 434 310 = 916 257 » = 1 452 203 »
1899: 438 839 = 921 005 » = 1 506 533 »

Lagerbiere wurden in den ersten neun Monaten 1899 an 17 732 Barrels exportiert.

Nach den statistischen Berichten des englischen Schatzamtes an das Parlament für das Jahr 1897/98 (Schluſs des Fiskaljahres am 30. September) gab es in England[305]):

1897/98: 7 530 Brauer		1893/94: 9 240 Brauer
1896/97: 8 153 »		1892/93: 10 143 »
1895/96: 8 728 »		1891/92: 10 655 »
1894/95: 8 937 »		1890/91: 11 233 »

1897/98 betrug die Ausscheidung 623; sie betrifft meistens Kleinbrauer mit Erzeugungsmengen von unter 1000 Barrel Bier.

Der Ertrag der Brau- und Licenz-Steuer war 12 140 532,18 £, gegen das Vorjahr um 400 000 £ mehr.

Drei Brauereifirmen produzierten die ungeheure Menge von je mindestens 1 000 000 Barrels; drei weitere lieferten zwischen 1 000 000 und 600 000 Barrels; eine blieb nur um 50 000 Barrels unter der letzteren Grenze.

Bei 7530 gewerblichen Brauereien war 1897/98 der

Verbrauch an Malz	57 468 514	Bushels
Ungemälztem Getreide	139 279	»
Reis, Mais und Mühlenfabrikaten . .	927 036	»
Zucker, Syrup, Glukose	2 773 511	»

Die Zuckerverwendung in den englischen Brauereien betrug 1897: 1243661 Ztr., 1898: 1328717 Ztr. (Zeitschr. f. d. ges. Br.-Wesen 1899). In England wird auch viel Mais als Malzsurrogat verwendet; noch weit mehr ist dies in den Vereinigten Staaten von Nordamerika der Fall; in beiden Ländern wird der zu verwendende Mais enthäutet und der Keimling (Embryo) entfernt.

Ungemälztes Getreide wird also wenig verwendet[306]).

Ausgeführt wurden von England und Schottland[307]):

1892/93: 423515 Barrels im Werte von 1514852 £
1893/94: 399355 » » » » 1394717 »
1894/95: 424318 » » » » 1476328 »
1895/96: 452314 » » » » 1552359 »
1896/97: 466425 » » » » 1579388 »
1897/98: 469108 » » » » 1595194 »

Von Irland wurden ausgeführt:

1892/93: 6765 Barrels im Werte von 48213 £
1893/94: 3587 » » » » 24732 »
1894/95: 3934 » » » » 29419 »
1895/96: 3435 » » » » 25967 »
1896/97: 3575 » » » » 26887 »
1897/98: 3224 » » » » 24347 »

Die Ausfuhr des Vereinigten Königreiches, also von England, Schottland und Irland, betrug:

1892/93: 430280 Barrels im Werte von 1563065 £
1893/94: 396942 » » » » 1419449 »
1894/95: 428252 » » » » 1505747 »
1895/96: 455749 » » » » 1578326 »
1896/97: 470000 » » » » 1606275 »
1897/98: 472322 » » » » 1619541 »

In Hektoliter umgerechnet (1 Barrel = 163,57 l) stellte sich die Ausfuhr von Grofsbritannien und Irland in dem am 30. September beendeten Fiskaljahr 1897/98 auf 772262 hl.

Die Ausfuhr an Bier betrug:

Jahr	Aus Grofsbritannien und Irland (Fiskaljahr, 1. Oktober bis Schlufs September des andern Jahres)	Die Ausfuhr aus dem deutschen Zollgebiet (Etatsjahr = Sonnenjahr)
1884/85	424 712 Barrels = 694 701 hl	1 200 000 hl
1885/86	425 561 » = 696 090 »	1 249 000 »
1886/87	424 366 » = 694 135 »	1 071 000 »
1887/88	450 458 » = 736 814 »	1 064 000 »
1888/89	478 383 » = 782 491 »	947 000 »
1889/90	509 059 » = 832 667 »	716 000 »
1890/91	478 597 » = 782 841 »	626 000 »
1891/92	453 954 » = 742 533 »	612 000 »
1892/93	430 280 » = 703 809 »	577 000 »
1893/94	396 942 » = 549 278 »	590 000 »
1894/95	428 252 » = 700 493 »	576 000 »
1895/96	455 749 » = 745 469 »	647 000 »
1896/97	470 000 » = 768 779 »	664 000 »
1897/98	472 332 » = 772 762 »	763 000 »

Die Bevölkerungszahl Groſsbritanniens 1898 = 38,1 Millionen, Deutschlands = 52,3 Mill.

Der Vergleich der beiden Reihen ist erschwert, weil das Rechnungsjahr in Deutschland ein anderes ist wie in England.

Immerhin ist ersichtlich, daſs der Export Englands, bei erheblichen Schwankungen, in diesen 14 Jahren merklich gewachsen ist.

Der Bierexport Deutschlands hingegen hat in diesem Zeitraum von 14 Jahren nahezu um die Hälfte abgenommen.

Hier kann die Ursache nicht in mangelnder Bauthätigkeit oder in der Influenza-Epidemie gesucht werden, auch nicht darin, was gewisse Kreise deutscher Brauer so gern zur Beschönigung dieser fatalen Thatsache anführen, daſs nämlich jetzt auch das Ausland gelernt habe, gutes Bier zu brauen, und sich dadurch vom Import deutscher Biere mehr und mehr unabhängig mache. Das müſste doch, wenn es wahr wäre, ebenso für den englischen Export wirksam sein. Die Hauptsache liegt offenbar in der Reduktion der Qualität, welche die deutschen Biere unter dem Einflusse der modernen Kellerbehandlung seit 15—20 Jahren erlitten haben.

Über die Biererzeugung, Ein- und Ausfuhr, Gesamtverbrauch per Kopf in den britischen Kolonien in dem Jahrzehnt 1888/1897[308]):

Länder	Eigene Erzeugung	Einfuhr	Ausfuhr	Gesamt-verbrauch	Verbrauch per Kopf
	Gallonen = je 4,54 l[309])				
Neu-Südwales	10 806 400	1 165 417	123 176	12 460 000	9,5
Victoria	14 597 020	554 554	226 056	14 925 518	12,7
Südaustralien, südlicher Teil	2 979 187	302 409	126 449	3 094 990	8,6
» nördlicher Teil	—	15 444	16	15 428	3,2
Westaustralien	2 817 982	1 127 954	1 112	3 944 824	25,3
Queensland	5 055 481	485 566	20 393	5 520 654	11,5
Tasmanien	1 162 592	50 481	714	1 207 761	7,2
Neuseeland	5 759 692	201 186	26 054	5 931 550	8,2
Südafrika	2 399 355	1 232 486	78 831	3 520 457	1,7
Kanada	17 888 239	314 209	16 294	18 200 592	3,5
Neufundland	51 007	17 378	30	—	—
Zusammen in 10 Jahren	63 516 955	6 267 084	619 125	68 821 774	—

England besitzt die gröſsten Brauereien der Welt; auf dem europäischen Kontinent kann sich nur die Brauerei von Dreher zu Klein-Schwechat bei Wien damit messen. Am meisten ist die englische Brauerei entwickelt in London und in Burton on Trent, dann in Dublin. Schon 1863 gab es in London 17 groſse Brauereien. Die Brauereien in London von Truman, Hambury, Buxton & Co. sowie Barclay, Perkins & Co., dann S. Allsopp & Sons und Baſs & Co. in Burton on Trent sind Etablissements gröſsten Stils, deren Erzeugnisse in alle Welt versendet werden.

Die Brauerei von Barclay, Perkins etc. in London erzeugte schon 1861 aus 12000 Ztr. Hopfen, mehr als der Rentamtsbezirk Spalt produziert, denn dieser hatte 1858: 2500 Ztr., 1859: 5900 Ztr., 1860: 3300 Ztr., 1861 (bei ungewöhnlicher Ernte): 16000 Ztr. und 14000 Quarter Malz per Jahr, 400000 Barrel Bier zu 36 Gallons (nahezu 164 l). Die 200—300 aus Stein gemauerten Lagerfässer haben den Umfang von Häusern, jedes faſst 3600 Barrels (mehr als 6000 hl) Bier. Schon um 1863 soll die Brauerei von Barclay, Perkins etc. in London an 15000 Ztr. Hopfen gebraucht haben, ein riesiges Quantum, und in der Allg. Br.- u. H.-Ztg. 1862 wird der jährliche Hopfenverbrauch dieser selben Brauerei sogar auf 16000 Sack oder Ballen à 170 Pfd., also 27200 Ztr., angegeben. Burton on Trent, drei Bahnstunden von London, hat bei 30000 Einwohnern 29 Brauereien, darunter zwei, die zu den gröſsten der Welt gehören.

Die älteste, Baſs & Co. (der Besitzer wurde vor mehreren Jahren als Lord Burton in den Pairsstand erhoben), existiert seit Mitte des 18. Jahrhunderts und produziert jetzt (1898) wöchentlich

50000 hl, jährlich $2^1/_2$ Millionen Hektoliter Bier; dann Sam. Allsopp & Sons mit $1^1/_2$ Millionen; dann folgen Coope & Co., Worthington & Co. Zum Transport des Bieres nach dem Bahnhofe haben Bafs & Co. eigene zwölf Lokomotiven, Allsopp deren sieben.

Die Ale- und Porter-Brauerei von Sam. Allsopp & Co. hat neun Braumeister und einen Direktor. Die das berichten, tranken vier Jahre altes Ale aus einer Stammwürze von 28% Balling; das zog den Mund zusammen. Brauen auch Pilsener und nun untergäriges Lagerbier (Allg. H.-Ztg. 1899, II, 3094 u. ff., Beschreibung und Abbildung der Allsoppschen Lagerbierbrauerei). Das Lagerbier schmeckt vortrefflich.

Zwei Eismaschinen, jede in 24 Stunden 1500 Ztr. Eis, von der Buffalo Refrigerating in Buffalo (Amerika). Vakuumgärsystem. Überall ist gesorgt, dafs die Würze, sobald sie den Kessel verläfst, bis sie als Bier im Glase erscheint, nicht mehr mit der bakteriengefährlichen Luft in Berührung kommt.

In Amerika, Australien, Indien ist das Ale vom Lagerbier schon verdrängt, in England hat das begonnen.

Die meisten grofsen Brauereien Englands verarbeiteten damals am liebsten bayerischen und böhmischen Hopfen.

In Schottland befinden sich die gröfsten Brauereien in Edinburgh, in Irland in Dublin. In Edinburgh wird fast nur Ale und in Dublin (Irland) fast nur Porter erzeugt.

Der Versand an Porterbier auf dem Seewege aus Dublin (Irland) betrug[310]:

	1899	1898	1897	1896
	Hogshead[311]			
A. Guinnefs & Son	319 690	276 818	279 281	275 563
Jameson, Pim	220 222	23 036	22 605	20 730
Mountjoy Brewery	22 137	22 374	20 784	19 059
Watkins	12 420	16 828	20 334	21 536
D'Arcy & Son	15 290	17 160	17 276	16 803
Phönix-Brewery	7 724	8 488	8 965	11 703
Von andern	10 132	3 921	8 002	10 804
Zusammen	409 415	368 628	377 247	376 199

Demnach versendet eine Firma (A. Guinnefs) $^3/_4$ der Gesamtmenge.

Die grofsen englischen Brauereien erzeugen das Malz meist nicht selbst, sondern sie kaufen es entweder fertig ein, oder sie lassen die eingekaufte Gerste in den Mälzereien auf dem Lande verarbeiten.

Auffallend ist, dafs in England das Bierbrauen im kleinen, für den Hausbedarf, auch sehr gebräuchlich ist[312]. An 26000 Personen haben noch von der Regierung die Erlaubnis, im kleinen Mafsstab zu Hause Bier zu brauen, wohl auch zum Verkaufe.

England verarbeitet im gröfsten Mafsstab fremde Gerste. Obgleich es doch massenhaft selbst Hopfen erzeugt, braucht es noch viel fremden Hopfen, weil seine Ernten oft schwer von pflanzlichen und tierischen Parasiten, namentlich vom Blattlaus-Mehltau (Aphis-Blight), heimgesucht und geschädigt werden. Früher deckte es seinen Bedarf an geringerem Hopfen massenhaft aus Deutschland, Belgien und Frankreich, neuestens sehr stark aus den Vereinigten Staaten Amerikas. Die für die feineren Biere nötigen fremden Sorten werden aber natürlich nach wie vor aus Bayern und Böhmen geholt. Nebstdem werden unzweifelhaft auch Hopfensurrogate im grofsen Mafsstab verwendet, wie wir in den früheren Abschnitten gesehen haben[313].

Das Bier ist in England viel teurer als in Deutschland. Der Reingewinn der 125944 Schenkwirtschaften Grofsbritanniens wurde 1899 per Jahr auf 370000000 Mark berechnet; er ist also sehr bedeutend[314].

Das Ale war sehr wahrscheinlich im Altertum ganz ungehopft; es gibt davon verschiedene Sorten: pale (blafs), bitter (bitter), mild (mild), scottish (schottisch) und Indian pale Ale (für den Export nach tropischen Ländern bestimmt).

Das Porter- (Träger-)Bier, besonders stark gebraut »stout«, da wird auch Alkohol zugesetzt; mit Ale gemischt »half and half«. Das Ale ist ein ganz helles, lichtes Bier. Der Porter ist ganz dunkelbraun, von brenzlig-bittersüfsem Geschmack. Gingerbier ist ein Extrakt des Ingwers, mit Sodawasser verdünnt; es wird in steinernen Flaschen verkauft, ist eigentlich kein Produkt der Brauerei, sondern der Erzeugung moussierender Getränke; es ist sehr billig und von würzig-scharfem Geschmack.

Während das Ale ein uraltes Getränk der Angelsachsen ist, das sie sicher schon lange erzeugten, ehevor sie den Boden Englands betraten, ist der Porter verhältnismäfsig ein Getränk jüngeren Datums. Vor 1730 kannte man es nicht; vor dieser Zeit kannte man in England nur das süfslich-bittere Ale, Dünnbier und den Two-penny. Damals füllte man die Kanne mit einer oder der andern dieser drei letzteren Sorten oder mit einer Mischung aus zweien oder allen dreien, und diese Mischung erhielt den Namen »half and half« (halb und halb).

Eben weil das Mischen beschwerlich war, kam um 1730 ein Publikaner oder Kneipwirt auf den Gedanken, statt aus drei Fässern zu mischen, gleich von Hause aus ein richtig ausgestattetes Getränk herzustellen, welches vollkommen war, daher man es auch als Entire (Ganzes) bezeichnete, und da es bald das Lieblingsgetränk der Porter, d. h. der Arbeitsleute und Lastknechte aller Art, war, nannte man es auch Porter. Bald aber wurde der Porter auch das Lieblingsgetränk der grofsen und vornehmen Leute und wurde, mit dem uralten Ale der alten Angelsachsen gemischt, das berühmte »half and half« der Neuzeit. Stout ist ebenfalls Porter[315]).

Die Fabrikation grofser Massen verschiedenartiger, gröfstenteils vorzüglicher, in die weite Welt abgesetzter Lagerbiere verlangt einen guten, feinen Hopfen; da sind Experimente mit Hopfensurrogaten jedenfalls ausgeschlossen. Zum dunklen Porterbier soll jeder Hopfen brauchbar sein, bei allen Ales aber ist das was ganz anderes, da ist die Hopfenfrage von sehr delikater Natur. Dafs bei den dunklen, lange gelagerten englischen Porterbieren minderwertige Hopfen mannigfacher Art Verwendung finden können, läfst es begreiflich erscheinen, dafs bei uns in Deutschland, früher wenigstens (noch vor 10—20 Jahren, ehe die nordamerikanische Konkurrenz in Hopfen so mächtig ward), jede geringwertige oder verdorbene bessere, von Brauern abgelehnte Ware von den Händlern anstandslos zurückgenommen und dem Exporthopfen nach England angegliedert wurde. Dafs schliefslich, trotz der Masse minderwertiger Hopfen, welche dazu verwendet werden, die »Porter« genannten Getränke dennoch vielfach einen sehr harmonischen, abgerundeten, weichen, milden Bittergeschmack haben, zeigt recht deutlich den Einflufs langen Lagerns in dieser Sache, wobei viele Abspaltungen und Niederschläge, auch Umsetzungen in den Hopfenbestandteilen vorkommen. So jung getrunken, wie das bei unsern modernn Fabrikbieren üblich ist, müfsten solche englischen Biere völlig ungeniefsbar sein.

Nach dem Prof. R. Bradley, Lehrer der Kräuterwissenschaft an der Universität Cambridge in England, der um 1750 in London eine Schrift über den Hopfen publizierte[316]), verwendete man in England um 1580, also kurz nach der angeblichen Einführung des Hopfens in die Bierbereitung Englands, $2^1/_2$ Pfd. guten Hopfens auf ein Vierling Malz[317]). Andere folgten in der Hopfung ihres Bieres ihrem Belieben und der Rücksicht, ob es längere oder kürzere Zeit dauern soll.

R. Bradley sagte damals (vor mehr als 150 Jahren), indem er sich auf ein Manuskript bezog, welches damals schon 100 Jahre alt war, also aus der Zeit um 1650 stammte: »Ale ist der Engländer ungehopftes Bier. Beer and Ale ist gehopftes und ungehopftes Bier untereinander, jedoch von ersterem mehr. Ale and Beer ist ungehopftes und gehopftes Bier, jedoch von ersterem mehr. Wo man nicht über acht Gallonen[318]) mittelmäfsigen Ales aus einem Scheffel Malz machen könne, vermöge man wohl bei 18 Gallonen gutes Tischbier daraus zu bereiten[319]), denn der Hopfen ist (nach Bradley), um Euren Getrank zu vermehren, ebenso nützlich, als nothwendig, um seine Dauer zu verlängern. Wenn Euer Bier (ohne Hopfen) 14 Tage dauern möchte, so wird Euer Bier durch Hilfe des Hopfens ein Monat bestehen. Was er für Annehmlichkeiten dem Geschmack mittheilet, können alle Menschen urtheilen, welche einen Geschmack im Munde haben. Und wenn zwischen Bier und Ale gestritten wird, welchem von beiden der Vorrang gebühre, so ist zum Ruhm und zur Empfehlung des Bieres genug, dafs hierinnen unser eigenes Land »England« das Ale nachsetzet und dafs der meiste Teil unserer Landsleute das (ungehopfte) Ale als einen eckelhaften Trank verabscheuen und fliehen, wie dann auch bei Ausländern das Bier in grofsem Wert stehet und von den Fremden als der vortrefflichste und schmackhafteste Getrank vorgezogen wird. Endlich erborget das Ale, wenn es am herrlichsten ist und in der besten Achtung stehet, etwas von dem Hopfen, ohne welchem ihm die Hauptannehmlichkeit und beste Kraft ermangeln würde.« Dieses Lob auf den Hopfen wurde in England also schon vor ca. 250 Jahren ausgesprochen. Bradley sagt auch: »Einige gebrauchen den Hopfen zum Brauen, ohne ihn zu trocknen, so grün, wie er gesammelt wurde; aber zum Glück sind sehr wenige von dieser Meinung eingenommen, dafs das Feuer der Hopfendarre die feinen Teile des Hopfens verzehre; wo aber dieses doch im Gebrauch sein sollte, so hat man nur halb so viel vom ungedörrten Hopfen nötig, wie vom getrockneten.«

Im A. Reichhardtschen Konversationslexikon (Leipzig 1846, S. 228) finde ich folgende Mischungsverhältnisse für englische Biere: Beim Ale auf 14 Quarter schönes blasses Hertfordmalz 112 Pfd. Kentischer Hopfen erster Güte, 37 Pfd. frischgewaschene Hefe, 4 ½ Pfd. Salz; am besten gerät es im März, April, Oktober und November. Fünf Tage nach dem Hefegeben wird der Schaum entfernt, Seesalz zugesetzt, zwei Stunden darauf wieder abgeschäumt und dies morgens und abends wiederholt, bis die Gärung vollendet ist. Man erhält 34 Barrels klares Ale[320]). Es treffen also auf das Barrel (nahezu 1,64 hl) 3,3 Pfd. Hopfen, auf den Hektoliter Ale ca. 2 Pfd. Hopfen.

Bei gewöhnlichem Porter auf 7 Quarter blasses Kingstonmalz 6 Quarter hellgelbes und 3 Quarter braunes Malz, 33 Pfd. brauner Kentischer Hopfen, 80 Pfd. frische, dicke Hefe, 4 ½ Pfd. Seesalz. Beim Porter, der sich lange halten oder versendet werden soll, auf 4 Quarter blasses Hertfordmalz 3 Quarter gelbbraunes Kingstonmalz, zusammen 10 Quarter, 100 Pfd. gewöhnlicher, brauner Kentischer Hopfen, 52 Pfd. frische, dicke Hefe, 2 Pfd. Seesalz.

Zum englischen Tafelbier kommen auf 12 Quarter schönes, blasses Suffolkmalz 72 Pfd. guter, gelber Ostkenter Hopfen, 52 Pfd. frische, dicke Hefe.

Bemerkenswert sind noch die Harzbiere, bei denen der Hopfen durch drei- bis viermal so viel dünne Fichtenspäne ersetzt wird. Die Engländer bedienen sich auch für das Schiffsbier eines Fichtenextraktes (essence of spruce), welches, ebenso wie der Hopfen, das Bier hält und zugleich dem Skorbut vorbeugt.

England hatte:

1855	eigene	Produktion	832 213	Ztr.	Hopfen
1856	»	»	558 089	»	»
1857	»	»	477 178	»	»
1858	»	»	531 251	»	»
1859	»	»	684 969	»	»
1860	»	»	106 970	»	»

Um 1860 müssen ca. 300 000 Ztr. am Hopfenbedarf Englands gefehlt haben, welche teils durch alte Vorräte, teils durch Einfuhr vom Festlande und von Nordamerika gedeckt werden mufsten. Es wurden 1860/61 von Nürnberg und Fürth allein an 150 000 Ztr. Hopfen nach England gesendet.

Um 1866 erzeugte England 2 538 800 Barrel Bier und exportierte doch nur ca. 2 % der Gesamtproduktion an Porter und Ale.

England verbrauchte nach Saher[321]) um 1851 für Brauzwecke 22 800 000 preufs. Scheffel Malz[322]); der preufs. Scheffel Gerste wiegt 60 Pfd. (1 englischer Bushel 25—29 Pfd.) und der preufs. Scheffel Malz ca. 50 Pfd. Auf 100 Pfd. Malz kommen bei schweren englischen Bieren (Ale und Porter) mindestens 3 Pfd. Hopfen.

England brauchte um 1851: 342000 Ztr. Hopfen
» » » 1861: 402000 » »

Ende Oktober 1870 berichtete das bayerische Konsulat in London, daſs England 1870 an 900000 Ztr. Hopfen ernten werde, gegen nur 300000 Ztr. 1869. Die 1870er Ernte könne allein den englischen Bedarf auf zwei Jahre decken[323]). Andere gaben aber damals den Jahresbedarf Englands auf 600000 Ztr. an und die Ernte 1870 auf 700000—800000 Ztr.

Es ist niemals ernstlich sicher gestellt worden, wie viel Hopfen die englischen Brauereien alljährlich verwenden. Die englischen Brauer werden — nach allem, was vorliegt — am wenigsten Lust haben, solchermaſsen Licht über ihr eigenes Thun zu verbreiten, das offenbar gerade in Bezug auf die Gebarung mit dem Hopfen Stellen hat, die sich nur im Geheimen und Dunkeln so lange lebend erhalten können; derartiges stirbt, ans Sonnenlicht gebracht, wie gewisse, krankheiterregende Bazillen.

Die groſsen Ernten 1855—1859 sind verbraucht worden, ohne daſs eine Entwertung des Artikels eintrat. Man scheint sich desfalls in den Brauereien sehr nach dem Jahrgang zu richten; gibt es viel Hopfen, so ist er auch billig, und dann verwendet man mehr Hopfen und weniger Hopfensurrogate, und umgekehrt, wenn die Ernte gering und der Hopfen teuer ist. Damals, in den 1850er Jahren, war auch noch ein hoher Zoll auf dem Import fremder Hopfen.

Der Groſshopfenproduzent Fr. Wirth in Kaltenberg bei Tettnang[324]) bezifferte den englischen Jahreshopfenbedarf um 1871—72 auf 700000—800000 Ztr.

In einer Mitteilung der Allg. H.-Ztg.[325]) wird aus Norddeutschland über den Hopfenverbrauch Englands gesagt, daſs England 1870 an 53000000 Bushel Malz zu Brauzwecken konsumiert habe; 3 Bushel Malz zu 32 l wiegen durchschnittlich 1 Ztr., und wenn man die verwendeten Malzsurrogate (Zucker etc.) zu 1000000 Ztr. annehme, seien also ca. 18000000 Ztr. Malz (und Äquivalente desselben) zur Verwendung gekommen. Das Verhältnis des Hopfenverbrauchs zum Malzkonsum werde in England zu etwa 5% angenommen, so daſs 900000 Ztr. Hopfen als Bedarf des Jahres 1870 angenommen werden könnten; eine hohe Ziffer, welche aber 1873 überschritten werden dürfte, da der Bierkonsum dort erheblich gestiegen sei. Die Redaktion fügte hinzu, daſs man den damaligen Hopfenbedarf Englands auf höchstens 800000 Ztr. angenommen habe. Die Hopfenfirma Scharrer und Söhne in Nürnberg[326]) gab aber damals (1867) den Hopfenbedarf Englands nur auf nahezu 500000 Ztr. an; da wären 200000 bis 300000 Ztr. um 1873 surrogiert worden

Das Bedenkliche in der Hopfenkonsumtionsfrage bei den englischen Brauereien ergibt sich in der That aus folgenden Zahlen und Erwägungen, wobei man in Betracht nehmen muſs, daſs England vielfach, wenn nicht meist, Biere von sehr hohem Würzegehalt erzeugt, zu welchem früher die drei- und selbst vierfache Menge Hopfen genommen wurde wie in Deutschland. Es kommt freilich in dieser Sache in Betracht, daſs auch die besten und schwersten Ostkenthopfen kaum halb so viel Hopfensekret haben wie unsere bayerischen und sonstigen guten deutschen und österreichischen, daſs man also bei Verwendung englischer Hopfen an und für sich schon mindestens das doppelte Quantum Hopfen braucht wie bei Verwendung unserer guten mitteleuropäischen Sorten, und daſs das englische Hopfenbitter oft auch noch sehr unenergisch, eigentlich matt ist, also auch deshalb mehr genommen werden muſs. In der Qualität sind die englischen Hopfen höchst verschieden; es gibt solche mit feinstem, reinstem Aroma und Bitter, aber auch sehr rohe; auf diese Dinge werde ich an anderer Stelle eingehen.

Nun sagt Prof. Dr. G. Wilhelm in Graz in einem Berichte über die Hopfen auf der Wiener Weltausstellung 1873[327]), daſs Groſsbritannien 1872 von 61931 Acres (25062 ha) Hopfenland rund 620000 Ztr. Hopfen geerntet habe, was aber für den Hopfenbedarf der 2512 Brauereien in England, 79 in Schottland und 80 in Irland mit einer Jahresproduktion von 35682591 hl Bier nicht hinreichte, weshalb im Durchschnitt der Jahre von 1865/66—1870/71 jährlich ca. 231000 Ztr. Hopfen eingeführt werden muſsten, während nur 4722 Ztr. jährlich nach den Kolonien ausgeführt wurden. Es wäre somit damals, anfangs der 1870er Jahre, der Jahresbedarf an Hopfen in England ca. 800000 Ztr., sogar etwa mehr, gewesen; es stimmt das also mit den obigen Angaben von 800000 Ztr.

Schon 1895 produzierte Grofsbritannien ca. 32225743 Barrel Bier (à 1635 l), 1897 aber 34755905 Barrels[328]).

Wenn man nun in Betracht nimmt, dafs die Bierproduktion Grofsbritanniens heute wohl nahehin auf rund 70000000 hl steht oder doch bald stehen wird, und die Produktion leichterer (untergäriger) Biere immerhin noch von minimalem Umfang ist, so würde England allein heute jährlich 1200000 Ztr. Hopfen brauchen, während es thatsächlich sicher mindestens um 400000 Ztr. weniger verarbeitet. Man weifs aber nicht, wie viel von diesem Weniger dem Eis und wie viel den Hopfensurrogaten auf Rechnung gesetzt werden mufs.

Nach dem sehr sachkundigen Charles Whitehead in Maidstone, Kent[329]), hat England wohl 1871 ca. 218664 Ztr. Hopfen eingeführt, 1872 aber nur 135965 Ztr.; an anderer Stelle finde ich den Jahresmittelertrag Englands von 1869—1875 auf nahezu 500000 Ztr. (491400 Ztr.) angegeben. Das wären also 625000 Ztr. (Eigenbau und Import) für ca. 36000000 hl Bier, und es müfsten heute für rund 70000000 hl erzeugten Bieres mehr als 1200000 Ztr., eigentlich 1500000—1600000 Ztr. Hopfen verarbeitet werden, was in Wirklichkeit bei weitem nicht der Fall ist. Da fehlt's in der That gewaltig.

Auch in der Hopfenbaukarte von J. Karl und C. Homann (1875) ist die Hopfenkonsumtion Englands mit 600000 Ztr. verzeichnet, 1867 mit 500000 Ztr.

Die Engländer geben auch heute noch[330]) $2\frac{1}{4}$ Pfd. Hopfen per 1 Barrel Würze, also um 125% mehr als die modernen Nordamerikaner, deren leichter eingesottene Exportbiere jetzt den schweren englischen Bieren in der ganzen Welt und selbst in den englischen Kolonien die empfindsamste Konkurrenz machen. Wenn man gleichmäfsig 1,75 Pfd. Hopfen per Hektoliter Bier annimmt, dann sind für 1000000 hl 17560 Ztr. und für 70000000 hl heutiger Jahresproduktion 1225000 Ztr. Hopfen nötig; der thatsächliche englische Bedarf liegt aber eher bei der Hälfte, die andere Hälfte ersetzen namentlich das Eis oder die kalte Luft und dann die Surrogate. Grofse Hopfenhändler geben für 1900 den Bedarf auf 650000—700000 Cwt. (à $50\frac{3}{4}$ kg) an.

Denn inzwischen ist auch in England eine bemerkenswerte Wandlung eingetreten, wobei namentlich an den leichteren Bieren Hopfen gespart wird. Auf der Londoner Brauerei-Ausstellung 1899 hatten 65 Fabrikanten ein leichtes Hopfenbier, das Kentisch-Hops-Ales, zusammengezogen »Kops«, ausgestellt; es sollen in einer Woche 2500000 Flaschen von diesem Hop-Ale getrunken worden sein[331]).

Auch dort begann der gröfste Anstofs in dieser Bewegung mit dem teueren Hopfenjahr 1882. Die Grundlage, von welcher der Anstofs zu dieser Bewegung ausging, war dieselbe wie in Mitteleuropa, die Eismaschine (vorher schon der Eiskeller) mit der modernen Kellerkühlung und die nun unreif zum Verkauf kommenden untergärigen, sogenannten Lagerbiere mit dem rohen, noch harzgebundenen Hopfenbitter. Nach A. G. Salamon wurde seitdem in England die Hopfengabe per Barrel (163,7 l) Würze von 6 Pfd. auf 4 Pfd. englisch reduziert.

Der Chemiker Bell in London erklärte, dafs man in England (1890) per Barrel 2—3 Pfd. Hopfen verbrauche, früher 3—4 Pfd. und bei gewissen Alesorten sogar über 8 Pfd.

Um 1883 rechnete man in London auch für die schweren englischen Biere, so z. B. für gewöhnlichen Porter, per Barrel Würze (ca. 163,2 l) 2 Pfd. Hopfen, für Exportsorten auch $2\frac{1}{2}$ Pfd. Hopfen, bei $17\frac{1}{2}$proz. Würzen[332]). Das wären also noch ganz andere Bedürfnisse für Hopfenquantitäten, nämlich bei 70000000 hl Bier an 2100000 Ztr. nach Salamon und ca. 1500000 Ztr. nach Bell, beide in London.

Seit mehr als einem Dutzend Jahren berechnen mehrere tüchtige Männer der englischen Hopfenproduktion, namentlich in der Grafschaft Kent, den Teil des Hopfenbedarfs der englischen Brauereien, welcher durch Surrogate ersetzt wird, auf jährlich 80000 Ztr. Nimmt man an, dafs infolge der modernen Kellerbehandlung der noch verbleibende Bedarf von mindestens 700000 Ztr. ebenfalls um ein Drittel reduziert worden ist, so wären das 230000 Ztr. Es hätte sich also in den letzten 10—20 Jahren der englische Hopfenbedarf von mindestens 800000 Ztr.

(eigentlich viel mehr) um 310000 Ztr. reduziert; in der Wirklichkeit kann es sich aber auch um 400000—500000 Ztr. handeln, eine ganz gewaltige Summe, welche der Welthopfenproduktion verloren gegangen ist, teils durch Eiskeller und Eismaschinen, teils durch Hopfensurrogate, teils durch Hopfengabenminderung infolge Produktionsänderung.

Fraglich bliebe, ob in den 80000 oder mehr Zentner Hopfen, welche angeblich in England durch Hopfensurrogate verdrängt wurden, nicht auch ein gröſserer Betrag bloſs eingesparter Hopfen ist.

Schon 1882 sagte Charles Whitehead in Maidstone, Kent[333]), daſs der Hopfenverbrauch Englands in den letzten Jahren eine Abnahme erfahren habe. Er habe im Durchschnitt der letzten zehn Jahre 664544 Ztr. betragen; während dieser zehn Jahre wurden durchschnittlich jährlich 185665 Ztr. Hopfen eingeführt. Von 1875—1879 wurden im Durchschnitt importiert:

Aus Nordamerika	86391	Cwt. (Hundredwight, je 50$^3/_4$ kg)
» Belgien	58740	»
» Deutschland	52153	»
» Holland	17338	»
» Frankreich	4536	»
» andern Ländern	1931	»
	221089	Cwt.

Unter den belgischen Hopfen mögen mehrfach deutsche sein, welche über belgische Häfen ausgeführt wurden.

Nach dem Chemiker Stockmaier in Nürnberg nahm man früher (vor 20—25 Jahren) für die bittersten englischen Biere 11—12 Pfd. Hopfen per Quarter Malz (1 Quarter = 3,20 deutsche Zentner), also ca. 3$^1/_2$ Pfd. per 1 Ztr. Malz, ca. 1,75—2 Pfd. per Hektoliter Bier in unserm Sinne. Schon Ende der 1880er Jahre schätzte man diesen englischen Hopfenbedarf mit $^1/_3$—$^1/_2$ niedriger. Nimmt man den damaligen englischen Hopfenbedarf mit nur 500000 Ztr. an, was wohl zu wenig ist, so sparten die englischen Brauer an der thatsächlichen Hopfengabe allein ca. 160000 Ztr.

Bei dem australischen Kolonialbier, welches sehr alkoholreich ist, kommt nach Gronde[334]) auf 2 Ztr. Malz 1 Ztr. Zucker und 7 Pfd. Hopfen (3$^1/_2$ Pfd. auf 1 Ztr. Malz). Die Würze hat 20$^1/_2$% Lang, 14° Balling.

Inzwischen haben wir aus amtlicher englischer Quelle Nachrichten in dieser Frage erhalten.

Einfuhr und Verbrauch an Hopfen in Groſsbritannien und Irland von 1889—1899[335]).

Kalender-jahr	Aus den Vereinigten Staaten	Deutschland	Belgien	Holland	Frankreich	Andern Ländern
	Cwt.	Cwt.	Cwt.	Cwt.	Cwt.	Cwt.
1889	77 529	20 432	38 858	47 463	14 401	641
1890	73 448	25 129	40 498	36 527	10 383	2 043
1891	80 226	17 199	42 637	35 355	15 893	3 956
1892	80 829	11 691	39 044	38 384	12 206	5 353
1893	141 819	3 785	37 351	15 214	2 481	3 742
1894	109 731	12 053	33 622	26 164	5 980	1 605
1895	153 046	15 400	25 411	19 564	2 866	874
1896	135 823	13 011	32 984	19 912	3 996	1 316
1897	84 905	15 881	36 787	20 667	5 159	755
1898	191 535	8 280	30 151	9 169	1 644	3 357

Der inländische Verbrauch an Hopfen umfaſste während desselben Zeitraumes folgende Mengen:

Kalender-jahr	Anbaufläche	Ertrags-menge	Einfuhr des folgenden Jahres	Verbrauch an Hopfen in der englischen Brauerei	Anteil der Einfuhr an den Gesamt-lieferungen
	Acres	Cwt.	Cwt.	Cwt.	%
1888	58 490	281 291	181 343	462 634	39,2
1889	57 724	497 811	175 534	673 345	26,1
1890	53 961	283 629	185 526	469 155	39,5
1891	56 142	436 716	176 834	613 550	28,8
1892	56 259	413 259	185 716	598 975	31,0
1893	57 564	414 929	168 316	583 245	28,9
1894	59 535	636 846	204 087	840 933	43,3
1895	58 940	553 396	193 738	747 134	25,9
1896	54 217	453 188	148 616	601 848	24,7
1897	50 863	411 086	223 747	634 833	35.2
Mittel	56 370	438 215	184 350	622 565	29,6

= 721 975 deutsche Zollzentner.

1895 wurden in Groſsbritannien 32225744 Barrels à 163,5 l Bier erzeugt = 52527961 hl. Es wurden dazu verwendet 747134 Cwt. (Hundredwight = 50,8 kg = 101,6 Pfd.), also 75460534 Zollpfund, demnach per Hektoliter nicht ganz 1,6 Pfd. Hopfen, und der ganze englische Bedarf war 1895 ca. 748000 Zollzentner.

1897 erzeugte Groſsbritannien 34755905 Barrels = 56652125 hl. Es wurden dazu verwendet 634833 Cwt. = 63518133 Zollpfund, also per Hektoliter Bier 1,12 Pfd. Hopfen. Der ganze englische Bedarf war 1897 = 635181 Zollzentner, demnach erheblich weniger als 1875, wo doch bedeutend mehr Bier gebraut worden war.

Die Tabelle der Weltbierbrauereistatistik des Gambrinus in Wien (1898) gibt die Bierproduktion Groſsbritanniens und Irlands für 1898 auf 58245511 hl und den Hopfenbedarf auf 643685 Zollzentner an. Das wären also per Hektoliter nur ca. 1,10 Pfd. Hopfen.

Da nun aber die groſse Masse des englischen Bieres immer noch nach alter englischer Methode, wenn auch mit neuen Einrichtungen gebraute Ales und Porters etc. sind, so ist diese gewaltige Hopfenreduktion, wenn man Surrogate auſser Ansatz läſst, nicht wohl zu verstehen, denn es hätte sich nun seit ca. 20—25 Jahren, also seit der Eismaschinenepoche, der Hopfenbedarf um die Hälfte verringert. Die Engländer würden beim heutigen Umfang der Bierproduktion reichlich 1500000 Zollzentner Hopfen brauchen, wenn in der Hopfengebarung alles so geblieben wäre, wie es noch vor 20—25 Jahren war.

Die Hoffnung, daſs England seine schweren Biere aufgeben, zur Fabrikation unserer deutschen Lagerbiere übergehen und dann ein noch besserer Abnehmer unserer deutschen Hopfen werden wird, hat sich bisher nur in sehr kleinen Beträgen erfüllt, und nachdem in der deutschen Brauerei das Lagerbier im vollen Sinne des Wortes, wie man es bis zum Schlusse der 1860er Jahre getrunken, nur noch eine ganz untergeordnete Rolle spielt, und die deutsche Bierfabrikation durch die Konkurrenz der hellen, sogenannten Pilsener Biere in Deutschland selbst eine so erhebliche Niederlage erlitten hat, die zu einer groſsen Fabrikationsänderung führte, wird es damit kaum schneller gehen.

Diese Frage scheint übrigens doch in England noch in der Schwebe zu sein, denn selbst im Januar 1899 fand ich in einer Münchner Zeitung die Notiz, daſs nach dem englischen Blatte »Daily Mail« die Popularität, deren sich das leichte deutsche Bier besonders im Sommer in England erfreut, in der berühmten Bierstadt Burton on Trent mehrere Brauereien, darunter auch die groſse Brauerei Allsopp, veranlaſst hat, künftig auch Bier nach deutscher Art zu brauen. Die Allsoppbrauerei hat ausgedehnte Räumlichkeiten für diesen Zweck erworben.

Auch 1898 kommen aus England Nachrichten über die Zunahme des Verbrauchs deutschen Bieres[336]). Die Engländer sind keine so groſsen, lange beim Glase sitzenden Kneipgenies wie die Deutschen, sie trinken rascher. Der Gentleman geht in einen Bar, läſst sich im Sommer einen Zinkkrug lauwarmen Bitterbieres geben, welches auch noch einen Schuſs Sodawasser erhalten hat, und trinkt das auf einmal aus. Nun kommt Münchner und Pilsener, echt und nachgemacht (letzteres namentlich aus Holland), und macht den Ales Konkurrenz, so daſs sich jetzt schon hervorragendste Zeitungen mit dieser Frage ernstlich beschäftigen. Man ist nun der Ansicht, daſs der Geschmack der Biertrinker sich geändert habe, daſs die Zeit der dicken, schweren Biere vorüber und die der leichteren, helleren Biere gekommen sei. Allerdings könnten die englischen Brauer diese hellen, leichteren Biere auch machen, aber um zu sparen und die Kosten zu reduzieren, hätten sie nach Rohmaterialien gegriffen, welche alles andere eher, nur kein reines Malz lieferten. Einige englische Brauereien verbrauchten gegen 50% Reis, Zucker, Mais und andere Substanzen. Diese Substanzen erzeugten zwar mehr Alkohol, seien aber nicht so nahrhaft wie das Bier aus Malz. Zudem würden jetzt 5 Barrel Bier aus einem Quarter Malz erzeugt, während es nur 4 sein sollten; auſserdem wäre in den 5 Barrels jetzt weniger Hopfen als früher in den 4 Barrels. Den Brauereien komme es eben weniger darauf an, gut als rentabel zu brauen. Münchner Bier bringe man jetzt in so guter Qualität nach London wie nie zuvor, die vorsichtige Verfrachtung hindere groſse Temperaturschwankungen. Dennoch würden diese Biere vorerst nur von Engländern und Amerikanern getrunken, welche im Ausland gereist seien; der gewöhnliche Mann in England ziehe immer noch die stark alkoholhaltigen englischen Biere vor; den letzteren gebe er als Nahrungsmittel den Vorzug, den ersteren als Durstlöscher. Das englische Bier ist schon in einigen Tagen gut und kann warm getrunken werden. Ein Gesetz, daſs nur Malz und Hopfen zum Bier verwendet werden dürfe, wäre vielen Engländern erwünscht. Die Engländer verwenden heute massenhaft Surrogate, und die heutigen hellen englischen Biere haben meist geringere Qualität und bereichern die Brauereien[337]).

Die Illinois-Staatszeitung in Chicago (Deutsches Bier in England, reproduziert Allg. Br.- u. H.-Ztg. 1899, I. 84) schreibt: Der Siegeszug deutscher Arbeit droht bereits die Engländer in ihren ureigensten Geschmacksprinzipien zu überwinden, durch deutsche Biere in England. Diese Bedrohung des Porter und Ale in ihrer bisherigen Stellung rührt nicht bloſs daher, daſs einige Tausend Deutsche importiertes bayerisches und böhmisches Bier trinken, sondern die Bierbrauer Groſsbritanniens und Englands fangen bereits an, braune Biere nach bayerischer Art und helle Biere nach böhmischem Rezept selbst zu brauen und an die Schankwirte abzugeben. So mag's den Göttern in Walhalla zu Mute gewesen sein, als ihnen die ermüdeten Walküren gewässerten Met brachten, wie jetzt John Bull bei der Verdünnung des alten Haustrunkes.

Früher trank der Durchschnittsbewohner des Inselreiches bierähnliche Flüssigkeiten ohne Kritik, solange sie dick, schwarz und stark waren. Jetzt ist eine schon lebhafte Nachfrage entstanden nach leichten, klaren und süffigen Bieren. Alle besseren Restaurants der groſsen Städte führen jetzt deutsche Lagerbiere.

Dr. R. Otto berichtet der Frankfurter Ztg. 1898, daſs Engländer, welche Gin und Ale trinken, dem Alkoholismus verfallen; er sieht es als ein Glück an, wenn die schlechten englischen Alkoholgetränke durch deutsches Bier verdrängt werden. Aber im Daily Telegraph sagt ein Engländer, der englische Arbeiter brauche schweren alkoholischen Porter, nicht das leichte deutsche Bier (Zeitschr. f. d. ges. Br.-Wesen 1898, S. 61).

Nach der Allg. Br.- u. H.-Ztg. 1899, II, 2686 (nach der Kölnischen Zeitung) ist das deutsche Bier in London immer mehr in der Ausbreitung begriffen. Namentlich im Westend und in der City, auch in englischen Schankwirtschaften, wird es jetzt an zahllosen Orten verzapft; in allen gröſseren Restaurants und Klubs ist es wenigstens in Flaschen vertreten. Inzwischen braut auch bereits eine ganze Anzahl englischer Brauer deutsches Lagerbier, das ganz achtbar ist und ebenso wie das aus Amerika eingeführte Lagerbier sehr guten Absatz findet. Immer aber behauptet jenes Bier, welches auf die Spitzmarke Anspruch hat »Made in Germany«, und namentlich das Münchner, den Vorzug und Vorrang. Nur an geeigneten Ausschanklokalen in unserm Sinne fehlt es noch. Stehlokale passen uns nicht. Unterdessen ist in Leicester-Square, mitten im Theater- und Fremden-Viertel, auch ein moderner deutscher Bierpalast eröffnet worden. Um 1900 wurde aber schon die Ansicht in England erörtert, ob man sich nicht dem hellen (Pilsener) Bier zuwenden solle; dann wird man wohl auch in England bald die Ansicht hegen, dafs man dazu Saazer Hopfen haben mufs!

Jedenfalls sieht man, dafs in England, diesem gewaltigen Bier- und Hopfen-Land, in Bezug auf den Hopfenbedarf und die thatsächliche Verwendung desselben eigentümliche, nach unsern mitteleuropäischen Begriffen ganz bedenkliche Zustände obwalten, dafs da nicht blofs infolge der Einführung der Eiskeller und folgend der Eismaschinen mit Kaltluftführung ganz gewaltige Ersparnisse am Hopfenbedarf, wie er vor 40 und 50 Jahren selbstverständlich war, gemacht wurden, sondern dafs auch noch ein erhebliches Quantum an Hopfen durch billige Surrogate eingespart wird. Das auf diese Weise beim heutigen Umfang der Produktion eingesparte Hopfenquantum mag wohl im ganzen mehr als 400000 Ztr. betragen.

Zugleich sieht man, warum England mit seinem Massenbedarf an Hopfen eine so grofse Menge minderwertiger, billiger Hopfen aufnimmt, darunter manchmal auch solche, die bei uns kaum noch eine Verwendung finden könnten, weshalb man bei uns lange Zeit hindurch gewohnt war, jede Hopfenschundware als Exporthopfen zu bezeichnen. Allerdings hängt das auch damit zusammen, dafs die englischen Brauer für ihren Massenbedarf an Hopfen nur ganz geringe Preise anlegen wollen, welche unsere Produktionskosten per Zentner wenig überschreiten. Aber der Mifsbrauch, welchen deutsche Hopfenhändler ab und zu auch mit der Lieferung solcher Ware nach England getrieben haben, hat dahin geführt, dafs endlich die in grofsen Massen bedurften minderwertigen und billigen Hopfensorten heute zu einem sehr erheblichen Teil von der grobzapfigen amerikanischen Ware verdrängt wurden.

Jedenfalls war auch diese deutsche, nach unsern Begriffen geringe und sehr geringe Hopfenware, soweit sie wenigstens gesund und nicht umgestanden war, immer noch ein weit besseres Hopfenrohmaterial, als das ist, was die Engländer heute an dessen Stelle verwenden und wodurch sie einen Ansporn zur sinnlosen Erweiterung der amerikanischen Hopfenproduktion gegeben haben. Die englischen Brauer würden doch viel besser fahren und gegen ihre Landsleute edler und humaner handeln, wenn sie alle Jahre 100000 und mehr Ztr. minderwertiger, also billiger Hopfenware aus Mitteleuropa, namentlich aus Deutschland und Teilen Österreichs, bezögen und die gesundheitschädlichen Surrogate fahren liefsen. Das würde doch ohne Zweifel auch den Brauern eines so grofsen, gebildeten und reichen Volkes besser zu Gesichte stehen als ihr bisheriges, vielfach volksschädlichcs Treiben.

Es dürfte ferner doch auch nicht schwer halten, jene deutschen und österreichischen Hopfenhändler, die Kehricht statt Hopfen lieferten, kalt zu stellen, namentlich auf Grund des Warenbefundes, zu dessen Beleuchtung und Klarstellung ja auch meine Schriften in erheblichem Grade mitzuwirken berufen sein dürften.

Es scheint mir übrigens sehr wahrscheinlich, dafs diese umfangreiche Verwendung von vielfach selbst sehr gesundheitschädlichen Hopfensurrogaten in England weniger oder gar nicht bei den grofsen Brauereien vorkommt[338]), sondern bei der grofsen Zahl der kleinen, denen die Regierung die Erlaubnis erteilt hat, zu Hause im kleinen Mafsstab Bier zu brauen, und deren Zahl um 1870 sich schon auf 26166 belief. In der Allg. H.-Ztg. (1870, S. 271) wird bemerkt, dafs vor dem Jahre 1862 der Betrag der Taxe auf diese Braulicenzen unbeträchtlich war; in dem mit dem 31. März 1862 schliefsenden Jahre war die Zahl der mit Licenz versehenen kleinen Brauer 38276, und die Steuer war im Mittel etwas mehr als 2 £ (Pfund Sterling) per Licenz. Dann trat eine Anderung ein; man nahm an, dafs im allgemeinen 1 Pfd. Hopfen auf 1 Scheffel Malz verbraucht wird oder 2 Pfd. (Taxe 3 Pence) auf 1 Fafs Bier; es sollte nach der Zahl der gebrauten Fässer Bier noch eine Erhöhung zugeschlagen werden; 20 Fafs waren das Minimum, dann 50 oder 100 Fafs, dann bis 1000 oder 50000 Fafs.

1880/81[339]) war die Zahl der gewerbsmäfsigen Brauer noch 17110, darunter beinahe 6000, welche unter 1000 Barrel Bier erzeugten; 1897/98 waren es nur noch 7388 gewerbsmäfsige Brauer.

Der Gesamtsteuerertrag war 1880/81[340]) 8498044 Pfd. Sterling, 1897/98 12140583 Pfd. Sterling. Es sind also eine grofse Menge kleinster Brauereien eingegangen, während die grofsen zugenommen haben.

II. Deutsches Reich.

1878 (bei einem für Gerstenwachstum guten Jahre) waren nach A. Blomeyer in Leipzig[341]) im Deutschen Reiche 1627465 ha Land mit Gerste bestellt, und schon um 1883 war der Anbau um 130000 ha gestiegen; es war eben die Biererzeugung der Brauerei und damit deren Verlangen nach Braugerste ansteigend gewachsen. 1878 waren ca. 46500000 Ztr. Gerstenkorn geerntet worden, im Mittel ca. 29 Ztr. per Hektar. Der Ertrag war dann in den nächsten Jahren so ziemlich derselbe geblieben, eher ein wenig herabgegangen.

Damals überstieg der Import an Gerste den Export um 5—6 Millionen Ztr., wobei natürlich viel Futtergerste dabei gewesen ist. 1877/78 wurden 7337840 hl eingeführt und 3478450 hl ausgeführt. 1884/85 war die Differenz am gröfsten, da betrug die Mehreinfuhr gegen 10 Millionen Ztr.

Bei Wintergerste (Hordeum vulgare L.), welche in Nordwestdeutschland, namentlich im Marschland, viel gebaut wird, aber heute als Braugerste nicht geeignet ist, gehen die Kornerträge bis 60 Ztr., selbst bis 70 Ztr. per Hektar. Bei der grofsen Gerste liegen sie im Mittel um 28—30 Ztr. per Hektar, gehen aber unter besten Boden- und Kultur-Verhältnissen (Provinz Sachsen) bis 40 und 60 Ztr. per Hektar.

Nach den Berichten des Kaiserl. statistischen Amtes betrug die Gerstenanbaufläche und der Ertrag im Deutschen Reiche[342]):

Jahr	Anbaufläche ha	Gesamt-Ertrag pro ha (Tonnen)	Gesamt-Erntemenge Tonnen à 20 Ztr.	Gesamt-Erntemenge Zentner à 50 kg
1899	1640868	1,82	2983876	59677520
1898	1635325	1,73	2829112	56582240
1897	1643871	1,56	2564439	51288780
1896	1652791	1,65	2727105	54542100
1895	1663080	1,68	2793974	55879480
1894	1600628	1,78	2849118	56982360
1893	1594407	1,48	2359722	47194440

Nach der Wochenschr. f. Br. 1889, S. 350 war der Durchschnittsertrag per Hektar an Gerste im preufsischen Staate in den letzten 20 Jahren (1879—1898) ca. 1150 kg; der kleinste Ertrag mit 1016 kg war 1889, der höchste mit 1461 kg war 1898.

Die Gerstenernte in Deutschland.

	Mit Gerste bestellt je 1000 ha	Ertrag per 100 ha in Tonnen à 20 Ztr.		Mit Gerste bestellt je 1000 ha	Ertrag per 100 ha in Tonnen à 20 Ztr.
1880	1641	132	1888	1723	131
1881	1633	127	1889	1685	115
1882	1632	138	1890	1664	137
1883	1751	122	1891	1807	139
1884	1735	129	1892	1690	143
1885	1740	130	1893	1627	124
1886	1731	135	1894	1628	117
1887	1701	127	1895	1621	143

Die Gersteneinfuhr betrug 1880/81: 2600000 Doppel-Ztr., 1893/94: 10900000 Doppel-Ztr., 1895/96: 10200000 Doppel-Ztr.

Der Mittelpreis per 1 t seit 1880—1896 war 144,3 Mark, der geringste mit 120,8 Mark war 1887/88, der höchste mit 171,2 Mark aber 1891/92.

Das Deutsche Reich baute also 1898 und 1899 nicht ganz 25000000 Doppel-Ztr. (50000000 Ztr.) Gerste, welche keineswegs alle zur Bierbereitung geeignet ist, und verarbeitete ca. 34000000 Ztr. Gerste zu Bier. Von den in den letzten 5 Jahren (von 1895—1900) jährlich ins Zollgebiet eingeführten 21000000 Ztr. Gerste wurden ca. 7500000—8000000 für Brauzwecke verwendet.

Der seitherige Zollsatz war 1 Mark per Zentner (50 kg), jährlich also ca. 22000000 Mark. Wenn der beantragte neue Zollsatz mit $2^1/_2$ Mark per Zentner zu Recht bestehen würde, wäre der jährliche deutsche Zollbetrag für Gerste 55000000 Mark, wovon etwa 20000000 Mark der deutschen Brauerei zur Last fielen.

Viel davon hat nur den Wert von Futtergerste oder als Material für Brot- und Küchen-Mehl, weil die Körner zu klein und dickspelzig, der Mehlkörper zu reich an Proteïn ist. Die Brauerei braucht mittelkörnige, zartspelzige, proteïnarme, aber an auflöslichem Stärkemehl reiche Gerste.

Solche Gersten finden sich nicht bei der Echten Sechszeilgerste (Hordeum hexastichon L.), die ohnehin in Deutschland nur sehr selten gebaut wird, auch nicht bei der Unregelmäfsigen Sechszeil- oder Gemeinen Gerste (Hordeum vulgare L.), die als Winterfrucht in den schweren Marschböden Deutschlands und als Sommerfrucht (kleine Gerste) in den Sandbodengebieten der norddeutschen Ebene viel gebaut wird.

Unter den Zweizeilgersten (Hord. distichon L.) ist die sogenannte Imperialgerste (Hord. dist. var. erectum), die in Teilen des Alpenlandes viel gebaut wird, angeblich wegen niederer Ausbeute auch nicht gut zu gebrauchen[343]; es ist auch bei dieser Art nur die Rasse Hord. dist. L. var. nutans zu gebrauchen, und selbst da gibt es ein Heer brautechnisch höchst verschiedenwertiger Varietäten, was nicht blofs mit dem Gehalt an Stärkemehl und Proteïn, sondern auch mit der Auflöslichkeit, der Ausbeutegröfse etc. zusammenhängt.

Es ist ja die heutige wahre Ausbeutegröfse bei den Gersten in der Biererzeugung (60—63 %) ohnehin unbefriedigend genug. Die Brauerei hat kein nächstliegendes Interesse daran, dafs die Malztreber einen hohen Futterwert besitzen.

In den Laboratorien erreicht man wohl eine Ausbeute bis 72 %; allein wenn man im praktischen Brauereibetrieb die Gerste — eben der Ausbeute wegen — zu stark maltraitiert, dann kommen im Bier schlechte Geschmäcke zum Vorschein. Erfahrungsgemäfs ist es ganz ebenso beim Hopfen; ich habe gar keinen Zweifel, dafs die etwas ausbeutereicheren mährischen (etc.) Gersten dem Bier einen erheblich minderen Feingeschmack geben als viele bayerische Gersten.

Die Gersten-Ein- und -Ausfuhr Deutschlands betrug[344]):

Jahr	Einfuhr	Ausfuhr	Davon gegen Einfuhrschein
	Doppel-Ztr.	Doppel-Ztr.	Doppel-Ztr.
1890	7 352 921	64 251	—
1891	7 255 193	38 992	—
1892	5 832 966	95 671	—
1893	8 517 404	82 349	—
1894	10 974 970	194 047	189 018
1895	9 290 087	490 137	488 761
1896	10 281 347	209 683	203 605
1897	10 635 147	185 154	170 451
1898	11 530 671	126 560	104 717
1899	11 042 499	139 891	109 372

Die Malzeinfuhr betrug:

	Doppel-Ztr.				
1889:	809 291,	davon	801 600	aus	Österreich
1890:	727 602,	»	716 100	»	»
1891:	650 431,	»	645 169	»	»
1892:	726 614,	»	718 309	»	»
1893:	766 018,	»	772 875	»	»
1894:	750 659,	»	747 008	»	»
1895:	805 083,	»	800 024	»	»
1896:	897 210,	»	892 308	»	»
1897:	983 954,	»	976 352	»	»
1898:	935 960,	»	915 933	»	»
1899:		»	1 025 648	»	»

Die Mengen, welche 1899 durch die verschiedenen Produktionsländer importiert wurden, betragen:

Länder	1899	1898	Somit 1899 mehr (+) oder weniger (—)
	Doppel-Ztr.	Doppel-Ztr.	Doppel-Ztr.
Aus Ruſsland	5 762 721	6 860 653	— 1 097 932
» Österreich-Ungarn	3 757 965	2 881 693	+ 876 272
» den Vereinigten Staaten von Amerika	549 297	376 289	+ 173 008
» Rumänien	384 013	807 981	— 423 968
» Dänemark	367 473	252 428	+ 115 065
» Frankreich	106 623	41 637	+ 64 986
» den Niederlanden (Holland)	67 941	67 784	+ 159
» Mexiko	16 874	?	?

Am meisten wird also aus Ruſsland Gerste in das Deutsche Reich eingeführt, aber das soll überwiegend Futtergerste sein. Für die Einfuhr von Braugerste steht Österreich-Ungarn obenan.

Wie die einzelnen Länder in den letzten zehn Jahren am deutschen Gerstenimport beteiligt waren, zeigen folgende Zahlenreihen:

Jahr	Ruſsland	Österreich-Ungarn	Vereinigte Staaten von Amerika	Rumänien
	Doppel-Ztr.	Doppel-Ztr.	Doppel-Ztr.	Doppel-Ztr.
1890	3 652 834	2 780 114	12 175	475 998
1891	2 947 142	3 097 665	122 408	526 085
1892	1 769 918	2 635 568	102 936	773 035
1893	2 492 748	3 730 658	6 624	2 027 244
1894	5 303 917	3 448 492	16 559	1 931 166
1895	6 194 496	3 377 110	11 097	463 358
1896	5 003 440	3 456 142	455 208	946 788
1897	4 879 741	3 384 826	1 189 282	840 976
1898	6 860 653	2 881 693	376 289	807 981
1899	5 762 721	3 757 965	549 297	384 013

Die gröſste Konstanz zeigt die Einfuhr aus Österreich-Ungarn, woher eben Braugerste kommt. Am meisten schwankt die Einfuhr aus den Vereinigten Staaten, wohl weil die Qualität der Gerste jahrgangweise stark wechselt.

Nach der Zeitschr. f. d. ges. Br.-Wesen, München 1899, S. 309 wurde im Jahresmittel von 1893—1897 aus Österreich-Ungarn ins Deutsche Reich importiert:

Gerste	6498000 Ztr.
Malz	1664000 »

Die Gerstenausfuhr (nach England, den Niederlanden, Schweiz, Finnland, Rufsland) ist so unbedeutend, dafs sie kaum in Betracht kommt.

Der bisherige Zoll beträgt pro Doppel-Ztr.

Weizen:	5,00—3,50 Mark	(letzteres Meistbegünstigungsvertrag)
Roggen:	5,00—3,50 »	» »
Hafer:	4,00—2,80 »	» »
Gerste:	2,00—2,25	(2 Mark für Länder mit Meistbegünstigungsvertrag).

Die Landwirte wollen nun den Zoll für Braugerste auf jenen von Weizen und Roggen erhöht haben. Dabei liegt es natürlich im Interesse der Landwirte, dafs die aus Südrufsland eingeführte billige Futtergerste im Zollsatz nicht erhöht wird.

Abgesehen von den zahlreichen im Privatbesitze befindlichen Malzfabriken, gab es um 1899 im Deutschen Reiche auch noch 31 derartige Fabriken als Aktiengesellschaften, welche bis zu 17% Dividende zahlten (s. Allg. Br.- u. H.-Ztg. 1900, I, 899).

Eben weil die Gerste als Braumaterial eine so grofse Rolle spielt, sehen wir die bedauernswerte Thatsache, dafs Deutschland sehr viel Gerste einführt, namentlich aus Mähren, Böhmen und Ungarn. Insbesondere die bayerischen Grofsbrauer suchen überall ausbeutereiche Gerste aus folgend näher zu erörternden Gründen. Deutschland führte 1898 an 11530671 Doppel-Ztr. Gerste ein, eine gewaltige Summe, während die Ausfuhr nur 126560 Doppel-Ztr. betrug.

Nach Prof. M. Märker (Halle): Anbauvers. mit Braugerste[345]) führt Deutschland jährlich Braugerste ein im Werte von 80000000 Mark.

1899 betrug die Einfuhr Deutschlands an österreichischer Gerste 7284604 Ztr. à 50 kg[346]); dazu kommen noch 370000 Ztr. Gerste nach dem Freihafengebiet von Hamburg; nebstdem importierte das Deutsche Reich 1899 noch 2154000 Ztr. Malz aus Österreich-Ungarn und 366000 Ztr. nach dem Freihafen von Hamburg. Dazu kommen noch 1432600 Ztr. Bier (meist Pilsener) aus Österreich nach Deutschland[347]), aufserdem noch gewaltige Beträge an Futtergersten (s. auch die folgenden Gersteneinfuhrtabellen).

Nach Märkers neueren Versuchen ist auf normalen, lehmigen, kalkhaltigen, milden Gerstenböden die Chevaliergerste immer noch am lohnendsten, auf sandigeren, wasserärmeren Böden die Hannagerste und auf schweren, wasserreichen, thonigen Gerstenböden die Imperialgerste (Goldthorpegerste). Durch diese letzteren Arbeiten Märkers gewinnen meine sicher sehr beachtenswerten Studien über die Imperialgersten (Hord. dist. erectum) wieder eine besondere Bedeutung; man sehe die Fufsnote sub 343.

Der Verbrauch zur Biererzeugung war 1899 ca. 18000000 Doppel-Ztr., wovon angeblich nur $^1/_4$ durch die Einfuhr gedeckt wurde. Es hätte also die deutsche Landwirtschaft der deutschen Brauerei zur Biererzeugung ca. 13500000 Doppel-Ztr. geliefert, das Ausland (meist Österreich-Ungarn, sodann Mähren und Böhmen) ca. 4500000 Doppel-Ztr.; zu welchem Zweck wären aber die andern 7000000 Doppel-Ztr. Gerste eingeführt worden? — Nur als Futtergerste?

Das Deutsche Reich baut jetzt alljährlich auf 39000—40000 ha selbst 450000—600000 (im Mittel 550000) Ztr. Hopfen, dessen Hauptursprungsländer Bayern (gegen 300000 Ztr.), dann Württemberg, Baden, Elsafs-Lothringen und Posen sind. Es befinden sich darunter feinste Qualitäten der Welt (Spalter, Heidecker, Kindinger, gewisse Hallertauer, gewisse Sorten um Rottenburg a. N. in Württemberg, auch gewisse Sorten von Neutomischel; an guten Mittelsorten mannigfachster Art hat Deutschland Überflufs. Es baut auch geringe, nur zu leichten Bieren und zum Export geeignete Sorten.

Trotz dieser Überfülle eigenen Hopfenbaues führt Deutschland noch mehr als 60000 Ztr. Saazer und beste Rothauschaer aus Böhmen ein, weil man nach Ansicht vieler Brauer diese zur

Erzeugung der modernen hellen Biere nach Pilsener Art nicht entbehren zu können meint, während die Engländer zu ihrem ganz hellen Pale Ale nur feinste East-Kent-Goldings und — wenn diese fehlten — nur feinste Spalter (keine Saazer) nehmen.

Im September, Oktober und November 1899 hatte das Deutsche Reich von der böhmischen Ausfuhr mit 68330 Ztr. bereits wieder 49334 Ztr. übernommen.

Um 1898 befanden sich von den ca. 42000 oder 43000 Brauereien der Welt in Deutschland allein ca. 21000 (21236), darunter 372 Aktienbrauereien mit einem Gesamtaktienkapital von 500000000 Mark und ebenso hohen Prioritätsanlehen (1897/98 waren es 398)[348].

Im Januar 1900[349]) wird die Zahl der deutschen Aktienbrauereien auf 440 angegeben mit einem Gesamtkapital (mit Anleihen, Rücklagen etc.) von 800000000 Mark; nur 3 oder 4 davon verfügen über ein Grundkapital von mehr als 3500000 Mark, so die Schultheifsbrauerei in Berlin mit 9000000 Mark und die Löwenbrauerei in München mit 6360000 Mark. Sehr schlimm ist die gegenseitige Konkurrenz und die dadurch bewirkte mafslose Kreditbewilligung an die Wirte, die noch zu einer schweren Krisis führen kann.

Diese sämtlichen Brauereien erzeugten 1897 ca. 61478453 hl Bier, wozu 14826315 Doppel-Ztr. Malz und 361060 Ztr. Hopfen verwendet wurden.

1898 erzeugten diese Brauereien 66415320 hl Bier, wozu 14926605 Doppel-Ztr. Malz und 390803 Ztr. Hopfen verwendet wurden.

Sicher haben diese Brauereien 1900 schon das jährliche Erzeugungsquantum von 70000000 hl Bier erreicht.

Im ganzen Deutschen Reich wurden erzeugt[350]):

	hl		hl
Im Jahre 1872 . . .	32 944 700	Im Jahre 1882 . . .	39 250 448
» » 1877 . . .	38 269 023	» » 1887 . . .	47 001 628

In diesen 15 Jahren ist also die Bierproduktion um 14056928 hl, das ist um $42^2/_3$ %, gewachsen. Für die letzten 10 Jahre weist die Statistik der Bierproduktion folgende Ziffern aus:

	hl
Im Etatsjahre 1889/90	52 314 348
» » 1890/91	52 712 636
» » 1891/92	53 094 976
» » 1892/93	54 642 367
» » 1893/94	55 499 467
» » 1894/95	55 243 753
» » 1895/96	60 562 599
» » 1896/97	61 478 453
» » 1897/98	66 415 320
» » 1898/99	67 788 687

In den 27 Jahren von 1872—1899 hat also die Biererzeugung um 34843987 hl zugenommen, das heifst, sie ist um mehr als das Doppelte gestiegen.

Dr. Struve[351]) beziffert die Biererzeugung des heutigen deutschen Reichsgebietes am Anfang des 19. Jahrhunderts auf 6000000 hl, am Ende desselben auf 68000000 hl im Werte von 816000000 Mark, während der Wert der Steinkohlenförderung ca. 650000000 Mark, der Hüttenerzeugnisse ca. 532000000, der deutschen Roheisenproduktion 350000000, der Rübenzuckerfabrikation 335000000, der Branntweinproduktion ca. 75000000, der Brotkornerzeugung 1400000000 beträgt. Die Brauereirohmaterialien Deutschlands kosten Ende des 19. Jahrhunderts jährlich 335000000 Mark.

Um 1898 war nach der Reichsstatistik der Bierkonsum per Kopf der Bevölkerung in Deutschland 103 l, in Bayern 243 l, in Württemberg 194 l, in Baden 154 l, in Elsafs-Lothringen 76 l, in Posen 33,8 l, in der Norddeutschen Brausteuergemeinschaft 103 l.

Dennoch finde ich, dafs die gewaltige Bierproduktion Deutschlands im Jahre 1900 nicht in guter Proportion steht zu der ebenso gewaltig gewachsenen und noch in konsequentem Wachstum begriffenen Bevölkerungszahl und seinem ebenso gewachsenen Wohlstande, sondern relativ abgenommen hat. Eine der Hauptursachen dieser auffallenden Erscheinung ist in der Abnahme des Wohlgeschmackes der erzeugten Massenbiere zu suchen und zu finden, und diese korrespondiert mit der Hopfenfrage. Die Hauptursache, warum die Brauer bis zur Stunde der Hopfenfrage noch nicht die ihr gebührende Aufmerksamkeit und Bemühung zugewendet haben, liegt einerseits in der grofsen Schwierigkeit des Gegenstandes, im Mangel an geeigneter Literatur, um sich ohne zu grofsen Aufwand an Zeit und Anstrengung in den Besitz der zu einem solchen Fortschritt unerläfslichen Kenntnis zu setzen, und in den Konkurrenzschwierigkeiten, welche zu viel Zeit und Kraft der Betriebsleiter in Anspruch nehmen; dann aber auch noch insbesondere in dem nach Wesen und Gründen wohl bekannten Einflufs der Hopfenhändler. Der Zwang der Verhältnisse wird aber dennoch sicher auch hier in Bälde dem allgemeinen Fortschritt Bahn machen.

Die Zahl der Grofsbrauereien Deutschlands, welche im Jahre 1898/99 mindestens 50000 hl bis 784371 hl Bier erzeugten[352], hatte 166 erreicht; davon waren 25 bei einer Produktion und einem Verkaufe zwischen 50000 und 60000 hl, 29 lagen zwischen 60000 und 70000 hl, 15 zwischen 70000 und 80000 hl, 17 zwischen 80000 und 90000 hl, 14 zwischen 90000 und 100000 hl, 11 zwischen 100000 und 120000 hl, 9 zwischen 120000 und 130000 hl, 6 zwischen 130000 und 140000 hl, 4 zwischen 140000 und 150000 hl, 3 zwischen 150000 und 160000 hl, 2 zwischen 160000 und 170000 hl, 8 zwischen 170000 und 190000 hl, 2 zwischen 190000 und 200000 hl, 3 zwischen 200000 und 210000 hl, 3 zwischen 210000 und 230000 hl, 7 zwischen 230000 und 784000 hl.

Länder	Es betrug 1898/99 die Durchschnittsproduktion[353]		
	einer Brauerei mit bis zu 50 000 hl Biererzeugung	mit über 50 000 hl Biererzeugung	einer Brauerei überhaupt
	hl	hl	hl
In Norddeutschland	4 284	104 529	6 365
» Bayern	1 980	152 878	2 806
» Württemberg	518	106 125	654
» Baden	2 238	87 666	3 282
» Elsafs-Lothringen	11 244	78 000	13 066
Deutsches Reich (ohne Luxemburg)	2 326	111 877	3 388

Die 5 gröfsten Brauereien Deutschlands sind:

Schultheifsbrauerei, Aktiengesellschaft in Berlin	784 371 hl
Aktienbrauerei zum Löwenbräu, München	594 202 »
R. Leicht, Vaihingen bei Stuttgart	246 500 »
Bürgerliches Bräuhaus, Aktiengesellschaft, München	245 612 »
Brauerei zum Felsenkeller, Plauen bei Dresden	244 544 »

Die Münchner Privatbrauereien, darunter die Brauerei zum Spaten, und gegen 20 andere deutsche Grofsbrauereien, sind nicht in diesem Verzeichnis enthalten, weil sie solche Angaben nicht veröffentlicht haben wollen; mit diesen würde die Zahl der Grofsbrauereien gegen 190 erreichen und die Brauerei zum Spaten wohl an dritter Stelle stehen[354].

Die Anzahl der Aktienbrauereien hat 1898/99 wiederum eine Zunahme erfahren, und zwar ist die Zahl der Gesellschaften von 398 auf 425 gestiegen; 31 Gesellschaften sind neu hinzugetreten und 4 ausgeschieden. Der Absatz erhöhte sich von 22431363 hl um 2070088 hl oder 9,23 % auf 24501451 hl und hat somit, da die neuen Gesellschaften 885316 hl verkauften, bei den alten um 1184772 hl oder 5 28 % zugenommen. 264 Brauereien erreichten einen höheren

Verkauf, 57 blieben gegen das Vorjahr zurück und 104, darunter die 31 neuen, beharrten auf der letztjährigen Höhe. Der Rohgewinn vermehrte sich von 3,35 Mark per Hektoliter um 0,01 auf 3,36 Mark. 239 Gesellschaften überschritten den vorjährigen Rohgewinn und 143 blieben dahinter zurück, wogegen 43 auf der letztjährigen Höhe blieben. Der Reingewinn erhöhte sich von 11,24 % um 0,08 % auf 11,32 % des Aktienkapitals. Einen höheren Reingewinn verzeichnen 224 Brauereien, während 156 das Vorjahr nicht erreichten und 45 den gleichen Ertrag wie im Vorjahre aufweisen. Die Dividende verbesserte sich von 7,98 % um 0,02 % auf 8 %; 142 Gesellschaften verteilten eine höhere Dividende, 58 eine niedrigere und 225 blieben auf der vorjährigen Höhe. 56 Brauereien (gegen 57 i. V.) mit einem Aktienkapital von 38594050 Mark, gleich 8,15 % des gesamten Aktienkapitals (gegen 27660350 Mark oder 8,71 % i. V.), konnten keine Dividende bezahlen und verteilen sich auf die Freien Städte mit 1 Gesellschaft und 850,000 Mark Aktienkapital; Anhalt, Braunschweig, Lippe, Mecklenburg und Oldenburg 5 = 1448100 Mark; Thüringen 1 = 200000 Mark; Provinz Brandenburg 8 = 9847600 Mark; Hannover 6 = 1305800 Mark; Provinz Hessen 1 = 1200000 Mark; Ostpreufsen 4 = 1653550 Mark; Rheinland 5 = 3880000 Mark; Provinz Sachsen 2 = 670000 Mark; Schleswig-Holstein 3 = 2097000 Mark; Westfalen 2 = 908000 Mark; Königreich Sachsen 2 = 1050000 Mark; Bayern 11 = 8184000 Mark; Württemberg 1 = 200000 Mark und die Reichslande 4 = 5100000 Mark[355]).

Es sind nur etwa 64 Brauereien, welche den Brauerei-Aktienmarkt in Deutschland beherrschen, und davon sind 22 in Berlin[356]). Diese letzteren (Berliner Brauereien) repräsentieren ein Aktienkapital von 60744600 Mark, wozu noch Hypotheken, Anleihen und Obligationen im Werte von 28018976 Mark kommen. Der Reingewinn hat infolge der Konkurrenz und der Beziehungen mit den Wirten etc. so abgenommen, dafs das Durchschnittserträgnis, welches sich 1896 noch auf 13 % stellte, 1897 nur mehr 11 % und 1898/99 gar nur noch 9 % betrug. Brauereien, die vor wenigen Jahren noch 16 % trugen, bezahlten im letzten Jahre nur noch 14, oder sie sanken von 14 auf 7 %; aus 8 % Dividende wurden 3—4 % und 2 % oder selbst gar kein Prozent. Aber auch die 42 Brauereien aufserhalb Berlins haben in den letzten Jahren in ihren Einnahmen bedeutend verloren; ihr Aktienkapital beträgt 85368500 Mark, und jedes Prozent Dividendeneinbufse bedeutet nahezu eine Million Reingewinn weniger.

Wie es den Anschein hat, zahlen die höchsten Dividenden unter den Aktienbrauereien Deutschlands: die Aktienbrauerei in Hamburg (1899: 26 %) und die Löwenbrauerei in München (1899: 22 %). Eine erhebliche Anzahl ist gar nicht gut gestellt.

Noch vor 100 Jahren war die deutsche Brauerei Kleinbetrieb, der Brauer schenkte sein Erzeugnis selbst aus. Dasselbe geriet oft schlecht, daher das Sprichwort: »Backen und Brauen gerät nicht immer.« Damit das Bier nicht sauer wurde, mufsten riesige Quantitäten Hopfen genommen werden, die das Bier ungeniefsbar machten. Heute ist das Brauereihandwerk durch Wissenschaft und Technik zur grofsartigen Industrie entwickelt, welche die kleinen Betriebe aufsaugt. Ein grofses Unglück wäre die Vernichtung der Mittelbrauereien, an deren Erhaltung sollte, im Interesse der Bierqualität, dem Staate und der Gesellschaft alles gelegen sein!

Nach Herrn Kommerzienrat Henrich, dem Präsidenten des Deutschen Brauerbundes (auf dem IX. Deutschen Brauertag in Hannover, im Juni 1900), beschäftigte die deutsche Brauindustrie 130000 Arbeiter. Die deutsche Brauerei zahlte 1899 an 91000000 Mark Steuern an die Staatskassen und dazu noch 20000000—25000000 Mark an die Kommunalbehörden. In den letzten vier Jahren (also 1896—1900) sei die Bierproduktion in Deutschland um 125170000 hl gewachsen, eine Steigerung um 18,4 %, während in derselben Zeit die Bevölkerungsziffer nur um 5,5 % gewachsen sei. Diese Steigerung sei wohl in der Hauptsache ein Resultat der grofsartigen Entwicklung der wirtschaftlichen Verhältnisse Deutschlands, namentlich des höheren Verdienstes der deutschen Arbeiterschaft, aber auch der ausgezeichneten Qualität der deutschen Biere. Henrich bezeichnet diese Steigerung der deutschen Bierproduktion als etwas zu stürmisch, teilweise hervorgegangen aus der scharfen Konkurrenz, der Hektoliterjagd. Die Produktionskosten (Zinsfufs, Gehälter, Löhne, Kohlenpreise etc.) seien enorm gestiegen, der Bierpreis aber sei seit 60 Jahren immer derselbe geblieben, daher das Erträgnis der Brauereien immer mehr zurückgeht. Die

Ausfuhr sei in dieser Zeit um 60000 hl zurückgegangen. Die Einfuhr belief sich 1899 auf 454000 hl, darunter 438000 hl aus Österreich, also Pilsener Bier. Aufser Bayern habe der Konsum lichter, heller Biere (nach sogenannter Pilsener Art) überall zugenommen, deshalb könne die deutsche Brauerei den Saazer Hopfen und die österreichischen Mälzereiprodukte nicht entbehren.

Leider mufs ich meinen alten Jugendfreund Henrich aufmerksam machen, dafs die Ansicht von der ausgezeichneten Qualität aller deutschen Biere sich mit der von ihm selbst konstatierten Thatsache schlecht verträgt, dafs der Konsum heller, also sogenannter Pilsener Biere (Original- oder ähnlich gebraut, also imitiert) überall in Deutschland zugenommen habe. Die Massenbiere der deutschen Grofsbrauereien sind zu jung, um gut zu sein, wenn sie auch geschönt und alt aussehend gemacht sind. Da ist der Dampf in der Pilsener Maschine zu suchen.

Die Permanenzkommission für die Handelswerte im k. k. Handelsministerium in Wien (s. Gambrinus 1900, S. 645) sagt, dafs 1899 der österreichische (namentlich also der böhmische) Bierexport nach Deutschland auf 928000 Doppel-Ztr. gestiegen sei, während er 1898 nur 859000 Doppel-Ztr. betragen habe. 1890 waren es 246000 Meter Ztr. (nach Gambrinus, Wien 1900, S. 691, 692 und 695 lauten diese Zahlen etwas geringer, vielleicht weil dort die Emballage nicht mitgerechnet ist). Merkwürdigerweise ist das der Fall, obgleich ein Waggon Bier von München nach Pilsen 173 Mark und von Pilsen nach München 197 Mark an Fracht kostet. Die gesteigerte Ausfuhrmenge sei ein Beweis der Beliebtheit des Pilsener Bieres. Den ausländischen (deutschen) Brauereien sei es trotz der gemachten kolossalen Anstrengungen nicht gelungen, ein gleichwertiges Produkt zu erzeugen. Das jetzt per Jahr nach Deutschland importierte Quantum Pilsener Bieres beträgt — trotz seines hohen Preises — bereits 1% der gesamten deutschen Bierproduktion, was doch eigentlich schon ziemlich viel ist. England importierte 1890 in Deutschland 20000 Meter-Ztr. Bier, 1899: 26000 Meter-Ztr. (Gambrinus, Wien 1900, S. 695). Der Bierexport aus Deutschland (nur Bayern) nach Österreich war (s. Gambrinus 1900, S. 692):

1897: 70869 Meter-Ztr.
1898: 74949 »
1899: 73019 »

Prof. Dr. Delbrück (Berlin) sagte bei demselben Deutschen Brauertag in Hannover, dafs die deutsche Brauerei an 300000000 Mark für Rohmaterialien der Landwirtschaft zuwende. Auch Henrich sagte damals, die hohe Gerste-, Malz- und Hopfen-Zölle verlangende deutsche Landwirtschaft sollte nicht vergessen, dafs ihr bester Abnehmer die Brauerei sei. Aber was hilft denn das, wenn an 130000000 Mark schon allein davon für Hopfen, Gerste und Malz an zum grofsen Teil höchst deutschfeindliche czechische Landwirte nach Böhmen und Mähren und an ähnlich gesinnte slovakische und ungarische nach Ungarn gehen!

Delbrück sagte weiter, dafs die deutsche Brauindustrie überhaupt jährlich 1 Milliarde Mark umsetze. Gegenüber der Preissteigerung aller Bedürfnisse der Brauerei und der Stabilität der Bierpreise empfiehlt Delbrück den deutschen Brauern das Beispiel der nordamerikanischen Brauersyndikate (Trusts), um ihre Rente zu verbessern.

Die Mengen des in Deutschland gewerblich, also zum Verkauf produzierten Bieres, wie das hierzu verwendete Hopfenquantum lassen sich natürlich nicht leicht ganz genau bestimmen, vielmehr nur annähernd berechnen. Die spekulierenden Händler berechnen den Bedarf der einzelnen Länder Europas und Amerikas nach dem Ertrag der Brausteuer, was schon eine einigermafsen solide Grundlage gibt; denn aus der Brausteuer, wo eine solche besteht, läfst sich die erzeugte Biermenge und aus dieser der Hopfenbedarf annähernd feststellen.

Es ist dabei die Annahme zu Grunde gelegt, dafs 1 Pfd. Hopfen auf je $2^1/_2$ hl obergärigen und je 1 hl untergärigen Bieres verwendet wird. v. Saher rechnete um 1860 auf je 100 Pfd. Malzverbrauch in der Welt durchschnittlich 2—3 Pfd. Hopfen[357]).

Sehr merkwürdigerweise wird in einer bezüglichen Abhandlung der Allg. H.-Ztg. 1874, S. 247 auch gesagt: Aufserdem kommen namentlich bei geringen Bieren zwar auch Hopfenersatzmittel (Wacholderbeeren, Tannin) zur Anwendung, die sich indes im Überschlage nicht hoch ansetzen lassen, da sie für untergärige Biere zu gefährlich sind.

Es wurden in Deutschland 1872 an 32 902 926 hl Bier gebraut; davon waren 19 851 442 hl untergäriges und 13 051 484 hl obergäriges, von letzterem also erheblich mehr als ein Drittel der Gesamtmenge.

In der Allg. H.-Ztg. 1874, S. 247 wird der Gesamthopfenverbrauch des deutschen Zollgebietes im Jahre 1872 auf 250 000 Ztr. angegeben.

Im Festblatt der Allg. H.-Ztg. in Nürnberg für die Internationale Hopfenausstellung in Hagenau (Elsaſs) im Oktober 1874, Nr. 2, wird der Hopfenbedarf der deutschen Brauerei für 1872 auf 250 000 Ztr. berechnet, bei einer Bierproduktion von 32 944 700 hl. Dann muſste also folgerichtig, d. h. wenn sich nichts geändert, sondern alles logisch entwickelt hätte, das Deutsche Reich am Ende des 19. Jahrhunderts, im Jahre 1899, wo seine Bierproduktion an 70 000 000 hl erreicht hat, einen eigenen Bedarf an Hopfen von 540 000—550 000 Ztr. haben.

Nach der J. Karl und C. Homannschen Hopfenbaukarte von Mitteleuropa wäre aber der Hopfenkonsum Deutschlands um 1874 ca. 321 500 Ztr. gewesen, und damals sollte Deutschland schon ca. 35 000 000 hl Bier erzeugt haben; dann würde es folgerichtig heute bei einer Bierproduktion von 70 000 000 hl ca. 630 000 Ztr. Hopfen brauchen.

Der bekannte Brauereidirektor Richard Rösicke in Berlin[358]) berechnete für die reichsdeutsche Brauerei im Jahre 1872 den Hopfenbedarf: für 12 764 740 hl obergäriges Bier mit 0,4 Pfd. Hopfen per Hektoliter = 50 800 Ztr.; dann für 19 660 644 hl untergäriges Bier mit 1 Pfd. per Hektoliter = 196 200 Ztr.; zusammen 247 000 Ztr. Da wir jetzt (1899) mehr als das Doppelte an Bierproduktion in Deutschland haben, müſste der jährliche eigene Hopfenbedarf in Deutschland reichlich 500 000 Ztr. sein.

In der Allg. H.-Ztg. 1875, S 509 wird die Hopfengabe per Hektoliter im Maximum auf 1 Pfund angegeben.

Wie wir gesehen haben, waren um 1872 in Deutschland ca. 32 902 926 hl Bier gebraut worden, davon ca. 19 851 442 hl untergäriges und 13 051 484 hl obergäriges, von letzterem also erheblich mehr als ein Drittel der Gesamtproduktion.

Nach der Weltproduktionsstatistik der Wiener Br.- u. H.-Ztg. »Gambrinus« 1898 produzierte das Deutsche Reich 1897 ca. 61 487 453 hl Bier und 1898 ca. 66 415 320 hl. Es läſst sich also annehmen, daſs mit Schluſs 1899 die deutsche Reichsbierproduktion 70 000 000 hl betragen haben wird. Nimmt man an, daſs davon 45 000 000 hl untergäriges Lagerbier sind, so wären nach dem Modus von 1872 (1 Pfd. per Hektoliter) dafür allein schon 450 000 Ztr. Hopfen notwendig, und wenn man für die 25 000 000 hl obergäriges Bier, untergäriges Schenkbier und Weiſsbier für je 2 hl Bier 1 Pfd. Hopfen annimmt, so wären das abermals 125 000 Ztr. Hopfen. Es wären also jetzt im Deutschen Reiche im ganzen 450 000 + 125 000 Ctr. = 575 000 Ztr. erforderlich. Der Gambrinus rechnete aber für die 66 500 000 hl Jahresproduktion im Jahre 1898 nur 390 000 Ztr.; man kann demnach für die 70 000 000 hl gegenwärtiger Bierproduktion in Deutschland den jetzigen Jahreshopfenbedarf nicht höher als mit 400000 Ztr. annehmen. Das wäre also eine in den letzten 25 Jahren vor sich gegangene Hopfenersparnis in Deutschland von ca. 175 000—200 000 Ztr. per Jahr[359]).

Nimmt man im Mittel von Lager- und Schenkbier aus der Zeit von 1850—1860, wo selbst die Eiskeller vielfach noch nicht vollkommen entsprechend waren, den Hopfenbedarf per Hektoliter Bier mit 1 Pfd. an, so wäre bei der heutigen Bierproduktion Deutschlands mit 70 000 000 hl der Jahreshopfenbedarf 700 000 Ztr.; dann beträgt also die Einsparung an Hopfen, welche im Deutschen Reiche in dem letzten halben Jahrhundert, namentlich in den letzten 40 Jahren, vor sich gegangen ist, reichlich 300 000 Ztr.

Nimmt man einen Durchschnittswert des Hopfens von 100 Mark per Ztr. an, dann erspart die reichsdeutsche Brauerei infolge des Eiskeller- und später des Eismaschinen-Betriebes in den Lagerkellern seit ca. 25 Jahren eine jährliche Ausgabe von 17½ Millionen Mark, und wenn man auf 40—50 Jahre zurückgeht, beträgt diese Jahresersparnis an Hopfenwerten beim heutigen Betriebsumfang sogar 30 000 000 Mark.

Im Handelskammerbezirk Frankfurt a/M. wurden 1898 an 845000 (genau 853996) hl Bier erzeugt aus 284665 Doppel-Ztr. Gerste, meist der 1897er Ernte, und 4455 Ztr. Hopfen, meist 1897er, auch etwas 1898er. 1889 war die Biererzeugung noch 697000 hl (Allg. Br.- u. H.-Ztg. 1899, II, 1917 u. ff.). Nach den obigen Angaben über Bierproduktion und Hopfenverbrauch 1898 treffen auf den Hektoliter Bier im Durchschnitt 0,52 Pfd. Hopfen.

In der Eingabe des Deutschen Brauerbundes an den Reichskanzler[360]) gegen die beabsichtigte Hopfenzollerhöhung (auf 100 Mark per 100 kg, statt 14 Mark) wird die deutsche Hopfenproduktion angenommen:

1898 auf 420000 Ztr., im Mittelpreis der nicht berühmten Sorten mit 150 Mark per 1 Ztr.
1899 » 540000 » » » » » » » » 50 » » » »
Im Mittel von 1890—1900 auf 550000 Ztr., auf ca. 39000 ha.

Die Bierproduktion wird um 1900 per Jahr mit ca. 64000000 hl angenommen und als durchschnittlicher Hopfenverbrauch per Hektoliter Bier $^5/_8$ Pfd., so daſs für dieses Quantum erzeugten Bieres 400000 Ztr. Hopfen erforderlich wären. Es bleiben also jährlich 150000 Ztr. für den Export übrig; das Jahresmittel des Exportes für die Zeit von 1890–1900 wird mit 170000 Ztr. angegeben, im Werte von 22000000 Mark.

Der Import betrug in Zentnern:

	Aus Österreich:	Aus Ruſsland:
1895/96:	34410 Ztr.	2500 Ztr.
1896/97:	60500 »	3565 »
1897/98:	40400 »	8650 »
1898/99:	39500 »	3950 »
1899/00:	53700 »	780 »

(bis Ende Januar 1900).

Der Export Deutschlands betrug:

	Nach Österreich:	Nach Ruſsland:
1895/96:	18460 Ztr.	8630 Ztr.
1896/97:	6350 »	7420 »
1897/98:	11470 »	4450 »
1898/99:	8500 »	3720 »
1899/00:	5800 »	2760 »

(bis Ende Januar 1900.)

Österreich führte also im Jahresmittel 45702 Ztr. Hopfen bei uns ein und entnahm 10076 Ztr. Ruſsland gab uns im Jahresmittel von fünf Jahren 3809 Ztr. und nahm von uns 5396 Ztr.

Amerika nimmt jährlich ca. 15000 Ztr., England mehr, Belgien nimmt ebenfalls erhebliche Mengen; von diesen drei Ländern nimmt Deutschland fast nichts.

Deutschlands Bier-Ein- und -Ausfuhr[361]):

	Einfuhr hl	Ausfuhr hl		Einfuhr hl	Ausfuhr hl
1876/77:	141000	614000	1888/89:	166000	947000
1877/78:	124000	708000	1889/90:	207000	716000
1878/79:	111000	725000	1890/91:	229000	626000
1879/80:	94000	724000	1891/92:	283000	612000
1880/81:	101000	890000	1892/93:	353000	577000
1881/82:	103000	1024000	1893/94:	428000	590000
1882/83:	108000	1035000	1894/95:	465000	576000
1883/84:	116000	1123000	1895/96:	547000	647000
1884/85:	112000	1896000	1896/97:	561000	664000
1885/86:	111000	1249000	1897/98:	576000	763000
1886/87:	135000	1071000	1898/99:	568000	625000
1887/88:	142000	1064000			

Diese Zahlen sind überaus lehrreich. Schon seit 1894/95 steht die Einfuhr fremden Bieres in Deutschland — meistens helles Pilsener — auf nahezu $^1/_2$ Million Hektoliter. Dafs es sich überwiegend um böhmische Biere handelt, geht daraus hervor, dafs nach speziellen Ermittelungen die Einfuhr böhmischen Bieres in Deutschland betrug:

1889: 238910 Doppel-Ztr.
1897: 707590 »

Von da ab geht sie sogar erheblich darüber hinaus. Dagegen hat die deutsche Ausfuhr von Ende der 1880er Jahre ab, also von der Zeit ab, wo die moderne Dampf- und Eismaschinen-Brauerei sich etabliert hatte, konsequent abgenommen. Wenn man in gewissen Brauerkreisen diese unangenehme Thatsache mit der Erklärung zu beschönigen versucht, dafs die Ausfuhr deshalb abgenommen habe, weil man jetzt im Auslande selbst vielfach gutes Bier braut, so steht doch einer solchen Erklärung die konsequent wachsende Einfuhrreihe schroff im Wege. Und die Auslandbiere sind doch stärker eingebraut und besser vergoren als die Inland-Massenbiere für den Lokalabsatz, wobei dann für die Inlandkonsumenten noch die unangenehme Thatsache hinzukommt, dafs natürlich jede mifslungene Auslandsud den Inland-Lokalabsatzbieren einverleibt wird.

Von 1894/95 auf 1895/96 hatte die Einfuhr von Auslandbieren etwas abgenommen, was überall verkündet wurde. Aber von 1895/96 ab steigt die Einfuhr wieder ganz erheblich. Es bestätigt die von mir gehegte und mehrfach ausgesprochene Ansicht, dafs diese Entwicklung fortschreiten wird, solange die Zustände im deutschen Brauwesen fortbestehen, die sie veranlafst haben. Es können momentan Pausen, ja selbst Rückgänge eintreten, im ganzen aber ist ein Fortschreiten lediglich als der Ausdruck eines naturgesetzlichen Zwanges für die deutschen Konsumenten anzusehen, daher unvermeidlich. Die Sache könnte sogar noch ganz andere Dimensionen annehmen, denn zunächst sind es nur die gesundheitlich empfindsameren Teile der Konsumenten; die andern sind vorerst der alten Richtung treu geblieben, haben aber vielfach ihr gewohntes Tagesquantum eingeschränkt.

Die 1899 von den Auslandbrauereien nach Deutschland gelieferten Mengen betrugen:

1898	1899	
688112 Doppel-Ztr.	750032 Doppel-Ztr.	Fafsbier
1533 »	1884 »	Flaschenbier
689645 Doppel-Ztr.	751916 Doppel-Ztr.	

Die Biereinfuhr nach den Monaten:

	Bier in Fässern Doppel-Zentner			Bier in Flaschen Doppel-Zentner		
	1899	1898	1897	1899	1898	1897
Im Januar	52 502	47 719	45 935	111	101	89
» Februar	48 661	48 995	46 336	161	119	173
» März	52 851	50 751	55 652	197	119	256
» April	56 671	58 909	58 831	106	149	186
» Mai	66 069	59 456	58 377	135	168	98
» Juni	61 373	57 417	69 706	282	91	105
» Juli	75 034	56 096	74 383	222	128	79
» August	75 906	73 515	65 892	140	236	89
» September	65 608	58 455	57 738	105	111	88
» Oktober	63 830	58 475	59 157	98	103	122
» November	69 359	63 790	62 204	147	96	342
» Dezember	62 168	54 534	51 940	180	112	115
Zusammen	750 032	688 112	705 851 [362)]	1884	1533	1742

Welche Länder an dieser Biereinfuhr des Deutschen Reiches Anteil haben und in welchem Umfange, ergibt sich aus folgenden Zahlenreihen:

Aus Österreich-Ungarn . .	723216	661724	679808	514	229	184 Doppel-Ztr.
» Grofsbritannien . . .	26213	25467	25365	407	448	434 »
» andern Ländern . . .	603	921	678	963	856	1124 »

Es ist also Österreich-Ungarn, welches das meiste Bier nach Deutschland liefert, und zwar handelt es sich um das bekannte helle Pilsener; vom Jahre 1899 auf 1900 ist dieser Import wieder um 61492 Doppel-Ztr. gestiegen.

Der Wert dieses eingeführten Bieres:

	1899	1898
Fafsbier	9480000 Mark	8691000 Mark
Flaschenbier	76000 »	61000 »
Gesamtwert der Biereinfuhr . .	9556000 Mark	8752000 Mark.

Während beim Import Deutschlands an Bier das Flaschengeschäft gegenüber dem Fafsbier ganz zurücktritt, ist es beim Export wesentlich anders; da spielt das Flaschengeschäft eine ganz bedeutende Rolle, bis fast zu $^1/_3$ des ganzen Exportes, weil die in Kisten verpackten Flaschen dem Tropenklima besser widerstehen.

Die Entwicklung des Exportgeschäftes nach den Monaten:

	Einfuhr in Fässern Doppel-Zentner			Einfuhr in Flaschen Doppel-Zentner		
	1899	1898	1897	1899	1898	1897
Januar	41 135	38 608	39 492	24 846	25 232	24 079
Februar	47 514	47 311	40 925	23 902	23 916	24 554
März	44 888	50 018	50 431	24 916	25 334	26 967
April	47 791	50 553	52 163	24 460	27 936	27 867
Mai	61 914	53 341	51 483	29 036	25 513	27 511
Juni	60 708	56 221	66 064	29 401	22 242	29 469
Juli	68 771	55 841	62 488	27 302	25 313	30 693
August	69 999	64 634	56 410	29 360	21 316	30 671
September . . .	57 870	52 571	47 237	25 000	25 450	24 493
Oktober	49 996	48 671	52 855	25 709	29 670	27 868
November . . .	50 953	45 851	43 085	29 761	24 534	24 594
Dezember . . .	45 962	46 973	44 318	23 418	24 498	26 851
Summa	647 501	609 993	606 951	319 311	300 998	325 617

Die Hauptabnehmer deutschen Fafsbieres sind:

	1899 Doppel-Ztr.	1898 Doppel-Ztr.	1899 mehr (+) oder weniger (—) gegen 1898
Frankreich	149 093	139 882	+ 9 211
Belgien	105 047	97 180	+ 7 867
Schweiz	98 755	101 452	— 2 697
Österreich-Ungarn	77 708	85 068	— 7 360
Grofsbritannien	58 506	47 041	+ 11 465
Vereinigte Staaten von Amerika	46 392	42 342	+ 4 050
Niederlande (Holland) . . .	39 752	38 318	+ 1 434
Italien	32 786	27 876	+ 4 910
Freihafen Hamburg	7 966	8 808	— 842

In Bezug auf Fafsbier ist also der Export nach England (Grofsbritannien), Frankreich und Belgien erheblich gestiegen.

Die Abnehmer deutschen Flaschenbieres sind:

	1899 Doppel-Ztr.	1898 Doppel-Ztr.	1899 mehr (+) oder weniger (—) gegen 1898
Britisch-Ostindien etc.	57 797	51 356	+ 6 441
China	27 082	32 568	— 5 486
Britisch-Australien	22 175	17 650	+ 4 525
Britisch-Südafrika	19 719	22 719	— 2 643
Freihafen Hamburg	15 209	13 495	+ 1 714
Niederländisch-Indien	12 200	10 291	+ 1 909
Peru	9 645	8 422	+ 1 223
Groſsbritannien	9 335	6 403	+ 2 932
Brasilien	8 810	10 891	— 2 081
Deutsch-Westafrika	8 756	7 217	+ 1 539
Egypten	7 424	8 139	— 715
Kolumbien	6 216	5 749	+ 467
Deutsch-Ostafrika	6 188	6 096	+ 92
Deutsch-Südwestafrika	6 000	5 167	+ 883
Ecuador	5 836	5 212	+ 624
Belgien	5 673	—	—
Kongostaat	4 794	4 248	+ 546
Spanien	4 526	3 518	+ 978
Italien	4 450	5 873	— 1 423
Venezuela	4 408	6 677	— 2 269
Portugiesisch-Ostafrika	4 212	4 078	+ 134
Türkei	3 997	3 962	+ 35
Cuba, Portoriko	3 993	1 890	+ 2 103
Costarica	3 561	2 709	+ 852
Britisch-Westindien	3 480	1 829	+ 1 651
Niederlande (Holland)	3 056	3 549	— 493
Dominikanische Republik	2 870	3 602	— 732
Britisch-Westafrika	2 731	3 060	— 329
Chile	2 298	3 113	— 815

Österreich-Ungarn war früher neben seinen Bezügen deutschen Faſsbieres auch Abnehmer deutschen Flaschenbieres, ist aber jetzt ganz von dieser Liste verschwunden. Ebenso Guatemala. Belgien ist als Flaschenbierabnehmer neu hinzugekommen.

Bei einer erheblichen Anzahl (11) der Flaschenbierabnehmer hat der Bezug abgenommen, dagegen hat er bei 24 zugenommen, meist sehr erheblich.

Der Wert des ausgeführten Bieres:

	1899	1898
In Gebinden (Faſsbier)	8 871 000 Mark	8 345 000 Mark
» Flaschen	10 537 000 »	9 933 000 »
Gesamtwert der Bierausfuhr:	19 408 000 Mark	18 278 000 Mark.

Die Bierausfuhrwerte (mit 19 408 000 Mark) überragen also die Biereinfuhrwerte (mit 9 556 000 Mark) im Jahre 1899 für das Deutsche Reich um 10 064 000 Mark.

12. Die Entwicklung der Münchener Brauerei[363]).

Von der allergröſsten Bedeutung für alle untergäriges Bier brauenden Länder der Kulturwelt ist die Entwicklung der Münchner Brauerei, deren Stellung und Bedeutung seit Jahrhunderten richtunggebend war. Bis vor kurzer Zeit haben alle ernstlichen Veränderungen und Verbesserungen in der Erzeugung untergärigen Bieres hier Entstehung genommen und sich von da aus nach dem übrigen Bayern und dem Ausland weiterverbreitet.

München wurde um 1158 n. Chr. begründet. Um Oberföhring bei München wurde schon um 800 n. Chr. Bier gebraut.

Alte Chroniken melden von Brauereien in München aus den Jahren 1260—1280; damals war der Ort jedenfalls noch sehr unbedeutend.

Die älteste bekannte Urkunde stammt aus dem Jahre 1286: da verlieh Herzog Ludwig der Strenge dem heute noch bestehenden Hl. Geistspital die Brauereigerechtsame. Etwa 100 Jahre später erhielt durch Herzog Stephan und seine Söhne jeder Münchner Bürger das Recht, seinen Haustrunk selber brauen zu dürfen. Das waren natürlich schlechte Zeiten für die Brauereien, so daſs es 1370 deren in München nur noch drei gab. An anderer Stelle finde ich, daſs München um 1372 21 Brauereien hatte.

Im Jahre 1500 gab es 38 Brauereien, 1680 (nach andern um 1616) 69, 1783 52, wozu noch 2 kurfürstliche und 5 von geistlichen Anstalten, Spitälern etc. gehörten. Damals wurden von den 52 bürgerlichen Brauereien 23650 bayerische Eimer (à 64 l) Bier eingesotten. Auch 1802 gab es noch 52 Brauereien, welche aber nur 150000 Eimer (96000 hl) Bier erzeugten.

Um 1433 hatten sich die Münchner Bürger sehr dem Spiel ergeben, so daſs auf Veranlassung von Bürgermeister und Rat von den Herzögen strenge Verbote dagegen erlassen wurden[364]).

Von 1293—1294 durfte ein ganzes Jahr lang kein Bier versotten werden, wegen groſser Getreidemiſsernte und weil nach Ansicht der Obrigkeit das Getreide zunächst für das Brot da war.

Um 1372 gab es in München wohl nur 21 Brauereien, aber viele Winkelbrauereien. Unter den Herzögen Stephan, Friedrich und Johannes wurde damals jedem Münchner gestattet, »Grawzing« zu brauen, ein weiſses Bier von Hafer und Gerste, aber ohne Hopfen. Zum Brauen von eigentlichem Bier muſste man vom Herzog ein Patent haben, welches 5 fl. kostete und 1 fl. für den Kanzler. Ohnehin hatten die Brauer 50 Pfd. Pfennige an die Herzöge zu bezahlen.

Um 1591 braute das Hofbräuhaus zum erstenmal das braune Bier, seit 1614 den berühmten Bock. Von den um 1616 in München vorhandenen Brauereien sind die Hausnamen zum Teil heute noch da (Oberottl, Soller, Kappler, Höger, Speckmaier etc.).

Die Münchner tranken damals aber auch viel Wein. An den Abhängen des Isarthals wurde Wein gebaut, später im Englischen Garten, am Eisbach, Tabak. Die Münchner tranken aber nicht bloſs den herben Isarwein, sondern auch solchen aus dem Süden; um 1433 muſsten die Herzöge, um das übertriebene Wein- und Met-Trinken zu bekämpfen, eine strenge Weinschenkordnung erlassen, die auch für die Metschenken gültig war.

Die Münchner Brauereien waren natürlich lauter Kleinbetriebe, deren es in manchen Straſsen zehn gab. Die Löwenbrauerei, urkundlich seit 1525 (damals in der Löwengrube), braute im Jahre 1731 nur ca. 1440 Eimer (ca. 850 hl) Bier; 1897/98 erzeugte sie (als Aktienbrauerei) 553000 hl.

1823/24 gab es — nach Holzner[365]) — in dem damals kleinen München, das sich vom Isarthor bis zum Karlsthor und vom Sendlingerthor bis zur Theatinerkirche erstreckte, 59 bürgerliche Braustätten; 1867/68, also in einer Zeit, wo die Fabrikation noch durch den Biertarif geschützt war, gab es nur mehr noch 15. Die übrigen hat aber nicht der Kapitalismus zu Grunde gerichtet, sondern sie hatten unterlassen, zu rechnen und zu messen, und sind daran zu Grunde gegangen; auch heutigen Tages ist es noch ebenso. Belehrend ist desfalls die Geschichte der Löwenbrauerei in München: 1859/60 versott diese 29375 bayer. Scheffel Malz, die Spatenbrauerei 30038 Scheffel; schon 1861/62 betrug der Malzverbrauch der Löwenbrauerei 37573 Scheffel, in der Spatenbrauerei 32552 Scheffel. Holzner sagt, daſs der Wert der Realitäten der Löwenbrauerei im In- und Auslande so hoch sei, daſs die Zinsen des daraus erlösten Kapitals ebenso hoch seien, wie sie sich aus den Dividenden (20%) ergäben.

Steuergesetze können, je nachdem sie beschaffen sind, für eine Industrie im hohen Grade fördernd oder hemmend wirken.

Für die bayerische Bierindustrie hatte die Malzsteuer sicher grofse Vorteile, namentlich solange sie in ihren Forderungen noch mäfsig war. Sie erschwerte den Betrieb nicht, war bequem einzuheben und brachte den Staatskassen ganz erhebliche Einnahmen.

Da sie vorschrieb, dafs in Bayern zur Bierbereitung nur Gerstenmalz, Hopfen, Hefe und Wasser verwendet werden dürften, und die Kontrolle (durch eigene Malzaufschlagsbeamte) überaus strenge gehandhabt wurde, die selten vorkommenden Defraudationen überaus strenge und auf Grund gerichtlicher Verurteilung bestraft wurden, gewann das bayerische Bier als ein reines, gesundes Genufsmittel einen wohlbegründeten, grofsen Ruf, welcher dem Absatz und der Produktion sehr zu statten kam. Daher kommt es auch, dafs seit langer Zeit das Publikum in Bayern selbst in Bezug auf Fragen von Biersurrogaten überaus empfindlich und wachsam ist, wie wohl in keinem andern Lande der Welt.

Selbst die Redaktionen von in Bayern erscheinenden Fachblättern wurden bestraft, welche Annoncen aufnahmen, die Surrogate für Malz und Hopfen empfahlen; ausgenommen waren nur solche Blätter, welche, wie die Allg. H.-Ztg. in Nürnberg, einen internationalen Leserkreis haben[366]).

In der Einleitung zum bayerischen Malzaufschlagsgesetz vom 16. Mai 1868 wird gesagt, dafs Bayern der einzige Staat ist, in dessen Territorium die Verwendung von Surrogaten zum Bierbrauen verboten sei. Nur die Verwendung von Farbmalz ist gestattet; das ist aber natürlich kein Surrogat. Das bayerische Bier verdankt in der That seinen Weltruf und seinen grofsartigen Export lediglich nur dem Surrogatverbot, natürlich auch der Qualität des Bieres. 1567 wurde sogar das Sieden von weifsem Weizenbier verboten, weil es ein unnützes Getränk sei, das weder fährt noch nährt, noch Kraft und Macht gibt, sondern nur zum Trinken reizt.

Allenthalben suchte ein grofser Teil der Brauer, unter Berufung auf die grofsen Erfolge des bayerischen Gesetzes, ebensolche gesetzliche Bestimmungen zu erwirken, so in Norddeutschland, in Baden, Württemberg, in der Schweiz, in den Vereinigten Staaten etc.

Wohl macht man dem bayerischen Malzaufschlagsgesetz den Vorwurf, dafs es jede Entwicklung der Brauerei hemme, so namentlich von seiten des Brauherrenvereins in Wien. Thatsächlich hat aber dieses Gesetz die wissenschaftliche und technische Entwicklung der modernen Brauerei in keiner Weise gehindert, und nach vielen Richtungen ist der Anstofs zu dieser Entwicklung von Bayern ausgegangen. Das Einzige, was dadurch gehindert wird, ist die Verwendung von Surrogaten; ich bedaure selbst, dafs die teilweise Verwendung von Reis- und Mais-Rohfrucht dadurch gehindert ist, denn diese Materialien mit ihrem Reichtum an Stärkemehl bei gleichzeitiger Armut an Proteïn sind durchaus keine Surrogate für das Stärkemehl der Gerste, wie etwa die verschiedenen Bitterstoffe etc. für den Hopfen. Nun gibt es aber in den Vereinigten Staaten von Amerika, dem Lande, in welchem Reis- und Mais-Rohfrucht seit langer Zeit Verwendung finden, Ansichten, welche dahin gehen, dafs Rohfrucht, also ungemälztes Getreide, eine minderwertige Qualität Bier liefere; namentlich vermindere Mais die Qualität des Bieres[367]).

Bis 1806 war die Staatsauflage auf Bier eine Tranksteuer. Das gesetzliche Surrogatverbot besteht übrigens in den altbayerischen Provinzen schon seit 1516. Am 24. September 1806 kam die Malztaxe (der sogenannte Malzaufschlag) zunächst mit 2 fl. 42 kr. (1 Kronenthaler) per bayerischen Scheffel (2,22 hl) Malz oder 2 Pfg. per Mafs; die Schüttung war gesetzlich fixiert; 1807 wurde der Aufschlag auf 3 Pfg. per bayerische Mafs erhöht, 1811 auf 5 fl. vom Scheffel[368]).

Gleich im Beginn brachte der Malzaufschlag den Staatskassen eine Reineinnahme von 1 Million Gulden (damals waren die fränkischen Provinzen noch nicht dabei). Um 1818/19, wo die fränkischen Provinzen schon dabei waren, war der Netto-Ertrag 3329578 fl., die Verwaltungskosten waren 334103 fl.

1830 brachte die Malzsteuer einen Netto-Ertrag von 4000000 fl. und 1860 von 7000000 fl., 1867/68 war der Netto-Ertrag 8332730 fl, ca. 16000000 Mark[369]); die Verwaltung kostete damals 490461 fl.[370]).

Die letzte Malzaufschlagserhöhung fand 1896 statt (Malzaufschlagsnovelle vom 1. Juni 1896). Es wurden nun Abstufungen gemacht (s. folgend) nach dem Umfange des Brauereibetriebes und danach per hl Malz 5—6,50 Mark als Malzsteuer festgesetzt[371]). Nun war der Ertrag des Malzaufschlags 1897/98 42138979 Mark, 1898/99 über 43000000 Mark.

Aber diese bedeutende Anspannung der Steuerkraft der Brauereien und namentlich jener der Grofsbetriebe, bei gleichzeitiger Feststellung der Rückvergütung der Malzsteuer beim Export, unter Annahme einer Ausbeute von 2,2 hl Exportbier per 1 hl Malz, hatte zur sehr unglücklichen Folge, dafs nun gerade die bayerischen leistungsfähigsten Grofsbrauereien Jagd auf die ausbeutereichsten Gersten der Welt machten, selbstverständlich unter starker Vernachlässigung der bayerischen Gersten, deren schwache Seite eben gerade die Ausbeutegröfse ist, während sie sich sonst in allen Etagen der Brauerei vortrefflich verarbeiten, oft viel besser wie andere, und meist auch ein sehr malzaromatisches, wohlschmeckendes Bier liefern. Es kann dem bayerischen exportierenden Grofsbrauer, der auf den Export auch sonst noch viele und sehr erhebliche Spesen hat, nicht einerlei sein, ob er aus 100 hl Malz 190—200 oder 220 und mehr Hektoliter Bier vom selben Würzeextraktgehalt herausbringt; bringt er mehr heraus als das gesetzlich festgestellte Quantum, dann erhält er eventuell noch Malzsteuerrückvergütung für Bier, für welches er gar keine Malzsteuer bezahlt hat. Der bayerische Staat büfst aber im Wohlstand und in der Steuerkraft des Volkes an den minderwertiger gewordenen Gersten sicher mehr ein, als der Fiskus an der erhöhten Malzsteuer gewinnt.

E. Harzberger, welcher in der Allg. Br.- u. H.-Ztg. 1898/99 eine Reihe von gründlicher Arbeit zeugender Artikel über die Entwicklung des bayerischen Braugewerbes am Ausgang des 19. Jahrhunderts veröffentlicht, sagt im 11. Artikel[372]): »So vermögen wir der bayerischen Steuerpolitik das Prädikat einer gerechten und weitblickenden Finanzpolitik nicht zu geben; im Gegenteil, wir müssen sie als ungerecht und einseitig bezeichnen, als eine Politik, welcher die richtige Beurteilung der wirtschaftlichen Verhältnisse des Braugewerbes ebenso mangelte wie die richtige Beurteilung der allgemeinen wirtschaftlichen und sozialen Verhältnisse des Landes, eine Politik, welche vor 1889 ebenso einseitig die Interessen der Grofsbetriebe begünstigte, wie sie dieselben nach 1889 einseitig schädigte. Die bayerische Finanzpolitik, eng verwachsen mit dem Wohl und Wehe des Braugewerbes, war während der letzten 20 Jahre nicht eine Politik abwägender, staatsmännischer Klugheit, sondern engherziger Fiskalität[373]). Es läfst sich hinzufügen, dafs — wie wir schon betont — dieses Verhalten der Finanzverwaltung die bayerischen und deutschen Brauer von der bayerischen und deutschen Gerste ablenkte, dadurch die bayerische und deutsche Landwirtschaft überaus schädigte, wobei noch zu berücksichtigen, dafs die unterrichtlich sehr vernachlässigte bäuerliche bayerische Landwirtschaft sich um 30—40 Jahre unter dem geistigen Niveau befindet, welches der Welthandel heute gebieterisch verlangt, bei Gefahr des Untergangs.

Man sagt zur Entschuldigung einer solchen mifslichen Sachlage, die man nicht ableugnen kann, dafs die Bauern so schwer etwas annehmen; allein es ist Thatsache, dafs sie schon gar oft von Unkundigen aber Mafsgebenden veranlafst wurden, Geld für Wertloses auszugeben. Ich könnte dafür viele Beispiele anführen, will aber nur daran erinnern, wie sie seiner Zeit (vor 15 bis 20 Jahren) von den sogenannten Autoritäten des Hopfenbauvereins und des Landwirtschaftlichen Vereins veranlafst wurden, verschiedene Millionen für die niederen Hopfendrahtanlagen auszugeben, rein für nichts! Die Warnungen Sachkundiger wurden ignoriert oder als Ansichten von malkontenten Leuten schief angesehen.

Heute ist diese Gefahr, dafs die Bauern, überhaupt die kleinen Landwirte, von braven und kenntnisreichen, aber in ihrem Wissen noch nicht abgeklärten und gereiften jungen Männern zu unfruchtbaren Ausgaben gröfseren oder kleineren Stils verleitet werden könnten, in beträchtlichem Grade gewachsen. Alle Warnungen wirklich Sachkundiger verhallen ungehört und unbeachtet. Darin liegt eine grofse Gefahr, nicht nur der Schädigung der ohnehin gedrückten bäuerlichen, landwirtschaftlichen Existenzen, sondern auch jene einer unverdienten Diskreditierung der Landwirtschaftswissenschaft.

Um 1811 wurde die Biertaxe eingeführt, welche bis 1864 währte; die Regierung setzte den Bierpreis fest nach Mafsgabe der Gersten- und Hopfen-Preise und unter Annahme einer bestimmten Ausbeute an Schenk- und Sommer- oder Lager-Bier. Anfänglich war sie ein Schrecken, später (nach ca. 10 Jahren), namentlich bei den um 1820 beginnenden billigen Gerstenpreisen, zeigte es sich, daſs sie manches Bequeme und für die Brauer Lohnende hatte. 1816 und 1817 waren die heute noch in der Erinnerung des Volkes lebenden, schrecklichen Miſserntejahre mit ihrer Hungersnot; noch 1817 kostete der Scheffel Gerste 36 fl., 1819 aber, wo die Not vorbei war, kostete der Scheffel Gerste nur noch 5 fl.; von da ab bis 1830 kostete der Scheffel Gerste meist 5—8 fl.[374]). Bis dahin war der Brauereibetrieb ein rein mechanisch erlernter.

In den 1820er Jahren fand das Thermometer in die Brauerei Eingang. Man erkannte die Wichtigkeit der Einhaltung gewisser Temperaturen beim Malzen, Darren, Maischen und bei der Gärung; das brachte in der Folge gute Malz- und Gär-Keller, namentlich vortreffliche Sommer- und Lager-Keller.

Um 1828 hatte eine Münchner Brauerei das damals unerhörte Quantum eines jährlichen Malzverbrauches von 8000 Scheffeln (ca. 40000—50000 Eimer Bier) erreicht; heute sind in München zwei Brauereien mit 250000 hl Malz (je ca. 140000 Scheffel).

Um 1818 kam die erste englische Malzdarre in die Münchner Brauerei; durch deren Ausbreitung wurde der bisherige rauhe, widrige, ja fast ekelhafte Rauchgeschmack, von den Rauchdarren herrührend, aus dem Biere entfernt[375]).

Die wachsende Intelligenz verscheuchte Pflegma und Herkommen aus den Brauereien, wo sie bis dahin die Oberherrschaft geführt hatten. Diejenigen Brauer, welche damals in der Intelligenz einen Vorsprung hatten, wurden rasch reich, wobei man freilich an den damaligen Begriff von Intelligenz und Reichtum nicht den Maſsstab von heute anlegen darf.

Damals war alle Welt mit der Brauerei zufrieden: die Regierung mit der wachsenden Aufschlagssteuer, das Publikum mit dem besser gewordenen Bier, namentlich Sommerbier, die Brauerei mit den sich füllenden Taschen und der groſsen Achtung, in der die Brauerei stand. Der Schenkpreis gestattete für jede Maſs Bier $^{1}/_{2}$ kr. Mehreinnahme, was bei groſsem Betrieb erhebliche Beträge brachte.

Um 1840 sieht man in München schon allenthalben verbesserte Brauereien mit englischen Darren und guten Lagerkellern; das Bier wurde immer besser, die Bierkonsumtion setzte durch ihren Umfang in Erstaunen, und der Ruf des bayerischen und namentlich des Münchner Bieres begann seine Rundreise in der Welt.

In München gab es damals (um 1840) Brauereien mit jährlich, d. h. in der Wintersudcampagne, im Sommer war das Brauen eingestellt, ca. 6000—8000 Scheffel Malzverbrauch; der Kaufpreis solcher Brauereien war von 40000 fl. um 1830 auf 150000—200000 fl. gestiegen. Das ehemals reichsstädtische Weizenbierbräuhaus in Nürnberg[376]) wurde 1806 bayerische Staatsbrauerei mit Braunbiergerechtsame und wurde 1847 mit einem Betrieb von 48000 Eimern an die Freiherrlich v. Tuchersche Patrizierfamilie verkauft; jetzt ist dasselbe Aktienbrauerei. 1844 kaufte L. Brey (Löwenbräu) um 60000 fl. das Filserbräuanwesen in der Weinstraſse in München. Die Löwenbrauerei in der Löwengrube selbst mit dem Sommerkeller kostete 1818: 45500 fl.; 1878, als sie Aktiengesellschaft wurde: 2500000 fl. Die Brauereien auf dem Lande, welche in den 1820er Jahren noch 150—200 Scheffel verarbeitet hatten, waren nun bis zu 1000 Scheffel Gerste Jahresverbrauch aufgestiegen, und ihr Kaufpreis war von 8000 fl. auf 40000 fl. und 60000 fl. gestiegen. Damals wollte alles Brauereien kaufen, um Geld nutzbringend anzulegen, auch des Brauens ganz Unkundige.

In den Jahren von 1840—1850 wurde das nun aber alles ganz anders; es kam eine wahre Unglückszeit oder Notzeit für die Brauerei. Die Brauer hatten von den beiden Möglichkeiten zur Ausbreitung ihres Absatzes, nämlich 1. Bier von höherer Qualität, als die Konkurrenz erzeugt, 2. Wirtskauf, vielfach die letztere (sub 2) benutzt. Der Schenkpreis für den Wirt war mit 2 Pfg. per Maſs in Rechnung gestellt, und vor 1832 werden wenige Wirte mehr gehabt haben. Von da ab gab man ihnen 3 und 1836 sogar 4 Pfg. per Maſs; dazu hie und da, namentlich bei jungen, neuanfangenden Wirten, ein kleines Kapital von 1000—2000 fl., eine Sud Treber, ein paar Eimer Essig etc.

Von 1837—1840 war das Überbieten der Wirte von seiten der Brauer in Schwung. Diese vermehrten Zugeständnisse an die Wirte und die erheblich wachsenden Gerstenpreise reduzierten ganz erheblich die Einnahmen der Brauer, denn nur bei so billigen Gerstenpreisen, wie sie von 1820—1830 gegeben waren, konnte die Brauerei auch unter dem Bierpreisregulativ so hohen Gewinn abwerfen.

Gerechnet wurde damals in den Brauereien nicht, man wufste selbst nicht, wie viel die Mafs Bier den Brauer kostete. Die Allg. H.-Ztg. 1861 S. 80 sagt: Auch heute noch möchte man unter 100 bürgerlichen Brauereien bei 95 vergeblich nach einer geschäftsmäfsigen Rechnung fragen; man verliefs sich auf den rechnenden Vormund, die Regierung[377]).

Ende der 1840er Jahre war die Hetzjagd der Brauer auf die Wirte auf das höchste gestiegen; jede Forderung der Wirte wurde von den nicht rechnenden Brauern, namentlich auf dem Lande, bewilligt. Es scheint aber die Jagd auf Wirte schon um 1719 sehr arg gewesen zu sein[378]). In den Städten trugen einzelne reich gewordene Brauer ihren Reichtum in thörichter, provozierender Weise zur Schau; so wurde das Publikum immer mehr auf diese Dinge aufmerksam. Infolge der Wirts-Verhältnisse und der steigenden Gerstenpreise ging der Bierpreis in die Höhe. 1839 und 1840 kostete das Sommerbier per Mafs schon 6 kr., 1843 wurde er auf $6^1/_4$ kr. gesetzt. Schon seit den 1830er Jahren war in München der Bierpreis infolge von Lokalmalzaufschlag und Schenkpreis per Mafs um 1 kr. teurer geworden.

So kam am 1. Mai 1844 in München der erste Bierkrawall zu stande; Folge dieses und der dann, anfänglich immer am 1. Mai, später bei allerlei Anlässen, folgenden Bierkrawallskandale, die dann bis 1866 immer wieder kehrten und bei denen viel Eigentum zerstört wurde[379]), war, dafs die Brauer jedesmal das Bier um 1 oder 2 Pfg., von 1846 ab sogar um 4 Pfg., unter dem nach dem Regulativ der Kgl. Regierung ausgeschriebenen Satze verkaufen mufsten. Das Publikum behauptete: das Regulativ gewähre den Brauern einen zu grofsen Gewinn. Manche Brauer in München und auf dem Lande erklärten sich bereit, ihr Bier um $^1/_2$—1, selbst bis 2 kr. unter dem Satze auszuschenken. Nun traf man an gröfseren Orten Bier zu allen Preisen, Schöps, Schenkbier, Sommerbier, Luxusbier, Doppelbier, Bock, Salvatorbier[380]).

Damit war der Übergang zur freien Taxe, von welcher namentlich anfangs der 1860er Jahre allenthalben die Rede war, angebahnt. Damals waren natürlich die Erträgnisse der Brauerei schlecht, einesteils durch bedeutende Minderung früherer Einnahmen, anderseits durch Eigentumsbeschädigung. Viele Brauereien waren feil oder wurden aufser Betrieb gesetzt. Die 6—10 Jahre vorher so hoch im Preise stehenden Brauereien waren jetzt im Preise tief gesunken, ja unverkäuflich; dagegen waren nun Wirtsanwesen der begehrteste Artikel, ihr Preis war um das Drei- bis Vierfache gestiegen. Man konnte jetzt eine Brauerei kaum mehr verkaufen, wenn kein Wirtschaftsrecht oder keine Malzfabrikskonzession dabei war. Eine der schönsten Brauereien Münchens, für welche Ende der 1830er Jahre 300000 fl. geboten wurden, war zu Ende der 1840er Jahre nicht um 100000 fl. an den Mann zu bringen. In München waren im Jahre 1500 schon 38 bürgerliche Brauer, 1811 waren es 57, 1830 waren es nur noch 54 und 1861 nur noch 24. Man könnte geneigt sein, zu glauben, dafs diese Abnahme der Zahl der Brauer eine Folge der von 1850—1861 entstandenen Bierfabriken oder Grofsbrauereien sei, deren Betrieb die Verarbeitung von 25000—30000 Scheffel Gerste erreicht; aber andere Ansichten gehen dahin, dafs das Aufhören der Kleinbrauer das Entstehen der Grofsbrauer begünstigt habe.

Damals schon wurde gesagt, dafs kein intelligenter Kleinbrauer einer gröfseren Stadt die Konkurrenz mit dem Grofsbrauer zu fürchten hat, weil er 1. sein Geschäft selbst betreibt, sicherer überwachen und daher, bei gleicher Intelligenz, ein besseres Bier erzeugen kann als der Grofsbrauer, 2. weil er das, was der Grofsbrauer den Wirten geben mufs, für sich behalten kann. In den grofsen Städten ist es nicht wie öfter auf dem Lande, wo aus gewerblichen oder Sippschafts-Rücksichten oft das miserabelste Bier weggetrunken wird, während das edelste keinen gröfseren Absatz findet. Hat ein Brauer in der grofsen Stadt gutes Bier, dann ist sein Absatz so, dafs er bald Grofsbrauer wird, und wenn Grofsbrauer mit lange Zeit hindurch schlechtem Bier heutzutage nicht ernstlich zurückgehen, liegt es nur in ihrer Kapitalmacht, in dem Umstande, dafs sie viele, gerade bessere Wirtschaften im Eigentum haben.

Nun kam in den 1860er Jahren (schon Ende der 1850er) die Dampf- und Maschinen-Brauerei im Grofsbetrieb. Die ersten Dampfbrauereien wurden 1860 von Brey und Sedlmayer in München eingerichtet, dann folgte Schwechat (Wien). Die Aktienbrauerei zum Löwenbräu in München, welche jetzt auf nahezu 600000 hl Bier jährlich angekommen ist, hatte 1872 erst zwei Dampfmaschinen mit 55 Pferdekräften, 1896/97 hatte sie vier mit 570 Pferdekräften. In der Allg. H.-Ztg. 1862, S. 91 wird gesagt: Die Dampfbrauereien werden immer zahlreicher und scheinen in kurzer Zeit die andern zu verdrängen, ebenso die Maschinenarbeit die Handarbeit. Die Wirtsjagd hatte abgenommen, weil viele Wirtschaften in den Besitz der Grofsbrauereien übergegangen waren. Der Scheffel Gerste kostete selten 6—8, oft 11—16, seltener sogar 20 fl.; 1860 kostete der Zentner Hopfen 250 fl., später aber bedeutend weniger. Das Maischscheit war verschwunden, in den Maischbottichen kreisten von Zahnradgetrieben in Bewegung gesetzte Flügelwellen. Es kam die mechanische Mälzerei und endlich in den 1880er und 1890er Jahren die Eiskeller- und dann die Eismaschinen-Brauerei mit ihren ganz veränderten Hopfengaben und der Kellerwirtschaft. Möge die Brauerei die dadurch etwas ins Schwanken geratene Gleichgewichtslage in der Herstellung guter, gewöhnlicher (sogenannter Stadt-) Biere bald wieder finden! Das wird sicher rascher geschehen, wenn die Brauer nicht, auf ihren Reichtum pochend, in selbstgefälliger Verblendung jeden erteilten Rat, als von Unkundigen herrührend, abweisen, denn der desfalls bestehende Unfriede beherrscht nicht etwa blofs die unteren Schichten, sondern auch die gebildeten Kreise. In der Geschichte des bayerischen Bieres[381]) sagt der Autor, ein bayerischer Brauer: Wenn der tüchtige Mann einen Mifsstand im öffentlichen Leben erkennt, so ist es edel, wenn er gegen ihn offen ankämpft, um ihn zu bessern, aber er mufs die Natur, die Quelle und die Wurzel des Übels kennen! — Er darf nicht das Kind mit dem Bade ausschütten und den Ruhm, den die bayerische Bierfabrikation sich errungen, mit seinem Hafs gegen die Brauer ersticken!

1861/62 war allenthalben sehr viel die Rede von der Aufhebung der damals noch üblichen amtlichen Bierpreistaxe. Manche glaubten, wenn die Taxe aufgehoben würde, werde das Bier schlechter und namentlich sehr ungleich; andere hofften, dafs es besser werde. Es wurden amtliche Erhebungen angestellt, wieviel bayerische Eimer eines guten Bieres sich aus einem Scheffel Gerste erzeugen liefsen. Man fand nach Versuch und Probesud[382]), dafs — wenn alles normal ist — aus 1 Scheffel Gerste resp. Malz nicht mehr als 7 Eimer Winter- und 6 Eimer Sommer-Bier erzeugt werden könnten, wenn das Bier gut sein sollte[383]); das wären also für 5 Scheffel Malz 35 Eimer Winter- und 30 Eimer Sommer-Bier. Das ist ganz richtig, wenn alles ist und geht, wie es sein soll. Man fand zugleich, dafs von der besten Gerste mit 280 Pfd. Gewicht per Scheffel 7 Eimer und 9 Mafs Sommerbier und 8 Eimer 24 Mafs Winterbier gemacht werden können, dafs aber aus der geringsten Gerste von 220 Pfd. nur 4 Eimer und 8 Mafs Sommerbier und 4 Eimer und 48 Mafs Winterbier hergestellt werden könnten; es besteht also zwischen diesen beiden extremsten Gerstenqualitäten eine Bierproduktionsdifferenz von 3 Eimern und 1 Mafs Sommer- und 3 Eimern und 36 Mafs Winter-Bier.

1799[384]) hatte die bayerische Regierung einen Preis von 100 Dukaten ausgeschrieben zur Lösung der Fragen:

1. Welches ist das notwendige Verhältnis von Malz, Hopfen und Wasser, damit das Bier gut genannt werden kann?
2. Wodurch kann die Polizei am besten feststellen, ohne den so verschiedenen Geschmack zu Rate zu ziehen, ob das Bier die bestimmte Güte hat?
3. Wie stellt man den Preis eines solchen Bieres fest, wenn alle Einnahmen und Ausgaben etc. in Betracht genommen werden?

Es waren 32 Preisbewerber aufgetreten, aber die Frage sub 2 ist heute noch ungelöst.

Nimmt man die 6 und 7 Eimer des Regulativs, so kann man aus 1 Scheffel bester Gerste um 1 Eimer und 9 Mafs Sommerbier und 1 Eimer 24 Mafs Winterbier mehr machen als aus 1 Scheffel geringster Gerste und aus letzterer um 1 Eimer 52 Maſs Sommerbier oder 2 Eimer 12 Maſs Winterbier weniger erzeugen, als das Regulativ vorschreibt. Daher war der Brauer in guten Gerstenjahren, auch wenn er sich genau an die Vorschrift hielt, ganz vorzüglich daran, um so mehr, als die reichen Gerstenernten auch immer billigere Preise im Gefolge haben. Er brauchte auch für diesen Eimer mehr weder Staats-noch Lokal-Malzaufschlag zu bezahlen, was per Eimer 1 fl. 30 kr. ausmachte. Bei schlechten Gersten und hohen Gerstenpreisen war das alles umgekehrt. Daher war die Biertaxzeit für die Brauer in guten Gerstenjahren sehr angenehm, in schlechten Gerstenjahren war ihre Lage aber sehr miſslich. Der Scheffel Gerste bezahlte damals 5 fl. Malzsteuer.

Es wird in München und Bayern vielerlei Bier gebraut: Salvatorbier, Bock, Doppelbier, Märzenbier, Tafelbier, Versandbier, Stadtbier. Das Versandbier wird stärker eingebraut und nicht bloſs in München, sondern auch in Nürnberg, Erlangen, Kulmbach, Kitzingen, Rothenburg etc. erzeugt. Es geht in alle Welt, meist nach Norddeutschland, Frankreich, Schweiz, Belgien, Holland, auch vielfach über die See. Der Geschmack dieser stärker eingebrauten und länger gelagerten Biere von dunkler Farbe ist natürlich sehr verschieden, aber durchweg sehr gut. Der Stand der Brauer bildet auch heute noch, namentlich in Altbayern, einen hochangesehenen, einfluſsreichen Teil des Volkes.

Nach J. Meyrhofer (Geschichte der Aktienbrauerei zum Löwenbräu in München) war nach einer Instruktion von 1711 die Guſsführung, d. h. also das Wasserquantum auf 5 Scheffel Malz, bei Winterbier 16 Eimer und bei Sommerbier 14 Eimer. Das war nach einer Polizeiverordnung von 1612[385]); das Bier war also damals (1711) im Würzeextraktgehalt doppelt so stark wie um 1861, also 150 Jahre später. Wie mag das geschmeckt haben? Ohne Zweifel hat man zu jener Zeit die Biere so stark eingesotten, um sie haltbarer zu machen; die heutigen Mittel, sie haltbar zu machen, waren nicht bekannt. Nach einer Verordnung von 1732 erhöhte sich aber nun die Guſsführung bei 5 Scheffel Malz auf 24 bezw. 22 Eimer Wasser bei Winter- und Sommer-Bier; und durch ein Mandat vom 17. Oktober 1750 wurde die Schüttung (der Wasserzusatz) abermals vermehrt, auf 24 Eimer bei Sommerbier und 26 Eimer bei Winterbier, immer auf je 5 Scheffel Malz. Im Jahre 1811 kam dann endlich die Verordnung, welche die Schüttung bei Winterbier auf 35 Eimer und bei Sommerbier auf 30 Eimer erhöhte; die letztere Verordnung war bis zur Aufhebung der Biertaxe im Jahre 1864 gültig.

Von 5 Scheffeln Malz sollten 30 Eimer Sommerbier gebraut werden und mit einem Zusatz von 25 Pfd. Hopfen.; beim leichteren Winterbier sollten aus 5 Scheffeln Malz 35 Eimer Bier gemacht werden, mit 15 Pfd. Hopfen.

Die Berechnung des Bierpreises per Maſs (der Grundpreis), welche die betreffenden Kreisregierungen immer mit dem Beginn des Winter- und Sommer-Bieres unter genauer Inbetrachtnahme der Gersten- und Hopfen-Preise in den einzelnen, bestimmt begrenzten Bierdistrikten kund machte, hatte für den Biertrinker einige Wochen vorher mehr Interesse als die Papierkurse und das Steigen und Fallen des Diskonto. Den Grundpreis des Bieres bildete der dem Erzeuger nebst Zins für Grund- und Verlags-Kapital zukommende Fabrikationsgewinn: die Mannesnahrung, welche $1\,{}^{47}/_{100}$ Pfg. beträgt. Diese geben für Winter- und Sommer-Bier per Maſs 6 Pfg., dazu der Malzaufschlag mit 4 Pfg.; so sind die Vorauslagen für 1 Maſs Bier, ehe noch Hopfen und Malz berechnet sind, schon $2\,{}^{1}/_{2}$ kr. (1 kr. = 4 Pfg.) unter dem Reifen. Nun erhielt der Wirt für das Verzapfen noch 2 Pfg. amtlich zuerkannt. Demnach kam die Maſs Bier ohne Einrechnung des Hopfen- und Gersten-Preises und des Lokalmalzaufschlages, der in manchen Städten zur Vermehrung ihrer Einnahmen auch noch 1—2 Pfg. betrug, im Schenkpreise schon auf 3 kr. Es konnte sonach der Bierpreis per Maſs nur bei äuſserst billigen Preisen der Gerste und des Hopfens auf 4 kr. kommen, aber niemals unter 4 kr. sinken.

Tabelle über die Gersten-, Hopfen- sowie die danach bestimmten Schenkbier-Preise, welche in den Jahren 1811—1864 von der Kgl. Regierung von Oberbayern für die Haupt- und Residenz-Stadt München gegeben worden sind[386]):

Jahrgang	Gerste per Scheffel		Hopfen per 1 Ztr.	Bier per 1 Maſs	
	fl.	kr.	fl.	kr.	Pfg.
1811—12	8	45	98	4	1
1812—13	8	45	44	4	—
1813—14	8	—	63	4	—
1814—15	9	—	70	4	—
1815—16	10	30	154	4	3
1816—17	23	30	180	6	2
1817—18	30	45	$52^1/_2$	7	—
1818—19	9	—	60	4	—
1819—20	5	—	$44^1/_2$	3	2
1820—21	5	30	230	4	1
1821—22	6	30	110	3	3
1822—23	8	—	60	4	—
1823—24	5	—	30	3	1
1824—25	5	30	40	3	2
1825—26	5	30	80	3	2
1826—27	6	30	20	3	2
1827—28	7	15	34	3	3
1828—29	10	15	25	4	—
1829—30	7	30	110	4	—
1830—31	7	—	70	3	2
1831—32	8	30	80	4	2
1832—33	8	—	230	4	1
1833—34	6	—	160	4	—
1834—35	10	30	60	4	—
1835—36	7	30	50	3	3
1836—37	7	—	70	3	3
1837—38	8	30	40	3	3
1838—39	9	—	80	4	—
1839—40	10	—	130	4	1
1840—41	7	30	60	3	3
1841—42	7	—	70	3	3
1842—43	9	30	124	4	1
1843—44	14	30	70	4	3
1844—45	12	30	112	4	2
1845—46	18	—	60	5	1
1846—47	16	—	70	5	—
1847—48	12	30	30	4	2
1848—49	6	30	60	3	3
1849—50	6	30	90	3	3
1850—51	8	—	45	3	3
1851—52	14	30	110	5	1
1852—53	11	30	60	4	1
1853—54	20	—	170	5	3
1854—55	14	—	150	5	1
1855—56	16	—	40	5	—
1856—57	11	30	70	4	2
1857—58	11	30	54	4	1
1858—59	11	30	160	5	—
1859—60	13	—	102	5	—
1860—61	15	30	310	6	—
1861—62	13	30	70	4	2
1862—63	13	—	104	5	—
1863—64	10	51	98	4	2
1864—65	10	50	107	4	2

Die hier angeführten Bierpreise sind als Ganterpreise zu verstehen, also ab Brauerei.

In der Periode von 1820—1830 waren die billigsten Gersten- und Bier-Jahre; die höchsten Gersten- und Bier-Preise hatten die Jahre 1816—1818, dann 1859—1861 gebracht.

Die Bier-, Gersten- und Hopfen-Preise dieses Zeitraumes nach Jahrzehnten zusammengefaſst:

	Gerste-durchschnittspreis per Scheffel		Hopfen-durchschnittspreis per Zentner		Bier-durchschnittspreis per Eimer	
	fl.	kr.	fl.	kr.	fl.	kr.
1825—35	7	42	85	54	3	$3^3/_5$
1835—45	9	18	80	36	4	$^1/_{10}$
1845—55	12	45	84	30	4	$2^2/_3$
1855—65	12	49	111	30	3	$^3/_{10}$

In einer Berliner Zeitschrift[387]) teilt ein Herr M. Klimoff die Resultate seiner direkten Beobachtungen über die gegenwärtigen Gärführungen in zwei der besten Münchner Brauereien und in der Weihenstephaner Staatsbrauerei mit:

Der Würzeextraktgehalt

für Sommerbier,	Export,	im Mittel	14,0°	Balling
» »	Stadt,	» »	13,7°	»
» Winterbier,	Export,	» »	13,3°	»
» »	Stadt,	» »	12,8°	»

Der Würzeextraktgehalt für Märzenbier im Mittel 16,7° Balling
» Bockbier » » 18,6° »

Der Gärprozefs für alle Biere dauert 8—10 Tage.

Die Biere werden mit folgendem Vergärungsgrad gefafst:

Sommerbier,	Export	55—60 %
»	Stadt	50 »
Winterbier,	Export	55—60 »
»	Stadt	45—50 »
Märzenbier		55—60 »
Bockbier		60 »

Im Lagerkeller beträgt die Vergärung noch — je nach Sorte — 1½—2 %.

In den drei geschilderten Brauereien sind kleine Verschiedenheiten, die dort nachgesehen werden wollen. Für den Praktiker ist da manches interessante Detail zu finden. Das Stadtbier ist immer weniger vergoren. Der Lagerkeller besteht aus zwei Stockwerken; im unteren schwankt die Temperatur zwischen 0,5—1° R., im oberen, der für Stadtbier bestimmt ist, liegt die Temperatur zwischen 1—1,5° R., meist bei 1° R.

30 Tage nach der Füllung kommen zur Klärung Späne in das Fafs, und das fertige Bier wird vor dem Abziehen filtriert. In einer Brauerei wird das Bier nicht gespänt und nicht filtriert. Mir hat auch eine andere, sehr sachkundige Persönlichkeit gesagt, dafs einige Münchner Brauereien nichts filtrieren; andere wieder filtrieren nur die hellen Biere.

Die mittlere Zusammensetzung des Bieres:

	Alkohol in Gewichtsprozenten	Wirklicher Extrakt	Scheinbare Vergärung	Wirkliche Vergärung
Sommerbier, Export	4	6,3	68	55
» Stadt	3,5	7	60,5	49
Winterbier, Export	3,8	6	68,5	55
» Stadt	3,2	6,7	59	47,7
Märzenbier	5	7,1	70	57,5
Bockbier	5,9	7,3	73	60

In einer andern Brauerei war der Gehalt:

	Extraktgehalt beim Anstellen	Extraktgehalt beim Fassen
Sommerbier	14,5 Balling	8 Balling
Winterbier, Export	14,0 »	7,5 »
Bockbier	19,0 »	11,12 »
Winterbier, Stadt	13,5 »	7,5 »
Helles, Stadt	12,5 »	5,8 »

Hier ist also der Würzeextraktgehalt des hellen Bieres geringer.

Vom Winterstadtbier der ersterwähnten Brauerei wird gesagt, dafs es 2—2½ Monate im Keller gehalten werde. In einer andern Brauerei ist das Exportbier ca. 4 Monate im Lagerkeller und das Stadtbier 6—8 Wochen.

Die Entwicklung der Münchner Brauerei von 1810—1897[388]):

In der Rubrik »Erzeugung« haben wir in Parenthese die Zahlen der Münchner Biererzeugung angefügt, wie sie die Allg. Br.- u. H.-Ztg. 1898, II, 1652 gibt; diese sind erheblich höher, vielleicht ist da das Nachbier dabei, oder es ist eine höhere Ausbeute gerechnet. Alle diese Zahlen beruhen auf Berechnung, und da kommt es darauf an, welche Ausbeutezahl der Rechnung zu Grunde gelegt wurde.

Jahr	Zahl der Bier-braue-reien	Malzverbrauch: im allgemeinen	Malzverbrauch: davon zur Braunbier-brauerei	Braunbier: Erzeugung (berechnet[389])	Braunbier: Einfuhr	Braunbier: Ausfuhr	Braunbier: Verbrauch in München (berechnet)	Einwohner-zahl	Verbrauch auf den Kopf der Bevölkerung[390])
		nach der Aufschlagrechnung			nach der Aufschlagrechnung				
		Hektoliter							
1810	53	192 922	unbekannt	424 428	unbekannt	unbekannt	424 428	51 765	820
1820	63	230 565	»	517 243	»	»	517 243	62 290	830
1830	48	188 366	»	414 405	8 659	»	423 064	78 411	540
1840	40	205 147	»	451 323	6 209	»	457 532	113 864	402
1850	36	284 582	»	626 080	3 429	»	629 509	127 819	495
1860	25	400 593	»	881 304	1 203	6 755	875 752	148 759	590
1870	18	592 618	»	1 303 759	4 197	150 903	1 157 053	169 039	682
1880	38	623 044	»	1 307 696	30 279	254 450	1 088 525	229 000	473
1881	37	682 099	671 769	1 477 892 (2 757 979)	20 691	369 906	1 128 677	233 000	484
1886	38	1 067 254	1 057 121	2 325 666 (3 605 866)	6 006	1 094 605	1 282 067	268 000	480
1891	29	1 277 858	1 265 702	2 784 542 (3 554 774)	4 392	1 303 906	1 480 028	357 000	416
1892	30	1 354 738	1 343 090	2 954 798 (3 714 909)	3 970	1 372 263	1 586 505	372 000	426
1893	31	1 361 090	1 350 407	2 960 632 (3 693 488)	4 692	1 403 685	1 571 902	385 000	408
1894	31	1 356 532	1 345 742	2 960 632 (3 714 203)	5 508	1 428 090	1 538 080	393 000	391
1895	30	1 441 690	1 430 674	3 147 482 (3 966 176)	10 992	1 457 785	1 700 689	400 000	425
1896	30	1 419 100	1 408 305	3 098 271 (3 887 783)	14 327	1 450 087	1 662 511	412 000	404
1897	30	1 446 059	1 434 283	3 155 423 (4 001 420)	9 295	1 466 755	1 697 963	424 000	400

Das statistische Amt der Stadt München[391]) gibt folgende Übersicht über die Entwicklung der Münchner Brauereien unmittelbar vor dem Beginn der modernen Grofsbrauerei:

Jahr	Zahl der Bierbrauereien	Malzverbrauch: im allgemeinen	Malzverbrauch: davon zur Braunbier-brauerei	Braunbier: Einfuhr	Braunbier: Ausfuhr
		nach der Aufschlagrechnung Hektoliter		nach der Aufschlagrechnung Hektoliter	
1877	25	600 406	594 193	18 193	253 143
1878	27	600 098	595 329	23 119	247 511
1879	26	624 668	618 419	30 279	255 407
1881	37	682 099	671 761	20 691	369 906
1882	37	717 995	707 179	13 164	429 886
1883	37	720 993	709 863	13 251	499 890
1884	38	814 713	803 573	8 120	652 560
1885	39	968 909	958 548	5 865	864 762
1886	38	1 067 254	1 057 121	6 006	1 049 605
1887	37	1 175 482	1 164 438	5 998	1 173 124
1888	33	1 253 918	1 242 062	8 619	1 264 035
1889	31	1 341 718	1 330 510	5 996	1 327 477
1890	31	1 234 601	1 222 838	6 996	1 277 595
1891	29	1 277 858	1 265 702	4 392	1 303 906
1892	30	1 354 738	1 343 090	3 970	1 372 263
1893	31	1 351 974	1 341 291	4 692	1 403 685
1894	31	1 356 532	1 345 742	5 538	1 428 090
1895	30	1 441 690	1 430 674	10 992	1 457 785
1896	30	1 419 100	1 408 305	14 327	1 450 087
1897	30	1 446 059	1 434 283	9 295	1 466 755
1898	24	1 489 728	1 478 635	—	—

Der Bierabsatz der Münchner Aktienbrauereien betrug in den Jahren 1892/93—1896/97 in Hektolitern[392]):

Brauerei	1896/97	1895/96	1894/95	1893/94	1892/93	Zunahme und Abnahme in 1896/97 gegen 1895/96
Löwenbräu	504 888	512 371	528 254	524 819	522 683	— 7 483
Bürgerliches Bräuhaus .	224 371	223 578	202 662	190 604	191 381	+ 793
Hackerbräu	195 189	196 576	194 266	180 606	169 081	— 1 387
Gebr. Schmederer . . .	133 662	131 294	129 204	124 600	131 214	+ 2 368
Eberl-Faber	107 329	102 331	89 449	72 759	59 574	+ 4 998
Münchner Kindl . . .	73 214	69 371	54 700	51 000	56 500	+ 3 843
Salvatorbrauerei . . .	37 077	68 542	61 752	55 578	55 796	+ 4 535
Bayer. Löwe (Matthäser)	45 792	42 433	18 734	27 071	29 281	+ 3 359

Gesamtbierabsatz der acht Münchner Aktienbrauereien:

Im Betriebsjahr:		Gegen das Vorjahr:
1896/97:	1 357 523 hl	+ 11 023 hl
1895/96:	1 346 500 »	+ 57 442 »
1894/95:	1 289 058 »	+ 57 777 »
1893/94:	1 231 244 »	+ 15 734 »
1892/93:	1 215 510 »	

Der Hopfenumsatz in München war nach dem städtisch-statistischen Bureau:[393])

	Marktumsatz Pfd.	Unmittelbarer Bezug Pfd.	Summe Pfd.
1870	607 815	53 742	661 557
1871	588 288	84 991	673 279
1872	646 344	144 221	790 565
1873	489 296	652 022	1 041 318
1874	433 058	497 225	930 282
1875	488 615	885 512	1 334 124

Es ist leider nicht ersichtlich, wie viel von dem Marktumsatz in München verblieb und wie viel nach auswärts ging.

1874 war angegeben, dafs zum Hektoliter Bier in München damals $1^1/_4$ und bei besseren Sorten $1^1/_2$ Pfd. Hopfen genommen werden. Das ist aber doch nicht richtig; es berechnet sich diese Hopfenmenge vielmehr per Hektoliter Malz, also reichlich 2 hl (2,2 hl) Bier. Da würde also damals per Hektoliter Bier ca. knapp 0,60—0,75 Pfd. Hopfen verwendet worden sein.

Da der Malzverbrauch der Münchner Brauereien 1875 sich auf 586 184 hl belief (nach dem städt.-stat. Bureau auf 588 632 hl), würde sich, wenn wir die Ausfuhr an Hopfen nach der Marktperiode 1875/76 ganz abziehen wollten, immer noch eine Verwendung von $1^3/_4$—2 Pfd. Hopfen per Hektoliter Malz (mindestens 2,2 hl Bier) ergeben. Das Hopfenverbrauchsquantum dürfte aber Ende der 1890er Jahre per Hektoliter Bier 0,66 bis höchstens 0,75 Pfd. (Zollgewicht betragen.

Von der Allg. Br.- u. H.-Ztg. in Nürnberg (1898, II, 1764) wird der Malzverbrauch der Münchner Brauereien und die daraus erzeugte Biermenge, die mittlere Ausbeute per Hektoliter Malz mit 210 l angenommen, wie folgt angegeben[394]):

1881/82:	697 799 hl Malz	1 465 378 hl Bier
1882/83:	712 665 » »	1 496 596 » »
1883/84:	760 695 » »	1 597 460 » »
1884/85:	898 391 » »	1 886 621 » »

1885/86:	1 006 487	hl Malz	2 113 623 hl Bier
1886/87:	1 122 004	» »	2 356 208 » »
1887/88:	1 229 344	» »	2 581 622 » »
1888/89:	1 304 112	» »	2 738 635 » »
1889/90:	1 303 176	» »	2 736 670 » »
1890/91:	1 270 057	» »	2 667 120 » »
1891/92:	1 315 031,75	» »	2 761 566 » »
1892/93:	1 357 814,70	» »	2 851 411 » »
1893/94:	1 363 846,55	» »	2 864 078 » »
1894/95:	1 362 201,10	» »	2 860 622 » »
1895/96:	1 460 845,43	» »	3 067 774 » »
1896/97:	1 417 691,75	» »	2 977 153 » »
1897/98:	1 465 449	» »	3 077 443 » »

Die Bierproduktion Münchens[395]):

1864/65:	1 056 986 hl	1874/75:	1 185 236 hl
1869/70:	901 728 »	1875/76:	1 177 264 »
1870/71:	890 790 »	1876/77:	1 252 484 »
1871/72:	985 152 »	1877/78:	1 215 068 »
1872/73:	1 076 558 »	1878/79:	1 169 054 »
1873/74:	1 158 052 »	1879/80:	1 600 000 »

Die Kriegsjahre (1870—71) haben sich natürlich sehr ungünstig geltend gemacht, weil die Armee in Frankreich war. Die französischen Milliarden haben auf die Münchner Bierproduktion keinen Einfluſs geübt, wie Dr. E. Struve und Dr. Fritz Trefz meinen; die Entwicklung war gar keine so besondere, denn von 1864/65—1878/79 hat sie nur um 112068 hl zugenommen, und gerade in der Zeit, wo sich der Milliardensegen hätte geltend machen sollen, stand sie tief.

E. Struve meinte, daſs der Münchner und überhaupt der bayerische Bierexport nur eine Folge der in den Brauereien angehäuften Kapitalkraft war. Das ist gewiſs nicht richtig, vielmehr ist der starke bayerische Bierexport begründet in der Güte und Wohlbekömmlichkeit des bayerischen Bieres als echten, unverfälschten Getränkes, wobei noch die geringe, nicht befriedigende Qualität der früheren auſserbayerischen Biere gegenüberstand; namentlich aber wirkte die Thatsache, daſs über die Unverfälschtheit des bayerischen Bieres das Auge eines überaus strenge gehandhabten Gesetzes wacht. In Norddeutschland wuſsten die Konsumenten, daſs viele Surrogate in den dortigen Brauereien verwendet werden. Weiterhin war diesem Export sehr günstig die Entwicklung des Verkehrs, namentlich der Eisenbahnen, die fortgeschrittene Technik des Brauereibetriebes und der beträchtliche Nutzen des Importeurs wie der exportierenden Brauereien (Malzaufschlag-Rückvergütung); dazu kam, daſs sich seit der Gründung des Reiches nach dem groſsen, siegreichen Feldzuge allenthalben im Reiche und namentlich im Norden und in Berlin der Wohlstand und damit die Kauflust und Kaufkraft hoben; weiterhin kam dazu die Rührigkeit und Geschäftstüchtigkeit, mit welcher diese Geschäftslage ausgenutzt wurde.

A. Creuzbauer in München[396]) meint, daſs beim Exportgeschäft keineswegs alles so glänzend sei. Die Auslagen und die Kapitalgefahr balancieren vielfach den Nutzen.

Da die groſsen Brauereien mit gröſserem Betriebskapital, besseren Betriebseinrichtungen, oft auch mit gröſserer Intelligenz, reicherem technischen Wissen arbeiten, bessere Brauereirohmaterialien um relativ billigere Preise kaufen können, jetzt auch im Dampfmaschinenbetrieb, in Eismaschinen mit der modernen Kellerbehandlung, Hefereinzucht etc. sehr viel vor den mittleren und kleineren Brauereien mit ihren gewöhnlichen Betriebseinrichtungen und vielfach schwachen Betriebsmitteln voraus haben, so ist es naheliegend, daran zu denken, daſs die kleineren Betriebe allmählich von den gröſseren, mit denen sie nicht konkurrieren können, zu Grunde gerichtet und absorbiert werden. Allenthalben hegte man solche Auffassungen, und in mehreren Ländern sind sie durch statistische Ermittelungen bestätigt worden.

Am 11. Januar sagte der bayerische Finanzminister in der Abgeordnetenkammer, dafs die kleineren und die mittleren Brauer gegenüber den Grofsbrauereien einen schweren Konkurrenzkampf zu bestehen haben, denn es sei kein Zweifel, dafs die Grofsbetriebe den kleineren und mittleren weit voraus seien. Anfang März 1899 habe ich in einer Korrespondenz aus Württemberg gelesen, dafs daselbst an 300 kleinere Brauereien in verhältnismäfsig kurzer Zeit eingegangen sind.

Um so auffallender ist es in dem oben erwähnten, von einer sehr sachkundigen Persönlichkeit geschriebenen Artikel in den Münchner Neuesten Nachrichten (vom 30. Mai 1899), wo die Bemerkung zu finden ist, dafs sich, im Gegensatz zu der landläufigen Ansicht vom unvermeidlichen Untergang der kleineren Brauereien, in Bayern im Jahre 1897 die Zahl der Brauereien, welche 2000—10000 hl Malz verarbeiten, sehr namhaft vermehrt hat. Offenbar haben sich da auch die progressiven Malzsteuervorschläge geltend gemacht, welche vor ca. acht Jahren eingeführt wurden, dafs nämlich zur normalen Malzsteuer von 6 Mark per Hektoliter Malzverbrauch von 10001—40000 hl 25 Pfg. und für je 1 hl Malz über 40000 hl verbrauchtes Malz 50 Pfg. zugeschlagen werden.

Um 1880 war der Münchner und bayerische Grofsbrauereibetrieb bereits allenthalben vom handwerksmäfsigen zum Maschinen-Betrieb übergegangen; es hatte sich inzwischen eine Wissenschaft der Brauerei ausgebildet, welche mehr oder weniger sich mit der Beschaffenheit der Brauereirohmaterialien und mit der Anwendung der physiologischen Kenntnisse in Bezug auf den Mälzungs-, Brau- und Gär-Prozefs befafste. Leider wird eine allererste, im höchsten Sinne des Wortes leistungsfähige und ihrem Charakter nach edelste Kraft, der in München wohnhafte, allzu früh verstorbene Technologe Dr. Reischauer, der eigentliche Schöpfer der Münchner Wissenschaftlichen Station für Brauerei, immer mit Stillschweigen übergangen, obgleich er immer zuerst genannt zu werden verdiente! — Maschinentechnik und Naturwissenschaft waren also Hilfswissenschaften des Brauereibetriebes, die Grofsbrauerei war Industrie geworden; es kamen die hochentwickelten Eiskeller, dann die Eismaschinen mit der Kellerkühlung, die Hefereinzucht etc. hinzu[397]). Zu allen diesen Einrichtungen und ihrer Inbetriebsetzung gehörte viel Kapital, daher gingen jene Brauereien, welche dieses nicht genügend besafsen, allmählich in Aktienbrauereien über. 1897 bestanden in Bayern bereits 70 Aktienbrauereien grofsen Stils, mit 1798887 hl Malzverbrauch, ca. 24% des gesamten Malzverbrauches in Bayern. Da man nach der Erfahrung für jeden verarbeiteten Hektoliter Malz 80 Mark Anlage- und Betriebs-Kapital rechnet, war das Anlagekapital dieser 70 Aktienbrauereien 143000000 Mark (Kapital oder Hypothek).

Da der Gesamtmalzverbrauch in Bayern in dieser Zeit (1897) 3308000 hl betrug, war der gesamte Anlagewert der bayerischen Brauereien in dieser Zeit 265000000 Mark.

Der maschinelle Grofsbetrieb arbeitet aber nur wirklich billiger, wenn die Anlage voll und ganz ausgenutzt wird, also die Biererzeugung im Verhältnis zur Einrichtung steht und der Betrieb entsprechend rationell ist; nur so sind die Produktionskosten billiger als beim Mittel- und Klein-Betrieb. Die Herstellungskosten per Hektoliter betrugen, alle Abschreibungen gerechnet, 16,67 Mark; die Wirte erhielten es um 18 Mark per Hektoliter. Das Produkt der modernen Grofsbrauerei ist, was die gewöhnlichen Massenbiere betrifft, gleichmäfsiger, keineswegs besser als in gut betriebenen Mittel- und Klein-Brauereien das wirkliche Sommer- oder Lager-Bier.

Vielfach haben inzwischen, durch die Konkurrenz gezwungen, da die Grofsbrauereien auch Absatz auf dem platten Lande suchten, auch die Mittelbrauereien angefangen, sich den Besitz moderner Einrichtungen zu verschaffen; da aber nicht überall auch das nötige Kapital und das unentbehrliche höhere technische Wissen zur Verfügung standen, waren diese Versuche keineswegs immer von Erfolg begleitet.

Die Ausfuhr der Münchner Brauereien über die Grenze des Burgfriedens als Faſsbier (die Flaschenbierausfuhr ist auch sehr erheblich) betrug:

1870: 150903 hl	1875: 255791 hl
1871: 174973 »	1876: 267651 »
1872: 227597 »	1877: 253142 »
1873: 259990 »	1878: 277511 »
1874: 255477 »	1879: 255407 »

Dagegen betrug die Biereinfuhr in München:

1870: 4179 hl	1875: 24152 hl
1871: 3849 »	1876: 25154 »
1872: 7503 »	1877: 18193 »
1873: 7070 »	1878: 23119 »
1874: 11005 »	1879: 30279 »

Den Aufschwung der Münchner Bierindustrie von 1810—1897 zeigt die vorstehende statistische Zusammenstellung. In der Rubrik Erzeugung haben wir in Parenthese die Zahlen der Münchner Biererzeugung angeführt, wie sie die Allg. Br. und H.-Ztg. (1898, II, 1652) gibt; diese sind erheblich höher, vielleicht ist da auch das Nachbier dabei.

Auch die andern folgenden Tabellen aus späterer Zeit bis zur Gegenwart verbreiten Licht über die Entwicklung der modernen Münchner Brauerei.

1876 wurden in München 600000 hl Malz verarbeitet,
1880 » » » 1304125 » » »
1886 » » » 1606488 » » »

Auch diese Zahlen differieren übrigens mit andern, früher gegebenen.

Da 100 l (1 hl) Gerste ca. 85 l Malz geben und auf 1 ha Land ca. 25 hl Gerste wachsen, wäre zu der Gerstenproduktion von 1886 ein Gerstenfeld notwendig, welches 473 qkm groſs ist, also merklich gröſser als das Fürstentum Lippe.

Vom 5. August 1861 bis 9. Mai 1862 machten 20 Münchner Brauereien 11024 Sude und verbrauchten 185268 Scheffel Malz. Die bedeutendsten Brauereien erzeugten:

Brauerei	Sude	Malzverbrauch Scheffel	Bier Eimer
Löwenbräu	1785	37573	118200
Spatenbräu	1595	32572	101000
Leistbräu	1140	17893	61000
Hackerbräu	918	17159	58000
Augustiner	318	6521	28538[398]).

Münchener Brauereien	1898/99	1897/98	1896/97	1895/96
	Hektoliter Malz			
1. Aktienbrauerei zum Löwenbräu	242246	226640	207539	240227
2. Gebr. Sedlmayr (Spaten)	202000	217042	227731	249559
3. Jos. Sedlmayr (Leistbräu)	164000	164449	175276	170335
4. Augustiner	148000	140605	140334	150150
5. Bürgerbräu	104630	102555	97605	98600
6. Zacherlbräu	55000	58230	56945	56205
7. Gebr. Thomas[399])	55068	46596	39261	33919
8. Aktienbrauerei Eberl-Faber	47000	45610	46960	49937
9. Unionsbrauerei (G. Schülein S.)	54000	45176	29346	10468
10. Aktienbrauerei Münchner Kindl	34100	31007	30122	30061
11. Gebr. Henninger (Bergbräu)	26100	25500	25700	25625
12. Matthäser Brauerei (Bayr. Löwen)	22793	20033	20703	18422
13. Joseph Höcherl, Sterneckerbrauerei	10932	10006	8608	8037
14. Joh. Riedl, Kapuzinerbrauerei	3015	3039	1687	1680

Die Münchener Brauerei seit 1851[400].

Es wurden gebraut an Sommerbier (Lagerbier)[401]:

1851:	339000 Eimer	1858:	448690 Eimer
1852:	341092 »	1859:	450803 »
1853:	310949 »	1860:	528023 »
1854:	280324 »	1861:	570674 »
1855:	448060 »	1862:	632574 »
1856:	345841 »	1863:	702927 »
1857:	393580 »	1864:	768935 »

Um 1861 war die durchschnittliche Produktion der bayerischen Brauereien 1730 Eimer Bier aus 247 Scheffeln Malz. Von den 21 Münchner Brauereien produzierte die kleinste 5852 Eimer aus 836 Scheffeln Malz. Von den grofsen Münchner Brauereien erzeugte z. B. der Löwenbräu (Herr Brey, zum Matthäser, nicht zu verwechseln mit der Aktienbrauerei zum bayerischen Löwen) 263000 Eimer, die Brauerei zum Spaten 228000 Eimer. Der Löwenbräu hatte 1856/57 erst 127 827 Eimer gebraut. Die sämtlichen Münchner Brauereien erzeugten 1861: 1296876 Eimer (à 64 l). Die 634 Brauereien Unterfrankens erzeugten je 927 Eimer, die 854 Brauereien in Oberfranken nur je 904 Eimer und die 969 Brauereien in Schwaben je nur 1351 Eimer; manche dieser Brauereien mögen kaum 100 Eimer erzeugt haben.

1870 betrug die Bierproduktion der 15 Brauereien Münchens den 10. Teil der ganzen Bierproduktion Bayerns. Es wurden damals in ganz Bayern aus 1250000 bayerischen Scheffeln Malz ca. 8800000 bayerische Eimer (zu je 64 l) Bier gemacht.

In den Münchner Neuesten Nachrichten 1899, Nr. 149 vom 30. März (Projektierte Gewerbesteuer der Grofsbrauereien) wird bemerkt, dafs nach der von der Generaldirektion der Zölle aufgestellten Statistik in Bayern im Jahre 1897 aus 7386489 hl Malz 16787758 hl untergäriges Bier erzeugt wurden, demnach aus 1 hl Malz 227 l Bier.

Da bei einer vor mehreren Jahren durch das Kgl. Finanzministerium angestellten büchermäfsigen Feststellung die Münchner Grofsbrauereien aus 1 hl Malz, einschliefslich des Haustrunkes, nur 220 l Bier gewannen, müssen die mittleren und kleineren Brauereien aus 1 hl Malz mehr als 230 l erzeugen, denn sonst könnten nicht in ganz Bayern aus 1 hl Malz 227 l Bier gewonnen werden.

Prof. Dr. Holzner (damals in Weihenstephan) hat schon 1885 gesagt, dafs die Ausbeute aus dem Malze bei den kleineren und mittleren Brauereien, welche ohne kostbare Apparate arbeiten, mindestens ebenso grofs sei als bei den Grofsbrauern. Dasselbe hat neuestens auch Prof. Dr. Hans Vogel konstatiert.

Im Deutschen Reichstag (45. Sitzung vom 1. März 1899) sagte der bayerische Ministerialkommissär, dafs in Bayern aus 1 hl Malz ungefähr 200—210 l Bier (offenbar ist dabei Exportbier gemeint) gemacht werden; das wird dann natürlich für die geringeren Biere noch etwas anders sein[402]).

Aus der obigen Tabelle geht hervor, dafs auch in München, ebenso wie anderwärts, die Zahl der Brauereien immer kleiner und der Betrieb der bestehenden immer gröfser geworden.

Die kleineren Brauereien, welche nicht einmal die Mittel haben, sich gute Eiskeller anzulegen, geschweige denn Eismaschinen etc. anzuschaffen, denen der Dampfbetrieb etc. und alle modernen Einrichtungen etc., auch die nötige grofse Summe technischen Wissens etc. fehlen, ringen schwer um ihre Existenz. Die ganz bedeutenden Kapitalien und die Arbeitsteilung, welche die moderne Grofsbrauerei gebieterisch verlangt, haben immer mehr zur Bildung von Aktienbrauereien geführt.

Aus denselben Gründen sehen wir auch, namentlich von 1881 ab, die einzelnen Grofsbetriebe im grofsen Mafsstabe wachsen. Das in den Brauereien Münchens zur Herrschaft gelangte Grofskapital hat auch in Bezug auf die Wirtsverhältnisse manches Ungesunde erzeugt, namentlich was Bardarlehen und Hypotheken betrifft; doch liegen derartige Dinge unsern Untersuchungen und Betrachtungen fern[403]).

Früher war für den Absatz einer Brauerei und damit für ihr Gedeihen die Qualität des Erzeugnisses entscheidend. Das ist heute nicht mehr zutreffend, da spielt das Kapital eine ausschlaggebende Rolle[404]).

Bis vor kurzem bestand unter den Münchner Brauereien ein Kartell, welches den Bierpreis per Liter auf 24 bezw. 26 Pfg. festsetzte. Das Kgl. Hofbräuhaus hatte sich an diesem Kartell nicht beteiligt und gab das Winterbier um 22 Pfg. und das Sommerbier um 24 Pfg. per Liter. Die Matthäserbrauerei, welche anfänglich dem Kartell angehörte, ist ausgetreten und verkauft ihr anerkannt gutes Bier in den Zentralsälen um 20 Pfg. per Liter. Auch kleinere Brauereien sind diesem Beispiele gefolgt, und alle diese Ausschankstellen haben grofsen Absatz.

Die Biererzeugung Münchens stieg von 1810—1881 von 192922 hl auf 682099 hl. Nun traten mit der hohen Entwicklung der Betriebseinrichtungen und dem wachsenden Wohlstande der deutschen Bevölkerung günstige Absatzverhältnisse ein, und so sehen wir schon im Jahre 1891 das Jahreserzeugnis auf 1277858 hl und 1897 auf 1446059 hl gewachsen, während die Weltbierproduktion auf 250000000 hl geschätzt wurde.

Auch der Bierverbrauch in München ist mit der rapid wachsenden Stadt natürlich selbst beständig gestiegen, aber merkwürdigerweise ist der Verbrauch per Kopf und Jahr in dem Mafse beständig und ganz bedeutend zurückgegangen, als die Bevölkerung Münchens zunahm. 1810 treffen per Kopf der Münchner Bevölkerung noch 820 l Jahreskonsum, 1897 dagegen nur 400 l. Die vorübergehende Steigerung 1870, bis zu 682 l per Kopf, ist offenbar nur auf die grofsen Militärkonzentrationen dieses Jahres zurückzuführen.

Es trafen auf den Kopf der Bevölkerung:

	1886		1886
in Wien	296,0 l Bier	Ingolstadt	520,0 l Bier
» Berlin	240,0 » »	Landshut	480,0 » »
» London	254,0 » »	Augsburg	450,0 » »
» England	122,0 » »	Regensburg	440,0 » »
» Paris	20,0 » »	Erlangen	400,0 » »
» München[405])	480,0 » »	Nürnberg	320,0 » »

	1886	1894
in Deutschland	90,0 l Bier	108,5 l Bier
» der Schweiz	32,0 » »	52,0 » »
» Frankreich	21,8 » »	— » »
» Belgien	165,0 » »	133,6 » »
» Schweden	20,0 » »	33,0 » »
» den Vereinigten Staaten	40,0 » »	57,5 » »
» Rufsland	3,8 » »	— » »

1898 trafen auf jeden Einwohner:

in München	566 l Bier	in Wien	145 l Bier
» Frankfurt	438 » »	» Strafsburg	136 » »
» Nürnberg	421 » »	» Budapest	48 » »
» Berlin	206 » »	» Moskau	28 » »
» Breslau	189 » »	» Marseille	11 » »
» Prag	172 » »	» Paris	11 » »

Nach Harzberger[406]) betrug der höchste Bierkonsum in München (1889) 511 l; seitdem sei er so gesunken, dafs er 1897 nur noch 388 l betragen hat. Prof. Holzner[407]) meint, diese Zahlen bewiesen nur, welchen Wert solche Schätzungen haben. Das ist aber nicht richtig. Ich habe früher per Tag 3—4 Glas Bier getrunken, jetzt trinke ich höchstens 2, weil mich die unreifen, geschönten Biere trinkmüde machen. Alle meine zahlreichen älteren Freunde sagen mir, dafs es bei ihnen ebenso gegangen.

Vom Umsatz an höherwertigem Bier in der Stadt München selbst mag man sich aus den nachstehenden Notizen über das Kgl. Hofhräuhaus einen Begriff machen. Das Hofbräuhaus hatte für die Bocksaison (im Beginne Mai 1900) 2000 hl Bock eingesotten; davon wurden 1200 hl innerhalb 8 Tagen in München selbst konsumiert. Der tägliche Konsum war an den beiden Sonntagen je 110 hl, an den Wochentagen je 85 hl. Da an allen Tagen der Bockausschank abends 5 Uhr geschlossen und dann für den Abend nur Bier verabreicht wurde, ergab sich auch, neben dem Bockverbrauch, noch ein täglicher Verbrauch an Bier von 50 hl. Zum Bock wurden täglich 10000 Bockwürste vertilgt, an deren Herstellung 15 Metzgerburschen zu thun hatten.

Wir kommen auf diese Sache weiter unten, von einer andern Grundlage aus, noch einmal zu sprechen.

In München machte das Bier 1886 eine Jahresausgabe für die Bevölkerung von 32281050 Mark und eine Tagesausgabe von 88441 Mark; die Malzsteuer aus der Jahresausgabe an den Staat = 3873726 Mark, an die Stadt (Stadtmalzaufschlag) 2097450 Mark.

Dieser Rückgang des Bierverbrauches per Kopf der Münchner Bevölkerung von 1810 bis 1897 hängt aber sicher keineswegs mit einer etwaigen Verschlechterung der sozialen und Vermögens-Verhältnisse dieser Stadt zusammen, denn die haben sich, wie der, welcher München seit 40 Jahren kennt, aus eigener Erfahrung weifs und wie auch die statistischen Ergebnisse lehren, seitdem im grofsen Mafsstab gehoben. Vor 30—40 Jahren war München noch eine ganz unbemittelte, lediglich vom Hof, von der Beamten- und Gelehrten-Welt (den Schulen) und dem Militär lebende Stadt; heute ist München eine sehr wohlhabende Stadt mit sehr viel Industrie, Gewerbe und Handel. Es ist der Grundwert ins Erstaunliche gestiegen und auch von auswärts massenhaft Kapital in die Stadt gekommen.

Die Lebenshaltung Münchens ist seitdem um 100% gewachsen, es wird heute viel mehr verdient als früher[408]).

Nach Prof. Dehn[409]) verbrauchte damals (1880) in München bei 226000 Einwohnern eine leidlich situierte Arbeiterfamilie bei einem Gesamteinkommen von 1300—1400 Mark jährlich an Bier allein jährlich 200 Mark, also fast 20% des Einkommens. München brauchte damals jährlich 966266 hl Bier für 23190384 Mark, per Kopf 107 Mark. Dann 12860617 kg Fleisch für 25948257 Mark, per Kopf 115 Mark; Brot für ca. 10000000 Mark, per Kopf 40 Mark. Der Gesamtaufwand für Nahrungsmittel war ca. 60000000 Mark, 260 Mark per Kopf, was sehr bedeutend ist.

Viel wahrscheinlicher hängt der Rückgang des Bierkonsums, der seit Einführung des Fabrikbetriebes, demnach des Dampfbetriebes, der modernen Eiskeller und folgend der Eismaschinen etc., also seit der Mitte der 1870er Jahre, per Kopf und Jahr ca. 80 l beträgt, in erheblichem Grade mit der Überhandnahme der widerwärtigen, nicht zum Trinken animierenden, vielmehr trinkmüde machenden, ungesunden, jungen, unreifen Biere zusammen, die alle auf Gesundheit und Wohlbefinden achtenden Menschen zur Einschränkung des Biergenusses veranlafst haben. Ich mache es selbst so, und andern wird es gerade so gehen; viele haben mir das persönlich gesagt. Dagegen hat seitdem, was ebenfalls sehr bezeichnend ist, der Weinkonsum Münchens sehr bedeutend zugenommen; eine Menge Weinwirtschaften jeder Gattung ist in den letzten 15—20 Jahren in München entstanden.

Es ist höchst bezeichnend, dafs von Mitte der 1870er Jahre ab auch der Bierkonsum per Kopf der Bevölkerung in ganz Bayern und in Deutschland einen sehr bedeutenden, geradezu erstaunlichen Rückgang erlitten hat.

Allerdings mag dazu auch noch kommen, dafs ein grofser Teil der heutigen Bewohner Münchens Einwanderer sind, die von Hause aus keine Neigung haben, so grofse Biermengen zu vertilgen, wie es bei den Altmünchnern früher der Fall war. Dazu kommt ferner noch der durch die Bahnen, namentlich durch die Brennerbahn, ermöglichte Genuſs von Obst (Kirschen, Pflaumen, Aprikosen, Pfirsiche, Trauben), Südfrüchten (namentlich Orangen). Dann hat man jetzt auch andere Vergnügungen wie früher, wo der Münchner kaum etwas anderes kannte als seinen Keller mit Rettich und Bier nebst Tanzmusik. Jetzt hat man feine Kaffeehäuser, welche zum Teil Sehenswürdigkeiten sind, ca. 40 Konzertsäle, Theater. Es werden in Unzahl nähere und fernere Ausflüge aufs Land, ins Moränengebiet der Voralpen, an die Seen und ins Alpenland gemacht, so daſs das für das Biertrinken übrigbleibende Geld erheblich verringert erscheint.

Die Entwicklung der Münchner Groſsbrauerei.

Wie sich die Münchner Groſsbrauerei in den letzten Jahrzehnten entwickelt hat, das veranschaulichen namentlich die zwei gröſsten Brauereien der Stadt, die Brauerei zum Spaten (vormals Gabriel Sedlmayr, jetzt dessen drei Söhne Johann, Karl und Anton, und die Aktienbrauerei zum Löwenbräu.

Als Gabriel Sedlmayr, der Vater der jetzigen drei Besitzer, im Jahre 1839 die Brauerei zum Oberspaten übernahm, war die Jahresproduktion ca. 30000 bayer. Eimer (20400 hl), wozu 5500 bayer. Scheffel (12340 hl) Malz erforderlich waren.

1842 wurde der erste, zu Brauereizwecken dienende Eiskeller gebaut. 1846 wurde die erste Dampfmaschine aufgestellt. 1851 wurde der Um- und Neubau der Brauerei durchgeführt, mit einer Anfangsproduktion von 41000 hl Bier. Die ganze Brauerei bedeckte 1847 schon ein Areal von 14 bayerischen Tagwerk Land (4,7 ha).

1866 betrug die Bierproduktion bereits 263000 hl, 1879 schon mehr als 300000 hl (136385 hl Malz), wovon 50000 hl ausgeführt wurden.

1869 waren noch die gewöhnlichen Eiskeller da, in welchen jährlich ca. 300000 Ztr. Eis eingelagert wurden.

Der Fassungsraum der Keller war 250000 bayer. Eimer (172000 hl). Im Sommer ruhte hier, wie überall, die Bierproduktion vollständig; da muſsten die im Spätwinter gefüllten Sommer- und Lager-Keller den Bedarf decken.

Der Jahreshopfenverbrauch war 1879 schon 2000 Ztr.

In der Spatenbrauerei wurde Ende der 1870er Jahre die erste Lindesche Eismaschine aufgestellt. In allen Etagen der Brauerei sind die neuesten mechanischen Betriebseinrichtungen in Gang. Schon bis zum Jahre 1880 hatten an 300 Brauereipraktikanten aus allen Ländern der Welt hier sich die praktischen Kenntnisse für ihren künftigen Beruf erworben[410]).

Das von der Spatenbrauerei verarbeitete Malzquantum war:

1866/67:	124006 hl	1871/72:	130007 hl
1867/68:	113226 »	1872/73:	144036 »
1868/69:	113946 »	1873/74:	144039 »
1869/70:	120259 »	1876/77:	141492 »
1870/71:	134924 »	1898/99:	242246 »

1873/74 wurden bei einem Malzverbrauch von 144039 hl und ca. 1700 Ztr. Hopfen ca. 280000 hl Bier gemacht; es waren das per Hektoliter Bier gut 0,6 Pfd. Hopfen. Der Hopfenbedarf hatte also schon abgenommen, ein Resultat der verbesserten Eiskeller.

Die Eiseinfuhr betrug damals 350000 Ztr.

Die Aktienbrauerei zum Löwenbräu in München, heute eine der gröſsten des Kontinents, deren Direktion unlängst, gelegentlich des 25jährigen Bestandsjubiläums, einen Bericht über deren Entwicklung herausgegeben hat, wurde am 8. Januar 1872 gegründet[411]).

1896 betrug die jährliche Bierproduktion rund 540000 hl; 1872 stand die Produktion auf 186000 hl. Von diesem Bierquantum werden $^2/_3$ in München konsumiert.

Die Gär- und Lager-Keller sind mit einer modernen Kühlanlage und Eismaschine (System Linde) versehen, welche täglich an Kälte 23520000 Wärmeeinheiten erzeugen, was einer Jahresproduktion von 56940000 kg Eis entspricht.

Von 1872 ab wurde die Kälte dadurch beschafft, dafs im Winter von den umliegenden Ortschaften Eis zum Füllen der Eiskeller herangefahren wurde. Gab es aber einmal kein Eis, dann war die Not grofs.

In den Lagerkellern können 180000 hl Bier gelagert werden.

Das Aktienkapital dieser gröfsten Aktienbrauerei in München und in Bayern (Löwenbräu) war 1896/97 ca. 6360000 Mark, der Reingewinn 2092133 Mark. Die Dividende war 20%.

Bei der kleinsten Münchner Aktienbrauerei (Zum bayerischen Löwen, Matthäserbräu, vorm. Brey) war das Aktienkapital 1000000 Mark, der Reingewinn 157000 Mark, die Dividende war 4%.

Der Malzverbrauch der zehn Münchner Aktienbrauereien betrug 1897: 599951 hl, 1896: 604667 hl. Der Malzverbrauch dieser Aktienbrauereien war 1897 ca. $^1/_4$ des Malzverbrauches in ganz Bayern.

Die Aktienbrauerei zum Löwenbräu in München 1896—1898.

	1897/98	1896/97
Bierabsatz	553 659 hl	504 888 hl
Brutto-Einnahmen	10 629 479 Mark	9 849 851 Mark
Davon auf Bierkonto	9 443 894 »	8 640 086 »
Die Rohstoffe	3 646 060 »	3 153 750 »
Die Braukosten	2 525 354 »	2 336 883 »
Personalkosten	1 079 423 »	1 053 186 »
Geschäfts- und Handlungsunkosten	243 628 »	242 480 »
Unterhaltung der Brauerei-Einrichtung	538 616 »	551 637 »
Steuern (ohne Malzsteuer)	77 187 »	78 429 »
Hypothekenzinsen	189 719 »	142 467 »
Abschreibungen	186 881 »	198 886 »
Brutto-Gewinn	2 142 608 »	2 092 134 »
Ab auf Gebäude, Maschinen und Inventar	119 962 »	126 381 »
Dividende	20%	20%
Extra-Abschreibungen	450 000 »	200 000 »
Tantièmen	268 482 »	259 521 »
Pensionskasse	50 000 »	100 000 »
Emissionsspesenreserve	50 000 »	—
Für neue Rechnung	213 534 »	234 369 »
Realitätenkontozugang	1 200 000 »	—
Für Grundstückverkauf abgeschrieben	514 000 »	—

Der Münchner Bierexport.

Die Anfänge des wahrhaft grofsartigen Münchner Bierexportes nach dem Auslande gehen bis zum Anfang der 1870er Jahre zurück, und waren es damals namentlich die wieder zum Deutschen Reiche gekommenen Reichslande Elsafs und Lothringen mit ihrer starken militärischen Besatzung, welche den Anfang machten. Am Ende der 1870er Jahre folgten die norddeutschen Staaten und das Zollausland:[412])

Bierausfuhr aus dem Hauptzollamtsbezirk München von 1880—1897:

Jahr	Mit Anspruch auf Malzaufschlags-Rückvergütung nach den norddeutschen Staaten	nach Baden, Württemberg und Elsafs-Lothringen	ins Zollausland	Insgesamt	Trifft Ausfuhr auf die Stadt München nach Abzug der Ausfuhr von Weihenstephan, Planegg (Schätzung)
	hl	hl	hl	hl	hl
1880	29 489	44 072	29 952	103 513	95 000
1881	76 742	61 926	49 010	107 678	180 000
1882	102 139	64 256	65 674	232 069	220 000
1883	160 867	76 789	61 207	298 863	290 000
1884	263 263	76 464	69 814	409 541	400 000
1885	334 178	100 478	130 063	564 719	550 000
1886	459 926	119 058	142 996	721 980	705 000
1887	515 403	119 262	130 888	765 553	750 000
1888	612 305	120 008	123 043	855 356	835 000
1889	643 311	117 444	162 575	923 330	900 000
1890	689 398	109 867	153 808	953 073	930 000
1891	705 441	105 769	169 198	955 408	940 000
1892	741 149	115 691	188 543	1 045 483	1 020 000
1893	775 353	115 828	198 114	1 089 295	1 065 000
1894	725 784	126 719	224 823	1 077 326	1 050 000
1895	739 105	129 185	265 477	1 133 767	1 110 000
1896	722 371	118 286	270 793	1 111 450	1 090 000
1897	685 711	119 946	288 307	1 093 964	1 070 000

Absatz in Bayern:

Jahr	Bierausfuhr per Achse (Landkundschaft)	Bierausfuhr per Bahn (Provinzkundschaft)
	hl ca.	hl
1880	160 000	29 970
1883	160 000	49 890
1884	170 000	82 560
1885	170 000	144 762
1889	170 000	257 477
1890	180 000	167 595
1895	180 000	167 785
1897	180 000	219 755

Der Bierkonsum ist, wie die Tabelle auf Seite 426 zeigt, nicht nur nicht im gleichen Mafse wie die Bevölkerung gewachsen, sondern er ist ganz bedeutend zurückgeblieben. Von 1885—1890 nahm die Bevölkerung um 28% zu, der Bierkonsum aber nur um 12%; besser ist es wieder von 1890—1895, denn die Bevölkerung wuchs um 21%, der Bierkonsum um 20%.

Harzberger macht auf die bemerkenswerte Thatsache aufmerksam, dafs die Extraktausbeute der Gerste (des Malzes) immer per Hektoliter mit 220 l angenommen wird, während doch jahrweise Schwankungen von 5 l und mehr vorkommen; aber bei einer längeren Jahresreihe gleichen sich solche Differenzen wieder aus, weil sie zuweilen auch höher sind. Ohnehin sind in dem Zeitraum von 1880—1897 Fortschritte in der Extraktausbeute gemacht worden. Aber nach Ansicht Eingeweihter sollen auch die Münchner Biere von 1890 ab stärker eingebraut worden sein.

Harzberger sucht nun nach den Ursachen dieser befremdlichen Erscheinung der Bierkonsumtionsabnahme in München (Bauthätigkeitabnahme, Influenza-Epidemie etc.); dafs die Qualität des Bieres schuld sein könne, daran denkt er gar nicht oder, was wahrscheinlicher ist, er wagt es nicht zu sagen.

Bierverbrauch und Bevölkerungszahl von München von 1880—1897.

Jahr	Auf den Münchner Bierkonsum entfallendes Münchner Produktionsquantum	Biereinfuhr	Gesamter Bierkonsum	Einwohnerzahl	Auf den Kopf treffen
	hl	hl	hl		l
1880	1 036 200	24 119	1 060 319	227 000	467
1881	1 099 500	20 691	1 120 191	233 000	480
1882	1 116 000	13 164	1 129 164	240 000	470
1883	1 048 900	13 251	1 062 151	246 000	432
1884	1 096 200	8 120	1 104 320	252 000	438
1885	1 217 800	5 865	1 223 665	259 000	472
1886	1 242 600	6 006	1 248 606	268 000	466
1887	1 352 800	5 998	1 358 798	280 000	481
1888	1 428 600	8 619	1 437 219	293 000	490
1889	1 556 700	5 996	1 562 696	306 000	511
1890	1 368 300	6 996	1 375 296	331 000	416
1891	1 345 000	4 392	1 439 392	357 000	403
1892	1 536 000	3 970	1 539 970	372 000	414
1893	1 518 400	4 692	1 523 092	385 000	400
1894	1 482 200	5 538	1 487 738	393 000	379
1895	1 636 700	10 992	1 647 692	400 000	412
1896	1 596 300	14 327	1 610 627	412 000	391
1897	1 638 500	9 295	1 647 795	424 000	388
					Abnahme 79 l pro Kopf
Demnach 1897 gegenüber 1880	58% Zunahme	62% Abnahme	55% Zunahme	87% Zunahme	17% Abnahme

13. Die Entwicklung der Brauerei in Bayern.

Nach München ist es ganz Bayern, welches in der Kunst der Bierbrauerei von jeher im Vordergrund des Interesses stand. Natürlich gilt vieles von dem, was wir soeben über die Entwicklung der Münchener Brauerei gesagt haben, bis zum Anfang des 19. Jahrhunderts auch für ganz Südbayern (Oberbayern, Niederbayern, Schwaben und selbst für die Oberpfalz); von da ab hat es auch für die drei fränkischen Provinzen Bedeutung.

Um 1836 betrug die Bierproduktion Bayerns bei einer Bevölkerung von 4½ Millionen Seelen ca. 4½ Millionen Hektoliter, per Kopf und Jahr 1 hl, per Tag ca. ¼ l. Bierausfuhr gab es damals fast gar nicht.

Um 1866 hatte die Bevölkerung nur um 300000 Seelen zugenommen, die Bierproduktion hatte sich aber mehr als verdoppelt, so dafs die Konsumtion per Kopf und Tag mehr als ½ l betrug. In noch höheren Verhältnissen waren inzwischen die Produktion und Konsumtion in München selbst gewachsen.

1870 betrug die Biereinfuhr in Bayern 6213 Ztr.

An Gerste baute Bayern diesseits des Rheines damals rund 2150000 Scheffel. Davon wurde jährlich mehr als die Hälfte, ca. 1200000 Scheffel, nebst 60000 Ztr. Hopfen zur Bierfabrikation verwendet und daraus ca. 8500000 bayerische Eimer Bier gemacht. Das waren also 5440000 hl Bier, und bei 60000 Ztr. verwendeten Hopfen kamen auf einen Hektoliter Bier um 1870 im Durchschnitt noch ca. 1,1 Pfd. Hopfen.

In Bayern ist alles, was an Gerste gebaut wird, fast nur zweizeilige, Varietäten von Hordeum distichon L. var. nutans. Höchst untergeordnet findet man — nur in den Mittelgebirgen — geringe Mengen von kleiner Sommergerste (Hordeum vulgare L.); noch seltener ist die gemeine Wintergerste. In den bayerischen Alpen findet sich dann und wann ein kleines Feldstück mit echter Sechszeilgerste (Hordeum hexastichon L.). Das erwähnt schon Prof. Sendtner in seinen Vegetationsverhältnissen Südbayerns, und Weihenstephaner Technologen, welche Ausflüge ins höhere bayerische Alpenland gemacht, haben sie mir wiederholt von dort mitgebracht. Da und dort findet man in den bayerischen Alpen Feldstücke mit der sogenannten Imperialgerste (Hord. distichon L. var. erectum), die da meist sehr schön wächst (man sehe meine oben S. 396, Fuſsnote 343 erwähnten Studien über die Imperialgersten).

Bayern hatte 1899 auf 353835 ha 6139952 Doppel-Ztr. (à 100 kg) Gerste geerntet,
» » 1898 » 357548 » 5540143 » » » » » »

Die Qualität war 1899: I,6, (1898: I,9).

Bayern baut, namentlich im Schweinfurter und Ochsenfurter Gau (Unterfranken), längs des Westabhanges des Jura in Mittel- und Oberfranken, in Teilen Niederbayerns etc., viel vorzügliche Gerste, wenn sie auch manchmal in der Gröſse und Gestalt des Kornes, in der Beschaffenheit der Schale und in der Auflöslichkeit und Bierausbeute etc. nicht immer ganz den heutigen, vielleicht zum Teil nicht ganz richtigen Anforderungen der Händler und Brauer entspricht; dafür verarbeiten sie sich durchwegs ganz vortrefflich in allen Etagen der Brauerei, was doch ohne Zweifel ein Moment allerersten, lange nicht genügend genug gewürdigten Ranges ist. Mir will es gar manchmal so scheinen, als wenn die Biere der modernen Groſsbrauereien, welche oft so wenig befriedigend schmecken, ihren unerwünschten Geschmack zum Teil auch von den sogenannten ausbeutereichsten Gersten haben, denn es ist sehr wahrscheinlich, daſs auch hier viel und gut nicht zusammenstimmen, wie wir ja auch sonst von den Gersten einer bestimmten Qualität wissen, daſs das Bier immer schlechter schmeckend wird, je mehr ihr Malz — der Ausbeute wegen — maltraitiert wird.

Abgeordneter Lutz sagte in der 132. Plenarsitzung des bayer. Abgeordnetenhauses (8. Mai 1900), daſs trotz der vortrefflich gewachsenen 1899er bayerischen Gerste in Bayern 45% ausländischer Gerste verwendet worden seien, was er als einen Frevel bezeichnen müsse.

Wenn ich bedenke, welchen wunderbar feinen, lieblichen Geschmack das damals weltberühmte Sommerbier hatte, welches Ende der 1860er Jahre Braumeister Blendl in der Weihenstephaner Staatsbrauerei erzeugte, und zugleich an die famosen Münchner Biere in den 1850er und 1860er Jahren, die doch damals ganz überwiegend mit bayerischen Gersten erzeugt wurden, denke, kann ich mich des Eindruckes nicht erwehren, daſs gerade in Bezug auf Wohlgeschmack und Aroma des Malzes viele bayerische Gersten Vortreffliches leisten. Die wahre Ursache des Malzaromas ist heute noch nicht sicher bekannt; früher nahm man die Fette dafür in Anspruch. Prof. Dr. C. Lintner wollte aber bei entfetteten Gersten das Malzaroma unverändert gefunden haben, Dr. Dömens fand es gemindert. Neuestens hat man auch in Zuckerstoffen (Isomaltose Dr. C. Lintners) die Quelle des Malzaromas suchen wollen, fand aber die Isomaltose nicht; nun deshalb kann sie doch in kleinen Mengen da sein. Allzu rohrzuckerreiches, auffallend süſs schmeckendes Malz, wie es unter gewissen Umständen erhalten wird, liefert Biere, welche einen unangenehmen Geschmack haben, sowie weniger haltbar und schaumhaltend sind[413]).

Die gute 1898er Gerstenernte Bayerns brachte im Beginn der Saison per Doppel-Ztr. 17,25—17,50 Mark, am Schlusse des Jahres 18,50—19,00 Mark in den Münchner Lagerhäusern, ohne weitere Spesen.

Von ungarischen Gersten erschienen die ersten Proben Mitte Juli am Münchner Markte, mährische Gerste Anfang August.

1898 war die bayerische Gerste gut gewachsen und gut geerntet; 1897 war sie sehr mangelhaft.

	Doppel-Ztr.	
Ungarische 1898er kostete Anfang August	16,00—19,50	Mark,
Mährische » » » »	17,00—20,00	»
Ende Dezember kostete Ungarische . . .	16,50—20,25	»
» » » Mährische . . .	18,00—20,25	»
Böhmische im Januar 1899	18,50—20,25	»

Gerste von der Saale, Amerika und Anatolien wurde in dieser Sudperiode nicht bezogen[414]).

Die bayerischen Gersten der Nürnberger Ausstellung 1897, welche in den Laboratorien in Weihenstephan, München und Nürnberg untersucht wurden, ergaben nach Direktor Dr. C Kraus in Weihenstephan[415]) aus 60 Proben:

Preisklasse	1000 Körner	Hektoliter-gewicht	Proteïn	Stärkemehl
	g	kg	%	%
I	53,48	70,9	9,85	67,75
II	48,37	71,0	10,34	68,42
III	47,23	70,9	11,75	68,95
Mittel	49,69	70,9	10,64	68,37
Anerkennungen	46,52	69,3	11,07	65,25

Für die Gersten der verschiedenen Kreise ergaben sich folgende Mittelzahlen:

Zahlen der Proben	1000 Körner-gewicht	Hektoliter-gewicht	Proteïn	Stärkemehl	Schwankungen Proteïn	Schwankungen Stärkemehl
	g	kg	%	%	%	%
1 Oberbayern	49,28	66,3	12,32	66,03	—	—
10 Rheinpfalz	48,60	71,99	10,37	67,97	9,33—11,88	65,40—71,13
2 Oberpfalz	45,19	69,9	10,68	67,41	10,42—10,96	65,62—69,2
7 Oberfranken	48,61	70,15	10,27	68,59	9,31—11,43	66,21—71,53
14 Mittelfranken	48,87	69,86	11,91	65,50	9,92—13,33	62,33—67,82
21 Unterfranken	48,02	71,08	10,65	67,84	8,31—12,46	62,12—70,67
4 Schwaben	49,37	69,9	11,33	67,39	10,01—12,31	65,85—68,51

Eine volle Übereinstimmung zwischen der Klassifikation nach äufseren Merkmalen und Gehalt ergab sich nicht.

Aber die chemischen Untersuchungen zeigen, dafs es in Bayern recht gute Gersten in weiter Verbreitung gibt. In den Minimalzahlen an Proteïn und Maximalzahlen an Stärkemehl treten die Rheinpfalz, Oberfranken und Unterfranken auffallend hervor, auch Oberpfalz und Schwaben. Das sonst in seinen Gersten so hervorragende Mittelfranken stand in diesem Jahre auffallend zurück. Man sollte in Bayern nicht, wie noch so oft geschieht, die Gersten mit Stallmist düngen, welcher immer den Proteïngehalt erhöht und den Stärkemehlgehalt verringert.

Der Kreis Niederbayern war bei diesen Untersuchungen separat behandelt worden, weil man dort nicht blofs Düngungsversuche (mit Superphosphat, Chilisalpeter und schwefelsaurem Kali) im Auge hat, sondern auch Versuche mit Gerstenvarietäten, mit niederbayerischer, unterfränkischer, böhmischer und mährischer. Aber die Witterung war überaus schlecht, nafs und kalt, daher gab es auf den schweren Böden viel Lagerfrucht.

Im Mittel aller Einzelversuche enthielten:

	Proteïn	Stärkemehl	Minimalgehalt an Proteïn	Minimalgehalt an Stärkemehl
	%	%	%	%
1. niederbayerische Gerste . . .	13,80	65,07	10,88	68,40
2. fränkische » . . .	13,49	65,72	10,81	68,90
3. böhmische » . . .	14,22	64,84	10,81	69,01
4. mährische » . . .	13,67	64,89	10,69	70,35

Die Unterschiede sind also unerheblich, und die eingeführten Gersten würden sicher rasch ausarten. Dagegen gaben bei Anbauversuchen in Weihenstephan verschiedene niederbayerische Sorten:

a) pro ha 64,86 Ztr. mit 12,69 % Proteïn und 65,25 % Stärkemehl,
b) » » 57,51 » » 13,00 » » » 67,51 » »
c) » » 54,66 » » 12,86 » » » 67,86 » »

Bei diesen Versuchen in Weihenstephan wurde der Anbau offenbar auf kleinen Parzellen durchgeführt und der Ertrag dann auf Hektar umgerechnet; sonst könnten die Erträge nicht so hoch sein.

Bei Versuchen in Niederbayern ergaben im Mittel von 20 Versuchen:

	Ertrag per Hektar	Maximalerträge per Hektar
	Ztr.	Ztr.
Niederbayerische Gerste	29,13	50,22
Böhmische »	28,65	42,63
Mährische »	27,21	37,20
Fränkische »	25,92	37,20

Es hat sich bei den Düngungsversuchen in Niederbayern gezeigt, daſs durch die Anwendung der Kunstdünger nicht bloſs die Erträge erhöht werden, sondern auch die chemische Qualität verbessert werden kann[416]).

Bayerische Gersten von 1898 hatten nach D. Wiegmann[417]):

	Hektoliter-gewicht	Keim-fähigkeit	Wasser	Auf Trockensubstanz berechnet		
				1000 Körner-gewicht	Stärke	Proteïn
				g	%	%
Kleinste Zahlen . .	65,0	76,1	13,3	32,00	58,53	7,69
Gröſste Zahlen . .	72,2	99,7	18,41	40,46	70,5	12,84
Mittelzahlen . . .	68,3	94,4	15,24	35,37	64,85	10,02

Bayerische Gersten 1899, untersucht von Dr. A. Lang an der wissenschaftlichen Station für Brauerei in München[418]):

	Höchster Gehalt	Niedrigster Gehalt
Wasser	14,42 (Saalegerste)	12,16 (französische Gerste)
Protenoïde . . .	16,25 »	9,43 (ungarische Gerste)
Gewicht	73,56 (französische Gerste)	64,74 (elsässische Gerste)
Stärkemehl . . .	69,85 » »	65,13 (Saalegerste).

Der hohe Wert gewisser bayerischer Gersten geht auch aus der Thatsache hervor, daſs die badischen Landwirte mit dem Anbau von Gersten aus dem Ries bei Nördlingen so gute Resultate hatten, daſs sie jetzt deren Anbau erheblich ausdehnen wollen[419]). Ich behaupte aber auf Grund meiner Beobachtungen, daſs diese Rieser (mittelfränkischen) Gersten nicht allein die besten Gersten Bayerns sind; es gibt deren noch sehr viele und wohl oft noch bessere. — Deshalb muſs man den bayerischen und deutschen Brauern mit Recht zurufen: Warum in die Weite schweifen, sieh, das Gute liegt so nahe!

Ich habe in Weihenstephan bei den Landwirten nahezu 30 Jahre, viele Jahre auch bei den Brauern über Gerste überhaupt u. a., auch über die Kriterien einer guten Braugerste zu sprechen gehabt und dabei entsprechendes Material gezeigt. Die Sache ist mir also hinlänglich bekannt. Die gute Braugerste soll — in wenigen Worten gesagt — ein keineswegs sehr groſses, massiges, sondern gut mittelgroſses, etwas flaches, kurzes, stumpfes, ja nicht langspitziges, zart- und dünnhäutiges, in der Farbe gut (licht) und gleichmäſsiges, nicht an den Spitzen andersfarbiges, an der Furchenseite mehrfach zart-querrunzliges Korn von ziemlich hohem Hektolitergewicht und mildmehligem, möglichst wenig glasigem oder gar speckigem Querbruch, groſse Keimfähigkeit und guten Geruch haben. Inzwischen hat man einsehen gelernt, daſs der vor 10—20 Jahren so gefürchtete glasige Querbruch keineswegs immer als ein sicheres Zeichen erheblicher Unauflöslichkeit des Korninhaltes angesehen werden darf, daſs vielmehr auch glasige Gersten oft sehr auflöslich sind. Dr. Schönfeld[420]) findet das Stärkekorn physikalisch aus heterogener Masse zusammengesetzt, was auch nach der Verkleisterung noch der Fall ist. Die minder dichten Teile des Kleisters bilden schneller Dextrin und Zucker, die dichteren langsam. Ich bin fest überzeugt, daſs, wenn unmittelbar mit umfangreichen, praktischen Brauversuchen an diese oben erwähnten, zu einem erheblichen Teile der Terminologie der Händler entlehnten Gerstenkriterien angeschlossen würde, noch gar manches, was bisher in den Lehrbüchern der Brauerei oder des Gerstenbaues als unumstöfslicher Glaubensartikel gegolten hat, erschüttert und bis zur Unkenntlichkeit zerzaust aus diesen Untersuchungen hervorgehen würde; sicher wäre das noch mehr der Fall, wenn zugleich genau darauf geachtet würde, wie sich die betreffenden Gerstensorten bei der Verarbeitung im Grofsbetrieb der Brauerei (nicht bei Laboratoriumsversuchen en miniature), in den einzelnen und schliefslich in allen Etagen der Brauerei, namentlich auch im Kontakt mit den Hopfenstoffen verschiedener Hopfensorten und schliefslich zum Biergeschmack im ganzen und im Detail verhalten würden. Da würden dann sicher bei vielen deutschen und bayerischen Grofsbrauereileitern (von den österreichischen Lieferanten sehe ich hier ab) die bayerischen und deutschen Gersten auch wieder in erheblicherem Grade »Qualitätsgersten« werden, wenn es auch einzelne Jahrgänge geben kann, wo das im minderen Grade der Fall ist.

Alb. Reichard[421]) zeigt, wie abnormale Beschaffenheit der Spitzen des Malzes, teigig, schlecht schmeckend, Biere erzeugen, welche matt schmecken und keinen Schaum halten; die glutinöse Beschaffenheit der Spitzen der Malzkörner bewirkte, dafs die Glutinmassen vor und während der Gärung sich mit den emulsierten (suspendierten) Hopfenharzen verbanden und ausschieden, wodurch die bitteren Harze dem Bier in zu grofser Menge entzogen wurden, infolgedessen die Biere einen im Verhältnis zur Hopfengabe zu matten Bittergeschmack hatten. Auch waren dem Biere durch die zu reichliche Fällung der Harze antiseptische Kräfte gegen gewisse Mikroorganismen geraubt worden, wodurch solche Biere, mit den ohnehin vorhandenen zu grofsen Mengen gelöster Peptone und Amide, in stärkerem Grade zu Erkrankungen geneigt sind. Das ist ein erster Versuch, die Malzbeschaffenheit mit den Hopfenbestandteilen in Beziehung zu zeigen.

Ich hege keinen Zweifel, dafs die verschiedenen Gerstensorten für die gröfste Ausbeute auch verschieden behandelt werden wollen. Sehr wahrscheinlich würden verhältnismäfsig kleine Änderungen in der Weiche, in der Keimung und im Darren bei mancher Gerstensorte, deren Ausbeute beim modernen Verfahren nicht ganz entspricht, in dieser Beziehung manche Überraschung bringen. Die ganze moderne Art der Malzbereitung ist eigentlich blofs auf den oben geschilderten Typus guter Braugersten, im wesentlichen also auf den Hannagerstentypus, eingerichtet. — Ist so eine Richtung einmal eingeschlagen, dann wird sie schier bis ins Unendliche, nötigenfalls auch selbst bis zur schweren Schädigung beibehalten (man sehe auch Dr. v. Eckenbrecher: Die Gerstenausstellung in Berlin, 1898 [Wochenschr. f. Br. 1899, S. 433 u. ff. und 446 u. ff.]).

Über die Gefahren, auf Laboratoriums-Mälzungsversuche weitgehende Schlüsse in der Beurteilung von Gersten und ihrer Ausbeute etc. zu begründen, siehe C. Bleisch[422]). Dr. Luff in Weihenstephan[423]) stellt den Laboratoriums Mälzungsversuch hoch.

Dr. C. Bleisch an der wissenschaftlichen Station für Brauerei in München hat aber[424]) sehr überzeugend dargethan, dafs seine Ansicht richtig sei. Bleisch spricht sich dabei mit Achtung über die Methoden der Gerstenbeurteilung der von der Theorie geleiteten Praxis aus, welche sich so lange Zeit bewährt haben. Damit werden sicher nur jene Chemiker (Technologen) nicht übereinstimmen, welche auch das Malz in der Hand behalten wollen (man sehe auch Dr. Luff ebenda S. 455 u. ff.; ich bin dem Herrn Dr. Luff, wie er selbst weifs, gewifs nicht feindlich gesinnt, aber in dieser Sache mufs ich gegen ihn sein).

Die Untersuchungen über 1898er Gersten aller Länder in der wissenschaftlichen Station für Brauerei in München[425]) lassen vielfach die deutschen und bayerischen Gersten in sehr vorteilhaftem Lichte erscheinen, namentlich auch im Geruche der Maische, was doch höchst wichtig ist und mehr ausgebildet werden sollte, denn da spielen scheinbare Kleinigkeiten eine ausschlaggebende Rolle. Die untersuchten 159 Gerstensorten ergaben im Mittel 1,74% Stickstoff (Proteïn von 8,894—12,50); die Donaugerste hatte mit 2,36% den höchsten, die niederbayerischen mit

1,29 % den niedrigsten Stickstoffgehalt. Der mittlere Stärkegehalt aus 78 Sorten war 66,93 %; bei einer Issodoun-Ia-Gerste 73,76 % Stärke; den niedrigsten Stärkegehalt hatte eine Donaugerste mit 62,24 % und eine geringere amerikanische mit 62,26 %. Der gröfsere Gehalt an Stickstoff und Mindergehalt an Stärke bei den Gersten bayerischer Provenienz gegen böhmische, mährische und ungarische war in der That nichtssagend.

Was da alles — als höchst wichtig — noch zu machen ist, geht aus folgendem hervor: Bei der Generalversammlung der wissenschaftlichen Station für Brauerei in München am 21. Oktober 1899[426]) sagt Herr Dr. J. Brand gelegentlich seines Vortrages über die Ursachen der Geschmacksveränderungen des Bieres etc. u. a.: Dafs nieder abgedarrte Malze aus dickhülsigen Gersten dem fertigen Produkte Strohgeschmack verleihen können, der bei sehr hellen Bieren besonders deutlich bemerkbar wird, soll auch hier noch erwähnt werden. Es sei deshalb empfehlenswert, für lichte Biere nur dünnhülsige Gersten zu verwenden. Nun das wären also wieder die mährischen, böhmischen, ungarischen etc. Gersten; die bayerischen Gersten wären damit wieder einmal durch den von einer bayerischen technologischen Autorität in München (bekanntlich seit längerer Zeit schon die Hauptstadt Bayerns) gemachten Ausspruch gründlich abgethan, wobei sicher auch auf den Beifall der meisten Gersten- und Malz-Händler zu rechnen ist. Dem Herrn Dr. Brand schadet das natürlich gar nichts! Sehr lehrreich sind desfalls die Wintergersten[427]). In der Versuchs- und Lehr-Anstalt für Brauerei wurden probeweise auch einige Wintergersten verarbeitet. Sie hatten Hektolitergewichte von 70,4 kg. Die Spelzen nahmen viel Raum ein, bildeten aber doch nur 11,8 % des Gesamtgewichtes, während feinspelzige Sommergersten nur 7—8 % Spelzengewicht haben. Die aus sehr schönen Wintergersten hergestellten Malze gaben eine sehr gute Extraktausbeute (73,5—77,9 %) der Malztrockensubstanz, aber sie haben einen unangenehmen Strohgeschmack. Vielleicht haben sie ihn aber doch nur unter gewissen Verarbeitungsverhältnissen. — Nun sagt aber der damalige Vorsitzende der Versammlung in München, der Grofsbrauereibesitzer Herr Kommerzienrat Gabriel Sedlmayr (Brauerei zum Franziskaner, l. c. S. 644): Es wird die Frage gestellt, ob dickhülsige Gersten nur für ganz helle Biere oder auch für Biere vom Wiener Charakter geeignet gehalten werden; es sei wohl eigentlich bekannt, dafs dickhülsige Gersten bei hellen Bieren einen Strohgeschmack verursachen können; anderseits seien aber auch Erfahrungen vorliegend über dickhülsige Gersten aus der Rieser Gegend etc. (also aus Bayern), aus welchen helles, dem Pilsener ähnliches Bier gebraut wurde, wobei damit vorzügliche Resultate erzielt worden seien. Jedenfalls würde bei diesen Vorgängen die Malzdarre eine grofse Rolle spielen und wahrscheinlich auch das viele Anschwänzen oder das Anschwänzen mit verschiedenen Temperaturen auf helle Malze einen gröfseren Einflufs haben als auf höher abgedarrte dunkle Malze.

Damit liefert dieser als vortrefflicher, liebenswürdiger Charakter bekannte Münchnei Brauereigrofsindustrielle sehr schwerwiegende Beiträge zur Stütze der soeben von mir ausgesprochenen wichtigen Ansichten. Es ist wirklich notwendig, dafs namentlich die jüngeren Herren Technologen ihre Worte sorgfältig abwägen, wenn es sich um Aussprüche handelt, welche von vernichtender Wirkung für Tausende von deutschen Bauernexistenzen sind.

In der Denkschrift des Deutschen Brauerbundes an den Reichskanzler gegen der projektierte Zollerhöhung auf Gerste und Malz[428]) wird ohne weiteres gesagt, dafs die mährische Hannagerste als Braugerste unübertroffen sei; dann käme die übrige mährische, dann die böhmische, oberungarische (slovakische, aus der Neutraer und Tyrnauer Gegend); dann seien noch die kanadische und kalifornische zu nennen. Die andern kämen nur für Rollgersten, Brennerei-, Mehl- und Futterzwecke in Betracht. Für die Pilsener Biere, die immer mehr in Aufnahme kämen, könne man diese feinen Gersten nicht entbehren, wenn auch Deutschland im allgemeinen gute Braugersten erzeuge. Es genügt wohl, den Schlufs dieses Abschnittes mit dem zu vergleichen, was in den ersten Zeilen gesagt wurde, um sich ein Bild von den unerhört volkswohlschädlichen Zuständen zu machen, welche in diesen sogenannten technologischen Kreisen ihren Ursprung haben. Vom Einflufs der fremden Gersten auf den Geschmack des Bieres ist da überhaupt nie die Rede.

Die mährischen und ungarischen Gersten würden schon im Juni geerntet, was für die Ende August mit dem Mälzen beginnende deutsche Brauerei nicht minder wichtig sei.

Von 22000000 Ztr. Gerste, welche Deutschland (1899) importierte, stammen die darunter befindlichen Braugersten aus Österreich-Ungarn, wenige aus Rufsland und Rumänien, welch letztere meist Futtergersten liefern. Nahezu die Hälfte ist Braugerste, das andere dient als Futtergerste den Zwecken der Landwirtschaft.

Der jährliche Bedarf an Braugerste in Deutschland sei ca. 40000000 Ztr.

Man kann wohl fragen: Sind wirklich schon vergleichende, genaue und in jeder Beziehung tüchtige Versuche – namentlich auch von nicht zünftigen (technologischen) und bedeutenden Chemikern — gemacht worden, festzustellen, ob sich gute Hanna- etc. Gersten zur Erzeugung heller Biere besser eignen wie deutsche und inwiefern? — Solange das und die (Ausbeute) nicht nach allen Seiten und ganz unzweifelhaft durchprobiert und unverrückbar (in Zahlen) und die Differenz als sehr bedeutend festgestellt ist, werden Phrasen, welche bestimmt sind, die Brauerei auf Kosten des Landeswohls in gewissen eingelebten Bequemlichkeiten zu schützen, auf denkende Männer keinen Eindruck machen.

Es ist höchst belehrend, dafs in dieser selben Denkschrift (S. 256 l. c.) gesagt wird, die Engländer bezögen jetzt viel chilenische Gerste, welche ein derbes Korn und dicke Schale habe, hitzig wachse und dem Bier einen eigenartigen Geschmack gäbe; sie eigne sich nicht für deutsche Biere, wohl aber für englische; die Einfuhr deutscher und mährischer Gerste in England habe abgenommen. Die Vereinigten Staaten bezögen ihre guten Braugersten aus Kanada. Dafs man in den allerwichtigsten Fragen der Brauerei noch sehr geteilter Meinung sein kann, zeigen uns gerade jetzt die norddeutschen Brauer: Während die gröfsere Hälfte behauptet, dafs man alle Biersorten am besten ohne Surrogate braut, behauptet die kleinere Hälfte, dafs man — wenigstens obergäriges Bier — ohne Surrogate gar nicht brauen kann.

Merkwürdig ist die bei der Generalversammlung der wissenschaftlichen Station für Brauerei in München[429]) von Dr. Jung aus Mainz gemachte Äufserung, dafs bei günstiger Mälzereiausbeute die Sudhausausbeute zurückbleibt und umgekehrt; man erklärt, dafs gute Auflöslichkeit im Sudhause mit entsprechendem Schwand auf der Malztenne verbunden sei. Anzustreben sei eine Minderung des Mälzungsschwandes, ohne dafs die Qualität des Malzes (Verzuckerung, Ausbeute ca. 74—77% und Abläuterung) darunter leidet. Für die Berechnung des Mälzungsschwandes ist der Feuchtigkeitsgehalt der Gerste, der leicht um 3—4% differieren kann, wichtig. Der Malzschwand (25% in der praktischen Brauerei) rührt her von:

0,5% Auslaugung durch das Weichwasser,
4,5 » Wurzelkeimbildung,
10 » Differenz gekaufter Gerste und fertigen Malzes,
10 » durch Oxydation von Substanz des Gerstenkorns zu Wasser und Kohlensäure; es müfste Wachstum stattfinden, wozu Wärme- und Stoff-Opfer nötig sind.

Merkwürdig ist nun, dafs bei der Arbeit in den Brauereien dieser letztere Verlust bis 11,68% geht, dagegen bei Laboratoriumsversuchen von C. Bleisch in München und Luff in Weihenstephan[430]) nur bis 5,98%; worin ist dieser letztere, geringere Verlust begründet, und läfst sich das nicht in die Praxis übertragen? Wenn 1899 im Deutschen Reich 65000000 hl Bier erzeugt werden, wozu 36000000 Ztr. Gerste nötig sind, könnten 18000000 Mark erspart werden, wenn die 5—6% Differenz der Materialzerstörung beseitigt werden könnten; 1 von diesen 5—6% würde schon 3000000 Mark Ersparnis bedeuten.

Von hoher Bedeutung sind im Zusammenhang mit den von mir geäufserten Ansichten über die Merkmale des Gerstenwertes auch noch die neuestens in Berlin gemachten Brauversuche über Wintergersten[431]) mit kleinem, schmalem, dick- und glattspelzigem Korn, welches ein den landläufigen Ansichten ganz widersprechendes Resultat der Extraktausbeute gab, nämlich 72,30% Extrakt des Malzes (76,10% der Trockensubstanz des Malzes) bei 51,30 Hektolitergewicht. Dr. Lange[432]) hat konstatiert, dafs man nach diesen Versuchen selbst aus Wintergersten ein ganz gutes Bier machen kann, wenn das Maischverfahren entsprechend geändert wird. Auch in England werden dickspelzige, lange, dünne, stachelige Gersten bis zu 50% des Einmaischquantums verarbeitet und daraus überaus reiche, reinschmeckende Biere erzeugt[433]).'

Alles das kann doch den deutschen Brauern auch in dieser Sache zeigen, daſs der Weg zur Umkehr von der schiefen Ebene offen und ohne Verlustgefahr für die eigene Tasche betreten werden kann, wenn es auch mit einigen Unbequemlichkeiten etc. verbunden ist.

Über die Abänderungen der Gerste mit besonderer Rücksicht auf das Verhältnis des Gewichtes der Körner zu ihrem Gehalte an stickstoffhaltigen Substanzen bringt Prof. W. Hansen an der höheren Landwirtschaftsschule in Kopenhagen eine umfangreiche Arbeit[434]). Bei derselben Sorte (Goldthorpe) weichen die Körner der sämtlichen Ähren einer Pflanze nicht viel voneinander ab, erheblich aber die reifen und vollkommen ausgewachsenen Körner verschiedener, auf kleinem Raume nebeneinander gewachsener Pflanzen. Bei der Untersuchung der Frage, ob bei Zuchtwahl bei der Goldthorpegerste, wenn der Stärkemehlgehalt erhöht wird, der Stickstoffgehalt ebenfalls erhöht oder vermindert wird, fand er, daſs der gröſsere oder geringere Stickstoffgehalt zum groſsen Teil rein örtlichen Bodenbedingungen zuzuschreiben ist; auch die Beziehungen zwischen dem Korngewicht und dem Prozentgehalt an Stickstoff zeigen keine Konstanz. In jeder der untersuchten fünf Jahresernten war allgemeinhin mit dem Korngewichte auch der Stickstoffgehalt gestiegen (Meddeleser fra Carlsberg Labratoriet IV, pag. 122).

Wir deutschen Landwirtschaftslehrer wissen schon lange, welchen Einfluſs der Boden, also auch die Düngung, auf die substanzielle Beschaffenheit, also auch auf die Qualität der Früchte, ausübt. Ohne Düngung sind die Erträge zu klein; aber die Düngung so zu geben, daſs sie der Qualität der Ernten nicht schadet, das ist eine groſse Kunst. Man hat mit reichen Stickstoffdüngungen (Salpeter) den Morphingehalt des Mohns um 4—8% erhöht; beim Weizen wäre eine Erhöhung des Proteïngehaltes erwünscht, aber wenn man deutsche Weizensorten stark mit Stickstoff düngt, lagern sie sich, bekommen den Rost und sind verloren; ähnlich bei Roggen, Hafer, Gerste, und bei letzterer wird durch solche stickstoffreichen Düngungen der Proteïngehalt der Körner merklich erhöht, der Stärkemehlgehalt in demselben Verhältnis verringert, was für Braugersten sehr fatal, bei Futtergersten aber willkommen ist. Auch auf die Qualität des Hopfens wirken starke Stickstoffdüngungen meist sehr ungünstig.

Es gibt im heiſsen, subtropischen (südeuropäischen) Klima gewachsene und bei sonnigem, trockenem Wetter geerntete Gersten von wunderbar schönem Aussehen, welche sich aber doch meist schlecht vermälzen und verbrauen; dann und wann vermälzt sich eine oder die andere dieser Gersten dennoch ganz gut. Für das gute Vermälzen und Auflösen scheinen langsameres Wachsen und Reifen günstiger zu sein; natürlich ist es doppelt angenehm, wenn solche aus kälteren klimatischen Zonen stammende Gersten auch bei guter Witterung geerntet wurden und dann auch noch ein schönes Aussehen haben. Die langsamer gewachsene Gerste hat eine gleichmäſsigere Struktur, welche das gleichmäſsige Weichen und Keimen begünstigt. Die im heiſseren, trockenen Klima schnell entwickelten Gersten erwärmen sich meist (nicht alle) schnell auf der Tenne, vermälzen sich schlecht und bekommen eine mangelhafte Auflösungsfähigkeit.

Über die groſsen Verschiedenheiten in der Konstitution der Gersten gibt auch eine Notiz Reischauers[435]) Auskunft, daſs nämlich vierzeilige Gersten (Hordeum vulgare L., also die proteïnreichen kleinkörnigen Gersten) beim Maischen eine Temperatur von 90° C. gestatten, ohne daſs die Diastase ihre Wirkung zur Verzuckerung des Stärkemehls verliert.

Obgleich das eigentliche Wesen der Diastase noch sehr unbekannt ist, hat man doch immer angenommen, daſs sie sich aus dem Kleber, den Proteïnkörpern entwickelt; schon zur Zeit Reischauers (l. c. S. 19) nahm man an, daſs ein Teil der reinen Diastasesubstanz 2000 Teile Stärkemehl in Zucker verwandeln könne. Da wäre es also offenbar sehr vorteilhaft, Rohfrucht zu verbrauen (Reis, Mais, Weizen, Hafer, eventuell auch Gerstenrohfrucht), um nicht durch den Mälzungsprozeſs, also unter Kostenaufwand, erzeugte Diastase zu vergeuden. In einem solchen Falle würden dann, ebenso wie für die Brennerei, auch für die Brauerei die proteïnreicheren Gersten wieder eine erhöhte Bedeutung gewinnen.

Die Hofbräuhausdebatte in der bayerischen Abgeordnetenkammer hat Herrn Prof. Dr. G. Holzner, den bekannten früheren langjährigen Professor in Weihenstephan[436]), zu einer Untersuchung der Frage geführt, wieviel Gerste die bayerischen Brauer brauchen und wieviel Braugerste die bayerische Landwirtschaft liefern kann.

Die Gesamt-Gerstenernte in Bayern war:

1894	11 050 868	Zoll-Ztr.
1895	9 358 414	»
1896	9 111 348	»
1897	9 073 916	»
1898	11 001 866	»
Summe in 5 Jahren:	49 596 412	Zoll-Ztr.

Davon ab die Abfallgerste und Verunreinigungen mit 10%:

	49 596 412	Ztr.
	4 959 641	»
Brauwürdige Gerste:	44 636 771	Ztr.

Der Malzverbrauch der bayerischen Brauereien:

1894	6 765 428	hl
1895	7 101 271	»
1896	7 152 565	»
1897	7 433 089	»
1898	7 533 057	»
Summe in 5 Jahren:	35 985 410	hl.

Zur Bereitung von 1 hl Malz ist durchschnittlich 1 hl Gerste erforderlich.

1 hl guter Braugerste wiegt 136—140 Pfd.; nimmt man aber nur 133,33 Pfd. $= \frac{400}{3}$ an, dann berechnet sich der Bedarf Bayerns an Gerste in dem Zeitabschnitt 1894—1898 zu $35\,985\,410 \times \frac{4}{3} = 143\,941\,640 : 3 = 47\,980\,546$ Zoll-Ztr. Es sind in dieser Periode also:

	47 980 546	Zoll-Ztr.	Gerste vermaischt,
	44 636 771	»	» gebaut
also	3 343 775	Zoll-Ztr.	Gerste weniger gebaut als vermälzt worden.

Holzner hebt aber dann noch hervor, dafs die Differenz noch weit gröfser sei, denn es werde aus Bayern Gerste und Malz ausgeführt; eine grofse Menge Gerste aus dem Ries, dann anderweite Franken- und Pfälzer-Gerste werde in die Schweiz und in die benachbarten deutschen Weinländer ausgeführt; nebstdem werde viel Gerste zu Mehl, Graupen und namentlich zur Branntwein- und Essig-Bereitung verwendet; der Ausfall sei also noch gröfser, als die obigen Zahlen darthun.

Über die Bewegung des Gerstenverkehrs auf den bayerischen Bahnen:

	a) Empfang an Gerste:		b) Versand an Gerste:	
1896:	387 053 000 kg =	7 741 060 Zoll-Ztr.	223 478 000 kg =	4 469 560 Zoll-Ztr.
1897:	385 309 000 » =	7 706 180 »	201 128 000 » =	4 022 560 »
1898:	375 736 000 » =	7 514 720 »	224 361 000 » =	4 487 220 »
Summe v. 3 Jahren:	1148 098 000 kg =	22 961 960 Zoll-Ztr.	648 967 000 kg =	12 979 340 Zoll-Ztr.

Empfang in 3 Jahren	22 961 960	Zoll-Ztr.
Versand » 3 »	12 979 340	»
Mehr empfangen:	9 982 620	Zoll-Ztr.

Wenn nun in der Abgeordnetenkammer gesagt wurde, dafs die bayerischen Gersten bereits im November genügend keim- und also vermälzungsfähig sind und dafs ferner die Brauer vom Vorjahre genügend Gerste und Malz aufheben sollen, um bis zum November zu reichen, so gibt doch vorjährige Gerste nur ganz ausnahmsweise genügend gutes Malz. In der Regel keimen 4 % und mehr der Körner der bayerischen Gerste schon im ersten Jahre nicht; im zweiten Jahre kommen noch 5 % dazu, welche nicht keimen, abgesehen davon, daſs die Keimungsenergie abnimmt; vordem sehr gute Braugerste ist nun bereits schlecht geworden. Nebstdem beträgt der Schwand an vergärbarer Substanz 3 %. Ebenso ist's beim Malz; auch hier würden die Brauer bei umfangreicherer Lagerung an Vorräten Verluste erleiden. Dazu die hohen Malz- und andern Steuern, steigende Löhne, Verringerung der Arbeitszeit, Alters- und Unfall-Versicherung der Arbeiter etc., niedrige Bierpreise etc.[437]).

Prof. Holzner[438]) sagt, daſs die Münchner Brauer auch in den ungünstigsten Erntejahren mindestens 500 000 Ztr. bayer. Gerste kaufen, ja sie kaufen auf dem Lande um höchste Preise zur Bierbereitung unbrauchbare Gerste und verkaufen sie wieder als Futtergerste; 1897 habe eine Münchner Brauerei 40 Eisenbahnwaggons solcher Gerste gekauft und wieder verkauft. Der Groſsbrauer könne unmöglich beispielsweise auf der Erdinger Schranne dem A. Meyer $2^1/_2$ hl und dem B. Meyer 4 hl abkaufen, diese in mitgebrachte Säcke umfüllen, dann zum Bahnhof fahren, dort umladen und im Münchner Bahnhof abholen lassen. Getreidehäuser der Gemeinden oder Genossenschaften können da vieles bessern, aber nur dann, wenn sie unmittelbar am Bahnhof sind, so daſs gleich direkt verladen werden kann. Wenn aber der Groſsbrauer in einem 1 km entfernten Getreidelagerhaus kaufen, einladen, durch eine zweite Gemeinde, die Pflasterzoll erhebt, fahren und dann am Bahnhof umladen soll, so ist das doch zu viel verlangt, und mit Recht wird es keiner thun, wenn er es anders haben kann. Sehr schlimm sind auch die groſsen Ungleichheiten der kleinen Posten, Ungleichheiten, welche hervorgehen aus der verschiedenartigen Varietät, verschiedener Kulturbehandlung (Stellung in der Fruchtfolge), Düngung, Ernte, Drusch und Lagerung. Das alles hat natürlich ganz erhebliche Gefahren in der Malzbereitung und selbst in der weiteren Entwicklung des Bieres. Da sollten die Behörden und landwirtschaftlichen Vereine Hand anlegen, hier gleichartigeres Material zu schaffen, aber mit dem bloſsen Unwillen über die Brauer gelingt das nicht. Holzner sagt, es sei bekannt, daſs selbst bei ganz gesunder bayerischer Gerste in den Monaten August, September und Oktober ein zu geringer Prozentsatz von Körnern keimfähig sei. Wenn ferner eine Gerste feucht im Stocke oder ausgedroschen feucht im Sacke oder zu hoch und ohne gerührt zu werden aufgeschichtet liegt, dann nimmt sie einen dumpfen Geruch an, und ein Brauer, der solche Gerste verwendet, kann noch wegen Übertretung des Nahrungsmittelgesetzes gestraft werden. Ohnehin besteht in Bayern die gesetzliche Vorschrift, daſs zur Bierbereitung nur Malz, also gekeimte Gerste, verwendet werden darf. Von beregneter und dann ungeeignet behandelter Gerste verlieren so viele Körner ihre Keimfähigkeit, daſs sie zur Malzbereitung nicht mehr geeignet sind. Eine Mehrausbeute von 4 % kann kein Brauer, groſs oder klein, unbeachtet lassen, denn das bedeutet per Hektoliter Gerste mindestens 2,10 Mark an ersparter Malzsteuer, bei 300 hl Gerste 630 Mark. D a s g e s t e h t ü b r i g e n s H o l z n e r s e l b s t z u, d a ſ s v i e l e B r a u e r s i c h ü b e r d i e t h a t s ä c h l i c h e A u s b e u t e a u s d e m M a l z e k e i n e R e c h e n s c h a f t g e b e n, d a h e r n i c h t w i s s e n, w a s s i e i n W i r k l i c h k e i t e r h a l t e n u n d w a s s i e b e i s o r g f ä l t i g e r A r b e i t e r h a l t e n k ö n n t e n. Der Händler hat gesagt, daſs es Qualitätsgerste ist, das genügt!

Was Holzner über die Ungleichheit des aus kleinen Posten zusammengekauften Materials und über die daraus für den Groſsbrauer hervorgehenden Gefahren und Verluste etc. sagt, ist nur allzu wahr, und hier den Hebel anzusetzen und durch Belehrung und Einrichtungen gleichmäſsigeres Material zu schaffen, das wäre eine wichtige Aufgabe für die dazu berufenen Kräfte und Kreise.

Von den 275 Landgerichtsbezirken, in welche Bayern diesseits des Rheines um 1861 eingeteilt war, bauten sicher 194 Hopfen, und der Ertrag an Hopfen war 1861 ca. 200 000 Ztr. In Mittelfranken bauten alle 32 Bezirke Hopfen, nur die südlich und westlich liegenden (Schillingsfürst, Eichstätt, Wassertrüdingen, Dinkelsbühl, Pappenheim) am wenigsten.

Die Ausfuhr an Hopfen 1861/62 darf auf 140000 Ztr. angenommen werden, mit einem Erlös von über 7700000 fl. Die Gesamthopfenernte 1861 aber hatte einen Wert von 1100000 fl. Die erzeugte Gerste, teils verbraut, teils zum ökonomischen Gebrauch verwendet oder ausgeführt, kann mit 10000000 fl. Wert veranschlagt werden.

Den Scheffel Gerste im Mittel mit 13 fl. und den Zentner Hopfen im Mittel mit 60 fl. angenommen, kosteten schon diese beiden Rohmaterialien der Brauerei 1861 an 19000000 fl. Riesige Summen waren in den Liegenschaften und im Inventar angelegt.

Der Malzaufschlag zu 1 kr. per Mafs Bier betrug 6000000 hl und der in den meisten Städten bestehende Lokal-Malzaufschlag zu 1 Pfg. und 2 Pfg. per Mafs ca. 2000000 fl. Es kostete also in Bayern das Bier schon alljährlich 26000000 fl., so viel wie die Staatseinnahmen im ganzen. Nimmt man aber die Mafs zu 6 kr. an, was sie in den letzten Jahren allenthalben kostete, dann zahlte Bayern schon vor 40 Jahren jährlich 50000000 fl. für sein Nationalgetränk.

Nach siebenjährigem Durchschnitt traf auf den Kopf der Bevölkerung eine Jahres-Bierkonsumtion:

In Oberbayern	$3^1/_2$	bayer.	Eimer
» Niederbayern	$2^1/_8$	»	»
» der Oberpfalz	2	»	»
» Oberfranken	$1^1/_2$	»	»
» Mittelfranken	$2^1/_3$	»	»
» Unterfranken	1	»	»
» Schwaben	$2^1/_2$	»	»
» ganz Bayern	$2^1/_5$	»	»
» München	$4^3/_4$	»	»

Das meiste Bier wird in Bayern selbst getrunken. Wer täglich nur zwei Mafs trinkt, nimmt jährlich 12 Eimer Bier zu sich; es gibt aber auch heute noch Männer, die täglich 6—8—10 Mafs oder Liter trinken, und man sagt von diesen nicht mit Unrecht, dafs sie in der jährlich verzehrten Biermasse ertrinken könnten.

Zur Zeit der Biertaxe gab es amtliche Bierbeurteiler (Bierkieser), die das Bier auf seinen Gehalt, Geschmack, seine Gesundheit etc. prüften durch die direkte Untersuchung. Ihrer drei oder vier begaben sich in Begleitung eines Polizeibeamten von Keller zu Keller und liefsen sich aus den Fässern, die alle nach Monat und Tag gezeichnet waren, Proben zum Verkosten ausheben. Nach amtlicher Vorschrift durften diese Bierkieser an einem Tage nur einige solcher Proben vornehmen und vor dem Beginne ihrer wichtigen Thätigkeit keine sauren Speisen geniefsen. Früher wurden diese Untersuchungen sehr strenge gehandhabt, die beanstandeten Fässer wurden sofort zum nächsten Flufs gefahren und dort entleert[439]). C. Reischauer[440]), der ausgezeichnete Technologe, sagt vom Urteil des durch häufige Selbstbeobachtung und praktische Übung gebildeten Bierkenners, dafs es durchaus nicht geringschätzig zu behandeln sei, ja dafs es in Bezug auf manche Eigenschaften des Bieres das Ergebnis der eigentlichen chemischen Untersuchung — wenigstens für gerade diese Eigenschaften — weit hinter sich zurücklasse.

In den 7 Jahren von 1859/60—1866/67[441]) betrug das in den 5122—5871 Brauereien Bayerns, darunter nur 3 Aktienbrauereien in Ober-, Mittel- und Unterfranken und 412 sogenannte Kommunalbrauereien, verbraute Malz 14132167 Scheffel (à 222,36 l), die verschiedenen Bierquantitäten 92063410 Eimer (à 64,14 l, 1 hl = ca. 93,5 bayer. Mafs), nach andern 10343415 Eimer, welche einen Wert von 501140231 fl. entziffern. In dieser Biermasse waren in 7 Jahren enthalten 40975596 Eimer Schenkbier, 46028053 Eimer Lagerbier, 1120413 Eimer Luxusbier (Salvator, Bock, Doppelbier). 3639445 Eimer Weifsbier; der Malzverbrauch war 1859/60 ca. 1539572 Scheffel, 1869 1827302.

1869/70 wurden 11803549 bayer. Eimer gebraut; davon waren 6000000 Eimer Lagerbier, 324226 Weifsbier, das andere (über 5000000 hl) Schenkbier. Der Wert dieses Bieres war 1869/70 ca. 68245499 fl.[442]).

Im Jahre 1873[443]) waren in der ganzen Bierproduktion Bayerns in 5300 Brauereien (1859: 5123; 1863: 5400; 1866: 5400; 1869: 5905) 97,9% untergäriges Bier. Zur Herstellung von 1 hl Bier wurden durchschnittlich 42⅔ l = 49,1 Pfd. Malz verbraucht[444]). Nur das Weiſs- (Weizen-) Bier ist noch obergärig, Schwenk- und Lagerbier in Bayern sind lediglich untergärig.

Die gesamte Malzsteuer hatte von 1819—1865/66 (in 48 Jahren) dem Staate bereits die gewaltige Summe von 275 492 942 fl. eingebracht, was ausschlieſslich zur Verzinsung und Tilgung der bayerischen Staatsschulden verwendet wurde[445]). Das Hopfenareal betrug 1863: 51 822 bayer. Tagwerk (1 Tagw. = ca. ⅓ ha), 1866: 57 112 bayer. Tagwerk. Von den 200000—250000 Ztr. jedes Jahr geernteten Hopfens wurden nur 55000—60000 Ztr. in Bayern selbst konsumiert. In dem dürren Jahre 1868 mit der vielen kupferbrandigen, knospenartigen Ware fehlte diesen Hopfen massenhaft die für bayerisches Lagerbier damaliger Art erforderliche schwere Qualität.

Was speziell das Jahr 1865/66 anbetrifft, so wurden in Bayern diesseits des Rheines folgende Zahlen festgestellt:

Zahl der Brauereien in den 7 Reg.-Bezirken diesseits des Rheines	5 171	
Malzverbrauch nach bayer. Scheffeln	2 082 910	
Biermenge in bayer. Eimern	13 665 414	
Darin Schenkbier in Eimern	6 022 806	13 665 414
Lagerbier in Eimern	7 152 203	
Luxusbier, Eimer	100 322	
Weiſsbier, Eimer	390 083	
Exportiert, bayer. Eimer	360 923	

Um 1818, wo der Malzaufschlag in Bayern 4 263 682 fl. betrug, schätzte man den gesamten Hopfenbau Bayerns auf 20000—30000 Ztr., den Bedarf im eigenen Lande auf nur 2 600 bis 2800 Ztr., so daſs noch 17 000—27 000 Ztr. für den Export übrig blieben.

Die Zunahme der Produktion an Hopfen war auch in den 1820er und in den 1830er Jahren nicht sehr bedeutend. Um 1835 betrug der Malzaufschlag nur 5 398 661 fl. und 1840 nur 5 808 028 fl. Aber die Hopfenkultur erweiterte sich damals in Franken (Spalt, Hersbruck, Lauf, Altdorf, im Aisch- und Zenn-Grund) bereits erheblich, weil der Hopfenhandel in Nürnberg schon mit dem Exportgeschäft begann und bei dem noch wenig entwickelten, auf Wagenverkehr angewiesenen Verkehr diese Hopfengebiete am nächsten lagen.

Um 1850 mag der Hopfenbedarf Bayerns bereits 60000—80000 Ztr. überschritten haben.

Es waren schon die Hauptlinien der Eisenbahn eröffnet oder deren Eröffnung bevorstehend. Der Bierexport hob sich. 1848 war der Malzaufschlag noch 5 553 349 fl., 1857/58 aber bereits 7 250 473 fl.

Um 1860 und 1861 hob sich das Exportgeschäft in Hopfen bedeutend; in Bayern war (1858—62) das den Hopfenexport hemmende Hopfenschwefeln aufgehoben worden, der Bedarf Englands an Hopfen war sehr stark gewachsen, die Hopfenpreise in Nürnberg stiegen damals (1860) auf 200—300 fl. per Ztr. Zu jener Zeit begann der Exzeſs in der Ausdehnung (Überproduktion) der Hopfenkultur, welcher kaum 10 Jahre später, schon um 1869, den Hopfenproduzenten so verderblich werden sollte. Mittelfranken baute 1857: 38 566 Ztr., 1862: 81 227 Ztr., 1864: 98 600 Ztr., 1867: 115000 Ztr., 1868: 90 000 Ztr. Ganz Bayern 1866: 225 000 Ztr., 1867: 270000 Ztr., 1868: 232 680 Ztr., während der Hopfenkonsum Bayerns 60000—70000 Ztr. betrug und die Malzsteuer 1865—67 jährlich 10 500 000 fl. erzielte[446]).

Die ganze, so gewaltige Hopfen- und Bier-Produktion Bayerns datiert also eigentlich — der Hauptsache nach — aus der zweiten Hälfte des 19. Jahrhunderts; sie war um 1868 noch 4 300000 hl. Diese Zahlen stimmen schlecht mit vorausgegangenen, wenn man nicht starke Schwankungen in der damaligen Jahresproduktion annehmen will; wir geben sie natürlich so, wie wir sie in der Literatur gefunden; die damaligen Ermittelungen waren noch erheblich minder sorgfältig wie die heutigen, die auch zu wünschen übrig lassen.

Bayern produzierte 1898 auf 24 861 ha = 262 072 Ztr. Hopfen
1899 . . . . . = 325 000 » »
1894 . . . . . = 348 470 » »
1889 . . . . . = 389 184 » »

Die Bierproduktion in den drei Städten: München, Augsburg und Nürnberg[447]):

In den Jahren	München		Augsburg		Nürnberg	
	Malzverbrauch hl	Bierproduktion hl	Malzverbrauch hl	Bierproduktion hl	Malzverbrauch hl	Bierproduktion hl
1873	578 785	1 208 348	191 415	401 972	212 646	446 557
1874	577 757	1 206 375	195 905	411 400	219 409	460 759
1875	588 632	1 227 351	211 060	443 226	215 703	472 956
1876	604 503	1 269 456	228 738	470 350	214 356	450 548
Im 4jähr. Durchschnitt	587 419	1 227 883	206 780	431 737	215 529	452 610[448])

Nürnberg 1890: 639 449 hl Biererzeugung,
1892: 656 301 » »
1894: 612 417 » »
1896: 705 411 » »
1898: 771 269 » »
1899: 825 161 » »

Der Bierverkehr in diesen drei Städten:

Im Jahre	München		Augsburg		Nürnberg	
	Biereinfuhr hl	Bierausfuhr hl	Biereinfuhr hl	Bierausfuhr hl	Biereinfuhr hl	Bierausfuhr hl
1873	7 070	259 990	1 101	177 460	33 592	161 333
1874	11 005	255 476	751	170 027	40 326	167 271
1875	24 152	100 867	688	186 785	39 365	173 991
1876	33 208	73 095	1 179	214 082	49 619	174 214
Im 4jähr. Durchschnitt	18 859	172 357	930	187 089	39 726	169 202

Nürnberg	1890 hl	1897 hl	1898 hl
Malzverbrauch	272 105	311 136	321 366
Biererzeugung	639 449	—	771 269
Biereinfuhr	77 467	121 664	151 466
Bierausfuhr	249 901	243 139	245 917
Gesamtbierverbrauch . . .	467 015	—	676 818
Zahl der Einwohner . . .	142 000	—	194 000
Liter Bier pro Kopf . . .	328,8	—	348,8

Die Firma Pschorr in München hatte schon um 1870 ein sehr bedeutendes Flaschengeschäft; es gingen jährlich ca. 80 000 Flaschen Bier nach New York, Rio de Janeiro, Pernambuco, Chile, San Francisko, Madagaskar, Bombay, Batavia, Sidney, Manilla und dem Cap.

Es exportierten schon 1864:

	Gesamtexport Ztr.	Davon Export ins Ausland Ztr.
München	124 429	72 141
Kulmbach	125 139	92 305
Erlangen	99 580	59 661
Kitzingen	60 035	57 470
Nürnberg	48 902	17 854

Schon 1870 exportierte München mehr als 106000 Ztr. nach Norddeutschland, Frankreich, Holland, Belgien; Kulmbach exportierte schon 1856/57 ca. 57000 bayer. Eimer, 1866/67 schon über 110000 Eimer (s. Allg. H.-Ztg. 1868, S. 182).

Um 1872 war der Nürnberger Export am gröfsten (217 273 Eimer), hierauf folgten Kulmbach (1871: 7873000 l) und Erlangen (1871: 133 935 Ztr. im direkten und 2223 Ztr. im internen Verkehr; dann folgte München im direkten Verkehr mit 82063 Ztr., im internen mit 114 296 Ztr. (Allg. H.-Ztg. 1874, S. 240).

Aus einem Vortrage des Herrn Dr. Zöpfl in München am 18. März 1906: »Über Bayerns See-Interessen« entnehme ich, dafs der Export der Brauerei Spaten nach europäischen und aufsereuropäischen Staaten 40% der Gesamtproduktion beträgt. Die Firma Pschorr versendet jährlich 1500000 Flaschen, Hackerbräu 1000000 Flaschen.

Die Bierbrauerei in Bayern seit 1880—1898[449]).

Jahr	Erzeugung von Braunbier hl	Erzeugung von Weifsbier hl	Gesamt-biererzeugung hl	Zu- (+) bezw. Abnahme (—) der Gesamterzeugung gegenüber dem Vorjahre hl	Malz-verbrauch hl
1880	11 583 203	238 712	11 821 915	— 326 000	5 140 693
1881	12 083 792	257 782	12 341 574	+ 519 659	5 344 685
1882	11 871 796	245 778	12 117 574	— 224 000	5 246 618
1883	12 018 475	251 379	12 269 854	+ 152 280	5 344 884
1884	12 356 293	256 772	12 613 065	+ 343 211	5 504 931
1885	12 419 757	245 908	12 665 665	+ 52 600	5 569 113
1886	12 848 068	248 169	13 096 237	+ 430 572	5 805 598
1887	13 461 786	243 031	13 704 817	+ 608 580	6 116 439
1888	13 312 034	213 757	13 525 791	— 179 026	6 066 139
1889	14 064 842	212 228	14 270 070	+ 744 279	6 439 144
1890	14 215 247	205 648	14 419 894	+ 179 824	6 478 770
1891	14 285 962	196 741	14 482 703	+ 69 906	6 490 132
1892	14 892 490	204 212	15 096 703	+ 614 000	6 797 180
1893	14 834 590	184 707	15 019 297	— 78 248	6 730 112
1894	14 992 926	186 934	15 179 860	+ 160 563	6 765 428
1895	15 839 861	194 231	16 034 092	+ 854 232	7 101 271
1896	16 027 636	170 490	16 198 126	+ 164 034	7 152 565
1897	16 787 758	185 942	16 973 700	+ 775 574	7 433 089
1898	17 260 281	185 793	17 446 074	+ 472 374	7 533 057

Die Zahl der Brauereien hat in diesem Zeitraum um 170 abgenommen. Die Zahl der Braunbierbrauer hatte nämlich 1898 noch 10579, 170 weniger als 1897, wobei allerdings oft eine Anzahl in einer Kommunalbrauerei vereinigte, nicht gewerbliche Brauer sind. Die nicht gewerblichen Kommunalbrauereien machen ca. den 9. Teil der 4762 Braunbierbrauereien aus; sie waren

1897 noch um 545 vermehrt, mit … weniger als im Vorjahre. Die übrigen 4218 gewerblichen Brauereien 1898 waren … Weifsbierbrauereien gab es 1898: 1455, um 52 weniger als 1897.

Die nicht gewerblichen Betriebe der Braunbierbrauerei (Kommunebrauereien) verarbeiteten 1898: 25438 hl Malz, ca. 1/2 % der Gesamtmenge; die nicht gewerblichen Weifsbierbrauereien verarbeiteten 1898 nur 1694 hl Malz, 4 % der für Weifsbier verarbeiteten Gesamtmenge.

Die Zahl der Aktienbrauereien ist von 1897 auf 1898 um 8 gestiegen, betrug also 78, mit einem Gesamtmalzverbrauch von 1979983 hl Malz, gegen 1792880 hl 1897.

Nachbier wurde in der Braunbierbrauerei 1898 an 395044 hl gemacht, 1897 an 410354 hl.

In der Braunbiererzeugung erreichte die Hauptstadt München 1898 an 4239356 hl (1897: 4001420 hl), also fast 1/4 der bayerischen Gesamtproduktion mit 17250000 hl.

Nürnberg erzeugte 1898 an 1495926 hl (1897: 1461252 hl); Augsburg 1266643 hl (1897: 1293779 hl).

Weifsbier wurde am meisten (77205 hl) im Zollamtsbezirk Memmingen erzeugt.

Haushaltungen, welche Braunbier als (steuerfreien) Haustrunk erzeugen, sind namentlich im Bezirk Schweinfurt (2886, d. h. 4/5 aller 3609 Hausbrauereien [Kommunebrauereien] Bayerns), dann in Bamberg, Augsburg etc. Pfarrer Gerber gab im bayerischen Landtag ein launiges Bild von der Herstellung und Qualität dieser Biere[450].

Die Malzaufschlagserhöhung 1880 war nur den Grofsbrauereien günstig (man s. Allg. Br.- u. H.-Ztg. 1899, II. 1893 u. ff., v. E. Harzberger). Diese hatten, namentlich in München, von 1880—1884 die glänzendsten Zeiten. Der Bierpreis wurde infolge der Malzaufschlagserhöhung von 17 auf 19 Mark erhöht, während er, dem Aufschlag entsprechend, nur 1 Mark hätte betragen sollen. Der Münchner Ganterpreis für Sommerbier bildet auch den Grundpreis für die Exportbiere. Wurden die Exportbiere nun um 19 oder 20 Mark per Hektoliter verkauft, so kam noch dazu die Malzaufschlagsrückvergütung mit 2,60 Mark und der Lokalmalzaufschlag mit 0,74 Mark. Nun tauchte 1884 die Absicht auf, zur Ausnutzung dieser günstigen Situation in München eine neue grofse Aktienbrauerei zu gründen. Dem zu begegnen, setzte die Brauerei zum Sterne sofort den Bierpreis (Ganterpreis) per Hektoliter wieder auf 17 Mark herab; die anderen Brauereien mufsten nachfolgen. Nun stieg der Inlandexport; derselbe war beim hohen Preisstand von 1880 bis 1884 immer bei 250000 hl geblieben, stieg aber nun von 1884—1888 auf 429000 hl. Die Landbrauereien gingen zurück, auch die minder gut situierten Grofsbrauereien, welche den Malzaufschlag im voraus zahlen mufsten. Die Mittel- und Kleinbrauereien mufsten ihre Biere stärker einsieden. Daher sind sie aber auch vielfach jetzt besser wie die Münchner Stadtbiere.

Die Entwicklung der bayerischen Bierbrauerei seit 1880—1897[453]

Jahr	Zahl der Brauereien (Tabelle 1, Sp. 9, 17, 18)	Malzverbrauch hl	Biererzeugung hl	Bierausfuhr hl	Biereinfuhr hl	Ertrag des Malzaufschlags
1880	7 130	5 140 693	11 826 764	748 221	34 486	30 844 158
1881	7 110	5 342 734	12 336 997	890 364	34 428	32 340 413
1882	7 104	5 242 824	12 107 560	988 292	32 833	31 436 141
1883	7 016	5 341 998	12 260 970	1 106 281	37 934	31 922 425
1884	6 967	5 503 107	12 603 991	1 245 214	41 479	32 776 043
1885	6 987	5 567 184	12 920 105	1 381 382	38 847	33 561 501
1886	6 979	5 803 333	13 090 115	1 574 777	41 276	34 517 505
1887	6 970	6 116 434	13 900 534	1 679 526	41 659	36 522 584
1888	6 921	6 130 904	13 520 180	1 853 195	44 402	36 506 245
1889	6 881	6 439 144	14 277 270	2 018 806	51 052	38 533 462
1890	6 749	6 478 770	14 419 895	2 149 283	52 020	36 401 244
1891	6 686	6 490 132	14 482 703	2 199 378	48 774	36 544 040
1892	6 646	6 797 186	15 096 702	2 302 384	49 828	38 372 318
1893	6 622	6 730 116	15 049 306	2 388 487	50 844	38 029 244
1894	6 550	6 765 238	15 135 864	2 387 156	52 860	38 292 157
1895	6 502	7 161 271	16 054 092	2 472 281	59 150	40 315 842
1896	6 428	7 109 458	16 198 126	2 535 310	60 629	40 823 355
1897	6 364	7 386 492	16 973 700	2 574 514	62 284	42 138 979

2000 hl Malz im Jahresbetrieb zahlen per Hektoliter Malz 5 Mark Malzaufschlag[451]. Die nächstfolgenden 5000 hl Malz zahlen je 6 Mark per Hektoliter. Für die ersten 10000 hl Malz im Jahresbetrieb über 6 Mark per Hektoliter … 6,25 Mark. Für das 30000 hl Malz übersteigende Quantum … 6,50 Mark Malzaufschlag per Hektoliter.

Es wurden ausgeführt, aus Bayern:

1896: 2 540 495 hl Bier im Werte von 7 228 932 Mark
1897: 2 580 294 » » = 6 997 714 »
1898: 2 543 170 » »

Bei der Steuerrückvergütung findet auch eine Abstufung statt von 1—2,35 Mark.

Drei Viertel der bayerischen Bierausfuhr geht in das Gebiet der Norddeutschen Brausteuergemeinschaft, nahezu 2000000 hl, dann kommt Württemberg, Baden, Elsafs-Lothringen und das Zollausland, letzteres 1898 mit 330514 hl (1897 mit 325363 hl).

Die Biereinfuhr betrug in Bayern[452]:

1896: 60 629,07 hl
1897: 62 283,80 »
1898: 69 159,45 »

1898:

Mit einem Malzverbrauch von mehr als 100000 hl = 5 Brauereien in München mit 936672 hl Bier
» » » » 40000—100000 » = 17 » » 957343 »
» » » » 10000—20000 » = 62 » » 842449 »
» » » » 2000—20000 » = 533 » » 762509 »
» » » » 20000—40000 » = 26 » » 700934 »

Mit dem Zollsatz von 5 Mark per Hektoliter Malz = 1 907 037 hl Malz
» » » » 5 u. 6 Mark = 1 014 091 » »
» » » » 6 Mark = 735 157 » »
» » » » 5, 6 u. 6,25 Mark = 379 158 » »
» » » » 6 Mark = 890 000 » »
» » » » 6 u. 6,25 Mark = 663 407 » »
» » » » 5, 6 u. 6,25 Mark = 20 000 » »
» » » » 6 u. 6,25 u. 6,50 Mark = 60 000 » »
» » » » = 67 768 » »

Der Gesamtmalzaufschlag betrug im ganzen 1898: 45 197 882 Mark
1897: 42 188 879 »

Davon brachten 1898:

Aufschlag per Hektoliter 5 Mark = 2 921 129 hl Malz = 14 605 609 Mark Malzaufschlag
» » » 6 » = 2 234 317 » » = 13 406 060 » »
» » » 6,25 » = 1 353 407 » » = 8 458 799 » »
» » » 6,50 » = 1 024 215 » » = 6 657 393 » »

Auch hier stimmen die Zahlen für Malzverbrauch und Biererzeugung nicht ganz mit jenen auf S. 439, aber die Differenzen sind meist nicht erheblich.

Bayern [illegible] hl, die gesamte Biererzeugung betrug [illegible] hl. [illegible] 42 138 972 Mark, 1896 [illegible] 40 823 550 Mark.

Das Kaiserlich Statistische Amt in Berlin hat die Erzeugung und den Verbrauch von Bier in Bayern, unter Abrundung der Mengen auf Tausende, folgendermaßen berechnet[455]:

Kalenderjahr	Biererzeugung	Einfuhr	Ausfuhr	Verbrauch überhaupt	Verbrauch auf den Kopf der Bevölkerung
	1000 hl				l
1875	12 685	25	545	12 165	243,0
1876	13 047	28	531	12 544	247,8
1877	[illegible]	32	[illegible]	[illegible]	[illegible]
1878	12 422	[illegible]	616	11 838	228,6
1879	12 152	65	647	11 540	220,6
1880	11 826	37	748	11 115	210,7
1881	12 341	37	890	11 488	216,3
1882	[illegible]	35	[illegible]	[illegible]	209,0
1883	12 265	38	1 106	11 197	208,9
1884	12 608	43	1 245	11 406	211,9
1885	12 665	40	1 381	11 324	209,1
1886	13 096	43	1 575	11 564	212,3
1887	13 711	42	1 680	12 073	220,2
1888	[illegible]	[illegible]	1 681	11 708	212,4
1889	14 284	51	2 019	12 316	222,1
1890	14 427	52	2 147	12 233	221,2
1891	14 490	49	2 199	12 340	219,4
1892	15 104	50	2 302	12 852	227,3
1893	15 025	52	2 388	12 689	222,6
1894	15 186	53	2 387	12 852	223,5
1895	16 034	59	2 472	13 621	235,8
1896	16 206	61	2 543	13 724	234,3

Um 1898 gab es in Bayern 69 Aktienbrauereien mit einem Anlagewert von 62 000 000 Mark. Der Bierabsatz war nahezu 4 000 000 hl. Der Netto-Gewinn war 11 757 558 Mark. Die größte Dividende mit 30% bezahlte die Kulmbacher Aktienexportbrauerei; dann kommt die Löwenbräu-Aktiengesellschaft in München mit 20% Dividende; 3 weitere gaben über 10%, 3 an 10% und 21 mehr als 6% Dividende. 8 Aktiengesellschaften zahlten keine Dividende (s. Allg. Br.- u. H.-Ztg. 1899, I, 652).

Bierverbrauch in Bayern per Kopf der Bevölkerung (Amtliche Statistik des Deutschen Reiches):

1875: 443,0 l	1883: 208,9 l	1891: 219,4 l
1876: 247,8 »	1884: 211,9 »	1892: 227,3 »
1877: 239,5 »	1885: 209,1 »	1893: 222,6 »
1878: 228,6 »	1886: 212,3 »	1894: 223,5 »
1879: 220,6 »	1887: 220,2 »	1895: 235,8 »
1880: 210,7 »	1888: 212,4 »	1896: 234,3 »
1881: 216,3 »	1889: 222,1 »	1897: 243,5 »
1882: 209,0 »	1890: 221,2 »	

Bayern hatte[456] 1888 ca. 34 118 Gast- und Schenkwirtschaften im Betriebe, auf 1000 Einwohner 6,2, 1897 dagegen 36 404, auf 1000 Einwohner 6,3. Es trifft also auf ca. 150 Köpfe eine Gastwirtschaft; daß diese dann nicht gedeihen können, ist selbstverständlich. In München ist in vielen Straßen jedes dritte oder vierte Haus eine Wirtschaft und darunter sind natürlich auch solche großen Stils, die schon durch ihre Einrichtungen eine große Anziehungskraft ausüben.

verbraucht wurden [illegible] nach [illegible] Staaten [illegible], nach Baden, Württemberg und Elsaß-Lothringen 379 750; nach dem Zollauslande 330 514, ohne Vergütung des Malzaufschlages 2475 hl. Zur Versendung dieser enormen Bierquantitäten verwenden die diversen Brauereien mehr als 1300 eigene Bierwagen, und zwar die Münchner Brauereien über 800 Bierwagen. Außer München exportiert Kulmbach das meiste bayerische Bier mit 170 Bierwagen, dann folgt Nürnberg mit 130, Erlangen mit 60, Würzburg mit 30, Bamberg mit 20, Fürth mit 13, Augsburg mit 12, Planegg mit 10, Weihenstephan mit 8 Bierwagen. Außerdem wird noch von Ansbach, Aibling, Aschau, Aschaffenburg, Kitzingen, Münchberg, Breitengüßbach, Rosenheim, Rottach, Bernried, Tutzing, Zirndorf, Straubing, Spalt, Reuth, Marktleuthen u. s. w. Bier in Wagenladungen exportiert.

Nach der amtlichen Statistik für die bayerischen Staatsbahnen per 1898 wurden auf denselben 428 172 Tonnen (8 563 440 Ztr.) oder ca. 42 817 Waggonladungen (1427 Güterzüge zu je 30 Waggons) Bier befördert (Allg. H.-Ztg. 1899, I, 1626).

Hiervon entfallen ca. 9900 Waggons auf den Verkehr innerhalb Bayerns, wogegen 28 821 Waggonladungen nach Norddeutschland, Hessen, nach der Pfalz, Elsaß-Lothringen, Baden, Sachsen, Württemberg und 4107 Waggons nach außerdeutschen Ländern gingen.

Die Stadt Berlin erhielt	2 896	Waggons (täglich fast 8 Waggons).
Das Königreich Sachsen erhielt	10 839	»
Die Elbhäfen erhielten	1 773	»
Die Weserhäfen erhielten	420	»
Die bayerische Pfalz erhielt	291	»
Am Rhein wurden konsumiert	2 000	»
Elsaß-Lothringen erhielt	800	»
Baden	835	»
Hessen	762	»
Württemberg	400	»
Ungarn	91	»
Böhmen	153	»
Nach dem übrigen Österreich gingen	513	»
Nach der Schweiz	1 092	»
Nach Italien	345	»
Nach Frankreich	1 105	»
Nach Luxemburg	95	»
Nach Belgien	58	»
Nach Holland	91	»
Nach England	[illegible]	»
Nach Schweden	1	»

Nach Rußland, Polen, Galizien und Dänemark ging kein bayerisches Bier.

Für 1879 finde ich an anderer Stelle die Gesamtbierausfuhr Bayerns mit 642 701 hl und für 1880 mit 745 333 hl angegeben, was nicht ganz genau mit den in der Tabelle gegebenen Zahlen übereinstimmt; aber die Abweichungen sind gering.

Um 1879/80 hatte Nürnberg die größte Exportziffer, dann kamen Kulmbach und Fürth, dann (an 4. Stelle erst) München.

1897 exportierte Bayern 2 572 064 hl Bier im Werte von mehr als 45 000 000 Mark, wovon der größte Teil ins außerbayerische Deutschland ging.

Neben der Ausfuhr mit Malzsteuerrückvergütung gibt es auch eine solche ohne Rückvergütungsanspruch (Ausfuhr nach dem bayerischen Inlande etc.). Dieselbe soll 1879 gegen 1 622 000 hl, 1880 gegen 2 688 000 betragen haben.

Die Bierbrauerei in ganz Bayern bestand nach dem Amtsblatt der Generaldirektion der Zölle und indirekten Steuern vom 7. Juli 1898 [illegible] im Jahre 1897 aus 6364 Braustätten; der Malz-

Bayerns Bierausfuhr in die Norddeutsche Brausteuergemeinschaft[457]).

Kalenderjahr	Faſsbier	Flaschenbier	Insgesamt (Faſs- und Flaschenbier)
	Hektoliter		
1880	520 512	373	520 885
1881	607 619	881	608 500
1882	678 427	795	679 222
1883	782 468	1 310	783 778
1884	910 296	400	910 696
1885	991 607	222	991 829
1886	1 449 925	1 157	1 151 082
1887	1 235 005	4 742	1 237 747
1888	1 408 089	3 302	1 411 391
1889	1 521 402	6 054	1 527 456
1890	1 654 628	6 859	1 661 487
1891	1 697 198	3 682	1 700 880
1892	1 752 450	5 544	1 757 994
1893	1 823 480	7 701	1 830 181
1894	1 792 891	3 901	1 796 792
1895	1 826 765	4 064	1 837 829
1896	1 890 782	2 500	1 893 282
1897	1 905 414	1 849	1 907 263
1898	1 931 671	1 366	1 933 037

Bierausfuhr Bayerns nach Mittel- und Nord-Deutschland.

Höchst bemerkenswert sind die groſsen Biermengen, welche alljährlich aus Bayern in die Länder der Norddeutschen Brausteuergemeinschaft (man s. folgend) eingeführt werden. Die Verbreitung des bayerischen Bieres und der bayerischen Braumethode nach Norddeutschland begann eigentlich mit den 1840er Jahren[458]).

Diese Biermengen betrugen nach der vom Steuerausschuſs des Deutschen Brauerbundes unterm 6. April 1898 an den Reichstag eingereichten Petition (Abänderung des Gesetzes über den Gebrauch von Surrogaten bei der Bereitung des Bieres):

1880: 522 427 hl	1886: 1 152 609 hl	1892: 1 757 994 hl
1881: 609 778 »	1887: 1 239 217 »	1893: 1 830 181 »
1882: 680 446 »	1888: 1 412 863 »	1894: 1 796 792 »
1883: 785 060 »	1889: 1 528 861 »	1895: 1 830 829 »
1884: 912 034 »	1890: 1 661 487 »	1896: 1 893 282 »
1885: 993 240 »	1891: 1 700 882 »	

Diese Zahlen stimmen mit jenen in der vorhergehenden Tabelle so genau, als man es nur erwarten kann.

Von dieser Ausfuhr dürften ca. $^2/_3$ von München stammen. 1870 betrug Bayerns Bierexport (s. Allg. H.-Ztg. 1872, S. 125) nur nahezu 400 000 bayerische Eimer à 64 l (1 bayer. Maſs = 0,9 l); das sind also ca. 256 000 hl.

Nach dem Jahresberichte der bayerischen Eisenbahnverwaltung für 1898 betrug der Gesamtbierversand Bayerns in diesem Jahre 330 483 Tonnen à 20 Ztr. (6 609 660 Brutto-Ztr.); 1 Netto-Hektoliter Bier hat etwas mehr als 1 Ztr., aber auf der Bahn sind $^2/_3$ Faſsemballage; dann wären es 1898 ca. 2 203 220 Netto-Hektoliter. Gegen 1897 war der Export um 1200 Tonnen mehr. Der Gesamtversand nach den deutschen Ländern hat um 1285 Tonnen abgenommen, aber der nach den übrigen Staaten Europas hat um 2477 Tonnen zugenommen.

Die Einfuhr Original-Pilsener Biere betrug 1898 im ganzen 427 Tonnen (4270 l), 13 Tonnen (130 hl) mehr als 1897.

Die jährliche Ausfuhr hat also in diesen 17 Jahren um nahezu $1^1/_2$ Millionen Hektoliter jährlich zugenommen.

Als Ursachen dieser groſsartigen Bierausfuhr, die natürlich den norddeutschen Brauern in jeder Beziehung sehr fatal ist, werden in dieser Petition bezeichnet: einerseits die häufig vorzügliche Qualität des bayerischen und namentlich des Münchner Bieres, anderseits aber auch der Glaube norddeutscher Bierkonsumenten an die Reinheit des bayerischen und Münchner Bieres, weil in Bayern die strenge Malzsteuergesetzgebung herrscht und ebenso streng gehandhabt wird. In der Norddeutschen Brausteuergemeinschaft werden als Malzsurrogate Reis, Zucker, Syrup, bei den Wirten auch Saccharin verwendet, 1896/97 z. B. bis 914 923 Doppel-Ztr. Malz und gegen 121 055 Doppel-Ztr. Surrogate[459]).

Nach Prof. Dr, Sell vom Reichsgesundheitsamt[460]) verwenden übrigens in Norddeutschland sogar Brauereien von groſsem Rufe Stärkezucker bis zu 70 % des vergorenen Zuckers. Wie es mit Hopfensurrogaten steht, wurde bereits weiter oben (s. S. 330) angedeutet.

Die Ausfuhr aus Bayern ist also von Jahr zu Jahr ganz bedeutend gewachsen; aber auch die Einfuhr ist, wenn auch in kleinen Beträgen, in einer aufsteigenden Bewegung.

Die groſsen Erfolge mit der Ausfuhr dunklen Bieres nach Norddeutschland, im Gegensatz zu der groſsartigen Bewegung des hellen Bieres in ganz Deutschland, welche doch offenbar eine momentane Unzufriedenheit der Konsumenten mit der Bierqualität kund gibt, lassen sich nicht verstehen, wenn man nicht weiſs, wie die Exportbiere behandelt werden.

Was man jetzt in München Lager- oder Sommer-Bier nennt, hat einen Würzeextraktgehalt von ca. 13 % und ist ca. 2 Monate auf Lager.

Dieses nach Norddeutschland ausgeführte Exportbier hat einen Würzeextraktgehalt von ca. 15% und ist ca. 3 Monate auf Lager. Nach Prof. Dr. Holzner[461]) ist die durchschnittliche Schwere der Stammwürze der dunklen Lager- und Export-Biere in Oberbayern und zum Teil auch an andern bayerischen Orten in der Zeit von 1865—1885 zunehmend von 12,5 % auf 14 % bis 14,5 % erhöht worden. Ebenso ist die Konzentration der Kulmbacher Biere gestiegen. Veranlassung dazu war einzig der Geschmack der Konsumenten. Die Malzaufschlagserhöhung habe nicht im geringsten die Schwere der Würzen zu beeinflussen vermocht. Die Biere würden heute mindestens ebenso hoch eingesotten wie vor der Erhöhung des Malzaufschlages. Eine Änderung werde sicher nur dann geschehen, wenn die Konsumenten künftighin einmal leichtere Biere bevorzugen sollten[462]). Die Exportbiere sind also gehaltvolle, wirklich vergorene Lagerbiere. Die Brauereien erhalten für diese beiden Sorten loco München nur 17,5 Mark per Hektoliter. Für die Exportbiere erhalten aber die Brauer vom Fiskus auch die Malzsteuer zurückvergütet, per Hektoliter mit ca. 2,60 Mark; doch ist das Geschäft keineswegs so glänzend, als man gewöhnlich denkt, eben wegen des höheren Würzegehaltes, längerer Lagerdauer und der hohen Spesen (Faſsgeschirr, Eisenbahnwaggons, Transport tour und retour, Bierpaläste in den Groſsstädten, wo der Absatz stattfindet, Verluste, Kapitalgefahr etc.). Ohnehin werden da ohne Zweifel auch für das Malz (die Gerste) und den Hopfen etc. gröſsere Aufwendungen gemacht.

Jedenfalls zeigen diese Erfolge mit den Exportbieren nach Norddeutschland (und sonsthin), was die bayerischen Brauer auch qualitativ leisten können, wenn ein auch rechnerisch befriedigendes Geschäftsergebnis in Aussicht steht.

Wie mir von sehr sachkundiger Seite (einem Brauer, welcher, in Nürnberg geboren und aufgewachsen, dort auch in der Brauerei gelernt und später groſse Brauereien betrieben hat) mitgeteilt wird, machte man in der Stadt Nürnberg vor 40—50 Jahren Winterbier (Schenkbier) per bayerischen Scheffel (2,22 hl) 7—8 bayerische Eimer (à 64,14 l = 3,84—4,48 hl), Lager- oder Sommer-Bier 6—7 bayerische Eimer. 1 Scheffel Malz rund 200 bayerische Pfund.

Zu Winterbier nahm man per bayerischen Scheffel Malz = 3,84—4,48 hl Bier 2—2 ½ Pfd. Hopfen, per Hektoliter ca. ½ Pfd.

Für die Anfangs-Lagerbiere (April, Mai) per Scheffel (3,84—4,48 hl Bier) 4 Pfd., per hl ca. 1 Pfd.
» » 2. Abteilung (Juni, Juli) . . » » » » » » 5 » » » » 1 ¼ »
» » 3. » (Juli, August . » » » » » » 6 » » » » 1 ½ »
» » letzte Abteilung (August, Septbr.) » » » » » bis 7 » » » » 1 ¾ »

Auf dem Lande, wo man in der Regel schlechtere Keller hatte, ging man bei den letzten Sommerabteilungen per Scheffel (3,84—4,48 hl Bier) bis 8 Pfd., per Hektoliter ca. 2 Pfd.

Ebenso war es im ganzen Frankenlande und nicht minder in Südbayern.

Was speziell die Landeshauptstadt München betrifft, so kann man heute annähernd annehmen:

	Würzegrad nach B.	Bier per 1 hl Malz Liter	Hopfen per 1 hl Malz Pfd.	Hopfen per 1 hl Bier g
Bei Bock	17	165—175	1	ca. 278 (etwas über ½ Pfd.)
» Salvator	18—20	135—170	1	» 333 (ca. ⅔ Pfd.)
» Märzenbier	15—16	180—210	1	» 256 (ca. ½ Pfd.)
» Lagerbier (Sommerbier)	13,8—14,4	200—230	1—1,25	» 232—265 (gegen ½ Pfd.)
» Schenkbier (Winterbier)	12,8—13,5	215—248	0,80	» 173—174 (etwas über ⅓ Pfd.)
» Exportbier	14—15	193—225	1,25	» 259 (über ½ Pfd.)

Die Bierausbeute aus dem Hektoliter Malz schwankt natürlich nicht bloſs nach Malzsorten (innerhalb gewisser Grenzen), sondern auch nach Jahrgängen. Ebenso ist natürlich auch der Hopfen in Gehalt und Kraft (Energie) nicht bloſs nach Sorten, sondern auch nach Jahrgängen verschieden. Die oben erwähnten Biermengen beziehen sich auf das verkaufte Bier und den Haustrunk; letzterer beträgt ca. 2%. Manche Brauereien haben es durch ihre Apparate und hochgeführte Methode dahin gebracht, daſs sie infolge der rationellen Ausbeute bei gleichem Würzeextraktgehalt Ausbeutegröſsen von 250—260 l erreichen; das sind aber Ausnahmen.

Ein Vergleich mit den obigen Zahlen zeigt, daſs seit 40—50 Jahren die Hopfengabe zum Bier in Bayern um 50—70% abgenommen hat.

Prof. Holzner[463]) findet die Berechnungen in Bezug auf erzeugte Biermengen durch Multiplikation des Malzverbrauches mit einer konstanten Zahl (210 l per Hektoliter Malz) als nicht zutreffend, weil die Ausbeute bekanntlich, je nach der Beschaffenheit der Gerste, jährlich und nicht unerheblich wechselt, aber auch andere Umstände sind von 1880—1897 nicht gleich geblieben. Namentlich sei die Extraktausbeute aus dem Malz infolge sorgfältigerer Arbeit und durch verbesserte und neuere Einrichtung bedeutend erhöht worden. Zur Belehrung brauchen wir aber solche Zahlen, sie machen auf absolute Genauigkeit in allen Fällen keinen Anspruch, bedeuten vielmehr immer nur »circa«.

In Bayern waren früher (vor den Eiskellern) bei 3—4—9 monatlicher Lagerung, noch dazu öfter in Kellern, welche im Hochsommer (August) unerwünscht hohe Temperaturen (6—8—10° R.) erreichten, vielfach Hopfengaben von 1 Pfd. und 1½ Pfd. per Hektoliter Bier gar nicht selten.

Der vortreffliche, in München verstorbene Technologe Dr. Karl Reischauer[464]) sagte vor 30 Jahren, daſs die Menge des zugesetzten Hopfens sehr wechselnd sei, von ½—2½% des Malzgutes. Aus dem bayerischen Scheffel Malz (ca. 115 kg) machte man damals 7 Eimer (478 l) Winterbier und 6 Eimer (411 l) Sommerbier. Das wären, Mittelzahlen angenommen, per hl Bier immerhin noch mehr als 1 Pfd. Hopfen beim Winterbier und gut 1½ Pfd. beim Lagerbier.

Schon als die Eiskellereinrichtungen einen hohen Grad der Ausbildung erlangt hatten, wurden diese Gaben, bei denen es sich auch noch vielfach um feinste, teuerste Hopfen handelte, bedeutend reduziert. Jetzt wird in den Groſsbrauereien mit den modernsten Betriebseinrichtungen (Eismaschinen mit Kaltluftkühlung) meist durchschnittlich nur ½ Pfd. Hopfen per Hektoliter Bier verwendet, also ½ bis ca. ⅔ weniger.

Wie auch diese Angaben schwanken mögen und schwanken müssen, da dies natürlich auch in den verschiedenen Brauereien einer Stadt und selbst in den verschiedenen Kellerabteilungen einer Brauerei, auch bei den verschiedenen Biersorten ungleich ist, so dürfte doch so viel gewiſs sein, daſs seit der Einführung der Eismaschinen und der daran angeschlossenen modernen Kellerbehandlung gegen die Zeit der bloſsen Eiskeller in München der Hopfenverbrauch per Hektoliter um wenigstens ⅓ abgenommen hat, wenn nicht mehr.

1860 erzeugte Bayern nach v. Saher bei einer normalen Hopfenernte 130000 Ztr. Hopfen, 1861 aber bei überreicher Ernte gegen 200000 Ztr. Es wurden 1860 in 5807 Brauereien aus

1 000 000 Scheffel Gerste ca. 8 000 000 Eimer (= 5 120 000 hl) Bier gemacht. Rechnet man per Hektoliter durchschnittlich 1½ Pfd., so ergibt sich ein Hopfenverbrauch im Lande von 77000 Ztr. und blieben noch 53000 Ztr. zum Export.

Der inzwischen verstorbene, bekannte Chemiker Stockmaier in Nürnberg, welcher s. Z. auch als Analytiker bei den Prozessen des Fiskus gegen bayerische Brauereien wegen Verfehlung gegen das Malzaufschlagsgesetz beteiligt war, betonte Ende der 1880er Jahre, daſs, während man früher, vor den Eiskellern und Eismaschinen, also vor 40—50 Jahren, um 1850—1860, per Hektoliter Lagerbier 1 Pfd., bei altem, sehr lange dauerndem Bier sogar 1½ Pfd. rechnete, sich schon Ende der 1880er Jahre (da waren nicht nur die Eiskeller oder Sommerkeller auf der höchsten Stufe der Entwicklung, sondern auch schon mit Schluſs 1889 an 1000 Lindesche Eismaschinen verbreitet) der Verbrauch an Hopfen für Lagerbier per Hektoliter auf ca. ⅗ stellte, das ist also eine Minderung um ca. 40%. Bei Schenkbierhopfen handelte es sich immer nur um gut ½ so viel wie bei Lagerbierhopfen.

An allen diesen Hopfengabenreduktionen hatten aber natürlich nur die groſsen, intelligent geleiteten Brauereien, welche mit groſsen Betriebsmitteln und allen modernen Einrichtungen arbeiten, Anteil. Die mittleren und kleineren Brauereien geben heute noch viel erheblichere Hopfenmengen.

Brauerei und Hopfenproduktion Bayerns von 1867—1876[465]).

1 Jahrgang	2 Biererzeugung	3 Dazu Malz	4 Hopfenproduktion	5 Durchschnittspreis per Ztr.	6 Gesamterlös für Hopfen	7 Für Bayerns Bierproduktion verwendet	8 im Werte von	9 Es blieb demnach für die ausländische Brauerei
		Zollztr.	Ztr.	Mark	Mark	Ztr.	Mark	Zollztr.
1867	7 785 211	4 122 048	300 000	100	30 000 000	88 000	8 800 000	212 000
1868	7 579 272	4 159 514	232 000	60	13 920 000	75 000	7 500 000	157 000
1869	8 102 799	4 432 514	100 000	200	20 000 000	78 000	14 000 000	22 000
1870	7 571 032	4 374 558	275 000	50	14 225 000	80 000	4 080 000	195 000
1871	8 631 798	4 580 930	90 000	220	19 800 000	83 000	18 260 000	7 000
1872	10 301 659	5 324 008	150 000	100	15 000 000	85 000	8 500 000	65 000
1873	11 251 920	5 260 943	209 045	120	25 085 400	96 000	[illegible]	113 045
1874	12 074 743	5 506 188	108 487	270	29 285 490	88 000	23 760 000	20 487
1875	12 483 205	5 544 083	270 000	90	24 300 000	90 000	8 100 000	180 000
1876	12 483 205	5 544 083	80 000	450	36 000 000	85 000	38 250 000	—

Man sieht beim Vergleich der Rubriken 2 und 7, daſs die Bierproduktion Bayerns in dieser kurzen Zeit fast auf das Doppelte angewachsen ist, der Hopfenbedarf aber blieb sich in dem ganzen Zeitraum gleich, nahm sogar um 3000 Ztr. ab. Wäre der Hopfenbedarf ebenso gewachsen wie die Biererzeugung, so hätte der Hopfenkonsum Bayerns im Jahre 1876 auf ca. 160000 Ztr. stehen müssen, statt auf 85000 Ztr. Dabei gab es damals noch keine Eismaschinen gröſseren Stils, denn die erste wurde 1875 in der Spatenbrauerei in München aufgestellt. Diese ganze gewaltige Hopfenersparnis brachten die damals sehr hoch entwickelten Eiskeller mit im Winter aufgespeichertem Natureis.

Daſs und warum Bayern in Bezug auf Bier und Hopfen einen so hervorragenden Rang einnimmt, geht aus den Zahlen der vorstehenden Tabelle genugsam hervor. Die geringste in den zehn Jahren von 1867—1876 gewonnene Ernte von 80000 Ztr. Hopfen (1876) brachte bei einem Mittelpreis von 450 Mark per Ztr. eine Rohgeldeinnahme von 36000000 Mark, davon waren für dieses eine Jahr gerechnet sicher 27000000 Mark Reingewinn.

Die in diesem Zeitraum im rechtsrheinischen Bayern produzierte Hopfenmasse beträgt 1814532 Ztr. mit einer Rohwertsumme von 227615790 Mark, wovon doch wohl 100—130000000 als Gewinn anzusehen sind. Die Jahresdurchschnittsernte war 180000 Ztr. Heute kann man die normalen Mittelerträge Bayerns auf 250000 Ztr. annehmen.

2500000 Ztr., und wenn man einen Mittelwert von 100 Mk. per Ztr. annimmt, was aber gewagt ist, dann wäre der Gesamtrohertrag für zehn Jahre Hopfenernte 250000000 Mark und von 25000000 Ztr. per Jahr.

Schon um 1869—1870 brauchte Bayern für seine Brauereien selbst ca. 80000 Ztr. Hopfen im Werte von 14000000 Mark und exportierte noch 22000 Ztr.

Es ist dieser hohe damalige Stand der bayerischen Hopfenkultur kein zufälliges Ergebnis, sondern das Resultat einer langwierigen, ganz allmählichen Entwicklung und der berechtigten, in Gehalt und Qualität der bayerischen Hopfen begründeten Wertschätzung, welche die intelligenten Brauer aller Länder in ihrem eigenen wohlverstandenen Interesse für die Erzeugung untergäriger Biere bis vor kurzen dem eigentümlichen Genre des bayerischen Hopfenproduktes entgegengebracht haben. Auch im bayerischen Hopfenprodukte gibt es viele Stufen, und die besten und geringsten liegen im Werte um 50—60% auseinander.

In den zehn Jahren von 1867—1876 produzierte Bayern im Jahresmittel 9886500 hl Bier, im ganzen 98864844 hl Bier, wozu 45126242 hl Malz, resp. 62048585 Ztr. Gerste und 840000 Ztr. Hopfen im Werte von 788598264 Mark nötig waren. Die vom Staate in diesem Zeitraum eingehobene Malzsteuer betrug 180393536 fl.

Heute (Ende des 19. Jahrhunderts) erzeugt Bayern pro Jahr 17000000 hl Bier, in zehn Jahren also 170000000 hl, und der Malzaufschlag beträgt per Jahr 42000000 Mark, in zehn Jahren 420000000 Mark.

Nimmt man den Hopfenbedarf zwischen 1850—1860, wo die Eiskeller noch nicht den Gipfel ihrer Ausgestaltung erreicht, da und dort auch erst in der Einführung begriffen waren, im Mittel von Schenk- und Lager-Bier per Hektoliter Bier mit 1 Pfd. an, was aber sicher zu wenig ist, dann hätte Bayern 1867 nahezu 80000 und 1876 an 125000 Ztr. Hopfen nötig gehabt. Dafs diese Rechnungen nicht ins Blaue hinein gemacht werden, geht daraus hervor, dafs der Bedarf für 1867 sogar mit 88000 Ztr. angegeben wird, der für 1876 aber mit 85000 Ztr. Es wurden also namentlich in dieser Zeit, wo die Lagerkellertemperatur schon sehr tief und konstant erhalten werden konnte, riesige Ersparungen an Hopfen gemacht; sie mufsten sogar gemacht werden, weil die harzigen (harzgebundenen) Bitterstoffe von den Bieren im Lagerkeller mit den niederen Temperaturen und gehemmten oder herabgestimmten Umsetzungen nicht mehr verarbeitet und verdaut wurden und das der rohharzigbitteren Biere überdrüssige Publikum, dem die Ursachen der Erscheinung meist ganz unbekannt waren, süfsere Biere verlangte.

Bayern produzierte um 1866 an 8800000 bayerische Eimer (5632000 hl), und der Bierexport der fünf bedeutendsten bayerischen Bierexportorte Kulmbach, München, Nürnberg, Erlangen und Kitzingen betrug ca. 350000 Ztr., also ca. 3% der Gesamtproduktion.

Um 1872/73[466]) produzierte Bayern:

5136995 hl Schenkbier und Weifsbier	=	20300 Ztr. Hopfenbedarf
5769741 » Lager- und Luxus-Bier	=	57500 » »
10906736 hl Bier	=	77800 Ztr. Hopfenbedarf.

1612 rechnete man in Oberbayern offiziell, dafs aus 5 Scheffel Malz 16 Eimer Bier gemacht werden können.

1712 wurde gesetzlich gestattet, dafs aus demselben Quantum (5 Scheffel) Malz 22 Eimer Sommer- und 24 Eimer Winter-Bier erzeugt werden dürfen; 1811 wurde gestattet, dafs man aus diesem Malzquantum 30 Eimer Sommer- und 35 Eimer Winter-Bier herstellen dürfe[467]).

Dr. J. C. Lermer[468]) rechnete damals (um 1866) zu Lagerbier 12 bayer. Scheffel Malz und 26 Pfd. Hopfen, woraus dann 72 Eimer Bier gemacht werden konnten; das wären also 49,45 hl Bier, per Hektoliter Bier nur ca. 0,53 Pfd. Hopfen, was eigentlich mehr zu Schenkbier stimmt; denn man rechnete sonst um 1866 (s. Allg. H.-Ztg. 1867, S. 110) für die Biertaxe per Scheffel Malz zu Winterbier 3 Pfd. Hopfen zu 120 fl. per Zentner und für Sommerbier 6 Pfd. Hopfen zu 140 fl. per Zentner, das wären also für 5 Scheffel Gerste zu Winterbier 15 Pfd. Hopfen und für Sommer- oder Lager-Bier 30 Pfd. Hopfen, daher ziemlich ähnlich den Angaben Dr. Lermers.

1866 rechnete man zu Zwecken der Biertaxe, wenn das Bier kräftig und gesund, gut und haltbar sein soll, Winterbier 7 Eimer per Scheffel Malz und Sommerbier 6 Eimer; es trafen also bei Winterbier auf den Eimer nur 0,43 Pfd. Hopfen (per Hektoliter ca. 0,8 Pfd.) und bei Sommerbier 1 Pfd. Hopfen (per Hektoliter ca. 1,75 Pfd.)[469]. 1867[470]) rechnete man nach dem Hopfenhändler Uhlfelder in Nürnberg per 1 Scheffel Malz $4^1/_2$ Pfd. Hopfen. In der Allg. Br.- u. H.-Ztg. 1898, S. 410 werden im Mittel aller Sorten Bier per Scheffel Malz $6^1/_2$ bayer. Eimer Bier angenommen.

Seit der letzten Änderung des Malzaufschlagsgesetzes war amtlich vorgeschrieben, daſs zu Exportbier aus 1 hl Malz nicht mehr als 2,2 hl Bier gemacht werden dürfen, weil danach die Exportmalzsteuer-Rückvergütung berechnet wird. Das wurde aber keineswegs immer genau eingehalten. Man machte sonst

Lagerbier aus 1 hl Malz 2,35—2,40 hl
Schenkbier » 1 » » 2,50—2,60 »

In der Allg. H.-Ztg. 1866, S. 209 ist ein Artikel von Rechtsanwalt Dr. Brentano (Die Bierfrage) reproduziert, wobei (l. c. S. 210) gerechnet wird:

Winterbier zu 3 Pfd. Hopfen per 1 Scheffel Malz,
Sommer- oder Lager-Bier zu $5^1/_2$ Pfd. per 1 Scheffel Malz;
der Schenkbierhopfen ist per 1 Ztr. zu 118 fl., der
Lagerbierhopfen per 1 Ztr. zu 138 fl. gerechnet.

Der bekannte Herr Pfarrer M. Filser in der Hallertau (s. Allg. H.-Ztg. 1861, S. 23) sagte um 1861, daſs — angenommen — daſs die Brauer in Bayern diesseits des Rheines jährlich 1 100 000 Scheffel Gerste versieden, wofür der Malzaufschlag 5 500 000 fl. sei, und im Durchschnitt 4 Pfd. Hopfen per 1 Scheffel Gerste gerechnet, der Hopfenbedarf für ganz Bayern diesseits des Rheines 44 000 Ztr. betrage, welche auch in einem schlechten Jahre vom Lande erzeugt werden.

Joh. Heumann, Professor in Altdorf bei Nürnberg, sagte (1759) in seinem Buche über Hopfen (l. c. S. 109), daſs in damaliger Zeit in Altdorf zu 100 Eimern Schenkbier gemeiniglich 30 Pfd., zu den Lagerbieren aber, je nachdem ihre Dauer sein soll, 69—100 Pfd. genommen werden.

1879 hatte Bayern 5544 Brauereien, 1880 nur noch 5524; davon waren 5099 Privat-, 17 Aktien-, 355 Kommune- und 53 sogenannte Haustrunk-Brauereien. Die damals erzeugte Braunbiermenge wird beziffert auf 11 583 202 hl; dazu kommen noch etwa 450 524 hl sogenannter Nachbiere; der Malzverbrauch war 5 088 330 hl. In 1606 Etablissements wurden zudem noch 238 712 hl Weiſsbier erzeugt. Nach der bayer. Generalzolladministration (s. Allg. Br.- u. H.-Ztg. 1898, II, 1652) erzeugte Bayern 1880 ca. 11 821 915 hl und 1897 ca. 16 973 700 hl Braun- und Weiſsbier. Vor Aufhebung des Bierregulativs von 1811 durfte in Bayern das untergärige Bier nur von Michaeli (29. September) bis Georgi (23. April) gebraut werden. Die Lagerkeller waren Felsenkeller ohne Eiskühlung, die man für gut hielt, wenn die Sommertemperatur 6° R. nicht überstieg, und unter diesen Verhältnissen wurde auch noch im September, ja selbst im Oktober, ein gutes Bier ausgestoſsen. Der »Gambrinus« (Wien 1900, S. 669), welchem ich diese Notiz entnehme, fragt: Wer von den jetzigen jungen Herren Brauern würde es unternehmen, unter solchen Umständen dasselbe Resultat zu erzielen?

14. Sonstige deutsche Länder.

a) Norddeutsche Brausteuergemeinschaft[471]).

In diesem Gebiet (also in Preuſsen, Sachsen, Hessen, Mecklenburg, Thüringen, Oldenburg, Braunschweig, Anhalt) wurden

1874 an	7 605 003 hl	obergäriges	Bier mit	30 400	Ztr. Hopfen	gebraut
» »	8 497 176 »	untergäriges	» »	84 900	» »	»
	16 102 179 hl	Bier	mit	115 300	Ztr. Hopfen.	

1878/79 braute man im Brausteuergebiet 8 040 719 hl obergäriges Bier
und 12 331 206 » untergäriges »

Summa: 20 371 925 hl Bier.

Der bayerische Import brachte 437 938 hl Bier.

1895/96 erzeugte dieses Gebiet 37 733 000 hl Bier.

1897/98 erzeugte dieses Gebiet 7 775 086 hl obergäriges Bier
und 33 856 086 » untergäriges »

Summa: 41 631 172 hl Bier.

Der bayerische Import betrug 1 907 263 hl Bier (1880 nur 522 427 hl). Es waren also sowohl die eigene Produktion wie der bayerische Import an Bier in einer geradezu erstaunlichen aufsteigenden Bewegung.

Wie teuer die Brauereien das Bier an die Wirte abgeben, darüber findet man selten Angaben. In der Allg. Br.- u. H.-Ztg. 1899, I finde ich eine solche, wonach eine Brauerei dieses Gebietes zu folgenden Preisen an die Wirte abgibt:

Lagerbier	zu	16—17	Mark per Hektoliter
Schenkbier	»	10—14	» » »
Einfachbier	»	8— 9	» » »

Nach der Allg. Br.- u. H.-Ztg. 1898, II, 1775 waren 1875 in der Norddeutschen Brausteuergemeinschaft noch 12 701 Brauereien in Betrieb, 1895/96 nur noch 7847[472]).

1898 erzeugte dieses Reichssteuergebiet 41 636 388 hl Bier, wozu 8 712 947 Doppel-Ztr. Malz und 208 182 Ztr. Hopfen Verwendung fanden.

Es treffen also 1874 per Hektoliter 0,7—0,8 Pfd. Hopfen. Da würde 1898 ca. $^1/_2$ Pfd. (etwas mehr) Hopfen per Hektoliter treffen.

Die Brauerei zu Pfungstadt in Hessen erzeugte 1871 ca. 60 000 hl Bier und brauchte dazu 1 500 000 kg Malz und 21 000 kg. Hopfen, per Hektoliter Bier genau 0,7 Pfd. Hopfen.

Karl Bruckner in Leipzig[473]) sagt, dafs er zu Sommer- oder Lager-Bieren per 1 Ztr. Malz (= ca. 1 hl Malz = im Mittel 2,3—2,4 hl Bier) 3 Pfd. feinen Hopfen nehme, zu Schenkbier $1^1/_4$ Pfd. Es würden aber auch moderne Biere genug gemacht, bei denen man zu 1 Ztr. Malz nur $^3/_4$—$1^1/_2$ Pfd. Hopfen verwende; das wäre also ca. $^1/_3$ vom vorigen Hopfenbedarf. Die Verhältnisse scheinen also in Bezug auf den Hopfen in der Norddeutschen Brausteuergemeinschaft sehr mannigfaltig gehandhabt zu werden.

In der Norddeutschen Brausteuergemeinschaft[474]), also in den Staaten Preufsen, Sachsen, Hessen, Mecklenburg, Thüringen, Oldenburg, Braunschweig, Anhalt, Lübeck, Bremen und Hamburg zusammengenommen, gab es:

	1883/84	1897/98
Zahl der gewerblichen Brauereien	8 690	6 818
Nichtgewerbliche Brauereien	1 018	724
Obergäriges Bier	8 071 496 hl[475])	7 775 086 hl
Untergäriges Bier	15 320 423 »	33 861 302 »
Biererzeugung im ganzen	23 391 919 »	41 636 388 »

	1897/98 Doppel-Ztr.	1896/97 Doppel-Ztr.
Verbrauch an geschrotetem Gerstenmalz	7 380 322	6 914 923
Geschrotenes Weizenmalz[476])	20 757	200 896
Sonstiges Getreide	2 987	2 647
Reis	93 669	75 957
Stärke, Stärkemehl und Dextrin	13	22
Zucker	31 732	29 576

Die Bierbrauerei in der Norddeutschen Brausteuergemeinschaft 477), die ganze Entwicklung in allen einzelnen Staaten von 1883/84—1897/98:

	Obergäriges Bier 1883/84	Obergäriges Bier 1897/98	Untergäriges Bier 1883/84	Untergäriges Bier 1897/98	Gesamterzeugung 1883/84	Gesamterzeugung 1897/98
	hl	hl	hl	hl	hl	hl
Preufsen	5 593 782	5 688 086	10 931 024	24 467 663	16 524 809	30 155 749
Sachsen	1 814 980	1 457 106	1 440 549	3 278 503	3 255 538	4 735 609
Hessen	2 332	519	799 136	1 305 898	801 468	1 306 417
Mecklenburg	[illegible]	120 660	[illegible]	[illegible]	[illegible]	[illegible]
Thüringen	302 270	165 044	[illegible]	[illegible]	[illegible]	[illegible]
Oldenburg	31 615	25 695	73 373	183 839	104 988	[illegible]
Braunschweig	27 276	41 419	285 526	569 234	312 802	610 653
Anhalt	95 267	89 904	142 192	388 208	237 458	478 112
Lübeck	[illegible]	[illegible]	[illegible]	[illegible]	[illegible]	[illegible]
Bremen	[illegible]	[illegible]	[illegible]	[illegible]	[illegible]	[illegible]
Hamburg	[illegible]	127 657	[illegible]	1 619 743	[illegible]	[illegible]

Ganze Summe 1883/84: 23 391 919 hl
1897/98: 41 636 388 » 478)

Nach dieser Mitteilung des Kaiserl. Statistischen Amtes (1899 Heft 4) betrug 1898 in der Norddeutschen Brausteuergemeinschaft die Zahl der in Betrieb gewesenen Brauereien 7312 (gegen 1897 um 230 weniger). In Norddeutschland (in der Brausteuergemeinschaft) werden viele Surrogate für Malz (Stärkezucker, Reis, Mais etc.) verwendet, namentlich in den kleineren Brauereien und zu obergärigen Bieren.

Es wurden in der Norddeutschen Brausteuergemeinschaft verwendet:

1897/98: [illegible] Doppel-Ztr. Getreide und [illegible] Doppel-Ztr. Malzsurrogate

1897/98: 7 590 895 » » 142 067 » »

an Surrogaten um 15 520 » zugenommen.

Es liegt nahe, dafs das besser situierte, kauffähige Publikum deshalb, weil solche Verwendungen gesetzlich gestattet sind, sich mit Vorliebe dem importierten bayerischen Bier zuwendet. Deswegen sind seit Jahren die Brauereien, welche untergäriges Bier erzeugen und denen die Bezeichnung des importierten Bieres als »echtes« nicht angenehm ist, bemüht, ebenfalls gesetzliche Surrogatverbote zu erwirken.

Nach den Schätzungen der Steuerbehörden wurden daraus 1898 ca. 34 701 737 hl untergäriges Bier (gegen 1897 um 1 042 598 hl mehr) und 7 566 770 » obergäriges » (» 1897 » 210 279 » weniger) erzeugt.

Dr. Holzner kritisiert 479) nun, dafs 1898 aus 7 801 962 Doppel-Ztr. Braustoffen angeblich 42 268 707 hl Bier erzeugt wurden, [illegible] aus 7 732 294 Doppel-Ztr. Braustoffen 41 436 388 hl Bier [illegible] 1 Doppel-Ztr. Braustoff 535,3 l [illegible] Es wären also, trotz der starken Zunahme der untergärigen und Abnahme

der obergärigen Biere, 1898 aus 1 Doppel-Ztr. Braustoff 6 l Bier mehr als 1897 erhalten worden. Dies besagt [illegible] Schätzungen gar kein Wert zu [illegible]. Mir scheint diese Differenz (3 l per Ztr. Braustoff) [illegible] von der sehr [illegible] Qualität der Braustoffe, auch [illegible] von mehrlei andern. Uns [illegible] nicht geeignet, ein so schweres Urteil zu fällen. Wo blieben wir denn, wenn wir diese Statistik nicht hätten? Dafs diese nicht auf Milligramm zutrifft, ist klar. Die Differenz beträgt ca. 460000 hl Bier, das ist ca. 1/90 [illegible] ich kann das nicht so enorm finden, um das Ganze über Bord zu werfen.

Für viel schlimmer halte ich den Mangel an Sorgfalt, mit welchem solche statistische Zahlenreihen von unsern technologischen Zeitschriften abgedruckt und korrigiert werden. So bringt Herr Prof. Dr. Holzner (Zeitschr. f. d. ges. Br.-Wes. 1898, S. 472) an einer Stelle die Zahl 3000, wo es 300000 sein müfste, und noch manches andere. Das ist sicher noch schlimmer.

Die 11 Aktienbrauereien des Dresdener Handelskammerbezirks:

[illegible]

Es wurden hier also per Hektoliter Bier 0,67—0,7 Pfd. Hopfen verwendet. Die Wandlungen der deutschen Biererzeugung zeigt auch die Zunahme der Zahl der Aktienbrauereien, weil diese alle auf Grofsbetrieb mit den modernsten Einrichtungen ausgestattet sind. 1865 480) hatte Deutschland erst 15 Aktienbrauereien, davon nur 2 in Bayern (Erlangen und Ludwigshafen). Jetzt (1900) hat Berlin allein 22 Aktienbrauereien, welche 1898/90 gegen 3000000 hl Bier erzeugten; das gesamte Berliner Braugewerbe produzierte etwa 4000000 hl jährlich. Das gröfste Berliner (überhaupt deutsche) Geschäft ist die Schultheifsbrauerei, seit ihrer Fusion mit der Dessauer Waldschlöfschenbrauerei.

Nebst diesen Berliner Brauereien gab es um 1900 in Deutschland noch ca. 42 Brauereien, deren Aktien an den Börsen für das Geschäft in Brauereiaktien mafsgebend sind. Deren Betriebsumfang erreichte 3800000 hl. Die Berliner Aktiengesellschaften gaben durchschnittlich über 8% Dividende, bei den andern 42 schwankt sie zwischen nichts bis 25%; die meisten [illegible] 8 bis 12% Dividende 481).

gemacht, wie vielfach in Bayern und Deutschland, sondern durch eigene Thätigkeit von innen heraus, bei längerem Lagern und stärkerer Arbeit des Hopfens, der in gröſseren Gaben gereicht wird, klar, hell und blank.

Nun hat aber die österreichische Regierung, unter Berufung auf das Gesetz vom 16. Januar 1896, R. G. Bl. Nr. 89, 1897 (betr. Verkehr mit Lebensmitteln, § 7), mit sofortiger Wirksamkeit, verboten, daſs Surrogate von Hopfen oder Hopfenextrakten verwendet werden. Die österreichische Regierung muſs doch irgend einen Grund zu diesem Erlaſs gehabt haben.

In Österreich ist sogar[483]) die Einfuhr künstlicher Süſsstoffe (Saccharin, Krystallose, Zuckerin, Sykose und alle Verbindungen derselben) verboten.

Auch in neuester Zeit tobte wieder der Surrogatverbotkampf in Norddeutschland[484]). Die Surrogatbrauer sagen, daſs (untergäriges) Lagerbier ohne jedes Surrogat hergestellt werden könne, aber obergäriges Bier sei bei seinem süſsen Geschmack ohne Zucker (und Saccharin) absolut nicht herzustellen. Am Tage des Surrogatverbotes hörten über 900 Saccharinbrauer auf; namentlich sei auch Saccharin für die Herstellung obergäriger Biere unentbehrlich. Der Wert der in der Brausteuergemeinschaft verwendeten Surrogate werde als minimal bezeichnet, belaufe sich aber thatsächlich auf mehr als 200000000 Mark, was aber falsch ist.

Im Etatsjahr 1897/98 seien 48385 Doppel-Ztr. Malzsurrogate (Zucker, Syrup, Couleur) und 93669 Doppel-Ztr. Reis verbraut worden; der Gesamtbetrag für alles das werde nur mit 3500000 Mark beziffert; dagegen habe das verwendete Malzquantum von 7380000 Doppel-Ztr. den Wert von 200000000 Mark.

Die Freunde des Surrogatverbotes beschweren sich mit Recht, daſs man Saccharinbier als echtes Malzbier verkauft und daſs dies eine Entwertung des echten Bieres zur Folge hat. Man könne auch obergäriges Bier ohne Surrogate brauen.

Nach Dr. Struve von der Versuchs- und Lehr-Anstalt f. Br. in Berlin entbehren die Surrogatbiere den Charakter der Malzbiere, sind ganz anders geartet, ärmer an Eiweiſsstoffen und an wertvollen anorganischen Stoffen wie Phosphorsäure und haben unmöglich denselben Wert als Nahrungs- und Genuſs-Mittel wie Malzbiere. Minister Graf Posadowsky sagte am 23. März 1895 im Reichstag, daſs er gegen das Surrogatbier denselben Abscheu empfinde, aber es lasse sich vorerst ein so strenges Surrogatverbot nicht durchführen, nachdem ihm von Sachverständigen versichert worden sei, daſs für gewisse obergärige Biere die Verwendung von Reis und für gewisse Exportbiere — über See — die Verwendung von Zucker unumgänglich notwendig sei.

Schönbeck-Neuruppin[485]) sagt, daſs man schon deshalb in der Norddeutschen Brausteuergemeinschaft gewisse Surrogate (Reis und Zucker) erlauben solle, weil die inländische Gerstenproduktion heute den Bedarf nicht mehr decken könne; nebstdem gestatteten Reis und Zucker auch, die stickstoffreicheren und in der Farbe etwas dunkleren Gersten noch sehr gut zu verwenden, selbst zu lichten Bieren. Das heutige Brausteuergesetz begünstige die Groſsbrauereien zum Schaden der kleineren und mittleren Betriebe. Die Behauptung, daſs der Verbrauch von 142000 Doppel-Ztr. Surrogaten vorwiegend auf die Herstellung obergäriger Biere beschränkt sei[486]), sei nicht richtig; nach von ihm eingezogenen Erkundigungen werde Reis zu obergärigen Bieren so gut wie gar nicht gebraucht, dagegen werde ziemlich viel Zucker zur Herstellung stark vergärender Lagerbiere verbraucht. Die Verwendung von Bier- und Zucker-Couleur in zahlreichen untergärigen Brauereien Norddeutschlands hat auch Dr. Struve zugestanden[487]).

Die Thatsache, daſs der deutsche Bierexport nach dem südlichen Amerika der englischen und amerikanischen Konkurrenz hat weichen müssen, wird von dem unermüdlichen Befürworter der Surrogatverwendung, R. Schönbeck in Neuruppin[488]), damit zu erklären gesucht, daſs England mit seinen Zuckerbieren, Amerika mit Maisbieren und Japan mit seinen Reisbieren sich dem Geschmack der dortigen Konsumenten besser anzupassen wuſsten wie Deutschland mit seinen Malzbieren. Deshalb sei es für die deutsche Exportindustrie überlegenswert, ob man nicht, soweit es nicht überhaupt schon geschieht, auch Reis und Zucker verwenden solle. Nach den amtlichen statistischen Ausweisen wird übrigens zur Herstellung von Exportbieren ziemlich viel Reis verwendet. Sedlmayr findet den Grund der Abnahme dieses Exportes in den Prohibitivzöllen der südamerikanischen Staaten, auch darin, dafs norddeutsche Brauer und Händler Biere unter falscher Bezeichnung exportieren.

Höchst beachtenswerte Ideen in Bezug auf das norddeutsche Bier entwickelt ein Brauer in der Deutschen Brauindustrie[489]). Ein norddeutscher Wirt, der neben norddeutschem Bier auch echtes Münchner verzapfte, hat in einem Jahre vom Münchner nahezu dreimal so viel abgesetzt als von ersterem. Er sieht es nun, sicher mit Recht, als einen Fehler an, dafs die norddeutschen Brauer immer nur bestrebt waren, unter ganz andern Verhältnissen ein Bier herzustellen, welches dem Bier aus Bayern möglichst gleich sein sollte; man habe es aber doch nur in der Farbe zu einem dem bayerischen ähnlichen Bier gebracht. Mit der Nachahmung des Bieres nach Pilsener Art habe man zweifellos bessere Erfolge erzielt. Es empfehle sich für die norddeutschen Brauer, dahin zu streben, ein Bier von besonderem (also norddeutschem) Charakter zu erzeugen. Dr. Windisch hat die norddeutschen Brauer wiederholt ermahnt, danach zu trachten, dafs sie ein wohlschmeckendes, helleres und stärker als das Münchner vergorenes Bier erhalten. In der That wäre es denkbar, dafs da eine ganz neue deutsche Bierart von grofsem Rufe zu stande käme. — Norddeutschland hatte ja doch früher, ehe man sich ganz aufs Nachahmen verlegte, schon sehr originelle Bierarten von erheblichem Rufe. Man mufs dem Gesamtkomplex der wirksamen Agentien eines Terrains nichts aufdrängen wollen, sondern das von selbst Gegebene herausholen.

Über die Menge des per Kopf der Bevölkerung konsumierten Bieres im Brausteuergebiet, also im Deutschen Reich mit Ausnahme von Bayern, Württemberg, Baden und Elsafs-Lothringen, von 1877—1898[490]):

1877/78: 62 l	1884/85: 70 l	1891/92: 84 l
1878/89: 61 »	1885/86: 68 »	1892/93: 84 »
1879/80: 60 »	1886/87: 74 »	1893/94: 86 »
1880/81: 62 »	1887/88: 76 »	1894/95: 84 »
1881/82: 62 »	1888/89: 77 »	1895/96: 92 »
1882/83: 64 »	1889/90: 85 »	1896/97: 92 »
1883/84: 67 »	1890/91: 84 »	1897/98: 99 »

Die Differenz in diesen 21 Jahren beträgt also 39 l.

b) Preufsen.

Nach der Allg. Br.- u. H.-Ztg. 1898, II, 1775 waren in Preufsen 1875 ca. 9435 Brauereien in Betrieb, 1895/96 nur noch 5598.

Preufsen hatte bestellt

1899:	865954,7	ha mit	Sommergerste,
1898:	859778	» »	»
	15895	» »	Wintergerste,
1897:	862578	» »	Sommergerste,
	14627	» »	Wintergerste,
1898:	2635	» »	mit Hopfen.
1897:	2634	» »	mit Hopfen.

Am meisten wird in Schlesien (1899: 160253 ha) und in der Provinz Sachsen (1899: 154318 ha), dann in Posen (1899: 98578 ha) an Sommergerste gebaut[491]).

Preufsen erzeugte nach v. Saher um 1860[492]) ca. 39000 Ztr. Hopfen. Davon waren ca. 25000 Ztr. zu Lagerbier geeignet, 19000 aber nur für leichte, schnell abgehende Biere. Nach der Braumalzsteuer von 1859 waren damals in der ganzen preufsischen Monarchie circa 2046672 Ztr. Braumalz verarbeitet worden. Es gab 1. gewerbliche Brauereien a) in den Städten, 3768, b) auf dem platten Lande 4147; 2. nicht gewerbliche Brauereien, welche — blofs für den

Hausbedarf — wenig haltbares Bier brauten: in den Städten 36, auf dem Lande 2867, zusammen also 7915 gewerbliche und 2903 nicht gewerbliche, in Summa 10818 Brauereien.

Wenn die Hälfte des obigen Malzquantums für Lagerbier und die andere Hälfte für leichte und leichteste Biere verbraucht und bei Lagerbier per Zentner Malz 2 Pfd. Hopfen, für leichtes Bier per Zentner 1 Pfd. Hopfen gebraucht wurde, dann wurden damals im preuſsischen Staate verbraucht:

1. 1023336 Ztr. Malz	für Lagerbier	=	20466 Ztr. Hopfen,
2. 1023336 »	» » leichtes Bier	=	10233 » »
2046672 Ztr. Malz.			30699 Ztr. Hopfen.

Es blieben also noch 8000—9000 Ztr. Hopfen für die Ausfuhr übrig.

Ein mir befreundeter bayerischer Brauer, welcher bis vor wenigen Jahren lange Jahre hindurch in der Provinz Sachsen eine groſse Brauerei (Betrieb 60000 hl Lagerbier) geleitet hat, sagte mir, man rechne in ganz Preuſsen und Norddeutschland per 1 Ztr. Malz 2,2 l Lagerbier mit 12,5—13 % Würzeextraktgehalt. Er gab stets zu Lagerbier mit diesem Würzegehalt und bei 10—12 Wochen Lagerdauer per Hektoliter 0,6—0,7 Pfd. Hopfen.

c) Baden.

1874 ca.	50000 hl	obergäriges Bier	mit	200 Ztr. Hopfen,
»	877000 »	untergäriges »	»	8800 » »
	927000 hl	Bier	mit	9000 Ztr. Hopfen.

Das wäre per Hektoliter ca. 0,9—1,0 Pfd. Hopfen.

Nach den Tabellen des Gambrinus erzeugte Baden 1898 aus 673524 Doppel-Ztr. Gerste und 16447 Ztr. Hopfen 2741202 hl Bier, es treffen somit auf den Hektoliter Bier 0,6 Pfd. Hopfen, also um $^1/_3$ weniger als 1874. Die eigene Hopfenproduktion war 30000 Ztr., darunter sind die besten Sorten jene von Schwetzingen und Sandhausen. Das sind aber keine eigentlichen Lagerbierhopfen, sondern sehr gute und gute Schenkbierhopfen.

d) Elsaſs-Lothringen.

Dieses Land produzierte 1897 ca. 963638 hl Bier, wozu 289091 Doppel-Ztr. Gerste und 5782 Ztr. Hopfen Verwendung fanden. 1898 eigene Produktion 1057953 hl; Einfuhr aus deutschen Ländern 345660 hl; Ausfuhr 29991 hl[493]). 100 kg Elsässer Gersten kosteten 1898: 16,50—20 Mark, ungarische 20—30 Mark, Malz 27,50—32 Mark, Elsässer Hopfen per Zentner 40—320 Mark, bayerischer 150—520 Mark, badischer 320—500 Mark, böhmischer 240—500 Mark.

Im Elsaſs rechnete man 1898[494]) für die Erzeugung von 1 hl Bier, je nach der beabsichtigten Stärke desselben, 22—33 kg Malz und 0,37—0,75 kg (0,74—1,50 Pfd.) Hopfen. Auſser Reis, 1—2 kg auf 1 hl Bier in einigen Brauereien, wurden keine Surrogate verwendet. Nur eine einzige Brauerei verwendet Mais, bis 4 kg auf 1 hl Bier, und eine Brauerei im Bezirk Saarburg produziert ein dem Pilsener Bier ähnliches Gebräu mit 25—30 kg Reis auf 1 hl Bier.

Der Hopfenbau umfaſste 2252 ha (1897: 2598 ha); die Ernte per Hektar war 14,66 Ztr. gegen 12 Ztr. 1897. Die Preise des Bieres beim Verkaufe in Gebinden waren per Hektoliter: Schenkbier 15—20 Mark, Lagerbier 19—23 Mark, Bockbier 17—21 Mark.

e) Württemberg.

Um 1860 erzeugte dieses Land jährlich ca. $2^1/_2$ Millionen Eimer Bier, wozu ca. 8000 Ztr. Hopfen verwendet wurden.

1874 ca.	169308 hl	obergäriges Bier	mit	700 Ztr. Hopfen,
»	4027966 »	untergäriges »	»	40300 » »
	4197274 hl	Bier	mit	41000 Ztr. Hopfen[495]).

[illegible] (1898) 52 000 Ztr., darunter sind jene, welche nächst Rottenburg a. N. gewachsen, ausgezeichnete und jene um Tettnang sehr gute und gute Sorten.

Nach der Wochenschr. f. Br. 1900, S. 54 berechnete man von 1888—1897 die württembergische Bierproduktion im Jahresmittel auf 3 603 609 hl und auf je 3 hl 1 kg (also per Hektoliter durchschnittlich 0,66 Pfd.) Hopfen; danach wäre der Jahresbedarf nur 24 000 Ztr., während die eigene Produktion 74 000 Ztr. beträgt.

Man rechnet heute in Württemberg auf 3 hl Bier 1 kg Hopfen.

f) Hannover.

Dieses Land verbrauchte nach v. Saher um 1860 jährlich ca. 60 000 Ztr. Malz und ca. 1000 Ztr. Hopfen zur Biererzeugung.

g) Sachsen.

Dieses Land hatte um 1860 schon einzelne großartig angelegte Brauereien und verbrauchte nach v. Saher damals jährlich ca. 160 000 Ztr. Malz und ca. 2500 Ztr. Hopfen zur Bierbereitung.

h) Übrige Zollvereinsstaaten.

Nach v. Saher verbrauchten um 1860 die beiden Hessen mit Mainz, Nassau, die Herzogtümer und Fürstentümer jährlich ca. 500 000 Ztr. Malz und 7000 Ztr. Hopfen für Bierbrauerei.

Ganz Deutschland und Deutsch-Österreich (der damalige Deutsche Bund) erzeugte um 1860 jährlich ca. 40 000 000 Eimer Bier; rechnet man auf 300 preuſs. Quart 2 Pfd. Hopfen, so ergibt sich für dieses Gebiet damals ein Jahreshopfenverbrauch von 140 000 Ztr.

Jahr	Ausfuhr in Doppel-Ztrn. (M.-Ztrn.)	± gegen das Vorjahr	Handelswert in Gulden
1877	491 135	—	—
1878	548 782	+ 57 647	7 682 948
1879	[illegible]	[illegible]	[illegible]
1880	658 872	+ 10 859	9 553 644
1881	727 358	+ 68 486	10 546 691
1882	775 794	+ 48 436	11 249 012
1883	832 875	+ 57 081	12 493 125
1884	[illegible]	+ 85 716	13 778 865
1885	945 069	+ 26 478	12 758 431
1886	1 102 048	+ 156 979	14 592 704
1887	1 126 440	+ 24 392	15 124 862
1888	1 115 146	— 11 294	15 612 044
1889	[illegible]	+ 20[illegible] 622	[illegible]
1890	1 279 061	— 45 707	17 906 854
1891	[illegible]	[illegible]	16 867 071
1892	1 222 337	+ 33 468	15 557 920
1893	1 368 988	+ 146 651	20 154 535
1894	[illegible]	[illegible]	[illegible]
1895	[illegible]	[illegible]	[illegible]
1896	1 544 451	+ 131 358	20 510 385
1897	1 684 001	+ 139 550	24 453 016
1898	1 644 988	— 39 013	24 321 632
1899	1 823 236	+ 177 726	24 845 417

15. Österreich-Ungarn.

[illegible]

[illegible] meist Pilsener [illegible] Flaschenbiere. Die Ausfuhr an Gerste war 1899 [illegible]

[illegible] serviert. Auch in Österreich gab es amtliche Biertaxen. Ein Zirkular des Kreisamtes Judenburg in Steiermark vom 6. Hornung 1797 tadelt, daſs einzelne Wirte im Lande die Maſs Kesselbier um 6 kr. ausschänkten, während die Taxe 4 kr. sei; sie werden deshalb um 50 fl. bestraft. Alle Wirte werden gemahnt, sich bei Vermeidung von Strafe mit ihren Bierpreis nach dem Geiste des Patentes vom 10. November 1773 zu richten.

[illegible] » Malz . . . . 702 001 »

Die Bierkonsumtion hatte in diesen Ländern damals mit einer jährlichen Weinkonsumtion von 25—30 000 000 (Wiener) Eimern zu konkurrieren. Dazu kommt die jahrgangweise groſse Obstweinproduktion [illegible]

[illegible] Aktienbrauerei auf 64 080 hl (1897/98: 80 640 hl), der Brauerei Nicklas in Wilhering auf 32 000 hl

(1897/98: 44000 hl), der Brauerei Poschacher in Linz auf 99500 hl (1897/98: 120840 hl), der Brauerei Zipf auf 125970 hl (1897/98: 143190 hl)[502]).

Nach der N. Fr. Pr. 1868[503]) produzierten die deutsch-slavischen Länder Österreichs:

	Eimer (Wiener)	Steuerertrag in fl. ö. W.
1841	7 816 000	—
1857	11 798 879	9 590 279
1860	12 602 404	15 555 004
1861	11 113 870	13 459 330
1862	13 442 994	16 206 140
1863	13 699 503	16 355 858
1864	13 848 979	16 728 128
1865	13 943 217	16 817 977
1866	13 597 450	16 401 897

1 Wiener Eimer = 0,565890 hl oder 56 l, 59 cl oder 0,565 hl;
1 Wiener Mafs = 1,414724 l; 1 hl = 1,767 Wiener Eimer.

Nach Prof. Reitlechner, damals in Ungar.-Altenburg[504]), brauchte man um 1868 zu einem Wiener Eimer Bier 30 Pfd. Malz und $^3/_4$ Pfd. Hopfen.

Nach v. Saher 1860[505]) erzeugte man damals aus 100 Pfd. Malz 300 preufs. Quart Bier (1,2358 preufs. Quart = 1 Wiener Mafs und der Wiener Eimer = 40 Mafs) und brauchte dazu 2 Pfd. Hopfen. Österreich brauchte also 1841 ca. 30000 Ztr. und um 1860 ca. 39000 Ztr. Hopfen. Es erzeugte 1861 ca. 62000 Ztr. Hopfen, hatte mithin noch 23000 Ztr. für den Export übrig.

Das Auschaer Gebiet in Böhmen war von allen Verbrauchssteuern frei und Dalmatien von der Biersteuer[506]).

Nach anderweiten Angaben erzeugte Österreich[507]):

1841:	7816000	Eimer Bier
1857:	11560000	» »
1866:	12621826	» »
1868:	14746038	» »
1869/70:	16282972	» »
1897:	20823333	hl »
1898:	21035689	» »

Um 1866 erzeugte Österreich ca. 14000000 Eimer und exportierte davon nicht ganz 1%. Zu der Produktion 1897 waren 4521029 Doppel-Ztr. Malz und 165410 Ztr. Hopfen nötig. Zu der Produktion 1898 waren 4546443 Doppel-Ztr. Malz und 166842 Ztr. Hopfen nötig[508]).

Nach den Ergebnissen der Verzehrungssteuer in Österreich-Ungarn 1897[509]) wurden je vom 1. September bis Ende August des folgenden Jahres in Österreich-Ungarn (ohne Bosnien und Herzegowina):

1896/97 in 1654 Brauereien erzeugt: 20657584 hl
1895/96 » 1686 » » 20297940 »

Die gesamte Steuer war 1896/97: 39454931 fl. ö. W., 16,7 kr. von jedem Hektoliter und Saccharometergrad Bierwürze.

Von den erzeugten Biermengen entfielen:

Jahr	auf Österreich auf die im Reichsrat vertretenen Länder	Ungarn mit Siebenbürgen	Kroatien mit Slavonien
	hl	hl	hl
1896/97	19 060 498	1 517 829	79 257
1895/96	18 621 469	1 676 471	

Der Saccharometergradgehalt der Würzen lag zwischen 6 und 22, am meisten (mit beinahe 11000000 hl Bier) bei 10 Grad. Mehr als 100000 hl erzeugten 1896/97 30 Brauereien (sie sind l. c. namhaft gemacht); zwischen 75000 und 100000 hl 12 Brauereien. Die Erzeugung von Bosnien und der Herzegowina betrug 1896/97 in 6 nur untergärigen Brauereien im ganzen 51278 hl.

Eingeführt wurden 1896/97:	70670	Doppel-Ztr.
1895/96:	69432	»
Ausgeführt 1896/97:	576093	hl
1895/96:	578676	»

Namentlich von 1857—1870 hat die Produktion von Oberzeugbieren immer mehr ab-, jene von Unterzeugbieren aber immer mehr zugenommen [510]). Schon 1867 [511]) waren die Dreherschen Brauereien in Klein-Schwechat bei Wien (seit 1632 und namentlich seit 1836), dann in Steinbruch bei Pest (seit 1862) und in Micholup bei Saaz, im Goldbachthal (seit 1861) die gröſsten Brauereibetriebe des europäischen Kontinentes, deren Gesamterzeugnis vom 1. Januar 1866 bis 1. Januar 1867 mit 680990 Eimern den 17. Teil der gesamten Bierproduktion im österreichischen Kaiserstaat beträgt. In Micholup, Saazer Bezirkshopfengebiet, hatte diese Firma damals schon 60 österreichische Joch Hopfenland mit 200 Ztr. Jahresertrag im Eigenbesitz.

Die Produktion Österreichs (ohne Ungarn):

1897/98: 19264061 hl im Werte von 30473987 fl. ö. W.
1898/99: 19627188 » » » » 30078173 » » » [512]).

Die Produktionssteigerung ist auffallend gering, und der Wert des Bieres hat sogar abgenommen.

Im Jahre 1890 (Volkszählung) beschäftigten sich in Österreich mit der Brauerei und Malzfabrikation 23672 Personen, darunter 2351 selbständige. In Ungarn 1769 Personen, 1884 erst 1408 Personen, darunter 107 selbstständige; nebstdem waren 1890 noch 18 Personen bei der Preſshefeerzeugung und 164 bei der Malzerzeugung beschäftigt.

Das durch seine meist überhohe Bierqualität weltberühmte Bürgerliche Bräuhaus in Pilsen (Böhmen), resp. dessen Direktion, sagte in einer s. Z. für die Wiener Weltausstellung geschriebenen Broschüre [513]) über die Betriebsverhältnisse, daſs 1873 an 400000 Eimer Bier erzeugt und dazu 200000 böhm. Metzen Gerste und 2000 Ztr. Hopfen, meist Saazer, verwendet wurden. Das wäre also per Eimer Bier ca. $^1/_2$ Pfd. Hopfen. 1899 erzeugte diese Brauerei 563120 hl [514]) und versendete täglich 10 Waggon Bier [515]). Seit der Einführung des Dampfbetriebes (Mitte der 1860er Jahre) bis zum Schlusse des 19. Jahrhunderts sind in Böhmen 514 Kleinbrauereien auſser Betrieb gesetzt worden. 14 gröſsere Brauereien erzeugten 1899 mit 2267000 hl 25% der ganzen Bierproduktion Böhmens.

Die Wiener Brauerei erzeugte 1860: 1769447 Eimer Bier und 1869: 3414529 Eimer, obgleich fünf Brauereien ihren Betrieb eingestellt hatten. Von den verbliebenen Brauereien waren die gröſsten Klein-Schwechat (1869: 655100 Eimer), St. Marx (402200 Eimer), Liesing (368200 Eimer), Ottakringdöbling (273265 Eimer [516]). Die Dreherschen Brauereien erzeugten 1866 in:

Schwechat	480670	Eimer
Steinbruch (Pest)	145240	»
Micholup (Böhmen)	55080	»
Zusammen 1866 (vom 1. Januar bis Schluſs):	680990	Eimer.

In ganz Österreich-Ungarn wurden damals in 3138 Brauereien 13943217 hl Bier erzeugt [517]).

Die 17 Brauereien Wiens [518]) erzeugten:

1891: 2439548 hl	1896: 3519522 hl
1892: 2887632 »	1897: 3643594 »
1893: 3055766 »	1898: 3557842 »
1894: 3204778 »	(nach Holzner, s. oben, 3590842)
1895: 3342675 »	1899: 3409045 »

Die Bierproduktion der Wiener Brauereien ist also 1899 um 148797 hl zurückgegangen, somit um mehr als 4%. Eigentlich befindet sie sich schon seit 1898 im Rückgang. Aber der Rückgang ist ungleich, er betrifft namentlich die grofsen Brauereien; fünf kleinere haben sogar einen Fortschritt gemacht.

Einbufse erlitten 1899:

Anton Dreher in Schwechat	87190 hl
die Hütteldorfer Aktiengesellschaft	19400 »
die Liesinger Brauerei	18600 »
die Brauerei von Mauthner & Sohn	14900 »
die Brunner Brauerei	10000 »
die Brauerei von Dengler	10000 »
die Aktiengesellschaft Schellenhof	6990 »

Bierpreise in Wien 1898:

Wiener Abzug	10,0—11,5%	9,25— 9,80 fl. ö. W.
» Lager	12,0—13,0 »	13,25—14,00 » » »
» Märzen	13,0—14,0 »	14,00—15,00 » » »
Pilsener Imitation	11,0—12,0 »	14,00—15,00 » » »
» echt	11,0—12,0 »	15,50—16,60 » » »
Bayerisches, echt	12,0—14,0 »	21,00—24,00 » » »

Die Preise verstehen sich unter freier Zustellung, Verzehrungssteuer und Barzahlung ohne Skonto.

Die Permanenzkommission des k. k. Ackerbauministeriums in Wien (1899, s. Gambr. 1900, S. 645), erklärt, dafs in Osterreich etc. fast nur bayerisches Bier (Spaten-, Löwen-, Leist- und Pschorr-Bräu) eingeführt wird. Vielfach geschehe dieser Export nur der Reklame im eigenen Lande (Bayern, Deutschland) wegen, denn diese Münchner Brauereien opferten alljährlich grofse Summen, um in selbst erbauten Bierpalästen ihr Produkt zu verkaufen. Sie erzeugten in Wien selbst dunkle, den bayerischen vollkommen gleichwertige Biere, die sogar ein Bierkenner nicht unterscheiden könne.

Im »Gambrinus« (Wien 1900, Nr. 3, 8 etc., ebenda S. 420) ist von diesem Rückgang der Wiener Brauerei die Rede. Er hänge mit der Konkurrenz der auswärtigen Brauereien, mit den allgemein schwierigen Verhältnissen der österreichischen Brauereien, Steuerverhältnissen, dazu Landes- und Gemeinde-Umlagen, Konkurrenzunterbietungen etc., zusammen. Die Hauptsache ist aber sicher die gesunkene Qualität. Für jeden Hektoliter erzeugten Bieres hat man 5—10, ja selbst bis 12 fl. Ausstände, die noch dazu oft wenig oder nichts wert sind.

	Niederösterreich 1898 (Kalenderjahr) hl	(mit Wien)[519] 1897/98 Betriebsjahr hl
Klein-Schwechat	724790	695330
St. Marx	563100	569640
Liesing	401427	399510
Hütteldorf	231840	227040
Nufsdorf	221820	232600
Ottakring	212582	218220
St. Georg	186005	173791
Simmering	180155	173175
Brunn u. Gen.	179441	178528
Schellenhof	142020	143460
Jedlsen	140040	135840

Aufserhalb dem niederösterreichischen Handels- und Gewerbe-Kammerbezirk gab es in Österreich-Ungarn noch 23 Brauereien mit mehr als 100 000 hl.

Innerhalb der Verzehrungssteuerlinien Wiens 1898: 1 710 952 hl erzeugt und 1 297 599 hl eingeführt. In Wien konsumiert: 2 826 690 hl; 1897: 2 794 790 hl; auf den Kopf der Bevölkerung 183 l.

Die niederösterreichischen Brauereien erzeugten im Sonnenjahr 1898: 3 959 022 hl, 1897: 4 022 052 hl; dazu 1898 370 998 Doppel-Ztr. Malz, 63 344 Ztr. Hopfen = 1,6 Pfd. Hopfen per Hektoliter.

Nach den Tabellen des »Gambrinus« erzeugten 1898[520]):

	Bier	Hierzu wurden verbraucht: Malz	Hopfen	Eigene Produktion an Hopfen
	hl	Doppel-Ztr	Ztr	Ztr
Niederösterreich	3 959 081	831 507	31 672	—
Oberösterreich	1 202 167	252 455	9 170	7 000
Salzburg	434 059	108 515	5 450	
Böhmen	8 [illegible]	1 8[illegible]6 125	69 0[illegible]	145 000
Mähren	1 920 861	403 381	14 [illegible]20	7 000
Galizien	1 031 949	216 710	8 400	8 000
Steiermark	942 254	197 873	7 280	10 000
Schlesien	402 596	96 630	3 270	200
Tirol und Vorarlberg	384 144	92 194	2 975	50
Kärnten	2[illegible]	[illegible]	[illegible]	200
Bukowina	111 738	24 593	820	200
Krain	91 315	20 089	650	40
Bosnien und Herzegowina	56 445	12 992	361	—
Küstenland mit Triest	74 400	17 012	550	—
Ungarn samt Nebenländern	[illegible]	[illegible]	[illegible]	6 000
Österreich-Ungarn 1898	21 035 698	4 546 443	166 842	183 690
Österreich-Ungarn 1897	20 828 333	4 521 029	165 410	160 595

Es treffen mithin 1898 auf den Hektoliter erzeugten Bieres nahezu (nicht ganz) 0,8 Pfd. Hopfen.

Die Saazer Hopfen in Böhmen gehören zu einem erheblichen Teil (keineswegs ganz) mit Spalt in Bayern zu den besten Lagerbierhopfen der Welt.

Ein Teil der Auschaer Rothopfen (die Plattenhopfen und jene von Liebeschitz etc) sind ebenfalls sehr gehaltvoll und fein, aber doch eigentlich nur brillante Schenkbierhopfen; das andere Material des sogenannten Rothopfens ist gering. Es gibt gehaltvolle und gute Sorten in Steiermark und Galizien, aber es gibt dort auch minderwertige; die mährischen Hopfen von Trschitz sind gehaltvoll, aber in Aroma und Bitter nicht fein.

Über den Rückgang des Bierkonsums in Wien berichtet das Neue Wiener Tagblatt[521]): Während der Weltkonsum und die Weltproduktion an Bier immer steigen, gehen sie in Wien zurück.

Es produzierten sämtliche Brauereien Wiens:

	Abzugbier hl	Lagerbier hl
Im Jahre 1897 vom 1. Januar bis 30. September	2 125 071	779 087
» » 1898 » 1. » » 30. »	2 022 203	768 359
» » 1899 » 1. » » 30. »	1 984 807	637 844

Im Monat März 1898 war in ganz Cisleithanien gegen denselben Monat 1897 eine Mehrproduktion von 41 000 hl zu verzeichnen, aber 1899 war die Produktion im März um 45 000 hl gegen den März 1898 zurückgeblieben. Es fiel dabei sehr ins Gewicht, dafs namentlich Niederösterreich in diesem Monat um 59 000 hl weniger produzierte. Auch in den meisten andern

Kronländern blieb die Erzeugung zurück, nur in Böhmen ist sie um 19 000 hl gewachsen, etwas auch in Mähren, Steiermark und im Küstenland.

Worin liegt nun die Ursache dieser auffallenden Erscheinung? Während die Wiener Produktion 1899 gegen die Vorjahre um 300 000 hl sank, wuchs der Import böhmischer Biere aus den Brauereien in Pilsen, Pilsenetz, Budweis, Protivin, Wittingau etc. von 161 529 hl im Jahre 1897 auf 190 000 hl im Jahre 1898. Alle Fachzeitschriften (so auch die Zeitschr. f. d. ges. Br.-Wesen in München 1900, Nr. 2 u. 3, nach der Wiener Br.-Ztg.) sprechen davon; alle wollen das im gesunkenen Wohlstand finden; es ist, als würde der schwer bestraft, der von der Abnahme der Bierqualität spricht.

Es wurden fremde Biere in Wien eingeführt[522]):

1897: 2 539 182 hl
1898: 2 625 744 »
1899: 2 589 702 »

Wahrscheinlich handelt es sich in diesen Zahlen um die Konsumtion an Bier in Wien. Da kann man doch nicht vom Sinken des Wohlstandes sprechen!

Es ist offenbar die Qualitätsverschlechterung der Wiener Grofsfabrikbiere ein Hauptgrund des grofsen Rückganges. Wenn man nun sagt: Ja, aber es fehlen noch 100 000 hl Rückgang, die wohl ein Ausdruck sind des Verfalls des Volkswohlstandes in Wien, so kann man auch das noch anders erklären. Wenn die Biere schlechter werden, trinkmüde machen, dann schränkt auch der beste Trinker unwillkürlich seinen Konsum ein. Die Einfuhr ist ja in Wien riesig, und diese Biere kommen vom Lande.

Wie aus vorstehender Tabelle über die Bierproduktion der gröfsten Brauereien Niederösterreichs ersichtlich, ist der Rückgang kein allgemeiner, alle Brauereien umfassender. Auch das spricht für meine Ansicht, dafs der Produktionsrückgang mit Qualitätsrückgang korrespondiert. Auch der relativ geringe Aufschwung der andern Brauereien ist desfalls sehr bezeichnend. Die Verhältnisse liegen übrigens in Österreich für die Brauereien sehr schwierig durch die hohen Staats-, Landes- und Gemeinde-Steuern etc[523]).

Auch die Wiener Br.- u. H.-Ztg. »Gambrinus«[524]) befafst sich mit dem Rückgang der Wiener Biererzeugung und des Wiener Bierkonsums.

In Niederösterreich war die Bierproduktion in 65 Brauereien:

1898	3 959 081 hl
1899	3 781 100 »
1899 weniger	177 981 hl

Die Brauereien der Stadt Wien erzeugten:

1898 . . .	1 710 952 hl
1899 . . .	1 672 896 »
1899 weniger	38 056 hl

Die Einfuhr an Bier in die Stadt Wien betrug:

1898	1 297 599 hl
1899	1 285 741 »
1899 weniger eingeführt	11 858 hl

Wir brachten soeben nach der Allg. Br.- u. H.-Ztg. (sub 522) ganz bedeutend höhere Zahlen über die Einfuhr. Wahrscheinlich bedeuten diese aber die Gesamtkonsumtion in Wien.

Die eigene Produktion der Wiener Brauereien und die Einfuhr von aufsen ergaben:

1898	3 008 551 hl
1899	2 958 637 »
1899 weniger	49 914 hl

Die Ausfuhr aus Wien über die Steuergrenze betrug:

1898	181 861 hl
1899	188 054 »
1899 mehr	6 193 hl

Der thatsächliche Konsum der Stadt Wien betrug also:

1898 . . .	2 826 690 hl
1899 . . .	2 770 583 »
1899 weniger	56 107 hl

Nach der Wiener Br.- u. H.-Ztg. Gambrinus (Wien 1900, S. 430) betrug 1900 in den drei Monaten Januar, Februar und März der Rückgang der Wiener Bierproduktion abermals 71 775 hl.

Und dieser Ausfall fand statt bei steigender Bevölkerungszahl. Der »Gambrinus« meint nun, dafs die Ursache im sinkenden Volkswohlstand begründet sei. Das wird schon durch die wahrhaft riesige Einfuhr widerlegt, die $^4/_5$ der eigenen Produktion der Stadtbrauereien erreicht. In München, das beinahe halb so viel Einwohner hat als Wien, werden kaum 10000 hl Bier von aufsen eingeführt. Es liegt also offenbar an der geringen Qualität der Wiener jungen, mit Filter etc. geschönten und glanzhell gemachten Biere. Von solchen Bieren wird man trinkmüde. In Wien ist das offenbar besonders arg.

Unlängst erst (Anfang April 1900) sagte mir ein angesehener Wiener Herr hier in München, beim Franziskaner, wo wir zusammen Märzenbier aus der Münchner Löwenbrauerei tranken, dessen Gehalt und Qualität ihn geradezu in Erstaunen setzten, dafs in Wien ganz unglaublich viel und vielerlei fremde Biere, namentlich aus Böhmen, getrunken würden; das beliebteste sei aber jetzt ein helles Bier aus Mähren (ich glaube, er nannte Protivin), also keineswegs das Pilsener (aus dem Bürgerlichen Bräuhaus).

Sehr auffallend ist auch, dafs bei einer Bierexportenquete in Wien am 26. Mai 1900[525]) der Referent erklärte, dafs der österreichische Bierexport tief gesunken sei, sogar in der Levante, wo Österreich einst den Ton angegeben habe. 1897 habe der Bierexport Österreichs nach Egypten 27300 hl betragen, 1899 nur noch 19000 hl. Ähnlich in allen andern Ländern, die Türkei vielleicht ausgenommen. Zugenommen habe der österreichische Bierexport nur noch in den Vereinigten Staaten und der Schweiz. Es scheint in der That in Österreich nur Böhmen für den Export in Betracht zu kommen.

Es wurde (Gambrinus, Wien 1900, S. 692, nach der Exportenquete) aus Österreich an Bier in M.-Zentnern exportiert nach

	Serbien	Rumänien	Bulgarien	Türkei	
1897:	2825	462	2753	8260	M.-Ztr.
1898:	3418	569	4098	7516	»
1899:	5412	264	2957	8313	»

Ferner in einfachen Zentnern nach

	1898	1899		1898	1899
Griechenland . . .	2114	1888	Indien	207	177
Egypten	26916	19324	Asien	220	140

Nach dem Freihafengebiet von Hamburg und Bremen in M.-Zentnern:

	Hamburg	Bremen	
1897:	20033	6032	M.-Zentner
1898:	17724	6854	»
1899:	23287	7109	»

Was den Anteil Ungarns an der österreich-ungarischen Gesamtbierproduktion betrifft[526]), so kam in Ungarn das Bier durch die deutschen Ansiedler in Gebrauch, wurde anfänglich nur im eigenen Haushalte selbst gebraut, gewann aber langsam an Verbreitung, wobei sich das

Brauen zum Gewerbe entwickelte und zunächst der Wirt selbst der Brauer war. Schon die im Jahre 1850 eingeführte Biersteuer lähmte die kleinen Brauereien, noch mehr aber die mit der Zunahme der Entwicklung der Kommunikationswege wachsende Einfuhr österreichischer Biere und die allmählich durch die Brauerei-Grofsindustrie erwachsene Konkurrenz; so mufsten die ungarischen Kleinbrauereien sich selbst in Grofsbrauereien verwandeln oder verschwinden.

Nach der Wiener Br.- u. H.-Ztg. Gambrinus (1900, Nr. 15, S. 644) war in Ungarn seit dem 1. Januar 1899 die Steuer (Regalsteuer und Würzesteuer) auf der Kühle bei 12grädiger Würze per Hektoliter 12 Kronen und 68 Heller. Es stellten sich in Ungarn die Verhältnisse in der Bierproduktion und Bierbesteuerung von 1890—1899 folgendermafsen:

Jahr	Produktion	Biersteuer	Getränke- und Schenksteuer
	hl	Kronen	
1890	546 569	2 091 422	4 976 381
1891	766 989	3 209 542	4 371 568
1892	1 255 708	5 236 450	7 513 320
1893	1 250 240	5 205 416	12 458 220
1894	1 585 044	6 628 196	13 201 006
1895	1 493 829	6 261 110	11 011 810
1896	1 842 399	7 700 385	12 550 827
1897	1 583 338	6 518 262	12 146 076
1898	1 557 599	6 602 404	12 198 206
1899	1 497 672	6 404 373	13 540 836

Demnach war in den letzten Jahren, trotz der Produktionsminderung infolge des hohen Bierpreises, wohl auch der Qualitätsminderung, der Steuerbetrag fortwährend erheblich gewachsen.

Ungarn hatte 1899 ca. $13^1/_2$ Millionen M.-Zentner Gerste geerntet, 1900 wird diese Ernte auf 11—12 Millionen M.-Zentner geschätzt. Ende Juni 1900 hatte dort die Ernte der Wintergerste bereits begonnen.

In Ungarn entfällt von der Gesamtbevölkerung unter 8882 Einwohnern ein bei der Brauerei thätiger, in Österreich von 1001 und in Deutschland von 578 Einwohnern.

Die Anzahl der Brauereien war

Jahr	in Ungarn	in Österreich	Jahr	in Ungarn	in Österreich
1859/60:	490	2 824	1879/80:	142	2 073
1864/65:	431	2 707	1884/85:	118	1 902
1869/70:	321	2 420	1889/90:	98	1 761
1874/75:	233	2 272	1894/95:	108	1 598

Also eine gewaltige Abnahme der Betriebe, namentlich der kleinen, und Zunahme der Grofsbetriebe, denn die Bierproduktion ist in dieser Zeit nicht gesunken, sondern ganz bedeutend gewachsen, wie die folgende Tabelle zeigt:

Es wurden erzeugt:

Jahr	in Ungarn hl Bier	in Österreich hl Bier	Jahr	in Ungarn hl Bier	in Österreich hl Bier
1860:	666 115	6 908 920	1880:	427 152	10 530 226
1865:	632 713	7 733 217	1885:	669 462	12 485 784
1870:	688 728	9 303 765	1890:	546 569	13 570 339
1875:	598 970	12 248 902	1895:	1 415 956	17 275 348

Ein gröfserer Aufschwung der Bierbrauerei in Ungarn datiert erst vom Jahre 1890, bis dahin hatte sie stets stagniert oder war — infolge der Einführung der Verzehrungssteuer — sogar noch zurückgegangen.

Die Abhängigkeit des ungarischen Bierkonsums von der österreichischen Brauerei ergibt sich aus folgenden Zahlen:

Im Durchschnitt der Jahre	Faßbier Einfuhr Doppel-Ztr.	Faßbier Einfuhr fl. ö. W.	Faßbier Ausfuhr Doppel-Ztr.	Faßbier Ausfuhr fl. ö. W.	Mehreinfuhr Tausende Gulden
1882/85	101 500	1 886 000	18 800	305 000	1 581 000
1886/90	99 200	2 013 000	14 300	220 000	1 793 000
1891/95	210 300	3 147 000	21 500	300 000	2 847 000
im Jahre 1891	124 700	2 992 000	17 300	303 000	2 689 000
» » 1892	218 100	4 050 000	17 000	254 000	3 796 000
» » 1893	231 800	2 781 000	22 200	266 000	2 515 000
» » 1894	244 000	3 001 000	27 400	362 000	2 639 000
» » 1895	237 700	2 912 000	23 900	316 000	2 596 000
» » 1896	207 200	2 538 000	27 800	368 000	2 170 000
» » 1897	203 300	2 846 000	43 600	578 000	2 268 000

In der Allg. H.-Ztg. (1900, I, 149) ist auch die Ein- und Ausfuhr Ungarns in Flaschenbier von 1882 ab angeführt: 1897 war die Einfuhr in Flaschenbier 312000 Doppel-Ztr., die Ausfuhr 11900 Doppel-Ztr. Dort (l. c. S. 179) ist auch der Verkehr in Faß- und Flaschen-Bier für die österreichisch-ungarische Monarchie angeführt. Dieselbe betrug für Bier in Fässern:

Durchschnitt der Jahre	Einfuhr Doppel-Ztr.	Einfuhr fl. ö. W.	Ausfuhr Doppel-Ztr.	Ausfuhr fl. ö. W.	Mehrausfuhr in fl. ö. W.
1871/75	3 900	47 000	264 000	2 650 000	2 603 000
1876/80	4 600	64 000	370 700	3 432 000	3 368 000
1881/85	19 200	206 000	333 100	1 644 000	1 438 000
1886/90	42 100	174 000	418 800	5 865 000	5 691 000
1891/95	60 400	877 000	632 100	6 942 000	6 065 000
im Jahre 1891	51 500	746 000	521 600	6 573 000	5 827 000
» » 1892	60 400	878 000	554 500	6 908 000	6 030 000
» » 1893	62 300	905 000	641 200	8 003 000	7 098 000
» » 1894	63 300	927 000	655 500	8 009 000	7 082 000
» » 1895	64 100	930 000	787 600	7 217 000	6 287 000
» » 1896	65 300	760 000	823 700	7 817 000	7 057 000
» » 1897	70 800	853 000	845 100	8 060 000	7 207 000

Der Verkehr in Flaschenbier war ganz bedeutend geringer, sowohl in der Einfuhr, wie in der Ausfuhr. Die Einfuhr an Flaschenbier betrug z. B. 1897 nur 300 Doppel-Ztr. im Werte von 6000 fl., die Ausfuhr hingegen 24100 Doppel-Ztr. im Werte von 244000 fl.; das Mehr der Ausfuhr betrug also in diesem Jahre 238000 fl.

Aktiengesellschaften hatte Österreich-Ungarn 1898 32, deren Erzeugung 1898/99 rund 4475000 hl betrug, 314000 hl mehr als im Jahre zuvor. Das Aktienkapital beläuft sich auf 45645000 fl., also durchschnittlich 10,2 fl. auf den Hektoliter erzeugten Bieres. Die Dividenden lagen zwischen nichts und 76 %.

Sonstige europäische Länder.

16. Frankreich.

Frankreich erzeugte:

1812: 2802000 hl Bier (mit Elsaß-Lothringen)
1865: 7700000 » »
1880: 7052370 » » (ohne Elsaß-Lothringen)
1889: 8382954 » » »

1890: 8456614 » (ohne Elsaß-Lothringen)
1891: 8305730 » » » »
1892: 8937454 » » » »
1893: 8937750 » » » »
1894: 8443704 » » » »
1895: 8867322 » » » »
1896: 8991093 » » » »
1897: 9238281 » » » »
1898: 9557616 » » » »

Die staatliche Biersteuer war im ganzen

1898: 25141521 Frcs.
1897: 24372179 »
1896: 23756534 » [528]).

Zu dem Quantum 1898 waren 2389400 Doppel-Ztr. Malz und 69500 Ztr. Hopfen nötig.

Nach v. Saher (Allg. H.-Ztg. 1862, S. 259) erzeugte Frankreich 1860 (mit Elsaß-Lothringen) ca. 20000 Ztr. Hopfen und 4000000 Eimer Bier à 60 preuß. Quart, wozu 17000 Ztr. Hopfen nötig waren.

Um 1866 erzeugte Frankreich ca. 3313000 hessische Ohm und exportierte davon nur 0,6 %.

Nach den statistischen Tabellen des »Gambrinus« erzeugte Frankreich 1898: 9557616 hl Bier, meist nach deutscher (bayerischer) Art. Dazu wurden 2389400 Doppel-Ztr. Gerste und 69500 Ztr. Hopfen verbraucht, per Hektoliter Bier ca. 0,7 Pfd. Hopfen.

Die eigene Hopfenproduktion ist erheblich, 1898: 26500 Ztr.; die Sorten sind zum Teil (namentlich im Côte d'Or) gehaltvoll, aber sehr unfein in Aroma und Bitter; daher führt Frankreich viel feine Hopfen für seine Lagerbiere ein, meist aus Bayern, für mindere Biere aus Belgien; seine gehaltvollen, aber rohen Hopfen werden stark nach England exportiert.

Welche soziale Bedeutung ein billiges, gutes Bier für das Leben eines Volkes hat, wird wohl auch durch die Thatsache veranschaulicht, daß in Frankreich, wo bekanntlich das Absynthtrinken (Wermutbranntwein) in den letzten Jahrzehnten, seit die Phylloxera kolossale Mengen von Weinbergen zerstört hat, wodurch der Wein teurer und der billige Wein sehr geschmiert, ungenießbar und ungesund geworden ist, der Bierverbrauch per Kopf der Bevölkerung und Jahr 2,8 l betrug, der Branntweinverbrauch (der Verbrauch reinen Alkohols) aber 14 l per Kopf, der Weinverbrauch per Kopf 100 l, und daß gegenwärtig in Frankreich 250000 Branntweinschenken bestehen [529]); dabei ist Frankreich ein Weinland, wie nun erst in Rußland!

Bezeichnend ist auch, daß im Nordfrankreich in den Städten Roubaix, Tourcoing, Lille, St. Quentin und Dünkirchen mit ihren ursprünglich germanischen (vlämisch-fränkischen) Bevölkerungen der Bierverbrauch per Kopf und Jahr zwischen 236 und 295 l liegt [530]).

Die Allg. Br.- u. H.-Ztg. (1900, I, 398) bringt eine Zusammenstellung von 52 französischen Städten in Hinsicht auf jährlichen Bierverbrauch in Hektolitern. Am meisten konsumiert Lille mit jährlich 614000 hl, dann kommt Roubaix mit 352767 hl, dann Paris mit 240437, dann Tourcoing 174715, St. Quentin 126471, Nancy 64820, Amiens 62476, Reims 52590 etc.; am meisten konsumieren also die nordfranzösischen Städte mit ihrer ursprünglich germanischen Bevölkerung.

17. Belgien.

In Belgien hatte die eigene Bierproduktion:

1851 mit 2875 Brauereien = 3239489 hl,
1865 » 2613 » = 3638373 »
1898 = 13504046 »

Zu dem Quantum 1898, welches den Tabellen des Gambrinus entnommen, waren 1878758 Doppel-Ztr. Gerste und 52000 Ztr. Hopfen nötig. Es scheint also per Hektoliter Bier ca. 1/2 Pfd. Hopfen genommen zu werden.

In Belgien ist es den Brauern freigestellt, ob sie die Gewichtsmenge des Malzschrotes (10 Cts. das Kilo) oder den Rauminhalt des Maischbottichs (mit 4 Frcs. per Hektoliter) versteuern wollen; am meisten ist das erstere Verfahren beliebt.

Es gelangten zur Versteuerung[531]):

Provinzen	Betriebene Brauereien		Menge des deklarierten Malzschrotes		Versteuerter Rauminhalt des Maischbottichs	
	1899	1898	1899	1898	1899	1898
			Doppel-Ztr.	Doppel-Ztr.	hl	hl
Antwerpen	327	323	222 718,6	218 422,2	11 202	11 208
Brabant	502	485	535 230,3	515 129,7	1 609	2 074
Westflandern	555	548	257 113,9	247 593,2	25 137	26 546
Ostflandern	634	621	312 716,7	404 140,0	23 242	24 203
Hennegau	651	650	367 925,8	355 207,9	354	543
Lüttich	127	128	69 270,8	67 973,6	2 480	2 433
Limburg	141	140	35 443,2	33 817,5	11 495	12 104
Luxemburg	63	63	23 356,9	23 910,6	277	264
Namur	181	185	65 792,0	65 809,0	1 170	1 232
Zusammen	3 181	3 143	1 907 568,0	1 832 003,5	76 971	80 612

Die Entwicklung war:

Jahr	Menge des deklarierten Malzschrotes	Versteuerter Rauminhalt des Maischbottichs	Gesamter Malzverbrauch
	Doppel-Ztr.	hl	Doppel-Ztr.
1886	1 084 588,4	703 792	1 366 105,3
1887	1 254 079,8	481 175	1 446 459,7
1888	1 304 834,7	346 637	1 443 489,4
1889	1 381 963,4	297 201	1 500 843,5
1890	1 413 150,7	243 842	1 510 687,6
1891	1 411 781,3	197 075	1 490 611,3
1892	1 449 943,6	165 846	1 516 282,3
1893	1 507 026,6	142 504	1 564 028,1
1894	1 533 347,9	126 907	1 584 110,5
1895	1 616 381,3	116 992	1 663 178,3
1896	1 692 934,7	105 071	1 734 962,9
1897	1 762 018,7	93 045	1 799 236,9
1898	1 832 003,5	80 612	1 864 248,4
1899	1 907 568,6	76 971	1 938 357,3

Man nimmt in Belgien an, daſs zur Gewinnung von 1 hl Bier durchschnittlich 13,8 kg Malz verbraucht werden; daraus ergibt sich dann folgende (berechnete) Biererzeugung:

Jahr	Gesamterzeugung	Durchschnittsproduktion der einzelnen Brauereien
	hl	hl
1893	11 383 340	3 956
1894	11 550 989	3 983
1895	12 230 308	4 197
1896	12 572 195	4 223
1897	13 037 948	4 265
1898	13 509 046	4 297
1899	14 046 067	4 415

Die Bierproduktion Belgiens ist also im Mittel um jährlich 444000 hl gewachsen.

Nach dem Nordamerikaner C. E. Murphy[532]) verwendeten 1898 ca. 2000 von den 3500 Brauereien Belgiens Mais als Gerstensurrogat bis zu 75%. Der Mais stammt aus den Vereinigten Staaten und gelangt grob gemahlen (als grits) zur Verwendung; nach demselben Gewährsmann sollen auch Frankreich und Deutschland immer wachsend Mais verwenden. 1888 exportierten die Vereinigten Staaten nur 24000 Bushel Mais, dagegen 1897 209000000 Bushel und 1898 250000000; da wird aber natürlich die Hauptsache zur Fütterung verwendet.

Belgien führt auch sehr viel Bier ein, namentlich aus Bayern, während der unerhebliche Export Belgiens meist nach Frankreich geht. 1897[533]) führte Belgien 125000 hl ein, 1899 dagegen 140000 hl. Die Ausfuhr betrug 1897 in Fässern 981 hl und in Flaschen 2593 hl; 1899 dagegen in Fässern nur noch 334 hl, in Flaschen 1890 hl. Die Biere sind obergärig und werden rasch abgesetzt. Es wird halb Malz und halb ungemalzte (Roh-) Gerste verarbeitet. Auch wird das Bier vielfach noch der Selbstgärung überlassen; daher der eigentümliche, namentlich milchsaure Geschmack des belgischen Bieres, grofse Klarheit, starkes Moussieren[534]). In Bieren mit spontaner Gärung (Lambik, Faro) tritt oft ein Bacillus auf, welcher sie trüb und schleimig macht[535]).

Namentlich hat die Biereinfuhr von 1896 auf 1897[536]) sehr zugenommen; die Einfuhr betrug:

Jahr	Gesamteinfuhr	Davon aus Deutschland	Davon aus England
	hl	hl	hl
1880	76 680	49 900	11 621
1896	97 512	51 090	34 257
1897	124 446	61 104	49 727
1898	135 038	60 812	59 535
1899	139 998	68 968	56 335

Die Ausfuhr ist gering, sie betrug 1897 im Fafs 981 hl, mit den Flaschen zusammen 2593 hl; 1899 im Fafs 334 hl, mit Flaschen 1890 hl. Das Flaschenbier geht nach den wärmeren Ländern.

18. Niederlande (Holland).

Dieses Land führt im grofsen Mafsstab fremde Biere ein, meist aus Bayern (Kitzingen, Erlangen, Nürnberg). Es versendet auch viel eigenes Bier nach Java etc.

Nach v. Saher erzeugte Holland um 1860 ca. 60000 Eimer Bier à 60 preufs. Quart und brauchte dazu ca. 1000 Ztr. Hopfen. Nach den Tabellen des »Gambrinus« erzeugte Holland 1898 ca. 1483390 hl, wozu 370812 Doppel-Ztr. Malz und 11114 Ztr. Hopfen verwendet wurden. Es wurden also ca. $^3/_4$ Pfd. Hopfen per Hektoliter Bier verwendet. 1850 führte Holland 27460 hl Bier, 1899 29350 hl ein, alles fast nur aus Deutschland.

19. Luxemburg

erzeugte 1898 ca. 155040 hl Bier, wozu 35022 Doppel-Ztr. Gerste und 1023 Ztr. Hopfen verwendet wurden[537]). Luxemburg erzeugte:

	1898/99	1897/98
obergärig	1476 hl	1397 hl
untergärig	168822 »	153643 »
zusammen	170298 »	155040 hl.

20. Die Schweiz.

Die Schweiz braute 1891: 1382000 hl
1894: 1512000 »
1896: 1878000 »
1897: 1992000 »
1898: 2107100 »

1892 arbeiteten 321 Etablissements,
1894 » 308 »
1896 » 275 »

14 Brauereien erzeugten über 40000 hl
3 » » 30000—40000 »
24 » » 500—1000 »
29 » » 100— 500 »
3 » unter 100 »[538])

Der Bierimport 1898: 82407 hl (1897: 78291 hl).
Ausfuhr 1898: 11081 hl (1897: 9256 hl).

Die Schweiz importierte:

	1898	1897	
Gerste	107416	97059	Doppel-Ztr.
Malz	402906	401610	»
Hopfen	5378	5670	»

Dieses Land hatte vor 10—20 Jahren keine namhafte eigene Bierproduktion, es führte sehr viel Bier, namentlich aus Bayern, ein. In den letzten 20 Jahren hat sich aber die eigene Produktion sehr gehoben. Noch 1865 schätzte man die Landesproduktion auf 300000 Saum (à 150 l) jährlich.

1898 erzeugte die Schweiz 1879567 hl Bier, wozu 469895 Doppel-Ztr. Gerste und 10276 Ztr. Hopfen verwendet wurden. Es wurde also per Hektoliter ca. 0,60—0,70 Pfd. Hopfen verwendet; nach der Allg. Br.- und H.-Ztg. 1900, I, 907 erzeugten 1898 in der Schweiz 266 Brauereien 1992900 hl Bier.

21. Schweden und Norwegen.

In Norwegen[539] scheint der Bierkonsum gering. Von 1885—1897 liegt die eigene Jahresproduktion meist um 350000 hl herum; die Einfuhr beträgt nur 300—600 hl, der Verbrauch per Kopf 12—20 l.

Jahr	Zahl der Brauereien in Schweden	Biererzeugung hl	Jahr	Zahl der Brauereien in Schweden	Biererzeugung hl
1886	145	962647	1892	208	1478 [illegible]
1887	151	1017324	1893	243	1524848
1888	156	1285620	1894	242	1607702
1889	168	1341012	1895	265	1743538
1890	169	1305794	1896	364	2101929
1891	202	1475061	1897	397	2252751

In diesen Ländern ist die Brauerei ebenfalls in einer erheblich aufsteigenden Bewegung; das Bier verdrängt das Nationalgetränk, den kalten (Arak)punsch. Das Bier ist gut, aber schwer mit andern Bieren zu vergleichen; es ist ganz hell, dem Weifswein ähnlich, die Klarheit den höchsten Anforderungen entsprechend; es ist stark perlend, der Geschmack angenehm. Es werden die dortigen Biere meist auf Flaschen abgezogen. Der Absatz in Fässern ist gering. Man braucht wenig fremden Hopfen. Für Norwegen, welches früher Bier nach Art des englischen Ale und Porter erzeugte, mit 8%, werden jetzt mehr solche nach deutscher Art mit 5 und 4% hergestellt.

Nach v. Saher erzeugten diese Länder um 1860 ca. 60000 Tonnen Bier à 60 preufs. Quart, wozu ca. 1000 Ztr. Hopfen nötig waren; von diesen mufsten ca. 800 Ztr. eingeführt werden.

1898 erzeugte Schweden allein 2102000 hl Bier, wozu 576444 Doppel-Ztr. Gerste und 16209 Ztr. Hopfen verarbeitet wurden. Norwegen erzeugte 1898 ca. 379000 hl Bier, wozu 83381 Doppel-Ztr. Gerste und 2203 Ztr. Hopfen nötig waren. Es wurde also per Hektoliter Bier ca. 0,75 Pfd. Hopfen verwendet.

22. Dänemark.

Dieses Land erzeugte 1898 ca. 1934245 hl Bier, wozu 554828 Doppel-Ztr. Gerste und 13322 Ztr. Hopfen nötig waren. Es kommen zwei Sorten Bier in Betracht, nämlich Tafelbier mit 2% Alkohol (steuerfrei) und gewöhnliches Bier mit 5% (nicht über 6%) Alkohol. Vom letzteren Bier wurden fabriziert: 1872 100000 Barrels (englisch), 1890 600000 engl. Barrels; nun kam eine Steuer von 7 Kronen per Barrel; 1895: 615270 Barrels.

23. Rufsland.

In diesem grofsen Reiche ist die Brauerei schon seit 20 Jahren in einer starken aufsteigenden Bewegung, namentlich in St. Petersburg (bayerische Braumethode) und in den Ostseeländern (Wiener Brauart) sowie in Polen. Es wird auch viel englisches Bier, namentlich Porter, importiert.

Nach v. Saher erzeugte Rufsland um 1860 ca. 120000 Eimer Bier à 60 preufs. Quart, wozu ca. 2000 Ztr. Hopfen nötig waren. Um 1898 bestanden im europäischen Rufsland 375 grofse Brauereien, welche jährlich 40000000 Pud Bier erzeugen, wozu 200000—250000 Pud Hopfen nötig sind. 1898 wurden im europäischen Rufsland in 60 Gouvernements 690329 Desjatinen (à 1,09 ha) mit Gerste bestellt und 364434200 Pud (à 16,38 kg) Gerste geerntet.

Nach den Tabellen des »Gambrinus« erzeugte Rufsland 1898 ca. 5451142 hl Bier, wozu 1308260 Doppel-Ztr. Gerste und 37020 Ztr. Hopfen nötig waren. Es wurden also per Hektoliter Bier ca. 0,7 Pfd. Hopfen verwendet. Grofshopfenhändler (M. Gütermann Söhne) schätzen um 1900 den Gesamthopfenbedarf Rufslands für Brauzwecke auf 100000 Pud = 33000 Zoll-Zentner. Die gröfste Rolle spielt in diesem grofsen Reiche vorerst noch der Branntwein. Die Einnahmen, welche das Branntweinmonopol 1898 der russischen Regierung brachte, waren 392000000 Rubel Roheinnahme. Da die Ausgaben 71000000 ausmachten, blieben noch 321000000 Rubel Reineinnahme.

24. Spanien

erzeugte 1898 ca. 86560 hl Bier, wozu 33023 Doppel-Ztr. Malz und 918 Ztr. Hopfen verarbeitet wurden.

25. Italien

erzeugte 1898 ca. 114000 hl Bier, wozu 26219 Doppel-Ztr. Malz und 752 Ztr. Hopfen verarbeitet wurden. Die eigene Produktion beträgt also über 100000 hl und der Import 50000 hl, meist aus Österreich (3/4) und Deutschland (1/4).

In Italien krankt das heimische Brauereigeschäft, trotz des Schutzes durch hohe Einfuhrzölle, an den Folgen der vor einigen Jahren eingeführten hohen Steuer. Die Geschmacksrichtung in Bezug auf importierte Biere hat sich neuestens den hellen (österreichischen) Bieren ab- und den dunklen bayerischen zugewendet.

Nach der österreichischen Exportenquete (Gambrinus, Wien 1900, S. 601) betrug der Bierimport in Italien in Zentnern:

	1895	1896	1897	1898	1899
Aus Österreich	37491	28387	30953	28010	27915
Deutschland	12215	12593	15046	15051	17640

Um 1890 war das Prozentverhältnis der österreichischen Biereinfuhr in Italien noch 81,8, der deutschen 15,2, jetzt ist die österreichische 61,3%, die deutsche 33,7%.

26. Rumänien[543])

erzeugte 1898 ca. 75778 hl Bier, wozu 19801 Doppel-Ztr. Malz und 731 Ztr. Hopfen verarbeitet wurden. Nach andern Nachrichten[542]) hatte Rumänien 1898/99 21 Brauereien, welche 112000 hl Bier erzeugten, 1897/98: 75000 hl. Die bedeutendste Brauerei ist die von Bragadir in Bukarest, welche 1898/99 im ganzen 48000 hl Bier erzeugte; dann kommen, ebenfalls in Bukarest, die Brauereien von Luther mit 37000 hl und von Oppler mit 20500 hl.

In Rumänien hindern nicht nur der Genuſs von billigem Wein, sondern auch von Branntwein (Slivowitz) und ein Nationalgetränk aus Mais die Entwicklung der Brauerei, ferner auch enorme Steuern auf Bier[543]). Jeder Hektoliter Bier zahlt an Staats- und städtischer Steuer ca. 39 Frcs. Von den kgl. Domänen in die Hofbrauerei gelieferte 3 Ztr. 1899er Hopfen, wahrscheinlich von bayerischen Fechsern, waren völlig degeneriert, die Zapfen lang, an wilden Hopfen erinnernd; der Geruch erinnerte an alles andere eher als an Hopfen. In der Brauerei von Luther wird für helles Bier nur Saazer und für dunkles nur bayerischer Hopfen verwendet.

Rumänien baute von 1894—1898 im Jahresdurchschnitt 8596000 hl Gerste, d. i. 14,1 hl per Hektar; 1899, wo 638670 ha mit Gerste bestellt waren, wegen der groſsen Dürre in der Dobrudscha und im Bezirk Constanza, wovon 342000 ha betroffen wurden, im ganzen nur 1600920 hl, also 2,5 hl per Hektar, was der Menge des ausgestreuten Samens gleichkommt.

27. Serbien

erzeugte 1898 ca. 68400 hl Bier, wozu 14840 Doppel-Ztr. Malz und 614 Ztr. Hopfen verarbeitet wurden.

Nach dem Gambrinus (1900, S. 736) betrug der Bierkonsum in diesem Lande 1899 ca. 86000 hl, das meiste in heimischen Brauereien erzeugt. Der Extraktgehalt der Würzen beträgt 13—14 %, seltener 16 %. Die einheimische Gerste ist von geringer Qualität, dickhülsig und arm an Stärkemehl. Der Hopfen wird meist aus der Saazer Gegend bezogen. Die Versuche mit heimischem Hopfenbau sind gänzlich gescheitert, teils wegen Unkenntnis der Kultur, teils wegen der abnormalen Temperaturschwankungen zwischen Tag und Nacht.

28. Bulgarien

erzeugte nach dem Gambrinus 1898 nur ca. 79840 hl Bier, wozu 21050 Doppel-Ztr. Malz und 840 Ztr. Hopfen verarbeitet wurden. Bulgarien erzeugte nach dem Handelsblatte in Konstantinopel (1899, Nr. 24):

1896: 382606 hl Bier,
1897: 322696 » »
1898: 515069 » »

Es hatte etwa 20 Brauereien.

29. Griechenland

erzeugte 1898 ca. 82490 hl Bier, wozu 19160 Doppel-Ztr. Gerste und 533 Ztr. Hopfen verarbeitet wurden; 12 Brauereien.

30. Europäische und asiatische Türkei, Britisch-Indien etc.

erzeugten 1898 ca. 480340 hl Bier, wozu 110478 Doppel-Ztr. Malz und 4070 Ztr. Hopfen verarbeitet wurden.

In Ostrumelien (Türkei) haben 1899 zwei kleinere Brauereien den Betrieb eingestellt und fünf Brauereien nicht mehr als 6000 hl Bier zum Ausschank gebracht. Die Brauereien liefern das Bier den Kunden in Fässern von $12^1/_2$ und 15 l, per Hektoliter zu 32—34 Frcs.; Flaschenbier zu 0,65 l mit ca. 30 Cts; im ganzen wurden ca. 50000 Flaschen abgesetzt. Die Staats- und Gemeinde-Abgaben betragen per Hektoliter ca. 9 Frcs. Ausländisches (Münchner) Bier wird nur in Burgas getrunken. Die groſsen europäischen Brauereien beherrschen das Biergeschäft nach der Türkei von den Hafenplätzen aus. Die verwendete Gerste stammt aus dem Inlande, der Hopfen meist aus Böhmen, wenig aus Bayern. Die lokalen Versuche, welche mit der Hopfenkultur gemacht wurden, scheiterten meist an klimatischen Verhältnissen. Der ganze Verbrauch an Hopfen in Ostrumelien ist für dieses Jahr auf 4000—5000 kg zu schätzen. Die

Fässer kommen aus Ungarn, die Flaschen aus Böhmen, andere Glaswaren aus Ungarn, Maschinen, Gummiwaren, Spunde etc. aus Deutschland, Maschinenöle aus Belgien und Frankreich (Gambrinus 1900, S. 697).

Egypten bezog (Gambrinus, Wien 1900, S. 645) früher viel Bier aus Deutschland, England und aus Österreich. Durch die in Alexandrien neu erbaute Crown Brewery, welche helles und dunkles Gebräu erzeugt und dieses Pilsener und bayerisches benennt, ist ein bedeutender Rückgang des europäischen Exportes nach Egypten veranlafst worden. Diese mit bedeutenden Kosten durch belgische Kapitalkräfte errichtete Brauerei ist mit künstlicher Kühlung nach den neuesten Erfahrungen ausgestattet, verarbeitet hauptsächlich österreichisches Malz und österreichischen Hopfen, hat tüchtige Brauereifachleute aus Böhmen in Dienst genommen und erzeugt ein ganz respektables Produkt, welches etwas leichter ist als das importierte, aber auch per Hektoliter um einige Francs billiger ist. Es herrscht eine solche Nachfrage nach diesem Bier, dafs die Brauerei ganz zufriedenstellende Geschäfte macht und man sich in den interessierten Kreisen bereits mit der Absicht trägt, auch in Kairo eine solche Brauerei zu errichten.

31. Amerika.

a) Vereinigte Staaten von Nordamerika[544]).

Für die Einführung des Bieres in Nordamerika scheinen zuerst die Holländer thätig gewesen zu sein[545]). Bereits 1626 existierte in New-York eine Brauerei, die auf Betreiben des damaligen Kolonialoberhauptes v. Cordtlandt, der selbst ein gelernter Brauer war, eingerichtet wurde. 1646 erschien von der Regierung der Neu-Niederlande eine Verordnung, nach welcher niemand Bier brauen durfte, der es nicht ordentlich gelernt hatte; alle Pantschereien wurden schwer bestraft. Sich selbst einen Haustrunk zu bereiten, war natürlich gestattet.

Ende des 17. Jahrhunderts folgte der Landung William Penns alsbald die erste Brauerei in Pennsylvanien, während um diese Zeit schon an vielen Plätzen der späteren Staaten New-York, New-Jersey und New-England regelmäfsig Bier gebraut wurde. Im 18. Jahrhundert ging aber infolge der nicht günstigen Behandlung, die jeder Industrie in Amerika seitens der Engländer zu teil wurde, die Brauerei wieder zurück und erholte sich erst wieder nach erkämpfter Unabhängigkeit (um 1781, als die Neu-Englandstaaten sich in die Vereinigten Staaten verwandelten).

Um 1810 bestanden in der ganzen Union 147 Brauereien, die zusammen 182690 Barrels (à 117,3 l) per Jahr produzierten. 1850 erzeugten New-York und Pennsylvanien allein circa 600000 Barrels, alle übrigen Staaten ca. 140000, die ganzen Vereinigten Staaten also gegen 740000 Barrels. Damals schon begann der Kampf der untergärigen deutschen Lagerbiere gegen die bisher allein üblich gewesenen englischen obergärigen Biere, für die das englische Ale typisch ist, indem die Deutschen als Brauer auf den Schauplatz traten. Wie erfolgreich das deutsche Nationalgetränk im Ringen mit seinem holländisch-englischen Rivalen war, ergibt sich aus der Thatsache, dafs jetzt (1900) von allem in der Union gebrauten Bier mindestens 90% untergäriges (deutsches) Lagerbier sind; der Rest ist Ale und Porter, das in verschiedenen Bezirken vorkommende Einfache und das am Stillen Ozean bekannte Dampfbier (steam beer).

Die Brauereien in Verbindung mit den Wirten haben, bei den amerikanischen Wahlverhältnissen, in der Frage der Biersteuer etc. eine politische Bedeutung, die sich sogar bei der Präsidentenwahl bemerkbar macht. Das Bier ist das spezifisch germanische Volksgetränk, und man kann ohne Übertreibung sagen, dafs alle Nationen in dem Mafse, als sie Biertrinker werden, sich zu germanisieren und deutscher Beeinflussung zugänglich zu werden beginnen. Dafür ist die nordamerikanische Union ein schlagendes Beispiel, wo die Sitte, am Tische und im Familienkreise beim Glas Bier die Geselligkeit zu pflegen, immer gröfsere Fortschritte macht und Hand in Hand geht mit der Zunahme des sozialen Einflusses des Deutschtums, der Anteilnahme an deutschen Vereinen, Kegel- und Gesang-Klubs, dem Besuch deutscher Vorstellungen und — last not least — der steigenden Beachtung der deutschen Sprache, die sich die Stellung einer

zweiten Landessprache in der Union zu erringen beginnt und mit den romanischen Sprachen in erfolgreiche Konkurrenz tritt, obgleich letztere ganz Zentral- und Süd-Amerika beherrschen.

Eine wichtige Kulturmission des Bieres ist die Verdrängung des Schnapses; in der zweiten Hälfte des 19. Jahrhunderts hat sich — per Kopf berechnet — der Bierkonsum verfünffacht, der Schnapskonsum hat um 50% abgenommen; seit der Kriegssteuer auf Bier hat der Schnapskonsum wieder etwas zugenommen. Die gröſste Zunahme des Bierkonsums fällt auf die 1880er und 1890er Jahre; das Steuerjahr 1877/78 ergab eine Bierproduktion der Union von 9000000 Barrels, das Steuerjahr 1898/99 dagegen rund 37000000 Barrels = 43—44000000 hl Bier, in derselben Zeit also, in der Deutschland ca. 54000000 Barrels und England 51000000 Barrels produzierten.

Staaten	Zahl der Bewohner, welche in Deutschland geboren sind (letzter Census)	Bierproduktion amerikanische Barrels zu 117,35 l
New-York	498 602	10 000 000
Pennsylvanien	230 516	4 000 000
Illinois	338 382	3 500 000
Wisconsin	259 819	3 000 000
Ohio	235 668	3 000 000
Missouri	125 461	fast 2 000 000

Die Landstriche, wo die meisten geborenen Deutschen sitzen, sind auch die gröſsten Bierkonsumenten. In Pennsylvanien ist das Deutschtum bereits älteren Datums. Schon zur Zeit des Unabhängigkeitskrieges war das Deutschtum dort so stark, daſs man es zur offiziellen Staatssprache machen wollte; man that es nur nicht, um der jungen Republik keine Schwierigkeiten mit der Staatssprache zu bereiten.

Trotz des riesigen Aufschwunges, den die Bierproduktion in der Union genommen hat, ist der Konsum per Kopf erst ca. 66 Quart (1 Quart etwas weniger als 1 l), in England 135 Quart, in Deutschland 107 Quart; der Städtekonsum in New-York 250 Quart, in Chicago 216, in München 570, Nürnberg 324, Berlin 198, Prag 172, Wien 142.

Es werden in der Union ca. 100000 Barrel Bier importiert. Das importierte Bier kostet per Glas 10 Cent, in feinen Lokalen sogar 30 Cent = 1,28 Mark für 1 l oder 40 Cent = 1,70 Mark für sogenanntes echtes, aus Deutschland oder Österreich importiertes, das aber immer stärker eingesotten ist wie das in der Heimat getrunkene und pasteurisiert (sterilisiert), wodurch es erheblich minder wohlschmeckend wird; es ist deshalb in Amerika weit weniger bekömmlich als einheimisches Bier.

Die Bierausfuhr der Vereinigten Staaten betrug 1898: 801137 Gall. in Flaschen und 415697 Gall. in Fässern, zusammen 1216834 Gall. im Werte von 1003361 Dollar; 1899: 1402909 Gall. in Flaschen und 780306 Gall. in Fässern, zusammen 2183215 Gall. im Werte von 2145437 Dollar.

Einen groſsen Einfluſs übt die groſsartig entwickelte Brauerei auf den Gersten- und Hopfen-Bau und damit auf die ganze Landwirtschaft der Union, was in einem Lande besonders wichtig ist, dessen Bewohner mit 30% zur städtischen und mit 70% zur landwirtschaftlichen Bevölkerung gehören.

Die gröſsten Brauereien der Vereinigten Staaten sind jene von Anheuser-Busch in St. Louis und von Pabst und Schlitz in Milwaukee; sie sollen Sehenswürdigkeiten sein.

Das ganze Biergeschäft der Union ist als Lagerbierproduktion nicht bloſs deutschen Ursprungs, sondern auch heute noch ganz in deutschen oder deutsch-amerikanischen Händen; es steht der deutschen Bewegung fördernd zur Seite.

Die Erfolge, welche die deutschen Brauer in den Vereinigten Staaten mit der Entwicklung der Brauerei hatten, sind um so höher anzuschlagen, als sie im klassischen Lande der Temperenzler errungen worden sind, gegen jene Kaltwassersimpel, welche am liebsten jedem Bürger vorschreiben möchten, was und wie viel er trinken darf [546]). Die Tapferkeit der deutschen Krieger im deutsch-französischen Kriege 1870 und der Heldenmut der deutsch-amerikanischen Soldaten im Bürgerkriege, die Opfer, welche diese für die Aufrechterhaltung und Erstarkung der Union gebracht, ferner die Tüchtigkeit der Deutschen auf allen Gebieten der Wissenschaft, der Literatur, Kunst, Industrie und Landwirtschaft etc. mögen dazu nicht wenig beigetragen haben. Auch die Reisen gebildeter Amerikaner, namentlich auch nach Deutschland, wo sie die Sitten und Gebräuche, das frohsinnige Leben der Bevölkerung in den öffentlichen Restaurationslokalen, Bierkellern und Gärten in München, Berlin, Hamburg, Köln, Hannover, Dresden etc. kennen und schätzen lernten, mögen nicht wenig dazu beigetragen haben. Mancher amerikanische Temperenzschwärmer mag da, angesichts der fröhlichen Menschenmassen beim Klange der Militärkapellen und der Ruhe und Ordnung, mit welcher all das verlief, begriffen haben, welch segensreichen Einflufs mäfsiger Biergenufs auf das öffentliche Leben auszuüben vermag, und mit andern Ansichten in die Union zurückgekehrt sein.

Der Brauer, welcher wirklich gutes Bier zu billigen Preisen erzeugt und dadurch die Schnapspest in all ihren Formen wirksam bekämpft, ist in der That ein Wohlthäter seiner Mitmenschen, ein Missionär der Zivilisation; so wirkte auch das Bier in Nordamerika und trug zur Germanisierung der angloamerikanischen Bürger der Union bei.

Nach William A. Lawrence [547]) brauten die Vereinigten Staaten an Bier, Ale und Porter:

Jahr	Barrel		Jahr	Barrel	
1863:	1558000	Barrel Bier, Porter etc. à 117,35 l [548]),	1875:	8743000	Barrel Bier,
1864:	2213000	» »	1876:	9159000	» »
1865:	3657000	» »	1877:	9074000	» »
1866:	5115000	» »	1878:	10241000	» »
1867:	5819000	» »	1879:	11103000	» »
1868:	5685000	» »	1881:	14300000	» »
1869:	5866000	» »	1886:	20700000	» »
1870:	6081000	» »	1891:	30400000	» »
1871:	7159000	» » (770000)	1896:	35800000	» » [549])
1872:	8009000	» »	1896/97:	34423994	» »
1873:	8910000	» »	1897/98:	37493306	» »
1874:	8880000	» »	1898/99:	36581114	» »

(1864–1874: 1 Barrel amerikanisch = 117,5 l.; 1875–1898/99: 1 Barrel amerikanisch = 117,5 l.)

Die Staaten, welche über 2000000 Barrel Bier erzeugten, waren 1898/99:

New-York	9665347	Barrels
Pennsylvanien	4299006	»
Illinois	3549534	»
Wisconsin	2797188	»
Ohio	2785489	Barrels
Missouri	2254039	»
New-Jersey	2043999	»

Es ist bei 1879 nicht Rücksicht genommen auf die Tausende in den Brauereien verdorbener Barrels und das, was in 42 abgebrannten Brauereien zu Grunde ging.

Biererzeugung in den Vereinigten Staaten Amerikas.

(Brauperiode im Fiskaljahre 1898/99.)

	Barrels		Barrels
Alabama	51 605	Georgia	117 488
Arkansas	8 243	Illinois	3 549 534
California	712 529	Indiana	766 896
Colorado	244 201	Jowa	187 892
Connecticut	673 299	Kansas	7 812
Florida	10 121	Kentucky	434 528
		Übertrag	6 764 148

Die Amerikaner nehmen an, dass beim Feuerkochkessel das Bier besseren Geschmack erhält als beim Dampfkochkessel[551]).

In Nordamerika hat man früher die Würze allgemein 5—6 Stunden lang gekocht, jetzt mit den Dampfbetriebenen geschlossenen Kesseln 2½—3 Stunden.

Infolge der verbesserten Methoden der Hopfentrocknung, der Hopfenzerreibmaschinen, Hopfenextraktionsapparate mit Gewinnung des Hopfenaromas, welche zwar nicht allgemein im Gebrauche sind, aber doch in einer größeren Anzahl Brauereien verwendet werden, konnte die Hopfengabe verringert werden, ohne dass die Qualität des Bieres darunter Schaden litt.

Sobald das Bier einen gewissen Grad der Reife erlangt, hat weiteres Lagern keinen Sinn mehr. Durch Bierfilter verschiedener Konstruktion ist es dem Brauer möglich, das Bier etwas früher (aber unreif) auf den Markt zu bringen; auch werden Glanz und Klarheit des Bieres erhöht, was angeblich auch bessere Haltbarkeit zur Folge hat, da es schädliche Organismen wie Hefe, Bakterien zum größten Teil zurückhält (?). Die Filter haben die Späne verdrängt und das Quantum Restbier verringert, aber ob die Qualität des Bieres verbessert?

Das Rohfruchtbier soll sich besser zu Flaschen- und Exportbieren eignen und größere Haltbarkeit besitzen.

In Nordamerika will man stark schäumende Biere; deshalb setzt man dem ausgegorenen Faſsbier 5—20% der Kräusen (also Bier im ersten Stadium der Gärung) zu, um durch Nachgärung die nötige Kohlensäure zu erzeugen. Da aber solches Kräusenbier nicht haltbar ist, sättigt man es durch die Zufuhr künstlich erzeugter Kohlensäure, die man in einzelnen gröſseren Brauereien in groſser Menge aus den Gärungsgasen gewinnt. Aber die Gärungsgase liefern keine tadellos reine, geruchlose flüssige Kohlensäure. Verlangt zudem groſsen Kapitalaufwand.

1871 hatten die Vereinigten Staaten 38547000 Einwohner. Die Brauerei dieses groſsen Landes hatte früher — wie schon erwähnt — nur Ale und Porter nach englischer Art erzeugt. Seit den 1860er Jahren wendete man sich aber immer mehr der Erzeugung von untergärigen Lagerbieren nach bayerischer und österreichischer Art zu, und man kann sagen, daſs dieser Übergang heute (um 1900) so ziemlich vollzogen ist, wenn es dort auch noch Brauereien gibt, welche Porter und Ale brauen.

In Philadelphia waren 1870 an 9—10 gröſsere Ale- und Porter-Brauereien und 60 deutsche Lagerbierbrauereien in Betrieb. 1870 wurden in Philadelphia jährlich 200000 Faſs Ale und Porter und 275000 Faſs Lagerbier erzeugt, wozu 1250000 Bushel Gerste und 1½ Millionen Pfd. Hopfen nötig waren. Die Brauereien Milwaukees in den Unit. Stat. erzeugten 1871 an 142000 Barrel, 1872 an 225159 Barrel Bier; zum letzteren Quantum brauchten sie 700000 Bushel Gerste und ca. 3500 Ballen Hopfen[552]). Ähnlich war es in allen andern Groſsstädten der Union. Schon im Juli 1870 wurde im New York Herald der Lagerbierkonsum per Jahr auf 6600000 Faſs angegeben, zu deren Rohmaterialerzeugung 970000 Acres Gerste und 42625 Acres mit Hopfen nötig seien[553]).

1896 erzeugten die Vereinigten Staaten 41351400 hl Bier und brauchten dazu 23173386 Doppel-Ztr. Gerste und 550580 Ztr. Hopfen, allerdings inklusive Südamerika und Australien; sicher treffen aber ¾ davon auf die Vereinigten Staaten.

In den Vereinigten Staaten[554]), wo die Brauerei damals noch rapider zunahm als in Europa, wurden 1872 von ca. 2785 Brauereien, welche je 500—100000 Barrel, am meisten je 1000—2000—3000 Barrel Bier produzierten, nur 2 bis 100000 Barrel, im ganzen ca. 7087826 Barrel Bier erzeugt. [illegible] Hopfen [illegible] Unionstaaten [illegible] ca. 250000—300000 Ztr. (amerikanische) [illegible] in Wirklichkeit aber infolge der groſsen Ersparungen nur circa 160000—180000 Ztr. Amerikanische [illegible] für 1900 [illegible] Staaten [illegible] Kapital von mehr als 100000000 Dollar an 23000000 Bushel

	Barrels		Barrels
Übertrag	18 764 148	New York	9 665 347
Louisiana	195 761	North Carolina	107
Maryland	976 293	Ohio	2 785 489
Massachusetts	1 763 939	Oregon	254 159
Michigan	801 430	Pennsylvania	4 292 096
Minnesota	581 212	South Carolina	7 022
Missouri	2 254 039	Tennessee	126 427
Montana	164 344	Texas	299 861
Nebraska	216 665	Virginia	137 079
New Hampshire	301 823	West Virginia	140 738
New Jersey	2 043 999	Wisconsin	2 797 188
New Mexico	4 038	Summa:	36 581 114

	Biereinfuhr	Bierausfuhr
1897	1 236 605	7 930 120
1898	1 064 426	2 459 431

In dem Braujahre 1897/98 wurden erzeugt 37 493 306 Barrels, dafür 1898/99 weniger 911 192 Barrels. Die Bierbrauerei in den Vereinigten Staaten 1896/97 und 1897/98 in den Fiskaljahren (1. Juni bis Ende Juli des folgenden Jahres), die detaillierten Produktionen der 44 Staaten und Territorien s. Zeitschr. f. d. ges. Br. Wesen, München 1899, S. 162. [illegible] angegeben.

Seit dem spanischen Feldzug (1898) hat, trotz des groſsen allgemeinen wirtschaftlichen Aufschwunges, die Bierproduktion etwas abgenommen, es kann daran die Kriegssteuer schuld sein, vielleicht auch die Temperenzbewegung; sehr wahrscheinlich wirkten in den verschiedenen Staaten verschiedene Ursachen. Vor dem spanischen Krieg war die Steuer per Barrel 1,85 Dollar oder 6,60 Mark per Hektoliter, infolge des Krieges wurde diese Steuer verdoppelt, wodurch sich die Biersteuer um 28,8 Millionen Dollar (120,9 Millionen Mark) erhöhte. Eine Abwälzung dieser Steuer auf die Konsumenten gelang nicht. Deshalb schränkten die Brauer den Betrieb ein[559]).

Hopfen wurden 1879 wahrscheinlich 123000 Ballen konsumiert. 1880 werden wahrscheinlich 15000000 Barrel Bier gebraut und 150000 Ballen Hopfen dazu verwendet worden sein. Im letzten Herbste stellten sich die Vorräte:

Neue Ernte 1879 in den Händen der Pflanzer	120 000 Ballen
Alte Hopfen in den Händen der Pflanzer	15 000 »
Alte Hopfen in den Händen der Händler	5 000 »
Alte Hopfen in den Händen der Brauer	55 000 »
Gesamtvorräte 1879	195 000 Ballen
Zunahme im Laufe der Saison durch Import	3 000 »
Summa:	198 000 Ballen.

Diese wurden während des Jahres verwendet:

Zum Brauen von 13 347 000 Barrels verbraucht	133 000 Ballen
Exportiert von New York, Boston, Philadelphia etc.	49 000 »
Somit während des Jahres vom Markt genommen	182 000 Ballen.
Vom vorigen Jahr auf neue Rechnung zu übernehmen	16 000 »
Summa:	198 000 Ballen.

[illegible] Bierproduktion in den Vereinigten Staaten per 1896/97 auf 35 Millionen Barrels [illegible]

Gerste und ebenso viele Pfund Hopfen verbraucht haben, zu deren Erzeugung 1900000 Acres Land nötig waren; es kämen also auf 1 Bushel Gerste 1 Pfd. Hopfen.

A. Schwarz in New-York[556]) will zu Flaschenbier aus 100 Bushel guten Malzes 55 Barrel reiner Würze machen. Diese erhalten beim Würzekochen in drei Portionen 30 + 30 + 20 Pfd. = 80 Pfd. Hopfen, wobei noch 1 Pfd. Catechu (Tannin) in den Kessel kommt. Dies gibt beim Ausschlagen 40—50 Barrel 15 proz. Würze. Nach 17—18 Tagen Hauptgärung auf 4—4½% vergoren. Es wird nach der Nachgärung etwa 40 amerikanische Barrel (à 117,5 l) Bier, also = 47 hl; das wären also auf 1 hl um 1871 ca. 1,7, beinahe 1,8 Pfd. Hopfen. Da (s. die Tabelle von W. A. Lawrence) die Vereinigten Staaten 1871 an 7159000 Barrel Bier erzeugten, so brauchten sie dazu 12886200 Pfd. oder 128862 Ztr. Hopfen. Wenn 1 Barrel amerikanisch 117 l ist, dann sind das ca. 8850000 hl Bier, und es waren nötig 173000 Ztr. Hopfen.

Nach der Weltbrauereistatistik des Gambrinus in Wien erzeugten 1898 die Vereinigten Staaten mit Südamerika und Australien an 64354000 hl Bier und brauchten dazu 550580 Ztr. Hopfen. Da aber die Vereinigten Staaten mit Südamerika und Australien heute mehr als siebenmal so viel Bier erzeugen wie 1871, so müfsten sie heute, die Hopfenkonsumtion als gleich angenommen, mehr als 1200000 Ztr. Hopfen konsumieren. Die Hopfenkonsumtion hat also in nicht ganz 30 Jahren um die Hälfte, um reichlich 500000 Ztr., abgenommen.

Wenn man die Hopfengabe auf die Würze rechnet, nicht auf das fertige Bier, dann treffen nicht ganz 1,5 Pfd. Hopfen auf 1 Barrel Würze, dann würde sich diese Hopfensumme um ca. ⅐ (ca. 70000 Ztr.) reduzieren, es blieben dann immer noch mehr als 400000 Ztr. (ca. 430000 Ztr.).

Die Praxis der Bierbereitung hat sich nach Briant und Meacham in den Vereinigten Staaten von Nordamerika so geändert, dafs man statt der verhältnismäfsig gröfseren Menge Hopfen, welche früher anzuwenden allgemein üblich war, jetzt per Barrel Bierwürze im Durchschnitt 1 Pfd. Hopfen gibt, im Minimum sogar nur ½ Pfd. per Barrel. In früheren Jahren war aber eine Gabe von 2—3 Pfd. per Barrel Bierwürze der Durchschnitt.

Demnach wären beim heutigen Bierproduktionsquantum von rund 64000000 hl, nach Bryant und Meacham 1 Pfd. Hopfen per Barrel angenommen, ca. 600000 Ztr. Hopfen nötig, ½ Pfd. wird doch nur ausnahmsweise angewendet werden. Nimmt man, wie vor 40—50 Jahren üblich, im Mittel 2,5 Pfd. per Barrel, dann wären beim heutigen Bierquantum sogar ca. 1500000 Ztr. Hopfen für die Brauerei der Vereinigten Staaten etc. nötig, weit über 1000000 Ztr. Hopfen mehr, als thatsächlich der Fall.

Man sehe auch das Steigen der Bierproduktion in den Vereinigten Staaten, welche von 1863—1875 von 2232000 hl auf 12527100 hl stieg[557]). Diese Zahlen stimmen aber nicht mit den oben von Lawrence angeführten.

In der Allg. Br.- u. H.-Ztg.[558]) wird in einer Zuschrift aus New-York das Hopfenquantum per Barrel Würze immer noch mit 1½ Pfd. angegeben. Andern Angaben aber entnehme ich, dafs der jetzige Hopfenbedarf in Nordamerika sogar nur ⅓—⅕ des früher üblichen beträgt. 1887 jedoch[559]) wird gesagt, man rechne jetzt allgemein per Barrel Bier nur noch 1—1½ Pfd., 25 Jahre früher, also anfangs der 1860er Jahre, hat man per Barrel noch 2½—3 Pfd. gerechnet, und zu den im Winter gebrauten Sommerbieren wurde sogar noch stärker gehopft. Die Ersparung der amerikanischen Brauerei an Hopfen, zuerst durch die vorteilhafte Ausbildung der Eiskeller und später der Eismaschinen und Kaltluftführungen in den Lagerkellern, ist also in der That eine aufserordentliche.

Nach Professor Vuylsteck in Löwen[560]) gibt man in Nordamerika jetzt 200—300 g Hopfen auf den Hektoliter Bier.

In Nordamerika, wo man 1895/96 ca. 35 859 250 Barrel
1896/97 » 34 423 000 »
1897/98 » 37 493 306 »

Bier erzeugte, schätzte man die durch die veränderte Braumethode und den durch das unverdaute Harzbitter in den modernen, sogenannten Lagerbieren, ebenso wie in Europa veränderten

Geschmack des biertrinkenden Publikums eingetretene Hopfenersparnis bereits um 1890 auf 30—35 %. Schon um 1887 hatte jeder Brauer mit 10000 Barrel Bierproduktion eine Eismaschine und braute das ganze Jahr. Namentlich 1882, wo das Pfund Hopfen in den Vereinigten Staaten einen Dollar (4,20 Mark) kostete, lernten die nordamerikanischen Brauer den Hopfen sparen und blieben dann auch dabei.

Von 1893—1897 inklus.[561]) wurden in den Vereinigten Staaten 170000000 Barrel Bier gebraut (es ist nicht ganz klar, ob das 4 oder 5 Jahre sind; sind es 4 Jahre, dann sind es per Jahr 42500000 Barrels, sind es aber — wie wahrscheinlicher — 5 Jahre, dann sind es per Jahr 34000000 Barrels) und 990000 Ballen Hopfen dazu verwendet; da käme auf das Barrel Bier oder Würze etwas mehr als 1 Pfd. Hopfen.

Früher war in Amerika, ganz genau ebenso wie in England, das sehr bittere Bier beliebt. Dann kam aber im ausgedehntesten Maſsstab das untergärige deutsche Bier zur Einführung; die Eiskeller und folgend die Eismaschinen hielten die Lagerkellertemperatur niedrig. Das nun massenhaft jung (d. h. unfertig) abgestoſsene sogenannte Lagerbier mit dem unverdauten, vom Bier wegen Mangels an Lagerdauer nicht mehr verarbeiteten Hopfen mit seinem rohharzigen Hopfenbitter belästigte den Geschmack und die Verdauung der Konsumenten, so daſs diese, gerade so wie bei uns in Deutschland und Bayern, München, immer süſsere Biere, statt mehr abgelagerte, fertige Biere mit abgeklärtem Geschmack, verlangten, obgleich doch ganz selbstverständlich die mehr bitteren Biere mit verdautem, verarbeitetem Bitter unverhältnismäſsig zuträglicher und gesunder wären. Es wird sicher auch dort gar nicht lange dauern, bis man von diesen süſsen Bieren wieder ermüdet ist und anderes verlangt; das kann schlechterdings nicht anders sein, denn in Nordamerika wirken selbstverständlich ganz dieselben physiologischen Gesetze wie bei uns in Mitteleuropa.

Eine merkwürdige, gewiſs nicht schöne, aber recht amerikanische Erscheinung ist das Bestreben einiger Spekulanten, die sämtlichen Brauereien der Vereinigten Staaten in einen einzigen Trust (Ring) zu vereinigen. Die American Malting Company vereinigt bereits eine gröſsere Anzahl selbständiger Brauereien. Der Maryland Brewing Company of Baltimore gehören 12 Brauereien mit einem Aktienkapital von 6500000 Dollar und einer Obligationenschuld von 7500000 Dollar an. Die Springfield Brewing Company hat sich 5 Unternehmungen mit einem Kapital von 2500000 Dollar einverleibt. In Erie sind 4 Brauereien mit einem Aktienkapital von 3600000 Dollar vereinigt worden. Die Central New York Brewing Company umfaſst 8 Brauereien mit einem Kapital von 3600000 Dollar. Weitere Ringe sollen in Pittsburgh, Buffalo, Philadelphia, Boston, Louisville und New-York geplant sein[562]). Nun will sich ein Trust bilden, um mit 1 Milliarde Dollar (4000000000 Mark) alle Brauereien der Vereinigten Staaten aufzukaufen[563].

Über die Entwicklung der Brauerei an der Pacificküste der Vereinigten Staaten (San Francisko, Kalifornien), überhaupt mit halbtropischem Klima, Washington, Oregon, Britisch-Kolumbien, und ganz im kalten Norden (Alaska), enthält der Gambrinus (Wien 1900, S. 566 u. ff.) aus der Hand eines Österreichers (Hans Medinger in Milwaukee) einen beachtenswerten Artikel. Es wird dort das Steambier (Kohlensäurebier), Lagerbier, Ale und Porter etc. gebraut. Das Steambier ist etwas stärker gehopft wie das Lagerbier. Die Brauer sind meist Deutsche, aus dem Deutschem Reiche oder Österreich. Auch dort scheinen die dunklen, vollmundigen Biere immer mehr von den hellen Bieren nach Pilsener oder Wiener Art verdrängt zu werden. Man macht die Biere aus Gerstenmalz, aber auch aus Weizen, Reis, Mais. Sie sind teils untergärig, teils obergärig hergestellt.

Viele Schwierigkeiten bereiten die oft sehr schwindelhaften, rasch zusammenbrechenden Trusts und die Arbeiterunionen, welche die Lohnsätze diktieren. Die Steuer per Hektoliter Bier beträgt 8,4 österreichische Kronen. Der Hektoliter Bier kostet in San Francisko (inklus. Steuer) 21 Kronen, Lagerbier 33,6 Kronen, in den gröſseren Städten der Union 27,3 Kronen, im eisigen Alaska ca. 1470 Kronen, 1900 nur noch 300—400 Kronen, während die Herstellungskosten nur 21 Kronen betrugen. Eine groſse, fatale Rolle spielen die Trinkgelder an die Konsumenten.

In die Hopfenkultur in Kaliſornien, Washington, Oregon sind in den letzten Jahren viel böhmische und bayerische Hopfenfechser eingeführt worden.

b) Brasilien.

Dieses Land, dessen Bierproduktion etc. weiter oben mit jener der Vereinigten Staaten zusammengefaſst ist, hatte schon 1870 die gröſste Brauerei in Rio de Janeiro (A. J. Gomes-Berera Bastos) mit einer jährlichen Produktion von 760 000 l (also 7600 hl). Der Bedarf war damals derart im Wachsen, daſs die dortigen Brauereien ihn nicht decken konnten. Der Gerstenbedarf wurde im Bau des eigenen Landes gedeckt, der nötige Hopfen wurde ganz eingeführt, namentlich aus Bayern. Anfangs der 1890er Jahre wurden von einem Brasilianer, der in Weihenstephan Technologie studiert hatte, Hopfenbauversuche in Südbrasilien (St. Katharina) gemacht.

Nach offiziellen Berichten aus Rio de Janeiro betrug die Biereinfuhr in Kisten (Flaschen)

	1895	1896	1897
aus Deutschland	38 818	3 373	924
aus Belgien etc.	9 309	2 225	410
aus England	6 136	1 672	1 711
Zusammen:	54 263	7 270	3 045

c) Mexiko.

Über mexikanische Brauerei brachte die Wiener Zeitschrift »Gambrinus« (1900, S. 340, Feuilletonartikel) einige bemerkenswerte Notizen aus der Feder eines Österreichers, Hans Medinger, welcher als Brauereifachmann die Union und Zentralamerika Studien halber bereiste.

Nach ihm ist die Bierbrauerei in Mexiko in einer gesunden Entwicklung begriffen; sie wird sehr durch die Regierung begünstigt, namentlich durch den Präsidenten Porfirio Diaz; die Regierung will eben mit der Ausbreitung des Bieres die Branntweinpest, den schlimmsten Feind der roten Rasse sowohl wie der Mischlinge, bekämpfen. Die Nationallaster der Bevölkerung sind Branntweinrausch und Spiel; der Rausch von Pulque, einem aus dem Safte der amerikanischen Aloë, der Magueypflanze, hergestellten Getränk, welches im Zustande der Nachgärung konsumiert wird, richtet die Bevölkerung physisch und moralisch zu Grunde, wobei sie im trunkenen Zustande leidenschaftlich spielt.

Um 1888 braute ein bayerischer Braumeister, ehemaliger Weihenstephaner, das erste Lagerbier, bis dahin wurden amerikanische, deutsche und dänische Biere, zur Kaiserzeit Porter und Ale aus England, eingeführt.

Jetzt werden in Mexiko selbst ca. 300 000 hl erzeugt. Der Import geht ständig zurück.

Die Hauptkonsumenten der meist 12—15grädigen Biere, die gröſstenteils in Flaschen verkauft werden, bilden neben den wohlhabenden Mexikanern die ansässigen Fremden, von denen nur die noch sehr einfluſsreichen Franzosen sich nicht ganz zum Gersten- resp. Reis-Safte bekehren lieſsen.

Diese Biere schmecken den Europäern schon deshalb besser als die amerikanischen, weil, neben dem nur in geringen Mengen eingeführten Hopfen aus Nordamerika, hauptsächlich deutscher und böhmischer Hopfen verwendet wird.

Zum zollfrei eingehenden deutschen Hopfen wird amerikanisches Malz verwendet; neben der Gerste spielt der Reis eine Rolle; Mais kommt kaum in Betracht.

Die kostspieligen Maschinen kommen meist aus den Vereinigten Staaten, vereinzelt aus Deutschland.

Geleitet werden die Brauereien hauptsächlich von deutsch-amerikanischen Braumeistern, einige kamen direkt aus Europa. Die älteste Brauerei des Landes, in Toluca, wurde 1888 von deutschen Kaufleuten gegründet. Es gibt Brauereien in den Tropenthälern, unter Kaffee-, Bananen- und Zuckerrohr-Plantagen in den Golfs, die natürlich mit Eis arbeiten. Andere liegen auf dem hohen Tafellande, oft so hoch, daſs man mit Überdruck sieden muſs; eine liegt in einem herrlichen Thale der Andenkette, 9000′ über dem Meere. Wichtig ist die Dauer; es wird Bier hergestellt, welches acht Monate haltbar ist.

unschön schmeckende Stoffe entzogen und der Würze einverleibten, die früher den Hopfentrebern verblieben, vermehrt wurden, so kamen noch andere Dinge hinzu, die uns die moderne Brauerei an wichtiger Stelle als an Krücken hinkend oder auf Stelzen gehend erscheinen läßt.

Infolge der gekürzten Hopfengaben und der gekürzten Lagerdauer, also sehr geschwächten und gekürzten Gärarbeit, gelingt es nicht mehr, durch die eigene, innere (Gär-)Arbeit unter Anteilnahme der Hopfenstoffe das Bier klar (krystallhell) und glanzvoll zu bekommen. Daher sehen wir in diesem Zeitraume (in den letzten 20—30 Jahren) neben dem Triumphzug der Eismaschinen auch die Schattengestalten der Fischblasenverwendung, der Haselnußklärspäne und der Filterpressen einherschreiten, welche das eigentliche Klar- und Glänzendmachen des Bieres, das früher den reicheren Hopfengaben und der längeren Lagerdauer zukam, zu besorgen haben, wobei sie aber noch ganz erhebliche Nebenwirkungen (Biergeschmacksverderbnis) geltend machen. Das sind nachteilige Wirkungen ersten Ranges im Gefolge der Eismaschinen in der Brauerei.

Der ganze Fortschritt der modernen Brauerei bezweckte also nur Sicherheit des Verfahrens und Schnellfabrikation, nicht im geringsten einen Fortschritt in der Hopfengabe; dagegen wirkten alle diese Fortschritte auf Hopfenersparnis in großen Dimensionen, aber auf Kosten des Wohlgeschmackes und der Bekömmlichkeit der Biere.

Daß in der That mit dieser Reduktion der Hopfengabe die Grenze nicht nur bereits erreicht, sondern auch vielfach längst überschritten ist, wird selbst von anerkannt tüchtigen Braumeistern und Bierbrauern ausgesprochen. Der als sehr tüchtig wohlbekannte Braumeister A. Meyer in Nürnberg, der einst auch mein Schüler war, sagte[567]): »Bei der heutigen Geschmacksrichtung des Publikums (gegen die die moderne Brauerei erzwungen »wurde, Verf.) hat im allgemeinen die Hopfengabe eine so niedrige Grenze erreicht, daß es mit den größten Gefahren für die Haltbarkeit des Bieres verknüpft sein würde, wenn diese schon sehr niedrige Grenze noch niedriger gesteckt würde. Die vielen Klagen über einen fauligen Geruch der Biere finden meistenteils ihre Ursache in der niedrigen Hopfengabe.« Nach solchen Äußerungen aus dem Kreise praktischer Brauer kann man doch nicht sagen, daß meine Ausführungen von Unkenntnis und Voreingenommenheit zu Gunsten der Hopfenproduzenten und Bierkonsumenten und zum Nachteile der Brauereien beherrscht und beeinflußt seien.

In diesen Vorgängen, welche sich in so außerordentlichem Grade in den letzten 15 bis 20 Jahren, namentlich zu Gunsten der großen Brauereien, der Großbrauereifabriken, geltend gemacht haben, wird man auch den Schlüssel suchen und finden können für die überaus gehässigen Behauptungen ausgedehnter Hopfensurrogatverwendungen in den Brauereien, auch in jenen Deutschlands und Österreichs, wie sie in den letzten Zeitabschnitten so häufig aufgetreten sind.

Man sah vielfach neue Brauereien größten Stils entstehen, die schon lange bestehenden ihren Betrieb ins Ungemessene erweitern. [illegible] Biererzeugung auch eine gesteigerte Nachfrage nach Hopfen [illegible] solchen besserer Qualität Hand in Hand gehen müsse. [illegible] Rückgang in den so wichtigen, geradezu unentbehrlichen physiologischen Aufgaben in Bezug auf die Hopfenwirkung [illegible] von der Außenwelt vollziehenden, geschilderten, gewaltig verbesserten Betriebseinrichtung [illegible] Hopfengerbstoffes etc., all das [illegible]

32. Asien.

Japan.

Dem deutschen Bier wird in Japan immer mehr der Vorzug vor dem englischen gegeben. Ende 1898 haben zwei der ersten Brauereien in Yokohamas die deutsche Produktionsweise angenommen, und jetzt versorgt eine derselben, eine englische Gründung, das deutsche Geschwader und die deutsche Kolonie in Kiautschou mit einem recht trinkbaren Stoff (Allg. Br.- u. H.-Ztg. 1899, S. 1326).

Japan hat bereits eine größere Anzahl junger Männer in Weihenstephan und München Brauerei studieren lassen. Die Japaner scheinen aber[564]) sich neuestens namentlich den hellen Bieren mit weinigem Charakter zuzuneigen, also den stark vergorenen, hopfenaromatischen Bieren; dann werden sie bald auch den Saazer, überhaupt böhmischen Hopfen für unentbehrlich halten.

Die Österreichische Br.- u. H.-Ztg. 1899, S. 284[565]) enthält einen Bericht von K. Yagi über die Bierindustrie in Japan. Die Bierproduktion beträgt jetzt ca. 180000 hl. Das Malz wird teils in Japan bereitet, teils aus Mähren und Kalifornien eingeführt. Der feine Hopfen kommt von Saaz und Spalt, die mittlere Qualität aus Amerika. Die Biere sind hell, untergärig. Die Analysen zweier Biere ergaben:

	Kirin-Bier	Sapporo-Bier
Alkohol	4,820 %	4,010 %
Extrakt	6,075 »	6,475 »
Stammwürze	15,17	14,2
Vergärungsgrad	57,5	54,2

Man s. weiter oben S. 388: Englische Kolonien.

Nach dem Hamb. Fremdenbl. 1898, Nr. 126[566]) wurden 1898 ca. 80000 Koku (1 Koku = 1,815 hl) Bier gebraut, was aber bei weitem nicht genügte, um so mehr als die Sakésteuer erhöht wurde. Es werden daher die heimischen Brauereien 1899 ihre Produktion auf 100000 Koku steigern. Der Import fremder Biere hat fast aufgehört, und die japanischen Brauereien exportieren noch nach China, Korea und Australien. Die Osakabrauerei beschloß, zur Vergrößerung ihres Etablissements 300000 Yen (1 Yen = 4,20 Mark) aufzuwenden; in einem Monat wurden über 1 Million Yen gezeichnet, ein Beweis des Vertrauens in die Rente des in Brauerei angelegten Kapitals.

d) Die unerwünschten Folgen der modernen Kellerbehandlung des Bieres. Die Unzufriedenheit der deutschen Konsumenten und der Einbruch heller, Pilsener Biere.

[illegible]

Richtungen der Hopfenwirkung surrogiert werden, so ist das nichts als ein elender Notbehelf, an dessen Wirkungen weder der Brauer noch die Biertrinker eine Freude haben können. Im weiteren Sinne des Wortes sind aber auch Fischblase, Haselnufsspäne und Filtrierapparate Hopfensurrogate, weil sie in Schnellarbeit Leistungen ersetzen sollen, welche vordem der langsamen Wirkung der Hopfenstoffe zukamen. Solche Surrogierungen des Hopfens werden auch in Deutschland im gröfsten Mafsstabe gemacht.

Man kann es aber auch wohl ebenso bestimmt und vorbehaltlos aussprechen, dafs in Deutschland und Österreich solche — direkt wirkende — Surrogate nicht zur Verwendung gelangen Wenn einzelnen Chemikern bei Bieruntersuchungen solche Bedenken aufgestiegen sind, so kann man diese Männer auch nicht ohne weiteres der Unwissenheit oder der böswilligen Absicht zeihen, weil der Hopfen und durch ihn das ganz normal hergestellte Bier Bestandteile enthält, welche alkaloidähnliche Reaktionen geben. Es ist dabei von höchster Wichtigkeit, was Greshoff in seinen schönen Untersuchungen festgestellt hat, dafs der Hopfenbitterstoff unter Umständen, also wohl bei Anwendung gewisser Chemikalien, eine Reaktion gibt, welche mit jener des Alkaloids »Colchicin« verwechselt werden kann. Thausing sagt in seinem Handbuche der Brauerei (V. Aufl., 1898, S. 288), dafs das Coniin und das Colchicin eine ähnliche Reaktion wie das Lupulin haben. Man sehe das von mir angefertigte mikrochemische Farbenbild in Fig. LXVI (Text S. 248 weiter oben, auch S 320 u. ff.). Bekanntlich ist den Brauern schon oft nachgesagt worden, dafs sie die Samen der Herbstzeitlose (Colchicum autumnale L.) verwenden, um Hopfenbitterstoff zu ersetzen.

Ohnehin haben manche geringere Hopfensorten selbst ein so rohes, unschönes, anhängendes, mit Nebenbeziehungen erfülltes, widerwärtiges Bitter, noch mehr, wenn sie in zu jungen Bieren, also völlig unverarbeitet, unverdaut enthalten sind. Bei meinen früheren umfassenden Hopfenuntersuchungen über das Material der ganzen Welt bekam ich wiederholt bei der Konstatierung des Bittergeschmackes der Hopfen einer kleineren Region am Mittelrheinlauf, welche oft sehr schönes Produkt erzeugt, intensives Kopfweh Ein Brauereistudierender in Weihenstephan, Brauereibesitzerssohn aus der Dortmunder Gegend, sagte mir damals, sie hätten jüngst erst in der väterlichen Brauerei vielfach die Hopfen dieser Lokalität verarbeitet, aber wieder damit aufhören müssen, weil die Konsumenten zahlreich über eingenommenen Kopf und Kopfweh geklagt hätten. Man sieht, dafs auch im Hopfen unter Umständen giftige Stoffe, offenbar Alkaloide, enthalten sein können (man sehe folgend »über die Alkaloide des Hopfens«). Diese rheinische Sorte hatte sehr schöne, an Saazer erinnernde Zapfen, welche sehr reich an Sekret waren und auffallend schönes Aroma hatten. Es ist bezeichnend, dafs man neuestens nicht mehr viel von ihnen hört. Man kann übrigens auch öfter in feinsten Hopfensorten, selbst in Spaltern und namentlich in Saazern, einen recht faden und selbst widerwärtigen Bittergeschmack antreffen, was mit der Jahreswitterung und namentlich mit der Düngung zusammenzuhängen scheint.

Die Reduzierung der Hopfengaben, welche durch die moderne Kellerbehandlung möglich und auch noch durch den nach süfsen Bieren verlangenden, aus mehrfach geschilderten Ursachen hervorgehenden Geschmack des biertrinkenden Publikums erzwungen worden ist, dürfte aber aus mehrlei, zum Teil schon weiter oben erwähnten Gründen, auch beim Bier nach Münchner Art, längst an der Grenze des Möglichen und namentlich auch des Nützlichen und Vernünftigen angekommen sein.

Vor ca. 15—20 Jahren war in München ein wahres Wettrennen nach süfsen Bieren. Da hatte eben die moderne Eiskellerbehandlung des Bieres mit ihrem rohbitteren, harzigen Hopfengeschmack schon ihre abstofsende Wirkung auf die Biertrinker begonnen. Die Biertrinker wufsten damals nicht, weshalb ihnen jetzt reichlichere Hopfenmengen im Bier so unerträglich geworden waren. Der Geschmack des Publikums, den eine Brauerei unmöglich ignorieren kann, verursacht oft Arrangements, die sonst unterbleiben würden. So hatte in damaliger Zeit eine grofse Münchner Brauerei, deren Konsumenten stets über die zu grofse (zu rohe) Bitterkeit dieser Biere klagten, jahrelang die mühevollsten und kostspieligsten Untersuchungen angestellt, um das Bier — unbeschadet der sonstigen Hopfenwirkung — möglichst wenig bitter zu machen. Als man dann endlich nach grofsen Anstrengungen ans Ziel gelangt war, fanden die Gäste das Bier zu leicht, indem sie erklärten, dafs man das schon am Mangel an Bittergeschmack erkenne.

Man darf aber eben dabei, um auch den Konsumenten gerecht zu werden, nicht vergessen, dafs alle diese Vorkommnisse in die Zeit des Überganges zur neuen Fabrikationsmethode fallen, wobei den Biertrinkern in den jung und halbreif zum Ausstofs kommenden Bieren viel rohes, unverdautes, ungeklärtes, harziges, widerliches Hopfenbitter zugemutet wurde. Die Mehrzahl der Trinker weifs das, was ihnen am Bier beschwerlich ist, nicht so genau zu bezeichnen, und so war ihnen das grobe, derbe Harzbitter eben zu viel Bitter.

Die Zahl der Biertrinker, welche glauben, dafs ein stark bitteres oder ein vom vielen verwendeten Farbmalz stark dunkles Bier ein gehaltvolles sei, ist übrigens heute doch nur noch eine untergeordnete. Die Masse der Biertrinker hat inzwischen schon besser das Wahre vom Schein zu trennen gelernt.

Der Geschmackssinn der Menschen und Tiere ist mit einer aufserordentlichen Empfindsamkeit ausgestattet. Wein, Kaffee, Thee, Kakao haben von der Natur gegebene, durch Wachstum erworbene, einfache, schwache, milde Geschmackskörper, welche bei allen Völkern und in allen Zonen gleich willkommen sind. Der Geschmack in künstlich bereiteten Getränken mit ihren oft zu stark konzentrierten Geschmacksstoffen hat aber durchaus keinen internationalen Charakter, da macht sich eine sehr grofse und ausgeprägte Verschiedenheit der nationalen Geschmacksrichtung geltend, die sich an den nationalen Grenzen schroff gegenübersteht.

Ernst Hantke sagt bei einem Vortrage in der 10. Braumeisterversammlung der Vereinigten Staaten zu Cleveland am 20. September 1898[568]), dafs man, um Aroma, Hopfengeschmack, Bruch und Konservierung im Bier zu erreichen, bisher den Hopfen in drei Portionen gegeben habe, dabei den schlechtesten Hopfen am längsten kochte, damit man womöglich Schimmel und alle wenig guten Bestandteile durch langes Kochen sicher entferne.

Früher sei es üblich gewesen, den Hopfen nur eine Stunde lang zu kochen, aber man nahm dann auch viel Hopfen, und er glaube, dafs das richtig war. Nehme man einen guten Thee und koche ihn lange Zeit, so schmecke er gallenbitter und schlecht; dagegen erhalte man beim blofsen Abbrühen dieses Thees ein feines Getränk. Ähnliches sollte man mit dem Hopfen anstreben; er solle keinen Extrakt geben, sondern nur das Bier verfeinern. Dies erreiche man, wenn man guten Hopfen nehme und kurze Zeit koche. Gute Ware, nicht nach Provenienz, sondern mit guten Eigenschaften, soll gebraucht werden und, wenn möglich, etwas mehr, dann werde vom Brauer aus auf Erzeugung guter Ware gearbeitet und auch solche erreicht werden. Würden nun die Herren Brauer den Rat des Herrn Hantke befolgen, dann gäbe es bald weniger Klagen über ungeniefsbare, ungesunde Biere und weniger Notstand in den Hopfendistrikten. Da liegt die Wahrheit!

Im Jahre 1885 schrieb ich in einer veröffentlichten Arbeit über Hopfen die Bemerkung nieder: es sei gar nicht undenkbar, dafs sich der Geschmack des Publikums bald einmal wieder ändere und dafs bitterer gehaltene Biere wieder mehr in Aufnahme kämen; derartige Wandlungen vollziehen sich oft in wenigen Jahren, namentlich wenn eine Änderung in der Fabrikationsmethode eintritt.

Seitdem hat sich bereits in den Wünschen des biertrinkenden Publikums, nicht blofs in München, ein grofser Umschwung geltend gemacht, indem es sich zum Teil den dunklen, süfsen (Münchner) Bieren ab- und den hellen, mehr bitteren und aromatischen (sogenannten Pilsener) Bieren zuwendete. Diese Bewegung ist bekanntlich noch in Gang, und ob sie mit den neu fabrizierten helleren, sonst den dunklen Bieren fast gleichen, nur mehr schroff- und meist auch derb-bitteren Bieren aufgehalten wird, bezweifle ich. Das Publikum will das feine, liebliche, weiche, harzfreie Hopfenbitter der alten Lagerbiere, dann ist es ihm sicher einerlei, ob die Biere heller oder dunkler sind.

Dr. Eugen Prior in Nürnberg[569]) sagt, dafs bei der Gärung von konzentrierten Würzen entschieden Nebenbestandteile mit auftreten, welche wir allerdings noch nicht kennen, die aber auf den Charakter der Biere und namentlich auf den Geschmack derselben von bedeutendem Einflufs sind. Möglicherweise sind diese bei Gärungen mit sehr niederen Temperaturen etwas anderer Art oder minder reichlich, sie werden vielleicht auch durch die Filterpressen etc. aus dem Bier entfernt. Bekanntlich hat man in neuerer Zeit die Ansicht ausgesprochen, dafs durch die Filterpressen gummiartige Stoffe aus dem Bier entfernt würden, welche — wenn auch nur in kleinsten Mengen da — dessen Geschmack und Trunk sehr günstig beeinflussen. Darüber ist kaum noch ein Zweifel möglich, dafs die Klärmittel und Filterpressen den Biergeschmack positiv und negativ beeinflussen. Für den Geschmack wirken schon Einflüsse von kleinsten Beträgen.

Die Eismaschine war den rein technischen Bedürfnissen und Zwecken der Brauerei ein ganz gewaltiges Förderungsmittel, den Bedürfnissen des biertrinkenden Publikums aber war sie, nach verschiedenen Beziehungen physiologischer und gesundheitlicher Natur, auf deren Erörterung ich hier nicht eingehen will[570]), sehr abträglich. Das den Konsumenten Abträgliche in diesen Vorgängen war aber natürlich nicht direkt, sondern nur indirekt von den Eismaschinen veranlafst. Den Bierkonsumenten brachten die Eismaschinen nur eine gröfsere Gleichmäfsigkeit des Bieres durch das ganze Jahr, aber von meist nicht oder minder erwünschter, weil nicht zuträglicher Art.

Die grofsen Schwankungen des Getränkes in den verschiedenen Jahreszeiten, selbst bis zum Ungeniefsbaren, beim Beginn der Campagne, wie es vor 30—40 Jahren selbstverständlich war, sind dem Konsumenten der heutigen Grofsbrauerei erspart; aber er mufs, soweit er nur die gewöhnlichen, billigen (Massen-)Biere trinkt, auch den Trunk von hoher Feinheit und Lieblichkeit entbehren, wie er früher oft da war, heute jedoch nur noch da und dort auf dem Lande zu haben und den jüngeren Herren ganz unbekannt ist, soweit nicht auch dort die Brauerei dem modernen Fortschritt verfallen[571]). Bei höherwertigen Exportbieren ist es anders, die kann man auch aus der Grofsbrauerei vorzüglich erhalten; alle von mir berührten Klagen beziehen sich — soweit ich sehen kann — nur auf die billigen (Stadt-) Biere für den Lokalabsatz.

In wahrhaft prächtiger und humoristischer Weise werden diese Unterschiede zwischen altem Lagerbier der Landbrauereien und modernem Bier der Grofsbrauereien von einem Brauer geschildert, der offenbar noch nicht vom Eismaschinen-Grofsbetriebbazillus angesteckt ist[572]).

Brucker sucht zu beweisen, dafs der sogenannte Kellergeschmack des Bieres von schlecht gelüfteten, dumpfen, feuchten, modrigen Gärkellern herrührt. Diese müfsten gut sein und alle Tage mit Ventilatoren dreimal gelüftet werden; dann verliere sich der widerwärtige Geschmack, wegen dessen die Brauer so viele Analysen von Malz, Hopfen, Hefe, Wasser, Bier etc. machen lassen, meist ohne jeden Erfolg. In Brauereien mit derart gelüfteten Gärkellern hat er schon Biere nach Pilsener Art getrunken, welche dem Original-Pilsener in nichts nachstanden.

Auf den Lagerkeller kommt es in dieser Beziehung viel weniger an. Im Lagerfafs nimmt das Bier nicht so leicht den Kellerluftgeschmack an. Das beweisen die Lagerbiere (er meine hier die alten Lagerbiere, im Gegensatz zu den Schenkbieren; jetzt heifst man alles Lagerbier, auch wenn es drei Wochen vor dem Ausstofs noch Malz, Hopfen und Wasser war), die im Januar, Februar und März eingebraut und im August, September und Oktober (also nach ca. sechs Monaten) zum Ausstofs kommen.

Diese Biere werden in süddeutschen Kleinbrauereien in Felsenkeller oder sonst speziell für diese Biere gehaltene Lagerkeller eingelegt. Die Fässer kommen frisch gepicht und trocken hinein und werden jährlich nur einmal gefüllt. Die Luftlöcher der Keller werden im Frühjahr gut verstopft und zugemauert, wodurch dann alle Ventilation aufhört. Wie sieht es in diesen Kellern aus? Wohl ist die Kellerluft ziemlich trocken, aber an den Wänden, Thüren und Fafslagern wächst und hängt zunderartiger Schwamm, mitunter auch Schimmel und anderes Gefräfs. Die Fässer selber sind, wenn der Herbst herankommt, vielfach mit Schimmel überzogen. Im August steigt die Temperatur des Kellers auf 6—7° R., im September bis $7^1/_2$° R.; Ungeziefer, wie Spinnen und Schnecken, stellen sich ein und treiben sich an den Wänden umher.

Und aus diesen Kellern holt der Kleinbrauer im September und Oktober ein Bier heraus, das geradezu grofsartig ist; natürlich, wenn er das Einbrauen und die Behandlung dieser alten Lagerbiere nicht versteht, oder wenn er schlechte Rohmaterialien dazu verwendet, holt er ein saures Bier heraus; er holt im rechten Falle ein Bier heraus, das zu beurteilen die meisten modernen, an nafskalte, bauchvollmachende, junge Biere gewöhnten Biertrinker nicht mehr verstehen. Um so mehr wissen aber alte, echte Biertrinker — Feinschmecker möchte ich sagen —, welch ein Göttertrank so ein gut vergorenes, altes, gesundes Lagerbier ist. Herrgott, welch ein Hochgenufs, wenn man im Herbste so ein wirklich gelungenes, noch kerngesundes Märzenbier bekommt! Stundenweit kommen da die Bierkenner herangezogen, um sich zu laben an dem köstlichen, guten, alten Stoff. Ha, welch wonniges Gefühl beim Genufs eines solch edlen, altdeutschen Gerstensaftes! Das Herz im Leibe lacht einem dabei, man fühlt, wie sich Leib und Seele so von innen heraus allmählich angenehm und mollig erwärmen, man bekommt unbedingt eine heitere Stimmung, der Geist schwebt nach der vierten Mafs in höheren Regionen, und wenn man sich nach der sechsten Mafs niederlegt, dann ist man morgens wieder vollständig frisch und munter, von Katzenjammer oder dergleichen ist keine Spur! Solche Biere, deren wirklicher Wert allerdings nicht bezahlt wird, bringt man aus diesen Löchern von Lagerkellern heraus, wenn die starken Würzen aus guten Rohmaterialien hergestellt wurden und in reiner Winterluft vergoren haben. Ich will damit sagen, dafs die Biere im Lagerkeller, im Lagerfafs nicht mehr so leicht von der Kellerluft angesteckt werden wie im Gärkeller während der Hauptgärung.

In der Allg. Br.- u. H.-Ztg. 1899, I, 45[573]) werden von demselben praktischen Brauer ebenfalls sehr interessante Mitteilungen über die alten Sommerlagerbiere Süddeutschlands gemacht, wie sie in Bayern seit Jahrhunderten gebraut wurden; wenn die Leute sagten, dafs das Bier früher stärker und besser war, sei das nicht unbegründet, wenn sie damit das alte bayerische Sommerlagerbier meinten.

Das von Kennern gesuchte Sommerlagerbier werde in Süddeutschland (Bayern und Württemberg) noch von ziemlich vielen kleineren, auch mittleren Brauereien erzeugt. Es gäbe aber heutzutage schon massenhaft Brauer, die von diesen im Januar, Februar und März eingebrauten Bieren, die in Kellern gelagert, deren Temperatur im September und Oktober 7—7½° R. beträgt, Ende Oktober als vorzügliche Kirchweihbiere getrunken werden, keine Ahnung mehr haben. Diese modernen Anschieber kennen die Biere, welche Bayern und namentlich den Münchnern das Renommee gebracht haben, überhaupt nicht. Das Sommerbier war von jeher der Stolz des süddeutschen Brauers; es wurde schon weithin ausgeführt, ehevor es Eisenbahnen gab; der Wirt holte es selbst stundenweit von der Brauerei und war froh, wenn er eins bekam, und wenn er die Fässer schlecht behandelte, bekam er nichts.

Solche Brauereien brauten nur im Winter, im Sommer standen sie still. Sie verdienten wohl nichts daran, aber sie hatten den Stolz, das beste Bier der ganzen Stadt zum Ausschank zu bringen, und lachten über das neue Gesüff ihrer Konkurrenten; diese aber hatten am Ende des Jahres mehr verdient[574].)

Es gibt in Süddeutschland auch noch Grofsbrauereien, die für eine Kellerabteilung solches Sommerbier erzeugen, um dasselbe bei besonderen Gelegenheiten um höheren Preis auszustofsen. Man kann auf dem Oktoberfest sehen, wie der Münchner dem alten Bier nachläuft; wo vorzügliches Altes verzapft wurde, war es voll, und der Liter wurde gern um 5 Pfg. teurer bezahlt. Der Münchner trinkt das Bier und beurteilt es mit Gaumen und Zunge, der Norddeutsche trinkt den Namen des Bieres und beurteilt die Qualität mit den Augen. Gerade für die Grofsbrauereien ist es leicht, solche Lagerbiere einzubrauen, denn sie können die Keller jahraus, jahrein auf 1—2° R. erhalten, brauchen deshalb die Sommerbiere nicht so stark einzubrauen und nicht so stark zu hopfen, weshalb sie sich nach genügend langer Lagerzeit und guter Behandlung lieblicher trinken als die stark gehopften. Die Exportbiere, welche ja im Transportfafs so viel auszuhalten haben, müssen ebenso eine lange Lagerzeit durchgemacht haben, wenn sie haltbar sein sollen.

Man verwendete zu Sommerlagerbieren das beste, hochabgedarrte Malz und den feinsten Hopfen. Man macht gewöhnlich vom Zentner Malz 210 l Anstellwürze und verwendet für Biere, welche im August herauskommen sollen, 2—2½ Pfd. Hopfen und für jene, welche im September und Oktober herauskommen sollen, 3—3¼ Pfd. feinsten Hopfens per Zentner Malz. Die im Dezember und Januar gebrauten Biere kommen im Juni und Juli heraus; im Februar und März werden die Biere für August, September und Oktober gebraut.

Von solchen Bieren kann ein kleines Faſs im Hauskeller zwei Tage laufen, ohne Luft- und Kohlensäure-Apparat, wie in Bayern üblich, und das Bier ist am zweiten Tage noch sehr schön und schaumhaltig. Die Kohlensäure sitzt eben in den alten Bieren viel fester, sie ist durch die langsame und lange Nachgärung fest an die starkgehopften Biere gebunden; dies ist bei jungen Bieren nicht der Fall.

Derselbe Karl Brucker in Leipzig (Allg. Br.- u. H.-Ztg. 1899, II, 3161) nennt das Sommerbier mit Recht das Allerheiligste der alten süddeutschen Brauer, das in den Monaten Dezember bis März eingebraut wird und vom Juli bis Ende Oktober tadellos zum Ausstoſs kommen muſs, nachdem es eine Lagerkellertemperatur bis zu 8° R. durchgemacht hat, stets mit altbewährter Methode mit der allerpeinlichsten Sorgfalt und Genauigkeit gebraut und behandelt wird, wobei es jeder alte Brauer als Sünde betrachtet, wenn auch nur das Geringste an der alten Methode, zumal von einem jungen Brauer, geändert wird.

So viel wie früher würde natürlich heute an solchen prächtigen, reifen Bieren nicht mehr verdient werden können, dazu ist alles ungünstiger geworden. A. Knoblauch, ein bekannter Groſsbrauereidirektor in Berlin, sagte in der jüngsten Generalversammlung des dortigen Böhmischen Bräuhauses, daſs nach sorgfältiger Rechnung das Böhmische Bräuhaus an Löhnen, Steuern und sonstigen Unkosten für dasselbe Quantum Bier heute 400000—450000 Mark mehr ausgebe als in den 1880er Jahren, und zudem sei der Verkaufspreis des Bieres heute per Tonne um gut 1 Mark billiger.

Eben aus dem Umstande, daſs diese vom Bier noch nicht verdauten, unverarbeiteten, harzigen Bitter junger Biere den Konsumenten unangenehm beim Trinken und beschwerlich und belästigend bei der Verdauung waren, einerlei ob die Biere hell oder dunkel gewesen sind, erwuchs eine Streikbewegung, die sicher erst wieder ganz enden wird, wenn die Brauerei ihren einseitigen Interessenstandpunkt verlassen und sich dem naturgesetzlich (hygienisch) begründeten Standpunkte der Konsumenten wieder mehr genähert haben wird, wobei die Eismaschine keineswegs als Hindernis erscheint.

Zur Wiederkehr besserer Verhältnisse gehören freilich erweiterte Lagerräume, mehr Faſsmaterial, also mehr Kapital; aber auch eine bessere Kenntnis des Hopfens und seiner Arbeit und Leistungen im Bier, ein etwas gröſseres Maſs von Kenntnissen in diesem wichtigen Brauereirohmaterial, als es bisher in vielen, auch gröſsten und groſsen Brauereien, von mittleren und kleineren nicht zu reden, zur Verfügung stand und das nur so lange genügte, als die Brauer sich sagen konnten: es geht so auch; heute scheint es aber doch nicht mehr so recht gehen zu wollen!

Für die Verdauung, überhaupt für den Magen, sind derartige, etwas mehr hopfenbittere Biere, wenn die groben, harzigen Teile des Bitters, welche auf die Verdauungsorgane reizend und verdauunghemmend wirken, sich durch längeres Lagern, durch die eigene Arbeit des Bieres, nicht gewaltsam und rein mechanisch — überhaupt nur scheinbar, nicht wirklich — durch Filterpressen oder Klärspäne etc., ausgeschieden haben, entschieden weitaus zuträglicher. Für die Verdauung sind auch etwas stärker eingesottene Biere als die jetzt vielfach üblichen wertvoller.

Über den Umfang, welchen die Streikbewegung der Biertrinker gegen das moderne deutsche Fabrikbier, meist dunkles Bier nach Münchner Art, zu Gunsten des hellen Bieres nach Pilsener Methode bereits angenommen hat, gibt ein Artikel von Paul Dehn[575]) von 1897 belehrenden Aufschluſs. Im letzten Jahrzehnt, also etwa um die Mitte der 1880er Jahre, hat sich in den deutschen Bierverhältnissen eine Wandlung vollzogen: Die deutsche Bierausfuhr ist von 125000000 l auf 65000000 l zurückgegangen; die deutsche Biereinfuhr ist dagegen von 11000000 auf 55000000 l gestiegen. 1890 war die deutsche Ausfuhr 399480 hl, die Einfuhr 269470 hl; 1893 war die Ausfuhr 407880 hl, die Einfuhr 412280 hl, ist also in zwei Jahren bedeutend gewachsen. Es handelt sich da meist um helle, sogenannte Pilsener Biere. Namentlich in Norddeutschland, einst ein Hauptgebiet des Münchner Bierexports, bürgert sich das Pilsener Bier immer mehr ein.

Nach amtlicher Statistik läfst sich die Sachlage jetzt wie folgt übersehen[576]):

Die Bier-Ein- und -Ausfuhr Deutschlands.

Etatsjahr	Einfuhr	Ausfuhr	Etatsjahr	Einfuhr	Ausfuhr
	Zoll-Ztr.			hl	hl
1863	14 373				
1864	14 709		1886/87	135 000	1 071 000
	hl	hl	1887/88	142 000	1 064 000
1876/77	141 000	614 000	1888/89	166 000	947 000
1877/78	124 000	708 000	1889/90	207 000	716 000
1878/79	111 000	725 000	1890/91	229 000	626 000
1879/80	94 000	724 000	1891/92	283 000	612 000
1880/81	101 000	890 000	1892/93	353 000	577 000
1881/82	103 000	1 024 000	1893/94	428 000	590 000
1882/83	108 000	1 035 000	1894/95	465 000	576 000
1883/84	116 000	1 123 000	1895/96	547 000	647 000
1884/85	112 000	1 200 000	1896/97	561 000	664 000
1885/86	111 000	1 249 000	1897/98	576 000	763 000

Nach der Wiener Brauer- und Hopfen-Zeitung Gambrinus (1900, S. 431) betrug die Biereinfuhr aus Österreich (Böhmen) in das Deutsche Reich 1899: 714852 Doppel- oder Meter-Ztr. Fafsbier und 61 Meter-Ztr. Flaschenbier, zusammen also 714913 Meter- oder Doppel-Ztr. Bier. Da 1 Meter-Ztr. ca. 1 hl (etwas mehr) ist, so beträgt daher diese Einfuhr an hellem (böhmischem) Bier 1899 nahezu 715000 hl, seit 1897/98 beinahe 150000 hl mehr. Es scheint da aber Emballage dabei zu sein, denn Herr Brauerbundespräsident Henrich gibt die Netto-Einfuhr für 1899 auf 434 000 hl an, darunter 438000 hl aus Böhmen. Dennoch ist eine bedeutende Zunahme vorhanden, wie ich es vorhergesagt habe.

Diese Zahlen sprechen eine deutliche Sprache für die bayerische und deutsche Brauerei, denn die Einfuhr ist Jahr um Jahr gewachsen, die Ausfuhr Jahr um Jahr gesunken, und 1896/97 kommt schon bald das Gleichgewicht zwischen Aus- und Einfuhr. Wer die Sache eingehend verfolgt, wird klar erkennen, dafs die Einfuhr Schritt hält mit der Ausbreitung der Eismaschinen und der modernen Kellerbehandlung, mit dem Verschleifs unreifer, künstlich geklärter Biere mit unverdautem Hopfen. Die Einfuhr bezieht sich auf gärreife, namentlich helle (Pilsener) Biere.

Die Einfuhr betrug 1895—1897:

ca. 650 000—700 000 Doppel-Ztr. in Fässern
und 1 550— 1 950 » in Flaschen.

Das meiste lieferte Österreich, namentlich Böhmen, 1897 mit 679808 Doppel-Ztr. Auch 1897 war diese Einfuhr gegen das Vorjahr um 44000 Doppel-Ztr. gewachsen[577]).

Die eingeführten englischen Biere betragen nur den 27. Teil der österreichischen, nämlich 155 Doppel-Ztr., und werden nur in den Küstengebieten der Nordsee abgesetzt (man sehe dort l. c. S. 253).

Dabei ist manches Grenzverkehr; dann war das übrige englisches Ale und Porter, also Luxusbier (Eintritt durch Seehäfen).

1862 waren es nur 2600 Ztr., welche über die österreichische Grenze kamen, also als Konkurrenz der einheimischen Biere angesehen werden können.

Der Wert des 1897 ins deutsche Zollgebiet eingeführten Faſsbieres beziffert sich auf 8 922 000 Mark, des Flaschenbieres auf 71 000 Mark, zusammen 8 993 000 Mark; 1896 waren es nur 8 729 000 Mark.

Von deutschem Faſsbier erhielten Frankreich (144 000 Doppel-Ztr.), Belgien, Schweiz, Österreich-Ungarn, Vereinigte Staaten von Amerika, Groſsbritannien, Niederlande, Italien und der Freihafen Hamburg.

Das Flaschenbier (1897 mit 396 000 Doppel-Ztr.) ging nach Britisch-Ostindien, China, Kapland, Britisch-Australien, Venezuela, Niederländisch-Ostindien, Deutsch-Westafrika, Chile, Deutsch-Ostafrika, Italien, Portorico, Kuba, den Niederlanden, Österreich-Ungarn, Japan, Haiti, den Vereinigten Staaten von Amerika, Philippinen etc.

Es wurden 1897 nach dem Auslande abgesetzt Faſsbier im Werte von 8 304 000 Mark, Flaschenbier im Werte von 11 394 000 Mark, zusammen 19 698 000 Mark, um 3 500 000 Mark mehr als 1896.

Flaschenbier geht namentlich nach den heiſsen Ländern, weil es in den Kisten besser verpackt und geschützt werden kann.

1898 (s. Allg. Br.- u. H.-Ztg. 1898, II, 2631) hatte in den ersten drei Vierteljahren die Biereinfuhr nach Deutschland um 21 178 Doppel-Ztr. abgenommen.

Die Abnahme der deutschen Bierausfuhr wird in dem Umstande gesucht, daſs in den fremden Staaten eine einheimische Bierindustrie entstanden sei, welche durch Zölle geschützt ist[578]).

Der Export der englischen Brauereien hat in derselben Zeit nicht ab-, sondern zugenommen.

Die Zunahme der deutschen Biereinfuhr aber bedeutet, daſs die deutschen Biertrinker ihren Geschmack fremden Bieren, dem Pilsener, zugewendet haben. Wer durch Deutschland reist, wird zu seiner Überraschung bald sehen, daſs in vielen besseren Gasthöfen und Wirtschaften Pilsener Bier verabreicht und in erheblichen Mengen verbraucht wird. Man trinkt es nicht nur in den meisten sächsischen Städten, sondern auch am Rhein bis Saarbrücken (in Elsaſs-Lothringen betrug die Einfuhr des Pilsener Bieres 1886/87 ca. 900 hl, 1896/97 aber 15 000 hl), in Thüringen, in Holstein, in Berlin, in Petersburg, ja in München selbst. Die Münchner Brauereien haben sich bereits genötigt gesehen, ein Bier nach Pilsener Art herzustellen, ein helleres, hopfenreicheres Gebräu von minder süſsem Geschmack. Ende 1898 waren meines Wissens in München nur noch zwei Brauereien, welche bloſs dunkles Bier erzeugten, darunter das Kgl. Hofbräuhaus, alle andern, und namentlich die gröſsten, erzeugen jetzt dunkles und helles Bier, und das letztere wird bereits ziemlich umfangreich abgesetzt. Auch Berliner und sächsische Brauereien sind dieser Richtung nachgefolgt. In Westfalen (Dortmund) und am Rhein werden die hellen Biere bereits im gröſsten Umfange erzeugt und abgesetzt.

Wie mir ein Eismaschineningenieur, der natürlich sehr viel mit Brauereien zu thun hat, im Januar 1899 sagte, ist der Umfang, in welchem sich allenthalben die hellen Biere einbürgern, geradezu erstaunlich. Er nannte mir eine kleine Brauerei in einer kleinen mittelfränkischen Stadt, die täglich nur 35 hl Bier erzeugt und durch ihre Konsumenten ebenfalls gezwungen wurde, neben dem dunkeln auch helles Bier zu machen.

Sehr charakteristisch ist auch die Entwicklung des Böhmischen Bräuhauses in Berlin selbst. Dasselbe hat 1868/69 einen Malzverbrauch von 3450 Ztr. und einen Hopfenverbrauch von 51 Ztr., dagegen 1876/77 einen Malzverbrauch von 94 550 Ztr. und einen Hopfenverbrauch von 1316 Ztr.

Die 24 Bayerisch-Bier-Brauereien Berlins hatten 1873/74 mit 581 389 Ztr. ihren höchsten Malzverbrauch, 1876/77 verbrauchten sie nur noch 454 095 Ztr. Diese Berliner Brauereien verbrauchten 1866/67 ca. 2951 Ztr. Hopfen, 1876/77 dagegen 6481 Ztr. Hopfen, etwas weniger als 1873/74, weil die Gesamtproduktion an Bier zurückgegangen war.

Die 29 Berliner Weiſsbierbrauereien verbrauchten:

1873/74:	581 389	Ztr. Malz	und	8 320	Ztr.	Hopfen
1874/75:	555 079	»	»	8 218	»	»
1875/76:	531 007	»	»	8 042	»	»
1876/77:	331 844	»	»	4 176	»	»

Also auch die Berliner Weifsbierbrauereien hatten 1873/74 ihre höchste Produktionsziffer, gingen dann aber noch mehr zurück als die Bayerisch-Bier-Brauereien.

Die Pilsener sagen — aus naheliegenden Gründen — wohl, dafs man wegen der örtlichen Verhältnisse, insbesondere wegen des weichen Wassers, ihnen das Pilsener Bier nicht ernstlich nachmachen könne[579]. Der Verfasser dieses Buches ist seit 35 Jahren oft in Pilsen gewesen, hat Pilsener Bier auch während seines mehrjährigen Aufenthalts in Böhmen und sonst allerwärts getrunken. Aber ein Bier von solcher Feinheit des Geschmackes wie das wunderbar helle Bier, welches ich Anfang November 1897 beim Dräxlmaierbräu in Landshut (Niederbayern) getrunken, habe ich niemals in meinem Leben aus Pilsener Brauereien zu trinken bekommen; und dabei war das kein Extrabier, sondern ein gewöhnliches, normales, $3^1/_2$—4 Monate altes, halb mit Saazer, halb mit Spalter Hopfen hergestelltes Sommerbier, welches — wenn ich mich recht erinnere — zudem per Liter nur 24 Pfg., kaum die Hälfte des echten Pilsener in München, kostete. Das ist also alles Reklamehumbug. Landshut hat ganz ähnliche Wasserverhältnisse wie München, und in München erhält man mit artesischen Brunnen aus den tertiären Untergrundschichten weiches Wasser.

Die ganze Achse der grofsen Bewegung, die für die bayerischen und deutschen Brauer sehr deprimierend ist, konzentriert sich im Hopfen, in der durch die Eismaschinen scheinbar begünstigten Vernachlässigung der Hopfenkenntnis, dieser vermeintlichen Nebensache gewisser chemischer Technologen. Hätte man die Hopfenkenntnis so fortgebildet und erweitert und darauf hingerichtete Bestrebungen unterstützt und gefördert, wie man es mit andern Dingen in der Brauerei gethan hat, z. B. mit der Hefe-Reinzucht, so wäre man wohl nie in eine solch unerhörte Lage gekommen. Die Pilsener Brauer haben sicher auch nicht mehr Hopfenkenntnisse, aber weil sie umfangreich mit bestem Saazer Hopfen arbeiten und ihre Biere länger lagern, merkt man es nicht so.

In dieser citierten Reklame (Zirkular, August 1882) seitens der Leitung des Bürgerlichen Bräuhauses wird gesagt, dafs man ihr Bier nicht nachmachen könne, obgleich Hunderte von geschulten Brauern jahrelang in ihren Etablissements thätig waren, welche jetzt auswärtige Brauereien leiten. Alle Verrichtungen geschehen öffentlich: Tausende von Mälzern, Biersiedern, Gärführern, Kellerburschen und Bindern beobachten schon jahrelang sämtliche Vorgänge. Ihre Geschäftsgeheimnisse seien: die Verwendung des allerbesten Saazer Hopfens, der vorzüglichsten Gerste, mit Ausschlufs aller Surrogate, und absolute Zurückweisung der jetzt so vielfach beliebten chemischen und andern Haltbarkeits- und Klärmittel, ihr ausgezeichnetes Wasser, der musterhafte Felsenkeller, die einheitliche, umsichtsvolle fachmännische Leitung, die stramme Organisation und die verständige Verteilung der Arbeit; darin liege das ganze Geheimnis der besonderen Güte ihres Bieres. Am beachtenswertesten ist mir die Ablehnung der geschmackverderbenden Filterpressenwirtschaft.

Dabei ist die deutsche Bierproduktion im letzten Jahrzehnt, entsprechend der alljährlich fast um eine Million zunehmenden Bevölkerung des Reiches, stark gewachsen, wächst auch jetzt noch, betrug 1894/95 um 500000 hl mehr als im Jahr zuvor, was einen um 32000 Ztr. gröfseren Hopfenverbrauch bedeutet, und hatte 1895/96 nahezu das ungeheure Quantum von 61000000 hl erreicht. Nach einer Studie von W. May (Zeitschr. f. d. ges. Br.-Wesen 1897, Nr. 1: Ein wirtschaftlicher Rückblick) hatte die Bierproduktion Deutschlands, welche bei der Gründung des Reiches (1871) 32000000 hl betrug, 1897 bereits die riesige Zahl von 61000000 hl erreicht; sie soll 1899 bereits auf 66000000 hl angelangt sein und befindet sich offenbar in einer rapiden, aufsteigenden Bewegung. Die staatlichen Steuereinnahmen aus dieser Biererzeugung als Ganzes betrugen 1871 ca. 40000000 Mark und stiegen 1896 bis 88000000 Mark.

England war bis zum Ausgang der 1880er Jahre in der Bierproduktion an erster Stelle, wurde aber 1892 von Deutschland bereits um 7500000 hl oder um 14% überholt. Die Mehrproduktion Deutschlands beträgt für das Sudjahr 1895/96 rund 5500000 hl oder 10%.

kurrenz nicht durch (wenig geschmackvolle) Imitationen zu bekämpfen suchen, sondern durch Herstellung einer tadellosen Qualität bayerischen Bieres, ist sehr beherzigenswert, damit wird jeder Sachkundige »einverstanden sein.

Die Einfuhr böhmischer Biere nach Deutschland (1889 ca. 230910 hl, 1897 ca. 707590 hl) scheint aber doch ernstlich im Rückgang; zumeist nach Norddeutschland, weil dort die heimische Brauerei immer bessere (auch helle) Biere liefert, wahrscheinlich aber auch wegen der Gehässigkeit der Tschechen in Böhmen gegen die Deutschen, an der die Verwaltung des Bürgerlichen Bräuhauses, dieses ursprünglich ganz deutschen Unternehmens, sich ernstlich beteiligt hatte. Viele deutsche Biertrinker und Wirte haben sich infolge der bekannten Vorgänge in Böhmen veranlaſst gesehen, das Trinken Pilsener Biere einzustellen; namentlich haben dies die sehr patriotischen und national gesinnten Norddeutschen gethan, was man doch nur billigen kann.

Die Norddeutschen haben übrigens jetzt streckenweise selbst so vortreffliches eigenes helles Bier, daſs es dieses Auflod erns nationalen Zornes und Stolzes gar nicht mehr bedarf. — Die Münchner Brauerei könnte sich an diesen norddeutschen hellen Bieren vielfach gute Beispiele holen; da scheint man desfalls mehr mit der Abschreckungstheorie wirken zu wollen[581]).

Im Jahresberichte der Leipziger Handelskammer wird gesagt, daſs der Konsum von böhmischen und ähnlichen Bieren fortgesetzt steigend sei. Nur den bayerischen Brauereien sollen ihre Versuche, [illegible] einzuführen, nicht gelungen sein, [illegible] ihren bayerischen Charakter bewahrten; sie seien zwar hell, aber zu vollmundig und zu [illegible]

[illegible]

Wenn man die Qualität mehrerer dieser hellen Münchner Biere im Zusammenhang mit ihrem fast um die Hälfte billigeren Preis per Liter würdigt, so muſs man anerkennen, daſs die Münchner Groſsbrauerei mit Rücksicht auf diesen Preis ungleich mehr für die Konsumenten leistet als die österreichische, bei welcher auf dem Münchner Markt allerdings auch noch der Transport, der Zoll und andere Kosten in Betracht kommen.

Die Allgemeine Zeitung in München 1896[580]) brachte eine statistische Notiz über die Erzeugung heller Biere in Böhmen. Dieselbe betrug 1894 in 723 Brauereien 7600000 hl, gegenüber 7,250000 hl in 1893. Die Produktion hat sich also in einem Jahre bedeutend gehoben.

Die bedeutendsten Produktionsstätten sind:

Bürgerliches Bräuhaus Pilsen	582 140 hl
(1842 eröffnet, 1875: 45 337 hl, 1876: 48 600 hl) 1896 . . .	647 000 »
Aktienbrauerei Pilsen	250 300 »
» Smichov (Prag)	582 140 »
» Waldstein in Nuſsle	118 000 »
» Maffersdorf	110 000 »
Budweiser Bräuhaus	104 000 »
Protivin (Schwarzenberg)	100 800 »
Wittingau (Schwarzenberg)	100 104 »

Dieser Artikel der Allgemeinen Zeitung meint, daſs der Erfolg des hellen Bieres nur ein vorübergehender sein werde und schon im Abnehmen sei; das ist aber wohl nur ein frommer Wunsch in der Allg. Ztg., d. h. der sehnsuchtsvolle Wunsch ist der Vater dieses Gedankens. Die daran angeknüpfte Bemerkung: die bayerischen Brauereien sollten diese Kon-

---

England erzeugte 1893 ca. 52478120 hl
1894: 62693602 »
1895: 63523832 »
Zunahme 1894/95 [illegible]

Die Vereinigten Staaten von Nordamerika hatten in dem am 30. Juni 1896 beendeten Fiskaljahr 1895/96 in der Union einen Verkauf an Malzgetränken von rund 44940000 hl, gegen das Vorjahr mehr um 2650000 hl oder 6,74%.

In Österreich (ohne Bosnien und Ungarn) stieg die Bierproduktion von 16729995 hl im Jahre 1894 auf 17904456 hl im Jahre 1895, also um ca. 7%.

Nach dem Statistischen Amte des Deutschen Reiches haben die in den einzelnen Steuergebieten des Reiches erzeugten Biermengen gegen das Vorjahr um folgende Mengen zugenommen:

a) Norddeutsches Brausteuergebiet (1895/96)	3 759 016 hl	= 11,00%
b) Bayern (Kalenderjahr 1895)	854 232 »	= 5,63%
c) Württemberg (Etatsjahr 1895/96)	320 006 »	= 11,22%
d) Baden (Steuerjahr 1895)	186 000 »	= 10,76%
e) Elsaſs-Lothringen (Etatsjahr 1895/96)	127 354 »	= 14,65%

Diese Steigerungen [illegible] Hand in Hand [illegible] mit einem allgemeinen Aufschwung der Geschäftslage.

[illegible]

[illegible]

Die niederen Temperaturen der modernen Lagerkeller hemmen nicht bloſs die Bakterien in ihrer Entwicklung, sondern auch die Umsetzungsbewegungen, als deren Produkte wir die uns Älteren wohl noch in Erinnerung stehenden früheren so hochfein schmeckenden und bekömmlichen Lagerbiere anzusehen haben, die man heute nur noch da und dort in Landbrauereien mit den alten (wie ich gern zugebe, wenig vorteilhaften) Lagerbierkellereinrichtungen findet. Jetzt sollen im Anschluſs an die Eisbehandlung die Filterpressen aus dem Bier entfernen, was der Mangel an Gärthätigkeit darin gelassen hat; [illegible] Hefe und das harzige Bitter etc. darin und nehmen dafür den Geschmack und die Bekömmlichkeit beeinflussende Stoffe mit. Offenbar fehlen in dem weniger der Gärarbeit überlassenen Biere von heute auch Gärungsprodukte, welche — wenn auch in kleinster Menge vorhanden — den Biergeschmack, den Animus zum Trinken und die Bekömmlichkeit beeinfluſst haben; seit sie fehlen, wird man bald trinkmüde.

Gleichzeitig tragen die modernen Eismaschinen die Hauptschuld am finanziellen Untergang höchstwertiger deutscher Hopfenkulturgebiete, namentlich jenes weltberühmten von Spalt in Bayern. Dazu hat die Wahnidee nicht wenig beigetragen, daſs man helles Bier nur mit Saazer Hopfen machen könne. Auch der oben (S. 52 u. ff.) erwähnte Hopfenhändler im Thausingschen Buche hat dazu nicht wenig beigetragen, natürlich in seinem Interesse, nicht in jenem der Brauer.

In Österreich ist man, wie in England, überhaupt niemals auf diese hopfenarmen Biere eingegangen, und es sollen dort in den groſsen Brauereien Biere erzeugt werden, welche ein Jahr und länger in vollkommen gutem Zustande anhalten. Derartiges kann mit Eis, welches jede Bewegung, auch die erwünschte und notwendige, ertötet, nicht erreicht werden; da muſs man notwendigerweise auch die antiseptischen und konservierenden Kräfte des Hopfens heranziehen.

Wie schnell die modernen Münchner Biere umstehen, ungeniefsbar werden, wenn sie, in Angriff genommen, etwas langsamer abgehen, ist bekannt.

Sicher würde die ablehnende Haltung des bierkonsumierenden Publikums in Deutschland schon noch ganz andere Dimensionen angenommen haben, wenn die Masse in der Erkenntnis der naturgesetzlichen Beziehungen, welchen man mehr oder minder unbewufst, nur unter dem unbewufsten Einflusse des Wohl- oder Übel-Befindens gehorcht, bis zum eigentlichen Ausgangspunkte vorgedrungen wäre. So wird sich diese Entwicklung, welche unter dem Einflusse von Naturgesetzen steht und deshalb unwiderstehlich ist, mehr ruckweise oder etappenweise vollziehen. Zum vollen Stillstand wird sie sicher dann erst kommen, wenn in den gewöhnlichen Bieren (den Stadt- oder Massen-Bieren) der Hopfen wieder in einer genügend reichlichen Menge, guten Qualität und in einer feinen, von groben, reizenden (harzigen) Teilen freien, anregenden, die Verdauung fördernden Art und Weise vorhanden ist.

Die Sache hat sich schon einigermafsen gebessert, das erkennt man leicht, wenn man nachsieht, wie Mitte und Ende der 1870er Jahre, als die neue Methode des Hopfengebens und der Kellerbehandlung in der Brauerei ihren Anfang nahm, ganz urplötzlich der Bierkonsum in München (s. oben S. 405 u. ff.), in Bayern (s. oben S. 426 u ff.) und in Deutschland (s. oben S. 393 u. ff.) relativ abgenommen hat und wie er dann wieder stieg. Aber die Sache ist noch lange nicht wieder da angelangt, wo sie zur Ehre und zum Nutzen der Brauer und zum Wohle des Volkes stehen sollte.

Die geradezu härteste Heimsuchung als Gefolgschaft all dieser Vorgänge hat die Hopfenregion von Spalt in Bayern betroffen, eine der allererstklassigen der Welt nach Gehalt und Qualität des Produktes. Früher standen die Prima Spalter immer per 1 Ztr. um 70—80 Mark über Prima Markthopfen, um 1896 fort und fort nur 20—30 Mark über Markthopfen, während die Saazer durchweg und fortgesetzt 90—100 Mark über Nürnberger Markthopfen standen. Die schlechtfarbigen Spalter sanken im Herbste 1896 auf 50 Mark per 1 Ztr., während die Saazer 60—80 fl. ö. W. kosteten. Nach einer Schilderung des in Spalt erscheinenden Rezatboten[582]) ist das alles noch viel schlimmer, als bereits gesagt wurde, denn im Dezember 1896 war der Durchschnittspreis für Stadt Spalter Siegelgut nur 50 Mark, obgleich der Ernteertrag untermittel war; aber wegen des ewigen Regens bei der Ernte war eben die Farbe schlecht.

Der Vorstand des Stadt Saazer Hopfenbauvereins, Dr. med. A. Seifert, sagt in einer Broschüre über den Saazer Hopfen für die Pariser Ausstellung 1878, worin der Charakter der Saazer Ware gut geschildert wird[583]), dafs manche Brauer den Spalter Hopfen vorziehen, weil er das Bier rascher kläre, da der Saazer Hopfen etwas weniger Gerbsäure als der Spalter enthalte; aber die längste Haltbarkeit erziele man mit dem Saazer wegen seines Gehaltes an aromatischem Öl und Harzen. Der Spalter hat aber daran nicht weniger, eher mehr!

Interessant ist desfalls auch das, was die englischen Technologen L. Briant und C. S. Meacham über diese Ansichten der Brauer 1897 sagen (l. c.): Am Niedergang der Hopfenkultur seien nicht blofs die Hopfenbauer, sondern auch die Brauer beteiligt. In den letzten Jahren sei die Nachfrage nach blassen Bieren wesentlich gestiegen. Infolgedessen suchten sich die Brauer helle Rohmaterialien zu sichern, auch helle Hopfen. Die Hopfenbauer, die da finden, dafs sie für hellen Hopfen bessere Preise erzielen, werden dadurch verleitet, den Hopfen ganz grün zu pflücken. Diese Praxis konnte zweifellos nur durch ein Mifsverständnis, sowohl auf seiten der Brauer als auch der Hopfenzüchter aufkommen. Zwar verlieren die Hopfen bei völliger Reife die Farbe und färben sich schwach braun; derartige Hopfen geben aber, trotzdem sie dunkler aussehen, an das Bier nicht wesentlich an Farbe ab. Hopfen, die infolge von Krankheiten dunkler geworden sind, färben viel mehr zu, und man mufs annehmen, dafs der Brauer zwischen solchen Hopfen zu unterscheiden nicht im stande ist. Solange die Brauer den Hopfen nach der Farbe kaufen und für hellere Hopfen bessere Preise bezahlen, solange werden die Hopfenzüchter unreife Hopfen ernten. Die beiden Herren finden reife englische Hopfen, direkt nach der Pflücke untersucht, nicht nur nicht minderwertiger als englische Hopfen, sondern höherwertiger als ausländische. Das kann in der Qualität der Leistung richtig sein, quantitativ ist es sicher nicht der Fall.

Eine Region, wie jene von Spalt in Bayern, wo bei Mittelernten die Produktionskosten per 1 Ztr. auf 90—100 Mark stehen, kann das nicht lange aushalten, das ist klar!

Worin konnte nun dieser erstaunliche Vorgang, der geradezu vernichtend und zu Grunde richtend für diese weltberühmte Hopfenregion war, begründet sein? Ohne Zweifel darin, daſs die Erzeugung heller (sogenannter Pilsener) Biere in Deutschland bereits groſse Dimensionen angenommen hat und daſs die Brauer der in nichts begründeten Ansicht sind, daſs man wirklich feine helle Biere vom Pilsener Charakter nur mit Saazer Hopfen machen kann, weil die andern abfärben. Deshalb führte die deutsche Brauerei schon im ersten Jahrfünft der 1890er Jahre per Jahr an 50000 Ztr. feinster österreichischer Hopfen (fast durchweg nur Saazer und Rothauschaer) ein.

Nun hat man, durch Bücher, welche unter dem Gesichtswinkel des österreichischen Interessenstandpunktes verfaſst sind, angeleitet, in Deutschland auch die verhängnisvolle Meinung verbreitet, daſs selbst in leichterem Grade miſsfarbige Hopfen zur Erzeugung heller Biere unbrauchbar seien, weil sie Farbe abgeben[584]). Jene Brauer, welche durch Umstände heute schon gezwungen sind, helles Bier zu brauen, werden es gewiſs nicht eher glauben, daſs man auch mit ziemlich bodenroter und nicht bloſs Saazer Ware, wenn sonst nichts fehlt, die Ware gesund ist, noch ganz schönes helles Bier machen kann, ehevor sie nicht einmal durch eine allgemeine Zwangslage veranlaſst sind, mit solcher Ware zu arbeiten, nachdem ihnen in allen Tonarten gesagt wurde, daſs dazu möglichst grüne (unreife) Saazer Ware gehört. Die Überraschung wird dann sicher groſs sein!

Das Spalter Gebiet hatte nun, wie überhaupt ganz Bayern, 1896 ein so schlechtes Herbstwetter wie seit lange nicht. Wochenlang regnete es, namentlich zur Zeit der Hopfenernte, ununterbrochen; infolgedessen hatte die Spalter Ware durchweg mangelhafte und zum Teil sogar sehr schlechte Farben. Da aber die mangelhafte und gar schlechte Farbe der Hopfenware als ungeeignet zur Herstellung der so umfangreich erzeugten hellen Biere gilt, stürzte sich förmlich die deutsche Brauerei auf Saazer Ware, die damals etwas bessere Farbe hatte, so daſs die Einfuhr Saazer und Rothauschaer Ware im Jahre 1896/97 den ganz unerhörten Betrag von 75000 Ztr. erreichte, während das Spalter Gebiet, welches in mittleren Jahren 25000—30000 Ztr. erzeugt, unbeachtet blieb. Das Saazer Gebiet hatte zudem damals die höchste Ernte (von circa 110000 Ztr.) seit je gemacht[585]). Die Einfuhrziffer wird sehr verschieden angegeben; übrigens verzeichnet auch der Bericht der Handels- und Gewerbekammer von Mittelfranken für das Jahr 1896/97 die Einfuhr aus Österreich mit 56000 Ztr., für das Jahr zuvor mit 31000 Ztr.

Und doch war, trotz der äuſserlich etwas besseren Farbe, die Saazer Ware damals (1896) durchweg im Sekret ebenfalls sehr bodenrot, und der Bittergeschmack des Saazer Hopfens stand durchschnittlich ganz erheblich unter jenem der Spalter Ware. Unter 45 Hopfenproben der 1896er Ernte aus allen Hauptlagen der Welt, welche ich damals ganz sorgfältig bearbeitet, hatte das feinste Bitter der Spalter Landhopfen von Pfofeld bei Spalt (Spalter Landgebiet, Region III); der Geschmack desselben war ein hochfeines, volles, weiches, reines, völlig fehlerloses, sehr edles, wahrhaft aktiv- oder positiv-liebliches Bitter. Nur allein feinste East Kent Goldings und seltene Saazer können sich damit messen. Und dabei war es erstaunlich, daſs dieses Bitter sich so hochedel geltend machte, obgleich infolge der entsetzlichen regnerischen Ernte im Gebiet von Spalt, wie die meiste 1896er Ware von dort, so auch diese ziemlich bodenrot (umgestanden) gewesen ist. Die Saazer Ware, wovon bei diesen 45 Proben aus der ganzen Hopfenwelt 5 oder 6 Proben aller Lagen dabei waren, war trotz ihrer äuſserlich besseren Farbe ebenfalls erheblich bodenrot, und ihr Bitter stand durchweg ganz erheblich unter jenem der Spalter Sorten: ein Fall, der sehr oft gegeben ist, während das Aroma des Saazer Hopfens meist (nicht immer) jenem des Spalter Hopfens voransteht.

Gerade 1896, wo Hopfenhändler und Brauer sich, wie von Sinnen gekommen, auf das Saazer Landgebiet und seine Ware stürzten, war diese ganz erstaunlich minderwertiger wie die bis zum Verschmachten vernachlässigte Spalter Ware.

Dieser merkwürdige Vorgang im Jahre 1896/97 war auch so ein recht augenfälliges Beispiel dafür, wie es thatsächlich mit der feineren, etwas tiefer in den wahren Sachwert der Hopfenware eindringenden Hopfenwarenkenntnis bei Brauern und Händlern bestellt ist[586]).

Zugleich konnte man sehen, welches Niveau die Hopfenkenntnis einer grofsen Anzahl der Hopfenhändler einnimmt, welche den Brauereien die Direktiven erteilen, wie sie den von ihnen bezogenen Hopfen verwenden sollen.

Angesichts dieser unerhört volkswohlschädlichen Vorkommnisse, welche — wenn auch in minderem Grade — so oft wiederkehren und den Wohlstand ganzer, noch dazu sehr wertvoller, ja für Brauzwecke ganz unentbehrlicher Gebiete untergraben, drängt sich unwillkürlich die Frage auf, ob es denn für Deutschland und Bayern nicht am Platze und füglich auch an der Zeit wäre, durch staatlich eingerichtete und mit wirklich sachkundigen Männern besetzte Hopfenwaren-Untersuchungsstationen Vorsorge zu treffen, dafs solche wirtschaftlichen Katastrophen nicht mehr vorkommen, und dergestalt namentlich auch einen Mittelpunkt zu schaffen, von welchem aus sich allmählich gediegene Kenntnisse in Hinsicht auf Hopfenware verbreiten; daran haben nicht blofs die Hopfenproduzenten, Brauer und Hopfenhändler, sondern namentlich auch die malzsteuerzahlenden Biertrinker und die Staaten das gröfste Interesse.

Das vorerwähnte feine Landshuter Bier, welches mit $^1/_2$ Spalter und $^1/_2$ Saazer 1896er Hopfen hergestellt war, hatte einen Feingeschmack, der seines gleichen auf der Welt suchen konnte, und war so wunderbar blafs und hell (und grünlich), wie man es auch beim Pilsener nicht oft sieht, und hätte man Spalter Hopfen allein genommen, wäre es sicher gerade so gewesen.

Zudem arbeitet der Spalter Hopfen doch noch erheblich rascher im Bier wie der Saazer, was doch gerade in der modernen Brauerei nicht zu unterschätzen ist und vielleicht $^1/_5$—$^1/_4$ der Zeit ausmachen kann. Viele ältere Brauer, welche früher mit Spalter oder Saazer je allein gearbeitet haben, werden wissen, dafs das Würzebrechen mit dem Spalter immer um ca. $^1/_2$ Stunde früher eintritt wie mit dem Saazer; so wird es sehr wahrscheinlich auch im Lagerkeller sein.

Fast alle Jahre gehen drei Viertel der Ausfuhr österreichischer (hier Saazer und Rothauschaer) Hopfen nach Deutschland. 1898/99 hatte Österreich-Ungarn im Januar 1899 ca. 61 746 Ztr. Hopfen exportiert, davon gingen 44 526 Ztr. nach Deutschland, nur 2528 Ztr. nach Grofsbritannien, 1 238 nach Frankreich, 2 318 nach Rufsland, 2 152 Ztr. nach der Schweiz und 8 924 Ztr. nach den übrigen Ländern. Die Hopfengrofshändler, welche alle nicht blofs in Nürnberg, sondern auch in Saaz etabliert sind, haben ein grofses Interesse daran, dafs recht viele Saazer nach Deutschland gehen, nicht blofs des direkten Gewinnes wegen, sondern namentlich auch deshalb, um den Saazer, der früher geerntet wird, als Preisdrücker gegen den Spalter zu verwenden.

Dazu kommt noch der für die Spalter sehr ungünstige Umstand, dafs die Saazer Ware durch ihren Zapfenbau ungleich schöner ins Gesicht fällt als die qualitativ oft überlegene Spalter Ware, und dafs eben beim Hopfeneinkauf der äufsere Warencharakter heute noch eine den inneren Wert derselben erheblich überragende Rolle spielt.

Ich hatte in jenem Artikel gesagt, dafs nichts in der Brauerei mehr vernachlässigt sei als die Entwicklung der Hopfenwarenkenntnis, und dafs den deutschen Brauern für ihr Verhalten im Hopfeneinkauf 1896/97 eine kleine Nachprüfung aus der Hopfenwarenkunde gebühre. In der Literatur-Rundschau d. Zeitschr. f. d. ges. Brauwesen, Novemberheft 1898, ist nun der Inhalt dieses Artikels geradezu nichtssagend und tendenziös extrahiert; der Schwerpunkt lag darin, dafs ich in bekannter Weise von der vermeintlichen Unkenntnis der Brauer in der Hopfenware gesprochen hätte. Nun sagt der Böhm. Bierbr. 1880[587]): »Unter 100 Brauern gibt es kaum 20, welche im stande sind, mit Sicherheit die Qualität eines Hopfens zu beurteilen«, und die damalige Redaktion der Allgemeinen Hopfenzeitung in Nürnberg stimmt dieser Ansicht zu. Wer hat nun recht? Ich will nur wünschen, dafs die Brauer in solchen Literaturübersichten, was andere Stoffe betrifft, besser bedient sind. Es mufs doch mindestens zweifelhaft erscheinen, ob ihren Interessen durch Schmeicheleien gedient wird; strikte Wahrheit wirkt fruchtbringender.

e) Die wahre Ursache der Notlage in den Hopfenbezirken und die Aussichten für die Zukunft.

Mahnung eines Brauers an die Brauer.

Ein eigentümliches Bild gewährte bei allen diesen Vorgängen, welche 1896/97 die Region von Spalt so schwer heimgesucht, der Fürstlich Wredesche Gutspächter, Herr Ökonomierat Rhodius auf Karlshof bei Ellingen im Spalter Lande, als Präsident des Deutschen Hopfenbauvereins.

Da er selbst Spalter Landhopfen erzeugt, war er in Aufregung geraten, dafs der Preis so sank, so dafs er nun für sein Produkt alle Jahre 500—600 Mark weniger einnahm wie früher. Überall hatte sich dieser Herr in Hopfenfragen hervorgedrängt, als Autorität zu gerieren gewufst, war selbst viele Jahre erwählter Präsident des Deutschen Hopfenbauvereins.

In seiner Beklemmung wendete er sich nun um Hilfe an den bayerischen Landwirtschaftsrat, und in einer Sitzung für diesen Gegenstand am 30. März 1897 stellte diese Hopfenautorität an die Versammelten die merkwürdige, von Sorge erfüllte Frage: Haben wir (die Spalter) vielleicht nicht die rechten Sorten oder vielleicht nicht die rechte Behandlung der Ware? Es waren ihm — der Hopfenautorität — also die wahrhaft wirksamen Ursachen dieser Sachlage völlig unbekannt. Und doch war dieser Herr so viele Jahre an der Spitze der Thätigkeit zur Hebung der Hopfenkultur[588]) und galt bei denen, die noch weniger oder gar nichts davon wufsten, als Autorität. Wie schon in der Fufsnote (588) erwähnt, lähmte er vor allem mich, weil ich seine eigenen Hopfen nicht so qualifiziert hatte, wie er wünschte; das war unter den gegebenen Verhältnissen sehr leicht. Wenn nur solche Leute auch immer die Folgen ihres Thuns und Lassens zu tragen hätten, aber die trägt leider immer das Land!

Der Hopfenbau Mitteleuropas vor und nach 1870[589]).

Nachdem 1859, 1860, 1861, 1862 und 1863, infolge der hohen Hopfenpreise, in den bayerischen Hopfendistrikten viel Geld verdient worden war, trat die Überproduktion an Hopfen namentlich Ende der 1860er Jahre in grofsen Proportionen auf[590]). Nach Wirtschaftsrat F. W. Hofmann in Wien baute Europa um 1842 ca. 120000 Ztr. im Mittelwerte von 40 fl. = 4800000 fl. ö. W., 1867 dagegen 1300000 Ztr. im Mittelwerte von 100 fl. = 130000000 fl. Das ist ein verhängnisvoller Enthusiasmus gewesen. Herr Wirtschaftsrat Hofmann hat in den 1860er Jahren durch seine Anpreisungen der Segnungen der Hopfenkultur viel zu dieser Überproduktion beigetragen[591]). In den 1860er Jahren hatte man vielerorts, namentlich auch in Württemberg, Baden, Elsafs etc., mit Hopfen grofse Gewinste eingeheimst, und nun begann ein Wettrennen in Hopfenproduktion, das selbstmörderisch war. Mittelfranken, das sonst in allen Bezirken in günstigen Jahren 40000—50000 Ztr. erntete, hatte 1870 an 105000 Ztr.; und so überall.

Von 1851—1860 war die Kultur des Hopfens in Bayern sehr lohnend; aber in der zweiten Hälfte der 1860er Jahre machte sich, trotz der erweiterten Bierproduktion, eine Überproduktion bemerkbar; namentlich machte diese sich 1867, 1868 und 1870 in sehr drückender Weise geltend. Nach den Mitteilungen des mittelfränkischen landwirtschaftlichen Kreiscomités brachte die Ernte 1870 in Mittelfranken 105153 Ztr. Hopfen und nur 2827403 fl. Einnahme, dagegen die 1871er Ernte mit nur 49772 Ztr. eine Geldeinnahme von 7125932 fl. Notstand im Hopfenabsatz gab es übrigens schon[592]) um 1847 und 1850. Damals bereits konnte man brauchbaren Hopfen für 10 fl. den Zentner massenhaft kaufen.

Die reichen Ernten 1867, 1868 und 1870 hatten das Hopfenprodukt gröfstenteils wertlos gemacht, obgleich Deutschland von der 1867er Ernte ca. 315000 Ztr. nach England und 35000 Ztr. nach Nordamerika, in Summa 350000 Ztr. im Werte von 20000000 fl. exportierte. Ende Februar 1868 kaufte man Spalter Landhopfen per Ztr. um 30—40 fl.; noch 1872, also nach vier und fünf Jahren, lagen von diesen Ernten bei manchem Eigner grofse Quantitäten, welche immerhin Geld gekostet hatten; es kamen das Lagergeld, Zinsverlust, die grofse Wertminderung etc. dazu. Schon damals zeigte es sich, dafs eine in allen Ländern geringe Ernte lohnend war, eine mittelmäfsig gute den Bedarf weit überschritt und eine in allen Produktionsländern reiche Ernte das Produkt gröfstenteils wertlos machte. Den Produzenten brachte das direkte Verluste, den Händlern unrentables Geschäft, den Brauern erschwerte Übersicht für den Einkauf.

Das Jahr 1869 nun lieferte auf dem ganzen Kontinent einen spärlichen Ertrag, die Produzenten hielten auf hohe Preise, aber die damalige günstige Ernte Nordamerikas liefs den erwarteten hohen Preis nicht aufkommen. Amerika lieferte 1869 bis Jahresschlufs 200000 Ztr. Hopfen nach England und versuchte auch auf dem europäischen Kontinent Boden zu gewinnen. Wäre die Ernte 1869 so reich gewesen wie 1867 und 1868, dann hätte der Kontinent einen Überschufs von 400000 Ztr. gehabt.

1870 erst zählte zu den reichsten, für Produktion und Handel wenig glücklichen Jahren; auch 1867 und 1847 sollen ungewöhnlich reiche Ernten (Dreiviertels- bis Voll-Ernten) gehabt haben. Die Preise standen 1870 unverhältnismäfsig niedrig, und vielmals deckten sie nur die Erntekosten. Die damalige Generation der Hopfenbauer hatte noch keine so niedrigen Preise erlebt. Diese Hopfenmassen waren im Handel nicht zu bewältigen, um so mehr weil die Produzenten für Behandlung und Aufbewahrung nichts aufwenden mochten, weshalb in den Warenmassen wenig Brauchbares zu finden war. Von guter Verpackung wufste man in der Praxis noch nichts Rechtes, obgleich davon schon vorher die Rede war. In vielen Distrikten erzielt man per Zentner nur 13,6—27,2 Mark.

Durch alle Länder Europas ertönte damals der Ruf: »Abminderung dieser unrentierlichen Kulturen!« Aber nur die Amerikaner verringerten den Umfang ihrer Hopfenfläche; in Mitteleuropa hoffte jeder, dafs der andere abmindern werde, er selbst wolle es noch einmal ein Jahr probieren. Bei den Amerikanern macht eine solche Verringerung nicht viel aus, weil sie ohnehin auf der gleichen Fläche die 3—4- und 5fache Menge bauen wie wir (s. oben S. 6).

Über die Hopfenernte 1870 und die Ende April 1871 noch vorhandenen Vorräte geben folgende Zahlenreihen Auskunft:

Tabelle über die Hopfenernte 1870.

Land	Im Jahre 1870 geerntet	Vorräte Ende April 1871
	Ztr. Ztr.	Ztr. Ztr.
Bayern (Hallertau)	113 000—120 000	5 000— 6 000
» (Spalt, überhaupt Franken und die übrigen Distrikte)	140 000—150 000	6 000— 7 000
In ganz Bayern	250 000—270 000	11 000— 13 000
Böhmen	230 000—235 000	15 000— 16 000
Belgien	100 000—110 000	16 000— 20 000
Württemberg	70 692— 75 000	10 000— 12 000
Baden und die Pfalz	45 000— 50 000	10 000— 12 000
Oberösterreich	20 000— 22 000	16 000— 18 000
Steiermark	18 000— 20 000	1 200— 1 500
Altmark, Braunschweig, Hannover	35 000— 38 000	18 000— 20 000
Polen und die übrigen Distrikte	36 000— 40 000	20 000— 22 000
Elsafs-Lothringen und Burgund	90 000—100 000	70 000— 80 000
Zusammen	794 692—860 000	187 200—214 500

Es waren also Ende April 1871, einige Monate vor der neuen Ernte, in Mitteleuropa noch ca. 200000 Ztr. alten Hopfens da; Bayern hatte noch ca. 12000 Ztr. Bald gestaltete sich aber günstiger. Der heiße Sommer mit viel Kupferbrand und Schwärze brachte in allen Hopfenländern Europas und Amerikas sehr kleine Ernten. Dazu kam in Deutschland die Rückkehr der Armee aus Frankreich mit den vielen Konsumenten, billiger Einkauf anderer Brauereirohmaterialien, Teuerung aller Lebensmittel, großer Obstmangel, so stieg der Bierkonsum und damit die Nachfrage nach Hopfen. Der Handel hatte schon im September sich eines großen Teils der neuen Hopfenernte bemächtigt und dadurch eine große Preissteigerung bewirkt.

Die monatlichen Durchschnittspreise des Nürnberger Marktes seit 1867 (in Gulden à 1,70 Mark).

Monat	1867/68	1868/69	1869/70	1870/71	1871/72
Oktober	50—60	25—35	100—110	18—35	126—140
November	48—55	20—30	90—100	18—30	125—135
Dezember	40—50	25—35	80—90	15—25	124—134
Januar	40—45	20—25	75—85	15—20	120—130
Februar	33—40	20—30	70—80	14—24	120—130
März	30—40	20—28	80—90	14—26	120—130
April	30—36	20—26	85—95	10—25	120—140
Mai	30—35	18—22	90—100	12—24	

Die Hopfeneinfuhr Englands[593]:

1865/66: 68 662 Ztr.
1866/67: 87 616 »
1867/68: 314 007 »
1868/69: 150 000 »

Der Import aus Nordamerika in England:

1866: 4 800 Ztr.
1867: 5 300 »
1868: 72 000 »
1869: 110 000 »

Ohne Zweifel sind 1871/72 alle alten Vorräte an Hopfen, auf viele (bis fünf und sechs) Jahre zurück, in Verkehr gekommen, aber man hat keine Notierungen über die Preise, welche sie erzielten. In England und Amerika, wo das bessere Konservieren schon lange üblich, werden in den Notierungen von jeher auch Jährlinge und Mehrjährige (Alte) aufgeführt. Wie ich einer gelegentlichen Notiz der Allg. H.-Ztg. 1872, S. 211 entnehme, scheinen Ende April 1872 deutsche Hopfen von 1867/68 noch mit 8 fl. per Ztr. gekauft worden zu sein. Die Preise würden bei der kleinen Ernte 1871/72 und bei dem Umstande, daſs die Vereinigten Staaten, die in den letzten Jahren jährlich an 100 000 Ztr. nach Europa, nach England, wo ihre niedrigen Preise den Markt beeinflußten, geliefert, diesmal einen Teil ihres Bedarfes vom europäischen Kontinent decken mußten, noch viel höher gewesen sein, wenn nicht die großen Vorräte der 1870er Ernte hätten herangezogen werden können. In England wie auf dem Kontinent kämpften lange Zeit Baisse- und Hausse-Tendenz, wie immer siegten aber die Thatsachen über die genialsten Kombinationen.

In Antwerpen notierte man am 14. Juni 1872 in belgischen Hopfen:

	Aloster:	Poperinghe:
1871er:	98—100 Frcs.	120—130 Frcs.
1870er:	38—40 »	53 »
1869er:	30 »	35 »
1868er:	20—22 »	25 »

In der Allg. H.-Ztg. 1872, S. 432 (Ende August) wird oberösterreichischer Frühhopfen per Wiener Zentner 1870er mit 10—16 fl. ö. W., 1871er mit 110—120 fl. ö. W. angeboten.

Während der Überschuſs der reichen 1870er Ernte im Jahre 1871 mit seiner schwachen Ernte vollkommen verzehrt wurde, selbst die Reste bis 1867/68 zurück, brachte nun das Jahr 1872 wieder eine überreiche Ernte. In gewaltigen Massen strömten die Hopfen von allen Seiten dem

Nürnberger Markt zu Ende April 1871 die Preise kosteten[594]) am 27. August Mittelhopfen prima per Ztr. 90—95 fl., Württemberger 112—118 fl., Schwetzinger 105—110 fl., dagegen am 19. Sept. 1871 nach drei Wochen dieselben Sorten 40—45 fl., 48—55 fl., 40—50 fl.

1872 berechnete man Ende September, daſs Nordamerika, welches zum eigenen Konsum 120 000 Ballen (zu je 180 Pfd.) nötig hatte, selbst nur 60 000 Ballen produziert habe, und bei noch vorhandenem Vorrat von 20 000—30 000 Ballen ca. 70 000—80 000 Ballen aus Europa beziehen müsse.

Die Provinz Sachsen, namentlich die Altmark (mit den Bezirken Gardelegen, Bismark, Mahlwinkel, Stendal), hatte 1870 zusammen 26 980 Ztr. geerntet, wobei bei den gedrückten Preisen selbst die besten Sorten mit 8—16 Thaler (24—48 Mark) verkauft wurden; 1871 erntete das gleiche Gebiet nur 1910 Ztr., und diese waren zu 30—45 Thaler (90—135 Mark) per Ztr. eine gesuchte Ware.

Da bei der knappen Ernte 1871 alle Hopfenvorräte aufgezehrt wurden, so daſs die Hopfenvorräte in den Brauereien Ende des Jahres sehr knapp waren, stiegen im Dezember 1872 die Preise für 1872er Ernte rapid. Der Vorrat in ganz Mitteleuropa war nur 18 000 Ztr.[595]).

Die Überproduktion an Hopfen, welche durch gedrückte Preise die Landwirte zu Grunde richtet, hat nur für die Brauer Wert; würden die Landwirte nur so viel Hopfen bauen, als dem augenblicklichen Bedarf dient, so daſs es bei den reichen Ernten 1868 und 1870 keinen Überschuſs gegeben hätte, dann hätten 1871/72 viele Brauereien ihren Betrieb einstellen, andere ihn kolossal reduzieren müssen, und wo wäre da das bierdurstige Publikum geblieben?

Bis vor kurzem, ehevor die Saazer ihre Produktion ins Ungemessene erweitert, was mit der Nachfrage nach Saazer Hopfen wegen der Ausbreitung der Erzeugung heller Biere — namentlich in Deutschland — und daran anknüpfenden irrigen Ansichten der Brauer zusammenhängt, war immer nur Überproduktion an geringer Ware, niemals an hochwertiger; in Zeiten schlechter Ernten rücken natürlich auch die minderwertigen Sorten vor. In neuerer Zeit helfen aber habgierige Händler mit Hilfe der früher reifen Saazer die höchstwertigen, aber später auf den Markt kommenden bayerischen Hopfen herunterdrücken, und die Brauer thun, allerdings unter dem Einflusse der oft schwierigen Konkurrenz mit. Wo die Konkurrenz wirkt, wäre es überflüssig auf Patriotismus zu rechnen. In Niederösterreich und Ungarn wurden 1869 trotz der vielfachen Unverkäuflichkeit minderwertiger Hopfen selbst bei mäßigen Ernten noch Staatspreise für die Neuanlegung von Hopfengärten ausgeschrieben[596]). Die Stadt Spalt, welche damals im Jahresdurchschnitt 3500 Ztr. baute, hatte 1869 nur 500 Ztr. und davon waren Ende Dezember noch 300 Ztr. unverkauft.

Auch Barral in Paris sagte in seinem Journal d'agriculture (1869, Nr. 62, s. Allg. H.-Ztg. 1869, S. 87) bei Besprechung des Burgunder Hopfenbaues, daſs der Hopfenbau noch eine groſse Zukunft habe und das beste Mittel für den Bauer sei, um reich zu werden. Der Hopfenbauer Barthelme in Elsaſs sagt darauf, daſs ihm bei einem Ertrag von 590 ℔ per Stange der Zentner 60—65 Frcs. koste und 1868 nur 20—25 Frcs. getragen habe.

In Mittelfranken rechnete man in den 1850er und 1860er Jahren, daſs auf 11 Erntejahre 2 glückliche Jahre kommen. Solche 2 glückliche Erntejahre waren 1859 und 1860 (s. Allg. H.-Ztg. 1861, Nr. 2).

				Mittelpreis	Gesamterlös
1859	brachte	für Mittelfranken	40 366 Ztr.	71 fl. 52 kr.	3 601 706 fl. 40 kr.
1860	»	»	31 474 »	290 » 30 »	7 809 082 » 58 »
1861	»	»	97 121 »		6 167 227 » — »
1870	»	»	105 000 »	18—20 fl.	2 827 400 » — »
1871	»	»	49 772 »	—	7 125 933 » — »

Man vergegenwärtige sich dabei die Produktionskosten (60—90 Mark per 1 Ztr.) und namentlich das Mehr an Produktionskosten 1870 gegen 1860 und selbst 1859.

Die Hopfenproduktion in Mittelfranken 1870 übertraf die von 1860 um mehr als das Dreifache, aber die Einnahme war kaum mehr als der vierte Teil jener vom Jahre 1860[597]). Die

Stadt Spalt hatte 1860 nicht einmal 900 Ztr. geerntet und 375000 fl. eingenommen. 1870 hatte die Stadt Spalt eine Ernte von 4000 Ztr. und eine Einnahme von kaum 250000 fl. Dabei hatte das Jahr 1870 nicht blofs eine überreiche Ernte, sondern auch eine hohe Qualität des Produkts gebracht, welche jener der vorausgegangenen Jahre weit voranstand. Mittelfranken hatte von 1857—1866 inklus. durch den Hopfen 60000000 fl., jährlich 6000000 fl. brutto, vereinnahmt.

Im Beginn der 1860er Jahre gab es wohl schon Hopfensendungen aus Amerika nach England, aber ein Import deutscher und bayerischer Hopfen nach Amerika war noch unbekannt. 1865 wurden nur um 6000 fl. Hopfen von Nürnberg nach Nordamerika versendet, 1866 aber bereits um mehr als 60000 fl.

Um 1861[598]) hatte der bekannte Pfarrer M. Filser in der Hallertau gesagt: unser bayerisches Vaterland habe im Hopfenbau eine Goldgrube, verhältnismäfsig reicher und nachhaltiger als die Goldgruben Kaliforniens. Die Biererzeugung sei so gewachsen, dafs nur eine gute Ernte den Bedarf an Hopfen decken könne. Ohne die Zunahme der Hopfenproduktion in den letzten Jahren hätte 1860 der Zentner in der Hallertau 400—500 fl. gekostet, statt 200 bis 250 fl. Filser berechnet, dafs 1860, wo der Zentner Hopfen im Mittel 250 fl. kostete, bei dieser guten Mittelernte 10000000—11000000 fl. ins Bayerland gekommen seien. Er schätzte um 1860 für Bayern eine schlechte Ernte zu 45000 Ztr., eine mittlere zu 80000 Ztr., eine gute zu 110000 Ztr. und eine sehr gute zu 140000 Ztr. Die 1860er Ernte sei eine etwas mehr als mittlere gewesen, so dafs noch 40000—45000 Ztr. ins Ausland gehen konnten. Der im Inland verbrauchte Hopfen war aber auch 10000000—11000000 fl. wert.

Gerade so enthusiastisch agitierte damals Herr Wirtschaftsrat F. Hofmann in Wien für die Ausdehnung der Hopfenkultur, namentlich in Niederösterreich.

Alle diese Symptome der Überproduktion, wie sie sich Ende der 1860er und Anfang der 1870er Jahre, auch schon 1839 geltend machten, wo Mittelhopfen per Zentner oft kaum einen Preis von 16 fl. erreichte, beziehen sich nicht auf höchstwertige Hopfensorten; da hat bis dahin niemals ein Überflufs geherrscht, eher war das Gegenteil der Fall. Die Allg. H.-Ztg. 1873, S. 261 u. ff. teilt eine sehr genaue Rechnung eines Hopfenproduzenten der Stadt Saaz mit, welche das deutlich darthut. Auf einer dem Boden nach minder guten, öfter an Trockenheit leidenden und der Überschwemmung ausgesetzten Hopfenfläche berechnete er von 1854—1868 (also in 15 Jahren) genau die Ausgaben und Einnahmen (die genaue Detailrechnung l. c. S. 262). Die Zahl der Hopfenstöcke war in diesem Zeitraum von 5760 auf 11160 gestiegen (ganze Stöckezahl durch die Jahre 139620); es treffen auf ein Jahr (Mittel) 9308 Stöcke; die totale Jahresmittelausgabe für diese Stöckezahl betrug 523,57 fl. ö. W.; die Hopfenernte nach Wiener Pfunden (1 Wiener Ztr. = 56 Pfd.) 809 Pfd. ($5\frac{1}{2}$ Pfd. per 60 Stangen oder $8\frac{2}{3}$ Pfd. per 100 Stangen oder Stöcke, das Maximum per 100 Stangen = 17 Pfd.); der Mittelpreis per 1 Ztr. war 140 fl.; die gesamte Jahreseinnahme für diese Stöckezahl 1018,88 fl. ö. W.; der Ankaufspreis des Grundes 5160 fl. (2000 fl. per Joch), mit 5% verzinst = 258 fl.; Reinertrag für diese mittlere Stöckezahl von 9308 war 514 fl. ö. W.; der Verlust 18,74 fl. Der durchschnittliche Reinertrag war:

per	1 Schock (60 Stangen oder Stöcke)	3,— fl. ö. W.
»	100 »	5,33 » » »
»	1 Joch	200,— » » »
»	1 ha	ca. 350,— » » »

1857 hatte ein Hagelschlag für diese Stöckezahl einen Verlust von 275 fl. ö. W. gebracht. Es hat sich also das Grundkapital jahresdurchschnittlich mit $9\frac{3}{5}$% verzinst.

Dagegen wird in einem Artikel der Allg. H.-Ztg. 1871, S. 57 u. 71 (Die Leiden der Hopfenpflanzer aus Oberösterreich) geklagt, dafs Anfang der 1860er Jahre der Hopfenbau so lohnend war und nun (Anfang der 1870er Jahre) die Kosten nicht mehr deckt. Damals erschienen gleich nach der Ernte zahlreiche Hopfenhändler und kauften den Zentner um 200 bis 250 fl.; ihnen voraus gingen schon die meist unreellen, mittellosen Vorkäufer, welche den Zentner an der Stange um 50—60 fl. kauften, selbst bis 150 fl., was aber zu vielen Streitigkeiten führte.

Dann kam die kolossale Zunahme der Kultur, alles baute Hopfen, die schlechtesten Abhanggrundstücke wurden dazu hergenommen. 1870 konnten viele Hopfenbauer ihre Ernte gar nicht verkaufen, 1871 erhielten sie per Zentner 20—30 fl.; wenn der auf kräftigen, zum Getreidebau geeigneten Grundstücken gewachsene Hopfen nicht wenigstens 50—60 fl. ö. W. koste, rentiere er sich nicht mehr. Da wird der ganz sozialistische Vorschlag gemacht, daſs die Regierung als Käufer auftreten solle, um die Preise zu heben! — Unglaublich, aber wahr! — Staatshilfe wäre eine Aktion gegen alle Lehren der Volkswirtschaft; sie würde nicht nur nichts nutzen, sondern schaden, weil sie noch zur Steigerung des Übels beitrüge.

Wenn auch dem Hopfenhändler Uhlfelder[599]) recht gegeben werden muſs, daſs viele der bayerischen Hopfen manches zu wünschen übrig lassen, während viele fremde Hopfen entschiedene Vorzüge haben, und daſs der eine Brauer dieses, der andere jenes Material wünscht, so war doch — wie Uhlfelder bestätigt — bis Mitte der 1860er Jahre im groſsen und ganzen die Überlegenheit der bayerischen Hopfen noch allenthalben anerkannt; aber dieser Materialkenner bezweifelte damals schon, ob diese Überlegenheit der Eigenschaften, wozu namentlich auch die gute Konservierung gehört, dieses Vorragen der bayerischen neben den Saazern in Zukunft erhalten werden könne, wenn nicht gleichzeitig das nötige Andere geschehe.

Damals (Mitte der 1860er Jahre) z. B. begnügte sich die bayerische Staatsbahn selbst bei gepreſstem Ballenhopfen nicht mit dem Normalsatze 1. Klasse, den selbst sperrige Möbel haben; sie erhob vielmehr eine Zuschlagstaxe zum Normalsatze 1. Klasse, beim gesackten Hopfen von 100% und beim in □Ballen gepreſsten Hopfen mit 250 Pfd. und darüber noch 50%. Die Bahnverwaltung behauptete, daſs der Hopfen ihr bei Normalfracht nicht rentiere. Alle andern Bahnen rings um Bayern herum, auch die norddeutschen und rheinischen Bahnen, die doch auch Rente haben wollen, beförderten den Hopfen um den Normalsatz 1. Klasse, selbst die Bahn Lichtenfels in Bayern-Koburg. Die Folge war, daſs selbst von Pfeffenhausen und Mainburg in der niederbayerischen Hallertau der Hopfen massenhaft per Wagen bis nach Bamberg geliefert wurde. Im Herbst 1865 hatten allein aus der Landshuter Gegend 86 Fuhrleute Hopfen nach Bamberg gebracht; auch in Nürnberg waren die Fuhrmannsgastlokale damals überfüllt.

Noch schlimmer war, daſs sich auſserhalb Nürnberg und Bayern Hopfenhandelsnebenzentren bildeten. Man versendete badische, württembergische, Elsässer, böhmische Hopfen direkt, unter Meidung der teuren bayerischen Bahnen, an die Konsumenten, damit sie nicht an den bayerischen Bahnen »umbehandelt«, »umexpediert« und »umkartiert« werden muſsten und die Frachtverteuerung vermieden wurde. Die verschiedenen Staats- und Gesellschafts-Bahnen (in Bayern, Württemberg etc.) übernahmen den Hopfen nur in gepreſsten □Ballen oder in cylindrischen Ballen, insofern die letzteren mindestens 250 Pfd. wogen, im direkten Verkehr und unter Tarifklasse I; nicht derart behandelter Hopfen wurde nur von Bahn zu Bahn befördert. Auch der Nürnberger Markt verlor, weil ihm die Heranziehung auſserbayerischer Hopfen erschwert war.

In diesen Jahren nahm der Hopfenhandel teilweise andere Wege, und es traten bei den Konsumenten andere Gewöhnungen ein, was alles speziell den bayerischen Hopfen nicht günstig war. All das blieb natürlich auch, als bald darauf durch die Generaldirektion der bayerischen Verkehrsanstalten den gepreſsten Hopfen Normalfracht bewilligt wurde. Aber im Jahresbericht der Handelskammer zu Frankfurt a. M. für 1866[600]) wird gesagt, daſs die auf mehreren, namentlich den bayerischen Eisenbahnen eingeführten hohen Frachtsätze für Hopfen das Export- und Transit-Geschäft in dieser Branche auf das empfindlichste schädigen.

Dazu kommt die vielfach so schlechte Pflücke, über welche die sämtlichen Hopfenhändler in Nürnberg, Fürth, Bamberg etc. schon so oft geklagt[601]); sie alle haben selbst schon oft die bayerischen Hopfen — trotz der berühmten Qualitäten — wegen der schlechten Pflücke schlechter bezahlt als rein gepflückten, gut konservierten ausländischen. Auch bei internationalen Hopfenausstellungen wurden die bayerischen Hopfen schon oft wegen ihrer schlechten Pflücke und Behandlung schlechter beurteilt und prämiiert als die nichtbayerischen. Am besten pflückte und pflückt in Bayern und in Franken namentlich von jeher die Stadt Spalt.

Im bayerischen Kreise Mittelfranken, in den Hopfengebieten von Spalt, [illegible] Hersbruck-Lauf-Altdorfer Gegend [illegible] zusammen nahezu die Hälfte der bayerischen Hopfenproduktion erzeugt wird, [illegible] Jahren [602])

[illegible] Die kleinen Landwirte hatten kein Getreide, keine Hackfrüchte, nicht das nötige Futter etc., sie hatten nur Sinn für Hopfenbau. Wenn dann, wie 1877, bei hoher Ernte keine ernstliche Rente mehr herausschaut, wird geklagt, aber der Bau wird nicht eingeschränkt, man probiert es weiter. So ist es in dem berühmtesten Hopfengebiete Deutschlands, in Mittelfranken, wo der Zentner Hopfen Preise von 100—200 Mark und mehr erreicht; wie nun erst in jenen Gegenden Deutschlands, wo man den Zentner mit 15—30 Mark kauft!

Im Gebiete von Spalt kostet der Zentner trockenen Hopfens wenigstens 100 Mark für den Produzenten, in den billigsten Gegenden Deutschlands ca. 70—80 Mark, in den teueren 120—130 Mark; man kann sich also leicht denken, wie die Hopfenproduzenten daran sind, wenn sie für den Zentner trockenen Hopfens 25—50 Mark einnehmen.

Landwirtschaftlicher Bezirk	1873 Ztr.	1874 Ztr.	1875 Ztr.	1876 Ztr.	1877 Ztr.	1878 Ztr.
Altdorf-Nürnberg	[illegible]	8 833	[illegible]	[illegible]	[illegible]	[illegible]
Ansbach-Leutershausen	1 170	413	1 483	190	1 250	856
Beilngries-Greding (Kinding)	1 256	406	510	90	1 100	1 100
Erlangen	4 938	1 135	3 621	1 178	3 200	2 080
Feuchtwangen	312	150	500	80	450	650
Fürth	675	670	900	360	800	1 923
Gunzenhausen	2 835	[illegible]	[illegible]	2 212	4 650	3 882
Heidenheim	275	100	490	176	360	—
Heilbronn	[illegible]	[illegible]	[illegible]	[illegible]	3 550	1 989
Hersbruck-Lauf	42 638	13 424	44 816	14 020	37 684	27 116
Neustadt a. d. Aisch	12 615	8 813	[illegible]	[illegible]	15 000	11 903
Rothenburg-Schillingsfürst	345	54	500	80	400	400
Scheinfeld	2 400	2 184	3 500	1 220	3 000	2 200
Schwabach-Spalt	9 813	7 899	13 665	3 352	10 700	13 388
Uffenheim-Windsheim	4 361	168	4 970	320	3 890	4 576
Weißenburg a. Sand	2 535	1 601	4 694	1 514	4 000	3 345
Dinkelsbühl-Wassertrüdingen	178	168	250	80	200	250
Eichstätt-Kipfenberg	908	1 022	1 900	650	1 800	1 274
Summa	105 350	50 163	124 942	36 853	113 634	89 449

Landwirtsch. Bezirk Schwabach (Spalt und Spalter Land)

Jahr	Ztr.	Mittelpreis per Ztr. Mark	Gesamterlös
1858	5 138	—	856 689 fl.
1859	5 721	—	622 588 »
1860	3 224	—	902 852 »
1861	11 687	—	873 982 »
1862	11 108	—	1 119 347 »
1870	11 114,4	90 — 120	1 000 296 — 1 333 728 Mark
1871	8 167,4	280 — 320	2 286 872 — 2 613 568 »
1872	6 407,0	170 — 210	1 089 390 — 1 345 470 »
1873	9 710,0	180 — 220	1 747 800 — 2 136 200 »
1874	7 250,3	260 — 300	2 885 191 — 2 175 105 »
1875	13 665,2	115 — 150	1 571 498 — 2 049 780 »
1876	3 352,5	500 — 540	1 676 260 — 1 810 360 »
Mittel	9 723,8	228 — 266	1 608 159 — 1 923 316

Mittelfranken hatte 1858: 45 000 Ztr.
» 1859: 42 000 »
» 1860: 32 000 »
» 1861: 100 000 »

Die Roheinnahme ergibt sich aus folgenden Zahlen (ca. $^2/_3$ gehen als Produktionskosten ab):

1858 = $^1/_2$ Ernte = 5 124 Ztr. = 856 689 fl. Einnahmen,
1859 = $^1/_2$ Ernte = 5 717 » = 622 588 » »
1860 = $^1/_4$ Ernte = 3 570 » = 903 852 » »
1861 volle Ernte = 11 687 » = 873 982 » »
26 103 Ztr. = 3 257 112 fl. Einnahmen.

Jahr	Produktion Ztr.	Zum Preise von fl.	Ergibt sich ein Gesamterlös von fl.	Ertrag per Hektar ca. Ztr.
1861	97 121	50—110	6 107 222	—
1870	[illegible]	[illegible]	2 827 403	—
1871	49 772	[illegible]	7 125 933	—
1873	105 350	100—120	10 535 000—12 642 000	12,18
1874	50 963	270—280	13 [illegible] 000—14 145 000	—
1875	124 842	80—90	9 995 000—11 244 000	14,40
1876	66 853	[illegible]	16 [illegible] 000—16 [illegible] 000	4,26
1877	113 634	[illegible]	7 95[illegible] 000—9 0[illegible] 000	12,60

Die Hopfenerträge Bayerns von 1868—1877 [604]):

Jahr	Erbaute Menge Ztr.	Durchschnittspreis per Ztr. Mark	Beiläufiger Gesamterlös Mark
[illegible]	[illegible]	[illegible]	[illegible] 000 000 [606])
1868	[illegible]	[illegible]	[illegible]
1869	100 000	200	20 000 000
1870	275 000	50	[illegible]
1871	90 000	220 [605])	19 800 000 [606])
1872	150 000	100	15 000 000
1873	209 045	120	25 085 300
1874	108 487	170	29 285 490
1875	258 469	85	21 969 865
1876	78 213	445	34 808 785
1877	237 304	75	17 797 800
1878	166 390	70	11 647 300

Im selben mittelfränkischen Hopfenterrain war das Ergebnis:

Jahr	Produktion Ztr.	Zum Preise von fl.	Ergibt sich ein Gesamterlös von fl.
1858	42 891	60—240	4 971 114
1859	41 376	50—155	3 743 229 (6 416 621 Mark)
1860	31 475	200—355	7 867 350 (13 412 600 » [603])

Um 1860 berechnete man in Hallertau die Produktionskosten ... (Allg. H.-Ztg. 1862, S. 100); ... Gesamtdurchschnittspreis ... bayrischen Abgeordnetenkammer ... der Spalter Produzenten 1875 ... 130 Mark per Hektar, 15 Ztr. ... 90—100 Mark ... Ertrag per Hektar; in Rottenburg a. N. wurde damals erklärt, daſs der Hopfenbau sich nicht mehr rentiere, wenn der Zentner 68—75 Mark koste. In der Allg. H.-Ztg. 1869 werden für Mittelfranken die Kosten des Pflanzers per Zentner zu 30—35 fl. angegeben.

Daſs unter Umständen auch in Gegenden mit geringeren Qualitäten höhere Gelderträge gewonnen werden können, wenn die quantitativen Hopfenerträge sehr hohe sind, zeigen folgende Zusammenstellungen [609]):

Land	Zahl der Hopfenpflanzen per ha = 1.738 österr. Joch	Durchschnittsertrag per 1 ha in kg im Jahre 1877	Preis per 50 kg 1877 in fl. ö. W.	Brutto-Ertrag per ha in fl. ö. W.
Burgau	4 000	760	130	1 976
Hagenau	2 800	2 070	40	1 656
Saaz	6 256	580	110	1 276
Tettnang	4 198	890	50	890
Schwetzingen	4 198	890	50	890
Hersbruck	4 900	1 000	60	600
Alost	2 900	1 250	25	625

Der Hopfen von Burgau stammt von Saazer Reben, brachte wohl auch noch deshalb den höchsten Ertrag, weil er der frühest geerntete Hopfen Europas ist, daher noch zu hohen Anfangspreisen ... Elsaſs hat bei so niedrigen Preisen hohen Geldertrag, weil der Ertrag in Zentnern per Hektar doppelt so hoch ist wie um Saaz, in Steiermark, Bayern etc. 1875 und 1876 war auch bereits in Kent (England) und Belgien die Klage über Unrentabilität der Hopfenkultur allgemein.

Die Hopfenproduktion Bayerns von 1866—1875 [613]):

Jahrgang	Ertrag Ztr.	Preis von ℳ	Preis bis ℳ	Gesamtgeldbetrag der ganzen Ernte von ℳ	bis ℳ	Produktionskosten per 1 Ztr. von ℳ	bis ℳ	Produktionskosten des Gesamtertrages von ℳ	bis ℳ	Netto-Ertrag nach Abzug der Produktionskosten von ℳ	bis ℳ	Höchste Preise in Spalt ℳ	Niedrigste Preise a. Markt in Nürnberg ℳ
1866	220 000	250	286	55 000 000	62 920 000	60	68	13 200 000	14 960 000	41 800 000	47 960 000	335	150
1867	270 000	86	122	23 240 000	32 940 000	70	75	18 900 000	20 250 000	4 340 000	12 690 000	200	45
1868	232 000	52	88	12 064 000	20 416 000	75	80	16 400 000	18 560 000	— 33	1 856 000	200	30
1869	100 000	136	170	13 600 000	17 000 000	80	85	8 000 000	8 500 000	5 600 000	8 500 000	500	100
1870	270 000	43	60	11 610 000	16 200 000	85	90	22 950 000	24 300 000	—	—	175	25
1871	95 000	250	286	23 750 000	27 170 000	90	95	8 559 000	9 025 000	15 191 000	17 645 000	365	100
1872	150 000	100	136	15 000 000	22 400 000	95	100	14 250 000	15 000 000	750 000	7 400 000	240	60
1873	209 145	100	130	20 914 500	27 180 850	100	110	20 914 500	23 005 950	—	4 176 900	240	60
1874	236 [illegible]	[illegible]	[illegible]	25 [illegible]	[illegible] 206 620	110	115	[illegible]	[illegible] 475 905	[illegible]	[illegible]	420	180
1875	270 000	60	82	16 200 000	22 140 000	100	110	27 000 000	29 700 000	[illegible]	[illegible]	100	30
Zus.	1 924 632			216 981 432	276 579 470			161 777 070	175 276 855	55 204 362	100 792 615		

Die Erträgnisse des Hopfenlandes für ganz Bayern betragen also in diesen zehn Jahren 1 924 632 Ztr. mit einem Gelderlös von 216 981 432—276 579 470 Mark. Produktionskosten mit 161 777 070 bis 175 276 855 Mark, Reingewinn 55 213 562—100 802 615 Mark.

Die Verluste ergeben sich aus folgenden Zahlen:

Jahr	Gesamterlös von ℳ	bis ℳ	Produktionskosten von ℳ	bis ℳ	Mindererlös oder Defizit von ℳ	bis ℳ
1868	12 064 000	20 416 000	16 400 000	18 560 000	4 336 000	—
1870	11 610 000	16 200 000	22 950 000	24 300 000	11 340 000	8 100 000
1875	16 200 000	22 140 000	27 000 000	29 700 000	10 800 000	7 650 000

Das Defizit in diesen drei hopfenreichen, aber an Geldeinnahmen armen Jahren beträgt also 23 140 000—15 660 000 Mark. Diese müssen am obigen Geldgewinn in Abzug kommen, dann bleibt also ein wirklicher Geldreinertrag von 33 064 362 bis 85 642 615 Mark, im Mittel von zehn Jahren 3 306 436 bis 8 564 261 Mark. Das sind also die glänzenden Geldeinnahmen für diese umfangreichen Kulturen im hopfengesegneten Bayern, Renten, in denen das Kapital verzehrt wird.

In der Regel sind die Jahre mit der gröſsten Ernte per Zentner jene der kleinsten Geldeinnahmen; nur das Jahr 1866 in diesem Jahrzehnt machte eine Ausnahme, es hatte bei guter Ernte hohe Preise und die höchsten Geldeinnahmen des ganzen Zeitraumes. Die schlechtesten Preise hat immer die qualitativ geringste, sogenannte Marktware.

Die Hopfenerträge in Württemberg von 1870—1877 [610]):

Jahr	Ernte Ztr.	Durchschnittspreis pro Ztr. Mark	Geldwert Mark
1877	89 675	70	6 279 250
1876	30 769	390	11 999 910
1875	96 547	80	7 721 760
1874	53 388	270	14 414 760
1873	73 733	103	7 594 499
1872	60 702	84	5 098 968
1871	36 404	250	9 001 000
1870	70 622	65	4 594 980

1852 hatte Württemberg 707 ha Hopfenland, 1863: 2200 ha, 1865: 2966 ha, 1868: 5145 ha, 1882: 6523 ha, 1885: 7332 ha. Um 1868 waren die Preise schlecht, sie stiegen aber dann sehr und erreichten mehrmals 300—400 Mark, selbst 500; 1883 aber sanken sie bis auf 40 Mark und 10 Mark herab, ähnlich 1886 und 1887, das war unter den Produktionskosten, nun sank die Area bedeutend.

Man berechnet in den fränkischen Distrikten die Produktionskosten per 1 Ztr. dürren Hopfens auf 80—100 Mark, in andern Gegenden, wo weniger auf die Pflege dieser Kultur verwendet wird, auf 60—70 Mark per Zentner. Gutsbesitzer Scharrer berechnete 1867 für die Bamberger Gegend [611]) bei Drahtanlage und Vollertrag die Kosten per 1 Ztr. auf 40—50 fl.

Der Rentamtsbezirk Spalt (Landgericht Roth) hatte:

1858:	5200 Ztr.,	Mittelpreis	167 fl.	= 856689 fl.
1859:	5800 »	»	108 »	= 622588 »
1860:	3300 »	»	253 »	= 902858 »
1861:	11000 »	»	74 »	= 880000 »

Bei 1861 die erste Zahl, wenn man 80 fl. als Mittelpreis per Zentner annimmt.

Die Stadt Spalt hatte bei der überreichen, seltenen Ernte 1861 ca. 4000 Ztr. und einen Erlös von 320000 fl.; das nebenan gelegene Grofsweingarten vereinnahmte 82000 fl.

Die Hopfenpreise der Stadt Spalt je im zehnjährigen Durchschnitt[614]):

	höchster Preis fl.	niedrigster Preis fl.
von 1817—1827	101,4	57,0
» 1827—1837	130,0	67,1
» 1837—1847	112,0	51,0
» 1847—1857	130,3	68,3
» 1857—1867	178,0	118,0

Es sind also, das Jahrzehnt 1837/47 ausgenommen, die Preise fortwährend gestiegen. Heute (Ende des 19. Jahrhunderts) kostet der Zentner so viele Mark wie in jenem langen Zeitraum Gulden!

Die Hopfenerträge im landwirtschaftlichen Bezirk Altdorf bei Nürnberg[615]):

1874:	2969 Tgw.	8374 Ztr.,	Durchschnittspreis 130 fl.,	Gesamterlös 1172000 fl.	
1873:	—	14282 »	» 55 »	» 785000 »	
1872:	—	8400 »	» 40 »	» 336000 »	
1871:	2921 Tgw.	7066 »	» 125 »	» 918000 »	
1870:	—	14094 »	» 18 »	» 254000 »	
1860:	—	4831 »	» 230 »	» 1131000 »	
1859:	—	3791 »	» 40 »	» 152000 »	

Demnach war 1874 für den Bezirk Altdorf, bei einer quantitativ guten Mittelernte, dem Geldbetrage nach das günstigste der angeführten Erntejahre. Dieser Gewinn wurde 1860, bei wenig mehr als halber Zentnerzahl, durch die sehr hohen Preise allerdings beinahe erreicht.

Eine überaus unglückliche und schädliche Einrichtung des Handels in Boden- und Viehzucht-Produkten in ganz Bayern und namentlich in Franken ist der sogenannte Leihkauf, auch Weinkauf, Daraufgabe; man bietet z. B. für den Zentner Hopfen 100 Mark und 5 Mark Leihkauf; ein anderer will dafür neben den 100 Mark noch 10 Mark Leihkauf (gewissermafsen Darangeld) geben. Es dient das nur zur Verschleierung des wahren Preises. Da die Händler oder Zwischenhändler, namentlich im Beginn der Saison, ein Interesse daran haben, die Preise niedrig zu halten, geben sie oft $^1/_6$—$^1/_5$, selbst $^1/_4$ des wahren Preises und mehr als Leihkauf. Der Leihkauf erscheint aber nicht in den öffentlichen Preisnotierungen, so dafs scheinbar die Hopfen viel billiger sind, als thatsächlich der Fall.

Die fränkischen Hopfenproduzenten haben gar keine Vorstellung, wie schädlich das für sie ist; denn die Folge davon ist, dafs die Hopfen von Saaz, wo der Leihkaufunsinn unbekannt ist, mit ihrem wahren Preise in den Handelsnotizen erscheinen; noch dazu mit ihrem Preise in Papiergeld, der auch ca. $^1/_5$ höher ist wie jener in Hartgeld. Daher liegen die Saazer Hopfenpreise auf dem Markte immer auffallend höher als die Spalter, und man darf sich dann nicht darüber wundern, wenn sich im Welthandel über Hopfen allmählich ganz von selbst die

Ansicht eingenistet hat, dafs die Saazer Hopfen, wie ja schon ihr Preis zeigt, die wertvolleren seien. Ganz ebenso ist es auch mit den andern bayerischen Hopfen: überall zerstört die Leihkaufthorheit die Welthandelsschätzung dieser Hopfen zu Gunsten spekulativer Händler. Welche Summen mögen diese Preisverschleierungen den bayerischen Hopfen schon gekostet haben! Welche Summen haben ohnehin früher (vielleicht vielfach sogar noch heute) die Produzenten verloren und die Händler dadurch gewonnen, dafs die letzteren den ersteren den Hopfen in bayerischen Zentnern (zu 112 Zoll-Pfd.) abkauften und den Brauern in Zoll-Zentnern zu 100 Pfd. wieder verkauften! Den letzteren wurde dann in der Form von Tara noch manches abgenommen. Aber es wird schwer halten, solche alteingewurzelten Mifsstände zu beseitigen, wenn sie gleich am Lebensmark nagen. Da gewisse Händlerkreise ein grofses Interesse daran haben und die Hopfenbauer von Jugend auf daran gewöhnt sind, würde der Leihkauf im geheimen wohl auch dann fortbestehen, wenn er polizeilich verboten würde. Ursprünglich[616]) war der Leihkauf ein Betrag, von einem der Kontrahenten gegeben zur Bestreitung der Kosten eines Mahles für die Kontrahenten und Zeugen. Heute kommen diese Bestärkungsmittel nur noch beim Vieh- und Hopfen-Handel vor. Früher waren derartige Bestärkungsmittel noch häufiger[617]), auch bei andern Rechtsverbindlichkeiten, auch sonst in Deutschland. Ursprünglich erklärt der Leihkauf den Handel als perfekt, und nur bei besonderer Verabredung galt, dafs man vom Kauf zurücktreten könne, wenn man den Leihkauf als Reugeld zurücklasse. Aufserdem kann man sich durch Rückgabe des Leihkaufes von der rechtlichen Verpflichtung nicht befreien. Das sogenannte Angeld bedeutet einen Betrag, der auf Abrechnung vorausgegeben wurde; oft wird aber auch die Daraufgabe (der Leihkauf) als Angeld bestimmt.

Der Hopfenbau im landwirtschaftlichen Bezirk Schwabach, Spalt und Spalter Land umfassend. In den Jahren von 1870—1878[618]).

Jahr	Gesamternte Ztr.	Durchschnittspreis per Ztr. Mark	Gesamterlös Mark
1870	11 114,40	90 — 120	1 000 296 — 1 333 728
1871	8 107,40	280 — 320	2 286 872 — 2 613 568
1872	6 407,00	170 — 210	1 081 390 — 1 345 470
1873	9 710,00	180 — 220	1 747 800 — 2 136 200
1874	7 250,35	260 — 300	1 885 191 — 2 175 105
1875	13 665,20	115 — 150	1 571 498 — 2 049 780
1876	3 352,52	500 — 540	1 676 260 — 1 810 360
1877	11 700,00	100 — 140	1 170 000 — 1 638 000
1878	13 388,32	120 — 150	1 605 595 — 2 178 248

Die Stadt Spalt selbst erntete, was schon lange nicht mehr der Fall war, 1878 an 4000 Ztr. Die Stadt Spalt hat die höchsten Hopfenpreise des Deutschen Reiches. Die Ernten von 1875 und 1878 waren höchste im Ertrag, lieferten aber nicht die höchsten Geldeinnahmen für die Produzenten. Das Teuerungsjahr 1876 hatte mit seiner schwachen Ernte die höchsten Preise; sie stiegen in der Stadt Spalt bis auf 620 Mark per Ztr.; da die entfernteren Lagen niedrigere Preise hatten, kann man den Mittelpreis nur mit 500—540 Mark annehmen. Bei 1308,95 ha = 5115 bayerische Tagwerk Fläche und durchschnittlich 1600 Stangen oder Stöcken per Tagwerk waren im ganzen 3084000 Stöcke in diesem Gebiete vorhanden.

1861 rechnete man in Mittelfranken mindestens 90000 Ztr., in der Hallertau 45000 Ztr., im Bamberger und übrigen Gebiet Bayerns 45000 Ztr., in ganz Bayern 180000 Ztr.; wenn man als Mittelpreis nur 55 fl. per Zentner annimmt (in der Stadt Spalt ging er bis 100 fl., in Wolnzach bis 80 fl.), dann wäre die Roheinnahme Bayerns für Hopfen im Jahre 1861 nahezu 10000000 fl. gewesen. Damals nahm man allgemein an, dafs das immer so bleiben werde.

Die Preise der feinsten böhmischen Hopfen in den folgenden Jahren[619]), vom August bis Ende Dezember:

Jahr	Saazer Stadt- Hopfen	Saazer Bezirks- Hopfen	Saazer Kreis- Hopfen	Auschaer Rot- Hopfen	Auschaer Grün- Hopfen
	alles per 1 Ztr. à 50 kg in fl. ö. W.				
1869	240	230	220	100	80
1870	76	66	56	21	12
1871	215	205	195	130	110
1872	160	150	140	80	60
1873	163	153	143	76	66
1874	235	225	215	170	140
1875	81	71	61	42	28
1876	353	343	333	270	230

1876			
	Galizier	150—270 fl.	per 1 Ztr. à 56 kg.
	Steierischer	130—230 »	
	Oberösterreicher	240—275 »	

Im Hopfennotjahr 1876, wo im Gebiet von Saaz per Hektar nur 2 Ztr. geerntet wurden, war der Preis aufserordentlich hoch[620]).

Die Preise des Bieres und der Rohmaterialien desselben auf der kaiserlichen Domäne Buschtehrad in Böhmen vom Jahre 1670—1870 in zehnjährigen Perioden[621]):

Jahr	Bier, niederösterr. Eimer in ö. W. fl.	kr.	Hopfen, Wiener Ztr. in ö. W. fl.	Gerste, niederösterr. Metzen in ö. W. fl.	kr.
1670	1	55	20	—	58
1680	1	60	5	—	60
1690	1	60	15	—	44
1700	1	80	25	1	32
1710	1	60	40	—	88
1720	1	90	20	—	88
1730	1	60	10	—	73
1740	1	60	10	1	11
1750	1	70	20	—	73
1760	2	5	5	1	18
1770	1	95	45	1	6
1780	2	45	26	1	1
1790	2	30	28	1	62
1800	2	30	91	1	90
1810	1	15	51	1	64
1820	2	45	132	1	13
1830	2	90	42	1	58
1840	3	50	32	1	94
1850	2	90	103	1	54
1860	4	50	342	3	5
1870	4	55	80	3	40

1862, wo in Mittel- und Ost-Kent (England) die Ernte zu einem erheblichen Teil durch Schimmel in den Zapfen (Blight) vernichtet war, während der Wald von Kent 10 Ztr. per Acre (22—24 Ztr. per Hektar) erntete, erhielten die Produzenten des Kentwaldes zu ihrer grofsen Ernte auch noch ungewöhnlich hohe Preise, Ende September 7—8 Pfd. Sterling per englischen Zentner, also ca. 140—160 Mark. Natürlich war dadurch die Nachfrage nach Hopfen auf dem Kontinent und der Preis desselben gewaltig gewachsen, um so mehr als auch dort die Ernte unterm Durchschnitt war.

Wie glücklich noch um die Mitte des 19. Jahrhunderts die Verhältnisse für die deutschen Hopfenbauer waren, darüber lieferte ein Ökonom (von Reinsberg, O. Hall in Württemberg) ein auffälliges Beispiel aus den Jahren 1846—1854[622]). Er hatte 1846 von der Gemeinde ein Allmandstück im Ausmafs von $^7/_8$ Württemb. Morgen und 30 Ruten um 50 fl. gekauft und nach und nach einen Hopfengarten daraus gemacht. 1845 wurden die ersten Fechser eingesetzt und 1852 war die Anlage fertig. Die Erträge waren wie folgt:

1846:	500 Stöcke	= 120 Pfd.	Hopfen =	50 fl.	= per	Württemberger	Morgen	178 fl.
1847:	650 »	= 435 »	» =	65 »	= »	»	»	170 »
1848:	650 »	= 400 »	» =	112 »	= »	»	»	293 »
1849:	950 »	= 550 »	» =	274 »	= »	»	»	514 »
1850:	1250 »	= 900 »	» =	340 »	= »	»	»	485 »
1851:	1350 »	= 379 »	» =	505 »	= »	»	»	667 »
1852:	1650 »	= 800 »	» =	320 »	= »	»	»	345 »
1853:	1700 »	= 500 »	» =	326 »	= »	»	»	342 »
1854:	1700 »	= 600 »	» =	678 »	= »	»	»	712 »

In neun Jahren aus nicht ganz 1 Morgen Land 2670 fl., per Morgen und jährlich gerechnet 412 fl. Alle Arbeiten sind von ihm und seinen Angehörigen verrichtet worden.

Es ist naheliegend, dafs solche Beispiele im aufserordentlichen Grade für die Ausbreitung der Hopfenkultur wirkten. Die Verhältnisse waren aber noch bis 1861 sehr günstig; noch 1862, S. 65 konnte die Allg. H.-Ztg. in Nürnberg den Landwirten zurufen: »Jeder, der über ein geeignetes Grundstück verfügen kann, sowie über hinreichenden Bodenraum etc. zum Trocknen, über einiges Kapital und die nötige Zeit zur Beaufsichtigung der Arbeiter, der soll getrost Hopfen bauen.« Wer die Hopfenpreise von früher und jetzt vergleicht, wird diesen Rat berechtigt finden. Es dauerte gar nicht lange, dafs dieselbe Zeitschrift dringend vom Hopfenbau abmahnte.

R. Bradley, Professor der Kräuterwissenschaft an der Universität Cambridge, sagt in einer Schrift über den Hopfen (um 1740), dafs auf 1 Morgen 600—700—800 Haufen zu drei Stangen kommen; jeder Haufen oder Hügel gebe 3—4 Pfd. Hopfen, 1 Morgen also 18—21—24 oder 24—28—32 Ztr., per Hektar also 36—64 Ztr. Hopfen; so viel erntet man in England heute kaum je wieder. Bradley spricht von den Krankheiten. Die Hopfenpreise waren per Zentner von 30 Schilling auf 4 Pfd. Sterling und mehr gestiegen; nach der Einführung des Hopfens in England habe 1 Ztr. 1 £ und 6 Sh. gekostet; 1 Morgen (Acre) brachte nach Abzug von $^1/_3$ der Roheinnahme dem Eigentümer gegen 30 £ jährlich, selbst 50 £ (1 £ = ca. 20 Mark). Welche Unterschiede in der englischen Hopfenkulturrente gegen heute! —

Ein Blick auf die Beziehungen der ehemaligen englischen Hopfensteuer (Old duty, 2 Pence per Pfund und 5%, von 1860/61 ab $1^1/_2$ Pence per Pfund, am 3. Juni 1862 ganz aufgehoben) zum Umfang des englischen Hopfenbaues zeigt da auch ganz eigenartige Verhältnisse, namentlich bedeutende englische Überproduktion Ende der 1850er Jahre, wo die englische Brauerei in ihrer Produktion und daher auch in ihrem Hopfenbedarf gegen heute weit zurück war[623]).

Die Angaben in Bezug auf Old duty müssen immer so genommen werden, dafs 1 £ Old duty 2 engl. Ztr. bedeuten, also 400000 £ Old duty ca. 800000 engl. Ztr. Ernte sind.

Die Zahl der mit Hopfen bebauten Acres war:

1855:	57 757 Acres	1870:	60 594 Acres
1856:	54 526 »	1871:	60 030 »
1868:	64 488 »	1872:	61 927 »
1869:	61 791 »	1873:	63 283 »

1 englisch Acre = 0,4047 ha.

1855 hatte in England die gröfste Ernte hervorgebracht, deren man sich erinnern kann, und auch 1856 hatte noch eine sehr reichliche Ernte. Die Steuer wurde in mehreren Raten erhoben, und da gab es viele Schwierigkeiten und Stundungen.

Die hohen Ernten, obgleich 1858 die Hopfenarea um 3000 Acres vermindert war, brachten sehr gedrückte Preise. Von den 6500 Hopfenpflanzern waren mit der etwas mehr als 70 £ betragenden Steuer ca. 41000 £ im Rückstand geblieben. Zum Glück für die englische

Kultur hatten einige Teile Deutschlands und Belgiens im Hopfen eine Mifsernte, so dafs ein bedeutender Export dahin und nach Australien stattfand; der Export betrug 1857 ca. 1450000 Pfd., 1858 dagegen 4177000 Pfd.

Von 1847—1857 waren im Jahresmittel ca. 36000000 Pfd. geerntet worden; in den darauf folgenden fünf Jahren war aber das Jahresmittel der Hopfenernte 61000000 Pfd., obgleich seit 1855 eine Reduktion der Area um 12000 Acres stattfand. Daher die Agitation zur Aufhebung der Hopfensteuer (Old duty), was auch Erfolg hatte. Aber die Steuer auf fremden Hopfen wurde am 1. Januar 1862 von 1 £ per Cwt. auf 15 Sh. reduziert, was eine Zunahme der Einfuhr veranlafste, die vom 1. Januar bis 31. März nicht weniger als 7361984 Pfd. für den einheimischen Konsum betrug. Infolge der Aufhebung der Old duty (am 3. Juni 1862) steigerte sich der Hopfenexport zwischen dem 1. April und 16. September 1863 auf 8565317 Pfd., aber vieles nicht auf Bestellung, sondern auf Spekulation, weil man hoffte, dafs der Einfuhrzoll für reimportierte Hopfen in Wegfall käme, was aber nicht ganz der Fall war.

Seitdem hat die kolossale Steigerung der englischen Biererzeugung bewirkt, dafs England nicht nur wenig Hopfen exportiert, sondern vielmehr sehr viel (namentlich deutsche, amerikanische, belgische, holländische und nordfranzösische) Hopfenware importiert.

Als 1870 die englische Ernte auf 700000, 800000 und selbst 900000 Ztr. geschätzt wurde, mahnte die Allg. H.-Ztg. die englischen Hopfenproduzenten, die Hopfenflächen zu reduzieren (Jahrg. 1870, S. 534). Aber in einer Korrespondenz aus London wurde sie belehrt, dafs per bayerisches Tagwerk in der Ernte 1870 nur 526 Pfd. bayer. Hopfen geerntet wurden, in England auf derselben Fläche 780 Pfd.; dafs ferner die Produktionskosten per Zentner in England (nach Whitehead) nur $18^1/_2$ fl. betrugen, in Bayern aber 20—30, selbst 35 fl. Es sei daher an den Bayern, die Area zu reduzieren.

Einen tiefen Schatten haben die Vereinigten Staaten Nordamerikas auf die deutsche Hopfenkultur geworfen, denn dieses Land, welches noch um 1860 fast seinen ganzen Hopfenbedarf aus Europa bezog, hat schon 1867—1868 und 1870 an 200000 Ztr. Hopfen nach Europa (namentlich England, dem deutschen Hauptabsatzland) geliefert.

Noch am Ende der 1860er Jahre hatte der Hopfen in Amerika, z. B. in Cincinnati, einen hohen Preis von 70—75 Cents per 1 Pfd.; infolgedessen wurde vielfach bayerischer Hopfen (jedenfalls keine erste Sorte) importiert und erhielt in New-York — unversteuert — 50—55 Cents Papier. Diese Umstände stimulierten den Hopfenbau in den Staaten New-York, Michigan, Wisconsin und Kanada derart, dafs das Doppelte gebaut wurde. Im Januar 1871 konnte man die besten Wisconsins und New York States für 14 Cents per Pfund ins Haus geliefert bekommen; Missouris (St. Louis) standen tief im Preise und die Kalifornier kosteten in San Francisco 10 bis $12^1/_2$ Cents per Pfund. Bayerische, auf denen 5 Cents Zoll per Pfund war, waren unverkäuflich, weil das bessere Aroma derselben nicht allgemein anerkannt wurde.

Im Mai 1871 kosteten in New-York:

New York States . . .	8—10—12 Cts.	per	Pfund
Eastern	7—8—9 »	»	»
Wisconsins	6—7—9 »	»	»
Michigans	6—7—9 »	»	»
Ohios	6—7—9 »	»	»
Olds	2—3—4 »	»	»

1 Cent = ca. 4 Pfennig.

J e d e n f a l l s g e h t a b e r a u s a l l e n d i e s e n m e i n e n A u s f ü h r u n g e n h i n l ä n g l i c h h e r v o r , d a f s d i e H o p f e n k u l t u r i m D u r c h s c h n i t t d e r J a h r e a n e i n e r s e h r e r h e b l i c h e n Ü b e r p r o d u k t i o n l e i d e t , w e l c h e d i e P r e i s e d e r h o c h w e r t i g e n , n o c h m e h r j e n e d e r m i t t l e r e n u n d g e r i n g e n S o r t e n o f t g a n z e r h e b l i c h u n t e r d a s N i v e a u d e r S e l b s t k o s t e n h e r a b d r ü c k t , u n d d a f s e s d e s h a l b d e r b a r e U n s i n n i s t , z u s a g e n , e s h ä t t e s i c h i n n e u e r e r Z e i t n u r d i e B i e r p r o d u k t i o n s o s t ü r m i s c h e n t -

[illegible] Hopfenware überschwemmt, und ganz mit Recht sagt Herr Brauereidirektor Richard Rösicke in Berlin [illegible] Hopfenhandlungshäuser [illegible] gewifs hat Bayern allein schon um 2000 herum [illegible]. Wenn man annimmt, dafs so ein Handelshaus schon für seine Lebensführung 10000 Mark als Reingewinn nötig hat, so sind das schon 50000000 Mark, abgesehen von Überschüssen, die in Liegenschaften etc. angelegt werden. Nun kommt noch das Heer der Platzhändler, Zwischenhändler, Einkäufer, Kommissionäre etc., die sicher auch an 20000000 Mark absorbieren[26]), da hätten wir schon 70000000 Mark, die ganz niedrig gerechnet der Hopfenhandel in Deutschland aus dieser Warenbranche absorbiert. Mir hat einst ein grofser Hopfenhändler in Nürnberg gesagt, er kenne da Leute, welche jährlich kaum einige Hundert Zentner verkaufen und auf grofsem Fufse leben! — Reich gewordene Hopfenhändler, die in palastähnlichen eigenen Gebäuden etc. wohnen, gibt es viele, wirklich arme fast keine, obgleich dieselben ab und zu erhebliche Verluste erleiden, wie bei der 1867er Ernte, deren Höhe auf dem Kontinent man unterschätzt hatte; die Exportware sank von 120 fl. per Zentner zuletzt auf 30 und 40 fl. Reich gewordene Hopfenproduzenten gibt es kaum, die arm gewordenen sind sehr zahlreich, selbst solche, die bereits zu Lohnsklaven der Hopfenhändler geworden sind. Es gibt Hopfenproduzenten in grofser Zahl, nicht minder auch mittlere und kleine Brauer, bei denen es nur von den Hopfenhändlerkapitalisten abhängt, wann sie die alte Heimat und Hab und Gut verlassen müssen, die einstweilen nur noch geduldet sind, um die Sachen im Betrieb zu erhalten. Welche Rolle die mit dem Hopfen verdienten Kapitalien der grofsen Hopfenhändler in den Aktienbrauereien spielen, ist bekannt. Es scheint aber, dafs die gröfseren Händler vielfach solide Geschäfte betreiben. Vor einigen Jahren sagte mir der Teilhaber eines grofsen Nürnberger Hauses, klagend über das durch die Konkurrenz schwierig gewordene Geschäft: wir haben heuer 10000 Ztr. verkauft und 5% gemacht; das ist nicht viel bei einem Hause, das vielfach in feinster Ware arbeitet, und wenn man die immerhin nicht geringe Geschäftslast und das nie fehlende Geschäftsrisiko bedenkt.

Es liegt nahe zu fragen, warum man denn gerade bei den Hopfenhändlern das Vermögen so wachsen sieht, nicht auch bei den Gersten- und Malz-Händlern, die doch viel gewaltigere Summen umsetzen. Die Gerste und das Malz sind eben dem Brauer eine viel leichter nach ihrem Wert und Preis fafsbare und kontrollierbare Ware. Aber eine der dunkelsten, schwierigsten Waren ist der Hopfen, daher fliefsen da aus viel geringeren Umsätzen ganz bedeutend höhere Gewinne, weil die Brauer gröfstenteils dem Willen der Händler überantwortet sind. Das ist auch der Grund, warum zu allen Zeiten beim Hopfen mehr als bei irgend einer andern Sache das Schicksal der Brauereien lag und liegt. Ohnedies verdienen die Händler immer, ob sie importieren oder exportieren, ob die Preise hoch oder tief stehen. Deshalb wäre es in der That nicht zu früh, hier einmal allen Ernstes Wandel zu schaffen, vorausgesetzt, dafs das überhaupt noch möglich ist.

[illegible]

[illegible] In Deutschland gibt es [illegible] (Allg. H.-Ztg. 1875, S. 62) [illegible]

Am allerärgsten war die Zunahme der Hopfenproduktion Mitte und Ende der 1860er bis Mitte der 1870er Jahre. 1860/61 vereinnahmte ein Produzent in [illegible] (Oberösterreich, s. Allg. H.-Ztg. 1866, S. 395) von einer seit 1852 bestehenden Anlage von 600 Stöcken (1/3 Joch) 400 fl. ö. W. Namentlich hatte das überreiche Jahr 1861 (Mittelfranken hatte 1860 ca. 32000 Ztr., 1861 an 100000 Ztr.), wobei doch alles abging, die Hopfenbauer sehr ermutigt, die Anlagen zu erweitern.

In dem nur zehnjährigen Zeitraum von 1865—1875 nahm der Hopfenbau auf der ganzen Erde um 45% zu, nahezu um die Hälfte[24]). Die Hopfenproduktion

in Europa nahm um	35% zu
» Deutschland um	58 »
» Baden um	190 »
» Württemberg um	123 » [25])
» Norddeutschland um	13 »
» Bayern um	schwach 1 »
» Österreich um	10 »
» Belgien um	47 »
» Frankreich um	90 »
auf dem europäischen Kontinent um	49 »
in Grofsbritannien um	11 »
» den Vereinigten Staaten von Nordamerika um	102 »

Von 1854—1866 hat die Bierproduktion der Welt sich verdoppelt, die Hopfenproduktion aber verdreifacht.

In Sauk County (Wisconsin, Nordamerika) erntete man 1867 per Acre 29 Ztr. amerikan. Hopfen, per Hektar mehr als 65 Ztr. (2900 und 6500 Pfd.). Die Produktionskosten per Pfund waren 15—20 Cts. und man erhielt beim Verkaufe 60 Cts. per Pfund. Da kann man sich nicht wundern, dafs bald nichts mehr gebaut wurde als Hopfen.

In den 1840er Jahren schätzte man Bayerns Hopfenproduktion auf 34900 Ztr., 1875 hingegen war die Hopfenarea in Bayern bereits auf 17713 ha mit einer Mittelernte von 215000 Ztr. angewachsen; 1892 waren es 26226 ha mit 258000 Ztr. Ertrag; 1897 waren es nur noch 25164 ha mit 268000 Ztr. und 1898 nur noch 19171 ha mit 150000 Ztr.; die letzteren Zahlen spiegeln am besten die zu Grunde richtende Lage der bayerischen Hopfenkultur ab, sie können den sehen wollenden intelligenten Brauern auch manches zu überlegen geben.

Obgleich 1874/75 der Ernteausfall in Europa [illegible] 416000 Ztr. [illegible] den Bedarf der europäischen Brauereien [illegible] zu decken [illegible]

Veranlassung, dafs man 1873 einen allgemeinen (europäischen, kontinentalen) Hopfenbaukongrefs einberufen wollte, um gemeinsam die nötigen Schutzmafsregeln zu beraten[627]). Die bisherige Konjunktur des Hopfenhandels beruhe nicht auf der Grundlage des nationalökonomischen Gesetzes von Angebot und Nachfrage, noch weniger sei sie durch das Ricardösche Prinzip der Erzeugungskosten bestimmt, sondern viel mehr als irgend ein Börsenpapier von der Agiotage und dem Schwindel abhängig (l. c. S. 366). Es sei dies für die Produzenten nicht allein deshalb verderblich, weil sie bisweilen zu Schleuderpreisen zu verkaufen veranlafst würden — wie im letzten Jahre (1872) —, in welchem die Preise durch völlig unbegründete Angaben über den Ernteausfall fast aller Länder gedrückt wurden, sondern auch im Gegenteil für den Handelsstand eine Ursache des Ruins, wenn gegenteilige Ansichten zur Herrschaft gelangen und der Hopfen über seinen Wert bezahlt würde.

Im Herbst 1872 wurde behauptet, die englische Ernte betrage 600000 Ballen, die belgische 200000 Ballen, Amerika habe eine volle Ernte etc.; schliefslich war die thatsächliche Ernte kaum ein Viertel, und bis zum Frühjahr 1873 stiegen die Hopfenpreise um 100%.

Die Reellität und Solidität des Hopfenbaues und des Hopfenhandels kann aber von den Interessenten beider Zweige nicht dringend genug gewünscht werden.

Zur soliden Produktion gehört, dafs die viele schlechte Ware, welche namentlich infolge der Erweiterung der Anlagen auf ganz ungeeignetem Terrain seit dem Ende der 1850er und 1860er Jahre auf den Markt geworfen wird, wieder verschwindet[628]).

Zur Erreichung dieses Ziels seien gute Feststellungen über die Ernteresultate aller Länder erste Bedingung; dann kommt der jährlich schwankende Konsum, der Umfang der Bierproduktion, welcher wieder von der allgemeinen politischen Lage, Jahreswitterung (trocken und heifs oder nafs und kalt), von der Obst-, Wein- und Getreide- (namentlich Gersten-) Ernte, vom Geschäftsgang, dem Arbeiterlohn etc. beeinflufst wird. Wichtig ist beim Hopfen natürlich auch die Qualität, aber der ist allgemeinhin viel eher nahe zu kommen als der richtigen Feststellung der Erntegröfse. Freilich übt die Qualität, der Sekretgehalt, einen erheblichen Einflufs auf das schliefsliche Erntegewicht, und das ist vorher schwer festzustellen; oft mögen darin erhebliche Täuschungen in Bezug auf das Erntequantum enthalten sein (man s. oben S. 227).

Sehr wichtig ist auch die Feststellung der von früheren Ernten verbliebenen Reservelager.

Immer sind unter allen Umständen die Händler besser situiert als die Produzenten, weil sie sich den Ort und die Zeit, wann sie kaufen wollen, wählen können, und weil, wenn die Händler teuer einkaufen, dennoch die Brauer diese Kosten und noch anderes decken müssen. Wenn die Zeit der Ernte naht, dann kommen die Berichte der Händler, welche grofse Überproduktion in Aussicht stellen, um die Preise zu drücken. Haben dann die Händler zu geringen Preisen ihren ersten Bedarf gedeckt, dann sind sie wochenlang damit beschäftigt, ihre Ware zu präparieren, nachzupflücken, zu sortieren, zu trocknen, zu schwefeln, zu verpacken, zu versenden. Da hierbei der Einkauf stockt, sinken die Preise wieder. Dann kaufen die Händler wieder, und wenn sich nun der Übergang der besten und guten Ware aus der ersten Hand vollzogen hat, dann steigen die Preise definitiv, denn jetzt machen die Händler den Brauern den Preis, und sie sind da in der freien Bewegung nur durch die Konkurrenz etwas gehemmt. Dieses Spiel wiederholt sich mit Variationen, welche durch den wechselnden Ausfall der Ernte bedingt sind, alle Jahre.

Leider können die meisten Produzenten nicht zuwarten, sie brauchen das Geld und den Raum, wo der Hopfen lagert. Allgemein steigen die Preise, wenn es sich nach verkaufter Ernte zeigt, dafs der Ertrag hinter dem Konsum zurückbleibt; umgekehrt fallen sie, wenn sich später zeigt, dafs Überflufs an Ware da ist; da müssen dann die Händler Geld verlieren, ein Fall, der auch bisweilen eintritt.

Wie kein anderes Fachblatt auch nur annähernd wieder, war die Allgem. Hopfenzeitung in Nürnberg seit ihrem Bestehen (Beginn der 1860er Jahre) bemüht, eine möglichst genaue internationale Statistik der Hopfen-Area und -Erträge zu schaffen, welche zudem schon frühzeitig genug, also im Juli und August jeden Jahres, zu veröffentlichen wäre; allein wenn es auch gelänge, eine derartige Einrichtung zu schaffen, welche in Bezug auf Genauigkeit nichts zu wünschen übrig ließe, so würden dennoch Enttäuschungen nicht ausbleiben, einmal weil man nie genau wird feststellen können, wie groß das Quantum des in Reserve liegenden gepreßten Hopfens ist, und dann insbesondere, weil nach dem Abschluß der Ertragsschätzungen bis zur faktischen Ernte noch so viele, selbst im größten Maßstab wirkende, störende, also abändernd wirkende Agentien auftreten können, welche sich absolut nicht vorhersehen lassen.

Am 21. Oktober 1873 fand, nach längeren Vorbereitungen, in Nürnberg ein Hopfenbaukongreß statt, welcher sich mit der Frage einer Hopfen-Area- und -Ernte-Statistik befaßte; es waren gegen 200 Interessenten aus ganz Deutschland da. Generalsekretär A. Müller (München) betonte, daß es sich nicht darum handle, dem soliden Hopfenhandel Schwierigkeiten zu bereiten, nur dem Schwindel im Handel und der Ausbeutung der Produzenten solle ein Damm gesetzt werden. Herr Pastor Dangers (Brescelenz in Hannover) sagte, daß der Hopfen immer ein Handelsgewächs bleiben und den Konjunkturen des Handels unterliegen solle, aber er müsse aufhören, ein Objekt des reinen Schwindels zu sein. Herr Zeltner (Nürnberg) sagte, es sei schon seit mehreren Jahren das Gerücht verbreitet worden, daß eine Überproduktion in Hopfenware da wäre, und dennoch sei seit zehn Jahren noch kein Hopfen übrig geblieben. Dagegen kostete 1872 der Zentner nach der Ernte 60 fl. und stieg allmählich bis zu 120 fl., also auf das Doppelte. Ähnlich war es 1873; man kaufte gleich nach der Ernte noch grüne und auch halb dürre Hopfen mit 40—50 fl. per Zentner, jetzt, Ende Oktober, kosten sie per Zentner 70—80 fl., in Spalt und Saaz bis 140 fl. Die Händler wußten ebenso wenig wie die Produzenten, wie es mit der Welternte steht; wenn ein namhafter Händler kauft, dann kaufen die andern, noch ohne zu wissen, warum sie das thun.

In der Allg. H.-Ztg. 1869, S. 67 sprach sich auch ein Hallertauer Hopfenbauer gegen die Ansicht von der Überproduktion aus; er hatte in 15 Jahren mehr als die Hälfte gute, selbst ausgezeichnete Jahre. Man müsse den Durchschnitt nehmen. Als 1819—1830 das Getreide in Europa sehr gedieh, gab es auch an Getreide Überproduktion.

Herr Dimmling (Buchenbach) sagte: es sei in den letzten Jahren doch mehrmals Überproduktion dagewesen. Die Ertragsstatistik halte er gefährlich für die Produzenten, wenn nicht auch eine gute Konsumtionsstatistik dabei sei, weil sonst wohl nur die Händler Nutzen daraus zögen.

Wenn Herr Volkert dann meint, daß man, wenn man erst wisse, wie viel erzeugt worden sei und welcher Bedarf da ist, sich den Preis annähernd selbst konstruieren könne, so liegt darin eine gefährliche Unterschätzung des Einflusses, den der kapitalkräftige Handel ausübt.

Hopfenkommissionär C. Schmidt sagt, daß thatsächlich wiederholt Überproduktion dagewesen sei, namentlich 1867 und 1870. 1867 gingen 250 000—300 000 Ztr. nach England und Amerika. Bei einem solch kolossalen Export müßten doch unter normalen Verhältnissen die Preise steigen, sie seien aber zurückgegangen; ähnlich 1870, und wer sich in den Lagern umsehe, finde heute (21. Oktober 1873) noch Reste jener Ernten. Es könne kaum einem Zweifel unterliegen, daß schon 1867 und 1868 eine Überproduktion an Hopfen da war; Tausende von Ballen aus jenen Ernten hatten 1870 noch keine Verwendung gefunden.

Im Bericht des Kreiscomités von Oberfranken für das Jahr 1870 wird der Hopfenüberproduktion scharf Ausdruck gegeben. Überall sei diese Kultur bis an die Grenze der Möglichkeit ausgedehnt worden, selbst in Nagel bei Kronach habe man noch 20 000 Stangen (Stöcke); die Preise per Zentner seien überall auf dem tiefsten Stand, sie deckten nicht entfernt die Betriebskosten: in Forchheim per Zentner 12—15 fl., in Scheßlitz 12—16 fl. bei 5—6 Ztr. per Tagwerk (15—18 Ztr. per Hektar) Ernte; in Lutzenberg bei Staffelstein habe man mit englischen Reben von $1^1/_2$ Tagwerk mit 2000 Stöcken über 12 Ztr. schönen Hopfen, also 24 Ztr. per Hektar.

Im Kannenbeckerland (Nassau) wurde 1870 gleich nach der Ernte einiges um 20 Thaler per Zentner verkauft, ein größerer Teil für 17 Thlr., das meiste mit 10—12 Thlr., und im März 1871 konnte man kaum 2 Thlr. erlangen.

Württemberg allein hat seine Hopfenarea in den zehn Jahren von 1860—1870 von 4000 auf 16000 Morgen gesteigert, und man berechnete 1870 dessen Ertrag auf 71000, selbst auf 100000 Ztr. Württemberg und Elsafs, vielleicht auch Baden, waren ohne Zweifel an den Symptomen der Hopfenüberproduktion, wie sie sich von 1870 ab geltend machten, stark beteiligt und vielfach mit einer geringen und selbst sehr geringen Ware. Es scheint, dafs der Anstofs zu dieser Bewegung, welche später entschieden einen ungesunden Charakter annahm, von der Universitätsstadt Tübingen ausging. Dort hat man 1851 und 1852 angefangen, der Stadt gehörige Allmanden (Gemeindegründe), unter Aufnahme eines Kapitals von 6000—7000 fl., in Hopfenland umzugestalten, zuerst 25 württemberg. Morgen (1 Mrg. = ca. $^1/_3$ ha). Bis 1858 war mit dem verkauften Hopfen schon so viel verdient worden, dafs man diese, durch notwendige Drainage verteuerte Kultur bis auf 40 Morgen (ca. 13 ha) ausdehnen konnte. Bis 1866 hatte diese Hopfenfläche an 1800 Ztr. Hopfen getragen, der ca. 170000 fl. eintrug, wovon $^2/_3$ als Reinertrag in die Stadtkasse kamen und $^1/_3$ für Arbeitslöhne, Fuhrlöhne, Düngung etc. verausgabt wurde. Dieses Beispiel hat wohl für ganz Württemberg zündend gewirkt[629]). Auf der Tübinger Flur waren 1851 kaum 15 Morgen mit Hopfen bestellt, dagegen 1866 an 400 Morgen, welche 2000 Ztr. à 80 fl., in Summa 160000 fl. brachten. Damit hob sich der vordem tiefstehende Wohlstand der Stadt. Nun fand dieses Beispiel überall Nachahmung, so dafs Württemberg, welches 1852 erst eine Hopfenarea von 2243 Morgen hatte, 1865 bereits 9412 und 1866 sogar über 12000 Morgen Hopfenland besafs, die bei 80 fl. per Zentner an 3117280 fl. ins Land brachten. Die Weinernte der ungünstigen Jahre 1860 und 1864 brachte weniger ein.

Die grofse Meinung, welche die Tübinger in Bezug auf die Qualität ihres Hopfens hatten, ist indes nicht begründet; deshalb ist neuestens auch gar nichts mehr davon zu hören. Wie ich 1882 gesehen, war es ein grofs- und langzapfiger, ziemlich gehaltvoller, aber sehr derber Mittelhopfen.

Dazu die kolossalen Schwankungen der Erntegröfse: in Deutschland 1893 nur 212000 Ztr., 1894 dagegen 662000 Ztr., bei ziemlich derselben Anbaufläche. Dazu dann auch noch die Schwankungen in der Erntequalität: 1889 ging die noch nie dagewesene deutsche Ernte von 715000 Ztr., wohl wegen ihrer guten Qualität, zu steigenden Preisen ab, während in andern Jahren kleinere Ernten mit minderer Qualität zum Teil unverkauft bleiben. Die Brauer pressen eben gern bei guten und billigen Hopfenernten reichliche Mengen in die Büchsen ein, um in Jahren mit minderer Qualität mit dem Einkaufe einhalten zu können.

1896 sind gut gepflegte Hopfen mit guten Farben und wohlerhaltenem Lupulin zu 60 bis 80 Mark verkauft worden, minderwertige, mifsfarbige dagegen zu 20—40 Mark, soweit sie nicht überhaupt völlig unverkäuflich waren[630]).

Wie C. Beckenhaupt in Altenstadt ganz richtig sagt und Verfasser selbst auch mit Zahlen belegt dargethan hat (s. oben S. 6), kann Deutschland in der Erzeugung von Massenerträgen oder in der Billigkeit der Produktion, selbst in seinen ergiebigsten Lagen (Elsafs mit ca. 18—28 Ztr. per Hektar, in Bayern das Mittel 10 Ztr. per Hektar) und besten Verhältnissen, nicht daran denken, mit den ungeheuren Erträgen der Pacific-Staaten an der Westküste Nordamerikas (Kalifornien, Washington etc.), mit 30—40—50, selbst 60 und 70 Ztr. per Hektar, oder mit den niederen Erzeugungskosten Rufslands zu konkurrieren.

Das Ziel der deutschen Hopfenkultur mufs sein und bleiben, neben möglichst billiger und reicher Produktion, die höhere Qualität der Ware nach Gehalt an Sekret und Feinheit desselben; damit allein kann sie hoffen, die Konkurrenz der roheren Massenerträge wenn nicht zu besiegen, so doch zurückzudrängen. Dazu gehört aber auch die Wahl der rechten Sorte.

Heute liegen die Verhältnisse so, dafs es selbst in Hopfenmifsjahren nicht an Hopfen überhaupt, sondern nur an solchen höherer Qualität und von gutem Warencharakter fehlt.

Nach den Hopfenverkaufs-Preistabellen der Hopfenfirma Johann Barth & Sohn in Nürnberg[631]), welche sich aber nur auf den Preis bester bayerischer Hopfen, mit Ausschlufs von Siegelhopfen, beziehen und von 1798 anfangend bis zur Gegenwart gehen, fielen die niedrigsten

Preise in die Jahre 1827 und 1828, wo sie unter 20 Mark per Zentner herabgingen. Die höchsten Preise zahlte diese Firma

1800 mit 779 Mark per Ztr.		1851 mit 307 Mark per Ztr.
1805 » 381 » » »		1854 » 307 » » »
1820 » 328 » » »		1860 » 485 » » »
1829 » 360 » » »		1876 » 530 » » »
1832 » 353 » » »		

Stellt man die Einkaufspreise des Jahres 1828 mit 15—16 Mark per Ztr. jenen von 1876 mit 520—530 Mark gegenüber, so ergeben sich Preisschwankungen im Hopfen, welche sich im Minimum und Maximum wie 1:35 verhalten; es waren also dieselben Hopfen 1876 per 1 Ztr. 35 mal so teuer als 1828. Im Jahre 1875 kostete bei reicher Ernte der Zentner 60 Mark, 1855 45 Mark und 1860 485 Mark.

Es verhalten sich diese Hopfeneinkaufspreise zu einander wie 1:5:10[632]).

Wir fragen wohl mit Recht, ob eine solche, ganze weite Länder umfassende, das Volkswohl tief schädigende Verschwendung an Arbeitskraft und Kapital möglich wäre, wenn gute Kenntnisse über den Hopfenwarenwert eine allgemeinere Verbreitung hätten?

In der Allg. H.-Ztg. 1868, S. 414 richtet die Redaktion und eine Notiz aus Strafsburg an alle Hopfenproduzenten der Welt die Aufforderung, ihre Hopfenarea um wenigstens $^1/_3$ zu reduzieren, wenn sie sich nicht selbst ruinieren wollen!

Nach Charles Whitehead in Maidstone, England[633]), haben auch in England die Preise seit 100 Jahren sehr geschwankt. Der höchste Durchschnittspreis per Cwt. war 1817 mit 27 £ (ca. 540 Mark) gegeben, der niedrigste 1848 mit 2 £ 15 Sh. (ca. 55 Mark) nach mehrjährigen reichen Ernten. Der Mittelpreis seit 30 Jahren (1849—1879) war 7 £ per Cwt. (140 Mark). Dabei sind seit 25 Jahren alle Ausgaben um mehr als 20% gestiegen. Die Pacht per Acre macht 4—10 £ (80—200 Mark), und die Kosten per Acre Hopfenland belaufen sich, je nach der Gröfse der Ernte wechselnd, auf mindestens 20 £ (400 Mark), mit Ausschlufs des Hopfentrocknens und des Packens der trockenen Ware.

Die Umstände, welche die Ursache der schweren Heimsuchung der deutschen und mitteleuropäischen (auch der englischen und amerikanischen) Hopfenproduzenten bilden, sind:

1. Überproduktion in allen Produktionsgebieten der Welt, hervorgerufen durch die hohen Hopfenpreise in den Jahren 1860 (450 Mark per Ztr. à 50 kg), 1876 (500 Mark) und 1882 (300—400 Mark) für bessere Ware, bei gleichzeitigem grofsen Preisrückgang aller andern Ackerbau-Erzeugnisse auf dem Weltmarkt, infolgedessen sich die Landwirte überall dem Handelsgewächsbau zuwendeten.

Für die fabelhafte Ausdehnung der Hopfenkultur in allen Ländern der Welt spielte auch der Umstand eine wichtige Rolle, dafs schon vom Anfange des 19. Jahrhunderts ab die Hopfenpreise allgemeinhin steigend waren. Gleichzeitig entwickelten sich grofse Fortschritte in der Kulturweise, in der Bearbeitung, in der Kulturmethode, in der Düngung, im Schutze der Ernten gegen tierische und pflanzliche Parasiten, welche früher, namentlich in England, auch in Nordamerika, aber auch auf dem europäischen Kontinent, oft die Ernte ganzer Provinzen in wenigen Tagen vernichteten, was mindestens alle zehn Jahre einmal vorkam. Bewässerung der Felder gegen Dürre, Wahl ertragreicherer Sorten: alle diese Vorgänge führten natürlich auch noch eine ganz erhebliche Steigerung der Ernten auf derselben Anbaufläche herbei.

Die Hopfenanbaufläche in Deutschland betrug in den 1870er Jahren ca. 40000 ha; sie stieg 1882 auf 47000 ha, hat sich dann, trotz des sich immer mehr vermindernden Hopfenbedarfs der Brauereien, bis 1889 nur um ca. 2000 ha vermindert. Eine Mittelernte Deutschlands betrug am Ende der 1870er Jahre 500000 Ztr., dagegen 1885 ca. 580000 Ztr. und 1889 ca. 550000 Ztr.

In England ist seit 100 Jahren das Erntemittel nach Whitehead 6—7 Cwt. per Acre (ca. 15—18 Ztr. per ha); von 1865—1880 wurden jährlich 450000 Cwts. gebaut und ca. 625000 Cwts. zum Bierbrauen gebraucht, so dafs jährlich ca. 175000 Cwts. importiert werden mufsten; es ging die Anbaufläche um 1882—1885 von 65000 Acres (1 Acre = 0,4047 ha) auf 72250 Acres, entsprechend einer Produktion von 540000 Ztr. auf 615000 Ztr. bei einer Mittelernte und von 975000 Ztr. auf 1084000 Ztr. bei einer Vollernte. 1889 betrug die englische Hopfenarea nur noch 57000 Acres.

2. Die kolossale Ausdehnung der Hopfenproduktion in den Vereinigten Staaten von Nordamerika, namentlich in den Weststaaten (Pacificküste), welche die europäische Einfuhr nach England in aufserordentlichem Grade zurückgedrängt hat. Die ebenso entwickelten Verkehrsverhältnisse mit billigem und raschem Transport waren hier ebenfalls günstig.

Von 1883—1889 hat sich die Hopfenarea der Weststaaten Nordamerikas (Kalifornien, Oregon, Washington etc.) versechsfacht. 1879 betrug die Hopfenarea in diesen Ländern 2000 Acres und 1888 ca. 12000 Acres und mit ca. 170000 Ztr. Ertrag. 1897 erzeugte ganz Nordamerika 540000 Ztr. Hopfen, davon die pacifischen Staaten allein 300000 Ztr. Der Staat New-York hatte Ende der 1870er Jahre 39000 Acres Hopfen, 1885 ca. 42000 Acres und 1888 ca. 38000 Acres.

Dazu kommen Erweiterungen der Hopfenarea in Australien und Kanada, Einführungsversuche für Hopfenkultur in Indien, Brasilien, Schweden, Serbien, Bulgarien, bedeutende Steigerungen in Rufsland. Wenn das alles auch gegenüber den Haupthopfenländern Deutschland und Österreich, England und Amerika nicht so sehr in Betracht kommt, so kann es doch nicht unbeachtet bleiben. Schon 1872 sagte Fr. Wirth in Kaltenberg, dafs zwei aufeinanderfolgende Jahre mit voller Ernte, wie 1869 und 1870, eine Überproduktion bringen.

Die Steigerung des Bierkonsums stand nicht im Verhältnis zur Erweiterung der Hopfenarea. Ende der 1870er Jahre betrug die Bierproduktion in Deutschland 40000000 hl, um 1889 ca. 46000000 hl, 1897 ca. 61000000 hl.

Jedenfalls ist klar ersichtlich, dafs teure Hopfenjahre heute nur noch möglich sind, wenn in einem oder zweien der vier Haupthopfenländer der Welt (Deutschland und Österreich, England und Amerika) eine totale Mifsernte eintritt. Die Regionen mit schlechtem und minderwertigem Material sollten die Produktion ganz aufgeben, aber keine will glauben, dafs ihr Produkt nicht ein besseres sei. Deshalb sollten die Staaten und alle mit Fragen des öffentlichen Wohlergehens betrauten Organe das gröfste Interesse an dem Zustandekommen von Lehreinrichtungen zur Verbreitung guter und sicherer Kenntnisse in der Hopfensache haben.

3. Die Eismaschinen mit ihrer gleichmäfsig kühlen Kellertemperatur (Kaltluftzufuhr) und dem dadurch verminderten Hopfenbedarf in der Brauerei, weil die Kälte konserviert; dazu die Abgabe grofser Biermassen vor der völligen Lagerreife.

4. Die Büchsenkonservierung des Hopfens, welche gestattet, den Hopfen um 1—2 Jahre, selbst noch länger, in einer ziemlich brauchbaren Beschaffenheit aufzubewahren, jedenfalls in einer ungleich besseren als in Säcken, selbst wenn letztere trocken und kalt gelagert sind. Die Büchsenhopfenreserven, wenn sie sich auch mit frischem Hopfen nicht messen können, verhindern, dafs die Hopfen auch bei grofsen Mifsernten jemals wieder so hohe Preise erlangen können, wie sie früher häufig vorkamen; der Brauer hat Vorräte in seinen Büchsen. Im September 1869 berechnete man die Hopfenvorräte der englischen Brauer mit 1868er Ware auf mindestens 200000 Cwts. Sicher hat die Weltbrauerei immer 50000—100000 Ztr. (auch mehr) in den Büchsen liegen.

5. Der Umstand, dafs sich der Geschmack des Publikums von den stark und rohbitteren Bieren abgewandt, führte zu einer grofsen Reduktion der Hopfengaben in der Brauerei, namentlich in Deutschland und Amerika, teilweise auch in England.

6. Die Brauer haben auch gelernt, durch andere, bessere Methoden des Hopfenkochens, selbst durch Extraktionsapparate etc., den zur Verwendung kommenden Hopfen besser auszunutzen, dadurch ebenfalls wieder zu sparen und dennoch das erforderliche Aroma und Bitter in das Bier zu bringen.

7. Die Brauer haben auch gelernt, mit roherem, derberem Hopfen dem Bier einen noch halbwegs erträglichen Bittergeschmack zu geben[634]). Thausing[635]) sagt: Zu wenig bitterem (nach bayerischer Art gebrautem), dunklem Bier, welches jung ausgestofsen wird, können ohne jeden Nachteil leichtere und im Aroma weniger feine Hopfen verarbeitet werden, und für jene Biere, welche man aus hochgedarrtem Malze herstellt und die wenig gehopft werden, so dafs der Malzgeschmack das Hopfenbitter übertönt, kann man Hopfen mit weniger zartem Aroma verwenden als für böhmische (bittere) Biere; richtig ist das nicht, aber es geschieht!

Alle diese ebenso ernsten, wie für die Betreffenden bitteren Vorkommnisse haben neuerdings wieder deutlich gezeigt, dafs nicht jene Landgebiete und Volksteile die glücklichsten sind, wo die Hopfenkultur die weitaus herrschende Kulturart geworden ist, wie um Spalt in Mittelfranken, und den Futter- und Getreide-Bau mit Viehzucht verdrängt oder auf ein Minimum eingeengt hat; auch in Gegenden mit hohen Hopfenpreisen führt das zur Verarmung. Weit besser sind jene Landabschnitte situiert, wo Acker- und Wiesen-Bau nebst Viehzucht herrschen und die Hopfenkultur erst in 2. oder 3. Reihe steht, wie in der Hallertau (Ober- und Niederbayern). Leider ist, gerade in Franken, die Hopfenpflanze die Lieblingspflanze des kleinen Mannes, und bei den grofsen Schwankungen, welche da in Bezug auf Ertrag und Preise stattfinden, wäre sie doch besser die Pflanze des wohlhabenden Mannes, der ohne zu Grunde zu gehen oder Wucherern in die Hände zu fallen, einige Jahre zusehen kann. Es ist hier gerade so wie mit der Weinkultur in der Hand der kleinen Leute.

Dafs der Hopfenhandel, so wie er nun einmal zu einem erheblichen Teil ist, und mit allem, was drum und dran hängt, zudem wenig geeignet erscheint, die sittlichen Kräfte eines Volkes zu beleben und zur harmonischen Entwicklung zu bringen, bedarf für den Kenner dieser Zustände keines Beweises. In England, wo das Geschäft nach Mustern abgeschlossen wird, welche aus den Ballen herausgeschnitten werden, ist das Geschäft ungleich solider, denn jede Probe hat in grofsen Lettern den Namen des Pflanzers und des Ortes (Kirchdorfes), wie der Grafschaft, Jahrgang, die Ballennummer etc. In England wird eben der Hopfen schon vom Pflanzer beim Trocknen geschwefelt und marktfähig gemacht. Da gibt es nur ungemischte und originale Ware, nichts Gefälschtes oder Gemischtes. Die Proben und Ballen gehen an die Factors (Kommissionäre) im Borough (Hopfenmarkt in London), von diesen kaufen die Händler und von diesen die Brauer. Direkter Kauf zwischen Brauer und Produzent ist nicht üblich, und nur der Händler hat die Lagerräume zur Aufbewahrung und allmählichen Abgabe grofser Massen Hopfen.

Die feinsten englischen Biere, die Pale- und Stock-Ales, welche wohl zu den feinsten Bieren der Welt gehören, werden fast ausschliefslich mit englischen Hopfen (die feinsten englischen Hopfen sind East- und Mid-Kents, Farnhams und Worcester) gemacht; zuweilen werden dazu auch ganz feine bayerische (niemals aber sogenannte Export-) Hopfen genommen. Die sogenannten Exporthopfen sind den englischen Brauern entbehrlich, wenn der Preis per Zentner über 100 Mark geht; dann nehmen sie Amerikaner, Belgier, Holländer, Nordfranzosen etc.

Was den direkten Einkauf des Brauers beim Produzenten sehr erschwert, ist — abgesehen von den eine grofse Rolle spielenden Kreditfragen (der Hopfenhändler hat in vielen Brauereien die wichtige Rolle des Bankiers nach allen Richtungen, und 4—6—8 Monate Kredit für gelieferten Hopfen sind selbstverständlich etc.) — der Umstand, dafs die von den Produzenten gekauften Hopfen, die sehr oft keine Spalter und Saazer Lagerbierhopfen sind, wegen ihres erheblichen Wassergehaltes unbedingt bald nachgetrocknet werden müssen, wozu in den Brauereien die Vorrichtungen oft fehlen, wenn man nicht die Malzdarren dazu einrichten und benutzen kann; auch fehlen in den Brauereien oft die geeigneten Hopfenlagerräume. Der Hopfenhändler hat das alles.

Zudem sind die Produzenten vielfach schon von gewissen, krankheiterregenden, charakterverderbenden Bazillen des Handels stark angekränkelt, und solche Bazillen wirken erfahrungsgemäfs beim Angesteckten noch verderblicher wie beim ursprünglichen Nährwirt. Solche nur im Interesse der Produzenten geschaffenen Einrichtungen ziehen nicht.

Um 1888 befaſste sich ein Nürnberger Blatt mit den Verhältnissen des Hopfenbaues und Hopfenhandels[636]). Es wird betont, daſs die Landwirte von den Fortschritten der Brauereitechnik in der letzten Zeit gar nichts wahrgenommen zu haben scheinen, denn sonst müſsten sie längst bemerkt haben, daſs man jetzt lange nicht mehr so viel Hopfen nötig habe als früher[637]).

Lagerbier im früheren Sinne gebe es nicht mehr, man brauche also auch nicht mehr für eine längere Haltbarkeit des Bieres zu sorgen. Man spare jetzt den Hopfen so viel wie möglich, könne denselben allerdings des Geschmacks halber nicht ganz entbehren. Die Haltbarkeit und Frische des Bieres wisse man jetzt mit Eis zu erreichen, weshalb das Eis jetzt mehr geschätzt sei als der Hopfen und 1 Tgw. (ca. $^1/_3$ ha) Eisweiher einen höheren Nutzen abwerfe als 1 Tgw. Hopfengarten in bester Lage.

An einem rechnerischen Beispiel wird nachgewiesen, daſs 1 Tgw. Eisweiher, eine halbe Stunde von der Brauerei entfernt, welcher zweimal ausgeeist werden konnte, im Winter 1887/88 für das Eis eine Brutto-Einnahme von 1750 Mark ergab. Dann wurde kräftig mit gutem Kompost gedüngt und noch 50 Ztr. Heu und Grummet geerntet; per 1 Ztr. 2 Mark = 100 Mark. Die Roheinnahme war also per 1 Tgw. 1850 Mark. 1 Tgw. Hopfen bester Lage brachte aber 1887 120—180 Mark, im Mittel 150 Mark (2—3 Ztr. per Tgw. um höchstens 200 Mark per Ztr., im Mittel 60 Mark).

Freilich sind viele Hopfengärten hoch mit Hypotheken belastet, und auch, wo es nicht der Fall, erhofft man immer Besserung durch höhere Preise bei Miſsernten.

Die Reduktion der Hopfengärten sollte übrigens nur dort eintreten, wo geringe Ware gebaut wird. An wirklich guter Ware war noch nie ein Überfluſs. Schlimm für die Hopfenproduktion war der Fortschritt der Hopfenkonservierung, weil er das Hinaufschnellen der Preise bei Miſsernten verhindert. Früher hatten die Hopfenproduzenten doch die Möglichkeit vor sich, daſs dann und wann einmal wieder sehr teure Hopfenjahre kamen, welche viel Geld einbrachten, womit manches wieder in Ordnung gebracht werden konnte; heute ist auch diese Möglichkeit geschwunden. Die Konkurrenten des Hopfenpreises sind billiges Eis, geringerer Bedarf an Lagerfässern und Lagerraum, minderes Risiko, schnellerer Umsatz des Betriebskapitals, bessere Ausnutzung des Hopfens auf mehrlei Wegen.

Ohne Zweifel wird für die Hopfenproduktion mit bester und besserer Ware wieder eine bessere Zeit kommen, als es in den letzten 10—20 Jahren der Fall war. Die Biertrinker werden die Brauer durch ihr Verhalten zwingen, im Bier wieder ein erträglicheres und besseres Bitter zu schaffen, welches zum Trinken anregt und nicht trinkmüde macht; dann wird den Bierkonsumenten auch etwas mehr Bitter im Bier willkommen sein als jetzt mit dem jungen, unverdauten, rohen Harzbitter. So wird sicher die Zeit wiederkommen, wo Lagerbiere erzeugt werden, zu welchen man mehr und selbstverständlich auch edlere Hopfen notwendig hat.

Die Brauer haben ja inzwischen Gelegenheit genug gehabt, an dem schweren Einbruch der Pilsener Biere in ein bis dahin anscheinend geheiligtes Gebiet des dunkelbraunen Bieres nach bayerischer oder Münchner Art zu erkennen, daſs jede mit alten Traditionen schroff brechende Änderung in der Herstellung eines Konsumartikels, welcher Nahrungs- oder Genuſs-Mittel ist, mit weitgehenden, sehr fatalen, vielfach ganz unerwarteten Folgen verknüpft ist, daſs man also nicht ungestraft solche Änderungen vollziehen kann.

Deshalb liegt es auch sicher nicht im Interesse der Brauer, wenn die Hopfenregionen mit feinen und jene mit guten Hopfen zu Grunde gehen, denn die Produktionsfaktoren sind dem Wechsel unterworfen; es kann die Nachfrage nach guten Hopfen bald einmal wieder gröſser werden, und dann wäre der Mangel an geeigneter Hopfenware für die Brauerei nicht minder fatal und das Erreichbare jedenfalls höchst kostspielig.

Man kann natürlich von den Brauern nicht erwarten, daſs sie den Hopfenproduzenten Wohlthaten erweisen sollen. Das ist ganz selbstverständlich! Aber welchen Gefahren die Brauer entgegengehen, wenn sie auf den eingeschlagenen Wegen verharren, und wie diese dann endlich doch, am Endpunkt angelangt, zu einer groſsen Schädigung der Brauerei-Interessen führen, das reflektiert sehr gut die bewegliche Klage eines englischen Brauers[638]), indem er ausführt, dafs die 1891er Ernte so unzulänglich sei, dafs man auch bei den gröfsten Anstrengungen seinen Bedarf an Hopfen nicht decken könne, abgesehen von den hohen Preisen.

Man könne sehen, dafs jetzt der Wind aus einer andern Richtung wehe. Die Hopfenproduktion halte mit dem Bedarf der Brauer nicht mehr gleichen Schritt, woran weniger die kleinen Ernten als der Rückgang der Hopfenarea schuld sei. Die Verantwortlichkeit für den letzteren Zustand trügen aber die Brauer, nur die Brauer.

Der Brauer habe den Hopfenbauer durch Hungerpreise, welche er ihm 1885—1889 gezahlt, gezwungen, das Hopfenland andern Zwecken zu widmen, um nicht fortgesetzt zu verlieren.

Es sei wohl bekannt, dafs (in England) die Unkosten, um 1 Ztr. Hopfen zu erzeugen, im grofsen Ganzen auf 4 £ (ca. 82 Mark) zu stehen kommen, und dennoch habe der Brauer ihm beharrlich nur die Hälfte geboten. Daraus entstanden naturgemäfs Zustände und Schäden, welche die Brauer heute beklagen[639]).

Brauer und Hopfenbauer sollten sich die Hände reichen, statt, wie bisher, sich möglichst feindlich gegenüber zu stehen, zum allgemeinen Wohle der — Händler —, welche den schönsten Teil des Nutzens mühelos einstreichen. Man solle, wo es nur angehe, die Pflanzer zur Ausdehnung ihrer Hopfenarea ermutigen, denn es sei augenscheinlich, dafs die Hopfenproduktion der Welt mit dem sich stets steigernden Konsum nicht gleichen Schritt halte, und dadurch sei der Hopfenmarkt teilweise so ungesund, wie er sich jetzt auch blöden Augen zeige. Nur die Konservierung des Hopfens und vergröfserte Anbaufläche könnten aus diesem Moraste herausführen.

Diese von einem englischen Brauer gesprochenen Worte sind doch gewifs ebenso interessant wie lehrreich.

Den grofsen Hopfenhändlern, die — obgleich sie auch nur je zwei Beine haben — dennoch in 2—3—4 Produktionsgebieten und verschiedenen Ländern Stellung nehmen, allermindestens in Nürnberg und Saaz, kann es ganz einerlei sein, wenn die Brauer die fränkischen (Spalter) und Hallertauer Hopfen ignorieren und sich auf den Saazer oder irgend einen andern Markt stürzen. Diese internationalen Kaufleute, denen das Wohl oder Wehe der bayerischen Hopfenbauer nicht den leisesten Schmerz verursacht, verdienen unter allen Umständen, aber im Interesse der bayerischen und deutschen Brauerei liegen solche ungesunden Geschäftssituationen sicherlich nicht!

Statt dafs es so wäre, wie der englische Brauer empfiehlt, reichen die Brauer den durch sie reich gewordenen Hopfenhändlern die Hände!

Ein namhafter Herr (Professor) auf diesem Gebiete schrieb mir vor Jahren einmal in einem Briefe: Die Brauer und ihre guten Freunde, die Hopfenhändler! — Und fragt man: Warum?! Das zu sagen wäre überflüssig! Man müfste weit ausholen, wenn man dieses Gebiet so behandeln wollte, dafs es der allgemeinen Einsicht offen stände; dazu fehlt mir aber jede Neigung. — Soweit es sich nicht um Kredit und Trinkgelder handelt, spielt das grofse Entgegenkommen seitens der Händler gegen Brauer, welche gute Kunden sind, darin eine grofse Rolle, namentlich aber auch die Information, welche die Händler den Brauern über die Verwendung der bezogenen Hopfen an die Hand geben. Der grofse Brauer hat gewisse Bedürfnisse an Hopfen: welche Mühen und Kosten würde ihm das machen, sie herbeizuschaffen! Der orientierte Händler besorgt das leichter und gern.

Wichtig ist der Abflufs der minderwertigen deutschen Hopfen, für welche England das Hauptabsatzgebiet ist; die Ware mufs dort mit amerikanischen, neuestens auch mit russischen Hopfen konkurrieren, es sollte also ihre Qualität (Gehalt und Feinheit) immer höher liegen als bei der amerikanischen und russischen Ware.

Feine deutsche Hopfen gehen aber auch viel in die Schweiz, nach Frankreich, England, Nordamerika, Skandinavien und Rufsland. Die Verdrängung der starken böhmischen Einfuhr, welche die Brauer namentlich für helles, sogenanntes Pilsener Bier für unentbehrlich halten, deren Unentbehrlichkeit aber auch Dr. Remy bezweifelt, ist eine Lebensfrage der deutschen

Hopfenkultur. Die Brauer sollen eben ihre eigenen Fehlgriffe wieder gut machen, welche zum Einbruch des hellen Bieres und dann zur Überschwemmung mit österreichischer Gerste und österreichischem Hopfen geführt, statt gegen Notzölle zu agitieren.

Die heutige Lage der Hopfenüberproduktionsfrage für Deutschland ergibt sich aus folgender Übersicht[640]):

	1894	1895	1896	1897
Die Hopfenernte	662 000	603 000	506 000	507 000
Die Einfuhr	48 000	41 000	61 000	53 000
Die Ausfuhr	218 000	216 000	197 000	198 000
Für die deutsche Brauerei verbleiben	492 000	427 000	37 000	362 000
Die Biererzeugung in Millionen Hektolitern	55	61	62	66
Der aus der Biererzeugung berechnete ungefähre Hopfenbedarf	352 000	390 000	397 000	422 000
Überschufs + oder Fehlbetrag —	+ 140 000	+ 37 000	— 27 000	— 60 000

f) Die Surrogate, welche in der Brauerei für die konservierende Wirkung der bitteren Hopfenharze angewendet werden.

Ein gutes, richtig gehopftes und vergorenes Bier konserviert sich von selbst am besten, namentlich wenn es drei Monate alt ist[641]).

Abgesehen davon, dafs man die konservierende Wirkung des Hopfens im gröfsten Mafse durch Eis (Kälte) zu ersetzen sucht, hat man da und dort auch schon Salicylsäure als Surrogat zu verwenden gesucht; namentlich scheint dies in England der Fall zu sein. Auf S. 384 ihres citierten Buches bringen Moritz und Morris noch einen Abschnitt: Antiseptica. Es handelt sich namentlich um schwefligsauren Kalk und Salicylsäure. Diese werden anscheinend vielfach als konservierende Mittel angewendet, sind also in gewissem Sinne auch Surrogate für Hopfen. Diese erwähnten englischen Autoritäten sagen selbst, dafs sie zu verwerfen seien, wenn der Brauer damit seine Unwissenheit oder nachlässige Arbeitsweise und mangelhafte Rohmaterialien zu verdecken suche. Solche Biere werden durch den Geschmack dieser Chemikalien und ihrer Zersetzungsprodukte widerlich, sind auch gesundheitschädlich[642]).

Während meines Aufenthaltes in Weihenstephan erhielt ich öfter Prospekte von Fabriken zugesendet, welche doppeltschwefligsauren Kalk erzeugen. Soweit mir bekannt, wird aber dieser in deutschen Brauereien hauptsächlich nur dazu verwendet, die entleerten Gärbottiche auszustreichen, um gegen Bazillen anzukämpfen. Das ist doch gewifs berechtigt und hat mit Hopfensurrogierung nichts zu thun. Er wird aber doch auch schon der Gerste zugesetzt oder beim Maischprozesse, ja selbst bei der Haupt- oder Nachgärung[643]) verwendet.

Über die Verwendung des doppeltschwefligsauren Kalkes in der Brauerei hat Dr. W. Griefsmayer[644]) berichtet. Dieses Präparat ist zuerst von England aus in den Handel gebracht und zur Verwendung für die Gärungsgewerbe empfohlen worden:

1. zum Einweichen schimmliger Gerste;
2. zum Einmaischen;
3. zum Schwenken der Fässer;
4. zur Reinhaltung und Abwehr von Pilzen in den Gärbottichen, an den Kellerwänden und Böden und auf Malztennen an deren Wänden;
5. nach der Hauptgärung von Bier und Wein;
6. bei beginnender Säuerung dieser Flüssigkeiten;
7. direkt vor dem Versand;
8. bei Bier in Flaschen.

Die Verwendung des möglichst reinen Calciumbisulfites ist nach Grieſsmayer unbedenklich. Im Handel kommen aber solche vor, welche einen Überschuſs an schwefliger Säure haben. Wo das Präparat als Präservativ verwendet wird (sub 1, 3 u. 4), hat es kein Bedenken, wohl aber, wo es in die Flüssigkeit gelangt. In den andern Fällen (sub 2, 5, 6, 7 u. 8) ist das bedenklich, denn wenn zur Zeit des Konsums noch schweflige Säure im Bier ist, schadet das dem Geschmack und der Gesundheit. Man muſs es auch bei zweifelhaften Hauptgärungen und bedenklichen Kellern möglichst früh zusetzen und nicht erst während der Sommerhitze; auch genügt 1 l in maximo auf 10 l Bier. Zu spät und zu viel zusetzen, ist immer schädlich. Der schwefligsaure Kalk als Konservierungsmittel verhindert namentlich die direkte Umwandlung des Alkohols in Essigsäure. Borax (doppeltborsaures Natron), welcher angeblich in der Schweiz fast überall zur Konservierung der Milch benutzt wird, soll die Wirkung der Diastase aufheben, eiweiſsartige Körper fällen und Bakterien töten.

In der Allg. H.-Ztg. 1876, S. 104 ist gesagt, daſs die schweflige Säure auch hier, wie beim Hopfenschwefeln, pilzfeindlich wirken solle. Die Stärke der Lösung soll nach dem Ballingschen Saccharometer 12,5—13 % betragen, und es könnten im Durchschnitt auf je 10 hl Bier etwa 3 dl dieser Lösung im Fasse zugesetzt werden. Flaschen und andere Gefäſse sollten damit ausgeschwänkt und gefüllten Flaschen könnten 15—20 Tropfen dieser Flüssigkeit zugesetzt werden. In heiſsen Gegenden wird mit viel Erfolg Fleisch damit konserviert.

Im Bayerischen Bierbrauer[645]) wird gesagt, daſs man den gelösten schwefligsauren Kalk als Präservativmittel, aber auch bei schon beginnender Säure verwenden kann, im Verhältnis von 1 : 1000. In England gibt man doppeltschwefligsauren Kalk (½ Pint per Barrel zu 36 Gall.) dem zum Versand nach den Tropen bestimmten Ale. Er gibt dem Bier anfänglich einen widerlichen Geschmack, der sich jedoch beim Transport verliert. Die Anwendung der schwefligen Säure oder schwefligsaurer Salze von Natron, Kali, Kalk, Magnesia und Thonerde, namentlich von schwefligsaurem Natron, wurde im Anfang der 1870er Jahre von dem Engländer E. Beans in die Brauereien eingeführt (s. Allg. H.-Ztg. 1871, S. 546). In der Allg. H.-Ztg. 1870, S. 539 wird gesagt, daſs die Anwendung des schwefligsauren Kalkes (die schweflige Säure als kräftiges Desoxydationsmittel) der Brauerei gestatten werde, von der Anwendung übermäſsiger Hopfenmengen zur Präservierung des Bieres abzusehen! —

Es werden über solche Materialien, wie die Salicylsäure etc., oft sehr kuriose Ansichten aufgestellt. So hat der mit Recht sehr berühmte Prof. Dr. Kolbe (Leipzig) festgestellt, daſs die Salicylsäure für den menschlichen Organismus ganz unschädlich ist[646]), und Kolbes Versuche über die Konservierung des Bieres mit Salicyl hätten sozusagen gezeigt, daſs in der That die Biere an Qualität (Geschmack, allgemeiner Beschaffenheit etc.) zugenommen haben in dem Maſse, als die Salicylgabe stärker genommen wurde! Man sehe über die aus dem Bitterstoff der Weidenrinde hergestellte Salicylsäure auch die Allg. H.-Ztg. 1875, S. 593. Auch Prof. E. v. Meyr hat Versuche mit derselben angestellt. Er sagt, daſs mehrere Brauereien Gebrauch davon machen. Später (ebenda S. 318) wird bemerkt, daſs dieses Mittel in den Bamberger Brauereien längst in Gebrauch sei, aber man sage, daſs solches Bier Kopfweh mache, was nach dem einen vom Schwefel, nach andern von Arsenik im Schwefel herrührt. Apotheker C. Gernbeck[647]) hat eine Lösung von schwefligsaurem Kalk auf Lager, 1 l für 2 hl ausgegorenen Bieres.

Prof. Kolbe[648]) hat beim Bier, wo die Nachgärung nicht eingestellt, sondern nur gehemmt werden soll, 1874 bei mit gutem Bier gefüllten Flaschen 0,03 g Salicylsäure gegeben. Diese und andere, nicht mit Salicyl versetzte Flaschen wurden im Keller aufbewahrt. Nach sechs Monaten war das Bier in den nicht mit Salicyl versetzten Flaschen trüb, kahmig, abgestanden, das salicylierte Bier klar und wohlschmeckend, erst im Herbste 1875 war es auch unschmackhaft geworden. Ein ehemaliger Schüler Kolbes berichtet über Salicylsäureanwendung im groſsen in der Brauerei mit obergärigem englischen Bier. Das vorzügliche, im August 1875 gebraute, salicylierte Bier, welches per 100 l 5 g Salicyl erhalten hatte, war im Dezember schmackhaft und gut, mit 10 g vorzüglich, mit 20—40 g per 1 hl besonders vorzüglich, während das nicht salicylierte sauer war. Im Januar 1875 gebrautes Bier ohne Salicyl war im August sauer, das mit 5 g Salicyl war gut, mit 10 oder 20 g per 1 hl noch besser, das mit 40 g war fast zu jung.

Selbst der nicht selten vorkommende Zusatz von Glycerin zum Bier ist nur eine Folge einer unrichtig bemessenen Hopfengabe oder des Zusatzes von altem oder schlechtem, verdorbenem Hopfen; von altem oder schlechtem Hopfen nimmt man gröfsere Mengen und, um das zu stark hervortretende Bitter zu verhüllen, dann noch Glycerin [649]). In der Allg. H.-Ztg. 1872 wird in Annoncen vielfach Bierglycerin angeboten, dessen Verbrauch immer mehr zunehme; auch Salicylsäure.

Obgleich das Gesetz vom 1. Oktober 1898 die gewerbliche Verwendung des Saccharins fast verbietet, dasselbe nur für Haushaltungszwecke gestattet, hat die Erzeugung von Saccharin von 670 Ztr. im Jahre 1895/96 in den nächsten Jahren zugenommen bis 1567 Ztr. und 1898/99 auf 2645 Ztr. Die Süfskraft desselben wird auf das 300fache, selbst 500fache des Zuckers geschätzt. Die Süfskraft des gegenwärtigen Erzeugnisses wird auf 800000 Ztr. Zucker angenommen, entsprechend 6000000 Ztr. Rüben und 8000000 Mark Verbrauchssteuer.

Ein gutes, nach bayerischer Art gebrautes Malzbier hat einen Extraktgehalt von 4—6%, Saccharinbiere haben einen Extraktgehalt von 2—3%, also 50% minderen Extraktgehalt; es können aber mit Saccharin Biere hergestellt werden, welche fast gar keinen Malzextrakt, also auch keinen Nährwert mehr haben, was aber dennoch vom Biertrinker nicht sofort als minderwertig erkannt wird, weil er aus dem süfsen Geschmack des Saccharinbieres auf grofsen Malzgehalt schliefst [650]). Im Deutschen Reichstage erklärte Abg. Hahn, dafs das Saccharin höchstens für den Diabetiker empfohlen werden könne. Die Kleinbrauer mit obergärigem Bier wollen Saccharin auch deshalb nicht entbehren, weil es auf das Bier konservierend wirke [651]).

Das Kgl. bayer. Landgericht Passau hat in seiner Sitzung vom 18. März 1898 den Bierbrauer Georg Holzinger von Griesbach in Niederbayern wegen eines Vergehens gegen § 10 des Reichsgesetzes vom 14. Mai 1879 und im Sinne der Art. 7 und 71 des bayer. Malzaufschlagsgesetzes zu 100 Mark Geldstrafe verurteilt. Holzinger hatte dem Bier Saccharin zugesetzt. Es ist dies der erste Fall einer Bestrafung in Bayern wegen Süfsstoffverwendung [652]).

Auch Schwefelsäure (mit oder ohne Alaun) wird zur Klärung des Bieres angewendet (man s. Dr. Sell l. c. S. 590).

Öfter enthalten die Biere (von unsauberen Gefäfsen herrührend) selbst Kupfer und Blei.

C. Michel (s. Allg. H.-Ztg. 1873) sagt, dafs ofter Süfsholz oder Lakritzensaft schon während des Hopfenkochens dem Bier zugesetzt werden, um ihm einen anhaltend süfsen Geschmack zu geben. Etwas Glycerin kommt im Bier, als Produkt der Gärung, in kleinen Mengen von selbst vor; bisweilen wird es von den Brauern auch noch zugesetzt, in der Meinung, dafs es das Bier kläre und haltbarer mache. Nach dem Vierteljahrshefte zur Statistik des Deutschen Reiches (1898 Nr. 4) hat, trotz des gesetzlichen Verbotes, der Zusatz von Saccharin zum Bier nicht aufgehört, nur wird es jetzt, statt dafs es vom Brauer selbst dem obergärigen Bier zugesetzt wird, den Kunden in Tabletten ausgehändigt, damit diese es ins Bier thun; letzteres ist nicht verboten. Und dabei hat doch das Saccharin gar keinen Nahrungswert, es ist nur ein Mittel, mit dem man — durch Sinnestäuschung — dem Konsumenten Geld abnimmt.

Dr. Ed. Jenkins von der Landwirtschaftlichen Untersuchungsanstalt in Connecticut erklärt vor einer Kommission zur Untersuchung der Lebensmittelfälschungen im Staat New-York [653]), dafs nur teuere Nahrungsmittel verfälscht würden; die Verfälschungsmittel seien, wenn auch gesundheitschädlich, doch nicht giftig. Max Schwarz, Direktor der U. S. Brewing Academy, erklärt, dafs Salicylsäure und Schwefelsäure (wohl schweflige Säure) in den ganzen Vereinigten Staaten als Konservierungsmittel für Bier benutzt würden. Hauptsächlich komme Salicylsäure zur Verwendung und zwar in der Regel ½ Unze Säure auf ein Fafs von 31 Gall. Bier; in England, Bayern und andern europäischen Ländern werde meist eine etwas gröfsere Quantität der Säure dem Exportbier zugesetzt [654]); er hält die Anwendung solcher Konservierungsmittel bei Exportbieren für unentbehrlich; der Pasteurisierungsprozefs genüge nicht; die angewendeten Mittel seien durchaus harmlos!

Auch bei den Prozessen, welche in den 1880er Jahren in Bayern vom Fiskus gegen einzelne, meist kleinere Brauereien wegen Verfehlungen gegen das Malzaufschlagsgesetz geführt wurden, war die Verwendung von Salicylsäure erwähnt. So wurde am 30. September 1884 am Landgerichte Landshut eine Brauerei zu 180 Mark eventuell 36 Tagen Gefängnis verurteilt, weil in dieser Brauerei nach der Vorschrift von Dr. Heiden in Dresden der Hefe im Verhältnis von 4—6 g auf 3 l Salicylsäure zugesetzt worden war, um die Hefe von Spaltpilzen und andern Fäulnisbakterien zu befreien. Auch dieser an sich gewifs nicht als Hopfensurrogierung anzusehende Vorgang wurde als Übertretung des erwähnten Gesetzes bestraft[655]). Man vergleiche damit das in der Fufsnote 654 Gesagte.

F. Rutschmann (Allg. Br.- u. H.-Ztg. 1882, II, 749) will zur Vermeidung von Schimmel auf den Kühlschiffen, wozu manche Brauereien besonders geneigt seien, einen geringen Zusatz von Salicylsäure auf dem Kühlschiffe. Die Salicylsäure ist nach den Untersuchungen von E. Robinet und H. Pellet (Repert. d. Pharmac. nouv. 1882, Nr. 6, Allg. Br.- u. H.-Ztg. 1882, II, 749) schon mit 0,3 g im Liter ein energisch antiseptisch wirkendes Mittel, und mit 1 g im Liter zersetzt es die Hefe.

Ich erinnere mich, dafs vor Jahren (ich war noch aktiver Professor in Weihenstephan), in jener Zeit, als Prof. Kolbe so Günstiges von der noch dazu unschädlich sein sollenden Konservierungskraft des Salicyls im Bier berichtete, mich hier in München ein hoher Richter nach meiner Ansicht fragte. Ich sagte ihm, dafs man doch die heimischen Brauer nicht hindern solle, von so einer nützlichen und unschädlichen Sache Gebrauch zu machen. Darauf sagte dieser Herr: Erlauben Sie so etwas einmal erst den Brauern, was man gar nicht kontrollieren kann, dann sollen Sie sehen, in welchen Dimensionen die das treiben.

g) Das Hopfenstopfen zur Verstärkung des Aromas und zur Auffrischung der Nachgärung.

Es gibt noch einen Verwendungszweck für den Hopfen, von dem aber keineswegs überall, vielmehr nur in einzelnen Ländern Gebrauch gemacht wird. Das ist das Nachstopfen feinen trockenen Hopfens auf das Lagerfafs, wie es insbesondere in England vielfach üblich ist. Da handelt es sich um die Einbringung von Diastase, kleinen Mengen Zucker und grofsen Mengen von Mikroorganismen. Namentlich Diastase und Mikroorganismen kommen hier in Betracht, weil beide zusammen eine Nachgärung des Bieres veranlassen. Dabei geht das ätherische Öl des nachgestopften Hopfens langsam in Lösung und bewirkt das Aroma des Bieres. Nach Briant und C. S. Meacham[656]) scheint das Öl beim Lagern feine, noch nicht studierte Umwandlungen zu erfahren, zugleich mit den während dieses Zeitraumes erzeugten Estern, wodurch sich dann jenes Bouquet entwickelt, das für normal erzeugtes, fein gehopftes Ale so charakteristisch ist. Von diesem Verfahren des Hopfenstopfens wird in einem folgenden Abschnitt eingehend die Rede sein.

h) Der Einflufs des Hopfens auf den Verlauf und Charakter der Haupt- und Nachgärung.

Ohne Zweifel ist dieser Einflufs grofs, aber er ist auffallenderweise noch gar nicht systematisch untersucht und erörtert. Jeder praktische Brauer weifs, dafs die Gärung mit ganz anderer Wucht einsetzt und ganz anders verläuft bei Anwendung frischen Hopfens als bei Anwendung alten Hopfens. Ebenso oft hat man gesehen, dafs sie ganz anders verläuft bei Anwendung verschiedener Hopfensorten. Nicht minder ist der günstige Einflufs neuen Hopfens auf die Hefenbildung wohlbekannt.

Alter Hopfen hat niemals so kompakte Decken wie normaler, guter, frischer. Auch der Geschmack des Bieres wird ungünstig beeinflufst. Ebenso soll er helles Bier dunkler färben.

Niemand hat aber bis jetzt untersucht, worin das Wesen dieser Verschiedenheiten besteht, welche Stoffe die Träger dieses Verlaufes der Gärung sind, welchen Einflufs sie beim Brau- und

Gär-Prozefs, den sie mitmachen müssen, ausüben und welche von ihnen im fertigen Bier in unveränderter oder veränderter Form noch vorhanden sind. Wie unklar und unsicher sind heute noch unsere Ansichten über die zu verwendende Menge des Hopfens, über Zusatz im ganzen oder in Teilen, Kochdauer etc.!

i) Die physiologische Bedeutung der Hopfenstoffe im Bier auf den menschlichen Organismus.

Noch weniger ist der unzweifelhaft vorhandene physiologische Einflufs der Hopfenbestandteile im Bier auf den menschlichen Organismus in einer genügenden Art und Weise untersucht.

Die physiologische Wissenschaft hätte festzustellen, welchen Einflufs die im Bier enthaltenen Hopfenbestandteile auf den menschlichen Organismus ausüben, welche Stoffe schädlich oder nützlich wirken und wie man die Hopfenpflanze kultivieren, namentlich düngen mufs, um die schädlichen Stoffe zu beseitigen oder möglichst zu verringern, die nützlichen dagegen möglichst zu vermehren, um auf diese Weise möglichst viel nützliche Stoffe ins Bier zu bringen [657]). Worauf soll sich heute die sogenannte rationelle Hopfenkultur stützen. Sie weifs wohl, wie man die Ertragsmenge steigern kann, wie aber auch die Qualität, wie die erwünschten Hopfenstoffe in Qualität und Menge steigern, die schlechten, unerwünschten aber verringern, das ist noch eine offene Frage.

Ist das Bier nur eine Flüssigkeit, welche neben sehr leicht verdaulichen Nährstoffen auch noch etwas Alkohol besitzt und infolgedessen nährend und anregend zugleich wirkt, oder besitzt es auch kleine Mengen von Hopfenalkaloiden, welche die eigentümlichen Wirkungen (Müdigkeit, Schlafsucht, eingenommenen Kopf) hervorrufen, die das Bier auf manche Menschen ausübt?

Prof. Dr. C. Lintner sagt wohl in Hagenau (Elsafs, Oktober 1874), dafs unter den Eigenschaften des Hopfens, das Bier für die Gesundheit zuträglicher und für den Genufs angenehmer zu machen, die Hopfenbittersäure gewifs die erste Stelle einnehme. Aber appetiterregend, die Verdauung fördernd und die Ausnutzung der Speisen begünstigend, wirken sicher auch kleine Mengen ätherischen Hopfenöls im Bier sehr günstig. Die andern Hopfenstoffe können indirekt sehr wichtige physiologische Wirkungen im Organismus haben. Und selbst den vielen andern, später erwähnten, nur in kleinen Mengen im Hopfen vorkommenden Stoffen, wie den Alkaloiden etc., können wichtige direkte oder indirekte physiologische Leistungen zukommen.

Dafs das gute und lagerreife Bier unter allen sogenannten geistigen Getränken das relativ zuträglichste ist, diese Ansicht kann auch ein Nichtbrauer und Nichthopfenhändler aussprechen. Es geht das sehr deutlich auch aus dem Umstande hervor, dafs die Bierbrauerei und der Bierkonsum auch in den Weinbauländern immer mehr Ausbreitung gewinnen.

Ebenso wichtig wäre es, den Einflufs des Hopfens auf die Hefe vollkommen klar gestellt zu sehen; das wird wahrscheinlich ebenso nach den verwendeten Mengen, wie nach den verwendeten Sorten sehr verschieden sein.

Offenbar sind im Gesamtkomplex der Hopfenwirkungen auch solche, welche von den Hopfenalkaloiden ausgehen und bei wirklich normalen, guten und fertigen Bieren angenehm erregend, leicht berauschend und anspannend wirken, bei all jenen Menschen, welche überhaupt eine für den Biergenufs geeignete Konstitution haben. Man ist zwar über die giftigen Hopfenalkaloide noch sehr unsicherer Meinung (man sehe weiter unten den betreffenden Abschnitt), aber das kann doch vielleicht auch daher kommen, dafs sichere Beobachtungen nur deshalb fehlen, weil unsere Biertrinker gegen die giftige Wirkung dieser Alkaloide durch den Genufs von lange her immunisiert sind. Diese Wirkungen machen sich dann nur unter Umständen (bei Nichtimmunisierten und auch da nur bei besonderen Umständen) geltend [658]).

Von nicht geringer Bedeutung sind auch noch einige andere Dinge, wie die nicht unerhebliche Menge stickstoffhaltiger Substanzen, welche beim Hopfenkochen in Lösung gehen und später für die Ernährung der Hefe wichtig sind. Beim Nachstopfen von Hopfen auf Lager- und Versand-Fässer kommt auch die Einwirkung von im Hopfen enthaltener Diastase, Zucker und einer schweren Menge von Bakterien in Betracht, wobei die letzteren aber im Hopfenkessel, wo sie zerstört werden, nicht mehr in Betracht kommen.

Nebstdem werden uns vorerst noch völlig unbekannte, dennoch aber sehr wirksame Umstände für den schliefslichen Biergeschmack wirksam, welche der Braustätte, wahrscheinlich den Gär- und Lager-Kellern, anhaften. Es ist schon lange bekannt, dafs zwei nebeneinander liegende, mit demselben Wasser und auch sonst ganz gleich arbeitende Brauereien dennoch einen Biergeschmack erzeugen, der nichts weniger als gleich ist, und welchen Kenner sofort herauszufinden vermögen. Man hat das einstweilen als den Hausgeschmack des Bieres bezeichnet, weil uns das eigentlich Wirksame unbekannt ist. Man wufste das schon vor 100 Jahren [659]), wie F. Kunze in mehreren, ganz beachtenswerten Extrakten aus einer Ende des vorigen Jahrhunderts in Leipzig erschienenen Schrift (Ökonomisches Reallexikon) dargethan hat.

Nicht minder spielen die Biersorten eine grofse Rolle für den Biergeschmack. Das bayerische, das böhmische, das Wiener und das Dortmunder Bier, alle haben einen andern Geschmackstypus; ebenso das Weizenbier, das Berliner Weifsbier (die Berliner Blonde), die schweren englischen Biere »Porter und Ale«; die belgischen, wie Krautwasser schmeckenden, trüben »Lambik« und »Faro«, die Leipziger Gose, das Grätzer Rauchbier, die an Malzextrakt erinnernde Braunschweiger Mumme, welche so dick wie Syrup ist, das Lichtenhainer und Ziegenhainer Weifsbier, welches um Jena aus gepichten Holzkrügen getrunken wird, das Köstritzer Schwarzbier, das in Norddeutschland im Sommer aus Malz, Traubenzucker und Couleur erzeugte Erntebier [660]).

Fufsnoten zum IV. Abschnitt.

[1]) s. Allg. H.-Ztg. 1867, S. 222, nach dem Berichte eines Engländers in ›The Brewer‹.

[2]) Man sehe den Bericht des alten Herrn Gabr. Sedlmayr über seine und die Münchner Brauerei für die Pariser Weltausstellung 1867 (Allg. H.-Ztg. 1867, S. 354).

[3]) Man sehe auch Allg. H.-Ztg. 1862, S. 30.

[4]) Allg. H.-Ztg. 1866, S. 382.

[5]) Zeitschr. f. d. ges. Brauwesen 1899, S. 448.

[6]) s. Allg. H.-Ztg. 1865, S. 30.

[7]) Und jetzt gibt es, man sollte so etwas gar nicht für möglich halten, aber es steht gedruckt (s. Allg. Br.- u. H.-Ztg. 1899, II, 1866, nach einem Berliner Feuilletonartikel), Berliner Journalisten, welche die Münchner Bevölkerung brillant (liebenswürdig, lustig und bescheiden), die Berliner höchst düster (hart und aufgeblasen) finden und alle schönen körperlichen, geistigen und Charakteranlagen der Münchner nur in dem Umstande begründet sehen, dafs sie aus vortrefflichen Bierquellen, so recht aus dem Vollen, schöpfen können, während die bedauernswerten Berliner so viel Unechtes zu trinken bekommen! — Hoffentlich werden die Münchner nicht zu stolz auf dieses von einem Berliner gespendete Lob! — Sie können ja ohnehin gar nichts dazu, haben das alles nur vom Bier; es ist das alles also nur der veredelnden und erziehenden Wirkung des Bieres und weiterhin der Brauern zu verdanken! — Auch wissen unsere Berliner und sonstigen norddeutschen Landsleute jetzt, was sie zu thun haben, um ähnlich vollkommen zu werden, wie wir es schon sind.

[8]) Allg. H.-Ztg. 1863, S. 363 u. ff.

[9]) s. Allg. Br.- u. H.-Ztg. 1899, II, 2229.

[10]) s. auch ›Gambrinus‹, Wien 1900, S. 196.

[11]) s. ›Gambrinus‹ 1899, S. 96.

[12]) Das Detail der Produktion nach den einzelnen Staaten s. Wochenschr. f. Br. 1898, S. 34.

[13]) s. Allg. H.-Ztg. 1875, S. 498.

[14]) s. Allg. Br.- u. H.-Ztg. 1898, II, 1928.

[15]) Bei dem langjährigen Streit zwischen den englischen Hopfenbauern und Brauern wegen des Reinbiergesetzes (Pure-Beer-Novelle), das die ersteren zur Hebung der darniederliegenden Hopfenpreise anstrebten, präsentierte (s. Allg. Br.- u. H.-Ztg. 1891, I, 85) das Brauercomité ein klares, schäumendes, gegorenes Getränk, das vollständig dem reinen Bier an Geschmack und Farbe glich, ohne angeblich die Hauptbestandteile des Bieres (Malz und Hopfen) zu enthalten. Es gäbe keine gesetzliche Definition für Bier; einem aus Pflanzenstoffen bereiteten fermentierenden Getränke könne auch dann der Name Bier nicht abgesprochen werden, wenn kein Atom von Malz und Hopfen darin wäre.

[16]) Pharmaz. Ztg. 1889, Nr. 34, S. 532; d. Repr. d. Chem.Ztg. 1889, Nr. 32, S. 270.

[17]) s. Allg. H.-Ztg. 1876, S. 587.

[18]) Zeitschr. f. d. ges. Brauwesen 1890, 571.

[19]) Pharmaz. Ztg. 1889, Nr. 32, S. 270.

[20]) Allg. Br.- u. H.-Ztg. 1883, II, 521.

[21]) S. 520 l. c. mitgeteilten.

[22]) In der Allg. Br.- u. H.-Ztg. 1896, I, 253: Die Methoden der bayerischen Chemiker zur Beurteilung des Bieres.

[23]) s. Zetterlund, Allg. Br.- u. H.-Ztg. 1880, II, 618.

[24]) s. H. E. Wright, Allg. Br.- u. H.-Ztg. 1879, I, 731.

[25]) s. Allg. H.-Ztg. 1865, S. 16.

[26]) Allg. H.-Ztg. 1866, S. 17.

[27]) In dieser Hinsicht könnten noch viele interessante Studien gemacht werden.

[28]) s. Zeitschr. f. d. ges. Brauwesen 1897, XX. Bd., S. 663.

[29]) s. Wochenschr. f. Br. 1894, S. 733 u. 735.

[30]) Wochenschr. f. Br. 1898, S. 593. S. auch Wochenschr. f. Br. 1898, S. 607 u. ff., ferner ebenda 1899, S. 281 u. ff.

[31]) Man sehe die ganz ablehnende Kritik über diese Schlufsfolgerungen, was den Weich- und Hartharz-Gehalt betrifft, bei Dr. J. Behrens (Zeitschr. f. d. ges. Brauwesen 1898, S. 42). Die Zahl der Versuche war zu klein und die Abweichungen bei den Gruppen zu gering, um solche Schlüsse zu rechtfertigen. Ohnehin wissen wir nicht, welche Wirkung jedem der erwähnten Hopfenstoffe für sich allein, ohne gleichzeitige Mitwirkung der andern, zukommt. Möglicherweise könnte sich die Gesamtwirkung des Hopfens auf das Bier ganz anders stellen, wenn auch nur einer der zahlreichen, später genannten, in geringster Menge vorhandenen Hopfenstoffe fehlt. Dafs man mit Hopfenmehl allein den Hopfen nicht ersetzen kann, ist gewifs.

[32]) Allg. Br.- u. H.-Ztg. 1899, I, 515 nach der Österr. Br.- u. H.-Ztg. 1899, Nr. 5.

[33]) Wochenschr. f. Br. 1899, 421.

[34]) 13. Oktober 1874, s. Allg. H.-Ztg. 1875, S. 82.

[35]) Für die Konsumenten vermeintliche Herbstzeitlose etc. im Biere.

[36]) Wenn einmal die grofse Mehrzahl der Brauer, vielleicht unter Heranziehung der Wissenschaft, sich sichere und weitergehende Kenntnisse in Bezug auf den Hopfen angeeignet haben wird, dann werden wir dieses wichtige Wissen rasch in die Breite und Tiefe wachsen sehen, zum Segen der Bierqualität, also auch der Brauer und der Biertrinker.

[37]) s. Hopfenhändler Uhlfelder, Allg. H.-Ztg. 1868, S. 35.

[38]) s. Allg. Br.- u. H.-Ztg. 1899, II, 2670.

[39]) s. Allg. H.-Ztg. 1863, S. 143.

[40]) s. auch Allg. Br.- u. H.-Ztg. 1900, I, 604.

[41]) 1900, S. 354, nach der Prager Politik.

[42]) Es ist das sehr bezeichnend und belehrend für das, was die Chemie auch in solchen Hopfenfragen leisten kann; mit meinen richtig gemachten Reibflächen wird man auch einen Hopfen mit durch Feuerdarre rotem oder braunem Mehl sofort noch als neue Ware erkennen.

[43]) s. Allg. Br.- u. H.-Ztg. 1900, I, 818.

[44]) Reprod. Allg. Br.- u. H.-Ztg. 1899, I, 1259; auch in der Zeitschr. f. d. ges. Brauwesen, München 1899, S. 339 u. ff.

[45]) Was hier über die bayerischen Hopfen in ihrer Allgemeinheit gesagt wird, kann sehr wohl richtig sein. Alle blofs luftgetrockneten und nicht geprefsten Hopfen verlieren schon im folgenden Sommer mehr als die Hälfte ihres Wertes; die ursprünglich luftgetrockneten und später erst geschwefelten und geprefsten Hopfen werden sich etwas länger halten, aber sicher nicht so lange wie die bei der Ernte gleich feuergetrockneten, geschwefelten und geprefsten. Mit der Sorte hat das nichts zu thun, sondern mit der Behandlung. Die mitteleuropäischen Brauer wollen meist luftgetrocknete Hopfen.

[46]) Die belgischen Hopfen sind eben auch von der Ernte (also von Grün ab) geschwefelt, feuergetrocknet und geprefst; damit korrespondiert ohne Zweifel ihre bessere Konservierung, und wenn diese dennoch gegen die meisten englischen Hopfen zurücksteht, so hängt das damit zusammen, dafs die englische Feuertrocknung viel rationeller ist als die belgische.

[47]) Im Repert. de Chim. appl. 1859.

[48]) l. c. 1893, S. 267.

[49]) In der Allg. Br.- u. H.-Ztg. 1882, II.

[50]) Man sehe auch Äufserungen von J. Thausing in Mödling (Allg. H.-Ztg. 1879, II, 847).

[51]) 1898, II, vom 5. Juli, bei Besprechung einer kleinen Schrift über Hopfenware von Chodounsky in Prag.

[52]) 1898, I, 455, reprod. aus dem Badischen landwirtschaftl. Wochenbl.

[53]) Dagegen steht in der Allg. H.-Ztg. 1875, S. 310: Was den Hopfenbau betrifft, so ist es eine erfreuliche Thatsache, welchen belebenden Einflufs der Deutsche Hopfenbauverein, und nicht blofs innerhalb der deutschen Grenzen, seit Jahren ausgeübt hat.

[54]) 1899, II, S. 2669 u. ff.

[55]) Vom »Warum« ist da natürlich nicht die Rede. Früher wenigstens wäre es unmöglich gewesen, in der Allg. Br.- u. H.-Ztg. einen solchen Artikel oder gar mein Reibflächensystem mit Abbildungen zu bringen, wobei die Redaktion die Kosten getragen hätte. Überhaupt hat seiner Zeit Herr Dr. Pt. alles unterdrückt, weil er um jeden Preis eine, natürlich unter seiner Patronage stehende, staatliche Hopfenversuchsanstalt haben wollte. Da pafste es natürlich, dafs man sagen konnte: Es ist rein gar nichts da! Der Herr Dr. Pt. hat freilich nichts hinterlassen als unangenehme Erinnerungen für sehr viele. Meine Arbeiten haben einen ganz anderen Stil wie jene des Herrn Chodounsky, die ich nicht gering schätze.

[56]) Vom Bitterstoff fehlt hier jeder Versuch einer Erklärung; dessen Wesen war eben damals ganz unbekannt. Wie man anfangs der 1860er Jahre alten, 1—2—3—4—5- und 6jährigen Hopfen erkennen wollte, s. Allg. H.-Ztg. 1862, S. 90 und 91.

[57]) Gersten-, Hopfen- und Bier-Preise von 1811—1860 siehe weiter unten.

[58]) Diese in völliger Unkenntnis des Hopfens wurzelnde Geringschätzung der Bedeutung des Hopfens bei der Herstellung des Bieres, auf die wir im Abschnitt IV, 5 noch einmal zurückkommen, hat die Entwicklung der Hopfenkenntnis und deren Anwendung in der Brauerei, wo sie so dringend nötig wäre, um Jahrzehnte zurückgeworfen. Was lag diesen mir bekannten Herren Technologen daran, den Schaden hatten ja nur die Hopfenproduzenten und die Brauer! Der Zweck dieser Herren, zu verhindern, dafs die mit allerlei klingenden Nebeneinkünften verbundene Hochschätzung der technologischen Leistungen keine Ablenkung erfahre, ist vollkommen erreicht worden, dank dem vielfach starke Tragkraft besitzenden Autoritätenglauben in gar manchen Brauerkreisen. Man siehe auch weiter oben S. 282 u. ff.

[59]) Man sehe die französischen Autoren bei Joh. Heumann, l. c. S. 38, 39 und 40.

[60]) Reprod. in der Allg. Br.- u. H.-Ztg. 1881, I, 391.

[61]) Wochenschr. f. Br. 1891, S. 1344, s. oben S. 119 u. ff.

[62]) Geschichte des Bieres, l. c.

[63]) Man s. Dr. Sell: Über das Bier und seine Verfälschungen (Allg. H.-Ztg. 1877, S. 58).

[64]) O. Wiesner, Allg. Br.- u. H.-Ztg. 1882, S. 237.

[65]) s. Allg. Zeitschr. f. Bierbr. 1898, Nr. 22 und 23, reprod. Allg. Br.- u. H.-Ztg. 1898, I, 1444.

[66]) Man s. Allg. Br.- u. H.-Ztg. 1877, S. 680.

[67]) s. Allg. H.-Ztg. 1877, S. 680.

[68]) Reprod. in der Allg. Br.- u. H.-Ztg. 1890, II, 188.

[69]) s. Allg. H.-Ztg. 3. Jahrg., S. 148—150.

[70]) s. Allg. H.-Ztg. 3. Jahrg., S. 148, und ebenda 1872, S. 308.

[71]) s. Allg. H.-Ztg. 1861, S. 119, nach den Frauendorfer Blättern.

[72]) Handb. d. Brauwissenschaft, übersetzt von Windisch, Berlin 1893, S. 187 u. ff.

[73]) Wo bleiben denn da die englischen Brauereien?

[74]) Es ist doch unbegreiflich, wie man dann sagen kann, es werde nicht als Hopfensurrogat verwendet!

[75]) Moritz und Morris: Handbuch der Brauwissenschaft; aus dem Englischen ins Deutsche übertragen von Dr. W. Windisch, Berlin 1893, bei P. Parey.

[76]) Journal of the Federated Institutes of Brewing, Vol. III, 1897, S. 481; reprod. Wochenschr. f. Brauerei 1898, S. 136.

[77]) Bayer. Bierbr. 9. Jahrg., Heft 9; dann Allg. H.-Ztg. 1875, S. 65 u. ff.

[78]) In Bezug auf die so wichtige komplizierte Hopfenwirkung im Bier hat man in Süddeutschland und Österreich so wenig wissenschaftlich fundierte oder praktisch weitergehende Forschungen angestellt wie in Norddeutschland. Das ist in der Hauptsache genau so wie Anno dazumal, obgleich gerade da der wunde Punkt sitzt, an dem sich immer die dummen Behauptungen über Herbstzeitlose etc. im Bier festhängen.

[79]) Und, was höchst wichtig ist, aber von den Praktikern selten gesagt wird, je nach dem gröfseren oder geringeren Verdautsein des Hopfens im Bier.

[80]) Allg. H.-Ztg. 1874, S. 166, 189, 202, nach dem Bayer. Bierbrauer.

[81]) s. C. Michel ›Über Biersurrogate‹, reprod. Allg. H.-Ztg. 1873, S. 616.

[82]) s. Allg. H.-Ztg. 1873, S. 584.

[83]) Von der Rezat, 18. August 1863.

[84]) Man s. Allg. H.-Ztg. 1861, S. 110, reprod. aus Elsners chem.-techn. Mitteilungen.

[85]) Man sehe weiter unten den Abschnitt: Sonstige Hopfenbestandteile, sub 12.

[86]) s. Allg. Br.- u. H.-Ztg. 1899, II, 2763.

[87]) s. Zeitschr. f. d. ges. Br.-Wesen 1899, S. 407.

[88]) s. Allg. Br.- u. H.-Ztg. 1899, II, 2929, auch noch folgende Nummern.

[89]) s. Zeitschr. f. d. ges. Br.-Wesen 1899, S. 632.

[90]) s. Allg. Br.- u. H.-Ztg. 1899, S. 3413, reprod. Zeitschr. f. d. ges. Br.-Wesen 1900, S. 53.

[91]) s. Gambrinus, Wien 1900, S. 428.

[92]) Die Filterpressen (s. Allg. Br.- u. H.-Ztg. 1896, II, 2533).

[93]) s. Allg. Br.- u. H.-Ztg. 1895, II, 1439. In der Allg. Br.- u. H.-Ztg. 1895, Nr. 43 eine umfangreiche Spezialabhandlung über die Herstellung des Pilsener Bieres.

[94]) Über diuretische Wirkungen des Bieres (Zeitschr. f. d. ges. Br.-Wesen, München 1888, S. 18—40 etc.).

[95]) In der Zeitschr. f. d. ges. Br.-Wesen 1898, S. 31 sagt ein Ungenannter (in einem Artikel ›Möglichst hell‹), dafs heute durch diesen Sport des Überbietens in der Farbe die Farbe zur Hauptsache und der Geschmack zur Nebensache geworden sei. Die hellsten Biere trinken sich leerer als reine Malzbiere. Das Hauptgewicht bei der Herstellung heller oder Pilsener Biere sei darauf zu legen, dafs das dazu verwendete Malz kein Aroma besitze. Es gebe Malz, dessen Würze den Farbgrad $2^3/_4$ (Zürich) zeige und noch ohne Aroma sei, während anderes Malz mit $1^3/_4$ bereits merkliches Aroma und mit 3 schon röstiges Aroma besitzen könne.

[96]) Wie im Bürgerlichen Bräuhaus zu Pilsen das Malz gemacht wird, s. Zeitschr. f. d. ges. Br.-Wesen, München 1900, S. 53, nach der Österreichischen Br.- u. H.-Ztg. 1899, Nr. 23, S. 262.

[97]) Alles das sagt ein Österreicher. Über die Herstellung haltbaren, hellen und vollmundigen Bieres s. auch Allg. Br.- u. H.-Ztg. 1899, II, 1824 und 1963; auch Wochenschr. f. Br. 1900, S. 247.

[98]) Allg. H.-Ztg. 1880, II, 731, nach The Brewer's Journal, New-York.

[99]) s. Allg. Br.- u. H.-Ztg. 1899, II, 1706.

[100]) Es ist bezeichnend, wie gewisse Leute, die immer sehr geschwind bei der Hand sind, wenn es gilt, einen vermeintlichen Angriff aufs Brauen gleich mit dem gröbsten Geschütz zu bekämpfen (man s. Allg. H.-Ztg. 1876, S. 702), sich um diese Bemerkungen Pettenkofers herumgedrückt haben. Ich glaube nicht, dafs dieses Räsonnieren solcher Zeitschriften den Brauern etwas nutzt, es weifs ja doch jedes Kind, warum das geschieht!

[101]) s. Allg. Br.- u. H.-Ztg. 1899, II, 2718.

[102]) Der Herr Prof. Reinkens ist ein Vertreter der hopfensparenden, geschmackverderbenden Extraktionsapparate.

[103]) Aber die Hopfenextraktionsapparate?

[104]) In der Allg. Br.- u. H.-Ztg. 1899, II, 3057 wird bei Besprechung des Münchner Wirtsgewerbes gesagt, dafs man nirgends in der Welt so gutes und so liebliches Bier trinke wie in München. Nirgends so billig kann wahr sein, nirgends so gut ist heute nicht mehr wahr.

[105]) s. Allg. H.-Ztg. 1875, S. 318, ebenda 1875, S. 585 und 586 auch über die englischen Riesenbrauereien von Bafs & Co. in Burton on Trent u. a.; die in Burton erzeugte schon 1874 ca. 880900 Barrel Bier.

[106]) s. Allg. Br.- u. H.-Ztg. 1881, I, 365.

[107]) s. Allg. Br.- u. H.-Ztg. 1899, I, 1517 u. f.

[108]) In der Allg. H.-Ztg. 1875, S. 302 teilt ein Nürnberger Hopfenhändler mit, dafs man ihm ein sehr aromatisch-bitteres Kraut (Salvia Sclarea L.), das Scharlach- oder Muskateller-Kraut, welches am Scharlachberge bei Bingen kultiviert und zur sogenannten Weinverbesserung verwendet wird, als Hopfensurrogat per 1 Ztr. um 150 fl. angeboten habe.

[109]) Geheimrat Prof. Dr. Sell (s. Allg. H.-Ztg. 1877, S. 589) findet es auffallend, dafs man in England 1850 gegen 2359 Ztr. Kockelskörner eingeführt hat. Leunis (1877, II. Aufl., II, 980) sagt, dafs namentlich die stärkeren englischen Biere, besonders Porter und Ale, nicht nur sehr stark gehopft werden, sondern auch, um sie stärker und berauschender zu machen, Zusätze von Cocculus erhalten. Merkwürdigerweise haben nach Leunis (II, 718) die Engländer in Ostindien das Fischfangen mit diesen Körnern, weil die Fische gesundheitschädlich sind, verboten, umsomehr aber ist es unbegreiflich, dafs man ihre Verwendung, um den Porter berauschender zu machen, nicht ernstlich verhindert.

[110]) Allg. Br.- u. H.-Ztg. 1892, I, 280.

[111]) Diese letzteren Angaben entnahm ich den Bierstudien von Grosse, 1872.

[112]) Allg. Br.- u. H.-Ztg. 1883, I, 378.

[113]) s. Allg. Br.- u. H.-Ztg. 1899, I, 107.

[114]) s. Allg. Br.- u. H.-Ztg. 1899, II, 2827, nach dem Beiblatt d. Magdeburger Zeitung: Altmärkischer Wein und altmärkisches Bier.

[115]) s. Allg. H.-Ztg. 1872, S. 120 u. ff.

[116]) Eine interessante Schilderung der modernen deutschen Biersorten s. Allg. H.-Ztg. 1872, S. 119 u. ff., namentlich S. 131 und 132; auf S. 125 ebenda auch die englischen, französischen, belgischen, russischen und amerikanischen Biersorten.

[117]) s. Allg. H.-Ztg. 1872, S. 631.

[118]) Derartige Vorkommnisse haben natürlich mit einer Surrogierung des Hopfens gar nichts zu thun; es handelt sich nur darum, ein schon vorhandenes Hopfenbier durch Zusatz noch mit einem spezifischen Aroma zu versehen. Fraglich ist natürlich das, was in einer Annonce der Allg. H.-Ztg. 1868, S. 168 aus Koburg angeboten wird: ein Extraktbouquet für feine Lagerbiere (ins Fafs), zugleich deren Feingeschmack und Haltbarkeit vermehrend (1 Thlr.).

[119]) Allg. H.-Ztg. 1873, S. 162.

[120]) Handb. d. pharmazeut. Praxis, Ergänzungsbd., Berlin 1883, bei Julius Springer, unter Cerevisia, S. 238 und namentlich 240, Bieranalyse, Hopfensurrogat.

[121]) Diese Ansichten bedürfen doch einer gewissen Richtigstellung. Bis jetzt ist kein aromatisches Bitter bekannt, welches dem Hopfenbitter gleich oder auch nur ähnlich wäre. Aufserdem sind mit dem Hopfenbitter noch eine ganze Anzahl anderweiter Stoffe innig verknüpft, welche an der Ausgestaltung des Bieres wesentlich beteiligt sind und die bei andern Bitterstoffen gänzlich fehlen, also auch nicht für die Entwicklung des Bieres wirken können. Das wenigste, was man verlangen kann, ist, dafs ein Brauer, welcher andere Stoffe als Hopfen verwendet, gesetzlich und bei Strafe gezwungen sein soll, dies bekannt zu geben, damit der Konsument selbst eine Auswahl treffen kann und nicht für ein Hopfenbier bezahlt, während er ein Hopfensurrogatbier zu trinken erhält.

[122]) Über die Herstellung von Ingwerbier s. Allg. Br.- u. H.-Ztg. 1899, II, 2232, nach d. Wochenbeil. des Berl. Tagebl.

[123]) De medicina Dan. domest. p. 324.

[124]) Der Tübinger Botaniker Gmelin beschreibt 1752 im III. Bande seiner Sibirischen Reise (S. 84) ein Kraut, welches er Hyoscyamus nennt. Es ist interessant zu lesen, welche Wirkungen dasselbe ausübte, wenn man es unter die Suppen mischte: die Kosaken waren wie betrunken davon. Gmelin meint, dafs dieses Kraut auch im Bier, wenn man es damit gären liefse, einen Menschen närrisch machen könne; er werde, nach den damals vorliegenden Beobachtungen, aller Sinne beraubt, treibe die tollste Nachahmerei. Die Kosaken nannten es Lungenkraut (Meduniza). Die Bewohner der Gegend (nahe dem Aldangebirge in Ostsibirien) bedienten sich dieses Krautes, wenn sie sich einen Possen anthun wollen. Es soll aber auch gegen Hämorrhoiden und Blutarmut wirken. Ich führe das nur als Beweis dafür an, dafs es wirklich eigenartig auf das Nervensystem und die Sinne des Menschen wirkende Pflanzenstoffe gibt.

[125]) 1896, I, 77, reprod. aus englischen Quellen.

[126]) Der Meinung der Redaktion der Allg. Br.- u. H.-Ztg., gelegentlich dieser Mitteilung geäufsert, dafs solche Ansichten nur als eine Phantasieleistung von nach Volksgunst haschenden Scribifaxen anzusehen seien, denen jede thatsächliche Unterlage fehle, schliefse ich mich so lange an, als mir nicht zweifellose Beweise des Gegenteils vorgeführt werden. Bis jetzt ist das, trotz mehrfacher Aufforderung, niemals geschehen wenigstens nicht für Deutschland und Österreich. Für das grofse englische Gebiet sieht es aber, wie wir sogleich sehen werden, in dieser Frage höchst bedenklich aus.

[127]) 1896, I, 1850.

[128]) So viel ist gewifs, dafs man in den Ländern, wo keine Malzsteuer existiert, eine Mitverwendung von Rohfrucht an Reis, Mais etc. nicht als etwas Verwerfliches ansehen kann. Man kann damit sehr gute und bekömmliche Biere machen. Ganz anders ist es mit der Verwendung von Glycerin, dessen grofse Giftigkeit erwiesen ist (s. Allg. H.-Ztg. 1877, S. 562).

[129]) s. Allg. H.-Ztg. 1877, S. 431 u. f.

[130]) Kein Brauer wird dem Bier Wasser zusetzen, weil er weifs, dafs er damit das Bier verdirbt; dagegen ist das von Wirten sicher schon oft geschehen. Dafs aber Brauer mit schlechten Lagerkellern in sauer gewordenem Bier die Säure schon oft mit doppeltkohlensaurem Natron abgestumpft haben, das ist gewifs. Die nordamerikanische Bier- oder Lagerbier-Brauerei ist fast nur durch deutsche Firmen begründet worden (s. Allg. H.-Ztg. 1873, S. 198). Die erste Lagerbierbrauerei in Cincinnati (s. Allg. H.-Ztg. 1869, S. 255 u. ff.) wurde 1834 gegründet, sie ging zu Grunde; erfolgreicher begannen dann neue derartige Unternehmungen 1845, und 1869 hatte man daselbst bereits 22 grofse Lagerbierbrauereien, welche zum Teil über 100000 Barrel Bier brauten.

[131]) Reprod. Allg. H.-Ztg. 1874, S. 92.

[132]) S. 70: Das Lagerbier in New-York.

[133]) s. Allg. Br.- u. H.-Ztg. 1899, I, 1517 u. f.

[134]) s. Allg. Br.- u. H.-Ztg. 1893, I, 1224.

[135]) s. Allg. Br.- u. H.-Ztg. 1883, I, 268.

[136]) Reprod. Allg. H.-Ztg. 1873, S. 552: Auf welche Art kann dem Mifstrauen des Publikums gegen die Echtheit unserer Biere am sichersten begegnet werden?

[137]) 437½ Grains = 1 Unze, 16 Unzen = 1 Pfd.

[138]) Allg. H.-Ztg. 1866, S. 39.

[139]) s. Wochenschr. f. Br., Berlin 1898, reprod. Zeitschr. f. d. ges. Brauwesen 1899, S. 373 u. ff.

[140]) Wir Deutsche waren früher gewohnt, alles, was die Engländer im Leben unternahmen, als sehr rationell und sehr gediegen anzusehen. Ein solcher, wahrhaft auf Stelzen gehender Bericht macht auf uns heute einen höchst fatalen Eindruck, der nichts weniger ist als Bewunderung.

[141]) In diesem Auszug der Wochenschrift in Berlin ist merkwürdigerweise vom Hopfen direkt gar nicht die Rede.

[142]) Die Absicht dieser tendenziösen Bemerkung ist leicht ersichtlich: man will die englischen Biertrinker abschrecken, sich für deutsches Importbier zu interessieren. Thatsächlich darf aber in Bayern überhaupt nichts anderes als Malz und Hopfen verwendet werden, einerlei ob das Bier im Lande getrunken oder ausgeführt wird.

[143]) Demnach verwendet wenigstens die Hälfte der englischen Brauereien Surrogate, ohne Zweifel auch solche für Hopfen; das ist wohl genügend.

[144]) Allg. Br.- u. H.-Ztg. 1891, I, 3.

[145]) Handb. der Brauwissensch., übersetzt von Dr. Windisch, Berlin 1893, S. 187 u. ff.

[146]) Wochenschr. f. Br., Berlin 1890, S. 1083.

[147]) 1895, I, 317, reprod. aus englischen Quellen.

[148]) s. Allg. Br.- u. H.-Ztg. 1899, I, 417 aus London vom 16. Februar.

[149]) Allg. Br.- u. H.-Ztg. 1894, I, 905.

[150]) Deutsche Chem.-Ztg. 1887, S. 370, und danach Allg. Br.- u. H.-Ztg. 1887, II, 1758.

[151]) Man sehe auch: Über Untersuchungen des Bieres auf fremde Zusätze, von Dr. G. C. Wittstein (s. Allg. H.-Ztg. 1877, S. 502, 506).

[152]) 1887, II, 1196.

[153]) s. Allg. Br.- u. H.-Ztg. 1886, II, 1586.

[154]) s. Allg. Br.- u. H.-Ztg. 1892, I, 181.

[155]) Reprod. in der Allg. Br.- u. H.-Ztg. 1890, II, 1287.

[156]) s. Allg. Br.- u. H.-Ztg. 1889, I, 1867.

[157]) s. The Brewer's Journal 1887, reprod. Allg. Br.- u. H.-Ztg. 1887, I, 555.

[158]) Allg. H.-Ztg. 1875, S. 9.

[159]) Allg. H.-Ztg. 1877, S. 147.

[160]) Man sehe: C. G. Zetterlund, Vorstand der chemischen Versuchsstation in Örebro: Die Kultur des Hopfens in Schweden und über die Mittel, dieselbe zu heben, Allg. H.-Ztg. 1879, II, namentlich S. 613.

[161]) Man sehe Om främmande bitterämnen i maltdrgck en af Ryno Hofstedt, Upsala Lakare förenings handlingar 1872.

[162]) s. Allg. H.-Ztg. 1875, S. 605.

[163]) s. Allg. H.-Ztg. 1877, S. 586.

[164]) Kubicki: Beiträge zur Ermittelung fremder Bitterstoffe im Bier, Dissertat. Dorpat 1873; Jundzill: Über Ermittelung einiger Bitterstoffe im Bier, Dissertat. Dorpat 1873; Dragendorff: Die Herbstzeitlose im Bier, Frankfurt, Adelmann, 1877; Meyke: Beiträge zur Ermittelung einiger Hopfensurrogate im Bier. Für den Nachweis der Pikrinsäure sind auch die Abhandlungen von Brunner (Archiv f. Pharmaz. Bd. XII, 1872, S. 343) und von Fleck (Korresp. d. Vereins anal. Chemie 1880, Nr. 11). Über den Nachweis der Aloë s. Bornträger: Berichte d. Deutsch. chem. Gesellsch. XIII, 1040, und Dragendorff: Ermittelung von Giften, 2. Aufl., 144. Ferner Dr. Hagers

Pharmaz. Praxis, Berlin, bei Springer, Ergänzungsband, 1883, S. 254 u. ff. In der Allg. H.-Ztg. 1864, S. 402 findet sich eine Angabe, wie man Kartoffelbier von anderm Bier leicht unterscheiden könne.

165) Archiv f. Pharmaz. 1874, CCIV, S. 293 und 399, reprod. durch Brauereidirektor Dr. H. Busch, Allg. H.-Ztg. 1875, S. 65 u. f.

166) s. Allg. H.-Ztg. 1875, S. 68.

167) s. Allg. H.-Ztg. 1879, II, 820 u. f.

168) Allg. H.-Ztg. 1879, II, 749.

169) Reprod. Allg. H.-Ztg. 1879, I, 115.

170) s. Prof. Dr. Sell, Mitglied des Reichsgesundheitsamtes, Allg. H.-Ztg. 1877, S. 586.

171) Nach den sorgfältigen Analysen Würzburger Biere (s. Allg. H.-Ztg. 1869, S. 138 und 139, reprod. aus d. Wochenschr. des Polytechn. Vereins in Würzburg) hatten zahlreiche Schenkbiere 3,60—5,63, meist ca. 4,50 Gewichtsprozente Alkohol; dann 4,26—6,50, im Mittel um 5,50 % Extrakt und 0,10—0,31 % Asche. Die Würzburger Lagerbiere hingegen hatten 3,0—5,08, im Mittel um 4,30 % Alkohol; dann 4,74—8,20, im Mittel um 5,5—6,0 % Extrakt und 0,17—0,27 % Asche.

172) Reprod. Allg. H.-Ztg. 1875, S. 286.

173) Medizinalrat Stumpf, Dr. Bode 1894, neuestens ein Kinderarzt in den M. N. N., 5. März 1900, Nr. 102, Generalanzeiger.

174) s. Allg. Br.- u. H.-Ztg. 1899, II, 2232.

175) s. Zeitschr. f. d. ges. Br.-Wesen 1900, S. 236, nach der Zymotechn. Rundschau.

176) s. Zeitschr. f. d. ges. Kohlensäure-Industrie 1898, IV, 411, und Zeitschr. f. d. ges. Br.-Wes. 1899, S. 88.

177) s. Allg. H.-Ztg. 1862, S. 63.

178) s. Allg. Br.- u. H.-Ztg. 1899, II, 2950; auch Zeitschr. f. d. ges. Brauwesen 1899, S. 693.

179) s. Allg. H.-Ztg. 1872, S. 288.

180) Reischauer teilt hier — S. 249 u. ff. — zahlreiche bayerische und andere deutsche und englische Bieranalysen und Gerstenanalysen mit.

181) Allg. Br.- u. H.-Ztg. 1899, I, 1625, aus der städt. Unters.-Anst. f. Nahrungs- und Genufs-Mittel.

182) Man sehe das Detail in der Allg. Br.- u. H.-Ztg. 1900, I, 799, nach dem Schwäbischen Bierbrauer Nr. 11.

183) s. Wochenschr. f. Brauer 1900, S. 299.

184) Man sehe auch Gärungstechnische Briefe (Allg. H.-Ztg. 1880, 1, 407), wo über die namhaftesten bitteren Gifte (Pikrinsäure, Pikrotoxin, Strychnin, Colchicin etc.) Mitteilungen ihrer schrecklichen Giftwirkung enthalten sind.

185) Allg. H.-Ztg. 1875, S. 62.

186) Allg. H.-Ztg. 1875, S. 67.

187) In der Allg. Br.- u. H.-Ztg., Nürnberg 1894, 1, 1037, findet sich die Besprechung eines modernen Hopfensurrogats »Aromatin«, welches nichts anderes ist als feingepulverte Enzianwurzel, den Brauern per Kilogramm mit 12 Mark angeboten wird, während Enzianwurzel im Grofshandel 40—60 Pfg., im Kleinhandel 80—100 Pfg. kostet. Man sehe auch die Besprechung dieses sogenannten Aromatins von Dr. O. Reinke (in der Wochenschr. f. Br., Berlin 1894, S. 657 und 658); die Zusammensetzung ist angeblich ähnlich wie bei Hopfen. Daselbst ist auch eine Kesselkläre erwähnt, per 1 Pfd. 4 Mark; es ist ein Rindengerbstoff. Dafs in der Norddeutschen Brausteuergemeinschaft Surrogate für Malz thatsächlich verwendet werden, ist bekannt. In der Reichstagssitzung vom 1. März sagte der Abgeordnete Gamp: 62000 Ztr. Stärkezucker sind in diesem Gebiete für die Bierbereitung verwendet worden, 40 % aller von den norddeutschen Brauereien verwendeten Surrogate. Auf die gehässigen Angriffe des Herrn Dr. Dannehl in Artikeln der Gartenlaube, später als Broschüre erschienen (Die Verfälschung des Bieres, Berlin 1878, bei C. Habel), will ich hier nicht eingehen, sie sind genügend widerlegt worden.

188) Bei einer solchen Behauptung von so autoritativer Stelle gehört unbedingt auch die Angabe dazu: wo! — In einem Vortrage des Herrn Prof. Dr. Sell bei der Versammlung des Deutschen Vereins f. öffentl. Gesundheitspflege etc. (s. Allg. H.-Ztg. 1877, S. 586) verbreitet sich Sell näher über diese Untersuchungen, die sehr gewissenhaft ausgeführt worden sind.

189) Namentlich in Allg. H.-Ztg. 1877, S. 590.

190) Man sehe deshalb auch Allg. H.-Ztg. 1874, S. 434, wo auch erwähnt ist, dafs das Berliner Tageblatt einen Artikel gebracht habe, es seien jüngst 80 Ztr. Herbstzeitlosesamen am Anhalter Bahnhofe angekommen, die als Surrogat für Hopfen dienen sollten; die Berliner Brauereien hätten aber 1872/73 ca. 26000 Ztr. und 1873/74 ca. 28000 Ztr. Hopfen eingeführt.

191) 1877, II, 980,

192) II, 885.

193) s. Dr. J. E. Thausing: Die Rolle des Hopfens bei der Bierfabrikation und über Hopfensurrogate, Allg. H.-Ztg. 1877, S. 616. Über eine solche allerneueste Bierpantschapotheke s. Wochenschr. f. Brauerei Nr. 7, S. 87, 1899.

194) s. Allg. Br.- u. H.-Ztg. 1900, I, 799.

195) s. C. Michel, Allg. H.-Ztg. 1873, S. 620.

196) Man sehe meine Schrift: Handbuch der rationellen Wiesen- und Weiden-Kultur und Futterverwendung. München, bei Th. Ackermann, 1899, S. 330.

[197]) Organ d. Zentral-Ver. f. Rückenzucker-Industrie in d. Österr.-Ungar. Monarchie, Wien 1877, Novemberheft, reprod. Allg. Br.- u. H.-Ztg. 1877, S. 785, 792, 793.

[198]) s. Allg. H.-Ztg. 1866, S. 298.

[199]) Reprod. Allg. H.-Ztg. 1877, S. 800.

[200]) Über den Kleinbrauereibetrieb in Preufsen, s. Allg. H.-Ztg. 1872, S. 430.

[201]) Man s. auch Allg. H.-Ztg. 1872, S. 119 u. ff.

[202]) Diese Arbeiten des gediegenen Herrn Geheimrats Dr. Sell waren den Berliner etc. Grofsbrauern natürlich sehr unangenehm; denn wenn das Publikum dort den Verdacht hat, dafs daselbst Surrogate, namentlich auch solche für Hopfen, zum Bier verwendet werden, dann wendet es sich nicht vom Genufs von süddeutschen Bieren, namentlich solchen aus Bayern, ab, wo das Gesetz Surrogate verbietet und ohnehin das ganze Land von Hopfen trieft. Ich begreife auch, wo des Herrn Geheimrats Dr. Sell Eingabe an den hohen Bundesrat geblieben, dafs man meine umfangreichen Hopfenstudien im Interesse des öffentlichen Wohls nach besten Kräften fördern solle. Jedenfalls ist es eigentümlich, dafs man dort auch die Führung in Hopfenfragen an sich zu reifsen versucht hat, und noch weniger verständlich ist, dafs es in Süddeutschland Leute gibt, die so etwas mit Geld und That unterstützen. Wäre diese Eingabe des Herrn Geheimrats Sell an den hohen Bundesrat bis München gekommen, dann wäre sie sicher auch da an der Selbstlosigkeit und sachlichen Objektivität der sogenannten Technologen gescheitert!

[203]) Elsafs, Oktober 1874, s. Allg. H.-Ztg. 1874, S. 506.

[204]) s. Allg. H.-Ztg. 1874, S. 92.

[205]) In der Allg. H.-Ztg. 1874, S. 674 wird sogar eine Zeitungsnotiz erwähnt, dafs 1874 in Berlin 50000 Ztr. Herbstzeitlose eingeführt wurden, ganz abgesehen von der Pikrinsäure, Belladonna etc. (1874 und 1875 scheinen diese Verdächtigungen am ärgsten gewesen zu sein).

[206]) s. Allg. H.-Ztg. 1874, S. 617.

[207]) Man sehe den wortgetreuen Bericht in der Allg. H.-Ztg. 1875, S. 14.

[208]) Mit dem blofsen Schimpfen und Witzeln in Fachzeitschriften, womit dann gewisse Persönlichkeiten sich den Herren Brauern wieder empfehlen möchten, ist gar nichts gethan. In der Allg. H.-Ztg. 1875, S. 30 macht ein Braumeister und Brauereitechniker bei Besprechung der Löweschen Ausführungen die doch geradezu unheimliche Bemerkung, dafs der heutige Brauerstand durchschnittlich den Grad der wissenschaftlichen Bildung noch nicht besitze, welcher dazu gehöre, um mit den vielen genannten Surrogaten durch chemische Manipulationen ein Bier herzustellen. Indirekt wäre damit gesagt, dafs ein Teil der Brauer, der hochgebildete, das könne!! Derselbe Herr fordert in der Allg. H.-Ztg. 1875 die Vertreter der Wissenschaft in der Brauerei auf, sich der Sache zu Gunsten der Brauerei anzunehmen. Das kann aber nur bei Darlegung der vollen Wahrheit geschehen, wie ich es in diesem Buche gethan habe. Das wird sicher nutzen!

[209]) Allg. H.-Ztg. 1875, S. 54 und namentlich S. 62.

[210]) 16. Januar 1875, s. Allg. H.-Ztg. 1875, S. 109 und 141.

[211]) s. Allg. H.-Ztg. 1875, S. 350.

[212]) Allg. H.-Ztg. 1867, S. 14.

[213]) 1867, S. 7.

[214]) ebenda, S. 19.

[215]) s. Brauschuldirektor Michel über das Bier, Allg. H.-Ztg. 1873, S. 162.

[216]) Man s. l. c. 1873, S. 166 die Erzählung über die Entstehung des Hofbräuhaus-Bockbieres.

[217]) Allg. H.-Ztg. 1873, S. 166.

[218]) Dafs das Bier Nahrungsmittel sei, ist, wie wir alsbald sehen werden, nichts als eine alte Phrase; thatsächlich ist es weiter nichts als ein Genufsmittel.

[219]) Allg. H.-Ztg. 1865, S. 59.

[220]) Allg. H.-Ztg. 1873, S. 258.

[221]) Allg. H.-Ztg. 1873, S. 552.

[222]) s. Allg. H.-Ztg. 1866, S. 227, nach dem Bayer. Bierbrauer.

[223]) Allg. H.-Ztg. 1870, S. 253.

[224]) Die Brauer sollten nur tüchtig auf solche Personen losgehen und zwar gerichtlich, dann werden sie bald Ruhe bekommen. So hat es 1877 ein Brauereibesitzer A. A. Clau fs in Landau gemacht gegen Verleumder, welche ihm nachsagten, dafs er Zeitlose als Hopfensurrogat verwende. Das Bezirksgericht Landau verurteilte den Urheber des Gerüchtes in Strafe und Kosten. Gleichzeitig liefs Herr Claufs seine Biere im Laboratorium des Herrn Prof. Dr. Dragendorff in Dorpat untersuchen, der absolut nichts von Surrogaten darin fand (s. Allg. H.-Ztg. 1877, S. 381 u. f.).

[225]) s. Allg. Ztg. 1877 vom 1. Mai Nr. 121 und die Erklärung des Präsidiums des Deutschen Brauerbundes in der Allg. H.-Ztg. 1877, S. 273.

[226]) Man s. Wochenschr. f. Brauerei, Berlin 1893, S. 1275.

[227]) s. Österr. landw. Wochenbl. 1879, reprod. Allg. H.-Ztg. 1879, II, 799, dann 1880, I, 41.

[228]) Man s. den Intern. medizin. Kongrefs in Brüssel im Oktober 1875, s. Allg. H.-Ztg. 1875, S. 498. Auch im belgischen Parlament schleuderte der Abgeordnete Vleminck schwere Vorwürfe gegen die Brauer.

229) Das sind richtige Manchestermänner.

230) Über die Biereinfuhr in Paris seit 1801 s. Allg. H.-Ztg. 1877, S. 544.

231) Ein Brauer aus Hudson (The Brewer's Journal 1880, reprod. Allg. H.-Ztg. 1880, I, 193) sagt, dafs ausgeprefster Hopfen dem Bier einen derart häfslichen, ranzig-bitteren Geschmack verleihe, der mehr an Aloë als an etwas anderes erinnere.

232) Allg. H.-Ztg. 1877, S. 294.

233) Man sehe desfalls Prof. Dr. G. Holzner: Bierverfälschungen, Allg. H.-Ztg. 1877, S. 353 u. ff.

234) Berlin 1895, S. 47.

235) Allg. Br.- u. H-Ztg. 1880, II, 779.

236) s. die Veredelung des Aromas der Biere beim Lagern, Allg. H.-Ztg. 1879, II, 771.

237) s. Allg. Br.- u. H.-Ztg. 1899, II, 1877.

238) s. Zeitschr. d. Böhm. Br.-Indust.-Ver. 1880, reprod Allg. H.-Ztg. 1880, I, 273.

239) s. Allg. H.-Ztg. 1879, II, 633.

240) s. Allg. H.-Ztg. 1867, S. 7.

241) s. Allg. H.-Ztg. 1867, S. 23.

242) s. Allg. H.-Ztg. 1870, S. 142.

243) 1899 sind die Brauereizeitschriften erfüllt von Annoncen über Filterpressen und Filterstoffe sowie Reinigungsapparate.

244) Reprod. Zeitschr. f. d. ges. Br.-Wesen 1899, S. 505.

245) Ein wirklicher Fortschritt durch das Bierfilter und dessen Konsequenzen, l. c. S. 388.

246) Gambrinus 1900, S. 437.

247) s. Allg. H.-Ztg. 1879, II, 847: Mitteilung aus dem prakt. Brauereibetrieb.

248) Über die Erhöhung der klärenden Wirkung der Haselnufsspäne, s. Allg. H.-Ztg. 1872, S. 308.

249) Man s. Allg. H.-Ztg. 1872, S. 612.

250) s. Allg. H.-Ztg. 1865, S. 365 nach d. Deutsch. Industriezeitung.

251) Reprod. Allg. H.-Ztg. 1865, S. 396.

252) Man sehe Allg. H.-Ztg. 1863, S. 221 u. ff.: Zur Bierfrage.

253) Man sehe desfalls sehr charakteristische Äufserungen des Bierbrauers nach dem Leipziger Tageblatt (reprod. Allg. H.-Ztg. 1874, S. 162) über die Biere der Münchner Grofsbrauereien. In einer Versammlung des Schutzvereins Deutscher Brauer sagte Brauereidirektor Bürklin, dafs die Lehrer bereits den Schulkindern die Ansicht beibrächten, dafs Bier Gift sei.

254) s. Allg. H.-Ztg. 1861, S. 46.

255) s. Allg. Br.- u. H.-Ztg. 1898, II, 1929, nach der Zeitschr. f. d. ges. Br.-Wesen.

256) s. Wochenschr. f. Br. 1898, S. 96, Filter von L. A. Enzinger in Worms a. Rh.

257) s. die Bemerkungen des Herrn Brauereidirektors R. Rösicke in Berlin, Allg. H.-Ztg. 1875, S. 62.

258) In sehr launiger Weise schildert diese Verhältnisse Karl Hessenmüller in einem Artikel in der Allg. Br.- u. H.-Ztg. 1898, II, 1563: »Retourbier«.

259) 1899, Nr. 11 vom 1. Juni, Wissenschaftliche Autoritäten über das Bier, S. 422.

260) Allg. H.-Ztg. 1877, S. 994.

261) Man sehe auch in der Allg. Br.- u. H.-Ztg. 1895, S. 1526 die Ansichten eines praktischen Brauers über die Wissenschafter in der Brauerei.

262) s. Allg. Br.- u. H.-Ztg. 1882, II, 769: »Abgelagertes Bier«.

263) Nach dem Journal of the Federated Institutes of Brewing in Allg. Br.- u. H.-Ztg. 1898, I, 309.

264) Über die statistischen Verhältnisse der amerikanischen Bierbrauerei s. Allg. Br.- u. H.-Ztg. 1898, I, 373 u. ff. 1894/95 war der Umfang der Bierproduktion 33467000 Barrels, 1896/97 34423094 Barrels. In der Allg. Br.- u. H.-Ztg. 1879, II, 865 u. ff. ist schon gesagt, dafs trotz der Einwendungen, die lichten Biere seien niemals so kräftig, nahrhaft und vollmundig als die dunklen Biere und die Hefe degeneriere leicht, die Amerikaner (nach A. Schwarz) zu einem grofsen Teil lichte Biere verlangten.

265) Das ist doch ganz dasselbe, was ich weiter oben (S. 343 u. ff.) über die Folgen der modernen Kellerbehandlung gesagt habe.

266) 1899, I, 788.

267) s. Allg. H.-Ztg. 1862, S. 278.

268) Über die damaligen kleineren künstlichen Eisapparate von Asy und von Kaith, Carré, Blen in Paris, Siebe und Lawrence in London etc. s. Allg. H.-Ztg. 1863, S. 69 u. ff.

269) s. Allg. H.-Ztg. 1869, S. 311.

270) Fuchs' gesammelte Schriften von Prof. Dr. Kaiser, Bayer. Bierbr. 1866, reprod. Allg. H.-Ztg. 1866, S. 154.

271) s. Allg. Br.- u. H.-Ztg. 1900, I, 886.

272) s. Über die Anlage von Eismaschinen, Allg. Br.- u. H.-Ztg. 1900, I, 537.

273) Die Rolle des Hopfens bei der Bierfabrikation und über Hopfensurrogate, Allg. H.-Ztg. 1877, S. 594.

274) Wo gibt es heute Grofsbrauereibiere gewöhnlicher Art, die 2—6 Monate auf Lager bleiben?

[275]) 1. Lindesche Kältemaschinen und Kühlvorrichtungen. Von R. Diesel, Ingenieur in Berlin (Sonderabdruck aus der Zeitschr. d. Ver. Deutscher Ingenieure, Bd. XXXVII, S. 117 u. ff., Berlin 1893, A. W. Schades Buchdruckerei [L. Schade]).

2. Verzeichnis der Kühl- und Eis-Maschinen (System Linde) der Gesellschaft für Lindes Eismaschinen in Wiesbaden, Ende Januar 1890, die Nrn. 1—1000.

3. Verzeichnis do., Ende Dezember 1894, das zweite Tausend.

4. Verzeichnis do., das dritte Tausend, 1897.

5. Verzeichnis do., im vierten Tausend bis 3585.

6. Verzeichnis 1899 bis 3823. Beschreibung der Lindeschen Kälteerzeugungsmaschinen. Katalog für Lindes Kälteerzeugungsmaschinen, 1898.

[276]) Einiges über Eismaschinen (Allg. H.-Ztg. 1879, I, 41 u. ff).

[277]) Man s. Über verbesserte Eis- und Kühl-Maschinen im Bayer. Industrie- und Gewerbe-Blatt, 1871, S. 264 von Prof. Linde. Dann die Eismaschinen in der Praxis, Brauerversammlung in Weihenstephan am 24. und 25. Juli 1872 (s. Allg. H.-Ztg. 1873, S. 41).

[278]) The Brewing Trade Review 1897, auch American Brewer's Review, reprod. Bayer. Br.-Journ. 1898, S. 133.

[279]) Allg. H.-Ztg. 1875, S. 310.

[280]) Bier, Apparate und Einrichtungen auf der Pariser Ausstellung, Prag 1870, s. auch Allg. H.-Ztg. 1870, S. 122.

[281]) Allg. Br.- u. H.-Ztg. 1898, I, 828. Man s. auch Allg. H.-Ztg. 1876, S. 300: Die Kulturstaaten, Einwohnerzahl, Bierproduktion in Hektoliter, Konsum per Kopf in Hektoliter; dann ebenda 1869, S. 287 u. ff.

[282]) Nach einer dem englischen Parlament (House of Commons) vorgelegten Denkschrift, s. Wochenschr. f. Br. 1900, S. 299.

[283]) Laut Reichsanzeiger, reprod. Allg. Br.- u. H.-Ztg. 1899, II, 2136, s. auch Zeitschr. f. d. ges. Br.-Wesen, München 1898, S. 461, auch Wochenschr. f. Br. 1899, S. 415, und 1900, S. 299 u. ff.

[284]) Nach dem Schwäbischen Merkur.

[285]) Man s. Allg. Br.- u. H.-Ztg. 1888, II, 2026, vom Deutschen Hopfenbauverein, Der Hopfenkonsum.

[286]) s. Allg. H.-Ztg. 1876, S. 248 und ebenda S. 674, ferner 1874, S. 629; man s. auch Allg. H.-Ztg. 1874, S. 449 und die Bierproduktionskarte von Mitteleuropa von J. Karl und C. Homann, dann die Weltstatistik über Brauerei und Hopfen etc. des Gambrinus in Wien.

[287]) In der Allg. H.-Ztg. 1866 findet sich am Schlusse des Bandes eine 13 Tafeln (26 Seiten) umfassende Zusammenstellung aller Brauereien Bayerns nach den Regierungsbezirken, für die damalige Zeit.

[288]) Von 1866—1872 hob sich die Bierproduktion um $4^1/_2$ Millionen Hektoliter, die Zahl der Brauereien nahm aber um 678 (20 %) ab, die aufgelassenen sind lauter kleine. Die gröfste Brauerei Österreichs, A. Dreher in Schwechat, hat schon 1871 ca. 409 086 hl Bier gebraut. Die Bierausfuhr Österreichs betrug 1859: 37 600 Ztr., 1874: 440 766 Zoll-Ztr. Über die Bierkonsumtion auf den Kopf der Bevölkerung in den einzelnen Staaten der Norddeutschen Brausteuergemeinschaft per 1872 und 1873 s. Allg. H.-Ztg. 1875, S. 166; sie geht von 18 l (Posen 1873) bis 199 (Berlin 1873). In München traf 1874 bei nahezu 170 000 Einwohnern auf den Kopf der Bevölkerung ein Bierkonsum von 566 l, in Ingolstadt 577 l, Kaufbeuren 568, Landshut 494, Augsburg 463, Regensburg 449, Nürnberg 401, Bayreuth 345, Würzburg 290 und Rothenburg o. d. T. 238 l.

[289]) s. Allg. Br.- u. H.-Ztg. in Nürnberg 1894, I, 762.

[290]) s. Zeitschr. f. d. ges. Brauwesen 1899, S. 472.

[291]) s. Wochenschr. f. Br. 1900, S. 13.

[292]) In Agricultural Returns of Great Britain, London 1892, S. 180 sind die Gerstenerträge aller Länder für 1889, 1890 und 1891 in Bushels angegeben.

[293]) Aus der Denkschrift des Deutschen Brauerbundes, betreffend die beabsichtigte Erhöhung auf Gerste und Malz, Wochenschr. f. Br., Berlin 1900, S. 256 u. ff.

[294]) Wie mangelhaft und unsicher alle diese Zahlen sind, zeigt der Vergleich mit jenen der Weltgerstenproduktion der Agricultural Returns of Great Britain 1892. Hier wird der Jahresbedarf Deutschlands in der Zeit von 1895—1900 auf 67 Millionen Ztr. angegeben; in der Eingabe der Brauer des Bremer Landes an die Handelskammer in Bremen gegen die in Aussicht genommene Steuererhöhung auf Gerste, Malz und Hopfen (s. Wochenschr. f. Br. 1900, S. 238 u. ff.) wird gesagt, dafs 1899 ca. 34 Millionen Ztr. Gerste verbraut wurden. Da wäre das andere also Futter- und Graupen- etc. Gerste gewesen.

[295]) s. Zeitschr. f. d. ges. Brauwesen 1900, S. 53.

[296]) Über die Wertschätzung des Hopfens, Prag 1898, Bericht der Versuchsanstalt für Brauindustrie, 2. Dezember, 2. Heft.

[297]) Malz- und Bier-Fabrikation, V. Aufl., 1898, S. 255.

[298]) Br.- u. H.-Ztg. Gambrinus, Wien 1900, S. 422 u. ff.: Generalvers. d. Ver. der Österr. Versuchsstation f. Br. und Mälz. in Wien, 5. und 6. Mai 1900.

[299]) s. Allg. H.-Ztg. 1869, S. 299. Über die Zahl der in den Brauereien der Länder Europas damals beschäftigten Arbeiter s. Allg. H.-Ztg. 1865, S. 364.

[300]) s. Allg. H.-Ztg. 1865, S. 361.

[301]) Der Hektoliter war dabei im Durchschnitt zu 18,16 Frcs. berechnet, im Maximum (Grofsbritannien) zu 25 Frcs., in Bayern zu 20,6 Frcs.; im Minimum (Rufsland) zu 10 Frcs., in Österreich zu 13,2 Frcs. Der Wert der Biererzeugung zur Weinerzeugung verhielt sich damals in Europa wie 1 : 1,7.

[302]) s. Allg. H.-Ztg. 1872, S. 8.

[303]) Wochenschr. f. Br. 1900, S. 1047, oder 1897: 57 736 812 hl, 1898: 59 161 769 hl, 1899: 61 156 166 hl.

[304]) 1 Barrel englisch = 36 Gallons = 153 bayerische Mafs = 163,75 l = 1,63 norddeutsche Fafs = 89,2 württembergische Mafs = 115,6 österr. Mafs. Nach Dr. Holzner, Zeitschr. f. d. ges. Br.-Wesen 1899, S. 514, hat das englische Barrel 163,57 l. 1 Quarter englisch = 2,9070 hl. 1 englischer Ztr. (Cwt.) = 50,8 kg. In der Wochenschrift f. Brauerei (Berlin) 1899, S. 10 das Detail nach allen Staaten. 1 Hundredwight = 50,8 kg. 1 Bushel = 36,5 l. 1 Hogshead (Oxhoft) = 286,25 l. 1 Imperial-Gallon = 4,54 l 1 Bushel = 36,35 l. 1 englisch Quarter = 8 Bushels = 290,78 l. 1 hl = 22,0 Imperial-Gallons. 1 Pfd. Sterling (Sovereign) = 20,43 Mark.

[305]) Man s. Allg. Br.- u. H.-Ztg. 1899, I, 1451: Die Bierbrauerei etc. in Grofsbritannien und Irland.

[306]) ebenda S. 1452 die genaue Tabelle der Materialien; merkwürdigerweise fehlt aber der Hopfen.

[307]) ebenda S. 1452 das ganze Detail mit allen Ausfuhrrichtungen nach nahezu 100 Ländern und Lokalitäten.

[308]) s. Allg. Br.- u. H.-Ztg. 1900, I, 44; man sehe auch Wochenschr. f. Br. 1899, S. 463 u. ff.

[309]) Eine Gallone bei + 13° R. 10 engl. Handelspfund destilliertes Wasser = 4,54 französ. Liter oder 3,96 Berliner Quarts; das Gallon ist geteilt in 4 Quarts à 2 Pints.

[310]) s. Allg. Br.- u. H.-Ztg. 1900, I, 84.

[311]) Wahrscheinlich Oxhoft à 2,86 hl.

[312]) Man sehe die Allg. H.-Ztg. 1864, S. 358 u. ff., reprod. aus d. Zeitschr. f. Land- und Forstwirtschaft.

[313]) Über Biererzeugung und Bierverbrauch in den britischen Kolonien Neu-Südwales, Victoria, Südaustralien, Queensland, Tasmanien, Neuseeland, Natal, Kap der guten Hoffnung, Kanada, Neufundland von 1888 bis 1897 s. Allg. H.-Ztg. 1899, II, 2466 u. ff.; die höchste Produktion hatte Kanada mit 17 888 000 Gallonen (36 Gallonen à 1 Barrel = 163,5 l), dann Victoria mit 14 597 000 Gallonen, Neu-Südwales mit 10 806 Gallonen; am wenigsten hatte Tasmanien mit 1 163 000 Gallonen.

[314]) s. Allg. Br.- u. H.-Ztg. 1899, II, 2983.

[315]) s. Allg. H.-Ztg. 1863, S. 363: Englische Biere und Brauereien.

[316]) s. Joh. Heumann, Professor in Altdorf bei Nürnberg: Wirtschaftliche und rechtliche Abhandlung vom Hopfen, Nürnberg 1759.

[317]) 1 Vierling = 8 englische Scheffel.

[318]) 1 Gallone = 4 englische Mafs oder Kannen.

[319]) Das Bier war also im Würzeextraktgehalt nicht einmal ganz halb so stark wie Ale.

[320]) In Reichardts Konversationslexikon 1846 ist 1 Barrel Ale = $33^2/_3$ Gallons, 1 Barrel Bier 36 Gallons neues Mafs und ist geteilt in 2 Kilderkins, 4 Firkins; das alte Barrel hatte dieselbe Einteilung, allein das Gallon war etwas gröfser. Das Gallon enthält bei + $13^1/_2$° R. 10 englische Handelspfund destilliertes Wasser = 4,54 französische Liter und 3,96 Berliner Quart; das Gallon ist geteilt in 4 Quarts à 2 Pints. 1 Quarter englisch hat 64 Gallons, 290,78 französische Liter; es ist geteilt in 2 Cooins oder 8 Bushels (Scheffel); 100 Quarter = 529,064 preufsische Scheffel.

[321]) s. Allg. H.-Ztg. 1862, S. 235.

[322]) 1 engl. Bushel = 0,6613 preufs. Scheffel; 1 Berliner Scheffel = 54,96 l.

[323]) Allg. H.-Ztg. 1870, S. 521.

[324]) s. Allg. H.-Ztg. 1872, S. 8.

[325]) 1872, S. 510 u. ff.

[326]) s. Allg. H.-Ztg. 1867, S. 346.

[327]) s. Allg. H.-Ztg. 1874, S. 273 u. ff. und namentlich S. 274.

[328]) s. Allg. Br.- u. H.-Ztg. 1898, I, 399.

[329]) Zeitschr. der Kgl. Ackerbaugesellschaft von England 1891, reprod. Wochenschr. f. Br. in Berlin 1891, S. 114.

[330]) s. Allg. Br.- u. H.-Ztg. 1894, I, 905, Die amerikanische Konkurrenz auf dem englischen Hopfenmarkt.

[331]) Allg. Br.- u. H.-Ztg. 1899, II, 2894.

[332]) s. Allg. H.-Ztg. 1883, I, 359.

[333]) Allg. Br.- u. H.-Ztg. 1882, I, 399.

[334]) Wochenschr. f. Br. 1900, S. 51.

[335]) Allg. Br.- u. H.-Ztg. 1900, I, 84, nach der Mark Lane Express, da nach dem amtlichen Journal of the Board of Agriculture.

[336]) s. Allg. Br.- u. H.-Ztg. 1898, II, 3003.

[337]) Die deutschen Biere, Wiener und Pilsener offenbar eingeschlossen, haben schon 1869 die englische Brauerwelt stark beunruhigt (s. Allg. H.-Ztg. 1869, S. 99). Das Barrel (163,5 l) kostete bis London über 106 Mark, und dennoch wurden noch über 100 % daran verdient.

[338]) Wie wir weiter oben (S 322) gesehen, werden aber gerade die Aktienbrauereien verdächtigt, den umfangreichsten Gebrauch von Hopfensurrogaten zu machen.

[339]) s. Wochenschr. f. Br. 1899, S. 360.

[340]) s. Wochenschr. f. Br. 1899, S. 360.

[341]) Die Kultur der landwirtsch. Nutzpflanzen, Leipzig 1889, I, S. 178.

[342]) s. Allg. H.-Ztg. 1900, I, 242 u. ff., auch Wochenschr. f. Br. 1900, S. 81: Die Gerstenernte im Deutschen Reiche 1899.

[343]) Man sehe meine Abhandlung: Neue Beiträge zur Kenntnis der sogenannten Imperialgerste (Zeitschr. d. Landw. Vereins in Bayern 1893, Januar- und Februar-Heft); da auch die Literatur.

[344]) s. Allg. Br.- u. H.-Ztg. 1900, I, 693, auch Wochenschr. f. Br., Berlin 1900, S. 126 u. ff., ebenda 1900, S. 257.

[345]) Allg. Br.- u. H.-Ztg. 1900, I, 414, nach J. f. Inst. of Brew. Dieser Artikel des Herrn Prof. Märker im Journ. of the Feder. Institutes of Brewing, 1899, Vol. V, S. 431 ist ausführlich gedruckt in Wochenschr. f. Br. 1900, S. 69 u. ff.

[346]) Allg. Br.- u. H.-Ztg. 1900, I, 516.

[347]) s. Allg. Br.- u. H.-Ztg. 1900, I, 516 und 517.

[348]) Über die Aktienbrauereien Deutschlands s. Allg. Br.- u. H.-Ztg. 1898, I u. II; auch Wochenschr. f. Br. 1899, S. 652 etc. für 1897/98; über Dividenden und Kurse deutscher Aktienbrauereien s. auch Wochenschr. f. Br. 1900; auch Wochenschr. f. Br. 1900, S. 166.

[349]) s. Allg. Br.- u. H.-Ztg. 1900, I, 141.

[350]) Gambrinus 1900, Mitte Juni.

[351]) Wochenschr. f. Br. 1900, S. 16.

[352]) Man sehe Allg. Br.- u. H.-Ztg. 1900, I, 341 u. ff., wo alle mit Namen, Produktion und Verkauf angeführt sind; ferner auch Wochenschr. f. Br. 1900, S. 164 u. ff.: Die Grofsbrauereien Deutschlands.

[353]) Man sehe Wochenschr. f. Br. 1900, S. 165.

[354]) Die Nürnberger Allg. Br.- u. H.-Ztg. 1899 und namentlich auch 1900 hat ein grofsartiges statistisches Material über die Brauereien in allen Ländern und Provinzen des Deutschen Reiches herausgegeben; s. auch Bierbrauerei und Bierbesteuerung im Deutschen Zollgebiet, nach dem Statistischen Reichsamte, in der Zeitschr. f. d. ges. Br.-Wesen, München 1900, S. 114, 115, 130, 131 u. ff. Kurse deutscher Brauerei- und Malzfabriks-Aktien 1899 und 1900, s. Allg. Br.- u. H.-Ztg. 1900, I, 889 u. ff.

[355]) Im Selbstverlag von Richard Wolf in Freiburg i. Br. Preis broschiert 5 Mark, geb. 6 Mark. (Die deutschen Aktienbrauereien.)

[356]) Gambrinus, Wien 1900, S. 346.

[357]) Allg. H.-Ztg. 1862, S. 226.

[358]) Allg. H.-Ztg. 1875, S. 62.

[359]) Über die Bierbrauerei im Deutschen Reiche 1875 ist eine sehr sorgfältige Zusammenstellung in der Allg. H.-Ztg. 1876, S. 501 enthalten. Die Zahl der Brauereien in der deutschen Steuergemeinschaft betrug 1875 ca. 13520, dagegen 1879 ca. 15456. Über den Brauereibetrieb in Norddeutschland 1871 s. Allg. H.-Ztg. 1872, S. 530 und namentlich S. 534 u. ff. Über die Aktienbrauereien Deutschlands s. Allg. Br.- u. H.-Ztg. 1899, II; S. 1919, XII, Rheinprovinz; ferner: Die Deutschen Brauerei-Aktiengesellschaften etc., 3. Aufl., Leipzig 1899/1900, Verlag der Börsen- und Finanz-Literatur. Die Preise per Hektoliter, um welche die Brauer abgeben, sind sehr verschieden: bei gewöhnlichen obergärigen Bieren 12 Mark, bei besseren Sorten 10—17 Mark, Grätzer Bier 10 Mark, Berliner Weifsbier 10—15 Mark, untergärigen Schenkbieren 14—18 Mark, besseren Sorten Lagerbiere meist 18—25 Mark (Statist. Vierteljahrsheft d. D. Reiches 1898 Nr. 4).

[360]) s. Wochenschr. f. Br. 1900, S. 259.

[361]) Allg. Br.- u. H.-Ztg. 1900, I, 349 u. ff.; nach den reichsstat. Veröffentl. für das Kalenderjahr 1899; man sehe auch ebenda 1899, II. 2893; ferner auch Zeitschr. f. d. ges. Br.-Wesen, München 1900, S. 31; dann Wochenschr. f. Br. in Berlin 1899, S. 80 u. ff.

[362]) Nach der Zeitschr. f. d. ges. Brauwesen 1899 war

die Einfuhr 1896:		Die Ausfuhr 1896:	
in Fässern	684414 Doppel-Ztr.	in Fässern	551734 Doppel-Ztr.
» Flaschen	1954 » »	» Flaschen	232831 » »
Zusammen:	686368 Doppel-Ztr.	Zusammen:	784565 Doppel-Ztr.

[363]) 1 hl Malz hat in Bayern durchschnittlich nach mehrwöchentlicher Lagerung meist 105 Pfd., auch 106 Pfd—107 Pfd., von der Darre weg 102—103 Pfd. Zollgewicht. Bei der Berechnung auf Bier sind also Hektoliter und Zentner in der Leistung einander ähnlich, aber keineswegs gleich. 1 hl Bier wiegt einige Gramm mehr als 1 Ztr. Wasser. 1 bayerischer Ztr. hatte 112 Zollpfd. 1 alter bayerischer Eimer hatte (bis 1875) 64,14 l. 15 bayer. Mafs waren 16 l. 1 moderner bayerischer (nur nomineller) Eimer hatte 60 l. 1 bayerischer Scheffel 2,224 hl (2,22358, rund 2,22 hl). 1 bayerischer Scheffel Gerste 3 Ztr. (150 kg). 1 bayerischer Scheffel Malz ca. 115 kg. Auf der Bahn sind $^2/_8$ Emballage (Fafs); in einem Waggon mit 200 Ztr. Tragkraft sind netto 65—68 hl Bier. Bei der Berechnung auf Bier sind also der Netto-Hektoliter und der Netto-Doppel- oder Meter-Zentner ziemlich gleichwertig. 1 Scheffel Malz rund 200 bayer. Pfd.

[364]) s. Münchner Neuest. Nachr., Generalanzeiger vom 2. Juni 1900, Nr. 257.

[365]) Zeitschr. f. d. ges. Br.-Wesen 1899, S. 242.

366) s. Allg. H.-Ztg. 1874, S. 76.

367) Wochenschr. f. Br. 1899, S. 693.

368) Über die Entwicklung des bayer. Malzaufschlages seit 1818—1867/68 s. Allg. H.-Ztg. 1870, S. 582: Die Brutto-Einnahmen, Erhebungskosten und Netto-Ertrag.

369) s. Allg. H.-Ztg. 1874, S. 48, dort von 1818 ab.

370) Man sehe auch Allg. H.-Ztg.: Bayerns Brauerei, 1808 und ebenda 1871, S. 92 u. ff.; über die Erhöhungen des Malzaufschlages und den Malzaufschlag seit 1818, Allg. H.-Ztg. 1879, II, 652, 653, 654 und 655; s. auch Allg. H.-Ztg. 1874, Festblatt f. d. Hagenauer Intern. Hopfenausstellung.

371) Diese Gliederung des Brauereibetriebes nach der neuen 1896er Malzaufschlagsnovelle findet man auch ganz detailliert in der Allg. Br.- u. H.-Ztg. 1899, II, von S. 1777 ab und namentlich S. 1787 u. ff.

372) Geschichte der Malzaufschlagsnovelle vom Jahre 1889 und deren Wirkung auf die Brauindustrie u. a.

373) Allg. Br.- u. H.-Ztg. 1899, Nr. 180, S. 2001.

374) s. Allg. H.-Ztg. 1861, S. 62 u. ff.: Die Bierbrauerei in Bayern, repr. aus: Die Geschichte des bayer. Bieres.

375) In der Mitte der 1850er und selbst anfangs der 1860er Jahre gab es in Freising und sonst auf dem Lande noch Rauchdarren. Verfasser hat in jungen Jahren noch viel solches Bier getrunken. Das Grätzer Bier in Norddeutschland ist heute noch ein Rauchdarrenbier. Grätzer Bier (Allg. Br.- u. H.-Ztg. 1899, II, 2126) ist nicht blofs in der Stadt Grätz selbst gebraut. Es gibt dort auch viel Grätzer blofs nach Grätzer Art, indem das Weizen- oder Gerstenmalz beim Darren mit dem Rauch von brennendem Holz in Berührung kommt (Rauchdarre). Die Stadt Grätz erhebt per Zentner Malz einen Lokalmalzaufschlag von 2 Mark zur nordd. Brausteuer.

376) s. Allg. H.-Ztg. 1862, S. 27.

377) Über die Geschichte des bayer. Bierregulativs findet man alles sehr gut zusammengestellt in der Allg. H.-Ztg. 1862, S. 337 u. ff.; auch 1861, S. 62 u. ff.

378) s. Allg. H.-Ztg. 1862, S. 397.

379) ebenda S. 83.

380) Ältere Bestimmungen über Bierpreis und Biertaxe s. Joh. Heumann (1759, l. c. S. 109 u. ff.).

381) Reprod. Allg. H.-Ztg. 1861, S. 88 und rückwärts.

382) s. Allg. H.-Ztg. 1862, S. 10.

383) Die Bewohner Schottlands beschwerten sich 1804 beim englischen Parlament über die Malzsteuer; da das Parlament von der Regierung eine gründliche wissenschaftliche und technische Untersuchung dieser Frage verlangte, setzte diese eine aus Gelehrten und Sachverständigen gebildete Kommission ein, diese Erhebungen zu machen; es war der Chemiker Thomson dabei. Die Resultate waren ähnlich.

384) s. Geschichte des bayer. Bierregulativs, Allg. H.-Ztg. 1862, S. 337 u. ff.

385) s. Allg. H.-Ztg. 1862, S. 397.

386) Allg. H.-Ztg. 1863, S. 418, auch ebenda 1898, II, 1623, 1651, 1671, nach den Veröffentlichungen der bayer. Generalzolladministration.

387) Wochenschr. f. Br. 1899, Nr. 12, S. 165.

388) s. Münchner Zeitung, Generalanzeiger der Stadt München, 1899, Nr. 26 vom 31. Januar. Ferdinand Kronegg: Das Kgl. Hofbräuhaus in München, bis 1589 war das Hofbräuhaus nur Weifsbierbrauerei. M. Koch von Berneck: Das Kgl. Hofbräuhaus in München. Das Kgl. Hofbräuhaus am Platzl in München, München 1897 bei L. Werner, Residenzstrafse 17. Allg. H.-Ztg. 1864, S. 243 und 251: Das Münchner Kgl. Hofbräuhaus und seine Geschichte.

389) Mit 2,2 hl Bier aus 1 hl Malz.

390) Einschliefslich des auf den Fremdenverkehr fallenden unausscheidbaren Verbrauches.

391) XVI, Heft 2, S. 128; reprod. Zeitschr. f. d. ges. Br.-Wesen (1899) und Wochenschr. f. Br. 1899, S. 276. Der Ver. d. Münch. Brauer will künftighin die Ziffern des Malzverbrauchs nicht mehr veröffentlicht haben und hat sich deshalb an die Kgl. Generaldirektion der Zölle und indirekten Steuern gewendet, s. Zeitschr. f. d. ges. Br.-Wesen 1899, S. 410. Ich weifs nicht, ob das rationell ist; da wird man bald wieder allerlei dahinter suchen. Es wird sich ohnehin nichts verhindern lassen, was dem Gebiet staatlicher oder gemeindlicher Statistik angehört. Derlei deutet immer irgend ein Gefühl der Schwäche an.

392) s. Allg. Br.- u. H.-Ztg. 1898, I, 489.

393) 1877, 2. Heft, s. auch Allg. H.-Ztg. 1877, S. 166.

394) Wochenschr. f. Br. 1898, S. 428, nach dem Amtsbl. f. d. Kgl. B. Generaldirektion der Zölle etc. 1898, Nr. 17. Man sehe auch Münchens Bierbrauereien, Malzverbrauch der einzelnen Brauereien von 1870—1879 (Allg. H.-Ztg. 1880, II, 434, ebenda auch S. 493). S. 434 die Bierausfuhr der einzelnen Münchner Brauereien von 1870 bis 1879. Dann Allg. H.-Ztg, 1880, II, 505: Zur Geschichte der Münchner Brauereien. Festschr. z. IV. Deutschen Brauertag von Gabr. Sedlmayr (zum Franziskaner). 1370 gab es in München 3 Brauereien. Eine Brauordnung von 1420 gestattet die Erzeugung von Met und besserem und geringerem Bier. Die Untergärung fällt ins 15. Jahrhundert. 1500 betrug die Zahl der Brauereien bereits 38. Schon 1535 erschien eine landesherrliche Verordnung, wonach zur Herstellung des Bieres nur Hopfen, Gerste und Wasser verwendet werden dürfen; später wurde auch noch etwas Salz und Wacholder gestattet. Man sehe auch Allg. H.-Ztg. 1875, S. 214: Die Münchner Bierproduktion 1873: 578785 hl; 1874: 577757 hl; ebenda 1872, Münchens Bierproduktion 1871/72.

[395]) s. Allg. Br.- u. H.-Ztg. 1899, II, 2997 nach Dr. L. Brentano und Dr. W. Lotz in München: Volkswirtschaftl. Studien, Cottas Verlag.

[396]) Allg. Br.- u. H.-Ztg. 1899, II, 3025: Die Entwicklung des Kreditwesens der bayer. Aktienbrauereien.

[397]) Die ziemlich umfangreiche Weihenstephaner Staatsbrauerei mit ihrem unvergleichlichen Sommerbier vom Braumeister Blendl war bis um 1870 Maischscheitbrauerei; so unvergleichlich ausgezeichnet wie damals das wirkliche Sommer- oder Lager-Bier war, ist das Bier seitdem niemals wieder gewesen. Das Schenkbier liefs dagegen in der Blendlschen Zeit sehr oft viel zu wünschen übrig.

[398]) Allg. H.-Ztg. 1862, S. 157.

[399]) s. Allg. Br.- u. H.-Ztg. 1899, II, 1966 nach den Münch. Neuest. Nachr.

[400]) s. Allg. H.-Ztg. 1865, S 181, ebenda 1864, S. 163 und 166, da auch der Malzverbrauch 1863/64 u. 1864/65.

[401]) Malzverbrauch in München; der Malzverbrauch d. Münch. Br. 1875 u. 1876 s. Allg. H.-Ztg. 1876, S. 275. 1867: 443378; 1868: 404697; 1869: 437863; 1870: 444679; 1871: 489389; 1872: 538278. Das Bierquantum der Münch. Brauereien 1862 war 632574 Eimer, um 61900 Eimer mehr als 1861 (das Detail s. Allg. H.-Ztg. 1862, S. 142).

[402]) Über den Malz-, Hopfen- und Bier-Verbrauch in München 1878 und Vorjahr s. Allg. H.-Ztg. 1879, II, 522. nach dem städt. statist. Bureau; ebenda auch 1879, II, 528.

[403]) Eine bemerkenswerte Thatsache wollen wir aber nicht unerwähnt lassen. Im Durchschnitt genommen ist das, was die Münchner Wirte einschenken, nur $^7/_8$ dessen, was sie sich bezahlen lassen. Das konsumierende Publikum mufs also für $^1/_8$ bezahlen, ohne es erhalten zu haben. Nimmt man die gegenwärtige Bierkonsumtion Münchens auf 1650000 hl an und den mittleren Schenkpreis per Hektoliter mit 26 Mark = 42900000 Mark Wirtseinnahme und davon 5362500 Mark per nefas!

[404]) Man sehe die Entwicklung des Münchner Wirtsgewerbes und der Wirtshäuser, Allg. Br.- u. H.-Ztg. 1898, II, 3113, nach der Frankfurter Ztg.

[405]) 1876 wurde die Literzahl per Kopf der Münchner Bevölkerung auf 556, für Nürnberg auf 355, für Augsburg auf 431 festgestellt (s. Allg. H.-Ztg. 1877, S. 367). 1878 berechnete P. Dehn (Hirths Annal. d. Deutschen Reiches 1880, S. 483) den Verbrauch per Kopf der Münchner Bevölkerung auf 428 l.

[406]) Allg. Br.- u. H.-Ztg. 1899, Nr. 122, S. 1363.

[407]) Zeitschr. f. d. ges. Br.-Wesen 1899, S. 507.

[408]) s. auch Allg. H.-Ztg. 1879, I, 212: Der Bierverbrauch in den norddeutschen Ländern.

[409]) Hirths Annalen des Deutschen Reiches 1880, S. 843 u. ff.

[410]) In der betr. Abhandlung der Allg. H.-Ztg. 1880, II, 44 sind auch die übrigen Münchner Brauereien geschildert.

[411]) Man s. auch die Bierbrauereien Münchens 1881 (Allg. Br.- u. H.-Ztg. 1882, S. 514).

[412]) s. C. Harzberger: Die Entwicklung und Gliederung des bayer. Braugewerbes am Ausgange des 19. Jahrhunderts, Allg. Br.- u. H.-Ztg. 1899, I, 1361 u. ff.

[413]) Wochenschr. f. Brauer, Berlin 1899, Nr. 16, S. 223.

[414]) Analysen russischer Gersten s. Zeitschr. f. d. ges. Br.-Wesen 1899, S. 63.

[415]) Zeitschr. f. d. ges. Br.-Wesen 1900, S. 36 u. f.

[416]) Die vollständigen Resultate über die physikalische und chemische Untersuchung sämtlicher 59 Gerstenproben s. Zeitschr. f. d. ges. Br.-Wesen 1900, 81 u. ff.

[417]) Bayer. Brauer-Journal 1899, IX, 599, auch Zeitschr. f. d. ges. Br.-Wesen, München 1900, S. 129.

[418]) s. Zeitschr. f. d. ges. Br.-Wesen 1899, S. 515 das Detail. Dort auch diese Analysen nach Kreisen geordnet.

[419]) s. Zeitschr. f. d. ges. Br.-Wesen, München 1900, S. 123.

[420]) Wochenschr. f. Br. 1899, S. 643.

[421]) Zur Beurteilung des Malzes, Zeitschr. f. d. ges. Br.-Wesen, München 1899, S. 95 u. ff. und S. 110 u. ff.

[422]) Zeitschr. f. d. ges. Br.-Wesen 1898, S. 327 u. ff.

[423]) s. ebenda S. 354.

[424]) s. Zeitschr. f. d. ges. Br.-Wesen 1899, S. 398.

[425]) Von A. Lang, Zeitschr. f. d. ges. Br.-Wesen 1899, S. 351 u. ff.: Über 1899er Gersten, von Bleisch, ebenda 1899, S. 655.

[426]) s. Zeitschr. f. d. ges. Br.-Wesen, München 1899, S. 633.

[427]) s. Wochenschr. f. Br. 1899, S. 293, Nr. 21.

[428]) Wochenschr. f. Br. 1900, S. 256, wahrscheinlich, dem ganzen Ton nach, in der Hauptsache von Herrn Dr. Struve verfafst.

[429]) 21. Oktober 1899, s. Zeitschr. f. d ges. Br.-Wesen 1899, S. 657.

[430]) s. Zeitschr. f. d. ges. Br.-Wesen 1898, Nr. 1, 2 und 3 und 1899, Nr. 25.

[431]) Wochenschr. f. Br. 1900, S. 13, ebenda 1899, S. 293.

[432]) Wochenschr. f. Br. 1898, Nr. 20.

[433]) Über angeblich strohigen Geschmack der Biere aus dänischer Gerste s. Wochenschr. f. Br. 1900, S. 115. Man s. auch Wochenschr. etc. 1900, S. 217: Über den Einflufs des Schrotens des Malzes auf die Extraktausbeute und die Zusammensetzung des Bieres, von den Engländern Matthews und Lott, Journ. of the Feder. Inst. of Brew., V. Bd.

434) s. Zeitschr. f. d. ges. Br-Wesen 1899, S. 487 u. ff., die Schlufsfolgerungen S. 621 u. ff.

435) s. Griefsmayer, l. c. S. 19.

436) Zeitschr. f. d. ges. Br.-Wesen 1900, 143.

437) In dem, was mein vormaliger, langjähriger Herr Kollege über Gerste und Malz, die Situation der Brauereien etc. sagt (auch ebenda S. 222 über die Verdächtigungen der Weihenstephaner Staatsbrauerei), steckt viel Beachtenswertes, da hat er eigenes Wissen; aber auf das, was er dann unterm Strich über die quantitative und namentlich qualitative Unzulänglichkeit der bayerischen Hopfenproduktion sagt, will ich nicht mehr eingehen. Holzner hat da kein eigenes Wissen, wenn er auch sehr wichtige Studien über die anatomische Struktur der Hopfenpflanze etc. gemacht hat, und die Nürnberger Hopfenhändler-Manchester-Weisheit, welche in dieser Zeitschrift nun schon so viele Jahre als Monopolgetränk verzapft wird, ist zu tendenziös und zu arm an wahrem Sachwissen, um davon zu sprechen.

438) Zeitschr. f. d. ges. Br.-Wesen 1899, S. 241.

439) s. Allg. H.-Ztg. 1861, S. 20.

440) s. Griefsmayer, l. c. 1878, S. 132.

441) s. Allg. H.-Ztg. 1868, S. 410 und 411; dort das Detail, auch 422/23, das Detail für 1865/66, nach Ludwig May, Gesetz über den Malzaufschlag. Erlangen 1868.

442) Das Detail in allen dazwischen liegenden Jahren s. Allg. H.-Ztg. 1872, S. 124 Man s. auch ebenda 1872, S. 256 (Die deutsche Bierbrauerei). Über die bayerische Brauerei 1868 s. Allg. H.-Ztg. 1870, S. 174, alle Kreise diesseits des Rheines.

443) s. Allg. H.-Ztg. 1875, S. 169.

444) Den Malzverbrauch in den einzelnen Kreisen s. ebenda S. 169: Die Bierbrauerei im Deutschen Reiche.

445) Eine sehr interessante Zusammenstellung über die bayerische Malzsteuer von 1818/19—1865/66 (Brutto-Einnahme, Erhebungs- und Verwaltungs-Ausgaben, Netto-Ertrag, Ausgabe-Prozent) s. Allg. H.-Ztg. 1868, S. 435.

446) s. Allg. H.-Ztg. 1869, S. 174.

447) Allg. H.-Ztg. 1877, S. 367. Man sehe auch ebenda 1875, S. 266: Brauereistatistik d. Königr. Bayern, 1874. Nürnberg hat 1897 ca. 747 000 hl Bier erzeugt und davon 243 000 hl ausgeführt; es führte aber auch 122 000 hl ein (s. Allg. Br.- u. H.-Ztg. 1899, I, 165).

448) s. Allg. Br.- u. H.-Ztg. 1900, I, 611, ein reiches Detail über die Entwicklung der Nürnberger Brauerei.

449) Allg. H.-Ztg. 1899, II, 1787; man sehe auch von 1777 ab; in der Zeitschr. f. d. ges. Br.-Wesen, München 1899, S. 379—382, sehr instruktive Tabellen für die Bierbrauerei 1898, Bierbesteuerung nach Gruppen des Malzverbrauchs, Malzverbrauch nach Aufschlagsätzen, Einnahme aus dem Malzaufschlag; ebenda auch S. 401 u. ff.; auch Wochenschr. f. Br., Berlin, 1899, S. 437 u. ff.: Die Bierbrauerei in Bayern 1898.

450) s. Zeitschr. f. d. ges. Br.-Wesen 1900, S. 16.

451) Malzaufschlagsnovelle vom 1. Juni 1896. Statistik über Malzaufschlag in Bayern von 1890—1897 s. Zeitschr. f. d. ges. Br.-Wesen, München 1899, S. 30 u. ff.

452) Allg. H.-Ztg. 1899, II, 1796, die Bierausfuhr und Einfuhr von 1880—1898, auch die Zahl der Brauereien, Malzverbrauch, Biererzeugung, Ertrag des Malzaufschlages.

453) s. Allg. Br.- u. H.-Ztg. 1898, II, 1673, für 1874 ebenda 1875, S. 290. Bierausfuhr aus den sieben rechtsrheinischen Kreisen Bayerns:

1856: 165236 bayer. Eimer	1859: 208792 Eimer	1871: 351400 hl	1874: 609600 hl
1857: 231897 » »	1860: 199249 »	1872: 484200 »	1875: 545054 »
1858: 208207 » »	1861: 318333 »	1873: 515700 »	

454) Nach den Veröffentlichungen der Kgl. bayer. Generaldirektion der Zölle etc., s. Allg. Br.- u. H.-Ztg. 1898, II, auch Zeitschr. f. d. ges. Br.-Wesen, München 1900, S. 32 u. ff., dann 44, 45, 64, 65, 77 etc. (Allg. H.-Ztg. 1876, S. 372; über die Bierausfuhr aus dem deutschen Zollgebiet von 1855—1874 s. Allg. H.-Ztg. 1875, S. 502). Biereinfuhr: 1879: 34 754 hl, 1880: 36 868 hl. Die Zahlen in der Zeitschr. f. d. ges. Br.-Wesen, München 1898, S. 33 (Bayerns Bierproduktion etc.) stimmen nicht ganz genau mit den obigen Zahlen der Tabelle überein. Die Differenz ist aber nicht bedeutend. Über Bierbrauerei und Bierbesteuerung im deutschen Zollgebiet ebenda 1898, S. 44 und 45 u. ff.

455) Nr. 17; man sehe auch Wochenschr. f. Br. 1898, S. 399.

456) s. Zeitschr. f. d. ges. Br.-Wesen 1899, S. 31.

457) Allg. H.-Ztg. 1899, II, 1964.

458) s. Allg. H.-Ztg. 1875, S. 605.

459) Man sehe Allg. Br.- u. H.-Ztg. 1898, I, 942, dann ebenda S. 946 und 678.

460) s. Allg. Br.- u. H.-Ztg. 1880, I, 83.

461) Zeitschr. f. d. ges. Br.-Wesen, München 1900, S. 125.

462) Dr. Struve in Berlin hatte bei Besprechung einer vom Regierungsrat Dr. E. Trautwetter in Hamburg in der Zeitschr. f. d. ges. Staatswissenschaft gegen das Surrogatverbot verfafsten Abhandlung in der Wochenschr. f. Br. 1900, Nr. 3, S. 83 gesagt, dafs die bayer. Brauer, um die Last der Malzsteuererhöhung von sich abzuwälzen, das Bier nun durch Erhöhung des Gusses leichter machten, was also falsch ist.

463) Zeitschr. f. d. ges. Br.-Wesen, München 1899, S. 426.

[464]) s. Dr. Griefsmayer: Die Chemie des Bieres, Augsburg 1878, S. 39, nach Reischauers hinterlassenen Papieren.

[465]) s. Allg. H.-Ztg. 1876, S. 609 und 610; da noch ausführlicher.

[466]) s. Allg. H.-Ztg. 1874, S. 247.

[467]) 1 bayer. Eimer zu 64 Mafs; 1 bayer. Mafs = 1,069 l; 1 bayer. Eimer also = 68,416 l.

[468]) Allg. H.-Ztg. 1866, S. 166.

[469]) Allg. H.-Ztg., l. c. S. 111.

[470]) s. Allg. H.-Ztg. 1868, S. 35.

[471]) s. Allg. H.-Ztg. 1874, S. 247; man sehe namentlich auch die sehr instruktiven Tabellen über die Bierbrauerei im deutschen Zollgebiet, namentlich in der Norddeutschen Brausteuergemeinschaft, in der Wochenschr. f. Br. 1900, S. 61 u. ff.

[472]) Man s. auch die grofsartige Zusammenstellung: Die Bierbrauerei in der Nordd. Brausteuergemeinschaft, Allg. Br.- u. H.-Ztg. 1898, II, 1811 u. ff.; ebenda 1899, II, 2990.

[473]) s. Allg. Br.- u. H.-Ztg. 1899, II, 3161.

[474]) s. Allg. H.-Ztg. 1899, II, 1929.

[475]) Über die Produktion obergärigen Bieres in diesem Gebiet s. Wochenschr. f. Br. 1899, S. 409.

[476]) Über Weizenmalzverbrauch in diesem Gebiet s. Wochenschr. f. Br. 1900, S. 219.

[477]) s. Allg. Br.- u. H.-Ztg. 1899, II, 1929 u. ff.; man s. auch Wochenschr. f. Br. 1900, S. 180 u. ff., aus dem Jahresberichte d. Ver. d. Berl. Kaufleute u. Industriellen: Die Brauerei etc.

[478]) ebenda S. 1962 u. ff. alle wichtigen andern Zahlenübersichten.

[479]) Zeitschr. f. d. ges. Br.-Wesen 1900, Heft 9.

[480]) s. Allg. H.-Ztg. 1865, S. 19.

[481]) In der Allg. Br.- u. H.-Ztg. 1900, I, 905 u. ff. sind alle diese 64 an den Börsen führenden deutschen Aktienbrauereien mit allem wichtigen statistischen Material von 1894—1899 vorgeführt.

[482]) Zeitschr. f. d. ges. Br.-Wesen, München 1900, S. 126.

[483]) s. Zeitschr. f. d. ges. Br.-Wesen, München 1900, S. 126.

[484]) s. Allg. Br.- u. H.-Ztg. 1899, I, 1469 u. ff.: Für das Surrogatverbot in der Brausteuergemeinschaft.

[485]) Deutsche Brau-Indust. 1899, Nr. 21, S. 241, reprod. Zeitschr. f. d. ges. Br.-Wesen 1899, S. 319.

[486]) Wochenschr. f. Br. 1899, Nr. 13, S. 187.

[487]) s. Zeitschr. f. d. ges. Br.-Wesen 1899, S. 369.

[488]) s. Zeitschr. f. d. ges. Br.-Wesen 1899, S. 369.

[489]) 1899, Nr. 20, S. 232, reprod. Zeitschr. f. d. ges. Br.-Wesen 1899, S. 317.

[490]) s. Wochenschr. f. Br. 1899, S. 341.

[491]) Wochenschr. f. Br. 1899, S. 437.

[492]) s. Allg. H.-Ztg. 1862, S. 251.

[493]) Man sehe auch Allg. Br.- u. H.-Ztg. 1899, II, 26, diese Brauerei von 1872—1898, und Wochenschr. f. Br. 1900, S. 19.

[494]) s. Zeitschr. f. d. ges. Br.-Wesen 1899, S. 546.

[495]) Man sehe auch Wochenschr. f. Br. 1900, S. 37 u. ff.: Die Bierbrauerei in Württemberg 1898/99.

[496]) Wochenschr. f. Br. 1900, S. 54.

[497]) s. Wochenschr. f. Br. 1900, S. 215, nach amtl. Ausweisen.

[498]) Allg. Br.- u. H.-Ztg. 1900, I, 516 u. 517.

[499]) s. Allg. Br.- u. H.-Ztg. 1900, I, 539.

[500]) s. Wochenschr. f. Br. 1900, S. 203.

[501]) ebenda S. 346, nach der Österr. Br.- u. H.-Ztg. 1899, Nr. 10, S. 105.

[502]) Man s. Allg. Br.- u. H.-Ztg. 1900, I, 767.

[503]) Reprod. Allg. H.-Ztg. 1868, S. 471.

[504]) s. Allg. H.-Ztg. 1869, S. 119, reprod. aus der N. F. Presse.

[505]) s. Allg. H.-Ztg. 1862, S. 239.

[506]) Bei Saher ist noch viel statistisches Material aus jener Zeit.

[507]) s. Allg. H.-Ztg. 1870, S. 226 und ebenda 1871, S. 542 u. 543.

[508]) Biererzeugung Böhmens 1868, 1869 und 1876, auch nach 9—18 grädigen Sorten, Allg. H.-Ztg. 1871, S. 280.

[509]) s. Wochenschr. f. Br. 1900, S. 251 u. f.

[510]) Allg. H.-Ztg. 1871, S. 543.

[511]) s. Allg. H.-Ztg. 1868, S. 46 u. ff.

[512]) s. Allg. Br.- u. H.-Ztg. 1899, II, 3029 u. 3118.

[513]) s. Allg. H.-Ztg. 1873, S. 480.

[514]) s. Allg. Br.- u. H.-Ztg. 1900, I, 407.

[515]) s. Gambrinus 1900, S. 471.

[516]) Allg. Br.- u. H.-Ztg. 1870, S. 118.

[517]) s. Allg. H.-Ztg. 1870, S. 182: Die Bierbrauerei.

[518]) Das Detail des Jahreserzeugnisses jeder dieser Brauereien in diesem Zeitraum s. Allg. Br.- u. H.-Ztg. 1900, I, 378; s. auch Zeitschr. f. d. ges. Br.-Wesen, München 1899, S. 205.

[519]) Allg. H.-Ztg. 1899, II, 2359.

[520]) s. auch Zeitschr. f. d. ges. Br.-Wesen, München 1899, S. 267: Die Brauereien in Österreich-Ungarn 1895—1896 vom 1. Sept. bis 31. Aug. des andern Jahres und 1898.

[521]) Reprod. Allg. Br.- u. H.-Ztg. 1899, II, 3226.

[522]) s. Allg. Br.- u. H.-Ztg. 1900, I, 515.

[523]) Man s. deshalb die Klage der oberösterreich. Brauer in der Allg. Br.- u. H.-Ztg. 1900, I, 765 u. ff. und viele andere derartige Äufserungen.

[524]) 1900, Nr. 9, S. 384.

[525]) s. Gambrinus 1900, S. 470 u. ff.

[526]) s. Dr. Alex. Matlekovits: Das Königreich Ungarn, Leipzig 1900; auch Allg. Br.- u. H.-Ztg. 1900, I, 879.

[527]) s. Allg. Br.- u. H.-Ztg. 1900, I, S. 273.

[528]) Wochenschr. f. Br. 1899, S. 297.

[529]) s. Gambrinus, Wien 1899, S. 141.

[530]) Wochenschr. f. Br., Berlin 1898, S. 456.

[531]) s. Allg. Br.- u. H.-Ztg. 1900, I, 654, nach dem Petit Journal du Brasseur.

[532]) s. Allg. Br.- u. H.-Ztg. 1900, I, 909.

[533]) s. Wochenschr. f. Br. 1900, S. 59.

[534]) Allg. H.-Ztg. 1870, S. 206.

[535]) s. Allg. Br.- u. H.-Ztg. 1900, I, 768, Wochenschr. f. Br. 1900, S. 116 u. f.

[536]) Allg. Br.- u. H. Ztg. 1900, I, S. 274.

[537]) s. Wochenschr. f. Br. 1900, S. 51 u. f.

[538]) Allg. Br.- u. H.-Ztg. 1899, II, 2126, dann ebenda Nr. 81, auch Wochenschr. f. Br. 1900, S. 219.

[539]) s. Wochenschr. f. Br. 1899, S. 360.

[540]) Allg. Br.- u. H.-Ztg. 1899, II, 1746, auch Wochenschr. f. Br. 1898, S. 350, nach einer schwed. Zeitschr.

[541]) Über die rumänische Braga (Hirsebier), zwei Sorten: Braga dulce und B. agra; sehr eingehende analytische Schilderungen in der Allg. Br.- u. H.-Ztg. 1899, II, 2232, nach dem Bull. Societat. de Sciinte din Bucuresti.

[542]) Allg. Br.- u. H.-Ztg. 1899, II.

[543]) s. Allg. Br.- u. H.-Ztg. 1900, I, 868: Die Bierbrauerei in Rumänien.

[544]) 1 Barrel nordamerikanisch finde ich mit 138,6 l, auch mit 117,5 l angegeben; in der Weltstatistik des »Gambrinus« ist 1 amerikanisches Barrel mit 117,35 l. angegeben, was ohne Zweifel das Richtige ist.

[545]) Des Gambrinus Triumphzug durch Amerika (aus dem Berliner Tageblatt, Allg. Br.- u. H.-Ztg. 1900, I, 397 u. ff).

[546]) s. Allg. Br.- u. H.-Ztg. 1900, I, 514 u. f.

[547]) Hopfenb. in den Ver. Staaten, The Brewer's Journal 1880, II, 652, s. auch Allg. Br.- u. H.-Ztg. 1900, I, S. 83.

[548]) Prof. Dr. Holzner (Zeitschr. f. d. ges. Br.-Wesen 1899, S. 102) gibt das amerikanische Barrel mit 140,85 l an; an anderer Stelle fand ich auch 138,6 l.

[549]) Wochenschr. f. Br. 1900, S. 6, nach den Nachrichten für Handel u. Industrie.

[550]) Nachr. für Handel etc. 1899, Nr. 14.

[551]) s. Allg. Br.- u. H.-Ztg. 1899, II, 2662, L. Michel aus Brooklyn, 11. Vers. des Ver. Staaten-Braumeisterbundes in New-York, September 1899.

[552]) Allg. H.-Ztg. 1873, S. 354.

[553]) s. Allg. H.-Ztg. 1870, S. 474: Geschichtliches über die Bierbrauerei in Amerika von 1608—1860, nach einem Werke über amerikanische Manufaktur; dann sehr interessante ältere Statistik der nordamerikanischen Brauerei, ebenda 1871, S. 322.

[554]) s. Allg. H.-Ztg. 1872, S. 36.

[555]) s. Allg. H.-Ztg. 1872, S. 337.

[556]) Allg. H.-Ztg. 1872, S. 626.

[557]) s. Allg. H.-Ztg. 1877, S. 67 u. ff.

[558]) 1886, II, 1112.

[559]) s. Allg. H.-Ztg. 1887, I, 524.

[560]) Die Bierbereitung in den Ver. Staaten, s. Wochenschr. f. Br. 1893, S. 435.

[561]) s. Allg. Br.- u. H.-Ztg. 1899, I, 383.

[562]) Wochenschr. f. Br. 1899, Nr. 17, S. 248, reprod. Zeitschr. f. d. ges. Br.-Wesen 1899, S. 318.

[563]) s. Zeitschr. f. d. ges. Br.-Wesen 1899, S. 350, da auch über andere Trusts in Amerika.

[564]) s. Zeitschr. f. d. ges. Br.-Wesen, München 1898, S. 325.

[565]) s. auch Zeitschr. f. d. ges. Br.-Wesen 1899, S. 61.

[566]) s. Wochenschr. f. Br. 1900, S. 346.

[567]) s. Allg. Br.- u. H.-Ztg. 1888, I, 24.

[568]) Nach dem Amerikan. Bierbr., reprod. in der Allg. Br.- u. H.-Ztg. 1898, II, 2816.

[569]) s. Allg. Br.- u. H.-Ztg. 1883, I, 440, Vortrag bei der Versammlung bayer. Chemiker in München.

[570]) Ich werde die umfangreiche Studie in dieser Richtung, zu der ich bereits das Material gröfstenteils gesammelt habe, an anderer Stelle in Angriff nehmen.

[571]) Ich habe da berechtigte Erinnerungen an die alten Weihenstephaner Biere unter dem Braumeister Blendl, damals, als noch mit dem Maischscheit gearbeitet wurde.

[572]) s. Karl Brucker: Kellergeschmack im Bier, Allg. Br.- u. H.-Ztg. 1898, II, 2675.

[573]) Das Sommerbier und seine Kellerbehandlung, von K. Bruckner in Leipzig.

[574]) Ich habe noch lange genug solche Sommerlagerbiere getrunken, so namentlich die geradezu unbeschreiblich feinen Weihenstephaner unter dem Braumeister Blendl. Da wurde noch mit dem Maischscheit gearbeitet (vor 30—33 Jahren), und die gröfsere Mittelbrauerei verdiente alle Jahre rein über 30000—50000 fl. Man kann also nicht sagen, dafs diese Brauereien nichts verdienten. Und mit welcher Ehrfurcht die Wirte vor dem Braumeister standen! Man mufs das gesehen haben, wie in Ungnade gefallene Wirte vom Lande stundenlang entblöfsten Hauptes im Brauhof standen und auf gnädigen Bescheid warteten. Heute laufen die Braumeister den Wirten nach und warten respektvollst auf deren gnädigen Bescheid.

[575]) Allg. Br.- u. H.-Ztg. 1897, I, 936.

[576]) s. Allg. Br.- u. H.-Ztg. 1899, I, 254, ferner ebenda 1899, I, 290.

[577]) Man sehe auch Allg. Br.- u. H.-Ztg. 1898, I, S. 651.

[578]) Etwas Wahres ist an dieser Motivierung, aber es ist fraglich, ob dies im vollen Umfang gilt, was zu bezweifeln ist, denn auch in den fremden Staaten ist der Bierverbrauch gewachsen und der Anspruch auf Qualität des Bieres.

[579]) Man sehe die Reklame des Bürgerlichen Bräuhauses in Pilsen (Allg. Br.- u. H.-Ztg. 1882, II, 545).

[580]) Reprod. Allg. Br.- u. H.-Ztg. in Nürnberg 1895, II, 2035.

[581]) Einen sehr heftigen Artikel dagegen, dafs deutsche Männer im Jahre 8 Millionen den Tschechen, den Todfeinden der Deutschen, für Bier geben, hat die Tägliche Rundschau gebracht; reprod. Allg. Br.- u. H.-Ztg. 1899, I, 75).

[582]) Reprod. in der Allg. Br.- u. H.-Ztg. in Nürnberg 1897, I, 55.

[583]) s. Allg. H.-Ztg. 1879, I, 83 u. ff.

[584]) Man sehe auch den Bericht der Mannheimer Handelskammer, Allg. Br.- u. H.-Ztg. 1897, I, 153.

[585]) Die deutsche Brauerei bezieht ohnehin alljährlich (um 1898) an 12 Millionen Zentner Gerste und nahezu 2 Millionen Zentner Malz à 50 kg vom Auslande, meist aus österreichischen Ländern.

[586]) Man sehe meine Abhandlung: Einiges über russische Prima- und andere Hopfen (Münchner Allg. Ztg., Volkswirtschaftl. und Handels-Beilage, 1898, Nr. 147.

[587]) Reprod. Allg. H.-Ztg. 1800, II, 619.

[588]) Solcher Autoritäten in Hopfenfragen gibt es in Bayern und Deutschland noch mehr, Leute, welche — ich lasse es auf jede Wette ankommen — nicht im stande sind, auch nur bei einer Probe mit schriftlich niedergelegten Gründen, so dafs sie von andern nachgeprüft werden können, den Brauwert zu bestimmen; von der Feststellung der Provenienz (des Ursprungs) ganz zu schweigen. Dafs es so eine Pseudo-Autorität aber einmal ablehnte, in ein Hopfencomité oder in eine Hopfenkonferenz, Hopfenenquete etc. gewählt zu werden, mit der Motivierung, dafs sie nichts oder doch zu wenig davon verstehe, das kommt gar nie vor! Darum sind aber auch die Zustände so geworden, wie sie eben sind. Davon zu sprechen, würde doch nichts nutzen; es bleibt, wie es ist, und après nous le déluge! — S. Allg. Br.- u. H.-Ztg. 1897, I, 991 den Bericht über diese Abhilfeversammlung! Herr Rhodius interessierte sich anfänglich sehr für meine Hopfenbestrebungen in Weihenstephan, die sehr umfassend waren, bis ihm meine auf Grund direkter Bearbeitung des von ihm erzeugten Materials entwickelte Qualifikation bekannt geworden war; von da ab lähmte er konsequent alle meine Bestrebungen, wo ihm dies irgend angängig schien, weil ihm meine ganz objektive Qualifikation seiner Ware nicht genügte. Man sehe auch in der Allg. Br.- u. H.-Ztg. 1895, S. 567 einen reprod. Artikel der Allg. Ztg. (Beil. 20 u. 27, 1899) gegen das Präsidium des Deutschen Hopfenbauvereins.

[589]) Bei solchen Untersuchungen begegnet man gewissen Ausdrücken: Vollertrag, Mittelertrag, Untermittel, Gering. Es sind das keine feststehenden Begriffe, diese Worte bedeuten vielmehr örtlich immer wieder anderes. In Spalt z. B. ist ein Durchschnittsertrag $^1/_4$—$^1/_2$ Pfd. per Stange, in Hersbruck $^1/_3$—$^1/_2$ Pfd., im Elsafs $^1/_2$—1 Pfd. Auch ist die Stangenzahl per Hektar nicht gleich: 4500, 4800, auch 6000 Stangen oder Stöcke.

[590]) Allg. H.-Ztg. 1872, S. 201 u. f.

[591]) s. auch dessen Vortrag bei der 26. Versammlung deutscher Land- und Forstwirte in Wien 1868, s. Allg. H.-Ztg. 1868, S. 487 u. ff.

[592]) s. Kaufmann Uhlfelder, Allg. H.-Ztg. 1867, S. 31.

[593]) s. Allg. H.-Ztg. 1869, S. 579 das Detail; bei Amerika sind es Kalenderjahre.

[594]) s. Allg. H.-Ztg. 1872, S. 486.

[595]) s. Allg. H.-Ztg. 1872, S. 623.

[596]) s. Allg. H.-Ztg. 1869, S. 583.

[597]) Allg. H.-Ztg. 1870, S. 542.

[598]) s. Allg. H.-Ztg. 1861, S. 23.

599) s. Allg. H.-Ztg. 1868, S. 40.

600) s. Allg. H.-Ztg. 1868, S. 162.

601) s. Allg. H.-Ztg. 1868, S. 250.

602) Allg. H.-Ztg. 1878, I, 262; s. auch ebenda 1878, II, 807; letztere Zahlen stimmen aber nicht ganz gut mit ersteren; s. auch ebenda 1871, S. 608.

603) s. Allg. H.-Ztg. 1877, S. 150.

604) Allg. H.-Ztg. 1878, I, 276.

605) 161 fl., s. Allg. H.-Ztg. 1871, S. 608.

606) Die Schwankungen, niedrigste und höchste Zahlen, s. Allg. H.-Ztg. 1877, S. 462. Über Hopfenerträge und Hopfenpreise in Mitteldeutschland von 1741—1752 s. Joh. Heumann, Wirthschaftl. und rechtliche Abhandlung vom Hopfen, Nürnberg 1759.

607) ebenda 1871: 14 500 00.

608) Allg. H.-Ztg. 1875, S. 470.

609) Allg. H.-Ztg. 1878, I, 203, nach der Saazer H.-Ztg.

610) s. Allg. H.-Ztg. 1878, I, 16.

611) S. Allg. H.-Ztg. 1867, S. 23.

612) s. Allg. H.-Ztg. 1872, S. 86.

613) Bayern hatte von jeher den Ruhm, das erste Land der Bier-Produktion und -Konsumtion zu sein. In launiger Weise hat dieser Thatsache beim Philologentag in Innsbruck (1874) ein Philologe in einer Parodie eines Teils von Homers Odyssee Ausdruck gegeben (s. Allg. H.-Ztg. 1874, S. 534). Bayern ist aber auch ein Haupthopfenland, wie aus dem dort ebenfalls vorgeführten Hopfenkonsum per Kopf ersichtlich ist.

614) Allg. H.-Ztg. 1868, S. 90.

615) Nach Dr. Rehm, reprod. Allg. H.-Ztg. 1874, S. 614.

616) s. Allg. H.-Ztg. 1862, S. 385.

617) ebenda, l. c. S. 386.

618) Allg. H.-Ztg. 1878, II, 799.

619) Allg. H.-Ztg. 1877, S. 323.

620) Das 1876er Hopfen-Notjahr hatte zur Folge, dafs im Frühjahr 1877 in Deutschland selbst von besten Firmen 1876er amerikanische Hopfen (Ballen mit ca. 160 Pfd. netto) ausgeboten wurden.

621) Allg. H.-Ztg. 1874, S. 145, aus Beitr. z. Gesch. der Preise aus Protokollb. der Stadt Prag.

622) Aus dem Wochenbl. f. Land- und Forstwirtschaft, reprod. Allg. H.-Ztg. 1862, S. 37.

623) s. Allg. H.-Ztg. 1864, S. 23 u. f.

624) s. Allg. H.-Ztg. 1875, S. 334.

625) Vom Jahre 1852, wo Württemberg auf 707 ha Hopfenland bei 646 kg Ertrag per Hektar 456 650 kg Hopfen baute, bis 1874, wo es auf 5071 ha bei 526 kg per ha 2 669 400 kg Hopfen baute, hat die württembergische Hopfenkultur um 717 % zugenommen (man s. Allg. H.-Ztg. 1875, S. 490.

626) Über Zustände, welche in dieser Abteilung des Hopfenhandels herrschen, s. Allg. H.-Ztg. 1875, S. 618.

627) s. Allg. H.-Ztg. 1873, S. 366.

628) s. Allg. H.-Ztg. 1873, S. 376.

629) s. Allg. H-Ztg. 1867, S. 31.

630) Man sehe C. Beckenhaupt in Altenstadt, Elsafs: Mitteil. d. Deutsch. Hopfenbauvereins 1897, Nr. 25, reprod. Bayer. Brauerjourn. 1898, Nr. 27.

631) s. Allg. H.-Ztg. 1879, I, 178: Zur Geschichte der Hopfenpreise.

632) Man sehe auch die Preisschwankungen in den offiziellen Preisverzeichnissen, welche zum Zwecke der Feststellung des Bierpreises gemacht wurden (weiter oben S. 413); diese Ermittelungen umfassen die Jahre von 1811/12—1864/65.

633) s. Allg. H.-Ztg. 1879, II, 537.

634) s. Wochenschr. f. Br. 1893, S. 475, dann ebenda namentlich 1894, S. 741; man sehe auch weiter unten den Abschnitt über die Hopfenextraktionsapparate.

635) l. c. 1898, V. Aufl., S. 315.

636) Reprod. in der Allg. Br.- u. H.-Ztg. 1888, I, 627.

637) Woher hätten die Landwirte damals diese Kenntnis nehmen sollen? Niemand sagte es ihnen. Alle diese Vorgänge vollzogen sich innerhalb der Mauern der Brauereien, und die Brauer, denen eine grofse Auswahl in der Hopfenware sehr willkommen und das Schicksal der Hopfenproduzenten gleichgültig ist, sprachen davon gar nichts oder erst später gelegentlich und ganz fragmentarisch.

638) s. Allg. Br.- u. H.-Ztg. 1892, I, 182.

639) Man weifs schon lange, dafs die deutschen, namentlich die bayerischen und einige andere, deutsch-österreichische Hopfen die englischen Hopfen im Gehalt bedeutend überragen, und hoffte — s. Allg. H.-Ztg. 1869, S. 414 — schon lange auf ein Obsiegen namentlich der deutschen Hopfenproduktion über die englische, mit Reduktion der letzteren, aber bis jetzt umsonst.

640) s. Dr. Remy, Wochenschr. f. Br. 1899, S. 281.

[641]) s. Wochenschr. f. Br. 1899, S. 693.

[642]) Nachweis der Salicylsäure im Bier von Dr. Griefsmayer, Allg. H.-Ztg. I, 66.

[643]) s. Allg. H.-Ztg. 1879, I, 89.

[644]) Allg. H.-Ztg. 1878, II, 452.

[645]) Reprod. Allg. H.-Ztg. 1872, S. 634.

[646]) s. Allg. H.-Ztg. 1877, S. 34, ebenda 1875, S. 198.

[647]) Allg. H.-Ztg. 1866, S. 307.

[648]) Nach der Wiener Landwirtsch. Ztg., reprod. Allg. H.-Ztg. 1876, S. 127.

[649]) s. Dr. Sell, Allg. H.-Ztg. 1877, S. 590.

[650]) Allg. H.-Ztg. 1899, I, 1517.

[651]) s. Allg. Br.- u. H.-Ztg. 1900, I, 611.

[652]) Zeitschr. f. d. ges. Brauwesen 1899, S. 320.

[653]) s. Wochenschr. f. Br. 1899, S. 697.

[654]) Es ist charakteristisch, mit welcher Dreistigkeit Engländer und Amerikaner, offenbar um ihr eigenes illegales, der Volksgesundheit schädliches Treiben zu entschuldigen, behaupten, dafs das (was Bier betrifft) in Deutschland und Bayern noch viel ärger getrieben werde. Beruht das auf Unkenntnis, so grenzt diese schon an Blödsinn, geschieht es aber im Bewufstsein der Unwahrheit und blofs mit der Absicht, das eigene schlechte Treiben zu entschuldigen oder von bayerischem Bierimport abzuschrecken, dann ist es niederträchtig!

[655]) s. Allg. Br.- u. H.-Ztg. 1884, II, 1150, nach dem Niederbayer. Kurier.

[656]) Journ. of the Fed. Inst. of Brewing, Vol. III, 1897, S. 481 u. ff., reprod. Wochenschr. f. Br. 1898, S. 136.

[657]) s. auch Dr. Jos. Bersch: Der Hopfenzusatz beim Bierbrauen (Allg. Br.- u. H.-Ztg. 1881, S. 705).

[658]) Man sehe: Über die dem bayerischen Bier von den Belgiern zugeschriebenen schädlichen Wirkungen, Allg. H.-Ztg. 1877, S. 367; dann namentlich auch ebenda, S. 470, nach dem Bayer. Bierbrauer; es konnten diese Personen schon an Alkoholismus gelitten haben, nichts war festgestellt worden.

[659]) s. F. Kunze: Was man vor 100 Jahren vom Bier zu schreiben wufste (Gambrinus, Wien 1899, 1. Oktober, Nr. 19, S. 779).

[660]) Oskar Konrad, Gambrinus, Wien 1899, S. 736.

V. Abschnitt.

Die chemische Natur der Hopfenbestandteile und deren Beziehungen zu den praktischen Zwecken der Brauerei.

Warum die Bestandteile des Hopfens und namentlich des Sekretes einander stofflich so nahestehend sind.

Es sind bis jetzt im Hopfen ca. 25 selbständige Körper oder Verbindungen aufgefunden worden, wovon — wenigstens nach unserm heutigen Wissen — das ätherische Öl, die Bitterstoffe, die Harze und Gerbstoffe die wichtigsten sind. Man mufs aber anerkennen, dafs künftighin auch noch andere Stoffe sich als mehr oder minder einflufsreich erweisen können, denn unser Wissen in dieser Sache ist keineswegs abgeschlossen.

Um sich von der Natur der nachfolgenden Hopfenbestandteile eine zutreffende Vorstellung machen zu können, sei vorläufig gezeigt, wie nahestehend in chemischer Beziehung die denselben verwandten Verbindungen untereinander sind. Sicher verändern sich manche von ihnen unter der Hand des Experimentators, wenn gewisse Reagentien auf sie einwirken, und manche im Hopfen gefundene Verbindung mag solchen Umständen ihre Entstehung verdanken, also lediglich Spaltungsprodukt sein. Dann wäre es auch begreiflich, dafs bei Anwendung anderer Reagentien oder selbst anderer Mengenverhältnisse derselben und namentlich bei mannigfaltigen Kombinationen Variationen eintreten, was so manchen Widerspruch begreiflich machen würde.

Dafs auch in der Hopfenpfanne, sei es im Austausche der gelösten Hopfenstoffe untereinander oder mit den in Lösung getretenen Malzstoffen, Veränderungen eintreten, ist unzweifelhaft; festgestellt ist desfalls aber sehr wenig, fast nichts!

Es besteht die gröfste Wahrscheinlichkeit, dafs der Grundstoff des Hopfensekretes der in der Zelllage des Drüsenbechers enthaltene Gerbstoff oder die Gerbsäure ist, aus welcher durch Desoxydationen das ätherische Öl, Harz und die Bittersäure etc. entsteht; vielleicht entsteht aber das Harz erst aus der Bittersäure. C. J. Lintner findet Verwandtschaft zwischen ätherischem Öle und Bittersäure, Dr. G. Barth zwischen den Bittersäuren, Harzen und den ätherischen Ölen (s. weiter unten). Es gibt auch Ansichten, wonach zuerst das ätherische Öl und später daraus alles andere entsteht. Es spricht dafür auch die fast unzweifelhafte Thatsache, dafs die unreifen Hopfen reicher an Gerbsäure sind als die reifen, dafs die Wildhopfen reicher daran sind als die kultivierten und unter diesen wieder die roheren Hopfen reicher als die hochkultivierten. Manche wieder lassen aus der Hopfenbittersäure das Hopfenharz etc. hervorgehen[1]).

Anderseits ist es sehr leicht möglich, dafs bei Hopfen von dem Boden, der Düngung und dem Klima nach sehr verschiedenen Standorten das Sekret des Hopfens nicht ganz gleich zusammengesetzt ist. Auch bilden sich bei der Lagerung des Hopfens nach der Ernte, selbst wenn alles normal verläuft, Übergangsgebilde im Sekret, was natürlich noch mehr der Fall sein wird bei abnormalem Trocknungsprozefs, der so häufig vorkommt und bei minderen Graden ohne Untersuchung dem Hopfen gar nicht angesehen werden kann.

Es kommt auch die von Liebig begonnene und von Kolbe durchgeführte Strukturtheorie in Betracht, wonach zwei analytisch ganz gleich zusammengesetzte Körper in ihrem Verhalten ganz verschieden sind, wenn die Lagerung der Moleküle im Raum verschieden ist.

Nach M. Ifsleib[2]) gehört der Hopfenbitterstoff ($C_{29}H_{46}O_{10}$) zu den Pseudoglykosiden. Durch verdünnte Säuren wird er gespalten nach der Gleichung

$$2\,C_{29}H_{46}O_{10} + 3\,H_2O = C_{10}H_{16}O_4 + C_{48}H_{82}O_{19}$$

Lupulinbitterstoff Lupuliretin Lupulinsäure.

Das aus der Spaltung des Hopfenbitters hervorgegangene Lupuliretin steht mit dem Harze und Öl in Beziehung. Vom Harze unterscheidet es sich durch den Gehalt von H_2O, denn $C_{10}H_{14}O_3 + 2\,H_2O$ (Hopfenharz) $= C_{10}H_{16}O_4$ (Lupuliretin). Das Harz ist allenfalls aus dem Öl entstanden, denn $C_{10}H_{18}O + O_4$ (flüchtiges Hopfenöl) $= C_{10}H_{14}O_3 + 2\,H_2O$ (Hopfenharz). Der in Äther nicht lösliche Körper erscheint als Oxydationsprodukt des Öles, denn $C_{10}H_{18}O$ (Hopfenöl) $+ 5O = C_{10}H_{18}O_6$ (in Äther nicht löslicher Körper). Letzterer steht auch zum Harz in Beziehung, und es entsteht wahrscheinlich aus dem Öl durch Oxydation zuerst Harz, dann durch weiteren Zutritt des Sauerstoffs der in Äther unlösliche Körper (Chem. Zentralbl. 1880, S. 451).

Wenn man bedenkt, dafs eine ganze erhebliche Anzahl tüchtig geschulter Chemiker sich mit der Untersuchung des Hopfens und des Hopfensekretes befafst haben und dabei, auch bei Einhaltung der gleichen Untersuchungsmethode, selten oder fast nie zu völlig übereinstimmenden, oft aber zu ganz erheblich abweichenden, wenn nicht völlig entgegengesetzten Resultaten gekommen sind, so legt das von vornherein die Vermutung nahe, dafs die Hopfenbestandteile innerhalb gewisser Grenzen einer grofsen stofflichen Verschiedenheit unterworfen sind.

Wenn ich nun bedenke, welchen Einflufs Breiten- und Längen-Grade, Höhe überm Meer, Ebene, Hügelland etc. und die daraus hervorgehenden, vielgestaltigen klimatischen Faktoren, dann die chemische und physikalische Beschaffenheit des Bodens, die Düngung, die Kulturweise, die Behandlung nach der Ernte, Verpackung, Lagerung, Alter (wobei man hier nur nach Wochen und Monaten rechnen kann) etc. ausüben, so nehme ich keinen Anstand zu erklären, dafs in der Mehrzahl der Fälle alles, was die chemischen Autoren sagten, eigentlich nur für das unter ihren Händen befindliche Material wahr sein kann.

Schon meine Erinnerungen an die Tausende von Sekretbilder- oder Reibflächen-Gruppen, welche ich in 18 Jahrgängen mit Hopfensorten aller Länder und Weltteile angelegt habe, zeigen eine Vielheit des thatsächlich Gegebenen, sogar in derselben Hopfenprobe, welche in Erstaunen setzt. Deshalb möchte ich den Herren Chemikern empfehlen, künftighin das der Untersuchung unterworfene Material nach allen den in Betracht kommenden Beziehungen erst gründlich zu definieren, damit ihre Aufstellungen eine bessere Basis haben. Die blofsen Bezeichnungen »Hopfendrüsen oder Hopfenmehl« oder selbst Saazer, Hallertauer, Englischer Hopfen oder Hopfenmehl etc. sagen noch lange nicht genug. Sicherlich werden diese Arbeiten rasch ganz anders gefördert werden, wenn man diesen meinen Empfehlungen Beachtung schenkt. Namentlich ist es auch wichtig, die Zeit, wann die Arbeiten ausgeführt wurden, genau anzugeben, damit man weifs, wie alt der Hopfen bei der Untersuchung war, ob der Hopfen gesund war, durch keinerlei Krankheit gelitten hatte etc.

Gerade so ist es mit den gebildeten, praktisch thätigen Brauern. Welche Menge von wertvollsten Beobachtungen könnte alle Tage beim normalen Betriebe der Brauerei gemacht werden, wenn man sich das Material erst genügend angesehen und die wesentlichsten Punkte notiert hätte, um nicht mit später im Bier gemachten auffallenden Wahrnehmungen an unsichere Erinnerungen anknüpfen zu müssen!

V. Gerbstoffe oder Gerbsäuren.

Tannin	$C_{34}H_{28}O_{22}$.
Digallussäure (Gerbsäure)	$C_{14}H_{10}O_{9}$.
Gallussäure	$C_{7}H_{6}O_{5}$.

VI. Glykoside.

Salicin	$C_{18}H_{18}O_{7} + H_{2}O$.
Phloridcin	$C_{21}H_{24}O_{10}$.
Aesculin	$C_{21}H_{24}O_{13}$.
Quercitin	$C_{18}H_{18}O_{10}$.

VII. Zucker.

Zucker	$C_{6}H_{12}O_{6}$.

VIII. Pflanzensäure.

Oxalsäure	$C_{2}H_{2}O_{4}$.
Weinsäure	$C_{4}H_{6}O_{6}$.

IX. Proteïn und Pflanzeneiweifs.

Albumin . .	$C_{52,21-54,33}$; $H_{7,13-7,73}$; $N_{15,49-17,60}$; $S_{0,76-1,55}$; $O_{20,55-22,98}$.
Legumin . .	$C_{51,48}$; $H_{6,96-7,2}$; $N_{14,71-16,77}$; $S_{0,45-0,66}$; $O_{24,3-26,3}$.

X. Pflanzenalkaloide.

a) Sauerstofffrei.

Nikotin	$C_{4}H_{14}N_{2}$.

b) Sauerstoffhaltig.

Chinin	$C_{20}H_{24}N_{2}O_{2}$.
Morphin	$C_{17}H_{19}NO_{3}$.
Strychnin	$C_{21}H_{22}N_{2}O_{2}$.
Koffeïn	$C_{8}H_{2}N_{4}O_{2}$.

Die ersteren acht Gruppen enthalten Kohlehydrate, zusammengesetzt aus Kohlenstoff und Wasser, ohne Stickstoff, ein Teil davon ist sauerstoffhaltig, andere sind sauerstofffrei. Die Fette und Fettsäuren, Harzsäuren (Gruppe II) sind sauerstoffärmer als die Kohlehydrate (Gruppe I).

Die Fette sind überwiegend salzartige Verbindungen, in der organischen Chemie auch Ester oder gemischte Äther genannt, einiger Säuren der Fettsäure-Reihe und einige Säuren anderer Reihen mit der Basis Glycerin (Ölsüfs), werden deshalb Glyceride genannt. Alle Pflanzenfette sind aus mehreren Glyceriden gebildet und fungieren im Pflanzenleben namentlich als Reservestoffe. Den Fetten stehen die Wachse sehr nahe, welche aber niemals Reservestoffe sind.

Die Harze und Harzsäuren stehen den Fetten nahe, sind ebenso sauerstoffarm und selbst noch etwas sauerstoffärmer als jene; sie entstehen teilweise durch Oydation der ätherischen Öle, welche noch ärmer, zum Teil sogar ganz frei von Sauerstoff sind. Die Harze sind wohl meist Pflanzenexkrete, und es scheint, dafs an ihrer Entstehung Cellulose nicht beteiligt ist, wohl aber in manchen Fällen Gerbstoffe und überhaupt Glykoside. Auch der Kautschuk und Guttapercha stehen den Harzen nahe.

Die Harze sind zum Teil gegen den Organismus ganz indifferent; eine Anzahl wirkt purgierend und selbst drastisch; andere erzeugen Rötungen und Entzündungen der äufseren Haut, zuweilen auch auf Schleimhäuten; manche wirken auf ganz bestimmte Organe (Uterus, Bronchien, Nervensystem, Schweifsdrüsen). Manche, wie Balsame, wirken auf die Verminderung der Sekretion, namentlich bei krankhafter Vermehrung derselben (Tripper). Bei vielen Harzen ist aber ihre Wirkung noch problematisch, vielleicht nur von den in ihnen eingeschlossenen ätherischen Ölen herrührend. Den Organismus scheinen sie unverändert zu passieren. Jedenfalls sind sie völlig unverdaulich und daher für die Verdauungswege belästigend.

Die Bitterstoffe sind ihrer Zusammensetzung nach höchst mannigfaltiger Natur; sie sind nur zum Teil giftig; sie hemmen Gärprozesse, was aber Alkaloide und Säuren in noch höherem Mafse thun. Ihre appetiterregende Wirkung, welche sie so beliebt macht bei Magenkatarrh und Verdauungsschwäche, scheint ihre digestive Aktion einem auf die Magenschleimhaut ausgeübten Reize und der damit in Zusammenhang stehenden reflektorischen Vermehrung der Magensaftsekretion zu verdanken, wodurch die Eiweifsverdauung der Amara überkompensiert wird. Traube und H. Köhler glaubten die Wirkung der Bitterstoffe in einer Blutdrucksteigerung zu finden, doch trifft dies nicht für alle Bitterstoffe zu.

Die ätherischen Ole, welche schon in geringen, oft unbestimmbaren Mengen den Pflanzen intensive und höchst charakteristische Gerüche verleihen (Rosenblätter, Wacholderbeeren, Anissamen), sind teils reine Kohlenwasserstoffe oder doch sehr sauerstoffarm; im festen Zustande heifsen sie Kampher. Dem Terpentinöl ähnlich zusammengesetzt, heifsen sie Terpene. Auch die ätherischen Öle scheinen mit der Ernährung der Pflanzen nichts mehr zu thun zu haben, also Exkretionen derselben zu sein.

Die ätherischen Öle sind eigentlich keine Gifte, wirken aber in gröfseren Dosen immer giftig. In der Pharmazie dienen sie zur Verbesserung des Geruches und Geschmackes widerlich schmeckender Medikamente. Sie können örtlich reizend wirken, vermehren in kleinen Mengen im Munde die Absonderung von Speichel, im Magen von Verdauungssäften, ferner im Darm die Peristaltik. Sie wirken auch auf das Nervensystem und damit auf die Zirkulation und Nierenthätigkeit, sowie auf das Blut. Während kleine Gaben sehr günstig auf die Nierenthätigkeit wirken, bringen gröfsere Gaben und längere Einwirkung eine starke Reizung der Nieren hervor, mit Abscheidung von Eiweifs, Faserstoff, selbst Blut. Nicht alle ätherischen Öle sind in ihrer Wirkung gleich; manche erregen das Grofshirn, versetzen dasselbe aber bei gröfseren Gaben in Depression. Ähnlich ist es mit dem Atemzentrum und der Wirkung auf die motorischen Zentren im Gehirn und Rückenmark. Manche wirken als harntreibende Nierenmittel. Viele passieren den tierischen Organismus unverändert, einzelne werden dabei teilweise verändert. Im Futter reichlich gebotenes Aroma (feine ätherische Öle) steigert sehr die Haltbarkeit der Milch.

Manche ätherische Öle der äufseren Drüsen sind bei warmer Witterung ohne weiteres wahrnehmbar (Acorus Calamus, Citrus, Allium etc.); bei der grofsen Mehrzahl aber werden sie erst bei Berührung und namentlich beim Reiben der Pflanzenteile wahrnehmbar, im merkwürdigen Gegensatz zu dem auffallenden Geruche, der aus den Blüten vieler Pflanzen ausströmt, trotzdem die ätherischen Öle darin nur in minimalen Mengen enthalten sind. Bei den ätherischen Ölen der Vegetationsorgane tritt besonders der scharfe, brennende Geschmack hervor, jene der Blumen zeichnen sich mehr durch ihren Geruch aus, die Schärfe tritt weniger hervor (s. Ernst Stahl: Jenaische Zeitschr. f. Naturwissenschaft, Jena 1888, XXII. Bd., neue Folge 15. Bd.: Pflanzen und Schnecken, S. 600 u. ff.).

Ätherische Öle und Harze im Gemenge werden Balsame genannt.

Die Gerbstoffe oder Gerbsäuren, in der Pflanzenwelt sehr verbreitet, sind an Kohlenstoff und Sauerstoff reicher als die Kohlehydrate. Sie stehen den Glykosiden nahe. Sie finden sich namentlich in den Rinden vieler Bäume, oft gleichzeitig mit den Harzen, mit denen sie vielleicht in genetischer Beziehung stehen; dann finden sie sich in den Galläpfeln, in geringerer Menge auch in den Blättern, Früchten und Wurzeln. Sie erzeugen zusammenziehenden Geschmack und geben mit Eisensalzen dunkle Farben. In gröſseren Mengen in den Magen eingeführt, können sie zerstörend wirken. Sie wirken adstringierend (gewebeverdichtend) und sekretionsbeschränkend.

Die Glykoside zeigen ein gemeinsames, chemisches Verhalten, indem sie sich leicht unter Aufnahme von Wasser in Traubenzucker (früher Glykose genannt) und einen andern Körper zerspalten. Die Glykoside sind in ihrer Wirkung auf den Organismus oft noch heftigere Gifte als die Alkaloide, sie sind aber wie die meisten nichtbasischen Stoffe im Organismus sehr der Veränderung unterworfen. Auch ein Teil der früher mehr oder weniger nach rein äuſseren Eigenschaften gruppierten Bitterstoffe und Gerbstoffe etc. verhält sich analog. So z. B. ist der verbreitetste Gerbstoff, das Tannin, nach Schiff den Glykosiden beizuzählen, da er leicht unter dem Einflusse verschiedener Reagentien unter Wasseraufnahme in Digallussäure oder Gerbsäure und Traubenzucker und dann unter weiterer Wasseraufnahme in Gallussäure oder Trioxybenzoësäure ($C_7H_6O_5$) zerfällt.

Eine ähnliche Spaltung wird auch für andere, weniger verbreitete Gerbsäuren, des Kina, des Catechu, der Gerbsäure des Kaffees etc., angenommen. Ad. Mayer (Lehrb. d. Agrikulturchemie 1886, I. T., S. 149) meint sogar, daſs die früher in der Pflanzenchemie fast nur nach äuſseren Merkmalen als besondere Gruppe unterschiedenen Bitterstoffe, zu welchen übrigens nicht alle bitter schmeckenden organischen Substanzen, z. B. nicht die Alkaloide, zählen, wohl gröſstenteils den Glykosiden einzuverleiben seien. Viele Glykoside sind, ähnlich wie die Gerbstoffe, herb schmeckende Körper[4]).

Nach Dr. Aug. Husemann und Dr. Th. Husemann sowie Dr. Hilger (damals in Erlangen)[5]) kommen die Gerbstoffe oft gemeinsam mit Harzen vor, haben charakteristischen Geschmack, sind löslich in Wasser und Alkohol, geben mit Eisensalzen grüne oder schwarze Färbungen, mit Proteïnstoffen der tierischen Haut fäulniswidrige Substanzen. Sie sind meist ätherartige Verbindungen der Gallussäure mit Zucker oder Phloroglucin. Die gewöhnliche Eichengerbsäure (das Tannin) ist kein Glykosid, sondern wie H. Schiff gezeigt hat, Digallussäure. Mit Säuren geben sie rotgefärbte Spaltungsprodukte, welche oft in den Pflanzen zu finden sind. Es gehören daher: Eichenrindengerbsäure (Tannin), Gerbsäure von China, Filix, Rathania, Tormentill, Catechu, Kina, Moringerbsäure (Maclurin), Kaffeegerbsäure.

Hie und da finden sich in den Vegetabilien einige stickstoffhaltige Bitter- und Farb-Stoffe; zum Teil haben sich dieselben als Glykoside entpuppt, und diese unterscheiden sich dann einfach von den stickstofffreien Glykosiden dadurch, daſs das Spaltungsprodukt, das neben Zucker aus ihnen entsteht, ein stickstoffhaltiger Körper ist; andere werden sich vielleicht noch als Glykoside erweisen. Diejenigen, welche Zucker abzuspalten vermögen, also wirkliche Glykoside sind, haben wahrscheinlich eine ähnliche Rolle wie die stickstofflosen Reservestoffe. Die Farbstoffe scheinen übrigens keine Wirkung auf den Organismus auszuüben und im Blute gröſstenteils zersetzt oder destruiert zu werden.

Besser bekannte Körper sind die Pflanzensäuren, doch ist auch deren Beziehung zum Organismus noch dunkel. Von den hoch oxydierten Pflanzensäuren werden meist die Oxalsäure, die Ameisensäure, die Zitronensäure, die Trauben- und Wein-Säure, die Apfelsäure etc. in den Pflanzen angetroffen.

Die stärkeren Pflanzensäuren sind in ihrer Wirkung den Gerbsäuren ähnlich, aber niemals so ätzend wie Mineralsäuren. Im Kreislauf verändern sie sich vielfach. Mehrere (Weinsäure, Zitronensäure, Apfelsäure, Essigsäure, Oxalsäure) wirken durstlöschend und herabsetzend auf Körpertemperatur und Pulsfrequenz. Sie erscheinen vielfach als Karbonate im Harn.

Unter den stickstoffhaltigen organischen Substanzen sind die wichtigsten die Proteïnstoffe, welche als identisch mit dem Pflanzeneiweiſs anzusehen sind.

Das lösliche Eiweiſs in den Pflanzen spielt unter den stickstoffhaltigen organischen Bestandteilen ganz dieselbe Rolle wie der Traubenzucker unter den stickstofffreien. Beide repräsentieren vorzugsweise die physiologisch thätige und zirkulierende Form der Stoffgruppen, deren Glieder sie sind. Der Ruhezustand in den Reservestoffbehältern wird überwiegend in anderer Gestalt angetreten. Die in ungelöster Form im Ruhezustand befindlichen Proteïnstoffe sind Gluten-Kaseïn, Gluten-Fibrin, Mucedin, Pflanzenleim oder Gliadin, Legumin, Konglutin.

In einer noch nicht genügend geklärten Beziehung zu den eigentlichen Proteïnstoffen stehen einige organische Stoffe, welche die Eigenschaften sogenannter (ungeformter) Fermente oder Enzyme besitzen; die Zusammensetzung derselben ist noch wenig bekannt, doch glaubt man, dafs man es in ihnen nicht mit eigentlichen chemischen Individuen, sondern mit Organismenresten zu thun habe, die sich auch noch einen Rest der ursprünglichen Organisation erhalten haben; hierher gehören das Emulsin und die Diastase etc. Das Emulsin hat die Fähigkeit, eine Reihe von Glykosiden zu der früher erwähnten Spaltung zu veranlassen. Die Wirkung der Diastase auf Stärkemehl (Überführung desselben in Dextrin und Traubenzucker) ist ohnehin bekannt.

Zu den Proteïnstoffen in einer ähnlichen genetischen Beziehung stehend wie diese eben erwähnten Substanzen (die Fermente) ist noch das Asparagin, ferner das Leucin und Tyrosin zu erwähnen. Das Asparagin ist ein Spaltungsprodukt eines oder mehrerer Proteïnkörper; es scheint bestimmt zu sein, die schwer diffundierbaren Proteïnstoffe wanderungsfähiger zu machen.

Besondere Erwähnung verdient noch eine anderweite Gruppe von stickstoffhaltigen Körpern, die in manchen Pflanzen in grofser Menge erzeugt werden und ihrer, auch für die Interessen und Zwecke des Menschen hervorragenden Eigenschaften wegen wichtig sind, nämlich die Pflanzenalkaloide[6]). Sie sind stickstoffhaltige organische Körper, meist völlig sauerstofffrei. Sie befinden sich nur in einer beschränkten Zahl von Pflanzen, die meisten scheinen davon während ihres Lebens ganz frei. Alle diese sehr giftigen Substanzen besitzen einen intensiv bitteren Geschmack, daher man von einigen behauptet, dafs sie als Hopfenbittersurrogate Verwendung fänden.

Die Alkaloide scheinen für den Organismus keine Bedeutung zu haben, denn manche Pflanze der Tropenländer, welche in ihrer Heimat Alkaloide erzeugt, unterläfst dies, wenn sie in unsern Treibhäusern kultiviert wird, ohne dadurch ernstlich im Wachstum alteriert zu sein. Der Schierling erzeugt bei uns Coniin, in Schottland aber nicht, obgleich er auch dort freudig wächst[7]). Deshalb wäre es nicht undenkbar, dafs auch der Hopfen stellenweise Alkaloide bildet und in andern Lokalitäten nicht. Manche grofse Pflanzenfamilie, wie die Kompositen und die Labiaten, scheinen gar keine Alkaloide zu erzeugen.

Die Pflanzenalkaloide sind teils unzersetzt flüchtig (Nikotin) oder unzersetzt nicht flüchtig (Strychnin, Chinin); letztere krystallisieren leicht. Die Pflanzenalkaloide sind durchweg von sehr heftiger giftiger Wirkung auf den tierischen Organismus. Bemerkenswert ist, dafs es in einzelnen Fällen, z. B. beim Mohn, gelungen ist, den Alkaloidgehalt durch Salpeter- oder Ammoniak-Düngung etc. zu steigern (s. oben S. 331), eine Thatsache, welche nicht allein Licht auf die Entstehung dieser Stoffe wirft, sondern auch von erheblicher praktischer Bedeutung für die Hopfenkultur werden kann. Es liegt nahe, daran zu denken, dafs es einmal gelingen wird, den Nachweis zu bringen, dafs nur gewisse Hopfensorten alkaloidhaltig sind und darunter namentlich solche, welche mit salpetersäure- und ammoniakreichen Handelsdüngern oder mit Abtrittdünger im frischen Zustande gedüngt worden sind.

Die meist sehr giftigen Alkaloide sind zum Teil unersetzliche Heilmittel der Medizin; aus den Samenkapseln des Mohns gewinnt man das Opium, welches Morphin und Narkotin enthält; im Samen des Schierlings (Conium maculatum) ist das ebenfalls sehr giftige Coniin enthalten, in den Blättern des Tabaks das Nikotin, in den Beeren der Tollkirsche (Atropa Belladonna) das Atropin, im Bilsenkraut das Hyoscyamin, in der Herbstzeitlose das Colchicin, im Eisenhut das Akonitin etc.

Colchicin und Coniin geben eine dem Lupulin (der Hopfenbittersäure) ähnliche Reaktion, was zuweilen bei Analytikern den Verdacht erweckt hat, dafs Colchicin etc. als Hopfensurrogate verwendet worden seien.

Die meisten Alkaloide sind sehr beständiger Natur, daher sie den tierischen Körper völlig unverändert passieren, auch wenn sie eine sehr giftige Wirkung ausgeübt haben. Sie passieren ganz unverändert die Nieren. Experimente haben gezeigt, dafs man mit dem Harn eines durch Alkaloide vergifteten Tieres ein zweites Tier und mit dessen Harn ein drittes vergiften konnte, ohne dafs die Alkaloide sich veränderten. Man kann ihre Anwesenheit in der Leber und in verschiedenen Sekreten chemisch und physiologisch nachweisen.

Die wichtigsten chemischen Bestandteile des Hopfens, ihre Eigenschaften und ihr Brauwert.

1. Das ätherische Öl.

a) Nach rein theoretischer Beziehung.

Es ist längst bekannt, dafs der Hopfen ein flüchtiges, ätherisches Öl enthält, dem er hauptsächlich seinen charakteristischen (Hopfen-) Geruch verdankt; aber es hat auch einen bitteren Geschmack. Dieses ätherische Öl beeinflufst, je nachdem es feiner oder unschöner Art ist, im hohen Grade den Geschmack und das Aroma (die Blume, das Bouquet) des Bieres; auch seine Haltbarkeit scheint davon günstig beeinflufst zu werden.

Die Engländer Moritz und Morris[8]) sagen, dafs das Bier sein Aroma und seinen delikaten Geschmack dem ätherischen Öl des Hopfens verdanke: je mehr Öl der Hopfen enthalte, ein desto besseres Aroma und einen desto delikateren Geschmack werde das Bier haben. Die Ansicht des Österreichers Thausing, dafs das Öl ein minder wichtiger Hopfenbestandteil sei, dem man fälschlich ein zu grofses Gewicht beilege, weil beim Hopfenkochen (im Dampf), beim Kühlen und während der Gärung so viel verloren gehe, wird von diesen Engländern nicht acceptiert; für die festländische Braumethode könne das seine Richtigkeit haben, für die englische sei es jedoch von höchster Wichtigkeit, dafs die Hopfen, besonders diejenigen, welche zum fertigen Bier aufs Fafs gestopft werden oder kurz vor dem Ausschlagen in die Hopfenpfanne kommen, reich an Hopfenöl sind; folglich sei der Hopfengeruch ein Hauptkriterium zur Beurteilung desselben.

Allerdings steht die Haltbarkeit in hohem Grade unter dem Einflusse der Hopfenharze, und diese wie der Geschmack und die Farbe des Bieres stehen auch noch unter dem Einflusse der Extraktivstoffe, ein komplexer, in seinen einzelnen Teilen teils bekannter, teils unbekannter Begriff.

Als aromatisches Prinzip ist das ätherische Öl einer der Hauptbestandteile des Hopfens: je reichlicher die Menge an feinem ätherischen Öl im Hopfen vorhanden ist, desto höher wird allgemeinhin der Wert der Ware geschätzt. Es ist das aber doch nur sehr bedingt richtig, denn zu den allermafsgebendsten Hopfenbestandteilen gehört auch das Bitter, je nachdem es fein oder roh und fehlerhaft ist, und es kommt, wenn auch seltener, dennoch thatsächlich vor, dafs ein Hopfen mit minder feinem Aroma ein hochwertiges Bitter hat; in der Mehrzahl der Fälle gehen allerdings Feinheit und Roheit des Aromas mit Feinheit und Roheit des Bitters parallel.

Der Nordamerikaner Ives (1820) war der Meinung, dafs man aus dem Hopfen kein ätherisches Öl abscheiden könne. Nach einer Analyse von Dr. Ives enthielten 7,5 g Lupulin:

Ein riechendes Prinzip, Harz	2,2500 g
Wachs	0,7500 »
einen eigenen bitteren, in Wasser und Alkohol löslichen Extraktivstoff	0,6875 »
Gerbsäure	0,3125 »
einen in Alkohol unlöslichen Extraktivstoff	0,6250 »
einen unlöslichen Rückstand	2,8750 »

Dennoch gelang die Ölabscheidung bald darauf (1822) den Franzosen Payen, Chevalier und Pelletan. Diese letzteren Autoren hatten zu ihren Untersuchungen geschwefelten Hopfen verwendet und deshalb ein vermeintlich schwefelhaltiges Öl gefunden, welches sie in die Gruppe der Cruciferenöle stellten, mit der Meinung, dafs ihm die narkotische und fäulniswidrige Kraft des Hopfens zuzuschreiben sei.

Nach ihnen hat das Hopfenmehl folgende Zusammenstellung:

Hopfenöl	2%
Hopfenbitterstoffe	10 »
Hopfenharz	50 »
Gerbstoff	5 »
Wachs, Lignin, Extraktivstoffe	32 »
Verlust	0,7 »
	100,0%.

Der Deutsche R. Wagner (1853) und der Franzose Personne (1854) fanden übereinstimmend, dafs das ätherische Öl des Hopfens schwefelfrei ist, wenn es aus zuverlässig nicht geschwefeltem Hopfen hergestellt wird.

Wir haben weiter oben, in dem Abschnitt über die inneren Drüsen (S. 231 u. f.), gesehen, dafs es nicht falsch ist, zu sagen, es befinde sich ein Teil des Sekretes in den Zapfenblättern, denn er befindet sich dort in der That häufig, in allerdings sehr schwankenden, oft aber auch sehr erheblichen Mengen, welche zwischen $^1/_4$—$^1/_9$ der ganzen Sekretmasse des Hopfens liegen können; das Sekret befindet sich aber hier nicht in den Zellen, sondern in inneren und halbinneren Drüsen, wie ich diese Gebilde genannt habe. Die Masse des Hopfensekretes findet sich aber unzweifelhaft in den scharf umschriebenen, individualisierten Oberhautdrüsen. Wimmer (s. weiter oben S. 234), welcher zuerst auf das Vorkommen von Sekret in den Zapfenblättern, auf Grund seiner chemischen Untersuchung des Hopfens, hingewiesen hat, ohne zu wissen, wo es in den Blättern ist, scheint dargethan zu haben, dafs dieser Teil des Sekretes, der sonst — auch nach meinen mikrochemischen Untersuchungen — mit dem Sekret der Drüsen vollkommen übereinstimmt, kein ätherisches Öl enthält, eine merkwürdige Sache, welche aber doch einmal speziell untersucht zu werden verdient, weil sich dabei vielleicht auch nachweisen läfst, wie das ätherische Öl entsteht.

Das Hopfenöl findet sich im Hopfendrüsensekret in so inniger Mengung und jedenfalls auch in so zahlreichen Übergangsstufen zu dem Harze, in das es offenbar durch Oxydation (s. weiter unten) übergehen kann, dafs man beide für einen Körper halten könnte.

Das durch Destillation gewonnene ätherische Öl bildet im reinen Zustande eine wasserhelle, leicht bewegliche Flüssigkeit. Nach R. Wagner ist das ätherische Öl stark aber nicht bedeutend nach Hopfen riechend; es ist hell, auch gold- bis bräunlich-gelb, je nach dem Alter und der Darstellungsart; es ist weder giftig, noch narkotisch wirkend, schwefelfrei, von brennend bitterem Geschmack; nach den Untersuchungen Wagners und v. Bibras vertragen selbst kleine Tiere (Kaninchen) bis 20 Tropfen, ohne die geringste Alteration zu zeigen. Nach Greshoff ist sein Geschmack angenehm prickelnd und sein Geruch nach frischem Hopfen so intensiv, dafs es selbst noch in grofser Verdünnung sein liebliches Bouquet wahrnehmen läfst, auch tagelang an den Kleidern haftet, wenn man einen Tropfen darauf giefst. Auch dieser Autor fand, dafs man vom ätherischen Hopfenöl eine gröfsere Menge braucht, um auf Tiere giftig wirken zu können.

G. Barth[9]) hat eine abgewogene Menge ätherischen Öles in einem Uhrglase im Vakuum aufgestellt, unter denselben Bedingungen, wie sie bei Wassergehaltsbestimmungen gegeben sind. Es waren verflüchtigt:

nach	24	Stunden	27,86%
»	96	»	65,98 »
»	120	»	71,85 »

Hier, im luftverdünnten und wasserdampffreien Raum, waren die Bedingungen zur Verdampfung jedenfalls günstiger als in gewöhnlicher Luft. Selbst beim Trocknen des Hopfens im Trockenschranke, bei 100—105° C., geht nicht alles Öl fort; aus solchem Hopfen wurde nach weiterem 24 stündigen Trocknen im Leuchtgasstrom noch 0,68% gewonnen.

Nach R. Wagner ist es in 600—700 Teilen Wasser, in Alkohol mit 0,908 spez. Gewicht in jedem Verhältnisse und ebenso in Äther sehr leicht löslich.

C. Lintner gibt das spez. Gewicht mit 0,91 an, Greshoff mit 0,856—0,84, an anderer Stelle wieder mit 0,98 (bei 15° C.); mit der Westphalschen Wage bestimmt, beträgt das spez. Gewicht 0,8972. Nach Greshoff reagiert das ätherische Öl kaum sauer und verharzt an der Luft schnell.

Die Wirkung von Reagentien: mit Schwefelsäure rotbraun, mit Salpetersäure rotviolett, mit Bromchloroform rotbraun, mit alkoholischer Ferrichloridlösung rotbraun, mit Pikrinsäure schöne Krystalle des rhombischen Systems, gegen Bromsäure indifferent.

Die Ansicht existiert schon lange, daſs das Hopfenöl nicht aus einer einzigen chemischen Verbindung besteht, sondern aus einem Gemenge vieler oder wenigstens mehrerer, die sich durch verschiedenes chemisches Verhalten und verschiedene Siedepunkte unterscheiden, und welche teils von der Hopfenpflanze selbst produziert werden, teils auch durch die Einwirkung des Sauerstoffes auf diese Verbindungen entstehen; solche Oxydationsprodukte sind schon im noch frischen, eben reif gewordenen Hopfen vorhanden. Auf mehrlei Öle im Gemenge deutet auch der Umstand, welcher erst in neuerer Zeit festgestellt wurde, daſs sich nur ein Teil des Hopfenöls im Wasser, ein anderer aber nur im Alkohol lösen soll; ein Teil desselben löst sich beim Würzekochen, ein anderer Teil aber erst bei der Gärung, wenn Alkohol da ist.

Nähere Untersuchungen über dieses Ölgemenge sind durch R. Wagner, Mulder, Personne, Greshoff, Gerhardt, Kühnemann, Chapman, Bungener, Hayduck, Ossepow, M. Iſsleib etc. ausgeführt worden.

Aus R. Wagners Untersuchungen (Jahresber. über die Fortschritte der chem. Technol. 1853, auch 1855, S. 201) ging hervor, daſs sich das Hopfenöl durch fraktionierte Destillation in zwei Anteile trennen läſst; der Siedepunkt läge zwischen 125 und 135° C.

Bei 175° C. geht ein Kampher ($C_{10}H_{18}$) über; bei 210° ein sauerstoffhaltiges Öl ($C_{20}H_{18}O_2$).

In den neueren Handbüchern findet man, im Sinne Wagners, das Hopfenöl als ein Gemenge von $C_{10}H_{18}O$ und $C_{10}H_{16}$, nebst baldriansauren Estern, bezeichnet.

Wenn man den Hopfen mit Wasser destilliert oder Dampf durchströmen läſst, ist das Öl — wohl nur ein Teil desselben — leicht zu gewinnen; auf dem Destillate scheidet sich eine fast farblose, gelbliche Ölschicht ab.

Bei der Destillation des Hopfenöls soll sich ein Teil desselben schon unter 100° C. verflüchtigen, $^1/_6$ bei 175° C. sieden, $^1/_2$ zwischen 175 und 225° C., $^1/_6$ zwischen 225 bis 235° C; $^1/_6$ (wohl Harz) verbleibt als Rückstand. Der zwischen 175—225° C. übergehende Teil des Destillates hat einen schwachen, rosmarinähnlichen Geruch. Zucker und Dextrin in Lösung sind der Verflüchtigung des Öles hinderlich.

Das bei R. Wagners Untersuchungen durch fraktionierte Destillation bei 210° C. erhaltene sauerstoffhaltige Öl ($C_{20}H_{18}O_2$) hat mit dem Valerol die Eigenschaft gemein, durch oxydierende Einwirkungen und schon an der Luft in Valeriansäure (Baldriansäure, $C_5H_{10}O_2$) überzugehen. Durch die Sauerstoffaufnahme an der Luft nimmt es allmählich sauere Reaktion an und wird dunkler, dicklich-harzig. Diese Baldriansäure im alternden Hopfen ist die Ursache des eigentümlich käseartigen Geruches desselben. Durch das Schwefeln des Hopfens kann die Bildung von Baldriansäure verzögert werden.

Nach R. Wagner (1886) findet gegenwärtig das Hopfenöl bei der Darstellung von Exportbieren und andern Luxusbieren Anwendung. Die Sache (s. weiter unten den Abschn.: Bessere Ausnutzung des Hopfens) scheint aber nirgends eine besondere Rolle zu spielen, auſser bei dem direkt in der Brauerei aufgefangenen Öl.

Gegenüber der Ansicht, dafs durch Oxydation aus gewissen, im Hopfenöl enthaltenen Kohlenwasserstoffen, welche zuerst dickflüssig und zähe (balsamartig) werden, endlich Harze entstehen und dafs ein anderer Teil in flüchtige Fettsäuren, namentlich in die käseartig riechende Baldriansäure[10]), übergeführt wird, hat Bungener die Ansicht aufgestellt, dafs man Hopfenöl tagelang liegen lassen könne, ohne dafs es sich merklich verändert, und es scheint ihm mehr als wahrscheinlich, dafs der eigentümliche Geruch des alten Hopfens vielmehr durch die Oxydation des Bitterstoffes als durch diejenige des Öles verursacht werde. In der That scheint auch diese Ansicht in dem jedem Hopfenbearbeiter wohl bekannten Umstande eine Unterlage zu finden, dafs mit dem zunehmenden Alter des Hopfens, fast proportional, der Gehalt an ätherischem Öl und der Bittergeschmack immer mehr abnehmen. Wie wir sehen werden, hat neuerdings auch Dr. G. Barth festgestellt, dafs die Valeriansäure des Hopfens auch aus den Bittersäuren desselben entsteht; möglicherweise entsteht sie aber auch aus dem Hopfenöl.

Nach den meisten Ansichten entsteht — entgegengesetzt jener Bungeners — (Zeitschr. f. d. ges. Brauwesen 1884, S. 83) die Baldriansäure aus einem Teile des ätherischen Öles.

Personne fand in dem Hopfenöl ebenfalls zwei Anteile, von denen der eine bei 150 bis 160° C., der andere aber erst bei 300° C. übergeht, beide jedoch in ihrer chemischen Zusammensetzung der Formel $C_{22}H_{10}O_2$ entsprachen.

Salpetersäure oxydiert nach Personne das Öl zu Baldriansäure und einem harzartigen Körper. Schmelzendes Kali zerlegt es in einen Kohlenwasserstoff $C_{10}H_8$ und Baldriansäure. Er betrachtet deshalb das Hopfenöl als eine Verbindung von Kohlenwasserstoffen $C_{10}H_8$ und Valerol $C_{12}H_{10}O_2$ (im ätherischen Baldrianöl sind nach Gerhardt $C_{10}H_8$ und $C_{12}H_{10}O_2$ als Gemenge anwesend). Das Terpen des Hopfenöls gibt jedoch, nicht wie jenes aus dem Baldrianöl (Bornum), einen festen Kampfer (Borneol).

Das Harz hält noch viel Valerol zurück; destilliert man dieses mit Kalkhydrat, so bekommt man Valeroldehyd ($C_{10}H_{10}O_2$), aus dem Valerol durch Verlust von C_2 entstanden.

Mulder erhielt durch Destillation des Hopfenöls mit schwacher Kalilauge ein ätherisches Öl, welches farblos und von angenehmem, aber an Hopfen nicht erinnerndem Geruche war, während das eigentliche Aroma des Hopfens von der Lauge festgehalten wurde und erst hervortrat, sobald er mit Schwefelsäure neutralisierte. Dieses Resultat brachte ihn auf die Vermutung (der experimentelle Beweis wurde nicht erbracht), dafs das Hopfenöl bestehe aus:

a) $C_{10}H_8$ (Wagners erstes Destillat, Personnes sechs Terpen und Mulders Destillationsprodukt aus schwacher Lauge), vermischt mit
b) $C_{22}H_{18}O_2$ (Personnes Hopfenöl, welch letzteres getrennt werden kann in $C_{10}H_8$ und $C_{12}H_{10}O_2$ [Valerol].

Kühnemann (1877) betrachtet gleichfalls das Hopfenöl als ein Gemenge von Kohlenwasserstoffen und sauerstoffhaltigen Verbindungen, schwankend je nach Alter und Qualität des Hopfens; er gibt jedoch keine Analyse, ebenso wenig wie Ossepow (1883), welcher sich damals vorbehielt, das Hopfenöl noch näher zu untersuchen; diesem Versprechen suchte er gerecht zu werden, indem er (1886) mitteilte, bei der Oxydation des Hopfenöls vermittelst Chromsäure entstände eine Säure der Formel $C_5H_{10}O_2$.

Hayduck[11]) hat beobachtet, dafs das Hopfenöl an der Luft und unter dem Einflusse des Sonnenlichtes bald dickflüssig ward und sich schliefslich in ein sprödes, hellbraunes Harz verwandelte. Vielleicht ist das sein β-Weichharz, von dem er selbst sagt, dafs es stark nach ätherischem Öl rieche, während es beim α-Weichharz und γ-Harz gar nicht der Fall ist. Bei andern Gelegenheiten sagt Hayduck (gelegentlich der Veröffentlichung seiner Studien über die bakterienfeindliche Natur gewisser Hopfenbestandteile), dafs dem ätherischen Öl keine Wirkung auf Milchsäurebakterien beizumessen sei.

Nach den neuesten Untersuchungen Greshoffs geht vom ätherischen Öl, welches ungemein fest am Harze hängt und davon schwer wegzubringen ist, bei 130° C. eine geringe Quantität farblosen, herrlich duftenden Öles über; bei 170° C. noch ein farbloser Anteil; die Hauptmasse jedoch geht erst bei 230—240° C. über, als ein schwach gelbliches, angenehm riechendes Öl; das spez.

Gewicht = 0,899; zwischen 240 und 270° C. geht ein hellgrünes, dickflüssiges Ol über, wobei ein braunschwarzes Harz zurückbleibt. Das spez. Gewicht des rektifizierten Hopfenöls beträgt 0,899.

Demnach wären im Hopfenöl eigentlich mindestens vier Sorten von ätherischem Öl enthalten. Die Analysen dieser bei verschiedenen Temperaturen übergegangenen ätherischen Öle ergaben folgende Resultate:

I. Hopfenöl, Fraktion 130° C.[12]),
C = 75,13
H = 11,12
O = 13,75 (Differ.).

II. Hopfenöl, Fraktion 240° C.,
C = 81,19
H = 11,39
O = 7,42 (Differ.).

III. Hopfenöl, Fraktion 270° C.,
C = 79,05
H = 10,79
O = 10,16 (Differ.).

IV. Hopfenöl, leicht flüssig,
C = 85,61
H = 11,80
O = 2,59 (Differ.).

V. Hopfenöl, leicht flüssig mit P_2O_5 getrocknet,
C = 88,58
H = 11,30
O = 9,12 (Differ.).

VI. Hopfenöl, Fraktion 240° C., über KOH-Solution destilliert,
C = 83,22
H = 11,82
O = 4,96 (Differ.).

VII. Hopfenöl, Fraktion 240° C., von KOH-Lösung zurückgehalten,
C = 76,72
H = 10,56
O = 12,82 (Differ.).

VIII. Nichtflüssige Teile, durch Verharzung des Hopfenöls entstanden und bei der Destillation des rohen Öles zurückbleibend,
C = 79,57
H = 8,35
O = 12,08 (Differ.).

Zu der unter V gemachten Analyse sei bemerkt, dafs P_2O_5 in der Kälte zugeführt wurde; es fand auch keine Erwärmung statt. Das Aroma des Öles blieb wie zuvor herrlich duftend und hatte nichts von seiner Dünnflüssigkeit eingebüfst.

Zu VI sei bemerkt, dafs mit 10% KOH destilliert wurde. Das übergehende, farblose Öl riecht nach Pelargonium. Die zurückbleibende dunkelbraune Emulsion mit HCl übersättigt, scheidet sich alles zurückgehaltene, teilweise verharzte Öl braun und dickflüssig ab; diesem geht der Geruch des frischen Hopfens gänzlich ab.

Es sind also im Hopfenöl zwei Öle. Die Hauptmenge, welche man bei der Destillation zwischen 230—240° erhält, ist ein Gemisch beider. Es ist also auch nach Greshoff das ätherische Öl keine einheitliche Substanz. Aus dem Valeriansäure-Aldehyd, welches während der Lagerung zu Valeriansäure oxydiert, stammt der Käsegeruch des alten Hopfens.

In neuester Zeit erst hat Dr. G. Barth (s. seine Dissertationsschrift über die Hopfenbittersäuren, München bei R. Oldenbourg, 1900, S. 53 u. ff.) bei der Kalischmelze der β-Bittersäure aus dieser ein Gemenge wohlriechender Öle bekommen, welche sich in 8 Fraktionen scheiden liefsen, deren Siedepunkte bei 80° C. bis 360° C. lagen; sie waren teils hell, teils hellgelb und hellgrün bis dunkelgrün, teils dünn-, teils dickflüssig, ätherisch riechend. Bei Matthews, (s. folgend) hören wir, dafs das ätherische Öl, wenn es Sauerstoff aufnimmt, verharzt und bitteren Geschmack annimmt.

A. Chapman[13]) hat Hopfen verschiedener Abstammung mit Wasserdampf destilliert. Es wurden ca. 140 ccm harzfreies Öl erzielt. Nach elfmonatlichem Stehen wurde das Öl einer fraktionierten Destillation, zum Schlusse über Natron unterworfen und noch 40 ccm eines zwischen 256—261° C siedenden Oles erhalten, welches nach Analyse und Dichtigkeit die Formel $C_{15} H_{24}$ besafs und ein Sesquiterpen war. Der korrigierte Siedepunkt ist 261—265° C. $^{15}/_{15} = 0,8987$ (a) $D = +1,2°$, der Brechungsindex für die rote Wasserstofflinie $= 1,4978$, das spezifische Brechungsvermögen 0,555. Unmittelbar nach der Darstellung hatte ein Öl niedrigere Siedepunkte und bestand aus niedriger siedenden Terpen, einem sauerstoffhaltigen Bestandteil und wenig Sesquiterpen.

Später[14]) berichtete Alfr. C. Chapman über die Fortsetzung seiner Studien in Bezug auf das Hopfenöl. Der gröfste Teil desselben geht bei einem Drucke von 60 mm zwischen 168—173° über. Derselbe enthält ein Sesquiterpen von der Formel $C_{15} H_{24}$, welches zwischen 263—266° siedet. Das spez. Gewicht beträgt bei 15° C. 0,9001. Die Molekularrefraktion $= 66,2$. Es ist nicht identisch mit einem der bekannten Sequiterpene und wird Humulen benannt. In den übrigen Anteilen der Destillate wurde u. a. ein Kohlenwasserstoff gefunden, wahrscheinlich aus zwei Kohlenwasserstoffen bestehend von der Formel $C_{10} H_{16}$ (vielleicht zu den Olefinterpenen Semlers gehörig) und $C_{10} H_{18}$ (wahrscheinlich Tetrahydrocymol). In einer andern Fraktion war ein Öl enthalten, welches einen angenehmen Geruch nach Geraniumöl besafs, auch Ähnlichkeit damit hat.

Nach Matthews[15]) besteht das frische ätherische Öl ganz aus Terpen, einer Substanz, welche dieselbe chemische Formel hat wie Terpentin. Wenn es Sauerstoff aufnimmt, verharzt es zum Teil und nimmt bitteren Geschmack an. Im Wasser ist es nur schwer löslich, in Zuckerlösungen mehr, noch mehr in alkoholhaltigen Flüssigkeiten. Die Baldriansäure scheint nicht vom Terpen herzurühren. Im alternden Hopfen nehmen Aroma und Bitter stark ab. Den Verlust groben Aromas aus dem Hopfenkessel kann man nicht bedauern. Nach demselben Autor reagiert das Hopfenöl sauer, Schwefelsäure färbt es rotbraun, Salpetersäure rotviolett, und Jod löst es ohne heftige Einwirkung; beim Zusatze von Pikrinsäure scheiden sich rhombische Krystalle aus. Die Ansicht, dafs das Hopfenöl in nicht weingeisthaltigen Flüssigkeiten nicht löslich sei, wurde auch früher schon von andern Autoren ausgesprochen. Dieser Umstand legt auch die Vermutung nahe, dafs das ätherische Öl beim Würzekochen der wohl zucker- aber nicht alkoholhaltigen Flüssigkeit nur mechanisch aber nicht eigentlich gelöst beigemengt ist und deshalb so leicht verdampft. Beim Hopfenstopfen in die Lagerfässer ist das ganz anders: da hat man es mit alkoholhaltigen Flüssigkeiten zu thun, welche das ätherische Öl lösen und wahrscheinlich so auch besser festhalten.

L. Overbeck[16]) sagt, dafs im Hopfenöl dreierlei Ole enthalten seien: 1., 2. und 3. Das Ol Nr. 1 enthalte das wirkliche Hopfenaroma; es sei farblos, leicht beweglich, flüchtig und etwas in Wasser löslich; es ist — ohne Rückstand — höchst flüchtig und von intensivem und feinem Geruche. Nr. 2 ist dünn, farblos, absorbiert Sauerstoff und wird dann dick und schmierig; es findet sich im käuflichen Hopfenöl mit 3—5% und ist wertlos für das Bier. Nr. 3 ist orangegelb und gibt dem käuflichen Öl die gelbe Färbung; es ist flüchtig, der Geruch ist betäubend, stark, nachhaltig; 10 ccm rohes Öl geben 0,2 ccm Öl Nr. 2 und 0,75 ccm Nr. 3.

Hayduck sagt ferner, dafs, wenn man ein Glas — nach Münchner Braumethode bereitetes — Bier zum Mund nehme und damit ätherisches Hopfenöl vergleiche, so finde man, dafs kaum eine Spur darin sein könne; das einzige Bier, welches nach ätherischem Öl rieche, sei das englische Ale, unser Bier gar nicht. Auffallenderweise hat Hayduck das echte Pilsener vergessen, welches doch zuweilen sehr aromatisch ist und sicher darin ein Element seines so anregenden, lieblichen Trunkes findet.

Der Umstand übrigens, dafs das ätherische Öl etc. nur in sehr geringen Mengen in den nach Münchner Methode bereiteten Bieren anwesend ist und vorhanden sein kann, beeinträchtigt in nichts die Bedeutung des Hopfenöls und seiner Abkömmlinge für die spezifischen Eigenschaften des Bieres, unter welchen besonders Geschmack und Aroma verstanden sein wollen. Dafs das Hopfenöl in den nach Münchner Art hergestellten Bieren (geringe Hopfenmenge und lange dauerndes Würzekochen) ganz fehlen soll, ist kaum richtig; kleine Teile bleiben sicher zurück, wie man ja selbst an sehr alten Bieren wahrnehmen kann. Es wäre übrigens sicher angezeigt das einmal durch direkte Untersuchung jüngerer und älterer Münchner Biere bestimmt klarzustellen.

Dr. Bersch (Gärungsgewerbe, Brauerei, S. 67) macht mit Recht darauf aufmerksam, dafs beim Weine die charakteristischen Eigenschaften bestimmter Sorten desselben (die Blume, das Bouquet, welches die Haupthandhabe für die Beurteilung durch die Weinkenner bildet), durch Verbindungen bedingt werden, welche immer nur in unwägbaren Mengen vorhanden sind. Warum sollte es beim Bier nicht ebenso sein? Alle Autoren (s. auch Briant etc. am Schlusse dieses Abschnittes) bestätigen, dafs kleinste Mengen Öl die intensivsten Wirkungen haben.

Wenn das so flüchtige Hopfenöl durch das Kochen fast ganz aus der Würze vertrieben wird, und wenn man in Betracht zieht, dafs auch bei der Gärung noch Teile desselben ausgeschieden werden, dann wäre es eigentlich unbegreiflich, warum die Brauer, wie sie thatsächlich thun, ein so grofses Gewicht auf das Aroma des Bieres legen, und es wäre Luxus, teure, aromatisch feine Hopfen für das Bier verwenden zu wollen, um ihm ein feines Aroma zu geben. Gerade in neuerer Zeit haben gewisse Technologen (besonders in Berlin) den Brauern in allen Variationen das Lied vorgesungen, dafs es thöricht sei, um so viel Geld Hopfen mit feinem Aroma anzukaufen, nachdem doch dieses beim Hopfenkochen völlig flüchtig, also verloren gehe, und das gerade in der Zeit, wo sich das Publikum mehr und mehr dem hopfenaromaarmen Bier nach bayerischer Methode ab- und dem hopfenaromareicheren nach Pilsener Methode zuwendet! Selbst bei den Hopfenausstellungen in Berlin seit fünf Jahren sind solche Gesichtspunkte für die Prämiierung herrschend gewesen. Wem die nutzen sollen, ist mir unerfindlich, es sei denn, dafs sie nur geschaffen sind für die Hopfenhändler mit ff. Lagerbierhopfen, ff. Schenkbierhopfen, ff. böhmischem Hopfen, ff. bayerischem Hopfen etc. Mir scheint aber, dafs die gut geleiteten, grofsen norddeutschen Brauereien da nicht hereingefallen sind. Die rasende See holt sich da nur bei den mittleren und kleineren Brauern ihre zahlreichen Opfer.

Die Erfahrung lehrt thatsächlich, dafs nur unter der Anwendung hochfeiner Hopfensorten Biere von dem Geschmacke nach ausgezeichneter Qualität gewonnen werden können. Die englischen und die Pilsener Brauereien bringen ja des feinen Aromas wegen durch das sogenannte Hopfenstopfen noch feinen, frischen Hopfen in die Lagerfässer.

Unter den Schriftstellern war es namentlich Habich (Schule der Bierbrauerei), welcher den Wert des Hopfenöls gering anschlug, weil es leicht zersetzbar, dem Bier unter Umständen einen widerlichen Geruch verleihen könne und weil ein gröfserer Gehalt an ätherischem Öl im Bier beim Trinken lästig falle. Das kann sich aber doch nur auf minder feine ätherische Öle beziehen, denn ich erinnere mich, nicht gerade sehr selten schon Biere getrunken zu haben, welche einen fatalen Geruch und Geschmack hatten, gleichsam wie nach gewissen Haarölen. Ich vermute, dafs namentlich gewisse sehr sekretreiche, geringere Württemberger eine solche Wirkung auf das Aroma des Bieres ausüben, aber unter welchen Umständen diese Wirkung eintritt, vermag ich nicht zu sagen. Vielleicht rührt das auch von Hopfenextrakten her.

Wo der Hopfen stundenlang mit der Würze gekocht wird, wie bei Bieren nach der Münchner Methode, und wo die Biere auch noch jung, wenig ausgegoren, zum Ausschank gelangen, da mag die Frage nach dem ätherischen Öl sehr an Gewicht verlieren, weil, wie wir in einem folgenden Abschnitt näher ausführen werden, das Bitter seiner Qualität nach mit der Ölqualität nicht glatt parallel geht. Daher gestattet eine solche Braumethode, namentlich noch mit den modernen Kellereinrichtungen, welche eine erhebliche Reduktion des Hopfenquantums nicht blofs möglich, sondern notwendig machte, auch eine freiere Bewegung in der Qualität des Hopfens, und diesem Umstande schreibe ich es namentlich zu, dafs im letzteren Jahrzehnt auch die Preise der so edlen Spalter Hopfen dauernd so tief im Preise gesunken sind, was doch sonst ganz unmöglich wäre.

Mit der Qualität der gewöhnlichen, jetzt in München zum Verkauf gelangenden Biere scheint sich ein gröfseres Hopfenaroma gar nicht gut zu vertragen; deshalb hört man da auch nichts vom Hopfenstopfen, von der Hopfengabe in Teilen etc. Ich habe wohl in letzterer Zeit Biere nach Pilsener Art, ganz hell, sonst aber nach Münchner Art bereitet, getrunken, welchen auch etwas mehr Hopfenaroma gegeben war. Aber es pafste nicht recht zum ganzen sonstigen Geschmackstypus dieser Biere; namentlich fehlte dem kundigen Trinker das feine Hopfenbitter.

Die Menge des ätherischen Öles ist natürlich sehr verschieden, je nachdem man sie auf Hopfenware, also getrocknete Hopfenzapfen, oder nur auf das Sekret der Drüsen berechnet, angibt.

In Bezug auf den Gehalt an ätherischem Öl im Sekret ist meines Wissens nur eine Ermittlung vorhanden, nämlich von Greshoff (1886—87), wonach die Quantität des ätherischen Öles im Sekret mit 2,63% angegeben wird. Es läfst sich übrigens, wie Greshoff gezeigt hat, die quantitative Bestimmung des Ölgehaltes im Hopfen nicht streng durchführen, am wenigsten durch direkte Destillation, denn es werden bedeutende Mengen des Öles im Hopfenharz mit gröfster Hartnäckigkeit festgehalten, welche jedenfalls nur sehr langsam übergehen.

Die Menge des ätherischen Öles in der Hopfenware, also in den getrockneten und geprefsten Hopfenzapfen, gaben:

R. Wagner . . . . mit 0,80% an,
Greshoff . . . . » 0,48 »
Payen und Chevalier . . . . » 2,0 »
Im Berichte der landwirtschaftl. Versuchsstation zu Wien » 0,15—0,48%
im Mittel » 0,25—0,35 »

Nach A. Metz[17]), damals Assistent im Weihenstephaner Laboratorium, welcher 1870 desfalls eine ganze Reihe von Hopfensorten untersucht hat, bewegte sich der Gehalt an Hopfenöl in diesen sieben Sorten zwischen 0,408—0,538%, und zwar verhielten sich dabei die verschiedenen Sorten folgendermafsen:

Sorte	Ätherisches Öl in Prozenten	Farbe des Öles	Spez. Gewicht
Hersbruck (Mittelfranken) . . .	0,520	goldgelb	0,853
Hallertau (Oberbayern)	0,429	hellgelb	0,848
Kinding (Mittelfranken)	0,512	goldgelb	0,849
Saaz (Böhmen)	0,528	goldgelb	0,841
Spalt (Mittelfranken)	0,499	bräunlichgelb	0,846
Weihenstephan (Oberbayern) . .	0,538	blafsgelb	0,847
Württemberg	0,408	goldgelb	0,856

Den stärksten Geruch zeigte das ätherische Öl des Spalter Hopfens; diesem nahe stand das des Hersbrucker; beiden ähnlich, nur milder, war das vom Saazer Hopfen; jenes von andern, namentlich von Württemberger Hopfen, hatte einen eigentümlichen Beigeruch (Lauchgeruch).

Zu bedauern ist bei diesen Feststellungen nur, dafs das Alter und die thatsächliche Beschaffenheit der Ware, welche verwendet wurde, nicht genau klargestellt worden ist; denn was speziell die Württemberger Hopfen betrifft, gibt es da viele Lagen, deren Sekretgehalt und Gehalt an ätherischem Öl sicher zu den reichsten Sorten der Welt zählen.

Nach den überhaupt vorliegenden Untersuchungen kann man den mittleren Gehalt des Hopfens (der Hopfenzapfen) an ätherischem Öl auf 0,46%, das Minimum auf 0,13%, das Maximum auf 0,80% annehmen. (Greshoff: Chemie des Hopfens, Dissert., S. 7 Jena 1887, und Arbeiten der landwirtschaftl. Versuchsstation Wien 1878).

Die Ansicht Ballings, dafs das ätherische Öl auch dazu diene, den Bitterstoff des Hopfens und das Hopfenharz leichter und vollständiger auflöslich zu machen und zu verhindern, dafs sie sich schon bei der ersten Gärung wieder vollständig ausscheiden, hat sich bei in Weihenstephan diesbezüglich vorgenommenen direkten Versuchen in keiner Beziehung bestätigt; ebenso gestaltete sich das Resultat bei diesen Versuchen auch in Bezug auf andere Wirkungen, welche Balling dem Hopfenöl zugeschrieben hat.

Greshoff will mit vollkommen entöltem Hopfen eine ebenso bittere Lösung bekommen haben wie bei Verwendung normalen Hopfens. Auch die Ansicht Habichs verwirft Greshoff, dafs das ätherische Öl schädlich sei, weil es sich zersetze und dann schlechten Geschmack gebe und weil es verdunste und durch das dann unlöslich gewordene Harz Hopfentrübungen und schlechter Bittergeschmack veranlafst würden.

Briant und Meacham glauben, dafs das Vorhandensein ätherischen Öles teilweise die Lösung des hartbitteren Harzes (des γ-Harzes Haydocks) verhindert. Balling meint, dafs es die Lösung des Hopfenharzes in der siedenden Würze erleichtere.

Nach Balling wirkt das ätherische Öl auch antiseptisch, weil es die Eigenschaften der Terpene teilt; es trete mithin auch als Regulator des Braugärungsprozesses auf. Von andern Autoren ist das nicht bestätigt worden.

Briant und Meacham[18]) untersuchten die Frage, ob das Hopfenöl konservierend wirke, durch einen direkten Versuch mit entöltem Hopfen.

	Harz berechnet auf Trockensubstanz		
	weiches	hartes	total
Am 4. Oktober (1894) vor der Entölung	11,47	3,84	15,31
Am 28. Januar (1895) nach der Entölung	7,88	7,89	15,77
Am 21. August (1895) nach der Entölung, als er zum Brauen genommen wurde	5,11	10,68	15,79
Am 21. August (1895) aus einem nicht entölten Ballen	9,96	5,36	15,32

Die entölten Hopfen zeigten sich sehr trocken und staubig. Im August wurden zwei Gebräue durchgeführt, die in jeder Beziehung identisch waren, mit Ausnahme des verwendeten Hopfens: das Gebräu A mit entöltem Hopfen, das Gebräu B mit nicht entöltem, gewöhnlichem Hopfen gebraut.

Der entölte Hopfen gab mehr Farbe an die Würze im Kessel ab, und die Würzen filtrierten sehr schlecht vom Maischbottich.

Das Gebräu aus entöltem Hopfen wurde auf zwei kleine Fässer verteilt, zu deren einem die Hopfenölmenge zugesetzt wurde, die dem verwendeten Hopfen entsprach. Obwohl die Menge desselben nur 6 Unzen auf 8 Barrel Würze betrug, so parfümierte doch das Aroma aus der gärenden Würze den ganzen Gärraum bis zum Fassen des Bieres.

Das Fafs, zu dem kein Öl gesetzt worden war, gab ein viel besseres Bier, das sich auch besser im Fasse brach und auch auf dem Gaumen reiner fühlte, obwohl beide Biere einen eigentümlichen Geschmack hatten, so dafs sie unverkäuflich waren. Es wurde eine Anzahl Fässer von jeder Probe aufgestellt und von Zeit zu Zeit geprüft. Keines von den Bieren mit entöltem Hopfen hielt sich gut, aber das aus dem Fasse, zu dem kein Öl gesetzt worden war, war das gesundere von beiden. Die Resultate, wenn sie auch nicht alle gesuchten Aufklärungen gaben, zeigten:

1. Dafs beim Entölen des Hopfens die Weichharze teilweise in Hartharze übergehen;
2. dafs die Harze nach dem Entölen rasch einer weiteren Verschlechterung entgegengehen;
3. dafs das Hopfenöl keine (direkte) präservierende Kraft besitzt.

In neuerer Zeit hat der englische Technologe Alfred C. Chapman Untersuchungen über das flüchtige Hopfenöl angestellt[19]), welche die früheren Ansichten ergänzen, an mehreren Stellen auch berichtigen. Er untersuchte fünf Proben Hopfenöl:

1. Die erste Probe stellte er sich selber her durch Destillation von 80 kg Hopfen, einem Gemenge von Burgunder, Elsässer, Kenter und Sussexer Hopfen. Nach der Reinigung erhielt er ungefähr 140 ccm nahezu farbloses Öl.
2. Probe von Schimmel & Co. in Leipzig, im Jahre 1893 aus 1893er Hopfen abdestilliert. Schwachgelblich von Farbe.
3. Von Schimmel & Co. eigens für Chapman aus dem besten 1893er Hopfen destilliert.
4. Etwa 150 ccm Öl, vom Verfasser selbst hergestellt aus etwa 100 g englischem und ausländischem Hopfen der 1894er Ernte.
5. Von Schimmel & Co. aus bayerischem Hopfen der 1893er Ernte gewonnen.

Die bayerischen und burgundischen Hopfen geben gröfsere Ölausbeute als die besten englischen[20]).

Das spezifische Gewicht und Dehnungsvermögen der fünf Proben war, wie folgt:

	$d\frac{15}{15}$	$d\frac{20}{20}$	$(a)\ D$
Nr. 1	0,8802	0,8776	$+ 0{,}41^0$
» 2	0,8662	0,8636	$+ 0{,}58^0$
» 3	0,8771	0,8739	$+ 0{,}50^0$
» 4	0,8743	0,8716	—
» 5	0,8777	—	$+ 0{,}40^0$

Sämtliche Proben waren gegen Lackmus neutral und enthielten keinen Schwefel. Bei schlecht geschwefelten Hopfen hat der Schwefel eine ausgesprochene Neigung, während der Destillation mit dem Öl überzugehen.

Beim Abkühlen auf 20° wurden sie zäher, schieden aber keine feste Substanz aus. Sie reagierten weder mit Kali noch mit saurem, schwefligsaurem Natron, besitzen also weder Phenol- noch Keton-Charakter. Ammoniakalische Silberlösung wird von ihnen nicht reduziert.

Diese Öle sind in allen Verhältnissen in Äther löslich, in Alkohol nur wenig, in Wasser fast gar nicht. In den Handbüchern wird die Löslichkeit des Öles in Wasser mit 1 : 600 angegeben, nach seinen Feststellungen löst sich aber 1 Teil Öl erst in 20000 Teilen Wasser. In Zuckerlösungen sei es etwa im selben Verhältnis löslich. Aber selbst diese geringe Löslichkeit reiche hin, um dem Wasser den charakteristischen Geruch des Hopfenöls zu verleihen. In verdünntem Alkohol ist es etwas löslicher, aber in 93 %igem Alkohol lösen sich nur 0,3 %.

Das Hopfenöl zeichnet sich, wie die meisten ätherischen Öle, dadurch aus, dafs sein Geruch und Geschmack in hochverdünnten Lösungen ganz besonders stark hervortreten.

Bei gewöhnlichem Druck beginnt es bei 150° C. zu sieden, wobei die Temperatur rasch auf 230° C. steigt. Zwischen 230 und 270° geht der Hauptanteil des Öles über, während eine harzige Masse, die durch Zersetzung des Öles bei dieser hohen Temperatur entstanden ist, in dem Destillationsgefäfs zurückbleibt.

Um diese Zersetzung zu vermeiden, arbeitete Chapman in einem teilweisen Vakuum (60 mm Quecksilberdruck). Nach genügender Fraktionierung erhielt er in ziemlich reinem Zustande drei verschiedene Öle:

1. Die erste Fraktion vom niedrigsten Siedepunkte kochte bei 166—171°, war eine farblose Flüssigkeit von charakteristischem Geruch und hatte bei 20° C. ein spezifisches Gewicht von 0,799. Diese Fraktion besteht aus einem Gemenge von zwei ungesättigten Kohlenwasserstoffen von charakteristischem Geruche, von denen keiner ein Terpen ist.
2. Die zweite Fraktion, die nur sehr klein war, war farblos und hatte einen angenehmen Geruch nach Geranium, wie sie überhaupt dem Geraniumöl sehr ähnelte.
3. Die dritte Fraktion, die bei weitem gröfste, bestand aus einem Sesquiterpen $C_{15}H_{24}$, siedete bei 263—266° C. und hatte bei 15° C. ein spezifisches Gewicht von 0,9001,

sowie eine Molekularrefraktion von 66,2. Dieses Sesquiterpen unterscheidet sich wesentlich von dem bislang bekannten; Chapman schlägt dafür den Namen »Humulen« vor. Es bildet leicht eine Anzahl krystallisierter Derivate. Das Humulen macht in allen untersuchten Hopfenölproben die Hauptmenge aus, dann kommen die ungesättigten Kohlenwasserstoffe von niedrigerem Siedepunkt, während das sauerstoffhaltige Öl nur in ganz kleinen Anteilen vorhanden ist.

Nach Chapman sind nun die älteren Angaben über das Hopenöl in jeder Beziehung irrig[21]). Das gilt aber wahrscheinlich nur so lange, bis wieder ein anderer den Nachweis liefert, dafs die Ansicht Chapmans sehr der Einschränkung bedarf, nur für das Material wirklich vollständig gültig ist, welches er damals eben bearbeitet hatte. Das ist die Achse der ganzen, scheinbar so verworrenen Sache. Es handelt sich um ein von Hause aus innerhalb gewisser Grenzen sehr verschiedenes Material, welches von der technischen Reife oder Ernte ab in steter Umbildung begriffen ist und in dem die verschiedenen Stoffgruppen in vielerlei Übergängen zu einander stehen. Daher erhielt Dr. G. Barth (s. unten) bei der Bearbeitung aus den Bittersäuren Harze, ätherische Öle und Valeriansäure; andere aus ätherischem Öl Harze, am Harze haftende Bitterstoffe (also Bittersäuren) und Valeriansäure etc. Da ist der Grund, dafs Dr. G. Barth nach seinen langwierigen — mit dem ganzen modernen chemischen Apparat und Wissen gemachten — Promotionsarbeiten über die Bittersäuren (S. 18 der Dissertationsschrift) zu der Erklärung gelangt, dafs seine Versuche: die chemische Natur der Bitterstoffe und die chemischen Formeln dieser Bittersäuren klar zu stellen, nicht im wünschenswerten Mafse erreicht wurden. Aufserdem handelt es sich hier offenbar auch immer um Stoffgemenge, die in ihren letzten Resten stets mit der gröfsten Zähigkeit aneinander hängen.

Der sauerstoffhaltige Anteil ist nach Chapman ganz sicher nicht identisch mit dem Valerol von Gerhardt und Cahours, wie gewöhnlich angegeben wird. Die ungesättigten Kohlenwasserstoffe des Hopfenöls absorbieren mit grofser Begierde Sauerstoff aus der Luft, werden zuerst zähe und gehen zum Schlusse in ein hartes, farbloses Harz über. Chapman glaubt, dafs es lediglich dieser Bestandteil des Hopfenöls sei, der die bekannte Verharzung dieses Öles beim Stehen an der Luft bedingt, wenn auch das Humulen sich dabei beteilige.

Gewöhnlich nimmt man an, dafs das Hopfenöl beim Verharzen an der Luft zum Teil in Baldriansäure übergehe, welche Säure den käsigen Geruch des alten Hopfens bewirke. Diese Annahme ist sowohl nach den Versuchen von Bungener wie von Chapman unrichtig. Das der Luft ausgesetzte Öl wird zunächst durch Sauerstoffaufnahme dickflüssiger, dann — namentlich in dünner Schicht — erstarrt es zu einer harzigen Masse. Diese Umwandlung wird besonders durch die Gegenwart der ungesättigten Kohlenwasserstoffe bedingt. Wie Chapman gezeigt, ist diese Umwandlung lediglich eine Oxydation, nicht Polymerisation, und niemals wurde dabei die Bildung von Baldriansäure beobachtet; dennoch bildete sich bei Einwirkung alkalischer Lösungen auf die niedrig siedenden Kohlenwasserstoffe eine ganz kleine Menge einer flüssigen Säure, welche im Geruche der Baldriansäure ähnelte, dennoch nicht mit ihr identisch war. Er liefs auch andere Verbindungen auf die Ölteile wirken, ohne Baldriansäure zu erhalten. Mit Chromsäure erhielt er aber ein Säureprodukt mit deutlichem Geruche nach Baldriansäure. Mit alkalischer Kaliumpermanganatlösung konnte Baldriansäure nur in Spuren nachgewiesen werden.

Bei Behandlung alten Hopfens mit siedendem Petroläther und Oxydation des Extrakts mit alkalischer Kaliumpermanganatlösung erhielt er aber zwei Säuren, deren eine Baldriansäure war. Diese entsteht also nach seiner Ansicht nicht durch Oxydation des Hopfenöls, sondern aus dem Weichharz oder der Bittersäure (Bungener, C. J. Lintner, G. Barth, s. weiter unten).

Nach Chapmans Untersuchungen kommt dem ätherischen Öl eine antiseptische Kraft nicht zu.

Bei Laboratoriumsversuchen hat Chapman gesehen, dafs das Öl beim zweistündigen Kochen sich gröfstenteils verflüchtigt und der zurückgebliebene Rest in eine harzige Masse übergeht. Wenn ein Teil des Hopfens vor dem Ausschlagen gegeben wird, dann sei es natürlich möglich, dafs ein etwas gröfserer Teil des Öles in der Würze gelöst oder suspendiert ist. Chapman glaubt jedoch, dafs das sogenannte Hopfenaroma weniger dem Hopfenöl zu danken ist als vielmehr der Lösung einer kleinen Menge des harzigen Oxydationsprodukts des Öles, welches Produkt nicht flüchtig ist und einen Geruch und Geschmack ähnlich dem des Öles besitzt. Die harzigen Oxydationsprodukte werden nach Chapman leicht aus Öl gebildet und sind nach seiner Ansicht sicher in beträchtlichen Mengen in den Hopfenzapfen anwesend. Wie wir später sehen werden, hat der Brauereidirektor A. Kempe in Moskau weit früher schon in Bezug auf die Bedeutung der harzigen Produkte des Hopfenöls für den Geschmack und das Aroma des Bieres ganz ähnliche Ansichten geäufsert.

E. Prior (Allg. Br.- u. H.-Ztg. 1883, II, 521) sagt, dafs das so flüchtige Hopfenöl nur dann im Bier wirksam werden könne, wenn es eine partielle Zersetzung erleide, sich in einen flüchtigen und nichtflüchtigen Anteil spalte, oder aber die Bestandteile der Würze hinderten es an der Verflüchtigung, was aber nach Versuchen in seinem Laboratorium, wenigstens für den gröfseren Teil des Öles, nicht der Fall sei.

R. Wetschorkewitsch und M. Bjalobrsheski[22]), von der Ansicht ausgehend, dafs das ätherische Öl sich im alternden Hopfen in Valeriansäure verwandelt, was aber sehr zweifelhaft ist, und von der ebenfalls nicht zutreffenden Ansicht ausgehend, dafs der Wert des Hopfens sich nach der Menge oder Verringerung des ätherischen Öles bemifst, wollen durch die Feststellung der vorhandenen flüchtigen Säuren eine Methode zur Feststellung des Alters eines Hopfens begründen; die Zahlenreihen in den drei Jahrgängen 1894, 1895 und 1896 lassen allerdings beträchtliche Abnahme des Säuregehalts erkennen, was aber auch vorher nicht zweifelhaft war.

b) Kurze Zusammenfassung der chemischen Studienergebnisse über das ätherische Öl.

Man sollte glauben, dafs die Anwesenheit des ätherischen Öles im Hopfen, welchem derselbe offenbar sein spezifisches (Hopfen-) Aroma verdankt, niemals zweifelhaft gewesen sei. Und dennoch war es der Fall, denn es wurde (1821) von dem Amerikaner Ives in Zweifel gestellt; aber schon ein Jahr später (1822) wurde es bereits von den Franzosen Payen und Chevalier dargestellt.

Auch wufste man in der Folge, dafs alle feinen Hopfen feines Aroma haben und die geringen Sorten rohes und abstofsendes, ebenso dafs in dieser Sache eine Vielzahl von Verschiedenheiten und Schattierungen auftritt, welche in ihrem Vorkommen an die Lokalität gebunden sind.

Auch weifs man schon lange, dafs bereits kleinste Mengen des ätherischen Öles nicht nur einen sehr intensiven, sondern auch sehr nachhaltigen Geruch entwickeln. Es läfst sich daraus schliefsen, dafs auch schon die Anwesenheit kleinster Mengen dieses Öles im Bier den Geschmack desselben (das Aroma, Bouquet) in hervorragendem Grade beeinflufst.

Wir werden weiter unten, in dem Abschnitt über das Bitter (b, nach praktischen Gesichtspunkten) ein sehr charakteristisches Beispiel dafür bringen, welche Wirkung ordinäre Landhopfen auf den Geruch (das Aroma, Bouquet) und den Geschmack des Bieres haben. Sehr wahrscheinlich ist das ätherische Öl am eigenartigen, aromatisch bitteren Geschmack gewisser Biere beteiligt. Reischauer (l. c. 1878) nennt es scharf und brennend von Geschmack.

In neuerer Zeit ist von Technologen, unter Hinweis darauf, dafs das ätherische Öl beim Würzekochen gröfstenteils oder ganz verdampft, was man ja schon am Geruch im Sudhause erkennt, und dafs man in den malzaromatischen, dunklen, nach bayerischer Methode gebrauten, lange gekochten Bieren kaum Spuren davon findet, auch bei der Gärung noch manches verloren geht, angezweifelt worden, ob das ätherische Öl überhaupt erheblichen Wert für die Bierbereitung habe. Ein grofser Verlust bleibt das immer.

Dr. C. Lintner (in Hagenau, 1874) dagegen findet es auffallend, mit welcher Hartnäckigkeit das Bier etwas Hopfenöl zurückhält, so dafs man selbst in mehrjährigen Bieren noch feines Hopfenöl wahrnehmen kann. Es scheint der Säurestoff bei gutem Bier keinen Einflufs auf das Öl auszuüben. Ist aber der Hopfen teilweise in Valeriänsäure übergegangen, dann besitzt auch das Bier einen unangenehmen Nebengeschmack.

Man weiſs aber, daſs alle ätherischen Öle auch in kleinsten Mengen sich auſserordentlich wirksam für den Geruch und Geschmack erweisen, selbst dann, wenn sie dem Gewichte nach nicht festgestellt werden können. Das, was den Geruch und Geschmack des Weines (das Bouquet desselben) in so groſsem und entscheidendem Maſsstab beeinfluſst, kann auch nicht gewichtsanalytisch erfaſst werden, aber daſs es da ist, darüber herrscht doch bei Weinkennern kein Zweifel, ebenso daſs es für den Wert des Weines entscheidend ist.

Das lehrt ja auch das Aroma und der Geschmack des Bieres, je nachdem es mit feinem oder rohem Hopfen gekocht worden ist.

Ohnehin können die verdampften Teile des ätherischen Öles, ehe sie flüchtig gingen, schon allerlei wichtige Einflüsse in der Würze geltend gemacht haben, deren Fehlen wahrscheinlich sehr überraschend wirken würde.

Wie wir gesehen, legen die englischen Technologen Moritz und Morris dem ätherischen Öl für Aroma und Geschmack des Bieres den gröſsten Wert bei.

Die Ansicht, daſs das ätherische Öl auf das Bier konservierend wirke, ist mehrfach aufgestellt, ebenso oft bestritten worden. Hayduck fand bei experimenteller Untersuchung keine Spur von antiseptischer Kraft. Ebenso Briant und Meacham, sowie Chapman. Wenn es nun aber nach den jüngsten Untersuchungen von Briant und Meacham den Übergang des konservierend wirkenden Weichharzes in wertloses Hartharz verzögert, dann wirkt es dennoch — wenn auch indirekt — konservierend.

Da sich (s. weiter unten beim Harz) das an ätherischem Öl freie α-Harz viel leichter aus der gärenden Würze ausscheidet (in den Kräusen) als das meist ölhaltige β-Harz, so ist begreiflich, warum letzteres mehr konservierend wirkt.

In der Allg. Br.- u. H.-Ztg.[23]) wird gesagt, daſs sich in neuerer Zeit die Anschauung Bahn gebrochen habe, daſs das Hopfenöl das Bier konserviere, indem es weit weniger störend auf die Entwicklung der Alkoholfermente einwirke als auf alle andern, das Bier schädigenden Gärungsorganismen; stark gehopfte Würzen vergären weit langsamer, ohne irgend eine Störung wahrnehmen zu lassen, und sind sehr haltbar; aber der Geschmack der Konsumenten, der Preis des Hopfens zwingen zu kleineren Gaben. Fraglich bleibt immer noch, ob das Öl allein diese Wirkung hat.

Wir Landwirte wissen ganz bestimmt, daſs aromareiches Futter eine Milch erzeugt, welche sich durch eine unverhältnismäſsig gröſsere Haltbarkeit auszeichnet wie die durch aromaarmes Futter erzeugte[24]), und nach Husemann-Hilger: Pflanzenstoffe, Berlin 1882, werden oft den Harzen Eigenschaften zugeschrieben, welche den ihnen beigemengten ätherischen Ölen anhaften.

Payen und Chevalier, welche das ätherische Öl aus geschwefeltem Hopfen dargestellt hatten, hielten es für schwefelhaltig; R. Wagner (1853) und Personne (1854) erklärten es für schwefelfrei, ebenso Chapman.

Es ist noch nicht sichergestellt, ob auch das Sekret der von mir gefundenen inneren (nicht individualisierten) Drüsen ätherisches Öl enthält; nach Wimmers analytischen Untersuchungen scheint es da zu fehlen.

Das reine, noch gänzlich unveränderte ätherische Öl ist eine wasserhelle, leicht bewegliche Flüssigkeit, später (bald) wird es hell- bis goldgelb und selbst bräunlich; es ist nicht giftig, nicht narkotisch und von angenehm prickelndem Geschmack; deshalb beeinfluſst es auch den Geschmack des Bieres.

Nach R. Wagner ist es in Alkohol und Äther leicht löslich, in Wasser nur in 600 bis 700 Teilen; nach anderer (neuerer) Ansicht soll sich ein Teil des Öles nur in Wasser, ein anderer nur in Alkohol lösen, was auch ganz gut möglich, da das ätherische Öl — wie wir gleich sehen werden — keine einheitliche Sache ist. Nach den neuesten Feststellungen Chapmans löst es sich in Äther leicht, in Alkohol wenig, in Wasser fast gar nicht, d. h. erst in 20000 Teilen Wasser.

Es hat die Ansicht manches für sich, dafs das ätherische Öl oder ein grofser Teil desselben nach dem Hopfenkochen in der Würze nicht gelöst, sondern nur in Suspension enthalten ist, so etwa wie Öl im Wasser schwimmt, weshalb es in diesem Zustande sich auch weit leichter verflüchtigt.

Nach Moritz und Morris soll das mit dem Dampfe übergehende Öl auf dem Wasser der Vorlage schwimmen; trotz der geringen Löslichkeit in Wasser mufs man bei den so ungleichen Quantitätsverhältnissen zwischen Würze und Hopfenöl eine teilweise Lösung annehmen.

Wenn erst einmal Alkohol in der Würze vorhanden ist, dann löst sich das ätherische Öl in Alkohol auf und ist dann auch nicht mehr so zur Verflüchtigung geneigt. Darin ist jedenfalls die grofse Wirksamkeit des Hopfenstopfens im Lagerfafs begründet.

Schon lange ist man der Ansicht, dafs das Hopfenöl keine einheitliche Sache, sondern ein Gemenge von mehrlei Ölen ist, welche teils schon von der Pflanze selbst gebildet, teils auch erst durch Oxydation aus diesen primären Bildungen entstehen. Sie sind teils blofse Kohlenwasserstoffe, teils auch sauerstoffhaltig.

So ist es leicht zu verstehen, dafs schon das spezifische Gewicht schwankt von 0,84 bis 0,85—0,89—0,91—0,98, dafs in verschiedenen Lösungsmitteln immer nur ein Teil des Öles löslich ist. Schon lange weifs man ferner, dafs bei Temperaturen von 100° C. bis 235° C. sehr verschiedene Ölteile flüchtig werden, die auch verschiedene Gerüche haben. Das wahre Wesen der einzelnen Gemengteile ist heute noch nicht recht klargestellt, oder auch es ist jeweils sehr verschieden.

Nach Chapman ist die gröfste Menge (das Humulen) sauerstofffrei und siedet bei 263 bis 266° C. Er konstatierte dann im Gemenge noch zwei Öle, die aber nur in sehr geringer Quantität da sind und andere Siedepunkte haben.

Bemerkenswert ist die von A. Kempe[25]) ausgesprochene Ansicht, dafs allerdings, wenn Hopfen mit Wasser einer Destillation unterworfen wird, die gröfste Menge des Hopfenöls in der Form kleiner Augen oder Bläschen auf der Oberfläche des Destillates in der Vorlage umherschwimmt, während in der Retorte eine bittere, nur noch schwach riechende Flüssigkeit zurückbleibt. Beim $2^1/_2$—3stündigen Hopfenkochen, einerlei ob der Hopfen mit einemmal oder allmählich (in Teilen) zugesetzt wird, gehe dieser Teil des ätherischen Öles mit den abziehenden Wasserdämpfen verloren (S. 197 l. c.); dagegen würden die ätherischen Öle (oder Teile derselben) in seinem Extraktionsapparat bei erhöhtem Druck und erhöhter Temperatur in eine nicht flüchtige Form, in aromatische Harze übergeführt, welche dem Bier zu gute kommen; auch beim gewöhnlichen Hopfensieden im offenen Kessel finde, neben einer Verflüchtigung der ätherischen Öle, auch eine Verharzung derselben statt, und die letzteren verblieben der Würze[26]).

Diese Ansichten sind um so beachtenswerter, als bekanntlich auch Dr. Hayduck in seiner schönen Arbeit über die Hopfenharze sagt, dafs in einem seiner Weichharze, im β-Harz, noch ein sehr merklicher Geruch nach ätherischem Öl stecke.

Wir werden gleich sehen, dafs der englische Technologe C. Chapman 14 Jahre später ganz Ähnliches in Bezug auf die Ole sagte (s. auch S. 560).

Demnach müssen also, wie es scheint, die ätherischen Öle, welche der Würze verbleiben sollen, ihrer Flüchtigkeit beraubt und während der Extraktion in aromatische Weichharze übergeführt werden; ein Überschufs derselben werde während der Gärung als schwarze Decke auf den Kräusen ausgeschieden.

Baldriansäure soll sich nach R. Wagner nur aus den sauerstoffhaltigen Gemengteilen des ätherischen Öles entwickeln können. Bungener will die Baldriansäure aus der Bittersäure hervorgehen lassen. Nach R. Wagner würden die nicht sauerstoffhaltigen Gemengteile des ätherischen Öles allmählich Harz bilden; vielleicht handelt es sich um das Hayducksche β-Weichharz, welches allein nach ätherischem Öl duftet, während dies durchaus nicht der Fall ist beim α-Weichharz und Hartharz. Chapmans neueste Ansichten sind sehr unbestimmt.

Jedenfalls gibt die Baldriansäure dem alternden Hopfen den häfslichen, käseartigen Geruch, wenn wir auch thatsächlich heute noch nicht sicher wissen, welcher Hopfenbestandteil am Käsegeruch des alternden Hopfens beteiligt ist.

Wünschenswert wäre es auch, dafs konstatiert würde, ob aus entleertem Hopfenöl der zerquetschten Drüsen und nicht entleertem, noch in den Drüsen eingeschlossenem, alterndem Sekret dasselbe hervorgeht.

Jeder Brauer weifs, dafs ein Hopfen mit gutem Aroma einen feinen Geschmack im Bier erzeugt und umgekehrt.

Die Engländer wissen recht gut, dafs die bayerischen, amerikanischen und burgundischen Hopfen ungleich mehr Sekret haben, also viel intensiver konservierend auf das Bier wirken als englische. Dennoch nehmen sie, des edlen Geschmackes wegen, zu den feinsten Pale Ales immer einen Teil feinster East Kent Goldings, weil diese mit ihrem hochfeinen, fehlerlosen Aroma so edel auf den Geschmack des Bieres wirken, und wenn sie keine feinen East Kents haben, dann nehmen sie für ihre ganz hellen Pale Ales keine Saazer Hopfen, sondern Spalter.

Die Ansicht Thausings, dafs mit dem Wegfallen der Bedeutung des Aromas im Hopfen die ganze Wertskala des Hopfens zusammenbreche, ist auch nicht richtig, weil zwischen feinem Aroma und feinem Bitter eine gewisse Korrelation besteht, und die Bedeutung des Bitters, je nachdem es fein, hochedel, lieblich oder roh, derb, ordinär etc. ist, bleibt nach wie vor bestehen. Daran wird doch wohl Herr Thausing nicht zweifeln.

Das Schwefeln des Hopfens verzögert diese Bildung der Baldriansäure sehr erheblich, daher man davon so wenig in englischen, nordamerikanischen und belgischen Hopfen wahrnimmt, auch wenn sie schon etwas älter sind, und so häfslich viel in mitteleuropäischen Hopfen, welche weniger geschwefelt zur Verwendung gelangen.

Es scheint die Baldriansäure der Masse nach aus der Bittersäure des Weichharzes, zum kleineren Teil aus Gemengteilen des Öles hervorzugehen.

Das Hopfenöl hinterläfst bei längerer Berührung mit der Luft (Sauerstoff) eine glasartige, harte Masse, es trocknet unter Sauerstoffaufnahme ein, verliert dabei seinen angenehmen Geruch, geht aber nicht — wie man früher vielfach angenommen — in Valeriansäure über, sondern bleibt als ein vollkommen geruchloses Harz zurück.

H. Bungener[27]) hat gezeigt, dafs man Hopfenöl tagelang liegen lassen kann, ohne dafs sein Geruch sich merklich verändert. Es schien ihm auf Grund seiner Untersuchungen mehr als wahrscheinlich, dafs der eigentümliche Geruch des alten Hopfens sich viel mehr durch die Oxydation des Bitterstoffes bildet als durch das Hopfenöl. Auch Chapman[28]) hat deutlich nachgewiesen, dafs das Hopfenöl beim längeren Stehen an der Luft weder einen käsigen Geruch annimmt, noch in Valeriansäure übergeht.

Dagegen sagt der amerikanische Technologe F. Emken[29]), dafs er einen Versuch machte mit ganz hellem, dünnflüssigem Hopfenöl, welches einen angenehmen Geruch hatte, dafs es aber allmählich dunkler und dickflüssiger wurde und nach etwa sechs Monaten eine kaum bewegliche, teerige Masse darstellte. Das darunter befindliche Wasser war trüb und hatte einen intensiv bitteren Geschmack, obgleich es etwa die 20fache Menge des Öles darstellte. Es was aufserdem baldriansäurehaltig und kaum bleichend. Einige Tropfen des halb verharzten Öles mit der 100fachen Menge Wasser erhitzt, gab eine fast klare Lösung, die beim Erkalten sich stark trübte und bitter schmeckte, damit ein dem Harze, welches sich beim Gären ausscheidet, recht ähnliches Verhalten zeigend. Emken ist nun der Ansicht, dafs die harzige Kräusendecke im Gärbottich vom verharzten Hopfenöl herrühre[30]). Die Verwandlung des ätherischen Öles in Harz vollziehe sich hauptsächlich beim Hopfenkochen, zum kleineren Teil wohl auch bei der Gärung.

Man scheint aber doch auch da, wo der Hopfen künstlich getrocknet und geschwefelt wird, von der Geschmackswirkung alten Hopfens im Bier nicht überall so befriedigt zu sein wie teilweise in England. Der Moniteur de la Brasserie (Belgien) 1891, S. 1639 schlägt vor, einen Preis auszusetzen für ein Verfahren, womit man unter neuen Hopfen gemischten alten leicht zu erkennen vermöge; denn dieser mit neuem gemischte alte Hopfen gebe dem Bier einen abscheulich herben Geschmack, und durch diese Betrügerei werde den Brauern grofser Schaden und Verlust zugefügt. Der häfsliche, herbe Geschmack des mit altem Hopfen hergestellten Bieres kann offenbar nur von der Baldriansäure herrühren. Mit den folgend geschilderten Reibflächen ist unter neuen gemischter alter Hopfen leicht zu erkennen.

Wie nach Hayduck der Bitterstoff des Hopfens und nach andern auch der Gerbstoff, so hängt nach Greshoff auch das ätherische Öl aufserordentlich fest am Harze.

Die Ansicht, dafs die Hopfenbittersäure und die Harze sich nur dann in der Würze lösen, wenn ätherisches Öl da ist, und sich wieder ausscheiden, wenn dieses verdunstet (Harztrübungen des Bieres), hat sich als nicht zutreffend erwiesen. Ob sich die krystallinische Hopfenbittersäure nur löst, wenn ätherisches Öl da ist, ist noch unentschieden.

Die Meinung, dafs Harz und Bittersäure sich nur dann in der siedenden Würze leicht und vollständig lösen, wenn ätherisches Hopfenöl da ist, rührt eigentlich von Balling her. Prof. C. Lintner in Weihenstephan hat schon 1872 im Weihenstephaner Laboratorium auf ähnliche Weise wie Breithaupt entölten Hopfen herstellen lassen und diesen zu einem Sude in der Versuchsbrauerei verwendet. Es zeigte sich damals[31]), dafs das ätherische Öl für die Wirkung, welche Balling ihm zugeschrieben hat, nicht nötig ist, indem die Gärung der Würze wie gewöhnlich unter Kräusenbildung mit Hopfenausscheidungen verlief und das resultierende Bier auch den gewünschten bitteren Geschmack besafs. C. Lintner sagt ferner (am a. O.): Ist es doch anderseits bekannt, dafs das Hopfenöl den Bruch des Bieres verzögern kann und länger gesotten werden mufs, wenn frischer Hopfen, welcher fett ist, verwendet wird. Die alten Brauer haben deshalb solchen Hopfen einige Zeitlang trocken in die heifse Pfanne gegeben, um einen Teil des Hopfenöls zu verflüchtigen.

In der Allg. H.-Ztg. 1878, II, 634 bemerkt ein Anonymus, indem er sich auf diese Aufserungen C. Lintners stützt, dafs also Breithaupts entölter Hopfen ebenfalls einen unentölten vollkommen ersetzen könne. Er habe Breithaupts Fabrikat zuerst in Hagenau (1874) kennen gelernt und seit dieser Zeit öfter Gelegenheit gehabt, dasselbe zu prüfen, aber stets gefunden, dafs auch der Breithauptsche entölte Hopfen sich noch veränderte und nie frei von Baldriansäure war. Erst im Anfang dieses Jahres (1878) erhielten wir eine Sendung, die man in jeder Hinsicht als ein vollkommen gelungenes Produkt bezeichnen kann und welche dafür spricht, dafs Breithaupt in seinem Verfahren wesentliche Fortschritte gemacht hat. Das ist nun die Sache: allem Anschein nach war der ursprüngliche, sogenannte entölte Hopfen Breithaupts wie jener C. Lintners nicht vollkommen entölt. Es werden dann, wie schon so oft in solchen Dingen geschehen, eine ganze Menge von Folgerungen gezogen, die schon in ihren Unterlagen irrig sind, sich aber wie eine ewige Krankheit durch die Brauereiliteratur hindurchschleppen. Wäre der Hopfen wirklich gut entölt gewesen, dann müfste doch die in ihm gefundene Baldriansäure wirklich von der Bittersäure herrühren. Ich mache aber hier noch einmal auf die von mir entdeckten, nicht individualisierten Sekretdrüsen des Hopfens (s. oben S. 231) aufmerksam, deren Sekret wahrscheinlich schwerer zu extrahieren ist; ferner auf den wichtigen Umstand, dafs die Hopfenstoffe einander substanziell sehr nahe stehen, Übergänge zu einander bilden, welche sich wahrscheinlich, unter gewissen Umständen, schneller vollziehen können.

C. J. Lintner hat gezeigt, dafs die Hopfenbittersäure in nahen Beziehungen zum Hopfenöl steht.

Die Menge des ätherischen Öles ist im Hopfen nicht sehr grofs, und dennoch macht es sich so bedeutend bemerkbar.

Für das Sekret allein wird sie mit 2,63% angegeben. In den Hopfenzapfen ist sie im Mittel mit 0,46%, im Minimum mit 0,13% und im Maximum mit 0,80% ermittelt worden. Man kann also im Mittel 0,5% ätherisches Öl im Hopfen annehmen.

Die praktischen Versuche von Briant und Meacham haben gezeigt, dafs das völlige Fehlen von Hopfenöl mancherlei Unangenehmes in der Entwicklung des Bieres zur Folge hat, wenn es auch nicht direkt präservativ wirkt, was auch Chapman und Burgefs nachgewiesen haben.

Es fehlt also noch sehr viel, ehevor man sagen kann, daſs die Beziehungen des Hopfenaromas zum Bier aufgehellt seien; aber ebenso wenig kann man daran zweifeln, daſs auch beim langen Kochen der Würze nach bayerischer Brauart, wobei thatsächlich ein groſser oder der gröſste Teil des ätherischen Öles verflüchtigt wird, dennoch die das Hopfenaroma bedingenden ätherischen Öle, wenn auch in geringeren Mengen und in irgend einer Art, in den Würzen und Bieren enthalten bleiben und so einen hervorragenden Einfluſs auf deren Aroma und Geschmack ausüben. Zudem scheint das ätherische Öl, sonst so veränderlich, im Bier jahrelang unverändert zu bleiben.

M. Iſsleib[32]) sagt, der Siedepunkt der ätherischen Öle liege wohl höher als jener des Wassers, aber dennoch vermögen sie sich beim Kochen des Wassers mit den Wasserdämpfen zu verflüchtigen; gerade die flüchtigsten Hopfenöle vermöchten unter diesen Umständen zu entweichen, und gerade diese seien die Träger des feinsten Hopfen-Geruches und -Geschmackes; man müsse sich wundern, wenn seitens der Technik keine Versuche gemacht würden, dieses wertvolle Hopfenaroma zu erhalten.

Ebenso gewiſs ist, daſs groſse Mengen ätherischen Öles im Bier gar nicht erwünscht sein können, weil sie sich ohne Zweifel als gesundheitswidrig erweisen würden. Es ist von einer ganzen Reihe ätherischer Öle festgestellt, daſs sie, in sehr kleinen Mengen verabreicht, im hohen Grade appetiterregend und die Verdauung befördernd auf den tierischen und menschlichen Organismus wirken, daſs sich diese Wirkung aber in das gerade Gegenteil verkehrt, daſs sie im hohen Grade ungesund, ja als heftige Gifte wirken, wenn die verabreichten Dosen nur um ein Geringes gröſser genommen werden. Diese Thatsache verdient ohne Zweifel auch beim trockenen Hopfenstopfen in die Lagerfässer weitgehende Berücksichtigung. Gröſsere Mengen ätherischen Öles wirken reizend auf das Nervensystem und die Schleimhäute der Verdauungswege. Manches durch Bier veranlaſste Kopfweh, Schlaflosigkeit nach reichlicherem Biergenuſs können mit zu viel genossenem ätherischen Öl in Beziehung stehen; das »Wieviel« wird ohne Zweifel individuell sehr verschieden sein. Sicher scheint zu sein[33]), daſs das Hopfenöl physiologisch nicht narkotisch wirkt. Nach v. Bibra und R. Wagner ertrug ein Kaninchen 20 Tropfen Hopfenöl ohne jede Alteration, ja es verlor nicht einmal den Appetit.

Eine ganz beachtenswerte Bemerkung in dieser Frage macht Dr. Remy in Berlin[34]): Daſs thatsächlich die am deutlichsten hervortretenden Geruchsstoffe des Hopfens beim Kochen verloren gehen, zeige der Versuch. Koche man Hopfen mit Wasser oder Würze, so zeigen die Destillate, je nach dem Aroma des Hopfens, auffallend abweichende Geruchsschattierungen, welche kaum bei zweien genau übereinstimmen. Die wässerigen Extrakte zeigen ein spezifisches Aroma überhaupt nicht mehr. Der Geschmack ist ein adstringierender, sehr bitterer; die Geschmacksverschiedenheiten beziehen sich nur auf den Grad der Bitterkeit[35]).

Wenn dennoch seitens der Brauindustrie dem Aroma eine solche Bedeutung beigemessen wird, wie es thatsächlich der Fall ist, dann können wir nicht so ohne weiteres über Anschauungen zur Tagesordnung übergehen, welche auf dem Boden langjähriger praktischer Erfahrung gewonnen worden sind. Ob vielleicht doch geringe, dem Geschmack der Biertrinker nicht entgehende Mengen von spezifischen Geschmacks- und Riech-Stoffen im Bier zurückbleiben, oder ob unbekannte Beziehungen zwischen Aroma und andern Gebrauchseigenschaften bestehen, das sind vorläufig offene Fragen.

Seit längerer Zeit schon macht sich, von Berlin ausgehend, eine Bewegung geltend, alle Unebenheiten der Hopfenqualitäten verschiedener Regionen einzuebnen. Das geht aber doch nicht! In einem Artikel »Über die Bierbrauerei in Nordamerika«[36]) wird betont, daſs den New-Yorker und den Chicagoer Bieren ein widerlicher Geruch und Geschmack anhaftet, während die Brauereien in Rochester, Buffalo, Cleveland, Cincinnati, Indianopolis, Columbus, Louisville, St. Louis, Milwaukee und New-Orleans Biere erzeugen, welche den feinen, ja feinsten deutschen Bieren nicht nachstehen.

Die Biere in New-York und Chicago werden anscheinend nur mit amerikanischen Hopfen hergestellt, während er in Philadelphia und den andern Brauereien der erwähnten Städte groſse

Lager deutscher Hopfen fand, von so bedeutendem Umfang, wie sie in Deutschland nur in den gröfsten Brauereien zu finden sind.

Dieser Berichterstatter sagt nun weiter: Wer nicht selbst die verschiedenen Biere gekostet, könne sich kaum oder nur schwer erklären, wie wunderbar fein der deutsche Hopfen sich gegenüber dem amerikanischen Hopfen im Bier bemerkbar mache; der Geschmack sei sofort ein ganz anderer, und die Ansicht, dafs ein wirklich feines Lagerbier, das dem deutschen gleichkommen soll, nur mit starkem Zusatz von deutschem Hopfen herzustellen ist, hat damals selbst der von 30 Mark per Zentner auf 70 Mark erhöhte Hopfenzoll nicht wankend machen können; deutscher Hopfen geht nach wie vor in ganz respektablen Mengen nach Amerika. Überall, auch in New-Orleans, wurde ihm gesagt, dafs der milde, süffige Geschmack der Biere nur von der Massenverwendung deutschen Hopfens herrührt; ebenso war es in Cincinnati etc. Wo man für einen feinen Gaumen schlecht schmeckende Biere finde, wie in New-York, Chicago etc., könne man darauf bauen, dafs deutscher Hopfen nicht verwendet wird.

Da nun die New York States-Hopfen zum Teil ein sehr schönes, mildes Bitter haben, so mufs der dem Deutschen zuwidere Geschmack in gewissen amerikanischen Bieren offenbar vom ätherischen Hopfenöl herrühren, welches in ganz Nordamerika (Ost- und West-Staaten) einen so eigentümlichen, erdbeer- und blattwanzenartigen Geruch hat.

Die Herren Technologen, welche die Ansicht vertreten, dafs das ätherische Öl für die Brauerei keinerlei Wert besitze, weil es beim Würzekochen mit dem Dampf abziehe, würden dann mit ihren Ansichten mehr Gewicht haben, wenn es möglich wäre, Brauversuche mit völlig entöltem, sonst aber feinem Hopfen zu machen. Wenn man dann in solchen Bieren keine Mängel im Geschmack und Aroma fände, dann würde die Sache einen bedenklichen Charakter annehmen. Allein man würde wahrscheinlich in einem solchen Bier gewaltige Schwächen oder Mängel finden.

Sehr richtig sagt der Amerikaner Lawrence[37]: Jeder Brauer weifs, dafs das ätherische Öl aus der kochenden Würze mit dem Dampf abgeht, dafs beim Durchpassieren durch die Würze, welche gerade dann chemisch so sehr zum Absorbieren von Aroma geeignet ist, dieses ätherische Öl aromatischen Geschmack an die Würze abgeben kann, während der aromatische Geruch sich verflüchtigt. Wenn, wie das in der Chemie sehr wohl bekannt, selbst ein Gas, das durch ein absorbierendes Medium strömt, dieses Medium mit Aroma und Geruch imprägniert, welche Ursache haben wir, zu bezweifeln, dafs das ätherische Hopfenöl auch die kochende Würze, während der Disintegration des Öles in der Würze und ehe es in Dampf aufgeht, mit seinem aromatischen Geruch imprägniert?

Derselbe Autor sagt auch (l. c. S. 1453), dafs es ganz verfehlt sei, ohne Übergang von der vorjährigen Hopfenernte auf die neue überzuspringen, weil dadurch das gewohnte Hopfenaroma des Bieres der Brauerei beeinträchtigt werde; auch in der Gärkammer würden Störungen veranlafst.

Professor Charles E. Sohn hielt 1891 in der City of London College Science Society über den Hopfen und andere vegetabilische Bitterstoffe[38]) einen Vortrag, wobei er sagte: Das Hopfenöl, welches dem Hopfen den unvergleichlichen und unnachahmlichen Geruch gibt, ist nicht eine Substanz, sondern ein Gemisch verschiedener Stoffe (Valerianöl, Trimethylamin, ein flüchtiger Bestandteil des Ammoniaks mit seinem Fischgeruch etc.); bei der Destillation mit Pottasche verwandelt sich der charakteristische Wohlgeruch in ein pelargoniumartiges Parfüm. Nur ein Teil des Öles verflüchtigt sich schnell; der Rückstand ist nur nach einigen Stunden Dampfdestillation fortzubringen, und bei der Oxydation bringt es ein Bitterharz hervor[39]).

Sehr beachtenswert sind die Bemerkungen, welche der Engländer C. Chapman in der oben (S. 560 sub 19) erwähnten Abhandlung über das ätherische Öl in seiner praktischen Bedeutung für die Bierbrauerei macht und welche mit den von A. Kempe in Moskau schon um 1884 gemachten stimmen:

Wenn auch das Hopfenöl nicht ganz die Bedeutung für die Bierfabrikation habe, welche man früher angenommen, so solle der Brauer doch grofsen Wert auf die Menge und den Charakter des im Hopfen vorhandenen Öles legen. Er hält das Hopfenöl möglicherweise für den sichersten Maſsstab für den allgemeinen Wert eines Hopfens, wenn man sich nur auf die physikalische Prüfung des Hopfens beschränkt. Denn es sei zweifellos, daſs ein schädlicher Geruch oder Geschmack, der irgend einem Bestandteil des Hopfenöls eigen ist, den nicht flüchtigen Oxydationsprodukten des Öles mitgeteilt wird, und daſs darunter das Bier sicher notleide, wenn auch das Öl selbst beim Kochen vollständig verflüchtigt werde. Beim Hopfenstopfen auf Lager- und Transport-Faſs spiele natürlich das Hopfenöl eine bedeutend wichtigere Rolle, da ein Teil desselben sicher in Lösung gehe und dem Bier einen entsprechenden Geschmack und Geruch verleihe. Bei der Wahl des Hopfens für diesen Zweck müsse sicher gerade ein Hauptaugenmerk auf das Hopfenöl gerichtet werden.

Gewiſs sei, daſs die Qualität des Hopfenöls auch dann für den Handel, als Warenkriterium, groſsen Wert behalte, wenn es direkt im Bier gar nicht zur Wirkung käme, was aber doch in erheblichem Grade der Fall sei. Wenn auch zwischen dem Aroma des Hopfens und seiner Bitterstoffqualität etc. eine unbedingte Korrelation nicht besteht, so ist dies doch im allgemeinen der Fall, daher das jedermann leicht zugängliche Hopfenöl als ein bequemer und rasch handzuhabender Warenqualitätsanzeiger angesehen werden muſs.

Sehr charakteristisch ist auch das, was Dr. Th. Remy von den Oxydationsprodukten des Hopfenöls sagt, welche nach Chapman (s. oben S. 560) beim Hopfenkochen in der Würze verbleiben und die Träger der Blume, des Bouquets bilden. Die Art der Blume — meint nun Remy[40]) —, welche diese Oxydationsprodukte dem Bier mitteilen, hängt von der Beschaffenheit des Ausgangsproduktes, also des ursprünglichen Hopfenöls, ab. Sehr difficile Unterschiede in der Zusammensetzung scheinen nach dieser Richtung hin von bestimmender Bedeutung zu sein, Unterschiede, welche sich der Feststellung durch die Analyse mit Hilfe der uns gegenwärtig zur Verfügung stehenden methodischen Hilfsmittel gänzlich entziehen. Bei der Feststellung des Aromas, einer der allerwichtigsten Gebrauchseigenschaften des Hopfens, sind wir daher ausschlieſslich auf die einfache sinnliche Wahrnehmung angewiesen.

E. Prior (Allg. H.-Ztg. 1883, II, 521) spricht die Ansicht aus, daſs das Hopfenöl zum Hopfenharz in einem ähnlichen Verhältnis stehe wie das Terpentinöl zum Fichtenharz, und daſs daher die Qualität des Öles, für deren Erkenntnis man ja das Aroma habe, auch einen Schluſs auf die Güte des Harzes gestatte.

Daſs neuer Hopfen öfter sogenannte hopfentrübe Biere macht, ist längst bekannt. Im Brewer's Journal[41]) will die Ursache in der zu groſsen Ölmenge neuer Hopfen gefunden werden, welche vom kochenden Malzauszuge gelöst und während der Gärung unlöslich wird, im Bier schwimme. Wahrscheinlich sind aber die trübenden Teile harzartiger Natur.

Daſs sich das Hopfenöl sehr schwer im Wasser löst, hat namentlich auch Dr. Th. Pokorey[42]) bei seinen Versuchen über die pilzfeindliche Wirkung des Hopfenöls, verglichen mit einigen andern ätherischen Ölen, beobachtet. Er löste 1 g gelbbraunen Öles von angenehm aromatischem Geruch und Geschmack in 5 ccm Alkohol auf und tropfte diese Lösung unter starkem Umrühren in $^1/_2$ l Wasser. Schon nach ca. 10 Tropfen trat eine starke Trübung der Flüssigkeit ein, ein Zeichen, daſs das weiter zugesetzte Öl nicht mehr gelöst, sondern ausgeschieden wurde. Die Wasserlöslichkeit beträgt nur 0,005 %, also ca. 1 : 20000. Auch diese Lösung hat noch einen intensiven Geruch und Geschmack nach Hopfenöl.

In der Praxis der Bierbrauerei wird eine völlige Auflösung des Hopfenöls in der Bierwürze nicht erreicht werden können; es wird sich eine Emulsion bilden, bis durch längeres Kochen der Würze ein groſser Teil des Öles sich verflüchtigt hat und vielleicht nur noch so viel übrig ist, als sich wirklich (verändert) löst.

Unter den ätherischen Ölen finden sich viele mit sehr bedeutender antiseptischer Kraft, selbst bei sehr groſser Verdünnung bis zu 0,002 %. Aber nur das in Wasser wirklich gelöste kann antiseptisch wirksam werden. Mischt man eine 0,005 %ige Lösung von Hopfenöl mit dem für Fäulnispilze nötigen Nährstoffgemenge (Pepton, weinsaures Ammon, Monocalciumphosphat, Magnesiumsulphat), so tritt die Fäulnis fast in derselben Zeit ein wie ohne Hopfenöl, und nach 24 Stunden wimmelt es von Fäulnispilzen.

In einer für Schimmelpilze passenden Nährstofflösung entwickelten sich nach 0,005 %igem Hopfenölzusatz diese Pilze so stark wie ohne denselben. Auch Hopfenpilze werden durch das Öl kaum geschädigt.

Offenbar kann die antiseptische Kraft des Hopfenöls, direkt genommen, das Bier nicht konservieren.

Um die Geschmackswirkung alten Hopfens, veranlafst durch die Baldriansäure, zu verbessern, hat man empfohlen, ihn einige Zeit vor der Verwendung in kaltem Wasser weichen zu lassen und dann mit frischem Wasser auszuwaschen; es ist aber doch sehr wahrscheinlich, dafs dadurch auch das Sekret ungünstig beeinflufst wird.

c) Das ätherische Öl in seiner praktischen Bedeutung[43]).

Es ist unzweifelhaft, dafs der spezifische Geruch des Hopfens, zum Teil auch der Geschmack, vom ätherischen Öl herrührt, und es ist dies auch bei den Versuchen der Technologen konstatiert worden. Das ätherische Öl verleiht dem Bier seinen aromatischen Geruch und seinen aromatischen Geschmack.

Die ferner durch die Technologen konstatierte Thatsache, dafs das ätherische Öl des Hopfens schon im ganz frischen Zustande aus einem Gemenge von mehreren (2—3 und mehr) und nach ihrer Natur wie nach ihrem Geruch ziemlich verschiedenen Ölen besteht, wird ja nicht minder auch durch die praktische Beobachtung und Wahrnehmung bestätigt. Schon die verschiedenen Siedepunkte zeigen zur Genüge, dafs auch schon das Öl ganz frischen Hopfens aus mehrlei Verbindungen besteht. Die spezifisch schwereren Öle scheinen diejenigen zu sein, welche am schwersten verdampfen, die also auch dann in der gehopften Würze beim Kochen noch anwesend sind, wenn die spezifisch leichteren schon verflüchtigt sind; möglicherweise sind aber die letzteren die feineren; es wird dies mehrfach behauptet.

Wenn man sagt, dafs trockene, sonnenreiche Jahrgänge in den Lagen, wo einmal überhaupt feine ätherische Öle erzeugt werden, feinere aromatischere Hopfen erzeugen, so ist das sicher im allgemeinen richtig.

Merkwürdig ist, dafs der feine Auschaer Rothopfen im Bier eine weit raschere Arbeit macht als der Saazer, den Bieren in der halben Zeit den feinen aromatischen Hopfengeschmack verleiht, in einer Zeit, wo die Biere mit Saazer Hopfen noch ganz herb schmecken. Es scheinen also dem Rothauschaer ätherischen Hopfenöl gewisse gröbere Ölbeimengungen, welche zur Abspaltung lange brauchen, ganz zu fehlen. In der That ist das Aroma der feinsten Auschaer Rothopfen, namentlich von der Platte bei Leitmeritz, das reinste, von Nebenbeziehungen freieste, welches vorkommt. Nur die feinsten Ost Kent Goldings haben einen ähnlichen, von Nebenbeziehungen freien Geruchstypus; es ist mir aber nicht bekannt, ob sich diese Hopfen ebenso im Bier verhalten wie die feinsten Rothauschaer.

Es ist dem, welcher viel und eingehend mit dem Hopfen und seinem Geruch verkehrt hat, bekannt, dafs jeder Hopfengeruch, selbst in ganz frischem, noch unverändertem, aber völlig reifem Hopfen, eine sehr typische süfswürzige Basis hat, welche aber in sehr mannigfaltiger Abstufung fein oder grob sein kann, dafs dann aber auch Nebengerüche auftreten, wie zwieblig, fettig, blattwanzenartig, erdbeerartig, selbst veilchenartig. Auch diese Nebengerüche zeigen vielerlei Abstufungen; sicher korrespondieren alle diese typischen Geruchsschattierungen mit sehr verschiedenen Ölen, was sich in recht charakteristischer Weise auch schon durch die Thatsache ausdrückt, dafs zwieblige Nebentöne unter allen Umständen weit lebhafter sind als die süfswürzige Basis und die fettigen Nebentöne. Es gibt zwar sehr milde und dabei gar nicht unschöne, zwieblige Nebentöne, aber in der That keine, welche nicht lebhaft sind.

Es deuten also auch schon diese mannigfaltigen Gerüche, welche wir in einem späteren Abschnitt (Teil II) eingehender schildern werden, deutlich an, dafs das Hopfenaroma ein Gemenge von mehrlei ätherischen Ölen zur Unterlage hat.

Fast in jedem Hopfen, auch im feinsten, sind mehrlei Qualitäten von Gerüchen wahrnehmbar, die auch immer eine sehr verschiedene Stärke und Flüchtigkeit erkennen lassen.

Gerade die Nebentöne des Hopfengeruchs, das Zwieblige, Fettige, Veilchenartige, Erdbeerartige, Wacholderartige etc., sind es, welche uns mehr noch als der süfswürzige Grundton des Geruchs gestatten, auf Provenienz (Herkunft) und Qualität des Hopfens Schlüsse zu ziehen. Der Geruch ist, mit der nötigen Vorsicht in Betracht genommen, ohne Zweifel ein vorzüglicher Indikator eines Hopfens. Bis zu welchem Betrage man den Hopfengeruch als Taxationsmittel des Hopfen-Ursprungs und -Wertes heranziehen kann, wird in einem späteren Abschnitt eingehend erörtert werden. Es ist übrigens ganz irrig, anzunehmen, wie es in der That oft geschieht, dafs der Geruch die einzige Handhabe zur Beurteilung des Hopfenswertes darbiete.

Dafs der angenehme, aromatische Bittergeschmack, welchen feine Hopfen dem Bier verleihen, und ebenso der rohe, widerwärtige von rohen, groben Hopfensorten, welcher zudem durch nichts ersetzt werden kann, zum Teil mit dem Hopfenöl zusammenhängt, welches, wenn auch in relativ kleinen Mengen beim Würzekochen gelöst, ins Bier gelangt, ist sicher. Sehr drastisch erkennt man dies auch an Bieren, welche mit amerikanischem Hopfen bereitet wurden, dessen ätherisches Öl einen eigentümlichen, aber meist sehr stark und überragend auftretenden, an Erdbeeren und schwarze Johannisbeeren erinnernden Nebenton hat; da kann man leicht wahrnehmen, wie sehr die Stärke des aromatischen Geschmacks im Bier von der Stärke des aromatischen Hopfenölgeruchs abhängig ist.

In Mitteleuropa und namentlich auf dem Kontinent (in Deutschland und Österreich) wird bei normalen, halbwegs ausreichenden Hopfenernten sozusagen niemals von amerikanischem Hopfen Gebrauch gemacht. Im unvergefslichen Hopfennotjahr 1876, wo gute mitteleuropäische Hopfen die Preishöhe von 500—600 Mark und mehr erreichten, wurden von einzelnen deutschen Grofsbrauereien auch amerikanische Hopfen in Gebrauch genommen. Dieselben befriedigten aber, trotz der selbst damals mäfsigen Preise, welche ein Drittel der für bessere deutsche und österreichische Hopfen gezahlten wenig überschritt, die Ansprüche der Brauer keineswegs, weil sie dem Bier einen unangenehmen Beigeschmack gaben, der offenbar nur vom eigentümlichen ätherischen Öl der nordamerikanischen Hopfen herrührt[44]). Damit ist also der Anteil des ätherischen Hopfenöls am Geschmack des Bieres sozusagen »endgültig« entschieden.

Dagegen wurden englische Hopfen, welche zum Teil ein sehr feines, den besseren mitteleuropäischen Hopfensorten ganz ähnliches Aroma und Bitter haben, schon öfter mit Erfolg in Hopfennotjahren in deutschen Brauereien verwendet, aber da sie sekretarm sind, mufs man, um den gleichen Zweck zu erreichen, mehr nehmen. Merkwürdigerweise wurden sogar schon vor 150 Jahren englische Hopfen nach Deutschland eingeführt. In einem sehr alten Buche vom Jahre 1753—55[45]) wird gesagt: 1746 fehlte es hier (in Erfurt) an Hopfen wegen durchgängigen Mifswachses, dafs man solchen nicht einmal vor das Geld haben konnte. Um deswillen bemühte sich ein erfahrener Kauf- und Handelsmann, Herr Johann Samuel Andreä, welcher nach England schrieb und eine ziemliche Quantität verschaffete, dafs wir hernachmalen keinen Mangel mehr daran hatten, folglich mufsten die andern Verkäufer, welche allzu viel Profit suchten, mit ihrem hohen Preise auch herunter und solchen wohlfeiler geben. Man mufste aber, nach unserer Art zu brauen, etwas mehr als von dem inländischen zu einem Gebräu Bier nehmen, weil der Englische viel gelinder und liebliche Biere machte.

Er verkaufte aber diesen nicht nach unserm Gemäfs, sondern nach dem Gewicht, und in der That halte ich es vor viel besser, wenn der Hopfen nach dem Gewicht verkauft wird, denn dadurch kann weder der Käufer noch der Verkäufer betrogen werden, weil mit dem Messen es nie so genau zugeht. Mehrenteils müssen die Brauherren darunter leiden, sonderlich, wenn die Hopfenmeister mit den Verkäufern in gutem Verständnisse stehen.

Der starke Baldriansäuregeruch im alternden Hopfen und in den Hopfenlagern zeigt, dafs dieser aus dem Hopfen stammt, in welchem er ursprünglich nicht vorhanden ist. Er mufs also durch Oxydation eines Teils des ätherischen Öles oder der Bittersäure oder beider Entstehung nehmen.

Der spezifische Biergeruch, welcher dem eigentlichen, unveränderten Hopfenöl nicht ähnlich ist, hängt vielleicht auch mit Baldriansäure zusammen, welche ebenso wie kleine Teile Hopfenöl im Bier gelöst sein können. Deshalb erscheint es denn auch erklärlich und gerechtfertigt, warum die Brauer allgemeinhin frischen Hopfen dem älteren Hopfen vorziehen, denn wenn auch der gröfste Teil des Hopfenöls beim Würzesieden verloren geht, so bleiben doch ein geringerer Teil desselben und ebenso Umsetzungsprodukte der in ihm enthaltenen Verbindungen im Bier zurück und geben demselben entsprechendes Aroma.

Hayduck bemerkt — gelegentlich der Erörterung seiner Studien über die bakterienfeindliche Natur gewisser Hopfenbestandteile —, dafs bei unserer (Münchner) Art des Würzekochens, welche sich auf fast drei Stunden ausdehnt, ohnehin das ätherische Öl, dem er jede antiseptische Wirkung abspricht, nahezu ganz verloren gehe, indem das sehr flüchtige Öl beim Kochen verdampft; man riecht das ja auch, wenn man einen Raum betritt, in welchem die gehopfte Würze gekocht wird.

Dafs dem Hopfenöl — direkt oder indirekt — eine schwach gärunghemmende Kraft eigen ist, wird übrigens in praktischen Brauerkreisen vielfach angenommen; die Attenuation der Würzen soll bei Gegenwart solchen Öles etwas langsamer erfolgen und auch die Nachgärung länger dauern; die gärungshemmende Kraft wird eben eine indirekte sein.

Nach W. A. Lawrence (Allg. Br.- u. H.-Ztg. 1887, II, 1468, nach dem Nordamerikanischen Bierbrauer) wird Hopfenöl namentlich vom wässerigen Teil der Würze festgehalten; man sehe im Laboratorium, wie bereitwillig das Aroma sich mit der wässerigen Lösung verbinde, was das Harz nicht so schnell thue. Da nun beim Kochen zuerst die leichteren Teile der Würze verdampfen, wodurch das spez. Gewicht erhöht wird, so mufs jede weitere Konzentration der Würze nach dem Hopfenzusatz einen Verlust an Aroma bewirken.

Schales Bier, d. h. solches, welches seine Kohlensäure eingebüfst und noch viele unvergorene Teile hat, ist bitterer als vorher (Thausing-Schwarz-Bauer, S. 689), aber dieses Bitter ist weder angenehm noch aromatisch.

Das einzige Bier, welches schaumlos verzapft wird, das Stock-Ale, mufs im Versandfafs noch eine Zugabe von Hopfen erhalten, nicht allein zum Zwecke des Klärens, sondern auch um dem Ale ein Hopfenaroma zu verleihen, trotz der ungemein grofsen Hopfenmenge, mit dem Bier dieser Art im Kessel gekocht wird.

Kein Bier, dem der Hopfen im Kessel in rationeller Weie zugesetzt wurde, wird seines Hopfenaromas verlustig gehen; sofern dessen latente Kohlensäure in der Haupt- wie in der Nachgärung langsam zur Entwicklung kommt, wird auch die absorbierte Kohlensäure von dem Bier zurückgehalten. Um dies auszuführen, stehen dem Brauer heute die beiden mächtigen Faktoren »Druck und Kälte« zur Verfügung; so kann er dieses Prinzip in die Praxis übertragen und das Hopfenaroma dem Bier erhalten. Die Erhaltung des Hopfenaromas im Bier hängt hauptsächlich davon ab, dafs ein Bier gemacht wird, das reich an absorbierter Kohlensäure ist und diese festhält. Vielleicht zeugen dafür auch die Pilsener Biere.

Im Bierbrauer 1884 (reprod. Allg. Br.- u. H.-Ztg. 1884, I, 302) macht ein Praktiker die Bemerkung, dafs das flüchtige Hopfenöl eine leichtere und reichlichere Auflösung von Hopfenharz und Bitterstoff in der Würze veranlasse, also deren streng bitteren Geschmack vermehre. Bei Würzen, welche ohnehin schon durch stärkere Malzbräunung einen strengeren Geschmack besitzen, sei das noch weniger vorteilhaft als bei leichteren Bieren, denen dadurch ein feineres Aroma verliehen werde.

Manche halten das ätherische Öl für gesundheitschädlich und wollen es deshalb aus dem Bier möglichst hinausjagen. Allein das sind Übertreibungen. Alle ätherischen Öle sind in gröfseren Mengen reizend und daher gesundheitschädlich, in kleineren Mengen aber anregend und sehr gesundheitförderlich.

Es ist eine unbestreitbare Thatsache, dafs ein gewisses kleines Mafs feiner ätherischer Öle und ebenso von Bitterstoffen einen sehr günstigen Einflufs auf die Verdauung ausübt. Deshalb mufs das fast gänzliche Fehlen des ätherischen Öles als ein die Verdaulichkeit solcher

Biere beeinträchtigender Mangel bezeichnet werden. Alle Ärzte und namentlich auch Physiologen, mit welchen ich desfalls gesprochen, bezeichnen mir als das zur Zeit leichtest verdauliche Bier das gute Pilsener, also das Bier mit mehr Aroma und Bitter und hinreichender Vergärung. Anderseits verkehrt sich aber auch die Gegenwart von zu viel ätherischem Öl und ebenso von Bitterstoffen in das schroffe Gegenteil, denn sie wirken in gröfserer Menge reizend und somit höchst schädlich auf die Schleimhäute der Verdauungswege.

In der That schmecken Biere mit zu viel Öl oder vielleicht mit solchem, welches unter besonderen Umständen gewonnen, daher mehr oder minder verändert ist, wie parfümiert, als wenn man ein Parfüm hineingeschüttet hätte; das ist namentlich der Fall, wenn das ätherische Öl als Destillat dem Bier zugesetzt wird. Dies wurde, wie G. Noback bestätigt, auch schon durch Balling festgestellt. Ich habe solche Biere schon getrunken, sie hatten einen fatalen, widerwärtigen Geschmack; vielleicht handelt es sich da um den Zusatz von Hopfenextrakten als Dauerpräparate. G. Noback glaubt, dafs die Parfümierung der Biere mit ätherischem Öl in Deutschland keinen Eingang finden wird, weil eben diese Parfümierung dem Charakter des Bieres nicht entspricht, wie er heute in Deutschland verlangt wird.

Das ist gewifs, dafs eine reichlichere Menge ätherischen Öles im Bier, welche sich beim Trinken im Geruch und Geschmack des Bieres stärker geltend macht, nur von feinem Hopfen herrühren darf, wenn sie nicht geradezu widerlich und abstofsend wirken soll.

d) Erhaltung des Hopfenöls durch Teilung des Hopfens beim Würzekochen.

Die Art und Weise des Hopfenhaltens, die Art und Weise wie der Hopfen der Würze beigegeben wird, ist so vielartig, dafs man fast sagen kann: so viel Brauer, so viele Arten des Hopfengebens.

In manchen Ländern, namentlich in Österreich und da insbesondere in Böhmen, will das Konsumentenpublikum aromatischere Biere, welche dann, wo sie richtig hergestellt werden, auch sonst eine andere Entwicklung haben, namentlich eine langsamere und vollkommenere Gärung. Da sucht man das ätherische Öl durch veränderte Art des Würzekochens (Teilung der Hopfengabe) im Bier zu erhalten, oder auch man gibt es noch einmal mit feinem, frischem Hopfen in die Lagerfässer. Teilung des Hopfens ist jetzt auch in deutschen Brauereien vielfach üblich.

Nach J. E. Thausing[46]) kocht man in Österreich teilweise die noch nicht gehopfte Würze, bis sie bricht (ca. $1^1/_2$ Stunden) und setzt dann erst den Hopfen zu, der noch $^1/_2$ oder $^3/_4$ Stunde mitgekocht wird; oder man kocht einen Teil des zu Anfang gegebenen Hopfens gar nicht mit und läfst das Bier im Hopfenseiher darüber laufen; es soll dabei der Geschmack des Bieres erheblich feiner werden, weil grobe Geschmacksstoffe ungelöst bleiben; manche teilen den Hopfen sogar in drei Teile.

Wo man die Hopfengabe teilt und den gröfseren Teil erst in den letzten Abschnitten des Hopfenkochens zusetzt, oder wo man trockenen, frischen Hopfen in kleineren Mengen in die Lagerfässer stopft, mufs man natürlich schon des Öles wegen nur sehr feine Hopfen nehmen.

Luxus scheint es zu sein, wenn man, wie in österreichischen Brauereien vielfach der Fall, die feinen und teuren Saazer Hopfen auch zu minder gehaltvollen und rasch zum Ausschank kommenden Bieren verwendet. Das kann sicher nur daher kommen, dafs über die Art und Weise, wie die verschiedenen Hopfensorten im Bier arbeiten, sehr wenig sichere Kenntnisse allgemeiner verbreitet sind; oft dürfte man mit der Etikette Saaz auch minderwertiges Material verarbeiten. Diese leichten, kurz dauernden Biere können diesen schweren und im Bier langsam arbeitenden Saazer Hopfen in so kurzer Zeit gar nicht verdauen, weshalb sie auch gar nicht gut im Aroma und namentlich im Geschmack sind, obgleich man so feinen Hopfen zu ihrer Herstellung verwendet hat. Ich habe diese wichtigen Beziehungen eingehender besprochen in einer folgenden Schrift, in dem Abschnitt über die Auschaer Rothopfen.

Eine hochberühmte Wiener Grofsbrauerei hat in München ein teures Lokal gekauft, um mit ihren Wiener Bieren den Münchner Brauereien Konkurrenz zu machen. Bis jetzt ist dazu aber wirklich keine Aussicht. Die Lokale sind leer. Das Liter dieser halbhellen Biere kostet 40 Pfg., und das Bitter ist so unverdaut, so harzroh und derb, dafs man das sonst schöne Bier nur ungern trinkt. Ganz in der Nähe kann man Münchner helle Biere per Liter um 26 und höchstens 28 Pfg. haben, welche entschieden angenehmer zu trinken sind, obgleich auch in ihnen die Bitterstoffe noch nicht durch die eigene innere Arbeit des Bieres zur völligen Losschälung von den Harzen gekommen sind.

Ohne Zweifel ist das zu lange Kochen der Würze in mancher Beziehung, und namentlich in Bezug auf das ätherische Öl, unzweckmäfsig und verschwenderisch. Manche Brauer sind der Ansicht, dafs durch längeres Kochen die Haltbarkeit des Bieres gefördert werde, was offenbar mit der gründlicheren Abscheidung der eiweifsartigen Stoffe bewirkt wird. Während nun die einen sagen, dafs durch das lange Kochen der Hopfen in seinen andern Bestandteilen (Bitterstoff, Harz, Gerbstoff etc.) besser ausgenutzt wird, sagen andere, dafs das lange Kochen eine Verschwendung an wertvollen Hopfenbestandteilen, an Zeit und Geld (Brennmaterial etc.) sei; zudem beeinflusse das übertriebene lange Kochen die Farbe und den Geschmack des Bieres in ungünstiger Weise, denn die bei längerem Kochen in Lösung kommenden Bitterstoffe, Harze, Gerbstoffe etc. seien gröberer Natur und von derberem, herbem Geschmack. In 1—1 $^1/_2$—2 Stunden sei der Hopfen genügend extrahiert und die Proteïnkörper seien unlöslich geworden; die Würze sei gebrochen, gar gekocht und könne nun auf das Kühlschiff kommen. Nur bei besonderen Bierqualitäten könne längeres Kochen angezeigt sein.

In der Wochenschr. f. Br.[47]) wird gesagt, dafs die Hopfenkochdauer 1 $^1/_2$—4 Stunden beträgt; bei lichten Bieren sollte dieselbe aber, der Farbe und des Geschmackes wegen, über 3 Stunden nicht ausgedehnt werden. Der Zusatz des Hopfens, je nach dem Charakter des Bieres und der Qualität des Hopfens, in 1—3 Teilen. Wer gezwungen ist, geringere Hopfenware zu verwenden, sollte nicht über 2 $^1/_2$ Stunden kochen.

Sicher werden die Biere aromatischer und zum Trinken animierender, wenn nicht der ganze Hopfen von Anfang bis zu Ende mitgekocht wird, wobei zu viel ätherisches Öl verdampft. Es gibt übrigens auch Ansichten in praktischen Kreisen, welche dahin gehen, dafs man den besten Hopfen gleich zusetzen soll und zwar schon ehevor die Würze kocht, wenn der Boden der Pfanne mit Würze bedeckt ist; dann verbänden sich die edlen harz- und aromareichen Bestandteile des Hopfens eher mit der Würze, während beim Zusatze in die kochende Würze gerade das feinste Öl verflüchtigt wird. Deshalb schlägt man auch das Teilen des Hopfens vor, namentlich in Österreich, und die Art und Weise, wie das ausgeführt wird, ist ziemlich mannigfaltig.

Man kocht z. B. einen Teil, $^2/_3$ oder $^1/_2$ der üblichen Hopfengabe, durch die ganze Zeit des Würzekochens, also von Anfang bis zu Ende, mit, wodurch die volle Ausscheidung der Proteïnkörper bewirkt und die Haltbarkeit des Bieres gesichert wird; den zweiten Teil des Hopfens gibt man erst $^1/_2$ Stunde vor dem Ablassen, vor der Beendigung des Kochens in die Würze; dieser Teil wird dann nicht so stark in den Extraktivstoffen, welche die Farbe und den Geschmack des Bieres, selbst die Haltbarkeit desselben ungünstig beeinflussen, extrahiert. Es bleibt statt dessen aus dem zweiten Teil des Hopfens mehr ätherisches Öl in Lösung, welches günstig auf den Geschmack und Geruch (Aroma) des Bieres wirkt; derart kann man für den ersten Teil des Hopfens die geringeren Hopfenqualitäten, für den zweiten Teil aber natürlich nur die feinsten verwenden.

Schwarz[48]) teilt das ganze Hopfenquantum in drei Teile; die ersten $^2/_5$ werden erst zugesetzt, wenn die Würze durch das Kochen gebrochen erscheint, weil dann die Gerbsäure des Hopfens mehr Eiweifsstoffe niederschlägt, als wenn der Hopfen der noch nicht gekochten Würze zugesetzt wird; nachdem die ersten $^2/_5$ ca. eine Stunde mit der Würze gekocht, werden wieder $^2/_5$ zugesetzt und so lange mitgekocht, bis die Würze die nötige Konzentration erreicht hat;

das letzte Fünftel wird zerrissen in den Würzeseiher gebracht und die heifse Würze darüber laufen gelassen.

In der Gegend von Dortmund, auch in Baden, werden nach O. Reinke Biere von vorzüglichem Hopfenaroma erzeugt; dort ist man sehr ängstlich, den Hopfen sofort der Vorderwürze zuzusetzen, der Hopfen wird erst bei der zweiten Nachwürze gegeben; in vielen Brauereien läfst man auch erst die ganze Masse kochen, wenn die zweite Nachwürze läuft. Es ist denkbar, dafs beim sofortigen Zusatz des Hopfens zur Vorderwürze selbst die Eiweifsfällung durch den Hopfengerbstoff teilweise gehindert ist.

Das Pilsener Bier erhält verhältnismäfsig so viel Hopfen, dafs es schier ungeniefsbar würde, wenn man das ganze Quantum mit der Würze kochen wollte. So aber wird nur der dritte Teil in gewöhnlicher Weise mit der Würze gekocht, das zweite Drittel nur $^1/_2$ Stunde, und mit dem letzten Drittel des Hopfens bringt man die Würze nur ganz flüchtig in Berührung, man läfst sie nur darüber springen. So gelangen nur die feinsten Teile der Bitter- und Aroma-Stoffe in das Bier, aber sehr wahrscheinlich alle oder die meisten Gerbstoffe, welche die grünliche Farbe des lichten Bieres geben.

Auch in andern Teilen Österreichs gibt man zu Bieren, welche einen starken Hopfengeschmack bekommen sollen, $^1/_3$—$^1/_4$ des ganzen Hopfenquantums roh in den Hopfenseiher, damit die heifse Würze durchläuft und extrahiert. Dieser Teil des Hopfens wird dann später zuweilen noch bei einem zweiten Sud in der Pfanne mitgekocht; es ist das aber nur dann zu empfehlen, wenn der zweite Sud unmittelbar nachfolgt.

J. E. Thausing[49]) sagt, wenn man die Würze bis zum vollständigen Bruch ohne Hopfen koche und den Hopfen erst $^1/_2$—$^3/_4$ Stunde vor dem Ausschlagen zusetze, so sei dies eine Hopfenverschwendung, da der Bitterstoff aus dem Hopfen schlecht extrahiert werde; auch sei dieses Verfahren als der Haltbarkeit des Bieres abträglich erkannt worden. Ebenso sei es Verschwendung, einen kleineren Teil des Hopfens in den Hopfenseiher zu geben.

In den Brauereien Nordamerikas wird das mit dem Würzedampf entweichende ätherische Öl im Dunstabzuge durch einen Kondensator aufgefangen; das gekühlte Kondensat mit dem Hopfenaroma wird verschieden verwendet (s. weiter unten in dem Abschnitt: Bessere Ausnutzung des Hopfens).

Es sei mit der Erhaltung des Aromas und dem feinen Hopfengeschmack durch kurzes Kochen nicht weit her. Am besten werde der Hopfen in zwei Partien der Würze zugesetzt, die erste Hälfte, wenn die Vorderwürze in der Pfanne ist, die zweite gleich nach dem Abläutern; dann kocht der erst gegebene Teil 2—2 $^1/_2$ Stunden, der zweite Teil 1—1 $^1/_4$ Stunden. Bei starken Hopfengaben und stärkeren Bieren wird der Hopfen gewöhnlich länger gekocht als bei schwacher Hopfengabe und leichten Bieren. Bei kurzem Kochen braucht man natürlich mehr Hopfen von derselben Qualität.

Die natürlich vielfach als Geheimnis behandelte Art und Weise, wie man im Gebiet der Brauerei nach Pilsener oder Wiener Methode dem Bier das Hopfenaroma zu erhalten sucht, ist sehr verschieden, wenn auch das Hopfenquantum niemals gleich ganz beim Beginn des Würzekochens, sondern meist in zwei oder drei Portionen und in verschiedenen Abschnitten der Würzekochdauer gegeben wird.

Der eine nimmt beim Beginn des Würzelaufens schon $^1/_3$ des Quantums und gibt es zur Pfanne, während das zweite Drittel ungefähr 1$^1/_2$ Stunden später, wenn die Würze bereits eine Zeitlang gekocht hat, zugesetzt wird; das letzte Drittel wird dann ungefähr $^1/_2$ Stunde vor dem Ausschlagen erst zugesetzt.

Ein anderer gibt die Hälfte des Hopfens zur Würze, wenn die Vorderwürze ganz beisammen ist. Das dritte Viertel gibt er $^3/_4$ Stunde vor dem Ausschlagen, während er das letzte Viertel in den Hopfenseiher gibt und die Würze nur darüber laufen läfst, wobei also nur das leichtest Lösliche extrahiert, das aber auch zugleich das beste, edelste Bitter und feinste Aroma enthält.

Wieder ein anderer kocht erst die Würze bis zum Bruch, gibt dann erst den Hopfen hinzu und kocht mit demselben die Würze noch 1—1 ½ Stunden lang.

Es ist auch gar kein Zweifel möglich, dafs mit allen diesen verschiedenen Methoden der Hopfengabe auch Schattierungen des Feingeschmackes im Bier verbunden sind. Diese können auch örtlich, je nach der Beschaffenheit des Wassers, des Malzes etc., verschieden sein, und man mufs das durch das Probieren herausfinden.

Es ist beachtenswert, was desfalls A. Kempe, Braumeister in Moskau[50]), sagt: dafs in den Zapfen des zuletzt zugesetzten Hopfens, welcher blofs aufgebrüht wird, noch eine Menge Lupulin zu finden sei, welches mit dem weggeworfenen Hopfen verloren gehe; auch finde man, dafs Würzen, deren Hopfen kurz vor dem Überschöpfen auf die Kühlschiffe zugesetzt wurde, an den Rändern der Kühlschiffe grünlich-gelbe Streifen hinterlassen, welche sich bei genauer Untersuchung als aus lauter wohl mechanisch den Zapfen entrissenen, jedoch intakten (wohlerhaltenen), noch nicht zerkochten und extrahierten Lupulinbläschen bestehend erwiesen, ein Verlust, der bei zu kurzer Kochdauer unvermeidlich sei.

Ein beachtenswertes Verfahren teilte Ehrich im Bierbrauer mit; es war ihm durch einen Besucher der Wormser Brauerakademie, Herrn Greuell, mitgeteilt worden. In einer Brauerei wird der Hopfen in zwei Portionen gegeben. Die erste Hälfte wird in einem Netze in den Kessel gehängt, wenn die Hauptwürze herunter ist und zu kochen beginnt. Die zweite Hälfte kommt ungefähr ¾ Stunde vor dem Ausschlagen lose in die Pfanne und bleibt bis zur Beendigung des Hopfensudes darin. Dagegen wird der erste Teil des Hopfens, welcher in einem Netze in die Würze eingehängt worden war, mit dem Netze herausgezogen, sobald die Würze zwei Stunden gekocht worden ist. Herr Greuell bemerkt, dafs das so erzeugte Bier stets einen feineren Hopfentrunk gehabt habe als Parallelbiere, bei deren Darstellung die erste Hopfenportion bis zum Ausschlagen im Kessel verblieb, die im übrigen aber mit denselben Materialien und nach demselben Verfahren gebraut worden waren. Es ist das auch ganz natürlich, denn die feinaromatischen und feinbitteren Stoffe des Hopfens gehen während der ersten Kochzeit in Lösung, die harten Bitterstoffe etc. brauchen länger, und zuletzt kommen auch allerlei herbe, rohe Extraktstoffe aus den krautartigen Teilen in Lösung, welche den Geschmack des Bieres verrohen und verderben. Deshalb wird der erste in dem Netze eingeschlossene Teil des Hopfens in einem Zeitabschnitt aus dem Hopfenkessel herausgehoben und entfernt, wenn er seine wertvollen Bestandteile bereits an die Würze abgegeben hat und wo die Lösung der herben Extraktivstoffe beginnen könnte. Der zweite Teil der Hopfens befindet sich ja ohnehin nur kurze Zeit in der kochenden Würze.

Man kann hier die Münchner Biere mit dem dreistündigen Hopfenkochen nicht anführen; es ist fraglich, ob sie nicht öfter solch unangenehme rauhe Geschmacksschattierungen wahrnehmen lassen, obgleich zu ihrer Herstellung nur wenig Hopfen verwendet wird und ohnehin ihr relativ hoher Extraktrest auch das Hopfenbitter teilweise verdeckt. Starke und schwach gehopfte Würzen kocht man länger als schwache und stark gehopfte. Bei lichten Bieren schränkt man die Kochdauer ein.

Bei leichten, weinigen Bieren, die zudem stark gehopft werden, ist das nicht der Fall, und es ist sehr wohl denkbar, dafs bei solchen eine Geschmacksverbesserung eintritt, wenn man die erste Hopfenpartie nach zweistündigem Kochen aus der Würze entfernt, anstatt sie bis zum Ausschlagen darin zu lassen, worüber oft drei Stunden und mehr vergehen können.

Freilich möchte man eine so abgekürzte Kochdauer, welche ja namentlich auch von Dr. Windisch befürwortet wird, für Verschwendung ansehen, wenn Lawrence, Bryant und C. S. Meacham auf Grund experimenteller Untersuchung nachweisen, dafs während der gewöhnlichen Kochdauer von zwei Stunden erst wenig mehr als die Hälfte der im Hopfen enthaltenen Harzgemenge in Lösung getreten ist, und wenn Prior (Nürnberg) gefunden haben will, dafs in dieser Zeit sogar nur ⅓ der Hopfenharze gelöst wird. Es läfst sich also wohl annehmen, und die analytischen Feststellungen der beiden englischen Forscher bestätigen das ja auch so ziemlich, dafs das zurückbleibende Harz in der Hauptsache die von Hayduck beschriebenen harten Harze sind, welche wenig oder gar keine konservierenden Eigenschaften besitzen und den Geschmack ungünstig beeinflussen. Eine Ausnutzung dieser Harze hat allem Anschein nach in der That keinen praktischen Zweck; sie ruinieren den Feingeschmack des Bieres, ohne dafs sie sonst etwas leisten könnten.

Wenn man den Hopfen $2^1/_2$—3 Stunden kocht, erhält man, wie Rutschmann sagt[51]), erfahrungsgemäfs rauhschmeckende Biere. Kocht man nur $^1/_2$—$1^1/_2$ Stunden, dann bleibt das meiste Lupulin unausgelaugt in den (sich schwer benetzenden) manchmal im Innern noch ganz trockenen Zapfen. Die bestgeschlossenen Zapfen sind am wenigsten ausgelaugt. Man kann sich davon am Hopfenseiher überzeugen. Aber mit seiner Hopfenpumpe werden die Zapfenblätter von den Rippen (Spindeln) gestreift, das Lupulin wird frei und der Hopfen legt sich als polsterartige Filterschichte auf den Senkboden des Hopfenfilterbottichs. Die durch diese Filterschichte gehende heifse Würze löst die Hopfenstoffe, es gibt eine mit Weichharz etc. gesättigte Würze. Danach sind die Zapfen ausgelaugt.

Dafs das gegenwärtige Verfahren des Hopfenkochens nicht entspricht, zeigen neuestens die vielen Hopfenextraktionsapparate, Hopfen-Zerreifs-, -Entblätterungs- und -Sortiermaschinen. Beim Zerreifsen vor dem Kochen geht das ätherische Öl fort; wenn nun Rutschmann sagt, auch von den Weichharzen bliebe der Würze wenig, so ist der Grund nicht einzusehen, denn die sind nicht flüchtig. Das Zerreifsen nach dem Würzekochen und Filtrieren der Würze über diese Masse sei zweckmäfsiger. Dadurch werde auch die Trubsackarbeit verringert.

In der Wochenschrift f. Br.[52]) wird zur Erzeugung von Pilsener Bier mit aromatischem Hopfengeschmack empfohlen, in erster Linie ein bei niederer Temperatur abgedarrtes Malz von tadelloser Beschaffenheit zu nehmen, um eine möglichst blasse, grünlich-gelbe Würze zu erhalten. Dann solle man per 1 Ztr. Malz 2 Pfd. Hopfen nehmen (also per Hektoliter Bier nicht ganz 1 Pfd.) und in drei Portionen geben. Das erste Drittel solle in den Hopfenkessel kommen, wenn die Vorderwürze ungefähr zur Hälfte in denselben abgelaufen ist, das zweite Drittel gleich nach dem Beginn des Kochens und das letzte Drittel endlich $^1/_2$ oder $^1/_4$ Stunde vor dem Ausschlagen, so dafs die letzte Hopfengabe nur ganz kurze Zeit mit aufkocht. Hauptsache ist noch, dafs für die beiden ersten Zusätze ein guter bayerischer Hopfen verwendet und als letzte Gabe nur hochfeiner Saazer verwendet wird. Auf diese Weise erhält man ein dem Pilsener möglichst ähnliches Bier mit stark hervortretendem, aromatischem Hopfengeschmack.

Herr R. Giffhorn in Worms (Allg. Br.- u. H.-Ztg. 1899, II, 2231) will beim Hopfenkochen in mehreren Portionen die dritte Portion im Hopfenseiher bedenklich finden, denn das ätherische Öl sei stark narkotisch, das Bier mit reichlicherer Menge mache Kopfweh. Manche wollen den Hopfen erst einweichen, weil beim direkten Zusatz in die heifse Würze ein Teil des Gerbstoffs in den Zapfenblättern gebunden würde und die Porosität derselben beeinträchtigt, die Extraktion der andern Stoffe erschwert werde. Zu langes Kochen ($1^1/_2$—3 Stunden) beute den Hopfen besser aus (Hopfen sparen), mache aber rauhen, herben Geschmack, wenn auch das Bier haltbarer.

Nach Giffhorn gehört zum angenehmen bitteren Hopfengeschmack, wie man ihn bei dem Pilsener Bier findet, in erster Reihe tadelloser Saazer Hopfen bester Qualität; den kann man auch während der ganzen Kochdauer auf die Würze wirken lassen, ohne herben Geschmack des Bieres befürchten zu müssen.

In der Wochenschr. f. Br. 1900, S. 214 wird gesagt, dafs man einen harten Geschmack, namentlich bei lichten Bieren, erhält, wenn man den Hopfen zu lange (länger als $1^1/_2$—2 Stunden) kocht; das letzte Drittel des Hopfens soll man erst $^1/_2$—$^3/_4$ Stunde vor dem Ausschlagen geben.

Andere wollen, namentlich bei hellen Bieren, $^1/_4$ des Hopfens der Würze zusetzen, wenn die Gesamtwürze in der Pfanne ist, wobei die Würze vorher schon $^1/_2$ Stunde gekocht hat. $^1/_2$ wird dann nach etwa $^3/_4$ Stunde zugesetzt, ca. $^1/_4$ kurz vor dem Ausschlagen; diesen Teil nur aufwallen lassen.

Den hier entwickelten Ansichten kann der Verfasser dieses Buches vollkommen beipflichten. Die ersten $^2/_3$ Hopfen feinste bayerische Ware mit ihrem meist so feinen, weichen

Bitter nehmen und als letztes, nur kurz gekochtes Drittel feinsten Saazer mit seinem oft überlegenen, hochfeinen Aroma. Ein solches Bier mufs, wenn sonst alles in Ordnung ist, hochfein im Geschmacke und Aroma werden. Aber man sehe wohl zu, dafs es auch so sei, denn im Gebiete von Saaz gibt es Hopfen, welche zuweilen selbst ein veilchenartiges Nebenaroma von höchst roher, ordinärer Art besitzen, schlechter als die Hundsveilchen; daneben gibt es andere mit wahrhaft veilchenartigen Nebentönen des Aromas von einer Feinheit, wie sie sonst keine Hopfensorte der Welt zu liefern vermag; es gibt aber auch Jahrgänge, wo die veilchenartigen Nebentöne ganz fehlen und zum edlen süfswürzigen Grundton des Aromas diverse Fett- oder Zwiebel-Gerüche hinzutreten.

In manchen Brauereien wird — wie schon erwähnt — auch für die Erzeugung von Bier nach Pilsener Art ein Teil des Hopfens im frischen Zustande in den Hopfenseiher gebracht, oft nur in kleinen Beträgen, wie 1 kg Hopfen für 70 hl Bier; aber dazu nimmt man natürlich nur hochfeinen Hopfen.

Dieser späte Zusatz eines Teils des Hopfens bei der Bereitung Pilsener Bieres wird übrigens als nicht richtig bezeichnet. G. Noback-Prag (s. Wochenschr. f. Br. 1894, S. 742) sagt, in keiner Pilsener Brauerei werde so manipuliert, der Hopfen werde dort vielmehr nach der alten Methode zugegeben. Auch Praktiker sagen, dafs in Böhmen, wo die Biere stark hopfig oder wie parfümiert schmecken, ganz anders gekocht wird, als man in Deutschland vielfach glaubt, denn der Hopfen wird dort vielmehr sehr früh zugesetzt; man kocht dort sehr lange, nimmt aber guten Hopfen und schlägt nicht über Hopfen aus, um ein feines Aroma zu gewinnen.

Professor Delbrück (Berlin) und andere bezeichnen die Methode, wo ein Teil des Hopfens nur kurze Zeit gekocht werde, als eine Verschwendung an Hopfenmaterial, weil dabei nicht alle Hopfenbestandteile extrahiert werden. Bei der bayerischen Methode des (längeren) Hopfenkochens wird alles Wertvolle extrahiert. Allerdings könnte man auch bei der partiellen Hopfengabe Stoffverluste vermeiden, wenn man die zuletzt gegebenen Hopfenteile bei einem andern (neuen) Sud gleich im Beginn des Hopfenkochens wieder zusetzt (Deinhardtsches Verfahren). Aber das setzt voraus, dafs gleich wieder ein Sud folgt, denn eine längere Aufbewahrung könnte allerlei Schädlichkeiten im Gefolge haben.

G. Noback ist der Ansicht, dafs unsere deutschen Biere, wenn ihnen das Destillat (das beim Hopfenkochen flüchtig gewordene und aufgefangene ätherische Öl) nach der Kühlung zugesetzt werde, parfümierte Biere würden, die heute in Deutschland niemand wolle. Wenn man einen Teil des frischen Hopfens in den Hopfenseiher gäbe, erhielten diese Biere allerdings einen Funken Aroma. Zu bedauern sei es freilich, dafs man heute das ätherische Öl in die Luft entweichen lasse. Man solle es aufzufangen, zu sammeln und anderweitig (also nicht zu Brauereizwecken) zu verwenden suchen. Letzteres wäre wohl meist das Bessere.

Reinke (Berlin) hält das Festhalten des ätherischen Öles nicht für so bedenklich. Bei dem später zu besprechenden Stockheimschen Extraktionsapparat wird der Hopfen bei $^1/_2$—1 Atmosphäre Druck eine halbe Stunde lang extrahiert und der erkaltete Extrakt später dem Grand zugesetzt. Etwas wird dabei allerdings zerlegt, aber da der gröfsere Teil erst bei 260° siedet, ist in diesem Falle seine Zerstörung ausgeschlossen. Thatsächlich ist auch jetzt schon sehr viel ätherisches Öl in den Würzen enthalten, weil zwar die hoch siedenden Öle mit dem Wasserdampf leicht übergehen, aber während dreistündigen Kochens doch nicht so rasch entfernt werden können. Die leicht flüchtigen Körper, welche für gewöhnlich nur in geringer Menge vorhanden sind, können allerdings dem Bier einen unerwünschten Geschmack geben, aber es kommt dabei doch sehr viel auf die Art des Hopfens an Vielleicht ist es nur der Fall bei Hopfen, in welchen schon Veränderungen eingetreten sind.

Mit der Gewinnung dieser leicht flüchtigen Körper ist dem Praktiker aber auch die Gelegenheit gegeben, Biere von einem bestimmten Typus herzustellen, wie man sie z. B. mit sehr ausgeprägtem Charakter im Elsafs findet.

Das, was man »parfümierte Biere« nennt, habe ich — wie schon erwähnt — selbst schon mehrfach zu trinken bekommen, namentlich in Südwestdeutschland (Württemberg), einmal auch sehr ausgeprägt in Bayern. Es ist in der That ein Biergeschmack, als wenn reichliche Mengen eines Haaröls in das Bier entleert worden wären; er ist sehr unangenehm, sicher auch sehr ungesund, denn so günstig anregend auch kleine Mengen ätherischen Öles auf die Verdauung und das Wohlbefinden wirken, ebenso gewifs ist es auch, dafs gröfsere Mengen reizend auf die Schleimhäute der Verdauungswege und endlich wie Gifte wirken. Gröfsere Quantitäten eines solchen Bieres kann man nicht trinken, und wer es doch forciert, kann sich Erbrechen und schweren Katzenjammer zuziehen.

Ich kann übrigens doch nicht glauben, dafs normales ätherisches Öl in gröfseren Mengen diesen wirklich unerwünschten Typus der parfümierten Biere schafft, vermute vielmehr, dafs es sich um solche ätherische Hopfenöle handelt, welche irgendwie schädlich verändert sind; wäre die Wirkung des ätherischen Öles auch im normalen Zustande so, dann müfste man ja dieser Sache viel öfter begegnen, als thatsächlich der Fall ist.

Ohnehin ist es ganz verfehlt, dieses haarölartige Parfüm, dem man da und dort einmal, stärker oder schwächer entwickelt, im Bier begegnet, mit dem Hopfenaroma feinsten, normalen Pilsener Bieres zu vergleichen. Da ist ja doch nicht die geringste Ähnlichkeit gegeben, denn das Pilsener Aroma ist hochedel, mäfsig stark, ganz harmonisch mit dem Biergeschmack verbunden, aufserordentlich zum Trinken anregend, während das widerliche Parfüm abstofsend wirkt, wie ich mich entsinne, auch ganz lose im Biergeschmack haftet, keineswegs in gleichmäfsiger Durchdringung. Zugleich ist das Pilsener Aroma in normalen Pilsener Bieren immer in ganz ähnlicher Art vorhanden, und ich erinnere mich nicht, selbst in sehr aromatischen Pilsener Bieren jemals diesem widerwärtigen Parfümgeschmack begegnet zu sein.

Prof. Delbrück in Berlin[53]) sagt: »Wenn wir auch in der That die aromatischen Biere nicht anstreben sollten, dann werden sie dennoch gewifs immer das Thema bevorzugter Brauereien bilden, welche ganz feine Hopfen nehmen können.« Delbrück erwähnt noch einen diesbezüglichen merkwürdigen Fall bei den Nordamerikanern. Dort in Amerika macht jeder Brauer einen Hopfensud mit deutschem Hopfen und kräust das mit amerikanischem Produkt gehopfte Bier damit auf, weil die Amerikaner darüber klagen, ihr Hopfen hätte das rechte Flavour (den Geschmack, Geruch, das Aroma) nicht, und dazu müfsten sie deutschen Hopfen haben. Wir wollten das Flavour nicht, müfsten also eigentlich amerikanischen Hopfen nehmen. Die letzteren Worte Delbrücks sind aber ein Trugschlufs; wir würden sicher mit amerikanischem Hopfen in Bezug auf das Bieraroma aus dem Regen in die Traufe kommen.

Wenn man in Hopfennotjahren (wie 1876) in Mitteleuropa nach nordamerikanischem Hopfen (United States Hops) greift, den man wegen seines starken, eigentümlichen, an Erdbeer und schwarze Johannisbeer erinnernden Aromas fürchtet, dann sollte man zur ersten, länger zu kochenden Hopfengabe den amerikanischen Hopfen nehmen, weil sich beim langen Kochen das ätherische Öl zu einem erheblichen Teil verflüchtigt; als letztes Drittel oder Viertel nimmt man dann besseren mitteleuropäischen Hopfen. Das Bitter der amerikanischen Hopfen ist vielfach ganz gut, jenes mancher New York States sogar fein; nur mufs die Gabe richtig genommen werden, weil es oft sehr stark ist.

Ohne Zweifel kann das Bestreben, dem Bier durch Teilung des Hopfens beim Würzekochen und namentlich indem man den gröfseren Teil des Hopfens nur sehr kurz, $^1/_2$—$^3/_4$ Stunde, kocht oder gar einen erheblichen Teil nur in den Hopfenseiher gibt, den feinen Hopfengeschmack und das feine Bitter zu geben, auch zu schädlichen Übertreibungen führen, indem teurer Hopfenstoff verwendet wird. Selbstverständlich wird in jenen Brauereien, wo sonst etwas oder viel fehlerhaft behandelt wird, sei es beim Malz, bei der Hefe oder in Bezug auf Reinlichkeit, das Bier doch nicht feinschmeckend werden[54]).

Der Vereinigte Staaten-Brauerverein hat 1882 die Streitfrage »über die beste Methode des Hopfenzusatzes beim Bierbrauen« zum Gegenstand eines Preisausschreibens gemacht. Es sollte genau erörtert werden, welches die beste Methode sei, um beim Brauverfahren ohne Zuhilfenahme kostspieliger Maschinerie zur vollständigen Gewinnung des Aromas und Extraktes des Hopfens sowie zum Präservieren der aromatischen Eigenschaften des Hopfens im Bier zu gelangen.

Dieses Ausschreiben scheint aber keinen ernstlichen, befriedigenden Erfolg gehabt zu haben[55]), denn der Amerikan. Bierbrauer veröffentlicht nur die Abhandlung von W. A. Lawrence über diesen Gegenstand, die nur eine Anerkennung erhalten hatte.

Einen direkten praktischen Destillationsversuch in dieser Richtung hat A. Kempe, Brauereidirektor in Moskau (s. Allg. Br.- u. H.-Ztg. 1884, II, 906), gemacht. Es wurden 100 g Hopfen mit 5 l Wasser gemengt und hiervon folgende Destillationsresultate erzielt:

Übergegangen	Kubikcentimeter Destillat im ganzen	Direkt gewonnene Menge (Prozent der angewandten 100 g)		Prozent der ganzen in 3 Stunden übergegangenen Menge	
		ccm	g	ccm	g
In der ersten ½ Stunde	309	0,51	0,42	54,25	52,50
» » zweiten » »	314	0,15	0,13	15,96	16,25
» » 2. Stunde	607	0,18	0,16	19,15	20,00
» » 3. »	630	0,10	0,09	10,64	11,25
Im ganzen in 3 Stunden	1860	0,94	0,80	100,00	100,00

Es geht also vom ätherischen Öl (ohne Extraktionsapparat) so ziemlich alles in die Luft, was bei dreistündigem Kochen frei wird, und zwar verflüchtigen sich in der ersten halben Stunde 52,50%, mehr als die Hälfte; das sind nun gerade die flüchtigsten, leichtesten und am feinsten riechenden Öle. Man verliert also bei dem gewöhnlichen alten Sudverfahren von der zweiten Hopfenportion, welche ½ oder ¾ Stunde vor dem Ausschlagen der Würze zugesetzt wird, gerade die kostbarsten Substanzen; diese können nur bei Anwendung eines Extraktionsapparates festgehalten werden. Die später übergehenden Öle sind mehr harziger Natur, dunkler von Farbe, von ordinärem, brenzligem Geruch und bedeutend höherem spezifischen Gewichte; je weiter die Destillation fortschreitet, desto mehr nehmen die letzteren Eigenschaften zu.

J. Thausing, damals noch in Mödling[56]), sagt, dafs der Brauer in Bezug auf das Sudhaus konservativ sein solle. Die Würze färbe sich um so mehr, je länger man sie mit dem Hopfen koche. Deshalb kürzten die Brauer, welche lichtes Bier wollen, das Hopfenkochen möglichst ab. Es erscheine das gefährlich, weil dadurch die Eiweifskörper der Würze nur unvollkommen zur Ausscheidung gelangen und das Bier bei Temperaturwechsel leicht an Glanz verliert; ja es leidet geradezu die Haltbarkeit des Bieres, ganz abgesehen davon, dafs bei diesem Verfahren der Hopfenbedarf ein unverhältnismäfsig hoher ist. Er habe Brauereien gesehen, welche die Würze bis zum Bruche kochen liefsen und dann erst den Hopfen zusetzten, der dann nur ½ Stunde in der Würze gekocht wurde; die dadurch erzielten Erfolge seien durchaus ungünstige gewesen.

In den Brauereien Südamerikas[57]) wird die Würze 2—3 Stunden — bis zur Scheidung (bis zum Bruche) — gekocht, dann erst der Hopfen zugesetzt und wieder 2 Stunden gekocht, bis abermals eine schöne Scheidung eintritt.

In der Allg. Br.- u. H.-Ztg.[58]) hat ein praktischer Brauer die Ansicht ausgesprochen, dafs es vorteilhafter sei, den Hopfen der Würze in 5 Teilen zuzusetzen. Früher habe man auch den Hopfen in 2 oder höchstens 3 Portionen gegeben; er habe aber gefunden, dafs dieses Verfahren mit allerlei Nachteilen verbunden war. Beim Hopfenzusetzen wird der Spiegel der Würze ganz mit Hopfen bedeckt, und je mehr man auf einmal Hopfen zusetzt, um so dicker wird diese Hopfendecke. Unter dieser Decke nun entsteht eine Art Dampfspannung. Nimmt diese Spannung zu, dann entstehen Durchbrüche, welche (durch das Überkochen) meist mit Verlust von Würze und Hopfen verknüpft sind. Diese Verluste sind bei offener Pfanne und laxen Burschen oft sehr bedeutend. Er habe — sonst ganz vorzügliche — Brauerei-Einrichtungen gesehen, wo besondere Rinnsteine angebracht waren, um die übergekochte Würze abzuführen, anstatt dafs man Sorge getragen hätte, das Überkochen ganz zu vermeiden. Ohne Zweifel käme dieses Überstürzen am meisten beim Hopfengeben vor.

Auch bilde die Dampfspannung zwischen der Hopfendecke und dem Würzespiegel eine Art Isolierschicht, welche die Verbindung, den Austausch zwischen Hopfen und Würze erschwert

Dabei entführen die nach aufsen expandierenden Dämpfe dem Hopfen das beste und feinste Aroma, ehe es auch nur mit der Würze, für die es bestimmt ist, in Berührung gekommen, weshalb es auch in derselben nichts hinterlassen kann. Daher macht man bei der Durchwanderung von Dörfern und Gütern die Wahrnehmung, dafs die ganze Atmosphäre mit herrlichem Hopfenaroma erfüllt ist; Brust und Herz heben sich beim Einatmen dieses oft so herrlichen Duftes.

So schön und angenehm das nun auch für den Unbeteiligten ist, für den Brauer bedeutet es grofse Verluste, und diese Verluste werden einzig und allein dadurch hervorgebracht, dafs man zu viel Hopfen auf einmal gibt. Der in Masse als Decke auf der Würze schwimmende Hopfen ist — ohne Berührung mit der lösenden Würze — einer Destillation unterworfen, wobei — entgegengesetzt der Arbeit in Laboratorien — die Destillationsprodukte nicht gesammelt werden.

Daher kleine Hopfengaben und jeder Hopfen sofort mit Würze getränkt, also untergetaucht!

S. Reiserbichler[59]) will, um die Erhaltung des Hopfenöls in der Würze zu sichern, überall da, wo die Hopfenkessel nicht definitiv mit Deckel geschlossen sind, zum gesicherten Benetzthalten des zugesetzten Hopfens Schwimmdeckel anwenden, welche der Gröfse des Braukessels angepafst sind und aus einem oberen, haubenförmigen und aus einem unteren, aus Drahtgeflecht gebildeten Teil bestehen. Der untere Teil ist zur Aufnahme des Hopfens bestimmt, welcher dadurch ständig in die Würze eingetaucht ist. Es ist gut, den Schwimmdeckel öfter auch noch etwas in die Würze hineinzudrücken und ihm dann und wann noch eine Drehbewegung zu geben. Bei Anwendung des Schwimmdeckels fehlt der starke Hopfengeruch in der Brauerei, weil das Öl, durch die Hitze abgeändert, der Würze einverleibt wird. Allerdings können in diesem Falle die Zapfen nicht mechanisch für die Befreiung der Würze von Eiweifsflocken thätig werden.

Da auch selbst der durchnäfste Hopfen anfänglich noch auf der Würze schwimmt, während es doch zur Erhaltung des Öles nötig ist, ihn sofort unterzutauchen, so sollte man ihn, wenn kein Schwimmdeckel da ist, wenigstens in ein Gefäfs aus Siebblech bringen, das an einem langen Stiel befestigt und damit untergetaucht erhalten werden kann. Man kann dieses Siebgefäfs auch am Boden des Kessels befestigen, aber dann fehlt die wichtige Drehbewegung.

Nach Thausing[60]) ist die Ansicht der Praktiker über das Hopfenhalten (über die Art des Hopfenhaltens) sehr abweichend. Manche haben die Meinung, dafs das feine Hopfenaroma und das angenehme Hopfenbitter besser erhalten bleiben, wenn man die Würze bis zum Bruche ohne Hopfen kocht und den Hopfen erst kurz vor dem Ausschlagen der Würze zusetzt; man will dadurch das feine Hopfenaroma zurückhalten und verhindern, dafs rauh und herb schmeckende Stoffe der Hopfenstiele ins Bier gelangen. Thausing sagt, dafs — wie Versuche lehrten — die Stiele (also auch die Spindeln) auf den Geschmack des Bieres keinerlei nachteiligen Einflufs ausüben, sie hielten sich im Biergeschmack ganz indifferent. A. Lang (s. später) behauptet sogar, dafs sie auf Geschmack und Bruch günstig wirken.

Meist dauert das Hopfenkochen $1^1/_2$—$2^1/_2$ Stunden. Durch langes Kochen werde die Haltbarkeit nicht erhöht. Zu kurzes Kochen macht das Bier fad-süfs und minder haltbar, wenn nicht bis zum befriedigenden Bruch gekocht wird.

Bei normalem Malz wird zweistündiges Kochen für jede Art Bier genügen; bei sehr starken Bieren seien $2^1/_2$ Stunden besser. Den Hopfen in zwei Portionen; die erste Portion (50% der ganzen Hopfengabe) kocht man die ganze Zeit (also 2—$2^1/_2$ Stunden), die zweite Portion (50%) nur die letzten 1—$1^1/_2$ Stunden. Manche machen aus der ganzen Hopfengabe 3 Teile (zu 50, 30 und 20%) und setzen diese zu Beginn des Kochens, dann nach 1 Stunde und nach $1^1/_2$ Stunden zu.

Nach dem Kochen soll der Hopfen gleich auf das Kühlschiff kommen (Ausschlagen, Schöpfen, Bierschöpfen).

Ein einfaches Verfahren, dem Bier das von den Kunden gewünschte stärkere, feine Hopfenaroma zu geben, hat ein Braumeister (Arnold) in St. Petersburg eingeschlagen[61]). Er brachte in einen über der Hopfenpfanne befindlichen Vorwärmer 2—3 hl Würze; dann gab er $^1/_3$ der ganzen Hopfengabe, den feineren Hopfen, hinzu, während die $^2/_3$ roheren in der Hopfenpfanne von

Anfang mitgekocht wurden. 15—20 Minuten vor dem Ausschlagen wurde die Würze im Vorwärmer zum Kochen gebracht. Am Deckel war ein Rohr, welches die Dämpfe und das ätherische Öl nach dem Hopfenkessel führte. Der Hopfen im Vorwärmer kam beim nächsten Sud in die Hopfenpfanne. Nun war das Bier so hopfenaromatisch, dafs die Kunden zufriedengestellt waren.

R. Rutschmann[62]) rät, in teueren Hopfenjahren zu gleicher Zeit drei Hopfensorten zu verwenden: eine geringere, eine mittlere und eine feinere Sorte; beim Hopfenfassen komme die feinste Sorte zu unterst in den Sack, die gröberen oben auf. Die geringeren Sorten gebe man gleich beim Beginn des Hopfenkochens, die feinste $^3/_4$ Stunde vor dem Ausschlagen, in sehr teueren Jahren vielleicht sogar $^3/_4$—1 Stunde vor dem Ausschlagen.

Länderweise spielen heute für die Erhaltung des Hopfenaromas die Hopfenextraktionsapparate eine grofse Rolle; diese werden weiter unten (Abschnitt VII, Kap. 3) in ihrer Einrichtung und Leistung besprochen.

Bei der Hopfengabe in die kochende Würze steigt dieser zuerst in die Höhe und sinkt erst unter, wenn er mit Würze durchtränkt ist. Es ist nicht wünschenswert, dafs der Hopfen längere Zeit unbenetzt auf der Würze schwimmt, weil er sonst zu viel ätherisches Ol verliert; manche wollen ihn mit Sieben untertauchen oder mit Holzkrücken. Es ist aber auch nicht gut, wenn der benetzte Hopfen auf den Boden der Pfanne hinabsinkt; man empfiehlt deshalb eine durchlochte Büchse, in welcher der locker eingefüllte Hopfen unter der Oberfläche der kochenden Würze hin- und hergeführt wird[63]).

Andere[64]) wollen, weil das ätherische Öl sich schwer in Wasser löst und mit dem verdampfenden Wasser beim Hopfenkochen entweicht, auch in dem zuletzt zugesetzten, nur kurz gekochten Hopfen einen Teil des frischen, aber zerblätterten Hopfens beim Ausschlagen der Würze über dem Hopfen im Hopfenseiher beigeben, wobei dieser frische Hopfen die unterste Schicht im Seiher ausmachen würde und, damit die Würze nicht verunreinigt wird, in einer dichten, jedoch glatten Leinwand einzuschlagen wäre.

Der altböhmische Brauer Poupe, welcher das Hopfenöl für überflüssig und gesundheitschädlich hielt, mischte in der Pfanne 1 Pfd. Hopfen mit 4 Mafs Würze und kochte so lange, bis die Würze dick wurde und die Zapfenblätter, ohne zu brennen, am Boden zu kleben begannen. Andere bereiteten den Hopfen erst zu, indem sie ihn rösteten, bis er — bei schwachem Feuer — im Kessel braun oder schwarz wurde. Andere wieder setzten Weinsäure und Kochsalz zu und brühten ihn im Bottich an.

Aber auch diese Methode der Hopfenverwendung ist kein böhmisches, sondern ein altes deutsches Verfahren. In einem alten Buche[65]) wird zur besseren Auflösung des Hopfens durch Wasser und Feuer das Hopfenrösten empfohlen, es werde mehr nutzen als das pure Kochen mit Wasser oder Würze.

Man schütte den Hopfen in eine neue Pfanne, feuchte ihn mit Würze oder Bier an und röste ihn unter beständigem Umrühren, damit er nicht anbrenne, über einem Kohlenfeuer. Wenn man ihn nun öfters angefeuchtet, der Saft schäumt und langstehende Blasen zeigt, die Blätter sich leicht abrupfen lassen und einen bittersüfsen Geschmack haben, welches alles in einer halben Stunde geschieht, so werfe man ihn unter die in der Braupfanne wallende Würze und lasse ihn damit noch eine Viertelstunde kochen.

Johann Heumann, Professor an der hohen Schule zu Altdorf bei Nürnberg, sagt in seinem Hopfenbuche (1759, S. 112 u. ff.): »Das eine Zeitlang im Kessel gekochte oder (wie in Altdorf gebräuchlich) nur mit siedendem Wasser angegossene Malz, nun Würze genannt, wird wieder in den Maischbottich zurückgeleitet und unterdessen umgerührt, damit sich das Malz nicht zusammensetze. Dann wird Wasser und Malz in die Treberkufe gebracht und vier Stunden der Ruhe überlassen, darauf das Wasser mit Ziehung des Treberkufenzapfens von den Trebern abgesondert und in den Seetrog (Seihtrog) gesammelt. Von da wird die Würze oder das von den Trebern abgelassene Gewässer in den Braukessel gebracht und mit dem gesottenen oder gewässerten Hopfen, je nachdem man Weifs- oder Rot-Bier machen will, vermischt. Wenn es etliche Stunden genug gesotten, wird die Würze durch Rinnen auf die Kühle gelassen und mit durchlöcherten Brettlein an langen Stangen abgerührt. Anderer Orten pflegt der Hopfen in einem eigenen Kessel gekocht und nur die Brühe mit der Würze vermischt zu werden.«

Wie lange der Hopfen kochen müsse, ist wegen seiner verschiedenen Art und Beschaffenheit meistens dem Gutbefinden der Verständigen überlassen. v. Rohr (Vollständiges Hauswirtschaftsbuch) will zum Hopfenkochen mehr Wasser als Würze nehmen, weil in dem mageren Wasser sich der Hopfen besser auflöse als in der fetten Würze; im Verhältnis nehme jeder Brauer den 4. Teil Würze, $2^1/_2$ Teil Wasser und den 15. oder 16. Teil Hopfen; das werde der Qualität des Bieres zuträglicher sein als sonsten. Auch darf nicht jeder Hopfen gleich lange gekocht werden; jeder Brauer müsse wissen, wie lange ein jeder Hopfen zu kochen sei. Unreifer Hopfen müsse länger aber vorsichtig gekocht werden, damit dessen Mehl oder Same nicht anlaufe oder verbrenne. Je nachdem der Hopfen, das Feuer und die Würze beschaffen, koche man die Hopfen in drey Stunden, in zwey Stunden oder in anderthalb Stunden. Es wird langsam angefeuert.

Manche nehmen nur einhalb so viel Hopfen, als sonst zu einem Gebräude nötig, und lassen ihn nicht so stark kochen, weil durch allzu starkes und allzu langes Kochen die flüchtigen Teile des Hopfens mit dem Dampf weggehen und so dem Bier wenig Bitterkeit verbleibet. Herr Kellner sage in seiner Bierbrauerkunst (p. 32), dafs er dieses sonderlich in der Stadt Nordhausen observiert habe, allwo man den Hopfen fast bis zur Honigdicke einzukochen pflegte, da er dann fast aller Bitterkeit beraubet, sehr süfse schmecke. Das sei namentlich bei reifem und gutem Hopfen in acht zu nehmen, oder wenn die Biere nicht gar zu lange liegen sollen oder die Keller fein tief und kühle sind.

Wenn sich der Hopfen unten am Boden im Sieden wie eine Rinde zusammensetzet und eine Bierfarbe hat, also dafs man sich in dem Hopfen, der in ein Schüsselein gegossen, wie in einem Spiegel umsehen kann, so hat er genug gekocht und seine rechte Krafft und Geschmack erreicht. Wenn man die Hopfenwürze siedet und das Mehl läufft in die Höhe, mufs man einen Wisch-Stroh nehmen, das Mehl in eine Gelte räumen und dasselbe wieder auf den Stellbottich schütten, damit das Mehl die Pfanne nicht verunreinige; alsdann kocht der Hopfe desto eher und das Mehl läuft mit dem Hopfen nicht an in der Pfanne, es wird auch das Bier nicht trübe. Wenn der Hopfe genug gekocht hat, werden kleine Bläselein, und in der Mitte eines einer Linsen grofs; halten sich nun die kleinen neben demselben, so ist der Hopfe genug gesotten.

Man mufs während des Hopfenkochens auch den Hopfen beständig umrühren, damit er sich nicht anlege und das Bier brandicht werde. Wenn der Hopfen genugsam ausgekocht, so wird die Brühe durch einen geflochtenen Korb durchgelassen.

Die Pflichten des Hopfenkochers und sein Lohn werden gesetzlich bestimmt.

e) Erhaltung des Hopfenöls, des Bouquets, Aromas durch das Darreichen trockenen, frischen, besonders feinen Hopfens in die Lagerfässer.

Nach Horace F. Brown und Dr. G. Harris-Morris[66]) wird in England schon seit unvordenklichen Zeiten zu gewissen Biersorten nach der Hauptgärung (also in die Lagerfässer) trockener Hopfen zugegeben (gestopft):

1. Um denselben ein bestimmtes Aroma und einen bestimmten Geschmack zu geben;
2. um sie haltbarer zu machen;
3. um die Klärung zu befördern;
4. um eine frühere Reife des Bieres zu erzielen.

Die Menge des trockenen Hopfens, welche in England für dieses Hopfenstopfen (dry-hopping) benutzt wird, scheint in der That sehr bedeutend zu sein. Dr. Salomon[67]) schätzt sie per Barrel gebrauten Bieres auf $^1/_2$ Pfd. 1889/90 war die Jahresproduktion an Bier im Vereinigten Königreich 30 791 000 Barrels, demnach wurden dazu ca. 154 000 Ztr. trockenen Hopfens verwendet. Um so auffallender ist es, dafs man von einer solchen Verwendung in Deutschland so selten etwas hört. In der Wochenschr. f. Br. 1891, S. 1345 bemerkt ein praktischer Brauer (Hopfengabe und Hopfenkochen), man könne einem zu süfs gewordenen Bier im Keller nachhelfen durch Nachstopfen von Hopfen im Lagerfafs, jedoch empfehle sich das in keiner Weise. Der Hopfen sitze nicht fest, ein Filter sei selbst bei dem feinsten Bier unvermeidlich, die Arbeit beim Reinigen der Fässer ungemein zeitraubend; bedeutend besser sei der Zusatz einer durch Brühen mit kochend heifsem Wasser oder Ausdämpfen von Hopfen gewonnenen Hopfenbrühe. Warum — kann man wohl fragen — ist denn diese Sache gerade in Deutschland so schwer oder unmöglich und in England nicht? — Offenbar hängt das mit der Beschaffenheit des Bieres zusammen. Im Bierbrauer 1885 (reprod. Allg. Br.- u. H.-Ztg 1885, I, 230) ist auch vom Hopfenzusatz zum fertigen Bier die Rede; in manchen Brauereien sei es üblich, dem Bier im Versandfasse noch etwas trockenen Hopfen zuzusetzen, um das Aroma und die Haltbarkeit zu erhöhen. Zu viel Aroma im Bier mache aber Kopfweh, einerlei, ob es mit frischem Hopfen oder Hopfenöl hineingekommen sei. Man solle statt der ganzen Zapfen nötigenfalls lieber etwas Hopfenöl zusetzen und letzteres, von Haselholzklärspänen aufgesaugt, in die Versandfässer bringen. Ob man nun ganze Zapfen oder imprägnierte Klärspäne (wie soll man denn diese imprägnieren?) in die Versandfässer bringen wolle, immer solle man sie zuvor in dicht geschlossene leinene Säckchen einhüllen.

Im »Gambrinus«[68]) wird gesagt, dafs zur Erhöhung des Hopfenaromas heller, stark gehopfter Biere, für welche die Vorliebe des Publikums immer noch im Wachsen sei, es am besten wäre, rohen, trockenen Hopfen auf das Lagerfafs zu stopfen; aber jeder Fachmann kenne auch die Nachteile dieses Verfahrens, die gegen seine Anwendung sprächen, denn das Hopfenstopfen sei nicht nur zeitraubend und kostspielig, sondern es erfordere auch die peinlichste Kontrolle, um das Bier nicht übermäfsig zu hopfen. Deshalb sei statt dessen der Zusatz von Hopfenmehl oder von reinem Hopfenöl zur Anstellhefe vorzuziehen, wenigstens sehr in Erwägung zu ziehen. Durch das reine Hopfenöl würde die Gärung erwiesenermafsen nicht beeinträchtigt, und dieses Verfahren[69]) biete vor dem Hopfenstopfen noch den Vorteil, dafs das Quantum der Zugabe genau bemessen werden könne, wodurch ein mifsliches »Zuviel« vollständig ausgeschlossen werde.

Da, wo in England nach der Hauptgärung etwas trockener Hopfen zugesetzt wurde, tritt bald eine lebhafte Nachgärung ein. Diese rührt, wie Brown und Morris (s. weiter oben) gezeigt haben, nicht von im Hopfen vorhandenem gärungsfähigen Zucker her, auch nicht von der wilden Hefe, welche thatsächlich an der Oberhaut der Hopfenblätter haftet, sondern von im Hopfen enthaltener Diastase, welche die Amyloine und das Dextrin zu hydrolysieren vermögen und auf diese Weise der Hefe rasch vergärbaren Zucker bereiten. Dabei zeigt sich, dafs körnerreiche, befruchtete Hopfen weit reicher an diastatischer Wirkung sind. Der Einflufs der Bracteen der Hopfenzapfen ist so grofs wie jener der Laubblätter, und der Einflufs der Körner war viermal so stark wie jener der Bracteen (Zapfenblätter)[70]). So sehen wir auch einmal einen Nutzen, den die grofsen Körner oder Früchte im Hopfen der Brauerei gewähren. Einen andern dürften sie schwerlich haben, aber sehr wahrscheinlich mehrfach Nachteile überall da, wo sie mitgesotten werden, was hier nicht der Fall ist.

Der Engländer Matthews sagt, dafs die Wirkung des Stopfens (des Verbringens trockenen Hopfens in die Lagerfässer) auf zwei Umständen beruhe, nämlich 1. dafs das in der Nachgärung befindliche Bier eine gewisse Menge Alkohol enthält, also im stande ist, eine beträchtliche Menge des aromatischen Hopfenöls zu lösen; 2. geht das reine, echte Hopfenbitter des eingestopften Hopfens in Lösung über, während das Harz zum gröfsten Teil nicht gelöst wird.

Deshalb mufs aber auch ein zu diesem Zweck verwendeter Hopfen noch jung, nicht alt und schlecht riechend oder schmeckend sein. Ferner sollen die Hopfenzapfen auch nicht zerbrochen oder zerstückelt sein, damit keine gröfseren Mengen von Bestandteilen gelöst werden, als nötig sind, weil ein Mehr davon in Lösung einen unangenehmen Geschmack des Bieres veranlassen könne. Die Forschungen von Brown und Morris haben gezeigt, dafs der zum Stopfen verwendete Hopfen mäfsig frisch (also nicht ganz frisch) sein soll. Die Art des Geschmackes, welche man damit erreichen will, richtet sich nach den Wünschen der Kunden.

G. Noback (Prag) sagte in Berlin (1894), daſs man in England allerdings Biere habe, welche ein intensives Aroma nach ätherischem Öl hätten, das seien die allerfeinsten Pale-Ales. Diese erhielten ihr Aroma durch sogenannte dry hopping (trockene Hopfen). Ehevor das alte Ale zum Versand gelange, werde das Faſs nochmals geöffnet und in ganz empirischer Weise, einfach mittels des Trichters, der feinste englische Kent-Hopfen hineingebracht; dann bekomme das Bier das gewünschte Aroma. Aber das ist ein Bier, welches heute, dem Quantum nach, nur einen geringen Absatz hat.

Briant und Meacham[71]) sagen, daſs die Wirkung des im Fasse nachgestopften Hopfens auf Mikroorganismen und kleinen Mengen von Diastase beruhe. Diese wirken zusammen, um das Bier fertig zu machen, indem sie durch Hydrolyse und nachfolgende Gärung die sonst unvergärbaren Kohlenhydrate umwandeln. In diesem Falle wird auch das Öl langsam ausgezogen und teilt sein Aroma mit. Beim Lagern scheint das Hopfenöl feine und unvollständig verstandene Umwandlungen zu erleiden, zugleich mit den während derselben Periode erzeugten Estern, wodurch es dann jenes eigentümliche Bouquet entwickelt, welches für gut gebrautes, delikat gehopftes Pale-Ale charakteristisch ist.

Herr C. Lang (Wormser Brauerakademie) sagt[72]), daſs man altem Bier, welches seinen Hopfengeschmack immer mehr einbüſst, neuen Hopfengeschmack beibringen kann, wenn man trockenen Hopfen aufstopft, d. h. also eine Extraktion des Hopfens auf kaltem Wege bewirkt, wobei hauptsächlich das Hopfenöl ausgezogen wird, weshalb man in England namentlich alles Porterbier, welches durch seinen Hopfengeruch und Geschmack berühmt ist, mit feinstem Kent-Hopfen stopft. Wenn aber ein schal, kohlensäurearm gewordenes Bier noch einmal aufgerüttelt werden soll, dann braucht man mehr Extraktivstoffe, welche die Kohlensäure vom Harz frei machen sollen. Dann ist es besser, abgebrühten Hopfen zu nehmen; man gibt den mit heiſsem Wasser übergossenen Hopfen in ein gut verschlieſsbares Gefäſs und bringt nach ca. 1 Stunde den ganzen Inhalt auf das Faſs. Auf alle Fälle ist aber ein solches, der letzten Kohlensäure beraubtes Bier schnell zum Verkauf zu bringen. Warum soll man aber den Hopfen mit schlecht lösendem Wasser und nicht mit Würze übergieſsen?

Moritz und Morris[73]) sagen, daſs die in den Hopfenzapfen enthaltenen Mikroorganismen im Bier eine gröſsere Rolle spielen, als man in der Regel anzunehmen pflege. Die mit der Würze gekochten Hopfen liefern durch die auf den Zapfen lebenden Bakterien, Hefen, Pilzsporen etc. allerdings nur Nährstoffe für künftige Krankheitsfermente in die Würze, weil sie selbst durch die Hitze getötet werden. Es sollten nur reine, unverdorbene, parasitenfreie Hopfen zur Verarbeitung gelangen. Der Hopfen, welcher kurz vor dem Ausschlagen in die Pfanne gegeben wird, wird ebenfalls noch sterilisiert.

Die den Zapfen anhaftenden Mikroorganismen spielen eine viel wichtigere Rolle beim Stopfen von Hopfen auf das Lagerfaſs.

Wenn das Bier frei ist von Stoffen, welche die faulige Gärung unterstützen, und die benutzten Pfannenhopfen gesund waren, so dürften die den Zapfen anhaftenden Organismen nicht schädlich, nur nützlich wirken. Damals glaubten diese Autoren noch, daſs die durch das Stopfen bewirkte Nachgärung von den anhaftenden wilden Hefen herrühre (nach Matthews). Auſserdem waren sie der Meinung, daſs der besonders eigenartige und undefinierbare Geschmack und Geruch reifer, alter Ales zum Teil auf die Entwicklungsprodukte der verschiedenen Hopfenorganismen zurückzuführen ist. Da das Hopfenstopfen auch noch den Hauptzweck hat, dem Bier einen angenehmen Hopfengeschmack zu verleihen und es zu konservieren, ist es besonders wichtig, feine und vollkommen gesunde Ware dazu zu verwenden.

Horace Brown und Harris Morris haben in ihrer schönen, geistvollen Arbeit[74]) gezeigt, daſs man die als thatsächlich bekannten Leistungen des Hopfenstopfens auch noch von andern, sehr wissenschaftlichen, in der That geheimnisvoll versteckten Beziehungen aus beurteilen kann[75]).

Nach ihnen ist der Zusatz einer bestimmten Menge Hopfens zum fertigen Bier im Keller oder Lagerfaſs eine Praxis, die in England bei gewissen Biersorten (namentlich Ales, welche für längere Lagerdauer berechnet sind) allgemein in Übung ist und so viele Generationen befolgt wurde, dafs alle Spuren vom Ursprung dieser Gewohnheit verloren gegangen sind. Wenn auch die Einführung des Hopfenstopfens sicherlich nur auf empirischem Wege geschehen und durch fortwährendes Experimentieren nach allen Richtungen in ihren Resultaten verbessert worden ist: wir finden doch, wie auch zu erwarten war, dafs auch dieser Praxis gewisse fundamentale, wissenschaftliche Prinzipien zu Grunde liegen, welche bis auf die Gegenwart nur sehr unvollkommen erkannt worden sind.

Wenn man vor allem untersucht, welchen Zweck der Brauer verfolgt, wenn er eine kleine Menge Hopfen durch das Spundloch zum Bier ins Fafs schiebt, so will er

1. ein bestimmtes Aroma und einen bestimmten Geschmack, den sein Bier sonst entbehren müfste;
2. hat dieser Hopfenzusatz eine ganz bestimmte antiseptische Wirkung und zwar nicht blofs auf das Bier, sondern auch auf das Fafs nach dem Entleeren desselben;
3. wird das Bier zweifellos eher klar, als wenn kein Hopfen zugesetzt wird;
4. erzeugt das Hopfenstopfen eine frühere und dauerhaftere Fafsgärung im Bier, oder mit andern Worten: der Hopfen hat einen bestimmten reifenden und auffrischenden Einflufs.

All dies sind wohl bekannte praktische Erfolge des Hopfenstopfens. Über die klärenden und antiseptischen Eigenschaften des zugesetzten (gestopften) Hopfens sind die Akten noch nicht geschlossen. Brown und Morris wollten sich in dieser experimentellen Studie nur mit der wundervollen, auffrischenden und reifmachenden Kraft des gestopften Hopfens auf das Bier befassen, weil nach ihrer Ansicht diese Funktion des Hopfens die bemerkenswerteste ist und niemals zu begründen versucht wurde. Sie glaubten zunächst die Erscheinung in gärungsfähigem Zucker begründet, den der Hopfen enthielt. Die Untersuchung zeigte auch, dafs dies der Fall, aber es war zu wenig, um die Kraft und Wucht, mit welcher die Erscheinung auftritt, zu rechtfertigen.

Weiterhin dachten sie an wilde Hefen, welche an den Hopfenblättern haften und die Erscheinung bewirken. Sie fanden auch kleine Hefenvarietäten, welche dem Hopfen anhaften; aber es zeigte sich, dafs die reifmachende Eigenschaft des Hopfens in dem damit gestopften Bier lange vor dem Wachstum und der Entwicklung der wilden Hefe eintritt.

Nun kamen sie auf den Gedanken, dafs die auffrischende Kraft des Hopfens im Bier vielleicht darin begründet sei, dafs er Diastase enthalte, welche fähig ist, die nicht krystallisierenden Produkte der Stärke-Umwandlung, welche das Bier immer enthält, zu hydrolysieren. In der That fanden sie eine sehr starke hydrolytische Kraft des Hopfens und erkannten somit, dafs sein bekannter, auffrischender Einflufs auf das Bier durch dessen diastatische Wirkung zu erklären ist. Der Hopfen wirke in dieser Beziehung genau so wie Malzmehl oder Malzauszug, d. h. durch Hydrolysierung der vorher unvergärbaren Stärke-Umwandlungsprodukte, der Amyloine oder Maltodextrine, und durch deren Verwandlung in rasch gärungsfähigen Zucker.

Dabei zeigte sich, dafs die samen- oder körnerreicheren englischen Hopfen eine viel gröfsere Wirksamkeit hatten wie die samenarmen bayerischen. Auch bei den englischen liefs die Kraft nach, wenn die Samen oder Früchte entfernt wurden; solche Hopfendolden hatten nicht mehr diastatische Kraft als das Hopfenlaub. Es zeigte sich, dafs in jeder Pflanzensubstanz diastatische Kräfte sind, was man übrigens schon lange weifs, denn die Assimilationsprodukte, die Stärkekörner, können als solche nicht nach den Verbrauchsorten oder Reservestoffbehältern wandern (diffundieren), das können sie nur, wenn sie durch vorhandene diastatische Kräfte in Zucker umgewandelt und so verflüssigungsfähig sind [76]).

Während nun im trockenen Zustand in die Lagerfässer gestopfter Hopfen diesen auffrischenden und auf frühere Reife hinarbeitenden Einflufs auf das Bier ausübt, bemerkt man von einem wässerigen Aufgufs desselben Hopfens, er mag noch so konzentriert sein, nicht den geringsten diastatischen Einflufs. Allerdings werden Enzyme schon vom Zellenprotoplasma sehr hartnäckig zurückgehalten, aber wasserlösliche Extrakte solcher Gewebestücke sind doch selten so ganz ohne Wirkung, wie dies mit der Hopfeninfusion der Fall ist. Es wird also etwas aus dem Hopfen mit ausgezogen, was die Diastase verhindert, in Lösung zu gehen. Nun ist bekannt, daſs das Tannin (der Gerbstoffgehalt) des Hopfens auf diastatische Einwirkung einen sehr retardierenden (hemmenden) Einfluſs äuſsert, indem es die Klasse der Albuminoide unlöslich macht, wozu die Diastase gehört. Die experimentelle Untersuchung durch Brown und Morris hat wirklich gezeigt, daſs die Gerbsäure die Ursache ist. Man kann also keinen Hopfenauszug mit diastatischer Kraft darstellen, obgleich die Hopfenzapfen, namentlich körnerreiche, eine erhebliche Menge Diastase enthalten, welche in Thätigkeit tritt, wenn man den Hopfen selbst in eine Flüssigkeit taucht, welche hydrolysierbare Substanz enthält. Die Gerbsäure ist in speziellen Zellen des Blattgewebes enthalten, die Diastase in gröſserer oder geringerer Menge im allgemeinen Stärke führenden Parenchym. Wird die getrocknete Blattmasse mit geringen Wassermengen behandelt, dann wird die Gerbsäurelösung so konzentriert, daſs sie die Diastase in Lösung zu gehen verhindert.

Werden aber Hopfenzapfen in verhältnismäſsig groſse Flüssigkeitsmengen eingetaucht, dann bildet die zuerst diffundierende Gerbsäure eine so verdünnte Lösung, daſs sie auf die Diastase wenig oder gar keine Wirkung ausübt, so daſs auch letztere — wenn auch langsamer — in die Flüssigkeit diffundiert. Es ist noch ein anderer Grund, wenn man Bier als Lösungsmittel anwendet, warum die Gerbsäure des gestopften Hopfens die diastatische Wirkung nicht aufhält; wenn das Bier im Kessel auch stark gehopft war, so enthält es doch nach der Vollendung der Gärung noch eine hinlängliche Menge von solchen Albuminoiden, welche Gerbsäure aus ihren Lösungen fällen können. Also beim Hopfenstopfen wird der Gerbstoff rasch aus der Aktionssphäre entfernt und kann so die auffrischende Kraft des Hopfens, welche durch die Diastase bewirkt wird, nicht mehr hemmen.

Um nun zu verhindern, daſs die Diastase des Hopfens schon beim Hopfentrocknen durch Hitze getötet werde, muſs man wenigstens einen für das Stopfen bestimmten Hopfen beim Trocknen von einer höheren Temperatur oder gar Hitze fernhalten.

2. Der Bitterstoff des Hopfens.

a) Nach rein theoretischen Gesichtspunkten.

Unter den Bestandteilen des Hopfens, welche für die Bierbereitung in hervorragenderem Grade in Betracht kommen, sind mit in erster Reihe die bitteren Stoffe zu erwähnen, aber sicherlich nur deshalb, weil sie sich dem Geschmack des biertrinkenden Publikums in sehr auffallendem Grade bemerkbar machen. Der Hopfen verleiht dem Bier einen bitteren und zugleich aromatischen Geschmack.

Bis vor kurzem war man der Ansicht, daſs die Bitterstoffe des Hopfens auf die Haltbarkeit des Bieres unter allen Hopfenbestandteilen an sich den mindesten Einfluſs ausüben, weil sie — soweit bekannt — keine Eiweiſsstoffe fällen und auch nicht konservierend wirken. Nun behauptet aber H. Bungener, daſs sie ein heftiges Gift der Milchsäurebakterien seien. Bekanntlich sagen dagegen aber Hayduck und andere Autoren, daſs die antiseptische Wirkung des Hopfens lediglich den Harzen zukomme. Übrigens bemerkt Dr. M. Hayduck in neuerer Zeit selbst, wie — entgegen älteren Behauptungen, aber entsprechend den Ergebnissen der Untersuchungen von Briant und Meacham — seine Versuche zeigen, daſs eine um so stärkere Fällung der Eiweiſsstoffe eintritt, je stärker der Hopfenzusatz genommen wird, und daſs entbitterter Hopfen in dieser Hinsicht nur wenig wirkt. Demnach wäre der Bitterstoff sogar an der Entfernung der Eiweiſsstoffe aus der Würze beteiligt.

Daſs die bitteren Bestandteile des Hopfens in erster Reihe einer Geschmacksfrage Rechnung zu tragen haben, zeigen am besten die groſsen Abstufungen im Bittergeschmack zahlreicher Biersorten, als deren Extreme wohl die ganz besonders süſsen Münchner und die ganz besonders bitteren englischen Biere bezeichnet werden können.

Die Möglichkeit, grofse Massen von Bier ohne Nachteil für die Gesundheit geniefsen zu können, wird namentlich dem Hopfenbitter und dem ätherischen Öl zugeschrieben. Zu kleine Gaben von Bitterstoffen machen zwar das Bier angenehmer zu trinken, erschweren aber die Verdauung desselben. Für diese Frage spielen Neigung und Gewöhnung der Konsumenten eine grofse Rolle, doch sind auch diese Neigungen dem Wechsel unterworfen, was aber sicherlich keine subjektive, sondern eine physiologische Unterlage hat. Während man in England seit langer Zeit und heute noch nur bitteres Bier will, waren in Bayern, namentlich in München, bis vor kurzem die sehr süfsen Biere beliebt; aber in neuerer Zeit hat sich auch da ein merklicher Umschwung in dieser Beziehung, nach Seite mehr bitterer und aromatischer Biere, geltend gemacht.

Schon vom alten Chemiker Mulder wurde der Bitterstoff als Träger des bitteren Geschmackes im Bier bezeichnet.

Lediglich seiner Wirkung auf das Bier entsprechend beurteilt, zeichnet sich der Hopfen durch einen angenehm bitteren Geschmack aus, wie uns derselbe aus einem, namentlich mit feinem Hopfen mäfsig gehopften und sonst normalen Bier entgegentritt. Die Natur des Hopfenbitters ist, soweit sie mit unsern Sinnen erfafsbar ist, quantitativ und qualitativ von höchst mannigfaltiger Art, welche indes erst in einem folgenden Abschnitt (Der Bittergeschmack des Hopfens) eingehender erörtert wird.

Es ist übrigens ganz unzweifelhaft, dafs es auch in derselben Hopfensorte mehrlei sehr verschiedene Bitter gibt, ebenso wie die ätherischen Öle und die Hopfenharze keine einheitliche Sache sind.

Die Untersuchungen über die eigentliche Natur dieses wichtigen Hopfenstoffes sind überaus zahlreich, aber immer noch sehr unvollständig und selbst widersprechend. Ja die Sache liegt — was man kaum für möglich halten sollte — auch heute noch so zweifelhaft, dafs wir anscheinend nicht einmal ganz sicher wissen, ob die Bittersäure oder gewisse Hopfenharze dem Hopfen die Eigenschaft geben, den mit ihm gekochten Malzgetränken einen kräftig bitteren Geschmack zu verleihen. Ohne Zweifel gibt es auch hier Übergangsgebilde, namentlich von der Bittersäure zu den Harzen, welche das sichere Erkennen in hohem Grade erschweren. Daher bilden auch heute noch der Hopfenbitterstoff und seine Beziehungen zu den Harzen das Kriterium aller Hopfenuntersuchungen, welche die chemische Natur des Drüsensekrets zum Gegenstand haben.

Die überwiegende Mehrzahl der bisher ausgeführten chemischen Hopfenuntersuchungen befafste sich mit den ganzen Zapfen. Meines Wissens hat H. Bungener allein auch die von den Zapfen befreiten, individualisierten Drüsen untersucht; zu einem kleineren Teil ist dies auch von Ifsleib geschehen, später auch von Greshoff. Es verdient dies besonders bemerkt zu werden, da in den Extrakten aus den ganzen Zapfen' auch bittere Extraktivstoffe aus den krautartigen Teilen, aus den Sekretgängen, Zapfenblättern, Spindeln, Stielen, Köpfchendrüsen enthalten sein können, die wahrscheinlich einen ganz andern Charakter haben. In den Extrakten aus den isolierten grofsen Drüsen mit dem Sekret, wenn die Isolierung gut durchgeführt wurde, fehlen diese, aber auch die Extrakte aus den inneren Drüsen und den Sekretgängen. Es ist in der That gar nicht unwichtig, dieses Sachverhältnis im Auge zu behalten, gegenüber dem etwas summarischen Verfahren, welches bisher üblich war. Auch vergifst man oft, dafs nicht blofs der wahre Hopfenbitterstoff, sondern auch die ätherischen Öle, die Harze etc. im blofsen Sekrete bitter schmecken.

Schon Ives (1820—1821) gab an, dafs das Lupulin einen Bitterstoff enthält, der im Alkohol und Wasser löslich sei.

Pelletan, Payen und Chevalier (1822—1824) beschreiben diesen Bitterstoff (das Lupulin) als eine Substanz, welche gelblich-weifs und leichter in warmem als in kaltem Wasser löslich ist. Die wässerige Lösung ist von neutraler Reaktion und wird von Säuren und Alkalien nicht zersetzt[77]). Ohne Zweifel gebührt diesen französischen Forschern das Verdienst, den Bitterstoff des Hopfens als selbständigen Körper erkannt zu haben; sie gaben ihm den Namen

»Lupulin«. Nebstdem findet sich nach ihren Feststellungen im Hopfen noch ein aromatisches Harz in grofser Menge.

Personne (1854) will einen Bitterstoff gefunden haben, dessen wässerige Lösung Fällungen mit Gerbsäure, Jodkalium etc. gab; er glaubt den unbeständigen Stoff unter die Alkalien rechnen zu sollen; die Reindarstellung gelang nicht. Interessant ist an diesen Bemerkungen Personnes, dafs er den Bitterstoff für einen unbeständigen Stoff hält, was er auch ganz gewifs ist.

Vlaanderen (1858) hält den Bitterstoff (er nennt ihn Lupulin) ebenso wie seinen Begleiter, das Hopfenharz, in Äther löslich und deshalb kaum vom Harz zu trennen (Dobereiner). Später hat indes Vlaanderen (s. den Abschnitt »Harz») das Harz vollständig vom Bitterstoff befreit, aber dabei verwandelte sich das Harz stets in Hydrat.

Ein wichtiger Abschnitt in dieser Art von Untersuchungen ist offenbar erst mit Lermers Arbeiten und Veröffentlichungen (1863—1864) gegeben, wenn diese Ansichten auch in neuerer Zeit mehrfach erschüttert worden sind; als ganz beseitigt kann man sie kaum ansehen[78]).

Nach Lermer[79]) wird der Geschmack des Bieres und jener des Hopfens (oder umgekehrt) durch eine besondere chemische Verbindung bewirkt, welche saurer Natur ist und die Zusammensetzung $C_{32}H_{50}O_7$ hat; sie wurde von ihm Hopfenbittersäure genannt, weil die ätherische und die alkoholische Lösung deutlich röten und der fragliche Körper sich überhaupt wie eine Säure verhält. Sie unterscheidet sich von den eigentlichen Harzen durch die Fähigkeit. zu krystallisieren; damit wäre also gesagt, dafs die Bittersäure sich nicht stofflich vom Hopfenharz unterscheidet.

Dieser sehr schwierig darzustellende Körper erscheint in völlig reinem Zustande in Gestalt prismatischer, bis 2,5 cm langer, weifser, stark glänzender Krystalle, welche beim Aufbewahren gelb und weich werden und sich in einen nicht krystallinischen Körper umwandeln. Im Wasser ist die reine Hopfenbittersäure nach Lermer vollkommen unlöslich, auf der Zunge geschmacklos, leicht zum Verharzen geneigt, löst sich aber in Alkohol, Äther, Chloroform, Schwefelkohlenstoff, Benzol, Nitrobenzol und Terpentinöl; die alkalische Lösung schmeckt rein und intensiv bitter.

Prof. C. O. Harz in München[80]) macht übrigens darauf aufmerksam, dafs der verstorbene, als eminent tüchtig bekannte Technologe Reischauer in München, welcher eigentlich die Münchner wissenschaftliche Station für Brauerei ins Leben gerufen hat, zuerst direkt unter dem Mikroskop in den mit Nitrobenzol behandelten Lupulindrüsen, diese farblosen, stark glasglänzenden rhombischen Prismen der Lermerschen Hopfenbittersäure gesehen hat.

In der That sagt Karl Reischauer in München[81]), dafs er in einer Abhandlung über den Hopfenbitterstoff[82]) die Methode, durch welche es ihm gelungen sei, diesen interessanten Körper aus dem Hopfen im krystallinischen Zustande rein darzustellen, ausführlich auseinandergesetzt habe. Die Krystalle veränderten sich leicht an der Luft, aber es gelänge beim einfachen Behandeln von Bierextrakt mit Äther, welcher die Hopfenharze aufnehme, eine Lösung zu erhalten, die nach dem spontanen Verdunsten unzweifelhafte Krystalle des Hopfenbitters liefert. Ferner sagt Reischauer (l. c. S. 268), dafs man, wenn man Bierextrakt vollkommen trockne und dann mit Äther behandle, aus dem Bier ziemlich viel Hopfenbitter erhalte, welches nicht selten mit deutlichen Krystallen untermischt sei.

Die Unlöslichkeit im Wasser ist angeblich so vollständig, dafs die Krystalle der Hopfenbittersäure, auf die Zunge gebracht, beim Zerknirschen mit den Zähnen keinen Geschmack zeigen.

Das ist aber doch so eine eigene Sache, denn wenn man mit Hopfendrüsen besetzte Vorblätter in den Mund nimmt, so erhält man im Verlaufe von 1—2 Minuten einen umfangreichen und intensiv bitteren Hopfengeschmack; es hat sich also in dieser kurzen Zeit im kalireichen, warmen Speichel eine reichliche Menge des Hopfenbitterstoffes gelöst. Es ist dies eine Sache, welche man jeden Augenblick selbst probieren kann; offenbar handelt es sich aber da immer schon um die oxydierte wasserlösliche Bittersäure. Wie (s. folgend) H. Bungener und andere gezeigt haben, sind die harzigen Oxydationsprodukte der Bittersäure im Wasser, namentlich im kochenden, gut löslich.

In ausgezeichneter Weise tritt jedoch der Bittergeschmack hervor, wenn man die Krystalle in Weingeist löst und diese Lösung mit Wasser verdünnt; sie zeigen dann einen reinen und angenehmen, aber intensiv bitteren Geschmack, dessen Übereinstimmung mit jenem im Bier nicht zu verkennen ist. Lermer hat diese Hopfenbittersäure auch aus dem Bier dargestellt, worin aber wenig enthalten ist.

Die ätherische wie die alkoholische Lösung rötet deutlich Lackmuspapier, verhält sich überhaupt wie eine Säure, weshalb sie auch von Lermer Bittersäure genannt worden ist.

Es ist übrigens nicht überraschend, aus harzigen Massen eine krystallisierte Säure darstellen zu können, denn man erhält durch Behandeln des Kolophoniums in kaltem Weingeist die ebenfalls krystallisierbare Sylvinsäure. An der Eigenschaft des Hopfens, das Bier für den Genufs angenehm und für die Gesundheit zuträglich zu machen, hat gewifs die Hopfenbittersäure beträchtlichen Anteil. Es fragt sich nur, wie dieser im reinsten Zustande im Wasser unlösliche Stoff in der kochenden Würze gelöst wird. Die Ansichten von Balling und Habich erwiesen sich nicht als stichhaltig; auch die Phosphorsäure ist es nicht; überhaupt ist dieser Träger (das lösende Vehikel) des Bitterstoffes in der wässerigen Lösung nicht bekannt; er scheint aber durch die Gärung zerstört zu werden.

Diese Frage wird jedoch hinfällig durch den Umstand, dafs thatsächlich die krystallinische, wasserunlösliche Hopfenbittersäure nur seltener und nur in ganz frischem Hopfen angetroffen wird, in den meisten, selbst wenig alten Hopfen aber schon in einer wasserlöslichen Übergangsform zu den Harzen vorhanden ist. Es ist also eigentlich diese krystallinische Bittersäure nur die Grundlage, der Vorläufer der dann durch Umwandlung derselben allgemein im Hopfen auftretenden Bitterstoffe.

Nachdem auch noch andere ätherische Öle, wie das Terpentinöl, die Eigenschaft haben, die Hopfenbittersäure zu lösen, so hat sehr wahrscheinlich auch das Hopfenöl diese Eigenschaft. Es ist daher möglich, dafs schon in der Würze (beim Würzekochen) eine gewisse Menge von Hopfenbittersäure gelöst wird; ja es mufs das wohl so sein, denn wie sollte sonst die Hopfenbittersäure in die Würze und durch diese in das Bier gelangen, da ja Alkohol in der Würze erst durch die Hauptgärung erzeugt wird, also in einem Zeitabschnitte, wenn der Hopfen bereits vollständig von der Würze getrennt und entfernt ist. Wenn erst einmal Alkohol in der Würze vorhanden ist, dann kann nur noch durch das sogenannte Hopfenstopfen Hopfen mit der Würze in Berührung kommen.

Es ist der Fall vielleicht nie gegeben, dafs es der Lösung der krystallinischen Bittersäure bedarf, meist oder immer ist sie bis zur Verwendung des Hopfens schon vollkommen umgewandelt und dann leicht löslich. Es ist aber doch möglich, dafs diese Umwandlung der krystallinischen Bittersäure in gewöhnlichen, nicht krystallinischen Bitterstoff im frischen Hopfen nur allmählich vor sich geht. Offenbar sind da noch viele dunkle Stellen, welche der Aufhellung bedürfen.

Es würde sich also nur fragen, ob die geringe Menge ätherischen Hopfenöls, welche in die Würze gelangt, die Fähigkeit hat, alle im Hopfen enthaltene Bittersäure in Lösung zu bringen. Es ist das ein höchst wichtiger Punkt, der vielleicht auch Licht auf die Thatsache wirft, dafs und warum ein Hopfen beim einmaligen Kochen in der Würze nur einen Teil seiner bitteren und harzigen Stoffe verliert, und dafs er bei mehrmaligem Wiederverwenden immer wieder bittere und harzige Stoffe abgibt.

Sehr wahrscheinlich ist, dafs die erst beim zweiten, dritten etc. Hopfenkochen abgegebenen Bitterstoffe und Harze vorher noch nicht löslich waren, erst durch Umsetzung löslich wurden; es scheint sich dabei aber auch um immer derbere, rohere bezügliche Substanzen zu handeln.

Es ist das eine den Praktikern schon lange bekannte Thatsache, welche in den letzten 20 Jahren von Technologen und Praktikern viel besprochen und auch experimentell behandelt worden ist, so dafs man in neuerer Zeit besondere Sudmethoden darauf zu begründen gesucht hat.

Schon im Jahre 1888 sagte Ad. Ott, damals Assistent der Chemie und Technologie in Weihenstephan[83]), dafs es so schwierig — eigentlich unmöglich — ist, den Hopfen mit den gewöhnlichen Lösungsmitteln, mit Wasser, selbst mit Alkohol und Äther, so gründlich zu extrahieren und namentlich zu erschöpfen, dafs keine Bitterharze, ätherisches Öl, Wachs, selbst auch Gerbsäure mehr darin enthalten seien. Selbst nach mehrmaligem Auskochen mit Wasser gebe er an dasselbe immer noch etwas ab. Dasselbe sei der Fall beim Extrahieren mit Äther; wenn man fein zerschnittenen Hopfen zunächst mit Ather und hernach mit Alkohol ausziehe, so nehme letzterer, wie ein Versuch zeige, monatelang etwas aus demselben auf.

Dieselben Erfahrungen machte sieben Jahre später Greshoff. Nach 25maliger wiederholter Behandlung von 80 g fein zerschnittenem Hopfen mit 800 ccm Wasser waren in demselben noch Bittersäure, Gerbstoff etc. anwesend. Mit kochendem Wasser ging es rascher, da war schon bei der zehnten Abkochung keine Eisengerbstoffreaktion mehr wahrnehmbar. Dasselbe ist natürlich auch mit Würze der Fall.

Auch Dr. H. Bungener[84]) sagt, es sei fraglich, ob der Hopfen der Bittersäure die Eigenschaft verdanke, seiner Lösung kräftig bitteren Geschmack zu verleihen, es sei das noch nicht sicher zu beantworten. Die Säure und ihr Isomer seien im Wasser unlöslich, dagegen im ätherischen Öl leicht löslich; auch durch Kochen mit Wasser erhalte man eine ziemlich bittere Flüssigkeit.

Greshoff fand bei der ebenerwähnten Studie, dafs eine achtmalige Behandlung mit Spiritus (95%ig) ein intensiv bitteres Harz hinterliefs. Auch der gröfste Teil des ätherischen Öles hafte hartnäckig am Harze.

Hayduck meint, dafs die Bittersäure als solche sich im Hopfen nicht vorfinde, sondern erst durch Reagentien entstehe, während Gries und Harrow den Bitterstoff des Hopfensekretes aus einer Verbindung des unlöslichen Harzes mit Cholin entstehen lassen wollen.

Nach Briant wurde der Hopfen nach zwölfstündigem Kochen noch nicht vollkommen entbittert; er lieferte auch noch Bitterkeit, wenn man ihn in eine Würze brachte und wieder kochte; am schnellsten läfst sich nach ihm das Bitter alten Hopfens extrahieren. Wenn es nun auch fast unmöglich ist, den Hopfen durch Kochen ganz von seinen Bitterstoffen zu befreien, so geht aber doch bei längerem Kochen ein herbes Bitter in Lösung, welches oft störend wirkt, und wenn dieses unangenehme Bitter vom γ-Harze herrühre, dann habe es nicht einmal antiseptischen Wert.

Alter Hopfen lasse sich erheblich leichter und rascher auslaugen als neuer, auf keinen Fall aber lasse sich der Hopfen innerhalb praktisch möglicher Zeitgrenzen ganz erschöpfen. Ein Hopfen gab, nachdem er zwölf Stunden lang gekocht war, an eine neue Würze immer noch Bitterstoffe ab. Alte Hopfen lassen sich in $^1/_3$ der Zeit ebenso weit auskochen als neue, und einjährige Hopfen erfordern dazu die Hälfte der Zeit. Diese Autoren glauben, dafs es namentlich die Gegenwart des vielen Hopfenöls in der Würze ist, welches bei der Verwendung neuen Hopfens die Lösung der bitteren Harze verzögert und hemmt. Die alten Hopfen haben wenig Hopfenöl, daher die raschere Lösung der Bitterstoffe[85]).

Das wäre also der soeben erwähnten Ansicht Bungeners über den Wert der ätherischen Öle für die Lösung der Bittersäure gerade entgegengesetzt.

Wenn die Bittersäurekrystalle Lermers nur kurze Zeit an der Luft liegen, werden sie gelb und geben die Kupferreaktion im hohen Grade, wie gewisse Harze, und man nimmt deshalb an, dafs auch die Bittersäure in einen harzartigen Körper übergeht. Dies mag auch einer der Gründe sein, warum alter Hopfen nur noch eine geringe Ausbeute an Hopfenbittersäure gibt. Dieselbe besitzt, in erwähnter Weise verändert, nicht mehr den rein bitteren Geschmack, sondern derselbe hängt vielmehr an der Zunge und ist nicht ohne eigentümlichen Beigeschmack.

Dieser Umstand ist besonders auch dann von Bedeutung, wenn die Biere nach der Hauptgärung die aus den Hopfenausscheidungen bestehende Decke nicht halten, sondern diese vielmehr ins Bier zurückfällt und an den nun im Bier vorhandenen Alkohol lösliche Bestandteile abgibt. Solche Biere bekommen dann einen rohen Nebengeschmack, der das konsumierende

Publikum zu dem Glauben veranlassen kann, es seien Hopfensurrogate verwendet worden. Um derartige schädliche Einflüsse fernzuhalten, wird empfohlen, sobald die hohen Kräusen im Zurückfallen sind, die Decke abzunehmen, ein Verfahren, welches sich namentlich auch bei Verwendung geringerer Hopfensorten sehr bewährt haben soll, indem auch diese dann dem Bier einen relativ milden Geschmack verleihen.

Nach Leuchs (1867) besitzt der Hopfenbitterstoff die Eigenschaft, von Holzkohle, Essig, Weinsäure, ja sogar durch langes Stehen an der Luft vernichtet zu werden; die Ursache der Entbitterung liege in der Sauerstoffentziehung. M. Greshoff hat — entgegengesetzt dieser Ansicht von Leuchs — nicht finden können, dafs eine Entbitterung durch reduzierende Substanzen stattfindet.

Etti[86]) hat ebenfalls versucht, den Bitterstoff krystallisiert zu erhalten; er erhielt ihn im Ätherauszug aus den Hopfenzapfen, trennte ihn vom Harze, welchem er anhängt, und bekam Krystalle, welche sehr bitter schmecken und beim gelinden Erwärmen sich vollständig in Wasser auflösen. Er beseitigte zuerst das krystallisierte weifse Harz (Hopfenwachs), um dann den in Lösung übergegangenen Bitterstoff und das braune, nicht bittere Harz voneinander zu trennen. Man kann den Bitterstoff aus dem Harze abscheiden und je nach dem Verfahren als ausgebildete farblose Krystalle oder als schmierige Masse erhalten, aus welcher nur wenige Krystalle entstehen.

Verhängnisvoll ist es nur, dafs Ettis Bitterstoff in Wasser löslich ist, besonders beim gelinden Erwärmen, während der Bitterstoff Lermers nicht löslich ist. — Thatsache ist es indes, dafs Wasser allein schon aus dem Hopfen eine bittere Substanz auszieht; es mufs also auch im Hopfen ein in Wasser löslicher Bitterstoff vorhanden sein. Immerhin ist es aber möglich, dafs diese Lösung durch das ätherische Hopfenöl vermittelt wird. Die Hopfenwürze, welche noch keinen Alkohol enthält, schmeckt intensiv bitter. Ohne Zweifel handelt es sich in allen diesen Fällen bereits um den Hopfenbitterstoff, welcher durch Oxydation aus der Hopfenbittersäure entstanden und in Wasser löslich ist.

Etti meint nun, dafs das bittere Prinzip vom Harze grundverschieden sei und auch nicht durch Zuhilfenahme fremder Bestandteile, wie Zucker, ätherisches Öl, Gerbsäure etc., in Lösung gebracht zu werden braucht. Angaben über die Zusammensetzung und die Eigenschaften der Bitterstoffkrystalle sind von Etti nicht gemacht worden.

Ad. Ott (1880, l. c.) findet, dafs die von Lermer bei der Darstellung der Hopfenbittersäure gemachten Beobachtungen im allgemeinen mit dem übereinstimmen, was er selbst gesehen hat. In einigen Punkten jedoch wurde ein abweichendes Verhalten der auftretenden Körper wahrgenommen; die Hopfenbittersäure wurde in sehr schönen Prismen und Tafeln des rhombischen Systems erhalten, welche nur am Rande bald vergilbten, in der Mitte aber noch monatelang farblos und durchsichtig blieben.

Ifsleib[87]) erneuerte die Untersuchung über das Hopfenbitter und gibt eine Kritik der von Etti erhaltenen Resultate. Er konnte auch im Vakuum keine Krystalle vom Bitterstoff bekommen, und die sehr oft durch Wasser gefällten Harze hatten nach wie vor einen stark bitteren Geschmack. Daher wendete er (zum erstenmal) die Entbitterung mittels Tierkohle bei der Hopfenuntersuchung an.

Der kalt bereitete wässerige Auszug des Hopfens wurde mit frisch geglühter Kohle in Berührung gebracht. Nach zwei Tagen war der bittere Geschmack verschwunden[88]). Die Kohle wurde sodann mit kaltem Wasser gewaschen, gelinde getrocknet und mit siedendem Alkohol von 90% ausgezogen, der Alkohol durch Destillation entfernt, der zurückbleibende Extrakt mit Wasser aufgenommen und der Bitterstoff mit Äther ausgeschüttelt.

In dieser Weise wurden aus Hopfenzapfen 0,004% und aus Hopfenmehl, also aus den Sekretdrüsen, 0,11% eines aufserordentlich bitteren Körpers isoliert. Es ist eine hellgelbe, extraktdicke Masse, welche sich, bei 60° getrocknet, zu einem gelblich-weifsen Pulver zerreiben läfst. In kaltem Wasser löst der syrupdicke Bitterstoff sich leicht, in warmem und namentlich heifsem, kochendem Wasser schmilzt er zu einer dunklen, harzähnlichen Masse zusammen und wird teilweise verharzt[89]). Er löst sich leicht in Äther und andern ähnlichen Lösungsmitteln, schmeckt intensiv bitter, ähnlich wie Chinin, und riecht angenehm aromatisch (Beziehung zum ätherischen Öl). Alle Versuche, den Bitterstoff zum Krystallisieren zu bringen, waren erfolglos; er ist stickstofffrei und reagiert schwach sauer. Durch verdünnte Säuren wird er gespalten, ohne Zuckerbildung. Dabei bildet sich aus dem Bitterstoff (Lupulin) = $C_{29} H_{46} O_{10} + 3H\,2O$, also stickstofffrei, ein braunschwarzer, harzähnlicher Körper (Lupulieretin) = $C_{10} H_{16} O_4$ und eine Säure (Lupulinsäure) = $C_{48} H_{82} O_{19}$.

Ifsleib ist dabei der Ansicht, dafs die Hopfenbittersäure Lermers kein ursprünglich im Hopfen vorkommender Körper, sondern ein Spaltungsprodukt sei; er begründet diese Ansicht damit, dafs Lermer zur Isolierung der Bittersäure Kalilauge verwendete, welche auf Bitterstoffe zersetzend wirke. Diese Ansicht Ifsleibs hat sich später als vollkommen irrig erwiesen.

Greshoff versuchte (1887) ebenfalls die Isolierung des Bitterstoffes durch Tierkohle. Nach 48 Stunden zeigte sich die Flüssigkeit noch stark bitter, entgegengesetzt Ifsleib. Die Entbitterung durch Kohle war also wenigstens in dieser Zeit nur unvollkommen: von 768 mg waren 432 mg durch Kohle aufgenommen. Nach Auskochen der Kohle mit Alkohol resultirt eine hellgelbe, intensiv bittere Flüssigkeit, welche nach Verdunstung des Alkohols ein Extrakt hinterliefs, das sich vollständig, aber nur sehr langsam in Wasser wieder löste. Nach Ausschüttelung mit Äther blieb im Wasser ein grofser Teil des gelben Farbstoffes zurück, sowie ein integrierender Bestandteil, der mit Eisen $Fe_2 Cl_6$ einen dunkelgrünen, mit Pb. aceticum einen weifsen, gelatinösen Niederschlag gibt und mit Ammon sich dunkel färbt.

Der gereinigte Bitterstoff ist schwach gelblich, gummiartig weich, war jedoch nicht ganz gerbstofffrei. Mit wenig Wasser sanft erwärmt, treibt er auf demselben wie klare, hellgelbe Öltröpfchen, in mehr Wasser löst er sich auf. Es waren jedoch von den 432 mg nur 56 mg reiner Bitterstoff übrig, also kaum 0,06 % des Hopfens; nach Hayduck, l. c. S. 942, 0,4 %. Jedenfalls ist der Bitterstoff Greshoffs, welcher ebenfalls ganz genau zwischen Bitterstoff und Hopfenharz unterscheidet, mit jenem Ifsleibs identisch.

Peter Griefs und Harrow[90]) halten es nicht für unwahrscheinlich, dafs der in Wasser leicht lösliche Bitterstoff gebildet wird durch die Verbindung des Cholins mit dem unlöslichen Harz; sie stützen diese Meinung darauf, dafs eine sehr verdünnte Cholinlösung verhältnismäfsig sehr bedeutende Mengen Hopfenharz zu einer intensiv bitteren Flüssigkeit aufzulösen vermag.

H. Bungener (1884 und 1886, damals Brauereidirektor in Schiltigheim bei Strafsburg)[91]) suchte diese weitgehenden Widersprüche über die Natur des Hopfenbitterstoffes durch neue Untersuchungen (einfache Extraktion von Lupulindrüsen mit Petroleumäther, wobei er direkt die im Sekret vorhandene Lermersche Bittersäure erhielt) zu lösen und kam dabei zu folgenden Resultaten:

Die krystallinische Säure Lermers ist wirklich als solche im Hopfen vorhanden und wird nicht erst durch die Einwirkung der Reagentien gebildet. Bungener nennt sie Lupulinsäure.

Ihre Extraktion aus ganzen Hopfenzapfen wird durch die Gegenwart anderer Stoffe sehr erschwert.

Aus dem sogenannten Lupulin (den Hopfendrüsen) ist sie mit Petroläther, ohne irgend ein anderes Reagens anzuwenden, leicht auszuziehen. Aus 6 kg Lupulin (Hopfenmehl) wurden 400 g Säure erhalten, das wäre also 0,066 %.

Die Zusammensetzung der reinen Säure entspricht am besten der Formel $C_{25} H_{35} O_4$ ($C_{50} H_{70} O_8$).

Die schönen Krystalle sind farblos, in Wasser unlöslich, dagegen leicht löslich in Alkalien, Äther, Chloroform, Benzol, Schwefelkohlenstoff etc. Die Lösung in Alkalien oder in Chloroform schmeckt rein bitter.

Alter Hopfen gibt viel weniger krystallinische Säure als frischer; manche Probe lieferte nur wenige Krystalle, alle andern hatten sich in harzige Modifikationen verwandelt.

Dieser Körper verhält sich wie eine sehr schwache Säure; besonders charakteristisch ist seine Kupferverbindung, welche krystallinisch, in Wasser unlöslich, in Äther aber und noch leichter in Alkohol löslich ist. Ihre Formel scheint $C_{50}H_{68}O_8Cu$ zu sein. Diese Bittersäure ist äufserst unbeständig. Durch Liegenlassen der Krystalle, rascher durch Verdunstung der alkalischen, alkoholischen oder ätherischen Lösung an der Luft (bei Zimmertemperatur), verwandelt sie sich in eine harzige gelbe Masse, welche stark nach Fettsäure riecht und deren Lösungen noch bitterer schmecken wie diejenige der krystallinischen Säure.

Die Bildung dieses Harzes erfolgt nur bei Gegenwart von Luft, resp. durch Sauerstoffaufnahme. Die Mehrzahl der Oxydationsmittel wirken auf sie sehr energisch und unter Bildung reichlicher Mengen von Baldriansäure[92]).

Wird die ätherische Lösung des Oxydationsproduktes mit einer wässerigen Lösung von Kupferacetat geschüttelt, färbt sie sich tief grün. Diese Kupferverbindung ist derjenigen der krystallinischen Säure ähnlich, aber amorph und viel leichter in Äther löslich. Aus frischem Lupulin wird neben der krystallinischen Säure viel von diesem Oxydationsprodukt ausgezogen, wovon ein Teil wahrscheinlich während der Extraktion entsteht, wenn auch eine bedeutende Menge bereits im Hopfen enthalten ist.

Wird die krystallinische Säure unter vollständigem Luftabschlufs mit Wasser gekocht, so wird vom Wasser so gut wie nichts aufgenommen; die Flüssigkeit bleibt farb- und geschmacklos. Leitet man aber während des Kochens einen Luftstrom durch, so färbt sich die krystallinische Säure gelb, und ihr Geschmack wird bald deutlich bitter; es findet eine teilweise Oxydation der Säure statt, unter Bildung eines löslichen Bitterstoffes.

Wenn man reine Bittersäure durch Verdunstung ihrer Lösung an der Luft oxydiert und das resultierende Harz auch nur kurze Zeit mit Wasser kocht, indem man durch Schütteln die Verteilung der Harztröpfchen im Wasser möglichst begünstigt, so färbt sich die Flüssigkeit gelb, und ihr Geschmack wird dabei so bitter wie der eines konzentrierten Hopfendekoktes.

Unter den Oxydationsprodukten der krystallinischen Bittersäure sind auch flüchtige Verbindungen in geringerer Menge vertreten, wahrscheinlich Baldriansäure und ihr Aldehyd.

Das sich bildende, nicht flüchtige Harz löst sich nicht vollständig in Wasser und scheint daher auch nicht einheitlich zu sein; ja man kann auch nicht behaupten, dafs es teilweise in Wasser löslich sei, sondern es ist wahrscheinlicher, dafs es leicht und namentlich durch Einwirkung warmen Wassers eine Zersetzung erleidet, unter Bildung eines löslichen Bitterstoffes.

So viel steht fest, dafs die Lösung, welche man durch Kochen des Harzes mit Wasser erhält, und in welcher per Liter 0,3 g organische Substanz enthalten ist, stark bitter schmeckt.

Aus dieser Lösung kann der Bitterstoff durch starke Säuren gefällt werden. Durch Zusatz von etwas Schwefelsäure entsteht eine milchige Trübung. Beim Schütteln mit Äther wird die Lösung wieder klar, indem der Bitterstoff in den Äther übergeht. Durch Verdunstung des Äthers erhält man alsdann den Bitterstoff als eine harzige, äufserst bittere Masse.

Wie oben erwähnt, enthält der Hopfen sowohl die Bittersäure, als ihr Oxydationsprodukt. Nach dem Verhalten des Oxydationsproduktes gegen warmes Wasser und auch seinen sonstigen Eigenschaften ist anzunehmen, dafs durch die Gegenwart dieses Produktes in den Zapfen die Bitterkeit der Hopfendekokte und gehopften Würzen bedingt wird. Dieses wird durch den Umstand bestätigt, dafs die Bitterstoffe aus wässerigen Hopfenauszügen mittels Schwefelsäure gefällt werden können.

Wird Hopfen 2—3 mal mit dem 20. Gewicht Wasser gekocht, so erhält man sehr bittere Flüssigkeiten. Setzt man zu der klar filtrierten Lösung nach dem Erkalten etwas Schwefelsäure, so erzeugt dieselbe eine Färbung, eine Trübung im 1. Auszuge, die sich im 2. und 3. Auszuge bald zu einem flockigen Niederschlage vereinigt. Giefst man aber in die Flüssigkeit etwas Barytwasser, so reifst das gebildete Baryumsulphat die entstandenen Verbindungen mit sich nieder. Die vom Niederschlag abfiltrierten und mit Baryumkarbonat neutralisierten Flüssigkeiten schmecken kaum noch bitter. Es ist also fast aller Bitterstoff durch die Schwefelsäure gefällt worden, zusammen mit gerbsäureartigen und stickstoffhaltigen Substanzen.

Aus dem Niederschlag kann man mittels Petroläthers eine harzig bittere Masse ausziehen, welche nach allen Reaktionen (Löslichkeit, Fällbarkeit durch Säuren, Einwirkung auf

Kupferacetat) mit dem in warmes Wasser übergehenden Teil des Oxydationsproduktes der Bittersäure identisch ist.

Die krystallinische Säure selbst ist in Wasser und Würze unlöslich; wohl wird sie in ätherischem Hopfenöl leicht gelöst, es ist aber nicht denkbar, dafs dadurch die Bitterkeit der lange Zeit gekochten, also von Hopfenöl fast gänzlich befreiten Hopfenauszüge und gekochten Würzen verursacht wird. Es ist überhaupt sehr fraglich, ob sich im Hopfen ein an und für sich in Wasser löslicher Bitterstoff befindet. Zerreibt man Hopfen mit kaltem Wasser, so erhält man eine trübe Flüssigkeit, welche stark nach Hopfenöl riecht und etwas bitter schmeckt. Wird aber die Flüssigkeit klar filtriert, so besitzt sie nur noch einen unangenehmen, kaum bitteren Geschmack, indem das suspendierte Hopfenöl und der in demselben gelöste Bitterstoff vom Filter zurückgehalten werden. In Wasser scheint mithin kein Bitterstoff gelöst zu sein.

Es geht also aus allen mitgeteilten Thatsachen hervor, dafs Hopfendekokte und gekochte Würzen, welche bei Luftabschlufs dargestellt werden, ihre Bitterkeit lediglich dem schon im Hopfen befindlichen Oxydationsprodukte verdanken.

Das aktive bittere Prinzip des Hopfens ist also nichts anderes als das harzige Oxydationsprodukt der Hopfenbittersäure (Lupulinsäure). Sehr wahrscheinlich löst siedendes Wasser nicht blofs dieses Oxydationsprodukt, sondern es verändert dasselbe auch chemisch.

Die Eigenschaft der Bittersäure und des aus ihr entstehenden Bitterstoffes läfst leicht begreiflich erscheinen, dafs man den Hopfen wiederholt mit Wasser kochen kann, ohne all seinen Bitterstoff auszuziehen; es entstehen eben immer wieder neue Oxydationsprodukte aus der Bittersäure, welche dann in Lösung treten.

Was die wohlbekannte Thatsache betrifft, dafs während der Gärung ein Teil des Bitterstoffes von der Würze ausgeschieden wird, so sind die Untersuchungen über diese Erscheinungen noch im Gange.

Nach C. J. Lintner und A. Bungener[93]) fanden sich bei gewisser Behandlung im α-Harze viele kleine Krystalle, die aber nicht von der Harzmasse geschieden werden konnten. Der Bitterstoff, den sie aus dem α-Harze auf andere Art gewonnen, waren gelblich-weifse, glitzernde Krystalle, welche wenig Neigung zur Verharzung zeigten, auf der Zunge geschmacklos waren, aber in einer spirituösen Lösung intensiv bitter schmeckten; dieser Geschmack schien ihnen identisch zu sein mit dem Bitterstoffe Lermers, aber verschieden von der Bittersäure Bungeners.

Auch Hayduck, welcher ursprünglich das Hopfenbitter als einen integrierenden Bestandteil des Hopfenharzes erklärte, hat in neuerer Zeit[94]) nach dem von Bungener angegebenen Verfahren aus Hopfenmehl (Lupulin) die Lermer-Reischauersche Bittersäure dargestellt.

Die Hopfenbittersäure wurde zuerst mit Petroläther von niedrigen Siedepunkten ausgezogen, die Auszüge filtriert und im luftleeren Raume bei niedriger Temperatur abgedampft. Es hinterblieb ein Extrakt, aus dem sich alsdann die Hopfenbittersäure in Krystallen ausschied, die, darauf gereinigt, weifse Krystalle darstellten. Neben dieser Hopfenbittersäure erhielt er aus dem Hopfenmehl auch drei, später zu besprechende Harze.

Er fand also ebenfalls die von Reischauer und Lermer, später auch von Ad. Ott und Bungener gefundenen Krystalle der Bittersäure, welche in reinem und luftfreiem Wasser absolut unlöslich sind, die aber, sobald die Substanz mit Sauerstoff in Berührung kommt, sofort oxydieren, bei welchem Vorgang sich diese krystallinischen Körper in weiches Harz verwandeln, das nicht mehr unlöslich in Wasser ist, sondern sich in geringer Menge darin auflöst und dem Wasser einen sehr bitteren Geschmack verleiht.

Früher hatte Hayduck erklärt, dafs er beim wiederholten Darstellen der später zu besprechenden Weichharze, auch bei monatelanger Aufbewahrung derselben, keine Spur von Krystallbildung beobachtet habe[95]). Als aber die beiden (α- und β-) Weichharze aus neuem (also ganz frischem) Hopfen hergestellt wurden, bildeten sich nach längerer Aufbewahrung in beiden Krystalle, zuletzt so zahlreich, dafs die ganzen Harzmassen damit durchsetzt waren.

Unter dem Mikroskop zeigten sich diese Krystalle in verschiedenen Formen, als langgestreckte rhombische Tafeln im α-Harze und in sehr dünnen langen Prismen im β-Harze.

Es scheinen also im Hopfen zwei krystallinische Körper vom Charakter der Bittersäure vorhanden zu sein. Namentlich aus dem β-Harze gelang die Isolierung der Krystalle leicht, nicht so aus dem α-Harze.

Die Krystalle aus dem α-Harze gehen aus alkoholischer Lösung (durch Verdunstung des Alkohols) in ein bitteres Weichharz über, welches ganz mit dem Hayduckschen α-Harze stimmt, während die Krystalle aus dem β-Harze ein dem β-Harze ähnliches Weichharz bilden.

Hayduck[96]) ist dennoch auf Grund seiner Arbeiten dagegen, im Hopfen einen eigenen, besonderen, von den Harzen unabhängig dastehenden Bitterstoff anzuerkennen, behauptet vielmehr nach wie vor, dafs seine beiden bitteren Weichharze (α- und β-) den Bitterstoff des Hopfens repräsentieren. Ohnehin zeige ja auch der Bitterstoff Ifsleibs und Greshoffs die gröfste Ähnlichkeit mit seinen Weichharzen.

Praktisch wichtig ist noch die von Hayduck später gemachte Bemerkung, dafs die bei der Siedehitze in der Würze gelösten Weichharze, welche nach seiner Ansicht die Träger des bitteren Prinzips im Hopfen sind, beim Abkühlen der Würze teilweise wieder abgeschieden werden, woraus sich die Erscheinung erklärt, dafs gröfserem Hopfenzusatz keineswegs immer auch eine stärkere Bitterkeit des Bieres entspricht, weil eben schon die gebräuchliche Hopfengabe mehr Harz abgeben kann, als das Bier später in Lösung zu halten vermag.

Wir werden später in dem Abschnitt »Der Bittergeschmack des Hopfens« noch etwas kennen lernen, was in der Frage nach dem Bittergeschmack des Bieres sehr entscheidend wirkt, sich aber den Mitteln und Methoden des Chemikers entzieht: es ist das die Frage nach dem Grade der Energie des Bitters; weiterhin spielt auch die schwankende Sekretmenge in dieser Sache eine sehr bedeutende Rolle.

Dennoch sind die neuesten Arbeiten M. Greshoffs in dieser wichtigen Frage ganz geeignet, die Auffassung wieder herzustellen, dafs im Hopfen, innigst mit dem Harze vergesellschaftet, so dafs er nur höchst mühsam von ihm losgelöst werden kann, ein selbständiger Hopfenbitterstoff vorkommt, welcher selbst in kaltem, noch besser aber in kochendem Wasser löslich ist.

Stets fand er bei seinen Untersuchungen das Vorhandensein des in Wasser löslichen Bitterstoffes im gewöhnlichen Hopfenharz. Auch die weitere, wichtige Frage fand durch Greshoffs Arbeiten eine Klärung, ob das Hopfenharz an sich bitter ist oder nur infolge der Beimengung des Bitterstoffes. Offenbar ist das, was man Weichharz nennt, die Bittersäure, in der Umbildung zu den unwirksamen Harzen begriffen (man s. oben Hayduck).

Nach 25maliger Digerierung einer fein zerschnittenen Partie Hopfens mit kaltem Wasser hatte die Tinktur immer noch einen stark bitteren Geschmack. Dann wurde derselbe Hopfen getrocknet und mit destilliertem Wasser stundenlang gekocht. Nach zehn derartigen Abkochungen wurde der Hopfen wieder getrocknet und alsdann mit Alkohol ausgekocht, wobei noch einmal 5,37 % Alkoholextraktausbeute erhalten wurde, während die Menge des ursprünglichen alkoholischen Extraktes bei diesem Hopfen 27,3 % betrug.

Die alkoholische Flüssigkeit war grünlich, reagierte sauer und schmeckte sehr wenig bitter, verursachte aber ein sehr unangenehmes Kratzen in der Kehle. Damit scheint in der That der Beweis erbracht, dafs der Hopfenbitterstoff selbständig ist und aus den Harzen, mit denen er innig verbunden, durch kaltes und dann durch kochendes Wasser allmählich vollständich entfernt werden kann.

Sehr wichtig ist desfalls auch die von Greshoff festgestellte Thatsache (s. weiter unten bei dem Abschnitt über das Harz, 2. dessen praktische Leistung im Bier), dafs aus einer stark bitteren, durch Kochen mit Hopfen erhaltenen, filtrierten Glykoselösung eingeleitete Kohlensäure keine Spur von Harz ausfällte. Die Bitterkeit rührt also nur von dem in Lösung befindlichen Bitterstoff her, welcher durch die vorausgegangenen Operationen von den Harzen geschieden war.

Der Versuch, das Harz durch Wasser und Alkoholausfällung zu entbittern, mifslang trotz der achtmaligen Wiederholung der Operation. Das Harz wurde kompakter, blieb aber nach wie vor intensiv bitter[97]). Ebenso waren alle Versuche, einen krystallinischen Bitterstoff zu erhalten, ohne Resultat.

Greshoff hat wiederholt und mit Petroläther von sehr verschiedenem Siedepunkt versucht, nach Bungeners Angaben einen krystallinischen Bitterstoff zu erhalten, aber ohne Resultat; wohl sei Ligroin ein gutes Lösungsmittel bei Hopfenanalysen, aber er könne Bungeners Konsequenzen über das bittere Prinzip des Hopfens nicht beistimmen. Auch dessen Kritik der Ifsleibschen Untersuchungen sei ungerecht, da wirklich ein wasserlöslicher Bitterstoff im Hopfen vorkomme.

Greshoff will diesem Bitterstoff allein, also in Übereinstimmung mit Bungener und entgegengesetzt der Ansicht Haydncks, die konservierende und namentlich die bakterienfeindliche (antiseptische) Wirkung des Hopfens zuschreiben, nicht dem Harze, denn sein gereinigtes, in Petroläther unlösliches Hopfenharz zeigte die gröfste Neigung zur Schimmelbildung und war auch nicht im stande, eine Flüssigkeit vor Fäulnis zu schützen.

Aus saurer Lösung mit Äther ausgeschüttelt, dann in Wasser gelöst, mit Chloroform ausgeschüttelt, erhält man endlich den von Hopfengerbstoff getrennten Hopfenbitterstoff, eine intensiv bittere, in kaltem Wasser ziemlich schwer, in warmem Wasser leichter und fast vollständig lösliche orangegelbe Masse, welche mit Eisenchlorid nicht den mindesten grünschwarzen Niederschlag, sondern nur eine leichte, rotbraune Trübung gibt (Eisenverbindung des Bitterstoffes). Alle Versuche, den Bitterstoff krystallinisch darzustellen, schlugen fehl; nur die Kupferverbindung ist undeutlich krystallinisch zu bekommen[98]).

Die schwach angesäuerte wässerige Lösung des so erhaltenen Hopfenbitters gibt keine Alkaloidreaktion, ist stickstofffrei, reagiert aber auf Metallsalze. Bleizucker gibt einen weifsen Niederschlag, Bleiessig fällt noch vollständiger (Ifsleib will mit Bleizucker, Bleiessig und Gerbsäure nur Trübung in Hopfenbitterstofflösungen beobachtet haben); Tannin gibt keine Trübung; mit Kupfersalz entsteht ein blaugrüner Niederschlag; die ganze Flüssigkeit färbt sich schön grün. Die Metallverbindungen des Bitterstoffes sind in Ather löslich. Mit Alkalien wird die strohgelbe Hopfenbitterlösung orangerot.

Der Bitterstoff löst sich in den gebräuchlichen Mitteln leicht auf und ist allem Anschein nach der Bitterstoff des Hopfens. Mit Salpetersäure tritt als Reaktion des Bitterstoffes eine schmutzigrote (man sehe weiter oben meine mikrochemische Untersuchung der Hopfendrüsen mit Salpetersäure, S. 248 Fig. LXVI), bei Verdünnung mit Wasser gelbe und nach Sättigung mit Kali oder Ammoniak schöne orangerote Farbe auf.

Diese Reaktion erklärt Greshoff als diejenige, welche von Dannenberg, Moddermann, v. Gelder, Dragendorff dem im Bier anwesenden »Bieralkaloid« bis jetzt irrtümlich zugeschrieben worden ist und die bei nicht völliger Reinheit des Bitterstoffes in der Weise zur Erscheinung kommen kann, dafs eine Verwechslung mit Colchicin nicht unmöglich ist.

Die Elementaranalyse des Bitterstoffes nach Greshoff:

	I	II
C	61,18	61,24
H	7,50	7,52
O	31,32	31,24 (Diff.).

Es ist dies fast $^1/_{10}$% des Hopfens, 20 mal mehr, als Ifsleib erhielt und obgleich der Bitterstoff nur teilweise anwesend war. Eine quantitative Bestimmung des Bitterstoffes ist nach Greshoff zur Zeit nicht möglich. Die gröfste Ausbeute an reinem Bitterstoff, welche Greshoff bekam, war 0,4%.

Auch in dem Teil des Harzes, welcher aus der sauren Lösung in Äther übergegangen und in kaltem Wasser unlöslich war, war noch ein beträchtlicher Teil in warmem Wasser löslich und dokumentierte sich als Bitterstoff. Es war eben ein Gemisch von Bitterstoff und Harz, wie es die älteren Forscher oft in Händen hatten.

Merkwürdigerweise war bei den Greshoffschen Untersuchungen der in Alkohol lösliche Bitterstoff stickstofffrei, während der in Amylalkohol lösliche sich stickstoffhaltig erwies und mit

Alkaloidreagentien und Metallsalzen Niederschläge gab und nebstdem auch die verschiedensten Oxydationsstufen der Gerbsäure anwesend schienen. Zu bemerken bleibt noch, dafs, wenn ältere Forscher oft von einem in Äther unlöslichen Bitterstoff reden, diese nach den Greshoffschen Untersuchungen nicht so ganz und gar unrecht hatten. Denn obgleich das vorerwähnte Amylalkoholextrakt nicht der eigentliche Bitterstoff des Hopfens ist, so kann man ihn doch nicht als wertlos bezeichnen, und er ist jedenfalls eines näheren Studiums würdig.

Der Engländer Matthews[99]) bespricht die Lermerschen Arbeiten und Resultate und hält das Bitter des Hopfens für eine selbständige Substanz, obgleich er bei seinen genau nach Lermers Methode unternommenen Arbeiten nur eine gummiartige, nicht krystallisierende Substanz erhalten hat, die einen stark bitteren, schnell vom Gaumen verschwindenden Geschmack hatte.

Matthews spricht nun die Meinung aus, dafs dieser Bitterstoff »Cholin« sei, also eine sehr giftige Substanz (s. weiter unten bei den sonstigen Bestandteilen des Hopfens), entweder rein oder mit etwas Harz vermischt, denn Griefs und Harrow (s. unten) hätten Cholin aus dem Hopfen ausgeschieden und genügend identifiziert. Nach ihnen wäre Cholin in der Menge von $^1/_{50}$ Gewichtsprozent im Hopfen enthalten und zwar in einer losen Verbindung mit dem Harze. Eine wässerige Lösung von Cholin löse eine verhältnismäfsig grofse Menge von Hopfenharz und erzeuge einen stark bitteren Geschmack. Er halte es für wahrscheinlich, dafs Cholin mit einer geringen Menge Harz in Lösung das angenehme Bitter im Bier bilde, und dafs dieses die Substanz sei, welche durch das von Lermer zur Isolierung des Lupulins angegebene Verfahren dargestellt wird.

H. Seyffert und R. v. Antropoff von der Kalinkin-Brauerei in St. Petersburg[100]) erklären auf Grund ihrer Arbeiten die Hopfenbittersäure Bungeners und die β-Bittersäure für identisch, auch Lermers Bittersäure könne nicht mit der α-Bittersäure identisch sein. Die α- und β-Bittersäure erleiden bei der Behandlung ihrer ätherischen Lösungen mit Kalilauge, abgesehen von einer geringen Verharzung, keine Veränderung.

Aufser den α- und β-Hopfenbittersäuren wurde auch im γ-Harze ein gelber, krystallisierbarer Körper gefunden, welcher den Charakter einer schwachen Säure zu besitzen scheine; er gehöre aber doch allem Anscheine nach in eine ganz andere Klasse von Körpern.

Die Hopfenharze sind in fortschreitender Zersetzung begriffene Stoffgemenge; unter diesen Zersetzungsprodukten scheinen auch Hayducks Harzmodifikationen aufzutreten.

Mathew A. Adams[101]) unterscheidet bei den Bitterstoffen überhaupt: flüchtige (Hopfenbitter), welche durch Fermentwirkung ihren Charakter ganz oder teilweise verlieren und deren bitterer Geschmack nach zwei- bis dreistündigem Kochen mit $2^1/_2$%iger H_2SO_4 ganz verschwindet; bei dem nicht flüchtigen (Quassiabitter) tritt dies nicht ein. Er schreibt dem Hopfenbitter eine glykosidische Natur zu. Dort die Anleitung, wie man die Untersuchung führen soll, um Quassia- oder Hopfen-Bitter zu erkennen[102]).

Die neueren Untersuchungen von Prof. Dr. C. J. Lintner (Sohn des Direktors und Professors C. Lintner in Weihenstephan) und G. Barth[103]) dürften endlich die Existenz einer selbständigen Hopfenbittersäure aufser Zweifel stellen. Die krystallisierenden Substanzen des Hopfensekretes sind die Hopfenbittersäuren. Aber C. Chapman (s. oben S. 562) hat dargethan, dafs auch ein Teil des ätherischen Öles krystallisierte Derivate bildet.

Die von Reischauer und Lermer bereits vor 30 Jahren gefundene Hopfenbittersäure scheint nach den Untersuchungen der beiden Herren (C. J. Lintner und G. Barth) mit dem α-Harze verbunden aufzutreten. Die von Bungener 1884 im Sekret der Hopfendrüsen gefundene Hopfenbittersäure (von ihm Lupulinsäure genannt) findet sich im β-Harze, ist also die β-Hopfenbittersäure.

Indessen haben H. Seyffert und R. v. Antropoff es sehr wahrscheinlich gemacht, dafs die Lermersche (α-) und die Bungenersche (β-) Säure identisch sind. Die Unterschiede in den Analysenergebnissen der beiden Substanzen führen sie darauf zurück, dafs Lermer nur die sehr leicht zersetzliche Kupferverbindung analysiert hat.

Die Reindarstellung der Hopfenbittersäure ist deshalb sehr erschwert, weil die letzten Reste von Wachs, welche den Krystallen der Bittersäure beigemengt sind und sogar den Schmelzpunkt verändern, davon nur sehr schwer entfernt werden können.

Bei langsamer Abkühlung der methylalkoholischen Lösung erhält man die Säure in glasglänzenden Prismen von 1 cm Länge und darüber. Die Krystalle sind sehr spröde und verharzen an der Luft allmählich unter Entwicklung eines Fettsäuregeruches. Rasch geht die Verharzung vor sich, wenn den Krystallen Lösungsmittel anhaften. In Wasser sind sie unlöslich, dagegen leicht in Alkohol, Äther, Benzol, Chloroform, kurz in fast allen gebräuchlichen Lösungsmitteln. Verhältnismäſsig schwer löslich sind sie in Petroläther vom Siedepunkte 30—40° und 90proz. Methylalkohol. Die alkoholische Lösung hat einen reinen, intensiv bitteren Geschmack.

Bungener stellte auf Grund seiner Analyse die Formel auf: $C_{25}H_{35}O_4$; C. J. Lintner und G. Barth $C_{25}H_{36}O_4$. Da diese einfache Formel eine unpare Anzahl von Wasserstoffatomen enthält, war sie mindestens zu verdoppeln. In Beilsteins Handbuch der organischen Chemie (3. Aufl., Bd. 2, S. 2110) ist denn auch die Formel $C_{50}H_{70}O_8$ aufgenommen. Das Molekulargewicht wurde auf 409, 401 und 410 bestimmt; der Formel $C_{25}H_{36}O_4$ entspricht das Molekulargewicht 400; es darf also die Formel mit C_{25} nicht verdoppelt werden.

Ein Salz lieſs sich nicht darstellen. Bei den meisten chemischen Eingriffen tritt Verharzung ein. Bei der Oxydation mit Permangan in alkalischer Lösung entsteht Valeriansäure. Die beiden Herren Experimentatoren haben Grund, anzunehmen, daſs die α- und die β-Hopfenbittersäure zur Klasse der Terpene gehören und in naher Beziehung zu den Bestandteilen des Hopfenöls stehen.

Prof. Dr. C. J. Lintner in München hat[103]) Versuche angestellt über die quantitative Bestimmung der Bitterstoffe im Hopfen.

In Petroläther ist die Hauptmenge der Bitterstoffe schon nach zwei Stunden gelöst; bei einer Probe Württemberger Hopfen wurde sogar nach zwei und acht Stunden genau derselbe Wert erhalten. Nach der Extraktion des Hopfens mit Petroläther darf man das nicht über Nacht stehen lassen, weil sonst noch γ-Harz extrahiert wird. Hoch siedender Petroläther (50 bis 70° C.) extrahiert mehr als niedrig siedender. Gut ist zum Vergleich mehrlei Petroläther zu verwenden.

Lintner[104]) fand, daſs unter den Bitterstoffen des Hopfens die Lupulinsäure (β-Bittersäure) in weitaus überwiegender Menge vorhanden ist. Er bestimmte die Menge der Bitterstoffe im Hopfen teils durch Titration (*T*), teils durch Wägung (*W*) und erhielt:

T	*W*	
7,04 %	7,01 %	Trs.
11,54 »	13,00 »	»
14,62 »	15,85 »	»

Dr. Remy bediente sich bei seinen Untersuchungen des Materials der Berliner Hopfenausstellung[106]) der Methode von Briant und Meacham (Extraktion mit Petroläther im Soxhletschen Extraktionsapparat) zur Bestimmung der bitteren Weichharze und des erschöpften Rückstandes mit Äther zur Bestimmung des Hartharzes.

Die Remyschen Hopfen zeigten, den Altmärker ausgenommen, keine groſsen Unterschiede im Habitus der Dolden und im Lupulingehalte, aber groſse Abweichungen im Weichharzgehalte. Bei der Lintnerschen Titrationsmethode verschwanden diese Abweichungen in den erhaltenen Werten, und diese stimmten mehr mit den Ergebnissen der mechanischen Prüfung. Lintner glaubt, daſs die bei der Petrolätherextraktion gewonnenen Zahlen zu niedrig und zu unsicher seien.

Das Verfahren von Briant etc. liefere, sorgfältig ausgeführt, brauchbare Werte; die sorgfältige Ausführung dieser Methode sei aber sehr umständlich; bei hoher Temperatur und langsamem Trocknen sei eine teilweise Zersetzung des Extraktes unvermeidlich. Daher scheine ihm die Titration mehr geeignet.

Nr.	Hopfensorte	Trockensubstanz	$\frac{n}{10}$ KOH für 100 ccm Auszug	$\frac{n}{10}$ KOH [illegible] trockenen Hopfen	$\frac{n}{10}$ KOH [illegible] Trockensubstanz	$\frac{n}{10}$ KOH [illegible] Bittersäure für 100 g Trockensubstanz
			ccm	ccm	ccm	ccm
1.	Hallertauer	88,95	6,5	32,5	36,54	14,62
2.	Badischer	90,31	6,6	33,0	36,54	14,62
3.	Elsässer	89,62	6,5	32,5	36,26	14,50
4.	Saazer	89,04	6,4	32,0	35,95	14,38
5.	Kalifornier	90,09	6,3	31,5	34,95	13,98
6.	Württemberger	88,75	6,2	31,0	34,93	13,96
7.	Auschaer Rothopfen, mittel	90,31	5,9	29,5	32,65	13,06
8.	Spalter	88,30	5,8	29,0	32,50	13,00
9.	Burgunder	90,19	5,75	28,7	31,90	12,76
10.	Auschaer Rothopfen, grünl.	87,95	5,60	28,0	31,80	12,72
11.	Gebirgshopfen	89,08	5,15	25,7	28,85	11,54
12.	Kenter	89,36	4,8	24,0	26,86	10,74
13.	Auschaer Rothopfen, licht	87,67	4,3	21,5	24,50	9,80
14.	Altmärker	88,03	3,2	16,0	18,18	7,27
15.	Auschaer Grünhopfen	87,97	3,1	15,5	17,60	7,04

Auffallend ist, daſs in der Mehrzahl der untersuchten Hopfenproben der Gehalt an Bitterstoff innerhalb verhältnismäſsig enger Grenzen schwankt, nämlich zwischen 14,6 und 12,7 %. Um so auffallender ist der niedere Gehalt des Auschaer Grünhopfens (Nr. 15) mit 7,04 % und des Altmärkers (7,27 %), auch des Auschaer lichten Rothopfens (9,80 %); es kann vorläufig nicht entschieden werden, ob das zufällig oder Sorteneigenschaft ist.

Allgemeine Schlüsse aus den Ergebnissen der vorliegenden Untersuchung zu ziehen oder das Verfahren etwa zur Beurteilung des Handelswertes des Hopfens empfehlen zu wollen, sei kaum möglich. Aber vielleicht könne man einmal damit der Frage näher treten, welche Umstände bei der Kultur des Hopfens auf die Bildung der Bitterstoffe von Einfluſs sind und ob zwischen dem Gehalte des Hopfens an Bitterstoff und seiner Ausgiebigkeit bei der praktischen Verwendung Beziehungen bestehen.

Diese unter Leitung des Herrn Prof. C. J. Lintner sicher mit der gröſsten Genauigkeit gemachte Arbeit zeigt, wie die Chemie in der Wertbestimmung des Hopfens heute leisten kann. [illegible] ... was die Hauptsache ist, über die Qualität dieses Bitterstoffs sagt diese analytische Untersuchung gar nichts, weil sie das nicht kann; aber unsere Sinne können es.

[illegible]

In dem Gemenge von Stoffen, welche das Drüsensekret des Hopfens bilden, überwiegen die Bitterstoffe. Bei der Analyse eines käuflichen Lupulins (Hopfenmehls) erhielt Dr. G. Barth 63,93 g ätherlöslichen Extrakt, darin 11,55 % α-Harz (mit der dazu gehörigen α-Bittersäure) und 43,11 % β-Harz (mit der β-Bittersäure), zusammen 54,66 % der beiden Harze (mit den Bittersäuren) [illegible] ... überhaupt nichts anderes ist als Bittersäure (α- und β-). G. Barth

fand in diesem Hopfenmehl 18,27 % Gesamtasche [illegible]; reines, durch Abbürsten von den Zapfenblättern gewonnenes Hopfenmehl hat einen viel niedrigeren Aschengehalt.

Eben weil das β-Harz und die β-Bittersäure in weit überwiegend gröſserer Menge im Hopfensekret enthalten sind als das α-Harz und die α-Bittersäure, sprechen wir in unserm Auszug aus diesen Arbeiten auch zuerst von der β-Bittersäure.

Die β-Bittersäure (von Dr. G. Barth »Lupulinsäure« genannt).

Bei höherer Temperatur geht die β-Bittersäure des Hopfensekretes unter Entwicklung eines Fettsäuregeruches leicht in das gelbe Harz über. H. Bungener hat schon gesagt, daſs die Hopfenbittersäure bei der Oxydation Valeriansäure liefert; ebenso konstatierte G. Barth neuerdings, daſs die durch Oxydation (namentlich auch mit Kaliumpermanganat in alkalischer Lösung) aus der Bittersäure hervorgehende flüchtige Säure »Valeriansäure« ist. Auch in Petroläther gelöst, geht die Bittersäure leicht in das gelbe Harz über; namentlich findet dieser Übergang leicht statt, wenn den Krystallen noch Spuren des Lösungsmittels anhaften; es ist beim Übergang der Luftsauerstoff beteiligt; diese Bittersäure hat also eine harzige Natur. Bei Anwesenheit kleiner Mengen Wasser im Petroläther ist die Ausbeute an β-Bittersäure sehr gering.

Fig. LXVII. Krystallgestalt der α-Bittersäure des Hopfens.

Fig. LXVIII. Krystallgestalt der Lupulinsäure (β-Bittersäure) des Hopfens.

Die Ursache, warum einige diesen Gegenstand studierende Chemiker, trotz sorgfältiger Arbeit, keine Krystalle erhielten, [illegible] ... ($C_{32}H_{35}O_{11}$ HO). Die α-Bittersäure krystallisiert in kleinen Rhomboedern (man sehe Fig. LXVII), die β-Bittersäure hingegen in langen, derben, rhombischen Prismen oder buschig verfilzten Nadeln (man sehe Fig. LXVIII).

Nach mehrmaligem Umkrystallisieren und Reinigen erhält man von der β-Säure oft über 3 cm lange, glasglänzende, spröde Prismen, welche in Wasser unlöslich, aber leicht in fast allen gebräuchlichen Lösungsmitteln löslich sind. Die alkoholische Lösung besitzt einen intensiv bitteren Geschmack.

Bei der chemischen Untersuchung findet G. Barth, dafs dieser Säure die Formel $C_{25}\,H_{36}\,O_4$ (nach H. Bungener $C_{25}\,H_{35}\,O_4$) zukommt, der α-Bittersäure hingegen $C_{15}\,H_{20}\,O_3$. Während diese krystallisierte Bittersäure bei Ausschlufs von Luft in Wasser völlig unlöslich ist, verwandelt sie sich durch die Berührung mit der Luft alsbald in einen wasserlöslichen Bitterstoff; es genügt dazu schon eine geringe Oxydation; vielleicht sind an der Löslichwerdung des Bitterstoffes auch die bei der Harzbildung entstehenden Fettsäuren beteiligt.

Die Versuche, mit der β-Bittersäure Salze zu erhalten, gaben keine befriedigenden Resultate. Auch die Versuche mit zahlreichen andern chemischen Körpern (Kupfer, Benzol, Schwefeldioxyd etc.) gaben keine bemerkenswerten Resultate, aber mehrfach harzartige Massen.

Bei der Behandlung mit Brom zeigte es sich, dafs die sauren Eigenschaften der Lupulinsäure (der β-Bittersäure) durch die Konstitution des Kohlenstoffskelettes (doppelte Bindung) bedingt sein müssen. Der Bromkörper der Bittersäure hat in alkoholischer Lösung absolut keinen bitteren Geschmack; es müssen also die doppelten Bindungen auf die physiologischen Wirkungen der Bittersäure einen bedeutenden Einflufs haben.

Beim Behandeln mit Kali entwickelt sich ein pelargoniumartiger Geruch, wie er sich auch bei der Behandlung von β-Harz mit Kalilauge zeigt. Unter Umständen ergaben sich stark nach Valeriansäure riechende Destillate, also nach Fettsäuren; unter andern Umständen war der Geruch intensiv fäcesartig, wahrscheinlich Valeriansäure mit empyreumatischen Stoffen; niemals erhielt man aromatische Körper. Bei der Behandlung mit Kalilauge entwickelt sich ein eigentümlicher, obstartiger Geruch, was — wie G. Barth bemerkt — vielleicht auf der Bildung eines Aldehydes aus der bei der Oxydation an der Luft entstehenden Säure beruht. Auch bei andern Untersuchungen (Reduktion mit Natrium-Amalgam in alkalischer etc.-Lösung) beobachtete man starken Geruch nach Fruchtsäuren. Bekanntlich haben Elsässer und namentlich Lothringer Hopfen nach einigem Lagern oft sehr auffallende Obstgerüche; diese scheinen sich also aus der Bittersäure zu entwickeln; aber warum nicht auch bei andern Hopfensorten? Auch die in Mitteleuropa so verbreiteten Lauchgerüche und der starke Geruch nach Erdbeeren und schwarzen Johannisbeeren in allen amerikanischen Hopfensorten, der in europäischen Hopfensorten nur bisweilen und ganz örtlich (Baden, Rufsland) auftritt, dürften vielleicht dahin gehören.

Bei der Kalischmelze traten Dämpfe von äufserst angenehmem, fruchtätherähnlichem Geruche auf. Diese Dämpfe wurden nun aufgefangen und der Untersuchung unterstellt. Es waren nach Farbe und namentlich auch nach dem verschiedenen Siedepunkte, der zwischen 80° und 360° C. lag, acht Ölvarietäten. Bei der Destillation der Öle über Phosphorpentoxyd stieg bei allen und namentlich bei der Fraktion VIII der Kohlenstoffgehalt, während der Sauerstoffgehalt sank; schliefslich entwickelte sich ein lauchartiger, isoprenähnlicher Geruch. Es dürfte das ein Beweis sein, dafs die fehlerhaften Nebengerüche des Hopfens, wie Lauch- und Fett-Geruch in zahllosen Schattierungen, den edlen Geruchsschattierungen sehr nahestehen, sich wahrscheinlich nur unter gewissen Einflüssen daraus entwickeln.

Diese aus der Bittersäure gewonnenen Öle haben nach G. Barth Beziehungen zum eigentlichen Hopfenöl. Auf S. 62 der Dissertationsschrift sagt Barth, nachdem er den bezüglichen Befund einiger anderer Autoren angeführt, es sei nun festgestellt, dafs die β-Bittersäure in einem gewissen Verhältnisse zum Hopfenöl stehe und dafs auch sie ein Derivat eines Kohlenwasserstoffes ($C_5\,H_8$) ist.

Wie der Engländer Chapman (Journ. of the Feder. Inst. of Brewing 1898, Nr. 3, S. 224) vom Hopfenöl sagt, dafs es aus Terpenen besteht, so bemerkt Dr. G. Barth, dafs auch die Lupulinsäure der Abkömmling eines Terpens ist.

Die α-Bittersäure.

Diese Hopfenbittersäure wurde zuerst von Hayduck (Wochenschr. f. Br. 1888, S. 938) als Bestandteil des α-Harzes beobachtet. Er erhielt die Krystalle durch die Zersetzung der Bleiverbindung des α-Harzes; in diese Harzmasse waren sie zahlreich eingebettet. Seyffert (Zeitschr.

f. d. ges. Br.-Wesen 1892, S. 50) isolierte diese Krystalle, und C. J. Lintner und A. Bungener (Zeitschr. f. d. ges. Br.-Wesen 1897, S. 357) haben sie ebenfalls isoliert und untersucht.

Sie ist nach ihrer Elementarzusammensetzung total verschieden von der H. Bungenerschen β-Bittersäure. G. Barth stellte die α-Bittersäure aus den Mutterlaugen dar, aus welchen schon die krystallisierten β-Bittersäure-Krystalle herausgeholt worden waren.

Das α-Harz mufs oft gereinigt werden, bis es die braune Farbe verliert; erst beim Eintritt der bernsteingelben Farbe nimmt die Neigung zur Krystallbildung zu. Oft sind die Krystalle dann noch in eine gelbe Harzmasse eingebettet, von welcher sie nicht getrennt werden können.

Der Schmelzpunkt der α-Bittersäure liegt bei 54^0—56^0 C. (jener der β-Bittersäure, aus Petroläther gewonnen, bei 84^0—87^0 C., aus Methylalkohol bei 92^0—$92{,}5^0$ C.). Sie ist in den meisten gebräuchlichen Lösungsmitteln sehr leicht löslich, ausgenommen Wasser, worin sie — ebenso wie die β-Bittersäure — absolut unlöslich ist. Die alkoholische Lösung hat einen reinen, intensiv bitteren Geschmack.

Die α-Bittersäure krystallisiert (s. Fig. LXVII) in wohlausgebildeten kleinen Rhomboedern. An der Luft, namentlich wenn etwas Lösungsmittel da ist, geht sie ebenfalls leicht in ein gelbes Harz über. Es ist schwer oder nicht möglich, ein harzfreies, krystallisiertes Material zu erhalten. In ihrem chemischen Verhalten ähnelt sie der β-Bittersäure, doch zeigt sie auch sehr charakteristische Unterschiede. Die Bromierung gelingt hier ebenso wie bei der β-Säure, es ist also auch die α-Säure keine ungesättigte Verbindung.

Bei der Destillation mit Kalilauge im Dampfstrome zeigt das Destillat einen äufserst angenehmen Geruch nach Hopfenöl; erst nach 20stündigem Destillieren besafs das Destillat keinen Geruch mehr; bei der Behandlung mit Schwefelsäure entwickelt sich Geruch nach Fettsäuren.

Beim Aufbewahren an der Luft wird diese Säure allmählich braun, mifsfarbig. Auch hier sind doppelte Bindungen vorhanden und gehen bei der Behandlung mit schmelzendem Kali in flüchtige Produkte über, welche Gemenge wohlriechender Öle sind. Diese haben ebenfalls sehr verschiedene Siedepunkte, von 120^0—360^0 C.; auch diese mit schmelzendem Kali aus der α-Bittersäure erhaltenen Öle stehen zu einem Kohlenwasserstoff ($C_5 H_8$) in Beziehung; im Geruch und im physikalischen Verhalten ist kein Unterschied zwischen den aus der α- oder β-Bittersäure erhaltenen Kohlenwasserstoffen. Die α-Bittersäure ist also ebenfalls ein Derivat des gleichen Kohlenwasserstoffes und steht mithin nicht nur mit der β-Säure, sondern auch mit dem Hopfenöl in gewisser Beziehung. Wenn die α-Säure chemisch grofse Übereinstimmung mit der β-Säure zeigt, so ist sie von dieser durch einige ihrer physikalischen Eigenschaften (Schmelzpunkt, Löslichkeit, Krystallform etc.), ferner durch ihre Elementarzusammensetzung und die Bildung eines krystallisierenden Spaltungsproduktes bei der Behandlung mit Kalilauge und Schwefelsäure doch auch wieder wesentlich verschieden.

In den Drüsenhüllen (in den Bechern) finden sich nach Dr. G. Barth (Chemische Studien über die Bitterstoffe des Hopfens, Inauguraldissertation, München, gedr. bei R. Oldenbourg, 1900 Sonderabzug aus der Zeitschr. f. d. ges. Br.-Wesen S. 77) reichliche Mengen von Pentosanen als Hauptbestandteil; der Aufbau der Kohlenwasserstoff-Derivate (C_5-Derivate) erfolgt in der Natur nebeneinander. Bei der α- wie bei der β-Säure tritt die Erscheinung der Association auf.

Für die praktische Brauerei wie für die Hopfenproduktion wäre es ohne Zweifel wichtig, zu wissen, ob diese beiden Bittersäuren in ihrer Geschmacksqualität für das Bier gleichwertig sind oder nicht; im letzteren Falle, welche von beiden den feineren oder minder feinen Bittergeschmack im Bier gibt; auch wäre es im letzteren Falle sehr wichtig, zu wissen, ob sie in den verschiedenen Hopfensorten der Welt stets in konstanten Mengenverhältnissen auftreten oder nicht und, wenn nicht, unter welchen klimatischen, Boden-Düngungs- und Kultur-Verhältnissen die den feineren Biergeschmack gebende reichlicher auftritt.

b) Kurze Zusammenfassung der chemischen Studienergebnisse über den Hopfenbitterstoff.

Schon die Franzosen Chevalier, Payen und Pelletan haben den Hopfenbitterstoff als selbständigen Körper hingestellt.

Früher war man der Meinung, dafs das bittere Prinzip des Hopfens ein Harz sei, welches sich nicht in Wasser, wohl aber in zuckerhaltigen Flüssigkeiten löst und so in die Bierwürze übergeht. Wer aber Hopfen mit destilliertem Wasser kocht, wird diese Lösung bald ebenso bitter finden als eine mit dem gleichen Quantum Hopfen gekochte Würze.

Es befindet sich zweifellos im Hopfensekret ein bitterer Grundstoff, welcher in farblosen, oft grofsen (bis 1 cm langen Prismen) Krystallen auftritt. Diese farblosen oder weifsen Krystalle wurden zuerst von Reischauer, dann von Lermer (welcher den Stoff Hopfenbittersäure nannte), Ad. Ott, Etti (Krystalle und Übergänge), H. und A. Bungener und nun ganz bestimmt von J. C. Lintner und G. Barth etc. bei ihren Untersuchungen gefunden. Hayduck beobachtete diese Krystalle später auch, sieht aber darin nur krystallinische Ausformungen seiner α- und β-Harze und hält diese beiden Harze und das Hopfenbitter für identisch; das ist aber wohl irrig. Seyffert und Antropoff konstatierten die α- und β-Bittersäure in den Weichharzen und noch eine schwache γ-Bittersäure im Hartharze.

Diese krystallinische Bittersäure, welche in Wasser, namentlich in kaltem, auch in Würze nicht löslich ist, also auch keinen Bittergeschmack hat, wohl aber in Alkohol und in vielen andern Mitteln mit intensiv bitterem Geschmack löslich ist, scheint aber durch Oxydation bald in eine gelbliche oder bräunliche, harzige Masse überzugehen, welche in kaltem und namentlich in warmem oder kochendem Wasser löslich und intensiv bitter ist: der allgemein im schon etwas gelagerten Hopfen vorhandene Bitterstoff (Oxydationsprodukt der Bittersäure).

Prof. Dr. C. Lintner sagte in Hagenau (Elsafs, 1873), dafs der in Weingeist gelöste Hopfenbitterstoff einen intensiv bitteren Geschmack habe, dessen Identität mit jenem im Bier nicht zu verkennen sei.

Man dürfe sich nicht wundern, dafs man aus harzartigen Stoffen eine krystallisierbare Säure darstellen könne, denn man erhalte aus dem Kolophonium durch Behandlung mit kaltem Weingeist die krystallisierbare Sylvinsäure ($C_{20}\, H_{30}\, O_2$).

Da von Ives, Pelletan, Payen, Chevalier, Ifsleib, Matthews u. a. nur diese letztere Form des Bitterstoffes gefunden wurde, scheint die krystallinische Form nur in ganz frischem, vielleicht nicht einmal ganz reifem Hopfen anwesend zu sein, dann aber durch Oxydation im fertigen Hopfenprodukt bald in ein sehr bitteres, harziges Übergangsgebilde überzugehen, welches in Wasser, namentlich in kochendem, und ebenso in kochender Würze löslich ist. So ist es in der Masse der Hopfenware enthalten.

Nach Moritz und Morris hat auch Julich aus dem Hopfen eine intensiv schmeckende Substanz isoliert, welche in Wasser leicht löslich war. Man hat auch die Vermutung ausgesprochen, dafs ein Hopfenalkaloid in Verbindung mit Harz den Bitterstoff des Hopfens ausmache.

Nach allem, was wir vorstehend gesagt, scheinen am Bittergeschmack des Bieres unter Umständen oder immer auch noch andere Bestandteile des Hopfens beteiligt.

Dreser[107]) berichtet, dafs die (Bungenersche) Hopfenbittersäure, als Natronsalz angewandt und direkt in die Blutbahn eingeführt, sich als sehr giftig erwies; bei Fröschen ergab sich bald Respirationsstillstand, Lähmung des Zentralnervensystems und Herzaffektionen. Bei Einführung durch den Mund und bei subkutaner Einspritzung ergaben sich auch bei gröfseren Dosen keine akute Vergiftungserscheinungen. Da im Bier diese krystallinische Hopfenbittersäure nicht vorkommt, sondern nur Oxydationsprodukte, so wurden auch diese geprüft, sowohl solche, welche durch direkte Oxydation der krystallinischen Bittersäure erhalten waren, als auch aus Bier dargestellte Hopfenbitter. Diese durch Oxydation erhaltenen Hopfenbitter zeigten eine so geringe Wirkung, dafs sie kein Interesse als Gift besitzen.

Offenbar ist ein selbständiger Hopfenbitterstoff da, ursprünglich krystallinisch, bald aber Übergänge zu den Harzen darstellend, daher von diesen schwer zu trennen. Greshoff konnte ihn zum Teil selbst vom Gerbstoff kaum trennen, so dafs auch nach dieser Richtung Übergänge vorzukommen scheinen, ebenso (nach Bungener) zur Baldriansäure und ihrem Aldehyd. Charakteristisch ist, dafs nach Hayduck ganz entbitterter Hopfen im Eiweifsfällen sehr wenig oder nicht leistungsfähig ist. Wie wir oben (S. 553) gehört haben, schmeckt auch das ätherische Öl bitter; es scheinen also selbst auch nach dieser Seite Beziehungen vorhanden zu sein.

Hayduck will keinen selbständigen Bitterstoff im Hopfen anerkennen; das Hopfenbitter haftet nach ihm untrennbar an den Harzen. Früher konnte er Krystalle überhaupt nicht finden, später fand er sie in ganz frischem Hopfen, schreibt aber die rhombischen Tafeln seinem α-Harze und die rhombischen Säulen seinem β-Harze zu. Konservierende Eigenschaften gesteht er nur seinen Harzen zu, nicht der Bittersäure, während Bungener die Bittersäure als ein heftiges Gift gegen Milchsäurebakterien erklärt, womit natürlich ihr antiseptischer Wert anerkannt wäre. Wahrscheinlich sind eben die Weichharze nichts anderes als die oxydierten krystallinischen α- und β-Bittersäuren.

Dazu kommt nun noch die Ansicht Matthews', welcher den Bitterstoff des Hopfens für selbständig hält, aber als den eigentlichen Träger desselben das sehr giftige Cholin mit etwas Harz in Lösung ansieht.

Moritz und Morris meinen, dafs man den Hayduckschen Arbeiten über diese Sache, als den neuesten, vollständigsten und einwandfreiesten Untersuchungen, ein gröfseres Gewicht beilegen müsse als jenen älterer Forscher, wie Lermer etc.

M. Ifsleib[108]) sagt: sowohl von ihm wie von Greshoff sei nachgewiesen worden, dafs das gelbe, stark bitter schmeckende Hopfenbitter, welches im Wasser leicht löslich sei und demselben einen rein bitteren Hopfengeschmack mitteile, schon bei einer Temperatur von 60° gebräunt und bei 100° in eine dunkle, den Hopfenharzen ähnliche Masse verwandelt werde, welche in Wasser fast unlöslich sei. Es treten also bei diesen Temperaturen durchgreifende Veränderungen des Hopfenbitters ein; es entstehen grofse Verluste an Hopfenbitter, wenn der Hopfen, wie von jeher üblich, in die kochende Würze zum Mitkochen und zur Extraktion gebracht wird. Vielleicht sind es diese durch das Kochen getöteten, ihrer Wirksamkeit beraubten bitteren Harze, welche später in den Kräusen etc. abgestofsen werden.

Dafs die krystallisierenden Bestandteile des Hopfens (also die Bittersäuren) im Verlaufe der Lagerzeit Veränderungen erleiden, ist heute allgemein anerkannt. Durch die Einwirkung des Sauerstoffes der Luft gehen die Hopfenbittersäuren in ihre ihnen entsprechenden Harze über. Die Bungenersche oder β-Säure geht beim längeren Stehen an der Luft allmählich in ein gelbes Harz über, welches einen ausgesprochen käsigen Geruch besitzt. Bei niedrigen Temperaturen dagegen (z. B. im Eisschrank oder auf Eis) hält sie sich, speziell im Vakuum, aufserordentlich lange, ohne den unangenehmen Geruch anzunehmen und in β-Harz überzugehen. Dafs der Sauerstoff zur Verharzung dieser Säure wesentlich beiträgt, beweisen folgende Versuche von Georg Barth im technologischen Laboratorium der Technischen Hochschule in München[109]):

Hopfenbittersäure wurde in Röhrchen eingeschlossen, von denen das eine mit Wasserstoff gefüllt und zugeschmolzen, das andere beiderseits offen war; dieselben wurden am Fenster, dem Lichte ausgesetzt, mehrere Monate aufbewahrt; nach dieser Zeit war der Inhalt des letzteren (offenen) Röhrchens vollkommen gelb und käste, während der des andern noch ganz schön weifs aussah. Um einen allenfallsigen Einflufs des Lichtes zu konstatieren, wurden die in gleicher Weise beschickten Röhrchen, in einer dunklen Schachtel eingeschlossen, am gleichen Orte aufbewahrt. Der Erfolg war der gleiche, so dafs daraus eine schädliche Wirkung des Lichtes auf diesen Hopfenbestandteil nicht abgeleitet werden kann.

Aus all dem Mitgeteilten scheint hervorzugehen, dafs, ebenso wie das ätherische Öl, auch der Hopfenbitterstoff keine einheitliche Sache ist, sondern ein Gemenge von mehrlei verschiedenen Dingen, welche in verschiedenen Hopfensorten und zu verschiedenen Zeiten in wechselnden Mengen auftreten.

In der Wochenschr. f. Br.[110]) ist von edlem und unedlem Bitter im selben Hopfen die Rede, ein erster schüchterner Versuch, auch im Komplexe des Hopfenbitters das Vorkommen verschiedener, sehr ungleichwertiger Dinge anzudeuten. Dafs dem so ist, geht ja auch aus dem Umstande hervor, dafs beim Hopfenkochen die feinsten Bitterstoffe zuerst in Lösung treten und beim wiederholten Kochen derselben Hopfensorte immer derbere, rohere.

Wahrscheinlich gehen diese verschiedenen Körper aus einer ursprünglich vorhandenen krystallinischen Grundsubstanz, der Hopfenbittersäure Lermers, hervor und entwickeln sich meist als Übergangsformen nach den Harzen, auch nach dem Gerbstoff und nach der Baldriansäure; dazu noch die Beziehung mit dem Cholin.

Auch die Wirkung des oxydierten, im Übergang befindlichen Hopfenbitterstoffes auf unsere Sinne lehrt, dafs das unmöglich eine einheitliche Substanz sein kann, denn eine solche müfste auch auf unsere Sinne quantitativ wie qualitativ einheitlich wirken.

Wir haben aber unter dem Hopfenbitterstoff eine solche Vielheit von Dingen, nahezu wie bei dem ätherischen Öl. Welche Mannigfaltigkeit des Bitters bei den verschiedenen Hopfensorten; schon einmal quantitativ abgestuft: ungemein energische, einfach energische, kräftige, mittlere, schwache; dann qualitativ zuweilen wunderbar feine, weiche, milde, hochedle und reine Bitter; dann aber auch grobe, rohe, widerliche, derbe, herbe und mit allerlei Nebengeschmäckern begabte (s. folgend das Kapitel über den Bitterstoff)!

Das sind Qualitäten, die praktisch ohne Zweifel von allergröfster Bedeutung sind, denen man aber weder mit der Wage, noch mit Reagentien beikommen kann. Unsern Sinnen sind sie aber zugänglich und verständlich.

Dazu die Thatsache, dafs selbst feine Hopfensorten in noch jungen, unreifen Bieren mit einem rohen, ordinären, widerwärtigen und ungesunden Bitter erscheinen und dieselben Biere nach 3—4—5monatlicher Lagerdauer ein Hopfenbitter von wunderbarer Feinheit zeigen, welches sehr angenehm auf die Geschmacksnerven und gesund auf die Verdauungsorgane wirkt. Es müssen sich also die rohen, unangenehmen und ungesunden Bitterstoffe in demselben, aber noch jungen Bier offenbar inzwischen niedergeschlagen oder durch Umbildung verändert haben; letzteres ist das minder Wahrscheinliche. Noch mehr macht sich das in der praktisch wichtigen Thatsache geltend, dafs selbst mit ganz ordinären Hopfen gebraute Biere, wenn sie sechs Monate oder noch mehr alt sind, nur ganz feinen Bittergeschmack haben. Das zeigt ja doch auch im gröfsten Mafsstab und seit langwierigen Zeiten die englische Brauereipraxis; dort werden zu manchen Ales und allen Porters Massen unglaublich roher, nach deutschen Begriffen ganz unbrauchbarer Hopfensorten verwendet, die nach langwieriger Lagerdauer erstaunlich mildbittere Biere geben.

Unter Umständen gibt der Hopfenbitterstoff nach Greshoff sogar eine Reaktion, welche mit jener von Colchicin verwechselt werden kann. Auch zu dem giftigen Cholin können Beziehungen vorkommen, und so kann es also wirklich mit Hopfen gebraute, giftige Biere geben.

Bei den meisten Technologen wird das Hopfenbitter als ein integrierender Bestandteil des Harzes angesehen und gar nicht besonders gewürdigt, damit offenbar als eine gleiche, einheitliche Sache betrachtet, in unbegreiflicher Weise vernachlässigt. Es ist mir oft ganz unverständlich, wie in selbst umfangreichen derartigen Arbeiten vom Hopfenbitter, welches doch einen so entscheidenden Einflufs auf das Bier ausübt, gar nicht die Rede ist, um so mehr aber — namentlich in neuerer Zeit — von den Harzen, die sicher minder belangreich sind, die man aber leichter fassen kann.

Ganz entgegengesetzt nennt Prof. Dr. C. Lintner in Hagenau (Oktober 1874, s. Allg. H.-Ztg. 1874, S. 506) die Hopfenbittersäure den für die Gesundheit des Menschen, soweit Bier in Betracht kommt, wichtigsten Bestandteil des Hopfens.

Dr. H. Hager (Pharmazeut. Praxis, Berlin 1880, II. T., S. 378 u. ff.) sagt, dafs Harz und Bitterstoff nicht identisch seien. Vom braunen Harze läfst sich das Hopfenbitter leicht trennen (S. 678) durch Zusatz von Wasser zur weingeistigen Lösung, wodurch Harz ausscheidet und der Bitterstoff in Lösung übergeht. Wird die wässerige Bitterstofflösung über Schwefelsäure im Vakuum eingedampft, dann erhält man farblose, bittere Krystalle. Der Bitterstoff ist dann in Wasser vollständig löslich. Der Bitterstoff ist also kein Harz und vom braunen Harze vollständig verschieden (Zeitschr. d. Österr. Apothekervereins 1879, S. 277 u. Dinglers Polytechn. Journal, Bd. 228, S. 344).

Es ist charakteristisch, dafs man bei der Fabrikation von Hopfenextrakt zu Waterville, Oneida County[111]), im grofsen Betriebe fand, dafs Äther wohl das ätherische Öl, die Gerbstoffe und das Harz, aber nicht die bitteren Stoffe des Hopfens löst; diese (das bittere Prinzip des Hopfens) werden aber von Alkohol gelöst. Das zeigt, dafs das Hopfenbitter eine ganz selbständige Sache ist, kein konstituierender Bestandteil der Hopfenharze. H. Bungener erklärt aber, dafs die reine (krystallinische) Bittersäure Lermers durch Alkohol extrahiert werden könne; es blieben also nur noch die Oxydationsprodukte in Frage.

Es ist sicher ein gefährlicher Irrtum für die deutsche Brauereipraxis, nach Ansicht einzelner Technologen zu glauben, dafs man das Hopfenbitter für alle Sorten Biere, auch die feinsten, durch das Bitter grober, roher Hopfensorten ersetzen könne, also für Biere mit kürzester Lagerdauer. Ich würde den Brauern raten, zuvor erst einmal dieselbe Biersorte mit einem notorisch feinen (Spalter, Kindinger oder Saazer) Hopfen und dann mit einer ganz rohen, derben Landhopfensorte herzustellen und den Bittergeschmack beider gleichalteriger Biere zu prüfen. Wenn sie sich ganz sicher Spalter, Kindinger und Saazer Hopfen verschafft haben, nicht blofs der Etikette, sondern der Sache nach, dann bin ich keinen Augenblick im Zweifel, wie ihr Urteil ausfallen wird. Da gibt es Dinge, welche zu den Imponderabilien gehören, dem chemischen Apparat vollkommen unzugänglich sind, aber für praktische Fragen der Brauerei, die Produkte erzeugt, welche auf die menschlichen Sinnesorgane einwirken, von der gröfsten Bedeutung sind. Eben das Ignorieren dieser Imponderabilien hatte den unbequemen Einbruch des Pilsener Bieres im Gefolge.

Einen Umstand, welcher sehr für die Selbständigkeit des Hopfenbitters spricht, wenn dasselbe auch noch so innig mit den Harzen verbunden ist und noch so zähe an diesen hängt, möchte ich aber noch ganz besonders betonen. Es ist doch Thatsache, dafs auch in jenen Hopfen, die schon ganz verharzt sind, das Bitter oft noch seine volle Selbständigkeit und selbst seine ganze Kraft und seinen ursprünglichen Charakter mehr oder minder vollständig bewahrt hat; namentlich ist das der Fall bei Hopfen, welche durch Erhitzen schon jung stark verharzt sind.

Wäre das Bitter ein konstitutioneller Bestandteil der Harze, so müfste es sich mit diesen verändern, in eben dem Mafse abnehmen, als die Weichharze in Hartharze übergehen, also abnehmen und ganz verschwunden sein, wenn alles Weichharz in Hartharz umgewandelt ist. Man findet aber noch in unter gewöhnlichen Verhältnissen aufbewahrten Hopfenproben selbst nach vier und acht Jahren, wo keine Spur von Weichharz mehr da ist, die Drüsen ganz hart und eingetrocknet sind, noch mehr oder minder Spuren von Bitter. Das Bitter überdauert also zum Teil die Veränderung der Harze.

Sehr charakteristisch ist desfalls der 1897er Prima Spalter Hopfen von Grofsweingarten (s. in einer folgenden Schrift bei den Spalter Hopfen etc. die Reibflächen). Die Reibflächen dieses Hopfens wurden am 2. März 1898 angelegt, also mehr als fünf Monate nach der Ernte. Das Sekret war — wahrscheinlich durch ungünstige künstliche Beeinflussung (grofse Hitze beim künstlichen Trocknen) — damals überaus stark verharzt, anscheinend ganz in Hartharz umgewandelt. Trotzdem hatte das Sekret dieser Sorte noch ein überaus klares, ausgeprägtes, feines, weiches, fehlerloses, hochedles Bitter; es war zwar wenig energisch, aber das war sehr wahrscheinlich nicht ein Resultat der durch die Harzverhärtung eingetretenen Abschwächung, sondern der Typus der Sorte.

Ives sagt, dafs das Hopfenbitter 10—16% des trockenen Hopfens betrage. Nach Ifsleib ist die Ausbeute aus Hopfen 0,004%, aus Lupulin 0,11%, also äufserst wenig. C. J. Lintner findet 7,01—15,85%. Da ist doch offenbar etwas noch nicht bestimmt genug unterschieden.

Bemerkenswert ist vielleicht noch, dafs bei den Verhandlungen, welche (im Beginn der 1890er Jahre) durch die englischen Hopfenzüchter im Parlament wegen der Surrogatfrage und darauf bezüglicher gesetzlicher Bestimmungen angeregt worden sind, die unabhängigen

Brauchemiker in ihren Gutachten erklärten, dafs sich Hopfenbitter vom Surrogatbitter nicht unterscheiden lasse. Die Regierungschemiker hingegen erklärten, dafs sie das Hopfenbitter von dem Bitter der Ersatzmittel wohl zu unterscheiden unternähmen, dafs sie aber aufser stande seien, die Ersatzmittel zu bestimmen, die verwendet wurden.

Adams, Präsident der Society of Analysts in London, sagt in einem Vortrage über die Möglichkeit des Nachweises von Hopfenbitter im Bier[112]), dieselbe beruhe darauf, dafs sich flüchtige und nicht flüchtige Bitterstoffe unterscheiden lassen. Im Hopfen, dem Typus der flüchtigen Bitterstoffe, bleibe der Geschmack nur kurze Zeit auf der Zunge. Dies beruhe darauf, dafs das Speichelferment diese Hopfenbitterstoffe in Glykose und einen andern, nicht bitteren Körper spalte; sehr lehrreich ist aber auch, dafs nach meinen, mehr als zahlreichen Erprobungen die Zeitdauer, welche das Hopfenbitter sortenweise im Speichel braucht, um zu verschwinden, höchst verschieden ist.

Bei der Quassia, dem Typus der nicht flüchtigen Bitterstoffe, bleibt der Bittergeschmack anhaltend, da er durch die Fermente des Speichels und der Speiseröhre nicht zerstört wird, woraus sich auch die Wirksamkeit gegen Würmer erklärt.

Zur Erkennung wird das zum Sieden erhitzte Dekokt mit Bleiessig gefällt, das Kochen noch einige Zeit fortgesetzt, das Filtrat mit Schwefelsäure entbleit, eingedampft und die überschüssige Säure mit Kreide abgestumpft. War nun Hopfen vorhanden, so ist die Bitterkeit vollständig verschwunden, mit Ausnahme, wenn ein sehr alter Hopfen vorlag. In diesem Falle wird das siedende Dekokt mit Barythydrat alkalisch gemacht, das Filtrat mit Schwefelsäure angesäuert und nach abermaligem Erhitzen filtriert und eingedampft, worauf eventuell der Prozefs zu wiederholen ist. Wie Hopfen verhält sich bei der Bestimmung nur noch das Kamillenbitter, während Enzian, Chiretta und Colombo den bitteren Geschmack behalten.

Auch in derselben Hopfensorte ist das Bitter von sehr verschiedener Qualität, und es ist leicht ersichtlich, dafs die milderen, besseren Teile leichter löslich sind, schon nach kurzem Kochen sich in der Würze ausbreiten, während bei längerem Kochen immer rauhere, herbere, härtere, rohere Bitter zum Vorschein kommen. Natürlich sind bei sehr feinen Hopfen die zuerst in Lösung tretenden Bitterstoffe hochfein, die später gelösten mäfsig grob und herb; bei ordinären Hopfensorten sind schon die zuerst gelösten Bitterstoffe derb und rauh, die später gelösten widerlich oder abstofsend grob und derb.

Sehr wichtig ist auch noch die Thatsache, dafs das Hopfenbitter ein aromatisches Bitter ist, daher wohl niemals ein Stoff gefunden werden kann, welcher es vollkommen zu ersetzen im stande wäre; dazu das bittere Aroma des Hopfenöls.

Die Frage ist nie erörtert worden, welchen Anteil das selbständige und aromatische Bitter des ätherischen Öles am Gesamtbittergeschmack des Bieres hat.

In der Allg. Br.- u. H.-Ztg. 1882, I, S. 209 ist bei Besprechung der Hopfenextrakte von schwerem Bitterstoff und von flüchtigem Hopfenbitter die Rede.

E. Prior (Allg. Br.- u. H.-Ztg. 1883, II, 521) meint, dafs Hopfen-Harz und -Bitter die wirksamsten Bestandteile des Hopfens seien; ob sie direkt oder aber erst durch Zersetzung abgeändert oder nur in Verbindung mit andern Würzebestandteilen wirken können, oder ob die wirksamen Verbindungen erst beim Gärungsprozefs zu stande kommen, all das seien noch offene Fragen.

Nach dem Amerikaner F. Emken (Amerikan. Bierbr. 1880, repr. Allg. H.-Ztg. 1880, I, 175) sind die bitteren Bestandteile des gehopften Bieres ein bitterer Extraktstoff und ein Harz. Ersterer löst sich unschwer in Wasser und Alkohol, das Harz in heifsen, wässerigen und spirituösen Flüssigkeiten, aus denen es sich beim Erkalten gröfstenteils wieder ausscheidet; die Trübung, welche die gekochte Würze beim Kühlen erleidet, rührt zum Teil daher. Im Geschmack dieser beiden Bitterstoffe ist insofern ein deutlicher Unterschied gegeben, dafs der leichter lösliche Extraktivstoff einen schneller verschwundenen Geschmack im Vergleich zum Harz besitzt, welches letztere einen nachhaltig bitteren Geschmack hat. Im frischen Hopfen sei nur der Extraktivstoff bitter schmeckend. Der aromatisch-bittere Geschmack der Kräusendecke deute den Ursprung dieses Harzes aus dem ätherischen Öl an. Die Klümpchen seien weicher oder härter, was auf allmähliches Festwerden deute. Das Harzbitter des klaren Bieres ist natürlich abhängig von der Menge des in Lösung befindlichen Harzes; bei Temperaturzunahme nimmt die Löslichkeit desselben schnell zu.

Im tierphysiologischen Institut der Landwirtschaftlichen Hochschule in Berlin wurden durch Dr. Al. Ölich Untersuchungen angestellt, ob die reine krystallinische Hopfenbittersäure und deren Oxydationsprodukte giftige Wirkungen auf Tiere ausüben. Es wurde mit Fröschen, Tauben, Kaninchen, auch mit Katzen experimentiert, indem man 1%ige wässerige Lösungen des Natriumsalzes der Hopfenbittersäure etc. teils in die Verdauungsorgane, teils in die Blutbahn einführte[113]). Es ergab sich, kurz gesagt, dafs die reine Hopfenbittersäure bei warmblütigen Tieren giftige Wirkungen äufsert, aber nur bei direkter Injektion in die Blutbahn; bei Einführung in die Verdauungswege blieben diese Wirkungen aus. Das Oxydationsprodukt der Hopfenbittersäure zeigte sich aber auch dann völlig unschädlich, wenn es (bei Kaninchen) direkt in die Blutbahn injiziert wurde.

c) Der Hopfenbitterstoff nach praktischen Gesichtspunkten.

Nach dem amerikanischen Technologen F. Emken[114]) gibt es über den richtigen Grad der Bitterkeit, den das Bier haben soll, fast so viel Ansichten als Trinker. Bei gleichem Hopfen wird mehr Bitterkeit von jener Würze aus dem Hopfen gelöst, welche den geringeren Säuregehalt (Milchsäure, andere verdampfbare Säure) besitzt. Auf dem Kühlschiffe und im Gärbottich nimmt der Säuregehalt zu.

Die Brauer werden Hopfen niemals richtig verwenden können, wenn sie sich nicht mit der Beurteilung der oben (S. 3) erwähnten, nach Sorten und Jahrgängen höchst ungleichwertigen Energie des Bitters vertraut gemacht haben; das wird auch dann noch der Fall sein, wenn sie in allen andern Fragen der Hopfenbeurteilung wohl zu Hause sind.

In manchen Jahren haben die Hopfen nur die Hälfte der Sekretmenge von sonst, aber wenn das Bitter doppelt so energisch ist wie sonst, dann gleicht sich das von selbst aus, ohne dafs man mehr Hopfen geben mufs; gibt man doch mehr, wird der Biergeschmack gründlich verdorben.

E. Weifs: Der Hopfen, S. 88, bemerkt, die Hopfenhändler und Brauer seien darin einig, dafs die Bitterkeit des Hopfens selbst bei 10jähriger Aufbewahrung nicht abnehme. In der Allg. H.-Ztg. 1861, S. 42 erbietet sich ein Herr J. C. Leuchs den Herren Hopfenhändlern, ein ihm patentiertes, fast nichts kostendes und sicher wirkendes Mittel bekannt zu geben, wie man ohne starke Trocknung, ohne Pressung, ja mit einer Vermehrung der wirksamen Eigenschaften den Hopfen konservieren könne. Das Verderben des Hopfens schon nach einem Jahr rühre nicht von der Abnahme des Bitterstoffes her, der sich auch noch reichlich im alten Hopfen finde, sondern von der Veränderung des Gerbstoffes, der durch die Einwirkung der Luft in Baldriansäure und Gallussäure übergehe, dann durch Bildung eines nach Käse riechenden Stoffes, der durch Gärung der stickstoffhaltigen Bestandteile des Hopfens entstehe, und von dem Unlöslichwerden der harzigen und öligen Teile, was man eigentlich als das Verharzen des Hopfens bezeichne; diese wichtige Methode ist aber auch wieder verschollen, ehevor sie zur Anwendung gekommen ist. Das ist jedenfalls nicht ganz richtig, denn es ist vielmehr Thatsache, dafs sich mit zunehmendem Alter der Bittergeschmack im Hopfen verliert. Im Spalter Hopfen, bei welchem ich unterm 20. Dezember 1883 notiert hatte, er habe ein ziemlich kräftiges und sehr ausgeprägtes Bitter, war dasselbe am 6. Mai 1889, also nach etwas über vier Jahren, bedeutend schwächer geworden, obgleich es sich immerhin noch ernstlich geltend machte; da war aber sicher alles Weichharz in Hartharz verwandelt, und doch war noch Bitter da, was gut mit dem stimmt, was ich im vorigen Abschnitt gesagt habe, dafs es nämlich Bitterstoffe im Hopfen gibt, welche von der Veränderung der Harze nicht ernstlich berührt werden, also selbständig, vom Harze unabhängig sein müssen. Ich habe aber auch schon Proben untersucht, bei denen nach vier Jahren nur noch sehr wenig mehr vom Bittergeschmack wahrgenommen werden konnte. Kleine Spuren von Bittergeschmack kann man allerdings öfter auch noch in zehn Jahre und mehr alten Hopfen finden; ich habe das selbst an so alten, von mir untersuchten Hopfen wahrgenommen.

Es scheinen also auch in diesem Punkte Sorte (Varietät), Jahrgang, Reifezustand bei der Ernte, Konservierung schon vom Beginn der Ernte an, Aufbewahrung etc. einen vielfach abändernden Einfluſs ausüben.

Dr. Dömens, Direktor der Münchner (privaten) Brauerakademie, sagt in einer sehr lesenswerten Flugschrift »Zur Beurteilung des Bieres«[115]) u. a.: Einen bitteren Beigeschmack zeigt infolge des Gehaltes an Hopfenbestandteilen jedes Bier. Das Hopfenbitter tritt besonders bei hochvergorenen Bieren hervor, während bei niedervergorenen der bittere durch den süſsen Geschmack verdeckt wird. Biere mit deutlich hervortretendem Hopfengeschmack sollen jedoch nur ein feines, angenehmes, mildes Hopfenbitter und Aroma zeigen. Durch Verwendung rauher Hopfensorten erhält das Bier einen unangenehmen, herben und nachhaltig bitteren Geschmack. Unangenehm bitterer Geschmack kann auch herrühren von mangelhaftem Farbmalz, auf der Darre verbranntem Malz und von wilden Hefenarten. Auch zu junge Biere zeigen einen eigenartig bitteren und zugleich süſsen Geschmack, den sogenannten jungen Geschmack; derartige Biere riechen und schmecken auch meist hefig. Nicht ganz mit dem bitteren Geschmack deckt sich der rauhe, herbe Geschmack, welcher, auſser durch mangelhaften Hopfen und ungeeignetes Malz, auch durch übermäſsig hartes Wasser veranlaſst werden soll.

Der unangenehm ranzige Geschmack mancher Biere rührt hauptsächlich her von der Verwendung alten, schlecht konservierten Hopfens oder mangelhaft gelagerten Malzes. Verschimmelte Rohmaterialien veranlassen einen schimmligen und moderigen Geschmack.

Briant und Meacham[116]) bemerken, daſs die Stärke des Bitterstoffauszuges sehr von den verschiedenen Salzen im Wasser beeinfluſst werde. Mit hartem Wasser könne man den Hopfen erheblich lange sieden, ohne daſs ungebührlich herbe Stoffe ausgezogen würden, während mit süſsem (weichem?) Wasser und namentlich solchem, welches schwefelsaures Natron enthalte, der Würze selbst bei ganz kurzem Sieden eine unangenehme Herbheit mitgeteilt werde; aber wenn auch die süſsen (weichen?) Wasser einen herberen Geschmack im Bier liefern, so zeigt doch die Erfahrung, daſs sie mehr präservative Substanz aus dem Hopfen ausziehen.

Auch Brauereipraktiker haben in Bezug auf die Beziehungen der Härte und Weiche des Wassers zum Auszuge des Bitterstoffes aus dem Hopfen belangreiche, aber sehr widerspruchsvolle Mitteilungen gemacht.

Bei den Fragen nach dem Geschmack des Bieres, an welchem in erster Reihe das Hopfenbitter, weiterhin aber auch das gelöste Hopfenaroma (das ätherische Öl) beteiligt sind, kommen namentlich für uns in Mitteleuropa zwei Biertypen in Betracht, nämlich das hopfenarme, malzaromatische, wenig bittere, dunkle Münchner und das hopfenaromatische, helle, bittere Pilsener; das Wiener Bier steht zwischen diesen beiden.

So sagte Herr Bierbrauereidirektor Rösicke in Berlin gelegentlich eines Vortrages[117]) in Bezug auf zwei unter seiner Leitung stehende Brauereien, wovon die eine in Berlin, die andere in Dessau war: in der einen Brauerei, mit mehr hartem Wasser, könne man dreist mehr Hopfen geben, ohne befürchten zu müssen, daſs das Bier zu bitter wird, in der andern Brauerei aber, mit weichem Wasser, könne man desfalls mit der Hopfengabe nicht sparsam genug sein.

Der bekannte Fabrikant von Brauerei-Einrichtungsgegenständen in Prag, G. Noback, sagt, daſs in München mit hartem Wasser und in Pilsen (Böhmen) mit weichem Wasser, wenn die Biere ganz gleich stark gebraut und die gleichen Gaben von Hopfen genommen werden, die Münchner Biere (also jene mit hartem Wasser) dennoch viel weicher, d. h. viel weniger bitter schmecken als die Pilsener; das stimmt also genau mit den Ansichten des Herrn Direktors Rösicke.

Merkwürdig abweichende, vielmehr ganz entgegengesetzte Ansichten äuſsert Braumeister Jirsik[118]). Derselbe bespricht die groſse Rolle des Wassers für die Hopfengabe und den Geschmack des Bieres: gerade diese Dinge hätten oft die fatale Wirkung, daſs selbst sehr tüchtige Braumeister, bekannte gute Biermacher, beim Ortswechsel und dadurch gegebenem andern Wasser nichts mehr leisten; es spiele da die Frage nach hartem und weichem Wasser eine entscheidende Rolle: das harte Wasser habe viel Kalk- und Magnesia-Salze, das weiche nicht. Pilsen habe weiches Wasser, welches viel Hopfen zu konsumieren vermöge, ohne reagierend zu werden, d. h. man kann dort noch so viel Hopfen der Würze zusetzen, die Biere werden trotzdem nie widerlich und unangenehm bitter, und durch die übergroſse Hopfenmenge in den Pilsener Bieren werden diese haltbarer.

München habe hartes Wasser, welches nicht viel Hopfen verträgt, und daher rührte der Charakter des Münchner Bieres und zwar nahezu von sämtlichen am Münchner Platze befindlichen Brauereien. Das harte Wasser beeinfluſst die Hopfengabe für das Münchner Bier derart, daſs schon ein Minimum an Hopfen genügt, um das angestrebte Verhältnis zu erreichen; daher der milde, weiche Geschmack der Münchner Biere, der hauptsächlich den Ruf derselben begründete. Nachdem aber nun die dortigen Brauereien die Vollmundigkeit wesentlich zugestutzt haben und nunmehr auch nur 11- und 12grädige Biere dem Konsum überliefern, kann man leicht ermessen, wie unbedeutend der Hopfen dort den Erzeugungspreis belastet.

Die Ansicht Jirsiks von den weichen, milden Münchner Bieren bezieht sich ohne Zweifel auf die alten Münchner Lagerbiere, welche vor 10 und 20 Jehren noch da waren. Seine Ansichten über den Einfluſs harten und weichen Wassers auf die rationelle Hopfengabe sind jenen von Rösicke und Noback direkt entgegengesetzt. Wo ist die Wahrheit? Das zeigt doch in so recht schroffer Weise wieder, wie ungeklärt noch so viele wichtige Fragen der Brauerei sind und namentlich solche, welche mit der quantitativen und qualitativen Hopfengabe zusammenhängen. Durch die weiter oben (S. 282, 283, 356) reproduzierte Ansicht gewisser Technologen, die den Hopfen als eine mehr untergeordnete Sache bei der Darstellung des Bieres angesehen wissen wollen, wird die Sache aber sicher nicht besser, ebensowenig wenn man in den bezüglichen Lehrbüchern nur eine Ansicht, als die richtige, wiedergibt. Offenbar wirken da gewisse, in den weichen oder harten Wassern, wenn auch in ganz geringer Menge, enthaltene Salze mit.

Der amerikanische Technologe H. E. Wright[119]) sagt: Wo das Wasser weich ist und kohlensaures Natron enthält, dürfte langes Kochen ein herbes Bitter ausziehen, und wo Feinheit des Aromas gerade kein besonderes Erfordernis ist, kann man die anzuwendende Quantität Hopfen vielleicht vorteilhaft verringern; wo das Aroma wichtig, muſs die Kochzeit eingeschränkt und milderer Hopfen genommen werden. Wo das Wasser permanent hart ist, wird der extrahierte Bitterstoff viel feiner sein.

Es gibt auch Ansichten, welche dahin gehen, daſs in dunklen, auf bayerische Art gebrauten Bieren der Hopfen nicht so zur Wirkung gelangt wie in hellen Bieren, weil der reichliche Malzgehalt und der Geschmack des Farbmalzes dieser Biere den Hopfengeschmack derart decken, daſs derselbe nicht so ganz und voll zum Ausdruck kommt wie bei den lichtfarbigen Pilsener, Wiener und andern österreichischen Bieren. Darin erblickt man auch den Grund, warum man bei den dunklen Bieren auch Mittelsorten von Hopfen mit ihrem mehr derben und herben Geschmack noch mit verwenden kann, namentlich bei längerer Lagerdauer, während man zu sehr lichten Bieren, wenn sie wirklich diesen Charakter haben sollen, nur feine Hopfen verwenden kann, die sich aber mit ihrem reichen Sekretgehalt und bei der langsamen Arbeit des Sekretes für Biere von kurzer Lagerdauer wenig eignen, weil solche Biere vom noch unverdauten Hopfen einen sehr rohen Hopfengeschmack erhalten. Da wären die feinen Rothauschaer mit ihrer weit rascheren Arbeit die rechten Sorten, auch bessere, auf Sandboden gewachsene mittelfränkische.

Thausing[120]) nennt das Pilsener Bier des Bürgerlichen Bräuhauses in Pilsen das wohlschmeckendste und am besten schaumhaltende Bier der Welt und nennt überhaupt das Pilsener Bier das beste der gegenwärtig bekannten Biere. Herr Dr. Windisch aber sagt, daſs er und viele Tausende von Brauern und Biertrinkern nicht dieser Meinung seien. Eines der am besten schaumhaltenden Biere sei das Pilsener sicherlich, aber das beste und wohlschmeckendste der Welt sei es nicht. Woraus setze sich denn der Geschmack des Pilsener Bieres zusammen? Nach seiner Ansicht sei es eine Summe von Hopfenbitter, Hopfen- und Spelzen-Gerbstoff, Hefe- und selbst Hefe-Abfallstoffen und ein klein wenig Pech; bei gewissen Pilsener Bieren spiele auch noch etwas der Geschmack nach schimmligem Malze mit herein; dazu komme die meist reichlich vorhandene Kohlensäure. Das Pilsener Bier habe an sich weder einen edlen Geschmack, noch ein feines Hopfenaroma.

Thausing bemerkt dazu in der Wiener Allg. Zeitschr. f. Bierbr. etc. (Nr. 27, 1898), das Pilsener Bier als Typus sei in seiner Güte von Fachleuten anerkannt und von den Biertrinkern der ganzen Welt gerühmt; wo man überhaupt Bier trinke, trinke man auch Pilsener, während man andere nicht einmal dem Namen nach kenne. Gerade das Pilsener Bier habe den lichten Bieren die Beliebtheit verschafft, so daſs heute manche Brauereien lichtes Bier zu brauen gezwungen seien, die früher nicht daran gedacht hätten (vide München). Ob das Pilsener Bier einzelnen, wie Dr. Windisch oder ihm, munde, sei ganz gleichgültig; als Thatsache stehe fest, daſs die Beliebtheit des Pilsener Bieres seit 30 Jahren stetig wächst, daſs kein Bier der Welt einen so hohen Verkaufspreis erzielt als das Bier der Bürgerlichen Brauerei in Pilsen. Ob der Geschmack so sei, wie ihn Herr Dr. Windisch definiere, danach fragten die Biertrinker wirklich nicht; sie lieben es, trinken es massenhaft und bezahlen es gut. Daſs dies Modesache sei, könne vorderhand nur als eine Annahme gelten. Die zahlreichen Biertrinker der Welt finden den Geschmack des Pilsener, so wie er ist, »edel«! — Wäre der Geschmack so, wie er von Dr. Windisch als edel bezeichnet wurde, dann würde vielleicht die Mehrzahl der bisherigen Konsumenten es nicht mehr trinken!

In diesen Ausführungen des Herrn Thausing liegt eine gewaltige Portion von Übertreibung, ein Heranziehen von Erfolgen, ohne nach den im stillen wirkenden Ursachen zu sehen. In München ist eine Niederlage des Bürgerlichen Bräuhauses in Pilsen. Ich bin Studiums halber schon öfter und zu verschiedenen Zeiten dort gewesen. Einmal habe ich das Bier ähnlich dem gefunden, wie Thausing es schildert, verschiedene andere Mal war es aber in seinem Geschmacke in der That höchst minderwertig nach allen in Frage kommenden Beziehungen; der sehr hohe Preis (50 Pfg. per Liter) war aber immer der nämliche; auch in der Schaumhaltigkeit war immer Konstanz vorhanden. In vielen Fällen war es so, wie es von Windisch geschildert wird, so daſs es in den eigenen Eigenschaften dieses Bieres unmöglich liegen kann, wenn es solche Erfolge aufzuweisen vermag.

Das mehrfach erwähnte sehr helle, wahrhaft prächtige Bier, welches ich zu Allerheiligen 1897 beim Dräxlmaierbräu in Landshut getrunken habe, war aber dem oben erwähnten vortrefflichen Pilsener mindestens ebenbürtig, ein sehr wichtiger Beweis, daſs man es in Bayern und sicher noch an vielen andern Orten Deutschlands und Mitteleuropas ganz gut ebenso machen kann wie in Pilsen. Nur kostet das Liter dieses herrlichen Landshuter Bieres genau die Hälfte (24 Pfg.) wie das vom Bürgerlichen Bräuhaus in Pilsen.

Nach meiner festen, auf dem Boden langwieriger Beobachtung und Überlegung ruhenden Überzeugung beruht der derzeitige groſse Erfolg gewisser Pilsener (heller) Biere weit weniger in ihren absolut positiven Leistungen als in ihren relativ besseren gegenüber den negativen Leistungen der modernen Münchner Stadtbiere und verwandten deutschen Biere, wie sie aus der auf die Kellerkühlung begründeten Groſs- und Schnell-Fabrikation hervorgegangen sind und noch hervorgehen. Die vielen unfertigen, schwer verdaulichen Biere mit ihrem noch völlig unverdauten, vielfach auch groben (billigen) Hopfen, durch Filterpressen etc. für das Gesicht (in Glanz und Helle) wie eine junge (eigentlich alternde) Kokette aufgeputzt, welche im hohen Grade trinkmüde machen und nervös-reizbaren Personen, wie sie die groſsen Städte zu ungezählten Tausenden haben und erzeugen, vielerlei Beschwerden und körperliches Miſsbehagen verursachen, diese Biere, zu deren Herstellung man nach der Ansicht gewisser, ganz moderner, superkluger Technologen so viel wie gar keine Hopfenkenntnisse braucht, sind es, welche die Tausende von deutschen Trinkern dem hellen, meist auch mehr und besser gehopften und namentlich besser vergorenen Pilsener Bier zugeführt haben. Diese via triumphalis des Pilsener Bieres ist also viel weniger dekoriert mit den positiven Leistungen der Pilsener etc. Brauereien als mit den negativen der deutschen Groſsbrauereien mit den modernen Kellereinrichtungen.

Es ist dieses Resultat um so bemerkenswerter, als die nach bayerischer Art gebrauten Biere meist merklich gehaltvoller und immer sehr erheblich billiger sind. Das sind die Resultate des Fortschrittes in der Mechanik der Brauerei bei gleichzeitiger völliger Aufserachtlassung der Fragen in Bezug auf Hopfen und Physiologie.

Sicher hat zu diesem Triumphzuge der hellen Biere auch die massenhafte Farbmalzverwendung in der bayerischen Brauerei beigetragen; vielfach sind die bayerischen Exportbiere durch das Farbmalz so dunkel wie Tinte. Gerade den sachkundigen Trinkern sind diese Farbmalzprodukte höchst zuwider.

Franz Rutschmann sagt (Über Bierbezeichnungen)[121]: Der Charakter des Pilsener Bieres ist durch Zufall gefunden worden; es ist fraglos gut, und meine Meinung geht dahin, dafs die Biere Pilsener Charakters die Biere der Zukunft sind. Sie wirken harntreibend, appetitanregend und sind sehr wohl bekömmlich; alles das sind Eigenschaften, welche dem Körper sehr zuträglich sind und den malzreichen Bieren meist abgehen. Das Pilsener hat, unterstüzt von den Karlsbader und übrigen Ärzten, seinen Eroberungszug mit Recht durch die ganze Welt gemacht. Aber sicher ist auch, dafs es in Deutschland Brauereien gibt, welche helles Bier erzeugen, das in der Qualität dem Original-Pilsener nichts nachgibt, dasselbe vielmehr noch sehr oft nach jeder Richtung übertrifft.

Als die Pilsener Biere vor ca. 30 Jahren aufkamen, meinte man, dafs die massenhaft an den Decken und Wänden der Gär- und Lager-Keller wachsenden Schimmelpilze den Charakter und Geschmack dieser Biere bedingten. Später machte man das Wasser und den geologischen Bau des Bodens dafür verantwortlich. Die Hauptsache ist, dafs das Wasser, die Luft und der Untergrund einer Brauerei rein sind.

Ich hege nicht den geringsten Zweifel, dafs an dem Tage, an welchem die Münchner und bayerischen Brauer die gewöhnlichen (Stadt-) Biere so lange auf Lager und ausreifen lassen, wie es mit dem Pilsener aus dem Bürgerlichen Bräuhaus geschieht, wobei dann die fatalen, geschmackverderbenden Klärmittel und Filterpressen aufser Dienst gestellt werden können, der grofse Import dieser hellen Biere sich sofort gewaltig reduzieren wird; der Genufs der hellen Biere wird sich dann nur auf jene beschränken, denen das Farbmalz zuwider ist. Das ist die wahre Sachlage! — Ich habe in der That jetzt öfter wiederholt recht gute helle Münchner Biere getrunken; sie wären sicher — ungeschönt — noch besser gewesen.

Gerade jetzt (im Frühjahr, auch im Spätherbst 1900) haben wir in München mehrfach helle Biere, welche mehr ausgereift, ganz wohlschmeckend sind und per Liter 26 und 28 Pfg. kosten. Schon durch den Bierpreis ist in München jede fremde Konkurrenz unmöglich.

Dadurch dafs man aber, wie es so viele Brauereien gethan haben, dasselbe Münchner Bier herstellt, nur mit hellem Malze, wird dieser Triumphzug nicht aufgehalten. Ich habe selbst in München schon Bier getrunken, in einem ersten Restaurant, welches ganz blafshell war, aber einen, noch dazu unverdauten Hopfen hatte, der wahrscheinlich Wildhopfen aus den Isarauen war. Man weifs nicht, was man mehr anstaunen soll, eine solche Unwissenheit in den Elementen der Hopfenkenntnis bei einem Braumeister, der für ein erstes Münchner Restaurant arbeitet, oder die unbegreifliche, herausfordernde Anmafsung, ein solches Bier einem urteilsfähigen Publikum vorzusetzen. Wenn ich mich recht entsinne, kostete diese Waschbrühe auch noch 40 Pfg. per Liter.

In neuerer Zeit ist es mit den hellen Münchner Bieren allgemeinhin etwas besser geworden, sie haben besseren Hopfen und sind — namentlich die sogenannten Märzenbiere — besser vergoren. So wie es sein soll, ist es noch lange nicht. Ein gut gehopftes und ohne Filterpressen, durch eigene Arbeit von innen heraus hell gewordenes, also gehaltvolles und gut vergorenes Bier, das ist es, was der deutsche Biertrinker will, einerlei, ob es heller oder dunkler ist. Die vielen Farbmalzprodukte in den sehr dunklen Bieren sind auch vielen zuwider; hellere Biere sind diesen angenehmer. So wird der Wall sein oder nicht sein, an dem sich der Pilsener Triumphzug staut.

In der That ist die Achse der ganzen Bewegung, der Einbruch der hellen, hopfenaromatischen, gut vergorenen, mild-bitteren Pilsener Biere und daran anschliefsend die massenhafte Erzeugung heller Biere in Deutschland, wo vorher lediglich der Münchner Biertypus herrschend war, lediglich in dem Umstande zu suchen, dafs man in den Grofsbrauereien in dem Freudenrausch über die Erfolge der Eismaschinen vermeinte, dafs man nun nicht blofs am Hopfen gewaltig sparen könne, sondern auch am Kapitalaufwand für Kelleranlagen und Fafsgeschirr, und dafs man zugleich das Betriebskapital in der halben Zeit wie früher glaubte umsetzen zu können. Leider haben die deutschen Hopfen- und Gersten-Bauern zu den Kosten dieses grofsen Versuches sehr viel beisteuern müssen. In Wirklichkeit hatte die ganze Bewegung mit den Pilsener Bieren ursprünglich mit der hellen Farbe gar nichts zu thun, sondern lediglich mit dem angenehmen Bittergeschmack abgelagerter Biere. Es ist aber denkbar, dafs sich das Publikum inzwischen auch an die helle Farbe gewöhnt hat. In der That ist das eigentliche Verhängnis der Angelegenheit in dem Umstande zu suchen, dafs infolge der langen Dauer dieser Sachlage das biertrinkende Publikum sich vielfach definitiv auf die hellen Biere eingelebt hat. Und dafür sollen nun die deutschen Gersten- und Hopfen-Bauer durch den Bezug österreichischer Hopfen und Gersten bestraft werden.

Die Herren Grofsbrauer haben geglaubt, dafs sich das Konsumentenpublikum, wenn die Hopfengabe stark reduziert würde, allmählich an die jungen, unreifen Biere gewöhnen werde. Die Thatsache, dafs man dem Drängen des Publikums mit hellen Bieren, noch dazu aus mährischer Gerste und viel Saazer Hopfen gemacht, glaubte entsprechen zu können, zeigt, dafs das Wesen der Hopfenarbeit und Hopfenwirkung im Bier nicht in weiten Kreisen der Brauer bekannt und gewürdigt ist.

Wenn wir nach diesem — wie mir scheint — nicht ganz unwichtigen Exkurs, wieder zu unsern systematischen Betrachtungen zurückkehren, so ist auch die von Hayduck angeführte Thatsache sehr beachtenswert, dafs ein Hopfen mit überreichem Bitter oft keine sehr bitteren Biere macht, weil sich die in der Siedehitze, beim Würzekochen, in überreichem Mafse gelösten bitteren Weichharze beim Abkühlen der Würze teilweise wieder niederschlagen, und dafs schon die gewöhnlichen Hopfengaben mehr bitteres Harz an die Würzen abgeben, als das Bier später zu halten vermag. Das ergibt sich ja auch schon aus der Thatsache, dafs das Kühlgeläger, die hohen Kräusen und selbst die Hefe sehr bitter sind.

Von praktischer Bedeutung scheint demnach auch die Erfahrung, dafs man durch die Entfernung der grob-bitteren Kräusen ein Bier mit milderem, feinerem Bitter erhält, wenn selbst nur billige Mittelsorten von Hopfen verwendet worden sind. Herr Braumeister Grimmer in Rotterdam [122]) will mit diesen bitterstoffreichen Kräusen bei zu süfs ausgefallenen Bieren nachhelfen. Zu viel Vertrauen sollte man aber desfalls auf die Leistung der groben Hopfen nicht setzen. Oft lobt ein Braumeister, der so etwas gemacht hat, sein Gebräu, und die Biertrinker wollen nichts davon wissen.

Weil die deutsche Brauerei im Hochgefühl über die grofsen technischen Erfolge durch die Eismaschinen und unter gänzlicher Ignorierung der Hopfenarbeit in der Entwicklung des Bieres, worin sie von ganz hopfenunkundigen Malztechnologen noch bestärkt wurde, eine etwas fatale Überschwemmung mit Pilsener Bier selbst veranlafste und jetzt die Pilsener Bier-Inundation in wenig sinnvoller Weise durch die Erzeugung sogenannten Pilsener Bieres aus mährischer Gerste und böhmischen (Saazer) Hopfen bekämpft werden soll, statt dafs das einzig Richtige geschieht, werden die Landwirte, die zuerst schon durch die mafslosen Hopfenreduktionen schwer heimgesucht wurden, ohne dafs die Konsumenten des Bieres befriedigt worden sind, jetzt begehrliche Agrarier genannt, weil sie sich gegen die mafslose Invasion mit österreichischen Gersten, Malz und Hopfen zur Wehr setzen. Die Herren Brauer wurden in der Meinung, dafs man die Inundation mit Pilsener Bier nur durch Erzeugung ähnlicher Biere aus mährischer, böhmischer und ungarischer Gerste und Saazer Hopfen bekämpfen könne, noch bestärkt durch die Herren Gersten-, Malz- und Hopfen-Lieferanten, teils durch direkte Informationen über diese sogenannten Qualitätsgersten und Qualitätshopfen, teils durch Einflufsnahme auf die bezüglichen Kapitel in den Handbüchern der Brauerei, welche unter ihrer direkten Inspiration abgefafst worden sind etc. Noch dazu haben die meisten dieser österreichischen Rohmaterialien einen vorwiegend slavischen, namentlich czechischen Ursprung, also von Menschen, deren Deutschenhafs grenzenlos ist, welche unsere Volksgenossen in Böhmen geradezu quälen. Verfasser, welcher zwei Jahre in den verschiedensten Teilen Böhmens gelebt hat, auch später oft dort war, kennt das Terrain ganz genau!

Alle die am Harze haftenden, harzgebundenen Bitterstoffe geben dem Bier einen rohen, abstofsenden Geschmack und machen das Bier schwer verdaulich. Diese mit dem Harze möglichst aus dem Bier zu entfernen oder wenigstens geschmacklich zum Verschwinden zu bringen (s. oben S. 609: das Hopfenbitter im Speichel des Mundes), wenn sie ihre Arbeit beendet haben, ist eine wichtige Aufgabe des Brauers, damit die vom Harze losgelösten, feinen, noch in Lösung befindlichen Bitterstoffe voll und ganz ihre geschmacklich und physiologisch angenehme Wirkung auf den menschlichen Organismus äufsern können.

Dr. Hayduck (s. weiter unten) sagt ja auch, dafs die bitteren Harze in der Würze etc. nur in Suspension vorhanden seien, daher in den Kräusen etc. leicht ausgeschieden würden; nur im Bier seien kleine Mengen von Harz (soll wohl heifsen »Bittersäure«) in Lösung.

Prof. Dr. C. Lintner machte in Hagenau[123]) die beachtenswerte Bemerkung, dafs es fraglich sei, wie der im Wasser so unlösliche, wichtige Hopfenbitterstoff von der kochenden Würze gelöst werde; aus allen hierüber angestellten Versuchen gehe nur hervor, dafs wir den Gesellschafter des Hopfenbitters im Hopfenmehl (Hopfensekret), der dessen Einführung in die wässerige Lösung vermittelt, nicht kennen, welcher aber nach allem durch die Gärung zerstört wird. Balling nahm (wie schon erwähnt) an, dafs das ätherische Öl das lösende Vehikel sei, was sich aber bei den direkten Versuchen in Weihenstephan (s. oben S. 567) als irrig erwies. Habich nahm an, dafs der Zucker in der Würze die Lösung vermittle, aber es wird ja auch ohne Anwesenheit von Zucker aus dem rohen Hopfen eine reichliche Menge des Hopfenbitters in Wasser gelöst. In pflanzlichen und tierischen Flüssigkeiten finden sich häufig Verbindungen, namentlich solche anorganischer Salze, gelöst, die sonst sehr schwer löslich sind, z. B. phosphorsaurer Kalk.

Es ist also dann (nach diesen Ausführungen C. Lintners) selbstverständlich, dafs infolge der Gärung Hopfenbitterstoffe, als des lösenden Vehikels beraubt, niedergeschlagen werden, und unsere Geschmacksnerven belehren uns, dafs es zuerst die groben Bitterstoffe sind, welche beim Niederschlag an die Reihe kommen.

Auffallenderweise hat man noch nie zu konstatieren gesucht, ob denn der Bittergeschmack im Sekret der Hopfenzapfen und jener im daraus bereiteten Bier ganz derselbe ist, oder ob beim Hopfenkochen oder während der Haupt- und Nachgärung etc. überhaupt eine Veränderung desselben eintritt, und wenn dies der Fall, in welchem Betrage und in welcher Art und Weise diese Veränderung sich vollzieht.

Der Verfasser dieses Buches ist nämlich auf Grund vielfältiger Wahrnehmungen bei Hopfenuntersuchungen (s. weiter unten) der Meinung, dafs diese Bitterstoffe sich beim Würzekochen gar nicht wesentlich verändern, sondern so bis zum fertigen Bier gelangen, wie sie schon im Drüsensekret vorhanden waren, und dafs dabei, nach Mafsgabe der Lagerdauer, nur eine Abspaltung und Abscheidung grober, an Harz gebundener Bitterstoffe stattfindet. Wäre dem nicht so, dann wäre es so ziemlich gleichgültig für den Bittergeschmack, welche Hopfensorte verwendet würde, denn beim Hopfenkochen und während der Gärung würde ja doch wieder alles anders.

Thatsächlich erzeugt aber ein Hopfen mit sehr feinem, mildem, reinem, edlem Bittergeschmack auch einen ebensolchen Geschmack im Bier, wenn es genügend vergoren und abgelagert ist, und ein Hopfen mit heftigem, scharfem, rohem, hartem, anhängendem und noch mit unangenehmen Nebenbeziehungen ausgestattetem oder mit verschwommenem, unklarem Bittergeschmack ist nach monatelanger Lagerung ziemlich genau ebenso ordinär und unangenehm schmeckend im Bier zu finden, wenn auch die allergröbsten Beimengungen inzwischen abgespaltet und beseitigt wurden.

Mir will es scheinen, als ob in der That nur insofern eine Wandlung im Bittergeschmack länger gelagerter, also stärker vergorener Biere eintritt, als im Kühlgeläger, in den Kräusen und in den Harzmassen der Hefe nach der Hauptgärung und Nachgärung (Lagerung) gewisse grobe, mit dem Harze vergesellschaftete Teile des Hopfenbitterkomplexes im Bittergeschmack des rohen Hopfensekretes zur Ablagerung und Abscheidung gekommen sind, wozu noch die grofse Masse jener kommt, welche als schwerer löslich sich bei der Kostprobe im Munde gar nicht bemerkbar machen; vielleicht oder sehr wahrscheinlich sind darunter auch die giftigen, cholinhaltigen. Lange lagernde Biere nehmen ja bekanntlich und thatsächlich immer mehr im rohen, fatalen, derben Hopfenbitter ab; das grobe, herbe Spelzenbitter schlechter, minderwertiger Malze bleibt eher zurück, auch gewisse Hefebitter.

In einem wirklich, durch eigene (Gärungs-) Arbeit von innen heraus, nicht durch Filterpressen etc. fertig gewordenen, lagerreifen Bier findet sich nur mehr der edle und feine, reine Grundton des Bitters, wie er im Hopfensekret enthalten war. Derselbe ist offenbar nun gleichmäfsig gelöst und verteilt, während die groben Teile der harzigen Bitter sehr wahrscheinlich in Verbindung mit den Harzen nur in Suspension im Bier verhanden waren und nun entfernt sind.

Thausing[124]) sagt: Ordinäre Hopfen geben bitterem (böhmischem) Bier einen rauhen Geschmack, und der Einflufs des Hopfens tritt um so mehr hervor, je länger das Bier lagert[125]). Wir werden gleich folgend sehen, dafs Herr Thausing über dieselbe Sache wieder etwas ganz anderes, Entgegengesetztes, sagt!

Diese groben, rohen, an Harz gebundenen Bitterstoffe wirken, wenn sie noch im Bier anwesend sind, abstofsend auf den mit entwickelterem Geschmackssinn ausgestatteten Trinker, sie machen ihn bald trinkmüde, was immer auf eine ablehnende Wirkung des Organismus deutet; solche harzigbitteren Biere sind eben offenber schwer verdaulich, erzeugen Mifsbehagen, Schlaflosigkeit, herabgestimmte Verdauung etc. Diese ungünstigen Einwirkungen der Harzbitter in noch nicht ganz lagerreifen Bieren auf den Organismus machen sich selbst auch dann noch geltend, wenn feine Hopfen verwendet wurden: wie erst dann, wenn rohe, grobe Hopfen zur Verwendung kommen, die zudem vielleicht noch sehr reich an Sekret waren!

Wahrscheinlich ist das feine, hochedle, den Bieren edelsten Geschmack verleihende Bitter aus feinem Hopfen in lange gelagerten Bieren losgelöst vom Harze und im Bier aufgelöst vorhanden; ich stehe heute mit diesen Ansichten nicht mehr allein. In der Wochenschrift für Brauerei[126]) wird u. a. auch diese Frage sehr interessant erörtert; danach scheint für das richtige Bitter im Bier weniger die Hopfengabe, als vielmehr die Ausscheidung gewisser Hopfenharze in den verschiedenen Stadien der Bierentwicklung, schon vom Kessel ab, mafsgebend zu sein. Schon beim Kühlen werden Bitterstoffe ausgeschieden, noch mehr durch die Kräusen und die Hefe; zu untersuchen wäre nur, ob bei allen diesen Vorgängen nur oder doch vorwiegend Bitterstoffe von unedlem Geschmacke entfernt werden. Briant und Salomon sind der Ansicht, dafs einige der in Alkohol löslichen Harze bei wechselnden Alkoholmengen sich wieder unlöslich ausscheiden.

Der englische Technologe Matthews unterscheidet auch vom Harze freies, reines, echtes Hopfenbitter, welches im Alkohol früher in Lösung tritt als das bittere Harz oder Harzbitter (s. oben S. 609 u. 616). Es ist sehr wahrscheinlich, dafs die durch die Gärung ausgeschiedenen Harzbitter meist oder ganz nur suspendiert in der Würze und im Bier enthalten gewesen sind.

Auch Greshoff hat von den Harzen völlig getrennten Bitterstoff in Lösung gehabt.

Ein sehr lehrreiches Beispiel in dieser Hinsicht erwähnt Deinhardt-Wickerstedt in der 3. ordentlichen Generalversammlung des Ver. Versuchs- und Lehr-Anstalt zu Berlin im Mai 1885[127]). Er hatte Versuche angestellt, bei welcher Hopfengabe die Biere seinen Abnehmern zu süfs oder zu bitter seien. Mit einem Malze von 68° R. und Würzen von $12\frac{1}{2}\%$ ging er zuerst von Zeit zu Zeit um 7 g Hopfen per Hektoliter fertiger Würze zurück. Er konnte bis 160 g per Hektoliter gehen, was einer einmaligen $1^1/_2$ stündigen Hopfenabkochung von 240 g entsprach; diese Biere wurden als zu süfs bezeichnet. Um nun die höchst zulässige Hopfengabe zu finden, ging er je um 7 g per Hektoliter aufwärts. Er konnte diese Steigerung bis 305 g per Hektoliter fortführen. Die $1^1/_2$ Stunden gekochten Biere hatten einen sehr strengen, intensiven, aber doch noch prickelnd-bitteren Geschmack; sie wurden, als sie sechs Wochen lagerten, allseitig als zu bitter bezeichnet. Er mufste deshalb die nachfolgenden, ebenso hergestellten Biere in den Sommerlagerkeller einlegen und hatte die Absicht, sie mit weniger gehopften Bieren zu verschneiden. Aber nach fünf Monaten bemerkte er, dafs diese Biere ganz andere geworden waren; das strenge, prickelnde Bitter, wodurch auch ein leerer Geschmack entstanden war, war einem aromatisch-kräftigen Hopfenbitter und einem volleren Malzgeschmack gewichen.

Es war das übrigens ein Vorgang, den er auch aus andern Geschäften schon kannte. Anfänglich glaubte er sich diese auffallende Erscheinung durch eine Umwandlung der Hopfenbittersäure erklären zu sollen. Allein, immer da, wo Hopfenharz und Hopfenbitter auftreten, sind sie fest und innig verbunden; in jüngeren Bieren treten sie als gröfsere Partikel auf, können sich also infolgedessen leichter auf die Zunge legen, wirken intensiver und lassen den Malzgeschmack mehr in den Hintergrund treten. Bei lang andauerndem Lagern, vielleicht durch eine Einwirkung des Alkohols oder sonstwie, trennen sich diese beiden Stoffe: ein Teil des Hopfenharzes geht in aromatische Produkte über, während ein anderer Teil sich als Bodensatz niederschlägt und vielleicht auch einen Teil der Hopfenbittersäure mitreifst. Die Hopfenbittersäure, welche in der Flüssigkeit verbleibt, wird kleiner, legt sich weniger auf die Zunge, und der volle Malzgeschmack kommt mehr zur Geltung. Es sei diese Umwandlung der Geschmacksverhältnisse bei längerer Lagerung auch deshalb zu erwähnen, weil vor kurzem erst von fachmännischer Seite behauptet wurde, es gäbe zwischen jungem und altem Bier gar keinen Unterschied im Bouquet.

Im weiteren Verfolge seiner Studien fand er, dafs $1^1/_2$ stündige Kochdauer den besten Geschmack gab, dafs kürzere Kochdauer deshalb ungünstig wirkte, bei mehrmals kurz mit Hopfen gekochten Würzen günstig, und dafs bei $2^1/_2$ stündiger Kochdauer die Biere einen widerwärtig bitteren, aromalosen, rauhen Geschmack hatten, ganz ähnlich dem bitteren Geschmack von Bieren mit zu hohen Hopfengaben; er sucht die Ursache in diesem (günstigen) Falle in der harzlosen Hopfenbittersäure. Man müsse erst eine Zeitlang kochen, um den zu weichen, fast öligen Hopfengeschmack der Würze zu verflüchtigen, dürfe aber auch nicht zu lange kochen, damit der Zerfall von Hopfenharz und Hopfenbitter nicht zu weit gehe. Deinhardt (s. l. c. S. 619) ist der Ansicht, dafs man namentlich dünnere Würzen nicht zu lange mit Hopfen kochen dürfe, weil sonst der Zerfall von Hopfenharz und Hopfenbitter zu weit vorschreite.

Sehr enthusiastisch bespricht Deinhardt die Resultate seiner Methode (Hopfenersparnis und Biergeschmack) gegen des Herrn Direktors Aubry Ansicht in der Allg. Br.- u. H.-Ztg. 1883, I, 460.

Eine Äufserung des Braumeisters P. A. Horn in der Allg. Zeitschr. f. Bierbr. u. Malzfabr. (reprod. Allg. Br.- u. H.-Ztg. 1885, I, 42) scheint mit meinen Feststellungen und jenen des Herrn Deinhardt vollständig in Widerspruch zu stehen; derselbe sagt nämlich: Mit zunehmendem Alter wird das Bier bitterer. Er setzt aber dann hinzu, dafs das Bier namentlich bei Verarbeitung schlecht gewachsenen Malzes, wenn es alt geworden sei, einen widerwärtig bitteren Geschmack annehme. Noch mehr ist dies der Fall mit dem, was Herr A. Schwarz sagt (Der Einflufs der Lagerdauer auf die Beschaffenheit des Bieres, Allg. Br.- u. H.-Ztg. 1885, I, 3); Schwarz meint, dafs die Idee vom Feingeschmack alter Biere irrig sei, das Alter oder lange Lagern des Bieres übe eher einen schädlichen als einen günstigen Einflufs auf den Geschmack des Bieres aus. Den Hauptfeind für den Wohlgeschmack und die Glanzhelle des Bieres sieht er in der Hefe, die man mit Spänen und Hausenblase (Schönen) als den Klärprozefs beschleunigenden Mitteln rasch aus dem Bier entfernen könne, wodurch die Lagerzeit abgekürzt werde und man mit Arbeit-, Zeit- und Kapital-Ersparnis ein wohlschmeckendes und haltbares Bier auf den Markt bringen könne, wobei jede Gefahr des Verderbens mit einem Schlage beseitigt sei. Die Kürze der Lagerzeit vermindere den verderblichen Einflufs der schädlichen, trübenden, geschmackverderbenden, fremden Elemente, namentlich der Hefe. Leider, meint Herr Schwarz, fälle die Zunge der Konsumenten nicht immer ein vorurteilfreies und unparteiisches Urteil. Der Glaube an die Haltbarkeit und den vorzüglichen Geschmack alter Biere sei ein — Aberglaube!

Das war der Boden, auf welchem die Filterschnellpressen-Fabrikbiere ihre Entwicklung nahmen.

Die Gemenge von feinen und groben, ordinären Hopfen, wie sie so vielfach in der Bierbereitung angewendet werden, welche sich oft schlecht miteinander mischen, geben dann keinen so feinen Hopfenbittergeschmack, wie edle Sorten allein angewendet. Der Unterschied ist ein ganz gewaltiger.

In der Nürnb. Allg. Br.- u. H.-Ztg.[128]) wird erwähnt, dafs ein intensiv bitterer Biergeschmack auftritt, wenn die Stellhefe durch eine gewisse wilde Hefe (Pastorianus I) verunreinigt ist, oder wenn am Schlusse der Hauptgärung die Decke durchfiel, wodurch eine gröfsere Menge von ausgeschiedenem Hopfenharz wieder gelöst oder in Suspension genommen wird. Auch bei Verwendung geringwertigen Hopfens, zu grofser Hopfengabe, zu langem Kochen wird ein unangenehm bitterer Geschmack im Bier hervorgerufen. Helfen könne man da nachträglich nur durch Verschneiden oder starkes Aufkräusen mit wenig gehopftem Bier (3/4 Pfd. Hopfen auf 1 hl Malz).

W. A. Lawrence (Allg. Br.- u. H.-Ztg. 1887, II, 1468, nach dem Nordamerikanischen Bierbrauer) ist der Ansicht, dafs, wenn der Hopfen zugegeben wird, ehevor die Würze bricht, ein Teil des Hopfenbitters von den koagulierenden Eiweifsstoffen umschlossen wird und verloren geht.

Ein anderer Teil des Hopfenbitters, welcher in der heifsen Würze in Lösung gehalten wird, geht auf dem Kühlschiffe verloren.

Jener Teil des Hopfenharzbitters, der in Zucker und Saccharin der Würze gelöst in den Gärbottich gelangt, wird auch in dem Mafse frei (unlöslich), als die Gärung (die Hefe) Zucker etc. in Alkohol verwandelt; ein Teil dieses Bitters wird vom Alkohol in Lösung erhalten, während ein anderer Teil dieses unlöslich gewordenen Harzbitters von der Hefe und dem Schaum aufgenommen wird und verloren geht.

Danach dürfte der Zucker für die Lösung des Harzbitters aus den Hopfenzapfen das wichtigste Vehikel sein, weshalb es angezeigt ist, den Hopfen der Würze erst im letzten Stadium des Siedens zuzusetzen.

Die Brauereipraxis bestätigt auch die Berechtigung dieser Ansicht, wenigstens für die gegenwärtige nordamerikanische Brauerei, welche mit zuckerreicheren Würzen arbeitet. Dort hat der Begehr nach hellem und verhältnismäfsig blassem Bier zur Verwendung von Malzsurrogaten (Mais, Reis, Zucker etc.) geführt, daher zuckerreichere und eiweifsärmere Würzen. Damit ist kürzeres Kochen der Würze Hand in Hand gegangen; man kam bei sehr zuckerreichen Würzen und kurzem Kochen des Hopfens zu einem Bier mit sehr angenehmem Hopfengeschmack, trotzdem viel weniger Hopfen als früher gebraucht wird.

Vielleicht ist das von Alkohol in Lösung gehaltene Bitter das oben (S. 616 u. 617) erwähnte harzfreie, welches den edelsten Bittergeschmack des lange gelagerten und von allen harzigen Bitterstoffen frei gewordenen Lagerbieres darstellt.

Die Konstanz des Bittergeschmackes im Hopfen und dann im Bier gestattet dem Geübten, schon von vornherein zu bestimmen, welche Geschmackswirkung er von einer bestimmten Hopfensorte im Bier zu erwarten hat. Es ist nur etwas schwierig und mühsam, sich ohne sachkundige Anleitung diese Kenntnisse in Bezug auf die Geschmackswirkung des Hopfens und das zu wählende Quantum der Hopfengabe anzueignen. Mit entsprechender Anleitung geht es gar nicht schwer und nimmt auch keine übermäfsig lange Zeit in Anspruch. Bei der Bemessung der Hopfengabe bleibt auch der Bierschwand zu berücksichtigen, welcher von der Pfanne bis zum Gärkeller stattfindet[129]). Wer das aber einmal besitzt, der hat eine ganz andere Basis für diese alle Tage vorkommende, einschneidende Thätigkeit der Hopfengabe, als der bekannte

Probesud mit dem Probegläschen aus dem Bier nach der Hauptgärung bieten kann, wo gerade die unangenehmen, unerwünschten, mit den Harzen vergesellschafteten, vielleicht nur in Suspension befindlichen Hopfenteile den Geschmack beherrschen. O. Reinke sagt wohl [130]), dafs ein Braumeister den Geschmack an Bottichproben leicht findet; diese Kostproben seien aufserordentlich wichtig. Das ist doch gewifs noch ein höchst roh-empirisches Verfahren, von dem man nicht glauben sollte, dafs es selbst in modernen Bierbrauereigrofsbetrieben, die sonst mit allen modernen Attributen ausgestattet sind, noch eine so grofse, ja einzige Rolle spielen könnte! Und was sagt denn der Herr Thausing zu dieser Kostprobe?

Dr. Hayduck bezeichnete anfänglich die Lösungen seiner beiden (α- und β-) Weichharze in Wasser im höchsten Grade intensiv und unangenehm bitter. Aber das Bitter, welches sich in 50—150 Sekunden, also rasch, in kalireichem Speichel löst, ist bei feinen Hopfensorten höchst edel bitter. Offenbar handelt es sich also bei dem ersteren (Hayduckschen) Bitter um solches, welches mit Harz vergesellschaftet ist, bei dem in Speichel gelösten aber nicht. Greshoff nennt das Harz sehr bitter und kratzend. Matthews sagt (s. unten beim Harz, praktischer Teil), dafs die nicht erwünschten bitteren Bestandteile von der Beschaffenheit des Harzes bei der Gärung fast vollständig aus dem Bier hinausgeschafft werden müfsten. Aber in der Brauereipraxis stützt man auf dieses harzige Bitter in den Probesuden die Hopfenwertschätzung.

Damit ist auch gesagt, wie sehr sich die praktischen Biererzeuger vor Täuschungen hüten sollen, welche dahin gehen, dafs, abgesehen vom Aroma, alle andern Hopfenbestandteile des Bieres, also auch der Bittergeschmack, durch geringwertige Hopfensorten ebenso gut erreicht werden können wie durch feine. Eine strikte Befolgung eines solchen Rates müfste — wie in einem andern Abschnitt klargestellt werden wird — zu den bittersten Enttäuschungen und noch mehr nach Pilsen führen, denn die bittergeschmackgebende Wirkung der Hopfenbestandteile ist sortenweise nahezu ebenso mannigfaltig wie der Geruch.

Ich bin fest überzeugt, dafs beim direkten Prüfen des Hopfensekretes sich im kalireichen Speichel in den 50—100 Sekunden nur das harzfreie, feine Bitter löst und dafs man da das wahre, echte, feine, edle Bitter wirklich zu erkennen vermag, ungleich besser wie bei der ohnehin so verspäteten Prüfung aus dem Gär- und Lager-Fafs. Ich bin wohl berechtigt, das zu sagen, wenn ich an das edle, feine Bitter vieler (nicht aller) Saazer Hopfen denke, wenn man die Prüfung nach der Lösung im Speichel des Mundes vornimmt, und an das grobe, derbe, wahrhaft rohe, plumpe, harzige Bitter der Saazer Hopfen in Bieren von 7—10 wöchentlichem Alter; da möchte man wirklich glauben, dafs solche Brauereien nur ordinärste Hopfen verwenden und nicht Saazer. Sind solche Biere aber 3—4 Monate alt, dann kommt das hochfeine Bitter in denselben Bieren wieder voll zur Geltung, welche zwei Monate vorher wegen ihres ordinären Bitters dem Kundigen fast ungeniefsbar waren. Es ist nun wieder das feine Bitter da, wie es sich vorher im Speichel des Mundes gelöst hatte. Dafs in derselben Hopfensorte milde, feine, edle und grobe, herbe, rohe Bitterstoffe vorhanden sind, geht ja auch daraus hervor, dafs beim ersten Kochen das feinste Bitter kommt, beim Wiederkochen gröberes und beim dritten Kochen noch gröberes; kocht man den Hopfen auf einmal aber lange, so treten die feinsten, mittleren und gröbsten Bitterstoffe in Lösung.

Damit ist gesagt, was das ohnehin verspätete Prüfen des Bitters in nicht oder nur halb reifen Bieren für einen Wert besitzt, und welchen Wert für den praktischen Brauereibetrieb der von mir empfohlene, zudem augenblicklich Auskunft gebende Weg.

Die Hopfengabe richtet sich nach Biergattung (Würzegehalt), Geschmacksrichtung der Konsumenten und der Qualität des Hopfens; es müssen aber auch die Herkunft des Hopfens, seine Trockenheit, Reinheit, Alter etc. in Betracht genommen werden, der Grad der Energie des Bitters und Aromas, die Dauer des Kochens. Das Malz ist aber auch wichtig, daher bei verschiedenen Malzen und derselben Hopenqualität grofse Unterschiede in dem Bitter des Bieres. Wenn Gerste schlecht keimt und ein wenig süfses, aromaloses Malz liefert, tritt das Hopfenbitter mehr hervor.

Um sich über die Methode der Hopfengabe, wie sie bisher üblich war und noch üblich ist, ein zutreffendes Bild zu machen, genügt es, nachstehende Notizen hier einzuschalten:

Thausing macht in seinem bekannten Werke »Die Theorie und Praxis der Malzbereitung und der Bierfabrikation« hierzu folgende Angaben: Um bei der Feststellung der Hopfengabe das Richtige zu treffen, mufs man schon das Bier im Gärbottich und das Bier im Lagerkeller fleifsig und fortgesetzt prüfen, um rechtzeitig korrigieren zu können [131]). Dabei beachte man, dafs mit zunehmendem Alter des Bieres der Hopfengeschmack sich gleichsam sehr »abrundet«, daher ein Lagerbier, solange es jung ist, zu bitter schmecken kann und es beim Ausstofs doch nicht ist [132]). Will man das lagernde Bier kosten, so bringe man es vorher in einer geschlossenen Flasche auf die Trinktemperatur (5—6° R.); sowohl sehr kaltes als auch zu warmes Bier, noch dazu aus dem offenen Lagerfafs entnommen, also arm an Kohlensäure, schmeckt stets stark bitter. Folgende Hopfengaben für verschiedene Biere mögen als Anhaltspunkt dienen: Die Hopfenmenge wird entweder per Hektoliter Würze ausgedrückt, wobei man die Saccharometeranzeige derselben angeben mufs, oder per q Malz. Letzteres ist deshalb zur Anstellung von Vergleichen weniger zu gebrauchen, weil die für 1 hl Bier nötige Malzmenge nach der Güte des Malzes variiert. In Ländern mit Malzsteuern ist es gebräuchlich, die Hopfengabe nach der Malzmenge auszudrücken, in Österreich per 1 hl Bier von bestimmter Stärke. In Bayern rechnet man nach Lintner für Schenkbier 1 ½—2 Pfd., für Lagerbier 2—3 Pfd. Hopfen per 100 Pfd. Malz [133]). Speziell in Weihenstephan auf 50 kg Malz 620 g Hopfen für Winterbiere und 750 bis 990 g für Sommerbiere. Nach Heifs werden per 1 hl Malz (103 Zollpfund = 51,5 kg) für kurzlagerndes Schenkbier 0,8—1 Pfd., für Lagerbier 1,25—2 ½ Pfd. Hopfen gerechnet; in Münchner Brauereien per 1 hl Malz 1,25—1,35 Pfd. Hopfen oder 1,21—1,31 kg Hopfen per 100 kg Malz. Auf Bier umgerechnet entfallen per 1 hl Würze im Gärbottich und einer Saccharometeranzeige von 12,5—14,5 % S.-A. 0,22—0,32 kg. Für Wiener Bier beträgt die Hopfengabe per 1 hl Würze im Gärbottich bei

10,5 %	Saccharometeranzeige	0,20—0,26 kg
11,5 »	»	0,25—0,30 »
12,5 »	»	0,30—0,36 »
13,5 »	»	0,32—0,40 »
14,5 »	»	0,38—0,42 »
15,5 »	»	0,40—0,50 »

Das 10grädige Bier, das Wiener »Abzugsbier«, gelangt nach 4—5 Wochen Lagerzeit zum Ausstofs; das 13grädige, das gewöhnliche Lagerbier, erlangt eine Lagerzeit von 3, 4, 8 bis 10 Monaten und darüber; 14- und 15grädige Biere sind Exportbiere, das 16grädige ist Bockbier, ein dem Kulmbacher ähnliches Bier. Für lichtes böhmisches Bier beträgt die Hopfengabe per 1 hl Würze im Gärbottich gemessen bei

10,5 %	Saccharometeranzeige	0,30—0,40 kg
11,5 »	»	0,35—0,43 »
12,5 »	»	0,42—0,50 »
13,5 »	»	0,45—0,55 »

Dagegen nach Prof. Schwackhöfer:

Wiener Bier	Abzug	10,5° = 0,20—0,25 kg
	Lager	13,5° = 0,35—0,40 »
	Export	14,5° = 0,40—0,45 »
	Bock	15,5° = 0,45—0,55 »
Böhmisches Bier	Abzug	10,5° = 0,35—0,40 »
	Lager	12,5° = 0,45—0,60 »

In welchem Mafsstab die Lagerdauer grofse Hopfenmengen, noch dazu von minderwertigen Sorten mit sehr derbem Bitter, verarbeiten hilft, das zeigen die sehr schweren englischen

Biere: Porter, Ale und Pale-Ale (s. oben S. 385 u. ff.); ihr Würzegehalt steht zum Münchner Lagerbier wie 6:5 oder 4,5, bei Pale-Ale wie: 1,6 oder 1,7, kaum wie 2:1. Aber der Hopfengehalt in diesen Bieren ist der 3—4fache, im Pale-Ale der 8fache jenes im Münchner Lagerbier. Dazu verwenden die Engländer zu diesen Bieren vielfach sehr derbe Hopfen, wie namentlich nordfranzösische; im Jahre 1867, wo die Hopfeneinfuhr in England sehr bedeutend war, kamen vom 1. September bis Ende Dezember (in vier Monaten) 104000 Ballen Hopfen à 2½ Ztr. vom Ausland nach London, darunter 33597 aus Frankreich. Ein solches Bier müfste geradezu ungeniefsbar sein, wenn nicht die vielmonatliche Lagerdauer so und so viel von dem rohen Bitter abspalten und abscheiden würde. Soviel ich davon gesehen, trinken sich diese englischen Biersorten sehr mild.

Zu den im Jahre 1877 in den Kronländern der österr.-ungar. Monarchie gebrauten 11538453 hl Bier wurden nach dem »Gambrinus« 2762812 Meter-Ztr. (5525624 Ztr.) Gerste und 17923 Meter-Ztr. (35846 Ztr.) Hopfen verwendet. Die Gradhaltigkeit der Biere stellte sich in diesem Jahre wie folgt:

Niederösterreich	12,65	Ungarn und Siebenbürgen	12,00
Oberösterreich	11,20	Steiermark	13,6
Salzburg	11,30	Kärnten	11,5
Böhmen	10,10	Krain	12,9
Mähren	10,60	Tirol und Vorarlberg	11,5
Schlesien	10,90	Kroatien und Slavonien	11,36
Galizien	11,20	Militärgrenze	15,7
Bukowina	11,90	Triest und Umgebung	13,0

Braumeister P. A. Horn sagt in der Allg. Zeitschr. f. Bierbr. und Malzfabr.[134]), dafs man in manchen Gegenden Österreichs, z. B. in Wien, bei zehngrädigen Bieren per Hektoliter mit 0,2 kg Hopfen ausreiche, während im selben Falle in Böhmen 0,3 kg und mehr verwendet werden müssen. Wo man sehr kurze Zeit, oft nur ¼ Stunde, den Hopfen mit der Würze kochen läfst, braucht man natürlich viel mehr, oft bis zur Verschwendung. In den Brauereien, welche nach Pilsener Art brauen, findet oft ein ganz enormer Hopfenverbrauch statt.

Nach J. E. Thausing[135]) sind für die Hopfengabe mafsgebend: die Beschaffenheit des Hopfens, die Stärke der Würze und die Lagerdauer. Mit der Stärke der Hopfengabe wächst die Widerstandsfähigkeit des Bieres. Alter, schlecht aufbewahrter Hopfen kann auch bei verstärkten Gaben frischen Hopfen nicht ersetzen. Die Engländer suchen durch direkte Hopfengabe zum fertigen Bier (Hopfenstopfen) das Indish-Ale dauerhaft zu machen. Durch den Alkoholgehalt des Bieres werden Teile des Hopfenöls, Hopfenharzes und der Hopfenbittersäure in Lösung gebracht, das Bier schmeckt hervorragend aromatisch und zeichnet sich durch seine Haltbarkeit aus, was aber auch schon durch den bedeutenden Alkoholgehalt begünstigt wird. Bei modernen Bieren aus Würzen von 10—15% S.-A. dürfte das per 1 hl zuzusetzende Hopfenquantum selten unter 0,3 kg und nur ausnahmsweise über 0,7 kg betragen. Abgesehen vom Kostenpunkt für den Brauer scheint sehr stark gehopftes Bier auch der Gesundheit nicht zuträglich zu sein. Das Nährende im Bier sind die aus dem Malze stammenden Extraktbestandteile; der Alkohol ist in gröfserer Menge dem Organismus nachteilig, und die narkotische Wirkung des Hopfens ist unzweifelhaft der Gesundheit nicht zuträglich.

Vom sanitären Standpunkte aus verdient jenes Bier den Vorzug, welches gröfsere Mengen Malzextrakt, weniger Alkohol und geringere Mengen von Hopfenbestandteilen enthält[136]). Der Gehalt an Alkohol steht aber in Korrelation mit den gelösten Hopfenbestandteilen und mit der Menge des vergorenen Zuckers, dessen Menge wieder von Malzbereitung und Maischverfahren abhängig ist. Bei gleichem ursprünglichen Extraktgehalt würden also die sogenannten vollmundigen (Münchner) Biere den Vorzug vor den weinigen (Pilsener) Bieren besitzen.

J. Berant, Sekretär des statist. Bureaus für das Königreich Böhmen, hat eine Statistik der Bierproduktion im Königreiche 1873 (Prag 1875, J. G. Calvesche Buchhandlung) herausgegeben, der wir folgende Tabelle[137]) entnehmen:

Kreis	Zahl der Brauereien	Verbrauch an		Jährl. durchschnittl. Bierkonsum per Kopf in Eimern	Entfällt an Biersteuer per Kopf in Gulden
		Gerste in Metzen	Hopfen in Ztr. (wohl Wiener à 56 kg)		
Budweis	50	238 080	2050	1,77	1,73
Bunzlau	51	258 330	2370	1,28	1,30
Chrudim	38	118 290	1195	0,99	1,02
Czaslau	66	186 090	1460	1,23	1,25
Eger	102	280 490	2330	1,79	1,77
Jicin	41	16 883	1050	0,99	1,02
Königgrätz	44	195 800	1800	1,15	1,17
Leitmeritz	64	337 750	3090	2,27	2,39
Pilsen	91	795 660	4940	2,17	3,69
Pisek	74	205 690	1900	1,38	1,35
Prag (mit der Hauptstadt)	169	615 450	5040	3,02	2,58
Saaz	59	416 100	2990	2,94	3,07
Tabor	90	206 300	1490	0,94	0,95

Nach der Allg. H.-Ztg. 1870, S. 150 wurden in der Aktienbrauerei zum Felsenkeller in Dresden 1868/69 aus 24898 Ztr. Malz nebst 349 $^1/_2$ Ztr. Hopfen 75090 Eimer Bier gemacht.

Nach andern für dunkle Biere nach Münchner Art $^3/_4$—1 $^1/_2$ Pfd. Hopfen per 1 Ztr. Malz (2,22 hl Würze); 3 Pfd. kamen nur selten vor. Wo es sich um malzaromatische, dunklere Biere handelt, geht man heute selbst bis $^1/_3$ Pfd. Hopfen für 1 hl Bier; das ist nur möglich geworden durch den grofsen Überschufs an Bitterstoff und Harzen, welchen viele, namentlich mitteleuropäische Hopfen haben. Bei hopfenaromatischen (hellen) Bieren ist das natürlich ganz anders.

Nach Habich kommt auf

1 l	Münchner	Winterbier	2,3	g Hopfen
1 »	»	Sommer- oder Lager-Bier	3,2—4,9	» »
1 »	»	Porter (London)	ca. 12	» »
1 »	»	Ale (Edinburg)	» 12	» »
1 »	»	Pale-Ale (London)	» 32	» »

Die ungewöhnlichen Hopfenmengen, welche die englische Brauerei verwendet, hängen nicht blofs mit ihrem hohen Würzeextraktgehalt, sondern auch damit zusammen, dafs diese Biere alle obergärig sind und sich ohne diese Hopfenmengen gar nicht halten würden, namentlich nicht beim Export in die Tropenländer.

Nach Thausing erhalten schwere Porter und Ales 1—1,3 kg Hopfen per 1 hl Bier, Indish-Ale bis 3 kg per 1 hl Bier, davon etwas ins Transportfafs.

17 $^1/_2$ proz. Porterbiere erhielten Mitte der 1880er Jahre per Barrel (1,63 hl) 2 Pfd. Hopfen, Exportsorten 2 $^1/_2$ Pfd.

In San Francisko (Kalifornien) nahm man um 1876 durchschnittlich 1 $^1/_4$ Pfd. Hopfen auf 85 Pfd. Malz für 30 Gallons Würze [138]).

Heute in München:

Dunkles	Schenkbier	per Hektoliter Malz	(2,20—2,40 hl Bier)	0,5	Pfd.
»	Lagerbier	» » »	(2,20 » »)	0,75	»
Helles	»	» » »	(2,20 » »)	1,25	»

W. Lawrence sagte in einem am 28. Oktober 1886 in London bei einem Braukongresse gehaltenen Vortrage[139]), dafs die sehr schweren, leicht berauschenden englischen Biere, das alte englische Ale, von welchem es ebenso wie vom Porter mehrere Sorten gibt, und von welchem schon ein Schoppen genügt, um bei manchen Menschen die Sinne gefangen zu nehmen, in England immer weniger beliebt werden; man wende sich immer mehr den leichteren Lagerbieren zu, welche auch für England die Biere der Zukunft seien. Es genüge nicht mehr, dafs seit 40 Jahren das schwere Ale von dem leichteren, hellfarbigen Bier mehr und mehr verdrängt worden sei. Auch dies behage dem Geschmacke des grofsen Publikums nicht mehr so wie das deutsche (bayerische) Lagerbier.

Es werden in England verwendet[140]):

1. Für 163 hl Export-Ale 176 Ztr. bestes, blafsgelbes Malz und 480 Pfd. (217,5 kg) bester Kenter Hopfen.
2. Für 424 hl gewöhnliches Ale (inländisches Tafelbier) blasses Malz 204 hl
   bernsteingelbes » 29 »
   amerikanischer Hopfen 524 Pfd. (238 kg).
3. Für Porter, starkes Porterbier (Brown stout) 90 hl
   und für Tafelbier . . . . 70 »
   Braunes Malz . . 24 Quarter }
   Bernsteingelbes Malz 8 » } 40 Quarter = 106 hl
   Blafsgelbes Malz . 8 » }
   Amerikanischer Hopfen 2 Ztr. (101,6 kg).

Diese Zahlenwerte wechseln natürlich in den verschiedenen Brauereien, namentlich in Bezug auf das Malz; zuweilen sind Teile des Malzes ganz schwarz. Der eigentümliche, aromatisch-bittere Geschmack des in England so sehr beliebten Bitter-Ales wird hauptsächlich durch den grofsen Gehalt an Hopfenextraktion bedingt, welche unmittelbar aus dem Hopfen ins Bier übergehen. Für die Mehrzahl jener, welche an den Geschmack der Biere gewöhnt sind, wie man sie auf dem Kontinent braut, hat das Bitter-Ale wenig Anziehendes; viele finden sogar, dafs es einen ausgesprochenen Arzneigeschmack besitze.

Die feinen englischen Biere haben einen stark aromatischen Geruch und Geschmack. Offenbar hängt das auch damit zusammen, dafs man (nur bei feinen Export-Ales) fein zerriebenen Hopfen in das Lagerfafs stopft, und zwar nicht in geringer Menge, je nach der Feinheit des Bieres $^1/_6$—$^2/_3$ Pfd. per Barrel (163 l). Die englischen Brauer nehmen dazu nur sehr feine Hopfen und legen auf diese Manipulationen grofses Gewicht.

In der gröfsten Bierfabrik der Welt, in der Brauerei von Bafs & Co. in Burton on Trent, deren Pale-Ale in der ganzen Welt bekannt ist, wird zunächst der Maischbottich mit heifsem Wasser angewärmt, dieses aber wieder abgelassen.

Das Maischen mit einem Vormaischapparat wird mit so wenig Wasser vorgenommen, dafs man eine dickbreiige Maische von ca. 60° erhält. Diese Maische wird aus 60 Bushels (à 36,34 l) Malz und 60 Barrels (je 163 l) Wasser bereitet. Es wird 2 Stunden gemaischt, worauf man die erste Würze zieht, welche sogleich in die Pfanne gelangt und die ganze Hopfenmenge erhält.

Die Treber werden mittels des Anschwänzapparates mit 6 Barrel Wasser von ca. 75° übergossen und so die erste Nachgufswürze erhalten; darauf folgen noch vier weitere Nachgüsse mit je 4 Barrel Wasser von hoher Temperatur. Das Kochen der ersten Würze samt der Hälfte des ersten Nachgusses geschieht in einem Kessel unter Anwendung frischen Hopfens in der Menge von 16 Ztr.; das Kochen dauert zwei Stunden, und diese Würze liefert die feinsten Export-Ales. Die später folgenden Würzen geringwertiger Ales werden bis zu drei Stunden gekocht, immer unter der Anwendung von Hopfen, welcher schon mit der feineren Würze gekocht ist, dem man aber noch 40—50 Pfd. frischen Hopfens zufügt. Die Stärke der Alewürzen liegt zwischen 35 und 17 %; jene für Stout bestimmte haben beiläufig 23 %, die Porterwürzen 19 %.

Die englischen Biere sind durch ihren hohen Extrakt, Alkohol- und Hopfenextraktiv-Gehalt, sehr haltbar. Nach der Allg. Br. u. H. Ztg. 1899 I, 107 wird der Porter aus 15—20%igen, das Ale aus 20—30%igen Würzen bereitet. Das Ale ist mehr weinartig, Porter ein starkes, nahrhaftes Bier. Man nimmt 16—20 Pfd. Hopfen auf das Malter Malz; von Malz und Hopfen werden die besten Sorten ausgewählt. Das englische Bier mit hohem Alkohol- und Hopfenextraktiv-Gehalt ist mehr Genußmittel, das deutsche Bier von ganz anderer Art, mit wenig Alkohol- und Würzeextraktiv-Gehalt, ist mehr Nahrungsmittel. In Deutschland trinkt man Bier aus Literkrügen, in England aus kleinen Gläsern. Der Engländer sucht im Bier den Alkohol und die narkotischen Bestandteile. Die Nordeuropäer mit ihrem kalten Klima trinken gern die englischen schweren, stark gehopften Biere, die Mittel- und Süd-Europäer mit ihrem milderen Klima lieben die kohlensäurereicheren, hopfenärmeren deutschen Biere.

Nach Isidor Redlich sind die in den Londoner Brauereien verwendeten Hopfensorten: Kenter, Sussexer, Bayerischer, Belgischer, Österreichischer, Elsasser, Lothringer und Amerikanischer. Für Ales werden andere Hopfen von feinerem Aroma genommen, für Porter und Stout stärkere Sorten von faulem Geruch, was dem Charakter dieser verschiedenen Biersorten entspricht. Für Porter und Stout werden meist auch sehr alte Hopfen verbraucht, weil diese weniger ein feines Hopfenbouquet als die richtige Bitterkeit nötig haben, und je billiger man diese erlangen kann, desto besser. Aber alter Hopfen allein genügt auch nicht, weil das Bier dadurch kein Hopfenbouquet bekommen würde.

Das zugesetzte Hopfenquantum beträgt 1,75—2,03 Pfd. per gebrautes Barrel Ale und 1,59—2,67 Pfd. per gebrautes Barrel Porter oder Stout. Dieses letztere durchschnittliche Hopfenquantum bezieht sich auf Sude, von denen die kleinere Hälfte des ersten Würzekessels zu Stout, der Rest des ersten und der ganze zweite Würzekessel gemischt zu Porter verwendet werden. Da der ganze Hopfenersatz in den ersten Kessel und bloß der ausgekochte in den zweiten Kessel gegeben wird, so ist hieraus das Verteilungsverhältnis desselben auf jede dieser beiden Biersorten ersichtlich. Auf den Porter entfallen unter oder sehr wenig über 2 Pfd., auf den Stout 4, ja unter Umständen selbst 5 Pfd. per gebrautes Barrel. Dieses Verhältnis besteht auch, wenn beide Biersorten getrennt gebraut werden. Die Schwere der Würzen dieser Biersorten: Ale 23 Pfd., Pale-Ale 20 Pfd., Stout 28 Pfd., Porter 21 Pfd. Zuweilen wird auch Ale mit 30 Pfd. Long und darüber erzeugt und demensprechend der Hopfenzusatz bemessen.

Der Hopfen wird gewöhnlich in zwei Portionen in den Kessel gegeben, die erste 1 bis 2 Stunden ehevor die Würze zu kochen beginnt, und die zweite, nachdem die Würze 50 bis 72 Minuten gekocht hat. Der neue Hopfen braucht nicht so lange zu kochen als der alte.

Auf S. 266 (ebenda 1874) erwähnt Redlich die Atlas-Brewery von Hanny and Dickson in Stockpord-Rood. Es werden gegeben:

			Malz Pfd.	Hopfen Pfd.
Auf 50 Barrels	8 Cents die Gallone	(4 d.)	2 400	100
» » »	12 » » »	(6 »)	3 200	140
» » »	16 » » »	(8 »)	4 000	160
	Pale Ale oder Bitter-Ale	(10 »)	3 400	200

Ohne Zweifel hat es ein nicht geringes Interesse, zu wissen, wieviel Hopfen man früher bei uns in Bayern und Deutschland zu einem Gebräu genommen, aber es stehen uns da für (zum Vergleiche) die verschiedenen Maße und Gewichte im Wege.

Prof. Johann Heumann an der hohen Schule zu Altdorf bei Nürnberg sagt in seinem ganz vortrefflichen, 1759 zu Nürnberg erschienenen Buche über den Hopfen (S. 107 u. ff.), es sei in den Brauordnungen festgesetzt, wieviel Malz zu einem Gebräu oder einem Sud erforderlich sei. Das Maß des Hopfens aber lasse sich so eigentlich nicht bestimmen, denn es komme auch darauf an, wie alt oder neu der Hopfen sei, wie gut oder gering, ob das Bier lange liegen oder bald ausgetrunken werden solle, auch auf des Brauherrn Appetit, ob er das Bier gern bitterlich oder süß tränke. Ist der Hopfen gut, fett, klebricht und von starkem Geruche, so ist er auch not-

wendig voll Samens (damit sind die Sekretdrüsen gemeint) und thut dessen ein Teil so viel als von einem andern, der diese Qualität nicht hat, zwei oder drei Teile. Soll das Bier bald ausgetrunken werden, so braucht man den Hopfen auch nicht so viel als zu einem Lagerbier. Man muß vielmehr Weiden- und Hecken-Hopfen (also Wildhopfen) nehmen, dann Gartenhopfen, weil jener sehr schlechte Kraft hat. Den Augusthopfen hält man für den besten, es soll dieser auch geschwinder kochen, als der andere. Zu den Lagerbieren muß man einige Scheffel Hopfen mehr nehmen.[143]

Nach einer Brauordnung der Stadt Halle vom Jahre 1698 (Kap. 5, Art. 11) soll ein jeder Brauer zu einem Brauen zum wenigsten 50 Scheffel Gerste und 5—6, auch nach Belieben 7 Scheffel guten Hopfen nehmen. Der zuwider handelt, soll von jedem Scheffel, den er zu wenig genommen, 1 Thlr. Strafe bezahlen. Joh. Christ. v. Dreyhaupt (Beschreib. d. Saal-Creyses, II Tl., S. 537) bemerkt von den Brauereigewohnheiten zu Halle, daß zum braunen Bier 80 Scheffel Gerste und 8—9 Scheffel Hopfen genommen und daraus 20 Faß Bier gebraut werden; zum Lagerbier werden gleichfalls 80 Scheffel Gerste, aber 12 Scheffel Hopfen genommen und nur 16 Faß Bier daraus gemacht.

v. Rohr sagt im vollständigen Haushaltungsbuch (Kap. 3, p. 550 § 15): Weil auch bei denen Mürbe- und anderen Bieren bishero wegen Mangelung des Hopfens sowohl sich viel Bürger selbsten in großen Schaden geführet, als auch gemeiner Stadt merklichen Nachtheil, indem durch die geringen Biere die anderen tüchtigen in Unwerth geraten, das Bier bei Fremden in Verachtung gebracht, dadurch die Abfuhre gehindert und gestopfet, also die andern Mitbrauer denn in Verderben gestürzet werden, zugezogen; Als soll hinführo zu einem Mürbe-Bier nicht weniger denn 1½ Scheffel böhmischer, oder drey Scheffel Landhopfen zu 1 Kabel Bier, aber drittehalbe Scheffel Böhmisch oder sechs Scheffel Land-Hopfen und endlich zu einem Lagerbier zum wenigsten 3 Scheffel Böhmisch oder sechs Scheffel Land-Hopfen genommen, ein mehreres aber nicht verstattet werden, und soll allen Unterschleiff zu meiden, ein iedweder Bürger den Hopffen welchen er verbrauen will, wann er ihn gleich nicht an anderen Orten geholet, durch den geschworenen Messer mit der Stadt Hopfen-Scheffel messen lassen, wer hier wiederhandelt, soll dem Rathe mit 10 Thaler Straffe verfallen sein.

Auf S. 42 u. 43 (l. c.) sagt Heumann, daß auch in Kurland Bier mit Hopfen gebraut werde; eine Beschreibung des Verfahrens beim Brauen von Ordinairen Churischen Bieren sage: Der Hopfen werde, ehevor er zum Feuer gesetzt werde, erst gewogen, denn je nach seiner Güte würden 2 oder 1½ Pfd. auf jeden Loff Malz genommen; wenn es guter Braunschweiger Hopfen wäre, sogar nur ½ Pfd.[144] Dann werde das Wasser gleich auf den Hopfen gegossen, darauf werde das sogleich mit langem Stroh bedeckt, worauf man es mit steinbeschwerten Brettern bedecke, damit es nicht evaporiere; alsdann werde es so lange gekocht, bis es ganz trocken bleibe, dann habe der Hopfen genug gekocht. Die Probe, welche (l. c. S. 43) zu machen empfohlen wird, ist unverständlich.

Nach dem bayerischen Bierregulativ von 1814, resp. nach seinen letzten Umgestaltungen in den letzten Jahrzehnten, sollten aus 5 bayerischen Scheffeln trocknen Malzes 35 bayerische Eimer Winterbier und 30 Eimer Sommerbier zum Verleitgeben (nach Abzug des Nachbieres) gezogen werden, und zu 5 bayerischen Scheffeln Malz für Winterbier 15 bayerische Pfund Landhopfen und für das Sommerbier 25 bayerische Pfund Böhmerhopfen, im allgemeinen Durchschnitt, mit Rücksicht auf die Qualität und das Alter des genommenen Hopfens, dann auf die Lage und Beschaffenheit der verschiedenen Keller, berechnet werden. Hieraus ergibt sich, wenn man die alten Maße in die gegenwärtigen umrechnet (1 bayerischer Scheffel = 2,22 hl, 1 bayerischer Eimer = 68,418 l, 1 bayerisches Pfund = 560 g), daß im Jahre 1811 zu

1 hl Winterbier 0,46 Pfd. Hopfen,
1 » Sommerbier 0,88 »
im Mittel ca. 0,68 »

genommen wurde; wenn alle Zahlen richtig sind, war schon damals die Hopfenmenge nicht besonders groß, aber doch wohl fast um die Hälfte mehr wie heute, denn das bayerische Pfund war erheblich größer als das Zollpfund, der bayerische Zentner war gleich 112 Zollpfund. In Südbayern wurde übrigens damals viel mehr Hopfen gegeben, namentlich bei Lagerbier.

Die Ansicht ist vielfach vertreten, daſs man früher, aus Sorge für die Haltbarkeit des Bieres, viel zu viel Hopfen gegeben und dasselbe so zu bitter schmeckend gemacht habe; das Publikum sei jetzt mit den so bedeutend weniger gehopften und daher weit weniger bitteren, vielmehr milden Bieren weit zufriedener. Durch die lange Lagerung der Sommerbiere wurde aber der rohe, schroffe Teil des Bitters wieder entfernt, nur der milde Teil des Bitters verblieb dem Bier. In dieser erheblichen Herabsetzung der Dosis sei man nun allerdings durch die Kellerkühlung sehr unterstützt worden. Namentlich aber haben die Extraktionsapparate (s. unten) dazu auch viel beigetragen, weil man bei ihrer Anwendung sah, daſs die Biere immer noch zu roh-bitter wurden, und daher noch weiter herabging, bis zu 30% gegen früher.

Wenn nun aber mit den Extraktionsapparaten dieselben Biere beim selben Hopfenquantum bitterer schmecken als früher, so bleibt doch auch noch festzustellen, ob bei der Reduktion der Hopfengabe nunmehr die andern, nicht minder wichtigen Wirkungen der Hopfenbestandteile noch von derselben, hinreichenden Art sind wie früher, was doch mindestens zweifelhaft ist (s. weiter unten den Abschnitt über die Extraktionsapparate).

In Norddeutschland war früher vielfach 1 Pfd. Hopfen per 1 Ztr. Malz üblich, jetzt $^1/_4$—$^1/_2$ Pfd. weniger; für helles Bier nimmt man auch jetzt vielfach 0,8 Pfd. Hopfen per 1 Ztr. Malz. Es scheint das doch auch seine Grenze zu haben, denn Reinke erwähnt einen Fall (in Elberfeld), wo ihm ein schwach vergorenes Bier mit 18% Stammwürze vorgesetzt worden sei mit der Frage, wieviel Hopfen darin sei? Er meinte: gar keiner oder $^1/_2$ Pfd. per 1 Ztr. Malz; man sagte ihm aber, daſs bei diesem sehr mild schmeckenden Bier $1^1/_4$ Pfd. Hopfen genommen worden sei.

Herr Ahrens[145]) war früher in einer Brauerei, in der die Kellerwärme auf 4—6° R. stieg. Da habe er $1^3/_4$ Pfd. Hopfen auf den Zentner Malz genommen. Dann kam ein Keller mit Eiskühlung, in welchem auch im Sommer die Temperatur wenig über $1^1/_2$° R. stieg. Man riet ihm, in dem kalten Keller vorsichtig zu sein, und so habe er nun $1^1/_4$ Pfd., also $^1/_2$ Pfd. weniger, gegeben. Obgleich nun im letzteren Falle Gärung und Hopfensorte die nämlichen waren, schmeckten die Biere doch bedeutend bitterer als jene aus dem warmen Keller (mit mehr Hopfen); er habe dann noch weniger Hopfen gegeben, und das Hopfenaroma habe sich in diesen Bieren doch besser gehalten wie in jenen vom warmen Keller, welche man nie über 4 Wochen liegen lassen konnte.

Herr Gregory (Berlin) sagt, es sei kein Geheimnis, daſs die besseren der neu eingerichteten (norddeutschen) Brauereien heute schon so weit mit dem Hopfenquantum heruntergegangen seien, daſs noch vor 15 Jahren der Erfinder eines Apparates, welcher dieses geleistet hätte, gekrönt worden wäre. Man könne aber nicht behaupten, daſs man bereits bei dem überhaupt möglichen Minimalquantum angekommen sei. Wir arbeiten heute alle so, daſs wir den Satz von 1 Pfd. Hopfen per 1 Ztr. Malz nicht oder höchstens um eine Kleinigkeit überschreiten.

Früher, als er noch in Mainz in der Lehre war, wurden für die Lagerbiere 2 Pfd. Hopfen per Zentner genommen. Damals waren die Brauer sehr ängstlich und meinten, der Hopfen müsse das Bier erhalten. Wir nahmen damals $1^1/_4$ Pfd. Hopfen für das gewöhnliche Schenkbier, welches innerhalb 4 Wochen verkauft wurde. Für die 1. Abteilung der Lagerbiere wurden $1^1/_2$ Pfd. Hopfen per Zentner Malz genommen, für die 2. Abteilung $1^3/_4$ Pfd. und für die 3. Abteilung 2 Pfd. Heute wird es in Mainz keinem Menschen mehr einfallen, 2 Pfd. Hopfen zu nehmen. Wissenschaft und Praxis haben uns, veranlaſst durch die teuren Hopfenjahre, dahin gebracht, immer mehr an Hopfen zu sparen, und ob wir damit schon auf dem letzten Punkte angekommen sind, das kann niemand sagen.

Herr Brasse bemerkt, daſs unsere heutigen technischen Einrichtungen ganz entschieden dazu angethan seien, eine Hopfenersparnis zu ermöglichen, und jeder Fachmann, der mit der Zeit gehe, habe sie auch schon gemacht. Früher, wo die Lagerkeller bei natürlicher Eiskühlung mit Roheis nicht unter 3—4° R. heruntergingen, war bei Bieren, die 3—4 Monate lagerten, eine grofse Hopfengabe nötig. Jetzt stehe sein Keller immer nur wenig über 0°, höchstens auf $^1/_4$°; da gebe er nicht mehr als 1 Pfd. Hopfen per 1 Ztr. Malz, während er in seinen Anfangsjahren 2 Pfd. geben mufste. In erster Linie seien den guten modernen Einrichtungen, namentlich aber den Eismaschinen, diese Hopfenersparnisse zu danken. Wir haben aber gesehen, dafs die Eismaschinen und was damit zusammenhängt, auch ein wenig nach Pilsen führten. Wie kann das auch anders sein?! Was soll denn eigentlich das Lagern im Lagerkeller, wenn die Temperatur ständig auf dem Gefrierpunkt steht? Wenn sich im Lagerkeller im Bier noch — unentbehrliche — Prozesse vollziehen sollen, dann ist ein solcher Tiefstand der Temperatur, der alles Leben, auch das der Hefepilze, und alle chemischen Vorgänge ausschliefst, widersinnig. Das Bier, welches nach kurzem Aufenthalte aus solchen Kellern zum Vorschein kommt, ist aber auch so nervenschwach im Geschmack, dafs es keine Konkurrenz aushalten kann.

Herr Dr. Struve[146]) berechnet für den Zeitraum von 1881—1889 das per Hektoliter Bier verfügbare Quantum Hopfen zu 0,35 kg (0,70 Pfd.), per 1889—1895 auf 0,32 kg (0,64 Pfd.).

In der Wochenschr. f. Br. 1896, S. 1201 berichtet Herr Albin Jäger über herben, bitteren Geschmack des Bieres. Bei seinem Vorgänger waren von den Wirten stets Klagen eingelaufen über zu süfses und sich leicht trübendes Bier. Sein Vorgänger hatte bei Lagerbier per Zentner Malz 1 $^2/_3$ Pfd. Hopfen gegeben; er reduzierte sofort auf 1 $^1/_2$ Pfd. Er fand bei genauer Prüfung ganz falsch zeigende Thermometer, das Maischthermometer zeigte rund um 6° zu tief an; die Folge war Milchsäurebildung im Anfang und Kleistertrübung am Ende. Als hier alles geändert war, gingen die Gärungen ganz anders vor sich. Es gab nun keine Klagen mehr, aber nach 4 Wochen kam ein Sturm von Klagen über zu bitteres Bier. Er gab sofort nur 1 $^1/_4$ Pfd. Hopfen und setzte das Hopfenkochen, welches bisher vom Vollsein der Pfanne ab 2 Stunden betrug, auf 1 $^1/_2$ Stunden herab. Nun verstummten die Klagen wieder, und die Thatsache, dafs früher die Biere bei höherer Hopfengabe zu süfs, später bei minderer Hopfengabe aber zu bitter waren, hing sicher mit dem Umstande zusammen, dafs die Kleistertrübung im Bier, welche früher so stark vorhanden war, den Bittergeschmack des Hopfens verdeckte. Als die Biere blank waren, kam das Hopfenbitter voll zur Wirkung und zwar im Überschufs; durch Reduktion der Hopfengabe und der Hopfenkochdauer wurde auch hier wieder der erwünschte Bittergeschmack des Bieres erreicht.

Ein roher, muffiger Geschmack im Bier, von den Praktikern »Kellergeschmack« genannt, rührt nach Dr. Windisch[147]) häufig von schlechter, verdorbener Luft im Keller, zuweilen aber auch von altem, verdorbenem, schimmeligem Hopfen her.

In einer Abhandlung »Hopfengabe und Hopfenkochen«[148]) sagt ein Brauer Hasch, dafs selbstverständlich die Frage der Hopfengabe hochwichtig sei; er habe in letzterer Zeit wiederholt Äufserungen des konsumierenden Publikums gehört, dafs das Bier gar nicht mehr so angenehm würzig wie in früheren Jahren schmecke, und woran denn das liege? — Seit die Münchner Biere so allgemein beliebt wurden, habe man die Hopfengabe immer mehr verringert, so dafs das Bier von Hopfengeschmack und Aroma keine Spur mehr besafs und immer süfslicher wurde; es sei vorauszusehen gewesen, dafs dieser Geschmack nicht dauernd bleiben werde. Namentlich wenn die Gärung nicht sehr sorgfältig geführt wurde, hätten die Biere neben dem süfsen Malzgeschmack einen fremden, faden Trunk bekommen, der durch die äufserst beschränkte Hopfengabe nicht verdeckt wurde. Wenn man dem Geschmack des Publikums nicht Rechnung trage, blieben die Gläser in den Schanklokalen halb geleert stehen, und der Absatz nehme ab. Man müsse also wieder ein Bier mit angenehmem Hopfengeschmack herstellen, mehr Hopfen geben und in der rechten Weise kochen. Es ist ordentlich wohlthuend, gegenüber den vielfach lediglich die wahre gegenwärtige Sachlage beschönigenden Ausführungen praktischer Brauer ab und zu auch einmal den Thatsachen gerecht werdende Worte aus Praktiker-Mund zu vernehmen!

Bei Bieren nach Münchner Art sei 1 Pfd. Hopfen per 1 Ztr. Malz zu wenig; selbst bei dunklen Bieren ginge das nur an, wenn aller Hopfen in die Pfanne gegeben werde und die ganze Kochdauer mitmache. Für blasse Biere solle man mindestens 1 $^1/_2$ Pfd. Hopfen per 1 Ztr. Malz geben, davon $^1/_3$ in den Hopfenkessel, wenn die Würze zur Hälfte darin ist, das zweite Drittel nach Beginn des Kochens, wenn der erste Nachgufs zuläuft, das letzte Drittel $^1/_2$ Stunde vor dem Ausschlagen. So erzielt man Biere mit sehr angenehmem Hopfengeschmack, namentlich wenn der letzte Zusatz aus feinem bayerischen oder böhmischen Hopfen besteht. Die beiden ersten Drittel des Hopfens dürfen weniger fein sein, weil das Aroma durch das längere Kochen doch fortgeht.

Bei Bieren, welche mehr als drei Monate alt werden sollen, empfiehlt es sich sogar, $1^3/_4$ bis nahezu 2 Pfd. Hopfen per 1 Ztr. Malz zu geben, namentlich wenn die ersten beiden Gaben aus minder gutem und kräftigem Hopfen bestehen. Da ein zu bitteres Bier ebenso wenig erwünscht ist als ein süfsliches, ist es schwer, das Rechte zu finden[149]). Bei der Verwendung guten bayerischen Hopfens halte er $1^3/_4$ Pfd. per Zentner Malz selbst für die ältesten Biere für vollkommen ausreichend.

Die Ansicht, dafs stark gehopfte Biere schlecht bekommen und Kopfschmerz verursachen, sei nicht richtig, wie man bei den stark gehopften Pilsener Bieren sehe; Hauptsache sei eine rein und gut geführte Gärung.

Ein Herr Leykum (S. 1272) meint, dafs im ganzen Rheinland und in Westfalen, wo man die bekanntlich sehr hellen Biere nach Dortmunder Art verlangt, stärker gehopfte Biere keinen Erfolg haben würden; man gebe dort per Zentner Malz $1^1/_2$ Pfd. Hopfen und habe noch ein gewisses Hopfenaroma, welches den Münchner Bieren gänzlich fehle; man gebe aber bei lichten Bieren nur ganz milde Hopfen, Saazer, Spalter, Kindiger und Umgebung; bei dunkleren, weniger gehopften Bieren könne man auch schwere, dunkelfarbigere Hopfen verwenden.

Bei schwach gehopften, dunklen, vollmundigen Bieren könne man ohne Schaden für den Geschmack den Hopfen längere Zeit mit der Würze kochen, weil dabei doch wenig Hopfenbestandteile in die Würze gelangen und deren Geschmack durch den hervortretenden Extrakt- und Röst-Geschmack verdeckt werde. Es sei deshalb auch in München überall gebräuchlich, die ganze Hopfenmenge von Anfang an mitzukochen.

Bei ganz hellen Bieren, wo der Hopfengeschmack mehr oder weniger hervortreten solle, sei es dagegen notwendig, einen Teil des Hopfens nur kurze Zeit mit der Würze zu kochen, auch wenn er ungenügend ausgenutzt werde. Lieber den Hopfen nur halb ausbeuten, als sich später vom Publikum sagen lassen, das Bier schmecke zu bitter; stark nach Hopfen darf es schon schmecken, aber es darf nicht wirklich bitter sein, derart, dafs sich der Geschmack stark auf die Zunge legt.

Je dunkler, extraktreicher und schwächer gehopft eine Würze ist (vollmundige bayerische Biere, Münchner, Nürnberger, Kulmbacher, Augsburger, Ansbacher), desto weniger wählerisch braucht man bei der Auswahl des Hopfens in Bezug auf Farbe und feines Aroma zu sein, desto länger kann man den Hopfen — bei einmaliger Gabe — mit der Würze kochen, wobei das Aroma doch verloren geht; gut müsse natürlich der Hopfen immer sein und per Hektoliter Malz gut 1 Pfd. Je blasser, gehaltschwächer und je stärker gehopft eine Würze ist (böhmische und Pilsener Biere), desto kürzer mufs die Zeitdauer des Hopfenkochens sein, selbst auf die Gefahr hin, den Hopfen halb wegwerfen zu müssen; es soll dem Hopfen nur das feinere Aroma und das würzhafte Bitter entzogen werden, weil diese Biere aromatisch bitter sein sollen. Wenn man zu lange kocht, bekommt das Bier einen viel zu bitteren, harten, kratzigen Geschmack, und das eigentliche Hopfenaroma geht verloren; auch mufs man beim letzteren Bier um so vorsichtiger bei der Wahl des Hopfens sein; leichte, milde Hopfen von gleichmäfsig gelbgrüner Farbe sind hier am Platze; lieber mehr Hopfen, aber milden[150]).

Bei den dunklen, nach bayerischer Art gebrauten Bieren spielt natürlich auch das Alter, die Lagerdauer, eine Rolle; für gewöhnlich (vorherrschend) kann man heute 8—10 Wochen annehmen. Die Pilsener Biere haben eine lange Lagerzeit, welche man in Deutschland vielfach dadurch zu umgehen sucht, dafs die bedeutend jüngeren Biere durch verschiedene Manipulationen beim Hopfen-Geben und -Kochen dennoch den Charakter dieser Biere erhalten sollen[151]). Man gibt den Hopfen in zwei Portionen, $^2/_3$ sofort zum Kochen, $^1/_3$ aber erst $^3/_4$—1 Stunde vor dem Ausschlagen; Kochzeit $2^1/_2$—3 Stunden. Werden auf 16 Ztr. Malz 24 Pfd. Hopfen mittlerer

Qualität drei Stunden gekocht, kann das Hopfenbitter leicht zu hart und scharf werden, was um so mehr hervortritt, je geringer der Prozentgehalt der Würze ist. Wird nur zwei Stunden gekocht, so ist der Geschmack des Bieres, soweit er vom Hopfen abhängt, ganz bedeutend anders, Je länger der Hopfen kocht, desto herber, härter wird der Geschmack, namentlich bei jüngeren Bieren.

Man kann also wohl durch eine Änderung der Kochzeit, hier durch eine längere, unter Beibehaltung des Hopfenquantums, dem Bier einen bitteren Geschmack geben, aber nicht jenen des feinen Pilsener Bieres.

Bei jungen Bieren empfiehlt sich eine dreimalige Hopfengabe: bei 16 Ztr. Malz und 24 Pfd. Hopfen 13 Pfd. Hopfen sofort, 7 Pfd. eine Stunde vor dem Ausschlagen, 4 Pfd. unmittelbar vor dem Ausschlagen oder in den Hopfenseiher; die letzte Gabe soll aus besonders feinem Hopfen bestehen, weil diese nur abgebrüht und dem Hopfen nur das Aroma entzogen wird.

Von nicht geringem Interesse ist es hier, aus Brauermund zu vernehmen, daſs man in Deutschland die lange Lagerdauer der Pilsener Biere durch Manipulationen beim Hopfengeben und Hopfenkochen zu umgehen sucht. Und dann wundert man sich, daſs die deutschen Konsumenten rebellisch werden und Opposition machen!

Nach andern Ansichten verdient — abgesehen von der Beschaffenheit des Hopfens überhaupt — bei der Hopfengabe der Bruch im Hopfenkessel und der Glanz des Bieres beim Ausschlagen Berücksichtigung. Diese geben nur den neuen, frischen Hopfen in drei Portionen, die letzte Portion $^1/_2$ oder $^3/_4$ Stunde vor dem Ausschlagen; schon vom Dezember ab wird der Hopfen in zwei Portionen zugesetzt.

Man kann offenbar Gutes und Schlechtes durch das Kochen aus dem Hopfen für das Bier herausholen, letzteres, wenn man zu lange kocht, ihn bis aufs Letzte ausbeutet. Selbst wenn man den Hopfenseiher ganz abtropfen läſst, bekommt man ein rauhes, herbes Bitter, welches den Geschmack des Bieres verdirbt; lieber etwas Bier einbüſsen. Am ärgsten ist es in kleinen Handbrauereien, wo oft der Hopfen mit auf das Kühlschiff gepumpt wird und da mit der Würze vom Abend bis zum Morgen bleibt.

Manche wollen für Biere im Alter von 5—11 Monaten per 1 Ztr. Malz ca. $3^1/_2$ Pfd. Hopfen geben. Daſs früher in Bayern für Schenkbier $1^1/_2$—2 Pfd. und für Lagerbier 2—3 Pfd., für längere Lagerdauer selbst noch mehr gegeben wurde, ist sicher; damals hatte man schlechte Keller, heute wäre das zu viel, ein solches Bier wäre in den ersten Monaten wegen seines schroffen Bitters ungenieſsbar; nach 8—9—10—11 Monaten aber hat sich das Bitter abgeklärt, die groben Teile desselben sind niedergeschlagen, und nur der feine Kern ist noch in Lösung.

In Wochenschr. f. Br. 1891, S. 1395 berichtet ein Brauer: 1880—1881, wo er in einer Brauerei Badens in Stellung war, hätten sie auf 21 Ztr. Malzschüttung 72 Pfd. Hopfen gegeben; das sei ihm auch als zu viel vorgekommen; aber die Biere lagerten in Kellern, die $1^1/_2$ Stunden vom Geschäfte entfernt waren, und wurden 8—9 Monate alt. Er habe an diesen Bieren, welche nur für feinste Kundschaft aufbewahrt wurden, nie etwas von abnormer Bitterkeit, noch viel weniger von Ungenieſsbarkeit bemerkt. Dem Fachmann müsse aber klar sein, daſs solche Biere nicht schon mit drei Monaten Lagerzeit ausgestoſsen werden können, und daſs man ein Bier, welches auf drei Monate Lagerzeit eingesotten wurde, nicht 8—11 Monate liegen lassen dürfe. Je länger das Lagern dauere, desto mehr verminderten sich Bitterstoff und Aroma, desto mehr müsse man Hopfen in die Würze geben. Daſs dabei auch die konservierenden Kräfte des Hopfens abnehmen, ist gewiſs; steigt aber die Temperatur des Kellers hoch, dann kann die gröſste zulässige Hopfenmenge das Bier nicht vor dem Verderben schützen.

Auch heute werden noch Biere von langer Lagerdauer gebraut, namentlich da, wo man noch nicht mit Eismaschinen etc. ausgerüstet ist, aber gute Felsenkeller hat, die oft 1—2 Stunden vom Geschäfte entfernt sind; da muſs das Bier im Fasse hingefahren werden, was im Sommer nicht angängig ist; dort wird das älteste Bier immer im Februar und März eingebraut. Aber auch Brauereien mit besten Einrichtungen machen noch solche Biere. Da werden die meisten

Abteilungen, nachdem die Fässer gelegt sind, mit Eis vollgepackt. Wenn eine Abteilung bis auf je 3 l aufgefüllt war, wurden die Spünde gesteckt und die Abteilung öfter sogar zugemauert. Wurde es Zeit zum Spunden, wurde geöffnet, nachgesehen, 3—4 Wochen gespundet und während dessen immer wieder gut geschlossen.

Ich selbst kenne in einer gröfseren Stadt Südbayerns eine gräfliche Brauerei, in der zu Lagerbier immer grofse Mengen besten Saazer und Spalter Hopfens verwendet wurden. Dennoch konnte man zur Sommerkellerzeit, also im Juni, Juli, dieses Bier nicht trinken, wegen seines widerwärtigen, massenhaften Bitters; wenn aber der Oktober und November kam, da strömte alles den Schanklokalen dieser Brauerei zu, da wurde all das übrig gebliebene Lagerbier bis zur Neige getrunken. Das geschah aber nicht etwa, weil es überall jetzt junges, neues, schlechtes Bier gab. Vielmehr war um diese Zeit das Bitter immer so abgeklärt, so mild und angenehm, dafs das Trinken eine Freude war. Es war eben viel Hopfen von langsamer Arbeit darin, die Lagerkeller waren gut. So war es fast alle Jahre. Offenbar war inzwischen mit den Hefenzellen in dem im Lagerfafs befindlichen Bier auch noch viel Harzbitter niedergeschlagen worden.

In der Wochenschr. f. Br. 1891, S. 1396 werden sechs Brauereien aus der bayerischen Oberpfalz (von Neumarkt) angeführt, welche Biere für eine Lagerdauer von 9—11 Monaten erzeugen und 3—3 $^1/_2$ Pfd. Hopfen per 1 hl Malz verwenden; die Biere seien sehr gut, und die meisten kleineren und mittleren Brauereien arbeiteten so. Dort wird auch gesagt, dafs in der Spatenbrauerei in München sogenannte Tafelbiere mit einem Alter von zwei Jahren hergestellt würden. Dagegen solle man einmal ein Bier, welches für 8—10 Wochen bestimmt sei, sechs Monate liegen lassen und sehen, was daraus wird.

Im Brauerkalender wird per Hektoliter Malz mit 12proz. Würze $^3/_4$—1 kg Hopfen verlangt, im Lehrbuch von Leyser-Heifs für kurze Biere 0,8—1 Pfd., für Lagerbier, je nach Lagerzeit, 1,25—2,5 Pfd.

Es ist natürlich selbstverständlich, dafs es keine bestimmte Gröfse der Hopfengabe für alle Fälle geben kann. In erster Reihe entscheidend ist der Gehalt des Hopfens an Sekret, die Qualität und die gröfsere oder geringere Energie des Sekretes in Bezug auf das Bitter, die Art des Bieres, die Lagerzeit, die Temperatur des Kellers, auch dessen Luft und Feuchtigkeit sowie der Geschmack des Publikums. Genaue Kenntnis der Hopfenqualität spielt nicht nur für die Gröfse der Hopfengabe, sondern auch für die Hopfenkochzeit eine entscheidende Rolle. Bei Anwendung verschiedener Hopfensorten wird es auch für den bestunterrichteten Brauer schwer sein, einen in Stärke und Art des Bitters und im Bouquet gleichmäfsigen Geschmack des Bieres zu erhalten; das ist schon schwer, wenn nur eine Sorte für dasselbe Gebräu zur Verwendung gelangt, es wird noch schwieriger, wenn gleichzeitig zwei oder mehr Sorten zur Verwendung kommen sollen. Bei Bieren von langer Lagerdauer macht sich das weniger geltend, aber bei Bieren, welche nach 8—10 Wochen zum Verkauf gelangen sollen, ist noch zu bedenken, dafs die verschiedenen Sorten des verwendeten Hopfengemenges sicher sehr verschieden schnell oder langsam arbeiten, also in der Wirkungsweise schlecht zusammenstimmen. Auch ein blofses Mehr- oder Wenigergeben genügt nicht, es mufs auch die Kochzeit, Gärung und Lagerung berücksichtigt werden, wenn man dem Biere einen beliebigen, ausgeprägten Charakter und Geschmack geben will. Mit so einfachen Mitteln kann den Geschmacksschwankungen des Konsums nicht genügt werden.

Die Ansicht, dafs man durch eine beliebige Veränderung des Sudprozesses nichts Erspriefsliches erreichen könne, wird öfter geäufsert[152]); kocht man den Hopfen zu lange mit der Würze, so erhält man ein herbes, rauhes, aber kein aromatisch bitter schmeckendes Bier.

Ein Brauer K. F. F. gibt 620 g feinsten Spalter auf 1 Ztr. Malz bei dreimonatlicher Lagerzeit, und das Bier hat nur ein ganz mildes Bitter; der Hopfen wird in drei Portionen zugesetzt: die erste Hälfte beim Beginn des Kochens, das dritte Viertel eine Stunde und das letzte $^1/_2$ Stunde vor dem Ausschlagen.

In Kellern mit feuchter, minder reiner Luft und steigender Temperatur darf etwas mehr Hopfen verwendet werden.

Was mit ordinären Landhopfen geleistet werden kann, darüber berichtet ein praktischer Brauer aus der Gegend von Konstanz in Baden (von 1883). Die Brauerei hatte selbst Hopfengärten angelegt und baute jährlich ca. 50 Ztr. Hopfen; derselbe wurde meistens in der Brauerei mit verarbeitet und, soweit es der Fall war, verschnitten mit Bayerischem oder Saazer. Er stammte von guten Rebensorten, und einmal wollte man doch einen Probesud mit ihm allein machen. Aber die Enttäuschung war grofs, als eine Probe vom Lagerfafs genommen wurde: man erkannte, dafs dieses Bier allein gar nicht verkaufsfähig sei; es hatte nicht nur einen herben, bitteren Geschmack, sondern auch einen ausgeprägten Geruch und ebensolchen Geschmack nach schwarzen Johannisbeeren[153]). Man sieht also daraus die praktisch äufserst wichtige Thatsache, dafs das Aroma des Hopfens auch am Bouquet und Geschmack des Bieres hervorragend beteiligt ist. Ein zweiter gleichzeitiger Probesud mit verschnittenem Hopfen hatte erheblich bessere Resultate ergeben.

Ohne Zweifel mufs ein Brauer für die betreffende Gegend, für ihre klimatischen Verhältnisse, für den Geschmack der Biertrinker dieser Gegend, für die betreffende Kellerlage und Kellerbeschaffenheit, für gewisses Malz, Wasser etc. gewisse — auf oft langwierigen Erfahrungen begründete — Normen haben, wieviel Hopfen per Zentner oder Hektoliter Malz oder Hektoliter Bier zu geben ist, beim Schenkbier, Lagerbier, Exportbier, Märzenbier, Bockbier.

Aber das darf noch nicht genügen, es darf nur als Anhalt dienen. Im besonderen mufs dann nicht blofs die Sorte des Hopfens, sondern auch der Jahrgang in Betracht genommen werden. Es mufs doch ein anderes sein, wenn ein Hopfen aus derselben Gegend heuer um ein Drittel oder um die Hälfte oder gar ums Doppelte mehr Sekret hat als im vorangegangenen Jahre. Dabei spielt auch noch die Frage eine belangreiche Rolle, ob in demselben Jahre die Bitterwirkung des Sekretes sehr schwach, schwach, mittelstark, stark oder sogar sehr stark oder energisch ist; ferner ob der Hopfen gesund und frei von Parasiten ist, in welchem Reifestadium er geerntet, wie er getrocknet, gesackt und aufbewahrt wurde.

Was kann aus einem Bier werden, wenn alles gut gemacht ist, aber im verwendeten gleichen Hopfenquantum sich heuer fast die doppelte Menge an Sekret und noch dazu von ganz besonders energischer Bitterwirkung befindet! Die Sache kann natürlich auch umgekehrt liegen oder mannigfache Abstufungen im Gesagten zeigen.

Deshalb sollte ein Brauer sich zunächst in Bezug auf die im Hopfen enthaltene Sekretmenge bestens orientieren. Da gibt es nun sicher nichts Besseres als die weiter unten beschriebenen, von mir entwickelten Sekretbilder oder Reibflächen.

Auch über die im betreffenden Jahrgang gegebene Energie der Bitterwirkung sollte er sich zu orientieren suchen. Auch dafür geben meine späteren Schilderungen Anhaltspunkte. Eine Hauptsache bleibt aber darin die direkte Anleitung von sachkundiger Hand.

Erschwert wird die Sache noch dadurch, dafs nicht alle Jahre alle diese Typen der Sekretenergie nebeneinander vorkommen. In manchen Jahren ist alles energisch oder unenergisch oder mittel; es gibt aber auch Jahrgänge, wo selbst in einer engeren Region mehrlei Typen vorkommen.

Im teuren Hopfenjahr 1882/83, wo natürlich sehr viel von der Möglichkeit, Hopfen zu sparen, die Rede war, machte ein praktischer Brauer den Vorschlag, die Würze gut (3 Stunden) einzukochen und für kalte Keller (Eis) zu sorgen; man könne dann ohne Sorge per Sud einige Pfund Hopfen weniger nehmen. Er nimmt zu Schenkbieren bei 34 Ztr. Malz nur 30 Pfd. Hopfen, ohne dafs die Biere unangenehm süfs wären.

Im selben teuren Hopfenjahr macht ein Braumeister S. (im Böhm. Bierbr., repr. Allg. Br.- u. H.-Ztg. 1883, I, 79) beachtenswerte Mitteilungen über Hopfenersparnisse. Als die wichtigsten Mittel für Hopfenersparnis bezeichnet er die Zapfenzerkleinerung und den wiederholten Gebrauch des schon einmal gekochten Hopfens, der erfahrungsgemäfs durch das erste Kochen an Bitterstoff, Harz und Gerbstoff nicht genügend extrahiert werde, während das ätherische Öl schon beim ersten Kochen flüchtig gehe,

Bei einem Hopfensud mit 60 hl, täglich zwei Gebräue, hatte er dem ersten Sud 20 kg (40 Pfd.) guten Saazer Hopfens auf zweimal zugesetzt, und der aus dem Seiher genommene Hopfen wurde sofort der Würze des zweiten Sudes zugesetzt, als dieselbe bereits eine halbe Stunde kochte; nach fast einstündigem Kochen gab man der Würze des zweiten Sudes noch 15 kg (30 Pfd.) frischen Hopfens in zwei Partien und kochte denselben bis zum Garwerden, ca. $^3/_4$ Stunde.

Auf dem Kühlschiff machte die Würze den besten Eindruck, aber das fertige Bier schmeckte bedeutend bitterer als jenes vom ersten Gebräu.

Beim nächsten so durchgeführten Doppelsud gab man dem zweiten Gebräu nur 13 kg (26 Pfd.) frischen Hopfens und erzielte nun den gleichen Geschmack mit den früheren Bieren.

Wer aber des Tages nur einmal braut, der mufs den ausgekochten Hopfen trocknen, damit er bis zum andern Tage nicht verdirbt. Er machte sich in der Malzdarre auf zwei Eisenträgern (ca. $1^1/_2$ m über dem Darrblech) einen Lattenrost, auf dem noch ein gewöhnliches Fliegennetz mit Nägeln befestigt wurde. In $1^1/_2$ Stunden ist dieser auf dem Roste ausgebreitete Hopfen immer vollkommen trocken.

Man mufs aber den frischen Hopfen in einem oder (wie bei S. 577) im doppelten Netz in den Sud bringen, damit man den nur einmal verwendeten Hopfen von dem zweimal verwendeten leicht getrennt halten und den letzteren anstandslos und rechtzeitig entfernen kann. Der getrocknete Hopfen läfst sich gut aufheben und nach Bedarf verwenden.

Zum Netze nahm man anfänglich gewöhnlichen Organtin, später ziemlich dichte, recht flache Bindfadennetze. Die geringe Arbeit mit dem Trocknen und die kleine Auslage für die Hopfendarre rentieren sich sehr gut. Das Bier sei so, dafs die heikelste Zunge kaum einen merklichen Unterschied, eine ungewohnte Herbe oder irgend einen fremden Geschmack zu entdecken im stande sei.

Wenn man auch diese letztere, optimistische Auffassung nicht teilt, so ist doch dieses Verfahren in Hopfennotjahren in hohem Grade beachtenswert, weil es in solchen offenbar auf kleine Geschmacksschattierungen nicht ankommt.

Karl Brucker in Leipzig (s. Allg. Br.- u. H.-Ztg. 1899, II, 3161: Hopfenersparnis etc.) brauchte zu Lagerbier (Sommerbier) per 1 Ztr. Malz ca. 3 Pfd. feinsten Hopfen und bei Schenkbier $1^1/_4$ Pfd. In einem besonders teuern Hopfenjahr sann er nach, wie er Hopfen sparen könne. Er entschlofs sich, den bereits verbrauten Hopfen nochmals zu verwenden, aber nicht auf die gewöhnliche Art. Er machte einen Lagerbiersud und dann einen Schenkbiersud u. s. f.; zu letzterem wurde der Hopfen des Lager- oder Sommerbier-Sudes noch einmal verwendet. Nach einem Sommerbiersud kam ein Schenkbiersud mit $8^1/_2$ Ztr. Malz und 27—30 Pfd. ausgekochtem, schon im Maischbottich liegendem Hopfen vom Tage zuvor. Er liefs den ausgekochten Sommerbierhopfen über Nacht liegen und abtropfen; dieser machte nun am andern Morgen bei dem Schenkbiersud den ganzen Maischprozefs durch und war also beim Austrebern mit den Trebern vermischt. Dadurch wurde der Hopfen besser ausgenutzt, auch die Extraktausbeute war höher. Die Würze lief blank ab und schmeckte sehr rein und schwach bitter. Zum Hopfenkochen wurden nunmehr nur noch 7 Pfd. statt 10 Pfd. genommen. Das Schenkbier schmekte so besser, als wenn es blofs wie gewöhnlich mit Hopfen gekocht war. Schädliche Infektion ist im Winter nicht zu fürchten. Zu Sommerbier getraute er sich aber nicht, diese Methode anzuwenden.

Dafs man aus der praktischen Brauerei in der Literatur Mitteilungen über den Hopfen und den Biergeschmack findet, ist verhältnismäfsig selten. Ein Braumeister S. brachte eine solche Mitteilung[154]). Es sei ärgerlich, meint derselbe, teuren Hopfen kaufen zu müssen und ein so miserabel unangenehm bitter, hart, herb schmeckendes Bier zu haben, wie es damals der Fall war.

Gar manchmal liege es aber nicht am Hopfen, wenn das Bier einen unangenehm bitteren Geschmack habe, sondern an andern Umständen.

Meist seien die Brauer der Meinung, dafs auf ein bestimmtes Würzequantum von bestimmter Gradhaltigkeit ein bestimmtes Quantum Hopfen zu nehmen sei, und dafs es sonst nichts gibt, was Einfluſs auf den Hopfengeschmack des Bieres hat, daſs also für ein bitter schmeckendes Bier eine gröſsere Hopfengabe genommen worden ist als für dieselbe Menge und Stärke minder bitter schmeckenden Bieres. Man stellt sich eben immer nur den rein bitteren Hopfengeschmack vor und bedenkt nicht, daſs der unangenehm bittere, harte, herbe Geschmack des Bieres auch von andern Umständen herrühren kann.

Nicht jedes Jahr bringt Hopfen derselben Qualität. Wohl ist 1 Ztr. Hopfen immer gleich schwer, immer 50 kg, aber die Ausgiebigkeit der Ware ist eine höchst verschiedene, und man soll unter sonst gleichen Verhältnissen weniger nehmen von der schwereren Ware als von der leichteren[155]).

Da, wo man zweierlei Hopfen, alten und frischen, verbraut, berücksichtige jeder, daſs man von alter Ware immer mehr brauchen wird als von frischer, und dies um so mehr, je älter der Hopfen ist und je schlechter dessen Aufbewahrung war. Die ersten Gebräue mit der neuen, frischen Ware schmecken oft stark bitter; deshalb ist es ratsam, neuen Hopfen ordentlich zu prüfen und nur nach und nach der alten Ware zuzusetzen.

Daſs das Malz in seinen Eigenschaften und seiner Zubereitung einen wesentlichen Einfluſs auf die Hopfengabe übt, hat selten ein Brauer in Betracht gezogen, und doch ändert die Auflösung des Malzes wie dessen Abdarrung in hohem Grade den Hopfengeschmack des Bieres. Vor drei Jahren fand man häufig Biere, welche einen unangenehm herben Geschmack zeigten. Nach fleiſsigem Nachsuchen fand man, daſs die vielen nicht gekeimten Körner im Malze die Ursache dieses Geschmackes waren. Es ist ratsam, in Jahren, wo viele Gerstenkörner nicht keimen, dieselben durch ein Sieb vom Grünmalze zu trennen, ehe dessen Auftrag auf die Darre erfolgt, weil dadurch der unangenehm bittere und herbe Geschmack des Bieres vermieden wird.

Ganz dasselbe ist der Fall bei schlecht aufgelöstem Malze, auch da nehmen die Biere den unangenehm herben Geschmack an, den das biertrinkende Publikum dann gern dem schlechten Hopfen, ja selbst den Hopfensurrogaten zuschreibt.

Bei lichten Bieren haben manche Brauer Furcht, das Malz ordentlich abzudarren; um nur die Farbe des Malzes nicht zu beeinträchtigen, darren sie das Malz schwach, kaum bei 50—55° ab. Aus solchen Malzen resultieren gewöhnlich stärker vergorene, weinige (süffige) Biere, die eine stärkere Hopfengabe verlangen, während bei derselben Hopfengabe Biere aus hoch (bei 63° R. und darüber) abgedarrtem Malze sehr bitter, ja herb schmecken. Diese Art Biere vergären in der Regel weniger und sind deshalb verhältnismäſsig weniger zu hopfen.

Daſs bei länger dauerndem Hopfensude die Hopfengabe eine geringere sein kann, dürfte als allgemein gültig angenommen und sollte auch immer in Bezug auf den Geschmack des Bieres beachtet werden. Arbeitet man so wie in rationellen Brauereien (Böhmens etc.), wo man die eine Hälfte des Hopfens gleich der Vorderwürze in der Pfanne zusetzt, die zweite Hälfte erst 1—1¼ Stunden vor dem Ausschlagen der Würze, wobei also der erste Teil 2—2½ Stunden mitkocht, so wird man, wenn nicht besondere (noch zu erwähnende) Umstände eintreten, keinen herben Geschmack des Bieres erzielen. Eine lange Dauer des Hopfensudes mit ungeteiltem Hopfen, in der Meinung, daſs dadurch das Bier haltbarer werde, beeinträchtigt ganz erheblich den angenehm bitteren Geschmack. Nur bei schweren Bieren und bei starker Hopfengabe ist länger zu kochen als bei leichten Bieren und schwacher Hopfengabe.

Minder beobachtet wird, daſs die Hopfengabe auch von der voraussichtlichen Lagerzeit, von der Lagerung des Bieres und der Art der Behandlung, stark beeinfluſst wird.

Will der Brauer nach voraussichtlich erst langer Zeit das Bier zum Ausstoſsen bringen, so muſs er dem Gebräu mehr Hopfen geben als jenem derselben Gradhaltigkeit, welches in kurzer Zeit zum Konsum gelangt. Die Erfahrung beweist, daſs die Bitterkeit des Hopfens durch längere Lagerung selbst in den kältesten Kellern etwas verliert, doch in schlechten, wärmeren Kellern ist dies in weit höherem Maſse erkenntlich. In solchen Kellern verläuft die Nachgärung intensiv und die Biere schmecken oft bei derselben Hopfengabe ziemlich schwach bitter. Bei schlechten Kellern sei man sehr vorsichtig beim Fassen des Bieres. Man beachte da sehr aufmerksam die Saccharometeranzeige und das Aussehen des Bieres im Schauglase. Ein grün gefafstes, ein schwach vergorenes, ein ins Lagerfafs gekräustes Bier wird in schlechten Kellern mehr Hopfen bedingen, um denselben bitteren Geschmack zu zeigen wie Bier derselben Eigenschaften, welches in guten, kalten Kellern lagert, sonst wird es bei einer bestimmten Hopfengabe weniger bitter schmecken.

Die Biere in Böhmen (und wohl in Österreich) werden gröfstenteils als Hefebiere ausgestofsen; sie werden nämlich vom Lagerfasse blank abgezogen und im Transportfasse, je nach Bedarf, aufgekräust. Man übersehe nicht, dafs solchen Bieren mehr Hopfen per Gebräu zu geben ist als jenen Bieren, die als Abzugsbier vom Lagerfasse ausgestofsen werden.

Bei der Beurteilung des Hopfenbitters im fertigen Bier soll das zu untersuchende Bier frisch vom Fasse am besten in einer gut verschlossenen Flasche auf 5—6° R. Wärme gebracht und dann erst verkostet werden, denn ein sehr kaltes, wie auch ein wärmeres Bier schmeckt stets stärker bitter, und wenn es dasselbe Bier ist. Ebenso ist es bei einem Bier, welches aus dem offenen, ungespundeten Fasse entnommen wurde, oder bei einem Bier, welches durch früher begangene Fehler beim Maischen oder infolge schlechter Keller geringe »Schneid« hat, also arm an Kohlensäure ist; überall da tritt das Hopfenbitter in nicht angenehmer Weise hervor.

Zu berücksichtigen ist auch der bittere Geschmack mancher Hefen.

3. Die Hopfenharze.

a) Die allmähliche Entwicklung der verschiedenen Ansichten über die chemische Natur der Harze.

In allen gehopften Bierwürzen und selbst im fertigen Bier findet sich auch eine gewisse Menge sogenannten Hopfenharzes, das nach älteren Ansichten ein Gemenge von verschiedenen Harzen und Harzsäuren, wenn nicht auch zugleich noch von andern Stoffen ist.

Es sind eben hier wie in vielen andern Nichthopfen-Harzen keine reinen chemischen Verbindungen vorhanden, sondern sie sind Gemenge mehrerer Verbindungen. Ihrem Verhalten nach scheinen sie ebenso mit den ätherischen Ölen wie mit der Bittersäure verwandt. In den bekannten Lösungsmitteln der Harze, ferner in wässerigen Lösungen von Zucker, Gummi, Gerbsäure, ätherischen Ölen und Salzen lösen sie sich; nach R. Wagner ist das Hopfenharz in Wasser schwer löslich, namentlich in reinem Wasser und bei Abwesenheit des ätherischen Hopfenöls. Auch die vorerwähnten Lösungsmittel lösen nur dann beträchtliche Mengen davon auf, wenn ätherisches Hopfenöl zugegen ist.

Kohlensäure schlägt das Harz aus den bekannten Lösungsmitteln wieder nieder. Daher die Abscheidungen des gärenden Bieres, die Harzdecke (die Kräusendecke) etc.

Nach älteren Angaben soll die Zusammensetzung sein $C_{10} H_{14} O_3$.

Das Hopfenharz schmeckt anhaltend und intensiv bitter und erleidet, in dünnen Schichten der Luft ausgesetzt, in längerer Zeit eine Zersetzung, in deren Folge es in vielen Lösungsmitteln unlöslich wird, in denen es zuvor löslich war; schneller geht diese Umänderung im Sonnenlichte vor sich. Wahrscheinlich handelt es sich um den Übergang des Weichharzes in Hartharz.

Die Elementarbestandteile der Harze überhaupt sind Kohlenstoff, Wasserstoff und Sauerstoff. Die Harze sind bei gewöhnlicher Temperatur fest oder festweich, durchscheinend bis durchsichtig, geruchlos oder nach einem beigemengten ätherischen Öl riechend. Sie schmelzen in der Wärme leicht und sind brennbar. In Wasser sind sie unlöslich, dagegen sind sie in Alkohol, Äther, ätherischen und fetten Ölen löslich. Ein wesentlicher Bestandteil sind die Harzsäuren; oft kommen ätherische Öle, Gummiarten, Gerbstoffe etc. denselben beigemengt vor. Man unterscheidet: 1. Hartharze, welche bei gewöhnlicher Temperatur hart sind; 2. Weichharze (Balsame), ein Gemenge von Harzen und von einem ätherischen Öl oder eine Auflösung von Harz in ätherischem Öl, wie z. B. beim Hopfenbalsam, d. h. bereits mehr verharztes Sekret; beim Hopfen-Weichharz dürften aber, nach neueren Feststellungen, wie wir oben

S. 600 u. ff. und namentlich 602 u. ff.) gesehen, die sogenannten Hopfenbittersäuren eine mafsgebende Rolle spielen; 3. Gummi- oder Schleim-Harze, Gemenge von Pflanzenschleim, Harz und ätherischem Öl.

Bis vor 15 und 20 Jahren war die Kenntnis des Hopfenharzes ebenso beschränkt wie verwirrt. Inzwischen ist — namentlich durch den verstorbenen Prof. Dr. M. Hayduck in Berlin — eine ziemlich bedeutende Klärung erfolgt, wenn auch heute noch manche, selbst erhebliche Beziehung sehr der völligen Aufhellung bedürftig ist.

Dem Hopfenharz wurde bis vor kurzem in der Bierbereitung dieselbe Bedeutung beigemessen wie dem Bitterstoff, mit dem es innig, selbst schwer trennlich verbunden ist. Auch heute lassen die Begriffsbestimmungen Hopfenbitterstoff und Hopfenharz noch viel zu wünschen übrig; auch heute sind bei chemischen Untersuchungen noch Verwechslungen möglich, obgleich — wie wir gesehen haben — von den meisten oder doch von vielen Autoren der selbständige Bitterstoff im Hopfen anerkannt ist.

Ives (1820—1821) gibt für das Hopfenmehl einen Gehalt von 30% Harz an, aber er äufsert sich nicht über seine Eigenschaften.

Personne (1854) sagt, dafs das Lupulin (also die Drüsen allein) etwa $^2/_3$ (66—67%) seines Gewichts an harziger Materie enthält.

Mulder (1858) betrachtet mit Rücksicht auf eine Analyse seines damaligen Assistenten Vlaanderen das Hopfenharz als einen wertlosen Stoff.

Vlaanderen reinigte das Harz dadurch, dafs er es aus alkoholischer Hopfenmehltinktur vermittelst Wassers ausschied, dann wieder in Alkohol löste, wieder fällte und diese Operation so lange wiederholte, bis das Harz von Öl, Bitterstoff und Gerbstoff befreit war.

Dabei stellte es sich jedoch heraus, dafs das Harz einer chemischen Veränderung anheimfiel, in dem Sinne, dafs nach jedesmal erfolgter Abscheidung ein oder mehrere Äquivalente Wasser sich mit dem Harz chemisch verbanden. Die neugebildeten Hydratharze verhalten sich unter sich und im Vergleich mit dem ursprünglichen Harze verschieden gegenüber einer alkoholischen Lösung von Kupferacetat. Das ursprüngliche Harz gibt mit dem genannten Reagens nur eine geringe Trübung, die hydratisierten aber verursachen darin einen reichlichen Niederschlag, welcher aus einer in Alkohol unlöslichen Harzkupferverbindung besteht. Im allgemeinen kann man nach Vlaanderen die Zusammensetzung der Hopfenharze durch die Formel $C_{54} H_{36} O_{12} + HO$ ausdrücken.

Etti behauptet ebenfalls, das Hopfenharz geschmacklos bekommen zu haben, indem er es aus der alkoholischen Lösung wiederholt ausfällte. Nach demselben Autor findet sich im Ätherauszuge der Hopfenzapfen ein weifses und ein amorphes, braunes Harz.

Nach Lermer (1863—1864) kann man dreierlei Harze unterscheiden:

1. Ein Harz, welches dem ätherischen Hopfenauszuge durch Kalilauge leicht entzogen werden kann und dem Lupulin, den Drüsen, und dem Auszuge desselben wesentlich die gelbe Farbe erteilt.

2. Ein Harz, welches, wenn man den ätherischen Hopfenauszug mit einer Lösung von schwefelsaurem Kupferoxyd schüttelt, die Eigenschaft besitzt, dem Kupfersalz das Kupfer zu entziehen und damit eine intensiv gefärbte ätherische Lösung zu bilden; Schwefelwasserstoff vermag dieser grünen Verbindung das Kupfer nicht zu entziehen.

3. Die oben schon erwähnte Hopfenbittersäure $C_{32} H_{50} O_7$ (s. S. 590), welche sich von den Hopfenharzen sub 1 und 2 unter anderm auch durch die Fähigkeit unterscheidet, krystallisieren zu können.

Sämtliche drei Körper haben bitteren Geschmack. Später hat Lermer gesagt, dafs die krystallinische Bittersäure nicht bitter schmeckt, dafs dies aber der Fall ist, sobald sie Übergänge zu den Harzen bildet.

Der mit starker Verwandtschaft zum Kupfer begabte Körper (sub 2) scheint jedoch aus der reinen Hopfenbittersäure bei freiem Luftzutritt zu entstehen, wenigstens wird seine ätherische

Lösung, wenn sie bereits vergilbt ist oder längere Zeit an der Luft gestanden hat, mit Kupfersalzen behandelt, grün. Daher gibt auch alter Hopfen tiefergrüne Lösungen und eine geringere Ausbeute an Hopfenbittersäure.

Ifsleib (1880), welcher bei der Wiederholung des Ettischen Versuchs zu ganz andern Resultaten gelangte, erhielt nach fünfmaliger Ausfällung noch ein gleich stark bitteres Harz. Sowohl das Harz aus den Hopfenzapfen, wie das aus Hopfenmehl bereitete, haben dieselbe Zusammensetzung $C_{10} H_{19} O_3$.

Zu den hervorragendsten Bearbeitern der Harzfrage gehört, wie schon erwähnt, in den letzten 15 Jahren (ca. seit 1885)[156] Dr. M. Hayduck in Berlin. Seine Ansichten haben sich natürlich auch erst zu ihrer jetzigen Gestaltung durchgearbeitet und entwickelt.

Hayduck sprach schon im Beginne seiner Arbeiten die feste Überzeugung aus, dafs das Harz selbst der bittere Stoff im Hopfen sei. Derselbe ist also durch seine Untersuchungen zu Resultaten gelangt, welche gar nicht mit jenen von Lermer und Etti, wohl aber mit jenen von Ifsleib stimmen. Er ist aber allmählich wieder auf den Lermerschen Standpunkt zurückgekommen.

Durch Kontraktion mit Äther und Ausziehen mit 90 %igem Alkohol sowie durch Ausfällen mit Wasser hat Hayduck ein weiches und ein festes Harz gewonnen. Dem Harze sei auch die antiseptische Wirkung des Hopfens zuzuschreiben. In der Bierwürze soll das Harz im Vereine mit Hopfenöl in feiner Verteilung (Lösung) oder Suspension[157]) vorkommen. Der Zucker der Würze soll dieser Verteilung förderlich sein. Nebstdem wird dem Harze auch eine verzögernde Wirkung auf die Gärung zugeschrieben, bei welchem Prozesse es zum Teil, vielfach den Hefezellen anhaftend, ausgeschieden wird.

Später (um 1887) hat Hayduck in Verbindung mit Dr. Foth und dann namentlich mit Dr. Windisch die Hopfenfrage überhaupt eingehender studiert. Sie fanden nun (s. das Detail in den Ber. d. Ver. f. Vers.- u. Lehr-Anstalt f. Brauerei in Berlin 1887) eigentlich drei Harze, nämlich[158]):

1. Ein weiches Harz (α-), welches durch Blei fällbar ist; dasselbe gibt eine sehr wichtige Reaktion. Wenn man eine ätherische Lösung desselben mit Kupfervitriol versetzt, so färbt sich die ätherische Kupferlösung intensiv grün. Das Harz geht dann mit dem Kupfer eine grüne Verbindung ein, welche in Äther löslich ist. Aufserdem ist dieses Harz in Petroläther löslich.

2. Ein weiches Harz (β-), welches mit dem obengenannten insofern übereinstimmt, als es sowohl in Petroläther löslich ist, als auch die Kupferreaktion zeigt, sich aber dadurch von dem ersteren unterscheidet, dafs es durch Blei nicht fällbar ist.

3. Ein festes Harz (γ-), welches durch Blei nicht fällbar ist, die Kupferreaktion nicht zeigt und in Petroläther unlöslich ist.

Alle diese drei Körper konnten durch genaue Reaktion voneinander unterschieden werden. Die Lermer-Reischauersche Hopfenbittersäure, von welcher man annimmt, dafs aus ihr durch Oxydation die Weichharze gebildet werden, konnte bei dieser Darstellung der Weichharze nicht erhalten werden. Aber bei einem andern Verfahren erhielten sie, direkt aus Hopfenmehl (Sekretdrüsen, Lupulin) neben der Hopfenbittersäure auch die eben beschriebenen drei harzigen Substanzen.

Sie konstatierten dann, dafs jenes Weichharz durch Oxydation aus der Lermerschen Hopfenbittersäure entsteht, welches mit Blei nicht fällbar ist, also jenes sub 2 beschriebene (das β-Harz). Das andere, weiche Harz (sub 1 = α-Harz) hat mit dem aus Hopfenbittersäure entstandenen grofse Ahnlichkeit. Dasselbe, von Hayduck zuerst aufgefunden (andere Autoren hatten bis dahin nichts davon gesehen), scheint in grofser Menge im Hopfen enthalten zu sein und mit der Hopfenbittersäure in gar keiner Verbindung zu stehen, in Wasser in geringer Menge löslich zu sein und ist von entschieden antiseptischer Wirkung. Später konstatierte aber Hayduck (s. Allg. Br.- u. H.-Ztg. 1888, II, 2323), dafs die thatsächlich vorhandene Hopfenbittersäure durch Oxydation Harze und zwar sowohl das α- wie das β-Harz zu bilden vermöge.

Aus ätherischem Öl vermochte Hayduck unter dem Einflusse von Luft und Sonnenlicht ein sprödes, hellbraunes Harz zu gewinnen, welches dem γ-Harze ähnlich war.

Alle diese drei genannten Harze zeigen das Verhalten von schwachen Säuren, sie sind in wässeriger Auflösung sehr veränderlich und zersetzbar. Die Löslichkeit der Harze in Wasser ist nicht konstant, sondern wenn man dieselben Harzgemenge immer mit neuen Wassermengen kocht, nimmt die Löslichkeit allmählich ab. Sie fanden bei der ersten Abkochung bei dem durch Blei fällbaren Harze (sub 1 = α) eine Löslichkeit in Wasser von 0,042 %, von dem andern weichen Harz (sub 2 = β) von 0,0048 %.

Die Lösungen dieser beiden Harze in Wasser sind im höchsten Grade intensiv und unangenehm bitter. Von dem harten Harze (sub 3 = γ) löst sich etwas mehr (0,0048 %). Beim Erkalten des Wassers entsteht dadurch eine Trübung, dafs sich etwas Harz ausscheidet. Wenn die Lösung durch mehrfache Lagen von Filtrierpapier klar filtriert wird, enthält sie 0,0054 %. Die Auflösung des harten Harzes (sub 3 = γ) schmeckt nur ganz schwach und angenehmer bitter als die Lösung der vorgenannten weichen Haze.

In der Wochenschr. f. Brauerei 1888[159]) gibt Dr. M. Hayduck eine zusammenfassende Übersicht seiner Arbeiten über die Hopfenharze, ihre Darstellung, Reaktionen, ihr Verhalten zu andern Körpern etc.

Das erste (α-) Harz ist ein Weichharz von zähflüssiger Konsistenz und hellrotbrauner Farbe, fast geruchlos, aber von äufserst intensivem und nachhaltig bitterem Geschmack. Durch Kochen mit Wasser, namentlich Brunnenwasser, wird es hart und spröde, weil das Harz, welches sich wie eine schwache Säure verhält, mit den Kochsalzen und Alkalien des Wassers feste Verbindungen bildet, die sich aber leichter in Wasser lösen wie das Harz selbst. Mit siedendem Wasser verändert es sich, bildet ein hellgelbes und ein dunkelgefärbtes Weichharz sowie ein dunkelgefärbtes sprödes Harz.

Das zweite (β-) Harz ist ebenfalls ein dem vorigen sehr ähnliches bitteres Weichharz, dünnflüssiger und hat einen stark hopfenartigen Geruch, welcher daher rührt, dafs nur mit diesem Harze das ätherische Öl und seine Zersetzungsprodukte abgeschieden werden. In Farbe, Geschmack und Löslichkeit stimmt es mit dem vorigen Harze (sub 1 = α) überein[160]). Auch bei diesem Harze nimmt die Löslichkeit nach mehrmaligem Kochen ab. Durch Kochen des β-Harzes wurden eigentlich drei Körper erhalten: 1. ein hellgelbes sehr weiches Harz, 2. eine in Petroläther unlösliche Abänderung desselben, 3. ein in Petroläther unlösliches festes Harz.

Das dritte (γ-) Harz ist fest, spröde, von dunkelbrauner Farbe und im reinen Zustande nicht bitter, sondern vollkommen geschmacklos. Bei andern Gelegenheiten wurde gesagt, dafs das γ-Harz einen unangenehmen, schwach bitteren Geschmack habe; weiter aber wurde es sogar noch als angenehm bitter bezeichnet; dann auch als minder intensiv bitter als α- und β-Harz. Alle diese Ansichten wurden früher durch den Umstand veranlafst, dafs es sehr schwer ist, das γ-Harz von den letzten Resten des β-Harzes zu befreien. In Alkohol und Äther ist es leicht löslich. Gegen die Weichharzreaktionen verhält es sich indifferent[161]), zeigt aber gegen wässerige Kaliverbindungen ebenfalls das Verhalten einer schwachen Säure.

Diese drei harzartigen Körper wurden bei Verarbeitung der verschiedensten Hopfensorten immer wieder gewonnen, ebenso aus reinem Lupulin (Sekretdrüsen). Stets stimmten sie mit ihren Eigenschaften und Reaktionen[162]).

Nach demselben Autor (l. c. 1888, Nr. 47, S. 941) zeigt das unter dem Einflusse des Sonnenlichtes und der Luft aus dem ätherischen Ol des Hopfens entstandene Harz den Charakter seines dritten (γ-) Harzes, also eines Hartharzes. Der Vorgang der Harzbildung aus ätherischen Ölen ist ohnehin im Pflanzenreiche sehr verbreitet.

Weiterhin entstehen — nach Hayduck — aus den krystallisierbaren Verbindungen der Bittersäure durch Oxydation die beiden bitteren Weichharze (α und β). Sehr beachtenswert ist auch, dafs nach C. J. Lintner und A. Bungener[163]) der aus dem α-Harze erhaltene Bitterstoff nach der Elementaranalyse identisch ist mit der von Lermer erhaltenen Bittersäure und verschieden von H. Bungeners Bittersäure; von letzterer unterscheidet er sich aufser durch den Schmelzpunkt (92—93° C.) und den Kohlenstoffgehalt, wie es scheint, auch durch viel gröfsere Löslichkeit und durch eine gewisse Beständigkeit.

Hayduck ist nun der Ansicht, dafs nur die Weichharze (seine Harze α und β) für die Brauerei Wert besitzen. Nur diese erteilten dem Bier den erwünschten bitteren Geschmack und besäfsen die Eigenschaft, Spaltpilzgärungen (also Milchsäure-, Buttersäure- und Fäulnis-Gärungen) zu hemmen, mithin antiseptisch zu wirken. Das Hartharz (γ) hätte keine der beiden Eigenschaften. Es sei infolge seiner Löslichkeit im Bier enthalten, müsse aber als wertloser Bestandteil angesehen werden.

In der Literatur über Hopfen finde sich mehrfach eine strenge Unterscheidung zwischen Harz und Bitterstoff. Ifsleib vertrete die Ansicht, dafs ein bitteres Harz im Hopfen gar nicht da sei, sondern dafs ein in äufserst geringen Mengen vorhandener Bitterstoff direkt dem an sich nicht bitteren Harze anhafte und dasselbe bitter schmeckend mache. Harz und Bitterstoff sind — nach Hayduck — keine scharf definierte Begriffe, und das Verhalten der Harze beim Kochen mit Wasser könnte leicht zu der Ansicht führen, dafs sie aus einem Gemenge von Harz und Bitterstoff bestehen. Beim Kochen der Harze mit Wasser träten eben Veränderungen ein.

Hayduck erklärt selbst, dafs sein α-Harz ein einheitlicher Körper sei; nicht so aber sei es bei seinem β-Harze, in welchem wenigstens noch ätherisches Öl stecke.

Hayduck ist der Ansicht, dafs seine Weichharze (α und β) die Träger des bitteren Prinzips im Hopfen und die Bittersäure Lermers etc. lediglich krystallinische Ausgestaltungen dieser Harze seien, die rhombischen Tafeln jene des α-Harzes, die rhombischen Säulen jene des β-Harzes, während ätherisches Öl bei der Verharzung lediglich sein nicht bitteres und brautechnisch wertloses γ-Harz bilde.

In einem frischen Hopfen fand er 17,784 % Ätherextrakt.

Daraus wurden isoliert:

4,734 % α-Harz,
8,065 % β-Harz,

12,799 % bittere, für die Brauerei wertvolle Weichharze,
5,91 % γ-Harz, das für die Brauerei wertlose, nicht bittere Hartharz.

Bei weiteren Versuchen enthielt der viermal mit Wasser ausgekochte Hopfen noch 53 % des gesamten Harzgehaltes. Er erhielt von der Gesamtmenge des im verwendeten Hopfen vorhandenen Harzes:

beim 1. Auszug	14,5 %
» 2. »	14,9 %
» 3. »	11,5 %
» 4. »	6,1 %
rückständiges Harz im Hopfen	52,9 %.

Auch dieser ungelöst gebliebene Harzrückstand war von intensiv bitterem Geschmack und zum Teil in Petroläther löslich, stimmt überhaupt mit den gelösten Harzen überein. Dadurch erkläre sich die Thatsache, dafs Hopfen wiederholt mit Wasser ausgezogen werden könne, ohne seinen bitteren Geschmack und seine antiseptischen Eigenschaften zu verlieren. Er habe Versuche, welche diese Thatsache beweisen, schon 1885 in Nr. 19 der Wochenschr. f. Br. mitgeteilt. Diese Versuche sprächen für das Deinhardtsche Hopfensudverfahren, nach welchem derselbe Hopfen wiederholt in der Brauerei in Anwendung kommen soll.

Früher[164]) habe er selbst Bedenken gegen das Deinhardtsche Verfahren ausgesprochen, weil die Löslichkeit der bitteren Hopfenharze bei wiederholtem Kochen derselben mit Wasser abnimmt. Nach den neueren Versuchen könne er diese Bedenken nicht mehr aufrecht erhalten, vielmehr müsse man das Deinhardtsche Verfahren, insofern es sich um die Ausnutzung der bitteren Bestandteile des Hopfens handle, im Prinzip als richtig anerkennen.

Hayduck hat alle seine drei Harze auch im fertigen Bier gefunden, in welchem sie allerdings nur in geringer Menge in Lösung zu sein scheinen[165]). Sie bildeten eine bräunlich gefärbte Masse von saurer Reaktion, malzartigem Geruche und geringem Gerbstoffgehalt. Mit Petroläther erhielt er daraus zum Teil hellgelbes, weiches β-Harz von intensiv bitterem Geschmack;

der ungelöst bleibende Teil war weich, braun gefärbt, sehr bitter und ergab in wässeriger Lösung neben Gerbstoffreaktion auch die Reaktionen des β-Harzes. Nach oft wiederholtem Auskochen mit destilliertem Wasser blieb ein festes, schwach bitteres Harz in Rückstand. Sowohl der in Petroläther lösliche, wie der darin unlösliche Teil gaben mit Kali Verbindungen, die in Wasser löslich waren.

Bei der Gärung gehopfter Würzen bildet sich bekanntlich eine starke Harz-(Kräusen-) Decke. Hayduck untersuchte dieselbe und fand, dafs sie

1. aus den bitteren beiden Hopfenharzen, namentlich dem β-Harze und auch aus dem γ-Harze, besteht;
2. besteht die Decke aus Eiweifskörpern mit Gerbstoff; die wässerige Lösung der Decke gibt mit Eisenchlorid eine starke Gerbstoffreaktion. Der Stickstoffgehalt der Harzdecke (Eiweifsgehalt mit Eisen) ist sehr erheblich.

Bei andern Gelegenheiten sagte Hayduck, dafs die in der Würze in Suspension befindlichen Harze die Ursache der Kräusenbildung seien. In heifser Würze in Suspension, werden sie in der erkalteten Würze ausgeschieden.

Bei Versuchen mit gesättigten wässerigen Lösungen der bitteren Weichharze (α- und β-) und des γ-Harzes, die ersteren lichtgelb, das letztere intensiv gelb, die er mit Würzen zusammenbrachte, fand er die Verzögerung der Gärung (Kohlensäurebildung) mit den bitteren Weichharzen erheblich und beim γ-Harze unbedeutend, überhaupt wahrscheinlich nur von noch immer vorhandenen Verunreinigungen mit Weichharzen herrührend[166]).

Weiterhin zeigten diese Versuche, dafs nur jene Würzen das charakteristische Bild der Kräusen (den zähen, hochsteigenden, feststehenden Schaum, der auf seiner Oberfläche stellenweise ausgeschiedene Eiweifskörper aus der Würze als Decke trug) zeigten. Die Versuchsflüssigkeiten ohne Hopfen und nur mit γ-Harz hatten keine Kräusendecke, sondern an der Oberfläche nur weifsen Schaum.

Bei weiteren Versuchsreihen, bei denen die α- und β-Harze getrennt angewendet wurden, zeigte es sich, dafs diese beiden Harze ziemlich dieselbe Wirkung im Bier hatten.

Dennoch schmeckte die Lösung des α-Harzes viel bitterer als jene des β-Harzes. Bei Abkühlung der Harzlösungen von Zimmertemperatur auf 8° R. war die Lösung des α-Harzes bedeutend trüber als jene des β-Harzes; demnach mufs, wenn die Gärung bei 8° R. geführt wird, die α-Harzlösung bedeutend stärkere Harzausscheidungen veranlassen. Auch die Kräusenbildung war beim α-Harze bedeutend stärker als beim β-Harze.

Es wurden ferner bei einem dritten Versuche gesättigte Lösungen der drei Hopfenharze in destilliertem Wasser hergestellt. Beim Erkalten trübten sich die filtrierten klaren Lösungen, aber die mit α-Harz am stärksten. Durch blofse Aufkochung der Lösung mit α-Harz mit Eiweifs wurde die Lösung nicht klar, wohl aber war es der Fall, wenn gleichzeitig etwas Tannin (bei $^1/_4$ l mit Eiweifs 0,3 g Tannin) zugesetzt wurde. Die nun vom Niederschlag abfiltrierte klare Lösung hatte keine Spur von suspendierten Harzteilchen mehr. Der Hopfengerbstoff hatte aber in dieser Beziehung dieselbe Wirkung wie Tannin.

Bei fünf Lösungen:

1. α-Harz in destilliertem Wasser,
2. β- » » »
3. γ- » » »

welche in verschiedenem Grade harztrübe waren, α am meisten, γ am mindesten,

4. die Lösung von α-Harz mit Eiweifs und Tannin geklärt,
5. eine vollkommen klare Lösung von α-Harz in hartem, kalkhaltigem Wasser,

je $^1/_4$ l mit ebenso viel Malzwürze und 1 g Brauereiprefshefe bei 8° R. angestellt, ergab sich nach zwei Tagen:

die stärkst harztrübe Lösung mit α-Harz hatte unter den ersten drei Versuchsfällen die stärksten Kräusen, die sehr zähe, klebrig und bitter waren; ähnlich mit β-Harz; die Versuchsflüssigkeit mit γ-Harz hatte weder bitteren Geschmack noch Kräusen.

Versuchsflüssigkeit 4 hatte keine Kräusen, sondern nur gewöhnlichen Schaum ohne den intensiv bitteren Geschmack der Kräusen; die Flüssigkeit hatte den schwach bitteren Geschmack gehopften Bieres.

Bei 5 waren die Erscheinungen ebenso oder ähnlich wie bei 1. Das Harz, welches die Eigenschaft einer schwachen Säure besitzt, bildet mit dem Kalk eine Verbindung, welche in heifsem Wasser löslicher ist wie reines Harz und sich beim Erkalten nicht ausscheidet, keine Harztrübung bewirkt. Da Malzwürze freie Säure enthält, wird das Harz aus der Kalkverbindung in Freiheit gesetzt und zum Teil in feiner Verteilung in der Flüssigkeit ausgeschieden. Daher trat hier die gleiche Kräusenbildung ein.

Also die Kräusenbildung wird nur von den bitteren Weichharzen veranlafst; sie bleibt aus, wenn die Flüssigkeit absolut klar, von suspendierten Harzteilchen völlig frei ist.

Sehr erheblich abweichende Ansichten über die Hopfenharze hat in neuerer Zeit erst (1887), auf Grund umfangreicher Arbeiten, welche in Jena als Dissertationsschrift[167]) erschienen sind, M. Greshoff entwickelt, welche hier im Extrakte folgen:

Die Farbe des Hopfenharzes, d. h. des Komplexes harzartiger Körper, welche im Destillierkolben zurückgeblieben, ist bei auffallendem Lichte rotbraun, bei durchfallendem Lichte in dünner Schicht grün, welche Farbe von einem Chlorophyllgehalte herrührt.

Es ist von dicker Extraktkonsistenz und hat noch den Geruch des Öles. Der Geschmack ist sehr bitter und kratzend. Schmelzpunkt bei 56° C. Das Harz ist löslich in Alkohol, Äther, Chloroform, Amylalkohol und Benzol, in geringem Grade auch in Petroläther. Dies gilt aber nur von der Extraktkonsistenz, nicht vom gepulverten Harze.

Bei 180° C. fängt es zu kochen an, und es destilliert eine stark riechende ölartige Flüssigkeit über. In kohlensaurem Natron, in Kali und Ammoniak ist das Harz nur teilweise löslich. Es lag also die Vermutung nahe, dafs das Harz aus zwei Anteilen bestehe, einem neutralen und einer Harzsäure. Bei Behandlung des Hopfenharzes mit HNO bleibt ein unlöslicher, in Wasser mit gelber Farbe etwas löslicher, schwach bitterer Rest, in Alkohol und Äther leicht löslich, bei 90° schmelzend.

Verschiedene Methoden der Isolierung des Hopfenharzes durch Greshoff ausgeführt:

In 5% Natriumkarbonatlösung (eine sehr langwierige Arbeit) waren von 12 g des Harzes 8 g löslich und 3,2 g unlöslich; ein Gehalt an im Wasser gelöst gebliebenen Bestandteilen (Bitterstoff etc.) wurde mit beobachtet. Das lösliche Harz, die Harzsäure, ist der bitterste Teil des Komplexes und zugleich der hauptsächliche Träger des orangeroten Farbstoffes; der in kohlensaurem Natron unlösliche Teil ist mehr braun.

Bei einem Trennungsversuch mit Alkohol (90%), im Verhältnis wie 1 : 15, blieb ein unlöslicher Rest, welcher sich als Hopfenwachs erwies. Die filtrierte Harzlösung wurde mit Kupferacetat (in alkoholischer Lösung) ausgefällt. Es entstand ein reichlicher hellgrüner Niederschlag; auch die überstehende Flüssigkeit ist hellgrün; aus dieser wurde die lösliche Kupferharzverbindung mit Wasser abgeschieden, eine dunkelgrüne, spröde, unter 100° schmelzende, nicht in Äther, Benzol oder Chloroform lösliche Masse. Ein Teil löst sich in Petroläther.

Kochendes Ammon löst erst einen Teil des ursprünglichen Hopfenharzes zu einer dunkelbraunen Flüssigkeit. Man mufs auch hier sehr lange und mit grofsen Mengen Ammon (10%) kochen, um eine völlige Trennung zu bewirken. Das spez. Gewicht des in NH^3 löslichen Harzes = 1,0746; das spez. Gewicht des in NH^3 unlöslichen Harzes = 1,0640. In ein NaCl sol. 10% sinkt also der erstgenannte Körper, während der zweitgenannte schwimmt.

Die ammoniakalische Lösung wurde im Wasserbade erwärmt, bis alles Ammon verdunstet war; nach dem Erkalten hatte sich ein rotbraunes Harz abgeschieden; aber die überstehende wässerige Flüssigkeit war orangefarben und (auch nach der Filtration) äufserst bitter[168]).

Elementaranalyse der Harze:

I. Hopfenharz, der in NH^3 lösliche Teil:

C = 68,28%,
H = 8,31%,
O = 23,41% (Differ.);

II. Hopfenharz, der in NH^3 nicht lösliche Teil:

C = 70,40 %,
H = 8,55 %,
O = 21,05 % (Differ.);

III. in Petroläther unlöslicher Teil des gelösten Harzes:

C = 65,17 %,
H = 7,42 %,
O = 27,11 % (Differ,);

IV. Cu-Verbindung des bitteren Harzes (in Petroläther löslich):

C = 66,51 %,
H = 8,29 %

und ein Gehalt CuO = 7.58 %.

Der unter II genannte Körper stimmt im Kohlenstoff- und Wasserstoff-Gehalt mit Lermers Hopfenbittersäure überein.

Das ursprüngliche Harz erscheint als ein gelbes, bitteres Weichharz von harzglykosidischer Natur und als ein festes, braunrotes, wenig bitteres Harz. In Petroläther löst sich das erstere leicht, das letztere viel schwieriger auf, aber eine Trennung läſst sich auf diese Art nicht durchführen. Der lösliche Anteil bleibt noch immer ein Gemisch; auch er läſst keine Krystallbildung wahrnehmen[169]).

Der Chemiker Dr. Eugen Prior in Nürnberg (s. Allg. Br.- u. H.-Ztg. 1883, I, 441; man sehe auch vom selben Autor: Untersuchung und Beurteilung des Bieres, im Auftrage des Vereins der bayerischen Vertreter der angewandten Chemie, München 1898, bei Dr. E. Wolff) hat systematische Untersuchungen mit mehrlei Hopfensorten angestellt, vor dem Brauen und nach der Verwendung in der Brauerei, also ausgekocht, um zu sehen, wie weit der Hopfen bei dem üblichen Sudverfahren ausgebeutet wird.

Es ergab sich aus dem Mittel vieler Bestimmungen (auf Hopfentrockensubstanz berechnet) folgende Extraktausbeute:

1. Für frischen Hopfen:

Wasserextrakt	32,50 %
Alkoholextrakt	26,41 »
Ätherextrakt	19,86 »
Summe	78,77 %.

2. Für ausgekochten Hopfen:

Wasserextrakt	20,72 %
Alkoholextrakt	9,59 »
Ätherextrakt	7,67 »
Summe	37,98 %.

Demnach bleibt im Hopfen noch eine erhebliche Menge wertvoller Stoffe unbenutzt und geht verloren.

Deinhardt fand im nach seiner Methode (wiederholten Kochens desselben Hopfens) besser ausgekochten Hopfen (auf Hopfentrockensubstanz berechnet) noch folgende Extraktausbeute:

Wasserextrakt	6,79 %
Alkoholextrakt	5,18 »
Ätherextrakt	4,03 »
Summe	16,00 %.

Das wären also — bei E. Prior — im ausgekochten Hopfen ca. 40 % dessen, was der Hopfen an extrahierbaren Stoffen enthält.

Danach müſste man es unbegreiflich finden, daſs man in der Brauerei so massenhaft die wertvollsten Hopfenstoffe wegwirft. Allein — wie wir später sehen werden — sind nur die erst extrahierten Hopfenstoffe feinschmeckend, die später extrahierten schmecken roh und derb, verderben den Geschmack des Bieres. Man kann sie also zum Bierbrauen nicht ohne weiteres verwenden, und eine andere Verwendung ist noch nicht gefunden. Ohne Zweifel spielt auch hier die Frage nach weichem, hartem und Mittel-Wasser eine Rolle. Offenbar wird der Hopfen von extrem harten oder weichen Wässern quantitativ und qualitativ nicht gleich extrahiert. Ohnehin haben die folgend erwähnten Untersuchungen von Briant und Meacham gezeigt, dafs die nach 2stündigem Kochen noch im Hopfen befindliche, also ungelöste Hälfte des Harzes aus dem Hartharz bestand. Dieses Hartharz kann aber doch nicht mit dem Hayduck'schen γ-Harz identisch sein.

Direktor Aubry (München, s. Allg. Br.- u. H.-Ztg. 1883, I, 441) sagt, dafs die nach der Deinhardtschen Methode (s. weiter unten) hergestellten Biere nicht so gut schmecken wie die mit demselben Hopfen nach der gewöhnlichen Braumethode hergestellten. Die Deinhardtsche Methode der mehrmaligen Verwendung desselben Hopfens sei nichts Neues, die Engländer hätten solche Ersparnisse bei den konzentrierten Würzen für Porter und Ale schon lange zu machen gesucht; allein die Erfahrungen, welche sie dabei gemacht, hätten sie nicht ermutigt; der Geschmack der Biere sei ein anderer, schlechterer geworden, weshalb sie wieder zur ursprünglichen Methode zurückgekehrt seien. Dr. E. Prior meinte, dafs das Bier, welches er aus der Deinhardtschen Brauerei getrunken, nichts zu wünschen übrig gelassen habe, obgleich 25 % Hopfen gespart worden seien. Wie wir sehen werden, hat aber Herr Deinhardt später seine Methode, eben wegen des schlechteren Biergeschmackes, selbst verworfen.

b) Kurze Zusammenfassung der chemischen Studienergebnisse über die Hopfenharze.

Schon Chevalier, Payen und Pelletan haben den Gehalt des Hopfens an aromatischem Harz auf die Hälfte des Lupulingewichtes festgestellt.

Alle Harze, auch die, welche nicht im Hopfen vorgekommen, sind Stoffgemenge. Seyffert und Antropoff (s. oben) haben konstatiert, dafs die Hopfenharze in fortschreitender Zersetzung begriffene Stoffgemenge sind, unter welchen auch Haydučks α- und β-Harze auftreten.

Das Hopfenharz zeigt Beziehungen zum ätherischen Öl und zum Bitterstoff des Hopfens. Wahrscheinlich ist das Harz aus den Bitterstoffen (Bittersäuren) des Hopfens hervorgegangen. Sehr charakteristisch ist auch, dafs Ifsleib den Geruch des gelösten Bitterstoffes stark aromatisch fand. Dafs das ätherische Öl durch Oxydation sich teilweise in Harz verwandelt, ist längst bekannt.

Schon Vlaanderen und Etti haben das Hopfenharz vom ätherischen Öl, Bitterstoff und Gerbstoff frei gemacht, aber dann bildete es immer Hydrate.

Lermer hat bereits vor 30 Jahren klar und deutlich nachgewiesen, dafs zwei Harze im Hopfen auftreten, welche mit den Bitterstoffen gemengt sind. Das ist heute noch richtig, ebenso dafs die Bittersäure allmählich in Harz übergeht.

Hayduck unterscheidet drei Harze:

1. Das α-Harz (das wertvollste);
2. das β-Harz (das nächstwertvollste).

   Diese beiden Weichharze, welche die wichtige Harzrolle im Brauprozesse spielen, sind schwer voneinander zu trennen;
3. das γ-Harz oder Hartharz, welches anscheinend keinen Wert mehr für die Brauerei besitzt.

Die Ansichten von Hayduck, Briant, Meacham etc. in Bezug auf die Harze und Bitterstoffe sind sicher auch heute noch nicht das letzte Wort, denn es ist Erfahrungsthatsache, dafs bei kurzer Kochdauer die für die Haltbarkeit des Bieres nötigen Harze und Bitterstoffe, weil schwerer löslich, im Hopfen zurückbleiben.

M. Hayduck hat früher selbst die Bittersäure als selbständig anerkannt und angenommen, dafs durch deren Oxydation sein Harz 2 (das β-Harz) entsteht; sein Harz 1 (α-Harz) aber stehe mit der Hopfenbittersäure in gar keiner Beziehung.

Später läfst er aus der in rhombischen Tafeln krystallisierenden Hopfenbittersäure sein α-Harz und aus der in rhombischen Säulen krystallisierenden sein β-Harz entstehen. Wie oben (S. 602) gezeigt, sind diese Angaben über die Krystallgestalt der Bittersäuren nicht zutreffend. Trotz äufserer Ähnlichkeit sind α- und β-Harze wohl unterschieden, ebenso wie sich die ihnen zugehörigen Bittersäuren in ihrer Krystallform unterscheiden. Das Hartharz soll durch Oxydation von Kohlenwasserstoffen des ätherischen Öles entstehen und mit den Bittersäuren nichts zu thun haben; aber anscheinend sicher ist, dafs durch Alter, Wärme, schlechte Lagerung die Weichharze in Hartharze übergehen.

Alle drei Harze, in welche Hayduck den Gesamtkomplex »Hopfenharz« zerlegt hat, das α-, β- und γ-Harz, zeigen das Verhalten schwacher Säuren, aber ihre Löslichkeit in Wasser ist sehr inkonstant. Alle drei Harze sind in Wasser etwas löslich und bilden daher einen Bestandteil der gehopften Würzen und des Bieres.

Die Löslichkeit in Wasser beträgt:

Beim α-Harz	0,042 %
» β- »	0,048 »
» γ- »	0,058 »

Der Sitz der Hopfenharze sind namentlich die Lupulindrüsen mit ca. 80% des Sekretes; aber auch in den Zapfenblättern, in deren nicht individualisierten Drüsen, befindet sich ein Teil des Hopfenharzes.

Es ist jetzt noch nicht möglich, genau zu sagen, wieviel Harz nebst Bittersäure in ganzen Hopfenzapfen oder in den Drüsen (dem Hopfenmehl) allein enthalten ist, weil in den Wasser-, Alkohol- und Äther-Extrakten etc. auch noch andere Dinge, wie Pflanzenfett, Wachs etc., enthalten sind.

Nach H. Keller (s. oben S. 259 und 267) beträgt der Extrakt der Hopfendrüsen (des Hopfenmehls) 87,06%; der eigentliche Harzgehalt wäre 4,0—16,0%. E. Prior gibt den Alkoholgehalt (also den Harzgehalt) des Hopfens auf 23,5—28% an, den Extraktgehalt der Zapfen auf 78,77%. Remy gibt den Gesamtharzgehalt der Hopfenzapfen auf 14,0—23% an (s. oben S. 264 u. ff.); ähnlich Dr. Schönfeld (s. oben S. 266). Hayduck gibt für guten Hopfen den Weich- und Hart-Harzgehalt des Hopfens auf ca. 1/3 seines lufttrockenen Gewichtes an.

Gustav Neumann fand in 10 Hopfenproben (Rakonitz, Saaz Stadt, Hrivic, Wrbitz, Trschitz in Mähren, Galizien, Steiermark, Siebenbürgen, Zebus bei Leitmeritz, Auschaer Grünhopfen) nach sechsmonatlicher Lagerung, bei 6—8° R. aufbewahrt gewesen, im lufttrockenen Hopfen an α- und β-Harz (Petrolätherextrakt) im Mittel 6,53% und im wasserfreien Zustande 6,55%; im Minimum befand sich der Hopfen von Zebus mit 3,72% lufttrocken und 4,01% wasserfrei; im Maximum befand sich Siebenbürgen mit 9,40% lufttrocken, 9,86% wasserfrei; Stadt Saaz hatte nur 6,59% und 7,44% (man s. Fr. Chodounsky: Über die Wertschätzung des Hopfens in Berichten der Versuchsanstalt für Brauindustrie in Böhmen, Prag 1898, S. 78; man s. auch derselbe Autor: Über die Wertschätzung des Hopfens nach äufseren Eigenschaften, Prag 1899, ebenda; Studie o Chmeli in zuláštni otisk z. VIII. Ročniku-Českých Listů Hospodářských R. 1900; ferner Chmel. Přispěvek K Posuzování Hodnoty. V Praze, 1900). Sievert nimmt im guten Hopfen den Gesamtharzgehalt mit 20% an, was Greshoff als zu hoch bezeichnet.

Ich selbst habe in Verbindung mit einer Anzahl Studierender der Technologie in Weihenstephan 1882 (nach der Abbürstmethode, s. Zeitschr. d. Landw. Vereins in Bayern 1882, Februar- und März-Heft) bei 42 Hopfenproben aller Länder den Mehlgehalt der lufttrockenen Hopfenzapfen auf 3,76—19,34 Gewichtsprozente (letztere Sorte ein bayerischer Gebirgshopfen der Betzensteiner Gegend) festgestellt, aber da fehlen noch 2—4% des Sekretes der nicht individualisierten Drüsen.

Es ist keineswegs festgestellt, wieviel Weichharz und wieviel Hartharz ein eben erst normal geernteter und normal getrockneter Hopfen hat, ferner ob dies bei derselben Sorte jahrgangweise gleich oder immer wechselnd ist, in letzterem Falle, welche Agentien hier als wirksam auftreten; meist ist es jahrgangweise sehr wechselnd (s. folgend).

Man nimmt an, dafs in einem wirklich guten, normalen, frischen Hopfen viermal so viel Weichharz als Hartharz vorhanden sein soll.

Das Weichharz geht beim Lagern des Hopfens allmählich in Hartharz über, schneller bei schlechter Lagerung, sehr rasch bei Erhitzung (Umstehen, Bodenröte), langsamer bei guter, luftabschliefsender, trockener, kühler Lagerung.

Aber auch beim Koch- und Gär-Prozefs wird Weichharz in Hartharz umgewandelt.

Das Weichharz ist in der kochenden und in der kalten Würze leicht löslich, scheidet sich deshalb auch auf dem Kühlschiff nicht so reichlich aus der Würze aus.

Die kompakte Decke im Gärbottich scheint hauptsächlich aus ausgeschiedenem Hartharze zu bestehen, dessen Einflufs sich bis in den Schaum des Bierglases erstreckt.

Man sagt vom Hartharze, dafs es eine erheblich zusammenziehende Kraft besitze; auch soll es die lösende Kraft des Alkohols im Bier erschöpfen, so dafs der Alkohol das Pech nicht von den Fafsdauben loslösen kann, also für die Erhaltung der Pichung in den Biergebinden günstig wirken.

Immerhin ist es wichtig, dafs ein Hopfen nur dann gut ist, wenn er möglichst wenig Hartharz, dagegen möglichst viel Weichharz hat. Mit dem Übergang aus dem Weichharz in Hartharz werden auch die andern Eigenschaften des Hopfens verschlechtert, namentlich Aroma und Bittergeschmack. Sobald einmal mehr Hartharz im Hopfen ist als Weichharz, ist derselbe schon sehr entwertet.

Wo das Weichharz viel mit Sauerstoff in Berührung kommt, findet eine Umwandlung in Hartharz statt, so auf dem Kühlschiff, wo die Würze viel Luft (und Sauerstoff) verschluckt; im Gärbottich wird dem Weichharz namentlich durch die neuerlich in Gebrauch gekommene Lüftung viel Sauerstoff zugeführt; die dadurch begünstigte Hartharzbildung trägt natürlich viel zur Bildung kompakter Decken bei. Aber bei sehr reichlicher Hartharzbildung scheidet sich dasselbe nicht blofs in der Kräusendecke, sondern auch im Innern der Hefe ab, wodurch diese mehr oder minder harzumhüllt und unwirksam wird. Demnach wirkt übertriebenes Lüften in dieser Beziehung nicht günstig.

In der Wiener Zeitschrift Gambrinus (1899, S. 1050) wird gesagt, dafs feinere Hopfen sich nicht so leicht erwärmen; deshalb erwärmten sich bayerische Hopfen leichter als böhmische, denn es erwärmten sich zuerst die krautartigen Zapfenblätter, dann erst die Sekretdrüsen. Nun sind aber die Zapfenblätter der Spalter meist viel feiner wie jene der Saazer. Auch wird ebenda gesagt, dafs die feinsten und besten Hopfen auch das Lupulin am meisten festhielten, vor dem Abfallen und Verhärten schützten; auch darin gewährten die Saazer und überhaupt die böhmischen Hopfen Vorzüge. Nun ist aber gerade das Gegenteil der Fall; es gibt im Gebiet von Saaz ganze Strecken, deren Hopfen das Mehl sehr leicht fallen lassen; in andern Strecken zerbrechen und zerbröckeln die Zapfen sehr leicht.

Oft ist auch die Idee schon aufgetaucht, dafs es Hopfensorten gäbe, namentlich unter den feinsten, welche nicht blofs Hopfenharz in ihrem Drüsensekret hätten, sondern auch in einem harzigen Überzug der Dolden- oder Zapfen-Blätter. Im »Gambrinus« wird nun gesagt, dafs namentlich die Saazer Hopfen das hätten, und dafs dadurch auch das Hopfenmehl mit den Zapfenblättern in feste Verbindung gebracht würde. All das hat mit der Wahrheit gar nichts zu thun. Es gibt keine Harzüberzüge über die Zapfenblätter, und was es für eine Bewandtnis mit den Flächendrüsen auf den Zapfenblättern hat, ist weiter oben (S. 231 u. ff.) eingehend erörtert.

Thatsächlich gehören zu den sekretreichsten, also auch harzreichsten Hopfen der Welt die bayerischen, nicht blofs die Spalter, sondern auch die Hallertauer in Ober- und Niederbayern und selbst die mittelfränkischen oder Markthopfen; es gehören dahin auch die Saazer und die schwersten Rothauschaer (Plattenhopfen von Polep etc.). Da die Spalter meist erheblich kleinere Zapfen haben wie die Saazer und mit diesen gleich grofse Sekretbilder oder Reibflächen, so sind die Spalter meist erheblich reicher an Drüsensekret, also auch an Harz, wie die Saazer.

Immer mehr häufen sich die Versuche gewisser interessierter Kreise, Artikelchen in die Fachpresse und in politische Blätter zu lancieren, welche auf Kosten anderer und namentlich der bayerischen Hopfensorten die Saazer und andere böhmische in ein glänzendes Licht setzen sollen. Es ist das doch gewagt, denn wenn man im Glashause sitzt, soll man nicht mit Steinen um sich werfen. Wenn die wahrhaft Sachkundigen in Bezug auf den Hopfen heute auch noch nicht sehr häufig sind, ab und zu gibt es doch einen, der sich das näher angesehen hat.

Seit 10—20 Jahren haben nämlich die Saazer Hopfenproduzenten aller Lagen, weil ihre Mittelerträge per Hektar nur 9—10 Ztr. zu je 50 kg sind, immer mehr ertragreichere fremde Rebensorten (Rothauschaer, Schwetzinger, Spät-Württemberger, Elsässer, englische etc.) eingeführt. Die Sache hat jetzt schon ganz unheimliche Dimensionen angenommen (man s. auch C. Beckenhaupt: Quantität und Qualität im Hopfenbau, Weifsenburg i. E. 1900). Ich kann hier auf Einzelheiten nicht eingehen, das wird später geschehen, aber ich glaube, dafs heute schon $^1/_3$, wenn nicht $^1/_2$ aller Hopfenstöcke des Saazer Gebietes nicht mehr der alte Saazer Rothopfen, sondern fremde Rebensorten sind. Die eingeführten rasseechten fremden Sorten bringen dort nicht blofs höhere Erträge, sondern auch ein qualitativ sehr abweichendes Produkt.

Man staunt, wenn man die heutige Tollwut auf Saazer Ware mit den Gefahren vergleicht, welche sie für die Biererzeugung im Gefolge haben kann.

Für die Lieferanten ist das alles Qualitätshopfen; der Brauer, der allerlei Enttäuschungen erlebt, sucht die Ursachen überall, nur nicht beim Hopfen, da hat nichts gefehlt, er war ja auch noch halliert und signiert. Auch die der Verarbeitung des Hopfens in der Brauerei sehr ungünstige forcierte Düngung spielt heute im Gebiete von Saaz vielfach eine grofse Rolle.

Die Lösungen der weichen Harze sind intensiv aber angenehm bitter, jene des harten Harzes schmecken sehr schwach aber unangenehm bitter; später nannte Hayduck das Harz 3 (γ-) im reinen Zustande vollkommen geschmacklos, Harz 2 stark nach ätherischem Öl riechend, also offenbar aus dem ätherischen Hopfen hervorgegangen. Geschmack hatte das γ-Harz nur, wenn es noch mit den andern Harzen verunreinigt oder gemengt war.

Im reinen Wasser ist das Hopfenharz nach Reischauer (l. c. 1878, S. 268) so unlöslich, dafs es demselben nicht einmal Geschmack erteilt; im Bier wird es nach Habich durch Zucker und Alkohol in Lösung erhalten.

Bungener hat die Bittersäure des Hopfens als ein heftiges Gift gegen Milchsäurebakterien erklärt; dagegen sagt Hayduck, dafs nur die Hopfenharze (Weichharze) antiseptisch seien und zwar nur seine Harze α und β, dafs auch β viel weniger antiseptisch sei als α; das sind also diejenigen, welche sehr wahrscheinlich durch Umbildungen aus der Hopfenbittersäure entstehen; das Hartharz (γ) ist nach Hayduck nicht antiseptisch, also gerade dasjenige, welches nicht aus der Bittersäure hervorzugehen scheint; es hemmt wohl anfänglich die Milchsäurebakterien etwas, schliefslich aber gar nicht mehr.

Wenn Hayduck an anderer Stelle selbst sagt, dafs vollkommen entbitterte Harze nicht antiseptisch seien, so mufs doch die Bittersäure das Antisepticum sein. Es fällt dabei sehr ins Gewicht, dafs Ifsleib zwischen Harz und Bitterstoff strenge unterscheidet und gar nicht zugibt, dafs es überhaupt ein bitteres Harz im Hopfen gebe. Vielmehr werde der bittere Geschmack des Harzes nur durch anhaftende kleine Mengen von Bitterstoff hervorgerufen. Man hat ja auch bei andern Hopfenstoffen, z. B. beim ätherischen Öl und selbst beim Gerbstoff, gesehen, wie fest sie alle mit dem Harze zusammenhängen, aber doch selbständig sind. Diese Seite der Frage, ob die Bittersäure oder die Harze die antiseptischen Wirkungen ausüben, hat übrigens nur ein theoretisches Interesse. Für den Praktiker ist die Thatsache entscheidend, dafs im Hopfen und in dessen Sekret der Bitterstoff und die Harze immer innig vergesellschaftet vorkommen, so dafs sie nur mit Mühe und vielmals anscheinend gar nicht voneinander getrennt werden können. In den Lösungen mit Petroläther, dem sogenannten Weichharze, hat man es immer mit Gemengen von Harz und Bittersäure zu thun, letztere wahrscheinlich mehr.

Hayduck sagt, dafs das schwachbittere Hartharz des Hopfens, sein γ-Harz, welches meist in gröfserer Menge im Hopfen vorkommt als die Weichharze, d. h. in älteren oder verdorbenen Hopfen, für die Zwecke der Brauerei wertlos sei, obgleich es löslich ist; das ätherische Öl bilde bei der Verharzung nur dieses wertlose Harz, während er an anderer Stelle sagt, dafs im β-Harz allein noch ein starker Hopfengeruch (also offenbar nach ätherischem Öl) stecke. Das ätherische Öl findet sich im Mittel im Hopfen nur mit 0,50% (im Maximum 0,75—0,8%), und da es experimentell festgestellte Thatsache ist, dafs mit der Zunahme des Alters die Weichharze des Hopfens sich in Hartharze verwandeln, so reicht das ätherische Öl schon quantitativ nicht hin, 8—10—15 und mehr Prozent Hartharze im Hopfen zu bilden; es müssen also auch die Weichharze im alternden Hopfen sich allmählich in Hartharze umbilden. Auch die Bittersäure bildet allmählich harzartige Körper.

Dafs das Hartharz, das γ-Harz Haydücks, für die Zwecke der Brauerei völlig wertlos, ist wohl wahrscheinlich; es ist dies aber doch noch nicht ganz sicher, weil es nicht experimentell nachgewiesen. Konservieren wird es im Lagerkeller wohl dadurch, dafs es die Thätigkeit des Hefenpilzes herabdrückt. Früher war man allgemein der Ansicht, dafs die Gärung ein physiologischer Vorgang, an die Lebensthätigkeit der Hefezelle geknüpft sei und dafs das niedergeschlagene Harz diese Lebensäufserung herabstimme, also die Gärung im Lagerfafs hemme. Die Untersuchungen des Prof. Dr. Buchner in Tübingen haben aber gezeigt, dafs die Gärung ein chemischer Vorgang ist[170]).

Die früher geäufserte Ansicht, dafs die Löslichkeit der bitteren Harze, wenn mit Wasser gekocht wird, bedeutend abnimmt, hat Hayduck später widerrufen oder doch sehr abgeschwächt. Diese Ansicht steht ja auch im Widerspruch mit der Thatsache, dafs man beim fünf- und zehnmaligen Kochen desselben Hopfens immer noch harzige und bittere Stoffe in der Würze findet. Hayduck u. a. fanden diese drei Hopfenharze in kleinen Mengen auch im Bier; in der Kräusendecke fand Hayduck nur das β- und γ-Harz; ein andermal fand er aber auch das α-Harz.

Briant und Meacham haben durch Versuche festgestellt, dafs die konservierende Kraft verschiedener Hopfen ihrem Weichharzgehalte direkt proportional war.

Dafs das Hopfenharz keine einheitliche Sache ist, fand auch Greshoff, ohne dafs indes seine experimentellen Ermittelungen in dieser Frage mehr Licht verbreitet hätten.

Über das quantitative Auftreten der Harze im Hopfen geben die zahlreichen Analysen Auskunft, welche in dem Abschnitte über die Bestimmung des Sekretgehaltes durch lösende Mittel enthalten sind (in einer folgenden Schrift »Hopfenwarenkunde«).

Seyffert und Antropoff in Petersburg stellten fest, dafs sich die quantitative Bestimmung der α- und β-Harze am besten durch Erschöpfung des Hopfens mit Äthyläther und darauffolgender Extraktion des Destillationsrückstandes mit Petroläther erzielen läfst[171]).

In neuerer Zeit ist mehrfach die Ansicht ausgesprochen worden, dafs mit dem Harze und Bitterstoff in der Brauerei eine grofse Verschwendung getrieben werde; es komme viel mehr in die Würze, als notwendig sei, weshalb es bei verschiedenen Abschnitten in der Entwicklung des Bieres wieder ausgeschieden werde. Diese Annahme hat vieles, was für sie spricht, allein wir können nicht genau bemessen, welche — vielleicht sehr wichtige — Rolle das wieder ausgeschiedene Harz bereits im werdenden Bier gespielt hat. Diese, namentlich auch von Dr. Behrens geltend gemachte Ansicht ist denn doch noch sehr fraglich, wenn wir sehen, dafs man nach Briant und Meacham in England von dem sekretarmen englischen Hopfen mehr als das Doppelte nehmen mufs wie vom deutschen und namentlich bayerischen, um dieselbe Wirkung der Konservierung etc. im Bier zu erzielen. Ganz dasselbe sagt auch Dr. Hampus in Altuna in Schweden[172]); man mufs von dem sekretarmen schwedischen Hopfen 2—4 mal so viel nehmen, um dieselbe Würze im Bier zu erzielen wie mit bayerischem. Vielleicht liegt die Sache jetzt, mit der modernen Kellerkühlung, mit dem permanenten Tiefstand der Kellertemperatur, anders, aber sicher ist das auch noch nicht.

Ganz ebenso ist es mit altem Hopfen und nicht ausgereiftem. Wenn Dr. Behrens, der immer so mafsgebend auftritt, mit seiner Hopfenverschwendung recht hätte, könnte das doch nicht so sein, da müfsten englische, schwedische und bayerische gleich wirken.

Dafs das Harz — wie Briant, Meacham u. a. meinen — der wichtigste Bestandteil des Hopfens sei, eine Ansicht, welche auch Dr. Griefsmayer in der Mitte der 1880er Jahre vertrat, das läfst sich doch heute unmöglich mehr aufrecht erhalten.

Die Thatsache, dafs sich der Hopfen mit einem nur einmaligen Auskochen nicht völlig extrahieren läfst, hängt ohne Zweifel mit seinem reichen Harzgehalt zusammen. Das Hopfenbitter und der Hopfengerbstoff sind in Wasser nicht leicht lösliche Stoffe, wahrscheinlich weil sie in einer eigentümlichen Verbindung mit dem in Wasser unlöslichen Harze im Hopfen enthalten (harzgebunden) sind. Es ist fraglich, ob es mit gewissen Teilen des ätherischen Hopfenöls nicht ebenso ist. Daher erhält man beim mehrmaligen Auskochen des Hopfens immer wieder Extrakte von Hopfen-Harz, Bitter- und Gerb-Stoff. Wie Rutschmann (Allg. Br.- u. H.-Ztg. 1883, V, 490) u. a. bemerkten, kann man vier- und fünfmal durch erneuertes Auskochen solche Extrakte bekommen, zuletzt mindestens solche mit Harz, wenn auch immer weniger. Die so angestellten und gehopften Würzen werden stets Kräusen bilden, ein Beweis, dafs Hopfenharz oder wenigstens Bestandteile des Hopfens in ihnen gelöst sind, denn bei ungehopften Würzen tritt keine Kräusenbildung ein.

Anfänglich meinte Hayduck, dafs nur das α-Weichharz sehr antiseptisch (bakterienfeindlich) sei, jetzt weifs man aber sicher, dafs das α- und β-Harz diese Qualität haben, das erstere vielleicht noch mehr; dem γ-Harz scheint diese Eigenschaft ganz zu fehlen. Es zeigen sich aber in dieser Sache merkwürdige Abweichungen, denn während die Milchsäuregärung durch die Gegenwart von Weichharzen fast vollständig unterdrückt wird, wird die Entwicklung von Essigsäurebakterien nicht im geringsten gehemmt. Das Verhalten der Sarcina, einer der häufigsten Krankheitserreger des Bieres, ist erst später (s. Abschnitt f u. ff.: Das Lupulin als Gift gegen die Sarcina) geprüft worden. Dennoch fand Schönfeld auch früher schon, dafs stark gehopfte, bittere Biere wenig für die Sarcina empfänglich sind. Jedenfalls sind die Weichharze die Träger der antiseptischen Kräfte des Hopfens.

Die Hefe erträgt Weichharzlösungen, wenn sie nicht zu stark sind, ziemlich gut, sogar mehr, je höher der Weichharzgehalt der Würze ist; der Vergärungsgrad bleibt dabei unbeeinträchtigt, vielleicht weil im weiteren Gärungsverlauf Harz ausgeschieden wird. Die geringe Haltbarkeit der 1897er Biere dürfte mit dem geringen Weichharzgehalt der 1896er Hopfen in Beziehung stehen. Briant und Meacham nehmen ohne weiteres an, dafs Weichharzgehalt und konservierende Kraft im Verhältnis stehen. Auf die antiseptische Bedeutung des Hopfens kommen wir später noch zu sprechen.

Leider sind im Petrolätherextrakt auch Fette und Wachs (Nichtharze) enthalten, das ist aber doch nur untergeordnet. Um diese Beimengung bei der Feststellung der Weichharze zu vermeiden, schlagen Prof. C. J. Lintner und G. Barth ein mafsanalytisches Verfahren zur Bestimmung des Weichharzes im Ätherextrakt vor.

Der Weichharzgehalt des Hopfens hängt ab von der Sorte, Lage (Klima, Boden), Jahreswitterung, Düngung, Trocknung, Alter und Aufbewahrung. Hohe Hartharzgehalte finden sich bei überreif geernteten, schlecht getrockneten, schlecht aufbewahrten (umgestandenen) und alten Hopfen.

Hayduck hat auch einen günstigen Einflufs der Weichharze des Hopfens auf die Kräusenbildung nachgewiesen.

Wenn Remy unter Hinweis auf die Altmärker Hopfen sagt, dafs Reichtum an Früchten Armut an Weichharz zur Folge habe, so ist das nur sehr eingeschränkt richtig, denn die früchtereichen amerikanischen Hopfen sind reich an Harz.

Die Idee, dafs in der Brauerei mit dem Hopfenharz eine grofse Luxuskonsumtion getrieben werde, die sich vielleicht beseitigen liefse, wenn man das Harz wieder benutzt, ist schon alt. Habich, welcher ebenfalls das Harz als den wichtigsten Bestandteil des Hopfens ansieht, der durch nichts zu ersetzen sei, will die Ausscheidungen an der Decke von Anbeginn an, d. h. sobald die Kräusen einen bitteren Geschmack bekommen, sammeln, ebenso das am Schlufs der Gärung nach oben schwimmende Harz, und will dann durch Zusatz dieser Ausscheidungen beim Würzekochen noch ein Drittel des Hopfens sparen. Um aber das Harz unverändert längere Zeit aufzubewahren, müsse man es mit Traubenzucker versetzen. Schwarz[173]) meint, dafs diese Arbeit zwar sehr mühsam, aber Habichs Vorschrift gut ausführbar sei und eine wirklich bedeutende

Hopfenersparnis gewähre. Reisenbichler[174]) will den verdickten Gärschaum in Alkohol lösen, nach einigen Tagen filtrieren und im Wasserbade abdampfen. Das zurückbleibende bräunliche Harz wäre in entsprechender Menge der kochenden Würze zuzusetzen, um Hopfenbitter zu sparen.

Bei L. Briant und C. S. Meacham[175]) sind, wie bei Hayduck, Hopfen-Harz und -Bitter immer eine Sache. Die Hayduckschen α- und β-Harze sind antiseptisch, das γ-Harz nicht. Nach ihnen sitzt der ganze Brauwert des Hopfens, nebst dem ätherischen Öl, nur in seinem Gehalte an Weichharz. Dem Gerbstoff, den früher viele für das Entscheidende hielten, messen sie gar keinen Wert bei; wir werden aber sehen, dafs das nur für die sehr eiweifsarmen englischen Reis-, Mais- und Zucker-Würzen Bedeutung hat, keineswegs für die deutschen und österreichischen Malzwürzen. Die Menge der Weichharze wechselt mit der Hopfengattung, der Kulturmethode, der Reife und der Behandlung während des Trocknens. Ausländische (nichtenglische) Hopfen sind fast alle reicher an diesen Harzen als der englische. Der in diesen Dingen begründete höhere Wert der nichtenglischen Hopfen für den Brauer (natürlich auch für den englischen) beruhe auf der gröfseren Sorgfalt bei der Kultur, beim Pflücken und Trocknen; die kleinen Hopfenbauer des Kontinents brauchten die Pflücke nicht zu beeilen; sie könnten, weil sie doch rechtzeitig fertig würden, den Hopfen reif werden lassen, ehevor sie ihn pflücken; aber in England, wo auf den grofsen Gütern die Ernte 3—4 Wochen dauere, pflücke man einen Teil des Hopfens schon vor der Reife. Aber gerade in den letzten 14 Tagen des Reifestadiums wachse die antiseptische Kraft des Hopfens ganz wesentlich, bis zu 15 und 25%. Zu frühe Ernte drücke also die Durchschnittsqualität des Hopfens herab. Auch schauten die englischen Züchter mehr auf Quantität wie Qualität der Ernte. Wenn sie diese Mifsstände beseitigten, könnten sie durch den bei weitem überlegenen Geruch der englischen Ware einen höheren Preis erzielen als die kontinentalen Hopfen.

Dazu komme, dafs unreife Hopfen nicht nur weniger wirksam sind, sondern auch zu Harztrübungen im Bier Veranlassung geben. In englischen Brauereien hat man vor Jahren solche Harztrübungen im gröfsten Umfang beobachtet, wenn die neuen Hopfen in Gebrauch genommen wurden. Das ungünstige Wetter zur Erntezeit hatte damals die Hopfenpflanzer veranlafst, den Hopfen vor der eigentlichen Reife eiligst zu pflücken.

1897[176]) sagen Briant und Meacham, dafs auch in England sich in den letzten Jahren die Nachfrage nach Pale-Ale (also hellem Bier) sehr vermehrt habe; daher suchten die Brauer vor allem blasse Rohmaterialien, so auch blassen Hopfen, zu kaufen; da sie nun für blassen Hopfen besseren Preis zahlen, sieht sich der Hopfenpflanzer veranlafst, den Hopfen noch ganz grün zu pflücken. Wenn auch ganz reife Hopfen eine dunklere Farbe hätten, selbst etwas braun seien, so gäben sie mit dieser durch das Wachstum erlangten Farbe dem Bier doch keine merklich dunklere Färbung; nur jene Hopfen färbten ernstlich ab, deren dunkle Farbe von Krankheit (Umgestandensein etc.) herrühren. Die Ansicht dieser Herren in Bezug auf den höheren Brauwert leicht stangenroter Hopfen ist übrigens ganz irrig, wie ich früher in meiner Abhandlung: Wann ist der Hopfen reif? (Wochenschr. f. Br. 1888) gezeigt habe und im II. Teile dieses Buches zeigen werde. Stangenrote Hopfen geben dem Bier schlechten Geschmack.

Die Ansicht dieser englischen Technologen, dafs der erheblich mindere Gehalt der englischen Hopfen, verglichen mit den ausländischen, was ich übrigens schon um mehr als ein Jahrzehnt früher gesagt habe (s. meinen Vortrag bei der Brauerversammlung in Berlin, sub 18 des Literaturverzeichnisses), von der Pflücke vor der Reife und der schlechten Behandlung beim Trocknen der englischen Hopfen herrühre, ist gänzlich falsch. Der Sekretreichtum einer Sorte ist, wie wir noch sehen werden, in erster Reihe ein Resultat des Klimas und der Lage, etwas auch der Sorte. Mit meinen Reibflächen ist das spielend leicht und jedem ersichtlich nachzuweisen.

Daher kommt es auch, dafs die feinen englischen Goldings im Marzill (Hallertau, Oberbayern) und im Weihenstephaner Hopfenvarietätengarten unverhältnismäfsig reicher an Sekret sind als die in East Kent gewachsenen, obgleich die Marziller Goldings genau so behandelt werden wie die Kenter. Daher sind, bei ganz gleicher Behandlung, die Hopfen der inneren

Hallertau weit sekretreicher als die Hallertauer der peripherischen Lagen (Weihenstephan-Freising). Gerade so ist es in der Region von Saaz; nach innen die Zapfen immer kleiner, die Sekretmenge immer gröfser, nach aufsen umgekehrt; örtliche Ausnahmen sind in lokalen klimatischen Verhältnissen oder im wasserreicheren Boden begründet. Um Spalt hat die innerste Region (I Spalt Stadt mit Grofsweingarten) die relativ kleinsten Dolden mit dem meisten Sekret; da sind nun selbst die Übergänge sehr charakteristisch bei Region Spalt II und III, die Zapfen werden gröfser und im Sekretgehalt minder; Region IV, im Handel »leichteste Spalter Lage« genannt, welche weit vom Zentrum (Stadt Spalt) weg liegt, hat die gröfsten Zapfen und die kleinsten Sekretmengen, aber der Geschmack des Sekretes ist noch Spalter Typus.

Ich möchte auch nicht ohne weiteres das anerkennen, was diese beiden Herren reif nennen, denn mir scheint es (beim Fehlen genauer Definitionen), als wenn sie relativ zu spät gepflückt haben wollen, wo Menge und Qualität des Sekretes schon in einem abnehmenden Stadium sind. (Man sehe meine Abhandlung sub 19.)

Ich habe mir immer gedacht, dafs im Lagerkeller nicht blofs die letzten Reste von Harz aus dem Bier gefällt, sondern auch verändert werden. Nun sagt Paul Kropf in Chicago: »Gärungsverfahren für Bier zur Beschleunigung der Klärung und Aromatisierung desselben unter Vermeidung einer Nachgärung«[177]), dafs die noch im Bier suspendierten feinen Harzteilchen niedergeschlagen und das Hopfenharz durch Oxydation in feste, unlösliche Teile zusammengeballt und ausgefüllt werde. Zugleich geht ein Teil des Hopfenharzes mit einem Teil des Alkohols eine Verbindung zu aromatischem Äther ein; auch werden noch Eiweifsstoffe gefällt.

Der Harzgehalt derselben Hopfensorten kann von einem zum andern Jahrgang um mehrere Prozente differieren. Behrens hat die Ansicht, dafs der harzärmste Hopfen so viel Weichharz enthält, dafs die Würze beim Kochen gewöhnlich damit gesättigt werde. Aber aus harzreichem Hopfen wird — wie Remy gezeigt — mehr Harz in die Würze aufgenommen als aus harzarmem, aber auch in abnehmender Proportion bei zunehmendem Harzgehalt. Ob die beim Gärungsverlaufe sich als Decke abscheidenden Harze bereits eine Rolle als Bakterienschutz etc. gespielt haben, läfst sich bis jetzt zwar vermuten, aber nicht beweisen. Auch da machen sich dann wieder Imponderabilien geltend, denn eine bestimmte Menge Harz von der einen oder andern Hopfensorte ist keineswegs gleich in der Kraft oder Energie der konservierenden Wirkungen[178]). Wie aus den Versuchen von Dr. Remy (Berlin) hervorgeht, wirkten 0,18 g aus dem ordinären Altmärker Hopfen erheblich stärker gärunghemmend als 0,25 g Harz, welches aus dem feinen Saazer Hopfen in die Würze in Lösung getreten war. Es stimmt das mit dem, was ich schon seit 20 Jahren immer wieder gesagt habe, dafs nämlich merkwürdigerweise gerade die ordinäreren Hopfensorten eine erheblich gröfsere konservierende Kraft entwickeln als die feineren. Im Gebiet der Hallertau weifs man das schon lange in allen besser geleiteten Brauereien, und man weifs dort, dafs die gröbsten Hallertauer in den schlechten Kellern, deren Temperatur im Hochsommer sehr hoch steigt, in der Konservierung mehr leisten als die feinen Hallertauer. Es sind das also Dinge, die man längst kennt; ich habe sie auch schon vor Jahren bei verschiedenen Veröffentlichungan ausgesprochen. Es zeigen also auch die Harze wie das Aroma und das Bitter verschiedene Stufen der Energie, jedenfalls auch der Qualität, und zweifellos ist es ganz ebenso bei den Gerbstoffen.

Da bei den Remyschen Versuchen, bei Koch- und Vergärungs-Versuchen, die geringeren Harzmengen, welche aus dem Hopfen in die Würze gingen, mehr gärungverzögernd wirkten als die gröfseren Harzmengen aus isolierten Harzmengen, welche durch Aufsaugung einer ätherischen Harzlösung durch Quarzsand hergestellt wurden, so ist es sehr wahrscheinlich, dafs auch noch andere Dinge im Hopfen enthalten sind, welche gärunghemmend. wirken, nicht blofs die Harze, wenn man nicht annehmen will, dafs beim Aufsaugen und Trocknen des isolierten Harzes ein Teil des Weichharzes in Hartharz übergegangen ist.

Der Weichharzgehalt scheint in der That bei den feineren Hopfen gröfser zu sein als bei den geringeren, wenn man die Untersuchung zur ziemlich gleichen Zeit vornimmt. Bei den Remyschen Untersuchungen schwankte er:

bei Saazer	von 15,2—17 %	der Trockensubstanz
» Spalter	» 15,5—16,5 »	» »
» andern	» 13 —15 »	» »
» Aischgründer samenreichen	» 12 »	» »
» Altmärker und Russen .	» 9 »	» »

Für den Weichharzgehalt spielt nicht blofs der Jahrgang, sondern auch die Erntewitterung eine Rolle. Bei Hopfen gleicher Provenienz schwankte der Weichharzgehalt 1896 (mit dem schlechtesten, nässesten Erntewetter seit Jahrzehnten) und 1897 (etwas besser) zwischen 2,5 und 7 %. Natürlich übt auch die Trocknung und Konservierung einen grofsen Einflufs auf den Weichharzgehalt. 1896/97, wo die Hopfen in Mitteleuropa allenthalben einen so schlechten Weichharzgehalt gehabt hatten, wurde viel über die mangelnde Haltbarkeit des Bieres geklagt.

Bei der ohne Zweifel grofsen Bedeutung des Weichharzgehaltes im Hopfen für die Konservierung des Bieres wäre eine einwandfreie Bestimmungsmethode erwünscht. Bis jetzt gibt es aber eine solche nicht.

Der Weichharzgehalt ist auch ein Kriterium der Ernte, des Trocknens und der Aufbewahrung. Thatsächlich ist bis jetzt auch zwischen Harzgehalt und Qualität des Hopfens ein bestimmter Zusammenhang nicht nachweisbar.

Der Umstand, dafs die Engländer neuestens den Hopfen der Vereinigten Staaten so hoch taxieren und den englischen wie den kontinentalen Hopfen vorziehen, obgleich auch selbst die jungen Amerikaner infolge ihrer Trocknungsmethoden so arm an Weichharz sind, nur $^1/_3$—$^1/_4$ des Weichharzgehaltes bayerischer und böhmischer Hopfen haben (man sehe die Untersuchungen des nordamerikanischen Technologen Ernst Hantke im Amerikanischen Bierbrauer 1898[179]), läfst mir die ganze Weichharz-Bedeutungsgeschichte noch in einem sehr zweifelhaften Lichte erscheinen.

So viel ist gewifs, dafs der Harzgehalt, wenn man ihn auch in der Hopfenware möglichst reich enthalten wünschen mufs, im fertigen Bier möglichst wenig enthalten sein soll. Weil beim Gärprozefs das Harz ausgeschieden wird, hat das fertige Bier um so weniger Harz, je älter, und um so mehr, je jünger es ist. Harz im Bier gibt demselben einen rohen, harzigen Geschmack, macht es ermüdend beim Trinken und ungesund (schädlich auf die Nieren wirkend). Habich meint sogar, dafs es den sogenannten Urinzwang hervorrufe[180]).

c) Der brautechnische Wert der Bestimmung des Gesamt- und Weichharzgehaltes nebst dem Bittersäuregehalt[181]).

Dr. Remy[182]) findet im 1897er Material der Berliner Hopfenausstellung, dafs die besseren Hopfensorten (Saaz, Spalt, Rothauscha, Hallertau, Württemberg, Elsafs, Neutomischel) einen

mittleren Harzgehalt von 20,63 % hatten, schwankend von 18,53—22,84 %;

die geringeren Hopfensorten (namentlich Altmärker) haben einen

mittleren Harzgehalt von 15,75 %, schwankend von 14,00—17,37 %.

Remy gibt zu, dafs die Methode der Hart- und Weich-Harzbestimmungen nach Briant und Meacham nicht fehlerfrei ist (s. S. 532 l. c.); dasselbe sagen C. J. Lintner und G. Barth, und dafs sie sehr umständlich und mühsam ist.

Ich bin aber fest überzeugt, dafs, wenn man einmal mit diesen Hart- und Weich-Harzbestimmungen in einer Reihe von Hopfensorten gleichzeitig und methodisch meine Reibflächen oder Sekretbilder korrekt anlegt, man finden wird, dafs diese letzteren sehr rasch und mit wenig Mühe ganz dasselbe sagen werden, wobei man es auch noch sehen kann. Das sind dann Dinge, die jeder Praktiker sich alle Tage selbst machen kann, wenn er das erst einmal gelernt hat.

Dennoch finde man in der Bestimmung des Harzgehaltes einen wichtigen Anhalt für die Wertschätzung der Hopfensorten, wenn auch das allein nicht reiche.

Die Gebietsmittel der Hopfensorten im Gehalt an Harz in Prozenten der Trockensubstanz betrugen:

Gebiet	1897er Hopfen	1896er Hopfen
Saaz	20,65	19,36 (1895er)
Spalt	20,37	18,07
Oberbayern	20,30	18,22
Aischgrund	18,30	—
Württemberg	22,02	18,59
Elsaſs-Lothringen	21,17	17,98
Neutomischel	20,23	—
Altmark	14,77	14,55
Ostpreuſsen	19,78	19,61
Wolhynien (eine Sorte)	15,50	—

Wenn man die Altmark ausnimmt, bei der auch unsere in einer folgenden Schrift vorgeführten Reibflächen die Sekretarmut als typisch erweisen, so ist der Gesamtharzgehalt der Sorten so nahestehend, daſs man die besondere Wertschätzung, mit welcher man an die Hopfen bestimmter Provenienz (Saaz, Spalt, Hallertau etc.) anknüpft, im Gesamtharzgehalte nicht begründet finden kann. Remy sagt selbst, daſs der niedere Gehalt der Aischgründer nur in hier vorhandenen, namhaft gemachten Zufälligkeiten begründet sein kann[183]). Ich habe schon sehr sekretreiche Aischgründer bearbeitet.

Wenn der Hopfenbittersäuregehalt der sekretreichen Hopfensorten 13—14 % beträgt (s. oben S. 600 u. ff., Dr. C. J. Lintners Untersuchungen), dann besteht das, was man als Gesamtharzgehalt bezeichnet, zu nahezu $^2/_3$ aus Bittersäure und das andere erst aus Harz. Da die Bittersäure allmählich verharzt, dürfte vielleicht auch ein merklicher Teil dessen, was man Weichharz nennt, eigentlich Hopfenbittersäure sein; es ist das schon auch deshalb wahrscheinlich, weil die Bittersäure sich ebenso in Petroläther löst wie das Weichharz, und weil Hayduck, Briant und Meacham die konservierende Wirkung des Hopfens im Weichharz zu finden glauben, Bungener etc. dagegen in der Bittersäure; man vergleiche die folgende Zusammenstellung über Weichharzgehalt und die Lintnerschen Zahlen über Bittersäuregehalt (s. weiter oben S. 601).

Hayduck, Briant und Meacham halten den antiseptisch wirkenden Weichharzgehalt für ein allererstes Kriterium eines guten Hopfens; Behrens[184]) meint, daſs auch bei Anerkennung der antiseptischen Wirkung der Weichharze deren Menge für die Wertbestimmung des Hopfens bedeutungslos sei, weil auch der harzärmste Hopfen so viel davon habe, daſs jede Bierwürze beim Hopfenkochen mit Harz gesättigt werde; ohnehin gehe beim Würzekochen der gröſste Teil des Harzes im Hopfen nicht in die Würze über.

In der That fand Hayduck, daſs nach viermaligem Abkochen desselben Hopfens nur ca. 50 % des ursprünglichen Harzgehaltes in die Würze übergegangen war.

Briant und Meacham wollen aber die antiseptische Kraft von mit verschiedenen Hopfen gekochten Bierwürzen direkt proportional von deren Weichharzgehalt gefunden haben.

Nach Hayduck bleiben in 100 Teilen kalten, destillierten Wassers folgende Harzmengen gelöst:

	α-Harz	β-Harz
1. Abkochung	0,042 Teile	0,048 Teile
2. »	0,035 »	0,037 »
3. »	0,028 »	0,038 »
Mittel:	0,035 Teile	0,038 Teile
	0,0365 Teile.	

Die Löslichkeit nimmt beim wiederholten Kochen ab, wahrscheinlich ist es auch so beim Kochen mit Bierwürze. — Ein Hektoliter kaltes, reines Wasser löst also 36,9 g Harz; Brunnenwasser löst mehr und Bierwürze wahrscheinlich auch.

Eine mittlere Hopfengabe per 1 hl Bier beläuft sich auf ca. 350 g.

Darin sind bei gutem Hopfen enthalten:

Gesamtharz etwa 70 g
Weichharz » 50 »

Dr. Remy hat im Verein mit Dr. *Lange* Versuche angestellt[185]), ob die von der Bierwürze aufgenommene Harzmenge in Beziehung zur zugesetzten Menge steht, einerlei ob der Zusatz in Form von isoliertem Harz oder von Hopfen erfolgte. Es scheint das in der That so zu sein. Der Umstand, daſs der Gärungsverlauf um so mehr beeinfluſst wurde, je gröſser die aufgenommene Harzmenge war, zeigt, daſs das mehr aufgenommene Harz bei der Abkühlung der Würze vor der Gärung nicht ausgeschieden wurde, weil es dann nicht mehr wirksam gewesen wäre. Später wird allerdings um so mehr Harz in der Harzdecke ausgeschieden, je mehr vorhanden war. Sehr wahrscheinlich werden die Harze bis dahin schon als Bakterienschutz wirksam gewesen sein, aber wie und in welchem Betrage ist unbekannt. Inwiefern da aber harzarme und harzreiche Hopfen verschieden wirken, ist nicht bekannt. Daſs im Hopfen auch noch andere Dinge als bloſses Harz gärunghemmend wirken, scheinen die Versuchsreihen III (isoliertes Harz) und IV (Hopfen) darzuthun; die gärunghemmende Wirkung in III war, bei sonst völlig gleichen Bedingungen, geringer als in IV. Möglicherweise sind auch bei der Isolierung des Harzes in III Weichharze in (unwirksame) Hartharze verwandelt worden.

Wahrscheinlich wäre aber die gärunghemmende Wirkung des Hopfens durch seinen Weichharzgehalt und anderes noch Unbekanntes noch gröſser — gegenüber dem isolierten Harze —, wenn der Hopfen nicht auch durch das Kochen Stickstoffverbindungen in die Würze brächte, die als Hefenahrung Verwendung finden, also auch wieder gärungfördernd wirken.

Wir wissen heute noch nicht bestimmt, ob gröſserer Harzreichtum einer Hopfensorte eine gröſsere gärunghemmende Kraft ausübt als ein kleinerer Harzreichtum. Sicher spielt da auch die wechselnde Energie der Harze in den verschiedenen Hopfensorten eine abändernde oder ausgleichende Rolle. Man weiſs z. B. schon lange, daſs die konservierende Kraft der Hallertauer Hopfen ganz erheblich gröſser ist wie jene der Spalter und Saazer; im Harzquantum kann es nicht liegen, weil das meistens sehr gleich, öfter im Spalter und Saazer Hopfen sogar noch etwas gröſser ist.

Der Weichharzgehalt der Hopfensorten der Berliner Ausstellung 1897[186]):

Anbaugebiet	Ausstellungsnummer	Zeit der Untersuchung	Weichharz in Prozenten der Trockensubstanz
Saaz	1	Februar März	17,00
	2		15,86
	3		15,19
	4		14,49
Spalt	412	—	15,66
	415		15,51
	418		16,53
Oberbayern (Hallertau)	425	—	14,89
	428		13,77
	601		14,95
Aischgrund	435	—	12,73
	442		14,34
	443		12,04
Wolhynien	—	Juni	9,86

Anbaugebiet	Ausstellungsnummer	Zeit der Untersuchung	Weichharz in Prozenten der Trockensubstanz
Württemberg	447	Mai	14,85
	448		13,59
	451		13,97
Elsaſs	458	Mai	12,87
	469		14,74
	470		13,97
Neutomischel	490	Juni	12,81
	507		14,47
	508		13,51
Altmark	511	Juni	9,47
	517		9,75
	519		9,58
Ost- und West-Preuſsen	522	Juni	14,46
	523		13,17
	527		13,41

Der Unterschied im Weichharzgehalt in Prozenten zeigt folgende Tabelle:

Gebiet	1897er Hopfen	1896er Hopfen
Spalt	15,30	9,17
Oberbayern (Hallertau)	14,54	10,59
Württemberg	14,14	10,28
Elsaß-Lothringen	13,85	11,95
Altmark	[illegible]	7,19
Ost- und Westpreußen	13,68	10,27

Die Überlegenheit im Weichharzgehalt der 1897er Hopfen gegen 1896 ist auffallend. Remy sagt, daſs in der Braucampagne 1896/97, also bei der Verarbeitung der 1896er Hopfen, sehr viel über die geringe Haltbarkeit der Biere geklagt wurde, und man sprach damals schon die Vermutung aus, daſs die Ursache vielleicht im geringen Weichharzgehalt der 1896er Hopfen begründet sein könnte. In der Campagne 1897/98 wurde nicht geklagt. Also jetzt fängt man auch bei uns an, in den Brauereien, ebenso wie schon früher in England, den jahrgangweisen Einfluſs der Hopfenqualität auf das Werden des Bieres zu beobachten. Es ist wirklich an der Zeit, daſs das geschieht!

Wenn nun Remy meint, es könnten die Klagen 1896/97 im geringen Weichharzgehalt begründet sein, so ist das nach den vorliegenden Thatsachen wohl gerechtfertigt.

Ich habe von den 1896er Hopfen in meinem Kurse über Hopfenwarenkunde 45 Sorten aller Hauptlagen der Welt im Juli 1897 methodisch untersucht und Reibflächen angelegt. Die Reibflächen zeigten den Sekretgehalt der mitteleuropäischen im traurigsten Lichte der Verharzung, wenn sie darin auch ungleich waren.

1896 hat es im Herbste — namentlich auch während der Hopfenerntezeit — zwei Monate fast ununterbrochen geregnet. Die Erntewitterung war geradezu unbeschreiblich schlecht. So konnte das Sekret schon an der Stange Änderungen erlitten haben, sicher hat es aber solche beim Trocknen erlitten, wo Erhitzung infolge verzögerter Trockne (Bodenröte) unvermeidlich war. Auch das Umstehen im Sacke war sicher oft gegeben.

Wenn es auch wahrscheinlich ist, daſs die Verschlechterung des Weichharzgehaltes durch Erwärmung bei den 1896er Hopfen in Mitteleuropa die Hauptursache war, daſs sie so schlecht konservierend auf das Bier gewirkt, so können dennoch auch noch andere Umstände mitgewirkt haben.

Wenn aber Briant und Meacham glauben, daſs in der Weichharzgehaltbestimmung eine Methode für die Bestimmung des Hopfenwertes gegeben sei, so ist das so wenig wahr, als wenn man (wie es schon oft geschehen) den Gerbstoff oder das ätherische Öl dazu verwenden wollte.

Der 1896er Weichharzgehalt der ost- und westpreuſsischen Hopfen war höher wie bei den Spaltern. Welcher Brauer wird aber deshalb glauben, daſs die ost- und westpreuſsischen Hopfen darum im Brauwerte höher standen als die Spalter?

Ernst Hantke in Milwaukee (Nordamerika, s. Allg. Br. u. H. Ztg. 1899, II, 1796, nach der Chemiker-Zeitung) fand bei Bestimmung des Weichharzgehaltes von Hopfensorten mit Petroläther konstant eigentümliche Farbenerscheinungen bei den Harzen (Harzlösungen) der Hopfen. Die Harze von frischem Pacifichopfen waren gelb bis goldgelb, von älterem Hopfen hellgelb bis braungelb. New York States und Wisconsin waren grünlich und zwar frische Ware hellgrün bis blaſsgrasgrün, ältere dagegen dunkelgelbgrün. Die europäischen Hopfen, namentlich böhmische, gaben andere Nuancen von Grüngelb und es tritt ein mehr oder [illegible] Farbenton mit dem grünlichen in Mischung auf.

d) Die Hopfenharze in ihrer praktischen Leistung im Bier.

Man hat auch heute noch die Ansicht (s. H. T. Brown, Allg. Br. u. H. Ztg. 1898, I, 370), daſs die Zerlegung des Zuckers in Alkohol und Kohlensäure innerhalb der Hefezelle selbst vor sich geht und die Zerlegungsprodukte, die Zelle verlassend, in das umgebende Medium

eindringen [illegible] diesen Vorgang herabstimmen und das Harz so (indirekt) konservierend, die Gärung verlangsamend wirkt.

Bei uns in Süddeutschland werden nur untergärige Biere getrunken, in Norddeutschland, England und Amerika unter- und obergärige, in Belgien meist obergärige.

Gewöhnliche Ales und Porters in England und Amerika sind obergärige Getränke, welche meist rasch abgestoſsen werden. Das Stock-Ale ist ein lange gelagertes, alkoholreiches Bier.

Ale und Porter werden bei Temperaturen vergoren, welche bei 58—68° F. liegen. Schon etwa drei Wochen von der Zeit des Sudes an sind sie für den Konsum fertig. Würde man leichte Ales und Porters bei gewöhnlicher Lufttemperatur länger auf Lager halten, so würden sie dünn, wässerig, schal und sauer, unverkäuflich.

Bei Lagerbieren dauert die Hauptgärung ca. 14 Tage, und die Hefe setzt sich am Boden des Gefäſses ab, statt wie bei der Obergärung an die Oberfläche zu kommen; nach beendigter Gärung kommt das Bier aus dem Gär- noch in den Lager-Keller mit kühlerer Temperatur, der hauptsächlichste Zweck ist hier das Absondern der noch in der Flüssigkeit schwimmenden Hefe, was mindestens 30 Tage dauert. Ein solches Bier kann in einem durchschnittlichen Zeitraum von 10 Wochen fertig gemacht werden. Durch Verwendung eines Filters bei niedriger Temperatur kann diese Zeit gekürzt werden, sicher auf Kosten des Wohlgeschmackes des Bieres. Durch Führung der Gärung unter einem teilweisen Vakuum, wodurch sich die Hefe schneller absondert, kann ebenfalls gekürzt werden.

In den Angaben der Lehrbücher, welche zum Teil aus den Beobachtungen der Praktiker hervorgegangen sind, herrscht in Bezug auf die Hopfenharze und ihre Bedeutung bei der Bierbereitung schon lange gröſsere Übereinstimmung, dahin gehend, daſs das Hopfenharz für den Bierbrauer thatsächlich als ein sehr wichtiger Bestandteil gilt, weil es eben von jeher für den Sitz eines sehr groſsen Teils des Bittergeschmackes erachtet wird.

Auf technischem Gebiete hat man das Hopfenharz der Chemiker schon lange als einen komplex harzartigen Körper aufgefaſst und will unterscheiden:

1. ein festes und ein weiches Harz,
2. ein in Kali lösliches sogenanntes gelbes und ein hierin unlösliches, schwarzbraunes Hopfenharz und
3. gegenüber von Kupfersulphat sich verschieden verhaltende Harze.

Die frühere Ansicht, daſs das Hopfenharz das Bier bitter mache, wurde später bestritten und behauptet, diesem gehöre nur der Bitterstoff an, es könne aber durch geeignete Mittel [illegible] bittert werden.

In der Praxis der Brauerei weiſs man, daſs das Hopfenharz in der heiſsen Bierwürze, wohl infolge der Gegenwart von Hopfenöl, des Zuckers und gewisser darin enthaltener Mineralsalze, gelöst wird, aber bei der Kühlung wird ein Teil dieses Harzes auf dem Kühlschiffe ausgeschieden.

Nach Pasteurs Untersuchungen[?] wird die Luft resp. der Sauerstoff von kalter Würze nur mechanisch, von heiſser Würze aber chemisch und in Verbindung mit den Hopfenharzen aufgenommen. Im letzteren Falle ballen sich die Harze zu Partikeln von gröſserer Dichtigkeit zusammen, bilden in der Hauptgärung eine feste Decke und scheiden sich in der Nachgärung im Lagerfaſs in festen Partikeln schnell aus. In ungelüfteten Würzen bleiben die Harze im feinen Zustande im Bier suspendiert und beeinträchtigen oder verhindern die Klärung des Bieres. Der chemisch aufgenommene Sauerstoff bewirkt durch Zuführung von Luft bei niedriger Temperatur, kräftigt lediglich die Hefe im ersten Stadium der Gärung und wird, sobald die Decke abstöſst, wieder abgegeben. Man gibt daher, zur stärkere Sauerstoffaufnahme im heiſsen Zustande und da der Sauerstoff nicht tief in die Würze eindringt, der Würze eine groſse Fläche auf dem Kühlschiff.

Der nicht gefällte Teil des Harzes bleibt in der gekühlten Würze und wird zum Teil durch die bei der Gärung frei werdende Kohlensäure wieder unlöslich gemacht und durch die sogenannte Kräusenbildung weggeführt.

Das Hopfenharz würde sogar vollständig durch die bei der Gärung entwickelte Kohlensäure gefällt werden, wenn nicht gleichzeitig bei der Gärung Alkohol Entstehung nähme, in welchem sich ein Teil des Harzes wieder löst. So bleibt also ein Teil des Harzes im Bier aufgelöst und übt in demselben einen antiseptischen Einfluſs aus, indem es die Entwicklung der Milchsäurebakterien hemmt; gleichzeitig bedeckt es einen mehr oder minder groſsen Teil der Hefezellen und verhindert so, vielleicht nur ganz mechanisch, deren Lebensthätigkeit, indem es die osmotische Bewegung durch die Hefezellenwände einstellt oder herabstimmt. Dadurch sind die Hefezellen in ihrer Ernährung und Vermehrung gehemmt und gehindert, in der Bierwürze diejenigen Stoffe, namentlich den Zucker, zu verzehren, welche zur Erhaltung des Bieres nötig sind; hierdurch wird der Verlauf der Gärung und die Bildung von Alkohol verlangsamt; sobald aller Zucker in Alkohol umgewandelt, ist die Flüssigkeit kein Bier mehr[188]).

In einer Abhandlung in der Allg. H.-Ztg. 1873, S. 490 wird u. a. gesagt, daſs zu den gärunghemmenden Stoffen hauptsächlich Hopfenharz und Röstbitter gehören. Das Hopfenharz verschmiere bei der Zersetzung des Lösungsmittels — Glykose — die Oberfläche der Hefezellen und verhindere so das Ein- und Ausströmen der Flüssigkeit; dann vergärt die Glykose um so langsamer, mit je mehr fremder Substanz dieselbe verbunden ist.

Von all dem kann man sich leicht überzeugen, wenn man die Biere vor und nach der Gärung und wenn man den ersten Schaum kostet.

Von der Harzmenge, welche sich in der Würze bei der Hauptgärung befindet, sind im fertigen Bier nur noch Spuren vorhanden, das andere ist alles im Laufe der Entwicklung ausgeschieden worden. Der Amerikaner Schwarz (Hopfensparen, im New-Yorker prakt. Bierbr., repr. Allg. Br.- u. H.-Ztg. 1883, I, 14) will das Harz der Kräusendecke, sobald diese einen bitteren Geschmack angenommen, und das am Schluſs der Gärung nach oben schwimmende Harz sammeln und durch Zusatz dieser Ausscheidungen beim Würzekochen $^1/_3$ des nötigen Hopfens sparen. Man hat aber nie gehört, daſs ein Brauer den Mut gehabt hätte, dieses etwas gewagte Experiment zu machen.

In neuerer Zeit (1887) entwickelte Hayduck die Ansicht, daſs die Harzdecke des Bieres, diese so bedeutende Ausscheidung, keineswegs — wie angenommen — ganz, sondern nur zum kleinsten Teile aus Hopfenharz bestehe. Nach einer von Dr. Mohr vorgenommenen Untersuchung enthielt eine solche Harzdecke nur 4,6 % Harz (in Äther löslich); dasselbe war teilweise in Wasser löslich, sehr antiseptisch. Wahrscheinlich besteht der gröſste Teil der Harzdecke aus Eiweiſsstoffen, welche bei der Gärung abgeschieden wurden; Dr. Mohr fand darin, nachdem das Harz entfernt war, noch 13 % Stickstoff[189]).

Ohne Zweifel gibt es einen selbständigen Bitterstoff im Hopfen, der aber so innig mit den Harzen verbunden ist, daſs man ihn nur sehr schwer loslösen kann; deshalb tritt der Bitterstoff auch stets mit den Harzen auf. Für den praktischen Brauer liegt die Sache so, daſs er überall auch auf Bitterstoffe rechnen kann, wo Harze sind; er kommt praktisch gar nie in den Fall, mit Bitterstoff oder Harzen je für sich allein arbeiten zu müssen, immer braucht er für seine Bedürfnisse beide zu gleicher Zeit; er hat also auch nur ein theoretisches Interesse daran, ob der Hayducksche oder der Lermersche und Iſsleibsche, C. J. Lintnersche und G. Barthsche Standpunkt der richtige ist.

Hayduck (1887) bemerkt, daſs die Ausscheidung der Harzdecke die Annahme gestatte, als ob in der Würze sehr viel Harz gelöst werde. Dies sei aber nicht der Fall, denn die Würze enthalte (trotz der Maltose) nicht mehr Harz, als in destilliertem Wasser auflöslich ist. Prior berechnete, wenn sämtliche Bitterstoffe und Harze aus dem Hopfen in die Würze übergingen, dann müſste dieselbe 0,09 % Harz enthalten. Nach ihm geht aber nur circa die Hälfte des Hopfenbitterstoffes in Lösung, die andere Hälfte bleibt im Hopfen. Ähnliches will Hayduck gefunden haben. Die Ausscheidung des Harzes durch die Maltosetheorie, indem die angeblich das Harz lösende Maltose im Gärungsprozesse zerstört wird, erscheint Hayduck als irrig. Nach seinen Beobachtungen werde das Harz auch nicht durch die gebildete Kohlensäure, sondern durch kleine Mengen Milchsäure ausgeschieden, welche sich bei der Biergärung bildet.

Daher sei im fertigen Bier so viel weniger Harz und Bitterstoff als in wässeriger Lösung enthalten. Da diese Lösungen, trotz der relativ kleinen Menge Harz, schon so intensiv bitter sind, dafs sie für den Menschen ungeniefsbar erscheinen, so ist die Entfernung dieser Stoffe eine unerläfsliche Bedingung für die Geniefsbarkeit des Bieres.

Eine Erscheinung, welche auch auf die Hopfenharze zurückgeführt werden mufs, ist die manchmal auftretende sogenannte Harztrübung der Biere. Man unterscheidet überhaupt dreierlei Trübungen der Biere:

1. Hefetrübung; solche Biere filtrieren klar, und die Hefe läfst sich noch mit dem Mikroskop nachweisen;
2. und 3. Glutintrübung und Hopfenharztrübung; sie können unter dem Mikroskop nicht erkannt werden; aber die Biere mit Glutintrübung werden beim Erwärmen klar, während Hopfenharztrübung durch Erwärmung nicht verschwindet und solche Biere auch nicht klar filtrieren. Unter den die Glutintrübung im Bier verursachenden Körpern findet sich immer auch die Verbindung von Gerbstoffen mit Eiweifskörpern [190]).

Den Grund der Hopfenharztrübung kennt man noch nicht sicher, doch tritt sie gern bei mehr oder minder umgestandenem (erwärmtem) Hopfen auf, einerlei, ob er geschwefelt war oder nicht.

In der Allg. Br.- u. H.-Ztg.[191]) entwickelt Braumeister J. Schott, dafs die fatale Harztrübung des Bieres, welche den Laien oft die Meinung beibringt, dafs Hopfensurrogate verwendet worden seien, von durch Erhitzung verändertem Hopfenharze herrühre. Dies kann schon der Fall sein, wenn die Hopfenzapfenblätter noch ziemlich grün sind. Wird solcher erhitzt gewesene, umgestandene Hopfen verwendet, dann schimmert schon die gesottene Würze, trotz ihrer Grobflockigkeit, nicht feurig durch. Die Würze erlangt am Kühlschiff nicht den erwünschten, tiefschwarzen Spiegel; das aus den Gärbottichen entnommene Bier zeigt sich im Schaugläschen nicht feurig und braucht viel länger zur Klärung; das im Lagerfafs befindliche Bier behält das staubige Aussehen bei. Selbst das wieder klar gewordene Bier hat eine auffallende Bittere, welche den Gaumen auf das empfindlichste verletzt und längere Zeit auf der Zunge anhält. Ähnliche Veränderungen (vorübergehende Trübungen) erleiden die Biere im Winter während des Transports bei zu niederen Temperaturen. Aber das staubige, florige Aussehen solcher Biere klärt sich wieder, wenn sie wiederum der Temperatur ausgesetzt sind, welche im Lagerkeller herrscht.

Prof. Dr. C. Lintner sagte in Hagenau (Oktober 1874), dafs die Hopfenharzausscheidungen, die während der Hauptgärung die Kräusenbildung veranlassen, keine eigentliche Hopfenbittersäure mehr enthalten; deshalb hätten dieselben nicht mehr den rein bitteren Geschmack, derselbe hänge vielmehr an der Zunge und habe einen eigentümlichen Beigeschmack. Das sei besonders wichtig, wenn die Biere nach der Hauptgärung die aus Hopfenharzausscheidungen bestehende Decke nicht halten, diese vielmehr ins Bier zurückfällt und an den entstandenen Alkohol lösliche Bestandteile abgibt. Solche Biere bekommen dann einen Nebengeschmack, der das Publikum zu dem Glauben veranlafst, es seien Hopfensurrogate verwendet worden. Deshalb sei mit Recht empfohlen worden, bei im Rückfallen begriffenen hohen Kräusen die Decke abzunehmen. Dieses Verfahren soll sich namentlich bei Anwendung geringerer Hopfensorten bewährt haben, indem dann auch diese dem Bier einen milden Geschmack verleihen. Auch die Hopfenharztrübung hängt mit dem Hopfen zusammen, namentlich mit solchem, welcher im Sacke oder auf dem Boden umgestanden ist.

R. Giffhorn in Worms a. Rh.[192]) findet die Ursache des Durchfallens der Kräusendecke im Gärbottich im Mangel der nötigen Menge von Klebstoffen. Da diese Klebstoffe einen Hauptbestandteil des Hopfenharzes ausmachen, so ist entweder zu wenig oder zu geringwertiger Hopfen genommen worden. Dafs der Hopfen bei der Festigkeit dieser Decke die Hauptrolle spielt, geht ja auch schon aus dem Umstande hervor, dafs ungehopfte Würzen nie kompakte

Kräusen bilden. Auch die Schaumhaltigkeit der Biere steht in Verbindung mit dem Hopfenharz. Wenn die Decke durchfällt, dann hat das Bier natürlich einen unangenehm bitteren Geschmack.

Andere Ansichten gehen dahin, dafs unreife, also zu grün, noch unentwickelt geerntete Hopfen die hopfentrüben Biere erzeugen.

In The Brewing Trade Review[193]) berichtet Horace T. Brown über den Hopfenharzschleier. Nach dem Schönen des gefafsten Bieres entsteht oft ein leichter, grauer Schleier, der die Glanzfeinheit des Bieres wieder beeinträchtigt. Intensiver tritt die Erscheinung auf, wenn das Bier kälter wird. Die Stärke des Schleiers ist verschieden, und sie erreicht meist in einigen Tagen ihr Maximum. Wiederholtes Schönen macht das Bier dauernd blank. Je stärker das Bier gehopft ist, desto stärker ist die Trübung (der Hopfenschleier).

Unter dem Mikroskop erweist sich die suspendierte Substanz, welche den Hopfenschleier hervorruft, als aus lauter Hopfenharzkügelchen bestehend, welche sich beim Abkühlen des gehopften Bieres ausscheiden.

Ein grofser Teil dieser Harzkügelchen wird schon beim Abkühlen auf dem Kühlschiffe abgeschieden, ein anderer während der Gärung, weil das Hopfenharz nach Ansicht von Brown in der vergorenen Würze weniger löslich ist als in der unvergorenen. Oft ist aber am Ende der Hauptgärung das Bier mit Hopfenharz übersättigt, welches sich erst nach dem Fassen ausscheidet. Deshalb sollte man mit dem Schönen warten, bis diese Ausscheidung vollzogen ist; die hierfür erforderliche Zeitdauer zwischen dem Fassen und Schönen wird 2—3 Tage selten überschreiten[194]).

Noch eine wirksame Eigenschaft des Hopfensekretes scheint mit den Harzen in Verbindung zu stehen oder von diesen abgeleitet zu sein, nämlich die schaumhaltende Eigenschaft des Bieres. Auf diese üben die Beschaffenheit des Hopfens, die Menge desselben und auch die Art des Hopfengebens etc. Einflufs, d. h. die geringere oder gröfsere Ausscheidung desjenigen Stoffes, welcher dem Bier die schaumhaltende Eigenschaft verleiht, ist von den erwähnten Umständen abhängig.

Reischauer nannte diesen (stickstoffhaltigen) Körper Kräusenglutin; er findet sich nämlich in den Hopfenharzausscheidungen bei der Hauptgärung. Man kann denselben daraus leicht darstellen. Er wird schon — ahnungslos — von den Brauern beim sogenannten Kräusenbier benutzt, indem das in den Kräusen befindliche Kräusenglutin und besonders im frisch ausgeschnittenen Zustande in dem Bier, welches damit versetzt wird, sich wieder löst.

Die richtig behandelten Kräusenbiere zeichnen sich ja bekanntlich durch ihre schaumhaltende Eigenschaft aus, und es ist eine sehr geringe Menge dieses Kräusenglutins schon sehr ausgiebig. Nach C. Lintner (in Hagenau 1874) übt die Sorte und die Menge des gereichten Hopfens, auch die Art des Hopfengebens, auf die schaumhaltende Eigenschaft des Bieres grofsen Einflufs aus[195]).

Heute wird aber die so sehr erwünschte hohe, feine und anhaltende Schaumhaltigkeit, wie sie sich sehr ausgeprägt in den hochfeinen Pilsener Bieren findet, hauptsächlich gewissen in Bier gelösten Eiweifsstoffen zugeschrieben. Es läfst sich ja auch aus dem Hühnereiweifs durch Schlagen ein reicher, dichter und sehr anhaltender Schaum herstellen. Auch die bei der Hauptgärung sich bildenden, oft oder meist ungemein haltbaren Kräusen und Decken scheinen zum Teil aus dem Stoff zu bestehen, welcher an der Schaumhaltigkeit des Bieres beteiligt ist. In der That bestehen die Kräusen zum grofsen Teil aus abgeschiedenen Eiweifsbestandteilen, aber ihre feste Bindung ist augenscheinlich durch mit ausgeschiedenes Hopfenharz bewirkt.

Dafs die Hopfenbestandteile auch an der Schaumhaltigkeit des Bieres beteiligt sind, geht ja auch schon aus dem Umstande hervor, dafs ungehopfte Würzen gleicher Art viel weniger schaumhaltig sind als angemessen mit Hopfen versetzte. Es ist daher auch die Vermutung berechtigt, dafs die an der Schaumbildung beteiligten Eiweifsstoffe zum Teil aus dem Hopfen stammen. Es scheinen diese aus dem Hopfen gelösten Eiweifsstoffe, welche mit dem gleichzeitig gelösten Harze die dichte Schaumbildung und die Schaumhaltung veranlassen, besonders feiner Art zu sein. Ungehopfte, aber sonst tadellose Würzen bilden bei der Hauptgärung nur ganz dünne, blasenreiche Decken, nur bei gehopften Würzen entsteht eine dichte, kernige Schaumdecke. Es läfst sich deshalb auch annehmen, dafs bei der fehlerhaften, sogenannten Blasengärung gehopfter Würzen Mängel im Hopfen, namentlich auch krankhafte Veränderungen, vielleicht von Hause aus bestehende Mängel (geringere Qualität), eine Rolle spielen. Thatsache scheint zu sein, dafs nur die feinsten, edelsten und ganz gesunden Hopfen das Beste in der Schaumhaltung leisten.

Das Pilsener Bier, welches trotz seiner leichten und dünnen Beschaffenheit den reichlich vorhandenen Schaum oft erstaunlich gut hält und welches meist mit reichlichen Mengen feinsten (Saazer) Hopfens hergestellt ist, zeigt recht deutlich die Beteiligung der Eiweifs- und Harz-Bestandteile desselben an der Schaumbildung[196]). Feiner Hopfen ist also gleichbedeutend mit feinem und dauerhaftem Schaum.

Briant und Meacham (Transactions of the Institute of Brewers 1894) haben auch festgestellt, mit welcher Schnelligkeit sich die Lösung der Harze in der Würze beim Hopfenkochen vollzieht. Es enthielt:

	Summ. Harzgehalt
Worcester, trockener Hopfen . . .	11,03 %
Derselbe, nach 2stündigem Kochen .	4,96 %
Kent, trockener Hopfen	13,80 %
Derselbe, nach 2stündigem Kochen .	5.40 %

Nach 2stündigem Kochen hatte man also die Hälfte des Harzgehaltes aus dem Hopfen gezogen, und die Untersuchung ergab, dafs der danach noch in den Dolden befindliche Harzteil vorzugsweise aus dem minderwertigen harten Harze Hayducks bestand.

Durch einen weiterhin im grofsen Mafsstab ausgeführten Versuch wurde ferner konstatiert, dafs man besseres Bier, d. h. solches von besserem Geschmack und gröfserer Haltbarkeit, gewann, wenn nur eine verhältnismäfsig kurze Zeit gekocht, als wenn die doppelte Zeit zum Hopfenkochen verwendet wurde.

Diese interessante Mitteilung stimmt aber nicht mit den älteren Erfahrungen bayerischer Brauer. Im nördlichen Bayern, namentlich in Nürnberg, kochte man früher, wo man noch die alten Kellereinrichtungen hatte, welche im Hochsommer eine Temperatur von 4—5° R. und mehr erreichten, die Würze mit dem Hopfen 3—4 Stunden, wenn das Bier für 5—6—8monatliche Dauer berechnet war; man wufste wohl, dafs man damit unschöne Geschmackselemente in das Bier brachte, aber dieselben wurden erfahrungsgemäfs bei der langen Lagerdauer wieder ausgeschieden, weil bei solcher Kellertemperatur die Umsetzungen im lagernden Bier energischer und umfangreicher vor sich gingen.

Es können also auch die auf Experimente begründeten Ansichten von Briant und Meacham richtig sein, wenn sie sich auf moderne Kellerkühlungen mit ihren niederen Temperaturen und herabgedrücktem Stoffumsatz, vielleicht sogar auf kürzere Lagerdauer, beziehen. Noch wahrscheinlicher aber ist die Erscheinung darin begründet, dafs die englischen Zuckerwürzen sehr eiweifsarm, die bayerischen Malzwürzen aber sehr eiweifsreich sind.

Weiterhin haben die Arbeiten Briants und Meachams gezeigt, dafs langes Kochen der Würze die Tendenz hat, das weiche Harz in das harte zu verwandeln, und dafs im älter werdenden Hopfen, infolge von Oxydationsprozessen, das weiche Harz allmählich in das harte Harz übergeht.

Briant und Meacham betonen, dafs nach Haydecks Feststellungen die präservative (konservierende) Wirkung des Hopfens aus seinem Harze stammt, aus seinem α-Harze, fällbar durch Bleiacetat, β-Harze, nicht fällbar durch Bleiacetat, und einem γ-Harze, welches härter und in Petroläther nicht löslich ist. In Wasser sind diese Harze nur wenig löslich:

α-Harz mit 0,042 %
β- » » 0,048 %
γ- » » 0,058 %.

Von diesen drei Harzen ist das α-Harz entschieden antiseptisch, namentlich gegen Milchsäure, dagegen werden das Essigferment und die Sarcina (Pediococcus cerevisiae) nicht angegriffen.

α- und β- Harz teilen dem Bier eine intensive Bitterkeit mit, das γ-Harz hat nur ein schwaches, unangenehmes Bitter.

Das α-Harz geht sehr rasch in Lösung, die andern langsamer; bei fortgesetztem Sieden wird vom α-Harze etwas zersetzt.

Diese beiden Autoren konstatierten auch, was Hayduck schon früher gesagt hatte, dafs durch längeres Erhitzen mit Petroläther die darin anfänglich löslichen Harze allmählich unlöslich werden.

Der Engländer Heron sagt, dafs zur vollständigen Erschöpfung der schmeckenden Bestandteile des Hopfens nicht lange genug gekocht werden könne. Es gehe aber bei längerem Kochen des Hopfens ein herbes Bitter in Lösung, welches oft störend wirke, und wenn dies — wie Hayduck vermutet hat — das sogenannte γ-Harz ist, so besitzt dieser Bitterstoff auch noch nicht einmal antiseptischen Wert. Die Dauer des Hopfenkochens sei auch von Einflufs auf das Aroma und den Glanz des Bieres. Ein Bier, welches nur 20 Minuten gekocht wurde, schmeckte arm, das 40 Minutenbier etwas besser, während das 60 Minutenbier einen vollkommenen Hopfengeschmack aufwies und auch sonst gute Eigenschaften hatte. Eine Vermehrung der Hopfengabe hatte eine Verminderung im Säuregehalt des gelagerten Bieres zur Folge.

Von sehr erheblichem praktischen Wert sind die Feststellungen, welche Briant und Meacham über den Harzgehalt verschiedener Hopfensorten der Welt angestellt haben[197]):

Herkunftsland	Weichharze, löslich in Petroläther	Hartharze, unlöslich in Petroläther, aber löslich in Schwefeläther	Gesamt-Harzgehalt
Kent	9,40	5,50	14,90
Sussex	8,20	6,18	14,38
Goldings	10,10	4,25	14,35
Worcester	7,60	5,12	12,72
Kalifornier	11,70	6,90	18,60
Bayern	12,10	10,30	22,40
Amerika (New-York?) . .	13,20	6,10	19,30
Burgund (Frankreich) . .	12,30	8,50	20,80

Die nichtenglischen Hopfen sind also nicht blofs reicher an Gesamtharz wie die englischen, sondern namentlich auch an öligem Weichharz, daher es wohl begreiflich ist, dafs man in England die Harzwirkung im Bier (die konservierende Kraft) der amerikanischen, bayerischen und burgundischen Hopfen jener der besten englischen um das 2—2½fache überlegen ansieht und dementsprechend auch die Hopfengabe nimmt.

Es ist das übrigens schon im Beginn der 1890er Jahre durch den englischen Brauereichemiker Dr. Salomon ausgesprochen worden[198]). Salomon sagte damals, dafs 2 Pfd. bayerischen Hopfens so viel Gehalt hätten als 3 Pfd. englischen. Dies führte zu grofsen Erregungen bei den englischen Hopfenpflanzern, bis Salomon sich herbeiliefs, zu erklären, dafs 2 Pfd. guten bayerischen Hopfens so viel Gehalt hätten wie 3 Pfd. geringen englischen Hopfens.

Wer meine in einer folgenden Schrift beschriebenen Sekretbilder oder Reibflächen (englische verglichen mit bayerischen und böhmischen) auch nur ganz flüchtig ansieht, wird die Wahrheit dessen, was Briant, Meacham und Salomon etc. sagen, selbst mit seinen Augen sehen können. Aus meinen später folgenden Ausführungen geht ganz klar hervor, dafs ich diese Sachlage auf Grund meiner Studien über das Hopfensekret schon um die Mitte der 1880er Jahre ganz klar und deutlich ausgesprochen habe.

Wenn man nun auch annehmen mufs, dafs der Wert eines Hopfens nicht blofs in seinem Harzgehalte begründet ist, so läfst sich doch auch nicht verkennen, dafs der Harzgehalt des Hopfens in den Elementen, welche seinen Wert zusammensetzen, eine grofse Rolle spielt.

Dabei ist es nicht sowohl der Gesamtharzgehalt, weil das Hartharz anscheinend wertlos oder doch sehr minderwertig ist. Auch bei den Weichharzen ist das α-Harz in seiner konservierenden Wirkung dem β-Harze bedeutend überlegen, aber es existiert leider noch keine verläfsliche Methode zur quantitativen Trennung beider Harze.

Der überlegene Gehalt der feinen mitteleuropäischen Hopfen, der Spalter, Kindinger, Hallertauer, gewisser Württemberger, der Saazer, ist aber thatsächlich noch erheblich höher, als Briant und Meacham festgestellt, denn diese feinen mitteleuropäischen Hopfen haben nur 0,3—0,5—1,0—2,0—2,5 % Früchte, die nur ein Ballastmaterial des wahren Hopfengewichts darstellen; die englischen Hopfen haben aber durchweg 10—20 % Früchte, ebenso die Amerikaner, Belgier, Australier etc. Dieser Umstand mufs doch auch bei der Hopfengabe in Betracht genommen werden. Es liegt auch schon in diesen Dingen ein Grund für die höhere Bewertung der mitteleuropäischen Hopfen.

Nach dem englischen Technologen Matthews (Brewer's Guardian, London 1893) ist ein gelbgrünes Harz, das sogenannte weiche Harz Haydueks, jene Substanz, welche am leichtesten aus frischem oder nicht altem Hopfen ausgeschieden werden kann. Es ist den Hopfenchemikern längst bekannt, und seine Eigenschaften sind ziemlich klar. Es läfst sich nicht blofs aus den Hopfendrüsen, sondern auch in folgender Art in ziemlich reinem Zustande erhalten:

1. Aus der Haut, welche stark bittere Würzen auf dem Kühlschiffe zeigen, indem man diese sammelt, mit Alkohol extrahiert und die Lösung eindampft;
2. aus den Bodensätzen im Kühlapparat (dem Kühlgeläger), indem man diese sorgfältig trocknet und das Harz daraus mit starkem Alkohol extrahiert;
3. in geringen Mengen aus fertigem Bier, indem man es in einem Scheidetrichter mit Petroläther schüttelt und die so erhaltene Lösung verdampft.

Das Vorkommen des Harzes unter diesen genannten Bedingungen zeigt deutlich, dafs es von den Zuckerstoffen der Würze in Lösung gehalten wird und dafs infolge der hohen Temperatur im Hopfenkessel eine gröfsere Menge gelöst wird, als die kalte Würze halten kann, so dafs sich das Harz selbst in einer dünnen Haut auf der kalten Würze absetzt; dafs ferner die Entfernung eines Teils des Zuckerstoffes durch die Gärung eine grofse Menge des Harzes ausscheidet, welche leicht am Boden der Gärbottiche zu bemerken ist, während ein anderer Teil an der Hefe klebt und ihr den bitteren Geschmack verleiht, den man gewöhnlich an der Brauereihefe wahrnimmt. Es ist sehr wahrscheinlich, dafs die Harzdecke die Hefezellen in mehrfacher Weise schützt. Wenn die Hefe Bedingungen unterstellt wird, unter denen sie dem Bier die demselben entzogenen Harzteile wieder abgibt, so wird das Bier hefebitter, und der Brauer, welchem diese Bierkrankheit vorgekommen ist, wird keinen besseren Beweis für die unwünschenswerten Eigenschaften der bitteren Harze vom Standpunkte des Geschmackes aus verlangen. Also auch da zeigt sich der von uns mehrfach besprochene, unwillkommene Einflufs der Harzbitter auf den Geschmack des Bieres.

Die geringe Menge dieses Harzes, welche man in einem gut vergorenen und fertigen Bier findet, liefert ohne Zweifel teilweisen Schutz gegen Verderben des Bieres und verleiht dem eigentlichen Bitter mehr Bedeutung.

Infolge der Bildung frischer Hefen und anderer Ursachen, wodurch die Ausscheidung weiterer Mengen Bodensatz bewirkt wird etc., erleidet das in stark gehopften Stock-Ales aufgelöste bittere Harz eine entschiedene Verminderung, und man erhält ein sanfteres und angenehmeres Bitter (s. oben S. 617 u. ff.). Matthews sagt ferner in Bezug auf den im Hopfenkessel zu verwendenden Hopfen: Da das flüchtige aromatische Öl des Hopfens während des Kochens fast ganz und gar entweicht und sich in klaren, gekühlten Würzen kaum nachweisen läfst, mufs man bei der Beurteilung des Hopfenbrauwertes nicht sowohl auf das in diesem Stadium vorhandene Aroma, als vielmehr auf die Fähigkeit desselben sehen, ein reines, scharfes Bitter zu liefern. Die nicht erwünschten bitteren Bestandteile von der Beschaffenheit des Harzes dürfen, wie grofs auch ihre Menge ursprünglich im Hopfen gewesen sein mag, in der Würze nur in solcher Menge vorhanden sein, dafs sie sich während der Gärung fast vollständig entfernen lassen.

Bei den Versuchen von Briant und Meacham mit der Dauer des Hopfenkochens (das Gebräu hatte per Quarter 12 Pfd. Hopfen bekommen, und die gefafsten Biere wurden mit $^1/_2$ Pfd. per Barrel verstopft) fand sich zwar praktisch kein Unterschied in der Menge der Albuminoide in der Würze oder im Bier, ob das Sieden kurz (20 Minuten) oder ob es bis 120 Minuten gedauert hatte. Es waren eben eiweifsarme englische Würzen.

Aber beim Fassen fand man, dafs sich die Biere (sechs Reihen) im Geschmack und Glanz unterschieden. Die Probe mit 20 Minuten Siededauer war sehr arm an Hopfengeschmack, die mit 40 Minuten war etwas besser, und erst jene mit 60 Minuten Kochdauer hatte den vollen Hopfengeschmack, hatte überhaupt erst guten Geschmack und war nach der Ansicht von Sachverständigen das feinste Ale der ganzen Reihe.

Ein 20 Minuten dauerndes Sieden erzeugte im Bier einen Wert von 50, eine Siededauer von 120 Minuten aber einen Wert von 100. Die Haltbarkeit der Biere war praktisch die nämliche. Dennoch wollen diese beiden Autoren die Annahme einer kurzen Kochdauer nicht empfehlen.

Beachtenswert ist, dafs Thausing[199]) durchaus nichts davon wissen will, dafs die seitherige längere Kochdauer nach den Ideen des Herrn Dr. Windisch verkürzt werde. Entgegengesetzt der Ansicht von Dr. Windisch sei er der Meinung, dafs kurzer Hopfensud nicht nur für das Pilsener Bier, sondern für alle modernen Biere von Nachteil sei.

In der Wochenschr. f. Br.[200]) ist eine Notiz von H. Will enthalten »Über die braungefärbten Hopfenharzausscheidungen in der Bierhefe«. Diese braunen Ausscheidungen sind in der Hefe schon mit blofsem Auge ersichtlich. Zuweilen treten sie aber mit Betriebsstörungen, abnormen Gärungserscheinungen und dann auffallend niedriger Vergärung auf. Solche Hefen sind dann auffällig dunkel gefärbt, und die braunen Harzausscheidungen sind sehr reichlich (bis auf 4%) da, während sie in normalen Hefen nur 1% betragen. Die krankhaften braunen Ausscheidungen unterscheiden sich unter dem Mikroskop schon dadurch, dafs sie ausnahmslos eine grofse Anzahl Hefezellen einschlossen, was bei gesunden Hefen nicht der Fall ist. Die Ausscheidungen enthalten ferner Kleberproteïnstoffe (wahrscheinlich Glutinkörperchen), sie stammen jedenfalls aus der Decke; vielleicht wird die Erscheinung durch ein Übermafs gewisser Eiweifsstoffe in der gärenden Würze hervorgerufen.

Auch die Blasengärung wird auf kranken, schlechten, verdorbenen Hopfen zurückgeführt. Man hat diese abnorme, unschöne Erscheinung, welche am Ende der Hauptgärung bei der Kräusenbildung entsteht und verläuft, mit unreiner Hefe, Unsauberkeit der Gärungsgeräte und schlechter Kellerluft in Verbindung zu bringen gesucht. In der Wochenschr. f. Br.[201]) sucht ein praktischer Brauer den Zusammenhang mit verwendetem schlechten, verdorbenen Hopfen nachzuweisen. Die dünne Harzdecke wird fortwährend von grofsen Blasen durchbrochen, welche selbst sehr harzig, klebrig und bitter sind.

Die Blasenbildung tritt ebenso wie die Kräusenbildung selbst erst am Schlusse der Gärung auf. Er beobachtete die Erscheinung nur bei Anwendung verdorbenen Hopfens, bei dunklem Bier mit hochabgedarrtem Malze, $1^1/_5$ Pfd. per 1 Ztr. Malz, 13,5%ige Würze, wobei dann an dem 3 Monate gelagerten Bier nur eine geübte Zunge eine etwas scharfe Hopfenbittere zu konstatieren vermochte. Gleich nebenan in den Gärbottichen zeigte sich in den mit gesundem Hopfen gekochten Würzen keine Spur von Blasengärung. Man wollte sonst durch die Blasengärung während der weiteren Entwicklung im Lagerfafs nichts Nachteiliges in Geschmack, Geruch, in Glanz und Haltbarkeit des Bieres beobachtet haben. Blasengärung tritt zuweilen auch ein bei Anwendung von Hopfenextraktionsapparaten[202]), vielleicht infolge Überhitzung und dadurch schädlich veränderter Hopfenstoffe.

Nach Schnell[203]) tritt Blasengärung nur ein, wenn die Würze einen zu geringen Gehalt an Hopfenharz hat. Eine geringere Dosis als 1,25 kg Hopfen auf 100 kg Malz sei oft mit Gefahr verknüpft, namentlich bei geringwertigem Hopfen oder bei Anwesenheit harzzerstörender

Substanzen im Malze. Einen begünstigenden Einflufs schreibt Schnell auch der Anwesenheit von mit frisch gelöschtem Kalk geweifsten Wänden zu. Die Blasengärung macht das Bier mattschmeckend, rauh und nicht schaumhaltend[204]).

R. Giffhorn sucht die Ursache der milderen Form der Blasengärung (Mangel einer kompakten Kräusendecke und Auftreten grofser Blasen) im zu raschen Abkühlen der Würze; solche Würzen bessern sich später. Wenn aber diese falsche Gärung in Reinlichkeitsfehlern begründet ist, dann verschwinden die schädlichen Folgen nicht mehr.

Nach Dr. Windisch[205]) kann man die für das Bier wichtigen und wertvollen Weichharze (α und β) dem Hopfen schon bei kurzer Kochdauer entziehen. Schon bei der Berührung mit heifser Würze zerfliefsen diese Harze zu ganz dünn- und leichtflüssigem Öl und gehen derart also sehr rasch in die Würze über. Wenn man ein Leinwandsäckchen mit Hopfenmehl in einen siedenden Hopfenkessel hängt, wird das Harz in ganz kurzer Zeit ausgelaugt und nach dem Erkalten ist nur noch eine geringe Menge spröder Stoffe darin enthalten.

Wirft man den Hopfen trocken in die kochende Würze, so schmilzt das Harz infolge der Wärme und verklebt die Blätter, wodurch das Auslaugen der Harze verzögert wird. Dies kann man umgehen, wenn man den Hopfen zwei Stunden vor dem Zusetzen mit lauem Wasser einweicht und öfter umrührt. Die Hopfendolden quellen dabei auf, die Hopfendoldenblätter falten sich auseinander und schliefsen sich auch nicht wieder, wenn später der Hopfen in die heifse Würze ausgeschüttet wird. Die Extraktion der Hopfenharze erfolgt dann sehr rasch; nach einer Kochdauer von 10 Minuten sind schon 90% der Stoffe aus dem Hopfen ausgelaugt; in 20—30 Minuten sind alle wertvollen Harze aus dem Hopfen heraus.

Die wertlosen Hartharze, welche den Geschmack des Bieres verschlechtern, würden zu ihrer Extraktion länger brauchen, aber die werden am besten unextrahiert im Hopfen belassen; ohnehin würde bei länger dauerndem Kochen ein Teil der wertvollen Weichharze in das wertlose, geschmackverschlechternde und nicht antiseptische Hartharz umgewandelt.

Die Frage nach der Kochdauer ist aber anscheinend nur deshalb so widerspruchsvoll, weil die Wirkung des Hopfens auf die Eigenschaften des Bieres nicht einerlei Art ist und bei verschieden langer Kochdauer immer wieder unbefriedigende Leistungen da sind. Nach den vorliegenden Resultaten scheint für die Glanzhelle des Bieres eine zweistündige Kochdauer als die beste, was aber das Aroma betrifft, nur ein einstündiges Kochen; in Bezug auf Haltbarkeit des Bieres scheint die Länge der Kochdauer — nach englischen Ansichten — gleichgültig; in Bayern hat man deshalb aber andere Ansichten (weil man eiweifsreichere Würzen hat). Was die Eiweifsfällung betrifft, so wird diese verdunkelt durch teilweises Wiederauflösen des Geronnenen, deshalb darf man aber nicht annehmen, dafs die kurz oder lang gekochten Würzen die gleiche Haltbarkeit besitzen; denn wenn eine Würze mit der doppelten Menge Hopfen gekocht wurde wie eine andere, ist ihre Haltbarkeit entschieden gröfser[206]).

Hayduck hat Gärversuche mit α-, β- und γ-Harz gemacht[207]), welche darthun, dafs die beiden bitteren Harze (α und β) ungefähr die gleiche verzögernde Wirkung bei der Gärung ausüben, auch das γ-Harz, wenn es von den bitteren nicht ganz gereinigt wurde. Die Kräusenbildung wird vom α-Harz im höheren Mafse bewirkt als vom β-Harz; das γ-Harz ruft keine Kräusenbildung hervor.

Nach Sieverts Ansicht wäre der Hopfen um so besser für die Brauzwecke, je mehr Harz er besitzt; er suchte auf den Harzgehalt eine Wertskala des Hopfens zu begründen. Er nahm dabei die normale Menge des Gehaltes an Harz bei gutem Hopfen auf 20% an. Greshoff sagt, dafs dieser Gehalt für guten Hopfen zu hoch sei, da die doch so wertvollen Saazer Hopfen mehrfach viel weniger Harz hätten als die doch bedeutend minderwertigeren Oberösterreicher.

Auch Habich sucht den Wert des Hopfens vornehmlich in dessen Harzgehalt. Dasselbe strebt E. Weifs an, welcher vorschlug, bei Hopfenwertbestimmungen die Menge des alkoholischen Extraktes als Grundlage zu nehmen; der alkoholische Extrakt besteht nicht ganz, aber zum gröfseren Teile aus Harz.

Greshoff aber will das Harz als nicht so wichtig für die Zwecke der Brauerei angesehen haben, wie gewöhnlich geschieht. Er ist gar nicht der Ansicht von Sievert, Habich und Weifs. Er selbst sieht einen Teil des Harzes für das indifferente Lösungsmittel der wichtigen Hopfenbestandteile an; gerade in dem hohen Gesamtharzgehalte des Hopfens liege die aufserordentliche Schwierigkeit, zu einer völligen Trennung und deshalb zu einer genaueren chemischen Kenntnis der Hopfenbestandteile zu gelangen. Behrens lehnt ebenfalls den hohen Harzwert ab.

Man verstehe oft in der Brauerei unter »Hopfenharz« den bitteren Komplex aus wertvollem Braustoff und, nach seiner Erfahrung, wertlosem, eben dem Harz. In diesem Sinne werde wohl alles aufgefafst werden müssen, was man über die Löslichkeitsverhältnisse des Hopfenharzes in den Brauerei-Lehrbüchern finde. Man sage: das löst sich in Flüssigkeiten, welche Gerbsäure, Salze, Gummi und Zucker enthalten; auch das ätherische Öl löse Harz, und so habe man alle diese Stoffe als Lösungsvermittler betrachtet, die uns durch ihre Anwesenheit das Vorkommen des bitteren Hopfenharzes im Biere bedingen.

Balling z. B. nahm an, das ätherische Öl führe das Harz resp. dessen Bitterstoff in Lösung; fehle dasselbe, so scheide sich das Harz bei der ersten Gärung fast vollständig wieder aus. Er erachte diese Auffassung aber für unrichtig, denn aus entöltem Hopfen habe er eine ebenso bittere Lösung bekommen wie aus gewöhnlichem, unverändertem Hopfen; er konnte in dieser Hinsicht keinerlei Unterschiede bemerken. Natürlich wolle er damit nicht den Wert des ätherischen Öles anzweifeln; nur die demselben von Balling beigelegte Bedeutung verwerfe er und aus demselben Grunde das ganz abweichende Urteil Habichs, der das ätherische Öl für schädlich hält, weil später das Harz, nach Verflüchtigung des Öles, bei der Gärung und Lagerung seines Lösungsmittels beraubt, in feinen Partikelchen sich ausscheidend, Veranlassung gebe zur Biertrübung (Harztrübung des Bieres) und zu einem andauernd bitteren Geschmack[208]).

Nach Habich ist nämlich nur der von Glykose gelöste und mit dieser verbundene Anteil des Hopfenharzes wirksam. Zerfällt nun bei der Gärung die Glykose der Bierwürze, so scheidet sich das Hopfenharz aus, einmal weil ihm dadurch sein Lösungsmittel, der Zucker, entzogen wird, ferner aber wegen der sich entwickelnden Kohlensäure, welche das Harz fällt. Er denkt sich durch diesen Vorgang die Hefezellen mit Harz überfirnifst und also deren Thätigkeit allmählich herabgestimmt.

Habich meint also: das Hopfenharz löse sich in Glykose und scheide sich beim Einleiten von Kohlensäure wieder aus. Er habe dies aber bei einer speziellen Untersuchung nicht bestätigt gefunden. Eine konzentrierte Glykoselösung übe keine besondere Wirkung auf Hopfenharz aus. Natürlich löse sich der Bitterstoff, aber dieses geschehe ebenso gut, wenn man mit reinem Wasser auskoche.

Er liefs zu einer siedenden Glykoselösung von 5% tropfenweise eine alkoholische Harzlösung fliefsen, konzentrierte dann und verdünnte mit heifsem Wasser, konzentrierte abermals und filtrierte schliefslich die stark bittere, gelbe Glykoselösung durch Papier. In ihr gab Kohlensäure auch keine Spur einer Harzausscheidung; die Bitterkeit war nur von dem in Lösung übergegangenen Bitterstoff herrührend.

Auch Ad. Ott, damals Assistent in Weihenstephan, hat Versuche angestellt zur Beleuchtung der Frage, ob die Löslichkeit von Hopfenharz im Wasser durch Zucker vermittelt werde; er fand bei der Gärung nur unbedeutende Unterschiede[209]).

In Nordamerika wird von einigen Brauern der Hopfen so lange einer über 100° C. gehenden, trockenen Hitze ausgesetzt, bis derselbe vollständig gedörrt ist[210]). Hierbei werden die Weichharze nahezu vollständig oxydiert und in Hartharze umgewandelt. Gleichzeitig werden alle flüchtigen Bestandteile ausgetrieben. Dieses Verfahren ist Maywood-Brausystem genannt worden. Dasselbe soll folgende Vorteile bieten:

1. Das Hopfenbitter wird leichter als beim Zusatze gewöhnlichen Hopfens an die Würze abgegeben;
2. das Hopfenharz setzt sich in den Gärgefäfsen rascher ab;
3. die Hefe wird sehr gesund;

4. das entweichende Hopfenöl kann leicht aufgefangen werden;
5. die übelriechenden Stoffe in nicht ganz frischen Hopfen entweichen;
6. die Stiele und Samen (Früchte) werden unschädlich gemacht;
7. der präparierte Hopfen hält sich jahrelang gut;
8. der präparierte Hopfen gibt dem Bier eine um so tiefere Farbe, je höher die Trocknungswärme ist;
9. die Hopfengerbsäure wird in ihrer Wirkung auf die Eiweifsstoffe nicht wesentlich verändert.

Wenn sich das hier Gesagte alles völlig wahr erweist, dann sind für die mitteleuropäische Brauerei namentlich zwei Thatsachen sehr wichtig, nämlich:

1. Die hiermit neuerdings erwiesene Thatsache, dafs es wirklich einen selbständigen aber harzgebundenen, harzgefesselten Hopfenbitterstoff gibt, der aber durch dieses Röstverfahren, das übrigens in Deutschland (mit Böhmen) schon vor mehr als 100 Jahren üblich war, aus der Umklammerung durch das Harz rascher befreit werden kann als durch die Gärung und Nachgärung, was für die moderne Brauerei mit der abgekürzten Lagerdauer sehr wichtig ist;
2. die Thatsache, dafs das dem Röstprozesse unterworfene Harz sich rascher niederschlägt, was ebenfalls für die moderne Brauerei sehr wichtig ist.

Erweist sich aber so präparierter Hopfen sonst in keiner Hinsicht in seinen Wirkungen im Bier abgeschwächt, dann wäre der Beweis geliefert, dafs die ganze Richtung der modernen Technologen, den Hopfenwert vorzugsweise in seinem Weichharzgehalte zu suchen, ein Irrtum ist. Die Bestimmung des Hart- und Weich-Harzgehaltes hätte dann vielleicht nur noch Interesse in Bezug auf den im Harzgehalte gleichzeitig enthaltenen Hopfenbitterstoff.

Ohne Zweifel wären wir in diesen praktisch so eminent wichtigen Fragen schon längst viel weiter, wenn sich intelligente Praktiker darum annehmen würden und gewisse Beobachtungen gleich im gewöhnlichen, praktischen Betriebe anstellten; es könnte das so gemacht werden, dafs gar keine Kosten und kein Risiko dabei wären. Einen solchen, ganz interessanten praktischen Versuch teilt der Gambrinus[211]) mit. Derselbe wurde von einem Braumeister J. Schott gemacht und sollte namentlich die Frage beantworten, ob das Harz oder der Gerbstoff das Bier mehr konserviere.

Bei der Gärung dringt nach der älteren Ansicht die Zuckerlösung in die Hefezelle ein, wird da durch den Lebensprozefs derselben gespalten, und Kohlensäure und Alkohol werden ausgeschieden. Andere Ansichten gehen dahin, dafs der Gärungsprozefs ein Athmungsprozefs des Hefepilzes sei, wobei aufserhalb der Zellenmembran die Zuckermoleküle in Alkohol und Kohlensäure gespalten werden. Bei der ersteren Annahme ist der Vorgang des Eindringens der Flüssigkeit und der Ausscheidung der Spaltungsprodukte ein osmotischer, und es begreift sich, dafs dieser Vorgang sehr langsam verläuft, wenn die Zellenmembranen teilweise mit Harz überdeckt sind, und dafs darauf die konservierende Wirkung des Harzes beruht.

Vor ca. 18 Jahren habe man zwischen Kühlschiff und Gärbottich vielfach eine Filtration der Würze vorgenommen. Die Gärungen verliefen sehr rasch, aber die Haltbarkeit der Biere war so gering, dafs dieses Verfahren bald wieder eingestellt wurde.

Er stellte nun einen Versuch im grofsen in der von ihm geleiteten Brauerei an; ein Sud hatte 80 hl Würze. Ein Teil (20 hl) wurden filtriert, der andere (60 hl) nicht. Die übrige Behandlung war bei beiden Teilen gleich.

Die filtrierte, also stark vom Harz befreite Würze trat rasch und stark in Gärung, hatte hohe Kräusen, die aber bald zusammenfielen; der Bierspiegel war tief schwarz, der Bruch vorzüglich; die Hauptgärung verlief bei der filtrierten Würze um vier Tage rascher. Auch im Lagerkeller etc. ging alles rascher beim filtrierten Bier als beim nicht filtrierten; das erstere hatte schlechten Geschmack und war nach 14tägiger Lagerzeit schon am Umstehen, während die Qualität beim nicht filtrierten Bier nach dieser Zeit tadellos war.

Auch ein zweiter, in kleinerem Mafsstab ausgeführter Versuch, hatte ähnliche Resultate. Bei dem einen Teil wurde der Würze von den Zapfen befreites Hopfenmehl zugesetzt, beim andern Teil der Würze wurden nur mehl-(drüsen-)freie Zapfenblätter gegeben. Auch hier zeigte sich dasselbe Verhältnis im Verlaufe der Haupt- und Nachgärung. Hier verlief die Gärzeit bei dem Bier mit blofsen Hopfenblättchen, also ohne Lupulin, am schnellsten, und nach 14tägigem Lagern in einem Keller mit $2^1/_2{}^0$ wog das Bier mit Hopfenmehl 5,6%, jenes mit drüsenlosen Doldenblättern 4,2%. Das Bier mit Drüsen klärte sich von selbst, aber langsam, jenes mit blofsen Zapfenblättchen konnte selbst mit Spänchen nicht klar gemacht werden. Man sieht daraus, dafs die von mir vertretene Ansicht, dafs die Klärmittel und Filtrierapparate in einem gewissen, indirekten Sinn Hopfensurrogate seien, vollkommen berechtigt ist, denn diese letzteren sollen nachträglich vollbringen, was dem Hopfen, weil er in zu geringer Menge da oder die Temperatur des Kellers für den Vorgang zu tief war, nicht möglich gewesen ist. — Man sehe auch, was (gleich folgend) L. Aubry über die grofse Klärwirkung des Hopfens sagt.

Dazu war der Geschmack bei dem Bier mit Drüsen angenehm bitter, es hatte nach vier Wochen Lagerzeit noch 5%, war rein und von gutem Geschmack; jenes mit drüsenlosen Zapfenblättern hatte einen widrig-süfslichen, gar nicht an Bier erinnernden Geschmack und war nach vier Wochen Lagerzeit noch 3%ig.

Daraus geht allerdings hervor, dafs die Hauptsache in der Konservierung des Bieres dem Harze zuzuschreiben ist, wie ja auch das bittere Prinzip an ihm haftet. Gerbsäure war jedenfalls (sogar mehr) auch in den drüsenlosen Zapfenblättern enthalten, aber die Konservierung war doch unverhältnismäfsig geringer.

Beachtenswert wäre nun — dem gegenüber, was J. Schott gesagt hat — nur noch die sich von selbst aufdrängende Frage, wie es denn eigentlich kam, dafs die drüsenlosen oder hopfenmehllosen Zapfenblätter überhaupt noch ein Bier von einer gewissen Konservierung erzeugten; denn vorausgesetzt, dafs die Befreiung von Hopfendrüsen oder Mehl vollkommen durchgeführt war, hätten sie ja, nach bisher üblicher Auffassung, gar kein Harz, sondern nur Gerbstoff ins Bier gebracht.

Meine Arbeiten über die inneren, nicht individualisierten Drüsen der Zapfenblätter (s. oben S. 231 u. ff.) haben aber dargethan, dafs auch in den Zapfenblättern eine gewisse Menge des gleichen Hopfensekretes vorhanden ist. Die Menge ist sehr wechselnd, von $^1/_5$—$^1/_9$—$^1/_{10}$. Aber immerhin ist Sekret in den Zapfenblättern vorhanden, nur eben wenig. Daher erklärt sich die Leistung der Hopfenzapfenblätter in Bezug auf Harz und Bitterstoff.

Man sieht aber auch die bedeutende Rolle des Harzes, wenn es auch später für das Bier wertlos ist, dasselbe sogar ganz oder nahezu ungeniefsbar macht, wenn es nicht gelingt, bis zum Ausstofsen des Bieres dasselbe nahezu ganz oder möglichst ganz aus dem Biere zu entfernen.

Koch- und Gärversuche mit Hopfen.

1. In München.

Prof. L. Aubry in München[212]) hat verschiedene Versuche mit Hopfen ausgeführt:

1. Ein Gärversuch mit gehopfter und ungehopfter Würze.

Von einer 10%igen Würze wurden je 2 l auf Kolben gebracht und unter gleichen Bedingungen gekocht. Der einen Würze waren 5 g Hopfen gegeben worden, während die andere ungehopft blieb. Nach einer Kochdauer von zwei Stunden, wobei in beiden Proben schöner Bruch eintrat, wurde unter Luftfilter erkalten gelassen und dann von jedem Kolben Parallelproben in sterilisierte Gärkolben gebracht und je mit ca. 1 g derselben Hefe angestellt. Die Gärung verlief bei 20° C. im gleichen Gärraume[213]).

Die Würze mit Hopfenzusatz zeigte kräftige und hohe Kräusenbildung, während die ungehopfte Würze nur schwache Kräusen und eine schwache, schmutzige Decke bildete. Nach sechs Tagen hatte sich in sämtlichen Proben die Hefe abgesetzt und war die Gärung zur Ruhe

gekommen. Das Bier aus gehopfter Würze war klarer wie das aus ungehopfter Würze; der Hopfen hatte, abgesehen von seiner klärenden Wirkung, auch den Vergärungsgrad beeinflufst, denn die ungehopfte Würze war weniger stark vergoren als die gehopfte, was wir übrigens wiederholt konstatieren konnten. Von andern wurde das Gegenteil beobachtet.

Es scheint das also doch mit einem Schutze in Zusammenhang zu stehen, welchen die Hopfenbestandteile auf gewisse Hefearten ausüben.

2. Koch- und Gärversuche mit verschiedenen Hopfen.

Mit feinem Saazer (Nr. 2) und ordinärem Markthopfen (Nr. 9, S. 2 l.) wurden einige Koch- und Gärversuche gemacht.

1. Klare 14%ige Vorderwürze wurde in Quantitäten von 2 l mit je 12,5 g der beiden Hopfen gekocht. Das Kochen dauerte zwei Stunden, worauf schöner Bruch bei beiden eingetreten war. Die Kochkolben waren derart eingerichtet, dafs nach dem Kochen durch Luftfilter abgekühlt und mittels einer Hebereinrichtung der gröfste Teil der klaren Würze in einen Gärkolben abgezogen und dort unter Ausschlufs der Möglichkeit einer Verunreinigung von aufsen mit reiner Hefe zur Gärung gebracht werden konnte.

Zusammensetzung der Vorderwürze[214]:

Extrakt	14,107 %	Balling,
Gesamt-Acidität . . .	0,033 »	Milchsäure,
Rohmaltose	9,339 »	
M : NM = 1	0,51 »	

Der Zuckergehalt der Würzen wurde durch das Kochen mit Hopfen nicht alteriert. Der Stickstoffgehalt im Extrakt und zwar sowohl der Gesamtstickstoff als auch der Eiweifsstickstoff sind durch die Kochung mit dem geringeren Hopfen in einem geringen Anteil verringert, d. h. es wurde durch diesen Hopfen mehr ausgeschieden als durch den Saazer Hopfen[215].

Je 1500 ccm dieser Würzen wurden mit je 4 g einer rein gezüchteten Münchner Hefe versetzt und bei ca. 18° C. der Gärung überlassen. Die Hauptgärung war sehr lebhaft und dauerte $5\frac{1}{2}$ Tage[216].

Die Qualität des Hopfens übte auf den Vergärungsgrad keine Wirkung aus. Das Verhalten der Biere war ziemlich (also doch nicht ganz) gleich. Das Bier mit gewöhnlichem Hopfen war feuriger, aber rauher im Geschmack[217].

2. Eine 10%ige ungehopfte Würze, durch Verdünnen einer klaren Vorderwürze erhalten, wurde — immer je $1\frac{1}{2}$ l — zu Kochversuchen mit und ohne Hopfen verwendet:

a) ohne Hopfen, drei Stunden lang gekocht,
b) mit 10 g ordinärem Hopfen drei Stunden lang gekocht,
c) mit 10 g ordinärem extrahierten Hopfen drei Stunden lang gekocht,
d) mit 10 g Saazer Hopfen drei Stunden lang gekocht,
e) mit 10 g Saazer extrahiertem Hopfen drei Stunden lang gekocht.

Die mit extrahiertem Hopfen versetzten Würzen schäumten beim Kochen stark auf, gaben nach dem Kochen feine klare Würzen, während die mit nicht extrahiertem Hopfen gekochten eine schillernde Würze gaben. Nach dem Selbstlüften zeigten die Würzen mit nicht extrahiertem ordinären und Saazer Hopfen keine Schaumbildung, während extrahierter ordinärer Hopfen starke Schaumbildung zeigte. Ebenso war bei der Würze ohne Hopfen und der mit extrahiertem Saazer schwache Schaumbildung zu bemerken.

Von diesen Würzen wurden Doppelproben zu 300 ccm mit je 1 g reiner, mittel vergärender Hefe angestellt, die eine Probe bei 20—25° R., die andere bei 12° R. der Vergärung überlassen. Die bei höherer Temperatur erhaltenen Biere wurden nach sieben, die bei niederer Temperatur nach neun Tagen untersucht. Die Gärung war schon etwas früher als beendigt anzusehen.

	Bei 20—25° R.					Bei 12° R.				
	Würze ohne Hopfen	Ordin. Hopfen	Ordin. extrah. Hopfen	Saazer Hopfen	Saazer extrah. Hopfen	Würze ohne Hopfen	Ordin. Hopfen	Ordin. extrah. Hopfen	Saazer Hopfen	Saazer extrah. Hopfen
Scheinbares spec. Gew.	1,0111	1,0148	1,01204	1,01226	1,0123	1,0112	1,0154	1,0128	1,01254	1,01318
Wirkliches spec. Gew. .	1,0172	1,0219	1,0181	1,0186	1,0183	1,0173	1,0222	1,01866	1,0186	1,0190
Scheinbare Extraktion .	2,775%	3,70 %	3,01 %	3,065%	3,075%	2,79 %	3,85 %	3,19 %	3,13 %	3,30 %
Wirkliche Extraktion .	4,30 »	5,475 »	4,425 »	4,65 »	4,575 »	4,32 »	5,55 »	4,665 »	4,65 »	4,74 »
Alkohol d. Dest. . . .	3,39 »	3,97 »	3,39 »	3,50 »	3,025 »	3,42 »	3,94 »	3,35 »	3,46 »	3,35 »
Konzentr. d. Stammwürze	10,91 »	13,12 »	11,13 »	11,55 »	11,24 »	10,99 »	13,14 »	11,284 »	11,38 »	11,26 »
Vergärungsgrad . . .	60,58 »	58,27 »	59,34 »	59,74 »	59,30 »	60,69 »	57,77 »	58,66 »	59,13 »	57,90 »

Die bei höherer Temperatur geführten Biere hatten nach einem Tage schon Kräusen gebildet, die am zweiten Tage zurückgingen, während die bei niedriger Temperatur geführten erst nach zwei Tagen Kräusen hatten, die nach drei Tagen im Zurückgehen waren.

Aubry hat dieselben Versuche auch mit Spalter und Posener Hopfen ausgeführt (s. die Tabelle l. c. 1894 S. 18)[218]).

Alle diese Versuche wirken wenig klärend; sie sind jedenfalls in der Methode sehr verbesserungsfähig[219]).

Eigentümliche Koch- und Gärversuche hat Dworsky angestellt (Allg. Zeitschr. f. Bierbr. u. Malzfabr. 1899, Nr. 11, S. 235, auch Zeitschr. f. d. ges. Br.-Wesen 1899, S. 288).

	Nach der Hauptgärung Vergärungsgrad	Nach 4 wöchentlicher Lagerung Vergärungsgrad
	%	%
1. Würze vom Läutergrant, ohne zu kochen . . .	53,6—55	62,7—71,2
2. Gekochte, ungehopfte Würze	64,5—70,0	67,3—73,6
3. Eine überhopfte Würze	64,5—70,0	70,0—72,7

Ad 1. Die Klärung war langsam und mangelhaft.

Ad 2. Die Klärung ging leichter, aber unvollkommen vor sich, das Bier hatte einen nicht unangenehmen Brotgeschmack.

Ad 3. Das Bier schmeckte abstoſsend.

Merkwürdigerweise war da wieder keine einzige normale Versuchsreihe dabei. Es ist kaum zu erkennen, was mit diesen Versuchen eigentlich festgestellt werden sollte.

Jedenfalls liegt es im Interesse der Brauer, derartigen, offenbar noch im zartesten Kindesalter der Entwicklung stehenden Untersuchungsmethoden keinen zu hohen Wert beizulegen.

2. In London.

Auch Lawrence, Briant und C. S. Meacham haben die präservative (konservierende) Kraft verschiedener Hopfen durch Gärversuche festzustellen gesucht.

Die relative Konservierungskraft verschiedener Hopfen zu bestimmen, ist nicht leicht; sie suchten dies, abgesehen vom Geruche, namentlich durch die Bestimmung der Menge weichen und harten Harzes, insbesondere des ersteren, zu erreichen, weil sie schon vom Anfang an diese konservierende Kraft des Hopfens bei den Harzen, besonders den Weichharzen, suchten.

Sie machten daher ebenfalls eine Anzahl vergleichender Versuche mit Miniaturgebräuen, die mit verschiedenen Hopfensorten gesotten wurden, deren Harzwert bekannt war.

Würze aus den Maischbottichen wurde auf ein spezifisches Gewicht von 1060 reduziert und hiervon je 500 ccm in eine Anzahl von weiten Bechergläsern gebracht. Der Hopfen wurde zugesetzt in einem Verhältnisse von 8 Pfd. per Quarter und die Flüssigkeit durch Eintauchen in ein Salzbad gesotten, das eine Stunde lang auf 84° R. gehalten wurde. Nach dem Sieden wurde die Würze abgekühlt, über einem Lawrence-Kühler gelüftet und auf das Volumen von 500 ccm aufgefüllt. Eine Spur gewöhnlicher Anstellhefe wurde dann jeder Probe zugesetzt. Alle Würzen wurden dann in sterilisierte Flaschen gebracht, mit Baumwollpfropfen verschlossen und ins Luftbad bei 18° R. gebracht. Nach Vollendung der Hauptgärung wurden die baumwollenen Pfropfen durch sterilisierte Gummistöpsel ersetzt, deren Durchbohrung eine nach unten gebogene Röhre enthielt, die in einen mit Quecksilber gefüllten Becher tauchte.

I. Serie. Englische Hopfen derselben Zucht, aber verschiedenen Alters. — Versuch im Jahre 1895.

Die verwendeten Hopfen waren Mittelkenter und enthielten folgenden Prozentgehalt an Harz und Gerbsäure:

Hopfen	Harz, berechnet auf Trockensubstanz			Gerbsäure (nach Löwenthal)
	weiches	hartes	total	
1891	4,60	10,29	14,89	1,28
1893	6,12	10,24	16,36	1,10
1894	8,57	7,85	16,42	1,29
1895	12,01	4,38	16,39	1,33

Nach der Gärung wurde in jeder Probe die Acidität bestimmt:

Versuch, begonnen am 18. Oktober 1895	Biere, geprüft am 1. November 1895. Acidität als Milchsäure ausgedrückt
Nr. 1 ohne Hopfen	0,414 %
› 2 1891er Hopfen	0,144 %
› 3 1893er ›	0,126 %
› 4 1894er ›	0,108 %
› 5 1895er ›	0,090 %

Infolge der langen Gärungszeit, der hohen Temperatur und der geringen Hefemenge fand sich überall starke Bakterienentwicklung.

II. Serie. Hopfen der 1891er und 1895er Ernte von demselben Boden.

Sie enthielten ähnliche Harzgehalte, und der Hopfen wurde in verschiedenem Betrage zugesetzt.

Versuch, begonnen am 18. November 1895	Biere, geprüft am 6. Dezember 1895. Acidität als Milchsäure ausgedrückt
Nr. 1 ohne Hopfen	0,297 %
› 2 1891er Hopfen, 6 Pfd. per Quarter	0,108 %
› 3 1891er › 12 › › ›	0,099 %
› 4 1895er › 6 › › ›	0,081 %
› 5 1895er › 12 › › ›	0,081 %

III. Serie. Ostkenter Hopfen 1894.

1. Gelagert in der Brauerei bei 12,5° R. — 2. Gelagert im Cylinder bei 3,5° R. — 3. Neuer Hopfen 1895.

Der Versuch begann am 27. November 1895	Biere, geprüft am 19. Dezember 1895. Acidität als Milchsäure ausgedrückt.
Nr. 0 ohne Hopfen	0,378 %
› 1 1894er Hopfen, gelagert bei 12,5° R.	0,099 %
› 2 1894er › › › 3,5° R.	0,081 %
› 3 1895er neuer Hopfen	0,081 %

[illegible] Wert des Hopfens [illegible] Harzgehalt [illegible] überhaupt« — nur von dessen Harzgehalt [illegible] gearbeitet wurde, [illegible] Mengen [illegible] Wirkung des Hopfens auf das Bier überhaupt suchen oder finden und auf den Harzgehalt ein Wertskala des Hopfens begründen will. Die allgemeine Annahme einer solchen excessiv einseitigen Ansicht müfste die Brauerei in die gröfste Verwirrung stürzen. Gewisse [illegible] eine höchst komplizierte Sache, und auch der in kleinster Menge vorhandene, wirksame Stoff mufs dem in gröfster Menge vorhandenen, in anderer Richtung wirkenden als vollkommen ebenbürtig angesehen werden, weil sein Wegfall sich sofort in der empfindlichsten Weise im Gesamtcharakter des Bieres geltend machen würde.

β) Das Verhalten der Hopfenharze im alten Hopfen.

Von jeher weifs man, dafs der Hopfen mit zunehmendem Alter in seinem Brauwert rasch abnimmt, aber man weifs auch, dafs ganz neuer Hopfen sich nicht so vorteilhaft verarbeitet wie anderer, welcher schon einmal 3—4 Wochen verpackt und unter günstigen Umständen gelagert wurde.

Daher nehmen erfahrene Brauer beim Wiederbeginn der Braucampagne viel lieber gut erhaltenen jährigen oder ³/₄jährigen Hopfen als ganz frischen. Auch die englischen Autoren Briant und Meacham haben festgestellt, dafs alte Hopfen weniger trübe Biere machen als ganz neue mit ihrem vielen öligen (Weich-) Harz.

Während viele (Hayduck) annehmen, dafs der alte Hopfen, und namentlich bei schlechter Aufbewahrung, gerbstoffärmer sei, nehmen andere (Heron) an, dafs der Gerbstoff sich im alten Hopfen unverändert sei.

Offenbar vollziehen sich da — beim ersten Lagern wohlgetrockneten Hopfens — vorteilhafte Umsetzungen. Der Landwirt weifs, dafs ganz neues Heu lange nicht so gesund und nahrhaft ist wie solches, welches schon wenigstens vier Wochen gelagert wurde. Viele Obstsorten sind baumreif ganz ungeniefsbar, dagegen lagerreif, d. h. also nach längerem Lagern, haben sie ein ganz anderes, feines Aroma und einen ganz andern, feinen Geschmack, wie er der Varietät zukommt. Es ist ja ebenso mit der Braugerste.

Wenn der Hopfen im September geerntet wird, beginnt er — bei gewöhnlicher Sackung und Lagerung — erst im nächsten Vorsommer, im Mai und Juni, wenn heifse Tage kommen, ernstlich sich zu verändern. Der täglich zunehmende Geruch an Baldriansäure deutet diese Veränderung schon ohne jede weitere Untersuchung an.

Mit der Zunahme des Baldrian- (Käse-) Geruches an Stelle des bisherigen Aromas geht die Verharzung (die Hartharzbildung) des Sekretes in gleichem Schritte einher, die Drüsen werden an Stelle des Grünlich-gelb allmählich mehr und mehr orangefarbig, ebenso das Sekret. Zwischen den Reibflächen (Sekretbildern) ganz neuen und einjährigen, gut gesackten, kühl, trocken und schattig gelagerten Hopfens ist ein grofser Unterschied. Die ersteren sind bei unverdorbenen Hopfen ganz dünnflüssig, gelbgrün, grofs, bei einjährigem Hopfen zähharzig, orangerot, kleiner.

Auch die Intensität des Bittergeschmackes hat im ein Jahr alten Hopfen schon erheblich nachgelassen, weshalb der praktische Brauer, wenn er mit ihm allein arbeitet, mehr nimmt.

Dabei verhalten sich aber die Hopfensorten verschiedener Regionen sehr verschieden, und nicht blofs das, auch im Material derselben Region treten Abweichungen ein, welche bis jetzt durch nichts zu erklären und ohne Zweifel in der jahrgangweise wechselnden Konstitution des Sekretes selbst begründet sind. Im allgemeinen kann man sagen, dafs die feinen, schweren Hopfen (Saazer, Spalter etc.) auch bei gleicher Aufbewahrung ihr Sekret länger flüssig (weichharzig) erhalten als die leichteren Sorten. Es scheint auch, dafs die meisten, wenn nicht alle, Frühhopfen ihr Sekret schlecht konservieren, frühzeitig hartharzig werden, so die Schwetzinger,

---

[illegible]

IV. Serie. Die Hopfen waren ähnliche wie in den ersten Serien.

[illegible] 1896 [illegible]

	Acidität, als Milchsäure ausgedrückt			
	22. Januar	22. Februar	17. März	7. April
	%	%	%	%
Nr. 1 ohne Hopfen	0,108	0,207	—	—
» 2 1891er Hopfen 8 Pfd. per Quarter	—	0,099	0,117	0,180
» 3 1893er » 8 » » »	—	0,099	0,099	1,117
» 4 1894er » 8 » » »	—	0,090	0,090	0,108
» 5 1895er » 8 » » »	—	0,081	0,081	0,090

V. Serie. Gleiche Mengen verschiedener Hopfen.

	Harze, auf Trockensubstanz bezogen		
	weiches	hartes	zusammen
Nr. 1 1895er feiner Kalifornier	15,65	4,50	20,15
» 2 1895er lufttrockener Hallertauer	15,61	3,47	19,09
» 3 1895er feiner Worcester	14,42	4,24	18,66
» 4 1895er [illegible]	13,96	3,70	17,66
» 5 1895er kalt gelagerter Ostkenter	11,97	3,70	15,67
» 6 1895er in der Brauerei gelagerter Ostkenter	8,30	7,31	15,61

Der Versuch unter denselben Bedingungen wie zuvor begonnen am 13. Januar 1896 ergab an den untenstehenden Tagen:

	Acidität, als Milchsäure ausgedrückt		
	27. Januar	22. Februar	5. März
	%	%	%
Nr. 0 ohne Hopfen	0,108	—	—
» 1 8 Pfd. Hopfen per Quarter	—	0,063	0,063
» 2 8 » » » »	—	0,072	0,081
» 3 8 » » » »	—	0,072	0,072
» 4 8 » » » »	—	0,072	0,072
» 5 8 » » » »	—	0,072	0,072
» 6 8 » » » »	—	0,090	0,161

VI. Serie. Verschiedene Mengen englischen und fremden Hopfens.

Versuch begonnen am 17. Januar 1896, geimpft mit Milchsäureferment am 28. Januar.

	Acidität, als Milchsäure ausgedrückt			
	Geprüft am			
	4. Februar	24. Februar	20. März	7. April
	%	%	%	%
Ohne Hopfen	0,108			
Ostkenter 2 g per 500 ccm Würze	—	0,081	0,081	0,090
» 4 » » 500 » »	—	0,072	0,081	0,090
» 6 » » 500 » »	—	0,072	0,072	0,072
Hallertauer 2 » » 500 » »	—	0,081	0,090	0,108
» 4 » » 500 » »	—	0,072	0,081	0,090

Steiermärker. Auch dem mährischen Hopfen sagt man schlechte Haltbarkeit nach. Unbegreiflich ist es, wenn manchmal Hopfen schwerer Lage sich so eigentümlich verhalten, dafs z. B. das Sekret der Stadt Saazer früher verharzt als jenes der Saazer Bezirkshopfen und letzteres früher als jenes der Kreishopfen. Ein sehr charakteristisches Beispiel sind die später geschilderten 1897er Saazer Bezirks- und Kreis-Hopfen, welche, wunderbar ähnlich in Farbe und Glanz, am 6. Mai 1898 auffallend ungleich verharzt waren; der Kreishopfen hatte am 6. Mai Reibflächen, welche weniger verharzt waren als jene des Bezirkshopfens am 6. Januar.

Im Gebiet von Saaz hat die Stadt die ältesten Kulturen, der Bezirk die nächstjüngeren und der Kreis die jüngsten; es ist also vielleicht in der Sekretkonstitution begründet, veranlafst durch in verschiedenem Grade ausgebaute Böden.

Das Sekret völlig normal und gut in die Büchsen geprefsten und gut gelagerten Hopfens ist nach einem Jahr noch erheblich flüssiger, aber Geruch und Bitter sind doch schon alteriert.

Über alle diese Dinge geben meine später folgenden Reibflächen zweckdienliche Auskunft, auch der Abschnitt »Büchsenhopfen« in diesem Buche.

Alle diese Dinge sind — in der Hauptsache — dem praktischen Brauer schon lange bekannt, ohne dafs spezielle Untersuchungen darüber unternommen wurden.

Ich habe schon seit 10—20 Jahren in meinen Reibflächen ein höchst lehrreiches Bild dafür, wie sich das Hopfensekret beim Altern des Hopfens allmählich verändert (s. folgend).

Merkwürdige Ansichten über den Wert alten Hopfens entwickelt Christian Reichardt in seinem 1753—1755 in Erfurt erschienenen Land- und Garten-Schatz[220]): Der Erfurter Hopfen sei so gut als der fremde; es sei Einbildung, dafs der fremde Hopfen besser sei, weil der Erfurter sich im Kochen nicht so bald geben und gar werden wollte, dafs um deswillen das Getränk hiervon bitter würde; man müfste deshalb auch mehr Holz haben, und daher hätte der Brauherr mit dem Erfurter mehr Kosten aufzuwenden. Es sei dies wahr, dafs der Erfurter allzeit fetter sei und mehr Kräfte als der fremde Hopfen habe, namentlich wenn er noch neu sei; allein, könne man denn denselben nicht ebensowohl wie den fremden 3—4 Jahre und noch länger in den Kammern liegen lassen und aufbehalten? Alsdann werde der Erfurter sich im Kochen und Sieden ebenso wohl als der fremde geben. Es mache ja auch der Braunschweiger, wenn er nach Erfurt komme, liebliche Biere, deshalb, weil er mehrerenteils alt sei und einige Jahre gelegen habe. Aus allen Hopfen werde im ersten und zweiten Jahre niemalen so gutes und liebliches Bier gebraut, als wenn er erstlich älter wird, weil er noch so viele Bitterkeit und Krudität (Roheit, Unverdaulichkeit) bei sich führet. Und wenn man gezwungen wäre, einen solchen neuen Hopfen, welcher noch so viele Kräfte bei sich führet, zu gebrauchen, so soll man nur halb so viel, wie sonst üblich, zu einem Gebräu nehmen und durch angestellte Proben die Proportion hierinnen suchen, so würde man gewifs einen merklichen Nutzen erhalten. — In der Allg. H.-Ztg. 1861, S. 27 wird unterm 21. August aus Neutomischel geschrieben, dafs in der dortigen Gegend noch über zehn Jahre alter Hopfen vorhanden sei, der jüngst einen auswärtigen Käufer gefunden habe; es seien in den letzten Wochen 250 Ztr. ganz alten Hopfens, der mit einem Preise von 13 Thlr. per Zentner gekauft wurde, verladen worden.

In England hat man, bei ganz anderer Konservierung und Verpackung, schon lange Jahre die Gepflogenheit in den Grofsbrauereien, sich grofse Hopfenvorräte anzulegen, um von den Ernte- und Preis-Schwankungen unabhängig zu sein. Daher — wegen der von jeher üblichen vielfachen Verwendung älteren Hopfens in der Brauerei — hat man dort auch die Frage nach dem Brauwert alten Hopfens schon weit länger in Betracht gezogen als bei uns in Mitteleuropa.

In neuerer Zeit nun haben englische Technologen, so namentlich Briant und Meacham, dann Matthews etc., deshalb ganz spezielle und praktisch höchst wertvolle Untersuchungen angestellt.

Briant und Meacham untersuchten[221]) die Art und Weise, wie sich beim Lagern (Alterwerden) des Hopfens eine Veränderung des so wichtigen Weichharzes (des Oleoharzes der Engländer) in wirkliches Hartharz vollzieht[222]).

[illegible] Phlobaphen genannten Substanz gleichbedeutend. Das eigentliche Hopfenbitter wird wahrscheinlich durch die während langer Lagerung eintretenden Änderungen in geringerem Grade beeinflufst.

Matthews nennt es Erfahrungssache, dafs alter Hopfen, wenn auch sein Aroma gering geworden sei, sich dennoch zum Kochen im Kessel vorzüglich eigne, hingegen sich da, wo das Aroma besonders gefordert ist, wie beim trockenen Hopfenstopfen, als mangelhaft erweist.

Matthews spricht ferner die Ansicht aus, dafs ein Hopfen mit mehr als einjährigem Alter kaum noch zu Brauzwecken empfohlen werden könne, denn in älterem sei das Hopfenaroma durch Oxydation vollständig vernichtet und die Ersetzung der weichen Harze und des Tannins durch stärker gefärbte und schlecht schmeckende Oxydationsprodukte vollzogen. Eine sorgfältige Mischung von 1 Jahr altem Hopfen mit ganz frischem Hopfen dient ohne Zweifel dazu, eine Trübung des Bieres zu verhindern, welche sich oft da einstellt, wo frischer Hopfen allein in beträchtlicher Menge verwendet und stark gekocht wird. Eine solche Trübung, welche sich zwar bei der Lagerung der Bieres verliert, ist bei Ales, welche schnell zum Ausstofsen gelangen sollen, ein ernstlicher Nachteil. Er habe hie und da in Brauereien (Englands) so alten und schlechten Hopfen in Verwendung gesehen, dafs man gerade so gut die Blätter von gewöhnlichen Laubbäumen hätte nehmen können, um dem Biere einen Geschmack zu erteilen.

Der Engländer Heron rät von der Verwendung sehr alten Hopfens ernstlich ab, da er dem Biere nicht nur einen schlechten Geschmack gebe, sondern auch gar keinen antiseptischen Wert mehr besitze.

Briant und Meacham sagen, dafs die chemischen Veränderungen, welche der Hopfen beim Lagern unter gewöhnlichen Umständen (diese Autoren haben jedenfalls dabei geschwefelten und in Quadratballen geprefsten Hopfen im Auge, wie er in England üblich ist) erfährt, nicht vollständig aufgeklärt sind. Aber die praktische Verschlechterung desselben ist mehr wie genügend nachgewiesen. Schon nach drei Monaten Lagerzeit beginne der Hopfen sich zu verschlechtern, und gehe dies ununterbrochen weiter. Diese Veränderungen sind physikalischer und chemischer Natur, die Blattfarbe dunkelt, die Lupulinkörner werden dunkler und hart, das Öl nimmt ab, der schöne Geruch fehlt, und an seine Stelle tritt der eigentümliche, an Käse erinnernde Geruch der Baldriansäure, auch das Tannin wird oxydiert.

Die Allg. H.-Ztg. 1862, S. 70 bringt aber unterm 28. Februar aus London die Notiz, dafs seit einiger Zeit auf einmal wieder alte Hopfen, deren Preise ganz herunter waren, gesucht wurden, sogar meist 1855er und 1856er, also sechs und sieben Jahre alter; es sollen in letzterer Zeit grofse Quantitäten zur Ausfuhr gekommen sein, aber man konnte nicht erfahren, wohin. Auch am 8. März war in London noch Nachfrage nach ganz altem Hopfen vorhanden, aber in minderem Grade und namentlich für die Ausfuhr, für welche nicht unbedeutende Geschäfte hierin gemacht wurden. Desgleichen am 2. Mai 1862 wird aus London gemeldet, dafs in alter Ware eine ziemliche Nachfrage vorhanden ist für die Ausfuhr, aber wohin und wozu?

Auch auf S. 149 der Allg. H.-Ztg. 1862 wird gesagt: Zur Porterbrauerei erscheint in England jede Gattung Hopfen gut genug; er mag auch sehr alt sein, wenn er nur geschwefelt ist und dadurch ein schöneres äufseres Ansehen hat.

Nicht blofs in England, auch in den Vereinigten Staaten von Nordamerika hat geschwefelter und geprefster alter, ca. ein Jahr alter Hopfen eine ganz andere Wertschätzung wie der nicht geschwefelte, in gewöhnlicher Art gesackte Hopfen in Mitteleuropa (Deutschland und Österreich). In New-York kosteten 1862 am 27. September Jährlinge (1861er) per Pfund 14—16 Cents, neue (1862er) 13—17 Cents per Pfund. Damals galt in der That 1861er Gewächs so viel als 1862er, wohl auch deshalb, weil das 1861er besser und gehaltvoller gewachsen war als das 1862er. In einer Korrespondenz aus New-York (Allg. H.-Ztg. 1862, S. 328) wird unterm 20. September

Nach der Haydukschen Methode, welche zunächst das Weichharz löst, bei Behandlung in einem Soxhletapparat [illegible] Petroläther [illegible]

So wurden die Hopfen verschiedenen Alters und Ursprungs untersucht, wobei sich folgendes ergab:

Ursprung des Hopfens	Neuer Hopfen		Einjähriger Hopfen		Vierjähriger Hopfen		Sechsjähriger Hopfen	
	Weichharz	Hartharz	Weichharz	Hartharz	Weichharz	Hartharz	Weichharz	Hartharz
	%	%	%	%	%	%	%	%
Kent 1	8,80	5,90	5,70	8,30	3,20	9,20	0,80	14,13
Kent 2	9,30	7,15	6,10	8,50	—	—	—	—
Kent 3	7,30	7,5	4,28	—	—	—	—	—
Worcester	6,45	5,75	4,13	4,70	—	—	—	—
Kalifornier	10,62	7,31	8,25	9,72	—	—	—	—
Bayern (Spalt)	12,90	9,13	7,50	13,82	—	—	—	—
Bayern (Spalt)	—	—	—	—	—	—	—	—

Man sieht also, [illegible] ein grofser Teil des Weichharzes in Hartharz übergegangen ist.

Diese Umwandlung kann aber nicht blofs das Resultat eines Oxydationsprozesses sein, weil sie sich auch einstellte, als man bei einem Versuche die Luft ganz abschlofs.

Zu betonen ist, dafs die Engländer alle in Vorrat gelegten Hopfen, soweit sie nicht schon geschwefelt und geprefst sind, immer so behandeln. Bei nicht geschwefelten oder auch geschwefelten und blofs gesackten, nicht in Büchsen geprefsten Hopfen wird die Beschaffenheit nach diesen erwähnten Zeitabschnitten eine unverhältnismäfsig schlechtere sein.

Wenn gar Prof. Dr. R. Wagner (schon 1856, Jahresber. d. Fortschr. in der chem. Technologie) sagt, dafs mehrere Jahre alter, nicht konservierter Hopfen eine geruchlose, braune, spreuähnliche Masse darstellt, in welcher nur noch die Gestalt der Zapfen den ehemaligen Ursprung erkennen läfst, was auch richtig ist, dafs aber Bitterstoff und Gerbsäure bei der Aufbewahrung sich nicht wesentlich verändern, nach Ansicht der Hopfenhändler und Brauer die Bitterkeit des Hopfens selbst bei zehnjährigem Alter und keineswegs luftdichter Lagerung an Intensivität nicht wesentlich abnimmt, was ich übrigens auf Grund meiner Wahrnehmungen nicht für vollinhaltlich richtig halte, so zeigt es sich, dafs und warum auch sehr alte und namentlich auch noch gut geprefste Hopfen immerhin noch Wert besitzen; es ist der Bitterstoff und der Gerbstoff, namentlich für dunkle, gehaltvolle, lange lagernde Biere wie der englische Porter. Da in solchen Hopfen dem ganz hart gewordenen Harze keine erhebliche Wirkung mehr zukommt, wohl aber dem Bitter, so zeigt auch dieser Fall klar und deutlich, dafs das Hopfenbitter ein selbständiger, von der Natur des Harzes ganz unabhängiger Körper ist. So viel ist mir auch aus meinen Erinnerungen gewifs, dafs für alten Hopfen auch das rohe, schroffe Bitter ordinärer Hopfen milder, aber deshalb natürlich noch nicht eigentlich fein geworden ist.

Es ist also aus diesen Ergebnissen auch ersichtlich, warum die konservierenden Eigenschaften des alten Hopfens abnehmen. Man sieht aber auch, dafs man — für den blofsen Zweck des Konservierens durch den Hopfen — Jährlinge noch gebrauchen kann. Das Aroma läfst da freilich schon alles und das Bitter bereits manches zu wünschen übrig.

Nach Matthews*) ist das weiche Harz im alten Hopfen so gut wie gar nicht vorhanden, und statt dessen sind — zum Teil auch aus dem weichen Harz hervorgegangen — weniger lösliche, dunkle Harze vorhanden. Aus altem Hopfen läfst sich leicht ausscheiden:

1. Ein dunkelbraunes Harz, welches sich schwer in Alkohol löst und in Wasser überhaupt nicht;

gesagt: Sie könnten in Deutschland glauben, dafs wir heuer eine schlechte Ware haben, welche nicht mehr wert ist als alte (1861er), weshalb der neue Hopfen nicht besser als der Jährling bezahlt wird. Aber im amerikanischen und englischen Hopfenhandel besteht kein so enormer Unterschied zwischen altem und frischem Hopfen wie in Deutschland. Die Meinung von altem, vorjährigem und noch älterem steht da immer höher als in Deutschland. Noch älteres wie einjähriges Gewächs war zwar damals in New-York nicht gesucht, doch wurden für 1860er immerhin 5—7 Cts. per Pfund bezahlt. Unter Umständen verwendet man aber in Amerika und England zu gewissen Bieren (Porter etc.) selbst vier und mehr Jahre alte, geschwefelte und geprefst verpackte Hopfen.

In der Allg. H.-Ztg. 1862, S. 360 wird unterm 2. November aus Worcester in England berichtet, dafs so viel wie gar keine neuen (1862er) Hopfen auf dem Markte sind. Dafür geht das Geschäft um so lebhafter in altem Hopfen; 1855er feine Ware galt damals 30—45 Mark (Schilling), 1857er dagegen 50—75 Schilling. Neue Mittel und Ostkent kosteten damals in London 120—160 Mark; es war also dieser Hopfen sieben und sechs Jahre alt.

Der Wertunterschied zwischen altem und neuem Hopfen ist kaum noch genügend festgestellt; analytisch läfst er sich nicht feststellen. Bei einem Versuche hatte nicht konservierter, gewöhnlich gelagerter Hopfen 20% seines Tannins (seiner Gerbsäure) verloren und 10% mehr Feuchtigkeit angezogen, auch etwas Totalharzgehalt verloren. Der Wertverlust nach sechsmonatlicher Lagerung berechnete sich bei nicht konserviertem Hopfen auf 20% gegen konservierten. Einjähriger Hopfen hatte bei einem Versuchsgebräu erheblich mehr Säure, als wenn das Gebräu mit neuem Hopfen gemacht wurde.

Vierjährigen Hopfen zu verwenden sei Unsinn: er habe den Wert von Heu (physikalisch), verderbe den Geschmack des Bieres, ohne es irgend nennenswert zu konservieren. Es sei besser, wenig und guten Hopfen zu verwenden als erhebliche Mengen schlechten Hopfens.

Die Praktiker in Deutschland sagen, dafs man $^1/_3$—$^1/_2$—$^2/_3$ alten Hopfens zu einem Sud im Herbste nehmen könne, wenn der Hopfen gut (ohne Bodenröte und Schimmel und ganz trocken, jedenfalls auch etwas geschwefelt) in die Büchsen kam, gut eingeprefst und gut im kühlen, trockenen Keller gelagert wurde und die Gefäfse luftdicht sind, so dafs der Geruch nicht zu sehr gelitten hat. Manche wollen nur $^1/_3$ alten Hopfens geben und $^2/_3$ neuen; immer soll dann der alte Hopfen im Beginn des Hopfenkochens, der neue aber ca. 15—20 Minuten vor dem Ausschlagen gegeben werden. Ist man beim kommenden Sommer mit dem alten Hopfen noch nicht fertig, dann wollen die meisten Brauer ihn lieber wegwerfen, als auch noch das Bier im Keller gefährden. Jedenfalls sollte man im Sommer und bei etwas kritischen Kellern keinen oder nur sehr wenig alten Hopfen in die Hopfengabe nehmen; es ist aber damit natürlich — wie bei uns in Mitteleuropa üblich — ungeschwefelter oder leichtgeschwefelter, aber ungeprefster oder nur in gewöhnlicher, mäfsiger Weise eingeprefster, gesackter und gewöhnlich gelagerter Hopfen gemeint.

Manche praktische Brauer haben auch bei uns die Ansicht, dafs Büchsenhopfen, gut präpariert und von guter Qualität, sich 2—3 Jahre lang zur Hälfte mit neuem Hopfen verwenden lasse. So weit möchte ich aber nach dem, was ich bei Untersuchung von Büchsenhopfen gesehen habe, doch nicht gehen. Thatsächlich bleibt das Sekret des Büchsenhopfens noch 4—5 Monate weit flüssiger (balsamartiger) als im blofs gesackten Hopfen, aber der Geruch ist, wie ja auch Briant und Meacham bestätigen, abscheulich. Der Ansicht Briants, dafs dieser Geruch beim Öffnen der Büchsen sich schnell verflüchtige, stehe ich sehr mifstrauisch gegenüber.

W. A. Lawrence (Allg. Br.- u. H.-Ztg. 1887, II, 1452, nach d. Amerikan. Bierbr.) sagt, dafs das Hopfenöl das Hopfenharz im jungen Hopfen in löslichem oder erweichtem Zustande erhalte, und das sei der wesentliche Unterschied zwischen neuem und altem Hopfen. Wenn man (nach englisch-amerikanischer Art konservierten) einjährigen Hopfen in den Kessel gebe, habe man ungefähr 20% weniger Extrakt als von neuem Hopfen derselben Sorte; zweijähriger gebe ca. 30% weniger etc., eben weil das Öl nicht mehr da ist. Der Verlust an Bitter durch das Verharzen des Öles ist gering, er beträgt kaum 2%.

Nach dem amerikanischen Zymotechniker F. Emken[224]) ist dort in der Braupraxis beobachtet worden, daſs sehr alter Hopfen ein schlechtes Brechen im Gärbottich zur Folge hat, und daſs die Biere in der Regel fuchsig gefaſst werden müssen.

In der Wochenschr. f. Brauerei[225]) wird (von Chr. Cabanis) gesagt, daſs die Verwendung alten Hopfens immer eine unangenehme Sache für den Brauer sei, denn sowohl das ätherische Öl wie das Hopfenharz haben nachteilige Veränderungen erlitten, das Hopfenmehl ist rötlich geworden. Für die Bereitung der dunkleren, bayerischen Biere sei es allerdings nicht unumgänglich nötig, auf ein vollendet feines Aroma beim Hopfen zu sehen, da durch die Art und Weise des Hopfengebens und auch durch die röstaromatischen Bestandteile des Malzes das feine Hopfenaroma nicht zur Geltung komme. Anders sei es bei hellen Bieren, bei welchen sich ein Zusatz von altem Hopfen unbedingt verbiete.

Auch in pekuniärer Beziehung wäre die Mitverwendung alten Hopfens nicht immer als vorteilhaft zu bezeichnen; in vielen Fällen wird man z. B. da, wo man 15 Pfd. alten und 15 Pfd. neuen Hopfen gibt, dasselbe mit 25 Pfd. neuem Hopfen erreichen können. In der Gärung hat man die Erfahrung gemacht, daſs bei Mitverwendung alten Hopfens die Decken nie so konsistenter Natur sind wie bei der Verwendung von nur neuem, und daſs die Hefen bräunlich gefärbt werden. Unter Umständen kann auch der Geschmack des Bieres beeinträchtigt werden, wenn der Hopfen schlecht konserviert war und schon einen käsigen, ranzigen Geruch hatte. Gut konservierten und ebenso aufbewahrten Hopfen kann man im zweiten Jahre wohl noch in kleineren Partien verwenden, und es ist Sache des Brauers, zu beurteilen, wie weit er hierin gehen kann, ohne den vom Publikum verlangten Charakter des Bieres zu beeinträchtigen. Hopfen, welcher älter als zwei Jahre ist, kann wohl nur in seltenen Fällen ohne Beeinträchtigung des Bieres verwendet werden. Der Preis des alten Hopfens richtet sich natürlich nach dessen Qualität, ist aber in den meisten Fällen weit unter der Hälfte des Einkaufspreises[226]). Alles kommt eben darauf an, wie der Hopfen nach der Ernte und Trockne war und wie er konserviert und gelagert wurde; da kann unter Umständen bei Verwendung alten Hopfens auch der Biergeschmack noch befriedigend sein, so wie bei frischem Hopfen wird er niemals sein.

In der Chemie des Bieres von G. C. Habich ist — nach Mitteilung praktischer Brauer — die Angabe enthalten, daſs sich mit altem Hopfen gebraute Biere schwer klären. In »Amerikan. Bierbrauer« wird nun von Ruschhaupt[227]) behauptet, daſs dies — nach Ansicht vieler praktischen Brauer — ein Irrtum sei, denn die Bierwürzen lösten aus altem Hopfen weniger Harz auf als aus neuem, und infolgedessen kläre sich das Bier schneller. Habich entgegnet nun, daſs sich das Hopfenharz im Zucker der Würze löse; durch die Gärung werde der Zucker in Alkohol verwandelt, und das nun des Lösungsmittels beraubte Harz werde ausgeschieden. Die bei der Gärung gebildete Kohlensäure treibt das Harz als schmierige Masse an die Oberfläche und an die Bottichwandungen; der intelligente Brauer nehme es weg, damit es nicht ins Bier zurückfalle, den Geschmack verderbe und die Klärung verzögere. Je rascher die Gärung verläuft, je stärker also der Kohlensäurestrom, um so mehr Harz wird an die Oberfläche getrieben; der Kohlensäurestrom wirkt somit für die Klärung. Wenn alter Hopfen in sogenannten Schenkbieren enthalten ist, welche bei höherer Temperatur vergären, also bei starkem Kohlensäurestrom sich rasch klären, fragt es sich nur, ob mit altem Hopfen hergestellte Lagerbiere mit langsam geführter Gärung sich auch so schnell klären. Da aber im alten Hopfen schon viel oxydiertes Hopfenharz enthalten, welches nicht löslich ist, so wird eine solche harzärmere Würze auch durch den Kohlensäurestrom leicht geklärt werden können. Schlimmer ist es, wenn der alte Hopfen schon an seiner Gerbsäure Einbuſse erlitten hat, weil die proteïnreichere Würze beim Kühlen sich leicht durch Ausscheidungen wieder trüben kann.

f) Die antiseptische — bakterienfeindliche — Wirkung der Hopfenbittersäure oder des Hopfenharzes.

1. Die theoretischen Untersuchungen in dieser Frage.

Die Gärung der Bierwürzen ist niemals reine Alkoholgärung. Es ist nicht zu vermeiden, dafs in die Bierwürze und selbst in die Hefe Keime jener Fermente gelangen, welche Pasteur mit dem Namen »Krankheitsfermente« bezeichnet hat. Diese leiten in den Würzen die fremden Gärungen ein, wodurch unerwünschte, den Geschmack und die Haltbarkeit des Bieres schädigende Produkte entstehen. Milchsäure-, Buttersäure- und Schleim-Gärung wird auf das Vorhandensein und die Vermehrung von Pilzorganismen (Spaltpilzen, nicht Sprofspilzen) zurückgeführt; auch die Umwandlung des Alkohols im Bier in Essigsäure (Essigsäuregärung, saure Gärung) wird seit Pasteur auf winzig kleine Organismen zurückgeführt, welche als Sauerstoffübertrager dienen.

Es scheinen aber diese unerwünschten Krankheitsfermente gegen äufsere Einwirkungen bedeutend empfindlicher zu sein als das Ferment der Alkoholgärung, der Hefepilz. Diese unerwünschten Fermente verlangen z. B. zu ihrer lebhafteren Entwicklung mehr Wärme, Kälte tötet sie; auch Alkohol in gröfserer Konzentration hemmt ihre Entwicklung, selbst die Essigsäurebakterien gedeihen nur in einer Flüssigkeit, deren Alkoholgehalt nicht viel über 10% beträgt. Schweflige Säure tötet sie ebenfalls schon bei Konzentrationsgraden, welche auf die Bierhefe noch nicht nachteilig wirken. Auch der Hopfen ist in gewissen Bestandteilen der Entwicklung eines Teiles dieser Bakterien sehr hinderlich, das hat man längst gesehen im bezüglichen Verhalten gehopfter und ungehopfter Würzen.

Der Hopfen soll sich auch sehr gut zum Versand der Samenhefe eignen, was offenbar ebenfalls mit seiner bakterienfeindlichen Natur zusammenhängt. J. E. Thausing[228]) sagt, dafs er und andere die Erfahrung gemacht haben, dafs gut und vorsichtig abgeprefster, bei hoher Temperatur getrockneter und in einem gut schliefsenden Gefäfs in Hopfen verpackter Zeug sich gut konserviert.

Dafs der Hopfen antiseptisch (bakterienfeindlich) wirkt, d. h. dafs er Bestandteile enthält, welche sich als schärfste Gifte gegen gewisse schädliche Gärungskeime erweisen, namentlich gegen Milchsäure-, Fäulnis- und Buttersäure-Bakterien, ist eine zweifellose Thatsache von gröfster technischer Bedeutung, und die Sache wird dadurch noch merkwürdiger, dafs das Hopfensekret dabei gleichzeitig die Essigfermente und namentlich den gewöhnlichen Hefepilz der Bierbrauerei, von dessen gutem Gedeihen ja die Gärung der Malzgetränke abhängt, völlig unberührt läfst. Im Gegenteil wollen Hayduck und andere darthun, dafs der Hopfen Proteïnverbindungen in die Würze liefert, welche für das gute Gedeihen der Hefepilze sehr wichtig sind, in gewissem Sinne noch mehr als die aus dem Malze in die Würze gelangenden Stickstoffverbindungen[229]).

Es wäre übrigens der Wahrheit nicht entsprechend, wenn man annehmen wollte, dafs diese antiseptischen Eigenschaften des Hopfens, d. h. des Hopfensekretes, erst von M. Hayduck entdeckt worden seien. Dieselben sind vielmehr in der Praxis schon lange bekannt, und — wie wir im nächsten Abschnitt sehen werden — sprach Prof. Soxhlet bereits 1876 ausführlich davon (Die Verwendung des Hopfens bei der Bereitung des Bäckerzeuges). Hayduck hat aber das unbestreitbare Verdienst, unserm Wissen in der Sache, namentlich in Bezug auf die Zwecke der Brauerei, eine auf Experimente gestützte bessere Grundlage gegeben zu haben.

Die Thatsache, dafs der Hopfen antiseptisch wirkt, ist unzweifelhaft gegeben, nur in Bezug auf die eigentlich wirksamen Ursachen weichen die Meinungen insofern ab, als Bungener diese Wirkung der Hopfenbittersäure zuschreibt, während Hayduck annimmt, dafs sie den Weichharzen, namentlich seinem α-Harz, zugeschrieben werden mufs. Dabei bemerkt Hayduck, dafs weder die ätherischen Öle, noch die Gerbsäure, noch sonstige Hopfenbestandteile, welche keine Harze sind, irgendwie eine antiseptische Wirkung ausüben[230]). Bei Hayduck ist eben Hopfenweichharz und Hopfenbitterstoff ein und dasselbe. Die Sache wäre leicht klarzustellen, wenn es gelänge, mit dem Bitterstoff des Hopfens einerseits und dem entbitterten Harze anderseits Versuche anzustellen, was aber dadurch sehr erschwert ist, dafs sich diese beiden Stoffe schwer trennen lassen, die Bittersäure in ihrem Vorkommen an jenes der Harze gebunden ist. Bungener hat aber die isolierte Bittersäure als heftiges Antisepticum wirksam gesehen.

Ohne also hier eine Entscheidung treffen zu können oder treffen zu wollen, schliefsen wir einstweilen die Darstellungen über die antiseptischen Leistungen des Hopfens an die Harze an, um so mehr, als es sich gezeigt hat, dafs ein Auszug aus dem Hopfen, welcher vorher mit Äther extrahiert wurde, dem also die Harze (mit dem damit verbundenen Bitterstoff) genommen waren, die Milchsäuregärung nicht zu hemmen vermochte.

Hayduck studierte zunächst die Wirkung des Hopfenharzes auf den Milchsäure- (Spalt-) Pilz. Er nahm bei niederer Temperatur getrocknetes Grünmalz, welches geschroten und bei möglichst hoher Temperatur mit Wasser gemaischt wurde. Auch die Gärungstemperatur wurde möglichst bei 40° R. erhalten, weil eine derartige Temperatur eine rasche Milchsäuregärung begünstigt.

Der Hopfen, dessen antiseptische Eigenschaft studiert werden sollte, wurde derart extrahiert, dafs man ihn zunächst mit kaltem Wasser anstellte, zum Sieden erhitzte, nach 5 Minuten Kochen im Wasser erkalten liefs und dann mit der Gärungsflüssigkeit vermischte.

Die erwähnte Gärungsflüssigkeit enthält die Keime des Milchsäurefermentes, welche sich sehr lebhaft entwickeln und dadurch Milchsäure hervorrufen, wenn man nicht unter 40° R. arbeitet. Der Hopfenzusatz zur Maische betrug 1—15 g.

1 g Hopfen auf $^1/_2$ l Bier entspricht ungefähr der Hopfenmenge, welche im Lagerbier vorhanden ist; allerdings gibt es auch Lagerbiere mit mehr Hopfen wie die englischen.

Es zeigte sich, dafs die antiseptische Wirkung des Hopfens annähernd ebenso grofs ist, ob man zum Auszuge 1 g oder 15 g Hopfen zusetzt. Selbst beim Zusatz von $^1/_2$ g Hopfen zum Auszuge war noch eine deutliche antiseptische Wirkung zu erkennen, insofern der Säuregehalt der Maische nach 24 oder 48 Stunden ein weit geringerer war.

Es wurde eine genaue Säurebestimmung durchgeführt, und es zeigte sich ohne Hopfenzusatz eine sehr starke Milchsäuregärung, während dieselbe auch beim Zusatz von nur einem Tropfen schon gehindert wurde. Ging man auf $^1/_4$ g herab, so war die antiseptische Wirkung schon geringer, aber immer noch wahrnehmbar. Demnach enthält der Hopfen, resp. das Hopfenharz mit dem Bitterstoff, einen bakterienfeindlichen Stoff.

Über den Einflufs eines längeren oder kürzeren Kochens des Hopfens konnte nichts ermittelt werden; auch bei ganz kurzem Kochen war dieselbe Wirkung gegeben. Der antiseptische Stoff ist nur in sehr geringen Mengen in Wasser löslich. Die Lösung ist ebenso gesättigt, ob man 1 oder 15 g in 100 ccm löst. Der Hopfen zeigte bei zweimaligem Extrahieren dieselbe antiseptische Wirkung, erst beim dritten Male liefs diese ein wenig nach.

Derselbe Hopfen gab bei denselben Versuchen immer dasselbe Resultat, aber verschiedene Hopfensorten ergaben sehr abweichende Resultate. Wenn 1 g mit $^1/_2$ l vermischt wurde, so ergaben sich bei Anwendung verschiedener Hopfensorten Säuremengen, welche in ziemlich weiten Grenzen schwankten, nämlich zwischen 3,8 und 7,4 ccm $^1/_{10}$ Normalnatronlösung.

Dabei zeigte es sich, dafs die feineren Hopfen den roheren in der Energie der antiseptischen Wirkung nachstanden[231]). Das hängt doch offenbar nicht sowohl mit andersartiger chemischer Konstitution, als vielmehr mit verschiedenartiger Energie des Stoffes zusammen. Wilder Hopfen, amerikanischer Hopfen etc., alle zeigten dieselbe antiseptische Wirkung. Je älter aber der Hopfen ist, namentlich ein solcher, welcher in gewöhnlicher Art, d. h. unkonserviert, aufbewahrt wurde, um so geringer ist die antiseptische Wirkung desselben.

Versuche mit Hopfenextrakten (von Gehe & Co. in Dresden, A. Breithaupt in Strafsburg im Elsafs) zeigten, dafs dieselben sich unvollkommener in Wasser und Würze lösten und ihre antiseptische Wirkung im Vergleich zum Hopfen sehr unvollkommen war. 1 g Hopfenextrakt zeigte noch nicht so viel antiseptische Wirkung wie $^1/_2$ g frischen Hopfens. Es scheinen also die Extraktstoffe schon beim Kochen eine chemische Veränderung zu erleiden.

Das ätherische Öl zeigte nicht eine Spur von antiseptischer Wirkung; selbst beim denkbar stärksten Zusatz von ätherischem Öl wird die Milchsäuregärung nicht im geringsten verringert.

Weiterhin fand Hayduck, dafs nur dem bitteren Harze die bakterienhemmende Wirkung zukommt. Ob diese Wirkung nur dem weichen Harze zukomme oder auch dem festen, sei nicht sicher zu bestimmen gewesen, weil er beide nicht scharf zu trennen vermochte. Da es bekannt ist, dafs, wenn eine Hefe in einer Nährlösung mit Bakterien (Buttersäureferment) zusammenkommt, diese in ihrer Entwicklung gehemmt wird, wenn die Bakterien in Unzahl vorhanden sind und an Terrain für ihre Nährthätigkeit gewinnen, so stellte er zwei solche Versuchsreihen her mit reicher Bakterienaussaat und geringer Hefeaussaat.

In einer Flüssigkeit mit starker Buttersäuregärung ohne Hopfenzusatz konnte eine Hefegärung nicht mehr stattfinden nach Zusatz von einer nur minimalen Menge Hefe; bei dem Versuche aber, wo Hopfenzusatz gemacht wurde, fand das Umgekehrte statt.

Also kommt dem Hopfen gegenüber dem Buttersäureferment dieselbe Wirkung zu wie gegenüber dem Milchsäureferment, er zeigt sich beiden Arten von Bakterien feindlich.

Ganz dieselben Wirkungen wurden bei einer von Fäulnisbakterien ergriffenen Hefe konstatiert; beim Zusatz von Hopfen wurde der Fäulnisprozefs zum Stillstande gebracht und die Hefe konnte sich entwickeln.

Beim Zusatz von Essigbakterien aber war es umgekehrt. Es war nicht nur von einer antiseptischen Wirkung des Hopfens nichts zu merken, sondern die Bildung der Essigbakterien war um so stärker, je gröfser der Hopfenzusatz war.

Den Büchsenhopfen (konserviert) fand Hayduck in seiner konservierenden Wirkung so wie frischen.

Nach andern Untersuchungen will Hayduck gefunden haben, dafs der in der Brauerei sehr unangenehme Kahmpilz ebenfalls durch die Hopfenharze nicht geschädigt wird.

Auch der Milchsäure erzeugende Pediococcus wurde durch Hopfenabkochungen weniger gehemmt als das stäbchenförmige Milchsäureferment.

Weitere Untersuchungen über die antiseptische Wirkung des Hopfens wurden von Hayduck 1887 angestellt, nachdem er die oben geschilderten drei Harzarten im Hopfen oder im Hopfensekret (s. oben) bereits gefunden und in ihrem Wesen festgestellt hatte.

Zunächst erkannte man neuerdings, dafs fast dieselbe bakterienhemmende Wirkung eintrat, ob die gegebene Harzmenge gröfser oder kleiner war, d. h. dafs schon sehr verdünnte Auszüge der Harze eine sehr energische Wirkung ausüben und eine kaum schwächere als die konzentriertesten Auszüge.

Weiterhin wurde ermittelt, dafs die beiden weichen Harze, sowohl das Derivat der Hopfenbittersäure als auch das andere weiche Harz, welches mit der Hopfenbittersäure in keinem Zusammenhang zu stehen scheint, im höchsten Grade gärunghemmend auf die Milchsäurebakterien wirken, dafs dagegen das im Hopfen in gröfserer Menge enthaltene schwach bittere, feste Harz so gut wie gar keine oder doch nur eine sehr schwache antiseptische Wirkung gegenüber den Milchsäurebakterien zeigt; dennoch zeigt dieses feste Harz insofern eine etwas hemmende Wirkung auf die Milchsäurebakterien, als deren Entwicklung bei ihrer Anwesenheit langsamer verläuft, als wenn sie nicht da sind.

Demnach kommen für die antiseptische Wirkung des Hopfens in erster Reihe dessen weiche Harze in Betracht, nicht das feste[232]). Das letztere kann aber dennoch in anderer Beziehung für das Bier wichtig sein.

Auch durch das Mikroskop zeigte sich in denjenigen Maischen, worin die beiden weichen Harze waren, das Milchsäureferment vollkommen unterdrückt, was in den Maischen mit dem harten Harze keineswegs der Fall war, denn da war ebenso wie in der Wassermaische eine starke Entwicklung der Milchsäurebakterien wahrnehmbar. Spätere Versuche zeigten, dafs das harte (γ-)Harz nur dann etwas hemmend auf die Milchsäurebakterien wirkte, wenn es noch mit etwas β-Harz verunreinigt war, im andern Falle war es völlig wirkungslos[233]).

Wenn aber die weichen Harze wiederholt mit Wasser ausgezogen waren, ergab sich die für die Praxis wichtige Beobachtung, dafs die antiseptische Wirkung auch bei den weichen Harzen erheblich abnimmt. Danach läge es doch nahe, zu glauben, dafs die antiseptische

Wirkung dennoch nicht eigentlich von den Harzen, sondern von Stoffen (Bittersäuren) ausgeht, welche mit den Harzen innig vergesellschaftet sind, aber losgelöst werden können.

Es ist schon vorhin erwähnt worden, dafs die Löslichkeit der weichen Harze mit jedem Kochen erheblich mehr vermindert wird, was offenbar in einer beim Kochen vor sich gehenden chemischen Veränderung begründet ist, in deren Folge nicht nur die Löslichkeit, sondern auch die antiseptische Wirkung erheblich abnimmt; offenbar verharzen beim Kochen die Bittersäuren.

Versuche zeigten, dafs auch die aus der Harzdecke ausgeschiedenen Weichharze die Milchsäuregärung hemmten.

Die Milchsäuregärung wird in erster Reihe durch die Entwicklung der stäbchenförmigen Milchsäurebakterien bewirkt. Nun hat man aber neuestens im Malze Kugelbakterien entdeckt, die auch zuweilen im Bier beobachtet werden. In einem Malze mit diesen Kugelbakterien fand Hayduck keine Entwicklung der Milchsäurefermente, sondern eine ganz kleine Entwicklung des Pediococcus, welcher ebenfalls Milchsäuregärung erzeugt, aber weit schwächer als die Stäbchen der Milchsäurebakterien. Merkwürdigerweise üben die harzartigen Stoffe (mit ihren Bitterstoffen) keinen derartigen hemmenden Einflufs auf die Pediococcuszellen aus wie auf die stäbchenförmigen Milchsäurebakterien. Eine nach gewissem Verfahren hergestellte Maische ergab mit

Pediococcusgärung	0,9 %	Milchsäure;
das mit Blei gefällte (α-)Harz ergab	0,6 »	»
das mit Blei nicht fällbare (β-)Harz	0,56 »	»
das feste (γ-)Harz	0,9 »	»
eine gewöhnliche Maische nach 24 Stunden	1,5 »	»
dieselbe nach 48 Stunden	2,0 »	»

Demnach ist der Hopfen, welcher die Milchsäuregärung sehr stark beeinträchtigt, nicht im stande, die Entwicklung des Pediococcus zu hemmen, worin wohl auch die Ursache gegeben ist, dafs derselbe so häufig im Bier vorkommt.

Die Ansichten Hayducks scheinen aber diese Frage doch noch nicht zu erschöpfen. Denn stark gehopfte Würzen vergären weit langsamer als schwach gehopfte, ohne dafs man irgend eine abnorme Erscheinung wahrnehmen könnte, und sind solche Biere, wie das englische Ale, sehr haltbar. Nach den Ansichten, welche Hayduck entwickelt hat, müfsten gerade stark gehopfte Biere, weil sie im Hefepilz besser ernährt und gegen Milchsäure- etc. Bakterien besser geschützt sind, schneller vergären.

Deshalb gibt man die Ansicht doch nicht auf, dafs auch das Hopfenöl konservierend wirkt, ebenfalls auf die Alkoholfermente weniger ungünstig wirke als auf die bierschädlichen Gärungsorganismen.

Es hat übrigens Hayduck später diese Ansicht selbst richtig gestellt; er hat konstatiert, dafs der Hopfen, dieses Konservierungsmittel für das Bier, auch eine hemmende Wirkung auf die Gärung ausübt, indem er das Wachstum der Hefe verlangsamt. Stärker gehopfte Biere werden daher im grofsen Ganzen eine langsamere Entwicklung der Gärung und ein Zurückbleiben des Vergärungsgrades zeigen. Das wird sich auch der Hefe mitteilen. Aus stärker gehopften Bieren kommende Hefen werden die Eigenschaft zeigen, dafs sie einen geringeren Vergärungsgrad geben und umgekehrt. Daher die Erscheinung, dafs Hefen, welche aus dieser oder jener Brauerei stammen, wenn es auch derselbe Stamm ist, in einer andern Brauerei, schon je nach der Gabe an Hopfen, verschiedene Eigenschaften annehmen. Wir kommen auf diese wichtige Frage folgend (V, 5b und 6) noch einmal zu sprechen.

Ich halte es sogar für sehr wahrscheinlich, dafs da auch verschiedene Hopfensorten sehr verschieden auf die Hefen wirken. Es ist doch sehr charakteristisch, wenn Prof. Delbrück[234]) ausführte, man habe Versuche gemacht mit verschiedenen Heferassen; die eine schnell arbeitende wurde Frohberg genannt, die zweite die Hefe Saaz, die viel langsamer arbeitet, resp. bei der Gärung viel früher halt macht, zu arbeiten aufhört und einen geringeren Vergärungsgrad hat. Man erklärt sich das damit, dafs die Hefe Saaz kein Maltodextrin verarbeiten kann, nur Zucker, wohl aber kann dies die Hefe Frohberg. Man sehe, was ich weiter unten über die verschiedene

Arbeitsweise der Saazer und Rothauschaer Hopfen gesagt habe. Das sind Dinge von gröfster Tragweite, welche in der praktischen Brauerei bisher vollständig ignoriert wurden, aber durch das Ignorieren wird ihr naturgesetzliches Walten, das von grofsem Gewichte ist, nicht aufgehoben.

Bungener, welcher die antiseptischen Eigenschaften des Hopfens auf Grund experimenteller Untersuchungen bestätigt, will zugleich festgestellt haben, dafs diese Wirkung dem Bitterstoff des Hopfens, einerlei, ob derselbe aus Bittersäure dargestellt oder aus Hopfenauszügen isoliert sei, zuzuschreiben wäre; insbesondere vermöge er die Entwicklung der Milchsäurefermente zu hemmen.

2—3 mg des Bitterstoffes, in 100 ccm Malzauszug gelöst, verhindern nach ihm die sonst so leicht eintretende Milchsäuregärung vollständig; eine Dosis von 0,5 mg in 100 ccm hemmt diese Säurebildung schon merklich. Der Bitterstoff sei also für das Milchsäureferment das stärkste organische Gift, welches wir kennen. Dabei würde die Entwicklung der Hefe, des Essigsäurefermentes und der Schimmelpilze durch die Anwesenheit des Bitterstoffes nicht beeinträchtigt.

Weiterhin ist noch zu betonen, dafs auch das Sterilisieren der Würze (das Töten der Keime) beim Kochen nach Hopfenzusatz sich viel rascher vollzieht als ohne Hopfenzusatz. Harris Morris[235]) hat schon gezeigt, dafs selbst schwer sterilisierbare Flüssigkeiten, wie Heuextrakt, durch Hopfenzusatz (2 Pfd. per Barrel), also in einem für Bier üblichen Verhältnis, leicht sterilisierbar gemacht werden können. Morris war geneigt, diese Wirkung zum Teil in der Acidität der gehopften Würze zu suchen.

J. Behrens[236]) hat aber durch Experimente gezeigt, dafs diese Rolle der leichteren Sterilisierung der Würze im Hopfenkessel nicht der Säure, sondern den harzigen Bestandteilen des Hopfens zufällt.

Jüngst erst[237]) hat F. W. Richardson Untersuchungen angestellt über die antiseptische Wirkung. Von drei Teilen Bierwürze mit 12,6% Balling wurde ein Teil mit 1% Hopfen gekocht, entsprechend der Hopfengabe im gewöhnlichen englischen Bier; ein zweiter Teil wurde mit der fünffachen Menge Hopfen gekocht, und der letzte Teil blieb ungehopft. Diese drei Würzen wurden dann mit gleichen Mengen gewöhnlicher Hefe versetzt und vier Tage lang bei 22—23° C. gehalten.

Auch bei Anwendung der Würze mit 5% Hopfen konnte ein Einflufs auf die Schimmelbildung (Penicillium glaucum) nicht konstatiert werden.

Dagegen wurden mehrere Arten Spaltpilze durch die Hopfenwürze (auch mit der 1%igen) vollständig zerstört, die einen schon nach wenigen Stunden, während z. B. der Bacillus coli erst nach 72 Stunden zu Grunde ging, auch bei der 5%igen.

Auch im Bier war es ähnlich, und es tötete — wie Parallelversuche bewiesen — nicht der Alkohol, sondern der Hopfen die Bazillen.

Welchen Bestandteilen des Hopfens die keimtötende Kraft zukommt, wie stark die Lösungen sein und wie lange sie einwirken müssen, um die Organismen vollständig zu töten, ist nach Richardson noch festzustellen.

John Heron[238]) sagt über das Schleimigwerden des Bieres, dafs es durch einen Mikroorganismus veranlafst werde, welcher im Innern der Brauereien im Malzstaub seinen Ursprung habe; aufserhalb der Brauereien stamme er von Misthaufen und Schmutzansammlungen, Ställen, Taubenschlägen, Hühnersteigen.

Die beste Existenz findet dieses Ferment in nicht gehopfter Würze unter Zusatz von etwas kohlensaurem Kalk. In Brauereien, welche von diesem Fermente heimgesucht werden, mufs man die Acidität der Biere vermehren und mehr Hopfen verwenden. Abgesehen vom Säuregehalt des Hopfens bekämpft namentlich auch der Bitterstoff dieses Ferment; der Hopfengerbstoff übt, wie Heron gezeigt, darauf keinen Einflufs. In bitteren Auszügen aus neuen Hopfen gedeiht es nicht, wohl aber in Tanninlösung; auch in wässerigen Auszügen von 2—3 Jahre altem Hopfen, in welchen die Bitterstoffe fast vollständig oxydiert waren, entwickelt sich dieses Ferment sehr rasch, während es sich in gleichen Auszügen aus neuen Hopfen rein gar nicht entwickeln konnte. Demnach ist es klar, dafs die neuen Hopfen, welche reich an Bitterstoff sind, allein antiseptische Eigenschaften gegen dieses Ferment besitzen.

Man gebe also in Brauereien, in denen man vom Schleimigwerden des Bieres zu leiden hat, abgesehen von der absoluten Reinlichkeit innen und aufsen, der Würze einen Extraktzusatz von neuem Hopfen und einen kräftigen Sud in der Pfanne, um schönen Bruch zu erzeugen, eine nicht zu schnelle Attenuation und rasche Reife im Fafs.

Herr R. Giffhorn[239]) meint, dafs das Umgehen des Kühlschiffes, direktes Kühlen der Hopfenwürze vom Hopfenseiher ab, zur Blasengärung führe. Herr Frz. Rutschmann in Naumburg a. d. Saale benutzt seit 20 Jahren das Kühlschiff nur im Winter, wenn es kalt (unter Null) ist; im Sommer kühlt er direkt vom Hopfenfilterbottich, hat aber von Blasengärung nie etwas gesehen. Er verwendete zu seinen vorzüglichen Bieren immer eine richtige Extraktion des Hopfens, kürzte die infektionsgefährliche Trubsackarbeit und schützte die Würze sonst vor Infektion. Die Hopfenextraktion wurde bewirkt durch eine Hopfenzapfen-Entblätterungspumpe im Sudhause und einen Hopfenfilterbottich im Sudhause, neben den Kühlschiffen. Die fertig gekochte, gehopfte Würze wird mit der erwähnten Pumpe in den Hopfenfilterbottich gepumpt, welcher den ganzen Sud fafst.

Neuere Studien über die Bier-Sarcina sind von F. Schönfeld gemacht worden[240]).

Frühere Beobachtungen über diesen, unter Umständen für das Bier sehr gefährlichen Mikroorganismus hatten ergeben, dafs selbst das am schwächsten gehopfte Bier, welches kaum die Hälfte der für milde Biere der Praxis üblichen Hopfengabe erhalten hatte, nicht trüb wurde. Es wurde infolge der Art der Versuchsanstellung bei der Gärung und Lagerung verhältnismäfsig sehr wenig Hopfenharz ausgeschieden, und das im Bier verbleibende Hopfenharz wirkte im höchsten Grade hemmend auf die Virulenz und teilweise auch auf die Vermehrung ein.

Das Hopfenlupulin als Gift gegen die Virulenz der Sarcina.

Um über die Wirkung des Hopfens sichere Beweise zu gewinnen, wurde Lupulin in steigenden Dosen dem Flaschenbier zugesetzt und letzteres bei 54° R. pasteurisiert. 25 Teile des Lupulins sind in Bezug auf die antiseptische Wirkung äquivalent 100 Teilen Hopfenzapfen. Die Biere erhielten Zusätze entsprechend 1,1—8,80 g Hopfen auf 1 l Bier oder — mit Rücksicht darauf, dafs die Biere von vornherein schon mit 2,6 g per Liter gehopft sind — im ganzen also 3,7—11,4 g Hopfen per Liter. Die Biere wurden auf sterile 100 ccm-Fläschchen gefüllt und mit 0,5 ccm von mit Sarcinen infiziertem und trüb gewordenem Bier geimpft. In den mit Lupulin versetzten Bieren blieb der auftretende Schleier schwach. Während die Kontrollflaschen noch wochenlang starke Schleierbildung zeigten, klärten sich die mit Lupulin versetzten Biere sehr bald und wurden tadellos blank. Die Ablagerung von Sarcinen auf dem Boden der Flaschen war fast allgemein sehr stark. Dic Vermehrung der Sarcina wurde durch Lupulin nur in geringem Mafse gehemmt, die Virulenz dagegen in ganz erheblichem Grade unterdrückt. Hierin liegt eine Bestätigung der Reichardschen Versuche.

Einflufs des Weichharzes auf die Vermehrung der Virulenz.

Die Flaschen erhielten 0,1—3,4 ccm alkoholischer Harzlösung. Durch Zusatz von 96%igem Alkohol wurde der Gehalt der Biere gleichmäfsig auf 5,5 Volumprozent erhöht. Die Biere enthielten per 1 l 0,0127—0,44 g Weichharz, bezw. 2,85—10,9 g Hopfen. Die mit Sarcina geimpften Biere zeigten ein ganz ähnliches Verhalten wie die mit Lupulin versetzten; auch hier trat der durch suspendierte Bakterien hervorgerufene Schleier nur bei den mit geringen Harzmengen geimpften Bieren auf, war aber schon bei den etwas stärker gehopften Bieren ganz unbedeutend. Selbst die Biere, welche mit der relativ geringen, noch nicht einmal 1 g Hopfen per Liter Bier entsprechenden alkoholischen Harzlösung geimpft waren, erreichten nicht annähernd den Trübungsgrad der Kontrolflasche. Ähnlich verhielt sich auch die Bildung von Bodensätzen der Sarcina.

Die Auflösung von Weichharz kann also als ein intensiv wirkendes Gift gegen die Sarcina angesehen werden, deren Virulenz sowohl, als auch Wachstum in der ruhenden Form, bei Gegenwart von im Bier gelösten Weichharz, in erheblichem Grade eingeschränkt resp. unterdrückt wird[241]. Auf diese antiseptische Eigenschaft des Weichharzes dürfte somit die dem Hopfen als solchem zugeschriebene bakterienhemmende und unterdrückende Wirkung allein zurückgeführt werden.

Pilsener Biere konnten durch eingeimpfte Sarcinen nicht sarcinenkrank gemacht werden, da die Sarcinen ihre Wirkung im Bier bereits verloren hatten. Jedenfalls läfst die Übereinstimmung zwischen den Versuchen und Thatsachen der Praxis die Deutung zu, dafs die namentlich für sehr stark gehopfte Biere üblichen Hopfengaben von $2^1/_2$—3 Pfd. per Zentner Malz gegen Sarcinakrankheiten in ziemlich hinreichendem Mafse Schutz gewähren, wenn sie auch nicht immer absolut schützen können.

Zusatz von immunem Bier als Schutz gegen die Sarcinakrankheit.

Ein Bier, welches durch Sarcina-Impfung vollständig trüb gemacht und dann wieder klar geworden war, blieb auch dann klar, wenn es wiederholt mit Sarcina geimpft wurde, es zeigte sich nicht die geringste Entwicklung von Sarcina. Schönfeld machte nun Versuche, ob mit solchem immunen Bier gesundes, pasteurisiertes Bier gegen Sarcina geschützt werden könne. Sechs Flaschen erhielten 0,2—30,0 ccm des immunisierten und pasteurisierten Bieres. 1 % Zugabe übte gar keinen Einflufs auf die Entwicklung der Sarcina. Bei Zusatz von 5 % trat die Sarcina vier Tage später auf als bei ungeimpften oder mit weniger als 1 % geimpften Bieren Bei Zusatz von 30 % konnte sich das virulente Stadium der Sarcina gar nicht mehr ausbilden, aber es fand noch Vermehrung in ruhender Form statt. Die von der Sarcina erzeugten Giftstoffe sowie die aus dem Hopfen extrahierten Harze, der Alkohol und der atmosphärische Sauerstoff hemmen viel leichter und wirksamer die Virulenz der Sarcina als die Vermehrung an sich. Wo die Sarcina-Entwicklung bei kalter Temperatur noch nicht die Maximalgrenze erreicht hat und ihre Wirkung eventuell nur mäfsig zur Geltung gekommen ist, dürfte mit dem Steigen der Temperatur sehr leicht auch die Vermehrung von neuem angeregt und begünstigt werden, infolge deren die Säureproduktion eine den günstigeren Lebensbedingungen der Sarcina entsprechende Steigerung enthält.

Einwirkung von Kohlensäuredruck auf die Entwicklung der Sarcina.

Bei einem Kohlensäuredruck von 0,5—0,8 Atmosphären wurde in pasteurisiertem und mit Sarcina infiziertem Bier die Virulenz der Sarcina gehemmt. Die Stärke der Trübung nahm mit wachsendem Drucke ab.

Schlechte Verzuckerung der Würze begünstigt die Sarcina-Entwicklung im Bier.

Es ist in der Praxis oft beobachtet worden, dafs schlecht verzuckerte Würzen weit leichter der Sarcina-Infektion ausgesetzt sind als Biere aus gut verzuckerten Würzen. Experimentelle Untersuchungen haben ergeben, dafs bei Bieren aus gut und schlecht verzuckerten Würzen die Sarcina sich schnell und stark entwickelte, aber bei den gut verzuckerten Würzen klärten sich die Biere viel früher wieder auf als bei den andern. Auch in blanken Bieren aus schlecht verzuckerten Würzen findet die Sarcina keine günstigen Entwicklungsbedingungen, wohl aber in frisch angestellten Würzen; die Virulenz der Sarcina wird durch die Anwesenheit der unvollkommen abgebauten Stärkebestandteile begünstigt, vielleicht auch durch Anziehung der Sarcinen an den etwas zähflüssigen Stärketeilchen. Peptonzusatz begünstigt ferner die Diplokokkenformen, Amid dagegen die Tedradenform.

Diese Untersuchungen zeigen, dafs:

1. Lupulinzusatz zum Bier resp. das Nachstopfen von Hopfen in erheblichem Grade die Virulenz der Sarcina beeinträchtigt, aber nur in mäfsigem Grade die absolute Vermehrung.

2. Das Hopfenweichharz ist als ein intensives Gift gegen die absolute Vermehrung sowohl, wie gegen die Virulenz der Sarcina anzusehen.
3. Bier, welches sehr stark durch die Sarcinakrankheit befallen, aber wieder klar geworden, ist unter Umständen immun gegen fernere Sarcinakrankheiten.
4. Kohlensäure-Überdruck schränkt die Entwicklung der Sarcina ein.
5. In kleistertrüben Bieren entwickelt sich die Sarcina schneller und kräftiger als in normalen Bieren.
6. Peptonreiche Flüssigkeiten sind günstiger für die Vermehrung der Sarcina als amidreiche; auf die Virulenz wirken beide in gleicher Weise.
7. Die Virulenz wird durch die Sarcinagifte viel nachteiliger beeinflufst als die absolute Vermehrungsfähigkeit.

2. Die praktische Seite der antiseptischen Kräfte des Hopfens.

Der englische Technologe Heron hat durch Versuche gezeigt, dafs auch bei den nach englischer Art getrockneten, konservierten und aufbewahrten Hopfen die antiseptische Wirkung neuen Hopfens eine vielmal gröfsere ist wie jene alten Hopfens.

Die Versuchssude mit neuem und altem Hopfen, bei welchen auf 100 l einer nicht hochprozentigen Würze 1,56 kg Hopfen kamen, haben dies deutlich dargethan. Bei einer Lagertemperatur von 17—21° R. war das Bier aus altem Hopfen schon nach drei Wochen deutlich sauer und schleierig, während das Bier aus neuem Hopfen noch durchaus blank, gesund und gut im Geschmack war; der Säuregehalt belief sich bei ersterem auf 0,117, beim zweiten auf 0,081 %. Ein ähnliches Ergebnis hatten Versuche, bei welchen eine noch höhere Lagertemperatur gewählt wurde.

Dieser Versuchsansteller rät von der Verwendung alten Hopfens (er meint wohl sehr alten) überhaupt ab, da alter Hopfen physikalisch dem Heu gleiche. Er erteile dem Bier einen schlechten Geschmack und besitze fast keinen antiseptischen Wert.

Braumeister L. in H. hat in der Praxis beobachtet, dafs über ein Gewisses hinaus die antiseptische Wirkung des Hopfens nicht vermehrt wird.

Ein Brauereidirektor hatte in teueren Hopfenjahren zu Exportbieren, welche nach überseeischen Ländern bestimmt waren, die also lange Zeit lagern müssen, bei einem Teil nur $1^1/_4$ Pfd. statt $1^1/_2$ Pfd. Hopfen per 1 Ztr. Malz genommen; allein das Bier mit $1^1/_4$ Pfd. Hopfen mufste schon mit vier Monaten verkauft werden, weil es eben voraussichtlich nicht sechs Monate aushalten konnte wie das mit $1^1/_2$ Pfd. Hopfen gebraute.

Also sollten Brauereibesitzer mit schlechten oder minderwertigen Kellern oder auch mit Bieren, welche nicht so schnell abgesetzt werden können, nicht allzusehr mit dem Hopfen sparen.

Nach Dr. Windisch[242]) zerstört zu langes Kochen die antiseptische Wirkung des Weichharzes des Hopfens; das Weichharz geht in Hartharz über, wobei auch der Bitterstoff verloren geht. Dasselbe hat Hayduck auf Grund von Versuchen gesagt (s. S. 638 u. ff.).

Braumeister Holderer[243]) bemerkt: Es sei wenig bekannt, dafs der Hopfen die wichtige Eigenschaft habe, den alten, saueren Geschmack des Bieres zu verdecken; er habe das in seiner mehrjährigen belgischen Praxis durch Versuche kennen gelernt. Bei den Brauern gelte diese Thatsache für einen Beweis der konservierenden Wirkung des Hopfens, was aber nicht richtig sei. Wenn der Hopfen auch für gewisse Organismen antiseptisch sei, so sei er es doch nicht für alle, und man müsse genau unterscheiden zwischen seiner antiseptischen Wirkung und dem blofsen Verdecken des alten, saueren Geschmackes.

Auch F. W. Richardson (Journ. Fed. Inst. Brew. IV, 2, repr. Allg. Br.- u. H.-Ztg. 1898, I, 1051) hat den Einflufs des Hopfens auf Mikroben untersucht. Hayduck hat gezeigt, dafs die Weichharze eine bedeutende destruktive Wirkung auf den Buttersäurebazillus etc. ausüben.

Er wollte nun über den [illegible] Einfluss auf Bakterien.

Ihm standen zur Untersuchung: I. Hefe, II. Mucor- = Schimmelpilze, III. Spaltpilze.

Ad I. Eine Bierwürze mit 12,26% Totalextrakt wurde in mehrere Portionen geteilt. Eine Portion erhielt 1% Hopfen, entsprechend gewöhnlichem Bier. Eine andere Portion erhielt 5% Hopfen. Nach viertägiger Gärung bei 17,6° C. wurde der Alkoholgehalt wie folgt bestimmt:

	Alkohol Volumprozent	Verhältnis
Würze ohne Hopfen . . .	8,34	100,0
Würze + 1% Hopfen . . .	6,97	83,5
Würze + 5% Hopfen . . .	6,41	77,0.

Essigsäuregärung war keine da. Der Hopfenzusatz zeigte also einen deutlich ausgesprochenen verzögernden Einfluſs auf das Hefewachstum (die Vergärung) in der Verminderung des Alkoholgehaltes.

Ad II. Auf einer 5%ige Hopfenabkochung wurden die Sporen des Pinselschimmels (Penicillium glaucum) gesät; sie entwickelten sich rasch bis zum vollen Schimmelrasen. Also werden Schimmelpilze vom Hopfen nicht beeinfluſst. Dieser Schimmelpilz wächst ja unter Umständen in den Hopfenzapfen (zwischen den Drüsen) selbst massenhaft.

Ad III. Diese Mikroben sind zahlreich und von verschiedener Lebenskraft, daher sind Feststellungen schwieriger.

Einer der verbreitetsten Bazillen in Atmosphäre und Gebirgswässern ist der Bacillus liquidus. Dieser wird in 5%iger Hopfenabkochung in wenigen Stunden getötet, er ist aber einer der empfindlichsten, leicht zu zerstörenden.

Auch der Bacillus fluorescens non liquefaciens wurde rasch durch 5%ige Hopfenabkochung zerstört.

Dann wurden Versuche gemacht mit

Bacillus coli communis,

typhosus,

Salvarius,

Micrococcus pygones (Rosenbach).

Der Mikrococcus war der lebenskräftigste, er kam noch gut in Lösungen fort, wo die andern zu Grunde gingen. Mit einer 1%igen Abkochung wurden nach einer Aussaat von 12 Stunden Dauer bei 17,6° C. die Keime des Typhosus, Salvarius und Pygones getötet, aber B. coli war noch lebendig und thätig; man brauchte 72 Stunden, um diesen zu töten.

Mit 5%iger Hopfenabkochung und bei einer Zeitdauer von 70 Stunden wurde jede der obigen sechs Arten getötet; dasselbe war der Fall mit einer wässerigen Infusion von Hopfenharz im Betrage von 20% der Flüssigkeit.

Mit Bier vom Faſs und einer Exposition von 96 Stunden bei 17,6° C. blieb keine der obigen sechs Spezies lebendig. Wässerige Lösungen mit 5—10% Alkohol konnten die Lebensthätigkeit des B. coli nicht zerstören; Alkohol wirkt also nicht.

Dagegen zeigten sich Gerbsäurelösungen (gewöhnliche Gallapfelgerbsäure von Eichengallen) sehr energisch für Mikroben und wirkten nach einer Einwirkung von 96 Stunden in 1%iger, 2½%iger und 5%iger Lösung bei 17,6° C. alle diese Mikroben zerstört. Bei Kontrollproben dieser Kulturen in [illegible] Wasser, Würze und Fleischbrühe waren immer [illegible] von den angesetzten Keimen.

Sind solche Keime sehr geschwächt, dann zeigen sie keine Zersetzungserscheinungen. Typhusbazillen können sich nach wiederholter Kultur nicht mehr [illegible] zu Grunde gehen [illegible].

[illegible] Einfluſs auf Bakterien. Aber es muſs erst noch durch weitere Untersuchungen festgestellt werden, welchen Bestandteilen des Hopfens diese keimtötenden und antiseptischen Eigenschaften zukommen, welche Zeitdauer der Einwirkung und welche Stärke der Lösung erforderlich sind, [illegible] Bakterien feststellen.

3. Kurze Zusammenfassung der Hayduckschen Arbeiten über die Harze des Hopfens und ihre Wirkung auf das Bier.

In der Versammlung der Versuchs- und Lehr-Anstalt für Brauer in Berlin am 21. und 22. Mai 1887 resümiert Hayduck seine bezüglichen Untersuchungen folgendermaſsen

Er habe vor zwei Jahren dargethan, daſs nach seinen Untersuchungen der Hopfen die Alkoholgärung nicht beeinfluſst, auch nicht die Essiggärung, dagegen die Milchsäure-, Buttersäure- und Fäulnis-Gärung hemme.

Er fand im Hopfen zwei weiche und ein festes Harz: 1. ein durch Blei fällbares weiches (α-)Harz, welches in ätherischer Lösung mit wässeriger Kupferlösung sich intensiv grün färbt, 2. ein anderes (β-) Weichharz, welches dieselbe Reaktion zeigt, aber sich nicht durch Blei fällen läſst, und 3. ein festes (das γ-) Harz, welches keine dieser Reaktionen zeigt.

Die beiden Weichharze zeigten einen unangenehmen bitteren Geschmack, das feste Harz zeigt eine minder unangenehme Bitterkeit; bei einer anderen Veröffentlichung [illegible] wird gesagt, das das γ-Harz im reinen Zustande durchaus geschmacklos ist. Es hat sich also offenbar in den früheren Publikationen, wo noch von einem schwachen, bald schönen, bald unschönen Bittergeschmack des γ-Harzes die Rede war, um Beimengungen von kleinen Mengen weicher Harze gehandelt.

Andere Versuche zeigten, daſs die beiden Weichharze in keinem Zusammenhange mit der Hopfenbittersäure stehen, daſs das schwach bittere, feste Harz nicht antiseptisch auf die Milchsäurebakterien wirkt.

Die Pediococcusgärung wird durch das feste Harz nicht beeinfluſst, wohl aber — auch nur wenig — durch die Weichharze. Die Essigsäure- und Kahm-Pilze werden durch die Hopfenbitterstoffe (Harze) nicht berührt.

Nach Hayduck gehen die konservierenden Eigenschaften des antiseptischen Harzes im alternden Hopfen allmählich verloren, und der bittere Geschmack verliert an Lieblichkeit. Öl oder Harze gehen im alternden Hopfen in die unangenehm schmeckende Baldriansäure über.

In der Harzdecke, welche sich bei der Gärung bildet, findet sich nur zum kleinsten Teil Hopfenharz (nach Dr. Mohr nur 4,6% in Äther löslich), welches aber sehr antiseptisch ist. Den Hauptbestandteil der Harzdecke bilden Eiweiſskörper; Dr. Mohr fand darin 13,0%.

Den Bitterstoff hatte er bis dahin noch nicht aus dem Biere extrahieren können.

4. Die Verwendung der antiseptischen — bakterienfeindlichen — Eigenschaften des Hopfens bei der Bereitung des Bäckerzeuges.

Der Hopfen kommt nur für Brauereizwecke ernstlich in Betracht. Alle anderen Verwendungsweisen haben wenig mehr als ein theoretisches Interesse, kommen namentlich für den Hopfenabsatz gar nicht in Frage, weder für die Bäcker noch für die Medizin.

Die Brotgärung ist bekanntlich vorwiegend eine Alkoholgärung, neben welcher sekundäre Gärungsprozesse verlaufen, unter denen die Milchsäuregärung obenan steht. Bei länger andauernder Gärung im Brotteig und höherer Temperatur treten diese sekundären Gärungsprozesse in unliebsamer Weise in den Vordergrund; dies ist namentlich der Fall bei längerer Aufbewahrung des Sauerteiges. Die Alkoholhefe wird von anderen [illegible] verdrängt, [illegible] Sauerteig ist nicht mehr fähig, eine ausgiebige Kohlensäureproduktion im Teige hervorzurufen und dem Brote die gewünschte

Porosität zu verleihen. Uberdies erteilen die gebildeten anormalen Säuremengen und das Eintreten schleimiger Gärung dem Brote andere, unerwünschte Eigenschaften.

Man sucht ein derartiges Überhandnehmen der sekundären Gärungserscheinungen durch das »Anfrischen« des Sauerteiges zu verhindern, indem man diesem frische Teigmengen zuknetet, oder dadurch, dafs man diese Gärungserscheinungen überhaupt zu verlangsamen trachtet, z. B. durch Aufbewahren des Sauerteiges bei niederer Temperatur. Der Hopfenzusatz zum Sauerteige hat sicherlich einen gleichen Zweck und Erfolg, und zwar den: infolge seiner konservierenden Eigenschaften auf die sekundären Gärungsprozesse (Michsäure-, Buttersäure-, Schleim-Gärung) restringierend einzuwirken. Ebenso wie die Haltbarkeit des Bieres wesentlich durch den Hopfengehalt mit bedingt wird, indem dieser nicht so sehr dem Gärungsprozesse überhaupt, als vielmehr den sekundären Gärungsprozessen entgegenwirkt, etwa so wie dies in neuester Zeit für den Zusatz einer gewissen Menge Salicylsäure zum Biere konstatiert wurde[245]), so wirkt ein Zusatz von Hopfen auch im Brotteig konservierend.

Dieses Verfahren der Herstellung eines Zeuges zur Brotbereitung unter Anwendung von Hopfen ist durchaus nichts Neues. Schon in den ältesten botanisch-medizinischen Schriften Deutschlands wird uns ausführlich davon berichtet. In Hieronymus Bocks altem Kräuterbuch, in welchem alle Krankheiten, die mit den Teilen der Hopfenpflanze geheilt werden können — und es sind nicht wenige —, aufgeführt werden, wird auch gesagt, dafs der wilde Hopfen, natürlich sind die Zapfen desselben gemeint, in weinland von den Beckern auffgesammlet wärt, die Heffel (Hefe) damit zusetzen, darumb, dafs die Hopfen gewaltigklich aufftreiben und den teyg luck (locker) machen. Ferner wird im New Kreuterbuch von dem hochgelehrten und weitberümbten Herrn Doctor Petro Andrea Matthiola (berühmt als Botaniker und Arzt), Röm. Kays. May. Rath, auch derselben und Fürstlicher Durchlauchtigkeit Ertzhertzog Ferdinand etc., Leibdoktor. Erstlich in Latein gestellt. Folgendts durch Georginum·Handsch (der Arznei Doctorem verdeutscht) und endlich zu gemeinem nutz und wolfart Deutscher Nation in Druck verfertigt etc. etc. Gedruckt zu Prag MDLXIII (1563), Mit Röm. Kays. May. Freiheit und Privilegien etc., u. a. gesagt: Die Hopfenblumen seindt der Bierbrewer würtz. Ettliche Becker können auch dieser Frucht nicht entraten (die hopffen darmit zu setzen), denn der Hopffen treibt gewaltiglich auff und macht den Teig luck. Man kannte also damals das eigentlich Wirksame des Hopfens im Bäckerzeug nicht, man glaubte, der Hopfen treibe den Teig auf, während er doch nur die der Gärung des Brotteiges hinderlichen Bazillen tötet, weshalb er dann besser gärt und aufgeht.

Die Verwendung des Hopfens bei der Brotbereitung wird auch schon in der Mitte des 18. Jahrhunderts in französischen Schriften erwähnt (s. Joh. Heumann, l. c. 1759, S. 38 u. 39).

Es ist eine bekannte Sache, dafs bei den Deutschen sozusagen von jeher und heute noch der Hopfen Verwendung findet zur Herstellung eines Zeuges (einer Hefe) für Bereitung des Weifsbrotes. Noch um 1800 glaubten die Bäcker in Nürnberg, dafs sie ihr feines Spulenbrot ohne abgesottenes Hopfenwasser nicht backen könnten (Wiesner, l. c. 237).

Die Art und Weise, wie dabei verfahren wird, scheint im einzelnen verschieden zu sein, weshalb wir nachstehend einige thatsächlich in Übung befindliche Verfahrungsarten mitteilen wollen.

In einem alten Kräuterbuch, welches 1587 von S. Feierabend, P. Fischer und H. Dacken in Frankfurt a. M. herausgegeben wurde, ist bereits erwähnt, dafs etliche Bäcker die Hefe mit Hopfen versetzen, denn dieser treibe gewaltig auf und mache den Teig luck.

1. In der Stadt Freising (Oberbayern)

wird heute noch allgemeinhin der sogenannte Bäckerzeug (mit Hopfenzusatz), nur für gewisse Weifsbrotsorten, verwendet, nämlich für Laibl (Zwillingsbrote). Manche Bäcker machen auch die Laibl mit Sauerteig; das geschah namentlich früher, wobei viel Roggenmehl dazu genommen wurde[246]). Die Prefshefe ist teurer wie der Bäckerzeug mit Hopfenzusatz.

Für andere Weifsbrotsorten, wie namentlich für die Rund- oder Kaiser-Semmel, Milchbrote etc., nimmt man Prefshefe, weil das Brot angeblich schöner wird. Vor ca. 25 Jahren, wo es noch keine Prefshefe gab, nahm man im Winter zu diesen Weifsbrotsorten Bierhefe, im

Sommer aber, wo es keine Bierhefe gab, hat man auch zu den Rundsemmeln und zum Milchbrot Sauerteig genommen. Es ist möglich, daſs vor Einführung der Preſshefe der Hopfenzeug noch viel umfänglicher in Anwendung stand wie heute. Für Schwarzbrot nahm und nimmt man den bekannten Sauerteig.

Zur Herstellung des mit Hopfen versetzten Bäckerzeuges verfährt man folgendermaſsen: Man nimmt schon älteren (also mit Hopfen versetzten) Zeug, dazu Wasser, in welchem Hopfen gesotten wurde, ferner Mehl und noch reines Wasser.

Zur Herstellung des Hopfenwassers bringt man 100 g Hopfen und 6 l Wasser in eine Pfanne und läſst es kochen, bis ca. der dritte Teil eingekocht ist, was in ca. $^1/_2$stündigem Kochen der Fall ist. Nachdem das Wasser aus dem Hopfen ausgepreſst, läſst man es etwas abkühlen, gibt $1^1/_2$ l schon fertigen Zeug und so viel Mehl dazu, daſs das Ganze ein starker Teig wird.

Dieser Teig kommt nun in ein Gefäſs, um dort den Gärungsprozeſs durchzumachen, der in ca. 12 Stunden beendet ist. Dann wird der betreffende Teig mit ca. 16 l Wasser (im Sommer mit kaltem, im Winter ein wenig erwärmt) vermengt, um dann abermals eine Gärung von 12 Stunden durchzumachen, worauf der Zeug zur Verwendung fertig ist.

Als Begründung des vorgeschilderten Verfahrens wird folgendes angeführt:

1. Man braucht schon fertigen Zeug, damit dieser dem erwähnten Teig und dann dem später bereiteten Zeug die Gärung mitteilt.
2. Das Hopfenwasser ist — nach Ansicht der Bäcker — derjenige Teil, welcher zur Aufbewahrungsfähigkeit des Zeuges beiträgt, indem er Säurebildung fernhält. Je nach dem mehr oder minder günstigen Aufbewahrungsort kann man den so bereiteten Zeug im Winter drei Wochen, im Sommer 12—14 Tage aufheben.
3. Mehl ist notwendig, um einen Teig machen zu können, in welchem sich die Gärung besser entwickelt.
4. Wasser braucht man, um den Teig flüssig machen und auf diese Weise dem Gebäck leichter mitteilen zu können.

Thatsächlich sieht der fertige Zeug wie eine etwas dickflüssige, in leichter Gärung befindliche Milch aus.

2. In der Stadt Bozen (Südtirol).

Auch in Deutsch-Südtirol ist bei den Bäckern die Hopfenverwendung bei der Bereitung von Germ (Hefe) noch sehr gebräuchlich[247]). Alle Bäcker in Südtirol verwenden einen solchen »Höfel« genannten Germ für Schwarzbrot (Hausbrot) und ordinäres Weiſsbrot (zu Semmeln). Zu Luxusgebäck (feinerem Weiſsbrot) wird neuestens viel Preſshefe verwendet, welche angeblich das Brot feiner machen soll; einem gut hergeführten Höfe rühmt man aber nach, daſs die Brotbereitung damit schneller geht als mit Germ (meist Preſshefe). Es ist sehr wahrscheinlich, daſs in früherer Zeit die Verwendung des Hopfenzeugs in noch viel allgemeinerer Anwendung stand.

Zur Herstellung des Höfels (soll wohl heiſsen »Höpfels«) braucht man einen Kessel aus Blech oder Kupfer, in welchen man ca. 20 l kaltes oder warmes Wasser bringt. Man füllt nun in ein Säckchen ca. 30 Deka Hopfen und hängt das Säckchen mit dem Hopfen in den vorerwähnten Kessel, welcher dann zugedeckt und eine Stunde gekocht wird.

Die Flüssigkeit (reichlich 20 l) wird nun abgegossen und dabei das Hopfensäckchen gut ausgedrückt; nachdem dieses Hopfenwasser kalt geworden, bringt man ca. 2 kg gut gegangenen Sauerteig hinein. Die Masse wird darauf mehrere Male aufgerührt, dann bleibt sie etwas stehen und kann alsdann sogleich gebraucht werden.

Diese Masse kann im Winter während 4—7 Tagen Verwendung finden; Hitze verträgt sie nicht, muſs deshalb im Sommer im Keller aufbewahrt werden.

Bei der Verwendung nimmt man in einen geräumigen Kübel, der etwa die doppelte Masse faſst, ca. 4 l Höfel (von der vorgehend geschilderten Masse) und rührt denselben mit ca. 4 l warmen Wassers und ca. 4 kg Mehl zusammen. Die Masse gärt nun stark, derart, daſs der zuerst halbgefüllte Kübel nach 6—8 Stunden ganz voll wird. Wenn der Höfelkübel durch die gärende Masse gefüllt ist und man giefst etwas Wasser zu, sinkt sie etwas zurück, kommt aber bald wieder. Nach 7—8stündiger Gärung kann der Höfel verwendet werden.

Am besten wirkt ganz frischer Hopfen, doch kann man ihn, wenn er gut aufbewahrt wird, auch bis zu $1^1/_2$ Jahren noch gebrauchen.

3. In anderweiten Gegenden.

Dasselbe Verfahren ist nach einem von Prof. Soxhlet (damals in Wien, jetzt in München) citierten Leitfaden der Technologie von Prof. Moser auch seit langem in Ungarn verbreitet, nur mit dem Unterschiede, dafs zur Darstellung dieses getrockneten Gärmittels (Kik) aufser Hopfen und Mehl auch Sauerteig verwendet wird. Ebenso kamen in diesem Lande getrocknete Hefekuchen in den Handel, die aus Hopfen, Mehl und Bierhefe dargestellt wurden. Durch das Trocknen der Hefe wird, wie bekannt, ihre Wirksamkeit zwar vermindert, aber nicht aufgehoben. In England, wo der Besteuerungsverhältnisse wegen, denen dort das Brennereigewerbe unterliegt, die Erzeugung der Prefshefe nicht stattfindet, gelangt zum Teil sogenannte Patenthefe zur Verwendung, ein Gärmittel, welches dargestellt wird, indem man einen Mehlbrei durch Bierhefe in Gärung versetzt und mit Hopfenabsud vermischt. Die Thatsache, dafs ein Zusatz von Hopfenabsud zur Hefe oder zum Sauerteig unter Verhältnissen üblich ist, wo die Verwendung der haltbaren und reinen Kunst- oder Prefs-Hefe erschwert ist, läfst es als gewifs erscheinen, dafs der genannte Zusatz nur der konservierenden Eigenschaften des Hopfens wegen erfolgt. Es ist zweifelhaft, ob dieser mit Hopfen bereitete Bäckerzeug auch im Norden Deutschlands gebräuchlich war oder ist. Wenigstens wufste ein Bäckermeister in Dresden, mit welchem ich unlängst (d. h. 1888) erst eingehend Rücksprache genommen, gar nichts davon, erinnerte sich auch nicht, jemals etwas davon gehört zu haben. Doch ist es auch möglich, dafs das Verfahren in Norddeutschland schon lange nicht mehr im Gebrauche und daher vergessen ist.

Ein mir bekannter, in München lebender Serbe, Herr A. Milosavljewitsch, jetzt im Belgrader Finanzministerium, sagte mir unlängst (1896) erst, dafs in seiner Heimat, in der serbischen Provinz Schumadja, dieses Verfahren da und dort ebenfalls bei den Bäckern üblich sei.

Dr. Czech[248]) erwähnt, dafs nach Pallas der wilde Hopfen häufig in den Gebirgen des Altai und Ural vorkomme, wo er gesammelt und zur Erzeugung des Dünnbieres (Braga) wie zum Brotbacken verwendet werde (s. desfalls auch meine Abhandlung: »Geschichtliches über den Hopfen« und weiter oben S. 89 u. ff.).

In der Mitte der 1870er Jahre durchlief eine Nachricht die Fachzeitschriften, dafs in den Vereinigten Staaten von Nordamerika ein eigentümliches Brotbereitungsverfahren im Gebrauche sei. Man bediene sich dabei nicht, wie anderwärts üblich, des Sauerteiges oder der Hefe, um die Porosität des Brotes zu erzielen, sondern verwende, um den gleichen Zweck zu erreichen, mit Erfolg eine Hopfenabkochung. Der Hopfenabsud solle dabei ebenso wie der Sauerteig eine Gärung veranlassen, die aber unmittelbar, nachdem der Teig bereitet sei, beginne[249]). Sacc[250]) habe sich um das Verfahren näher bekümmert, beschreibe dasselbe und gelange zu folgenden weittragenden, überraschenden Schlüssen: In den Zapfen des Hopfens mufs ein Alkoholferment enthalten sein, welches noch energischer wirkt als die Bierhefe; dasselbe ist löslich in Wasser und verliert seine Wirksamkeit durch Siedehitze nicht.

Damit war einer der wichtigsten Erfahrungssätze in der Lehre der Fermentwirkungen, nämlich: Siedehitze vernichtet die Wirkung organisierter wie nicht organisierter Fermente, in Frage gestellt. Hier konnte offenbar nur das Experiment Auskunft geben, und dieser experimentelle Beweis gegen die Saccsche Ansicht ist durch Prof. Soxhlet (damals in Wien) gebracht worden[251]).

Der Versuch liefse sich vollständig beweiskräftig in der Weise durchführen, dafs man eine gärungsfähige Zuckerlösung mit Hopfenabsud versetzt, kurze Zeit kocht, um die organisierten Alhoholfermente zu töten, und das Hinzutreten neuer Hefekeime dadurch verhindert, dafs man die während des Erkaltens in das Gefäfs eintretende Luft, wie es Pasteur gethan, durch eine

Baumwollschicht filtriert. Die gärungsfähige Flüssigkeit enthält dann nur das angeblich noch wirksame Hopfenferment, aber kein organisiertes Ferment mehr, das Alkoholgärung erregen könnte.

Eine derartige Versuchsanordnung wäre indes nicht am Platze, wenn das (angebliche) Alkoholferment des Hopfens nicht auch noch die (angebliche) gute Eigenschaft hätte, der Siedehitze zu widerstehen; eine Eigenschaft, die es mit keinem der bis jetzt bekannten, sogenannten chemischen oder nicht organisierten Fermente gemein hat. Auf jeden Fall müfste das vermeintliche Hopfenferment als dieser Gruppe angehörig betrachtet werden; denn bei dieser Gruppe wäre es noch eher denkbar, die Annahme zuzulassen, dafs eine Ausnahme in dem sonst allgemein gültigen Verhalten zur Siedehitze eintreten könnte, während bei den organisierten Fermenten eine solche Annahme in Widerspruch wäre mit allgemein gültigen Gesetzen der Biologie, nach welchen organische Wesen von Siedehitze getötet werden.

Als Gärungsflüssigkeit verwendete Soxhlet einen gehopften Malzauszug, den er bereitete, indem 16 g ungeschwefelter Hopfen neuester Ernte mit 2 l Wasser ausgekocht wurden; die Abkochung wurde durchgeseiht, passend abgekühlt und mit 400 g gemahlenem Darrmalz längere Zeit bei 50° digeriert. Die von den Trebern kolierte Würze zeigte ein spez. Gewicht von 1,043. Von dieser wurden je 800 ccm in zwei Kochkolben gebracht, die mit doppelt durchbohrten Kautschukstöpseln verschlossen waren. In beide Bohrungen des Stöpsels pafsten kurze Knieröhren, deren vertikale Schenkel wenig in den Kolbenhals ragten, während die horizontalen Schenkel kurze, mit Schraubenhähnen verschliefsbare Kautschukschläuche trugen. Der Inhalt der Kolben wurde zwei Minuten lang im Sieden erhalten, wobei man den Dampf abwechselnd durch beide Knieröhren ausströmen liefs. Während aus einem Rohre Dampf ausströmte, wurde das andere mit einem 40 cm langen, mit Baumwolle gefüllten Glasrohr verbunden, der Hahn am Verbindungsschlauche geöffnet und der andere geschlossen. Beim Erkalten des Kolbens konnte also nur durch Baumwolle filtrierte Luft zur Gärflüssigkeit im Kolben gelangen.

Nach 12 stündigem Stehen wurde die Flüssigkeit des einen Kolbens mit einer geringen Menge im Wasser aufgeschlemmter Prefshefe in der Weise versetzt, dafs der Kautschukschlauch des einen Knierohres in die Hefeflüssigkeit eingetaucht, der Hahn geöffnet und, während der zweite Schraubenhahn geschlossen war, die Flasche abgekühlt wurde. Während so Hefeflüssigkeit eingesogen wurde, schlofs man den geöffneten und öffnete gleichzeitig den geschlossenen Hahn, schüttelte und liefs beide Kolben ruhig stehen.

In der mit Hefe versetzten Flüssigkeit trat nach vier Stunden energische Gärung ein; es bildete sich eine Schaumdecke, das austretende Gas trübte Barytwasser, kurz, es zeigten sich alle Symptome einer sehr lebhaften Gärung, was als ein Beweis dafür gedeutet werden konnte, dafs die Versuchsflüssigkeit im hohen Grade gärungsfähig war.

In dem andern Kolben ohne Hefe zeigte sich auch nach sechs Tagen keine Spur einer Gärung. Die Flüssigkeit hatte sich ziemlich klar abgesetzt, trübte sich nicht im Verlaufe der angegebenen Zeit, und es trat keine Kohlensäure aus dem offenen Filtrierrohre aus. Der Hopfenabsud erzeugte also absolut keine Alkoholgärung.

Die Saccsche Behauptung von der Existenz eines Alkoholferments im Hopfen, welches sogar noch energischer wirke als Bierhefe und selbst Siedehitze ertragen könne, ohne unwirksam zu werden, ist demnach vollkommen unbegründet.

Wenn also in Amerika ein Brotbereitungsverfahren üblich ist, wobei man sich weder des Sauerteigs noch der Hefe, sondern lediglich eines Hopfenabsudes bedient, so kann es sich nur um Selbstgärung handeln, wobei der Hopfenabsud nur durch Verhinderung schädlicher Nebengärungen beteiligt ist, keineswegs aber als Erreger der Alkoholgärung.

Die Benutzung der Selbstgärung unter gleichzeitiger Anwendung von Hopfenabsud zum Teige ist aber keineswegs originell oder gar neu. Abgesehen von den oben mitgeteilten Beispielen erwähnt Martin Fries, dafs die Bäcker in Württemberg den Hopfen benutzen, um davon den sogenannten Wecktrieb zu machen, wozu er den Vorzug vor der Bierhefe verdiene (!). Soxhlet erwähnt die Thatsache, dafs dieses Verfahren noch vor ca. 40 Jahren in Wien bei der Bereitung von Weifsbrot ganz allgemein üblich war, so wurde wenigstens von einem erfahrenen Bäckermeister berichtet; dabei war von einem rapiden Verlauf der Gärung, wie ihn Sacc für das amerikanische Verfahren anführt, nichts zu bemerken, vielmehr war der Teig in Wien (wie wir weiter oben gesehen, auch an andern Orten heute noch) erst nach 24 Stunden backfähig. Soxhlet hat sich durch mehrfache Versuche überzeugt, daſs bei diesem verlassenen Wiener und angeblich neuen, d. h. aus Europa (Deutschland) importierten amerikanischen Verfahren kein anderer Gärungsprozeſs eintreten kann als Selbstgärung.

Zudem gärte ein Teig von ordinärem Weizenmehl, ganz nach Saccscher Vorschrift bereitet, durchaus nicht rascher als ein bloſs mit Wasser angemachter. Die Selbstgärung trat bei diesen Soxhletschen Versuchen bei 30° C. (im Wasserbade) in 16—18 Stunden ein, ob nun der Teig von ½ kg Mehl mit Hopfenabsud (nach Saccscher Vorschrift) oder mit einer verdünnten oder konzentrierten Abkochung oder auch mit reinem Wasser angemacht war.

In einer Backstube, wo die Bedingungen für die Züchtung von Hefekeimen günstiger sind, mag die Selbstgärung wohl etwas früher eintreten als in einer Laboratoriumssphäre. Ein nach Sacc bereitetes, getrocknetes Gärmittel aus Hopfenabsud und Stärkemehl zeigte gleichfalls keine von der Selbstgärung verschiedene Wirkung; wohl aber leitete eine getrocknete Mischung von Hefeabsud, Stärke und Preſshefe die Gärung rascher ein.

In der Allg. Br.- u. H.-Ztg. 1889, II, 1747 wird erwähnt, daſs die Verwendung des Hopfens zum Brotbacken in den europäischen Hochgebirgsgegenden vielfach üblich sei, zuweilen auch in Amerika. Der frische Hopfen werde mit Wasser gekocht und die abgeseihte Flüssigkeit diene vermeintlich direkt als Gärungserreger; auch werde sie für späteren Hausgebrauch mit Mehl zu einem Teig geknetet, den man trocknet, pulvert und beliebig lange aufbewahrt. Bringe man etwas Wasser zu diesem Pulver, dann verwandle es sich sofort in einen Gärstoff, den man zunächst mit etwas Teig zusammenbringe, der, zum Gehen gekommen, am folgenden Tage wie Sauerteig verwendet werde. Natürlich sei der Hopfen dabei nicht der wahre Gärungserreger, sondern ein Gärungsregulator oder Schützer wegen seiner bakterienhemmenden Eigenschaften. Das wirkliche Ferment ist schon im Mehl oder an den Auſsenflächen der Getreidekörner anhaftend vorhanden. Es soll der Hopfen hier nur, da kein Hefezusatz stattfindet, die natürliche Brotteiggärung unterstützen durch Hemmung der sonst überwuchernd auftretenden Bakterien. Dieses Verhältnis erklärt auch die Thatsache, daſs man im Gebirge von Tirol, Kärnten etc., manchmal bei hochgelegenen Bauernhöfen kleine Hopfenkulturen findet. Der gewonnene Hopfen dient eben zum Brotbacken, auch als Hausmittel.

Im oberen Lechthal, um Füssen, z. B. in Hohenschwangau bei der Liesl (890 m ü. M.), um Reutte (845 m), Weiſsenbach (ca. 900 m), im Tannheimer Thal (1094 m) etc., fand ich überall den Hopfen als Schattenpflanze an den Gartenlauben; offenbar dient er da auch als Antisepticum zum Brotbacken. Ebenso ist es im Unterengadin (s. weiter oben S. 144 u. ff.).

5. Züchtung von Brennereihefe mit Hopfenzusatz.

Allerneuestens hat man, vielleicht angeregt durch die Arbeiten Hayducks, von diesen bakterienfeindlichen Eigenschaften des Hopfens auch bei der Züchtung von Brennereihefe sehr lohnenden Gebrauch gemacht[252]).

Brennereitechniker Stenglein hat mit Hopfenzusatz 81 Versuche zur Erlangung möglichst reiner Gärungen angestellt.

Wurde bei diesen Versuchen mit altem Hopfen gemaischt, so fehlte jeder Erfolg in Bezug auf Hintanhaltung von Säuerung etc.

Wurde dagegen mit neuem Hopfen gemaischt, so haben sich ganz wesentliche Erfolge in Bezug auf Unterdrückung der Säurebildung und auf Ausbeute ergeben. Anfänglich wurde per 100 l Maischraum ¼ Pfd. Hopfen genommen, bis man sah, daſs man mit viel geringeren Mengen ganz dasselbe Resultat erzielen kann.

Der Hopfenzusatz hat auf die Hefegewinnung nur den einen Einflufs, dafs verschiedene Säuren (Milchsäure, Buttersäure etc.), welche die Hefe-Entwicklung mifslich beeinflussen, möglichst vermieden werden.

Die Säuerungstemperatur, welche man bis jetzt in den Brennereien einzuhalten sich befleifsigt (40° R.), wird durch Hopfenzusatz illusorisch; bei der Kunsthefebereitung ist man durch Hopfenzusatz in der Lage, diese Temperatur zu ignorieren. Während ohne Hopfenzusatz sich Säuren bilden, die der Hefe-Entwicklung sowohl in der Hauptmaische als in den einzelnen Maischen ungeheuer nachteilig sind, auch die Ausbeute in der Hauptmaische schädigen und dieselbe wesentlich herabdrücken, kann man mit Hopfenzusatz in ganz geringen Quantitäten die Säuerungstemperatur umgehen und eine vollständig reine Hefe züchten. Man kann auf diese Weise eine völlig reine Gärung hervorrufen, welche eine viel bessere Ausbeute verspricht, als auf anderem Wege möglich ist.

Die Versuche, welche bestimmt waren, festzustellen, wieviel Hopfen per 100 l Maischraum gegeben werden müfsten, um den Zweck zu erreichen, bewegten sich in den Zusätzen von 50 g bis 2 Pfd.; dabei zeigte es sich, dafs 120 g Hopfen per 100 l Maischraum vollkommen zur Erreichung des Zweckes genügen und jedes Mehrquantum Verschwendung wäre. Auch mit geprefstem Hopfen erreichte man denselben Zweck, und es ist einleuchtend, dafs man für diese Zwecke gerade so gut wilden Hopfen wie Kulturhopfen verwenden kann.

Mit all diesen Hopfengaben wurden vollkommen reine Gärungen erzielt, welche mit sehr wenig Nebenprodukten arbeiteten; man erreichte dementsprechend einen schönen Alkoholgehalt in der Würze und ferner den Vorteil, viel höherprozentige (22—25%ige) Maischen vergären zu können, als bisher möglich war. Auch über den Zusatz des Hopfens schon beim Dämpfen der Kartoffel etc. sind dort Angaben gemacht.

Dafs man durch Hopfenzusatz 25%ige Maischen bis auf 1% zur Vergärung gebracht habe, wird später in der Brennerei-Zeitung (s. Allg. Br.- u. H.-Ztg. 1885, I, 372) bestritten. Der Brennereidirektor Braun aus Breslau erbot sich, jedes Honorar (auch Tausende von Mark) dem zu zahlen, der ihn diese Kunst lehrt; die Antwort blieb aber aus. Der Hopfen kann natürlich auf die Gärung selbst nicht den geringsten Einflufs üben; er kann nur schädliche Säurebildung unterdrücken (antiseptisch wirken). Dazu genüge es, dafs man auf je 10 l Hefemaische etwa 1 bis 2 Stunden vor dem Anstellen 6 Lot Hopfen in 12—14 l heifses Wasser bringt und das als erkaltete Hopfenbrühe zusetzt. Den Hopfen gleich mit der Hefe einzubrühen, seit nicht ratsam. Dafs man mit Hopfen auch die bereits in der Maische vorhandene Essigsäure vernichten kann (s. Allg. Br.- u. H.-Ztg. 1885, I, 431), ist unwahr!

Man hat auch Hopfenhefe zum Gebrauche für Brennereien herzustellen versucht und zwar ohne jede Hefeaussaat. Brauerei-Inspektor C. Werchau in Schwieben berichtet darüber in der Zeitschr. f. Spiritusindustrie 1882[253]). Er nahm 15 kg grob gequetschtes Malz und 0,25 kg zuvor gebrühten Hopfen, welcher nach Ausscheidung der Treber mit dem Malze eingemaischt wurde. Die Masse wurde bei 50° R. der Verzuckerung überlassen, nach 2 Stunden die treberfreie Maische aus dem Einmaischgefäfs abgezapft, auf 19° R. abgekühlt und dann die Maische bei 17,5% Extraktgehalt in einem offenen Gefäfse, in einem Raum mit gleicher Lufttemperatur, der Selbstbildung von Hefezellen überlassen. Nach 40 Stunden fand er unterm Mikroskop das Vorhandensein von Hefezellen in der Maische, die also offenbar vom Hopfen stammen, auf dessen Zapfenblättern sie von Behrens beobachtet wurden; sie waren noch vereinzelt, doch vollkommen ausgebildet und gesund.

Nach 8 Tagen stellte er mit diesem Hefesatz eine Mutterhefe an, bei der die Gärung zwar langsam in Gang kam, aber ein schönes Aussehen (hochgewölbte Decke) und guten Geruch und Geschmack hatte und in 12 Stunden die Hälfte ihres Zuckergehaltes vergor. Bei allen folgenden Versuchen war es ebenso, der Zuckergehalt sogar schon nach 10 Stunden halb vergoren. Der Säuregehalt der ersten Hefe bei ihrem Verbrauch war 3°. Der mit dieser ersten Hefe angestellte Bottich hatte 20% Zucker und war mit 12° R. abgestellt worden. Die Gärung war innerhalb 8 Stunden im Gang, eine ruhige, langanhaltende, wälzende Gärung. Die Vergärung war bis auf 1 % gegangen und der Säuregehalt 2,5°; die theoretische Ausbeute war 81,4 %.

Man darf aber bei Bereitung eines solchen Hefesatzes mit der Einmaischtemperatur nicht unter 51° R. herabgehen, noch mit der Abstelltemperatur unter 18—19° R. Auch der Raum, wo die Hefebildung erwartet wird, darf keine niedrigere Temperatur haben als der Hefesatz und mit dem Extraktgehalt nicht unter 17—18° heruntergehen (das Detail s. dort).

Werchau meint, nachdem er die Versuche 2 Monate betrieben, dafs jeder Brennereileiter beim Beginn der Brenncampagne sich die Hefe selbst bereiten könne, was ihn unabhängig mache.

In der Allg. Br.- u. H.-Ztg. 1889, II, 1758 wird gesagt, dafs der Hopfen auch zur Konservierung von Obst und Käse verwendet werde. Ebenda (S. 1722) wird von den Bauern am bayerischen Bodensee-Ufer gesagt, dafs sie (wie Ph. Held in der Weinlaube berichtet) Birnenwein mit Hopfenzusatz versehen zum Zwecke besserer Konservierung. Man nimmt auf 1000 l Birnensaft 0,5 kg Hopfen; diesen Hopfen läfst man erst in einem mit Wasser gefüllten Kessel kochen und vermischt dann die Brühe mit dem frisch ausgeprefsten Birnensaft. In dem süfsen Birnensaft schmeckt man das Lupulinbitter nicht, aber das Getränk wird sehr berauschend.

6. Die konservierende Wirkung des Säuregehaltes der Hopfensorten und der Einflufs dieses Säuregehaltes auf den Verlauf der Gärung.

Wein und Most, Bier und Würze, Milch, Harn und verschiedene andere Flüssigkeiten, welche direkt oder indirekt dem Pflanzen- und Tier-Reich entstammen, haben auch im ganz frischen Zustande eine saure Reaktion und röten blaues Lackmuspapier.

Man weifs schon lange, dafs diese saure Reaktion nicht sowohl von freien Säuren als vielmehr von sauren Salzen, Phosphaten, Sulphaten, Silikaten etc. bewirkt wird.

Was speziell das Bier betrifft, so glaubte man bis vor wenigen Jahren, dafs man die saure Reaktion, welche dasselbe nach der Entfernung der Kohlensäure noch zeigt, der Gegenwart von freien Säuren, namentlich Milchsäure, zuschreiben müsse. Ähnliches gilt für die Würze, und man findet deshalb wiederholt von Autoritäten des Braufaches die Ansicht ausgesprochen, dafs ein gewisser Gehalt an Milchsäure für den Wohlgeschmack und die Haltbarkeit des Bieres erforderlich sei; selbst Apfelsäure und Essigsäure in kleinen Mengen hielt man für mormal. Balling dachte an freie Phosphorsäure; das sei der Grund, warum Würze und Bier sauer reagieren. Andere vermuteten oder fanden Glucinsäure und Gerbsäure, Fettsäure, Oxalsäure, Ameisensäure, Zitronensäure etc.

A. Metz konstatierte in verschiedenen Münchner Lagerbieren nach Entfernung der Kohlensäure 1,8—2,6 ccm N-Alkali per 100 ccm Bier.

In neuerer Zeit haben namentlich deutsche und englische Technologen darauf hingewiesen (s. später den Abschnitt über die englischen Hopfen), dafs die Hopfensorten dann auch dadurch eine gröfsere konservierende Kraft auf das Bier ausübten, wenn sie ihm eine gröfsere Menge Säuren zuführten, die in ihm vorhandene Säure verdoppelten. Man darf dabei nicht an schädliche Säuren, wie Milchsäure oder Buttersäure, denken, sondern an den Säuregehalt der chemischen Verbindungen des Hopfens.

Dr. Morris[254]) sagt, dafs manche Hopfen den Säuregehalt der Würzen verdoppeln; in dieser Säurezufuhr sind nach seiner Ansicht die englischen Hopfen oft den fremden Hopfensorten überlegen und unter den englischen namentlich der Hopfen von Worcester. Dieser soll, trotz seines schwächeren Sekretgehaltes, an die Würzen ebenso viel Säure abgeben als der kalifornische und der beste bayerische, und jähriges Sussexprodukt führe der Würze mehr Säure zu als frisches, obgleich doch sonst mit dem zunehmenden Alter des Hopfens dessen konservierende Kraft abzunehmen pflegt.

Bělohoubek[255]) gibt die Säure in der Wassermaische auf 0,0294, jene der gehopften Würze auf dem Kühlschiff auf 0,0594, also um 153 % höher an.

Briant und Meacham hatten festgestellt, dafs fremde Hopfen $2^1/_2$ mal so viel konservierende Kraft hätten als englische (s. später: Die englischen Hopfenregionen und ihr Produkt)[256]).

Sie stellten in einer Brauerei des Nordens Versuche an, wobei die Würze, in zwei gleiche Teile geteilt, in einem Falle englischen Hopfen im Verhältnisse von 10 Pfd. per Quarter und im andern bayerischen mit 4 Pfd. per Quarter erhielt. Abgesehen vom Geschmack ergab sich folgendes:

	Acidität, berechnet als Essigsäure			
	Bayerischer 4 Pfd. per Qarter		Englischer 10 Pfd. per Quarter	
	Fafs	forciert	Fafs	forciert
Ursprüngliche Acidität	0,096	0,096	0,096	0,096
Nach 1 Woche	0,096	0,110	0,096	0,110
› 2 Wochen	0,110	0,120	0,115	0,125
› 1 Monat	0,110	0,135	0,115	0,135
› 3 Monaten	0,130	—	0,130	—

Auch aus diesen und zahlreichen ähnlichen Versuchen konstatieren diese Autoren den überlegenen präservativen Wert des fremden (nichtenglischen) Hopfens. Als Ursache dieser Erscheinung finden sie drei Umstände oder Gründe: 1. die Acidität, 2. die Gerbsäure und 3. die Harze[257]).

Der konservierende Wert des Hopfens komme gewissermafsen auch davon her, dafs beim Zusatze desselben in den Kessel die Acidität der Würze fast verdoppelt wird.

Bei direkten Versuchen in dieser Frage, wobei sie entweder die Acidität der Würze mit Soda reduzierten oder im andern Falle geringe Mengen Milchsäure zusetzten, zeigte es sich immer, dafs die Würze mit gröfserer Acidität eine gröfsere Haltbarkeit besafs als die mit niederer. Es fragt sich nun, ob englischer Hopfen mehr Säure an die Würze abgibt als nichtenglischer.

Die Versuchswürzen wurden mit je 16 Pfd. per Quarter gehopft, in einem Falle mit gutem Kenter, im andern mit gutem Bayerischen. Die Würzen wurden dann gesotten und im Volumen konstant erhalten. Ab und zu nahm man Proben, um die Acidität zu bestimmen.

Hopfen 16 Pfd. per Quarter, die Acidität der Würze als Milchsäure:

	Spezifisches Gewicht	Englischer Hopfen	Bayerischer Hopfen
Würzen vor dem Hopfenzusatz	1042,0	0,036	0,036
Sieden 18 Minuten lang	1046,2	0,057	0,052
› $^1/_2$ Stunde	1046,0	0,057	0,052
› 1 Stunde	1042,0	0,060	0,060
› $1^1/_2$ Stunden	1042,0	0,060	0,060

Die Säure war also in beiden Fällen dieselbe.

Zum weiteren Nachweise wurde eine gewisse Menge Würze genommen und mit verschiedenen Hopfensorten im Verhältnisse von 12 Pfd. per Quarter gehopft. Die Würze wurde zwei Stunden gesotten und folgende Aciditäten gefunden:

Die ursprüngliche Acidität der ungehopften Würze betrug 0,0126 % als Milchsäure. Die Schwere der ungehopften Würze war vor dem Sieden 1048,6.

Das Volumen der Würze wurde konstant erhalten.

Gehopft im Verhältnis von 12 Pfd. per Quarter.

	Jahr	Die Acidität als Milchsäure
Goldings	1893	0,0207 %
Worcester	1893	0,0225 %
Sussex	1893	0,0189 %
Ost-Kent	1893	0,0180 %
Kalifornien	1893	0,0225 %
Böhmen	1893	0,0240 %
Spalt	1893	0,0232 %
Kent (einjähriger)	1892	0,0207 %
Sussex (einjähriger)	1892	0,0270 %

Es ist also ersichtlich, daſs, wenn auch die Acidität die Haltbarkeit der Würze positiv beeinfluſst, doch in dieser Sache den fremden Hopfen gegenüber den englischen kein Vorrang zugesprochen werden kann. Der Worcester Hopfen, welcher in der Regel ein schwacher Hopfen ist, hat der Würze so viel Acidität mitgeteilt wie der kalifornische und praktisch ebenso viel wie der kräftige bayerische, und merkwürdigerweise erteilt der einjährige Worcester der Würze eine höhere Acidität als dieselbe Sorte, wenn sie neu ist, obgleich die Präservativkraft alter Hopfen im allgemeinen geringer ist wie jene neuer.

Auch in Bezug auf den Gerbstoffsäuregehalt sind die fremden Hopfen den englischen wenig überlegen, dahingegen überragen die fremden Hopfen die englischen Hopfen sehr bedeutend im Gehalt an Gesamtharz und namentlich an dem wirksamen Weichharz, und darin liegt ihre Überlegenheit in der Präservativkraft gegenüber den englischen Hopfen.

J. Behrens[258]) hat Untersuchungen über den Säuregehalt des Hopfens angestellt. Derselbe betrug, als Milchsäure berechnet, 2,81—6,75 % der lufttrockenen Substanz.

Hopfen, mit irgendwelchen Alkalien behandelt, wird nach dem Trocknen braun; aber mit 1 %iger Zitronensäure befeuchtet, färbte er sich an der Sonne nicht braun; eine andere Probe, welche nicht mit Zitronensäure befeuchtet worden war, färbte sich an der Sonne braun.

Ein Teil Hopfen, mit 20 Teilen Wasser bei Siedehitze extrahiert, ergab in 100 ccm folgenden Gehalt an Säuren:

Kieselsäure	0,018 g
Phosphorsäure	0,043 »
Schwefelsäure	0,014 »
Zitronensäure	0,249 »
Apfelsäure	0,050 »
An Basen:	
Kali	0,091 »
Kalk	0,011 »

Also neben Harzen und stickstoffhaltigen Bestandteilen des Hopfens gehen aus ihm auch Säuren in die Würze über. Der Säuregehalt ist je nach Sorte und Jahrgang schwankend; er ist für den Brauprozeſs von Bedeutung, weil er die Acidität der Würze erhöht, von welcher der Gang und Verlauf der Gärung wesentlich beeinfluſst wird.

Bei der Sterilisierung der Würze durch das Hopfenkochen spielt der Säuregehalt des Hopfens gar keine Rolle oder doch nur eine der antiseptischen Bedeutung der Harze nachstehende Rolle.

Eine groſse Rolle spielt aber die Acidität des Hopfens für seine Farbe; Rot- und Braunfärbung tritt nur bei ungenügender Acidität des Hopfens auf oder auch dann, wenn die Säuren durch Auslaugen (Regen), Licht oder Pilzthätigkeit entfernt wurden.

Prof. Dr. Ad. Ott in München[259]), der frühere langjährige Assistent in Weihenstephan, hat in seiner umfangreichen, eine umfassende Bearbeitung dieser Frage enthaltenden Schrift

(S. 109) bemerkt: Die saure Reaktion eines normalen Bieres rührt nur zum kleineren Teil von freien Säuren (Milchsäure, Essigsäure etc.) her, zum gröfseren Teil dagegen von sauren Phosphaten; aufserdem beteiligen sich auch noch andere Körper, wahrscheinlich Amidosäuren, an derselben.

An anderer Stelle: Eine normale Würze enthält keine freie Milchsäure. Ihre saure Reaktion wird vielmehr zum Teil durch saure Phosphate, zum andern Teil durch noch nicht näher bekannte Körper, wahrscheinlich Amidosäuren, verursacht.

Mit der für die konservierende Wirkung des Hopfens so wichtigen Acidität hat sich Dr. Behrens in Karlsruhe neuerdings eingehend befafst[260]):

Die Menge der im Hopfen vorhandenen freien Säure resp. sauren Salze sei eine höchst wichtige, noch nicht genügend gewürdigte Sache. Man wisse schon lange, dafs der Säuregehalt der Würze beim Hopfenkochen steigt. Auch sei ein wässeriger Hopfenauszug stets sauer, solange der Hopfen gesund ist, doch schwanke der Gehalt an Säure je nach Sorte, dem Produktionsorte und dem Jahrgange in weiten Grenzen.

Behrens bestimmte den Säuregehalt verschiedener Hopfen, als Milchsäure berechnet:

1893er Hopfen von der Karlsruher Versuchsanlage	= 6,75 %	der	lufttrockenen	Substanz,
1894er » » » » »	= 5,06 %	»	»	»
1894er Stadt Spalter Hopfen	= 4,08 %	»	»	»
1894er Spalter Landhopfen	= 3,67 %	»	»	»
1894er Wolnzacher, Hallertau	= 3,13 %	»	»	»
1894er Kenter, England	= 2,81 %	»	»	»
1894er Sussex, England	= 3,40 %	»	»	»
1894er Kalifornischer Hopfen	= 3,04 %	»	»	»
1894er Saazer Hopfen	= 3,17 %	»	»	»

Trotz der absolut genommen geringen Mengen von Säuren, welche durch die kleinen Mengen Hopfen in die Würze und ins Bier gelangen, sind sie doch verhältnismäfsig grofs genug, um vielleicht sogar für den Geschmack des Bieres in Betracht zu kommen.

Aber durch Hansens Untersuchungen ist die wichtige Thatsache bekannt, dafs selbst geringe Unterschiede im Säuregehalt der Gärflüssigkeiten genügen, um bei Zusatz eines Gemisches verschiedener Hefen eine natürliche Auslese unter denselben zu bewirken, derart, dafs nur eine derselben, und oft nicht die wünschenswerteste, am Leben bleibt oder doch sich am lebhaftesten entwickelt und die Gärung durchführt. Demgemäfs ist es nicht ausgeschlossen, vielmehr wahrscheinlich, dafs je nach der quantitativen und qualitativen Verschiedenheit des Hopfenzusatzes in solchen Brauereien, die nicht mit Reinhefen arbeiten, ganz verschiedene Hefearten in der Würze die Gärung herbeiführen. Wie grofs aber der Einflufs der Heferasse auf Charakter und Eigenschaften des Bieres ist, ist ja längst bekannt. So sehen wir also selbst in diesen Beziehungen den Hopfen als den Träger einer ganz erheblichen Rolle im Bier.

Aufserdem aber beeinflufst der Säuregehalt der Gärflüssigkeit direkt Eintritt und Verlauf der Gärung. Einige Versuche mit Würze, der Zitronensäure in verschiedenen Mengen beigefügt war, bestätigen diese Erfahrung. Zitronensäure wurde deshalb gewählt, weil sie die Hauptmenge der Säuren, die im Hopfen vorhanden sind, bildet. Schon ein Zusatz von 1 g Zitronensäure auf 1 l Bierwürze verzögerte den Eintritt der Gärung sehr merklich; höhere Gaben hemmten die Gärung noch weit mehr.

Es war also vorauszusehen, dafs der Hopfenzusatz, ganz abgesehen davon, dafs, wie Hayduck etc. schon früher gezeigt hatten, die weichharzigen Hopfenbestandteile gärunghemmend wirken, auch schon vermöge der dadurch bewirkten Zunahme des Säuregehaltes der Würze eine solche Wirkung ausübte. Um das besonders zu prüfen, wurde Bierwürze mit Hopfen im Verhältnis von 4 kg auf den Hektoliter gekocht, dann in einem Teile derselben die Säure mit Soda abgestumpft und nun beide Teile der Würze mit gleichen Mengen einer reinen Bierhefe versetzt.

stützt, dafs ganz geringe Abstufungen (0,05 %) im künstlich zugesetzten Weinsäuregehalt der Würzen für das Aufkommen gewisser Hefesorten bestimmend waren, wobei man also auf einen Einfluss saurer Salze auf die Reinhaltung der Hefe schliessen könnte, nicht zutreffend sei. Der Gehalt des Hopfens an Säuren der genannten Art sei zu gering, zudem die Hopfengabe relativ so klein, dafs den Aciditätsunterschieden, welche selbst durch besonders starke Hopfengaben in

6. Die Gerbstoffe des Hopfens.

a) Nach vorwiegend theoretischen Gesichtspunkten.

die Läuterung, namentlich auf dem Kühlschiff, niedergeschlagen. Es handelt sich um solche Eiweifsstoffe, welche durch das Kochen allein nicht koagulieren. Immer wird man solche überflüssigen Eiweifsstoffe am besten durch Gerbstoffe (Gerbsäuren) beseitigen können.

Die Gerbstoffe sind stickstofffreie Verbindungen, welche aus Kohlenstoff, Wasserstoff und Sauerstoff bestehen, geruchlos, von herbem, zusammenziehendem (adstringierendem) Geschmack und in Wasser und Alkohol leicht löslich sind; mit Basen verbinden sie sich zu Salzen, und aus ihren Lösungen werden sie durch Leimlösung gefällt.

Der Hopfengerbstoff wird nur schwer hydratisiert, eine Eigenschaft, welche bei der Bierbereitung sehr wichtig ist; auch bildet er keine Pyrogallussäure (Kosinzky, Stat. scient. de Brasserie 1, 8).

Einige Gerbstoffe verbinden sich mit der tierischen Haut, daher die Verwendung zur Darstellung des Leders. Einige gehen mit Proteïnkörpern unlösliche Verbindungen ein, daher sie eben zum Klären eiweifshaltiger Flüssigkeiten, z. B. der Bierwürze und des jungen Weins, dienen; sie fällen beinahe alle nicht blofs Eiweifsstoffe und Leim, sondern auch Alkaloide.

Die Gerbsäuren färben Eisensalze teils blau (z. B. jene der Tanne), teils grün (jene von Eiche, Buche, Birke); zu den letzteren soll auch der Gerbstoff des Hopfens gehören. Reischauer (l. c. 1878, S. 30) sagt: die Hopfengerbsäure färbe sich mit Eisenoxydsalzen dunkelgrün, die Galläpfelgerbsäure aber schwarzblau. Mikrochemisch lassen sich Gerbstoffe etc. durch Eisenchloride nachweisen. Beim frischen Hopfensekret sind die Gerbstoffreaktionen sehr undeutlich.

Nach C. Lintner[266]) färben sich die Hopfenzapfenblätter schmutzig-schwarz, wenn ein Hopfenzapfen mit Eisenchlorid in alkoholischer Lösung übergossen wird, während die Hopfendrüsen ihre reingelbe Farbe behalten; kranke und verkümmerte Drüsen schwärzen sich gleichfalls. Diese von Prof. C. Lintner geäufserten Ansichten kann ich auf Grund meiner mikrochemischen Hopfenstudien bestätigen.

Man kann überhaupt annehmen, dafs die schärferen tanninartigen Gerbstoffe, welche heftig adstringieren und tierischen Leim fällen, wie jene der Eiche, Buche, Birke etc., Eisensalze blauschwarz färben, dafs dagegen jene, welche mild adstringierend sind und tierischen Leim nicht fällen, wie der Hopfengerbstoff, mit Eisensalzen einen mehr grünen Niederschlag geben.

Nach C. Fruwirth (Hopfenbau und Hopfenbehandlung, Berlin 1888, bei P. Parey, S. 150) werden Hopfenzapfen, wenn man sie mit Eisenchlorid in alkoholischer Lösung übergiefst, in den Blättern schwarz, die Drüsen aber nur zum kleinen Theil. So ist es in der That.

Setzt man eine Lösung von gewöhnlichem Tannin (also Eichen- oder Gallus-Gerbsäure, aus den Galläpfeln oder Knoppern auf Eichenblättern gewonnen, veranlafst durch Gallwespenstiche und Blattläuse), also von Eichen- oder Gallus-Gerbsäure, zu schwach gehopftem fertigen Bier, so erhält man nach J. Heron einen dicken Niederschlag, auch wenn Hopfengerbsäure resp. ihre Verbindungen im Bier anwesend sind. Eichentannin bewirkt diesen Niederschlag in stark und schwach gehopften Bieren. Ganz dasselbe sagen Briant und Meacham 1897[267]). Selbst wenn man zu dem von Hause aus sehr stark gehopften Pale-Ale, das ohnehin einen Überschufs an Hopfentannin hat und in der weiteren Hopfengerbstoffzusatz keinerlei Änderung mehr bewirkt, Galläpfelgerbsäure gibt, entsteht ein dicker Niederschlag in diesem fertigen Bier. Damit ist also auch gesagt, dafs der Hopfengerbstoff in seinen Wirkungen und Leistungen von Hause aus nicht so ohne weiteres mit echten Gerbstoffen verglichen werden kann. Er wird beim Sudprozesse erst in einen, noch dazu sehr milden, Gerbstoff oder gerbstoffähnlichen Körper verwandelt.

Wirkliche Gerbsäure kann man auf 140° erhitzen, ohne Gefahr, dafs sie sich zersetzt; bei Hopfengerbsäure ist das aber nicht der Fall.

Moritz und Morris[268]) bemerken, dafs ein Zusatz von Tannin in Form von Catechu oder andern bitteren Stoffen nie gut befunden worden sei, weil die Gerbsäure dieser Stoffe etwas ganz anderes sei als die Hopfengerbsäure.

Mit allen diesen Reaktionen der echten Gerbsäuren stimmen die Gerbstoffe des Hopfens gar nicht recht überein. Wird ein Hopfenzapfen mit Eisenchlorid in alkoholischer Lösung übergossen, so färben sich die Zapfenblätter schmutzig-schwarz, während die darauf befindlichen grofsen Hopfendrüsen in der Hauptsache ihre reingelbe oder gelbgrüne Farbe behalten und nur kranke oder sonst in der Beschaffenheit des Sekretes veränderte sich ebenfalls färben. Es enthalten also die Zapfenblätter von Hause aus eher Gerbstoffe als das Drüsensekret.

Die Hopfengerbsäure reagiert also schon ganz anders wie sonstige Gerbstoffe, und der eigentliche Sitz der Hopfengerbsäure sind die Zapfenblätter, nicht die Drüsen (das Lupulin oder Mehl); etwas Gerbstoff ist indes auch in dem Drüsensekret enthalten. Die abweichende Natur der rohen, noch unverändert in den Zapfen enthaltenen, sogenannten Hopfengerbsäure geht daraus genügend hervor; sie verhält sich, wie ich selbst beobachtet, den gewöhnlichen Gerbsäurereagentien gegenüber abweichend, auch wenn man dieselben noch so konzentriert anwendet.

Die Wirkung der sogenannten Gerbstoffe des Hopfens beim Würzesieden: die Eiweifsstoffe zum Gerinnen zu bringen, namentlich jene, welche die Kochhitze nicht zum Gerinnen bringt, ist selbstverständlich eine längst anerkannte Sache, aber die chemische Untersuchung der eigentlich wirksamen Bestandteile wurde erst 1860 durch R. Wagner unternommen.

Er wies die Anwesenheit eines Gerbstoffes im Hopfen nach, welcher sich von der Galläpfelgerbsäure unterschied und mehr der Moringerbsäure aus dem Gelbholze (Maclura tinctoria) entsprach; er widerlegte hiermit zugleich die bis dahin sehr verbreitete Meinung, dafs der Hopfen, namentlich auch alter, den Gerbstoff als Gallussäure enthalte. Man hat ja deshalb das Gelbholz als Ersatz für Hopfengerbsäure zur Verwendung in der Brauerei vorgeschlagen (Reischauer-Griefsmayer, l. c. 1878, S. 30).

So war es also klar, dafs, wenn man diesen gerbstoffhaltigen Hopfen mit der Würze kochte, der Gerbstoff oder gerbstoffartige Stoff mit den Eiweifsstoffen lösliche Verbindungen einging, was eine Ausscheidung von Eiweifs aus der Würze, als flockiger Niederschlag, zur Folge hat. Diese zum Gerinnen gebrachten Eiweifsstoffe finden sich dann später im Kühlgeläger.

Dr. M. Hayduck[269]) sagt, dafs der Gerbstoff des Hopfens auch als Klärungsmittel sehr wichtig ist. Selbst in der Harzdecke des Gärfasses finden sich noch Verbindungen von Eiweifskörpern mit Gerbstoff, wie die Eisenchloridlösung zeigt. Setzt man einer klaren Malzwürze Gerbstoff zu, so bildet sich ein Niederschlag, welcher sich beim Kochen der Flüssigkeit teilweise auflöst. Das klare Filtrat trübt sich beim Erkalten durch teilweise Abscheidung einer Verbindung von Eiweifs mit Gerbstoff. Harze, wie diese Eiweifsstoffverbindungen, sind eben in der Hitze bedeutend löslicher, scheiden sich also beim Abkühlen gesättigter Lösungen zum Teil aus.

Das sogenannte Würzebrechen im Hopfenkessel hängt übrigens nicht blofs vom Hopfen, sondern auch von der Art der Feuerung ab, welche nicht zu stark sein darf, damit das Bier nicht zu stark kocht. Nach einer erst in jüngster Zeit von Griefsmayer ausgesprochenen Ansicht wäre der Unterschied der Albuminoide in ungehopfter und gehopfter Würze sehr unbedeutend, so dafs man meinen könne, dafs durch die Gerbsäure nicht so viel Albuminoide niedergeschlagen werden, als man sonst allgemein anzunehmen pflegte, dafs somit noch andere Hopfenbestandteile bei der Klärung und Konservierung mitwirken müssen (Öle, Harze etc.); indes läfst auch dieser Autor, gelegentlich einer Besprechung der Arbeiten englischer Chemiker[270]), die Gerbsäure des Hopfens wieder Eiweifsstoffe fällen.

Briant und Meacham (1893) erwähnen diese Auffassung Griefsmayers und erklären, sich mehr der Ansicht Hayducks anzuschliefsen, welcher die antiseptische Wirkung des Hopfens in seinen Harzen, nicht bei der Gerbsäure sucht. Darauf erklärt Griefsmayer (Allg. Br.- u. H.-Ztg. 1893, Nr. 62), dafs er den früheren Standpunkt, als veraltet, längst verlassen habe und heute die Ansichten Hayducks teile.

Dieselben beiden Autoren (Briant und Meacham) legen der konservierenden Wirkung des Tannins (Gerbstoffes) im Hopfen durch Fällung der Albuminoide im Kessel keine so grofse Bedeutung bei; es würden nur ca. 2% derselben entfernt. Der Hopfengerbstoff sei mit dem Tannin des Handels nicht identisch und könne durch letzteres keinesfalls ersetzt werden. Der Handelsgerbstoff (das Tannin) sei nach von ihnen angestellten Versuchen völlig wertlos. Aufserdem neigen sie der Ansicht zu, dafs der Hopfen mehrere gerbstoffartige Körper enthalte, welcher

Ansicht Heron widerspricht; seine Versuche hätten nur einen Gerbstoff ergeben, der aber mit andern Gerbstoffen, z. B. jenem der Eichenrinde, nicht identisch sei.

Bei ihren neueren Untersuchungen über den Gerbstoff[271]) verharren L. Briant und C. S. Meacham bei ihrer geringen Meinung vom brautechnischen Wert des Hopfengerbstoffes. Man wisse noch nicht einmal gewifs, dafs das Bier besser sei, wenn es möglichst wenig Eiweifsstoffe habe. Viele Hopfen enthielten selbst 4—5% Eiweifsstoffe, welche beim Kochen gelöst würden; das sei meist mehr, als durch den Hopfengerbstoff gefällt werde. Das durch das Hopfenkochen gefällte Eiweifs betrage noch nicht 2% des Gesamteiweifses. Ein Hektoliter Würze enthalte durchschnittlich 1,7 Pfd. Eiweifs, wovon durch den Hopfengerbstoff nur 0,08 Pfd. entfernt werden, weniger als die Hälfte von dem durch das Kochen allein ausgeschiedenen Eiweifs. Schlimmer ist, dafs der Charakter und die Wirkung der Albuminoide, welche in Würze und Bier vorhanden, selbst noch viel zu wenig bekannt sind.

In einem Berichte des Reichsgesundheitsamtes[272]) wird gesagt, dafs man auch in gut geleiteten Brauereien die Anwendung gewisser Klärmittel nicht entbehren könne. Durch Hefetrübung unklares Bier kläre sich bei geschickter Behandlung ohne weiteren Zusatz von selbst. Der Anwendung der mechanisch wirkenden Späne aus Weifsbuchen- und Haselnufs-Holz stehe nichts im Wege. Hausenblase und Isinglas seien ebenfalls nicht zu beanstanden. Gegen die Verwendung von Tannin zum Klären sei nichts einzuwenden, dagegen habe Gelatine den Nachteil, dafs sie sich nicht vollständig wieder abscheide, sondern teilweise im Bier verbleibe.

Etti[273]) will die Hopfengerbsäure rein dargestellt haben, und er hat ihr die Formel $C_{25} H_{24} O_{13}$ gegeben. Dieser Gerbstoff Ettis soll ein rehfarbenes Pulver bilden, welches sich leicht in Wasser, in verdünntem Weingeist und Essigäther, schwierig in absolutem Alkohol und gar nicht in Äther löst. Er fällt Eiweifs und macht Leimlösung nur opalisierend, ohne eine Fällung zu verursachen; eben deshalb, weil der Hopfengerbstoff keine Leimlösung fällt, wollte ihn Etti später nicht als Gerbsäure anerkennen[274]). Er hält ihn weniger für eine Säure als für einen zusammengesetzten Äther, also der Zusammensetzung nach als den Fetten nahestehend, identisch mit der Eichenrindengerbsäure. Er fällt Brechweinsteinlösung nicht, dagegen schwefelsaure Kupferlösung grün; er selbst wird von Chlornatriumlösung und Mineralsäuren isabellfarbig ausgefällt; Jodstärke wird entfärbt, Fehlingsche Lösung reduziert; von Alkalien wird er dunkelrot gefärbt; bei längerem Stehen der wässerigen Lösung entsteht ein dunkler Niederschlag, welcher durch Abdampfen noch reichlicher wird; er ist sehr veränderlicher Natur; bei 100° C. getrocknet, kann er zwar vor Feuchtigkeit geschützt, unverändert aufbewahrt werden; auch bei gewöhnlicher Temperatur bleiben seine Lösungen unverändert.

Auch Ad. Ott[275]) hat den Eindruck gewonnen, dafs unveränderte Hopfengerbsäure durch Leim nicht gefällt wird.

An der Luft geht der Gerbstoff — nach Etti — allmählich in Phlobaphen ($C_{50} H_{46} O_{25}$) über, einen dunkelroten, amorphen, glänzenden Körper, der sich, je nachdem er wasserfrei (unlöslich) oder wasserhaltig (löslich) ist, verschieden gegen Lösungsmittel verhält und Leimlösungen vollständig ausfällt[276]).

Das Phlobaphen kommt auch schon in den Hopfenzapfen fertig gebildet vor (dies ist auch schon durch A. Ott bestätigt worden), wie Etti meint, am meisten im Rothopfen, daher die Namen Hopfenrot und Hopfenphlobaphen wohl identisch seien. Es wird auch bei der Darstellung der Gerbsäure aus Hopfenzapfen gewonnen.

Auch Greshoff (s. weiter unten in dem Abschnitt: »Sonstige Hopfenbestandteile« Nr. 22) bestätigt dieses Vorkommen, bezeichnet aber diese Oxydationsprodukte der Gerbsäure als Humuskörper. Die moderne Chemie nennt überhaupt die aus der Zersetzung der Gerbstoffe hervorgehenden humusartigen Körper »Phlobaphen« und sieht sie für wertlos an. Alle diese Rindenfarbstoffe haben eine dunkle Farbe und werden in vielen Baumrinden gefunden.

Die Ansicht, welche Etti über das Vorkommen des Phlobaphens im Rothopfen ausspricht, dürfte aber doch irrig sein, denn die Bezeichnung Rothopfen bezieht sich durchaus nicht auf die Zapfen der so benannten Hopfensorten, sondern auf die Reben- (also Stengelrinden-) Farbe.

Rothopfen haben vielfach rote Reben, Grünhopfen grüne Reben. Die Zapfen des Rothopfens sind in der Farbe vom Saazer, Spalter etc. gar nicht ernstlich verschieden.

Etti bemerkt noch, dafs der Hopfen durch oftmaliges Ausziehen mit Weingeist oder kochendem Wasser an Gerbstoff (Phlobaphen) nicht erschöpft werden kann und dafs der letzte Auszug durch Eisenchlorid nicht mehr schwarz gefärbt wird. Lipowitz, K. Neubauer und Alfred Wolf (Inauguraldissert. über den Gerbstoff der Eiche, Leipzig 1869) machten beim Gerbstoff der Eichenrinde dieselbe Erfahrung; letzterer will jedoch durch Ausziehen der Rinde mit kochendem Wasser und Weinstein vollständige Erschöpfung bezweckt haben.

Greshoff fand in der Flüssigkeit (Wasser), aus welcher er das Hopfenbitter entfernt hatte, noch den Hopfengerbstoff und dessen Oxydationsprodukt, das Hopfenrot (Phlobaphen), vor; zur Isolierung des Gerbstoffes wurde reiner Essigäther genommen; die erste Ausschüttelung war braunrot, vom Hopfenrot (Phlobaphen) herrührend; die folgenden Ausschüttelungen waren hellbraun in abnehmender Intensität und lieferten den Gerbstoff.

Über den eigentlichen Sitz des Gerbstoffes, ob er mehr oder ausschliefslich in den Zapfenblättern, in den Spindeln, Ästchen, Zapfenstielen oder auch im Sekretgehalt der Drüsen selber vorkommt, sind die Meinungen heute kaum mehr abweichend. Der meiste Gerbstoff findet sich in den Zapfenblättern, ein kleinerer Teil desselben aber auch im Sekret.

Aber wo der Gerbstoff in den Zapfenblättern seinen Sitz hat, damit habe ich mich zuerst ernstlich befafst (s. oben S. 234 die Sekretgänge in den Zapfenblättern). Dafs die Gerbstofferzeugung mit der Sekretabsonderung in den Hopfendrüsen in gar keiner Beziehung steht, geht auch schon hinreichend aus den Thatsachen hervor, dafs die sekretarmen Wildhopfen reich an Gerbstoff sind, dafs der Gerbstoffgehalt des noch unreifen Hopfens mit noch wenig gebildetem Sekret und noch nicht durchgebildetem Aroma und Bitter gröfser ist als in reifem, mit mehr Sekret und durchgebildetem Aroma; dafs ferner die englischen Hopfensorten, welche im Harz-, also Sekret-Gehalt um $^1/_2$—$^1/_3$ gegen die mitteleuropäischen Hopfen zurückstehen, ebenso viel oder noch mehr Gerbstoff haben wie die letzteren.

Bei der Diskussion in der Generalversammlung der wissenschaftlichen Station für Brauerei in München (Oktober 1897) wurde konstatiert, dafs bei Verwendung von Zerreifsproben des Müllerschen Apparates, wenn nur Lupulin (Sekretionsorgane) zum Brauen verwendet wurde, die damit allein gekochten Würzen kaum einen Bruch gaben, offenbar wegen Mangels an Gerbstoff, bezw. nicht genügend vorhandenen Gerbstoffes; auch bei Kochversuchen in der wissenschaftlichen Station für Brauerei in München (Zeitschr. f. d. ges. Br.-Wesen 1897, S. 665) wurde mit Lupulin allein fast kein Bruch der Würze wahrgenommen. Die Blätter allein lieferten besseren Bruch, noch besseren Bruch aber lieferten die Stiele und Spindeln.

Auch Martin fand bei Kochversuchen mit Blättern sehr schönen, grobflockigen, anhaltenden Bruch; mit Stielen (offenbar Spindeln) hatte er sehr schönen Bruch. Mit feinen Zerreifsproben (jedenfalls viel Hopfenmehl) war der Bruch mangelhaft. Die Gerbsäure findet sich eben in allen Teilen der Zapfen und — wie es scheint — namentlich in den Zapfenblättern und Spindeln, weniger im Drüsensekret.

Wie die andern Hauptbestandteile des Hopfens scheint auch der Gerbstoff fest im Hopfen zu stecken. Greshoff hat nach 25 maligem Digerieren mit Wasser und Auspressen derselben Hopfensorte immer noch eine deutliche Gerbstoffreaktion wahrgenommen. Durch kaltes Wasser kann man also die doch leicht lösliche Gerbsäure nicht vollständig entfernen.

Etti hat dieselben Erfahrungen beim Gerbstoff des Hopfens und andere haben sie bei jenem der Eichenrinde gemacht.

R. Wagner bestimmte den Gerbsäuregehalt der Hopfendolden auf 3,17 — 5,8 %. 1880 gab er die Menge der Gerbsäure als in den verschiedenen Hopfensorten mit 2 — 8 % schwankend an.

Ives gibt die Gerbsäuremenge im Hopfen mit 4,2 % an, Payen, Chevalier und Pelletan mit 5 %, Rautert im Mittel mit 3 % (Schwankungen von 1,8—4 %), nach Thausing[277]) zwischen 1,38 und 5,13 %, im Mittel 3 — 3,5 %.

Wimmer gibt 0,6—1,6 % an (1,61 % in den Zapfenblättern, 0,65 % im Hopfenmehl, also im Lupulin), während Daubrawa 3,2—7,8 % und Zetterlund 3,41—4,43 % Gerbsäure in den Hopfenzapfen fanden. Czech (1879) will in den Zapfen verschiedener kroatischer Wildhopfensorten 3,41—4,43 % Gerbstoff, in den Hopfendrüsen selbst aber 4,5 % gefunden haben.

Nach E. Kokosinsky[278]) wechselt die Menge des Gerbstoffes nach Herkunft und Jahrgängen, nach seinen Bestimmungen von 1,10—5 %.

Robitscheck[279]) fand im amerikanischen Hopfen aus den Staaten Oregon, New-York, Kalifornien bedeutende Mengen Gallussäure (2,65—3,75 %) und 0,26—0,90 % Tannin[280]), demnach 3,18—4,29 % Gesamtgerbstoff. Gallussäure ist sehr zweifelhaft.

G. Wein und Rösch fanden (1879) in verschiedenen Hopfensorten folgende Mengen von Gerbsäure[281]):

Nr.	Bezeichnung der Sorten	Gerbstoff-gehalt	Lupulin-gehalt	Lupulingehalt, nach Abzug der Früchte gerechnet
		%	%	%
1	Elsässer	2,71	11,832	12,08
2	Grofsweingarten, Spalt (leicht geschwefelt)	2,67	7,38	7,91
3	Wolnzach, Landgebiet	2,32	8,28	8,43
4	Steiermärker	2,52	4,82	5,12
5	Saaz, Kreishopfen	3,07	9,906	9,94
6	Württemberg	2,89	4,53	4,65
7	Australischer Hopfen	3,35	7,324	8,93
8	Konservierter Hopfen	3,32	8,32	8,78
9	Feiner Spalter	2,80	6,83	6,83
10	Ausçhaer Grünhopfen	2,70	15,57	15,68
11	Belgischer	3,13	7,54	7,85
12	Wildhopfen von München	3,76	5,749	6,70

Aus diesen Zahlenreihen ist leicht ersichtlich, dafs der Gerbstoffgehalt des Hopfens weder zu seiner Qualität noch zu seinem Mehlgehalte in irgend einer Beziehung steht; in diesen Ermittelungen erreicht er nirgends die Höhe von 4 % und sinkt auch nirgends auf 2 % herab.

Moser und Etti[282]) haben gleichfalls vergleichende Untersuchungen über den Gerbstoffgehalt verschiedener Hopfensorten angestellt und zwar zugleich bei verschiedenen Konservierungsmethoden desselben.

Sie bestimmten den Gerbstoff nach der Neubauerschen Methode und berechneten die Resultate als Eichengerbsäure, daher wohl die Angaben für Gerbsäure nur relativ richtig sind. Sie erhielten folgende Daten:

A. Gerbstoffgehalt in Hopfenproben.

In 100 Teilen Trockensubstanz:

	Gerbsäure in %
Hopfen, geschwefelt und gedarrt	3,09
Hopfen derselben Qualität, aber nicht geschwefelt und gedarrt	2,58
Alter Hopfen, geschwefelt	1,34
Alter Hopfen, nicht geschwefelt	1,31
Hopfen, an der Luft getrocknet	1,29
Hopfen derselben Qualität, geschwefelt und an der Luft getrocknet	2,52
Hopfen, an der Luft getrocknet	1,60
Hopfen derselben Qualität, geschwefelt und an der Luft getrocknet	2,49
Hopfen, an der Luft getrocknet	2,34
Hopfen derselben Qualität, geschwefelt und an der Luft getrocknet	4,18

der zuletzt entstehende gelbe Niederschlag, die Hauptmenge des Hopfengerbstoffes. Die mit Wasser gewaschenen Niederschläge werden in Wasser verteilt und mit Schwefelwasserstoff zersetzt. Der Gerbstoff und das Phlobaphen gehen jedoch zum geringsten Teil in Lösung, sie bleiben am Schwefelblei haften, welchem selbige mit 70% Weingeist entzogen werden. Die Weingeistauszüge werden zur Trockne gebracht und der Trockenrückstand mit Essigäther extrahiert; es geht der Gerbstoff in Lösung, während das Phlobaphen ungelöst bleibt.

Der auf diese Weise erhaltene Gerbstoff stellt ein hellbraunes amorphes Pulver dar, das in Wasser, verdünntem Alkohol und Essigäther löslich ist. Die Lösung gibt mit Eisenchlorid intensiv grüne Färbung oder Niederschlag. Das Phlobaphen ist ein rotbraunes Pulver, nur zum geringsten Teil in Wasser und Alkohol löslich. Eisenchlorid erzeugt in diesen Lösungen einen schmutzig-dunkelgrünen Niederschlag. Eiweifs wird durch eine Phlobaphenlösung gefällt, tierische Haut schlägt das Phlobaphen aus der wässerigen Lösung nieder.

Zur Bestimmung des Gerbstoffes im Hopfen und Bier wurde die von v. Schröder verbesserte Löwenthalsche Methode angewendet, da nach den Erfahrungen des Verfassers nicht nur der Gerbstoff, sondern auch das Phlobaphen durch tierische Haut gefällt wird. Der auf Gerbstoff zu prüfende wässerige Auszug wird vor und nach dem Behandeln mit Hautpulver mit einer Chamäleonlösung titriert. Aus der Differenz ergibt sich der Gerbstoffgehalt der Flüssigkeit. Als Indikator dient Indigolösung, die Chamäleonlösung wird auf reines Tannin eingestellt. Verschiedene Mengen Hautpulver und verschiedene Einwirkungsdauer desselben auf den Hopfenauszug beeinflufste das Resultat kaum.

	Untersuchter Hopfen	100 Teile frischer Substanz enthalten: Wasser	100 Teile frischer Substanz enthalten: Gerbsäure	100 Teile Trockensubstanz enthalten Gerbsäure
		%	%	%
I.	a. Frischer Hopfen	80,88	1,32	6,90
	b. Derselbe, geschwefelt und an der Luft auf gewöhnliche Art getrocknet	17,18?	4,45?	5,38?
II.	a. Frischer Hopfen	78,92	1,28	6,07
	b. Derselbe, geschwefelt und auf gewöhnliche Art getrocknet	16,78?	5,01	6,12
	c. Derselbe, ungeschwefelt und auf gewöhnliche Art getrocknet	16,75	4,01	4,82
III.	a. Frischer Hopfen	80,26?	1,03?	4,71?
	b. Derselbe, geschwefelt und dann durch Aspiration getrocknet	74,17	1,33	4,15
	c. Derselbe, ungeschwefelt und dann durch Aspiration getrocknet	70,48	0,81	2,74
	d. Derselbe, ungeschwefelt und auf gewöhnliche Art getrocknet	14,87	3,43	4,03
IV.	Frischer Rothopfen	79,02	0,90	4,29
V.	Frischer Spathopfen	79,40	0,62	3,01

Nach obiger Methode wurde der Gerbstoffgehalt von sechs Hopfen bestimmt, die durch Behandeln mit Äther von Harz befreit waren.

Herkunft	Gerbstoffgehalt in der mit Äther extrahierten Trockensubstanz	Gerbstoffgehalt in der ursprünglichen (nicht entharzten) Trockensubstanz
1. Saaz	2,04?	1,91?
2. Spalt	2,93	2,25
3. Spalt	2,56	2,15
4. Neutomischel	1,95	1,69
5. Wolnzach	1,91	1,60
	1,91	1,60
	1,63	1,36
6. Mainburg	1,84	1,44

Eine auffallende Erscheinung in diesen Untersuchungen ist die Thatsache, dafs derselbe Hopfen, wenn er geschwefelt war, mehr Gerbsäure enthielt als der ungeschwefelte.

Jüngst[283]) erst hat Herr Georg Barth aus Lauf bei Nürnberg im technologischen Laboratorium der Technischen Hochschule in München eine Anzahl von Hopfensorten auf ihren Gerbstoffgehalt untersucht. Auch hier bezieht sich der Gerbstoffgehalt auf Hopfenzapfen, eine spezielle Untersuchung des Gerbstoffgehaltes im Drüsensekret ist nicht dabei.

Ursprungsort	Wassergehalt	Gerbstoff in der lufttrockenen Substanz	Gerbstoff in der Trockensubstanz
	%	%	%
Stadt Spalt	9,28	5,40	5,95
Spalter Land (Siegelhopfen)	10,13	4,41	4,93
Saazer Kreis	7,69	4,31	4,67
Auschar Rothopfen	9,55	3,87	4,27?
Württemberger	10,05?	3,51	3,90?
Kent (England)	8,04	3,22	3,50
Hallertauer I	9,61	3,24?	3,39
Hallertauer II	9,47	3,00	3,31
Gebirgshopfen	9,44	2,99	3,30
Kalifornischer	8,12	2,80	3,04
Badischer	9,21	2,49	2,74
Altmärker	9,26	2,39	2,63
Elsässer	9,38	2,26	2,49

Aufserdem wurden Gerbstoffbestimmungen mit Hopfen, mit Äther extrahiert und mit Äther nicht extrahiert, ausgeführt. Welches Verfahren das richtigere ist, ist schwer zu entscheiden.

Es wurde auch der Gerbstoffgehalt von Bieren bestimmt, jedoch bewegten sich die Unterschiede der gefundenen Zahlen innerhalb der Grenzen der Versuchsfehler. Es wurde gefunden Gerbstoff in Prozenten:

Englisches Ale	0,024 %
Pilsener	0,018 »
Münchner	0,012 »
Berliner I	0,012 »
Berliner II	0,011 »

Um die Ausscheidung der Eiweifsstoffe durch den Hopfengerbstoff und das Phlobaphen zu studieren, wurde ein kalt bereiteter wässeriger Gerstenauszug, der durch Aufkochen vom gerinnbaren Albumin befreit war, mit wässerigen Lösungen der beiden Hopfenbestandteile zusammengebracht. Eine Auflösung von Gerbstoff erzeugte in der Versuchsflüssigkeit einen Niederschlag, der sich beim Erhitzen auf Siedetemperatur wieder löste. In der erkalteten klar filtrierten Flüssigkeit konnte sowohl durch Eisenchlorid Gerbstoff, als durch Tanninlösung Eiweifs

Auch M. Hayduck hat Untersuchungen über den Hopfengerbstoff gemacht[284]). Zur Reindarstellung des Hopfengerbstoffes benutzte er das von Etti beschriebene Verfahren. Der wiederholt mit Äther und absolutem Alkohol extrahierte Hopfen wurde mit 70% Alkohol extrahiert, der filtrierte Auszug mit weingeistiger, essigsaurer Bleilösung fraktioniert gefällt, die anfangs entstehenden braunen Niederschläge enthalten hauptsächlich das Phlobaphen, nachgewiesen werden. Eine Phlobaphenlösung hingegen erzeugte in der Versuchsflüssigkeit einen in der Hitze nicht löslichen Niederschlag, auch konnte durch dieselbe sämtliches Eiweifs ausgefällt werden.

Heifs gelüftete Würze ergab nicht mehr Phlobaphen. Auf den Geschmack des Bieres scheint der Gerbstoff nicht merklich einzuwirken. Die Farbe des Bieres wird mit zunehmendem Gerbstoffzusatz heller, weil mehr dunkelfarbiges Eiweifs ausgeschieden wird. Die Klärung scheint begünstigt. Anderseits kann ein hoher Gerbstoffgehalt Anlafs zu Glutintrübungen in der Kälte geben, da eben seine Verbindungen mit Eiweifs teilweise in Lösung bleiben und sich bei starker Abkühlung nachträglich noch abscheiden. Auch die früher für den Gerbstoff geltend gemachte bessere Konservierung des Bieres erscheint neuerdings fraglich. Es wird also noch zu prüfen sein, ob eine Entfernung des Gerbstoffes zu erstreben sei. Hayduck hat früher die Bedeutung des Gerbstoffes im Brauprozesse höher geschätzt als später.

Nach Hayduck[285]) sind die Untersuchungsmethoden über den Gerbstoffgehalt der Hopfen alle mangelhaft und haben nur einen relativen Wert. Im alternden Hopfen nimmt der Gerbstoffgehalt ab; sie fanden in älterem Hopfen $1^1/_2$—3%, in einem 6 Jahre alten, im Laboratorium aufbewahrten nur $^1/_2$%. Also bei zunehmendem Alter und schlechter Aufbewahrung verliert der Hopfen an Gerbstoff, d. h. dieser geht in unlösliche Verbindungen über. Vom Phlobaphen kann man den Gerbstoff durch Essigäther trennen.

Vollständig vom Wasser befreites Phlobaphen ist unlöslich.

Die Ausscheidung der Eiweifskörper bei der Würzebereitung geht folgendermafsen vor sich: Beim Kochen vor dem Hopfenzusatz wird (durch Gerinnen) Albumin ausgeschieden. Die löslichen Kleberbestandteile werden durch das Phlobaphen definitiv ausgeschieden. Die Verbindung des Gerbstoffes mit Eiweifs bleibt in der heifsen Würze gelöst und wird erst später, beim Erkalten der Würze, zum Teil ausgeschieden. Das fertige Bier enthält also Gerbstoff in Verbindung mit Eiweifs, daher es beim Zusatz von Tannin einen Niederschlag gibt. Aus dem Malz gelangt kein Gerbstoff in das Bier.

Nach weiteren Untersuchungen Hayducks[286]) betrug in 26 Hopfenproben der gesamte Stickstoffgehalt 2—4%, der Gehalt an löslichem Stickstoff 0,75—1,6%; als Eiweifs ausgedrückt: der Gesamtstickstoff 12—24%, löslicher Stickstoff 4,6—10%. Die löslichen stickstoffhaltigen Körper des Hopfens werden beim Kochen aufgelöst, aber sie werden weder durch Siedehitze noch durch den Hopfengerbstoff verändert, daher ihre hohe Bedeutung als Hefenahrung.

In Äther ist der Hopfengerbstoff unlöslich, in Alkohol fast unlöslich[287]). Die ersten braunen Niederschläge bei der Reindarstellung sind Phlobaphen, die folgenden gelben sind Hopfengerbstoff. Eine scharfe Trennung beider ist sehr schwierig. Der Gerbstoff ist in Essigäther löslich, das Phlobaphen nicht; auch in Wasser und verdünntem Alkohol ist der Gerbstoff löslich.

Auflösungen von Hopfengerbstoff färben sich mit Eisenchlorid intensiv grün. Der Gerbstoff zeigt den Charakter einer schwachen Säure, seine Auflösungen färben Lackmusfarbstoff schwach roth.

Der Gerbstoff ist ungemein zersetzbar, schon beim Eindampfen von Gerbstofflösungen bildet sich etwas Phlobaphen. Auch Erhitzung bis 40° C. verwandelt ihn schnell in Phlobaphen. Eisenchlorid erzeugt mit Phlobaphen einen schmutzig-dunkelgrünen Niederschlag. Das Phlobaphen ist meist in Wasser und Alkohol unlöslich, aber in alkalischen Lösungen mit tiefbrauner Farbe löslich.

Die bestehenden Methoden von Gerbstoffbestimmungen seien wenig verlässig. Die zahlreichen Methoden sind wiederholt auf ihren Gebrauchswert geprüft worden, so von Kathreiner[288]) und Schröder[289]). Beide erkennen die Löwenthalsche Methode als die relativ beste an, aber bei ihren Untersuchungen handelt es sich um Gerbstoffe überhaupt, nicht um Hopfengerbstoffe speziell. Ad. Ott[290]), damals in Weihenstephan, hat die vergleichende Prüfung dieser Methoden speziell auf Hopfengerbstoff ausgedehnt. Er wollte für die Bestimmung des letzteren auch von der Löwenthalschen Methode nichts wissen, weil er mit Etti meinte, dafs Leimlösungen und

tierische Haut nur das Phlobaphen, nicht aber den Gerbstoff fällen. Nach seinen Versuchen werden aber durch Hautpulver Hopfengerbstoff und Phlobaphen niedergeschlagen[291]).

Eine direkt konservierende Wirkung hat der Hopfengerbstoff nicht, denn er hinderte bei direkten Versuchen die Milchsäuregärung nicht.

Briant und Meacham[292]) untersuchten nach der Methode von Löwenthal den Tannin-(Gerbstoff-)Gehalt einer Anzahl von englischen und aufserenglischen Hopfensorten:

Englische Hopfen.

Mittel-Kent	3,37 %	Gerbsäure,
Ost-Kent	2,98 »	»
Kent Goldings	2,27 »	»
Worcester	2,07 »	»
Sussex	2,70 »	»
Mittel:	2,62 %	Gerbsäure.

Nichtenglische Hopfen.

Kalifornien	3,04 %	Gerbsäure,
Bayern	2,90 »	»
Burgund (Frankreich)	3,12 »	»
Amerika	3,56 »	»
Belgien	3,23 »	»
Mittel:	3,17 %	Gerbsäure.

Die nichtenglischen Hopfen haben etwas mehr Gerbsäure, aber der Unterschied ist nicht grofs genug, um eine ernstliche praktische Differenz zu begründen.

Die überwiegende Mehrzahl dieser Untersuchungen bezieht sich nur auf den Gehalt der Hopfenzapfen an Gerbstoff, was ja praktisch genommen auch richtig ist, da bisher doch immer die Hopfenzapfen zum Brauprozefs Verwendung fanden. Anders wird das aber sein, wenn man gewisse Zerreifsproben anwenden oder aus dem Hopfenmehl Hopfenextrakte darstellen wird; da wird dann die Frage nach dem Gerbstoffgehalt der Drüsen resp. des Sekretes wichtig.

In dieser Beziehung liegen aber sehr wenig Untersuchungsergebnisse vor.

Greshoff findet im Sekret nur Spuren von Gerbsäure.

Ives im Mehl (also in den Drüsen) 0,65 %.

Czech in kroatischen Wildhopfendrüsen 4,50 %.

Dagegen fand ich bei meinen mikrochemischen Untersuchungen mit Eisenvitriol und Eisenchlorür nur Spuren[293]).

Auch Wimmer fand in den Drüsen allein sehr wenig Gerbstoff.

Wir haben weiter oben (S. 234 u. ff.) ausgeführt, dafs und warum wir den Hopfengerbstoff der Zapfenblätter in den Sekretgängen zu finden glauben, und dafs wir diesen Stoff nur als eine Gerbstoffgrundsubstanz ansehen, welche erst durch Hitze (Kochen) und Berührung mit andern Stoffen die Gerbstoffnatur erlangt.

Das Drüsensekret ist auch nach Remy fast frei von Gerbstoff, derselbe sitzt vielmehr überwiegend in den Hochblättern des Hopfenblütenstandes (der Hopfenzapfen). Zapfen, bei welchen die Blattmasse über Stiel, Spindeln, Früchte erheblich überwiegt, scheinen reicher an Gerbstoff zu sein.

Frühzeitige Pflücke soll höheren Gerbstoffgehalt verbürgen. Bei der Lagerung soll der Gerbstoffgehalt abnehmen.

Nach diesen Ergebnissen möchte man glauben, dafs der Gerbstoffgehalt eine typische Provenienzeigenschaft ist, weil der Gehalt der Hopfen desselben Gebietes sehr ähnlich ist.

Dr. Th. Remy in Berlin 294) bringt eine Gerbstoffbestimmung nach der von Schröder verbesserten Löwenthalschen Methode [illegible] der Berliner Hopfenausstellung von 1897.

Anbaugebiet	Ausstellungsnummer	Gerbstoff in Prozenten der Trockensubstanz	
Saaz	1	2,92	3,27
	2	3,75	
	3	3,54	
	4	4,88	
Spalt	412	3,08	3,08
	415	3,22	
	418	2,99	
Oberbayern (Hallertau)	425	2,71	2,80
	428	2,84	
	601	2,86	
Aischgrund	435	1,95	1,83
	442	2,13	
	443	1,42	
Wolhynien		2,43	
Württemberg	447	3,40	3,60
	448	3,15	
	[illegible]	[illegible]	
	451	4,25	
Elsaſs	[illegible]	1,96	2,84
	469	3,34	
	470	3,22	
Neutomischel	490	2,38	2,58
	507	2,38	
	508	2,98	
Altmark	511	1,82	1,90
	517	1,85	
	519	[illegible]	
Ost- und Westpreuſsen	522	2,32	2,23
	523	2,22	
	527	2,15	

Am höchsten ist hier der Gerbstoffgehalt der württembergischen Hopfen, dann folgen die Saazer, Spalter, Elsässer (von der abnormen Sorte in Nr. 458 abgesehen). Die niedrigste Stellung nehmen wieder die Altmark und der Aischgrund ein. Die norddeutschen Hopfen sind ziemlich gerbstoffarm.

	Mittlerer Gerbstoffgehalt in % der Trockensubstanz	Grenzwerte in % der Trockensubstanz
Die besten 23 Sorten haben	2,90	1,96—4,25
Die letzten 6 geringen Hopfen	1,92	1,42—2,43

Für die oberflächliche Schätzung des Gerbstoffgehaltes haben wir keine Anhaltspunkte (s. meine Ansichten weiter oben S. 234 u. ff.).

Der Gebrauchswert des Gerbstoffes wird von den modernen englischen Autoren gering geschätzt. Es wäre für nichtenglische und namentlich mitteleuropäische Brauer ganz verfehlt, in dieser Angelegenheit (Wirksamkeit des Gerbstoffes beim Hopfenkochen) der Ansicht englischer Technologen zu viel Gewicht beizulegen. Denn die heutigen englischen Würzen sind einfach statt mit Gerstenmalz zu einem erheblichen Teil mit Zucker, Stärke, Reis, Mais etc. erzeugt, daher sehr eiweiſsarm, während die mitteleuropäischen Würzen zum Teil nur, zum Teil aber doch wenigstens vorwiegend mit Gersten- oder Weizen-Malz hergestellt, also sehr eiweiſsreich sind. Die deutschen Praktiker urteilen daher ganz anders; ebenso Hayduck in Berlin 295). Der Gerbstoff hat Bedeutung, da er leicht zersetzliche Eiweiſsstoffe, welche das Kochen nicht entfernt, aus der Würze ausscheidet. Antiseptische Kraft hat er nicht. Wie er auf Geschmack und Vollmundigkeit des Bieres wirkt, ist noch unbestimmt. Auch die Wirkung auf die Färbekraft ist noch nicht bestimmt.

Nach der Darstellung Dr. Remys mit 1896er und 1897er Hopfensorten der Berliner Ausstellung wären die blattreicheren, feineren Hopfensorten reicher an Gerbstoff als die groben, samenreichen, [illegible]gliedrigen, blattarmen Zapfen.

Es hatten bei diesen Berliner Untersuchungen:

Württemberger . . . . 3,4—4,25 % Gerbstoff,
Spalter und Saazer . . . . 3,0—3,75 » »
Elsässer . . . . über 3,0 » »

norddeutsche Hopfen . . . . 2—2,5 % Gerbstoff,
die Aischgründer (Mittel- und Oberfranken) [illegible]
die Altmärker . . . . 1,4—1,2 » »

Da scheinen sich aber weit eher geographische, klimatische und vielleicht auch Boden-Verhältnisse geltend zu machen.

Sicherlich macht sich aber beim Gerbstoff die Stoffenergie auch sehr verschieden geltend, also das, was man die Imponderabilien nennt. Ich glaube, daſs vielleicht die Aischgründer und die Altmärker die Würze schneller brechen als die feineren Hopfensorten mit mehr Gerbstoff.

Über die Bestimmung der Hopfengerbsäure und ihre Eigenschaften hat auch der Engländer John Heron 296) wichtige und eingehende Studien gemacht.

Heron meint, daſs die gewöhnliche Form der Hopfengerbsäure-Bestimmung mit geraspelter Haut ihre Bedenken habe. Denn verschiedene Häute hätten ein verschiedenes Absorptionsvermögen für Gerbsäure, und dann absorbiere die Haut nicht bloſs die Gerbsäure aus dem Hopfenauszuge, sondern auch eine Menge anderer Stoffe, wie Ellagsäure, Gallussäure, Milchsäure, Buttersäure, die Salze der Apfelsäure und der Pektinsäure, Mineralsalze, das Hopfenalkaloid und den Zucker, lauter Stoffe, welche dann mitgewogen und als Hopfengerbsäure berechnet werden.

Successive Auszüge nach der Hayduckschen Methode geben aber zu niedrige Resultate, weil bei dem noch dazu recht lange dauernden allmählichen Erhitzen ein Teil des löslichen Hopfentannins in das mehr oder weniger unlösliche Phlobaphen verwandelt wird, das sich gegen übermangansaures Kali ganz anders verhält wie Tannin.

Heron gibt nun eingehend Anleitung über eine von ihm aufgestellte Modifikation der alten Löwenthalschen Methode, die er als die beste für Gerbstoffbestimmungen bezeichnet, und zeigt dann, wie sich der Gerbstoff beim längeren Lagern verändert.

Die Verschlechterung des (ohne Zweifel nach englischer Art getrockneten, geschwefelten und gepreſsten) Hopfens beim Lagern, beurteilt durch die Oxydation des Tannins:

Art	Nr.	1883 %	1887 %	1891 %
Sussex-Hopfen	1.	6,2	2,2	1,3
	2.	5,4	2,6	1,2
	3.	4,0	0,8	0,6
	4.	2,7	0,3	0,0
Bester Kenter Hopfen	1.	4,6	1,2	0,0
	2.	3,8	0,9	0,2
	3.	3,3	0,4	0,0
	4.	4,0	0,0	0,0

Man ersieht aus dieser Tabelle, daſs die Gerbsäure im Hopfen, welcher längere Zeit aufbewahrt wurde, bis zu einem gewissen Grade verschwindet, indem das Tannin oxydiert wird, zuerst wahrscheinlich zu seiner unlöslichen Modifikation, dem Phlobaphen, und dann durch gewisse, der Gallussäure nahestehende Mittelstufen hindurch zu noch niederen Derivaten, auf welche das Permanganat keinen Einfluſs mehr hat.

Der gröſsere Teil der Oxydation scheint während der erstjährigen Lagerzeit Platz zu greifen, wie sich aus folgenden Versuchen ergibt:

Eine Probe von (jedenfalls geschwefelten und gepreſsten) Mittel-Kenter-Hopfen, die als sehr fein bezeichnet wurde und als Kesselhopfen von erster Qualität galt, da man sie für sehr tanninreich hielt, gab bei der Prüfung am:

7. Januar 1891: 2,51 % Tannin, ausgedrückt in Form von Oxalsäure,
3. März 1891: 2,05 » » » » »
26. Oktbr. 1891: 1,20 » » » » »
4. Dezbr. 1891: 1,20 » » » » »

Diese Verschlechterung schreitet fort, gleichgültig ob der Hopfen der Luft zugänglich ist, wie in Ballen, oder ob er in Zinnbüchsen verpackt ist.

Eine Probe desselben Hopfens, welche in einer Zinnbüchse dicht eingeschlossen und sofort bei ihrer Ankunft, Anfang Januar 1891, untersucht worden war, wurde am 4. Dezbr. 1891 wieder untersucht, und man fand, dafs sie nun 1,26 % Tannin (als Oxalsäure ausgedrückt) enthielt.

Hopfen, welcher an der Stange (gegen Parasiten) geschwefelt wurde, verschlechtert sich nicht so rasch wie nicht geschwefelter. Folgende Analysen von 1890er Hopfen, die am 23. November 1891 analysiert wurden, liefern den Beweis:

Ungeschwefelter Hopfen, Tanninprozent als Oxalsäure 1,00
Geschwefelter » » » » 1,38.

Beide Proben waren sonst unter denselben Verhältnissen gewachsen. Ähnliche Untersuchungen wurden zahlreich durchgeführt, immer mit demselben Resultat zu Gunsten des an der Stange schon geschwefelten Hopfens.

Neuer Hopfen verliert beim Lagern innerhalb 6 Monaten 50 % seines Gerbstoffes[297]. Bei der Untersuchung von 3, 6 und 9 Jahre alten Hopfen habe er gefunden, dafs der Gerbstoff in einigen Hopfen ganz verschwunden sei und zwar bereits nach 3 Jahren, während in andern wieder auch nach 6 Jahren noch etwas Gerbstoff vorhanden war, der sich nicht mehr weiter zu oxydieren schien. W. A. Lawrence ist aber der Meinung, dafs gut konservierter alter Hopfen nichts Wesentliches gegen neuen an Gerbstoff verloren habe.

Heron bespricht nun den Einflufs der Hopfengerbsäure auf die Würze im Kessel.

Man könne in allen Zeitschriften und Büchern über Brauerei lesen, dafs eine der Wirkungen des Hopfens auf die Malzwürze darin bestehe, den gröfseren Teil der Eiweifsstoffe durch seine Gerbsäure auszufällen.

Freilich hätten einige Autoren, wie Hyde, Briant und Meacham, sich dagegen erklärt, da sie fanden, dafs beim Sieden der Würze ohne Hopfenzusatz ebenso viele Eiweifsstoffe gefällt werden als beim Sieden mit Hopfen, doch hätten diese Ansichten keine allgemeine Aufnahme gefunden.

Die Versuche Herons, die er eingehend beschreibt (s. l. c.), hatten nun in dieser Richtung das Resultat, dafs die Hopfengerbsäure beim Sieden der Würze mit Hopfen im Hopfenkessel keine einzige der löslichen stickstoffhaltigen Substanzen ausfällt.

Wenn aber auch die Hopfengerbsäure keine albuminoide Substanzen aus der Kesselwürze ausfällt, so sei es doch auch gewifs, dafs das Tannin mit gewissen stickstoffhaltigen Bestandteilen aus dem Malze Verbindungen eingehe, bestimmte Produkte bilde, so z. B. Pepton[298] oder, wie er es benennen will, Tannopepton; dieses, im Hopfenkessel gebildet, sei in vielen organischen Säuren (Essigsäure, Apfelsäure, Weinsäure) vollkommen löslich und bleibe in der stets stark sauren Kesselwürze in Lösung, passiere unverändert den Gärungsverlauf und finde sich dann unverändert im fertigen Bier.

Daher findet man in allen richtig, mit Hopfen, namentlich mit neuen Hopfen, gebrauten Bieren gewöhnlich Hopfentannin, aber nicht frei, sondern in Verbindung. In jeder Probe gut eingebrauten englischen Bieres fand Heron Tannin, je nach der Qualität und Schwere des Bieres in gröfserer oder geringerer Menge. Aber solche Feststellungen müssen vor dem Schönen des Bieres gemacht werden.

Heron glaubt, dafs dieses Tannopepton in manchen Fällen an der Trübung des Bieres schuld ist, zumal bei kaltem Wetter; steigt dann die Temperatur wieder, dann verschwindet die Trübung; in einem solchen Falle könnte auch durch künstliche Temperatursteigerung geholfen werden[299].

Heron meint zum Schlusse, dafs, wenn der Hopfengerbstoff auch in der Pfanne vollständig wertlos sei, er doch einen Mafsstab für die übrigen wertvollen Hopfenbestandteile bilden könne, wie Harze und Bitterstoffe, welche sich nur schwer bestimmen liefsen. Er habe immer gefunden, dafs ein gerbstoffreicher Hopfen auch immer reich an den für die Brauerei so wichtigen Harzen und Bitterstoffen sei und umgekehrt. Der Hopfengerbstoff, welcher verhältnismäfsig leicht zu bestimmen sei, könne also als Indikator der übrigen Hopfenbestandteile dienen. Das ist aber schon deshalb nicht richtig, weil unreife, noch sekretarme Hopfen mehr Gerbstoff enthalten als reife, sekretreichere Hopfen, und weil auch die sekretarmen Wildhopfen reicher an Gerbstoff sind als die sekretreichen höchst kultivierten Hopfensorten.

Ph. Biourge[300]) hat Studien über die Veränderung des Gerbstoffes beim Lagern gemacht. Er glaubt, dafs sich beim Lagern des Hopfens durch eine Art Verharzung Gerbstoffabkömmlinge bilden, die in Äther löslich sind, was mit dem Gerbstoff nicht der Fall sei. Weiterhin hält er auf Grund seiner Versuche für erwiesen, dafs der Gerbstoff des Hopfens sich mit dem zunehmenden Alter des letzteren nicht ändert. Dieser Autor hat seine Versuche mit Hopfen von Poperinghe (1893), Burgund (1887), Kent (1887) und Amerika (1887) ausgeführt.

Die Thatsache, dafs mit Äther erschöpfter Hopfen eine kleinere Gerbstoffmenge ergibt, wurde bereits von Hayduck erkannt. Dieser Autor erklärte die Erscheinung aber nicht durch Verharzung von Teilen des Gerbstoffes, sondern er vermutete, dafs infolge der mehrtägigen Behandlung des Hopfens mit siedendem Äther im Extraktionsapparat geringe Anteile des Gerbstoffes oder des Phlobaphens verändert und unlöslich geworden wären.

Die nicht unerheblichen Schwankungen im Gerbstoffgehalt verschiedener Hopfensorten könnten damit zusammenhängen, dafs derselbe nach Sorte, Lokalität, Jahrgang etc. sehr wechselnd ist, aber auch damit, dafs die verschiedenen Methoden, welche angewendet würden, wenig sichere Resultate ergeben, wie die Untersuchungen von John Heron, auch jene von Ad. Ott (s. Allg. Zeitschr. f. d. ges. Brauwesen 1880, Nr. 8) gezeigt haben. Ott hat sieben Methoden der Gerbsäurebestimmung vergleichend geprüft und in Hinsicht auf die Leistungsfähigkeit und Übereinstimmung sehr wenig befriedigende Resultate bekommen.

Nach allem, was desfalls vorliegt, scheint aber doch die Thatsache ziemlich sicher gestellt, dafs die weitaus gröfste Menge der Hopfengerbsäure sich in den Zapfenblättern, Spindeln etc. befindet, dafs also schon wegen des Nichtvorhandenseins genügender Mengen von Gerbstoff im Hopfensekret eine allgemeine Anwendung der Drüsen (des Mehles) für sich allein ein Ding der Unmöglichkeit ist; bei alleiniger Anwendung der Drüsen (des Hopfenmehles) fehlt ein immerhin wichtiges Agens des Hopfens, seine Gerbsäurewirkung auf die Eiweifsstoffe. Bezeichnend ist, dafs bei der blofsen Anwendung feiner Zerreifsproben, welche gröfstenteils aus Mehl bestanden, der Würzebruch ein sehr mangelhafter war. Es kommt auch in gewissen Jahrgängen vor, dafs sich am Grunde der Hopfensäcke grofse Massen ausgefallener Drüsen (Mehl oder Lupulin) ansammeln; namentlich ist das bei altem Hopfen in grofsem Mafsstab der Fall.

Alte Hopfen haben auch nach Briant und Meacham wenig Gerbstoff, und es ist selten von Nutzen, diesen Mangel durch Galläpfelgerbsäure ausgleichen zu wollen, weil beide nicht identisch sind und daher die letztere die erstere nicht zu ersetzen vermag. Zusatz von Hopfengerbsäure könnte nützlich sein.

Was die Anwendung der Drüsen allein oder der aus ihnen bereiteten Extrakte betrifft, so bleibt zu bedenken, ob nicht doch auch einzelne der sonst noch — wenn auch in sehr geringen Mengen — in den Hopfenzapfen vorkommenden Stoffe eine oder die andere Wirkung auf das Bier ausüben.

Es ist übrigens leicht begreiflich, dafs der sehr veränderliche Gerbstoff in verschiedenen Zeitabschnitten seiner Verwendung und namentlich wenn er irgendwie alteriert worden ist, sich praktisch ganz anders verhält als in normal beschaffenem, gutem Hopfen unmittelbar nach der Ernte. Die verschiedenen Manipulationen bei der Ernte und namentlich beim Trocknen und Verpacken etc. können da mancherlei Veränderungen im Sekret zur Folge haben, in deren Folge sich der Hopfen in dem einen Falle unfähig oder zu schwach erweist, die Eiweifsstoffe überhaupt und namentlich in der erwünschten Weise zu fällen, ein Fall, welcher sich in den Brauereien in stärkerem oder geringerem Grade öfter geltend macht. Es mufs dies namentlich dann um so mehr als eine Kalamität empfunden werden, wenn die Landesgesetze nicht gestatten, diese Schwäche des Hopfens durch Zusatz von Tannin auszugleichen.

Wenn der normale Hopfengerbstoff Leimlösungen nicht ausfällt, dies dagegen vom Phlobaphen, dem Oxydationsprodukt des Hopfengerbstoffes, geschieht, so liegt es nahe, daran zu glauben, dafs ein etwas überreif, also stangenrot gewordener Hopfen in Bezug auf Gerbstoffwirkung wertvoller sei als normal technisch reifer oder gar unreifer Hopfen. Das Phlobaphen bildet unlösliche Eiweifsverbindungen, während die Gerbstoffeiweifsverbindungen zum Teil löslich bleiben und an Glutintrübungen beteiligt sind. Beim Würzekochen bildet sich aber aus dem normalen Hopfengerbstoff nur wenig Phlobaphen. Nach Prof. Ch. E. Sohn in London bildet das Phlobaphen, mit Säuren gekocht, Zucker.

Wahrscheinlich ist der orangerote Farbstoff des stangenroten Hopfens, der später — und namentlich wenn noch Nässe (Regen) hinzukommt — dunkelorangerot wird, dieses Phlobaphen, also der oxydierte Hopfengerbstoff der Zapfenblätter (Vor- und Deck-Blätter). Dafs aber im stangenroten Hopfen die wichtigen anderweiten Bestandteile desselben, das Aroma und das Bitter, selbst der Sekretgehalt (die Sekretmenge) nachteilig beeinflufst sind, ist sicher (s. den Abschnitt in einer folgenden Schrift: Wann ist der Hopfen reif?).

Es könnte also nur in Frage kommen, wenn im stangenroten Hopfen wirklich das Phlobaphen herrscht, ob es nicht rätlich sein könne, der Hopfengabe unter Umständen einen kleinen Teil leicht stangenroter Hopfenzapfen beizumengen.

Diese Schwäche des Gerbstoffes aber durch Zusatz gröfserer Hopfenmengen auszugleichen, das scheitert an der Gefahr, die Geschmacksverhältnisse des Bieres vollständig zu ruinieren.

In einem ähnlichen Falle befinden sich jene Brauereien, welche gehaltvolle Exportbiere mit sehr süfsem Geschmack, also mit Anwendung sehr geringer Hopfenmengen, erzeugen und liefern sollen. Diese befinden sich ebenfalls in der Unmöglichkeit, die überflüssigen und schädlichen Eiweifsstoffe hinauszuschaffen, wenn sie gerade einen in der Gerbstoffwirkung geringen, aber sonst wertvollen Hopfen verwenden und die Umstände nicht gestatten, kleine Mengen von Tannin in Anwendung bringen zu können.

Matthews[301]) sagt, dafs im Hopfen eine entschieden adstringierende Substanz vorhanden sei, welche mit Eisenchlorid eine Tannin- (Gerbstoff-) Reaktion gäbe und Eiweifs, aber nicht Gelatine niederschlage.

Dieses Hopfentannin wird im Kessel mit dem Eiweifs gröfstenteils wieder ausgeschieden, und man kann das Hopfentannin ohne Schwierigkeit mit Alkohol aus dem ausgewaschenen und getrockneten Niederschlag abscheiden. Man erhält dann mit Eisenchlorid eine schmutzig-grüne Färbung. Ohne Zweifel geht ein Teil des Tannins in der Würze in Lösung über und läfst sich sogar im fertigen Bier nachweisen.

C. F. Hyde[302]) hat zur Prüfung des Hopfeneinflusses auf die stickstoffhaltigen Bestandteile des Bieres Versuche angestellt, welche meistens in Brauereien gemacht wurden; es wurden Versuche gemacht ohne und mit Hopfen. Das Ergebnis dieser Versuche war praktisch dasselbe, ob Hopfen der Würze zugesetzt wurde oder nicht. Erst bei der Verwendung der doppelten Hopfenmenge zeigte sich ein kleiner Unterschied des Gehalts an Eiweifsstoffen, ebenso im spezifischen Drehungsvermögen. Nach seinen Versuchen werden durch die Hopfengerbsäure die Ausscheidungen an Eiweifsstoffen aus der Würze nicht erhöht.

Diesen Ansichten der englischen Autoren über den Wert oder eigentlich Nichtwert der Hopfengerbstoffe gegenüber müssen wir immer wieder auf die Armut englischer Würzen an Eiweifs hinweisen, um unsere mitteleuropäischen, mit eiweifsreicheren Würzen arbeitenden Brauer vor schädlichen Irrtümern zu bewahren. — Höchst beachtenswert ist im Zusammenhang damit auch das, was der österreichisch-ungarische Konsul in Liverpool (England) berichtet (Gambrinus, Wien 1900, S. 986): Die hochfeinen österreichisch-ungarischen Hopfengattungen (also namentlich die Saazer) sind für das schwere dunkle, mit Inwertzucker, Glukose und Zuckercoulenr erzeugte englische Bier wenig geeignet. Auch für die leichteren und hellen »Lager-beer und Pilsen-beer«, die aber mit echtem Pilsener nichts gemein haben als den Namen, sind die feinen Saazer Hopfen immer noch zu zart und zu kostspielig.

Die Einzelheiten dieser Versuche von Hyde sind in der Wochenschr. f. Br.[303]) enthalten. Dr. Windisch ist der Ansicht, dafs Hyde diese Frage zu einseitig behandelt habe. Es unterliege keinem Zweifel, dafs zwischen der Gerbsäure des Hopfens und den Eiweifskörpern, wie auch Prof. Delbrück in seinen Vorträgen ausführt, ein gewisses Gegenseitigkeitsverhältnis bestehe. Neben der Frage: Inwieweit ist die Hopfengerbsäure zur Ausfällung der Eiweifskörper nötig? bestehe auch die vielleicht noch wichtigere Frage: Welchen Einflufs haben die gerinnbaren Eiweifsstoffe auf die Wiederentfernung der durch den Hopfen in das Bier gebrachten Gerbsäure? Jedes Bier enthält noch Gerbsäure, und es unterliegt keinem Zweifel, dafs dieser ausgeprägte Geschmacksstoff einen bedeutenden Einflufs auf den Geschmack des Bieres hat, je nach der Menge, in welcher er im Bier vorhanden ist. Je mehr gerinnbare und mit Hopfengerbsäure unlösliche Verbindungen eingehende Eiweifskörper in einer Würze vorhanden sind, um so mehr Gerbsäure wird aus der Würze entfernt, um so gerbsäureärmer wird das Bier sein. Der herb schmeckende Gerbstoff gibt ohne Zweifel dem Bier einen herben Geschmack. Wenn also schon sehr viele Eiweifsstoffe durch das Dickmaischkochen und Würzekochen etc. aus der Würze entfernt sind, ehe der Hopfen zugesetzt wird, wobei also der Hopfen mit einer Würze gekocht wird, welche bereits sehr arm an gerinnbaren, mit Gerbsäure sich verbindenden Eiweifskörpern ist, so wird die Würze an Gerbstoff desto reicher sein, und es ist sehr wahrscheinlich, dafs der herbe Geschmack des Bieres, welcher erfahrungsgemäfs bei allzu langem Hopfenkochen entsteht, gerade durch die in einem späteren Stadium des Kochprozesses noch aus dem Hopfen ausgezogene Hopfengerbsäure hervorgerufen wird, welche infolge des Mangels an entsprechenden Eiweifskörpern nicht mehr aus der Würze entfernt werden kann. Es wird sich also zunächst darum handeln, durch genaue Versuche den Biergeschmack festzustellen, wie er gegeben ist, wenn mit der ohne Hopfen gekochten, blank filtrierten Würze ein Hopfensud gemacht wird.

Weingärtner[304]) ergänzt diese Ausführungen von Dr. Windisch, indem er zunächst sagt, dafs bei der gewöhnlichen Eiweifsbestimmung eine Abnahme der Eiweifskörper beim Hopfenkochen allerdings nicht nachweisbar sei. Wenn ein Teil Gerbsäure einen Teil Eiweifs ausfällen könne, so würden aus 25 ccm Würze, welche zur Prüfung auf Stickstoff verwendet werden, nur 0,0006 g Eiweifs entfernt werden; aus solchen Resultaten Schlüsse von grofser Tragweite zu ziehen, wäre verfehlt. Durch Versuche mit Catechugerbsäure stellte er später fest, dafs erst zwei Teile der Gerbsäure einen Teil Eiweifs fällen. Trotz der geringen Mengen der durch die Hopfengerbsäure ausgeschiedenen Eiweifskörper warnt Weingärtner, diese Dinge als unwichtig anzusehen. Es wurde s. Z. in einer Brauerei, deren Biere alle eine starke Eiweifstrübung zeigten, das ausgeschiedene Eiweifs durch Wägung direkt bestimmt und nur der Betrag von 0,02 % gefunden. Die Wichtigkeit der Gerbsäure sei also nicht zu unterschätzen, wenn sie im stande sei, auch nur die geringsten Mengen dieser schädlichen Eiweifskörper aus der Würze auszuscheiden.

Dr. Windisch hält es für unzweckmäfsig, dem Hopfen durch langes Kochen allen Gerbstoff zu entziehen, und hält diejenige Extraktionsmethode für die beste, bei der am wenigsten Gerbstoff in die Würze übergeführt wird. Der Hopfen gebe selbst nach dreistündigem Kochen beim abermaligen Kochen mit Wasser noch Gerbstoff ab. Er werde am besten zwei Stunden vor dem Zusatze mit lauwarmem Wasser eingeteigt und 20—45 Minuten vor dem Ausschlagen samt Brühwasser in die Pfanne gegeben, nachdem die noch nicht gehopfte Würze vorher schon ca. 1 Stunde gekocht wurde. Es sei gut, den Hopfen bei kurzer Kochdauer (20—30 Minuten und weniger) in Teilen zu geben, wenn aber, dann sei der alte Hopfen zuletzt zu geben, damit er nicht zu stark extrahiert wird, was den Geschmack des Bieres verschlechtern würde.

Der Engländer Heron sagt, dafs die Dauer des Hopfenkochens ohne Einflufs auf den Eiweifsgehalt der Würze und des Bieres sei; ebenso hat nach seiner Ansicht eine Vergröfserung der Hopfengabe keine vermehrte Eiweifsausscheidung zur Folge. Bezüglich der Frage, welchem Stoffe der Hopfen seine antiseptische Wirkung verdanke, ständen sich die Ansichten Griefsmayers und Hayducks gegenüber. Letzterer spreche dem Harze die antiseptische Wirkung zu, und dann genüge ein einmaliges Kochen des Hopfens; ersterer sehe im Gerbstoff die Ursache der konservierenden Eigenschaften des Hopfens, und dann empfehle sich ein mehrmaliges Aufkochen desselben, weil dabei immer noch Gerbstoff ausgezogen werde. Freilich ist Heron der Ansicht, dafs schon bei einmaligem Kochen des Hopfens $^3/_4$ seines Gerbstoffes in Lösung geht, und dafs ein zweimal ausgekochter Hopfen gar keinen Gerbstoff mehr enthält. Die letzten Auszüge haben, nach angestellten Versuchen, gar keine antiseptische Wirkung mehr, weshalb er sich der Ansicht Hayducks zuneige.

Es ist diese Ansicht schon deshalb beachtenswert, weil es an manchen Orten üblich ist, einen schon einmal gekochten (von der erstmaligen Kochung hinterbliebenen) Hopfen einer minderwertigen Würze noch einmal vor dem Kochen zuzusetzen.

Briant und Meacham sind der Ansicht, dafs sehr alter Hopfen seinen Gerbstoff nahezu verloren hat, was ja auch durch die schönen Arbeiten John Herons vollkommen bestätigt wird.

Man wollte in neuerer Zeit mehrfach durch Versuche zeigen, dafs das Eiweifsfällen in der Würze beim Kochen auch ohne Hopfen eintritt. Aber jeder alte, in umfangreicher Praxis herangereifte Brauer weifs, dafs sich der sogenannte Bruch (die flockige Ausscheidung der Eiweifsstoffe beim Würzekochen mit Hopfenzusatz) mit ganz anderer Energie und Qualität vollzieht als ohne diesen. Nebstdem weifs er auch, dafs ein in gewissem, kleinem Betrage alter Hopfen besser bricht als neuer, was offenbar auf eine allmähliche Umbildung gerbstoffhaltiger Stoffe in den Dolden in Gerbstoff hinweist. Es müssen daher in Bezug auf Hopfengerbsäurewirkung noch andere Vorgänge vorhanden sein als das blofse Eiweifsfällen oder Ausscheiden.

Von dem Tannin, also der gewöhnlichen Eichengerbsäure, sagt F. W. Richardson (s. Wochenschr. f. Br. 1898, S. 160, nach Journ. of the Inst. Brew.), dafs es einen sehr zerstörenden Einflufs auf die Lebensthätigkeit der Mikroben ausübe; in 5-, $2^1/_2$- und $1\,^0/_0$igen Tanninlösungen seien nach 96stündiger Einwirkung 6 Bakterienarten (Bacillus liquidus, B. fluorescens non liquefaciens, B. coli communis, B. typhosus, B. salivarius, Micrococcus pyogenes) getötet worden.

Dennoch haben erst in allerneuester Zeit zwei namhafte englische Technologen, Briant und Meacham, wiederum geltend zu machen gesucht, der praktische Brauer glaube nur irrtümlich, dafs durch den Zusatz von Hopfen eine grofse Menge von Albuminaten in der Bierwürze niedergeschlagen werde.

Diesen Irrtum suchen diese beiden Autoren richtig zu stellen, indem sie durch Analyse nachweisen, dafs die Menge des durch Hopfengerbsäure in der Bierwürze erzeugten Niederschlages verhältnismäfsig gering ist gegenüber den Ausscheidungen von Eiweifskörpern, die durch das Kochen der Bierwürze ohne Hopfenzusatz stattfinden. Eine einfache, auf nordamerikanische Verhältnisse gegründete Rechnung ergibt in der That, dafs 1 Barrel Bierwürze vom üblichen Gehalte ungefähr $1^1/_2$ Pfd. Eiweifskörper enthalten würde. Dazu kommt nun im Durchschnitt 0,04 Pfd. Hopfengerbsäure, welche wohl wenig Einflufs auf die Ausscheidung der Eiweifskörper haben dürfte.

Man ist also in Bezug auf die Bedeutung der Hopfengerbsäure für das Ausfällen der Eiweifskörper neuestens wankend geworden und hat mehr und mehr die Ansicht acceptiert, dafs durch das blofse Kochen der Bierwürze bei weitem mehr Eiweifskörper aus dem Bier ausgeschieden werden als durch die Wirkung der Hopfengerbsäure.

Briant und Meacham haben übrigens damals[305]) schon Versuche gemacht, welche diesbezüglich dennoch wieder zu denken geben. Bei der einen Würzekochversuchsreihe wurden per Quarter 8 Pfd. und bei der andern 16 Pfd. Hopfen verwendet. Durch die Anwendung der doppelten Hopfenmenge wurde in der That keine weitere Eiweifsfällung bewirkt; aber nachdem beide Biere bei 80° F. längere Zeit gelagert waren, war das Bier mit 8 Pfd. Hopfen umgestanden (also verdorben), ganz ungeniefsbar, jenes mit 16 Pfd. war aber beinahe ganz gesund geblieben. Auch bei einer zweiten derartigen Versuchsreihe zeigte sich deutlich die präservierende Kraft der Kesselhopfen.

Nach Briant und Meacham[306]) ist der Gehalt des Hopfens an Stickstoff oft bedeutend, aber grofsem Wechsel unterworfen; sie fanden ihn ferner, als das Resultat mehrerer Analysen, im englischen Hopfen gröfser als bei fremden. Eine Probe Ostkenter hatte — als Eiweifs ausgedrückt — einen Totalstickstoffgehalt von $20{,}09\,^0/_0$, ein kalifornischer nur $15{,}07\,^0/_0$. Der Totalgehalt wechselt von $15—25\,^0/_0$.

Unsere Kenntnisse über die stickstoffhaltigen Körper im Hopfen sind noch sehr gering. Wir wissen, dafs Asparagin darin gefunden worden ist; Brown und Morris haben auch Diastase darin gefunden, das ist alles.

Es ist das um so mehr zu bedauern, als die stickstoffhaltigen Bestandteile des Hopfens vielleicht manchmal eine wichtige Rolle bei der Klärung oder Nichtklärung des Bieres spielen. Ein Teil dieser stickstoffhaltigen Körper ist in kaltem Wasser löslich, und eine ziemlich grofse Menge geht beim Sieden in Lösung; noch mehr löst eine Zuckerlösung. Ich will hier an das erinnern, was ich weiter oben (S. 247) gesagt habe, dafs vielleicht oder sehr wahrscheinlich die Köpfchendrüsen auf den Hopfenzapfenblättern mit ihrem protoplasmatischen Zellinhalt die Hauptlieferanten dieses Hopfenstickstoffes für die Bierwürze sind. Ich denke, es müfste gar nicht schwer halten, eine genügende Anzahl dieser Köpfchendrüsen zu isolieren und gesondert anatytisch zu untersuchen.

Eine erhebliche Menge der stickstoffhaltigen Bestandteile des Hopfens kann auch dialysiert werden, was darauf hindeutet, dafs diese Körper sich zur Hefenahrung eignen.

Der in Wasser lösliche Teil geht aus folgendem Beispiel hervor:

	Stickstoffhaltige Substanz
Kent total	21,09 %
» beim Sieden gelöst	3,83 »

Von manchen wurde beobachtet, dafs, wenn man die Würze eine erhebliche Zeit lang siedet, die stickstoffhaltige Substanz zuerst reduziert wird und dann allmählich wieder zunimmt. Dies wurde der Wiederauflösung bereits koagulierter Albuminoide zugeschrieben, aber es kann auch von der Lösung der stickstoffhaltigen Stoffe des Hopfens selbst herrühren. Wir haben dies bei den früheren Arbeiten nicht beobachtet; wir dachten, es käme daher, dafs wir die Würze in niederen offenen Kesseln kochten, aber wir fanden auch beim Kochen mit gedeckten Kesseln unter Druck und bei Würzen aus verschiedenen Materialien, niemals durch verlängertes Sieden eine Zunahme an löslichen Albuminoiden, ausgenommen einen Fall, wo aber die Differenz sehr gering war; es scheint also doch der Stickstoffprozentgehalt praktisch stationär zu bleiben, nachdem eine gewisse Reduktion der Albuminoide unter dem Einflusse der Koagulation und des Tannins Platz gegriffen hat.

Es ist dabei allerdings der Fall denkbar, dafs ein alter Hopfen, welcher nahezu alle seine Gerbsäure verloren hat, beim Sieden im Kessel, statt eine Verringerung des Totalgehaltes an Stickstoff in der Würze herbeizuführen, eine Vermehrung desselben bewirkt, weil er in seiner eigenen Substanz mehr hineinbringt, als er von den durch das Malz in die Würze gelangten Stickstoffbestandteilen wegschaffen kann.

Wie früher schon sind die beiden Autoren auch diesmal der Meinung, dafs die praktischen Brauer eine übertriebene Vorstellung haben von der Menge der durch den Hopfengerbstoff beim Würzesieden ausgefällten Stickstoffmenge. Thatsächlich zeige der Prozentgehalt der Kesselwürzen vor und nach dem Sieden an stickstoffhaltiger Substanz nur sehr geringe Unterschiede. Namentlich ältere Schriftsteller vertraten die Meinung, die Haltbarkeit des Bieres hänge insbesondere davon ab, ob ein erheblicher Teil der Albuminoide durch die Gerbsäure gefällt werde. Im Zusammenhang damit sagte man, dafs der Zusatz von Eichengerbsäure zu einem leicht gehopften fertigen Bier einen schweren Niederschlag hervorrufe. Aber ein solcher Zusatz von Eichengerbsäure zu wenn auch schwer gehopften Bieren rufe immer einen schweren Niederschlag hervor, und es sei möglich, dafs fertige Biere oder einige davon Hopfengerbsäure enthalten.

Der Stickstoffgehalt des Bieres stehe in keiner Beziehung zu seiner Haltbarkeit. Es sei deshalb hochinteressant, festzustellen, wieviel stickstoffhaltige Substanz durch den Hopfen aus dem Bier entfernt werde[307]).

Sie machten also Studien, wieviel stickstoffhaltige Substanz gefällt wurde:

1. durch das Sieden allein (Würze B),
2. durch das Sieden mit Hopfen (Würze C).

Die Würze, wie sie vom Läuterbottich kam (A):

A. Gesamtlösliche Albuminoide in der abgeläuterten Würze bei 150° F. = 6,010%
B. Gesamtlösliche Albuminoide nach dem Sieden ohne Hopfen = 5,80 »
C. Gesamtlösliche Albuminoide nach dem Sieden mit Hopfen = 5,672 »

Die Würzen hatten ein stark flockiges Aussehen. Es wurden von den Eiweifsbestandteilen der Würze durch das Sieden allein 3,49% der vorhandenen Mengen an löslichen Albuminoiden koaguliert, durch Sieden mit Tannin (Hopfengerbstoff) 5,62%, durch Tannin allein 2,13%. Damit wäre also erwiesen, dafs das Tannin keinen stark fällenden Einflufs habe.

Auch in späteren Arbeiten[308]) vertreten Briant und Meacham solche Ansichten. Die Gerbsäure des Hopfens sei kein Wertmesser für den Hopfen, auch nicht mit Rücksicht auf Geschmack und Haltbarkeit. Die Ansicht, dafs die Gerbsäure beim Hopfen überflüssige und durch Zersetzung schädlich wirkende Albuminoide ausscheide, sei nicht richtig, der Hopfen führe vielmehr mehr Albuminoide in die Würze ein, als er ausscheide, denn viele Hopfen enthielten 4—7% stickstoffhaltige Substanz, welche im Kessel in Lösung gehe. Wenn 1 Barrel (1,64 l) Würze 3,06 Pfd. stickstoffhaltige Substanz enthält, ist der durch Gerbsäure ausfällbare Teil nur 0,08 Pfd., weniger als die Hälfte der Menge, die durch Sieden allein schon ausgefällt wird. Die Menge der im Hopfenkessel gefällten Albuminoide betrage nicht 2% der vorhandenen Gesamtmenge.

Wir sehen aus all diesen Ausführungen, dafs eigentlich alle modernen englischen Technologen die Wirkung des Hopfengerbstoffes beim Hopfenkochen sehr gering schätzen. Es stehen diese Ansichten den Erfahrungen der meisten, wenn nicht aller Praktiker in Mitteleuropa über diese Sache direkt entgegen. Wäre es nicht möglich, dafs da gerade in England, resp. in englischen oder nach englischen Methoden hergestellten Malzen (und Würzen), sich in Bezug auf das Verhalten der Albuminoide zum Hopfengerbstoff besondere Umstände geltend machen, welche zu verallgemeinern von erheblicher Gefahr für die kontinentalen Brauereien begleitet sein könnten? Es hat übrigens auch der Münchner Technologe V. Griefsmayer (Allg. Br.- u. H.-Ztg. 1883, I, Nr. 40) die Ansicht ausgesprochen, dafs der Unterschied in der Menge der Albuminoide in der ungehopften und gehopften Würze ein sehr unbedeutender sei, dafs also die Hopfengerbsäure nicht so viel Albuminoide niederschlage, wie man bis jetzt angenommen, und dafs bei der Klärung und Konservierung des Bieres sehr wahrscheinlich andern Stoffen ein gröfserer Anteil zukomme als der Gerbsäure. Griefsmayer glaubt namentlich in den antiseptischen Wirkungen des ätherischen Öles und des Harzes sowie anderer Hopfenbestandteile die wertvollen Eigenschaften des Hopfens als Braumaterial suchen zu sollen. Auch Dr. E. Prior schliefst sich diesen Ansichten an.

In der Wochenschrift für Brauerei[309]) spricht ein Praktiker über das Hopfenkochen. Meist taucht diese Frage in teuren Hopfenjahren wieder auf, wo es sich interessant erweist, durch rationelles Kochen und bessere Ausnutung Hopfen zu ersparen.

Zur Erhaltung der flüchtigen Hopfenbestandteile habe man auch geraten, den Hopfen nur kurz zu kochen, bis er genügend extrahiert und Bruch eingetreten sei, was in 1—1½ Stunden geschehen könne.

Davor wolle er seine Kollegen warnen; manchmal trete selbst nach vierstündigem Kochen noch kein Bruch ein, manchmal aber auch schon nach 1½ Stunden. Die eine Würze breche sich oft sehr rasch und schön im Kessel, die andere gar nicht oder doch nur höchst unvollkommen; das Malz spiele da eine erhebliche Rolle. Er habe nun Biere aus zwei verschiedenen Malzen 1, 1½, 2, 2½, 3, 3½ und 4 Stunden gekocht und gefunden, dafs Klärung und Haltbarkeit um so besser waren, je länger das Hopfenkochen dauerte.

Namentlich fand er, dafs die länger gekochten Biere viel weniger gegen Temperaturschwankungen empfindlich waren, bei starker Temperaturerniedrigung viel weniger und schwerer die Glutintrübung annahmen als die nur wenig gekochten Biere. Selbst das in kurzer Zeit bis zum Bruch gekochte Bier machte keine Ausnahme.

Er habe es überhaupt durch verschiedene Umstände verlernt, dem Bruch im Hopfenkessel eine so grofse Bedeutung beizulegen, als dies meist geschieht, da er die Erfahrung gemacht habe, dafs gänzlich unnormale Würzen sich sehr schön im Hopfenkessel brechen können, ohne ein gutes Bier zu geben, und dafs andere Würzen, bei denen der Bruch im Hopfenkessel nur schwer eintritt oder gar ausbleibt, doch auf dem Lagerfafs normale und gut klärende, auch haltbare Biere liefern können.

Er koche infolgedessen jetzt, ohne Rücksicht auf den Bruch, seine Würze zu leichteren Bieren $2^3/_4$—$3^1/_4$ Stunden, die Lagerbierwürzen jedoch 4 Stunden. Das Würzeglas nehme er nur noch hin und wieder, aus alter Gewohnheit, zur Hand. Den Hopfen gebe er in drei Portionen: die erste Portion ($^2/_5$), nachdem die Würze bereits ohne Hopfen eine Stunde gekocht hat, nach Verlauf einiger Zeit die zweite Portion ($^2/_5$) und die dritte Portion ($^1/_5$) eine halbe Stunde vor dem Ausschlagen. Die durch das längere Kochen des Bieres verursachten Mehrausgaben decke man reichlich durch die Mehrausbeute im Sudhause, die man durch Herstellung eines feinen Malzes, peinlichste Kontrolle und rationelle Handhabung des Schrot-, Maisch- und Anschwänzungs-Prozesses erziele.

In der Wochenschrift für Brauerei[310]) sagt ein Brauer, dafs er in einer neu übernommenen Brauerei schlechten Bruch im Hopfenkessel gehabt habe. Anfänglich war er geneigt, dem geschwefelten Hopfen die Schuld beizumessen. Als er aber dann die Malzfabrik wechselte, hatte er mit demselben Hopfen hochfeinen Bruch im Hopfenkessel.

Auch ein anderer Brauer sagt, dafs fehlerhaftes Malz den Bruch verhindert, selbst wenn man den gehaltvollsten und feinsten Hopfen verwendet. Es könne schon die Gerste nicht geeignet sein; auch auf der Malztenne und Darre könnten Fehler gemacht worden sein, selbst beim Maischen. Es kämen auch in manchen Jahrgängen Malze vor, welche trotz sorgfältiger Herstellung und bewährten Maischverfahrens keinen zufriedenstellenden Bruch im Hopfenkessel zeigten. In vielen Fällen erhalte man dennoch ein schönes, glanzhelles Bier; es seien ihm aber auch Fälle bekannt, wo es einer sehr langen Lagerung, selbst eines Filters bedurfte, um das Bier ganz fein zu bringen.

In der Wochenschrift für Brauerei[311]) bemerkt ein Brauer, dafs das Würzekochen ohne Hopfen bei Dickmaischwürzen in der Regel überflüssig sei, bei Infusionswürzen aber könne es am Platze sein. Ähnliche Ansichten entwickelt ein anderer praktischer Brauer: er gebe schon $^1/_3$ des Hopfens vor dem Kochen in die Pfanne, wenn diese halb voll ist, $^1/_3$ beim Beginn des Kochens, den Rest $^1/_2$ Stunde vor dem Ausschlagen; bei schon altem Hopfen gebe er die Hälfte vor dem Kochen, den Rest nach dem Beginn des Kochens, im ganzen aber weniger.

In der Wochenschrift für Brauerei[312]) sagt ein Brauer, dafs man mehr Hopfen nehmen müsse, wenn man mehr bitteres Bier haben wolle; dasselbe lasse sich durch längeres Kochen nicht erreichen, man erhalte einen zu bitteren, rauhen und harten Geschmack, welcher nichts weniger als angenehm sei; guter, feiner Hopfen gebe ein feines, angenehmes Bitter, welches vielfach dem süfsen, milden Geschmack der schwach gehopften Biere vorzuziehen sei.

Ein anderer praktischer Brauer rät, sich dem Geschmack des Publikums anzupassen. Wolle dasselbe bittere Biere, so sei es nicht angezeigt, mehr Bitter durch längeres Hopfenkochen erreichen zu wollen; das einzig Richtige sei eine Vergröfserung der Hopfengabe, die aber natürlich auch je nach dem Gehalt, der Qualität und sonstigen Beschaffenheit des Hopfens innerhalb gewisser Grenzen schwanken müsse. Es sei notwendig, das für seine Verhältnisse auszuprobieren.

In seiner Gegend verhalte man sich im allgemeinen den süfsen Bieren gegenüber ablehnend, man ziehe Biere von mild-bitterem Geschmack vor. Diesen Geschmack treffe er durch eine Hopfengabe von 680 g per 50 kg Schüttung und $12^1/_2$%ige Würzen. Für starke Biere aus 15%igen Würzen nehme er 860 g per 50 kg Malz und erreiche dann denselben mild-bitteren Geschmack; die Differenz sei also bei seinen beiden Bieren 40—50 g Hopfen bei 50 kg Malz. Diese Hopfengabe übertreffe seines Wissens die Münchner erheblich, da die Münchner Brauereien $^1/_2$ kg per 50 kg Malz oder wenig mehr haben. Das Pilsener Bier aber habe bei 12%igen Würzen sicher 1 kg und darüber per 50 kg Schüttung. Auf die Qualität des Hopfens müsse man dabei natürlich sehr achten. Er braue nur Lagerbier, kein Schenkbier, und kaufe nur schwere, gute Hopfen ein.

Bis zum März versiede er Ballenhopfen, von da ab konservierte, weil sich dann beim Ballenhopfen bald der käsige Geruch einstelle.

Er gebe den Hopfen in drei gleich grofsen Portionen: die erste der Vorderwürze, die zweite der gewonnenen Gesamtwürze, die dritte eine halbe Stunde vor dem Ausschlagen. Den Hopfen lasse er sofort nach dem Einschütten mit einer Krücke in die Würze hineinstofsen, um eine schnelle und volle Durchweichung zu erzielen. Soll der Geschmack des Hopfenbitters hervorragend aromatisch werden, so gebe er kurz vor dem Ausschlagen auf 80 hl noch $^1/_2$ kg feinsten böhmischen Hopfens zu.

J. Behrens schliefst sich vorbehaltlos den Untersuchungsergebnissen von Briant etc. über den Gerbstoff an; früher habe man dem Hopfengerbstoff für die Haltbarkeit des Gebräues eine besondere Bedeutung beigemessen, jetzt erscheine er gleichgültig, bestimme aber im hohen Grade die Farbe des Bieres.

Nach Versuchen, welche Hayduck mit Goldiner ausgeführt[313]), wurden in 1 l Würze, welche teils ohne, teils mit Hopfen (3 g) zwei Stunden lang gekocht worden war, von dem gesamten in der Würze enthaltenen Eiweifs im ersteren Falle (ohne Hopfen) 5,3%, im letzteren Falle (mit Hopfen) 9,8% gefällt, wenn man auch den Stickstoff (mit 3,8%), welcher beim Hopfenkochen aus dem Hopfen in der Würze gelöst wurde, in Rechnung bringt.

Bei einem andern, sonst ganz gleichen Versuch wurden auf den Liter Würze je 2, 4 und 6 g Hopfen genommen; die Eiweifsausscheidung betrug nun 6, dann $7^1/_2$ und 9%, sie war also wohl mit gröfserem Hopfengehalte steigend, aber im allgemeinen doch nur unbedeutend.

Bei einer andern Versuchsreihe (3 Reihen) wurden gleiche Hopfenmengen (2 g auf 1 l) gekocht, aber zu den Proben II und III wachsende Mengen entbitterten Hopfens hinzugesetzt; die aus der Würze nach dem Kochen ausgeschiedene Eiweifsmenge war $5^3/_4$, $6^1/_2$ und $8^2/_3$% der gesamten Eiweifsstoffe.

Die Eiweifsausscheidung beim Hopfenkochen ist also unter allen Umständen sehr gering, aber mit wachsendem Gerbstoffgehalt des Hopfens steigend. Da gleichzeitig aus dem Hopfen selbst beim Kochen andere stickstoffhaltige Körper in der Würze in Lösung gehen, oft in gleicher Menge, so findet eigentlich durch das Hopfenkochen oft keine Verminderung der stickstoffhaltigen Bestandteile der Würze statt, sondern eine Veränderung.

Es werden durch den Gerbstoff stickstoffhaltige Körper ausgeschieden, welche für die Hefe nutzlos sind, aber andere in Lösung gebracht, welche ihr als Nahrung dienen.

Bei direkten Ermittelungen ergab sich eine Stickstoffaufnahme der Hefe während der Gärung mit $26^1/_2$, 30 und 35% vom gesamten Stickstoffgehalt der Würze; diese Entnahme war also gröfser mit der Zunahme des Stickstoffgehaltes, bewirkt durch je 2—4—6 g Hopfen auf 1 l Würze.

Wenn das Hopfenkochen beendet ist, befindet sich also immer noch fast die gleiche Menge Stickstoff in der Würze wie vorher, weil an die Stelle der durch den Hopfengerbstoff gefällten andere Stickstoffbestandteile aus dem Hopfen selbst getreten sind.

Dabei ergibt sich nach den Untersuchungen Haydueks wie Behrens', dafs die vom Hopfen in die Würze gelieferten Stickstoffbestandteile namentlich es sind, welche die Stickstoffnahrung der Hefe bilden. Die Hefe assimiliert um so mehr Stickstoff aus der Würze, mit je gröfseren Mengen Hopfen sie gekocht war, je gröfsere Mengen der Stickstoffverbindungen des Hopfens also in ihr vorhanden waren; so entnahm die Hefe aus derselben Würze

mit 2 g Hopfen per Liter gekocht: 26,5 % des Gesamtstickstoffes der Würze,
» 4 » » » » » 30,0 » » » » »
» 6 » » » » » 35,0 » » » » »

Bei sonst gleichen Verhältnissen wird also die Hefe in gehopfter Würze besser ernährt sein und so sich stärker vermehren als in ungehopfter, was natürlich für den Verlauf der Gärung von höchster Bedeutung ist. Die Gärversuche Aubrys haben dafür indirekt Beweise gebracht. Auch Versuche von J. Behrens haben das bestätigt.

Wenn man eine Lösung von Hopfengerbstoff fertigem Bier zusetzt, so entsteht ein Niederschlag; mit 2 g entbittertem Hopfen wurden per 1 l fertig gehopfte Würze noch $4^1/_2$% des Stickstoffes der Würze ausgefällt.

Durch das Lüften der Würze trat in dieser Sachlage keine Veränderung ein, so dafs also der Hopfengerbstoff nicht in Phlobaphen verwandelt wurde. Der Eiweifs- und Gerbstoff-Gehalt war in der gelüfteten und ungelüfteten Würze gleich, aber die gelüftete Würze war sehr viel leichter blank zu filtrieren. Die Biere aus beiden Würzen zeigten in Farbe und Geschmack keinen Unterschied.

Hayduck prüfte noch die Wirkung der verschiedenen Hopfenbestandteile auf die Gärung, wenn der Hopfen in verschiedener Menge angewendet wurde; er sagt aber selbst mit Recht, es sei nicht zu verlangen, dafs bei einer solchen primitiven Bierbereitung feine Unterschiede des Geschmackes erkennbar gemacht werden konnten.

Die Biere aus Würzen mit verschiedenen Hopfenmengen hatten auch verschiedene Bitterkeit, doch stand die letztere nicht im Verhältnis zur gröfseren Hopfengabe. Die Hopfenharze waren eben schon in den kleinsten Mengen des bei den Versuchen gegebenen Hopfens im Überschufs da, und die in der Wärme gelösten Harze schieden sich beim Erkalten gröfstenteils wieder aus.

Weiterhin scheint der Gerbstoff den Geschmack des Bieres in keiner Weise beeinflufst zu haben[314]). Eine Auflösung von Hopfengerbstoff hatte nur einen aufserordentlich schwachen und keinesfalls unangenehmen Geschmack, so dafs der Gerbstoff als Geschmacksstoff im Bier kaum in Betracht kommt. Auch in den Bieren mit relativ höchstem Gerbstoffgehalt und mit sehr geringem Bittergehalt konnte der Geschmack des Gerbstoffes nicht nachgewiesen werden.

Dagegen hat der Hopfengerbstoff Einflufs auf die Farbe des Bieres, weil er die durch das Sieden zum Teil dunkel gefärbten Eiweifsstoffe fällt; dadurch werden die Biere heller. Das ist doch bei der Fabrikation von hellen Bieren eine sehr bedeutende Sache.

Ohne Zweifel hat der Hopfengerbstoff Einflufs auf den Bruch beim Kochen der Würze. Aber da die Verbindungen des Hopfengerbstoffes mit den löslichen Kleberbestandteilen des Malzes in der Hitze löslich sind und bei nur geringen Temperaturerniedrigungen sich ausscheiden, ist der Hopfengerbstoff an der Glutintrübung des Bieres beteiligt; diese schädliche Wirkung könnte den Wunsch wachrufen, den Gerbstoff aus der gehopften Würze wieder zu entfernen, was aber kaum ausführbar ist, weil man ihn durch Lüften nicht in Phlobaphen verwandeln kann.

Einige Autoren auf dem Gebiete der Hopfenkunde wollen — ganz entgegengesetzt den Ansichten moderner englischer (neuestens auch deutscher) Technologen — dem Gerbstoffgehalt den entscheidenden Wert in der Hopfenqualität beimessen, so z. B. auch Direktor Zetterlund in Örebro (Schweden, s. Allg. Br.- u. H.-Ztg. 1886, II, 905); dann müfste also der gerbstoffreichste Hopfen auch der beste sein. Wie wir später sehen werden, ist eher das Gegenteil wahr.

Dieser Auffassung kann man unmöglich zustimmen, und es ist charakteristisch, dafs Briant und Meacham (s. oben) dem Gerbstoff des Hopfens gar keinen oder doch nur einen sehr geringen Wert beimessen wollen. Eines ist so wenig richtig wie das andere. Der Hopfenwert ist ein zusammengesetzter Faktor, an dessen Gesamtwert zahlreiche und sehr verschiedene Elemente beteiligt sind. Als Hayduck Studien über die antiseptischen Eigenschaften des Hopfens machte, glaubte man, dafs es auf die desinfizierenden Eigenschaften des Hopfens ankomme; dann wären die rohesten Hopfen die wertvollsten.

G. Barth z. B. (Zeitschr. f. d. ges. Brauwesen 1897, 20. Jahrg.) macht eine dementsprechende Zusammenstellung:

I	Reihenfolge II
Nach dem Gerbstoffgehalte:	Nach empirischen Merkmalen:
Spalt Stadt	Spalt Stadt
Spalter Land, Siegelhopfen	Spalter Land, Siegelhopfen
Saazer Kreis	Saazer Kreis
Auschaer	Rothopfen
Württemberger	Badischer
Kenter	Hallertauer I
Hallertauer I	Hallertauer II
Hallertauer II	Württemberger
Gebirgshopfen	Gebirgshopfen
Kalifornischer	Elsässer
Badischer	Kenter
Altmärker	Kalifornischer
Elsässer	Altmärker

G. Barth meint selbst zu dieser von ihm zusammengestellten Hopfenqualitätsreihe, dafs Hopfen, welche in der Qualitätsreihe II weit auseinanderliegen, nur geringe Unterschiede im Gerbstoffgehalt haben, wie z. B. die Hallertauer und Kalifornier; aber man könne doch annehmen, dafs ein Hopfen von guter Qualität auch einen hohen Gerbstoffgehalt habe.

Nach meiner Ansicht ist es schwer oder eigentlich unmöglich, aus dem Komplex von Hopfenwirkungen eine oder die andere als die wichtigere herauszugreifen, wenn aber, dann dürften Aroma, Bittergeschmack, Sekretmenge und Sekretbeschaffenheit die wichtigsten sein.

Nach meinen blofsen Beobachtungen und wenn der Gerbstoff wirklich in den Sekretgängen sitzt, wie ich es meine, dürften zudem gerade die edleren Hopfen, wie die Saazer, daran ärmer sein als die minderwertigen Sorten. Die praktischen Brauer wissen schon lange, wenn nicht von jeher, dafs mit gröberen Hopfen die Würze sich rascher und vollkommener bricht als mit feineren; ebenso wissen sie auch, dafs gerade die gröberen Hopfensorten im Konservieren des Bieres ganz erheblich mehr leisten wie die feinen, aber es fällt doch keinem ein, deshalb die gröberen Hopfen als die höherwertigen, den feineren Sorten vorzuziehenden, anzusehen.

Es ist im Anschlusse an unsere Ausführungen über den Hopfengerbstoff notwendig, einer sehr merkwürdigen Thatsache noch besonders zu gedenken.

Alle meine umfangreichen Studien über die Hopfenfarbe zeigen, dafs das beste Erntestadium, wo der Hopfen nicht blofs das meiste Sekret hat, sondern auch das in Bezug auf das Aroma, Bitter, den Harzgehalt, den Gerbstoff etc. beste Entwicklungsstadium, jenes ist, wo die Vorblattfarbe ein entsprechendes Gemenge zeigt von Gelb und Grün, also ja nicht Grün ohne Gelb, aber auch nicht Gelb ohne Grün. Es sind das Dinge, auf welche wir in einer folgenden Schrift noch eingehend zu sprechen kommen.

Für das Produkt der meisten Hopfenregionen ist das sicher zutreffend, insbesondere auch für die grofse und wichtige Hopfenregion von Saaz in Böhmen, für die dortigen meisten Lagen, namentlich für jene im Gebiete des Rotliegenden, welche im Boden frei von besonderen, der Vegetation nicht zuträglichen Salzen (Chlormagnesium und Eisensalzen) sind.

Nun gibt es aber in der That im Gebiet von Saaz Lagen und selbst ziemlich ausgedehnte, in denen das Produkt bei der Sekretreife in den Zapfenvorblättern niemals gelbgrün wird, sondern von einem sehr grünen Stadium eventuell gleich zur Stangenröte vorrückt, die da auch etwas anders zum Ausdruck kommt.

Es finden sich dort leichtere Lagen, namentlich im Gebiet nördlich der Eger und am oberen Egerlaufe, zum Teil auch südlich der Eger und östlich von Saaz, welche meist kleinere, lockere, nicht geschlossene Zapfen mit in der Reife licht-grasiggrünem Kolorit der Blätter erzeugen.

Es gibt ferner in diesem Teil des Saazer Gebietes Lagen, welche auch bei ganz rechtzeitig in der Sekretreife geerntetem Produkt eine Doldenfarbe haben, die bald mehr licht-, bald mehr dunkel-blaugrün (stahlgrün) ist, und es ist selbstverständlich, dafs es zwischen diesen namhaft gemachten typischen Farbenstufen dort auch mannigfaltige Übergänge gibt. Immerhin kann man allgemeinhin sagen, dafs diese an Hopfenware ungewohnten eigenartigen Farbenschattierungen dortselbst dem Gebiet der leichteren Ware angehören, wobei allerdings die Qualität derselben noch ganz entsprechend sein kann.

Zu der Ware mit mehr oder minder grasiggrüner Farbe gehören im Gebiete von Saaz auch die Lagen mit grofsen, flatterigen, brüchigen Zapfen, wie sie namentlich auch in einigen Lagen am unteren Egerlaufe vorkommen. Namentlich gibt es da auch Lagen, wo in regenreichen Jahren die Zapfen sehr stark zweifarbig, die Vorblätter schon ziemlich gelb und die Deckblätter noch ganz grasiggrün sind.

Man hört in manchen Brauerkreisen, namentlich in Belgien, die Ansicht aussprechen, dafs die grünen Hopfensorten überhaupt und namentlich auch solche, welche selbst im Reifestadium ein grünes Kolorit der Zapfen behalten, mehr Gerbstoff haben als gelbe, sich also beim Fällen der Eiweifsstoffe und Klarmachen der Würze energischer erweisen würden.

Nun hat man in den Händlerkreisen, welche viel mit Saazer Ware verkehren, schon lange die Ansicht, dafs das Hopfenprodukt des Saazer Gebietes vom unteren Egerlaufe etwas energischer auf die Klärung des Bieres wirke als andere Saazer Sorten.

Wenn das also alles wirklich so ist, dann kann man keinen Zweifel hegen, dafs die im sekretreifen Zustande in den Zapfenblättern grün bleibenden Hopfensorten solche sind, welche aus dem Boden Eisensalze aufgenommen haben, die diese Wirkungen ausüben, und dafs die Sorten, welche blau- oder stahlgrün bleiben, noch mehr Gerbstoffe enthalten wie jene, welche gelb werden.

Methodische Untersuchungen dieser gewifs sehr interessanten Fragen fehlen. Die Angaben über Gerbstoffgehalt Saazer Sorten, welche wir weiter oben brachten, lassen denselben sich zwischen 3,07 (Wein und Rösch, 1879) und 4,31 (G. Barth, 1897) bewegen. Über belgischen Hopfen haben wir eine Angabe mit 3,13% der gewöhnlich trockenen Ware.

Fraglich wäre auch noch, ob die Gerbstoffe nicht einen anfänglichen Grundstoff darstellen, aus welchem sich in weiterer Metamorphose andere entwickeln; in diesem Falle müfsten unreife, jugendliche Zapfen reicher an Gerbstoff sein als ältere, sekretreife oder gar überreife, was auch thatsächlich immer der Fall zu sein scheint. Wir haben oben (S. 545) bereits auf diese Umstände hingewiesen. Es würde also die Anwesenheit gewisser Salze im Boden und dann in der Pflanze den Übergang der Hopfengerbsäure in die andern Hopfenstoffe verhindern.

b) Die praktische Brauerei und der Hopfengerbstoff.

Die Schwierigkeit der richtigen Deutung dieses Hopfenbestandteils ergibt sich schon daraus, dafs Wagner den Hopfengerbstoff als der Moringerbsäure ähnlich bezeichnet, Etti aber als den Gerbstoffen in der Ratanhinwurzel und in der Eichenrinde ähnlich; nach Gilbert ist er weder der Morin- noch der Galläpfel-Gerbsäure ähnlich.

Nach den Untersuchungen des Prof. Moser in Wien[315]) scheinen künstlich, bei mäfsig erwärmter Luft gedarrte Hopfen merklich reicher an Gerbsäure zu sein als dieselben Sorten an der Luft gedarrt. Sicher ist, dafs der Hopfengerbstoff erst bei hoher Temperatur eine gerbstoffähnliche Wirksamkeit entfaltet.

Dafs das, was wir Hopfengerbstoff nennen, von Hause aus kein wahrer Gerbstoff im Sinne der Chemiker sein kann, geht schon sehr klar aus dem wichtigen Umstande hervor, dafs er bloſs gelöstes Eiweiſs, aber keinen in Lösung befindlichen Leim zu fällen und niederzuschlagen vermag. Auch hat er, was für die Bierbereitung ebenfalls wichtig ist, kein so heftiges Zusammenziehungs- oder Adstringierungs-Vermögen wie ein wahrer Gerbstoff. Die Lösung des Hopfengerbstoffes besitzt einen schwachen, aber keinen unangenehmen Geschmack. Der Gerbstoff scheint also als Geschmacksstoff bei der Biererzeugung nicht stark in Betracht zu kommen. Es ist deshalb auch nicht gut, ihn als »Tannin« zu bezeichnen, wie es die Engländer thun, denn dieses Wort deutet einen echten Gerbstoff an. Sehr wahrscheinlich besteht der Inhalt der Milchsaftgänge in den Zapfenblättern, wo der gerbstoffähnliche Körper wahrscheinlich enthalten ist (s. weiter oben S. 235), auch aus Harzen, Eiweiſsstoffen etc.; manche meinen auch, daſs der sogenannte Hopfengerbstoff in den Hopfenzapfenblätterzellen enthalten ist; er befindet sich aber zum Teil auch im Drüsensekret oder in den Drüsenbecherzellen. Da könnten noch interessante und wichtige Studien gemacht werden.

Jedenfalls ist mit Hopfen gekochte Würze in Bezug auf Konservierung eine ganz andere Sache als nicht mit Hopfen gekochte. Es ist also eine bedeutende Wirkung da, und es ist praktisch einerlei, wie man sie zu erklären sucht (s. oben S. 709 Heron); wahrscheinlich werden durch den Gerbstoff auch noch andere Stoffe aus der Würze entfernt.

Ein anerkannt tüchtiger Biermacher, Herr Braumeister Alex. Meyer[316]), sagt, wenn man gerbsäurearmen Hopfen verwende, würden die Eiweiſsteile nicht genügend ausgeschieden, und die ausgeschiedenen, aber nicht genügend von der Gerbsäure durchdrungenen Eiweiſsteile gingen leicht in Fäulnis über und gäben dem Bier einen eigentümlichen Geruch, ähnlich dem warm vergorenen obergärigen Bier; die letztere Wirkung der Gerbstoffsäure sei noch zu wenig erkannt, und dieses Nichterkennen habe im Sommer 1886 recht unangenehme Folgen gezeitigt, was für das nächste Sudjahr, weil eben groſse Vorräte gerbstoffarmer Hopfen der 1885er Ernte lagern, groſse Kalamitäten zur Folge haben könnte, wenn nicht genau darauf geachtet würde.

Der Hopfengerbstoff vermöchte nicht einmal die Eiweiſsstoffe der Würzen in Flocken auszuscheiden, wenn er nicht gleichzeitig durch das Würzekochen, durch die Erhitzung der Würze, eine Verstärkung erhielte. Aber daſs sich die Eiweiſsgerinnung in der Würze besser vollzieht, wenn diese nicht bloſs erhitzt wird, sondern auch Hopfengerbstoff anwesend ist, ist auſser Zweifel stehend. Diese Thatsache, welche der praktische Brauer, der mit normalem Hopfen arbeitet, alle Tage wahrnehmen kann, vermag kein Experiment zu widerlegen; daſs aber Hitze dabei sein muſs, wenn der Hopfengerbstoff durch kräftigen Bruch zur vollen Wirkung gelangen soll, das zeigt sich deutlich am Ende der Hauptgärung, wo die Hitze fehlt und nur der in Lösung befindliche Gerbstoff wirken soll; auch das zeigt, daſs es sich nicht um einen wahren Gerbstoff handelt. Da ist die Fällung oft weit ungleichartiger, oder sie bleibt ganz aus, aber wenn der Bruch beim Hopfensieden ein kräftiger war, ist deswegen das lagernde Bier noch keiner Gefahr ausgesetzt.

Diese Unfähigkeit des Hopfengerbstoffes, tierischen Leim zu fällen, macht auch bei Anwendung von leimartigen Klärmitteln[317]) besondere Vorsichtsmaſsregeln notwendig. Solche Leimsubstanzen werden in Deutschland und Österreich im ganzen wohl selten angewendet, und nur wenn sich unvorhergesehen Trübungen einstellen, also in Notfällen und als Notbehelf. Verwendet werden Hausenblase und Knochenleim, namentlich Rochenhaut. Noch häufiger bedient man sich aber heutigen Tages der Filterpressen aus Cellulose und Papier. Alle diese Dinge geben dem Bier Helle und Glanz, aber sicher keinen guten Geschmack. Durch den Schönungsprozeſs werden groſse Mengen Tannin gefällt. Biere, welche sich nicht schönen lassen, enthalten kein Tannin oder doch nur Spuren davon; die benutzten Hopfen waren also tanninarm oder gerbstoffarm[318]). Dann verlangt die gute Beschaffenheit des Bieres, daſs diese Leimstoffe wieder aus Würze und Bier ausgeschieden werden, was der Hopfengerbstoff nicht zu leisten vermag. Man braucht zur Flockenfällung der in Lösung befindlichen Leimstoffe später etwas Tanninlösung (also einen echten Gerbstoff), welche, im betreffenden Bier verteilt, diese Leistung vollbringen soll. Wo dies nicht geschieht, ist die Wirkung der Leimklärmittel ungenügend und mangelhaft, es bleiben Teile des Leimklärmittels zurück, welche den Geschmack und die Bekömmlichkeit des Bieres verschlechtern und die bald in faulige Zersetzung übergehen; in Lösung gebliebene Leimstoffe setzen das Bier der Gefahr der völligen Verderbnis aus.

Etti sagt, dafs die sogenannte Gerbsäure des Hopfens erst beim Erhitzen auf 120 bis 130° C. die Fähigkeit erhalte, mit Leim Niederschläge zu bilden.

Von Hause aus, d. h. nach seiner natürlichen Zusammensetzung, enthält das Bier keine tierischen Leimstoffe; wo man also keine leimartigen Klärmittel verwendet, braucht man die Leistungsfähigkeit des Hopfengerbstoffes kaum zu ergänzen, wo aber solche Stoffe zur Anwendung gelangen, wird sich auch eine Beigabe von Tannin nicht vermeiden lassen, um das Restgebliebene wieder aus dem Biere zu entfernen. Manche Brauer wenden aber auch dann, wenn sie Leimstoffe zum Klären verwenden, kein Tannin an, suchen vielmehr die Leimstoffe durch ihre eigene Niederschlagsfähigkeit wieder aus dem Bier hinauszubringen.

Das Tannin wird schon lange benutzt, um trübe Weine zu klären, weil es gewisse schleimige etc. Stoffe niederschlägt; dadurch werden die Weine auch haltbarer. Sie werden oft schon durch Zusatz von Tannin allein klar, zuweilen mufs aber auch noch eine Schöne von Hausenblase oder Gelatine hinzugefügt werden. Da man die Menge des zuzusetzenden Tannins nicht von vornherein so genau bestimmen kann, ist die gleichzeitige Mitverwendung dieser Schöne meist nötig. Hausenblase, Gelatine und Tannin bilden nämlich unlösliche Verbindungen, welche sich nach und nach zu Boden setzen und trübende Teilchen mitnehmen. Da ein verbleibender Tanninüberschufs dem Wein einen herben, zusammenziehenden Geschmack verleihen würde, mufs man Hausenblase oder Gelatine anwenden, um das Tannin aus der Flüssigkeit zu entfernen.

Die das Bier trübenden Stoffe sind gleicher oder ähnlicher Natur, daher hat man auch für die Klärung des Bieres dieselben Stoffe zur Verwendung gebracht. Beim Weine rechnet man auf 1000 l 8 Lot Tannin, welches in einem gläsernen oder irdenen Gefäfs mit etwa $1^1/_2$ Pfd. Regenwasser durch Umrühren mit einem Holzstab vermischt wird; Metall ist zu vermeiden. Diese Lösung wird ins Fafs geschüttet und passend mit dem Bier vermischt. Nach 3—4 Tagen setzt man 1 l Schöne von Hausenblase und 2 l von Gelatine zu, wobei gerechnet ist, dafs 1 Pfd. Hausenblase oder Gelatine 50 l Schöne geben, so dafs auf 1000 l Bier 10 g oder ca. $^3/_4$ Lot Hausenblase oder ca. $1^1/_2$ Lot Gelatine nötig wären. Die Klärung des Bieres durch Absetzen der Schöne wird nicht immer in der gleichen Zeit eintreten, aber meist nach 8 Tagen erfolgt sein[319]).

In Bayern, wo alle Surrogate bei der Bierbereitung verboten sind, wird es schwer sein, Leimklärmittel zu verwenden, weil die Reste derselben mit dem Hopfengerbstoff nicht ausgefällt werden können und die Anwendung von Tannin die gesetzlichen Bestimmungen verletzt, also strafbar ist. Noch mehr ist das der Fall, wenn das Tannin schon im Hopfenkessel zur Anwendung gelangt, denn da soll es die Wirkung des Hopfengerbstoffes unterstützen oder Hopfenersparungen herbeiführen helfen.

Aber ein solches Verfahren kann sich dadurch rächen, dafs durch das in seiner Wirkungsweise viel energischere Tannin auch die für die Hefenahrung nötigen Eiweifsstoffe zu reichlich aus der Würze ausgeschieden werden, ohnehin auch die für die Hefeernährung wichtigen stickstoffhaltigen Stoffe, welche der Hopfen der Würze zuführt, in diesem Betrage mangeln. Es werden sich also allerlei Schwierigkeiten bei der Gärung einstellen.

L. Briant und C. S. Meacham[320]) sagen, dafs alter Hopfen arm an Gerbstoff sei (R. Wagner hatte um 35 Jahre früher nachgewiesen, dafs das Alter des Hopfens auf den Gerbsäuregehalt keinen Einflufs übe) und deshalb von manchen (englischen) Brauern Tannin in die Hopfenpfanne gebracht werde, also der vom Hopfengerbstoff ganz verschiedene Gallusgerbstoff, welcher den ersteren nicht ersetzen könne. Wenn man ein Bier mit einem Überschufs an Hopfengerbstoff versetze, so dafs weiterer Überschufs keine Eiweifsfällung mehr erzeuge, werde dennoch durch Zusatz von Tannin noch eine starke Fällung erzeugt[321]). Es könne also das schroffer wirkende Tannin nicht als Ersatz für den milden Hopfengerbstoff angesehen werden. Die Entfernung von Eiweifs aus dem Bier durch gewöhnlichen Gerbstoff könne erwünscht sein, doch wüfsten wir zu wenig über den Charakter der Eiweifsstoffe in Würze und Bier. Diese Ansichten der beiden englischen Herren stehen im schroffen Widerspruch mit den alltäglichen

Wahrnehmungen der Praktiker, wenigstens in unserm Gebiete mit eiweifsreichen Rohmaterialien und Würzen. Sie werfen vielleicht auch Licht auf die Grenzen des Wertes gewichtsanalytischer Bestimmungen.

Auch 1897 (s. Allg. Br.- u. H.-Ztg. 1898, I, 92) sagen diese beiden Autoren, dafs gewöhnliches Tannin nicht als Ersatzmittel für Hopfengerbsäure angesehen werden dürfe.

Deshalb sollte der Eiweifsbruch in der Sudpfanne nur durch genügenden Hopfenzusatz und die daraus hervorgehende Gerbstoffbeladung der Würze angestrebt werden, was für feinere Biere auch in Bezug auf den Geschmack derselben sehr wichtig ist. Der Hopfengerbstoff hat einen sehr milden, angenehmen Geschmack, der sehr verschieden ist von der heftig adstringierenden Geschmackswirkung des Tannins; wo ein Gehalt an letzterem den Biergeschmack schon lästig macht, ist vom Hopfengerbstoff kaum etwas zu spüren.

Leider ist der eigentümliche, feine, milde Gerbstoff des Hopfens zwar leicht löslich, aber auch sehr leicht zersetzlich, also dem Verderben ausgesetzt; er hat in dieser Beziehung vor den andern so empfindlichen Bestandteilen des Hopfens nichts voraus und bekundet auch dadurch, dafs er ihnen, seiner Konstitution nach, sehr nahe steht. Wie die übrigen Hopfenbestandteile durch schlechte Trocknung und mangelhafte Aufbewahrung sehr rasch leiden, ist es auch mit dem Hopfengerbstoff der Fall, und wie diese Hopfenbestandteile im alten Hopfen immer mehr verschwinden, gerade so ist es mit den Hopfengerbstoffen: beim Lagern gehen sie in Humuskörper über, und auch beim Kochen werden sie zum Teil verändert. Es ist also die Hopfenkonservierungsfrage eine solche, welche sich nicht blofs auf das ätherische Öl, den Bitterstoff und die Harze, sondern auch auf den für die milde Eiweifsfällung so wichtigen Gerbstoff des Hopfens bezieht.

Wenn Heron[322]) eine entschiedene Abnahme des Hopfengerbstoffgehaltes (namentlich im ersten Jahre) konstatiert und Ph. Biourge[323]) es auf Grund seiner Versuche für erwiesen hält, dafs sich der Gerbstoffgehalt während der Lagerzeit nicht ändert, so hängen diese abweichenden Resultate entweder mit der Mangelhaftigkeit der angewendeten Methoden zur Bestimmung des Gerbstoffes zusammen oder damit, dafs diese Verhältnisse bei verschiedenen Arten der Trocknung, Behandlung und Aufbewahrung des Hopfens sehr verschieden sind.

Schon bei zu reichlichem Feuchtigkeitsgehalt des Hopfens und den dadurch veranlafsten Umsetzungen ist der Hopfengerbstoff geneigt, in anscheinend völlig wertlose Humuskörper überzugehen, welche die neuere Chemie (nach Etti) »Phlobaphen« nennt.

Gegen Feuchtigkeit ist der Hopfengerbstoff sogar vielleicht noch empfindlicher wie die andern Hopfenbestandteile, wenigstens wie die Harze und Bitterstoffe; es ist sogar wahrscheinlich, dafs durch das Verderben des Hopfengerbstoffes meist erst der Zerfall der eben erwähnten Hopfenbestandteile herbeigeführt wird. Sehr wahrscheinlich spielen diese bei der Erhitzung noch feuchten Hopfens (beim Umstehen, Bodenrotwerden) veränderten Gerbstoffe auch eine Rolle beim Färben heller Biere.

Die Anwendung des Tannins in den englischen Brauereien scheint aufser Frage zu stehen, sie scheint sogar dort ziemlich umfangreich betrieben zu werden.

In Deutschland und Österreich scheint die Anwendung des Tannins für Brauzwecke nirgends umfangreich gebräuchlich. Jedenfalls wird man nur in Notfällen daran denken.

Der bekannte Nürnberger Chemiker Stockmeier sagte aber doch in einem Vortrage, welchen er über Hopfenkonservierung etc. in Nürnberg gehalten[324]), dafs zwar besonders in England und Rufsland die Verwendung einer Reihe gesundheitschädlicher Stoffe als Hopfensurrogate üblich sei, aber auch bei uns habe das allerdings unschädliche Tannin als Hopfenersatzmittel teilweise Eingang gefunden, wie ihm aus seiner Thätigkeit als Sachverständiger der seinerzeitigen bayerischen Brauerprozesse (in den 1880er Jahren) bekannt geworden sei. Natürlich kämen solche Mittel nur in teueren Hopfenjahren zur Verwendung.

John Heron (s. oben S. 710) ist der Meinung, dafs die Hopfengerbsäure im Hopfenkessel von gar keinem Werte sei, dafs sie aber als wertvoller Anzeiger für die wichtigen Hopfenbestandteile anzusehen sei, denn er fand, dafs Hopfen, welcher einen guten Prozentsatz an

Hopfentannin enthielt, auch einen ordentlichen Prozentsatz an Harzen und bitteren Stoffen hatte, die für den Brauer von Wert sind, und dafs, wenn diese fehlen, auch das Tannin abgeht. So könnte man aus dem Tanningehalt auch Schlüsse auf den Brauwert des Hopfens ziehen, was doch sehr problematisch ist. Die genaue Bestimmung der Harzvarietäten sei sonst eine heikle Sache. Diese Ansicht Herons ist aber, wie wir gesehen haben, doch eine sehr fragliche (s. S. 720).

Einer besonderen (oben S. 718 schon angedeuteten) Wirkung des Hopfengerbstoffes auf das Bier müssen wir hier noch einmal besonders gedenken, nämlich dessen Einflusses auf die Farbe des Bieres: je höher der Gerbstoffgehalt eines Hopfens ist, desto heller ist angeblich die Farbe des damit gebrauten Bieres. Namentlich ist diese Ansicht von Behrens vertreten worden, aber ohne experimentelle Feststellung. Auch Hayduck hatte solche Ideen (s. oben S. 719).

Die helle Farbe gewisser Biere, wie des Pilsener, des schottischen Export-Pale-Ales, des Berliner Weifsbieres und des Grätzer Bieres, wovon nur das Pilsener untergärig, die andern obergärig sind, mufs bekanntlich auch einen Stich ins Grünliche haben, der schwer richtig zu treffen ist.

Im »Gambrinus« (Wien 1890, S. 786) entwickelt ein Brauer die Ansicht, dafs dieser Stich ins Grüne in der hellen Farbe von den Hopfengerbstoffen herrühre. Diese Ansicht habe zu dem Versuche Anlafs gegeben, die grünliche Farbe durch Zugabe von reinem Tannin zur kochenden Bierwürze zu erreichen; aber der reichliche Tanninzusatz übt einen störenden Einflufs auf die Eiweifsstoffe, welche zur Hefeernährung dienen, wodurch die Gärung ungünstig beeinflufst wird.

Anderseits kommt der reichliche Hopfenzusatz, um den nötigen Gerbstoff zu geben, wie beim Pale-Ale- und beim Pilsener Bier, wobei dann die Hopfengerbstoffe die Gärung nicht störend beeinflussen, teuer.

Das schottische Export-Pale-Ale wird folgendermafsen hergestellt: Auf je 1000 Pfd. blassen Malzes werden 68 Pfd. des besten Hopfens genommen. Von diesem Hopfen werden 60 Pfd. für sich mit heifsem Wasser (108 Pfd.) von 60° R. gebrüht und verdeckt stehen gelassen. Dieser Hopfenthee wird der Würze vor dem Kochen zugesetzt, die mit den 8 Pfd. des übrigen Hopfens gekocht wird, während sie von den 60 Pfd. nur den theeartigen Aufgufs erhält. Es scheint, dafs in diesem Aufgufs namentlich auch die Hopfengerbstoffe gelöst sind, welche beim Würzekochen Eiweifsstoffe fällen und an der Herstellung der grünlichen Farbe mitwirken.

Das Grätzer Bier in Norddeutschland, welches dort sehr beliebt ist, enthält einen so reichlichen Hopfenzusatz, dafs die Hopfengabe das Bier wohl ungeniefsbar machen würde, wenn junger (frischer) Hopfen genommen würde. So wird aber (man s. Gambrinus, Wien 1900, S. 786) zum Rauchdarrenmalz nur 5—6jähriger Hopfen verwendet. In diesem alten Hopfen sind der Bitterstoff und das ätherische Öl ganz bedeutend reduziert; einen gröfseren Betrag der Wirksamkeit scheinen nur noch die Gerbstoffe zu haben, welche der hellen Farbe des Bieres die grünliche Schattierung zu geben scheinen.

Sehr wahrscheinlich spielt auch der Umstand in Bezug auf die Wirksamkeit des Hopfengerbstoffes eine grofse Rolle, dafs dieselbe nicht blofs proportional ist ihrer Menge, sondern auch in Beziehung damit steht, ob sie sehr energisch, wenig energisch, stark, mittel oder schwach etc. ist, gerade so, wie wir diese Wirkungsabstufung auch beim Geruch und beim Bitter des Hopfens finden.

Im Bierbrauer 1884[325]) macht ein Praktiker die Bemerkung, dafs für Würzen, welche ohnehin sehr arm an eiweifsartigen Stoffen sind, unter Umständen der Hopfengerbstoff sich mehr schädlich als nützlich erweisen kann, denn wenn alle Eiweifsstoffe aus Würze und Bier entfernt (gefällt) würden, wäre keine Hefenahrung mehr für die Nachgärung da, so dafs das Bier rasch abstehen und verderben müsse. Die neueren Beobachtungen scheinen aber darzuthun, dafs die aus dem Hopfen in Lösung tretenden Proteïnverbindungen die Haupthefenahrung sind.

Nach W. A. Lawrence in Waterville N. Y. St. (Amerikan. Bierbr. 1887, s. auch Allg. Br.- u. H.-Ztg., Nürnberg 1887, II, 1452), sind namentlich die nur aus Gerstenmalz bereiteten Würzen sehr reich an Eiweifsstoffen; wo viel Malzsurrogate verwendet werden, wie Zucker, Syrup, Stärke, Reis, sind die Würzen mehr zuckerreich, eiweifsarm. Zu viel Eiweifs in den Gärbottichen macht die Gärung wild und überhastet, das Bier aber trüb, zu stark attenuiert und schal. Wenn mit zuckerreichen Würzen zu wenig Eiweifsstoffe in die Gärbottiche kommen, entartet die Hefe.

Die Leistung der Hitze beim Würzekochen im Koagulieren der Eiweifsstoffe mufs durch die Thätigkeit des Hopfentannins gefördert werden.

Von zwei gleich schweren Würzen sollte die an Eiweifsstoffen reichere mehr Hopfengerbstoff erhalten als die zuckerreichere. Bei zuckerreicheren Würzen führt ein Übermafs von Gerbstoff Degenerationen der Hefe herbei. Die hellen Biere scheinen aber auch sehr schnell zu einer organischen Degeneration der Hefezellen zu führen, so dafs solcher Zeug schon nach zweimaligem Ansetzen eine bedeutende Abschwächung seiner Leistungsfähigkeit zeigt. Die dunklen Biere nach bayerischer Art zeigen sich für die Hefeernährung und Erhaltung ihrer Leistungsfähigkeit weit günstiger (Gambrinus, Wien 1900, S. 826). Es ist die höhere Darrung des Malzes und eine höhere Konzentration der Würze der Hefeernährung günstig. Es ist notwendig, das anzuführen, weil sonst gut gemachte Beobachtungen Anlafs geben können zu falschen Schlüssen und Erklärungen der beobachteten Erscheinungen.

Dafs in der Brauerei ein solches Übermafs häufig vorkomme, erhelle schon aus dem Umstande, dafs in der Praxis kein Brauer daran denke, von sehr stark mit Hopfen gebrautem Stock-Ale oder Lagerbier die Hefe als Stellhefe zu andern Gebräuen zu nehmen, obgleich, abgesehen von dem allzu grofsen Gerbstoffgehalt, derartige Würzen dem Wachstum grofser und kräftiger Hefezellen aufserordentlich günstig wären. Habichs Ansicht, dafs die schleppende Thätigkeit der Hefe in stark gehopften Würzen dem Hopfenharz zuzuschreiben sei, wäre gründlich widerlegt worden (Thausing-Schwarz-Bauer S. 569). Und das Transferieren der Hefe von sehr konzentrierter, stark gehopfter Würze nach einer weniger konzentrierten oder schwächer gehopften Würze hat eine viel günstigere Wirkung auf ihre Entwicklung als das umgekehrte Verhältnis, und praktische Beobachtungen haben das bestätigt. (Thausing-Schwarz-Bauer S. 570; S. 537 dieses Werkes ist Tannin unter den Substanzen aufgeführt, welche einen schädlichen Einflufs auf den Hefepilz ausüben.)

Schwarz beantwortet im Amerikanischen Bierbrauer[326]) die Frage, ob man beim Verbrauen von Rohfrucht mehr Hopfen nehmen müsse. Schwarz betont, dafs die Verwendung von Rohfruchtzusatz (enthülster Mais, Reis) namentlich in Amerika aufgekommen sei. Unter den Autoren, welche über die Verwendung von Rohfrucht schrieben (Balling, Habich, Häcker), habe namentlich Häcker in seinen 1868 veröffentlichten Mitteilungen über Rohfruchtbrauerei ausdrücklich betont, dafs die Rohfrucht-Bierwürzen stärker gehopft werden müfsten als die reinen Malzwürzen, wenn man haltbare Biere haben wolle. Das sei aber nicht richtig, weil die Rohfruchtwürzen weit weniger Eiweifsstoffe hätten als die reinen Malzwürzen; deshalb mufs die gebräuchliche Hopfenmenge mehr als zureichend sein, die Eiweifsmenge der Rohfruchtwürzen auszuscheiden, ja es mufs sogar bei Rohfruchtwürzen eine Minderung der Hopfengabe gestattet sein. Auch ohne jede Rücksicht auf die vielen empfohlenen Hopfensparsysteme könne man für jedes Barrel Würze, welche unter Mitanwendung von Rohfrucht erzeugt wurde, durchschnittlich 1 Pfd. Hopfen nehmen, ohne Gefahr, dadurch den Charakter des Bieres zu schädigen, vorausgesetzt, dafs sonst alles in Ordnung war. Man sehe auch die Ansichten des Herrn Schwarz über das Hopfensparen beim Hopfenkochen in der Allg. Br.- u. H.-Ztg. 1883, I, 14. Schwarz will die in den Kessel gebrachte Würze erst ohne Hopfen kochen, bis sie bricht; alsdann werden zwei Fünftel des Hopfenquantums gegeben, nach einer Stunde weiteren Kochens werden wieder zwei Fünftel gegeben und bis zum Ausschlagen weiter gekocht. Das letzte Fünftel des Hopfens wird in die Ausschlagbütte oder in den Hopfenseiher gebracht. Alle andern Methoden der Hopfengabe, separates Extrahieren des Hopfens (Paupie), Rösten des Hopfens in der Braupfanne, Einhängen des Hopfens in netzartigen Beuteln während des Würzekochens, gewähren nach ihm keine Hopfenersparnis.

W. A. Lawrence ist dann ferner der beachtenswerten Ansicht, dafs man in den lupulinreichsten Hopfensorten die an Gerbstoffen ärmsten zu erwarten habe. Es sind das Ansichten, die in der That mit meinen Beobachtungen nicht ganz im Widerspruch stehen. Aber die Meinung, dafs die Hopfen mit gröfstem Lupulingehalt auch immer das feinste Aroma haben, ist gewifs nicht probehaltig.

Ganz entgegengesetzt halten manche (s. Remy, Wochenschr. f. Br. 1898, S. 606, dann G. Barth etc.) die geringwertigen Hopfen für gerbstoffarm, die geschätztesten, also auch sekretreichsten Provenienzen hingegen stets für gerbstoffreich; Remy sagt, dafs nach seinen eigenen Feststellungen der Gerbstoffgehalt mit eine typische Provenienzeigenschaft sei. Er sei hoch bei Württembergern, Spaltern, Saazern, sehr niedrig dagegen bei Aischgründern, Altmärkern; die Hallertau und Elsafs-Lothringen näherten sich im allgemeinen den erwähnten gerbstoffreichen, Ostpreufsen und Neutomischel den gerbstoffarmen Provenienzen. Wenn nun aber die Hallertauer doch sehr konservierend auf das Bier wirken, dann mufs das doch wohl in einer gröfseren Energie ihres Gerbstoffes begründet sein.

Weiterhin ist Lawrence der Ansicht, dafs unreif gepflückte Hopfen arm an Aroma und Lupulin und anderseits für jede Würze zu reich an Hopfengerbstoff seien. Die reifen Hopfen sind reicher an Lupulin und Aroma und ärmer an Gerbstoff. Auch diese Ansichten des Herrn Lawrence dürften der Wahrheit ziemlich nahe kommen.

Ferner ist Lawrence der Ansicht, dafs wilder Hopfen das meiste Tannin habe, aber zugleich das wenigste Lupulin und schlechteste Aroma. Ihm ständen die roheren Hopfensorten nahe. Dagegen hätten die in langwieriger Kultur veredelten Hopfen, wie die Saazer, sehr viel Lupulin, feinstes Aroma und weniger Gerbstoff. Es ist eine längst und hundert- oder tausendfach in der Praxis beobachtete Thatsache, dafs gerade die roheren, minder hochkultivierten Hopfensorten mit gröberem Aroma und Bitter eine gröfsere konservierende Kraft auf das Bier ausüben, welche sicher mit ihrem energischeren Eingreifen des Hopfengerbstoffes beim Würzesieden in Beziehung steht. Umgekehrt ist es bei den edleren, hochkultivierten Hopfensorten. Die analytischen Bestimmungen über den Gerbstoffgehalt des Wildhopfens, der feinen und gröberen Kulturhopfen stimmen freilich in ihren quantitativen Gerbstoffbestimmungen nur zum Teil mit diesen Aufstellungen überein, zum Teil aber auch gar nicht, oder selbst das Gegenteil beweisend; aber die Analyse kann eben in Bezug auf die sicher gröfsere Energie der Wirksamkeit des Hopfengerbstoffes im Wildhopfen und im gröberen Kulturhopfen gar nichts beweisen, ebenso wenig wie in Bezug auf die gröfsere Milde oder Schwäche in der Energie der Wirkung bei feineren Kulturhopfen. Auch diese Ansicht, die von grofser Tragweite ist, finde ich in Übereinstimmung mit meinen langwierigen, eingehenden Beobachtungen.

Lawrence ist ferner der Meinung, dafs bei aufserordentlich eiweifsreichen Würzen auch die Verwendung alter Hopfen am Platze sei, weil der Extraktwert des Hopfengerbstoffes durch das Alter nichts verliere; das ist also wieder andern Ansichten schroff entgegengesetzt.

Die oben entwickelten Ansichten des Herrn Lawrence werfen in der That auf diese wichtige Frage ganz neues Licht und lassen wohl auch anstandslos den Widerspruch begreifen, welcher darin liegt, dafs die neueren englischen Technologen und manche deutsche dem Hopfengerbstoff für die Ausscheidung der Eiweifsstoffe aus der kochenden Würze gar keine Bedeutung mehr beimessen wollen, worüber die mitteleuropäischen praktischen Brauer auf Grund ihrer tausendfältigen Beobachtungen bedenklich die Köpfe schütteln.

Offenbar handelt es sich bei den englischen Würzen ebenso wie bei den nordamerikanischen um zuckerreiche und eiweifsarme, denn auch dort wird viel Reis, Stärkemehl, Zucker etc. verwendet. In Mitteleuropa aber, wo die Biere meist nur oder, wie in Bayern, allein nur aus Gerste hergestellt werden, handelt es sich um zuckerärmere und sehr eiweifsreiche Würzen. Da hat offenbar der Hopfengerbstoff für das Hinauswerfen der Eiweifsstoffe und anderer Substanzen aus der kochenden Würze eine ganz andere Aufgabe zu vollbringen als in Gebieten mit zuckerreichen, eiweifsarmen Würzen.

Für diese zuckerreichen Würzen (Amerikas, Englands etc.) kann W. A. Lawrence wohl sagen, dafs jeder Hopfen, der damit gekocht wird, genügend, meist eher zu viel als zu wenig, an Gerbstoff an sie abgibt. Da der Hopfen in grofser Menge nachteilig auf die Hefe wirkt, müfste man eine Schädigung der Hefe befürchten, wenn man so viel Hopfen wie früher geben und an der früheren langen Siededauer festhalten wollte. Bei eiweifsreichen Würzen sei das anders, da könne man aber auch den Gerbstoff des alten Hopfens verwenden; man sollte diesen gleich zum Beginn des Siedens geben und den Teil des neuen, welcher dem Bier Aroma geben soll, erst am Ende. Das Tannin sei eines der roheren Produkte des Hopfens, welches mit dem Alter nicht schlechter werde, leicht und in mehr als genügender Menge im Kessel extrahiert werde, der Würze auch im Gärbottiche noch zähe anhafte, ja selbst noch dem fertigen Bier, wie dies die Bildung gerbsaurer Salze beim Benutzen von »Schöne« darthue. Das Lupulin sei ein viel feineres Produkt, welches beständig die Aufmerksamkeit des Brauers verlange; das Tannin bedürfe dessen viel weniger.

Dafs ein solcher schädlicher Einflufs des Hopfens auf den Hefepilz existiert, hat neuestens auch F. W. Richardson (Journ. of the Fed. Inst. of Brewing 1898, IV, S. 128; s. auch Wochenschr. f. Br. 1898, S. 161) nachgewiesen. Es fragt sich nur, welche Hopfenstoffe diese Wirkung ausüben, die sich übrigens nur bei der Anwendung gröfserer Hopfenmengen, wie sie in England üblich, bemerkbar machen.

Drei Würzeteile mit je 12,26, ein Teil mit 1 % Hopfen gekocht, der andere mit 5 % Hopfen, der dritte Teil ohne Hopfen, wurden, mit gleichen Mengen gewöhnlicher Hefe versetzt, vier Tage lang bei 22—23° C. gehalten. Die dann vorgenommene Alkoholbestimmung ergab:

	Alkohol Volum.-Proz.	
Die Würze ohne Hopfen	8,34	= 100
» » mit 1 % »	6,97	= 83½
» » » 5 % »	6,41	= 77.

Die Menge der gebildeten Säuren, unter Berücksichtigung der durch den Hopfen der Würze zugefügten Säuren, war nahezu dieselbe. Essigsäurebildung war nicht eingetreten.

Ein Hopfenzusatz von 1 % verringerte also die Alkoholbildung um 16½ %, ein Zusatz von 5 % dagegen um 23 %.

Es ist bezeichnend, dafs man in England und Amerika, wo früher teilweise so erstaunliche Mengen von Hopfen zur Herstellung gewisser Biersorten verwendet wurden, die Wahrnehmung machte, dafs bei zu viel Hopfen sogar die Hefe leidet. Wie wir weiter unten (s. Hopfenalkaloide) sehen werden, tötet das Alkaloid »Hopeïn« selbst noch in ziemlicher Verdünnung nicht blofs Fäulnispilze, sondern auch Hefepilze. Die Engländer, welche eben solche Massen Hopfen zum Bier verwendeten, klagten meines Wissens niemals über Beschädigung der Hefe bei zu grofser Hopfengabe. Nun hat der Engländer Williamson (1886) erklärt, dafs er relativ gröfsere Mengen des Alkaloids »Hopeïn« nur in amerikanischen Wildhopfensorten gefunden habe. Die Kulturpflanze Hopfen ist aber von der wilden dem Wesen nach nicht verschieden. Man kann also annehmen, dafs unter Umständen auch in nordamerikanischen Kulturpflanzen sich relativ gröfsere (absolut immer kleine) Mengen von Hopeïn finden. Thausing (Allg. Zeitschr. f. Bierbr. u. Malzfabr., repr. Allg. Br.- u. H.-Ztg. 1883, II, 1069) bezweifelt, dafs die Qualität des Hopfens, wenn man von geradezu verdorbenem Hopfen absehe, von Einflufs auf die Gärung und die Samenhefe sei; er gibt aber für seine abweichende Ansicht nicht die leiseste Begründung.

In der Allg. H.-Ztg. (1877, S. 609) sagt aber J. E. Thausing, dafs der Hopfen auch eine Wirkung auf die Bierhefe ausübe. Erfahrungen aus der Praxis sprächen dafür, dafs bei schwacher Schüttung und starker Hopfengabe die Hefe zum Ausarten hinneige und öfterer Zeugwechsel nötig werde. Er wolle sich in Bezug auf die Ursachen nicht mit Hypothesen befassen, die Thatsache an und für sich sei schon interessant und wichtig genug.

Sehr beachtenswert sind einige Bemerkungen eines praktischen Brauers E. K[327]). Derselbe hatte täglich zwei Sud zu machen; bei jedem Sud wurde stets ein anderer Biersieder verwendet; bei dem ersten Sud (vormittags) nun fehlte der Bruch jedesmal vollständig, bei dem zweiten Sud (nachmittags) war der Bruch immer ganz brillant, obgleich Malz, Hopfen, selbst die Apparate dieselben waren wie beim Vormittagssud und auch zwei Stunden gekocht wurde. Nach eingehender Untersuchung zeigte es sich, dafs bei dem ersten Sud das zu starke Feuern schuld war am schlechten Kesselbruch der Würze; als dies abgestellt war, gab es auch im ersten Sud tadellosen Bruch. Es wurde nun die Probe öfter gemacht, immer blieb der Bruch aus, wenn zu stark gefeuert wurde, und immer war er sofort wieder da, wenn langsamer gefeuert wurde.

Ein Braumeister berichtet im Böhmischen Bierbrauer[328]), dafs sich 1882/1883 der Hopfen beim Würzebrechen in der Pfanne so ganz anders verhielt wie sonst. Der Hopfensud dauerte bei ihm immer zwei Stunden, und er gab den Hopfen auf zweimal in die Würze, die gröfsere Hälfte zur Vorderwürze, den Rest etwa $^1/_2$ Stunde vor dem Ausschlagen. Die Gärungen waren gesund und normal, und sehr selten erhielt er Biere, welche sich mit dem Fassen nicht schnell klärten. 1882 ging es aber nicht so glatt. Gleich der Sud vom 5. Oktober 1882 wollte sich nicht setzen, und im Lagerfasse war er so trüb, dafs man an Milchsäuretrübung erinnert wurde, obgleich die Acidität ganz normal war; das Mikroskop zeigte Hefe und Hopfenharz als Ursache der Trübung. Sorgfältige Beobachtung zeigte, dafs beim Würzesud Schwierigkeiten vorhanden waren. Das Ausscheiden von Flocken war spärlich und hartnäckig. Er wufste aus der Erfahrung, dafs schwaches Gerinnen der Eiweifsstoffe das Bier zu einer abnormalen Gärung veranlafst und dessen Haltbarkeit beeinträchtigt. Namentlich der Hopfensud sei wichtig, nicht blofs wegen des Biergeschmackes (Aroma und Bitter). Der Sud dauerte schon zwei Stunden, Mafs und Gradhaltigkeit der Würze waren erzielt, aber der Bruch fehlte, und das Geläger am Kühlschiff wurde beim Ablassen sehr leicht mitgerissen. Ein längeres Kochen half nicht viel. Seine benachbarten Kollegen hatten dieselben Klagen. Dann änderte er die Art der Hopfengabe, er setzte $^2/_3$ zu, wenn die Würze eine halbe Stunde gekocht hatte, und kochte sie $1 - 1\,^1/_2$ Stunden; darauf gab er das letzte, zerrissene Drittel Hopfen auf ca. $^1/_2$stündiges Kochen. Nun erhielt er seine Würze wieder wie in andern Jahren: sie sah im Probierglase feurig und glänzend aus, und die darin herumschwimmenden Flocken der Eiweifskörper setzten sich rasch zu Boden. Nun erhielt er, bei vorsichtigem Ablassen, auch vom Kühlschiff eine reine Würze (ohne Geläger), welche regelmäfsig vergärt, die Hefe nicht so schwächt und daher wieder das Hopfenharz durch die Braunkräusen und das Kappeln bei der Nachgärung ausscheidet, so dafs die Gefahr einer Hefe- und Hopfenharz-Trübung durch ordentliches Garkochen der Würze behoben war.

Wegen der Zweifel, welche man in die Annahme setzt, dafs die Hopfengerbsäure ähnlich wie Tannin, nämlich fällend, auf Eiweifsstoffe wirke, stellten Moritz und Lee[329]) direkte Versuche an mit verschiedenen Portionen Würzen zu je 50 g (aus hartem Wasser); die Würzen waren alle derselben Konzentration, wie in der Praxis üblich.

Bei Würze 1, welche ohne Hopfen gesotten wurde, wogen die getrockneten koagulierten Eiweifsstoffe 0,472 g. Das Filtrat wurde nun mit 1,5 g eines Durchschnittshopfens gesotten (die Hopfengabe war also der Praxis angepafst). Wenn alles nicht Hergehörige abgezogen, blieb noch für die Gerbsäure-Albuminoide

$$0{,}975 - 0{,}913 = 0{,}062 \text{ g}.$$

Das hierbei erhaltene Filtrat wurde noch $^1/_3$ Stunde mit 0,05 g Tannin gesotten und gab noch reichliche Ausscheidung.

Würze 2 wurde sofort mit 1,5 g Hopfen gesotten. Zieht man vom getrockneten Rückstand die vom Hopfen stammenden 0,913 g ab, so bleiben für Gerbsäure-Albuminoide 0,678 g gegen vorhin (ohne Gerbsäure) 0,492 g. Als dann das Filtrat mit 5 g Hopfen noch eine halbe Stunde gesotten wurde, erhielt man noch einmal einen Gerbsäure-Albuminoid-Niederschlag von rein 0,135 g. Und das Filtrat ergab mit 0,05 g Tannin noch einmal reichlichen Niederschlag.

Wenn man die ersten Niederschläge aus den beiden Würzen Nr. 1 und 2 vergleicht, so zeigt sich, dafs die Hopfengerbsäure unter denselben Bedingungen nahezu noch einmal so viel Substanz niederschlägt, als durch einfaches Sieden in Malzalbuminen koaguliert wird, und diese Thatsache beweist, dafs Hopfengerbsäure wie andere Gerbsäuren die Albuminoide aus Malzwürzen niederschlägt.

Weiter ersieht man aus diesen Versuchen die wichtige Thatsache, dafs man bei successiver Hopfengabe immer wieder neue Niederschläge erhält, und dafs Tannin nach zwei Filtrationen abermals reichen Niederschlag bewirkt.

Die Hopfengerbsäure kann also nicht alle Albuminsubstanz niederschlagen; 50 g Malz mit 10% Albuminoiden enthalten 5 g Albumine (Ullik hat aber gezeigt, dafs nicht alles in der Würze Albuminsubstanz ist, was man bisher dafür hielt); 1,5 g Hopfen mit 3% Gerbsäure enthält 0,045 g Gerbsäure.

Die beiden Autoren machten nun noch einen Versuch wie in Nr. 1 und 2 und gaben 0,045 g Tannin, entsprechend 1,5 g Hopfen. Der getrocknete Niederschlag wog 0,676 g gegenüber dem in Würze Nr. 2 erhaltenen mit 0,678 g.

Nach diesen Versuchen wäre die Gerbsäure im Hopfen gerade in der richtigen Menge enthalten, um einen Teil der Malzalbumine niederzuschlagen, aber auch noch so viel in Lösung zu lassen, als zur Ernährung der Hefe, die aber nicht blofs durch Peptone, sondern auch durch Amide ernährt wird, nötig ist.

Dieses Referat hat Griefsmayer geliefert. Dr. E. Prior in Nürnberg[330]) sagt nun aber in einer nebenan stehenden Abhandlung, Griefsmayer habe in der ungehopften (gekochten) Würze gefunden:

Albuminoide 5,41 und 5,24%,

in der gehopften Würze:

Albuminoide 5,11 und 5,08%.

Der Unterschied betrage also nur 0,3 bezw. 0,16% und sei viel zu gering, als dafs im Mindergehalt der gehopften Würze an Albuminoiden eine Ursache der gröfseren Haltbarkeit des Bieres gefunden werden könnte.

Die Wirkung der Hopfengerbsäure in der Konservierung des Bieres werde überschätzt; selbst wenn die übliche Hopfengabe verdoppelt und verdreifacht würde, wäre ihre konservierende Wirkung eine unbedeutende. Prior erkennt nur Hopfenharz und Hopfenbitter als die wichtigsten Wertbestandteile des Hopfens an.

E. Prior[331]) hält nicht viel auf die Gerbstoffwirkung für die Fällung der Eiweifsstoffe, weil Griefsmayer in gehopfter und ungehopfter Würze ganz ähnliche Albuminoidmengen gefunden hat, jedenfalls in der letzteren nicht viel weniger; aufserdem sei die in die Würze gelangende Gerbstoffmenge mit 0,0312% lange nicht hinreichend, 0,16—0,3% Albuminoide (die von Griefsmayer gefundenen Mengen) zu fällen. Selbst wenn die in der bisher üblichen Hopfengabe enthaltene Menge verdoppelt und verdreifacht würde, wäre ihre konservierende Bedeutung nur eine untergeordnete.

Moritz[332]) findet namentlich jene aus dem Malze stammenden Eiweifsstoffe als der Haltbarkeit der Würze und des Bieres gefährlich, welche während des Mälzungsprozesses gebildet werden, aber nicht koagulierbar seien; sie gehörten gröfstenteils zur Amidklasse, würden durch Kochen vom Hopfengerbstoff und beim Kühlen nicht ausgefällt. Die feinsten Braugersten hätten davon nur wenig, und dieselben seien wahrscheinlich für die Ernährung der Hefe wichtig; dagegen würden diese Eiweifsstoffe in der speckigen, stickstoffreichen Gerste im Überschusse gebildet, wenn der Mälzungsprozefs forciert werde; im besseren Malze betrage die Menge im Mittel 2,4%, im forcierten Malze 3,8%. 19½pfündige Würzen haben aus gutem Malze 0,1416% und aus forciertem Malze 0,4200% solcher löslichen Eiweifsstoffe. Noch schädlicher seien solch kleine Mengen leicht zersetzbarer animalischer, im Brauwasser enthaltener Eiweifsstoffe, selbst 0,4 bis 1,0 Teil in 1 Million Teilen Wasser. Namentlich werden solche Mengen derartiger Eiweifsstoffe gefährlich, wenn sonst Fehler in der Brauerei vorkommen. Besseres Malz oder erhöhte Hopfengabe erweisen sich als wirksam gegen schädliche Faktoren, wenn keine andern Fehler hinzukommen.

Thausing (1898 l. c., V. Aufl., S. 612), der eiweifsreiche (Malz-) Würzen im Auge hat, legt grofsen Wert auf guten Bruch, das koagulierte Eiweifs soll in grofsen Flocken schwimmend zu sehen sein. Schlechter und langsam eintretender Bruch deutet immer auf fehlerhaftes, zu wenig gewachsenes, fehlerhaft gedarrtes oder sehr junges Malz. Überwachsenes Malz gibt sehr rasch und gut brechende Würzen, zuweilen mit feingriesigem Bruch. Kurzes Kochen der Maische gibt gröberflockigen Bruch als langes Maischekochen. Heftiges Kochen mit stark wallender Bewegung gibt kleinflockigen Bruch, schwaches Sieden groben Bruch. Starke Würzen haben mehr und gröbere Ausscheidungen als schwache.

Nach Etti, welchem wir die wichtigsten Beiträge zu der gegenwärtig herrschenden Ansicht über die Natur des Hopfengerbstoffes verdanken, handelt es sich um leicht veränderliche Körper, welche sich beim Kochen mit Lösungsmitteln bei wenig über 100° C. schnell, bei Einwirkung des Luftsauerstoffes, verändern; mit diesen Veränderungen ist Verlust der Löslichkeit und die Entstehung dunkler Körper verbunden.

Hayduck, Briant und Meacham wollen der Eiweifsfällung keine oder nur eine untergeordnete Bedeutung beilegen. Hayduck hält zudem die Hopfengerbstoff-Eiweifsfällung nicht für ganz unlöslich, weshalb sie stets in geringen Mengen in den gehopften Würzen und im Bier vorkommen; die Tannin-Eiweifsfällungen und die Phlobaphen-Eiweifsfällungen sind ganz unlöslich.

Die Ansicht, dafs der Hopfen zur Klärung der Würze von Bedeutung sei, suchte Hayduck zu prüfen; er fand, dafs bei vier wässerigen, trüben Abkochungen nur jene sich mit Eiweifs klärte, welche den meisten Hopfengerbstoff erhalten hatte, bei den andern war erst der Zusatz von Tannin für die Klärung entscheidend. Ob die klärende Wirkung bei der ersten Probe eine mechanische Wirkung der Gerbstoff-Eiweifsfällung ist, oder ihre Ursache in der durch Gerbstoff bewirkten Ausfällung von zu Trübungen leicht Anlafs gebenden Körpern hat, ist unbekannt.

Auch das ist noch eine offene Frage, ob der Hopfengerbstoff auf Geschmack, Vollmundigkeit, Schaumhaltigkeit und helle Farbe des Bieres wesentlich Einflufs übt. Dafs solche Beziehungen existieren können, ist nach den vorliegenden Beobachtungen nicht von der Hand zu weisen, wobei es nur zweifelhaft ist, ob diese Wirkungen immer günstige sind. Da die Abnahme des Gerbstoffgehaltes beim Reifen an der Stange und beim Lagern, bei gleichzeitiger Zunahme der Färbekraft entschieden zu existieren scheint, scheint wenigstens in dieser Hinsicht dieser Fragenkomplex schon mehr geklärt.

Jedenfalls ist es ganz erstaunlich, wie wenig geklärt die Fragen nach dem Hopfengerbstoff und seinen Wirkungen vorerst noch sind. Deshalb gehen auch die Ansichten so weit auseinander, wie man es kaum für möglich halten sollte: während viele ihn für einen der wichtigsten Wertbestandteile des Hopfens halten, wollen andere ihm nur eine untergeordnete, mehr mittelbare Bedeutung zugestehen, als Kriterium (Anzeiger) für andere, wichtigere Gebrauchseigenschaften; manche halten ihn sogar für eine schädliche Dreingabe der Hopfenverwendung.

Es scheint mir fraglich, ob unter dem Begriff Hopfengerbstoff nicht (wie bei dem ätherischen Hopfenöl und den Hopfenharzen etc.) ein Komplex von mehrlei Dingen zusammengefafst wird, und ob nicht die Methode der sogenannten Gerbstoffbestimmung sehr mangelhaft ist, weil gerade jene Hopfen, welche von der Chemie als die gerbstoffreichsten bezeichnet werden, solche von berühmtester Provenienz (Saaz, Spalt), in ihrer konservierenden Wirkung bei schlechten Kellern erfahrungsgemäfs gegen solche minderer Berühmtheit (Gebirgshopfen von Betzenstein, Hallertauer etc.) zurückstehen. Offenbar handelt es sich um keine zünftigen Gerbstoffe, daher die Chemie so schwer damit fertig wird.

Ganz gewifs ist aber auch die Kraft, die Energie dieser Gerbstoffe keine einheitliche, sondern eine sehr variable Sache, wobei ein Hopfen mit kleinerer Menge sogenannter Hopfengerbstoffe viel mehr wirken kann wie ein anderer mit der doppelten Menge. Damit kommen wir wieder zu den Imponderabilien, mit denen die Analyse nichts anzufangen vermag, und vielleicht ist gerade der Gerbstoff so recht geeignet, zu zeigen, wo die Grenzen der chemischen Analyse für die Wertbestimmung des Hopfens liegen.

Dr. Remy (Wochenschr. f. Br. 1898, S. 606) sagt: Die Wirkungen des Gerbstoffes sind sehr vielseitige. Ob die klärende Gerbstoffwirkung eine mechanische Wirkung der Gerbstoff-Eiweifsfällung ist, oder ihre Ursache in der durch Gerbstoff bewirkten Ausfällung von zu Trübungen leicht Anlafs gebenden Körpern hat, ist unbekannt. Vielen Brauern ist aber die gute und unentbehrliche Wirkung des Hopfens auch in dieser Richtung wohlbekannt.

Beachtenswert bleibt schliefslich noch eine von Dr. Jos. Bersch ausgesprochene Ansicht[333], dafs man wohl auch durch verlängertes Kochen der Würze die Hopfengerbstoffwirkung ersetzen könne, dafs aber durch das lange Kochen manche in der Würze enthaltenen Stoffe in einer für die Qualität des künftigen Bieres nicht günstigen Weise verändert werden. Der Hopfengerbstoff gestattet also durch seine energischere Wirkung auf die Eiweifsstoffe, den Kochprozefs zu kürzen.

Ein Brauer aus Hudson will nach The Brewer's Journal (1880) den Hopfen der kochenden Würze erst zusetzen, wenn diese sich bricht und alles Eiweifs in Klumpen sammelt; koche man den Hopfen zu lange, dann schlage sich das Eiweifs auf den Hopfenzapfen nieder und verhindere die Extraktion des Lupulins; es würde dann nur der Bitterstoff der Blätter und Spindeln ausgezogen.

7. Die Hopfenalkaloide.

Alkaloide sind stickstoffhaltige Basen, welche sehr giftig, unter Umständen aber, in kleinen Mengen genossen, sehr anregend und namentlich auch sehr heilkräftig wirken. Die Alkaloide sind ferner Bitterstoffe und haben eine narkotische Wirkung auf den menschlichen und tierischen Organismus.

Schon in den ersten Stadien unserer chemischen Kenntnis des Hopfens findet man das Vorhandensein eines oder mehrerer Alkaloide erwähnt. Man glaubte in ihnen die Ursache der narkotischen Wirkung des Hopfens (Kopfschmerz, baldiges Berauschtsein etc.; s. auch im Polytechn. Journ., Bd. 212, S. 67) zu finden. Die Hopfenalkaloide werden Lupulin, Hopeïn genannt.

Schon Desroches (1803, De Humuli lupuli viribus) konstatierte eine narkotische Wirkung des Hopfens.

Auch Personne will einen alkaloidähnlichen Körper gefunden haben. Ebenso will Lermer (Dinglers Polytechn. Journ., Bd. 184, S. 159, auch Allg. H.-Ztg. 1869, S. 318) die Spuren eines Hopfenalkaloids im Hopfen und im Bier gefunden haben. Dr. Hagen und Dr. Jacobson bezweifeln das, nur schwachköpfige Dorfteufel vermuteten das. Habich hielt das Hopfenharz für ein Narkoticum, welches den Bierkater erzeuge; schwächer gehopfte Biere seien gesunder. Hopfenstaub, in eine Wunde gebracht, erzeuge heftige Entzündungen. Mulder (Chemie des Bieres) bezweifelt die narkotische Eigenschaft des Hopfenharzes und des Bitterstoffes. Viele andere halten das Hopfenbitter für magenstärkend und stärker gehopfte Biere für gesunder. Auch Wagner vermutet im Hopfen ein betäubendes Alkaloid. Manche (s. Michel, Allg. H.-Ztg. 1873, S. 624) wollen das betäubende Alkaloid des Hopfens in den Hopfen-Samen oder -Früchten suchen. Griefsmayer (1874, Dinglers Polytechn. Journ. 212, S. 67) bestätigte die Anwesenheit von Hopfenalkaloiden, er fand sogar in rohen Hopfen deren zwei. V. Griefsmayer sagt[334]: Ich habe schon 1874[335]) nachgewiesen, dafs im Hopfen ein Alkaloid, von mir Lupulin genannt, enthalten ist. Es gibt mit Gerbsäure, Silbernitrat, Quecksilberchlorid und Fehlingscher Lösung weifse Niederschläge. Mit Goldchlorid entsteht ein gelbweifser, in Salzsäure löslicher Niederschlag; mit $^1/_{10}$ normaler Jodlösung braune Fällung; mit konzentrierter Schwefelsäure und saurem, chromsaurem Kali violette Färbung; mit rauchender Salpetersäure zunächst gelbe Färbung, nach einer halben Minute wird diese grün, dann ganz dunkelgrün, am Rande ins Blaue spielend, nach einer weiteren halben Minute farblos; mit Bromdämpfen sofort weifse, dann gelbe Färbung; mit Brom selbst schwefelgelber Niederschlag, der orange und braun wird. Wässeriges Hopfenextrakt, mit Kali und Äther geschüttelt, gibt Ammon und Trimethylamin[336]).

Graham wollte die betäubende Wirkung der englischen Biere gegenüber den Lagerbieren in ihrem hohen Hopfengehalte finden, was aber in neuerer Zeit wieder bestritten worden ist[337]). Allerneuestens vertritt aber der englische Technologe F. W. Richardson (Journ. of the Fed. Inst. of Brewing, Vol. IV, 1898, S. 128) wieder diese Ansicht.

Die Erfahrung habe gelehrt, dafs man in Deutschland ebenso vieler Liter Bier bedürfe, um einen Trinker kampfunfähig zu machen, als in England Halfpints (1 Halfpint = 0,28 l). Der Alkohol, welcher in den (leichteren) englischen Bieren nur etwa 1 % höher sei als in deutschen Bieren, könne das nicht bewirken, es müsse also die stärkere Wirkung der englischen Biere in der gröfseren Hopfenmenge gesucht werden, mit welcher sie, im Vergleich zu den deutschen, eingebraut würden. Er habe 1/2 Pfd. Hopfen (so viel als für 4 Gallonen Bier nötig ist) abgekocht, die trübe Flüssigkeit durch ein Sieb filtriert und die intensiv bittere Flüssigkeit getrunken.. Er konnte aber nicht die leiseste körperliche oder geistige Veränderung seines Befindens beobachten. Damit wolle er aber nicht beweisen, dafs der Hopfen im Bier keine narkotische Wirkung ausübe. Tappeiner (Zeitschr. f. Biologie, Jahrg. 16, S. 497) habe festgestellt, dafs die Absorption des Magens für Alkaloide in wässeriger Lösung verhältnismäfsig gering, in verdünnter alkoholischer Lösung dagegen bedeutend ist; im Bier, bei Gegenwart von 5 % Alkohol, könne das anders sein.

Moritz und Morris zweifeln nicht am Vorhandensein eines Alkaloids im Hopfen, ähnlich J, Thausing; sie sagen[338]), dafs namentlich alter, schlechter, verdorbener Hopfen sehr narkotisch sei; da könnte es sich aber um Trimethylamin handeln.

Es ist sehr wahrscheinlich, dafs die hochgradig berauschende Wirkung englischer Biere, namentlich des Ales, mit ihrem grofsen Hopfengehalt (also mit Hopfenalkaloiden) zusammenhängt. Wenn sich diese Wirkung bei englischen Aletrinkern nicht so bemerkbar macht, so handelt es sich wahrscheinlich um allmähliche Immunisierung.

Wenn Griefsmayers Ansicht sich bestätigt, dann würde es vielleicht begreiflich sein, warum manche Biere nach dem Genusse eine so eigentümliche physiologische Wirkung äufsern, welche unmöglich dem Alkohol allein zugeschrieben werden kann und den Brauer in Verdacht bringt, dafs er, um Hopfen zu sparen und die berauschende Wirkung des Bieres zu vermehren, sich giftig wirkender Hopfensurrogate bediene. Aber die Frage wird dadurch sehr erschwert, dafs sich sehr wahrscheinlich im Hopfen selbst, wenn er feucht verpackt wurde und sich erhitzt, und sehr wahrscheinlich unter Umständen auch im Bier alkaloidähnliche Körper bilden, welche dann leicht für ein primäres Hopfenalkaloid angesehen werden können.

Das von Griefsmayer »Lupulin« genannte eigentliche Alkaloid soll flüssig, flüchtig, von betäubendem Geruche und laugenhaftem, Ekel erregendem, aber nicht bitterem Geschmack sein und Ähnlichkeit mit Coniin und Colchicin haben; das andere Alkaloid Griefsmayers war Trimethylamin, ein nicht primäres Alkaloid des Hopfens, welches sich nur in sehr stark verdorbenem, erhitzt gewesenem Hopfen findet.

Griefsmayer hatte zu wenig, um Analysen vornehmen zu können. Wenn Griefsmayer recht hat, könnte — insofern die Untersuchung ganzer Hopfenzapfen vorlag — nicht blofs im Hopfenmehl, sondern vielleicht auch in den Köpfchendrüsen etwas von einem Alkaloid enthalten sein, die oft in so grofser Menge die Zapfenblätter besetzt halten. Griefsmayer fand in feinem Hopfen nur ein Alkaloid, in rohen, geringen Sorten deren zwei.

In neuerer Zeit (Mitte der 1880er Jahre) hat der englische Chemiker Williamson ein Präparat angekündigt, welches er Hopeïn oder Hopeït ($C_{18}H_{20}NO_4H_2O$) nannte und welches als Narkoticum und Antisepticum gleich vorzüglich wirken sollte[339]). Nach W. Th. Smiths Versuchen ist namentlich die tödliche Wirkung des Hopeïns auf gewisse Gärungs- und Fäulnis-Bazillen eine aufserordentliche. Er wollte es namentlich im wilden amerikanischen Hopfen (aus Arizona) gefunden haben und daraus darstellen; es war auch da nur in geringer Menge vorhanden, so dafs er es aus dem Lupulin dieses Hopfens als krystallisierten Körper, deutlich verschieden von Morphinkrystallen, nur mit kaum 1/70 % gewinnen konnte; es sei im wilden amerikanischen Hopfen noch ein Alkaloid enthalten, welches mit Morphin identisch sei. Bei seinen umfangreichen Versuchen hatte er im englischen Hopfen eine viel geringere narkotische Wirkung gefunden wie im amerikanischen Wildhopfen und die schwächste beim deutschen

Hopfen [340]). Ein alkoholisches Extrakt des Alkaloides stand in seinen giftigen Eigenschaften dem Opium nicht nach; wenige Gramme dieses Extraktes töteten in weniger als zwei Stunden Hunde und Kaninchen. Dasselbe war intensiv bitter; die tödliche Dosis liegt sicher unter 0,5 g, wahrscheinlich bei 0,15—0,22 g, bei welchen Dosen nach den Versuchen von W. Th. Smith, Roberts, Myers, Weifsenfeld etc. viele Tiere starben.

Als dieses Präparat in den Handel kam, wurde es in vielen deutschen, französischen und österreichischen chemischen Laboratorien untersucht und die ganze Sache als Humbug dargestellt in der Absicht, Geld zu machen. Es handle sich lediglich um Morphin. Dafs sein Hopfenalkaloid dem Morphin ähnlich sei, hat schon Williamson gesagt, namentlich dafs es die charakteristischen Morphinreaktionen zeige; aber es habe eine andere Zusammensetzung und zeige sich auch sonst in seinem chemischen und physiologischen Verhalten verschieden [341]). Eine Flut von meist feindlichen Artikeln über diese Sache erschien in deutschen chemischen Zeitschriften [342]) reproduziert. Sehr sachlich hat Williamson darauf geantwortet und abgelehnt, für das verantwortlich gemacht zu werden, was die London Concentrated Produce Company, die aus dem Lupulin $^1/_{10}$ % Alkaloid im präcipitierten Zustande gewonnen haben will [343]), und andere englische und amerikanische Firmen liefern. Durch die Untersuchungen Heyers und weitere Publikationen Williamsons (in der Chemiker-Zeitung) wird aber doch die Existenz des Hopeïns (ein morphiumähnliches Alkaloid) als kaum zweifelhaft festgestellt. Auch durch Leukner ist das geschehen [344]). Da würde es allerdings begreiflich, dafs Prof. A. Ladenburg in Darmstadt, welcher diese Präparate untersucht hat, nach allen Beziehungen, auch in der chemischen Formel, Morphin findet. Hager [345]) findet Unterschiede zwischen dem Hopeïn und Morphin trotz grofser Ähnlichkeiten. Ladenburg fand bei seinen Studien dieser Frage ein Alkaloid, welches er Isomorphin nannte; er fand davon in 0,47 g Hopeïn ca. 0,1 g; letzteres zeige sich namentlich im Hopeïn praecip., weniger im Hopeïn kryst. Ladenburg ist der bestimmten Ansicht, dafs Hopeïn und Isomorphin in jedem Hopfen, namentlich im Lupulin (also im sogenannten Hopfenmehl), vorkommen und zwar in allen, auch den kultivierten Hopfensorten, aber nur in sehr geringen Mengen.

B. H. Paul [346]) fand in zwei von Londoner Droguenhäusern bezogenen Hopeïnmustern sogar Kokaïn.

Williamson hat schon darauf hingewiesen, wie lange es seinerzeit gedauert, bis es gelang, die wichtigsten Alkaloide, das Atropin, Coniin, Morphin etc., völlig rein darzustellen; immer hatte man es mit Gemengen zweier oder mehrerer Alkaloide zu thun.

Neuestens (1886—1887) hat auch M. Greshoff in Hopfenextrakten, resp. in deren Destillaten, die Anwesenheit eines coniinähnlichen Hopfenalkaloides nachgewiesen. Was die Anwesenheit fester Alkaloide betrifft, so hat er wohl einige Reaktionen erhalten, vermochte aber deren Existenz nicht unantastbar festzustellen; auch da, wo er die Spur eines flüchtigen Alkaloides wahrnahm, wufste er nichts zu fassen. Die hier einschlägige ältere Literatur hat Greshoff in seiner Dissertationsschrift zusammengestellt [347]).

Fernere bezügliche Literaturangaben im Archiv der Pharmazie [348]).

Das ist bei andern Pflanzenalkaloiden erwiesen, dafs dieselben im Lebensprozesse der Pflanzen-Familien und -Arten keine Rolle spielen; sie können — unbeschadet der normalen Entwicklung der betreffenden Pflanzen — da sein oder fehlen. Es wäre also keineswegs undenkbar, dafs irgend eine Hopfensorte der Welt, wild oder kultiviert, reich an Hopeïn wäre, während andere Sorten in andern Ländern ganz oder fast ganz frei davon sind. Sicher ist ferner, dafs stickstoffreiche Dünger als gewisse Pflanzenalkaloide mehrend beobachtet worden sind.

Bis vor kurzem hatte man die Ansicht, dafs man in Europa Mohn, welcher eine hinreichende Menge von Morphium enthält, nicht anbauen könne, so dafs man gezwungen sei, das Opium (Morphin) aus China und der Türkei einzuführen.

Es ist gewifs, dafs man um Smyrna in Kleinasien, wo viel Mohn für die Gewinnung von Morphin gebaut wird, durch Düngung der Mohnfelder mit Salpeter den Morphingehalt des aus den Mohnkapseln gewonnenen Opiums um 5—6 % gesteigert hat. Herr Jobst in Stuttgart hat es durch seine Anbauversuche dahin gebracht, dafs das von ihm erzeugte Opium sogar 17 % Morphium enthielt, während das türkische Opium nur 6—7 % dieses Alkaloides hatte. Jobst hatte dieses Opium 1873 in Wien ausgestellt. In Baden brachte man durch solche stickstoffreiche Düngungen den Morphiumgehalt des Opiums von 3 auf 7 %. Bewirken ja doch alle stickstoffreichen Düngungen in den Pflanzen eine Steigerung der Nitrite (des Proteïns etc.), nicht des Stärkemehls. Sicher spielen stickstoffreiche Düngungen auch beim Hopfen eine Rolle in Bezug auf dessen Alkaloidgehalt.

J. E. Thausing[349]) sagt, dafs der Hopfen für die Bierkonsumenten auch seine Schatten habe. Er wirke narkotisch, und die in ihm enthaltenen Narcotica mögen nebst dem Alkohol Ursache der üblen Folgen sein, welche sich nach übermäfsig starkem Biergenufs bemerkbar machen. Dabei mögen verschiedene Hopfensorten verschiedene Mengen Narcotica enthalten. Boden, Klima, Witterung werden hier einflufsnehmend sein. Feine Hopfensorten verhalten sich desfalls günstiger als ordinäre, früchtereiche. Eben weil mancher Hopfen Kopfschmerz, baldiges Berauschtsein etc. erzeugt, kommen Laien so oft auf den Gedanken, dafs solche Biere Surrogate, überhaupt schädliche Zusätze enthalten.

Darüber ist wohl nirgends mehr ein Zweifel vorhanden, dafs der Hopfen eine narkotische Giftpflanze ist. Dieses in ihm enthaltene giftige Alkaloid, oder deren zwei, ist aber jedenfalls nur in sehr geringen Mengen vorhanden, so dafs grofse Massen von Hopfen verarbeitet werden müssen, um es zu gewinnen.

Diese wirksamen Giftstoffe sind wahrscheinlich das dem Colchicin ähnliche »Lupulin« und das dem Morphium mehr ähnliche »Hopeïn«. Wie schon erwähnt, soll das Hopeïn zugleich ein Antisepticum ersten Ranges sein, welches sogar in sehr grofser Verdünnung noch Gärungs- und Fäulnis-Pilze tötet. Beide sind wohl in allen Lösungsmitteln löslich. Aber die Frage nach den Hopfenalkaloiden ist immer noch in sehr starkes Dunkel gehüllt.

Der Umstand, dafs Hopeïn sogar in grofser Verdünnung auch für Gärungspilze tödlich wird, spricht sehr zu Gunsten dessen, dafs die Ausführungen Williamsons auf solidem Boden stehen, denn er sagt, dafs er Hopeïn namentlich in nordamerikanischen Wildhopfen gefunden habe, auch da nur in relativ kleinen Mengen. Wie nun der Amerikaner Lawrence mitteilt, hat man früher in Nordamerika, bei den damals üblichen sehr starken Hopfengaben zu gewissen Biersorten, einen schädlichen Einflufs des Hopfens auf die Hefezellen wahrgenommen; dieser schädliche Einflufs kann doch offenbar nur vom Hopeïngehalt des nordamerikanischen Kulturhopfens herrühren. Auffallend bleibt nur, dafs man in England, wo man ebenso gewaltige Hopfenmengen gab, dabei viel nordamerikanischen, anscheinend nichts wahrgenommen hat. Wie oft mögen aber auch in England und Mitteleuropa eigentümliche Erscheinungen an Bierhefen wahrgenommen worden sein, ohne dafs man die Ursache im Alkaloidgehalt des Hopfens suchte oder auch nur den geringsten Verdacht in dieser Richtung hegte!

Dafs grofse Hopfengaben schädlich auf die Lebenskraft der Bierhefepilze wirken, ist wohl allgemein anerkannt, nur gehen manche Ansichten dahin, dafs diese schädliche Wirkung der Gerbsäure zuzuschreiben sei. In der Allg. H.-Ztg. (1879, II, 721, nach The Brewer's Journal) wird gesagt: Die koagulierende Tendenz der Gerbsäure ist gut bekannt, und deren wirklicher Einflufs ist in dem Falle von Proben stark gehopfter gärender Würzen deutlich zu erkennen, da man zahlreiche Teilchen von geronnenen, eiweifsartigen oder Hefe-Stoffen in der von einer solchen Flüssigkeit genommenen Probe schwimmen sehen kann, wenn man sie untersucht. Es ist dies der Grund, dafs die von Lagerbieren stammende Hefe in der Regel sich nur schlecht zu fernerer Verwendung eignet, da die koagulierende oder zusammenziehende Kraft der Gerbsäure die Zellenwände mehr oder weniger zähe und undurchdringlich macht und die Zelle infolgedessen auch nicht im stande ist, die für sie nötige Nahrung zu assimilieren. Es wäre also gegenüber dieser Erscheinung in Betracht zu nehmen, ob nicht das Hopeïn als das eigentlich Wirksame anzusehen ist.

Es ist ganz gut möglich, dafs sich das Hopeïn gewöhnlich in den mitteleuropäischen Hopfen nur in sehr geringen, kaum auffindbaren Mengen findet, namentlich bei der Ähnlichkeit mit Morphin und andern Alkaloiden. Es ist aber auch möglich, dafs da und dort in den mitteleuropäischen Kulturhopfen sich mehr Hopeïn findet, vielleicht namentlich dann, wenn sehr stickstoffreiche Dünger verwendet wurden. Man kann die Möglichkeit, dafs die betäubende Wirkung mancher Biere, die doch notorisch vorkommt, von dem reicheren Alkaloidgehalt des verwendeten Hopfens herrührt, nicht von der Hand weisen. Wie oft sind dann schon Brauereien in den Verdacht gekommen, dafs sie zur Herstellung ihrer Biere Colchicin und andere Giftstoffe verwendet hätten!

Darüber hat man heute in den fachmännischen Kreisen kaum noch einen Zweifel, dafs der Hopfen Alkaloide enthält, welche für die physiologische Wirkung der Biere nicht ohne Bedeutung sind, und dafs die geringe Bekömmlichkeit vieler englischer Biere in ihrem hohen Alkaloidgehalt begründet ist, welcher durch sehr starke Hopfengaben und durch die Verwendung besonders alkaloidreicher englischer und amerikanischer Hopfen veranlafst wird. Näheres über das Wesen dieser Alkaloide müssen künftige Arbeiten und Beobachtungen bringen. Manche Ansichten gehen dahin, dafs die Hopfenfrüchte oder Samen das Narkoticum des Hopfens enthielten[350]).

Der Engländer F. W. Richardson[351]) wollte prüfen, ob die gröfsere toxische (narkotische) Wirkung englischer Biere vom gröfseren Hopfengehalt derselben herrühre, nachdem Langer beobachtet hatte, dafs im leeren Raume konzentriertes Bier entschieden narkotisch wirke; der etwas höhere Alkoholgehalt der englischen Biere schien ihm für die höhere narkotische Wirkung nicht ausreichend.

Richardson experimentierte — wie oben schon erwähnt — an sich selbst; er kochte ½ Pfund Hopfen, hinreichend für 4 Gallonen Bier, trieb die Flüssigkeit durch ein Sieb und trank die trübe, intensiv bittere Masse aus. Er machte danach die sorgfältigsten Beobachtungen über seine geistigen und körperlichen Zustände und konnte nicht die geringste Änderung entdecken. Danach schiene also der Hopfen keine narkotische Wirkung zu äufsern, aber es wäre immerhin möglich, dafs die Gegenwart von ca. 5% Alkohol die Absorption einer gröfseren Menge des narkotischen Prinzips begünstigt.

Der englische Arzt Moeffetus (s. Joh. Heumanns Buch vom Hopfen, Nürnberg 1759, S. 105) meinte, dafs der Hopfen wohl zu keiner andern Absicht unter das Bier gemischt werde, als dafs man den Kopf freiwillig verwirren und schädliche Flüsse erregen wolle.

8. Das Hopfenwachs.

Bereits Ives (1820—1821) war bekannt, dafs der Hopfen auch Wachs enthält. Lermer erhielt als Nebenprodukt seiner Untersuchungen auch Wachs und nennt es »Myricin«, ohne dies zu begründen. Etti teilt dann 1876 mit, dafs dies kein Myricin sei, sondern einer andern Formel entspreche. Nach den Analysen von Greshoff hat das Hopfenwachs $C_{80,56}$ und $H_{13,46}$ und ist in seiner Zusammensetzung dem Cocawachs, Graswachs und Syringawachs sehr nahestehend.

Die mehrfach in Büchern vertretene Ansicht, dafs die Hauptmasse des Hopfendrüsensekretes aus Wachs bestehe, ist ganz unrichtig; reines Lupulin hat nur geringe Spuren von Wachs (in 4 g reinem Lupulin fand Greshoff nur 0,014 g Hopfenwachs).

Wiederum entgegengesetzt dieser Meinung bemerkt M. Hayduck (1887), dafs er bei Darstellung der eigentlichen Hopfenharze nach der Extraktion durch Äther und Alkohol ein weifses Wachs im Rückstande gefunden habe, welches im Hopfen in sehr grofser Menge vorhanden und für die Bierbrauerei von keiner Bedeutung sei[352]).

Sonstige Hopfenbestandteile.

Eine grofse Menge der Hopfenzapfen ist Zellstoff, also organische Substanz gewöhnlicher Art. Dazu kommen ca. 3% Eiweifssubstanzen und Zucker.

Wir führen hier nur solche Verbindungen an, welche dann und wann, aber doch seltener und nur in sehr geringen Mengen, meist nur in Spuren, in den Hopfenzapfen gefunden worden sind, wobei in der Regel nicht unterschieden ist, mit welchem Betrage das Sekret der Hopfendrüsen oder die Hopfenzapfen (die Spindeln, Blätter etc.) daran beteiligt sind. Manche dieser Verbindungen sind vielleicht auch gar nicht ursprünglich im Hopfen anwesend, sondern das Ergebnis von Umsetzungen (Spaltungsprodukte), welche sich bei den Untersuchungen ergeben haben. Andere sind Oxydationsprodukte, welche im ganz neuen Hopfen noch nicht anwesend sind; sie finden sich aber sehr bald ein.

Nicht ausdrücklich und besonders berücksichtigt ist hier das, was der Chemiker Extraktivstoffe nannte und noch nennt, ein Kollektivwort von mannigfaltigster Bedeutung. Es sind das beim Kochen extrahierte mehrlei Stoffe, welche die Farbe und den Geschmack des Bieres in günstiger oder ungünstiger Art beeinflussen, letzteres mehr, je länger das Kochen dauert. Auch die Sortenbeschaffenheit, die Behandlung, das Alter des Hopfens etc. üben da Einfluſs. Manche der nachstehend aufgeführten Stoffe sind ohne Zweifel an der Zusammensetzung der Extraktivstoffe beteiligt.

9. Baldriansäure oder Buttersäure (Fettsäure). Diese wurde schon von Personne im Hopfen nachgewiesen. Früher glaubte man, daſs sie sich nur aus dem ätherischen Öl entwickelte, jetzt wird auch die Bittersäure als Ursprung derselben angesehen. Daſs sie im ganz frischen Hopfen fehlt, scheint ganz sicher zu sein. Der Geruch der Baldriansäure, ein Fettsäuregeruch, der etwas Käseartiges hat, dringt uns aus jedem älteren europäischen Hopfen entgegen. In den gleich von der Stange weg geschwefelten englischen und amerikanischen Hopfen scheint er wenigstens in weit minderem Grade vorhanden. Mulder will im frischen Hopfen nur Spuren davon gefunden haben; Mehn fand in einer Hopfensorte 1%.

Die Baldriansäure des alten Hopfens gibt dem Bier einen eigentümlichen, unschönen, medizinartigen Geschmack.

10. Essigsäure will in neuerer Zeit Ossipow durch Destillation käuflichen Lupulins mit Wasser etc. erhalten haben. Vielleicht ist es nur ein sekundäres Gebilde mehr oder minder verdorbenen Hopfens.

11. Apfelsäure, frei und an Calcium gebunden, durch Payer und Chevalier gefunden. Neuestens, nebst Bernsteinsäure, auch von Greshoff im Hopfen aufgefunden.

12. Zitronensäure, gröſstenteils als Kalisalz, von Etti gefunden.

13. Cholin, welches nach Kjeldahl im Hirn und in den Nerven der Tiere vorkommt, ist neuestens durch Gries und Harrow auch im Hopfen gefunden worden; nach deren Schätzung könnte man $^1/_{50}$% dieser Base aus dem Hopfen gewinnen. Und noch später wies ein dänischer Gelehrter nach, daſs selbst schon in ungehopfter Würze Cholin enthalten sei; ähnlich wie aus dem Hopfen läſst sich das Cholin auch aus dem Bier abscheiden.

Peter Gries und Harrow[353]) meinen, daſs sich das Cholin in einer losen Verbindung mit Harz gepaart im Hopfen finde, und daſs es in dieser Verbindungsweise den leicht löslichen Bitterstoff des letzteren darstelle. Selbst schon verdünnte Lösungen von Cholin können groſse Mengen von Hopfenharz lösen, wodurch die Lösung intensiv bitter schmeckend wird.

Nach Greshoff wäre noch nicht entschieden, ob im Hopfen Cholin oder Neurin vorliegt; letzteres wirkt am giftigsten. Das Cholin ist neuerdings in verschiedenen Pflanzen aufgefunden worden. Nach Greshoffs Ansicht ist es wohl in den Zapfen, aber nicht im vollständig gereinigten Mehl vorkommend. Das Cholin findet sich auch im Fliegenschwamm.

In Anbetracht der Giftigkeit dieses Stoffes ist die Frage, mit welchen Mengen er im Bier vorkommt, von Gewicht. Wenn man die weiter oben (s. S. 261) gegebenen Zahlen in Betracht nimmt, wieviel Gramm Hopfen jeweils (je nach Sorte) auf ein Liter Bier entfallen, und die von Gries und Harrow angegebene Cholinmenge im Hopfen damit in Beziehung setzt, dann treffen auf ein Glas Bier nur 0,0002 g Cholin, wonach vielleicht dessen physiologische Bedeutung in Wegfall kommen kann.

Grieſsmayer[354]) gibt wohl zu, daſs Gries und Harrow Cholin aus dem Hopfen dargestellt hätten, aber dasselbe sei nach seiner Ansicht nicht frei im Hopfen, sondern gebunden als Lecithin und werde erst bei der Einwirkung der Reagentien in der Hand des Chemikers

daraus abgespalten. Das Lecithin sei sehr leicht zersetzbar[355]); es bilden sich Cholin, Ammoniak und Trimethylamin, welche also nicht ursprünglich im Hopfen enthalten sind.

Auch Kjeldahl bestätigt, dafs beim Sieden der Würze nur wenig davon erzeugt werde. Das meiste Cholin des Bieres stamme nicht aus dem Hopfen, sondern aus der Gerste, in welcher es als Lecithin enthalten sei; durch den Mälzungsprozefs werde es in seine Bestandteile zerlegt, deren einer Cholin ist; es sei davon im Bier $^1/_2$% des Bierextraktes enthalten, ebenso viel wie Lecithin.

14. Eiweifskörper (Stickstoff, **Asparagin**) scheinen sich in gröfserer Menge im Hopfen zu finden. Bungener meint, dafs 30% des löslichen Stickstoffes des Hopfens dem Asparagin angehören.

Fries gewann aus 1 kg elsässischem Hopfen ca. 8 g davon. Es ist viel Stickstoff im Hopfen, aber über seine Wirkung ist wenig bekannt. Vielleicht rührt — wie ich weiter oben schon erwähnt habe — der meiste Stickstoff des Hopfens vom Protoplasma in den Köpfchendrüsen her.

Dr. H. Bungener[356]) fand in 1 kg Elsässer Hopfen der 1884er Ernte nahezu 7 g Asparagin; ca. 30 g des löslichen Stickstoffes dieses Hopfens waren Asparagin.

Wichtig sind auch die stickstoffhaltigen Bestandteile der Hopfenzapfen, von denen nach Dr. M. Hayduck beim Hopfenkochen $^1/_6$—$^3/_4$ in die Würze übergehen; sie kommen besonders als Hefenahrung in Betracht, weil sie als Hefenahrung sich wertvoller erweisen wie das Eiweifs der Würze.

Hayduck (Wochenschr. f. Br. 1894, XI, S. 706) fand in 26 Hopfensorten, als Eiweifs ausgedrückt, 12—24% Stickstoff, davon 4,6—10% löslich. Ein grofser Teil des löslichen Stickstoffes soll im Hopfen als Asparagin enthalten sein. Die Hefe wird — nach Griefsmayer — nicht nur durch Peptone, sondern auch durch Amide ernährt[357]).

Dr. Behrens fand in 100 g Hopfen von Karlsruhe (Trockensubstanz, sandfrei):

Stickstoff	3,62 g
Eiweifsstickstoff	2,24 »
In kochendem Wasser löslicher Stickstoff	1,58 »

Die in kochendem Wasser löslichen Stickstoffverbindungen dürften im Brauprozesse besonders wichtig sein, weil sie — wie Hayduck gezeigt hat — zur besseren Ernährung der Hefe, also zur Beförderung der Gärthätigkeit, beitragen.

Dr. Remy (s. Wochenschr. f. Br. 1898, S. 557) hat aus dem Material der 1897er Berliner Hopfenausstellung eine gröfsere Anzahl Hopfenproben in Bezug auf ihren Stickstoffgehalt untersucht, um zu sehen, ob diese Stoffe, denen — soweit sie in die kochende Würze übergehen — eine gewisse Bedeutung als Hefenahrung zukomme, auch schon im Schätzungswert bei Ausstellungen zum Ausdruck kommen, gleichzeitig auch um zu sehen, ob zwischen Gesamtstickstoff und löslichem Stickstoff ein festes Verhältnis besteht (s. die Tabelle auf S. 739 oben).

Der Gesamtstickstoff wurde in 2 g Hopfen nach Kjeldahl-Wilforth bestimmt.

Diese Untersuchungen zeigen, dafs weder der Gehalt an Gesamtstickstoff, noch an löslichem Stickstoff irgend eine Beziehung zum geschätzten Wert des Hopfens hat.

Der geringwertige Altmärker Hopfen (sub Nr. 519) übertrifft im Gehalt an löslichem Stickstoff weit alle übrigen, sonst ihm bedeutend überlegenen Hopfensorten. Das Verhältnis von löslichem zum Gesamtstickstoff (2—3%) schwankt zwischen 20—40%, ist also wenig konstant.

Während somit ein Teil des Stickstoffes in der Würze durch das Hopfenkochen entfernt wird, gibt der Hopfen wieder Stickstoff an dieselbe ab. Diese stickstoffhaltigen Bestandteile des Hopfens scheinen besonders als Hefenahrung in Betracht zu kommen, denn die Hefe assimilierte nach Versuchen von Hayduck einen umso gröfseren Anteil des Stickstoffes der Würze, je stärker die zugesetzte Hopfengabe war; es wurde von der Hefe aufgenommen:

bei Hopfengaben	entsprechend	200	g	per	Hektoliter	Würze	25,5%
»	»	400	»	»	»	»	30,0 »
»	»	600	»	»	»	»	35,0 »

(umgestandenen) Karlsruher Hopfen, da war Bacillus lupuliperda dabei; im erwärmten 1894er und 1895er Hopfen derselben Sorte fand er kein Trimethylamin, aber auch nicht den Bacillus lupuliperda.

Behrens glaubt, dafs das Trimethylamin durch zerfallendes Cholin und zerfallende Eiweifsstoffe gebildet werde; auch Äpfelsäure und Zitronensäure wurden Material liefern.

16. Phloroglucin wurde durch Weselsky im Hopfenabsud nachgewiesen. Greshoff kommt auf Grund umfangreicher Untersuchungen und Auseinandersetzungen zu dem Schlusse, dafs das Vorkommen dieses Stoffes im Hopfen sehr unwahrscheinlich ist. Derselben Ansicht ist Prof. Ch. E. Sohn in London[358]).

17. Quercitrin. Nach R. Wagner enthält der Hopfen einen gelbgefärbten und gelb färbenden Körper, der sich gegenüber von Reagentien wie Quercitrin verhält und in Quercitrin und Zucker gespalten werden kann.

18. Cyan. Im Handbuche der Bierbrauerei von L. v. Wagner findet man die sonderbare Angabe, dafs der Hopfen auch Cyan enthalte. Dieses soll die Ursache des lauchartigen Geruches in Hopfen sein, welche befruchtet und reich an Früchten sind; in den Samen soll ein scharfes ätherisches Öl enthalten sein, und dieses soll sich auch dem Bier mitteilen. Die feinen englischen Hopfensorten, wie namentlich feinste East Kent Goldings, haben aber trotz massenhaft vorhandener Früchte ein höchst feines Aroma und keine Spur von Lauchgeruch; mit der Früchtebildung kann also dieser Nebengeruch des Hopfens nicht zusammenhängen.

Da diese Sache auch vom toxikologischen (Gift-) Standpunkte aus wichtig erscheint, wurde sie von Greshoff speziell untersucht. Er untersuchte reife Früchte aus thüringischem Wildhopfen, ferner reife und unreife Früchte aus kultiviertem bayerischen Hopfen. Nach der Lassaigneschen Methode auf Cyan untersucht, ergab sich nirgends in den Körnern eine Spur von Berliner Blau. Greshoff meint deshalb, dafs sich in den Hopfenfrüchten jedenfalls kein $^1/_{1000}$tel % Cyan befinde, und dafs man mit gutem Rechte seine völlige Abwesenheit annehmen könne.

19. Glykose und Zucker. Griefsmayer fand im Hopfen einen Gehalt an Glykose von 3,7 %. Greshoff will im Saazer Hopfen nur 1,4 % direkt reduzierbaren Zucker aufgefunden haben. Brown und Morris haben gezeigt, dafs der Hopfen auch gärungsfähigen Zucker enthält.

20. Arabinsäure. Etti konnte aus der pektinartigen Substanz aus dem Hopfen (nach Scheiblers Vorschrift) den Pektinzucker in sehr schön ausgebildeten Krystallen darstellen.

21. Gluten. Raspail führte unter den Lupulinbestandteilen Gluten auf. Die Lupulinhüllen (also die Drüsenbecher) zeigen, mit Millonschem Reagens behandelt, Rotfärbung gewisser [illegible]

[illegible] der gleichzeitig gröfseren, gärunghemmenden Harzwirkung der Vergärungsgrad noch gesteigert [illegible] neuestens durch Greshoff als in kleinen Mengen im Hopfen vorkommend nachgewiesen [illegible] Ammoniak, durch die [illegible] über-haupt, [illegible]

[illegible] Hopfen von Wolnzach (Hallertau) mehr als im französischen Hopfen der Côte d'Or [illegible]

[illegible]

Der Hopfen enthält in seinen Zapfen verschiedene Farbstoffe, welche in nicht sehr grofser Menge vorhanden sind und während des Sudes auch nicht vollkommen in der Würze gelöst werden.

Der Hopfen enthält für das Bier (seine Farbe) vorteilhafte und nachteilige Farbstoffe. Die gelben, günstig wirkenden, welche die goldgelbe Farbe des Bieres erhöhen, finden sich im Lupulin, also in den Sekretdrüsen, enthalten.

Die nachteiligen Farbstoffe, die roten und orangefarbigen (dunklen), sitzen fast ausschliefslich in den Vor- und Deck-Blättern, vielleicht auch noch in den Spindeln und Stielen, welche deshalb ordinäre, grofs- und grobzapfige Hopfen mit ihrem grofsen Grünballast besonders ungünstig erscheinen lassen. Da ist zunächst grüner Farbstoff (Chlorophyll) in den Zapfenblättern und Spindeln, durch dessen Lösung dem Bier eine bleichere und selbst grünliche Farbe mitgeteilt werden kann. Solche Zapfen mit rötlichem Anflug oder gar stangenrote, nicht minder bodenrote werden dem Bier einen rötlichen Schimmer verleihen, namentlich wenn auch noch reichlich Gerbsäure mitwirkt; aller Wahrscheinlichkeit nach werden solche mifsfarbigen Hopfen für schöne, helle Biere besonders nachteilig sein. Untersucht, experimentell festgestellt ist da aber noch nichts. Aller Wahrscheinlichkeit nach werden sich blafsgelbgrüne Zapfen am günstigsten verhalten. Alter Hopfen enthält noch mehr färbende Stoffe, nicht blofs in den Zapfenblättern, sondern auch im Lupulin, wo das Lichtgelbgrün sich in Rot verwandelt hat.

Sehr wahrscheinlich wird frisch geschwefelter Hopfen, in dem Bodenröte und Altersfarben gebleicht sind (Stangenröte bleibt unverändert), günstiger auf die Bierfarbe wirken. Aber ein grofser Teil der durch schweflige Säure gebleichten Farbstoffe kehrt nach längerer oder kürzerer Zeit wieder in den ursprünglichen Zustand zurück, wenn sich die schweflige Säure teils verflüchtigt, teils in Schwefelsäure verwandelt hat; deshalb dunkelt durch Schwefeln gebleichter, hellgrüner Hopfen bedeutend nach.

Es wird empfohlen, mifsfarbigen dunklen Hopfen einige Zeit vor der Verwendung in kaltem Wasser, in welchem etwas schweflige Säure gelöst ist, einzuweichen und ausziehen zu lassen und dann noch durch reines Wasser auszuspülen. Allein durch Wasser und Säure wird sicher das Sekret nachteilig beeinflufst, weshalb man so etwas auch nur bei geringen Biersorten wagen kann.

In jeder Beziehung gleiches Stadium vorausgesetzt, werden gleiche Volum- oder Gewichts-Mengen von Hopfen bei zartdoldigen Sorten ohne Zweifel weniger färbende Stoffe enthalten als bei grobdoldigen. Unter Umständen, wenn z. B. die klein- und zartdoldigen Hopfen stark stangen- oder bodenrot sind, die grobdoldigen aber nicht, können aber natürlich auch die klein- und zartdoldigen reicher an Farbstoff sein.

Im Bierbrauer 1877 (reprod. Allg. H.-Ztg. 1877, S. 659) macht Schneider die Mitteilung, dafs das Fuchsigwerden der Würze und namentlich der Biere im Keller von zu altem oder sonst fehlerhaftem Hopfen herrührt.

Fraglich ist auch noch, ob derselbe Hopfen, wenn er länger mit der Würze gekocht wird, das Bier mehr bräunt als bei kürzerer Kochdauer.

28. Fette. Nach Matthews scheinen die fetten Bestandteile in der Brauerei keine wichtige Rolle zu spielen, aufser dafs sie unter gewissen Umständen, namentlich bei sehr frischem Hopfen, zur Trübung der gekühlten Würzen beitragen und bei der Klärung Schwierigkeiten machen können. Dies ist namentlich dann der Fall, wenn die Hopfen grofse Mengen der fettreichen Hopfenfrüchte (sogenannten grofsen Körner) enthalten.

29. Borsäure wurde durch Dr. Brand an der Münchner wissenschaftlichen Station für Brauerei in allen von ihm untersuchten Bieren nachgewiesen[361]). Mit den entsprechenden Reaktionen gelingt der qualitative Nachweis der Borsäure im Bier bis auf 0,05 %. Weiterhin fand er die Borsäure nicht in Gersten und im Malz, wohl aber in Hopfenzapfen aus Süd- und Nord-Deutschland, Böhmen, England; auch in Hopfenreben, Blättern und Blattstielen des wilden und kultivierten Hopfens wurde Borsäure gefunden. Die Borsäure ist, als im Weine vorkommend, schon länger bekannt, ebenso im Weinstock, in den Beerensträuchern, auch in den Aschen von Klee, Heu und Zigarren. Später[362]) hat auch Dr. Oskar Habermann in Worms den Nachweis gebracht, dafs die Hopfenpflanze und die Hopfenzapfen Borsäure enthalten.

Die anorganischen Bestandteile des Hopfens.

Analysen für die Hopfendrüsen allein oder gar bloſs für deren Sekret sind erst in neuester Zeit gemacht worden. Man muſs dabei sehr vorsichtig zu Werke gehen, weil dem Hopfenmehl absichtlich oder unabsichtlich oft sehr viel Sand beigemengt ist. Greshoff fand im Hopfenmehl 3,22% Asche, Rumpler hingegen 16%; letzteres ist sicher nicht richtig, d. h. es sind sehr wahrscheinlich Verunreinigungen durch Sand etc. dabei.

Was an brauchbaren Arbeiten da ist, bezieht sich fast immer auf die Aschenbestandteile der ganzen Hopfenzapfen. So enthalten nach E. Wolffs Zusammenstellungen, aus 26 Analysen, die Hopfenpflanze und die Zapfen im mittleren Aschengehalt der Trockensubstanz:

	Kali	Phosphorsäure	Reinasche
	%	%	%
Zapfen	34,45	16,73	7,59
Blätter	12,43	6,08	18,04
Stengel und Ranken	28,03	10,78	4,85

Reinasche in 100 Teilen Trockensubstanz[363]:

Untersuchte Hopfengattung	Zapfen: Gehalt der Trockensubstanz an Reinasche in % (Mittel)	Zapfen: Die Asche enthält in %: Kali (Mittel)	Zapfen: Die Asche enthält in %: Phosphorsäure (Mittel)
Englische Goldings	8,56	27,12	16,46
Bayerische Hopfen	6,91	41,86	15,67
Saazer, Böhmischer, Neutomischeler	7,38	42,42	15,44
Gesamtmittel	7,52	41,14	15,51

Die Hopfenzapfen enthielten in 100 Teilen Reinasche:

	Maximum	Mittel	Minimum
	%	%	%
	15,27	7,59	5,31
Kali	55,61 (51,60)	34,45 (34,61)	16,31 (16,30)
Natron	8,78 (8,80)	2,19 (2,20)	0,00
Kalk	24,58 (24,60)	16,65	9,77 (9,80)
Magnesia	13,36 (13,40)	5,47 (5,45)	1,49 (1,50)
Eisenoxyd	3,18 (3,20)	1,45 (1,40)	0,38 (0,00)
Phosphorsäure	22,61 (22,60)	16,73 (16,80)	9,20
Schwefelsäure	12,23 (12,20)	3,58 (3,59)	0,00
Kieselsäure	26,06 (26,10)	16,60 (16,36)	10,48 (10,30)
Chlor	6,95 (7,00)	3,28 (3,19)	2,12 (1,00)

Nach Behrens[364]) enthielt ein 1894er Karlsruher Hopfen 91,88% Trockensubstanz, darin 1,65% Sand und 8,12% Wasser. Die sandfreie Trockensubstanz enthielt in 100 g:

Stickstoff	3,62 g
Eiweiſsstickstoff (nach Stutzer)	2,24 »
In kochendem Wasser löslicher Stickstoff	1,58 »
Ätherextrakt	17,5 »
Petrolätherextrakt	15,45 »
In Wasser lösliche Stoffe	24,83 »
Gerbstoff	3,59 »
Asche	7,76 »
Salpetersäure	Spuren.

Nach C. Lintner besteht die Hopfenasche aus:

	Maximum	Minimum			Maximum	Minimum	
Aschenmenge	9,0	5,9	%	Schwefelsäure	8,3	1,0	der Asche,
Kali	31,7	12,0	» der Asche,	Kieselsäure	23,0	10,0	» »
Magnesia	5,9	4,7	» »	Eisenoxyd	2,7	0,7	» »
Kalk	21,6	9,6	» »	Chlornatrium	4,0	1,5	» »
Phosphorsäure	21,4	14,5	» »	Chlorkalium	9,0	3,0	» »

Nach Stoklasa enthalten 100 Gewichtsteile des Saazer Stadthopfens:

Kali (K_2O) . . . . 32,39 %
Kalk (CaO) . . . . 24,53 »
Phosphorsäure (P_2O_5) . . . . 16,84 »
Magnesia (MgO) . . . . 7,10 »
(aus Rukověť zemědělská, Prag 1888).

Nesbit führte vergleichende Analysen der einzelnen morphologischen Bestandteile der Fruchtstände (Zapfen) aus.

Es enthielten bei 100° C. getrocknet in 100 Teilen:

Fruchtzapfen (Dolden) . . . 9,87 Teile Asche,
Blätter und Blattstiele . . . 13,60 » »
Stengel . . . 3,74 » »

Die Asche hatte folgende Zusammensetzung:

	Blüten (Fruchtstände)	Blätter	Stengel
	%	%	%
Kieselsäure	21,50	12,14	6,07
Chlornatrium	7,24	3,49	6,47
Chlorkalium	1,67	—	—
Natron	—	0,39	—
Kali	25,18 (25,16)	14,95	25,85
Kalk	15,98	49,67	38,73
Magnesia	5,77	2,39	4,10
Schwefelsäure	5,41 (4,41)	5,04	3,44 (3,99)
Phosphorsäure	9,80	2,42	6,80
Phosphorsaures Eisenoxyd	7,45 (7,95)	3,51	0,40

Hopfenanalyse von Way und Ogston 1850 (Varietät: Golding-Hopfen von fruchtbarem Lehmboden).

	Blüten (Fruchtstände)	Blätter	Ranken
	%	%	%
Kali	31,70	13,15	17,60
Kalk	9,59	30,78	23,71
Magnesia	4,80	4,81	3,77
Eisenoxyd	0,68	0,19	0,80
Schwefelsäure	5,10	1,83	2,53
Kieselerde	19,16	22,35	9,99
Kohlensäure	1,92	12,04	11,92
Phosphorsäure	17,33	9,35	11,63
Chlorkali	8,96	2,23	15,59
Chlornatrium	0,70	3,12	2,63
Asche der trockenen Substanz	9,00	21,94	7,28
Asche der frischen Substanz	7,85	19,99	6,52
Wasser	13,00	11,80	10,40
Schwefel	8,13	6,49	2,71

Ferner besteht die Hopfenasche aus:

	Watts (1847)	Way und Ogston (1848)	Lermer (1863)	Analyse von Hawthorne der Asche aus Kent, Varietät Grape (1848)
	%	%	%	%
Kali	19,41	11,98	17,073	19,41
Natron	0,70	—	3,975	0,7
Chlornatrium	—	—	3,351	—
Kalk	14,15	17,93	13,042	14,15
Magnesia	5,34	5,94	5,615	5,34
Thonerde	1,18	—	0,763	1,18
Eisenoxyd	2,71	1,36	2,078	2,71
Schwefelsäure	8,28	7,01 (Schwefel 3,9)	3,695	8,28
Chlor	2,26	5,45 (Chlorkali)	—	2,26
Kieselerde	17,88	22,97	23,131	17,88
Kohlensäure	11,01	5,44	11,237	11,01
Phosphorsäure	16,64	21,38	15,100	14,64
Kohle	2,05	—	—	—
Aschenprozente	6,5	7,27 (frischer Hopfen) 8,07 (trockener)	7,135	6,5
Davon in Wasser löslich	35,77	—	—	—
Wasserverlust bei 100°	11,5	9,91	16,07	11,05

Analysen über die unorganischen Bestandteile von acht bayerischen, einem Saazer und drei englischen Hopfen von C. Gilbert Wheeler und seinem Assistenten Dr. Seelhorst[365]):

Der Hopfen 1. von Stadt Spalt, 2. von Weingarten (Spalter Land), 3. Holledau, 4. Roth (Spalter Land), 5. Aischgründer, 6. von Lauf, 7. von Hersbruck, 8. von Sulzbach (Oberpfalz), 9. von Saaz, 10. Farnham Whitebine, 11. Kent (Yellow Grape), 12. Bentley (Hampshire)[366]).

In Tabelle I sind die unmittelbaren Resultate, in Tabelle II die Resultate nach Abzug von Kohle, Sand und Kohlensäure auf 100 Teile berechnet.

Tabelle I.

Substanz	1. Spalt	2. Weingarten	3. Holledau	4. Roth	5. Aischgründ	6. Lauf	7. Hersbruck	8. Sulzbach	9. Saaz
Kali	32,83	28,60	29,72	28,99	31,60	37,79	30,59	36,17	27,43
Natron	1,27	4,58	—					—	—
Kalk	11,21	11,52	13,00	14,09	11,16	11,36	14,28	11,32	12,35
Magnesia	2,03	2,56	10,64	4,84	5,67	1,27	5,11	3,27	2,52
Eisenoxyd	0,64	2,04	0,31	0,78	1,65	6,48	1,04	0,91	1,75
Thonerde	Spur	Spur	Spur	Spur	Spur	Spur	Spur	Spur	Spur
Manganoxyduloxyd	»	»	»	—	»	»	»	»	»
Phosphorsäure	14,47	8,66	11,05	13,62	12,76	13,67	13,77	14,75	6,49
Schwefelsäure	Spur	Spur	Spur	Spur	Spur	1,98	Spur	Spur	2,03
Chlorkalium	—	—	3,35	4,93	4,67	2,48	1,66	4,22	3,25
Chlornatrium	2,96	3,96	0,17	1,53	5,95	1,21	3,43	1,22	2,77
Kieselsäure	11,44	14,18	11,42	11,96	10,37	10,02	9,44	12,29	12,04
Kohlensäure	11,74	4,63	6,66	6,81	6,47	12,50	13,03	6,91	11,33
Kohle und Sand	9,15	17,29	12,80	11,93	8,93	1,91	8,25	7,70	15,61
Summa d. p. C.	97,74	98,02	99,02	99,48	99,23	99,67	100,55	98,86	97,57
Totalaschengehalt	9,93	9,23	9,80	7,64	7,56	9,14	7,93	7,45	8,42
Stickstoffgehalt	1,85	—	—	—	—	—	1,73	—	—

Tabelle II.

Substanz	I.	II.	III.	IV.	V.	VI.	VII.	VIII.	IX.	X.	XI.	XII.
Kali	42,63	37,58	37,34	35,91	37,70	44,33	38,58	39,42	38,89	25,14	19,27	32,37
Natron	1,64	6,02	—	—	—	—	—	—	—	—	—	—
Kalk	14,50	15,14	16,32	17,46	13,19	13,33	17,96	16,09	17,51	15,97	24,58	9,77
Magnesia	2,63	3,36	13,36	5,99	6,77	1,49	6,44	5,88	3,57	5,77	6,35	4,87
Eisenoxyd . . .	0,82	2,68	0,38	0,97	1,97	0,56	1,31	1,79	2,49	3,18	3,03	0,67
Manganoxyduloxyd	—	—	—	—	—	—	—	—	—	—	1,55	—
Thonerde	—	—	—	—	—	—	—	—	—	—	—	—
Phosphorsäure . .	18,74	11,38	13,88	16,86	15,33	14,86	17,37	16,92	9,20	14,05	9,48	17,65
Schwefelsäure . .	—	—	—	—	—	—	—	—	2,88	5,40	4,33	5,30
Chlorkalium . . .	—	—	4,20	6,10	5,57	9,94	2,09	4,04	4,47	1,66	2,29	9,11
Chlornatrium . .	3,84	5,20	0,21	1,90	7,09	1,41	4,33	2,41	3,93	7,23	3,29	0,73
Kieselsäure . . .	15,20	18,64	14,31	14,81	12,38	11,76	11,92	13,45	17,07	21,60	25,83	19,53
Summe	100,00	100,00	100,00	100,00	100,00	100,00	100,00	100,00	100,00	100,00	100,00	100,00

Es ist in der That vollständig unmöglich, in diesen Analysen der Hopfenzapfen, resp. des Aschengehaltes derselben, irgend eine noch so schwache Beziehung der einzelnen Bestandteile, sei es auch nur des Kalis, Kalkes und der Phosphorsäure, mit der mir aus vielen Arbeiten wohlbekannten Qualität dieser sämtlichen Hopfensorten zu finden. Deshalb unterlasse ich es auch, die zwei angeschlossenen Bodenanalysen von Spalt und Hersbruck anzufügen, welche C. Gilbert Wheeler gleichzeitig mit dieser Arbeit veröffentlicht hat. Wer sich dafür interessiert, findet diese beiden Analysen in der Allg. H.-Ztg. 1865, S. 200.

Nicht unterlassen will ich es, zu betonen, dafs wir dafür nicht die geringste Garantie besitzen, ob diese zwölf Hopfenproben wirklich das waren, wofür sie Wheeler erhalten. Das hätte doch, der Analyse vorlaufend, von einer zweifellos sachkundigen Persönlichkeit genau festgestellt werden müssen, weil sonst der Beweiskraft dieser Analysen jede Unterlage fehlt. — Die blofse Etikette und Bezugsquelle genügt da unbedingt nicht. Auch ist die Qualität dieser Sorten selbst wieder höchst verschieden.

Vom Chemiker Bragier am Kollegium in Aberdeen sind ebenfalls Analysen des Krautes und der Zapfen vom englischen Hopfen ausgeführt worden[367]). Die bei 100° C. getrocknete Pflanze enthielt in der Reife

in den Reben	7,75 %	Asche,
in den Blättern	23,75 »	»
in den Zapfen (Dolden) .	8,38 »	»

und zeigte die nachfolgende prozentische Zusammensetzung:

	Reben und Blätter		Zapfen oder Dolden	
	Kent	Sussex	Kent	Sussex
Chlornatrium	3,91	5,93	3,31	3,08
Chlorkali	5,62	0,00	1,90	0,34
Kali	9,57	22,30	25,53	38,26
Kalk	50,00	40,21	21,73	15,10
Magnesium	8,64	7,09	7,14	6,49
Eisenoxyd	0,95	0,81	1,81	1,51
Phosphorsäure	7,57	7,98	18,16	18,71
Schwefelsäure	3,06	2,82	5,31	3,67
Kieselerde	11,34	12,74	16,11	12,84

[illegible] Kommission (1882) [illegible]

[illegible] Wenn nur die Zapfen vom Felde [illegible]

Kali	auf	31 kg
Kalk	»	14 »
Phosphorsäure	»	13 »
Kieselsäure	»	13 »
Magnesium	»	[illegible] »

Wenn, wie in der Kleinkultur der Fall, die ganze Pflanze weggenommen wird, die Blätter als ausgezeichnetes Milchviehfutter, die Reben zum Binden oder als Brennmaterial, dann ist die Mineralstoffentnahme bedeutend höher.

Dr. Th. Remy (Wochenschr. f. Br. 1899, S. 288) sagt, daß ein gut entwickelter Hopfenstock mit 300 g Zapfen und den dazugehörigen Reben und Blättern dem Boden ca. 30 g Stickstoff, 25 g Kali und 7,5 g Phosphorsäure entnehme.

Karl Homann[369]) berechnet für den 244 kg Aschenbestandteilen einer Mittelernte Hopfenpflanzensubstanz (Kraut und Zapfen) per Hektar

	auf 1000 g Pflanzengewicht	in den 3000 kg Pflanzensubstanz einer Mittelernte per 1 ha
Kali	20,1 g	60,3 kg
Natron	2,8 »	8,4 »
Kalk	18,1 »	54,3 »
Magnesia	6,4 »	19,2 »
Phosphorsäure	7,5 »	22,5 »
Schwefelsäure	3,7 »	11,1 »
Kieselsäure	16,4 »	49,2 »
Andere Stoffe	6,4 »	19,0 »
Summa:	81,4 g	244,0 kg

Dr. Hirzel (Zeitschr. d. Landwirtschaftl. Ver., Januar 1871, repr. Allg. H.-Ztg. 1871, S. 294) hat gefunden, daß ein bayerisches Tagwerk (ca. 1/3 ha) Hopfenland, auf welchem 1400 Stöcke stehen, im lufttrockenen Zustande der Ernte enthält:

Zapfen	400 Pfd.	darin	6,34 %	Asche
Blätter	2200 »	»	10,5 »	
Ranken, Stengel und Äste	2600 »	»	3,12 »	

Demnach berechnet K. Homann die lufttrockene Pflanzenmasse, welche 1 ha Hopfenland erzeugt, auf 60 Ztr., dagegen Dr. Hirzel auf (3 × 52 Ztr.) = 156 Ztr. per Hektar, eine etwas große Differenz, wenn auch die per Hektar erzeugte Krautmasse jahrgangweise und je nach Gegenden großen Schwankungen unterworfen ist. Hirzel nähert sich aber den Angaben von Prof. F. Haberlandt in Wien (unten). Es kommt doch bei solchen Untersuchungen darauf an, ob man von einem Hopfenstocke nur eine Stengelrebe mit allen Ästen, Blütenzweigen, Blättern, Zapfen etc. genommen hat oder 2, 3, 4, 5 etc. Das sollte stets gesagt werden.

Dr. Schumacher[370]) ist der Ansicht, daß der Verlust der Hopfenböden an Aschestoffen nicht erheblich ist, wenn nur die Zapfen fortgenommen werden und die Reben und Blätter dem Boden verbleiben. Er berechnet für Ranken und Blätter

	Verlust per preuß. Morgen Pfd.	per ha Pfd.
Kali	18	72
Kalk	86	344
Magnesia	21	84
Phosphorsäure	14	56
Schwefelsäure	10	40
	149 Pfd.	596 Pfd.

[illegible] würden, sei die Kultur wenig erschöpfend, weil die tiefgehenden Wurzeln der Hopfenpflanze viele Aschestoffe aus dem Untergrunde heraufholen, welche dann mit Reben- und Blatt-Resten der Krume einverleibt werden.

Mehrfache Versuche durch Gilbert, Wheeler[371]), Kalmrodt[372]) und Lermer[373]), welche sich mit der Untersuchung von Hopfenaschen und deren Böden befaßt, haben keine bemerkenswerten Beziehungen zwischen den mineralischen Bestandteilen des Bodens und der Qualität des darauf gewachsenen Hopfens ergeben; ebensowenig scheint die physikalische Beschaffenheit des Bodens von Einfluß auf die Qualität des Hopfens zu sein, denn Neutomischel habe humosen Sandboden, Saaz habe Thon- und Lehm-Boden, und dennoch sei das Produkt beider so ähnlich. Die Hopfenböden der Welt wechseln vom schwersten Thon bis zum Sande.

Diese Behauptungen kann ich aber nicht als zutreffend anerkennen, wenn ich auch auf später folgende Arbeiten aus meiner Feder verweisen muß. Die Böden üben sehr erheblichen Einfluß, chemisch wie physikalisch, auf die Qualität des Hopfens, aber in einem ganz andern Sinne, als gewöhnlich angenommen wird. Das läßt sich aber nicht mit ein paar Worten sagen, weshalb ich hier nicht darauf eingehen will.

Zunächst bleibt zu bemerken, daß ich nicht in der Lage war, von all diesen Zahlenreihen die Originalangaben zu sehen, und daß die Zahlen in den Reproduktionen vielfach, zum Teil selbst beträchtlichen, differieren[374]).

Was die Sache selbst betrifft, so sind die auf trockene Substanz bezogenen Aschemengen schon auffallenden Schwankungen unterworfen, welche bei den Zapfen meist von 6 bis 10 %, zuweilen selbst bis 15 % gehen können.

Auch bei den Laubblättern der Stengel schwankt der Aschegehalt der trockenen Substanz von 13—22 %.

Bei den Stengeln geht der Aschegehalt von 3,5—7,5 %.

Der Aschegehalt ist also am größten bei den Laubblättern, am kleinsten bei den Stengeln, im mittleren Verhältnis bei den Zapfen (s. auch oben Dr. Hirzel).

Von einer Thätigkeit der Aschebestandteile in der Entwicklung des Bieres wissen wir nichts oder doch sehr wenig. Die Aschebestandteile der ganzen Pflanze wie der Zapfen können aber vielleicht Winke geben für Düngungsfragen, doch ist auch das noch keineswegs sicher.

In der Asche der Zapfen spielt offenbar das Kali die Hauptrolle. Der Kaligehalt liegt hier im Mittel bei 20—34 % der ganzen Asche, geht sogar bis 51 % hinauf und bis 11 % herunter. Bei Wheeler liegt der Kaligehalt meist zwischen 30—40 %, geht aber bis 19 % herab. Es kann demnach keinem Zweifel unterliegen, daß kalireiche Böden und kalireiche Düngungen für die Hopfenpflanze wichtig sind. Das hat sich bei Düngungen auch schon sehr oft praktisch bewährt, quantitativ und qualitativ.

Dann machen sich der Kalk und die Phosphorsäure sehr bemerkbar in Proportionen, welche jenen beim Kali wenig nachstehen. Hier zeigt sich aber der Kalkgehalt der Zapfenblätter als am geringsten, jener der Laubblätter als am höchsten und der von den Stengeln als in der Mitte stehend. Auch das ist einleuchtend: der Kalk gehört meist der vegetativen Sphäre der Pflanze an.

Ganz anders ist es mit der Verteilung der Phosphorsäure in der ganzen Pflanze, denn davon enthalten die Zapfen die größte Menge; sie häuft sich also, wie immer, in der reproduktiven Sphäre, der Kalk dagegen — wie bei andern höheren Gewächsen — in der vegetativen.

Auch die Magnesia und die Schwefelsäure scheinen in den Zapfen in etwas größeren Mengen vorzukommen als in der Hopfenpflanze; so ist es auch bei andern Pflanzen.

Prof. Dr. Ho[illegible][375]) macht im Anschlusse an die Versuche von Dr. Hanamann und L. Kouřimsky (Zeitschr. f. d. ges. Versuchswes. in Österreich 1898, Heft 6), welche den großen Einfluß der Kalidüngung auf die Hopfenerträge darthun (34 Doppel-Ztr. per Hektar auf dem Gute Netschenitz, Saazer Kreis, Böhmen, bei Postelberg mit 77 % höherem Ertrag als ohne

Kalk), auf die grofse Bedeutung des Kalkes für die Hopfenkultur aufmerksam, nachdem die Hopfenpflanze schon für die grofse Menge oxalsauren Kalkes in allen Teilen, selbst im Perigonium, mit Ausnahme der Früchte, so viel Kalk nötig hat. Prof. Braungart (der Verfasser dieses Buches, s. Zeitschr. f. d. ges. Brauwesen 1879: Über die Diluvialbildungen und die Hopfenkulturen von Saaz) hätte das schon betont, der englische Prof. Bradley »The Riches of a Hopgarden etc.«, London, ebenso schon vor $1^1/_2$ Jahrhunderten etc.

Über die Tragweite des Einflusses, welchen das reichlichere oder minder reichliche Vorkommen dieser Aschestoffe auf den quantitativen und qualitativen Gehalt der Zapfen ausübt, wissen wir vorläufig gar nichts, was nicht auf blofser Vermutung beruhte. Jedenfalls wird eine auch nur beiläufige Schätzung dieses Einflusses durch den Umstand sehr erschwert, dafs das Mengenverhältnis an sich schon so erheblichen Schwankungen ausgesetzt ist.

Natürlicher oder durch Düngung gegebener Bodenreichtum scheint in Bezug auf den Aschegehalt der Hopfenzapfen und der Hopfenpflanze eine ganz erhebliche Rolle zu spielen, oft selbst ein Luxus im Verbrauch der Stoffe sich geltend zu machen.

Direktor Dr. Werner (Breslau) hat zwei böhmische Hopfen auf ihren Aschegehalt untersucht. Jener sub I wird als eine gute Sorte bezeichnet, jener sub II als eine schlechte Sorte (Allg. H.-Ztg. 1869, S. 507).

	I Asche-gehalt 9,19 %	II Asche-gehalt 4,91 %		I Asche-gehalt 9,19 %	II Asche-gehalt 4,91 %
	Darin:			Darin:	
Kali	43,22 %	41,14 %	Phosphorsäure	20,32 %	14,29 %
Natron	1,81 »	1,30 »	Schwefelsäure	0,0 »	0,06 »
Kalk	13,24 »	23,76 »	Chlorkalium	0,0 »	0,03 »
Magnesia	2,49 »	2,68 »	Chlornatrium	2,71 »	4,42 »
Eisenoxyd	0,84 »	0,89 »	Kieselsäure, löslich	15,28 »	11,18 »
Manganoxyd	0,0 »	geringe Spuren	» unlöslich	0,09 »	0,29 »
			Thonerde	0,00 »	0,00 »

Da wäre also der bessere Hopfen, der aber in seinen Eigenschaften nicht charakterisiert ist, derjenige, welcher reicher ist an Phosphorsäure und löslicher Kieselsäure, ärmer an Kalk, zugleich überhaupt reicher an Asche. Es ist in der That bei allen solchen analytischen Untersuchungen bis jetzt niemals geschehen, die analysierte Hopfenware in ihren qualitativen Eigenschaften genau zu schildern; ohne dies können wir aber in der Erkenntnis des wahren Wesens der Sache keine Fortschritte machen.

Dr. Max Siewert[376]) hat sechs Hopfenproben untersucht: I — III geringere Altmärker, IV und V bessere Altmärker, VI bayerischer Hopfen[377]).

Siewert meint nun, dafs die Güte und Brauchbarkeit eines Hopfens, wie allbekannt, abhängig sei vom sogenannten Harzgehalt, und dieser sei abhängig vom Klima und Boden, namentlich vom Reichtum des letzteren an gewissen mineralischen Nährstoffen. Indem ich auf das Detail, das ich an anderer Stelle bringe, verweise, führe ich hier nur an:

	I	II	III	IV	V	VI
Asche	9,20	6,94	7,58	8,06	6,74	6,70
In der Asche war Phosphorsäure	17,90	17,54	17,69	15,52	16,48	17,21
Phosphorsaures Eisenoxyd	1,12	1,32	2,00	1,27	2,26	1,62
Kalk	16,16	15,33	17,63	13,74	14,81	15,58
Kali	**23,95**	**35,15**	**25,19**	**35,51**	**33,93**	**32,21**
Harzgehalt	**9,78**	**11,66**	**12,00**	**13,82**	**16,70**	**18,40**

Da die Proben I — III den geringsten Harzgehalt und (II ausgenommen) die kaliärmste Asche hatten, schliefst Siewert, dafs der Hopfendünger kalireich sein soll, zugleich müsse er arm an Chlor und Magnesia sein.

Bei Hopfenzapfenuntersuchungen Dr. J. Karl Lermers (Zymotechn. Miscellaneen, Allg. H.-Ztg. 1866, S. 165, reprod. aus Polytechn. Journal) hatte lufttrockener Hopfen 83,93 % Trockensubstanz, indem er, bei 100° C. bis zur Konstanz seines Gewichtes getrocknet, 16,07 % Feuchtigkeit verlor. 100 Teile dieses bei 100° C. getrockneten, also wasserfreien, Hopfens hinterliefsen beim Einäschern 5,04 Teile unorganischer Bestandteile, in 100 Teilen lufttrockenen Materials also 4,28 Teile Asche.

100 Gewichtsteile bei 100° C. getrockneten Hopfens oder 119,16 Teile desselben im lufttrockenen Zustande hinterliefsen nach dem Sieden mit Würze 71,02 Gewichtsteile ausgelaugten Hopfens, gleichfalls bei 100° C. getrocknet und zur Wägung gebracht.

Dieses letzte Material lieferte, ebenfalls eingeäschert, von 100 Teilen (getrocknet) 3,44 Teile unorganischer Bestandteile. Der Hopfen hatte durch das Sieden nahezu die Hälfte der vor dem Sieden darin enthaltenen anorganischen Bestandteile an die Würze abgegeben; 100 Teile (getrocknet) enthielten vor dem Sieden 4,47 Teile und nach dem Sieden 2,056 Teile kohlensäurefreier organischer Substanzen.

Die Analyse ergab folgende prozentische Zusammensetzung der Aschen:

	A. Vor dem Sieden mit Würze	B. Nach dem Sieden mit Würze
Chlornatrium	3,855	0,301
Kali	17,073	3,555
Natron	3,957	1,550
Kalk	12,042	28,588
Magnesia	5,615	9,323
Thonerde	0,763	0,625
Eisenoxyd	2,078	5,053
Kupferoxyd	—	0,529
Schwefelsäure	4,605	2,830
Phosphorsäure	15,100	6,920
Kieselsäure	23,131	22,059
Kohlensäure	11,237	15,706
	99,474	99,748
Nach Abzug der Kohlensäure	88,237	84,042[378]).

Der Kalk, die Magnesia und das Eisenoxyd zeigen im ausgesottenen Hopfen eine Zunahme, die aber natürlich nur eine relative ist, veranlafst durch das Ausgelaugtwerden anderer, während vom Kalk etc. nichts ausgelaugt wurde.

Sehr eingehende analytische Untersuchungen der ganzen Hopfenpflanze und ihrer Teile hat erst in neuerer Zeit Dr. J. Hanamann, der verdiente Vorstand der Fürstlich Schwarzenbergschen Versuchsstation in Lobositz (Böhmen), bei Gelegenheit anderweiter Feststellungen gemacht[379]). Das Material stammt von der Fürstlichen Domäne Zittolieb im Saazer Kreisgebiet[380]).

Die Resultate der analytischen Prüfung waren folgende:

Zapfenanalysen.	Stangenhopfen	Drahthopfen
Zapfen und Nebenblätter (Vor- und Deck-Blätter)	79,860	76,700
Spindelgewicht	8,500	8,550
Perigone (Blütenhüllen)	0,800	0,900
Stickstoffgehalt	2,610	2,220
Mehlgehalt	10,840	13,850
Ätherauszug	17,800	17,140
Alkoholauszug	22,660	24,210
Rohasche	8,325	8,131
Reinasche	6,841	6,790
Wassergehalt der lufttrockenen Dolde	15,750	15,690

In 100 Gewichtsteilen Rohasche waren enthalten:

Kohlensäure	8,75	7,00
Sand	5,28	5,56
Kohle	1,28	1,40
Chlor	1,05	0,83
Kieselsäure	14,40	15,03
Phosphorsäure	12,12	12,99
Schwefelsäure	2,74	2,97
Eisen	1,86	1,78
Kalk	9,90	9,25
Magnesia	4,70	4,80
Kali	34,67	35,02
Natron	1,21	1,21
	97,96	97,84
für Chlor und Sauerstoff ab	0,47	0,37
	97,49	97,47

In 100 Gewichtsteilen Reinasche waren enthalten in Prozenten:

Chlor	1,27	0,98
Kieselsäure	17,57	18,39
Phosphorsäure	14,74	15,48
Schwefelsäure	3,33	3,54
Eisen	2,26	2,12
Kalk	12,04	11,02
Magnesia	5,71	5,72
Kali	42,18	41,75
Natron	1,47	1,44
	100,57	100,44
für Chlor und Sauerstoff ab	0,57	0,44
	100,00	100,00

In 100 Gewichtsteilen der nachbenannten trockenen Hopfenbestandteile waren enthalten an Rohasche, Reinasche und Stickstoff:

		Rohasche	Reinasche	Stickstoff
		%	%	%
Drahthopfen I (September)	Zapfen	8,13	6,79	2,22
	Blätter	28,42	21,93	3,23
	Ranken	12,08	8,61	1,87
Stangenhopfen (September)	Zapfen	8,32	6,64	2,62
	Blätter	28,04	21,17	3,26
	Ranken	8,57	6,23	1,78
Drahthopfen II (Dezember)	Blätter	28,06	21,64	1,84
	Ranken	6,95	4,79	0,85

Chemische Untersuchung der Blätter, Ranken, Zapfen.

In 100 Gewichtsteilen Rohasche waren enthalten:

	Drahthopfen I		Stangenhopfen		Drahthopfen II	
	Blätter	Ranken	Blätter	Ranken	Blätter	Ranken
Sand	4,870	2,100	5,940	1,042	3,390	1,605
Kohle	5,504	9,920	6,025	5,918	5,955	8,920
Kohlensäure	12,460	16,700	12,520	20,300	13,525	20,610
Kieselsäure	21,245	8,850	20,130	4,533	24,820	7,285

	Drahthopfen I		Stangenhopfen		Drahthopfen II	
	Blätter	Ranken	Blätter	Ranken	Blätter	Ranken
Schwefelsäure	1,797	1,379	1,639	2,161	1,656	1,458
Phosphorsäure . . .	2,120	4,162	2,219	6,135	1,107	1,872
Eisenoxyd	1,633	6,013	2,423	6,354	1,115	6,285
Calciumoxyd	28,872	17,996	28,823	12,732	34,104	28,523
Magnesia	3,694	2,102	1,894	1,735	2,254	2,264
Kali	13,862	28,260	14,170	34,160	8,422	17,328
Natron	0,345	0,608	0,253	0,879	0,305	1,410
Chlor	3,488	2,457	3,872	4,211	3,410	2,050
Summa	99,890	100,547	99,962	100,160	100,063	99,610
Sauerstoff ab für Flor .	0,786	0,554	0,872	0,948	0,769	0,462
	99,104	99,993	99,090	99,212	99,294	99,148

In 100 Gewichtsteilen Reinasche waren enthalten:

	Drahthopfen I		Stangenhopfen		Drahthopfen II	
	Blätter	Ranken	Blätter	Ranken	Blätter	Ranken
Kieselsäure	27,531	12,415	26,658	6,259	32,179	10,578
Schwefelsäure	2,328	1,934	2,241	2,970	2,147	2,117
Phosphorsäure . . .	2,721	5,838	2,938	8,434	1,435	2,718
Eisenoxyd	2,116	8,435	3,208	8,721	1,316	9,126
Calciumoxyd	37,415	25,246	38,168	17,503	44,203	41,418
Magnesia	4,784	2,752	2,508	2,885	2,922	3,287
Kali	17,963	39,646	18,764	46,961	10,919	25,162
Natron	0,447	0,852	0,335	1,208	0,395	2,047
Chlor	4,520	3,446	5,140	5,789	4,421	2,976
Summa	99,825	100,564	99,960	100,230	99,937	99,429

Zehn ganze Pflanzen enthielten an Aschebestandteilen (Anfang Sept.) in Gramm:

	Drahthopfen I			Stangenhopfen			Drahthopfen II		
	Blätter	Ranken	Summa	Blätter	Ranken	Summa	Blätter	Ranken	Summa
Kieselsäure . . .	64,43	13,18	77,61	89,56	5,55	95,11	105,93	5,14	111,07
Schwefelsäure . .	5,42	2,05	7,48	7,52	2,63	10,15	7,06	1,03	8,09
Phosphorsäure . .	6,36	6,19	12,56	9,87	7,84	17,71	4,72	1,32	6,04
Eisenoxyd . . .	4,95	8,95	13,90	10,77	7,73	18,50	4,33	4,44	8,73
Calciumoxyd . .	87,57	26,81	114,38	128,23	15,53	143,76	145,51	20,16	165,67
Magnesia	11,19	2,92	14,11	8,52	2,11	10,63	9,61	1,60	11,21
Kali	42,04	42,10	84,14	63,04	41,67	104,71	35,94	12,24	48,18
Natron	1,04	0,90	1,95	1,12	1,06	2,18	1,30	0,99	2,29
Chlor	10,57	3,65	14,23	18,26	5,13	23,39	14,55	1,44	15,99
Summa	233,57	106,75	340,36	336,89	89,25	426,14	328,95	48,36	377,31

Jeder Hopfenstock oder jede Hopfenpflanze entzog dem Boden folgende Nährstoffmengen in einer Ernte:

	Stickstoff	Phosphorsäure	Kali	Kalk	Magnesia
Jede Drahtpflanze in den	g	g	g	g	g
Zapfen	2,181	1,032	2,784	0,732	0,379
Blättern	3,444	0,636	4,204	8,757	1,119
Ranken	2,318	0,619	4,210	2,681	0,292
Zusammen	7,943	2,287	11,198	12,170	1,790
Ganze Summe	35,388 g				

	Stickstoff	Phosphorsäure	Kali	Kalk	Magnesia
Jeder Stangenhopfen in den:	g	g	g	g	g
Zapfen	2,081	0,796	2,279	0,648	0,031
Blättern	5,176	0,987	6,304	12,823	0,852
Ranken	5,532	0,784	4,167	1,553	0,211
Zusammen	8,789	2,567	12,750	15,024	1,094
Ganze Summe			40,424 g		

Per Hektar wurden dem Acker durch eine Jahresernte entzogen:

Per Hektar 7000 Stöcke	Trockensubstanz	Reinasche	Phosphorsäure	Kali	Kalk	Magnesia	Stickstoff
Durch die Drahtpflanze in den:	kg	kg	kg	kg	kg	kg	kg
Frisch 10500 kg = 210 Zoll-Ztr. Zapfen	687	46,7	7,224	19,488	5,124	2,653	15,269
Blättern	745	163,5	4,452	29,428	61,299	7,833	24,262
Ranken	268	74,7	4,333	29,470	18,767	2,044	16,231
Gesamternte	2 300	284,9	16,009	78,386	85,190	12,530	55,762
Durch die Stangenpflanze in den:							
Frisch 12600 kg = 252 Zoll-Ztr. Zapfen	556	37,8	5,572	15,953	4,536	2,17	14,568
Blättern	1 113	235,8	6,909	44,128	89,761	5,964	36,236
Ranken	1 001	62,5	5,488	29,169	10,871	1,477	17,725
Gesamternte	2 670	336,1	17,969	89,250	105,168	7,658	68,529
Durch die Rückwanderung in die Wurzeln bei den auf dem Stock gepflückten Drahtpflanzen wurden ersetzt:							
Blätter	1 064	—	1,134	4,270	—	—	4,442
Ranken	707	—	3,395	20,930	—	—	10,164
Gesamternte	2 771	—	4,529	25,200	—	—	14,606
Es wurden also dem Boden entzogen Kilogramm:							
Bei Stangenhopfen	—	—	17,969	89,250	—	—	68,530
Bei Drahthopfen	—	—	11,480	53,186	—	—	41,112
Differenz zu Gunsten der auf dem Stock gepflückten Drahtanlage	—	—	6,489	36,064	—	—	27,418

Es konsumierten also die Drahthopfen nur

59 % des Stickstoffes,
64 » der Phosphorsäure,
59 » des Kalis,

welchen die zur Ernte abgeschnittenen Stangenhopfen nötig hatten.

Noch geringer wird die Bodenberaubung durch die Drahtanlagen sein, wenn die am Stocke gebliebenen Ranken und Blätter nach dem Welken verbrannt werden und die Asche gleichmäfsig ausgestreut wird [381]).

Nach Dr. Killing (Allg. Br.- u. H.-Ztg. 1886, I, 464) hat der Hopfen per Hektar im Kraut:

	Asche in Prozent	Asche in Kilogramm	Davon fallen im Kraut dem Boden wieder anheim, wenn nur die Zapfen geerntet werden	In den Zapfen bleiben
Kali	34,61 %	41,8 kg	21,6 kg	20,1 kg
Alkalische Erden .	16,25 »	—	—	—
Phosphorsäure .	16,80 »	22,7 »	8,8 »	13,8 »
Kieselsäure . . .	16,36 »	—	—	—
Stickstoff . . .	—	91,1 »	48,7 »	42,3 »

E. Weifs in Posen (Der Hopfen, 1878) nimmt per Hektar (7000 Stangen) einen Ertrag an

von 14 Ztr. Hopfen,
28 » Blätter,
42 » Ranken,
Summe 84 Ztr.

alles trocken gewogen. Das ergibt eine jährliche Entnahme aus dem Boden per Hektar:

	Zapfen	Blätter	Stengel	Ganze Pflanze
	Pfd.	Pfd.	Pfd.	Pfd.
Chlorkalium	2,31	—	14,91	17,22
Kali	34,75	56,81	40,10	131,66
Phosphorsäure	13,52	9,20	10,47	33,19
Phosphorsaures Eisenoxyd	10,28	13,34	0,53	24,15

Demnach per 1 Stock in je 100 g Zapfen, 200 g Blättern, 300 g Ranken (Zapfen zum Laub und Ranken wie 1 : 5) in Gramm:

Kali	2,6	4,0	3,53	10,57
Phosphorsäure	1,26	1,04	0,76	3,06

F. Haberlandt in Wien nimmt aber per 1 ha in 13,42 Ztr. Zapfen 141,18 Ztr. Blätter und Ranken (Zapfen zum Laubgewicht wie 1 : 10,6) an und darin einen Entzug per Hektar:

	Pfund Phosphorsäure	Pfund Kali
durch Blätter und Ranken	41,2	212,6
durch die Zapfen	15,6	32,4
durch die ganze Pflanze	56,8	245,0

Die Entnahme durch die Zapfen ist also bei den letzten Autoren ziemlich gleich, aber in Bezug auf das Kraut (Stengel und Blätter) nimmt Haberlandt per Hektar noch einmal so viel Ertrag an wie Weifs, ziemlich ebenso viel wie Dr. Hirzel (s. oben S. 746).

Dr. C. Kraus (s. Allg. Br.- u. H.-Ztg. 1886, I, S. 307 u. ff., damals in Triesdorf) berechnet das, was dem Hopfenland in Gramm per 1 Stock durch die Zapfen und entleertes Kraut (verwelkt, Kali und Phosphorsäure zu erheblichem Teil bereits in den Reservestoffen der Wurzeln deponiert) entnommen wird:

	Zapfen		Laub		Insgesamt	
	Kali	Phosphorsäure	Kali	Phosphorsäure	Kali	Phosphorsäure
1. Nach den Hohenheimer Versuchen	12,2	5,1	2,7	4,7	14,9	9,8
2. Nach den Spalter Versuchen:						
Saazer Reben	5,4	2,0	1,3	2,3	6,7	4,3
Spalter Reben	8,5	3,2	1,9	3,5	10,4	6,7

Das sind grofse Differenzen; sie können teilweise thatsächlich bestehen, teilweise aber auch in Irrtümern begründet sein, welche das vorliegende mangelhafte Zahlenmaterial veranlafst hat. Ohnehin scheint die Hopfenpflanze gegebenen Falles, also wenn ihr das Material leicht erreichbar ist, eine erhebliche Luxuskonsumtion in Bezug auf die wichtigen mineralischen Nährstoffe betreiben zu können.

Dr. Remy (Wochenschr. f. Br. 1898, S. 583) bespricht die Frage, ob durch die Aschenanalyse der Hopfenzapfen ein Einblick in die Wertverhältnisse der Hopfenware und in die Möglichkeit, durch die Düngung auf diesen Wert Einflufs zu nehmen, gefunden werden könnte.

Nach den Aschenanalysen E. Wolfs (1871, S. 156 und 157) möchte man eine solche Beziehung für wahrscheinlich halten. Er fand in Prozenten der Trockensubstanz:

	Kali	Phosphorsäure
1. Durchschnitt von 8 englischen Hopfen	2,32	1,41
2. Durchschnitt von 8 bayerischen Hopfen	2,88	1,08
3. Durchschnitt von 2 böhmischen und 1 Neutomischeler	3,12	1,12

C. Kraus (Der Versuchsgarten des Deutschen Hopfenbauvereins, III. Bericht 1886) meint, dafs die allgemeinhin qualitativ zurückstehenden englischen Hopfen auch im Kaligehalt hinter den bayerischen zurückstehen. Die feinen englischen Hopfen East Kents und Mid Kents stehen aber nur im Sekretgehalt, keineswegs in der Qualität (Aroma und Bitter) hinter den bayerischen zurück.

Der Engländer Richardson[382]) fand bei einer Ascheanalyse englischer Hopfen den Kaligehalt mit 0,97 %, was er selbst auffallend wenig findet. Man sehe auch die Hopfenuntersuchungen in Wien (I. Ber. d. Arb. der k. k. Versuchsstat. in Wien von 1870—72, Wien 1878).

M. Barth im Elsafs (Die künstlichen Düngemittel im Getreide-, Futter- und Handelsgewächs-Bau, Berlin 1893, bei Parey, S. 184 u. 195) untersuchte die Asche von 51 Hopfen der Strafsburger Ausstellung der Deutschen Landwirtschaftsgesellschaft und fand in Prozenten:

	Kali	Phosphorsäure
A. Mittel von 7 durch I. Preise ausgezeichneten Hopfen	2,31	0,73
B. Mittel von 25 durch II. und III. Preise ausgezeichneten Hopfen .	2,15	0,81
C. Mittel von 19 nicht prämiierten Hopfen.	1,97	0,70

Die Grenzwerte schwankten zwischen:

	Kali %	Phosphorsäure %
in der Gruppe A . . .	1,87—3,58	0,56—1,02
» » » B . . .	1,52—2,67	0,55—1,02
» » » C . . .	1,37—2,74	0,51—0,92

Die Gehalte sind auffallend niedrig, vielleicht weil sie sich hier nur auf lufttrockene Substanz beziehen.

Barth meint auf Grund seiner Analysen, dafs die Qualität der Hopfen mit ihrem Kali- und Phosphorsäure-Gehalt zunehme; allzu grofser Phosphorsäuregehalt veranlasse eine grobkörnige Ablagerung des Lupulins auf den Zapfenblättern.

Th. Remy hat von 29 Hopfensorten der Berliner Hopfenausstellung den Kali- und Phosphorsäure-Gehalt in Prozenten der Trockensubstanz analytisch bestimmt (die Zusammenstellung s. 584 l. c.).

Der Gehalt an Kali schwankte zwischen 1,85 und 3,75 %.

Der Gehalt an Phosphorsäure zwischen 1,02 und 2,05 %.

Wenn auch sämtliche Saazer und Spalter Hopfen durch hohen Kaligehalt gekennzeichnet sind, vermag er eine Beziehung zwischen dem Gehalt der Asche an Kali und dem Gebrauchswert des Hopfens nicht zu finden.

Wohl hatte ein geringwertiger Hopfen der Altmark an Kali 1,85 %, ein anderer ebensolcher hatte aber 3,24 %, mehr als sehr gute Saazer und Spalter Hopfen. Es können geringwertige und hochwertige Hopfen reich oder arm an Kali sein. Noch weniger ist aus Phosphorsäurereichtum zu schliefsen, weil daran reiche Hopfen auch aus dem Reichtum an Früchten viel Phosphorsäure haben können.

Remy meint, dafs gerade die kalireichen Altmärker und wolhynischen Hopfen sehr reich an grofsen Körnern (Früchten) seien, und dafs, solange das der Fall, die Qualität nie eine gute sein kann, wenn auch alle übrigen Vorbedingungen, so auch das Kali, im Optimum gegeben seien. Die edlen englischen East Kent Goldings mit ihrer hohen Qualität in Aroma und Bitter, welche mit Früchten gespickt sind, können darthun, dafs die Annahme des Herrn Dr. Remy irrig ist.

Dr. Behrens[383]) ist der Ansicht, dafs die Analysen Dr. Max Barths in Rufach über die Hopfen der Frankfurter Ausstellung 1889 und der Strafsburger Ausstellung 1890 nur beweisen, dafs der Phosphorsäure-, Stickstoff- und Kali-Gehalt nichts mit der Qualität des Hopfens zu thun habe; insbesondere warnt er vor der Annahme dunkler Beziehungen der Phosphorsäure zur Produktion des ganz phosphorfreien ätherischen Hopfenöls und der Hopfenharze. Abgesehen von einer einzigen, auffallend kalireichen Spalter Hopfenprobe hatten die von Barth untersuchten, höchstprämiierten Hopfen einen mittleren Kaligehalt von 2,10 %, die mittelguten Hopfen von 2,15 %, die nicht prämiierten von 1,97 %. Bei der Phosphorsäure waren die Mittelzahlen 0,73—0,81 und 0,70 %.

Direktor Dr. Werner (Breslau)[384]) sagt, dafs man in der Hopfenasche wohl reichlich Kali und Natron finde; es sei aber irrig, mit zu starker Kalidüngung die Hopfenpflanze antreiben zu wollen, sie werde dadurch zu abnormaler Entwicklung veranlafst, trage reichlicher, aber qualitativ minderwertigen Hopfen. Oft hat man mit gleichzeitiger Anwendung natürlicher Düngestoffe Erfolge erzielt, die aber dann nicht vom Kali herrührten.

Dr. Behrens (Zeitschr. f. d. ges. Brauwesen 1898, S. 56) sagt desfalls, dafs die Strafsburger Ausstellung der Deutschen Landwirtschaftsgesellschaft (1890) und die Vorprüfung dieser Hopfen in Frankfurt a. M. (11. November 1889) von den Fachmännern mit sehr gemischten Gefühlen beurteilt worden seien, wo zum allgemeinen Erstaunen die bayerischen Hopfen gegen die Elsässer zurückstehen mufsten. Die höchstprämiierten Hopfen hatten im Mittel den höchsten Kaligehalt, aber nur, weil ein Spalter mit dem abnorm hohen Kaligehalt von 3,58 % dabei ist; scheidet man diesen aus, dann bewegen sich die Kaligehaltzahlen zwischen 1,87 und 2,22 %, Mittel 2,10 %; das Mittel des Kaligehalts der mittelguten war 2,15 % und das der nicht prämiierten 1,97 %. Die Zahlen für Phosphorsäure bei den höchstprämiierten im Mittel 0,73 %, bei den mittelguten 0,81 %, bei den nicht prämiierten 0,70 %. Das ist gegen Max Barth: Die künstlichen Düngemittel im Getreide-, Futter- und Handelsgewächs-Bau, 2. Aufl., Berlin 1893, S. 209. Der Phosphor-, Kali- und Stickstoff-Gehalt hat offenbar nichts mit der Qualität des Hopfens zu thun.

Dr. Behrens[385]) sagt, dafs alle die Folgerungen, welche man bis jetzt an die Düngung mit Kali, Phosphorsäure, Stickstoff etc. in Bezug auf die Qualität des Produkts angeschlossen, nicht aufrecht erhalten werden könnten, weil die Differenzen im analytischen Befund viel zu gering seien. Das ist auch ohne Zweifel richtig.

In der landwirtschaftlichen Literatur findet man oft die Meinung vertreten, dafs feine Hopfen kalireich seien, und dafs Kalidüngung, namentlich mit an Nebensalzen armen Materialien, günstig auf die Qualität des Hopfens wirke. Sicher erwiesen ist das nicht, ebenso wenig wie die Ansicht des Herrn Prof. Barth in Kolmar, dafs mit der Güte des Hopfens dessen Kali- und Phosphorsäure-Gehalt zu, der Kalk- und Magnesia-Gehalt aber abnehme. Die Untersuchungen von Dr. Remy haben das nicht bestätigt.

Chemische Analyse eines Hopfens aus Tabor in Böhmen, Jahrgang 1880, ein der Qualität ungünstiges Jahr.

Mechanische Analyse.

100 Zapfen wogen	15,1775 g
Hopfenmehl (Lupulin)	6,12 %
Zapfenblätter	74,79 »
Zapfenspindeln und Stiele	18,52 »
Grofse Körner (Früchte)	0,57 »

Chemische Analyse.

100 Gewichtsteile enthielten:

Feuchtigkeit	13,45 %
Eiweifsstoffe	12,27 »
Fett	4,25 »
Rohfaser	46,05 »
Stickstofffreie Extraktstoffe	18,56 »
Asche	5,42 »
	100,00 %

100 Gewichtsteile der Hopfenzapfenasche enthielten:

Kali (K_2O)	42,30 %
Natron (Na_2O)	4,15 »
Kalk (CaO)	16,04 »
Magnesia (M_9O)	2,56 »
Eisen (Fe_2O_3)	0,25 »
Phosphorsäure (P_2O_5)	12,08 »
Schwefelsäure (SO_3)	6,42 »
Kieselsäure (SiO_2)	15,34 »
Chlor (Cl)	1,13 »
	100,27 %
Ab für O für Cl	0,25 %
	100,02 %

(Aus Listy chemické, Prag 1881.)

Erwähnt mag noch sein, dafs die Asche der verbrannten Hopfenrebe bei der Glasfabrikation verwendet wurde.

Der Einflufs des Hopfens auf die unorganischen Bestandteile der Würze.

Dr. J. Karl Lermer[386]) hat sehr eingehende Untersuchungen angestellt über die Art und Weise, wie die mineralischen Bestandteile der Hopfenzapfen die Mineralbestandteile der Würze vermehren. Indem ich auf das sehr sorgfältige Detail der Arbeit (l. c. S. 166) verweise, will ich nur folgendes aus dieser Arbeit anführen.

Nach diesen Arbeiten hatten 72 bayerische Eimer Bier à 64 Mafs (1 bayer. Mafs = 1,069 l), deren spezifisches Gewicht 1,014 ergab und deren absolutes Quantum 4995,4 kg betrug, in einer direkten Bestimmung einen Aschengehalt von 0,23 %. Die absolute Menge an Aschestoffen in diesen 72 bayer. Eimern Bier betrug also 11,49 kg.

Im günstigsten Falle, wenn nämlich von den durch die Würze aufgenommenen unorganischen Substanzen des Hopfens im weiteren Verlaufe des Brauprozesses nichts entfernt wurde, dieselben also gänzlich in das Bier übergingen, konnte der Hopfen, 26 Pfd., jenem Gesamtgehalte an Aschebestandteilen im Bier (nach den Ausführungen Lermers l. c.) ein Gewicht von 295 g zugeführt haben. Es würden somit 2,57 % des Gesamtaschegehaltes im Bier durch den Hopfen in dasselbe eingeführt worden sein. Man sieht also, wie gering selbst unter der Voraussetzung, dafs die dem Würzesieden nachfolgenden Operationen des Brauverfahrens nicht noch einen Teil dieser aus dem Hopfen aufgenommenen unorganischen Bestandteile entfernen, dieser Einflufs ist. Derselbe würde zu dem wirklichen Gehalt des Bieres an Aschebestandteilen von 0,23 % nur mit einem Anteil von 0,0059 % beitragen, folglich der Aschengehalt des Bieres ohne diesen Einflufs sich statt auf 0,23 % auf 0,2241 % belaufen haben.

Die neuere Chemie hat uns gelehrt[387]), dafs die Aschebestandteile des Hopfens auch in geringen Mengen von bedeutendem Einflufs auf die Beschaffenheit der Würze und des Bieres sind, so dafs bei Herstellung von feineren, hellen Bieren diese Umstände wohl in Betracht gezogen werden sollten.

Es ist zunächst darauf hinzuweisen, dafs die überhaupt in Betracht kommenden Aschebestandteile des Hopfens, wenn sie in der Würze in Lösung gelangen, im allgemeinen in betreff der Farbe eine dunkelnde Wirkung und in betreff des Geschmackes eine Vergröberung herbeiführen können, welch letztere hauptsächlich auf eine bedeutendere Auflösung von rohen Blattbestandteilen des Hopfens zurückzuführen ist.

Wenn auch die Menge des Hopfens, welche bei einem Gebräu gegeben wird, relativ (dem Volumen nach) gering und der Aschegehalt in einer solchen Hopfengabe auch nicht sehr bedeutend ist und nur ein Teil davon in die Würze übergeht, so sind doch alle den Geschmack beeinflussenden Stoffe auch in kleiner Menge sehr wirksam, weshalb die Sache jedenfalls Beachtung verdient.

So wird sich z. B. bei sehr aschereichen Hopfen eine möglichste Abkürzung der Kochdauer schon deshalb zweckmäfsig erweisen, dafs nicht zu viel Aschestoffe in Lösung treten, was bei längerer Kochdauer und daraus hervorgehender Aufweichung und Lockerung des Blattgewebes der Fall sein wird.

Weiterhin ist zu berücksichtigen, dafs die mineralischen oder Aschen-Bestandteile vorzugsweise in den Vor- und Deck-Blättern und Spindeln enthalten sind, sehr spärlich in den das Sekret enthaltenden Lupulinkörnern. Es werden deshalb hier auch wieder jene Hopfen die höherwertigen sein, welche bei bedeutendem Lupulin-, also Sekret-Gehalt möglichst wenig krautige oder Grün-Teile, Vor- und Deck-Blätter, Spindel oder Stiele enthalten. Gerade bei den grobzapfigen Sorten ist das Gewicht der krautigen Masse gegen das Sekret (Lupulin) bedeutend gröfser als bei den feinzapfigen, z. B. bei den Kindingern, Spaltern, Rottenburgern (Württemberg), feinsten East Kent Goldings, Saazer und Rotauschaer Platten-Hopfen.

Es liegt darin wieder ein Grund für feinere helle Biere, nur die feineren, zartblättrigen Hopfen heranzuziehen, da von ihnen die relativ geringste Beeinflussung von Farbe und Geschmack durch die Aschestoffe erwartet werden kann. Die Saazer Hopfen sind wohl sehr zart in den Vor- und Deck-Blättern und Spindeln, jedoch sind die Zapfen gleich um das Doppelte und Dreifache gröfser als jene der obengenannten Sorten. Aber die Gröfse und das Gesamtgewicht der Zapfen sind da nicht entscheidend, sondern das relative Gewicht der krautartigen Teile zum Lupulin. Bei Untersuchungen, welche wir im Winter 1880/81 in Weihenstephan ausgeführt, hatten z. B.:

	Gewicht von 100 Zapfen g	Anteil der krautartigen Stoffe: Vor- und Deck-Blätter, Spindeln, Perigonien, Früchte Gewichts-%	Lupulingehalt Gewichts-%
Saazer Kreishopfen	16,316	86,821	13,179
Spalt Stadt	15,871	90,272	9,728
Kinding	12,950	87,725	15,250

Augenscheinlich ist hier desfalls der Kindinger mit seinen kleinen Zapfen und reichem Sekret der wertvollste, ohnehin auch von höchster Qualität. Es ist wohl nur Zufall, dafs der Spalter hier so wenig Sekret hatte, er hat meist viel mehr; deshalb ist es mifslich, bei solchen Fragen an einzelne Untersuchungen mit weitgehenden Folgerungen, Leit- oder Lehr-Sätzen anzuknüpfen. Man sieht aber auch, dafs selbst die grofsdoldigen Saazer Kreishopfen in der Krautsubstanz leicht wiegen.

Ein Schüler der Brauerakademie von Dr. Schneider in Worms[388]) suchte 1868 festzustellen, welchen Einflufs die Düngung auf den Mineralsubstanzgehalt der Hopfenzapfen ausübe. Die Düngungen wurden mehrere Jahre fortgesetzt, die 1871er Zapfen im Wormser Laboratorium analysiert,

Stück	Düngung	Mineralsubstanz in den Zapfen	Hopfenharz in den Zapfen (soll wohl heifsen Sekret)	Hopfengerbsäure in den Zapfen
A	Nur Stallmist	5,421	11,301	2,801
B	Halb Stallmist wie in A, für die andere Hälfte Superphosphat und Kali im entsprechenden Geldwert	6,122	14,421	3,322
C	Kompostierte Hopfenreben und dieselbe Menge Superphosphat und Kali wie in B	6,703	15,141	3,713

Schon 1869 bemerkte man, dafs das Stück A, trotz gröfserer Üppigkeit des Wachstums (krautigeren Wuchses), quantitativ und qualitativ einen geringeren Zapfenertrag brachte als die beiden andern; in den folgenden zwei Jahren trat aber der Unterschied noch stärker hervor. Hopfenkenner erklärten in der 1871er Ernte die vom Stück C gewonnenen Hopfen um 30% und die auf dem Stück B gewonnenen um 25% preiswürdiger als jene von A. Die vorstehenden analytischen Zahlen sind nun in der That höchst auffallend und lehrreich, zeigen auch klar und deutlich den Einflufs des Düngers auf Gehalt und Qualität des Hopfens. Schade, dafs nicht auch ungedüngter Hopfen desselben Feldstücks analysiert wurde.

Dr. Schneider[389]) berechnet in 100 Pfd. Hopfenzapfen durchschnittlich 6—7 Pfd. Asche und in 100 Pfd. Hopfenasche 24—27% Kali; es werden also durch die Zapfen allein 1 ha Hopfenland 12—36 Pfd. Kali entzogen, wovon nichts mehr zurückkommt.

Der Wert des Krautes der Hopfenpflanze bei der Fütterung.

J. Heumann (l. c.) empfiehlt schon 1759 die Hopfenblätter und die gedörrten Ranken zur Fütterung; die schlechteste Verwendung sei, sie zu verbrennen.

Dr. E. Wein in der Landwirtschaftlichen Zentralversuchsstation in München hat das Hopfenlaub in Bezug auf seinen Futterwert untersucht[390]).

Das zur Untersuchung dienende Material stammte aus dem Versuchshopfengarten zu Spalt. Das im frischen Zustande eingesandte Hopfenlaub wurde nach Bestimmung des Wassergehaltes an der Luft getrocknet und dann gepulvert. Einmal wurde die ganze Krautmasse (Stengel, Äste und Blätter), dann aber auch die Blätter getrennt untersucht.

Die chemische Analyse lieferte folgende Resultate:

	I. Hopfenlaub samt Stengeln, wie es verfüttert wird, also Hopfenkrautheu (lufttrocken)	II. Die Blätter für sich
Wasser	10,58 %	11,98 %
Proteïnstoffe	12,47 »	14,03 »
Fett	3,48 »	3,96 »
Stickstofffreie Extraktstoffe	38,41 »	37,74 »
Rohfaser	24,48 »	17,37 »
Mineralbestandteile	10,78 »	14,92 »

Die Blätter sind also reicher an Proteïn, Fett und Mineralstoffen, aber die Unterschiede sind doch nicht erheblich.

Zum Vergleiche folgen hier die Mittelwerte einiger Heusorten etc. in Prozenten:

	Wasser	Proteïn	Fett	Stickstofffreie Extraktstoffe	Rohfaser	Asche
Wiesenheu . . .	15,0	12,0	2,8	41,3	21,9	7,0
Kleeheu	16,0	13,5	2,9	37,6	24,0	6,0
Futterroggen . . .	14,3	10,4	2,8	44,5	23,1	5,1
Futterwicke . . .	16,7	14,2	2,5	32,8	25,5	8,3
Weizenkleie . . .	13,1	14,0	3,8	55,0	8,7	5,4
Roggenkleie . . .	12,5	14,5	4,5	58,6	5,7	5,2

Demnach steht das Hopfenlaubheu in seiner Zusammensetzung nicht hinter den angeführten vier Heusorten zurück; was den Proteïn- und Fett-Gehalt betrifft, auch nicht hinter der Kleie.

Im frischen Zustande, also so, wie es thatsächlich zum Verfüttern kommt, ist die Zusammensetzung des Hopfenkrautes folgende:

	I. Hopfenlaub mit Stengeln	II. Hopfenlaub ohne Stengel
Wasser	66,00 %	68,00 %
Proteïn	4,74 »	5,11 »
Fett	1,32 »	1,44 »
Stickstofffreie Extraktstoffe	14,61 »	13,72 »
Rohfaser	9,23 »	6,31 »
Mineralbestandteile	4,10 »	5,42 »

Einige Grünfutterarten, welche im Rohfasergehalt dem Hopfenlaube nahestehen, haben:

	Wasser	Proteïn	Fett	Stickstofffreie Extraktstoffe	Rohfaser	Asche
Weidegras	80,0	3,5	0,8	13,1	6,0	2,1
Süfsgräser	70,0	3,4	1,0	13,4	10,1	2,1
Futterroggen	76,0	3,3	0,8	10,4	7,9	1,6
Futterhafer	84,0	2,4	0,4	6,4	5,4	1,4
Weideklee	83,0	4,6	0,9	7,2	2,8	1,5
Rotklee	80,4	3,0	0,6	8,9	5,8	1,3
Futterwicken	82,0	3,5	0,6	6,6	5,5	1,8
Grünmais	82,9	1,2	0,6	8,8	5,2	1,3
Buchweizen	85,0	2,4	0,6	6,4	4,2	1,4
Futterkohl	84,0	2,5	0,7	8,1	2,4	1,6
Kartoffelkraut	78,0	2,3	1,0	9,7	6,0	3,0

Demnach steht das Hopfenkraut und namentlich das Hopfenlaub im Futterwert gegen diese Grünfutterarten nicht zurück, es übertrifft sie vielmehr noch. Noch deutlicher tritt dieses hervor, wenn man berechnet, wie viele Futterwerteinheiten jedes dieser Futtermittel enthält und welchen Geldwert jedes beanspruchen kann. Diese Futterwerteinheiten erfährt man, wenn man die Prozentzahlen für Proteïn und Fett addiert, die Summe mit 5 multipliziert und hierzu noch die Prozentzahl für stickstofffreie Extraktstoffe addiert. Also: Proteïn + Fett × 5 + stickstofffreie Extraktstoffe. Den Geldwert erhält man, wenn man (damals) die Futterwerteinheiten mit 3,2 Pfg. multipliziert. Bei dem damals geltenden Marktpreis für 1 Pfd. Rohproteïn (da 1 Proteïn 5 Futterwerteinheiten entspricht; heute rechnet man allerdings etwas anders) = 16 Pfg. mit 5 dividiert:

	Futterwerteinheiten	Geldwert eines Zentners in Mark
Weidegras	34,6	1,10
Süfsgräser	35,4	1,13
Futterroggen	30,9	0,99
Futterhafer	20,4	0,65
Weideklee	34,7	1,11
Rotklee	28,9	0,86
Futterwicken	27,1	0,87
Grünmais	17,8	0,57
Buchweizen	21,4	0,68
Futterkohl	24,1	0,77
Kartoffelkraut	26,2	0,84
Hopfenlaub mit Stengeln	**44,6**	**1,43**
Hopfenlaub ohne Stengel	**46,7**	**1,49**
Im lufttrockenen Zustande als Heu	**104,3**	**3,34**

Demnach zählt das Hopfenlaub zu den besten Grün- und Dürrfutter-Arten. Das Hopfenkraut wird grün wie trocken als Futter in seinen Leistungen, namentlich für Milchvieh und Milchabsonderung, sehr gelobt, was nach seiner Beschaffenheit auch ganz gut zu begreifen ist.

In Mittelfranken erntet man (nach Dr. Pott) per Hektar:

18 Ztr. Blätter und Stiele,
27 » Ranken.

Die Ranken werden auch oft gehäckselt gefüttert.

Bei der Verfütterung kommen die Pflanzennährstoffe im Hopfenlaub zum gröfseren Teil wieder in den Mist und, gute pflegliche Behandlung des Mistes vorausgesetzt, als Dünger wieder ins Feld, freilich nicht immer dahin, wo sie hinkommen sollten, in das Hopfenland.

Man erntet also per Hektar in Blättern und Stengeln:

86,04 Pfd.	Proteïn	= 13,77	Mark Geldwert,
15,16 »	Fett	= 2,20	» »
262,98 »	stickstofffreie Extraktstoffe	= 8,41	» »
		24,38	Mark Geldwert.

Da auch die zarten Ranken mitverfüttert werden, erhöhen sich die obigen Zahlen noch auf ca.

150 Pfd. Proteïn und Fett per Hektar,
400 » stickstofffreie Extraktstoffe

mit einem Geldwert per Hektar von 37 Mark.

Die Verdaulichkeit des Hopfenlaubes ist nicht speziell untersucht worden; vielleicht ist sie ähnlich jener beim Weidegras, Pappellaub oder bei Runkelrübenblättern, so dafs in Prozenten der einzelnen Nährstoffe verdaulich wären:

von den Proteïnstoffen	60—70 %
vom Fett	70—80 »
von den stickstofffreien Extraktstoffen	60—75 »

So grofs aber der Futterwert des Hopfenkrautes ist, nicht minder grofs ist bei ständiger Entnahme desselben, ohne gewissenhaften Rückersatz der wichtigsten Nährstoffe in Form von Handelsdüngern, die Bodenverarmung mit ihren traurigen Folgen.

Wer ohne besondere Nachhilfe mit Geld kostendem Dünger lange dauernde, nicht rasch abgelebte und erneuerungsbedürftige, gesunde, wachstumskräftige und reichtragende Hopfenanlagen will, sollte das Kraut möglichst wieder seinem Hopfengartenboden einverleiben, sei es grün untergebracht oder im trockenen Zustande verbrannt und die Asche ausgestreut; im letzteren Falle gehen freilich die verbrennlichen (Luft-) Stoffe verloren, was einen ganz erheblichen Verlust an wichtigen Düngestoffen bedeutet.

Fufsnoten zum V. Abschnitt.

[1]) Dr. G. Barth erwähnt in seiner Dissertationsschrift (München 1900, S. 77), dafs mit Rücksicht auf das Vorhandensein der Terpenabkömmlinge (α- und β-Bittersäure, α- und β-Harze, Hopfenöl etc.) die gleichzeitige Anwesenheit von reichlichen Mengen Pentosanen als Hauptbestandteil der Hopfendrüsen-Becherzellen insofern als nicht uninteressant erscheine, als der Aufbau der C.H.-Derivate in der Natur nebeneinander erfolge. Die Ansicht Barths ist dennoch nicht sicher, denn der Pflanzenphysiologe W. Pfeffer (Pflanzenphysiologie, Leipzig 1897, II. Aufl., I. Bd.) spricht die Ansicht aus, dafs die wohl in keiner Pflanze ganz fehlenden Pentosanen nicht zu fernerer Verarbeitung bestimmt, also keine Bausteine seien.

[2]) Archiv der Pharmaz. 1880, Bd. 216, 1. Hälfte, Seite 345 u. ff. und auch [illegible] Pharmazeut. Praxis, Ergänz.-Bd. 1883, S. 679, auch Pharmazeut. Zentralhalle 1880, Nr. 26.

[3]) C. J. Lintner und A. Büngener (Wochenschr. f. Br. 1890, S. 1138) geben aber die Zahlen dieser Autoren anders an.

[4]) Wie kann man darüber erstaunt sein, dafs sie so schwer zu trennen sind! Vielleicht entstehen sie immer wieder neu.

[5]) Die Pflanzenstoffe, Berlin bei Jul. Springer, 1882, 2. Aufl., Bd. I, S. 16.

[6]) Die Entdeckung, Natur, Darstellung, Verwendung der wichtigsten Alkaloide s. bei Aug. Husemann: Die Pflanzenstoffe, Berlin bei Jul. Springer, 1882, I, S. 19 u. ff.

[7]) Rochleder, Phytochemie 1854, S. 344; nach Vogel, Sitzungsber. d. Münchner Akademie, mathem.-physik. Klasse, 1885, S. 1.

[8]) Handb. d. Br.-Wissensch., Berlin bei Parey 1898, S. 178.

[9]) Allgem. Zeitschr. f. d. ges. Brauwesen, München 1897.

[10]) Aus der Wurzel des Baldrians (Valeriana officinalis) gewonnen, daher Baldrian- oder Valerian-Säure. Diese in verschiedenen Pflanzen gefundene Fettsäure ist ein dünnflüssiges, farbloses Öl, welches bei 175° siedet und sich in 30 Teilen Wasser gelöst; sie riecht nach faulem Käse.

[11]) Wochenschr. f. Br. 1890, Nr. 4.

[12]) Manche dieser Analysen sind doppelt gemacht, wir teilen aber hier auch in diesem Falle nur eine (immer die sub 1) mit; die Differenzen sind ohnehin sehr gering.

[13]) The Chem. News 1863, 68 und 97.

[14]) Sitzg. der Chem. Soc. in London, 6. Dez. 1894; Chem.-Ztg. 1894, XVIII, 2064.

[15]) Brewer's Guardian, London 1893.

[16]) London, Brewer's Journal 1892.

[17]) Bayer. Bierbrauer 1870, S. 17.

[18]) Journ. Feder. Inst. of Brew. II, 56; s. Allg. Br.- u. H.-Ztg. 1896, II, 2021.

[19]) Journ. of the Federated Institutes of Brewing 1898, Vol. IV, S. 224, reprod. Zeitschr. f. Bierbr. 1898, S. 379; auch in Allg. Br.- u. H.-Ztg. 1898, I, 1237.

[20]) Das ist also beim Hopfenöl ebenso wie beim Hopfenharz.

[21]) Diese Ansicht Chapmans ist, wie aus unsern Literaturzusammenstellungen und namentlich aus dem Inhalt des folgenden Abschnittes hervorgeht, gewifs nicht richtig, jedenfalls sehr übertrieben; ein solches unberechtigtes Selbstgefühl über die eigenen Leistungen erhält man nur dann, wenn man das, was andere geleistet haben, [illegible].

[22]) Chem.-Ztg. 1898, 6, 525, repr. Allg. Br.- u. H.-Ztg. 1898, II, 2245.

[23]) 1890, II, S. 1887: Über Hopfengabe und Hopfensud, nach dem Böhm. Bierbr.

[24]) s. meine Schriften: »Die Verbesserung des Pflanzenbestandes etc.«, München 1897, S. 34 u. ff., Pössenbachersche Druckerei, und Handbuch der rationellen Wiesen- und Weidenkultur und Futterverwendung, München 1899, bei Th. Ackermann, Promenadeplatz.

[25]) Direktor der Trochgorny-Brauerei in Moskau, s. Wochenschr. f. Br. 1891, S. 198.

[26]) s. auch Wochenschr. f. Br. 1884, Nr. 41.

[27]) s. Zeitschr. f. d. ges. Brauwesen 1884, S. 95.

[28]) Journ. of the Feder. Inst. of Brewing 1898, S. 224.

[29]) Amerikan. Bierbr. 1880, reprod. Allg. H.-Ztg. 1880, I, 175.

[30]) Die desfalls angestellten Experimente s. l. c. S. 176.

[31]) Wie Lintner in der Zeitschr. f. d. ges. Brauwesen 1872 mitteilt.

[32]) Allg. Br.- u. H.-Ztg. 1890, II, 2173.

[33]) s. auch Dr. C. Lintner in Hagenau 1874, Allg. H.-Ztg. 1874, S. 506.

[34]) Bericht über die IV. Berliner Hopfenausstellung, S. 3.

[35]) Sicher sind auch qualitative Unterschiede im gröfsten Umfang dabei, aber die zu unterscheiden, setzt eben eine erhebliche Übung und Sachkenntnis voraus.

[36]) Reiseeindrücke aus den Vereinigten Staaten, Allg. Br.- u. H.-Ztg. 1891, I, 1063.

[37]) s. Allg. Br.- u. H.-Ztg. 1877, II, 1452; nach dem Amerik. Bierbrauer.

[38]) s. Allg. H.-Ztg. 1891, I, S. 3.

[39]) Man s. auch Ossipoffs Unters. über das äther. Öl aus käuflichem Lupulin (Journ. f. prakt. Chem. XXVIII, 447—448; reprod. Allg. Br.- u. H.-Ztg. 1884, I, 217).

[40]) Wochenschr. f. Br. 1898, S. 605: Zur Chemie und Morphologie des Hopfenblütenstandes.

[41]) Reprod. Allg. Br.- u. H.-Ztg. 1882, II, 803.

[42]) s. Allg. Br.- u. H.-Ztg. 1898, II, 2999; man s. auch Zeitschr. f. d. ges. Brauwesen 1899, dann Allg. H.-Ztg. 1899, S. 2999.

[43]) Im Handel kommt ein Hopfenöl vor, welches mit dem Hopfen gar nichts zu thun hat, weder nach Abstammung noch Verwendung. Unter Hopfenöl versteht man im Handel und bei Zollstellen ein Produkt aus einer andern Pflanze, aus dem cretischen Wermut, ein Öl, welches man im Apothekerlatein Oleum origanum Cretici nennt, weil diese Pflanze, woraus es bereitet ist, schon den unbegreiflichen Namen »spanischer Hopfen« hat, aber mit Humulus lupulus gar nichts zu thun hat. Dieses Oleum origani Cretici ist offizinell und wird gegen Zahnweh sowie auch in der Parfümerie verwendet (Allg. H.-Ztg. 1872, S. 378).

[44]) Man s. Allg. H.-Ztg. 1877, S. 700.

[45]) von Christian Reichart: Land- und Gartenschatz, in Erfurt erschienen; man s. auch Allg. H.-Ztg. 1864, S. 197 u. ff., und namentlich S. 200.

[46]) Allg. H.-Ztg. 1877, S. 608.

[47]) 1892, S. 52, Hopfengabe und Hopfenkochen.

[48]) s. Allg. H.-Ztg. 1877, S. 738.

[49]) l. c. S. 606.

[50]) Wochenschr. f. Br. 1891, S. 197.

[51]) Allg. H.-Ztg. 1899, II, 2054.

[52]) 1892, S. 366.

[53]) Juni 1894.

[54]) s. Allg. Zeitschr. f. Br. u. Malzfabr. 1887, Nr. 14, und Allg. Br.- u. H.-Ztg. 1887, I, 606.

[55]) s. Allg. Br.- u. H.-Ztg. 1887, II, 1451 u. ff.

[56]) s. Allg. H.-Ztg 1879, II, 836.

[57]) Chile etc.; s. Allg. H.-Ztg. 1874, S. 83.

[58]) II, Nr. 88; 1882, s. auch derselbe in Allg. Br.- u. H.-Ztg. 1883, I, 40.

[59]) Allg. H.-Ztg. 1879, II, 590, nach d. Bierbrauer.

[60]) l. c. 1898, S. 611 u. ff., 5. Aufl.

[61]) s. Allg. Br.- u. H.-Ztg. 1883, II, 995.

[62]) Allg. Br.- u. H.-Ztg 1882, II, 749.

[63]) Allg. Br.- u. H.-Ztg. 1881, II, 748.

[64]) s. Gambrinus 1899, S. 555.

[65]) Jos. v. Boslarn auf Moos, Doktor der Theologie und Philosophie: Über die Erfindung des Bieres, Abhandl. d. bayerischen Akad. der Wissenschaften, III. Bd., München 1773, S. 433.

[66]) Transactions of the Institute of Brewing 6, 94.

[67]) s. Wochenschr. f. Br. 1891, S. 1141.

[68]) Wien 1899, Nr. 19 vom 1. Oktober, S. 789.

[69]) Auch in Nr. 14 des Gambr. v. 15. Juni 1899 empfohlen: Über Auflösung u. Wirksamkeit d. Hopfenöls etc.

[70]) Das ist leicht zu begreifen, denn alle Körner (Früchte oder Samen) werden reicher an Diastase sein, weil sie bei beginnender Keimung eine Umwandlung des Stärkemehls oder Öles in zuckerartige Stoffe, zur Ernährung des Embryos, nötig haben.

[71]) Journ. Fed. Inst. of Brew., Dezember 1897, s. Allg. Br.- u. H.-Ztg. 1898, I, 92.

[72]) im Bierbrauer, reprod. Allg. H.-Ztg. 1878, I, 65.

[73]) Handb. d. Br.-Wissensch., Berlin 1893, S. 183 u. ff.

[74]) Zusatz von Hopfen zum fertigen Bier, Trans. Inst. Brew. VI, 4, 1893.

[75]) s. auch Allg. Br.- u. H.-Ztg. 1893, I, 539.

[76]) Dafs gekochter Hopfen keine diastatische Wirkung mehr hat, ist leicht verständlich, weil die Kochhitze diese Diastase zerstört.

[77]) Angesichts der vielen Widersprüche in Bezug auf diese wichtige Substanz im Hopfen und insbesondere auch in Rücksicht darauf, dafs diese Art der Darstellung lediglich den Chemiker von Fach interessiert, verweisen wir in Bezug auf die desfalls so verschiedenen Methoden oder Versuche, den Bitterstoff des Hopfens zu isolieren, auf die Originalarbeiten, indem wir hier nur auf die Resultate eingehen.

[78]) Dinglers Polytechn. Journ. Bd. CLX, S. 54.

[79]) Dinglers Polytechn. Journ. Bd. CLX, S. 1043.

[80]) Landwirtsch. Samenkunde 1885, II. Bd., S. 906.

[81]) Man sehe Dr. V. Griefsmayer: Die Chemie des Bieres, Augsburg 1878, S. 267, nach Reischauers hinterlassenen Papieren.

[82]) Dinglers Polytechn. Journ., 1. Juniheft 1863, Bd. CLXIX, S. 54.

[83]) Jetzt Professor an der Industrieschule zu München; s. Zeitschr. f. d. ges. Brauwesen 1888, Nr. 8.

[84]) Zeitschr. f. d. ges. Brauwesen 1884, S. 92.

[85]) s. die ersten Arbeiten Briants etc. in Wochenschr. f. Br., Berlin 1893, S. 535 u. ff.

[86]) 1878, Dinglers Polytechn. Journ. CCXXVIII, 354; s. auch Allg. H.-Ztg. 1878, I, 386.

[87]) 1880, Archiv d. Pharmaz. XIII, 345; dann Allg. Br.- u. H.-Ztg. 1880, Nr. 163—166; auch in Allg. H.-Ztg. 1880, II, 665 und 674 u. ff., nach einem Sonderabzug des Archivs d. Pharmaz., 5. Heft 1880. Ifsleib war damals Assistent im Laboratorium von E. Reichardt. Dr. Hager, Handb. d. pharmazeut. Praxis, Ergänzungsbd. 1883, bei Jul. Springer, Berlin, S. 670 etc.

[88]) Hier wurde also mit kaltem Wasser ein bitterer Auszug erhalten, offenbar oxydierte Bittersäure.

[89]) s. auch M. Ifsleib in der Allg. Br.- u. H.-Ztg. 1890, II, 2173.

[90]) 1885, Ber. d. Deutsch. Chem. Gesellsch. XVIII, 717 u. Zeitschr. f. d. ges. Brauwesen 1885, S. 168.

[91]) Allg. Br.- u. H.-Ztg. 1886, I, 743; auch Bull. de la Société chim. de Paris, 5. Mai 1886, V, 45; auch Chem. Centralbl. 1886, Nr. 34; s. auch Allg. Br.- u. H.-Ztg. 1886, II, 1337.

[92]) Bungener spricht also damit die Ansicht aus, dafs die Baldriansäure aus der Hopfenbittersäure hervorgeht. Die meisten Ansichten gehen aber dahin, dafs die Baldriansäure des alternden Hopfens durch die Oxydation gewisser Teile des ätherischen Öles entsteht. Sollte nicht beides möglich sein? Lermer gibt auch zu, dafs die Hopfenbittersäure sich verändert und im alternden Hopfen immer weniger wird, aber er ist der Ansicht, dafs sie sich in Harz verwandelt. Danach müfste ein alter Hopfen, welcher keinen Baldriansäuregeruch mehr entwickelt, auch keine Bittersäure mehr haben; aber wenn er noch Harz hat, das aus der Bittersäure hervorgegangen ist, dann müfste er immer noch sehr bitter sein, was aber bekanntlich nicht der Fall ist.

[93]) Zeitschr. f. d. ges. Brauwesen 1891, S. 357.

[94]) Ber. d. 5. ordent. Generalvers. d. Ver. Vers.- u. Lehr-Anstalt f. Br. in Berlin, 1887.

[95]) Wochenschr. f. Br. 1888, Nr. 47, S. 941.

[96]) Wochenschr. f. Br. 1888, S. 942.

[97]) Entgegengesetzt der Ansicht Ettis.

[98]) Dieser Widerspruch mit dem, was Lermer, Etti, Ad. Ott, Bungener etc. über die krystallinische Hopfenbittersäure sagen, kann doch nur allein in dem Umstande liegen, dafs diese Substanz sehr veränderlich ist und sich nur in einem gewissen Reifestadium des Hopfens darin findet, dann aber sofort der Umbildung unterworfen ist. Ich glaube, dafs diese Widersprüche aufhören werden, wenn die Herren Chemiker sich etwas um meine Arbeiten bekümmern und vor der Untersuchung zunächst genau feststellen würden, wie das zu untersuchende Material beschaffen ist (richtig gemachte Reibflächen oder Sekretbilderanlagen).

[99]) Brewer's Guardian, London 1893.

[100]) Zeitschr. f. d. ges. Brauwesen 1896 und Allg. Br.- u. H.-Ztg. 1896, I, 77.

[101]) s. Allg. Br.- u. H.-Ztg. 1898, II, 1575

[102]) Allg. Br.- u. H.-Ztg. 1898, II, 2032 sind nach den Engländen Allen und W. Chattaway (nach. The Analyst und Chemiker-Zeitung) Methoden zum Nachweis von Ersatzmitteln für Hopfen im Bier vorgeführt.

[103]) Ber. d. Deutsch. Chem. Gesellsch. 1898, S. 2022 und Zeitschr. f. d. ges. Brauwesen 1898; auch Wochenschr. f. Br. 1898, S. 585, Allg. Br.- u. H.-Ztg. 1898, II. 2027.

[104]) Zeitschr. f. d. ges. Brauwesen 1898, Nr. 31, S. 407; s. auch Wochenschr. f. Br. 1898, S. 627.

[105]) Das Detail l. c. Man sehe auch: Zur Kenntnis der Lupulinsäure (Hopfenbittersäure) von Prof. C. J. Lintner und G. Barth, in den Ber. d. Deutschen Chem. Gesellsch. 1898, S. 2022, reprod. Wochenschr. f. Br. 1898, S. 587.

[106]) s. Wochenschr. f. Br. 1897, S. 513.

[107]) Chem. Zentralbl. 1888, S. 225 d. n. Cin. XXVI, 14, 1.

[108]) Allg. Br.- u. H.-Ztg. 1890, II, 2173.

[109]) s. Zeitschr. f. d. ges. Brauwesen, XXI. Jahrg. 1898, Nr. 44.

[110]) Berlin 1893, S. 450.

[111]) New York State; s. Allg. Br.- u. H.-Ztg. 1886, II, 1452.

[112]) Wochenschr. f. Br. 1890, S. 1220.

[113]) s. Wochenschr. f. Br., Berlin 1900, S. 175.

[114]) Amerikan. Bierbrauer 1880, reprod. Allg. H.-Ztg. 1880, I, 175.

[115]) München 1897, Selbstverlag.

[116]) Über den Hopfen, aus dem Englischen in der Allg. Br.- u. H.-Ztg., Nürnberg 1893, Nr. 62 u. ff.

[117]) Beim V. Deutschen Brauertag in Berlin am 25. Juni 1884; s. auch Allg. Br.- u. H.-Ztg. 1885, I, S. 608.

[118]) In der Österr. Br.- u. H.-Ztg. 1893, Nr. 16, repr. in der Allg. Br.- u. H.-Ztg. Nürnberg 1893, II, 1621.

[119]) Allg. H.-Ztg. 1889, II, 731, nach The Brewer's Journal, New-York.

[120]) In einer Kontroverse mit Dr. Windisch in Berlin, s. Allg. Br.- u. H.-Ztg. 1897, II, 1427 u. ff.

[121]) Allg. Br.- u. H.-Ztg. 1898, II, 1753.

[122]) s. Wochenschr. f. Br., Berlin 1894, S. 739.

[123]) Elsafs, Oktober 1874, s. Allg. H.-Ztg. 1874, S. 506.

[124]) l. c. 1898, V. Aufl., S. 315.

[125]) Natürlich rührt ein rauher Geschmack im Bier nicht immer blofs vom Hopfen her (man s. weiter oben S. 295 u. ff.).

[126]) 1893, S. 409 u. S. 410.

[127]) Wochenschr. f. Br. 1885, vom 8. Mai, dann Allg. Br.- u. H.-Ztg. 1885, I, 618 u. ff.

[128]) 1895, S. 735.

[129]) s. Zeitschr. f. d. ges. Brauwesen, München 1900, S. 169 u. ff.

[130]) Wochenschr. f. Br. 1894, S. 740.

[131]) Inzwischen wird natürlich seit Wochen alle Tage Bier gemacht, an dem nachträglich nicht mehr viel zu korrigieren ist; zu wenig Bitter kann man aber (durch Stopfen) immer eher noch ergänzen, als zu viel herausschaffen.

[132]) Das sind eben die groben, in Harz gelösten Bitterstoffe, die jedes Bier schlecht schmeckend machen.

[133]) Das war vor 20—30 Jahren, heute nicht mehr (s. weiter oben S. 445 u. ff).

[134]) Reprod. in der Allg. Br.- u. H.-Ztg. 1885, I, 42.

[135]) Allg. H.-Ztg. 1877, S. 608.

[136]) Wie wir oben (S. 616) gesehen, kommt es aber noch viel mehr darauf an, dafs das gegebene Hopfenquantum durch genügend lange dauernde Nachgärung verarbeitet ist.

[137]) Nach der Allg. H.-Ztg. 1875, S. 450.

[138]) s. Allg. H.-Ztg. 1877, S. 246: Bierbereitung in und um San Francisco.

[139]) s. Allg. Br.- u. H.-Ztg. 1886, II, 1586.

[140]) s. Allg. Br.- u. H.-Ztg. 1881, S. 373 u. ff.: Über Ale- und Porter-Brauereien in England.

[141]) Das Londoner Brauverfahren, Allg. H.-Ztg 1874, S. 466, nach dem Bayer. Bierbrauer.

[142]) 1 Barrel englisch = 163,5645 l, 1 Quarter englisch = 2,9079 l, 1 Barrel amerikanisch = 117,5 l.

[143]) Leider hat das Wort Scheffel an verschiedenen Orten und zu verschiedenen Zeiten einen sehr verschiedenen Inhalt. Um 1850 war im Altenburgischen 1 Scheffel = 146,97 l, in Dresden 105 l, in Berlin 54,96 l.

[144]) Man kann daraus nur schliefsen, dafs diese im Norden gewonnenen wilden oder Kultur-Hopfen sehr gehaltarm gewesen sein müssen; die Braunschweiger Hopfen waren damals berühmt, namentlich jener von Ölper.

[145]) Berlin, Juni 1894, Brauerversammlung.

[146]) Wochenschr. f. Br. 1897, S. 253; s. auch dessen Hopfenhandel S. 30.

[147]) Wochenschr. f. Br. 1896, S. 1177.

[148]) Wochenschr. f. Br. 1891, S. 1271, dann 1344 u. 1395, Abschn. I—VII u. ff.

[149]) Namentlich bei der jetzigen Art der Hopfengabe. Mit den Reibflächen und der Konstatierung der Qualität und Kraft des Bitters wird es leicht sein, das Rechte zu treffen.

[150]) Alle milden Hopfen sind gehaltvoll, also schwer; leicht sind sie nur dann, wenn sie zu früh, also unreif, geerntet wurden. Von einem gehaltvollen, reifen Hopfen kann man ja weniger nehmen; da ist dann doch das Bitter und das Aroma voll ausgebildet.

[151]) Wochenschr. f. Br. 1891, S. 1344.

[152]) s. auch Wochenschr. f. Br. 1891, S. 1395.

[153]) Das ist ein Teil des Geruches des amerikanischen Hopfengewächses. Ich habe vor Jahren eine ganze Anzahl Hopfen aus jenem Teil der Bodenseegegend untersucht, welche vielfach, mehr oder weniger, den amerikanischen Hopfengeruch hatten. Warum aber hatten sie ihn nur dort?

[154]) Böhm. Bierbr. 1894, Nr. 3, auch Allg. H.-Ztg. 1894, I, S. 362.

[155]) Es wechselt nicht blofs die Schwere (der Sekretgehalt) jahrgangsweise sehr, sondern auch die Energie des Bittergeschmackes, nicht minder der Geschmackscharakter.

[156]) Wochenschr. f. Br., Berlin 1885, II, 287; Allg. Zeitschr. f. Bierbr. u. Malzfabr. 1885, XIII, 390.

[157]) s. Wochenschr. f. Br. 1888, Nr. 47, S. 937, dann ebenda 1892, S. 617 u. ff.

[158]) Sehr ausführlich in Allg. Br.- u. H.-Ztg. 1888, II, 2322.

[159]) Berlin bei P. Parey, 1888, Nr. 47, S. 937 u. ff.

[160]) Diese Vergesellschaftung läfst doch vermuten, dafs das Harz aus ätherischem Öl hervorgegangen ist, ebenso jenes von 1 und 3, nur dafs diese beiden letzteren schon weiter vom ätherischen Öl entfernt sind und deshalb nicht mehr danach riechen. Dann wäre eigentlich das Harz 2 das erste und 1 das zweite etc.; heute ist diese Auffassung aber schon teilweise überholt.

[161]) Offenbar, weil es durch Oxydationen etc. schon stärker verändert ist.

[162]) Alter Hopfen scheint nicht dabei gewesen zu sein.

[163]) Zeitschr. f. d. ges. Brauwesen 1891, XIV, 357 und namentlich 1138.

[164]) s. Nr. 22 dieser Wochenschr., 1887.

[165]) Wochenschr. f. Br., l. c. 1888, S. 944.

[166]) Wochenschr. f. Br. 1892, S. 617: Über den Einflufs der Hopfenharze auf die Biergärung.

[167]) Auch in der Allg. Br.- u. H.-Ztg. 1887, II, viele Nummern.

[168]) Das Vorhandensein eines im Wasser löslichen Bitterstoffes (also offenbar Oxydationsproduktes der Bittersäure) ist öfter erwähnt.

[169]) Man mufs es als einen grofsen Mangel empfinden, dafs Greshoff gar keine Angabe macht über Ursprung, Beschaffenheit, Alter etc. des untersuchten Materials.

[170]) s. auch Allg. Br.- u. H.-Ztg. 1899, II, 2930.

[171]) Wochenschr. f. Br., Berlin 1896, S. 108.

[172]) Man sehe auch Allg. H.-Ztg. 1879, II, 747.

[173]) Im New-Yorker prakt. Bierbrauer, s. auch Allg. Br.- u. H.-Ztg. 1883, I, 14.

[174]) Allg. H.-Ztg. 1879, I, 328, nach ›Der Bierbrauer‹.

[175]) Journ. of the Fed. Inst. of Brew., Vol. III, 1897, S. 481 u. ff.

[176]) Journ. Fed. Inst. of Brew., Dez. 1897, s. Allg. Br.- u. H.-Ztg. 1898, I, 92.

[177]) Allg. Br.- u. H.-Ztg. 1899, II, 3052.

[178]) Allg. Br.- u. H.-Ztg. 1898, II, 2931: Untersuchungen über die Bedeutung der chemischen Analyse für den Gebrauch des Hopfens.

[179]) Reprod. Allg. Br.- u. H.-Ztg. 1898, II, 2815.

[180]) Bestimmung von Glycerin und Harz im Bier; s. Dr. V. Griefsmayer im Bericht der Deutschen Chem. Gesellsch. und Allg. H.-Ztg. 1878, I, 290.

[181]) Hantke in der Allg. Br.- u. H.-Ztg. 1899, II, 1796, nach der Chemiker-Zeitung 1899, Nr. 51 und 52, zeigt, wie man neuestens in Nordamerika in den chemisch-technologischen Laboratorien den Gehalt des Hopfens an Wasser, Petrolätherextrakt (Weichharz etc.), Hartharz und Tannin analytisch feststellt. Auf S. 1797 entwickelt er eine chemische Methode der Hopfenwertbestimmung, von der er meint, dafs sie, wenn sie sich allgemein bewähre, immer nahezu in einem Tage im Laboratorium durchgeführt werden könne.

[182]) s. Wochenschr. f. Br. 1898, S. 532 u. ff.

[183]) Die besseren Aisch- und Zenn-Gründer sind meist sehr reich an Sekret, also auch an Harz und Bittersäure.

[184]) Zeitschr. f. d. ges. Brauwesen 1898, Nr. 4 und 5.

[185]) s. 1898, l. c. S. 533

[186]) Während der Lagerung und namentlich in den warmen Monaten geht das wertvolle Weichharz allmählich (langsamer oder schneller) in das wertlose oder minderwertige Hartharz über. Infolge besonderer Umstände haben sich diese Untersuchungen Dr. Remys sehr verzögert. Die Saazer und Spalter Hopfen waren zuerst (schon im Februar und März), die andern später (April bis Juni) untersucht worden; das war natürlich dem Weichharzgehalt der Saazer und Spalter günstiger.

[187]) s. Wochenschr. f. Br. 1892, S. 53.

[188]) Dieses Sachverhältnis erleidet keine Änderung durch den Umstand, dafs nach C. Buchner in Tübingen nicht die Zellen, sondern der Zellsaft die Gärung veranlafst (s. Über zellfreie Gärung, Vortrag, gehalten von Prof. Dr. C. Buchner aus Tübingen am 28. Juli 1898, gelegentlich des III. Internationalen Kongresses für angewandte Chemie in der Aula der k. k. Universität zu Wien (Allg. Br.- u. H.-Ztg. 1898, II, 1918). Ohnehin wirkt der Saft ohne Zelle nicht annähernd so viel wie mit und in der Zelle. Über die Fermentnatur der Buchnerschen Zymose s. Allg. Br.- u. H.-Ztg. 1898, II, 3087.

[189]) Ich halte es für sehr wahrscheinlich, dafs in allen sogenannten Harzausscheidungen des Bieres auch eine Anzahl Prozente von Drüsenbechern enthalten sind.

[190]) Thausing, V. Aufl. 1898, S. 287.

[191]) 1887, I, 281.

[192]) Allg. Br.- u. H.-Ztg. 1899, II, 2449, nach dem Bierbr. 1899, Nr. 9.

[193]) Vol. IX, 1895, auch Wochenschr. f. Br. 1895, Nr. 43.

[194]) s. auch Allg. Br.- u. H.-Ztg. 1896, I, 60.

[195]) Allg. H.-Ztg. 1875, S. 74.

[196]) s. Gambrinus 1898, reprod. Allg. Br.- u. H.-Ztg. 1898, I, 1375.

[197]) Die ersten derartigen Ermittelungen dieser beiden Autoren sind in dem Abschnitt ›Über die englischen Hopfen und ihr Produkt‹ zu finden. Aus Trans. Inst. Brew. VII, 4; auch Allg. Br.- u. H.-Ztg. 1894, I, 694 u. 714; Wochenschr. f. Br. 1894.

[198]) s. Wochenschr. f. Br. 1891, S. 1140.

[199]) Allg. Br.- u. H.-Ztg. 1897, II, 1428.

[200]) Berlin 1894, S. 1209; auch Zeitschr. f. d. ges. Brauwesen 1894, S. 315.

[201]) 1894, S. 1323.

[202]) s. Wochenschr. f. Br. 1894, S. 739.

[203]) Wochenschr. f. Br. 1886, S. 126.

[204]) Allg. Br.- u. H.-Ztg. 1886, I, 18; sehr ausführlich ist die Blasengärung auch von einem Praktiker in der Allg. H.-Ztg. 1880, I, 135 u. 136 besprochen; dort sind alle möglichen Ursachen erwähnt; man sehe ebenda 1880, II, 690 u. ff.

[205]) Wochenschr. f. Br. 1897, Nr. 10.

[206]) s. Allg. Br.- u. H.-Ztg. 1893, II, 1589.

[207]) Wochenschr. f. Br. 1892, Nr. 24.

[208]) In Weihenstephan ist nachgewiesen worden, dafs mit derselben Quantität und Qualität unentölten und durch Dampf entölten Hopfens weder die Gärung und Hopfenharzausscheidung, noch die Dauer der Gärung und Attenuation oder der Geschmack der Biere Unterschiede zeigte.

[209]) Zeitschr. f. d. ges. Brauwesen 1880, S. 201; Dinglers Polytechn. Journ. CCXXX, VIII, S. 478.

[210]) Zeitschr. f. d. ges. Brauwesen 1900, S. 52; nach d. Bierbr., Beibl. Nr. 48, S. 759.

[211]) Wien 1893, Nr. 8.

[212]) Zeitschr. f. d. ges. Brauwesen 1894, S. 10 u. ff.

[213]) Es ist nicht uninteressant, wie man über diese Topfversuche in Brauerkreisen denkt (s. Allg. Br.- u. H.-Ztg. 1883, II, 803); man könne damit wohl den Sudprozefs veranschaulichen, aber für die Gärung, für das spätere Lagern, den Charakter und Geschmack des Bieres könne das nur mangelhafte Anhaltspunkte bieten; wichtig sei auch, wie das Bier von der Kundschaft aufgenommen werde.

[214]) Die Tabelle siehe l. c. Zeitschr. f. d. ges. Brauwesen 1894, S. 17.

[215]) Es ist in der Praxis der Brauerei schon lange bekannt, dafs die roheren Hopfen bessere Würzebrecher sind als die feineren, was offenbar mit gröfserer stofflicher Energie zusammenhängt (der Verf.).

[216]) Der ordinäre Hopfen hat aber hier doch auch die gröfsere stoffliche Energie gezeigt. Wie man aus den Reibflächengruppen sehen kann, stehen die Markthopfen den Saazern im Sekret-, also auch im Harz-Gehalt oft nicht im geringsten nach (der Verf.).

[217]) Die Tabelle s. l. c. 1894, S. 17.

[218]) Es ist noch eine Tabelle da (S. 18 l. c.), die Ergebnisse eines Gärversuches mit Stadt Spalter und Posener Hopfen, beide sowohl normal wie extrahiert, verwendet.

[219]) Man sehe auch Dworsky: Hopfengabe und Kochen der Würze, Allg. Zeitschr. f. Bierbr. u. Malzabrikation 1899, Nr. 11, S. 235.

[220]) s. auch Allg. H.-Ztg. 1864, S. 197, namentlich S. 307.

[221]) Veröffentlicht in Transactions of the Institute of Brewers 1894.

[222]) s. auch Briants etc. Unters. in Wochenschr. f. Br. 1893, S. 533 u. ff., dann ebenda 1894, S. 512 u. ff.

[223]) Brewer's Guardian, London 1893.

[224]) Amerikan. Bierbr. 1880, reprod. Allg. H.-Ztg. 1880, I, 175.

[225]) 1899, Nr. 12, S. 174.

[226]) Wir kommen auf die Verwendung alten Hopfens in der Brauerei beim Büchsenhopfen noch einmal zu sprechen.

[227]) Reprod. Allg. H.-Ztg. 1874, S. 145.

[228]) Allg. H.-Ztg. 1877, S. 609.

[229]) s. Dr. M. Hayduck in seinem Vortrage über den Hopfen bei der Generalversammlung des Vereins »Versuchs- und Lehr-Anstalt für Brauerei in Berlin«, Mai 1887 (Allg. Br.- u. H.-Ztg. 1887, I, 711 u. ff.); einen früheren Vortrag s. Wochenschr. f. Br. 1885, vom 8. Mai, und Allg. Br.- u. H.-Ztg. 1885, I, S. 606 u. ff.

[230]) Die Gerbsäure wirkt direkt nicht bakterienfeindlich, aber durch den Umstand, dafs sie die Eiweifsstoffe, eine hauptsächliche Nahrung der Bakterien, aus dem Bier resp. der Würze entfernt, wirkt sie dennoch — wenn auch indirekt — bakterienfeindlich.

[231]) Es sind das Thatsachen, welche in der intelligenten, beobachtenden Praxis ebenfalls schon lange bekannt sind; man wufste ganz gut, dafs die Energie der konservierenden Hopfenwirkung mit der Feinheit des Aromas und Bittergeschmackes sozusagen im umgekehrten Verhältnis steht.

[232]) Es ist charakteristisch, dafs das bittersäurelose oder bittersäurearme, aber lösliche Hartharz nichts oder sehr wenig als Antisepticum leistet.

[233]) Seyffert und Antropoff haben aber doch eine schwache Säure im γ-Harz gefunden.

[234]) Wochenschr. f. Br. 1892, S. 798.

[235]) Über die Sterilisierung der Würze im Hopfenkessel, Transact. of the Laborat. Club, Vol. VIII, reprod. Allg. Br.- u. H.-Ztg. 1890, Nr. 34.

[236]) Wochenschr. f. Br. 1897, S. 876.

[237]) 1897, s. Journ. of Fed. Inst. of Brew., Vol. IV, 1898, S. 128; auch Wochenschr. f. Br. 1898, S. 160.

[238]) Allg. Br.- u. H.-Ztg. 1899, II, 1877; s. auch Zeitschr. f. d. ges. Brauwesen 1899, S. 481.

[239]) s. Allg. Br.- u. H.-Ztg. 1899, II, 2054

[240]) Wochenschr. f. Br., Berlin 1899, Nr. 50, S. 665, da die ganze Abhandlung; reprod. Zeitschr. f. d. ges. Brauwesen 1900, S. 112.

[241]) Diese Feststellung stimmt nicht mit den Untersuchungsresultaten Hayducks überein, ist ihr entgegengesetzt.

[242]) Wochenschr. f. Br. 1897, Nr. 10.

[243]) Wochenschr. f. Br. 1892, S. 775.

[244]) Wochenschr. f. Br. 1892, S. 617.

[245]) Kolbe, Journ. f. prakt. Chemie 1876, Bd. 13, S. 116.

[246]) So ein mittlerer Bäcker reicht das Jahr mit 6—10 Pfd. Hopfen.

[247]) Angeblich braucht der Bäcker, bei welchem ich meine Erkundigungen einzog, jährlich 4 Ztr. getrockneter Hopfenzapfen, was als etwas viel erscheint. Dazu wird nur der um Bozen, namentlich in den Etschauen, in reicher Anzahl und schöner Entwicklung wild wachsende Hopfen verwendet. Verfasser wurde auf die ganze Sachlage namentlich durch den Umstand aufmerksam gemacht, dafs er um Mitte September vielfach Hopfenpflanzen der Zapfen beraubt fand, welche er kurz zuvor reichlich damit behangen gesehen hatte. Nach den mir ferner gemachten Angaben bringen die Leute, welche den Hopfen sammeln, ihn sowohl grün wie getrocknet und erhalten für 1 kg grüner Dolden 10 kr., für 1 kg dürrer aber 50 kr. Die Ernte fängt um Mariä Geburt (8. September) an und dauert bis Mitte September.

[248]) Zeitschr. f. d. ges. Brauwesen, München 1881, S. 277 u. ff.: Der Hopfen, seine Herkunft und Benennung, zur vergleichenden Sprachforschung.

[249]) In der Allg. H.-Ztg. 1876, S. 196 wird (nach den Industrieblättern) berichtet, dafs man in den Vereinigten Staaten das Brot nirgends mit Hefe (Sauerteig) bereite, sondern mit Hopfen, und dennoch in jeder Hinsicht besseres Brot habe als in England. Man koche eine Handvoll frischen Hopfens in einem Quart Wasser und lasse den Abgufs durch ein Tuch laufen. In grofsen Bäckereien werde diese Lösung sofort ins Mehl hineingeknetet, sie sei mit Zusatz von warmem Wasser für 11 Pfd. Mehl ausreichend. Wo man diese Hefe in Vorrat zu haben wünsche, werde diese Hopfenlösung mit Getreide- oder Kartoffel-Mehl zu einem ziemlich dicken Teig zusammengeknetet, auf dem Ofen getrocknet, nach dem Trocknen pulverisiert und an einem trockenen, luftigen Ort in Papiertüten frei aufgehängt. Beim Bedarf mische man eine Handvoll dieses Gärstoffes mit Wasser und fünf Handvoll Mehl und stelle dieses am Abend in einem tiefen, irdenen Gefäfs auf den Ofen. Die Gärung beginne sofort. Am Morgen werde die Masse unter 11 Pfd. Mehl vermischt und das nötige Salz und Wasser hinzugefügt. Je mehr Wasser, desto mehr steigt das Brot, aber der Teig ist dann so flüssig, dafs er in Formen gebacken werden mufs, die auch nur bis zur Hälfte gefüllt sein dürfen, da der Teig noch im Backen steigt. Die Hopfenlösung wirkt, mit Mehl verbunden, genau wie Hefe, nur viel kräftiger und rascher; es ist demnach im Hopfen ein viel stärkeres Ferment für alkoholische Gärung enthalten als in der Hefe.

[250]) Chemisches Zentralblatt Nr. 3; s. auch Comptes rendus de l'Acad. LXXXI, 1875, S. 1130 u. ff. Sacc hat aber später, auf Soxhlets und Pasteurs Widerspruch hin, diese Ansicht über die Wirkung des Hopfenzusatzes beim Brotbacken selbst wieder zurückgezogen (Compt. rend. LXXXIII, 1876, S. 361 u. ff.

[251]) Österr. Landwirtschaftl. Wochenblatt, 2. Jahrg. 1876, S. 123 u. ff.

[252]) Zeitschr. f. Spiritusindustrie, 12. März 1885; auch Allg. Br.- u. H.-Ztg. 1885, S. 347 u. 372 (im Auszug).

[253]) Repr. Allg. Br.- u. H.-Ztg. 1882, II, 612.

[254]) Allg. Br.- u. H.-Ztg. 1890, Nr. 34, nach Transact. etc., Vol. III.

[255]) Norddeutsche Br.-Ztg. X, 1885, Nr. 44, S. 890.

[256]) Allg. Br.- u. H.-Ztg., Nürnberg 1894, I, 717.

[257]) Wir nehmen hier nur die Acidität in Betracht und verweisen hinsichtlich der Gerbsäuren und Harze auf die betreffenden Abschnitte dieses Buches.

[258]) Wochenschr. f. Br., Berlin 1896, XIII, 802.

[259]) Über die Säurebestimmung im Bier sowie in andern Flüssigkeiten, welche saure Phosphate enthalten; München 1897, bei R. Oldenbourg.

[260]) Untersuchungen über die Konservierung und Zusammensetzung des Hopfens, Wochenbl. d. Landw. Vereins in Baden, 1897, Nr. 25, reprod. in der Allg. Br.- u. H.-Ztg. 1897, II, 1353.

[261]) s. auch Wochenschr. f. Br., Berlin 1897, S. 875.

[262]) Wochenschr. f. Br. 1898, S. 607.

[263]) Allg. Br.- u. H.-Ztg. 1893, II, 1599.

[264]) Wochenschr. f. Br. 1892, S. 755.

[265]) Wochenschr. f. Br. 1897, S. 409.

[266]) In Hagenau 1874, s. Allg. H.-Ztg. 1875, S. 74.

[267]) s. Allg. Br.- u. H.-Ztg. 1898, I, 92.

[268]) Handbuch d. Brauereiwissensch., Berlin 1893, S. 176.

[269]) Wochenschr. f. Br. 1888, S. 944 u. ff.

[270]) Allg. Br.- u. H.-Ztg. 1883, II, 520.

[271]) s. Wochenschr. f. Br. 1898, S. 136, nach The Journ. of the Feder. Inst. of Brewing 1897.

[272]) Repr. Allg. H.-Ztg. 1879, I, 115.

[273]) 1876, Dinglers Polytechn. Journal 1878; reprod. Allg. H.-Ztg. 1878, I, 386: Beiträge zur Kenntnis des Gerb- und Bitterstoffes der Hopfenzapfen.

[274]) Man darf dabei nicht vergessen, dafs dieser Stoff vielleicht erst beim Würzekochen, sei es durch die Wärme oder durch die Berührung mit andern Substanzen, in einen Zustand gelangen kann, in welchem er die Eigenschaften eines Gerbstoffes zeigt, oder es sind vielleicht noch andere Körper thätig. Ein eigentlicher, wahrer Gerbstoff von Hause aus scheint das, was man Hopfengerbstoff nennt, nicht zu sein.

[275]) Beiträge zur Untersuchung des Hopfens, Zeitschr. f. d. ges. Brauwesen 1880; s. auch von demselben Autor in Zeitschr. f. d. ges. Brauwesen 1881, III, 201: Die Untersuchung des Hopfens auf Gerbsäure.

[276]) Auch Stählin und Hofstetter (Annal. der Chem. u. Pharmaz. 1844, Bd. 51, S. 63 sowie Hlasinwitz, ebenda 1866, Bd. 143, S. 290 wendeten diese Bezeichnung Phlobaphen an.

[277]) Nach den Unters. im landw. Laboratorium in Wien.

[278]) Zeitschr. f. d. ges. Brauwesen 1890, XIII, 571, nach Stat. scient. de Brasserie I, 8.

[279]) Amerikan. Bierbrauer, 20. Jahrg., S. 35.

[280]) R. Wager (s. weiter oben S. 700) hat das Vorkommen von Gallussäure im Hopfen verneint.

[281]) Allg. Br.- u. H.-Ztg. 1879. Die Bestimmung der Gerbsäure der ersten 11 Sorten hatte stud. chem. G. Wein, die der 12. Sorte Dr. Rösch übernommen. Näheres über die Ausführung am citierten Orte und bei C. O. Harz (Landwirtschaftliche Samenkunde 1885, Bd. II, S. 909 etc.). In Bezug auf den Lupulin- (also wohl Mehldrüsen-) Gehalt kommen freilich einige schwer fafsbare Zahlen vor, so z. B., dafs die durchschnittlich so ungemein sekretreichen Württemberger hier (sub 6) nur mit einem Mehlgehalt von 4,53 %, dagegen die an Sekretgehalt stets so erstaunlich armen Australier (hier sub 7) mit einem Mehlgehalt von 7,23 %, die ebenfalls immer so sekretarmen Auschaer Grünhopfen sogar mit 15,57 % verzeichnet stehen.

[282]) Bericht der k. k. landwirtschaftl. Versuchsstation in Wien 1878, S. 78 u. ff.

[283]) 1897, Zeitschr. f. d. ges. Brauwesen.

[284]) Wochenschr. f. Br. 1894, Nr. 11, 409.

[285]) Wochenschr. f. Br. 1893, S. 814.

[286]) s. Wochenschr. f. Br. 1894, S. 734.

[287]) Hayduck, Über den Gerbstoff (Wochenschr. f. Br. 1894, S. 409 u. ff.).

[288]) Früher in Weihenstephan, Dinglers Polyt. Journ. 1878.

[289]) Bericht der Kommission zur Feststellung einer einheitlichen Methode der Gerbstoffbestimmung, Berlin 1883.

[290]) Beiträge zur Untersuchung des Hopfens, Zeitschr. f. d. ges. Brauwesen 1880.

[291]) Hayduck gibt eine genaue Schilderung der Anwendung der verbesserten Löwenthalschen Methode.

[292]) s. Allg. Br.- u. H.-Ztg., Nürnberg 1894, I, 717.

[293]) Man sehe auch Dr. J. Karl Lermer: Fällung des Bieres durch Eisenchlorid, Zymotechn. Miscelleana, s. Allg. H.-Ztg. 1866, S. 179, reprod. aus Polytechn. Journal.

[294]) Wochenschr. f. Br. 1898, S. 556: Unters. über die Bedeutung der chem. Analyse für die Gebrauchswertermittelung des Hopfens.

[295]) Wochenschr. f. Br. 1894 und 1895, S. 297; s. auch in diesem Buche weiter oben.

[296]) Journ. Feder. Inst. of Brew. Nr. 3, 1896; s. Allg. Br.- u. H.-Ztg. 1896, II, 1801.

[297]) s. Wochenschr. f. Br. 1893, S. 536.

[298]) Griefsmayer meint, dafs sich vielleicht auch Albuminosen und Gemenge von diesen und Pepton bilden können.

[299]) s. die betreffende Abhandlung in Wochenschr. f. Br., Berlin 1896, S. 497.

[300]) Bulletin de l'Association des anciens Élèves de l'École de Brasserie de Louvain, 2. Jahrg. 1896, S. 1; repr. Wochenschr. f. Br. 1896, S. 1132.

[301]) Brewer's Guardian, London 1897.

[302]) Transactions of the North of England Institute of Technical Brewing 1, 15; the Brewing Trade Review 6, 96; Zeitschr. f. d. ges. Brauwesen 1892, S. 119.

[303]) Berlin 1892, S. 134 u. f.; s. auch Allg. Br.- u. H.-Ztg. 1892, I, 280, von V. Griefsmayer übersetzt aus Brewing Trade Review.

[304]) s. Wochenschr. f. Br. 1892, S. 387.

[305]) 1893—1894, s. Allg. Br.- u. H.-Ztg. 1894, S. 717 und 718.

[306]) Transact. Inst. Brew. VII, 4.

[307]) Das Detail der Versuche s. Allg. H.-Ztg., Nürnberg 1894, I, 718.

[308]) 1897, s. Allg. Br.- u. H.-Ztg. 1898, I, 92.

[309]) 1890, S. 1345.

[310]) 1888, S. 317.

[311]) 1889, S. 671.

[312]) 1891, S. 1227.

[313]) Wochenschr. f. Br. 1894, S. 734 u. ff.

[314]) Das ist also ganz entgegengesetzt der oben (S. 713) citierten Ansicht von Dr. Windisch.

[315]) Allg. H.-Ztg. 1879, I, 1 u. ff.

[316]) s. Allg. Br.- u. H.-Ztg. 1886, II, 1113.

[317]) Hausenblase, Gelatine s. Allg. H.-Ztg. 1870, S. 554, Biertrübungen.

[318]) Über das Klären der Bierwürze durch Zugabe von Leinsamen vor dem Hopfenkochen s. Allg. H.-Ztg. 1862, S. 187.

[319]) E. Brescius in Frankfurt a. M., Allg. H.-Ztg. 1872, S. 373.

[320]) s. Wochenschr. f. Br. 1898, S. 136, aus dem Englischen reproduziert.

[321]) Ganz entgegengesetzt dieser Ansicht sagt der Technologe H. E. Wright, B. A. (s. Allg. Br.- u. H.-Ztg. 1879, I, 731, nach The Brewer's Journal in New-York), dafs das Alter des Hopfens sehr wenig Einflufs auf den Tanningehalt habe, und dafs also — was dies betreffe — ein oder mehrere Jahre alte Hopfen ebenso gut seien wie neue.

[322]) Journ. of the Fed. Inst. of Brewing 1896, S. 162.

[323]) Bullet. de l'Associat. des anciens Élèves de l'École de Brasserie de Louvin 1896, S. 1.

[324]) s. Allg. Br.- u. H.-Ztg. 1889, II, 2197.

[325]) Reprod. Allg. Br.- u. H.-Ztg. 1884, I, 302.

[326]) Reprod. Allg. Br.- u. H.-Ztg. 1883, I, 89.

[327]) Allg. Zeitschr. f. Br. und Malzfabr., reprod. Allg. Br.- u. H.-Ztg. 1886, I, 863.

[328]) Reprod. Allg. Br.- u. H.-Ztg. 1883, I, 114 u. ff.

[329]) Brewer's Journal, 15. Juni 1883, repr. Allg. Br.- u. H.-Ztg. 1883, II, 520.

[330]) Allg. Br.- u. H.-Ztg. 1883, II, 521.

[331]) Allg. Br.- u. H.-Ztg. 1883, II, 521.

[332]) Journ. of the Feder. Inst. of Brew. 1899: Über die Faktoren, welche die Haltbarkeit des Bieres bedingen, reprod. Wochenschr. f. Br. 1900, S. 114 u. ff.

[333]) s. Allg. Br.- u. H.-Ztg. 1881, S. 713.

[334]) l. c.: Die Chemie des Bieres 1878, S. 279.

[335]) Dinglers Journal Bd. 212, S. 67.

[336]) Ob diese aber im Bier alle schon präexistierend sind?

[337]) s. The Brewer's Journ. 1887, reprod. in Allg. Br.- u. H.-Ztg. 1887, I, 555.

[338]) l. c. S. 188.

[339]) Chemiker-Ztg. 1886, Nr. 2, 3 und 10.

[340]) Allg. Br.- u. H.-Ztg. 1886, I, 213.

[341]) s. auch Allg. Br.- u. H.-Ztg. 1887, I, 581: Zur Hopfenfrage, wo nach der Chemiker-Zeitung die ganze Sache eingehend besprochen ist.

[342]) Meist in der Allg. Br.- u. H.-Ztg., Nürnberg 1886, I, 310, 369, 719, 759, dann 213, 263, 310, 369; s. auch Zeitschr. f. d. ges. Brauwesen 1886, S. 110 und 133, 225, 227 reproduziert.

[343]) Dieselbe Gesellschaft kündigte auch — mit viel Reklame — ein Condensed beer an, welches in 1 ccm 1 ccg Hopeïn enthalten soll. Warnecke will darin auch nur Morphin, aber keine Spur von diesem Hopeïn gefunden haben. Das preufsische Staatsministerium des Innern und des Handels hat übrigens durch eine Verordnung vom 17. Juli 1886 — in Wahrung des öffentlichen Gesundheitswohles — den Verkauf des Hopeïns und aller dasselbe angeblich enthaltenden Präparate, mit Einschlufs des »Hopeïn-Bieres«, mit dem Bemerken verboten, sie seien auf Irreführung der Ärzte und des Publikums berechnet; sie seien als Geheimmittel zu behandeln, dürften in den Apotheken nicht auf Lager geführt und nicht einmal gegen ärztliche Verschreibung abgegeben werden (Allg. Br.- u. H.-Ztg. 1886, II, 1086).

[344]) s. Allg. H.-Ztg. 1898, I, 1051.

[345]) Allg. Br.- u. H.-Ztg. 1886, I, 719.

[346]) The Pharm. Journ. 1886, S. 825, 877; s. Allg. Br.- u. H.-Ztg. 1886, I, 759.

[347]) Chemische Studien über den Hopfen, 1887; da S. 54 und 55 die Literaturangaben. Die Abhandlung ist in vielen Fortsetzungen im Jahrgang 1887 der Allg. Br.- u. H.-Ztg. erschienen, auch als Separatabdruck.

[348]) Zeitschr. d. Deutschen Apothekervereins, XXII. Jahrg., Heft 18 (3. Reihe, Bd. 23), 1885, Nr. 117; ferner 1886, Heft 6, S. 620; ferner 1886, Heft 7, S. 306; 1886, Bd. 24, Heft 9, S. 404; 1886, Heft 11, S. 500; 1886, Heft 17, S. 768.

[349]) Theorie und Praxis der Malzbereitung und Bierfabrikation, Leipzig 1893, IV. Aufl., S. 251 u. ff.

[350]) Gambrinus, Wien 1897, S. 557.

[351]) Journ. of the Fed. Inst. of Brew. IV, 2; s. Allg. Br.- u. H.-Ztg. 1898, I, 1051.

[352]) Wochenschr. f. Br. 1888, Nr. 47: Über die bitteren und harzigen Bestandteile des Hopfens.

[353]) Ber. d. Deutsch. Chem. Gesellsch. XVIII, 717 und Zeitschr. f. d. ges. Brauwesen 1889, S. 168; Allg. Br.- u. H.-Ztg. 1885, I, 561.

[354]) Allg. Br.- u. H.-Ztg. 1885, II, 1205; Allg. Zeitschr. f. Br. und Malzfabr. 1885, XIII, 1003.

[355]) Allg. Br.- u. H.-Ztg. 1893, Nr. 62.

[356]) Zeitschr. f. d. ges. Brauwesen 1885, S. 267.

[357]) Allg. Br.- u. H.-Ztg. 1883, II, 520.

[358]) Allg. Br.- u. H.-Ztg. 1891, I, 3.

[359]) Allg. Br.- u. H.-Ztg. 1893, Nr. 62, S. 539 u. f.

[360]) s. Gambrinus, Wien 1899, S. 516.

[361]) Zeitschr. f. d. ges. Brauwesen 1892, Nr. 47.

[362]) s. Allg. Br.- u. H.-Ztg. 1893, II, S. 1781.

[363]) Was eingeklammert ist, bedeutet abweichende Zahlen in den verschiedenen Schriften, in denselben Zahlenreihen.

364) s. Wochenschr. f. Br., Berlin 1897, S. 874.

365) s. Allg. H.-Ztg. 1865, S. 192.

366) Über die bei der Untersuchung eingehaltene Methode wolle dort (l. c.) das Nähere eingesehen werden. Die quantitative Analyse wurde nach der von Fresenius vorgeschlagenen Methode gemacht, teilweise auch nach Mohr und Poligot.

367) S. den Bericht der belgischen Hopfenkommission (Allg. Br.- u. H.-Ztg. 1882, II, 705.) Im amerikanischen Patent Office Report 1861, Washington 1862, findet sich eine Abhandlung über die englische Hopfenkultur nebst Analysen der Hopfenpflanze und der Hopfenzapfen; diese Analysen sind auf Veranlassung der Agricultural Society of England hergestellt worden.

368) Royal Agricultural Society Journal 1846; Wheeler (Jahresber. d. Chemie 1865, S. 636); Way und Ogston, Watts 1874, S. 124; Siewert, Lermer, Müntz etc.

369) Allg. H.-Ztg. 1875, S. 149.

370) Jahrb. d. Landwirtsch. 1865, S. 112; s. auch Allg. H.-Ztg. 1869, S. 47 u. ff., und namentlich S. 67.

371) Journ. f. prakt. Chemie, Bd. 94, S. 385.

372) Zeitschr. d. Landwirtsch. Vereins für Rheinpreufsen 1865, Nr. 9.

373) Vierteljahrsschr. f. Pharm., Bd. 13, S. 182.

374) Es ist überhaupt zu bedauern, dafs man es in den einschlägigen Zeitschriften wie Bücherwerken mit der Korrektur von technischen Wörtern und Zahlen vielmals so oberflächlich nimmt, dafs selbst der Sinn entstellt wird. Weshalb wurden aber dann die Sachen gedruckt? Um irre zu führen? Es ist mir keine andere Fachliteratur bekannt, wo so viele und oft schwere Druckfehler beharrlich wieder abgedruckt werden.

375) Zeitschr. f. d. ges. Brauwesen 1899, S. 114.

376) s. Allg. H.-Ztg. 1869, S. 58: Über den Wert des Hopfens nach seiner Qualität.

377) Das Wort »bayerischer« Hopfen ist nichtssagend, denn es gibt da allerbeste bis minderwertige Sorten. Jedenfalls zeigt diese allgemeine Bezeichnung, in welcher Wertschätzung die bayerischen Hopfen früher standen.

378) l. c. ist auch die Ascheanalyse vorgeführt für 100 Teile frischen, trockenen Hopfens (entsprechend 119,16 Teilen lufttrocken, vor und nach dem Kochen.

379) Über Stangen- und Draht-Hopfen und über die Rückwanderung von Pflanzennährstoffen im Herbst aus den nicht abgeschnittenen Blättern und Ranken in die Wurzeln, s. Allg. Br.- u. H.-Ztg. 1887, I, 699.

380) Man s. auch J. Hanamann und L. Kourimsky: Unters. von Hopfen und Hopfenerden, Zeitschr. d. landwirtsch. Versuchswesens in Österreich 1898, S. 411—426. Analysen von acht böhmischen Hopfen, zunächst mechanische Analyse, dann chemische, dann Boden-Analysen etc.

381) Von Dr. Behrens (s. Zeitschr. f. d. ges. Brauwesen 1898, S. 52 u. ff.) werden die Ansichten von einer Rückwanderung von Stoffen aus Blättern und Stengeln des Hopfens in das Rhizom und die Wurzeln bestritten, als nicht existierend bezeichnet. Die Verarmung der Hopfenzapfen an den nicht abgeschnittenen Reben sei durch Auslaugung bewirkt worden. Die Thatsache des kolossalen Erfolges dieses Verfahrens steht aber fest, ist in Tausenden von Fällen bewiesen. Man sehe sich die Resultate dieses Verfahrens in Tettnang am Bodensee an, wo es seit ca. 40 Jahren in Betrieb steht; die Hopfenstöcke halten dort 30—40 Jahre aus; wo die Reben zur Pflücke abgeschnitten werden, nur 12—15 Jahre. Dazu die gesicherten hohen Erträge bei geringerer Düngung, die Sicherheit gegen parasitische Erkrankungen. Ebensolche Erfolge hatte ich mit der am Stock gepflückten Drahtanlage im Weihenstephaner Hopfenvarietätengarten; man s. oben die Literatur S. 10, Nr. 22.

382) 1897 l. c.

383) Bad. Landwirtsch. Wochenbl. 1897, Allg. Br.- u. H.-Ztg. 1898, I, 456.

384) Allg. H.-Ztg. 1870, S. 106.

385) s. Zeitschr. f. d. ges. Brauwesen 1898, S. 53 u. ff.

386) s. Allg. H.-Ztg. 1866, S. 165: Zymotechnische Miscellaneen, reprod. aus dem Polytechn. Journ.

387) s. Gambrinus, Wien 1899, S. 516 und 517.

388) s. Allg. H.-Ztg. 1872, S. 26.

389) Allg. H.-Ztg. 1872, S. 38.

390) Allg. Br.- u. H.-Ztg. 1886, I, 14.

VI. Abschnitt.

Sonstige Nutzfähigkeit der Hopfenpflanze.

Über die physiologisch-medizinische Wirkung des Hopfens.

Dem Hopfen resp. seinen Zapfen, also sicherlich dem Drüsensekret, werden seit alter Zeit giftige (narkotische), aber auch schlafmachende und andere medizinische Kräfte zugeschrieben.

Die Blüten, Zapfen und Wurzeln des Hopfens sollen erwärmen, öffnen, verdünnen, entfernen und das Blut reinigen. Freilich, die jungen Zweige, welche man gesotten zum Salat benutzt, erwärmen und trocknen allerdings wenig, weil sie zu viel Wasser enthalten. Aber dennoch dienen sie denen, die sie gebrauchen, zur Speise und als Heilmittel, denn sie reinigen das Blut, machen den Leib offen; ins Essen genommen, machen sie, wenn sie vorher tüchtig ausgekocht worden sind, bei Verstopfungen Luft und leisten dem Gaumen nicht geringen Dienst. Den von der Blüte und den Zapfen abgekochten Trank gibt man mit gutem Erfolg zu trinken gegen genossenes Gift, gegen Krätze, gegen die gallische Seuche und alle übrigen Krankheiten, welche die äufserste Haut anstecken, nämlich Flechten, die Räude, weifsen Schwind und anderes derartige. Er wird auch bei langwierigen Fiebern, welche von einem Anbruch der Leber herrühren, gegeben. Doch unter Dill gerieben und im Gewicht einer halben Drachme im Trank gegeben, tötet er Tiere.

Er ruft die Menstruation hervor und treibt den Urin. Bei schwerem Stuhlgang leisten die Blüten Hilfe und die Zapfen gegen Verhärtung und Anschwellung bei Frauen und bei denen, welche schwer den Urin lassen können.

Den genannten Hopfen erwähnt der lateinische Mesues (Damaskus) unter seinen Laxiermitteln, wobei er ungefähr folgendes schreibt: Es gibt auch noch eine andere Art von Schlingpflanzen, welche Hopfen heifst und die rauhe Blätter hat, wie die Gurke: Blüten mit dünnen Hülsen, die schuppenförmig zusammengedrängt sind und traubenartig herabhängen. Die Farbe ist grau. Damit zieht er die flüssige Galle ab, reinigt das Blut von derselben und tilgt die Entzündungen derselben. In Ziegenmolken erweicht, wird er noch etwas kräftiger. Der mit Zuckersaft nach Art des Syrups abgekochte Saft heilt die, welche zur gelben Sucht leiden. Aber fürwahr zu verwundern ist es, dafs die Ärzte unserer Zeit denselben so spärlich und so selten anwenden, während es doch ein ganz vorzügliches Heilmittel ist, da ja die Pflanze an und für sich sowohl, als auch der mit Malz vermischte Saft Kopfschmerzen, die durch die Hitze entstanden sind, hebt, die Entzündung der Leber und des Unterleibs mildert. Syrup, der aus Zucker und Hopfensaft bereitet ist, wird mit grofsem Nutzen bei Fiebern, die durch die Galle und das Blut erregt, in Anwendung gebracht.

Die schlafbringende Wirkung des Hopfens, die mit Hopfenzapfen gefüllten Kopfkissen, die narkotische Wirkung, die diuretische Wirkung des Lupulins und der Sprossen werden in allen Kräuterbüchern besprochen.

Der berühmte Alchimist, Botaniker und Arzt Dr. P. A. Matthiola in Wien sagte 1563:

Vom Hopfen.

Geschlecht und Gestalt.

Des Hopffen seindt zwey Geschlecht. Zum und wild. Der Zume wirdt mit grofsem Fleifs in etlichen Landen gepflantzt, an hohen Stangen. Stöſt erstlich junge spargen oder dolden herfür gantz rundt braunrot / an laub. So baldt dieselbigen manſshoch über sich gestiegen / werden die stengel gantz rauh / allenthalben mit kleinen stachlen besetzt. Die bletter seindt rauch / schwartzgrün / gemeinlich ein jedes zerspalten in drey teyl oder mehr / gleichen dem Brombeerlaub. An dem Stengel erscheinen drauschlechte (gedrungene) weifsgelbe Blumen / schier wie an den Weinräben aber vollkommenlicher und grösser. Aufs gemalten blümlein wachsen gantz lucke / gefüllte / leichte säcklein / dazwischen liegt der braune / runde samen verborgen. Im Augustmonat oder im anfang des Herbst wird der Hopffen gesamelt.

Der wilde Hopff wechst hinter den zeunen / an den Dornhecken / um den Gräben / an den mawren / und woran er sich anhenken kann. Ist allerding dem zämen gleich.

Natur / Kraft / und Wirkung.

Dieweil der Hopff sehr bitter ist / und am Geruch stark / mufs er warmer und truckner Art sein im anderen grad. Defsgleichen ist auch die Wurtzel warmer Natur.

In Leib.

Die Hopffenblumen seindt der Bierbrauer Gewürtz. Ettliche Becker können auch diese frucht nicht entraten / die heffen darmit zu setzen / dann der Hopffen treibt gewaltiglich auf und macht den teig luck.

Im Frühling lassen die Leckmeuler die jungen Hopffenspargen zum Salat bereyten und halten das für eine gutte speifs der verstopfften lebern.

Der safft vom Hopff rohe eingenommen / treibt kräfftig durch den stulgang. So er aber gesotten wirdt, treibt er weniger zum stulgang / aber dargegen ist er treffenlich gutt zu allerlei verstopffung der innerlichen glieder / treibt aus beiderley gallen / reinigt das geblütt und macht harnen.

Die wurtzel nimmt hinweg allerley verstopffen / jnsonderheit aber der lebern und der miltz.

Aussen.

Obgedachter safft in die ohren gelassen / bewarnt sie vor allerley feulung und vertreibt den gestank darinnen. Ein dampff gemacht mit Hopffenblumen bekompt wol der harten verschlossenen / mutter / auch denen so mit not harnen / und den jenigen / die den blasenstein / fülen / wenn sie das wasser sollen ablassen [1]).

In einer Abhandlung von Oskar Wiesner: Das Bier vom Jahre 1300—1500 (s. Allg. Br.- u. H.-Ztg. 1883, I, 378) wird von den Kräuterberen gesprochen, die man in der Absicht medizinischer Zwecke erzeugt. Vom Rosenbier sagt schon Colerus, dafs es die Hitze sänftige, den Magen und das Herz stärke und den durch die Hitze geschwächten Gliedmafsen zu Hilfe komme. Dasselbe leiste ein gutes Kirschenbier. Das Waschen des Kopfes mit Bier fördert den Haarwuchs etc. (s. S. 378 l. c.); S. 417 findet man bei 22 Arten angeführter verschiedener Gewürzbiere alle die Krankheiten aufgezählt, welche von ihnen geheilt werden.

Die oben (S. 83) erwähnte Abtissin Hildegard des Benediktinerinnenklosters von St. Rupertus bei Bingen am Rhein sagt (im 11. Jahrhundert) in ihrem Buche »Physica«, in dem Abschnitte »De Humelo«, dafs er etwas Laukaltes und eine erschlaffende Wärme in sich habe, welche im Menschen Üppigkeit errege, so dafs er denselben zum Thoren mache. Denn in demjenigen, welcher ihn gegessen oder im Getränke zu sich genommen habe, erzeuge er Üppigkeit, wie es der starke Wein thue, wenn man ihn getrunken habe; er mache auch den

Menschen albern. Er erzeuge mehr Feuchtigkeit als Blut und diene daher zu keinem Nutzen. Der Herausgeber ihrer Schrift fügt hinzu: weil der Hopfen für sich allein nicht viel Kräftiges und Gesundes habe, wenn er nicht andern Säften oder Kräutern beigemischt werde.

Hildegard sagt ferner: der Hopfen sei warm und trocken, aber er habe doch etwas mäfsig Feuchtes und diene nicht viel zum Nutzen des Menschen, weil er die Schwermut vermehre, den Sinn traurig mache und die Eingeweide durch seine Trockenheit belästige. Durch seine Bitterkeit verhindere er jedoch die Fäulnis in den Getränken, welchen er beigegeben werde, so dafs sie um so länger dauern könnten.

Der gelehrte Dominikaner und Arzt Johann Balbi aus Genua (Johannes de Janua oder Januensis, Arzt des Papstes Bonifacius VIII., um 1300), welcher auf den arabischen Hochschulen in Spanien studiert hatte, sagt in seiner Erklärung der Salernitanischen Medizin (Diätetik) vom Lupulus, nachdem er dessen Anwendung beim Bierbrauen erwähnt: Er ruft den Urin hervor, eine Eigentümlichkeit, welche den berühmtesten Bieren zukommt, in die sehr viel Lupulus eingekocht ist, wie das Embecensische (wahrscheinlich Einbecker Bier); dieses dringt nämlich wegen des Hopfens schnell durch und ruft den Urin hervor.

Manche hierher gehörige Ansicht findet sich in einer kleinen Abhandlung »Norddeutsche Biere im 16. Jahrhundert«[2]). Es werden da alle berühmten Biere Norddeutschlands in der damaligen Zeit nach ihrem Charakter und namentlich in ihrem physiologischen Verhalten geschildert. Vom Zerbster Bier wird u. a. gesagt, es sei bei den Reichen beliebt, denn es sei gutes Schmacks und nähre wohl, allein wer sich in der Urina nicht richtig befinde, solle es ganz gehen lassen oder doch ja nicht oft und viel davon trinken, denn es könne den Urin scharf und brünstig machen; wenn man viel davon trinket, wird man krank; gut ist es, dann und wann ein Becherlein Wein dazu zu trinken. Es sei am besten von (Sonntag) Estomihi (in den Fasten) an bis auf Johannes (24. Juni) oder aufs längste bis Bartholmäi (24. August) und hebe an gut zu werden auf Galli (24. Oktober).

Übrigens sagt Johann Heumann schon 1759 (l. c. S. 129), dafs die alten Ärzte wegen der Eigenschaften des Hopfens nicht einig waren, indem einige ihm kühlende, andere aber ihm erwärmende Eigenschaften zuschrieben; sie hatten vom Hopfen keine genügende Erfahrung oder dessen einzelne, sehr verschiedene Teile nicht genügend unterschieden.

Aus den Hopfenkeimen werde auch ein Syrup zum ärztlichen Gebrauch gemacht; auch die Hopfenzapfen würden zu solchen Zwecken mit Wasser ausgezogen und ein Hopfenwasser daraus gebrannt; selbst der Hopfenwurzel kämen medizinische Kräfte zu.

Alle diese Darstellungen aus jener fernen Zeit sind aus einem ärztlichen Geiste hervorgegangen, welcher noch ganz im Banne alchemistischer Ideen steckte, daher auch die mystische Ausdrucksweise, welche in uns modernen Menschen ein Lächeln erweckt. Ich will deshalb auch auf die mehrlei Ausführungen Heumanns (l. c. S. 129—133 incl.) nicht mehr eingehen, nur extraktweise einige Stilproben geben:

Ein halb Quintlein des gepulverten Samens eingenommen, tötet die Würm im Leib, befürdert den Harn und der Frauen Zeit (aus Jak. Theod. Tabernämontanus' Kräuterbuch II, p. 605).

Ein Dampf (mit Hopfenblumen-Zapfen) gemacht, bekommt wol der harten verschlossenen Mutter, auch denen so schwerlich harnen, und denen so den Blasenstein fühlen, wenn sie das Wasser sollen ablassen.

Der Hopfensyrup aus den Hopfenspargeln und Erdrauchsaft kühlt, vertreibt die Gelbsucht und führt den Schleim durch den Harn ab. Er reinigt auch das Geblüt von den verbrannten, schwarzen, melancholischen Dünsten und andern Unreinigkeiten (Tabernämontan l. c., 600).

Gebranntes Hopfenwasser, aus den Hopfenhäuten ausgezogen, treibt nach Dodoäus den Schleim und die Gall kräfftig durch den Stuhlgang; auch Fuchsius und Matthiolus vermelden, dafs er roh eingenommen, stärker zu Stul treibe, aber weniger eröffne. Dagegen treibt er, wenn er gesotten wird, nicht so stark zu Stul, aber er sei kräftiger zu eröfnen alle innerliche verstopfte Glieder. Dieser Safft treibet auch aus die melancholische Feuchte, reiniget das Geblüt, die Leber und den Milz, treibet den Harn, ist gut wider die Gelbsucht und die Wassersucht, wird kräfftiger so er mit Geifsmolcken gebraucht wird, und stärket das weifs Geäder. Dieser Safft in die Ohren getropffelt, vertreibet den bäsen Gestank derselbigen, und widerstehet der Fäule, dafs dieselbige nicht überhand nehme, wie Fuchsius und Dodonnaeus davon geschrieben. Dieser Safft kann auch wohl äufserlich gebraucht werden, die Flechten und Unreinigkeit der Haut darmit abzubringen und zu reinigen (Tabernämontan l. c., p. 609).

In dem 1586 in Frankfurt a. M. von Siegmund Feierabend, Peter Fischer und Heinrich Dacken herausgegebenen Kräuterbuch wird von der medizinischen Wirkung des Hopfens gesagt:

Natur, Kraft und Wirkung.

Dieweil der Hopfen sehr bitter ist und am Geruche stark, mufs er warmer und truckener Art sein im anderen Grad. Defsgleichen ist auch die Wurtzel warmer Natur.

In Leib.

Die Hopfenblumen sindt der Bierbrewerwürtz.

Im Frühling lassen die Leckmeuler die jungen Hopfenspargen zum Salat bereiten und halten das für eine gute speifs der verstopfften lebern.

Der Safft vom Hopff rohe eingenommen, treibt kräfftig durch den Stuhlgang. So er aber gesotten wirdt, treibt er weniger zum Stuhlgang, aber dargegen ist er treffentlich gut zu allerley verstopffung der innerlichen Glieder, treibt aus beiderlei Gallen, reinigt das Geblüt und macht harnen.

Die Wurtzel nimmt hinweg allerlei Verstopffung, insonderheit aber der Lebern und der Miltz [3]).

Man ging von der Annahme aus, dafs der Hanf und der ihm so nahestehende Hopfen (beide gehören zur Familie der Urticaceae, Cannabinaceae, Cannabineae Endl.) auch in den von ihnen erzeugten Stoffen ähnlich seien. Nun liefert der Hanf und speziell seine indische Varietät, ein starkes Narkoticum (Haschisch, auch Churius, Bhang), dessen Gebrauch über einen beträchtlichen Teil der Erde verbreitet ist [4]).

Dies war der Grund, weshalb man dem Hopfen zum Teil eine berauschende Wirkung auf das Bier zuschrieb und Knapp das Biertrinken mit einem kombinierten Genufs von Opium und Spiritus vergleichen wollte. Auch R. Wagner war dieser Meinung und ging sogar so weit, den Vorschlag zu machen, das Bier statt mit Hopfen mit Hanf zu brauen, von der wohl unbegründeten Annahme ausgehend, dafs in England für die Herstellung gewisser Biere wirklich bereits Gebrauch vom indischen Hanf gemacht werde [5]).

Wohl wurde auch der Ansicht widersprochen, dafs der Hopfen die berauschende Wirkung des Bieres mit zu stande bringt, dennoch blieb die Meinung, dafs der Hopfen eine giftige Pflanze sei, sowohl im Kreise des grofsen Publikums, wie bei den Gelehrten herrschend. So z. B. erklärt Fleck den Hopfen ohne weiteres für eine giftige Pflanze und meint, dafs man es heutzutage für eine grofse und gefährliche Bierverfälschung erklären würde, wenn man jetzt erst versuchen wollte, den Hopfen in der Bierbrauerei zur Anwendung zu bringen, d. h. also, wenn dies nicht ein schon seit vielen Jahrhunderten eingebürgertes Verfahren wäre.

Freilich scheinen verschiedene Wahrnehmungen, die man in Bezug auf den Hopfen gemacht, für die Anwesenheit eines giftigen Prinzips in dieser Pflanze zu sprechen. So soll der Duft des auf dem Felde stehenden Hopfens sowie der längere Aufenthalt in Hopfenmagazinen bei schwachen Personen Eingenommensein des Kopfes, Mattigkeit und Schläfrigkeit herbeigeführt haben (nach Lewin, Toxikologie 1885). Auch will man oft eine narkotische Wirkung der Hopfenkissen wahrgenommen haben, und wurde angeblich der irrsinnige König Georg III. von England auf ein solches Hopfenkissen gebettet, um ihn einzuschläfern [6]).

Dann und wann kommen in den Zeitungen wieder Ansichten zum Vorschein, dafs der Hopfen gesundheitlich wirken könne, sei es durch den Duft seiner Blüten oder durch Hopfenblütenbäder etc. Vielmal liegen da auch blofs gewöhnliche Spekulationen zu Grunde.

Dazu kommen noch einige leider mangelhafte Literaturangaben, welche Vergiftungen mit Hopfen betreffen, die hier kurz erörtert werden sollen. Badham erzählt den sonderbaren Fall, dafs ein 14jähriges Mädchen ihre von Frost aufgesprungenen Hände in einen Hopfenkasten steckte und nun sofort schmerzhaftes Jucken, wie von Nesseln, erfolgte. Hände und Gesicht, über das sie oft mit diesen Händen gefahren war, wurden von einem Erythem befallen, worauf sich Schlaf einstellte, der einen ganzen Tag anhielt, wobei die Hände und das Gesicht stark anschwollen; später zeigten sich Bläschen auf der Geschwulst.

Dem gegenüber kann der Verfasser dieses Buches, nachdem er durch volle 19 Jahre ungewöhnlich viel mit Hopfenverarbeitung mit den Händen zu thun gehabt hat, nur konstatieren, dafs selbst eine kleine Menge Hopfendrüsen resp. Sekret, in eine Schnittwunde etc. gebracht, heftige brennende Schmerzen verursacht, welche längere Zeit anhalten; der Schmerz macht ganz den Eindruck, als ob er nicht blofs das Resultat der Wundenverunreinigung, sondern von einem besonderen Stoffe herrührend sei.

Ein weiterer Fall von Hopfenvergiftung wurde von Baumann beobachtet; derselbe ist um so interessanter, als er die Erscheinungen eines intensiven Narkoticums darbietet. Ein elfjähriger Knabe hatte mehrere Tage hintereinander in einem geschlossenen Raum Hopfenzapfen gepflückt. Am dritten Tage stellte sich nach zweimaligem Erbrechen ernstliches Unwohlsein ein. Am vierten Tage fand Baumann den Knaben stark schwitzend mit erhöhter Hauttemperatur, häufig zusammenfahrend, im tiefen Schlaf mit blanden Delirien; er erkannte zwar auf einige Augenblicke die Umstehenden, fiel aber sofort wieder in seinen Stupor zurück. Der Atem war tief, fast schnarchend, der Puls langsam aber ziemlich voll, die Karotiden und Temporalarterien pulsierten stark, die Pupillen waren erweitert; in den oberen Extremitäten bestand lebhaftes Sehnenhüpfen, in den unteren dagegen eine lähmungsartige Schwäche. Am dritten Tage der Krankheit erschien auf der Hautoberfläche, namentlich im Gesichte, ein scharlachähnliches Erythem, auf dem hie und da kleine Pusteln aufschossen. Allmählich trat Besserung ein, aber die Genesung war so langsam und schleppend, dafs noch nach Monaten die Pupillen auffallend weit, die geistigen Funktionen träge, die Körperbewegungen beschwerlich und unsicher und die Verdauung gestört blieb.

Eine ältere Schwester des Knaben hatte nach derselben Beschäftigung über ähnliche Erscheinungen, nur in viel mäfsigerem Grade, geklagt.

Jauncey fand, dafs grofse Lupulindosen den Puls um 20—30 Schläge reduzieren, auch heftiges Kopfweh und Ohnmachtsgefühl, Ekel und Verlust des Appetits bewirken. Nahezu entgegengesetzte Ansichten hat Schmiedeberg (Arzneimittellehre) geäufsert; er rechnet das Lupulin zu der Klasse von Bitterstoffen, welche wenigstens an höheren Tieren keine auffälligen Wirkungen auf das Nervensystem oder die Muskeln hervorbringen. Möglich sei, dafs diese Stoffe auf gewisse Nerven in den Magenwänden einen ähnlichen spezifischen Einflufs ausüben wie auf die Geschmacksnerven, doch sei dies nicht erwiesen.

Blas fand, dafs das Hopfenbitter nicht auf die Fische wirkt und 1—$2^1/_2$ g keine Giftwirkung äufsern.

Hermann (Schmidts, Jahrbuch der Ges. Med. 103, S. 542) beobachtete nach hypodermatischer Injektion einer Bierextraktlösung an Fröschen Erscheinungen, wie sie nach Curare-Injektionen beobachtet wurden. Ob die Hopfenbestandteile, welche in das Bier übergehen, die Ursache sind, blieb unentschieden; Hager erachtet es für wahrscheinlich (Ergänzungsbericht der Praxis, S. 241).

Am 16. September 1898 brachte der Fränkische Kurier in Nürnberg folgende Notiz: In Abenberg (Spalter Land) wurden vier als Hopfenpflückerinnen thätige Mädchen, welche in einer Scheune schliefen, tobsüchtig; am nächsten Tage wurde auch der 16jährige Sohn von tobsuchtähnlichen Krämpfen befallen.

Ein sehr nüchterner Postbeamter des Schnellzuges Basel—Ostende erkrankte im Bahnpostwagen derart, dafs er wie ein vollständig Berauschter heruntertaumelte, obwohl man alle Fenster aufgerissen hatte. Man vermochte als Ursache nichts zu finden als 30 Hopfenmuster, die einen starken, betäubenden Geruch verbreiteten. Nachdem diese entfernt waren, trat Besserung ein[7]).

Es ist schwer, solche Nachrichten, als nicht mit dem Hopfen in Zusammenhang stehend, einfach zu ignorieren. Wir haben weiter oben (S. 610) gesehen, dafs die reine, echte krystallinische Hopfenbittersäure ein heftiges Gift ist, die oxydierte gar nicht.

Ist es nicht möglich, dafs es auch mit den narkotischen Stoffen des Hopfens ähnlich ist? Wenn man bedenkt, dafs jährlich so viele Tausende von Menschen umfangreich und intensiv mit dem Hopfen arbeiten, so mufs man sich eigentlich wundern, dafs solche Nachrichten so selten sind. Von vielen auffallenden Erscheinungen dringt wahrscheinlich keine Nachricht in die Öffentlichkeit. Bekannt ist, dafs die in Hopfenmagazinen arbeitenden Personen oft, wenn auch in minderem Grade, an Erregungen leiden. Und meistens ist das Sekret bis zur Zeit der Hopfenpflücke schon so verändert, dafs es keine solche auffallenden Wirkungen mehr äufsert, dies ist vielmehr nur noch unter besonderen Umständen der Fall.

An die Frage nach einem Narkoticum im Hopfen schliefst sich die nach dem medizinischen Werte eng an. Das Lupulin hat in allen jetzt in Europa und Amerika gültigen Pharmakopöen noch einen Platz behalten (Dr. Hirsch, Universal-Pharmacopoea). Die Pharm. Germ. und Dan. haben den richtigen Namen »Glandulae Lupuli« gewählt, die übrigen Pharmakopöen den verwerflichen Namen »Lupulin«.

Es unterliegt wohl keinem Zweifel, dafs der Hopfen ein vorzügliches Amarum und die Anwendung seiner Präparate, namentlich eines gut gehopften Bieres, zur Anregung der Magenfunktion eine durchaus rationelle ist. Aber über die spezifischen Eigenschaften des Lupulins als Sedativum etc. sind die Meinungen sehr geteilt.

Der Gambrinus[8]) sagt, dafs viele namhafte Ärzte in Cholerazeiten mäfsigen Biergenufs als Palliativ gegen die Cholera empfohlen hätten; da müfsten doch offenbar die antiseptischen Kräfte des Hopfens auch gegen den in die Verdauungswege eingeführten Cholerabazillus wirksam sein, was ja nicht unmöglich ist. Da wäre es aber sicher zweckmäfsiger, weil ausgiebiger, eine gröfsere Anzahl Vorblätter mit den Drüsen in den Mund zu nehmen. Wenn man sie aber länger im Mund hat, wird das Bitter vom Speichel (s. oben S. 609) zerstört, man müfste also rasch schlucken; vielleicht ist in diesen Umständen mancher Mifserfolg der Hopfenbitterwirkung zu suchen. Die Thatsache, dafs bei der Kostprobe das im Speichel des Mundes gelöste Bitter schnell verschwindet, weil es durch das Speichelferment rasch in Glykose und einen andern nicht bitteren Körper gespaltet wird, während das Harzbitter der modernen, jungen Biere sich im Munde gar nicht oder wenig und nur höchst langsam ändert, zeigt, dafs meine weiter oben an verschiedenen Stellen über die verschiedene Natur des Bitters dargestellten Ansichten und über das, was aus dem werdenden Bier hinaus mufs und was darin bleiben soll, sicher der Wahrheit nahe kommt.

Nun kommt auch aus Indien, dem Lande, wo streckenweise seit einigen Jahren schon die Pest herrscht, die Nachricht, dafs in jenen Familien, in denen Bier getrunken wird, nur in den seltensten Fällen ein Pestfall vorkommt. Mäfsig genossen, ist gut vergorenes Bier ohne Zweifel gesund. Das Wasser löscht den Durst, der Alkohol erregt und erheitert, das Malzextrakt nährt, die Kohlensäure erfrischt, der Bitterstoff des Hopfens wirkt magenstärkend und verdauungfördernd; die schleimigen Bestandteile, wie Dextrin und Kleber, dagegen sind blut- und muskelbildend. Offenbar machen sich auch antiseptische Kräfte geltend, die mit den geringen Mengen in Bier gelöster bitterer Harze verknüpft sein dürften. Namentlich in Gegenden mit schlechtem Trinkwasser gibt es kein besseres Präservativ gegen gewisse Krankheiten als ein gutes Bier.

Das meist unbeschreiblich schlechte Trink-(Pumpbrunnen-)Wasser aus dem Untergrunde der Stadt, welches München früher (vor der Gebirgswasserleitung) hatte, mag viel zu dem grofsen Bierverbrauch dieser Stadt beigetragen haben, denn da gab es viele Leute, welche keinen Tropfen Wasser tranken. Jetzt hat München ein vortreffliches (Leitungs-)Trinkwasser, aber die Münchner bleiben aus alter Gewohnheit, vielleicht auch aus Vorsicht gegen die Bazillen der Grofsstädte, doch beim Bier.

In der Allg. Br.- u. H.-Ztg. 1886, II, 968 werden Fälle erwähnt, in welchen Brennesselabsud und Hopfen sich sehr wirksam erwiesen gegen das Ausfallen der Haare und, neuen Haarwuchs erregend, bei Kahlköpfigkeit.

Nach Maton, Peireira, Byrd-Page u. a. ist Lupulin ein schlafmachendes Mittel; Bigby, Magendie, Ricord, Barbier u. a. behaupten jedoch das Gegenteil, und Fronmüller gab 15 g Lupulin, ohne dafs irgend eine Narkose eintrat[9]).

Viele Autoren nehmen die spezifisch beruhigende Wirkung der Hopfendrüsen in einer Reihe von Krankheiten an, bei welchen es sich um abnorm gesteigerte Reizbarkeit gewisser Regionen des zentralen oder peripheren Nervensystems, besonders um krankhafte Zustände des urogenitalen Apparates handelt, und wird die schlafmachende Wirkung des Hopfenmehles auch also definiert: es erleichtert den Schlaf indirekt durch Linderung der Schmerzen, ruft ihn jedoch nicht direkt hervor. Die hohe Bedeutung des Lupulins wird von namhaften Klinikern, speziell der französischen Schule, auch in der Neuzeit vielfach anerkannt[10]). Danach begünstigt es den Schlaf, indem es den Schmerz beseitigt, welcher ihn verhindert, aber nicht dadurch, dafs es ihn hervorruft.

Der Hopfen ist allmählich betrachtet worden als öffnend (abführend), mildernd, tonisch (kräftigend, stärkend), wurmvertreibend, beruhigend und blutreinigend. Die Eigenschaft, den Appetit zu wecken und den Magen anzuregen, ist alles, was heute noch übrig geblieben ist von diesem stolzen Programm; aber in den letzteren Jahren ist dem Studium des Lupulins in theoretischer Beziehung eine besondere Aufmerksamkeit zugewendet gewesen und demselben eine viel wichtigere Stelle eingeräumt worden, als dem Hopfen jemals zugestanden gewesen ist. Das Lupulin ist nicht giftig, aber es ist ein Medikament von ausgeprägter Wirksamkeit. Diese Substanz wirkt sehr energisch auf das zentrale Nervensystem. Das Gehirn verrät seine (des Lupulins) Wirkung durch die Schwere des Kopfes, durch eine Neigung zum Schlaf etc.; aber es ist namentlich das Rückenmark und besonders sein geschlechtlicher Mittelpunkt, welches diese Wirkungen in sich zu konzentrieren scheint. Das Lupulin erzeugt eine bedeutende Abkühlung, namentlich, wenn es einem Zustande heftigen Geschlechtsreizes des männlichen Gliedes oder der Manntollheit entgegengesetzt wird.

Dafs das Lupulin nicht immer Erfolg hat, ist eben das Los aller Arzneien; aber man könnte die Ansicht nicht zugeben, dafs es in der Reihe der Mittel, welche bestimmt sind, den Mangel an Geschlechtstrieb zu beseitigen, nicht eine wichtige Stelle einnimmt.

Der Verfasser dieses Buches war durch seine Studien über den Hopfen seit Jahren veranlafst, oft Monate hindurch täglich den Bittergeschmack einer oder selbst einiger Hopfensorten zu prüfen, und hat infolge dessen Gelegenheit gehabt, gewisse Wirkungen des Hopfens auf den Organismus an sich selbst zu studieren. Es wurden jedesmal ca. fünf Stück gut mit Drüsen besetzte Vorblätter unten mit den Fingern zusammengefafst und, die lupulinreiche Basis voraus, derart in den Mund genommen, dafs sie 2—4 Minuten der lösenden Kraft des warmen Speichels ausgesetzt waren; alsdann wurden die Blätter mit der gröfseren Masse des bitteren Speichels wieder ausgespuckt. Es waren also immer nur sehr kleine Mengen von Sekret, welche gelegentlich dessen geschluckt wurden und in den Magen gelangten. Dabei machte ich folgende sichere Beobachtungen:

1. In der allerersten Zeit war ich bei diesen Arbeiten sehr aufgeregt, einige Zeit derart stark, dafs ich glaubte, ich würde die ganze Arbeit aufgeben müssen. Diese Aufregung dauerte wohl den ganzen ersten Winter, später verlor sie sich mehr und mehr, und jetzt nehme ich davon nichts mehr wahr. Es hat sich offenbar der Organismus im Laufe der Jahre daran gewöhnt: es war eine Immunisierung eingetreten.

   Ob diese Aufregung in der ersten Zeit von dem geschluckten wenigen Sekret oder von dem starken Geruch bei der Anlage der Reibflächen herrührte, vermag ich nicht zu entscheiden.

2. Sicher wirkten die kleinen geschluckten Mengen von Sekret stets auf eine rasche Harnabsonderung, und die Anregung fand stets in milder, angenehmer Form statt. In dieser Richtung ist die Wirkung selbst bei so kleinen Mengen eine unzweifelhafte und sehr ausgeprägte; hier findet keine Gewöhnung statt, denn nach 8 und 20 Jahren war es noch ebenso wie im Beginn, und wenn die Sache Monate hindurch betrieben wurde, immer trat die Wirkung gleich sicher, schnell (nach höchstens einer halben Stunde) und unter denselben Erscheinungen ein. Von einer befürchteten Reizwirkung auf die Nieren habe ich nichts wahrgenommen.

   Bekanntlich vollenden auch gesunde, fein schmeckende, fein gehopfte Biere, namentlich mit oder nach dem Genufs leichter verdaulicher Speisen, den Stoffkreislauf im menschlichen Körper sehr rasch und kommen schon nach 1—2 Stunden wieder zur Entleerung durch die Harnorgane.

3. Es scheint mir sicher zu sein, dafs kleine Mengen Sekret den Appetit erregend wirken durch einen Reiz auf die Magenschleimhaut. Grofse Mengen erzeugen Brechreiz. Auch eine Wirkung auf die Geschlechtssphäre dürfte zweifellos vorhanden sein.

4. Von einer schlafmachenden Wirkung habe ich nichts wahrgenommen, doch sind dazu die Mengen in den Magen gelangten Sekretes vielleicht immer zu klein gewesen. Mit Hopfen gefüllte Kopfkissen habe ich nie verwendet.

Immer ist dabei mäfsiger Genufs von Hopfenbestandteilen vorausgesetzt, denn die Wirkung ist offenbar eine Reizwirkung, und wie diese längere Zeit zu stark stattfindet, folgt naturgemäfs die Erschlaffung infolge von Überreizung.

In unsern Tagen scheint sich der Glaube an die heilkräftigen Wirkungen von Hopfenbestandteilen ganz oder nahezu ganz verloren zu haben; wenigstens ist nicht bekannt, wieviel sich von den alten Überlieferungen noch unter dem Landvolk erhalten hat. Nur ganz vereinzelt finden noch Hopfenabkochungen und dergl. auf dem Lande als Hausmittel gegen gewisse krankhafte Zustände Anwendung. Die Holledauer Hopfen-Zeitung (1864, S. 104) sagt, dafs die bittere Wurzel die Sassaparille ersetze und die Zapfen gegen Blasenstein, Nierenkrankheit und Würmer wirken.

Die hl. Hildegard, † 1097 zu Bingen a. Rh., sagte vom Hopfen, dafs er die Menschen traurig mache und ihre Eingeweide austrockne; er bewirke aber durch seine Bitterkeit Dauerhaftigkeit des Bieres. Auch die neueren Naturforscher und Arzte nehmen an, dafs der Hopfen nicht nur durch sein Harz und Öl zur Konservierung des Bieres beitrage, sondern auch dessen Geschmack wesentlich verbessere, die Thätigkeit der Verdauungsorgane erhöhe, das Gefäfs- und Nerven-System anrege und eine Vermehrung der Harnabsonderung bewirke; freilich verursache sehr stark gehopftes Bier leicht Kopfschmerz, Schwindel und Trockenheit der Schleimhäute, berausche stark und sei besonders dem Hämorrhoidalkranken schädlich.

Prof. Dr. Sanderer (s. Allg. Br.- u. H.-Ztg. 1885, I, 53) berichtet aus Griechenland, dafs der Hopfen dort häufig als Thee gebraucht werde, und viele Hunderte von Personen trinken die betreffenden Abkochungen als ein die Verdauung beförderndes Mittel, und dieses unter dem Namen Pikron Chorton allgemein bekannte Gewächs wird auch von den Ärzten mit Chinin oder isländischem Moos (Lichen seu muscus slandicus) den Patienten verschrieben.

Allerlei Verwendungen der Hopfenpflanze und der Hopfenzapfen.

1. Der Hopfen als Hausmittel.

Nach Dr. Herm. Hager[11]) mufs das in den Apotheken gebrauchte Hopfenmehl alle Jahre erneuert werden, weil altes Mehl (Lupulin) ohne jede arzneiliche Wirkung ist. Den alten Vorrat verwende man am besten als Tinktur (Essenz), welche von kleineren Brauern gern genommen werde. Eine mittlere Apotheke brauche jährlich nicht mehr als 30—50 g Hopfenmehl[12]).

Hopfenmehl in Gaben zu 0,3—0,6—1,0 g, einigemal des Tages gegeben, soll gegen Harnblasenlähmung wirken; dann wird es gegeben bei Incontinentiae urinae, Anthaphrodisiacum, bei Erethismus der Genitalorgane, Menstrualkolik, Schlaflosigkeit, nervöser Aufregung, Migräne, Verdauungsschwäche etc., am besten in Pulverform und Pillen. Aber da sind Aromata zu vermeiden.

Extractum Lupulinae. Zum Hopfen des Malzextraktes, des Bieres und anderer Getränke. Gaben zu 15—25—40 Tropfen in Wein, als Anodynum, Sedativum, Anthaphrodisiacum (Lupulin und Weingeist, zur Extraktdicke eingedampft) wie Hopfenmehl gegeben.

Tinctura Lupulina ammoniata, in Amerika bei Trunkenheit ein Theelöffel in Kaffee gereicht.

Ein sehr tüchtiger, älterer, praktischer Pharmazeut sagte mir, daſs sehr alter Hopfen, auf die Haut gelegt, je nach der Reizbarkeit des Individuums, entweder bloſs die Haut röte oder selbst Blasen ziehe, wie der Senfteig. Neues Hopfenmehl bringt diese Wirkung nicht hervor, also muſs man diese auffallende Wirkung wohl der Baldriansäure zuschreiben, während sie im Senfteig vom ätherischen Senföl herrührt. Die Allg. H.-Ztg. 1864, S. 306 brachte die Mitteilung, daſs in Windsbach (Mittelfranken) im November ein junger Mann von 28 Jahren, welcher mit einer kleinen Wunde an der Hand fortwährend mit Hopfenballen arbeitete, in dieselben hineinlangte etc, am Arme eine gefährliche Entzündung und Geschwulst bekam, welche sich endlich dem ganzen Körper mitteilte und den Tod herbeiführte. Wenn man bedenkt, wie unachtsam Tausende von Menschen sind, welche mit dem Hopfen arbeiten, muſs man sich eigentlich wundern, daſs derartige gefährliche Vorkommnisse verhältnismäſsig so selten sind.

Merkwürdigerweise hat man in der Pharmazie ein ätherisches Öl, welches »Hopfenöl« genannt wird, aber mit Hopfen rein gar nichts zu thun hat. Man versteht nämlich im Handel unter Hopfenöl (auch bei Zollstellen etc.) ein aus dem cretischen Wermut (Origanum Creticum) bereitetes ätherisches Öl, das im Apothekerlatein Oleum origani Cretici genannt wird und deutsch den Namen »Hopfenöl« nur deshalb führt, weil die Pflanze, aus der es bereitet wird, schon den kuriosen Namen »Spanischer Hopfen« hat, obgleich es doch mit Humulus Lupulus gar nichts zu thun hat. Dieses Öl ist offizinell, wird gegen Zahnweh, zum Teil auch in der Parfümerie verwendet. Wir haben es schon weiter oben erwähnt.

Auch die Malzextrakte enthalten meist Hopfenstoffe. Das vor 30—40 Jahren durch monströse Reklame sehr verbreitete Hoffsche Malzextrakt (Berlin), von dem man (nach Dr. Raudnitz, Wien) in medizinischen Kreisen eine neue Ära der Heilkunst erwartete, ist nach Bock, wie aus Analysen von Kletzinsky in Wien ersichtlich[13]), nichts als ein einfaches Braunbier, mit einer Abkochung unschuldiger, aromatischer Kräuter gemengt. Es sollte namentlich bei Brust- und Unterleibs-Beschwerden sowie bei Körperschwächen und Nervenleiden Wunder thun. Trinkt man solche Malzextrakte kalt, können sie auf die kranke Magenschleimhaut, ebenso wie kaltes Bier, nur schädlich wirken, den Heilungsprozeſs verzögern; auch die Kohlensäure wirkt nicht gut und bei Frauen und Kindern ebenso die geringe Menge Alkohol. Bock lobt als besser das Trommersche konzentrierte Malzextrakt, vom Brauereibesitzer Heinrich in Greifswalde bereitet und verkauft: es sei ganz frei von Alkohol und Kohlensäure und deshalb dem kohlensäurereichen, spiritushaltigen und mit Kräutern versetzten Hoffschen Malzextrakte vorzuziehen. Auch habe das Trommersche Malzextrakt eine entsprechende Quantität des reinen, bitteren Extraktivstoffes des Hopfens beigemengt, sei haltbarer und könne, mit kalter und heiſser Milch vermischt, beliebig verdünnt werden; es sei ein diätetisches Mittel, welches auch vom Unbemittelten gebraucht werden könne. Das bei weitem weniger nahrhafte Hoffsche Malzextrakt koste in einem kleinen Fläschchen 7½ Sgr., obgleich es keine zwei wert sei. Auſser dem Trommerschen Malzextrakte seien noch die Braunschweiger Mumme, das Bitterbier und der Porter zu empfehlen, aber diese Biere haben viel Kohlensäure und etwas Alkohol.

Eine merkwürdige, sehr lobenswerte neue Verwertung des jetzt überall so billigen Hopfens hat ein amerikanisches Haus erfunden[14]). Es schickt, in luftdicht verschlossenen Zinnbüchsen eingeschlossen, welche wieder in Kisten verpackt werden, ganze Pfundpakete Hopfen nach Südafrika und Australien, um dort in Haushaltungen Verwendung zu finden. Hopfenaufguſs, wie Thee bereitet und getrunken, soll ein sehr gutes Heilmittel gegen verschiedene Krankheiten sein und besonders die Schweifssekretion bedeutend erhöhen, während kalter Hopfenaufgufs stärkende und kühlende Wirkungen äufsert. Ebenso soll der eingeatmete heifse Dampf eines Hopfenabsudes Schmerzen der Lunge, der Kehle oder im Kopfe lindern.

Bereits haben auch englische Exporthäuser diese Versendungsmethode von Hopfen nach den Kolonien nachgeahmt; sie verschicken halbe Pfunde in hübsch ausgestatteten Büchsen in die verschiedenen Kolonien, woselbst man die Heilkraft des Hopfens sehr schätzt.

In Maidstone, Kent, dem Zentrum der Kenter Hopfendistrikte[15]), hat sich eine Gesellschaft etabliert, welche gut getrockneten und fein zerschnittenen, besten Kenter Hopfen in bestimmten Verhältnissen mit Thee, Kaffee oder Kakao mischt und als Hopfenthee in den Handel bringt. Medizinische Autoritäten haben diesen Thee, als sehr tonisch wirkend, empfohlen, und derselbe soll bereits viel in Aufnahme gekommen sein. Schon 1890 hatte man bei Maidstone ein grofses Terrain für die Anlage einer Fabrik angekauft; es sollte Hopfenthee mit dickeren Theesorten vermischt werden.

Die Zeitschrift Gambrinus[16]) macht auf den wohlthätigen Einflufs des Warmbieres auf den Organismus aufmerksam; da der Alkohol und die Kohlensäure durch das Kochen ausgetrieben sind, können die günstigen Wirkungen auf den Organismus nur noch den Hopfenbestandteilen zugeschrieben werden. Gambrinus meint nun, dafs man Milch und andere warme Getränke durch Zusatz von etwas Hopfen zuträglicher machen könne. Eierbier könne man so herstellen, dafs man den Hopfen zunächst in Zuckerwasser gut auskocht und fein abgequirlte Eier daruntermengt, vielleicht auch etwas Alkohol zusetzt, um dem Charakter des Bieres näher zu kommen. Man glaubt, dafs bei allgemeiner Einführung des Hopfens als Küchengewürz dem Hopfenbau eine neue und ständige Absatzquelle eröffnet würde und zwar besonders den minderen Qualitäten, welche zum Brauen nicht gut zu verwenden sind. Immerhin ist der Zweifel noch berechtigt, ob diese Ansichten auf Wahrheit oder auf blofser Spekulation beruhen.

In L. Strufs »Haus- und landwirtschaftliche Geheimnisse«, einem alten, verschollenen Büchlein, wird der Hopfen als Mittel gegen das Ausfallen der Haare und gegen kaltes Fieber empfohlen. Für den ersteren Fall soll man den Kopf morgens mit einer Abkochung von Hopfen und Wasser befeuchten. Gegen Fieber nimmt man drei Finger guten Hopfens, giefst ein Quart kochenden Bieres darüber, läfst diesen Aufgufs, ohne zu kochen, eine halbe Stunde stehen, giefst dann die Flüssigkeit ab und prefst dabei den Hopfen noch aus. Diesen Aufgufs trinkt der Patient vor dem Schlafengehen, so heifs, als er dies ertragen kann.

Auch die Alten glaubten schon, dafs das Hopfenöl die Eigenschaft habe, die Haare vor dem Ausfallen zu schützen und den Haarwuchs, sogar bei Kahlköpfigen, wieder in Flor zu bringen[17]). Die Armenier bereiten aus dem Destillationsrückstand eine Salbe.

2. Der Hopfen als Gewürz.

Sehr beachtenswerte Bemerkungen über eine umfangreichere, direkte Verwendung des Hopfens als Gewürz in den Haushaltungen macht der als praktischer Chemiker wohlbekannte Herr Prof. Alex. Müller in Berlin[18]):

In den germanischen Ländern werde Bier vielfach bei der Bereitung von Speisen und Getränken verwendet. Ohne Zweifel sei es der aus dem Hopfen in das Bier übergegangene Bitterstoff des Hopfens, mit welchem man an sich fad schmeckende Nahrungsmittel in einer dem germanischen Gaumen zusagenden Weise verbessern wolle. Das Warmbier sei aus kochender Milch und Bier gebildet; in Schweden werde das auf dem Lande während der rauhen Jahresseit in grofser Menge verzehrt.

Man solle aber namentlich die Magermilch durch Zusatz von Hopfen — vielleicht 2 bis 3 Zapfen per Tasse — aufkochen, abseihen und vielleicht die bitter gemachte Milch mit Thee und Eiern anquirlen, Salz, Zucker, Kümmel oder Gewürznelken, Zimmet und Ingwer zusetzen. Man werde dadurch zu einem Getränke gelangen, welches selbst Kenner nur schwer vom deutschen Warmbier würden unterscheiden können; es fehle diesem Getränke nur der Alkohol des Bieres, den könne man aber durch einige Tropfen Branntwein, Rum, Arak, Wein u. dergl. ersetzen.

Auch Biersuppen und selbst Bierkaltschale ließen sich so herstellen[19]). Richtig aufgefaßt und richtig durchgeführt, könne diese Sache zu einer Verbesserung der Ernährung in den weitesten Schichten der Bevölkerung dienen; denn die große Masse des Volkes sei schlecht ernährt. An Rohstoffen für bessere Volksernährung fehle es nicht, es gelte nur, die in Unkenntnis und Schlaffheit liegenden Hindernisse der Ausnutzung zu überwinden.

Das Bier solle das Volk nicht nur dem Schnapsteufel entreißen, sondern auch die Magermilch, unter Überwindung ihres faden, ermüdenden Geschmackes durch den Hopfen, in eine wichtige Volksnahrung umgewandelt werden. Intelligente Frauen sollten diese Frage nach allen Richtungen durch praktische Versuche durchprobieren.

Schwarz[20]) sagt: ein Mittel, um den Kaffee aromatischer zu machen, wäre, wenn man einige Hopfenzapfen vor dem Aufgießen dem Kaffee zusetzt.

Da feine ätherische Öle bei den Rindern, wenn sie in kleinen Gaben dem Futter beigemengt werden, außerordentlich anregend auf die Freßlust, bessere Verdauung und Futterausnutzung sowie auf die Milchsekretion wirken, so wäre es vielleicht auch angezeigt, zu prüfen, ob nicht kleine Gaben von Hopfenzapfen, namentlich von feineren Sorten, einfach zerblättert oder ganz dem Futter beigemischt, diese Wirkung ausüben. Vielleicht könnte das auch mit mittleren Sorten erreicht werden. Groß dürfen aber diese Gaben ohne Zweifel nicht sein, weil viel ätherisches Öl zu gesundheitschädlichen Überreizungen führt und das Hopfenharz sicher nicht günstig auf die Verdauung wirkt.

3. Hopfenliköre.

In Nordamerika, auch in Belgien und England, erfreut sich[21]) der Hopfengeschmack in Likörform schon längere Zeit großer Beliebtheit; man verkauft und konsumiert daselbst sehr viel Bitter dieses Namens, wovon manches allerdings bloß den Namen »Hop Bitter« führt, ohne irgend eine Spur dieses Hopfenbestandteiles zu enthalten. Auch England und Belgien bereiten Hopfenliköre, welche gut begehrt sind.

Bei der Beliebtheit des Hopfenbitters und Aromas im Nationalgetränke, im Bier, ist es naheliegend, die Aromatisierung und den spezifischen Geschmack von Spirituosen dadurch herbeizuführen, also Branntwein oder Liköre damit zu versetzen. Auch in Deutschland wurde die Herstellung von Hopfenspirituosen schon oft angestrebt, die Sache konnte aber nie recht Boden gewinnen. Es fehlte offenbar in Konsumentenkreisen die Neigung, woran vielleicht der große Bierkonsum, anderseits aber auch der Umstand schuld ist, daß man bei Herstellung von Hopfenlikören nicht haushälterisch mit Hopfengeschmack und Aroma vorging; Hopfengeschmack und Aroma sind aber bei ihrer Ausgeprägtheit im konzentrierten Zustande widerwärtig.

Auch hat man diese nicht in Verbindung gebracht mit Vegetabilien, welche sich ihm anschmiegen, mit ihm vereinen, um eine Geschmacksharmonie zu bilden wie im Bier. Ein solcher Likör müßte nicht bloß angenehm zu trinken sein, sondern auch wohlthätig auf Appetit und Verdauung wirken. Wohl nur deshalb, weil sie diese Geschmacksharmonie und milde Wirkung vermissen lassen, fanden diese Hopfenspirituosen nicht die rechte Verbreitung.

In der oben erwähnten Destillateur-Zeitung wird nun in Anlehnung an eine in Amerika beliebte Hopfenlikör-Komposition eine Anweisung zur Herstellung eines angenehm schmeckenden, selbst bei andauerndem Genuß nicht widerlich werdenden und vorzüglich bekommenden Likörs gegeben:

Man nehme 350 g Pomeranzenfrüchte, 650 g Pomeranzenschalen, 100 g Engelsüßwurzel, 50 g Kalmus, 50 g Galgantwurzel und 125 g besten frischen Hopfen, bringe alles in grob zerkleinerten Zustand, übergieße diese Ingredienzen mit 5—6 l Spiritus (65%) und lasse sie wenigstens acht Tage digerieren.

Diese Essenz wird abgegossen und abgepreßt und genügt für 100 l sehr kräftig im Geschmack werdenden Likör.

Dieser wird im Zucker und Spritgehalt wie ein feinerer Bitter gehalten, vielleicht 35% stark und mit 20 kg Zucker; Farbe bräunlich. Als vorzüglich eignet sich ein Zusatz von 1—2 l Rum per Hektoliter. Die Zugabe von Essenz kann selbstverständlich abprobiert werden, je nachdem der Geschmack des Likörs kräftiger oder milder sein soll; auch die Zugabe von Essenz zum fertigen Likör, nicht vorher in Spiritus gelöst, ist zulässig, da dieselbe nicht trübt.

4. Der Hopfenstengel als Gespinstfaser.

In Rufsland[22]) hat man Versuche gemacht, aus den Hopfenstengeln, deren Bast, eine Leinwand herzustellen. Die Versuche sollen sehr günstig ausgefallen sein, das Gewebe war angeblich grober Leinwand aus Hanf oder Flachs sehr ähnlich; jedenfalls war es brauchbar. Ein Verfahren zur Herstellung einer Leinwand aus Hopfenstengelfasern hat sich Nördlinger in Stuttgart patentieren lassen[23]). In der Allg. H.-Ztg. 1880, I. 280 findet sich die Abbildung und Beschreibung einer Maschine zur Gewinnung eines Webstoffes aus Hopfenranken von J. Seeger in Stuttgart (D. R.-P. Nr. 3919). Olbrich erwähnt diese Eignung der Hopfenbastfaser schon in der Mitte des vorigen Jahrhunderts[24]). Es wird aber auch anderseits eine erheblichere Eignung der Hopfenfaser zu diesem Zwecke bestritten[25]).

In diesem Jahresberichte[26]) wird vom Laboratorium der Wiener Handelsakademie gesagt, dafs man schon vor mehr als einem Jahrhundert aus dem Hopfenstengel eine brauchbare Faser zu erhalten suchte. Schifsler in Schweden habe den ersten Versuch 1750 ausgeführt. 1760 und 1761 setzte die Society of Arts, Manufactory and Agriculture wiederholt Preise aus für die Gewinnung der Hopfenfaser.

In Schlesien stellte Holmberger (Okon. Nachr. der patriot. Gesellsch. in Schlesien, 1774 im 45. Stück) 1774 Versuche an, ohne nennenswerten Erfolg. 1820 erhielten die Gebrüder J. und W. Shoobridge ein Patent für die Gewinnung und Benutzung dieser Faser. Die drei Fufs langen Stengelstücke wurden 8—20 Tage geröstet, dann die Rinde samt dem Baste abgestreift und schliefslich die gewöhnlichen Operationen bei Gewinnung einer Faser, das Klopfen, Hecheln etc., vorgenommen. Die so gewonnene Faser wurde als Surrogat für Hanf verwendet. Doch erwies sich dieselbe noch immer als steif, durch klebrige Materien verbunden, schwer oder nicht zu bleichen und daher nur zu groben Geweben (Säcken) tauglich. Da die Erfolge also nicht den gehegten Erwartungen entsprachen, blieb die Sache mehrere Jahrzehnte liegen, um erst in neuerer Zeit — mit wenig besserem Erfolge — wieder aufgenommen zu werden. 1879 ging J. D. Nördlinger in Stuttgart daran, eine brauchbare Faser aus der Hopfenrebe zu gewinnen. Nach seiner Angabe sollte sie in verdünnter Seifen- und Soda-Lösung gekocht, gewaschen und abgezogen, hierauf mit Essigsäure gewaschen und gekocht werden. Dann werde sie gehechelt etc., wie es die bekannten Operationen erheischen.

In einer Notiz[27]) wird die so erhaltene Faser als lang, sehr fein, flachsähnlich, fest und elastisch beschrieben.

Bei den im Laboratorium der Wiener Handelsakademie mit der Nördlinger Faser angestellten Untersuchung ergab sich folgendes: Die rohe Hopfenfaser besitzt eine tief-rostbraune Farbe und gleicht darin der in Indien unter dem Namen »Maloo« oder »Apta« vielfach benutzten Bastfaser von Bauhinia racemosa Lam., mit der sie auch in der Glanzlosigkeit übereinstimmt. Ihre Länge schwankt zwischen 20—80 cm. Die Festigkeit der rohen Hopfenfaser ist zwar nicht sehr bedeutend, sie bleibt darin hinter Hanf und ziemlich weit hinter der oben angeführten Faser zurück, aber gleichwohl liefse sie sich in dieser Form zu mancherlei Dingen ganz gut benutzen, um so mehr, da die Faser einen gewissen Grad an Biegsamkeit und Geschmeidigkeit besitzt. Man hat die Hopfenfaser auch zu bleichen gesucht. Der Versuch gelang, insoweit er die Bleiche selbst betraf, doch litt die Festigkeit der Faser.

Es ist also bis jetzt nicht geglückt, aus dem Hopfenstengel eine Faser zu gewinnen, welche den Hanf teilweise ersetzen könnte; auch sind die anatomischen Verhältnisse der Hopfenfaser allem Anscheine nach nicht danach beschaffen, um der Hopfenfaser in der Zukunft, bei geeignetem Abscheidungs- und Bleichungs-Verfahren, ein günstiges Prognostikon stellen zu können, so wünschenswert dies auch wäre, wenn man bedenkt, welch kolossales Fasernmaterial in diesen Stengeln ungenutzt zu Grunde geht. Nach H. Grothe beträgt der Fasernertrag zwei

Drittel des Hopfenertrages der Pflanze. Nimmt man den jährlichen Weltertrag an Hopfen nur mit 70000000 kg an (1400000 Ztr.), so würde dieses einem Faserertrage von 46700000 kg (nahezu 1000000 Ztr.) entsprechen, wofür der Rohstoff fast kostenfrei zur Verfügung stände.

In der Allg. H.-Ztg. 1884, II, 1377 wird erwähnt, dafs Herr J. Eisner in Jeschnitz bei Rakonitz (Böhmen) ein Verfahren gefunden haben wollte, die Gespinstfaser der Hopfenrebe von ihrer Umhüllung zu trennen, ohne Säuren und Alkalien; auf diese Weise könnte die halbe Million Zentner Hopfenreben, welche Böhmen allein alljährlich erzeugt, für die Textilindustrie nutzbar gemacht werden. Nach der Redaktion machten aber die vorgelegten Gespinstfasernproben keinen guten Eindruck. Die Gespinstfaser soll sich aber dennoch zu Seilen, rohen Webstoffen, Teppichen etc. sehr gut verwenden lassen.

In der Allg. H.-Ztg. 1865, S. 84[28]) wird berichtet, dafs in England seit zwei Jahren aus den Hopfenreben ein der Wolle ähnliches Produkt hergestellt werde[29]). Die getrockneten Reben wurden zwischen Walzen zerquetscht und dann zwischen Stampfen zerstofsen, wodurch die Faser frei gelegt und zur weiteren Verarbeitung geeignet werde. Deshalb seien nun die Hopfenreben ein für die Industrie gesuchter Artikel geworden, und in den letzten Wochen (Anfang März 1865) seien ansehnliche Quantitäten von Hopfenreben aus der Spalter Gegend per Bahn ins Ausland gesendet worden. Weitere Bestellungen von mehreren Tausend Zentnern hätten nicht mehr effektuiert werden können und seien für die kommende (1866er) Ernte zurückgestellt worden.

Unmittelbar nach der Ernte müfsten die Reben vom Stocke abgeschnitten werden, in Stücken von 5—7 zu langen Bündeln vereinigt und getrocknet; die im besten Falle 15—18 Pfd. schweren Bündel seien in trockenen Räumen aufzubewahren.

Über die Versuche in Schweden berichtet Prof. Joh. Heumann (l. c. S. 127) schon 1759. Ein Herr Schiefsler, Auskultant im Königlich Schwedischen Hofgerichte, wufste, dafs die Bewohner Jämtlands in Schweden, namentlich die Gemeinen, in Ermangelung des Leins im Herbste Hopfenreben nehmen, dieselben im Wasser rösten, wie die Helsingländer ihren Lein, mit den Händen zerklopfen und dann zu grobem Garn verspinnen und daraus eine grobe, schlechte Leinwand weben. 1743 habe er selbst Versuche angestellt; er legte die Hopfenrebenstücke zur Röste nicht ins Wasser, sondern auf das Dach eines Viehstalles, wo er sie beschwerte, dafs sie nicht verweht wurden; so liefs er sie über Winter bis zum März 1744 liegen; alsdann legte er die 2 Ellen langen Stücke zum Trocknen in eine Badestube. Dann liefs er sie wie Lein schwingen, wobei er 1 Pfd. sehr feinen weifsen Bast bekam; den liefs er hecheln, denn brechen etc. war nicht nötig; dann liefs er das zu Garn verspinnen und weben und bekam 6 Ellen schöne Leinwand. Auf den warmen Stalldächern röstet das schneller und besser als im Wasser; ohne gute Röste bringt man die Rinde nicht weg und bekommt nur grobe Leinwand

Ein Herr Ulrich Rudenschöld hat sich wegen dieser Sache in Jämtland und Medelpad erkundigt; man könne auch teils im Wasser, teils (abwechselnd) auf den Dächern rösten; manche lassen sie erst einige Nächte im Tau liegen, ehevor das Rösten beginnt. Nach dem Rösten werden sie an der Luft getrocknet, auf der Tenne gedroschen, im Backofen getrocknet, gebrochen und wie Lein oder Hanf behandelt. Das recht behandelte Material könnte so fein werden wie Hanf, nur die rechte Weifse wolle nicht gelingen; aber die Produkte seien viel stärker als solche von Lein oder Hanf. Namentlich seien die Gewebe sehr dienlich zu Sackleinwand, Hemden, Schleppkleidern, Stricken; zu Fischgeräten nicht länger als ein Jahr; die Fische sollen davor scheuen.

5. Der Hopfenstengel als Papierstoff.

Um 1887 hat das Präsidium des Deutschen Hopfenbauvereins[30]) eine süddeutsche Papierfabrik darum angegangen, mit Hopfenreben Versuche in Hinsicht auf die Verarbeitung zu Papierstoff zu machen; sie scheiterten an dem mangelnden Entgegenkommen der Hopfenproduzenten in Lieferung von Hopfenreben. Aug. Breithaupt in Pfaffenhofen (Elsafs) hatte 1873 in Wien Pappendeckel, Seile und Gewebe aus Hopfenranken ausgestellt.

In der Allg. H.-Ztg. 1870, S. 97 wird erwähnt, dafs in diesem Jahre ein Haus (Papierfabrik) in Marseille (Südfrankreich) Reisende durch das ganze östliche Frankreich und Belgien entsandte, um hier überall nach erfolgter Hopfenernte für ein Billiges die für wertlos erachteten Hopfenstengel anzukaufen. Jenes Haus läſst in einer in der Nähe Marseilles errichteten Papierfabrik ein durch schöne Weiſse ausgezeichnetes, starkes und dabei noch weiches und biegsames Papier herstellen, welches sich bereits im Süden Frankreichs vieler Beliebtheit erfreut. Die Art der chemischen Behandlung der Hopfenstengel ist zur Zeit noch ein Geheimnis jenes Hauses. Nach einer Mitteilung in der Allg. H.-Ztg. 1869, S. 119 erhielt der Erfinder, ein Marseiller Kaufmann, für seine Erfindung 100000 Frcs. und Anteil am Geschäfte.

Für die Verarbeitung der Hopfenstengel zu Papierstoff etc. sind schon oft Versuche gemacht worden (s. Allg. H.-Ztg. 1867, S. 134 und 159), doch ist diese ebenso wie jene der Verarbeitung zu Gespinsten nicht ernstlich über das Stadium des Versuches hinausgekommen.

In Dr. Schumachers Jahrbuch der Landwirtschaft[31]) wird gesagt, daſs die Benutzung der Hopfenreben in Neutomischel zu Gespinsten schon seit Ende der 1850er Jahre im Gang sei; sie werden wie Hanf behandelt und die daraus gewonnene Faser zu Stricken und groben Geweben verwendet. Neuestens ist auch der Versuch gemacht worden, Papier daraus zu machen[32]).

Wie wir oben (S. 134) gesehen, geht die Verarbeitung des Hopfens zu Gespinsten und Papier schon auf Jahrtausende zurück.

Leunis (1877, II, 980) sagt, daſs schon von jeher in den nördlichen Ländern Europas aus den Hopfenstengeln Stricke, Matten, Säcke, überhaupt grobe Gewebe gemacht werden; namentlich würden in Schweden die Hopfenstengel im Herbst gesammelt, im Wasser geweicht, gedörrt, gebrochen und zu Hopfensäcken verarbeitet, daher Hopfensack gleich grober Sack.

6. Die Hopfenstengel als Garbenbänder.

Diese Anwendung der Hopfenranken wurde 1885 von der Landwirtschaftl. Zeitschr. für Elsaſs-Lothringen empfohlen (Allg. Br.- u. H.-Ztg. 1885, I, 934). Man schneidet die Reben in 1,3—1,5 m lange Stücke, bindet sie in Bündel, die man auf luftigen Böden auf Haufen setzt. 3—4 Stunden vor dem Gebrauche müssen sie eingeweicht werden, dann kann man dieselben Stücke mehrere Jahre gebrauchen. Auf 20 a Hopfen rechnet man (dort im Elsaſs) ca. 800 Stöcke; da ein jeder Stock zwei Ranken hat und 2—3 Längen brauchbar sind, kann man vom Hektar gegen 30000—40000 Garbenseile erhalten. Ich glaube aber auch in dieser Sache, daſs sie nur lohnend sein kann, wenn die Substanz der verbrauchten Garbenseile später möglichst sorgfältig dem Hopfenacker zurückgegeben wird.

Nach der Saazer H.-Ztg.[33]) müssen die über Winter auf luftigen Böden aufbewahrten Reben im folgenden Sommer vor der Benutzung 1—2 Tage ins Wasser gelegt werden, damit sie wieder geschmeidig werden. Nach dieser Notiz werden in der Gegend von Rottenburg a. N. in Württemberg schon seit Jahren solche Garbenbänder im ausgedehntesten Maſsstabe verwendet, ebenso von dem Erfinder der niederen Drahtanlagen, Herrn Hermann. Auch der Gutsbesitzer B. Koch in Ruſsland[34]) benutzt die Hopfenreben schon lange als Garbenbänder.

In Flandern, Belgien[35]), werden die Hopfenreben ebenfalls mit bestem Erfolge zum Binden von Getreide verwendet, wobei viel teures Stroh und die Arbeit zur Anfertigung der Garbenbänder gespart wird. Die getrockneten Hopfenreben erlangen ihre Biegsamkeit erst wieder, wenn sie einige Tage ins Wasser gelegt werden. Solche Bänder können mehrere Jahre verwendet werden, wenn man sie vor dem Trocknen bereits in der erwünschten Länge zerschnitten hat; man benutzt zie auch zum Reisigbinden.

Auch in Amerika sollen die Hopfenranken vielfach zum Binden von Getreide- und Mais-Garben Verwendung finden[36]). Desgleichen in Württemberg, wo sie auch zur Korbflechterei benutzt werden[37]).

7. Die jungen Hopfentriebe als Gemüse.

Die ersten jugendlichen weiſsen Sprosse am Rhizom und an der im Boden befindlichen Basis der Stengeltriebe der Hopfenpflanze, welche im Frühjahr beim Aufdecken und Schneiden der Stöcke bloſsgelegt werden, genieſst man von jeher (man sehe weiter oben) als Salat und

Gemüse. Sie sind in dieser frühen Jahreszeit (Ende März, April), wo noch ein so grofser Mangel an Frühgemüsen herrscht, stets hochwillkommen und werden in Süddeutschland, auf dem Lande in den Hopfenregionen wie in den benachbarten Städten, im grofsen Umfang zu Markt gebracht und gegessen. Namentlich spielen diese sogenannten Hopfenspargel auch auf den Frühjahrsgemüse-Märkten Englands und Frankreichs eine erhebliche Rolle. Wenn die Fechser aufgedeckt und die Keime blofsgelegt sind, sollen sie rasch weggenommen werden, dann kann man sie an kühlen Orten 5—6—8 Tage aufbewahren, ohne dafs sie merklich in der Qualität leiden. J. Heumann (l. c.) beschreibt schon 1759, wie man die Hopfen-Keime oder -Spargel im Frühjahr als Gemüse zubereiten solle.

Wie C. Fruwirth (l. c. 1888, S. 145) mitteilt, werden Hopfenfechser vom Herbstschnitt in französischen und belgischen Gärtnereien sogar in Warmbeeten getrieben. Der Hopfen scheint als Gemüse namentlich in Belgien sehr rationell behandelt zu werden, sowohl bei der Erzeugung, wie bei der Zubereitung[38]). In der Allg. H.-Ztg. 1874, S. 318 werden (nach böhmischen Blättern) die grünen Rankenspitzen als vortrefflicher Salat empfohlen, namentlich auch beim Wildhopfen. Wenn die Reben 0,5—1 m lang sind, schneidet man sie, oder bricht die Gipfel 10—15 cm lang ab, putzt die Blätter mit einem Federmesser weg, macht mit Zwirnsfäden Bündel von je 20 bis 30 Stück, legt deren 20 in siedendes Wasser, läfst sie etwa $^1/_2$ Stunde wallen, legt sie dann auf einen Teller, schneidet mit einer Schere die Fäden auf, begiefst sie mit Essig und Öl und streut etwas Salz auf. Der Salat soll vortrefflich schmecken.

Es werden, wo in Warmbeeten getrieben wird, schon im Herbste die Stöcke aufgedeckt und geschnitten, dabei die vorjährigen Stengeltriebe mit den Knospen zunächst an frostfreien Orten in Sand und Erde eingeschlagen und erst im Dezember und Januar in die Mistbeete gebracht, welche im Keller oder an andern passenden Orten angelegt sind. Es genügt eine mäfsig warme Mistunterlage. Kästen und Fenster sind nur im Freien nötig. Auf die Mistunterlage kommt eine 20—30 cm hohe Decke von leichter sandiger Erde. Die gehörig zugeschnittenen Fechser werden gewöhnlich wagerecht eingelegt und mit einigen Zoll Erde und darüber noch mit Moos oder Stroh etc. bedeckt; senkrecht wäre besser, wobei sie dann auch sehr eng gesetzt werden können. Sie brauchen nur wenig Feuchtigkeit, viel Feuchtigkeit führt sogar Fäulnis herbei. Nach einigen Wochen wird die Erde vorsichtig weggeräumt. Wurden die Fechser wagrecht gelegt, dann ist das Sammeln der Keime leichter, aber der Ertrag ist weniger grofs als beim senkrechten Einsetzen. In französischen und englischen Gärten wird der Hopfen sehr häufig getrieben, weil das Produkt sehr gut bezahlt wird. In Deutschland scheint dies bis jetzt nicht der Fall zu sein.

In einem 150 Jahre alten Buche[39]) wird gesagt, Dr. Bartholomäus Zorn habe in seiner Botanologia Medica S. 409 gemeldet, dafs der Hopfenspargen oder die jungen Sprossen, abgesotten und als Salat zugerichtet und gegessen, das Geblüt reinigen und gut sind wider die Krätze und den Stein; doch hätten einige wahrgenommen, wenn man diese Hopfenspargen überflüssig geniefse, dafs sie das Haupt beschweren.

Wie diese Keime an Hühner- und anderes Fleisch oder auch zu Salaten gekocht und zubereitet werden, danach kann eine jede Hausmutter sich in den Koch- und Tisch-Büchern umsehen. Bei dem Aufräumen soll wohl billig der Eigentumsherr acht haben, damit der Hopfenarbeiter keine Keime verkaufen kann, und wenn man auch diese ihnen als ein zufälliges Stück ihres Lohnes gerne überlassen wollte, so mifsbrauchen sie diese Gütigkeit, nehmen ihre Weiber und Kinder mit und brechen Ranken ohne Überlegung ab, welches den Hopfenfechsern sehr schädlich ist und dieselben in ihrem Wachstum sehr hindert.

Dafs es übrigens nicht immer gut ist, den Hopfensalat in den Städten von jedem beliebigen Händler zu kaufen, geht aus der überraschenden Thatsache hervor, dafs im Frühjahr 1882 in Gent (Belgien) jemand nach dem Genufs von Hopfensalat unter Vergiftungserscheinungen erkrankte. Die Untersuchung zeigte, dafs die sehr solaninhaltigen Kartoffelkeime unter die Hopfenkeime gemischt worden waren[40]).

Um Alost in Belgien wird aus den jungen Hopfentrieben ein bedeutendes Geschäft gemacht. Man bedeckt sehr zeitig die Kämme mit den Hopfenstöcken mit Pferdedünger; dieser bringt den Hopfen durch die Wärme rasch zum Treiben, und man kann schon nach einigen Tagen die Triebe brechen, was 2—3 mal wiederholt wird, aber zum Schaden der folgenden Ernte, wenn nicht stark gedüngt wird[41]).

8. Farbstoff im Hopfenstengel.

C. Fruwirth (l. c. 1888, S. 145) erwähnt, dafs aus dem Saft der Hopfenrebe auch eine rotbraune Farbe hergestellt werden könne. Von einer praktischen Verwertung dieser Thatsache ist aber nichts bekannt geworden. Die Herstellung dieses rotbraunen Farbstoffes aus der Hopfenrebe ist übrigens schon von Bertholet versucht worden. Der Saft der Hopfenrebe soll auf weifser Wäsche braune Flecken machen, die sich nicht leicht entfernen lassen.

9. Hopfenpech.

Jakob Hitz in Prag (D. R. P. Nr. 12213, 1881) will Brauerpech in einem Schmelzkessel unter Rühren zum Schmelzen erwärmen; dann wird trockener Hopfen (5 % des Pechgewichtes) dem geschmolzenen Pech zugegeben. Die Masse wird umgerührt, wobei das schmelzflüssige Pech das bitterschmeckende Harz und das aromatische Öl aufnehmen soll; dann wird die schmelzflüssige Masse durch Drahtgewebe filtriert, um Rückstände zu entfernen, endlich noch 0,01% Hopfenöl hinzugesetzt. Man hat von der Sache nichts mehr gehört, es war wohl auch nicht anders zu erwarten.

10. Der Hopfengeruch als Mittel, Insekten zu vertreiben.

Hopfenzapfen, in die Getreidehaufen gesteckt, sollen den Kornwurm vertreiben. Das thun aber wohl alle Stoffe mit intensiv riechenden ätherischen Ölen. Schon vor 150 Jahren sagt Christian Reichart[42]), dafs der Hopfen ein vorzügliches Mittel gegen den schwarzen Kornwurm sei; wahrscheinlich sei der Bitterstoff des in die Ritzen fallenden Hopfenmehls das Mittel, welches diese Kornwürmer bei einmaliger Anwendung gleich auf drei Jahre vertreibe. Man empfiehlt den Hopfen auch als Vehikel zur Aufbewahrung der Hefe, von Obst; vom Käse soll er die Maden fernhalten und ihm reinen guten Geschmack geben. Es gibt desfalls aber auch abweichende, selbst entgegengesetzte Ansichten, dahin gehend, dafs der Hopfen weniger konservierend als parfümierend wirke. Auch zur Aufbewahrung resp. Konservierung von Obst soll der Hopfen mit Nutzen verwendet werden können.

11. Anderweite Verwendungen.

Eine lohnende Nebennutzung der Hopfenpflanze wäre im hohen Grade erwünscht, bis jetzt aber hat sich noch nichts von Bedeutung aus all den gemachten Versuchen entwickelt, vielleicht aber doch nur, weil die Sache nicht energisch und rationell genug betrieben wurde.

Die Wurzeln der Hopfenpflanze sollen eine stärkeähnliche Substanz enthalten, die in Glykose und Alkohol umgewandelt werden kann; nebstdem soll die Wurzel viel Tannin enthalten, welches in der Gerberei Verwendung finden könnte. Nach G. L. Simonds liefern die Hopfenwurzeln auch ein gutes Material zu Pulp für die Papierfabrikation und ein noch besseres zur Herstellung von Kartons. Man soll aus den Hopfenstengeln auch ein vegetabilisches Wachs gewinnen können. Die Asche von Hopfenstengeln soll in der böhmischen Glaswaren-Industrie vorteilhafte Verwendung finden.

Auch in England werden die unteren Teile der Hopfenreben zum Binden benutzt, die oberen zur Einstreu, wozu sie geschnitten werden; frisch über Kartoffel- und Hafer-Land gebreitet und während des Winters liegen gelassen, sollen sie den Boden sehr fruchtbar machen[43]).

Leunis (1877, II, S. 980) sagt, dafs die Hopfenpomade als das beste Mittel zur Beförderung des Wachstums der Haare benutzt werde.

Fufsnoten zum VI. Abschnitt.

[1]) Es folgen nun noch die griechischen, lateinischen, italienischen, französischen und böhmischen Bezeichnungen des Hopfens.

[2]) Allg. Br.- u. H.-Ztg. 1882, II, 879.

[3]) Um die Mitte der 1880er Jahre wollte ein Kaufmann, W. C. Adametz in Saaz, aus der Stadt Saaz einen Hopfenkurort machen, er wollte dort nach eigener, in langwierigen Versuchen erprobter Methode eine lupulinopathisch-hygienische Heilanstalt gründen (s. Allg. Br.- u. H.-Ztg. 1886, II, 1039).

[4]) Die Anwendung der verschiedenen Hanfpräparate (Haschisch, Churius, Bhang u. s. w.) ist eine sehr ausgedehnte, denn es ist der Hanf nicht nur das Narkoticum der Völker (200—300 Millionen) in Hindostan, Arabien, Persien, Türkei, Algier, sondern auch vieler zentralafrikanischen Stämme. Greshoffs Bruder erzählt in seiner Reisebeschreibung der oberen Kongoländer (Tydschr. Nederl. Aardr., Gew. 1886) den schrecklichen Einflufs, welchen das Rauchen der wilden Hanfe (»Liambo« der Kongosprache) auf den Neger ausübt und ihn rasch zur vollkommenen Stupidität herabsinken läfst.

Welche Stoffe im Hanf wirksam sind, hat sich trotz zahlreicher Untersuchungen bisher nicht feststellen lassen. Auch in betreff der Schwierigkeiten, welche sich der chemischen Untersuchung entgegenstellen, sind Hanf und Hopfen nahe verwandt.

Das auf verschiedene Weise aus dem Hanfe bereitete Haschisch oder Molak ist schon seit den ältesten Zeiten als berauschendes Mittel bekannt; nach Herodot sollen es schon die Scythen gekannt haben. Ein eigentümlich harziger Stoff des Hanfes besitzt die genannte Wirkung und ist der Hauptbestandteil des Haschischs, welches man aus den Blättern und Blüten durch Auskochen mit Wasser und Zusatz von frischer Butter gewinnt und zu Extraktdicke eindampft. Es schmeckt sehr unangenehm bitter und wird deshalb, wenn es nicht geraucht, sondern gegessen werden soll, mit allerlei Gewürzen und Süfsigkeiten versetzt. Zur Bezeichnung der Wirkung nennt man das Haschisch in Asien den Vermehrer des Vergnügens, den Erreger der Begierden, den Kitt der Freundschaft und den Gelächtererwecker. Im Übermafs genossen, erzeugt das Haschisch Wahnsinn und Starrkrampf sowie die furchtbarsten Körperqualen und endlich eine gänzliche Zerrüttung des Geistes; in kleinen Gaben bewirkt es jedoch nur eine mäfsige Aufheiterung.

[5]) Derselbe Autor macht der Chemie den Vorwurf (1853), dafs ein in volkswirtschaftlicher wie physiologischer Hinsicht so aufserordentlich wichtiger Stoff wie der Hopfen bis jetzt in Bezug auf methodische Untersuchungen noch so wenig berücksichtigt worden sei. Die unbedeutendsten Pflanzen seien zum Teil gründlich untersucht, die wirksamen Bestandteile derjenigen Pflanze aber, durch welche sich in Deutschland täglich bei weitem mehr als 1 Million Menschen in eine angehende Narkose versetzen, seien uns völlig unbekannt.

[6]) Medizinische Literatur des Hopfens nach der Zusammenstellung von M. Greshoff, welcher auch noch mehrfach anderweite Notizen entnommen sind:

1. Hammik: Medizin.-chir. Ztg. 1799, III, p. 22.
2. Deroche: Dissertation, Edinburgh 1803.
3. Treake: Edinburgh Med. and Chir. Journ. 1807.
4. Bigby: London med. Repository 1815.
5. Paris: Pharmacologia 1825.
6. Richter: Ausführliche Arzneimittellehre I, 385.
7. Pfaff: Mater. med. VII, 181.
8. Vogt: Pharmacodynamik I, 584.
9. Page: Canstatts H. B. 1851.
10. Haitshorne: Americ. Journ. of med. Sc. 1849.
11. Debout: Bulletin de Thérap. XXVIII, 557; XLIII, 325; XLIV, 289, 385; XLLVIII, 128.
12. Ricord: Nouv. Dict. de Méd. et de Chir. méd. pract.
18. Reil: Mat. Med. 1857.
14. Fronmüller: Klinische Studien, Erlangen 1869.
15. Lombaco: Ebendaselbst XLVII, 161.
16. Peschek: Brit. and For. med. chir. Rev. 1865.
17. Herzfelder: Bull. de Thérap. LII, 187.
18. Wood: Trans. of the Coll. of Phys. of Philadelphia 1857.
19. Stellé: Thérap. II, 64.
20. Mitscherlich: Lehrb. II, 134.
21. Husemann: Pflanzenstoffe.
22. Tonssagrives: Traite de Mat. méd. 1885.
23. In »Archiv d. Pharmaz. (Zeitschrift des Deutschen Apothekervereins, XXII. Jahrg., Bd. 223, Heft 18, (3. Reihe), 1885, S. 117; dann 1886, Heft 6, S. 260; dann 1886, Heft 7, S. 306; 1886, Bd. 24, Heft 9, S. 404; 1886, Heft 11, S. 500 und 1886, Heft 17, S. 768 findet man viele Notizen über den Verlauf der Sache.

24. Hieronymus Bock: Kräuterbuch.

25. Dr. P. And. Matthiola: New Kreuterbuch, Prag, MDLXIII, S. 557, Vom Hopffen, Geschlecht und Gestalt.

Toxikologische Literatur des Hopfens:

Badham: London med. Gaz., Vol. XV, 25. Oktober 1834 (Refer. in Annal. d. Pharm. 16, S. 317).

Jauncey: Edinb. med. Journ., Febr. 1858 (Refer. Canstatts J. B. 1858, V. S. 120).

Baumann: Schmidts Jahrb. 1864, Bd. CXXIII, p. 165 (Original im Württemberger Korrespondenzblatt, Bd. XXXIV, 19).

[7]) Allg. H.-Ztg. 1878, II, 499; man sehe auch Wochenschr. f. Br. 1900, S. 174.

[8]) Wien 1898, Nr. 22, S. 222.

[9]) Diese Untersuchungen Fronmüllers sind leider nicht wiederholt und geprüft worden; sie sind deshalb und namentlich auch aus dem wichtigen anderweiten Grund nicht beweisend, weil das Lupulin sehr oft alt und sonst wertlos geworden, nebstdem mit Sand und Ocker vermischt in den Apotheken angetroffen wurde und noch angetroffen wird.

Greshoff fand bei allerneuester Untersuchung in den Hopfendrüsen (also im Lupulin) 3,22 % Aschenbestandteile. Rump (Archiv d. Pharm., Bd. CLXXXIX, 1869, S. 232) konnte dagegen das Hopfenmehl (das Lupulin) nur bis zu einem Aschegehalt von wenigstens 16 % erhalten (derselbe hat ein Extractum Lupulini aethereum von dünner Syrupkonsistenz vorgeschlagen). Im pharmazeutischen Lehrbuch ist bis jetzt der Hopfenaschegehalt nicht normiert. Van Ledden-Hulsebosch (Weekbl. voor Pharm. 1883) fand denn auch in zwei Proben Lupulin des Handels 30,5 und 30,1 % Asche, wovon 8 % $Pe2O_3$. Die Pharmaz. Germ. und Fenn. stellen für den in Äther unlöslichen Teil der Hopfendrüsen ein Maximum von 30 % fest, die Ph. Britannica 30—40 %; Aschegehalt: U. States Pharm. 8 %, Fenn. und Germ. 10 %, Brit. 15 %, Helvet. 40 % im Maximum. Die Verfälschung mit Colcothar Vitrioli zeigt sich öfters auch darin, dafs ein »Decoctum Chinae cum Lupulino« von schmutzig-schwarzer Farbe in den Apotheken dispensiert wurde, was bei Verwendung guten Hopfenmehls natürlich unmöglich ist. Rotbraunes, stark nach Baldriansäure (altem Käse) riechendes Lupulin ist jedenfalls verwerflich; die Farbe sei gelb oder orangegelb, der Geruch angenehm aromatisch. Es wäre — nach Greshoff — wünschenswert, dafs die Pharmakopöen die Selbstbereitung des Lupulins durch den Apotheker vorschrieben, am liebsten aus ungeschwefeltem, frischem Hopfen. Die Aufbewahrung hätte in einer Flasche mit Kalkstöpsel (Methode Cornelis) an dunklem Orte und nicht länger als für ein Jahr stattzufinden.

[10]) Il favorise le sommeil, en écartant la douleur qui l'entrave, mais non en le provoquant (Dict. encycl. des Sc. méd.).

Le houblon a été successivement considéré comme apéritif, eupépétique, tonique, anthelmintique, sédatif, dépuratif etc. La propriété d'exerciter l'appetit et de tonifier l'estomac est tout ce qui reste aujourd'hui de ce fastueux programme; mais une attention particulière a été accordée, dans ces dernières années, à l'étude du lupulin qui a pris, en thérapeutique, une place bien autrement importante que celle qui a jamais été attribuée au houblon. Le lupulin n'est pas toxique, mais c'est un médicament d'une activité réelle. Cette substance agit assez énergiquement sur les centres nerveux. Le cerveau aceux (accuse?) son action par de la pesanteur de tête, une tendance au sommeil etc.; mais c'est surtout sur la moëlle épinière et particulièrement sur son centre génital, que ses effets paraissent se concentrer. Le lupulin produit une véritable réfrigération, manifeste surtout quand on l'oppose à un état d'éréthisme génétique au priapisme, à la nymphomanie.

Que le lupulin ne réussisse pas toujours, c'est le lot de tous les médicaments, mais qu'il n'occupe pas dans la série des anaphrodisiaques une place importante, c'est ce que l'on ne saurait concéder (Traité de Matière médicale, de J. B. Tonssagrives, Paris 1885).

[11]) Pharmazeut. Praxis, Berlin 1880, II. Teil, S. 378 u. ff.

[12]) Im Handbuch der praktischen Arzneimittellehre von Dr. J. F. Sobernheim, Berlin 1840, 3. Aufl., S. 389 u. ff., weitere Literatur über Arzneiwirkung des Hopfens.

[13]) s. Allg. H.-Ztg. 1862, S. 155.

[14]) Allg. Br.- u. H.-Ztg. 1896, I, 948.

[15]) s. Allg. Br.- u. H.-Ztg. 1891, I, S. 729.

[16]) s. Wochenschr. f. Br. 1888, S. 164.

[17]) Man sehe Aug. Hausdorf in der Allg. Br.- u. H-Ztg. 1880, II, 506, nach dem Böhm. Bierbr. Nr. 13.

[18]) s. Allg. Br.- u. H.-Ztg. 1887, I, 39.

[19]) Über die Herstellung verschiedener (6) Arten von Biersuppen s. Allg. H.-Ztg. 1877, S. 529; über Bierkaltschale s. Allg. H.-Ztg. 1877, S. 545.

[20]) Die Chemie und Industrie unserer Zeit, Breslau 1859.

[21]) Nach der Deutschen Destillateur-Ztg.; s. auch Allg. Br.- u. H.-Ztg. 1887, I, 366.

[22]) s. Allg. Br.- u. H.-Ztg. 1887, II, 1681, nach der Novosti; ebenda 1877, S. 744.

[23]) Allg. Br.- u. H.-Ztg. 1878, S. 632; da auch das Verfahren.

[24]) Abhandl. d. schwed. Gesellsch. der Wissensch. 1750, S. 220.

[25]) Jahresbericht der Wiener Handelsakademie 1882.

26) s. Allg. Br.- u. H.-Ztg. 1882, II, 542 u. 543.

27) Zeitschr. d. Apotheker-Vereins 1880, Nr. 6.

28) s. ebenda auch 1862, S. 372.

29) Auch von Leunis, Synopsis (1877, II, 980), erwähnt.

30) s. Allg. Br.- u. H.-Ztg. 1887, II, 1681.

31) s. auch Allg. H.-Ztg. 1869, S. 47.

32) Näheres über diesen Gegenstand s. Flateau in den Mitteilungen des Zentralinstitutes für Acclimatisation in Deutschland 1862, Nr. 1, S. 19.

33) 1884, reprod. Allg. Br.- u. H.-Ztg. 1884, II, 982.

34) s. Allg. Br.- u. H.-Ztg. 1884, II, 1054, nach dem Russischen Archiv für Brauerei.

35) s. Allg. Br.- u. H.-Ztg. 1881, II, 637.

36) Allg. H.-Ztg. 1879, I, 5.

37) s. Allg. H.-Ztg. 1866, S. 351, nach dem Hohenheimer Wochenblatt.

38) s. Obergärtner v. Ilsemann in der Wiener Landwirtsch. Zeitung, reprod. Allg. Br.-u. H.-Ztg. 1883, I, 213.

39) Christian Reicharts Land- und Gartenschatz, welcher 1753—1755 in Erfurt erschienen ist; s. auch Allg. H.-Ztg. 1864, S. 197 und namentlich S. 200.

40) Nach dem Monit. de la Brasserie, reprod. Allg. Br.- u. H.-Ztg. 1882, II, 477.

41) s. Allg. H.-Ztg. 1862, S. 322, nach W. Hintz.

42) Land- und Gartenschatz, Erfurt 1753—55; s. auch Allg. H.-Ztg. 1864, S. 291.

43) Allg. H.-Ztg. 1865, S. 85. Das ist auch sicher der Fall, ebenso wie die im Herbste auf Wiesen ausgebreiteten und über Winter liegen gelassenen Hopfenstengelreben für die nächstjährigen Grasernten sehr günstig wirken; aber die aus den Hopfenstengeln ausgewaschenen Nährsalze sollten doch in erster Reihe ins Hopfengartenland zurückkommen, um dieses möglichst lange fruchtbar zu erhalten.

VII. Abschnitt.

Die Entwicklung der Bestrebungen, den Hopfen bei der Verwendung in der Brauerei besser auszunutzen, als bisher der Fall war.

Bessere Ausnutzung des Hopfens beim Brauen.

1. Das Prinzipielle in der Sache und allgemeine Ansichten.

Immer mehr hat sich in den letzten Jahrzehnten in den Kreisen der praktischen Brauer die Überzeugung eingebürgert, dafs die von alters her übliche Art, den Hopfen der Würze zuzusetzen, in hohem Grade irrationell, geradezu verschwenderisch sei. Das bezog sich aber niemals auf eine rationellere Zuteilung des Hopfens nach seiner spezifischen Qualität im einzelnen wie im ganzen, sondern lediglich auf eine bessere quantitative Ausnutzung der im Hopfen auf Grund spezieller Ermittelung vorhandenen wirksamen Stoffe. Kurzes Hopfenkochen nutzt das Bitter und den Gerbstoff nicht genügend aus, langes Kochen verflüchtigt das ätherische Öl etc. Namentlich in schwerer Würze läfst sich der Hopfen bei einmaligem Sieden nicht bis zur Erschöpfung extrahieren.

Wenn uns aus jedem Sudhause ganze Ströme ätherischen Öles entgegenduften, so ist doch das in letzter Linie eine unerhörte Verschwendung eines wertvollen Stoffes der Brauerei. Gerade so ist es mit dem vielen noch vorhandenen Harz, Gerbstoff und Bitter in den Hopfentrebern.

Aber dennoch hat man in Mitteleuropa aus Furcht, den Biergeschmack zu schädigen, sich noch nicht so recht mit der Sache vertraut gemacht, man ist kaum über schüchterne, unzulängliche Versuche hinausgekommen. Nur in Hopfennotjahren, bei sehr geringen Ernten und sehr hohen Hopfenpreisen, hat man immer wieder einen kleinen Anlauf genommen.

Von der Erwägung ausgehend, dafs beim Würzekochen in der offenen Pfanne das ätherische Öl gröfstenteils unbenutzt entweicht, hat man vielfach den Hopfen in besonderen Gefäfsen mit wenig Würze gekocht, den Absud gekühlt und später im Gärkeller zugesetzt; der so extrahierte Hopfen wurde zur vollständigen Ausnutzung sofort in der Pfanne mitgekocht.

Oder man brachte in den Dunstkaminen der Hauptpfanne einen Kondensator an und kondensierte im Beginn des Kochens die mit dem Abdampf abgehenden Öle.

Das erste Verfahren zeigte sich als zu umständlich und teuer. Beim zweiten wurde nur ein Teil des zuerst abgehenden Öles gewonnen. Wollte man das Kondensieren länger fortsetzen, dann würde ein Hauptzweck des Kochens, die Konzentration der Würze, verloren gehen, weil das verdunstete Wasser später mit dem Öl dem Bier wieder zugesetzt wird.

Ohne Zweifel hat auch diese Frage ihre zwei Seiten, denn wenn es auch sicher ist, dafs bei dem gewöhnlichen, alten Verfahren des Hopfenkochens noch eine erhebliche Menge wirksamer Substanz im Hopfen verbleibt, so ist es doch auch ebenso sicher, dafs der zurückbleibende Teil der gröbere, derbere, minder gut schmeckende ist. Zudem treten bei einzelnen Hopfenbestandteilen bei der Extraktion (durch die Hitze etc.) unerwünschte Veränderungen ein.

Die Sache bleibt also des Überlegens wert, wo es sich um fein schmeckende Biere für ein desfalls empfindsames und anspruchsvolles Publikum, wie in Mitteleuropa, handelt. Das bezieht sich aber nur auf das Wiederkochen schon benutzten Hopfens. Es gibt aber, wie wir sehen werden, auch noch andere Wege, den Hopfen besser auszunutzen.

Ein vollkommen äquivalenter Ersatz der alten Methode ist — wie sich aus unsern folgenden Darstellungen genügend ergeben dürfte — qualitativ befriedigend — bis jetzt nirgends erreicht worden; überall stehen den erlangten unzweifelhaften Vorteilen unerwünschte Begleiterscheinungen gegenüber, darunter auch solche, welche für den Konsum, also den Absatz des Bieres, von grofsem Gewichte sind.

Es gilt also wohl zwischen beachtenswerten Thatsachen und Projekten, Phantasien und Spekulationen zu unterscheiden. Anders kann man in der Sache Stellung nehmen, wo man ein in Bezug auf den Biergeschmack weniger empfindsames Publikum vor sich hat; denn Aroma und Geschmack des Bieres werden bei Wiederverwendung schon einmal gekochten Hopfens sicher ungünstig beeinflufst, gesund und glanzhell können sie aber dadurch werden.

Bei den praktisch veranlagten und mit grofser Energie ausgestatteten, offenbar minder geschmacksempfindlichen Amerikanern, bei denen heute auf die rationelle Ausnutzung des Hopfens ein ganz besonderes Gewicht gelegt wird, liegt die Sache anders.

Nach den Berichten des k. k. Prof. F. Schwackhöfer in Wien, welcher 1894 Studienreisen in Nordamerika gemacht, scheint es dort niemand mehr einzufallen, die ganzen Hopfenzapfen in die siedende Würze zu werfen und beim Kochen den mit ätherischen Ölen beladenen Dampf frei abziehen zu lassen.

Die dort üblichen Verfahrungsarten kann man in drei Gruppen teilen:

1. Zerreifsen der Dolden und Absieben des Hopfenmehls. Der zerkleinerte Hopfen wird in den Braukessel gebracht und wie gewöhnlich mit der Würze gekocht, während das ausgesiebte Hopfenmehl entweder kurz vor dem Ausschlagen der Würze zugegeben oder aber in eigenen Apparaten mit heifser Würze extrahiert, das gewonnene Extrakt sodann gekühlt und dem Bier im Gärbottich zugesetzt wird.

2. Die Anwendung eines Aromakondensators am Dunstabzuge des Braukessels (Patent Seib & Häfner in Chicago). Sobald die Gesamtwürze kocht, wird das ganze für einen Sud bestimmte Hopfenquantum auf einmal gegeben und die Thüren am Kessel geschlossen. Durch Verstellen der Klappe werden die aus der Würze entwickelten Dämpfe, anstatt ins Freie, in einen Röhrenkondensator geleitet und daselbst verdichtet. Das Kondensat, welches das Hopfenaroma enthält, sammelt sich in einem eigenen Behälter und wird nun in verschiedener Weise verwendet. Entweder mischt man es — kurz vor dem Anstellen — der Hefe zu, oder man gibt es am Schlusse der Hauptgärung zum Bier, oder aber es wird, mit den Kräusen gemischt, in das Spanfafs gebracht.

Von je 100 Barrel Sud werden 12—18 Gallonen (45—48 l) Kondensat gesammelt. Ist das geschehen, wird der normale Abzug der Dämpfe durch Umstellen der beiden Klappen wieder hergestellt. Schwackhöfer meint, dafs die Manipulation mit diesem Apparat gewifs sehr einfach sei; soviel er aber bemerken konnte, hatte das Kondensat keinen reinen Hopfengeruch. Offenbar gehen beim Kochen der Würze auch noch andere Geruchs- und Geschmacks-Stoffe in das Kondensat über, welche für das Aroma nicht vorteilhaft sind. Auch die Reinigung des Apparates läfst zu wünschen übrig[1]).

3. Extraktion des Hopfens in einem eigenen Apparate, gesonderte Verwendung des gewonnenen Auszuges und weiteres Auskochen des restierenden Hopfens im Braukessel. Es werden bereits Extraktionsapparate der verschiedensten Konstruktion angewendet. Der vollkommenste und daher auch am meisten verbreitete ist jener von Theurer[2]).

Wenn man bedenkt, mit welcher gewiſs berechtigten Vorsicht unsere groſsen deutschen Brauereien diesen Vorgängen gegenüberstehen, was die Amerikaner gar nicht zu thun scheinen, so ist es sehr erwünscht, genau zu wissen, wie es denn mit den Bierqualitäten in den Vereinigten Staaten aussieht. Ein mir bekannter Herr aus Nürnberg, welcher noch bis vor wenigen Jahren einer groſsen mitteldeutschen Brauerei durch 25 Jahre vorgestanden und jetzt in München lebt, sagte mir unlängst, sein Schwager, ein Nürnberger, sei mit 24 Jahren nach Nordamerika gegangen und habe seit einem Menschenalter dort ein groſses Kaufmannsgeschäft begründet. Derselbe war jüngst längere Zeit in Europa und Deutschland. Er sagte, daſs es drüben sehr gute Biere gebe, aber, summarisch ausgedrückt, seien die Biere drüben lange nicht so gut wie hier in Deutschland und Bayern. Damit ist also gesagt, daſs entweder die Amerikaner nicht so geschmacksempfindlich gegenüber den Bieren sind als die Mitteleuropäer, oder daſs ihr Geschmack eine andere Richtung hat. In beiden Fällen läſst sich also das, was sich in den Vereinigten Staaten als brauchbar erwiesen hat, nicht so ohne weiteres auch für uns als brauchbar anerkennen.

Der bekannte Mannheimer Hopfenhändler E. Mayer-Dinkel, welcher 1891 in den Vereinigten Staaten war, brachte von dort aus der Brauerei von Pabst in Milwaukee Flaschenbier mit, böhmisches Bier und Münchner Bier; beide waren mit dem folgend noch erwähnten, in Nordamerika bereits viel verbreiteten Theurerschen Extraktionsapparat gebraut, wobei viel Hopfen erspart wird.

Ein rheinischer Brauer, Herr Leykum[3]), prüfte mit andern Herren, denen vom Ursprung des Bieres nichts gesagt worden war, dieses Flaschenbier. Alle diese sachverständigen Herren vermiſsten den feinen Hopfengeschmack der in Rheinland und Westfalen heimischen, besseren hellen Biere; das sogenannte Münchner war überhaupt für deutsche Zungen kein Bier. Er wolle ein gut Teil dieses weniger guten Geschmackes auf Rechnung des mitverwendeten amerikanischen Hopfens setzen, obgleich ihm Herr Mayer-Dinkel sagte, daſs speziell zum »Böhmischen Bier« amerikanischer Hopfen nur in ganz geringen Mengen, auch zuweilen gar nicht, verwendet werde.

Seine, auf zahlreiche praktische Versuche begründete Ansicht gehe dahin, daſs durch zu lange ausgedehntes Kochen des Hopfens, also durch zu weit getriebene Extraktion, Stoffe in die Würze gelangen, welche den feinen Geschmack derselben entschieden beeinträchtigen. Nach seiner Meinung werden die feinst schmeckenden Bestandteile des Hopfens von der Würze zuerst aufgenommen, verflüchtigen sich aber auch am schnellsten beim Kochen. Je länger man den Hopfen kocht, desto herbere und mehr bittere Stoffe werden gelöst. Deshalb habe ja auch die Deinhardtsche Hopfensudmethode ein so glänzendes Fiasko gemacht.

M. Iſsleib in Berlin[4]) will das Bitter des Hopfens besser ausnutzen, indem es an der Verharzung beim Hopfenkochen dadurch verhindert wird, daſs es vorher mit kaltem Wasser aus dem Hopfen ausgezogen wird. Das flüchtige Hopfenöl will er durch Destillation mit Wasser und Abfangen in einer Wasserkühlvorrichtung festhalten. Die wässerige Flüssigkeit mit dem Hopfenbitter und dem ätherischen Öl will er erst auf der Kühle zusetzen, während der Hopfenrückstand mit Harzen und Gerbstoffen in alter Weise zugesetzt werden solle.

Wir haben (siehe weiter oben die Abschnitte über den Bitterstoff, die Harze und die Gerbstoffe des Hopfens) mehrfach gesehen, daſs man auch bei oft wiederholtem Kochen oder Extrahieren des Hopfens immer wieder bittere, harzige und gerbstoffhaltige Auszüge erhält, und so ist es begreiflich, daſs man diese wertvollen Hopfenstoffe durch wiederholtes Auskochen des Hopfens zu gewinnen sucht, ehe man das sogenannte Hopfenstroh (die extrahierten Hopfenzapfen) entfernt. Es ist das aber doch mit allerlei Begleiterscheinungen unerwünschter Art verknüpft, und das ist der Grund, warum sich ein solches Verfahren gerade in den alten Heimatländern der Brauerei bis jetzt nicht ernstlich einzuleben vermochte, obgleich man auch da nicht gern etwas wegwirft, was man leicht haben oder behalten kann. Man ist nur konservativer, trennt sich nicht leicht von alt eingelebten und bewährten Arbeitsmethoden, ehevor man über die thatsächlichen Leistungen nicht vollkommen unterrichtet ist.

So bezweifelt z. B. Hayduck die Möglichkeit, einen schon einmal gekochten Hopfen mit Vorteil wieder zu benutzen, weil die vom ersten Kochen her im Hopfen zurückbleibenden harzigen (bitteren) Bestandteile durch das Kochen selbst in ihrer Löslichkeit bedeutend reduziert werden, so dafs der Hopfen schon nach einmaligem Gebrauche schwerlich noch denselben Anforderungen genügen werde, die man zu stellen gewohnt ist.

Allein es sprechen doch bereits viele Erfahrungsthatsachen, welche auch bei uns gesammelt worden sind, dennoch für diese Möglichkeit, aber es haben sich da immer die schon erwähnten Begleiterscheinungen in unerwünschter Art geltend gemacht.

Dr. O. Reinke[5]) bemerkt, dafs das Zerreifsen des Hopfens, dann die Extraktion mit Würze und mit Wasser im Hopfenseiher, Auspressen etc. in England zum Teil schon seit längerer Zeit in grofsartigem Mafsstab für die Erzeugung der Ale- und Porter-Biere gebräuchlich sei. Dr. Reinke steht aber dieser Sache sehr enthusiastisch gegenüber.

In Brewing Trade Review[6]) wird in Bezug auf die Frage der besseren Ausnutzung des Hopfens durch mehrmaliges Auskochen gesagt, es sei zweifellos, dafs auch der durch einmaliges Kochen schon extrahierte Hopfen noch eine bedeutende Wirkung auf das Bier ausüben könne hinsichtlich seiner Haltbarkeit und Glanzhelle. Und obwohl ein mehrmaliges Kochen dem Geschmack ganz feiner Pale-Ales schaden könne, so sei doch die Ausnutzung schon gekochten Hopfens durch wiederholtes (selbst öfteres) Kochen bei ordinären Ale-Sorten in der Praxis erprobt und aus finanziellen Rücksichten geboten.

Einigen Bieren wird — wie den Engländern Briant und Meacham, auch Brown und Morris sicher bekannt ist — auch in englischen Brauereien das erwünschte Bitter nur durch schon gebrauchten Hopfen gegeben, und wenn diesen Bieren auch nicht der beste Geruch und Geschmack eigen ist, so sind sie doch ebenso gesund und glanzhell, wie wenn ihnen frischer Hopfen zugesetzt worden wäre. Alle diese Versuche müssen natürlich vorsichtig vorgenommen werden, aber wegen dieser oder jener Bedenken wirft man dennoch den schon einmal gebrauchten Hopfen nicht weg.

Braumeister A. Kieselwalter will nach zwei- und dreimaligem Kochen des Hopfens in der Würze noch Hopfenharz und Gerbsäure extrahiert haben. Derselbe will durch Wiederbenutzung an 20% des früheren Hopfenbedarfs gespart haben. Er hat, um das schon beim ersten Kochen flüchtige Hopfenöl ins Bier zu bringen, dasselbe beim Ausschlagen über frischen Hopfen laufen lassen. Schliefslich mufste er aber das Verfahren wieder aufgeben, weil das Publikum die aromatischen Biere nicht liebte.

Es existiert eine eigene, weiter unten näher erörterte Sudmethode (die Deinhardtsche), wobei der Hopfen zur besseren Ausnutzung mehrmals ausgekocht wird[7]).

Prior in Nürnberg untersuchte nun frischen Hopfen und bereits ausgekockten, welcher vor der Untersuchung erst bei 40° C. getrocknet worden war, und fand als Mittelzahlen vieler Bestimmungen auf Hopfentrockensubstanz berechnet:

	1. Im frischen, unveränderten Hopfen	2. Im ausgekochten Hopfen	3. Im Hopfen, welcher nach der Deinhardtschen Methode mehrmals ausgekocht wurde
	%	%	%
Wasserextrakt . .	32,50	20,72	6,79
Alkoholextrakt . .	26,41	9,59	5,18
Ätherextrakt . .	19,86	7,67	4,63

Oder mit andern Worten[8]):

a) Frische Hopfen:

	Wasser-extrakt	Alkohol-extrakt	Äther-extrakt
	%	%	%
Minimum	30,53	23,54	17,24
Maximum . . .	36,03	28,08	23,84
Mittel	33,61	26,48	20,85

b) Ausgekochte Hopfen:

	Wasser-extrakt	Alkohol-extrakt	Äther-extrakt
	%	%	%
Minimum . . .	18,38	7,86	5,93
Maximum . . .	23,58	13,46	10,80
Mittel	20,86	9,59	8,11

Es bleiben also noch ganz erhebliche Mengen wirksamer Bestandteile (bis 51,41 %) des Alkoholextraktes im ausgekochten Hopfen, welche vollständig verloren gehen, so dafs überhaupt nur etwa $^2/_3$ (Mittelzahl) der im Hopfen vorhandenen Substanzen ausgenutzt werden.

Die ersten Auszüge des Hopfens haben eine etwas andere Zusammensetzung als die letzten, aber die nähere Kenntnis fehlt noch. Prior hat 1883 solche Untersuchungen angekündigt, ich habe aber nichts mehr davon gesehen.

In der Allg. Br.- u. H.-Ztg. 1883, II, 921 wird betont, dafs in der That die Extraktion des Hopfens um so mangelhafter ist, je extraktreicher die Bierwürzen sind.

Es war also im Hopfen, welcher nach gewöhnlicher Art ausgekocht worden war, thatsächlich noch sehr viel an wichtigen Stoffen enthalten; auch in dem nach Deinhardtscher Methode mehrmals ausgekochten ist noch viel mehr enthalten, als wünschenswert ist. Es wäre natürlich auch interessant, zu wissen, welcher Art die noch im Rückstand befindlichen Stoffe sind, und ob sie nicht noch irgend einer Verwertung zugeführt werden können.

Direktor Aubry von der Münchner wissenschaftlichen Brauereiversuchsstation ist der Ansicht, dafs das Bier durch die Deinhardtsche Methode unerwünschten Geschmack erhalte.

Ohnehin läfst sich ein solches Verfahren nur bei ununterbrochenem Betrieb, also nur in gröfseren Brauereien, durchführen; denn die beim Würzesieden in den Hopfenzapfen niedergeschlagenen Eiweifsstoffe gehen selbst unter kaltem Wasser rasch in Fäulnis über, und so können beim wiederholten Benutzen nach mehr oder minder langen Unterbrechungen Störungen für die Gärung und Haltbarkeit des Bieres entstehen. Der Kleinbrauer, welcher täglich nur einmal siedet, kann von einem solchen Verfahren überhaupt keinen Gebrauch machen.

Die alten Hopfen lassen sich leichter und rascher auslaugen als die neuen; in der Praxis wird aber gerade der alte Hopfen länger gekocht, obgleich es nicht notwendig ist. Gegen das längere Kochen neuen Hopfens spricht namentlich die Verflüchtigung des ätherischen Öles.

Im Jahre 1883 hat Dr. Schneider in Worms, veranlafst durch die damals auftretende, eben erwähnte Deinhardtsche Hopfensudmethode ausgedehnte, hierauf bezügliche praktische Versuche angestellt und gefunden, dafs erst eine vierstündige Kochzeit zur vollen Erschöpfung des Hopfens führt. Dabei ist aber zu beachten, dafs in der Qualität der sich lösenden Stoffe ein grofser Unterschied vorhanden ist. Die feineren und aromatischen Bestandteile des Hopfens lösen sich während der ersten 2—3 Stunden in der Würze, während dann bei längerer Kochzeit Stoffe in die Würze gelangen, welche dem Bier einen rauhen und unangenehmen Geschmack geben, der um so unangenehmer wird, je länger die Kochzeit dauert.

Möglich wäre es aber, dafs vielleicht ganz gut schmeckende Stoffe durch das lange Kochen erst in schlecht schmeckende verwandelt werden, wie z. B. auch die Annahme sehr berechtigt ist, dafs sehr gute Bittersäure durch das Kochen in rohes Harzbitter übergeführt wird, auch Gerbstoffe und Harze etc. nachteilige Veränderungen erfahren; dann würde die Hoffnung berechtigt sein, dafs es mit der Zeit noch gelingen wird, diese nachteilige Veränderung zu verhindern. Von diesem Zeitpunkte an würde diese Frage in ein ganz neues Stadium treten, die bessere und dann rentablere Ausnutzung der Hopfenstoffe würde ein Gegenstand allgemeinen Interesses werden.

Auch M. Hayduck erklärte später das Deinhardtsche Verfahren des wiederholten Hopfenkochens im Prinzip für berechtigt, denn er fand nach viermaligem Auskochen noch bedeutende Mengen des Harzes, an welches die Bitterstoffe gebunden sind, im Hopfen.

Gerinnende Eiweifsstoffe schliefsen beim Gerinnen der Flüssigkeit mechanisch beigemengte Bestandteile ein, so auch beim Hopfenkochen in der Würze; es bilden sich aus Gerbsäure und Eiweifsstoffen Niederschlagsmembranen um die Lupulinkörner, was deren Extraktion erschweren kann[9]).

Auch für die Ausbeute der beim Brauprozesse anfallenden Nebenprodukte im Kräusen- und Hopfentrieb-Schaum, im Kühlgeläger und Fafsgeläger, im Hefezusatz, wie im ausgekochten Hopfen, namentlich der darin noch enthaltenen reichlichen Mengen an Hopfenbitterstoffen und Hopfenharzen, sind bereits Unternehmungen geplant worden.

Gustav Noback und Dr. W. Gintl in Prag haben für ein diesbezügliches Verfahren ein Patent erworben. Die Gewinnungsmethoden und die Art und Weise, wie diese dargestellten Bitterstoffe und Hopfenharze im Brauprozesse weitere Verwendung finden sollen, sind ausführlich beschrieben in der Allgemeinen Brauer- und Hopfen-Zeitung 1886, S. 357.

Es ist aber nichts bekannt geworden, dafs diese Sache bereits eine ernstliche, praktische Verwendung gefunden hätte. Vielleicht könnten diese im Hopfen zurückgebliebenen Bitterstoffe, Harze etc., andern technischen Verwendungen zugeführt werden. Wir kommen weiter unten (in dem Abschnitte über Hopfenextrakte als Dauerpräparate) am Schlusse noch einmal auf die Bestrebungen von Noback etc. zurück.

In neuerer Zeit — namentlich seit Anfang und Mitte der 1880er Jahre — sind übrigens auch in Mitteleuropa viele Versuche gemacht worden für eine bessere Ausnutzung des Hopfens. Dieselben beruhen alle darauf, dafs der Hopfen vor seiner Verwendung auf eigenen mechanischen Vorrichtungen zerrissen, zerbrochen und zerblättert oder unter besonderen Umständen extrahiert wird; zuweilen wird auch beides angewendet oder wiederholtes Kochen (Deinhardt).

Namentlich in Jahren mit hohen Hopfenpreisen, wie 1882 und 1892, erschien die Anwendung solcher Apparate zur Ersparung von Hopfen sehr erwünscht. Wo man gelegentlich dessen die Erfahrung machte oder gemacht haben wollte, dafs damit nicht blofs Hopfen gespart, sondern auch das Bier veredelt und der Betrieb sicherer gestellt wird in der Gleichmäfsigkeit der Erzeugung von feineren Bieren bestimmten Charakters, da stellte man alsdann natürlich in billigeren Hopfenjahren diese Apparate nicht zurück. Man hat indes bis jetzt gefunden, dafs alle diese Apparate und Methoden weniger die Haltbarkeit des Bieres als dessen Geruch und Geschmack beeinflussen.

Im allgemeinen zwar sind bei uns die Praktiker gröfstenteils noch nicht besonders für Hopfenextraktionsapparate eingenommen, aber es wird das mechanische Zerreifsen des Hopfens bei kurzer Kochdauer als praktikabel erklärt. Dagegen wird vielfach vor stärkerer Ausnutzung des ätherischen Öles im Hopfen, wegen der dabei auftretenden ungünstigen Geschmacksbeeinflussung, gewarnt.

Andere, selbst sehr grofse und vielfach helle Biere erzeugende Betriebe, also solcher Biere, welche in Geschmack, Aussehen und Haltbarkeit sehr empfindlich sind, bedienen sich auch in billigen Jahren der in ihren Brauereien aufgestellten Extraktionsapparate: der eine, um durch starke Zerkleinerung des Hopfens das bessere Aufschliefsen der Hopfenzapfen, das Freilegen des Lupulins zu bewirken; der andere hält die ermöglichte kurze Kochdauer der Würze mit den Spindeln, Stielen und Zapfenblättern für wichtig; wieder ein anderer benutzt neben der besseren Extraktion einen Teil des Hopfenöles, indem er das Destillat beim Ausschlagen der Würze oder bei 40° R. zusetzt; wieder ein anderer hält die ganze Gewinnung des flüchtigen ätherischen Oles für wichtig und bringt dasselbe (gekühlt) als Zusatz in die Bottiche; wiederum ein anderer nutzt das ätherische Öl mehr aus und vermeidet — der Hopfenextraktivstoffe wegen — ein längeres Kochen, begnügt sich mit einer kurzen Extraktion des Hopfens unter Verbindung mit einer Kühlvorlage und Zugabe des so gewonnenen Extraktes zur gekühlten Würze beim Laufenlassen derselben.

Wenn nun auch die wechselnde Qualität des Hopfens und der Bierart für den Kundigen eine gewisse Mannigfaltigkeit der Verfahrungsarten als wichtig erscheinen läfst, so dürfte aus dem Gesagten hervorgehen, dafs für unsere mitteleuropäischen Verhältnisse noch viele Erfahrungen gesammelt werden müssen, bis einmal die richtige Methode — oder noch besser gesagt: die richtigen und besten Methoden gefunden und endgültig festgestellt sein werden.

Wichtig werden vorerst ohne Zweifel jene Apparate sein, welche möglichst viele oder sogar alle vorerwähnten Methoden gestatten.

Die Konstruktion der vorhandenen Apparate ist denn auch — bei aller Gleichartigkeit im Prinzip — sehr verschiedenartig in der Ausführung, ähnlich wie die Hefereinzuchtapparate und die Apparate zum Ersatz des Kühlschiffes.

Immer bleibt bei der Anwendung dieser Apparate im Auge zu behalten, dafs durch grofse Hitze (gar wenn mit Hochdruck gearbeitet wird) Gerbstoffe zerstört oder verändert werden; auch das ätherische Öl wird Veränderungen erleiden, vielleicht sogar Verbindungen mit den Bestandteilen der Würze eingehen; Weichharze werden in wertlose Hartharze verwandelt; ob der Bitterstoff unverändert bleibt, ist nicht gewifs. Man kann also bei diesen Verfahrungsarten mehr Hopfenbestandteile aus dem Hopfen herausbringen, aber sicher oft — wenigstens zum Teil — in nachteiliger Weise verändert, woher es rühren kann, dafs — wie viele Praktiker behaupten — bei Anwendung solcher Verfahrungsarten das Bier einen rauhen Geschmack bekomme. Unerfahrene Biertrinker lassen sich solche Biere eine Zeitlang gefallen, dann aber wollen sie nichts mehr davon wissen.

Ferner spielt — wie Reinke betont[10]) — gerade bei der Anwendung solcher Apparate die Materialkenntnis eine entscheidende Rolle[11]); man mufs nicht blofs die Hopfenware beim Einkauf richtig wählen, sondern auch beim Verarbeiten richtig scheiden. Es bleibt hier also nur für intelligente Braumeister, die viel gelernt haben, Platz; der minderwertige technische Leiter mufs, wo es sich darum handelt, mit solchen Apparaten zu arbeiten, das Feld räumen. Die Anwendung solcher Apparate macht das Bierbrauen noch schwieriger. Reinke hat viele Fehlversuche gesehen, ja dafs man ganze Sude laufen lassen mufste, weil schlechte Hopfen bei dem neuen Verfahren benutzt wurden und Biere erzeugt worden sind, die für niemand geniefsbar waren. Und das alles sagt ein Mann (Technologe), den wir sogleich als einen wahren Enthusiasten der Hopfen-Extraktionsapparate kennen lernen werden.

Sehr ungünstige Erfahrungen wurden nach Reinke gemacht mit den Aufsätzen auf den Hopfenpfannen und Kondensationen, um das beim Kochen sich verflüchtigende ätherische Öl aufzufangen und es teils kalt (mit der Hefe), teils warm (im Hopfenseiher) der Würze wieder zurückzugeben. Die Biere schmeckten sehr »labberig«, nach ranzigem Fett, freien Fettsäuren, weichlich; letzteres war auch für solche Gegenden zu viel, wo etwas weichliche Biere beliebt sind. Die schlechtesten Resultate hatte der nach Vorschrift arbeitende Betriebsleiter, welcher das Kondensat kalt zusetzte; bessere hatte der, welcher es im Hopfenseiher zusetzte, wo wieder viel flüchtig ging. Die direkte Verwendung der Destillate, ohne weiteres Kochen, scheint bedenklich.

Um Elberfeld und Düsseldorf hat man deshalb diese Apparate schon um 1894 wieder beiseite gelegt.

Bei der Generalversammlung des Vereins der Versuchs- und Lehr-Anstalt für Brauerei etc. in Berlin wurde schon 1884 die Frage erörtert: Wird durch das Hopfenzerreifsen und durch die neuere Methode des Hopfensiedens eine Ersparnis an Hopfen erzielt?

Bei dieser Gelegenheit teilte Gerner-Rostock mit, dafs stärkere Würzen den Hopfen weniger extrahieren als schwächere. Er koche deshalb den Hopfen zuerst in einem Dampfbottich, der neben der Pfanne aufgestellt wurde, eine Stunde lang und gebe dann den Hopfen mitsamt dem Destillat in die Pfanne. Er fand, dafs er etwas Hopfen ersparte, eine kräftige Bitterkeit des Bieres erzielte, sowie gute Vergärung. Er kam jedoch von diesem Verfahren wieder ab, weil seine Kundschaft sagte, das Bier schmecke zu rauh.

Faſsbender sagt in seiner »Mechanischen Technologie«, I. Suppl.-Bd., daſs man das Kochen als die beste Art der Hopfenextraktion ansehe, weiteres Behandeln des Hopfens, wie Zerkleinern, Pressen etc., kein Bedürfnis sei. Manche wollen sogar behaupten, daſs diese nur nachteilig für die Bierqualität seien, weil dem Hopfen Teile entzogen würden, die dem Bier keinen Vorteil zu bringen geeignet seien. Es wird von solchen Einrichtungen so wenig Gebrauch gemacht, daſs man sie als fast fehlend ansehen kann. Höchstens hat da und dort der Extraktionsapparat von Kempe einiges Aufsehen erregt.

Sehr belehrende und im hohen Grade beachtenswerte Worte sprach aber Dr. O. Reinke über den Arbeitswert der Hopfenextraktionsapparate, namentlich jenes von Theurer, und der Modifikationen desselben von Heinemann in Dortmund, bei der 12. Generalversammlung des Vereins Versuchs- und Lehr-Anstalt für Brauerei in Berlin am 7. Juni 1894[12]). Nachdem er alle Systeme und Arbeitsweisen und namentlich den Apparat von Theurer etc. mehr oder minder eingehend besprochen, resümiert er schlieſslich in folgender, für die Hopfenkulturregionen, namentlich jene der feineren Lagen, wahrhaft harten aber — wenn sonst alles in Ordnung ist — vollkommen berechtigten Weise:

Mit dem Apparat werden Sie analysieren lernen. Sie werden dann bald gewisse Hopfensorten ausscheiden und den Betrieb nach jeder Richtung sicherer stellen können. Dann ist nicht unwesentlich: Sie verwenden den Hopfen rationeller, d. h. Sie können unter Umständen bei Anwendung dieser Apparate auch mittlere Hopfenqualitäten, die Qualitäten II und III, in vielen Fällen sehr gut verwerten, wo Sie bisher die Hopfenqualität I gebraucht haben, nämlich bei Verfahren, bei welchen Sie doch das Wichtigste, was Sie an der Qualität I bezahlen, das feine Aroma, einfach in die Luft führten. Also ist damit die Möglichkeit gegeben, nach dieser Richtung hin billiger zu arbeiten. Auſserdem ist auch eine Hopfenersparnis von 30% ein für allemal festgelegt.

Diese Ausführungen des Herrn Dr. O. Reinke und seiner praktischen Gewährsmänner konnten sich nur mit der Ansicht als Basis entwickeln, daſs in den Hopfen I., II., III. etc. Qualität nur das Aroma (das ätherische Öl und die begleitenden Äther) abweichender Qualität, die Bitterstoffe hingegen ganz einheitlich seien, ein wahrhaft verhängnisvoller Irrtum, wie ich auf dem Boden meiner 20jährigen umfassenden Spezialerfahrung ganz bestimmt versichern kann. Die Brauer kaufen auch die feinaromatischen Hopfen thatsächlich nicht bloſs des Aromas wegen, sondern auch deshalb, weil sie wissen, daſs mit feinen Aromastoffen meist auch Feinheit der andern Stoffe im Hopfen vergesellschaftet ist.

Es sind auch die damals geäuſserten Ansichten Reinkes, der diese Dinge etwas enthusiastisch-flüchtig (nach Deinhardt zu idealistisch) beurteilt, von den Männern der Praxis keineswegs bedingungslos hingenommen worden. Es wurden vielmehr von sehr hervorragenden theoretischen und praktischen Autoritäten recht gewichtige Bedenken geltend gemacht.

Prof. Delbrück meint, daſs diese Brauer vielleicht bisher zu starke Dosen an Hopfen gaben, diese aber ohne einen solchen Extraktionsapparat nicht zu kürzen wagten und dieses auch ohne solchen Apparat mögliche Resultat nun dem Apparat zuschreiben. Nur wenn man einen Apparat hat, welcher gestattet, den ganzen Hopfen mitzukochen und das flüchtige ätherische Öl aufzufangen und dann wieder zuzusetzen, also den Hopfen vollständig auszubrauen, könne man Ersparnisse erwarten. Auſserdem wäre die Frage wichtig, ob man auch bei Bieren nach Münchner Art, wo man gar kein spezifisches, flüchtiges Hopfenaroma haben will, solche Hopfenersparnisse machen kann.

Auch Brauereidirektor Rösicke, dem doch eine groſse Erfahrung zur Seite steht, meint, daſs man erst dann von einer wirklichen Hopfenersparnis von 20—30% sprechen könne, wenn man sicher wüſste, daſs die betreffende Brauerei vor der Anwendung des betreffenden Apparates ein um so viel höheres Hopfenquantum haben mufste, um ein Bier mit denselben Eigenschaften herzustellen, oder ob man früher vielleicht nicht den Mut gehabt, ein Bier mit so viel weniger Hopfen herzustellen. Vorher müfsten diese Brauereien feststellen, ob sie nicht durch blofse Kürzung der Hopfengabe dasselbe oder ein noch besseres Bier erzielen können. Anderseits wird bei Anwendung eines solchen Apparates auch im Auge zu behalten sein, ob, abgesehen von der Bitterkeit, auch die sonstigen Eigenschaften des Hopfens, trotz der geringen Quantität, immer noch die Wirkung haben, die sie früher, bei Anwendung des gröfseren Quantums, gehabt haben. Es gelte vielmehr den Nachweis zu liefern, dafs man mit diesen Extraktionsapparaten arbeiten kann ohne Rücksicht auf die Haltbarkeit des Bieres, überhaupt ohne Sorgen vor irgend welchen Gefahren, und dabei doch diese Ersparnisse machen kann. Einstweilen — schliefst Rösicke — werden diejenigen Brauer, welche das nicht etwa schon vorher gethan haben, auch ohne jegliche Extraktionsmethode und ohne Sorge für die Haltbarkeit der Biere, wenn sie sonst richtig gebraut sind, mit der Hopfengabe erheblich heruntergehen können; sie werden sich dabei auch finanziell gut stehen.

Herr Radon in St. Petersburg hatte schon vor 13 Jahren beim Hopfenkochen in geschlossenem Kessel mit starkem Druck (8 Pfd. auf den Quadratzoll) eine starke Ausnutzung des Hopfens; aber die ätherischen Biere mit eigentümlichem Geschmack wurden vom Publikum abgelehnt.

Wurden aber die Würzen wie gewöhnlich gekocht und erst unter Druck gegeben, wenn sie ausgeschlagen wurden, dann waren die Biere trotz der kleberreichen Gerste (die Eiweifsstoffe bildeten lange, regenwurmartige Stränge) gut, das war wirklich Bier. Diese Erfahrungen wurden dann fünf Jahre lang beim Arbeiten unter Druck gemacht.

Sehr enthusiastisch zu Gunsten der Extraktionsapparate nach dem Theurerschen System sprach sich Herr Steinhäuser aus: Der Hopfen wird im Hopfenkessel zugesetzt, bei etwas höherer Temperatur gekocht, wodurch er besser ausgenutzt wird, der Extrakt auf dem Kühlschiff zugesetzt.

Die Verfahrungsarten, bei welchen das Hopfenaroma, wegen dessen die Qualität I beim Hopfen bezahlt wird (das ist nicht richtig, das ist nur die Ansicht des Herrn Dr. Reinke, der augenscheinlich so viel wie nichts davon versteht), einfach in die Luft geführt wird, sind die $2^1/_2$—3 Stunden gekochten, aromaarmen oder aromalosen, dunklen Biere nach Münchner Art. Da kann man also angeblich mit Hilfe des Extraktionsapparates von Theurer nicht blofs sehr viel ($^1/_3$) an Hopfen sparen, sondern auch an Stelle von Hopfen I. Qualität (Saaz, Spalt etc.) auch solchen II. und selbst III. Qualität mit gleichbleibenden Erfolgen benutzen und erhält dabei ein Bier, welches im Wohlgeschmack nichts zu wünschen übrig läfst.

Es ist nun aber doch auffallend, dafs nach der Einführung der modernen Kellerkühlungen, welche schon an den konservierenden Eigenschaften des Hopfens sparen liefsen, und der Filterpressen, welche gestatten, unreife Biere von Hefe etc. zu befreien und anscheinend reif und früher zum Ausstofsen geeignet zu machen, und namentlich nun, nach der Einführung der Hopfenextraktionsapparate, welche auch ein ganz gewaltiges Stück Hopfen zu sparen und auch mittlere und geringe Qualitäten an Stelle des besten Hopfens zu verwenden gestatten, das unbegreifliche konsumierende Publikum Deutschlands anfängt, sich mehr und mehr von den dunklen Bieren nach Münchner Art mit all ihren modernen Fortschritten abzuwenden und den hellen Bieren nach Pilsener Art zuzuwenden, namentlich jenen rassereinen Typen derselben, nicht den Pseudotypen, mit denen man da und dort das Verlangen des Publikums zu stillen suchte, wo solche quantitative und qualitative Ersparungen an Hopfen sich noch nicht so weitgehend eingebürgert haben. Dort — in Böhmen — wird, wie es scheint, ohne solche Extraktionsapparate gearbeitet. Die Konsumenten haben in dieser Sache meist wesentlich andere, weit abweichende Ansichten in Bezug auf den Geschmack des Bieres. Was Herrn Dr. Reinke (und seinen Kollegen und Mitarbeitern) als herrlich im Geschmack erscheint, kommt andern höchst widerwärtig und unausstehlich vor!

Es scheint also mit dem sogenannten feinen, tadellosen Geschmack der Extraktions- und Filter-Biere mit ihren geringen Hopfenqualitäten doch nicht so zu sein, wie es manche Brauereileiter wünschen, es scheint da oft der Wunsch der Vater des Gedankens. Denn just, als diese kamen, fingen die Konsumenten zu gehen an. Und diese Bewegung ist, nach meinen Eindrücken als stiller, sachkundiger, ganz objektiver Beobachter, erst an ihrem Anfange, obgleich sich die wenigsten Konsumenten über die in ihnen wirkenden Ursachen Rechenschaft zu geben vermögen. Diese modernen Fabrikbiere machen eben, wie ich aus eigener Erfahrung und bei sehr mäfsigem Biergenufs konstatieren kann, trinkmüde; wie erst bei solchen, welche viel zu trinken pflegen! Jene Brauer, welche auf meine Worte hören, können sicher manche nützliche, vor Verlust schützende Winke daraus entnehmen!

Solche den Trinker ermüdende Biere leisten namentlich dem Verdachte Vorschub, dafs der Hopfen durch allerlei giftige Substanzen surrogiert sei.

Grofse Brauereien, welche viel zu verlieren haben, werden es sich wohl erst oft und lange überlegen, ehe sie sich in eine solche Sache einlassen. Die Erfolge mit den Kellerkühlungen können desfalls nachdenklich machen.

Die Biere waren bei Herrn Steinhäuser angeblich vorzüglich, die Gärung ging ausgezeichnet, und die Lagerung auf dem Fasse verlief so brillant, wie er dies in seinem Keller noch nicht gesehen habe. Er habe drei Sude mit dem Apparat gemacht und drei ohne denselben; beidemal wurde dasselbe Material genommen, derselbe Hopfen, dasselbe Malz; auch das Brauverfahren war dasselbe.

Bei den mit dem Extraktionsapparat gemachten Suden standen die Kräusen höher, der Bruch war hübscher, der Geruch besser, die Klärung auf dem Lagerfafs schöner. Auch schmeckten die Biere beim Ausstich entschieden nicht hopfenaromatisch, sondern es schien das Aroma resp. der bessere Geschmack, mehr vom Malze herzukommen. Er glaube, dafs sich der Apparat gut einführen werde; der Geschmack verschlechtere sich nicht, er gewinne vielmehr; auch sei damit eine erhebliche Ersparnis verbunden. Auch andere, welche den Theurerschen Apparat benutzen, sagen, dafs das Bier einfach edler schmecke, nicht eigentlich aromatisch, nicht parfümiert.

Er habe bei Übernahme der Brauerei, da in der Gegend wenig bittere Biere beliebt sind, sofort die Hopfengabe unter 1 Pfd. per Zentner Malz herabgesetzt; als aber das Bier zum Ausstofs kam, sah er sich veranlafst, sofort wieder auf ein volles Pfund Hopfen zurückzugehen. ohne Apparat ging es bei ihm unter 1 Pfd. Hopfen per Zentner Malz nicht, mit dem Apparat aber habe er 20% Hopfen sparen können.

Höchst beachtenswerte Bemerkungen knüpft später[13]) Deinhardt an diese Ausführungen des Herrn Dr. A. Reinke über die Leistungen der Hopfenextraktionsapparate an, sich darauf berufend, dafs er elf Jahre vorher sich (in Verbindung mit dem Geh. Hofrat Dr. Geuther) mit der Hopfenextraktion eingehend befafst und ein schweres Stück Geld dafür ausgegeben habe; es sei ihm aber nicht gelungen, die Brauereikollegen auf seine Seite zu bringen.

Die Extraktionsapparate haben allerdings den Vorzug, dafs man mit ihnen das flüchtige Öl auffangen und, wenn es feiner Hopfen war, der Würze kalt wieder zusetzen oder bei verwendetem geringen Hopfen wegwerfen kann.

Deinhardt will vom Zusatze solchen aufgefangenen Hopfenöls zur Würze, um dem Bier Aroma zuzuführen, nichts wissen. Er selbst habe schon vor 25 Jahren nach diesem Prinzip gearbeitet und sei leider erst durch langjährigen Schaden klug geworden.

Dr. Reinke sage selbst, dafs in den Bieren, welche die extrahierten Stoffe enthielten, Blasengärung entstanden sei. Das sei doch ein Beweis, dafs die extrahierten Hopfenstoffe verändert seien und eine veränderte Einwirkung auf die Würze ausüben. Die heutigen guten Keller verminderten zwar die Folgen der Blasengärung, aber die Brauer mit ihrer bekannten grofsen Vorsicht würden sich doch hüten, mit solchen unnormalen Erscheinungen beständig zu arbeiten.

Er halte die Veränderung der durch Extraktionsapparate erhaltenen Hopfenstoffe für erwiesen und könne niemand raten, einen derartigen Apparat aufzustellen.

Deinhardt nimmt an, dafs Harze und Öle auch als Doppelverbindungen im Hopfen auftreten, die ebenso wie die bei der Gärung sich bildenden Bouquets dem Brauer angenehm sind. Bei zu langem Kochen, starker Bewegung, Hochdruck zersetzen sich diese Doppelverbindungen, das Öl wird flüchtig, das Harz teils unlöslich (schmilzt ab), teils — in geringen Mengen — löslich und auch angenehm im Geschmack. Bei weiterer Zersetzung tritt dagegen ein sehr unangenehmer, bitter schmeckender, bei dem Sudprozesse also durchaus zu vermeidender Körper auf, der ebenso wie das freie Öl das Bier im Geschmack erheblich herabsetzt.

Man kann auch mit den im Gebrauche befindlichen derartigen Apparaten nicht den alten, sicheren Weg gehen. Man sollte selbst an die in Gang befindlichen Apparate ein Plakat befestigen mit der Aufschrift: Vor Täuschung wird gewarnt. Es sei überhaupt nicht einzusehen, warum unser altes, bisheriges, bewährtes System des Hopfenkochens nicht mehr entsprechen sollte, zumal auch mit ihm selbst Hopfenersparnisse bis zu 25% gemacht worden seien, bei gleichzeitig vorzüglichen Eigenschaften der Biere. Jede Änderung an unserm alten Hopfensudverfahren räche sich.

Alles das sagt ein Mann, der bekanntlich in dieser Sache lange Zeit die umfangreichsten, im grofsen ausgeführten praktischen Versuche gemacht hat; der Brauerwelt sind diese Versuche unter der Bezeichnung »Deinhardtsche Hopfensud-Methode« bekannt geworden.

Eingehend wurde diese Frage erörtert von Direktor L. Aubry an der brautechnischen Versuchsstation in München[14]). Wird der Hopfen nur kurz gekocht, dann entstehen viel aromatischere Lösungen; es ist damit aber eine geringere Extraktion des Hopfens verbunden und zur Erzielung gleicher Wirkung eine gröfsere Menge Hopfen nötig.

Alles das, was wir weiter oben über die Hopfenbitterstoffe, Hopfenharze und Hopfengerbstoffe gesagt haben, schliefst die Anwendung der Extraktionsapparate aus allen jenen Brauereien aus, wo es sich um die Herstellung wahrhaft fein und edel schmeckender Biere und namentlich um solche mit abgekürzter Lagerdauer handelt, denn da ist das unabgeklärte Hopfenbitter auch heute schon unangenehm und ungesund genug.

Etwas anders ist es für die Herstellung gewöhnlicher Biersorten, bei denen es auf den Geschmack weniger ankommt. Auch wäre es einer praktischen Untersuchung wert, ob man die bei einmaliger kurzer Kochdauer im Hopfen noch zurückbleibenden Hopfenstoffe roherer Art oder durch das Kochen roh werdender Art nicht mit Vorteil für Biere von sehr langer Lagerdauer verwenden kann, wo sie ihre Arbeit verrichten können und allmählich niedergeschlagen oder durch Umbildung verändert, also aus dem Bier entfernt werden.

Weiter oben wird uns mehrmals gesagt, dafs die Weichharze und alle edleren Zapfenstoffe schon mit kurzer Kochdauer dem Hopfen entzogen werden. Auch Dr. Windisch, für seine kurze Kochdauer sprechend, sagt, dafs die erst mit längerer Kochdauer aus dem Hopfen extrahierten Stoffe besser darin belassen würden. Nach Hayduck haben Hopfenextrakte nicht die halbe antiseptische Kraft wie frische Hopfen.

Auch die fatale Blasengärung hat man mehrfach als mit den Extraktionsapparaten in Beziehung stehend ansehen wollen (s. weiter oben S. 652 u. ff.).

2. Zerkleinerung, Zerreifsung, Zerblätterung etc. des Hopfens vor der Verwendung, um dem Lösungsmittel — der Würze — eine gröfsere Oberfläche und dadurch mehr Angriffspunkte darzubieten.

Dieselben haben den Zweck, zu verhindern, dafs in den beim Einwerfen in die Würze sich öfter mit den Blättern fest zusammenschliefsenden ganzen Zapfen mehr oder minder grofse Mengen von Hopfenbestandteilen beim Hopfenkochen unextrahiert bleiben und mit dem Hopfenstroh (den Hopfentrebern) weggeworfen werden[15]). Das Verfahren war schon im Anfang des 19. Jahrhunderts bekannt; Prof. Herrmann in München hat schon in den 1840er Jahren dazu einen Apparat konstruiert[16]). Nach G. Noback sind solche Apparate sogar schon 1830 durch Prof. Herrmann eingeführt worden.

Alle diese Apparate bestehen ihrem Wesen nach meist aus gezähnten oder mit Messern besetzten Walzen. Die rotierenden Messer, Zapfen oder Stifte greifen in Gegenmesser ein und bewirken auf diese Art die Zerblätterung der Dolden. Die zerkleinerte Masse fällt auf ein Rüttelsieb, wo das Hopfenmehl von den Blättern separiert wird. Man hat auch Vorrichtungen, welche dahin wirken, dafs der Hopfen durch besondere Pumpen beim Ausschlagen der Würze in besondere Gefäfse gelangt, in denen die Würze durch den Hopfen filtriert, wobei der letztere zerschlagen wird.

Anfangs waren diese Zerkleinerungsapparate Holzmaschinen, denen die Extraktion mit Vorder- und Nach-Würze, endlich mit Wasser im Hopfenseiher und selbst das Pressen folgte.

Ein Zerkleinern des Hopfens mit den Händen etc. ist auch früher, bei teuren Hopfenjahren, vielfach schon vorgekommen; es wurden damit Ersparnisse von 15—10 % Hopfen gemacht; aber in billigeren Hopfenzeiten hat man das wieder unterlassen. Jetzt sind in vielen Brauereien Norddeutschlands Zerreifsmaschinen eingeführt, welche gut wirken und 10 % Hopfen ersparen.

Von der Firma Beck und Rosenbaum wurde ein Apparat eingeführt und zwischen Pfanne und Hopfenseiher eingeschaltet, bei welchem Gabeln ineinander greifen und den Hopfen beim Pumpen sehr heftig zerschlagen. Ein solcher Apparat ist (um 1894) in Löbau (Sachsen) benutzt worden; die damit erzielten Biere sind ganz gut, sie schmecken lieblich, voll, aromatisch, so wie es gerade in der dortigen Gegend erwünscht wird. Der Minderbedarf an Hopfen stellt sich auf ca. 10 %. Eine so hohe Extraktion des Hopfens im Hopfenseiher in der Viertelstunde während des Heraufpumpens auf die Kühle ist freilich überraschend.

Hopfenzerkleinerungsapparate sind noch verschiedene konstruiert worden, so von Müller, welcher besonders in Amerika Verwendung findet (beschrieben und abgebildet in der Allg. Br.- u. H.-Ztg. 1885, I, 275), von Friedr. Röder in Neu-Reudnitz bei Leipzig (D. R.-P. 28612), ferner von Slama und Felix in Kauth in Böhmen (D. R.-P. 24063 und 27425).

Briant und Meacham wollen von der Zerkleinerung des Hopfens nichts wissen, weil dadurch dessen Wert als Filter im Hopfenseiher beeinträchtigt werde.

In der Generalversammlung des Vereins der Versuchs- und Lehr-Anstalt für Brauerei zu Berlin 1885 sprach sich bei der Debatte über das Deinhardtsche Kochverfahren Ruckforth-Stettin dahin aus, dafs er das Zerreifsen des Hopfens viel weniger unnatürlich halte als das zu viele (zu lange) Kochen, da in letzterem Falle Biere erhalten würden, welche nicht empfehlenswert seien. Das Extrahieren zerrissenen Hopfens soll erheblich rascher vor sich gehen.

Die zerrissenen Zapfen werden entweder mit Würze gekocht, oder man siebt aus der zerkleinerten Masse zunächst das Hopfenmehl (Lupulin) aus, extrahiert dann dasselbe mit heifser Würze und setzt das so gewonnene Extrakt der Anstellwürze zu, während die Hopfenblätter in den Braukessel kommen und dort ausgekocht werden.

Bei der Generalversammlung des Vereins der Versuchs- und Lehr-Anstalt für Brauerei in Berlin[17]) sagte Prof. Delbrück, er habe bei seiner Studienreise in den Vereinigten Staaten Nordamerikas ganz allgemein gesehen, dafs man die Hopfenzapfen vor ihrer Verwendung durch Apparate zerlegte, in die Blätter und Blatteile (Spindeln) einerseits und das Lupulin anderseits, so dafs man jede dieser Teilgruppen für sich verwenden kann. Die nordamerikanischen Brauer setzen die Blättermasse etc. wie üblich direkt im Kessel zu, dagegen geben sie das Lupulin nur in den Hopfenseiher, wo es sich in kurzer Zeit vollkommen auflöst; durch dieses Verfahren soll das Bier auch ein schönes Hopfenaroma bekommen. Der Hopfenseiher bildet freilich einen grofsen Bierbehälter, der den ganzen Sud aufnimmt; er hat einen Läuterboden, und es wird so lange zurückgepumpt, bis die Würze klar abläuft, dann erst kommt sie in den Kühlapparat. Das im Lupulin enthaltene Hopfenöl kann so nicht verdampfen.

G. Noback aus Prag will solche Einrichtungen auch auf der Londoner Ausstellung 1862 gesehen haben. Die Apparate wurden aber dort bald wieder beiseite gestellt, wohl deshalb, weil der intensiv getrocknete englische Hopfen beim Herausnehmen selbst (ohne Apparat) leicht zerfällt.

In der Allg. Br.- u. H.-Ztg. (1887, II, 1467 u. ff.) beschreibt W. A. Lawrence (Nordamerikaner) einen solchen von ihm selbst konstruierten und verwendeten, nicht patentierten, leicht nachahmbaren Zerreifsapparat, welcher dort abgebildet ist. Es ist eine Trommel von ca. 1 m Breite und 1 m Durchmesser. Der hölzerne Mantel der mit liegender Achse rotierenden, durch Kurbelbetrieb bewegten Trommel ist mit einem Drahtgeflecht (Netz) überzogen. Vor der Trommel und im selben Rahmengestell ist ein Zufuhrtrichter angebracht, dessen sich verjüngender unterer Teil sich noch auf ein Stück der Trommel sehr nähert, ehe es endet, auch in der relativen Lagerung zur Trommel stellbar ist. Die Trommel rotiert mit ca. 100 Umdrehungen per Minute und zerreibt mit ihrem rauhen Mantel die auf der Zuführung vom Trichter herankommenden Zapfen. Die Zapfen sollen nur zerblättert, nicht zermahlen werden, weil die zermahlenen Zapfenblätter ein schlechtes Filter darstellen und die zerrissenen Drüsen den Apparat verkleistern (verschmieren).

Der zerrissene Hopfen soll sofort, wenn er in den Kessel kommt, untergetaucht werden.

Bei einer Debatte über diese Frage in Berlin 1885 (s. Allg. Br.- u. H.-Ztg. 1885, I, 618) sagte Ruckforth-Stettin: man solle das Zerreifsen nur bei solchen Hopfensorten vornehmen, welche keine zu starken Blattstiele (offenbar Spindeln gemeint) und keine grofsen Körner haben, also nur mit den feineren Sorten. Man könne schon damit bis 8 % Hopfen ersparen. Wie wir soeben hörten, wenden aber namentlich die Nordamerikaner solche Zerreifsmaschinen an, und die nordamerikanischen Hopfenzapfen haben durchweg die denkbar gröbsten Spindeln und sind erfüllt mit grofsen Körnern (Früchten).

Braumeister A. Kempe in Moskau (Wochenschr. f. Br. 1885, Maiheft, dann Allg. Br.- u. H.-Ztg. 1885, II, 1074), sagt, dafs er eine Hopfenzerreifsmaschine, Patent Röder-Leipzig, besitze; solange er stark geprefsten alten Hopfen verarbeitete, ging alles gut; sowie aber frischer Hopfen in den Apparat kam, hatte er fortwährend Aufenthalt durch vollständiges Verkleben der Holzzähne, die infolgedessen oft in ganzen Reihen weggeräumt wurden. Das Auskratzen und Reinigen von Sud zu Sud genügte bei frischem Hopfen nicht mehr.

Schwarz macht im New-Yorker Bierbrauer[18]) die Bemerkung, dafs durch das Zerreifsen des Hopfens vor dem Hopfengeben auf entsprechenden Maschinen zwar eine Verringerung der Kochzeitdauer, also der Zeitdauer für das Extrahieren, erzielt werden könne, aber keine Ersparnis an der nötigen Hopfenmenge.

Bei der Generalversammlung der wissenschaftlichen Station für Brauerei in München am 23. Oktober 1897[19]) wird bei der Diskussion das gute Funktionieren der Zerreifs- und Sortier-Maschine von Müller hervorgehoben. Die bisherigen praktischen Ergebnisse sind zufriedenstellend. Nur ist bei der Anwendung der Zerreifsproben doppelte Vorsicht nötig, namentlich bei alleiniger Anwendung des Mehls; wird es zu lange gekocht, dann geht alles oder doch das feine Aroma fort, und es gelangen rauh und grob-bitter schmeckende Stoffe in die Würze; auch haben die nur mit Lupulin gekochten Würzen kaum einen Bruch, was doch nur mit dem Mangel an Gerbstoff im Drüsensekret zusammenhängen kann, denn der Gerbstoff findet sich gröfstenteils in den Zapfenblättern.

Ohne Zweifel ist es wichtig, dafs mit dem Material, also mit Zerreifsproben des Hopfens selbst, systematische Brauversuche (Koch- und Gär-Versuche) angestellt werden, ehevor man sich ein definitives Urteil über den Wert der Sache bilden kann. Auch sollten diese Versuche im grofsen gemacht werden, damit die Konsumenten sich über die wahre Geschmacksqualität des Produkts aussprechen können. Die Erfinder oder Unternehmer sind da gar oft mehr oder minder befangen.

Wichtig sind dabei auch Untersuchungen über die Extraktion ganzer Zapfen durch Wasser und Würze. Prof. Aubry und Steuber haben in der Münchner wissenschaftlichen Station für Brauerei 1890/91 und 1891/92 solche Versuche ausgeführt[20]).

Es wurde der Einflufs des Hopfens auf die Würze studiert und besonders auf die stickstoffhaltigen Bestandteile Rücksicht genommen.

Von neun Sorten Hopfen der verschiedensten Provenienz wurde Wassergehalt, Alkoholextrakt, Benzolextrakt, Wasserextrakt des bereits mit Alkohol extrahierten Hopfens, ferner die Gesamt- und die in Wasser löslichen Stickstoffe, die Gerbsäure, der Harzgehalt und der Wasserextrakt aus der für die Gerbsäurebestimmung erhaltenen wässerigen Lösung bestimmt[21]).

	Harzgehalte	Wasserextrakt
Englischer Hopfen . . .	15,63 %	25,76 %
Württemberger	26,1 »	23,47 »
Spalter	22,2 »	26,55 »
Saazer	19,5 »	27,04 »

Aus den erhaltenen Resultaten wurden folgende Schlüsse gezogen:

1. Der Stickstoffgehalt, sowohl der Gesamt- wie der Eiweifs-Stickstoff, ist nach dem Kochen der Würze derselbe wie in ungekochter Würze.
2. Der Reifezustand des Hopfens ist ohne Einflufs auf die Stickstoffmenge der Würze und auf den Vergärungsgrad der Biere.
3. Würzen, mit nicht extrahiertem Hopfen gekocht, sind schillernd, während die mit extrahiertem Hopfen ziemlich klar sind. Das daraus erhaltene Bier verhält sich umgekehrt.
4. Durch Hopfenzusatz steigt die Acidität der Würze.
5. Die Würzen mit nicht entharztem Hopfen geben starke Kräusenbildung, während die mit entharztem und die ohne Hopfen sehr niedere Kräusen liefern. Es sind demnach die harzigen Bestandteile des Hopfens hervorragend an der Kräusenbildung beteiligt, was neuerdings Hayduck durch Versuche bestätigt hat.
6. Der Vergärungsgrad ist bei den mit verschiedenen extrahierten und nicht extrahierten Hopfen sowie den ohne Hopfen gekochten und vergorenen Würzen fast gar nicht beeinflufst; es dürfte demnach dem Hopfen eine besondere Einwirkung auf den Vergärungsgrad kaum zukommen.
7. Die näheren Bestandteile variieren so wenig im Hopfen, dafs die Qualität oder Provenienz kaum von Einflufs auf dessen Wirkung sein kann. Das Hopfenaroma möchte aber gleichwohl eine scharfe Unterscheidung der Hopfennuancen im Bier gestatten.

Die Versuche wurden mit einem Material gemacht, welches in seiner Beschaffenheit auch nicht annähernd so hinreichend aufgehellt worden ist, wie es für Versuchsarbeiten von so grofser prinzipieller Tragweite absolut notwendig erscheint. Die Koch- und Gär-Versuche wurden mit zu kleinen Flüssigkeitsmengen (2—3 l Würze) gemacht; dennoch mufsten sie auch mit kleinen Quantitäten, in jeder Beziehung gut vorbereitet und ausgeführt, Resultate prinzipieller Art geben. Um so auffallender ist, dafs die Resultate dieser Versuche mehrfach einer sozusagen 1000 jährigen Erfahrung direkt widersprechen.

Nach meiner unmafsgeblichen Auffassung können diese Versuche wegen nicht genügend präcisierter Unterlage für diese wichtigen Fragen nicht als eine prinzipielle Entscheidung angesehen werden, höchstens als Vorarbeiten.

Auf mich, einen Mann, der durch langwierige eigene Arbeit einen Ausblick hat auf das gesamte Hopfenmaterial der Welt, machen solche Arbeiten, namentlich hier in den Folgerungen sub 2 und 7, immer einen höchst fatalen Eindruck, weil sie, auf einem wichtigen und ohnehin stark versumpften Gebiet, nur noch mehr versumpfend und lähmend wirken müssen, da die Brauer von der irrigen Ansicht geleitet sind, dafs ein Mann an solcher Stelle auch ein gewiegter Hopfenkenner sei, dafs das Gesagte also unbedingt wahr sein müsse.

Diese Äufserungen sind aber nicht nur keiner besonderen Hopfenkenntnis entsprungen, wie sie auch schon wegen des völlig unaufgeklärten Materials, das zur Verwendung kam, nicht als unbedingte Wahrheit angesehen werden können.

Der Herr Direktor Aubry hat dieselben vielmehr eigentlich in der Abwehr gemacht. Er sagt selbst, dafs er in letzterer Zeit so viel mit der Untersuchung von Hopfenproben heimgesucht werde, um sich über ihren Reifegrad gutachtlich zu äufsern. Wahrscheinlich war das eine Folge meines 1888 in der Wochenschrift für Brauerei (Berlin, bei P. Parey) veröffentlichten Artikels: Wann ist der Hopfen reif? — Gesagt wird das natürlich nicht, denn der Artikel wäre ja sonst vielleicht noch mehr gelesen worden.

Das Merkwürdigste aber wurde erst bei Koch- und Gär-Versuchen mit Hopfenzerreifsproben gemacht, welche auf der Hopfen-Zerblätterungs- und -Sortiermaschine nach dem System F. Müller in Ulmet (Pfalz) bezogen waren[22]. Die Zerreifsproben (Lupulin, Blätter und Stiele) wurden eingesendet, kamen also sehr wahrscheinlich aus der Rheinpfalz. Zu einem solchen Versuch sich das doch vielfach zerquetschte Lupulin, dessen Sekret der raschesten Veränderung ausgesetzt ist, schicken zu lassen, das ist nicht angängig, wenn einem solchen Versuche prinzipieller Wert beigelegt werden soll. Dazu müssen die Zerreifsproben unbedingt, des Lupulins wegen, an Ort und Stelle gemacht werden.

Bei den zunächst vom Herrn Dachgruber ausgeführten Kochversuchen mit Würze, der Extraktion mit Wasser und Wassergehaltsbestimmung, wird gesagt, dafs das Lupulin der Würze einen ziemlich rauhen Geschmack und am wenigsten Bruch gegeben habe. Die Blätter hätten einen weniger rauhen, etwa die Mitte haltenden Geschmack zwischen Lupulin und Stielen ergeben. Die Stiele (Spindeln?) hätten der Würze einen milden Geschmack gegeben und guten Bruch.

Es ist nicht einmal gesagt, welcher Provenienz der Hopfen war, welcher die Zerreifsproben geliefert hatte. Wahrscheinlich hat es sich um Pfälzer oder Elsässer Ware gehandelt. Mehrmals ist böhmischer Hopfen erwähnt, also nicht einmal unterschieden zwischen Saaz, Auscha-Rot- oder Grün-Land-Hopfen etc. Es ist also hier wirklich ausgiebig Gebrauch gemacht worden von der (sub 7, S. 803) niedergelegten, merkwürdigen Entdeckung, dafs die Qualität oder Provenienz des Hopfens kaum von Einflufs auf dessen Wirkung sein können. Es mufs doch den Experimentatoren selber auffallen, dafs die Stiele und Spindeln dem Bier einen milderen Geschmack geben als das Lupulin; das allein schon sagt, welcher Art dieses Lupulin war. Ohne Zweifel wird an den Spindeln Mehl gehangen sein, von Hause aus haben sie keines; denn dafs dürres Hopfenkraut an sich dem Bier einen milden Geschmack gibt und guten Bruch, das ist doch ganz unmöglich; dafs von ordinärem Lupulin, wie es in jenen Gegenden, woher die Zerreifsproben stammen, vielfach vorkommt, sehr wenig einen milderen Trunk gibt als viel, ist gewifs. Auch bei den blofs aus Zapfenblättern bestehenden Zerreifsproben ist nur von den Blättern die Rede; sicher hingen auch noch viele Drüsen daran, und aufserdem hatten sie gewifs das, was wir innere oder halbinnere Drüsen nennen. Von all dem ist nicht im geringsten die Rede; nur von dem weniger rauhen Geschmack, welchen sie dem Bier gaben, wird gesprochen, was doch geradezu widersinnig sein müfste, wenn nicht das Lupulin dieser Sorte sehr ordinär und roh — sicher auch verdorben — gewesen wäre, weshalb es für sich allein einen so rauhen Geschmack gab, weniger Mehl natürlich einen weniger rauhen Geschmack als viel.

Die mit den Zerreifsproben gemachten Kochversuche will ich übergehen, weil ich damit nichts anzufangen weifs, nachdem die Unterlage nirgends aufgehellt nnd klargestellt ist. Es wurden Versuche ausgeführt von Herrn Martin und Herrn Dachgruber. Wenn resümierend gesagt ist, es ginge aus diesen Kochversuchen hervor, dafs es nicht zweckmäfsig erscheine, die Stiele (Spindeln) von der Hopfenkochung auszuschliefsen, weil dieselben eine nicht zu unterschätzende Mitwirkung auf den Bruch und den Geschmack der Würze hätten, so ist es thatsächlich, dafs wir nicht wissen, wie reine, lupulinfreie Spindeln auf den Geschmack und Bruch des Bieres wirken; aber diese Versuche haben uns das auch nicht gelehrt, weil keine völlig lupulinfreien Spindeln verwendet wurden.

Dafs bei Herrn Martins Kochversuchen mit reinen Stielen und Spindeln nach $1\frac{1}{2}$stündigem Kochen ein feines Hopfenaroma auftrat, der Bruch sehr schön, der Geschmack mild, angenehm bitter und sehr wenig Geläger da war, das wäre doch ganz unmöglich, wenn nicht Sekretdrüsen an den Spindelhaaren adhärierten oder innere Drüsen resp. Sekretgänge in den

Spindeln vorhanden waren. Wo soll denn sonst aus den holzigen Spindeln das Hopfenaroma herkommen? Ich habe bis jetzt nichts von Drüsen in den Stielen und Spindeln gewufst; Sekretgänge halte ich wohl für möglich; vielleicht handelt es sich auch um Milchsaftgänge.

Die Wirkung der Zapfenblattsubstanz an sich auf Geschmack und Bruch der Würze, so wünschenswert es sein müfste, sie zu kennen, wird sich, eben schon wegen der inneren Drüsen, worauf bis jetzt keiner der Herren Experimentatoren Rücksicht genommen, niemals glatt feststellen lassen, auch wenn man die oberflächlich stehenden geformten Drüsen sorgfältig blattweise wegnimmt

Deshalb schliefse ich mich den weiteren resümierenden Bemerkungen vollkommen an, dafs am allerwenigsten bei Hopfenanalysen der Laboratoriumsversuch als mafsgebend angesehen werden könne. Praktische Versuche könnten da allein Aufschlufs geben. Wenn das Programm aber bei diesen Versuchen im grofsen nicht besser vorbereitet wird, dann werden sie sicher auch nur irreleitende, also für die Praxis geradezu gefährliche Resultate ergeben können.

Man kann gerechterweise gewifs nicht sagen, dafs diese Untersuchungen in ihren Resultaten nichts Belehrendes dargeboten hätten, aber es ist gewifs, dafs die selbst praktisch wichtigen Fingerzeige, welche dieselben enthalten, weniger mit dem eigentlichen Programm und Ziel derselben in Beziehung stehen, sondern mehr als Abfall angesehen werden können, für den nur ganz spezielle Sachverständige noch Verständnis und Verwendung haben.

Verständlich ist es, wenn von solchen Seiten — angeblich auf Grund experimenteller Feststellung — den praktischen Brauern gesagt wird, dafs der Hopfen für die Bierbereitung keinen oder nur einen untergeordneten Wert besitzt! Etwas minder verständlich wäre es aber, wenn die Brauer Wert darauf legten, und gefährlich, wenn sie sich davon leiten liefsen. Eigentlich ist es doch nur eine Vergeudung an Zeit, Arbeitskraft und Geldmitteln, wenn solche Arbeiten ohne Zurateziehung eines hopfenkundigen Mannes gemacht werden.

Von Interesse sind die Bemerkungen über die Kochdauer für die Zerreifsproben, speziell das Lupulin. Wenn zu lange gekocht wird, dann wird bei Anwendung gröfserer Mengen Lupulin einerseits das Aroma fortgehen, und anderseits werden harzige Bitterstoffe in die Würze gelangen, welche sich für den Geschmack des Bieres als nachteilig erweisen. In $1\frac{1}{2}$ Stunden waren alle flüchtigen aromatischen Bestandteile in das Destillat übergegangen. Das erste Destillat riecht am reinsten aromatisch, das folgende riecht schon käsig.

In der Praxis wird der ganze Hopfen immer weniger Extraktbestandteile abgeben, als wenn er zerrissen ist.

Thausing (l. c. 1898, V. Aufl., S. 610) sagt: die Hopfenersparnis durch Zerreifsen der Dolden sei nach seinen Erfahrungen bei normaler Kochdauer eine eingebildete.

Eine beachtenswerte neuere Besprechung der Hopfen-Zerblätterungs- und -Sortiermaschine von Müller-Ulmet ist von Dr. F. Schönfeld veröffentlicht worden[23]).

Die Maschine zerlegt die Hopfenzapfen in:

1. ziemlich reines Lupulin; da sind noch ziemlich viele kleine, zerrissene Blattteilchen beigemengt;
2. Lupulin mit starker Beimengung von kleinen Bruchstückchen anderer Hopfenbestandteile; es sind hier, noch mehr wie bei 1, viel Blatt- und Stengel-Rudimente, Körnchen etc. beigemengt. Nach Dr. Remy (s. weiter unten) stark durch zahllose zerschlagene Blattteilchen verunreinigt;
3. Körner, Rippen (Spindeln), Stengel; diese Teile werden am reinsten gewonnen, wenigstens ziemlich frei von Blattteilen, aber auch hier waren (s. Dr. Remy weiter unten) viele Drüsen im Haarfilz der Spindeln sitzen geblieben; ebenso an den Früchten;
4. Zapfenblätter; auch die Absonderung der Blätter vollzieht sich gut, aber sie sind natürlich noch mit vielen Drüsen (Lupulinkörnern) besetzt, abgesehen von dem Sekret in den Drüsenflächen etc. der Blätter. Nach Dr. Remy waren die Zapfenblätter durch die Bürstenwalzen keineswegs vollständig von Lupulin befreit worden.

In der Versuchs- und Lehr-Brauerei in Berlin ist der Apparat seit 3/4 Jahr in (nicht täglichem) Betrieb. Die Arbeit ist befriedigend, weit besser aber bei Ballenhopfen als Büchsenhopfen; letzterer wird beim einmaligen Durchgang durch die Maschine nicht völlig zerrissen. Die einzelnen Hopfenteile erleiden beim Durchgang durch die Maschine eine kaum nennenswerte Zerstückelung. Die Zerblätterung und gleichzeitige Sortierung ist in Anbetracht des schwierigen, stark klebrigen Materials, namentlich für praktische Zwecke, ziemlich befriedigend. Sehr stark getrockneter und namentlich Büchsen-Hopfen wird beim Durchgang mehr zerschlagen.

Vielfach tritt ein starkes Verschmieren von Maschinenteilen, besonders der Zähne der Gegenlagen, der Seitenwandungen und Schüttelsiebe, durch Lupulin ein; es mufs oft gereinigt werden, wenn die Maschine nicht versagen soll; namentlich ist diese Gefahr grofs bei feuchtem Hopfen. Die Gegenlagen kann man auch dadurch reinigen, dafs man sie an einem Faden in kochende Würze hält. Nach einigen Stunden Betrieb mufs die Maschine gereinigt werden. Einen ganzen Tag zu arbeiten vermag die Maschine eben wegen des Verschmierens nicht. Nach Dr. Remy braucht sie zur Zerreifsung von 1 Ztr. Hopfen drei Stunden.

Diese zerrissenen und sortierten Hopfen haben sich in der Versuchsbrauerei bei der Herstellung heller Biere als sehr praktisch erwiesen. Da bei diesen Bieren ein sehr milder und weicher Geschmack mit gutem Hopfenaroma angestrebt wird, so kommt dabei nicht nur das abgekürzte Maischverfahren (Windisch) zur Anwendung, sondern es ist auch bei mäfsiger Hopfengabe das Würzekochen auf zwei Stunden eingeschränkt. Für 1 Ztr. Malz wird 1,3 Pfd. Hopfen gegeben. Früher wurde der Hopfen unzerrissen in die Pfanne gegeben. Das Bier hatte dabei den gewünschten sehr feinen, reinen und milden Geschmack, entsprach aber in Bezug auf das Hopfenaroma nicht ganz den Absichten, welche man bei Herstellung des Bieres im Auge hatte, denn man wollte auch eine schöne Hopfenblume.

Nun wurde der Hopfen in zwei Teile geteilt und beim Beginn des Würzekochens zuerst der unzerrissene Teil der Zapfen in die Pfanne gebracht; von der andern, zerrissenen Hälfte des Hopfens kamen nach etwa einer Stunde die Teile 3 und 4 in die Pfanne, die Teile 1 und 2 kamen erst zehn Minuten vor dem Ausschlagen in dieselbe. Jetzt war das Bier so, wie man es haben wollte; es hatte auch ein feines Hopfenaroma und eine feine Blume.

Wenn man die ganze Hopfenmasse zerreissen und in geschildeter Weise zusetzen wollte, ergaben sich Schwierigkeiten, indem beim Abläutern der ausgeschlagenen Würze, welche nicht in einen Hopfenseiher, sondern in einen Läuterbottich gepumpt wird, sich keine Filterschichte bilden wollte und somit der gröfste Teil des Trubes und viel Hopfenbestandteile mit der läuternden Würze abgezogen wurden.

Die Verwendung des zerpflückten Hopfens gestattet also zweckentsprechendere Zugabe.

Bei Versuchen im Laboratorium, wobei blofs Stengel, Rippen und Körner (Teil 3) verwendet wurden, war der Geruch des Destillates von dieser Würze deutlich, aber schwach hopfenaromatisch, und der Geschmack der gekochten Würze, welcher nach zehn Minuten noch würzig ist, war nach einer halben Stunde, mehr aber noch nach einer Stunde angenehm mild bitter[24]). Aufserdem ist die Verwendung von Spindeln und Stielen nicht ohne Einflufs auf den Bruch der Würze, welcher, wie Lang[25]) mitgeteilt hat, durch Stengel und Stiele schneidig wird[26]).

Für die Herstellung hochfeiner, mild schmeckender heller Biere kann die Verwendung zerrissenen Hopfens offenbar grofse Vorteile bieten, weil man das Lupulin erst kurz vor dem Ausschlagen zusetzen kann und dadurch die so leicht flüchtigen aromatischen Bouquetstoffe dem Bier besser erhalten bleiben, als wenn der Hopfen die ganze Zeit mitgekocht wird. Das Lupulin kann in dieser kurzen Kochdauer noch vollkommen ausgenutzt werden; nicht so aber wäre es, wenn man die ganzen Hopfenzapfen nur so kurze Zeit derart kochen wollte. Die andern Teile der Zapfen, Blätter, Stiele, Spindeln müssen länger gekocht werden, um die Gerbstoffe, Harze, Eiweifs etc. genügend auszuziehen.

Das Abkürzen der Kochdauer in der Pfanne ist, wenn nicht Hopfen verschwendet werden soll, nur bei Anwendung zerrissenen Hopfens denkbar. Für die Zwecke der praktischen Brauerei, wo es nicht auf eine absolut genaue Trennung des Lupulins ankommt, sondern auf eine relative, leistet die Maschine bereits Genügendes, namentlich für helle Biere mit feinem Hopfenbouquet, auch für dunkle Biere, wenn kurze Kochdauer in der Pfanne und mildes Hopfenaroma angestrebt werden.

Eine spätere genaue Untersuchung der Zerreiſsprobenteile bei diesen Sorten durch Dr. Remy[27]) hat übrigens gezeigt, daſs die Scheidung, namentlich was Drüsen und Blattteile betrifft, eine sehr unzureichende ist; auch ging viel Lupulin durch Haftenbleiben an den Bürstenwalzen und in den benachbarten Maschinenteilen verloren.

Auf Grund analytischer Untersuchungen der morphologischen Elemente der Hopfenzapfen (Wochenschr. f. Br. 1898, S. 593, s. auch oben S. 266 u. ff.) durch O. Neumann und Th. Remy, wobei diese noch besonderer Reinigung von anhängenden Drüsen unterzogen worden waren, meint Remy, ob es nicht möglich werden könnte, mit Hilfe der Zerreiſsmaschinen auch gröbere, früchtereiche Hopfen an Stelle der feineren zu verwenden, wenn man bei der Verwendung der groben Hopfen die Stiele, Spindeln und Früchte, welche ohnehin arm an Harz, Gerbstoff und löslichem Stickstoff sind, wegläſst und nur das Lupulin und die Zapfenblätter gibt. Aber Remy meint selbst, unter Hinweis auf den Versuch Langs[28]), wonach Stiele und Spindeln von vorteilhaftem Einfluſs auf den Bruch und Geschmack des Bieres gewesen sind, daſs ein solcher Versuch der Verwendung eines von Spindeln, Stielen und Früchten befreiten gröberen Hopfens an Stelle eines feineren vorerst als gewagt erscheinen müsse, selbst wenn die Preisverhältnisse zwischen groben und feinen Hopfen ein solches Verfahren als vorteilhaft erscheinen lieſsen.

Die schlimme Seite der Hopfenzerreiſsmaschinen, welche im Verschmieren ganzer Maschinenteile mit Sekret zum Ausdruck kommt, wodurch Sekretverlust eintritt, Aufenthalt und Mühe durch das Reinigen, und wobei schädliche Einflüsse durch verdorbene Sekretteile sicher nur bei gröſster Reinhaltung einigermaſsen vermieden werden können, läſst sich vielleicht umgehen, wenn man so verfährt, wie F. Rutschmann (Allg. Br.- u. H.-Ztg. 1882, II, 965) angegeben hat. Danach soll man das für die Verwendung abgemessene Hopfenquantum in einem Sacke (ein anderes Vehikel wäre wohl noch besser) in einen Raum mit erhitzter Luft (26—30° R.) bringen und dieser warmen Luft 4—8 Stunden aussetzen, dann sind die Zapfen so trocken, daſs die Blätter bei der leisesten Berührung von den Spindeln abfallen, die Drüsen werden freigelegt und nicht zerquetscht, keine Maschinenteile mit Sekret verschmiert, die Zapfenblätter nicht zerfetzt, sind für das Filtrieren weit besser geeignet etc.

Da bei dem Durchgang durch die Zerreiſsmaschinen Unmassen von Drüsen zerrissen und deren Sekret entleert, also nun dem raschen Verderben und namentlich der sehr schädlichen Geruchsveränderung ausgesetzt wird, dürfen Zerreiſsproben vorteilhafterweise auf alle Fälle nur unmittelbar vor der Verwendung des Materials zum Brauen hergestellt werden.

3. Hopfenextraktionsmethoden für die augenblickliche Verwendung der Extrakte.

Wird der Hopfen mit Wasser ausgekocht, so lösen sich im Durchschnitte ca. 30% eines etwas aromatischen Extraktes; wird derselbe mit Würze ausgekocht, so erhält man einen ähnlichen, aromatisch-bitteren Extrakt, und durch wiederholtes Auskochen des Rückstandes wird ein Teil desselben weiter aufgelöst, und man erhält immer wieder bittere Extrakte, weil in diese zu einem geringen Anteile auch die harzartigen Stoffe übergehen[29]).

Beim Kochen des Hopfens mit Würze wird in der letzteren aufgelöst:

ein entsprechender Anteil der Extraktivstoffe, der Gerbsäure, des ätherischen Öles und der harzigen und Bitter-Stoffe. Durch diese Auflösung entstehen Wechselwirkungen zwischen den Bestandteilen der Würze und den Hopfenbestandteilen; es finden Ausscheidungen statt, und es bleibt schlieſslich nur ein bestimmter Anteil zurück, von dem einiges wieder in der Gärung ausgeschieden wird, was im Kräusenharz etc. deutlich wahrnehmbar erscheint.

Über die Wechselwirkungen der Bestandteile des Hopfens mit den Bestandteilen der Würze ist noch sehr wenig Klarheit durch exakte Untersuchungen geschaffen. Aber so viel steht fest, dafs bei der gewöhnlichen Methode des Hopfensiedens nicht alle löslichen Bestandteile des Hopfens zur Auslaugung gelangen und damit in Aktion treten, und dafs auch ein grofser Teil des Hopfenöls sich durch das lange Kochen mit den Wasserdämpfen verflüchtigt. Ob das zuerst gelöste das wirksamste ist, mag gleichfalls dahingestellt bleiben. Wird der Hopfen aber nur sehr kurz gekocht, dann entstehen viel feiner schmeckende und aromatischere Lösungen; es ist damit aber eine geringere Extraktion der sonstigen Bestandteile verbunden und zur Erzielung der gleichen Wirkung eine gröfsere Menge Hopfen nötig. Namentlich in sehr konzentrierten (schweren) Würzen ist die Auflösung der wichtigen Hopfenbestandteile eine sehr mangelhafte (s. auch weiter oben und folgend S. 811).

In dieser Erkenntnis war man schon öfter bestrebt, eine bessere Ausnutzung des Hopfens zu erreichen, und dieses Bestreben erhielt in nachfolgenden Richtungen seinen Ausdruck:

a) Verwendung eines gröfseren Anteils des Hopfens und längeres Kochen desselben, während ein kleinerer Anteil nur kurz gekocht, demnach wenig hinsichtlich der Extraktivstoffe, aber intensiver in den flüchtigen aromatischen Stoffen ausgenutzt wurde; dabei:

α) Wiederverwendung des nicht ganz ausgenutzten kleineren Teils des Hopfens zu einer nächsten Kochung,

β) überhaupt wiederholte Verwendung unter Zusatz geringerer Mengen neuen Hopfens.

Da sich aber beim Hopfenkochen Eiweifsstoffe ausscheiden, welche sich auch zwischen den Zapfen festsetzen und selbst in kaltem Wasser rasch in Fäulnis übergehen, so ist das Wiederverwenden der Hopfentreber gefährlich, selbst in Grofsbrauereien mit ununterbrochenem Betrieb, noch mehr in kleineren mit nur einem Sud per Tag.

Bei dem Deinhardtschen Verfahren, welches durch die teueren Hopfenpreise 1882 ins Leben gerufen, später (s. oben S. 617 u. ff.) aber selbst von seinem Erfinder verneint wurde, wird der Hopfen einem zwei- oder dreimaligen, selbst viermaligen Auskochen unterworfen und zwar in verschiedenen Kammern einer und derselben Braupfanne, die zu diesem Zwecke durch Drahtgeflechte abgeteilt wird (D. R.-P. 23648 und 24520).

Nach der ursprünglichen Ansicht Deinhardts in Wickerstedt werden beim einmaligen längeren Kochen der Würze, um die Hopfenbestandteile vollständig auszunutzen, zu viel schwer lösliche Bestandteile des Hopfens dem Bier zugeführt, die zwar teilweise erwünscht, im Übermafse aber schädlich sind. Wird (nach der bisher allenthalben üblichen Methode) nicht lange genug gekocht, erhält das Bier einen faden Geschmack (das gerade Gegenteil ist wahr!), die Hopfenbestandteile werden nicht genügend ausgenutzt, es geht ein Teil derselben verloren, welche den Geschmack des Bieres eigentlich bedingen, der Gesundheit dienlich sind und ein bedeutendes Kapital repräsentieren. Daher will er ein mehrmaliges Abkochen, wodurch die sehr schwer löslichen Bestandteile des Hopfens, welche eine Verlangsamung der Verdauung im menschlichen Körper bewirken, neben den flüchtigen, die Nerven anregenden, dem Bier vollständig erhalten bleiben. Das Bier soll angenehmer schmeckend, der Gesundheit zuträglicher und $^1/_4$—$^1/_3$ an Hopfen gespart werden.

In die einzelnen Abteilungen bringt man den Hopfen und zwar in die erste den ältesten, bereits dreimal verwendeten, in die zweite den zweimal gebrauchten und in die dritte den einmal gebrauchten, in die letzte den frischen Hopfen.

Der Hauptzweck dieser Methode sollte Ersparnis sein, von Nachteilen war keine Rede, die lernte der praktische Brauer erst kennen, wenn der Keller voll Bier war, welches die Leute nicht trinken mochten, weil es ihnen nicht schmeckte. Das hat Herr Deinhardt später offen und ehrlich selbst eingestanden. Diese Methode hat sich auch nicht annähernd so bewährt, wie zuerst von selbst hervorragenden Persönlichkeiten in der Brauerei angenommen wurde. Viele, sehr widersprechende Ansichten über das Deinhardtsche Verfahren der Wiederbenutzung des Hopfens finden sich in dem Vortrag Hayducks in Berlin »Über die Bedeutung des Hopfens für die Haltbarkeit des Bieres« und namentlich in den daran anschliefsenden Debatten[30].

Durch das vielmalige Auskochen kommen aber auch sehr rohe, widerwärtig schmeckende Extraktivstoffe, wahre Bierverderber, in das Bier[31]).

Nach M. Mohaupts Verfahren des Hopfenkochens wird die Würze kurze Zeit mit dem Hopfen gekocht, dann geht die gekochte Würze durch eine Rotationspumpe und bleibt nun im Hopfenseiher etwa 5—10 Minuten stehen, bevor sie auf das Kühlschiff abgelassen wird. Beim Durchgang durch die Rotationspumpe werden die Zapfenblätter von den Spindeln gelöst und das frei gelegte Lupulin besser extrahiert[32]).

Anton Gfall in Innsbruck konserviert den Hopfen mit Würzeextrakt und durch Zerkleinerung[33]).

Braumeister L. Ebert in Scheibe (Patent angemeldet) will nach seinem Verfahren den Hopfen im Lagerkeller neben dem Bier aufbewahren[34]).

Der Apparat von Seib & Häfner hat den Zweck, das Aroma des Hopfens zu sammeln, was dadurch geschieht, daſs mit dem Dunstschlauch des Hopfenkessels ein Kondensator verbunden ist, in welchem die ersten Dämpfe nach Einbringen des Hopfens in den Kessel kondensiert und dann auf die einzelnen Gärbottiche verteilt werden. Das dabei gewonnene Destillat, welches später auf die Gärbottiche verteilt wird, hat einen sehr aromatischen Geruch, und auf seiner Oberfläche schwimmt eine dünne Ölschicht. Die Hopfenersparnis soll 20% betragen, und das Bier soll ein delikates Aroma haben, ohne an Bitterkeit zuzunehmen[35]).

Wenn ich solche Angaben der Erfinder dieser Apparate hier anfüge, so ist das nicht etwa so aufzufassen, als wollte ich das als wahr bestätigen. Ich bin nicht in der Lage gewesen, alle diese Ausführungen auf ihren wahren Wert zu prüfen, und kann hier, nach den vorfindlichen Literaturangaben, nur einen Überblick über die vorhandenen Systeme geben. Wahrhaft Gediegenes in solchen Sachen bricht sich bei der groſsen praktischen Bedeutung in der Regel bald von selbst Bahn, während unfruchtbare Projekte alsbald wieder vom Schauplatz verschwinden. Die Erfinder und die ersten Besitzer derartiger Apparate sind erfahrungsgemäſs sehr geneigt, im Anfang Schattenseiten des Betriebes derselben zu übersehen.

Der Apparat von Theurer besteht aus einem cylindrischen Kochkessel mit konischem Boden, mit einer zentralen Achse mit Seitenflügeln; ferner sind am Kessel feststehende Arme angebracht. Eine Dampfschlange vermittelt den Dampfeintritt. Die Hälfte oder ein Drittel des Hopfens wird mit Wasser in den Kessel gebracht und unter heftiger Bewegung des Rührwerkes der Hopfen darin zerschlagen und verteilt. Der Inhalt wird darauf in den Kessel ausgeblasen. Der Rest des Hopfens wird hierauf im Apparat unter Druck mit Würze gekocht und der Extrakt zur Abkühlung und Verteilung in die Gärbottiche reserviert. Der Rückstand wird alsdann zur Kochung in die Kessel gebracht[36]).

Prof. Schwackhöfer, welcher 1893 amerikanische Brauereien besucht hat, meint, daſs man vom chemischen Standpunkte aus gegen dieses Verfahren gewiſs nichts einwenden könne, nur werde die Reinhaltung des Apparates nicht ganz leicht sein. Die Ersparnis an Hopfen soll 20—25% betragen, und das Bier hat ein deutlich ausgeprägtes Aroma. Der Hopfen wird also in dem Cylinder mit Rührwerk mit Würze (1/2 hl auf 1 kg Hopfen) zerrührt, 1/2 Stunde bei Überdruck gekocht, im Kühlgefäſs (mit Schlangenrohr für das kalte Wasser) gekühlt, dann in den Kessel abgelassen und mit neuer Würze nachgespült. Der gekühlte Hopfenextrakt wird mit der vom Bandelot-Kühler ablaufenden Würze gemischt. Dieser Apparat wird als der vollkommenste bezeichnet und ist in Nordamerika sehr verbreitet.

Der Apparat von Theurer steht schon seit dem Anfang der 1890er Jahre auch in Deutschland da und dort in den Brauereien in praktischer Verwendung, namentlich in der Rheinpfalz und am Rheine. Theurer berechnet, nach den amerikanischen Verhältnissen, die mit diesem Apparate möglichen Ersparnisse sehr hoch, bei deutschen Verhältnissen auf 15—20%. Es soll aber durch das Verfahren namentlich auch der Geschmack des Bieres verbessert werden.

In der Zeitschr. f. d. ges. Brauwesen, München 1894, S. 70 beschreibt J. Bauer in Winterthur die mit dem Hopfenextraktionsapparat von Theurer-Stockheim in Mannheim ausgeführten Versuche. Danach hat sich dies Verfahren für dunkle Biere mehr bewährt wie für helle (Tafelbiere). Der gekühlte Hopfenextrakt wurde im Gärkeller auf die Bottiche verteilt und machte auf die Gärung keinen nachteiligen Einfluſs geltend. Die fertigen Biere hatten zwar an Bitter etwas zugenommen, doch machte sich dieses Bitter keineswegs unangenehm bemerkbar. Ein nicht zu unterschätzender Faktor, der zu Gunsten der Hopfenextraktion spricht, ist die beträchtliche Ersparnis an Hopfen, die bei den gegebenen Hopfenpreisen, da wir 2 kg weniger nehmen als bei gewöhnlicher Kochung, an 8—9 Mark per Sud betragen kann. Bei gewöhnlicher Kochung werden dort auf 31 Ztr. Malz und etwa 80 hl heiſsen Bieres in der Pfanne 14 kg Hopfen genommen; bei der Extraktion werden nur 12 kg Hopfen genommen und davon ein reichliches Kilo zur Vorderwürze in die Pfanne gegeben, während das übrige auf einmal in den Extrakteur gebracht und mit 5 hl Würze übergossen wird.

1894 (im Juni) waren nach Reinke in Norddeutschland 25 Exemplare des Apparates von Theurer in den Brauereien im Gebrauch, 12 waren schon länger (bis zwei Jahre), 4 erst einige Wochen, 6 ganz neu eingeführt. Der Apparat ist auch in den Brauereien Elberfelds, Badens, in der Schweiz und in Schweden im Betrieb. In Bayern und in Böhmen scheinen keine solche Apparate im Betrieb zu sein. Eine Brauerei (in Dortmund) arbeitete schon $1^1/_2$ Jahre damit, ohne ernstliche Beanstandung. Der Hopfen wird für helle Biere $^1/_2$ Stunde, für dunkle Biere 1 Stunde bei $^1/_2$—1 Atmosphäre mit dem Schlagwerk bearbeitet, dann wird langsam in ein Kühlgefäſs abgelassen, gekühlt und der extrahierte Hopfen direkt mit den Nachwürzen zur Pfanne gebracht. Es gelangten also die ätherischen Öle, überhitzt und nachher gekühlt, erst später mit den extrahierten Bitterstoffen und Gerbstoffen zur Würze und zwar entweder heiſs beim Ausschlagen oder kalt zum Bottich oder zum Grand des Kühlers.

Inzwischen sind viele Veränderungen an diesem Apparat vorgenommen worden, auch an verschiedenen Teilen. Man sollte so mit dem Apparat arbeiten (also unter Luftdruck), daſs die Temperatur nicht über 80° R. geht.

Die Biere in der Dortmunder Brauerei schmecken, nach Aussage der Leiter, nicht anders als früher, abgesehen von einem kleinen Parfüm, das aber den Konsumenten angenehm ist. Aber die Biere haben — bei sonst sehr guter Gärung — dauernd Blasengärung; wenn ohne Apparat gearbeitet wird, fehlt diese Blasengärung. Dagegen soll die Haltbarkeit dieser Biere stärker sein. Wenn diese Erscheinung der Blasengärung nicht in anderweiten, örtlichen Ursachen begründet, sondern eine unvermeidliche und nicht zu beseitigende Folge der Arbeit mit diesem Extraktionsapparat ist, dann ist diesem selbstverständlich das Urteil gesprochen!

Es soll — auch nach direkten Versuchen, welche Reinke mit diesem Apparat in Brauereien gemacht — eine Menge flüchtiger Stoffe verloren gehen, selbst bei verschiedensten Modifikationen der Arbeit und trotz der Kühlung im Apparat. Auch Praktiker bestätigen das aus ihrer Erfahrung. Wenn man bei Anwendung feiner, teurer Hopfen nicht auf diese flüchtigen Stoffe zu achten brauche, dann könne man den feineren Hopfen auch durch andere Ware geringeren Handelswertes ersetzen. Auch Dr. Reinke meint, daſs man in vielen Fällen ebenso gut zweite und dritte Hopfenware verwerten könne als erste, und man sei vielleicht nur in dem Falle auf erste Ware angewiesen, wo es sich darum handle, diese flüchtigen Stoffe für gewisse Biere zu verwerten.

Bei den Versuchen mit dem Apparat von Theurer im Böhmischen Bräuhause (Berlin) waren die Resultate gut, natürlich bei Benutzung vorzüglichen Hopfens. Bei Anwendung des Extrakteurs traten aber die Brucherscheinungen später auf als beim gewöhnlichen Verfahren. Blasengärung trat nicht regelmäſsig auf. Die Gärung war sonst vortrefflich. Die Kräusen waren schön und besonders stark in den Fällen, wo kalt dem Grand zugesetzt wurde. Auch hatten die letzteren Sude den feinsten Geschmack, anscheinend besser als bei Bieren, welche nach dem gewöhnlichen Verfahren hergestellt wurden, und thatsächlich besser wie jene, bei denen heiſs zugesetzt wurde.

Immer wird heute schon überall mit dem Apparat von Theurer eine Hopfenersparnis von 25—30% erzielt.

Nach Dr. Reinke ist aber das Arbeiten mit diesem Apparat in besonderem Grade geeignet, die Hopfensorten in ihrer Arbeitsweise im Bier unterscheiden zu lernen, denn es gestattet ein elegantes Erkennen der Hopfenqualität[37]).

Ganz ähnliche Extraktionsapparate wurden auch von J. Schneider, J. Irlbacher und O. Frings konstruiert; bei letzterem ist der Extraktionscylinder liegend und doppelwandig.

Hopfenextraktionsapparat und Verfahren von Steinecker in Freising, D. R.-P. 27695. Eine entsprechende Anzahl Kochapparate dient dazu, eine bessere Ausnutzung des Hopfens und damit Hopfenersparnis zu erzielen: 1. durch Überbrühen des Hopfens mit heifsem Wasser oder Durchströmen des frischen Hopfens mit Dampf, wodurch das Hopfenmehl löslich werde und mit dem heifsen Dampf oder mit dem Kondensationswasser in die Würze gelange; 2. durch das Überbrühen werde der Hopfen noch nicht extrahiert, sondern er müsse dann erst durch mehrmaliges Absieden mit jedesmal frisch gegebenem, reinem Wasser und Kochen in demselben extrahiert werden, worauf er dann 3. der Würze selbst zugeteilt werde, um nach dem Sude als wertlos entfernt zu werden[38]).

Hopfenextraktionsapparat von O. Kempe in Moskau (D. R.-P. 28080), eine Dampf-Hopfensudmaschine. Während ca. $^5/_8$ des Hopfens direkt in den Hopfenkessel gebracht werden, wird der Rest (ca. $^3/_8$) in den Extrakteur gebracht, dort unter Druck gekocht und der Extrakt, nachdem er einen über dem Kessel befindlichen Kühlapparat passiert, in fortwährender Strömung über dem Hopfen erhalten, wodurch eine vollständige Erschöpfung des letzteren stattfindet. Der abgekühlte Extrakt wird der Würze auf dem Kühlschiffe zugesetzt. Der Apparat von Kempe ist schon seit Anfang der 1890er Jahre in der Brauerei praktisch verwendet, und die Resultate scheinen günstig zu sein[39]).

Der Apparat von Gustav Heller in Prag (D. R.-P. 26888) beruht auf Gewinnung der flüchtigen Hopfenbestandteile und Aufschliefsung des Hopfens mit Wasser und Dampf bei 120° C. behufs Gewinnung eines wässerigen Extraktes, der zur passenden Zeit in den Hopfenkessel gebracht wird[40]).

Beim Patent Allert wird — nach Schwackhöfer — das aus dem mit der Hopfenzerreifsmaschine von Müller zerkleinerten und zerblätterten Hopfen ausgesiebte Hopfenmehl durch die Füllöffnung in einen doppelwandigen Digestionskessel gebracht und die entsprechende Menge Würze zugelassen. Die Blätter werden in gewohnter Weise der Würze in der Pfanne zugesetzt, um während des Kochens ihren Gerbstoff etc. abzugeben. Durch Einleitung der Dämpfe in den Zwischenmantel wird die Würze auf 88° C. erwärmt. Man läfst fortwährend so viel Würze zulaufen, dafs ein dünner Strahl aus der Kühlschlange austritt. Dabei wird die Temperatur im Kessel immer auf 87,5—88° C. gehalten und die Kühlschlange so weit abgekühlt, dafs das Ausfliefsende höchstens 10° C. besitzt. Um das Hopfenmehl zurückzuhalten, ist im Halse des Digestors ein Filter eingesetzt. Unten am Digestionskessel befindet sich ein Ablaufrohr, um die Würze vollständig abzulassen, seitwärts eine verschraubbare Öffnung zum Herausschaffen des Hopfens nach der Extraktion.

In der Nürnberger Allg. Br.- u. H.-Ztg.[41]) wird der Hopfenextraktionsapparat von Emil Weymar in Mühlhausen i. E. geschildert und bildlich vorgeführt (D. R.-P. 78353). Der Hopfen wird in einem besonderen Gefäfse beim Würzekochen miterhitzt und so ohne besondere Feuerung extrahiert und kondensiert[42]). Ebenda[43]) wird auch der Extraktionsapparat von R. Dietsche in Waldshut beschrieben und abgebildet und ebenso I9 der Hopfen-Koch-, -Kühl- und -Extrahierapparat von H. Stockheim in Mannheim (D. R.-P. 78343)[44]).

In der Allg. Br.- u. H.-Ztg. Nürnberg[45]) ist der Extraktionsapparat von E. Heinemann in Dortmund beschrieben. Weil 10—15% Extrakt haltende Würze den Hopfen nicht auslaugen kann, soll dies durch einen Kochapparat mit $^1/_2$—2% haltender Würze geschehen, welcher zwischen Läuterbottich und Würzepfanne eingeschaltet wird; der Apparat lehnt sich, dem Prinzip nach, an jenen von Theurer an (s. auch S. 812).

In der Allg. Br.- u. H.-Ztg.[46]) wird der Hopfenextraktionsapparat von A. Freundlich in Düsseldorf (D. R.-P. 61899) abgebildet und beschrieben.

In der Allg. Br.- u. H.-Ztg. Nürnberg[47]) ist der Apparat zum Auslaugen und Auspressen des Hopfens von August Willert in Berlin (D. R.-P. 91117) abgebildet und beschrieben[48]).

In der Allg. Br.- u. H.-Ztg.[49]) ist abgebildet und beschrieben der Hopfenseiher vom Brauereidirektor H. Palm in Hamburg-Uhlenhorst.

In der Allg. Br.- u. H.-Ztg.[50]) ist abgebildet und beschrieben die Vorrichtung zum Zerreifsen und Extrahieren des Hopfens von Heinrich Schade und Michael Haus in Dortmund (D. R.-P. 89688).

In der Wochenschr. f. Brauerei[51]) ist der Apparat von Eisenberg & Schmöger in Dortmund geschildert, ein Hopfen-Destillier- und -Extraktionsapparat, welcher nach O. Reinke alle Verfahrungsarten gestattet. Derselbe war schon vor mehreren Jahren in einer Anzahl rheinischer Brauereien im Betrieb. Er soll leicht aufzustellen, leicht in Betrieb zu setzen und leicht zu reinigen sein. Die damit hergestellten Biere befriedigten angeblich vollkommen im Bouquet und Geschmack und sollen erhebliche Ersparnisse an Hopfen gestatten.

Auch in der Wochenschr. f. Brauerei[52]) ist das Verfahren zur Auslaugung des Hopfens von Emil Heinemann in Dortmund (D. R.-P. 83044 vom 18. November 1893) erwähnt; der Kochapparat ist zwischen Läuterbottich und Würzepfanne eingeschaltet (s. S. 811).

In der Wochenschr. f. Br.[53]) ist der Hopfenauslaugungsapparat von C. A. Neudecker in Offenbach a. M. abgebildet und beschrieben (D. R.-P. 31035 vom 3. Februar 1894).

In der Wochenschr. f. Br.[54]) ist der Apparat zum Extrahieren des Hopfens von Heinr. Stockheim in Mannheim (D. R.-P. 78743 vom 30. Dezember 1893) abgebildet und beschrieben.

In der Wochenschr. f. Br.[55]) ist der Hopfenextraktionsapparat von Grauer & Weltin in Konstanz (Gebrauchsmuster 22533) beschrieben.

In der Wochenschr. f. Br.[56]) ist die Abläuterungsvorrichtung für Hopfenextraktionsapparate von Rud. Dietsche in Waldshut, Baden (D. R.-P. 80410 vom 10. Januar 1894) abgebildet und beschrieben.

Ein eigentümliches Verfahren, das ätherische Öl beim Würzesieden vor Verflüchtigung zu schützen, indem man die bereits genügend gekochte Würze in einen hermetisch verschlossenen Cylinder mit dem zerkleinerten Hopfen in Berührung bringt, hat ein Grofsbrauer in Louisville, Nordamerika, Ky., Frank Fehr, Geschäftsführer der Louisiana-Brauerei in New-Orleans, erfunden[57]); man hat aber auch nichts mehr davon gehört.

Eisenberger und Schmöger in Dortmund (D. R.-P. 99564, s Zeitschr. f. d. ges. Brauwesen 1899, S. 35 die Abbildung) haben einen periodisch wirkenden Extraktionsapparat konstruiert; auch Allg. Br.- u. H.-Ztg. 1898, II, 2686.

Hodson in London (D. R.-P. 3583) will die Verflüchtigung der ätherischen Öle beim Hopfenkochen dadurch verhindern, dafs er das fertige Bier kalt hopft, indem er es unter Druck durch Hopfenlagen gehen läfst. Das im Hopfen verbleibende Bier wird durch Pressen entfernt. Der rückständig bleibende Hopfen wird dann in gewöhnlicher Weise durch Kochen mit Würze extrahiert und weiter verwertet.

Nach Davis in London (D. R.-P. 26495) enthält der schon einmal zum Brauen verwendete Hopfen noch 40—60% extrahierbare, bittere Essenzen. Er hat einen Apparat konstruiert, um solchen schon einmal gebrauchten Hopfen zu trocknen und für die Wiederverwendung aufzubewahren[58]). Die Sache hat namentlich auch deshalb Interesse, weil solcher Hopfen resp. Hopfentreber, namentlich in teuren Jahren, in der Hopfenware wieder zum Vorschein kommen kann.

In der Allg. Br.- u. H.-Ztg. 1883, II, 965 ist das Hopfenextraktionsverfahren von W. G. Forster in Streatham Common (England, D. R.-P. 24921) eingehend beschrieben; die Sache ist aber etwas verworren.

In der Allg. H.-Ztg. 1879, II, 789 ist der Hopfenextraktionsapparat von H. u. G. C. Clausen in New-York und G. W. Wundram in Jersey-City-Heights, für die Vereinigten Staaten patentiert, abgebildet und beschrieben.

Bis jetzt haben alle diese Versuche mit den Hopfenextraktionsapparaten in Deutschland und Österreich keine besonders erspriefslichen Resultate gebracht. Wir haben weiter oben schon betont, dafs die Gerste, wenn man sie, der besseren Ausbeute wegen, zu stark maltraitiert, dem Bier schlechten Geschmack gibt; es ist ebenso bei Thee, Kaffee etc. und sicher noch mehr beim Hopfen der Fall. Ob die schlechter schmeckenden, später extrahierten Stoffe schon von Hause aus einen derartigen minderwertigen Geschmack haben, oder ob sie ihn erst durch die Extraktion erhalten, ist praktisch gleichgültig. Auf Bemerkungen derer, welche so etwas empfehlen, dafs der Geschmack des Bieres vortrefflich gewesen sei, wird kein gut situierter Brauer etwas geben; mich amüsieren solche Äufserungen stets ganz besonders. Wenn man nur einen solchen Frevler mit Trinkstrafen durch sein eigenes, vortrefflich schmeckendes Gebräu heimsuchen könnte, dann würde es da bald nicht mehr so viel Unternehmungslustige geben.

Nach Thausing[59]) hat man in Österreich wohl Hopfenextraktionsapparate versucht, sie scheinen aber wieder aufser Verwendung gekommen zu sein. In Deutschland werden sie da und dort benutzt, aber anders als in Amerika, weil die Konsumenten das parfümierte, nichts weniger als angenehm schmeckende Bier nicht trinken mochten. Man arbeitet also, wo es überhaupt der Fall, mit offenen Extraktionsgefäfsen, damit das Hopfenaroma (das ätherische Öl) gröfstenteils entweichen kann. Hopfen und Extrakt werden vor dem Ausschlagen in die Würzepfanne gegeben, oder man extrahiert den Hopfen durch die Nachgufswürzen, welche durch das offene Extraktionsgefäfs hindurchgeleitet werden.

Man sagt, dafs durch die Verwendung der Extraktionsapparate die Schaumhaltung der Biere geringer werde, einmal weil weniger Hopfen genommen wird, dann weil schaumbildende Hopfenbestandteile unlöslich werden.

A. Lang[60]) sagt am Schlusse eines Artikels über Extraktbestimmungen der morphologischen Elemente der Hopfenzapfen: Ebenso können wir einer Behandlung des Hopfens in geschlossenen Apparaten, welche den Zweck haben, ein Entweichen der leichter flüchtigen Hopfenbestandteile, insbesondere des Hopfenöls, zu verhindern, sowie einer zu kurzen Kochdauer, bei der solche Bestandteile in gröfserer Menge in der Würze verbleiben, nicht das Wort reden, da die daraus resultierenden Biere ein zu starkes Hopfenaroma zeigen, wie es besonders bei dunklen Bieren nicht beliebt ist.

Es sind uns wiederholt aus der Praxis Mitteilungen gemacht worden, und liegen anderseits Erfahrungen vor, dafs derartige Extraktionsapparate zur besseren Ausnutzung des Hopfens den an sie gestellten Anforderungen, besonders in Bezug auf den Geschmack des Bieres, nicht entsprochen haben und mangels der ihnen zugeschriebenen Vorteile wieder beseitigt wurden.

In jenen Brauereien Österreichs, welche zur besseren Ausnutzung des Hopfens thatsächlich mit dem Hopfenextraktionsapparat arbeiten, sieht man sich genötigt, das gleichzeitig mit dem Extrakt im Apparate gewonnene Hopfenöl dem Bier resp. der Anstellhefe, gesondert vom Extrakte, beizugeben, da sich dasselbe auf dem Kühlschiffe nicht mit der Würze binden würde[61]). Trotzdem aber mit Hilfe dieser Apparate der Verlust von aromatischen Hopfenbestandteilen fast ganz verhindert wird, wollen sich die Brauereien doch nicht recht für diese Art von Hopfenverarbeitung erwärmen, was wohl in den hohen Anschaffungskosten begründet ist, welche den Vorteil der höheren Hopfenausbeute fast ausgleichen.

Wie man sieht, ist bereits eine grofse Zahl solcher Extraktionsapparate vorhanden. Dieselben sind natürlich in der Hauptsache alle mehr oder weniger miteinander verwandt. Der Brauer kann also wählen, mit welchem Apparat er zu arbeiten gedenkt, um kolossal an Hopfenquantität zu sparen, gleichzeitig mit Hopfen II. und III. Qualität feinstschmeckende Biere zu machen. So sagen wenigstens die Erfinder, einzelne chemische Technologen und auch einzelne Brauer, welche damit gearbeitet haben oder damit noch arbeiten; dafs die letzteren nicht sagen werden, ihr Bier sei nicht von besonders beliebtem Aroma und Geschmack, versteht sich von selbst. Es ist nur auffallend, dafs die in der Sache ganz unkundigen Konsumenten oft oder fast immer sich von Lokalen, wo solche vortrefflichen Biere verzapft werden, fernhalten und dann — bar aller nationalen Gesinnung — dem schlechten Pilsener nachlaufen, und das alles erst seit der Zeit, in welcher sich diese grofsartigen Fortschritte in der Bierbrauerei einzubürgern versucht haben.

Beim Hopfenkochen handelt es sich nicht nur um gute Extraktion des Hopfens, sondern vor allem auch um den Geschmack des Bieres. Es bleibt dabei zu berücksichtigen, dafs beim

Allzunahekommen der vollkommenen Ausbeute beim Hopfen wie beim Malze grobe, schlecht schmeckende Stoffe ausgezogen und der Würze einverleibt werden. Beim Hopfen ist das noch gefährlicher als beim Malz.

Das Zerblättern des Hopfens dürfte für die möglichst hohe Ausbeute günstiger wirken als zu langes Kochen. Aber auch das Zerblättern (Zerreifsen) des Hopfens ist nicht ohne Nachteile, einmal wegen Verlustes an Aroma, dann weil die Verteilung des Hopfenmehls, auch der Becher, Trübungen der Würze herbeiführen kann.

Beim ätherischen Öl wissen wir bestimmt, dafs beim Hopfenkochen die feinsten Hopfenöle zuerst, bei niedersten Siedepunkten, übergehen, die minder feinen später, bei höheren Siedepunkten. Ähnlich wird es sehr wahrscheinlich mit den Bitterstoffen sein, und verschiedene Beobachtungen bestätigen diese Ansicht (s. S. 669), daher man wohl sagen kann, dafs die feinaromatischen, flüchtigen Bitterstoffe, wie sie für lichte Biere erwünscht wären, zuerst übergehen, die schweren, rauheren, derben Bitterstoffe, wie sie sich mehr für dunkle Biere eignen, später und zuletzt.

Die Gerbsäuren und organischen Säuren, welche die Klärung bewirken, lösen sich ebenfalls leicht in der Würze, aber zum richtigen Bruch der Würze ist es nötig, dafs sie eine Zeitlang in der kochenden Würze verbleiben. Die Gerbsäure erzeugt die Flockenbildung und den Bruch, die organischen Säuren bewirken mehr eine Aufhellung der Würze.

Die Farbstoffe gehen immer schwer in Lösung, oft erst nach dreistündigem Kochen.

4. Hopfenextrakte als Dauerpräparate[62].)

Es liegt nahe, dafs es von aufserordentlicher Wichtigkeit wäre, wenn es gelänge, die wirksamen Stoffe des Hopfens in konzentrierten Extrakten (von Zapfen und Sekret) zu vereinigen und so, unverändert, lange aufzubewahren.

Wenn auch die Hopfenkonservierung in Quadrat-Ballen und -Büchsen grofse Fortschritte gemacht hat, so ist das doch noch weit entfernt, ein endgültig befriedigendes Resultat darzustellen für die Konservierung und Packung des Hopfens.

Die konzentrierten Hopfenextrakte hätten in kleinen Stoffmengen grofse Mengen wirksamer Substanz; bestehen doch 60% des Hopfens nur aus wertloser Cellulose (Hopfenstroh). Diese kleinen Mengen würden leicht aufzubewahren, leicht und billig zu transportieren sein etc.

Die Konservierung in Büchsen ist immer noch eine beschränkte, verlangt teure Behälter, hohe Spesen für Tara und Fracht, während die völlig erschöpften Zapfen für den Brauer keinerlei Wert haben; einigermafsen kommen sie allerdings als Filtermasse in Betracht.

Im Hopfenextrakt könnten in reichen Erntejahren die Überschüsse leicht für die folgenden Jahre aufgehoben werden, wodurch die ganz aufserordentlichen Preisschwankungen in Wegfall kämen.

Schon in den 1850er Jahren wurde von Schröder und Rautert in Mainz ein Hopfenextrakt hergestellt, welches — nach Habich — sehr brauchbar gewesen sein soll. Da der Absatz fehlte, ging die Fabrik wieder ein.

Es mufs aber schon anfangs der 1840er Jahre Hopfenextrakte gegeben haben, denn Balling machte schon 1843 in Prag Brauversuche damit, die nicht günstig ausfielen[63]).

Gehlen hat schon 1803 solche Versuche gemacht[64]).

Dafs derartige Bestrebungen eine Berechtigung und im Falle des vollkommenen Gelingens eine grofse praktische Bedeutung haben, wird niemand bestreiten wollen, weshalb es auch zu begreifen ist, wenn ab und zu in dieser Sache immer wieder neue Bestrebungen auftauchen. Im Gelingensfalle würden diese Dauerpräparate die rationellste Ausnutzung des Hopfens gestatten. Zugleich wäre der Brauer in die Lage versetzt, die Aromatisierung des Bieres mehr von seinem Willen abhängig zu machen, als jetzt der Fall ist. Ob damit eine in chemischer Beziehung richtig zusammengesetzte, für den Gärungsprozefs und die Haltbarkeit des Bieres geeignete Würze erreichbar ist, kann natürlich vorerst noch nicht bestimmt beantwortet werden.

Durch das Auskochen des Hopfens im praktischen Brauereibetrieb werden erfahrungsgemäſs demselben keineswegs sämtliche wirksame Bestandteile entzogen. Auch die Würze, welche früher im Hopfenstroh stecken blieb, würde gespart. Das Brauverfahren würde vereinfacht. Der Handel würde eine völlige Umgestaltung erleiden, die Frachtkosten würden enorm vermindert. In jedem Produktionsgebiet könnten solche Hopfenextraktionsfabriken bestehen, welche bei den verhältnismäſsig geringen Anlagekosten die weitestgehenden Garantien für reelle Arbeit etc. bieten könnten. Die Anhäufung und Unverkäuflichkeit des Hopfens, Preisschwankungen etc. könnten beseitigt werden. Diesen günstigen Umständen stehen aber viele Bedenken gegenüber.

Theoretisch kann diese Frage nicht gelöst werden, sondern nur durch praktisches Probieren, wobei natürlich, im eigenen Interesse der Unternehmer, die Lehren der Wissenschaft zu Rate zu ziehen sind.

Es machten sich bisher namentlich zwei Methoden der Hopfenkonservierung durch Herstellung von Dauerpräparaten aus den leicht veränderlichen Bestandteilen geltend. Breithaupt in Straſsburg wollte nur das leicht veränderliche Hopfenöl isolieren und gesondert aufbewahren, später mit dem entölten und so leichter aufzubewahrenden, trockenen Hopfen dem Bier zusetzen.

Auf dieses Verfahren würde alles das nicht zutreffen, was wir zu Gunsten gelungener Dauerpräparate gesagt haben, wohl aber auf die folgenden Methoden.

Andere, wie Boulé in Frankreich[65]), wollten alle wirksamen Bestandteile des Hopfens extrahieren und — vor Veränderung geschützt — aufbewahren.

Ähnlich wie Boulé arbeiteten die Hop Extract Works in Waterville (Nordamerika), welche den Hopfen mit heiſsem Wasser auslaugen; der eingedickte Extrakt sieht aus wie Stiefelwichse und wird nur in sehr teuren Hopfenjahren in Nordamerika zur Herstellung geringwertiger Biere verwendet.

Eine sehr beachtenswerte Schilderung der Hopfenextraktfabrik in Waterville, Oneida County (New York State) hat C. Fruwirth[66]) gebracht. Diese Fabrik bestand damals schon 15 Jahre, heute besteht sie also 27 Jahre. Sie steht unter der Leitung eines sehr intelligenten chemischen Technologen, des Herrn W. A. Lawrence. In 15 Jahren hat sie an 2 Millionen englische Pfund (1 Pfd. = 0,4535976 kg), also nahezu 20000 Ztr., zu Extrakt verarbeitet und stets Absatz für ihr Produkt gefunden.

Es wird von ihr auch der Hopfen von Brauereien extrahiert; bei weniger als einer Waggonladung werden dann per 1 Pfd. 5 Cents berechnet, bei ein bis zwei Waggonladungen $4\frac{1}{2}$ Cents und bei mehr als zwei Waggonladungen $4\frac{1}{4}$ Cents per 1 Pfd. Dabei werden von jedem Ballen 7 Pfd. Tara in Abzug gebracht.

Die im Ballen stark gepreſsten Hopfen sind schwer zu extrahieren. Sie passieren daher erst Apparate, welche wie weit gestellte Stiftendreschmaschinen eingerichtet sind. Dann kommt er in Drahtcylinder, diese in liegende Kessel, wo der Hopfen bei 140° F. ca. $\frac{1}{2}$ Stunde mit Äther beisammen bleibt. Nun wird der Inhalt (Öl und Hopfen) in einen andern Kessel abgelassen, welcher sich im Erdgeschoſs befindet. In diesem auch durch Dampfmantelheizung erwärmten Kessel geht in zwei Stunden die Verdampfung des Äthers vor sich, welcher dann wieder verdichtet wird.

Sowie der Äther fort ist, ist der Extrakt fertig; er wird abgelassen und in Büchsen gefüllt und diesen sofort der Deckel aufgelötet. Ein Pfund des so gewonnenen Extraktes entspricht 12 Pfd. gewöhnlichen Hopfens. Die Preise werden auf dem Markte etwas billiger gehalten als der gewöhnliche Hopfenpreis. Da die Fabrik billig einkauft, steht sie sich sehr gut. Besonderen Vorteil hat sie bei der Einfuhr in die englische Besitzung Kanada, denn Hopfen zahlt dort 6 Cents Zoll per Pfund, Extrakt nur 20% vom Wert; wenn 1 Pfd. Extrakt = 12 Pfd. Hopfen ist, so ist der Gewinn bei Extrakteinfuhr leicht ersichtlich.

Die Anwendung betreffend, wird die Büchse mit dem entsprechenden Quantum (1 Pfd. auf 12 Pfd. nötigen Hopfens) mit einigen Löchern durchbohrt, $\frac{1}{2}$ Stunde vor dem Ende des Würzekochens an einer Kette oder an einem Strick auf den Boden des Würzekochers hinabgelassen, dann aufgezogen und die Kette so befestigt, dafs das Gefäfs einige Zoll über dem Boden ist.

Auch in Amerika stiefs die allgemeine Einführung des Extraktes auf Schwierigkeiten. Der Äther löst das ätherische Öl, die Hopfengerbsäure und das Hopfenharz; diese sind im Extrakt enthalten; die so wichtigen bitteren Hopfenstoffe jedoch, welche vom Alkohol, aber nicht vom Äther gelöst werden, fehlen dem Extrakt. Wie immer bei solchen Gelegenheiten wird dieser Mangel von den Unternehmern sogar noch als Vorteil in Anspruch genommen, weil die Autoren das ätherische Öl, die Harze und die Gerbstoffe als die wirksamen Bestandteile des Hopfens bezeichneten.

Der Extrakt nimmt nur den 20. Teil des Raumes ein wie der Hopfen, aus dem er hergestellt ist, und wiegt $^1/_{12}$ der unverarbeiteten Zapfen. Man rühmt die Gleichmäfsigkeit der Verwendung; aber auch hier werden die Hopfenstoffe verschiedene Grade der Energie in ihrer Wirksamkeit besitzen, die man zudem nicht feststellen kann.

Auch deutsche und österreichische Firmen haben sich mit der Herstellung solcher Präparate befafst.

Die Versuche, das Hopfenöl unter Verschlufs gesondert aufzubewahren, also Präparate von längerer Dauer daraus herzustellen, und das Öl erst zuzusetzen, wenn der vom veränderlichen Öl befreite Hopfen verwendet wird (System Breithaupt), haben bis jetzt zu keinem ernstlichen praktischen Ergebnis geführt.

A. Kempe, Braumeister in Moskau und Erfinder eines Hopfenextraktionsapparates[67]), sagt, dafs jeder Zusatz von unverharztem Hopfenöl zur Würze oder zum Bier letzteren unfehlbar einen unangenehmen terpentinartigen Geruch und Geschmack verleihe; deshalb seien nach seiner Erfahrung alle Versuche, alle Methoden, welche darauf abzielen, die ätherischen Öle vor dem Sieden, sei es durch Destillation oder auf andere Weise, zu entfernen und dieselben der Würze oder dem Bier nach dem Sieden zuzusetzen, zu verwerfen; die ätherischen Öle müfsten während des Siedens erst in aromatische Harze übergeführt werden. Da liegt offenbar der kritische Punkt. Das Hopfenöl, welches durch das Kochen in Lösung und mit den Bestandteilen der Würze in Wechselwirkung gekommen, ist eben das ursprünglich im Hopfen vorhandene Öl nicht mehr.

Noch weniger war dies bis jetzt der Fall mit den europäischen Gesamthopfenextrakten.

Alle diese Präparate halten sich nur mäfsig gut, was doch die Hauptsache sein müfste, und der Brauer hat nicht den geringsten Anhalt, die Herkunft in Bezug auf den verwendeten Hopfen, auf dessen Qualität und Brauwert, vor der Verwendung zu prüfen und festzustellen. Es fehlt jede Kontrolle über den Ursprung, die Qualität und den Gehalt des Materials.

Es können die ältesten und schlechtesten Hopfen Verwendung finden, selbst Surrogate. Nach einer Analyse des Kaiserl. Gesundheitsamtes in Berlin[68]) war ein solches Hopfenextrakt zweifellos mit einem Auszuge von Bitterklee (Menyanthe trifoliata) versetzt[69]),

Wir haben weiter oben (S. 678) gesehen, dafs die antiseptische Wirkung der Hopfenextrakte als Dauerpräparate gegen die bezügliche Wirkung frischen Hopfens ganz bedeutend abgeschwächt ist.

Der Umstand, dafs man mit solchen konzentrierten Mitteln zunächst nicht umzugehen wufste, hätte am wenigsten zu bedeuten, das würde sich lernen lassen wie vieles andere, was noch weit schwieriger ist.

In dem Berichte des Braumeisterbundes der Vereinigten Staaten (Nordamerika) gelegentlich ihrer Jahresversammlung 1896[70]) wird in Bezug auf die Hopfensurrogatfrage gesagt, dafs mehr als $^2/_3$ der nordamerikanischen Brauer überhaupt niemals Hopfensubstitute benutzt, und dafs solche, wo sie überhaupt teilweise zur Verwendung kamen, nur aus Hopfenextrakten oder Lupulin bestanden haben.

Sehr charakteristisch ist, dafs J. E. Thausing, welcher selbst eine Anzahl österreichischer Brauereien leitet, sagt[71]), dafs er während der Zeit von 1870—1886 viele Versuche mit diesen Hopfenextrakten und konservierten Hopfen gemacht habe und über keines derselben ein günstiges Urteil fällen könne.

Auch Dr. Max Ifsleib in Berlin[72]) sagt: die praktischen Versuche hätten gelehrt, dafs die Verwendung von Hopfenextrakten nicht den gleichen Erfolg sichere wie die Arbeit mit dem entsprechenden natürlichen Hopfenquantum.

In der Allg. Br.- u. H.-Ztg., Nürnberg 1887, I, 595 findet sich übrigens die auffallende Notiz, dafs nach dem Aprilbericht von Schimmel & Co. in Leipzig besonders Hopfenöl für den Export gesucht wird. Das aus ganzen Hopfenzapfen destillierte Öl, welches leichter flüchtig und duftiger ist, wurde dem aus blofsem Hopfenmehl bereiteten vorgezogen. Das Verhältnis des Öles zum Aroma des Hopfens stellt sich so, dafs 600 g des reinen Hopfenöles einem Quantum von 100 kg (2 Ztr. à 50 kg) geschwefelten bayerischen Hopfens entsprechen sollen. Es ist höchst bemerkenswert, dafs das aus ganzen Hopfenzapfen abdestillierte Öl feiner und deshalb gesuchter ist als das aus blofsem Hopfenmehl dargestellte. Wahrscheinlich wird eben in den in den Zapfen sitzenden Drüsen das Sekret (mit dem Öl) besser konserviert; sollten innere Drüsen beteiligt sein?

Im selben Jahrgang der Allg. Br.- u. H.-Ztg. (1887, II, 1451) sagt aber der Nordamerikaner W. A. Lawrence, dafs trotz der mehr als 20 Vorschriften und Verfahren, das aromatische Hopfenöl zu gewinnen und unabhängig vom Harz zu verwenden, kein Ale oder Lagerbier von anerkannter Güte existiere, welches diese Güte einem besonders gewonnenen und separat zugesetzten Hopfenöl verdanke.

In Deutschland haben nur die Breithauptschen Hopfenextrakte anfänglich einige Verwendung gefunden, es scheint aber nicht, dafs sie jetzt noch gebraucht werden, eben weil sie dem Bier ein fatales, haarölartiges Bouquet geben; offenbar verändern sich die ätherischen Öle bei der Darstellung in unvorteilhafter Weise; auch werden sie beim Würzekochen verändert.

Die verhältnismäfsig gröfste Verbreitung zum thatsächlichen Zweck der Biererzeugung haben nur die Hopfenextrakte der New York Hop Extract Company (Waterville) in den Vereinigten Staaten gefunden; doch ist auch das allem Anschein nach nicht von Belang.

Indessen gibt es auch bei uns noch solche Fabriken für Hopfenaroma. In der Wiener Zeitschr. Gambrinus (1899, Nr. 3 vom 1. Februar, S. 105) und bei den Annoncen kündigt die Firma Adolf Guggenheim in Gailingen (Baden) und Diessenhofen (Schweiz) ihr aus dem Öl des frischen Hopfens bereitetes Hopfenaroma an. Es soll den Bieren das echte Hopfenaroma geben und Schutz gewähren gegen die Verdrängung durch das echte Pilsener Bier.

1 l für ca. 200 hl Bier 32 Mark. Musterflaschen à $^1/_{10}$ l für 20 hl um 4 Mark, fracht- und zollfrei nach jeder Bahnstation. Wenn der Erfolg nicht befriedigt, wird der Betrag rückvergütet.

In neuerer Zeit werden auch in Belgien Hopfenextrakte hergestellt, über welche Norbert van Laer im Journal of the Federated Institutes of Brewing 1898, S. 294[73]) berichtet.

Das Lupulin (das Hopfenmehl) wird von den Zapfenblättern getrennt, die Blätter werden dann in einem Diffusionsapparat vollständig ausgelaugt und der Extrakt bis zur Syrupdicke eingedampft. Zu diesem Syrup wird das Lupulin gesetzt. Das Gemenge kommt in luftdicht verschlossene Gefäfse, in welche Kohlensäure eingeprefst wird.

Dieses in Belgien als »Normalhopfen« gehende Präparat soll unbegrenzt haltbar sein. Man kann also in hopfenreichen Jahren für hopfenarme Vorräte sammeln, die wenig Raum einnehmen.

Das Hopfengeben wird regelmäfsiger, Geschmack und Aroma des Bieres lassen sich gleichmäfsig erhalten. Ersparnis an Hopfen, Wegbleiben der Hopfenstengel, welche dem Bier schlechten Geschmack geben.

Früher setzte man den Extrakt eine halbe Stunde vor dem Ausschlagen zu, wobei viel ätherisches Öl verloren ging. Besser wäre es, ein Quantum Würze in ein verschlossenes Gefäfs (1 hl) und da hinein den Extrakt zu bringen, das verschlossene Gefäfs $^1/_4$ Stunde in die kochende Würze zu hängen, fünf Minuten vor dem Ausschlagen zu öffnen und den Inhalt in die Würze zu entleeren.

Man sollte mit diesem Extrakt nicht den ganzen Hopfen, sondern nur $^1/_3$ desselben ersetzen; $^2/_3$ des normalen Hopfens seien noch hinreichend zum erfolgreichen Filtrieren der Würze über den Hopfen. Die Ersparnis sei immer noch 30—40%[74]).

In der Hauptsache ist diese belgische Methode der Hopfenkonservierung nichts anderes als das Verfahren des Franzosen Louis Boulé, welches auch schon in Faſsbenders Technologie der Bierbrauerei, Bd. III, S. 462 geschildert ist; dasselbe ist zuerst in Compt rend., Bd. 102, S. 833 beschrieben.

Dr. Windisch knüpft daran einige Bemerkungen, welche den gegenwärtigen Standpunkt der Extraktfrage sehr gut kennzeichnen. Man könne in der Hauptsache gegen die Verwendung derartiger Extrakte nichts einwenden, selbst wenn man den ganzen Hopfen durch Extrakt ersetzte. Man muſs nicht unbedingt über Hopfen filtrieren, sondern man kann das Geläger auch durch Filtrieren mit Filterpressen ersetzen. Brauereien, die mit Hopfenextraktionsapparaten arbeiten, bringen zum Teil in die Hopfenpfanne auch keine festen Hopfenbestandteile, sondern nur den im Extraktionsapparat hergestellten Extrakt.

Von einer allgemeinen Verwendung derartiger Hopfenextrakte wird man erst reden können, wenn der Brauer sich dieselben selbst aus Hopfen, den er selbst begutachtet hat und kennt, herstellt. Man hat — und mit Recht — gegen alle Extrakte von schmieriger Beschaffenheit von vornherein Miſstrauen. Derartige Extrakte sind an sich der Untersuchung schwer zugänglich und Hopfenextrakte erst recht. Man hat also nur eine sehr geringe Kontrolle über die Güte derselben und wäre ganz und gar auf das Vertrauen zum Lieferanten angewiesen. Man thut aber entschieden gut, wenn man mit seinem Vertrauen in derartigen Angelegenheiten recht sparsam umgeht und den Handel mit Hopfenextrakten eher mit Miſstrauen auffaſst. Vorerst kann man von der Verwendung der Hopfenextrakte des Handels nur abraten, obgleich in jüngster Zeit auch wieder günstige, sogar sehr enthusiastische Urteile verlautbart worden sind[75]). Es kommt eben offenbar auch da sehr darauf an, die richtige, billige und solide Bezugsquelle zu finden.

Dauerpräparate erzeugen:

A. Breithaupt in Hagenau im Elsaſs (D. R.-P. Nr. 29591 und 36885). Das jüngste Patent datiert vom 27. November 1884. 1. Hopfenaroma, 2. Hopfenextrakt, 3. entölter Hopfen. Derselbe sucht für sein Hopfenaroma nur die aromatischen Bestandteile des Hopfens durch Destillation zu gewinnen und gesondert aufzubewahren. Wenn dieser vom veränderlichen Aroma befreite Hopfen zum Brauen verwendet wird, wird das Präparat (in Alkohol gelöstes Öl) in angemessenen Teilen mit dem Hopfen der Würze zugesetzt; das Extrakt kann dem Bier auch kalt zugesetzt werden[76]).

Herr Gregory (Berlin) hat in den 1870er Jahren Versuche nach dem Verfahren des Chemikers Breithaupt gemacht. Der Hopfen wurde entölt und das Öl nachher dem Seiher zugesetzt. Der entölte Hopfen wurde bräunlich. Scheinbar verlief alles gut. Die Biere wurden später in eigenem Lokale in Stuttgart zum Ausschank gebracht. Dort verkehrten viele ältere Herren, Professoren etc., die nur wegen des Hopfenaromas im Bier hinkamen. Das Bier hatte einen Geruch, wie wenn man einen frischen Hopfenzapfen zerreibt. Wir sind aber doch rasch wieder von dieser Methode abgekommen, weil wir für dieses Aroma sehr wenig Anhänger fanden.

Später machte er noch Versuche derart, daſs er den extrahierten Hopfen durchbraute und das Hopfenaroma nicht in den Grand gab, sondern eine Kleinigkeit davon, mit etwas Sprit vermengt, in jedes einzelne Faſs. Die Biere haben sich sehr schön gehalten, gehörten aber zu jenen Erzeugnissen, bei denen der Trinker nach dem dritten oder vierten Glase aufsteht. Und wer — probeweise — mehr trank, konnte es bis zum Erbrechen und für den andern Tag zu einem schweren Katzenjammer bringen. Vorsicht sei also bei solchen Neuanschaffungen sehr am Platze[77]).

Boulé in Frankreich (D. R.-P. 26434). Er stellt aus den ganzen Zapfen Extrakte her, die er mit Lupulin vermischt[78]). Das Lupulin wird aus den zerrissenen Zapfen abgesiebt, der Gerbstoff mit Wasser ausgelaugt und mit der eingedampften syrupartigen oder pulverigen Masse das Lupulin vermischt. Das Ganze wird in Büchsen mit Kohlensäure aufbewahrt[79]). Boulé nennt das Normalhopfen.

Der Engländer Forster (D. R.-P. 24911) will durch Destillation mit Wasser oder Dampf das ätherische Öl von den Zapfen trennen, die Zapfen dann mit Schwefelkohlenstoff extrahieren, dann den letzteren beseitigen und das Extrakt mit Kali- oder Natron-Lauge neutralisieren.

Schweifsinger in Dresden und Louis Hoffmann in Hamburg (D. R.-P. 54812) extrahieren die Hopfenblätter mit Wasser, das Lupulin mit Äther. Nach Dr. Ifsleib wird das Extrakt so gewonnen, dafs die Hopfenzapfen zuerst vom Mehl befreit werden; dann werden beiden die wirksamen Bestandteile getrennt entzogen. Die Hopfenhüllen werden mit Wasser und das Hopfenmehl mit einem Gemisch von 10 Teilen Äther und 90 Teilen Alkohol (eventuell auch nur mit Alkohol und Äther) extrahiert. Die Blätterauszüge werden bei niederer Temperatur eingedickt, mit dem durch Verdunstung verdickten Alkoholextrakt mit den Drüsen vereinigt und innig vermischt. Das Extrakt hat nach Ifsleib eine grünlich-schwarze Farbe und im hohen Grade den charakteristischen Geruch und Geschmack des Hopfens. In kaltem und warmem Wasser zerfällt das Extrakt, indem sich die wasserlöslichen Bestandteile lösen, während die un- bezw. schwer löslichen Bestandteile in der Flüssigkeit fein verteilt (suspendiert) sind. Alkohol und Äther, ebenso Chloroform und Petroläther lösen das Extrakt teilweise. Beim Veraschen bleibt ein geringer, aus den im Hopfen vorkommenden Kalk-, Magnesia-, Kali- und Eisen-Verbindungen bestehender Rückstand.

Eine eingehende chemische Untersuchung des Extraktes ergab die Anwesenheit von Hopfenöl, Hopfenharz, Hopfenbitter und Hopfengerbsäure in reichlichen Mengen. Ifsleib nennt es ein zweifellos rationell bereitetes Extrakt, welches sich vorteilhaft von den früheren im Handel befindlichen Hopfenextrakten unterscheide. Ifsleib empfiehlt nachdrücklich eingehende Versuche mit diesem Präparat. Dieses Hopfenextrakt hat also auch die Bittersäuren.

Das Extrakt wird in Büchsen aufbewahrt und die Löslichkeit soll sehr leicht und bequem sein.

Im allgemeinen wird bei diesen Extrakten gerechnet, dafs 1 Teil 5 Teilen Hopfen entspricht. Die Urteile über dieses Schweifsingersche Extrakt sind zum Teil gut lautend, aber noch nicht spruchreif. Bei einer Probe mit Saazer Hopfenextrakt in einer Hamburger Brauerei war der Biergeschmack »fischig«.

Werner in Stuttgart (D. R.-P. 23128) will dem Bier beim Verzapfen Hopfenaroma zuführen dadurch dafs er Luft durch ein mit Hopfen gefülltes Säckchen und dann dem Bier zuleitet.

Hitz in Prag (D. R.-P. 12213) will ein hopfenaromatisches Brauerpech herstellen, indem er geschmolzenem Pech 5% Hopfen beimengt und beim Durchgang durch ein Drahtgeflecht die Zapfenreste wieder entfernt; solchem Pech soll noch $^1/_{100}$% Hopfenöl beigemengt werden; in Fässern mit solchem Pech soll das Bier haltbarer und aromatischer werden.

L. Grözinger in Cannstatt hatte ebenfalls ein Verfahren der Hopfenextraktdarstellung erfunden[80]). Das an die Redaktion eingesendete Präparat war völlig klar und von goldgelber Farbe, mit starkem, frischem und feinem Hopfengeruch; dasselbe sollte erst dem fertigen Bier zugesetzt werden, also nur zur Ergänzung fehlenden Hopfenaromas dienen. Obgleich der Erfinder sagt, die Herstellung sei so einfach, dafs sie in jeder Brauerei ohne besondere Schwierigkeit bewirkt werden könne, hat man nichts mehr davon gehört.

Es ist übrigens merkwürdig, dafs diese Sache, welche bei uns in Mitteleuropa nicht aus dem Stadium des Versuches hinauskommt, allem Anschein nach in den Vereinigten Staaten von Nordamerika doch bereits in umfangreicher praktischer Verwendung steht.

Dr. Ifsleib in Bielefeld[81]) sagt nämlich in einer Besprechung der Hopfenextrakte, dafs die Wichtigkeit derselben dort — in Nordamerika — mehr und mehr erkannt werde, dafür liefere die Existenz einer blühenden Hopfenextraktfabrik in Amerika (Hop Extract Companie zu Waterville, New York State) einen sprechenden Beweis. Die praktischen Amerikaner pflegten an allen Neuerungen einen sehr strengen Mafsstab anzulegen, und der Umstand, dafs die Fabrik im grofsen Mafsstab Hopfenextrakt herstellt und vertreibt, sei so schwerwiegend, dafs es durchaus angezeigt sei, auch den deutschen derartigen Fabrikaten die entsprechende Aufmerksamkeit zuzuwenden.

Ein Hopfenextrakt-Darstellungsverfahren ist ferner Aug. Fölsing in Düsseldorf patentiert (D. R.-P. Nr. 59525 vom 8. August 1890)[82]).

Zur Darstellung des Hopfenextrakts dient eine Batterie von kupfernen Diffuseuren. Die Diffuseure werden mit Hopfen und entsprechenden Wassermengen gefüllt; hierauf wird bei 1½ Atmosphären und ca. 60° Temperatur der Hopfen extrahiert, indem entweder der Druck durch Druckpumpen erzeugt und die betreffende Temperatur durch eine in dem Diffuseur befindliche Dampfschlange hervorgebracht wird, oder indem gespannter Dampf in den Extrakteur geleitet und direkt zur Auslaugung des Hopfens verwendet wird.

Um vollständige Extraktion zu bewirken und rationelle Ausbeute zu erzielen, namentlich das Hopfenharz, welches in Wasser sehr schwer löslich ist, ferner auch das ätherische Hopfenöl, welches mehr als 600 Teile Wasser zur Lösung braucht, unoxydiert zu gewinnen, wird dem Wasser ungefähr 2,5% einer Gummiart zugesetzt. Als besonders geeignet erwies sich Gummitragant. Der resultierende Auszug wird im Vakuum eingedampft.

Noback und Gintl in Prag (D. R.-P. 34953) wollen sowohl den Kräusen- und Hopfentrieb-Schaum, wie er durch Sammeln in einem Filtersack oder in einem Seihtuche gewonnen wird, als auch den Hefesatz, dann das Kühl- und Faſs-Geläger, welche alle noch bittere und harzige Hopfenstoffe enthalten, und das zuvor getrocknete, bekanntlich meist schlecht extrahierte Hopfenstroh der Brauereien mit Alkohol erschöpfen, den alkoholischen Auszug durch Destillation von Alkohol befreien und den Rückstand mit kohlensaurem Natron in Lösung bringen; die alsdann eingedampfte Lösung bildet ein Gemenge von bitteren Hopfenharzen. Aus diesem Gemenge wird durch Auflösung mit ätherhaltigem Alkohol entweder ein Anstrichlack für Brauereigefäſse hergestellt, oder es werden aus dem Harzgemenge, nachdem es wieder in Lösung gebracht ist, die Bitterstoffe mit einer Säure gefällt und können dann in geeigneter Form als teilweiser Ersatz des Hopfens bei der Bierbereitung dienen.

Alle diese Patente, mit Ausnahme jenes von Schweiſsinger in Dresden (D. R.-P. 54812), dürften längst erloschen sein, sind also nicht zur praktischen Bedeutung gelangt.

Ohne Zweifel waren die Bestrebungen Breithaupts sehr reeller Natur; derselbe hat für seine Idee groſse Opfer gebracht, und das letzte Wort ist in dieser Sache noch nicht gesprochen, wenn das auch dem verdienstvollen Autor kaum mehr nutzen wird. Das ätherische Öl wird durch Dampf und dann durch einen starken Luftstrom dem Hopfen entnommen, durch Abkühlung gewonnen und in starkem Alkohol gelöst, während der Hopfen mit den andern Hopfenstoffen von Luft befreit, getrocknet, gepreſst und luftdicht verschlossen verpackt wird[83]). Das in Alkohol gelöste Hopfenaroma wird in Flaschen dem entölten Hopfen beigegeben.

Dieses Breithauptsche Öl ist eine farblose, feinaromatisch riechende Flüssigkeit von immerhin eigentümlichem, medizinischem Nebengeruch, welchen frischer Hopfen nicht hat. Es ist also sehr wahrscheinlich, daſs es bei der Destillation Veränderungen erleidet, wie das ja bei allen ätherischen Ölen der Fall ist. J. Hanamann in Lobositz (Böhmen)[84]) hat einige Versuchssude mit und ohne das Breithauptsche Präparat gemacht und gefunden, daſs das Bier mit Hopfenaroma für den ersten Trunk einen fremdartigen, medizinischen Geschmack hatte, der besonders nach längerem Stehen des Bieres hervortrat. Es liegen aber auch Äuſserungen intelligenter Brauer des Auslandes vor, welche das Hopfenaroma Breithaupts mit Erfolg für Exportbiere in Fässern und Flaschen verwendet haben und neben dem feinen Bouquet dieser Biere auch noch hervorheben, daſs dieselben sich sehr haltbar erwiesen, indem das Hopfenaroma antiseptisch wirkte. In Bayern liebt man sehr hopfenaromatische Biere nicht, da reicht die Verwendung des entölten Hopfens Breithaupts hin und statt der Beigabe des Hopfenaromas eine kleine Beigabe feinen, unentölten Hopfens, der Würze kurz vor dem Ausschlagen zugesetzt oder bloſs im Hopfenseiher damit infundiert.

Das in dunklen Flaschen hermetisch verschlossene A. Breithauptsche Hopfenaroma sollte in Kellern aufbewahrt werden, weil Luft, Licht und Wärme dessen Haltbarkeit schädigten. Auch die Anwendung machte Schwierigkeiten, daher manche miſslungene Versuche. Um das richtige Quantum genau auf 1—10 oder 100 hl Bier anwenden zu können, wurde das Aroma in hektoliterweise graduierten Flaschen geliefert, welche 10 hl, und auch in gröſseren Flaschen, welche 100 hl Bier entsprechen; auf 1 hl gehört $^1/_{100}$ l Aroma, auf 10 hl $^1/_{10}$ l und auf 100 hl ein ganzer Liter Aroma [85]).

Beim Abziehen des Bieres vom Gärbottich in das Bruch- oder Lager-Faſs wurde das betreffende Quantum Aroma in das zum Dritteil angefüllte Faſs eingegossen, das Faſs vollends angefüllt und dann der Inhalt umgerührt. Manche hatten guten Erfolg, wenn sie den gröſseren Teil des Aromas der Würze beim Beginn der Gärung zusetzten. Wenn das Bier nicht glanzhell ist, soll es auf Späne abgezogen werden. Bei dem Versand auf weiteren Transport sollte etwa $^1/_{10}$ des vorgeschriebenen Quantums Aroma dem schon lange mit Aroma versehenen, gelagerten Bier beigemengt werden, und richtet sich diese Zugabe nach dem Dafürhalten des Brauers.

Biere, welche herb oder schal sind oder einen andern Beigeschmack zeigen, lassen sich durch Anwendung des Aromas ebenfalls verbessern, wie auch das Aroma bei Flaschenbieren — trotz des Pasteurisierens — zur Veredelung des Geschmackes und Haltbarkeit des Bieres beiträgt.

Bei sämtlichen Bieren, welche mit Aroma versetzt wurden, ist hauptsächlich zu bemerken, daſs sie anfangs einen herben Hopfengeschmack besitzen, welcher sich erst nach 6—8 Tagen Lagerzeit in ein feines, angenehmes Bouquet verwandelt, so daſs die genannte Lagerzeit sehr zu empfehlen ist.

In der Allg. H.-Ztg. 1876, S. 659 findet sich eine Annonce des Herrn A. Breithaupt, Chemiker und Hopfenproduzent in Hagenau im Elsaſs, Ankündigung eines patentierten, allgemein anerkannten Systems zur jahrelangen Aufbewahrung des Hopfens durch Entölung, samt seinem Gehalt an Bitterstoff, Gerbstoff und Hopfenharz sowie an feinem Hopfenaroma:

Entölte Hopfen, welche mit gleichem Erfolge verwendet werden können wie alle andern, sind stets billiger als der jeweilige Tagespreis.

Hochfeines Hopfenaroma, stets aus frischen Hopfen bester Qualität gewonnen, welches sämtlichen Bieren durch Zusatz vor oder nach der Gärung das natürliche, echte Hopfenbouquet mitteilt:

In grünen, mit Glasstöpsel versehenen graduierten Flaschen, für 10 hl Bier ausreichend, nebst Gebrauchsanweisung	M. 5
In graduierten Flaschen für 100 hl Bier	» 45
In Blechkannen für 1000 hl Bier	» 400
Hopfenaroma aus böhmischen Hopfen 10% teurer.	
Bitterer Hopfenextrakt zur Verstärkung schwach gehopfter Biere nebst Gebrauchsanweisung per Kilo	» 30

Das A. Breithauptsche Hopfenextrakt bildet eine braune Masse, welche in konzentriertem Zustande das Hopfenharz, die Gerbsäure und den Bitterstoff des Hopfens enthält. Man sucht damit schwach gehopften Bieren die fehlenden Bestandteile zu ersetzen. Für den Hektoliter Bier werden 15—20 g (je nach Geschmack) in heiſsem Zuckerwasser aufgelöst, durch einen Trubsack filtriert und nach dem Erkalten durch einen langen Trichter dem Bier auf dem Fasse, ohne die Bodenhefe aufzurühren, zugesetzt; das Ganze überläſst man der weiteren Nachgärung, bis die Biere wieder klar sind. Solchen mit Hopfenextrakt verbesserten Bieren muſs man aber auch Hopfenaroma geben, um das fehlende Bouquet zu ersetzen.

Der Breithauptsche Extrakt wird namentlich für überseeische Länder beachtenswert sein, schon wegen des bequemen Transportes. Dazu werden per Hektoliter Bier 120—150 g Extrakt, in heiſser Würze aufgelöst, gegeben und kann nach einer Stunde Kochens der Sud zum Kühlen gebracht werden; natürlich müssen auch diese Biere Aroma erhalten [86]).

Untersuchungen über Hopfenextrakte des Handels[87]).

Der Amerikaner Fr. Wyatt berichtet im Brauer-Journal, November-Nummer 1898[88]), über die Untersuchung einer grofsen Anzahl in Amerika kursierender Hopfenextrakte.

Des Vergleiches wegen stellte er sich zunächst aus einem einjährigen New-Yorker Hopfen im Laboratorium selbst einen Petrolätherextrakt her und untersuchte dann noch 13 weitere Hopfenextrakte des Handels. Das Resultat war folgendes:

Nr.	Spezifisches Gewicht	Wassergehalt bei 93,0° C.	Trockensubstanz	Asche in der Trockensubstanz	Blätter, Sand etc. in der Trocken-Substanz	Unlöslich in Petroläther, Hartharze, Blätter und Mineralien	Weichharze
1	1,0227	8,96	91,40	Spur	0,00	0,00	91,04
2	1,0453	21,50	78,50	0,15	0,00	3,13	75,37
3	1,0457	7,27	92,73	0,93	0,65	8,63	84,10
4	1,0375	8,19	91,81	0,46	1,17	5,36	86,45
5	1,0552	4,82	95,18	0,72	0,00	7,76	87,42
6	1,0501	7,18	92,82	1,30	0,00	16,23	76,59
7	1,0486	9,95	90,05	0,82	0,00	15,41	74,64
8	1,0543	7,04	92,96	0,96	0,39	16,71	76,25
9	1,0482	8,71	91,29	0,79	0,46	16,15	75,14
10	1,0302	5,56	94,41	1,17	0,00	20,65	73,79
11	1,0431	10,15	89,85	1,17	0,00	34,67	55,18
12	1,0768	12,58	87,42	1,29	2,13	42,02	45,40
13	1,0414	10,00	90,00	1,12	0,20	44,61	45,39
14	1,0496	6,77	93,33	1,05	0,65	30,41	62,89

Jedenfalls ist in dieser Gruppierung Nr. 1 der von Wyatt im Laboratorium hergestellte Hopfenextrakt. Zu bedauern ist nur, dafs dazu kein frischer, sondern einjähriger Hopfen verwendet wurde, Hopfen, der also nach unseren Begriffen schon in einem sehr entwerteten Zustand war, selbst für den Fall einer guten Konservierung und Lagerung. Es ist nun trotzdem höchst charakteristisch, dafs bei diesem von einem Chemiker hergestellten Extrakt der Weichharzgehalt 91,04 % betrug, und dafs bei den handelsmäfsigen andern Hopfenextrakten der Weichharzgehalt sehr schwankend und meist erheblich tiefer ist, bis zu 45,40 %, und dafs umgekehrt der wertlose Hartharz- etc. Gehalt von 0,00—44,61 % geht. Die Werteinbufse geht also bei einzelnen Handelsextrakten fast bis zu 50 %. Das müfste auch diejenigen Brauer nachdenklich machen, welche bisher der Sache, selbst so wie sie jetzt ist, noch mit einiger Hoffnung gegenüberstanden.

Sehr beachtenswert ist auch noch der Umstand, dafs — wie Fr. Wyatt betont — die amerikanischen Hopfenextrakte, die durch Extraktion des Hopfens mit Petroläther gewonnen werden, keinen Hopfengerbstoff enthalten, weil dieser in Petroläther unlöslich ist. Oben (S. 816) ist gesagt, dafs ihnen die Bittersäuren fehlen.

Ohnehin sind diese schmierigen Extrakte hinsichtlich ihres Wertes selbst für den Chemiker nur schwer oder doch unvollkommen prüfungsfähig; der Brauer steht ihnen ganz urteilslos gegenüber. Stets sind sie minderwertiger als halbwegs frischer Hopfen.

In Bezug auf den praktischen (brautechnischen) Wert von Hopfenextrakt im Vergleich zum Hopfenwert brachte neuestens Ernst Hantke in Milwaukee, Vereinigte Staaten[89]), eine beachtenswerte Untersuchung.

Aus dem in Amerika viel gebräuchlichen Hopfenextrakt der New York Hop Extract Works erhielt man einen Petrolätherextrakt von 45—53 %, aus Hopfen 6—10 %.

Danach wäre das Wertverhältnis von gutem Hopfen zum Hopfenextrakt etwa 1 : 6, d. h. 1 Pfd. Hopfenextrakt wäre 6 Pfd. Hopfen gleichwertig.

Im nordamerikanischen Grofsbetriebe wird aber gewöhnlich 1 Pfd. Extrakt 12 Pfd. Hopfen gleichwertig erachtet, und bei Anwendung von Hopfenextrakt in der Praxis wird an Stelle von 12 Pfd. Hopfen 1 Pfd. Hopfenextrakt genommen. Hantke meint nun, dafs die Praktiker dieses Verhältnis als richtig anerkennen, und er habe sich selbst davon überzeugt, dafs es so sei.

Von einem ihm bekannten Brauer wurden zwei Gebräue an zwei aufeinanderfolgenden Tagen ausgeführt, und zwar wurden für den ersten Sud 130 Pfd. guten Oregonhopfens, für den zweiten Sud 70 Pfd. desselben Hopfens und 5 Pfd. Hopfenextrakt als Ersatz für die weggelassenen 60 Pfd. Hopfen genommen.

Die Würzen waren, bei gleicher Verwendung von Rohmaterial, vollkommen gleich und hatten auch gleiches Hopfenaroma beim Ausschlagen. Sie verhielten sich vollkommen gleich in der Gärung. Die daraus hergestellten Biere waren auch ziemlich ähnlich, ja, nach den äufseren Eigenschaften zu urteilen, schien das Bier mit Hopfenextrakt etwas mehr Hopfengeruch und dichteren Schaum zu zeigen. Dies bestätigte also die alte Praxis, dafs 1 Pfd. Hopfenextrakt 12 Pfd. Hopfen gleichwertig sei.

W. A. Lawrence wünschte eine wissenschaftliche Erklärung dieser durch die Praxis konstatierten Thatsachen zu finden, weshalb sich Ernst Hantke mit Frank Kremer an die Untersuchung machte.

Es wurde zuerst ein Kalifornier Hopfen 1898er Ernte und ebenso ein New-Yorker Hopfen 1898er Ernte von garantierter Güte und anerkanntem Werte, sowie ein von Herrn W. A. Lawrence erhaltener Hopfenextrakt untersucht und in diesen Wasser, Petrolätherextrakt, dann Wachs, Schwefelätherextrakt, Tannin (Gerbstoff) und Asche bestimmt[90]).

Die Untersuchungen der Hopfen und Hopfenextrakte ergaben:

	Kalifornier		New-Yorker		Hopfenextrakt	
	Prozent					
		in Trockensubstanz		in Trockensubstanz		in Trockensubstanz
Wasser	9,00		10,40		8,40	
Trockensubstanz	91,00		89,60		91,60	
Petrolätherextrakt	9,63	10,56	9,40	10,49	57,54	62,81
Weichharz	8,33	9,14	7,22	8,05	53,24	58,12
Wachs	1,30	1,42	2,18	2,44	4,30	4,69
Hartharz (Ätherextrakt)	5,50	6,04	6,23	7,06	32,84	35,85
Asche	nicht bestimmt		nicht bestimmt		1,22	1,34
Tannin (Gerbsäure)	4,25	4,67	3,75	4,18	Spur	

Das Stoffverhältnis im Hopfen zum Hopfenextrakt war also:

	Im Petrolätherextrakt	Von reinem Hopfen-Weichharz	Gesamtharz (Petroläther und Ätherextrakt)
California: New-York	1:0,97	1:0,86	1:1,3
California: Hopfenextrakt	1:5,97	1:6,39	1:5,97
New-York: Hopfenextrakt	1:6,12	1:7,37	1:5,78

Demnach wäre 1 Pfd. Hopfenextrakt nur 6 Pfd. Hopfen gleichwertig.

Zur Feststellung der Thatsache, dafs in der nordamerikanischen Brauereipraxis thatsächlich 1 Pfd. Hopfenextrakt 12 Pfd. Hopfen gleichwertig sein soll, führte nun Hantke die bekannten kleinsten Koch- und Gär-Versuche mit Würze aus[91]). Hantke glaubt auf Grund der hierbei ermittelten Zahlenwerte, dafs das praktische Wertverhältnis von Hopfen zu Hopfenextrakt = 1 : 12 in einer besseren Ausnutzung des im Hopfenextrakte vorhandenen Weichharzes zu suchen sei, und zwar darin, dafs die Harze des Hopfenextraktes beim Würzekochen direkt mit dem Bier in Berührung kommen und besser verteilt werden, während im Hopfen erst eine Auslösung aus dem Zellgewebe durch Zerstörung der Lupulinkörnchen erfolgt.

Die dort vorgeführten Zahlenreihen der Koch- und Gär-Versuche ergeben noch:

1. Eine grofse Menge des Weichharzes wird beim Hopfenkochen in Hartharz umgesezt.
2. Die Menge des aus dem Hopfen ins Bier übergehenden und darin verbleibenden Harzes ist sehr gering, ca. 10—12 % des Harzes der Hopfen und ca. 24—25 % des Harzes im Hopfenextrakt.

3. Auch das in der Bierwürze in Lösung gekommene Harz wird meistens schon beim Abkühlen des Bieres auf die Anstelltemperatur ausgeschieden.
4. Das bei der Gärung ausgeschiedene Harz ist an Menge sehr gering, bei Hopfen und Hopfenextrakt kaum 1,5 % vom Harz im ganzen.

Merkwürdig und praktisch beachtenswert ist es immerhin, wenn die chemische Analyse findet, dafs 1 Pfd. Hopfenextrakt, nach seinem Stoffgehalt, nur 6 Pfd. Hopfen ersetzen kann, während es im praktischen Brauereibetrieb thatsächlich immer 12 Pfd. Hopfen ersetzt. Es läfst diese Thatsache vermuten, dafs die Hopfenextrakt-Dauerpräparate für die Brauerei noch eine erhebliche künftige Bedeutung haben.

5. Der Zusatz vom Hopfen beim Maischen, namentlich bei Verwendung von Rohfrucht.

Auch das ist schon versucht worden, namentlich in den Vereinigten Staaten von Amerika[92]), wo sehr viel Rohfrucht zum Brauen verwendet wird. Man hat dabei ein Bedürfnis nach einem Material zum Auflockern der Maischen. Dazu kann man den ausgekochten Hopfen verwenden, und das wäre ohne Zweifel schon oft geschehen, wenn es nicht mit allerlei aus Nebenumständen hervorgehenden Schwierigkeiten verbunden wäre. Diese Hopfentreber müfsten zunächst nach Beendigung des Brauprozesses von allen darin niedergeschlagenen Eiweifsstoffen gereinigt werden und, um jede Gefahr einer Säuerung zu vermeiden, sofort der Maische zugesetzt werden, was nicht immer möglich ist. Wegen des schwierigen Reinigens des schon gebrauchten Hopfens, und weil die Betriebsverhältnisse die sofortige Verwendung selten gestatten, wird in der Praxis vom ausgekochten Hopfen selten Gebrauch gemacht.

Dagegen wird, wie A. Schwarz (um 1882) berichtet, in einigen amerikanischen Rohfruchtbrauereien der rohe, noch nicht ausgekochte Hopfen zum Maischen verwendet. Er leistet dabei als Auflockerungsmittel beim Abläuterungsprozefs ganz erhebliche Dienste, begünstigt das Brechen der Würze im Kessel und vermehrt in beträchtlichem Grade das Volumen der Treber, und dabei wollen die Farmer, welche dieses Gemenge zum Füttern verwenden, keine schädliche Wirkung beobachtet haben. Aber der rohe Hopfen wirkt nicht blofs mechanisch, als Lockerungsmittel. Auch wenn die Würze nicht gekocht wird (Dick- und Lauter-Maischverfahren), kommt in der zuckerreichen Flüssigkeit bereits Hopfenextrakt in Lösung. Die abgeläuterte Würze schmeckt bitter, hat Hopfenaroma und braucht weniger Hopfen beim Hopfenkochen. Wird aber der rohe Hopfen mit dem Malze oder in einer separaten Bütte mit der Rohfrucht eingemaischt, oder erst der Dick- und Lauter-Maische zugesetzt, dann tritt — beim Mangel an Vorsicht — eine Reduktion der Malsausbeute von 5—8 % ein, weil offenbar gewisse Bestandteile des rohen Hopfens beim Maischen den Verzuckerungsprozefs hemmen oder zerstörend auf die Diastase einwirken.

Wenn man den rohen Hopfen kürzere Zeit unter Umrühren mit kaltem Wasser behandelt, dann das Wasser abschüttet, verdampft und den Rückstand, der fast alle Gerbsäure aus dem Hopfen extrahiert hat, einer klaren Bierwürze zusetzt, wird sofort eine Fällung von Eiweifskörpern stattfinden. So wirkt der rohe Hopfen auch, wenn man ihn der Maische vor der Beendigung des Zuckerbildungsprozesses zusetzt. Wahrscheinlich wird die Diastase durch die Gerbsäure angegriffen und in ihrer umbildenden Kraft geschwächt.

Deshalb ist es nach den Versuchen von A. Schwarz notwendig, den rohen Hopfen der Maische erst zuzusetzen, wenn die erwünschte Abmaischtemperatur erreicht ist, wobei dann eine normale, selbst eine höhere Ausbeute gewonnen wird, woran jedenfalls die durch den Hopfen bewirkte mechanische Lockerung der Treberschicht beteiligt war. Auch bei Dick- und Lauter-Maischen sollte man den Hopfen erst beimischen, wenn die Endmaischtemperatur erreicht ist. Beim Rohfruchtbrauen (mit separater Bütte) setzt man den Hopfen erst zu, wenn die Temperaturgrenze von 60° R. überschritten ist.

In der Allg. Br.- u. H.-Ztg. 1882, II, 823 ist eine Schrift aus dem Jahre 1595 von Johannes Calers: Ökonomie oder Hausbuch (Wittenberg, in Verlegung Paul Helwigs, Buchführer) erwähnt, welche bereits Mitteilungen über Hopfenhandel macht; dazu auch über die Kultur und Ernte etc.

6. Die Anwendung von Hopfenpressen.

Die Flüssigkeitsmengen, welche nach dem Würzesieden vom Hopfenstroh (den Hopfentrebern) zurückgehalten werden, betragen oft das Dreifache, selbst Sechsfache bis Achtfache der angewendeten Hopfenmengen[93]). Manche schätzen das auf 1% der ganzen Würze überhaupt; darunter namentlich Dr. J. Karl Lermer[94]).

Um diese zurückgehaltenen Würzequantitäten durch Anschwänzen herauszubringen, wird leicht zu viel Flüssigkeit gewonnen, daher interessiert man sich jetzt auch bei uns mehr und mehr für Hopfenpressen, welche man in England schon seit Jahrzehnten besitzt.

Das Auswaschen des Hopfens scheint aber doch dem Auspressen vorzuziehen zu sein. Aber beim Auswaschen mit kaltem Wasser bringt man die Hauptsache nicht heraus. Selbst nach mehrmaligem Auswaschen schmecken oft die Hopfentreber noch süſs.

Besser ist es, die Hopfentreber sich in kleineren Partien mit Wasser vollsaugen zu lassen, dann auszupressen und dies mehreremal mit demselben Wasser und andern Hopfenpartien zu wiederholen. Dieses zum Aulaugen verwendete Wasser sollte aber sterilisiert sein.

Durch das Pressen des Hopfenstrohes, um die Würze herauszubekommen, werden aber mit der Flüssigkeit auch rauh schmeckende Produkte (Extraktivstoffe, Gerbsäure, oxydiertes Öl, Harze, Körner) herausgebracht, welche den Geschmack feiner Biere nachteilig beeinflussen könnten. Daher verteilt man die abgepreſste Flüssigkeit entweder auf verschiedene Bottiche, oder man verwendet sie für die Herstellung einfacher Biere, da ähnlich wie aus den gepreſsten Trebern viel gummiartige Stoffe gewonnen werden, nebst gröſseren Mengen gelöster und in den Flüssigkeiten suspendierter Körper, Harz- und Gerb-Säure.

Eine so durch Pressen gewonnene Würze für leichtes Bier zeigte

Saccharometer 10,9%,
gelöste Sauerstoffe 0,104 (Volum-)%,

also 0,10 ccm Sauerstoff von 0° und 760 mm Barometerdruck in 100 ccm Düre, erforderte zur kalten Oxydation mit Permanganat 8,76 ccm Sauerstoff per 100 ccm Würze und zur Oxydation der Hopfengerbsäure allein 2 ccm Sauerstoff, per 100 ccm Würze und enthielt, bestimmt und berechnet nach Schröder-Löwenthal, 0,016% Gerbsäure, während für gewöhnlich nur $^2/_3$ dieser Gerbsäuremengen im Bier gefunden werden.

In der Wochenschr. f. Br.[95]) ist der Hopfenseiher mit Preſsvorrichtung von G. Schack in Augsburg (D. R.-P. 82899 vom 29. Mai 1894) abgebildet und beschrieben. In der Wochenschr. f. Br.[96]) ist der Hopfenseiher mit Auspreſsvorrichtung des Amerikaners Henry R. Randall in Brooklyn, New York State (Amerik. Pat. 265702) beschrieben. In der Allg. Br.- u. H.-Ztg.[97]). ist der Hopfenseiher mit Preſsvorrichtung von Ign. und Jos. Braun in Jaroschau (Mähren) beschrieben.

In der Wochenschr. f. Br.[98]) wird gesagt: Der Versuch, den Hopfen aus dem Hopfenseiher aus Sparsamkeitsrücksichten noch auszupressen, wurde nur einmal gemacht, das Gebräu war beinahe verdorben.

Dr. Windisch[99]) empfiehlt Hopfenseihfaſs mit verschlieſsbarem Ablaſshahn; man schlieſst den Hahn, übergieſst mit heiſsem Wasser, rührt mit einer Stange um und läſst ablaufen; nach dreimaliger Wiederholung dieses Verfahrens ist der Hopfen genügend ausgesüſst.

Läſst man aber den Ablaufhahn gleich die ganze Nacht offen, um den letzten Rest an Würze zu gewinnen, dann bringt man in den letzten Resten des extrakthaltigen Wassers auch schädliche Keime in den Anstellbottich. Er fand in einem Falle, wo er spezielle Untersuchungen anstellte, massenhafte Infektion durch Sarcina und Bacterium terno. Die Würze hatte meist schon den durch Fäulnisbakterien verursachten Selleriegeruch. Nichtsdestoweniger kam sie in den Anstellbottich. Die Folgen waren, dafs das Bier, welches in reicher Aussaat die Krankheitskeime enthielt, sich auf Flaschen nicht hielt, schon am zweiten oder dritten Tage umschlug, sogar zäh und lang wurde und eine massenhafte Entwicklung von Sarcina und andern Bakterien zeigte.

Gegen das Auspressen machen sich wegen des dadurch erreichten roh-bitteren Biergeschmackes viele Stimmen geltend, so auch Wochenschr. f. Br. 1891.

Braumeister Rüffer[100]) teilt mit, dafs durch das Auspressen von gekochtem Hopfen die Qualität des Bieres verschlechtert wird. Der feine aromatische Malzgeschmack wird durch das ausgeprefste Hopfenbitter verdrängt, und ein rauher, bitterer Nachgeschmack ist die Folge. Bei dunklen, schweren Bieren ist der Nachgeschmack nicht sofort bemerkbar, er macht sich aber einige Zeit nach dem Genusse durch bitteres Aufstofsen aus dem Magen bemerkbar.

Manche wollen das Auspressen in mehreren Abschnitten vornehmen und das Ergebnis des letzten, sehr starken Pressens, wobei auch trübend wirkende Hopfenteile, Körner etc., mitgehen, nur für Nachbiere verwenden[101]).

Fr. Rutschmann[102]) rät, namentlich in teuren Hopfenjahren das Ausgelaugte oder Ausgeprefste, eine auffallend bittere Flüssigkeit, sofort auf das Kühlschiff zu bringen und mit der bereits dort befindlichen Würze durch Umrühren gut zu mischen.

In der Wochenschr. f. Br. 1899, S. 213 berichtet Braumeister Ernst Rüffer, dafs jüngst von einem Praktiker in einer Brauerzeitung mitgeteilt wurde, wie man auf rationelle Weise Hopfen sparen und Würze gewinnen könne. Er habe bei ca. 3000 Ztr. Malz 130—150 kg prima Hopfen im Werte von 500—600 Mark gespart und von ca. 170 Suden per Sud einen Würzegewinn von 80—90 l von 8° Balling gehabt, im ganzen also ca. 135 hl. Diesen bei dem kleinen Betriebsumfang namhaften Gewinn von ca. 700 Mark habe er durch eine eigens konstruierte Hopfenpresse erlangt. Die so gewonnene Würze soll ein angenehmes Hopfenbitter gehabt haben.

Andere, so auch Rüffer, wissen dagegen zu berichten, dafs durch solche Hopfenpressen die Qualität (der Geschmack) des Bieres empfindlich geschädigt wird. Früher seien die Konsumenten im Biergeschmack nicht so empfindlich gewesen wie heute. Er habe damals (vor mehr als 30 Jahren) alle Sorten Biere (helle und dunkle) mit der Hopfenpresse behandelt. Die Konsumenten sagten alsbald, dafs das Bier nicht mehr so süffig-feinen Geschmackes sei wie sonst, er müsse wohl Wermut u. dgl. statt Hopfen verwenden. Sobald er die Hopfenpresse ausgeschaltet hatte und dieses Bier verbraucht war und nun wieder wie früher gearbeitet wurde, verstummten die Klagen. Aber er hatte eine Anzahl Kunden verloren und die gröfste Mühe, sie wieder zu gewinnen.

Namentlich helle, leicht eingebraute Biere sind besonders geschmacksempfindlich, wenn man mit der Hopfenpresse arbeiten will. Der feine, aromatische Malzgeschmack wird durch das ausgeprefste Hopfenbitter verdrängt und von Süffigkeit ist keine Spur mehr da; ein rauher, bitterer Nachgeschmack in der Kehle des Trinkenden ist die Folge des Biergenusses.

Bei dunklen, schwer eingebrauten Bieren ist der rauhe, bittere Nachgeschmack nicht sofort zu bemerken; doch tritt er später auf, längere Zeit nach dem Genusse des Bieres. Dann sagt der Trinker, das Bier sei nicht bekömmlich, weil es bitteres Aufstofsen aus dem Magen hervorrufe.

Der durch den Gebrauch der Hopfenpressen in Aussicht stehende Gewinn verwandelt sich dann oft in grofsen Schaden. Man kann also nur in Gegenden Gebrauch davon machen, wo das Publikum weniger verwöhnten Geschmackes ist. Der Geschmack des Brauers darf da nicht mafsgebend sein. Oft ist schon ein längeres Auswässern des ausgekochten Hopfens dem feinen Geschmack des Bieres nachteilig.

In The Brewer's Journal vom 12. Februar 1880 berichtet ein Brauer aus Hudson, dafs Hopfen nicht geprefst werden sollen, weil das Bier sonst einen häfslich-bitteren Geschmack erhalte. Durch Besprengung mit heifsem Wasser könne man alle Würze aus dem Hopfen ausziehen.

Im »Gambrinus« (Wien 1900, S. 866) wird dem Ausschlagen und Filtrieren des Bieres über dem mitgekochten Hopfen, statt des faulenden Trubsackes, das Wort geredet. Wenn der Hopfen die ganze Zeit mitgekocht würde, könnte der Geschmack des Bieres durch weitere, etwa in Lösung gehende Hopfenbestandteile nicht mehr beeinflufst werden; anders sei das aber, wenn ein Teil des Hopfens nur kurze Zeit gekocht worden war. Beim Filtrieren des Bieres durch den Hopfen soll der letztere gleich dick liegen und oben eben, auch nicht geprefst, sondern nur durch seine eigene Schwere möglichst dick zusammengelagert sein. Ein künstliches Verdichten oder Pressen ist nicht vorteilhaft.

Die meisten Ansichten gehen dahin, dafs ein solches Filtrieren der Hopfenwürze den Geschmack des Bieres nicht, resp. eventuell nur günstig beeinflufst. Abweichende Ansichten fehlen aber keineswegs.

R. Giffhorn (Allg. Br.- u. H.-Ztg. 1899, II, 2054) hält das direkte Kühlen der Würze, vom Hopfenseiher ab, für ein Beförderungsmittel der Blasengärung.

7. Die Hopfentreber als Futtermittel.

Die ausgekochten Hopfenzapfen (sogenannte Hopfentreber oder Hopfenstroh) enthalten noch Nährstoffe, weshalb sie an manchen Orten als Nebenfuttermittel zur Viehfütterung Verwendung finden[103]). Johann Heumann (l. c. S. 115) sagt schon im Jahre 1759, dafs um Altdorf bei Nürnberg die abgesottenen Hopfenblätter zum Füttern des Viehes benutzt werden, und dafs dessen auch in den Brauordnungen gedacht wird.

Sie enthalten frisch, noch etwas mit Bierwürze imprägniert:

14,4—30,0,	im Mittel	25,0 %	Trockensubstanz,
3,2— 5,9	» »	4,3 »	stickstoffhaltige Stoffe,
1,0— 3,96	» »	1,9 »	Rohfett,
6,2—17,0	» »	11,4 »	stickstofffreie Extraktstoffe,
3,7— 8,4	» »	5,9 »	Holzfaser,
— —	» »	1,5 »	Asche.

In den noch nicht ausgekochten Hopfenzapfen sind die stickstoffhaltigen Stoffe nach Bungener meist als Asparagin vorhanden, welches beim Auskochen wahrscheinlich gröfstenteils ausgelaugt wird. Auch das läfst sich nicht feststellen, wieviel von den andern Hopfenstoffen (vom ätherischen Öl, Harz, Bitterstoff, von Gerbsäuren etc.) nach dem Hopfenkochen noch darin enthalten ist. Die Hopfenharze, welche in der Masse enthalten, sind aber nicht blofs selbst unverdaulich, sondern sicher auch verdauunghemmend. Ebenso wird es sich mit der Gerbsäure verhalten.

Wiederkäuer (Hammel) verdauen von den nachgewiesenen Bestandteilen des ausgebrauten Hopfens:

26—39,	im Mittel	33 %	der stickstoffhaltigen Stoffe,
52—77	» »	69 »	des Rohfettes,
42—53	» »	47 »	der stickstofffreien Extraktstoffe.

Die Verdaulichkeit ist also nicht viel höher als beim besseren Getreidestroh, was nach O. Kellner wahrscheinlich mit dem hohen Ligningehalt der Holzfaser und dem immer noch erheblichen Gehalt an Gerbsäure zusammenhängt. Beim Fettgehalt handelt es sich wahrscheinlich meist um Harze, welche wenig oder gar keinen Nährwert haben, wohl auch die Verdaulichkeit der andern Hopfenstoffe noch herabdrücken.

Wahrscheinlich lassen sich die Hopfentreber als Beifutter zu stickstoffreicheren Futtermitteln: Malzkeimen, Biertrebern, oder auch als Ersatz für Strohhäcksel, Spreu etc. empfehlen; namentlich wenn kleine Mengen gegeben werden, sollen sie den Tieren angenehm sein und die Frefslust steigern.

Die Trockensubstanz von ausgebrautem Hopfen[104]):

	Nach Märker	Nach Weiske	
	Hopfen	Hopfen	Wiesenheu
Proteïn	16,27 %	17,50 %	14,44 %
Ätherextrakt	6,16 »	6,27 »	5,21 »
Rohfaser	27,60 »	22,30 »	21,78 »
Stickstofffreie Extraktstoffe	45,17 »	49,21 »	48,20 »
Mineralstoffe	4,90 »	4,72 »	10,37 »

Am besten wird es sein, die noch warmen Hopfentreber mit den ebenfalls noch frischwarmen Malztrebern an Mastvieh zu verfüttern. Dasselbe soll sich an den herben Geschmack der Treber bald gewöhnen, vermehrte Frefslust zeigen und sich mindestens ebenso gut mästen, als wenn man den Biertrebern Häcksel oder Spreu beimischt.

Auch an Milchvieh hat man ebensolches Gemenge von Hopfen- und Malz-Trebern mit Erfolg gegeben; nur sind kleine Mengen angezeigt, weil sich bei gröfseren Mengen die Milch angeblich schwer ausbuttert. A. Steinhauser sagt in der Saazer Hopfen-Zeitung 1880 (reprod. Allg. H.-Ztg. 1880, I, 429), dafs er einmal durch Futtermangel gezwungen war, allen ausgebrauten Hopfen unter das Futter zu mischen; es gab viel und rahmige Milch, aber der Rahm war schwer und zuweilen gar nicht zu buttern, was sofort verschwand, wenn die Hopfentreber vom Futter wegblieben. In kleineren Mengen sollen sie günstig für das Ausbuttern wirken. Ihr Futterwert wäre wohl der eines geringen Wiesenheues oder Leguminosenstrohes, von welchem ca. 50% verdaulich sind. Die Tiere nehmen sie selbst in starker Verdünnung mit anderm Futter nur ungern. Amtsrat Kleemann-Ebeleben verfütterte täglich an 20 Stück Rindvieh 24 Pfd. ausgebrauten Hopfen, warm oder auch erkaltet, mit Schrottränke; er fand, dafs diese Fütterung besonders anregend auf die Darmthätigkeit wirke.

In den letzten 15 Jahren, wo infolge von Überproduktion etc. der Hopfen so entwertet wurde, hat man sogar daran gedacht, auch den unausgekochten Hopfen zum Füttern zu verwenden.

Ein Elsässer Landwirt gab täglich an 20 Kühe 1 Pfd. Hopfen unter das Kurzfutter gemischt, also nur als appetiterregendes Mittel.

Ein Herr Dr. Pongratz in Südsteiermark hat den Hopfen zuerst mit heifsem Wasser abgebrüht und so bei Pferden und Rindern $^1/_{20}$—$^1/_{16}$ unter das Futter gemischt. Die Sache soll gut gegangen sein, namentlich bei den Pferden. Das Anbrühwasser bei nicht ausgekochtem Hopfen sollte man stets wegschütten.

Länger lagernder, ausgebrauter Hopfen, welcher schon verdorben ist, Schimmelpilze hat, sollte zuvor gekocht und das Wasser weggegossen werden. Ebenso sollte unausgekochter, bodenroter oder sonst kranker (schimmliger) Hopfen vor der Fütterung behandelt werden. Ohne Zweifel wird es aber noch rationeller sein, derartiges fragwürdiges Material nicht zur Fütterung, sondern zur Bereitung von Kompost, also zur Düngung, zu verwenden, wovon in einer folgenden Schrift, in dem Abschnitt über den Einflufs der Düngung auf die Hopfenware, die Rede sein wird[105]).

Der Amerikan. Bierbr. 1897[106]) empfiehlt die Hopfentreber ebenfalls zur Verarbeitung auf Kompost, schon wegen des vielen darin als Eiweifs niedergeschlagenen Stickstoffs, auch wegen phosphorsaurer Salze. Getrocknet sollen die Treber eine vorzügliche Pferdestreu bilden. Man trocknet sie am besten auf leer stehenden Darren oder in Trebertrockenapparaten. Sie sollen sich sogar, wenn immer wieder gut getrocknet, mehrmals zum Einstreuen verwenden lassen.

Braumeister Jul. Bittmann in Brockersdorf (Böhm. Bierbr., reprod. Allg. H.-Ztg. 1880, I, 303) will die Hopfentreber, mit den Malztrebern vermischt, in möglichst frischem Zustande an die Mastochsen verfüttern. Man müsse aber mit den mageren Ochsen beginnen; wenn die Ochsen einmal an Mastfutter gewöhnt sind, wollen sie von der Hopfenbittere nichts mehr wissen.

Es ist auch vorgeschlagen worden, aus Trebern und ausgekochtem Hopfen getrocknete, handelsfähige Futterkuchen zu bereiten.

In Schweden[107]) wird der ausgekochte Hopfen als Schweinefutter benutzt.

Eingehend ist diese Frage von Dr. O. Kellner, Chemiker an der Kgl. landwirtschaftl. Versuchsstation in Hohenheim, bearbeitet worden[108]). Er gedenkt der Arbeiten von Spiefs, Märker und Wein. Spiefs fand im ausgekochten Hopfen 3,33 % Stickstoff und 20,8 % Proteïn, dazu geringen Rohfasergehalt; Wein fand ca. 16 % Rohproteïn, Märker mehr als 16 %; dazu der bedeutende Fettgehalt, bei Märker zwischen mehr als 6 und 13 % (sicher meist Harz), bei Wein 5 %.

Die Menge der in Wasser löslichen Bestandteile:

von der organischen Substanz	51,3 %
von der Asche	60,0 »
von den stickstoffhaltigen Substanzen . . .	24,2 »

Kellner machte direkte Fütterungsversuche mit dem ausgebrauten Hopfen, wozu er zwei vierjährige Hämmel benutzte; sie erhielten als tägliche Ration 0,75 kg Wiesenheu und 0,25 kg ausgelaugten, lufttrockenen Hopfen. Auf Trockensubstanz bezogen, hatten diese beiden Futtermittel folgende Zusammensetzung:

	Ausgelaugter Hopfen	Wiesenheu
Rohproteïn	19,69 %	8,68 %
Rohfaser	21,74 »	34,50 »
Fett	7,85 »	2,72 »
Stickstofffreie Extraktstoffe .	46,13 »	45,20 »
Asche und Sand	4,59 »	8,90 »

Das Wiesenheu wurde als Häcksel, mit dem Hopfen vermischt und mit Salzwasser besprengt, gereicht. Bei Vorversuchen hatten sie stärkere Hopfengaben und weniger Heu im Futter erhalten. Trotzdem die Tiere hungrig gemacht waren, verzehrten sie die tägliche Ration (1 kg) nicht ganz, und die Verdauung der Hopfenstoffe war eine sehr geringe, während die im Darmkot konstatierte Verdauung der Heustoffe dieselbe war, als wenn Heu allein verabreicht worden wäre.

Die Verdaulichkeit der Einzelbestandteile war:

	Hopfen		Wiesenheu im Durchschnitt beider Tiere
	Tier 1	Tier 2	
Rohproteïn	38,9 %	34,9 %	52,7 %
Rohfaser	—	10,1 »	54,5 »
Fett	77,2 »	75,9 »	48,6 »
Stickstofffreie Extraktstoffe . .	43,2 »	45,8 »	65,0 »
Organische Substanz	28,6 »	37,7 »	59,4 »

Bis auf das Fett, welches einigermafsen normale Verdaulichkeit zeigte, war die Verdaulichkeit der übrigen Hopfenstoffe so gering wie noch bei keinem der bis dahin auf Verdaulichkeit geprüften Futtermittel. Und der als Fett bezeichnete Ätherextrakt besteht wahrscheinlich zum grofsen Teil aus Stoffen, welche eine ganz andere Zusammensetzung haben als Fett und eine ganz andere Nährwirkung äufsern als diese. Dazu kommt noch, dafs der ausgebraute Hopfen von den Tieren meistens nur mit Widerwillen aufgenommen wird. Jedenfalls könnte man nur kleinste Gaben der täglichen Ration zusetzen, gleichsam als Gewürz.

Fraglich bliebe, ob sich der im ausgebrauten Hopfen noch vorhandene Rückstand an Hopfenbestandteilen nicht zuvor mit Wasser ausziehen und anderweit verwenden liefse.

Dr. H. Weiske hat über diese Frage in Proskau Versuche angestellt[109]). Die Versuche wurden mit ausgewachsenen Hämmeln (Southdown-Merino-Kreuzung) gemacht, welche täglich 1 kg Wiesenheu der oben schon geschilderten Qualität erhielten. Nachdem die Verdaulichkeit dieses Heues und der bei dieser Fütterung stattfindende Fleischansatz ermittelt waren, wurde die Hälfte des Heues durch ein dem Proteïngehalte desselben entsprechendes Quantum Hopfen ersetzt. Der oben (S. 828) analytisch geschilderte ausgebraute Hopfen hatte 14,4 % Trockensubstanz.

Vom Wiesenheu und dem ausgelaugten Hopfen gelangten folgende prozentische Mengen zur Verdauung:

	Trocken-substanz	Proteïn	Äther-extrakt	Rohfaser	Stickstoff-freie Extraktstoffe
Wiesenheu . . .	64,5	64,8	61,9	62,4	71,1
Hopfen	37,7	25,5	57,7	24,0	53,1

Es wurden vom ausgebrauten Hopfen verdaut:

Proteïn	4,46 %
Ätherextrakt (Fett etc.) . .	3,24 »
Rohfaser	5,36 »
Stickstofffreie Extraktstoffe .	26,15 »

Nährstoffverhältnis wie 1 : 7,7.

Es wird also vom ausgebrauten Hopfen nur halb so viel verdaut wie von gutem Wiesenheu, und man könnte somit den Nährwert des ausgebrauten Hopfens höchstens mit geringem Wiesenheu oder Leguminosenstroh mit 9 % Proteïn, wovon ca. 50 % verdaut werden, in Vergleich stellen. Man kann also nur in futterarmen Jahren ernstlich an Verwertung der Hopfentreber als Futter denken. Die unverdaut bleibenden ca. 75 % Proteïn kommen doch in den Mist und steigern dessen Düngerwert, weil sie animalisiert sind.

Es stimmen die von Dr. Weiske erhaltenen Resultate ziemlich mit jenen von Dr. Märker (Halle), Dr. Wein (München) und Dr. Kellner (Hohenheim) überein. Die von den vier Autoren untersuchten Hopfenproben enthielten nach

	Märker		Wein	Kellner	Weiske
Rohproteïn	16,27	16,6	15,86	19,60	17,50
Fett	6,16	13,2	5,01	7,85	6,27
Stickstofffreie Extraktstoffe . . .	45,60	30,9	56,75	46,13	49,21
Rohfaser	27,60	28,0	18,54	21,74	22,30
Asche	4,90	11,2	3,84	4,59	4,72

An verdaulichen Einzelbestandteilen enthielt die Trockensubstanz des Hopfens nach

	Keller	Weiske	Wiesenheu mittlerer Güte, nach E. Wolff
Proteïn	7,26	4,46	4,4
Fett	6,01	3,24	1,0
Stickstofffreie Extraktstoffe . .	20,53	26,15	41,0

Karl Brucker in Leipzig (s. Allg. Br.- u. H.-Ztg. 1899, II, 3161), welcher in teueren Hopfenjahren nach besonderer Braumethode arbeitete, um Hopfen zu sparen, hatte dann Hopfentreber und Malztreber gemischt, auf 8 1/2 Ztr. Malztreber 27—30 Pfd. Hopfen; die Bauern klagten alle, dafs das Vieh dieses Material nur ganz widerwillig fräfse; allmählich gewöhnten sie sich daran, aber eine Freude hätten sie daran niemals. Märker fand im ausgebrauten Hopfen 16,3 % Eiweifs, de Marneffe dagegen 32 %.

In Frankreich verwendet man die Hopfentreber als Pferdefutter[110]). Bei dem hohen Eiweifsgehalt der Hopfentreber kämen sie, wenn man das gleiche Gewicht Melasse zugebe, in ihrem Futterwerte den besten Ölkuchen nahezu gleich und überträfen darin den Hafer. Mit Melasse würden sie auch vom Rindvieh gern gefressen. Das wäre immerhin eine sehr beachtenswerte Angabe. Denn einigen Futterwert haben die Hopfentreber, es kommt nur darauf an, sie mit andern Stoffen so zu vermischen, dafs sie gern gefressen werden.

Während Märker (s. dort die Analysen) den Einweifsgehalt der Hopfentreber mit 16,3 und Weiske mit 17,5 feststellen, berechnet ihn de Marneffe auf 32,0%, was gewifs übertrieben ist. Die Verdaulichkeit der Nährstoffe in den Hopfentrebern ist wohl gering; es ist eine starke Übertreibung, zu sagen, dafs der Nährwert der Hopfentreber jenem von Wiesenheu, Ölkuchen, Hafer etc. gleichkomme; bis jetzt hat sich leider nichts, was in dieser Frage unternommen wurde, wirklich bewährt.

In der Allg. Br.- u. H.-Ztg. 1882, II, 715 wird gesagt, dafs die nach dem Auskochen gut getrockneten Hopfenzapfen ein gutes Ersatzmittel für Bettfedern seien; zudem sei diese Verwendungsart schon alt.

8. Die Hopfentreber und die Klärung des Bieres.

Nach The Brewer's Journal vom 12. Februar 1880[111]) hat ein Brauer in Hudson jahrelang ausgebrauten Hopfen mit Erfolg zur Klärung von Bier benutzt, welches sich nicht klären wollte. Stock-Ale, am 9. August in ein Fafs gebracht, war am folgenden 1. Januar noch so dick wie am Anfang. Er gab nun zu den 5 Barrels 60 Pfd ausgekochten Hopfen, heifs vom Hopfenkessel, und in zwei Wochen war das Ale blank und von sehr angenehmem Geschmack. Grau gewordenes Ale kann aber mit ausgebrautem Hopfen nicht geklärt werden.

Auch Heifs will frische, ausgebrühte, gut ausgewaschene und abgekühlte Hopfentreber zur Klärung trüber Biere verwenden, indem diese die trübenden Stoffe, in Lösung gehaltene Stärke, Gluten etc. an sich ziehen und mechanisch mit sich niederreifsen, wenn sie vollgesaugt sind und zu Boden sickern. Die Treber dürfen aber keine Säure enthalten[112]). Dagegen wird in der Allg. H.-Ztg. 1878, II, 518 (Über die Anwendung verschiedener Klärmittel in der Brauerei) vor der Verwendung der ausgekochten Hopfentreber gewarnt, indem sie zwar dasselbe leisten wie die Späne, aber doch mit weit schwächerer Wirkung, und die Gefahr besteht, dafs in ihnen Säure steckt, welche dem Bier gefährlich werden kann; ebenda (1877, S. 255) wird sogar gesagt, dafs beim Spunden des Bieres die abgesetzten Zapfen (anfänglich schwimmen sie) sich heben und das Bier trüb machen.

Dr. J. Karl Lermer[113]) hat gezeigt, dafs sich in den Hopfentrebern aus der mit diesem Hopfen gekochten Würze Kupferoxyd (offenbar von der Würze aus der Sudpfanne gelöst), Eisenoxyd und Kalk niederschlagen. In der Allg. H.-Ztg. 1865, S. 261[114]) wird gesagt, dafs die Asche der Biere mitunter ganz merkliche Quantitäten von Kupfer enthalte.

9. Hopfentreber als feine Kohle etc.

Reisenbichler will[115]) auch Hopfentreber durch Glühen in eisernen Cylindern in feine Kohle verwandeln, ähnlich wie Rebenschwarz; auch könne dabei Leuchtgas gewonnen werden; das könne aber nur eine chemische Fabrik übernehmen, wobei der Transport wieder in Frage käme.

Wo sich die Hopfentreber zu Bergen auftürmen, wie in manchen Brauereien Grofsbritanniens, sind sie eine wahre Last grofser Brauereien und können durch Zersetzungsprozesse auch nahe gelegene Gärkeller schädlich beeinflussen. Wo man sie nicht als Kompostmaterial verwerten kann, bleibt endlich nichts übrig als sie zu verbrennen. In der Allg. H.-Ztg. 1878, I, 155 berichtet ein Brauer, dafs die trockenen Treber, mit Steinkohlen vermischt, ein vorzügliches Brennmaterial für Pfannen- und Kessel-Feuerung bilden[116]). Aber in derselben H.-Ztg. 1878, I, 217 wird gesagt, dafs sie zu viel Flugasche erzeugen.

Nach einer Mitteilung in der Allg. H.-Ztg. 1878, I, 307 soll sich der ausgesottene Hopfen sehr gut eignen, aus Hühner- und Tauben-Ställen Läuse abzufangen und zu entfernen. Man läfst sie in diese Ställe eingestreut einige Tage liegen, nimmt sie dann weg und verbrennt sie. Mehrmals derart behandelt, soll man diese Ställe ganz von dieser Plage befreien können.

Fufsnoten zum VII. Abschnitt.

[1]) s. Allg. Br.- u. H.-Ztg. 1889, II, 1768, Abbild. u. Beschreib.

[2]) Direktor der Pabstbrauerei in Milwaukee; s. Allg. Br.- u. H.-Ztg. 1899, II, 1768, sehr gute Abbildung und Beschreibung.

[3]) s. Wochenschr. f. Br. 1891, S. 1272.

[4]) Allg. Br.- u. H.-Ztg. 1890, II, 2175.

[5]) Wochenschr. f. Br. 1894, S. 736.

[6]) s. Allg. Br.- u. H.-Ztg., Nürnberg 1893, S. 158.

[7]) Allg. Br.- u. H.-Ztg. 1883, II, 520 und 532.

[8]) s. E. Prior: Allg. Br.- u. H.-Ztg. 1883, II, S. 533.

[9]) s. Herm. Holzbecher in der Zeitschr. f. d. ges. Brauwesen 1886, S. 197.

[10]) Wochenschr. f. Br. 1894, S. 738.

[11]) Mir ist aber nichts bekannt, dafs Herr Reinkens, welcher so oft und gern von Hopfenmaterialkenntnis spricht, irgendwo in Abhandlungen den Nachweis erbracht hat, dafs er selbst in Wissen und Können des Stoffes Meister ist.

[12]) Wochenschr. f. Br., Berlin 1894, S. 741.

[13]) Wochenschr. f. Br., Berlin 1894, S. 1110.

[14]) s. Allg. Br.- u. H.-Ztg. 1893, S. 53 u. ff.

[15]) s. Allg. Br.- u. H.-Ztg. 1882, II, 309.

[16]) Allg. Br.- u. H.-Ztg. 1898, II, 187.

[17]) Wochenschr. f. Br., Berlin 1894, S. 741.

[18]) Repr. Allg. Br.- u. H.-Ztg. 1883, I, 14.

[19]) Zeitschr. f. d. ges. Brauwesen 1897, S. 667.

[20]) s. Zeitschr. f. d. ges. Brauwesen 1894, S. 1 u. ff.

[21]) S. auch A. Lang: Über die Zerkleinerung des Hopfens und die Verwendung zerblätterten und sortierten Hopfens (Zeitschr. f. d. ges. Brauwesen 1897, Nr. 51, S. 665 u. ff.; ferner Allg. Br.- u. H.-Ztg. 1897, II, 2796; ebenso Bayer. Br.-Journ. 1898, S. 74.)

[22]) Die Hopfen-Zerblätterungs- und -Sortiermaschine von Fr. Müller in Ulmet (Pfalz) ist abgebildet und beschrieben in der Allg. Br.- u. H.-Ztg. 1896, I, 458; ebenso Wochenschr. f. Br., Berlin 1896, S. 881. Der Hopfenzerkleinerungsapparat, auch für geprefsten Hopfen, von Albert Zeller (Nordamerika) ist beschrieben in der Allg. Br.- u. H.-Ztg. 1884, II, 566. Die Hopfenzerreifsmaschine von F. Röder in Reudnitz bei Leipzig ist beschrieben und abgebildet in der Allg. Br.- u. H.-Ztg. 1884, II, 1244. Die Hopfenzerkleinerungsmaschine von Slama und Felix (D. R. P. 27425) ist abgebildet und beschrieben in der Allg. Br.- u. H.-Ztg. 1883, S. 159; s. auch ebenda 1884, II, 874.

[23]) s. Wochenschr. f. Br. 1898, S. 342 u. ff., wo auch ein gutes Bild des Apparates vorgeführt ist, wie er bei Schumacher & Koch in Berlin hergestellt wird.

[24]) Da müssen also unbedingt reichlich Gerbstoffgänge in den Rippen und Stielen sein, und der Gerbstoff mufs Bittergeschmack geben, oder es hängen Drüsen (Lupulin) an Stielen und Rippen (Spindeln); dafs sie massenhaft auf dem Perigonium der Körner sitzen, ist ja längst bekannt. Da Dr. O. Neumann und Dr. Th. Remy nur wenig Gerbstoff in den Spindeln etc. nachgewiesen, mufs der vorhandene von besonderer Energie sein.

[25]) Zeitschr. f. d. ges. Brauwesen 1897, S. 663.

[26]) Offenbar müssen die Rippen und Stiele Gerbstoffgänge haben, wie ich sie ja für die Blätter längst nachgewiesen habe, auch abgesehen von den eigentlichen Drüsen.

[27]) Wochenschr. f. Br. 1898, S. 593.

[28]) Zeitschr. f. d. ges. Brauwesen 1897, S. 663 u. ff.

[29]) Prof. L. Aubry, Direktor der wissenschaftl. Station f. Br. in München: Welche Aussicht auf Erfolg haben die in neuerer Zeit zur Anwendung gelangten Hopfenextraktionsapparate, mit spezieller Berücksichtigung des Apparates von Theurer (Zeitschr. f. d. ges. Brauwesen 1892, S. 435 u. f.)? S. auch Dr. O. Reinke: Konstruktion, Wirkung und praktische Anwendung der Hopfenextraktionsapparate (Wochenschr. f. Br. 1894, S. 735 u. ff.

[30]) s. Wochenschr. f. Br. 1885 vom 8. Mai und Allg. Br.- u. H.-Ztg. 1885, I, S. 618; s. auch eine der Deinhardtschen Methode sympathische Darstellung von Rutschmann (Allg. Br.- u. H.-Ztg. 1883, I, 491. Thausing (l. c. 1892, S. 610) sagt, dafs das nochmalige Auskochen des Hopfens in der Praxis als nicht zweckdienlich sich erwiesen habe, da der Hopfen schon beim einmaligen Kochen genügend ausgenutzt werde und nochmalige Verwendung Bedenken wegen der Bierqualität errege; s. auch Dr. E. Prior in Nürnberg, Allg. Br.- u. H.-Ztg. 1883, I, S. 441, Vortrag über Hopfenuntersuchung bei der Vers. bayer. Chemiker in München, Mai 1883.

[31]) s. eine genauere Beschreibung in Wochenschr. f. Br. 1890, S. 1360.

[32]) Der Apparat ist abgebildet in der Allg. Br.- u. H.-Ztg. 1893, II, S. 2425; man sehe auch ebenda 1883, II, 803.

[33]) s. Allg. Br.- u. H.-Ztg. 1884, II, 1210.

[34]) Allg. Br.- u. H.-Ztg. 1884, II, 1210.

[35]) s. auch Wochenschr. f. Br. 1893, S. 455.

[36]) Eine erhebliche Abänderung dieses Apparates ist in der Allg. Br.- u. H.-Ztg. 1888, I, 507 aus Louisville (Kentucky) beschrieben.

[37]) Eine sehr gute Abbildung des Apparates von Theurer in Wochenschr. f. Br., Berlin 1896, S. 55.

[38]) Näheres s. Wochenschr. f. Br. 1890, S. 1361, dann insbesondere Allg. Br.- u. H.-Ztg. 1884, II, 870, mit Abbildungen.

[39]) Ausführlich von Kempe selbst beschrieben in Wochenschr. f. Br. 1891, S. 197 u. 618 u. ff.; s. auch von demselben Wochenschr. f. Br. 1884, S. 540 und 621; dann 1885, S. 251 u. ff., 1893, I, S. 54 und 55; 1891, I, 68; Allg. Br.- u. H.-Ztg 1884, Nr. 56 und 77 und namentlich ebenda 1885, II, 1074, da eine vollständige theoretische Begründung von A. Kempe selbst.

[40]) s. Wochenschr. f. Br. 1890, S. 1362.

[41]) 1895, I, S. 58 u. 59.

[42]) s. auch l. c. I, 759.

[43]) l. c. I, 1098.

[44]) Auch Wochenschr. f. Br., Berlin 1895, S. 196.

[45]) 1895, II, 1774.

[46]) 1893, I, S. 238.

[47]) 1897, I, 697.

[48]) s. auch Wochenschr. f. Br. 1895, S. 274.

[49]) 1897, I, 507.

[50]) 1897, I, S. 669.

[51]) Berlin 1894, S. 1346.

[52]) Berlin 1895, S. 1117.

[53]) Berlin 1895, S. 636.

[54]) Berlin 1895, S. 197.

[55]) Berlin 1895, S. 816.

[56]) Berlin 1895, S. 578.

[57]) s. Wochenschr. f. Br. 1888, S. 222.

[58]) Wochenschr. f. Br. 1891, S. 1360.

[59]) l. c. 1898, V. Aufl., S. 610 und 611

[60]) Zeitschr. f. d. ges. Brauwesen 1898, S. 392.

[61]) s. Gambrinus, Wien, 1. Oktober 1899, Nr. 19, S. 789.

[62]) Für das Königreich Bayern kommen solche Produkte gar nicht in Betracht, denn nach dem Kommentar v. Mays über das bayerische Malzaufschlagsgesetz (Erlangen 1883/84, bei Palm & Enke) ist die Anwendung von Hopfenöl und Hopfenextrakt zur Bierbereitung verboten, weil sie unter den Begriff »Surrogate« fallen; sie sind in der bayerischen Brauerei ebensowenig gestattet, wie die Verwendung von Malzextrakten. Auch das bayerische Nahrungsmittelgesetz verbietet die Verwendung von Hopfenöl, Hopfenaroma und Hopfenextrakt (man sehe auch Allg. Br.- u. H.-Ztg. 1885, I, 341).

[63]) s. Allg. H.-Ztg. 1877, S. 670, nach dem »Gambrinus« in Wien.

[64]) s. Allg. H.-Ztg. 1877, S. 595.

[65]) Compt. rend. 1886; s. auch Allg. Br.- u. H.-Ztg. 1886, I, 654.

[66]) Allg. Br.- u. H.-Ztg. 1886, II, 1451.

[67]) s. Wochenschr. f. Br. 1891, S. 198 u. 199.

[68]) s. Dr. Stockmeier, Allg. Br.- u. H.-Ztg. 1889, II, 2196.

[69]) Man sehe Dr. Sell, Mitglied des Reichsgesundheitsamtes, in Allg. H.-Ztg. 1877, S. 586.

[70]) s. Wochenschr. f. Br. 1896, S. 7.

[71]) l. c. S. 289.

[72]) Allg. Br.- u. H.-Ztg. in Nürnberg 1890, II, 2173.

[73]) Reprod. Wochenschr. f. Br. 1898, S. 379; s. auch Allg. Br.- u. H.-Ztg. 1898, I, 1487.

[74]) Wenn die Ersparnisse, welche die Erfinder aller Art in Aussicht stellen, alle in der Brauerei eingeführt werden, wird diese fast ohne Kosten arbeiten.

[75]) s. Gambrinus, Wien 1899, 1. Oktober, Nr. 19, S. 789.

[76]) s. auch Wochenschr. f. Br. 1890, S. 1362.

[77]) s. Wochenschr. f. Br. 1891, S. 11.

[78]) Zeitschr. f. d. ges. Brauwesen 1886, S. 198, auch Wochenschr. f. Br. 1890, S. 1362.

[79]) s. Allg. Br.- u. H.-Ztg. 1884, I, 358.

[80]) s. Allg. Br.- u. H.-Ztg. 1881, II, 781.

[81]) s. Allg. H.-Ztg. 1896, I, S. 2.

[82]) s. Wochenschr. f. Br. 1891, S. 473; Allg. Br.- u. H.-Ztg. 1891, II, 2083.

[83]) s. Allg. H.-Ztg. 1878, II, 633 u. f.

[84]) s. Der Bierbrauer aus Böhmen I, 43.

[85]) Allg. H.-Ztg. 1877, S. 684; ebenda 1876, S. 91.

[86]) Allg. H.-Ztg. 1877, S. 728. Breithaupt hatte 1873 auf der internationalen Ausstellung in Wien und 1874 auf der internationalen Hopfenausstellung in Hagenau (Elsafs) seine Präparate ausgestellt, welche weite Kreise interessierten.

[87]) Sehr interessant sind in dieser Hinsicht auch die Untersuchungen des amerikanischen Technologen Ernst Hantke (1898) über das Hopfenextrakt der New York Hop Extract Works; wir kommen in einem folgenden Buche darauf zu sprechen.

Universitätsprofessor Dr. Sell, Mitglied des Reichsgesundheitsamtes, hat schon früher bei einer Untersuchung von Hopfenextrakt das Prinzip des Bitterklees (Menyanthin) darin festgestellt.

[88]) Reprod. in der Wochenschr. f. Br. 1898, S. 628.

[89]) Allg. H.-Ztg. 1899, II, 1796, nach der Chemiker-Zeitung 1899 Nr. 51 u. 52; s. auch Zeitschr. f. d. ges. Brauwesen, München 1899, S. 457.

[90]) Die neuestens in dortigen Laboratorien gebräuchlichen Methoden zu diesen Untersuchungen sind Allg. Br.- u. H.-Ztg. 1899, II, l. s. S. 1796 angeführt.

[91]) s. l. c. S. 1796 und 1797.

[92]) s. Allg. Br.- u. H.-Ztg. 1882, II, 720, nach dem Bierbrauer, New-York 1882, Nr. 33 und 34.

[93]) Wochenschr. f. Br. 1893, S. 845, von O. Reinke; s. auch Allg. Br.- u. H.-Ztg. 1898, II, 2002: Das Filtrieren des Hopfens durch die Würze.

[94]) Gehalt des mit Würze gekochten Hopfens an letzterer, Zymotechn. Miscellanea, s. Allg. H.-Ztg. 1866, S. 171. aus Polytechn. Journal; dort die ganze Beweisführung.

[95]) Berlin 1895, S. 1012.

[96]) 1889, S. 383.

[97]) 1893, II, 1767.

[98]) 1891, S. 1344.

[99]) Wochenschr. f. Br. 1888, S. 799.

[100]) Wochenschr. f. Br. 1899, Nr. 15, S. 213.

[101]) Wochenschr. f. Br. 1888, Märzheft.

[102]) Allg. Br.- u. H.-Ztg. 1882, II, 749.

[103]) Allg. Br.- u. H.-Ztg. 1888, II, 1672, nach Dr. E. Pott; s. auch C. Fruwirth: Hopfenbau und Hopfenbehandlung 1888, S. 143 u. ff.; dann Dr. E. Wein: Die Verwertung ausgebrauten Hopfens als Futtermittel (Allg. H.-Ztg. 1879, I, 356), Allg. H.-Ztg. 1878, I, 98.

[104]) Märker: Deutsche Landw. Presse 1878, Nr. 12. Von Märker ist eine Analyse ausgebrauten Hopfens da (s. Allg. H.-Ztg. 1879, I, 311):

Wasser	11,6 %	Proteïn	14,7 %
Fette	11,7 »	Rohfaser	24,8 »
Asche	9,9 »	Stickstofffreie Extraktstoffe .	23,7 »

Ohne Zweifel handelt es sich bei dem hohen Fettgehalt hauptsächlich um die für die Fütterung ganz wertlosen, weil unverdaulichen Harze.

[105]) Wie aus einer Nachricht des Nürnberger Anzeigers (reprod. Allg. Br.- u. H.-Ztg. 1884, I, 158) hervorgeht, scheint sich die eine oder die andere Hopfenhandlung ab und zu auch aus andern Gründen, als Futter- und Düngungs-Zwecken, für Hopfentreber zu interessieren. Ein Engländer, Eduard Davies in London, hatte damals einen, auch im Deutschen Reich (unter Nr. 16495) patentierten Apparat erfunden (s. Allg. Br.- u. H.-Ztg 1884, I, 479 die genaue Beschreibung mit zahlreichen Abbildungen), den ausgekochten Hopfen zu trocknen, um ihn wiederholt benutzen und alle seine wertbildenden Bestandteile gewinnen zu können. Offenbar war das eine Frucht der vielen Debatten über die Verschwendung, welche mit dem nur einmal zum Brauen verwendeten Hopfen getrieben wird. In Schweden fand man bei Hopfenuntersuchungen ausgebrannten Hopfen eingemengt, welcher zuvor mit Absinthtinktur behandelt worden war.

[106]) Reprod. im Bayer. Brauer-Journal 1897, S. 161.

[107]) s. Die schwedische Brauindustrie in Allg. Br.- u. H.-Ztg. 1884, I, 621.

[108]) Allg. H.-Ztg. 1879, II, 427, auch S. 89 u. 100.

[109]) Journal für Landwirtschaft 1872, Heft 2.

[110]) s. Wochenschr. f. Br. 1899, S. 377, nach Der Bierbrauer 1899, Nr. 19.

[111]) s. Allg. Br.- u. H.-Ztg. 1880, I, S. 193.

[112]) Allg. H.-Ztg. 1880, I, 223.

[113]) Zymotechnische Miscellanea, s. Allg. H.-Ztg. 1866, S. 171, reprod. aus Polytechn. Journal.

[114]) Reprod. aus dem Journ. f. prakt. Chemie.

[115]) s. Bierbrauer, reprod. Allg. H.-Ztg. 1880, I, 297.

[116]) Über Verkompostierung im folgenden Buche, Abschnitt »Düngung«.

VIII. Abschnitt.

Die Entwicklung und der gegenwärtige Standpunkt der Bestrebungen, den Hopfen für den Versand und die Aufbewahrung besser zu präparieren, zu verpacken und zu lagern und dadurch seine Verwendungsfähigkeit zu verlängern.

Die Konservierung des Hopfens.

1. Allgemeines und die Entwicklung dieser Frage.

Eine gute Aufbewahrung des Hopfens sichert dem Brauer thunlichst die einmal erst in seinem Besitze befindliche Hopfenqualität und deren Einfluſs auf das Bier. Sie verbilligt aber auch den Betrieb, wenn sie dem Brauer gestattet, gröſsere Hopfenvorräte für längere oder kürzere Zeit wohlerhalten aufzubewahren. Durch gutes Trocknen vor dem Lagern, eventuell auch etwas Schwefeln und durch Abschluſs gegen Luftwechsel und Licht, Lagerung bei Trockenheit und Kühle hat man es in diesen Dingen in den letzten zwei Jahrzehnten relativ weit gebracht.

Die Konservierung des Hopfens durch Besprengung der zuvor getrockneten Hopfenmassen mit Alkohol hat sich in keiner Hinsicht bewährt. Einige Zeit hindurch war davon viel die Rede[1]), jetzt ist wieder alles still geworden; es war das auch nicht anders zu erwarten.

Dieses Verfahren der Konservierung wurde von Naumann und Pohl in Plauen (D. R.-P. 7765) erfunden. Der mit Alkohol besprengte Hopfen wurde gemischt, also umgeschlagen, und dann mit einer Presse beliebiger Konstruktion in geeignete Gefäſse, z. B. Fässer, gepreſst, welche darauf verschlossen wurden. Auf besondere Sorgfalt beim Besprengen mit Alkohol kommt es angeblich nicht an, da sich der Hopfen im gepreſsten Zustande völlig mit Alkohol durchzieht; in der Würzepfanne verflüchtigt sich der Alkohol.

In der Allg. Br.- u. H.-Ztg. 1883, II, 545 wird gesagt, daſs der zu alkoholisierende Hopfen möglichst lufttrocken und, wenn er von geheizten Trockenräumen kommt, wieder abgekühlt sein muſs, ehe man mit der Arbeit beginnen kann. Der zu verwendende Alkohol soll nicht über 20% Wasser enthalten und von fuseligen Beimengungen völlig frei sein. Seine konservierende Wirkung werde erhöht, wenn man kleine Mengen von Salicylsäure in ihm auflöse. Am besten wäre es, den Hopfen auf den Trockenhürden mit einer sehr feinen Brause zu übersprengen und nach tüchtigem Durchmengen sofort zu verpacken. Auch könnte man bei gröſseren zu präparierenden Quantitäten den Hopfen auf einem Tuche ohne Ende unter dieser Brause durchziehen lassen. Dichtes Pressen und dichtes Sacken nach dem Alkoholisieren ist wichtig.

Noch weniger dürfte die vom Gambrinus empfohlene Hopfenkonservierungsessenz (Weingeist und schweflige Säure) wert sein[2]).

Ein anderer Vorschlag (s. Allg. Br.- u. H.-Ztg. 1886, I, 444) wollte den emballierten Hopfen mit Alkoholdämpfen durchdringen (man sehe auch Allg. Br.- u. H.-Ztg. 1883, II, 545).

Die Alkoholübersprengung und nachherige Pressung sollte den Hopfen gegen die schädliche Wirkung des Sauerstoffes der Luft und des Wassers schützen. 1880 war so präparierter Hopfen in München ausgestellt. Nach Dr. Stockmeier hatte er eine schokoladeartig braune Farbe und Apfelgeruch, herrührend von einer Esterbildung der Baldriansäure mit dem Alkohol. Die Sache scheint wieder ganz eingeschlafen zu sein.

Nach dem Gambrinus in Wien (repr. Allg. Br.- u. H.-Ztg. 1885, I, 110) zieht der Alkohol das im Hopfen befindliche überschüssige Wasser an, dasselbe verbleibt aber mit dem Alkohol im Hopfen, und so wird durch den Alkohol nur das Gewicht des Hopfens vermehrt[3]).

Es ist längst bekannt, dafs ein Hopfen dann schon erheblich an Wert verliert, wenn man ihn in selbst wohl getrocknetem Zustande zu lange ungesackt, auf Haufen liegen läfst.

Besser ist es schon, wenn er in diesem wohl getrockneten Zustande wenigstens mit schweren Tüchern bedeckt wird, weil dann der Verlust an Aroma, also an ätherischem Öl, nicht so beträchtlich ist wie in unbedeckten, freien, von der Luft bestrichenen Haufen; in letzterem Falle setzt sich natürlich auch noch viel Staub hinein, was erheblich wertmindernd wirkt.

Die Wertabnahme des in freien, unbedeckten Haufen auf Bodenräumen liegenden Hopfens wird bedeutend aufgehalten, wenn er rechtzeitig, d. h. nach eingetretenem genügenden Trocknen, gesackt wird.

Vorausgehende gute Trocknung (bis zu 5 und 10 % Wassergehalt) ist ein Hauptmoment zur guten Konservierung, aber absolute Trocknung würde den Hopfen beim Sacken zerblättern und unverkäuflich machen. Sehr wichtig wäre es, die Hopfen in die Säcke einzupressen, statt einzutreten, wobei so viele Zapfen ganz oder teilweise zerblättert werden.

Er wird dabei seit langer Zeit fest in Säcke eingetreten oder eingeprefst, wodurch die Berührung mit der Luft erheblich vermindert wird. Für alle Hopfen, die rasch zum Verbrauche gelangen, namentlich ehevor im kommenden Sommer die Temperatur wieder ernstlich steigt, genügt diese Art von Konservierung, die noch in ganz unverhältnismäfsigem Betrage zunimmt, wenn die gut gesackten und gut geschlossenen Ballen an Orten mit kühler Temperatur (+ 1—3° C.) mit vollständig trockener Luft und in der Dunkelheit, bei möglichst gutem Luft- und Licht-Abschlufs, gelagert werden. Selbst da treten in relativ kurzer Zeit Wertminderungen bis zu 10 und 20 % ein, und selbst ein solcher Hopfen schädigt unter Umständen Haltbarkeit und Wohlgeschmack des Bieres.

Wenn aber die Hopfenballen, wie noch vielfach der Fall sein soll, auf luftigen Gerstenböden oder gar in den im Sommer heifsen Bodenräumen unter dem Dache untergebracht sind, dann sind die Verluste ungewöhnlich grofs, namentlich qualitativ; sie können nach halbjähriger Lagerung bis 40 und 50 %, nach einjähriger 70—80—90 % betragen.

Gfall in Innsbruck (D. R.-P. 29335) will den Hopfen dadurch gut erhalten, dafs er ihn mit kondensierter Bierwürze vermengt, worauf er mit einer Fleisch-Schneide- oder -Hackmaschine etc. zerkleinert wird. Gute Resultate sind nicht bekannt geworden, auch nicht wahrscheinlich.

O. Lenz in Berlin (D. R.-P. 18168) will den guten Hopfen, und den verdorbenen zur Wiederherstellung, in Wasser eintauchen, welches auf 43° C. erwärmt ist, so lange, bis das Wasser alle Teile durchdrungen und die schädlichen entfernt hat. Die harzigen Teile sollen von Wasser mit dieser Temperatur verschont bleiben; nur die schlechten Teile werden durchdrungen. Das Auswässern des Hopfens in einem Bottich mit falschem Boden dauert, je nach der Qualität desselben, im Mittel 12 Stunden; nach dem Ablassen des Wassers soll der Hopfen direkt in den Braukessel gebracht werden.

Die Londoner Brauer haben im Jahre 1891 eine Preisbewerbung ausgeschrieben für die beste Abhandlung über Hopfenkonservierung (Preis 100 £). Es liefen nur drei Arbeiten ein, und keiner derselben konnte der volle Preis erteilt werden[4]).

Das luftdichte Imprägnieren der zu den Hopfenballen verwendeten Sackleinwand hat sich auch nicht bewährt (Allg. Br.- u. H.-Ztg. 1886, I, 444).

Die Ansichten, dafs der Hopfen am besten konserviert sei, wenn man ihn in luftdichten Behältern oder in gröfseren, luftdicht verschlossenen Räumen unterbringt, aus welchen nach der ganzen oder teilweisen Füllung immer die Luft ausgesaugt und an deren Stelle dann, wegen des notwendigen Gegendruckes nach aufsen, das indifferente Kohlensäuregas eingeprefst wird, haben bis jetzt — trotz wiederholter Versuche — die gehegten Erwartungen keineswegs befriedigt. Matthew Algernon Adam in Maidstone (Kentshire, England) will den Hopfen in grofse Kautschukbehälter bringen, welche sich ausdehnen und zusammenziehen, und nach Füllung mit Hopfen und Luftaussaugung Kohlensäuregas einpressen (Engl. Pat. Nr. 20792, 1892[5]).

Der Chemiker Fresenius in Wiesbaden hat schon 1863 Laboratoriumsversuche mit Wasserstoffgas, Kohlensäure, schwefliger Säure in hermetisch verschlossenen Gefäfsen gemacht[6]); eine Zeitlang ging es damit gut, später zersetzte sich der Hopfen aber doch derart, dafs er für Brauzwecke ungeeignet war; darauf haben Ohlmann-Emden in Frankfurt a. M. (blofs mit luftleerem Raum) und E. B. Jung in Fürth wieder solche Versuche mit Kohlensäure, Stickstoff, Wasserstoff und Kohlenoxydgas gemacht.

Man kann für die Kühlung der Hopfenmagazine auch Kälteerzeugungsmaschinen verwenden, in der Art, wie sie zur Kühlung der Kellerluft verwendet werden. In solchen trockenen, kühlen Räumen läfst sich der Hopfen in Ballen und Büchsen gut aufbewahren.

Der in Ballen lagernde Hopfen mufs namentlich in den ersten Monaten nach der Ernte fleifsig kontrolliert werden, ob er sich nicht im Sacke erwärmt. Zu diesem Zwecke steckt man spitze, dünne Eisenstäbe (auch Holzstäbe) senkrecht in die Mitte der Ballen, welche wenigstens bis über die Mitte derselben reichen sollen. Zeigen sie sich beim Herausnehmen erwärmt, so mufs, je nach dem zu befürchtenden Grade der Erwärmung, der Sack in der Längsnaht geöffnet und der Ballen der Länge nach in der Mitte auseinandergelegt und gelockert, nötigenfalls auch zum Nachtrocknen ganz ausgebreitet werden. In dieser Beziehung ist namentlich nach regnerischen Erntejahren grofse Vorsicht nötig.

Auch im Frühjahr, wenn die Wärme steigt, soll sich der Hopfen sehr leicht erwärmen (angehen, wie die Händler sagen), je leichter, je schwerer, gehaltvoller er ist.

Selbst die verhältnismäfsig gut getrocknete Hopfenware verliert in den ersten Monaten nach der Einlagerung an Gewicht; im Laufe eines Jahres kann dieser Verlust 3—5% und mehr betragen, mehr natürlich, wenn der Hopfen mit 11—12—15% Wassergehalt zur Einlagerung kam. Da ist zudem die Gefahr der Erhitzung im Sacke sehr grofs, namentlich wenn der Hopfen nicht geschwefelt war.

Die Tara an Hopfenballen (das Gewicht des Sacktuches) beträgt gewöhnlich 5—6%, die Händler rechnen aber nur 2—3%. Allerdings haben die Kaufleute auch beim Nachtrocknen der von den Bauern gekauften Ware ganz erhebliche Verluste, die sie da und dort einzubringen suchen müssen. Sie bezahlen aber doch die noch feuchte Ware kaum als trockene.

In der That ist, trotz der nicht geringen Zahl von Vorschlägen, welche in den letzten 30—40—50 Jahren in Bezug auf die Konservierung des Hopfens gemacht worden sind (die Patentliteratur enthält eine ziemliche Anzahl), der Fortschritt, wenn er auch nicht als gering bezeichnet werden kann, dennoch nicht diesem Aufwand an Mühen entsprechend gewesen[7]).

Schon 1855 unternahm eine Münchner Kommission, welcher J. v. Liebig und v. Pettenkofer angehörten, umfangreiche Versuche über Hopfenkonservierung, wozu 15 Ztr. Hopfen verwendet wurden. Der Hopfen wurde in verschiedenen Partien bei 24—30° R. getrocknet, geschwefelt, hydraulisch in Blechbehälter geprefst und luftdicht verschlossen, jedoch so, dafs man bei den einzelnen Partien die eine oder die andere der vorbezeichneten Manipulationen unterliefs. Im Laufe von sechs Jahren sollten von zwei zu zwei Jahren mit den so behandelten

Hopfen Probebiere gebraut werden. Allein man hat nur einmal Probebier gebraut, und die konservierten Hopfen sowohl als die daraus gebrauten Biere wurden von Habich (Der Bierbrauer, 1860) nicht günstig beurteilt. Die Versuche haben offenbar nicht vollkommen befriedigt, vielleicht aber nur, weil die Sache doch nicht recht gemacht wurde. Der in vorbeschriebener Weise konservierte, in Blechkästen eingeschlossene Hopfen war auf dem kgl. Staatsgute Schleifsheim aufbewahrt worden, aber es wird nicht gesagt, wie er gelagert war; er war anscheinend in einem sehr trockenen, aber nicht kalten Raum gelagert worden, er hatte Schutz gegen Feuchtigkeit und Luft, aber nicht gegen Wärme. Wir kommen im folgenden Abschnitt eingehend auf diese immerhin sehr wichtigen Versuche zu sprechen.

In der Allg. Br.- u. H.-Ztg. (1863, S. 270, ebenso 1865, S. 491, 1866, S. 359, nach Jour. of Arts) wird — nach Freeland — empfohlen, den Hopfen zwischen Metallplatten hydraulisch zu pressen und, mit Klammern zusammengehalten, auf 80—100° C. zu erhitzen; das müfste ihn doch vollkommen ruinieren.

Nach dem Erhitzen, wenn der Hopfen abgekühlt ist, werden die Metallplatten weggenommen und die Ballen für die Versendung verpackt; für längeren Transport und längere Aufbewahrung sollen die Ballen in möglichst starke und dichte Leinwand eingenäht, dann mit einer gut deckenden Metallfarbe (z. B. Minium) angestrichen und dann nochmals mit Leinwand umhüllt werden.

Brainard[8]) schlägt vor, den gut trockenen Hopfen in gut ausgetrockneten Säcken verpackt in einer Hopfenkammer aufzuspeichern, welche auf der Mitternachtseite eines Gebäudes aus wasserdichtem Material so aufgebaut ist, dafs man sie luftdicht verschliefsen kann. Dieselbe ist von einer äufseren, aus schlechten Wärmeleitern bestehenden Wand und Bedachung eingeschlossen, der leere Raum aber zwischen den beiden Wänden mit einem Eishause in Verbindung gebracht, so dafs die Temperatur in der Hopfenkammer sich konstant auf 10° C. erhält[9]).

Es handelt sich also prinzipiell um Schutz gegen Licht, Luft (Sauerstoff), Wärme und Feuchtigkeit, denn diese vier sind, nebst den Sprofspilzen und Bakterien, die gefährlichsten Agentien gegen die Konservierung des Hopfens als Ware.

Ganz ähnlich äufsert sich 1872 die Brauerversammlung in Weihenstephan[10]), welche es als sehr empfehlenswert bezeichnet, den schwach geschwefelten, gut getrockneten Hopfen in kalten, trockenen Räumen aufzubewahren, wozu sich vorzüglich die Brainardschen Eiskeller mit 5° C. eignen dürften.

Auch Schaar[11]) berichtet von der vorzüglichen Qualität eines Hopfens, den er während sieben Monaten in einem verpichten Fasse in Eis vergraben aufbewahrt hatte.

Cords[12]) empfiehlt das Evakuieren der in Büchsen verpackten Hopfen zur Entfernung der Feuchtigkeit und darauffolgendes Einleiten von Sauerstoff.

Ehrich[13]) will den Hopfen in Büchsen einpressen, Kohlensäure einfüllen und die Aufbewahrung bei 1—3° R. bewerkstelligen.

In England haben Briant und Meacham[14]) den Einflufs der Kälte auf die Konservierung des Hopfens näher studiert und ebenfalls gefunden, dafs es das Beste ist. Die Temperatur, welche sie für zweckmäfsig und notwendig erachten, beträgt 2—3° C. Diese Autoren haben ein englisches Patent auf ihr Konservierungsverfahren genommen, zu dessen technischer Verwertung sich eine Aktiengesellschaft (Cold Hop Storage Co. Lim.) in London mit einem vorläufigen Aktienkapital von 1½ Millionen Mark gebildet hat.

Die Hopfenhandlung Cattley, Grindley & Co. in London ging sogar mit der Temperatur bis auf — ½% herunter, so dafs sich also der Hopfen in gefrorenem Zustande befindet. Der nach diesem Verfahren aufbewahrte alte Hopfen soll sich von dem neuen in Bezug auf Frische, Aroma, Farbe und Brauwert in keiner Weise unterschieden haben. Diese Firma besitzt[15]) zum Betrieb dieser Anlage einen Ottoschen Gasmotor von 12 Pferdekräften) und stellen sich die Kosten auf ca. 10 Mark per Tag bei einem Gasverbrauch von 4000 cbf. In den Magazinen können 1200 Ballen Hopfen untergebracht werden[16]).

Auch die Imperial Lager Brewery Co. Lim. in Tottenham hat eine Anlage für 5000 Ballen nach dem gleichen System eingerichtet. In Amerika ist die Aufbewahrung des Hopfens bei niederen Temperaturen seit längerer Zeit schon vielfach und mit bestem Erfolge im Gebrauch. Auch bei uns in Deutschland ist stellenweise zur besseren Aufbewahrung des Hopfens viel geschehen, meist aber läſst das noch sehr zu wünschen übrig. Die Einrichtung eigener, vollkommen trockener Abteilungen in den Lagerkellern, mit künstlicher Kühlung auf eine Temperatur von 1—$^1/_2$ ° C. gehalten, wäre ein groſser Fortschritt, noch mehr, wenn hier — die vielleicht auch noch schwach geschwefelten — Büchsenhopfen gelagert würden.

Rietsch will den noch grünen, also noch nicht getrockneten Hopfen in Malzstärkesyrup einrühren, welcher so konzentriert ist, daſs er nur in der Hitze flüssig wird, in der Kälte aber eine feste Masse bildet. Für 100 Teile Hopfen sollen 10—15 Teile Syrup erforderlich sein. Der Syrup soll den Hopfen wie ein Firniſs umschlieſsen und die Luft vollkommen absperren.

Es sind namentlich 5 Methoden der Hopfenkonservierung, welche in Betracht kommen:

1. Das Schwefeln,
2. Einpressen des Hopfens in Ballen von Packtuch,
3. Einlagerung solcher Packtuchballen in Zinkkisten,
4. Einpressen in möglichst luftdichte Metallbüchsen,
5. Aufbewahren der Hopfenballen in luftdicht und wasserdicht gemachten Eiskellern.

Welche Erfolge wären gegeben, wenn es gelänge, den Hopfen, der bei gewöhnlicher Behandlung schon nach einem Jahr mehr als $^4/_5$ seines Wertes eingebüſst hat, so wie Getreide auf eine Anzahl von Jahren vollkommen brauchbar zu machen! Wie schon Prof. Dr. R. Wagner (1855) betont, würde man dann denselben Hopfen, der in einem Jahre kaum für 15—20 fl. per Zentner abgesetzt werden kann, in einem andern, vielleicht schon im darauffolgenden Jahre, mit 100—200, ja selbst mit 250—300 fl. verkaufen können.

2. Die Konservierung des Hopfens durch Schwefeln.

Im Hopfenhandel sagt man nicht, der Hopfen ist geschwefelt, sondern er ist präpariert. Präparieren heiſst hier also Schwefeln. Manche sagen aber: »Schwefeln heiſst Schönen.« Die Bezeichnung »Originalhopfen« und »präparierter Hopfen« scheint übrigens kein scharf umschriebener, in unverrückbare Grenzen festgebannter Begriff zu sein[17]); es läſst sich darüber streiten, und die Händler haben ein Interesse daran, der Sache einen gewissen Nimbus anzuhängen, in dem Sinne, daſs der präparierte Hopfen der einen Firma nach gewissen Regeln der Kunst, die Geheimnis eben dieser Firma sind, besser präpariert sei als der einer andern Firma.

Allgemeinhin wird man wohl sagen können, daſs »Originalhopfen« ein solcher ist, wie er aus der Hand der Hopfenproduzenten auf den Nürnberger Markt gelangt, der also noch keiner handelsmäſsigen Behandlung, also auch noch keiner Sortierung, Verpackung, eventuell Mischung und namentlich keiner Schwefelung, höchstens einer Nachtrocknung, unterworfen war; er ist also rohe Bauernware, während präparierter Hopfen entweder allen oder einzelnen dieser Manipulationen unterzogen, namentlich geschwefelt und Handelsusancen gemäſs verpackt, sicher oft auch nach gewissen Grundsätzen gemischt wurde.

Dem Schwefeln muſs das Trocknen vorhergehen oder gleichzeitig mit ihm verlaufen. J. v. Liebig (Jahresber. über Fortschr. d. chem. Technol. 1855, S. 201) hat nachgewiesen, daſs das Schwefeln das Trocknen des Hopfens beschleunigt. Die Feinde der schlecht getrockneten Hopfen sind Feuchtigkeit, Sauerstoff, Bakterien, auch Licht und Wärme. Der Schwefel schützt nur als schweflige Säure. Die durch Oxydation, auch im geschwefelten Hopfen selbst, daraus entstandene Schwefelsäure schützt nicht mehr, daher schützt das Schwefeln nur einige Monate, weil die Oxydation inzwischen immer mehr vorschreitet. Trocken und luftfrei und gegen Feuchtigkeit und Luft geschützt, nutzt mehr als Schwefel.

Das Schwefeln des Hopfens zu dem Zwecke, ihn besser vor dem Verderben zu schützen, weil es dazu beiträgt, das Vegetationswasser der Zapfen leichter zu entfernen, und die schweflige

Säure sich mit den leicht zersetzbaren Substanzen in den Zapfen verbindet und so das Verderben des Hopfens aufhält, ist in England aufgekommen, und zwar war daran ein Steuermodus schuld, wie ja manchmal Steuerverhältnisse auch auf die besteuerte Industrie selbst oft einen gewaltigen Einfluſs üben, je nachdem einen nützlichen, die betreffende Industrie fördernden oder auch einen schädigenden. Ende des 18. Jahrhunderts war übrigens auch in England das Schwefeln des Hopfens noch verboten. 1795 fand durch den Londoner Gerichtshof »King's Bench« nach dem 7. Gesetz unter König Georg (Kap. 2, Abt. 19, 2) eine Verurteilung wegen Übertretung dieses Gesetzes statt.

In den ersten Jahrzehnten unseres Jahrhunderts (von 1819—1859) war in England das Hopfenprodukt mit einer erheblichen Steuer belegt worden, deren Eintreibung sehr strenge gehandhabt wurde. Die Hopfenbauer waren gezwungen, ihre eben gepflückte, getrocknete Ware vor den Steuerbeamten zu bringen. Da sie zu diesem Zwecke bald gesackt werden muſste, erhitzte sie sich leicht und verdarb sehr oft. So führte diese durch die Hopfensteuer bewirkte Notlage die englischen Hopfenproduzenten frühzeitig zum künstlichen Trocknen bei mäſsig erwärmter Luft und zum gleichzeitigen Schwefeln.

In England wurde in turmartig hohen Gebäuden mit kegelförmigem Dache, auf groſsen, runden Hürden von Roſshaar- oder Draht-Geflecht mit meist kreisrunden, 16—20 qm Fläche einschlieſsenden Darrvorrichtungen, getrocknet; der frisch gepflückte Hopfen wird 40—50 cm hoch aufgeschichtet; 4 m unter dem Geflecht mit dem Hopfen brennt ein schwaches, wenig Rauch erzeugendes Feuer aus Holzkohlen, Coaks oder Steinkohlen. Zuglöcher am Boden führen Luft zu. Auf die glühenden Kohlen wird ein gewisses Quantum Schwefel geworfen. Über dem Hopfenlager sind Vorrichtungen zum raschen Abführen des Wasserdampfes und der Verbrennungsgase. Die Engländer kühlen den Hopfen gleich nach dem Trocknen und Schwefeln. Alsdann wird er in Quadratballen gepreſst.

Man hatte allmählich gesehen, daſs das Schwefeln den Hopfen dauerhafter macht, daſs er sich um einige Monate und mehr brauchbarer erhielt, als ehedem der Fall war, auch nicht so leicht im Sacke umsteht (durch Selbsterhitzung) oder bodenrot wird, und so verbreitete sich dieses Verfahren der Trocknung und Konservierung nicht bloſs in ganz England, sondern auch nach Belgien, Nordamerika etc., viel später erst, durch die Nürnberger Hopfenhändler, auch nach Mitteleuropa.

Anfänglich (vom 20. März 1830 ab) war das Schwefeln, aus Furcht vor gesundheitschädlichen Wirkungen, in Bayern verboten, auch wegen der Feuersgefahr durch die Hopfenschwefeldarren und weil es dazu benutzt werde, altem Hopfen das Aussehen von neuem zu geben. Auf Andrängen der Hopfenhändler, denen, soweit sie nicht heimlich schwefeln konnten, das Geschäft nach dem Auslande dadurch ganz unmöglich gemacht war, denn die englischen und amerikanischen Brauer waren so an geschwefelten und gepreſsten Hopfen gewöhnt, daſs sie keinen andern mehr wollten, und nach Begutachtung durch J. v. Liebig und das Generalcomité des Landwirtschaftlichen Vereins[18]) wurde 1858 das Hopfenschwefeln, aber nur für den Regierungsbezirk Mittelfranken, namentlich für die Haupthopfenhandelsstadt Nürnberg, gestattet. Am 6. Juni 1862 wurde endlich das Hopfenschwefeln vollständig freigegeben[19]).

J. v. Liebig sagte damals in seinem Gutachten, daſs der Geschäftsunkundige und Unerfahrene durch polizeiliche Verordnungen nicht gegen Betrug und Täuschung geschützt werden könne. Man solle das Schwefeln bedingungslos freigeben mit arsenfreiem Schwefel und solle nur auf dem Ballen das Zeichen »(△)« = geschwefelt verlangen. Meines Wissens ist dieses Zeichen für geschwefelte Hopfen auf den Hopfenballen auch durch amtliche Bestimmungen vorgeschrieben worden. Es hat sich aber anscheinend niemand darum gekümmert, am allerwenigsten die Hopfenhändler. Daſs aber gegen eine solche straffällige Unterlassung auch einmal behördlich eingeschritten worden wäre, davon habe ich in der gewaltigen, eingesehenen Literatur niemals auch nur mit einem Worte eine Erwähnung gefunden. Es konnte bei ernsthafter, strenger Handhabung dieser Vorschriften offenbar viel volkswohlschädlicher Schwindel verhindert werden. Liebig nennt das Konservieren des Hopfens durch das Schwefeln eine der gröſsten und wichtigsten Erwerbungen der Brauerei. Die Engländer kaufen keinen ungeschwefelten Hopfen Liebig erwähnte die Klage englischer und schottischer Brauereien über die Ungleichheit des sonst so sehr geschätzten bayerischen Hopfens, welche auf das Verbot (Unterlassen) des Schwefelns zurückzuführen sei, und wies darauf hin, dafs durch das allgemein übliche und durch keinerlei gesetzliche Vorschriften eingeschränkte Schwefeln des Weines weit mehr schweflige Säure in diesen gelange, ohne irgend welche schädliche Folgen zu haben, als durch ein noch so starkes Schwefeln des Hopfens ins Bier gelangen könne. Geschwefelt wurde auch damals schon viel Hopfen, natürlich im geheimen. Die Geschäfte nach dem Auslande wären sonst ganz unmöglich gewesen, und wo wäre dann der Absatz der geringeren bayerischen Hopfenware geblieben?

Die Versuche, welche Mitte der 1850er Jahre auf Veranlassung des Generalcomités des Landwirtschaftlichen Vereins in Bayern unter Anteilnahme des berühmten Chemikers Justus Freiherrn v. Liebig, des Herrn Professors Pettenkofer, des Professors der Chemie und Technologie in Weihenstephan Dr. Knobloch, ferner des Grofsbrauers Herrn Gabriel Sedlmayr (Spaten), des Universitäts-Professors Kaiser etc. durch mehrere Jahre in Bezug auf Hopfenkonservierung in Verbindung mit Schwefelung in München (und Schleifsheim) ausgeführt worden sind, findet man nach dem eingehenden Bericht des Gräfl. Arcoschen Güterinspektors Jägerhuber als Delegierten des Generalcomités (vom 24. November 1855 und August 1858) in der Zeitschrift des Landwirtschaftlichen Vereins jener Jahrgänge, später, von 1863 ab, auch in der Allg. H.-Ztg. [20]).

Alle diese Vorgänge waren veranlafst durch eine Vorstellung der Nürnberger Hopfenhändler im Jahre 1855 an das Staatsministerium des Innern (der noch dazu ein Gutachten J. v. Liebigs angeschlossen war, in welchem ausgesprochen ist, dafs das Schwefeln des Hopfens der Gesundheit nicht nachteilig und diese Konservierung des Hopfens für den Handel von grofsem Nutzen sei), dafs ihnen durch das strenge Verbot des Hopfenschwefelns vom 20. März 1830 der Auslandshandel mit Hopfen, der sich nur mit geschwefeltem Hopfen vollziehen läfst, unmöglich gemacht oder doch im hohen Grade erschwert sei, weil sie den Hopfen, um ihn vor dem Verderben zu schützen, erst im Ausland schwefeln müfsten. Mehrfach waren für den Export nach England, Amerika, in die Kolonien etc. im Anfang der 1860er Jahre in Hamburg etc. Schwefelanstalten für Hopfen errichtet, oft mag aber der Hopfen gelitten haben, ehevor er bis dahin kam. In der Allg. H.-Ztg 1874, S. 671 ist eine Notiz aus Oberösterreich, dafs sie jetzt eine Trocken- und Schwefel-Anstalt für den Export nach England besitzen, während früher alles erst zum Schwefeln nach Hamburg gesendet werden mufste. Die Nürnberger Hopfenhändler stellten deshalb den bittlichen Antrag, dafs das Hopfenschwefeln und die Einführung der Hopfenschwefeldarren allgemein gestattet werde. Die Staatsregierung konnte sich natürlich der sorgfältigen Würdigung einer solchen wichtigen Vorstellung nicht entziehen und setzte sich desfalls mit dem Landwirtschaftlichen Generalcomité in Beziehung, um eine eingehende Prüfung der Frage zu veranlassen. Es wird übrigens in dem Ausschreiben der Kgl. Kreisregierung von Mittelfranken vom 1. September 1862, welches die allerhöchste Verordnung vom 6. Juni veröffentlicht, worin dieses Verbot des Hopfenschwefelns mittelbar aufgehoben wird, betont, dafs im grofsen Publikum und selbst unter einzelnen Brauern noch grofse Vorurteile gegen das Hopfenschwefeln bestehen.

Es sollen schon um 1817 von Nürnberg aus gröfsere Versendungen von Hopfen in entfernte Weltteile gemacht worden, aber infolge mangelhafter Verpackung bei lange dauerndem Seetransport ungünstig ausgefallen sein. Um diese Schwierigkeiten zu beseitigen, wurde bis in die 1830er Jahre das Schwefeln des Hopfens heimlich und daher bei mangelhaften, nicht feuersicheren Darren betrieben; der meiste Hopfen aber mufste im Auslande präpariert (geschwefelt) und gepackt werden. Vorangehend in dieser Sache waren die Engländer und Belgier, und die Brauer in England waren so an geschwefelten und geprefsten Hopfen gewöhnt, dafs auf englischen Märkten Hopfen, welche nicht so behandelt waren, nicht konkurrieren konnten. Nach einer Notiz über die Hopfenausstellung auf der internationalen Ausstellung in Paris (s. Allg H.-Ztg. 1867, S. 231) packen die Belgier erst seit 1862 den Hopfen so.

Auf Veranlassung des Herrn Reichsrats Frhrn. v. Niethammer, damals II. Präsident des Landwirtschaftlichen Generalcomités in München, trat am 24. November 1855 die Untersuchungskommission zusammen. Die Versuche durch Schwefelung, Dörrung, Pressung und Verpackung sollten immer durch mindestens zwei Jahre und während sechs Jahren fortgesetzt werden.

Mit den vom Generalcomité bereitgestellten Mitteln (300 fl.) wurden durch Gabriel Sedlmayr (Brauerei zum Spaten in München) und Oberinspektor Jägerhuber 15 Ztr. guter Hallertauer Hopfen zu 45 fl. per Zentner gekauft. Prof. Pettenkofer untersuchte mikroskopisch das Hopfenmehl (die Drüsen) dieses Hopfens (1855er) und zugleich von 1854er und 16 Jahre alter Ware. Das Mehl des neuen Hopfens war hellgelb und glänzend, das vom einjährigen war etwas mehr bräunlich und eingeschrumpft, während das Lupulin vom 16 Jahre alten Hopfen noch mehr braun und durchsichtig war.

Nicht ohne Lächeln vernehmen wir heute, wie man sich damals behelfen mufste, um die richtige Trocknung (Dörrung), Schwefelung, Pressung, Packung etc. durchzuführen. Das Dörren des Hopfens wurde auf der Darre des Germsieders vor dem Isarthor vorgenommen, bei 22°, 24° und 28° R. im Darrraum. Die luftgetrockneten 428 Pfd. Netto-Hopfen, welche feuergedörrt wurden, verloren dabei noch ca. 47 Pfd. Feuchtigkeit.

Das Pressen wurde auf der hydraulischen lithographischen Presse des Herrn Hofphotographen Hofrat Hanfstängl vorgenommen. Man liefs für das Pressen einen kleinen Cylinder von verzinntem Eisenblech (ca. 4 cbf fassend) anfertigen, welchen man durch starke Eisenreife zusammenhielt. Zum Pressen von 123 Pfd. Netto-Hopfen hatte man 14 Stunden gebraucht.

Durch Herrn Ed. Vollrath aus Altdorf liefs man am 28. Januar 1856 das Schwefeln des Hopfens vornehmen. Er stellte kleine Schüsseln mit kleingestofsenem Schwefel in kleine Behälter (Kästen) von durchlochtem Eisenblech. Über diese Schwefelkästen wurden nach Anzünden des Schwefels Waschkörbe gestülpt und der Hopfen darauf und darum gelegt. Nach 30 Minuten zeigte sich die obere Partie des Hopfens ganz feucht, hellgelb und selbst blafsgrün. Dieser Hopfen wurde nun weggenommen und neuer Hopfen über und um den Korb gelegt, welcher nach $^1/_2$—3 Stunden ebenfalls den entsprechenden Feuchtigkeitsgrad und die erwünschte Farbe erhalten hatte u. s. f. Um schneller mit dem Schwefeln fertig zu werden, hatte man später noch eine etwas andere Anordnung getroffen (s. l. c. 314) Man hatte zum Schwefeln von 611 Pfd. Hopfen (Brutto, es ist dort immer Sporco gesagt) 6 Pfd. arsenfreien Schwefel und 16 Stunden Zeit gebraucht. Nach der Aussage Vollraths dörrte man (bei gleichzeitigem Schwefeln) in Nürnberg damals schon auf Pferdehaardecken oder Horden von Holzspänen ein Quantum von 20 Ztrn. in einem Tage. Es war Liebigs Wunsch, dafs auch ein Teil des geschwefelten Hopfens noch feuergedörrt werden sollte.

Die 14 Hopfenproben, welche am 26. Februar 1856 der Königl. Staatsgutsverwaltung Schleifsheim (Direktor Frhr. v. Dürsch) zur Aufbewahrung übergeben wurden, waren folgendermafsen behandelt und präpariert:

I.	hydraulisch geprefster, in einem Blechbehälter (verzinntes Eisenblech, weil verbleites nicht erhältlich war) luftdicht verschlossener, geschwefelter Hopfen .	199 Pfd.
II.	hydraulisch geprefst, in einem gleichen Gefäfse luftdicht verschlossen, geschwefelt und nach dem Schwefeln gedörrt	160 »
III.	hydraulisch geprefst, in einem gleichen Gefäfse auf Feuer gedörrt (nicht geschwefelt)	162 »
IV.	auf Feuer gedörrt (ohne Schwefel)	55 »
V.	desgleichen	124 »
VI.	desgleichen	124 »
VII.	geschwefelt und nicht gedörrt	99 »
VIII.	desgleichen	105 »
IX.	geschwefelt und gedörrt	100 »
X.	desgleichen	133 »
XI.	in Leinwand hydraulisch geprefst, geschwefelt und gedörrt	67 »
XII.	desgleichen	85 »
XIII.	in gewöhnlicher Verpackung	100 »
XIV.	desgleichen	100 »
	Summa Sporco (= brutto):	1623 Pfd.

Am 6. Februar 1858, also fast drei Jahre später, wurden in Gegenwart all dieser Kommissionsmitglieder die von Schleifsheim in die Lokalitäten des Generalcomités überführten Hopfenproben besichtigt. Leider ist nicht gesagt, ob die Aufbewahrung in Schleifsheim in Eiskellern stattfand. Die Blechbehälter waren vollkommen trocken und ohne Rostflecken. Namentlich wurden die Proben I, II, III, V, VII, X, XII und XIII eingehend beurteilt. In den Blechgefäfsen hatte sich der Hopfen vortrefflich gehalten, auch in Farbe, welche aber bei XIII etwas gebräunt war. Das Lupulin war bei keiner Sorte mit solchem von neuem (1857er) Hopfen vergleichbar. In Bezug auf den Geruch ergaben sich zwei Gruppen, wobei die Unterschiede in den Unterabteilungen gering waren. In der ersten (besten) Geruchsgruppe ist der beste Hopfen Nr. II, dann I, dann III. In der zweiten (minder guten) Geruchsgruppe mit wenig Hopfengeruch, mehr dem Geruch gedörrter Kräuter, XII, VIII und X; noch minder waren im Geruche V und XIII. Demnach war luftdicht verschlossener, geprefster und geschwefelter Hopfen nach drei Jahren im Aroma noch am besten erhalten.

Liebig machte nun mit einer Anzahl dieser Hopfen (je 2 Lot) Kochversuche in seinem Laboratorium, wozu Gabriel Sedlmayr die Bierwürze (je 4 Mafs per Probe) lieferte; aufser dem Referenten kannte niemand die Sorten. Die Kommissionsmitglieder, wozu auch noch Herr Brey (Zum bayerischen Löwen) eingeladen war, prüften die verschiedenen Hopfenwürzen sorgfältig nach Geruch und Geschmack; danach kam dem frischen Hopfen in der Leistung am nächsten Nr. II, dann kamen I, III, VIII und XII; am geringsten (mehr käseartig im Geruch) wirkte X. Diese Taxation war mit jener, welche am 6. Februar vorgenommen worden war, in den Resultaten sehr übereinstimmend.

Nun unternahm aber auch Gabriel Sedlmayr (Brauerei zum Spaten in München) mit den Proben II und XII, mit je 50 Pfd. jeder dieser Sorten, noch Versuche im grofsen zu Sommer- oder Lagerbier-Suden. Die Versuchsgebräue wurden am 22. Februar 1858 ausgeführt, derart, dafs auf 1 bayer. Scheffel Malz je 3 Pfd. Hopfen kamen. Die zwei Sude wurden in zwei nebeneinander stehenden Pfannen zu gleicher Zeit gebraut. Der Hopfen wurde zugesetzt, als der Boden der Braupfanne von der Würze ganz überdeckt war. Schon beim Beginne des Kochens wurde der Geruch des Hopfens von Herren Gabriel Sedlmayr (Spaten), Joseph Sedlmayer (Leistbräu) und Jägerhuber sorgfältig geprüft und übereinstimmend anerkannt, dafs der Hopfen sub II ein dem neuen Hopfen beinahe gleiches Aroma von sich gab, welches mit dem vom alten Hopfen gar nicht zu vergleichen war; es war ein feiner, milder, aromatischer Geruch, den vielleicht nur ein sehr geübter Kenner als nicht von neuem Hopfen stammend erklärt haben würde. Der Hopfen sub XII entwickelte beim Kochen einen minder guten, aber immerhin auch für gut zu haltenden Geruch, der zwar nicht so sehr an neuen Hopfen erinnerte als der von II, aber immerhin das Säuerliche und Käseartige wahrnehmen liefs, wie bei in gewöhnlicher Art behandeltem alten Hopfen.

Nach $1^1/_2$stündigem Kochen fingen beide Würzen an sich zu brechen, und nach zwei Stunden war die Scheidung vollkommen, eine Zeitdauer, wie sie auch bei nicht zu fettem, neuem Hopfen erforderlich ist. Ganz schwere Hopfen brauchen etwas länger und alter Hopfen in der Regel etwas kürzere Zeit. Bei der Anstellung zur Gärung hatte die Würze mit dem Hopfen Nr. II einen Gehalt von 13,2%, jene vom Hopfen Nr. XII einen solchen von 13,4%.

Bis zu den Kräusen verlief die Gärung bei beiden Hopfensorten ähnlich, aber während II beim Zurückgehen eine schöne Decke hinterliefs, war sie beim Hopfen XII leicht und dünn, das Zurückgehen war mehr schaumartig (verlaufen), wie es beim alten Hopfen in der Regel der Fall zu sein pflegt. Nach der Gärung zeigte die Würze mit II 6,4%, jene mit XII 6,9%. Der Zeug war schön.

Von beiden Bieren wurde je $^1/_2$ in die Kellerabteilung für die ersten Sommermonate, die andere in jene für die letzteren gelagert.

Am 22. Juni 1858 wurde in Gegenwart zahlreicher Herren vom Landwirtschaftlichen und Polytechnischen Verein das erste Lagerbier versucht. Beide Proben II und XII wurden als gute Biere anerkannt; bevorzugt wurde aber bei weitem II, und nachdem auch gleichaltriges, mit neuem Hopfen gebrautes Bier vorgesetzt war, fand man den Unterschied des Bieres mit jenem sub II gering, das Bier sub XII fand man aber dem Winterbier ähnlicher und manche wollten sogar käseartigen Geschmack wahrgenommen haben.

Die Probe mit den in der andern Abteilung gelagerten Bieren wurde am 10. August 1858 vorgenommen. Da waren auch verpflichtete Bierbeschauer bei der Kommission. Die Biere im kälteren Keller waren glänzend klar, während die vorerwähnten aus dem wärmeren Keller schon etwas staubig waren. Die Bierbeschauer setzten nun die Qualität der vier Sorten wie folgt fest:

1. Probe Nr. XII aus dem kälteren Keller als bestes;
2. an zweiter Stelle Probe Nr. II aus demselben Keller;
3. Nr. II aus dem wärmeren Keller;
4. Nr. XII aus dem wärmeren Keller, welches ohnehin an der Grenze der Haltbarkeit angekommen sei.

Herr Gabriel Sedlmayr und Herr Jägerhuber waren nicht ganz damit einverstanden, sondern wollten Nr. II des kälteren Kellers an die erste Stelle setzen. Nr. XII vom wärmeren Keller konnte noch anstandslos verzapft werden.

Der damalige Professor der Chemie und Technologie in Weihenstephan, Herr Dr. Knobloch, eine anerkannte Autorität, erbot sich ebenfalls, mit einer Anzahl dieser Proben Sudversuche in der kleinen Weihenstephaner Versuchsbrauerei auszuführen. Er erhielt sechs Sorten (I, II, III, VIII, X und XII) mit je 4 Pfd. von jeder Sorte. Was damals in München und Weihenstephan nicht verbraucht wurde, übernahm die Staatsgutsverwaltung in Schleifsheim wieder in Verwahrung, nachdem alle Sorten wieder in die ursprüngliche Packung versetzt waren.

Prof. Dr. Knobloch berichtet über die Versuchssude in Weihenstephan unterm 9. April 1858. Wir wollen, indem wir auf den Bericht verweisen, nur wieder die Versuche mit den Proben II und XII hervorheben; bei II nannte man, ganz abweichend von München, den Geruch der verwendeten 2 Pfd. 28 Lot Hopfen höchst widerlich, vergleichbar mit jenem von schimmeligem Heu oder altem Backsteinkäse, ein eigentliches Aroma wurde kaum bemerkt; bei XII wurde der Geruch in Weihenstephan sogar als ekelerregend und mehr an Mist als an Hopfen erinnernd bezeichnet. Wie soll man diese Gegensätze erklären?!

Besser war es bei den Trinkversuchen mit dem daraus bereiteten Bier am 11. August 1858, wobei sich auch Univ.-Professor Dr. Fraas in der geladenen Kommission befand. Das Bier von II war schön in der Farbe, sehr klar, ausgezeichnet im Glanz, moussierend, von sehr gutem Geschmack und angenehmem Trunke. Das Bier mit dem Hopfen XII dagegen war staubig, schlecht im Geschmack und von käsigem Geruch. Obgleich die Kellertemperatur 8° R. überstieg, hatte dennoch bis zum Prüfungstage keines dieser Biere einen Stich ins Saure.

Die Biere von II, I und VIII waren unbedenklich zum Verkauf geeignet.

Es zeigte sich demnach:

> dafs der Hopfen, so wie sub II behandelt, selbst nach zweijähriger Aufbewahrung für gute Keller ebenso gut und gefahrlos zum Lagerbier verwendet werden kann wie neuer Hopfen; selbst bei minder guten Kellern kann er noch verwendet werden, wenn das betreffende Lagerbier im Mai und Juni abgesetzt wird. Der Hopfen XII ist weniger entsprechend, namentlich bei minder guten Kellern.

Wenn der Hopfen auf Feuer gedörrt, hydraulisch geprefst und luftdicht verschlossen aufbewahrt wird, ohne geschwefelt worden zu sein, dann hat er nach zwei Jahren so viel verloren, dafs er ohne Gefahr zu Lagerbier nicht verwendet werden kann. Es hat somit die von J. v. Liebig am 24. November 1857 protokollarisch niedergelegte Ansicht, dafs Hopfen, mit Schwefel behandelt, jedenfalls an seiner Qualität weit weniger verliere als ungeschwefelter, durch diese Versuche ihre volle Bestätigung gefunden. Demnach ist Schwefeln des Hopfens, Abdörren bei mäfsiger Feuerwärme, hydraulische Pressung und Packung in luftdicht verschlossenen Gefäfsen das einzige bekannte Mittel, den Hopfen zu konservieren und dadurch dessen grofsen Preisschwankungen Schranken zu setzen, was im Interesse der Konsumenten und Produzenten gelegen, wenn letztere in billigen Jahren selbst konservieren; gleichmäfsigere Durchschnittspreise sind den Produzenten günstiger.

Alle diese Versuche sollten mit denselben Hopfen nach zwei weiteren Jahren wiederholt werden. Diese Versuche wurden 1861 im Liebigschen Laboratorium in München ausgeführt, durch Augenscheinnahme, Geruchsprüfung, Lupulinprüfung mit dem Mikroskop und Kochversuche mit Bierwürze. Die Resultate wollen in der Allg. H.-Ztg. 1874, S. 350 nachgelesen werden. Wenn auch die Resultate im ganzen ungünstiger sind, zeigt sich doch fast dieselbe Abstufung. Bei I, II und III war das Lupulin noch ziemlich hellgelb, wenn auch mit gemindertem Glanze, bei XII waren die Ränder mehr braun gefärbt.

J. v. Liebig sagte damals schon, dafs die Schwefelung des Hopfens gleich beim Trocknen nach der Ernte besser sei, weil sich dann das Aroma besser erhalten werde, als wenn das Schwefeln erst längere Zeit nach der Ernte erfolge.

Ohne Zweifel waren diese langwierigen und mühevollen Arbeiten, an welchen so viele sehr hervorragende Männer beteiligt waren, für die so eminent wichtige Frage der Hopfenkonservierung epochemachend und bahnbrechend, denn wir stehen in der Hauptsache heute noch auf der damals geschaffenen Grundlage, wenn auch im Detail manche Fortschritte gemacht worden sind.

Es ist also durch diese damals gleich in der Zeitschrift des Landwirtschaftlichen Vereins in Bayern veröffentlichten und im Amts- und Intelligenz-Blatt der Stadt Roth bei Spalt, späteren Allgemeinen Hopfen-Zeitung (J. Karl), reproduzierten Versuche nachgewiesen worden, dafs geschwefelter, gedörrter, hydraulisch geprefster und dann luftdicht verschlossener Hopfen, zwei Jahre aufbewahrt, bei guten Lagerkellern auch zu Lagerbier fast ebenso gut verwendet werden kann wie neuer Hopfen; dafs er auch bei minder guten Lagerkellern noch für Lagerbier verwendet werden kann, wenn dasselbe im Mai und Juni abgesetzt wird; dafs geschwefelter, gedörrter, hydraulisch geprefster und in Sackleinwand aufbewahrter Hopfen bei guten Lagerbierkellern ebenfalls zu Lagerbier verwendbar ist, bei minder guten Lagerkellern aber weniger entspricht; dafs gedörrter, hydraulisch geprefster und luftdicht verschlossen aufbewahrter, jedoch nicht geschwefelter Hopfen aber nach zwei Jahren bereits so viel verloren hat, dafs er ohne Gefahr zu Lagerbier nicht mehr verwendet werden kann.

Diese Ergebnisse sind nun alsbald, namentlich von der englischen Brauerei, teilweise auch von der deutschen Grofsbrauerei, im gröfsten Mafsstab ausgebeutet worden. Von der reichen und qualitativ vortrefflichen Ernte im Jahre 1861 sind in London bedeutende Massen Hopfen auf diese Weise konserviert worden, namentlich von Deutschland dorthin exportierte Hopfen. Damit war also der Anfang der Konservierung gemacht, zu welcher das Generalcomité des Landwirtschaftlichen Vereins in München Bahn gebrochen hatte.

Medizinalrat Dr. Ad. Mayr (in seiner Broschüre: »Das Hopfenschwefeln und die Hopfenschwefeldarre«, Nürnberg 1875; s. Allg. H.-Ztg. 1875, S. 490) citiert die Punkte, welche bei Anwendung des Schwefelns, Pressens etc. für die Konservierung des Hopfens sich bewährt haben.

Stets war man allgemein überzeugt, dafs das Schwefeln (die schweflige Säure) konservierend auf den Hopfen wirke.

Wenn der schon getrocknete Hopfen nachträglich geschwefelt wird, nimmt man $1/4$—1 bis $2^1/_2$ Pfd. Schwefel per 1 Ztr. Hopfen, wobei die Sache so eingerichtet wird, dafs die sich allmählich entwickelnde schweflige Säure $3^1/_2$—4 Stunden den Hopfen durchzieht; nach Prof. Dr. R. Wagner (1855) 1—2 Pfd. Schwefel auf 1 Ztr. Hopfen. Am meisten wird für den Exporthopfen nach England verwendet, doch auch da um so weniger, je stärker er geprefst wird.

Durch die schweflige Säure wird der Hopfen gebleicht, indem diese Säure organische Farbstoffe durch Desoxydation zerstört und mit ihnen chemische Verbindungen eingeht. Die schweflige Säure verbindet sich ferner mit den Eiweifskörpern und bewahrt diese sich leicht verändernden Körper vor Zersetzung. Sie wirkt auf die Zellenmembranen und das Protoplasma derart, daſs deren Fähigkeit, Wasser zurückzuhalten oder anzuziehen, verringert wird, daher frischer, geschwefelter Hopfen rascher trocknet und eher sackreif wird; sie wirkt fäulniswidrig und schützt Öl und Harz gegen die oxydierende Wirkung des Luftsauerstoffes. Der Gipfel der Zweckmäſsigkeit ist das Hopfenschwefeln nicht; man wird es lassen, sobald etwas Besseres da ist.

Bei der Weihenstephaner Brauerversammlung[21]) wurde die Ansicht aufgestellt, daſs es sich bis dahin am besten bewährt habe, den Hopfen zu schwefeln, bei mäſsiger Wärme zu darren, ihn dann fest in Säcke zu pressen und luftdicht zu verschlieſsen. Das Austrocknen allein konserviere ihn nicht, denn selbst nach dem schärfsten Austrocknen ziehe der Hopfen, wie alle Vegetabilien, wieder einen Teil des verlorenen Wassers an, und dies reiche hin, den Selbstzersetzungsprozeſs einzuleiten. Das Schwefeln des Hopfens, die schweflige Säure, leiste aber hierin Vortreffliches. Beim Schwefeln verliert der Hopfen Wasser (Vegetationswasser), das Wasserbindungsvermögen wird ein anderes, und es läſst sich jetzt die Entfernung des Wassers auf die rascheste und beste Weise durch Verdunstung bewirken, welche sonst eine höhere und für das Aroma schädliche Temperatur verlangt. Ferner verbindet sich die schweflige Säure mit den fäulnisfähigen, hochkomplizierten Bestandteilen des Hopfens und macht ihre Atome in einem gewissen Grade stabil, so daſs diese Stoffe nun der Selbstzersetzung nicht unterworfen sind. Durch die schweflige Säure erleiden die aromatischen und alle andern, wirksamen Bestandteile des Hopfens keine Änderung ihrer Eigenschaften, wenigstens ist desfalls bis jetzt nichts bekannt, weder theoretisch noch praktisch; auch ist die chemische Verbindung zwischen den fäulnisfähigen Stoffen und der schwefligen Säure nur eine ziemlich schwache und kann durch siedendes Wasser etc. wieder aufgehoben werden.

Die Lupulinsäure (β = Bittersäure) bildet nach Dr. G. Barth (Dissertat. l. c. 1900, S. 78) mit der schwefligen Säure äuſserst lockere Verbindungen, die beim geringsten äuſseren Einflusse wieder zerfallen. Auch C. Chapman (s. oben S. 56) sagt, daſs — bei schlecht geschwefeltem Hopfen — der Schwefel eine ausgesprochene Neigung hat, während der Destillation mit dem ätherischen Öl überzugehen.

Es ist aber auch Thatsache, daſs nicht geschwefelte Hopfen bei weiteren Transporten, kurz nach der Ernte, Schaden erleiden, das hat sich namentlich auch im Herbst 1861 gezeigt. Es gibt aber in Brauerkreisen Ansichten, welche zugeben, daſs für die stärkeren, alkoholhaltigeren englischen Biere der geschwefelte Hopfen anwendbar und sogar notwendig sei, aber für die deutschen und österreichischen alkoholärmeren Biere eigne sich doch nur ungeschwefelter, frischer, zarter Hopfen, da solcher allein diesen Bieren eine gröſsere Haltbarkeit zu geben und auf die Gesundheit der Biertrinker günstig einzuwirken vermöge[22]). Auffallend ist, daſs das Spalter Stadtgut gar nicht auf den Nürnberger Markt kommt. Die Stadt Spalt und Groſsweingarten[23]) hatten im Anfange der 1860er Jahre meist ihre bestimmten Abnehmer für Frankreich, die durchaus ungeschwefelten Hopfen wollten, also im Gegensatz zu den Engländern, die daher meist von Nürnberg bezogen. Geschwefeltes Produkt ist haltbarer und hat eine mehr ausgeglichene, schöne Farbe. Mitte Januar 1862 kam aus England die Nachricht nach Nürnberg, daſs dort viel Hopfen aus Deutschland schadhaft, wenn nicht ganz unbrauchbar geworden sei[24]).

Sicher ist ferner, daſs ungeschwefelter Hopfen für weitere Entfernungen nicht transportfähig, also als Exporthopfen ungeeignet ist[25]).

Daſs Hopfen, welche durch üble Einflüsse (Erwärmung, Alter etc.) dunkel geworden sind, also wirklich Schaden gelitten haben, durch das Schwefeln wohl wieder ein helles Blatt, aber niemals wieder ein helles Mehl, helle Drüsen bekommen, weiſs man in Händlerkreisen schon lange[26]). Nur Nichtkenner können durch solche rohe Manipulationen getäuscht werden. Die englischen Käufer wissen das recht gut und durchschneiden deshalb ihre hartgepreſsten Proben mit scharfem Messer, um nicht sowohl das Blatt als das Mehl dem Auge bloſszulegen. Es ist ein Zeugnis von Wissensschwäche, wenn Brauer heute noch Besorgnisse und Widerwillen gegen geschwefelten Hopfen hegen, weil in der That nur Unwissende getäuscht werden können. Noch sicherer und bequemer sind desfalls zur Erkennung des Mehl- oder Sekret-Zustandes meine Reibflächen.

Der Verfasser dieses Buches, welcher wohl sagen kann, dafs er den Hopfen gründlich kennt, in den Mitteln und Wegen wohl orientiert ist, durch welche man nicht blofs die Qualität eines Hopfens feststellt, sondern auch seine Provenienz, seine Herkunft, sein Ursprungsgebiet, kümmert sich in der That bei seinen Hopfenuntersuchungen niemals um die Frage, ob der Hopfen geschwefelt ist, weil er nur zu gut weifs, dafs einem wirklichen Hopfenkenner durch das Schwefeln des Hopfens dessen Schwächen und Fehler nicht verhüllt werden können. Nur unkundige Leute laufen immer gleich zu einem Chemiker oder Technologen, um feststellen zu lassen, ob der Hopfen geschwefelt ist. Viele Chemiker wissen überhaupt am Hopfen nichts festzustellen, als die Frage, ob er geschwefelt ist, grofse Körner und grobe Spindeln hat und ob er zerblättert ist. — Damit aber können nur in kindlichem Niveau befindliche Gemüter beruhigt und zufriedengestellt werden.

Alle überseeischen Konsumenten (also namentlich auch die Engländer, Amerikaner, Australier, die Kolonien etc.) kaufen nur geschwefelten oder geprefsten Hopfen. Ein jeder Exporteur in Hopfen mufs also seinen Hopfen derart behandeln (präparieren). Nur einen derart behandelten Hopfen kann man im Vorrat kaufen und auch mit einem Alter von 1—2—3 Jahren noch verwenden. Daher haben die grofsen englischen Brauereien schon von jeher erhebliche Vorräte in Hopfen auf Lager gehabt. In einer Abhandlung: »Über englische Biere und Brauereien«[27]) lese ich, dafs in der grofsen Brauerei von Barclay und Perkins in London vom Jahre vorher noch geschwefelter und geprefster Hopfen da war, dafs am Mehrvorrate damals infolge der in die Höhe gegangenen Hopfenpreise 200000—250000 £ (4000000—5000000 Mark) erspart wurden; das ist also ein Hopfenvorrat in einer allerdings sehr grofsen Brauerei, welcher wohl gegen 40000 Ztr. beträgt.

In England, wo schon bald 100 Jahre in den heute grofsartig entwickelten Brauereien nur geschwefelter Hopfen verwendet wird, hat man nie einen schädlichen Einflufs des Schwefels auf die Entwicklung des Bieres wahrgenommen, und man sagt, dafs dort bis 10 Jahre alte Biere getrunken werden.

Bei der 7. Wanderversammlung bayerischer Landwirte in Nürnberg im Juni 1863[28]) sagte Herr Fabrikbesitzer Zeltner, dafs nach seinen Versuchen und Erfahrungen und dem Urteil hervorragender Brauer ein gleich nach der Ernte gut getrockneter und geschwefelter, dann gut geprefster Hopfen sich so gut konserviere, dafs man ihn nach 3—4 Jahren noch vollkommen zur Bereitung eines guten Bieres verwenden könne, und dafs er in solchem Zustande von allen Brauern vorgezogen werde; wenn er auch hinter dem frischen Hopfen in Bezug auf sein Aroma zurückbleibe, so sei diese Art der Konservierung bis jetzt das Besterprobte und empfehle sich auf das angelegentlichste. Herr v. Niethammer bezeichnete bei dieser Gelegenheit das Verbot des Hopfenschwefelns als für den Export hinderlich, weil die Engländer gar keinen ungeschwefelten Hopfen annähmen. Höchst bezeichnend ist desfalls auch die Thatsache, dafs[29]) auf der Londoner Weltausstellung 1862 der dorthin geschickte bayerische Hopfen deshalb keinen Preis erhalten sollte, weil er nicht geschwefelt sei. In England, wo anscheinend so viele Nahrungsmittel gefälscht werden, mag das richtig erscheinen; wir verstehen nicht, dafs ein Hopfen durch das Schwefeln preiswürdiger werden soll.

Sicher ist, dafs noch fruchtgrüner Hopfen sich leichter schwefelt als schon vertrockneter, durch den die Schwefeldämpfe vielfach ohne Wirkung hindurchziehen. Nach Leuchs[30]) trocknet Hopfen (auch Tabak, Obst, Gemüse) dreimal schneller, wenn er Schwefeldämpfen ausgesetzt war. Ohnehin wird, wenn von der Pflücke weg sogleich geschwefelt und getrocknet wird, jedes Verderben verhindert, dagegen wird ein vorher schon verdorbener Hopfen durch das Schwefeln nur gebleicht, erhält dadurch aber weder seine verlorene Farbe noch seine verlorenen Eigenschaften.

Die Verharzung des Hopfensekretes kann die schweflige Säure allein, wenn nicht gleichzeitig Pressung, luftdichte Verpackung und kühle, schattige Lage angewendet wird, nicht verhindern.

Briant und Meacham in Maidstone (Kent) sprechen sich in einer neueren Arbeit über das Hopfentrocknen[31]) dahin aus, dafs das gleichzeitige Schwefeln des Hopfens auf der Darre wohl auf die Haltbarkeit desselben einen günstigen Einflufs ausübe, aber der Hauptgrund des

Schwefelns bestehe doch darin, dafs dadurch die Farbe und das allgemeine Aussehen des Hopfens verbessert und seine Fehler versteckt würden; auch erhalte ganz grüner Hopfen dadurch den gelblichen Glanz der Reife.

Bei dem jetzigen System des kalten Lagerns sei die Notwendigkeit des Schwefelns zu dem Zwecke, den Hopfen haltbar zu machen, zum gröfsten Teil verschwunden. Ungeschwefelter Hopfen halte sich nach dem gewöhnlichen Verfahren lange genug für den Wintergebrauch, und für den Sommergebrauch können und sollten wir kalt gelagerten Hopfen verwenden. Fatal ist in diesem Falle nur wieder, dafs Briant etc. in neuerer Zeit ein Patent für die Kaltlagerung des Hopfens erworben haben und dadurch dem — wahrscheinlich ganz unberechtigten — Verdacht die Thür geöffnet wird, dafs so eine Ansicht der absoluten Objektivität ermangle.

Übrigens ist das Schwefeln nur im Übermafse verwerflich, in geringem Mafse ist es nicht schädlich. Nur begnügen sich die Darrleute nicht damit.

An Widersprüchen hat es aber auch in dieser Sache (das Hopfenschwefeln betreffend) nicht gefehlt, und neuestens erst wieder[32]) wurde von Dr. Max Ifsleib die konservierende Eigenschaft des Schwefelns für den Hopfen verneint.

Die Chemie habe bis zur Evidenz erwiesen, dafs durch das Schwefeln eine Konservierung des Hopfens nur in sehr geringem Mafse erreicht werde, während sogar eine Zersetzung der wertvollen Hopfenbestandteile eintreten könne. Nach Ifsleib fällt das Schwefeln vielmehr unter den Begriff der Appretur, der Zubereitung des Hopfens für bestimmte Zwecke; die Abneigung der Brauer gegen geschwefelten Hopfen sei wohl berechtigt, denn das Schwefeln diene dazu, ungleichmäfsigem Hopfen und solchem von ehrwürdigem Alter ein entsprechendes Aussehen zu geben, wie mit Schminke.

Wir haben aber eben gesehen, dafs die schweflige Säure mit den Hopfenbestandteilen nur sehr lockere, leicht lösbare, offenbar unschädliche Verbindungen eingeht, so dafs da Dr. Ifsleib wohl zu schwarz sieht. Aber sehr wahr ist es, wenn er die Hopfenwirkung nur eine Schminke nennt. Eine Schminke ist aber immer nur geeignet, Leute mit schwacher Urteilskraft und mangelhaften Kenntnissen, die eben nicht an solcher Stelle stehen sollten, irre zu leiten.

Auch nach L. Briant und C. G. Meacham (1897, l. c.) kann die schweflige Säure nichts für die Konservierung des Hopfens leisten. Diese Ansicht wird aber keineswegs allgemein geteilt, und jüngst erst hat Dr. J. Behrens[33]) auf Grund experimenteller Untersuchungen ausgesprochen, dafs, wenn auch die Mikroorganismen auf dem Hopfen durch das Schwefeln nicht vernichtet werden, der Hopfen dennoch konserviert und gegen die Entwicklung durch Mikroorganismen geschützt wird.

In einer stark geschwefelten Probe (4 g Schwefel auf 100 g Hopfen) fand er in 1 g 8056300 Keime, darunter 169200 Schimmelsporen; bei einem andern Versuche derselben Art fand er in 1 g ungeschwefelten Hopfen 13637600 Keime, darunter 422800 Schimmelsporen, im geschwefelten Hopfen 8056300 Keime, darunter 169200 Schimmelsporen; also ergab sich doch eine Keimgehaltsminderung um 40%.

Auf nicht geschwefeltem Hopfen fand er Aspergillus glaucus reichlich entwickelt, auf geschwefeltem aber nicht. Auch auf sterilisierten Abkochungen eines stark geschwefelten Hopfens zeigte sich — trotz starker Infektion mit Sporen von Penicillium glaucum — absolut keine Pilzvegetation, während ein Absud des gleichen aber ungeschwefelten Hopfens eine sehr reichliche Pilzentwicklung zeigte. Auch in Bezug auf den grünen Pinselschimmel wurde durch Versuche konstatiert, dafs er sich lediglich auf dem Absud von ungeschwefeltem Hopfen entwickelte, nicht aber auf dem geschwefelten. Spätere, noch exaktere Versuche haben das aber alles wieder zweifelhaft gemacht. Es sollen auch sogar Fälle bekannt sein, dafs geschwefelter Hopfen im Sacke umgestanden ist. Das wird aber höchst selten sein und vielleicht doch mit besonderen Umständen zusammenhängen. Das Schwefeln — sagt dann Behrens selbst — verleiht also dem Hopfen antiseptische, die Pilzentwicklung hemmende Eigenschaften. Eine Vernichtung der bereits am Hopfen haftenden Keime scheint aber das Schwefeln nicht zu bewirken; durch Chloroform werden auch diese getötet, aber Chloroform kann man wohl nicht zur Hopfenkonservierung anwenden. Es ist wertvoller, dafs der Hopfen durch das Schwefeln fäulniswidrig wird, als wenn dadurch blofs Schimmelpilze getötet würden.

Die Ansicht, dafs ein geschwefelter Hopfen nicht so leicht Wasser anziehen soll als ungeschwefelter, also weniger hygroskopisch sei, wird von Dr. Behrens als unhaltbar bezeichnet. Zwei Proben, eine geschwefelte und eine ungeschwefelte, hatten nach 14tägiger Lagerung in einer feuchten Atmosphäre die gleiche Menge Wasser aufgenommen [34]).

1896 spricht sich Behrens auf Grund von Untersuchungen dahin aus, dafs das Schwefeln die Acidität des Hopfens von 1,632 % auf 1,874 % vermehrt, was ihn vor dem Braunwerden schützt, wenn er gleichzeitig vor Licht bewahrt wird. Im Lichte wird auch geschwefelter Hopfen braun.

Die antiseptische (desinfizierende) Wirkung der schwefligen Säure gegen Mikroorganismen ist unsicher und zweifelhaft. Nur die Farbenverbesserung [35]) ist sicher.

Der Hopfen verschluckt um so mehr Schwefel, je mehr er geschwefelt wird. Ein Teil des absorbierten Gases bleibt unverändert, ein Teil wird Schwefelsäure und ein weiterer Teil geht mit den Hopfenbestandteilen organische Verbindungen ein. Chloroform wirkt sehr keimtötend, verändert aber die Farbe des Hopfens.

Im Laboratorium der landwirtschaftl. Versuchsstation zu Wien wurden 1877 Hopfenuntersuchungen ausgeführt [36]). Diese Untersuchungen (man s. auch weiter oben S. 703 u. 704) waren nach der Siewertschen Methode entwickelt. Der Vorstand dieser Station, Prof. Moser, suchte dabei auch den Einflufs des Schwefelns auf die Qualität und die Haltbarkeit (Konservierung) des Hopfens festzustellen [37]). Er konstatierte bei diesen mehrere Jahre fortgeführten Untersuchungen [38]), dafs die frisch geschwefelten und dann auf gewöhnliche Art, d. h. auf Hürden, die in luftigen Bodenräumen placiert waren, getrockneten Proben sich, nachdem die sackreife Masse verpackt war, ebensowohl in Säcken als in Zinkblechbüchsen, die möglichst luftdicht verschlossen wurden, ungleich besser als die gleichartig behandelten, nur nicht geschwefelten Proben hielten und dafs sie auch im Brauprozefs keinen Unterschied gegen ungeschwefelten Hopfen zeigten, sowie dafs das Bier an Klarheit, Glanz und Geschmack nichts einbüfste. Bei der Beurteilung über die Art, wie sich die Hopfenbestandteile in den nicht geschwefelten und den geschwefelten gleichen Proben hielten, wurde nur die Gerbsäure in Betracht genommen, nicht auch der Geruch (das ätherische Öl). Mifslich ist auch, dafs die Proben nicht handelsgemäfs behandelt wurden, denn sie wurden nicht geschwefelt, nachdem sie annähernd lufttrocken geworden waren, sondern sie wurden hier — nach den Darstellungen Mosers — frisch geschwefelt und dann erst auf Darren bei nicht 50° C. übersteigender Temperatur gedarrt, zum Teil auch an der Luft getrocknet. Die Untersuchungen der Qualitätsveränderung erstreckten sich also im speziellen nur auf die Gerbsäure; da zeigten denn in der That alle geschwefelten gegen die nicht geschwefelten Hopfen einen ganz erheblich gröfseren Gerbstoffgehalt. Bei den nicht geschwefelten fünf Hopfen lag der Gerbstoffgehalt zwischen 1,29 und 2,58 %, bei den geschwefelten aber zwischen 1,34 % (alter Hopfen) und 3,09 %. Bei denselben Sorten hatten die nicht geschwefelten Proben stets einen erheblich geringeren Gerbstoffgehalt als die geschwefelten.

Bei einem weiteren Versuche wurden auch immer gleich die frischen, nicht getrockneten und nicht geschwefelten Proben zuerst untersucht, was bei den vorigen nicht geschehen war. Auch hier stellte sich die konservierende Wirkung des Schwefelns in der besseren Erhaltung des Gerbsäuregehaltes deutlich heraus, und wenn der frische Hopfen (ungetrocknet oder ungedarrt) geschwefelt wurde, ging das Welken und Trocknen des Hopfens rascher vor sich [39]).

Auf der Weltausstellung in Wien (1873) hatte der namhafte Hopfenproduzent Fr. Wirth auf Kaltenberg bei Tettnang im südlichen Württemberg konservierten Hopfen vom Jahre 1869 ausgestellt, welcher nach Prof. Dr. G. Wilhelm von vorzüglicher Qualität war. Auch von der fürstlichen Versuchsstation in Lobositz in Böhmen (Dr. J. Hanamann) war schon 1873 in Wien ein Hopfen vorgeführt worden, welcher zwei Jahre alt war und durch Schwefeln, Pressen und Aufbewahren im Eiskeller sich vorzüglich konserviert zeigte.

Dr. E. Dingler[40]) sagt, dafs auf einen sehr stark ausgetrockneten Hopfen die schweflige Säure nicht mehr richtig und energisch genug einwirkt; dann wird mit der schwefligen Säure zugleich Wasserdampf entwickelt, indem man den abzubrennenden Schwefel mit gestofsenem Alaun vermengt; die 46% Krystallwasser, welche der Kalialaun enthält, verflüchtigen sich infolge der stattfindenden Erhitzung.

Nach Rohnert wird in Frankreich angeblich der Hopfen auch deshalb geschwefelt, um dem Hopfen, welchen man auf dem Stocke nicht vollkommen ausreifen liefs, in der Absicht, sein Gewicht zu vermehren, und daher zu früh von der Stange nahm, die grünliche Farbe zu nehmen, weil der geschwefelte Hopfen meist hellgelb aussieht[41]). Diese Ansicht Rohnerts ist aber in der Deutung der Sache irrig, denn ein unreif, also zu früh gepflückter Hopfen ist stets bedeutend leichter als der ausgereifte, weil im letzteren die Drüsen besser mit Sekret gefüllt sind.

Der alte Habich meinte, dafs die Regierungen, welche in ihrer väterlichen Fürsorge für das Volk auch das Hopfenschwefeln in den Kreis ihrer Erwägungen gezogen haben, ihren Zweck am besten erreichen würden durch eine gesetzliche Anordnung, nach welcher aller Hopfen sofort nach der Ernte geschwefelt werden mufs, weil es die Jugendzeit des Hopfens verlängere.

Beim Schwefeln des Weines hat man, wie J. v. Liebig schon erwähnt, nicht nur keine nachteilige Wirkung der schwefligen Säure auf die Gesundheit beobachtet, sondern sogar eine günstige Wirkung auf das Bouquet des Weines[42]). Auch R. Wagner sagt schon 1855, dafs im Wein, zu dessen Konservierung der Schwefel unentbehrlich ist, unverhältnismäfsig mehr schweflige Säure enthalten ist als im Hopfen. Von Schädlichkeit ist nichts bekannt. Verschimmelter Hopfen hat jedenfalls eine ungünstigere Geschmackswirkung, wenn dieselbe nicht ganz durch das Hopfenkochen wieder zerstört wird, was sehr zweifelhaft ist.

Die Frage, ob geschwefelter Hopfen gesundheitschädlich ist, wurde auf Veranlassung des Gremiums für Hopfen- und Produkten-Handel in Saaz[43]) von der Versuchsstation für Brauerei und Mälzerei in Wien, Leiter Prof. Dr. Schwackhöfer, untersucht. Auch die Versuchsanstalt für Brauerei in Böhmen gab unterm 22. Februar 1889 ein ganz ähnlich lautendes Gutachten ab. Wenn im geschwefelten Hopfen nur 0,1% Schwefeldioxyd (schweflige Säure) vorhanden ist, wovon circa die Hälfte in die Würze übergeht, so kann auch bei diesem Maximum an Schwefligsäure im Bier an eine Schädigung der Gesundheit nicht gedacht werden. Die Hopfenproben enthalten aber 0,090—1,125% Schwefeldioxyd. Bier, Wein etc., welche im Maximum per 1 l 8 mg Schwefelsäure-Anhydrit enthalten, sind auch nach einem Gutachten der K. K. medizinischen Fakultät in Wien (vom 19. März 1887) noch für den Konsum zulässig; ein höherer Gehalt sei aber sanitär entschieden unzulässig.

Wenn nun, wie meist der Fall, der Gehalt des geschwefelten Hopfens ca. 0,1% ist und man annimmt, dafs davon die Hälfte in das Bier gelangt, dann enthält dasselbe per 1 l bei Wiener Bieren, 10,5—15,5 grädig, nach den üblichen Hopfengaben per 1 hl Würze (0,20—0,55 kg Hopfen) 1,00—2,75 mg Schwefeldioxyd und bei böhmischen Bieren, 10,5—12,5 grädig und mit 0,35 bis 0,60 kg Hopfen, per 1 hl Würze 1,75—3,00 mg Schwefeldioxyd. Wichtig ist, dafs geschwefelter Hopfen nicht sogleich zum Brauen verwendet, sondern erst noch einige Zeit gelagert wird.

Zu starkes Schwefeln ist jedenfalls auch dem Hopfen nachteilig. Die durch Aufnahme von Sauerstoff in Schwefelsäure übergehende schweflige Säure gibt dem Bier einen scharfen Geschmack; die dabei entwickelte grofse Wärme verflüchtigt das Aroma (ätherische Öl); der Hopfen wird auf der Darre stark entblättert und läfst Mehl (Sekretdrüsen) fallen.

Nach dem Gutachten der Prager Versuchsstation (1889) kann man schon nach 4- bis 5 monatlicher Lagerung geschwefelten Hopfens nach der gewöhnlichen Zinkprobe keinen Schwefel mehr im Hopfen nachweisen, weil er dann nur noch als Schwefelsäure darin enthalten ist.

Beim Kochen des Hopfens findet eine teilweise Zersetzung der Schwefelverbindungen statt, und noch vorhandene freie Schwefelsäure bildet mit Basen Salze, während etwa noch vorhandene Reste von schwefliger Säure sich verflüchtigen. Ein Vorhandensein freier Schwefelsäure, welches gesundheitschädlich wäre, ist nicht zu befürchten.

In Jahren, in welchen die Hopfenzapfen von tierischen und pflanzlichen Kleinwesen erfüllt sind, ist geschwefelter und dabei gleichzeitig gut getrockneter Hopfen doppelt wichtig.

Die schwefelsauren Salze bleiben im Protoplasma der Hefe zurück, wie in der Prager Brauereiversuchsstation konstatiert wurde. Diese Station erklärt das Schwefeln als einen Notbehelf in ungünstigen Hopfenjahren oder bei überseeischem Export. In günstigen Hopfenjahren könne es nur zur Beschönigung der Ware dienen.

Es liefsen sich aber bei sorgfältigster Erwägung keine Gründe finden, aus welchen sich beurteilen liefse, dafs geschwefelter Hopfen auf die Biererzeugung einen schädlichen Einflufs nehmen und dadurch sogar die allgemeinen hygienischen Verhältnisse beeinflussen könnte.

In Nürnberg ist in den 1880er Jahren von Dr. Munk eine Schrift erschienen: Die Nachteile des Hopfenschwefelns für die Bierbereitung und die Gesundheit der Biertrinker.

Man findet allerdings den Absud geschwefelten Hopfens in Geruch und Geschmack weniger angenehm wie von ungeschwefeltem, aber Thausing (1898, S. 301) meint, dafs man darauf kein besonderes Gewicht legen dürfe. Auch Humbser[44]) sagt, dafs der Schwefel die aromatischen Bestandteile des Hopfens ungünstig beeinflusse. Ganz unwahr scheint das auch nach den Wahrnehmungen des Verfassers nicht zu sein. Es ist nur die sichere Unterscheidung der wahren Ursache erschwert, weil immer mit dem Schwefeln auch künstliches Trocknen verläuft und man bei vorhandenen Aromadefekten nicht weifs, was auf Rechnung des Schwefels und was auf Rechnung des künstlichen Trocknens zu setzen ist.

Dagegen sagt Dr. Herm. Hager (Pharmazeut. Praxis, Ergänzungsbd., Berlin 1883, S. 678), dafs bei Verwendung arsenhaltigen Schwefels das Arsen im Hopfen verbleibe; auch bei Verwendung von arsenfreiem Schwefel werde immerhin der Gerbstoff in Gallussäure umgewandelt, wodurch der Geschmack des Bieres unangenehm scharf werde.

Den Vorgang der Schwefelung deutschen, also schon bis auf letzte Feuchtigkeitsreste luftgetrockneten Hopfens schildert Dr. F. Schönfeld, welcher dies auf der modernen, im englischen System angelegten Hopfendarre von J. Riefs in Gardelegen beobachtet hatte[45]).

Die Darre glich einer Malzdarre mit einer Horde. Die Horde besteht aus parallel laufenden, eng liegenden Gittereisenstäben. Nach oben kegelförmig zugehend, mündet die Darre in einen ziemlich weiten Schlot, der als Abzug für die Schwefligsäuredämpfe dient. Der Raum unter der Horde, auf welcher der Hopfen zu liegen kommt, hat eine Höhe von 10—12′ und einen flachen, gemauerten Boden, auf dem sich quer durch den ganzen Raum hin ein ebenfalls gemauerter, $1^1/_2$′ hoher Kanal hinzieht, welcher im Mittelpunkt der Bodenfläche eine nach oben mündende Öffnung von 1 □′ hat, über der in etwa 1 m Höhe ein pyramidenförmiges Blechdach mit 2 □′ der Grundfläche schwebt, welches von der Horde herabhängt. Dieses Blechdach ist bestimmt, die aus der Kanalöffnung aufsteigenden Rauchgase und Schwefeldämpfe am direkten Emporsteigen zu verhindern und zur Ausbreitung unter der Horde zu veranlassen. Die zur ebenen Erde seitwärts liegende Feuerung besteht aus einem viereckigen Ofen von Mauerwerk, etwa 2′ lang, $1^1/_2$′ tief, mit glattem, gemauertem Roste und durch eine Eisenthür verschliefsbar. Vom Ofen führt ein Schacht in der Mauerwand nach oben und mündet in dem vorbeschriebenen Kanal unter der Horde.

Zur Einleitung der Schwefelung und im Falle der etwas feuchten Beschaffenheit des Hopfens, auch zur Trocknung desselben, wird ein kleines Holzfeuer angezündet und dann der fein gemahlene Schwefel darauf geschüttet. Die sich entwickelnden Dämpfe von schwefliger Säure steigen in dem Schacht empor, werden durch das Blechdach nach allen Seiten abgelenkt und suchen sich nun einen Weg durch die mit Hopfen beladene Horde nach dem Abzug in der Decke des Kegels. Das Holzfeuer wird, je nach der gröfseren oder geringeren Feuchtigkeit des Hopfens, stärker oder schwächer angelegt, indes wird immer darauf Bedacht genommen, dafs die Temperatur in der Darre den Anfang der 20er Grade nach R. nicht übersteigt. Es ist das also eine etwas abgeänderte englische Hopfen- und Schwefel-Darre, wie man sie auch in Siegenburg (Hallertau, bei Abensberg) sehen kann.

Die Menge des per 1 Ztr. Hopfen zu verwendenden Schwefels wird im allgemeinen nach dem Aussehen des Hopfens, seiner Farbe, seinem Alter etc. bemessen, derart, dafs z. B. für einen hellfarbigen Hopfen 1 Pfd., für einen dunkeln oder auch rötlichen ca. das Doppelte per 1 Ztr. in Anwendung kommt. Einem erfahrenen Darrer wird es nicht schwer, die richtigen Mengen für jede Hopfensorte herauszufinden, und es kommt sehr darauf an, die Schwefelgabe richtig zu bemessen, nicht zu wenig und nicht zu viel zu geben, denn der Vorgang der Schwefelung auf der Darre selbst läfst sich wegen der stark durchströmenden Dämpfe an schwefliger Säure absolut nicht kontrollieren, weil der Zugang zum Darrraum unmöglich ist; einen Mafsstab für die Wirkung der Schwefelung hat man erst am fertig geschwefelten Produkt.

Die Schwefelung währt im allgemeinen 4—5 Stunden. Dann wird die Darre geöffnet, um den Dämpfen der schwefligen Säuren schneller Abzug zu verschaffen, und es kann nun mit dem Abräumen der Darre begonnen werden.

Der Hopfen hatte durch die Schwefelung ein völlig verändertes Aussehen bekommen. Von dem da und dort beigemengten rötlichen Hopfen war fast keine Spur mehr zu finden[46]). Aus den im grofsen und ganzen etwas schmutzig-grünen, gelben bis braunen Hopfenzapfen waren die herrlichsten sattgrün-gelben, saftigen Farben entstanden, und während man beim Auftragen der Hopfenballen auf die Darre hie und da bei verschiedenen Schichten Unterschiede im Aussehen der einzelnen Ballen ziemlich auffällig bemerken konnte, liefs sich nach dem Schwefeln keinerlei Unterschied mehr bei den verschiedenen Lagen erkennen. Die Farbenveränderung war überraschend, der Einflufs der Schwefelung in dieser Beziehung in die Augen springend.

An einzelnen Proben, die teils vor dem Darren, teils nach demselben entnommen wurden, machte sich die Umwandlung der Farbe äufserst auffallend geltend. Es waren nicht nur die Blätter heller gefärbt, sondern es hatte sich auch das dunkelbraune Lupulin bedeutend lichter gefärbt und war ganz gelbgrün geworden.

Selbst aus einer kleinen Partie von ganz rotbraunen Hopfenzapfen, welche, nestartig in einen Ballen eingelagert, beim Zerpflücken mit den Händen staubig zerbröckelten, den Hopfengeruch völlig verloren hatten und nur einen intensiven Geruch nach Buttersäure (Baldriansäure) zeigten, konnte, da wir dieses Nest, etwa einige Pfund umfassend, gesondert auf der Darre ausbreiteten, aber zugleich mit dem andern Hopfen schwefelten, ein ganz leidlich aussehendes Produkt gewonnen werden, das den unangenehmen Buttersäuregeruch zum grofsen Teil verloren hatte und an Farbe dem guten Hopfen nicht unwesentlich nahe kam.

An den in verschlossenen Glasflaschen aufbewahrten, sowohl geschwefelten wie ungeschwefelten Hopfen machten sich nach Wochen aufserdem noch recht auffällige Unterschiede bemerkbar. Es traten an manchen Zapfen des nicht geschwefelten Hopfens Vegetationen eines grünen Schimmelpilzes ein, die, von der Spindel ausgehend, sowohl Spindel als Blatt überwucherten und bei manchen Zapfen einen dichten Rasen bildeten; der Geruch dieses Hopfens war dumpfmodrig. Dagegen blieb der geschwefelte Hopfen frei von jeder Pilzwucherung und bewahrte einen ziemlich guten Geruch. Auch beim ungeschwefelten Hopfen war der Geruch, wenn keiner der stark pilzhaltigen Zapfen in Betracht kam, anscheinend nicht unangenehm, wenn auch etwas an Buttersäure erinnernd, so dafs man bei gut erhaltenen ungeschwefelten und bei geschwefelten Hopfen am Geruch der zerriebenen Zapfen keine wesentlichen Unterschiede wahrnehmen konnte. Das änderte sich aber, sobald man einige Hopfenzapfen nach dem Zerpflücken mit Wasserdämpfen destillierte und die Destillate auf ihren Geruch prüfte. Der geschwefelte Hopfen ergab dann ein bedeutend feineres Aroma als der ungeschwefelte, bei welchem sich gerade jetzt ein scharf ranziger Geruch einstellte, was unzweifelhaft auf Oxydationen schliefsen liefs, die beim ungeschwefelten Hopfen eingetreten waren, was beim geschwefelten nicht mehr möglich war. Vor dem Schwefeln waren diese Oxydationsprozesse hier auch thätig; deshalb ist es ohne Zweifel auch wichtig, dafs, wenn dies überhaupt beabsichtigt ist, das Schwefeln möglichst bald nach der Ernte vorgenommen wird, um die Oxydationsprozesse zu hemmen und Pilzwucherungen gänzlich fern zu halten[47]).

Dr. Schönfeld betont mit Recht, dafs das Schwefeln für den Hopfen konservierend wirkt. Es ist das eine vieltausendfach gemachte, durch nichts zu erschütternde Erfahrung, die bei mir bis jetzt durch die bekannt gewordenen gegenteiligen Ansichten nicht hinfällig wurde. Ebenso sind die Schilderungen über die Farbenwandlungen in den Zapfenblättern und selbst im Aussehen des Lupulins wohl und längst bekannte Thatsachen. Die bleichende Wirkung, welche der Schwefel auf die dunkeln (roten oder braunen) Farben erwärmten oder sehr alten Hopfens ausübt, beruht — wie schon angedeutet — offenbar auf Entfärbung durch Reduktion (Desoxydation), wie die Rot- oder Braun-Färbung auf Oxydation (von noch unbekannten Stoffen) beruht. Bei der Bleichung (Reduktion) wird die schweflige Säure zu Schwefelsäure oxydiert. Bei langer Lagerung und namentlich wenn Licht auf den geschwefelten Hopfen wirkt, tritt die dunkle Färbung allmählich wieder stärker hervor, eben weil die schweflige Säure zu Schwefelsäure oxydiert wird. Auch Professor Moser in Wien fand bei seinen Studien geschwefelter und nicht geschwefelter Hopfenproben gleicher Sorten[48]), dafs bodenrot gewordene Hopfen durch das Schwefeln im Aussehen wesentlich gebessert wurden, auch im Geruch; es hielt aber diese Reaktion nicht länger als höchstens acht Wochen vor.

Die Schwefelsäure erhöht die Acidität des Hopfens, welche weiteren Farbenwandlungen hinderlich ist; ebenso ist es wahr, dafs man alten Hopfen durch das Schwefeln für das Gesicht wieder ganz erträglich herrichten kann. Aber dafs durch das Schwefeln der Geruch verbessert werden könnte, wie Dr. Schönfeld und Dr. Moser sagten, ist sicher irrig, höchstens wird der bereits vorhandene Fettsäuregeruch etwas verdeckt.

Aber alle diese Dinge haben nur für den unkundigen Brauer etwas Beängstigendes, weil er natürlich leicht betrogen werden kann. Für den kundigen kommt das gar nicht in Betracht, denn das Schwefeln kann das verdorbene oder veränderte Sekret nicht wieder normal und neu machen; das ist nach dem Schwefeln ganz genau dasselbe wie vorher, und mit den später näher zu schildernden Sekretbildern oder Reibflächen sieht er Veränderungen des Sekretes, selbst solche von kleinsten Beträgen, mit einer Sicherheit und Genauigkeit, die gar nichts zu wünschen übrig läfst und auf keinem andern Wege auch nur annähernd erreicht werden kann, am allerwenigsten durch die Analyse und das Mikroskop; und dabei braucht man zu diesen Untersuchungen sozusagen gar keinen Apparat und äufserst wenig Zeit; aber man mufs es lernen, wie man die Reibflächen richtig macht, denn an schlecht gemachten Reibflächen sieht man nur Irreleitendes.

Es ist weitgehend übertrieben, zu sagen, dafs die Schwefelung den Hopfen verbessere; die Farben werden unverhältnismäfsig besser, namentlich wenn Bodenröte (Umgestandensein) da war, auch bei Altersfarben, aber die Blattfarbe ist unheimlich gleichartig, so dafs ein einigermafsen Geübter daran schon das Geschwefeltsein erkennen kann. Stangenröte und Windschlagflecken werden durch das Schwefeln nicht beseitigt, die sind nach wie vor da, treten sogar nach dem Schwefeln noch schärfer hervor. Auch die Drüsen werden äufserlich heller, entgegengesetzt der Ansicht Thausings (1898, S. 301), welcher sagt, dafs die durch langes Lagern bräunlich gewordenen Hopfenmehlkörnchen durch das Schwefeln nicht lichter werden. Bei den dunklen Drüsen bodenroten Hopfens ist das ganz gewifs so, wie ich sage, aber das Sekret bleibt — wie erwähnt — nach dem Schwefeln gerade so verdorben wie vor demselben; darauf übt das Schwefeln nicht den geringsten Einflufs aus, ebensowenig auf den Geruch, der in seinen fehlerhaften Schattierungen höchstens etwas verdeckt, aber nicht verändert wird (s. später folgend Reibflächen bodenroten, teils geschwefelten, teils nicht geschwefelten Hopfens), ebenso wenig wie das Bitter.

Den grofsen Irrtum Dr. Schönfelds, dafs durch das Schwefeln der Hopfen noch verbessert werde, geifselt mit vollem Recht ein Braumeister[49]). Eine Hopfenverbesserung könne durch das Schwefeln nie und nimmer herbeigeführt werden. Es könne nur die Weitererhaltung der bereits vorhandenen Qualität ins Auge gefafst werden, was ermöglicht sei, wenn dem Hopfen die überschüssige Feuchtigkeit entzogen werde. Bei einem Feuchtigkeitsgehalt von 10% halte sich der getrocknete ebenso lange wie der geschwefelte. Dafs die Händler den Hopfen so gerne schwefeln, hat tiefer liegende Ursachen, wie:

1. dafs ein geschwefelter Hopfen mit einem höheren Wassergehalt versandt werden kann wie ein blofs getrockneter, denn der geschwefelte Hopfen vertrage 10% mehr Wasser[50]);
2. wird die Schwefelung als Deckmantel über seine ursprüngliche Beschaffenheit benutzt, denn selbst schon verkommene, warm und schimmelig gewordene Hopfen werden verkaufsfrisch gemacht;
3. wird das Durcheinandermischen verschiedener Sorten begünstigt, da sämtliche Hopfen, so verschiedenartig sie auch sein mögen, eine gleiche Farbe erhalten;
4. entzieht der Schwefel den Hopfen einen Teil des feinen Aromas und wirkt vermöge seiner mit der Zeit entstandene Schwefelsäure nachteilig auf die Gärung sowie auf die Reinheit des Biergeschmacks.

Wo bleiben also die Vorteile des Schwefelns für die Brauer? Dieselben liegen allein nur auf seiten der Händler, welch letzteren der Brauer den Schwefel, wie ersichtlich, teuer bezahlen mufs. Es wäre an der Zeit, dafs endlich einmal das Schwefeln aus der Welt geschafft würde, da es viel zu wenig als Konservierungsmittel leistet, demgegenüber als ein zu offenbares Betrugsmittel dasteht, wie es kein zweites in seiner Art geben kann. Deshalb fort mit der Schwefelung und nur getrocknete Hopfen kaufen! Man darf dann allerdings ein nicht zu grofses Gewicht auf schönes, gleichmäfsiges Aussehen legen, sondern nur dem eigentlichen inneren Wert nach kaufen.

Das sind goldene Worte eines Praktikers. Ich kann dem gegenüber nur noch einmal auf meine Reibflächen hinweisen; wer diese ordentlich machen kann, für den ist ein Betrug in dieser Hinsicht vollkommen ausgeschlossen! — Jeder kann sich rasch davon überzeugen. Wenn dieser Braumeister auch seinen vollen Namen nicht nennt, so bewundere ich doch seinen Mut, so etwas geradenwegs öffentlich herauszusagen, wenn ich denke, wie viele Tausende von andern Brauern, wenn vom Gebahren im Hopfenhandel die Rede ist, nur immer die Faust in der Tasche machen. Auch die Wochenschrift für Brauerei flöfst mir Respekt ein, dafs sie so etwas anstandslos aufnimmt, eine Sache, die bekanntlich für so viele ein wahres »Noli me tangere!« (Rühr mich nicht an!) ist. Wenn diese Zeitschrift dann auch einen Artikel aus Händlerkreisen aufnimmt, in welchem die heikle Frage erörtert ist, ob der Provenienz des Hopfens ein Gewicht für seinen Brauwert beigemessen werden soll, so finde ich darin dann nur Gerechtigkeit und Billigkeit. Nur so können wichtige Fragen allmählich Klärung finden.

Derselbe Herr Braumeister geifselt auch den Humbug der Händler in der (modernen) Signierung des Hopfens als Schenk- und Lagerbier-Hopfen. Diese beiden Bezeichnungen bildeten ebenfalls nur einen Deckmantel für schwierige Operationen. In der Bezeichnung selber liege gar nichts; nur das sei gesagt, dafs man eine irgend beliebige Sorte kaufe, welche der unreelle Händler, der Sortenkenntnis des Brauers entsprechend, beliebt zusammenzumischen. Dafs aber dieser Schwindel mit der Bezeichnung »Schenk- und Lagerbier-Hopfen«, welcher doch nur da ist, um dem Gesetz gegenüber eine Hinterthür offen zu halten, heute schon sehr allgemein ist, das werden die norddeutschen Brauer am besten wissen. Es sind bereits reelle Händler gezwungen, solche Bezeichnungen anzunehmen, wie ich an Material ersehe, das ich für norddeutsche Brauereien untersucht habe. Da fand ich aber wiederholt, dafs die Bezeichnung feinster Lagerbierhopfen der Wahrheit entsprach, denn es waren von dieser Firma unter dieser Bezeichnung jedesmal schwere Spalter Hopfen geliefert worden. Dafs es aber auch oft nicht so ist, dafür könnte ich — wenn gewünscht — auch Belege bringen.

Alle diese für Brauer und Hopfenproduzenten so verlustreichen Operationen im Hopfenhandel könnten beseitigt oder auf ein Minimum reduziert werden, wenn endlich einmal das geschähe, was schon seit Jahrzehnten hätte geschehen sollen, nämlich die Gründung einer oder mehrerer staatlich subventionierter Untersuchungsanstalten für Hopfenware, nach Provenienz und

Qualität. Selbstverständlich müfste mit der Leitung ein Mann betraut sein, welcher der Sache wirklich jetzt schon gewachsen ist, also nicht mit einem gewöhnlichen Malz- und Bieranalytiker, der sich nicht für diese Sache speziell ausgebildet hat. Eine solche Station müfste solche, sichere Untersuchungen, billig machen. Wenn gröfsere oder mittlere Brauereien alle Jahre nur eine oder zwei, oder besser einige, nach rationeller Idee ausgewählter Hopfenproben untersuchen liefsen, würde das sehr belehrend für sie sein und den Lieferanten als — wohlbeachtete — Warnung dienen.

Es sollten auch Arbeitsplätze für die Ausbildung von Brauern etc. in dieser Sache da sein. Von einer solchen Station könnte auch die Verbreitung gediegener Kenntnisse in dieser Sache in die Hand genommen werden. Sicher würden 50—60% des Schwindels im Hopfenhandel an dem Tage aufhören, an welchem eine solche gut geleitete Station ins Leben tritt. Auch der Rest würde bald verschwinden, ausgenommen jene Brauereien, welche schon zu einem erheblichen Teil den Händlern gehören, wo also die Leiter nichts untersuchen lassen können, überhaupt nichts mehr zu sagen haben.

Es ist ganz falsch, wenn man meint oder sagt, dafs ich selbst so etwas werden wollte und deshalb dafür plaidire; ich habe keine Lust, die wirklich harte und sehr unangenehme Arbeit noch auf mich zu nehmen. Da hätte man um Jahre früher kommen müssen.

An dem Tage, an dem so eine — wirklich tüchtige — Untersuchungsanstalt für Hopfenware ins Leben tritt, hat das Schwefeln des Hopfens seine Schrecken verloren.

Ein kluger Brauer wird, wenn er selbst gute Lagerräume hat, einen Hopfen, welcher noch im Sommer nach der Ernte oder gar noch später verwendet werden soll, schwach schwefeln lassen.

Eine Bezeichnung, dafs der Hopfen geschwefelt ist, sollte an den Ballen etc. angebracht sein, weil man dann nachsehen kann, ob das Schwefeln nicht zur Verschleierung von Hopfenfehlern gedient hat. Ein Brauer, welcher die folgend beschriebenen Reibflächen machen kann, braucht das freilich alles nicht, weil er mit deren Hilfe alle Fehler und Krankheiten des Hopfensekretes nach dem Schwefeln genau ebenso sieht wie vor demselben.

Meine Sekretbilder oder Reibflächen der englischen Hopfen (s. eine folgende Schrift: »Hopfenwarenkunde«) scheinen durch ihr viele Monate nach der Ernte noch tadelloses Sekret, ebenfalls und als direkt praktische Beispiele, zu Gunsten der Hopfenkonservierung durch Schwefelung zu sprechen. Sicher hemmt auch Schwefeln und gleichzeitiges Trocknen die Weiterentwicklung bereits vorhandener Schimmelpilze im Hopfen; dieselben werden getötet und an der Fortpflanzung gehemmt, obgleich man sie noch lange alle unverändert sieht; vielleicht ist es auch so bei den durch Behrens beobachteten Keimen.

Erst nach Monaten und Jahren verschwinden sie, offenbar dadurch, dafs nun die eingetrockneten Sporen und die Sporenträger abfallen.

Ein geschwefelter Hopfen kann im Notfalle auch in einem nicht ganz trockenen Lagerraum längere Zeit ohne Schaden aufbewahrt werden.

Die praktischen Engländer und die besseren Hopfenhändler würden schwerlich alle Jahre grofse Summen für das Schwefeln des Hopfens ausgeben, wenn nicht die praktische Erfahrung dafür spräche.

Von schädlichen Einflüssen des Schwefelns ist mir nur bekannt, dafs grofse Mengen Schwefelsäure etwas beschleunigend auf den Verlauf der Gärung wirken sollen.

Allgemein ist die Ansicht, dafs geschwefelter Hopfen die Gärung nicht nachteilig beeinflusse, ohnehin wird beim Kochen das meiste des in den Zapfen befindlichen Schwefels wieder ausgeschieden. Manche glauben, dafs stark geschwefelter Hopfen Blasengärung veranlasse.

Ob aber die schweflige Säure die aromatischen Stoffe des Hopfens beeinflufst, diese Frage mufs wenigstens noch als eine offene angesehen werden.

Die öfter aufgeworfene Frage, ob das Schwefeln den Geschmack des Bieres beeinflusse, hat Behrens bei einem speziellen Versuch nicht bestätigt gefunden[51]). Direktor Dr. Dömens in München beantwortet die Frage: ob gesunder und geschwefelter Hopfen Einfluſs auf Gärung und Glanz des Bieres habe[52]), ohne weiteres mit »Nein«; Braumeister J. Olberg sagt, daſs ein stark geschwefelter Hopfen während der Gärung leicht Blasen erzeuge; auf den Glanz des Bieres dürfte das weniger Einfluſs üben. Nach manchen Ansichten erzeugt viel Schwefel kratzigen Geschmack des Bieres.

Daſs ein kranker und geschwefelter Hopfen bedenklich ist, wird allgemein angenommen, aber direkt festgestellt ist auch in dieser Beziehung nichts.

Der nachteilige Einfluſs der schwefligen Säure auf den Geruch und Geschmack des Bieres kann übrigens doch nicht in Abrede gestellt werden[53]). Beim Weine weiſs man schon lange, daſs sie geschmackverderbend wirkt, sie erzeugt den sogenannten trockenen, strohigen Geschmack. Nach Kulisch erzeugen bei zarten, weichen Weinen schon 0,04 % Schwefelsäure deutlich grobe Geschmacksfehler; noch ärger ist das natürlich, wenn der Gehalt bis 0,2 per Mille geht. Die schweflige Säure des Hopfens geht in die Würze und wird durch den Kochprozeſs nicht ganz daraus vertrieben. Stark geschwefelter Hopfen übt nach Ansicht vieler Brauer Einfluſs auf den Geschmack und Geruch des Bieres. Noch ärger ist das, wenn infolge besonderer Umstände Reduktionsprozesse eintreten und Schwefelwasserstoff gebildet wird. Solchen Vorgängen kann man weder mit der chemischen Analyse, noch mit dem Mikroskop beikommen, aber der Geschmacks- und Geruchs-Sinn des Menschen erkennt sie.

H. Müller in Thurgau[54]) hat Studien über den Einfluſs der schwefligen Säure auf die bei der Gärung in Trauben- und Obst-Weinen auftretende Pilzflora gemacht. Die Versuche wurden bei spontaner und bei Hefen-Gärung angestellt. 20 mg schweflige Säure per Liter vermochten die Gärung nur wenig zu hemmen, bei 40 mg wirkte sie nur da, wo Eigenhefe arbeitete; noch mehr machte sich das geltend bei 60—80 mg Säure per 1 l. Bei den eingebrannten Weinen mit Reinhefe (Steinberg) machte sich mit 41 mg zwei Tage lang eine verminderte Gärungsintensivität bemerkbar, danach aber nahm die Gärung bedeutend zu. Je mehr schweflige Säure (bis 82 mg) zugesetzt wurde, desto ernstlicher war die mehrtägige Hemmung, offenbar weil ein groſser Teil der Hefe getötet war; allmählich aber hob sich die Vermehrung der Hefe wieder, sei es, weil die schweflige Säure fortwährend abnimmt oder die neuen Hefezellengenerationen sich an die Säure gewöhnt haben, oder indem diese beiden Umstände zusammenwirken, und dann ist die Gärung energisch und beschleunigt. Selbst bei 123 mg schwefliger Säure per 1 l Wein blieben einzelne Hefezellen am Leben, riefen aber erst nach 24—30 Tagen merkbare Gärung hervor. Die Versuche haben gezeigt, daſs sich die Hefe allmählich an die schweflige Säure gewöhnen kann. Bei den nicht eingebrannten Weinen (Einbrennen heiſst: das Schwefeln der Weinfässer) traten mehrlei Hefesorten auf (Apiculatuszellen etc.) und Kahmpilze. Durch das mäſsige Einbrennen von Trauben- und Obst-Saft vor dem Beginn der Gärung werden nachteilig wirkende Organismen getötet, wodurch ein besserer Gärungsverlauf gesichert ist; schwaches Einbrennen tötet die kräftigen Weinhefen nicht, und man kann dann noch gegen die schweflige Säure widerstandsfähige Reinhefen zusetzen.

In England wird der Schwefel vielfach schon als Staub auf die vegetativen Organe der Hopfenpflanze gestreut zum Schutze gegen den Schimmelpilz und die Blattläuse (Aphis-Blight, Blattlaus-Mehltau). Dieser Schwefelstaub, der natürlich auch an die Zapfen kommen kann, wird durch späteren Regen meist wieder abgewaschen und entfernt. Der englische Technologe Salomon meint nun, daſs das Schwefeln des Hopfens an der Stange noch weit nachteiliger werden könne als das Schwefeln auf der Darre, namentlich wenn man Schwefel an den Hopfenzapfen nachweisen könne. Aber Salomon sagt leider nicht inwiefern. Nach seiner Ansicht gehe der Schwefel mit den Hopfenbestandteilen organische Schwefelverbindungen ein, welche einen widerwärtigen Geschmack haben.

Auch Morris sagt, daſs mit Schwefel verunreinigte Hopfenzapfen schädlich seien und groſse Übelstände in der Brauerei nach sich ziehen könnten; dieser Fall trete ein, wenn der Hopfen zu spät auf der Stange noch geschwefelt werde. Vom Schwefeln der Hopfenzapfen sagt dieser Autor, dafs dies gewöhnlich deshalb geschehe, um ihnen zum Zwecke der höheren Bewertung ein besseres Aussehen zu geben; der Brauer erhalte im geschwefelten Hopfen eine Ware, deren Fehler verdeckt seien, die er teuer bezahlen müsse, um sich damit auch noch Störungen im Betrieb und Verluste aufzuhalsen, deren Ursachen ihm auch noch unbekannt blieben. Auf dem Lagerfasse könne die schweflige Säure des geschwefelten Hopfens mit Hilfe des von den Bakterien entwickelten Wasserstoffes zu Schwefelwasserstoff reduziert und so die Ursache einer stinkigen Gärung werden; ein solcher Vorgang könne sich aber nur bei sehr langer Lagerung und bei Gegenwart von Bakteriennährstoffen abspielen. Für den Brauer sei es immerhin entschieden wünschenswert, zu wissen, ob der Hopfen geschwefelt sei.

O. Oberbeck[55]) sagt, dafs er manchmal bei der Gärung eine deutliche Schwefelwasserstoffentwicklung wahrgenommen habe und zwar selbst in Betrieben, welche sich durch die peinlichste Sauberkeit auszeichnen, und er ist der Meinung, dafs diese Bildung von mit Schwefel versetztem Hopfen herrühre; namentlich mit Schwefelblumen vermengter Hopfen gebe beim Vermengen mit Hefe in kurzer Zeit Schwefelwasserstoffreaktion.

Briant und Meacham, welche ebenfalls englischen Hopfen im Auge haben, der durchweg von der Stange ab beim künstlichen Trocknen gleich geschwefelt wird, sagen, dafs durch das Schwefeln die Farbe und die Haltbarkeit des Hopfens gebessert werden. Es liege kein Beweis vor, dafs diese Praxis (des Hopfenschwefelns) den Brauwert des Hopfens verschlechtere. Der einzige Vorwurf, den man gegen das Schwefeln erheben könne, bestehe darin, dafs die Fehler eines geringen Hopfens dadurch gedeckt würden. Aber es unterdrücke jedenfalls das Wachstum von Schimmelpilzen und wirke als Präservativ.

Der Engländer Heron sagt[56]), dafs ihn die Wirkung des Schwefelns auf die Erhaltung des Gerbstoffes im Hopfen geradezu überrascht habe, und es sei gleich, ob der Schwefel als Schwefelstaub oder als schweflige Säure mit den Hopfenzapfen in Berührung gekommen sei.

Nach Thausing vermehre das Schwefeln die Hopfengerbsäure; diese Behauptung müsse aber erst noch bewiesen werden, denn die Versuche, welche sie (Heron etc.) darüber angestellt hätten bestätigten dies nicht. Es hat aber doch Dr. J. Behrens in Karlsruhe[57]) festgestellt, dafs durch das Schwefeln die Acidität des Hopfens zunimmt, und dafs diese Zunahme geeignet sei, den Hopfen vor dem Braunwerden zu schützen.

Stark geschwefelter, aber vorher schlecht getrockneter Hopfen nimmt übrigens ebenfalls eine dunkelbraune Farbe an; ist die Schwefelung ungenügend oder schlecht durchgeführt, so wird der Hopfen sogar im Frühjahr noch schwarz.

Viele deutsche Brauer wollen auch heute vom geschwefelten Hopfen nichts wissen, andere vermengen ihn bei der Verwendung mit ungeschwefeltem zu gleichen Teilen, um den Schwefelgeruch zu vermindern.

Mit der Gestattung des Hopfenschwefelns entwickelten sich die Trocken- und Schwefel-Darren der bayerischen und deutschen Hopfenhändler in rationeller Weise. Prof. Dr. Krämer in Nürnberg glaubt, dafs durch das Schwefeln das frühzeitige Auftreten des Käsegeruches (des Geruches nach der widerlichen Baldrianfettsäure) verhindert werde, was gewifs richtig ist, denn im Sommer, welcher einer Ernte folgt (also acht bis neun Monate nach der Ernte, stinken alle nicht geschwefelten Hopfen der mitteleuropäischen Sorten im gröfsten Mafsstabe nach dieser Säure, während man um diese Zeit in den geschwefelten englischen, amerikanischen und belgischen Sorten höchst selten etwas und immer nur sehr wenig davon wahrnimmt; vielleicht sind das auch nur solche Sorten, welche, gepflückt und grün in Säcke gepackt, zu lange und zu weit transportiert werden mufsten, ehevor sie zur Schwefeldarre gelangten.

In neuerer Zeit haben sich die englischen Darren auch auf dem Kontinent viel verbreitet: in Nürnberg, in der Altmark, in Österreich, Galizien, Ungarn, Siebenbürgen, namentlich da überall, wo man für den Export nach England etc. arbeitet. Auch in Elsafs trocknet man viel künstlich, aber oft mit zu heifser Luft. Auch in Württemberg wird schon viel mit erwärmter Luft getrocknet (Tettnang).

Bei den Händlern in Nürnberg handelt es sich nur um das Nachtrocknen schlecht an der Luft getrockneten Bauernhopfens und gleichzeitiges Schwefeln desselben für den Transport.

Alle Apparate und Methoden des HopfenTrocknens und -Schwefelns sind eingehend im II. Teil dieses Buches (Der Hopfen als Ware) geschildert.

Die böhmische Hopfen-Zeitung in Laun »Chmelarske Listy«[58]) brachte eine beachtenswerte Abhandlung über das Rotwerden des Hopfens, seine Ursachen und Folgen. Darin ist zum Schlusse mit Recht und in der nachdrücklichsten Weise betont, dafs das Schwefeln bis jetzt das einzige, thatsächlich wirksame und praktische Resultate liefernde Konservierungsmittel des Hopfens ist, weil durch die schweflige Säure die Mikroorganismen getötet werden, welche sich beim Rotwerden in gewaltigen Massen einstellen, und wobei der Hopfen unter günstigen Umständen oft in wenigen Stunden völlig zu Grunde gerichtet wird, während ein mäfsiges Schwefeln, soweit bekannt, weder dem Sud- und Gär-Prozesse, noch dem fertigen Bier oder der Gesundheit des Trinkers schädlich ist.

Bis jetzt ist eben nichts Besseres bekannt.

Geschwefelt wird heutzutage — der Konservierung wegen — sicher noch weit mehr gesunder, normaler Hopfen, um ihn weltmarktfähig und für weiten Transport tauglich zu machen, als verdorbener, umgestandener, bodenroter Hopfen[59]).

Geschwefelt wird heute der Hopfen sogar schon vielfach sehr umfangreich von den Produzenten. Diese brauchen die Händler gar nicht mehr dazu; freilich haben sie dazu dann vielfach sehr primitive Vorrichtungen.

Viele Hauptorte der bedeutenden Hopfenregionen, auch in Bayern und Böhmen, haben heute wohlausgestattete Trocken- und Schwefel-Darren, wo die Händler die im Terrain gekaufte Ware gleich für den Handel präparieren (also schwefeln) und fertig machen können[60]).

Um Neutomischel (Posen, s. Allg. H.-Ztg. 1868, S. 379) wurde der Hopfen, 100—120 Ztr., auf Rofshaar- oder Draht-Netze geschüttet und, bei reichlicher Ventilation, ca. fünf Stunden von Schwefeldämpfen durchdrungen; man rechnete früher 1 Pfd. Schwefel auf 25 Ztr. Hopfen, Mitte der 1860er Jahre jedoch $2^1/_2$ Pfd. Schwefel auf 25 Ztr. Hopfen; dabei ist die Herkunft des Schwefels (ob arsenfrei) wichtig.

Nun kann allerdings ein des Hopfens nicht oder wenig kundiger Brauer in Bezug auf den wahren Wert des Hopfens getäuscht und dadurch zu mifsbräuchlichen, in keinem Verhältnis zum wahren Werth des Hopfens stehenden Geldausgaben verleitet werden. Ich kann nur wiederholt betonen, dafs für einen Brauer, welcher meine im II. Teil dieses Buches geschilderten Sekretbilder oder Reibflächen richtig machen kann, alle diese Gefahren gar nicht existieren.

Bemerkenswert ist eine Äufserung von Dr. Prior in Nürnberg im Bayerischen Brauer-Journal, dafs feucht geschwefelte Hopfen, wie sie nur bei in der Sache wenig erfahrenen Produzenten vorkämen, einen scharfen Geruch annehmen, den sie nicht so bald wieder verlieren. Das kann aber doch nicht allgemein, sondern nur unter besonderen Umständen vorkommen. Denn die Nürnberger Hopfenhandelswelt schwefelt und trocknet jährlich und namentlich bei sehr nasser, regnerischer Ernte, Tausende von Zentnern, welche von den Produzenten nur halb getrocknet zu Markt gebracht werden, ohne dafs man an solchen Hopfen etwas von einem besonderen Geruch bemerkt. Und wenn man von den Nordamerikanern, Australiern, Belgiern etc. ganz absieht, trocknen die Engländer alle Jahre ca. 400000—500000 Ztr. Hopfen künstlich von der Pflücke ab, unter gleichzeitiger Verwendung von Schwefel.

Übrigens sagt auch der Bericht der Fürther Handelskammer für 1896[61]), dafs in nassem Zustande geschwefelter Hopfen, welchen Ursprungs er auch sein mag, für die Brauereien unbrauchbar ist. Solche aus bedeutenden Hopfenhandelskreisen stammende Bemerkungen kann man nicht unbeachtet lassen, wenn man sich vor Schaden bewahren will.

Dafs durch das Schwefeln mifsfarbiger Hopfen, namentlich stark bodenroter, einigermafsen auch alter Hopfen, im Aussehen sehr verbessert und dadurch Irreleitungen veranlafst werden können und veranlafst werden, ist gewifs. Aber dagegen ist ja leicht aufzukommen, wenn man, wie ich der Wichtigkeit der Sache wegen noch einmal betonen will, die Reibflächen

(s. weiter unten) richtig machen gelernt hat, weil durch das Schwefeln die Sekretbeschaffenheit, wie sie durch die Bodenröte oder das Alter veranlafst wurde, nicht im geringsten verändert wird. Sehr charakteristischerweise wird durch das stärkste Schwefeln auch die rote Farbe alten Hopfens nicht im geringsten alteriert.

Zur Erkennung dessen, ob ein Hopfen geschwefelt ist oder nicht, ist natürlich die chemische Analyse das beste Mittel; für oberflächlichere Beurteilung empfiehlt der »Brasseur« Nadeln aus Kupfer, doppelt so lang als eine Stricknadel, an dem der Spitze entgegengesetzten Ende mit einem Knopf versehen und versilbert. Diese Nadeln werden so tief als möglich in den zu untersuchenden Hopfenballen eingestofsen, so dafs nur der Knopf ersichtlich ist. Ab und zu wird nachgesehen, ob das Silber geschwärzt ist; ist dies der Fall, was von Schwefelsilber herrührt, dann ist der Hopfen geschwefelt.

Von den deutschen Praktikern ist übrigens schon lange vorgeschlagen worden, zur Erkennung geschwefelten Hopfens eine ca. 25 cm lange silberne Nadel in den Ballen zu stecken, um zu sehen, ob diese schwarz wird: das kann aber doch nur dann der Fall sein, wenn sich Schwefelwasserstoff bildet, was aber nur in feuchtem, durch Erwärmung zersetztem Hopfen möglich ist, vielleicht aber auch in nicht geschwefeltem Hopfen vorkommt.

In der Allg. H.-Ztg. 1862, S. 153 wird auf Grund direkter Versuche nachgewiesen, dafs es sich wirklich so verhält, aber vor längerer Zeit geschwefelter Hopfen schwärzt blankes Silber nur sehr langsam, schneller im direkten Sonnenlichte.

Von geschwefeltem Hopfen sagt man, dafs er besonders an den Stengeln nicht rotbraun oder grau, sondern sattgrün aussehe. Thausing (l. c. 1898, S. 301) sagt, dafs die Stiele von ungeschwefeltem Hopfen immer dunkler aussehen, auch hafte an dem noch nicht lange geschwefelten Hopfen der eigentümlich stechende Geruch nach schwefliger Säure.

Schon Dr. E. Dinkler (Allg. H.-Ztg. 1862, S. 145) will geschwefelten von nicht geschwefeltem Hopfen dadurch unterscheiden, dafs der erstere meist hellgelb ist und Stiele und Zapfen gleichfarbig sind; bei letzterem sind die Stiele mehr oder minder dunkelgrün, selbst braun, während die Zapfen gelb oder grünlich-gelb sind.

Das ist aber alles sehr problematisch, weil die Spindeln und Zapfen auch am gewöhnlichen Hopfen sehr verschiedene Farbe haben.

Rud. v. Wagner (Handb. d. chemisch. Technologie, Leipzig 1880) will, dafs man, um das Geschwefeltsein des Hopfens sicher nachzuweisen, in einen Wasserstoffentwicklungsapparat neben Wasser und etwas chemisch reinem Zink einige Zapfen des verdächtigen Hopfens bringen und einige Tropfen Salzsäure zugiefsen soll; das sich entwickelnde Wasserstoffgas leitet man in eine Lösung von Bleiessig. War der Hopfen geschwefelt, so bildet sich Schwefelwasserstoff, welcher in der Lösung einen schwarzen Niederschlag von Schwefelblei hervorbringt; im andern Falle bleibt die Lösung ungetrübt (eigentlich schon von Dr. Heidenreich in Ansbach vorgeschlagen).

In der Allg. H.-Ztg. 1880, II, 619 (nach dem Böhm. Bierbr.) wird zur Bestimmung des Geschwefeltseins empfohlen, 10 Dolden mit 50 g destillierten Wassers in einer breithalsigen Medizinalflasche von 200 ccm Inhalt zu schütteln, dann ca. 1 g chemisch reinen und insbesondere schwefelfreien Zinks und 10—20 g Salzsäure hinzuzugeben; dann die Flasche mit einem Kork schliefsen und zwischen Kork und Flaschenhals ein Stück weifsen, zuvor mit Weinessig getränkten Fliefspapiers eintauchen. Wurde der Hopfen vor kurzem geschwefelt, so werde das Papier bald bräunlich; ist es schon länger her, dauerte es länger.

Eine ganze Reihe von praktischen Methoden, um geschwefelten Hopfen zu erkennen, teilt »Der Landwirt« 1884 (reprod. Allg. Br.- u. H.-Ztg. 1884, II, 1270) mit; eine und die andere kann ziemlich brauchbar sein, wie z. B. jene, dafs man ein blankes Silberstück oder einen silbernen Löffel in den vermeintlich geschwefelten Hopfen einwickelt und das einige Zeit bei gelinder Wärme liegen läfst, wobei sich, wenn der Hopfen geschwefelt war, nach dem Erkalten auf dem Silber graue, gelbliche oder braune Flecken zeigen. Oder man legt etwas von dem verdächtigen Hopfen in Wasser und taucht nach einiger Zeit Lackmuspapier ein; wird letzteres rot, war der Hopfen geschwefelt[62].

Die Händler wollen Schwefelgeruch erkennen, wenn man geschwefelten Hopfen einige Zeit auf den warmen Ofen legt.

Wir wollen auf diese Untersuchungsmethoden, welche in chemische Laboratorien gehören, nicht weiter eingehen.

Thausing (1898, S. 301 u. ff.) bringt darüber die nötigen Anleitungen.

Prior[63]) hat dargethan, daſs man nach seiner Methode 10% sehr schwach geschwefelten Hopfens, welcher unter nicht geschwefelten gemischt ist, nicht nachweisen kann; ferner hat er gefunden, daſs auch bei der Destillation von ungeschwefeltem Hopfen mit dem Wasser stets geringe Mengen eines Schwefelwasserstoff liefernden Körpers in das Destillat übergehen, was ohne Zweifel sehr zu beachten ist.

3. Die verschiedenen Hopfenverpackungssysteme für Transport, Konservierung und Lagerung.

a) Allgemeines und die Entwicklung der Büchsenverpackung.[64])

Wenn man bedenkt, daſs der Preis des Hopfens per Zentner jahrgangweise von 20 bis 50—600 Mark schwankt (1828 kostete im Spalter Lande der Zentner Hopfen in guter Ware 5 fl., geringe Ware 1 Thlr.; 1829 hingegen kostete der Zentner 240 fl., und was von 1828 noch übrig war, wurde mit 200 fl. per Zentner bezahlt[65]); 1860 gingen die Saazer und Spalter Hopfenpreise bis 355, 360 und 370 fl. und das Material war sehr schlecht; 1861 kosteten die Spalter bis 100 fl. und das Material war ausgezeichnet[66]), und da viele Groſsbrauereien 1000—2000—3000—4000 bis 5000—10000—20000 Ztr. und mehr Hopfen nötig haben, wird man ermessen können, welche Bedeutung eine mehrjährige gute Aufbewahrung dieses Materials für die Brauerei besitzt. In Deutschland wird keine Brauerei sein, deren Hopfenbedarf 4000 Ztr. erheblich überschreitet, solche mit höherem Bedarfe gibt es aber in England und in den Vereinigten Staaten von Amerika.

Um 1870 war der Hopfenbedarf der bayerischen Bierbrauer ca. 80000 Ztr. per Jahr. 1870, wo der Zentner Hopfen im Mittel 50 Mark kostete, erkaufte man diesen Bedarf mit 4000000 Mark; 1876/77 hingegen, wo der Zentner durchschnittlich 445 Mark kostete, betrug die Ausgabe der bayerischen Brauerei für Hopfen 35000000 Mark. Es ist deshalb sicher am Platze, daſs die Brauer in billigen Erntejahren sich konservierten Hopfen einlegen, um so mehr, als es selten vorkommt, daſs zwei gute oder gar reiche Hopfenernten nacheinander kommen. Schon 1877 haben die Brauer viel Hopfen in Büchsen gepreſst[67]).

1873 zahlte man[68]) per 1 Ztr. von Hopfensorten:

	Höchster Preis	Niedrigster Preis
der Stadt Saaz . .	200 fl. ö. W.	130 fl. ö. W.
des Bezirks » . .	190 » » »	120 » » »
» Kreises » . .	186 » » »	100 » » »
von Rothauschaer . .	120 » » »	75 » » »
» Grün-Dauba . .	70 » » »	30 » » »
» Spalt	180 » » »	100 » » »
» Württemberg . .	90 » » »	40 » » »
» Baden	90 » » »	49 » » »
» Belgien . . .	32 » » »	12 » » »
» Poperinghe, Belgien	36 » » »	14,6 » » »
» Kent in England	180 » » »	100 » » »
» Sussex » »	120 » » »	60 » » »

Die Preise differierten demnach in einem Jahre wie 1 : 2 oder 1 : 3, für Sorten verschiedener Gegenden aber um das 12—15fache (man s. auch weiter oben S. 495 u. ff.).

Das Schwefeln allein, wie die gleichzeitig verlaufende gute Trocknung genügen noch nicht, um möglichst gute Konservierung zu sichern, dazu gehört auch Luftabschlufs durch das Dichtlagern (Zusammenpressen) der Ware, dann lichtlose, windlose, kühle, trockene Lagerung. Der geschwefelte, wie der ungeschwefelte, getrocknete Hopfen wird in billige, einfache, wie doppelte Tuch- oder Jute-Hopfensäcke oder in Säcke mit Leinwandeinlagen eingetreten oder besser eingeprefst, weil das Eintreten nicht so energisch und namentlich nicht so gleichmäfsig ist und die Hopfenzapfen stark beschädigt, zerbrochen und zerblättert werden.

Wenn der Hopfen gut konserviert und über ein Jahr bis zwei Jahr und mehr aufbewahrt werden soll, dann genügt das Schwefeln und Sacken allein nicht, dazu gehört vielmehr möglichster Luftabschlufs und gute, trockene und kühle Lagerung, sowie Schutz gegen Licht. Wenn der blofs gesackte Hopfen auch ziemlich gut gelagert wird, fängt er namentlich im März und April des der Ernte folgenden Jahres an, sich ungünstig zu verändern, wobei er Baldriansäuregeruch entwickelt. Es hängt das offenbar mit Einwirkung der Luft, steigender Wärme, auch mit der Keimzeit zusammen, die wahrscheinlich in den Hopfen-Früchten oder -Samen Umsetzungen veranlafst.

Das Einpressen in die Säcke und namentlich auch in cylindrische und Quadrat-Ballen ist in England, Amerika und Belgien längst üblich, an Stelle des früher allgemein und auch heute noch so umfangreichen, primitiven Eintretens in die Säcke.

So wäre bei vermindertem Volumen und geringem Gewicht der Umhüllung der Transport sehr erleichtert, allein auch die bestgeprefsten Ballen sind nicht geschützt gegen eindringende Feuchtigkeit und üble Gerüche, ebenso wenig gegen Verluste durch Verdunstung.

Man hat auch versucht, die in die Säcke eingeprefsten Hopfen mit doppelter Umhüllung (Doppelsäcken) zu umgeben und dann noch mit überfirnifstem Papier zu überkleben. All dies hat sich nicht als ausreichend erwiesen.

Auch bei gut getrocknetem und gut gelagertem Sackhopfen beträgt der Gewichtsverlust (durch Schwund, Ausdunsten) innerhalb eines Jahres 3—5%, seltener über 5%, eine Tara von 2—3% angenommen, während sie aber in Wirklichkeit 6—7% beträgt.

Nun erst kam man auf den Gedanken, den Hopfen in ausgepichte oder mit Zinkblech ausgeschlagene Kisten oder auch in Metallbüchsen einzupressen, welche nach der Füllung zuweilen auch von Luft entleert und danach mit indifferenten Gasen erfüllt wurden. In den Büchsen ist der Hopfen gegen eindringende Luft (Sauerstoff) und Feuchtigkeit wohl geschützt, aber es bleibt auch beim dichtesten Pressen des Hopfens immer noch eine gewisse Menge Luft in den Zwischenräumen, welche schädlich wirkt.

Das Auspumpen der Luft aus dem eingeprefsten Hopfen mit kleinen Luftpumpen, auch wenn folgend keine indifferenten Gase eingeprefst wurden, war Ende der 1870er Jahre viel gebräuchlich, ist aber wieder ganz verschwunden, weil es sich nicht bewährt hat.

Unstreitig hat von den zahlreichen Versuchen, welche gemacht worden sind, eine praktische Methode der Hopfenkonservierung zu finden, welche gestattet, den Hopfen in wohlerhaltenem, den Zwecken der Brauerei befriedigend dienlichem Zustande länger als $^1/_2$ und namentlich länger als ein Jahr bis selbst auf zwei, drei und vier Jahre aufbewahren zu können, keiner so weitgehende Erfolge gehabt als das Einpressen des sorgfältig nachgetrockneten, gar nicht oder doch leicht geschwefelten Hopfens in Metallbüchsen von meist cylindrischer, auch quadratischer Gestalt. In der That ist heute ein Jahr alter Büchsenhopfen oft im Geruche noch ziemlich gut; zwei Jahre alter, gut behandelter Büchsenhopfen ist — bis auf den Geruch — oft noch ganz gut erhalten; die Sekretbilder oder Reibflächen sind oft noch erstaunlich flüssig, also relativ wenig hartharzig, auch das Bitter noch ziemlich gut, ebenso der Gerbstoff, wie ich bei systematischen Untersuchungen solch alter Büchsenhopfen selbst gesehen; selbst gut behandelter dreijähriger Büchsenhopfen wird heute in Teilgaben ohne Bedenken verarbeitet. Es sind mir selbst Fälle bekannt, wo man mit vierjährigem guten Büchsenhopfen bei der Verarbeitung noch ganz befriedigende Resultate hatte. Es gibt Brauer, welche schon seit 10—20 Jahren mit solchen Hopfen arbeiten. Es kommt eben dabei nicht blofs darauf an, dafs der Hopfen schon vor dem

Einpressen sich in besten Bedingungen (mit höchstens 10 % Feuchtigkeitsgehalt) befand, daſs das Einpressen richtig und rechtzeitig ausgeführt wurde und mit vollkommen genügenden Vehikeln (Cylindern) etc. versehen, sondern daſs auch die Lagerung entsprechend war.

Die Firma J. Barth in Nürnberg hat schon in ihrem 1881 herausgegebenen Bericht über ihre konservierten Hopfen eine groſse Anzahl von Zuschriften (mit Angabe des Namens etc.) veröffentlicht, welche, von den Leitern groſser Brauereien herrührend, sich sehr günstig über die Beschaffenheit dieser konservierten, 1—2—3 Jahre alten Hopfen äuſsern. Eine groſse rheinische Brauerei lobte sogar einen dreijährigen, konservierten Hopfen dieser Firma, welcher in so vortrefflichem Zustande befunden wurde, daſs er ein gleiches Quantum neuer Hopfen ersetzte. Einer so weit gehenden Auffassung mit Vorsicht gegenüberzustehen, ist aber doch wohl sehr angezeigt.

In Nr. 47 des Deutschen Handelsblattes von 1881 [69]) ist von den Hopfenkonservatoren im Eisenbahnverkehr die Rede. Es wird gesagt, daſs man seit 2—3 Jahren Hopfen — statt in Ballen — in Kisten und Büchsen von Zinkblech verpackt versende, wobei die Büchsen nicht bloſs Transportgefäſse, sondern auch Konservatoren seien. Seither habe man für einen Transport von 100—125 kg Hopfensäcke im Gewichte von 5—7 kg angewendet, nun kämen Gefäſse von 50—70 kg Gewicht, also mit zehnmal höherem Gewicht, in Anwendung. Diese Cylinder seien 1,2—1,25 m hoch, hätten Durchmesser von 0,7 m, wögen 50—60, neuere sogar 70—75 kg. Ein solcher gefüllter Cylinder wiege 200—225 kg und nehme einen Raum von 0,61 cbm ein. Ihre Zirkulation auf deutschen Bahnen sei bereits bedeutend. Damals gab es auch schon eiserne Kisten. 1882 gewann die Firma K. Schmidt in Nürnberg gegen Stadler in Bamberg einen Patentprozeſs in Bezug auf Hopfenbüchsen [70]).

Gut getrockneter, leicht geschwefelter, in luftdichte Büchsen rechter Art eingepreſster, an dunklen, kühlen und vollkommen trockenen Orten aufbewahrter Hopfen, hält sich in der That ganz unverhältnismäſsig besser und länger als bestkonservierter und ebenso aufbewahrter Ballenhopfen.

Es wird aber dabei immer gut sein, in seinen Ansprüchen an solchen Hopfen nicht zu weit zu gehen. Über frischen Hopfen, d. h. solchen, welcher sich 1—2 Monate nach der Ernte und von Hause aus in tadellosem Zustande befindet, geht überhaupt nichts; wie jeder beobachtende Brauer weiſs, setzen da schon die Gärungen ganz anders ein und verlaufen ganz anders. Immer wird auch der Büchsenhopfen nichts anderes sein als ein Notbehelf, und es wird immer fatal sein, wenn neuer Hopfen gut und billig zu haben ist, alten Büchsenhopfen in groſser Menge verwenden zu sollen. Schon das Aroma des Büchsenhopfens läſst immer viel zu wünschen übrig, auch wenn das Sekret noch sehr flüssig ist, und das Aroma beeinfluſst weitgehend den Geschmack des Bieres. Ich bin überzeugt, daſs viele sehr unerwünschte Fehler des heutigen Biergeschmackes aus Groſsbetrieben vom Büchsenhopfen herrührt. Nicht umsonst findet man heute schon öfter Annoncen mit Büchsenhopfenangebot. Hat einer in einem Jahr bei billigem Hopfenpreis viel Büchenhopfen eingethan und der Hopfen ist im folgenden Jahre wieder billig, dann ist es fatal, alten Hopfen verwenden zu sollen, wenn der neue nicht mehr oder nicht viel mehr kostet und namentlich vielleicht auch noch besser ist.

Bis dahin waren die Brauer in dieser Sache noch miſstrauisch. Das teuere Jahr 1876, wo der Hopfenpreis per 1 Ztr. 367 Mark erreichte (ein Jahr zuvor 57 Mark), brachte aber Leben und Bewegung in diese Angelegenheit, welche noch wuchs, als 1882 der Hopfen durchschnittlich wieder 330 Mark und mehr kostete. Namentlich haben auch die billigen Hopfenjahre 1889 und 1894 sehr viel Leben und Fortschritt in die Sache gebracht.

Alles das, was wir vorstehend über den Wert des Büchsenhopfens sagten, wird bestätigt durch eine Debatte über alten Büchsenhopfen in der Allg. Br.- u. H.-Ztg. 1899 vom 6. April. Eine Brauerei, welche viel 1—2—3 Jahre alten Büchsenhopfen verarbeitete, wollte guten Hopfengeschmack im Bier haben; schlieſslich wurde man aber doch besorgt und fragte, ob 2—3 Jahre alter Büchsenhopfen in Bezug auf Vergärung, Haltbarkeit und Geschmack der Biere keine Bedenken errege. Die vier antwortenden Praktiker sprachen sich dahin aus, daſs namentlich der alte Hopfen schon von Hause aus gut und gesund gewesen sein müsse; immer sei aber neuer besser als alter, wenn er auch noch so gut wäre; über zwei oder gar bis vier Jahre alt könne er zu Lagerbier keine Verwendung mehr finden, höchstens zu obergärigen Bieren. Manche nehmen bis Juni die Hälfte alten Büchsenhopfen und die Hälfte Ballenhopfen der letzten Ernte, vom Juni ab aber nur Büchsenhopfen. Mit frischem Hopfen kann sich der alte nicht messen, er hat auch kaum den halben Wert. Alles kommt darauf an, wie er beim Öffnen der Büchsen beschaffen ist.

Seit dem Ende der 1880er Jahre lassen viele Brauer wenigstens ihren Sommerbedarf in Büchsen pressen; bei der reichen Ernte 1889 wurde schon sehr viel in Büchsen gepreſst. 1889 wurde selbst zu Lagerbier schon viel konservierter Hopfen verwendet.

Die ursprüngliche Qualität des Hopfens bleibt niemals erhalten. Humbser in Fürth sagt, daſs auch Büchsenhopfen nach 1—1 $^1/_4$ Jahr für die Brauerei unbrauchbar sei[71]).

Herr C. Michel, damals noch in Göggingen bei Augsburg, hat schon 1876 Brauversuche im groſsen, für Schenk- und Lager-Bier, mit konservierten Hopfen, namentlich mit solchen aus mit Zinkbleck ausgeschlagenen Holzkisten, gemacht. Eine Sendung war vortrefflich konserviert und von ebensolcher Wirkung im Bier; eine andere war minder gut, eine 10 cm dicke, der Blechhülle nächstliegende Hopfenschicht war verdorben.

Manche Ansichten aus praktischen Kreisen lauten in der That für die Verwendung mehrjährigen Büchsenhopfens sehr günstig. Ein Brauer G.[72]) sagt: Büchsenhopfen lassen sich sehr wohl noch nach 2—3 Jahren verwenden, wenn alle Vorbedingungen erfüllt waren, und diese sind: tadellose Ware, vollständige Trockenheit vor dem Einpressen, guter Verschluſs der Büchse und richtige Aufbewahrung. Er habe öfters solche Büchsenhopfen verarbeitet und niemals Anstände gehabt. Dieselben übten keine Änderung in der Vergärung, Haltbarkeit und im Geschmack des Bieres aus, waren allerdings auch immer noch sehr schön. Die Verwendungshöhe sei nun eine sehr verschiedentliche und könne, ohne daſs man den Hopfen gesehen hat, nicht so ohne weiteres beurteilt werden. Nur im allgemeinen könnte man sagen, daſs man bei einem Jahr alten Hopfen $^2/_3$ von diesem nehmen kann, nebst $^1/_3$ frischem; bei zwei Jahre altem nehme man $^1/_2 + ^1/_2$ und bei drei Jahre altem $^1/_3 + ^2/_3$. Wenn sich nun auch gegen gut erhaltenen dreijährigen Büchsenhopfen nichts sagen lasse, so sei es doch nicht gut, sich zu viel Hopfen einzulegen. Es sei immer ein Wagnis dabei.

Herr Karl Beise sagt, daſs ihm in seiner Praxis die Verwendung von 2—3 Jahre altem, gutem Büchsenhopfen und frischem Ballenhopfen mehrfach vorgekommen sei. Die Biere hatten neben normaler Gärung auch gute Haltbarkeit und Geschmack. In einer Brauerei mit überseeischem Flaschenbierexport z. B. war die Hopfengabe $^2/_3 + ^1/_3$, das gesamte Quantum der Hopfengabe war 1 $^1/_4$ Pfd. auf 1 Ztr. Malzschüttung. In einem andern Geschäfte war die Hopfengabe $^1/_2 + ^1/_2$ bei einem Gesamthopfenquantum von 1 $^1/_2$ Pfd. auf 1 Ztr. Malzschüttung.

Gewiſs ist, daſs, überhaupt gut normale Ware vorausgesetzt, ein Jahr alter, sehr gut konservierter Hopfen viel weniger störend auf die Gärung wirkt als ganz frischer kurz nach der Ernte, wobei gar manchmal schon trübe Biere dem Brauer Schwierigkeiten aller Art bereitet haben, was bei guten und gut konservierten, ein Jahr und selbst auch noch etwas mehr alten Hopfen nicht der Fall ist[73]).

Es handelt sich dabei namentlich darum, das gut getrocknete Material auf möglichst kleinem Raum zusammenzudrängen, die Luftmengen in seinem Volumen auf das kleinstmögliche Maſs zu verringern und das Eindringen neuer Luft zu verhindern. Früher war man allgemein der Ansicht, daſs der Sauerstoff der Luft das Agens sei, welches beim Älterwerden des Hopfens den Übergang des fast oder nur allein nützlichen Weichharzes des Hopfensekretes in das weniger oder gar nicht brauchbare Hartharz veranlasse. Nach den Untersuchungen von Bryant und Meacham sieht es nun aber freilich so aus, als wenn diese für die Brauer sehr schädliche Umwandlung des Sekretes nicht durch Oxydation (also Sauerstoffaufnahme) vor sich ginge. In solchen Hopfen entwickelt sich bekanntlich viel Baldriansäure, und kleinster Rauminhalt für die zu konservierende Hopfenmenge und möglichst wenig lufterfüllter Raum dazwischen bleibt auch heute noch eine erste Bedingung für gelungene Konservierung des Hopfens.

Man schlofs früher auf dem Boden des vorhandenen relativen Wissens über diese Sache mit Recht, dafs es noch vorteilhafter sein müsse, wenn es gelänge, den luftarm gewordenen Raum (luftleer ist in der Wirklichkeit kaum möglich) mit einem indifferenten Gas, beispielsweise mit Kohlensäure, schwefliger Säure, zu erfüllen, dadurch die noch vorhandene geringe Menge Luft noch mehr zu verdünnen und zu verhindern, dafs die umgebende Luft die Tendenz habe, durch vornherein undichte oder beim Transporte und Lagern undicht gewordene Stellen in den luftarmen Raum zwischen dem geprefsten Hopfen der Büchsen einzudringen[74]). Doch sind diese Versuche, obschon öfter gemacht, bis heute noch nicht in einem Stadium praktischer Verwendbarkeit angelangt, und anderweite Konservierungsmittel sind nicht am Platze.

Vorteilhaft wäre das Einpressen indifferenter Gase in die luftarm gemachten Zwischenräume auch deshalb, weil man alsdann nicht so stark pressen müfste, wodurch viele Drüsen zerquetscht und das Sekret aus seinen natürlichen Konservierungsapparaten, eben den Drüsen, entleert wird. Bei den Versuchen Bryants veränderte sich der Hopfen auch dann noch in den Büchsen, namentlich in seinem Aroma, wenn Kohlensäure an die Stelle der Luft getreten war. Es kann das von der doch noch vorhandenen, wenn auch geringen Menge von Luft (Sauerstoff) herrühren, oder auch sehr wahrscheinlich durch den Umstand veranlafst sein, dafs die Bestandteile des Hopfensekretes selbst aufeinanderwirken, auch mit der Substanz des Zapfenblattinhaltes.

Es ist sicher, dafs die Veränderungen im Hopfenharz, also dessen Übergang aus Weichharz in Hartharz, auch dann stattfinden, wenn man die Luft ganz oder fast ganz aus den Büchsen ausgetrieben und keine neue hinzugelassen hat, was aber in der Praxis alles sehr schwer, fast unmöglich ist. Dies haben namentlich die englischen Technologen Bryant und Meacham festgestellt. Andere wieder behaupten, dafs sehr stark in Metallgefäfse eingeprefster und luftdicht verschlossener Hopfen sich auf eine gewisse Zeitdauer, etwas 3—4 Jahre, in weit besserem Zustande erhält als ohne solche Behandlung. Aber dennoch bleibt die Möglichkeit bestehen, dafs selbst bei der sorgfältigsten Behandlung der freie Sauerstoff der Luft sich nicht so vollständig aus den geprefsten Hopfenzapfen entfernen läfst, als dafs nicht genug zur Oxydation der Sekretbestandteile während der Lagerung übrig bliebe.

Hayduck fand den Büchsenhopfen (die Lagerzeit ist nicht angegeben) noch sehr gut antiseptisch wirkend, wie frischen Hopfen.

Wenn Bryant in seiner Berichterstattung sagt, dafs der Geruch des Büchsenhopfens noch käsiger sei wie jener des Hopfens in den Ballen, so kann ich das nur bestätigen. Ich habe verschiedene Büchsenhopfen verarbeitet, die meist den käsigen Geruch nach Baldriansäure in noch weit widerlicheren Schattierungen hatten. Ich glaube, dafs an diesem zwar sehr unangenehmen, aber thatsächlichen Vorkommnis zwei Umstände schuld sein können, vielleicht auch beide: einmal der, dafs eben bei der starken Pressung viele Drüsen zerquetscht werden, wodurch das Sekret entleert und dem Verderben ausgesetzt wird; dann ist in den geprefsten Hopfen wenig Luft, also auch wenig Sauerstoff, so dafs die dennoch eintretenden Umsetzungen nicht in der bekannten normalen Weise verlaufen. Deshalb wäre es sicher ein grofser Fortschritt, wenn es möglich wäre, gewöhnlichen Ballenhopfen mit noch mehr wohlerhaltenen Drüsen in entsprechenden Lagerräumen zu konservieren. In letzterer Beziehung wurde diese Angelegenheit, wie wir sehen werden, Frfolg verheifsend in Angriff genommen.

Wenn man sagt, dafs gut behandelter Büchsenhopfen im August des der Ernte folgenden Jahres noch dasselbe Aroma habe wie kurz nach der Pflücke, so ist das einfach nicht wahr und nur in gewinnsüchtiger Absicht gesagt.

In der Allg. H.-Ztg. (1878, II, 672), unterm Strich, ist gesagt, dafs, wenn man eine Probe konservierten Hopfens aus der Büchse nimmt und dieselbe einen Tag lang an einen kühlen, feuchten Ort hinlegt, das Aroma sich noch kräftiger entwickelt, als dies beim Öffnen der Büchsen der Fall war. Ich habe keinen Versuch gemacht, um zu prüfen, ob das richtig ist.

Wunderlich bleibt es übrigens, dafs bei den gewaltigen Wertsummen, welche sich an diese Frage knüpfen, noch niemals methodische Untersuchungen gemacht worden sind; wohl aus Scheu vor den unvermeidlichen, relativ kleinen Kosten, wirft man lieber Hunderttausende oder selbst Millionen, hinaus; man wufste wohl auch nicht wie untersuchen.

Wenn nun die Verwendung des Büchsenhopfens, welche in den Grofsbrauereien bereits sehr erheblich ist, namentlich in England, in den Vereinigten Staaten, Belgien, Nordfrankreich, in den Kolonien, auch in Deutschland und selbst in Bayern, und auch schon in den Kleinbrauereien ernstlich Eingang findet, sicher in Zunahme begriffen ist, dennoch allgemeinhin noch nicht so umfangreich in Anwendung steht, wie man es nach den unzweifelhaften, relativ günstigen Resultaten erwarten sollte, so hat das seine ganz besonderen, triftigen Gründe von noch dazu mehrlei Art, welche sich namentlich dann geltend machen, wenn der Brauer den Hopfen nicht selbst in die Büchsen prefst oder den gekauften Hopfen unter seiner unmittelbaren Aufsicht einpressen läfst, sondern gleich als Büchsenhopfen vom Händler bezieht.

Die Büchse darf beim Empfang nicht geöffnet werden, weil natürlich sonst Luft eindringt und die Haltbarkeit des Hopfens gefährdet. So bekommt der Brauer den gekauften Hopfen oft erst nach $^1/_2$ Jahr, selbst erst nach 1—2 Jahren zu Gesicht, was doch auch dann noch höchst fatal ist, wenn die Bezugsquelle als eine sehr solide gilt. Er mufs dann sicher oft die Erfahrung machen, dafs eine Ware, welche er als »Prima« gekauft hat, minderwertiges, mehr oder minder verdorbenes, unreifes oder stangenrotes, auch umgestandenes (bodenrotes) Produkt ist, welches noch mehr oder minder mit allerlei andern Fehlern behaftet, namentlich auch sehr gemischt, sein kann[75]).

Wird der Lieferant um Ersatz in Anspruch genommen, so will er natürlich nichts davon wissen, weil er eine gute, unverdorbene Ware geliefert habe und die Verschlechterung des Hopfens jedenfalls eine Folge nachlässiger Behandlung der Büchsen sei. Solche Einwände sind um so schwieriger als nicht zu Recht bestehend nachzuweisen, als es gewifs ist, dafs auch Büchsenhopfen, selbst wenn er in gutem Zustande eingebracht wurde, verderben kann.

Die Büchsen sollen natürlich stets an kühlen, trockenen Orten in der Nähe der Eiskeller aufbewahrt werden. Man kann sie, wo Mangel an Raum, auch im Lagerkeller auf die Lagerfässer selbst aufsatteln. Haben nun die vorher ganz guten Büchsen durch Stofs oder Schlag beim Transport einen Sprung erhalten, so kann Luft eindringen, welche dann, namentlich wenn sie feucht ist, den Hopfen ruiniert; er wird an solchen Stellen Feuchtigkeit anziehen und schimmeln.

Verdorbener Büchsenhopfen kann aber auch noch von andern Umständen herrühren. Zunächst kann man die Besorgnis nicht von der Hand weisen, dafs ein Händler verdorbenen, unreifen, kranken, alten, bodenroten, mifsfarbigen etc. Hopfen, wenigstens teilweise in die Büchsen bringt. Kommt der Hopfen nicht genügend trocken in die Büchsen, verdirbt er unter allen Umständen sehr rasch und in erheblichem Umfange oder ganz, wenn er sonst vorher auch ganz gut war.

Oft ist es bei solchem verdorbenen Büchsenhopfen kaum möglich, nachträglich noch zu sagen, ob er vor dem Einpressen schon verdorben war oder erst in den Büchsen so geworden ist. Dafs ein Büchsenhopfen schon vor dem Einpressen hochgradig stangenrot oder unreif etc. war, ob er von pflanzlichen oder tierischen Parasiten gelitten hatte, das kann man natürlich auch nachträglich noch konstatieren. Ich habe ferner schon sehr stark geprefsten Büchsenhopfen genug untersucht und weifs, dafs man auch an ihm noch Ursprung, Sekretgehalt, Sekretbeschaffenheit, Sorte (Ursprung), Brauwert etc. anstandslos feststellen kann. Aber dazu gehört ein noch mehr sicheres und gereiftes Urteil als bei blofs gesacktem Hopfen.

Wenn der Hopfen beim Händler in die Büchsen gebracht wird und man den geringsten Grund zum Mifstrauen hat, dann ist es jedenfalls angezeigt, das zuvor selbst ausgewählte und gekaufte Material unter sicherer Aufsicht in die Büchsen pressen zu lassen. Wie mir scheint, geschieht das auch bereits vielfach von seiten gröfserer Brauereien.

Mehr Sicherheit bietet das Verfahren des Büchsenhopfenpressens dem Brauer, wenn er den wohl getrockneten und etwas geschwefelten Hopfen erst in normaler Sackung kauft und selber in Büchsen prefst, wobei dann auch der umständliche und nicht billige Transport der Büchsen vermieden wird. Allein dazu gehören immerhin viel Geld kostende Einrichtungen, die Büchsen für ein gröfseres Hopfenquantum, besonders auch Prefsvorrichtungen, möglichst mit Kraft- (Motoren-) Betrieb; es nimmt diese Sache auch viel Sorge und Arbeit in Anspruch und gerade in einer Zeit, wo die neue Braucampagne im vollen Beginn ist.

Vielleicht könnte man sich stellenweise genossenschaftlich in den Besitz solcher Einrichtungen bringen und durch gemeinsame und dadurch billiger gewordene Leitung den Betrieb unterhalten; allein dem wird wieder die Konkurrenz hindernd im Wege stehen.

Auch die Metallcylinder mit dem eingeprefsten Hopfen sollen kühl und trocken gelagert werden; die Temperatur des Raumes, in dem sie liegen, sollte 3—4° C. nicht überschreiten; es sind also kostspielige Lagerräume erforderlich, und die zum Niederhalten der Temperatur erforderlichen Kühlvorrichtungen kosten ebenfalls Geld.

In Bezug auf den Büchsenhopfen liegen jetzt mehr als 20jährige Erfahrungen vor. Die Sache hat sich, richtig gemacht, also den zum Einpressen bestimmten, unverdorbenen, gesunden Hopfen gut getrocknet, entsprechend geschwefelt, das Einpressen bei trockener, kalter Witterung, aber auch nicht bei starker Kälte vorgenommen, die gut gemachten Büchsen kalt (nicht viel über 2—3° C.) und trocken, schattig, von Temperaturwechsel und Luftzug frei gelagert, verhältnismäfsig (mit den oben schon angedeuteten Einschränkungen) gut bewährt, und es gibt heute kaum eine gröfsere Brauerei mehr, welche nicht mehr oder minder erheblich Gebrauch davon macht.

Wichtig ist, dafs auch der bestgetrocknete Hopfen nach der Ernte nicht zu früh gesackt oder gar in die Büchsen geprefst werde. Wie erfahrungsgemäfs auch die Gerste unmittelbar nach der Ernte sehr wenig zum sofortigen guten Keimen und Vermälzen geeignet ist, sondern erst wenn sie einige Wochen auf Lager war, wobei offenbar erst physiologische Prozesse im Korninhalte vor sich gehen, wie auch frisch gemähtes Heu und Grummet sich sehr wenig zur sofortigen Fütterung geeignet zeigen, sondern erst, wenn sie einige Wochen im Stocke oder Banzen lagen, wobei ein Schwitzen als die inneren Umbildungen begleitende äufsere Erscheinung auftritt, gerade so ist es mit dem Hopfen; er ist unmittelbar nach der Ernte nicht gut zu verbrauen, sondern erst, wenn er 3—4—5 Wochen auf Lager war. Die Erfahrung hat gelehrt, dafs er nicht vorher in die Säcke oder gar in Büchsen kommen soll; Ende Oktober, Anfang November ist die beste Zeit, um den Hopfen zu sacken, damit er seine Reise vom Produktionsorte nach dem entfernten Hopfenhandlungshause oder nach der Brauerei antreten kann. In die Säcke soll der Hopfen nicht zu dicht eingetreten oder eingeprefst werden. Man läfst höchstens 150—180 Pfd. in jeden Ballen eintreten; es sind darunter Ballen zu verstehen, welche aus ca. 5 m Hopfentuch von 1—1¼ m Breite gefertigt sind.

Am Ziel der Transportreise angelangt, wird der Ballen an günstiger, kühler und trockener Lagerstätte der ganzen Länge nach geöffnet und der Inhalt mit den Händen in der Länge nach beiden Seiten auseinandergelegt. So soll er noch einmal 14 Tage bis 3 Wochen zum Nachtrocknen und Ausdünsten liegen; man kann dabei die Öffnungen der Ballen, um sie gegen Staub und Verlust von ätherischem Öl zu schützen, mit leeren Säcken etc. bedecken.

Dann mufs der Hopfen geschwefelt und danach sogleich in die Büchsen geprefst werden. Das Einpressen in die Büchsen soll an trockenen, kalten Tagen mit einigen Graden Kälte vorgenommen werden; da wagt man es zuweilen sogar mit blofs luftgetrocknetem und nicht geschwefeltem Hopfen. Man soll aber auch gedorrten und geschwefelten Hopfen nicht an warmen, feuchten, regnerischen oder nebligen Tagen einpressen; der Hopfen zieht relativ schnell Feuchtigkeit an und ist dann zum Umstehen geneigt.

Nach der Ansicht von Herm. Droop in Barmen[76]) soll das Pressen so fest geschehen, dafs in eine Büchse von 1 m Höhe (Länge) und 0,50 m Durchmesser 180—200 Pfd. und in eine Büchse von 1,25 m Höhe (Länge) und 0,6 m Durchmesser ca. 300 Pfd. Hopfen eingeprefst werden.

Sofort nach dem Pressen wird die Büchse luftdicht zugeschraubt.

Das Auspumpen der Luft wird von manchen als notwendig, von andern aber auch als überflüssig angesehen. Jedenfalls werden die zerlegbaren Cylinder mit ihren vielen Trennungslinien und Schrauben viel schwerer zu evakuieren sein, wie die ganzen Cylinder mit nur einem abnehmbaren Deckel. Die letzteren werden allgemeinhin auch besseren Luftabschlufs haben. Vielleicht sind an den schlechten Erfolgen mit den Luftpumpen diese selbst schuld gewesen, weil sie schlecht oder mangelhaft befestigt waren, oder auch weil zu viel undichte Fugen an der Büchse waren.

Dr. Hager[77]) macht die sehr beachtenswerte Bemerkung: es sei ein Irrtum, dafs der Hopfen in Büchsen gegen den Sauerstoff der Luft geschützt sei, weil das Weifsblech und noch mehr das Eisenblech poröse Körper sind, durch deren feine Poren zwar kein Wasser, wohl aber Luft hindurchtritt. Am meisten luftdicht wäre Schmiedeeisen, aber das wird durch Stöfse, Schläge (beim Transport), schroffen Temperaturwechsel etc. ebenfalls in der Struktur verändert. Das ist nun auch der Grund, warum die Luftpumpen nichts genutzt haben, die Luft drang eben immer wieder nach.

Man sollte also nicht immer blofs die Stofsfugen der Büchsen zu verdichten suchen, sondern auch die Büchsenwände aufsen verdichten, vielleicht durch nicht brüchig werdenden Ölfarben- oder Lack-Anstrich. Im Falle eine solche völlige Verdichtung der Wände und Fugen gelingt, dann könnten auch die Luftpumpen noch an Bedeutung gewinnen.

An den neueren Büchsen sieht man thatsächlich nichts mehr von Luftpumpen.

Mit grofsen Schwierigkeiten ist das Entleeren der Büchsen mit dem eingeprefsten Hopfen verbunden.

Der gute Verschlufs des Hopfens in ganzen (nicht zerlegbaren) Cylindern mit möglichst wenig Nähten ist für die Konservierung sehr wichtig; aber gerade dadurch wird die Entleerung des eingeprefsten Hopfens beim Gebrauche sehr erschwert[78]).

Man mufste Hammer und Meifsel anwenden, um die hart aneinander klebenden, steinharten Hopfenmassen mühsam in Stücken herauszubringen, wobei dann oft auch noch die Wandungen der Büchse beschädigt wurden. Es ist naheliegend, dafs dabei auch der Hopfen selbst Schaden leidet.

Die dann eingeführten Hopfenbohrer, mit denen der festlagernde Hopfen aus den Büchsen herausgearbeitet wurde, haben sich im allgemeinen besser bewährt, aber sicher werden dabei viele Sekretdrüsen zerquetscht und entleert, was nicht gut ist.

Man versuchte die harte, feste Hopfenmasse nach abgehobenem Deckel mit einem korkzieherähnlichen Bohrer allmählich herausarbeiten, was aber sehr zeitraubend ist. Dennoch ist diese Art der Büchsenentleerung auch heute noch viel gebräuchlich.

Saly Israel in Berlin hat einen Apparat konstruiert, mit welchem man Hopfenbüchsen mit nur einem Verschlufsdeckel entleeren kann (Maschinenfabrik Egells in Berlin); eine Anzahl pflugscharartiger Messer an einer vertikalen Spindel lockert den Hopfen langsam und schiebt ihn oben heraus. Der Apparat ist in der Allg. H.-Ztg. 1878, S. 487 und dann namentlich 1879, I, 90 geschildert und abgebildet; 1879, II, 576 ist diese Hopfenkonservierung nach Konrad Schmidt in Nürnberg eingehend beschrieben und abgebildet. Allein die vielen Teile machen die Büchsen undicht gegen Luft und Feuchtigkeit.

Hermann Droop in Barmen hat dann eine Methode gebracht, wobei man an den Büchsen den Boden und Deckel (oder auch die beiden Deckel) abschraubt und den Hopfen durch dieselbe Presse aus der innen mit Glasur versehenen Büchse hinausdrückt, mit welcher man ihn in die Büchse eingeprefst hat[79]). Das kann in wenigen Minuten geschehen, während man bei den andern Verfahrungsarten viele Stunden notwendig hat. Eine solche Büchse für 3 Ztr. Hopfen Inhalt kostete 55 Mark (s. folgend Fig. LXXI). Wie es aber den Anschein hat, ist es dieser Methode nicht gelungen, in gröfserem Mafsstabe Eingang zu finden. Mifslich sind die Entleerungsverhältnisse. Wenn mittelgrofse Brauereien im Sommer per Woche 50 kg Hopfen brauchen und nur immer der Bedarf herausgeprefst werden soll, so können drei Wochen vergehen, bis der

Cylinder entleert ist; will man währenddem den Hopfen nicht dem Verderben preisgeben, mufs man den Cylinder immer nach jeder Entnahme wieder vollkommen schliefsen, was sehr mühsam und zeitraubend ist, oder den ganzen Cylinder auf einmal entleeren und das Material in einem hermetisch verschliefsbaren Kessel etc. aufbewahren.

Sehr wichtig ist auch der Verschlufs der Büchsen. Die Böden müssen sehr widerstandsfähig sein, damit sie sich beim Einpressen des Hopfens nicht durchdrücken, weil da selbst der Zinküberzug abspringt. Je mehr Schrauben notwendig sind, welche beim Anlegen und Abnehmen Schwierigkeiten bereiten und sich schnell verbiegen und verbrauchen, desto weniger entspricht ein solcher Apparat den praktischen Bedürfnissen, der Notwendigkeit, derartige Dinge oft ganz ungeschulten Arbeitern überlassen zu müssen.

Wichtig sind auch zum möglichst luftdichten Abschlufs der Fugen die eingelegten Gummi-Schnüre oder -Platten. Die Gummidichtung erfordert, wenn sie ihrem Zwecke entsprechen soll, entsprechenden Büchsenrand für die Lagerung, gute Qualität der Gummischnur und genaue Ausführung. Wichtig ist, die Lagerung so zu machen, dafs das Einlegen den damit beauftragten Personen nicht viel Kopfzerbrechen und Mühe macht, sondern selbst gleich richtig wirkt. Diese Verdichtungsschnüre können durch Stöfse beim Transport oder durch die lange Lagerung ihre Elastizität verlieren, wodurch der hermetische Verschlufs verloren geht; das ist auch der Fall, wenn die Schrauben während der langen Lagerzeit nachlassen. Sicher sollten von Zeit zu Zeit die Schrauben nachgezogen werden, was aber leider wohl nur in den seltensten Fällen geschieht[80]).

Die aus Metall (Eisenblech) bestehenden Büchsen werden innen verzinnt oder verzinkt, auch emailliert oder mit Bottichlack (Fafsglasur von Werner & Co. in Mannheim) angestrichen. Rose & Co. in Mannheim haben die von ihnen verwendeten Eisenblechcylinder (um 1878) innen mit Eisenglasur versehen, wodurch der Hopfen ebenfalls von Metallgeschmack frei bleiben sollte. Um sie gegen Oxydation (Rost) zu schützen, streicht man sie aufsen mit Mennig und Ölfarbe an; zuweilen werden sie auch aufsen verzinkt. Die Verzinkung der Innenfläche schützt besser gegen Rost als die Verzinnung, namentlich wenn sie doppelt gemacht ist. Die Cylinder mit Glasur sollen im Innern öfter Rostflecken bekommen, von andern wird das bestritten.

Ursprünglich wurde der Hopfen allgemein direkt in die Büchsen eingeprefst, so dafs er unmittelbar an der verzinkten Metallwand des Zylinders angeprefst war. Die Hopfen, welche blank, ohne jede weitere Umhüllung, in die Cylinderbüchsen eingeprefst waren, wurden mit der Zeit so fest und hart wie Stein; wenn nun auch die Brauburschen beim Verbrauche die obere Schicht leicht entnehmen konnten, so war doch die Entleerung der mittleren und unteren Teile des Cylinderinhaltes mit grofser Mühe, geradezu mit Schweifs und Zeitverlust verknüpft.

Dazu nahm man an, dafs der in den Büchsen unmittelbar an den Metallwänden anliegende Hopfen sich leicht verändere, namentlich Metallgeschmack annehme.

Die Menschen, als Teile des Weltzeitrades, bewegen sich — wie mir ganz treffend die Nürnberger Firma Brüll & Rein schreibt — heute nicht gern mehr lange um einen und denselben Gegenstand; alles eilt, drängt, in der raschen Abwicklung liegt oft der ganze Vorteil eines geschäftlichen Unternehmens, und so haben die Brauer und Hopfenhändler sich dahin verständigt, dafs sie den Hopfen in der Form eines in die Büchsen passenden Cylinders pressen, denselbigen Klotz, der als Säule dann dasteht, in einen Sack einnähen und so einfach in den Zylinder stecken, der dann den Hopfen, wenn er verschlossen ist, wozu eine Umdrehung der Schrauben genügt, besser schützt als ein geöffneter Sack, der successive zerfällt.

Diese Art der Ballotverpackung hat namentlich für kleinere Betriebe Vorteile, weil jetzt auch drei Ballots, natürlich im dreiteiligen Gewicht ganzer Ballots, und je zwei Ballots mit je der Hälfte des ganzen Ballots, eingelegt werden, was den Brauer in den Stand setzt, den fortwährend gut geschützten Hopfen nach Bedarf (in der nötigen Quantität) ohne Mühe und sudweise zu entnehmen.

Diese Ballots, im ganzen oder in Teilstücken, werden auch in ihrer Leinwandumhüllung separat verschickt, um am Verbrauchsort in die Cylinder- oder Quadrat-Büchsen eingeschoben und verschlossen zu werden, wodurch der Transport natürlich sehr vereinfacht und verbilligt wird. Bei genauer Mafsangabe (Lichtweite) der in der Brauerei bereits vorhandenen Konservierungsbüchsen, können diese Hopfenballots dementsprechend geprefst werden. Dadurch wird der teure Hin- und Hertransport der Konservierungsbüchsen gespart, was sehr beachtenswert ist. Die Konservatoren werden bei der Füllung und beim so entfallenden Transport nicht geschädigt und die Schwierigkeit der Entleerung ist beseitigt oder sehr reduziert.

Die Ballotpressung scheint in der norddeutschen Brauerei heute schon sehr umfangreich im Gebrauch zu sein. Auch für den Verkehr von und nach Osterreich wird viel Gebrauch davon gemacht, denn bei der Verzollung an der Grenze gilt Brutto für Netto, wodurch der in den Eisencylinder verpackte Hopfen gleich um 10—12 Mark Zollgebühren für das Metall des Cylinders belastet wird.

Manche Hopfenhändler wenden als Ballothülle auch alte Hopfensäcke an. Man darf dabei aber, wenn man Konsument ist, nicht übersehen, dafs Jutesäcke zwei- bis dreimal so schwer sind wie Leinwandsäcke; namentlich in teuren Hopfenjahren ist es nicht einerlei, so und so viele Pfund Jute als Hopfen zu bezahlen.

Die Ballotstücke quellen mit der Zeit in der Längsachse des Cylinders etwas auf, was bei Ballotpressung für spätere Cylinderfüllung Berücksichtigung verdient.

Da auch die wasserdichte Leinwand als Konservator noch manches zu wünschen übrig läfst, fertigt man statt ihrer auch einzelne starke Zinkbüchsen an, in welche die in Ballotsäckchen geprefsten Hopfen eingeschoben werden. Die Büchsen werden dann verlötet und so verschickt, um dann an Ort und Stelle in die Cylinder, in die sie bei der Pressung genau eingepafst wurden, eingeschoben zu werden, zum Schutze gegen grobe Beschädigung. Ein solches komplizierteres und die Sache verteuerndes Verfahren kann aber doch wohl nur bei sehr kostbarer Ware angezeigt sein.

Ein Vorläufer der Ballotpressung scheint das Verfahren des Herrn Hermann Schramm in Hersbruck zu sein, welcher am 22. Februar 1882 dafür ein Patent erhielt (D. R.-P. 19731). Die Methode ist in der Allg. Br.- u. H.-Ztg. 1882, II, 823 kurz geschildert.

Ob aber nun bei längerer Aufbewahrung der in Ballots verpackte und in Cylinder eingeschlossene Hopfen sich so gut konserviert wie der direkt, ohne jede Umhüllung in die Cylinder geprefste, also direkt an die verzinkten Wände anliegende, das kann doch nur mittelst direkter Untersuchungen, die nicht blofs chemisch sein dürfen, festgestellt werden, und es bleibt eigentlich zu verwundern, dafs man das noch niemals gethan hat, wenn man in Betracht nimmt, um welche Werte es sich da handelt und in welch beträchtlichem Grade man dabei bisher im Dunkeln tappte. Es gehören dazu Untersuchungen im Laboratorium, auf Weich- und Hart-Harze, dann meine Reibflächen mit Konstatierung des Verhaltens des Aromas und Bitters; auch direkte Beobachtungen im praktischen Brauereibetrieb wären angezeigt.

Nach Ansicht der doch gewifs sachkundigen Herren Brüll & Rein (Hopfen-Kommissions-, -Speditions- und -Verpackungs-Geschäft in Nürnberg) können die Hopfen auch bei loser, hülleloser Einpressung in die Cylinder unmöglich einen Metallgeschmack annehmen, wenn diese vor der Verwendung ordentlich gereinigt werden.

Die Cylinder sind innen und aufsen verzinkt. Bei wiederholter Benutzung, die Jahrzehnte dauern kann, müssen die Cylinder selbstredend immer innen und aufsen gewaschen, gründlich gescheuert und sorgfältig ausgetrocknet werden, ehevor wieder neue Ware, ob lose oder in Ballots, ohne Gefahr eingelegt werden kann.

Thatsächlich hat zur Zeit auch in Nürnberg die Ballotverpackung die zuerst in Anwendung gewesene direkte, hüllelose Einpressung der Hopfen in die Cylinder, fast ganz verdrängt, obwohl nach Auffassung sehr sachkundiger Leute die blanke Verpackung bei richtiger Behandlung der Hopfen und Cylinder dem vorzuziehen wäre. Allein die Bequemlichkeit hat hier — wie es scheint — der Ballotverpackung Vorschub geleistet.

Die Konservierung des Hopfens in Büchsen etc. scheint in der That von Nürnberg ausgegangen zu sein, dem Hopfenhandelsemporium Europas, eigentlich der ganzen Welt.

Von 1875 ab bildet die Büchsenhopfenreklame in der Allg. H.-Ztg. in Nürnberg stehende Artikel, fast in jeder Nummer.

Muntz erwähnt bereits 1827 unter Luftabschlufs aufbewahrten Hopfen.

Schon 1879 und dann wieder im Februar 1880 hat die Handelskammer Mannheim an die Eisenbahnverwaltungen das Ansuchen gestellt für billige Rückfracht leerer Metallcylinder für Hopfentransport (Allg. Br.- u. H.-Ztg. 1882, II, 967). — Auf der 1880er Münchner Ausstellung für Brauerei waren alle Systeme schon vertreten (Allg. H.-Ztg. 1880, II, 497).

1882[81]) wird geklagt, dafs die Versendung von hermetisch in Metallcylindern verschlossenem Hopfen nach Italien erschwert sei, weil die italienischen Zollbehörden die Cylinder öffnen, wodurch der Wert dieser Art von Verpackung illusorisch werde.

Das Verfahren der Hopfen-Cylinderpackung dürfte vielleicht an den eisernen Petroleumfässern ein Vorbild gehabt haben.

In der Allg. H.-Ztg. 1875, S. 491 werden die schon länger existierenden Zinkblechcylinder der Hopfenfirma Ohlmann-Emder in Frankfurt a. M. erwähnt, aus welchen nach dem Einpressen der Hopfen die Luft entfernt wird. Es werden dort auch Brauversuche mit derart konserviertem Material mitgeteilt.

Soviel mir bekannt ist, haben Nürnberger Firmen schon Mitte der 1850er Jahre für ihren überseeischen Versand ein derartiges konservierendes Verpackungssystem, namentlich in Kisten, welche mit Leinwand, Jute oder Zinkblech ausgeschlagen waren, verwendet. Ein am 28. April 1859 von Justus v. Liebig in einer Streitsache für ein Nürnberger Hopfenhaus ausgestelltes Gutachten bezieht sich nach Dr. H. Stockmayer (Allg. Br.- u. H.-Ztg. 1889, II, S. 2194) schon genau auf das heute allgemein bewährte System. Einen Hauptanstofs zur allgemeineren Anwendung konservierter Hopfen gab das reiche Hopfenjahr 1875; in diesem Jahre nahm Jung in Fürth ein Patent auf das Einpressen des Hopfens in Büchsen und das Einpressen von Kohlensäure zwischen die eng gelagerten Hopfen in den Büchsen, um die Luft mit dem Sauerstoff zu verdrängen.

Die meisten heute noch gebräuchlichen Arten der Büchsenverpackung stammen offenbar aus dem Ende der 1870er Jahre, wie aus einer Broschüre der Hopfenfirma J. Barth in Nürnberg »Über Hopfenkonservierung« (mit zahlreichen Abbildungen) hervorgeht, welche vom Januar 1881 datiert ist[82]). Auch die zahlreichen Kataloge von Hopfen- und Konserven-Firmen mit bildlichen Darstellungen der Cylinder etc., verglichen mit den heutigen, lehren das.

Wie schon der erfahrene, in ganz besonderem Grade sachkundige Grofshopfenhändler J. Barth damals (1881) im Vorberichte dieser Schrift mit Recht sagt, ist es natürlich für die Konservierung der Hopfen ganz ohne Einflufs, ob dieselben würfel- oder cylinderförmig geprefst, in Eisen-, Zink-, Holz- oder Papier-Gefäfse verpackt werden, wenn solche nur eine Reihe von Bedingungen erfüllen, welche vorzugsweise sind:

1. Luftdichtes Einschliefsen des Hopfens;
2. sorgfältige und dauerhafte Herstellung, damit sie allen schädlichen Einflüssen beim Transport und auf dem Lager widerstehen können;
3. die unmittelbare Berührung des Hopfens mit dem Metall der Büchsen verhindern;
4. möglichst luftleer gepumpt werden können;
5. bequeme Entleerung des Inhaltes gestatten;
6. einen einfachen, leicht handzuhabenden, sicheren Verschlufs haben;
7. möglichst wenig oder keine vorspringenden Teile haben;
8. nicht zu viel kosten und — bei mäfsiger Rückfracht — oft verwendbar sind;
9. nicht zu schwer sind, um die Transportkosten möglichst niedrig halten zu können;
10. nicht zu viel Schrauben und Trennungsfugen haben;
11. nach Lösung weniger Schrauben sich selbstthätig so weit öffnen, dafs die Entnahme des Hopfens bequem erfolgen kann.

Die Engländer pressen den gut getrockneten und geschwefelten Hopfen in Quadratballen mit Sackleinwandhüllen, die mit Eisenreifen geschützt werden.

I. Die Verpackung in Quadrat- und Rundballen oder Hopfensäcken und deren Lagerung.

Die Hopfenverpackung in Säcken für den Transport und die Lagerung ist in Mitteleuropa am meisten verbreitet, weil sie auch am billigsten ist. Die Säcke sind 2,5 m hoch oder lang und 1 m breit; man hat heute zuweilen auch Säcke mit 3 Ztr. netto (Inhalt), aber die kleineren Säcke lassen sich besser in die Eisenbahnwagen verladen und fassen meist 1,8—2 Ztr. Es gehören dazu 5 m Hopfentuch von 1—1,25 m Breite, bei ca. 150—180 Pfd. Inhalt. Der Kostensatz für diese Art der Verpackung ist 2—$2^1/_2$—3 Mark für den Zentner à 50 kg, je nachdem die gesackten Hopfen vor dem Einpressen behandelt waren.

Diese Verpackung wird heute noch sehr umfangreich auf dem europäischen Kontinent mit Rufsland, ferner in Nordamerika mit Kalifornien, sowie auch noch in England in Anwendung gebracht, nicht nur von seiten der Produzenten, sondern auch im gegenseitigen Handelsverkehr und zur Ablieferung an Brauereien.

Die Ballenlagerung verlangt viel Raum, der den Brauereien in den grofsen Städten, wo jeder Quadratfufs Geld kostet, oft fehlt. Auch mufs man die Ballen auf trockenen Böden, in Scheunen lagern.

Sackhopfen nimmt bei der Lagerung in einigen Wochen oder Monaten an Gewicht zu (ca. 1 %), was durch Wasseranziehung veranlafst wird; schon beim Nachtrocknen gehen oft 2—4 % verloren.

Wichtig ist dabei die Taraberechnung der Hopfensäcke.

Je nachdem so ein Sack aus einfacher oder doppelter Leinwand oder gar aus Jute besteht, wiegt der Hopfensack 5—7—9—12—13, ja selbst 20 und 23 Pfd. Da mufs dann eventuell viel Sackleinwand oder Jute als Hopfen bezahlt werden, was namentlich in teuren Jahren keine Kleinigkeit ist.

Die Rundballen haben gewöhnlich ein Gewicht von 2 Ztr. Wenn das Gewicht gröfser werden soll, hat die Erfahrung gelehrt, dafs dann Nachtrocknen und Schwefeln notwendig ist.

Sehr zweckmäfsige Vorschläge zur gediegenen Aufbewahrung blofs gesackten Hopfens in der Brauerei macht Fr. Rutschmann[83]).

Mifslich für eine gute Aufbewahrung in Säcken oder Ballen ist es schon, wenn die Hopfen nur mit Spindel- und Zahnstangen-Presse eingeprefst werden, was bei uns in Mitteleuropa noch allgemein der Fall ist. Die Engländer und Amerikaner verwenden hydraulische Pressen, die eine ganz andere Wirkung haben. Eine der besten hydraulischen Pressen ist die des Engländers Tangye (Abbildung und Beschreibung in der Allg. H.-Ztg. 1878, S. 22); sie verbindet leichte Handhabung mit gröfster Leistung.

Auf S. 748 (l. c.) werden die Lagerplätze trostlosester Art, wie sie in den Brauereien für die Hopfenballen oft beobachtet wurden, geschildert. Beachtenswert ist da nur ein Fall, ein kühler, trockener, dunkler Lagerraum, welcher von der Eisgrube nur durch eine einfache Mauer getrennt war, wobei dann diese Wand im Frühjahr zu schwitzen anfing und die im Raume auf einem Gerüste übereinander gelagerten Hopfenballen mit ihrem Inhalt Feuchtigkeit ansaugten, teils warm und schimmelig, teils ganz verschimmelt waren. Es wurde nun eine zweite Mauer, mit zwischen dieser und der ersten befindlichen Luftschicht, angelegt, und nun soll sich die Sache bewährt haben[84]).

Rutschmann rät mit Recht, dafs eine rationelle Hopfenkammer nicht blofs kühl und trocken, sondern auch lichtarm (dunkel) sein soll. Fenster soll sie so wenig und so klein als möglich haben, einerseits wegen des Einflusses auf Temperaturschwankungen, dann weil das Licht sehr schädlich auf die Hopfenbestandteile wirkt. Auf alle Fälle sollen also die Fenster nicht grofs und stets geschlossen und verhängt sein.

Der Fufsboden, die Wände und die Decke der Hopfenkammer müssen selbstredend ebenfalls stets trocken sein und vor jeder Feuchtigkeit geschützt bleiben.

Auf den Fufsboden des Raumes bringe man einen Holzrost mit 10—15 cm hohen Latten. Auf diesen Rost sollen die Ballen gestellt, also senkrecht stehend angeordnet werden.

Dabei sollen die Ballen nicht aneinander lehnen, sondern ganz frei stehen. Deshalb legt man zwischen die Wand und den ersten Ballen ein 8—10 cm breites und 30—40 cm langes Holz; zwischen jeden weiteren Ballen bringt man unten und oben ebenfalls solche Holzbrettchen.

Die einzelnen Ballenreihen müssen so weit voneinander entfernt stehen, dafs man bei etwa nötig werdendem Nachsehen bequem zu jedem Ballen gelangen kann. In jeden Ballen wird unten und oben je ein eiserner Stab, behufs Kontrollierung der Temperatur im Innern des Ballens eingeschoben. Diese Prüfung sollte namentlich in nassen Erntejahren, anfänglich Tag für Tag, durch zuverlässige und verständige Leute vorgenommen werden.

Immer sollte nicht geschwefelter Hopfen in Säcken oder Ballen an Orten aufbewahrt werden, wo er von den Dämpfen der Brauerei und der Hitze der Malzdarre etc., dann namentlich auch von übelriechenden Gasen, völlig unerreicht bleibt. Auf dem Lager angekommen, soll die eine Seitennaht ganz und so weit geöffnet werden, dafs man mit der Hand bis zum Grund des Ballens langen kann. Beim Eintritt warmer, schwüler Witterung im Frühjahr ist fleifsig nachzusehen; findet man den Hopfen feucht oder auch nur zähe, entleert man ihn auf 15—20 cm Höhe. Dann ist die Gefahr beseitigt. Allein das macht grofse Mühen und Kosten und bringt erhebliche Verluste in der Qualität des Hopfens (Verlust an Aroma und Hopfenmehl); daher ist es doch besser, die für späteren Gebrauch bestimmten Hopfen zu schwefeln.

Namentlich im Frühjahr, wenn die Wärme steigt, müssen die Hopfenballen fleifsig kontrolliert werden, weil sich da auch die besten Hopfen leicht erwärmen oder angehen (Händlerausdruck).

In der Allg. H.-Ztg. 1872, S. 123 wird besonders darauf hingewiesen: 1871 im März sei viel 1870er Hopfen durch diese Erwärmung im Sacke schwer geschädigt worden.

In der Allg. H.-Ztg. 1871, S. 164 sind grofse Klagen darüber geführt, dafs in dem warmen Monat März 1871 so viele, selbst gut getrocknete Hopfen, im Sacke durch Erwärmen verdorben seien, immer nicht geschwefelte. In den Brauereien hatte man nicht darauf geachtet und daher ganz allgemein grofse Verluste durch mehr oder minder verdorbene Hopfen.

Ein altes Sprichwort sagt: Wenn der Hopfenstock im Frühjahr keimt (treibt), regt sich der letztjährige Hopfen im Sack. Es ist das natürlich immer die Zeit, wo es anfängt ernstlich warm zu werden und das hat mit dem vegativen Wiedererwachen der Hopfenpflanze nichts zu thun; möglich ist aber, dafs in den körner- (früchte-) reichen Hopfensorten in den Früchten das Leben mit begleitenden Umsetzungen (Wärmeentwicklung) erwacht, was eine Beziehung zum Leben der Hopfenpflanze darstellen würde. Es gibt aber auch Jahre, wo schon im Herbst, Ende Oktober, scheinbar ganz trockene Hopfen, sich im Sacke leichter erwärmen als in andern[85]); namentlich wird Anfang Oktober 1871 sehr geklagt, dafs der 1871er Hopfen, wenn nicht geschwefelt, so sehr zur Erhitzung geneigt sei. Wiederholtes Lufttrocknen schadet der Farbe und dem Aroma.

Ein erwärmt befundener Ballen mufs sofort geöffnet und dadurch zum Abkühlen und Trocknen gebracht werden. Auf alle Fälle soll auch dann ein solcher Hopfen möglichst rasch verbraucht werden und am besten zu jungen Bieren. Auf diese Weise ist der Hopfen in der Brauerei selbst vor dem Verderben am besten geschützt.

Wird ein Ballen zum Verbrauch angebrochen, so legt man ihn am besten, in diesem Raume selbst auf ein entsprechend hohes Gerüst, damit der zum Sud zu füllende Sack gleich untergehalten werden kann und jedes Zerstreuen von Zapfen und Lupulin, Zerreifsen der Zapfen, Darauftreten etc., vermieden wird; andernfalls sind Verluste unvermeidlich und der Hopfen wird auch noch beschmutzt.

Bis zu seinem gänzlichen Verbrauch soll der angebrochene Hopfen sorgfältig gegen Licht, Staub und andere äufsere Einflüsse geschützt sein. In keiner Brauerei sollten solche Einrichtungen fehlen.

Manche haben gute Erfahrungen gemacht, wenn sie die Hopfenballen unter dem Malze verbargen[86]). Braumeister A. Jericka in Ossegg, Böhmen[87]), bestrich die Hopfenziechen mit verschiedenen luftdichten Lacklösungen, oder er verklebte dieselben von aufsen mit Papier und wählte als Lagerplatz kühle Orte; das Ergebnis dieser Versuche soll sehr befriedigend gewesen sein.

G. Reisenbichler[88]) will den Hopfen in 2—3 m langen oder hohen Sacksilos aus gedichteter Hanfleinwand aufbewahren. Dieselben sind unten an einem, dem Durchmesser des Sacksilos (0,8—1 m) angepafsten Holzboden gut befestigt. Der Hopfen wird in Schichten, etwa der Tagesration entsprechend, mit Hilfe hölzerner, genau angepafster Deckel eingeprefst, welche gleich bis zum Verbrauch des Hopfens im Silo verbleiben. Die Sackleinwand sollte luftdicht gemacht werden, mit einem Material, welches keinen Geruch entwickelt und beim Austrocknen nicht abbröckelt, auch geschmeidig bleibt. Man solle eine Thonseife erzeugen, indem man die Sackleinwand in einer Talgkernseifenlösung durchzieht (25% Seife, die vorher in kleine Stücke zerschnitten an der Luft ausgebreitet war, um den Geruch zu verlieren) und schwach ausdrückt; dann wird die Sackleinwand aufgehängt, aber nicht völlig ausgetrocknet. So bringt man sie in einen Bottich mit Alaunlösung, worin sie gut hin- und hergezogen und dann an einem kühlen Orte getrocknet wird. Man könnte die Silos alsdann vielleicht im Innern auch noch ausschwefeln, indem man Schwefeldämpfe hineinleitet.

Ein praktischer Brauer[89]), nicht zufrieden mit den Resultaten der Aufbewahrung des Hopfens in gewöhnlicher Ballenpackung und der Aufbewahrung auf dem Hopfenschüttkasten oder Hopfenboden, richtete einen trockenen, kühlen, vor Licht und feuchter Luft geschützten Raum neben einem Keller mit Obereis ein. Mit einer Seite stiefs dieser Raum an diesen Keller, die andern drei Seiten waren mit 15 cm dicken Bretterwänden ausgeschlagen, welche mit einem schlechten Wärmeleiter ausgefüttert waren; von hier führten kleine Luftlöcher nach aufsen, und war auch eine Abzugsöffnung in der Decke vorhanden. Nach dem Keller mit Obereis führten drei absperrbare Kaltluftzubringer. Durch entsprechendes Öffnen und Schliefsen dieser kalten Züge und der warmen von aufsen, wurde die Temperatur des Hopfenlagerraumes derart reguliert, dafs dieselbe immer $+ 6^0$ R. hatte.

In diesem Raume wurden 50 Ballen 1878er Hopfen nebeneinander aufgestellt. Wenn die Temperatur auf $+ 2^0$ R. gehalten wurde, war die kalte Luft zu feucht. In diesem Raume hielt sich der blofs gesackte, in gewöhnlichen Ziechen eingeschlossene Hopfen sehr gut, ca. 1 bis $1\frac{1}{2}$ Jahr lang; er fühlte sich wie frisch gesackter Hopfen an, hatte die ursprüngliche Farbe beibehalten und war dem Geruche nach von dem auf dem Schüttboden aufbewahrten Hopfen wesentlich und vorteilhaft verschieden. Allmählich nimmt aber bei solcher Aufbewahrung das Gewicht eines Ballens um 7—8 kg zu, ein Beweis, dafs er Feuchtigkeit angezogen hat; dennoch hielt er sich relativ gut; nimmt er bei längerem Lagern noch mehr Feuchtigkeit auf, dann wird sich notgedrungen auch die Qualität ändern.

Dafs in manchen Brauereien die Hopfenlager geradezu alles zu wünschen übrig lassen, darüber gibt ein Artikel in der Allg. H.-Ztg. (1878, II, 623) genügend Aufschlufs; dieselben sind mangelhaft in Hinsicht auf Temperatur-, Licht-, Luft- und Feuchtigkeits-Verhältnisse.

Schon vor 150 Jahren empfiehlt Christian Reichardt (Land- und Garten-Schatz, Erfurt 1753—1755), den trockenen Hopfen in dunklen, wohlverwahrten Kammern, in die weder Luft noch Sonne eindringen kann und welche möglichst nach Mitternacht hin liegen, aufzubewahren. Auch Ratten und Mäuse seien abzuhalten, weil sie die Früchte fressen und dabei die Zapfen zerstören[90]). Letzteres ist auch von mir beobachtet worden.

Ganz beachtenswerte Versuche, gewöhnlichen Ballenhopfen zu konservieren, hat Braumeister A. G. Jericka in Ossegg bei Teplitz in Böhmen gemacht[91]). Drei Hopfenballen zu je 130 kg Gewicht, wurden zum Versuch (am 15. Januar 1878 angestellt) verwendet; der erste Sack wurde mit Kleister überstrichen und dann mit Zeitungspapier überklebt, dann noch einmal mit Kleister überstrichen; er wog am andern Tage 131,30 kg. Der zweite Sack wurde zweimal mit Lack angestrichen (der Lack wurde hergestellt aus 3 l hochgrädigem Spiritus und 1 kg Kolophonium; der erste Anstrich wurde rasch von der Sackleinwand aufgesaugt, der zweite deckte schon die Unebenheiten und erwies sich als genügend; zwischen den Nähten wurde der Anstrich mehreremal wiederholt. Der dritte Ballen blieb unverändert. Alle drei Ballen kamen in ein trockenes Gewölbe auf eine Lattenunterlage. Am 10. Juni, nach fünf Monaten, wog Sack 1: 128,20 kg, Sack 2: 129,25 kg, Sack 3: 124,35 kg. Der nicht gedichtete Sack hatte also die gröſste Gewichtsabnahme. Der Hopfen im Ballen 2 war der bestkonservierte in Aussehen und Aroma; nicht ganz so gut war der im Ballen 1, aber doch unverhältnismäſsig besser als jener im Ballen 3. Ein solcher Harzüberzug springt nicht ab und ist vollkommen wasserdicht.

II. Die Packung in Holz- und Metallkisten, wie in freien Quadratballen.

Die erstere ist namentlich von der Firma J. Barth in Nürnberg entwickelt worden; ich habe sie dort schon anfangs der 1880er Jahre gesehen; selbstverständlich muſs man sie vor dem Beginn der natürlichen Fermentation des Hopfens vornehmen. Die □-Ballenpackung ist schon lange in England gebräuchlich. Der in Ballen gepreſste Hopfen wird zuerst in Tuch eingeschlagen, kommt dann in eine eng anschlieſsende Kiste aus dünnem Zinkblech, welche knapp in eine Holzkiste eingelagert wird. Diese Verpackung hat sich namentlich für überseeischen Versand und längere Aufbewahrung sehr gut bewährt. Diese Firma hatte derart schon 1880 in München ausgestellt (s. Allg. H.-Ztg. 1880, II, 497).

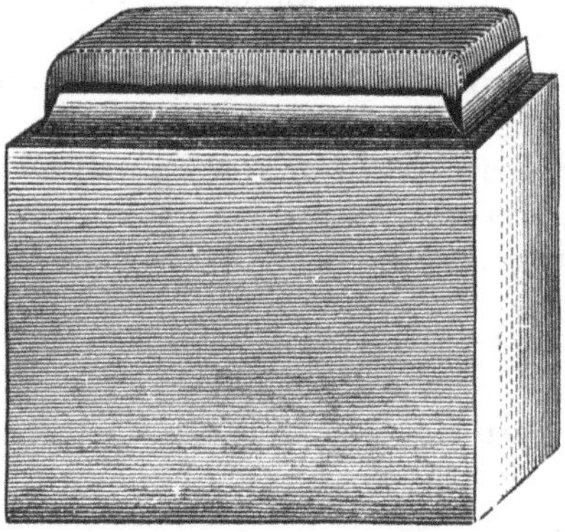

Fig. LXIX.
Verpackung des in □-Ballen gepreſsten Hopfens in Tuch' dann in Zinkblech und Holzkiste. Nur für Überseetransport.

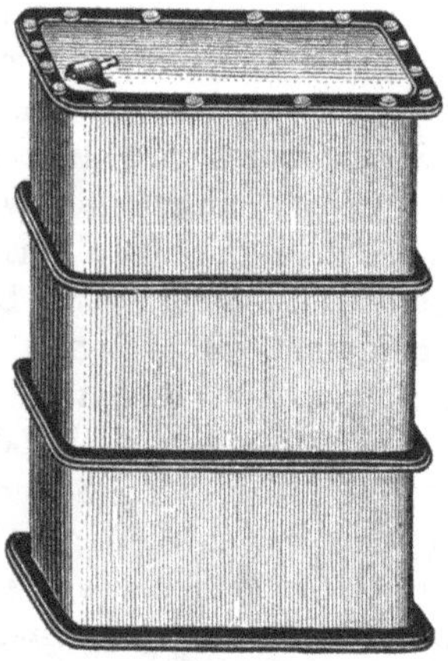

Fig. LXX.
Quadratballenbüchse von J. Barth in Nürnberg; verzinktes Eisenblech. Sie scheint aber jetzt nicht oder seltener mehr gebräuchlich.

In der Allg. H.-Ztg. 1862, S. 43 (Nürnberg, 6. Februar) wird gesagt, daſs ein Nürnberger Haus bedeutende Partien in Blechkisten versendet. Damit ist sehr wahrscheinlich die Firma J. Barth & Sohn, gemeint.

Es gehören dazu aber kostspielige Maschinen für die Quadratpressung.

F. Conzelmann in Nürnberg wendet metallene Quadratbüchsen heute noch an, dieselben sind aber etwas anders gemacht als die von J. Barth. Sie sind im lichten Querschnitt quadratisch und die zwei Versteifungsringe auf der Mantelfläche sind flacher gehalten.

Auch Eduard Scharrer & Co. in Cannstatt (Stuttgart) und Nürnberg liefern Quadratpackung in Zinkkisten mit 150—200—300 kg Inhalt, welche sich namentlich bei weiteren Seereisen bewährt hat; diese Firma hat auch schon als Gebr. Scharrer in Nürnberg und Straſsburg seit 1853 diese Art der Konservierung für den Auslandverkehr nach England und den transatlantischen Ländern entwickelt[92]); 3 Ztr. auf $^1/_2$ cbm gepreſst. Sie lieferte auch solche Sendungen mit der Verpackung in dreifacher, mehrfach geteerter Emballage aus starker Jute, aber nur auf Verlangen.

Manche Brauer meinen, daſs die Hopfenhändler nur deshalb so schwere Säcke nehmen, um sich so und so viele Pfunde als Hopfen bezahlen zu lassen. Der Hopfenhändler Uhlfelder hat bei einem in Bamberg vor Hopfenproduzenten gehaltenen Vortrag[93]) ausdrücklich den

Hopfenproduzenten gesagt, dafs sie zur Verpackung ja nicht die billigsten, leichtesten Säcke nehmen sollen, sondern das beste und breiteste Tuch, grofse und gute Säcke, damit die Ballen auch gehörig schwer werden, weil sich dann der Hopfen besser hält und nicht so leicht zerblättert. Dem Handel dienten nur schwere, in gute Säcke gepackte Ballen; man sollte ja die Kosten für breites, gutes Packtuch nicht scheuen, denn nur dann könnten die Hopfen in Originalpackung vom Händler zur Versendung gelangen, wobei er natürlich auch entsprechend höheren Preis bezahlen kann. Im andern Falle, wenn schlechtes, zu leichtes Sacktuch verwendet würde, müsse der Hopfen vor der Versendung umgesackt werden, was Kosten mache und seiner Qualität schädlich sei. Für den Hopfenkäufer ist es ohnehin keine leichte Aufgabe, den Hopfen, wenn es sich um Bewältigung grofser Massen handelt, so zu finden, dafs er sich einerseits nicht im Sacke erwärmt und anderseits nicht der Gefahr des Zerblätterns ausgesetzt ist.

Unter allen Umständen soll der Hopfen, ob er in Quadratballen oder Rundballen verpackt ist, in Räumen aufbewahrt werden, in welche Ratten und Mäuse nicht eindringen können. Diese Tiere fressen wohl keineswegs die Hopfenzapfen, deren Geruch ihnen sicher unangenehm ist, aber sie fressen die Hopfenfrüchte oder Samen (die grofsen Körner), und um zu diesen zu gelangen, zerbeifsen sie die Zapfen, nichts hinter sich lassend als zerbröselte Hopfenzapfen: sie können dadurch der Hopfenware in wahrhaft fataler Weise schädlich werden.

In einer Korrespondenz aus Victoria in Australien (Juni 1884) an den Exporteur (reprod. Allg. Br.- u. H.-Ztg. 1884, II, 921) wird gesagt, dafs die Packung für den Export dorthin sehr wichtig sei; er lege seinem Muster ein Stück Kanevas (Sackleinen) bei, worin ohne weiteres die, wegen besserer Verstauung in den Schiffen, in vierkantiger Form geprefsten und mit Eisenreifen beschlagenen Ballen, meist dort erscheinen; doch kommt der Hopfen bisweilen auch in gut verlöteten Zinkemballagen und bisweilen sogar in Holzkisten heraus, aber dann — der Frachtersparnis wegen — per Segelschiff; im ersterwähnten Falle aber per Dampfer, wobei dann die billigere Leinwandpackung meist genügt.

In der That mufs man sich eigentlich wundern, dafs die Packung des — geschwefelten oder ungeschwefelten — Hopfens in geprefsten Quadratballen, die eine ganz andere Raumausnutzung auf Eisenbahnen und Schiffen und eine sehr bedeutende Frachtermäfsigung gestattet, nicht in gröfserem Umfange, wenn nicht ausschliefslich, betrieben wird. Schon 1864 (s. Allg. H.-Ztg. 1864, S. 160) konnte der Hopfenproduzent und Hopfenhändler G. G. L. Beckenhaupt in Bischweiler (Elsafs) in einem Zirkular sagen, dafs er mit Hilfe der neuesten Einrichtungen in seinem Etablissement im stande sei, täglich 70—80 Ballen Hopfen, in jedem beliebigen Gewichte, zu versenden, nach englischer und amerikanischer Art verpackt, geschwefelt oder ungeschwefelt. Es sei sicher, dafs sich der Hopfen in den viereckigen geprefsten Ballen besser konserviere, und viele Eisenbahnverwaltungen hatten damals schon bei solcher Verpackung eine Verbilligung der Hopfenfracht um 50% genehmigt; bei Schiffsladungen war die Tarifermäfsigung noch viel mehr als 50%. Er hatte eine solche Presse, welche mit enormer Kraft einen Kubikmeter Hopfen auf einmal pressen konnte, anfertigen lassen. Beckenhaupt meinte damals schon, dafs Bierbrauer, welche einmal einen derartigen Versuch gemacht haben, sehr wahrscheinlich keine andern Hopfenballen mehr nehmen wollen. Abgesehen davon, dafs kolossal an Raum gespart wird, kann der Hopfen in seiner vollen Kraft erhalten werden. Man kann derart verpackten Hopfen in seinem besten Zimmer aufbewahren, denn ein so behandelter Ballen enthält 4—5 Ztr. oder 200—250 kg Hopfen, ohne dafs man mehr Sacktuch nötig hätte als bei der sonst üblichen Ballenverpackung für 1 ½ Ztr. oder 75 kg. Statt dessen ist heute noch, für nicht überseeische Versendung, die gewöhnliche, plumpe, raumvergeudende Packung in ungeprefsten Rundballen üblich.

Joh. Heumann (l. c. S. 85) empfiehlt schon 1759 als ungleich vorteilhafter wie das Eintreten des Hopfens in die Säcke das Einpressen desselben in quadratförmig gestaltete Säcke. Ein solcher Ballenhopfen könne durch 50 Jahre unverdorben liegen[94]). Er werde darin wie braunes Pech, man sehe keine Blätter mehr und müsse ihn, wenn man ihn benutzen will, nachdem eine Ecke des Ballens aufgemacht, stückweise mit einem scharfen Beile loshauen, allemal

6 Pfd. (per Scheffel Malz) eingeprefsten Hopfens gerechnet; damals wurde der Hopfen nicht gewogen, sondern gemessen. Die Kraft und Schönheit des Geschmackes von solchem Ballenhopfen sei ungemein grofs. Man könne dadurch auf jeden Thaler seines Wertes noch einen weiteren Thaler hinzugewinnen.

Sehr merkwürdig ist, dafs die Nordchinesen (Mandschuren) den zur Bereitung ihres Bieres (Tarasun) bestimmten Hopfen (jedenfalls die Zapfen von Humulus cordifolius Miq., welche in jeder Beziehung mit jenen von Humulus Lupulus L. übereinstimmen) in Form von Ziegelsteinen, wie den Thee, pressen und so in den Handel bringen (s: oben S. 124).

Vor der Entwicklung des Cylinderpressens wurde, namentlich für überseeischen Verkehr, viel Hopfen in Quadratballen geprefst, in Zinkkisten gelegt, sorgfältig verlötet und diese wieder in Holzkisten, genau passend, eingeschachtelt.

Die Kosten dieser Packung betrugen 6—8 Mark per 1 Ztr. Hopfen. Der Hopfen konnte nicht direkt in die Kisten geprefst werden, weil die Wände den starken Druck nicht ausgehalten hätten; es wurden also erst Quadratballen geprefst und mit Packtuch umhüllt, diese mit Zinkblech umkleidet und dann in die Transportkiste gelegt. Die Luft aussaugen ging nicht, weil die Wände der Kiste den äufseren Luftdruck nicht ausgehalten hätten. Auch das Dichthalten dieser Kisten war schwierig, wenn sie auch noch so solid hergestellt waren, weil die 200—300 kg schweren Kisten, bei längerem Transport, Umladen, Hantieren etc., unvermeidlich Stöfsen ausgesetzt waren. Durch die Entleerung wurden die Kisten in einen Zustand versetzt, der ihre Wiederverwendung nicht gestattete. Aufbewahrung solcher Kisten in kalten, stets mehr oder weniger feuchten Kellern war stets gewagt. Die Kosten für eine Kiste mit 5 Ztr. Hopfen waren ca. 24 Mark (man s. Fig. LXIX, S. 874).

Die Verpackung richtet sich nach dem Gewicht der □ Ballen, welches zwischen 12 ½ bis 300 kg variiert.

Die kleineren □ Ballen kosten, weil die Arbeit eine gröfsere und zeitraubendere ist, mehr für die Verpackung als die grofsen. Je nachdem mehr oder weniger Hopfen auf ein Mat, d. i. in eine Kiste, kommen, also je nach Gröfse und inkl. Emballage, welche aus dem □ Sack, bezw. aus den □ Säcken mit Holz- und Zink-Kisten besteht, berechnen sich also die Kosten der □ Ballen-Verpackung auf durchschnittlich ca. 6 — 8 Mark per 1 Ztr. à 50 kg.

Dabei ist angenommen, dafs die Emballage nur einmal verwendet werden kann, denn eine Rücksendung an den Händler rentiert sich nicht. Die Kosten stellen sich billiger, wenn eine Brauerei ihren Hopfen selbst auf diese Art konservieren will und die Emballage neuerdings verwendet.

Präparation und Verpackung allein kosten wie bei der Cylinderpackung 3 — 4 Mark per Ztr. à 50 kg, je nach Quantum und Einteilung der □ Ballen.

Die Hopfen-Kommissions- und Verpackungs-Firma Brüll & Rein in Nürnberg liefert eiserne Hopfenkisten mit verzinktem Eisenblech für □ Ballen, welche mit allen Verstärkungen versehen sind:

Höhe 1,1 m, Breite 0,83 m, Gewicht ca. 80 kg.
Etwa 300 kg gut gedarrten Hopfen fassend.

In der Allg. H.-Ztg. 1867, S. 12 erbietet sich das Hopfenkommissionsgeschäft A. Gosewisch in Hannover, Hopfen per 40 cbf. zu 30 sh. (und 15 %) jede Woche über Bremen per Dampfschiff nach New-York zu verladen. Auch übernimmt dieses Geschäft die Verpackung in □ Ballen nach amerikanischer Art mit hydraulischer Presse auf die Hälfte des gewöhnlichen Volumens. Wir erwähnen dies wegen des entwicklungsgeschichtlichen Interesses, das sich an das Datum knüpft.

Die Umständlichkeit des Verfahrens wie auch die Kosten haben diese Art der Verpackung in den Hintergrund treten lassen, und nur für Sendungen nach Südamerika, Australien, Japan und nach den Inseln in der Nähe der Äquators oder unter demselben kommen — der Frachtersparnis wegen — noch Kistenverpackungen vor.

III. Die Packung in Papier-Fässern oder Rollen (Cylinder).

Diese in Öl oder Paraffin getränkten, mit Lack überzogenen Papiercylinder, zerlegbar und unzerlegbar, wurden von L. Wölfle in München (Gabelsbergerstraſse 73) auf den Markt gebracht. Ihr Mindergewicht und billigere Herstellung schien ihnen, als sie um 1880 auf den Markt kamen, einen groſsen Vorsprung vor den schwereren und teuren Metallgefäſsen zu geben. Auf der Münchner Spezialausstellung der gesamten Brauindustrie erweckte diese Sache groſse Hoffnungen (s. Allg. H.-Ztg. 1880, II, 497, ebenda 1879, II, 741). Die Kosten stellten sich per 1 Ztr. Hopfen auf 4 Mark.

Anfangs meinte man namentlich, daſs die Papierrollen mit 1 Ztr. Hopfen sehr praktisch seien; daſs sie öfter wieder benutzt werden könnten, während die Tuchsäcke nur einmal verwendet werden können; daſs sie den Hopfen gegen die äuſsere Atmosphäre, gegen Staub und gegen Annahme des Geruches in der Nähe befindlicher anderer Ware besser schützen als Tuchsäcke, schien gewiſs. Dazu meinte man, daſs sie sich leichter öffnen und schlieſsen lieſsen als Säcke, also eine leichtere Prüfung der Ware gestatteten; dazu weit gröſsere Billigkeit und Handlichkeit als Metallbüchsen und Kisten, bei gleicher Dauer, Dichtigkeit und Konservierungsfähigkeit. Der nicht so stark gepreſste Hopfen sollte leichter zu entleeren sein als in Kisten und Metallbüchsen; selbstverständlich gewährten sie wegen ihres geringeren Gewichtes bedeutende Frachtersparnis beim Transport.

Sie waren auch für trockene und fette Waren, für Apotheken, Droguen, Farbmaterialien, Spezereiwaren etc. bestimmt.

Die Cylinderform ist lederfarbig, Deckel und Boden aus Naturholz. Für Fette aller Art etc. scheinen diese Papierrollen in der That heute noch sehr allgemein in Anwendung zu stehen, nicht so aber ist es als Vehikel für Hopfen-Transport und -Lagerung.

Schon auf der Oktoberfestausstellung 1879 hatten sich diese Verpackungs- und Transport-Gefäſse sehr bemerkbar gemacht. In zahlreichen Münchner Geschäften waren damals diese Fässer aus Papierstoff mit Eisenreifen, Holz-Deckel und -Boden, welche vollkommen luft- und wasserdicht waren, in Gebrauch, zur Verpackung, Aufbewahrung und Versendung trockener Waren, wie Farben, Droguen, Konfekte, Früchte, Gewürze, Pulver, Samen, Mehle, Tabak, Zement, Hohlglas, Pelzwaren etc. Für Butter, Schmalz, Käse, Schmiere etc. werden die Fässer innen mit Pergamentpapier überzogen, für Ölfarben, Kitte etc. innen besonders präpariert.

Hergestellt werden sie aus endloser Pappe mit einer Stärke von 8 — 10 mm; schon mit 5 mm Stärke halten sie einen ziemlichen Druck aus, so auch den für Hopfeneinpressen nötigen; dazu sind sie luft- und wasserdicht und haben geringe Wärmeleitungsfähigkeit[95]). Die Holz-Böden und -Deckel, aus übers Kreuz verleimtem Holz bestehend und mit Kautschukringen abgedichtet, sind luftdicht aufgeschraubt, können leicht abgenommen und die Hopfen mit Pressen leicht entleert werden. Auſsen haben diese Konservatoren nebst den eisernen Reifen noch einen wasserdichten Anstrich und inwendig einen Anstrich mit Brauerglasur.

Bei 65 cm Durchmesser und 118 cm Höhe faſsten sie ca. 400 Pfd. gepreſsten Hopfen, und wurden so, bei gröſseren Bestellungen, mit 25 — 30 Mark per Stück geliefert.

Damals setzte man auf ihre künftigen Leistungen groſse Hoffnungen wegen des geringen Gewichtes, guten luftdichten Schlusses und der Raumersparnis; man hielt sie geeignet, starke Pressung auszuhalten, und für dauerhafter als Blech- und Holz-Gefäſse; letzteres hat sich aber, wie wir gleich sehen werden, als Irrtum herausgestellt.

Die Wölfleschen zerlegbaren Papiercylinder haben sich von vornherein für die Packung von Hopfen als unbrauchbar erwiesen. Wenn sie so vervollkommnet wären, daſs man sie zur Hopfen-Verpackung und -Konservierung brauchen könnte, dann würden sie durch ihr geringes, den Transport erleichterndes und verbilligendes Gewicht und ihre billigere Herstellung, sehr wohl mit den Metallcylindern konkurrieren können.

Um 1885 per 100 Stück

Liter haltend	Ohne Reifen Mark	Liter haltend	Mit Reifen Mark
1/2	27	7 1/2	140
1	40	10	150
2	55	15	175
3	70	20	200
4	85	25	225
5	125	35	260
		50	300
		100	425
		300	1400

Für Fette, innen mit Pergamentpapier, 20% höher, andere Präparate 5% höher, Deckel und Bodenrand braun lackiert, 10—15% höher.

Neuer luftdichter Verschlufs mit Gummiband per Stück von 15 Pf. bis 2 Mark, je nach Gröfse.

Billige Emballage ohne Anstrich und Reifen etc.:

Liter haltend	Mark	Liter haltend	Mark
1	25	15	95
2	35	20	110
3	45	25	125
4	55	35	160
5	65	50	200
7 1/2	72	100	275
10	80		

Boden und Deckel aus Pappe, entsprechend billiger.

Bis jetzt haben alle diese daran geknüpften Hoffnungen sich nicht erfüllt. Wie meine Anfang Januar 1899 an Ort und Stelle (München, Gabelsbergerstrafse 73) eingezogenen Erkundigungen konstatierten, hatte Wölfle, ein geborener Immenstädter, welcher, nach Amerika ausgewandert, dort diesen Betriebszweig kennen gelernt und wieder nach Europa zurückgekehrt war, um damit sein Glück zu machen, anfänglich grofse Aufträge, aber die meisten der Fässer oder wenigstens sehr viele, kamen mehr oder minder beschädigt zurück, weshalb es mehrfach zu Prozessen kam.

In den Vereinigten Staaten waren schon 1876 an sechs Etablissements mit der Herstellung von Papierfässern beschäftigt, welche Papierfässer aus Stroh oder direkt aus Papiermasse machten[96]).

Wölfle gab die Sache bald wieder auf und kehrte nach New-York zurück. Er hatte noch zwei Nachfolger, wovon der eine bald starb, der andere aber verzog, so dafs in München zur Zeit ein derartiges Geschäft nicht mehr existiert. Ich glaube aber, dafs diese Sache — erheblich verbessert — einmal wieder kommen wird; deshalb hielt ich es der Mühe wert. ihrer an dieser Stelle eingehend zu gedenken.

IV. Die Packung in Holzfässer.

J. Heumann (l. c. S. 84) empfiehlt schon 1759, den getrockneten Hopfen in Fässer zu füllen. Holzfässer brachte Mitte der 1870er Jahre Neubecker. Es waren Cylinder aus Holzblättchen, mit Zinkblech ausgekleidet und der Deckel mit Gummidichtung aufgeprefst; sie sind natürlich leichter als die Blechbüchsen.

Die Holzfässer oder Cylinder waren aus einzelnen schmalen Brettchen von Mantellänge zusammengesetzt. Unten war ein Holzboden eingefalzt und oben ein abnehmbarer Deckel mit konischem Anschlufs. Die ganze Innenfläche war mit Zinkblech luftdicht ausgekleidet. Der mit Gummidichtung versehene Deckel konnte fest aufgeschraubt werden. Er war auch eine Luftpumpe dabei. Das Holzwerk war äufserlich durch Olfarbenanstrich gegen Feuchtigkeit geschützt. Es war also eine Kombination der Kisten und Metallbüchsen. Das Ganze war durch anziehbare Reifen zusammengehalten.

So sollte der Hopfen direkt in diese Büchsen eingeprefst werden; Dichtigkeit gegen Luft (Gerüche) und Wasser, Sicherheit beim Transport, oftmalige Verwendbarkeit. Der Preis der Büchsen für 100 kg Inhalt 15—18 Mark bei mindestens dreimaliger Verwendbarkeit. Geringes Tara-Gewicht. Das Zinkfutter wird sich nicht glatt an die Holzwandung anlegen und leicht undicht werden [97]).

Mir ist über eine thatsächliche Verwendung derartiger Vehikel für Hopfenverpackung nichts bekannt, jedenfalls hat diese Sache keinerlei erhebliche Verbreitung erlangt. John Walter Flower in England (Englisches Patent und D. R.-P. Nr. 59728 vom 28. April 1891) hat einen Apparat konstruiert zum Einfüllen von Hopfen etc. in Fässer [98]).

Die Holzfässer trocknen ein und schwinden, können also vorerst nicht so hergestellt werden, dafs sie dauernd gegen das Eindringen von Wasser und Luft geschützt sind [99]).

Braumeister Eduard Schaar in Pöfsneck hielt 1879 auf der Versammlung Thüringischer Brauer einen Vortrag über Hopfenkonservierung, namentlich in alten Holzfässern, welcher sehr beachtenswerte Thatsachen mitteilt [100]). Die drei schlimmsten Feinde des Hopfens sind Luft, Wasser (Feuchtigkeit) und Wärme, und namentlich wenn alle drei zusammenwirken. Je feuchter die Luft und je höher die Temperatur eines Raumes ist, desto dichter müssen die Wände der Konservatoren sein, daher Metall sehr geeignet ist, aber es ist doch ein guter Wärmeleiter; das Metall schützt auch sehr gegen eindringende Feuchtigkeit.

Man kann aber nach Schaar auch mit gewöhnlichen Holzfässern (Transport- oder Lager-Fässern) ganz gute Erfolge erzielen, wenn die nötige Vorsicht obwaltet. Sie müssen vorher gut ausgetrocknet und gepicht werden. Zum Einpressen wähle man keine warmen, feuchten oder nebligen Tage, sondern klare, kalte Tage. Die Fässer sollen auf trockene Bretter gelegt, nicht gestellt werden. Die Hopfen müssen natürlich völlig gesund und trocken sein. Man schütze sie gegen Wärme, jeder Grad fordert seine Opfer. Die Fafsböden sind mit Fett oder Öl zu bestreichen oder mit Pechkrusten zu überziehen, damit keine Feuchtigkeit eindringen kann. Auch kann man die Oberfläche des Hopfens an den Böden und Deckeln mit Leinwand bedecken, welche mit gelöster Salicylsäure getränkt ist, darauf eine Schicht pulverisierter Holzkohle, der Dechel zugeschlagen und mit Pech eingelassen. Darauf wurde der Boden dicht mit Malzkeimen bedeckt, und ein zweiter, etwas übergreifender Deckel aufgenagelt. Ebenso wurde der entgegengesetzte Boden oder Deckel behandelt. Obgleich der Hopfen in einem sehr nassen Keller mit 8° Temperatur stand, wurde er noch so trocken gefunden, wie er hineingekommen war. Unter Eis bedarf es dieser Umstände nicht, weil die Temperatur niedrig und die Luft abgeschlossen ist.

Fässer hat man in jeder Brauerei, 1 hl-Fafs wiegt ca. ¼ Ztr., ein 4 hl-Fafs etwa 1 Ztr.

1. Man wähle zum Konservieren recht gut getrocknete Hopfen, auch leichtere.
2. Man schütze die mit Hopfen gefüllten Fässer gegen Wärme; Nullgrad wäre am besten.
3. Man nehme gut ausgetrocknete und gut schliefsende Fässer und fülle sie an kalten, hellen, trockenen Tagen mit gesunder, trockener Ware.
4. Man verdichte die Fafsdauben gut und bringe die Fässer auf Eislagen oder in das Eis oder mindestens halb ins Eis oder auch in Eiskellerabteilungen.
5. Nasse und 6—9° Wärme erreichende Felsenkeller taugen nichts, trockene Gewölbe sind besser.
6. Wenn der Hopfen im Eis liegt, ist es gut, für den Verbrauch einen Teil auf dem Eise zu haben, und man holt täglich nicht mehr herauf, als für den Verbrauch nötig ist.

Das, was Schaar an derart konservierten Hopfen aus den Jahrgängen 1878, 1877, 1876 und 1875 im Jahre 1879 in Jena ausgestellt, befriedigte sehr in Farbe und Aroma. Schlecht waren konservierte Hopfen, welche bei 8° Wärme gelagert waren, in Farbe, Aroma etc., während die bei 0° gelagerten nichts zu wünschen übrig liefsen.

Ed. Schaar hat übrigens schon 1870 im Bayer. Bierbr.[101]) erwähnt, dafs in verpichten alten Bierfässern eingeschlossener und mit diesen im Eise vergrabener Hopfen sich nach sieben Monaten (im August) vortrefflich erhalten gezeigt hat. Er empfahl damals schon, den Hopfen vor der Einlagerung im Eis erst zu schwefeln und zu pressen.

In der Allg. H.-Ztg. 1870, S. 435, 439 und 446 entwickelte Herr Ed. Schaar in Neunhofen bei Neustadt a. O. (Grofsherzogtum Weimar) zuerst seine Ansichten über das Konservieren des Hopfens in gut gepichten, eichenen Fässern. In einem trockenen Keller, welcher eine Temperatur von + 10° erreichte, fand er nach Monaten die im Fasse fest zusammengedrückten Hopfen um 10% besser als gegen Wärme nicht geschützte; nur an den Böden waren Spuren von Schimmelbildung. In ebensolchen Fässern in feuchten Kellern, die bis + 10° R. gingen, waren an den Böden mehrere Zoll verdorben. Am besten geschwefelt, geprefst, in Fässern und diese im Eis. 10 Ztr. Hopfen nehmen ungeprefst einen Raum von 150 cbf. ein, 100 Ztr. ca. 1500 cbf.; geprefst, reduziert sich das bedeutend; 1 cbm = ca. 40 cbf.

V. Die Packung in Metallcylinder (Büchsen).

Heute wird mit Vorliebe für gröfsere Hopfenquantitäten sowie für Hopfen, welche längere Zeit verschlossen bleiben sollen, die jetzt allgemein bekannte Cylinderverpackung jeder andern vorgezogen; namentlich ist dies in Jahren mit reichen Hopfenernten (wie 1889 und 1894) der Fall, wo der Hopfen sehr niedrig im Preise steht; da hat der Brauer Lust, mehr einzukaufen und einzulegen, als der momentane Bedarf erfordert.

So hat nun, Ende des Jahrhunderts, die Büchsenverpackung grofse Dimensionen angenommen. Dieses Verfahren verlangt nur richtige Auswahl der Ware und ganz sachgemäfse, sehr sorgfältige Behandlung, wenn der Hopfen bei späterer Öffnung der Büchsen den Zwecken der Brauerei noch genügen soll.

Die Kosten für diese Art Verpackung, eingeschlossen die Präparation (Schwefelung), stellen sich heute meist auf 3—4 Mark per 50 kg = 1 Ztr.

Wenn das Material bis zu 3 Ztrn. in die Büchsen eingeprefst wird, berechnen sich die Kosten per 1 Ztr. für das Nachtrocknen, Schwefeln, Packen, Amortisation und Verzinsung der Anlage, Amortisation und Verzinsung der Büchsen, Mehrfracht und Retourfracht der Büchsen, etwas höher.

Es hält sich auch ungeschwefelter, sonst guter, gesunder, gut getrockneter Hopfen, welcher rechtzeitig und in rechter Weise in die Cylinder geprefst wurde, gut, doch ist das immer gewagt.

1878 rechnete man für den Netto-Zentner Hopfen 5 Mark für die Kosten dieses Verfahrens.

Für den Hopfenhändler ist die Rundballenpackung, also Sackung, aus verschiedenen Gründen die bequemste und billigste, weil schon ganz primitiv eingerichtete Magazine die Vorrichtungen dazu haben. Auch wird bei diesem Verfahren das Trocknen der Ware weit einfacher gehandhabt, während die, gleichviel ob für Kisten oder Cylinder bestimmten Hopfen, ob für Export oder Inlandverbrauch verpackt, immer gedarrt (feuergetrocknet) und geschwefelt sein müssen, wenn die Haltbarkeit unbedingt gesichert sein soll.

Die Aufbewahrung, d. h. die Lägerstätte, wo die Hopfen lagern sollen, spielt ebenfalls eine wichtige Rolle und hat gleichfalls sehr zu Gunsten der Cylinder gewirkt.

Der in Büchsen eingeprefste Hopfen nimmt nur etwa den zehnten Teil des Raumes ein wie ungeprefster, blofs in gewöhnlicher Weise behandelter Hopfen im Hopfensack.

Der Cylinder ist für einfache und bequeme Unterbringung im Lager sehr geeignet, weil er wegen seines geringen Umfanges in grofser Anzahl in gut gelüfteten, kühlen Räumen (Nähe der Lagerkeller, Eiskeller etc.) untergebracht werden kann, während Ballen auf Böden oder in Scheunen zu stehen kommen, wo die Temperatur auf die Konservierung nachteilig einwirkt.

Ohne Zweifel haben auch diese letzteren Umstände noch mitgewirkt, daſs man in neuerer Zeit alle andern Systeme immer mehr ignoriert hat, wie auch das in neuerer Zeit versuchte »Einpressen unter dem Einflusse hoher Kältegrade« etc., Experimente, welche vielleicht für Minimalquantitäten sich bewähren, aber für den Gebrauch im groſsen zu kostspielig und zu riskant sind.

Die Büchsen, welche, je nach Art, 20—35 Mark kosten (1878 kosteten sie für 2 Ztr. Inhalt noch 40—50 Mark, s. Allg. H.-Ztg. 1878, II, 771), können viele (wohl zehn) Jahre demselben Zwecke dienen, die Säcke lassen sich nur einmal verwenden. Da — bei Büchsenpackung — muſs also der Hopfen für diese Kosten noch mit einer Verzinsung und mit einer Amortisationsquote belastet werden.

Die verzinkten, mit Gummiringen luftdicht gemachten Eisenblechcylinder können mit gewöhnlichen Rundpressen gefüllt werden, veranlassen also minder kostspielige Einrichtungen[102]). Die Cylinder selbst bestehen meist aus starkem, verzinktem Eisenblech von 1—1,25—1,50 m Länge und 0,50—0,60 m Breite resp. Durchmesser.

Der Hopfen sollte aber eigentlich nicht direkt mit dem Metall in Berührung kommen, auch wenn die Cylinder im Innern, wie meist oder immer der Fall, verzinnt oder verzinkt sind, weil sonst der Hopfen unvermeidlich Metallgeschmack annimmt. Es wird aber doch noch vielfach so gepreſst, daſs der Hopfen direkt mit dem Metall in Berührung ist. Empfehlenswert ist das aber nicht.

Die Dimensionen der Büchsen sind innerhalb der oben angegebenen Grenzen verschieden, daher auch die Hopfenmasse, welche von einem Cylinder aufgenommen werden kann, von 150 bis 600 Pfd. (1,5—6 Ztr. à 50 kg) schwankt.

Mehr als 2—3 Ztr. Inhalt sollten die Büchsen nicht haben. Büchsen mit 5—6 Ztr. Inhalt sind schwer zu handhaben und werden beim Transport (durch Werfen oder Fallenlassen) leicht beschädigt, was auch für die Qualität des Hopfens verderblich ist.

Das Gewicht des gut getrockneten, in die Büchsen gepreſsten Hopfens ändert sich während der Lagerdauer nicht, wohl aber in den Säcken.

Durch Stöſse oder Druck beim Transport kommt es vor, daſs einzelne Büchsen derselben Sendung undicht werden, auch die Verdichtungsschnüre an den Fugen versagen bisweilen; alsdann wird der eingepreſste Hopfen unmittelbar an der Bruchstelle schimmlig, oder er greift sich feucht an, während der Hopfen in den andern, unverletzt gebliebenen Büchsen ganz normal ist.

Die heute gebräuchlichen Metallcylinder stimmen in der Konstruktion selten ganz überein, die Abweichungen sind aber nicht beträchtlich, und namentlich lassen sie sich in einige Gruppen zusammenfassen.

Nach den Ausführungen von J. Hilgers in Rheinbrohl, Station Hönningen (s. Allg. H.-Ztg. 1878, II, 815) dürfte eine nochmalige (doppelte) Verzinkung der ganzen Cylinder für die dauernde Dichtung wichtig sein.

a) Ganze Metallcylinder und Metallkisten mit abnehmbarem Boden und Deckel und ungeteiltem Cylindermantel.

Diese Form der Cylinder läſst sich natürlich sehr gut dicht und haltbar herstellen. Sie würde deshalb auch ohne Zweifel am meisten in Gebrauch sein. wenn ihre Entleerung (das Herausnehmen des Hopfens) beim Gebrauche nicht mit zu groſsen Schwierigkeiten verknüpft wäre. Deshalb sind heute derartige Cylinderbüchsen wenig mehr in Gebrauch.

Derartige Hopfenkonservierungscylinder sind von Ohlmann in Frankfurt a. M. schon seit 1870, dann von Mayer-Dinkel[103]) in Mannheim und J. Barth in Nürnberg verwendet worden.

Die Firma Hermann Droop in Barmen (Brauerei zum Löwen) konstruierte — wie oben (S. 867) bereits erwähnt — schon 1878 Cylinder aus Eisenblech mit abnehmbarem Boden und Deckel, damit der eingepreſste Hopfen auch mit demselben Preſsstempel wieder herausgepreſst werden konnte (D. R.-P. Nr. 2059); freilich muſste dabei auch gleich der ganze Inhalt entleert werden. Die Büchsen (s. Fig. LXXI, nach J. Barth in Nürnberg) haben doppelte Verschlufsböden, welche durch Winkeleisen, Ringe und Schrauben festgemacht und durch Gummischnüre abgedichtet sind. Sie waren aufsen mit Ölfarbe und innen mit Glasur angestrichen. Man machte nun damals den Droopschen Büchsen bald den Vorwurf, dafs der Hopfen, welcher in diesen Büchsen unmittelbar an die glasierten Wände anlag, den Geschmack des zum inneren Anstrich verwendeten Lackes angenommen habe; von anderer Seite wieder, von H. Rüttgers in Altenvörde bei Milspe, Westfalen, welcher aber Fabrikant der Droopschen Büchsen ist, wurde gesagt, diese Glasur sei so fest wie Emaille und habe nicht den geringsten Einflufs auf den Hopfen selbst. Die Droopschen Büchsen mit dem extra präparierten Feuerlack im Innern bieten eine spiegelglatte Fläche, welche angeblich jedem Zerstören widersteht und für die Entleerung — selbst ohne Presse — sehr günstig ist.

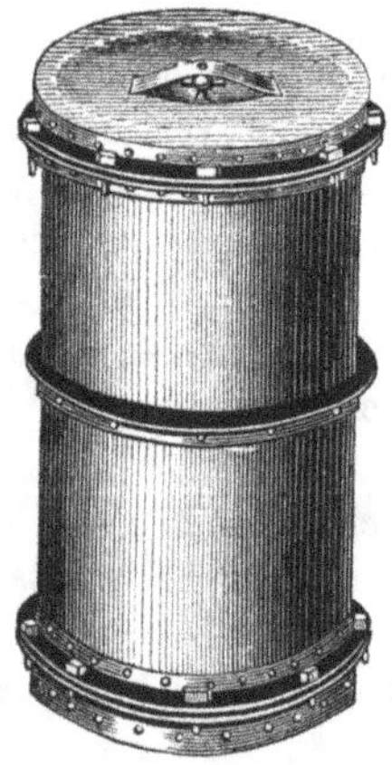

Fig. LXXI.

Cylinder zum Ein- und Durchpressen (letzteres beim Entleeren), nach H. Droop in Barmen; abzuschraubender Boden und Deckel. Mit drei Verstärkungsringen auf der Mantelfläche. Für das Durchpressen ist leichte Füllung, nicht über 200 Pfd., nötig. Undicht.

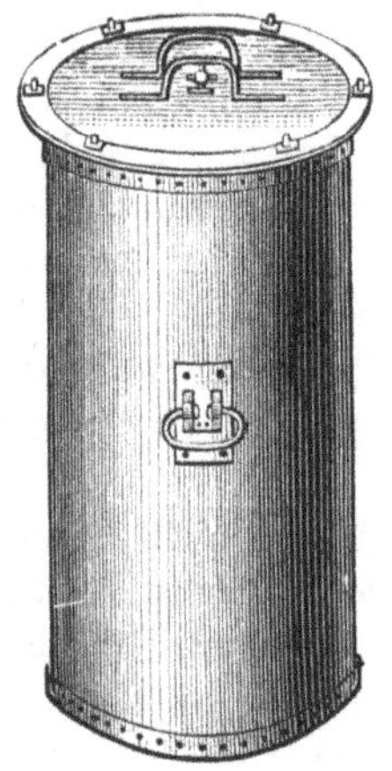

Fig. LXXII.

Hopfenkondensatoren von Jakob Hilgers in Rheinbrohl, doppelt verzinkt, zum Füllen mit in Tuchballots geprefsten Teilstücken von 25 kg bis 200 kg. Sehr gut dicht. Ohne Verstärkungsringe auf der Mantelfläche.

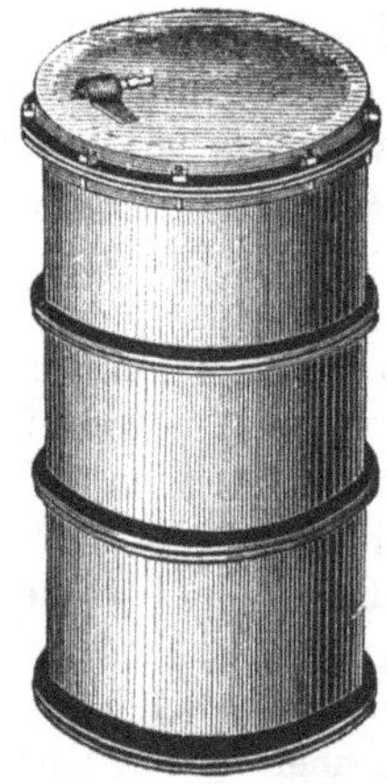

Fig. LXXIII.

Cylinder von A. Neubecker in Offenbach. Gut dicht und fest, aber das Auf- und Abschrauben des Deckels ist zeitraubend. Mit vier Verstärkungsringen auf der Mantelfläche.

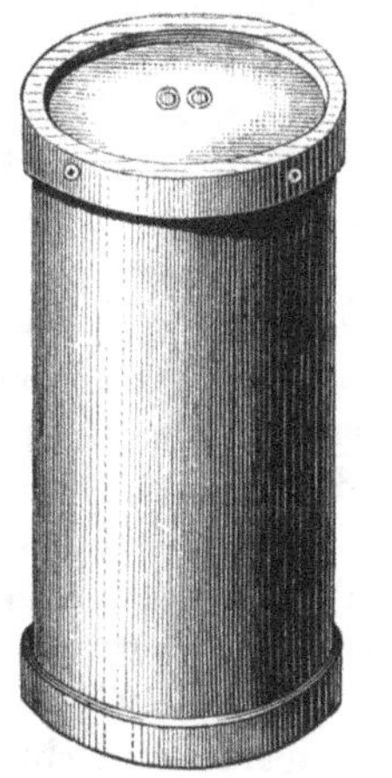

Fig. LXXIV.

Cylinder von J. D. Weinig & Sohn in Hanau; verzinnt oder verzinkt. Patentverschlufs mit Schlüssel. Mit Luftpumpe. Ohne Verstärkungsringe auf der Mantelfläche.

Die Droopschen Büchsen (Fig. LXXI) wurden von der beauftragten Firma: F. X. Rüttgers in Altenvörde, Station Milspe in Westfalen, wie folgt geliefert:

Gröfse Nr. I: Gewicht ca. 90 Pfd., Höhe 1,— m, Durchmesser 0,5 m, à 47 Mark
» » II: » » 110 » » 1,25 » » 0,6 » » 55 »

ab Bahnhof Milspe. Jede Büchse innen glasiert und aufsen sauber angestrichen.

Pressen zum Ein- und Durch-Pressen (Entleeren) lieferte die Maschinenfabrik F. W. Köttgen in Barmen.

Die Erfahrungen haben alsbald ergeben, dafs das Durchpressen des Hopfens durch die Droopschen Büchsen nur möglich war, wenn die Füllung eine ganz leichte ist und eine starke Presse zur Verfügung steht[104]). Schon bei einer Pressung von 200 Pfd. per Cylinder soll das Durchpressen schwer gelingen. Es scheint dieses Verfahren keine umfangreiche Anwendung gefunden zu haben und heute gar nicht mehr viel üblich zu sein.

Jakob Hilgers in Rheinbrohl hat doppelt verzinkte Cylinder aus starkem Eisenblech konstruiert, welche keinen abnehmbaren Boden, nur einen abnehmbaren Deckel haben, der mit nur sechs Schrauben festgemacht ist; diese sind sauber und solid gearbeitet und hinsichtlich des hermetischen Verschlusses unübertrefflich, weil sie wenig Fugen und Schrauben haben. Das Entleeren kann aber nur durch besonders angefertigte Bohrer geschehen; sie haben aufsen glatte Oberfläche und am Deckel wie an den Seiten Griffe zum Anfassen. (Man sehe Fig. LXXII, nach J. Barth in Nürnberg.)

Ebenfalls luftdicht und sehr dauerhaft sind die Cylinder von A. Neubecker in Offenbach. Sie haben auch nur einen Deckel, der aber etwas zeitraubend und unbequem auf- und abzuschrauben ist. Auf der äufseren Mantelfläche und am Boden wie am Deckel haben sie Verstärkungsringe aus Winkeleisen. (S. Fig LXXIII, nach J. Barth.)

J. D. Weinig & Sohn in Hanau liefern ebenfalls aus einem Stück bestehende, innen in der Regel verzinnte, auf Verlangen aber auch verzinkte Büchsen mit nur einem abnehmbaren Deckel, welche nur am Boden und am Deckel kräftige Verstärkungsringe haben, an der Mantelfläche aber ganz glatt sind. Der Patentverschlufs ist sinnreich und solid, aber ohne besondere Erläuterung nicht verständlich; wo diese unterlassen war, wurden die Deckel mit Meifsel und Hammer abgenommen, was mühsam ist und die Cylinder schädigt. Sie haben auch eine musterhafte Vorrichtung zum Auspumpen der Luft. (S. Fig. LXXIV, nach J. Barth.)

J. Barth & Sohn in Nürnberg haben schon 1880 Quadratbüchsen eingeführt, welche rechteckigen Querschnitt und nur einen abschraubbaren, dicht sitzenden Deckel haben. Am Boden, am Deckel und in der sonst glatten Aufsenfläche sind Verstärkungsreifen aus Winkeleisen angebracht. (S. Fig. LXX S. 874.) Barth wendet sie kaum mehr an.

Brüll & Rein in Nürnberg liefern diese Büchsen in zwei Gröfsen, nur mit Deckelöffnung:

Höhe 0,55—0,60 m, Durchmesser 0,63 m, Gewicht ca. 36 kg, 70 kg gut gedarrten Hopfen fassend.

Dann: Höhe 1 m, Durchmesser 0,63 m, Gewicht ca. 48 kg, etwa 100 kg gut gedarrten Hopfen fassend.

Ferner: einfach geschlossene Büchsen mit Deckel- und Winkel-Reif (Verstärkung) am Boden; Höhe 1,25 m, Durchmesser 0,63 m, Gewicht ca. 55 kg, etwa 200 kg gut gedarrten Hopfen fassend.

Dann: einfach geschlossene Büchse mit Deckelöffnung, Winkelreif am Boden und Versteifungsbändern:

Höhe 1,25 m, Durchmesser 0,63 m, Gewicht ca. 60 kg, etwa 200 kg gut gedarrten Hopfen fassend.

Ferner: geschlossene Büchse mit drei Versteifungsbändern, Doppelöffnung mit abschraubbarem Boden und Deckel:

Höhe 1,25 m, Durchmesser 0,63 m, Gewicht ca. 65 kg, etwa 200 kg gut gedarrten Hopfen fassend.

Natürlich haben diese sämtlichen Büchsen Gummidichtungen.

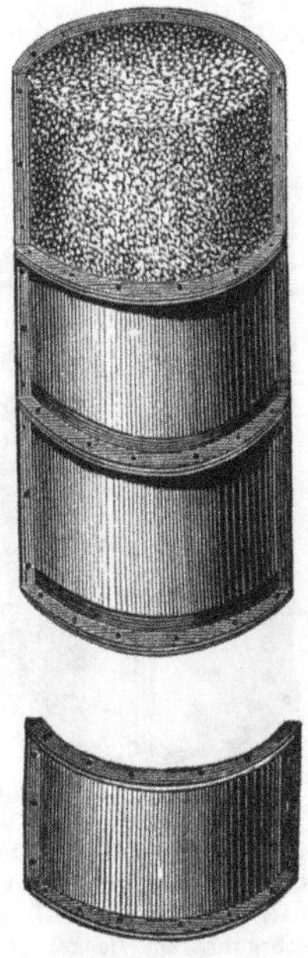

Fig. LXXV. Patentbüchsen nach Schmidt, aus 8 Teilen und 58 Schrauben mit Muttern bestehend. Undicht.

b) Metallbüchsen, welche der Quere nach in mehrere Teilstücke zerlegt werden können.

Die Unmöglichkeit, die sehr gut konservierenden ganzen Cylinder mit nur einem Deckel ohne besondere Vorrichtung und allmählich entleeren und verbrauchen zu können, führte zur Herstellung der in drei Teilstücke zerlegten Patentbüchsen von Schmidt in Nürnberg. Da diese Büchsen auch noch zwei Längsnähte aus Winkeleisen haben, welche ebenso wie die der Quere nach gehenden Fugen durch Schrauben verbunden werden, besteht so ein Cylinder aus acht Teilen und hat nicht weniger als 58 Schraubenspindeln und Muttern. Diese Kompliziertheit macht die Verwendung der gut zu entleerenden, aber auch wenig dichten Behälter, schwierig und unbequem. Sie scheinen heute nur noch sehr untergeordnet in Gebrauch zu sein.

Gebrüder Schwarz in Nürnberg lieferten solche zerlegbaren Hopfenkonservatoren.

Auch Gebrüder Hesselberger in Gunzenhausen haben solche Büchsen mit zwei Längs- und drei Quer-Nähten. (Man sehe Fig. LXXV, nach J. Barth.)

c) Metallbüchsen mit einer oder zwei Längsnähten.

Die Cylinder nach Patent Conzelmann haben abschraubbaren Boden und Deckel und eine oder zwei Längsnähte, so dafs bei der Entleerung die eine Längshälfte der Büchse hinweggenommen werden kann (s. Fig. LXXVI, nach J. Barth; bei den Büchsen mit einer Längsnaht geht, wenn Boden und Deckel weggenommen und die Schrauben an der Längsnaht geöffnet sind, der Mantel an der Längsnaht auf beiden Seiten der Längsfuge auseinander (s. Fig. LXXVII, nach J. Barth). Die Büchsen mit einer Längsnaht haben am Deckel und Boden je 12 und an der Längsfuge 8, im ganzen also 32 Schrauben; 'jene mit zwei Längsfugen haben 40 Schrauben. Dieses System scheint neuestens namentlich von Bayern aus stark verbreitet zu sein.

Die Fabrik Friedr. Conzelmann in Nürnberg liefert diese Büchsen Nr. 1 glatt mit aufgenietetem Winkel- und Flach-Eisenreif am Boden, der Deckel von gleicher Konstruktion zum Aufschrauben; Gewicht ca. 60 kg, per Stück 21—25 Mark.

Fig. LXXVI.
Patent Conzelmann, der Cylinder nur der Länge nach zerlegbar. Mit abschraubbarem Deckel und Boden. Undicht.

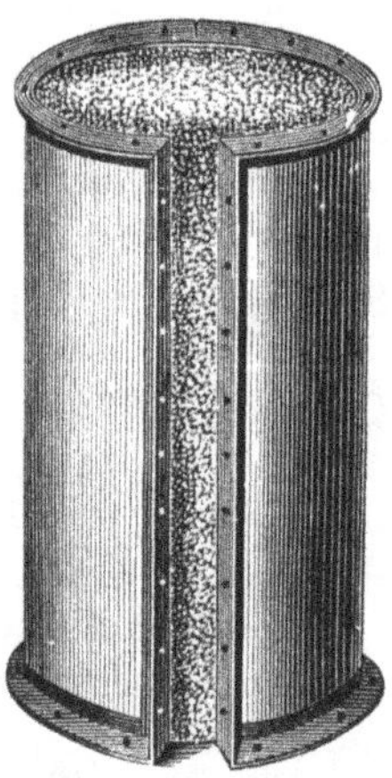

Fig. LXXVII.
Patentbüchse von Schmidt, mit abzuschraubendem Boden und Deckel und nur einer Seitennaht. Undicht.

Dieselbe Büchse (Nr. 1), jedoch mit drei seitlichen Versteifungen durch Winkeleisen am Boden; Gewicht ca. 60 kg, per Stück 22—25 Mark.

Nr. 3, wie Nr. 1, jedoch mit abschraubbarem Deckel und Boden, wodurch eine leichtere Entleerung als bei 1 und 2 möglich ist, im Gewicht von 62 kg, per Stück 22—26 Mark.

Nr. 4, wie Nr. 3, jedoch mit Versteifungen durch Winkeleisen; Gewicht 66 kg, 23—27 Mark.

Nr. 5, Hopfenbüchse mit abschraubbarem Boden und Deckel und einem seitlichen Verschlufs (früheres Patent Schmidt). Nach Abschrauben von Boden und Deckel und Aufschrauben des seitlichen Verschlusses erweitert sich die Büchse selbstthätig und fällt der geprefste Hopfenblock leicht heraus; Gewicht ca. 74 kg, 29—35 Mark.

Nr. 6, Hopfenbüchse wie in Nr. 5, aber mit zwei seitlichen Verschlüssen (zwei Längsnähten), so dafs nach Abschrauben von Boden und Deckel und Öffnen der beiden Seitennähte der ringsum blofsgelegte Hopfen leicht weggenommen werden kann; er ist aber während des Verbrauches nicht geschützt, was wohl beim langsamen Aufbrauchen in Betracht kommen kann; 31—35 Mark.

Alle diese Büchsen sind 0,65 m weit und 1,25 m hoch.

Versand ab Fabrik unverpackt und auf Kosten und Gefahr des Empfängers. Die Eisenpreise sind natürlich wegen des Rohmaterials gewissen Schwankungen unterworfen.

Conzelmann fertigt diese Vehikel auch als Quadratbüchsen (mit prismatischer Gestalt) an.

Ganz dieselben Fabrikate liefert zu ähnlichen Preisen die Firma Emil Riedl, Eisenwarenfabrik in Bamberg, Kleberstrafse 6. Diese liefert auch Schrauben und Gummieinlagen, Hopfenschneckenbohrer. Wir bringen nachstehend (Fig. LXXVIII, von 1—7) die Abbildungen der Cylinder von E. Riedl, welche wie jene, ebenso ausgeführten, von F. Conzelmann in Nürnberg, den modernsten Typus der Hopfenkonservierungscylinder darstellen.

Brüll & Rein in Nürnberg liefern die Büchsen mit einer Seitennaht, sehr bequem zu öffnen, vielleicht jetzt die einfachste und beste Hopfenbüchse, 1,25 m hoch, mit 0,63 m Durchmesser, ca. 70—75 kg schwer und 3,5—5 Ztr. gut gedarrten Hopfen fassend.

Die ebenfalls patentierten Büchsen von Konrad Schmidt in Nürnberg haben abnehmbaren Deckel und Boden und nur eine Seitennaht mit Winkeleisen und Schrauben (s. Fig. LXXVIII 5).

Die Firma Gebrüder Schwarz in Nürnberg hat Cylinder mit einer Seiten-(Längs-)Naht (Nr. I) oder mit zwei Längsnähten (Nr. II) und Gummidichtung. Die einnahtigen Konservierungsbüchsen haben guten Schlufs und wenig Schrauben. Nach Beseitigung der Schrauben weichen die Nahtränder um 30 cm zurück, so dafs der Hopfen leicht weggenommen werden kann; eine solche Büchse enthält — je nach ihren Dimensionen — 125—200 kg Hopfen. Der Hopfen wird natürlich nach Nettogewicht berechnet. Wenn die Büchsen geliehen werden, kostet das Stück 5 Mark. Auch die zweinahtigen Cylinder sind gut zu entleeren, weil die eine Längshälfte des Cylinders entfernt wird.

Fig. LXXVIII 1.
Hopfenbüchse mit einer Seitennaht; geschlossen, mit aufgenietetem Winkel- und Flacheisen am Boden; mit abschraubbarem Deckel und Boden. Gewicht 60 kg. Mark 20.

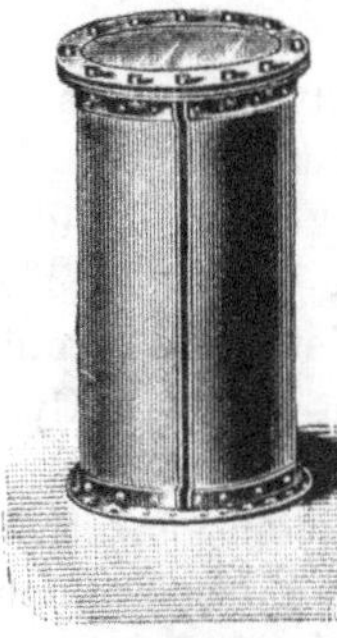

Fig. LXXVIII 2.
Einfach geschlossene Büchse mit Deckelöffnung, Boden nicht abnehmbar, Winkelreif am Boden und drei seitlichen Versteifungsbändern; geschlossen wie 1, aber von der Öffnungsspalte. Gewicht ca. 65 kg. Mark 21.

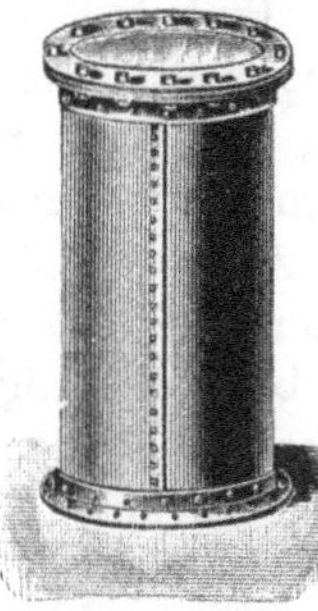

Fig. LXXVIII 3.
Hopfenbüchse wie in 1, mit einer Seitennaht, abschraubbarem Boden und Deckel; geschlossen. Gewicht ca. 62 kg. Mark 22.

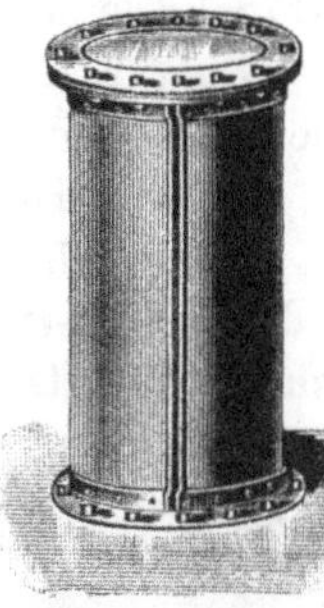

Fig. LXXVIII 4.
Wie 2, aber mit abschraubbarem Deckel und Boden zum Zwecke besserer Entleerung als bei 1 und 2. Mit 3 Versteifungen. Gewicht ca. 66 kg. Mark 23.

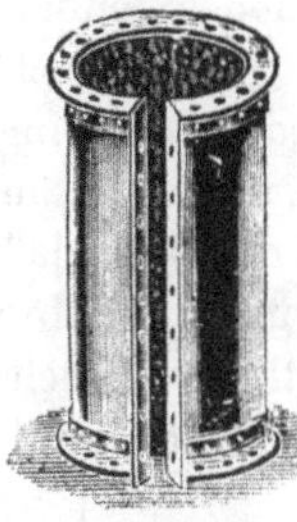

Fig. LXXVIII 5.
Hopfenbüchse mit einer Seitennaht, abschraubbarem Boden und Deckel wie in 4; geöffnet.

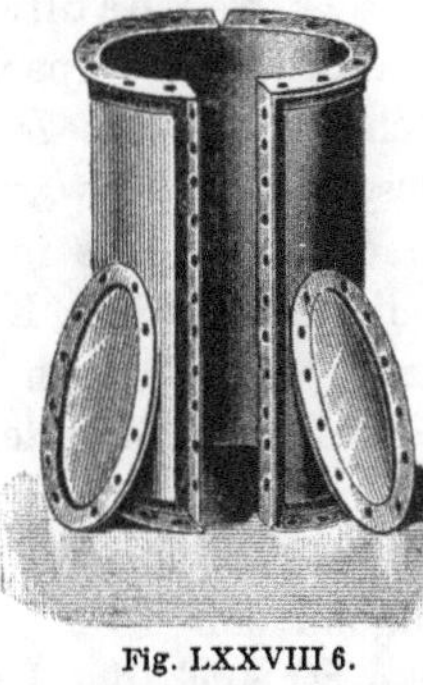

Fig. LXXVIII 6.
Hopfenbüchse mit einer Seitennaht, abschraubbarem Boden und Deckel; geöffnet (Schmidts Patent). Wenn Boden und Deckel abgenommen und der seitliche Verschlufs geöffnet ist, erweitert sich die Büchse von selbst. Gewicht ca. 74 kg. Mark 29.

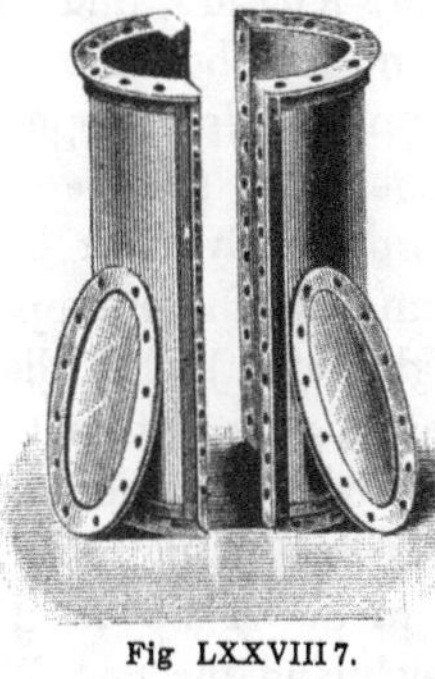

Fig LXXVIII 7.
Hopfenbüchse mit zwei Seitennähten, abschraubbarem Boden und Deckel; geöffnet (Patent Conzelmann). Gewicht ca. 80 kg. Mark 31.

Priester & Söhne in Nürnberg haben aufsen und innen verzinkte, patentierte Büchsen (D. R.-P. Nr. 30909), welche zwei Längsnähte haben und wobei die eine Längshälfte des Cylinders abgehoben werden kann, ohne dafs man den Deckel abschraubt.

E. Scharrer & Co. in Nürnberg und Cannstatt stellen schon seit 1880 und früher komprimierte Cylinder- oder Quadrat-Bällchen her von ca. 100—200 kg, im ganzen Stück oder in Ballots (meist zwei) geteilt, welche von präparierter Leinwand umhüllt, separat versendet und am Gebrauchsorte angelangt, in die dort vorhandenen Metallcylinder- oder Quadrat-Büchsen eingeschoben werden. Die Cylinder messen 1,25 : 0,60 m, die quadratischen Konservatoren 1,10 : 0,72 m.

Gebrüder Mayer in Cannstatt-Stuttgart und Gebrüder Herrmann in Tübingen (Württemberg) haben Cylinder mit einer Längsnaht und abnehmbarem Deckel; sie pressen Bällchen von 40—50 kg in Leinwand, wovon drei in eine Büchse geschoben werden können. Die Hopfen kommen, da sie von Leinwand umhüllt sind, nicht mit dem Eisenblech in Berührung, was üblen Geschmack verursacht; die Bällchen können leicht eingesetzt und herausgenommen werden und werden ohne Büchse verschickt, die in der Brauerei liegen bleiben. Die einzelnen Teilbällchen, welche aufsen an der Mantelfläche genau cylindrisch abgepafst sind, sind bei Herrmann in den Querflächen kegelförmig geformt. Es werden Teilbällchen meist mit je 50 kg (drei für einen Metallcylinder) oder zwei mit je 75 kg (zwei für einen Metallcylinder) oder auch im ganzen mit 150—175 kg (einer für einen Cylinder) geprefst.

Zum Betrieb ist eine vollständig eiserne Universalpresse mit Motorbetrieb vorhanden, welche Ballen bis zu 215 kg im ganzen zu pressen gestattet.

J. L. Raum in Nürnberg hat zuerst die zu konservierenden Hopfen vor dem Einlegen in die Cylinder in wasserdichte Leinwand eingeprefst, welche als Konservator dienen sollte. Da aber diese Konservierung aus verschiedenen Gründen nicht vollkommen entsprach, liefs er Schachteln aus starkem Zinkblech anfertigen, welche genau in Cylinder pafsten und vor dem Einlegen in die Cylinder verlötet wurden. Vor dem Einlegen in die Zinkschachteln wird der Hopfen erst in Ballotsäckchen eingeprefst. Die verlöteten Zinkschachteln sind also die Konservierungsgefäfse, während die Cylinder, in welche die Zinkschachteln eingeschoben werden, die Hopfen nur gegen grobe Verletzungen schützen. Die aus dem Cylinder entnommenen Zinkschachteln müssen beim Gebrauche aufgelötet werden. Die Zinkschachteln sind nach dem Verbrauche zurückzusenden, während die Cylinderbüchsen in der Brauerei verbleiben.

Gebrüder Stahlmann in Fürth hat Cylinder mit zwei Längsnähten (die Büchsen angefertigt von Peter Hohlweg, Mechaniker in Fürth). Hier wird gleich in die Cylinderbüchsen geprefst, welche in verschiedener Gröfse angefertigt werden für 200—150 und 100 kg Hopfengewicht. Beim Gebrauch wird die halbe Cylinderfläche abgenommen.

Dr. M. Adams und Brauereibesitzer C. S. Meacham in Maidstone (England) wollen den Hopfen in gewöhnlicher Weise in Metallcylinder verpacken, welche luftdicht verschlossen werden. Dann soll dem Hopfen in den Büchsen zunächst Zeit zum Reifen (offenbar Nachreifen oder zur Lagerreife) gelassen werden; diese Zeitdauer wäre je nach Sorte verschieden lang. Dann erst wird der Cylinder hermetisch verschlossen. Die in dem Cylinder noch eingeschlossene Luft wird nun erst ausgepumpt und ein indifferentes Gas: Kohlensäure, Schwefelsäure etc. eingeprefst (Engl. Patent). Bei diesem Vakuum in den Büchsen ist es nur mifslich, dafs es schwer ist, die Büchsen ganz luftdicht herzustellen und so zu erhalten; auch würde der Hopfen zu viel Feuchtigkeit und Öl verlieren. Kohlensäure zum Einleiten in die luftleeren Büchsen erzeugt die Brauerei selbst genug, allein die Handhabung ist für die Arbeiter gefährlich, und dieses Gas dringt nicht in alle Teile des Hopfens genügend ein.

Bezeichnend für den Wert der Sache ist auch der Umstand, dafs die grofsen Vorteile, welche für die Brauereien aus diesen Einrichtungen hervorgehen, weil sie dadurch von Markt und Ernteschwankungen unabhängiger werden und ihren Hopfeneinkauf bei reichen Ernten billiger bewerkstelligen können, schon selbst in Produzentenkreisen den Gedanken angeregt haben, selbst den Hopfen einzupressen und zu lagern. Den Brauern könnte das am Ende nur willkommen sein, weil sie die Kapitalsanlage dafür sparen würden. Allein den Produzenten fehlen dazu meist die Mittel; aufserdem müfsten sie bei solchem Verfahren selbst zu Kaufleuten werden.

Ist in einem Jahre der Hopfen gut gewachsen und billig, so prefst man um $^1/_4$—$^1/_3$ selbst um $^1/_2$ mehr ein als der Jahresbedarf ausmacht. In teuren Jahren prefst man nur das Notwendigste ein. So ist man von den einstmaligen, rapiden Preisschwankungen des Hopfens unabhängiger geworden, und es ist nicht notwendig, bei der neuen Ernte sich in Bezug auf den Einkauf zu überstürzen. Aber der Aufwand an Kapital und der Zinsenverlust ist doch sehr erheblich.

Wenn man schon in Büchsen geprefsten Hopfen einkauft, dann mufs man natürlich einen als solid wohlbekannten Händler haben, oder man mufs sich darüber, dafs der Inhalt der

Büchsen in Bezug auf Provenienz, Gesundheit, Qualität, Jahrgang und Einheitlichkeit der Ware etc. mit der Faktura stimmt, schriftliche Garantie bis zum Verbrauch der Ware geben oder das Einpressen der zuvor gekauften Ware unter Kontrolle vornehmen lassen.

In den Brauereien, wo man schon seit mehr als zehn Jahren ein erhebliches Quantum in Büchsen pressen läfst, wird in der Regel nur ein Teil des für einen Sud nötigen Bedarfs dem Prefshopfen entnommen, der andere Teil wird mit frischem Hopfen ersetzt.

Die deutschen Händler haben für ihre Auslandsendungen vielfach sehr gediegene Packungen in Quadratballen, wobei die so besser geprefsten Ballen innerhalb der Segeltuchhülle oder solcher von dickem, gekörpertem hessischen Zeug noch Leinwandumhüllungen haben; oder man legt sie in Kisten, welche mit Zinn ausgelegt sind. Die Deckel der Büchsen oder Kisten werden luftdicht aufgesetzt.

Jedenfalls kann es gut sein, bei Sackhopfen erst die Säcke künstlich zu trocknen und zu schwefeln. Eiserne Pressen sind wirksamer als die hölzernen und kosten nicht viel mehr.

Manche Brauer scheuen vor dem geschwefelten und geprefsten Hopfen auch deshalb zurück, weil sie sich dadurch aufser stand gesetzt sehen, die zerquetschten, flachgedrückten und aus der Form gebrachten Hopfen auf ihre Provenienz (Herkunft), Gehalt an Sekret und Qualität etc., prüfen zu können. Bei meiner Methode der Untersuchung macht dies nicht die geringste Schwierigkeit, den Hopfen beurteilen zu können. Chodounsky in Prag[105]) sagt, dafs einzelne, herausgelesene, geprefste Hopfenzapfen so ziemlich ihre ursprüngliche Gestalt wieder erlangen, wenn man Prefshopfen in feuchte Luft bringt und dadurch in die Lage versetzt, Wasser anzuziehen. Man legt die gesonderten Zapfen des Prefshopfens auf einer Glasplatte nebeneinander und nimmt Kochsche Glasschalen; in eine derselben bringt man 2—3 cm hoch Wasser, stellt Glasringe ein und setzt die Glasplatte mit dem Hopfen darauf; die zweite Glasschale wird darüber gestülpt; man kann statt der Glasschalen auch zwei Porzellanschalen nehmen. Nach 20 bis 48 Stunden hat der Hopfen so viel Feuchtigkeit angezogen, dafs man ihn beurteilen kann; ist er etwas zu feucht geworden, läfst man ihn 3—4 Stunden offen in der Zimmertemperatur stehen, wobei er wieder Wasser verliert. Chodounsky (l. c.) bildet S. 34 in Büchsen geprefste Hopfenzapfen ab und S. 35 solche Zapfen von diesem Hopfen, welche Feuchtigkeit angezogen hatten; diese sehen in der That aus wie in gewöhnlicher Weise gesackte Hopfenzapfen. Auch auf S. 66 und 67 (l. c.) gibt Chodounsky solche Bilder, und S. 68 (Fig. 53) gibt er die Bilder von edlen Rothopfenzapfen mit sehr feinen, gedrungenen, zarten, kurzästigen Spindeln, ohne grofse Körner; S. 69 (Fig. 54) bringt er grobe, vielfach grofse, in allen Beziehungen dem Wildhopfen ähnliche Zapfen mit groben, derben, flachen, langästigen Spindeln und vielen grofsen Körnern. Chodounsky sagt, dafs diese Zapfen wiederhergestellte von Prefshopfen seien, welche nach der Faktura von derselben Art sein sollten, wie die Hopfenzapfen S. 68 (Fig. 53); sie gehören, wie jedes Kind sehen kann, nicht zusammen.

Chodounsky sagt, dafs dieser Fall ein interessantes Beispiel liefere für die Betrügereien, welche im Hopfenhandel mit geprefstem Hopfen möglich sind. Die betreffende Brauerei hatte 40 Ztr. von der in Fig. 53 (S. 68) geschilderten Sorte bestellt, also Saaz-Rakonitzer Rothopfen, verlangte sie aber in Büchsen geprefst. Der thatsächlich in die Büchsen eingeprefste Hopfen hatte grobe, derbe, weitschweifige Spindeln, über 4 cm grofse, körnerreiche Zapfen, welche im Aussehen an Elsässer, im Geruch an Auschaer erinnerten; einige Prozente Saazer waren eingemengt. Auf S. 66 und 67 (l. c.) bildet Chodounsky auch noch einen andern Büchsenhopfen ab, welcher als Auschaer Rothopfen deklariert, aber, wie sich nach Wiederherstellung der Zapfen zeigte, nichts anderes als Südsteyrischer Hopfen war.

Ähnliche Fälle könnte ich aus meiner Praxis verschiedene anführen; es widerstrebt mir, auf diese häfslichen Vertrauensmifsbräuche ohne Notwendigkeit einzugehen. Es ist geradezu widerwärtig, wenn man sieht, wie in hochzivilisierten Ländern, unter dem Regime höchst freisinniger, weiser und doch strenger Gesetze, alle Tage solche Gaunereien im gröfsten Mafsstab vorgenommen werden, ohne dafs die starke Hand des Rechts diese Gauner niederschlägt! Wie lange noch?! — Wo kein Kläger, da kein Richter! Darauf beruht das System dieser Leute, womit im Laufe von Jahrzehnten ganze Vermögensverschiebungen bewerkstelligt werden.

Eine Hauptursache, dafs der Kläger fehlt, ist in der Unkenntnis begründet und darin, dafs bis jetzt eine Gelegenheit, sich ein sicher wahres Gutachten holen zu können, fehlte. Die anderen Ursachen der fehlenden Klage sind mannigfacher Art, diesen Leuten wohlbekannt. Eine nicht geringe Rolle spielen die Trinkgelder, deren Wirkung unlängst erst im Sternbergprozefs in Berlin der Angeklagte als »zauberhaft« bezeichnete. Mit der Entwicklung der Hopfenwarenkunde und der Verbreitung sicherer Kenntnisse über den Charakter der Hopfensorten werden solche perfide Machenschaften immer mehr zurückgedrängt werden. Bis dahin kann freilich noch mancher Brauer zu Grunde gehen. Einstweilen könnten staatlich subventionierte Hopfenuntersuchungsstationen, welche durch die Subvention in die Lage versetzt sind, diese an sich harten und mühevollen Untersuchungen billig zu machen, sehr segensreich wirken, vorausgesetzt, dafs ihre Leiter Männer sind, welche das, was sie sollen, wirklich leisten können. Im andern Falle würden ja solche Männer für ihre Unkenntnis auch noch Honorar erhalten. Auch der Kaufmann kann erwarten, dafs der, welcher seine Lieferungen auf ihre Übereinstimmung mit der Faktura prüfen soll, in der Sache voll und ganz Meister ist. Ich bin wiederholt in der Lage gewesen, Hopfenhändler gegen falschen Verdacht in Schutz nehmen zu müssen.

Ich finde es übrigens gar nicht so schwierig, die geprefsten Zapfen unangefeuchtet zu untersuchen, und man findet auch in noch so sehr zusammengeprefsten Hopfen immer noch gut erhaltene Zapfen. Die Anfeuchtung verdunkelt die Qualität; ein wirklicher Hopfenkenner mufs auch aus ganz zerfallenem Zapfenmaterial noch sichere Schlüsse ziehen können.

4. Das Konservieren des nur gesackten Hopfens durch Aufbewahrung in besonders ausgestatteten Lagerräumen.

Weil eben doch das allgemeinhin ganz vorteilhafte Büchsenpressen mit allerlei »wenn und aber« verknüpft sein wird; da ferner durch die Verwendung des Büchsenhopfens namentlich bei hellen Bieren auch gewisse Nachteile entstehen, wie: Lösung unerwünschter Bestandteile aus den zerquetschten und zerriebenen Grünteilen und längeres Kochen des durch die feste Pressung schwerer löslich gewordenen Lupulins, Erschwerung der Beurteilung für die Hopfengabe bei dem stark geprefsten Hopfen etc., ist man neuerdings immer wieder zu dem Gedanken zurückgekommen, gröfsere, gasdichte Vorratsräume mit einer Temperatur von konstant nur + 2 bis + 4° C. zur Aufnahme der Hopfenvorräte in den Brauereien selbst anzulegen[106]). Dann würde auch der Hopfen im normalen Zustande (in Säcken oder Ballen) gekauft, und die zur Aufnahme des kostbaren Materials bestimmten Behälter wären in der Hand des Brauers. Das wäre in der That das wahre, anzustrebende Ideal der Hopfenkonservierung, weil dann das Sekret mehr in den Hopfendrüsen eingeschlossen bliebe, die Drüsen weniger zerquetscht und entleert würden. Ohne Zweifel wäre es ein grofser Fortschritt, wenn es möglich wäre, gewöhnlichen Ballenhopfen mit noch intakten Zapfen und Drüsen in entsprechenden Lagerräumen zu konservieren. Dieser Sache gehört wahrscheinlich die nächste Zukunft.

Aber sie hat doch eine grofse, schwache Seite, welche so leicht vergessen und übersehen wird, nämlich dafs solche Einrichtungen schon in der ersten Anlage kostspielig und auch in der Unterhaltung (der niederen Temperatur) teuer sind. Auch schliefst sie die Konservierung des Hopfens während der Dauer des Transportes zu Land und zur See vollständig aus, ist mithin für die desfallsigen grofsen Bedürfnisse des Handels nicht oder nur in sehr beschränktem Mafse brauchbar.

Die ersten derartigen Vorschläge hat Dr. Brainard gemacht (s. oben S. 838).

Dafs dabei die rechte, schattige, trockene, kühle, von Luftbewegung freie Lagerung für die Frage der möglichsten Erhaltung der Hopfenqualität die wichtigste Rolle spielt, ist gewifs. Herr Braumeister Schaar-Pöfsneck brachte bei einem am 6. Juli 1878 in Jena »Über Hopfenkonservierung« gehaltenen Vortrag[107]) eine ganze Reihe von Thatsachen aus seiner eigenen Praxis, welche zeigten, wie überraschend guter, in normaler Verfassung eingelagerter — auch nur gesackter — Hopfen sich bei Aufbewahrung im Eise hält. Dagegen ist dem Hopfen schon eine Temperatur von 4—12° R. und feuchte Luft überaus schädlich.

Minder günstige Erfahrungen mit der Aufbewahrung des Hopfens im Eiskeller hatte Braumeister A. J. Jericka in Ossegg bei Teplitz (Böhmen), s. Allg. H.-Ztg.[109]). Er sagt aber selbst, daſs seine Einrichtungen mangelhaft waren.

Der Amerikan. Bierbr. (reprod. Allg. H.-Ztg. 1877, S. 748) erwähnt, daſs die Redaktion bei den Herren Berger und Engel in Philadelphia einen in kalten, abgeschlossenen Räumen (Abteilung eines Eishauses) gelagerten vorjährigen Hopfen gesehen habe, den das geübteste Auge und die empfindlichste Nase eines Fachmannes für diesjährigen gehalten hätte.

In der Allg. Br.- u. H.-Ztg. in Nürnberg[109]) ist ein Hopfenlagerhaus einer amerikanischen Riesenbrauerei in Milwaukee (Pabst Brewing Companie) abgebildet, in welchem zuweilen bis 20000 Ztr. fremden und heimischen Hopfens aufbewahrt sind.

Der Engländer Nettleton, welcher 1891 in London (s. oben S. 837 u. sub 64) mit seinen Ansichten über Hopfenkonservierung den ersten Teilpreis erhielt, will, daſs die Hopfenlagerkeller auch reinen, desinfizierten Boden, Wände und Decken haben, gut schlieſsende Fenster und Thüren; die Auſsenwände sollten verschalt oder mit einer Eisenwand versehen sein. Die auf niederen Gestellen gelagerten Hopfenballen sollten mit einer Lage von Segeltuch überdeckt werden, welches geleimt, angestrichen, geölt oder mit Ölfarbe behandelt wurde. — Nettleton will, daſs der Brauer, ehevor er die Hopfenballen in das Lager gibt, erst eine Nachtroknung des Hopfens auf Malzdarren vornimmt, sei es in ganzen Ballen oder entleert; letzteres Verfahren würde mehr Sicherheit bieten. Der entleerte oder in Ballen befindliche Hopfen soll dabei einer Temperatur von nicht über 50° F. (= 8° R.) ausgesetzt und sogleich wieder verpackt werden.

Dr. Max Iſsleib[110]) will für solche Art der Hopfenkonservierung in den Brauereien luftdichte Metallkammern herstellen, in welchen die mit erwärmter Luft getrockneten und gepreſsten Hopfen gelagert werden. Die Luft müſste aus diesen Räumen vollständig durch Kohlensäure vertrieben und die Temperatur auf 1—3° R. gehalten werden.

Eine merkwürdige, aber sicher wertlose, ja schädliche Idee der Hopfenkonservierung hat Wrighton[111]) in einem Vortrage im Kentish Farmers Club entwickelt. Er will nämlich den Hopfen grün, unter Druck, aufbewahren, nach dem System der Futterensilage. Die ganze Ernte (also Zapfen und Kraut) könne man freilich nicht so behandeln, wohl aber einen Teil derselben, also die Zapfen. Es liegt auf der Hand, was aus dem Hopfen und seinem Drüsensekret würde, wenn man denselben der Temperatur aussetzt, welche in den Futterensilagefeimen oft viele Tage lang 70—80° C. beträgt.

Die neue Art der Hopfen-Trocknung und -Konservierung von Humbser in Fürth (D. R.-P. N. 98888) besprechen wir erst im folgenden Teil dieses Buches. Das Verfahren ist beschrieben und abgebildet in der Allg. Br.- u. H.-Ztg. 1898, II, 2216; es beruht wesentlich auf Kältebehandlung der in Ballen gelagerten Hopfen, wobei die Temperatur höchstens —1° C. erreicht. Die Luft wird durch Kälte (bis —15° C.) von Wasser befreit, dann auf +8° wieder erwärmt, um wieder Wasser aufnehmen zu können. Die Resultate des Verfahrens werden sehr gelobt, es setzt aber Eismaschinen voraus. Der so getrocknete Hopfen wird kalt gelagert. Es wird dadurch verhindert, daſs das ätherische Öl des Hopfens verdorben wird, was bei Anwendung erwärmter Luft mehr oder weniger immer der Fall ist.

Horace T. Brown (The Brewing Trade Review 1898, Nr. 140, s. Bayer. Br.-Journ. 1898, S. 133) hat in Nordamerika, wo jede, selbst kleinere Brauerei, ihre immer in Betrieb befindliche Eismaschine hat, also die Kälte billig erzeugt, jüngst erst ein solches Hopfenlager mit 4000 Ballen Hopfen untersucht und das Resultat mit gewöhnlich gelagerten Hopfensorten verglichen. Er fand Anfang 1897, daſs die New York State-Hopfen von 1894 und 1895 Aussehen und Aroma so gut bewahrt hatten, daſs sie vom neuen 1896er nicht zu unterscheiden waren. Dasselbe war der Fall mit Kalifornier und Washingtoner Hopfen gleichen Alters.

Ein 1895er aus Bayern, die bei gewöhnlicher Lagerung, wenn sie nicht frühzeitig gedarrt werden, in so hohem Grade der Veränderung unterworfen sind, war vor seinen Augen aus dem kalten Lagerraum entnommen worden; er hatte alle seine feinen Eigenschaften bewahrt, und man hätte ihn sicher nicht für einen vorjährigen Hopfen angesehen, wenn man nichts über sein thatsächliches Alter gewufst hätte. Ältere Hopfen (vor 1894) waren nicht da.

Der Hopfen wird in Räumen mit gut isolierten Mauern und Decken gelagert, und in einigen Fällen hat man noch eine besondere Bekleidung durch mit Nut und Feder zusammengesetzte Bretter im Innern angebracht, um dahinter einen Luftstrom langsam zirkulieren zu lassen.

Der Lagerraum wird auf einer Temperatur von 34—36° F. (ca. 5—6° R.) gehalten durch Batterien von kleinen Röhren, welche in beträchtlicher Höhe an den Wänden und über den Gängen angebracht sind. Diese Röhren werden durch die direkte Expansion von Ammoniak gekühlt, nicht durch zirkulierende Kühlmischungen, und es mufs natürlich besonders darauf geachtet werden, die Luft in dem Raume so trocken wie möglich zu halten und plötzliche Temperaturveränderungen zu verhüten, da diese sonst zur Kondensierung von Feuchtigkeit an den Ballen führen würden.

Da die kalten Lagerräume immer in der Brauerei selbst hergerichtet werden, der Hopfen also nicht aus dem kalten Lager herauskommt, bis er verbraucht wird, fallen die umfangreichen Vorbereitungen zur Verhinderung der Kondensation auf den kalten Ballen für einen langen Eisenbahntransport und etwaiges mehrwöchentliches Lagern bei gewöhnlichen Verhältnissen ganz fort.

Nach der Birmingham Daily Post[112]) haben die Brauer in Birmingham in neuerer Zeit eine Kühlhallengesellschaft gebildet, welche die Anwendung guter Hopfenqualitäten, die für die Herstellung gesunden und geschmackhaften Bieres so wesentlich sind, sichern sollen. Die grofse Schwierigkeit, den Hopfen in gleich bleibender Qualität aufzubewahren, wird man jetzt in Birmingham durch Kaltlagerung des Hopfens beseitigen. Die zu diesem Zwecke erstellten Lagerräume werden 10000 Säcke zu ca. je 2 Ztr. fassen. Die Kühlräume werden mit Schlackenwolle isoliert. Der Hopfen wird bei einer Temperatur von —2° C. aufbewahrt werden und zwar unter Kaltluftzirkulation bei Vermeidung aller Sole- oder Verdampfer-Rohrsysteme innerhalb der Lagerräume. Die Luft wird mittels Ammoniakkühlmaschine gekühlt werden unter Vermittelung von Salzwasser-Regenapparaten, welche erfahrungsgemäfs die wirksamste Waschung und Trocknung der Luft ermöglichen. Durch die neue Konservierungsmethode soll die tonische Wirksamkeit des Hopfens, welche bei dem älteren Trocknungssystem schnell verloren geht, erhalten bleiben.

5. Untersuchungen über das Verhalten des verschieden behandelten Hopfens beim Lagern.

Über die Lagerung und Verschlechterung des Hopfens in Büchsen etc. haben L. Briant und C. S. Meacham eingehende Versuche angestellt[113]).

Wie Windisch hervorhebt, trifft die Verwendung alten, in Aroma und antiseptischer Kraft veränderten Hopfens, leider auch noch mit der Verwendung der Frühjahrs- und Sommer-Malze zusammen, weshalb die Klagen über mangelhafte Beschaffenheit der Spätherbstbiere kein Ende nehmen.

Die Autoren heben hervor, dafs gerade in kritischester Zeit vor der neuen Ernte, in den sogenannten Hundstagen, wo das Wetter schwül ist, der Brauer mit vorjährigem Hopfen, also mit einem solchen von niederer Präservativkraft, arbeiten mufs, wenn auch der Geruch des alten Hopfens zwar eigentümlich, aber in gewisser Hinsicht wünschenswert sei.

Sie haben nun umfassende Versuche über die Aufbewahrung des Hopfens in geschlossenen Cylindern gemacht.

Schon 1891 wurden von der Ernte dieses Jahrganges Hopfen in eiserne Cylinder gebracht, deren Luft ausgepumpt und durch Kohlensäure ersetzt worden war. Ihr Harzgehalt wurde zur Zeit des Schliefsens der Büchsen und sechs Monate später bestimmt[114]), wobei man fand, dafs der Harzgehalt, praktisch genommen, nicht alteriert war und die Hopfen von guter Farbe und Beschaffenheit waren.

Am Schlusse von zwölf Monaten hingegen wurden mehrere Cylinder geöffnet, in denen der Hopfen einen so miserablen Geruch hatte, daſs die Versuche damals als fehlgeschlagen angesehen werden muſsten. Trotz des eigentümlichen Geruches aber, der sich hierbei entwickelte, war der Harzprozentgehalt, praktisch betrachtet, nicht alteriert worden.

1893 wurden weitere Versuche unternommen. Mit demselben Hopfen, aus dem Kühlraum der Darre genommen, wurden vier Cylinder mit den Marken A, B, C, D und ein gewöhnlicher Ballen gefüllt.

Aus den Cylindern A und B wurde mit mächtigen Vakuumpumpen die Luft ausgepumpt, und nach jeder Entleerung durch Kohlensäuregas ersetzt. Für den Cylinder C wurde zum Ersatze der Luft schweflige Säure genommen. Cylinder D behielt nach dem Einpressen in seinen Zwischenräumen die gewöhnliche Luft.

A, C und D wurden nun in einem kalten Raum gelagert, dessen Temperatur niemals über 3,5° R. stieg. Der Cylinder B (mit Kohlensäuregas) und der Ballen von demselben Hopfen wurden in den Lagerraum der Brauerei gebracht und auf gewöhnlicher Temperatur gehalten.

Als der Ballen ein Jahr alt war, wurde er geöffnet; seine Farbe hatte stark zugenommen, und sein Geruch zeigte die gewöhnlichen Veränderungen der einjährigen Hopfen.

Die Cylinder A (mit Kohlensäure), C (mit schwefliger Säure) und D (mit Luft) zeigten, nach einem Jahr geöffnet, eine feine Farbe, und das Aussehen wie den Geruch, als wenn sie frisch von der Darre kämen, doch hatten sie nebenbei einen käsigen Geruch, wie man ihn früher schon in den Cylindern von 1891 gefunden hatte. Der Geruch ging aber nach dem Öffnen der Cylinder rasch weg.

Zwischen dem Cylinder A (mit Kohlensäure) und D (mit gewöhnlicher Luft) war praktisch kein Unterschied, aber beim Cylinder C (mit schwefliger Säure) hatte der Hopfen einen starken Geruch noch nach Schwefel (nicht nach Schwefelwasserstoff).

Cylinder B (mit Kohlensäuregas, aber bei höherer Temperatur gelagert) hatte denselben allgemeinen Charakter, aber der schlimme Geruch war ausgeprägter.

Eine Eigentümlichkeit all dieser Cylinderhopfen war ihre Trockenheit; sie hatten ihre Klebrigkeit verloren und konnten leicht zu Pulver zerrieben werden.

Zugleich mit diesen Cylindern wurde auch ein solcher aus dem Jahre 1891 geöffnet, der mit Kohlensäuregas gefüllt, aber bei gewöhnlicher höherer Temperatur gelagert worden war. Dieser (beim Öffnen drei Jahre alte) Hopfen hatte einen ausgesprochen schlechten, ranzigen Geruch angenommen, aber seine Farbe hatte sich wundervoll erhalten.

Der entsprechende Ballen mit demselben Hopfen (1891) hatte, zur selben Zeit geöffnet, eine sehr dunkelbraune Farbe und ähnelte in Aroma und Geschmack altem Heu.

Sämtliche Hopfen wurden analysiert mit folgendem Resultat:

Wieviel Jahre alt	Hopfen	Feuchtigkeit	Harz, berechnet auf Hopfentrockensubstanz, Prozente		
			weiches Harz	hartes Harz	beide zusammen
3 Jahre alt	1891, Ballen, in der Brauerei gelagert, bei gewöhnlicher Temperatur	7,66	6,07	8,35	14,42
	1891, Cylinder, mit Kohlensäure, gewöhnliche Temperatur	8,65	12,75	3,46	16,21
1 Jahr alt	1893, Ballen, in der Brauerei gelagert, bei gewöhnlicher Temperatur	11,46	10,38	5,79	16,17
	1893, Cylinder A, Kohlensäure und kalt	7,58	13,62	3,90	17,52
	1893, Cylinder B, Kohlensäure und gewöhnliche Temperatur	8,80	12,38	3,63	16,54
	1893, Cylinder C, schweflige Säure und kalt	8,10	13,40	3,84	17,24
	1893, Cylinder D, Luft und kalt	7,17	12,71	3,63	16,34

Das praktische Ergebnis zeigt, dafs durch die Lagerung der Hopfengehalt, rein praktisch genommen, nicht alteriert wird, bei Cylinderverpackung selbst nach drei Jahren nicht.

Niedere Temperatur trägt zur Konservierung ebenso viel bei wie eine Lagerung in einer Atmosphäre von Kohlensäure. Ja es wurde sogar durch Lagerung bei niederer Temperatur mit Luftfüllung ein besseres Resultat erzielt wie mittels Kohlensäure bei gewöhnlicher Temperatur.

Der eigentümliche Geruch scheint nur von einer Alteration des Öles herzurühren; diese Verschlechterung des Geruches findet aber nicht blofs bei Gegenwart von Luft, sondern auch bei deren gänzlicher Abwesenheit statt; der Minimaleffekt wurde nur bei niederen Temperaturen beobachtet. Wo dieser ranzige Geruch auftrat, hatte der Hopfen seinen öligen Charakter verloren und war brüchig geworden.

Mit 1894er Hopfen wurden weitere umfangreiche Versuche gemacht, wobei die Luft in den Cylindern durch nichts anderes ersetzt wurde; die Cylinder wurden aber alle kalt gelagert.

Das Harz wurde sowohl im neuen Hopfen wie in jenem bestimmt, welcher bereits ein Jahr in den Cylindern in der Kälte gelagert war, gleichzeitig auch Hopfen derselben Art, welcher in Ballen in gewöhnlicher Art in der Brauerei aufbewahrt worden war.

Zeit der Analyse	Hopfen	Harz, berechnet auf Hopfentrockensubstanz		
		weiches Harz	hartes Harz	total
	Neuer Hopfen.			
17. Januar 1895	Ostkenter, 1894er Ballen, vor der Lagerung	12,31	2,94	15,25
	Cylinder, 1894er, vor der Lagerung	12,25	3,31	15,56
	Nach einjähriger Lagerung.			
	Ostkenter, 1894er Ballen, im kalten Raum gelagert	11,97	3,70	15,67
	Ostkenter, 1894er, im Ballen, bei gewöhnlicher Temperatur in der Brauerei gelagert	8,30	7,31	15,61

Beim Öffnen der Cylinder fand man den Hopfen von glänzender Farbe und praktisch von denselben Eigenschaften, die er beim Einfüllen in die Cylinder hatte. Der Ballenhopfen hatte das Aussehen und den Geruch des gewöhnlichen einjährigen Hopfens.

Der Hopfen aus den Cylindern hatte denselben ranzigen Geruch, der schon oben erwähnt wurde. Dieser Geruch geht weg, sobald der Hopfen der Luft ausgesetzt wird, und es scheint wahrscheinlich, dafs die chemischen Verbindungen, welche ihn verursachen, unter den gewöhnlichen Lagerverhältnissen gebildet werden, aber dafs sie sich in diesem Falle ebenso schnell verflüchtigen, wie sie gebidet werden, während in den geschlossenen Cylindern eine Verflüchtigung natürlich unmöglich ist.

Es wurden Gebräue ausschliefslich mit Hopfen aus den Cylindern, gleich nach dem Offnen und während sie noch diesen Geruch besafsen, durchgeführt. Das Bier hatte nicht die leiseste Spur eines solchen Geruches und zeigte sich im Fasse nach dem Urteil kompetenter unabhängiger Richter als von vorzüglicher Beschaffenheit und Haltbarkeit.

Vergleichende Proben von Cylinder- und Ballen-Hopfen ergaben dieselben Resultate.

Um die Wirkung verschiedener Kältegrade auf die Konservierung des Hopfens zu bestimmen, wurden folgende Versuche ausgeführt:

Am 30. Januar 1894 wurden in einige weithalsige, verstopfbare Zweiunzenflaschen vier Portionen von derselben Hopfenprobe eingefüllt, genügend viel in jede Flasche, um für den Soxhletschen Extraktionsapparat zu reichen, so dafs bei dem Herausnehmen der Harzbestimmung das Ganze herausgewischt werden konnte, ohne Harzteilchen zurückzulassen. Die Flaschen wurden versiegelt, markiert und bei nachstehenden Temperaturen gelagert:

A = gelagert bei 72—75° Fahrenheit,
B = » » 55—65° »
C = » » 35—40° »
D = » unter 32° » = 0° C.

Nach sieben Monaten wurden die Proben geöffnet und mit folgendem Resultate analysiert:

	Datum der Analyse	Harz, auf Trockensubstanz berechnet		
		weiches	hartes	zusammen
Der Hopfen beim Einfüllen in die Flaschen	22. Januar 1895	11,75	3,16	14,91
A. Hopfen, gelagert sieben Monate bei 72—75° F. .	19. August 1895	8,82	5,94	14,76
B. Hopfen, gelagert sieben Monate bei 55—65° F. .	21. August 1895	9,21	5,15	14,36
C. Hopfen, gelagert sieben Monate bei 35—40° F. .	5. September 1895	10,67	4,20	14,87
D. Hopfen, gelagert sieben Monate unter 32° F. = 0° C.	26. August 1895	11,10	3,57	14,67

Die Autoren sind der Meinung, dafs für praktische Zwecke eine Temperatur von 38 bis 40° F. (2,6—3,6° R.) genügend niedrig für das Lagern des Hopfens ist.

Ohne Zweifel würde sich der Hopfen bei noch mehr niederen Temperaturen noch besser halten, aber das Verfahren wäre eben dann auch kostspieliger.

Es genügt im allgemeinen, den Hopfen in Cylindern verpackt bei obigen Temperaturen ein Jahr aufzubewahren, bis zur neuen Ernte.

Die alte Praxis in den Brauereien, den in Ballen befindlichen Hopfen in warmen Räumen aufzubewahren, ist eine ganz verfehlte, denn wie diese Untersuchungen deutlich zeigen, ist das einzige Präservativ des Hopfens die niedere Temperatur.

Nach dem Journ. of the Federated Institutes of Brewing[115]) sprach im Institute of Brewing L. Sterne über die Lagerung des Hopfens. In Amerika werde der Hopfen überall kalt gelagert; man habe dort eigene Maschinen, welche nur für die Kühlung der Hopfenkammern arbeiten. Er empfiehlt, den Hopfen bei 0—1° R. in trockenen, dunklen Räumen zu lagern. Richardson bestätigt aus eigener Erfahrung, dafs ein 9—10 Monate kalt gelagerter Hopfen einem zweimonatlichen, wie üblich gelagerten, ebenbürtig sei; das Aroma sei zwar nicht so fein wie bei frischem Hopfen, aber doch unverhältnismäfsig besser als beim in gewöhnlicher Weise gelagerten Hopfen.

Meacham meint, dafs man durch kühle, trockene Lagerung die Umwandlung des Weichharzes in Hartharz fast ganz verhindern könne, weniger sei dies beim ätherischen Öl der Fall, welches aber doch mit $\frac{1}{2}$—$\frac{3}{4}$ erhalten bleibe, während es bei gewöhnlicher Lagerung bald einen käsigen, baldrianartigen Geruch annehme. Er hält nach wie vor eine Temperatur von + 2,5—3,5° R. für ausreichend; er habe bei dieser Temperatur einen 2—3 Jahre gelagerten Hopfen vorzüglich konserviert gefunden. Auch andere Erfahrungen bestätigen das. Übrigens sei eine Temperatur von — 1—0° leichter konstant zu erhalten wie eine solche von 3—4° R.

Die Unkosten einer solchen Kühlung, welche sich auf 1,50 Mark per Zentner Hopfen berechnen, machen sich reichlich bezahlt. Der Hopfen verliere erwiesenermafsen bei 8—10 monatlicher, gewöhnlicher Lagerung 30% vom Brauwert; koste er per Zentner 90 Mark, so sei er nach dieser Zeit bei schlechter Lagerung nur noch 60 Mark wert; es sei also doch rätlich, diese 30 Mark Verlust durch eine Ausgabe von 1,50 Mark zu retten.

1897 fafsten Briant und Meacham die Ergebnisse ihrer Studien über die Konservierung des Hopfens folgendermafsen zusammen[116]):

Die Veränderung, welche der Hopfen durch Lagerung erleidet, ist sehr bedenklich und stehe in keinem Verhältnisse zum Preise, welcher für alten und neuen Hopfen gezahlt werde. Der Grad der Verschlechterung wechsle mit der ursprünglichen Beschaffenheit und der Art der Lagerung des Hopfens. Je reifer ein Hopfen gepflückt und je besser er getrocknet war, desto länger behält er auf Lager seinen Wert.

Immerhin ist der Einfluſs der Lagerung groſs. Die Hopfenhändler lagern den Hopfen in trockenen, kühlen Räumen, die Brauer, wo sie Platz haben, wenn die Räume auch warm sind. Daher komme es, daſs die bei den Händlern aufbewahrten Hopfen in viel besserem Zustande seien als die bei den Brauern aufbewahrten, und weshalb die Brauer lieber ihren Hopfen beim Händler liegen lassen, wenn sie auch Lagergeld dafür zahlen müssen.

Das Luftauspumpen aus den Cylindern kann die Verschlechterung des Hopfens nicht verhindern. Auch wenn an Stelle des Vakuums Atmosphäre von Stickstoff, Kohlensäure und schwefliger Säure gebracht wurde, wurde der Verschlechterung des Hopfens nicht Einhalt geboten, er verdarb vielmehr thatsächlich gerade so schnell wie beim Lagern mit Luft.

Daraus läſst sich der Schluſs ziehen, daſs die Ursache der Veränderung keine direkte Oxydation sei.

Die Ursache der Veränderung des Hopfens beim Lagern und namentlich bei höherer Temperatur, finden diese Autoren hauptsächlich in den Mikroorganismen und den Enzymen des Hopfens. Wenn man etwas sterile Würze mit Hopfen impfe, könne man die Gegenwart zahlreicher Mikroorganismen nachweisen. Die Hopfen können sich in dieser Beziehung voneinander unterscheiden, aber alle enthalten Mikroorganismen in groſser Anzahl.

Die Veränderungen, welche diese organisierten und unorganisierten Fermente bewirken, vollziehen sich in der Kälte langsamer als in der Wärme. In der That verschlechtert sich in den Wintermonaten der Hopfen nicht wesentlich, wenn aber im Frühjahr das Wetter wärmer wird, dann setzt sofort eine rasche Verschlechterung ein.

Wenn diese Verschlechterung der Gegenwart von Fermenten zuzuschreiben ist, so müſste man durch die Anwendung antiseptischer Mittel bessernd wirken können. Sie hätten nachgewiesen, daſs die schweflige Säure das nicht kann, ja nicht einmal die Verschlechterung verzögern kann. Man müſste ein kräftigeres, keimtötendes Mittel anwenden, aber bei dem empfindlichen Charakter des Hopfens werde es wohl keines geben.

Demnach sei die Kälte, wie auch ihre mehrjährigen Versuche nachwiesen, das einzige Mittel, um die Wirkung der organisierten und nichtorganisierten Fermente des Hopfens aufzuheben und den letzteren auf lange Zeit haltbar zu machen. Das ist keine neue Entdeckung, denn man hat die Kälte schon lange und umfangreich benutzt zur Konservierung der mannigfaltigsten Nahrungsmittel, darunter solcher, welche sich weit leichter zersetzen als der Hopfen.

Je trockener der Hopfen, um so besser hält er sich, und wenn der Hopfen einen niedrigen Feuchtigkeitsgehalt besitzt, so kann man ihn ebenso gut bei Temperaturen aufbewahren, die wesentlich über dem Gefrierpunkt liegen, wie man Hopfen mit gewöhnlichem Feuchtigkeitsgehalt bei Temperaturen unter 0^{0} aufbewahrt. In der That hängt die Haltbarkeit des Hopfens, abgesehen von der Kälte, von seinem Gehalte an Feuchtigkeit ab. Nach ihren Versuchen hält sich ein Hopfen, dem ein Teil seiner normalen Feuchtigkeit entzogen war, in trockener Atmosphäre und bei einer Temperatur von $+ 4 - 6^{0}$ R. ebenso unverändert wie bei der amerikanischen und deutschen Lagerung mit Temperaturen unterhalb des Gefrierpunktes, die aber sehr kostspielig und umständlich sei. Sie haben beide Methoden untersucht und hatten bei Versuchen im groſsen Maſsstabe Hopfen, der bei $+ 5 - 6^{0}$ R. in trockener Atmosphäre gelagert wurde. Derartig gelagerte, ihrer normalen Feuchtigkeit beraubte Hopfen, wurden von kompetenten und unabhängigen Beurteilern mit neuem Hopfen für gleichwertig erklärt.

Fufsnoten zum VIII. Abschnitt.

[1]) s. auch Allg. Br.- u. H.-Ztg. 1881, II, 610, wo das Verfahren gelobt ist; ebenda 1880, I, 108 und 117.

[2]) s. Allg. H.-Ztg. 1884, II, 1366.

[3]) Von dem Hopfenkonservierungsverfahren von Sulzberger (Allg. H.-Ztg. 1878, II, 504) und von jenem eines ungenannten Züricher Professors (s. Allg. H.-Ztg. 1878, II, 447) hat man später nichts mehr gehört.

[4]) s. Allg. Br.- u. H.-Ztg. 1892, I, 6 u. ff.

[5]) s. Wochenschr. f. Br., Berlin 1893, S. 1362.

[6]) s. Allg. H.-Ztg. 1876, S. 100.

[7]) s. Georg Barth: »Über die zweckmäfsigste Lagerung des Hopfens« (Zeitschr. f. d. ges. Brauwesen 1898, XXI. Jahrg., Nr. 44.

[8]) Zeitschr. f. d. ges. Brauwesen 1872, S. 31.

[9]) s. Allg. H.-Ztg. 1875, S. 491.

[10]) Ebenda 1872, S. 164; auch Allg. H.-Ztg. 1873, S. 83.

[11]) Ebenda 1869, S. 240.

[12]) Allg. Br.- u. H.-Ztg. 1879, S. 227.

[13]) Ebenda 1894, S. 1659, nach dem Bierbrauer.

[14]) Journ. of the Fed. Inst. of Brewing 1896, S. 408; Zeitschr. f. d. ges. Brauwesen 1896, S. 609. Da diese Versuche sich der Büchsen zur Konservierung bedienten, bringen wir die bezüglichen Veröffentlichungen am Schlusse des Abschnittes über die Büchsenhopfen.

[15]) Allg. Br.- u. H.-Ztg. 1898, S. 1238.

[16]) Die Skizze der Anlago bei G. Barth: Über die zweckmäfsigste Lagerung des Hopfens (Zeitschr. f. d. ges. Brauwesen 1898, XXI. Jahrg., Nr. 44).

[17]) s. auch Allg. Br.- u. H.-Ztg. 1900, I, 604.

[18]) Ergebnis landwirtsch. und agrikulturchem. Versuche an der Station des Generalcomités des Bayer. Landwirtsch. Vereins in München, Heft 2, S. 84—102, Erlangen 1859; und ebenda Heft 3, S. 72—79, München 1861.

[19]) Das Nähere auch in einem folgenden Buche: »Nürnberg als Hopfenmarkt«. S. auch Dr. Krämer: Über das Schwefeln des Hopfens (Bayer Industrie- und Gewerbe-Blatt 1885, ferner Zeitschr. f. d. ges. Brauwesen 1886, S. 44 u. ff.; dann 1884, I, 57. Die Versuche in Nürnberg mit dem Hopfenschwefeln s. Allg. H.-Ztg. 1863.

[20]) 1874, S. 296, 300, 306, 314, 318, 322, 344, 346 und 350; dann ebenda 1871, S. 114, 118, 127, 131, 138, 142, 150, 154, 158, 162, 167, 171; auch Allg. H.-Ztg. 1863, S. 15 u. ff.

[21]) Juli 1872, s. Allg. H.-Ztg. 1872, S. 82.

[22]) Allg. H.-Ztg. 1861, S. 129.

[23]) s. Allg. H.-Ztg. 1861, S. 158.

[24]) s. Allg. H.-Ztg. 1862, S. 18.

[25]) Man sehe Allg. H.-Ztg. 1873, S. 154.

[26]) Man sehe den Vortrag des Hopfenhändlers Uhlfelder in Bamberg am 24. September 1867, s. Allg. H.-Ztg. 1868, S. 35.

[27]) Allg. H.-Ztg. 1863 u. 1864, namentlich 1864, S. 23.

[28]) s. Allg. H.-Ztg. 1863, S. 200.

[29]) s. Allg. H.-Ztg. 1862, S. 299.

[30]) s. Allg. H.-Ztg. 1862, S. 115.

[31]) Journ. Fed. Inst. Brew. VI 1, reprod. Allg. Br.- u. H.-Ztg. 1900, I, 838.

[32]) s. Allg. Br.- u. H.-Ztg. 1892, Nr. 41, S. 653.

[33]) s. Studien über die Konservierung des Hopfens, Wochenschr. f. Br. 1896, Nr. 31—37; Allg. Br.- u. H.-Ztg. 1896, II, 2017.

[34]) Wochenschr. f. Br. 1897, S. 918.

[35]) Man sehe deshalb auch die neuere Arbeit von J. Behrens in Wochenschr. f. Br. 1897, S. 919.

[36]) Man sehe in späteren Abschnitten dieses Werkes (vielmehr in einem folgenden Buch: Der Hopfen als Ware) über analytische Bestimmung des Hopfenwertes, Teil IV; auch Allg. H.-Ztg. 1877, S. 416: Der Hopfenbau in Oberösterreich; auch I. Bericht der Arbeiten der k. k. Versuchsstation Wien, 1870—77.

[37]) s. Allg. H.-Ztg. 1879, I, S. 1 u. 2.

[38]) Das Detail wolle in der Allg. H.-Ztg. 1879 nachgesehen werden.

[39]) Man sehe auch in der Allg. H.-Ztg. 1878, II, 821 eine Beschwerde des Stadt Saazer Hopfenbauvereins über das Schwefeln, wodurch der Ruf des Saazer Hopfens untergraben werde, und ein Gutachten der Prager Handelskammer gegen diese Ansichten.

[40]) s. Allg. H.-Ztg. 1862, S. 145.

[41]) Unreif geernteter Hopfen ist ja doch immer ganz erheblich leichter als reif geernteter, eben wegen der schlechter mit Sekret gefüllten grofsen Drüsen.

[42]) Behrens, Wochenschr. f. Br. 1897, S. 922.

[43]) s. Allg. Br.- u. H.-Ztg. 1889, I, 577.

[44]) Allg. Br.- u. H.-Ztg. 1898, II, 2216.

[45]) Hopfenschwefelung gleich Hopfenverbesserung (Wochenschr. f. Br., Berlin 1895, S. 290 u. f.). — Über das Schwefeln an der Pacificküste s. Allg. Br.- u. H.-Ztg. 1893, I, 915. Dort wird starkes Schwefeln verlangt und von der Darre weg, womöglich noch warm in die Presse.

[46]) Wenn stangenroter oder wiedgeschlagener Hopfen dabei war, kann dies nicht richtig sein, weil diese Farben vom Schwefel nicht im geringsten verändert werden; man sollte so etwas nicht übersehen, dann würde man nicht so enthusiastisch schildern.

[47]) In der Allg. Br.- u. H.-Ztg. 1888, I, 197 ist ein Verfahren zum Schwefeln und Trocknen des Hopfens von Dr. H. Langhans in Fürth (D. R.-P. Nr. 41965) geschildert und abgebildet; s. auch W. f. Br. 1888, S. 415. Man hat aber nichts mehr davon gehört.

[48]) s. Allg. H.-Ztg. 1879, I, S. 2.

[49]) Wochenschr. f. Br., Berlin 1895, S. 912.

[50]) Dieser Punkt ist äufserst wichtig; wenn das wahr ist, dann erscheint das Schwefeln in sehr bedenklichem und bedrohlichem Lichte. Dies durch direkte Versuche festzustellen, wäre in der That eine lohnende Aufgabe der Brauereiversuchsstationen.

[51]) s. Allg. Br.- u. H.-Ztg. 1897, II, 1370.

[52]) Allg. Br.- u. H.-Ztg. 1897, II, 1377.

[53]) s. Dr. Windisch in der Wochenschr. f. Br. 1900, S. 91 u. ff.

[54]) Schweiz, s. Weinbau und Weinhandel 1899, 17, S. 244, auch Zeitschr. f. d. ges. Brauwesen 1899, S. 649.

[55]) In The Brewer's Journal 1890, Nr. 307, reprod. Wochenschr. f. Br. 1881, S. 289.

[56]) Wochenschr. f. Br. 1893, S. 536.

[57]) Wochenschr. f. Br. 1896, Nr. 31—37, Allg. Br.- u. H.-Ztg. 1896, II, 2017.

[58]) Nach ihr der Gambrinus in Wien 1895; s. auch Allg. Br.- u. H.-Ztg. in Nürnberg 1895, I, 565.

[59]) Man möchte es kaum glauben, dafs es heute noch Petitionen geben könnte auf staatliches Verbot des Hopfenschwefelns, und dennoch ist in Obereulenbach (Hallertau) am 7. September 1896 eine solche Petition angeregt worden, weil sonst die Betrügereien im Hopfenhandel kein Ende nehmen. Von Dr. Ch. Munk war 1862 eine Broschüre erschienen (Die Nachteile des Hopfenschwefelns für die Bierbereitung und die Gesundheit der Biertrinker, bei Nik. Doll in Augsburg), welche eine Anweisung gab, geschwefelten Hopfen zu erkennen, und Angaben enthielt, warum der Hopfen geschwefelt werde. Zugleich ein Sendschreiben an Regierungen, Polizeibehörden und Medizinalbeamten über die Notwendigkeit, das Hopfenschwefeln und den Verkauf von geschwefeltem Hopfen allgemein zu unterdrücken. Der geschwefelte Hopfen wird als Gift bezeichnet. Der Nürnberger Anzeiger (reprod. Allg. H.-Ztg. 1862, S. 297) meint, dann wäre der zehnmal mehr geschwefelte Wein erst recht Gift. Gegen die Betrügereien im Hopfenhandel kann man in anderer Weise vorgehen, und wenn man bedenkt, was dadurch alles zu grunde gerichtet wird, mufs man sich wundern, dafs in dieser Beziehung nichts geschieht.

[60]) In der Wochenschr. f. Br. (Berlin 1893, S. 55) ist ein Apparat zum Hopfenschwefeln von Georg Kiefe- in Feuerbach bei Stuttgart (D. R.-P. Nr. 64223 vom 7. April 1891) abgebildet.

[61]) s. Allg. Br.- u. H.-Ztg. 1897, II, 1430.

[62]) Man sehe auch ein von Heidenreich empfohlenes Mittel der Schwefelbestimmung (s. Allg. Br.- u. H.-Ztg. 1883, I, 115). In der Allg. H.-Ztg. 1862 (S. 153 u. ff.) ist gesagt, dafs die Methode von Heidenreich die beste ist; ebenda S. 220.

[63]) Bayer. Brauer-Journal 1891.

[64]) Die Zunft der Londoner Brauer, die »Worshipful Company of Brewers«, Vorsitzender John Henry Buxton, hat 1890 einen Preis von 100 £ ausgeschrieben für die beste Abhandlung: Über die wirksamsten und billigsten Verfahrungsarten der Hopfenkonservierung«. Die Abhandlung sollte nicht mehr wie 3000—8000 Wörter enthalten (s. Allg. Br.- u. H.-Ztg. 1891, I, 437). Der ganze Preis konnte nicht vergeben werden, weil keine der eingesandten Arbeiten vollkommen genügte. Den 1. Teilpreis mit 50 £ erhielt J. A. Nettleton Moat Road, East Greenstead; den zweiten C. A. Meacham, Pale Ale-Brewery, Maidstone in Kent, 25 £; M. A. Adams in Maidstone erhielt 25 £.

Nettleton bespricht den Kostenpunkt verschiedener Verfahren, bringt aber kein neues. C. A. Meacham und M. A. Adams wollen den Hopfen in hermetisch verschliefsbare Metallcylinder pressen und so einige Wochen liegen lassen, offenbar damit er erst eine Gärung durchmache, und dann erst die Luft aus dem Cylinder aussaugen, dann Kohlensäure oder schwefelige Säure an Stelle der ausgesaugten Luft einströmen lassen. Es sind das also eigentlich längst bekannte Verfahrungsarten.

[65]) Man sehe Allg. H.-Ztg. 1863, S. 247.

[66]) s. Allg. H.-Ztg. 1861, S. 145.

[67]) s. Allg. H.-Ztg 1878, I, 123.

[68]) s. Allg. H.-Ztg. 1876, S. 677

[69]) Reprod. Allg. Br.- u. H.-Ztg. 1882, I, 12.

[70]) Allg. H.-Ztg. 1882, I, 110.

[71]) Allg. H.-Ztg. 1898, II, 2216.

[72]) Wochenschr. f. Br. 1899, S. 174.

[73]) Weihenstephaner Brauerversammlung 1872, s. Allg. H.-Ztg. 1873, S. 83.

[74]) Ein Ingenieur Alf. Cords in Berlin (s. Allg. H.-Ztg. 1879, I, 227) wollte den Hopfen in luftleerem Raum trocknen und dann den luftleeren Raum mit reinem Sauerstoffgas erfüllen — wie Matthews hervorhebt.

[75]) Ein solcher Fall ist in lehrreicher Weise geschildert in der Wochenschr. f. Br., Berlin 1888, S. 138 (Einkauf des Hopfens). Der Händler sagte auf Vorhalt: er habe gar nicht nötig, auf das Gutachten einer wissenschaftlichen Station näher einzugehen. Das ist doch ein ganz souveräner Standpunkt! — Es wäre also nur die Frage: ob auch die Richter solcher Ansicht sind! — Ein weiterer lehrreicher Fall, wozu man die Büchsenhopfen zuweilen benutzt, wurde von der Norddeutschen Brauer-Ztg geschildert (reprod. Allg. H.-Ztg. 1879, II, 505), es ist interessant, zu lesen, was da alles als Spalter Hopfen um 140 Mark per 1 Ztr. in die 7 Ztr. haltende Kiste verpackt war, sicher kommt das hundertfach vor

[76]) Beschreibung und Zeichnung der patentierten Hopfenkonservierungsbüchsen (D. R.-P Nr 2059), Frankfurt a. M. 1878, Druck von August Osterrieth.

[77]) Pharmaz. Praxis, Ergänz.-Bd., Berlin 1883, S. 678, bei Jul. Springer

[78]) s. Wochenschr. f. Br. 1888, S. 843

[79]) Man sehe auch über H. Droops Hopfenkonservierungsbüchsen in Allg. H.-Ztg. 1878, II, 672.

[80]) Hopfenbüchsenverschlufs, Patent Paul Weinig, abgebildet und beschrieben in Allg. H-Ztg. 1879, I, 52

[81]) s. Allg. Br.- u. H.-Ztg. 1882, II, 606.

[82]) Über Hopfen und Hopfenkonservierung von Joh Barth & Sohn in Nürnberg, Selbstverlag. Sehr wertvolle Nachrichten neuesten Datums verdanke ich den Herren Brüll & Rein Geschäft für Präparation und Verpackung des Hopfens in Nürnberg, Hopfenkommissionsgeschäft.

[83]) Allg. Br.- u H.-Ztg. 1882, II, 747 u. ff. Die Aufbewahrung des Hopfens im Hopfenmagazin des Brauers

[84]) Rutschmann will in solchen Räumen Schalen mit Schwefelsäure aufgestellt wissen, welche die Wasserdämpfe der Luft an sich zieht. Die Schwefelsäure ist aber den Arbeitern sehr gefährlich, weshalb diese gut zu instruieren sind. Man sehe auch Hopfenpressen mit Hebelvorrichtung von F J Bilger (Allg. Br u. H.-Ztg. 1881, II, 511, Text und Bild).

[85]) s. Allg. H.-Ztg. 1873, S. 518.

[86]) Allg. H.-Ztg. 1879, II, 452.

[87]) Allg. H.-Ztg. 1878, S. 496 und 1879, II, 452.

[88]) Allg. H.-Ztg. 1878, I, 408 u. 1879, II, 672.

[89]) s. Allg. H.-Ztg. 1879, II, 750, nach der Fafsbenderschen (Wiener) Zeitschrift für Brauerei etc.

[90]) s. Allg. H.-Ztg. 1864, S. 291.

[91]) Allg. H.-Ztg. 1878, II, 496.

[92]) 1886, S. 191 schon in der Allg H-Ztg. erwähnt.

[93]) s. Allg. H.-Ztg. 1868, S. 40.

[94]) Das ist natürlich weit übertrieben, allzu enthusiastisch geschildert.

[95]) Verfahren zur Herstellung von Papierfässern (Patent Heilemann) s. Allg. H-Ztg. 1878, II, 721 u. ff.

[96]) s. Allg. H.-Ztg. 1877, S 165.

[97]) Allg. H.-Ztg. 1878, II, 772 ist eine Abbildung enthalten

[98]) Beschrieben in der Wochenschr. f Br 1893, S 5. Man sehe auch Allg. Br- u. H.-Ztg. 1887, II, 995

[99]) Über die Veränderlichkeit von hölzernen Fässern eine umfangreiche Studie in Allg. Br- u. H.-Ztg 1898, I, 753 u. ff.

[100]) Allg. H.-Ztg. 1879, II, 452.

[101]) Reprod. Allg. H-Ztg. 1870, S. 67

[102]) Tangyes hydraulische Presse zum Komprimieren von Hopfen und Gemüse ist abgebildet und beschrieben in der Allg. H.-Ztg 1878, I, 22.

[103]) Bericht über Hopfenernte und Hopfenanbau von Albert Mayer-Dinkel in Nürnberg, November 1885, Selbstverlag.

[104]) s. die Broschüre von Joh Barth, l. c. S. VII; auch die Broschüre von Hermann Droop in Barmen Frankfurt a. M. 1878, Druckerei von A. Osterrieth

[105]) Die Wertschätzung des Hopfens 1898, S. 34 u 35.

[106]) Das Verfahren von Matthew-Algernon-Adams zu Maidstone (England) beschrieben und abgebildet in der Allg. Br. u. H.-Ztg. 1894, I, 75, vorerst ohne jeden praktischen Wert.

[107]) s. Allg. H.-Ztg. 1878, II, 488 u. f.

[108]) 1878, II, 496.

[109]) 1895, II, 1823.

[110]) Wer sich näher für die eigenartigen, in der Anwendung sicher etwas kostspieligen Ansichten Nettletons interessiert, findet sie in der Allg. Br.- u. H.-Ztg. 1892, I, 25 u. ff., nach Griefsmayers Übersetzung aus The Brewer's Guardian, London.

[111]) The Brewer's Journal 1891, Journ. 28, Nr. 319, p. 18; s. auch Zeitschr. f. d. ges. Br.-Wesen 1892, S. 67.

[112]) Reprod. Allg. Br. u. H.-Ztg. 1900, I, 910.

[113]) Allg. Br.- u. H.-Ztg. in Nürnberg 1896, II, 2103 u. ff., aus dem Englischen; s. auch Wochenschr. für Brauerei 1898, S. 137 (nach dem Bericht von L. Briant und C. S. Meacham im Journal of the Fed. Inst. of Brewing Vol. VIII, 1887, S. 481 u. ff.

[114]) Allg. Br.- u. H.-Ztg. in Nürnberg 1893, S. 1011 u. 1033; 1894, S. 665 u. 717.

[115]) Vol. II, S. 537, reprod. Wochenschr. f. Br. 1897, S. 9.

[116]) s. Allg. Br.- u. H.-Ztg. 1898, I, 92.

www.ingramcontent.com/pod-product-compliance
Lightning Source LLC
LaVergne TN
LHW081344011026
89161LV00013BB/3004
9783486730654